Ginkgo germplasm resources in China

中国银杏种质资源

Ginkgo germplasm resources in China
中国银杏种质资源
邢世岩　编著
中国林业出版社

参加编写　外业调查　拍照及内业分析的人员

任娟霞　付兆军　刘莉娟　张　倩　董章凯　董雷雷　王东升　郭媛媛　韩晨静　胡爱华
刘　霞　王聪聪　黄　岩　吴　海　张　芳　刘　源　刘晓静　吴岐奎　辛　红　高进红
李保进　李　杰　李士美　郭永强　张秀珍　赵文飞　郭彦彦　宋新芳　王　楠　马颖敏
王爱喜　付茵茵　李　真　唐海霞　王　芳　王京梅　王亚明　姚林梅　张晓文　周继磊
朱东方　程　玲　张晓磊　王　磊　赵伯国　孙　圣　滕文凤　徐　凯　萱峙锦　鲁　萌
黄健纲　孔维俊　刘　亚　孙天平　鲁法典　王华田　王彦文　孙　霞　陈　征　王学东
李延学　孙柏友　樊纪欣　高　森　王宗喜　苏明洲　周苗新　何小弟　赵化友　韩　镇
陈端启　王　利　韩克杰　侯九环　皇甫桂月　董春耀　徐连科　岳进成　崔希峰　韩家山
徐　智　苗全盛　唐万王　孙家京　杜元军　姜永旭　李际红　桑亚林　王　利　刘　彬
张淑静　牛光瀑　孟令国　祁树安　张雷贤　王信生　李建华　王玉山　巩其亮　杨正辉
赵广球　高万斌　曹国王　李平宜　刘　超　刘昌迎　李农根　肖琼潭　王晋修　乔元伟
杨常峰　伊树勋　李秀贤　孟凡学　沈泉清　王洪斌　杨同梅　杨振立　李忠岐　宋永诗
宋永果　牛纪峰　法永乐　于　刚　梁文强　李学良　管振波　韩翠英　赵玉强　张洪印
陶　娟　徐志坚　高　龔　李庭涛　尹逊顺　王文臣　王洪帅　曹鹏雁　黄新良　陈小龙
冯　智　侯毓文　杨国荣　张明杰　刘继伟　杨双健　陈忠建　任昌国　罗永成　钟道刚
杨　勇　邹克勤　陈　蓓　徐瑞翎　钟基明　范永麒　余　勇　卢永根　殷苏平　黄　军
张启敏　罗　盛　潘国权　杨子成　王礼彬　屈　波　郑玲玲　何　奎　周万良　马泽彪
谭先望　余文彬　龙友泉　杨晓东　邹顶平　李　勇　陈　彤　曾　碕　邓　强　徐学林
胡　进　谢　豪　张　明　张　强　何文华等

图书在版编目（CIP）数据

中国银杏种质资源 / 邢世岩编著. — 北京：中国林业出版社，2013.11

ISBN 978-7-5038-7230-3

Ⅰ.①中… Ⅱ.①邢… Ⅲ.①银杏－种质资源－中国 Ⅳ.①S664.302.4

中国版本图书馆CIP数据核字(2013)第239100号

责任编辑　何增明　张　华

出版发行　中国林业出版社(100009　北京市西城区德内大街刘海胡同7号)
电话：(010)83286967

制　版　北京美光设计制版有限公司
印　刷　北京卡乐富印刷有限责任公司
版　次　2013年11月第1版
印　次　2013年11月第1次
开　本　635mm × 965mm　1 / 8
印　张　110
字　数　3012千字
定　价　880.00元

FOREWORD 1 

序1

银杏（*Ginkgo biloba* L.）原产中国，是第四纪冰川之后唯一保存下来的孑遗物种，素有“活化石”的美称，是人类难以想象的世界自然遗产。银杏果、叶、材等用途广泛，具有较高的经济效益、生态效益和社会效益。银杏树体高大挺拔，树形姿态多变优美。银杏寿命极长，在我国被视为长寿的象征，是重要的造林绿化树种。在中国，银杏栽培利用历史悠久，中国是世界银杏分布的中心，拥有世界银杏种质资源的90%以上。银杏在中国主要分布在温带和亚热带气候区，其中山东、江苏、广西、浙江、湖北、湖南、四川、安徽、贵州、河南、广东、福建等地为主产区。

目前，银杏栽培品种划分为核用品种、叶用品种、雄株品种、观赏品种和材用品种五大类。依据种核的形态特征及核形系数，将银杏栽培品种分为5大类，即长子银杏类、佛指银杏类、马铃银杏类、梅核银杏类和圆子银杏类，每类包括若干品种。银杏果俗称“白果”，属于干果类，具有良好的保健滋补和药理功效。银杏种仁的营养成分相当丰富，尤其是蛋白质、脂肪、磷、铁、胡萝卜素、维生素B等的含量比较高。此外，种仁中还含有25种微量元素，其中以Fe和Zn含量较高。银杏品种、产地及采收时期等不同，种仁中各种营养物质和矿质元素含量存在差异。我国中医药史中，一直将银杏种仁列为重要药材。关于银杏药用价值的记载，最早可追溯到公元前2800年的《神农本草》。现代临床试验表明，银杏种仁具有延缓衰老、温肺益气和增强机体免疫功能等作用，同时对维持心血管系统的正常结构和功能发挥着重要作用。

近年来，随着国内外对银杏研究的深入及人民生活水平的提高，白果的市场需求量不断增加。中国目前银杏栽培面积20万hm^2以上，结果大树91.3万株，白果年产量达1.2万t。中国的白果产量、产值均占世界第一，中国核用品种水平代表了世界水平。可见，发展银杏生产成为发展效益林业，促进农业增效、农民增收和创取外汇的重要途径。

《中国银杏种质资源》一书系统描述了中国银杏种质资源。在前人研究的基础上，该书从银杏种质资源保存与评价、国外银杏古树资源、中国银杏古树名木资源、核用银杏资源、叶用银杏资源、材用银杏资源、观赏银杏资源、雄株银杏资源、特异银杏资源及国外引进银杏资源等多层面、多尺度进行了描述。初步查明了中国银杏古树名木的分布及株数。实测和统计中国现有银杏古树名木49120株，分别分布在23个省（自治区、直辖市）。初步查明了中国古银杏群落的面积、地点及株数。描述了江苏、山东、广西等省（自治区）的优良核用品种。描述了120个叶用优系或优株、26个国外引进及国内观赏品种、59个雄性优系或优株、98个材用优系或优株。本书图片量巨大、文字内容丰富、图文并茂，是一部系统研究银杏的权威著作。

当今，现代林业产业化建设蓬勃兴起，银杏丰富的种质资源有待于科研学者们进一步去研究、开发。该书源于邢世岩教授及其团队对银杏虔诚的追求和锲而不舍的探索，是他们多年来坚持不懈的研究心血的结晶。相信，该书的出版将极大振奋科研、教学科技工作者及银杏爱好者，将促使人们进一步深入了解银杏、挖掘银杏的科研和生产价值，将谱写美丽中国银杏新篇章。

中国工程院院士
中国园艺学会常务理事
国家苹果工程技术研究中心主任
束怀瑞
2013.8.10

天下银杏
第一村

FOREWORD 2 序2

银杏（*Ginkgo biloba* L.）又名白果、公孙树等，为原产我国的特有树种。银杏在侏罗纪全球已有广泛分布，是世界上现存最古老的高等植物。但是，它一度消失，然后又被发现成为引人注目的孑遗植物，由此使它具有许多原始的、进化的以及现代应用等方面的特征，因而使其成为国内外植物学家关注研究的有趣树种之一。

银杏本身的形态特征：树体高大秀丽，寿命长，叶形奇特，是优美的观赏植物；长枝上的叶片深裂成二瓣，故有银杏种名"*biloba*"（两裂片）之称；银杏管胞为双列纹孔氏，具横条等木材学特点；银杏果既是滋补品，又是珍贵的中药，是我国传统出口商品之一。

银杏在裸子植物中属独特一类，现在仅有银杏一科一属一种。就胚胎学特征来说，它本身也有许多独特之处：颈卵器室为缝隙状；胚珠周围有珠托衬托；珠心顶部具突起的"帐篷柱"；具不等大小的子叶等。这些特征既不是苏铁也不是松杉类植物的特征，正是银杏目自身的独到之处。银杏在19世纪末曾被放在红豆杉科（Taxaceae），自从Hirase（1896）发现游动鞭毛精子后，才把银杏从红豆杉科中分离出来，成立一个新科——银杏科，属银杏目。游动精子的发现，对蕨类植物和裸子植物的联系具有重大意义。从精子形态和结构来看，无疑银杏在裸子植物中居于比较原始的地位。从精子结构和原胚发育说明，银杏和苏铁关系密切，但与松杉类植物的关系则比较疏远。银杏的胚胎发育，尤其后期胚胎发育，与松杉类植物有明显的不同。松杉类植物如水松、水杉、福建柏和白豆杉等，后期胚有若干比较明显的根原始细胞，根冠胚柄系统比较发达。不管从营养器官的形态解剖，或者从生殖器官的胚胎发育来看，银杏一方面与蕨类植物和苏铁有共同之处；另一方面又与松杉类植物相似。这些学术研究的成果进展足以说明银杏的学术研究是一个很有独到特色的方向，也是一个值得深入开展、大有广阔空间的学术领域。

总之，银杏有许多学术研究工作有待进一步开展，也有更多的应用科技有待开发。多年来，邢世岩教授一直致力于银杏种质资源的探索研究，以银杏的生物学特性为基础，研究银杏的起源、演化、分类，取得了丰硕成果，推动了银杏生产、科研的发展。他编著的这部专著全面展示了我国23个省（自治区、直辖市）古银杏资源的现状，从核用、叶用、材用、观赏、雄株以及特异银杏等多层面对银杏种质资源进行评述。初步查明了中国银杏古树名木的分布及株数。该书内容系统完整、论证科学、结构严谨，是一部有关银杏的权威著作，对于指导银杏科学研究及资源开发具有重要意义。

中国工程院院士、农学部主任
北京林业大学原校长

FOREWORD 3 序3

银杏类植物起源于2.7亿年前的早二叠纪，在侏罗纪和早白垩纪达到鼎盛。银杏（*Ginkgo biloba* L.）是银杏类植物经历第四纪冰川浩劫后孑遗下来的为数不多的物种之一，是历史的遗产和活化石，是人类难以想象的世界自然遗产，是揭示大自然奥秘的里程碑，是历史和现实的珍稀纽带。

银杏树体高大挺拔，树形姿态多变优美。银杏寿命极长，是全国各地广为敬仰的“神树”。银杏原产我国，后经传教士传入日本，由日本传入欧洲。银杏因其顽强的生命力和极强的适应能力在我国广泛分布，北到辽宁，南至广东，西至甘肃、四川均有银杏古树的分布。

银杏具有重要的经济、生态和文化价值。银杏的叶和果具有良好的食用、药用和保健价值。银杏木材纹理通直，结构细而匀，质轻，是名贵的家具及装饰用材。银杏及其变种观赏价值佳，是目前广泛应用的行道树之一，也是公园庭院常用的观赏树种，她所蕴含的中华文化，陶冶着人们的身心，融入构建社会主义和谐社会之中。

《中国银杏种质资源》一书系统描述了中国银杏种质资源。从银杏种质资源保存与评价、国外银杏古树资源、中国银杏古树名木资源、核用银杏资源、叶用银杏资源、材用银杏资源、观赏银杏资源、雄株银杏资源、特异银杏资源及国外引进银杏资源等多层面、多尺度进行了描述。本书共计采用图片3244张，涉及23个省（自治区、直辖市）。初步查明了中国银杏古树名木的分布及株数和中国古银杏群落的面积、地点及株数。描述了山东、湖北、江苏、浙江、河北等10个省（自治区、直辖市）银杏古树种实特性和120个叶用优系或优株。首次描述了‘塔形’银杏（‘Fastigiata’）、‘圣克鲁斯’（‘Santa Cruz’）、‘费尔蒙特’（‘Fairmount’）、‘展冠’银杏（‘Horizontalis’）等26个国外引进及国内观赏品种。描述了白云寺66号、灵应宫5号等59个雄性优系或优株。描述了新五村222号、东山F15等98个材用优系或优株。该书展示了当今银杏科研的最新理论成果和生产技术，集中反映了作者的新观点、新成果。该书汇集的国内外资料，内容科学、系统完整、结构严谨、表述清楚，是一部权威著作。

当前和今后一个时期，我国林业仍将处于重要的战略机遇期和黄金发展期，社会对林业的多样化需求会更加突出，林业必将肩负更加光荣的使命、承担更加繁重的任务。银杏产业的发展迎来了新的机遇与挑战，《中国银杏种质资源》一书的出版是十分有必要的。该书的出版是邢世岩教授和参编人员心血的结晶，是对银杏种质资源研究工作的阶段性总结，必将对广大科技工作者产生极大影响。有感于此，是为序。

南京林业大学校长、教授、博导
中国林学会银杏分会主任委员（中国银杏研究会会长）

2013年9月2日

前言 PREFACE

银杏 (*Ginkgo biloba* L.) 是现存种子植物中最古老的孑遗植物，是历史的遗产和活化石 (Darwin, C.) ，是历史的精华、永恒的标志，是人类难以想象的世界自然遗产，是揭示大自然奥秘的里程碑 (Seward, 1938) 。美国宾夕法尼亚大学教授李惠林 (Li Hui-Lin, 1961) 称银杏是历史和现实的珍稀纽带。银杏原产中国，据文献记载三国时盛植江南，唐代已产于中原，宋朝更为普遍。美国的Wilson认为，银杏于6世纪由中国传入日本，1730年由日本引入荷兰乌德勒支植物园，1754年引入英国皇家植物园，1784年引入美国。

由于银杏具有独特的食用、药用、材用、观赏、绿化、防护及科研价值，近些年来，得到中国、法国、德国、美国、日本、韩国、印度、南非及原苏联等50余个国家的高度重视。银杏核仁(白果)具有营养价值和药用价值。核仁中含有丰富的蛋白质、淀粉、脂肪等营养成分，含淀粉62%～64%，粗蛋白11%～13%，粗脂肪2.6%～3%，蔗糖5.2%，还原糖1.1%，核蛋白0.26%，粗纤维1.2%，矿物质3%及多种氨基酸、维生素。银杏可直接炒食或煮食。我国早就有“吃白果延年益寿”之说，也有利用白果作干果、药膳和菜肴的习惯，银杏食谱内容也非常丰富。如“诗礼银杏”是山东曲阜孔府传统名菜；“银杏八宝鸭”、“银杏莲子汤”都是有名的风味食品。我国现有已粗加工成白果罐头、白果精、白果露、银杏王、白果仁、白果年羹等多种保健食品，畅销不衰。

欧洲最早栽植的银杏大多为雄株，1814年在瑞士日内瓦发现一雌株，由该树上剪取接穗并嫁接到法国蒙特利埃植物园一雄株上，以后便大量结实，从而成为欧洲第一株能通过嫁接而结实的银杏树。与中国、日本、韩国等以核用栽培为主的亚洲国家不同，欧洲的一些国家主要从事叶用银杏栽培、提取和加工。银杏叶制剂1965年首次由民主德国Schwabe (史瓦伯) 公司投放市场，当年销售额就达600万马克，并逐年上升，到1987年，销售额连续几年居德国心脑血管疾病治疗药物首位，1990年销售额已达2.5亿马克。法国Ipsen (益普森) 公司1975年开发的银杏叶制剂，年销售额就高达6000万美元。从数千次银杏叶提炼过程中发现编号为GBE761的成分具有完整的药理作用。目前，欧洲最具影响的银杏制剂为Tanakan、Thebonin和Rokan，其中德国的Thebonin (梯波宁) 在中国的注册商标为Ginaton (金钠多) 。20世纪60年代，Schwabe公司第一代上市药品为Teboni、Tebonin retard和Veinotebonin3种。1968年将Tebonin injectable作为第二代产品，且纯度较高。此后又将Ginkor引入法国市场。Tanakan作为只含GBE761的产品于1975年投放法国市场。1978年，由Intersan公司推出的Rokan和Schwabe公司推出的Tebonin Forte开始在德国问世。后者逐渐代替了Tebonin制剂。目前，国外银杏药物有德国的Beret、Bokao、Ginaton等，瑞典的Ginkgo、瑞士的Ginkgomin、荷兰的Geriafore A、美国的Montana等。国内的天保宁 (Taponin) 、百路达、999片剂、银可络、杏灵等。GBE制剂的功效主要表现在：①加强血管壁上的平滑肌纤维，修复脆弱的血管；②使硬化的血管恢复弹性；③扩张狭窄的血管，达到正常的口径，增加血液流量；④拮抗血小板活化因子 (PAF) ，防止血栓形成；⑤降低血液黏度，化解瘀血；⑥强化动脉、静脉和毛细血管，减少末梢血管的抵抗力；⑦降低血糖，减低胆固醇；⑧扩张老年人已收缩的膀胱，促进血液循环，性生活协调；⑨防止内脏发生轻微的痉挛，确保机能正常；⑩促进生理活性物质的活化，提高脑机能，防止痴呆、增加记忆力；⑪消除代谢过程中所产生的活性氧 (自由基) ；⑫提高肌体的免疫力；⑬开通“副血液循环”。

中国作为世界上第一大国，拥有世界银杏种质资源的90%以上，在我国可考证的栽培历史达千年之久。除黑龙江、内蒙古、青海、西藏和海南外，其他各省 (自治区、直辖市) 均有银杏分布。垂直分布北方大都在海拔1000m以下，贵州及云南可达2000m。重点分布省 (自治区) 包括山东、江苏、广西、浙江、湖北、湖南、四川、安徽、贵州、河南、广东、福建等20余个，重点乡镇近30个。主要有广西灵川的海洋；山东郯城新村、

重坊；江苏泰兴口岸、邳州港上和铁富；湖北安陆王义贞；浙江长兴白阜、临安的昌化等。中国银杏叶产量8万t，其中山东3万t，江苏3万t、占全国总量的75%；广西约3000t。浙江、湖北、河南、四川、贵州、安徽等10余个省银杏叶产量在2000t左右。据我们几年来综合调查、分析，我国白果年产量达1.2万t，平均株产12.94kg，中国有结果大树91.3万株，其中20年以下株数占50%。共定植5亿株以上，其中山东、江苏两省都在5000万株以上。全国约有16个银杏重点县（市）白果产量在80t以上，全国有15个银杏重点乡镇，但白果产量差异较大，最高年产700t，最低25t，2000年全国白果产量达1.5万t，结果株数达100万株以上。我国目前银杏栽培面积20万hm^2以上。中国的白果产量、产值均占世界第一，中国核用品种水平代表了世界水平。我国核用品种总产量15万t，居世界第二位，美国第一位20万t。可见，大力发展核用银杏品种仍有广阔的前景和潜力。山东、江苏和广西的'马铃3号'、'大金果'、'马铃5号'、'9号'、'家佛指'、'洞庭皇'、'华口大果'、'海洋皇'等均为优良核用品种。

银杏这一物种已成为当今生物学、生态学、植物学、园艺学等诸多学者研究的理想材料，并有重要的学术价值。法国的Carriere（1867）、德国的Beissner（1887）及英国的Henry（1906）等欧洲学者关于银杏变种命名早已收录在《Render's 手册》中，诸如'Aurea'、'Fastigiata'、'Pendula'、'Laciniata'、'Veriegata'等早已被许多学者引用。在美国俄亥俄州，由Scanlon在1961年之前就选出了'Lakeview'、'Mayfield'、'Palo Alto'和'Santa Cruz'4个观赏品种。Kwant认为，银杏属于乔木，并不是任何地方均能栽植，尤其是庭院栽培可以选用垂直向上生长、矮化、窄冠、圆锥形、垂枝形和斑叶银杏品种较好，到目前为止。欧洲观赏品种约有40个。美国银杏观赏品种被分为"认可栽培品种"（Valid Cultivar）和"非认可栽培品种"（Invalid Cultivar）两大类。认可的有18种，非认可32种，共计50种。这些品种95%为雄株，其选种依据是叶色、叶形、树形等形态指标。

国外，尤其是美国主要研究雄株观赏品种，著名品种有'金秋'（'Autumn Gold'）、'迈菲尔德'（'Mayfield'）、'帕洛阿尔托'（'Palo Alto'）、'垂枝'银杏（'Pendula'）、'金普顿'（'Princeton Gold'）、'湖景'（'Lakeview'）、'圣云'（'ST.Cloud'）、'圣克路斯'（'Santa Cruz'）等。银杏雌雄异株，过去中国、日本等国主要注重银杏雌株（结果树）选优，但雄株研究甚少。以美国加利福尼亚大学的Friedman博士为首的科学家，从20世纪80年代末便对银杏雄花雄配子体发育，进行了研究，这也是目前国外唯一一篇关于雄株开花生物学的研究。据初步研究，用优良花粉授粉产量提高10%～20%以上。若全国90余万株大树，采用优良花粉授粉，仅此一项将增产0.24万t，产量2400t，产值2400万元以上。山东省共有大树3万余株，其中雄株5000株以上。雄株最大特点是：①可以作为授粉树；②可以作为优良速生用材树种，生长量比雌株快10%～20%；③为绿化、用材、造纸提供大量优质木材。美国弗吉尼亚州有2hm^2近600株45年生用材林，平均高15m，胸径35～40cm，木材蓄积量300m^3/hm^2。

据研究测算，栽植银杏用材林的经济收入相当于林区栽植杉木的13倍，这还不包括干果和其他林副产品的收入，因此银杏用材林经济效益十分显著。银杏树年生长量较大，广西、湖北、江西、四川等省(自治区)、高山地区的银杏长势很好，在北方，银杏在海拔800m以下也可以栽培，与杨树、水杉等树种按适当比例搭配，经济效益和生态效益将大大提高。银杏在林业界视为不可多得的珍贵用材树种，干形通直，木材性质优良，具有很好的用材价值。GB/16734－1997中将银杏木材划分为针叶木材，其材浅黄色，有光泽，纹理直而细密，细腻量轻，光洁柔润，质地细软，不易变形，不反翘，不开裂，干缩性小，耐腐性强，易加工，胶着力大，握钉力强，兼有特殊之药香味，无虫蛀之虞，是木刻、高级文具、图板、风琴键盘、贵重高档家具和豪华建筑室内装修的优质用材。可用于建筑、家具、工艺雕刻、装饰、文化用品、模具、印染滚筒、脱胎漆器、运动器材、医疗器材、X光机滤线散光板、牌匾、砧板等；同时，银杏木材有良好的共鸣性、导音性和富弹性，是制作乐器的理想材料。

自从1988年以来，我先后主持了“银杏良种选育及快繁技术的研究”（山东省林业厅，1992～1995）、“高黄酮甙银杏良种选育”（国家林业部，1997～2000）、“银杏核用品种良种选育”（山东省科委，1997～2002）、“材用银杏良种选育”（山东省科委，2005～2009）、“叶生雄花银杏的发现及比较形态学研究”（2004～2006）、“叶籽银杏遗传多样性的研究”（2004～2006）、“叶籽银杏系统发育及表观遗传学研究”（国家自然科学基金30872040、30671707、31070589；教育部博士学科点专项科研基金；山东省自然科学基金，2007～2013）。24年来先后收集了大量的银杏古树、核用、叶用、观赏、材用及雄株种质资源及相关信息。除了往日积累的材料外，我和我的研究团队于2010年5月～2012年5月连续2年对湖北省、江苏省、山东省、浙江省、河南省、广东省、贵州省、福建省、安徽省、四川省、重庆市、湖南省、甘肃省、上海市、江西省、广西壮族自治区、北京市、云南省、陕西省、河北省、山西省、辽宁省、天津市等23个省（自治区、直辖市）银杏种质资源，尤其是银杏古树名木进行了系统调查。2011年11月，四川和重庆银杏古树调查接近尾声，不幸因硬盘损坏所有调查材料全部丢失，痛惜之余，我们只能于2012年4月对其进行第二次调查拍照。为了提高调查效率，在外出调查之前，对24年来积累的资料进行汇总整理，通过各个渠道集中搜集相关银杏种质资源的材料，并对其进行了精心筛选。做到资源调查有目标、有内容、有路线。每份资源均要填写古树、环境、优树等相关统计调查表，按照要求对古树拍照，共计拍摄照片2万余张。外业调查先后涉及127人次。

银杏古树大多分布在边缘山区、寺庙、丛林及荒野，野外银杏调查拍照的过程中，我们遇到了许多难以想象的麻烦和难以解决的问题。有些相关银杏古树的记载材料比较陈旧（如贵州等，有不少古树的出处为20世纪90年代文献），10余年的时间，其所在地地名几经兴废。由于其中部分地点无法查询确认，只能抱着试试看的心态，到实地调查时详细打听。有些在询问当地主管部门或民众后侥幸找到材料中所指古树；但有不少地方古树已荡然无存；还有因行政区划调整古树查找十分困难，这让我们走了不少“冤枉”路。在贵州、四川、重庆调查的诸多地方，地势甚为陡峭，乘车也不方便，每日于固定的时间点发车，且仅早晚两趟。如调查完重庆市石柱土家族自治县（以下简称）的古老银杏后，辗转赶往城口县的一段路程，或许是城口县地处偏远之故，至今没通火车，也没有直达该县的汽车，我们只能从万州区住宿转车。第二天一早，好不容易赶到城口县汽车站，正值淡季，坐通往明中乡的车少之又少，情非得已，又等了近2个小时，到明中乡时，已是下午四五点的光景……更让人始料未及的是，从明中乡出发，到那株千年古树所在地，沿途大半是沿山崖穿凿的蜿蜒山道，无法通车，只能徒步前行。当时，正值雨天，路比较泥泞，来回长达5个小时的跋涉，我们才顺利完成任务。野外调查时间带有很大的不确定性，有时赶到乡镇或村里调查完时，天时已晚，住宿的问题就很难解决，遇到节假日，则更是难找。南方人很注重鬼节，我们在重庆市调查时，从巫山县赶往城口县，途经开县转车，凌晨1：30才到达此地，结果当时正值十月初一，很多人都从外地赶来祭祖，大多提供住宿的房子都已爆满，我们找了半个多小时之后，才找到个临时住所。

人与人，会日久生情；人对银杏，亦然，它仿佛我们生命中的一位“至亲”，能够看到它，成为我们出差生涯中每天最重要的期待。加之，银杏，在我们的调查地，或静伫于深沉的寺庙，或生长于幽深的河谷，抑或傲立于偏远的茂林。所经途中，或是缭绕的焚香，弥漫道野；或是滔滔长河，挥洒谷底；抑或是那视线触摸不到顶的险峰，高悬于苍穹……所有这些意象的相融，散发出一抹大有古君子之风的银杏，作为中华名族公认的“国树”之放任、豁达的况味。其傲骨，其风姿，就仿佛隐逸在思想一隅的坚强，永性地蓬化着我们生命的斗志。总之，银杏，无形中成为我们解读自然的阶梯之一。作为现存裸子植物中最古老的孑遗植物，植物界的“大熊猫”，有必要对其资源情况进行调查和整理，并将所得原始材料上升到学术的高度，汇集成一部具重要科研价值的书籍，以期成为众人全面、深入了解银杏的一个窗口。

本书中，对某些银杏古树的年龄描述，不同的资料记述有差异。书中只是做了引用。未对不同观点进行

评述，供读者参考。

本书主要内容：上篇银杏种质资源综述分为8章。第一章 种质资源保存与评价；第二章 银杏古树资源；第三章 核用银杏资源；第四章 叶用银杏资源；第五章 材用银杏资源；第六章 观赏银杏资源；第七章 雄株银杏资源；第八章 特异银杏资源。下篇中国银杏古树资源分省介绍了每个省级行政单位的古树资源。

本书主要特点是：

(1) 系统描述了中国银杏种质资源。从银杏种质资源保存与评价、国外银杏古树资源、中国银杏古树名木资源、核用银杏资源、叶用银杏资源、材用银杏资源、观赏银杏资源、雄株银杏资源、特异银杏资源及国外引进银杏资源等多层面、多尺度进行了描述。本书共计彩图1503幅，采用图片3244张。

(2) 初步查明了中国银杏古树名木的分布及株数。实测和统计株数中国现有银杏古树名木49120株、分别分布在湖北、江苏、山东、浙江、河南、广东、贵州、福建、安徽、四川、重庆、湖南、甘肃、上海、江西、广西、北京、云南、陕西、河北、山西、辽宁、天津等23个省（自治区、直辖市）。实测和统计株数在1000株以上的省份是：湖北11431株、江苏9556株、山东6316株、浙江4962株、河南4743株、广东2164株、贵州1969株、福建1528、安徽1460株。全国有42个县（市）银杏古树在100株以上。全国有30个乡（镇）银杏古树在100株以上。全国有55村银杏古树在50株以上。同时对6019株银杏古树名木的生长地点、生长性状及古树文化等相关信息进行了系统描述，其中1556株古树名木配有树形、树体及特写的彩色图片，共计彩图1100幅，采用图片2683张。山东、贵州、四川、重庆、广西、云南、广东、甘肃、天津等9个省（自治区、直辖市）银杏古树名木属首次系统介绍。湖北、江苏、浙江等14个省（自治区、直辖市）银杏古树名木在调查的基础上对生长地点、生长指标、生境及古树文化等做了大范围的补充或修订。

(3) 初步查明了中国古银杏群落的面积、地点及株数。对20个省（自治区、直辖市）135个古银杏群落（≥10株群落）地点、株数、面积、生长特性及生境进行了系统描述，其中39个群落配有树形、树体或特写的彩色图片。其中福建古银杏群落792株、广西1300株、河南510株、湖北3122株、湖南166株、浙江2820株、安徽239株、北京35株、甘肃345株、上海30株、广东136株、贵州2432株、河北13株、辽宁928株、云南87株、江苏4520株、山东3567株、江西61株、四川423株、重庆518株，共计22044株。彩图39幅，涉及39个群落，用图片70张。

(4) 描述了山东、湖北、江苏、浙江、河北等10个省（自治区、直辖市）银杏古树种实特性，共计239株古树。彩图219幅，涉及226个古树单株，用图片235张。描述了江苏、山东、广西、湖北、贵州、河南、浙江等省（自治区）及日本的‘藤久郎’、‘金兵卫’、‘黄金丸’、‘岭南’42个优良品种，彩图22幅，涉及22个品种，用图片36张。优株或优系覆盖了山东、江苏、广西、贵州、福建、陕西、河南、湖北、湖南、安徽、浙江、四川、云南、广东及重庆等15个省（自治区、直辖市），共计255个，彩图52幅，涉及52个单株或株系，用图片56张。

(5) 描述了120个叶用优系或优株，彩图30幅，60张图片，涉及87个无性系。首次描述了‘塔形’银杏（‘Fastigiata’）、‘圣克鲁斯’（‘Santa Cruz’）、‘费尔蒙特’（‘Fairmount’）、‘展冠’银杏（‘Horizontalis’）等26个国外引进及国内观赏品种，彩图22幅，78张图片，涉及22个品种。描述了白云寺66号、灵应宫5号等59个雄性优系或优株，彩图15张，涉及16个优良单株，用图片22张。描述了新五村222号、浙林F6、东山F15等98个材用优系或优株。

本书是作者24年来的银杏研究总结，许多材料为首次发表，对于我国银杏资源发掘、保存、评价及良种选育有重要意义。由于时间紧、范围广、内容多，不当之处敬请各位同仁批评指正。

邢世岩

2012年10月20日于泰安山东农业大学

目录

上篇 银杏种质资源综述

第三章　核用银杏资源 / 111

第四章　叶用银杏资源 / 183

第五章　材用银杏资源 / 200

第六章　观赏银杏资源 / 211

第七章　雄株银杏资源 / 221

第八章　特异银杏资源 / 227

下篇
中国银杏古树资源

上篇

银杏种质资源综述

第一章 种质资源保存与评价

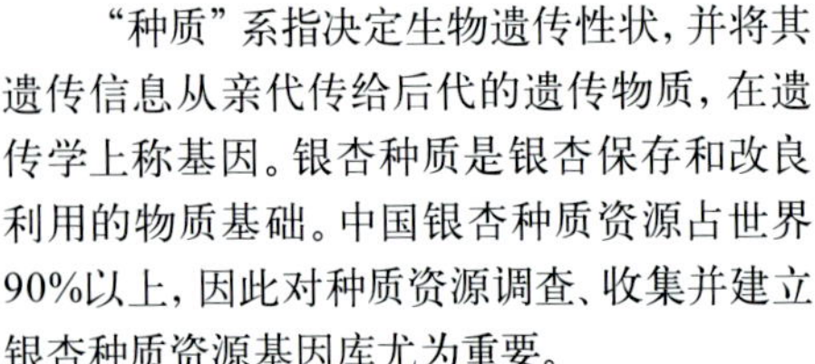

“种质”系指决定生物遗传性状，并将其遗传信息从亲代传给后代的遗传物质，在遗传学上称基因。银杏种质是银杏保存和改良利用的物质基础。中国银杏种质资源占世界90%以上，因此对种质资源调查、收集并建立银杏种质资源基因库尤为重要。

第一节 种质资源分类

种质资源分类方法很多，银杏通常按栽培学分类或来源分类。

一 栽培学分类

（1）种 与其他果树不同，银杏是第四纪冰川之后唯一在中国存下的一科一属一种，属于孑遗树种。

（2）变种 关于银杏变种欧洲诸多学者研究较早，如法国的Carriere (1867)、德国的Beissner (1887) 及英国的Henry (1906)。关于银杏变种尽管国内外存有争议，但1954年，胡先骕在前人工作的基础上，发表了《水杉、水松、银杏》的学术论文，并将银杏分为7个变种。

①塔状银杏[*Ginkgo biloba* var. *fastigiata* Mast. (Henry)]：枝条斜展、呈塔形。②垂枝银杏 (*G.b.*var.*pendula* Carr.)：枝条下垂。③裂叶银杏 (*G.b.*var.*laciniata* Carr.)：叶较大，深裂。④斑叶银杏 (*G.b.*var.*variegata* Carr.)：叶黄色花斑。⑤黄叶银杏[*G.b.*var.*aurea* Beiss.(L.)]：叶鲜黄色。⑥鸭脚银杏 (*G.b.*var. *stenonuxa* Hu)：种核窄长，卵圆形，微扁。⑦叶籽银杏 (*G.b.*var.*epiphylla* Mak.)：果实着生于叶子上。

另外，日本吉冈金市还报道有三裂银杏 (*G.b.*var.*triloba* Hort.) 和大叶银杏 (*G.b.*var. *macrophylla* Hort.) 等。但美国及欧洲一些国家将上述变种列入栽培品种，美国的Santamour等 (1983) 将银杏上述变种分为“认可栽培品种”或“非认可栽培品种”两大类。

（3）品种群 是由相似生态型的许多品种归类而成，如马铃类、梅核类、佛指类等。

（4）品系 对银杏而言，品系多指性状表现良好，但还没有成为品种以前的变异类型，也称优系或优株，诸如“老和尚头”等。

（5）品种 是栽培银杏的基本单位，是育种的主要对象。品种具特有的形态及生物学特征，有明显的经济性状，且遗传稳定的植物群体（即应有一定推广面积及苗量）。

二 来源分类

（1）本地种质资源 本地种质资源是指在当地的自然条件和栽培条件下，经过长期培育和选择得到的银杏品种和类型。银杏的地方品种诸如山东的‘大金坠’和‘大圆铃’，江苏泰兴‘大白果’等均为此类。本地种质资源的可贵性在于既可直接利用，也可通过改良加以利用，或是作为育种的重要种质资源。

（2）外地的种质资源 外地种质资源是指从国内外其他地区引入的银杏品种和类型。正确地选择和利用外地种质资源，可以大大丰富本地的种质资源。例如从国外引入的‘黄金卫’等，现已适应我国许多区域，并成为重要的栽培品种。

（3）野生的种质资源 野生的种质资源是指自然野生的、未经人们栽培的野生种源。诸如国内外报道的伏牛山、天目山、大洪山地区的银杏。

（4）人工创造的种质资源 人工创造的种质资源是指上述本地与外地资源以外，应用杂交、引变及生物技术等方法所获得的种质资源。

第二节 品种分类及标准

根据《中华人民共和国植物新品种保护条例实施细则》（1999年国家林业局发布），品种应具备新颖性、特异性、一致性和稳定性的界定，即品种应具特有的形态特征和生物学特性，有明显的经济性状且遗传性状稳定的植物群体，对于采用营养繁殖的银杏，实际上就是来自一个实生单株的无性系群体或是一个芽变繁殖后形成的群体。

据中国银杏发展阶段，尤其是良种选育不断深化，早在20世纪30～40年代的一些品种及农家品种已不复存在，据近20年的中国银杏良种选育研究成果、品种专利、公开发表的著作、论文集及论文，现将我国银杏品种、优系或优株三个层面加以表述，以求真实可靠。

一 品种分类

与其他干果不同，银杏集果树、林木、食用、药用、观赏于一体。品种类型的划分与其利用目的有关。就目前为止银杏栽培品种可以分成核用品种、叶用品种、雄株品种、观赏品种和材用品种5大类（邢世岩，2000；表1-1）。核用品种以生产白果为主，类似果树上的干果，是我国银杏栽培的主要经营目的。银杏叶用品种要求叶子质量好、产量高。观赏品种则以绿化、美化及观赏为主。雄株品种类

表1-1 银杏栽培品种类型划分

栽培品种类型	代表种（群）
核用品种	‘家佛指’、‘马铃3号’（‘魁铃’）、‘大金果’、‘洞庭皇’、‘大梅核’、‘海洋皇’
叶用品种	实生叶用品种（群）、高产叶用品种（群）、优质叶用品种（群）
观赏品种	‘叶籽’银杏、‘斑叶’银杏、‘多裂’银杏、‘垂乳’银杏
雄株品种	长花期雄株、富粉雄株、优质雄株
材用品种	‘塔形’银杏、‘轮枝’银杏、‘窄冠’银杏

似果树上的授粉树。银杏雌雄异株，雄株品种对核用品种的早实、丰产有重要意义。材用品种则以培养木材为主而栽培的银杏。银杏栽培品种类型的划分对于银杏栽培标准化、品种化有重要意义。

核用品种作为中国特有的栽培品种，不仅资源丰富，而且中国也是世界上最早对其分类的国家。1935年曾勉在对浙江诸暨银杏调查的基础上，根据银杏种核大小、形态等指标首次将核用品种划分为梅核、佛手和马铃3类，这3类的主要特征如下：

① 梅核银杏类
——Plum-stone shaped ginkgo

大梅核—大梅核状；棉花果—常常双胚；南汇无心—无胚；算盘果—果实算盘珠状；桐子果—果似桐子；细梅核—小梅果状；圆珠—圆珠形（包括大圆珠、小圆珠和鸭屁股圆珠）

② 佛手银杏类
——Finger citron shaped ginkgo

长柄佛手、大佛手、洞庭皇—果大、佛指、橄榄佛手、家佛手、碾槌、尖果佛手、金果佛手、卵果佛手、小佛手、圆底佛手、枣子佛手

③ 马铃银杏类
——Horse’s-bell shaped ginkgo

大马铃、龙眼、黄皮果、绿皮果、小马铃、中马铃

（1）**梅核类**（*Ginkgo biloba* L.cv. ‘typica’ Tsen.）* 果圆形或近心脏形，顶端平或微凹入；核卵形或广椭圆形，略扁，两面不对称，间或上下端对称，两侧棱线距基部较近，呈翼状。主要代表种有大梅核、细梅核、桐子果、鸭屁股圆珠、棉花果等。

（2）**佛手类**（*Ginkgo biloba* L.cv. ‘huana’ Tsen.） 果长圆形或椭圆形，上方尖或钝，顶端平或微凹入，果蒂基部弯向一侧；核形多狭长而尖，具棱线，但无明显的翼。形体饱满，味甘美，最受市场欢迎。主要代表种有长柄佛手、大佛手、洞庭皇、家佛手、金果佛手等。

（3）**马铃类**（*Ginkgo biloba* L.cv. ‘apiculata’ Tsen.） 为佛手、梅核中间型，果似梅核而核似佛手类。果中等大，顶端明显凸起，且具小尖头；核虽有棱，但翼不明显，核长大于宽，侧棱不明显。主要代表种有大马铃、黄皮果、青皮果等。

曾勉该分类方法直到1983年才被国外学者承认并引用。Santamour作为美国著名的遗传学家在1983年引用曾勉品种分类情况是：

1991年，日本山形县绿化所的今野敏雄，也发表论文，并对中国的45个品种进行公开发表，以示国际上公认。其中主要的25个品种是‘卵果佛手’、‘长柄佛手’、‘皱皮’、‘无心’、‘大白果’、‘金坠子’、‘圆头’、‘眼珠子’、‘枣形果’、‘佛指’、‘野佛指’、‘龙眼’、‘蝙蝠子’、‘七星果’、‘糯米白果’、‘小白果’、‘大梅核’、‘小梅核’、‘桐子果’、‘棉花果’、‘大马铃’、‘大圆铃’、‘橄榄果’、‘青皮果’、‘葡萄果’。此外有：‘金果佛手’、‘尖果佛手’、‘小佛手’、‘中马铃’、‘细马铃’、‘猫头佛眼’、‘李子果’、‘算盘果’、‘圆底果’、‘黄皮果’、‘大茶果’、‘茶果’、‘大核果’、‘米果’、‘中果’、‘大药果’、‘小药果’、‘高升果’及‘槌子把’。

1960年，曾勉在《太湖洞庭山果树》一书中，将洞庭山银杏分为圆珠和佛手两类，共计有‘大佛手’、‘小佛手’、‘洞庭皇’、‘大圆珠’、‘小圆珠’、‘鸭屁股圆珠’等6个品种。张勔新（1960）在《中国主要果树图说》中引用了曾勉观点，并描述了佛手类5个品种、梅核类2个品种和马铃类3个品种，并认为中国银杏品种繁多、有待进一步考证。1964年，左大勋等在《江苏果树综论》中把江苏品种分成长核形和圆核形两大类。主要有‘大佛手’、‘小佛手’、‘洞庭皇’、‘圆珠’、‘南汇无心’、‘佛指’、‘龙眼’等。

由曲泽洲等主编的《中国果树栽培学》（1987），对梅核类记载了‘大梅核’、‘桐子果’、‘棉花果’、‘算盘果’；佛手类有‘家佛指’、‘野佛指’、‘洞庭皇’、‘卵果佛手’、‘金果佛手’、‘圆底佛手’、‘枣子果’；马铃类有‘大马铃’、‘中马铃’、‘青皮果’和‘黄皮果’，共计15个品种。1983年，由郑万均主编的《中国树木志》将中国银杏品种总结为‘洞庭皇’、‘小佛手’、‘鸭尾银杏’、‘佛指’、‘卵果佛手’、‘圆底佛手’、‘橄榄佛手’、‘无心银杏’、‘大梅核’、‘桐子果’、‘棉花果’、‘大马铃’，共计12个品种。

1989年，江苏农学院何凤仁在前人工作的基础上，从栽培角度，采用综合分类法，即据种核的外形和某些遗传特性将核用品种分成长子、佛指、马铃、梅核和圆子5类（表1-2）。

（1）**长子类** 核体特长，下部呈锥形，长:宽为2:1，似长橄榄形。代表种有‘橄榄果’、‘枣子果’、‘长白果’。

（2）**佛指类** 核长卵圆形，顶端有尖为佛手，无尖为佛指，核长:宽为1.5:1。代表种有‘长柄佛手’、‘泰兴佛指’、‘七星果’、‘洞庭

表1-2 银杏五大类群种实种核特征（邢世岩整理，1997）

识别点	长子类	佛指类	马铃类	梅核类	圆子类
果形	长橄榄	长卵圆	马铃状	近圆或广椭圆	圆球形
核形	长橄榄	长卵圆	广卵圆	长椭圆似梅核	圆形
核长:宽	2:1	1.5:1	1.2:1	1.2:1	1:1
顶端	秃尖	凸、凹、平	尖或凸	具小尖但不凸	尖或凸、凹
基端	秃尖	两束迹近或合二为一	两束迹宽大，间石质相连似鸭尾状	两束迹小而近，合生间石质相连	两束迹大且明显，间距大或合二为一
长宽线交点	中点正交	交于长线上1/3	交于长线上或下2/5处，上大下小或反之，上下间有一隐约可见的线，下半部比佛指宽而短	中线正交将核分成四象限，弧线略拔，上下形状无别，中隐线稍显	中线正交并分成四象限，边缘弧形，上下形状无别
侧棱	明显但不成翼	上明显，下不明显	明显，种核宽处棱边宽呈不明显翼状	上下均明显，但不呈翼状	上下明显，中部宽处有翼
背腹	肥厚相同	均饱满	厚度同，有时背圆而厚，腹略扁	背圆，腹稍平，核略扁	核较圆胖，或背圆厚腹平

注：*曾勉原初为var. 应改为cv.

皇’、‘大金坠’、‘新宇’（‘金坠1号’）等。

（3）**马铃类** 种实似马铃状，核广卵圆形，中隐线明显，核长:宽为1.2∶1。代表种有‘大马铃’、‘魁铃’（‘马铃3号’）、‘海洋皇’、‘青皮果’、‘黄皮果’、‘桐子果’等。

（4）**梅核类** 果圆形，核外形似梅核。核长:宽为1.2:1，核扁有翼。代表种有‘大梅核’、‘李子果’、‘棉花果’等。

（5）**圆子类** 果和核均为圆球形，核体胖，长:宽为1∶1。代表种有‘大龙眼’、‘团峰’（‘圆铃6号’）、‘葡萄果’、‘算盘果’、‘眼珠子’等。

山东省银杏核用品种主要有马铃类，代表种‘马铃3号’；佛指类，代表种‘金坠1号’；圆子类，代表种‘圆铃6号’；梅核类，代表种‘大梅核’（邢世岩，1997）。

林协（1994）认为浙江主要有①佛指类：代表种有‘大佛手’、‘中佛手’、‘小佛手’等。②梅核类：代表种有‘马店大梅核’等。③马铃类，代表种有‘庙后大马铃’等。

史继孔（1997）认为贵州有五大类：①长子类银杏：属于此类较少，仅发现‘ZA-4号’一种。②佛指类银杏：属于此类的有‘长白果’、‘长糯白果’、‘小黄白果’、‘GY-15号’、‘T-20号’。③梅核类银杏：‘GY-2号’、‘GY-5号’、‘GY-11号’、‘GY-17号’、‘T-20号’。④马铃类银杏：此类目前仅发现一种，即‘猪心白果’。⑤圆子类银杏：‘圆白果’、‘GY-3号’、‘GY-8号’、‘GY-9号’、‘GY-13号’、‘GY-14号’、‘GY-21号’。

安徽省有五大类，即：①佛手类：大茶果、小药果、佛指果、佛手籽。②梅核类：梅核果、大药果、九月寒、梅核籽、大鸭果。③马铃类：茶果、中马果、马铃籽。④长籽类：米果、小米果。⑤圆籽类：大核果、迟核果、大圆籽、小圆籽（关传友，1998）。

湖北省主要有：①马铃类：糯性强、味甜；子粒（种核）大或中等，每千克264～406粒，也有每千克582粒的小粒型单株；出核率22.9%～32.4%，出仁率70.1%～82.4%。多属早、中熟类型。②梅核类：糯性中等、味甜；子粒大或中等，每千克268～422粒，也有每千克510粒的小粒类型；出核率20.5%～30.0%，出仁率76.3%～82.7%。多属中、迟熟类型。③佛手类：糯性、味甜；子粒中等大小，每千克358～428粒，也有每千克594粒的小粒类单株。出核率24.9%～29.1%，出仁率76.1%～77.8%。多属早熟类型。④圆子类：粒小，每千克400～554粒（陈晓云等，1992）。

广西主要有三大类（李寿兴等，1983），即：①梅核银杏类。②佛手银杏类。③马铃银杏类。具体见表1-3。

二　品种分类标准（邢世岩，1997）

（1）**核用品种** 目前我国核用品种尚无统一标准。山东主要是以“大粒、早实、丰产、质优”为选种目标。具体要求是单核重3g以上；2～3年砧木苗经嫁接后3～4年结果，10年生树株产10kg以上，盛果期大树30kg以上。种壳薄、种仁饱满、微甜、糯性强、浆水足耐贮藏并有丰富的淀粉、脂肪、蛋白质及其他矿质营养。抗病虫、适应性强（表1-4）。

（2）**叶用品种** 优质的叶用品种以叶片大、肥厚、浓绿、萌芽率高、发枝力强、节间短、短枝多、产量高、质量好为宜。定型的单叶面积能达到30～40cm^2，2年生实生苗最大叶面积可达174～196cm^2。3年生实生苗，亩栽3000株，年产干叶250kg。此外，叶子的黄酮和内酯含量要高（表1-5）。

（3）**观赏品种** 观赏品种主要通过叶形、叶色、树形、分枝、冠形、长势等加以分类。叶形有二裂、三裂、多裂、扇形、三角形、筒形和全缘；叶色包括浓绿、黄色、金黄、黄绿相间；冠形包括椭圆、伞形、纺锤形、窄冠形、塔形、圆柱形；干形包括圆满通直、低矮分枝、丛生形；分枝包括成层性强、分布均匀、分枝多（表1-6）。

（4）**雄株品种** 雄株品种也称授粉树。良好的授粉树应具备花期长、花粉量大、花粉活力

表1-3 广西灵川核用品种类型果实性状 （李寿兴，1983）

类别	品种	种实									种核								出核率(%)
		果形	纵径(cm)	横径(cm)	果面	果顶	果基	果蒂	果柄长(cm)	单果重(g)	核形	纵径(cm)	棱横径(cm)	面横径(cm)	核顶	核基	核棱	平均核重(g)	
梅核银杏类	‘大梅核’	圆形	2.9	2.9	白粉少	凹	微凹	较小近圆	3.1	14.9	短卵圆形	2.2	1.9	1.5	微尖	有两小凸	不明显	2.9	19.4
	‘棉花果’	近圆	3.0	2.8	果点稍隆	有浅沟	微凹歪肩	卵圆	3.8	12.9	卵圆三棱	2.2	1.7	1.4	广圆无凸	两个小凸	明显	2.7	21.0
佛手银杏类	‘家佛手’	长广椭圆	2.8	2.5	白粉多	微凹	平或微凹	近圆	4.0	9.2	卵圆	2.2	1.6	1.4	圆钝微尖	微凸	微具翼棱	2.5	27.5
	‘洞庭王’	椭圆倒卵	3.4	2.7	白粉多	微凹	平歪肩	近圆	2.9	13.4	长倒卵形	2.7	1.6	1.4	尖有小凸	鱼尾状凸	下部不显	2.8	20.5
	‘卵果佛手’	卵圆	2.6	2.3	白粉厚	微尖	平或微凹	近椭圆	2.4	8.2	椭圆三棱	2.1	1.5	1.3	钝尖	钝尖	中上明显	1.9	23.8
	‘长柄佛手’	椭圆倒卵	3.1	2.6	蜡粉较厚	浅陷	微凹	近圆	5.6	11.8	长倒卵形	2.5	1.5	1.3	有小尖	狭长	不明显	2.3	19.4
	‘圆底佛手’	椭圆	2.7	2.1	有白粉	微尖	凹入	近圆	3.6	7.6	纺锤形	2.3	1.3	1.2	有小尖	有短钝凸	不明显	1.8	23.8
马铃银杏类	‘青皮果’	近圆	2.5	2.2	白粉多	微凹	稍歪	近圆	3.4	7.1	椭圆	1.9	1.4	1.2	有小尖	有小尖	不明显	1.5	21.8
	‘黄皮果’	心脏形	2.6	2.3	有白粉	微尖	微凹	近椭圆	3.2	8.8	卵圆	2.2	1.6	1.3	小尖略凸	乳头状凸	下部不显	2.1	23.8

表1-4 银杏核用品种的标准及内容

编号	内容及标准	要求
1	单核重>3.0g，种核数/0.5kg<167粒	粒大
2	一级种核率95%～100%	均匀
3	出核率>26%～28%	皮薄
4	出仁率>80%	饱满
5	高接后2～3年结果，3～4年生苗木接后3～4年结果	早实
6	母树株产>30kg，每平方米树冠投影面积负载量>1.3kg，每平方厘米主干截面积负载量>20g。接后5年株产0.35kg，10年株产10kg，亩产分别达39kg和 1000kg	丰产
7	5年内种实产量变异系数<15%	稳产
8	7月下旬～8月中、下旬成熟	早熟
9	淀粉和总糖含量分别达40%和2%以上	香甜
	蛋白质和脂肪含量分别达6%和3.5%以上	糯性强
10	抗病虫、耐污染、耐低温和干旱	适应性强

表1-5 银杏叶用品种的标准及内容

编号	内容及标准	要求
1	3年生枝段成枝力>50%	长枝萌发力强
2	每米长枝上的短枝数>35个，节间长度<3cm	节间短、短枝多
3	新梢年生长量50～100cm	生长量大，树冠扩大快
4	主干萌芽力强、发枝多、复干多	耐修剪和平茬
5	单叶面积50～100cm^2	叶大多裂
6	单叶鲜重2g、每100cm^{2}叶重4g以上	叶色浓绿、肥厚
7	3年生实生苗0.4m×1.0m密度，亩产干叶125kg以上 3年生品种苗0.4m×1.0m密度，亩产干叶175kg以上	产量高
8	银杏叶黄酮甙含量>2.0%，银杏苦内酯含量>0.2%～0.5% 银杏叶提取物含黄酮甙24%、萜类>6.0%，银杏酸<100mg/L	质量好
9	抗病虫、耐污染、耐低温和干旱	适应性强

高、亲和力大等特点（表1-7）。

（5）**材用品种** 材用品种要求速生、丰产、优质。10年生树高大于5m、胸径大于5cm；材积每亩*3.3m^3，平均每年每亩生长量0.33m^3；30年生树高18～20m、胸径35～40cm；材积每亩20m^3，平均材积生长量每年每亩达0.67m^3。木材应具光泽、纹理直、结构细、易加工、不翘裂、耐腐蚀、易着漆、握钉力小、有特殊之香味等。经济用材出材率达80%以上，枝材、梢材占20%。要求干形圆满通直、分枝细、自然整枝好、生长健壮、病虫害少、抗性强。

注：* 1亩=1/15hm^2

第三节 种质资源的调查

我国土地辽阔，自然条件错综复杂，银杏栽培历史悠久，所以资源非常丰富。经过近20年的努力，尽管对我国银杏种质资源有了一定了解，个别主产区已编写了《银杏志》，但某些省（区）的银杏种质资源仍不十分清楚，因此，应首先进行全国范围银杏资源调查，主产区应进行品种资源复查；其次应对奇特种质资源进行普查和登记，如叶籽银杏、雌雄同株银杏、复干银杏等，尤其是对100年以上的古树应进行详细调查。银杏种质资源调查内容包括：

一 地区情况的调查

包括社会经济和自然条件两方面，后者包括地形、气象、土壤、植被等。

二 银杏概况的调查

包括栽培历史和分布，种类和品种，繁殖方法和栽培管理特点，白果的生产供销和利用情况，以及银杏生产中存在的问题和对品种提出的要求。

表1-6 银杏观赏品种选育标准

性状	选种标准
（1）观叶品种	
叶形	二裂、三裂、五裂、多裂、掌状裂、筒状叶
叶色	浓绿、黑绿、亮绿、金黄、黄斑叶、金丝
叶大小	大叶、中叶、小叶
（2）观形品种	
树形	塔形、直干形、矮化形、复干形（丛生形）
冠形	伞形、窄冠、垂枝形、圆头形、椭圆形、纺锤形、圆柱形、开心形
分枝	轮生枝、丛生枝、短枝型
长势	速生型、慢生型
（3）观果品种	
马铃类	大、中、小马铃
梅核类	大、中、小梅核
佛指类	大、中、小佛指
（4）稀有品种	
叶籽银杏、垂乳银杏、雌雄同株银杏、多代同堂银杏	

表1-7 银杏雄株品种的标准及内容

编号	内容及标准	要求
1	每米长枝上的短枝数>35个，节间长<3.0cm	节间短、短枝多
2	长枝年生长量50～100cm	长枝萌发力强
3	花期6～12天	传粉期长
4	每个短枝上有花>4～6个，每朵花有花药数>50～60个。 每个花药花粉粒数>1.7万个，出粉率>3%～6%	花粉量大
5	花粉发芽率>80%，失活期>30天	花粉活力高、耐贮运性强
6	与核用品种搭配授粉率及受精率85%～100%	亲和力大、配合力强
7	抗病虫、耐低温干旱	适应性强

三　品种代表植株的调查

（1）**一般概况**　来源、栽培历史、分布特点、栽培比重、生产反应。

（2）**生物学特性**　生长习性、开花结果习性、物候期、抗病性、抗寒性等。

（3）**形态特征**　植株、枝条、叶片、花、果实。

（4）**经济性状**　产量、品质、用途、贮运性。

四　标本资料的采集和制作

除按各种表格进行记载外，对叶、枝、花、果等要制作浸渍或蜡叶标本。根据需要对果实和其他器官进行绘图和照相，以及进行营养和药物成分的分析。

五　资源调查资料的整理与总结

根据调查记录资料，应该做好最后的资料整理和总结分析工作，如发现有资料遗缺不全的应予补充，有些需要加深调查的也可以及时充实。

六　核用品种调查记载内容

1. 品种名称

2. 来源

3. 产地及分布

4. 植株形态要点　(1) 树高（m）。(2) 树冠直径（m）。(3) 主干。①高度（m）；②粗度（m）；③色泽　浅褐，灰褐，灰；④剥裂程度　深，中，浅。(4) 树姿　直立，下垂。(5) 树形　圆头形，广卵形，尖塔形，圆柱形。(6) 长枝长度（cm），粗度（cm）；色泽。(7) 叶子。①形状。②色泽　浅绿，鲜黄，黄色斑纹。③大小　长（cm），宽（cm）。④缺刻　深，中，浅。⑤裂片　全缘，波状。⑥叶柄　长度（cm）；粗，中，细。(8) 花。①雄花　在1个短枝上的花序数目（个）；花序长度（cm）。②雌花　柄长（cm）；形状。

5. 果实性状　(1) 外形。①形状：圆形、扁圆形、椭圆形、广椭圆形、长圆形、卵形、倒卵形。②顶端：平、凹入、突起。③基部：平广、凹入。④大小：大、中、小。⑤颜色：淡黄、橙黄、有红晕。⑥果粉：厚、中、薄；无。⑦果梗：长度　长、中、短；弯曲度　微弯、平直；蒂盘　圆、椭圆。(2) 核。①形状　圆形，椭圆形，扁椭圆形，广椭圆形，长椭圆形，卵形，倒卵形，纺锤形，菱形。②顶端　圆钝，微尖。③顶点　有尖，无尖。④基部　平广，窄狭。⑤边缘　有翼，无翼。⑥大小　大，中，小。⑦颜色　白，灰白。⑧每kg平均数目（个）。(3) 核仁。①颜色　黄绿，绿。②饱满程度　饱满，中等，不饱满。

6. 生物学特性　(1) 物候期。①萌芽期（日/月）；②开花期（日/月）；③果实成熟期（日/月）。(2) 结果习性。①开始结果年限（年）；②短果枝着生雌花序数目（个）；③1个雌花序成果数目1个，2个等等；④短果枝台持续年限（年）。(3) 产量。单株产量（kg），单位面积产量（kg/666.7m^2）。(4) 抗逆性。①抗旱力　强，中，弱。②抗寒力　强，中，弱。(5) 耐贮能力。强，中，弱。

7. 化学成分分析 核仁淀粉含量（%），核仁含糖量（%），内酯及黄酮含量（%），脂肪及蛋白质含量（%）等。

8. 农业技术要点 （1）繁殖方法。实生，分株，嫁接，扦插。（2）株行距。株距（m），行距（m）。（3）施肥时期和方法。（4）脱粒方法。（5）贮藏方法

9. 品种评价

第四节 种质资源收集

一 种质资源收集的原则

为了更有效地利用种质资源，应该掌握以下几项原则：

①收集种质资源必须根据收集的目的和要求、单位的具体条件和任务，确定收集的对象，包括类别和数量。收集时必须经过广泛的调查研究，有计划、有步骤、分期分批地进行。材料应根据需要，有针对性地收集。

②通过各种途径，例如根据资源报道、品种名录和情况征询进行联系，也可以去现场引种，甚至组织采集考察队去发掘所需的资源。

③种苗的收集应该遵照种苗调拨制度的规定，注意检疫。材料要求可靠、典型、质量高。不论是种子、枝条、花粉或植物组织都必须具有正常生活力，有利于繁殖和保存。

④收集范围应该由近及远，根据需要先后进行，首先把本地品种中最优良的加以保存，其次从外地引种，逐步收集到一切有价值的、能直接用于生产的以及作进一步育种用的资源。

⑤收集工作必须细致周到、清楚无误，做好登记、核对，尽量避免材料的重复和遗漏。

二 种质资源收集的方法

为了使收集的资源材料能够更好地研究和利用，在收集时必须了解其来源、产地的自然条件和栽培特点、适应性和抗逆性以及经济特性。所有这些都是今后制订农业技术措施的重要依据。

关于资源材料的主要记载项目有：编号、种类、品种、征集地点、原产地、品种来历。其中征集地点的自然条件包括海拔高度、纬度、温度（年、月的平均温度，最高、最低温度）、雨量（年雨量、各月分布）、无霜期（初霜、终霜期）、土壤、地势。征集地点的栽培特点，品种主要的生物学特性、经济特性（树性、适应性、抗逆性、产量、品质、成熟期贮藏性、适宜用途等）、主要优缺点、群众评价和发展利用意见。

收集的资源材料，如为枝条，要用当地的砧木嫁接繁殖。至于实生的群体品种，尽可能选用优良单株的枝条。收集的时期一般是在繁殖的适宜时期，并且在收集前作好准备。现成的苗木则在正常的出圃时间收集，必要时可暂行沙藏保存。引入的种子材料要求成熟、充实、有高度生活力。

资源收集的数量，由于树种生长习性和营养面积大小的不同，通常根据保存的数量来确定。为了对引入材料进行选择，收集的枝条和育苗的数量应适当加多。

收集的种苗应具有高度的品种纯度和良好的种苗品质。在定植于种质资源圃时，必须品种正确，防止混杂。引种材料没有检疫性病虫害，尽量做到同名异种的材料不遗漏，异名同种的材料不重复。在繁育过程中要做好品种鉴定和苗木质量鉴定工作。

收集工作应有专人负责，做好从验收、保存、繁殖到定植的一系列工作，防止材料的差错或散失。每种材料要有标签，注明品种名称、征集地点和日期。在种苗收到后，应立刻进行检疫和消毒，并且防止品种混杂和标签散失，以及防止霉烂或干枯。

收集到的资源材料应列表登记。包括编号、种类、品种名称、在原产地的评价、研究利用的要求、苗木繁殖年月、收集人姓名等。

栽培品种非常多，不可能全部收集保存，就根据每一栽培品种所已知的多样化性状，分成若干类群，按每个类群特有的种质，选择代表品种加以收集保存，每一品种4株苗木或30个接穗以上。

第五节 种质资源基因库

种质资源的保存十分重要，只有做好种质资源的保存工作，才能为育种准备原始材料，为生产提供优良品种，并为研究银杏分类、起源、发生与演变提供条件。

一 种质保存的范围

保存种质资源需要花费大量的人力、物力和土地。为了合理地做好规划安排，就要根据各研究单位的任务来确定种质保存的范围。

银杏种质基因库应该保存的银杏种质资源有以下几个方面：①栽培品种中的古老品种和地方品种。②重要的具有优良性状综合的栽培品种、品系以及某些突变型。③奇特种质资源。

地方品种是指在简单的选择下形成的，长期在当地一定范围内栽培的原始品种，没有经过现代技术的改进。它存在某些明显的缺点，但另一方面它也具有某些可贵的特性。例如对当地生态条件的高度适应和对某些地区性病虫害的抵抗性，而且也适合于当地的生产条件和消费习惯。地方品种中还包括那些过时和零星栽培的品种，它们不能适合发展中的要求，将因新品种的普及而遭到淘汰，因此需要抢救保存。

重要的栽培品种、品系以及某些突变型，具有某些控制优良性状的基因组成或特殊种质。这些材料因为在生产中盛行栽培，不集中保存固然暂存也不致散失，但是为了比较研究，并建立种质丰富完善的种质库，也是不可缺少的部分，因此还有必要进行集中保存。尤其是一些新的品系和少数有价值的突变类型，如果不予选择保存就有可能在群体中散失。

二 种质保存的方式

银杏种质保存的方式，主要有就地保存、移地保存和离体保存3种。

（1）就地保存 就地保存是指在银杏生长所在地通过保护银杏原来所处的自然生态条件来保存银杏种质。种质就地保存主要有两个方面：一是适当地建立野生银杏的自然保护区，这是自然资源保存的永久性设施，是保存自然物种的基地。另一方面是要全力保护栽培古树和名木。这些古树名木都应方兴未艾保存原树，并进行繁殖，因为它们长期经历了自然选择的考验，大多是遗传基础较现有栽培品种更为丰富的类型或原始品种，具有研究利用和历史纪念的意义。

（2）移地保存 移地保存是指把整株种质迁离它自然生长的地方，移栽保存在植物园、树木园或树木原始材料圃等地方。根据有关部门任务的不同可以分工保存。

（3）离体保存 离体保存是指利用种子、花粉、根和茎等的组织或器官在贮藏条件下来保存。对于种质保存来说利用这种营养器官最为妥当，因为它具有原来母体的全部遗传物质。

三 种质基因库建立的方法

种质资源的保存，根据保存时所用的材料不同可以分为植株、营养体、种子和花粉等多种保存方式。但以采用植株种植保存并建立基因库最为妥当。

（1）种植保存 这种方法是将种质资源繁殖成苗木后定植到圃地长成植株的一种长久保存的方法。

种植保存时种质材料圃可分级分类建立。一般分为国家级、省（地方）级与基层三级，采取集中与分散相结合。目前，诸多产区已建立省级或基层基因库，建议建立国家级银杏种质基因库。

设置种质资源基因库的地点，可以根据几方面来考虑：①在一定的地区范围内有气候、土壤等生态条件的代表性，能够适于栽培在其所代表的地区内原产的栽培品种。②银杏栽培历史悠久，资源比较丰富，并且有良好的栽培基础以及设备条件。③气候变化比较稳定，银杏能正常生长发育。④地区范围内有银杏发展的土地条件和发展规划上的需要。⑤交通比较方便，有利于材料交流。

种植保存的基因库可以按核用、叶用、观赏类等进行分区。

基因库设置地点应在各方面具有代表性，土壤差异要小，栽种的株数应根据对育种资源的要求而定，既要有利于研究和保存，又不致占地过多。株行距以各品种盛果期的树冠大小为准，每品种一行，每5～10品种一组，原则上每个品种5株，重点品种保存数量可以适当加多，可以参照资源材料圃的任务斟酌决定。

资源材料经定植后，一切管理措施应结合当地的具体条件，尽可能满足不同品种的要求，务使资源材料能够良好地生长，能反映出它们的性状和特性，以便于作出正确的比较研究。

资源材料定植后，还要建立观察研究制度，以便按照一定的计划程序和要求来进行。记载项目应该根据研究利用需要而定，原则上要求少而精，明确而具体，这样才能便于分析整理，并提出切实可靠的研究结果。目前银杏资源的研究及开发利用已引起教学、科研和生产单位的重视。南京林业大学、江苏省泰兴市林业局、广西植物研究所、浙江林学院等单位都相继建立了一定规模的银杏种质资源圃，其中由南京林业大学主持，江苏省邳州市多管局、江苏省泰兴市林业局参加建立的“中国银杏种质基因库”，在全国规模最大，种质资源最丰富，为国内外学者开展银杏研究奠定了基础。曹福亮等于1998～2001年，从全国各地引进优良的栽培品种30个和近20年来国内外选育的新品种20个，共计50个，它们分别是：‘七星果’、‘邳州’、‘大马铃’、‘龙眼’银杏等。同时在浙江天目山、江苏吴县与泰兴、湖北神农架、重庆金佛山、贵州、福建武夷山、河南大别山、山东、广西等地，对各地的主要栽培品种、散生资源、古树资源进行了较为广泛的考察收集，采集雌雄株（包括一些野生、半野生种质资源）的枝条和种子700多份。采取嫁接繁殖的方法，在南京林业大学下属实习林场、南京林业大学银杏盆景园和江苏泰兴银杏种质资源圃等地建成了10hm^{2}的银杏种质资源圃。由苏明洲、宫玉臣、李登开等承担的山东省科委项目，在山东郯城清泉寺林场建立了含有100份核用品种的基因库。其基本情况是：①收集范围广，其中国内99份，日本1份。国内分布于5个省、15个县市、三大产区（江苏、山东、广西）占66%。②品类齐全，其中佛指类占34%，马铃类占34%，圆子类占12%，长子类占4%，梅核类占15%。并包括国内推广的著名品种（如‘灵川大佛手’、‘潮田大白果’、‘邳县大龙眼’、‘家佛指’、‘大梅核’、‘大马铃’、‘大金坠’等）和稀有品种（如‘扁金坠’、‘尖顶佛手’等）。③从树龄上看，500年以上生的占5%；100～499年生的占26%；50～90年生的占52%；49年生以下的占16%，母树树龄最小的为20年生。④母树嫁接树的占85%；实生树的占15%。由邢世岩、吴德军等承担的林业部“高黄酮甙银杏良种选育”项目共收集国内外叶用、雄株种质共计148份，其中雄株41份、雌株100份，奇特种质4份，2个不知性别。母树树龄大于（等于）100年的无性系有68个，其中100～300年24个，300～500年21个，500～1000年10个和大于（等于）1000年13个无性系。近十年来山东加大了果材兼用、雄株、观赏资源的收集和保存，先后在叶用、核用、材用及观赏品种创新方面取得较大进展（表1-8～表1-13）。

江苏省是我国建立银杏种质资源基因库较早的主产区，1987年初，开始建邳县银杏良种繁育圃，1990年10月开始营建银杏种质资源圃，到1999年收集品种（优系或优株）达82个，其中长子类30份，圆子类21份，佛手类12份，马铃类13份，梅核类6份，并与江苏省农科院合作承担

表1-8 银杏叶用及雄株资源收集和保存的种质主要生长指标（148份，其中雄株41份）

序列号	种源（产地）或引用名	性别	树高（m）	胸径（m）	树龄（年）	提供者
A231	湖南省东安1号	♀	16.0	0.30	32	宋开兵
A242	东安2号	♀	14.0	0.29	27	
A253	东安3号	♀	17.0	0.35	40	
A264	东安雄1号	♂	18.0	0.48	52	
B331	陕西省林科所	♀	12.2	0.26	32	郭俊荣
B342	杨陵	♀	15.5	0.40	40	
B353	周至	♀	9.5	0.82	600	
B364	周至	♂	15.8	0.38	40	
B405	长安县内苑乡内苑村	♂	18.0	1.37	300	孙广运
B416	长安县内苑乡	♀	11.0	0.52	300	
C371	浙江省丽水碧湖中学	♂	14.0	0.32	42	杜金根
C382	丽水中学	♂	15.0	0.29	43	
C393	浙江多胚大佛指	♀	20.0	0.92	100	
C0121*	诸暨大梅核4号（T6）	♀	5.4	0.09	15	皇甫桂月
C0132*	诸暨大梅核1号（T1）	♀	5.6	0.10	16	刘超
C0143*	诸暨大马铃1（T4）	♀	4.80	0.10	10	邢世岩
C0154*	诸暨马店大马铃（T2）	♀	4.7	0.09	10	
C0165*	诸暨梅核（T5）	♀	5.6	0.11	10	
C0176*	诸暨大马铃2号（T8）	♀	5.5	0.10	10	
C0187*	诸暨大梅核2号（T3）	♀	6.0	0.12	10	
C0258*	富阳大佛手8号特优树（F10）	♀	4.9	0.08	10	

（续）

序列号	种源（产地）或引用名	性别	树高（m）	胸径（m）	树龄（年）	提供者
C0199*	诸暨 T11号	♀	6.1	0.13	10	
C0241*	富阳大佛手5号 特优树（F9）	♀	6.0	0.10	10	
C0302*	诸暨 T12号	♀	5.9	0.09	10	
C0313*	诸暨 T17号	♀	5.88	0.10	10	
D421	福建省尤溪县中仙乡（‘佛手’）	♀	18.0	0.96	500	周良才
D432	尤溪县中仙乡（‘马铃’）	♀	16.5	0.95	400	
D443	福州芦山	♂	14.0	0.40	60	
E481	云南省滕冲沙坎	♀	30.0	0.58	500	舒相才
E492	滕冲新庄	♀	18.0	0.46	35	
E503	滕冲新庄	♀	20.0	0.50	50	
E514	滕冲临河	♂	20.0	0.38	35	
F521	四川省万源崔家	♀	7.0	0.25	20	何文华
F532	万源崔家	♀	14.0	0.40	25	
F543	万源崔家	♀	8.0	0.25	22	
F554	万源竹峪镇	♀	15.0	0.50	60	
F565	万源竹峪镇	♀	13.0	0.40	50	
F576	万源竹峪镇	♀	15.0	0.60	80	
G581	广西省灵川县海洋乡江尾村	♀	18.0	0.89	130	邓荫伟
G592	灵川县潮田乡华口村	♀	16.5	2.00	70	
G603	广西桂林林科所	♂	15.7	0.56	50	
H611	贵州省印江县[①]缠溪镇土坪村	♂	28.0	1.43	400	龙泽武
H622	印江县缠溪镇	♂	30.0	1.75	500	
H633	印江县朗溪镇甘龙村	♀	30.0	1.20	150	
H644	印江县朗溪镇	♀	28.0	1.10	150	
I711	湖北省安陆‘大梅核23号’	♀	15.8	0.46	60	彭日三
I722	安陆七星‘梅核64号’	♀	19.8	0.76	150	
I733	安陆中‘熟梅核46号’	♀	18.2	0.80	110	
I744	王义贞雄株	♂	22.7	0.83	600	
I038*	安陆‘大白果’	♀	5.90	0.10	10	皇甫桂月
J0201*	江苏省西山‘大佛手’（F1）	♀	5.98	0.09	10	刘超
J0222*	泰兴佛手优树（‘七星果’）(F6)	♀	6.20	0.11	10	邢世岩
J0233*	泰兴‘大佛手’老优树（F4）	♀	6.30	0.10	10	
J0214*	吴县东西洞庭两山‘洞庭皇’（F3）	♀	6.50	0.12	10	
J0265*	泰兴‘家佛指’	♀	5.60	0.09	10	
J0276*	邳县铁富乡‘马铃2号’（‘亚甜’）	♀	5.8	0.25	45	刘昌迎
J0287*	邳县铁富乡‘马铃3号’（‘宇香’）	♀	10.2	0.26	45	
J0298*	吴县西山‘大佛指’混号（F2）	♀	5.00	0.08	10	皇甫桂月
J0329*	‘泰兴大佛手’幼树（F5）	♀	4.90	0.08	10	刘超
J0331*	‘泰兴大佛手’（F15）	♀	5.01	0.09	10	
J0342*	‘泰兴佛手’（F18）	♀	5.70	0.09	10	
J0353*	‘泰兴佛指’（F51）	♀	5.62	0.10	10	
K951	安徽省宁国仙霞镇仙霞村	♀	15.0	0.37	150	李农根
K962	宁国狮桥阴山	♀	18.0	0.43	200	

注：① 印江县，全称印江土家族自治县。

（续）

序列号	种源（产地）或引用名	性别	树高（m）	胸径（m）	树龄（年）	提供者
K973	宁国仙霞东安村	♂	13.0	0.31	80	
K984	宁国青龙乡	♀	20.0	0.48	120	
K995	宁国手村乡白马村	♀	17.0	0.34	95	
L1011	江西省信丰县九渡	♀	18.5	0.76	100	肖琼潭
M11	山东省青岛崂山海法寺	♂	16.8	4.40	1,600	李延学
M22	青岛崂山	♂	30.0	3.24	1,600	
M33	青岛崂山	♀	10.4	1.94	1,000	
M64	沂源织女洞林场叶籽银杏	♀	25.3	1.02	400	王晋修
MA105	五莲县王世疃桃沟	♂	17.8	0.65	300	李平宜
MA116	五莲县王世疃桃沟	♀	20.8	1.00	300	
MA127	五莲县户部王家大村	♀	19.5	1.50	200	
MA138	五莲县王世疃桃沟	♂	21.0	0.82	100	
MA149	平邑县浚河林场	♂	12.0	0.15	32	乔元伟
MA151	平邑县海螺林场	♀	16.0	0.25	50	
MA162	平邑县天宝山林场	♀	16.0	0.30	30	
MA173	平邑县浚河林场	♀	15.0	0.40	32	
MA184	日照西湖镇大花崖	♀	27.0	2.35	1,000	杨常峰
MA195	日照西湖回龙观	♀	23.0	1.34	300	
MA206	日照虎山乡下寺村	♂	29.0	2.10	1,000	
M667	日照东港区白云寺	♂	18.0	0.54	100	刘彬
M218	蒙阴天麻林场	♀	25.0	2.10	1,300	伊树勋
M229	中山寺林场	♂	19.0	1.10	450	
M291	海阳盘石店盘石店小学	♀	14.0	0.40	50	李秀贤
M302	盘石店河北村	♀	9.5	0.25	25	
M313	招霓山林场	♂	11.0	0.24	26	
M324	招霓山林场	♀	12.0	0.23	25	
M465	泗水安山寺	♀	28.0	1.98	2,000	孟凡学
M47	安山寺	♂	20.0	0.92	800	
M656	枣庄峄城区	♀	22.0	1.00	500	沈泉清
M677	荣城夏庄镇古迹顶林场	♂	17.0	0.10	14	王洪斌
M688	崖西镇朱埠村圣水观	♀	18.0	1.00	400	
M699	崖西镇院东村	♀	15.0	0.60	300	
M701	崖西镇北崖西村	♀	14.0	0.60	40	
M752	济宁长沟镇白果树村	♀	16.0	2.20	1,000	杨同梅
M823	苍山神山镇西庄村	♀	20.0	1.50	300	苗全盛
M1004	邹平县西董镇南石村	♀	24.5	0.87	150	韩家山
M45	泰安灵应宫南	♂	18.61	1.02	420	邢世岩
M56	灵应宫北	♂	26.14	1.12	420	
M77	老君堂	♀	20.7	1.19	1,000	
M88	普照寺0011号	♂	26.0	0.97	200	
M99	普照寺0012号	♂	29.0	0.94	200	
M271	范镇小学（西）	♀	19.8	1.40	300	杨振立
M282	范镇小学（东）	♀	25.0	2.80	300	

（续）

序列号	种源（产地）或引用名	性别	树高（m）	胸径（m）	树龄（年）	提供者
M763	泰疗（T1）	♀	14.0	0.40	55	邢世岩
M774	岱庙0003号	♀	34.60	1.66	420	
M795	岱庙0004号	♀	27.7	1.37	420	
M806	玉泉寺0021号	♀	25.8	2.24	1,000	
M817	济南灵岩寺3号	♀	10.5	1.16	400	
M878	泰安岱庙0001号	♀	21.0	0.94	400	
M909	小天庭	♂	12.0	0.42	50	
M911	王母池	♂	21.2	0.65	100	
M932	三阳观	♂	18.1	0.69	100	
M943	扇子崖	♂	21.2	0.51	100	
M1034	树木园朴树旁	♀	15.6	0.56	45	
M1045	黑皮银杏	-	实生苗选出			
M1056	郯城花叶（斑叶）银杏007号芽变体	♂	37.0	2.30	2,200	
M0017	小埠乡吴桥	♀	19.0	1.73	450	樊纪欣
M0028	新村新一密植园	♂	10.5	0.36	65	邢世岩
M0039	王桥大汪东193号	♂	16.1	0.49	70	
M0041	新村黄村黄敬福院内	♂	22.0	0.55	50	
M0052	王桥王恒儒院内	♂	11.7	0.42	71	
M0063	王桥王纪争院内	♂	15.7	0.50	70	
M0074	新村官竹寺	♂	37.0	2.30	2,200	
M0085	港上樊岭小学	♀	21.5	1.25	500	
M0096	胜利乡南刘宅子	♂	20.5	1.95	1,000	
M0107	王桥王庆湘	♂	15.7	0.62	80	
M0118	王桥王绍进	♂	15.9	0.72	100	
M0409*	新村9号	♀	6.0	0.12	15	皇甫桂月
M0361*	新村银杏园202号	♀	10.0	0.62	30	刘超
M0372*	港上王桥306号	♀	20.0	1.90	95	邢世岩
M050	莱州10年生实生树（CK_0）	-	5.0	0.05	10	李忠岐
M0393*	郯城新村5号	♀	5.6	0.08	10	
M0424*	‘郯城16号’新一村	♀	6.2	0.10	10	
M0445	归义乡归义村大银香（45号）	♀	22.0	0.85	300	樊纪欣
M1026	店子乡大梅核	♀	21.5	0.89	350	
M057	新村于村‘金坠1号’	♀	12.2	0.37	100	皇甫桂月
M068	重坊东高庄‘马铃3号’	♀	9.2	0.34	100	邢世岩
M079	重坊管区大院老和尚头	♀	18.6	0.71	100	
M141	王桥‘大龙眼’	♀	17.6	0.61	100	
M152	重坊大金果	♀	11.8	0.32	80	
N101*	日本　‘藤久郎’（A）	♀	4.0	0.10	7	
N112*	‘金兵卫’（B）	♀	3.5	0.08	7	
N123	‘黄金丸’（C）	♀	4.0	0.07	7	
N134*	‘岭南’（D）	♀	4.0	0.10	7	

Note：“高黄酮武银杏良种选育”是由原国家林业部1996年下达并由山东农业大学、山东省林业科学研究所、山东郯城银杏良种繁育场、莱州小草沟银杏良种基地、山东药乡林场共同承担。2000 年12 月9 日在山东莱州召开了现场鉴定会，成果达到国际先进水平，2001年获山东省科技进步二等奖。

表1-9 银杏主要优良核用品种资源及原株主要生长指标（29份）

品种号	序列号	种源（产地）或引用名	树高（m）	胸径（m）	树龄（年）	单核重（g）	提供者
1	A01	广西‘大马铃’	16.5	2.00	70	3.60	邓荫伟
2	A58	广西海洋‘海洋皇’	17.0	0.95	100	3.40	
3	A59	广西华口‘华口大果’	18.0	0.89	130	3.60	
4	B03	江苏吴县‘洞庭皇’	16.0	1.17	400	3.50	许靖生
5	B04	江苏泰兴‘家佛指’	19.0	0.79	52	3.10	
6	B08	江苏邳州‘亚甜’	10.8	0.30	50	3.16	刘昌迎
7	B09	江苏邳州‘宇香’	19.0	0.50	82	3.45	
8	C05	山东郯城‘金坠1号’	12.0	0.37	100	3.30	邢世岩
9	C06	山东郯城‘马铃3号’	9.2	0.34	100	3.97	
10	C07	山东郯城老和尚头	18.6	0.71	100	3.54	皇甫桂月
11	C14	山东郯城‘大龙眼’	17.6	0.61	100	3.14	
12	C15	山东郯城‘大金果’	11.8	0.32	80	3.56	
13	C16	山东‘郯城306’	19.0	0.60	90	3.56	魏恒福
14	C17	山东‘郯城111’	9.5	0.30	40	3.8	
15	C18	山东‘郯城107’	9.0	0.28	35	2.58	
16	C19	山东郯城‘马铃5号’	9.0	0.46	150	2.44	
17	CJ	山东郯城‘金坠13号’	15.0	0.76	80	2.85	
18	C20	山东泰安‘苦白果’	17.2	0.46	50	2.65	
19	D02	浙江富阳‘大佛指5号’	15.5	0.52	50	3.0	皇甫桂月
20	E73	湖北安陆‘中熟梅核46号’	18.2	0.80	110	3.3	彭日三
21	E71	湖北安陆‘早熟梅核23号’	15.6	0.72	70	3.2	
22	F25	湖南东安‘东安3号’	19.5	0.72	600	3.3.	宋开兵
23	G43	福建尤溪‘闽尤3号’	16.5	0.95	400	3.11	周良才
24	H48	云南滕冲‘滕冲1号’	30.0	0.58	500	3.50	舒相才
25	I98	安徽宁国‘宁国圆子’	20.0	1.10	120	3.0	李农根
26	J11	日本爱知县‘金兵卫’	—	—	160	3.75	皇甫桂月
27	J10	日本岐阜县‘藤久郎’	—	—	300	4.13	
28	J13	日本大分县‘岭南’	—	—	—	—	
29	J12	日本‘黄金丸’	—	—	—	—	

项目说明：银杏核用品种种质资源圃建在山东农业大学药乡实习林场。“银杏核用品种良种选育”是由山东省科技厅1996年下达，项目编号—961030802。项目由山东省林业局主管，并由山东农业大学、郯城县国有郯城苗圃、莱州市小草沟园艺场、郯城胜利乡赵楼银杏基地共同承担。2002年12月15日，进行了技术鉴定，成果达到国际先进水平。2005年获山东省科技进步三等奖。

表1-10　银杏核用基因资源收及集母树概况表（1995年定植，郯城清泉寺，苏明洲、宫玉臣、李登开等，1996。100份）

母树名称或编号	母树地点	树龄（年）	起源	树高（m）	胸围（m）	干高（m）	冠形	冠幅（东西×南北，m）	株产种核（kg）	备注
F6	浙江林学院内	40	实生	13.0	1.2	2.9	塔形	14.0×13.0	50.0	浙江林学院优树、长佛手、院内
F9	广西灵川县海洋乡	50	嫁接	15.0	1.4	2.6	圆头形	10.0×12.0	60.0	广西省优、漠川大佛手、谷地
F10	广西兴安县	50	嫁接	14.0	1.40	2.5	圆头形	11.0×11.0	60.0	广西省优、大佛手、谷地
F13	浙江省长兴县	70	嫁接	15.0	1.60	2.6	圆头形	13.0×14.0	160.0	浙江省优、长佛手、谷地
F15	江苏省太湖东山	80	嫁接	12.0	1.45	2.8	圆头形	14.0×15.0	200.0	江苏省优、大佛手、院内
F16	江苏省太湖东山	70	嫁接	13.0	1.30	2.4	圆头形	12.0×13.0	200.0	江苏省优、大佛手、院内
F18	江苏省泰兴刁埠镇	80	嫁接	15.0	1.60	2.8	圆头形	14.0×10.0	220.0	江苏省优、大佛手、院内
F51	浙江省诸暨	60	嫁接	12.0	1.40	2.3	圆头形	8.0×10.0	120.0	江苏省优、家佛指、河边
T1	浙江省诸暨	80	嫁接	13.0	1.5	2.8	圆头形	10.0×11.0	130.0	浙江省优、大梅核、院内
T2	浙江省诸暨	85	嫁接	11.0	1.45	2.6	半圆头形	8.0×10.0	150.0	浙江省优、大马铃、乡政府院内
T3	浙江省诸暨	80	嫁接	12.0	1.40	2.8	半圆头形	9.0×9.5	160.0	浙江省优、大马铃、乡政府院内
T4	浙江省诸暨	100	嫁接	14.0	1.60	3.0	半圆头形	11.0×12.0	160.0	浙江省优、园底佛手、道边
T5	浙江省诸暨	100	嫁接	14.0	1.55	2.8	半圆头形	12.0×12.0	140.0	浙江省优、大佛手、地边
T6	浙江省诸暨	80	实生	16.0	1.45	3.5	塔形	10.0×10.0	80.0	实生变异、橄榄佛手、院内
T8	浙江省诸暨	70	嫁接	11.0	1.26	2.8	半圆头形	9.0×8.0	60.0	著名品种、卵果佛手、地边
T11	浙江省诸暨	90	嫁接	13.0	1.40	3.0	半圆头形	11.0×10.0	100.0	著名品种、大梅核、沟边
T12	浙江省诸暨	80	嫁接	12.0	1.30	2.9	半圆头形	10.0×9.5	85.0	著名品种、大梅核、沟边
T17	浙江省诸暨	90	嫁接	13.0	1.40	2.8	半圆头形	11.0×12.0	100.0	著名品种、大马铃、地边
‘黄金丸’	日本									接穗采自郯城县苗圃
‘大佛手’	浙江省长兴县	90	嫁接	10.0	2.1			6.0×6.0	150.0	佛指类、单核重3.50g
‘大白果’	湖北省安陆市王义贞镇	80	嫁接	17.0	2.1	1.6	半圆头形	15.0×18.0	200.0	省优、大梅核、场园边
‘京山25’	湖北省京山县	100	嫁接	12.0	1.50	3.2	半圆头形	12.0×13.0	130.0	大粒品种、大马铃、地边
‘大白果’	广西省灵川县潮田乡	100	嫁接	13.0	1.40	3.0	半圆头形	12.0×12.0	140.0	大粒品种、大马铃、地边
‘大马铃3’	湖北省京山县	80	嫁接	13.0	1.30	2.8	半圆头形	11.0×11.0	160.0	大粒品种、大马铃、河边
‘梅核18’	湖北省京山县	90	嫁接	13.0	1.40	2.7	半圆头形	11.0×12.0	130.0	大粒品种、梅核、地边

（续）

母树名称或编号	母树地点	树龄（年）	起源	树高(m)	胸围(m)	干高(m)	冠形	冠幅（东西×南北，m）	株产种核（kg）	备注
‘梅核22’	湖北省京山县	80	嫁接	12.0	1.40	2.5	半圆头形	10.0×10.0	140.0	大粒品种、梅核、场园边
邳县‘大佛手’	江苏省邳州市港上乡	70	嫁接	12.5	2.16	2.6		9.3×9.1	60.0	尖顶佛手、稀有品种
邳县‘马铃2’	江苏省邳州市铁富乡	45		5.8	0.68	2.1		4.3×4.5	20.0	大马铃、单核重3.39g
邳县‘马铃3’	江苏省邳州市铁富乡	45		10.2	0.75	2.2		7.8×7.0	14.5	大马铃、单核重3.11g
邳县‘马铃4’	江苏省邳州市铁富乡	400		19.6	2.66	2.2		9.0×9.0	300.0	大马铃、单核重3.3g
邳县‘大龙眼’	江苏省邳州市白埠乡	60		10.4	0.85	1.7		8.5×11.0	18.8	圆子类、单核重3.06g
307	山东省郯城县港上镇王桥村	60	分层接	13.5	1.15	2.6	圆锥形	8.5×6.0	61.3	单核重2.11g
308	山东省郯城县港上镇王桥村	100	分层接	14.0	2.20	1.5	圆形	11.0×13.0	93.3	单核重2.43g
309	山东省郯城县港上镇后埝村	500	实生	21.5	3.93	2.1	圆形	20.3×17.3	200.0	马铃类、单核重2.07g
310	山东省郯城县港上镇后埝村	80	实生	13.7	1.42	3.1	圆形	11.5×13.0	75.0	马铃类
313	山东省郯城县港上镇后埝村	100	分层接	14.0	1.95	1.1	塔形	5.8×8.9	78.7	佛指类、单核重2.47g
314	山东省郯城县港上镇后埝村	60	劈头接	11.5	1.0	2.2	圆形	5.5×6.7	66.7	圆子类、单核重2.05g
317	山东省郯城县港上镇前埝村	50	劈头接	8.5	0.84	2.3	自然形	11.3×7.5	52.6	马铃类、单核重2.30g
319	山东省郯城县港上镇珩头二	60	劈头接	12.0	1.18	2.2	圆形	9.0×8.0	46.8	梅核类、单核重2.81g
322	山东省郯城县港上镇桑庄村	70	劈头接	12.2	1.05	3.0	圆形	9.0×9.0	37.5	梅核类、单核重2.64g
323	山东省郯城县港上镇桑庄村	70	劈头接	13.2	1.10	2.9	圆头形	11.0×10.0	61.3	马铃类、单核重2.41g
324	山东省郯城县港上镇桑庄村	120	劈头接	13.5	1.55	2.2	圆形		90.0	马铃类
401	山东省郯城县新村乡	25	嫁 接				圆头形		32.6	单核重2.97g
402	山东省郯城县新村乡新二村	40	劈头接				圆头形		43.4	单核重2.55g
姜‘大圆铃’	山东省郯城县港上镇姜庄村	100	嫁接	15.5	1.66	3.2	圆头形	11.0×10.0	125.0	圆子类
于村‘金坠’	山东省郯城县新村乡于村	100	平头接	12.2	1.16	3.4		3.4×9.2	43.0	佛指类、单核重3.30g
于村‘大马铃’	山东省郯城县新村乡于村	40	嫁接						58.0	马铃类
重坊‘大马铃’	山东省郯城县重坊镇	45	嫁接						46.0	马铃类
‘庆春1号’	山东省郯城县重坊镇西高庄	90	实生	15.0	1.26		开心形	9.0×8.0		
‘庆春7号’	山东省苍山县庄坞乡政府院	500		30.0	3.46		圆头形	25.5×25.0	350.0	

（续）

母树名称或编号	母树地点	树龄（年）	起源	树高（m）	胸围（m）	干高（m）	冠形	冠幅（东西×南北，m）	株产种核（kg）	备注
‘庆春8号’	山东省郯城县马头镇桑庄村	56			0.6		开心形	3.0×4.0		
A3-1	湖北省安陆市王义贞镇	80	嫁接	17.0	2.1	1.6	半圆头形	15.0×18.0	200.0	省优、大梅核、场园边
A3-2	湖北省安陆市王义贞镇	600	实生	22.0	3.2	1.8	半圆头形	25.0×30.0	360.0	市优、大马铃、宅旁场园边
A8	湖北省安陆市王义贞镇	200	实生	18.0	1.7	2.3	塔形	18.0×20.0	120.0	当地实生变异、大梅核、猪屋边
A8-1	湖北省安陆市王义贞镇	250	实生	21.0	2.1	2.4	塔形	20.0×22.0	150.0	当地实生变异、大梅核、猪屋边
A11	湖北省安陆市王义贞镇	200	实生	18.0	2.5	2.5	塔形	20.0×22.0	150.0	当地实生变异、大梅核、猪屋边
A13	湖北省安陆市王义贞镇	180	实生	19.0	2.9	2.4	塔形	22.0×24.0	100.0	当地实生变异、佛手、场园边
A14	湖北省安陆市王义贞镇	600	实生	23.0	2.7	2.6	塔形	26.0×28.0	220.0	当地实生变异、大梅核、场园边
A15	湖北省安陆市王义贞镇	300	实生	18.5	2.2	2.3	圆头形	18.0×20.0	200.0	当地实生变异、大梅核、场园边
A16	湖北省安陆市王义贞镇	560	实生	19.5	2.4	2.8	圆头形	21.0×23.0	250.0	当地实生变异、大马铃、路沟边
F1	浙江省天目山禅元寺	350	实生	18.0	2.3	3.2	圆头形	23.0×25.0	180.0	当地实生变异、长佛手、院内
F2	浙江省富阳	80	嫁接	15.0	1.3	1.4	圆头形	21.0×22.0	260.0	浙江林学院优树、原号为富阳5号
F3	浙江省长兴白埠镇	90	嫁接	17.0	1.4	1.6	圆头形	18.0×20.0	260.0	浙江省优、长佛手、谷地
F4	浙江省安吉县	50	嫁接	14.0	1.2	1.4	圆头形	15.0×18.0	200.0	浙江省优、大佛手、丘陵山麓
F5	浙江省肖山县	80	嫁接	15.0	1.40	1.6	圆头形	17.0×17.0	220.0	浙江省优、大佛手、丘陵山麓
005	山东省郯城县新村乡新一村	150	嫁接	9.0	1.45	1.8	开心形	8.4×8.4	50	马铃类、单核重2.52g
009	山东省郯城县新村乡新一村	100	嫁接	5.5	1.28	1.0	开心形	8.4×8.4	35	梅核类、单核重2.43g
013	山东省郯城县新村乡新一村	150	嫁接	8.0	1.20	2.5	分层形	8.0×6.7	40	佛手类、单核重2.60g
016	山东省郯城县新村乡新一村	100	嫁接	8.0	1.40	2.5	开心形	6.9×4.8	40	马铃类、单核重3.33g
101	山东省郯城县胜利吴卜坦村	30	劈头接	13.5	0.93	1.95	半圆形	9.6×9.6	98.5	梅核类、单核重3.59g
102	山东省郯城县胜利吴卜坦村	17	劈头接	7.6	0.66	1.7	半圆形	5.5×6.1	23.5	圆子类、单核重3.25g
104	山东省郯城县重坊镇铺里村	40	劈头接	9.7	1.03	3.0	扁圆形	8.0×9.0	65.0	马铃类、单核重3.00g
105	山东省郯城县重坊镇铺里村	100	劈头接	11.6	0.97	1.75	半圆形	9.0×8.0	51.5	圆子类、单核重2.51g
106	山东省郯城县重坊镇铺里村	60	劈头接	9.2	0.67	2.1	自然形	8.2×8.3	22.0	马铃类、单核重3.16g
107	山东省郯城县重坊镇铺里村	35	劈头接	9.0	0.74	2.2	自然形	5.0×6.0	31.0	马铃类、单核重2.42g

（续）

母树名称或编号	母树地点	树龄(年)	起源	树高（m）	胸围（m）	干高（m）	冠形	冠幅（东西×南北，m）	株产种核（kg）	备注
108	山东省郯城县重坊镇西高庄	80	劈头接	13.6	1.47	1.3	自然半圆形	9.8×10.5	75.0	单核重2.64g
109	山东省郯城县重坊镇西高庄	80	劈头接	9.6	0.79	2.7	圆锥菜	6.4×8.1	50.0	单核重2.85g
110	山东省郯城县重坊镇东高庄	50	嫁瓣	15.6	2.00	2.1	圆头形	14.0×14.0	205.0	马铃类
111	山东省郯城县重坊镇东高庄	40	劈头接	9.1	0.77	2.3	长圆锥形	6.1×5.9	47.6	佛指类、单核重3.69g
176	山东省郯城县重坊镇西高庄	60	嫁接	10.2	0.91	2.2	圆头形	7.2×6.2	53.4	
200	山东省郯城县新村乡新一村		劈头接				圆头形		48.5	单核重3.68g
201	山东省郯城县新村乡新一村	90	劈头接	10.7	1.35	1.9	开心形	10.6×9.9	107.6	佛指类、单核重2.87g
202	山东省郯城县新村乡新一村	23	劈头接	6.0	0.53	2.5	开心形	5.1×5.7	10.0	马铃类、单核重3.33g
203	山东省郯城县新村乡新一村	25	劈头接	7.6	0.52	1.75	开心形	5.5×4.8	10.8	佛指类、单核重2.78g
205	山东省郯城县新村乡新一村	60	劈头接	7.0	0.88	1.8	开心形	9.8×7.4	23.8	佛指类、单核重2.18g
207	山东省郯城县新村乡新一村	200	分层接	13.8	1.70	3.1	纺锤形	7.1×8.4	71.9	马铃类、单核重2.86g
210	山东省郯城县新村乡新一村	200	劈头接	9.7	2.08	0.8	开心形	9.4×9.2	53.8	佛指类、单核重2.84g
212	山东省郯城县新村乡新一村	200	劈头接	12.8	1.75	2.15	圆头形	8.8×10.2	56.3	马铃类、单核重2.64g
213	山东省郯城县新村乡新一村	200	芽接	10.8	1.17	2.2	圆柱形	8.2×8.0	36.2	马铃类、单核重2.19g
218	山东省郯城县新村乡新二村	70	劈头接	7.0	0.64	1.7	开心形	6.5×6.3	40.0	
219	山东省郯城县新村乡新三村	150	劈头接	9.8	1.17	1.8	开心形	7.5×10.2	43.8	马铃类、单核重2.64g
222	山东省郯城县新村乡新五村	60	劈头接	11.8	1.27	2.05	圆头形	9.8×10.0	65.0	梅核类、单核重3.55g
224	山东省郯城县新村乡于村	250	劈头接	12.9	1.61	2.1	圆头形	10.1×11.8	112.5	马铃类、单核重2.84g
231	山东省郯城县新村乡西滩头	50	分层接	16.5	1.51	2.5	圆头形	10.5×10.5		马铃类、单核重2.60g
301	山东省郯城县港上镇王桥村	90	分层接	15.5	1.50	2.6	塔形	13.7×12.7	63.3	圆子类、单核重2.86g
303	山东省郯城县港上镇王桥村	50	分层接	11.5	0.99	3.0	卵圆形	6.6×8.0	39.7	长子类、单核重2.16g
304	山东省郯城县港上镇王桥村	50	实生	11.8	1.06	2.2		8.2×8.0	65.5	马铃类、单核重2.37g
305	山东省郯城县港上镇王桥村	55	分层接	15.0	1.45	2.4	塔形	11.2×8.4	53.3	长子类、单核重2.66g
306-1	山东省郯城县港上镇王桥村	90	分层接	19.0	1.88	2.2	塔形	10.2×10.8	88.8	佛指类、单核重3.62g
306-2	山东省郯城县港上镇王桥村	90	分层接	19.0	1.88	2.2	塔形	10.2×10.8	88.8	圆子类

表1-11　银杏果材兼用基因资源收集概况表（1981年定植，郯城孙出口）

编号	地点	树龄（年）	树形	嫁接方式	主枝个数	干高（m）	树高（m）	干周（m）	冠幅	
									东西（m）	南北（m）
107	重坊埔里	35	自然形	劈头接	3	2.2	9.0	0.74	5.0	6.0
111	重坊东高庄	40	长圆锥形	劈头接	3	2.3	9.1	0.77	6.1	5.9
207	新村新一	200	纺锤形	分层接	8	3.1	13.8	1.70	7.1	8.4
306	港上王桥	90	塔形	分层接	9	2.2	19.0	1.88	10.2	10.8
317	港上王埝	50	自然形	劈头接	3	2.3	8.5	0.84	5.5	6.7
101	胜利吴卜坦	30	自然半圆形	劈头接	7	1.95	13.5	0.93	9.6	9.6
102	胜利徐卜坦	17	半圆形	劈头接	8	1.7	7.6	0.66	5.5	6.1
104	重坊埔里	40	扁圆形	劈头接	9	3	9.7	1.03	8.0	9.0
105	重坊埔里	100	自然半圆形	劈头接	4	1.75	11.6	0.97	9.0	8.0
106	重坊埔里	60	自然形	劈头接	4	2.1	9.2	0.76	8.2	8.3
108	重坊西高庄	80	自然半圆形	劈头接	3	1.3	13.6	1.47	9.8	10.5
109	重坊西高庄	80	圆锥形	劈头接	2	2.7	9.6	0.79	6.4	8.1
200	新村一		圆头形	劈头接						
201	新村一	90	开心形	劈头接	10	1.9	10.7	1.35	10.6	9.9
202	新村一	23	开心形	劈头接	4	2.45	6.0	0.53	5.1	5.7
205	新村一	25	开心形	劈头接	5	1.75	7.6	0.52	5.5	4.8
208	新村一	250	卵圆形	劈头接	8	3.2	11.3	1.05	8.0	8.0
210	新村一	200	开心形	劈头接	4	0.8	9.7	2.08	9.4	9.2
211	新村一	200	圆头形	劈头接	2	2.35	9.3	2.16	7.4	8.9
212	新村一	200	圆头形	劈头接	5	2.15	12.8	1.75	8.8	10.2
213	新村一	200	圆柱形	芽接	11	2.2	10.8	1.17	8.0	8.0
219	新村三	150	开心形	劈头接	3	1.8	9.8	1.17	7.5	10.2
222	新村五	60	圆头形	劈头接	2	2.05	11.8	1.27	9.8	10.0
224	新于村	250	圆头形	劈头接	11	2.1	12.9	1.61	1.01	11.8
227	新西鲍村	45	开心形	劈头接	4	1.9	8.5	0.86	2.4	8.3
229	新黄村	80	圆头形	劈头接	2	2.5	9.8	1.13	8.3	9.0
231	新西滩头	50	圆头形	棚接		2.5	16.5	1.51	10.5	10.5
300	港上王桥		塔形	棚接						
301	港上王桥	90	塔形	棚接	8	2.6	15.5	1.5	13.7	12.7
303	港上王桥	50	卵圆形	棚接	8	3.0	11.5	0.99	6.6	8.0
304	港上王桥	50	卵圆形	实生树	32	2.2	11.8	1.06	8.2	8.0
305	港上王桥	55	塔形	分层接	13	2.4	15.0	1.45	11.2	8.4
307	港上王桥	60	圆锥形	分层接	7	2.6	13.5	1.15	8.5	6.0
309	港上后埝	500	圆形	实生树	42	2.1	21.5	3.93	20.3	17.3
313	港上后埝	500	圆形	棚接	11	1.1	14.0	1.95	11.5	13.0
314	港上后埝	60	圆形	劈头接	9	2.2	11.5	1.0	5.8	8.9
318	港上于村	60	圆形	劈头接	7	2.2	12.0	1.18	11.3	7.5
319	港上于村	40	圆头形	劈头接	6	2.2	14.0	0.9	7.4	7.4
322	马头	70	圆头形	劈头接	4	3.0	12.2	1.05	9.0	8.0
323	马头	30	圆头形	劈头接	5	2.9	13.2	1.10	9.0	9.0
402	新村二	40	圆头形	劈头接						
403	新村政	25	圆头形	劈头接						

表1-12 中国叶籽银杏资源收集与保存及生长指标（26份）

序号	编号	来源	树高（m）	胸径（cm）	冠幅（m×m）	树龄（年）
1	YZ1	沂源织女洞林场1号	25	102.2	20.5×16.3	800
2	YZ2	沂源织女洞林场2号	19.7	68.8	10.3×12.1	800
3	YZ3	沂源燕崖乡白峪村	21.5	164	31.0×28.0	800
4	YZ4	沂源燕崖乡辉村	18.0	89.0	13.0×13.0	800
5	YZ5	沂源仲庄镇仲庄村沂河边	15	114	20.0×22.0	700
6	YZ6	沂源仲庄镇仲庄村油坊	21.5	215	16.5×12.5	1300
7	YZ7	沂源荆山园艺场	22.7	165	26.0×27.0	800
8	NS1	肥城市牛山资圣院1号	16.0	316	13.0×16.0	1000
9	NS2	肥城市牛山资圣院2号	20.0	100	18.0×15.0	1000
10	TD	济南塘豆寺	20	160	20.0×24.0	1400
11	WC	四川旺苍	26.0	150	11.3×12.5	130
12	WY	四川万源	30.0	150	11.0×13.0	300
13	DK1	湖南洞口	18.0	50	9.6×10.3	50
14	TG	山西太谷	24.0	80	15.0×15.0	300
15	DZ	河南邓州	18.0	105	20.2×22.5	1000
16	ZP	福建漳平	15.0	80	12.0×10.0	309
17	SM	福建三明	17.59	120	15.0×16.0	100
18	SX	陕西白河	42.0	213	35.0×35.6	1500
19	TC1	云南腾冲	13.5	102	5.0×6.0	300
20	TC2	云南腾冲	12.5	87	4.0×6.0	300
21	TC3	云南腾冲	12.0	74	3.0×2.0	300
22	HB	湖北安陆市	27.6	214	26.9×27.5	1040
23	GX1	广西兴安	25.3	102	20.5×16.3	500
24	GX2	广西兴安	12.5	66.8	11.0×11.5	80
25	GX3	广西兴安	11.5	64.0	10.0×11.5	80

表1-13 银杏国外种质资源收集及保存（1997年定植，18份）

序号	种源（产地）或引用名	性别	保存地	序号	种源（产地）或引用名	性别	保存地
1	法国‘塔形’银杏‘Fastigiata’	♂	药乡林场	10	法国‘特雷尼亚’‘Tremonia’	♀	药乡林场
2	美国‘圣克鲁斯’‘Santa Cruz’	♂	药乡林场	11	法国‘垂枝’银杏‘Pendula’	♂	药乡林场
3	美国‘费尔蒙特’‘Fairmount’	♂	药乡林场	12	法国‘筒叶’银杏‘Tubifolia’	♀	药乡林场
4	法国‘展冠’银杏‘Horizontalis’	♀	药乡林场	13	美国‘萨拉托格’‘Saratoga’	♂	药乡林场
5	美国‘金兵普林斯顿’‘Princeton Sentry’	♂	药乡林场	14	法国‘雄峰’‘Male’	♂	药乡林场
6	美国‘金秋’‘Autumn Golden’	♂	药乡林场	15	日本‘藤久郎’	♀	药乡林场
7	日本‘叶籽’银杏‘Ohatsuki’	♀	药乡林场	16	日本‘金兵卫’	♀	药乡林场
8	英国‘垂乳’银杏‘Tit’[‘Chichi’(Icho)]	♂	药乡林场	17	日本‘黄金丸’	♀	药乡林场
9	荷兰‘莱顿’‘Leiden’	♂	药乡林场	18	日本‘岭南’	♀	药乡林场

了“银杏种质资源圃建设及种质资源收集、保存、利用”项目(1998)。马连宝等(2002)认为，‘安徽大龙眼’、‘铁富马铃4号’、‘苏农佛手’、‘长兴2号’、‘长兴1号’、‘桂林2号’、‘大马铃’(‘绿仁’)、‘湖北1～5号’表现较好。

江苏泰兴市自1985年开始建良种采穗圃，1996年始建泰兴市银杏种质资源圃，并优化出‘大佛指’、‘七星果’、‘扁佛指’、‘龙眼’等10余个优良品种。泰兴市银杏种质资源圃，占地近百亩，现存有全国各地的银杏品种(单株)134个，为全国最大的银杏种质资源基因库，是南京林业大学、扬州大学的试验基地、新术示范推广基地。近几年来，该圃着力繁育优质银杏苗——‘泰兴大佛指’，先后为全国各地提供了数10万株的优质嫁接苗。特别是‘泰兴白果’获得“原产地保护”称号后，该圃的嫁接苗更是供不应求，有力地拉动了银杏产业的发展。

(2)**花粉贮藏保存**　花粉贮存也是保存种质资源的简单而经济的方法，可以在很小规模下保存较大量的种质。对银杏雄株资源保存有重要意义。极端低温对许多植物花粉没有不良影响。与花粉生活力有关的环境因素主要是温度、水分和气压。通常降低其中的任何一个因素都能使花粉成活期延长。大多数花粉在0～-20℃的低温下，以及空气相对湿度在10%～30%时，能较长期地保持生活力。水分、温度、气压对花粉生活力都有影响，因此必须探索几个环境参数间有关的多因子试验，以求得花粉长期贮藏而能保持生活力的最适条件。近年来应用了花粉冷冻干燥法，成为花粉种质资源的一个有效保存方法。

(3)**枝条贮藏保存**　通常银杏育苗时插条和接穗也经临时贮藏以延长它的休眠期，但为期不长，主要是维持它再生长的适宜生理状态，以便在取用繁殖后能正常萌芽生长。通常是要求低温-2～2℃，并保持相对湿度96%～98%，不使营养体干燥失水。利用营养体长期贮藏保存银杏种质的场所称为营养系库(clonal archive)，它用于保存具有个体全部遗传特性的种质。用液态氮(-196℃)来冻结保存，是一种有效的贮藏方法。

(4)**组织培养保存**　随着组织培养技术研究的进展，近年来已研究利用植物组织来保存种质。它比利用植株或种子、花粉来保存种质具有许多优点和特殊应用价值。因为培养物可以在培养条件下生存，当有需要时就能繁殖再生为全植株。它的繁殖速度快、繁殖系数高，繁殖后在基因型上稳定，能表现出原品种的遗传特性，茎尖培养又可以产生和维持无病毒的材料。此外，这种方式还能在较小的场所保存大量的品种材料，而且所需保存费用低廉。

第六节 种质资源研究

从广义上讲种质资源研究内容包括：①基础研究：植物学性状、分类学、生理生化、细胞遗传学、生态学及地理分布等方面的基础研究。②经济生物学性状研究：丰产性研究、种实品质研究、越冬性研究、生育期研究等。③核型分析。④染色体显带。⑤同功酶分析。⑥种质资源评价等诸多方面。

邢世岩、吴德军等(2000)从收集的48个全国核用品种发现(表1-14)，马铃类共18种，占37.5%；梅核类15种，占31.3%；长子类1种，占2.1%；佛指类10种，占20.8%；圆子类2种，占4.2%。可见，我国核用银杏马铃类最多、其次为梅核、佛指类和圆子类，而长子类较少。此外，还有一些奇特的种类。马铃类、梅核又可分为大、中、小三类。作为划分银杏核用品种最主要的形态特征是种核类型、种核侧棱、背腹形状及是否有麻点。

江苏邳州市银杏科学研究所，自1989年建立银杏种质资源圃以来，从国内外共收集、嫁接92个品种类型，为了解这些品种在个体生长发育所表现出的规律，对其中1998年以前各年度收集嫁接的74个品种的干粗、树高、冠幅等生长进行测定，从测定的数据显示，胸径生长量较大的有‘铁马4号’、‘泰兴4号’、‘都城马铃1号’、‘鸭屁股’、‘盘县大白果’等；高生长较大的有‘泰兴4号’、‘湖北1～4号’、‘吴县小圆子’等，另从分年度收集嫁接的生长相比较，虽然砧木年龄相同，但是，早收集嫁接要比晚收嫁接的生长量大。进入20世纪90年代末、21世纪初，国内外银杏种实分子水平研究及良种数量遗传分析，不断深化，并取得较大进展。邢世岩等(2001)首次在《园艺学报》上报道了我国银杏50个核用品种种子数量性状遗传分析及多性状选择(山东省科委银杏核用品种选育资助)，湖南省安化县林业局，结合湖南省“九五”科技攻关项目“银杏优良种源、家系、无性系配合选择研究”发表了《我国银杏遗传变异研究之一——种核性状的群体间和种群间差异》。表明，遗传改良以在遗传变异丰富的群体内开展基因型选择最有前途。北京大学药学院的刘淑倩等(2001)通过银杏不同变异类型的RAPD指纹图谱分析证明，24个雌株和4个雄株类型分析表明，供试品种间遗传多样性水平较低，遗传相关较近。结论是，开发银杏种质资源时，首先任务是扩

表1-14　全国银杏核用品种种核形态特征(邢世岩、吴德军等，2000)

种源	品种	核形	顶端	基部	边缘	背腹	类别	仁口感
贵州	‘25号’	椭圆	有尖	平广	上3/5明显	均胖	中梅核	仁甜
	‘21号’	长形	渐尖	凸出连生	上3/5明显	均胖	中马铃	仁甜
	‘19号’	长椭圆	渐尖	呈二点状	上3/5明显	均圆	大马铃	微苦
	‘23号’	椭圆	渐尖	稍凸连生	上3/5明显	均胖	中梅核	仁甜
	‘26号’	长形	渐尖	连生一体	上2/5明显	均圆	中马铃	仁甜
	‘22号’	长形	渐尖	连生凸出	上4/5明显	均圆有点	中梅核	仁甜
	‘20号’	阔椭圆	有尖	连生凸出	上3/5明显	有麻点	大梅核	仁甜
	‘24号’	圆形	有尖	连生	上2/5明显	腹圆	中梅核	稍甜
湖北	‘23号’	长形	有尖	连生	上4/5明显	均圆、白	佛手-马铃	微苦
	‘64号’	长形	渐尖	连生	上3/5明显	均圆、有点	梅核	仁甜
广西	‘华口’	长形	渐尖	连生	上3/5明显	无点	佛手	微苦
	‘海洋’	长形	渐尖	连生凸出	上4/5明显	胖宽	马铃	微苦

（续）

种源	品种	核形	顶端	基部	边缘	背腹	类别	仁口感
四川	‘1号’	卵圆	有尖	二束连生	上4/5明显	圆厚	中梅核	仁甜
	‘6号’	长形	有尖	连生呈尾状	上4/5明显	圆、有点	中马铃	仁甜
	‘9号’	胖椭圆	渐尖	连生凸出	中上明显	均圆、有点	马铃	仁甜
	‘7号’	椭圆	渐尖	连生二点状	中上显	腹平背圆	梅核	仁甜
	‘2号’	椭圆	渐尖	连生一体	上3/5明显	稍胖	佛手	仁甜
	‘5号’	阔椭圆	有尖	连生一体	上4/5明显	中隐线明显	中梅核	微苦
	‘8号’	阔卵形	有点	连生	中上明显	中隐线显	梅核	仁甜
	‘3号’	阔椭圆	渐尖	二点状	上4/5明显	不显、有点	马铃类	稍甜
	‘4号’	大果形	渐尖	连生凸	呈翼状	有麻点	梅核类	不饱满、甜
湖南	‘DH_5’	椭圆	有尖	连生凸出	上明显	均圆	佛手	仁甜
	‘DH_4’	梅形	微尖	连生凸出	上明显	均平	梅核	微甜
	‘DH_3’	梅形	有尖	连生凸出	上明显	稍扁	梅核	微苦
	‘DH_2’	马铃形	渐尖	连生凸出	上明显	背圆腹平有点	马铃	微甜
	‘DH_1’	马铃形	渐尖	束三点状	上明显	扁背圆腹平	马铃	仁甜
广东	‘中马铃’	马铃形	微尖	连生凸出二点状	上2/5明显	胖圆	中马铃	微甜
河南	‘大马铃’	马铃形	微平	连生二点状	上明显	圆胖	马铃	微甜
安徽	‘1号’	阔倒卵	微尖	连生一线	上3/5明显	不明显	马铃类	稍苦
	‘2号’	圆形	纯尖	二点状	明显	圆胖	圆子	稍苦
	‘3号’	长形	微尖	二点合生	上1/2明显	圆胖	佛指	稍甜
	‘4号’	长子形	微尖	连生	上2/5明显	圆	长子	苦
	‘5号’	圆形	纯尖	连生	上4/5明显	均胖	梅形	甜
	‘6号’	卵圆	微尖	连生凸出	上1/2明显	胖圆	马铃	仁苦
浙江	‘胖梅子’	圆形	微尖	二束合生	上1/2明显	不明显	梅核	很甜
陕西	‘大马铃’	马铃状	微尖	二束合生	上1/2明显	均圆	马铃类	微苦
江苏	‘洞庭皇’	阔椭圆	具尖	二束合生凸	4/5处明显	均胖	佛手	微甜
	‘七星果’	阔椭圆	平尖	二点合生	上明显	扁、有点	佛指	微甜
	‘佛指15’	长形	平	二点合生	上2/5明显	均圆	佛指	苦
	‘佛指18’	长形	微尖	连生凸出	上明显	均胖	佛指	苦
山东	‘马铃3号’	阔椭圆	渐平	二束凸、稍歪	上4/5明显	均胖	马铃	甜
	‘大金果’	倒卵	渐锐	合二为一	上4/5明显	不明显	马铃	甜
	‘大龙眼’	圆形	渐尖	二点状	明显	圆胖	圆子	甜
	‘金坠1号’	广倒卵	微尖	束合生	上部明显	有别	佛指	甜
	‘5号’	长椭圆	微平	合二为一	上3/5明显	有点	马铃	苦
	‘9号’	短圆	微尖	合生	明显	胖	马铃	微苦
	‘老和尚头’	阔倒卵	微尖	二束明显	上3/5明显	胖	马铃	不苦
	‘金坠13号’	长形	尖	二束合生	上3/5明显	胖	佛手	不苦

* 48个品种，12个种源。

大银杏的自然变异率，并在此基础上，通过无性系选择方式，选育药用银杏新品种。陕西省西北林学院的毕春侠等（1998）通过对10个品种的过氧化物同工酶酶谱分析表明，发现不同品种的银杏在酶带及Rf值上存有差异，按酶带类型将10个品种分成4类。河南农业大学的苏金东等（1999）对我国42个品种13个性状的模糊聚类发现，可以分成5类。分类结果证明，同一类群并非与形态分类相符，即同一类群可能包括佛指类和马铃类。王建等（2000）证明，就银杏枝、花、种子在树冠上的分布格局来看，种子主要分布在距地面1.8～3.2m的冠层内，占总种量的51.3%。韩国的金守仁（1995）也对不同品种的染色体、核型进行分析，并发现不同品种存有较大差异。安徽农业大学的胡蕙露（1998）进行N^+离子注入银杏诱变相关育种效应的研究，结果表明，低能N^+离子注入引起银杏形态特征的变化：芽萌动时间提前，展叶率增加，成活率改善，开花数和开花枝增多，新梢伸长长度增加，结果明显提前，离子注入引起银杏有效成分黄酮含量与对照有显著差异。1992年，Weigel等指出LEAFr是一个花分生组织特征基因，LEAFr基因的大量表达可促进植物提早开花。浙江农业大学的张建业等（2002）对银杏LEAFr同源基因进行了成功分离和克隆，并比较了银杏雌雄株LEAFr基因的异同，为通过转LEAFr基因来培育童期较短的银杏良种奠定了基础。北京林业大学陆海、王沙生等（2001）利用PCR方法成功地从木本植物银杏基因组总DNA中扩增克隆得到本质部细胞特异性表达的富甘氨酸蛋白质基因（GRP1.8）的启动子，并克隆到pUC18载体中，与菜豆的序列比较发现，碱基同源性高达98%以上，除发现启动子特有的TATA box序列外，还发现在菜豆序列中所没有的GATAG碱基序列。该序列已在GenBank注册。陈鹏等对江苏4个优株种实产量及营养指标进行了详细分析（表1-15）。

表1-15 江苏省决选出的银杏核用优良单株的主要性状指标（陈鹏等，1997）*

优良单株	品种	单位主干截面积的种核产量(g/cm^2)	百粒核重(g)	种实可食利用率(%)	种仁的干物质含量(%)	种仁中粗蛋白含量(%)	种仁中淀粉含量(%)	种仁中支链淀粉含量(%)	种仁中直链淀粉含量(%)	种仁中可溶性糖含量(%)	核形指数	单叶面积(cm^2)
JG2	‘佛指’	33.08	250.7	22.04	41.97	5.00	56.28	50.87	5.41	9.23	1.67	11.87
JG8	‘佛手’	34.29	323.3	16.76	43.02	5.51	48.81	43.87	4.94	8.78	1.63	24.0
JG10	‘马铃’	33.04	310.8	23.11	44.89	6.04	56.93	52.42	4.51	8.65	1.32	20.24
JG12	‘龙眼’	34.18	287.4	18.64	43.65	6.55	54.99	49.58	5.41	8.83	1.17	17.50
平均		33.65	293.05	20.14	43.38	5.78	54.25	49.19	5.07	8.87		18.40
CK**		24.49	235.18	19.22	43.94	4.86	54.12	48.39	5.73	9.01		18.30

* 每一性状指标为连续5年测定结果的平均值； ** 为4个品种12株树的平均值。

第二章 银杏古树资源

古树，是指树龄在100年以上的树木。名木，泛指珍贵、稀有或具有重要历史、科学、文化价值以及有重要纪念意义的树木，也指历史和现代名人种植的树木，或具有历史事件、传说及神话故事的树木。此外近年来"古树后续资源"（potential resource of old trees）引起重视，系指树龄在80年以上100年以下的树木。"古树群"，根据全国绿化委员会、国家林业局颁布的《全国古树名木普查建档技术规定》指出，成片生长的大面积古树，划定"古树群"，纳入古树名木普查范畴。国家城市建设总局（82）城发园字第81号《关于加强城市和风景名胜区古树名木保护管理的意见》文件中确定："古树指树龄在百年以上的大树，其中树龄在三百年以上和特别珍稀或具有重要历史价值和纪念意义的古树名木定为国家一级，申报国家和省、市、自治区城建部门备案。其余古树名木为二级，报省、市、自治区城建部门备案。"古树名木的分级：国家一、二、三级。我国给定柏树类、白皮松、七叶树，胸径（距地面1.2m）在60cm以上，油松胸径在70cm以上，银杏、国槐、楸树、榆树等胸径在100cm以上的古树，且树龄在500年以上的，定为一级古树。柏树类、白皮松、七叶树胸径在30cm以上，油松胸径在40cm以上的，银杏、楸树、榆树等胸径在50cm以上的，树龄在300～499年的，定为二级古树。三级古树树龄在100～299年。但上海和北京均规定：一级古树树龄在300年（含300年）以上的树木。二级古树树龄在100年（含100年）以上300 年以下的树木。通常银杏古树界定为：树龄100年（含100年）以上或胸径大于等于100cm。稀有名贵树木则是指樱花、大叶黄杨、椴、腊梅、玉兰、柘树、木香、乌桕等树种。树龄20年以上的各类常绿树及银杏、水杉、银杉等胸径在25cm以上的，外国朋友赠送的礼品树、友谊树，有纪念意义和具有科研价值的树木，不限规格一律保护。其中各国家元首亲自种植的定为一级保护，其他定为二级保护。当然，不同的国家对古树树龄的规定差异较大。在西欧、北美一些国家，树龄在50年以上的就定为古树，100年以上的古树就视为国宝了。

本书银杏古树名木调查说明：生长地点：按照古树所在地，根据2009～2012年最新省-市-县-乡-村的行政区划，对"同树异地"、"同地异树"现象一一核对，将"县-乡-村"确定为古树生长地点。胸径：根茎以上离地面1.3m处的主干带皮直径。对于1.3m处有分干的单株，实测直径。注：①对于主干枯死或腐烂，测定残桩或根盘直径。②对于"五代同堂、四代同堂"等复干银杏，以母干胸径作为计量标准，否则以最大复干胸径作为计量标准，同时测定总复干胸围（胸径）。③对于1.3m处凹凸不平古树，实测东西、南北胸径，并求均值。性别：主要通过现场观察雌花和雄花发育确定性别，对于未见花器的单株，通过访问、树旁标志牌、论文、书籍等途径获取信息。雌雄同株分两种情况，一是原生雌雄同株；二是人工嫁接雌枝或雄枝形成的雌雄同株。树龄：目前大多古树年龄偏大。树龄分3种情况，凡是有文献、史料及传说有据的为"真实年龄"；有传说，无据可依的作"传说年龄"；"估测年龄"通过走访、参照数据类推估计。对于个别地区年龄低于100年的古树列为"后续资源"。树高：通过测高器测定。母干枯死的单株，以复干高度表示。冠幅：测定东西和南北树冠宽度，以树冠垂直投影确定冠幅宽度。此外，对生长势、古树特殊状况描述（包括奇特、怪异性状描述，如垂乳、双色银杏、垂枝银杏、树体连生、基部分杈、雷击断梢、根干腐等）、立地条件、权属、管护责任单位或个人、传说记载、保护现状等逐一调查。相关技术按照"全国古树名木普查建档技术规定（全绿字[2001]15号）"执行。

第一节 国外银杏古树

一 美国

银杏于1784年由英国引种到美国。最老的银杏树在费城，树龄约210年。最大且最美丽的一棵银杏在纽约海德公园内，这株树直径165.10cm，高25.91m。在美国已有20多个州栽植或研究银杏。美国对银杏长短枝发育、胚胎发育、雄株品种、营养繁殖、基生树瘤、组织培养、性型表达、银杏栽培、叶用成分及抗病虫机理等方面具有系统研究。

银杏原产中国，美国的Wilson认为银杏于6世纪由中国传入日本，但Li H-Lin(1961)等认为银杏由中国传入日本有待考证。有一点已经肯定，即银杏于1730年由日本引种到荷兰，1754年引入英国，1768年引入奥地利，1784年银杏首次由英国引入美国。在美国最初银杏被栽植在宾夕法尼亚的费城Hamiton私人庄园内。最初引种的这两株树目前树龄228年。1840～1882年期间，纽约的Sargent庄园引种了许多银杏树。在马萨诸塞坎布里奇原哈瓦德植物园有一株银杏雌株，目前仍枝繁叶茂。在美国沿华盛顿到波士顿的东海岸分布有许多树体庞大的银杏树，而费城的大银杏树最多。在肯塔基也有许多大银杏树，其中一雄一雌目前仍生长在法兰克福。"这一对树中的雌株是美国第一株能结果的银杏树"，1877年第一次结果。然而美国最大且最优美的一株银杏树是在纽约海德公园内由Hosack栽植的，该树分枝很低。在19世纪初期，银杏被引种到美国许多地方，尤其是富有的私人庄园。19世纪末和20世纪初，在华盛顿和肯培基引种的银杏相继结实，尔后银杏很快在东海岸的苗圃及街道上普遍栽植。Sargent (1897) 曾写到："在美国银杏相当耐寒，远达北部的马萨诸塞东部、密歇根中部及沿加拿大圣劳伦斯河流的银杏生长如同南部一样枝繁叶茂"。目前，东海岸从波士顿—纽约—华盛顿直到南卡罗来纳州，西海岸的加利福尼亚州，伊利诺斯和肯塔基等20多个州的街道、公园或苗圃均有银杏栽植。这些州的许多大学或研究院所均对银杏有系统研究（图2-1、图2-2，表2-1）。

二 新西兰

据新西兰1984年出版的"Great Trees of New Zealand"一书记载，新西兰从19世纪中期就开始种植银杏，已有150多年的种植历史，最初主要是由一些欧洲殖民者从中国或

图2-1　美国林肯纪念馆广场银杏古树

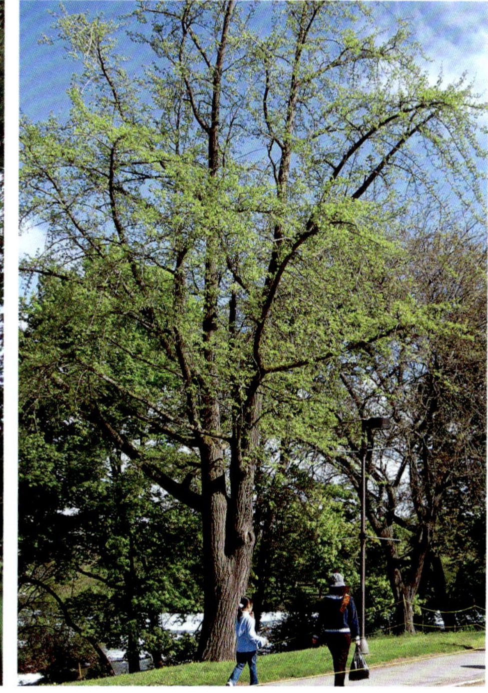

图2-2　美国尼亚加拉河旁边

表2-1　美国部分银杏古树

地点	树高（m）	胸径（m）	树龄（年）	备注
宾夕法尼亚费城Hamiton私人庄园	20.73	0.76	228	雄株，1784年栽，美国最古老的银杏树（树高、胸径为1981年数据）
宾夕法尼亚费城Hamiton私人庄园	18.29	0.81	228	雌株，1784年栽，美国最古老的银杏树（树高、胸径为1981年数据）
纽约的Sargent 庄园	-	-	160	1840～1882年纽约波斯顿的Wodenethe栽
马萨诸塞坎布里奇原哈瓦德植物园	19.20	0.97	150	雌株，枝繁叶茂（1981年数据）
肯塔基州法兰克福	12.19	0.69	143	一雄一雌，雌株是美国第一株能结果的银杏树
纽约海德（Hyde）公园	25.91	1.65	100	分枝相当低，北美最大一株银杏树。二主干逐渐衰弱，顶端优势不强（1981年数据）
马萨诸塞州波斯顿广场	16.76	0.31	180	1838年移入此地，当时树高12.19m，直径30.48cm，1925年高达16.764m
华盛顿特区国家广场西侧林肯纪念堂	18.6	0.85	100	5株最大的
美国尼亚加拉河旁边	17.5	0.57	80	

日本带来实生幼苗或种子种植在一些海滨城市。在新西兰的南岛城市纳尔逊有一株种植于1856年的银杏，是由一名欧洲殖民者船长从中国带实生小苗种植的，也是新西兰目前发现的有记载的最古老的银杏，胸径达1.34m。而在黑斯廷斯一株古银杏，胸径达1.82m，且长有3个树乳。在奥克兰的一个公园内有一株胸径1.32m，树高达30m的雄株，是目前发现的新西兰生长的最高的银杏；另外，奥克兰市的康沃尔公园种有10株银杏，平均胸径达1.02m，最大的已达1.21m，是目前新西兰发现的植株最大、数量最多的银杏群。这些银杏约栽于1965年，树龄为50年左右，其生长速度远高于在中国栽种的银杏。在新西兰，几乎所有的城市都种植有相当数量的银杏，且均有树龄50年以上的银杏大树存在（Burstall &Sale,1984；唐辉等，2008）（表2-2）。

三　韩国和朝鲜

在韩国银杏树也被称为“老人树”，主要是韩国的许多低收入老人，每到银杏果成熟的季节，靠采收白果出售以补贴家用，成为老年人生活收入来源的一部分，因此被称为“老人树”，老有依靠的树。哈默银杏（the Hamel ginkgo tree）位于韩国全罗南道的城市康津郡（Gangjin-gun）。荷兰水手亨德里克·哈默（Hendrick Hamel）因船失事在韩国被俘虏，1653～1666年他在监禁期间被认为曾在该树底下坐过，哈默是第一位描写韩国的西方人。该树树龄大约800年（图2-3）。胸径最粗的单株5.22m，位于忠清北道（韩国）；最高的单株60.0m，位于江原道（韩国），树龄1200年。表2-3列出韩国和朝鲜460年以上的部分古银杏。

四　日本

1913年，本多静六博士为编写《大日本老树名木志》共调查了约6000株老树，在此基础上，对日本古树的生长情况作出了如下描

表2-2 新西兰部分银杏古树

地点	树高（m）	胸径（m）	树龄（年）	备注
威灵顿(Wellington)	17.5	1.18	116	雄，树冠364.5m²
奥克兰(Auckland)	30	1.32	107	雄，树冠370m²，最高树
新普利茅斯(New Plymouth)	19	1.26	151	雄，树冠415.8m²
黑斯廷斯(Hastings)	18.5	1.82	—	雌，树冠730.6m²，最粗树
吉斯伯恩(Gisborne)	18.8	0.95	120	1984年数据，树冠415.8m²
北帕默斯顿(Palmerston North)	12	0.85	100	雌，1984年数据，树冠244.8m²
旺加努伊(Wanganui)	15.5	0.73	92	雄，树冠333m²
陶兰加(Tauranga)	17	1.15	87	雌，树冠539m²
璜加雷(Whangarei)	12.5	1.14	117	雄，树冠564m²
哈密尔顿(Hamilton)	16	0.82	94	雌，树冠396m²
克赖斯特彻奇(Christchurch)	17	0.88	134	雄，树冠468m²
纳尔逊(Nelson)	16	1.34	156	雄，树冠498.2m²，最老树

注：该表根据唐辉等（2008）数据整理而成，除树龄外均为2006年数据。

表2-3 韩国与朝鲜的银杏大树

道名	1.5处围长（m）	1.5处直径（m）	树高（m）	树龄（年）
咸镜南道（朝鲜）	13.3	4.24	32.8	800
江原道（韩国）	15.2	4.84	60	1200高丽以前栽植树王
忠清北道（韩国）	16.4	5.22	52.8	800
庆尚北道（韩国）	3	0.96	36.4	500
庆尚南道（韩国）	12.1	3.85	30.9	1000
庆丽尚南道（韩国）	12.1	3.85	36.4	460
全罗南道（韩国）	12.1	3.85	18.2	600
全罗南道（韩国）	6.4	2.04	36.4	1000余年，全南道最老的名树

注：引自吉冈金市（1967）。

述："在日本，长到最大的古树是樟树，柳杉、中国台湾花柏、银杏排在第二位……作为日本古树，数量最多的是柳杉和樟树，各占1/2，松和银杏次之。银杏树干周长以15m左右为限，也有达18m的，但数量极少；银杏树高则以45m为限并且只有极少数才能达到该指标。在年龄方面，一般在千年以内，年龄为数千年的说法难以置信。"

与中国一样，日本许多古银杏也有许多传说，仙台市宫城县的苦竹银杏。它是一棵雌性垂乳银杏，当地人看成神树，一些不能产奶的妇女经常在此朝拜。另一棵著名的老银杏树叫Mizufuki (water-spray喷水)银杏，生长在京都Nishi Hongwanji 寺庙的Founder's大厅前。树龄估计在400～500年，788年一场火灾横扫京都，威胁蔓延至大厅，这棵大的银杏雄树往火焰上喷洒水柱，保护了建筑物，因此而得名。它高25.91m，根部周长8.84m，树冠层直径25.91m。在1994年这棵树失去了活力：它的枝干枯，大小和叶片密度降低。幸运的是当时实施的治疗使这棵树恢复了健康。也许最有名的银杏生长在广岛。1945年8月6日当原子弹降落到这个城市，一些树木幸存于原子弹的爆炸，尽管它离中央点只有1km远。幸存者之一——银杏树站立于广岛市Housenbou寺庙主建筑的附近。建筑立即被炸毁但是银杏仍然存活，这株树150年生。为了保护古树，寺庙建筑重建计划被修改以利于树木的生长。屋顶被改变以给树木更多的空间，两个楼梯被建在建筑物的前面，形成倒"U"字型，以保护银杏。石阶下一个开口允许空气流过树木。这个地方表达着对银杏树钦佩的强烈感情，树至今仍活着，它是灾难的见证者。它对所有见到过它的人有一种强大的影响（Handa，2000）。另外，在日本著名的银杏还包括：大阪市沿Midoduji大街的银杏、东京国家先进工业科学技术研究院的银杏树列、姬路市大手前大街上银杏树、东京明治纪念馆前的双排银杏、东京国家昭和纪念公园里被修剪成几何形状的银杏、本州岛青森县巨大银杏Hashigami-cho、宫城县的一棵巨大的Shibata-cho 银杏、佐贺县西松浦郡有田镇杵岛神社银杏等。

结合吉冈金市（1967）报道，根据1962年帝国森林会编著出版的《日本古树名木天然纪念树》，该书作者为三浦伊八郎、本田正次、小野阳太郎和林弥荣等，同时引用1913年，由日本山林会发行出版的本多静六博士

（林学）的《大日本老树名木志》统计（括号内数据），将银杏在日本各县府中的分布（不含栃木、三重、奈良、兵库、香川、鹿儿岛）说明如下。

北海道200年生1株；青森县100年以下1株，150年生1株，280年生1株，300年生1株，400年生5株，450年生2株，750年生3株，1000年生1株，1200年生1株，共计17株（100年以下5株，200年生1株，400年生2株，560年生1株，600年生1株，1000生1株，1100年生1株，共计12株）；岩手县100年以下1株，100年生1株，400年生1株，570年生1株，640年生1株，700年生1株，1000年生2株，共计8株（350年生1株，400年生1株，500年生1株，1000年生1株，共计4株）；宫城县100年以下7株，400年生1株，600年生1株，850年生1株，1200年生1株，共计11株（100年以下1株，800年生1株，1100年生1株，共计3株）；秋田县100年以下1株，1300年生1株，共计2株（1300年1株）；山形县100年以下4株，300年生1株，550年生2株，900年生1株，共计8株（100年以下1株，500年生2株，共计3株）；福岛县350年生1株，800年生1株，875年生1株，共计3株（700年生1株，800年生1株）；茨城县100年以下1株，355年生1株，470年生1株，580年生1株，600年生1株，650年生1株，800年生1株，共计7株（100年以下1株，600年生1株，800年生1株，1000年生1株，共计4株）；群岛县100年以下1株，1000年生1株，共计2株；琦玉县400年生1株，500年生1株，600年生1株，740年生1株，770年生1株，800年生1株，900年生1株，1000年生1株，共计8株（500年生1株，720年生1株，850年生1株，1000年生1株，共计4株）；千叶县100年以下1株，350年生1株，500年生1株，600年生1株，1400年生1株，共计5株（1200年生2株）；东京县320年生1株，400年生1株，470年生1株，500年生2株，540年生1株，550年生1株，750年生1株，1000年生1株，共计10株（700年生2株，850年生1株，共计3株）；神奈川县100年以下1株，450年生1株，650年生1株，850年生1株，共计4株（400年生1株，600年生1株，800年生1株）；山梨县180年生1株，700年生2株，共计3株（600年生1株）；长野县100年以下5株，200年生1株，700年生1株，800年生1株，1000年生1株，1350年生1株，2000年生1株，共计11株（1300年生1株）；新泻县300年生2株，400年生1株，500年生2株，700年生3株，900年生1株，1200年生1株，1300年生1株，共计11株（600年生1株，700年生1株，1300年生1株，共计3株）；富山县650年生1株，1500年生1株，共计2株（600年生1株，1200年生1株，共计2株）；石川县100年以下1株，200年生1株，300年生1株，550年生1株，850年生1株，共计5株（500年生1株，800年生1株，共计2株）；福井县200年生1株，700年生1株，1200年生1株，共计3株；岐阜县1225年生1株（1170年生1株）；静冈县800年生1株；爱知县400年生1株，450年生1株，共计2株（300年生1株，1000年生1株，共计2株）；滋贺县100年以下1株，1000年生1株，共计2株；京都县450年生1株（400年生1株）；大阪县350年生1株，500年生1株，1000年生1株，共计3株（300年生1株）；和歌山县100年以下7株，300年生2株，350年生2株，400年生1株，共计12株；鸟取县100年以下1株，600年生1株，1000年生1株，共计3株（100年以下1株，600年生1株，920年生1株，共计3株）；岛根县1000年生1株；冈山县700年生1株，800年生1株，共计2株（770年生1株）；广岛县270年生1株，300年生1株，330年生1株，400年生2株，600年生2株，900年生1株，1150年生1株，1200年生2株，1600年生1株，共计12株（100年以下2株，200年生1株，800年生1株）；山口县300年生1株，800年生1株，1000年生1株，共计3株；德岛县100年生1株，386年生1株，450年生1株，500年生2株，800年生1株，850年生1株，1150年生1株，共计8株（800年生1株，1000年生1株）；爱媛县100年以下1株，156年生1株，300年生1株，350年生1株，400年生2株，500年生1株，600年生2株，1000年生2株，共计11株（350年生1株，1000年生1株）；高知县200年生1株，400年生1株，450年生1株，650年生1株，1000年生1株，1500年生1株，共计6株（1000年生1株，1500年生1株）；福冈县100年以下4株，600年生1株，1870年生1株，共计6株（1800年1株）；佐贺县700年生1株；长崎县100年以下1株，1550年生1株，共计2株（1500年生1株）；熊本县100年以下5株，350年生2株，600年生1株，共计8株（300年生2株）；大分县100年以下1株，700年生1株，850年生1株，1600年生1株，共计4株（800年生2株，1000生1株，共计3株）；宫崎县100年以下5株。

综上，树龄100年以下的48株（11株），100～200年的5株，200～300年的7株（2株），300～400年的22株（6株），400～500年的26株（5株），500～600年的18株（7株），600～700年的17株（7株），700～800年的17株（6株），800～900年的15株（11株），900～1000年的4株（1株），1000～1100年的15株（10株），1100～1200年的2株（3株），1200～1300年的7株（2株），1300～1400年的4株（3株），1400～1500年的1株，1500～1600年的3株（2株），1600～1800年的2株，1800～2000年的1株（1株），2000年的1株，共计214株（77株）（吉冈金市，1967）。就是说，日本目前有据可查的银杏古树214株（1962年），而1913年统计为77株。

根据吉冈金市（1967）材料，对1913年出版的《大日本老树名木志》中收集的500年以上银杏古树及传说、扦插繁殖的古银杏分别府、县、树龄列表如下（表2-4、表2-5）。

图2-3 韩国全罗南道康津郡哈默银杏

表2-4 日本银杏古树及传说（1913年）

地方	府县名	地上1.5m围长（m）	树高（m）	树龄	传说的要点
东北	青森县	7.6	47.6	1100余年	坂上田村麿植ユ
	青森县	10.9	16.36	1000余年	弘法大师巡锡ノ时栽植ユ
	青森县	9.1	29.09	560余年	新田义贞延元3年
	岩手县	7.6	36.36	1000年	弘法大师ノ杖ヲサス
	山形县	6.1	36.36	500年	応永ノ顷宥日僧正植ユ
	宫城县	6.7	25.45	1100余年	圣武天皇
	宫城县	9.1	10.90	800余年	源义贞ノ鞭ヲサス
	福岛县	7.6	23.63	820余年	源义家応德2年植ユ
关东	茨城县	4.7	27.27	1100余年	坂上田村麿
	茨城县	10.7	14.54	600余年	本願寺觉如上人延庆3年植ユ
	琦玉县	7.6	18.18	1000余年	八百比丘老尼ノ植エタモノ
	琦玉县	6.7	12.72	720余年	平贞盛，重盛
	千叶县	11.5	12.72	1200余年	千叶寺和铜2年创立ノ时植ユ
	东京都	7.6	9.09	1200年	圣武天皇安养寺
	东京都	8.2	27.27	1000余年	行基行園寺开山ノ时植ユ
	东京都	7.6	18.18	700余年	源頼ノ插ッタ箸
	东京都	9.1	15.45	700年	亲鸞の杖
东山	山梨县	6.7	21.81	600余年	日蓮上沢寺
	岐阜县	7.6	12.72	1170余年	行基天平9年国分寺植ユ
北陆	新泻县	10.7	36.36	1300余年	行基大同2年观音像
	新泻县	10.7	18.18	700余年	頼惠上人建久3年植ユ
	富山县	15.2	45.45	1200余年	上时白鳳10年开基ニ植ユ
山阴	鸟取县	10.9	16.36	920余年	永延2年惠心僧都开基ノ时植ユ
四国	德岛县	9.1	45.45	1000年	弘法大师実蒔
	高知县	6.1	15.45	1500年	真如上人（高冈亲王）
九州	福冈县	9.7	23.63	1800余年	日本武尊

注：引自吉冈金市（1967）。

表2-5 扦插繁殖的银杏古树（1913年）

编号	县名	1.5m处围长（m）	树高（m）	树龄（年）	扦插树的传说	扦插者
1194	岩手县	6.27	15	1000	杖をさしておいたのが根付	八幡宫神主禰宜
1131	宫城县	9.09	11	850	鞭を落したのが发芽生长	义家
1142	宫城县	8.40	23	不详	杖を地にさしたのが根付	空海
1121	东京都	9.40	15	751	逆イチョウ	亲鸞
1218	东京都	5.76	27	500	插した箸から发芽生长	源頼朝
1245	长野县	4.76	18	1000	杖を地に插した	弘法
1284	冈山县	10.91	35	800	杖を插した	法然
1092	爱媛县	12.36	30	600	逆のイチョウ	弘法

注：引自吉冈金市（1967）。

五 荷兰

说到“引入欧洲的第一棵银杏树”许多学者都要谈及凯普菲，学者名キソペル（Engelbert Kaempfer），德国外科医生，博物学家，1690年作为荷兰船医来日本，为商会医官，著有《日本志》等。Ginkgo这个名字是Kaempfer最先提出的，他曾到远东深入旅游过，这是他1690年为第一次在日本看见的树起的名字。在1712年他的“Amcenitates Exotica”一书中，提到这个树种“Ginkgo或者Gin an，俗称Itsjo，arbor nucifera folio Adianto”，并且出版了植物枝条和种子的杰出的素描图。瑞典分类学家林奈在1771年接受了Kaempfer的属名（generic name），称这种植物为*Ginkgo biloba*。26年后J.E.Smith提出用属名*Salisburia*替代，因为Kaempfer提出的Ginkgo这个名字是粗俗的野蛮的；他也把种名*biloba*改成了*adiantifolia*。Smith的建议没有被接受。A.C.Moule，剑桥的中国教授，对Ginkgo的涵义有进一步的研究报告，发表在T' oung Pao, Vol. XXXIII, Livr.2(E. J. Brill, Leiden)（Seward, 1938）。

Kwant（2012）对该树描述为：1730～1767年间以VOC船从出岛带回欧洲的幼树栽植或种子繁育而来。尽管林奈在1735～1737年间几次参观乌德勒支（Utrecht）

的花园，但他并没有提到这株银杏。1730年左右栽植的唯一证据是德国植物学家Ehrhart 1787年参观了这个花园，因他描述这株银杏树4m高。比利时人认为比利时海特贝茨教堂附近（靠近哈瑟尔特）的公园的银杏至少是古树，因为它很粗壮。也许乌德勒支和海特贝茨这两株银杏是除亚洲以外最老的。1814年，在瑞士萨蒂尼（Bourdigny），靠近瑞士日内瓦发现了一株起源于英国一个苗圃的雌性银杏，经历了100多年人们才知道银杏是雌雄异株的。乌德勒支银杏是雄株。1830年一个雌枝嫁接在雄株10m高的地方，直到1918年才被人们发现结果现象。在乌德勒支嫁接的雌枝的叶变黄（随后脱落）比雄株的晚。照片上雌枝上是绿叶，雄株黄叶。种子和叶子留在雌枝上（右侧灌木的左上方），雄树没有叶子存留（图2-4）。

如今，乌德勒支植物园虽已迁址，但这株银杏树仍在原地，只是树干下半部已经中空，当地有关部门已对它采取保护措施。这株银杏树龄已282多年（2012年数据），这也是除了亚洲的中国、日本、韩国及朝鲜以外，世界上最古老的银杏古树。

澳大利亚、日本、智利、美国、英国、西班牙、挪威、波兰、荷兰、拉脱维亚、意大利、德国、保加利亚、捷克、丹麦、爱沙尼亚、法国、比利时等国家主要银杏古树如表2-6所示。

图2-4　荷兰乌德勒支欧洲最大的银杏古树（树龄282年，胸径1.31m）

表2-6　部分国家银杏古树汇总表

生长地点	性别	树高（m）	胸径（m）	树龄（年）	备注
比利时（Belgium）	共35处				
哈瑟尔特附近的海特贝茨教堂附近	雌		1.58	280	1.58m为1993年1.5m处直径。大约是1730年，由传教士带入比利时，曾遭雷击，后被护林员治愈，这棵树从胸围看比乌德勒支那株老
安特卫普Botanische tuin, Leopoldstraat 24		24	0.96		
Anhee布永城堡		28	1.58		20世纪90年代比利时最浓密的树
Anhee Les Jardins de la Molignee 餐馆后面的公园（旅游局对面）		25	0.96		
比尔普布鲁日“合欢”		22	1.05		
布鲁日st.-Ardries 基地小溪公园		10			“钟摇”，水平生长
博蒙特Barbe公园		10	1.28		多干
贝弗利（东佛兰德平原）HOFTD		15	1.26		
Beaurechain		21	1.22		
Boutersem城堡前面		15	1.04		
根特Muink公园			1.11		
根特Maalte城堡公园科特赖克1023号			0.78		
勒芬Half Maartstraat,Home Sion		28	1.34		
勒芬St.Donaas城市公园		19	0.99		
梅尔蒙特集市38私人花园	雄	18		156	大约植于1846年
佐特海姆EGKas		30	1.24		
迪斯特修道院入口左前方花园		7	1.21		
昂吉安爱丁城堡公园		12			“钟乳”
蒂嫩Veldbornstraat5（公园）	雄	17	1.39		Tienen认为这株树比海特贝茨那株古老
蒂嫩城市公园	雄	24	1.33		20世纪90年代

（续）

生长地点	性别	树高（m）	胸径（m）	树龄（年）	备注
蒂嫩城市公园	雌				
蒂嫩Veldbornstraat 完美研究院公园				162	约植于1850年
蒂嫩Danebroek海峡				162	约植于1850年
阿尔斯特东佛兰德省城镇大厅附近	雌	22	0.96	100	植于19世纪末
胡瑟尔特圣-约瑟夫研究所Derps海峡		25		125	2株，植于1887年左右
科特瑟姆栽培中心		30	1.27	152	植于1860年
列日（勒伊夫）植物园（旧）					是公园的“Laciniata”种群
莫尔朗韦梅里门特公园		34			3株
里尔Nete和St.Pietersvliet之间的De Hofkapel花园（运动场附近）					1株
Orp-Jauche		24			
Veurne Sint-walburga公园		18	0.96		
杠尼科城镇大厅前公园		22	1.05		
杠尼科博巴公园		29	1.37		
Voormezele（靠近伊珀尔）“Bedford House 公墓”不列颠战争公墓					10株
莫尔登Noordstraat15				100	
保加利亚（Bulgaria）	共1株				
索菲亚医生（博士）公园		10～15			由费得蒙蒂种植
捷克共和国（Czech Republic）	共2株				
布格拉Letenske Sady公园（东）	雄	15			2株
丹麦（Denmark）	共2处				
菲英岛/Fyn Svendbory.OAF教育中心.Vestergade 23			0.70	100	
哥本哈根				100	一些100年以上的树
爱沙尼亚（Estonia）	共1株				
塔林城镇中心		11.8	0.17	130	世界上最北的银杏树
法国（France）	共30处				
巴黎植物园57居维叶街					2株，18世纪末雄株上嫁接雌枝
巴黎城市大学附校附近的公园 Monsouris				134	有垂乳
巴黎布伦				110	
巴黎康氏试验				100	2株
巴黎蒙素公园		22	0.91	133	
里昂	雌	19	1.24	155	
里昂	雄	25	0.99		
里昂		25	0.89		3株，2雌1雄
Beawne 圣马丁城堡附近		30		130	1雌1雄，1880年栽植
阿尔勒Tardin d’Ete’,Boulevard des lices		18		110	3株，植于1900年

（续）

生长地点	性别	树高（m）	胸径（m）	树龄（年）	备注
格拉斯 Darfumerie Fragonard 附近雕塑后面	雄	25		140	植于1870年
蒙特利埃植物园				224	植于1788年
蒙特利埃植物园				217	植于1795年
阿维尼翁圣保罗雕像前		16		110	
安杜兹La Bambonseruie Prafrance		30	1.55	260	
南锡老挝公共公园		24		100	
南锡Jardin Dominique Alexandre Godron,Rue Sainte-Catherine			1.02	254	
南锡Jardin Dominique Alexandre Godron,凯萨琳街	雄		0.83		垂乳银杏
南锡Parc londlot,4,Quai Claude-le-Lorrain	雄	18		120	
南锡Parc Blondlot,4,Quai Claude-le-Lorrain		15			
南锡Jardin Realise,Rue Victor Hugo 16	雌			100	
南锡 Maison des Freres de la Charite,5圣凯瑟琳街	雄			150	
斯特拉斯堡植物园				130	植于1881年
波尔多城镇花园	雄	23	1.05	160	
波尔多圣-布鲁诺教堂附近	雄			130	约1880年植
波尔多威尔逊Blv私人花园226号	雄			120	约植于1890年
波尔多威尔逊Blv私人花园228号	雌			120	
利蒙Saint-Sulpice-Lauriere,Palce de la Gare	雌			146	12株
阿基坦Saint-Jean-d’Illac					欧洲最大的银杏人工林
苏瓦松Les Jardin de Ecde				100	垂直分布
德国（Germany）				共30处	
柏林勃兰登堡Neukolln,Fullhamer Allee:Park Britze		20	0.96	150	植于19世纪下半叶
柏林勃兰登堡菩提树下大街，洪堡特大学				150	2株，据说是Humboldt 手植。
柏林勃兰登堡Wilmersdorf,Bundesallee12		15		120	
柏林勃兰登堡维尔默斯多夫,Bundesallee12		18		120	
柏林勃兰登堡Prenzlaner Berg,Senefelderstrasse 6		20			
柏林勃兰登堡腓特烈斯海恩，Koppenstrasse76火车站附近		15			在院子里(Hof) of the Andreasschule
拜恩州帕绍：Znnenhof				110	
北莱茵-威斯特法伦库亨城堡Dyck公园				210	2株
北莱茵-威斯特法伦波恩植物园	雄			110	雄株上有嫁接的雌枝
北莱茵-威斯特法伦小剧院：城市公园	雌			100	
北莱茵-威斯特法伦维滕：Ruhrstrasse	雄	20		100	
法兰克福里森Schaumainkai公园				200	
里森卡塞尔威廉城堡公园	雄	25		230	
图林根：魏玛Puschkinstrasse,opposite Anna Amalia-Library in garden	雄	30		200	

（续）

生长地点	性别	树高（m）	胸径（m）	树龄（年）	备注
图林根：耶拿植物园	雄	20		200	雄株上嫁接雌枝
图林根：耶拿歌德故居席勒档案公园				100	2株
尼斯梅宝湾-前波美拉尼亚格赖夫斯瓦尔德 Greifsswald Grinner街植物园			1.27	130	德国北部最老的
尼斯梅宝湾-前波美拉尼亚格赖夫斯瓦尔德 Kagadorf,Gutspark,in Landkreis Bad Doberan			0.82		1980年数据
尼斯梅宝湾-前波美拉尼亚格赖夫斯瓦尔德 Rostock,Doberaner str.,Botanisches Institute			0.92		
尼斯梅宝湾-前波美拉尼亚格赖夫斯瓦尔德 Gustrow, Castle,Wirtschaftsgarten			1.08		
尼斯梅宝湾-前波美拉尼亚格赖夫斯瓦尔德 Mierendorf,behind Gutshaus,in LK Gustrow			0.99		
尼斯梅宝湾-前波美拉尼亚格赖夫斯瓦尔德Benthen			1.22		在Landkreis帕尔希姆大厦前面
尼斯梅宝湾-前波美拉尼亚格赖夫斯瓦尔德Kressin公园			0.87		在Landkreis帕尔希姆
尼斯梅宝湾-前波美拉尼亚格赖夫斯瓦尔德多伯廷公园			0.88		在Landkreis帕尔希姆
巴登符腾堡Mullhaim Winzergenossenschaft	雄	16		110	1899年左右植
萨克森-Anhat Harbke Schlosskirche St.Levin	雄			230	可能是德国Denkmal天然银杏最老的一株
萨克森-Anhat Harbke Schlosskirche St.Levin	雌			230	
Goseckc在缁姆堡和维森菲尔斯城堡 Goseck城堡公园	雌			190	1820～1840
莱茵兰-普节茨尔Armbruststrasse	雄	16		120	1889年栽植
莱茵兰-普节茨尔Landurierstrasse	雄	30		125	1884年栽植
意大利（Italy）	共2株				
帕多瓦Hortus Simplicium,L' Orto 植物学dell 大学 di 帕多瓦，Via Orto 植物学 15	雄			260	嫁接有雌枝
比萨植物园：贝博文				225	
拉脱维亚苏维埃社会主义共和国（Luxembourg）	共1株				
里加拉脱维亚大学前城市公园中心				130	1880年栽植
荷兰（The Netherlands）	共13处				
艾贝亨Grote 海峡				150	1860～1870年栽植
Hardernijk Stadpark De Hortus,Academiestraat				275	据说是1735年由Linnaeus所植
许默洛Landgoed Enghuizen:Enghuizer人行横道				200～250	荷兰密度最大的，在城堡和马厩之间，在路的左边靠近大栗子树的其他树林中
乌德勒支Hooglandsepark				120	
乌德勒支De Oude Hortus,Lange Nieuwstraat106	雄		0.93	160	
乌德勒支De Oude Hortus,Lange Nieuwstraat106	雄		1.31	282	亚洲以外最老的银杏树，1830年嫁接雌枝
乌德勒支 Huize Welgelegen,Ravellaan	雄	30		150	荷兰最高的银杏树，顶部被风折断
阿姆斯特丹中心日本Stenen Tuin 挨着佛像 Hortus Botanicus		25		110	左边一株

（续）

生长地点	性 别	树高（m）	胸径（m）	树龄（年）	备注
阿姆斯特丹中心日本Stenen Tuin挨着佛像Hortus Botanicus		25		110	右边一株，有垂乳
阿姆斯特丹中心植物区系 Middenlaan2A	雄			115	4株，植于1895年
莱顿大学拉彭堡植物园73	雄		1.32	227	植于1785年，雄株山嫁接雌枝
米德尔堡Bellinkplein 门后的小路		20			
米德尔堡Buisman 家私人花园，Singelstraat			0.96	100	
挪威（Norway）				共1株	
奥斯陆植物园				140	北部最大的，植于1870年
波兰（Poland）				共2株	
布加勒斯特植物园：Dimitrie Brandza				142	植于1868年
布加勒斯特朱利尼街	雌			110	约植于1900年
西班牙（Spain）				共3处	
圣塞瓦斯蒂安M.克里斯蒂娜公园				100	
马德里西方公园				100	12株
瑞士巴塞尔火车站大门对面				100	2株
大不列颠联合王国（United Kingdom）				共10株	
克佐区皇家植物园		30		250	最老最大一株
肯特林顿公园		30		168	1844年栽植
拉德诺郡		25		192	1820年栽植
白盒汉宫斯托花园		20	1.27	200	
惠特菲尔德				230	1780年栽植
南德文郡		27	1.27		15.0m处分出两个干，联合王国最大的银杏
Melbury		26		205	栽植于1807年
巴斯植物园		26			衰弱
巴斯格兰菲尔德路	雌	19			
达尔基斯		19		161	1851年栽植
美国（USA）				共24处	
华盛顿银杏保护州公园					Beckii银杏品种（是由George Bcek教授命名，20世纪30年代在华盛顿中心哥伦比亚河发现）
华盛顿彼得首位伦：90Front St South				105	栽植于1905年前后
纽约5号大街				190	栽植于19世纪20年代
纽约Prattasville Zadock Pratt	雄	20.0		187	Zadock Pratt 植于1825年
新泽西宾夕法尼亚巴特拉姆历史花园	雄			228	美国最老的雄株，可能是哈密尔顿的幼苗
密苏里州莫伯利				110	1904年移植时苗龄5年
密歇根门罗Dorsh纪念图书馆前，东18第一街路西	雌			150	
格鲁吉亚奥古斯坦旧政府432特尔费尔街		20.0		115	可能是1797年为纪念乔治·华盛顿访问此城而种植
肯塔基路易斯维尔山洞公墓				200	
肯塔基阿什兰Henry Day estale				210	Henry Day所植

（续）

生长地点	性别	树高（m）	胸径（m）	树龄（年）	备注
德克萨斯泰勒城				120	1889年栽植，在SE草地
德克萨斯奥斯汀政府官邸				140	日本大使1870年种植
德克萨斯新波士顿605N.Ellis-street	雄	22			德克萨斯最大的
艾奥瓦科内利亚大学吉特弗农校长寝宫				160	日本人植于1850年
北卡罗来纳安德鲁斯旧乡村城Walker Inn地区				160	北卡罗来纳最大的一株
弗吉尼亚州乔木大学布兰迪试验农场谢南多厄河谷（华盛顿西61英里）					除中国外的最大银杏群，340株，植于1930年
弗吉尼亚州格罗斯特怀特马什人工林	雄	26	1.53	190	
弗吉尼亚州海滨		35			
弗吉尼亚州纽波特圣门克里斯托弗登比纽波特大学	雌	22	1.05	132	植于1880年
伊利诺伊橡胶公园Frank Lloyd Wright’s家				140	1999年开始结果
伊利诺伊汉普顿-莫林东北84路516第一区（Patrock Gillespie院里）	雌		1.05	150	1854年由该镇的初建人Francis Black所植
伊利诺伊州大学库克大厅东门	雌			100	
伊利诺伊州伊丽莎白城				175	
伊利诺伊州芝加哥大学植物科学部Hyde公园		17		100	
智利（Chile）				共2株	
花园前的聚会大楼				100	2株
日本（Japan）				共3处	
鹿儿岛Miyaurajinja				1000	一片
兵库Tyouryuji no ichou		30	3.18		
兵库大阪附近的兵库县里的IOU庙	雌				喇叭形树叶
澳大利亚（Australia）				共2株	
南澳大利亚阿德莱德106金斯顿台田				100	
吉朗植物园（墨尔本附近）	雌			150	澳大利亚国家遗产树

注：表中树高、胸径为2002年数据，树龄为2012年数据。据Kwant (2002) 材料整理。

第二节 银杏古树研究

一 古树年龄

全国古树名木普查建档技术规定(2009)：树龄分3种情况，凡是有文献、史料及传说有据的可视作“真实年龄”；有传说，无据可依的作“传说年龄”；“估测年龄”估测前要认真走访，并根据各地制定的参照数据类推估计。银杏古树名木树龄准确性的判断一直是个难题，主要因为古树名木作为特殊保护的大树，常规的树龄测量方法无法实施，只有通过走访的形式，了解调查树木的历史传说、民间记录，并结合林业调查经验判断的方法进行估测。生长在山坡处和生长在沟底、村旁、堰边的大树，既是其树干同样粗细，树龄却相差很大。例如在伏牛山北麓调查中，在同一山沟处，山半坡生长的银杏树胸径1.3m，用生长锥测其年轮取样，置于20倍放大镜下得其年轮，然后求得平均年轮宽度，再计算树干去皮半径年轮求得全树年轮数为824轮印(即为824年)，在其坡下沟边生长的银杏大树胸径1.5m，测其年轮为676轮印(即为676年)。所以，仅按照树体粗细、高低去推测树龄是不准确的。

就目前研究古树年龄主要测定方法包括：

(1)年轮鉴定法 自从17世纪意大利内科医生Malpighi于1662年在植物学上运用显微镜，做出了根据树干的年轮数目可以判断树龄的论证以来，人们一直利用树木年轮来测算确定树木的年龄。但由于生长锥长度所限以及树木的腐干空心、残干等现象，再加上古银杏有年轮变异现象：①年轮界线模糊不清。如一些年代太久的古银杏树，其木质已经或接近炭化，整个木材颜色加深，年轮界线模糊不清。②断轮。对一个圆盘从四个方向进行测定时，可能会得出年轮数不等同的情况，其中可能的原因之一是存在断轮。这种现象多发生在干旱半干旱地区。③失踪年轮。在树干基部某些年份的年轮肉眼完全看不出来，称为失踪年轮。④伪年轮(假年轮)或多层轮。有人把伪年轮或多层轮称作年轮内的轮，表现为在一个正常年轮内出现两个或多个轮印。伪年轮一般在横断面上不能构成完整的闭合圈而有部分重合现象；比邻近的真年轮窄；或呈不规则形状，不如真年轮明显。产生这种伪年轮的原因是由于在一个生长季节内形成层活动出现几次盛衰起伏而造成的。⑤霜轮。当春季树木开始生长，这时如果遇到严重霜冻，会使形成层组织遭到严重冻害而形成不正常的霜轮。霜轮的出现常可作为早春突然遭到严寒的标志。近几年该技术已经取得进展，即截取圆盘经室内刨光后，用德国Heidelberg公司生产的Lintab树轮测量仪测量，并自动记录年轮宽度，利用TSAP软件做年轮宽度的时间序列图表。该系统测量精度为1/100。测定中发现，用生长锥取样在树干外围年轮较窄，越近中心处越宽，从测定的年龄来看，走访当地群众的年龄偏小。如嵩县白河乡下寺村路边一株胸围4.1m，群众说有850年，但经实测后却得出477年（董云岚，2007）。河南省嵩县南部的古银杏树与唐、宋等朝代所建寺庙相依存，故该地区最大的银杏树树龄可能在1300年左右。用生长锥法测定结果:树龄超过千年者仅约占1%，600年以上者约占15%以上，350年以上者约占40%，350年以下者约占35%。胸围值测定结果：约9m者占1%左右，5～7m者约占10%，3～5m者约占45%，2～3m者约占35%。根据以上情况综合评定，该地区有1～3株为唐代所植，约20株为宋代所植，80～100株为元代和明代所植，约70株为清代所植（汝源，1991）。可见关于银杏古树真实年龄有待进一步研究。

（2）访谈估测法 对银杏古树一般可以通过实地考察、走访当地老人（长者）的方法来推测古树的大致年龄。

（3）文献追踪法 某些地方历史文献资料（如地方志、族谱以及历史名人游记等）对当地古树名木也有相关的文字记载。因此，可以通过查阅文献资料来推测古树的年龄，这种方法在一定程度上可以弥补访谈法的缺陷。

（4）实地勘测法 就是在深入调查了解当地气候地理背景和掌握有关材料的基础上，现场对古树的有关形态及生理指标进行测量（分析测试），然后，运用研究者所学的专业基础知识，根据所测古树的生长状况、形态特征、外观老化程度、树种的生物学特性及相关的测量（测试）结果对其进行综合分析，推断其树龄。

（5）类比推断法 在野外调查过程中，对于一些无法进行树心取样和具体测量的古树，可以根据以往在相同（或气候地理背景相似）地区古树样本测量数据的统计资料，分别统计不同年龄段所得的平均值，以此作为计算以及年轮判读的经验值，解决古树年龄难以判断的问题。

（6）曲线回归方程拟合法 可以选样树，通过其直径和年龄的成对数据的观测值作散点图，选择曲线方程进行拟合：①多项式:$Y=a_0+a_1x+a_2x^2$；②S型曲线:$Y=k/(1+ae^{-bx})$；③指数曲线:$Y=ca^x$，可以获得满意的结果。河南少林寺内最大的一株银杏古树，大多数人说在1500年以上，即建寺前后栽植。而中国台湾任亿安教授根据河南46株银杏古树资料分析，树龄与树高、冠幅均不相关，而与胸径有明显关系。据此，他建立了关系式并绘图，推算寺内最大的一株银杏古树年龄为530年左右，为明代所植，并非唐宋年代少林寺鼎盛时期的遗物。

（7）^{14}C 年龄测定法 在古生物或文物的年代鉴定中，^{14}C 测定法是极为经典的方法。其原理是：放射性^{14}C 是由于大气层中宇宙射线冲击^{14}N而产生的。^{14}C 与 O_2结合形成CO_2，CO_2被生物吸收到组织细胞中。当生物活着的时候，放射性同位素^{14}C 与稳定同位素^{12}C的比例保持平衡。虽然^{14}C 有一部分衰变为^{12}C，但是新的^{14}C不断补充进去，使^{14}C 与^{12}C 的比例仍然保持平衡。当生物死后，^{14}C 不仅得不到补充，相反由于衰变而含量不断减少。^{14}C的半衰期为5730年。如果把标本中含^{14}C 率与现代生物中含^{14}C率进行比较，就可以求得标本年龄。^{14}C 年龄测定法有一个前提条件，即所测样本必须停止与大气中的^{14}C 交换，否则无法测定其衰减情况，也就是说，该法只能测定没有生命的物体，活体标本是不能用^{14}C 测定其年龄的。即使用生长锥进行精确的树心取样，取到了古树最早的生长轮，也不能保证取样的部位绝对没有与大气中的^{14}C进行交换。另外，树木的年龄太短（一般只有几百年），而^{14}C半衰期为 5730年，因此仪器难以检测到^{14}C 微小的变化（衰减）。此外，这种方法不仅实验程序复杂，操作过程烦琐，而且还需要昂贵的设备条件和技术力量来支撑，虽然对于时间跨度（年代久远），测试的结果比较精确（±10年），但这种测试手段和条件一般单位难以具备。

(8) 对于大树的年龄测定，至今国内外仍视作研究的课题。当前国内外测定树龄的方法还有：X射线年轮细胞密度测定法、CT扫描断层摄影法和树皮韧皮层分析测定法等，X射线获得树木截面图像剖析确定树龄，即用X射线照射树木年轮标本，得到年轮密度的像片，再用光密度计扫描像片，得到年轮密度变化信息。这种方法最早是由法国科学家Polge(1963；1966)提出来的，后经不断改进，日臻完善。在国外，给树木拍CT片也是测树龄的一种先进精确的办法，三维CT扫描能得到树干断面图像，数出年轮。但CT射线不仅会对树木有伤害，且费用高昂。

总而言之对古树年龄的测算，无论在实践上和理论上都存在着一些有待研究解决的问题。

二 系统地理学及遗传多样性

“活化石”银杏是银杏科中唯一存活至今的一个树种。据化石资料记载，虽然银杏科中一个主要的类群——银杏属在1.8亿年前的侏罗纪早期（Early Jurassic）出现，但是类似银杏树种的出现可以追溯至大约2.8亿年前的二叠纪早期。古生代(Paleozoic)银杏类植物，如石炭纪早期的Trichopity和Dichophyllum均属于叉叶目（Dicranophyllales）(松柏门)而非银杏门(Ginkgophyta)。银杏化石广布世界各地，大约1.2亿年前的中生代晚期（Mesozoic）至早第三纪（Tertiary）时期，银杏的多样性达到鼎盛时期，此时银杏的分布区到达北半球极地附近。170万～270万年前银杏在欧洲灭绝，在北美消失于700万～1000万年前。在第三纪至晚更新世，银杏的化石在东亚地区均有分布，这一地区随后成为银杏的最终生境。据推测中国的部分地区未受到更新世冰期的直接冲击，因此成为一些雌雄异株树种的潜在避难所。因此，越来越多证据表明银杏种群的自然分布区和更新世潜在避难所均为中国东南地区，中国东部地区西天目山是一个物种丰富的重要地理区域，是另一个物种避难所（Del Tredici *et al*.，1992；林协，张都海，2004）。避难所中大多数银杏树有多复干且具有很强的营养繁殖能力。这种无性繁殖方式对在不同地质时代该物种的存活以及形态稳定性具有重要作用（Del Tredici，1992；Del Tredici *et al*.，1992）。

我国银杏栽培历史悠久，汉末三国时盛植于江南一带，那时在黄河流域仅有零星分布。至唐朝时已广植于中原地区，到了宋朝黄河流域已普遍栽植。李惠林(1964)认为关于银杏的文献记载只能追溯到1000年以前。据最早是在宋朝11世纪时，作为一个乡土树种在中国东部、长江南部栽培。它的原产地，即安徽省南部为野生状态。在中国从13和14世纪已把银杏种子作为中草药，在李时珍1596年写的《本草纲目》中，对银杏的药用价值进行了详细记载。在中国银杏栽培与佛教和道教徒有关。Wilson认为在6世纪银杏由佛教传到日本（Hori and Hori，1997），但李惠林（1961）认为是完全无证据的。第一个知道银杏的西方人是Kaempfer——荷兰东印度公司雇用的一名外科医生。他1690年在日本首次看到银杏，并在1712年发表论文并用图的形式描绘了银杏的种子和叶子（Kaempfer，1712）。银杏最早被引入荷兰乌德勒支植物园。Jacquin在1768年后带此树种进入奥地利维也纳（Vienna）植物园。在1754年被引入英国（Henry，1906）。在欧洲最早栽培的银杏大多为雄株。1814年，在瑞士日内瓦De Candlle首先发现一株雌树。从这株树采集接穗，后嫁接到到法国蒙特利埃（Montpellier）的植物园的雄株上，从此便有欧洲银杏种子生产。银杏最初引入美国是栽在美国的港市费城。有据可查的美国最老的银杏树是在西费城的林地公墓的一株树。这株树是Hamilton于1784从英国引入的一株雄树。但Harshberger认为，在西费城巴特拉姆（Bartram）公园的一株银杏树是美国最老的树。因为这个公园比Hamilton发现的林地公墓要老，而且树体也大。当然在费城还有其他老树分布。在德国城（Germantown）有一株老雄树，并被嫁接上一个雌枝，因此，导致许多人认为银杏是雌雄同株。

问题是中国有无野生银杏存在？何处是野生地？国内外学者存有很大争议。归纳起来有3种观点：中国有野生银杏、半野生银杏和人工栽培银杏。阿诺德树木园的Wilson曾对中国银杏地理起源进行过实地考查，在Lushan（注：原文写的地点）北部及Kiangsi东部、西部的Hupeh和Szechuan。Henry（1906）认为银杏的天然习性已被发现，并认为是真正结论。但Li（1956）认为，Henry并没有去过中国银杏在Hunan、Chekiang和Anhwei分布区。Solms-Laubach 在他的《植物化石》中提到"我们尚不知道银杏在野生状态下的分布，只有在中国的寺庙里保存有一片树林，好像这些濒临灭绝的树木是被教士看管的"。但是导致这些在适宜野生环境下繁荣生存的物种灭绝的原因是什么还不清楚。在这方面有两种猜想。第一，人类吃掉了大量的种子中最主要的部分（胚乳和胚）；第二，大量食用种子果肉部分的动物濒临灭绝和行政机构散布这些种子。Fujii（1895）写到："我经常发现乌鸦叼着银杏种子，但是它们是否真正的食用种子的果肉部分很值得怀疑。无论如何，非常确定的是乌鸦在银杏种子散布上贡献很小。"1915年美国农业部植物探险家Meyer认为，在离浙江省杭州约70英里[①]处的昌化县（Changhua Hsien）银杏可以自然生长（Wilson，1961引用的材料），Meyer考查的是天目山西部即浙江省西北部和安徽省的东南部。Del Tredici（1992）在"Where the wild ginkgos grow"一文中进行了详细描述。尽管Meyer认为在中国东部有大量自然生长的银杏，在华盛顿把他的发现用写信的形式与他的上级交流(Cunningham, 1984)，很不幸的是他没能写出任何详细的出版物。Sargent和Wilson从被遗忘的档案中挽救了Meyer的发现，信中谈到：

"关于银杏树值得注意的问题是它被中国人栽种了许多个世纪是毋庸置疑的，但是它在生长区域是否是天然的自发的仍然不清楚，旅客们在森林中发现除了在庙宇或圣殿附近明显栽种银杏外没有找到任何其他栽植痕迹。然而一年前（即1915年5月），农业部著名的植物探险家Mr. F. N. Meyer发现银杏自发生长在昌化县附近十多平方英里的富饶谷地，在这里有很多的幼苗，昌化县在浙江省杭州西部70英里。银杏如此普遍以至于被砍伐用于烧柴，这种情况在中国以前是没有见到的。"

这绝不能肯定这里就是银杏的原产地，因为这些树可能是原先栽植树木的后裔(Wilson, 1916)。非常有趣的是无论这些树木的历史怎样，发现在中国至少有一个地方的树林中有银杏并且其繁殖是天然的(Sargent, 1916)。因此，Sargent（1897）和Wilson（1914）等人认为野生银杏可能已绝迹。Seward（1938）认为，银杏是否仍作为野生树种存在于天然森林中？对于这个问题我们不能给出肯定答复。我们能够毫无保留地说，可能在人类未曾到过的地方仍存在野生银杏。Steward（1936）认为，"中国即使不是银杏目前的产地，也是最后的天然的产地"。美国宾夕法尼亚大学植物系教授、Morris树木园的分类学家、原台湾大学李惠林（1956）教授提出证据，认为在中国东南部可能仍有野生的银杏，认为"沿浙江的西北和安徽的东南一带山区是银杏最后定居的地方"，虽没人否认，但对我国如今有无野生银杏存在已被国内外植物学家争论了100多年。我国的陈嵘认为"野生者绝无、浙江西天目山颇似天然生者"；李正理（1957）、裴鉴（1981）等认为难以证实；王伏雄和陈祖铿（1983）、陈心启（1989）等认为它们是僧人栽植的后代；吴俊元等（1992）在"天目山银杏群体变异的同功酶分析"一文，利用同功酶电泳方法，研究了天目山银杏种群的遗传变异性，计算了4种同功酶8个位点上的等位基因频率和每个位点上的平均杂合率。认为天目山银杏群体的遗传变异性较小，呈现较大程度的遗传同一性，因此，认为天目山银杏很可能是僧人在寺庙旁栽植银杏留下的后代。李惠林（1956）、贾祖璋（1987）、林协（1965，1984）等则认为有野生银杏存在。据《中国植物志》（1978）记载，仅浙江西天目山有野生状态的银杏。此外，宋朝枢等（1992）认为湖北大洪山也有野生状态的银杏；陈炳浩（1995）则提出重庆巫溪的"白果林区"和福建武夷山区等也有野生银杏存在。20世纪30年代初，由美国出版的《中国植被》记载贵州省务川县[②]龙洞沟、韩家沟一带有野生银杏及森林群落分布。经向应海（1989，1997）考查，此地已无森林，但该县的濯水、丰乐、都濡确实发现以银杏为主的古森林残存群落，在这些零星和分散的残存群落中，银杏种群个体大都处于野生和半野生状态。1998年，向应海等在《贵州省务川县鹿坪乡和牛扩乡古森林残存群落中的银杏》一文，认为"同森林中其他种群一道沿着天然森林群落的自然规律进行生长、发育和更新，具有同其他野生植物种群一致的生长发育特性，应是古森林残存群落中处于自然状态下的野生性银杏种群。"（表2-7）

Avise等（1987）首先提出'phylogeography'的概念用以描述种内线粒体基因谱系的地理格局，这代表着系统地理学或称系统发生生物地理学或称谱系生物地理学的出现。系统地理学的出现应归功于以下方面：①20世纪70年代中期开始，线粒体标记开始被大量应用于群体遗传学和分子系统学研究（Avise，1994），大量的研究发现系统发育分析的概念和方法可以被用于种内水平的研究，并且线粒体基因谱系常具有明显的地理格局，以及线粒体基因组相关知识的积累都促进了系统地理学的出现。②溯祖理论（coalescent theory）在群体遗传学中的发展为系统地理学提供了理论根基，并成为系统地理学统计分析方法的基础（Avise，2000）；3）DNA测序技术（1977年）和聚合酶链式反应（PCR，polymerase chain reaction）（1983年）的发明都从技术层面促进了线粒体DNA的应用，也为系统地理学提供了技术支撑。

系统地理学关注于基因谱系（尤其是种内和近缘种间）空间格局形成的原理和过程（Avise，2000），将空间（基因谱系的地理格局）和时间（谱系分化历史）这两个生物地理学关键要素有机结合起来。系统地理学强调历史因素（如扩散和隔离）对基因谱系地理格局的影响，促进了微进化（microevolution）层面理论的发展。比较系统地理学（comparative phylogeography）研究方法通过对同域分布的不同生物类群进行系统地理学分析，探讨地区间的历史关系，揭示共同的地质原因。此类研究有助于理解区域生物地理格局的演化，可以揭示群落组成的历史变化，并且在保护生物学领域有较广的应用。作为生物地理学的一个分支，系统地理学突破性的连接了种群遗传学和系统发育生物学，从而将微进化和宏进化（macroevolution）联系起来，有助于理解种群的进化过程与区域生物地理学及多样性格局之间的根本联系（Avise，2000）。基于不同动植物类群的众多系统地理学研究揭示了一些具有普遍性的谱系格局及其成因，例如具有低扩散能力的物种往往形成明显的谱系分化格局，周期性的冰川运动使得具有不同演化历史的物种形成一致性的空间谱系格局（这在比较系统地理学分析中要多加注意）。系统地理学是当今生物地理学领域最为活跃的研究领域之一，拓展了生物地理学与其他相关学科的联系。

最新研究表明，中国野生银杏群落不仅

注：① 1英里=1609.34m；
② 务川县，全称仡佬族苗族自治县。

表2-7 关于银杏的野生性研究综述

作者	年份	野生性	主要观点
陈嵘	1933	无	银杏野生者则绝无
曾勉	1935	无	“惟野生者至今尚未寻获，植物学家有谓浙江为其策源地，今则天目山一带，此树特多，颇似天然
陈嵘	1937	无	今则唯在中国及日本尚有遗种可见，均系人工栽植，并非野生
裴鉴等	1959	无	银杏在我国栽培已有很多年代，但没有找到野生种
王伏雄等	1983	无	浙江西北与安徽东南交界处，是中国银杏的起源地，但迄今没有发现自然生长的原始林
福斯特	1983	无	有些证据相信银杏也许有野生种，不过许多植物学家一般认为这种可能仍是栽培种的后代
Chen	1989	无	天目山上位于近山顶上的古寺附近的银杏是僧侣栽植的后代
吴俊元等	1992	无	银杏为雌雄异株植物，其交配系统属远交类型(out crosssing system)，群体应该表现出较大程度的遗传变异性，而事实与之相反，因而其野生性值得怀疑
Sargent	1897 1916	无	19世纪末和20世纪初在亚洲做了一些野外调查后认为，野生银杏可能已经绝迹，现存的银杏是佛教徒在寺庙栽植而保存下来的
Wilson	1914 1919	无	19世纪末和20世纪初在亚洲做了一些野外调查后认为，野生银杏可能已绝迹
Fujii	1895	不确定	Solms-Laubach 在他的《植物化石》中提到“我们尚不知道银杏树木在野生状态下的分布，只有在中国的寺庙里保存有一片树林，好像这些濒临灭绝的树木是被教士看管的”
Henry	1906	有	认为银杏的天然习性已被发现，并认为是真正结论
Meyer	1915	有	1915年美国农业部的Meyer认为在中国东部有大量自然生长的银杏。“银杏自发生长在昌化县附近十多平方英里的富饶谷地，在这里有很多的幼苗，昌化县在浙江省杭州西部70英里。银杏如此普遍以至于被砍伐用于烧柴，这种情况在中国以前是没有见到的。”
Cheng	1933	有	“野生”银杏大量地存在于昌化县周边的地区，主要在浙江省天目山附近
Seward	1938	不确定	银杏是否仍旧作为野生树种存在于天然森林中？对于这个问题的肯定答复，我们不能完全确定的给出。我们能够毫无保留地说，可能在人类未曾到过的地方仍旧存在野生银杏。毫无疑问即使现在不是，中国将是最后一个银杏树的自然家园
胡先骕	1954	有	仅在浙江偶有野生种存在
李惠林	1956	有	“银杏有野生种”。在中国东南部可能仍有野生的银杏，而这种活化石的最后定居地是“沿着浙江的西北和安徽的东南一带的山区。”
浙江农业大学	1961	有	天目山一带尚有野生银杏
Wang	1961	有	“野生”银杏大量地存在于昌化县周边的地区，主要在浙江省天目山附近
林协	1962	有	现在世界上只有浙江省西天目山一个狭小的深山地区，残存着为数不多的野生种
吉冈金市	1967	有	在浙江省天目山（海拔1000m）的森林中有和针叶树混生野生状态的银杏
《中国树木志》编委会	1976	有	浙江西天目山有呈野生状态的银杏，与金钱松等树种混生
郑万钧等	1978	有	仅浙江天目山有野生状态的树木，生于海拔500～1000m、酸性黄壤、排水良好地带的天然林中
李星学等	1981	有	银杏只在我国浙江西天目山海拔500~ 1000m的天然混交林中还有野生的植株
郑万钧	1982	有	在浙江天目山海拔1000m老殿以下有野生银杏，寺庙附近有栽培的银杏……
佟屏亚	1983	有	全世界只有我国浙江省西天目山海拔400～1000m的幽深狭谷里，还保留着为数不多的野生银杏树
陈植	1984	有	浙江天目山一带，尚有银杏野生者
《安徽植物志》协作组	1986	有	……在黄山桃花峰天然次生林中，海拔850m处，发现有银杏分布，其中有2株，一株高17m，胸径95cm，另一株高20m，胸径106cm，混生于落叶阔叶林中。伴生树种有牛鼻栓、白乳木、华桑、豺皮樟、山橿等。林下并有许多银杏幼树

（续）

作者	年份	野生性	主要观点
王汉津	1988	有	主干已枯死，又从老树桩的根部萌发出不同年代、精细不等的数级枝干和许多幼小的枝条，树龄可能在数千年至万年。如此古老的银杏在西天目山至少有25株，它们不可能由人类栽培的，可能是第三纪以来，从未受过冰川影响的实生古树
林子琳	1988	有	日本也有银杏原生种
何凤仁	1989	有	当时银杏在世界各地冻死后，仅我国安徽东南部，气温还不过低，以致银杏有少量残存
江明喜	1990	有	大洪山“千年以上银杏树20余株，结果大树8900株，此外，山林内也有零星的银杏树自然分布。“当地有一种狸猫*Felis bengalensis*（当地俗称白眉子）常食银杏种子，但它只消化了外种皮，中种皮因骨质程度较高而不被消化，随粪便一起被排出体外，这些种子仍能正常发芽，森林中常有许多零星分布的银杏。因此，在自然条件下，银杏分布区的扩大是可能的。”
成俊卿	1992	有	在浙江西天目山海拔500～1000m地区尚有野生混交林
Del Tredici	1992	有	“……要解决长期存在的关于天目山银杏群落野生性的争论，即使有可能，也是困难的。这一争论在很大程度上与‘野生’这一概念有关。”“但可以肯定从银杏基生树奶形成分杈现象是解释天目山银杏得以长期繁衍的一个重要因素。很可能这种借助基生树奶的无性繁殖方式，对银杏在整个地质历史时期奇迹般地生存下来有着重要的作用。”即天目山自然保护区内的银杏有两种情况：一种如海拔1000m的开山老殿前列植的数株银杏大树，海拔300m禅源寺内单株银杏大树，以及人山门至三里亭两侧带状银杏幼林，明显为人工栽植，只是栽植年代不同而已。另一种为自然保护区内海拔330～1100m沟谷两旁及山坡丛林中散生的200多株银杏树，则非人工栽植，而是实生银杏根基萌发的多代同堂树，即复干银杏，是银杏原生种群在自然界繁衍更新的后裔
王忠仁等	1992	有	确认淳安30多株古银杏中有11株是野生银杏的直接后裔，依据有二：①古银杏旁没有祠堂、庙宇、古坟等遗迹，附近即使有村民居住，迁住这里的时间比古银杏的树龄要短得多，周围环境基本上反映古代的自然原始风貌。该县文昌乡浪岭村村史不到200年，而生长在该村山坡上的一株古银杏树龄已达800余年。②从植物群落来确定，该县沈畈乡自峰村江、西、北三面环山的地理环境，极利于阻挡冰川寒流的侵袭，这里植被保存完好，一株高38m、胸径1.38m的古银杏混生在古树群中，与之伴生的树种有紫楠、黄果朴、凹叶厚朴、喜树、山核桃等，周围也没有人为破坏的痕迹
陶银周	1994	有	作者根据对天目山银杏种群的种长、种宽、种厚、千粒重、叶缘及每一种柄上胚珠发育数等表型性状的调查统计和数理分析，认为显著性差异足以否定吴俊元等天目山银杏遗传同一性之说
周 骋等	1994	有	天目山银杏雌株、雄株比例为18:82。林内几乎未见实生小树，萌生树却极为多见。并认为林中的银杏，从形态上来说，则不像是人工栽培的，虽然不少银杏树旁有人为活动的痕迹，如石坎、石坝等，但远没有银杏树之古远，可以视为僧侣为保护古银杏或有别的什么用途而筑的。
刘燕君等	1994	有	大洪山古银杏群落最普遍的是动物传播和气象因素作用而形成的“自然群落”。并称大洪山生长着一种动物，叫白果灵（狸），喜欢吃银杏种实，只能消化外种皮，种核不能消化而随粪便排出。产区猎人发现，一堆粪便中的白果核有的达250g之多。这些种核在雨天随地表径流冲到石缝、山腰、山脚、山冲，就在那里发芽、生根、成长，形成品种繁多的银杏群落
陈炳浩	1995	有	我国野生状银杏森林有3处：①川东、鄂西银杏天然群落分布区；②湖北大洪山银杏天然群落；③福建武夷山区散生分布的银杏天然森林植株。天然分布于神农架、大洪山和武夷山区深山老林中成片密集的古银杏群落是世界上罕见的森林遗产之一
劳凌	1996	有	古树数目多，分布广；树龄大于建庙史；与众多的第三纪孑遗树种伴生；有天然更新的实生苗和多代萌发的实生老树；种实性状变异显著
木力	1996	有	河南嵩县白河乡下寺村本来无人居住，这里幽雅的自然环境和由古银杏群组成美丽的森林景观，吸引僧人最先来此建寺，随后才有少数村民迁居于此。这为研究古银杏群是否为野生提供了有力的佐证
林协	1997	有	根据天目山银杏原始种群的分布与生长，分析了4个特点：①银杏古树数量多、分布广；②树龄大于建庙史；③与众多的第三纪孑遗树种伴生；④种实性状差异显著。并指明天目山自然保护区内的银杏就其起源有两种情况：一种如开山老殿前列植的一排银杏大树，禅源寺内单株银杏及入山门至三里亭山道两侧小面积银杏中幼林，明显为人工栽植，只是栽植的年代不同而已；另一种为自然保护区内海拔300～1100m沟谷两旁及山坡丛林中散生的银杏大树，则非人工栽植，而是实生银杏根基萌发的多代同堂树，即复干银杏，是野生银杏在自然界多代繁衍的后裔
赵明水	1997	有	①天目山野生银杏是最早被认可的野生状态特别典型；②由于僧侣的积极保护，天目山银杏至今才得以保持野生状态；③人类对银杏种实的长期利用和吃白果动物的长期存在，是影响天目山银杏种群密度的重要因素；④银杏伴生植物的古老性可以证明天目山银杏是自然的和野生的
郭衍全等	1997	有	南雄银杏的分布，其他因素未对起源中心造成影响，多度中心与几何中心重叠，从而认为南雄坪田可能是南雄银杏种群的一个起源中心

（续）

作者	年份	野生性	主要观点
向应海等	1997	有	务川县的濯水、丰乐、都濡、黄都及其邻县区零星和分散的残存群落中银杏大都处于野生和半野生状态。同时，对古银杏"近村落不远布"分布模式作了解释和推理
林协	1998	有	再次对国家一级保护植物——天目山野银杏作宣传
向应海等	1998	有	认为贵州省务川县鹿坪乡和牛塘乡银杏群落"同森林中其他种群一道沿着天然森林群落的自然规律进行生长、发育和更新，具有同其他野生植物种群一致的生长发育特性，应是古森林残存群落中处于自然状态下的野生性银杏种群。"
马炜梁	1998	有	"银杏为著名的孑遗植物，我国特产，仅浙江西天目山有半野生状态的树木，生于海拔500～1000m。"
周亚林等	1998	有	以洛阳镇为中心的随州银杏群落，发展到目前这个状态，固然是人为和自然共同作用的结果，但其初始应当还是天然的、原生的
向应海等	1999	有	报告阐述了与作者1997、1998年发表有关论文相类似的学术观点
李建文等	1999	有	在对重庆金佛山地区(云贵高原大娄山山脉北部)进行详细考察之后，认为金佛山作为第四纪冰期动植物的避难所之一，还保留有自然野生银杏原始类型
向应海等	2000	有	"浙江西天目山天然林及银杏种群是一个地带性森林生态系统自然历史综合体。其中的银杏种群，不仅是残遗植物的代表，而且是我国残遗植物地理群落集中分布地。因此，这里的银杏种群应属于典型的野生群。"
李正理	1957	不定	银杏的野生种始终还没有得到确切的证实
葛永奇等	2003	有	对3个可能为野生银杏的种群（浙江西天目山、贵州省务川县、湖北大洪山）和2个栽培种群（浙江泰兴、美国东部）进行了SISR分析。结果表明前3个种群的多态性位点比例高于栽培种群，为7.045%；其中贵州省务川种群（云贵高原大娄山山脉）多态性最高，可能为野生种群
Shen等	2005	有	采用PCR—RFLP研究了6个可能为野生种群的银杏cpDNA遗传结构，结果有：重庆金佛山地区分布有极其丰富的cpDNA单倍型，遗传多样性也明显高于其他银杏种群，表明此地区可能是银杏重要的冰期避难所。浙江长兴地区则是由于长期引种移植的结果。而长期以来被认为是银杏第四纪冰期避难所的浙江西天目山，只有一种普遍存在的叶绿体DNA单倍型，说明西天目山的银杏可能不是野生的
龚维，傅承新等	2008	有	推测冰期银杏种群在中国的避难所分别为西南和东部地区

表2-8 中国银杏现存的天然种群与栽培种群的生态特点比较（Del Tredici，2008）

现存的银杏天然种群	银杏栽培种群
雄株与雌株大体维持在1:1或雄株稍多一点的比例	性别比例失衡——绝大多数为雌株
银杏与周围森林中许多其他土生土长的树种混合生长	很少有其他树种与银杏一起生长；如果有其他树种存在，它们往往是为了某些特殊的目的而栽
大多数银杏树干下部侧枝很少，呈仅有主干的生长模式（推测为实生种苗）	雌株低矮，侧枝发散生长（推测是通过扦插和嫁接而成的无性繁殖苗）

仅是天目山一处，在重庆和邻近贵州省部分地区已发现大量银杏小种群，这些生长在天然林或残遗群落中的小种群也可认为是野生种群。Del Tredici (2008) 认为，野生银杏与栽培银杏从植物学和生态学上具有明显不同（表2-8）。

浙江大学傅承新 (2007～2009) 曾主持了国家自然科学基金"银杏系统发育地理学研究：冰期避难所与祖先群体的探索"项目。2008年浙江大学生命科学学院植物系统进化与生物多样性实验室与德国海德堡大学海德堡植物研究所（龚维，傅承新等）在"Molecular Phylogenetics and Evolution"刊物上系统报道了"活化石银杏的系统地理学：银杏更新世冰期在中国的两个避难所及冰期后的有限扩张"。作者用于cpDNA和AFLP分析的古树样品分别来自湖北恩施、重庆金佛山、贵州盘县、贵州杉坪、贵州务川、湖北大洪山、广西灵川、河南嵩县、浙江长兴、山东郯城、浙江天目山、江苏泰兴、福建武夷山等国内13个群体，分别为124个和92个样本。美国纽约植物园6株、荷兰乌德勒支植物园等2株、德国汉诺威等4株、法国巴黎等4株、澳大利亚维也纳大学4株、意大利帕多瓦大学1株、日本东京12株、福冈市7株、韩国庆尚北道、全罗北道等11株。通过核基因组和质体基因组(trnK基因，trnS-trnG基因间隔区序列变异)分子标记（AFLPs），结合所得数据，推测冰期银杏种群在中国的避难所分别为西南和东部地区。特别指出，首次确定中国东部西天目山地区为冰期的一个避难所。AFLP数据表明中国西南、东部和中部地区的银杏种群遗传分化显著。本研究还推测银杏为长寿型雌雄异株植物，不管是野生种群还是人工栽植的群体，其种群内遗传多样性高于群体间。作者认为欧洲、日本、韩国以及美国的银杏植株皆多次引种自中国东部地区。

Fan等 (2004) 采用RAPD技术对中国9个银杏群体的遗传多样性进行了分析。结果表明：在扩增出的47条带中，46条为多态带，多态位点百分率高达97.9%；在9个群体中，重庆金佛山群体的遗传多样性最高；并得出中国银杏群体的遗传多样性高于日本以及北美的银杏群体的遗传多样性，最后推断日本及北美的银杏群落来源于中国。Fan (2004) 认为，中国西南地区银杏群体遗传多样性较高，这与Shen等 (2005) 利用ISSR及PCR-RFLP分析少数群体的结果一致。樊晓霞 (2005) 在《银杏叶绿体DNA系统地理学研究》一文中通过对云贵高原、伏牛山区、西天目山等7个潜在野生银杏种群进行了系统地理学研究，分析了银杏的遗传多样性格局，并探讨了银杏冰期避难所在和冰期后的扩散情况。认为，银杏冰期后的扩散过程如下：金佛山是银杏冰期避难所之一，该地区银杏种群在冰期后一直未发生过大规模扩散事件；第四纪冰期中国有数个零星分布的银杏避难所，在一些避难所的个体移植到其他国家和地区之后，一些避难所发生扩散、一些避难所消失了。Tsumura等(1997)利用等位酶技术分析了98株银杏的变异状况，结果表明中国的银杏与日本的银杏亲缘关系比较近。Kuddus等(2002)对美国东部的银杏遗传多样性进行了研究。选取宾夕法尼亚州西部的12株银杏进行RAPD分析，利用14个引物共扩增出94条带，其中只有5条多态带。这说明该银杏群体的遗传结构极为相似。为了解美国其他地区银杏的遗传结构，分别在华盛顿特区和尼亚加拉瀑布各取2株银杏与宾夕法尼亚西部的2株进行RAPD分析，共扩增出104条谱带，宾夕法尼亚西部和华盛顿特区的银杏带型极为相似，尼亚加拉瀑布银杏扩增出41条带，其中23条为特异带。这说明，在美国可能存在不同群体的银杏，且遗传多样性较高。郑阿宝(2000)利用RAPD标记技术对被认为是野生银杏的天目山及金佛山的2个银杏群体的60个样本进行了研究。结果表明，在随机扩增的291个位点中共检测到73个多态位点，等位基因平均数为2个，有效等位基因数为1.7个，天目山与金佛山两个群体多态位点百分率分别为24%和23%，低于孑遗植物水杉 (38.6%) 。从而说明银杏的遗传多样性水平低，进化动力及其微小，进入了生物物种十分平缓的进化时期，其原因可能是因其生命周期长、世代长，并处于残遗的隔离分布状态。郭新安 (2006) 通过对大洪山、鄂西南山区、大别山群体259个银杏古树叶样遗传多样性的ISSR分析表明：大洪山群体遗传多样性水平最高，群体内遗传变异最大，其次为鄂西南山区群体，大别山群体的遗传多样性水平最低，群体内遗传变异也最小。对随州、安陆、巴东、麻城、罗田和红安等6个县市群体的遗传多样性分析表明，随州群体的多态性最高，其次为安陆群体，红安群体的多态性最低。曹福亮等 (2008) 用随机扩增多态DNA (RAPD)技术对浙江西天目山、贵州务川、湖北大洪山区、重庆金佛山区和福建武夷山区等5个群体150个银杏个体进行了遗传多样性分析。RAPD数据显示，5个银杏群体遗传多样性较高，其中浙江西天目山、贵州务川和湖北大洪山区有可能是野生银杏冰川期避难所。葛永奇等 (2003) 采用ISSR分子标记技术，对江苏泰兴、美国纽约的栽培银杏群体和中国3个可能为野生的银杏自然群体（浙江西天目山、贵州务川、湖北大洪山区）的遗传多样性水平和群体遗传结构进行了研究。分析结果表明：与其他裸子植物相比，银杏具有丰富的遗传变异。贵州务川群体的遗传多样性水平最高，江苏泰兴栽培群体和美国纽约的栽培群体的遗传多样性水平较低。由UPGMA聚类分析可知，贵州务川群体与浙江西天目山群体优先聚类;美国纽约群体与湖北大洪山群体具有较近的亲缘关系，它们可能为同一野生群体的后裔。通过对银杏群体遗传结构的分析并结合群落学调查研究，结果表明：贵州务川银杏群体很可能为野生自然群体。

刘慧春 (2005) 用9条RAPD引物和9条ISSR引物分别对随州大洪山区洛阳镇红星、中坪、蔡家咀、胡家河、金鸡、九口堰及柳林镇7个群体共121株古银杏的叶片DNA进行扩增，分别得到104条和107条清晰的扩增谱带，其中多态性带分别为103条和105条，多态性条带百分率(PPB)分别为99.04%和98.13%。RAPD结果揭示出大洪山区7个群体的G_{ST}=0.2896，ϕ_{ST}=24.22%;ISSR结果揭示出这7个群体的G_{ST}=0.2944，ϕ_{ST}=23.12%。将桐柏山区的草店群体考虑在内，则遗传分化值更高，G_{ST}=0.3380，ϕ_{ST} =32.05%。分别依据古银杏叶片样品的RAPD和ISSR标记数据，进行了群体和单株聚类分析。8个群体共129个单株的UPGMA聚类分析显示，来自同一群体的个体基本上都能各自聚在一起，表明各银杏群体间已有相当程度的遗传分化，特别是草店群体，与其他7个群体之间的分化程度最高，表现出明显的地区性差异，而群体聚类结果并没有表现出地域差异。群体间一定程度的遗传分化可能是人类生产活动和基因流障碍引起的。陈月琴、庄丽等 (1999) 测定了银杏雌株核糖体rRNA基因转录间隔区rDNA ITS区。结果表明：全序列共1172碱基对，其中ITS1长788碱基对，ITS2长226碱基对，5.8S rRNA基因158碱基对。计算机分析表明：形态上仅有很少变化的银杏，其个体之间有明显的分子差异，不同产地栽培株rDNA ITS区序列的核苷酸差异值高达25%，远大于一般意义上种间的距离，表明了银杏形态上的变化与分子进化的不一致。至于造成这种不一致的原因还有待于进一步探讨。王利、邢世岩等 (2009) 从64对EcoRI/MseI引物（其中MseI引物为荧光标记物）中筛选出7对扩增产物多态性高、谱带清晰的引物，对来自山东的29个古银杏种质的遗传关系及特异种质进行了研究。结果表明，7对引物共产生1003条谱带，138个特异位点(其中缺失带36条、单态带102条)，多态带915条，多态带的比例为91.21%；每对引物鉴别效率为100%。29个古银杏种质之间相似系数为0.43～0.84，来自不同地区的银杏种质遗传变异程度不同。当相似系数为0.71时，供试种质可分为四类，古银杏种质的聚类与地理位置的远近并不完全相关。根据对古银杏种质的特异位点、相似系数、聚类结果等进行综合分析表明，‘任城’、‘胶州’、‘崂山2’、‘诸城2’、‘安山1’、‘安山2’、‘蒙阴’、‘郯城1’、‘郯城2’、‘叶籽银杏1’ 10个种质是山东古银杏种质中的重要特异种质。

三 古银杏雄株

美国从20世纪50～60年代初主要从事雄株无性系的选优和繁殖，目前将银杏品种分为“认可和非认可栽培品种”两大类，共计50个，其中认可栽培品种18个，诸如‘黄叶’银杏（‘Aurea’）、‘金秋’（‘Autumn Gold’）、‘湖景’（‘Lakeview’）、‘圣云’（‘ST•cloud’）、‘圣克鲁斯’（‘Santa Cruz’）等。这些品种95%为雄株，其选种依据是叶色、叶形、树形等形态指标 (Santamour 等，1983) 。在美国许多品种是经美国园艺学会调查后确认下来的，并在加利福尼的萨拉托格园艺场保存并繁殖。美国国家植物园，作为临时国际未定名木本植物注册的权威机构，根据《国际栽培植物命名法规》的规定，负有对重要的风景绿化树种提供具有绝对权威性名录的责任。雄株花粉对白果的产量和质量影响很大，对雄株调查、选优，是提高雌株种子产量的主要措施。

自1896年Hirase发现银杏具游动的鞭毛精子以来，关于银杏雄配子体发生、发育、精原细胞的超微结构、受精及分类地位等国内外诸多学者进行了较系统研究。郯城县有20cm以上雄树近6000株。港上镇王桥村是最大的银杏雄树集中分布区，集中分布了百年生以上银杏雄树2450株。位于新村乡政府驻地的银杏王，树龄已近2000年，是我国最大的银杏雄树之一 (宫玉臣等，2006) 。陈鹏等 (2000) 连续3年研究了雄株不同的叶源枝类、部位及采叶期的叶片的单叶面积、干物质含量、比叶鲜重、比叶干重和类黄酮含量。凌裕平 (2003) 通过扫描和透射电子显微镜研究了银杏雄株花粉，为花粉用雄株的选育提供了科学的依据。王国霞等 (2010a) 应用ISSR分析技术对19个省市的97株古银杏雄株进行遗传多样性分析，并对它们的亲缘关系进行分析鉴定。结果表明，银杏雄株具有丰富的基因多样性和遗传多样性，选用的13个引物共扩增出114条DNA条带，其中多态性DNA条带83条，占72.8%；有效等位基因数为1. 8117，基因多样度为 0. 4374，Shannon 信息指数为0. 6253；利用UPGMA法对扩增结果进行聚类分析，把97株古银杏雄株分为两大类，一类表现出较强的地理相关性，另一大类结果表明遗传距离与地理位置远近不完全相关。王国霞等（2010b）借助扫描电镜对采自全国主要银杏分布区的33株银杏古树雄株的花粉外壁形态特征进行观察，发现银杏花粉外部形态基本一致，赤道面观为橄榄形或梭形，侧面观为长椭圆形，萌发沟与花粉近等长。但在光滑程度、纹饰特征、条纹分布的规律性、微孔情况等方面存在比较明显的差别。结果表明，银杏花粉形态具有多样性和复杂性。王利、邢世岩等（2006）研究了山东、广西、福建、浙江、贵州等10个省（自治区）19个产地29个银杏雄株材料的亲缘关系进行了AFLP分析。从64对EcoRⅠ/MseⅠ引物（其中MseⅠ引物为荧光标记物）中筛选出7对清晰、多态性高的引物，结果表明，7对引物共产生1173条谱带，187个特异位点和1145条多态带，多态带的比例平均为97.6%。每对引物鉴别效率达到100%。所有材料之间相似系数在0.38～0.82之间，供试材料遗传变异大。当相似系数为0.51，将全部试材可以分为两大类，山东的大部分材料聚为一类。认为同一产地内不同试材和不同产地的试材存在不同程度的遗传差异。供试材料的聚类与其地理位置的远近不完全相关，山东大部分银杏雄株试材亲缘关系较近，'天目山4'、'宁国'、'郯城6'可能是比较原始的雄株。

四　古银杏雌株

付慧敏（2006）从随州市曾都区中坪、刘家桥、草店、殷店、胡家河、张畈、小岭冲、九口堰，安陆市候冲、仁合、钱冲、三冲古树群体中共采集了134株古银杏的种子样品，对其种核特征和种仁营养成分两个方面进行了初步研究。结果表明：在银杏种核特征指标(长、宽、厚、单核重、长宽比、厚率、长厚比)中，除厚度外，其他各特征在单株间都存在着显著或极显著的差异，种核特征变异十分丰富。无论是群体间还是群体内，都是出仁率变异幅度最小，单核重变异幅度最大，种核其他特征指标处于两者之间。根据银杏的单核重与种核其他特征的相关性，在银杏选择育种中，除了选择大粒型的银杏外，最好选择种核宽度较大的银杏。随州和安陆的银杏种核类型有4类，以马铃类和梅核类为主，佛指类和圆子类很少，没有长子类银杏。无论是类型间还是类型内，主要有机养分中可溶性糖含量差异最大，淀粉含量差异最小；矿质元素中氮元素及铜元素含量差异较大，镁元素含量的差异最小。在以产地划分的银杏古树其群体水平也存在着类似的现象。银杏种仁营养成分间的相关性以及它们与种核特征间的相关性比较复杂，在确定目标性状时应参考各因素间的具体相关性，制定最佳的目标性状和方案。群体内银杏种核特征及种仁营养成分含量的变异系数未必低于群体间的变异系数。因此，在选择育种时既要重视群体间优良基因型的选择，也要重视群体内优良基因型的选择。银杏古树种核特征指标和种仁营养成分含量没有明显的地域性差异。根据种核特征和种仁营养成分含量，初步选出了一些单株，作为进一步选择育种的基础。王琳（2008）用9条ISSR引物对120个银杏单株种核胚乳的基因组DNA进行PCR扩增，共得到145条清晰的扩增谱带。其中，多态性谱带116条，多态位点百分率(PPB)为80%。在总体水平上，Nei's基因多样性HE为0.269，Shannon's多态性信息指数Ho为0.401，表明随州和安陆银杏种核在总体水平上具有较广泛的遗传变异。

从1993～2002年湖南省安化县林业科学研究所从全分布区、长江中下游地区、湘西山区等地理区域内，分别对种源、母树采集种子。对银杏种源、家系、无性系选择研究进行了国内较系统的古银杏雌株研究。该项目：①明确了银杏核用良种的最佳选择途径为无性系选择，叶用良种的最佳选择途径为种源、家系联合选择，材用良种的最佳选择途径为家系选择；并指出在核用良种选择工作中，应该把种核壳厚度、种仁总糖浓度列入目的性状之中，而对种核出仁率、种仁淀粉浓度不加测定也无妨。②初步提出，湖南凤凰、江苏泰兴与邳县、河南嵩县、湖北安陆、辽宁丹东、重庆等7个产地所产银杏种核，风干重较大、壳较薄、出仁率较高；江苏吴县、浙江临安、河南新县、广西全州等4个产地所产种仁，蛋白质、脂肪、淀粉浓度都较高；广东南雄所产种仁总糖浓度较高。在试验地，河南嵩县种源的银杏苗木，叶片中总黄酮、总内酯浓度较高；辽宁丹东、山东郯城种源的苗木，叶片中总黄酮浓度较高；湖北安陆、湖南新宁种源的苗木，叶片中总内酯浓度较高。湖南新宁与安化、辽宁丹东、湖北安陆、浙江富阳、广西兴安、安徽金寨等7个种源和18、19、22号，丹东1号，新宁2、7、11、17号，安化1、10号，兴安22号，金寨4号，安陆4号等13个家系的银杏苗木，具有早期速生特性。据评估，在安化县境内初步推广上述材用速生种源，每年已产生经济效益71万元。③研究发现，银杏种核长宽比与壳厚度呈负相关，种仁Ca、Mn浓度与总糖浓度呈正相关，苗木单叶干重与叶片内酯浓度呈正相关，苗木基径与生物量的相关比苗高与生物量的相关更为密切；在银杏全分布区内，种核风干重、种仁Mn浓度的地理变异都可能属经向渐变模式，种仁K浓度的地理变异属纬向渐变模式，种核长度与长宽比、种仁脂肪浓度的地理变异都属(或可能属)经－纬渐变模式；在长江中下游地区内，1年生苗高的地理变异属纬向渐变模式。这些规律在生产和研究工作中具有参考价值。本研究对我国古银杏资源利用及核用、叶用及材用新品种创造奠定了良好基础。

汪贵斌等（2009）以福建宁化县32株古银杏树当年生种子为研究材料，对种仁的特征进行了较为系统的研究，研究结果表明：①32个银杏单株种仁的仁长、仁宽、仁厚、出仁率、可溶性糖含量和蛋白质含量等指标的差异均达极显著水平，淀粉含量的差异也达显著水平，出仁率位于前三位的是28、25、17号，可溶性糖含量位于前三位的是20、14、8号，淀粉含量位于前三位的5、19、8号，蛋白质含量位于前三位的是2、32、11号。②种仁性状变异系数由大到小的顺序依次为蛋白质含量>单仁重>淀粉含量>可溶性糖含量>仁长>仁宽>仁厚>。③相关分析结果表明，除了可溶性糖含量、淀粉含量、蛋白质含量与其他测定指标之间均未达到显著相关水平外，其他测定指标之间大多数显著相关，其中单粒重与单粒体积、核长、核宽、单仁重、仁长、仁宽、仁厚都存在极显著相关。

五　叶籽银杏

叶籽银杏大多为100年以上的古树。1891年，日本学者Shirai最早发现了叶籽银杏，但是直到1927年日本植物分类学家Makino（牧野富太郎）首次把叶籽银杏定为一个变种：*Ginkgo biloba* L. var. *epiphylla* Mak.，该变种以后被Miyoshi(1931)、Matsuda(1932)、Yatoh(1941)、胡先骕(1954)、吉冈金市(1967)、郭善基(1984)、彭日三（1995）等人先后引用。在前人工作的基础上，胡先骕（1954）把银杏分为7个变种（var.），叶籽银杏被列为7个变种之一。但是，从整株树上看，叶籽银杏的叶生胚珠（种子）约占全树胚珠（种子）数目的5%～25%（吉冈金市，1967；邢世岩，1993；彭日三，1995；周良才等，1996），而且有交替结实习性（周良才等，1996），因此，有人认为银杏不具有变种的条件，只不过是银杏的个别返祖现象（彭日三，1995）。1966年，Harrison按照《国际栽培植物命名法规》将前人已命名的金叶银杏（*Ginkgo biloba* var. *aurea*）、塔形银杏(*Ginkgo biloba* var. *fastigiata*)、裂叶银杏(*Ginkgo biloba* var. *laciniata*)、垂枝银杏(*Ginkgo biloba* var. *pendula*)和斑叶银杏(*Ginkgo biloba* var. *variegata*)等5个变种改称为品种（cv.），这种分类方法被后人引用。但是，叶籽银杏未列在其中。1978年，郑万钧等在《中国植物志》第七卷正式明确了银杏种级之下无变种和变型，全部为银杏品种的分类方法。然而，郑万钧(1983)在《中国树木志》所描写的中国洞庭皇(*Ginkgo biloba* cv.'Dongtinghuang')等12个银杏主要栽培品种中也没有提到叶籽银杏。美国著名育种学家Santamour（1983）也将叶籽银杏列为一个品种。然而，叶籽银杏树上的球果也有几种不同类型，种核也有多种类型，且叶子球果仅占少数(郭善基，1984；彭曰三, 1995；邢世岩, 1997)，将叶籽银杏列为一个品种也不是十分恰当。有些学者则根据种核形态特征，将叶籽银杏作为一个品种列入长子类 (郭善基, 1993；龙兴桂, 2000；陈鹏等, 2004)。彭曰三 (1995) 则主张以叶籽银杏的特殊形态命名，将叶籽银杏命名为*Ginkgo biloba* L. cv. 'yeziyinxing'。吉冈金市 (1967) 认为叶籽银杏属于环境型 (f.)。综上所述，由于叶籽银杏在形态、发育及解剖上的特殊性，关于其分类地位，有必要从细胞及分子生物学加以研究。

1891年，Shirai在日本的山梨县发现世界上第一株叶籽银杏(Sakisaka, 1929; Soma, 1999)。1892年，Fujii发现第二株叶籽银杏，同时还发现了叶缘生小孢子囊 (microsporangia) 的雄树 (Sakisaka, 1927)。以后，日本的宫城、山形、爱知等10余个县共发现叶籽银杏11株 (邢世岩, 2004)。然而，直到20世纪60年代初在欧洲和美洲均没有发现叶籽银杏的报道 (Li H-L, 1961)。1961年，美国从日本引种叶籽银杏，栽植在宾夕法尼亚州的Longwood公园 (邢世岩, 2004)。1984年，郭善基报道了在山东省沂源县发现的我国第一株叶籽银杏(郭善基, 1984)，此后，在我国的广西、福建、山西、陕西、湖北、四川、湖南、广东和甘肃等地相继发现叶籽银杏 (邓荫伟, 1989；彭曰三, 1995；吴圣地, 1995；周良才等, 1996；邢世岩, 2004)。我国目前已报道36株叶籽银杏，树龄从25～2589年不等 (表2-9)。

关于叶籽银杏，1962年出版的《日本古树名木天然纪念树》一书中共收录了11株，按地理位置从北往南的顺序排列如下。

①宫城县仙台市原町 (镇) 永野荣助氏院内的"苦竹公孙树"，雌树，目高围长7.90m，树高28m，树龄1200年。该宅院有千年历史。距主人介绍，该树从来不结果，但叶籽现象十分明显。

②山形县西田川郡温海镇大字早田河内的本间义氏宅院内的"早田叶籽银杏"，根基围2.15m，树高10.0m，树龄400年，从地上0.2m处分为三叉，冠幅东西9.2m，南北8.6m。在叶的中脉的第二主侧脉的先端开花结种，"种子叶"的形态似蝴蝶飞翔。是叶籽银杏中最富变化的类型。

③茨城县水户市八幡镇的白旗山八幡宫境内的"白旗宫叶籽银杏"，眼高围5.76m，高33m，树龄470年。树干上有乳柱下垂，从树姿宏大的角度来看当居日本第一位。叶上结种非常少，当地称其为"雅爱银杏"。

④山梨县南巨摩郡身延镇下山上泽寺院内的"上泽寺叶籽公孙树"，眼高围5.76m，基围6.24m，高27m，树龄700年。该树长有数10枚下垂的乳柱，叶上结实量较小，与正常种子的比例为1:7。叶上种子5～6月份长成豆大左右，9月成熟，10月下旬逐渐落下。该树授粉依赖于隔富士川相望的"八木泽叶籽银杏树"雄树。白井光太郎博士通过对该寺该树的观察，于1891年7月发表了《银杏叶籽观察的事实》。

⑤山梨县南巨摩郡身延镇八木泽宫前山神社院内的"八木泽叶籽银杏树"，眼高围2.8m，树高25m，树龄180年，雄株，具有"叶上长花药的神奇现象"。当地人讲180年前所植。虽然年龄与对岸上泽寺的"叶籽公孙树"差距较大，但与该树的结实问题关系密切。1896年4月17日由藤中健次郎博士首先发现，后来广泛介绍到欧美的植物学会中去。

⑥新泻县村上市大字濑皮字上野的大龙寺院内，有一株"大龙寺龙神木"银杏，周围长 (胸围) 5.7m，树高29m，树龄900年。本寺建于日本平安朝末期，一般认为该树为建寺初期所栽植，其年龄由此所得。1929年10月，村上博士受内务省委派来此进行"天然纪念物"指定调查时，为了弄清楚叶子上如何长银杏的现象，在让高桥来吉上树的地方，自己攀登时，没有抓稳粗枝，掉下来摔死了。在1956年时，北蒲原郡加治川村具尾的"叶籽银杏"被解除了"天然纪念物"的头衔，据考证，该树就是由"大龙寺神木"树下的根生苗移植过去后长成的。

⑦福井县大阪郡高滨镇六路谷杉森神社院内及院外的"杉森神社叶籽银杏"，眼高围2.8m，根部3.9m，高35m，树龄200年，叶上种子数量约占总数的30%，结种的叶与其他叶籽银杏相比，叶面相对狭小。1930年，舞鹤小学的训导三宅氏首先采到该树的叶籽，于是作为奇怪的事情公诸于世。

⑧爱知县丰桥市船渡镇龙源院门前的"龙源院叶籽公孙树"，眼高围4m，树高20m，树龄450年；雌株，每年结果很多，其中有一半为叶籽果实，因此得名。

⑨滋贺县坂田郡米原镇大字醒中的了德寺院内的"了德寺叶籽银杏"，眼高围2.5m，树高、树龄不详，叶上结实状况有异，该树情况以50年前才有所了解。

⑩鸟取县八头郡郡家镇大字福本上土居祖师堂院内的"贺茂叶公孙树"，周围 (胸围) 2.05m，树高40m，树龄87年，雌株。该树除像普通银杏一样结实外，在叶的先端或叶面里侧着生1个或数个银杏，叶上银杏比普通银杏要小，但叶柄比普通银杏要长。被称为"叶生的公孙树"。该树是由当地的三好氏去甲州身延山参谒时，带回的有"白犬天神毒消银杏"之称的"上泽寺叶籽公孙树"的种子，经播种后育成的。

⑪德岛县三好郡小城镇大月的"大月公孙树"，胸高围3.94m，树高40m，树龄386年，可见叶上长出果实的珍奇现象。

此外，在1931～1963年先后又发现多株叶籽银杏。

①奈良县春日神社石屋前，1963年刊的《西吉野村史》中记载，眼高围2.5m，树高20m的银杏大树，该树叶的先端有结实的特性。小清水、岩田发现。

②奈良县宇陀郡曾根村门僕神社内，1935年，小清水博士曾发表过"宇陀郡曾根村门僕神社内的一株眼高围约3m，高约24m的叶籽银杏"。

③奈良县宇陀郡榛原镇戒寺院内，小清水、岩田、菅沼氏1957年发现，在宇陀郡榛原镇戒寺院内，眼高围4m，高30m的叶籽银杏。

④奈良县下市镇广桥字中村观音堂院内，小清水、岩田1961年发现，在下市镇广桥字中村观音堂院内的眼高围3.45m，树高12m的叶籽银杏。

⑤秋田县北秋田郡东馆村，1931年10月27日，松田孫治先生偶然从儿童的谈话中得知了秋田县北秋田郡东馆村有叶籽银杏，于是，亲自去该地方进行了实地调查。东馆村的叶籽银杏树高13.2m，胸围1.85m，约于干高1.95m处分成二枝，枝向为南北向。根据东馆普通高等小学院内的雄株推断该树的树龄，应50年左右，该树的来历现在还不清楚。叶上长有果实，较为稀疏，叶籽较多的地方为干部及粗枝上着生的短枝上。

此外，山梨县身延山下本国寺叶籽银杏，5月份大孢子囊很少发育，进入8～9月份，渐渐长出小型的银杏果。太田在西念寺的叶籽银杏、山梨县下山村常福寺的银杏以及长谷观音寺的叶籽银杏，全树也能生长出大孢子叶有数10枚。据此，日本叶籽银杏至少有19株。

自叶籽银杏发现以来，大多研究主要集中在叶籽银杏的形态学观察，但是关于叶籽

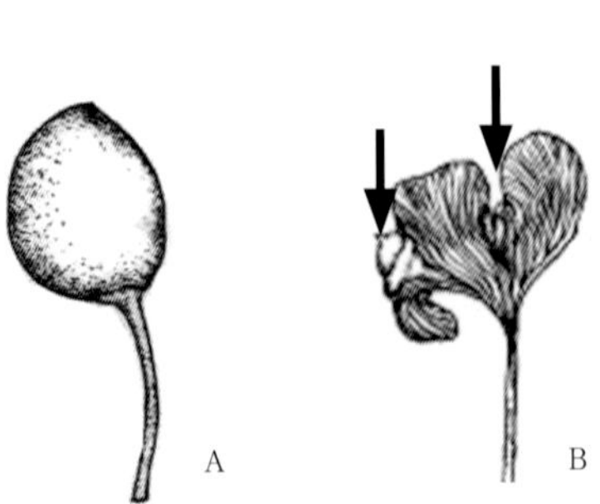

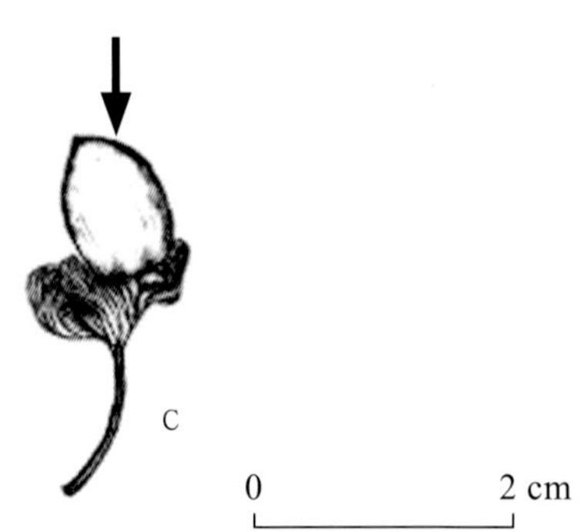

图2-5 银杏正常胚珠（A）和叶生胚珠（B，C）。标尺2cm，箭头示叶生胚珠

表2-9　全国叶籽银杏统计表（36株）

生长地点	性别	树高（m）	胸径（m）	冠幅（m）	树龄（年）	备注
沙县城关孔庙旧址学校院内	雌	17.6	0.60	15.0×16.0	100	叶籽银杏
漳平市永福镇李庄村	雌	15.0	0.80	12.0×10.0	309	叶籽银杏
南雄市坪田镇上屋村	雌	30.0	1.20	20.0×20.0	1100	叶籽银杏
南雄市坪田镇姜塘村	雌	25.5	1.20	20.0×16.5	500	叶籽银杏
灵川县海洋乡（11）	雌	12.5	0.67	11.0×11.5	55	叶籽银杏
兴安县护城乡	雌	25.3	1.02	20.5×16.3	500	叶籽银杏
兴安县护城乡	雌	12.5	0.67	11.0×11.5	80	叶籽银杏
兴安县护城乡	雌	11.5	0.64	10.0×11.5	80	叶籽银杏
鲁山县瓦屋乡土桥村纸坊沟村组	雌	30.0	0.95	4.0×4.5	1000	叶籽银杏
辉县市薄壁镇白云寺林场	雌				650	叶籽银杏
邓州市九龙乡		18.0	1.05	24.5×24.5		叶籽银杏
京山县坪坝镇唐庙村	雌	14.0	0.30	12.3×13.7	200	叶籽银杏
京山县三阳镇西川村	雌	23.5	0.86	17.4×21.7	200	叶籽银杏
安陆市王义贞镇三冲村	雌	27.6	2.14	26.9×27.5	1040	叶籽银杏
洞口县健民路8号洞口县林业局	雌	18.0	0.50	9.6×10.3	50	叶籽银杏
邳州市港上镇国家银杏博览园	雌					叶籽银杏
济南市历城区港沟镇火路村淌豆寺	雌	20.0	1.60	20.0×24.0	1000	叶籽银杏
沂源县燕崖乡西白峪村	雌	21.5	1.64	31.0×28.0	800	叶籽银杏
沂源县燕崖乡辉村	雌	18.0	0.89	13.0×13.0	800	叶籽银杏
沂源县中庄镇中庄村油坊	雌	21.5	1.14	16.5×12.5	1300	叶籽银杏
沂源县中庄镇中庄村河边	雌	15.0	2.14	20.0×22.0	1300	叶籽银杏
沂源燕崖乡织女洞林场	雌	25.0	1.02	20.5×16.3	800	叶籽银杏
沂源燕崖乡织女洞林场	雌	19.7	0.69	10.3×12.1	800	叶籽银杏
枣庄市台儿庄区张山子镇张塘村	雌	23.0	2.55	23.0×23.1	2589	叶籽银杏
肥城市王瓜店镇邓李村牛山林场	雌	16.0	1.01	13.0×16.0	1000	叶籽银杏
肥城市王瓜店镇邓李村牛山林场	雌	20.0	1.00	12.0×10.0	1000	叶籽银杏
郯城县	雌	9.5	0.24	6.0×5.0	25	叶籽银杏
洋县茅坪镇新华村第2组	雌	16.0	0.40	8.0×9.0	50	叶籽银杏
洋县茅坪镇新华村六组黄膳沟	雌	15.0	0.41	8.0×8.0	50	叶籽银杏
白河县构扒乡平岩村山顶上	雌	46.7	3.50	21.0×20.5	2000	叶籽银杏
旺苍县正源乡学堂村王家山	雌	26.0	1.50	11.3×12.5	130	叶籽银杏
万源市石人乡周家坪三合面村	雌	30.0	1.50	12.0×12.0	300	叶籽银杏
腾冲县界头乡沙坝地村李小寨	雌	12.0	1.02	4.0×6.0	300	叶籽银杏
腾冲县界头乡沙坝地村李小寨	雌	12.0	0.87	3.0×2.0	300	叶籽银杏
腾冲县界头乡沙坝地村李小寨	雌	12.0	0.74	5.0×6.0	300	叶籽银杏
太谷县侯城乡侯城村神头酎泉寺	雌	20.3	0.91	12.0×15.0	300	叶籽银杏

银杏的形态发生规律尚不明确。在日本，4月上旬，叶籽银杏芽开始舒展前，有些叶片叶缘开始出现细长的白色脊状突起（ridge），突起部分叶肉细胞比较疏松。随着叶子的生长，突起继续膨大如虫瘿状，继而出现叶籽银杏雏形（Sakisaka, 1927, 1929; Soma, 1999）。Soma(1999)发现叶生胚珠也存在珠孔（micropyle），然而珠孔下部的细胞没有发生细胞退化，从而不能形成花粉室（pollen chamber），也不能产生传粉滴（pollination drop），这也许就是叶籽银杏无胚的原因。然而，彭日三（1995）报道有可能长成叶籽银杏的叶胚珠在授粉期间同样出现"授粉滴"。此外，授粉期，叶生胚珠的珠心（nucellus）和珠被(integument)尚未分化，而正常胚珠的珠心和珠被分化在芽鳞展开前已经分化（王伏雄，陈祖铿，1983；邢世岩，孙霞，1996）。正常胚珠在三年生的胚珠上即可形成，而叶生胚珠多发生在较老的短枝上，具体短枝的年龄有待深入研究。每叶生胚珠的数量为1～8个或者更多，叶生胚珠数目不同，叶生胚珠的着生位置也会发生相应的变化（图2-5、图2-6）。一叶生一胚珠者，叶生胚珠着生处多偏离叶子正中或生于叶缘一侧；而一叶具有两胚珠者，叶生胚珠多着生在叶片横长的1/3处左右，一叶生三胚珠者多分别着生于叶片横长1/4处（Sakisaka, 1927, 1929；彭日三，1995；郑作昭等，1997）。中国叶籽银杏的一叶生1～2个胚珠者居多，而日本叶籽银杏一叶生2～4个胚珠者居多，但是，能发育成正常叶籽球果的一般为1个，其余大多发育到一定阶段，自行败育，可能与养分供应不足有关（Sakisaka, 1929；彭日三，1995；郑作昭等，1997；Soma, 1999）。

5月中旬至梅雨期，大部分叶生胚珠脱落，此阶段正常胚珠也有脱落现象（Sakisaka, 1927；Soma, 1999）。在叶片内通向胚珠的维管束排列紧密，以利于胚珠及种子发育的营养需求，叶片明显较小（马丰山，李建秀，1991）。8月底，叶籽银杏分化为3层组织：外层为大的薄壁细胞，有很多黏液腔分布其中；中层区为小的等径细胞；内层区为薄壁细胞，排列疏松。着生叶生胚珠叶的叶柄、正常叶柄和珠柄维管束相似，都是2束，胚珠着生的长柄含4束维管束（Sakisaka, 1929）。叶生胚珠也存在"珠领"（Sakisaka, 1929；马丰山，李建秀，1991）。

正常银杏发育成熟时，叶籽银杏的一半叶片皱缩成类似被子植物"花萼"，紧贴球果，球果大小明显较正常银杏小（郭善基，1984；彭日三，1995）。值得注意的是，叶籽银杏的发生具有异时性，秋季仍见叶籽银杏的有些叶片上尚有白色脊状突起（Soma, 1999），然而，这一现象的原因尚不清楚，为什么这种突起没有发育成叶生胚珠，在生长季内其内部细胞结构是不是有所变化？叶籽银杏一般只占全树结实量的5%～25%左右（吉冈金市，1967；彭日三，1995；郑作昭等，1997）。叶籽银杏的发生率的差异可能与树体的营养状况有关，也可能叶籽银杏的发生存在着大小年，还可能与不同研究者的调查时间有关或调查方法有关。郭善基和李健（1984）、彭日三（1995）报道叶籽银杏有正圆形球果、长椭圆形球果（长卵形球果）、叶籽球果三种类型，而黄明（1997）、马东生（1999）发现叶籽银杏树上有双核银杏。叶籽银杏种核形态也具有多样性（彭日三，1995；周良才等，1996），种核先端具明显的尾尖（彭日三，1995；周良才等，1996），种皮、胚乳与正常银杏无明显区别，但无胚，不能正常发芽（Sakisaka, 1927；彭日三，1995；周良才等，1996；郑作昭等，1997）。邢世岩发现，即使在良好的授粉条件下，正常银杏的无胚率仍达5%（邢世岩，孙霞，1996）。江苏苏州洞庭山一带有一种无心银杏（*Ginkgo biloba* cv. 'wuxinyinxing'），也是胚乳丰满而无胚（郑万钧，1978）。

20世纪末，叶籽银杏研究有一项重要发现，叶生胚珠也有颈卵器（archegonium），而且叶生胚珠颈卵器的位置与正常胚珠明显不同（Soma, 1999）。正常胚珠的两个颈卵器分居于雌配子体表面账篷柱（tent pole）的两侧（Lee, 1955），也有报道有4个颈卵器（李正理，1959），有时多达6个（吉成均等，2003），而叶生胚珠的两个颈卵器一上一下紧连，但是叶生胚珠的颈卵器在受精前退化，因而，不可能进行受精，这可能也是叶籽银杏无胚的另一原因。正常胚珠发育过程中颈卵器退化的现象也有报道（吉成均等，2003）。

近几年来，山东农业大学先后在叶籽银杏解剖学、发育生物学、系统发育及表观遗传学三个方面开展了系统研究，以期解读叶籽银杏的发育机制及其系统学意义，主要研究结果表现在：

（1）叶籽银杏叶生胚珠个体发生及结构 对银杏胚珠（种实）、叶籽银杏正常胚珠（种实）、叶生胚珠（种实）的发育过程进行系统描述和分析，并对这3种胚珠（种实）的整个发育过程进行树脂切片观察及组织化学研究，试验结果表明：

①银杏胚珠与叶籽银杏正常胚珠的发育过程、解剖形态等几近相同，仅叶籽银杏正常胚珠的物候期晚于银杏的物候期；银杏胚珠、叶籽银杏正常胚珠、叶生胚珠的发育过程均可分为3个阶段：3～6月份，胚珠迅速增长；6～7月份，胚珠暂停生长；8月份至成熟，胚珠缓慢增长；叶籽银杏叶生胚珠的发育形态多样，叶生胚珠均小于正常胚珠，且具非常明显的异时性。②最新研究发现，叶籽银杏叶生胚珠具颈卵器，可见到中央细胞核、液泡、颈细胞、套细胞、细胞质。但颈卵器位置多变，有合点端颈卵器、珠孔端下方种仁一侧颈卵器、珠孔端颈卵器、合点端上方种仁一侧颈卵器等，数量1～3个不等。③珠孔及珠被发育：5月6日的叶生胚珠突起分泌腔发达，体积大，直径约200μm。6月5日的叶生胚珠内发现珠孔，珠孔道长约700μm，最大宽度50μm；珠孔道下端正对授粉室；外珠被表皮下的基层细胞中分布有大量的分泌腔和分泌细胞团。7月4日的叶生胚珠合点端中珠被和外珠被之间存在翼状组织，锥状组织由染色浅、体积大的薄壁细胞构成；中珠被被大量的分泌细胞团分为内外两层。7月16日锥状组织中间出现空腔，空腔从上部和下部分别向下、向上形成，由一层横向排列的被染成红色的细胞围合而成。中珠被靠近外珠被的细胞较靠近内珠被的细胞体积小，排列紧密。④关于叶生胚珠（种实）发育过程的树脂切片及组织化学：叶生胚珠发端期在叶片上表现为"突起"状态，其结构主要为维管束、薄壁细胞和分泌腔；分泌腔以裂溶生方式发育；"突起"中央淀粉粒少，与叶缘结合处及靠近维管组织处淀粉粒多，淀粉粒均较小且沿细胞壁分布。叶生胚珠雌配子体的发育经历了游离核阶段和细胞化阶段；游离核阶段雌配子体呈液体状态；细胞化初期，雌配子体内是大的薄壁细胞，无淀粉粒、脂肪和蛋白质的分布；随后，淀粉粒渐多；细胞化后期，淀粉粒进一步增多，变大且有黑色脂滴环绕在细胞壁附近。胚乳发育阶段，细胞中积累淀粉粒，蛋白质增多。营养物质中心密集，边缘稀疏。雌配子体游离核阶段开始有外珠被和中珠被的分化；7月上旬，叶生胚珠出现明显的内珠被。中珠被与内珠被间中隐线上方有一"锥状"结构；外珠被和中珠被间有较多的淀粉粒。

（2）叶籽银杏matK、trnS-trnG、ITS和Adh序列分析及系统发育 研究表明：①matK基因序列：从Genbank中下载攀枝花苏铁（AF143440）和铁线蕨（NC_004766）的matK基因序列为外类群利用ClustalX1.83进行序列排序，然后手工调整。对位排序后序列长1952bp，含951个变异位点，其中90个含有系统发育信息。简约法分析得到18棵最简约树，取其严格一致树，并进行1000次重复的自展（bootstrap）检验。matK基因树上，内类群聚成一个单系分支（100% bootstrap），其中银杏样品（LN和Hor.）又形成一个小的分支（70% bootstrap）。叶籽银杏样品位于发育树的基部，和银杏样品形成的小分支构成多歧分支。②trnS-trnG基因序列：对银杏和叶籽银杏共29个样品的trnS-trnG序列进行了测定，其长度、各碱基含量，所测叶籽银杏样品叶绿体trnS-trnG基因序列全长大部分为1005bp，采自沂源的YZ4最短，仅有1002bp，陕西白河的SX、日本的Oha.为1004bp，福建三明的SM为1003bp，各序列之间长度差异极小。银杏和叶籽银杏叶绿体trnS-trnG基因序列富含A/T（A+T平均为62.32%），其中G和C

图2-6　正常银杏种子（1～3）和叶籽银杏叶生种子（4～9）的形态特征

注：1. 正常银杏胚珠（箭头）；2. 正常银杏成熟种子；3. 正常银杏种子具胚；4. 叶籽银杏叶生胚珠（箭头）；5. 发育中的叶生种子；6. 成熟的叶生种子；7. 叶生种子多样性；8. 叶生种子的种核；9. 成熟的叶生种仁无胚。

的平均含量分别为18.25%和19.44%，各样品间的碱基组成含量差异极小。以测得的攀枝花苏铁和铁线蕨的trnS-trnG基因序列为外类群利用ClustalX1.83进行序列排序，然后手工调整。对位排序后序列长1085bp，含624个变异位点，其中53个含有系统发育信息。用MEGA3.1软件的邻接法构建系统进化树，各分支进行1000次重复的自展（bootstrap）检验。trnS-trnG进化树上，内类群聚成一个多歧分支，其中银杏样品（LN和DJG）与叶籽银杏样品没有得到很好的分支，其中来自不同地区的几株叶籽银杏聚在一起，自检值为56%。外类群单独聚在一起，与叶籽银杏和银杏分开，bootstrap值为95%，外类群中的攀枝花苏铁与叶籽银杏和银杏的亲缘关系较近。③ITS基因序列：以所测得的攀枝花苏铁的ITS基因序列为外类群利用ClustalX1.83进行序列排序，然后手工调整。对位排序后序列长1246bp，含210个变异位点，其中6个含有系统发育信息。简约法分析得到10棵最简约树，取其严格一致树，并进行1000次重复的自展（bootstrap）检验。④GinNdly序列：对叶籽银杏的GinNdly序列进行测定后，序列全长为1506bp，GinNdly序列中A/T（A+T平均为61.09%），其中G和C的平均含量分别为16.27%和22.64%。与已注册的正常银杏雌株的GinNdly序列比对结果表明，GinNdly 序列同源性比对结果是99%。

（3）叶籽银杏DNA甲基化水平及模式　利用*EcoR*Ⅰ和*Hpa*Ⅱ/*Msp*Ⅰ双酶切建立了不同来源叶籽银杏之间、叶籽银杏与正常银杏之间的“甲基化敏感扩增多态性”(methylation-sensitive amplification polymorphism, MSAP)分析体系，在全基因组水平检测其DNA甲基化水平及模式；研究了DNA甲基化多态性；对其多态性甲基化片段进行回收、纯化、克隆、测序及序列功能同源性比对分析，表明叶籽银杏、银杏基因组中包括重复序列、转录调控因子、反转录转座子、通道蛋白、启动子结合蛋白、蛋白激酶等在内的多种类型的DNA序列中均存在DNA甲基化修饰现象。研究发现：

①叶籽银杏基因组中至少有48.7%（全甲基化34%、半甲基化14.7%）、银杏44.0%（全甲基化32.8%、半甲基化11.2%）、苏铁39.6%（全甲基化29.2%、半甲基化9.8%）、铁线蕨44.6%（全甲基化29.4%、半甲基化15.2%）的CCGG/GGCC位点发生胞嘧啶甲基化。与相关物种比较，这4个物种的DNA胞嘧啶甲基化水平整体较高，植物基因组DNA胞嘧啶甲基化修饰检出率不同，反映了在基因组水平上的物种的差异性。②萌动期叶籽银杏甲基化水平47.6%、银杏42.4%，展叶期叶籽银杏着生叶生胚珠的叶籽银杏（YZ）甲基化水平48.3%、没有着生叶生胚珠的叶籽银杏（YC）40.5%、银杏（CK）41.5%，体现为叶籽银杏的甲基化高于YC及CK；同时叶籽银杏、银杏在甲基化模式上存在着丰富的差异，萌动期叶籽银杏相对于银杏去甲基化比例为13.2%，超甲基化比例为14.6%，超甲基化的比例略高于去甲基化；展叶期YZ相对于YC去甲基化比例为8.2%，超甲基化比例为16.0%，YZ相对于CK去甲基化比例为4.8%，超甲基化比例

为28%，总体表现为展叶期的YZ相对于YC及CK的超甲基化水平高于萌动期的超甲基化水平。显示萌动期与展叶期叶籽银杏甲基化修饰的水平不同。说明叶籽银杏发育过程中胞嘧啶甲基化具有时空特异性。③叶籽银杏不同组织DNA胞嘧啶甲基化的水平不同，其发端期47.7%、雌配子发育前期（前期）46.0%、雌配子发育中期（中期）45.2%、雌配子发育后期（后期）41.8%、叶籽银杏正常胚珠胚乳初期（CK）35.3%。不同组织在甲基化模式上也存在着广泛的差异，表现为发端期相应于前期去甲基化比例为19.7%、超甲基化比例为14.6%，中期去甲基化比例20.0%、超甲基化比例为13.30%，后期去甲基化比例为20.3%、超甲基化比例为14.6%，CK去甲基化比例为20.3%、超甲基化比例为18.8%。不同组织甲基化模式上的差异体现为发端期组织相对于雌配子发育的3个时期的组织（前期、中期、后期）及叶籽银杏正常胚珠胚乳初期组织（CK）的去甲基化水平高于超甲基化水平，发生了去甲基化，说明这个时期基因表达活跃，是叶籽银杏形成的关键时期。④不同单株甲基化水平不同，其中，沂源油坊(I油坊)为47.2%、沂源织女洞南（I织南）44.09%、沂源织女洞北（I织北）43.8%、沂源白裕（I白裕）43.3%、沂源中河(I中河）43.5%、泰安老君堂正常银杏（CK）39.7%。不同单株在甲基化模式上也存在着广泛的差异，I油坊相对于I织南、I织北、CK的去甲基化比例分别为8.7%、13.3%和8.42%，超甲基化比例分别为27.1%、11.22%、13.68%。在同一时期，I油坊较之其他几株表现为较高的超甲基化水平，或许与I油坊树龄大（树龄为1300年，其余在700年左右）有关。即植物形态的构成与年龄有一定的关联。

（4）叶籽银杏发育过程中的miRNA修饰 采用作者现已在山东省发现的11棵叶籽银杏古树为试材，采用Solexa高通量测序技术及生物信息学技术、RT-PCR 等技术，以叶籽银杏具叶生胚珠的叶片（Y）、不具叶生胚珠的叶片（N）及正常银杏的叶片（CK）为试材，对这3个样品进行了Solexa高通量测序、Solexa高通量数据处理并结合生物信息学技术的标准信息分析，获得了这三个样品的sRNA、保守miRNAs家族的miRNAs，预测了这3个样品的新的miRNAs，对样品间差异显著的miRNAs进行靶基因预测，并用RT-PCR等技术对候选miRNA进行验证。

六 垂乳银杏

1. 银杏垂乳的名称

关于银杏垂乳北京大学李正理教授称之为“类钟乳枝或钟乳枝（stalactite-like branches）”，“钟乳”（“zhong-ru”），意思是钟乳石。江苏农学院何凤仁教授称之为“树奶”，银杏产区的群众称为“树瘤”，通常群众称之为“撩子或撩”。银杏根部垂乳称“根钟乳”（又名根奶、椅子根、根台），四川、重庆一带称“乳包”。李惠林(1961) 称为类瘤状物（burl-like）、树瘤（burls）、气生根（aerial roots）。民间传言“树不过千不挂乳”。垂乳大多呈圆锥状，先端钝圆，垂直向地生长，有单生、并生、多处发生，长短不一，最长的可达2m以上，犹以古老大树较多。

银杏垂乳在日文称为：乳の木、乳銀杏、乳、乳房、気根、チチ。在日本称“垂乳”为“chichi”(nipple or breast)，意思是乳头状凸起、奶子或树奶，Fujii(1895)、Sakisaka(1929)都进行过观察研究，前者将垂乳称之为“马萨圆柱体”（masercylinder or cylindermaser），并认为是“maserkroph”或 “kropfmaser”的一种特殊的形式，是一种病态变态。后者则将其分为两种类型：即纤长垂乳银杏（long-stemmed ginkgo）和短茎干垂乳银杏（short-stemmed ginkgo）。在日本通常“垂乳银杏”称[chichi (Icho) =tit]。垂乳也称 “titi”、“titi-ityo”。tit名称被欧洲国家采用，1999年，山东省承担的“国家林业局948国外银杏新品种引进”项目，从法国引进了‘垂乳’、‘金秋银杏’等雄株品种16个。

Del Tredici (1992) 发现，天目山银杏古树上看到的垂乳只在树的基部发生，特别是由于侵蚀或伐倒产生的危害更甚。这些结构称基生垂乳（basal chichi），基生垂乳与气生垂乳（aerial chichi）有别。枝生（气生）树瘤也叫气生根（air toots）。在另一篇文章中作者又将基生垂乳称为木块茎或木质瘤(lignotubers)或类根茎（rhizome-like），同时指出成熟的银杏有时能诱导产生或沿着树干和枝产生气生木块茎（aerial lignotubers），有时也把基生垂乳说成是一种类似根状结构（root-like structure），在四川万源市石人乡有很多垂乳银杏，当地将根生垂乳称为“地乳”，长在枝上的垂乳叫“天乳”。眼下，学术界一般把垂乳或树奶称为“chichi”，商品名为“tit”。

最近Barlow and Kurczynska (2007) 认为银杏“气生垂乳”可能是一个根托（rhizophore）。“根托”是一个表示器官的术语，它不是根但是可以生根。可生根的根托已被报道的植物有石松类（Lycopsida），如卷柏类（*Selaginella* spp.）（Lu and Jernstedt, 1995；Kato and Imaichi, 1997）。蕨类植物卷柏属中匍匐生长的种类（如‘翠云草’、‘中华卷柏’等）的主茎上长出的一种特殊的支柱状结构。通常无叶。被认为是一种无叶的分枝，其先端可产生不定根，具吸收和支持功能。根托这一术语已被应用于某些红树属的树种生茎的根中（Menezes, 2006），在这种情况下，各个根托的伸长生长取决于顶端分生组织。虽然如此，垂乳也有可能是一个独特的（sui generis）器官。

2. 垂乳银杏分布

在美国没有见到关于银杏垂乳的报道，一株生长在马萨诸塞的坎布里琦、哈瓦德植物园的一株银杏雌株。高19.2m，直径96.5cm。Del Tredici (1981) 只谈到在树干基部有根茎种块（buttressed），但是不是基生垂乳没有明确。李惠林(1961)认为在中国、日本均有“树奶或垂乳”报道。在英国皇家植物园有一株200多年生的银杏也有正处于发育早期的树奶。在欧洲大陆也有报道有几株树发现有类似树奶的生长，在波兰南部一城市克拉科夫雅盖隆大学植物园（Jagiellonian University, Krakow, Poland）有一株垂乳银杏，树龄在100年以上（Barlow and Kurczynska, 2007）。在新西兰黑斯廷斯（Hastings）一株种植年代不祥的古银杏，胸径达1.82m，高18.5m，冠幅为24m×18.5m，有3个大主枝，且长有3个树乳，直径分别为35cm、26cm、29cm，长分别为27cm、13cm、24cm，是目前为止新西兰发现的树干最大、年龄在150年以上的古银杏（唐辉等，2008）。

李正理等（1991）认为类钟乳石枝零星发生在中国许多地方，如广西、贵州、江苏、山东、四川和云南等省（自治区）。据我们最新调查资料表明，垂乳银杏在我国23个省市（自治区）均有分布（表2-10）。在中国垂乳银杏有明显的地域特点，由南向北银杏垂乳的发生几率明显减少，尤其贵州和云南为垂乳银杏多发地区，此外四川青城山的天师洞、湖南桂阳县等地，由于气候温和，空气湿润，银杏树常有树奶发生。盘县特区乐民区乐民乡黄家营村的银杏树上长了许多“树奶”。长树奶的树比例之高、树奶数之多、树奶之粗、长，是全国最典型的。在一株千年老树上，各大枝基部均长有树奶，树干几乎为树奶包围了一圈，最长的达2m。一株40年生的树干上也长了长约40cm的树奶（史继孔，1983）。Zhun Xiang等（2009）报道，贵州福泉市黄丝镇邦乐村李家湾银杏枝条和老的躯干上形成了过多的愈合组织，所以它呈现出不规则的外表。有巨型树乳，长超过1.5m，已申报吉尼斯大全。

Sakisaka (1929) 发现在东京附近，尤其是在Azabu（麻布）的Zenpukuzi花园和Kawasaki（川崎）的Hurukawayakusi古银杏树上很多垂乳。日本北本州岛青森县Takakurajinja no icho 垂乳银杏，胸围8.1m，树高29.0m。日本古都奈良县Ichigon祠有一株树龄1200年的垂乳银杏，树上有很多垂乳。1895年，日本Fujii是第一个报道“垂乳银杏”的学者。日本到20世纪60年代末就已发现有43株垂乳银杏。东北部青森、岩手、秋田、山形、宫城、福岛有12株；关东地区琦玉、东京有3株；东山的山梨、长野6株；北陆的富山、福井有3株；东海的静冈1株；中国地区广岛1株；四国的德岛、爱媛、高知10株；九州的福冈、大分、熊本有7株，共计43株（表2-11）。在日本仙台市宫城县Ichou Machi的苦竹银杏。它是一棵雌树，树高35.05m，胸高直径2.5m，

表2-10 全国典型垂乳银杏统计

地点	性别	树龄（年）	胸径（m）	垂乳数（个）	最大垂乳长（cm）	最小垂乳长（cm）
贵阳市花溪区高坡乡大洪村小长寨	雌	300	1.77		100	
遵义县平正乡		1200	1.50		100	20
正安县谢坝乡东礼村泉东组	雄	500	1.72	30	300	
惠水县摆金乡摆金村冗章寨	雌	4000	3.74	4	100	30
贵阳市花溪区青岩乡新楼村	雄	500	0.80	6	10	
盘县乐民镇乐民村	雌	1000	1.80	85	50	
盘县乐民镇乐民村蔡家营寨	雌		3.40			
都江堰市青城山镇青城山天师洞	雄	2200	2.48			
都江堰市青城山镇天师洞右上西边	雌	600	0.68	10		
都江堰市青城山镇天师洞右上西边	雌	500	0.55			
都江堰市浦阳镇银杏村8组白果岗	雌	2100	1.46	100		
长宁县桃坪乡联盟村3社大竹林	雌	200	1.29	80		
名山区蒙山顶天盖寺（15号树）	雌	1000	1.80	26		
泸定县冷碛镇2村（镇政府附近）	雌	1786	4.33	100		
门头沟区斋堂镇灵水村灵泉寺遗址	雄	300	0.60	1	120	
顺昌县大干镇宝山上湖村高老庄后院	雌	1000	1.46	29	85	
卫辉市狮豹头乡罗圈村		1200	1.72	4	100	
莒县浮来山镇浮来山定林寺内	雌	3300	4.17	12	40	
日照市东港区西湖镇大花崖村	雌	1300	2.37	10	50	
腾冲县界头乡白果村	雌	610	3.08	大量		
腾冲县界头乡沙坝地村李小寨	雌	300	1.07	大量		
腾冲县界头乡沙坝地村李小寨	雌	300	1.15	大量		
腾冲县界头乡沙坝地村李小寨	雌	300	1.02	大量		
腾冲县界头乡沙坝地村李小寨	雌	300	0.87	大量		
腾冲县界头乡沙坝地村李小寨	雌	300	0.74	大量		
腾冲县界头乡中平村李家寨	雌	40	0.26	大量		
腾冲县固东镇江东村	雌	400	0.54			
腾冲县固东镇江东村	雌	500	0.43			
腾冲县固东镇江东村	雌	500	1.84			
腾冲县固东镇江东村	雌	500	1.21			
腾冲县固东镇江东村	雌	500	0.95			
宣恩县珠山镇茅坝塘村6组	雌	3000	5.25	84	30	
宣恩县珠山镇茅坝塘村6组	雄	1000	1.18	70	45	
利川市忠路镇老屋基村	雌	2000	2.90	3	80	
泽州县南村镇冶底村东岳庙	雌	1400		3	130	
泽州县铺头乡寺南庄青莲寺	雄	700	1.56	15	70	
曲沃县下裴庄乡南林交村北口	雄	1200	2.68	9	100	
舟山市普陀山法雨寺	雄	400	1.36	6	100	
会同县炮团侗族苗族乡半坡塘村	雌	3000	4.13	28	280	
凤凰县茶田镇都首村石柱寨		1000	2.48	30	106	

（续）

地点	性别	树龄（年）	胸径（m）	垂乳数（个）	最大垂乳长（cm）	最小垂乳长（cm）
西安市长安区东大街办观音堂村终南山	雌	1400	2.60	1	100	100
白河县构扒乡平岩村山顶上	雌	2000	3.50	6	280	
南川区三泉镇金佛山黄草坪	雌	2500	3.00	4	30	
南川区水江镇让水村白果园	雌	2050	2.95	28		
石柱县金铃乡石笋村白果坝组白果坝	雌	450	1.80	15		
石柱县洗新乡丰田村田坪组新房子	雌	420	2.07	16		
石柱县金铃乡石笋村金叶组洒家坝	雌	550	1.20	30		
武隆县接龙乡小坪村	雌	1000	3.80	13		
连云港市连云区宿城镇三教寺	雌	1000	1.62	57		
松江区佘山镇天马山	雄	700	1.00	4	20	

据说有1000多年，它有许多垂乳，最大的一个直径1.6m（Handa，2000）。Del Tredici(1981)在《美国的银杏》一文中引用了Wilson于1914年在日本东京的Zanpukuji庙内拍摄的一株垂乳银杏，直径2.9m，树高15.24m，年龄700年。树枝基部和下部具多个垂乳。纤长垂乳银杏和短茎干垂乳银杏，这两种类型在东京大坑的天祖神社与濂仓八幡宫内都有大树存在。作为营养积累器官的垂乳，即使在年龄较小的树木上也能表现出来，在东京鬼子母神处的一株银杏，其年龄虽然不大，周皮亦很薄，但树干南侧的分枝上已经形成了许多垂乳（Takami，1955）。

根据1962年出版的《日本古树名木天然纪念树》，垂乳银杏除都市近郊外，全国各地都有存在。

3. 银杏垂乳形态及解剖特征

（1）**形态特征** 银杏树上所有的垂乳都是圆锥状的，外被粗糙的树皮，并且垂直向下生长。垂乳的顶端同样被树皮覆盖，并且没有任何类似根冠的特征，但外形很像典型的根。事实上，这些垂乳生长到地面时可以产生根系和叶片。Melzheimer等（2000）认为。垂乳新发育的侧枝可在其干上正常生长。生长素过量就引起了随后的垂乳向下生长。这个过程通过两个方式完成。第一，垂乳顶端的生长素积累会增加细胞产量和向下生长，第二，虽然垂乳可能会缺少任何特定的重力感应区，但是正在延长的垂乳中进入的生长素可能会改变重力引物的方向（Mancuso *et al.,* 2006），垂乳的生长则相应地受到影响。例如Gersani和Sachs（1990），Kurczynska和Hejnowicz（2003），研究显示由于重力方向的原因，在器官取向上影响了细胞的生长和分化（Barlow等，2007）。垂乳类似树瘤，呈乳头状突起，很像钟乳枝或钟乳石状物，与榕树的气生根类似（图2-7）。树奶在树体上可以单一出现，也可以几个聚生。可以着生在树干的基部、树干及树干与侧枝交界处。从形态上看，树奶与常规的根不同，呈粗而短的圆锥状，通常基部较宽、顶端钝圆。垂直下挂，长短不一，直径30cm，大多长10～35cm，贵州盘县特区一树奶长达2m多。大多数树奶形状像反转的竹笋、不足半米长。树奶皮银灰色、较少的纹沟，并具许多不规则的鳞片状物。通过几年来对山东郯城近3万株银杏大树调查发现，与枝生和基生树瘤不同，在人为干扰较严重的100～300年生成龄母树的主干上易形成直径达0.5～2m的圆盘状瘤状物，这种在树干上形成的圆盘状肿胀物称干生树瘤。这些圆盘状膨大物其外形类似通常所说的树瘤，随组织的增生，树干呈环状加粗，愈伤组织发达、突起。在这些肿胀物上春天及生长季节可以萌生数以万计的不定芽，这些不定芽可以延长及加粗生长，并具"返幼"特征。有的在同一株树干的上、中、下部均可以产生圆盘状肿胀物，使树干呈念珠状增粗。在自然状态下干生树瘤的发生率较低（<0.1%～0.5%）（邢世岩，1996）。

（2）**解剖特征** 关于垂乳的解剖学早在1895年日本的Fujii进行过初步研究，在生长多年的垂乳横切面上，发现大量的类似于树干或根的年轮。但是这些年轮在近边缘的部分比较窄。然而在大多数情况下，一个或两个从中间部分突然加厚。发现大量的细长的薄壁组织群，一般在切片中部呈放射状排列。在纵切面上这些年轮出现各种加厚的"U"形层，这些加厚的分层逐渐从"U"形弯曲基部两臂的尾部增长。分层的最厚部分通常超过

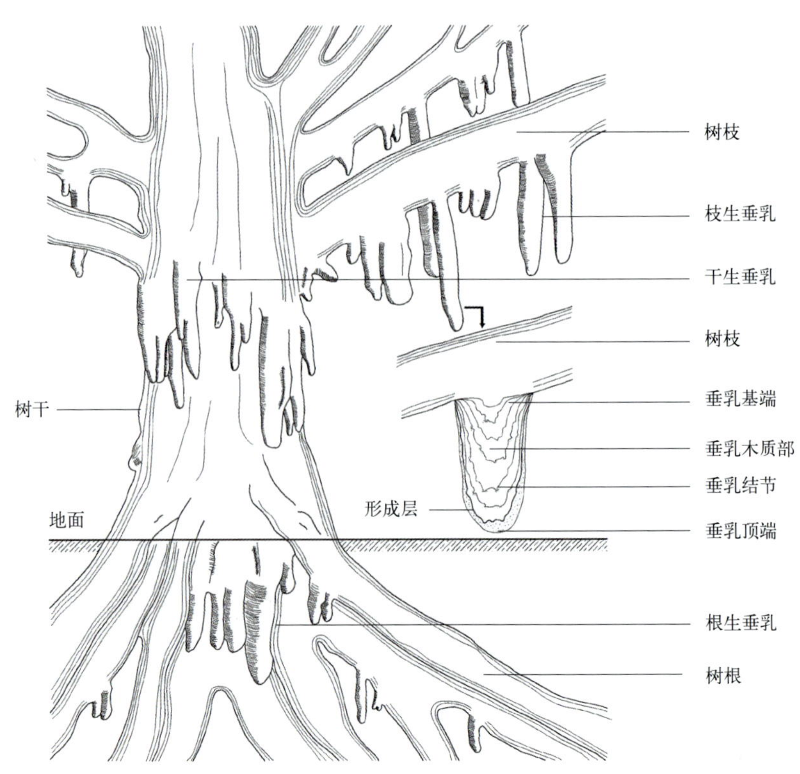

图2-7 银杏垂乳类型及解剖示意图

2cm，这些细长的薄壁细胞群沿着年轮弯曲的路线由垂乳的轴向边缘部分扩展。

垂乳木材中管胞出现弯曲且髓射线增加。木材的横切面往往显示管胞的纵向部分；木材的纵切面显示管胞的横向部分；有时候单独的一部分在各个方向上有一组管胞穿过。当皮层停止分裂，有垂乳形成的木材呈现出带有大量的小圆锥形突起的波浪形的表面。检测表明这些突起的内部是以薄壁细胞群状态存在的。观测垂乳发育的早期阶段，发现在小的突起顶端往往有侧芽生长，在以上细长的薄壁群中有梯形网状的细胞。

Takami (1955) 在前人研究的基础上，对垂乳、输导组织、叶的叉状分裂以及维管束类型进行了研究观察，共测定了胸围从80～1100cm 40株垂乳银杏，认为垂乳形成的多少与树皮厚度有关。分析表明，银杏株间周皮厚度差异较大，周皮薄的大树容易产生垂乳，例如35号、37号、39号树的周皮较薄，垂乳形成就相对较多。发现银杏周皮纤维不同单株差别较大，有的银杏周皮纤维很多，难于切削，而有的就很少。初步认为，周皮纤维的多少与银杏树分枝的多少直接相关。另外，银杏纤维细胞的形成与樱花不同，纤维细胞开

表2-11 日本垂乳银杏及传说

地方	府县名	1.5m处周长（m）	树高（m）	树龄（年）	编号	树乳记录
东北	青森2	12.73	15.0	450	1089	乳がとく出る
	青森2	7.00	29.0	450	1173	授乳の神木
	青森2	7.40	26.0	不详	1163	乳出
	岩手3	14.00	27.0	1000	1087	乳の妙药
	岩手3	6.40	33.0	570	1187	乳の神
	秋天5	10.00	31.0	1300	1110	姫のな乳
	秋天5	8.50	22.0	不详	1286	乳出
	山形6	9.09	37.0	不详	1125	乳の病
	宫城4	7.90	28.0	1200	1150	乳イチョウ
	宫城4	7.18	35.0	不详	1171	乳の神
	宫城4	6.30	28.0	不详	1192	母乳不足を治す
	福岛7	11.00	44.0	350	1101	乳出
关东	琦玉11	6.67	13.0	770	1179	乳出
	琦玉11	10.39	45.0	740	1106	乳木
	东京12	12.36	30.0	1000	1090	乳
东山	山梨15	5.76	27.0	700	1217	乳出安産
	长野16	7.27	33.0	2000	1167	乳の木
	长野16	10.00	27.0	1350	1111	乳出
	长野16	4.76	18.0	1000	1245	乳出
	长野16	14.55	41.0	不详	1086	乳出のイチョウ
	长野16	7.20	25.0	不详	1170	乳房观音
北陆	新泻17	9.09	27.0	1300	1130	乳イチョウ
	富山18	10.90	36.0	1500	1102	乳柱を煎しのむ
	福井20	6.50	25.0	1200	1186	乳出
东海	静冈20	6.67	36.0	800	1181	乳观音イチョウ
中国	广岛34	5.03	4.0	1150	1235	乳房神
四国	德岛36	9.09	45.0	1150	1124	乳の神
	德岛36	16.79	22.0	850	1083	乳の神
	德岛36	8.79	33.0	450	1138	乳病
	爱媛38	11.68	42.0	1000	1098	乳授けの
	爱媛38	12.36	30.0	600	1092	乳出のイチョウ
	爱媛38	5.25	36.0	300	1223	乳出
	高知39	7.80	13.0	1500	1152	乳出
	高知39	4.79	20.0	650	1241	乳多
	高知39	4.79	18.0	450	1242	乳イチョウ
	高知39	8.00	31.0	400	1149	乳出
九州	福冈40	10.00	24.0	1870	1112	乳出
	福冈40	6.00	38.0	不详	1209	乳出
	大分44	13.82	36.0	1600	1088	乳コプの皮
	大分44	6.50	36.0	870	1185	乳出
		4.55	29.0	870		
	熊本43	9.61	25.0	不详	1115	チコプサソ
	熊本43	8.50	37.0	不详	1139	乳病

注：引自吉冈金市（1967）。

始是包藏于一个袋中，接下来变成弯曲的一根纤维细胞，再接下来两端发生分离现象变成两个细胞，分离后的两细胞平行排列。

Li Zhengli等（1991）发现垂乳上显示出与其他不同的各种宽度的年轮，它们比正常树枝的年轮要窄。所有的年轮向外呈波纹状。在中心部分，可见到许多具有黑色物质的髓射线结构。有一些横向排列的管胞区域，这些管胞呈易变的形状和不规则的取向，这些管胞的分布在树皮被去掉之后在裸露的表面可被鉴别。在其他区域，管胞与其中的一些多拐弯的射线呈旋转状排列。大多数管胞在径向壁上有具缘纹孔，3个甚至4个顺次排列。具缘纹孔的口径是圆的或椭圆的，交叉面上的纹孔属于柏木型，交叉区域具有3～4个具缘纹孔。晶簇晶体通常如同正常的树枝中的一样。

最近英国和波兰学者（Barlow and Kurczynska，2007）在《银杏垂乳的解剖表明了被顶端分生组织调控的另一种伸长生长的模式》一文中以来自波兰南部克拉科夫雅盖隆大学植物园一株垂乳银杏，树龄在100年以上大约10年生的垂乳为试材，对其解剖构造和发育模式进行了较详细研究，通过对成熟银杏树上采来的幼龄垂乳木块进行试验，表明其内部的木质部分有含不规则年轮且含管胞的次生木质部，被维管形成层和树皮所覆盖。形成层是由纺锭状的（fusiform）细胞和薄壁组织射线细胞（parenchymatous ray cells）组成。在靠近垂乳的尖端，这两种类型的形成层细胞在轴向、横向以及周间，有与垂乳的锥状形态有关的定向排列（orientations ranging），从形成层中形成的木质部射线细胞和管胞展现与不定的取向相一致。在垂乳的基部，纺锭状的细胞和幼龄管胞与中心轴线对齐成一线平行分布，表明伴随垂乳的尖端向前延伸，垂乳基部区域的形成层细胞取向逐渐变得规范化。然而，在基部位置，靠近中心的管胞表现出不定的取向与垂乳形成前期阶段的发育模式相一致。

除去树皮显示，木质部分的表面光滑，但在某些地方却有些小隆起或刺状物。在韧皮部和皮层表面有凹陷，这与木质部的隆起物相对应。显然，形成层已发生了某些病变，引起这些部位次生组织不规则的形成。垂乳横截面圆盘中央的颜色要比周围更加明亮。在较明亮的木质区域年轮不可辨认，而在颜色较暗的区域却有着明显的边界不规则的年轮。木质部分的光亮区域从中心向形成层辐射状延伸，并且，至少是在年龄较大的垂乳基部，较明亮木质部分的宽度随着距中央变远而变窄。较明亮区域的管胞的方向是辐射状的。垂乳中间颜色较浅的木材包含相似方向的管胞，对比来看，深色的木材由沿轴线方向取向的管胞组成。

在12cm长的垂乳的基部可以看见10个年轮。每个环可能在1年的生长期间形成。在横断面中看到的最近形成的生长环是圆形的，然而早期的环不规则还经常在木材的浅色区域连续的年轮边界缺失。在垂乳顶端后3cm处可以看到3个生长环；在2cm处，没有明显的生长环并且所有的木材都是浅颜色的。

在垂乳木材中心发现有许多球形的小瘤或称结节（nodules），朝形成层方向它们呈辐射状数量递减。在次生韧皮部中也明显发现有小瘤的存在。在高倍显微镜下看见在木材组织中较大的瘤是凹陷的，然而较小的瘤是很致密的。小瘤的解构很复杂，垂乳的长轴中心显示是无序排列的管胞，取决于垂乳的长轴大小，管胞的长轴方向是从径向到纵向排列。在这些瘤中可见到短的、薄壁的细胞混乱排列。这好像是瘤中的薄壁组织细胞起源于射线。在近中央的纵断面，在垂乳基部早期的次生木质部很少有瘤的出现。然而，在顶端这些瘤存在于接近外面的生长环边界处，表明它们趋向于在生长的早期阶段形成。

许多浅色和深色的木材区域显微检测发现，各自细胞的排列是不同的。垂乳基部的横断面中管胞径向排列经常消失，有一系列近似规整的韧皮部细胞。在径切断面，形成层细胞是薄壁的并且径向直径较小，表明这些细胞在取样的时候已有分裂活动，木质部的射线在年老的木材中是单列的并且它不会延伸到3个生长环外。径向切面显示这些射线有2～4个细胞长。接近垂乳的顶端生长环很少并且外形不规则，不规则现象在次生韧皮部也很明显。然而，在相同的位置，那里的形成层细胞具有正常的方向。

在垂乳的顶部没有顶端分生组织（apical meristem），只出现形成层、次生木质部和韧皮部，从距垂乳顶端1cm处抽取的木材样品的纵断面显示它的管胞具有许多的方向——纵向的、放射状的、周边的和任意角度的等。然而，从离其顶端7cm处取的断面显示，管胞的方向变化从非常反复不定的中心到接近于形成层比较正常的取向。这种情况是垂乳整个长度的典型代表，它的顶点除外，那里的细胞定向被打乱。

4. 银杏垂乳发生机制

根据Del Tredici（1992）所说，在银杏树上形成的垂乳有两种类型。一种是基部垂乳在地面水平形成。另一种是气生垂乳它在树干或树枝上形成。后面一种垂乳的解析是由Fujii（1895）第一次描述的，他同时也注意到了在根上形成的垂乳。人们发现，在自然状态下银杏苗木根钟乳在下列情况下发生几率较高：①移植苗、根蘖苗、扦插苗经嫁接后，容易形成根钟乳。②苗龄长。③生长势弱。④黏性土上松下实，侧根多而旺，直根向下生长受阻，也是形成根钟乳之原因（钱丙炎等，2006）。

泰兴银杏产区调查发现，银杏嫁接后，解缚稍迟，营养物质输送受到抑制，局部养分富集，绑扎物的上、下端，尤其是上端即形成一瘤状物。银杏树的输导组织受到适度刺激后也易形成瘤状物，如泰兴市北新乡政府广场上一株40年生雄银杏树，1976年搭防震棚时局部勒伤，于勒伤一侧形成一瘤状物，逐年增大，瘤状物上每年都有大量隐芽萌生。元竹乡政府院内一株36年生银杏树的一根大枝，于1986年夏季受偶然刺伤，形成的树奶已长达11cm，直径达7cm；北新乡港北村、宋义村两棵9年生银杏树基部，因连续几年大量隐芽萌生，逐渐形成一圈树瘤。主干、大枝的雨水集流处最易形成树奶，如金沙村千年古银杏树的树奶、市种猪场内和市汪群乡季野村中年树上的树奶，以及元竹乡政府院内因偶然刺激形成的树奶，其着生位置都在大枝弯曲处的下方雨水集流的地方。树奶形成需耗费树体大量营养物质，如汪群乡季野村一株中老年树上形成了多个树奶，着生树奶的大枝上每年结果很少且很小，甚至连续几年不结果；然而未着生树奶的大枝树皮呈灰白色，结果量同正常树（袁子祥等，1995）。Oyama（1972）和 Mobius（1931）指出大量产生气生垂乳的银杏雌株一般都不能结实——这暗示在衰老的银杏中存在某种发育转变，使能量从生殖（结种）转移到营养生长(垂乳)。

Del Tredici（1992）发现，最早的基生树瘤发端来自所有小苗子叶轴部位的表层分生组织的芽的发育。这些子叶分生组织在2周生小苗中清晰可见。2～6周后子叶芽直径0.2～0.4mm，拥有良好发育的叶原基，正在发育的子叶芽维管束迹与子叶迹在子叶与茎交界点上相互连接起来。在6～12周发芽过程中，子叶芽与中柱之间的维管连接已相当完备，且子叶芽被包埋在快速膨大的幼苗轴周皮内。尽管被周皮包埋，但子叶芽继续发育，并形成一个相当长的初生芽及1个到多个侧方生长的副芽。大多数幼苗的潜伏子叶芽复合体，其生长速度可以赶上没有形成基生树瘤的木质部的加厚次生物。这些芽的发育通常是不平衡的，其中一个在发育过程中比其他的更有活力。然而，当某些活动损伤了根干基部或根系时，就会刺激这些大的芽产生一个单一向下生长的树瘤。在3年内便可肉眼看到。如果受到压抑严重并时间过长，基生树瘤产生向上生长的嫩梢需要5年时间。树瘤产生的根方向是不定的，在压抑条件下，这些根的发育较嫩梢快得多，经常只需要2年时间。

银杏子叶芽发育是独立的，但取决于外界因子，它们能伴随下列3条形态分化途径之一。①在大量的或受侵害或没受侵害植株中，它们可以形成潜伏在周皮内的簇生休眠芽。②它们可以形成向上生长的嫩梢，这种梢生长很快，叶片发育良好。③它们也能形成基生树瘤。这种生长往往表现在生理上受压抑的梢芽繁殖，特别当根系或较低部位枝条系统受到严重损伤后，这种情况可以发生。

俄罗斯学者Snigirevskaya (1994) 认为，银杏垂乳的起源和个体发育是值得研究的问题。目前，关于垂乳个体发生机理说法不一，概括起来主要有如下几种观点：

（1）**生长素说** 生长素说又称形成层细胞活跃说。虽然有关气生垂乳发端的内在机理问题目前还没有进行研究，垂乳形成的早期迹像是在树干或树枝上有一个明显的凸起。据报道，虽然它们出现的位置可能与周皮的厚度有关 (Takami, 1955)，但它们形成的位置是无法预测的 (Del Tredici, 1993)。环剥 (girdling) 树皮似乎有利于垂乳在环带上面形成 (Del Tredici, 1993)。这就使人们想到生长素在环剥位置上积累——在形成层细胞内生长素由纵向自上往下的运输 (Schrader *et al.*, 2003) ——可预测这样的位置将形成垂乳。这就使人们想到老银杏树在它们的树干和树枝中具有生长素流 (auxin flow) 的天然瓶颈 (natural bottlenecks)。因此，和维管形成层相关的组织可能刺激垂乳的发端。现已发现产生垂乳的局部位置的形成层非常活跃。唯一我们知道的与银杏垂乳似乎相同的起源和结构的器官是落羽杉 (*Taxodium districhum*) (Romberger *et al.*, 1993) 的膝状根 (“knee” roots) 和楝科 (Meliaceae) 两个种和梧桐科 (Sterculiaceae) 的一个种的气生根 (pneumatophore)，正像Groom and Wilsom (1925) 所描述的一样。虽然这些器官向上生长和有气体交换功能，但明显不同于垂乳 (它主要是一种空中支撑根的类型，同时也是新梢的潜在来源，可以进行营养繁殖)，它们的生长均与极度活跃的覆盖在呼吸根顶端维管形成层活动有关 (Barlow and Kurczynska, 2007)。生长素和肌动蛋白微丝 (纤维型肌动蛋白F-actin) 在垂乳形成过程中可能起了一定作用。纺锤形的形成层细胞在尖端的生长可能是其细胞内的纤维型肌动蛋白参与的过程 (Chaffey and Barlow, 2000)，因为在其他的顶端生长细胞中也有其参与 (Baluska *et al.*, 2000)。虽然对植株生长激素和植株纤维型肌动蛋白相互作用的研究很少 (Baluska *et al.*, 1999)，但是，生长素加到植株细胞后，会导致纤维型肌动蛋白正常的成束结构产生无组织无方向的状态这个问题，仍然是值得关注的 (Waller *et al.*, 2002)。因此，据推测与更接近基部区域相比，富含生长素的垂乳的顶端所拥有的细胞含有较少的成束的纤维型肌动蛋白。这些在纺锤形的形成层细胞中的纤维型肌动蛋白的部分错位可能会导致不稳定的顶端生长。因此，这就是垂乳的生长发育的很多特点的原因所在。根据目前理论垂乳发端模式被解析为：每个垂乳是一个树干或树枝的一部分老的位置上的维管形成层的产物，那里的次生木质部产生了一个局部加厚的树皮。这种提高活性的一个结果是形成层开始外翻，形成层的外翻部分的细胞保留了它们纺锤状的形状。与形成层外侧部分相比，这种外翻部分顶部的形成层在产生木质部方面更活跃，然后垂乳的顶端就形成了。这导致一个圆锥体的木质部发育，并在垂乳顶端和它的侧面被一层形成层覆盖 (Barlow and Kurczynska, 2007)。

（2）**愈伤或不定芽说** 由于不易预测它的形成位置，垂乳发端研究难度较大。虽然有学者认为垂乳的顶端可能是直接起源于形成层的一个极度活跃的部位。但也许另一个形成的途径可能是通过一个愈合组织中间阶段，就像发生在针叶树插条不定根发育期间所发生的情况是一样的 (Satoo, 1956; Heaman and Owens 1972; Lovell and White, 1986) 或是来自于离体愈伤组织的培养 (Auadi and Tremouillaux Guiller, 2003)。的确，一个实事是垂乳顶端的纺锤状细胞取向是多变的，在这点上的确是与母体的形成层 (the parent cambium) 细胞不同，这就表明，垂乳的形成层可能起源于一种称为“愈合组织维管形成层 (callus vascular cambium)”的类型，正像Montain *et al.* (1983) 和Altamure (1996) 曾提到的。从很多垂乳发端于树干或树枝的受伤部位这一事实是该学说的有力支持。从树奶的着生部位来看，当主干损坏、主枝被修剪、生长扭曲、树皮破裂等强烈外界刺激后，首先在“受阻区”形成一团愈伤组织，继而形成瘤状凸起，最终发育成一具顶端生长的树奶。Fujii (1895) 曾总结出垂乳的4个形态特征和发育模式，认为它经常在古树断裂的主干或健壮不定芽基部形成，有时候也在嫁接的银杏树上形成，很多情况下它伴随着愈伤组织而形成。认为 “Masercylinder” or “Cylindermaser ” 起源有4种类型均与银杏不定芽有关。通过大量的母枝及具有Masercylinder的枝，已经发现其内有“短枝”嵌入；Masercylinder的形成作为愈伤组织形成的次生生长，可能追溯到愈伤组织发育的大量不定芽；通过对嫁接银杏Masercylinder形成的研究发现，Masercylinder发育的最初阶段是单一的不定芽；较小的Masercylinder可以在根系中形成，在其顶点处有一个很壮的不定芽，且在大多数情况下一个或两个朝向中心的不定芽意外地增厚。次生垂乳在侧向部分，后者可能是在Masercylinder生长过程二次发育形成的。临时芽和不定芽的发育与Masercylinder的形成有关，Masercylinder的发育总是伴随着此处的营养增加和压强下降。

（3）**环境诱变说** 银杏是一种进化程度较低的种子植物，保留着在湿润环境中易生茎块的习性，因此在较湿润的条件下易形成树奶。贵州乐民乡的黄家营村有两条终年不断水的大沟从村中流过，村内湿度大，该村的银杏长树奶的也特别多。而在坡顶及公路边上较干燥环境下的树则很少见到树奶。在我国从北向南垂乳银杏的发生频率逐渐增加。作者调查发现，在沟谷、山峪、溪旁气候温和，空气湿润大的立地条件下银杏垂乳极易发生。据妥乐、黄家营调查统计结果表明（向准等，2003）：盘县银杏大树的50%以上能产生树奶，而且单株树奶量较大。但是，绝大多数树奶仅停滞于短小的乳突状阶段，难以发育成较大的气根或支柱根。密集树奶常发生于枝干的下腋部，呈节状、乳凸状排列。一般5～10cm粗，最粗不过20cm，最长不过40cm。较我省北部和中部的树奶(粗20～40cm，长100～200cm)明显趋小。观察表明，造成树奶难以长大的原因，同这里季节性干旱气候明显相关，也同大面积古森林消失有关。而同甘肃东南部徽县一带无树奶情况形成鲜明的生态系列:即半干旱区(无树奶)、季节性干旱区(树奶乳凸状)和湿润的气候区(长大的树奶)三大过渡类型。是研究银杏树奶有无、形成和功能的敏感区。

（4）**病变或衰老说** 关于树奶的成因目前说法不一。像侧柏一样，银杏树的主干、大枝隐芽很多，一旦受到强刺激就会大量萌生。Fujii (1895) 认为，树奶是潜伏芽形成的一种生理变态。这种气生树瘤当达及地面时可以产生营养枝。李正理 (1991) 认为，树奶可能是由病毒诱生而成 (Lee and Black, 1956)，或未知的因素 (White and Millington, 1954)。但Sakisaka (1929) 发现日本最大的垂乳是在一棵非常古老的树上，垂乳长4m，直径20m，但已经死了，坚硬的木质部外露，认为垂乳的形成既可能在雌株也可能在雄株上，可能是老龄树一特殊结构，可能是一种衰老，而不是一种病态 (Li, 1961)。但李惠林 (1961) 报道，在东京大学院内及沿街两边，银杏栽培很普遍。年龄大多都在80年以上。这些约50年生树在树干与主枝交接处下部有树奶产生，它们总是在修剪的枝上或保留在树干上的枝桩上形成。因此，树奶发生不只是老龄结果，也与损伤引起正常汁液外流、树皮破坏有关。

（5）**子叶芽说** 作为其正常的个体发育的一部分，这些被压抑的枝芽 (shoot buds) 起源于所有银杏小苗子叶轴上 (cotyledonary axils) 的表层分生组织。在发育的6周内，这些芽潜伏在茎的皮层内，以后的生长和发育在表层下面进行。当苗轴被损坏之后，这些潜伏的子叶芽 (cotyledonary buds) 中的一个通常从干上向下生长成木质状，似根状的“基生垂乳”，可在适宜的条件下产生新梢和不定根。基生垂乳的发育与气生垂乳不同，实际上，基生垂乳是预存的枝芽 (preexisting shoot bud) 发育而来的，基生垂乳作为银杏树正常发育的一部分，是在其中的一个子叶节上形成的，且可预知。相反，气生垂乳是老的树枝上形成的，且不可预知的，通常与严重的树干或树冠伤害有关。值得注意，气生和基生树瘤都具有产生营养枝的能力 (Del Tredici *et al.*, 1992)。

4. 垂乳银杏系统学意义

垂乳通过顶端生长达到伸长生长，但是它与顶端分生组织所驱使的器官生长不一样。这表明银杏垂乳是充分利用了维管形成层的一种"进化尝试 (evolutionary experiment)"，这不仅是为了增粗生长，也是为了伸长生长。解剖表明，银杏垂乳是被顶端分生组织调控的另一种伸长生长的模式 (Barlow and Kurczynska, 2007)。垂乳的顶端缺乏典型的根冠，银杏气生垂乳可能是一个"根托"，它不是根但是可以生根，这种现象在卷柏类植物中常见。根托这一术语已被应用于某些红树属的树种生茎的根中 (Menezes, 2006)，在这样情况下，各个根托的伸长生长取决于顶端分生组织。虽然如此，垂乳也有可能是一个独特的 (sui generis) 器官，垂乳的伸长和加粗的方式是由于普通分生组织的边缘类型所致，取代了利用小的等径细胞，在边缘和顶端分生组织这是经常的情况，利用形成层纺锤状细胞的延长，达到垂乳的生长和顶端延长。所以垂乳可能是气生根或根托的原始形态，对该物种的生长、发育及营养繁殖具有重要的生态学和系统学意义。气生垂乳是树干处悬挂着生的钟乳石状的树瘤状物，若生长至地面时，可以生根、发芽。

很长时间以来，在中国银杏为什么能作为一个野生种而幸存，被认为是一个谜。其中原因之一是银杏不同于其他裸子植物，它具有一种能力，它能从基生树瘤或木块茎发芽，并能沿着创伤的主干发芽 (DeL Tredici, 1992)。木块茎能够通过3种方式使银杏得以幸存：①它们是产生和储存抑制芽 (suppressed shoot buds) 的一个场所，能够从主干受伤处萌发。②它们是碳水化合物和矿质营养是一个储存场所，这些碳水化合物和矿质营养能够供应这些抑制芽在重压和损伤的情况下迅速生长。③对于生长在陡峭的山坡上的银杏，它们的功能是作为一个能够使植物抓住岩石的"抓手器官"(clasping organ) (Sealy JR, 1949; Del Tredici, 1997; Del Tredici *et al.*, 1992)。

早在1895年Fujii就发现，在垂乳生长过程中顶端部分遇到其他强壮坚硬的物体时，像树的枝或主干的一部分，它就会改变生长方向；当它穿过这些物体后它又会呈向下生长的趋势。在这些方面这种行为很明显与树木的根类似。基生垂乳或木块茎 (lignotubers) 的营养繁殖是解释银杏种群能够长期生存在陡峭多岩的斜坡上的一个重要因素。天目山上167株银杏树种，40%的银杏存在至少两个枝干直径在10cm以上。天目山上侵蚀比较严重，可清晰看到从大的类根状茎 (rhizome-like) 的基生垂乳长出的复干。在大树基部与岩石接触的地方产生的基生垂乳能够包围岩石或缠绕其周围，并能延伸到离根基2m处。当延伸到松散土壤时，基生垂乳产生横向根系并产生有活力的垂直生长的嫩枝继续向下生长。Del Tredici (1993) 认为垂乳形成的复干是完全处于童化阶段，生长量往往超过母干且无位置效应，而后者是起源于老龄分生组织枝条所表现的特征。基生垂乳可以看成是潜伏芽原基的正向地性的聚集现象，在受到强烈刺激的条件下，基生垂乳将再生新干和不定根。

实际上，通过基生垂乳繁殖后代，不仅使中国野生银杏长期保存，还在跨越地质年代不寻常地保存银杏物种方面做出贡献。标志性观点认为，银杏垂乳可以看做一株树在地球上存在时遭受数不尽灾难时表现出的不屈不挠的活力 (indomitable vitality)。可见基生垂乳生物学与银杏的野生性有关。

5. 垂乳银杏传说及文化

中国民间对银杏有"挂乳吊阳"的说法，意为"一千年挂乳，三千年吊阳"，只有一千年以上树龄的树才能生有下垂的乳房状枝，三千年以上树龄的树方可长出像阳具样的树枝，这是在其他树种上所少见的现象。正如Li (李正理) 在他们1991年文章所述，在中国使用气生垂乳繁殖有很悠久的历史。很难说这种栽植方式可追溯到古代多久，但可以引用石李惠林经典论文《银杏的园艺栽植和植物学历史》("A Horticultural and Botanical History of Ginkgo" — Li H L., 1956) 传说中明确指出通过气生垂乳进行繁殖：据说唐高宗 (Kao Tsung) 皇帝在1127年从北部开封迁移到南部的南京和杭州时，皇家列队穿越长江到达南部江苏。到达位于苏州和上海之间的陈家镇时，一名为Kung I的北部首都——开封当地官员，采下一银杏枝条插入到地面，并祈祷如果枝条存活的话，他就会定居于此。此后，枝条发育成一株大树，随后几年枝条变成多瘤的 (gnarled) 并弯曲的形态，并伴有很多悬垂的"树乳"，其树乳与其他珍贵树种的相类似。

在亚洲，产生大量垂乳的树体引发了很多传说，其中最著名的是至今存活在日本仙台市Miyagi-no-Hara寺庙的古树。根据Holtum对传说的解释如下：

有一天，修女Hakuko对修女Kohaku说"比起做皇帝来，我更喜欢做奶妈，我现在已经80多岁了，不知哪一天甚至今天我就要步入天堂了。当我死后，请用土堆成土堆覆盖在我的身体上，并在上面种上银杏[icho(ginkgo)]树作为坟墓的标志。我已经向佛陀立誓在今后的日子里，我会向世界上没有母乳的妇女提供奶水，这样我就能够帮助人类。"根据她的遗嘱，当修女Hakuko死后，她被埋在离Kinoshita的Yakushi temple (Kokubun Amadera)寺庙内公园8cho (距离单位) 远的地方。在那里建起坟墓，并在上面种上银杏树作为标记。许多年过去了，这棵树逐渐分枝并生长繁茂。长出的大的类乳状从树上悬垂下来。人们开始叫这棵银杏树为银杏母乳女神 [Icho Ubagami (ginkgo nurse goddess)]。如果有女人不能产母乳，或者母乳有限，或乳房得了什么疾病，只要他们虔诚地向这颗银杏乳树祈祷，就能够拥有产母乳的能力，乳房疾病也能通过神奇的疗法得到治愈。经历了1100多年，银杏乳树神奇的力量一直在延续，日复一日它的朝拜者从未间断。

另一个关于银杏垂乳是生育与哺乳的象征的相似解释来自韩国，韩国银杏中心报道："古代，渴望怀孕的女人常常到银杏树类乳状枝前祈祷，或者采回枝条煎煮。"在整个亚洲，银杏垂乳能够产生神奇液体是普遍的认识。

6. 银杏垂乳诱导及利用

树奶通常垂直向下生长，在春季树体发芽之前，用快刀从基部切下，并插入疏松、通气的土壤或花盆内，然后置于适宜的温度、水分及光照条件下，当年即可成活生长。由于树奶数量少、繁殖系数低，目前仅在银杏盆景制作等方面有所应用，还未能批量生产。受银杏枝经外界刺激易生树奶的启发，江苏泰兴袁子祥和山东沂源董春耀等先后在幼苗上利用绑扎、伤枝、刀刻等方法使人工诱乳获得成功。诱导的树奶已长达3.5cm，直径1.5cm，其中一株因移栽时偶然改变了树奶的方向，当年树奶先端即抽生了新梢。通常可采用以下3种方法中的一种来产生垂乳盆栽：从长基生垂乳的银杏树上对相对大的枝条进行空中压条 (air layering)，从垂乳银杏上取下接穗嫁接到砧木上，或对垂乳银杏的的茎插枝条生根。根据Takeuchi (1987)，高空压条无疑是首选的技术，因为它能在3年内产生较大的植株。

国家邮电部于1981年发行的一套"盆景邮票"中，就选用了一盆名为"活峰破云"的银杏盆景作为邮票图案。该盆景取材于古银杏树上形成的树乳，侧立于盆中，下部粗如碗口，上部渐细且自然封顶，犹如钟乳石笋。其上有虬劲盘旋的枝条，缭绕于树身前后，一簇簇一层层的碧绿叶片犹如漂浮的云彩；树身则如冲破云层的山峰，意境隽永，令人称奇。

对于基生树瘤及干生树瘤上的嫩枝，为了加速苗木繁殖，利用其返幼的特点，可采用硬枝或嫩枝进行扦插繁殖。实践证明，利用树瘤上的萌条扦插其成活率达95%以上，根数多、长势旺，2年生苗高达80cm以上，超过同龄实生苗。

七 雌雄同株

目前仅有中国和日本有“雌雄同株”银杏的报道，关于“雌雄同株”银杏，尽管国内外学术界存有较大争议，据研究分析，这是一种“返祖现象”。它是在某种特定条件下，内因和外因的交替作用，诱发了遗传学上的突变，使部分枝、芽改变了性别，便返回到了祖先雌雄同株的原始状态。目前我国已有不同学者报道了这一特有银杏种质资源，现将国内主要“雌雄同株”列表如下（表2-12），以供学术界同仁进一步考证和研究。需要说明的是，由于作者并没有对所有的古树一一实地考察，有的所谓雌雄同株也许并非是植物学层面的雌雄同株，可能是人为嫁接形成的。为了便于研究和参考，作者对能确定人为嫁接形成的雌雄同株进行了标注。在欧洲最早栽培的银杏大多为雄株。在1814年在瑞士日内瓦由De Candlle首先发现一株雌树。从这株树采集接穗，后嫁接到到法国蒙特利埃的植物园的雄株上，从此便有欧洲银杏种子生产，这也是欧洲第一株人为嫁接形成的雌雄同株银杏。在美国的德国城有一株老雄树，并被嫁接上一个雌枝，因此，导致许多人认为银杏是雌雄同株（Li, 1961）。

Santamour等（1983）在《银杏的生长、成活及性别表达》一文中写道，在弗吉尼亚州的Boyce-Blandy试验场一片47年生的银杏实生树中发现有4株为雌雄同株。与日本的不同，美国雌雄同株树果实是在主干附近上部的几个侧枝上。据Bean(1976)报道，在英国许多大树为雄株，当把雌株接穗嫁接到雄株上后便形成认为嫁接雌雄同株银杏，Miyoshi(1931)曾报道在日本有2株雌雄同株银杏树。2株树，雄花均在下部，果实只着生在每株树的一个枝上。1957年，李正理先生在北京大学妙峰山麓的生物实验站首先发现报道了银杏雌雄同株现象。此地原为西山金山寺遗址，内有银杏2株，其中一株为雌雄同株。1957年4月下旬观察时，正是雄花花粉（小孢子）形成时

表2-12 全国雌雄同株汇总

生长地点	树高（m）	胸径（m）	冠幅(m)	树（年）	备注
桐城市塘湾镇蒋潭村	20.5	1.46	20.0×21.0	400	
金寨县花石乡国家级自然保护区马鬃岭核心区	25.0	1.50	16.0×16.0	600	离根部6.5m处向南的一侧枝为雄性
门头沟区妙峰山镇妙峰山金山寺遗址	18.0	1.20		600	主干高5.0m
海淀区苏家坨镇大觉寺北路前院	25.5	1.05	20.0×22.0	600	只有一半结果
石景山区苹果园街道琅山村路北41号	30.0	1.38	18.0×20.0	500	3人合抱不拢
永春县仙夹镇夹际村上林郑氏祖厝边	20.0	1.34	18.0×17.0	370	夫妻树
康县王坝乡大水沟村	26.5	0.77	19.5×17.7	500	树冠长卵形
麻江县坝芒乡瓮城村9号树	25.0	1.90		400	被砍
嵩县白河乡栗扎树村白果坪组	25.2	1.11	10.0×10.0	800	种子具发芽能力
商城县苏仙石乡柯楼村	11.0	0.70		150	嫁接后开始结果
赤壁市赤壁镇南屏山金鸾山凤雏庵	27.5	1.50	20.0×20.5	1800	
利川市毛坝乡双河村2组撮口溪	20.0	0.54	18.0×20.0	200	
安陆市王义贞镇钱冲村5组净土湾前	37.4	1.49	10.0×9.3	1400	
安陆市孛畈镇柳林村4组小陈冲山腰	27.4	1.52	12.0×10.0	1200	
安陆市孛畈镇月岭村4组罗家冲半山腰	32.8	1.52	10.0×11.0	1100	
随州市曾都区洛阳镇张畈村	33.0	1.56	17.0×15.8		
泸溪县白沙镇天桥山华岩阁	28.0	2.55	22.0×20.0	1800	
无锡市惠山区锡惠公园惠山寺	21.0	1.93	29.5×31.0	610	曾奇异地结出7颗白果
井冈山市老垇里小学旁	17.0	0.49	5.0×5.0	400	连理垂枝银杏
遂川县巾石乡兴安村1	28.0	1.32	15.0×16.5	500	垂乳银杏
临安市西天目乡西天目山进山门处	13.0	0.45	10.0×7.0	350	雌雄长在一起
永嘉县大若岩镇银泉村	27.0	2.00	23.0×23.0	400	温州十大生态名木
宣威市双河乡葛菇村公所白果树村	20.0	2.89		600	“银杏王”
济南市长清区五峰山镇五峰山清真观	33.2	2.03	19.0×21.0	2500	基部有萌蘖
枣庄市峄城区榴园镇王府山村青檀寺	22.0	2.20	25.0×27.0	1800	夫妻银杏
枣庄市市中区齐村镇中良村	15.0	0.62	9.5×10.0	100	嫁接
滕州市南部	11.5	0.26	5.0×6.0	19	雄性结果
临朐县九山镇沂山风景区东镇庙	20.0	1.28	13.0×13.5	900	雌雄同株
荣成市崖西镇朱埠村圣水观风景区	29.1	1.88	32.0×31.0	847	雌雄同株
郯城县新村乡官竹寺	40.0	2.60	20.1×21.4	2000	嫁接
高密市密水街办辛庄	18.0	0.64	8.5×10.0	200	嫁接

期，在树干下部的各小枝上都可发现雄花，在该树干高3.5m处分杈成8枝，在一较小分枝上多见为雌花（李正理，1957）。1995年在河南嵩县白河乡发现一株雌雄同株古银杏。该树生长在伏牛山南侧坡脚，为耕地内孤立木。海拔700m，树龄约800年，树高25.2m，干高8.5m，胸围3.5m，冠幅东西12.8m、南北18.2m，7个主枝，树冠卵圆形。该树雄株，是嵩县雄株选优的2号优树。在东南方向距地面9.3m的第二主枝上的一个侧枝上着生一个隆起状结果枝，枝长20cm，粗3cm，向北平行弯曲。该枝连年结种，1995年结果33个，1996年结果30个。雌雄同株上的雌枝叶片三角形，叶柄长，叶面积大，叶较厚。种实近圆形，种柄短而扁粗，种托大而厚。种核仿胖梭形，孔迹明显，束迹发达，单核重0.8～1.5g，平均单核重1.179g。雌雄同株银杏树的种子同样具有发芽成苗能力。近两年，经多方实地考察认定，该树既不是嫁接，也不是两株合体，而是名副其实的雌雄同株银杏。它的发现，对探索银杏演化、性型换转等研究均具有重要意义（黄智耀等，1997）。

吉冈金市（1967）谈到：在日本岩手县一户町实上寺境内发现一雌雄同株银杏，该树上结的果实比北京近郊山地干旱年份成熟的银杏果实还要小，而且果实细长。没有经过人为改良的雌雄同株银杏的果实较小这是一种原始状态（表2-13）。

在《日本老树名树天然纪念树》上记载，在岩手县有2株，一株是岩手县和贺郡东和区东晴山的银杏冈的公孙树（1931年2月确定），另一株是是岩手县二户郡一户区大泽实相寺的公孙树（1938年12月确定）。《日本老树名树天然纪念树》的记载：岩手县和贺郡东和区东晴山的“银杏冈的公孙树”，胸围6.40m，根基围8.80m，树高33m，树龄570年，树冠从根基部周围测量，东西向各约9.4m，南面约9.7m，北面9.2m。该树是雄树，但在离地约12m的高处，长出直径为15cm，长4m的小枝，中间部分着生有葡萄状的雌花而结实，被认为是少见的雌雄同株的银杏。另外，在别的枝上生有多裂叶和囊状的畸形叶。该树是从源赖朝（1247～1299）的第三代，二子域的第一代城主的多田式部大辅忠明一直传到第十代大和守义孝的二男笹隼人正义的。该树是二男笹隼人正义从二子域迁到晴山建筑笹馆时栽植的。但在1966年这个枝的树皮剥落与枯萎，从枝的茎部仅着生有营养叶，而且大约有5年已不结实，在周围着生有粗枝，这些枝遮住了着生雌花的枝，因而造成树枝枯萎，是很可惜的事情。在实相寺院内还有墓地，最近似乎火葬的多了，但在战前多为土葬，这棵银杏在水分供给充足的同时，还有丰富的动物性的氮素供给。1965年10月5日测定的干径是2.9m，比1938年指定为天然纪念物时粗了0.7m。根据实相寺的记载，“1869年4月在院内栽植一棵银杏树，并栽植了其他的桑、桐、梨、苹果和梅等很多树”。从1869年到1965年的96年内长粗2.9m，1年平均增粗了3cm。1938年被指定为天然纪念物时，目测干径为2.2m，经27年生长，在1965年目测干径为2.9m，1年平均长粗2.6cm。

另外，调查了岩手县二户郡一户区“实相寺的公孙树”，胸围2.20m，树高23m，树龄100年，是雄树。但却有一枝开花结实，是雌雄同株，结实枝从干的中部由粗枝分枝而来，在地上约10m高处，长出直径1cm、长30cm的小枝，有2处着生有葡萄状的雌花结实。枝生长多年也不增粗，结果数每年也大致一定，大约是15～30粒，果实有点长，据说“长出部分雌性枝条的方向是在西边”。该树在约100年前由林源八先生栽植的。这棵雌雄同株的银杏的雌枝所结的果实，具有发芽能力。

八 复干银杏

银杏“复干”也称次生树干“secondary trunk”，或叫多干“multitrunk”。银杏是现存木本植物中最奇特的树种之一。尽管许多学者对其树奶、游动鞭毛精子、雌雄同株、叶籽银杏等进行过研究，但关于“茎生枝”现象未见报道。Del Tredici (1992)曾对浙江天目山银杏基生树瘤的起源、形态及解剖特征进行了研究，其中某些问题还有待进一步探讨。银杏与针叶树不同，它从幼龄苗木到千年生大树个体发育的一个普遍现象是复干丛生，从而形成诸如天目山老殿的“五代同堂”、北京大觉寺的“一龙九子树”等奇特现象（表2-14）。随近些年来银杏良种扦插和嫁接建立核用丰产园的兴起，复干现象尤为突出。银杏复干的发生、形态、解剖、影响因子及利用，对于进一步研究银杏解剖学、生态学及栽培学均具有重要意义。

Del Tredici (1992) 认为：天目山银杏的复干是与一种似愈伤组织的木质瘤状物相连。这些瘤状物起源于树干基部与地面交界处，特别是在树干基部受土壤冲刷而裸露的地方更多。认为基生垂乳起源于子叶芽，再由基生垂乳产生复干。他并没有谈到地上部分复干的起源。据我们观察：银杏复干是起源于根茎交界点处，即在地上部分作为1龄小苗位于上胚轴、作为2～7年生苗木的苗干基部定芽增殖，但Del Tredici说的基生垂乳的发端是在下胚轴上，即群众说的“椅子根”是在地下。现在看来尽管Del Tredici认为基生垂乳可以再生枝条，其在自然状态下几率甚低，人们几乎没有发现从基生垂乳（椅子根）再生一萌条、突破地表形成旺盛生长的复干。作者仅仅研究的是1～7年生苗木上的基生垂乳发育，然后作者把苗期的研究结果，用来解析天目山复干的起源存有疑点。我们认为，天目山银杏第一代复干是在地面以上产生，按照定芽增殖的办法，特别是在顶芽被破坏后，不断增殖，由于基部茎组织较幼嫩，同时产生大量愈伤组织，进而形成大的“根盘愈伤组织群”，并向四周扩展延伸，在其上产生不定芽，最终发育成多代复干。有一点要注意，单纯的银杏根系是不会像枣树、泡桐和杨树等一样发出根蘖苗的，我们曾经试验将离体的银杏根扦插，在插床上一年后也没有发芽和生根的迹象。从大树复干都是紧抱母干而生足以证明这点。应该明确，银杏复干再生及增殖对破解古银杏长寿之谜、对该物种能在中国长期繁衍生存并跨越多个地质年代、对其野生性群体的保护，甚至对日本广岛原子弹爆炸后唯有银杏生存这一事实和银杏生物学、生态学及系统学均具有重要意义。

1. 复干的发端及形态和解剖特征

总的来看，银杏复干的主要特点是，大多起源于树干基部的根茎交界处的定芽或不定芽，在树干基部受到严重损伤之前，或者当树木被砍伐之前，这些芽子一直处于休眠状态（Hu, 1987），银杏复干是完全处于童化阶段，且无位置效应，复干基部可以再生根系。银杏复干的再生机理与植物的茎/根系统有关。美国加利福尼亚大学的Groff(1988)曾将

表2-13 日本雌雄同株银杏与普通银杏及商品银杏重量比较（吉冈金市，1967）

编号	国别	地点	种类	种粒数（个）	总重（g）	单粒重（g）
1	日本	岩手县一户町实上寺	雌雄同株	6	4	0.7
2	中国	北京植物园	大果	10	11	1.1
3	日本	冈山县笠冈市	商品果	8	12	1.5
4	中国	北京植物园	大果	8	16	2.0
5	日本	岐阜县穗積町西蓮寺	藤久郎	10	45	4.5

表2-14 全国典型复干银杏统计

地点	性别	树龄（年）	胸径（m）	复干数（个）	最粗复干（cm）	最细复干（cm）
繁昌县繁阳镇大阳村朱冲		700	0.90		60	
贵阳市花溪区青岩乡新楼村	雄	500	0.80	9		
长顺县广顺镇石板村天台村民组	雄	150	1.80	5	120	
长顺县广顺镇石板村天台村民组	雌	4000	2.50	100		
遂川县巾石乡巾石村9	雌	1000	1.85	1	43.31	
井冈山市柏路乡蔡牙村	雌	1000	1.50	5	115	12
成都市青羊区花溪风景区百花潭公园	雌	1000	0.76	13	8	5
都江堰市街柳镇安龙村1组	雌	1000	1.78	12		
名山区蒙山顶天盖寺	雌	1000	1.80	26		
泸定县冷碛镇2村（镇政府附近）	雌	1786	4.33	8	130	30
名山区蒙山顶天盖寺（12号树）	雌	1000	0.50	12	27	6
海淀区苏家坨镇大觉寺北路前院	雌雄同体	600	1.05	3	35	
昌平区南口镇花塔村和平寺正殿前	雌	800	0.70	12		
昌平区南口镇花塔村和平寺正殿前	雄	900	1.37	10	30	
怀柔区怀柔镇卢庄村北红螺东路红螺寺	雄	1100	1.20	6	50	
门头沟区潭柘寺镇潭柘寺	雄	1000	2.90		80	
门头沟区潭柘寺镇潭柘寺	雄	600	2.60	8	89	
尤溪县中仙乡龙门场	雌	800	2.00（基）	6	109	
尤溪县中仙乡龙门场	雌	800	2.13（基）	2	83	15
尤溪县中仙乡龙门场	雌	800	1.96（基）	16		
尤溪县中仙乡龙门场	雄	800	2.91（基）	12	56	
济宁市任城区长沟镇白果树村	雌	1300	2.22	1	130	
济宁市任城区长沟镇白果树村	雄	500	1.11	1	180	
曲阜市孔庙承经门诗礼堂院内	雌	900	1.08	5	85	
胶州市杜村镇寺前村宝塔寺	雌	1100	1.56	9	145	45
腾冲县固东镇江东村	雌	100	0.89	多		
腾冲县固东镇江东村	雌	400	0.92	多		
腾冲县固东镇江东村	雌	500	0.94	多		
康县岸门口镇严家坝	雌	1600	2.88	10	80	20
竹山县文峰乡轻土坪村6组	雌	2000	1.52	4	152	
宣恩县珠山镇茅坝塘村6组	雌	3000	5.25（基）	16	178	14
宣恩县珠山镇茅坝塘村6组	雄	1000	1.18	14	57	
巴东县清太坪镇桥河村8组	雌	3000	2.74	8	91	
巴东县清太坪镇竹园坪村5组	雌	900	0.67	12	64	
巴东县野三关镇平坦村7组	雌	1000	2.52	13	61	
太原市晋源区晋祠镇王琼祠堂前南	雄	700	2.07	1	60	
泽州县铺头乡寺南庄青莲寺	雄	700	1.56	4	40	
临安市西天目乡西天目山开山老殿下	雌	1600	2.28	20	85	10
临安市西天目乡西天目山三里亭与五里亭之间	雄	1000	1.15	30	34	
临安市西天目乡西天目山仰止桥	雌	1000	1.17	5		
长兴县煤山镇西川村	雄	1000	2.25	1	96	
凤凰县茶田镇都首村石柱寨		1000	2.48	2	87	61

（续）

地点	性别	树龄（年）	胸径（m）	复干数（个）	最粗复干（cm）	最细复干（cm）
周至县楼观台宗圣宫遗址	雄	2600	3.03	约百余株	20	
白河县构扒乡平岩村山顶上	雌	2000	3.50		80	
南川区水江镇让水村白果园	雌	2050	2.95	10	60	5
彭水县[①]桑柘镇峰柏村8组白果园	雄	800	4.60	35	50	5
石柱县金铃乡石笋村白果坝组白果坝	雌	450	1.80	19	140	8
秀山县[②]钟灵乡钟溪村上坝白果组	雌	1800	2.60	14	260	
松江区佘山镇天马山	雄	700	1.00	4	20	
信阳市浉河区李家寨镇中心卫生院前	雌	1300	2.71	4	130	50
嵩县白河乡下寺村上寺组	雌	1380	1.20	4	75	
卫辉市狮豹头乡罗圈村		1200	1.72	1	65	

植物茎/根系统分为双极植物、茎生根植物、根生茎植物、茎生根和根生茎植物4类。对于一年生银杏实生苗既无茎生根也无根生茎，为典型的双极植物，即根系统和茎系统在下胚轴过渡区相遇并交叉。但2年以上的苗木直到千余年生的古树，一个奇特的现象是复干丛生。经大量实生苗和扦插苗调查及解剖发现（邢世岩等，1996），这些复干均起源于过渡区以上基部埋入地下的固定潜伏芽。2年生实生苗和插条苗处于不同分化程度的复干清楚可见，而1年生苗木复干株甚少。2年生苗木许多复干已伸出地面，高度4~14cm不等。解剖中发现，扦插苗最低一个复干距不定根2.71cm，而13.3%的复干是从根/茎交界处伸出;2年生实生苗最低一个复干平均距侧根0.56cm，而60%以上的发端从根/茎交界处伸出。这些复干95%以上的发端位于地平面以下，因此常有人误称为“根蘖”。

从复干的形态特征来看，主干直立，与母干的夹角大多低于10°，并紧紧围绕母干垂直向上生长。表皮淡褐色、节间较长、皮孔大而明显。顶芽和腋芽饱满，腋芽破土能力强，待顶芽被破坏后常有新复干从地下伸出土面。复干上的叶片大而肥厚、多裂，裂刻常在3个以上。叶长8～10cm，叶宽10～12cm。当年主干上便形成短枝，展叶3～4片。大树上的复干年高生长达3m以上，并抽生侧枝。复干具明显的“返幼”特征。从解剖构造来看，除母干木质较密致外，其他均与复干相同。

2. 影响复干形成的因子

（1）扦插苗和实生苗 由方差分析发现，2~3年生插条苗的复干数、复干率、最大复干高度和粗度均显著高于实生苗。3年生插条苗复干率高达46.5%，平均复干数1.46个/株。最大复干高平均73.8cm。调查不同苗木得出共同的结论是1、2、3和>3个复干数/株的株数分别占总复干株数的67.4%～80.1%、13.9%～25.0%、1.3%～8.0%和0%～3.5%，即>3个复干数/株的株数明显下降。此外，从各级复干数/株的株数占总调查株数的百分比也看出类似的结果。

（2）嫁接苗 对不同干高银杏苗调查结果发现，干高(x)与复干率（%，y）呈显著的负相关(r= -0.91154033*)，即y=32.95027578-0.36159518x，干高每增加1个单位，复干率下降0.36159518个单位。可以看出，随嫁接苗高度增加，最大复干高度降低;随干高降低，复干高度增加。80%以上的复干株具1～2个复干，不同干高平均复干数1.17～2.00个/株。随接穗年龄的增加，嫁接苗成枝力减弱、苗高下降，但最大复干高度和粗度增加。1～2年生和5～7年生接穗，每株1～2个复干的株数占总复干株数的百分比分别为93.3%、95.8%和70.0%。随接穗的年龄增加，3和3个以上的复干株数明显增加。对1～7年生‘马铃5号’嫁接树调查发现，嫁接苗高（粗）与最大复干高（粗）、嫁接树年龄与平均复干数/株及总复干率之间均呈显著的正相关，即嫁接树龄每增加1个单位，复干数和复干率分别增加0.6237和12.1821个单位。从每株分级复干数的比例来看，随树龄增加，仅1个复干/株的株数百分比不断下降；相反，2个、3个和4～14个复干/株的株数百分比直线上升。1年生嫁接苗1个复干的单株占总复干株数的76.9%，占总调查株数的20%;7年生嫁接树复干数/株为2～14个，2个复干单株占总复干株23.3%，3个复干占46.7%，4～14个复干占30%，复干率达100%。

银杏属于子叶留土萌发幼苗，过渡区距地表相当近，结果下胚轴的绝大部分均表现出根的构造，下胚轴与主根相连。据Hill等(1909) 研究证明，银杏茎/根转换发生在下胚轴，双子叶银杏产生4原型根构造。银杏复干的发生机理与其茎/根关系，尤其是“机体发育模式”（architectural models）—茎（枝）分化系统类型有关。尽管银杏的树奶已有“枝生根”的报道，但到目前为止，人们还没有发现在自然状态下银杏有“根生茎（枝）”现象。虽然北美红杉（*Seguoic semnerirens*）有“根生芽”的报道，但在裸子植物中“根出条”现象相当稀少，如侧柏、松树等。银杏“茎生枝”是自然状态下个体发育的一部分。银杏复干均起源于茎/根过渡区以上的茎部，随年龄的增加，尤其当复干的顶芽被破坏或树体梢部衰老后复干数量剧增。这对于银杏天然更新及其生态学具有重要意义。银杏复干属于“茎生枝”范畴。银杏潜伏芽、腋芽即使埋入土内30cm仍有较强的萌发能力。试验中发现，尽管银杏复干的数量很多，尤其是处于地表以上的复干无“茎生根”现象，即使埋入地下的复干部分自然生根率甚低，即复干仍保留母干的特性。综上所述，与Groff (1988) 所指的茎/根系统不同，在自然状态下银杏有“茎生根”（树奶）和“茎生枝”能力，但无“根生枝”现象。银杏茎/根模式属于“过渡型双极植物”。

（3）复干的利用 从栽培角度上看，银杏复干可以采用下列途径加以利用：①苗木培育。对已萌生的复干可于早春刻伤基部并培土，以促使“地下茎”生根，待成一完整苗木后分株定植。对于成龄大树上的复干可采用“抢娘树”繁殖法，于2月上旬～4月上旬掘开母树周围70～100cm的土壤，用快刀等工具逐株沿母干纵向切下“子苗”，每苗带一块“基生树瘤”，也称“椅子根”。只要肥水充足，这种分株繁殖法移栽成活率达95%以上，由该法培育的苗木复干量更大。复干通常茎干粗壮、直立向上生长；可消除位置效应，具明显的“返幼”特征。利用良种扦插苗的复干作为接穗或扦穗可消除新梢斜向生长习性，对纺锤形树冠培养有重要意义。②“二园一圃”经营。对于核用矮干密植丰产园，为了促进树体发育、减少水分和养分损耗，应尽早抹除萌芽以抑制复干的形成。但为了形成纺锤形树冠，并立体结种，可利用第一代和第二代复干，并分层分年度嫁接，最终形成三个龄级复层结

注：① 彭水县，全称彭水苗族土家族自治县；
② 秀山县，全称秀山土家族苗族自治县。

种树形，以提高单株产量。经我们在山东苍山县初步试验，该方法可以消除一次嫁接斜向生长习性，并形成复层结种，效果十分理想。对于采叶园，若按初植密度7500株/hm^2定植，良种嫁接2年后每株保留2个复干，则总株数可达22500株/hm^2。采用丛状模式以提高产叶量。对于采用嫁接而营建的采穗圃，为了提高良种枝芽产量，应尽早去除复干；对于采用扦插苗营建的采穗圃，应尽早对母干平茬，以促发复干萌生，这对于加速良种繁殖有重要意义。

九 雌雄比例

自然状态下银杏雌雄性别比例是人们长期以来关注的问题之一（表2-15）。吉冈金市（1967）在对日本的银杏雌雄株调查发现，在日本大阪市主要建筑物周围共栽植银杏867株，其中雌株116株，占13.38%；在日本冈山大学104株银杏行道树中，雌树为12株，占11.54%。并认为没有经过人为干扰的银杏自然雌性比率为12%～13%。在美国弗吉尼亚州的Boyce-Blandy试验场的一片不规则的面积为27.32亩荒地上，自1929～1947年期间，共栽植628株，到1981年总计存活359株，保存率为56%。在1981年采用自动升降平台调查，发现除了58株不知性别外，297株中雌株157株，雄株140株（占47.14%），即雌雄比接近1:1（Santamour，1983）。唐辉等（2008）对分布在新西兰Hastings市各公园、街道及庭园86株及其他城市，如Wellington、Auckland、Tauranga、Hamilton、Gisborne、Nipper等城市的78株，共计164株成年大树进行了雌雄性别统计，其中60株为雌株，104株为雄株，雄株所占比例为63.4%，高于雌株。另外，雄株的平均胸径为0.72m，略高于雌株的0.68m；雄株的冠幅（13.65m×14.5m）也略小于雌株的冠幅（15.40m×15.66m）。

邢世岩等（2012）通过对中国贵州、湖北等23个省2785株树龄≥100年的古树统计发现，雌性2215株，占79.53%；雄性570株，占20.47%，这也许与长期以果用为主要目标的银杏栽培习惯有关。湖北省京山县原有成年银杏树3.66万株，年产量10万kg左右。其中千年以上的古树37株，雌雄树比例极不均衡高达92.7:7.3（黄华安等，1995）。湖北随州市曾都区银杏调查发现（周亚林，1998）银杏树冠多为宝塔、椭圆球形。雌树由于长年结果原因，侧枝普遍下垂，而雄树侧枝斜上伸展，雌树雄树比例为8:2。舒常庆等（2005）在对湖北巴东县银杏古树性别比例调查发现，与曾都区及安陆市的情况一样，巴东县银杏古树的雄株也极少，雌雄性别比例非常悬殊。在野三关、清太坪两镇的调查中，共计209株古银杏中，仅见到3株雄树，雄株占1.44%。左雄中（2005）在湖北安陆全市调查的719株银杏古树中，仅发现7株雄树，雌雄性比例约为103:1，极为悬殊。赵思东等（1998）认为目前湖南资兴市银杏大树有419株，其中雌株401株，雄株18株，雄株占4.30%。据邹盘龙等（1995）调查贵州省盘县境内有银杏雌株1352株，而雄株仅有8株，且分布不均。河南省嵩县共有银杏树325株，其中雌株297株，雄株28株，雄株占8.62%。分布在7个乡镇，海拔26～980m，生长良好。在田湖镇瑶上村、大坪乡东元头、车村乡黄水村、车村乡纸房村、车村乡栗树街、白河乡栗扎岭、白河乡下寺村共计调查了194株银杏，其中雌株181株，雄株13株，雄株占6.70%（黄智耀等，1996）。丁向阳等（2009）对河南省嵩县云岩寺周围集中分布的古银杏调查发现共有15株，其中雄树4株，占26.7%；西峡县二郎坪乡古银杏树性别比例也较接近自然状态。无论是实地调查，还是当地统计数据，雌株与雄株的比例大约都是5:1。苏金乐等（1999）对河南省新县调查涉及银杏大树1649株，其中雄株只有105株，占

表2-15 国内外银杏雌雄比例的研究

地点	合计株数	树龄（年）	雌（比例%）	雄（比例%）	参考
日本大阪市	867	未知	116（13.38）	751（86.62）	吉冈金市，1967
日本冈山大学	104	未知	12（11.54）	92（85.46）	同上
美国弗吉尼亚州Boyce-Blandy试验场	297	35～47	157（41.42）	140（58.58）	Santamour，1983
新西兰Hastings等	164	成年	104（63.4）	60（36.59）	唐辉等，2008
中国贵州、湖北等23个省	2785	≥100	2215（79.53）	570（20.47）	邢世岩等，2012
湖北省京山县	3.66万	成年	33928（92.7）	2670（7.3）	黄华安等，1995
湖北随州曾都区	不确定	未知	8（80）	2（20）	周亚林，1998
湖北省巴东县野三关镇和清太坪镇	209	古树	206（98.56）	3（1.44）	舒常庆等，2005
湖北省安陆市	719	古树	712（99.03）	7（0.97）	左雄中，2005
湖南省资兴市	419	大树	401（95.70）	18（4.30）	赵思东等，1998
贵州省盘县	1360	未知	1352（99.41）	8（0.59）	邹盘龙，1995
河南省嵩县	325	未知	297（91.38）	28（8.62）	黄智耀等，1996
河南省嵩县云岩寺周围	15	未知	11（73.33）	4（26.7）	丁向阳等，2009
河南省新县	1649	大树	1544（93.63）	105（6.37）	苏金乐等，1999
河南省新县卡房乡胡河村	47	大树	46（97.87）	1（2.13）	
河南省新县而几乡林冲村	22	大树	19（86.36）	3（13.6）	
安徽省来安县	18	100	13（72.3）	5（27.7）	彭怀远等，1997
安徽省广德县	374	古树	342（91.44）	32（8.56）	张跃林等，1997
甘肃7县（文县、武都、康县、徽县、成县、两当、西峰）	672	未知	481（71.58）	191（28.42）	江永清等，2003
福建武夷山厅下村	50	古树	48（96）	2（4.0）	周辉等，2002
福建省顺昌县大干乡宝山村	40	古树	38（95）	2（5.0）	周辉等，2002

6.37%。其中新县卡房乡胡河村有银杏大树47株，雄株严重不足，仅1株，占2.13%，加上地形的隔离和今年倒春寒，花期自然授粉更为困难，致使全村46株雌株胚胎难结，挂果廖廖无几。而几乡的林冲村，有银杏大树22株，其中雄树3株，占13.6%，比例适中，分布合理。郑挺杨等（1996）在对浙江省金华市银杏的分布总结到结果树13株，雄株3株，未结果树9株。雄株占23.1%。安徽来安在100年以上18株银杏古树中，雌树13株，占72.3%，雄树5株，占27.7%（彭怀远等，1997）。安徽广德县有银杏古树374株，其中雄株32株，占8.56%（张跃林等，1997）。甘肃文县、武都、康县、徽县、成县、两当、西峰等7个县调查，雌株481株，雄株191株，共计672株，雄株占28.42%（江永清等，2003）。福建武夷山市下阳乡东北部与吴屯分交界处厅下村，在屋前屋后保存有50多株树龄在数百年以上的古银杏，其中仅有2株雄树，占4.0%。顺昌县古银杏比较集中的保存在大干乡和郑坊乡与邻县交界的中山地带，在大干乡宝山村里保存40多株老银杏，有雄树2株（周辉等，2002）。

十 古树价值

社会不断进步，古树名木越来越受到世人的关注。由于古树名木保护事业刚刚起步，与此相关的研究尚处于探索阶段，尤其是对古树名木的价值计量，国家尚未出台统一的规范和标准。北京市2007年制定了《北京古树名木评价标准》，浙江省宁波市在古树名木损失赔偿办法上，提出古树名木的价值为古树名木的树种价值、生长势价值系数、树木场所价值系数、树木级别价值系数的乘积与实际养护管理费用之和。苑林（2007）认为古树有经济、历史、科学、生态、文化、旅游和政治等7个方面的价值。徐炜（2005）曾提出，古树名木价值评价指标体系共分为树木的自身经济价值、树木的生态价值、树木的科研价值、树木的景观价值和树木的社会公益价值5个方面。沈启昌（2006）提出用原木法和市场比较法评估古树名木价值。杨桂芳（2011）提出古树名木具有生态价值、文化价值和旅游价值。这些，都为古树名木的价值计量奠定了基础。随着社会和经济的发展，古树的价值评价计量将越来越客观全面，古树的保护和管理及其相关研究也将日益科学、规范和完善。

1. 银杏古树特性

（1）资源的稀缺性 根据统计，全国共有银杏古树94168株，全国近14亿人口，平均1.5万人才拥有一株银杏古树，足见银杏古树的稀缺性。

（2）生长的长期性 古树名木经过上百年或上千年的漫长生长才能形成。如日照市莒县浮来山定林寺的一株树龄3500年的古银杏，高26.7m，胸径4.17m，树冠投影面积达884m^2，是山东省树龄最长、最粗的银杏树；临沂市兰山区白沙埠镇诸葛城村鸿福寺遗址的银杏古树高29.0m，胸径3.21m，树龄也有1700多年。贵州福泉市李家湾的一株树龄1200年，高40.0m，胸径4.84m，已经入围吉尼斯世界纪录。由此可见银杏古树生长时间之长，对追逆过去年代久远或历史具重要意义，能体现着当地的人文历史变迁。

（3）功能的多样性 古树除具有商品属性外，还具有一些难以度量的生态、科学文化及科研价值，体现了古树功能的多样性。从历史文化角度看，古树被称为“活文物”、“活化石”，蕴藏着丰富的政治、历史、人文资源，是一座城市、一个地方文明程度的标志；从经济角度看，古树是我国森林和旅游的重要资源，对发展旅游经济具有重要的文化和经济价值；从植物生态角度看，古树为珍贵树木、珍稀和濒危植物，在维护生物多样性、生态平衡和环境保护中有着不可替代的作用。

（4）银杏古树的唯一性 植物是可再生资源，但打上历史烙印的银杏古树却是不可再生的无价之宝，古树一旦死亡将无法再生，即使萌芽更新，或用枝条重育，也已经不具有原来的价值。

（5）意义的特殊性 古树是林木资源中的瑰宝，而银杏古树则是这些瑰宝中一颗璀璨的明珠，既是悠久历史的见证，也是社会文明程度的标志。生态学家认为一棵银杏古树就是一个基因库，考古学家认为一棵银杏古树就是一个活的古董，历史学家认为一棵银杏古树就是一部史书。

（6）保护的困难性 古树不是集中分布，而是分散分布，管理难度大。古树因年龄衰老，自身生理机能下降，吸收水分、养分能力弱，组织再生能力差，保护难度大。

2. 银杏古树的价值体系

银杏古树作为一种森林资源，同样具有经济价值、生态价值和社会价值。

（1）经济价值 银杏古树的经济价值主要体现在树干、树枝的木材价值和花、果、叶的食用和药用价值。福建省龙岩市林业调查规划所沈启昌（2005）通过调查古树名木位置、树种、起源、年龄、姿态、观赏特性、长势及胸径、树高，计算该树蓄积量和出材量，采用当地同类木材价格计算林木价值。

（2）生态价值 银杏古树的生态价值主要体现在调节气候、涵养水源、保护土壤、固碳、释氧、吸污滞尘、减少灾害、减少噪音和提供鸟兽等动物栖息场所。印度加尔各答农业大学教授达斯运用经济学方法计算得出结论：50年活树价值可达19.625万美元。这一价值由三方面因素构成：一是每年释放1t氧气，50年生产氧气价值3.125万美元，同期防止空气污染价值6.25万美元；二是防止水土流失，土地沙化及增加土壤肥力产生的价值为6.875万美元；三是为牲畜遮风避雨，鸟类筑巢栖息，促进生物多样性产生的价值约为3.125万美元，同期创造出的动物蛋白质约为0.25万美元。

（3）社会价值 ①种质价值：银杏是孑遗物种，银杏古树的生长过程经历了严酷的生存竞争，是优良的种质资源和基因库。实验证明，从泰安老君堂1300年生的银杏古树上采种播种的小苗，生长较好，且出苗较齐。山东沂源县织女洞一株树龄800年的银杏古树上首次发现了叶籽银杏这一特异种质。这种发现最后被认定为银杏的一个变种，为研究银杏的繁殖提供了一个新的方向。②科考价值：古树是地理学、植物学、气象学研究的活标本，是人类学、经济学、社会学研究的活资料。古树以顽强的生命传递着古老的信息，用年轮见证了历史，将树木生长、发育在时间上的顺序展现为空间上的排列，向人们展示那逝去岁月的地质、地理、气候、水文、生理、生态等变化情况以及植物进化和自然变迁，是人类探索大自然奥秘的桥梁和依据。古树年轮是研究古代气候、水文变迁的可靠资料。通过年轮的宽窄和颜色深浅，可以找出气候冷热变化规律以及降水规律，预测未来气候变化趋势。如当地的地震、海啸、火山爆发以及大气层的核试验次数等，都能在当地现存的古树年轮中留下“记录”，对古树年轮进行多元素分析，还能确定空气与土壤污染的时空范围，对防治疾病有重要意义。银杏古树的存在，证明我国栽培银杏的历史久远。据调查，浙江的天目山、湖北的大洪山、四川和湖北交界处的神农架、安徽和河南交界处的大别山有少量自然状态下的野生状态银杏群落，野生银杏的存在，更证明了我国是银杏的发源地。③文化价值：我国5000年的华夏文化光辉灿烂，银杏古树文化同样闪烁着耀眼的光芒。古往今来，文人墨客、民间艺人有很多赞颂古树的诗句、碑刻流传下来，影响深远。银杏古树是一座城市文化品位和精神素养的象征。古树的存在，深刻反映了中国树木文化的特色和中华民族悠久的历史传统。私家园林、皇家园林和宗教寺庙中的银杏古树将历史文脉、园林艺术和森林文化等丰富多彩的文化意境充分渗入城市建设中，并使之与城市建筑、文化互为补充和制约，共同融入城市肌理，既保护了城市的历史特色，有效改善城市空间环境，弘扬历史文化意境，又展示时代特色，赋予现代生态内涵，从而形成一种全新的城市绿色景观模式，展示城市森林特有的魅力，实现古代文化与现代文明交相辉映。④历史价值：银杏古树用年轮记录着中华5000年古老的文明，记录着朝代更迭、岁月流转与历史变迁，记录了人类文明的发展史、城市建设史及政治兴衰史。我国现存银杏古树的树龄最长达4000年，可以说，中华民族5000年的历史绝大部分被记录在了这些古树的生命轮回里。莒县浮来山定林寺银杏树龄3500年，树下石碑林立，记载了不同朝代人们对古树敬仰或修葺寺庙的情况。北京潭柘寺毗卢阁殿前东侧、大雄宝殿后面的三圣殿两侧，植有两株银杏树，东边一棵高达30多米，树冠浓荫遮盖大半庭院，树干需几人合抱才能围拢，相传为辽代所种，距今虽已千年，仍枝叶繁茂。据说康熙来此时，这棵树新长出一个侧枝以表欢迎。乾隆下诏将这棵树命名为“帝王树”。隋银杏、唐银杏、宋银杏等在广袤的中国大地上，并不少见。这些银杏古树与我国的历史密切相关，见证了我国悠久灿烂的历史文明。

⑤景观价值：银杏古树是大自然的杰作，是中华民族五千年来精心培育和保护下来的珍贵遗产。经过大自然的雕琢，银杏古树形成古朴、苍劲、奇特的身姿和怪异的形态，具有极高的观赏价值，把祖国山河妆点得更加美丽多娇，令无数中外游客流连忘返。北京大觉寺有银杏古树多株，其中最出名的要算大殿左边的“西山银杏王”了，高达30多米，干周长7.8m，是辽咸雍四年（1068年）种植的，距今已近千年。其次是北配院的“一龙九子”银杏，树龄不长，但母干萌生9株子株，独木成林，蔚为壮观。再者就是一株雌雄同体银杏，根部树干盘绕相缠，巨大的树冠只有一半结果，另一半却不结果，被人们称为“龙凤树”。单单是这几株银杏古树就构成了大觉寺一道亮丽的风景线。湖北省恩施自治州宣恩县珠山镇茅坝塘村有一株2000余年的银杏古树，树高35.0m，根径5.25m，冠幅19.2m×18.4m。此树主干早已中空死亡，周围紧贴母干萌生18个复干，最大复干胸径1.47m，形成壮观的“十八子抱母”的景象，堪称当地一景。湖北省安陆市王义贞镇钱冲村有一株银杏古树，树龄3000年，树高37.8m，胸径2.42m，冠幅26.0m×24.0m，枝下高2.0m。树冠像巨伞，有垂乳，树干被火烧后空心，形成树洞，可放小桌，容四人于其内，天地造化，让人感慨万千。南京市浦口区汤泉镇龙泉路8号惠济寺有3株银杏树，名称分别为“千年垂乳”、“撑天覆地”和“雷击复苏”。这3株银杏胸径均在2.0m以上，各有特点，实为惠济寺一景。

3. 银杏古树价值计算

银杏古树的经济价值与古树的胸径、高度、冠幅和生长势等因子有关。银杏古树的生态价值与古树的胸径、高度、冠幅、根系和生长势等因子有关。银杏古树的种质价值与古树的珍稀、保护等级等因子有关。银杏古树的科考价值与古树的树龄、珍稀、保护等级、生长位置等因子有关。银杏古树的历史价值与古树的树龄、珍稀、保护等级、历史背景等因子有关。银杏古树的文化价值与古树的树龄、历史背景、典故等因子有关。古树的景观价值与古树的树龄、形态特异、生长位置等因子有关。

从银杏古树价值评价相关因子可以发现，银杏古树的价值与树木胸径、高度、冠幅、根系、生长势、年龄、珍稀程度、保护等级、历史背景、典故、形态特异、生长位置等因子有关。其中，有的因子已经被社会和大众所认识和接受，也容易量化，如胸径、高度、冠幅、年龄等；有的因子之间存在某些内在联系，如胸径、高度、冠幅、根系、生长势；有的因子则难以量化和界定，如历史背景；有的因子的相关程度不是很大，如根系、生长势。

借鉴北京市古树名木经济价值计算方法，对银杏古树经济价值进行计算。银杏的价值=古树名木的基本价值×生长势价值系数×级别价值系数×树木场所价值系数+养护管理的实际投入（该价值并未体现古树的释放氧气、净化空气、防止水土流失等）。

（1）古树名木的基本价值 用1cm胸径价格乘以古树名木胸径或地径处的横截面积（cm^2），再乘以古树名木的价值系数，即得出该古树名木的基本价值，也称之为古树名木的树种价值。一般树木每1cm胸径价格:软阔叶树6～10元，硬阔叶树20～80元，针叶树50～100元。古树名木价值系数为：软阔15、硬阔18、针叶20。

（2）生长势价值系数 是指古树名木的树冠、树干饱满程度，是否有病虫害等树木生长因子的调整值，分1、0.5、0.2三等。

（3）树木级别价值系数 按树龄的长短体现其价值的高低，分5类。一级古树级别价值系数定为2，二级为1，三级为0.5，名木一律定为2，具有特殊历史价值和特别珍贵的定为3～4。

（4）树木场所价值系数 是指树木生长的区域在地理上所处的位置，分5类。远郊野外价值系数为1.5，乡村街道为2.0，近郊区为2.5，县城区为3.0，风景区及名胜古迹为5.0。

（5）养护管理的实际投入 可以从有记载以来开始计量。如北京市规定：自1998年8月1日《北京市古树名木保护管理条例》开始执行起，累计计算总投入。

实例：莒县浮来山镇浮来山定林寺“天下银杏第一树银杏”古树价值计算：树种价值，银杏每1cm胸径价格80元，价值系数为20，则树种价格=80×417×20=667200元；生长势价值系数=1；树木级别价值系数=4；树木场所价值系数=5；养护费用1000000元。

则浮来山古银杏的价值为=树种价值×生长势价值系数×级别价值系数×树木场所价值系数+养护管理的实际投入=667200×1×4×5+1000000=1434.4万元。

第三节 中国银杏古树分布及株数

一 古树分布

通过调查、分析发现，我国银杏古树名木主要分布在北京市、天津市、河北省、山西省、辽宁省、上海市、江苏省、浙江省、安徽省、福建省、江西省、山东省、河南省、湖北省、湖南省、广东省、广西壮族自治区、重庆市、四川省、贵州省、云南省、陕西省、甘肃省，共计23个省（区）；此外，内蒙古自治区、黑龙江省、海南省、西藏自治区、青海省、宁夏回族自治区、新疆维吾尔自治区、香港特别行政区、澳门特别行政区、台湾省11个省（区）尚未发现有古树分布（图2-8）。最北与最东端为辽宁省开原市黄旗寨乡大寨村南庙沟（N=42° 19′，E=124° 18′，H=301m）；最南端为广东省佛山市顺德区大良街道清晖路23号清晖园（N=22° 50′ 19.1″，

图2-8 中国银杏古树分布（示意图中未标出中小岛屿）

注：●示有古树分布，●示无古树分布

E=113° 15′ 01.9″, H=23m)。最西端为四川省康定县普沙绒乡荷花海国家森林公园月亮岛景区(N=29° 24′ 51.2″, E=101° 18′ 05.1″, H=3123m)。

台湾省

中国台湾银杏系引种栽培,20世纪20年代初从日本引入银杏种子育苗,1922年在南投县台湾大学实验林场溪头林区营造共137株的小片人工林,现尚存110株,树龄90年,树高18.0~23.0m,胸径0.35~0.70m。密度较大,树冠均较小,冠幅平均5.0m×5.5m。由于空气湿度较大,树干多长满苔藓植物。树势一般。溪头的银杏森林为台湾树龄最老的银杏树。此外,阿里山慈云寺及森林铁路神木至阿里山站之间路旁栽植两行银杏,计10余株,胸径约10cm。台北、新竹、高雄、苗栗等县也有零星栽植。阿里山以南则未见引种。台北市大安区罗斯福路台湾大学地质所馆前。树高12.0m,胸径0.45m。生长旺盛,树冠塔形。主干通直,分枝均小,中间分枝略粗。该树枝叶正常,编号715,为台北市受保护树木。

新疆维吾尔自治区

北疆,20世纪80年以来,陆续有引种,现树龄最大的为30年。和田河及喀拉喀什河流经境内的和田市及洛甫县,是我国银杏引种栽培的最西界。和田地委大院内早年栽植的两株银杏树,高达6m,胸径12cm。洛甫县沿"315"国道2.0km路段行道树皆为银杏,高近5m,基径4~6cm。克拉玛依市独山子中心广场栽植的100多株银杏,高3m以上,基径5~6cm。奎屯已成片种植银杏,该市朝阳公园内7株银杏树,高4m多,基径6~8cm,因施行人工喷灌,新梢年均生长量50~60cm,与黑龙江黑河同为我国银杏栽培的最北界。

宁夏回族自治区

20世纪80年代,宁南吴忠市开始从杭州引入银杏种子育苗,其中栽植于吴忠市街心公园的6株银杏树生长良好。在银川中山公园、银川植物园和西吉树木园等地,也有零星引种。1998年春,从山东郯城、莱州引进一年生银杏实生苗110万株,两年生实生苗1万株,3年生实生苗0.5万株,嫁接苗1566株(雌1515株,雄51株)。在包兰铁路平吉堡东侧栽植。

黑龙江省

哈尔滨市公园及黑龙江森林植物园内有零星栽植。大庆市机关大院和招待所开始零星栽植,并计划用银杏大苗栽为行道树。

吉林省

四平市市区有400株胸径40~50cm的银杏树。吉林南部的浑江市临江林业局1983年从沈阳引入的15株3年生银杏树苗,栽植于林业局大院内,现已高6~7m,长势良好。集安市也有引种,树龄最大约50年。

西藏自治区

朵森格路有100多棵银杏树是2011年栽种的,还有50多棵银杏树是2012年刚刚栽种的。

内蒙古自治区

包头及巴彦淖尔盟温有少量引种,生长不良。

青海省

西宁市公园及市植物园内有零星引种,生长不良。

海南省

1994年年底曾从广西桂林引入银杏实生苗10000株,在该省琼海市大路镇的华侨农场栽植,因气温高,生长期枯萎落叶现象严重,此后即停止引种。

香港特别行政区及澳门特别行政区

未见有银杏古树及栽培记载。

二 古树株数

1. 全国古银杏株数分布

我国目前文献报道银杏古树名木株数为94168株;实测和统计株数49120株;具有明确地点及生长指标株数6019株。实测和统计株数在1000株以上的省份是:湖北省11431株、江苏省9556株、山东省6316株、浙江省4962株、河南省4743株、广东省2164株、贵州省1969株、福建省1528、安徽省1460株(表2-16)。

2. 全国主要银杏古树分布的县、乡和村

全国有42个县(市、自治区)银杏古树在100株以上,其中1000株以上的县(市、自治区)为:江苏省泰兴市6191株、山东省郯城县5000株、湖北省安陆市4670株、江苏省邳州市4335株、河南省新县4150株、广西壮族自治区灵川县3000株、湖北省随州市曾都区2687株、浙江省长兴县2607株、广西壮族自治区兴安县2300株、广东省南雄市2145株、贵州省盘县1552株、浙江省临安市1025株、浙江省诸暨市1047株、湖北省巴东县1000株(表2-17)。

全国有30个乡(镇、道)银杏古树在100株以上,其中1000株以上的乡(镇、道)为江苏省邳州市港上镇4027株、江苏省泰州市宣堡镇3187株、湖北省随州市曾都区洛阳镇2687株、浙江省长兴县小浦镇2358株、江苏省泰州市高港区胡庄镇1979株、广东省南雄市坪田镇1800株、山东省郯城县新村乡1456株、山东省郯城县港上镇1420株、山东省郯城县重坊镇1302株(表2-18)。

全国有55村银杏古树在50株以上,其中300株以上的村(庄、寨)为江苏省邳州市港上镇中齐村1208株、贵州省盘县石桥镇妥乐村1152株、江苏省邳州市港上镇北西1052株、山东省郯城县港上镇王桥1032株、山东省郯城县重坊镇铺里638株、江苏省邳州市港上镇曹楼620株、山东省郯城县新村乡新一村563株、江苏省邳州市港上镇北荆邑456株、湖北省随州市曾都区洛阳镇永兴村398株、山东省临沂市兰山区兰山街道葛家王平庄385株、湖北省随州市曾都区洛阳镇胡家河365株、江苏省邳州市港上镇北东350株、湖北省安陆市王义贞镇钱冲村306株、福建省政和县铁山镇大岭村300株(表2-19)。

第四节
中国银杏古树生物学

一 性别

据目前调查和汇总材料,全国古银杏雌株2215株,占78.66%;雄株570株,占20.24%;雌雄同株31株,占1.10%(图2-9)。

二 树高

树高最高单株为70.0m,位于张家界市永定区源古坪白杨村张家坪组;最矮株为2.0m,有2株,位于正安县流渡镇同心村1株,位于广汉市东南镇雄城镇大连村六十八社道边1株;全国古银杏树高在50m以上的有17株;树高<10m的为95株,占1.87%;10~20m的为1861株,占36.61%;20~30m的为2365株,占46.53%;30~40m的为649株,占12.77%;40~50m的为96株,占1.89%;50~60m的为16株,占0.31%;70~80m的为1株,占0.02%(图2-9;表2-20)。

三 树龄

树龄最大单株为4000年,有3株,位于长顺县广顺镇石板村天台村民组1株,位于惠水县摆金乡摆金村冗章寨,位于留坝县玉皇庙乡下西河村下西河组村旁路边1株;最小单株为15年,位于永修县云居山真如寺23号;全国古银杏年龄在3000年以上的为16株;年龄<100年的为24株,占0.45%;100~300年的为1963株,占36.61%;300~500年的为923株,占17.21%;500~1000年的为1330株,占24.80%;1000~2000年的为1017株,占18.97%;2000~3000年的为89株,占1.66%;3000~4000年的为13株,占0.24%;4000~5000年的为3株,占0.06%(图2-9)。全国树龄≥100年的株数为5338株(表2-21;表2-22)。

四 胸径

目前,全国已知胸径的银杏古树5079株,已知基径的古银杏165株,合计5244株。粗度最大单株为5.25m(基),位于宣恩县珠山镇茅

表2-16 全国各省银杏古树名木株数

文献报道株数		实测和统计株数		具有地点及生长指标株数	
山东省	22030	湖北省	11431	贵州省	727
湖北省	19110	江苏省	9556	山东省	654
江苏省	10696	山东省	6316	江苏省	632
浙江省	8558	浙江省	4962	上海市	532
河南省	6000	河南省	4743	重庆市	461
广西壮族自治区	5800	广东省	2164	河南省	440
广东省	5000	贵州省	1969	安徽省	396
贵州省	3727	福建省	1528	四川省	376
甘肃省	3285	安徽省	1460	湖北省	353
四川省	2000	四川省	974	浙江省	350
重庆市	1500	重庆市	781	福建省	218
湖南省	1413	湖南省	767	江西省	153
北京市	1220	甘肃省	665	甘肃省	148
福建省	1000	上海市	548	云南省	120
安徽省	1000	江西省	442	北京市	115
云南省	900	广西壮族自治区	355	湖南省	114
上海市	505	北京市	171	陕西省	73
江西省	200	云南省	120	广西壮族自治区	46
陕西省	90	陕西省	82	河北省	33
辽宁省	72	河北省	35	广东省	29
河北省	39	山西省	24	山西省	24
山西省	23	辽宁省	21	辽宁省	19
天津市	0	天津市	6	天津市	6
合计	94168	合计	49120	合计	6019

说明：(1) 全国尚无银杏古树名木普查标准及界定，各地报道的银杏古树标准不统一，诸如“银杏古树”、“银杏大树”、“银杏结果树”及“银杏结果大树”、“银杏老树”、“银杏野生群落”、“胸径1.0m以上的古树”等。(2) 本表列出的古树株数均按照胸径大于等1.0m以上或年龄在100年以上、名木不分大小。(3) 基于非学术性原因，个别地方报道的古树名木株数过大，与实际不符，本表给出“报道株数”、“实测和统计株数”及“具地点及生长指标株数”仅供进一步研究参考。(4) 调查中发现对尚无记载或年代不明的古树，报道年龄偏大。(5) 基于各种原因某些县（市）、乡镇（街道）尚缺乏详细的调查或统计数据。

表2-17 全国主要县（市、区）古银杏株数

县（市、区）	株数	县（市、区）	株数	县（市、区）	株数
江苏省泰兴市	6191	贵州省务川仡佬族苗族自治县	729	湖北省随县	239
山东省郯城县	5000	安徽省金寨县	500	江西省信丰县	230
湖北省安陆市	4670	广西壮族自治区全州县	500	甘肃省徽县	229
江苏省邳州市	4335	湖北省罗田县	409	福建省浦城县	211
河南省新县	4150	甘肃省康县	400	贵州省大方县	173
广西壮族自治区灵川县	3000	山东省临沂市兰山区	400	湖北省红安县	154
湖北省随州市曾都区	2687	安徽省广德县	388	四川省都江堰市	149
浙江省长兴县	2607	重庆市南川区	372	上海市嘉定区	139
广西壮族自治区兴安县	2300	福建省尤溪县	358	云南省腾冲县	108
广东省南雄市	2145	河南省嵩县	325	安徽省石台县	115
贵州省盘县	1552	重庆市石柱县	301	贵州省麻江县	104
浙江省临安市	1025	江苏省泰州市高港区	301	贵州省贵阳市花溪区	102
浙江省诸暨市	1047	山东省海阳市	300	安徽省歙县	100
湖北省巴东县	1000	福建省建瓯市	300	湖南省资兴市	100

注：≥100株，综合实测及统计株数，100年以上和胸径1m以上株数，包括群落和单株。

表2-18 全国主要乡（镇、道）古银杏株数

乡（镇、道）	株数	乡（镇、道）	株数	乡（镇、道）	株数
江苏省邳州市港上镇	4027	贵州省盘县乐民镇	399	重庆市南川区德隆乡	200
江苏省泰州市宣堡镇	3187	江苏省泰州市根思镇	363	湖北省巴东县清太坪镇	181
湖北省随州市曾都区洛阳镇	2687	江苏省邳州市铁富镇	305	湖南省双牌县	149
浙江省长兴县小浦镇	2358	福建省尤溪县中仙乡	292	湖北省巴东县野三关镇	139
江苏省泰州市高港区胡庄镇	1979	江苏省泰州市泰兴镇	264	贵州省务川仡佬族苗族自治县丰乐镇	138
广东省南雄市坪田镇	1800	浙江省临安市西天目山	262	湖北省麻城市木子店镇	134
山东省郯城县新村乡	1456	河南省嵩县白河乡	243	福建省建瓯市迪口镇	131
山东省郯城县港上镇	1420	重庆市石柱县沙子镇	220	江苏省泰州市新街镇	115
山东省郯城县重坊镇	1302	浙江省临安市清凉峰镇	213	江苏省泰州市元竹镇	104
湖北省安陆市王义贞镇	609	湖北省孝昌县小悟乡	201	湖北省安陆市李畈镇	101

注：≥100株，综合实测及统计株数，100年以上和胸径1m以上株数，包括群落和单株。

表2-19 全国主要村（庄、寨）古银杏株数

村（庄、寨）	株数	村（庄、寨）	株数
江苏省邳州市港上镇中齐村	1208	湖北省京山县厂河乡上堤畈村	141
贵州省盘县石桥镇妥乐村	1152	山东省郯城县新村乡于村	140
江苏省邳州市港上镇北西	1052	广东省南雄市坪田镇坳背村	136
山东省郯城县港上镇王桥	1032	江苏省邳州市港上镇港西	124
山东省郯城县重坊镇铺里	638	安徽金寨县沙河乡楼房村	120
江苏省邳州市港上镇曹楼	620	湖北省随州市曾都区洛阳镇张畈	120
山东省郯城县新村乡新一村	563	山东省郯城县重坊镇东高庄	116
江苏省邳州市港上镇北荆邑	456	山东省郯城县重坊镇东庄	114
湖北省随州市曾都区洛阳镇永兴村	398	江苏省邳州市铁富镇宋庄	110
山东省临沂市兰山区兰山街道葛家王平庄	385	山东省郯城县重坊镇刘马	107
湖北省随州市曾都区洛阳镇胡家河	365	湖北省随州市曾都区洛阳镇小岭冲	101
江苏省邳州市港上镇北东	350	山东省郯城县新村乡新二村	89
湖北省安陆市王义贞镇钱冲村	306	云南省腾冲县固东镇江东村	87
福建省政和县铁山镇大岭村	300	湖北省安陆市李畈镇柳林村	85
山东省郯城县港上镇姜庄	265	江苏省邳州市铁富镇胡滩	83
山东省郯城县新村乡银杏村	260	河南省河南嵩县白河乡下寺村	83
湖北省安陆市王义贞镇仁合村	247	贵州省务川县都濡镇十二盘	78
福建省尤溪县中仙乡善林村	224	山东省郯城县重坊镇朱处口	73
山东省郯城县新村乡埝东河底大园	213	湖北省巴东县清太坪镇白沙坪村	70
江苏省邳州市港上镇港中	201	河南省西峡县二郎坪乡栗坪村	68
湖北省京山县杨集乡三泉村	188	山东省郯城县重坊镇西高	63
重庆市南川区德隆乡银杏村	183	山东省郯城县新村乡黄村	62
山东省郯城县重坊镇龙华	176	江苏省邳州市铁富镇吕家	59
贵州省凤冈县进化镇大堰村响水岩	160	河南省河南嵩县白河乡上寺村	57
甘肃省徽县嘉陵镇田河村	153	贵州省务川县甘禾镇黄洋坪廖家村	56
湖北省京山县宋河镇天子岗村	150	贵州省贵阳市高坡乡杉坪村	56
湖南省双牌县茶林乡倒扩里村	146	浙江省临海市东塍镇隔溪村	50
江苏省泰兴市宣堡镇张河村	143		

注：≥50株，综合实测及统计株数，100年以上和胸径1m以上株数，包括群落和单株。

坝塘村6组；最小单株为0.10m，位于广汉市雄城镇大连村六十八社园内角。全国古银杏胸径在4m以上的为14株（包括4株基径4m以上单株）；胸径<1.0m的为2163株，占42.59%；1.0～2.0m的为2416株，占47.57%；2.0～3.0m的为424株，占8.35%；3.0～4.0m的为66株，占1.30%；4.0～5.0m的为10株，占0.19%（注：该统计不包括以基径计数的单株）。如果将基径和胸径单株统一统计，结果是：①<1.0m古树2182株；②1.0～2.0m古树2523株；③2.0～3.0m古树456株；④3.0～4.0m古树69株；⑤4.0～5.0m古树14株；⑥≥1.0m古树3062株；⑦≥2.0m古树539株；⑧≥3.0m古树83株）（图2-9，表2-23、表2-24）。

五　冠幅

冠幅最大单株为40.0m×40.0m，平均冠幅为40.0m，位于务川县丰乐镇丰乐村大竹园村民组；最小单株为0.5m×0.6m，平均冠幅为0.55m，位于永修县云居山真如寺23号；全国古银杏冠幅覆盖范围一亩半以上（1000m^2）为28株（图2-9；表2-25）。

表2-20　全国古银杏树高（≥50m）统计表

生长地点	性别	树高（m）	胸径（m）	冠幅(m)	树龄（年）	备注
张家界市源古坪白杨坪张家坪组		70.0				张颂铁等，1992
徽县榆树乡榆树村	雌	54.0	3.84	34.8×26.5		复干7个
洞口县大屋乡		52.0	1.75		1200	
洞口县罗溪瑶族乡宝瑶村宝瑶组	雌	52.0	3.20		3500	钟乳银杏
贵阳市花溪区花溪乡葵花山		50.0			800	
成都市龙泉驿区柏合镇长松寺雷达站		50.0	2.64	25.0×25.0	1500	成都千年十大树王之一
邛崃市水口镇金山村7社王山		50.0	1.50		500	权属：个人
远安县茅坪场镇晓秦村王家嘴畔	雌	50.0		9.0×10.0	1050	堪称全县银杏之王
巴东县清太坪镇青果山村4组五合门		50.0	1.50	10.0×10.0	300	清太坪镇最高的一株
奉化市尚田镇塔竹林村	雌	50.0	2.58	22.0×18.0	1500	千年银杏王
张家界市武陵源区代管村树脚组		50.0	1.62		350	
凤凰县茶田镇都首村石柱寨		50.0	2.48	29.0×26.5	1000	千年银杏王
巫溪县塘坊乡学堂村	雌	50.0	1.66			位于“白果林区”
彭水县石柳乡正洞坪村8组上坝		50.0	1.53	20.0×20.0	580	编号144
石柱县沙子镇鱼泉村三组王家院子	雌	50.0	1.50	30.0×30.0	800	果实产量高
巴南区天星寺镇芙蓉村天心寺庙内		50.0	1.50	13.0×13.0	600	BNGSMM170
巴南区天星寺镇花房村黄草坪社屋基朝门		50.0	0.73	15.0×15.0	110	BNGSMM172

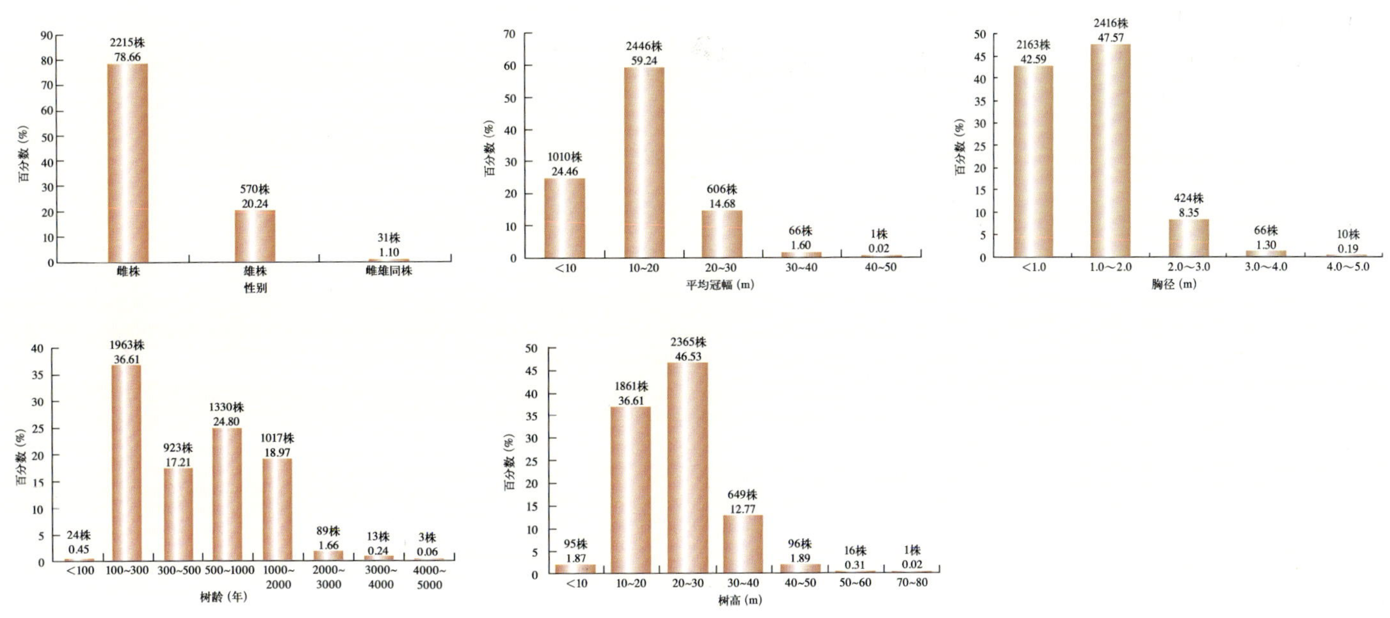

图2-9　全国古银杏生长指标

表2-21 全国银杏年龄结构

省（直辖市、自治区）	＜100年	100～300年	300～500年	500～1000年	1000～2000年	2000～3000年	3000～4000年	4000～5000年	合计
湖北省		41	19	60	122	15	4		261
山东省	4	150	77	249	120	15	1		616
江苏省		307	150	98	55	1			611
河南省		35	26	134	199	13			407
浙江省	1	67	25	77	59				229
贵州省		196	265	84	45	6	1	2	599
北京市	4	7	26	65	10				112
天津市				2	4				6
河北省		9	0	2	14	5			30
甘肃省		46	13	22	29	12	2		124
陕西省	2	2	3	30	29	3	0	1	70
云南省	3	72	24	19					118
广西壮族自治区	4	31	3	5	1				44
四川省		200	23	18	76	4	1		322
重庆市		317	49	24	33	5			428
广东省	1	11	1	9	6				28
湖南省	4	16	9	27	26	3	4		89
江西省	1	27	5	31	66	1			131
福建省		24	26	118	20				188
安徽省		90	56	142	90	6			384
山西省			6	16	2				24
辽宁省		6	7	2	3				18
上海市		309	110	96	8				523
合计	24	1963	923	1330	1017	89	13	3	5362

表2-22 全国古银杏年龄（≥3000年）统计表

生长地点	性别	树高（m）	胸径（m）	冠幅(m)	树龄（年）	备注
长顺县广顺镇石板村天台村民组	雌	35.0	2.50	25.0×15.0	4000	中华银杏王
惠水县摆金乡摆金村冗章寨	雌	30.0	3.74	10.0×18.0	4000	贵州银杏王
留坝县玉皇庙乡下西河村下西河组	雌	29.7	4.42		4000	陕南银杏王
洞口县罗溪瑶族乡宝瑶村宝瑶组	雌	52.0	3.20		3500	钟乳银杏
莒县浮来山镇浮来山定林寺内	雌	27.5	4.17	33.0×27.5	3300	天下银杏第一树
福泉市黄丝镇邦乐村李家湾	雄	35.0	4.79	25.0×24.0	3000	垂乳银杏
徽县嘉陵镇田河上坝村001	雌	23.0	1.23	10.0×12.0	3000	
徽县银杏乡下街村			1.91		3000	相传植于周代
安陆市王义贞镇仁合村7组周家祠堂边	雌	37.8	2.42	24.0×22.0	3000	安陆银杏双王
宣恩县珠山镇茅坝塘村6组	雌	35.0	5.25（基）	19.2×18.4	3000	九子抱母
巴东县清太坪镇桥河村8组	雌	30.0	2.74	25.0×26.0	3000	巴东最粗一株
随州市曾都区洛阳镇胡家河村1组	雌	24.0	1.94	17.8×20.0	3000	群臣朝会银杏
永州市零陵区富家桥镇水平村周家组	雌	30.0	4.50	30.0×30.0	3000	
新田县金陵镇千马坪村	雌	34.7	2.80	24.0×25.0	3000	
会同县炮团侗族苗族乡半坡塘村		25.0	4.13	23.0×24.5	3000	垂乳银杏
雅安市雨城区对岩镇陇阳村4组	雄	22.0	2.23	20.0×20.0	3000	四川大银杏树

表2-23　全国银杏胸径结构

省（直辖市、自治区）	＜1.0m	1.0～2.0m	2.0～3.0m	3.0～4.0m	4.0～5.0m	5.0～6.0m	≥1.0m	合计
湖北省	81	187	41	6		（1）	234（1）	315（1）
山东省	260	321（1）	329（1）	2	1		356（2）	616（2）
江苏省	393	169（1）	18	2			189（1）	582（1）
河南省	173	207（4）	41（1）	5			253（5）	426（5）
浙江省	77	198	29（2）	4			231（2）	308（2）
贵州省	156	322（75）	72（17）	11（1）	3（1）		408（94）	564（94）
北京市	36	58(1)	14				72（1）	108(1)
天津市	1	5					5	6
河北省	13	14	2	2			18	31
甘肃省	73	50（2）	12（1）	4	（1）		66（4）	139（4）
陕西省	7	37	17	4	1		59	66
云南省	94	18	3	1			22	116
广西壮族自治区	26	18	1	1			20	46
四川省	186（1）	120	31	4	2		157	343（1）
重庆市	227	188(1)	18	5	1		212（1）	439（1）
广东省	12	10（2）	2				12（2）	24（2）
湖南省	26	51	15	4	2		72	98
江西省	28	51	36	6（1）			93（1）	121（1）
福建省	96(6)	75(16)	6(7)	1			82（23）	178(29)
安徽省	118(2)	221(3)	30(2)	3(1)			254（6）	372(8)
山西省	10	11	2	1			14	24
辽宁省	8	6					6	14
上海市	62（10）	79（1）	2（1）		（1）		81（3）	143（13）
合计	2163（19）	2416（107）	424（32）	66（3）	10（3）	(1)	2916（146）	5079（165）

注：括号内表示基径株数。

表2-24　全国古银杏胸径（≥4m）统计表

生长地点	性别	树高（m）	胸径（m）	冠幅(m)	树龄（年）	备注
宣恩县珠山镇茅坝塘村6组	雌	35.0	5.25（基）	19.2×18.4	3000	九子抱母，六代同堂
徽县银杏乡银杏村	雌	23.5	4.82（基）	23.5×24.5	2000	五世同堂
叙永县观兴乡普兴村一组山顶上	雌	16.0	4.80	25.0×24.0	2400	千岁状元
福泉市黄丝镇邦乐村李家湾	雄	35.0	4.79	25.0×24.0	3000	垂乳、复干银杏
遵义县红关乡联心村白果组	雌	28.3	4.68	31.7×31.7	1000	银杏王
彭水县桑柘镇峰柏村8组白果园	雄	30.0	4.60	20.0×20.0	800	世界爷
永州市零陵区富家桥镇水平村周家组	雌	30.0	4.50	30.0×30.0	3000	
留坝县玉皇庙乡下西河村下西河组	雌	29.7	4.42		4000	陕南银杏王
印江县木黄镇凤仪村喻家村民组		34.0	4.35	27.0×27.0	1000	全国知名银杏之一
泸定县冷碛镇2村（镇政府附近）	雌	21.0	4.33	18.0×19.0	1786	垂乳、复干，在四川最具特色
奉贤区柘林镇新塘村（通津桥）	雌	18.0	4.33（基）	20.0×20.6	1000	上海八大古银杏之一
莒县浮来山镇浮来山定林寺内	雌	27.5	4.17	33.0×27.5	3300	天下银杏第一树
会同县炮团侗族苗族乡半坡塘村		25.0	4.13	23.0×24.5	3000	垂乳银杏
福泉市马场坪街道下堡村	雄	26.0	4.05（基）			长村头坎上

表2-25 全国古银杏树冠覆盖面积（≥1000m²）统计表

生长地点	性别	树高（m）	胸径（m）	冠幅(m)	树龄（年）	备注
务川县丰乐镇丰乐村大竹园村民组		40.0	2.23	40.0×40.0	550	H=920m
商丘市梁园区水池铺乡沈楼村	雌	20.0	2.23	40.0×38.0	2000	西汉梁园遗树
岳西县中关乡李坂村		28.0	3.60	38.0×38.0	800	编号：0874
西峡县石界河乡通渠村白果树庄		30.4	3.34	37.5×37.5	950	编号：豫R139
登封市少林街道少林寺	雄	25.0	1.61	37.0×37.0	1500	又称为光棍树
沂水县圈里乡北峪村	雌	29.0	1.60	40.0×34.0	500	
京山县新市镇圣境村二组李家畈				37.0×37.0		
日照市东港区西湖镇大花崖村	雌	27.0	2.37	37.5×35.5	1000	唐银杏
康县白杨乡池营村	雌	30.1	1.27	35.6×36.5	300	
富阳市新登镇湘溪村	雄	43.0	1.45	36.0×36.0	1000	12个复干
叶县邓李乡妆头村		25.6	1.56	35.2×35.0	1500	树形似杯状
沅陵县杜家坪乡木王村		31.0	2.96	40.0×30.0	1800	
双峰县九峰山鼓锣庵	雄	27.0	1.12	30.0×40.0	800	2株
彭水县迁乔乡三合村5组学堂	雄	45.0	1.27	35.0×35.0	300	编号594
栖霞市桃村镇荆子埠村	雌	22.5	2.15	34.0×35.0	800	垂乳银杏
泌阳县象河乡陈平村盈福寺遗址	雌	33.5	3.78	34.0×34.0	2800	中原银杏王
康县白杨乡靴家坝村	雄	26.5	1.66	39.5×28.0	1000	复干6个
康县托河乡朱家湾村	雌	20.6	1.00	36.2×30.0	100	
南召县乔端镇大竹园村白果坪	雌	30.0	2.87	34.0×32.0	1500	传为宋代所植
贵阳市乌当区羊昌镇黄连村枇杷寨	雌	25.0	2.52	35.0×30.0	1000	异熟型果
毕节市七星关区小坝镇王家坝村莺戈岩	雌	15.0	2.68	31.0×34.0	1700	白大人
都匀市摆忙乡摆忙村向阳组	雌	35.0	3.73	35.0×30.0	1000	垂乳银杏
莒县浮来山镇浮来山定林寺后院	雌	24.6	1.64	32.0×33.0	1300	四世同堂
黄山市徽州区潜口镇唐模村	雌	21.5	2.52	33.0×31.0	1376	白果仙翁
鲁山县四棵树乡平沟村文殊寺	雌	29.0	1.72	32.0×32.0	1700	西晋太康年间
鲁山县四棵树乡平沟村文殊寺	雌	27.0	1.66	32.0×32.0	1700	西晋太康年间
如皋市高明镇卢庄村（大杨庄）	雄	17.8	3.03	32.0×32.0	1500	如皋银杏王
遵义县红关乡联心村白果组	雌	28.3	4.68	31.7×31.7	1000	银杏王

第五节 银杏古树群落

在一定的自然区域内，相互之间有直接或间接关系的各种生物的总和称生物群落，简称群落(包括这个区域内的各种动物、植物和微生物)。银杏寿命长、适应性广、繁殖能力强，长期自然选择的结果，不同地域形成了独特的古银杏群落，根据古银杏的特点及群落概念，本文论述的群落仅界定为在同一地点（如村、场等）大于等于10株的古银杏群落。由于各种原因部分群落缺少不同物种描述，但关于古银杏种群描述比较全面，仅供参考。

一 福建省古银杏群落

宁化县水茜乡下傅村垅里

共19株，调查到8株，1雄7雌，树高10.0～28.0m，平均树高24.5m；胸径0.41～1.22m，平均胸径0.918m；树龄200～800年，平均树龄650年，其中垅里4株，山上3株，枝繁叶茂。最大的一株要三四个成年人才能合抱，虬枝逸出，几棵蘖生的小银杏树紧紧依傍，海拔534m。

宁化县安远镇伍坊村

共19株，1雄18雌，树高10.0～30.0m，平均树高19.2m；胸径0.32～1.46m，平均胸径0.692m；年龄200～1000年，平均年龄460年。

尤溪县中仙乡善林村龙门场（图2-10、图2-11）

在南宋著名的理学家、教育家朱熹的诞生地——福建省尤溪县，有一片全省面积最大的古银杏群落，它便是中仙乡龙门场古银杏群。龙门场有丰富的矿产资源，而银矿储量较

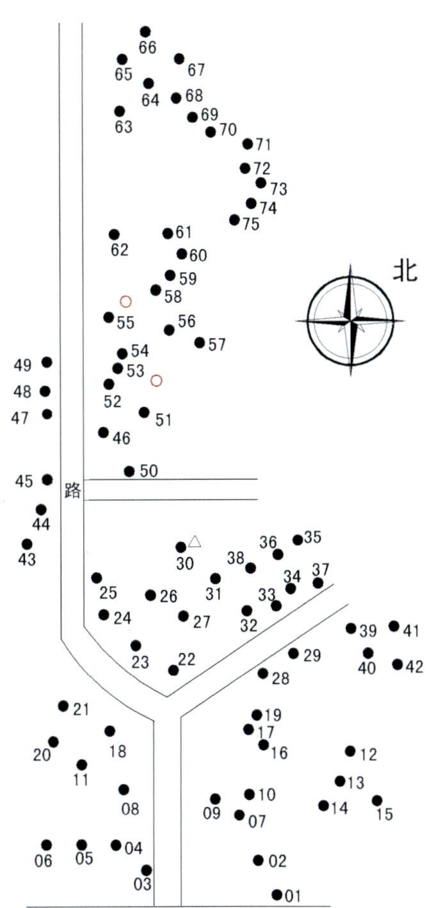

图2-10　尤溪县中仙乡龙门场银杏古树分布示意图（75株）

注：●示银杏古树位置及编号，○示无法测量的银杏古树，△示树龄较大银杏古树

大。银矿与龙门场古银杏有一段传说则鲜为人知。据传，在古代，因龙门场的银矿质地特别好，皇上特别喜欢，就命一朝廷大臣到龙门场组织采矿炼银。据说，古时候炼银加入以银杏为主原料的配方之一，炼出的银既纯又好。而龙门场没有银杏只得从外地购进，费时费工又费本。为把炼银业延续下去，该大臣便设法在龙门场引种了银杏，使得银杏在此地遍种成林。共155株，树高10.0～31.0m，平均树高22.2m；胸径0.35～2.91m，平均胸径1.059m；平均树龄800年，平均冠幅12.0m×12.4m，位于尤溪县中仙乡善林村龙门场，方圆百亩之内。该群落属福建省最大的古银杏群，原有近500棵，在20世纪70年代，因垦地造田被砍去近200棵。这片银杏树，有的单株耸立、有的数干连根。古老的银杏树，历经沧桑，树干古拙、高耸挺拔、横枝相互交错、显示出其特有的顽强生命力，彰显自然生态特色（N=25° 57′ 50.9″，E=118° 19′ 12.0″，H=519m）。

沙县高桥镇桂岩村

桂岩位于沙县北部高桥秀与顺昌、南平接壤的低山地带（N=26° 39′ 20.7″，E=117° 51′ 04.7″，H=739m）。宋朝时种植，有18株，仅知3株为雌，树高16.0～45.0m，平均树高29.2m；胸径0.48～2.00m，平均胸径0.827m；树龄130～800年，平均树龄325年；平均冠幅12.6m×10.5m。树干和第1层分枝基部长有许多树瘤和树乳，有些树奶长达2～3m。这些银杏树长在一片竹林里。

德化县杨梅乡丁荣自然村

27株，位于德化县杨梅乡的丁荣自然村。其中最大的一株为雌株，树龄500年，树高达26 .0m，胸径1.00m。每年产白果1250kg，产值4万多元。在大蛇、西乾、丘埕山等地也有古银杏树。注：德化县美湖乡向阳坑村，5株，树高20.0～30.0m，胸径1.15～1.62m。其中：1株位于该村小学操场，属该县最大者；另外4株在寨尾山上。德化县的杨梅乡、葛坑、美湖等地均有零星古银杏分布。

武夷山市下阳乡厅下村

50余株，2雄，其余为雌，树龄100年，位于武夷山市下阳乡厅下村。其中1株‘大果早熟马铃’。

注：武夷山市吴屯乡，3株，树高22.0～25.0m，平均树高24.0m；胸径1.14～1.8m，平均胸径1.42m。

邵武市卫闽镇童阳际村

在靠近顺昌县的乡镇分布有树龄百年、数百年的老银杏，其中卫闽与顺昌大干乡交界的阳际村，村边保存20多株古银杏，树体高大，生长旺盛，油绿苍翠，品种为‘马铃’与‘梅核’。其中有一株为8月中旬成熟的‘大果早熟马铃’。

顺昌县大干镇宝山村

40多株，2雄，其余雌株，树高17.0～23.0m，平均树高18.8m；胸径0.90～2.00m，平均胸径1.398m；平均冠幅9.0m×9.7m，位于顺昌县大干镇宝山村村里屋边和林边。树身长满青苔，第1层分枝基部长有树奶、树瘤。品种有‘马铃’和‘梅核’。

顺昌县郑坊乡榜山、陈村和虎头岑

20多株，平均树龄100年，位于郑坊乡与沙县高桥乡的横坑、桂岩交界的榜山、陈村和虎头岑的低山地带，零星分布在几个村子，品种多为‘梅核’和‘马铃’，其中有一株为8月中旬成熟的‘大果马铃’。

浦城县濠村乡顶前村

14余株，浦城县大多数乡镇零星分布百年至千年以上的古老银杏树，其中南部与建阳、松溪毗邻濠村乡地处800m的顶前村千年银杏树就有14株，连片形成群落。品种有‘马铃’、‘梅核’，年产量近5t。1991年从山东和江苏引进2万多株嫁接苗。

浦城县浦城县濠村乡后濠村

110株。后濠村是浦城县最偏远的老区基点村，与建阳、松溪交界，海拔500m多，适宜经济林生长。属老祖宗留下。

政和县铁山镇大岭村

300余株，树高19.2～21.2m，平均树高20.3m；胸径0.50～1.00m，平均胸径0.96m；

图2-11　尤溪县中仙乡善林村龙门场

图2-12 灵川海洋乡大桐木湾村群落

树龄300～1100年，平均树龄375年，大岭村距离县城不到20km，历史悠久，最早可以追溯到唐末，当地人种植银杏的历史超过1000年。唐乾符五年间也就是公元878年，黄巢带领的农民起义军与前来阻击的唐政府军在山岭下的九战丘展开激战。政府军溃败，被打散的士兵纷纷逃到大岭的高山密林中避难，并定居开荒繁衍后代。据政和地方史料记载，宋朝时期银杏果是皇帝喜欢的贡品，大岭人种植银杏兴盛于这个时期。现在的大岭村，遗存有300多株参天古银杏，洒落在大岭头、枫林坑、半岭、牛栏子、北山等9个自然村的村头村尾。那一株株挺拔的大树，年复一年奉献给大岭人丰厚收入的同时，也用她的金黄妆点山村的美丽。

二 广西壮族自治区古银杏群落

灵川县海洋乡（图2-12）

灵川海洋乡被誉为“中国银杏第一乡”共有银杏近百万株，年产白果400t。其中百年以上的银杏就有3000株以上，构成银杏古树群落。如水头村：3株，均为雌株，树龄100～300年，平均树龄200年；树高20.0～25.0m，平均树高21.7m；胸径0.65～1.80m，平均胸径1.183m；平均冠幅21.7m×20.0m。九连村：3株，均为雌株，树龄120～200年，平均树龄147年；树高27.0～30.0m，平均树高27.3m；胸径0.83～1.70m，平均胸径1.243m；平均冠幅16.3m×16.3m。大庙塘村：3株，1雌2雄，树龄100～300年，平均树龄167年；树高25.0～28.0m，平均树高26.3m；胸径0.67～1.20m，平均胸径0.883m；平均冠幅17.3m×16.7m。大桐木湾村：3株，1雄2雌，树龄130～500年，平均树龄243年；树高25.0～30.0m，平均树高26.7m；胸径0.75～1.60m，平均胸径1.133m；平均冠幅20.0m×17.5m。

兴安县银杏群落

兴安县的拥有百年以上古银杏达2300多株。如漠川乡才金村苦竹塘屯：4株，1雄3雌，树龄100～330年，平均树龄158年；树高16.0～24.0m，平均树高20.3m；胸径0.57～1.12m，平均胸径0.825m；平均冠幅13.7m×14.1m。白石乡水源头村：5株，1雄4雌，树龄100～200年，平均树龄160年；树高17.0～25.0m，平均树高20.0m；胸径0.75～1.21m，平均胸径1.002m；平均冠幅14.2m×13.6m。

三 河南省古银杏群落

嵩县白河乡五马寺村上队组

平均树龄1370年，共25株，管护单位：白河乡财政所。

嵩县白河乡下寺村（图2-13）

共计151株。上寺组共54株，调查的9株均为雌株。该群落树龄450～1550年，平均树龄1112年；胸径0.45～2.51m，平均胸径1.00m，树高10.0～30.0m，平均树高19.6m；平均冠幅16.5m×16.4m。下寺组银杏古树群落位于伏牛山腹地，群山环绕，银杏古树主要集中在云岩寺旧址，共有97株，调查的18株均为雌株。该群落树龄950～1750年，平均树龄1293年；胸径0.79～1.91m，平均胸径1.23m，树高13.0～23.0m，平均树高18.1m。平均冠幅11.1m×10.6m。该银杏古树群落面积为29234.64m^2，形状不规则，树体基部都有水泥围栏保护，全为雌株。(N=33° 38′ 51.1″，E=111° 59′ 33.4″，H=598m)。嵩县白河乡野生古银杏树群落，是我国保护较完好的古银杏树群落。此地处伏牛山南坡峡谷中，这也许与山岭阻挡第四纪冰川侵蚀而使银杏得以幸存。该古银杏群大多是在原古银杏根基上又萌生出的大树。据考证，唐、宋时期在这里修庙、建寺，全是用银杏木截板建造的。这里现埋有根基大树盘作证，根盘大者直径有3.5m，小者也有1.2m。可见此处古银杏树，也经过了数代更新繁殖。白河乡被称之为“银杏之乡”。

关于这片银杏林，并无任何历史的正式记

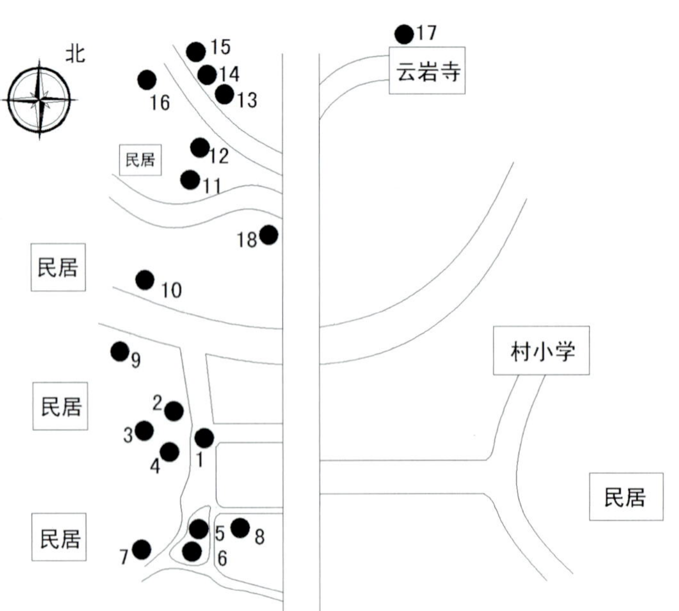

图2-13 洛阳市嵩县白河乡下寺村古银杏分布图

注：●示银杏古树位置及编号，该群落共18株，最大的为1号

栽。银杏在佛教中代指菩提树，据说可能从自在禅师开始，世代僧徒及周边群众广栽银杏，才造就了这片景观。随着云岩寺在清代没落，原先的上寺主寺以及大小数十间庙宇逐渐败落消失，如今的云岩寺只剩下赵金箱居住的一处下寺遗址，而守护着云岩寺的古银杏树林曾在之前几十年间遭遇过摧残。20世纪70年代，村里一户人家办丧事，就瞅上了一棵大银杏树。3个人都抱不住那棵，也有一千多岁。后来，大家用各种工具，整两天才把树伐倒。那株银杏最终被打成了数十口棺材，村民用不完，转卖到山外。谁知道一口卖好几百块，相当于现在一两万块钱。银杏棺木百虫不侵，百年不腐，是众所周知的上等木料。因此，当时的古树，有相当一部分被打成了棺材。

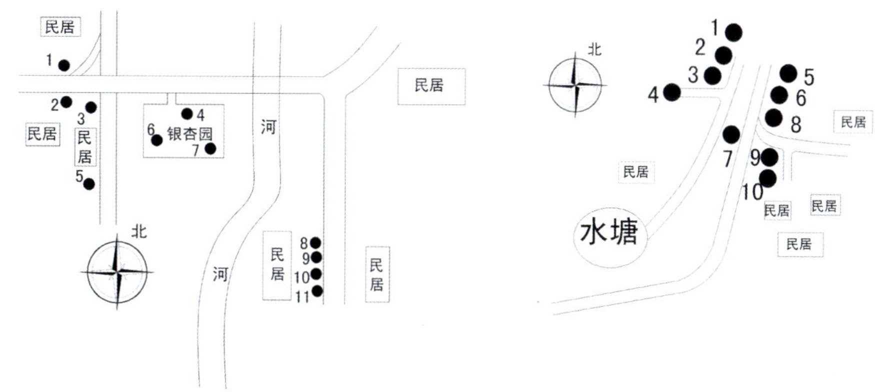

图2-15　新县卡房乡胡家河村（左，11株）和古店村（右，10株）古银杏分布图
注：●示银杏古树位置及编号

嵩县白河乡东风村

共29株，树龄750～1650年，平均树龄1088年；胸径0.48～1.78m，平均胸径0.92m，树高14.0～33.5m，平均树高22.2m；平均冠幅12.7m×12.7m。

嵩县白河乡栗扎树村

共12株，树龄800～1970年，平均树龄1448年；胸径0.64～2.23m，平均胸径1.45m，树高15.0～25.2m，平均树高20.4m；平均冠幅14.4m×14.4m。

嵩县白河乡上河村

共14株，树龄750～1580年，平均树龄1065年；胸径0.32～1.72m，平均胸径0.94m，树高13.0～32.0m，平均树高21.1m；平均冠幅12.5m×12.5m。

西峡县二郎坪乡栗坪村（图2-14、图2-16）

该村位于伏牛山腹地，群山环绕，银杏古树主要集中于该村银杏古树园内，本村100余株。本次调查共有13株，其中12株为雌株，树龄400～1700年，1000年以上的有8株，平均树龄1046年；胸径0.57～2.29m，胸径1.0m以上的有12株，平均胸径1.39m，树高11.0～32.0m，平均树高20.7m；平均冠幅11.8m×11.0m。该银杏古树群落面积为32116.10m^2，分布相对集中，树体之间最远相距120.0m，最近2.0m，群落形状呈不规则长条状（N=33° 33′ 13.5″，E=111° 47′ 15.1″，H=785m）。最大的1500多年，其中树高30m以上的有40多棵。最粗的一棵树围6.2m，树高35.0m，树冠覆盖面积达340m^2。

据碑文史料记载，唐高祖李渊信奉道教，大唐初年这里修建了规模宏大的上下尼姑庵，此银杏树就是建庵时庵里的尼姑所栽，唐朝末年兵荒马乱、战火纷飞，庵和树均在战乱中遭受火灾，此后庵屡建屡毁，至今庵已消失在历史的尘土中，只留下"下庵"的地名，银杏树却在风雨战火中依然屹立，顽强繁衍，形成古银树群落。

新县卡房乡古店村（图2-15）

该银杏古树群落位于卡房乡街道北侧一个山谷中，群落周围有几处民居。该群落共有10株银杏，面积3200.00m^2，树龄120～800年，平均树龄297年；树龄500～800年的有3株，120～500年的有7株，胸径0.25～0.95m，平均胸径0.51m，树高7.5～15.0m，平均树高10.8m；平均冠幅7.7m×7.6m。该群落内有雄性银杏一株，胸径0.95m。群落呈不规则长条形，中间有小溪流，周围为银杏园（N=31° 38′ 34.2″，E=114° 35′ 25.3″，H=192m）。

新县卡房乡胡河村（图2-15、图2-17）

该村位于大别山腹地，银杏古树分布较多，村内有银杏古树47株，其中只有1株雄株，主要分布于道路两旁。该村的银杏古树树龄500～1200年，1000以上的有2株，平均树龄764年；胸径0.62～0.92m，平均胸径0.76m，树高13.0～18.0m，平均树高16.2m；平均冠幅11.9m×11.2m。该群落的面积为16318.23m^2。村内建有银杏古树园，园内有银杏7株，树龄均在600年以上，树体之间最近相距5.0m，最远相距100m多，分布不规则（N=31° 38′ 47.3″，E=114° 33′ 19.5″，H=106m）。

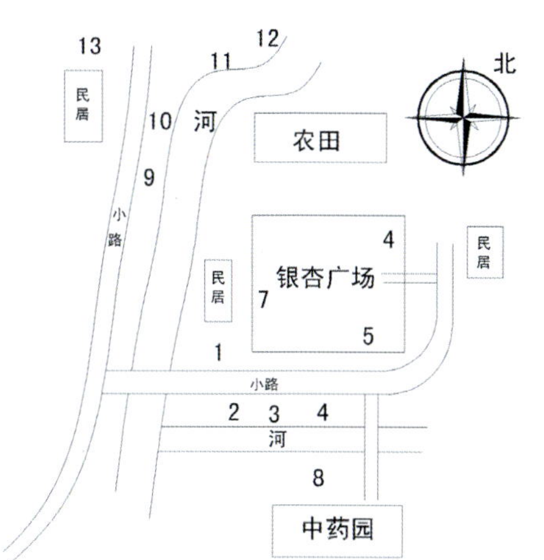

图2-14　南阳市西峡县二郎坪乡栗坪村古银杏分布图
注：数字示银杏位置及编号，该群落共13株，最大的为4号

图2-16　西峡县二郎坪乡栗坪村

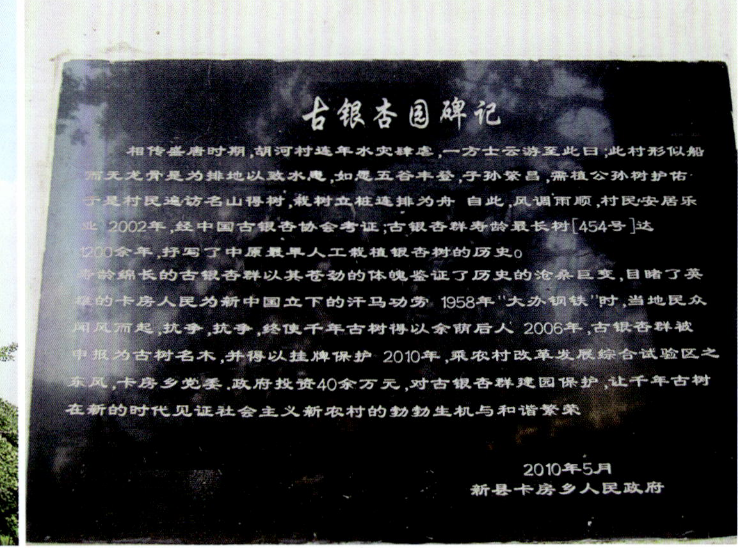

图2-17　新县卡房乡胡河村

新县千斤乡杨高山村（图2-18、图2-19）

该村位于大别山区边缘，海拔相对较高，村内银杏古树较多，分布于村内的田地旁或民居旁，总共有100年以上的近100株，调查16株，树龄200～1000年，平均树龄514年；胸径0.42～1.11m，平均胸径0.60m，树高11.0～18.0m，平均树高13.8m；平均冠幅9.9m×10.5m。群落面积1.5km^2，形状不规则，近椭圆形，为千斤乡面积最大的银杏古树群落（N=31°42′41.9″，E=114°42′48.6″，H=322m）。

新县而几乡林冲村

有银杏大树22株，其中雄树3株。

四　湖北省古银杏群落

安陆钱冲古银杏群落（图2-20、图2-21）

共有25处，其中10株以上的群落21处（表2-26）。

另外，安陆市重要的古银杏群落还有：

王义贞镇唐僧村丁家冲白果树垮

面积约0.3km^2。境里有100年以上古银杏树15株，其中：1000年以上的2株，800年以上的4株，500年以上的6株。还有30年以上的银杏结果大树51株，10年以上的银杏小树350多株。

王义贞镇唐僧村丁家冲东横冲

面积约0.7km^2。境里有100年以上古银杏树39株，其中：1000年以上的1株，800年以上的5株，500年以上的4株。还有30年以上的银杏结果大树85株，10年以上的银杏小树4500多株。

王义贞镇仁合村5组陈家塆

87株，平均树龄230年，平均胸围1.85m，平均树高12m，平均冠幅12m^2。

王义贞镇仁合村5组周家大塆

95株，平均树龄215年，平均胸围1.95m，平均树高11m，平均冠幅10m^2。

王义贞镇三冲村

38株。

王义贞镇观音村

15株。

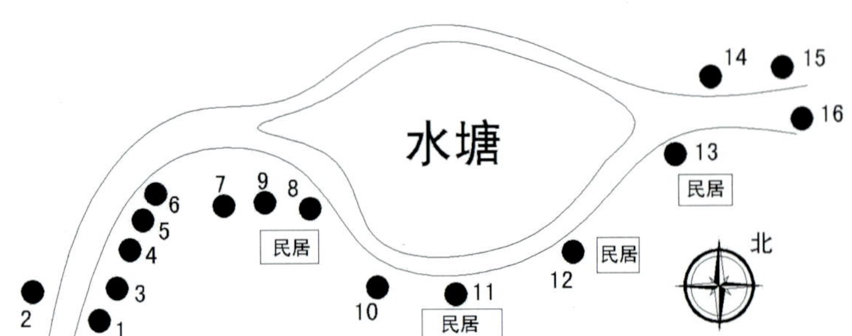

图2-18　新县千斤乡杨高山村古银杏分布图
注：●示银杏古树位置及编号，该群落共16株，最大的为15号

李畈镇柳林村杨家冲老洼

面积约0.7km^2。柳林村银杏古树主要分布在杨家冲老洼，有百年以上银杏古树85株，1000年以上5株。千年以上古树平均树高25.4m，平均胸径1.48m。还有30年以上的银杏结果大树43株，10年以上的银杏小树100多株。

随州市曾都区洛阳镇胡家河村（图2-22、图2-23）

365株。树龄180～3000年，平均胸径0.75m，平均树高14.1m，平均冠幅9.3m×9.0m。银杏树散生在整个村庄内农户房前屋后，主要沿该村小河分布。最近的相距2.0m，最远的相距600m（N= 31°26′00.9″，E=113°19′51.0″，H=183m）。

随州市曾都区洛阳镇永兴村（图2-24）

398株。其中周氏祠旁，有5棵树龄均在2000年以上的银杏树，树围都在8m左右，树根盘结，尽成连理，枝柯交错，相依相扶，荫盖数亩，历尽岁月劫数，潇洒飘逸，神态自若，当地人称之为"五老树"。5株全为雌株，集中分布在12000m^2，树龄1500～2750年，胸径1.35～1.98m，平均胸径1.65m；树高21.0～27.0m，平均树高23.8m；平均冠幅13.8m×13.6m。该5株银杏因树龄较大，生长旺盛，树形高大优美，分布较集中，被当地人称为"五老树"。现在正在建设银杏古树公园（N=31°26′30.3″，E=113°19′46.6″，H=174m）。

随州市曾都区洛阳镇张畈

120株。

随州市曾都区洛阳镇小岭冲

101株。

表2-26 湖北安陆钱冲古银杏群落分布*

群落地点	千年以上株数	百年以上株数	合计株数
杨家冲老上塆	1	4	5
杨家冲陈家塆	4	21	25
杨家冲白果树塆	3	15	18
杨家冲周家大塆	4	38	42
杨家冲周家祠堂卢家塆	3	6	9
钱家冲梁家塆	1	10	11
钱家冲下石咀	0	13	13
钱家冲江家塆	0	17	17
钱家冲赵家塆	0	13	13
钱家冲腊树塆	0	10	10
钱家冲谭家塆	2	19	21
钱家冲寨凹	3	33	36
钱家冲板桥河	0	12	12
钱家冲江家塆	0	6	6
钱家冲彭家塆	1	9	10
钱家冲王家塆	2	42	44
钱家冲柳树塆	2	15	17
钱家冲聂家塆	0	14	14
钱家冲净土（敬塘）塆	1	14	15
钱家冲黄家塆	0	17	17
钱家冲青檀树塆	1	9	10
花园李家冲黄家塆	3	7	10
花园李家冲雷家塆	2	8	10
花园李家冲郭家塆	1	6	7
花园李家冲张家塆	0	10	10
以上合计：402株，其中千年以上：34株，百年以上：368株			
其他零星：143株，其中千年以上：25株，百年以上：118株			
湖北安陆钱冲古银杏群落合计：545株，其中千年以上：59株，百年以上：486株			

*注：据安陆市林业局（2009）钱冲一带古银杏树群落调查材料整理。

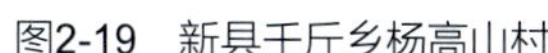

图2-19 新县千斤乡杨高山村

图2-20 安陆市王义贞镇钱冲村杨家冲陈家塆古银杏群落

图2-21　安陆市王义贞镇钱冲村杨家冲周家大塆古银杏群落

图2-22　随州市曾都区洛阳镇胡家河村群落

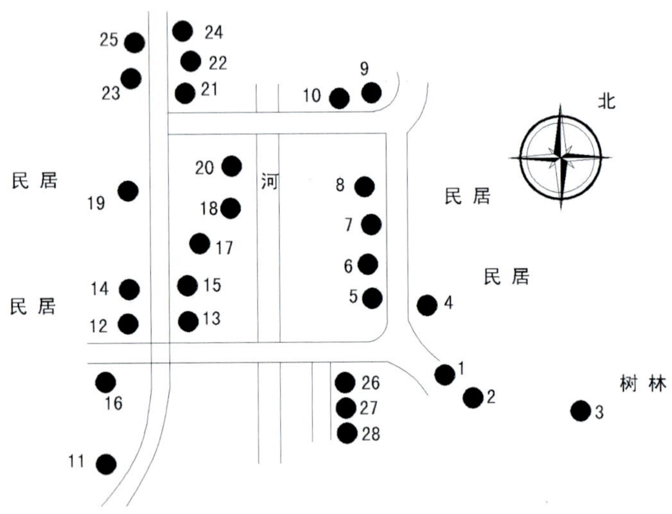

图2-23　曾都区洛阳镇胡家河村古银杏分布图
注：●示银杏古树位置及编号，该群落共有28株，最大的为1号

图2-24　随州市曾都区洛阳镇永兴村群落

随州市曾都区洛阳镇蔡家咀

92株。

随州市曾都区洛阳镇青林畈

75株。平均树高13.0m，平均胸径1.32m。

巴东县清太坪镇白沙坪村　清太平镇白沙坪村

有古树89株，其中胸径1.0以上有9株，年均结实8000kg。

巴东县野三关镇金象坪、冯家坪

树龄100年。野三关镇有百年以上树700余株，年产100000kg。主要在金象坪、冯家坪等村有野生分布。银杏古树数量最多的是金象坪村31株，其次分别是冯字坪村16株，青吉坪村9株，猫儿坪村7株，这4个村合计63株(500年以上的6株)，其他28个村的银杏古树很少，共76株，且零星分布。

荆州军分区院内

有10株，均系明、清两代所植。树龄400～800年。

孝昌县小悟乡界岭村大悟山

这处古银杏群落处于海拔650m的大悟山深处，散布方圆4km，有50年以上的古银杏330余株。其中百年以上的201株，500年以上的23株，千年以上树龄的银杏有5棵。一个地方发现如此多的高龄银杏并不多见。小悟乡界岭村上圩田湾村口路边，有两株枝繁叶茂的巨大银杏树。这两棵银杏王高20m多、底部粗约三人合抱，树龄均在1400年以上，属国家一级保护树木。

宜昌市夷陵区卧马坪村

在宜昌市夷陵区卧马坪村一个约1.0km^{2}的山坡上分布着36棵古银杏树。这批古银杏树是目前该市发现最大面积的一批古银杏树群，树龄都在百岁以上，该株为其中最大的一棵古树，近300岁，直径达2m多。

兴山县榛子乡白果坪

兴山县榛子乡银杏资源丰富，尤其是白果坪所在的山谷，在海拔680～1200m，银杏资源最丰富，野生状态明显。野生状态的银杏分布在林中、林缘和人家附近。该群落有银杏16株，树龄100年以上的9株，其中最大一株古银杏的胸径为123cm，小的不足10cm，为典型的异龄林分。对9株百年以上古树调查得出，平均树高28.6m，平均胸径0.75m，平均树龄242年。长势良好，部分单株有着生复干现象，大多分布在海拔700～1000m的地方。

五 湖南省古银杏群落

双牌县茶林乡倒圹里村（图2-25）

保留着146株60～200年银杏，其中连片的83株，从1986～1990年，4年均结实5000kg。

宁远县清水桥镇候坪村

20株百年古银杏，一片金黄。

六 上海市古银杏群落

嘉定区华亭镇西门高头小河口（图2-26）

10株，均为雌株，平均树龄200年，平均树高20.0m，平均胸径0.725m，平均冠幅7.2m×7.2m，位于西高头小河口。该群落树群占地面积600m^{2}以上，单株在本市1451棵古树名木中的编号为285～291、293、297、298。嘉定区相关资料记载，古银杏所在地在明清时期建有供奉土地神的南圣祠和龙王庙。20世纪20年代苏北移民来此搭建简易棚舍，以后逐渐翻建成砖木结构住屋。古银杏 度被39户居民、3家单位围困，生存环境十分恶劣。现已建成一座江南园林风格的玲珑公园，即上海市嘉定区古银杏公园，这是嘉定建成的第二座以古树名木为主题的公园。

嘉定区嘉定镇塔城路环城河桥西

10株，平均树龄200年，位于塔城路环城河桥西。

宝山区宝山钢铁总厂（牡丹江路1813号宝钢总厂纬五路）宝山区境内的长江和练祁河口南岸（图2-27）

10株，平均树龄240年，编号0214-0250。位于宝山区宝山钢铁总厂。上海有一处鲜为人知的古银杏群落，它生长在宝山区境内的长江和练祁河口南岸。古书记载：练祁河古名练川，“东西长七十二里，水清如练。”它在今宝山钢铁总厂厂区注入长江。就在练祁河口南岸，10棵乾隆年间的银杏树群傲然挺立，郁郁苍苍，人称“狮子林”。狮子林是长江上的老船员都熟悉的江海门户，也是一处著名的古战场。抗战胜利后，狮子林一直驻军，新中国成立后又建起钢筋水泥的国防工程。1978年，狮子林划入宝钢，古炮台畔建起了现代化的钢铁企业，也使得这上海最大的古银杏群一直锁在深闺，不为市民所知。

说起“狮子林”，人们总会想起苏州的狮子林，园内500多只形状各异用假山堆砌而成的石狮，誉满江南。而上海的狮子林却是真正的“林”，是10株240年古银杏组成，远望如蹲着的吼狮，据《月浦里志》记载：“狮子林在云二图，即福建福安县知县张金惠墓地，墓旁植银杏，榆柏蔚成密林，远望状若蹲狮，首尾毕具，为海舶驶入（吴）淞口之标识，因此得名。”现在，狮子林附近其他的旧迹已经荡然无存，狮子林成了历史的遗迹，看到它，总会依稀想起这样一个传说。

相传，1732年7月16日宝山发生历史上最大潮灾，数日潮退后，在月浦练祁河口冲刷出一块巨石，形如睡狮，人称“狮子石”。“狮子石”南有一村庄叫大张宅（原址位于今宝钢电厂北侧），宅内有一张姓富户生有一子，名张金惠。金惠对那狮子石情有独钟，依石日颂夜赞，整整十三年。清乾隆十二年（1747），张金惠考中举人。是年，被选派至福建为官。上任那天，长江口突发大潮，狮子石被卷入长江，不知所踪。张金惠在福建安县居官清正、刚正不阿，为民拥戴，后因打击贪官污吏而得罪了京城权贵，受诬告后被削官回乡。张金惠回

图2-25 双牌县茶林乡倒圹里村（群落）

图2-26 嘉定区华亭镇西门高头小河口群落

图2-27 宝山区宝山钢铁总厂（牡丹江路1813号宝钢总厂纬五路）宝山区境内的长江和练祁河口南岸

月浦大张宅后常吟诗作文，栽柏种松，在屋前屋后栽植了13棵银杏和无数松柏、翠竹。13年后，银杏、松柏均长成，张金惠却一病不起。死后，家属依其嘱咐把他葬于出现狮子石的练祁河口，并将其亲手栽的银杏、松柏、翠竹移植于坟旁。如此，月圆月缺，花开花落，那银杏、松柏、翠竹逐渐成林，以13棵银杏为骨，松柏翠、竹为毛，形如雄狮，遂称"狮子林"。

道光六年（1826）后，"狮子林"成了指引长江口来往船只的标志。光绪十五年（1889）两江总督曾国藩在此修筑炮台，称"狮子林炮台"。现在，"狮子林"已被划入宝钢厂区，原来的13棵银杏在抗战中被日寇毁掉3棵，翠竹松柏同时被毁。余下近250年历史的10棵银杏，列入二级古树保护。它们依旧苍劲、傲然，见证着宝钢的发展。

七 浙江省古银杏群落

临安市西天目乡西天目山（图2-28）

天目山银杏古树群落共计有银杏古树262株，保护区面积4284hm^2，其中雌株42株，占17.7%。有两种分布形式，一种是分布在庙宇或道路广场旁，另一种是野生或半野生的分布于悬崖绝壁或天然林中。具体分布地点及株数如下：白虎山15株，禅源寺16株，火焰石20株，后山门11株，化身窑14株，三里亭25株，五里亭18株，老殿25株，荆门庵28株，里七湾8株，青龙山31株，地藏殿5株，太子峰8株，朱陀岭7株，另外红庙，东坞坪等也有分布。

在该银杏古树群落中，最大胸径1.64cm，平均胸径0.61m，胸径绝大多数处于0.20～1.00m之间，有239株，占总株数的91.2%，在0.30～0.80m之间胸径数量最为集中，有197株，占总株数的75.2%，1.00m以上的仅20株，占总株数的7.7%，0.10～0.20m之间的仅3株，占总株数的1.1%。对该群落中的21株较大者进行调查，得出，平均树龄800年，平均树高21.3m，平均胸径1.02m。均较旺盛，在庙宇周围分布较多。树高最高42.0m，平均高为20.0m。30.0m以上的古树有11株，占总数的4.2%；树高20.0～30.0m的有132株，占总数的40.4%；10.0～20.0m的有112株，占总数的42.7%；10以下的有7株，占总数的2.7%。最大冠幅为20.0m，平均冠幅为10.0m，16.0～20.0m的有19株，占7.3%；11.0～15.0m的有102株，占38.9%，6.0～10.0m的有127株，占48.5%，6.0m以下的有14株，占5.3%。最高银杏活立木树龄为1600年，500年以上的国家一级古树仅9株，500以下古树占绝大多数。在262株银杏中，旺盛树有56株，占21.4%；一般树有179株，占68.3%；较差树有23株，占8.8%；濒死树有4株占1.5%。

天目山银杏主要分布在海拔300～1200m，呈零星或小片状分布。以山麓、山腰及山谷两侧居多，山脊较少，禅源寺周围（山麓、海拔350m）的银杏树多为300年以上。树体高大，生长情况基本相似。生长在山谷丛林中的银杏树则盘根错节，不少银杏枯死后，萌发的新树茁壮成长。其中七湾的银杏树不高不粗，但看上去老态龙钟，树龄都在数百年以上。部分树基部长有垂乳。从禅源寺沿上山石路一直至海拔1200m处，都有银杏分布，生长良好，树体高大，但树冠却不大。究其原因为天目山森林中郁闭度大，达0.9以上，且大树林立，互相紧挨着，以致于林木树冠偏小，几乎所有林中银杏树，树冠均未超过10.0m，而生长在林外的孤立木，树冠要大得多。数百年的老树周围，生长着许多萌生树。在海拔980m的老殿下方，有一株古银杏，生长在悬崖缝隙中，周围有22株不同树龄的萌生树，被誉为"五代同堂"，其中胸径超过0.10m的有15株，最大的一株萌生树高21.1m，胸径0.75m。在仰止桥往上200m左右，有一枯死百余年的老银杏树桩，地表直径达2.54m，周围萌生出6株银杏树，其中一株高达28.4m，胸径为1.17m。

西天目山银杏古树群落主要特点是：①种子繁殖的实生树。②古树基部萌生1～5代次生复干，形成多代同堂，并代替主干生长。这种由根桩萌生而成的多代同堂古银杏共有25株。天目山银杏在林中处于一种自然野生状态，上层林冠由银杏、金钱松（*Pseudolarix amabilis*）、柳杉（*Cryptomeria fortunei Hooibrenk* ex Otto et Dietr.）、青钱柳［*Cyclocarya paliurus* (Batal.) *Iljinskaja*］、枫香（*Liquidambar formosana* Hance）等高大乔木组成，林冠下层由豹皮樟［*Litsea coreana* Lvl. *Var.sinensis* (Allen) Yang et P.H. Huang］、紫檀（*Pterocarpus indicus*）、青冈栎［*Cyclobalanopsis glauca* (Thunb.) Oerst］、马银花［*Rhododendron ovatum* (Lindl.) Planch.ex Maxim］、交让木（*Daphniphyllum macropodummiq*）、茶树（*Camellia sinensis*）等树种组成，林内郁闭度达0.9以上。在天目山，银杏能和这些第三纪或更早的残余植物一起分布，证明它们在西天目山未受到第四纪冰川影响或影响较为轻微。以种群生命表和生存分析理论为基础，采用空间代替时间法和分段匀滑技术，编制浙江天目山自然保护区银杏天然种群特定时间生命表，绘制其死亡率曲线、消失率曲线、存活曲线和生存函数曲线，分析种群数量动态变化。认为，天目山银杏种群具有前期薄弱、中期稳定和后期衰退的特点。

图2-28 浙江省临安市西天目山

长兴县小浦镇八都岕（图2-29）

古银杏长廊途径小浦镇方一、潘礼南、方岩、大岕口等10个行政村，2358 株百年以上的银杏树、3万余株原生银杏树绵延12.5km。其中300年以上有376株，500年以上11株，1000年以上5株。

诸暨市应店街镇灵山坞村

该村树龄已过百年的银杏树达200余株，被誉为"古银杏生态村"。每年来此观景的游客达5万余人次。树龄200～500年；胸径0.45～1.00m；树高10.0～18.0m。

八　安徽省古银杏群落

金寨县沙河乡楼房村

该村是国家绿化委授予的“全国绿化村”，而且是闻名的银杏村。全村银杏树龄达100年以上的有120余株。300年树龄以上的老银杏，有98棵。

休宁县鹤城镇王家田水口

有古银杏15株，编号：0731-0745，权属：集体。

歙县三阳乡慈坑村至昱岭关的徽杭古道雌株雄株均有10多株，其中一株树龄600年，树高23.0m，胸径1.45m。

歙县清凉峰自然保护区野生银杏

歙县清凉峰自然保护区在朱家舍、大源、上坦白石崖三处有野生银杏小居群分布，最大居群为12株，共有16株。其中，中幼龄以上个体14株，根径最大达 30cm；幼树2株，根径 2～6cm 。这些银杏零星分布，主要伴生树种为金钱松、香榧、枫香、天目木姜子、木荷、小叶青冈、黄山松、连香树、香果树、杜鹃等。由于这些野生银杏位于山高坡陡、人迹罕至处，一直是藏在深山人未知。朱家舍居群：在海拔 650m山溪边生长有3株野生银杏，均为老桩萌芽，目前最大一株的根径已达20cm 左右。大源单株位于海拔900m悬崖边，为实生苗，根径约30cm，树高12m左右。上坦白石崖居群：在海拔1300～1400m 悬崖山坳处有 12株野生银杏分布。其中，两株为实生苗，根径2～6cm；其余 10 株皆为两个老桩萌芽，老桩根径70～80cm。目前，一株老桩萌芽幼树6株，根径5～10cm；另一株老桩萌芽幼树 4株，根径5～12cm。同时发现萌芽死树两株，根径15～30cm。该居群均为老桩萌蘖或实生，树龄估计在100年以上。

石台县珂田乡徐村下首

19株，树龄250年，平均树高19.0m，平均胸径0.64m，平均冠幅10.0m×10.0m。管护单位为徐村村委会。另外在市里村二组铁坞里下首 ，5株，树龄150年，平均树高20.0m，平均胸径0.61m，平均冠幅11.5m×11.5m。台山村李铺组，5株，平均树龄136年，平均树高12.8m，平均冠幅6.8m×6.8m。

石台县七井乡黄尖村阳边

16株，树龄300～500年，平均树高22.0m，平均胸径0.93m，平均冠幅13.0m×13.0m。另外在周村水竹坦，8株，树龄320～500年，平均树高23.7m，平均胸径1.22m，平均冠幅10.0m×10.0m。

图2-29　长兴县小浦镇方岩村

广德县柏垫镇张复村曹冲村民组

生长有1片33株银杏纯林，平均高13m，最大一株18.5m，年龄300多年。

青阳县九华镇九华山天台峰东盆地

10株，4雄6雌，梅尧臣用诗赞颂了这些古银杏，形象化地描绘了银杏的风貌和身世：百岁蟠根地，双阴净梵居。凌云枝已密，似蹼叶非疏。其中1雌株，树龄400年，树高28.5m，胸径1.31m。

九　北京市古银杏群落

海淀区苏家坨镇北安河村西金仙庵（寺）内（图2-30）

35株，2雄，其余性别不详。树龄50年，树高10.0～15.0m，胸径0.35～0.60m，冠幅8.0m×10.0m。金山寺银杏群，为金山寺三绝之一，夏季浓荫遮日，秋季满目金黄，当地人称“金山寺快活林”。

十　甘肃省古银杏群落

徽县嘉陵镇田河村古银杏园（图2-31）

田河古银杏园位于嘉陵镇田家河村，在嘉陵江与“徽—虞—白”公路的右侧，田家河村四面环山，背依历史有名的青泥岭铁山一侧，山上一条沙石铺就的车路弯弯曲曲一直通往铁山脚下的武家坪村。田家河的河水从西北方向的石家峡穿谷而来，流过村子进入了村外的黄沙河嘉陵江中。这里水丰土腴，温暖湿润的良好自然环境为素有“活化石”之称的银杏树的存活提供了绝佳条件。村庄里的银杏园子与后山的半山地带有粗大的千年古银杏树153株，其中雌株97株，平均树龄857

年，平均树高17.2m，平均胸径0.718m；平均冠幅11.2m×11.0m。加上近年来那些人工刻意栽植的已达碗口般粗的小银杏树，这里已形成一处古今银杏树的群落。这些古树至今枝繁叶茂，果实累累。许多棵银杏树堪称“千年银杏王”，挺拔的树干胸围达4m以上，顶梢的枝叶葱茏茂密，下层的枝干遒劲苍老。有2棵雌雄异株银杏树，伴侣般并立而枝头相拥，一幅含情脉脉不弃不离的亲密样，当地人戏称为“千年合欢树”。民间历来就有千年古树成仙之说，当地百姓常来此间烧香敬奉，以求阖家安康幸福。散布在村庄各处的大大小小的银杏树将村庄掩映在一片树海里。

天水市小陇山严坪林场（徽县鱼儿崖村）有60多株天然生长的银杏树。其中一株树龄1000年，树高35.0m，胸径2.07m。

文县甘肃白水江自然保护区

现存古银杏有20余株。白水江自然保护区，中国国家级自然保护区，甘肃省唯一具有北亚热带生物资源的自然景观区，位于省境最南部文县境内，北纬32° 35′ ～32° 55′，东经104° 7′ ～105° 22′。主要包括文县白水江以南至岷山东段北坡，摩天岭北坡大部及武都县团鱼河流域部分地区。涵盖了两个县的15个乡镇157个行政村，面积213750hm²。

图2-30 海淀区苏家坨镇北安河村西鹫峰山森林公园金仙庵（寺）内

图2-31 徽县嘉陵镇田河上坝村群落

康县岸门口镇贾安村

千年大树年均产量300kg，胸径3.0m以上者12株，1.57～3.00m者约有50余株。

两当县显龙乡

两当县除四旁大量银杏树外，显龙乡还有1处树龄400～500年，面积33hm²多人工栽培自然形成的银杏园。

十一 广东省古银杏群落

南雄市坪田镇迳洞区坳背村（图2-32）

一共有136株古银杏，其中一半以上银杏树的树龄都超过500年。调查的6株中，3株雌1株雄，其余未知。树龄200～1200年，平均树高23.0m，胸径0.42～1.45m，平均胸径0.93m，平均冠幅14.1m×13.4m。

十二 贵州省古银杏群落

贵阳市花溪区高坡乡杉坪村

杉秤村古森林残存群落计有木本植物21种111株，其中银杏56株，含幼木25株、青年木10株、成熟木7株、成年木13株。

贵阳市乌当区羊昌镇黄连村

总计22株，该村有众多个群落，主要分布在枇杷寨、田坝寨、瓦窑寨、柿花寨和建寨等寨子里。树龄500～1000年之间，生机盎然、枝荣叶茂。其中枇杷寨有大小银杏19株；瓦窑寨3株，其中最大的一株为雄株。

盘县乐民镇乐民村

50株，调查到4株，均为雌株，平均树高19.8m，平均胸径2.84m。

盘县石桥镇妥乐村（图2-33、图2-34）

有古树银杏1152株。石桥镇妥乐村胸径大于1m的银杏树225株。目前调查到175株，为便于统计，将其分作三块来调查，第一块：24株，面积1486.88m²，形状呈不规则四边形，散生在整个村庄内农户房前屋后，相隔5～10m，树龄200年，平均胸径0.844m，平均树高15.0m，多为雌株，部分干基部密生瘤状凸起，干基较矮，树冠开阔，部分根系裸露于地表，面积小于2m²。N=25° 36′ 53.9″，E=104° 32′ 56.4″，H=1628m；第二块：46株，面积6266.47m²，形状呈不规则椭圆形，散生在整个村庄内农户房前屋后，相隔3～10m，树龄200年，平均胸径为1.2m，平均树高15m，多为雌株，部分主干通直干，基部密生瘤状凸起，主干分枝较

图2-32 南雄市坪田镇迳洞区坳背村

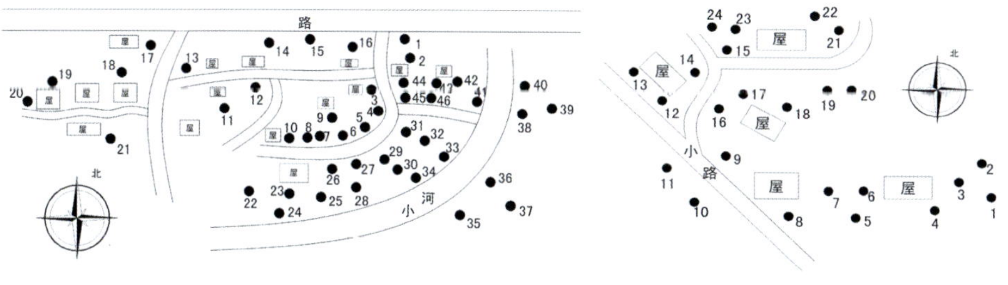
图2-33 六盘水市盘县石桥镇妥乐村古银杏分布图
注：●示银杏位置及编号。左24株 右46株

图2-34 盘县石桥镇妥乐村

少，树冠开阔，部分单株根系裸露于地表面积较大约为4m²；第三块：105株，仅4株为雄株，其余全部为雌株，树龄200～1000年，平均树龄409～471年；树高10.0～26.0m，平均树高17.1m；胸径分布范围为2.00～2.80m，13株；1.49～1.99m，30株；1.00～1.49m，58株；0.80～0.90m，4株。树龄集中在400～500年间。该群落中有一株胸径达1.50m，1.5m以下挂满垂乳，基径0.03～0.12m，长0.05～0.40m，在1.5m处分作4大枝；还有一株根部在一侧沿坡面裸露，面积达2.25m²，在基部即分作两大枝。妥乐村是明代调北征南时期南京人迁入形成的古村，寨内古银杏树中最长树龄经考证在1000年以上，最粗的需6个成年人合抱。妥乐村日前被西南林业大学林业学院授牌为“中国第一个树文化研究基地”。据介绍，妥乐村每年收银杏果40多吨，市场价每千克16元，总计约合人民币64万元，仅销售银杏果一项，最少的农户年收入300多元，最多的农户年收入10000多元。2000年，妥乐村被评为省级风景名胜区，2011年被评为全省30个最具魅力民族村寨之一。登高鸟瞰，整个村子参差掩映于古银杏树之中，炊烟袅袅，鸡犬相闻，宁静致远。

务川仡佬族苗族自治县鹿池镇路家园

41株，路家园银杏90%以上个体为群生群长的桩萌株。系长期使用矮桩育林的必然结果。桩蔸有大有小，基径有0.70～2.00m不等。萌株由2～8株组成。胸径、高度在20.0～45.0m和15.0～25.0m之间。

务川仡佬族苗族自治县丰乐镇牛塘村庙林和川王庙

26株，平均年龄150年，平均树高29.0m，平均胸径0.84m。N=28°26′21″，E=107°53′37″，H=703.8m。

务川仡佬族苗族自治县丰乐镇山江村大竹园

26株，平均年龄300年，平均胸径1.80m，平均树高23.4m。N=28°22′17″，E=107°48′54″，H=851m。

务川仡佬族苗族自治县丰乐镇新田村长沟

26株，平均年龄200年，平均树高25.0m，平均胸径1.23m。N=28°16′48″，E=107°50′36″，H=757m。

务川仡佬族苗族自治县丰乐镇玉树村玉树

17株，平均年龄150年，平均树高25.0m，平均胸径0.95m。N=28°16′41″，E=107°51′10″，H=768m。

图2-35 务川仡佬族苗族自治县都濡镇三桥村柏园

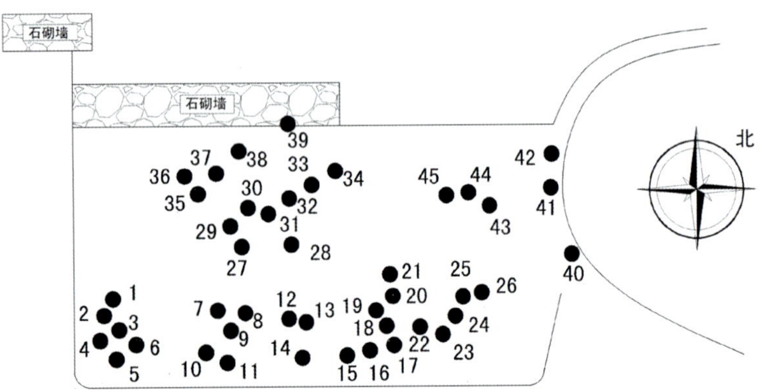

图2-36 务川仡佬族苗族自治县都濡镇三桥村柏园古银杏分布图（45株）

注：●示银杏位置及编号，图中39、42、41号树为原单株编号中12、13、14号树

务川仡佬族苗族自治县丰乐镇丰乐村大竹园村民组

有木本植物25种95株，其中银杏一种占28株，为群落总株数的30%。28株银杏中分别包含成年木7株、成熟木5株，青年木14株、幼木8株，更新苗常见，但缺少濒死木。H=920m。

务川仡佬族苗族自治县都濡镇木梁村白果园

32株，仅知其中4株性别，均为雄株，树高18.0～27.0m，胸径1.10～2.00m；其中胸径1.10～2.00m，树高18.0～27.0m的6株；胸径0.70～0.90m，树高18.0～28.0m的9株；胸径0.45～0.55m，树高12.0～25.0m的10株；胸径0.22～0.35m，树高8.0～16.0m的7株。

务川仡佬族苗族自治县镇南镇泰平村陈家山

21株，平均年龄150年，平均树高26.0m，平均胸径0.92m，N=28°37′58″，E=107°51′58″，H=998.8m。务川县镇南镇新村岩坪组，4株，仅知其中2株性别，1雌1雄，平均年龄60年，树高20.0～25.0m，胸径0.05～0.50m，面积365.187m^2，位于农田边坡。该群边界处有一株枝下高只有0.1m、叶片小而密集、生长很旺盛的雌株银杏，其主干5m以下斜伸，倾角12°，以上挺直；复干2个，与母干间的夹角分别为12°、5°。群内伴生树种有乌桕、楠木、竹、油桐。N=28°44′41.4″，E=107°52′12.3″，H=760m。

务川仡佬族苗族自治县都濡镇三桥村柏园（图2-35、图2-36）

共计90株。三桥村柏园45株，仅知其中3株性别，2雌1雄，位于距三桥村柏园公路50m的边坡，平均年龄100年，树高25.0～30.0m，胸径0.05～1.09m，面积2882.31m^2。该群中生长有一株树龄300年的结果量大的古银杏，位于该群落边界处边坡，由大小不等的石块砌成的墙缘包围，该树复干、垂乳较多，根以墙为界大半裸露。群内伴生树种有柏香树、络石。该群落中仅有一株结果。N=24°26′24.9″，E=107°51′37.5″，H=818m。

务川县都孺镇三桥村柏杨园白云组

42株，平均年龄300年，平均胸径1.02m，平均树高25.0m，N=28°26′24″，E=107°51′39″，H=820m。

务川县都孺镇三桥村三会塘坝

目前调查到3株，平均树龄300年，平均树高23.7m，平均胸径0.933m。

务川仡佬族苗族自治县都孺镇十二盘

银杏78株，占总株数的80%，胸径0.10～0.49m的青年木银杏51株，胸径0.50～1.00m的成熟木银杏24株；胸径2.01～2.80cm的成年木3株。除性未熟的40株青年木外，种群性比式为5♂∶33♀，成熟树雄株百分率为15%。

务川仡佬族苗族自治县泥水乡复兴村小桥（图2-37、图2-38）

位于村落后边坡，22株，仅知其中2株性别，2雌，平均年龄100年，树高23.0～38.0m，胸径0.5～1.09m，面积713.868m^2。刚介入该群落的边界处有一树龄1000年、结果量大的雌株银杏，其树冠呈阔伞形，有火烧痕迹，树身多处有树洞。群内伴生树种有竹、苦楝、青冈、油桐、侧柏。N=28°57′09″，E=107°56′35″，H=833m。

务川仡佬族苗族自治县泥水乡鹿池村园家坝

目前调查到15株，平均树龄150年，平均树高20.4m，平均胸径0.599m。

务川仡佬族苗族自治县甘禾镇黄洋坪廖家村

56株，雄树占种群个体总数50%，其中胸径0.10～0.49m的15株，基径0.51～1.00m的18株，基径1.01～1.50m的7株，基径1.51～2.00的6株，基径2.01～2.80m的4株。平均基径0.95m，树高18.0～32.0m。雄树占种群个体总数50%，廖家村自然型银杏只有2株，是全村最

图2-37　务川仡佬族苗族自治县泥水镇复兴村小桥

图2-38　务川仡佬族苗族自治县泥水乡复兴村小桥古银杏分布图（22株）
注：●示银杏位置及编号

图2-39　务川仡佬族苗族自治县红丝乡先进村十二盘大坪组

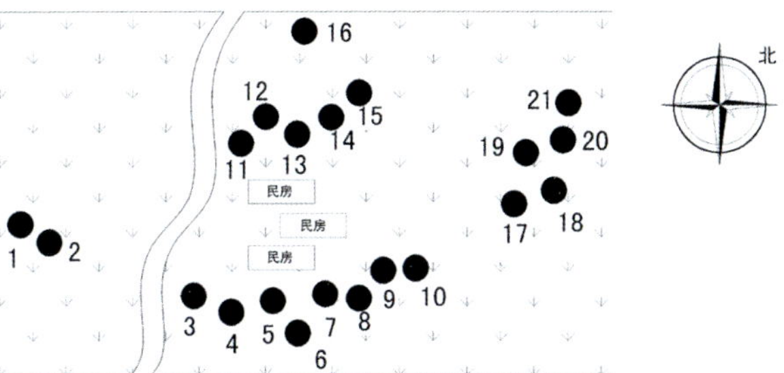

图2-40　务川仡佬族苗族自治县红丝乡先进村十二盘大坪组古银杏分布图（21株）
注：●示银杏位置及编号，图中11号树为原单株编号中25号树

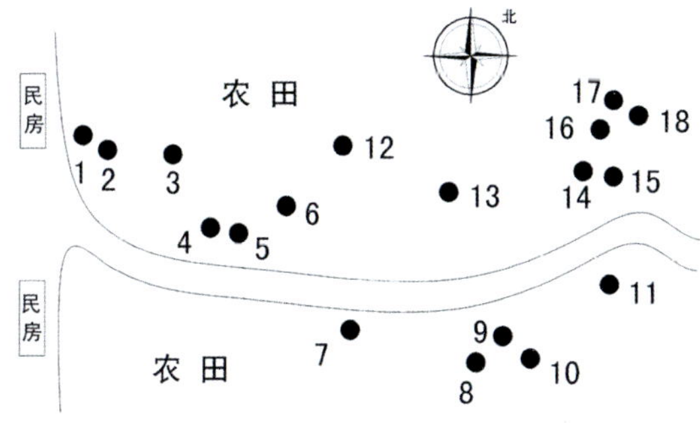

图2-41　务川仡佬族苗族自治县石朝乡大漆村白果坪古银杏分布图（18株）
注：●示银杏位置及编号，图中12号树为原单株编号中32号树

大最老的2株，其胸径分别为2.80m、1.20m，高树32.0m和20.0m，树龄200～300年。

务川仡佬族苗族自治县红丝乡先进村十二盘大坪组（图2-39、图2-40）

总计102株，分布于该组3个地方，其中①21株，仅知其中5株性别，2雄3雌，平均年龄200年，树高20.0～25.0m，胸径0.05～1.20m，面积1046m^2。该群落内有一株果实大、结果量多的银杏，位于一家房舍后，为该群落中结果量和果实最大的一株（最大时，120颗刚采的果实晒干可达0.5kg）；②78株，雄15%，成熟木胸径0.01～2.80m该地点有乔木树种8种98株，其中含银杏78株，占总株数的80%，胸径0.01～0.49m的青年木银杏51株，胸径0.50～1.00m的成熟木银杏24株；胸径2.01～2.80m的古树3株。除性未熟的40株青年木外，种群性比为5♂：33♀，成熟树雄株百分率为15%，银杏的种群结构为"金字塔"型；③3株，胸径2.01～2.80m，野银杏。

务川仡佬族苗族自治县石朝乡大漆村白果坪（图2-41）

该地有群落2个，其中：①30株，平均年龄300年，平均树高24.0m，平均胸径1.40m。N=28° 30′ 57″，E=108° 1′ 43″，H=1177m；②18株，仅知其中2株性别，1雌1雄，胸径大于1.00m的银杏仅2株，其余则为胸径0.3m以下的小银杏，并且多数为前两株银杏萌生的幼树。位于大漆村白果坪房舍后的小道两侧的边坡小林地，平均年龄200年，树高20.0～25.0m，胸径0.05～1.20m，面积243.16m^2。该群落内有一树龄800年的雄株银杏，垂乳在该树多处有分布，共14个，东西侧最多，达10个，呈片状排列，最大者长50cm，基径8cm；1个生长在主干内侧，长70cm，基径15cm；另外，在该树分枝上，3个大垂乳整齐排列，呈悬垂状，最大者长50～70cm，基径0.15～0.20m。群内伴生树种有榆树、棕榈、构树、杨树等树种。

务川仡佬族苗族自治县大坪镇黄阳村

该村有群落2个，其中①廖家，87株，性别均不详，平均年龄350年，平均树高25.0m，平均胸径1.05m。N=28° 41′ 13″，E=108° 1′ 56″，H=1150m；②东足坝，17株，性别均不详，平均年龄150年，平均树高25.0m，平均胸径0.95m。N=28° 41′ 13″，E=108° 1′ 56″，H=1155m。

务川仡佬族苗族自治县黄都镇燕龙村黄腊池组

11株，仅知其中1株性别，雄，其中一株较大，主干分作三个大枝的银杏，周围散生10株小银杏。平均年龄300年，平均树高25.0m，平均胸径0.45m。N=28° 23′ 37″，E=107° 41′ 41″，H=1020m。

凤冈县进化镇大堰村响水岩

160多株，目前调查到13株，7雄6雌，平均树龄400年，树高15.0～20.0m，平均树高20.7m；胸径1.00～2.30m，平均胸径1.308m，凤冈县进化镇大堰村响水岩一带，占地约15hm^2，共有160多株古银杏。据目测，胸径1～2m的有七八十株，这些银杏的平均高度为25.0m左右，树龄各不相同，最老的估计约在1200年。这些银杏极有可能是野生银杏树。在调查的170株木本植物，其中含银杏69株，占总数的40.5%。在80株A层乔木中，银杏一种就有41株，银杏是群落中数量和密度唯一最大的种群。响水岩银杏种群的成分结构是：幼木10株，青年木24株，初熟木5株，成熟木23株，成年木5株，频死木2株。

凤冈县琊川镇清源乡西洋溪村民组

54株，性别均不详，其中含幼木1株，青年木16株，初熟木22株，成熟木13株，成年木2株，无濒死木。雄树占成熟木的24. 5%（共13株）。

湄潭县抄乐乡沙塘村车建坪

14株，面积459.6m^2，块状分布在整个村庄内，低中山，南坡中部，坡度30°，黄壤土。树龄50年，平均胸径为0.50m，平均树高25.0m，生长势良好，结实状况良好。H=1020m。

大方县雨冲乡白果村（大方御赐古银杏群）

68株，树龄500年，平均树高22.0m，面积3000m^2，H=1500m，平均冠幅5.5m×6.0m。在大方县雨冲乡境内生长着一片被当地人民称为“御赐白果树”的银杏群，具体生长地在雨冲乡白果村边，黄壤、土壤平均厚度达80cm以上。其中原株已被雷击烧死，现存最大2株胸径6.50m，要四五人才能合抱，最小植株0.60m，胸径1.40m以上7株，古树群枝下高3.0m，目前古树群保护措施得力，树势生长茂盛，丰年年产银杏果约2000kg。

大方县雨冲乡红旗村（图2-42）

68株，距村口不远处这片树林，密密麻麻，郁郁葱葱，树冠浓密，遮天蔽日，相邻树枝交错层叠。微风吹过，整片树林吱吱作响。这便是远近闻名的雨冲千年古银杏。这片银杏林，是由一株银杏生发而来，在林子里可见到每棵银杏树的根紧密相连，盘根错节。当地人介绍，这片银杏林少说也有一千年的历史，当地人都把它称作神树，谁也不敢破坏。相传，此御赐银杏原为单株，在久远的生长过程中，主树下垂枝触地生根而成新株，新株生长过程中又形成新的下垂枝，触地生根又开成新株。如此不断，从而形成这片由7～8个年龄段组成的这片世所罕见的银杏大家族。远观坐落于白果村右上角两山相接呈倒“S”的缓坡凹地的银杏林，如金山一座，像巨大的船帆一片，又像大伞一把，随着角度不同给人的视觉冲击力亦有差异，它一直在默默守护着白果村，见证着白果村的一切。近观银杏群，根连根，枝连枝，纵横交错，盘根错节，密不透风；树丛内树皮呈灰褐色，树干有的鳞干虬枝，古朴苍劲，有的凸瘤成群，树皮深裂，老态龙钟，有的形如连理，顾盼生情，仪态万千。主枝或平展形如虹桥卧波。或斜向上伸遒劲有力，或下垂落地生根，迂回盘旋，错落有致，每逢风起枝摇，相互摩擦，竟能发出“吱吱”的声音，此起彼伏，有如天籁。春天，古树群新芽初吐，道枝绿叶，宛如一盆天赐大盆景；盛夏，古树群绿满枝头，鸟叫虫鸣，树冠叶密如盖，林下静谧而凉爽，恰为听林涛蝉噪、避盛夏酷暑之佳处；秋天，果满枝头，金灿灿霜叶铺满大地，挂满树梢，褐色的枝干与玛瑙般的果实及金灿灿的叶共同组成一幅醉人的秋景，颇为壮观；冬天，遒枝劲干，托雨负凇，独抗寒风，守望春天，犹如绝妙山水国画，给人以向上和不竭的生命力之感，妙不可喻。可能是缘于银杏林生命力的旺盛及古树林的八代同堂的缘故，附近的善男信女们常来此烧香一炷，以求子孙满堂，保全家吉祥平安。如今此古银杏群已列为大方县古树保护，银杏群所蕴藏的色彩美、形象美以及其本身所喻意的和睦、繁荣、健康、长寿，它已成为雨冲开展生态旅游不可多得的景观。

大方县沙厂乡白果寨（大方御赐古银杏群）（图2-43）

30株，树龄约500年，而100年以上的植株亦有24株。不光白果树丛鳞枝虬干，高压群林，更主要的是皇帝亲赐的两盆白果苗栽种成林的。白果树均有大小不等30余株，主树立于中央，后代从大到小成辐射开去。树丛长势为：丛中有一株主树，高30m多，胸径2.23m，其余植株围绕主树层层向外蔓延，形成一座绿色“山峰”。

沙厂白果树丛东边250m处，有一颗明代坟茔，坟头正对白果树。墓碑主文：“明诰封荣绿大夫阿纳之墓”，碑叙文中写着“白果御荣”之史实。墓葬之阿纳就是这两丛白果树的受赐人和栽培者。据沙厂《王氏谱书》记载：明成化年间，朝廷与水西土司的关系一度紧张，时有发生民族分裂战争的可能。成化十六年（1480），水西君主——奢香夫人的后代安贵荣接到明宪宗的圣旨，召其进京面圣。根据当时的政治形势，安贵荣认为：若亲自进京，恐被诛杀，不去又要被定欺君之罪。经一番酝酿，阿纳长相与其相似，他决定派其大臣阿纳代其进京。阿纳置生死于度外，进京拜见明宪宗，奏明水西并未谋反。经过几番周折斡旋，缓和了水西土司与明

图2-42 大方县雨冲乡

图2-43　大方县沙厂乡

图2-45　遵化市侯家寨乡禅林寺村禅林寺古银杏风景区

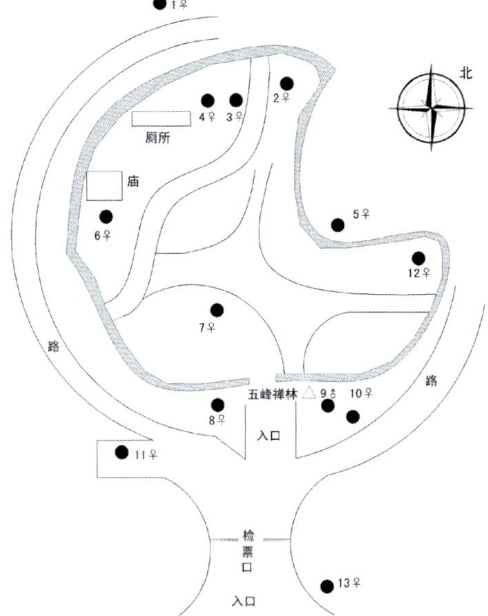

图2-44　遵化五峰禅林古银杏分布图（13株）
注：阴影部分示围墙，●示银杏古树位置、性别及编号，△示树龄最大的银杏古树

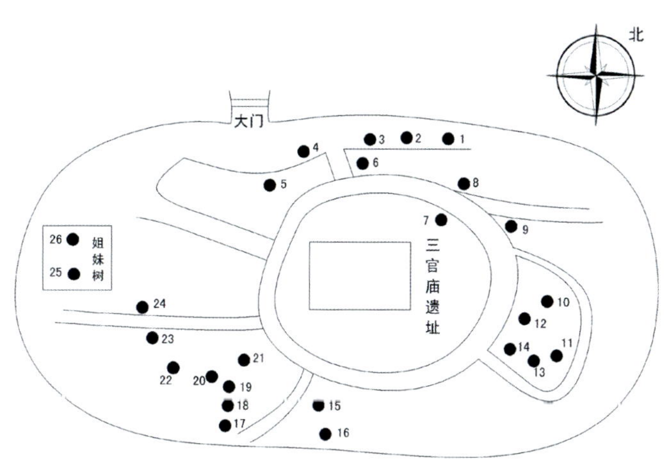

图2-46　邳州市港上镇港西村三官庙古银杏分布图（26株）
注：●示银杏古树位置及编号

朝廷的紧张关系。宪宗大悦，诰封阿纳为荣禄大夫，并赏赐金银珠宝，阿纳谢绝。宪宗改赐两盆白果树苗。阿纳拜领，带回水西故土——木老夸（今大方沙厂），举行“乌牛祭天、白马祭地”的隆重植树仪式，将两盆树苗分别种于前述两地。种完后，阿纳当即赋诗三首：“承恩宠赐两名葩，雪白娇姿未敢夸。向我园中栽培后，开花结果荫谁家。”“玉骨冰肌白玉梅，花残实老换颜回。皇王励我清操意，颗颗银株结果莱。”“三槐手执传心后，两树亲栽在眼前。满腹紫华庚半夜，一身洁白岁千年。”阿纳遗嘱，其死后葬与白果树为邻，朝夕相望，展示出水西与中原文化交流、民族融洽的史页。

白果树的传说很多，唯沙厂这丛白果树的传说尚有古迹为证。白果树下有一人工凿成的圆柱体石墩，名为拴马石，表明阿纳及其后之土司首领等达官贵人随时去看望该白果树。

树下有孤坟一冢，名为姑娘坟。墓中葬谁？无碑为记，无案可稽。民间传为：当地人家生下一如花似玉之美女，挑花绣朵的手艺非凡，挑花飘香，绣鸟飞鸣，世上的其他花朵都能绣，天天看白果树，未见其开花，所以唯独绣不了白果花。她很纳闷，打听方知白果树是在没有月色之深夜开花，有如昙花一现，人难看到。从此，她便夜夜坚守在那树枝上，双眼紧盯枝头。一个风雨大作之夜，天空一片漆黑，姑娘仍不眨眼地盯住枝头，奇迹开始出现：白果树正在开花，花蕾非常美丽，姑娘欣喜若狂，可因身子熬得实在虚弱了，一头栽下树来，未能看到花全开，便一命呜呼了。家人根据她的遗嘱葬其于斯。

麻江县坝芒乡芒寨村

15株，仅知其中1株性别，雄，散生，非常茂盛。

十三　河北省古银杏群落

遵化市侯家寨乡禅林寺村禅林寺古银杏风景区（图2-44、图2-45）

13株，12株雌1株雄，树龄100～2000年，平均树龄623年，树高17.0～38.0m，平均树高20.8m，胸径0.43～1.48m，平均胸径0.842m，平均冠幅16.1m×16.2m。

十四　江苏省古银杏群落

邳州市港上镇（图2-46、图2-47）

有百年以上银杏古树4027株，其中齐村1208株，曹楼村620株，北东村350株，北西村1052株，港中村201株，港西村124株，港东村13株，北荆邑456株，其他村庄分布很少。港西村银杏古树群落平均胸径0.36m，平均树高12.6m，平均冠幅6.6m×7.0m。N=34° 31′ 41.6″，E=118° 06′ 42.7″，H=30m。

邳州市铁富镇

有百年以上银杏古树305株，汤家村11株，骆家村5株，吕家村59株，宋庄村110株，黄庙村19株，胡滩村83株，后于村9株，其余村分布较少。后于村银杏古树群落有百年以上银杏古树9株，其中300年以上的6株，平均树高16.8m，平均胸径0.77m，平均冠幅8.0m×7.3m。均为雌株，生长旺盛，结果量大。

邳州市白埠乡

有百年以上银杏古树30株，其中，石坝村29株，孙家村1株，其他村没有分布。

泰兴市宣堡镇张河村（图2-48）

共计143株。张河村荷塘月色银杏群落：该群落有银杏古树53株，平均高13.0m，平均胸径0.44m，平均树龄100

图2-47 邳州市港上镇港西村

图2-48 泰兴市宣堡镇张河村
（注：1. 荷塘月色银杏古树群；2. 仙脉河银杏古树群）

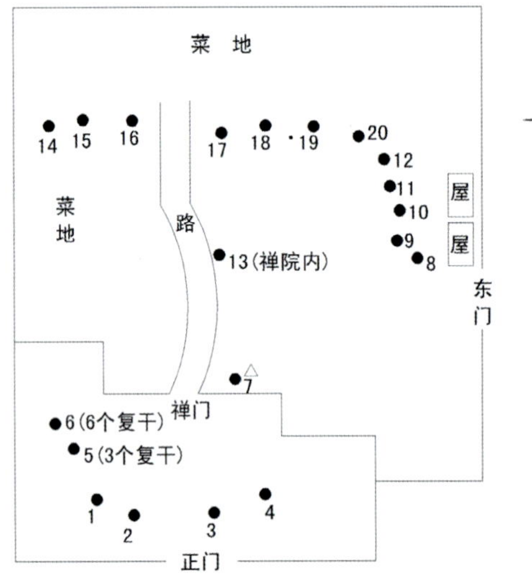

图2-49 江西永修真如寺古银杏分布图（20株）
注：●示银杏古树位置及编号，△示树龄最大的银杏树，19号旁有一小树高45cm

年，平均冠幅6.6m×6.0m。生长良好，均为雌株，结果量大。张河村仙脉河银杏古树群落：该群落有银杏古树70株，平均高15.0m，平均胸径0.57m，平均树龄300年，平均冠幅9.5m×9.8m。生长良好，均为雌株，结果量大。张河村月亮湾银杏古树群落：该群落有100年以上银杏古树20株，胸径0.20～0.60m，树高13.0～15.0m，冠幅7.0m×8.5m。生长旺盛，均为雌株，结果量大。

苏州市姑苏区实验学校（干将东路518号）

共有15株百年以上银杏古树，平均树龄144年，平均树高17.0m，平均胸径0.64m，平均冠幅9.5m×9.6m，生长良好。

十五 江西省古银杏群落

永修县云居山真如寺（图2-49、图2-50）

共23株，平均树高19.9m，平均胸径1.04m，平均树龄381年，平均冠幅11.9m×12.7m。真如寺位于永修县云居山南麓，始建于唐宪宗元和初年，为中国佛教“三大样板丛林”之一，自唐至今有历史、文化内涵丰富的历代僧塔群近百座，广泛散布于山上山下，在江西乃至整个江南地区都属罕见，是云居山作为佛教名山最具历史价值的文化遗存。

万安县五丰镇西沅村高岭

38株，高岭是一个海拔1000m多的山区自然村，银杏树最年轻的也有500多年的历史，千年以上的达到21棵，其中最大的胸径达2m多，高25m，树龄达1300余年。高岭村银杏古树群，共38株，无雄树。年均有25株开花结果，年产白果4t左右，种核大，每千克340～360粒。其中，结果最多的单株产种核200多千克，胸围2.41m，白果挂满枝头，压弯枝条，位于高岭坡谷豁口处空气对流线上。直线距离4000m处的双坑村有2株雄树，大的直径达1m，离此2km处的遂川县碧洲镇枫林村马迹自然村有一株雄树，是天然授粉的可能来源。高岭这群银杏古树可能是自然萌发所生。

十六 辽宁省古银杏群落

丹东市振兴区七经街、六纬路和九纬路银杏绿化街道（图2-51）

辽宁省丹东地区（市区）20世纪30年代栽植的行道树（银杏）现已进入盛果期，枝繁叶茂，树姿挺拔壮观，硕果累累。丹东市区七经街、六纬路和九纬路银杏绿化街道，有14条路，共有4200余株，其中90年生以上的870株，平均高20.0m，胸径0.50m。现今亚洲国家城市种植有百年银杏树的街道只有6条，而丹东就有3条。另外一条在我国重庆，还有2条在日本。这些生长在丹东市的百年银杏多达700棵，堪称天下奇观。始建于1932年的辽宁省丹东市锦江山公园锦江亭，2002年重建后，成为一处具有浓郁民族特色的标志性建筑。锦江亭中一副楹联为：一江绿水两岸风光三沿宝地四季丹青收眼底，十里长街百年银杏千朵杜鹃万言诗赋蕴毫端。联中巧妙地嵌进丹东的市树银杏和市花杜鹃，可谓匠心独具。亭中还有一副楹联为：千里春光银杏雨，一城秀色杜鹃风。读后令人顿生爱国爱市爱自然之情。辽宁诗人杨曦光钟爱丹东的市树银杏，曾满怀深情地在《颂银杏》中写道：“浓荫有意遮炎暑，玉露无情调艳妆。金叶铺途不忍扫，淡香沁肺可珍藏。”

兴城市西关街部家胡同部家花园

100年生银杏58株。与银橡树、槐树、柳树等树种共生。

十七 山东省古银杏群落

郯城县古银杏群落（1）新村乡（图2-52、图2-53）

明代中后期，郯城县内银杏栽植进入鼎盛时期。清代及民国初期，境内银杏生产进入第二个鼎盛时期。沂河两岸南起新村，北至马

图2-50　永修县云居山真如寺
（注：1. 由左至右为14、15、16、17、19号）

图2-51　丹东市银杏行道树
（注：1、2. 丹东市九纬路；3. 六纬路；4. 七经路）

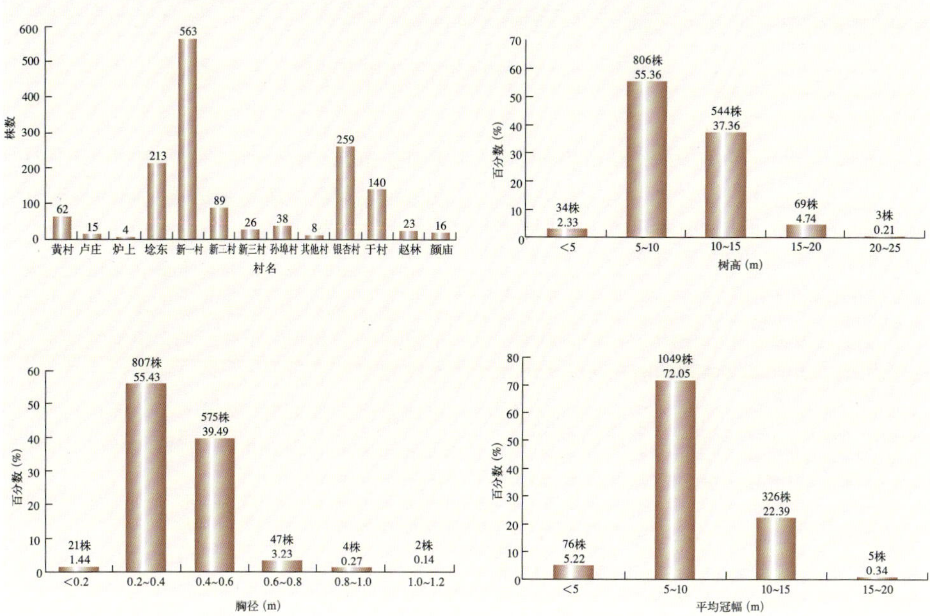

图2-52　新村乡古银杏生长指标

头，银杏成片林绵延不断。此期间第一次发展高峰在乾隆初期，第二次在乾隆中后期，第三次是光绪中期，第四次在民国初期。以上各个时期营建的银杏大园，县内尚存不少，主要分布在新村、港上、重坊等乡镇。在清末民初，年产白果大约在300万kg以上，收购季节沂河舟舶堵塞，帆桅锚动，远运苏、杭、沪、嘉。一诗人曾写道：“出门无所见，满目白果园。屈指难尽数，何止株千万！根蟠黄泉下，冠盖峙云天。干粗几合抱，猿猱愁攀援”。具体生动的描绘了当时银杏园林的盛况。银杏为县内主要栽培果树之一。建国前全县银杏面积4700亩，银杏大树8万株，沂河两岸的银杏林带长达20km之多。最高年产量达100万kg。据《中国实业志》（民国23年）记载，银杏是当时山东重要的出口商品之一，郯城县每年向欧美、日出口银杏1500包，价值15000元。但由于长期战乱洗劫及人为破坏，银杏生产历经曲折，到新中国成立初，年产量只有80万kg。

新村乡古银杏实测1456株，其中埝东河底大园213株、新一村563株、银杏村260株、于村140株。多以结果为主的嫁接树，大多树龄85～95年，是郯城银杏最集中的分布区。树高最高单株为20.0m，有3株，位于新村乡银杏村邹园东二档北片1株，古树编号904；位于新村乡银杏村东南园1株，古树编号651；位于新村乡银杏村于村庄里大树1株，古树编号400。最矮单株为3.5m，有3株，位于新村乡新一村菜市场1株，古树编号2379；位于新村乡新一村文化大院1株，古树编号3067；位于新村乡新一村村委院内1株，古树编号3078。树高小于5m的为34株，占2.33%；5～10m的为806株，占55.36%；10～15m的为544株，占37.36%；15～20m的为69株，占4.74%；20～25m的为3株，占0.21%。胸径最大单株为1.00m，有2株，位于新村乡新二村东门外1株，古树编号3670；位于新村乡于村村委会东1株，古树编号4293。最小单株为0.08m，位于新村乡于村凡连港东，古树编号4021；胸径小于0.2m的为21株，占1.44%；0.2～0.4m的为807株，占55.43%；0.4～0.6m的为575株，占39.49%；0.6～0.8m的为47株，占3.23%；0.8～1.0m的为4株，占0.27%；1.0～1.2m的为2株，占0.14%。冠幅最大单株为16.4m×16.2m，平均冠幅为16.3m，位于新村乡埝东河底大园，古树编号4241；最小单株冠幅为1.0m×0.5m，平均冠幅为0.75m，位于新村乡于村于洪飞西，古树编号4042。

郯城县古银杏群落（2）港上镇王桥村（图2-54、图2-55）

港上镇王桥古银杏共计1033株。几乎全为雄株，20世纪80～90年代人为进行分层嫁接，每株下部2～3层，每层3～5个接穗，纺锤形树冠，形成全国最大的人工嫁接雌雄同株银杏实生群落，树干高大挺拔。树高最

图2-53 郯城县新村万亩银杏园

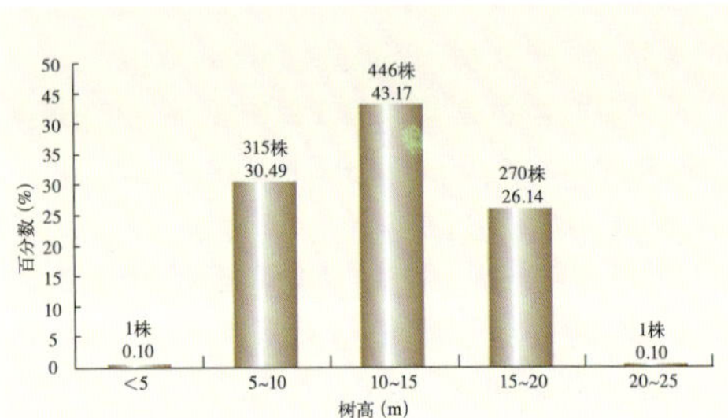

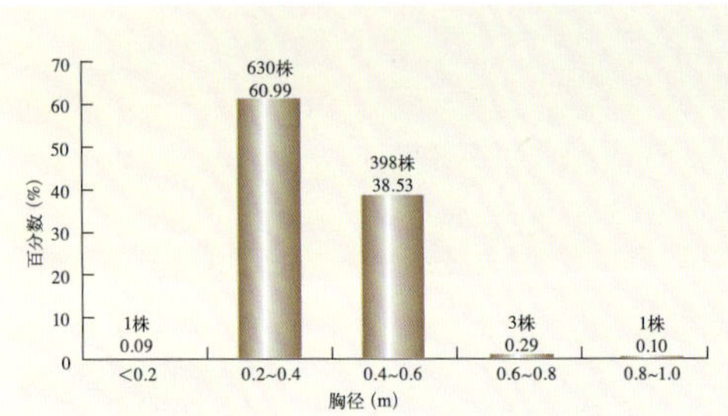

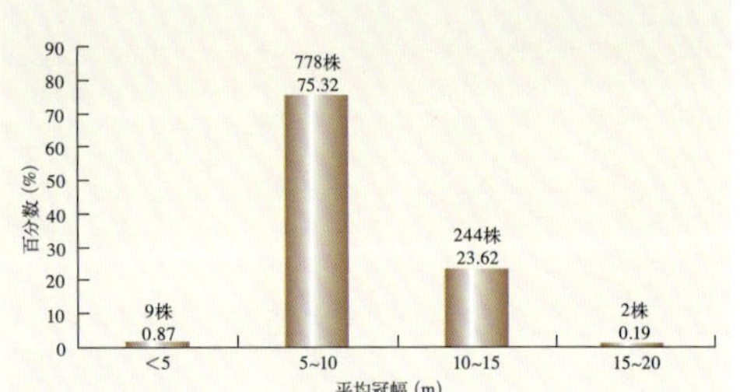

图2-54 港上镇王桥古银杏生长指标

高单株为20.0m，位于港上镇王桥村村北公园内水泥路北，古树编号2802；最矮单株为4.0m，位于港上镇王桥村村北公园西，古树编号1821；树高小于5m的为1株，占0.10%；5～10m的为315株，占30.49%；10～15m的为446株，占43.17%；15～20m的为270株，占26.14%；20～25m的为1株，占0.10%。胸径最大单株为0.83m，位于港上镇王桥村村北公园内小路南西3行，古树编号3014；最小单株为0.09m，位于港上镇王桥村村北公园内水泥路南，古树编号2178；胸径小于0.2m的为1株，占0.09%；0.2～0.4m的为630株，占60.99%；0.4～0.6m的为398株，占38.53%；0.6～0.8m的为3株，占0.29%；0.8～1.0m的为1株，占0.10%。冠幅最大单株为16.0m×15.0m，平均冠幅为15.5m，位于港上镇王桥村村北公园内小路南西3行，古树编号3014；最小单株为2.0m×2.0m，平均冠幅为2.0m，位于港上镇王桥村村北公园西，古树编号1821。

郯城县古银杏群落（3）重坊镇铺里村（图2-56、图2-57）

重坊镇有银杏古树5300株，多为实生雌树。重坊镇铺里村是郯城县较大的实生群落之一，古银杏共计638株。树高最高单株为17.2m，位于重坊镇铺里村，古树编号为4309和4425；最矮单株4.5m，位于重坊镇铺里村；树高小于5m的为1株，占0.16%；5～10m的为9株，占1.41%；10～15m的为245株，占38.40%；15～20m的为383株，占60.03%。胸径最大单株为0.67m，位于重坊镇铺里村；最小单株为0.19m，位于重坊镇铺里村，编号4379；胸径小于0.2m的为1株，占0.16%；0.2～0.4m的为393株，占61.60%；0.4～0.6m的为236株，占36.99%；0.6～0.8m的为8株，占1.25%。冠幅最大单株为14.3m×13.6m，平均冠幅为13.95m，位于重坊镇铺里村，古树编号7249；最小单株为2.0m×2.5m，平均冠幅为2.25m，位于重坊镇铺里村。

图2-55 郯城县港上乡王桥村雄银杏群

临沂葛家王平庄生生园"复干银杏"古树群落（图2-58～图2-61）

该片银杏林是国内发现的最大一片古银杏复干群落。生生园位于临沂城区蒙山大道和滨河路两条重要交通要道之间的临沂市兰山区兰山街道葛家王平庄。复干银杏林占地179亩，共385株，加上复干多达3000余株。这片复干银杏开始种于康熙年间从山西迁来时开始栽植的，距今已有240年的历史，但在1938年，日本侵占临沂时被日军砍伐，又于1958全民大炼钢时，被砍了一次后，经过60年的时间形成了现在的银杏林。有感于银杏强大的生命力，取其生生不息之意，故此园命名"生生园"。

雌株379株，占98.44%；雄株6株，占1.56%。树高最高单株为26.0m，株号326；最矮单株9.5m，株号200；树高5～10m的为1株，占0.26%；10～15m的为6株，占1.56%；

15～20m的为96株，占24.94%；20～25m的为256株，占66.49%；25～30m的为26株，占6.75%。总胸径最大单株为2.59m，株号58；最小单株为0.25m，株号123；总胸径小于0.5m的为21株，占5.69%；0.5～1.0m的为224株，占60.70%；1.0～1.5m的为117株，占31.71%；1.5～2.0m的为4株，占1.09%；2.0～2.5m的为2株，占0.54%；2.5～3.0m的为1株，占0.27%。母干胸径最大单株为0.80m，株号227；最小单株为0.13m，株号124；母干胸径小于0.2m的为4株，占1.04%；0.2～0.4m的为302株，占78.44%；0.4～0.6m的为70株，占20.00%；0.6～0.8m的为1株，占0.26%；0.8～1.0m的为1株，占0.26%。冠幅最大单株为16.2m×16.6m，平均冠幅为16.4m，株号97；最小单株为4.0m×3.0m，平均冠幅为3.5m，株号20。复干株数最多为一区39、56号树，有复干15株（图2-61；表2-27～表2-30）。

海阳市小纪镇笤帚夼村

该村有百年以上银杏古树22株，集中分布在西河西和居民的房前屋后，均为雌株，树龄平均200年，平均树高14.0m，平均胸径0.74m，平均冠幅13.6m×13.6m。

海阳市朱吴镇后庄村

该村有百年以上银杏古树24株，集中分布在西河西和居民的房前屋后，均为雌株，树龄平均156年，平均树高17.3m，平均胸径0.80m，平均冠幅14.8m×14.9m，生长均较旺盛。

济南市长清区灵岩寺群落（图2-62）

共9株，树龄400～1100年，平均树龄920

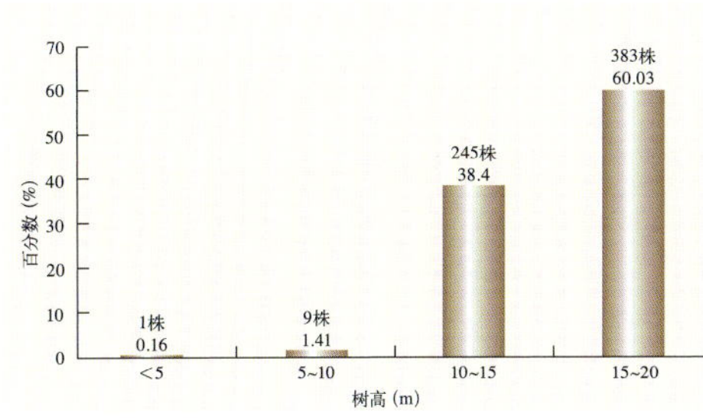

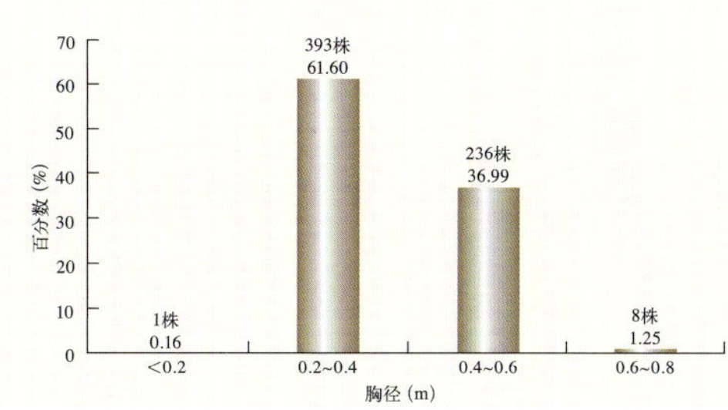

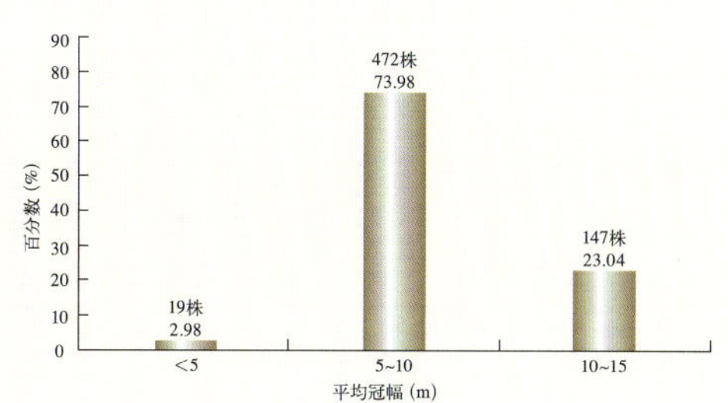

图2-56　重坊镇铺里村古银杏生长指标

图2-57　郯城县重访镇铺里古树群落

图2-58　临沂市葛家王平庄丛生银杏

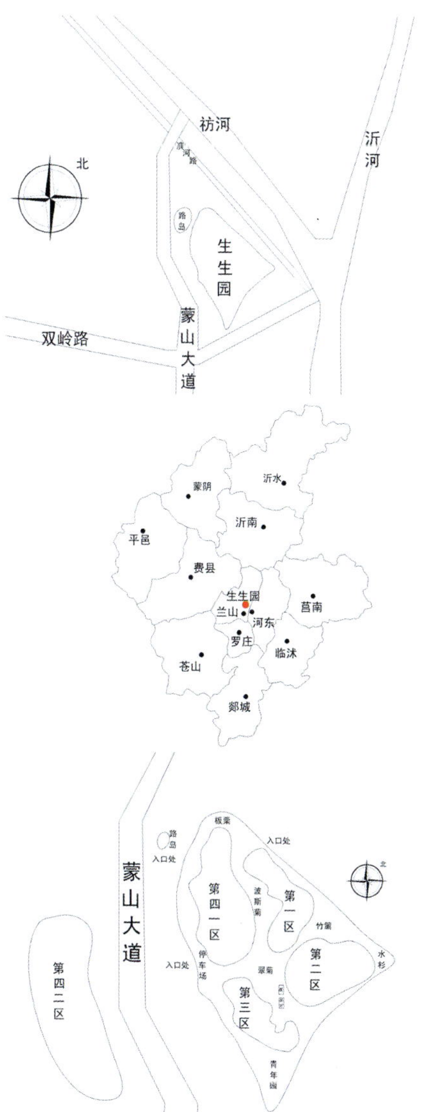

图2-59　山东临沂葛家王平庄生生园复干银杏群落地理位置

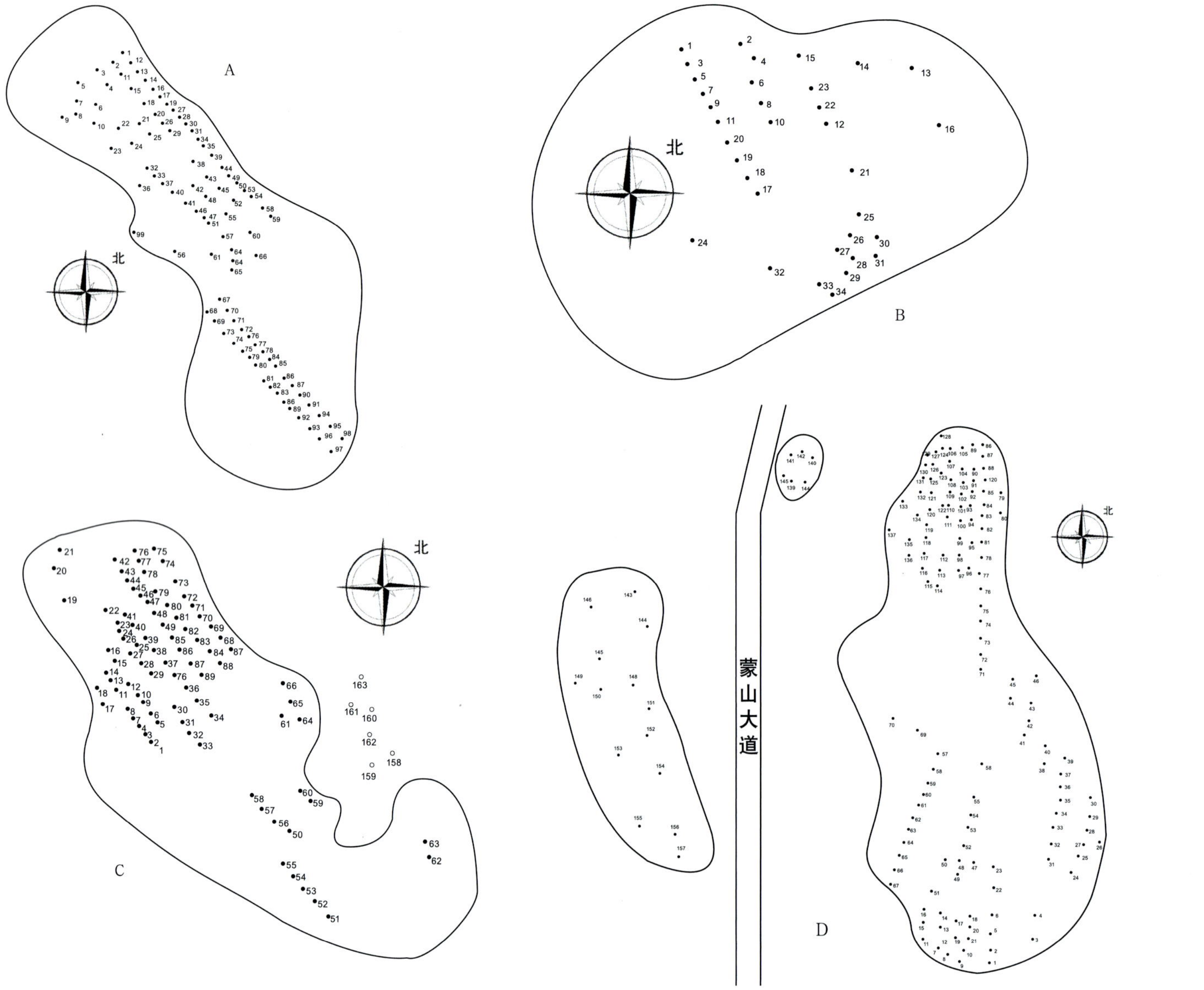

图2-60　山东临沂葛家王平庄生生园复干银杏群落分区图
（注：A. 第一区；B. 第二区；C. 第三区；D. 第四区）

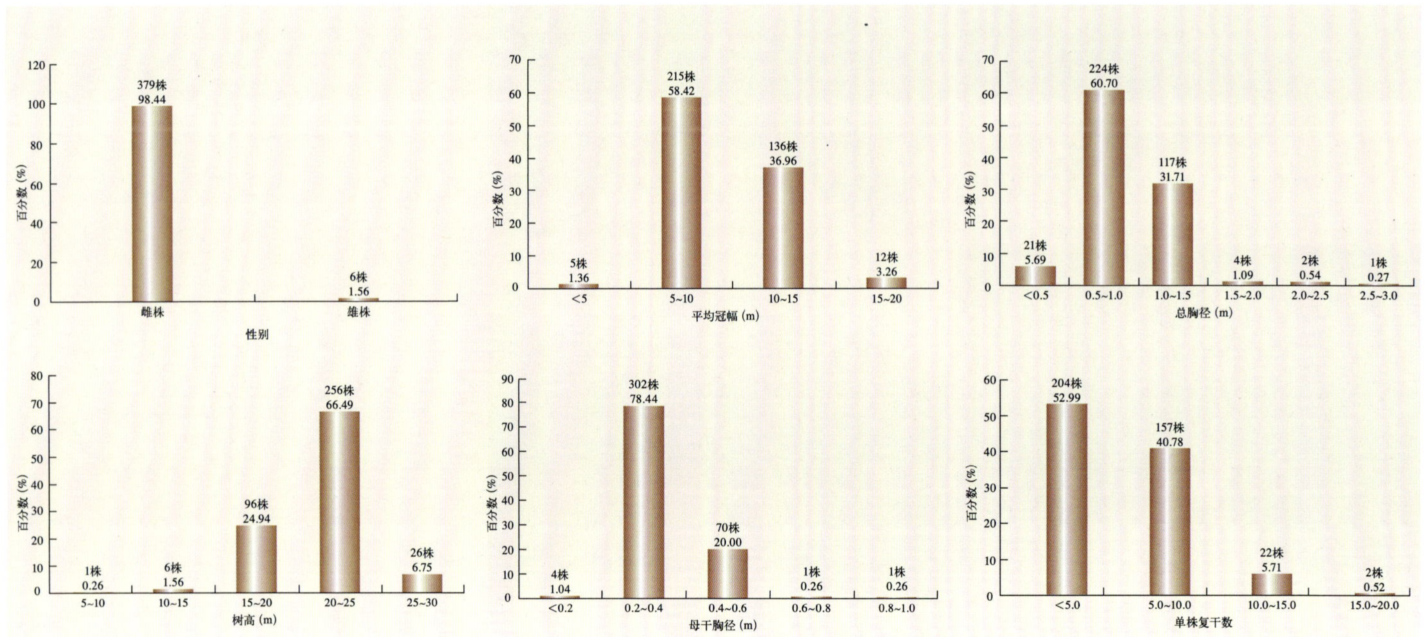

图2-61　临沂葛家王平庄生生园复干古银杏生长指标

表2-27　临沂葛家王平庄生生园复干古银杏树高前10名排序

株号	性别	树高（m）	总胸径（m）	母干胸径（m）	冠幅（m）	备注
326	雌	26.0		0.27		两复干于基部被截
15	雌	25.5	1.15	0.34	7.8×7.0	复干较多
238	雌	25.5	1.00	0.27	12.1×13.5	
344	雌	25.5	0.86	0.27	10.0×6.5	复干与母干0.2m以下合生
8	雄	25.0	0.73	0.32	12.5×10.5	复干与母干合生
13	雌	25.0	1.16	0.44	10.2×10.8	
19	雌	25.0	1.11	0.35	11.5×7.6	复干较多
22	雌	25.0	0.80	0.34	10.3×10.8	中空
30	雌	25.0	1.10	0.43	14.5×6.7	复干多
34	雌	25.0	1.19	0.41	19.1×11.8	复干

表2-28　临沂葛家王平庄生生园复干古银杏总胸径前10名排序

株号	性别	树高（m）	总胸径（m）	母干胸径（m）	冠幅（m）	备注
58	雌	25.0	2.59	0.39	10.2×12.5	复干多，其中第4个复干被截
148	雌	20.0	2.18	0.31	7.5×8.0	一复干1.2m以下与母干合生
120	雌	18.0	2.04	0.37	12.0×9.0	复干极多
352	雌	20.0	1.80	0.54	14.6×17.1	中空，复干与母干0.2m处合生
17	雌	20.0	1.53	0.39	11.0×7.3	1个复干从基部被截
39	雌	25.0	1.51	0.47	16.0×15.0	复干多
361	雌	25.0	1.50	0.40	15.2×16.1	复干梢部干枯
224	雌	16.0	1.43	0.42	14.8×14.6	一复干与母干0.5m以下合生
272	雌	22.0	1.43	0.32	10.5×8.5	一复干于0.8m处被截
5	雌	23.0	1.40	0.49	11.4×12.2	复干多

表2-29　临沂葛家王平庄生生园复干古银杏母干胸径前10名排序

株号	性别	树高（m）	总胸径（m）	母干胸径（m）	冠幅（m）	备注
227	雌	20.0	0.99	0.80	14.8×12.3	
63	雌	25.0	1.11	0.61	15.4×13.1	中空，复干多
1	雌	21.0	1.32	0.55	12.1×13.0	复干较粗
369	雌	22.0	1.21	0.55	9.2×13.7	路标西侧废墟
352	雌	20.0	1.80	0.54	14.6×17.1	中空，复干与母干0.2m处合生
150	雌	24.5	1.35	0.53	1.05×8.5	一复干1.2m以下与母干合生
240	雌	24.0	0.88	0.53	15.5×6.5	第四复干与母干2m以下合生
64	雌	22.0	1.29	0.50	12.5×10.0	中空，复干多
97	雌	22.0	1.16	0.50	16.2×16.6	复干多，与母干合生
259	雌	22.0	0.94	0.50	13.1×10.8	中空，一复干于基部被截

表2-30　临沂葛家王平庄生生园复干古银杏冠幅前10名排序

株号	性别	树高（m）	总胸径（m）	母干胸径（m）	冠幅（m）	备注
97	雌	22.0	1.16	0.50	16.2×16.6	复干多，与母干合生
353	雌	24.0	1.24	0.43	15.2×17.1	
352	雌	20.0	1.80	0.54	14.6×17.1	中空，复干与母干0.2m处合生
263	雌	17.0	0.76	0.47	16.5×15.1	中空
361	雌	25.0	1.50	0.40	15.2×16.1	复干梢部干枯
39	雌	25.0	1.51	0.47	16.0×15.0	复干多
34	雌	25.0	1.19	0.41	19.1×11.8	复干
151	雌	23.5	1.37	0.44	15.8×15.1	复干与母干1.5m以下合生
56	雌	18.0	1.40	0.39	15.5×15.3	中空，复干多，较粗
60	雌	25.0	1.24	0.39	16.1×14.6	中空，第8个复干被截

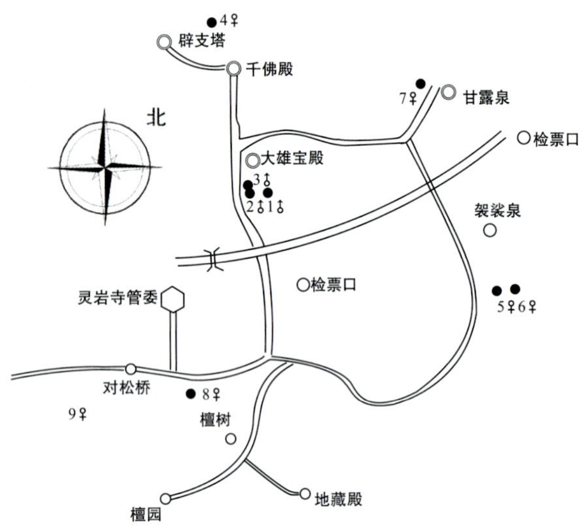

图2-62 灵岩寺古银杏分布图（9株）
注：●示银杏位置、性别及编号

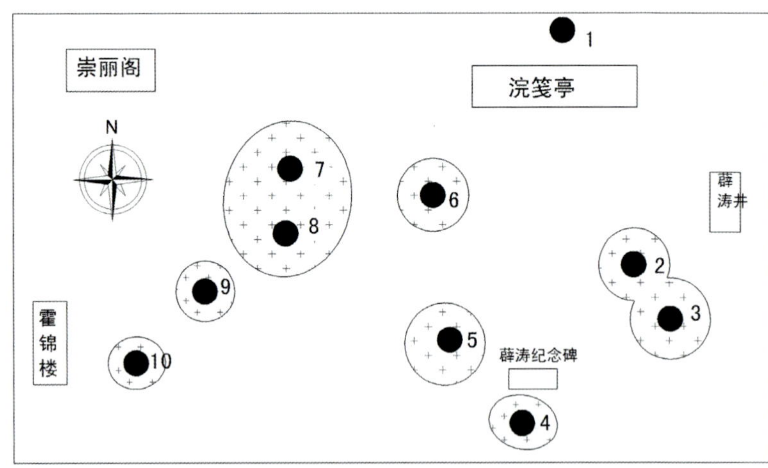

图2-64 成都市望江楼公园内银杏群落分布图（10株）
注：图中1号树为单株；简介部分1号树，阴影部分为绿地

年；胸径0.39～1.49m，平均胸径1.03m；树高13.3～23.4m，平均树高15.7m；平均冠幅12.0m×13.0m。

十八 云南省古银杏群落

腾冲县固东镇江东村（图2-63）

87株，85雌2雄，树龄100～500年，平均树龄247年，树高15.0～30.0m，平均树高21.9m，胸径0.43～2.83m，平均胸径0.880m。

十九 四川省古银杏群落

成都市武侯区望江路30号望江楼公园（图2-64、图2-65）

10株，树高18.0～22.0m，胸径0.65～1.31m，树龄100～400年，面积891.065m^2。该群落内1号树母干于2.0m处膨大，似嫁接。N=30° 37′ 56.3″，E=104° 00525.9″，H=532m。

成都市武侯区府河桥畔内环一侧的河边绿地

60余株，性别不详。路边立石勒铭：银杏园面积4500m^2，以市树银杏为主要景观，栽植银杏大树60余株，形成了府南河沿岸最大的一处银杏林。

成都市青羊区一环路西一段175号浣花溪风景区百花潭公园（图2-66、图2-67）

27株，仅知其中1株为雌，其余性别不详，树高18.0～22.0m，胸径0.30～0.76m，树龄30～1000年，面积571.794m^2。该群落内1号树复干达13个之多，集中分布于母干东侧；垂乳4个，均小，单生。N=30° 34′ 38.78″，E=104° 02′ 29.9″，H=478m。

图2-63 腾冲县固东镇江东
（注：1. 古银杏群落；2. 银杏古树分布较集中，形成了一个小型古树群；3、4. 复干群体）

成都市青羊区一环路西二段9号青羊宫道教协会（图2-66、图2-67）

39株，仅知其中1株为雌，树高18.0～27.0m，胸径0.65～1.18m，树龄30～600年，面积1800m^2。该群落内1号树结果量多，一侧置有假山石，盆景。与该群落共生的树种有柏木、冬青。N=30° 39′ 50.7″，E=104° 02′ 21.6″，H=499m。

都江堰市青城山镇天师洞

11株，仅知其中8株性别，2雄6雌。平均树龄1100年，平均树高20.8m，平均胸径0.83m，平均冠幅10.2m×9.6m，面积1100m^2。该群落内1号树相传为张天师所植，树堂内空，并长有萌蘖，20株；树身垂乳极多，可达数百个，形状奇特。该群落内2号树12.0m以下的分枝呈基部膨大状；有萌蘖20株。4号树3.0m处以分枝基部膨大并有瘤状物分布，总体呈人头状。2～5号树在天师洞大院的右上方部，树龄500～600年。这4株紧挨着长在一个小院内。N=30° 54′ 15.1″，E=103° 33′ 25.9″，H=793m。

图2-65　成都市武侯区望江路30号望江楼公园

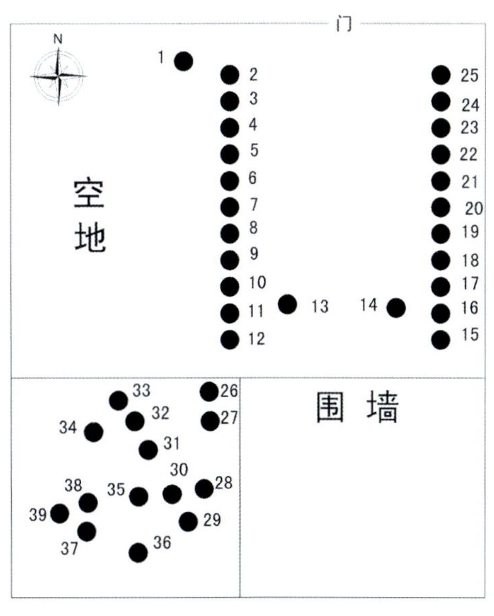

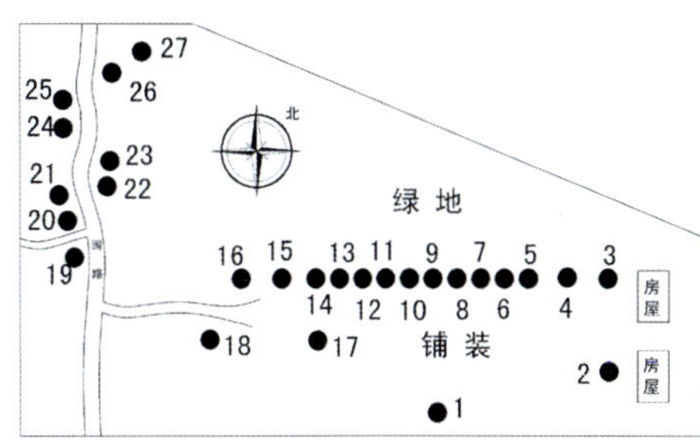

图2-66　成都市青羊区一环路西二段9号青羊宫道教协会（上）（39株）和成都市百花潭公园（下）（27株）银杏群落分布图

都江堰市玉堂镇龙凤村财神山财神主庙（图2-68、图2-69）

17株，仅知其中12株性别，2雄10雌，平均树龄175年，平均树高24.7m，平均胸径0.55m，平均冠幅11.2m×11.5m，面积500m^2。该群落内具复干的单株达10株之多。N=30° 57′ 15.8″，E=103° 32′ 37.8″，H=1027m。

都江堰市幸福镇公园路离堆公园

27株。都江堰市始建于蜀汉，有着2000多年的悠久历史，因地处都江堰，当时故名灌县，是全国唯一省政府命名的“长寿之乡”。在玉垒山城隍殿宇旁耸立着数珠高大的古银杏，从玉垒山至二王庙的路上，幽静的古道旁有许多银杏树，有　株挂满了垂乳，二工庙有一些更加高大雄壮、斑斓绚丽的古银杏，离堆园的路边两旁有许多银杏，伏龙观旁也有高大挺拔的银杏树，堰功道两旁，有一些造型别致的银杏古桩盆景，均为高龄古树。其中张松银杏，据说是三国时代蜀国那个献地图的张松所植。

都江堰市都江堰二王庙

树高18.0m，胸径1.08m。

都江堰市288号四川农业大学都江堰分校院内（图2-70、图2-71）

80余株，性别均不详，平均树龄100年，

图2-67　成都市青羊区一环路西二段9号青羊宫道教协会（上）和成都市青羊区一环路西一段175号浣花溪风景区百花潭公园（下）

树高20.0～35.0m，胸径0.5～1.21m。人工栽植，有两株树干上有垂乳。在校院门口也有银杏行道树，生长旺盛。

都江堰市街柳镇安龙村1组银杏园艺术公司（图2-72）

14株，仅知其中6株性别，4雄2雌；树龄1000年，树高9.0～20.0m，胸径0.20～1.97m，面积1600.06m²。该群落内单株1～6号树为从其他地方移栽而来，养护人员截取其他银杏的树枝，用靠接法给它们及时提供充足的水分及其他营养物质，目前生长良好。N=30° 48′ 20.9″，E=103° 36′ 55.7″，H=609m。

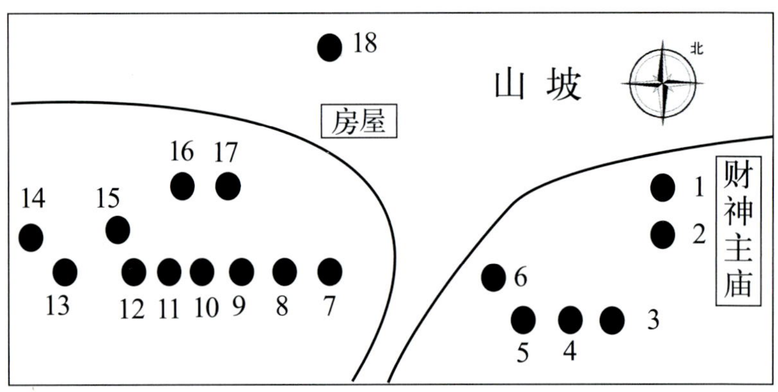

图2-68 都江堰玉堂镇龙凤镇财神山财神主庙附近（18株）古银杏分布图。
注：图中1、2、5、7、8、9、10、12、4、13、16、17号树依次为调查时1～12号树

崇州市两河乡河坪村

10余株。

崇州市街子镇凤栖山古寺

10余株。去凤栖山古寺的山路上是成片的古柏、古楠、古杉、古银杏。凤栖山古寺始建于晋代，原名常乐庵。

大邑县金星乡白岩寺（图2-73、图2-74）

47株，仅知其中2株性别，1雌1雄，树高16.0～20.0m，胸径0.3～2.0m，年龄在100～1000年，面积8000m²。该群内1号树萌条50株，总胸围达16.3m，复干9个。2号树复干2个，人称“母子树”。该群内还生长有上百株很小的银杏。位于大邑县金星乡的白岩寺，寺庙始建于唐代，重建于明万历年间，是川西平原唯一一座藏传佛教寺庙，也是距成都最近的一座藏传佛教寺庙。寺庙在两峰之间，山体为悬崖峭壁，整个壁体岩石呈玉白色，当地人称白岩山。据了解，明朝如坚禅师和弟子栽种了几千棵银杏，现只剩下40多株了，依然生机盎然，悠悠参天。大雄宝殿门外就有著名的“九子银杏”，传说长于夏商时代的老银杏树被雷击死去，在断裂的树根处萌发出9个新桩头，长成9棵参天大树，每棵树都高达8.0m以上。N=30° 46′ 48.7″，E=103° 31′ 36.2″，H=625m。

邛崃市高何镇

20余株，性别均不详，平均树龄1000年，胸径2.0～3.0m。四川西部邛崃的天台山与南宝山、祟嘏山之间山势陡峭，交通闭塞，从该市油榨乡至高何镇的20km山谷地带，古代南丝绸之路北支线的一部分。过去，这里有数不清的古银杏，据考证都是古代人工栽种的，不过大部分都被人为砍伐了，尤其是 “大炼钢铁”时期，千年古银杏都用来炼了钢铁，只剩下20多株侥幸逃脱，堪称“千年银杏谷”。在该镇机横溪村也存在4株。横溪村过去是高何古银杏较集中的村，是名副其实的“银杏村”，几年前这里尚有5株千年古银杏。2007年，该村一农户私自以3000元的价格非法出售了一棵。在高何镇，像这样被非法卖掉砍伐的千年古银杏有好几株。

图2-69 都江堰市玉堂镇龙凤村财神山财神主庙

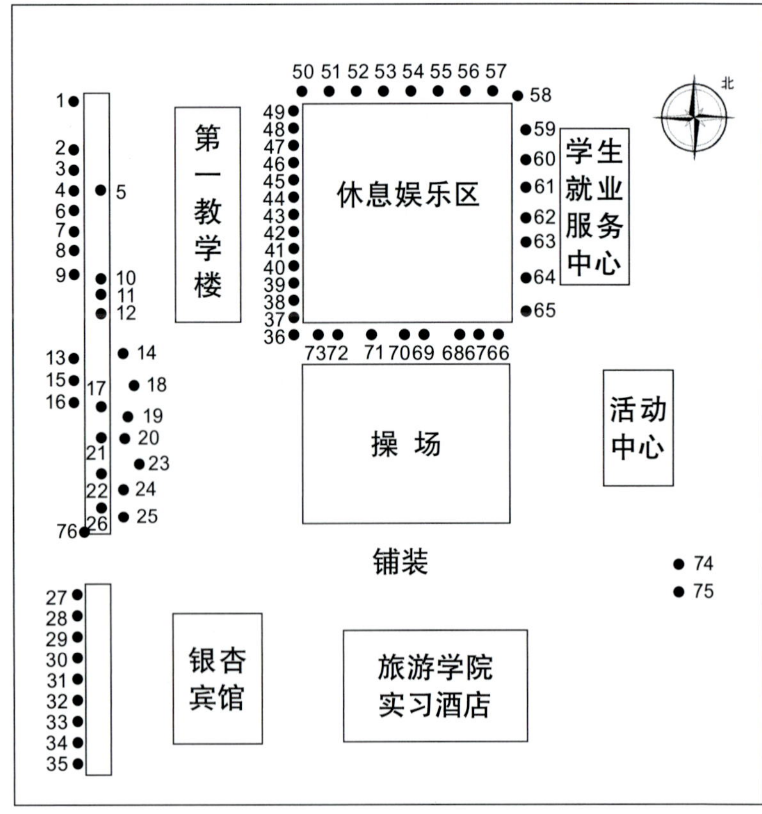

图2-70 都江堰市288号四川农大都江堰分校银杏分布图（76株）
注：图中1、2、7、61、45号树依次为单株调查时1～5号树

万源市丝罗乡四村四社熊家院子旁

该群落有银杏树36株，其中树龄500年以上3株，200年以上1株，150年以上2株。平均树高19.4m，平均胸径1.59m，平均树龄456年，平均冠幅10.4m×10.6m。

名山区蒙山顶天盖寺（图2-75）

15株，均为雌株，平均树龄1000年，平均树高21.2m，平均胸径1.247m；平均冠幅16.1m×15.9m；面积550m^2。该群内1～15号树均为雌株，总结果量达2500～4000kg/年；具复干、萌蘖的达14株（仅9号树无复干及萌蘖的分布）之多；具垂乳的4株（依次为1、2、5、15号树）；其总胸围在1.9～11.2m之间，其中复干、垂乳最多、总胸围最大者为15号树，复干达26个之多，它们的胸径范围为：0.05～0.15m，达14个之多；0.15～0.25m，11个；0.25～0.35m，1个；高度范围：2.8～12.0m；与母干最大距离达150cm，最近则紧贴母干生长；第4、5、7～10、12、14、15、19、20复干呈簇生状分布于母干西南侧。萌蘖250个，在母、复干周；垂乳亦达26个，基径3～10cm，长2～12cm。天盖寺位于蒙山顶，创建于汉代，宋代重修。寺占地8000m^2，遥对群山，四周环绕10余株千年古银杏，高大挺拔，春夏有如青盖，秋日宛若金云，十里可见，煞是奇特。中间为明代建筑石柱大殿，系蒙茶祖师吴理真结庐种茶处。据传该处原种植13株古银杏，仅一株为雄株，后来雄株不幸被病魔夺去了生命，现12株全为雌株。按此说法，其中多余的3株应为这13株古树根蘖的后代。N=30°4′54.7″，E=103°2′43.4″，H=1413m。

图2-71 都江堰市288号四川农业大学都江堰分校

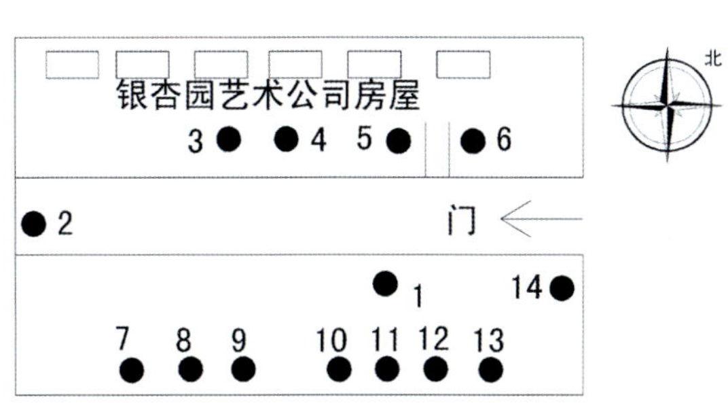

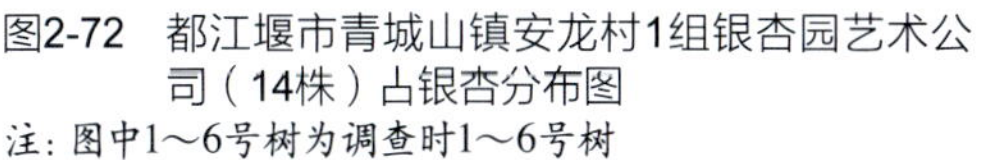
图2-72 都江堰市青城山镇安龙村1组银杏园艺术公司（14株）古银杏分布图

注：图中1～6号树为调查时1～6号树

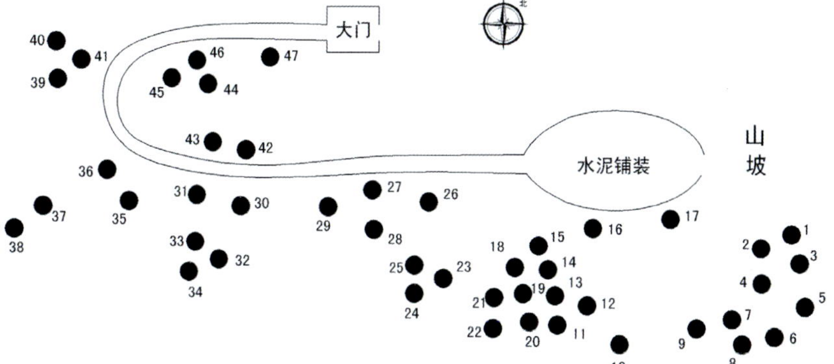

图2-73 大邑县金星乡白岩寺（47株）银杏群落分布图

注：图中26号树和16号树分别为单株简介部分1号树和2号树

二十 重庆市古银杏群落

南川区德隆乡银杏村3社杨家沟（金佛山）（图2-76、图2-77）

金佛山贯穿整个南川区，其中金山、头渡及德隆三个乡镇较多，而德隆为银杏分布之最，德隆乡除了桃坪村其他各村均留下了银杏的足迹，而该乡银杏村3社杨家沟银杏最多，其胸径2.00m以上200株左右，其他均在100年以上，其中雄株仅10余株，此次调查到的只是其中的113株，其树龄80～100年，平均树龄90年；树高12.0～28.0m，平均树高15.0m；胸径0.10～1.24m，平均胸径0.60m；平均冠幅12.0m×11.0m。面积达100亩。该群内1～3号树的果为无仁的“糯白果”，总结果量可达10t/年；4～7号树均有复干的分布，最具代表性的为5号树，复干5个。与该群落共生的树种有青冈、鹅掌楸、水杉、杉木、柳杉。N=28° 56′ 05.4″，E=107° 15′ 56.0″，H=1088m。地处重庆市远郊南川区境内的金佛山，距重庆市区公路里程约95km，风景区面积441km^2，拥有重要景点百余处，主峰风吹岭海拔2251m，是大娄山脉最高峰。金佛山又名金山，古称九递山，由金佛、柏枝、箐坝三山108峰组成，雄踞巴渝、横断川黔。每当夏秋晚晴，落日斜晖将山崖映染得金碧辉煌，犹如一尊金身大佛静卧于霞光云影间，“金佛何崔嵬，飘渺云霞间”，金佛山即由此而得名。金佛山顶峰为核心的金佛山北部、东北部、东南部和西南部，保存着弧形的银杏天然种群分布区，是一个物候型、年龄级比较齐全的银杏种群，是古银杏天然种群的直接后裔。

南川区金山镇龙洞湾村（图2-78）

位于成都南川区金山镇龙洞湾村公路边的高坡地带。16株群生，全为雌株，平均树龄1500年；树高4.0～23.0m，平均树高16.8m；胸径0.23～0.95m，平均胸径0.61m；面积5334.00m^2。该群落内，具复干的银杏达9株之多。N=28° 59′ 33.3″，E=107° 7′ 20.1″，H=1251m。

图2-74 大邑县金星乡白岩寺

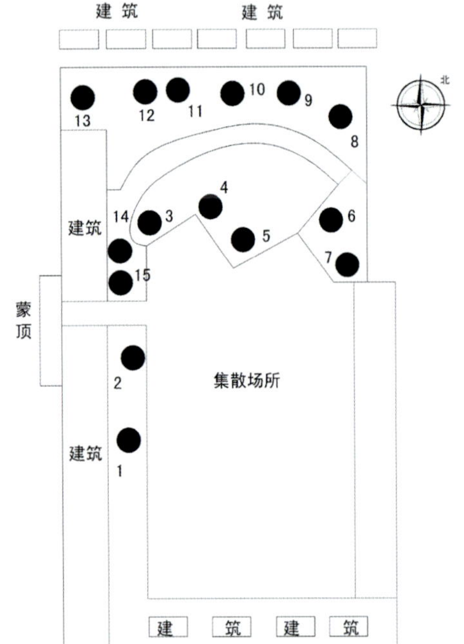

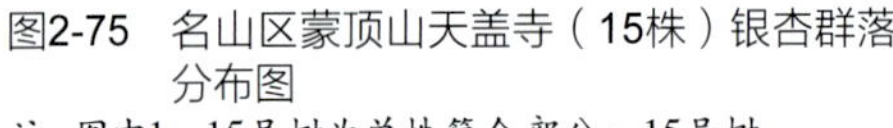

图2-75 名山区蒙顶山天盖寺（15株）银杏群落分布图

注：图中1～15号树为单株简介部分～15号树

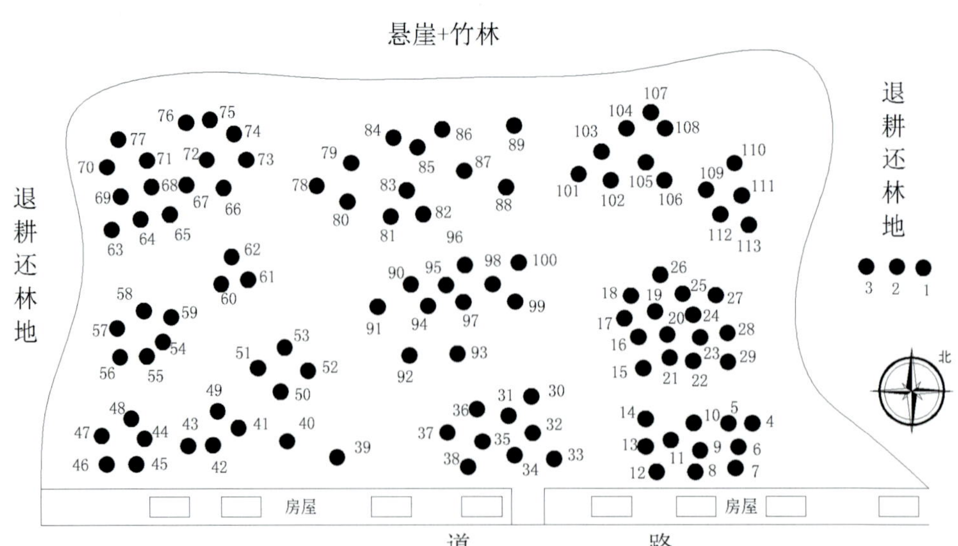

图2-76 南川区德隆乡银杏村杨家沟（113株）古银杏分布图

注：图中1～3、39、36、15和165号树依次为调查时1～7号树

图2-77 南川区德隆乡银杏村3社杨家沟

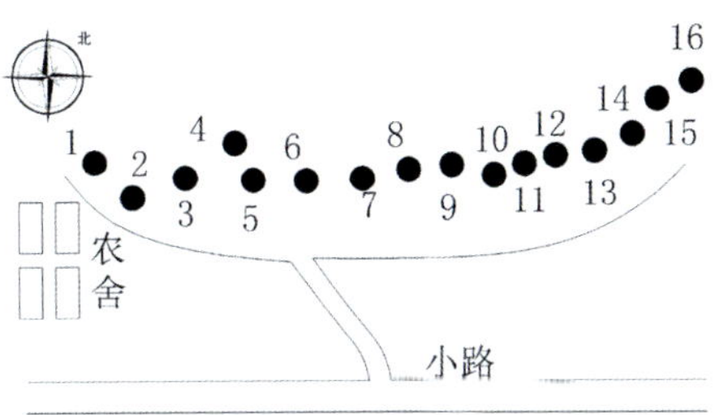

图2-78 南川区金山镇龙洞湾村古银杏分布图（16株）

注：图中1～16号树依次为调查时1、16、2～15号树

南川区庆元乡玉龙村

36株古银杏，树龄300～350年，2株；200～296年，1株；100～180年，14株；玉龙村1社新房子，4株，均为雌株，平均树龄120年，树高22.0～27.5m，平均树高24.6m；胸径0.76～1.27m，平均胸径0.92m；平均冠幅11.3m×12.4m。位于村落边坡地带。整体生长旺盛。4株果实为自然落，无人采，属米白果。1～4号树的位置关系如下：2号树位于1号树东北侧2m处；3号树位于2号树南侧2m处；4号树则位于3号树西南侧3m处。与该群落共生的树种有慈竹、棕榈。权属：集体。N=28°59′01.5″，E=107°22′00.7″，H=866m。

石柱县石家乡石龙村石庙

28株，通过现场取样勘测，树龄均在300年以上。最大的胸径达1.80m，目前，石柱已将该古银杏群的相关资料报国家林业部，并将对其实施重点保护。

石柱县沙子镇王家院子

200余株，树龄150～800年，树高15.0～20.0m，胸径0.5～1.50m。其中一棵古银杏树胸径约有1.5m，树高约50.0m，树冠约30.0m×30.0m。如此大片集中的古银杏林在全国也属罕见。该县已成立银杏保护协会，对200多棵古银杏树进行挂牌封存保护。据了解，在石柱县中益、沙子、石家等乡镇散布着上千株古银杏树，这也是目前石柱县发现最大的古银杏树群，距今已有几百年的历史，这些古银杏树的平均胸径到达了0.5m，最粗的能够到达1.5m，树高都在20m以上。在中益乡盐井村、沙子镇王家院子、石家乡石龙村古树较集中。

石柱县中益乡华溪村

共计16株。金溪组河上堡：3株，平均树龄190年，平均树高23.3m，平均胸径1.30m，平均冠幅12.3m×12.3m。金溪组吊楼子：10株，平均树龄168年，平均树高20.0m，平均胸径0.76m，平均冠幅10.6m×10.6m。中心组关口岩：3株，平均树龄117年，平均树高22.7m，平均胸径0.92m，平均冠幅12.0m×12.0m。

石柱县中益乡光明村

共计12株。奋进组生基梁：3株，平均树龄177年，平均树高22.3m，平均胸径1.01m，平均冠幅11.7m×11.7m。奋进组苦草坪：3株，平均树龄277年，平均树高22.0m，平均胸径1.51m，平均冠幅13.3m×13.3m。前进组关桩坪：6株，平均树龄87年，平均树高17.8m，平均胸径0.30m，平均冠幅12.5m×12.5m。

石柱县金铃乡银杏村

共计26株。高洞组新房子：3株，树龄均为103年，平均树高24.3m，平均胸径0.95m，平均冠幅12.3m×12.3m。龙塘组戴家湾：3株，平均树龄136年，平均树高35.5m，平均胸径1.11m，平均冠幅15.0m×15.0m。龙塘组庙子岭：5株，平均树龄163年，平均树高38.0m，平均胸径1.20m，平均冠幅17.6m×17.6m。沙沱组阳家坝：5株，树龄均为203年，平均树高30.6m，平均胸径0.80m，平均冠幅10.8m×10.8m。沙沱组半坡：3株，平均树龄170年，平均树高26.7m，平均胸径0.96m，平均冠幅15.7m×15.7m。凤凰组白羊坡：7株，树龄均为153年，平均树高26.4m，平均胸径0.69m，平均冠幅12.1m×12.1m。

第六节 银杏古树保护

目前，许多银杏古树，尤其是在偏远地区或风景名胜区树体生长衰弱、树皮腐烂、枯梢、根腐、倾倒、露根等现象十分严重，古树资源不断减少。主要原因是：地下水位高、市政建设中的断根、堆土、不良的地面铺装、迷信活动、环境污染、人工采粉、自然灾害、病虫害等。总之，造成古银杏生长衰弱无非是自然灾害和人为因素2个方面，由于自然原因的，尽量做好防范措施；对于人为因素的，应加强管理。

1. 肥水管理

（1）施肥 应根据古树名木树龄、生长势和土壤等条件而定。对生长濒危的古树名木施肥应慎重。一般应在冬季施腐熟有机肥；在花果期后追施含磷钾的颗粒肥。冬施有机肥可沟施也可穴施。应先探根，再在吸收根附近均匀挖3～4条长宽深为50cm×25cm×30cm的辐射状沟或直径5～10cm、深30～50cm、穴距60～80cm的穴洞；施肥位置应每年轮换。

（2）排灌水 古树名木一般不进行灌溉。古树名木保护区及附近应有与环境相协调的自然或管道排水系统。大雨后积水应在1小时内排除；暴雨后积水应在2小时内排除。凡长势衰弱或保护区附近进行施工的古树名木，应在保护区边缘设立2～3个水位观测井。应每天或隔天测量水位，根据施工情况测试pH值，并做好记录。若水位不正常或pH值变化明显，应查找原因，采取应对措施，及时解决。

2. 有害生物的控制

加强监测，综合治理。对白蚁危害可采用毒铒法，施药时间为5～9月份白蚁活动期。刺蛾类危害，6～10月份幼虫危害期，可喷施苏云金杆菌或灭幼脲等药剂，冬季除虫茧。

3. 修剪

以有利于古树名木正常生长和复壮为原则，对体现古树自然风貌的无危险枯枝应涂防腐剂后予以保留。分休眠期修剪和生长期修剪。通常在落叶后与新梢萌动之前（3月为佳）修剪。生长期应及时修剪过多的萌蘖枝、过密枝、严重病虫枝等。休眠期修剪主要根据树木生态习性进行修剪，如下垂枝、重叠枝；如果树冠明显不圆整、重心不稳定的，应适当短截树冠外围过长枝。对萌蘖枝保留离树较远、较粗的枝条3～5枝，其余的应及时从基部修去，切口与地面齐平；长势衰弱的可根据具体情况适当多留一些萌蘖。短截切口必须靠节，剪、锯口应在剪口芽的反侧呈适度倾斜；剪锯切口必须保持平整，确保切口面不积水。对直径大于3cm的剪、锯口必须进行消毒处理，并涂抹伤口愈合剂，如波尔多液护创剂或羊毛脂。

4. 防腐与树洞处理

应及时对古树名木的腐烂部位进行清除，裸露的木质部应使用消毒剂，如5%硫酸铜或5‰高锰酸钾；待干后涂防腐剂，如桐油。树洞修补前必须挖尽腐木，消毒防腐，保持洞口的圆顺；然后应先用木炭或水泥石块填充，如有必要可用钢筋做支撑加固，再用铁丝网罩住，外面用水泥、胶水、颜料拌匀后进行修补；封口要求平整、严密，并低于形成层；形成层处轻刮，最后涂伤口愈合剂。

5. 复壮与抢救

对堆土、积水、有害生物危害、土壤污染、雷击、风雨、持续干旱、开发建设等原因造成古树名木长势衰弱的，应及时采取复壮措施；威胁古树名木生命的，应立即采取抢救措施。

（1）**复壮技术** 保护根系：地下根系生长受到影响时，应在不伤或少伤根系的情况下，排除各种不利因素。古树名木的土壤受到有害物质严重污染时，必须及时清除污染源，并应更换部分土壤。古树名木下堆土过高，应以不伤根为原则，分期或一次性撤去堆土。因建设等原因伤根过多的，应将凹凸不平的受伤根修平、消毒，浇生根水，根据伤根情况适度疏枝摘叶；还应根据天气情况，特别是高温干旱季节应每天早晚叶面喷雾。施用菌根菌：银杏具泡囊丛枝菌根，衰弱的古树名木每年生长季节应在正常树根处挖菌根土施入古树下，或施适宜的菌根菌；施用菌根菌时应去除表层土，置菌于吸收根上。种植豆科植物：对土壤较板结的古树名木可在保护范围内种植豆科植物，如三叶草、毛豆、蚕豆等。叶面追肥：发现叶片生长不正常时，如叶片变薄或偏小时，应经专家诊断后适当进行叶面追肥，一般应于早晨或傍晚进行，如喷硫酸锌等。

对根系腐烂、枝叶枯萎的古树可以采用"苗—树插皮嫁接法"。该方法是将3～5年生、生长良好、根系发达的实生银杏苗，于嫁接前一年或3～6个月种植在需嫁接的古树傍，待幼苗根系与土壤充分密接成活后再进行嫁接。该方法是利用嫁接后的小苗根系能尽快从土壤中吸收养料和水分，及时给大树补充营养，增强树体活力，促进新枝萌发。切削老皮：古银杏树树皮总厚度，切削去大部分老化外皮，保留老皮厚度0.5cm左右，略见青色或黄白色。插接：采用插皮接法，古银杏树的嫁接切口长度一般为纵向5～8cm、横向4～5cm、深1～1.1cm，银杏幼苗切口长度一般为纵向5～8cm、横向1～2cm，边切边插入。嫁接口封扎：接材插入后立即用嫁接膏封口，盖上嫁接纸，再用塑料薄膜封盖，然后用硅胶封严塑料薄膜四周。根据树皮的完整性，为保险起见，苗—树嫁接时，尽可能对每株古树多嫁接几处。根据树皮情况，一般嫁接高度距地面5～10cm为宜，随时间的延续，小苗将和母干融为一体。据上海、山东和湖北等地试验效果良好。

（2）**抢救技术** 对濒危的古树可以采用原地抢救措施：修剪、遮阳、喷雾、施生根粉、挖观测井、灌排水、喷营养液或吊营养液等。个别古树名木保护区及附近因地下水位长期过高或环境严重恶化，且采取多种措施确实无法改善时，可考虑异地抢救。实施过程要注意：截干、截枝，带土团休眠期移植，栽植时应高于地面50cm以上，防止积水。

6. 保护设施

古树名木根系分布区踩踏严重的，应设立保护围栏。围栏的式样应与古树名木的周边环境相协调。对生长衰弱、树体倾斜、树洞明显或处于河岸、高坡上或树冠大、枝叶密集、易遭风折的古树名木，必须设立支撑或拉攀加固，加固设施与树体接触处必须加垫层，如厚橡胶。树体高大、位于空旷处的古树名木，应安装防雷设施。防雷设施应每年检测，工频接地电阻应小于10Ω。

7. 自然灾害的防范

对于台风频发的沿海地区，若发现古树名木的支撑拉攀加固等设施不妥的，必须及时更新；发现古树名木周边积水的，必须及时排除；古树名木上有积雪覆盖，应及时去除；对连续高温干旱后，叶片发黄甚至萎蔫现象发生的古树名木，应于早晨或傍晚进行叶面喷雾和根部灌溉。

第三章
核用银杏资源

我国银杏种核资源及品种选育居世界领先水平，本章对古树种实资源、核用品种、优系或优株资源介绍如下。

第一节
古树种实

目前，国内核用、叶用、材用、观赏、雄株等品种均是从现存的古树选育出来的，古树资源是我国银杏最大的一批原始资源，对银杏新品种创新具有重要意义。本部分结合古树资源调查，对主要古树种实进行了测定，古树种实特性研究对未来核用品种创新及新品种保护奠定了良好基础，基于时间及条件限制本书未能对国内所有古树雌株种实特征进行调查，现将我国10个省（直辖市、区）部分银杏古树（雌株）种实主要指标分述如下。

一　河北古树种实

遵化市侯家寨乡禅林寺村禅林寺古银杏风景区6号（图3-1）

种实小，形状椭圆形，顶端凸起，基部凹进，颜色黄色，果粉薄，种梗微弯（短），蒂盘圆形凸起，油胞呈橙黄色圆状且密；种实长2.34cm，宽2.14cm，种梗长2.13cm，种实重6.63g；种核卵形，小，顶端尖，基部尖，侧棱两条明显，长宽线交点偏下，背腹对称且肥厚，颜色象牙白；种核长2.02cm，宽1.43cm，厚1.24cm，种核重1.62g，出核率24.36%；种仁长1.54cm，宽1.20cm，厚1.04cm，种仁重1.17g，出仁率72.41%。

遵化市侯家寨乡禅林寺村禅林寺古银杏风景区7号（图3-2）

种实形状广椭圆形，中等大小，顶端凸起，基部平广，颜色橙黄，果粉中等，种梗弯曲（中等长度），蒂盘圆形凸起，油胞呈橙黄色椭圆状且稀疏；种实长2.52cm，宽2.23cm，种梗长2.44cm，种实重8.35g；种核椭圆形，中等大小，顶端微尖，基部平广，侧棱两条明显，长宽线交点中间，背腹对称且肥厚，颜色象牙白；种核长2.146cm，宽1.762cm，厚1.366cm，种核重1.887g，出核率22.59%；种仁长1.76cm，宽1.20cm，厚1.11cm，种仁重1.43g，出仁率75.79%。

迁安县蔡园乡马信营村六合寺（图3-3）

种实大，形状广椭圆形，顶端凸起，基部凸起，颜色黄色，果粉厚，种梗长且弯曲，蒂盘多边形凸起，油胞呈红晕椭圆状且稀疏；种实长3.223cm，宽2.85cm，种梗长3.69cm，种实重15.51g；种核广椭圆形，大，顶端尖，基部窄狭，侧棱两条明显，长宽线交点中间，背腹对称且肥厚，颜色象牙白；种核长2.81cm，宽1.99cm，厚1.61cm，种核重3.589g，出核率23.89%；种仁长1.93cm，宽1.50cm，厚0.92cm，种仁重1.59g，出仁率57.16%。

三河市埝头乡大掠马村小学内（原为寺庙）（图3-4）

种实中等大小，形状扁圆形，顶端凸起，基部凹进，颜色橙色，果粉厚度较薄，种梗长，蒂盘圆形凸起，油胞呈橙黄色圆状且中等密度；种实长2.83cm，宽2.68cm，种梗长2.83cm，种实重10.70g；种核扁椭圆形，小，顶端尖，基部窄狭，侧棱两条明显，长宽线交点中间，背腹对称且肥厚，颜色象牙白；种核长2.088cm，宽1.70cm，厚1.49cm，种核重2.45g，出核率22.91%；种仁长1.41cm，宽1.31cm，厚1.14cm，种仁重0.90g，出仁率61.88%。

抚宁县石门寨镇浅水营村（图3-5）

种实大，形状椭圆形，顶端凸起，基部平广，颜色黄色，果粉中等厚度，种梗微弯（中），蒂盘椭圆形凸起，油胞呈橙黄色圆状且稀；种实长3.56cm，宽2.65cm，种梗长2.60cm，种实重9.11g；种核纺锤形，大，顶端尖，基部平广，侧棱两条明显少有三棱，长宽线交点中间，背腹对称且肥厚，颜色象牙白；种核长2.90cm，宽1.77cm，厚1.33cm，种核重2.37g，出核率26.05%；种仁长2.33cm，宽1.30cm，厚0.98cm，种仁重1.58g，出仁率66.63%。

图3-1　遵化市侯家寨乡禅林寺村禅林寺古银杏风景区6号

图3-2　遵化市侯家寨乡禅林寺村禅林寺古银杏风景区7号

图3-3　迁安县蔡园乡马信营村六合寺

图3-4　三河市埝头乡大掠马村小学内（原为寺庙）

图3-5 抚宁县石门寨镇浅水营村

图3-6 蓟县城西关的旋耕机厂院内

图3-7 盘县乐民镇乐民村1.2组（1）

图3-8 盘县石桥镇妥乐村（2）5号树

图3-9 盘县石桥镇妥乐村（4）17号树

图3-10 盘县石桥镇妥乐村（5）26号树

易县大龙华乡大龙华村小学（娘娘庙）

易州大白果。种子圆球形或短广椭圆形，顶部圆钝，近种梗处微凹，平均纵径3cm，横径2.83cm，种柄长4.5cm，熟时杏黄色，表皮略有皱褶，微有薄层白粉，外种皮较厚，单粒种重10～11.2g，每一短枝结种2～3粒，多者达5粒，出核率28%。种核近圆形或略扁，上下两端基本一致，先端圆钝具微尖，核皮表面洁白光亮，腰部浑圆丰满，有纵向弧状凸起条纹，腹背基本相等，迹点略平色暗，束迹明显，核两侧棱线凸起翼状边缘，似梅核状，核纵径2.3cm，横径1.9cm，厚1.5cm，单粒重3.1～3.9g，每千克310～320粒，出仁率26.5%，种仁饱满，糯性强，种仁微有苦味，淡黄间带绿色，有胚率95%。

二 天津古树种实

蓟县盘山风景名胜区莲花岭北天成寺大雄宝殿东株

种实小，形状椭圆形，顶端凸起，基部凹进，颜色橙黄色，果粉薄，种梗微弯（短），蒂盘圆形凸起，油胞呈红晕椭圆状且稀；种实长2.37cm，宽2.38cm，种实重4.55g；种核扁椭圆形，小，顶端微尖，基部平广，侧棱两条明显，长宽线交点中间，背腹对称且肥厚，颜色象牙白；种核长2.06cm，宽1.62cm，厚1.26cm，种核重1.06g，出核率23.25%；种仁长1.36cm，宽1.14cm，厚0.90cm，种仁重0.65g，出仁率61.76%。

蓟县城西关的旋耕机厂院内（图3-6）

种实中等大小，形状椭圆形，顶端突起，基部凸起，颜色橙黄色，果粉中等厚度，种梗微弯（中），蒂盘圆形凸起，油胞呈橙黄色圆状且密；种实长2.67cm，宽2.36cm，种梗长3.04cm，种实重8.92g；种核椭圆形，小，顶端尖，基部窄狭，侧棱两条明显，长宽线交点中间，背腹不对称且肥厚，颜色象牙白；种核长2.29cm，宽1.65cm，厚1.26cm，种核重2.02g，出核率22.60%；种仁长1.89 cm，宽1.28cm，厚1.06cm，种仁重1.46g，出仁率72.23%。

三 贵州古树种实

盘县乐民镇乐民村1.2组（1）（图3-7）

种实椭圆形，中等大小，顶端微尖，基部平广，颜色橙黄，果粉薄，种梗短，蒂盘多边形，油胞圆形且密；种实长2.51cm，宽2.17cm，种梗长2.50cm，种实重5.62g；种核卵圆形，中等大小，顶端尖，基部微尖，侧棱两条明显，长宽线交点中间，背腹肥厚且对称，颜色象牙白；种核长2.05cm，宽1.41cm，厚1.21cm，种核重1.72g，出核率30.60%；种仁长1.69cm，宽1.21cm，厚1.10cm，种仁重1.31g，出仁率76.16%。

盘县石桥镇妥乐村（2）5号树（图3-8）

种实圆形，大小中等，顶端平，基部平广，颜色橙黄色，果粉薄，种梗短，蒂盘圆形，油胞呈圆形且密；种实长2.20cm，宽2.18cm，种梗长2.42cm，种实重6.33g；种核卵圆形，中等大小，顶端微尖，基部尖，侧棱两条明显，长宽线交点中间，背腹肥厚且相等，颜色象牙白；种核长1.70cm，宽1.45cm，厚1.21cm，种核重1.59g，出核率25.12%；种仁长1.51cm，宽1.22cm，厚1.06cm，种仁重1.23g，出仁率77.36%。

盘县石桥镇妥乐村（4）17号树（图3-9）

种实中等大小，近圆形，顶端平，基部平广，颜色橙黄色，果粉薄，种梗短，蒂盘圆形，油胞圆形且密；种实长2.39cm，宽2.33cm，种梗长2.55cm，种实重7.94g；种核近圆形，中等大小，顶端尖，基部微尖，侧棱两条明显，长宽线交点中间，背腹对称且肥厚，颜色象牙白；种核长1.98cm，宽1.63cm，厚1.32cm，种核重2.09g，出核率36.52%；种仁长1.62cm，宽1.37cm，厚1.18cm，种仁重1.58g，出仁率54.48%。

盘县石桥镇妥乐村（5）26号树（图3-10）

种实大，卵圆形，顶端微尖，基部平广，

颜色橙黄色，果粉厚度较薄，种梗短，蒂盘卵圆形，油胞呈点状且稀；种实长2.73cm，宽2.63cm，种梗长2.70cm，种实重10.64g；种核椭圆形，大，顶端尖，基部微尖，侧棱两条明显，长宽线交点偏上，背腹对称且中等肥厚，颜色象牙白；种核长2.18cm，宽1.53cm，厚1.21cm，种核重1.90g，出核率17.86%；种仁长1.80cm，宽1.31cm，厚1.05cm，种仁重1.40g，出仁率73.68%。

图3-11　盘县石桥镇妥乐村（6）34号树

图3-12　盘县石桥镇妥乐村（7）143号树

盘县石桥镇妥乐村（6）34号树（图3-11）

种实大，卵圆形，顶端平，基部平广，颜色橙黄色，果粉薄，种梗长度中等，蒂盘圆形，油胞点状且密；种实长2.72cm，宽2.29cm，种梗长3.73cm，种实重9.25g；种核椭圆形，大，顶端尖，基部尖，侧棱两条明显，长宽线交点中间，背腹对称且肥厚，颜色鱼肚白，种核长2.37cm，宽1.56cm，厚1.49cm，种核重2.05g，出核率22.16%；种仁长1.98cm，宽1.28cm，厚1.07cm，种仁重1.43g，出仁率69.76%。

图3-13　锦屏县平秋镇平翁村

图3-14　锦屏县河口乡文斗苗寨

盘县石桥镇妥乐村（7）143号树（图3-12）

种实大，圆形，顶端微尖，基部平广，颜色橙黄色，果粉薄，种梗短，蒂盘圆形，油胞点状且密；种实长2.63cm，宽2.47cm，种梗长2.94cm，种实重8.95g；种核卵圆形，大，顶端尖，基部尖，侧棱两条明显，长宽线交点中间，背腹肥厚但对称，颜色白，种核长2.20cm，宽1.52cm，厚1.27cm，种核重2. 02g，出核率22.57%；种仁长1.81cm，宽1.29cm，厚1.12cm，种仁重1.52g，出仁率75.25%。

锦屏县平秋镇平翁村（图3-13）

有正常果和葫芦果两种类型。正常种实中等大小，椭圆形，顶端微尖，基部平广，颜色橙黄色，果粉薄，种梗长，蒂盘多边形，油胞点状且稀；种实长2.43cm，宽1.89cm，种梗长5.24cm，种实重5.66g；种核椭圆形，大，顶端尖，基部尖，侧棱两条明显，长宽线交点偏上，背腹对称且中等肥厚，颜色白；种核长2.40cm，宽1.40cm，厚1.21cm，种核重1.75g，出核率30.92%；种仁长1.85cm，宽1.16cm，厚1.02cm，种仁重1.32g，出仁率75.43%。

锦屏县河口乡文斗苗寨（图3-14）

种实中等大小，近圆形，顶端平，基部平广，颜色橙黄色，果粉薄，种梗短，蒂盘圆形，油胞圆形且密；种实长2.23cm，宽1.83cm，种梗长3.00cm，种实重5.24g；种核卵圆形，中等大小，顶端尖，基部尖，侧棱两条明显，长宽线交点中间，背腹对称且中等肥厚，颜色鱼肚白；种核长1.96cm，宽1.44cm，厚1.16cm，种核重1.62g，出核率30.92%；种仁长1.61cm，宽1.23cm，厚1.05cm，种仁重1.24g，出仁率76.54%。

龙里县谷龙乡上白果寨（图3-15）

种实中等大小，圆形，顶端平，基部平广，颜色橙黄色，果粉薄，种梗长度中等，蒂盘卵圆形，油胞点状且稀；种实长2.79cm，宽2.62cm，种梗长3.38cm，种实重12.75g；种核卵圆形，大，顶端尖，基部尖，侧棱两条明显，长宽线交点中间，背腹对称且肥厚，颜色鱼肚白；种核长2.30cm，宽1.85cm，厚1.45cm，种核重2.80g，出核率21.96%；种仁长1.88cm，宽1.53cm，厚1.24cm，种仁重2.02g，出仁率72.14%。

贵阳市乌当区羊昌镇黄连村枇杷寨西北极（发黄果实）（图3-16）

种实大小中等，椭圆形，顶端平，基部平

图3-15　龙里县谷龙乡上白果寨

图3-16　贵阳市乌当区羊昌镇黄连村枇杷寨西北极（发黄果实）
（注：1. 红果、绿果）

广，颜色橙黄色，果粉薄，种梗长，蒂盘圆形，油胞圆形且密；种实长3.02cm，宽2.08cm，种梗长5.15cm，种实重5.39g；种核卵圆形，中等大小，顶端微尖，基部微尖，侧棱两条明显，长宽线交点中间，背腹对称且中等肥厚，颜色象牙白；种核长1.94cm，宽1.50cm，厚1.09cm，种核重1.47g，出核率27.27%；种仁长1.53cm，宽1.30cm，厚1.02cm，种仁重1.21g，出仁率82.31%。

贵阳市乌当区羊昌镇黄连村枇杷寨西北极(发绿果实)（图3-17）

种实中等大小，椭圆形，顶端微尖，基部平广，颜色橙黄色，果粉薄，种梗长度中等，蒂盘圆形，油胞点状且密；种实长2.95cm，宽2.13cm，种梗长3.90cm，种实重6.50g；种核椭圆形，大，顶端尖，基部尖，侧棱两条明显，长宽线交点偏上，背腹对称且肥厚，颜色象牙白；种核长2.55cm，宽1.76cm，厚1.41cm，种核重2.77g，出核率31.69%；种仁长2.13cm，宽1.43cm，厚1.26cm，种仁重1.86g，出仁率68.63%。

务川县红丝乡先进村十二盘大坪组(叶黄)（图3-18）

种实大小中等，圆形，顶端平，基部平广，颜色橙黄色，果粉薄，种梗长，蒂盘圆形，油胞点状且密；种实长2.30cm，宽2.32cm，种梗长4.63cm，种实重7.36g；种核近圆形，中等大小，顶端微尖，基部微尖，侧棱两条明显，长宽线交点中间，背腹对称且肥厚，颜色洁白；种核长1.87cm，宽1.65cm，厚1.37cm，种核重1.99g，出核率27.04%；种仁长1.59cm，宽1.39cm，厚1.20cm，种仁重1.59g，出仁率79.90%。

务川县红丝乡先进村十二盘大坪组Ⅰ(果大)（图3-19）

种实大，近圆形，顶端平，基部平广，颜色橙黄色，果粉薄，种梗长度中等，蒂盘圆形，油胞圆形且稀；种实长2.64cm，宽2.67cm，种梗长4.25cm，种实重10.73g；种核卵圆形，大，顶端平，基部微尖，侧棱两条明显，长宽线交点偏下，背腹不对称但肥厚，颜色鱼肚白；种核长2.25cm，宽2.02cm，厚1.53cm，种核重3.14g，出核率29.26%；种仁长1.86cm，宽1.63cm，厚1.32cm，种仁重2.31g，出仁率73.28%。

务川县红丝乡先进村十二盘大坪组(子树)Ⅱ（图3-20）

种实大小中等，圆形，顶端平，基部平广，颜色橙黄色，果粉薄，种梗中等长度，蒂盘椭圆形，油胞圆形且密；种实长2.42cm，宽2.16cm，种梗长4.90cm，种实重6.19g；种核卵圆形，中等大小，顶端微尖，基部微尖，侧棱两条明显，长宽线交点中间，背腹对称且肥厚，颜色鱼肚白；种核长2.01cm，宽1.72cm，厚1.31cm，种核重1.94g，出核率31.34%；种仁长1.72cm，宽1.35cm，厚1.17cm，种仁重1.54g，出仁率79.38%。

务川县红丝乡先进村十二盘大坪组Ⅲ（图3-21）

种实小，近圆形，顶端平，基部平广，颜色橙黄色，果粉薄，种梗长度中等，蒂盘椭圆形，油胞圆形且密；种实长2.15cm，宽2.03cm，种梗长3.93cm，种实重5.18g；种核卵圆形，小，顶端尖，基部尖，侧棱两条明显，长宽线交点中间，背腹对称且中等肥厚，颜色鱼肚白；种核长1.82cm，宽1.47cm，厚1.20cm，种核重1.57g，出核率30.31%；种仁长1.57cm，宽1.21cm，厚1.04cm，种仁重1.19g，出仁率75.80%。

贵阳市花溪区高枝乡大洪村小长寨（图3-22）

种实大，椭圆形，顶端平，基部平广，颜色橙黄色，果粉薄，种梗短，蒂盘卵圆形，油胞圆形且密；种实长2.71cm，宽2.36cm，种梗长2.10cm，种实重8.64g；种核椭圆形，大，顶端微尖，基部微尖，侧棱两条明显，长宽线交点偏上，背腹对称且中等肥厚，颜色鱼肚白；种核长2.26cm，宽1.72cm，厚1.20cm，种核重2.26g，出核率26.16%；种仁长1.59m，宽1.36cm，厚0.62cm，种仁重1.60g，出仁率70.80%。

图3-17 贵阳市乌当区羊昌镇黄连村枇杷寨西北极（发绿果实）

图3-18 务川县红丝乡先进村十二盘大坪组（叶黄）

图3-19 务川县红丝乡先进村十二盘大坪组Ⅰ（果大）

图3-20 务川县红丝乡先进村十二盘大坪组(子树)Ⅱ

图3-21 务川县红丝乡先进村十二盘大坪组Ⅲ

图3-22 贵阳市花溪区高枝乡大洪村小长寨

图3-23 长顺县广顺镇石板村天台村民组1

图3-24 务川县镇南乡新村岩坪组（果圆）

图3-25 务川县镇南乡新村岩坪组（长圆）

图3-26 务川县泥水镇复兴村小桥

图3-27 正安县谢坝乡上官村红光组4

图3-28 正安县流渡镇新桥村卢家坪组

长顺县广顺镇石板村天台村民组1（图3-23）

种实大小中等，椭圆形，顶端微尖，基部平广，颜色黄色，果粉薄，种梗短，蒂盘卵圆形，油胞圆形且稀；种实长2.51cm，宽2.02cm，种梗长2.63cm，种实重5.84g；种核椭圆形，中等大小，顶端微尖，基部尖，侧棱两条明显，长宽线交点中间，背腹对称且肥厚，颜色鱼肚白；种核长2.11cm，宽1.44cm，厚1.18cm，种核重1.71g，出核率29.28%；种仁长1.77cm，宽1.23cm，厚1.06cm，种仁重1.35g，出仁率78.95%。

务川县镇南乡新村岩坪组（果圆）（图3-24）

种实大小中等，圆形，顶端尖，基部平广，颜色橙黄色，果粉厚，种梗长，蒂盘圆形，油胞点状且密；种实长2.32cm，宽1.93cm，种梗长5.35cm，种实重4.73g；种核椭圆形，中等大小，顶端微尖，基部尖，侧棱两条明显，长宽线交点中间，背腹对称且中等肥厚，颜色鱼肚白；种核长2.01cm，宽1.39cm，厚1.13cm，种核重1.32g，出核率28.79%；种仁长1.53cm，宽1.07cm，厚0.90cm，种仁重0.90g，出仁率66.08%。

务川县镇南乡新村岩坪组（长圆）（图3-25）

种实小，椭圆形，顶端尖，基部平广，颜色橙黄色，果粉薄，种梗长度中等，蒂盘圆形，油胞点状且稀；种实长2.48cm，宽1.81cm，种梗长3.96cm，种实重4.26g；种核椭圆形，小，顶端尖，基部尖，侧棱两条明显，长宽线交点偏上，背腹对称且中等肥厚，颜色鱼肚白；种核长2.02cm，宽1.15cm，厚0.92cm，种核重1.01g，出核率23.71%；种仁长1.72cm，宽0.95cm，厚0.78cm，种仁重0.74g，出仁率73.27%。

务川县泥水镇复兴村小桥（图3-26）

种实大，近圆形，顶端尖，基部平广，颜色橙黄色，果粉薄，种梗长，蒂盘卵圆形，油胞点状且密；种实长2.51cm，宽2.27cm，种梗长4.80cm，种实重7.34g；种核卵圆形，大，顶端微尖，基部尖，侧棱两条明显，长宽线交点中间，背腹对称且肥厚，颜色鱼肚白；种核长2.21cm，宽1.62cm，厚1.31cm，种核重2.03g，出核率27.66%；种仁长1.85cm，宽1.28cm，厚1.10cm，种仁重1.54g，出仁率75.86%。

正安县谢坝乡上官村红光组4（图3-27）

种实大，椭圆形，顶端平，基部平广，颜色黄色，果粉薄，种梗长度中等，蒂盘多边形，油胞圆形且稀；种实长2.87cm，宽2.43m，种梗长4.50cm，种实重9.73g；种核椭圆形，大，顶端微尖，基部微尖，侧棱两条明显，长宽线交点偏上，背腹对称且肥厚，颜色鱼肚白；种核长2.39cm，宽1.68cm，厚1.51cm，种核重2.23g，出核率22.92%；种仁长2.03cm，宽1.37cm，厚1.21cm，种仁重1.92g，出仁率86.10%。

正安县流渡镇新桥村卢家坪组（图3-28）

种实大小中等，近圆形，顶端平，基部平广，颜色橙黄色，果粉稍厚，种梗长，蒂盘多边形，油胞圆形且密；种实长2.46cm，宽2.20m，种梗长4.50cm，种实重6.38g；种核卵圆形，中等大小，顶端尖，基部微尖，侧棱两条明显，长宽线交点偏上，背腹对称且肥厚，颜色象牙白；种核长2.03cm，宽1.40cm，厚1.22cm，种核重1.51g，出核率23.67%；种仁长1.65cm，宽1.21cm，厚1.07cm，种仁重1.28g，出仁率84.77%。

务川县都濡镇三桥村柏园1（图3-29）

种实大，椭圆形，顶端微尖，基部平广，颜色橙黄色，果粉薄，种梗长，蒂盘圆形，油胞点状且密；种实长2.80cm，宽2.26cm，种梗长5.38cm，种实重7.87g；种核椭圆形，大，顶端尖，基部尖，侧棱两条明显，长宽线交点偏上，背腹对称且肥厚，颜色鱼肚白；种核长2.30cm，宽1.55cm，厚1.26cm，种核重2.21g，出核率28.08%；种仁长1.77cm，宽1.35cm，厚1.13cm，种仁重1.71g，出仁率77.38%。

四 湖北古树种实

随州市洛阳镇胡家村1组1号（图3-30）

种实圆形，中等大小，顶端微尖，基部平广，颜色橙黄，果粉薄，种梗短，蒂盘椭圆形，油胞圆形且密；种实长2.29cm，宽2.15cm，种梗长2.60cm，种实重6.28g；种核广圆形，中等大小，顶端尖，基部微尖，侧棱两条下部不明显，长宽线交点偏上部，背腹中等肥厚不对称，颜色象牙白；种核长2.00cm，宽1.39cm，厚1.22cm，种核重1.79g，出核率28.50%；种仁长1.65 cm，宽1.20cm，厚1.08cm，种仁重1.32g，出仁率73.74%。

随州市洛阳镇胡家村1组2号（图3-31）

种实近圆形，大小中等，顶端凸起，基部平广，颜色橙黄色，果粉薄，种梗短，蒂盘椭圆形，油胞呈点状且密；种实长2.61cm，宽2.42cm，种梗长3.04cm，种实重8.01g；种核椭圆形，中等大小，顶端微尖，基部尖，侧棱两条明显，长宽线交点中间，背腹中等肥厚且相等，颜色象牙白；种核长2.22cm，宽1.62cm，厚1.39cm，种核重2.28g，出核率28.46%；种仁长1.85cm，宽1.35cm，厚1.21cm，种仁重1.81g，出仁率79.39%。

随州市洛阳镇胡家村1组3号（图3-32）

种实中等大小，近圆形，顶端微尖，基部平广，颜色橙黄色，果粉薄，种梗短，蒂盘圆形，油胞圆形且密；种实长2.40cm，宽2.32cm，种梗长2.55cm，种实重7.40g；种核卵圆形，中等大小，顶端尖，基部微尖，侧棱两条明显，长宽线交点中间，背腹对称且中等肥厚，颜色象牙白；种核长2.04cm，宽1.50cm，厚1.26cm，种核重1.94g，出核率26.22%；种仁长1.72cm，宽1.30cm，厚1.11cm，种仁重1.47g，出仁率75.77%。

随州市洛阳镇胡家村1组4号（图3-33）

种实中等大小，圆形，顶端平，基部平广，颜色黄色，果粉较薄，种梗短，蒂盘近卵形，油胞呈圆状且密；种实长2.80cm，宽2.57cm，种梗长3.55cm，种实重10.16g；种核椭圆形，中等大小，顶端凹，基部尖，侧棱两条明显，长宽线交点偏上，背腹对称且中等肥厚，颜色象牙白；种核长2.24cm，宽1.70cm，厚1.36cm，种核重2.49g，出核率24.51%；种仁长1.82cm，宽1.40cm，厚1.17cm，种仁重1.81g，出仁率72.69%。

随州市洛阳镇胡家村1组5号（图3-34）

种实小，椭圆形，顶端平，基部平广，颜色橙黄色，果粉薄，种梗短，蒂盘多边形，油胞点状且稀；种实长2.45cm，宽2.18cm，种梗长2.90cm，种实重6.85g；种核椭圆形，小，顶端尖，基部微尖，侧棱两条明显，长宽线交点中间，背腹对称且肥厚，颜色象牙白；种核长2.03cm，宽1.57cm，厚1.34cm，种核重2.16g，出核率31.53%；种仁长1.72cm，宽1.40cm，厚1.19cm，种仁重1.63g，出仁率75.46%。

随州市洛阳镇胡家村1组6号（图3-35）

种实小，圆形，顶端平，基部平广，颜色橙黄色，果粉薄，种梗中等长度，蒂盘卵圆形，油胞点状且密；种实长2.49cm，宽2.14cm，种梗长3.15cm，种实重6.74g；种核卵圆形，小，顶端尖，基部尖，侧棱两条明显，长宽线交点中间，背腹对称且肥厚，颜色象牙白；种核长2.09cm，宽1.56cm，厚1.35cm，种核重2.20g，出核率32.64%；种仁长1.76cm，宽1.31cm，厚1.20cm，种仁重1.64g，出仁率74.55%。

随州市洛阳镇胡家村1组7号（图3-36）

种实中等大小，圆形，顶端平，基部平广，颜色橙黄色，果粉薄，种梗长，蒂盘卵圆形，油胞圆形且密；种实长2.57cm，宽2.02cm，种梗长4.25cm，种实重9.00g；种核卵圆形，中等大小，顶端微凹，基部尖，侧棱两条明显，长宽线交点中间，背腹对称且中等肥厚，颜色鱼肚白；种核长2.11cm，宽1.54cm，厚1.28cm，种核重2.14g，出核率23.78%；种仁长1.78cm，宽1.28cm，厚1.13cm，种仁重1.58g，出仁率73.83%。

随州市洛阳镇胡家村1组8号（图3-37）

种实小，圆形，顶端平，基部微凸，颜色橙黄色，果粉薄，种梗长，蒂盘圆形，油胞点状且密；种实长2.42cm，宽2.15cm，种梗长3.50cm，种实重6.08g；种核卵圆形，小，顶端微凹，基部尖，侧棱两条明显，长宽线交点中间，背腹对称且中等肥厚，颜色鱼肚白；种核长1.99cm，宽1.46cm，厚1.22cm，种核重1.68g，出核率27.63%；种仁长1.58cm，宽1.17cm，厚0.99cm，种仁重1.18g，出仁率70.24%。

图3-29 务川县都濡镇三桥村柏园1

图3-30 随州市洛阳镇胡家村1组1号

图3-31 随州市洛阳镇胡家村1组2号

图3-32 随州市洛阳镇胡家村1组3号

图3-33 随州市洛阳镇胡家村1组4号

图3-34 随州市洛阳镇胡家村1组5号

图3-35　随州市洛阳镇胡家村1组6号

图3-36　随州市洛阳镇胡家村1组7号

图3-37　随州市洛阳镇胡家村1组8号

图3-38　随州市洛阳镇胡家村1组10号

图3-39　随州市洛阳镇胡家村1组11号

图3-40　随州市洛阳镇胡家村1组12号

随州市洛阳镇胡家村1组10号（图3-38）

种实中等大小，椭圆形，顶端平，基部平广，颜色橙黄色，果粉薄，种梗长，蒂盘多边形，油胞点状形且密；种实长2.55cm，宽2.16cm，种梗长3.52cm，种实重6.92g；种核椭圆形，中等大小，顶端尖，基部尖，侧棱两条明显，长宽线交点中间，背腹对称且中等肥厚，颜色象牙白；种核长2.21cm，宽1.60cm，厚1.37cm，种核重2.44g，出核率35.26%；种仁长1.83cm，宽1.34cm，厚1.21cm，种仁重1.78g，出核率72.95%。

随州市洛阳镇胡家村1组11号（图3-39）

种实小，圆形，顶端平，基部平广，颜色橙黄色，果粉薄，种梗中等，蒂盘圆形，油胞点状且密；种实长2.01cm，宽1.97cm，种梗长3.72cm，种实重4.74g；种核近圆形，小，顶端尖，基部尖，侧棱两条明显，长宽线交点中间，背腹对称且肥厚，颜色鱼肚白；种核长1.79cm，宽1.48cm，厚1.23cm，种核重1.67g，出核率35.23%；种仁长1.54cm，宽1.27cm，厚1.12cm，种仁重1.44g，出仁率86.23%。

随州市洛阳镇胡家村1组12号（图3-40）

种实中等大小，圆形，顶端平，基部平广，颜色黄色，果粉薄，种梗中等，蒂盘圆形，油胞点状且密；种实长2.30cm，宽2.10cm，种梗长4.32cm，种实重5.95g；种核卵圆形，中等大小，顶端微尖，基部尖，侧棱两条明显，长宽线交点中间，背腹对称且中等肥厚，颜色象牙白；种核长1.90cm，宽1.40cm，厚1.19cm，种核重1.62g，出核率27.23%；种仁长1.60cm，宽1.18cm，厚1.03cm，种仁重1.20g，出仁率74.07%。

随州市洛阳镇胡家村1组13号（图3-41）

种实小，圆形，顶端平，基部平广，颜色橙黄色，果粉薄，种梗短，蒂盘圆形，油胞圆形且密；种实长2.07cm，宽2.07cm，种梗长3.52cm，种实重5.55g；种核近圆形，小，顶端尖，基部尖，侧棱两条明显，长宽线交点中间，背腹对称且肥厚，颜色鱼肚白；种核长1.80cm，宽1.45cm，厚1.24cm，种核重1.68g，出核率30.27%；种仁长1.49cm，宽1.22cm，厚1.07cm，种仁重1.28g，出仁率76.19%。

随州市洛阳镇胡家村1组14号（图3-42）

种实小，卵圆形，顶端微尖，基部平广，颜色橙黄色，果粉薄，种梗长度中等，蒂盘椭圆形，油胞圆形且密；种实长2.39cm，宽2.12cm，种梗长3.23cm，种实重6.48g；种核椭圆形，中等大小，顶端尖，基部尖，侧棱两条明显，长宽线交点中间，背腹对称且肥厚，颜色象牙白；种核长2.08cm，宽1.50cm，厚1.30cm，种核重1.99g，出核率30.71%；种仁长1.79cm，宽1.26cm，厚1.12cm，种仁重1.49g，出仁率74.87%。

随州市洛阳镇胡家村1组15号（图3-43）

种实小，圆形，顶端微尖，基部平广，颜色橙黄色，果粉薄，种梗短，蒂盘圆形，油胞点状且密；种实长2.29cm，宽2.07cm，种梗长3.24cm，种实重5.80g；种核椭圆形，小，顶

图3-41　随州市洛阳镇胡家村1组13号

图3-42　随州市洛阳镇胡家村1组14号

图3-43 随州市洛阳镇胡家村1组15号

图3-44 利川市忠路镇老屋

图3-45 宣恩县珠山镇茅坝塘

图3-46 恩施市芭蕉乡白果树村

图3-47 恩施市屯堡乡车坝村

图3-48 巴东县清太坪镇白沙坪村

端微凹，基部尖，侧棱两条明显，长宽线交点中间，背腹对称且肥厚，颜色象牙白；种核长1.96cm，宽1.42cm，厚1.24cm，种核重1.72g，出核率29.66%；种仁长1.60cm，宽1.18cm，厚1.07cm，种仁重1.28g，出仁率74.42%。

利川市忠路镇老屋（图3-44）

种实大小中等，长椭圆形，顶端平，基部微尖，颜色橙黄色，果粉薄，种梗长，蒂盘圆形，油胞点状且密；种实长2.74cm，宽1.98cm，种梗长4.80cm，种实重6.00g；种核倒卵形，中等大小，顶端尖，基部尖，侧棱两条明显，长宽线交点偏上，背腹对称且中等肥厚，颜色鱼肚白；种核长2.31cm，宽1.47cm，厚1.23cm，种核重1.86g，出核率31.00%；种仁长1.80cm，宽1.15cm，厚1.00cm，种仁重1.32g，出仁率70.97%。

宣恩县珠山镇茅坝塘（图3-45）

种实大，椭圆形，顶端微尖，基部平广，颜色橙黄色，果粉薄，种梗长，蒂盘圆形，油胞点状且密；种实长2.88cm，宽2.23cm，种梗长4.17cm，种实重8.22g；种核长卵形，大，顶端尖，基部尖，侧棱两条明显，长宽线交点偏上，背腹对称且中等肥厚，颜色象牙白；种核长2.38cm，宽1.45cm，厚1.18cm，种核重1.85g，出核率22.51%；种仁长1.81cm，宽1.29cm，厚0.94cm，种仁重1.22g，出仁率65.95%。

恩施市芭蕉乡白果树村（图3-46）

种实大，圆形，顶端平，基部平广，颜色黄色，果粉薄，种梗中等长度，蒂盘卵圆形，油胞点状且密；种实长2.77cm，宽2.68cm，种梗长3.60cm，种实重11.19g；种核卵圆形，大，顶端尖，基部尖，侧棱两条明显，长宽线交点中间，背腹对称且肥厚，颜色鱼肚白；种核长2.28cm，宽1.78cm，厚1.49cm，种核重2.72g，出核率24.31%；种仁长1.88cm，宽1.49cm，厚1.29cm，种仁重2.08g，出仁率76.47%。

恩施市屯堡乡车坝村（图3-47）

种实大，圆形，顶端平，基部平广，颜色黄色，果粉薄，种梗长，蒂盘圆形，油胞点状且密；种实长2.75cm，宽2.43cm，种梗长4.18cm，种实重9.41g；种核椭圆形，大，顶端平，基部尖，侧棱两条明显，长宽线交点中间，背腹对称且中等肥厚，颜色象牙白；种核长2.37cm，宽1.65cm，厚1.19cm，种核重2.22g，出核率23.59%；种仁长1.97cm，宽1.31cm，厚1.05cm，种仁重1.68g，出仁率75.68%。

巴东县清太坪镇白沙坪村（图3-48）

种实大小中等，卵圆形，顶端微尖，基部平广，颜色黄色，果粉薄，种梗长，蒂盘圆形，油胞点状且密；种实长2.59cm，宽2.17cm，种梗长4.98cm，种实重7.20g；种核椭圆形，中等大小，顶端尖，基部尖，侧棱两条明显，长宽线交点中间，背腹对称且中等肥厚，颜色象牙白；种核长2.16cm，宽1.41cm，厚1.14cm，种核重1.65g，出核率22.92%；种仁长1.68cm，宽1.13cm，厚0.89cm，种仁重1.03g，出仁率62.42%。

随州市洛阳镇永兴村1号（图3-49）

种实大，圆形，顶端平，基部平广，颜色橙黄色，果粉薄，种梗短，蒂盘椭圆形，油胞圆形且密；种实长2.50cm，宽2.33cm，种梗长3.00cm，种实重7.99g；种核椭圆形，大，顶端尖，基部尖，侧棱两条下部不明显，长宽线交点中间，背腹不对称，中等肥厚，颜色象牙白；种核长2.14cm，宽1.56cm，厚1.32cm，种核重2.36g，出核率29.54%；种仁长1.83cm，宽1.36cm，厚1.21cm，种仁重1.82g，出仁率77.12%。

随州市洛阳镇永兴村2号（图3-50）

种实大，卵圆形，顶端微尖，基部平广，颜色橙黄色，果粉薄，种梗短，蒂盘圆形，油胞点状且密；种实长2.58cm，宽2.19cm，种梗长3.10cm，种实重7.11g；种核椭圆形，大，顶端尖，基部尖，侧棱两条明显，长宽线交点中间，背腹对称且中等肥厚，颜色象牙白；种核长2.19cm，宽1.46cm，厚1.25cm，种核重1.93g，出核率27.14%；种仁长1.79cm，宽1.23cm，厚1.06cm，种仁重1.47g，出仁率76.17%。

巴东县野三关镇支井河村3组（图3-51）

种实大，圆形，顶端平，基部微凹，颜色橙黄色，果粉薄，种梗长，蒂盘圆形，油胞点状且密；种实长2.75cm，宽2.68cm，种梗长4.10cm，种实重10.60g；种核卵圆形，大，顶端尖，基部尖，侧棱两条明显，长宽线交点中间，背腹对称且肥厚，颜色象牙白；种核长2.21cm，宽1.62cm，厚1.28cm，种核重2.17g，出核率20.47%；种仁长1.76cm，宽1.28cm，厚1.03cm，种仁重1.44g，出仁率66.36%。

南漳市薛坪镇杜冲村1组（图3-52）

种实大，圆形，顶端平，基部微凹，颜色橙黄色，果粉薄，种梗短，蒂盘圆形，油胞点状且密；种实长2.51cm，宽2.48cm，种梗长2.68cm，种实重8.82g；种核卵圆形，大，顶端尖，基部尖，侧棱两条明显，长宽线交点中间，背腹对称且肥厚，颜色象牙白；种核长1.97cm，宽1.61cm，厚1.30cm，种核重2.07g，出核率23.47%；种仁长1.68cm，宽1.37cm，厚1.20cm，种仁重1.63g，出仁率78.74%。

南漳市薛坪镇杜冲村1组a（图3-53）

种实大，卵圆形，顶端尖，基部平，颜色橙黄色，果粉薄，种梗长，蒂盘圆形，油胞点状且密；种实长2.82cm，宽2.26cm，种梗长3.68cm，种实重7.79g；种核椭圆形，大，顶端尖，基部尖，侧棱两条明显，长宽线交点中间，背腹对称且肥厚，颜色鱼肚白；种核长2.39cm，宽1.53cm，厚1.33cm，种核重2.43g，出核率31.19%；种仁长1.99cm，宽1.29cm，厚1.15cm，种仁重1.62g，出仁率66.67%。

南漳市薛坪镇杜冲村1组b（图3-54）

种实大小中等，椭圆形，顶端平，基部平广，颜色橙黄色，果粉薄，种梗长度中等，蒂盘圆形，油胞点状且密；种实长2.60cm，宽2.36cm，种梗长3.25cm，种实重7.81g；种核卵圆形，大，顶端微尖，基部尖，侧棱两条明显，长宽线交点中间，背腹对称且肥厚，颜色象牙白；种核长2.16cm，宽1.63cm，厚1.38cm，种核重2.59g，出核率33.16%；种仁长1.80cm，宽1.31cm，厚1.18cm，种仁重1.83g，出仁率70.66%。

南漳市薛坪镇杜冲村3组（图3-55）

种实大小中等，椭圆形，顶端平，基部平广，颜色橙黄色，果粉薄，种梗长，蒂盘圆形，油胞点状且稀；种实长2.72cm，宽2.05cm，种梗长4.56cm，种实重6.31g；种核椭圆形，中等大小，顶端平，基部尖，侧棱两条明显，长宽线交点中间，背腹对称且中等肥厚，颜色鱼肚白；种核长2.21cm，宽1.50cm，厚1.17cm，种核重1.80g，出核率28.53%；种仁长1.88cm，宽1.23cm，厚1.01cm，种仁重1.30g，出仁率72.22%。

竹山县三台乡杏树村杏树沟（图3-56）

种实小，圆形，顶端平，基部微凹，颜色橙黄色，果粉薄，种梗短，蒂盘圆形，油胞圆形且密；种实长2.18cm，宽2.10cm，种梗长2.00cm，种实重5.48g；种核近圆形，小，顶端微凹，基部尖，侧棱两条明显，长宽线交点中间，背腹对称且肥厚，颜色象牙白；种核长1.62cm，宽1.33cm，厚1.16cm，种核重1.40g，出核率25.55%；种仁长1.39cm，宽1.12cm，厚1.05cm，种仁重1.02g，出仁率72.86%。

巴东县清太坪镇八字岩5组（图3-57）

种实大，扁圆形，顶端微凹，基部平，颜色橙黄色，果粉薄，种梗长，蒂盘椭圆形，油胞点状且稀；种实长2.42cm，宽2.68cm，种梗长3.90cm，种实重10.06g；种核卵圆形，中

图3-55 南漳市薛坪镇杜冲村3组

图3-56 竹山县三台乡杏树村杏树沟

图3-49 随州市洛阳镇永兴村1号

图3-50 随州市洛阳镇永兴村2号

图3-51 巴东县野三关镇支井河村3组

图3-52 南漳市薛坪镇杜冲村1组

图3-53 南漳市薛坪镇杜冲村1组a

图3-54 南漳市薛坪镇杜冲村1组b

等大小，顶端平，基部微尖，侧棱两条明显，长宽线交点中间，背腹对称且肥厚，颜色鱼肚白；种核长1.87cm，宽1.64cm，厚1.23cm，种核重1.72g，出核率17.10%；种仁长1.49cm，宽1.30cm，厚1.00cm，种仁重1.18g，出仁率68.60%。

巴东县清太坪镇八字岩8组（图3-58）

种实大，圆形，顶端微凹，基部平，颜色橙黄色，果粉薄，种梗长度中等，蒂盘圆形，油胞点状且密；种实长2.65cm，宽2.37cm，种梗长2.88cm，种实重8.83g；种核倒卵圆形，大，顶端平，基部微尖，侧棱两条明显，长宽线交点中间，背腹对称且中等肥厚，颜色象牙白；种核长2.14cm，宽1.64cm，厚1.22cm，种核重2.01g，出核率22.76%；种仁长1.77cm，宽1.34cm，厚1.06cm，种仁重1.41g，出仁率70.15%。

巴东县清太坪镇八字岩7组（图3-59）

种实大，圆形，顶端平，基部平，颜色橙黄色，果粉薄，种梗长，蒂盘多边形，油胞点状且密；种实长2.52cm，宽2.18cm，种梗长3.73cm，种实重8.27g；种核倒卵圆形，大，顶端尖，基部尖，侧棱两条明显，长宽线交点中间，背腹对称且肥厚，颜色鱼肚白；种核长2.16cm，宽1.52cm，厚1.26cm，种核重2.18g，出核率26.36%；种仁长1.82cm，宽1.23cm，厚1.04cm，种仁重1.43g，出仁率65.60%。

巴东县清太坪镇水布垭酒厂南30m（图3-60）

种实大，椭圆形，顶端平，基部微凸，颜色橙黄色，果粉薄，种梗长，蒂盘圆形，油胞点状且稀；种实长2.72cm，宽2.18cm，种梗长3.25cm，种实重7.57g；种核倒卵圆形，大，顶端平，基部尖，侧棱两条明显，长宽线交点中间，背腹对称且中等肥厚，颜色象牙白；种核长2.27cm，宽1.39cm，厚1.19cm，种核重1.54g，出核率20.34%；种仁长1.61cm，宽1.03cm，厚0.86cm，种仁重1.00g，出仁率64.94%。

五 江苏古树种实

邳州市港上镇港西村1-1（图3-61）

种实椭圆形，中等大小，顶端圆钝，基部平广，颜色橙黄，果粉厚度中等，种梗中等长度，蒂盘卵圆形，油胞点状且稀；种实长2.69cm，宽2.13cm，种梗长2.85cm，种实重9.98g；种核椭圆形，中等大小，顶端微尖，基部微尖，侧棱两条明显，长宽线交点位于中间，背腹肥厚且对称，颜色象牙白；种核长2.46cm，宽1.66cm，厚1.35cm，种核重2.642g，出核率26.47%；种仁长2.16cm，宽1.48cm，厚1.24cm，种仁重2.136g，出仁率80.85%。

邳州市港上镇港西村1-2（图3-62）

种实近圆形，中等大小，顶端圆钝，基部平广，颜色橙黄，果粉厚度中等，种梗长，蒂盘卵圆形，油胞点状且稀；种实长2.79cm，宽2.25cm，种梗长4.18cm，种实重11.66g；种核近圆形，中等大小，顶端微尖，基部微尖，侧棱两条明显，长宽线交点位于中间，背腹肥厚且对称，颜色象牙白；种核长2.53cm，宽1.71cm，厚1.39cm，种核重2.795g，出核率23.96%；种仁长2.23cm，宽1.51cm，厚1.23cm，种仁重2.231g，出仁率79.83%。

邳州市港上镇港西村1-3（图3-63）

种实近圆形，中等大小，顶端圆钝，基部平广，颜色橙黄，果粉厚度中等，种梗长，蒂盘卵圆形，油胞点状且稀；种实长2.40cm，宽2.13cm，种梗长4.05cm，种实重7.42g；种核近圆形，小，顶端尖，基部微尖，侧棱两条明显，长宽线交点位于中间，背腹肥厚且不对称，颜色象牙白；种核长2.10cm，宽1.53cm，厚1.23cm，种核重1.896g，出核率25.56%；种仁长1.82cm，宽1.33cm，厚1.13cm，种仁重1.528g，出仁率80.62%。

邳州市港上镇港西村1-4（图3-64）

种实近圆形，中等大小，顶端圆钝，基部平广，颜色橙黄，果粉厚度中等，种梗中等长度，蒂盘卵圆形，油胞点状且稀；种实长2.41cm，宽1.99cm，种梗长4.32cm，种实重7.87g；种核椭圆形，中等大小，顶端微尖，基部微尖，侧棱两条底部不明显，长宽线交点位于中间，背腹肥厚且对称，颜色象牙白；种核长2.10cm，宽1.49cm，厚1.25cm，种核

图3-57 巴东县清太坪镇八字岩5组

图3-58 巴东县清太坪镇八字岩8组

图3-59 巴东县清太坪镇八字岩7组

图3-60 巴东县清太坪镇水布垭酒厂南30m

图3-61 邳州市港上镇港西村1-1

图3-62 邳州市港上镇港西村1-2

重1.923g，出核率24.42%；种仁长1.85cm，宽1.33cm，厚1.14cm，种仁重1.568g，出仁率81.56%。

图3-63 邳州市港上镇港西村1-3

图3-64 邳州市港上镇港西村1-4

邳州市港上镇港西村1-5（图3-65）

种实近椭圆形，中等大小，顶端圆钝，基部近楔形，颜色橙黄，果粉厚度中等，种梗中等长度，蒂盘卵圆形，油胞点状且稀；种实长2.79cm，宽2.20cm，种梗长4.31cm，种实重9.86g；种核近椭圆形，中等大小，顶端微尖，基部微尖，侧棱两条明显，长宽线交点位于中间，背腹肥厚且对称，颜色象牙白；种核长2.52cm，宽1.69cm，厚1.34cm，种核重2.641g，出核率26.79%；种仁长2.18cm，宽1.48cm，厚1.23cm，种仁重2.102g，出仁率79.59%。

图3-65 邳州市港上镇港西村1-5

图3-66 邳州市港上镇港西村1-6

邳州市港上镇港西村1-6（图3-66）

种实近椭圆形，中等大小，顶端圆钝，基部平广，颜色橙黄，果粉厚度中等，种梗中等长度，蒂盘卵圆形，油胞点状且稀；种实长2.77cm，宽2.23cm，种梗长4.94cm，种实重10.99g；种核近椭圆形，中等大小，顶端微尖，基部微尖，侧棱两条明显，长宽线交点位于中间，背腹肥厚且对称，颜色象牙白；种核长2.46cm，宽1.66cm，厚1.35cm，种核重2.643g，出核率24.05%；种仁长2.13cm，宽1.47cm，厚1.23cm，种仁重2.128g，出仁率80.49%。

图3-67 邳州市铁富镇后于村5

图3-68 邳州市铁富镇后于村6

邳州市铁富镇后于村5（图3-67）

种实近圆形，小，顶端圆钝，基部平广，颜色橙黄，果粉厚度中等，种梗中等长度，蒂盘卵圆形，油胞点状且稀；种实长2.44cm，宽2.16cm，种梗长4.43cm，种实重9.34g；种核椭圆形，中等大小，顶端微尖，基部微尖，侧棱两条明显，长宽线交点位于中间，背腹肥厚且对称，颜色象牙白；种核长2.21cm，宽1.65cm，厚1.35cm，种核重2.409g，出核率25.80%；种仁长1.96cm，宽1.47cm，厚1.22cm，种仁重1.961g，出仁率81.41%。

邳州市铁富镇后于村6（图3-68）

种实近圆形，小，顶端圆钝，基部平广，颜色橙黄，果粉厚度中等，种梗中等长度，蒂盘卵圆形，油胞点状且稀；种实长2.42cm，宽2.15cm，种梗长4.04cm，种实重9.26g；种核椭圆形，中等大小，顶端微尖，基部微尖，侧棱两条明显，长宽线交点位于中间，背腹肥厚且对称，颜色象牙白；种核长2.21cm，宽1.61cm，厚1.32cm，种核重2.262g，出核率24.43%；种仁长1.95cm，宽1.40cm，厚1.20cm，种仁重1.811g，出仁率80.05%。

泰兴市宣堡镇张河村1（图3-69）

种实椭圆形，中等大小，顶端圆钝，基部平广，颜色橙黄，果粉中等，种梗中等长度，蒂盘卵圆形，油胞点状且稀；种实长2.72cm，宽2.04cm，种梗长4.70cm，种实重9.00g；种核椭圆形，中等大小，顶端微尖，基部微尖，侧棱两条明显，长宽线交点位于中间，背腹肥厚且对称，颜色象牙白；种核长2.43cm，宽1.51cm，厚1.30cm，种核重2.270g，出核率25.23%；种仁长2.12cm，宽1.34cm，厚1.20cm，种仁重1.832g，出仁率80.67%

泰兴市宣堡镇张河村2（图3-70）

种实椭圆形，中等大小，顶端圆钝，基部平广，颜色橙黄，果粉厚度中等，种梗中等长度，蒂盘卵圆形，油胞点状且稀；种实长2.79cm，宽2.02cm，种梗长4.36cm，种实重9.10g；种核近椭圆形，中等大小，顶端微尖，基部微尖，侧棱两条明显，长宽线交点位于中间，背腹肥厚且对称，颜色象牙白；种核长2.36cm，宽1.47cm，厚1.28cm，种核重2.232g，出核率24.54%；种仁长2.05cm，宽1.34cm，厚1.19cm，种仁重1.79g，出仁率80.06%

泰兴市宣堡镇张河村3（图3-71）

种实近椭圆形，中等大小，顶端圆钝，基部平广，颜色橙黄，果粉厚度中等，种梗中等长度，蒂盘卵圆形，油胞点状且稀；种实长2.88cm，宽2.06cm，种梗长4.74cm，种实重8.32g；种核近椭圆形，中等大小，顶端微尖，基部微尖，侧棱两条明显，长宽线交点位于中间，背腹肥厚且对称，颜色象牙白；种核长2.56cm，宽1.50cm，厚1.29cm，种核重2.219g，出核率26.68%；种仁长2.10cm，宽1.34cm，厚1.19cm，种仁重1.760g，出仁率79.32%。

图3-69 泰兴市宣堡镇张河村1

图3-70 泰兴市宣堡镇张河村2

图3-71 泰兴市宣堡镇张河村3

图3-72 泰兴市宣堡镇张河村4

图3-73 泰兴市宣堡镇张河村5

图3-74 泰兴市宣堡镇张河村6

泰兴市宣堡镇张河村4（图3-72）

种实近椭圆形，中等大小，顶端圆钝，基部平广，颜色橙黄，果粉厚度中等，种梗中等长度，蒂盘卵圆形，油胞点状且稀；种实长2.87cm，宽2.10cm，种梗长4.92cm，种实重9.45g；种核椭圆形，中等大小，顶端微尖，基部微尖，侧棱两条明显，长宽线交点位于中间，背腹肥厚且对称，颜色象牙白；种核长2.58cm，宽1.55cm，厚1.34cm，种核重2.483g，出核率26.28%；种仁长2.17cm，宽1.40cm，厚1.24cm，种仁重2.022g，出仁率81.43%。

泰兴市宣堡镇张河村5（图3-73）

种实近圆形，中等大小，顶端圆钝，基部平广，颜色橙黄，果粉厚度中等，种梗中等长度，蒂盘卵圆形，油胞点状且稀；种实长2.78cm，宽1.90cm，种梗长4.43cm，种实重9.17g；种核近椭圆形，中等大小，顶端微尖，基部微尖，侧棱两条明显，长宽线交点位于中间，背腹肥厚且对称，颜色象牙白；种核长2.47cm，宽1.50cm，厚1.25cm，种核重2.133g，出核率23.27%；种仁长2.11cm，宽1.33cm，厚1.22cm，种仁重1.828g，出仁率85.69%。

泰兴市宣堡镇张河村6（图3-74）

种实椭圆形，中等大小，顶端圆钝，基部平广，颜色橙黄，果粉厚度中等，种梗中等长度，蒂盘卵圆形，油胞点状且稀；种实长3.00cm，宽2.06cm，种梗长4.36cm，种实重7.20g；种核椭圆形，中等大小，顶端微尖，基部微尖，侧棱两条底部不明显，长宽线交点位于中间，背腹肥厚且不对称，颜色象牙白；种核长2.33cm，宽1.40cm，厚1.24cm，种核重1.957g，出核率27.18%；种仁长1.97cm，宽1.30cm，厚1.16cm，种仁重1.585g，出仁率80.99%。

泰兴市宣堡镇张河村7（图3-75）

种实椭圆形，中等大小，顶端圆钝，基部平广，颜色橙黄，果粉厚度中等，种梗中等长度，蒂盘卵圆形，油胞点状且稀；种实长2.67cm，宽1.91cm，种梗长4.55cm，种实重7.96g；种核椭圆形，中等大小，顶端微尖，基部微尖，侧棱两条明显，长宽线交点位于中间，背腹肥厚且对称，颜色象牙白；种核长2.30cm，宽1.47cm，厚1.26cm，种核重2.037g，出核率25.60%；种仁长1.98cm，宽1.33cm，厚1.15cm，种仁重1.634g，出仁率80.20%。

泰兴市宣堡镇张河村8（图3-76）

种实近椭圆形，中等大小，顶端圆钝，基部平广，颜色橙黄，果粉厚度中等，种梗中等长度，蒂盘卵圆形，油胞点状且稀；种实长2.58cm，宽1.92cm，种梗长4.53cm，种实重7.09g；种核椭圆形，中等大小，顶端微尖，基部微尖，侧棱两条明显，长宽线交点位于中间，背腹肥厚且对称，颜色象牙白；种核长2.29cm，宽1.41cm，厚1.26cm，种核重1.974g，出核率27.83%；种仁长1.98cm，宽1.28cm，厚1.16cm，种仁重1.607g，出仁率81.41%。

泰兴市宣堡镇张河村9（图3-77）

种实近圆形，中等大小，顶端圆钝，基部平广，颜色橙黄，果粉厚度中等，种梗中等长度，蒂盘卵圆形，油胞点状且稀；种实长2.65cm，宽1.98cm，种梗长4.77cm，种实重9.84g；种核近椭圆形，中等大小，顶端微尖，基部微尖，侧棱两条明显，长宽线交点位于中间，背腹肥厚且对称，颜色象牙白；种核长2.35cm，宽1.46cm，厚1.27cm，种核重2.170g，出核率22.06%；种仁长2.05cm，宽1.33cm，厚1.20cm，种仁重1.759g，出仁率81.04%。

泰兴市宣堡镇张河村10（图3-78）

种实近椭圆形，中等大小，顶端圆钝，基部平广，颜色橙黄，果粉厚度中等，种梗中等长度，蒂盘卵圆形，油胞点状且稀；种实长2.57cm，宽1.91cm，种梗长4.55cm，种实重7.56g；种核近椭圆形，中等大小，顶端微尖，基部微尖，侧棱两条明显，长宽线交点位于中间，背腹肥厚且对称，颜色象牙白；种核长2.31cm，宽1.41cm，厚1.25cm，种核重1.960g，出核率25.94%；种仁长1.96cm，宽1.30cm，厚1.15cm，种仁重1.591g，出仁率81.14%。

泰兴市张桥镇镇西村接引禅寺（图3-79）

种实近圆形，中等大小，顶端圆钝，基部平广，颜色橙黄，果粉厚度中等，种梗短，蒂盘卵圆形，油胞点状且稀；种实长2.51cm，宽2.00cm，种梗长3.18cm，种实重8.87g；种核椭圆形，中等大小，顶端微尖，基部微尖，侧棱两条明显，长宽线交点位于中间，背腹肥厚且不对称，颜色象牙白；种核长2.19cm，宽1.57cm，厚1.33cm，种核重2.225g，出核率25.09%；种仁长1.84cm，宽1.41cm，厚1.22cm，种仁重1.757g，出仁率78.99%。

海安县仁桥镇祖师庙左（图3-80）

种实圆形，中等大小，顶端圆钝，基部平广，颜色橙黄，果粉厚度中等，种梗短，蒂盘卵圆形，油胞点状且稀；种实长2.43cm，宽2.16cm，种梗长3.57cm，种实重8.30g；种核圆形，中等大小，顶端微尖，基部微尖，侧棱两条明显，长宽线交点位于中间，背腹肥厚且对称，颜色象牙白；种核长2.05cm，宽1.60cm，厚1.36cm，种核重2.178g，出核率26.23%；种仁长1.81cm，宽1.43cm，厚1.28cm，种仁重1.779g，出仁率81.68%。

海安县仁桥镇祖师庙右（图3-81）

种实圆形，中等大小，顶端圆钝，基部平广，颜色橙黄，果粉厚度中等，种梗短，蒂盘卵圆形，油胞点状且稀；种实长2.60cm，宽2.27cm，种梗长4.32cm，种实重10.29g；种核近圆形，中等大小，顶端微尖，基部微尖，侧棱两条明显，部分三棱，长宽线交点位于中间，背腹肥厚且对称，颜色象牙白；种核长2.30cm，宽1.64cm，厚1.35cm，种核重2.606g，出核率25.32%；种仁长1.99cm，宽1.47cm，厚1.20cm，种仁重2.014g，出仁率77.31%。

海安县曲塘镇尤庄村（图3-82）

种实近圆形，大，顶端圆钝，基部平广，颜色橙黄，果粉厚度中等，种梗短，蒂盘卵圆形，油胞点状且稀；种实长3.08cm，宽2.46cm，种梗长3.52cm，种实重12.43g；种核近圆形，大，顶端微尖，基部微尖，侧棱两条明显，长宽线交点位于中间，背腹肥厚且对称，颜色象牙白；种核长2.47cm，宽1.80cm，厚1.54cm，种核重3.342g，出核率26.88%；种仁长2.08cm，宽1.60cm，厚1.43cm，种仁重2.601g，出仁率77.81%。

如皋市搬经镇夏岱村（图3-83）

种实圆形，小，顶端圆钝，基部平广，颜色橙黄，果粉厚度中等，种梗短，蒂盘卵圆形，油胞点状且稀；种实长2.44cm，宽2.12cm，种梗长4.73cm，种实重7.63g；种核椭圆形，小，顶端微尖，基部微尖，侧棱两条明显，长宽线交点位于中间，背腹肥厚且对称，颜色象牙白；种核长2.13cm，宽1.56cm，厚1.31cm，种核重2.057g，出核率26.97%；种仁长1.83cm，宽1.33cm，厚1.18cm，种仁重1.608g，出仁率78.17%。

图3-75　泰兴市宣堡镇张河村7

图3-76　泰兴市宣堡镇张河村8

图3-77　泰兴市宣堡镇张河村9

图3-78　泰兴市宣堡镇张河村10

图3-79　泰兴市张桥镇镇西村接引禅寺

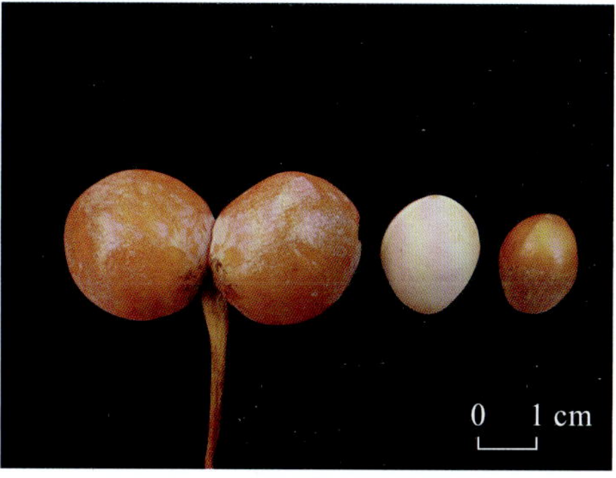

图3-80　海安县仁桥镇祖师庙左

图3-81　海安县仁桥镇祖师庙右

图3-82　海安县曲塘镇尤庄村

如皋市东陈镇洪桥村土地庙（图3-84）

种实圆形，特小，顶端圆钝，基部平广，颜色橙黄，果粉厚度中等，种梗短，蒂盘卵圆形，油胞点状且稀；种实长1.93cm，宽1.75cm，种梗长3.40cm，种实重5.18g；种核近圆形，特小，顶端微尖，基部微尖，侧棱两条明显，部分三棱，长宽线交点位于中间，背腹肥厚且对称，颜色象牙白；种核长1.71cm，宽1.44cm，厚1.16cm，种核重1.335g，出核率25.79%；种仁长1.83cm，宽1.33cm，厚1.18cm，种仁重1.608g，出仁率78.17%。

如皋市东陈镇洪桥村（图3-85）

种实圆形，中等大小，顶端圆钝，基部平广，颜色橙黄，果粉厚度中等，种梗短，蒂盘卵圆形，油胞点状且稀；种实长2.43cm，宽2.10cm，种梗长2.64cm，种实重7.47g；种核近圆形，小，顶端微尖，基部微尖，侧棱两条明显，长宽线交点位于中间，背腹肥厚且对称，颜色象牙白；种核长2.04cm，宽1.53cm，厚1.26cm，种核重1.963g，出核率26.29%；种仁长1.80cm，宽1.32cm，厚1.14cm，种仁重1.554g，出仁率79.13%。

南通市崇川区人民路寺街59号（图3-86）

种实近圆形，小，顶端圆钝，基部平广，颜色橙黄，果粉厚度中等，种梗中等，蒂盘卵圆形，油胞点状且稀；种实长2.32cm，宽1.92cm，种梗长3.90cm，种实重6.81g；种核近圆形，小，顶端微尖，基部微尖，侧棱两条底部不明显，长宽线交点位于中间，背腹肥厚且对称，颜色象牙白；种核长2.02cm，宽1.54cm，厚1.30cm，种核重1.853g，出核率27.21%；种仁长1.77cm，宽1.28cm，厚1.12cm，种仁重1.439g，出仁率77.69%。

南通市崇川区公安交警巡逻大队原祭祀坛（楼东）（图3-87）

种实圆形，中等大小，顶端圆钝，基部平广，颜色橙黄，果粉厚度中等，种梗中等，蒂盘卵圆形，油胞点状且稀；种实长1.86cm，宽1.82cm，种梗长2.85cm，种实重4.58g；种核近圆形，特小，顶端微尖，基部微尖，侧棱两条明显，长宽线交点位于中间，背腹肥厚且对称，颜色象牙白；种核长1.64cm，宽1.28cm，厚1.10cm，种核重1.193g，出核率26.04%；种仁长1.41cm，宽1.09cm，厚0.99cm，种仁重0.893g，出仁率74.83%。

南通市富士通原晶体管厂西南（图3-88）

种实圆形，中等大小，顶端圆钝，基部平广，颜色橙黄，果粉厚度中等，种梗短，蒂盘卵圆形，油胞点状且稀；种实长2.25cm，宽2.34cm，种梗长2.62cm，种实重7.368g；种核近圆形，小，顶端微尖，基部微尖，侧棱两条明显，长宽线交点位于中间，背腹肥厚且对称，颜色象牙白；种核长1.83cm，宽1.55cm，厚1.27cm，种核重1.819g，出核率24.68%；种仁长1.55cm，宽1.31cm，厚1.14cm，种仁重1.417g，出仁率77.90%。

苏州市吴中区甪直镇保圣寺（院内西南角落）（图3-89）

种实近椭圆形，小，顶端微尖，基部平广，颜色橙黄，果粉厚度中等，种梗中等，蒂盘卵圆形，油胞点状且稀；种实长2.58cm，宽1.90cm，种梗长3.95cm，种实重9.74g；种核近楔形，中等大小，顶端微尖，基部微尖，侧棱两条明显，长宽线交点位于中间，背腹肥厚且对称，颜色象牙白；种核长2.38cm，宽1.45cm，厚1.29cm，种核重2.151g，出核率22.08%；种仁长1.99cm，宽1.32cm，厚1.11cm，种仁重1.619g，出仁率75.26%。

苏州市姑苏区人民路613文庙“三元杏”（图3-90）

种实近圆形，小，顶端圆钝，基部平广，颜色橙黄，果粉厚度中等，种梗中等，蒂盘卵圆形，油胞点状且稀；种实长2.10cm，宽1.85cm，种梗长3.56cm，种实重5.70g；种核椭圆形，小，顶端微尖，基部微尖，侧棱两条明显，长宽线交点位于中间，背腹肥厚且不对称，颜色象牙白；种核长2.01cm，宽1.41cm，厚1.13cm，种核重1.414g，出核率24.81%；种

图3-83 如皋市搬经镇夏岱村

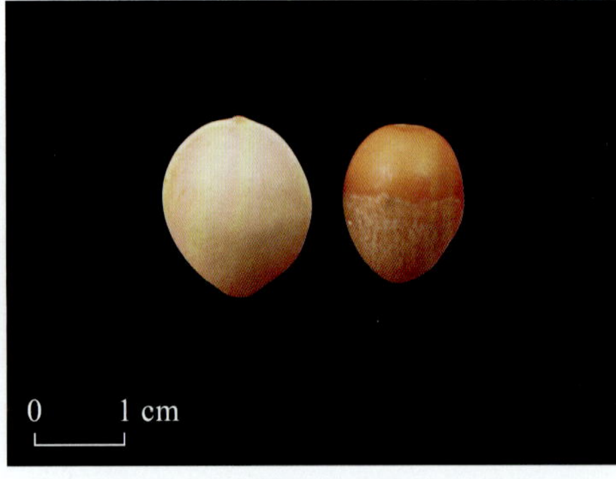

图3-84 如皋市东陈镇洪桥村土地庙

图3-85 如皋市东陈镇洪桥村

图3-86 南通市崇川区人民路寺街59号

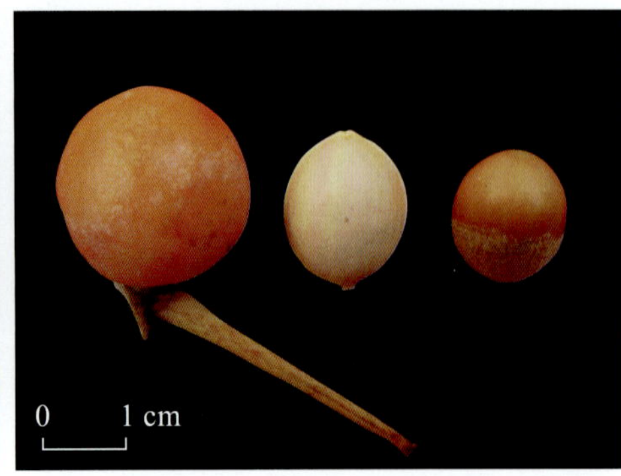

图3-87 南通市崇川区公安交警巡逻大队原祭祀坛（楼东）

图3-88 南通市富士通原晶体管厂西南

仁长1.63cm，宽1.12cm，厚0.97cm，种仁重1.033g，出仁率73.06%。

苏州市姑苏区人民路613文庙“福杏”（图3-91）

种实近圆形，中等大小，顶端微尖，基部平广，颜色橙黄，果粉厚度中等，种梗中等，蒂盘卵圆形，油胞点状且稀；种实长1.66cm，宽1.42cm，种梗长2.16cm，种实重3.61g；种核近楔形，特小，顶端微尖，基部微尖，侧棱两条明显，长宽线交点位于中间，背腹肥厚且对称，颜色象牙白；种核长1.51cm，宽1.18cm，厚1.01cm，种核重0.919g，出核率25.45%；种仁长1.29cm，宽1.06cm，厚0.90cm，种仁重0.718g，出仁率78.12%。

苏州市姑苏区金门中心小学（现学士小学）（图3-92）

种实近圆形，中等大小，顶端圆钝，基部平广，颜色橙黄，果粉厚度中等，种梗中等，蒂盘卵圆形，油胞点状且稀；种实长2.19cm，宽2.07cm，种梗长2.85cm，种实重5.684g；种核近圆形，中等大小，顶端微尖，基部微尖，侧棱两条底部不明显，长宽线交点位于中间，背腹肥厚且对称，颜色象牙白；种核长1.88cm，宽1.51cm，厚1.19cm，种核重1.553g，出核率27.32%；种仁长1.61cm，宽1.29cm，厚1.08cm，种仁重1.312g，出仁率84.46%。

六 山东古树种实

临沂市南坊街道西南曲坊村1号（图3-93）

种实近圆形，中等大小，顶端圆钝，基部平广，颜色深黄，果粉厚，种梗中等长度，蒂盘近圆形，油胞橙黄呈椭圆形且稀少；种实长2.51cm，种实宽2.30cm，种实重8.585g；种核椭圆形，中等大小，顶端微尖，基部尖，两侧棱明显，背腹肥厚相等，长宽线交点位于中间，颜色象牙白；种核长2.17cm，宽1.63cm，厚1.35cm，种核重2.469g，出核率28.76%；种仁长1.83cm，种仁宽1.45cm，种仁厚1.23cm，种仁重1.887g，出仁率76.43%。

临沂市南坊街道西南曲坊村2号（图3-94）

种实近圆形，中等大小，顶端圆钝，基部平广，颜色深黄，果粉厚，种梗短，蒂盘近椭圆形，油胞橙黄呈椭圆形且稀少；种实长2.44cm，种实宽2.34cm，种梗长2.02cm，种实重8.658g；种核广椭圆形，小，顶端尖，基部尖，两侧棱明显，少有三棱，背腹肥厚相等，长宽线交点位于中间，颜色象牙白；种核长2.06cm，宽1.61cm，厚1.34cm，种核重2.23g，出核率26.33%；种仁长1.65cm，种仁宽1.44cm，种仁厚1.24cm，种仁重1.719g，出仁率77.09%。

临沂市博物馆院内原孔庙（西）（图3-95）

种实近圆形，小，顶端圆钝，基部平广，颜色深黄，果粉中等厚度，种梗长（有弯曲），蒂盘多边形，油胞橙黄呈圆形且稀少；种实长2.33cm，种实宽2.13cm，种梗长4.17cm，种实重6.55g，种核椭圆形，中等大小，顶端尖，基部尖，两侧棱明显，背腹肥厚相等，长宽线交点位于中间，颜色象牙白；种核长2.05cm，宽1.49cm，厚1.28cm，种核重1.86g，出核率28.40%；种仁长1.74cm，种仁宽1.33cm，种仁厚1.22cm，种仁重1.48g，出仁率79.57%。

临沂市义堂镇官庄村甘露寺（图3-96）

种实扁圆形，小，顶端圆钝，基部平广，颜色深黄，果粉中等厚度，蒂盘多边形，油胞橙黄呈圆形且稀少；种核扁椭圆形，小，顶端尖，基部尖如喙，两侧棱明显，背腹不肥厚相等，长宽线交点位于中间，颜色象牙白；种核长1.57cm，宽1.24cm，厚1.07cm，种核重0.978g；种仁长1.25cm，种仁宽1.10cm，种仁厚0.95cm，种仁重0.752g，出仁率76.89%。

五莲市高泽镇西楼村（图3-97）

种实长2.59cm，宽2.22cm，种梗长1.50cm，种实重6.726g；种核圆形，中等大小，顶端微尖，基部平广，两侧棱明显，长宽线交点位于中间，背腹肥厚且对称，颜色象牙白；种核长1.99cm，宽1.72cm，厚1.30cm，种核重2.258g，出核率33.57%；种仁长1.63cm，宽1.50cm，厚1.03cm，种仁重1.738g，出仁率76.98%。

海阳市发城镇上都村（图3-98）

种实近圆形，大小不均，顶端圆钝，基部平广，颜色橙黄，果粉厚度中等，种梗中等，蒂盘卵圆形，油胞点状且稀；种实长2.72cm，

图3-89 苏州市吴中区角直镇保圣寺（院内西南角落）

图3-90 苏州市姑苏区人民路613文庙“三元杏”

图3-91 苏州市姑苏区人民路613文庙“福杏”

图3-92 苏州市姑苏区金门中心小学（现学士小学）

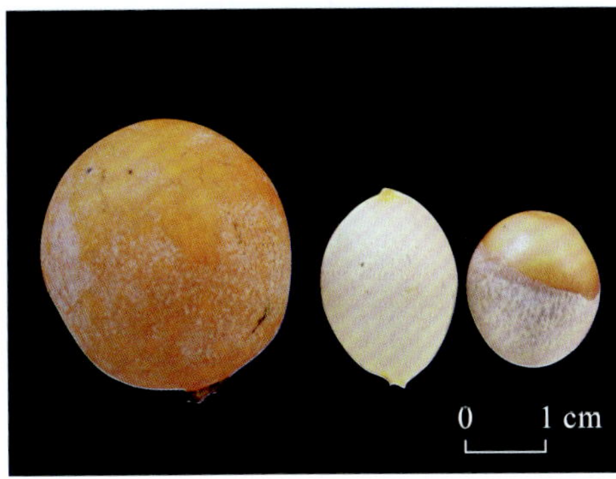

图3-93 临沂市南坊街道西南曲坊村1号

图3-94 临沂市南坊街道西南曲坊村2号

图3-95 临沂市博物馆院内原孔庙（西）

图3-96 临沂市义堂镇官庄村甘露寺

图3-97 五莲市高泽镇西楼村

图3-98 海阳市发城镇上都村

图3-99 黄岛区滨海办事处滨海七路（锅炉厂内）

图3-100 黄岛区滨海办事处凤凰村黄檀庙

图3-101 胶州市杜村镇寺前村宝塔寺

图3-102 荣成市崖西镇朱埠村圣水观风景区（南）

图3-103 荣成市崖西镇朱埠村圣水观风景区（北）

宽2.41cm，种梗长2.90cm，种实重9.460g；种核椭圆形，大，顶端微尖，基部微尖，两侧棱底部不明显，部分三棱，长宽线交点位于中间，背腹肥厚且对称，颜色象牙白；种核长2.35cm，宽1.68cm，厚1.32cm，种核重2.622g，出核率27.72%；种仁长1.91cm，宽1.41cm，厚1.08cm，种仁重1.940g，出仁率73.98%。

黄岛区滨海办事处滨海七路（锅炉厂内）（图3-99）

种实近圆形，大小不均，顶端圆钝，基部平广，颜色橙黄，果粉厚度中等，种梗极短，蒂盘卵圆形，油胞点状且稀；种实长2.05cm，宽1.82cm，种梗长1.10cm，种实重5.140g；种核长椭圆形，小，顶端微尖，基部微尖，无棱，长宽线交点位于中间，颜色象牙白；种核长1.65cm，宽1.23cm，厚1.18cm，种核重1.460g，出核率28.40%；种仁长1.37cm，宽1.00cm，厚0.89cm，种仁重0.971g，出仁率66.48%。

黄岛区滨海办事处凤凰村黄檀庙（图3-100）

种实椭圆形，中等大小，顶端圆钝，基部平广，颜色橙黄，果粉厚度中等，种梗中等，蒂盘卵圆形，油胞点状且稀；种实长2.45cm，宽2.08cm，种梗长2.80cm，种实重6.413g；种核椭圆形，中等大小，顶端微尖，基部微尖，两侧棱底部不明显，长宽线交点位于中间，背腹肥厚且对称，颜色象牙白；种核长2.04cm，宽1.51cm，厚1.30cm，种核重2.143g，出核率33.42%；种仁长1.76cm，宽1.30cm，厚1.08cm，种仁重1.584g，出仁率73.92%。

胶州市杜村镇寺前村宝塔寺（图3-101）

种实圆形，特大，顶端圆钝，基部平广，颜色橙黄，果粉厚度中等，种梗短，蒂盘卵圆形，油胞点状且稀；种实长2.72cm，宽2.42cm，种梗长2.13cm，种实重9.526g；种核圆形，中等大小，顶端微尖，基部微尖，两侧棱底部不明显，长宽线交点位于中间，背腹肥厚且对称，颜色象牙白；种核长1.94cm，宽1.95cm，厚1.33cm，种核重2.466g，出核率25.89%；种仁长1.63cm，宽1.55cm，厚1.09cm，种仁重1.724g，出仁率69.90%。

荣成市崖西镇朱埠村圣水观风景区（南）（图3-102）

种实近圆形，中等大小，顶端圆钝，基部平广，颜色橙黄，果粉厚度中等，种梗中等，蒂盘卵圆形，油胞点状且稀；种实长2.61cm，宽1.99cm，种梗长3.03cm，种实重5.643g；种核椭圆形，中等大小，顶端微尖，基部微尖，两侧棱明显，长宽线交点位于中间，背腹肥厚且对称，颜色象牙白；种核长2.16cm，宽1.45cm，厚1.20cm，种核重1.742g，出核率30.87%；种仁长1.73cm，宽1.16cm，厚0.94cm，种仁重1.257g，出仁率72.15%。

荣成市崖西镇朱埠村圣水观风景区（北）（图3-103）

种实近圆形，中等大小，顶端圆钝，基部平广，颜色橙黄，果粉厚度中等，种梗较短，蒂盘卵圆形，油胞点状且稀；种实长2.44cm，宽2.08cm，种梗长2.80cm，种实重6.623g；种核近圆形，小，顶端微尖，基部微尖，无棱，部分仅一侧棱，长宽线交点位于中间，背腹肥厚且对称，颜色象牙白；种核长2.02cm，宽1.61cm，厚1.09cm，种核重1.557g，出核率23.51%；种仁长1.53cm，宽1.15cm，厚0.86cm，种仁重1.056g，出仁率67.82%。

荣成市夏庄镇镇医院旁（图3-104）

种实椭圆形，中等大小，顶端圆钝，基部平广，颜色橙黄，果粉厚度中等，种梗中等，蒂盘卵圆形，油胞点状且稀；种实长2.13cm，宽1.82cm，种梗长3.00cm，种实重5.034g；种核椭圆形，中等大小，顶端微尖，基部微尖，两侧棱明显，长宽线交点位于中间，背腹肥厚且对称，颜色象牙白；种核长1.89cm，宽1.37cm，厚1.10cm，种核重1.526g，出核率30.31%；种仁长1.63cm，宽1.18cm，厚0.95cm，种仁重1.135g，出仁率74.38%。

荣成市夏庄镇冷家村（图3-105）

种实近圆形，大，顶端圆钝，基部平广，颜色橙黄，果粉厚度中等，种梗中等，蒂盘卵圆形，油胞点状且稀；种实长2.70cm，宽2.11cm，种梗长2.97cm，种实重7.966g；种核椭圆形，大，顶端微尖，基部微尖，两侧棱明显，长宽线交点位于中间，背腹肥厚且对称，颜色象牙白；种核长2.40cm，宽1.66cm，厚1.25cm，种核重2.394g，出核率30.06%；种仁长1.99cm，宽1.38cm，厚1.05cm，种仁重1.748g，出仁率73.02%。

荣成市宁津镇苏家村（图3-106）

种实近圆形，大，顶端圆钝，基部平广，颜色橙黄，果粉厚度中等，种梗短，蒂盘卵圆形，油胞点状且稀；种实长2.35cm，宽2.29cm，种梗长2.82cm，种实重9.358g；种核近圆形，大，顶端微尖，基部微尖，两侧棱明显，长宽线交点位于中间，背腹肥厚且对称，颜色象牙白；种核长2.38cm，宽1.65cm，厚1.25cm，种核重2.373g，出核率25.36%；种仁长1.65cm，宽1.41cm，厚1.04cm，种仁重1.640g，出仁率69.13%。

荣成市宁津镇鞠家村（图3-107）

种实近圆形，中等大小，顶端圆钝，基部平广，颜色橙黄，果粉厚度中等，蒂盘卵圆形，油胞点状且稀；种实长2.33cm，宽1.92cm，种实重8.05g；种核近圆形，中等大小，顶端微尖，基部微尖，两侧棱明显，长宽线交点位于中间，背腹肥厚且对称，颜色象牙白；种核长2.07cm，宽1.60cm，厚1.29cm，种核重2.170g，出核率26.96%；种仁长1.67cm，宽1.30cm，厚1.01cm，种仁重1.549g，出仁率71.41%。

荣成市人和镇靖海卫村（图3-108）

种实椭圆形，部分近圆形，小，顶端圆钝，基部平广，颜色橙黄，果粉厚度中等，种梗短，蒂盘卵圆形，油胞点状且稀；种实长2.25cm，宽1.87cm，种梗长2.32cm，种实重10.24g；种核近椭圆形，特小，顶端微尖，基部微尖，侧棱两条底部不明显，部分仅一条侧棱，长宽线交点位于中间，背腹肥厚且对称，颜色象牙白；种核长1.87cm，宽1.70cm，厚1.37cm，种核重2.366g，出核率23.11%；种仁长1.29cm，宽0.93cm，厚0.76cm，种仁重1.773g，出仁率74.94%。

栖霞市桃村镇荆子埠村（图3-109）

种实圆形，大，顶端圆钝，基部平广，颜色橙黄，果粉厚度中等，种梗中等，蒂盘卵圆形，油胞点状且稀；种实长2.26cm，宽2.40cm，种梗长3.10cm，种实重9.83g；种核圆形，大，顶端微尖，基部微尖，两侧棱明显，部分三棱，长宽线交点位于中间，背腹肥厚且对称，颜色象牙白；种核长1.97cm，宽1.69cm，厚1.33cm，种核重2.568g，出核率26.12%；种仁长1.59cm，宽1.38cm，厚0.99cm，种仁重1.508g，出仁率71.08%。

图3-104　荣成市夏庄镇镇医院旁

图3-105　荣成市夏庄镇冷家村

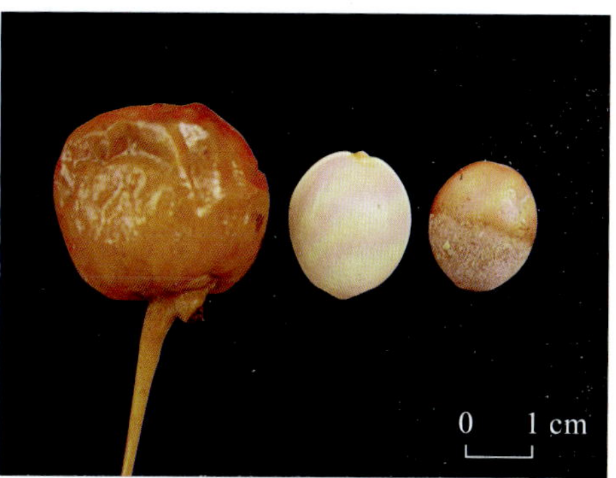

图3-106　荣成市宁津镇苏家村

图3-107　荣成市宁津镇鞠家村

图3-108　荣成市人和镇靖海卫村

图3-109 栖霞市桃村镇荆子埠村

图3-110 乳山大孤山镇万户村

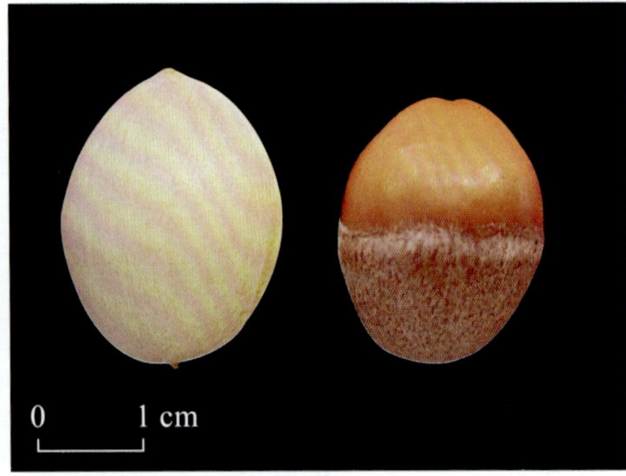

图3-111 沂南县界湖镇张王家独村村委

图3-112 诸城市寿塔乡寿塔村

图3-113 临沂市兰山区兰山街道葛家王平庄1区10号

乳山大孤山镇万户村（图3-110）

种实近圆形，中等大小，顶端圆钝，基部平广，颜色橙黄，果粉厚度中等，种梗中等，蒂盘卵圆形，油胞点状且稀；种实长2.50cm，宽2.17cm，种梗长3.00cm，种实重8.91g；种核近圆形，大，顶端微尖，基部微尖，两侧棱明显，长宽线交点位于中间，背腹肥厚且对称，颜色象牙白；种核长1.87cm，宽1.70cm，厚1.37cm，种核重2.366g，出核率26.54%；种仁长1.59cm，宽1.34cm，厚1.09cm，种仁重1.724g，出仁率72.87%。

沂南县界湖镇张王家独村村委（图3-111）

种实近圆形，中等大小，顶端圆钝，基部平广，颜色橙黄，果粉厚度中等，种梗中等，蒂盘卵圆形，油胞点状且稀；种实长2.74cm，宽2.42cm，种梗长4.00cm，种实重13.69g；种核近圆形，中等大小，顶端微尖，基部微尖，两侧棱明显，长宽线交点位于中间，背腹肥厚且对称，颜色象牙白；种核长2.43cm，宽1.97cm，厚1.57cm，种核重3.790g，出核率27.68%；种仁长2.04cm，宽1.66cm，厚1.33cm，种仁重2.820g，出仁率74.41%。

诸城市寿塔乡寿塔村（图3-112）

种实椭圆形，中等大小，顶端圆钝，基部平广，颜色橙黄，果粉厚度中等，种梗中等，蒂盘卵圆形，油胞点状且稀；种实长2.54cm，宽2.02cm，种梗长3.36cm，种实重9.83g；种核椭圆形，中等大小，顶端微尖，基部微尖，两侧棱明显，长宽线交点位于中间，背腹肥厚且对称，部分不对称，颜色象牙白；种核长2.31cm，宽1.66cm，厚1.33cm，种核重2.568g，出核率26.12%；种仁长1.93cm，宽1.40cm，厚1.09cm，种仁重1.906g，出仁率74.23%。

临沂市兰山区兰山街道葛家王平庄1区10号（图3-113）

种实近圆形，中等大小，顶端微凸，基部平广，颜色橙黄，果粉厚度中等，种梗短，蒂盘圆形，油胞圆形且密；种实长2.39cm，宽2.28cm，种梗长3.30cm，种实重7.97g；种核椭圆形，中等大小，顶端尖，基部尖，两侧棱明显，少有三棱，长宽线交点位于中间，背腹肥厚且对称，颜色象牙白；种核长2.18cm，宽1.57cm，厚1.32cm，种核重2.30g，出核率28.86%；种仁长1.79cm，宽1.36cm，厚1.14cm，种仁重1.78g，出仁率77.39%。

临沂市兰山区兰山街道葛家王平庄1区13号（图3-114）

种实椭圆形，大小中等，顶端凸，基部平广，颜色橙黄色，果粉厚，蒂盘圆形，油胞呈点状且密；种实长2.50cm，宽2.20cm，种实重6.88g；种核长椭圆形，中等大小，顶端微尖，基部微尖，两侧棱明显，长宽线交点偏上，背腹肥厚且相等，颜色象牙白；种核长2.26cm，宽1.51cm，厚1.27cm，种核重2.18g，出核率31.69%；种仁长1.87cm，宽1.30cm，厚1.15cm，种仁重1.70g，出仁率77.98%。

临沂市兰山区兰山街道葛家王平庄1区15号（图3-115）

种实中等大小，形状椭圆形，顶端微凸，基部平广，颜色橙黄色，果粉中等厚度，蒂盘圆形，油胞圆形且密；种实长2.32cm，宽2.11cm，种实重6.63g；种核倒卵形，中等大小，顶端平，基部尖，两侧棱明显，长宽线交点位于中间，背腹对称且肥厚，颜色象牙白；种核长2.20cm，宽1.49cm，厚1.25cm，种核重2.05g，出核率30.92%；种仁长1.80cm，宽1.29cm，厚1.10cm，种仁重1.59g，出仁率77.56%。

临沂市兰山区兰山街道葛家王平庄1区17号（图3-116）

种实大小中等，形状椭圆形，顶端微凸，基部平广，颜色橙黄色，果粉较厚，蒂盘圆形，油胞呈圆形且稀；种实长2.48cm，宽2.17cm，种实重7.12g；种核倒卵形，大，顶端尖，基部尖，两侧棱明显，长宽线交点偏上，背腹对称且肥厚，颜色象牙白；种核长2.32cm，宽1.50cm，厚1.37cm，种核重2.19g，出核率30.76%；种仁长1.88cm，宽1.28cm，厚1.15cm，种仁重1.68g，出仁率76.71%。

临沂市兰山区兰山街道葛家王平庄1区25号（图3-117）

种实大小中等，近圆形，顶端平，基部平广，颜色橙黄色，果粉薄，蒂盘圆形，油胞圆形且密；种实长2.28cm，宽2.12cm，种实重6.86g；种核卵圆形，中等大小，顶端尖，基部微尖，两侧棱明显，长宽线交点位于中间，背腹对称且肥厚，颜色鱼肚白，种核长2.02cm，宽1.55cm，厚1.26cm，种核重1.93g，出核率28.13%；种仁长1.62cm，宽1.36cm，厚1.16cm，种仁重1.50g，出仁率77.72%。

临沂市兰山区兰山街道葛家王平庄1区30号（图3-118）

种实大小中等，近圆形，顶端微凸，基部平广，颜色橙黄色，果粉中等厚度，蒂盘椭圆形，油胞点状且密；种实长2.24cm，宽2.08cm，种实重5.89g；种核长椭圆形，中等大小，顶端微尖，基部尖，两侧棱明显，长宽线交点偏上，背腹中等肥厚且对称，颜色象牙白；种核长2.23cm，宽1.47cm，厚1.20cm，种核重1.89g，出核率32.09%；种仁长1.83cm，宽1.25cm，厚1.17cm，种仁重1.37g，出仁率72.49%。

临沂市兰山区兰山街道葛家王平庄1区39号（图3-119）

种实中等大小，椭圆形，顶端凸，基部平广，颜色橙黄色，果粉中等厚度，蒂盘圆形，油胞圆形且密；种实长2.55cm，宽2.08cm，种实重6.88g；种核长椭圆形，中等大小，顶端尖，基部尖，两侧棱明显，长宽线交点偏上，背腹对称且肥厚，颜色鱼肚白；种核长2.34cm，宽1.52cm，厚1.70cm，种核重2.08g，出核率30.23%；种仁长1.93cm，宽1.29cm，厚1.14cm，种仁重1.61g，出仁率77.40%。

临沂市兰山区兰山街道葛家王平庄1区76号（图3-120）

种实中等大小，圆形，顶端平，基部平广，颜色橙黄色，果粉厚度中等，蒂盘椭圆形，油胞圆形且密；种实长2.36cm，宽2.25cm，种实重7.99g；种核椭圆形，中等大小，顶端微尖，基部尖，两侧棱明显，长宽线交点位于中间，背腹对称且中等肥厚，颜色象牙白；种核长2.09cm，宽1.53cm，厚1.33cm，种核重2.11g，出核率26.41%；种仁长1.72cm，宽1.43cm，厚1.22cm，种仁重1.60g，出仁率75.83%。

临沂市兰山区兰山街道葛家王平庄1区99号（图3-121）

种实中等大小，椭圆形，顶端平，基部平广，颜色橙黄色，果粉厚度中等，蒂盘椭圆形，油胞点状且密；种实长2.71cm，宽2.26cm，种实重7.98g；种核长椭圆形，中等大小，顶端微尖，基部微尖，两侧棱明显，长宽线交点偏上，背腹对称且肥厚，颜色象牙白；种核长2.43cm，宽1.53cm，厚1.28cm，种核重2.34g，出核率29.32%；种仁长1.97cm，宽1.33cm，厚1.12cm，种仁重1.76g，出仁率75.21%。

图3-114　临沂市兰山区兰山街道葛家王平庄1区13号

图3-115　临沂市兰山区兰山街道葛家王平庄1区15号

图3-116　临沂市兰山区兰山街道葛家王平庄1区17号

图3-117　临沂市兰山区兰山街道葛家王平庄1区25号

图3-118　临沂市兰山区兰山街道葛家王平庄1区30号

图3-119　临沂市兰山区兰山街道葛家王平庄1区39号

图3-120　临沂市兰山区兰山街道葛家王平庄1区76号

图3-121　临沂市兰山区兰山街道葛家王平庄1区99号

图3-122　临沂市兰山区兰山街道葛家王平庄2区14号

图3-123 临沂市兰山区兰山街道葛家王平庄2区15号

图3-124 临沂市兰山区兰山街道葛家王平庄3区15号

图3-125 临沂市兰山区兰山街道葛家王平庄3区22号

图3-126 临沂市兰山区兰山街道葛家王平庄3区27号

图3-127 临沂市兰山区兰山街道葛家王平庄3区31号

图3-128 临沂市兰山区兰山街道葛家王平庄3区48号

临沂市兰山区兰山街道葛家王平庄2区14号（图3-122）

种实大小中等，椭圆形，顶端平，基部平广，颜色橙黄色，果粉厚度中等，蒂盘圆形，油胞圆形且稀；种实长2.33cm，宽1.87cm，种实重7.34g；种核长椭圆形，中等大小，顶端微凹，基部尖，两侧棱明显，长宽线交点位于中间，背腹对称且等肥厚，颜色象牙白；种核长2.26cm，宽1.52cm，厚1.28cm，种核重2.23g，出核率30.38%；种仁长1.94cm，宽1.36cm，厚1.17cm，种仁重1.75g，出仁率78.48%。

临沂市兰山区兰山街道葛家王平庄2区15号（图3-123）

种实大，椭圆形，顶端凸，基部平广，颜色橙黄色，果粉厚度中等，蒂盘卵圆形，油胞圆形且密；种实长2.39cm，宽2.17cm，种实重6.96g；种核倒卵形，大，顶端微尖，基部尖，两侧棱明显，长宽线交点偏上，背腹不对称但肥厚，颜色象牙白；种核长2.22cm，宽1.44cm，厚1.20cm，种核重1.84g，出核率26.44%；种仁长1.81cm，宽1.27cm，厚1.10cm，种仁重1.64g，出仁率89.13%。

临沂市兰山区兰山街道葛家王平庄3区15号（图3-124）

种实小，近圆形，顶端平，基部平广，颜色橙黄色，果粉厚，蒂盘圆形，油胞圆形且密；种实长2.14cm，宽2.02cm，种实重5.52g；种核椭圆形，小，顶端微尖，基部微尖，两侧棱明显，长宽线交点位于中间，背腹对称且中等肥厚，颜色象牙白；种核长1.91cm，宽1.39cm，厚1.17cm，种核重1.56g，出核率28.26%；种仁长1.57cm，宽1.24cm，厚1.08cm，种仁重1.23g，出仁率78.85%。

临沂市兰山区兰山街道葛家王平庄3区22号（图3-125）

种实大小中等，近圆形，顶端微凸，基部平广，颜色橙黄色，果粉薄，蒂盘多边形，油胞圆形且密；种实长2.22cm，宽2.09cm，种实重6.19g；种核椭圆形，中等大小，顶端微尖，基部微尖，两侧棱明显，长宽线交点位于中间，背腹不对称但中等肥厚，颜色鱼肚白；种核长1.93cm，宽1.40cm，厚1.22cm，种核重1.68g，出核率27.14%；种仁长1.60cm，宽1.24cm，厚1.10cm，种仁重1.30g，出仁率77.38%。

临沂市兰山区兰山街道葛家王平庄3区27号（图3-126）

种实小，近圆形，顶端微凸，基部平广，颜色橙黄色，果粉中等厚度，蒂盘多边形，油胞点状且密；种实长2.07cm，宽1.92cm，种实重5.09g；种核近圆形，小，顶端微尖，基部微尖，两侧棱明显，长宽线交点位于中间，背腹不对称但肥厚，颜色象牙白；种核长1.82cm，宽1.36cm，厚1.16cm，种核重1.44g，出核率28.29%；种仁长1.49cm，宽1.22cm，厚1.08cm，种仁重1.13g，出仁率78.47%。

临沂市兰山区兰山街道葛家王平庄3区31号（图3-127）

种实中等大小，近圆形，顶端平，基部平广，颜色橙黄色，果粉厚度中等，蒂盘多边形，油胞圆形且密；种实长2.22cm，宽2.18cm，种实重6.74g；种核卵圆形，中等大小，顶端微尖，基部微尖，两侧棱明显，长宽线交点位于中间，背腹对称且肥厚，颜色象牙白；种核长1.91cm，宽1.48cm，厚1.25cm，种核重1.79g，出核率26.56%；种仁长1.56cm，宽1.30cm，厚1.11cm，种仁重1.41g，出仁率78.77%。

临沂市兰山区兰山街道葛家王平庄3区48号（图3-128）

种实小，圆形，顶端平，基部平广，颜色橙黄色，果粉厚，蒂盘多边形，油胞圆形且稀；种实长2.13cm，宽2.07cm，种实重6.10g；种核卵圆形，小，顶端微尖，基部尖，两侧棱明显，长宽线交点位于中间，背腹对称且肥厚，颜色象牙白；种核长1.85cm，宽1.41cm，厚1.19cm，种核重1.54g，出核率25.25%；种仁长1.53cm，宽1.25cm，厚1.08cm，种仁重1.20g，出仁率77.92%。

临沂市兰山区兰山街道葛家王平庄3区87号（图3-129）

种实大小中等，圆形，顶端平，基部平广，颜色橙黄色，果粉薄，蒂盘圆形，油胞点状且密；种实长2.16cm，宽2.12cm，种实重

6.45g；种核椭圆形，中等大小，顶端尖，基部尖，两侧棱下部不太明显，长宽线交点位于中间，背腹对称且肥厚，颜色鱼肚白；种核长1.90cm，宽1.44cm，厚1.21cm，种核重1.65g，出核率25.58%；种仁长1.55cm，宽1.27cm，厚1.09cm，种仁重1.31g，出仁率79.39%。

临沂市兰山区兰山街道葛家王平庄4区16号（图3-130）

种实大小中等，椭圆形，顶端凸，基部平广，颜色橙黄色，果粉中等厚度，蒂盘圆形，油胞圆形且密；种实长2.63cm，宽2.29cm，种实重8.85g；种核长椭圆形，中等大小，顶端尖，基部尖，两侧棱明显，少有三棱，长宽线交点偏上，背腹对称且中等肥厚，颜色鱼肚白；种核长2.33cm，宽1.66cm，厚1.38cm，种核重2.56g，出核率28.93%；种仁长1.92cm，宽1.43cm，厚1.25cm，种仁重1.99g，出仁率77.73%。

临沂市兰山区兰山街道葛家王平庄4区17号（图3-131）

种实中等大小，椭圆形，顶端凸，基部平广，颜色橙黄色，果粉厚度中等，蒂盘卵圆形，油胞圆形且密；种实长2.26cm，宽2.03cm，种实重5.78g；种核椭圆形，中等大小，顶端尖，基部尖，两侧棱明显，长宽线交点偏上，背腹对称且中等肥厚，颜色象牙白；种核长2.15cm，宽1.39cm，厚1.20cm，种核重1.77g，出核率30.62%；种仁长1.77cm，宽1.21cm，厚1.08cm，种仁重1.38g，出仁率77.97%。

临沂市兰山区兰山街道葛家王平庄4区36号（图3-132）

种实大小中等，椭圆形，顶端凸，基部平广，颜色橙黄色，果粉中等厚度，蒂盘椭圆形，油胞点状且稀；种实长2.18cm，宽1.86cm，种实重5.29g；种核长椭圆形，中等大小，顶端微尖，基部尖，两侧棱明显，长宽线交点偏上，背腹对称且中等肥厚，颜色鱼肚白；种核长2.01cm，宽1.36cm，厚1.15cm，种核重1.60g，出核率30.25%；种仁长1.69cm，宽1.21cm，厚1.04cm，种仁重1.24g，出仁率77.50%。

泰安市岱岳区峪峪镇泉上村华严寺遗址（西）（图3-133）

种实圆形，小，顶端圆钝，基部平广，颜色橙黄，果粉厚度中等，种梗短，蒂盘卵圆形，油胞点状且稀；种实长2.59cm，宽2.22cm，种梗长1.50cm，种实重6.726g；种核近圆形，小，顶端微尖，基部微尖，侧棱两条底部不明显，长宽线交点位于中间，背腹肥厚且对称，颜色象牙白；种核长2.08cm，宽1.50cm，厚1.29cm，种核重1.798g，出核率26.74%；种仁长1.77cm，宽1.43cm，厚1.26cm，种仁重1.718g，出仁率95.52%。

泰安市岱岳区峪峪镇泉上村华严寺遗址（东）（图3-134）

种实近圆形，中等大小，顶端圆钝，基部平广，颜色橙黄，果粉厚度中等，种梗短，蒂盘卵圆形，油胞点状且稀；种实长2.33cm，宽2.26cm，种梗长2.60cm，种实重7.349g；种核近椭圆形，中等大小，顶端微尖，基部微尖，两侧棱明显，长宽线交点位于中间，背腹肥厚且对称，颜色象牙白；种核长2.10cm，宽1.61cm，厚1.34cm，种核重2.306g，出核率31.38%；种仁长1.81cm，宽1.36cm，厚1.17cm，种仁重1.750g，出仁率75.88%。

郯城县镇重坊镇王桥村“高升果”（图3-135）

种实大，圆形，顶端平，基部平广，颜色橙黄色，果粉中等厚度，种梗长度中等，蒂盘圆形，油胞圆形且稀；种实长2.59cm，宽2.50cm，种梗长3.33cm，种实重10.35g；种核椭圆形，大，顶端微尖，基部平，两侧棱明显，长宽线交点位于中间，背腹对称且肥厚，颜色象牙白；种核长2.26cm，宽1.72cm，厚1.37cm，种核重2.71g，出核率26.18%；种仁长1.90cm，宽1.45cm，厚1.26cm，种仁重1.98g，出仁率73.06%。

郯城县马头镇桑庄“猴子眼”（图3-136）

种实小，椭圆形，顶端渐尖，基部微凸，颜色橙黄色，果粉厚，种梗长，蒂盘圆形，油胞圆形且密；种实长2.19cm，宽1.75cm，种梗长4.58cm，种实重3.56g；种核椭圆形，小，顶端微尖，基部微尖，两侧棱明显，长宽线交点位于中间，背腹对称且中等肥厚，颜色鱼肚白；种核长1.89cm，宽1.32cm，厚1.08cm，种核重1.20g，出核率26.79%；种仁长1.49cm，宽1.09cm，厚0.96cm，种仁重0.93g，出仁率77.50%。

图3-129 临沂市兰山区兰山街道葛家王平庄3区87号

图3-130 临沂市兰山区兰山街道葛家王平庄4区16号

图3-131 临沂市兰山区兰山街道葛家王平庄4区17号

图3-132 临沂市兰山区兰山街道葛家王平庄4区36号

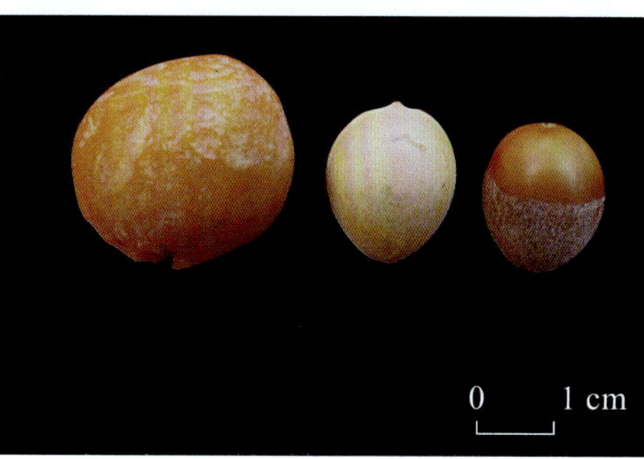

图3-133 泰安市岱岳区峪峪镇泉上村华严寺遗址（西）

图3-134 泰安市岱岳区峪峪镇泉上村华严寺遗址（东）

图3-135 郯城县镇重坊镇王桥村“高升果”

图3-136 郯城县马头镇桑庄“猴子眼”

图3-137 郯城县重坊镇党委院内“抱头银杏”

图3-138 枣庄市市中区西王庄乡付刘跃村西（付家祠堂）（东）

图3-139 枣庄市峄城区青檀寺

图3-140 枣庄市市中区齐村镇前良村

图3-141 枣庄市薛城区周营镇牛山村孙家宗祠前院东侧

图3-142 滕州市鲍沟镇吕坡村原小学院内（东）

郯城县重坊镇党委院内“抱头银杏”（图3-137）

种实小，圆形，顶端平，基部平广，颜色黄色，果粉厚，种梗长度中等，蒂盘卵圆形，油胞点状且稀；种实长2.01cm，宽1.96cm，种梗长3.03cm，种实重4.48g；种核椭圆形，小，顶端微尖，基部微尖，两侧棱明显，长宽线交点位于中间，背腹对称且中等肥厚，颜色鱼肚白；种核长1.72cm，宽1.31cm，厚1.06cm，种核重1.31g，出核率28.86%；种仁长1.44cm，宽1.13cm，厚0.97cm，种仁重0.89g，出仁率77.39%。

枣庄市市中区西王庄乡付刘跃村西（付家祠堂）（东）（图3-138）

种核椭圆形，中等大小，顶端尖，基部平展，两侧棱明显，背腹肥厚相等，长宽线交点偏上，颜色鱼肚白；种核长1.89cm，宽1.62cm，厚1.39cm，种核重2.107g；种仁长1.69cm，种仁宽1.46cm，种仁厚1.37cm，种仁重1.680g，出仁率79.99%。

枣庄市峄城区青檀寺（图3-139）

种核椭圆形，大，顶端喙形，基部中间平展，两端有两个突起的小尖头，两侧棱明显，背腹肥厚相等，长宽线交点位于中间偏上，颜色鱼肚白；种核长2.15cm，宽1.71cm，厚1.38cm，种核重2.422g；种仁长1.88cm，种仁宽1.45cm，种仁厚1.26cm，种仁重1.903g，出仁率78.57%。

枣庄市市中区齐村镇前良村（图3-140）

种核圆形，中等大小，顶端钝，基部平展，两侧棱明显，背腹肥厚相等，长宽线交点位于中间，颜色鱼肚白；种核长1.92cm，宽1.53cm，厚1.25cm，种核重1.830g；种仁长1.83cm，种仁宽1.68cm，种仁厚1.34cm，种仁重1.461g，出仁率79.84%。

枣庄市薛城区周营镇牛山村孙家宗祠前院东侧（图3-141）

种核椭圆形，中等大小，顶端微尖，基部尖，两侧棱中间偏上明显，偏下不明显，背腹肥厚相等，长宽线交点位于中间偏上，颜色鱼肚白；种核长1.85cm，宽1.47cm，厚1.24cm，种核重1.651g；种仁长1.63cm，种仁宽1.28cm，种仁厚1.14cm，种仁重1.307g，出仁率79.16%。

滕州市鲍沟镇吕坡村原小学院内（东）（图3-142）

种核椭圆形，中等大小，顶端喙形，基部尖，两侧棱中间偏上明显，偏下不明显，背腹肥厚相等，长宽线交点位于中间，颜色象牙白；种核长1.78cm，宽1.37cm，厚1.13cm，种核重1.293g；种仁长1.58cm，种仁宽1.23cm，种仁厚1.05cm，种仁重1.020g，出仁率78.89%。

枣庄市市中区孟庄镇峨山口村（图3-143）

种核椭圆形，中等大小，顶端尖，基部平展，两侧棱明显，少有三棱，背腹肥厚相等，长宽线交点位于中间，颜色象牙白；种核长2.06cm，宽1.65cm，厚1.31cm，种核重2.174g；种仁长1.78cm，种仁宽1.47cm，种仁厚1.29cm，种仁重1.653g，出仁率76.03%。

枣庄市峄城区峨山镇前香屯村（图3-144）

种核椭圆形，中等大小，顶端尖，基部尖，两侧棱明显，背腹肥厚相等，长宽线交点位于中间，颜色鱼肚白，种子多畸形，3棱；顶部双尖，极似两个种仁合生；种核长1.81cm，宽1.45cm，厚1.18cm，种核重1.549g；种仁长1.64cm，种仁宽1.25cm，种仁厚1.27cm，种仁重1.196g，出仁率77.21%。

枣庄市峄城区峨山镇后香屯村（图3-145）

种核近圆形，中等大小，顶端尖，基部尖，两侧棱明显，背腹肥厚相等，长宽线交点位于中间，颜色鱼肚白，种子多畸形，仅有一组数据。种核长2.14cm，宽1.74cm，厚1.36cm，种核重2.494g；种仁长1.85cm，种仁宽1.54cm，种仁厚cm，种仁重1.895g，出仁率77.98%。

枣庄市峄城区古邵镇小坊上路南（图3-146）

种核椭圆形，中等大小，顶端尖，基部平展，两侧棱明显，背腹肥厚相等，长宽线交点位于中间，颜色鱼肚白；种核长2.00cm，宽1.69cm，厚1.35cm，种核重2.188g，出核率28.76%；种仁长1.75cm，种仁宽1.46cm，种仁厚1.24cm，种仁重1.679g，出仁率74.54%。

泰安市岱岳区徂徕山林场礤石峪林区隐仙观玉皇楼前（图3-147）

种核卵圆形，大，顶端凸尖，基部楔形，侧棱两条底部不明显，长宽线交点位于中间，背腹肥厚，部分不对称，颜色底部褐色，顶部象牙白；种核长2.51cm，种核宽1.92cm，厚1.52cm，种核重2.298g；种仁长2.03cm，种仁宽1.61cm，种仁厚1.24cm，种仁重1.945g，出仁率84.62%。

泰安市泰疗1号（图3-148）

种实卵圆形，大，顶端凸起，基部平广，颜色橙黄，果粉薄，种梗中长微弯，蒂盘凸起椭圆形；种实长2.47cm，宽2.20cm，长×宽5.43，果柄长3.33cm，单果重7.93g，126.98粒/kg，果皮厚0.47cm；种核倒卵形，中等大小，顶端尖，顶点有尖，基部狭窄，边缘有翼二棱，颜色黄白；种核长2.25cm，宽1.52cm，厚1.27cm，长×宽×厚4.39，种核重1.94g，517.7粒/kg，出核率20.89%；种仁长1.86cm，宽1.25cm，厚1.13cm，长×宽×厚2.64，单仁重1.48g，691粒/kg，出仁率76.3%。

泰安市泰疗2号（图3-149）

种实卵圆形，中等大小，顶端平广，基部凹陷，颜色橙黄，果粉薄，种梗长微弯，蒂盘凸起圆形；种实长2.57cm，宽2.18cm，长×宽5.61，果柄长4.01cm，单果重8.19g，122粒/kg，果皮厚0.40cm；种核卵形，中等大小，顶端微尖，顶点无尖，基部狭窄，边缘有翅，颜色黄白；种核长2.24cm，宽1.63cm，厚1.25cm，长×宽×厚4.57，种核重1.81g，577.24粒/kg，出核率19.06%；种仁长1.87cm，宽1.34cm，厚1.10cm，长×宽×厚2.77，单仁重1.68g，596粒/kg，出仁率82.18%。

泰安市泰疗3号

种实圆形，大，顶端凸起，基部凹陷，颜色橙黄，果粉薄，种梗长平直，蒂盘凸起圆形；种实长2.07cm，宽1.84cm，长×宽3.81，果柄长3.22cm，单果重5.95g，169粒/kg，果皮厚0.32cm；种核卵形，中等大小，顶端为尖，顶点无尖，基部狭窄，边缘有翅，颜色黄白；种核长2.02cm，宽1.45cm，厚1.14cm，长×宽×厚3.33，种核重1.46g，692.3粒/kg，出核率25%；种仁长1.61cm，宽1.17cm，厚1.03cm，长×宽×厚2.20，单仁重1.20g，845粒/kg，出仁率82.15%。

泰安市泰疗4号（图3-148）

种实圆形，中等大小，顶端凹陷，基部略凸，颜色淡黄，果粉薄，种梗中长弯曲，蒂盘凸起圆形；种实长2.42cm，宽2.23cm，长×宽5.42，果柄长3.00cm，单果重8.03g，128粒/kg，果皮厚0.36cm；种核椭圆形，中等大小，顶端圆钝，顶点无尖，基部平广，边缘有翼，颜色白；种核长2.13cm，宽1.57cm，厚1.28cm，长×宽×厚4.28，种核重2.07g，490.8粒/kg，出核率25.9%；种仁长1.76cm，宽1.32cm，厚1.13cm，长×宽×厚2.46，单仁重1.61g，633粒/kg，出仁率75.3%。

图3-143　枣庄市市中区孟庄镇峨山口村

图3-144　枣庄市峄城区峨山镇前香屯村

图3-145　枣庄市峄城区峨山镇后香屯村

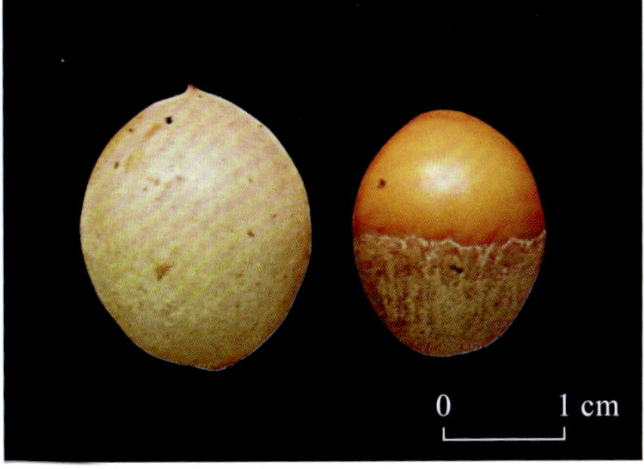

图3-146　枣庄市峄城区古邵镇小坊上路南

图3-147　泰安市岱岳区徂徕山林场礤石峪林区隐仙观玉皇楼前

图3-148 泰安市泰疗1号（上）、4号（下）

图3-149 泰安市泰疗2号

图3-150 泰安市小天庭

泰安市果科所二果园

种实圆形，中等大小，顶端和基部平广，颜色橙黄，果粉薄，种梗短弯曲，蒂盘凸起圆形；种实长2.19cm，宽2.04cm，长×宽4.47，果柄长2.17cm，单果重7.85g，127.67粒/kg，果皮厚0.52cm；种核圆形，略小，顶端凸起，顶点有尖，基部平广有维管束连接，边缘有翼，颜色白；种核长1.94cm，宽1.66cm，厚1.28cm，长×宽×厚4.12，种核重2.04g，491粒/kg，出核率26.0%；种仁长1.57cm，宽1.32cm，厚1.14cm，长×宽×厚2.39，单仁重1.52g，660粒/kg，出仁率74.38%。

泰安市山东农业大学树木园路东

种实椭圆形，中等大小，顶端凸起，基部平广，颜色淡黄，果粉厚，种梗中长平直，蒂盘凸起椭圆形；种实长2.43cm，宽1.86cm，长×宽4.53，果柄长3.04cm，单果重6.01g，171粒/kg，果皮厚0.34cm；种核椭圆形，中等大小，顶端微尖，顶点有尖，基部狭窄维管束连接成两点凸起，边缘有翼，颜色白；种核长2.22cm，宽1.55cm，厚1.24cm，长×宽×厚4.37，种核重1.98g，513.2粒/kg，出核率33.2%；种仁长1.82cm，宽1.27cm，厚1.08cm，长×宽×厚2.43，单仁重1.53g，661.76粒/kg，出仁率77.0%。

泰安市普照寺

种实卵形，中等大小，顶端凸起，基部平广，颜色淡黄，果粉薄，种梗长弯曲，蒂盘凸起椭圆形；种实长2.08cm，宽1.82cm，长×宽3.72，果柄长4.63cm，单果重6.08g，166.8粒/kg，果皮厚0.30cm；种核椭圆形，小，顶端尖，顶点有尖，基部狭窄维管束连接成两点凸起，边缘有翼，颜色白；种核长2.11cm，宽1.50cm，厚1.22cm，长×宽×厚3.84，种核重1.76g，574粒/kg，出核率29.2%；种仁长1.76cm，宽1.24cm，厚1.08cm，长×宽×厚2.36，单仁重1.43g，703粒/kg，出仁率79.7%。

泰安市树木园雪松下一株（路西）

种实椭圆形，中等大小，顶端凸起，基部凹陷，颜色橙黄，果粉薄，种梗中长微弯，蒂盘凸起圆形；种实长2.53cm，宽1.94cm，长×宽4.89，果柄长2.83cm，单果重5.97g，171粒/kg，果皮厚0.44cm；种核椭圆形，中等大小，顶端平广，顶点有尖，基部狭窄维管束连接，颜色白；种核长2.32cm，宽1.65cm，厚1.35cm，长×宽×厚5.19，种核重2.47g，407粒/kg，出核率41.78%；种仁长1.94cm，宽1.42cm，厚1.22cm，长×宽×厚3.31，单仁重1.96g，514粒/kg，出仁率79.2%。

泰安市树木园朴树旁一株雌株路东2.5m处

种实椭圆形，大，顶端凸起，基部平广，颜色浅橙黄，果粉薄，种梗长弯曲，蒂盘阔椭圆形；种实长2.80cm，宽2.02cm，长×宽5.69，果柄长3.95cm，单果重9.36g，107.63粒/kg，果皮厚0.44cm；种核椭圆形，中等大小，顶端圆钝，顶点有尖，基部狭窄维管束连接，边缘有翼，颜色白；种核长2.79cm，宽1.69cm，厚1.41cm，长×宽×厚6.59，种核重2.78g，366.41粒/kg，出核率31.1%；种仁长2.26cm，宽1.46cm，厚1.20cm，长×宽×厚3.96，单仁重2.15g，462粒/kg，出仁率76.3%。

泰安市岱宗坊南路路东

种实广椭圆形，中等大小，顶端凸起，基部凹陷，颜色淡黄，果粉薄，种梗短弯曲，蒂盘椭圆形；种实长1.89cm，宽1.80cm，长×宽3.41，果柄长1.91cm，单果重7.05g，142.5粒/kg，果皮厚0.40cm；种核偏心形，中等大小，顶端平广，顶点无尖，基部狭窄维管束连接，边缘有翼，颜色灰白；种核长2.07cm，宽1.70cm，厚1.33cm，长×宽×厚4.72，种核重2.20g，464粒/kg，出核率31.0%；种仁长1.70cm，宽1.31cm，厚1.13cm，长×宽×厚2.51，单仁重1.59g，644粒/kg，出仁率72.14%。

泰安市小天庭（图3-150）

种实圆形，中等大小，顶端凹入，基部凸起，颜色橙黄，果粉薄，种梗中长微弯，蒂盘凸起椭圆形；种实长2.32cm，宽2.37cm，长×宽5.49，果柄长2.77cm，单果重8.65g，115.8粒/kg，果皮厚0.35cm；种核椭圆形，中等大小，顶端微尖，顶点有尖，基部狭窄维管束不连接成两点状排列，边缘上部明显下部趋于不明显，颜色白；种核长2.01cm，宽1.69cm，厚1.35cm，长×宽×厚4.89，种核重2.03g，494.24粒/kg，出核率23.53%；种仁长1.60cm，宽1.41cm，厚1.18cm，长×宽×厚2.91，单仁重1.58g，639.06粒/kg，出仁率77.56%。

泰安市岱庙0001号（图3-151）

种实椭圆形，大，顶端平广，基部平广，颜色淡黄，果粉厚度中等，种梗长微弯，蒂盘凸起椭圆形；种实长2.80cm，宽2.32cm，长×宽6.50，果柄长3.19cm，单果重8.64g，117.55粒/kg，果皮厚0.48cm；种核扁椭圆形，大，顶端圆钝，顶点微尖，基部狭窄维管束连接，边缘有翼，颜色白；种核长2.34cm，宽1.56cm，厚1.22cm，长×宽×厚4.47，种核重2.21g，467.90粒/kg，出核率25.59%；种仁长1.90cm，宽1.25cm，厚1.05cm，长×宽×厚2.81，单仁重1.59g，651.12粒/kg，出仁率71.90%。

泰安市岱庙0002号（图3-152）

种实圆形，中等大小，顶端凹入，基部平广，颜色淡黄，果粉薄厚中等，种梗长微弯，蒂盘凸起椭圆形；种实长2.12cm，宽2.13cm，长×宽4.55，果柄长3.55cm，单果重8.80g，115.29粒/kg，果皮厚0.45cm；种核圆形，中

图3-151　泰安市遥参亭0001（上）、岱庙0004（下）

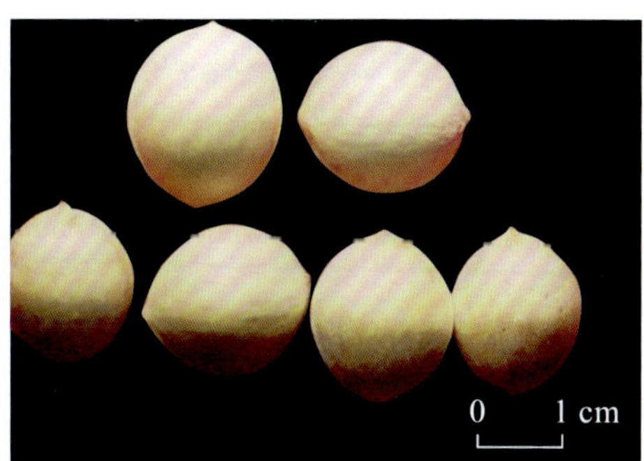

图3-152　泰安市岱庙（上：0002园子）、佛爷寺（下：0020）

等大小，顶端尖，顶点有尖，基部平广维管束连接，边缘有翼，颜色白；种核长1.99cm，宽1.59cm，厚1.35cm，长×宽×厚4.31，种核重2.32g，444粒/kg，出核率26.28%；种仁长1.82cm，宽1.48cm，厚1.24cm，长×宽×厚3.33，单仁重2.03g，494.90粒/kg，出仁率79.71%。

泰安市岱庙0004号（图3-151）

种实扁圆形，大，顶端平，基部凹入，颜色橙黄，果粉薄，种梗中等微弯，蒂盘凸起近圆形；种实长2.46cm，宽2.42cm，长×宽5.96，果柄长2.18cm，单果重9.40g，107.2粒/kg，果皮厚0.47cm；种核扁圆形，大，顶端圆钝，顶点凹入，基部平广维管束连接成两点分布，边缘有翼，颜色白；种核长2.02cm，宽1.75cm，厚1.37cm，长×宽×厚4.86，种核重2.53g，397.3粒/kg，出核率27.0%；种仁长1.71cm，宽1.50cm，厚1.26cm，长×宽×厚3.22，单仁重1.96g，512粒/kg，出仁率77.55%。

泰安市佛爷寺0018号（图3-153）

种实圆形，中等大小，顶端平，基部平广，颜色淡黄，果粉薄，种梗长微弯，蒂盘凸起近圆形；种实长2.22cm，宽2.00cm，长×宽4.14，果柄长3.64cm，单果重7.26g，140.6粒/kg，果皮厚0.33cm；种核圆形，中等大小，顶端尖，顶点有尖，基部平广维管束连接成两点状分布，边缘有翼，颜色白；种核长2.06cm，宽1.66cm，厚1.34cm，长×宽×厚5.10，种核重2.36g，424.33粒/kg，出核率29.8%；种仁长1.64cm，宽1.45cm，厚1.26cm，长×宽×厚2.96，单仁重1.89g，531粒/kg，出仁率81.06%。

泰安市佛爷寺0019号（图3-153）

种实圆形，中等大小，顶端平，基部平广，颜色淡黄，果粉薄，种梗短微弯，蒂盘凸起椭圆形；种实长2.42cm，宽1.23cm，长×宽2.97，果柄长1.78cm，单果重2.50g，416.2粒/kg，果皮厚0.47cm；种核纺锤形，特小，顶端尖，顶点有尖，基部狭窄维管束连接，边缘无翼，颜色白；种核长2.04cm，宽1.73cm，厚1.17cm，长×宽×厚4.16，种核重1.69g，624.69粒/kg，出核率20.8%；种仁长1.5cm，宽1.24cm，厚1.02cm，长×宽×厚2.02，单仁重1.33g，出仁率78.68%。

泰安市佛爷寺0020号（图3-152；154）

种实圆形，中等大小，顶端平，基部凹入，颜色橙黄，果粉薄，种梗长微弯，蒂盘凸起椭圆形；种实长2.32cm，宽2.33cm，长×宽5.43，果柄长3.17cm，单果重8.36g，120粒/kg，果皮厚0.47cm；种核近圆形，中等大小，顶端圆钝，顶点有尖，基部平广维管束连接，边缘有翼，颜色白；种核长1.97cm，宽1.77cm，厚1.32cm，长×宽×厚4.49，种核重2.22g，454粒/kg，出核率26.54%；种仁长1.64cm，宽1.39cm，厚1.20cm，长×宽×厚2.73，单仁重1.72g，583粒/kg，出仁率77.83%。

泰安市佛爷寺0021号（图3-154）

种实圆形，中等大小，顶端平，基部平广，颜色橙黄，果粉薄，种梗短微弯，蒂盘凸起椭圆形；种实长2.18cm，宽1.92cm，长×宽4.19，果柄长2.63cm，单果重6.42g，157.52粒/kg，果皮厚0.38cm；种核心形，中等大小，顶端圆钝，顶点有尖，基部狭窄维管束连接成两点状分布，边缘有翼，颜色白；种核长2.09cm，宽1.60cm，厚1.30cm，长×宽×厚4.35，种核重2.01g，500.4粒/kg，出核率31.63%；种仁长1.62cm，宽1.29cm，厚1.13cm，长×宽×厚2.38，单仁重1.63g，617粒/kg，出仁率81.04%。

济南市长清区灵岩寺3号（图3-155）

种实圆形，大，顶端凸起，基部平广，颜色橘黄，果粉厚度中等，种梗长微弯，蒂盘凸起椭圆形；种实长2.67cm，宽2.56cm，长×宽6.85，果柄长3.07cm，单果重10.95g，果皮厚0.35cm；种核椭圆形，中等大小，顶端圆钝，顶点有尖，基部狭窄，边缘有翼，颜色白；种核长2.41cm，宽1.94cm，厚1.51cm，长×宽×厚7.06，种核重3.11g，324.22粒/kg，出核率28.2%；种仁长1.97cm，宽1.55cm，厚1.32cm，长×宽×厚4.11，单仁重2.35g，429.5粒/kg，出仁率74.52%。

济南市长清区灵岩寺5号（图3-156）

种实扁圆形，中等大小，顶端凹入，基

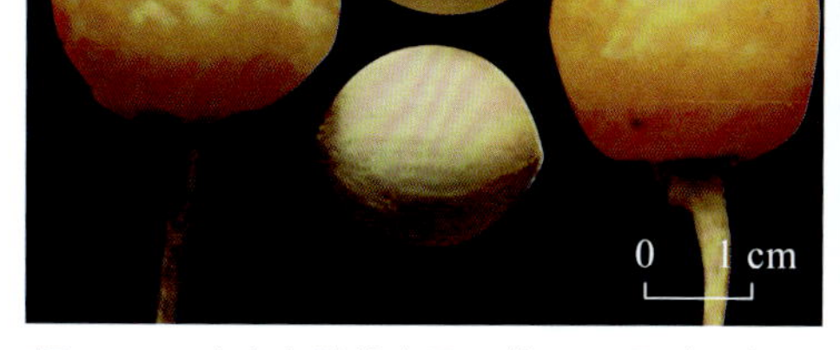

图3-153　泰安市佛爷寺西一株0018号（下）、0019号（上）

图3-154　泰安市佛爷寺沟里一株0020号（上）、西山坡下0021号（下）

部平广，颜色淡黄，果粉很薄近乎无，种梗短弯曲，蒂盘凸起椭圆形；种实长2.29cm，宽2.16cm，长×宽4.96，果柄长2.14cm，单果重9.88g，102.2粒/kg，果皮厚0.35cm；种核扁圆形，大，顶端平广，顶点凹陷，基部略窄，边缘有翼，颜色白；种核长2.14cm，宽1.88cm，厚1.42cm，长×宽×厚5.71，种核重2.72g，368.8粒/kg，出核率27.77%；种仁长1.80cm，宽1.55cm，厚1.26cm，长×宽×厚3.51，单仁重2.10g，476.4粒/kg，出仁率77.20%。

济南市长清区灵岩寺6号（图3-157）

种实圆形，大，顶端凸起，基部平广，颜色橙黄，果粉薄，种梗长度中等弯曲，蒂盘凸起椭圆形；种实长2.46cm，宽2.15cm，长×宽5.40，果柄长3.01cm，单果重7.93g，果皮厚0.41cm；种核椭圆形，中等大小，顶端微尖，顶点有尖，基部狭窄维管束不连接成两点状分布；种核长2.21cm，宽1.73cm，厚1.44cm，长×宽×厚5.46，种核重2.72g，368粒/kg，出核率34.4%；种仁长1.88cm，宽1.48cm，厚1.28cm，长×宽×厚3.57，单仁重2.06g，487粒/kg，出仁率75.5%。

济南市长清区灵岩寺7号（图3-156）

种实圆形，小，顶端微凸起，基部平广，颜色橙黄，果粉薄，种梗短弯曲，蒂盘凸起椭圆形；种实长2.03cm，宽1.82cm，长×宽3.70，果柄长3.21cm，单果重4.10g，果皮厚0.24cm；种核圆形，小，顶端平广，顶点有尖，基部平广维管连接，边缘有翼，颜色白；种核长1.77cm，宽1.54cm，厚1.29cm，长×宽×厚3.53，种核重1.78g，573.58粒/kg，出核率43.17%；种仁长1.48cm，宽1.28cm，厚1.13cm，长×宽×厚2.15，单仁重1.37g，742.51粒/kg，出仁率77.17%。

济南市长清区灵岩寺8号（图3-155）

种实圆形，大，顶端凸起，基部平广，颜色橙黄，果粉薄，种梗长度中等，蒂盘凸起圆形；种实长2.48cm，宽2.38cm，长×宽5.90，果柄长2.86cm，单果重9.21g，果皮厚0.35cm；种核扁圆形，大，顶端圆钝，顶点有尖，基部平广维管束不连接成两点状分布，边缘有翼，颜色白；种核长2.18cm，宽1.86cm，厚1.34cm，长×宽×厚5.44，种核重2.60g，386.7粒/kg，出核率28.2%；种仁长1.73cm，宽1.49cm，厚1.19cm，长×宽×厚3.08，单仁重1.95g，519粒/kg，出仁率75.01%。

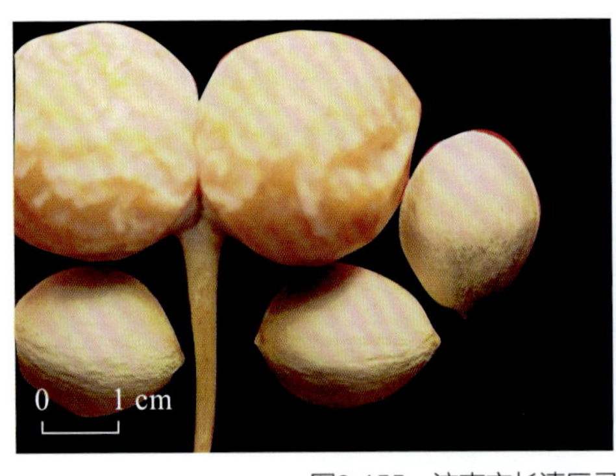

图3-155 济南市长清区灵岩寺3号（左）、8号（右）

图3-156 济南市长清区灵岩寺5号梅核（上）、7号圆铃（下）

图3-157 济南市长清区灵岩寺0030号（6号）

肥城市石横镇大寺村（图3-158）

种核近圆形，大小不均，顶端凸尖，基部楔形，有2个小凸尖，侧棱两条底部不明显，长宽线交点在中间，背腹肥厚且对称，颜色象牙白；种核长2.12cm，宽1.75cm，厚1.32cm，种核重2.030g；种仁发育不良。

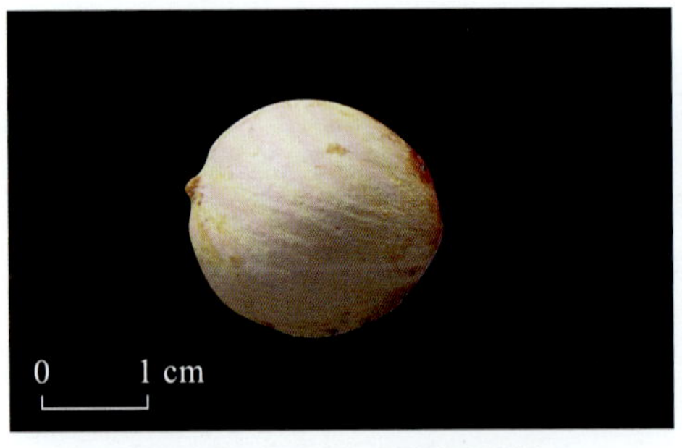

图3-158 肥城市石横镇大寺村

新泰市石莱镇白马寺（图3-159）

种核椭圆形，中等大小，顶端较尖，基部楔形，两侧棱明显，长宽线交点位于中间，背腹肥厚且对称，颜色象牙白；种核长1.86cm，宽1.39cm，厚1.24cm，种核重2.112g；种仁长1.86cm，宽1.39cm，厚1.24cm，种仁重1.759g，出仁率83.27%。

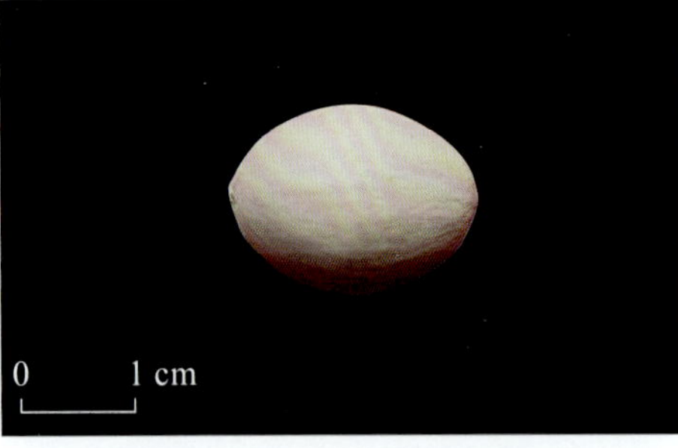

图3-159 新泰市石莱镇白马寺

烟台龙口市下丁家镇大园村（图3-160）

种核近圆形，大小较小，顶端较尖，基部平广，侧棱底部不明显，长宽线交点在中间，背腹肥厚，部分不对称，颜色象牙白；种核长1.92cm，宽1.54cm，厚1.20cm，种核重1.254g；种仁长1.71cm，宽1.33cm，厚1.04cm，种仁重1.005g，出仁率80.19%。

图3-160 烟台龙口市下丁家镇大园村

莒县綦山镇大庄坡村净土寺遗址（东株）（图3-161）

种核近圆形，较小，顶端微尖，基部钝

图3-161 莒县綦山镇大庄坡村净土寺遗址（东株）

图3-162　沂源县鲁村镇安平村栖真观

图3-163　沂源县南麻镇付家庄村荆山园艺场

图3-164　济南市历城区仲宫镇张庄乡北道沟村普门寺

圆，侧棱底部不明显，长宽线交点位于中间，背腹肥厚，部分不对称，颜色象牙白；种核长1.74cm，宽1.48cm，厚1.19cm，种核重1.958g；种仁长1.27cm，宽1.27cm，厚1.01cm，种仁重1.654g，出仁率84.48%。

沂源县鲁村镇安平村栖真观（图3-162）

果扁圆形，顶端凸，基部凹，小型，颜色橙黄，果粉薄，果梗中、弯，蒂盘凸、椭圆，油胞颜色黄，形状椭圆，较密；果长2.29cm，果宽1.92cm，果厚1.81cm，果重5.23g，果皮厚0.22cm，柄长2.51cm；核型扁圆形，顶端平广，基部两束迹大且明显，间距大，边缘二棱，中型大小，颜色灰白，背腹无麻点，中隐线无；核长2.35cm，核宽1.62cm，核厚1.37cm，核皮厚0.22cm，核重1.48g，出核率28.55%；仁圆形，基部平广，顶端平广、有尖，颜色顶部红棕色、底部浅褐色斑点分布于白色蜡质上，中型大小，中隐线在核体1/2处明显；仁长1.49cm，仁宽1.13cm，仁厚0.94cm，仁重1.04g，出仁率69.51%。

沂源县南麻镇付家庄村荆山园艺场（图3-163）

果扁圆形，顶端凸，基部凹，中型大小，颜色暗黄，果粉薄，果梗中、微弯，蒂盘凸，油胞颜色黄，形状椭圆，密度稀；果长2.58cm，果宽2.65cm，果厚2.38cm，果重9.97g，果皮厚0.37cm，柄长2.57cm；核圆形，顶端尖，基部两束迹小而近，合生间石质相连，边缘翼状，中型大小，颜色浅黄色，背腹无麻点，中隐线稍显；核长2.39cm，核宽2.03cm，核厚1.65cm，核皮厚0.23cm，核重2.27g，出核率23.17%；仁圆形，基部平广，顶端平广，颜色顶端棕褐色、底部浅褐色条纹分布于白色蜡质上，中型大小，中隐线在核体1/2处明显；仁长1.60cm，仁宽1.50cm，仁厚1.19cm，仁重1.73g，出仁率76.25%。

济南市历城区仲宫镇张庄乡北道沟村普门寺（图3-164）

果扁圆形，顶端凸，基部凹，大小小型，颜色橙黄，果粉薄，果梗中、直，蒂盘凸、椭圆，油胞颜色黄，形状椭圆，较密；果长2.39cm，果宽1.96cm，果厚1.70cm，果重5.18g，果皮厚0.09cm，柄长2.93cm；核长椭圆，顶端平钝，顶点无尖，基部狭窄，维管束合为一点，边缘双棱，中型大小，颜色鱼肚白，背腹平胖，中隐线不明显；核长2.57cm，核宽1.83cm，核厚1.67cm，核皮厚0.21cm，核重1.86g，出核率36.08%；仁长1.78cm，仁宽1.29cm，仁厚1.11cm，仁重1.45g，出仁率77.60%。

沂源燕崖乡大贤山织女洞林场织女洞无生殿旁（北）（图3-165）

果长2.61cm，果宽2.38cm，果厚2.57cm，果重9.79g，柄长2.88cm；核长2.18cm，核宽2.00cm，核厚1.61cm，核重1.94g，出核率19.82%；仁长1.71cm，仁宽1.54cm，仁厚1.26cm，仁重1.42g，出仁率73.20%。

沂源县中庄镇盖冶小学（图3-166）

果圆形，顶端凸起，基部凸起，大小中型，颜色橙黄，果粉中，果梗中、微弯，蒂盘椭圆，油胞颜色棕黄，形状椭圆，密度稀；果长2.75cm，果宽2.34cm，果厚2.20cm，果

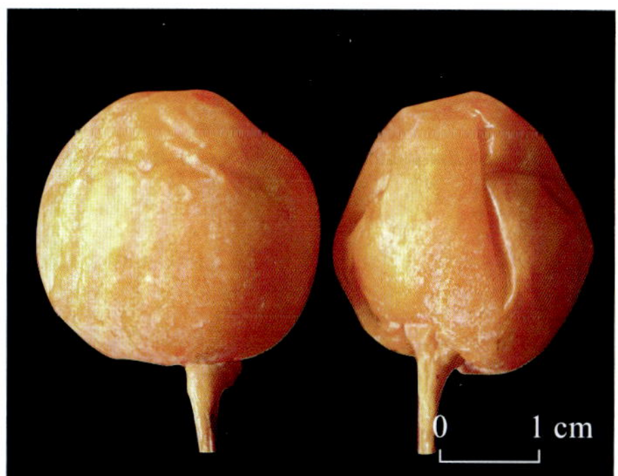

图3-165　沂源燕崖乡大贤山织女洞林场织女洞无生殿旁（北）

重9.39g，果皮厚0.32cm，柄长3.34cm；核长椭圆，顶端微尖，顶点有尖，基部狭窄，维管束并排，边缘双棱，核大型，颜色鱼肚白，背腹平、胖，中隐线稍显；核长2.85cm，核宽2.37cm，核厚1.56cm，壳厚0.19cm，核重2.66g，出核率28.34%；仁椭圆形，基部平广，顶端平广，颜色顶端棕褐色、底部浅褐色条纹分布于白色蜡质上，较大，中隐线在核体1/2处明显；仁长1.96cm，仁宽1.42cm，仁厚1.18cm，

图3-166 沂源县中庄镇盖冶小学

仁重1.96g，出仁率73.75%。叶片长4.68cm，叶片宽6.92cm，叶柄长4.24cm，叶鲜重0.39g，叶面积21.97cm²。

沂源县中庄镇中庄村油坊（图3-167）

叶籽银杏，分正常果和叶生果两种果型。正常果：果扁圆形，顶端平，基部凹入，较型，颜色橙黄，果粉薄，种梗中、微弯，蒂盘凹，油胞颜色黄，形状椭圆，较密；果长2.73cm，果宽3.06cm，果厚3.01cm，果重15.83g，果皮厚0.75cm，柄长2.85cm；核圆形，顶端微尖，顶点有尖，基部平广，维管束并列、相距较远，边缘双棱，较大，颜色鱼肚白，背腹凸、胖，中隐线稍显；核长2.23cm，核宽1.95cm，核厚1.50cm，壳厚0.09cm，核重3.18g，出核率20.12%；仁圆形，基部平广，顶端平广，颜色顶端棕褐色、底部浅褐色条纹分布于白色蜡质上，大型，中隐线在核体1/2处明显；仁长1.88cm，仁宽1.65cm，仁厚1.32cm，仁重2.32g，出仁率72.88%。

叶生果：果椭圆形，顶端突起，基部凹入，小型，颜色浅黄，果粉薄，果梗长弯，蒂盘叶嵌入果中，油胞颜色黄，形状椭圆，密度稀；果长1.67cm，果宽1.47cm，果厚1.46cm，果皮厚0.47cm，果重2.61g；核扁椭圆，顶端喙状微尖，顶点有尖，基部狭窄，维管束不规则，有并列，也有汇于一点，边缘三棱、双棱、单棱均有，小型，颜色鱼肚白，背腹突平，中隐线无；核长1.62cm，核宽1.07cm，核厚0.93cm 壳厚0.25cm，核重0.44g，出核率14.71%；仁椭圆形，基部平广，顶端平广，颜色红棕色，小型，中隐线无；仁长0.89cm，仁宽0.69cm，仁厚0.50cm，仁重0.24g，出仁率32.86%。

正常叶：叶片长4.31cm，叶片宽6.25cm，叶柄长5.13cm，叶鲜重0.52g，叶面积17.76cm²；生种叶：叶片长2.02cm，叶片宽2.24cm，叶柄长5.69cm，叶面积3.91cm²，叶重0.17g。

沂源燕崖乡大贤山织女洞林场织女洞无生殿旁（南）（图3-168）

叶籽银杏，分正常果和叶生果两种果型。正常果：果长2.47cm，果宽2.42cm，果厚2.55cm，果重9.66g，果皮厚0.47cm，柄长2.94cm；核长2.03cm，核宽1.73cm，核厚1.28cm，壳厚0.10cm，核重2.06g，出核率24.38%；仁长1.71cm，仁宽1.47cm，仁厚1.15cm，仁重1.71g，出仁率77.33%。叶生果：果长2.12cm，果宽1.82cm，果厚1.69cm，果皮厚0.48cm，果重3.62g；核长1.54cm，核宽0.83cm，核厚0.75cm，壳厚0.07cm，核重0.47g，出核率12.60%；仁长1.18cm，仁宽0.70cm，仁厚0.61cm，仁重0.27g，出仁率56.37%。

正常叶：叶片长4.88cm，叶片宽8.01cm，叶柄长6.83cm，叶鲜重0.79g，叶面积29.72cm²；生种叶：叶片长3.00cm，叶片宽2.84cm，叶柄长4.92cm，叶面积4.72cm²，叶重0.16g。

肥城市王瓜店镇邓李村牛山林场资圣院东面（图3-169）

叶籽银杏，分正常果和叶生果两种果型。正常果：果圆形，顶端凸起，基部平广，中型，颜色橙黄，果粉薄，果梗中、平直，蒂盘平圆，油胞颜色黄，形状椭圆，较密；果长2.80cm，果宽2.57cm，果厚2.53cm，果重11.29g，果皮厚0.52cm，柄长2.96cm；核长椭圆，顶端微尖，顶点有尖，基部狭窄，维管束两小凸并排，边缘双棱，大型，颜色鱼肚白，背腹突、胖、有麻点，中隐线稍显；核长2.40cm，核宽1.95cm，核厚1.49cm，壳厚0.11cm，核重3.11g，出核率27.54%；仁圆形，基部平广，顶端凸起，颜色顶部红棕色、底部浅褐色斑点分布于白色蜡质上，中型，中隐线明显；仁长2.02cm，仁宽1.47cm，仁厚1.27cm，仁重2.43g，出仁率78.18%。

叶生果：果椭圆，顶端凸起，基部叶子嵌入1/3果体，小型，颜色黄色，果粉中，果梗无，蒂盘呈扁圆状叶中央嵌入，油胞形状椭圆，密；果长2.18cm，果宽1.71cm，果厚1.59cm，果重2.79g，果皮厚0.26cm；核卵圆形，顶端喙状微尖，顶点有尖，基部狭窄，维管束集于一点，边缘单棱，小型，颜色白色，背腹凸胖，中隐线无；核长1.64cm，核宽1.09cm，核厚1.07cm，壳厚0.17cm，核重0.85g，出核率31.57%；仁扁圆形，基部平广，顶端微尖，颜色顶端棕黄色，小型，中隐线顶端右侧；仁长1.12cm，仁宽0.91cm，仁厚0.74cm，仁重0.45g，出仁率55.34%。

正常叶：叶片长5.66cm，叶片宽8.81cm，叶柄长6.60cm，叶鲜重0.65g，叶面积32.77cm²；生种叶：叶片长2.55cm，叶片宽

图3-167 沂源县中庄镇中庄村油坊

图3-168 沂源燕崖乡大贤山织女洞林场织女洞无生殿旁（南）

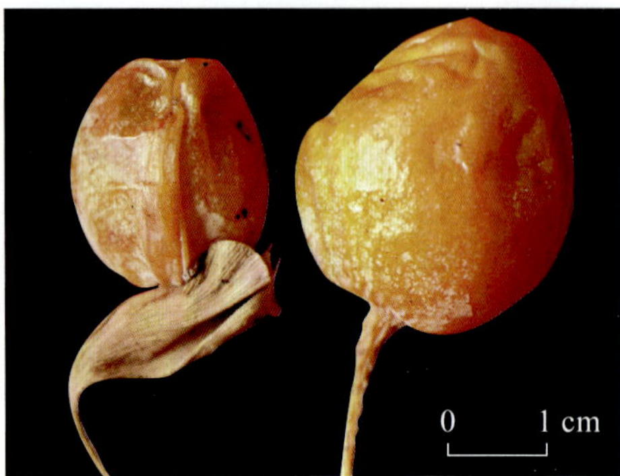

图3-169 肥城市王瓜店镇邓李村牛山林场资圣院东面（注：正常果和叶生果）

图3-170 肥城市王瓜店镇邓李村牛山林场资圣院西面（注：正常果和叶生果）

2.76cm，叶柄长5.82cm，叶面积3.14cm^2，叶重0.07g。

肥城市王瓜店镇邓李村牛山林场资圣院西面（图3-170）

叶籽银杏，分正常果和叶生果两种果型。正常果：果扁圆形，顶端凸起，基部凹起，大小中型，颜色橙红，果粉中，种梗中、弯曲，蒂盘凹圆形，油胞颜色浅黄，形状椭圆，密；果长2.49cm，果宽2.38cm，果厚2.31cm，果重7.64g，果皮厚0.45cm，柄长2.91cm；核扁圆形，顶端尖，基部两束迹宽大，间石质相连、似鸭尾状，边缘二棱，中型，颜色浅黄，背腹无麻点，中隐线无；核长2.11cm，核宽1.73cm，核厚1.37cm，壳厚0.07cm，核重2.20g，出核率28.90%；仁卵圆形，基部凸起、有小尖，顶端平广、有小尖，颜色顶端棕褐色、底部浅褐色条纹分布于白色蜡质上，大小大型，中隐线在核体1/2处明显；仁长1.75cm，仁宽1.47cm，仁厚1.27cm，仁重2.43g，出仁率77.54%。

叶生果：果扁圆形，顶端凸起，基部凹入，小型，颜色橙黄，果粉薄，蒂盘叶凹入果体，油胞颜色棕黄，形状椭圆，密度稀；果长1.71cm，果宽1.40cm，果厚1.21cm，果重1.94g，果皮厚0.15cm；核球形，顶端喙状尖嘴，顶点凸起，基部狭窄，维管束合二为一，小型，颜色象牙白，背腹均凸起，饱满，难以区分，中隐线不明显；核长1.54cm，核宽0.99cm，核厚0.91cm，壳厚0.20cm，核重0.40g，出核率21.88%；仁椭圆形，基部平广，顶端平广，颜色种仁黄绿色，大小小型，中隐线无；仁长0.90cm，仁宽0.63cm，仁厚0.51cm，仁重0.48g，出仁率48.21%。

正常叶：叶片长4.83cm，叶片宽7.92cm，叶柄长4.80cm，叶鲜重0.30g，叶面积26.51cm^2；生种叶：叶片长3.41cm，叶片宽3.34cm，叶柄长4.01cm，叶面积3.89cm^2，叶重0.15g。

沂源县燕崖乡辉村（图3-171）

叶籽银杏，分正常果和叶生果两种果型。正常果：果圆形，顶端平，基部凹入，大型，颜色橙黄，果粉中，果梗短、微圆，蒂盘椭圆，油胞颜色浅黄，形状椭圆，密；果长2.56cm，果宽2.63cm，果厚2.61cm，果重11.72g，果皮厚0.49cm，柄长1.74cm；核扁圆形，顶端尖，基部两束迹大且明显，间距大，边缘二棱，中型，颜色浅黄色，背腹无麻点，中隐线无；核长2.18cm，核宽2.24cm，核厚1.63cm，壳厚0.24cm，核重2.29g，出核率20.34%；仁椭圆，基部平广，顶端凸起，颜色顶端棕褐色、底部浅褐色条纹分布于白色蜡质上，中型，中隐线明显中上部；仁长1.50cm，仁宽1.49cm，仁厚1.15cm，仁重1.65g，出仁率71.81%。

叶生果：果圆形，顶端平，基部凹，中型，颜色黄，果粉薄，果梗长，蒂盘叶嵌入，油胞颜色浅黄，形状圆形，密度稀；果长2.26cm，果宽1.76cm，果厚1.61cm，果重3.20g，果皮厚0.51cm；核长1.51cm，核宽1.07cm，核厚0.92cm，壳厚0.15cm，核重0.92g，出核率14.69%；仁椭圆形，基部平广，顶端无尖，颜色顶端光滑、中型，中隐线无。仁长1.07cm，仁宽0.81cm，仁厚0.61cm，仁重0.51g，出仁率42.33%。

正常叶：叶片长4.53cm，叶片宽7.17cm，叶柄长5.44cm，叶鲜重0.59g，叶面积21.58cm^2；生种叶：叶片长2.33cm，叶片宽3.00cm，叶柄长6.23cm，叶面积4.45cm^2，叶重0.16g。

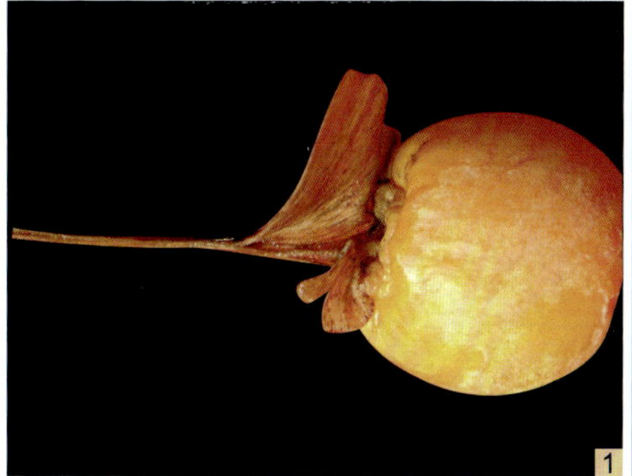

图3-171　沂源县燕崖乡辉村
[注：1. 叶生果实；2. 正常种核（左）、叶生种核（右）]

济南市历城区港沟镇火路村淌豆寺（图3-172）

叶籽银杏，分正常果和叶生果两种果型。正常果：果扁圆形，顶端凸，基部凹，大小中型，颜色橙黄，果粉薄，种梗中、弯，蒂盘凹、椭圆，油胞颜色橙黄，形状椭圆，密度稀；果长2.44cm，果宽2.60cm，果厚2.40cm，果重7.14g，果皮厚0.50cm，柄长2.84cm；核圆形，顶端圆钝，顶点有尖，基部狭窄，维管束并列，相距较近，边缘双棱，中型，颜色灰白，背腹凸胖，有麻点，中隐线稍显；核长2.03cm，核宽1.78cm，核厚1.41cm，壳厚0.08cm，核重2.37g，出核率33.05%；仁圆形，基部平广，顶端平广、无尖，颜色顶端棕褐色、底部浅褐色条纹分布于白色蜡质上，中型，中隐线在核体1/2处明显；仁长1.69cm，仁宽1.51cm，仁厚1.25cm，仁重1.80g，出仁率76.26%。

叶生果：果长1.99cm，果宽1.85cm，果厚1.53cm，果重2.69g，果皮厚0.40cm；核卵形，顶端微尖，顶点微尖，基部狭窄，合二为一，边缘无棱，小型，颜色鱼肚白，背腹凸胖、无麻点，中隐线无；核长1.55cm，核宽0.95cm，核厚0.78cm，壳厚0.09cm，核重0.61g，出核率21.29%；仁圆形，基部平广，顶端平广，颜色浅绿色，中型，中隐线背侧有别于1/3处；仁长1.11cm，仁宽0.72cm，仁厚0.65cm，仁重0.39g，出仁率56.79%。

正常叶：叶片长4.74cm，叶片宽8.00cm，叶柄长5.25cm，叶鲜重0.55g，叶面积27.39cm^2；生种叶：叶片长1.99cm，叶片宽2.57cm，叶柄长5.16cm，叶面积2.54cm^2，叶重0.31g。

图3-172　济南市历城区港沟镇火路村淌豆寺

图3-173　沂源县中庄镇中庄村河边
（注：叶生果+正常果）

沂源县中庄镇中庄村河边（图3-173）

叶籽银杏，分正常果和叶生果两种果型。正常果：果圆形，顶端平，基部平，大小中型，颜色橙黄，果粉薄，果梗短、弯曲，蒂盘圆形，油胞颜色浅黄，形状椭圆，密；果长2.67cm，果宽2.50cm，果厚2.37cm，果重11.12g，果皮厚0.55cm，柄长2.57cm；核扁圆形，顶端平广，基部两束迹大且明显，间距大，边缘翼状，大型，颜色黄色，背腹有麻点，中隐线无；核长2.10cm，核宽1.73cm，核厚1.28cm，壳厚0.08cm，核重2.18g，出核率19.82%；仁圆形，基部平广，顶端尖，颜色顶部红棕色、底部浅褐色斑点分布于白色蜡质上，大小中型，中隐线明显；仁长1.67cm，仁宽1.36cm，仁厚1.12cm，仁重1.42g，出仁率64.73%。

叶生果：果扁圆形，顶端平，基部凹入，小型，颜色淡黄，果粉薄，果梗长直，蒂盘叶嵌入，油胞颜色橙黄，形状椭圆，密；果长2.47cm，果宽2.17cm，果厚2.34cm，果重3.68g，果皮厚0.79cm；核卵形，顶端圆钝，平凸，顶点凹，基部平广，合二为一，边缘单棱或无棱，小型，颜色灰白，背腹凸广，有麻点，中隐线无；核长1.35cm，核宽0.99cm，核厚0.80cm，壳厚0.24cm，核重0.50g，出核率18.85%；仁扁圆形，基部平广，顶端平广，颜色灰褐色，小型，中隐线位于尖端1/3处；仁长1.01cm，仁宽0.76cm，仁厚0.50cm，仁重0.22g，出仁率32.98%。

正常叶：叶片长4.54cm，叶片宽7.63cm，叶柄长5.26cm，叶鲜重0.55g，叶面积24.21cm^2；生种叶：叶片长2.41cm，叶片宽2.89cm，叶柄长7.44cm，叶面积4.03cm^2，叶重0.14g。

沂源县燕崖乡西白峪村（图3-174）

叶籽银杏，分正常果和叶生果两种果型。正常果：果圆形，顶端平，基部凹入，中型，颜色橙黄，果粉薄，果梗短、微弯，蒂盘圆形，油胞颜色浅黄，形状椭圆，密；果长2.32cm，果宽2.26cm，果厚2.32cm，果重7.99g，果皮厚0.51cm，柄长2.67cm；核广卵圆，顶端尖，基部两束迹宽大，间石质相连，边缘二棱，中型，颜色黄色，背腹无麻点，中隐线稍显；核长1.91cm，核宽1.60cm，核厚1.30cm，壳厚0.09cm，核重1.96g，出核率24.56%；仁椭圆，基部平广，顶端凸起，颜色顶端棕褐色、底端白色蜡质，中型，中隐线明显；仁长1.57cm，仁宽1.37cm，仁厚1.12cm，仁重1.49g，出仁率75.83%。

叶生果：果椭圆，顶端凸起，基部凹入，小型，颜色橙黄，果粉薄，果梗长、微弯，蒂盘叶少许嵌入果中，油胞颜色浅黄，形状椭圆，密度稀；果长1.98cm，果宽1.65cm，果厚1.66cm，果重3.38g，果皮厚0.41cm；核卵形，顶端微尖，顶点有尖，基部平广，维管束集于一点，边缘多数双棱，个别单棱或无棱，小型，颜色鱼肚白，背腹凸广，中隐线无；核长1.46cm，核宽1.01cm，核厚0.85cm，壳厚0.15cm，核重0.59g，出核率17.52%；仁圆形，基部平广，顶端平广，颜色顶端棕黄、底部白色蜡质，大型，中隐线稍显；仁长0.98cm，仁宽0.79cm，仁厚0.55cm，仁重0.29g，出仁率41.60%。

正常叶：叶片长3.99cm，叶片宽7.00cm，叶柄长3.50cm，叶鲜重0.44g，叶面积20.70cm^2；生种叶：叶片长1.90cm，叶片宽1.67cm，叶柄长5.89cm，叶面积3.06cm^2，叶重0.12g。

七 浙江古树种实

长兴县小浦镇方岩村（上）（图3-175）

种实椭圆形，中等大小，顶端圆钝，基部平广，颜色黄，果粉厚度中等，蒂盘卵圆形，油胞点状且稀；种实长2.40cm，宽1.76cm，种实重7.54g；种核椭圆形，中等大小，顶端微尖，基部微尖，侧棱两条明显，长宽线交点中间，背腹肥厚且对称，颜色象牙白；种核长2.15cm，宽1.50cm，厚1.35cm，种核重2.139g，出核率28.37%；种仁长1.79cm，宽1.23cm，厚1.03cm，种仁重1.568g，出仁率73.32%。

长兴县小浦镇方岩村（姊妹树）（图3-176）

种实椭圆形，中等大小，顶端圆钝，基部平广，颜色黄，果粉厚度中等，种梗中等，蒂盘卵圆形，油胞点状且稀；种实长2.24cm，宽1.84cm，种梗长3.92cm，种实重6.73g；种核椭圆形，中等大小，顶端微尖，基部微尖，侧棱两条明显，长宽线交点中间，背腹肥厚且对称，颜色象牙白；种核长2.12cm，宽1.38cm，厚1.24cm，种核重1.867g，出核率27.75%；种仁长1.84cm，宽1.16cm，厚1.01cm，种仁重1.429g，出仁率76.54%。

长兴县小浦镇方岩村（下）（图3-177）

种实近圆形，中等大小，顶端圆钝，基部平广，颜色黄，果粉厚度中等，种梗中等，蒂盘卵圆形，油胞点状且稀；种实长2.39cm，宽1.76cm，种梗长3.31cm，种实重7.26g；种核椭圆形，大，顶端微尖，基部微尖，侧棱两条明显，长宽线交点中间，背腹肥厚且对称，颜色象牙白；种核长2.25cm，宽1.47cm，厚1.26cm，种核重2.042g，出核率28.12%；种仁长1.88cm，宽1.18cm，厚1.01cm，种仁重1.531g，出仁率74.99%。

长兴县雉城镇人民广场西南（图3-178）

种实近圆形，小，顶端圆钝，基部平广，颜色黄，果粉厚度中等，种梗较短，蒂盘卵圆形，油胞点状且稀；种实长1.98cm，宽1.65cm，种梗长2.05cm，种实重6.35g；种核近圆形，小，顶端微尖，基部微尖，侧棱两条明显，长宽线交点中间，背腹肥厚，不对称，颜色象牙白；种核长1.85cm，宽1.39cm，厚1.19cm，种核重1.551g，出核率24.41%；种仁长1.55cm，宽1.20cm，厚0.96cm，种仁重1.171g，出仁率75.48%。

长兴县雉城镇人民广场东南（原长兴雉城中学老校）（图3-179）

种实圆形，大小不均，顶端圆钝，基部平广，颜色橙黄，果粉厚度中等，种梗中等，蒂盘卵圆形，油胞点状且稀；种实长2.03cm，宽1.96cm，种梗长4.26cm，种实重6.07g；种核近圆形，中等大小，顶端较尖，基部微尖，侧棱两条底部不明显，长宽线交点中间，背腹肥厚且对称，颜色象牙白；种核长1.87cm，宽1.45cm，厚1.30cm，种核重1.750g，出核

图3-174 沂源县燕崖乡西白峪村

图3-175 长兴县小浦镇方岩村（上）

图3-176 长兴县小浦镇方岩村（姊妹树）

图3-177 长兴县小浦镇方岩村（下）

图3-178　长兴县雉城镇人民广场西南

图3-179　长兴县雉城镇人民广场东南（原长兴雉城中学老校）

图3-180　长兴县小浦镇方岩村施家39号

图3-181　长兴县小浦镇杨林涧村

图3-182　长兴县水口镇寿圣寺长廊

图3-183　长兴县小浦镇方岩村施家41号

率28.81%；种仁长1.53cm，宽1.27cm，厚1.05cm，种仁重1.347g，出仁率76.98%。

长兴县小浦镇方岩村施家39号（图3-180）

种实近圆形，大小不均，顶端圆钝，基部平广，颜色橙黄，果粉厚度中等，种梗较长，蒂盘卵圆形，油胞点状且稀；种实长2.42cm，宽1.90cm，种梗长4.45cm，种实重9.03g；种核椭圆形，大小不均，顶端微尖，基部微尖，侧棱两条明显，长宽线交点中间，背腹肥厚且对称，颜色象牙白；种核长2.23cm，宽1.52cm，厚1.30cm，种核重2.093g，出核率23.17%；种仁长1.63cm，宽1.28cm，厚1.08cm，种仁重1.632g，出仁率77.96%。

长兴县小浦镇杨林涧村（图3-181）

种实长椭圆形，中等大小，顶端圆钝，基部平广，颜色黄，果粉厚度中等，种梗较短，蒂盘卵圆形，油胞点状且稀；种实长2.22cm，宽1.88cm，种梗长3.66cm，种实重6.86g；种核长椭圆形，小，顶端微尖，基部微尖，侧棱两条明显，长宽线交点中间，背腹肥厚，不对称，颜色象牙白；种核长2.02cm，宽1.45cm，厚1.21cm，种核重1.700g，出核率24.78%；种仁长1.68cm，宽1.21cm，厚1.06cm，种仁重1.361g，出仁率80.02%。

长兴县水口镇寿圣寺长廊（图3-182）

种实圆形，大小不均，顶端圆钝，基部平广，颜色橙黄，果粉厚度中等，种梗较短，蒂盘卵圆形，油胞点状且稀；种实长1.85cm，宽1.83cm，种梗长2.68cm，种实重6.29g；种核圆形，特小，顶端微尖，基部微尖，侧棱两条明显，长宽线交点中间，背腹肥厚，不对称，颜色象牙白；种核长1.53cm，宽1.38cm，厚1.12cm，种核重1.800g，出核率28.60%；种仁长1.36cm，宽1.19cm，厚0.94cm，种仁重1.053g，出仁率87.36%。

长兴县小浦镇方岩村施家41号（图3-183）

种实椭圆形，小，顶端圆钝，基部平广，颜色黄，果粉厚度中等，种梗长短不均，蒂盘卵圆形，油胞点状且稀；种实长2.26cm，宽1.76cm，种梗长3.53cm，种实重6.22g；种核长椭圆形，中等大小，顶端较尖，基部微尖，侧棱两条明显，长宽线交点中间，背腹肥厚且对称，颜色象牙白；种核长2.11cm，宽1.36cm，厚1.19cm，种核重1.657g，出核率26.66%；种仁长1.69cm，宽1.09cm，厚0.94cm，种仁重1.248g，出仁率75.34%。

临安市西天目乡西天目山禅源寺门西1（图3-184）

种实椭圆形，中等大小，顶端圆钝，基部平广，颜色橙黄，果粉厚度中等，种梗中等，蒂盘卵圆形，油胞点状且稀；种实长2.18cm，宽1.82cm，种梗长3.50cm，种实重7.77g；种核椭圆形，中等大小，顶端微尖，基部微尖，侧棱两条底部不明显，长宽线交点中间，背腹肥厚且对称，颜色白；种核长2.05cm，宽1.50cm，厚1.26cm，种核重1.939g，出核率24.95%；种仁长1.71cm，宽1.27cm，厚1.07cm，种仁重1.519g，出仁率78.37%。

临安市西天目乡西天目山禅源寺门内西侧（图3-185）

种实长椭圆形，中等大小，顶端圆钝，基部平广，颜色橙黄，果粉厚度中等，无种梗，蒂盘卵圆形，油胞点状且稀；种实长2.61cm，宽1.61cm，种实重7.03g；种核椭圆形，中等大小，顶端微尖，基部微尖，侧棱两条明显，长宽线交点中间，背腹肥厚，不对称，颜色白；种核长2.37cm，宽1.32cm，厚1.12cm，种核重1.800g，出核率25.60%；种仁长2.00cm，宽1.10cm，厚0.87cm，种仁重1.395g，出仁率77.46%。

临安市西天目乡西天目山进山门处“夫妻树”（图3-186）

种实圆形，大，顶端圆钝，基部平广，颜色橙黄，果粉厚度中等，蒂盘卵圆形，油胞点状且稀；种实长2.28cm，宽2.29cm，种实重8.39g；种核长椭圆形，中等大小，顶端微尖，基部微尖，侧棱两条明显，部分三棱，长宽线交点中间，背腹肥厚，不对称，颜色象牙白；种核长1.95cm，宽1.73cm，厚1.29cm，种核重2.239g，出核率26.70%；种仁长1.61cm，宽1.33cm，厚1.05cm，种仁重1.639g，出仁率73.20%。

八 重庆古树种实

酉阳县[1]毛坝乡天苍2组（图3-187）

种实圆形，大小不均，顶端圆钝，基部平广，颜色黄，果粉中等，种梗长短不均，蒂盘卵圆形，油胞点状，稀疏；种实长2.32cm，宽2.02cm，种梗长3.10cm，种实重6.412g；种核近圆形，大小不均，顶端微尖，基部微尖，侧棱明显，长宽线交点中间，背腹对称，颜色象牙白；种核长1.98cm，宽1.57cm，厚1.21cm，种核重1.909g，出核率29.77%；种仁长1.64cm，宽1.36cm，厚0.96cm，种仁重1.344g，出仁率70.39%。

南川区德隆乡银杏村3社杨家沟4号（图3-188）

种实近圆形，中等大小，顶端圆钝，基部平广，颜色黄，果粉中等，无种梗，蒂盘卵圆形，油胞点状，稀疏；种实长2.07cm，宽1.98cm，种实重6.06g；种核近圆形，中等大小，顶端微尖，基部微尖，侧棱明显，长宽线交点中间，背腹部分不对称，颜色象牙白；种核长1.87cm，宽1.47cm，厚1.18cm，种核重1.635g，出核率27.93%；种仁长1.53cm，宽1.19cm，厚0.95cm，种仁重1.190g，出仁率72.79%。

南川区金山镇龙洞湾村3号（图3-189）

种实椭圆形，中等大小，顶端圆钝，基部平广，颜色橙黄，果粉中等，种梗短，蒂盘卵圆形，油胞点状，稀疏；种实长2.18cm，宽2.03cm，种梗长2.45cm，种实重5.76g；种核椭圆形，大小不均，顶端较尖，基部微尖，侧棱部分不明显，长宽线交点中间，背腹对称，颜色象牙白；种核长1.83cm，宽1.27cm，厚1.05cm，种核重1.275g，出核率22.15%；种仁长1.46cm，宽1.07cm，厚0.82cm，种仁重0.894g，出仁率70.11%。

南川区金山镇龙洞湾村6号（图3-190）

种实圆形，大小不均，顶端圆钝，基部平广，颜色橙黄，果粉中等，种梗短，蒂盘卵圆形，油胞点状，稀疏；种实长2.08cm，宽1.90cm，种梗长2.13cm，种实重4.865g；种核长椭圆形，小，顶端较尖，基部微尖，侧棱不明显，长宽线交点中间，背腹对称，颜色象牙白。

南川区德隆乡银杏村3社杨家沟1号树（图3-191）

种实近椭圆形，大小不均，顶端圆钝，基部平广，颜色黄，果粉中等，无种梗，卵圆形，油胞点状，稀疏；种实长1.95cm，宽1.69cm，种实重4.94g；种核椭圆形，小，顶端微尖，基部微尖，侧棱明显，长宽线交点中间，背腹对称，颜色象牙白；种核长1.88cm，宽1.34cm，厚1.12cm，种核重1.336g，出核率27.02%；种仁长1.48cm，宽1.07cm，厚0.91cm，种仁重1.013g，出仁率75.80%。

武隆县接龙乡小坪村（图3-192）

种实圆形，中等大小，顶端圆钝，基部平广，颜色橙黄，果粉中等，种梗中等长度，蒂盘卵圆形，油胞点状，稀疏；种实长1.78cm，宽1.56cm，种梗长3.23cm，种实重4.62g；种核椭

图3-184 临安市西天目乡西天目山禅源寺门西1

图3-185 临安市西天目乡西天目山禅源寺门内西侧

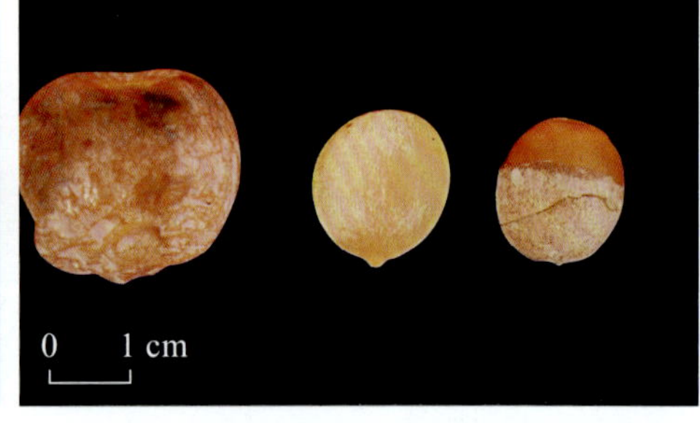

图3-186 临安市西天目乡西天目山进山门处“夫妻树”

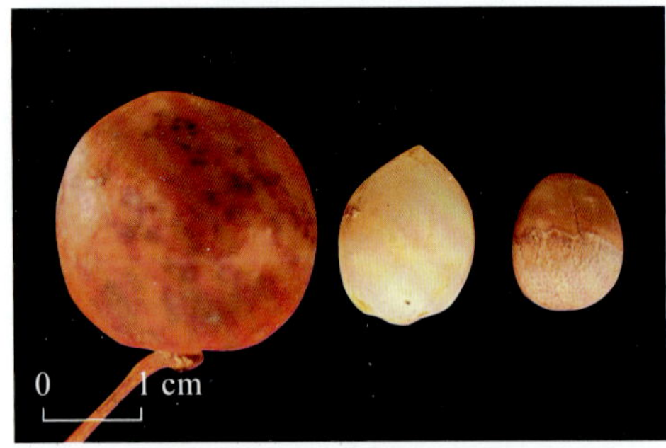

图3-187 酉阳县毛坝乡天苍2组

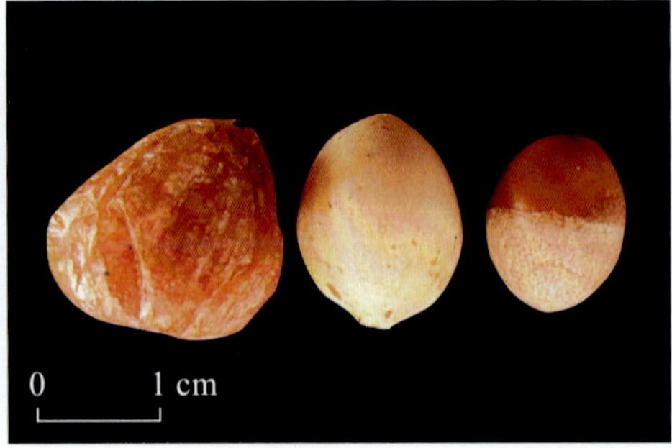

图3-188 南川区德隆乡银杏村3社杨家沟4号

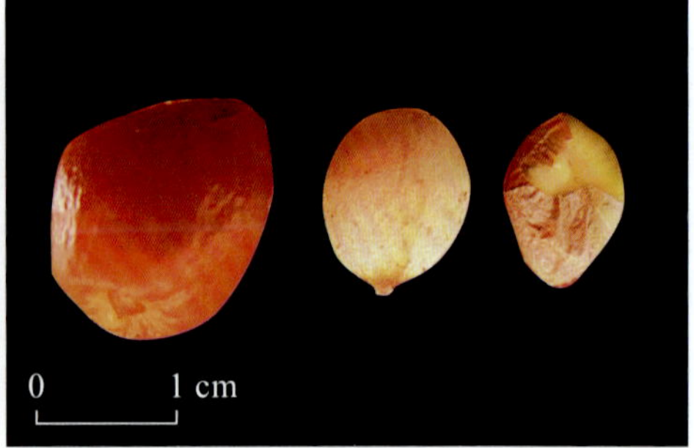

图3-189 南川区金山镇龙洞湾村3号

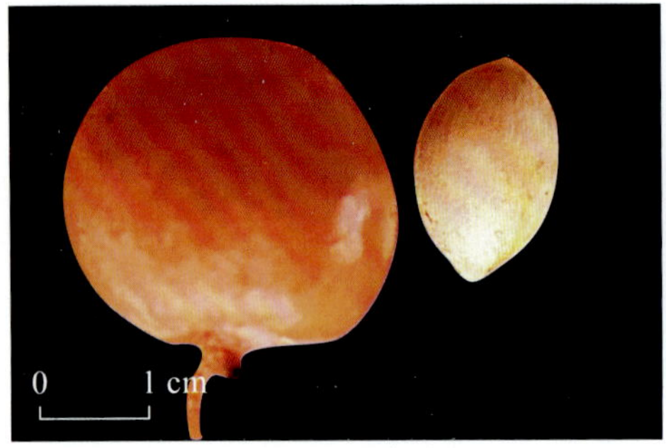

图3-190 南川区金山镇龙洞湾村6号

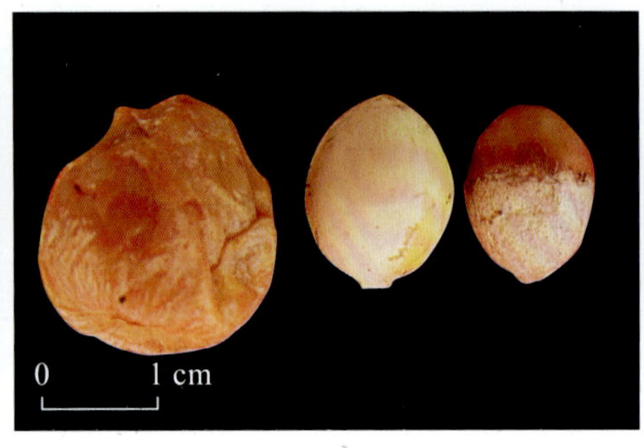

图3-191 南川区德隆乡银杏村3社杨家沟1号树

图3-192 武隆县接龙乡小坪村

注：① 酉阳县，全称酉阳土家族苗族自治县。

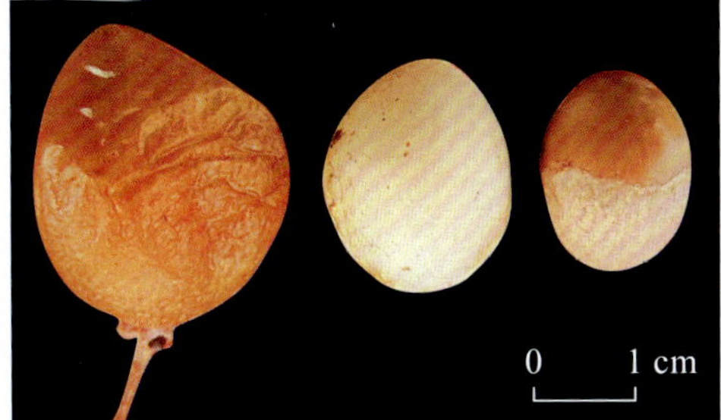

图3-193　南川区金山镇龙洞湾村14号

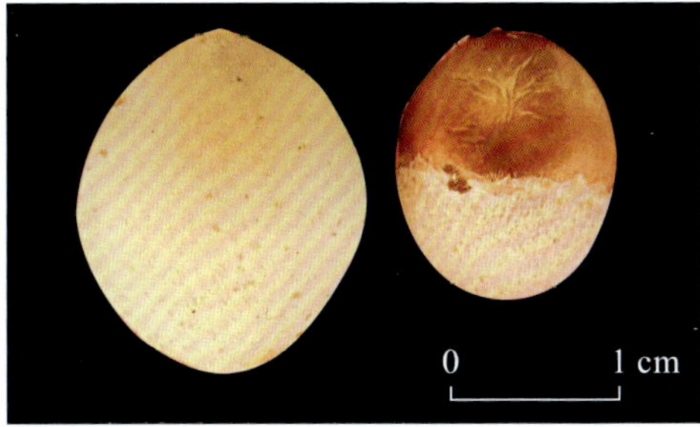

图3-194　南川区金山镇龙洞湾村（15号树）

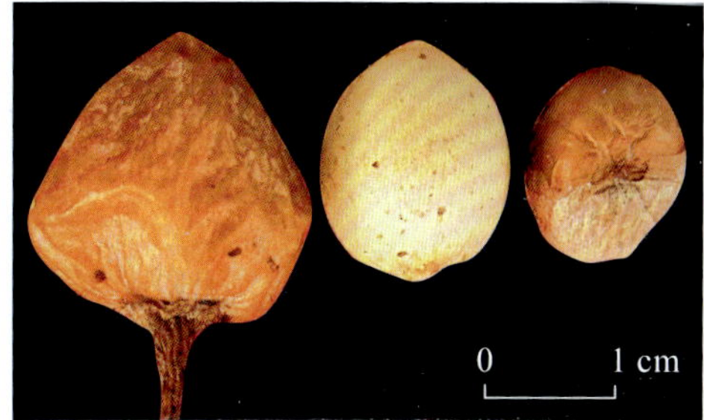

图3-195　南川区德隆乡银杏村3社杨家沟（6号树）

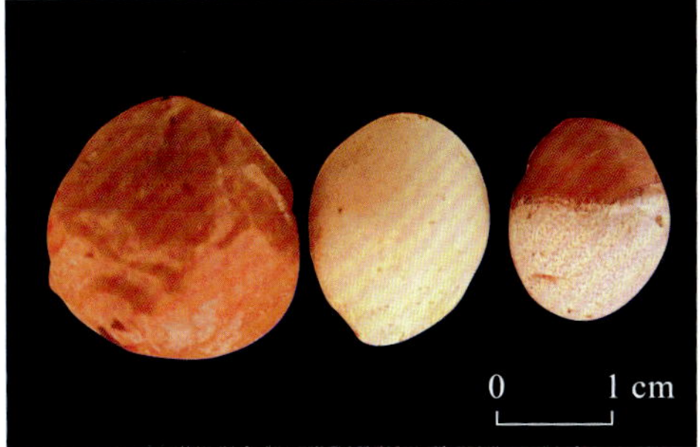

图3-196　巴南区东温泉镇黄金林村黄金林社天赐街上

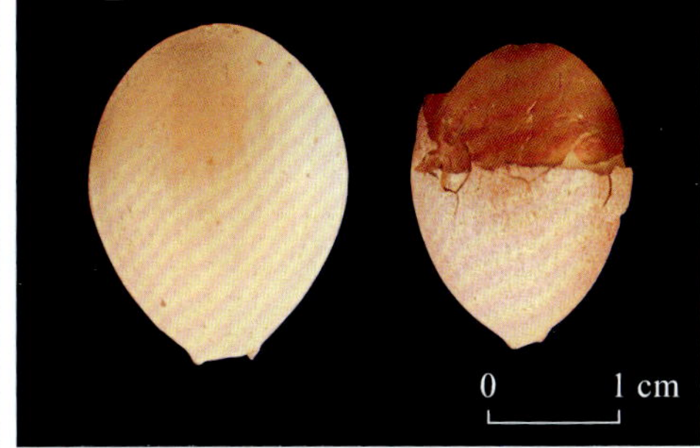

图3-197　江津区柏林镇东胜村一社白果湾

图3-198　黔江区金溪镇金溪居委会10组白果树

圆形，小，顶端微尖，基部微尖，侧棱明显，长宽线交点中间，背腹不对称，颜色象牙白；种核长1.69cm，宽1.32cm，厚1.09cm，种核重1.229g，出核率26.58%；种仁长1.38cm，宽1.06cm，厚0.89cm，种仁重0.924g，出仁率75.16%。

南川区金山镇龙洞湾村（14号树）（图3-193）

种实圆形，中等大小，顶端圆钝，基部平广，颜色橙黄，果粉中等，种梗中等长度，蒂盘卵圆形，油胞点状，稀疏；种实长2.21cm，宽1.87cm，种梗长3.53cm，种实重10.01g；种核圆形，中等大小，顶端微尖，基部微尖，侧棱明显，长宽线交点中间，背腹对称，颜色象牙白；种核长2.16cm，宽1.76cm，厚1.32cm，种核重2.544g，出核率25.42%；种仁长1.81cm，宽1.58cm，厚1.31cm，种仁重1.793g，出仁率70.46%。

南川区金山镇龙洞湾村（15号树）（图3-194）

种实圆形，中等大小，顶端圆钝，基部平广，颜色黄，果粉中等，无种梗，蒂盘卵圆形，油胞点状，稀疏；种实长2.24cm，宽2.28cm，种实重10.61g；种核近圆形，中等大小，顶端微尖，基部微尖，侧棱明显，长宽线交点中间，背腹不对称，颜色象牙白；种核长2.16cm，宽1.75cm，厚1.30cm，种核重2.464g，出核率23.22%；种仁长1.73cm，宽1.42cm，厚1.06cm，种仁重1.716g，出仁率69.64%。

南川区德隆乡银杏村3社杨家沟（6号树）（图3-195）

种实近圆，大小不均，顶端圆钝，基部平广，颜色黄，果粉中等，种梗中等长度，蒂盘卵圆形，油胞点状，稀疏；种实长2.09cm，宽1.92cm，种梗长3.70cm，种实重6.50g；种核近圆形，小，顶端微尖，基部微尖，侧棱底部不明显，长宽线交点中间，背腹不对称，颜色象牙白；种核长1.79cm，宽1.45cm，厚1.16cm，种核重1.599g，出核率24.61%；种仁长1.49cm，宽1.26cm，厚0.92cm，种仁重1.198g，出仁率74.89%。

巴南区东温泉镇黄金林村黄金林社天赐街上（图3-196）

种实圆形，中等大小，顶端圆钝，基部平广，颜色橙黄，果粉中等，无种梗，蒂盘卵圆形，油胞点状，稀疏；种实长2.31cm，宽2.20cm，种实重11.42g；种核近椭圆形，大，顶端微尖，基部微尖，侧棱明显，长宽线交点中间，背腹对称，颜色象牙白；种核长2.27cm，宽1.78cm，厚1.48cm，种核重3.029g，出核率26.51%；种仁长1.83cm，宽1.52cm，厚1.20cm，种仁重2.198g，出仁率72.56%。

江津区柏林镇东胜村一社白果湾（图3-197）

种核近圆形，中等大小，顶端微尖，基部楔形，侧棱明显，长宽线交点中间，背腹对称，颜色象牙白；种核长2.12cm，宽1.59cm，厚1.17cm，种核重1.803；种仁长1.80cm，宽1.31cm，厚0.94cm，种仁重1.417g，出仁率78.59%。

黔江区金溪镇金溪居委会10组白果树（图3-198）

种实椭圆形，中等大小，顶端圆钝，基部平广，颜色橙黄，果粉中等，种梗中等长度，蒂盘卵圆形，油胞点状，稀疏；种实长2.37cm，宽1.66cm，种梗长3.84cm，种实重5.90g；，种核椭圆，中等大小，顶端微尖，基部微尖，侧棱明显，长宽线交点中间，背腹对称，颜色象牙白；种核长2.04cm，宽1.31cm，厚1.09cm，种核重1.496g，出核率25.36%；种仁长1.70cm，宽1.07cm，厚0.93cm，种仁重1.104g，出仁率73.75%。

彭水县桑柘镇峰柏村8组白果园（图3-199）

种实圆形，大，顶端圆钝，基部平广，颜色橙黄，果粉厚，种梗中等长度，蒂盘卵圆形，油胞点状，稀疏；种实长2.15cm，宽1.96cm，种梗长2.80cm，种实重7.76g；种核圆形，大，顶端微尖，基部微尖，侧棱明显，部分三棱，长宽线交点中间，背腹对称，颜色象牙白；种核长1.97cm，宽1.47cm，厚1.25cm，种核重1.776g，出核率22.89%；种仁长1.64cm，宽1.21cm，厚1.05cm，种仁重1.350g，出仁率75.99%。

城口县明中乡金池2社龙门溪白果坪大巴山国家级自然保护区内（图3-200）

种核椭圆形，中等大小，顶端较尖，基部较尖，底部侧棱明显，长宽线交点中间，背腹对称，颜色象牙白；宽2.31cm，厚1.48cm，种核重2.238g；种仁长1.95cm，宽1.43cm，厚1.11cm，种仁重1.663g，出仁率74.29%。

九　四川古树种实

成都市青羊区一环路西一段175号浣花溪风景区百花潭公园（图3-201）

种实椭圆形，中等大小，顶端圆钝，基

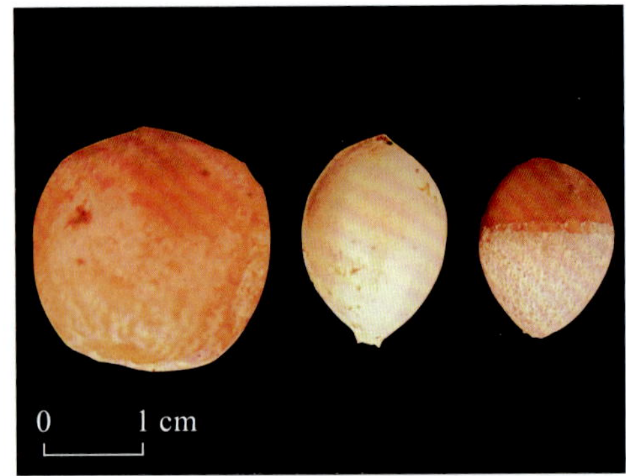

图3-199 彭水县桑柘镇峰柏村8组白果园

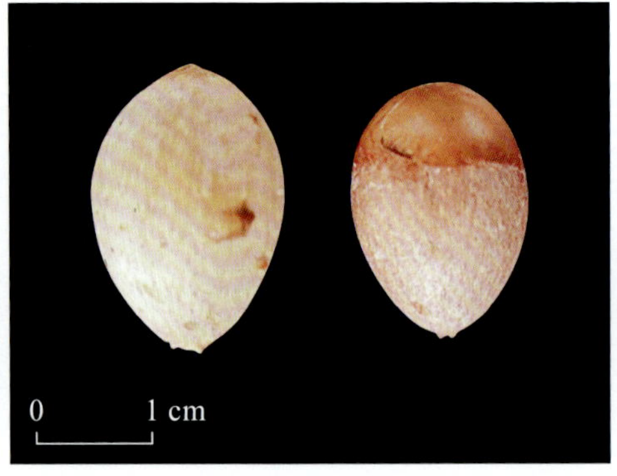

图3-200 城口县明中乡金池2社龙门溪白果坪大巴山国家级自然保护区内

图3-201 成都市青羊区一环路西一段175号浣花溪风景区百花潭公园

图3-202 罗江县白马关镇万佛寺［罗真寺（观）］（1号树）

图3-203 罗江县白马关镇万佛寺［罗真寺（观）］（2号树）

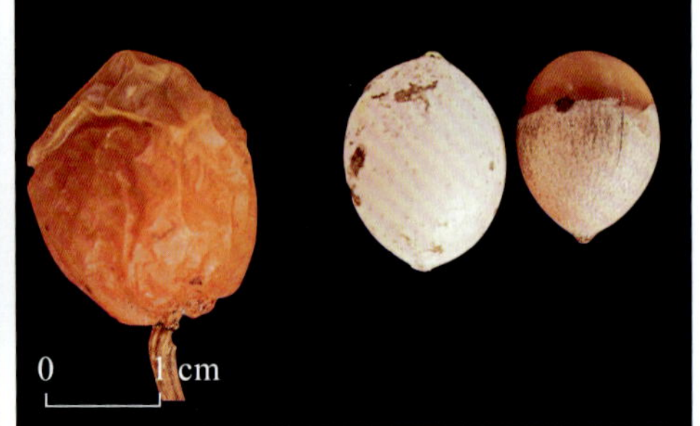

图3-204 彭州市葛仙山镇熙玉村8社12组白果庵

部平广，颜色橙黄，果粉中等，种梗中等长度，蒂盘卵圆形，油胞点状，稀疏；种实长2.49cm，宽1.86cm，种梗长2.66cm，种实重7.32g；种核椭圆形，中等大小，顶端微尖，基部微尖，侧棱明显，长宽线交点中间，背腹对称，颜色象牙白；种核长2.21cm，宽1.53cm，厚1.18cm，种核重1.743g，出核率23.81%；种仁长1.82cm，宽1.25cm，厚1.14cm，种仁重1.358g，出仁率77.91%。

罗江县白马关镇万佛寺［罗真寺（观）］（1号树）（图3-202）

种实椭圆形，部分畸形，大小不均，顶端圆钝，基部平广，颜色橙黄，果粉中等，种梗短，蒂盘卵圆形，油胞点状，稀疏；种实长2.30cm，宽1.92cm，种梗长1.89cm，种实重8.71g；种核长椭圆形，中等大小，顶端较尖，基部较尖，侧棱明显，长宽线交点中间，背腹对称，颜色象牙白；种核长2.10cm，宽1.57cm，厚1.36cm，种核重2.155g，出核率24.73%；种仁长1.74cm，宽1.36cm，厚1.20cm，种仁重1.652g，出仁率76.66%。

罗江县白马关镇万佛寺［罗真寺（观）］（2号树）（图3-203）

种实椭圆形，中等大小，顶端圆钝，基部平广，颜色橙黄，果粉中等，种梗短，蒂盘卵圆形，油胞点状，稀疏；种实长2.34cm，宽1.86cm，种梗长2.90cm，种实重8.67g；种核椭圆形，中等大小，顶端较尖，基部较尖，侧棱明显，长宽线交点中间，背腹对称，颜色象牙白；种核长2.20cm，宽1.62cm，厚1.37cm，种核重2.438g，出核率28.13%；种仁长1.89cm，宽1.43cm，厚1.26cm，种仁重1.912g，出仁率78.41%。

彭州市葛仙山镇熙玉村8社12组白果庵（图3-204）

种实椭圆形，大小不均，顶端圆钝，平广，颜色橙黄，果粉中等，种梗长短不均，蒂盘卵圆形，油胞点状，稀疏；种实长2.37cm，宽1.83cm，种梗长2.95cm，种实重8.18g；种核椭圆形，大小不均，顶端微尖，基部微尖，侧棱明显，长宽线交点中间，背腹对称，颜色象牙白；种核长2.24cm，宽1.50cm，厚1.25cm，种核重1.947g，出核率23.79%；种仁长1.86cm，宽1.35cm，厚1.09cm，种仁重1.486g，出仁率76.30%。

什邡市湔氐镇龙居村龙居寺（图3-205）

种实近圆形，大小中等，顶端圆钝，基部平广，颜色橙黄，果粉中等，无种梗，蒂盘卵圆形，油胞点状，稀疏；种实长2.35cm，宽2.15cm，种梗长2.87cm，种实重7.199g；种核近圆形，中等大小，顶端微尖，基部微尖，侧棱明显，长宽线交点中间，背腹对称，颜色象牙白；种核长2.08cm，宽1.57cm，厚1.30cm，种核重2.152g，出核率29.89%；种仁长1.72cm，宽1.37cm，厚1.12cm，种仁重1.654g，出仁率76.84%。

名山区蒙顶山天盖寺15号树（图3-206）

种实椭圆形，等大小中，顶端圆钝，基部平广，颜色橙黄，果粉中等，种梗中等长度；蒂盘卵圆形，油胞点状，稀疏；种实长2.06cm，宽1.65cm，种梗长3.15cm，种实重6.79g；种核椭圆形，中等大小，顶端微尖，基部微尖，侧棱明显，部分三棱，长宽线交点中间，背腹对称，颜色象牙白；种核长2.00cm，宽1.52cm，厚1.19cm，种核重1.637g，出核率24.12%；种仁长1.56cm，宽1.22cm，厚0.94cm，种仁重1.035g，出仁率63.21%。

邛崃市南宝乡秋园村2组2号树（图3-207）

种实近圆形，小，顶端圆钝，基部平广，颜色橙黄，果粉中等，种梗中等长度，蒂盘卵圆形，油胞点状，稀疏；种实长2.12cm，宽1.85cm，种梗长3.04cm，种实重3.709g；种核椭圆形，较小，顶端微尖，基部微尖，侧棱明显，长宽线交点中间，背腹对称，颜色象牙白；种核长1.83cm，宽1.28cm，厚1.07cm，种核重1.107g，出核率29.84%；树种仁长1.47cm，宽1.07cm，厚0.88cm，种仁重0.815g，出仁率73.64%。

邛崃市南宝乡秋园村2组3号树（图3-208）

种实圆形，小，顶端圆钝，基部平广，颜色橙黄，果粉中等，种梗中等长度，蒂盘卵圆形，油胞点状，稀疏；种实长1.79cm，宽1.62cm，种梗长3.32cm，种实重2.649g；种核近圆形，小，顶端微尖，基部微尖，侧棱明显，长宽线交点中间，背腹对称，颜色象牙白；种核长1.42cm，宽1.21cm，厚0.99cm，种核重0.810g，出核率30.57%；种仁长1.43cm，宽1.02cm，厚0.86cm，种仁重0.631g，出仁率77.95%。

邛崃市南宝乡大胡村弥陀寺1号树（图3-209）

种实近圆形，大小不均，顶端圆钝，基部平广，颜色橙黄，果粉中等，种梗长短不均，蒂盘卵圆形，油胞点状，稀疏；种实长2.35cm，宽2.19cm，种梗长2.70cm，种实重6.867g；种核近圆形，大小不均，顶端微尖，基部微尖，侧棱明显，长宽线交点中间，背腹对称，颜色象牙白；种核长1.90cm，宽1.57cm，厚1.26cm，种核重1.892g，出核率27.55%；种仁长1.55cm，宽1.36cm，厚1.20cm，种仁重1.322g，出仁率69.87%。

邛崃市南宝乡大胡村弥陀寺2号树（图3-210）

种实近圆形，较大，顶端圆钝，基部平广，颜色橙黄，果粉中等，种梗较长，蒂盘卵圆形，油胞点状，稀疏；种实长2.32cm，宽2.22cm，种梗长4.77cm，种实重7.89g；种核近圆形，中等大小，顶端微尖，基部微尖，侧棱明显，长宽线交点中间，背腹对称，颜色象牙白；种核长2.08cm，宽1.62cm，厚1.28cm，种核重2.075g，出核率26.30%；种仁长1.76cm，宽1.40cm，厚1.09cm，种仁重1.506g，出仁率72.58%。

泸定县冷碛镇2村（镇政府附近）（图3-211）

种实椭圆形，大小不均，顶端圆钝，基部平广，颜色橙黄，果粉中等，种梗长短不均，蒂盘卵圆形，油胞点状，稀疏；种实长2.22cm，宽1.78cm，种梗长2.97cm，种实重7.50g；种核椭圆形，较小，顶端微尖，基部微尖，侧棱明显，长宽线交点中间，背腹部分不对称，颜色象牙白；种核长2.15cm，宽1.57cm，厚1.26cm，种核重1.896g，出核率25.28%；种仁长1.87cm，宽1.36cm，厚1.07cm，种仁重1.397g，出仁率73.68%。

泸定县磨西镇蔡阳村3组（图3-212）

60年生。大果银杏。种实椭圆形，大小不均，顶端圆钝，基部平广，颜色橙黄，果粉中等，种梗中等长度，蒂盘卵圆形，油胞点状，稀疏；种实长2.48cm，宽2.02cm，种梗长3.14cm，种实重6.175g；种核椭圆形，大小不均，顶端较尖，基部较尖，侧棱明显，长宽线交点中间，背腹对称颜色象牙白；种核长2.44cm，宽1.12cm，厚1.00cm，种核重1.285g，出核率20.81%；种仁长1.61cm，宽0.98cm，厚0.81cm，种仁重0.832g，出仁率64.72%。

图3-205　什邡市湔氐镇龙居村龙居寺

图3-206　名山区蒙顶山天盖寺15号树

图3-207　邛崃市南宝乡秋园村2组2号树

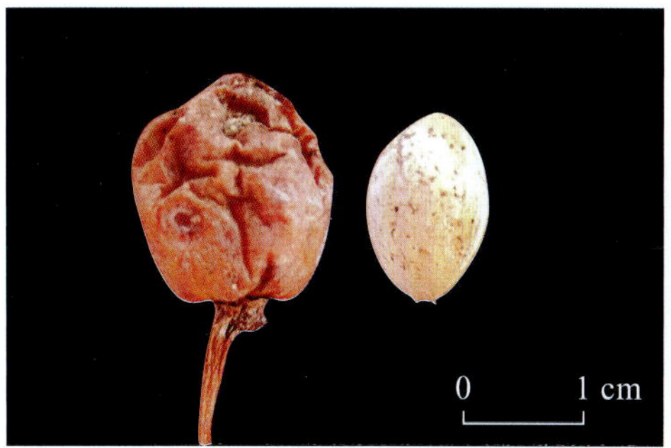

图3-208　邛崃市南宝乡秋园村2组3号树

图3-209　邛崃市南宝乡大胡村弥陀寺1号树

图3-210　邛崃市南宝乡大胡村弥陀寺2号树

图3-211　泸定县冷碛镇2村（镇政府附近）

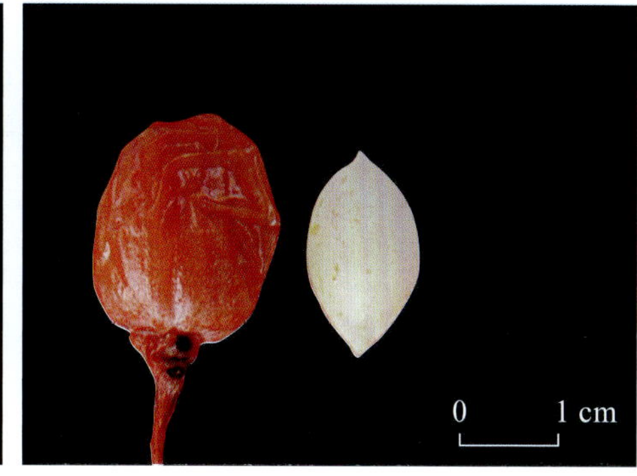

图3-212　泸定县磨西镇蔡阳村3组

图3-213　大邑县金星乡白岩寺（2号树）

图3-214　都江堰市街柳镇安龙乡3村1组1号树

图3-215　都江堰市蒲阳镇银杏村8组白果岗

图3-216　都江堰市青城山镇天师洞右上西边（5号树）

图3-217　都江堰市老市委（2号树）（长果）

大邑县金星乡白岩寺（2号树）（图3-213）

种实近圆形，特小，顶端圆钝，基部平广，颜色橙黄，果粉中等，种梗短，蒂盘卵圆形，油胞点状，稀疏；种实长1.99cm，宽1.61cm，种梗长2.79cm，种实重4.95g；种核椭圆形，特小，顶端微尖，基部微尖，侧棱明显，长宽线交点中间，背腹对称，颜色象牙白；种核长1.89cm，宽1.33cm，厚1.12cm，种核重1.322g，出核率26.71%；种仁长1.60cm，宽1.20cm，厚0.98cm，种仁重1.024g，出仁率77.46%。

都江堰市街柳镇安龙乡3村1组1号树（图3-214）

种实椭圆形，等大小中，顶端圆钝，基部平广，颜色橙黄，果粉中等，无种梗，蒂盘卵圆形，油胞点状，稀疏；种实长2.43cm，宽2.11cm，种实重9.88g；种核近圆形，中等大小，顶端微尖，基部微尖，侧棱明显，长宽线交点中间，背腹对称，颜色象牙白；种核长2.22cm，宽1.79cm，厚1.42cm，种核重2.432g，出核率24.61%；种仁长1.93cm，宽1.46cm，厚1.25cm，种仁重1.945g，出仁率79.98%。

都江堰市蒲阳镇银杏村8组白果岗（图3-215）

种实椭圆形，大小不均，顶端圆钝，基部平广，颜色橙黄，果粉中等，无种梗，蒂盘卵圆形，油胞点状，稀疏；种实长2.20cm，宽1.83cm，种实重3.331g；种核椭圆形，大小不均，顶端微尖，基部微尖，侧棱底部不明显，长宽线交点中间，背腹对称，颜色象牙白；种核长2.05cm，宽1.56cm，厚1.21cm，种核重1.550g，出核率26.54%；种仁长1.72cm，宽1.17cm，厚0.93cm，种仁重1.097g，出仁率70.74%。

都江堰市青城山镇天师洞右上西边（5号树）（图3-216）

种核椭圆形，中等大小，顶端微尖，基部微尖，侧棱明显，长宽线交点中间，背腹对称，颜色象牙白；种核长2.09cm，宽1.44cm，厚1.12cm，种核重1.390g；种仁长1.77cm，宽1.14cm，厚0.97cm，种仁重1.081g，出仁率77.73%。

都江堰市老市委（2号树）（长果）（图3-217）

种实椭圆形，等大小中，顶端圆钝，基部平广，颜色橙黄，果粉中等，无种梗，蒂盘卵圆形，油胞点状，稀疏；种实长2.54cm，宽1.88cm，种实重5.97g；种核椭圆形，中等大小，顶端较尖，基部较尖，侧棱底部不明显，长宽线交点中间，背腹对称，颜色象牙白；种核长2.28cm，宽1.28cm，厚1.15cm，种核重1.566g，出核率26.23%；种仁长1.88cm，宽1.13cm，厚0.96cm，种仁重1.178g，出仁率75.23%。

都江堰市老市委（3号树）（图3-218）

种实近圆形，较小，顶端圆钝，基部平广，颜色橙黄，果粉中等 无种梗，蒂盘卵圆形，油胞点状，稀疏；种实长2.03cm，宽1.92cm，种实重6.50g；种核椭圆形，中等大小，顶端微尖，基部微尖，侧棱明显，长宽线交点中间，背腹对称，颜色象牙白；种核长1.97cm，宽1.41cm，厚1.14cm，种核重1.512g，出核率23.25%；种仁长1.69cm，宽1.22cm，厚1.02cm，种仁重1.124g，出仁率74.31%。

崇州市三郎镇天国村天宫庙（2号树）（图3-219）

种核椭圆形，中等大小，顶端微尖，基部微尖，侧棱明显，长宽线交点中间，背腹对称，颜色象牙白；种核长1.88cm，宽1.34cm，厚1.17cm，种核重1.521g；种仁长1.65cm，宽1.22cm，厚1.02cm，种仁重1.228g，出仁率80.70%。

万源市灌坝乡二郎坪村三社（枝上垂乳）

种核长2.53cm，宽1.85cm，厚1.53cm，种核重3.296g；种仁长2.14cm，宽1.55cm，厚1.35cm，种仁重2.507cm，出仁率76.05%；核厚0.09cm。

万源市灌坝乡二郎坪村王家（枝上垂乳）

种核长2.28cm，宽1.605cm，厚1.39cm，种核重2.3418g；种仁长1.81cm，宽1.32cm，厚1.21cm，种仁重1.7575g，出仁率74.34%；核厚0.089cm。

万源市石人乡政府驻地前山上（根部垂乳）

种核长2.67cm，宽1.75cm，厚1.35cm，种核重2.6401g；种仁长1.925cm，宽1.435cm，厚1.21cm，种仁重1.972g，出仁率74.66%；核厚0.067cm。

十 云南古树种实

腾冲县界头乡顺河村

圆果1，种核圆形，大，基端凸，维管束分开，顶端凸，侧棱明显，背腹肥厚不相等，长宽线交点中间，颜色浅黄色，种皮上有凹状斑点；种核长2.08cm，宽1.79cm，厚1.41cm，种核重2.2556g；种仁圆形，大，顶端棕褐色，基端褐色，基部凸，顶端平广，中隐线明显1/2处；种仁长1.62cm，宽1.42cm，厚1.14cm，种仁重1.69g，出仁率74.70%。

腾冲县界头乡顺河村

圆果2，种核圆形，小，基端平，维管束近，顶端平，侧棱明显，背腹肥厚相等，长宽线交点中间，颜色白；种核长1.688cm，宽1.590cm，厚1.321cm，种核重1.4765g；种仁圆形，小，顶端棕褐色，基端褐色，基部平，顶端平广，中隐线明显1/2处；种仁长1.317cm，宽1.251cm，厚0.980cm，种仁重1.076g，出仁率72.88%。

腾冲县界头乡沙坝村

长果形，种核有三棱和两棱。三棱：种核长形，中等大，基端平凸，维管束分开，顶端尖，侧棱三棱明显，背腹三个棱面不相等，长宽线交点中间，颜色白；种核长1.96cm，宽1.513cm，厚1.275cm，种核重1.5306g；种仁长，果三棱，中等大，顶端棕褐色，基端褐色，褐色浅条纹分布于白色蜡质，基部微凸，顶端尖，中隐线明显，1/2处；种仁长1.535cm，宽1.167cm，厚0.978cm，种仁重1.0784g，出仁率70.46%。两棱：种核长形，大，基端凸，维管束合生，顶端尖，侧棱明显，背腹肥厚相等，长宽线交点中间，颜色白；种核长2.202cm，宽1.522cm，厚1.140cm，种核重1.5037g；种仁长形，大，顶端棕褐色，基端褐色，基部凸，顶端尖，中隐线明显，1/2处；种仁长1.586cm，宽1.088cm，厚0.884cm，种仁重1.1440g，出仁率76.08%。

图3-218 都江堰市老市委（3号树）

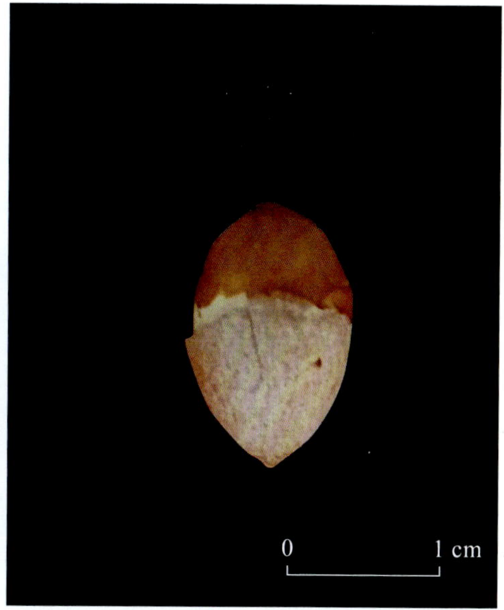

图3-219 崇州市三郎镇天国村天宫庙（2号树）

第二节 核用品种

‘家佛指’（图3-220）

‘家佛指’又名泰兴大白果或大佛指。主产江苏泰兴、泰州、江都、吴县。浙江长兴、广西兴安、福建等亦大量引进。

该品种从实生树中选出，母树高大，中干强，层性明显。大多母树系由分株繁殖而成，根系深达2m，40年生母树根系水平分布半径达7～9m。成龄树叶片一般无明显缺刻，幼树叶大而肥厚。叶长×宽为8.57cm×9.83cm，叶柄长3.17cm，单叶面积44.38cm^2，叶基线夹角100.9°，5张叶片厚度0.2cm。鲜叶含水量70.64%，单叶鲜重1.8762g，干叶重0.5519g。1年生枝每米长具叶68枚，叶重121.8g，每100cm^{2}叶重3.91g。2年生枝段每米具叶248枚，鲜重255.7g，每100cm^{2}叶鲜重2.68g。1年生枝上的叶大多为扇形，二裂明显。3年生嫁接树成枝力46.7%，单株枝长5.88m，冠幅0.96m×0.8m，叶片417枚，叶面积系数2.63，单株叶鲜重342g。

从早实及丰产性来看，2m×3m丰产园，接后6年开花株率44%，挂果株率20%。结果株中，平均每株开花673朵，坐果率1.57%。1m×3m密植园开花株率34%，坐果株率16%，最多每株挂果833个。1m×2m丰产园，接后5年开花株率35%，坐果株率33%。每株挂果115个，亩产量达34kg。对于自然开心第一层结果树形，每亩按40株以上定植，10年后株产达15～20kg，亩产达600～800kg；如果形成上层树冠，树高一般8～10m，枝干粗壮，株产可达75kg，并可稳产，但结实期较迟。

‘佛指’种实为长卵圆形，因种核似佛像手指而得名。株托歪托，边缘亦凸凹不平，与种实歪托。受重力或双种实并列挤压而使果实略有弯曲。成熟时外种皮橙黄色、偏淡，外被薄层白粉。正常种实平均每果10g，最大13.5g，最小6～7g。每千克100枚。种实长×宽为（3.1～3.8）cm×（1.4～2.6）cm。顶端圆钝孔迹小，平或稍下凹，但亦有少数或微小尖凸起的。种核长卵圆形，尾端长细圆秃，前端短圆钝，壳洁白。核长×宽×厚2.9cm×1.3cm×1.4cm。背腹厚度均等，故白果较圆浑。大种核每千克300～360粒，最大单核重3.4g。出核率26%～27%。种核两侧有棱，无翼状，近尾端棱不明显，两束迹小而合二为一。种壳较薄，出仁率达78%～83%，一般80%。

种仁与种核形状相似，两端均较秃。内种皮如纸较薄，上半部为褐色，下半部为淡粉褐红色，生时难剥，熟时易脱皮。刚采收下肉眼可见到胚，贮藏40～60天后胚清楚可见，有双胚现象。种仁肉质细而富浆汁，煮或炒食质细、糯、香并微甜，别有风味。种仁支链淀粉含量50.87%、直链淀粉5.41%、蛋白质5.0%、可溶性糖9.23%、干物质41.97%。在江苏省13个优良品种综合评比中名列第2名。据《泰兴县志》记载，早在1932年，泰兴白果出口就达75万kg，1982年流入上海市场的泰兴白果达50万kg。按历史的购销水平，通过港澳市场销往东南亚和欧美的泰兴白果，每年都在150万kg以上。泰兴白果是我国目前行销国外的著名白果品种，值得大力推广栽培。

‘洞庭皇’（图3-221）

本品种属佛手类。原株在江苏苏州西山梅园村。‘洞庭佛手’为吴县东西洞庭两山银杏主栽品种，约占总株数99%。

幼树枝条生长旺盛，皮灰褐色，芽体饱满。叶长×宽为9.87cm×10.3cm，叶柄长4.13cm，叶基线夹角80.6°，叶大多为扇形。当年枝上的叶中裂深而明显，裂深达6.1cm。成龄树叶淡绿色，中裂浅，叶波状明显，叶片平展。幼树单叶面积48.44cm^2，5片叶厚0.226cm，每100cm^{2}叶重4.44g。叶含水量69.26%，单叶鲜重2.2358g，干重0.688g。嫁接后3年生幼树单株枝条长度593cm，冠幅0.93m×0.98m，每株具叶片398枚，叶面积达13830cm^2，叶面积系数2.78。单株叶鲜重399g，成枝力48.7%，中等偏上。1年生枝单叶厚度452μm，2年枝上叶厚342μm。本品种雌花之胚珠呈半圆形，珠孔小而长，鱼嘴状，缘有浅缺裂，高低不等，边缘有浅紫色线状条纹。

本品种大树树冠多圆头形，树势强，侧枝少，主枝旺。幼树发枝量稍大，进入结果期早，丰产性能强，抗病虫及适应性强。过去大树干高较高，一般1.5～2.0m以上。近些年来采用低干嫁接并抽生3～5个主枝，树冠圆头形或自然开心形，树冠开张。一般20年生树株产达40～50kg；40年生树株产高达75～125kg，高产树达150kg。据江苏农学院1986～1990年连续测定表明，母树平均株产96kg，树干截面积负载量0.00968kg/cm^2。

种实长圆形、广卵圆形或倒卵圆形，丰满。熟时淡橘黄色，被较厚白粉，有淡褐色油胞。果先端钝圆，珠孔迹小而明显。基部平

图3-220 ‘家佛指’

图3-221 ‘洞庭皇’

图3-222 ‘七星果’
（注：1.‘七星果’；2.左：‘大金果’，中：‘洞庭皇’，右：‘七星果’）

图3-223 ‘扁佛指’

而微凹，略有隆起，并向一侧歪斜。蒂盘长圆形或椭圆形，微凸，表面高低不平。果较大，长×宽为3.6cm×2.81cm，果柄长4.23cm。单果重17.6g，每千克56枚。核卵状长椭圆形，无脊腹之分。先端宽圆渐尖，具小凸尖，中部以下渐狭，基部广楔形，近基部稍显粗糙。束迹迹点宽短，少数不显，迹点一高一低呈倾斜截面。两侧棱线宽窄不一，但无翼状边缘，长短也不相等。种核长×宽×厚为2.93cm×1.75cm×1.48cm，单核重平均3.6g，每千克278粒，最大可达3.8g，出核率23.43%，出仁率78.34%，一二级种核率占100%。种仁营养丰富。支链淀粉含量50.35%，直链淀粉4.18%，粗蛋白5.87%，可溶性糖8.86%，干物质达42.73%。在江苏省13个优良品种综合评比中名列第7位，是值得推广的大粒、早实、丰产、质优品种之一。目前，浙江长兴的‘大长头’、临安的‘大佛子’、广西灵川海洋乡的‘灵川大佛手’与本品种类同。浙江临安用‘大佛子’在30年生树上高接换头，5年后结果，10年株产20kg，15年株产50kg。

‘七星果’（图3-222）

‘七星果’属佛指类品种。原株在江苏省泰兴刁铺镇井丰庄。从佛指中选出，属稀有品种。本品种种核两面均具针孔状稀疏分布之麻点，凹凸不一，类似群星而得名。由于过去保密，繁殖株数很少，均为嫁接树。母树50年生，树高10.7m，冠幅8.5m×8m，冠形指数1.3，主干高1.7m，围粗1.27m，主干截面积1283.5cm^2。

本品种发枝力较弱，成枝率低，树冠外围当年生枝长24cm。但从总体上看，本品种树形、枝干、叶片生长特点与佛指并无本质区别。但‘七星果’叶片较佛指宽、叶肉厚、叶柄短而细，叶色浓绿。叶多为扇形，少数为截形叶，叶有明显浅狭中裂，缘具不明显的缺刻。叶片大小基本一致，叶长×宽为4.25cm×8.2cm。舌接成活率达95%以上，当年新梢长28.3cm，粗0.57cm，叶片数22.5枚，单叶面积22.13cm^2。从物候期上看，雌花成熟稍迟，最佳授粉期比佛指迟2～3天。种子成熟期较佛指推迟7天。

‘七星果’种实长椭圆形，熟时橙黄色，被薄白粉，上下均较胖。先端钝圆，不具凸尖，较平阔。基部蒂盘长圆形，略歪斜，周缘稍有凹陷。果柄与佛指相似，长5.5cm。果长×宽为2.7cm×2.1cm。单果重9g，每千克112粒。种核为长卵圆形，脊腹相等，核体较胖。种壳鱼肚白。下部较佛指宽，基部两束迹明显分开，但多有横隔相连。两侧棱线明显，但不成翼状，自上而下明显。顶端孔迹凸起成小尖。种核大小均匀，一级种核率达100%。种核最大特点是在背腹面上有5～10个凹陷不一的麻点，个别孔径达0.5mm。据何凤仁等（1986～1990年）连续测定表明，‘七星果’母树单核重2.73g，每千克种核366粒，最大可达3.3g。出核率24.87%，出仁率81.2%。平均株产29kg，主干负载量0.02262kg/cm^2。种仁生理指标测定表明，支链淀粉含量46.23%，直链淀粉5.2%，粗蛋白4.6%，可溶性糖8.8%，干物质43.8%。‘七星果’以肉质厚、浆水足、口感香甜、糯性强而闻名。在江苏省13个优良单株综合评比中名列第5，是值得开发和推广的大粒、优质品种之一。

‘扁佛指’（图3-223）

产于江苏，是佛指实生或根蘖树而来，亦有一定数量为嫁接树，所以群众又称‘野佛指’。嫁接树树冠发育一般比佛指快，新梢较粗、长，叶片比佛指大，叶片平均长5.2cm，一般为5～7cm，宽平均为7.1cm，有的可达10cm左右，叶柄平均长3.8～4.2cm，一般较佛指叶柄稍短。有明显浅缓中裂，叶长较厚，色较深。多扇形及截形叶。易丰产稳产。种核背厚腹薄而略扁，下半部虽比上半部狭，但较佛指宽；两束迹明显大，相距亦较远，有时呈鸭尾形。种核壳比佛指稍厚；种仁亦常不如佛指饱满，摇之易有响声。种实橙黄色，比佛指为深。珠托较大，为不正广长圆形，亦略有偏斜，但正托较多。孔迹平或稍凹陷，少有孔迹呈尖状凸起的。种实长3.2～3.4cm，宽2.2～2.4cm，珠柄长5cm许，比佛指明显短。珠托柄与珠托柄前端亦明显比佛指宽扁。种核长3cm，宽1.85cm。出核率为25%左右，出仁率为78%～80.35%。外皮黄酮含量1.89%，种仁黄酮含量0.210%。大粒种核亦不易超过每千克300粒，一般为400粒左右。结实过多，亦发生大小年，但大年后小年时期相对短些，树势比佛指容易恢复。‘扁佛指’虽然商品价格较低，但由于抗性强，栽培要求不严，故群众仍保留一些嫁接树（何凤仁，1989）。

‘亚甜’

‘亚甜’主要分布在山东、江苏、浙江等诸多银杏产区。本篇介绍的也称‘邳县大马铃’。原株在江苏邳县铁富镇南冯场，原名为‘马铃2号’。

此品种主干通直圆满，为侧枝与中干生长差异较大的圆柱形或卵圆形树冠。叶片比佛指大而厚，色深，树势也强。叶片多为扇形，叶缘有多个深浅不等圆缺，有明显中裂。单叶面积20.2cm^2。平均新梢生长量24cm。母树平均株产14.5kg，树干截面积负载量0.03246kg/cm^2，高产稳产性好。单果重13g，每千克76枚。种实为广短卵圆形，似马铃形，故名。种实前半部大而圆秃，孔迹平或微凹或有小尖。种实下半部如马铃，后半部缩小，比佛指下部粗短。上下之间似有很明显的中缢。外种皮橙黄色，外被白粉。珠托圆形，多正托，边缘稍陷入种实。果柄直而宽扁，较佛指短一些。

种核为短广卵圆形，上半部宽大而圆，孔迹凸出成尖，下半部向内收缩似圆形的下端。在种壳中间有一圈不很明显的隐约中缢横线。背圆浑而厚，腹略薄，故视之略扁。种核尾端两束迹相距较远。两侧有棱，明显有翼。种核长×宽为2.7cm×1.6cm。单核重2.87g。出核率28.8%，出仁率80.2%。一级种核率达99.7%。经江苏农学院测定表明，种仁支链淀粉含量52.4%，直链淀粉4.5%，粗蛋白6.0%，可溶性糖8.6%，干物质44.9%。9月底外果皮变软。‘亚甜’抗逆性强，适宜栽培地区广泛，种粒大而丰产，在江苏省13个优良单株综合评比中名列第一，是值得开发的优良品种之一。

‘宇香’（图3-224）

原株在江苏邳州市铁富乡，又名‘铁富马铃3号’。

母株生长在大沟边，生长势较弱。小树生长势旺盛。新梢褐黄色，多年生枝灰色，枝条皮较粗糙，皮孔明显。标准叶为扇形，角度为130°左右，叶片大而厚，叶色浓绿，中裂较浅，叶宽10.22cm，叶长6.03cm，叶柄长4.60cm。

果倒卵圆形，色绿黄，果面白粉较厚，油泡明显。长：宽为1.19：1。种核宽卵圆形，长：宽为1.82：1，两侧棱线明显，中部以上尤显，种核最宽处具明显隆起之横脊，单粒重3.45g，种皮较薄，出仁率80.20%，总利用率23.02%。种核光滑洁白，外形美观。种仁生食无苦味，回味少有甜味，熟食糯性好，香味特浓，品质极上。‘宇香’9月底至10月初外种皮变软，摇晃才能落果。早实性较强，抗性强，接后4～5年见果。

‘大佛手’（图3-225）

本品种广泛分布在山东、江苏、广西、浙江、贵州等地，也是江苏苏州洞庭山主要栽培品种之一。由于其果柄长而柔软，不易脱落，加以果大，故有“大长头”之称。何风仁认为，佛手与佛指从外观上基本相似，佛指可能是从佛手中选出的。但‘大佛手’与‘家佛指’不同：佛手种实的顶端秃尖，孔迹稍凸起，而佛指顶端浑圆，孔迹平或稍凹陷；佛手种实下部比佛指略宽；佛手种核顶端为秃尖，孔迹为一尖状，而佛指多数秃圆，孔迹平或小凹陷，少有尖状；佛手下部比佛指稍宽，而整个种核又比佛指略扁。

母树在苏州吴县东山中学，树主为杨家驷。树龄30年生，树高7m，冠幅9.3m×9.8m，冠形指数0.71。干高1.1m，周粗1.05m，主干截面积877.3cm^2。佛手叶片稍大，一般叶长×宽为（4.5～5.0）cm×（6.4～7）cm，叶柄稍大，长3.8～8.5cm。‘大佛手’果实丰满，形状整齐，果形指数通常为1.27。果长×宽为3.46cm×2.8cm。单果重16.1g。果面黄色，被白粉；色泽较深，呈橙黄色。果柄着生处有一隆起小阜，果柄长3.9cm。核卵状长椭圆形，长×宽×厚为2.88cm×1.73cm×1.45cm。核形指数为1.63。单核重3.3g。据江苏农学院陈鹏等(1991)连续4年测定表明，平均株产24.8kg，树干截面积负载量0.02828kg/cm^2，株产量变异系数为40.86%。一二级种核率高达100%，种粒大而均匀，丰产稳产。出核率2.12%，出仁率75.76%。就种仁内含物来看，支链淀粉43.87%，直链淀粉4.94%，淀粉总量48.81%，粗蛋白5.51%，可溶性糖8.78%，干物质43.02%，外皮黄酮含量2.03%，种仁黄酮含量0.210%，是值得重视的优良品种之一。

‘大梅核’

该品种广泛分布于山东、江苏、浙江、广西、湖北等地。原株800多年生，实生树，树高20.7m，胸径1.2m，冠幅15.5m×14.8m，枝下高2.7m。树冠圆球形，枝角70°。树干截面积11309.7cm^2，树冠投影面积180m^2。

母树每米长枝上有短枝32个，节间长3.32cm，当年新梢长24.4cm。芽基宽0.3cm，芽肥大钝圆。双果率低，大小年不明显。叶全缘，先端波状。嫁接苗当年新梢长50～80cm。叶长×叶宽5.03cm×8.39cm，叶柄长5.71cm。单叶面积26.22cm^2。1年生枝每米叶数88枚，叶面积2376cm^2，鲜重68.4g。2年生枝每米叶数143枚，叶面积3738cm^2，鲜重105g。每个短枝上有叶8～14枚，叶面积117cm^2，鲜重3.3g。

幼树长势旺，成枝力强。母树株产200kg以上，主干截面积负载量0.0177kg/cm^2，树冠投影面积负载量1.11kg/m^2。大树高接后3年见果，5年生苗木嫁接后3～4年结果，5年开花株率50%，结种株率43%。幼龄枝条插穗生根率95%，舌接成活率达95%以上。种子9月上旬成熟，属早熟品种。

本品种早果丰产性良好，短枝连续结种能力强。苗木接后5年亩产33.3kg。种实圆形，基部种蒂圆形、正托。成熟时橙黄色、易脱皮。种核圆形，顶端微尖。基部两束迹连生，侧棱上下均明显，背腹不等。种核大而洁白。单果重14.4g。果长×宽×厚为2.72cm×2.88cm×2.87cm，果柄长4.33cm。单核重3～3.3g。核长×核宽×核厚为2.33cm×2.0cm×1.4cm。单仁重2.5g，仁长×仁宽×仁厚为1.96cm×1.65cm×1.25cm。出核率22%，出仁率76.5%，是值得推广的大粒、早实、丰产品种。

由邢世岩、皇甫桂月主持的“银杏良种快速繁殖技术的研究”采用首先选择品种，然后进行营养快繁。该项目优选出下列4个品种，并获国家林业部科技进步三等奖（1996）。

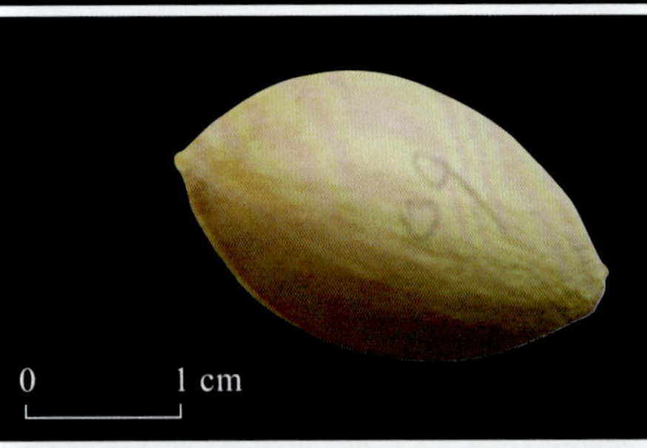

图3-224 ‘宇香’

图3-225 ‘大佛手’（F18）

‘魁铃’（‘马铃3号’）（图3-226）

原株在山东郯城县重坊张则顺家里。

植物学性状。每米长枝上有短枝数30个，节间长4.8cm。芽基宽0.46cm，顶端钝圆。成龄树叶长×宽为5.96cm×8.06cm，叶柄长5.88cm，5片叶厚度0.15cm，单叶面积24.75cm^2，单叶鲜重0.71g，叶基线夹角106.8°，叶缘波状明显。

生物学性状。从生长习性、早实性、开花结果习性、物候期及繁殖特点来看，‘魁铃’成龄大树成枝力17.86%，接后5年树当年新梢长26.6cm，粗0.59cm，芽数8.3个，3年生枝段成枝力45.4%。树高3.95m，主枝数4.5个，冠幅1.92m×1.71m。树冠投影面积2.62m^2，总叶量1730片，叶面积5.4m^2，叶面积指数2.11。用5年生砧嫁接后3～4年始果，第5年开花株率为27.3%，结果株率18.2%；接后6～8年坐果株率达100%。从传粉到种子成熟时间为167天，成熟期10月上旬。属晚熟品种。幼树插条生根率77.5%，插条苗2年生苗高84.5cm，地径1.02cm。舌接亲和力高，成活率达96%以上，当年新梢长44.6cm，抗病虫适应性强。

从丰产性、稳产性、种实形态品质、生理品质、口感等经济指标来看，‘魁铃’母树4年平均株产47.88kg，变异系数低于1.4%。平均树干截面积负载量0.053kg/cm^2，树冠投影面积负载量1.35kg/m^2。产量大小年不明显，树冠内外分布均匀，单核重、出核率变异系数较低，丰产稳产性好，接后10年株产2.68～25.85kg，但个别年份种核大小不稳定。树冠投影面积负载量0.21～1.09kg/m^2。5年生砧接后5年株产种核达0.37kg，亩产41kg，树冠投影面积负载量0.22kg/m^2，6年株产1.5kg，8年株产2.0kg，亩产高达222kg。

该品种属马铃类。果基部非正托，阔椭圆形；单果重17.43g，每千克58粒。果皮厚0.7cm。核肥厚，中隐线稍明显，基部两束迹间石质相连，稍歪。单核重4g，最大4.5g，每千克250粒。核长×宽×厚为2.65cm×2.01cm×1.61cm。种壳厚0.77mm，出核率23.7%，出仁率77.88%。外皮黄酮含量1.5393%，种仁黄酮含量0.2238%。种仁富含钾、钙及脂肪和蛋白质，口感香甜，糯性强，其综合指标与日本特大粒品种‘藤久郎’相当，是山东目前主要推广品种之一，现已推广到山东、四川、安徽、江西、湖南、陕西、浙江、河南、贵州等100余地。

‘团峰’（图3-227）

‘团峰’又名‘大龙眼’或‘圆铃6号’。母树在山东苍山和郯城县，均为嫁接树。

植物学性状。每米长枝上有短枝30个，节间长4.5cm。芽基宽0.28cm，顶端呈三棱形。成龄树叶长×宽为5.08cm×8.02cm，叶柄长5.34cm，5片叶厚度0.127cm，单叶面积28.69cm^2，单叶鲜重0.6133g，叶基线夹角126°。叶缘波状或二裂。

图3-226　‘魁铃’（‘马铃3号’）
注：1、3.‘魁铃’；2.左：‘魁铃’果核仁，右：‘大金果’果核仁各1个，‘郑5号’二核（下两侧）

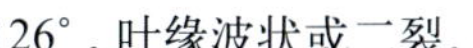

图3-227　‘团峰’

图3-228　‘大金果’

生物学性状。成龄大树成枝力18.4%～23.5%。嫁接5年后幼树当年新梢长25.2cm，粗0.61cm，芽数7.8个，3年生枝段成枝力55.56%。树高2.11m，主枝数3个，冠幅1.6m×1.76m。树冠投影面积2.39m^2，总叶量1010片，叶面积3.3m^2，叶面积指数1.74。4年生实生苗接后3年见果，接后5年开花株率达15%，坐果株率达9.4%。大树高接后2年见果，第3年坐果率达100%。从传粉到种子成熟的时间为153天，成熟期9月18日，属中熟品种。幼树插条生根率64.8%，插条苗1年生高28.8cm，地径0.68cm。舌接成活率达96%，当年新梢长50.6cm。

经济性状。母株连续4年平均株产69.2kg，变异系数低于20.8%。单核重、出核率较稳定。树干截面积负载0.024kg/cm^2，树冠投影面积负载0.67kg/m^2。接后12年株产高达20kg以上，接后50年生大树株产60kg，树冠投影面积负载量1.24kg/m^2。4年生苗接后5年株产0.21kg，亩产量达23.3kg。

‘团峰’属圆子类。果实圆形、正托。单果重12.63g，每千克60粒。果皮厚0.62cm。核肥厚圆形、规整，侧棱明显，基部两束迹呈二点状或合二为一。单核重3.04g、每千克300粒，最大单核重3.5g，种壳厚0.52mm。核长×宽×厚为2.05cm×1.78cm×1.42cm，出核率24.16%，出仁率81.95%。外皮黄酮含量1.7716%，种仁黄酮含量0.2182%。种仁内富镁、磷及脂肪，口感香甜，糯性强，易机械脱皮和加工，是值得重视的好品种。目前，该品种已推广到江西、安徽、浙江、四川、湖南、陕西、山东等80余地。

‘魁金’（图3-228）

‘魁金’又名‘大金果’。原株在山东郯城县重坊西高庄管区。

植物学性状。每米长枝上的短枝数33个，节间长4.2m。每个短枝上有叶9～11枚。成龄树长×宽为5.72m×7.7m，叶柄长5.9cm，5片叶厚度0.137cm，单叶面积28.19cm^2，单叶鲜重0.6613g，叶基线夹角109.8°。叶缘呈大波浪状。

生物学特性。‘魁金’接后8年生幼树3年生枝段成枝力24.53%，当年新梢长38.2cm，粗0.81cm，芽数11.2个。树高3.3m，主枝数3.5个，冠幅2.54m×2.62m，树冠投影面积5.42m^2，总叶量5180枚，叶面积14.1m^2，叶面积指数2.52。大树高接后1～2年结果，6年生苗接后2～3年结果，接后4年开花株率达50%，结果株率40%。从传粉到种子形态成熟时间为158天，成熟期9月25日，属中熟品种。幼树插条生根率55.7%，2年生插条苗高度66.9cm，地径0.88cm。舌接成活率达92%，当年新梢长47.8cm。

经济性状。母树4年平均株产31.5kg，树干截面积负载量0.039kg/cm^2，树冠投影面积负载量0.68kg/m^2。单核重、出核率变异系数较低，丰产稳产。大树高接后10年株产13.5kg，25年株产40kg，树冠投影面积负载量0.94～1.46kg/m^2。6年生树接后4年株产0.26kg，每亩产量29kg。

‘魁金’属马铃和佛指过渡类型，栽培性状明显。果倒卵形，果柄长而弯曲。单果重12.94g，每千克78粒，果皮厚0.56cm。核长形，上下两端似金坠，但中隐线明显，群众叫“二节头”。单核重3.56g，每千克280粒，最大单核重4g。核长×宽×厚为2.39cm×1.78cm×1.48cm，种壳厚0.74mm。出核率27.63%，出仁率78.8%。种仁内脂肪、磷、钾、钙、镁含量较高，口感香甜。外皮黄酮含量2.1393%，种仁黄酮含量0.2342%。目前已推广到安徽、四川、浙江、陕西、山东、湖南等40余地，并取得较好的经济效益。该品种2004年通过山东省良种审定委员会审定（邢世岩等，2004）。

‘新宇’（图3-229）

‘新宇’又名‘金坠1号’，为山东郯城代表种，原株在新村于洪涛家里。

图3-229 ‘新宇’
（注：1、3.‘新宇’；2.左：‘新宇’，右：上‘马铃5号’下‘马铃3号’）

植物学性状。长枝上的短枝数28个/m，节间长4.9cm，每个短枝上有叶8～10枚。芽基宽0.34cm，芽顶端钝圆。成龄树叶长×宽为6.02cm×8.38cm，叶柄长6.28cm，5片叶厚度0.148cm，单叶面积28.19cm^2，单叶鲜重0.8g，叶基线夹角103°，叶缘呈波浪状。

生物学性状。嫁接后4年生幼树3年生枝段上成枝力14.5%，当年新梢长32.8cm，粗0.51cm，芽数10.4个。株高3.6m，主枝数3.5个，冠幅2.15m×1.74m。树冠投影面积2.97m^2，总叶量2841枚，叶面积8.86m^2，叶面积指数2.96。大树高接后2年结果，4年生苗嫁接后3年结果，第4年开花株率33.3%，结果株率20%。从传粉到种子形态成熟时间为144天，成熟期9月8日，属早熟品种。幼树插条生根率80.5%，2年生插条苗高度86.7cm，地径1.1cm。舌接成活率97.6%，当年新梢长51.2cm。

经济性状。母树4年平均株产43kg，树干截面积负载量0.04kg/cm^2，树冠投影面积负载量1.39kg/m^2。大树高接后3年每枝挂果3～10个，接后5年每枝产量高达3.7kg。6年生幼树接后4年株产0.063kg。

‘新宇’属佛手品种。果倒卵形，果柄直立。单果重11.84g，每千克84粒，果皮厚0.51cm。核顶端有尖，基部两束迹合生，背腹明显。单核重3.3g，每千克304粒，最大种核3.8g，种壳厚0.38mm。核长×宽×厚为2.5cm×1.73cm×1.34cm。出核率28.14%，出仁率80.34%。外皮黄酮含量1.6004%，种仁黄酮含量0.1619%。最大特点种壳薄，种仁富含脂肪、淀粉、蛋白质及维生素。口感香甜，糯性强。目前已推广到山东省内外50余地，并收到良好效果。

‘马铃5号’（图3-230）

图3-230 ‘马铃5号’

‘马铃5号’又名‘新村5号’或‘郯城5号’，属马铃类，1978年由门秀元等选出。

母树特征。母树生长在山东郯城新村乡新一村，树龄150年生，嫁接树，树冠开心形，偏冠，树势中庸，发枝较多，新梢生长旺。冠径8.4m，干周1.45m，枝干高1.8m，主枝数5个，树高9m，平均株产50kg。母树现已死亡。目前第二代嫁接树大多近20年。

植物学性状。树干灰褐色，新梢冬态红褐色，2年生枝黄褐色，生长季节新梢黄褐色。节间长3.6cm，叶子反卷呈喇叭状，叶色浅绿，叶长×宽为4.9cm×6.3cm，叶面积16.5cm^2，叶柄长4.3cm，单叶重0.52g。一年生芽体尖，二年生芽体较圆，芽基宽0.43cm，芽高0.38cm，芽径0.26cm，每个短枝着生叶片数7～8枚。

生物学特性。‘马铃5号’冠紧凑，枝角小，幼树生长旺盛，成枝力高于‘马铃9号’。进入结种期长，长势中强。10年生树高3.5m，干高0.42m，干周0.35m，冠幅3.2m×4.0m。当年新梢长29.3cm，枝条粗0.33cm。该品种结果早，始种枝龄2年生，结种短枝占总短枝的32.5%，短枝连年结果能力强，进入结种期后产量高，老树易更新，修剪敏感，幼树重剪易跑条。凡年平均温度在10～18℃、降水量600～1500mm、冬季温暖干燥或湿润、夏季多雨的环境条件下均可生长。该品种在土壤条件肥沃、排灌水良好的壤土上生长更佳，其抗风、抗旱及耐寒能力较强。对于干旱年份，植株不能充分发育，叶小而发黄，会影响产量及质量。从该品种幼树上剪取的插条生根率可达80%，平均根数5.2条，2年生品种插条苗高77.6cm，地径1.0cm。接穗舌接成活率达95.5%，愈合能力较强，当年新梢长48.9cm，粗0.97cm，当年抽梢率达97%。

经济性状。该品种具有早实性或连续丰产性。嫁接后4～5年结果株率达36.4%。接后4～5年树高2.4m，冠幅2.6m×2.4m，平均株产0.08～0.13kg，最高株产1.85kg。‘马铃5号’种实成熟橙黄色，果倒卵圆形或椭圆形，先端下陷，油胞小、密生，分布较均匀。果柄长3.3cm，果长×宽×厚为2.75cm×2.43cm×2.39cm，单果重11.15g。种核白色，椭圆形，种壳较粗糙，背腹各具3～7个小麻点，棱线上3/5明显，先端有尖，偏歪。两维管束合二为一。种核中隐线明显。核长×宽×厚为2.44cm×1.64cm×1.31cm。单核重2.44g，每千克410粒。出核率24%，出仁率78%。种仁含水量54%，总糖2.7%，淀粉33.7%，脂肪4.3%，蛋白质4.6%，滴定酸0.22%。全氮0.73%，维生素C23.0mg/100g，单宁18.4mg/100g，磷178mg/100g，钾411.9mg/100g，钙21.6mg/100g，镁 45.8mg/100g。外皮黄酮含量2.4191%，种仁黄酮含量0.2202%。该品种口感有苦味，糯性强，是山东省第一批主推品种之一，属中粒、早实、丰产、早熟品种。

‘马铃9号’（图3-231）

‘马铃9号’又名‘新村9号’或‘郯城9号’，1978年由门秀元选出，属小马铃类。

母树特征。母树位于郯城新村乡新一村。树龄100多年生。树冠开心形，树姿极开张，树势偏弱。树高5.5m，冠径8.4m，干周1.28m，枝下同1m，3大主枝，枝角70°。年平均产量35kg，结种短枝经济寿命长，30年生仍结种。

植物学性状。枝干深灰色，一年生枝条冬态灰黄色，夏季绿褐色，皮孔大而密生节间较‘马铃5号’短，长度3.1cm。叶子边缘呈波浪状，叶片呈扇形，叶色浓绿，叶长×宽为6.2cm×7.2cm，叶面积19cm^2，叶柄长4.5cm，单叶重0.69g。芽基宽大，芽子较圆。每个短枝上具叶8～10枚。

生物学特性。该品种树势开张，长势中等。发芽稍迟，花期晚1～2天，落叶期比‘马铃5号’晚10天左右。该品种成枝力低，树体矮小，适宜密植。接后3～5年生冠幅达1.8m×1.9m。10年生树高1.85m，干高0.14m，干周0.44m。生长健壮的幼树一年生枝易成花芽，翌年开花结果。该品种嫁接后3年结种，结种短枝占总短枝的41.3%。短枝连续结种能力强，结种分布均匀。接后4年的结种株率占30.6%，接后5年结种株率达91.7%。

经济性状。该品种早产及丰产性强，接后3～5年株产平均0.23kg。种实成熟橙黄色，果倒卵圆形，先端下陷，油胞凸起较大，分布不均匀。种核先端棱线明显，种实长×宽×厚为2.53cm×2.23cm×2.28，种柄长3.28cm，单果重7.5g。种核洁白，倒阔卵形，顶端有尖，最宽处在中上部，基部两束迹呈两点状。核长×宽×厚为2.03cm×1.48cm×1.24cm，单核重1.76～2.43g。

每千克568～412粒。出核率23%～29%。单仁重1.4～1.8g，出仁率为79.4%。该品种是山东第一批主推品种之一，属中小粒、早实、丰产、晚熟品种。该品种尤其适合银杏盆景制作。

‘郯107号’

‘郯107号’又名‘107号’或称‘郯丰’，1996年由郯城县林业局宫玉臣等选出。

母树特征。该品种母树于1987年由郯城县林业局初选出优良单株。母树在重坊镇埔里村，嫁接树，树龄35年生，3大主枝，开心形树冠。干高2.2m，树高9m，胸径24cm，冠幅5m×6m，生长健壮。

植物学性状。‘郯107号’芽顶端呈三角形，芽基宽0.33cm。短枝上的定型叶叶长×宽为6.5cm×9.1cm，叶柄长4.5cm，叶基线夹角111.6°，单叶面积17cm^2。长枝上的定型叶叶基线夹角较小（89°），叶裂刻深达0.5cm，单叶面积20.5cm^2。叶缘呈小波浪形、微卷。结果短枝具叶片8.7枚，结果枝上单叶重0.49g，叶片含水量73.14%。营养枝单叶重0.54g，含水量63.81%。

生物学性状。‘郯107号’芽萌动期为3月23日，展叶期4月8日，盛花期4月19日，新梢速生期5月9日至6月14日，种实形态成熟期9月20日，落叶期10月26日。从传粉到种子形态成熟需154天，属晚熟品种。该品种高接后第9年，单株枝量1.7万条，其中长枝占3.4%。当年新梢长20.3cm，基径0.43cm。节间长3.43cm，成枝为16.4%，萌芽率79.74%。单株叶片数达11.3万枚，叶面积195.23m^2，叶面积指数高达6.12。该品种嫁接到8年生砧木上4年后开花结果，第5年结果株率达100%。接后9年干径17.7cm，树高6.9m，冠幅6.1m×6.6m，树冠投影面积31.9m^2，树冠体积105.9m^3，属丰产型品种。

经济性状。该品种母树4年平均株产31kg，树干截面积负载量0.0711kg/cm^2，树冠投影面积负载量1.31kg/m^2，丰产性良好。接后9年平均株产27.83kg，树干截面积负载0.1075kg/cm^2，树冠投影面积负载0.8724kg/m^2。种实呈阔椭圆形，顶端平广微凹，基部平广，形态成熟时外表杏黄色，果粉中等，果柄正托，果蒂椭圆形，油胞红褐色较少。果长×宽×厚为2.71cm×2.51cm×2.50cm，果柄长2.9cm。外种皮厚0.49cm，果形指数1.08，单果重10.37g，出核率24.87%。种核呈阔椭圆形，顶端具尖，基部二维管束合二为一，侧棱上4/5明显，种壳呈象牙白。种壳厚0.56mm，核形指数1.54，单核重2.58g，388粒/kg。出仁率78.71%。仁长×宽×厚为2.11cm×1.43cm×1.28cm，仁形指数1.56，单仁重2.03g，种仁含水量68.16%。该品种外观虽稍差，但种仁具香味、稍苦、糯性强，柔性强、硬度适中，品质上呈。该品种适应性及抗性均较强，但负载过大时部分叶片易发黄。该品种属中粒级极丰产品种。

图3-231　‘马铃9号’

图3-232　‘郯111号’

‘郯111号’（图3-232）

该品种属马铃类，又名‘郯早’，1987年初选，母树在重坊镇西高庄村，枝龄40年，树势中庸，丰产，稳产。

该品种萌芽率为82%，成枝率为20.5%，芽顶为圆锥形，叶缘呈波浪形，缺裂浅，叶卷曲。单果重13.93g，种核广卵圆形，单核重3.78g，出核率27.14%，出仁率79.2%。该品种丰产、稳产，且大小年不明显。采用8年生砧木嫁接后第3年开始结果，第5年结果株率达83%，从授粉到种子形态成熟为150天，成熟期为9月15日，属中熟品种。

‘郯305号’

该品种属佛手类，又名‘郯魁’，系郯城大金坠的代表种。1987年初选，母树在港上镇王桥村，树龄90年，树势健旺，丰产性能好。

该品种萌芽率为79.4%，成枝率为21%，属成枝力较高品种。叶片浓绿且肥厚，叶缺裂较深。单果重13.42g，种核为倒卵形，单核重3.56g，出核率26.58%，出仁率78.22%。该品种丰产、稳产。

采用8年生砧木嫁接后第4年开始结果，第5年结果株率达88%，从授粉到种子形态成熟为143天，成熟期为9月12日，属中熟品种。

图3-233　‘金坠13号’

‘金坠13号’（图3-233）

该品种属于佛手类，1979年初选，母树在山东郯城县新村乡新一村，树龄150年，分层嫁接树，树势中庸。主枝角度开张，枝干角度大，发枝少，成枝率低，枝条灰白色、有弯曲，芽体小，椭圆形，叶片厚而浓绿，且比其他品种变黄迟，落叶较晚。单果重9.84g，种核狭长，顶有尖，基部维管束合生，侧棱线下部2/5处不明显。单核重2.6g，每千克385粒，出核率24.8%，出仁率77.9%。外皮黄酮含量1.7685%，种仁黄酮含量0.3060%。接后4年见果，8年丰产，早实及丰产性好，是果、叶兼用品种之一。

图3-234 ‘海洋皇’

图3-235 ‘华口大果’

‘海洋皇’（图3-234）

‘海洋皇’又名‘海洋王’。本品种系马铃类优选的大粒种，种实及种核较大，故名。从目前山东、江苏及广西三地共同研究结果证实，马铃类适应性强，果大、早实、丰产，是今后应重点推广的类群。江苏第一名为‘邳州大马铃’，单核重2.87g。山东第一名为‘魁铃’。‘海洋皇’原株在广西灵川海洋乡江尾村。树龄150年生，树高19m，干高1.5m，胸径89.7m，冠幅12m×13.5m。尽管曾受火灾危害，但目前仍生长旺盛。母树圆头形，有明显的中心主干，成层性明显，枝角70°。

植物学和生物学性状。该品种树形开张，树干粗壮，发枝力强，生长旺盛。新梢长31.5cm，具14～16枚叶片，短枝上一般有叶片5～7枚，有的达9枚。叶色浓绿、叶片大，长枝上的叶片中裂明显，短枝上的叶中裂不明显，缘具波状缺刻。定型叶叶长×宽为（4.7～5.9）cm×（6.9～8.0）cm，叶柄长4cm。45年生树高13m，直径44.6cm。

从经济性状来看，该品种母树平均株产125kg，树干截面积负载量0.01978kg/cm^2，树冠投影面积负载量0.98kg/m^2。45年生树株产白果50kg。大小年不明显，丰产稳产性好。种实椭圆形，熟时橙黄色，白粉多。先端钝圆，顶端下凹，珠孔孔迹明显。基部平阔，蒂盘略凹陷，正托。果柄长3.8～4.4cm，上粗下细，略见弯曲，果长×宽为3.5cm×2.9cm，单果重14.3g，最大16.4g，每千克70粒。种核广椭圆形，上宽下窄，腰部鼓起，核大而胖。种核先端圆，顶端不具明显小尖。基部两束迹间石质相连并凸出于核之体外，形如鱼尾。两侧具棱，中上部明显。种核长×宽×厚为3.0cm×1.9cm×1.47cm，平均单核重3.6g，最大达4.23g，每千克278粒。出核率25%，出仁率77.4%。外皮黄酮含量1.8613%，种仁黄酮含量0.2344%。经济性状比一般品种提高30%，外皮较薄，属晚熟品种。种仁味香清甜，种核大小均匀，属广西最优品种，但个别年份种核大小不十分稳定，早实性有待继续观察。

本品种种核在市场上十分畅销，商品价格较一般商品品种价格高20%～30%，在市场上供不应求。该品种已被列入全国核用林推广重点品种。目前已在广西、广东、湖南、云南、贵州、四川、河南、江西、湖北、安徽、山东、江苏等地推广。

‘华口大白果’（图3-235）

母树位于广西灵川县潮田乡华口村，树龄约90年，树高15m，胸径80cm，冠幅12m×14m，年产种核50～70kg。

本品种为佛手银杏类，属全国银杏生产重点推广品种之一，采用母树接穗繁殖的苗木，定植后3～4年开始挂果，6～7年投产，株产种核5～8kg，每公顷产30～45kg，产量大小年变幅在20%～25%。种实长椭圆形，成熟时为橙黄色，表皮有油胞，并覆盖一层白粉。种实先端圆弧形，顶点凹，略见珠孔迹，基部平，蒂盘呈圆形或椭圆形，果柄长2.8～3.7cm，上粗下细，略有弯曲。种实纵径2.85cm，横径2.45cm，单果重9.26g，每千克108粒，出核率31.96%。种核卵形，中上部较宽，中下部狭窄，核粒先端圆钝，顶部无明显小尖，基部尖，略见两维管束迹，两迹点紧成直线，尖凸状。两侧棱较明显。核粒较大，单核重3.9g，每千克256粒，出仁率78.35%。外皮黄酮含量1.8900%，种仁黄酮含量0.3245%。核仁黄白色，糯性高、味香。核壳坚硬，耐贮藏，常规贮藏6个月左右，为特优果用品种。

本品种种核特大，商品价值较高，在市场上有着较强的竞争力，目前该品种为广西灵川县重点发展品种，种植后3～4年挂果，其种实、种核均能保持母树的优良特性，已在湖南、贵州、云南、四川等省推广，已成为国内重点发展品种。

‘桂028号’

母树位于广西兴安县漠川乡才金村苦竹塘屯，树龄330年，该树在基部分为三杈，树高约21.0m，主干高1.1m，胸径97.5cm，冠幅21m×25m，年产种核500～650kg，为广西产区产量最高、生长最好、经济价值最优的植株，1994～1998年期间每年产种核600kg，年产值达2.4万元，是广西创效益最高的植物个体。本单株为马铃品种，是广西桂林产区在生产上推广的优良品种之一，采用母树接穗嫁接繁殖的苗木，定植后5～6年可挂果，8～10年投产，株产种核6～8kg，每公顷产37kg左右，产量大小年变幅<30%。种实椭圆形，成熟时为淡黄色，表皮有白粉，油胞较少。种实先端凸，有小尖，基部平，蒂盘略凹陷，果柄长3.2～4.2cm，上粗下细，弯曲度大。种实纵径2.65cm，横径2.25cm，平均单粒重7.2g，每千克138粒，出核率25%～27%。种核为长椭圆形，核中部最大，上、下两端同等大，两侧棱线中上部明显，顶点凸明显小尖，基部束迹凸，两迹点不明显，核粒中等大，单核重2.0～2.5g，每千克约400粒，出仁率78.5%，核仁乳白色，细腻、糯性高，香味浓，核壳坚硬，耐贮藏，是较好的核用品种。

本单株种核属一级品，在市场上畅销，已在广西、湖南、贵州等地推广种植。

‘桂047号’

母树位于广西兴安县漠川乡福岭村，树龄60年，树高约11m，枝下高2.5m，主干为三杈，平均干径22.5cm，冠幅8.5m×7.5m，年产种核74kg。

本单株为圆子银杏类，是广西桂林产区筛选出的良种之一，采用母树接穗繁殖苗木，定植后4～5年可挂果，6～8年投产，株产5～6kg，每公顷产约3000kg，产量大小年变幅在25%左右。种实为圆形，先端微凹呈“一”形，有小尖，成熟时为橙黄色，有一层白粉，油胞明显。蒂盘略凹陷，果柄长3.4～3.5cm，上粗下细，略弯曲。种实纵径3.1cm，横径3.0cm，平均单粒重8.9g，每千克112粒，出核率26%。种核为椭圆形，先端较尖，顶点小尖明显，并与两侧棱线连接，棱线片中下部往上。种核饱满，基部两维管束迹点明显，一高一低，两点间距3～4mm，无鱼尾状凸尖。核粒较大，单核重3.5g，最大粒3.9g，每千克286粒，出仁率76%。核仁为白色，糯性强，香味浓。核壳坚硬，耐贮藏，常规条件下可贮藏半年。

本单株核粒较大，为特级商品，在市场上十分畅销，已在广西、四川、湖南、云南、贵州等地推广。

‘桂048号’

母树位于广西兴安县漠川乡福岭村，树龄60年，树高约11m，胸径32m，冠幅为8.3m×10.5m，年产种核65kg。

本单株为圆子银杏类，是广西桂林产区筛选出的优良品种之一，采用母树接穗繁殖苗木，定植后5～6年可挂果，8～10年投产，株产5～6kg，每公顷产约3000kg，产量大小年变幅在20%左右。种实为圆形，先端凹，有小尖，成熟时为橙黄色，有一层白粉，油胞明显。蒂盘平，果柄长3.2～3.4cm，略弯曲。种实纵径3.0cm，横径2.8cm，平均单粒重8.9g，每千克112粒，出核率26%。种核为椭圆形，先端较尖，顶点与棱线相连，小尖明显，棱线自下往上明显，种核饱满，基部两维管束迹点明显，略见鱼尾状，两束迹间距3mm左右，核粒较大，单核重3.3g，每千克303粒，出仁率为77.5%。核仁为黄白色，核壳坚硬，耐贮藏。

本单株为特大核粒品种之一，目前，已在广西、湖南、贵州等地推广。

‘桂049号’

母树位于广西兴安县漠川乡庄子村，树龄约90年，树高18m，胸径42cm，冠幅12m×13m，年产种核60～70kg。

本单株为马铃银杏类，是国内最大核粒的品种之一，采用母树接穗进行繁殖苗木，定值后5～6年开始挂果，8～10年投产，株产5～7kg，每公顷产约30kg，产量大小年变幅在25%左右。种实长圆形，成熟时为淡黄色，表皮光滑，无油胞，有一层白粉。种实先端较圆，果柄长2.5～3.0cm。果柄细，平直，无弯曲。种实纵径3.5cm，横径2.8cm，平均单粒重14.5g，每千克69粒，出核率26.73%。种核为卵形，中部以上宽于下部，且棱线较明显顶端圆钝，顶部凹入，并有一小尖与棱线同等高。基部两维管束迹点明显，迹点间距2.5～3.0mm，无鱼尾凸尖，核粒较大，单核重3.8～4.1g，最大粒4.2g，每千克240～260粒。出仁率为77%，核仁为黄白色，细腻，糯性强，味香，核壳坚硬，耐贮藏，常规条件可贮藏4～6个月，冷库贮藏可达1年。

本单株核粒特大，属广西产区最大核粒株系，有着较高的商品价值，在市场上竞争力较强。目前已在广西、云南、四川等地推广。

‘安银1号’

原产湖北省大洪山区。选育单位：湖北安陆市科委（刘燕君等）。原树长在安陆市河水区周守富家门口。这是50年前，在一株高约16.0m，胸径约50.0cm的雌树上嫁接当地的大圆籽而成的。目前树高16.0m，胸径约80.0cm。树上结实累累，最大单果重20.0g，单核重大于4.0g。出核率29%～30%。中熟型。株产白果100kg以上。

1987年，原河水区农技员李银发向韩宁林介绍了这株树，现已大量繁殖推广。据实测，‘安银1号’核型为圆子类。种核长2.4～2.5cm，宽2.1～2.2cm，厚约2.3cm，核形指数1.14，厚率近1.00。单核重4.2～6.0g，每千克种核数200粒左右。这是我国目前种核最大的银杏品种之一。

大果，丰产，出核率高是其最突出的优点。据彭日三介绍，该品种嫁接后3～5年就能结实，早实性强也是其突出的优点。圆子类，种子发芽率低，是其主要的不足。可以选作营建以日本和韩国为出口对象的核用品种。

‘早实梅核’（图3-236）

原产湖北安陆，又名‘23号大梅核’，曾在邳州会议上被评为全国优良品种之一。嫁接后3年挂果。据彭日三提供，邢世岩测定表明，该品种为大果型，熟时外种皮呈暗褐色。果长×宽为3.05cm×2.65cm，果柄长3.15cm，鲜果重13.18g，出核率25.23%，果形系数21.42。该品种种核无麻点、光滑，中线稍明显，背腹均圆。核长×宽×厚为2.45cm×1.85cm×1.58cm，单核重3.40g，出仁率80.89%，仁微苦。外皮黄酮含量1.8363%，种仁黄酮含量0.1814%。

‘七星梅核’（图3-237）

原产湖北安陆，又名‘64号七星梅核’。该品种大小树均有，丰产。据邢世岩测定，果长×宽为2.60cm×2.38cm，果柄长3.5cm，果鲜重9.49g，出核率29.14%，果柄较长，中果型，外果皮暗棕色。种核短而胖，背圆腹平，核长×宽×厚为2.27cm×1.71cm×1.45cm，单核重2.86g，出仁率75.25%，单仁重2.10g，仁微甜。外皮黄酮含量1.98%，种仁黄酮含量0.2597%。

‘神农1号’

原产湖北随州市，又名‘随草2号圆子’。原株为实生树，树体高大，树冠圆满，主干通直，枝繁叶茂，树高25m，主干高4m，枝下高2m，地径1.5m，胸径1.1m，树冠投影面积418m^2，冠幅东西19m，南北22m。根系发达，延伸30m，裸于地表。树皮纵裂，多年生枝褐白色，当年生枝红褐色。当年生枝条上叶裂口3/5，叶片比短枝叶片大，多年生叶裂口深1/5，新梢上叶片平均长4cm，宽5.5cm，柄长4cm，短枝上叶片长5.5cm，宽7.5cm，每短枝6～12片叶，种实未成熟时为绿色，成熟为橙黄色，薄被白粉。

物候期：萌芽3月上旬，展叶3月下旬，新梢生长4月中旬，开花4月15日左右，新梢停止生长6月20日，硬核6月15日～8月5日，种实成熟9月15日，落叶10月下旬。每短枝平均结种

图3-236 ‘早实梅核’

图3-237 ‘七星梅核’

2～4枚，最多达6枚，短枝寿命平均9年，一般年景株产270kg，最高300kg，平均树冠投影产种核0.646kg/m²以上。种实为圆球形，平均重13.27g，出核率29%，种核为椭圆状球形，核形指数1.1，属圆子类，核色乳白光滑，纵径26mm，横径25mm。平均单核重3.85g，最大核重为4.4g，（即每500克113粒），种核出仁率为79.07%。种仁黄绿，糯性，口感香甜、苦味轻微，内种皮易剥离。内含成分：水分56.16%，淀粉总量26.92%（其中支链淀粉26.92%，直链淀粉11.99%），总糖10.86%，蛋白质4.78%，脂肪1.5%，维生素C117.3mg/kg，维生素E17.6mg/kg，钙44.2mg/kg，镁532mg/kg。

该品种属大粒、优质品种，已建采穗5亩，培育苗木7.5万株，高接换种0.9万株。

‘红安皇’

原株位于湖北省红安县。原名‘红安29号’。‘红安皇’在红安气候条件下，3月底至4月初萌芽，4月上、中旬展叶，4月下旬新梢开始生长，4月20日前后开花，4月下旬至5月初坐果，5月上、中旬新梢迅速生长，6月下旬新梢停止生长，10月上旬种实成熟，11月上旬落叶。

原株树体高大，树干通直，干高2m，树高19m，胸径83.6cm。树冠为圆头形，冠幅东西为17.5m，南北为19.4m。一年生枝黄褐色，皮孔不明显；二年生枝灰褐色，皮孔较明显；多年生枝浅褐色，皮孔明显，且皮呈现纵向裂纹。叶片折扇形，新梢上的叶片较短枝上的叶片稍大。新梢上叶片平均长6.44cm，宽10.88cm，柄长5.54cm；短枝上的叶片长6.07cm，宽10.10cm；柄长4.91cm。每短枝具6～12片叶。种实圆球形，未成熟时绿色，成熟时为橙黄色，薄被白粉。每短枝平均结种1.8枚，最多4枚。原株400多年生，丰产、稳产。1986年以来，每年产种核300～400kg，最多500余千克。树冠投影面积产种核0.88kg/m²以上。种实球形，纵径3.45cm，横径3.35cm，平均重8.9g，最小16.8g，出核率22%。种核椭圆形，属梅核类型，核色乳白，纵径2.57cm，横径2.10cm，厚1.6cm，平均重4.15g。种核出仁率76.53%，种仁含淀粉67%、可溶性糖14.52%、蛋白质13.29%，风味甜糯，没有苦味。

对土壤质地适应性强，沙土、黏土都能适应。原株位于山腰陡坡之上，坡度30°，土质为片麻岩风化成的沙土，树体枝叶繁茂，年年硕果累累。每年新梢生长长度为30～50cm。华中农业大学园艺站的土壤为重黏土，1993年引进‘红安皇’嫁接苗栽植，在一般管理条件下，当年新梢平均长度55.6cm，第二年新梢平均长度86cm。已培育苗木10万株，建立繁育基地3.5hm²，高接换种500多株。

‘长糯白果’

产于贵州盘县特区。当地多用大枝扦插繁殖。干性强，树冠一般呈塔形或圆头形，树皮灰褐色，有纵裂。短枝的叶多为三角形，亦有扇形，长枝下部的叶较大，为扇形或三角形，长枝上部叶为中部深裂的三角形。叶色深绿，宽3～7.7cm，多为4～7cm。叶柄长3～7.7cm，多数7cm。果实长卵形，纵径3.6cm，横径2.6cm，果柄长4.9cm，单果重13.0～16.9g，每千克61～77粒，出核率较低，为18.2%。果顶略钝，基部平阔，稍歪向一边。珠托中大，不规则，向一边倾斜，表面隆起，边缘不整齐。果面黄橙色，有果粉。种核长卵形，先端宽圆，顶尖凹陷，两维管束迹迹点小而明显，两束迹相距较宽的可达0.41cm，但亦见二迹点合为一体者。种实下半部粗糙并有窄棱边，上半部略宽于下半部。种核较大，壳白色，平均单粒重2.73g，每千克422粒，大小为2.24cm×1.42cm×1.2cm。

本品种种核粒大饱满，糯性强，品质优。对肥水条件要求较高。

‘长白果’

产于贵州盘县特区和正安、务川、道真等地。树冠呈塔形或长圆头形，高的可达30m。长枝上部叶片呈窄扇形，中下部叶为扇形，有浅裂至中裂。短枝叶扇形，有浅裂。叶宽4.5～7cm，以7cm居多。叶柄长6～7cm。

果实卵圆形，略偏斜，成熟时黄橙色，被白粉，表面粗糙，先端圆，顶尖凹下。珠托近圆形，中大，向一面歪斜，表面不平，边缘略凹下。果实纵横径为3.1cm×2.5cm，单果重10.7g，每千克93粒。果柄长4cm。出核率18.7%。种核长卵圆形，形状近似佛指。先端凸尖，中部以下较窄，两束迹迹点小，两侧有棱线，中上部较明显。种核大小为2.4cm×1.49cm×1.2cm，单粒核重2.0g，每千克500粒，出仁率78.6%。

本品种结实力强，高产，2000年生树可产白果100kg以上，在贵州常见种植。

‘圆白果’

贵州全省各地均有分布，以盘县特区的品质较好，树冠呈圆头形，高的可达25m。树皮灰色至灰褐色，有纵裂。长枝基部叶片较大，三角形或扇形。上部叶三角形。短枝叶扇形。宽3.5～6.5cm，多为6cm，叶柄长3.5～7cm。

果实近圆形，纵横径2.6cm×2.8cm，果柄长3cm，单果重11.2g，每千克89粒。顶端圆钝，中部有一凹点，基部较平。珠托较小，近圆形，边缘隆起，不整齐。果面橙黄色，被白粉。种核近圆形，棱边窄。大小为2.1cm×1.8cm×1.4cm，单粒重2.2g，每千克454粒。种仁肥厚，饱满，糯性强，风味佳。

‘龙潭皇’

原株在河南省新县。‘龙潭皇’品种树体高大，树干通直，一般干高2.5～6m，树高10～18m，树势强壮。主枝数目在15～20个之间，侧枝分枝角度45°～60°，塔形树冠，20年生以上单株，冠幅平均13m，每年外围新梢生长量在24～40cm，枝条黄褐色至灰褐色，一年生枝皮孔不明显，2年生以上枝条皮孔明显，枝皮纵裂，叶片扇形，缺刻明显，青绿色，平均长6.44cm，宽10.88cm，3～10年生枝段每米叶片总数300～350片，叶片肥厚，百叶重量75g以上。3～10年生枝段每米中短结果枝数量41～52个，果实总数21～27个，树冠投影产量0.85～0.94kg/m²。

‘龙潭皇’种子球形，顶端微凹入，基部平而微凹，外种皮橙黄色，熟时被白粉，厚度0.7～0.8cm，种子纵径3.1cm，横径2.9cm，种柄长4～4.5cm，平均单种重17.6g。出核率22.9%，种核肥大饱满，大小均匀，椭圆形或椭圆状卵形，色白微黄，纵径2.7cm，横径2.0cm，厚1.5cm，先端钝圆，边缘具窄翅，翅两侧不对称，平均单核重4.03g，每千克种核248粒，种核出仁率75.65%。种仁黄绿色，味甘甜，具有糯米香味及糍性，口感好。

‘龙潭皇’品种一般3月底萌芽，4月上旬展叶，4月下旬开始抽生新梢，4月20日前后开花，4月下旬至5月上旬坐果，5月上旬新梢迅速生长，6月下旬新梢停止生长，种子成熟期一般在9月中旬前后，11月上中旬落叶。‘龙潭皇’种子繁育后代具有明显的优良性状，种子有胚率85%以上，发芽率80%以上，一年生实生苗平均高25cm，平均地径0.4cm，分别比对照品种高28%、25%；二年生实生苗平均高85cm，平均地径0.8cm，分别比对照品种高出29%、27%；同时，‘龙潭皇’实生苗叶片大而厚，平均百叶重比对照种高33%，具有结果较早、产量高的特点。

利用‘龙潭皇’品种接穗嫁接在2年生实生苗上，劈接，当年抽生春梢长20～30cm，树体生长壮旺，3年开始挂果，5年时平均株产1.5kg以上，平均树高达到2.1m，胸径5.5cm，枝条多、生长量大，平均冠幅2.0m，每千克粒数保持在248粒左右，表现出良好的遗传特性和丰产稳定性能。自1990年夏入选以来，已培育苗木100多万株，营造连片丰产栽培基地2万亩以上，四旁栽植20万株以上。

‘豫银1号’

河南省信阳市林技站选出，2001年经河南省林木良种审定委员会审定。正式命名为‘豫银1号’。该品种树体高大，树干通直，塔形树冠，树势强壮。一般干高2.5～6m，树高10～18m。枝条黄褐色至灰褐色，一年生枝条皮孔不明显，二年生以上枝条皮孔明显，树皮纵裂，叶片扇形，缺刻明显，青绿色。‘豫银1号’一般3月底萌芽，4月上旬展叶，4月下旬开始抽生新梢，4月20日前后开花，4月下旬至5月上旬坐果，5月上旬新梢迅速生，6月下旬新梢停止生长，种子9月中旬前后成熟，

11月中旬开始落叶。种子属梅核类，球形，外种皮橙黄色，种子纵径3.2cm，横径3.2cm，种柄长3.5cm左右，平均单种重12.8g，出核率27%以上。种核肥大饱满，近圆形，尖端钝圆，两侧棱线明显，种核纵径:横径:厚度为2.65:1.98:1.57，平均单核重3.45g，最大单核重4.03g，每千克种核290粒以内，种核出仁率78%以上。‘豫银杏1号’种核均匀、品质优良，种仁味甘甜，具有糯米香味，口感好，商业价值高。利用该品种接穗在2～3年生实生苗嫁接后，3年开始挂果，第5年时平均株产1.5kg以上。3～10年生枝段每米短结果枝结果21～27个，树冠投影产量在0.85kg/m^{2}以上。该品种抗旱涝、抗高温、抗冻害、抗病虫害能力强，表现出较强的适生性，适宜推广种植。

‘多珠佛手’

原产浙江，据韩宁林等（1997）报道是通过嫁接保存下来的良种银杏。选育单位：中国林业科学研究院亚热带林业研究所（以下简称）等。原树情况不详。嫁接植株树龄约150年生。50年前，曾遭火烧，使其只剩下半边树干，目前已基本长合。树高13m，干高3m，胸围210cm。树势开张，平均冠幅10～12m。叶片大，叶基近肾形。生长结实正常，平均年产白果80kg，最高年产125kg。

‘多珠佛手’的特点是，高产稳产，苗木长势旺，分枝多，结实早。1993年株产白果70kg之多，1994年仍产白果150kg以上。秋季在当年播种的实生苗上芽接，第二年平均苗高超过50cm，最高80cm。嫁接苗栽后5年就见开花结果。

‘多珠佛手’种实大，全籽呈卵圆形，先端平或微凹，珠托微偏，少被白粉。纵径3.50～3.70cm，横径2.50～2.75cm，平均重14.3g。种柄长2.9～3.6cm，选种时见较大比例的多胚珠现象。1994年采花芽枝嫁接，统计45个珠柄，有13个胚珠数多于2个，占28.9%。最多的见到6个胚珠。采收时一根种柄着生2粒以上种子的比例超过10.0%。

种核佛手型。核长2.84～3.20cm，宽1.55～1.77cm，厚1.42～1.51cm。核形指数约1.74，厚率0.87。种核两面发育均匀，顶端微凹，维管束迹明显，点距宽阔，一般大于0.25cm。两侧棱不明显。外种皮较厚，出核率约22.3%，骨质中种皮厚度中等，出仁率大于70.4%。平均单核重3.0～3.4g，每千克种核数300～330粒。

该嫁接植株与现有的佛手品种有很大区别。主要有：种核厚实，有较大比例的双生种实存在，以及有相当数量的多胚珠现象，胚乳口感与普通大佛手也有明显不同。

‘多珠佛手’在浙江9月中旬成熟，属于中熟品种。高产稳产、结实早、种核品质优良是其主要的优点，只是外种皮较厚，出核率偏低。

‘天目长籽’

原产浙江，选育单位：浙江西天目山自然保护区。原树长在西天目山的禅源寺内。树龄约500年生，全树高15m，平均冠幅10m，胸围277cm。一般年产白果50kg，最高年产215kg。具串状结实特性，丰产（林协，1994；韩宁林，1997）。

种实较大，全籽卵圆形，先端圆钝，基部向内凹陷，种托偏斜明显。外种皮有粗大油点，多白粉。全籽长3.00～3.20cm，宽2.20～2.43cm，重10.0～11.4g。出核率24.6%，种核长籽型，核长2.60～2.78cm，核宽为1.40～1.61cm，核厚1.28～1.34cm。核形指数约1.77，厚率0.88。平均单核重2.2～2.6g，每千克种核数约385～455粒。出仁率74.0%。

‘天目长籽’原树因年老体衰，缺乏管理，加之1988年夏秋连续干旱，所以调查时种核偏小，果品仅列为二级。一般年份所产白果为一级果品。串状结实和种核厚实是其最大的特点。种核成熟期9月中旬，属中熟类型。由于其种核近似于‘大佛手’，厚率达0.88，经集约经营栽培后，种粒还会增大，所以，很有发展前途。

‘宽基佛手’

原产浙江富阳，选育单位：中国林科院亚林所。佛手类。种核长2.75cm，宽1.60cm，厚1.30cm，核形指数1.72，厚率0.81。种核两侧发育不均匀。平均单核重3.0～3.5g，最大单核重4.2g。每千克种核数285～333个。外种皮较薄，出核率26.0%，出仁率76.9%。丰产性一般。平均每米枝条可着生果枝10～12个，每果枝结实5～6粒，最多8粒。

‘宽基佛手’的种核，其最宽部位接近于长线的中点，中种皮上可见少许孔点，维管束迹开阔。特别是外种皮较薄，这些明显不同于‘大佛手’。9月中旬成熟。目前嫁接繁殖和已经结实的植株还不很多，对其丰产性能及其适应性等尚需作进一步考查。但因其经济性状优良、出核率高，至少可以在就近大力推广。

林协（1997）认为，在富阳洞桥镇石羊村选出的一株佛手白果，具有壳薄、食感好的特点，出核率28.1%，出仁率71.8%，单核重3.9g。

‘诸暨大梅核11号’

原株在浙江诸暨东山下。胸径41cm，树高14.7m，枝下高4.9m，冠幅11.3m×9.8m，结实层高度8.3m，每米短枝数40.5个，果长×宽2.99cm×2.90cm，果实指数1.03，百粒重1414g，种核长×宽2.49cm×2.01cm，核形指数1.24。百粒重333.6g，每千克300粒，出核率23.6%，出仁率80.4%。

‘藤久郎’（图3-238）

除中国之外，日本银杏核用品种选育走在世界前列，目前日本有八大银杏核用品种，即‘藤久郎’、‘金兵卫’、‘久寿’、‘长濑’、‘二东早生’、‘荣神’、‘黄金丸’和‘岭南’。1991年山东郯城县首次从日本引进了‘藤久郎’、‘金兵卫’、‘岭南’和‘黄金丸’，并在郯城银杏良种繁育圃试栽。现在，这4个品种在山东已全部正常结实。‘藤久郎’，又名‘东久郎’。原株因在日本岐阜县本巢群穗积町大字穗积的广濑藤久郎家院内，故得此名。原株树龄300年，1914年因受台风袭击倒伏而枯死。该品种在岐阜、爱知两县大面积栽培。与‘金兵卫’、‘久寿’和‘长濑’这些品种一样，‘藤久郎’系产于木曾川下游三角洲水肥充足的爱知县和岐阜县境内。‘藤久郎’树势旺盛高大，树冠自然形为多，进入结果期比

图3-238 ‘藤久郎’

‘金兵卫’迟1～2年。一般嫁接后5年结果。种子硬核期在8月中旬，形态成熟期在10月中旬，属晚熟品种。‘藤久郎’是目前日本推广的最优良的品种，并以果大、晚熟而著名。丰产性良好。果实略带长形，种核棱角尖端后半明显凸起，基部渐消失。种核形状丰满，大而均匀，属特大粒品种。核长×宽×厚为2.46cm×2.26cm×1.76cm，种壳厚0.64mm，出核率28%。单核重4.13g，每千克242粒。在日本岐阜县穗积町西莲寺的‘藤久郎’单核重高达4.5g，每千克222粒。果实不易脱皮，早上市较困难。一般‘水白果’8月下旬可上市，种核可以贮藏到翌年3月上市。种核麻点较少，有光泽，食味较好，是目前日本主推品种之一，有较高的经济价值。

在国内研究结果表明，叶半圆形，叶缘浅波状，叶基截形；裂刻数量（长>1cm）为1，最大裂刻3.8cm×1.5cm，叶色浅绿。嫁接成活率90.92%，抽梢率91.67%。在山东芽膨大期3月 27日，展叶期4月10日，叶速生期4月中旬到5月下旬，新梢速生期4月中旬到6月中旬，枝条硬化期7月中旬到8月中旬，落叶期11月15日。初花期4月13日，盛花期4月18日，终花期4月22日，果实生长期4月下旬到8月上、中旬，硬核期6月下旬，成熟期10月上旬。接后5年，距地面1m粗7.95cm，接口上粗6.83cm；单株活穗数3.0个，新梢数142个，叶数7844个，枝总长83.04m，产叶量8.57kg，LAI（叶面积指数）2.62；单穗萌生新梢数57.2个，叶数2982个，枝总长31.9m，产叶量3.46kg，LAI 1.10；平均冠幅2.94m；新梢长47.8cm，新梢粗1.17cm，叶数34.5个；长枝上单叶叶长5.3cm，叶宽7.6cm，叶柄长4.60cm，叶面积24.18cm^2，叶鲜重1.15kg，叶干重0.48kg，含水量56.6%，夹角121°。开花株率100%，初花期3年，初果期3年；4年生枝段，短枝数158个/m，短枝开花率7.6%，花数1.5个/短枝。果形阔椭圆，顶端稍平，基部渐钝，油胞大稀，白粉密，果柄长，果色金黄，大小中等；果长3.18cm，宽2.35cm，厚2.29cm，果柄长2.64cm，果皮厚0.49mm，果形指数17.10，单果重10.01g。核形椭圆，顶端钝尖，基部连生，边缘上2/5明显，背腹背圆腹平，仁甜；核长2.77cm，宽1.64cm，厚1.30cm，核形指数5.90，壳厚0.16mm，单核重2.58g，出核率25.58%。仁长2.30cm，宽1.39cm，厚1.17cm，仁形指数3.88，单仁重1.89g，出仁率73.41%。苗期叶黄酮（叶龄229天）3.04%，大树叶黄酮2.90%。种仁黄酮1.60%，种仁内酯1.93%，种仁GBE 3.53%，外种皮黄酮4.71%，外种皮内酯3.01%，外种皮GBE 7.74%，种实（皮+仁）黄酮6.33%，种实（皮+仁）内酯3.64%。种仁气干含水量38.01%，可溶性糖1.50%，淀粉32.0%，粗脂肪5.00%（18.75%）（注：括号内数示外种皮脂肪含量）。接后4年株产鲜果0.88kg，株产种核0.19kg，种核0.0043kg/cm^2，种核0.0338kg/m^2，种核10.45kg/亩，结实株率50%；接后5年株产鲜果，株产种核1.0444 kg，种核0.2936kg/cm^2，种核0.043kg/m^2，种核16.15kg/亩，结实株率80%；接后6年株产鲜果2.1470kg，株产种核0.6036kg，种核0.0095kg/cm^2，种核0.0778kg/m^2，种核31.90kg/亩，结实株率100%。

‘金兵卫’（图3-239）

‘金兵卫’（きんべえ），又名金部。原株在爱知县中岛郡祖父江町大字樱方笹原，户主为横井义一，树龄180年生（吉冈金市认为160年生）。据说，义一的祖父是从同町山崎把‘金兵卫’移植来的。‘金兵卫’叶形较‘藤久郎’略小，‘金兵卫’从幼树枝条即开张，随树龄增大，枝呈下垂状，进入结果期早，为丰产性品种。种核硬壳期在7月上旬，熟透期在9月下旬，是日本著名的早熟品种之一。种核较‘藤久郎’窄和薄。单核重3.75g，每千克267粒，属大粒果。外种皮较厚，种核表面麻点较多。洁白度不如‘藤久郎’。‘金兵卫’采摘容易。日本每年7月中旬以‘水白果’上市（表3-1），利用其早熟性，并尽早上市是日本栽培‘金兵卫’的主要目的。但由于采摘较早，剥皮及调制时比较费工，因此大多采用脱皮机进行机械调制。另外，为了便于采摘，多采用矮干栽培并培养成开心形或杯形树冠。

在国内研究结果表明，叶半圆形，叶缘浅波状，叶基截形；裂刻数量（长>1cm）为1，最大裂刻2.5cm×1.4cm，叶色浅绿。嫁接成活率94.81%，抽梢率61.11%。芽膨大期3月25日，展叶期4月10日，叶速生期4月中旬到5月下旬，新梢速生期4月中旬到6月中旬，枝条硬化期7月中旬到8月中旬，落叶期11月19日。初花期4月10日，盛花期4月20日，终花期4月25日，果实生长期4月下旬到8月上旬，硬核期6月下旬，成熟期9月下旬。接后5年，距地面1m粗7.47cm，接口上粗5.36cm；单株活穗数3.0个，新梢数73.3个，叶数4770个，枝总长52.36m，产叶量9.30kg，LAI 2.38；单穗新梢数25.8个，叶数1726个，枝总长18.4m，产叶量3.16kg，LAI 0.85；平均冠幅3.18m；新梢长60.2cm，新梢粗1.03cm，叶数46.8个；长枝上叶长8.4cm，叶宽9.8cm，叶柄长2.70cm，叶面积39.8cm^2，叶鲜重1.93kg，叶干重0.64kg，含水量66.1%，夹角89.7°。开花株率100%，初花期3年，初果期3年；4年生枝段，短枝数54个/m，短枝开花率35.5%，花数1.0个/短枝。果形卵圆，顶端渐尖，基部平，油胞不明显，白粉中等，果柄中等，果色浅黄，大小中果；果长3.19cm，宽2.47cm，厚2.53cm，果柄长3.20cm，果皮厚0.46mm，果形指数19.98，单果重11.56g。核形卵圆，顶端微尖，基部二束连生，边缘明显，背腹圆胖有点，仁口感甜；核长2.21cm，宽1.88cm，厚1.62cm，核形指数6.75，壳厚0.45mm，单核重3.04g，出核率26.65%。仁长1.75cm，宽1.64cm，厚1.64cm，仁形指数4.38，单仁重2.34g，出仁率77.78%。苗期叶黄酮（叶龄229天）1.74%，大树叶黄酮2.36%。种实药物成分，种仁黄酮1.48%，种仁内酯0.43%，种仁GBE1.91%，外种皮黄酮4.40%，外种皮内酯2.66%，外种皮GBE7.06%，种实（皮+仁）黄酮5.88%，种实（皮+仁）内酯4.59%。种仁气干含水量40.86%，可溶性糖1.86%，淀粉32.5%，粗脂肪（外种皮脂肪含量）5.02%（16.5%）。接后4年株产鲜果0.98kg，株产种核0.17kg，种核0.0030kg/cm^2，种核0.0313kg/m^2，种核9.35kg/亩，结实株率50%；接后5年株产鲜果1.1645kg，株产种核0.3012kg，种核0.0052kg/cm^2，种核0.045kg/m^2，种核16.57kg/亩，结实株率80%；接后6年株产鲜果2.2060kg，株产种核0.5801kg，种核0.0077kg/cm^2，种核0.0701kg/m^2，种核115.4kg/亩，结实株率100%。

‘黄金丸’（图3-240）

‘黄金丸’与‘岭南’一样同属日本大果优质品种，种核呈圆形。在日本，大果型品种栽植密度较稀。嫁接后7年可全部结果，20年生树株产可达20～30kg，40～50年生树株产可达70～100kg。

‘岭南’和‘黄金丸’在山东均属于大粒、早实、丰产、优质品种。

在国内研究结果表明，叶心形，叶缘波状，叶基心形；裂刻数量（长>1cm）为1，最大裂刻3.7cm×1.5cm；油胞密度稀，形状不规则，大小中等，部位不均，点状分布；叶色绿色。嫁接成活率89.90%，抽梢率100%。芽膨大期3月26日，展叶期4月8日，叶速生期4月上旬到5月下旬，新梢速生期4月中旬到6月

图3-239 ‘金兵卫’

图3-240 ‘黄金丸’

表3-1 ‘藤久郎’和‘金兵卫’水白果的生理和形态指标（爱知县）

品种	硬核程度		单果重(g)	单核重(g)	出核率(%)	果肉厚(mm)	种壳厚(mm)	收获期
	7月10日	7月25日			7月25日			
‘藤久郎’	+	++	11.2	3.33	29.73	6.0	0.15	8月上中旬
‘金兵卫’	++	+++	12.1	3.2	26.45	9.5	0.10	7月中旬
在来种（原种）	—	+	—	1.6	—	—	—	8月中下旬

注：+++硬核可调制，++稍硬核不易调制，+软不可调制，—软完全不可调制。

中旬，枝条硬化期7月中旬到8月中旬，落叶期11月20日。初花期4月11日，盛花期4月17日，终花期4月22日，果实生长期4月下旬到8月上旬，硬核期7月上旬，成熟期9月下旬到10月上旬。接后5年，距地面1m粗7.29cm，接口上粗5.45cm；单株活穗数2.7个，新梢数123个，叶数6926枚，枝总长70.07m，产叶量12.78kg，LAI 4.02；单穗新梢数66.8个，叶数2694个，枝总长27.88m，产叶量7.24kg，LAI 2.7；平均冠幅2.69m；新梢长64.5cm，新梢粗1.38cm，叶数36.0个；长枝上单叶叶长8.0cm，叶宽9.7cm，叶柄长5.5cm，叶面积46.45cm^2，叶鲜重1.82g，叶干重0.72g，含水量61.5%，夹角135.4°。开花株率90%，初花期3年，初果期4年，4年生枝段，短枝数281个/m，短枝开花率35.3%，花数2.3个/短枝。果形圆形，顶端平，基部平广，油胞小稀，白粉中等，果柄长，果色橘黄，大小大果；果长2.55cm，宽2.91cm，厚2.92cm，果柄长3.00cm，果皮厚0.68mm，果形指数21.68，单果重13.90g。核形圆形，顶端微尖，基部二点状，边缘上4/5明显，背腹圆胖，圆子类，仁微甜；核长2.10cm，宽1.98cm，厚1.56cm，核形指数6.46，壳厚0.81mm，单核重3.18g，出核率22.87%。仁长1.68cm，宽1.68cm，厚1.68cm，仁形指数3.96，单仁重2.34g，出仁率73.76%。苗期叶黄酮（叶龄229d）2.26%，大树叶黄酮1.87%。种仁黄酮1.29%，种仁内酯0.45%，种仁GBE1.74%，外种皮黄酮3.75%，外种皮内酯3.02%，外种皮GBE6.77%，种实（皮+仁）黄酮5.04%，种实（皮+仁）内酯3.47%。种仁气干含水量41.32%，可溶性糖1.63%，淀粉43.5%，粗脂肪（外种皮脂肪含量）3.70%（18.5%）。接后4年株产鲜果1.10kg，株产种核0.46kg，种核0.0081kg/cm^2，种核0.0809kg/m^2，种核25.3kg/亩，结实株率60%；接后5年株产鲜果2.6080kg，株产种核0.6459kg，种核0.01125kg/cm^2，种核0.0973kg/m^2，种核35.52kg/亩，结实株率70%；接后6年株产鲜果10.030kg，株产种核2.0978kg，种核0.0286kg/cm^2，种核0.2414kg/m^2，种核121.78kg/亩，结实株率90%。

‘岭南’（图3-241）

‘岭南’是日本大分县银杏专家佐藤义光选择的优良核用品种，并首先在大分县大野郡犬饲町培育出嫁接苗（清松传次，1985）。该品种树形以主干形或变则主干形为主。‘岭南’种实特大，初看上去好似李子。收获期在9月中旬至10月上旬。收获期比‘金兵卫’稍晚，但比‘藤久郎’早，为日本目前主推品种之一。

在国内研究结果表明，叶宽扇形，叶缘浅波状，叶基楔形；裂刻数量（长>1cm）为1，最大裂刻5.0cm×0.6cm；油胞密度稀，形状椭圆形，大小中等，部位外缘，分布零星；叶色绿色。嫁接成活率96.67%，抽梢率83.33%。芽膨大期3月 28日，展叶期4月10日，叶速生期4月中旬到5月下旬，新梢速生期4月中旬到6月中旬，枝条硬化期7月中旬到8月中旬，落叶期11月15日。初花期4月10日，盛花期4月15日，终花期4月20日，果实生长期4月下旬到8月上旬，硬核期7月上旬，成熟期9月下旬到10月上旬。接后5年，距地面1m粗8.23cm，接口上粗6.70cm；单株活穗数2.3个，新梢数115个，叶数7365个，枝总长72.23m，产叶量5.01kg，LAI 4.03；单穗新梢数49.8个，叶数3683个，枝总长30.7m，产叶量6.46kg，LAI 1.66；平均冠幅2.56m；新梢长67.7cm，新梢粗1.25cm，叶数58个；长枝上单叶叶长8.4cm，叶宽9.5cm，叶柄长2.6cm，叶面积37.94cm^2，叶鲜重1.78kg，叶干重0.68kg，含水量64.02%，夹角88.1°。开花株率90%，初花期3年，初果期3年；4年生枝段，短枝数130个/m，短枝开花率60.6%，花数2.6个/短枝。果形圆形，顶端平广，基部平广，油胞大稀，白粉中等，果柄中等，果色淡黄，大果；果长2.76cm，宽2.88cm，厚2.89cm，果柄长2.78cm，果皮厚0.53mm，果形指数22.95，单果重13.75g。核形圆形，顶端微尖，基部二点状，边缘上4/5明显，背腹圆胖，圆子类，仁微甜；核长2.05cm，宽1.97cm，厚1.84cm，核形指数7.44，壳厚0.95mm，单核重3.54g，出核率25.77%。仁长1.78cm，宽1.70cm，厚1.70cm，仁形指数5.01，单仁重2.78g，出仁率79.03%。苗期叶黄酮（叶龄229d）2.78%，大树叶黄酮2.69%。种仁黄酮1.41%，种仁内酯0.63%，种仁GBE2.04%，外种皮黄酮3.82%，外种皮内酯2.48%，外种皮GBE6.30%，种实（皮+仁）黄酮5.23%，种实（皮+仁）内酯3.11%。种仁气干含水量40.96%，可溶性糖1.54%，淀粉35.75%，粗脂肪（外种皮脂肪含量）3.50%（23.8%）。接后4年株产鲜果2.21kg，株产种核0.98kg，种核0.0194kg/cm^2，种核0.1417kg/m^2，种核53.9kg/亩，结实株率30%；接后5年株产鲜果4.1400kg，株产种核1.0660kg，种核0.0190kg/cm^2，种核0.1346kg/m^2，种核58.63kg/亩，结实株率70%；接后6年株产鲜果8.6013kg，株产种核2.2140kg，种核0.0288kg/cm^2，种核0.2463kg/m^2，种核97.21kg/亩，结实株率90%。该品种2004年通过山东省良种审定委员会审定（邢世岩等，2004）。

图3-241 ‘岭南’

第三节 优系或优株

中国银杏核用种质资源十分丰富，目前尚未按全国统一标准对不同银杏产区的优系或优株进行评价，为了确保优系和优株的真实性、原始性，本部分列出全国15个省（直辖市、自治区）现已报道初选的地方品种、优系或优株共计255个，名称大多采用当地原初命名或编号。故可能存在“同名异种”或“同种异名”现象。

一 山东优系或优株

老和尚头（图3-242）

该品种母树由徐庆春发现，原株在山东郯城重坊镇高庄管区，嫁接树。树冠倒卵形，生长旺盛。该品种种实和种核短而胖，头大且平广尾小，故得名。

树皮灰褐色，小枝黄褐色。每米长枝上的短枝数32个，芽体大而饱满，芽基宽0.4m，芽扁圆或卵圆形。节间长3.55cm。叶色浓绿无黄边。叶长×宽为5.7cm×6.8cm，叶柄长4.8cm，单叶鲜重0.78g，单叶面积18cm^2。每个短枝上具叶8～12枚。

树冠枝密生，枝角70°，成枝力中等。现有高接大树10株以上，高接后2年见果。5年生苗接后4～5年结果，属大果、早实、晚熟品种，成熟期在9月20日以后。幼树嫁接亲和力强，当年新梢长50～70cm。结种短枝占总短枝的50%以上，短枝连续结种能力强，进入结种期后产量逐年递增。母树平均株产50kg以上，高接后第4年株产5kg以上。

种实倒卵形，顶端平阔或凹入，基部平。果蒂圆形，果柄弯曲，正托，果粉中等。油胞圆形，密度中等。熟时浅黄色，有双果胚珠，但数量不多。种核粗短肥厚，倒卵形，顶端微尖，基部两束迹明显，相距0.2cm。侧棱线在上3/5处明显，下不明显，种核中上部有一隐约可见的线，属马铃类。单果平均重13.6g，最大15.1g，最小12g。果长×宽×厚2.87cm×2.8cm×2.76cm，果柄长3.7cm，果皮厚0.61cm。单核重3.5g。最大3.8～4g，最小3.2g。种核长×宽×厚为2.45cm×1.93cm×1.54cm，出核率25.6%，种壳厚0.82mm，出仁率77.64%。单仁重2.7g，仁长×宽×厚为2.1cm×1.67cm×1.38cm。经测定表明，种仁含水量55.6%，总糖1.61%，淀粉31.1%，脂肪4.42%，蛋白质4.4%，滴定酸0.228%，维生素C0.026%，单宁0.028%，全氮0.7%，磷0.176%，钾0.50%，镁0.066%。但口感稍苦。外皮黄酮含量1.7780%，种仁黄酮含量0.1867%。本品种属大粒、早实、丰产品种，可作为药用、加工品种开发利用。

图3-242 老和尚头

郯新

原株在山东郯城新村新一村，又称郯城207。

207号长枝占2.54%，当年新梢长31.3cm，基粗0.52cm，节间长3.39cm；成枝力22.3%，萌芽率76.42%；短枝单叶面积19.7cm^2；长枝单叶面积19.2cm^2；短枝有叶6.9片；该品种嫁接后第4年开始结果，第5年结果株率100%，种子生长期为148天，成熟期为9月16号，为中晚熟品种。该品种嫁接后第9年干径17.1cm，树高6.4m，冠幅6.0m×6.2m，树冠投影面积29.3m^2，树冠体积99.3m^3。该品种在新村选出定名为郯新。

该品种，母树4年平均株产71.9kg，每横截面积产量0.013126kg/cm^2，投影面积产量1.58kg/m^2。嫁接后第9年平均株产22.01kg，横截面积产量0.094kg/cm^2，投影面积产量0.7512kg/m^2。平均单粒重为10.97kg，单核重2.60g，单仁重2.05g，个头中上，出核率23.72%，出仁率为78.66%，种子含水量为70.06%，该品种口感香味较浓，糯性中上。

郯艳

又名郯317号，母树位于山东郯城港上前埝村。该母树长枝占3.25%，当年新梢长28.7cm，基粗0.62cm，节间长3.34cm；成枝力17.4%，萌芽率82.14%；短枝单叶面积15.1cm^2；短枝有叶片7.55片，该品种嫁接后第4年开始结果，第5年结果株率88%；从授粉到种子成熟为145天，成熟期为9月10号，属中晚熟品种；该品种嫁接后第9年干径15cm，树高5.3cm，冠幅5.8m×6.0m，树冠投影面积27.2m^2，树冠体积83.3m^3，该品种外种皮鲜艳定名为郯艳。

该品种母树4年平均株产52.6kg，横截面积产量0.09395kg/cm^2，投影面积产量1.83kg/m^2。嫁接后第9年平均株产16.40kg，横截面积产量0.091kg/cm^2，投影产量0.06029kg/m^2。平均每单粒重10.51g，单核重2.63g，单仁重2.03g，个头中上。出核率为25.07%，出仁率为77.08%，种子含水量为68.3%，该品种口感苦味低，糯性好。

核特P5

母树地点江苏邳州，圆子类，初结果年龄3年，产量指标：8年生单株产核量平均数为4.060kg，是对照的164.5%，树冠面积负荷量0.6255kg/m^2；品质指标：单核重3.06g，出核率27.64%，出仁率78.77%，一、二级种核率100%，综合得分89.38。山东郯城经10余年的田间试验最终筛选出银杏特优核用良种。

核特106

母树地点山东郯城，马铃类，初结果年龄4年，产量指标：8年生单株产核量平均数为4.585kg，是对照的185.8%，树冠面积负荷量0.7443kg/m^2；品质指标：单核重3.18g，出核率26.82%，出仁率80.20%，一、二级种核率100%，综合得分91.72。山东郯城经10余年的田间试验最终筛选出银杏特优核用良种。

晶前1号

晶前1号母树发现于山东海阳发城上山东夼村，母树树龄已60余年，树势强健，树姿开张，不仅在短枝上能形成花芽，而且在中、长枝上也能形成花芽，中、长枝侧芽形成的腋花芽数量很多，经调查晶前1号母树，20cm长中枝上侧芽形成花芽占57%，平均每花芽结2个

图3-243　泰山梅核

图3-244　泰山马铃1号（0003号）

果，双果率占花柄数33%；长枝的侧芽，花芽占80%，平均每花芽结3个果，双果率占花柄数35%。雌花的长柄有48%结两个成熟种子，有少数结3个种子，个别有结4个、5个种子；每个花序可结6～8个种子，最多达16个。果实倒卵形或广椭圆形，饱满丰厚，先端微平凹，基部稍细，近果柄处微凹，成熟后果皮橙黄色，表皮带白粉不平。平均纵径2.78cm，横径2.33cm，果柄中粗略弯曲，果柄长4.1cm。种核丰满，椭圆形稍扁，先端圆钝或微尖，基部钝圆，两侧棱线明显，平均纵径2.18cm，横径1.6cm，单核重2.37g，最大核重3.8g，种子每千克平均422粒。

泰山梅核（图3-243）

原株在山东泰安。母树800余年生，树高10.5m，胸径1.16m，冠幅9.3m×17.5m，枝下高3.8m，主枝数4个，年均株产种核250kg。果实圆形，顶端凸起，基部平广，果柄长直，果蒂椭圆形，凸起，大果形，9月下旬成熟，梅核类。种核广椭圆形，顶部圆钝，具尖，基部两束呈短尾状，中上部棱线明显，中线可见，种粒呈鱼肚白。单果重11g，果形系数6.85，单核重3.10g，核形系数7.06，出核率28%，单仁重2.35g，仁形系数4.11，出仁率79%。

泰山佛手

原株产于山东泰山。母树35年生，树高11.1m，胸径0.16m，冠幅3.0m×2.4m，枝下高4.1m，主枝数7个，年产白果25kg。果长卵形，顶端凸起，基部平广，果柄长弯曲，果蒂阔椭圆形，大果型，早熟。种核长卵圆形，顶端圆钝，具尖，基部狭窄维管束连生，具侧棱，种壳象牙白。单果重9.36g，果形系数5.65，单粒重2.78g，核形系数6.59，出核率31.1%，单仁重2.22g，仁形系数3.96，出仁率80%。

泰山马铃1号（0003号）（图3-244）

原株在山东泰安。实生树370年生，树体高大，生长旺盛，株产种核300kg。单果重15g，最大17g，每千克68粒。种核长×宽×厚为2.6cm×1.7cm×1.4cm，单核重2.84g，最大3.5g，每千克352粒。出核率25.9%，出仁率79%。9月上旬成熟，为早熟型品系。种核背腹均胖，种壳鱼肚白，美观、商品价值高。

郯城马铃16号（图3-245）

原株在山东郯城。实生树150年生，树体高大，生长旺盛，株产种核200kg。单果重16g，最大18g，每千克63粒。种核长×宽×厚为2.7cm×1.6cm×1.4cm，单核重3.04g，最大3.5g，每千克328粒。出核率25.9%，出仁率80%。9月上旬成熟，为早熟型品系。种核背腹均胖，种壳鱼肚白，美观、商品价值高。

郯城大马铃（图3-246）

原株在山东郯城。实生树250年生，树体高大，生长旺盛，株产种核250kg。单果重17g，最大19g，每千克58粒。种核长×宽×厚为2.7cm×1.7cm×1.5cm，单核重3.24g，最大3.5g，每千克308粒。出核率26.9%，出仁率81%。9月上旬成熟。种壳鱼肚白，商品价值高。

光闪1号（图3-247）

原株位于郯城店子马光闪家院内，梅核类。嫁接树100年生，树体高大，生长旺盛，株产种核200kg。种核上有麻点5～8个，早果性能好，嫁接后3年结果。单果重15g，最大18g，每千克66粒。种核长×宽×厚为2.6cm×1.5cm×1.6cm，单核重3.04g，最大3.5g，每千克329粒。出核率27.7%，出仁率76%。9月上旬成熟。

甜心

郭善基等2012选出，核用品种。从‘泰山大龙眼’银杏品种中选出，故暂起名甜心，母树24年生，树高7.5m，胸径26cm，冠幅5.5m，接后第6年开始结果，10年时，单株白果产量曾达25kg。成熟种实的形状正圆，端部稍见凸尖，浆汁外种皮暗黄色，被薄白粉，果柄长4.05cm，近蒂部果柄稍扁，宽可达3mm，单果重10.78g，每千克约92粒。种核，圆形、骨质、白色，两面隆起，纵长2.2～2.3cm，横宽1.9～2.0cm，两侧具窄翼，单核重2.848g，每千克351粒，出核率26.4%。烘烤后的种仁（胚乳）呈淡绿色，味道香、糯、柔滑、无苦味。空胚率特高，无胚芽的白果可达20%～30%，而‘金坠子’品种仅为1%～2%。本品种叶片纵长4.54cm，横宽7.46cm，2/3的叶片中裂口不显，单叶鲜重0.4g。

图3-245　郯城马铃16号

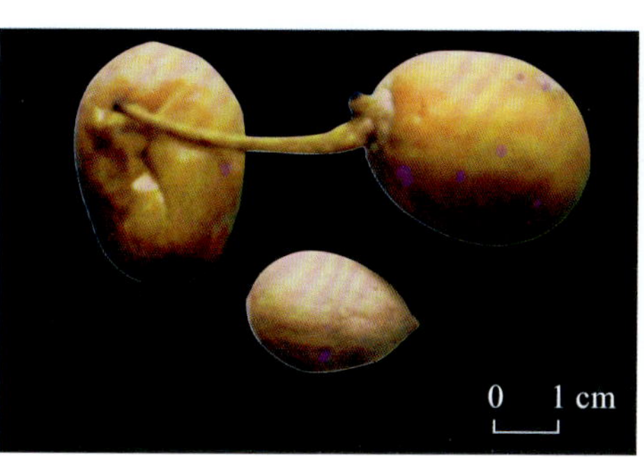

图3-246　郯城大马铃

图3-247　光闪1号

山东长子果（图3-248）

种实长2.95cm，宽2.33cm，厚2.30cm，种梗长4.80cm，种实重9.2212g；种核顶端钝尖，基端维管束连生成一体，二点，石质相连，微凸出，种体成小短尾状，稍向一侧歪，侧棱自上而下不等，明显，侧棱线较宽，壳白色光滑上下均，中隐线明显，将种子分为上下两部分，核体较长，均匀，对称，呈椭圆形；种核长2.40cm，宽1.54cm，厚1.26cm，种核重2.3069g，出核率23.76%；种仁长2.07cm，宽1.35cm，厚1.13cm，种仁重1.8669g，出仁率80.33%。

邹平马铃

位于邹平西董镇南石村，种核长型，似马铃，中隐线稍明显，顶端微尖或凹入，侧棱上明显，下不明显，基部二束连生微凸出；种核长2.21cm，宽1.62cm，厚1.31cm。

二 江苏优系或优株

南林果1

种核形态为佛指型，核形系数1.55，果长卵圆形，熟时淡橙黄色，被薄白粉，多单果。先端圆钝，基部蒂盘近正圆形，表面高低不平，周缘不整，果基部略见偏斜。果柄长3.88cm，果纵径2.35cm，横径1.90cm。种核长卵圆形，先端尖削，具凸尖，中间略有凹陷。种核糯性好，营养成分含量高。4月底授粉，9月底果实成熟。南林果1树冠为开心形，胸径15.8cm，冠幅6.5m×6.0m，有4个结果大枝，成枝能力强。叶基分角125°，南林果1果实产量高，单株产量达到16kg，高于对照品种‘泰兴3号’140%，出核率达24.7%。出仁率达78.6%，可溶性糖含量达7.6%，脂肪含量达5.2%，高于试验品种‘泰兴3号’（可溶性糖含量5.79%，脂肪含量3.3%）。南林果1适宜光照充足，土壤疏松、深厚肥沃、排水良好的条件。2007年获国家林业局林业植物新品种保护（曹福亮等，2007）。

南林果2

种核形态为佛指型，核形系数1.61，果长卵圆形，熟时淡橙黄色，被薄白粉，多单果。先端圆钝，基部蒂盘近正圆形，珠孔迹小，平或稍下凹，少数具小尖，基部蒂盘近正圆形，果基部略见偏斜。果柄长3.94cm，果纵径2.47cm，横径1.98cm。种核长卵圆形，先端尖削，具凸尖，中间略有凹陷。种核糯性好，营养成分含量高。4月底授粉，9月底果实成熟。南林果2树冠为开心形，胸径14.3cm，冠幅6.0m×7.3m，有4个结果大枝，成枝能力强。叶基分角112°，南林果2果实产量高，单株产量达到14kg，高于对照品种‘泰兴3号’120%。出核率25.6%，出仁率79.6%，可溶性糖含量达到5.97%，脂肪含量达到5.2%，高于试验品种‘泰兴3号’（可溶性糖含量达到5.79%，脂肪含量达到3.3%）。南林果2适宜光照充足，土壤疏松、深厚肥沃、排水良好的条件。2007年获国家林业局林业植物新品种保护（曹福亮等，2007）。

图3-248 山东长子果（左）；山东马铃1号（0003）（右）

粘浆果

产于江苏，从佛指中选出的优系。该优系树势强壮，发枝力旺盛，枝条圆直，均称、光滑，树冠倒圆锥形，美观、叶片与佛指相似。结果树叶片成扇形，裂刻不明显，叶肉较肥厚，颜色深绿，叶柄较长，花芽较佛指短，打白果时不易损坏花芽。果实呈长椭圆形，下半截较肥大，两束迹明显分开，自上而下均有明显的棱，但不成翼状，种核洁白。果长椭圆形，孔迹小，平或稍下凹，亦有少数不明显，种实平均单粒重12g，大粒可达14g，小粒10g，均长3.14cm，宽2.75cm，成熟的外种皮橙黄色，在月光下观看好似透明成熟的杏子一样。光滑平整，满覆白粉。核长椭圆形，较肥大，两束迹明显，自上而下均有明显的棱但不成翼状，种粒洁白如银。特大果单粒重4.25g，平均种核3.6g，出核率33%左右，核壳薄，出仁率为81.5%，优于其他白果。

1986年嫁接栽培该树，1997年树冠7m×8m，树高7.5m，树干围度98cm，长中短结果枝1985根，长果枝一般结果156粒左右，中果枝结果85粒左右，短果枝结果10～30粒不等，结果总数在17180粒，落果80粒，坐果数17100粒，坐果率99.53%。1997年株产47.5kg，均属一级白果。1996年株产银杏干果45.7kg，1995年44.2kg。而且每年抽梢平均在60cm左右。枝繁叶茂，树势健旺不衰，能保持连年丰收果。

铁富大马铃4号（大金果）

铁富大马铃4号系邳州市1984年进行银杏良种普查时发现的优良单株，嫁接树，为马铃类果叶兼用型品种。铁富大马铃4号母株在邳州市铁富镇宋庄村。母株生长在大路边，生长势较弱，外围枝生长量20.1cm。小树生长势旺盛，一年生枝条生长量56.5cm。新梢褐黄色，多年生枝灰色，枝条皮较粗糙，皮孔明显。标准叶（短枝第四片叶）为扇形，角度为130°左右，叶片大而厚，叶色深绿，叶裂较浅，叶宽7.95cm、叶长5.36cm，因叶大而厚，是果、叶兼用的较好品种。通过嫁接栽培第5年或第6年普遍见花结果。属大粒型单株，每千克在360粒以内，栽培条件好的，可在每千克300粒左右。外形美观，其各项评分都高于其他单株。铁富大马铃4号熟食香味浓、糯性好，生食回味少有甜味。果圆柱形，色黄，果面白粉较薄。长宽比为1.14:1。种核长卵圆形，长宽比为1.57:1，两侧有棱，先端棱线明显，少有翅，平均单粒重3.3g，中种皮较薄。出核率26.1%，出仁率78.5%。叶片厚、大。叶面比对照树泰兴佛指，面积大1.96cm^2，厚度大0.035cm。与其他银杏品种相比，花期约晚一天，成熟采收期晚10天左右，即9月底至10月初外种皮变软，摇晃才能落果。抗逆性较强，进入结果期早，丰产。因叶片较厚，叶脉粗，夏秋叶缘不易枯黄，蓟马等虫害较轻。

大佛手港中1号（佛香）

佛香，佛手类，原大佛手港中1号，系邳州市1984年进行银杏良种普查时发现的优良单株，嫁接树，为佛手类果叶兼用型品种。大佛手港中1号母株保留在邳州市港上镇港中村。通过嫁接栽培第5年或第6年普遍见花结果。属大粒型单株，每千克在360粒以内，栽培条件好的，可在每千克300粒/kg左右。果卵圆形，橙黄色，果面白粉较轻。长宽比为1.3:1。出核率26.3%。种核卵形，长宽比为1.7:1，两侧棱线不明显。平均单果重11.00g，出仁率78.97%。种核光滑洁白，外形极美观。种仁生食无苦味，回味少有甜味，熟食糯性好，香味浓、品质上。抗逆性较强。因叶较厚，叶脉粗，夏秋叶缘不易枯黄，蓟马等虫害较轻。叶面比对照树泰兴佛指，面积大3.60cm^2，厚度大0.023cm。特候期与银杏本地同类品种相似，只是成熟期偏晚，10月上旬种皮成熟。

三 广西优系或农家品种

邓荫伟（2002）曾报道广西主要核用资源。

桐子果

母树位于广西灵川县海洋乡，树龄150年，树高15.8m，胸径48.7cm，冠幅8.5m×9.0m，平均株产4.0kg。

为圆子银杏类，是广西灵川、兴安一带的地方品种，占广西银杏产量的12%左右，为根蘖苗种植，主干通直饱满，树冠呈圆锥形，侧枝分布均匀，结果枝下垂，产量大小年明显，产量变幅在35%左右。

种实微圆形，纵径2.49cm，横径2.41cm，顶部微凹入呈“一”形有小尖，基部平，单果重8.67g，每千克115粒，成熟时外种皮为青黄色，无油胞，白粉较多，皮薄，果柄长4.0～5.0cm，略弯曲，蒂盘为畸形，出核率为25.7%。种核长圆形，纵径2.0cm，横径1.69cm，顶部有小尖，基部平并有两维管束迹凸出，不在一条直线上，两束迹间距2.9～4.0mm，种核有背腹之分，腹部明显大于背面，种核两侧棱线明显，占种核弧长的82.5%～95%，中种皮薄呈洁白色，坚硬。单核重2.33g，每千克430粒，为一级商品，种核出仁率为76.7%。

本品种在广西主要分布于灵川、兴安、全州三县，零星分布于阳朔、临桂、龙胜、桂平等县。

葡萄果

母树位于广西灵川县海洋乡，树龄约200年，树高12.7m，胸径61.7cm，主干高11.5m，平均株产70kg。

为圆子银杏类，是广西灵川、兴安产区的地方品种，占广西银杏产量的80%左右，为顶梢扦插苗种植，无主干，在1.5m处分为3～4大枝，树冠呈圆头形，侧枝分布均匀，小枝微微下垂，结果枝挂果成串似葡萄果枝状，产量大小年不明显，产量变幅在30%左右。

种实微圆形，纵径2.77cm，横径2.79cm，顶部微凹入呈“一”形，基部平，单果重12.9g，每千克77粒，外种皮淡黄色，油胞较多，表皮白粉多，果柄略弯曲，长3.6～4.5cm，种实出核率为21.73%。

种核椭圆形，纵径2.1cm，横径1.8cm，顶部无尖，基部平，略见两维管束迹凸出，一高一低，两束迹间距3.2cm，多数核棱为二，有极少数二棱者背腹明显，三棱者棱线在种核表面分配匀称。棱线占种核外弧长的90%，最长者达95%，单核重2.51g，每千克398粒，出仁率为80%。

本栽培品种在广西主要分布于灵川、兴安二县，零星分布于全州、阳朔两县。

梅核果

母树位于广西灵川县海洋乡，树龄130年，树高14m，胸径51cm，冠幅11m×10m，年株产种核20kg。

为梅核银杏类，是广西灵川、兴安的地方品种，为根蘖苗种植。主干通直尖削，树冠呈圆锥形，上部结果枝平直，下部结果枝微下垂，产量较高，大小年变幅在30%左右。

种实长圆形，纵径2.58cm，横径2.4cm，顶部凹入呈“O”形，基部平，单果重9.30g，每千克107粒，外种皮淡黄色，无油胞，表皮白粉多，果柄通直，长4.0～5.0cm，蒂盘长圆形，出核率为21.1%。种核椭圆形，纵径2.12cm，横径1.44cm，顶部有小尖，基部平并有二三点维管束迹凸出，束迹间距1.4～2.2mm。侧棱有二或三棱，二棱者略有背腹之分，棱线明显，占核棱外弧长的66%，最长者占90%，单核重1.87g，每千克534粒，出仁率为75%。本品种核粒较小，商品价值低，不宜在生产上推广。但其种核含胚率高，可作为培育苗木用种。

本品种在广西主要分布于灵川、兴安二县，零星分布于阳朔、资源二县。

棉花果

母树位于广西灵川县海洋乡，树龄100年，树高15m，胸径40cm，冠幅为9m×9.5m，年株产种核40kg。

为梅核银杏类，是广西银杏产区的地方品种，为根蘖苗种植，主干通直尖削。树冠为圆锥形，大枝分布均匀而细长，易被风折断，小枝稀少而下垂，产量一般，大小年变幅在35%左右。

种实长圆形，纵径2.6cm，横径2.4cm，顶部微凹入，有小尖，基部平，单果重9.4g，每千克106粒，外种皮为橙黄色，无油胞，表面白粉少，果柄略弯曲，长3.6～4.3cm，蒂盘长圆形，少数为畸形，种实出核率为23.18%。种核椭圆形，纵径2.15cm，横径1.55cm，顶部较尖，基部多数有两维管束迹凸出，两束迹间距为1.5～2.2mm，侧棱多数为二，有背腹之分，棱线明显，占种核外弧长的83.5%，最长者为95%，单核重2.10g，每千克476粒，种核出仁率为75.6%。

本品种在广西产区主要分布于灵川、兴安、全州三县，零星分布于阳湖、荔浦二县。

李子果

母树位于广西灵川县海洋乡，树龄130年，树高16m，胸径55cm，冠幅为9.8m×10.8m，年株产种核50kg。

为梅核银杏类，是广西银杏产区地方品种之一，为根蘖苗种植，主干通直，树冠呈圆锥形，侧枝分布匀称，主枝明显，粗长、小枝细长，结果枝微微下垂，产量较高，大小年变幅在30%左右。

种实椭圆形，纵径2.51cm，横径2.12cm，顶部微凹入呈“一”形，基部平，单果重6.4g，每千克156粒，外部皮青黄色，无油胞，表皮白粉多。果柄通直，长4.4～5.3cm，蒂盘为畸形，少数为长圆形，种实出核率为25.20%。

种核为倒卵形，纵形2cm，横径1.4cm，顶部无尖，基部有两维管束迹凸出，束迹间距为1.7～2.7mm，侧棱有二、三，二棱者有背腹之分，三棱者腹部较大。棱线明显，占种核外弧长的74%。最长者为90%，单核重1.52g，每千克678粒，核粒较小，种核出仁率为79.8%，商品价值低，不宜于生产上应用。

本品种在广西产区主要分布于灵川、兴安、全州三县。

枣子果

母树位于广西灵川县海洋乡，树龄80年，树高12.8m，胸径40cm，冠幅为9.5m×8.5m，年株产种核25kg。

为长子银杏类，是广西主产区主要地方品种之一，为根蘖苗种植，主干通直饱满，树冠为圆锥形，主枝粗细分布不均，侧枝多，并下垂，产量一般，大小年变幅在35%左右。

种实椭圆形，纵径2.9cm，横径2.2cm，顶部凸有小尖，基部倾斜一边，单果重9.0g，每千克111粒，外种皮为淡黄色，无油胞，表皮白粉多，果柄通直，长3.6～4.2cm，蒂盘呈长圆形，少数为圆形，种实出核率为24.0%。种核为倒卵形，纵径2.5cm，横径1.34cm，两端较尖，基部有维管束迹一、二，二束迹不明显，间距为1.0mm左右。核棱有二、三，二棱者有背腹之分，三棱者棱线分配均衡，种核上部明显大于下部，棱线中上部明显，占种核外弧长的32%，最长者为40%，单核重1.91g，每千克524粒，种核出仁率为75.4%。该品种成熟早，种核含胚率达85%以上，发芽率80%以上，适宜于培育实生苗用种。

本品种在广西产区主要分布于灵川、兴安、全州三县。

橄榄果

母树位于广西灵川县海洋乡，树龄90年，树高10m，胸径45cm，冠幅为8m×9m，年株产种核35kg。

为长子银杏类，是广西产区的地方品种之一，为根蘖苗种植，主干通直尖削，树冠呈圆锥形，侧枝大小不均，结果小枝下垂，产量一般，大小年变幅在35%左右。

种实长椭圆形，纵径3.1cm，横径2.4cm，顶部凹入呈“O”形，基部倾斜一边，单果重10g，每千克100粒，外种皮青黄色，油胞较多，表皮白粉多，果柄略弯曲，长3.6～4.4cm，蒂盘呈长圆形，有少数为圆形或椭圆形，种实出核率为24.7%。种核长倒卵形，纵径2.5cm，横径1.5cm，顶部微有小尖，基部较尖，并有维管束迹一、二，多数为一，两束迹间距为1.5mm，种核侧棱有二、三，二棱者有背腹之分，三棱者腹部较大，种核下部略小于上部，上部棱线明显，占种核外弧长的44%，最长者为60%，单核重2.2g，种核出仁率为77.4%。

本品种在广西区主要分布于灵川、兴安二县。

黄皮果

母树位于广西灵川县海洋乡，枝龄150年，树高15.2m，胸径55cm，冠幅为10.5m×11.0m，年株产种核55kg。

为马铃银杏类，是广西产区的主要地方品种之一，为根蘖苗种植，主干通直饱满，树冠呈圆锥形，侧枝分布均衡，结果枝略下垂，产量较好，大小年变幅在30%左右。

种实椭圆形，纵径2.7cm，横径2.3cm，顶部平有小尖，基部平，单果重8.7g，每千克115

粒，外种皮呈淡黄色，无油胞，表皮白粉多，果柄略弯曲，长4～4.8cm，蒂盘多数呈圆形，少数为长圆形或畸形，种实出核率为24.5%。种核椭圆形，纵径2.3cm，横径1.5cm，两端较尖，上下相称，基部微见维管束迹，间距为1.5mm，两侧棱线仅在顶部可辨，棱线占种核外弧长的33%，最长者为60%，种核饱满丰圆，略有背腹之分，单核重2.3，每千克435粒，种核出仁率为76.2%。该品种为一级商品，可作为核用林推广品种。

本品种在广西产区主要分布于灵川、兴安、全州三县，零星分布于桂林市区和资源县。

圆底果

母树位于广西灵川县海洋乡，树龄120年，树高15m，胸径53cm，冠幅为10m×11m，年株产种核40kg。

为马铃银杏类，是广西主要地方品种之一，为根蘖苗种植，主干通直，树冠呈圆锥形，侧枝易被风吹折断，结果枝平直，产量较高，大小年变幅在20%左右。

种实长圆形，纵径1.85cm，横径2.63cm，顶部微凹并有小尖，基部凹，单果重11.8g，每千克85粒，外种皮淡黄色并有油胞及少量白粉，果柄通直，长3.7～5.1cm，蒂盘多数为圆形，边缘整齐，种实出核率为22.0%。种核椭圆形，纵径2.32m，横径1.75cm，顶部无尖，基部微凹，两维管束迹较小，间距为1.5～3.5mm，如仅为一个维管束迹的，种核较长，纵径可达2.5cm，两侧棱仅中上部明显，占种核外弧长的60%，最长者为80%，单核重2.7g，每千克370粒，种核出仁率为74%。本品种核粒较大，属特级商品，适应在生产上推广。

本品种在广西产区主要分布于灵川、兴安二县，零星分布于全州县。

马铃果

母树位于广西灵川县海洋乡，树龄120年，树高15m，胸径45cm，冠幅为9.5m×10.5m，年株产种核25kg。

为马铃银杏类，是广西产区的地方品种，为根蘖苗种植，主干通直饱满，侧枝分布均衡，上部结果枝平直，下部结果枝略下垂，产量一般，大小年变幅在30%左右。

种实微圆形，纵径2.65cm，横径2.58cm，顶部微凹入呈“一”形，基部凹入，单果重10.5g，每千克95粒，外种皮青黄色，无油胞，白粉少。果柄通直，长2.5～3.1cm，蒂盘多数为长圆形，少数为椭圆或畸形，种实出核率为19.50%。种核倒卵形，纵径2.1m，横径1.6cm，顶部无尖，基部平尖有两维管束迹凸出，两束间距为2.2～2.5mm，核棱有二、三，二棱者较多并有背腹之分，三棱者腹部较大，种核上部大于下部，棱线中上部明显，占种核外弧长的47%，最长者为60%，单核重2.17g，每千克460粒，种核出仁率为77%。本品种为一级商品，在生产上可推广应用。

本品种在广西产区主要分布于灵川、兴安、全州三县，零星分布于阳朔县。

青皮果

母树位于广西灵川县海洋乡，树龄110年，树高14.5m，胸径60cm，冠幅为11.5m×11.0m，年株产种核27kg。

为马铃银杏类，是广西产区地方品种，为根蘖苗种植，主干通直尖削，树冠呈圆锥形，侧枝较多且分布均衡，小枝粗而不易被风折断，结果枝平直，产量一般，大小年变幅在30%左右。

种实为倒卵形，纵径2.84cm，横径2.41cm，面部凹入呈“O”形，基部平，单果重9.45g，每千克106粒，外种皮青黄色有油胞，白粉较少。果柄弯曲，长2.95～3.55cm，蒂盘多数为圆形，少数为畸形、椭圆或长圆形，种实出核率为27.40%。种核倒卵形，纵径2.27cm，横径1.6cm，顶部凹入有小尖，基部平，有二维管束迹凸出，间距为1.5～2.3mm，核棱有二、三，二棱有较多并有背腹之分，棱线占种核外弧长的63%，最长者为80%。三棱者腹部较大，种核棱线明显，略有背腹之分。单核重2.23g，每千克448粒，种核出仁率为77.12%。

本品种在广西主要分布于灵川、兴安二县，零星分布于全州县。

粗佛子

母树位于广西灵川乡县海洋乡，年龄60年，树高19m，胸径57cm，冠幅为10m×12m，年株产种核50kg。

又称粗佛手，为佛指银杏类，是广西产区地方品种，为根蘖苗种植，树势生长旺，主干明显，树冠为长卵圆形，产量大小年明显，产量变幅在35%左右。

种实为椭圆形，成熟时橙黄色，有白粉和油胞，先端圆钝，顶点下凹，基部宽，蒂盘平呈圆形。果柄长2.8～3.1cm，略弯曲。种实纵径3.07cm，横径2.79cm，单果重11.7g，每千克85粒，种实出核率为22%。种核长圆形，表面显粗糙、饱满，具有明显纵沟纹，先端略扁；具不明显的小尖，中下部肥大，略圆形，基部两维管束迹明显，间距约2.5mm，两侧棱线中上部明显，纵径2.6mm，横径2.2mm，单核重2.7g，每千克370粒，出仁率为76%。

本品种在广西主要分布于灵川、兴安、全州三县。

长柄佛手

母树位于广西灵川县海洋乡，树龄约70年，树高19m，胸径48cm，冠幅为10m×11.5m，年株产种核50～70kg，最高达100kg。

为佛指银杏类，是广西产区地方品种之一，为根蘖苗种植，主干明显，大枝开张，树冠为长椭圆形，产量一般，大小年变幅为30%左右。

种实倒卵形，成熟时为橙黄色，有少部分呈淡黄色，白粉多，油胞少，先端圆钝，顶尖略凹，成“O”形。蒂盘圆形，但边缘不齐，微凹入。果柄长4.4～4.8cm，较一般品种长1.5～2.5cm，故称“长柄”。种实纵径3.61cm，横径2.57cm，单果重13.8g，每千克72粒，种实出核率为20%。种核长倒卵形，先端钝圆，顶端渐尖，有小尖，基部两维管束迹较大，间距1mm，两侧棱线中上部较明显，纵径2.57cm，横径1.62cm，单核重2.8g，每千克357粒，出仁率为79%。

本品种在广西产区主要分布于灵川、兴安二县，零星分布于全州县。

圆锥佛手

母树位于广西灵川县海洋乡，树龄90年，树高9m，胸径31.8cm，冠幅为5.5m×6.0m，年株产种核100kg。

为马铃银杏类，是广西产区地方品种之一，为根蘖苗种植，主干通直，树冠呈塔形，侧枝分布均衡，结果枝下垂，产量一般，大小年变幅在35%左右。

种实卵形，成熟时为橙黄色，外种皮有一层白粉，无油胞，先端圆，顶尖，自中部往下缩成圆筒形，蒂盘圆或椭圆，边缘不齐，并略凹入。果柄通直，长3.2cm，种实纵径3.01cm，横径2.64cm，单果重13.4g，每千克75粒，种实出核率为19%。种核圆锥形，先端圆钝，顶部具小尖，中下部狭长，尾部有小尖，两维管束迹明显，间距1.0～1.2mm，两侧棱线上部明显，先端略宽。纵径2.5cm，横径1.8cm，单核重2.4g，每千克417粒，出仁率为80.12%。

本品种在广西主要分布于灵川、兴安二县，在全州、阳朔二县零星分布。

珍珠子

母树位于广西灵川县海洋乡，树龄100年，年均株产种核仅25kg。

又称早白果，为梅核银杏类，是广西灵川产区地方品种，植株不多，产量较少。为根蘖苗种植，主干明显，侧枝平直，树冠呈圆锥形，产量大小年明显，变幅在35%左右。

种实短椭圆形，成熟时橙黄色，外表有一层白粉。先端圆钝，顶点凹入，珠孔迹明显。蒂盘近圆形，边缘不齐，略凹入，果柄略弯曲，长2.8～3.5cm。种实纵径2.3cm，横径2.0cm，单果重5g，每千克200粒，种实出核率为23%。种核广椭圆形，先端圆钝，顶点小尖明显，基部平，两维管束迹明显，间距2.7mm，两侧棱线上下部明显，中上部稍宽，无背腹之分，纵径1.8cm，横径1.3cm，单核重1.5g，每千克667粒，出仁率为76%。

本品种在广西仅分布于灵川县海洋乡。其他县尚未发现该品种。

图3-249 贵州印江1号（右）、2号（左）

垂枝白果

母树位于广西灵川县海洋乡，枝龄150年，树高16m，胸径86cm，冠幅10m×10.4m，年株产种该78kg。

为圆子银杏类，是广西产区地方品种之一，为根蘖或实生苗种植，主干通直尖削，树冠呈圆锥形或塔形，侧枝分布均称，所有小枝明显下垂，枝条纤细绵长，下垂最长者约2m，随风飘飘，极其美丽，故称“垂枝银杏”。产量一般，大小年变幅在30%左右。

种实扁圆形，成熟时淡黄色，表皮有一层白粉，外种皮较硬，难腐烂。先端圆钝，顶点下凹基部平，蒂盘较圆而大，果柄弯曲，长2.8～3.2cm。种实纵径2.4cm，横径2.9cm，单果重10.4g，每千克96粒，种实出核率12%。种核微圆形，丰满，先端圆钝，顶点略有小尖，基部平，两维管束迹明显，间距约3.3mm，两侧棱线明显。纵径2.cm，横径1.8cm。单核重2.2g，每千克454粒，出仁率为65%。

该品种长势旺，发枝力强，侧枝分布均衡，小枝下垂多而长，树姿优美，有着较高的观赏价值，是公园、道路、江河绿化及美化环境的优良树种，为核用和观赏兼用品种。

本品种在广西产区主要分布于灵川、兴安、全州三县。

算盘子

母树位于广西灵川县海洋乡，枝龄90年，树高14m，胸径57cm，冠幅7.0m×8.0m，年株产种核50kg。

为圆子银杏类，在广西产区仅有少量植株，为实生或根蘖苗种植，主干通直饱满，树冠呈椭圆形，侧枝分布匀称，结果枝大多数平直，有少数枝下垂，产量大小年不明显，产量变幅在20%左右。

种实扁圆形，成熟时为淡黄色，外皮有一层白粉，先端圆钝，有小尖，基部平，蒂盘圆形略凹入，果柄通直，长2.8～3.5cm。种实纵径3.0cm，横径2.8cm，单果重8.2g，每千克122粒，种实出核率24%。种核微圆形，先端圆钝，有小尖，基部略狭，两维管束迹大而明显，间距3.0～4.0mm，两侧棱线仅中部明显。纵径2.3cm，横径2.2cm，有背腹之分，单核重2.0g，每千克500粒，种核出仁率为76%。

本品种在广西仅分布于灵川、兴安二县。

皱皮果

母树位于广西灵川海洋乡，树龄90年，树高18m，胸径59cm，冠幅8.0m×10.6m，年株产种核40kg。

为圆子银杏类，是广西产区地方品种之一，根蘖苗种植，主干通直尖削，树冠呈圆锥形，侧枝分布均衡，产量大小年不明显，大小年变幅在20%左右。

种实微圆形，成熟时为橙黄色，外表一层白粉，皮呈皱纹，先端较尖，基部平，蒂盘椭圆形，果柄直略弯曲，长3.3～3.8cm。种实纵径2.9cm，横径2.6cm，单果重8.5g，每千克118粒，出核率28%。种核椭圆形，略有背腹之分，先端圆钝有小尖。基部两维管束迹明显，间距约1.0mm，两侧棱线仅中部较明显。纵径1.75cm，横径2.3cm，单核重2.42g，每千克413粒，出仁率为76%。

本品种在广西产区主要分布于灵川、兴安、全州一县。

四 贵州优系或优株

史继孔（1997）曾报道三个贵州优良单株。

贵GY-8号

产于贵州遵义地区。母树高25m，冠幅13m×19m。果实近圆形，大小为2.95cm×2.93cm，柄长3.55cm，单果重14.8g，每千克67粒，出核率24.93%。果面橙黄色，可见淡红色条斑，果粉较厚。珠托圆至长圆形，边缘凹入，整齐，正托。果顶微凸有尖。成熟较晚。

种核大，圆形，上半部略大于下半部，大小为2.34cm×2.07cm×1.63cm，单粒重3.69g，每千克271粒，出仁率77.35%。种核壳白色，壳面隐约可见条纹，顶部微尖。两侧有棱边。背腹面不对称。束迹相距较宽。种仁淡黄绿色。

贵GY-9号

产于贵州遵义地区。母树高约30m，冠幅12m×13.6m。

果实圆形，大小为2.68cm×2.71cm，果柄长4.11cm，单果重11.6g，每千克86粒，出核率24.9%。果面橙黄色，果粉较厚。珠托近圆形，边缘整齐，正托，微凸。果顶微凸。果核近圆形，长2.21cm，宽1.88cm，厚1.47cm，单粒重2.89g，每千克346粒，出仁率78.6%，核壳白色，有浅条纹。上半部有较宽的棱边。背腹面不对称。核顶微尖，两束迹相距较窄，蛋白质含量较高，达13.05%，质糯。

本优株丰产性极强，70年生树株产可达200kg。

贵T-20号

产于贵州黔东南自治州，母树高约25m，冠幅17m×15m。

果实圆形，果面橙黄色，果粉较厚。大小为2.90cm×2.70cm，果梗长4.25cm。单果重12.7g，每千克79粒，出核率23.9%。珠托近圆形，凸出、正托。果顶较平，有微突。

种核近圆形，长2.1cm，宽1.9cm，厚1.5cm，单核粒重3.1g，每千克322粒，出仁率80%，壳乳白色，有浅沟纹，背腹面不等，顶有凸尖，边有窄棱，束迹相距较近。质糯，VE含量高达5.15mg/100g。

贵州印江1号（图3-249）

种实长2.83cm，宽2.29cm，厚2.29cm，柄长3.73cm，种实重8.05g，种实数124.34粒/kg，出核率25.23%，果形系数14.88，果皮厚0.54cm；种核中等，1～2个麻点；种核长2.20cm，宽1.47cm，厚1.18cm，种核重1.87g，种核数537.89粒/kg，出仁率77.57%，核形系数3.88；种仁重1.51g，种仁数664.03粒/kg；外皮黄酮含量2.9111%，种仁黄酮含量0.1813%。

贵州印江2号（图3-249）

种实长2.94cm，宽2.74cm，厚2.74cm，柄长3.13cm，种实重11.58g，种实数86.46粒/kg，出核率20.86%，果形系数22.05，果皮厚0.70cm；种核中大，有2～3个点，中线稍明显；种核长2.30cm，宽1.77cm，厚1.35cm，种核重2.42g，种核数414.26粒/kg，出仁率70.72%，核形系数5.50；种仁重1.71g，种仁数583.62粒/kg；外皮黄酮含量1.8963%，种仁黄酮含量0.1153%。

贵州印江3号（图3-250）

种实圆形；种实长2.63cm，宽2.7cm，厚2.7cm，柄长3.37cm，种实重10.53g，种实数95.04粒/kg，出核率23.93%，果形系数19.16，果皮厚0.65cm；种核中大；有1～2个麻点；种

图3-250　贵州印江3号

图3-251　贵州印江10号（上左）、9号（上右），贵州印江8号（下左）、7号（下右）

核长2.32cm，宽1.85cm，厚1.42cm，种核重2.52g，种核数397.63粒/kg，出仁率76.64%，核形系数6.09；种仁甜；种仁重1.87g，种仁数537.35粒/kg；外皮黄酮含量1.6341%，种仁黄酮含量0.173%。

贵州印江4号

种实长2.68cm，宽2.69cm，厚2.69cm，柄长2.3cm，种实重9.09g，种实数110.21粒/kg，出核率22.24%，果形系数19.49，果皮厚0.63cm；种核中型，1～2个点，中线明显；种核2.13cm，宽1.82cm，厚1.36cm，种核重2.02g，种核数498.88粒/kg，出仁率67.29%，核形系数5.24；种仁甜；种仁重1.32g，种仁数759.73粒/kg。

贵州印江5号

种实长2.45cm，宽2.32cm，种实重7.67g；种核无麻点，中线稍明显，背腹稍胖；种核长2.09cm，宽1.58cm，厚1.22cm。

贵州印江6号

种实长2.46cm，宽2.35cm；种核小，无点；种核长2.13cm，宽1.59cm，厚1.26cm。

贵州印江7号（图3-251）

种实圆形；种实长2.89cm，宽2.53cm，厚2.53cm，柄长3.4cm，种实重9.28g，种实数108.86粒/kg，出核率19.79%，果形系数18.58，果皮厚0.61cm；种核大，背圆腹平，中线明显，无麻点；种核长2.33cm，宽1.65cm，厚1.40cm，种核重1.84g，种核数550.37粒/kg，出仁率78.14%，核形系数5.10；种仁甜，种仁重1.43g，种仁数706.87粒/kg。

贵州印江8号（图3-251）

种实长2.61cm，宽2.18cm，厚2.18cm，柄长3.60cm，种实重5.61g，种实数176.17粒/kg，出核率27.83%，果形系数12.86，果皮厚0.42cm；种核长2.29cm，宽1.60cm，厚1.30cm，种核重1.56g，种核数641.42粒/kg，出仁率70.89%，核形系数4.78；种仁重1.12g，种仁数889.75粒/kg。

贵州印江9号（图3-251）

种实长2.75cm，宽2.48cm，厚2.48cm，柄长3.6cm，种实重8.70g，种实数114.9粒/kg，出核率26.10%，果形系数22.64，果皮厚0.54cm；种核大，核形佳；种核长2.39cm，宽1.67cm，厚1.36cm，种核重2.27g，种核数443.02粒/kg，出仁率70.0%，核形系数5.43；种仁重1.718g，种仁数582.1粒/kg。

贵州印江10号（图3-251）

种实长2.65cm，宽2.56cm，果形系数17.37，果皮厚0.62cm；种核背圆腹平，无麻点，中线稍明显；种核长2.33cm，宽1.66cm，厚1.35cm，核形系数5.21。

贵州印江11号

种实长2.52cm，宽2.29cm，厚2.29cm，柄长4.0cm，种实重8.35g，种实数119.96号/kg，出核率25.29%，果形系数13.22，果皮厚0.49cm；种核中等，种核长2.13cm，宽1.60cm，厚1.32cm，种核重2.19g，种核数456.89粒/kg，出仁率71.73%，核形系数4.50；种仁重1.51g，种仁数661.74粒/kg。

贵州印江12号

种实圆形；种实长2.55cm，宽2.41cm，厚2.41cm，柄长3.54cm，种实重8.25g，种实数121.35粒/kg，出核率26.79%，果形系数14.89，果皮厚0.53cm；种核中型果，中线不显，无麻点；种核长2.26cm，宽1.62cm，厚1.36cm，种核重2.22g，种核数451.3粒/kg，出仁率76.33%，核形系数4.98；种仁重1.69g，种仁数592.85粒/kg。

贵州印江13号

种实长2.56cm，宽2.44cm，厚2.44cm，柄长3.9cm，种实重8.25g，种实数120.89粒/kg，出核率27.45%，果形系数15.22，果皮厚0.55cm；种核无点，中等大；种核长2.12cm，宽1.60cm，厚1.34cm，种核重2.27g，种核数440.30粒/kg，出仁率75.05%，核形系数4.54；种仁重1.71g，种仁数585.48粒/kg。

贵州印江14号

种实长2.57cm，宽2.44cm，厚2.44cm，柄长3.3cm，种实重7.88g，种实数126.99粒/kg，出核率26.57%，果形系数15.21，果皮厚0.57cm；种核中等大，无麻点，平；种核长2.11cm，宽1.60cm，厚1.31cm，种核重2.10g，种核数476.49粒/kg，出仁率79.54%，核形系数4.39；种仁苦，种仁重1.68g，种仁数608.87粒/kg。

贵州印江15号

种实长2.47cm，宽2.31cm，厚2.31cm，柄长2.56cm，种实重6.77g，种实数147.94粒/kg，出核率27.77%，果形系数13.24，果皮厚0.54cm；种核梅核类，扁，小；种核长2.04cm，宽1.75cm，厚1.25cm，种核重1.89g，种核数529.90粒/kg，出仁率76.44%，核形系数4.45；种仁重1.43g，种仁数699.37粒/kg。

贵州印江16号（图3-252）

种实长形，种实长3.08cm，宽2.65cm，厚2.65cm，柄长2.6cm，种实重10.44g，种实数95.94粒/kg，出核率23.39%，果形系数21.59，果皮厚0.69cm；种核大，背圆腹平；种核长2.46cm，宽1.79cm，厚1.30cm，种核重2.44g，种核数410.23粒/kg，出仁率71.39%，核形系数5.70；种仁甜，种仁重1.81g，种仁数559.04粒/kg；外皮黄酮含量1.9148%，种仁黄酮含量0.162%。

贵州印江17号（图3-252）

种实长3.10cm，宽2.70cm，厚2.70cm，柄长2.75cm，种实重11.22g，种实数89.18粒

/kg，出核率24.92%，果形系数22.57，果皮厚0.69cm；种核大，中线稍明显，无麻点；种核长2.65cm，宽1.78cm，厚1.35cm，种核重2.80g，种核数358.23粒/kg，出仁率72.96%，核形系数5.87；种仁稍带苦味，种仁重1.97g，种仁数507.25粒/kg；外皮黄酮含量2.3532%，种仁黄酮含量0.1217%。

贵州印江18号

种实长2.61cm，宽2.54cm，厚2.54cm，柄长2.37cm，种实重8.51g，种实数117.68粒/kg，出核率23.30%，果形系数16.88，果皮厚0.64cm；种核小型，中线不明显，有1～2个点，马铃类；种核长2.22cm，宽1.71cm，厚1.27cm，种核重1.98g，种核数506.60粒/kg，出仁率73.16%，核形系数4.81；种仁重1.51g，种仁数661.87粒/kg。

贵州印江19号（图3-253）

果大型，长形，椭圆，顶端和基部渐尖，油胞稀大，果粉中等，果柄中等长，黄褐色；种实长2.98cm，宽2.58cm，厚2.58cm，柄长3.59cm，种实重9.38g，种实数133.87粒/kg，出核率33.58%，果形系数19.89，果皮厚0.58cm；种核背腹均胖，中线明显，尾二点，无麻点，侧棱上3/5明显，背腹均胖，中线明显，大马铃类；种核长2.56cm，宽1.75cm，厚1.43cm，种核重3.05g，种核数327.83粒/kg，出仁率73.71%，核形系数6.37；种仁重2.16g，种仁数465.44粒/kg；外皮黄酮含量1.88%，种仁黄酮含量0.3213%。

图3-252 贵州印江16号、17号
（注：1. 16号；2. 17号）

图3-253 贵州印江19号
（注：1. 左：湖北23号，中：贵州印江19号，右：海洋皇；2. 贵州印江19号）

图3-254 贵州印江20号
（注：1. 左：贵州印江20号，中：湖北23号，右：华口大果；2. 贵州印江20号）

图3-255 贵州印江21-22号
（注：1. 22号；2. 21号）

贵州印江20号（图3-254）

种实圆形，果中型，种梗长，顶端渐尖，基部平广，油胞稀大，果粉中等，果柄长，黄色；种实长2.70cm，宽2.80cm，厚2.80cm，柄长4.82cm，种实重12.30g，种实数81.80粒/kg，出核率21.17%，果形系数21.15，果皮厚0.68cm；种核大，顶端渐尖，基部连生凸出，侧棱上3/5明显，有麻点，中梅核类；种核长2.29cm，宽1.70cm，厚1.44cm，种核重2.73g，种核数368.43粒/kg，出仁率75.98%，核形系数5.61；种仁重1.90g，种仁数531.24粒/kg；外皮黄酮含量1.98%，种仁黄酮含量0.1944%。

贵州印江21号（图3-255）

种实稍圆，果中型，卵圆，顶端渐尖，基部平广，油胞稀小，果粉中等，果柄长，青褐色；种实长2.56cm，宽2.47cm，厚2.47cm，柄长3.90cm，种实重6.85g，种实数103.12粒/kg，出核率20.85%，果形系数15.60，果皮厚0.60cm；种核果长形，顶端渐尖，基部凸出连生，侧棱上3/5明显，背腹均胖，中线明显，中马铃类；种核长2.12cm，宽1.60cm，厚1.27cm，种核重2.02g，种核数495.02粒/kg，出仁率75.65%，核形系数4.37；种仁重1.55g，种仁数646.4粒/kg；外皮黄酮含量1.7038%，种仁黄酮含量0.23%。

贵州印江22号（图3-255）

种实圆形，果中型，种梗长，顶端渐尖，基部平广，油胞不显，果粉中等，果柄中等，黄色；种实长2.57cm，宽2.61cm，厚2.61cm，柄长5.58cm，种实重10.80g，种实数93.3粒/kg，出核率24.34%，果形系数17.51，果皮厚0.60cm；种核中线不明显，麻点1～2个，背腹均匀，稍长，顶端渐尖，基部连生凸出，侧棱上4/5明显，中梅核类；种核长2.21cm，宽1.68cm，厚1.42cm，种核重2.59g，种核数386.85粒/kg，出仁率80.27%，核形系数5.24；种仁重2.12g，种仁数474.89粒/kg；外皮黄酮含量2.01%，种仁黄酮含量0.3019%。

贵州印江23号（图3-256）

果小型，种梗圆形，果柄长，橘黄；种实长2.35cm，宽2.37cm，厚2.37cm，柄长4.24cm，种实重8.23g，种实数121.68粒/kg，出核率23.63%，果形系数13.26，果皮厚0.57cm；种核圆型，果小，顶端渐尖，基部稍出，侧棱上3/5明显，背腹均胖，中梅核类；种核长1.95cm，宽1.60cm，厚1.25cm，种核重1.92g，种核数478.15粒/kg，出仁率75.67%，核形系数3.90；种仁重1.51g，种仁数663.99粒/kg；外皮

图3-256 贵州印江23、25号
（注：1. 25号；2. 23号）

图3-257 贵州印江26号

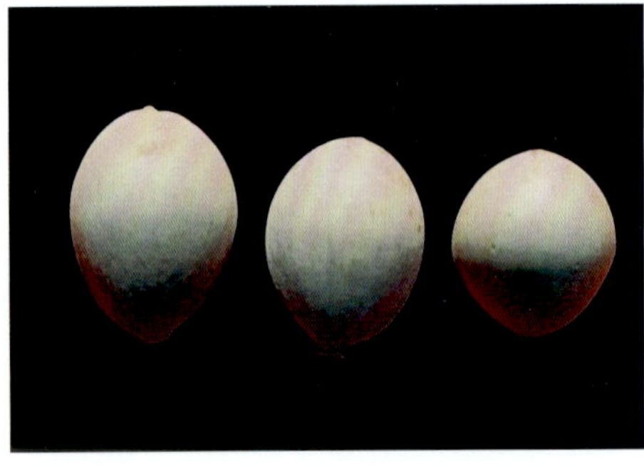

图3-258 山东马铃3号、嵩县马铃、大梅核（右）

黄酮含量1.7250%，种仁黄酮含量0.205%。

贵州印江24号

果中型；种实长2.50cm，宽2.26cm，厚2.26cm，柄长3.87cm，种实重6.69g，种实数150.55粒/kg，出核率32.35%，果形系数12.80，果皮厚0.47cm；种核梅核类，中等大；种核长2.10cm，宽1.68cm，厚1.33cm，种核重2.21g，种核数464.25粒/kg，出仁率76.04%，核形系数4.71；种仁重1.49g，种仁数809.34粒/kg；外皮黄酮含量1.76%，种仁黄酮含量0.3093%。

贵州印江25号（图3-256）

果中型，成熟，卵圆形，顶端渐尖，基部平广，油胞中等，果粉中等，果柄中等，棕褐色；种实长2.41cm，宽2.57cm，厚2.57cm，柄长3.37cm，种实重8.45g，种实数119.31粒/kg，出核率29.41%，果形系数15.98，果皮厚0.59cm；种核椭圆，顶端渐尖，基部平广，侧棱上3/5明显，背腹均胖，中梅核类；种核长2.07cm，宽1.71cm，厚1.41cm，种核重2.53g，种核数385.82粒/kg，出仁率70.52%，核形系数4.98；种仁重1.82g，种仁数551.53粒/kg；外皮黄酮含量1.89%，种仁黄酮含量0.2230%。

贵州印江26号（图3-257）

种实长形，顶端渐尖，基部稍平，油胞不明显，果粉中等，果柄中等，黄色；种实长2.53cm，宽2.40cm，厚2.40cm，柄长2.64cm，种实重7.60g，种实数131.73粒/kg，出核率26.01%，果形系数13.05，果皮厚0.52cm；种核长形，顶端渐尖，基部连生一体，侧棱上2/5明显，背腹均胖，中马铃类；种核长2.14cm，宽1.61cm，厚1.25cm，种核重1.99g，种核数504.06粒/kg，出仁率74.77%，核形系数4.29；种仁重1.5032g，种仁数670.61粒/kg；外皮黄酮含量1.97%，种仁黄酮含量0.20%。

五 河南优系或优株

中银黑1号

原株位于河南省嵩县白河乡，树龄约1000年。实生树主干明显，树冠卵圆形，主枝分枝角度30°～90°。每种序1～4个种柄，每柄着生1～2个种实。种实圆形，纵径2.5～2.8cm，横径2.7～3.1cm，千粒重10.8kg，每千克有93粒，出核率22.12%。种核纵径2.0～2.2cm，横径1.6～1.8cm，厚1.3～1.5cm，千粒重2.24kg，每千克有447粒，出仁率80.36%。自然授粉条件下，株产种核60～100kg。经20～30年生大树高接无性繁殖，后代枝、叶、种各项指标均与母树保持一致。

中银黑2号

原株位于河南省嵩县白河乡。树龄约1000年。实生树主干明显，树冠圆卵形，主枝分枝角度30°～65°。每种序3～5个种柄，每柄着生1～2个种实，偶见3个；部分种柄1cm处一分为二，各着生1个种实。种实圆形，纵径2.2～2.9cm，横径2.7～3.0cm，千粒重10.9kg，每千克有92粒，出核率24.13%。种核纵径2.0～2.1cm，横径1.6～1.9cm，厚1.2～1.6cm，千粒重2.35kg，每千克有426粒，出仁率80.43%。自然授粉条件下，株产种核150～230kg。20～30年生大树高接无性繁殖，枝、叶、种各项指标均与母树一致。黑银杏的种子与普通银杏有许多不同。黑银杏种实扁圆形，外种皮初为浓绿色，被白粉，形态成熟时，外种皮深褐色不变黄；种核扁圆形，核中央有环状隆起的“腰带”；内种皮极薄，上部为两层半透明橙褐色膜质，下部为不透明灰白色膜质。在5年生实生砧木上嫁接黑银杏，2～3年普遍始花结种，5～6年株产种核1.5kg。黑银杏短枝分布均匀，每种序一般着生3～5个种柄。据连续8年观测，1000年生左右的黑银杏大树，仍可株产种核100～230kg。黑银杏种核大小均匀，平均单核重2.29g，每千克有437粒，出核率22.94%，出仁率80.4%。成熟期9月下旬～10月上旬。种仁味甜，风味清香，糯性大，食、药俱佳。黑银杏的花期，由于海拔和每年气温变化等因素的影响，一般在4月16～23日，始花至末花持续8天左右。黑银杏胚珠的原叶体部分，受精与不受精均发育为胚乳。因此在黑银杏种子中，即使不授粉或受精不良也能形成种子，但是这类种子只有丰满的胚乳而无胚芽。

嵩县马铃（图3-258）

种实长2.835cm，宽2.47cm，厚2.47cm，柄长3.30cm，种实重10.1326g，种实数98.96粒/kg，出核率23.13%，果形系数17.30，果皮厚0.54cm；种核一种为棱形，棱上的痕不明显，尾合生，一种似马铃，侧棱明显，顶钝尖，尾状合生凸出；种核长2.16cm，宽1.86cm，厚1.40cm，种核重2.6154g，种核数382.35粒/kg，出仁率80.67%，核形系数5.65；种仁重2.2051g，种仁数453.46粒/kg；外皮黄酮含量1.92%，种仁黄酮含量0.199%。

叉尖白果

主产河南嵩县，种实卵圆形，纵横径2.85cm×2.77cm，平均重13.11g，外种皮黄色，被白粉、微皱，疣点多，种柄长3.83cm。种核椭圆形，长×宽×厚为2.35cm×1.77cm×1.32cm，先端圆钝，核尖两侧具凹形叉尖，基部狭长，尾凸大而显著，出核率17.88%，出仁率83.76%，每千克427粒。

琉璃果

主产河南嵩县，种实卵圆形，长宽2.79cm×2.60cm，平均重11.21g，外种皮黄绿色，密被白粉、微皱，疣点大而稀少，先端沟状凹陷，柄长4.45cm。种核圆形，长×宽×厚为2.20cm×1.82cm×1.42cm，先端圆钝，基长，尾凸明显，出核率23.64%，出仁率78.70%，每千克377粒。

真假白果

主产河南嵩县，种实长圆形，外种皮暗黄色，密被白粉，皮皱，柄长4.52cm，往往一大一小两个种实并生，大种实全仁或半仁，小种实中空无种核。纵横径1.19cm×1.70cm，种核长圆形。长×宽×厚为

2.16cm×1.55cm×1.32cm，出核率18.17%，出仁率77.19%，每千克917粒。

嵩银优4号

该树坐落河南嵩县白河乡下寺村，树龄700年，树高28m，主干高2.8m，胸径148cm，冠幅12.5m×16m。在自然授粉情况下，年结种80～95kg，1995年采用人工辅授粉，株产160kg。种柄长5.08cm，种实纵径2.56cm，横径2.71cm，重10.77g，出核率30.64%。种核长2.26cm，宽1.86cm，厚3.18cm，每千克303粒，平均单核重3.3g，出仁率82%。经连续4年测定，确认该树丰产、稳产，种仁口感风味清香，糯性大，品质优良。已嫁接建园栽植（韩维亚等，1997）。

嵩银优18号

该树坐落在河南嵩县白河乡东风村河西组山坡下部花岗岩风化的薄地上。海拔860m，树龄约800年，树高33.5m，主干高3m，胸径102cm，冠幅13m×14m，株产平均120kg。种柄长3.78cm，种实纵径2.53cm，横径2.72cm，重10.87g，出核率29.07%。种核长2.09cm，宽2.05cm，厚1.51cm，每千克316粒，平均单核重3.16g，出仁率80.6%，经连续4年测定，确认该树生长旺盛，丰产、稳产、抗逆性强，种仁口感风味清香，糯性大，品质优良，已嫁接建园。

新银8号

产豫南大别山区的新县、信阳及豫西伏牛山区。塔形树冠。种子阔椭圆形，先端微凹陷，纵径3.1cm，横径2.6cm，平均单种重11.5g，种柄长4.5～5cm，成熟后外种皮黄绿色，密被白粉，有疣点；种核椭圆形或圆状椭圆形，色洁白，长2.6cm，宽1.9cm，厚1.4cm，先端具小凸尖，棱两侧几乎对称，平均单核重3.34g，每千克种核300粒左右，出核率29.0%。出仁率78.5%。该品种种仁味美宜食，糯性大，丰产性能好，产量高，大小年不明显，为河南省主要栽培品系之一。

处暑红

主产豫南大别山区的新县，其他地区也有分布。树冠卵圆形，大枝斜上，分枝角度45°～60°，小枝平展稍下垂。种子较大，长圆形或卵圆形，纵径2.8cm，横径2.3cm，平均单种重10.1g，果柄长3.9cm，外种皮成熟时橘红色，被白粉，疣点稀疏；种核卵圆形，边缘棱线明显成窄翅，先端具小凸尖，长2.29cm，宽1.98cm，厚1.4cm，平均单核重2.76g，每千克360粒左右，出核率27.3%，出仁率76.5%。该品种丰产稳产性能好，大小年不明显，成熟较早，外种皮秋季橘红色，尤如累累奶橘悬挂，为河南省主要栽培品系之一（苏金东等，1996）。

大白果

全省分布范围较广，主产豫南大别山区及豫西伏牛山区。树冠塔形，大枝斜上，小枝平展，村势旺盛，丰产稳产性能好。种子较大，近圆形，纵径2.63cm，横径2.67cm，外种皮成熟时黄色，密被白粉，表面疣点明显，先端微凹，平均单种重10.56g；种核近圆形，黄白色，长2.29cm，宽1.89cm，厚1.43cm，先端圆钝，尾凸大而显著，平均单核重2.89g，每千克种子345粒左右，出核率27.4%，出仁率83.1%。该品种种核大而饱满，出仁率较高，丰产性能好，种仁味美甘甜，为河南省主要栽培品系之一。

面白果

产豫南大别山区及豫西伏牛山区。树冠塔形，树形开张，树势生长旺盛。种子较大，长圆形或卵状长圆形，纵径2.68cm，横径2.2cm，外种皮成熟时黄色，被白粉，平均单种重9.8g；种核卵状椭圆形，棱线不明显，先端具小凸尖，色洁白，长2.55cm，宽1.7cm，厚1.4cm，平均单核重2.48g，每千克种核400粒左右，出核率25.3%，出仁率76.5%。该品种种核较大，丰产稳产性能好，种仁淀粉含量高，糯性强，味甘甜可口，风味俱佳，为河南省主要栽培品系之一。

八月黄

产豫西伏牛山区及豫南大别山区。树冠卵圆形，大枝开张，树势生长旺盛。种子大小中等，扁圆形，纵径2.41cm，横径2.48cm，外种皮橘黄色，密被白粉，种柄长3.1～3.9cm，多两果并生，平均单种重9.17g；种核卵圆形，长1.95cm，宽1.66cm，厚1.3cm，先端圆钝，平均单核重2.13g，每千克种核470粒左右，出核率23.2%，出仁率76.0%。该品种丰产稳产性能好，品质优良，为河南省主要栽培品系之一。

串白果

产豫南大别山区及豫西伏牛山区。树冠塔形，侧枝分枝角度60°左右，小枝微下垂。种子长椭圆形，顶端圆而丰满，纵径2.82cm，横径2.21cm，成熟后外种皮淡黄色，表面疣点明显，种托微圆，种柄稍弯曲，平均单种重8.07g；种核卵状长圆形，上半部具棱线，顶端阔圆，尖头不明显，基部狭尖，无棱线，长2.5cm，宽1.6cm，厚1.25cm，平均单核重1.92g，每千克种核520粒左右，出核率23.8%。出仁率75.1%。该品种丰产性能好，一柄双果、三果较多，每短枝坐果多为6～8个或更多，串状着生，类似葡萄，百年大树的主干上，粗大的侧枝上均有成串的种子着生，俗称串白果，为河南省主要栽培品系之一。

药白果

河南省有分布。树冠卵圆形，大枝斜上，小枝平展稍下垂。种子近圆形，先端钝圆，基部平展，种托凸出，纵径2.2cm，横径1.9cm，外种皮黄绿色，稍被白粉，多双果并生，平均单种重6.17g；种核椭圆状圆形，先端具小凸尖，棱线不明显，长1.9cm，宽1.4cm，厚1.2cm，平均单核重1.61g，每千克种核620粒或更多，平均出核率26.1%；出仁率77.1%。该品种树势生长较旺盛，丛生性强，大小年较明显，成熟期较晚，种核偏小，但药用价值较高，俗称药白果。

李景山等（2001）报道了南阳8个优株。

马铃1号

树龄1200年，树高27.5m，干高1.5m，胸径188cm，冠幅17m×21m，外围新梢平均生长量30.4cm，每米3～10年生枝段短枝数为57个，每千克平均346个核，出核率28.14%，出仁率77.74%，产量250kg。

佛手2号

树龄300年，树高22m，干高8m，胸径60.6cm，冠幅10m×8m，外围新梢平均生长量33.2cm，每米3～10年生枝段短枝数为53个，每千克平均400个核，出核率29.72%，出仁率76.1%，产量100kg。

马铃3号

树龄30年，树高13.2m，干高5.5m，胸径35cm，冠幅8m×10m，外围新梢平均生长量36.2cm，每米3～10年生枝段短枝数为55个，每千克平均398个核，出核率32.65%，出仁率80.73%，产量40kg。

马铃4号

树龄400年，树高22.8m，干高5m，胸径124cm，冠幅20m×21m，外围新梢平均生长量30cm，每米3～10年生枝段短枝数为40个，每千克平均366个核，出核率29.54%，出仁率78.21%，产量250kg。

马铃5号

树龄500年，树高16.8m，干高4m，胸径82.8cm，冠幅9m×9m，外围新梢平均生长量25cm，每米3～10年生枝段短枝数为52个，每千克平均384个核，出核率28.36%，出仁率77.57%，产量100kg。

马铃6号

树龄500年，树高19.5m，干高4.5m，胸径72cm，冠幅14.2m×15.3m，外围新梢平均生长量25cm，每米3～10年生枝段短枝数为51个，每千克平均364个核，出核率28.21%，出仁率78%，产量150kg。

马铃7号

树龄800年，树高26m，干高3.8m，胸径138cm，冠幅24m×20m，外围新梢平均生长量28cm，3～10年生枝段短枝数为62个/m，每千克平均400个核，出核率29.2%，出仁率81.22%，产量200kg。

马铃8号

树龄1500年，树高22.5m，干高3.5m，胸径131cm，冠幅16m×14m，外围新梢平均生长量20cm，3～10年生枝段短枝数为48个/m，每千克平均400个核，出核率26.3%，出仁率81.3%，产量270kg。

六 陕西优系或优株

长安马铃（图3-259）

种核椭圆；种实长2.85cm，宽2.90cm，厚2.82cm，柄长3.96cm，种实重13.94g，种实数71.74粒/kg，出核率25.60%，果形系数23.31，果皮厚0.61cm；种核长2.28cm，宽1.98cm，厚1.61cm，种核重3.00g，种核数333.33粒/kg，出仁率80.00%，核形系数7.27；种仁重2.40g，种仁数416.67粒/kg；外皮黄酮含量2.21%，种仁黄酮含量0.179%。

长安县大梅核

种核大梅核（大圆头），平均每粒3.2g，大者3.55g；种核长2.40cm，宽2.10cm，厚1.70cm。

陕西优系或优株（杨培华等，1997）。

秦王

树龄600年，树高9.5m，胸径0.80m，冠幅4.5m×5.0m，枝下高2.8m，株产量30kg。种实为宽短卵圆形，顶端微凹，基部平广，果粉较薄，果柄细长，种实大。品种类型马铃类，种核为宽卵形，顶部先端渐尖，基部平广二束迹明显相距较宽，边缘中上部棱线明显，种核大，单果重11.95g，果形系数7.92，单核重2.86g，核形系数6.12，出核率23.8%，出仁率79.0%，10月上旬成熟。备注：经人为破坏后二次萌生树。

图3-259 陕西长安马铃（左），山东马铃3号（右）

汉王

树龄80年，树高14.5m，胸径0.61m，冠幅8.6m×7.8m，枝下高3.5m，株产量50～60kg。种实为长卵圆形，顶端圆钝，基部平阔，果粉薄，果柄细长，种实大。品种类型马铃类，种核为宽卵圆形，顶部凹入，基部两束相连，边缘上部较明显，种核大，单果重18.20g，果形系数9.65，单核重3.3g，核形系数7.41，出核率18.1%，出仁率77.0%，9月下旬成熟。

汉果

树龄800年，树高25.6m，胸径1.04m，冠幅12m×14.2m，枝下高2.1m，株产量200kg。种实为椭圆形，顶端微凹，基部凹入，果粉薄，果柄中等，种实中等。品种类型佛指类，种核为长倒卵形，顶部圆钝，基部两束迹相连成鸭尾状，边缘中上棱明显，种核中等，单果重14.40g，果形系数8.43，单核重2.77g，核形系数5.95，出核率19.4%，出仁率76.5%，9月下旬成熟。

94-03

树龄40年，树高15.5m，胸径0.40m，冠幅11.2m×12.0m，枝下高2.9m，株产量50kg。种实为卵圆形，顶端微凹，基部平广，果粉薄，果柄中等，种实大。品种类型马铃类，种核为长卵形，顶部钝微尖，基部两束相距较宽，边缘中上部棱明显，种核大，单果重15.10g，果形系数8.89，单核重3.16g，核形系数7.16，出核率20.9%，出仁率75.6%，10月上旬成熟。

商皇

树龄40年，树高15.8m，胸径0.35m，冠幅8m×8.5m，枝下高3.0m，株产量30kg。种实为卵圆形，顶端微凹，基部平广，果粉较薄，果柄中等，种实中等。品种类型马铃类，种核为宽倒卵形，顶部圆钝微凹，基部维管束连生，边缘上部棱明显，种核中等，单果重11.50g，果形系数8.01，单核重2.67g，核形系数5.97，出核率23.9%，出仁率78.5%，10月上旬成熟。

七 湖北优系或优株

湖北安陆王义贞99号

种实长2.35cm，宽2.11cm，厚2.11cm，柄长3.19cm，种实重4.54g，种实数267.94粒/kg，出核率25.02%，果形系数10.56，果皮厚0.47cm；种核长2.03cm，宽1.45cm，厚1.17cm，种核重1.80g，种核数567.92粒/kg，出仁率75.65%，核形系数4.32；种仁重1.36g，种仁数749.89粒/kg；外皮黄酮含量1.62%，种仁黄酮含量0.2374%。

随州龙眼

又名随州Ⅰ-1号。产于湖北随州市，为梅核银杏类当地名称“龙眼”。果近圆形，核呈广椭形，色微黄，每千克396粒，种仁乳白色，无明显苦味，出仁率为84%。种仁内含有：粗蛋白5.04%，淀粉28.7%，可溶性糖0.25%，总糖2.30%，水分56.56%。开花期在4月上旬，9月下旬成熟，果实成熟前后约相差一周，较丰产，与一般对照树相比产量约高出50%，有明显大小年。

随州大梅核

产于湖北随州市，为梅核银杏类果实近圆形，核呈圆形略扁，色微黄，每千克390粒，种仁淡绿色，无明显苦味，出仁率75%。种仁内含有：粗蛋白5.46%，淀粉27.6%，可溶性糖0.20%，总糖2.05%，水分67.76%。花期在4月上旬，果实成熟在9月下旬，较高产稳产。

京山大白果

又名京山14号，产于湖北京山县，属佛手银杏当地称为大白果。果呈广椭圆形，核为椭圆形，两端微尖，色白无黑点，每千克280粒，种仁淡绿色，无明显苦味，出仁率为73.8%。

种仁内含有粗蛋白5.31%，淀粉27.7%，可溶性糖0.81%，总糖5.31%，水份59.24%。花期在3月下旬至4月上旬，成熟期在9月下旬，较丰产稳产。

饭白果

又名巴东清太5号。产于湖北巴东县，为梅核银杏类当地称为饭白果。果实呈圆球形，核呈广椭圆形，略扁，色微黄，每千克432粒，种仁淡苦味，出仁率73.7%。种仁内含有粗蛋白4.97%，淀粉35.8%，可溶性糖0.52%，总糖4.75%，水份53.52%。花期在3月中下旬，10月中旬成熟，果实成熟前后约相差10天，较丰产稳产与对照树相比产量约高出51%。

京山大马铃（图3-260）

产于湖北京山县，属马铃银杏。果呈广椭圆形，核为椭圆形，两端微尖，色白无黑点，每千克270粒，种仁淡绿色，无明显苦味，出仁率为74%。种仁内含有粗蛋白4.31%，淀粉28.7%，可溶性糖0.71%，总糖4.31%，水分58.24%。花期在3月下旬至4月上旬，成熟期在9月下旬，较丰产稳产。

京山10个银杏优株（黄华安，1994）。

京银2号

产地为厂河，胸围198cm，树高26m，

图3-260 京山大马铃

枝下高3.2m，冠幅16.2m×18.8m，结实层高度19m，1m内短枝数43.6个。果纵横径3.1cm×3.05cm，果形指数1.02，百粒重1431g，核纵横厚径2.4cm×2cm×1.6cm，核形指数1.2，核百粒重395g，每千克235粒，出核率27.6%，出仁率76.6%。

京银3号

产地为厂河，胸围280cm，树高35m，枝下高4m，冠幅23.7m×25.3m，结实层高度26m，1m内短枝数44.7个。果纵横径3.4cm×3.2cm，果形指数1.06，百粒重1576g，核纵横厚径2.4cm×2.3cm×1.7cm，核形指数1，核百粒重410g，每千克244粒，出核率26.1%，出仁率77.1%。

京银4号

产地为厂河，胸围240cm，树高30m，枝下高5m，冠幅16.8m×18.5m，结实层高度21m，1m内短枝数43.1个。果纵横径3.24cm×2.6cm，果形指数1.24，百粒重1490g，核纵横厚径2.6cm×1.8cm×1.5cm，核形指数1.44，核百粒重380g，每千克263粒，出核率25.5%，出仁率76.8%。

京银8号

产地为杨集，胸围183cm，树高25m，枝下高3.1m，冠幅17.8m×15.1m，结实层高度17.9m，1m内短枝数42.5个。果纵横径3.3cm×2.4cm，果形指数1.37，百粒重1312g，核纵横厚径2.9cm×1.7cm×1.5cm，核形指数1.7，核百粒重340g，每千克294粒，出核率25.9%，出仁率76.9%。

京银9号

产地为杨集，胸围155cm，树高21m，枝下高2.2m，冠幅12.9m×11.6m，结实层高度15.9m，1m内短枝数45.3个。果纵横径3.2cm×2.8cm，果形指数1.14，百粒重1506g，核纵横厚径2.0cm×1.9cm×1.6cm，核形指数1.53，核百粒重380g，每千克278粒，出核率23.9%，出仁率77.5%。

京银15号

产地为坪坝，胸围173cm，树高22m，枝下高3.7m，冠幅10.7m×12.5m，结实层高度15.7m，1m内短枝数41个。果纵横径3.25cm×2.7cm，果形指数1.2，百粒重1423g，核纵横厚径2.6cm×1.8cm×1.5cm，核形指数1.3，核百粒重370g，每千克270粒，出核率26.7%，出仁率75.3%。

京银16号

产地为坪坝，胸围140cm，树高20m，枝下高2.6m，冠幅9.3m×10.5m，结实层高度15.4m，1m内短枝数43.7个。果纵横径3.29cm×2.85cm，果形指数1.15，百粒重1516g，核纵横厚径2.6cm×2cm×1.9cm，核形指数1.3，核百粒重370g，每千克270粒，出核率24.4%，出仁率76.7%。

京银17号

产地为坪坝，胸围385cm，树高40m，枝下高1.7m，冠幅24.5m×24m，结实层高度33.3m，1m内短枝数40.2个，果纵横径3.16cm×2.77cm，果形指数1.14，百粒重1357g，核纵横厚径2.7cm×1.9cm×1.8cm，核形指数1.42，核百粒重395g，每千克253粒，出核率29.1%，出仁率74.9%。

京银18号

产地为坪坝，胸围265cm，树高30m，枝下高3.0m，冠幅15.2m×16.8m，结实层高度24.0m，1m内短枝数41.5个。果纵横径3.35cm×2.94cm，果形指1.13数，百粒重1563g，核纵横厚径2.4cm×2cm×1.7cm，核形指数1.2，核百粒重380g，每千克263粒，出核率24.3%，出仁率75.1%。

京银20号

产地为三阳，胸围82cm，树高18.5m，枝下高2.5m，冠幅16.8m×13.6m，结实层高度13.0m，1m内短枝数42.2个。果纵横径3.2cm×2.9cm，果形指数1.1，百粒重1573g，核纵横厚径2.8cm×2cm×1.5cm，核形指数1.4，核百粒重395g，每千克253粒，出核率25.0%，出仁率76.3%。

恩银1号

主要产于湖北宣恩县，属佛手类。原株生长在宣恩县海拔1000m处，阳坡，沙壤土。树高39m，胸径250cm，冠幅10m×16m，冠长30m，树冠投影面220m²，树龄300年。每短枝平均结种1～2枚。丰产、稳产。该品种较当地一般品种早熟20天，种实成熟期在8月20日左右，属早熟品种。种实椭圆形，未成熟时绿色，成熟时为橙黄色，薄被白粉。种实平均重10.9g，出核率30%。种核肥大，纺锤形，略扁，色暗。种核纵径2.06～2.34cm，横径1.12～1.14cm，厚0.92～1.18cm。每千克种核320粒，种核平均单粒重3.13g。出仁率78%。食用种仁，香糯，味甜，食后有余味（熊忠武，2000）。

恩银2号

主要产于湖北咸丰县，属梅核类。原株生长在咸丰县海拔870m处，阳坡，黄棕壤。树高30m，胸径95cm，冠幅8m×8m，树龄150年。每短枝叶片4～8片，结种1～6枚。年自然结实量为190kg，较稳定。目前，已被恩施土家族苗族自治州内部分县市引种，表现良好。种实圆形，未成熟时绿色，成熟时为橙黄色，薄被白粉。种实平均重12.3g，出核率27%。种核光滑洁白饱满，近圆形稍扁，先端圆钝，侧棱明显，呈翼状延伸至基部，基部束迹相距较远。种核纵径1.18～2.05cm，横径1.15～1.16cm，厚1.22～1.46cm。每千克种核300粒左右，种核平均单粒重3.33g，大小均匀。出仁率79%。食用种仁香糯，苦味轻。

恩银5号

主要产于湖北咸丰县，属佛手类。原株生长在咸丰县海拔720m处，阳坡，黄棕壤。树高28m，胸径50cm，冠幅9m×9m，树龄90年。每短枝叶片4～10片，结种1～5枚。年均产种核160kg，每平方米树冠投影面积产种核1.9kg，产量变幅在20%左右。目前，已被恩施土家族苗族自治州内部分县市引种，表现良好。种实硕大，椭圆形，先端圆钝；未成熟时绿色，成熟时橙黄色，薄被白粉；种托略偏斜。种实平均重12.2g，出核率27%。种核光滑洁白饱满，狭长而尖，纺锤形稍扁，先端侧棱较窄，下部渐平，偶有三棱者；基部束迹相距较远。种核纵径2.53～2.62cm，横径1.27～1.42cm，厚1.11～1.27cm。每千克种核303粒，种核平均单粒重3.3g，大小均匀，出仁率78%。食用种仁香甜，糯性好。

恩银11号

主要产于湖北建始县，属梅核类。原株生长在建始县海拔850m处，阳坡，黄壤。系嫁接树。每平方米树冠投影面积产种核1kg以上。该品种适宜矮干密植栽培。种实硕大，圆形。种实平均重14.9g，出核率24%。种核光滑洁白饱满，近圆形稍扁，先端圆钝，侧棱明显，呈翼状延伸至基部。种核纵径2.14～2.24cm，横径1.75～1.82cm，厚1.42～1.54cm，每千克种核280粒，种核平均单粒重3.75g，大小均匀。

恩银12号

主要产于湖北恩施市，属马铃类。原株生长在恩施市海拔740m处，阳坡，沙壤土。树高25m，胸径40cm，冠幅8m×10m，树龄

100年。每短枝叶片4～9片，结种1～4枚。较为稳产。目前，已被恩施土家族苗族自治州内部分县市引种，表现良好。种实硕大，长圆形，种实平均重13.8g，出核率25%。种核光滑洁白饱满，倒卵形，上宽下窄，先端圆钝，中隐线明显，侧棱不明显。种核纵径2.47～2.56cm，横径1.86～2.09cm，厚1.48～1.63cm。每千克种核290粒，种核平均单粒重3.45g，大小均匀，出仁率81%。

恩银15号

主要产于湖北咸丰县，属马铃类。原株生长在咸丰县海拔950m处，阳坡，黄棕壤。树高30m，胸径110cm，冠幅14m×14m，树龄300年左右。每短枝叶片4～9片，结种1～4枚。自然授粉年产种核150kg以上，产量变幅较小。种实长圆形，平均重11.4g，出核率25%。种核光滑洁白饱满，先端圆钝，具小尖头。中隐线明显，上部侧棱明显，下部不明显，基结束迹间有硬壳相连，偶有三棱者，种核纵径2.31～2.32cm，横径1.37～1.53cm，厚1.16～1.22cm。每千克种核352粒，种核平均单粒重2.84g，大小均匀。

恩银23号

主要产于湖北宣恩县。原株生长在宣恩县海拔920m处，阳坡，黄棕壤。树高22m，胸径50cm，冠幅5m×6m，冠长15m，主干高3m，树龄80年。每短枝叶片4～8片，结种1～4枚。每平方米树冠投影面积产种核1kg左右。目前，已被恩施土家族苗族自治州内部分县市引种，表现良好。种实硕大，长圆形，先端平，种实平均重11.1g，出核率31.2%。种核光滑洁白饱满，倒卵形，长宽下窄，先端圆，具小尖头。中隐线明显，侧棱先端明显而下部渐平；基部束迹相距较远，束迹间有硬壳相连。种核纵径2.27～2.31cm，横径1.56～1.77cm，厚1.21～1.43cm。每千克种核300粒左右，种核平均单粒重3.36g，最大单核重3.56g。出仁率78%。

大白果

主产湖北孝感。种果很大，倒卵形，顶端微凹入，基部平展；橙黄色，熟时有白粉，果梗长4cm；核肥大，倒卵形、略扁，色洁白，顶端圆钝，基部渐窄，边缘有翼；种仁黄绿，饱满，味美，品质好。大悟乡上余田湾的一棵大白果树，树高36m，冠径15m，主干4.5m，胸围4m，1984年采果核80kg，平均果核重4g。

小白果

产于湖北孝感，种果较小，近圆形，顶端微凹入，基部较平；黄色，熟时有白粉，果梗长3.5cm；核小，近圆形，色白，顶点有尖，基部有明显狭肩，边缘有翼；种仁黄绿色，饱满，味略苦，品质一般，对旱涝抗性较强。大悟乡李家湾的两棵小白果树，一棵在水塘边，一棵在高坡上，均生长良好，1984年平均株采果核50kg，平均果核重2.5g。

糯米白果

产于湖北孝感，种果中等，椭圆形，略扁，顶端凸起，基部较平，黄色，熟时果粉较厚，果梗长4.5cm；核中等，纺锤形，色白，顶端渐钝，基部有狭肩，边缘有翼；种仁黄绿色，饱满程度中等，味微苦，品质介于大白果和小白果之间。大悟乡王家湾的一棵糯米白果，树高25m，冠径16m，主干4m，胸围3.5m，1984年采果核42kg，平均果核重2.4g。

湖北安陆市16个优良单株（刘燕君，1992）。

梅核1号

每千克268粒，出核率28.0%，出仁率78.4%，树龄60年，中熟性，塔形树形，最高产200 kg，每平方米负载量2.7kg，品质甜糯。

马铃5号

每千克346粒，出核率23.0%，出仁率79.0%，树龄110年，中熟性，柱形树形，最高产40kg，每平方米负载量1.0kg，品质甜。

梅核31号

每千克268粒，出核率28.54%，出仁率82.7%，树龄45年，中熟性，开心树形，最高产200kg，每平方米负载量1.0kg，品质甜糯。

梅核55号

每千克348粒，出核率27.1%，出仁率78.3%，树龄150年，迟熟性，塔形树形，最高产200kg，每平方米负载量0.7kg，品质甜。

梅核56号

每千克360粒，出核率30.0%，出仁率79.1%，树龄150年，迟熟性，塔形树形，最高产175kg，每平方米负载量0.6kg，品质苦。

梅核2号

每千克380粒，出核率29.6%，出仁率78.4%，树龄150年，中熟性，塔形树形，最高产150kg，每平方米负载量0.8kg，品质甜糯。

马铃7号

每千克374粒，出核率23.2%，出仁率78.1%，中熟性，柱形树形，最高产50kg，每平方米负载量0.3kg，品质甜糯。

佛指19号

每千克428粒，出核率24.9%，出仁率77.8%，树龄500年，早熟性，塔形树形，最高产300kg，每平方米负载量1.5kg，品质甜糯。

马铃23号

每千克390粒，出核率22.9%，出仁率82.4%，树龄300年，早熟性，塔形树形，最高产100kg，每平方米负载量0.9kg，品质甜糯。

马铃24号

每千克408粒，出核率23.0%，出仁率80.9%，树龄千年，中熟性，塔形树形，最高产250kg，每平方米负载量3.2kg，品质甜糯。

梅核42号

每千克422粒，出核率24.4%，出仁率78.3%，树龄千年，中熟性，柱形树形，最高产100kg，每平方米负载量0.6kg，品质甜糯。

梅核49号

每千克316粒，出核率20.6%，出仁率77.1%，树龄千年，中熟性，柱形树形，最高产200kg，每平方米负载量2.2kg，品质苦。

佛指57号

每千克350粒，出核率29.1%，出仁率76.1%，树龄110年，早熟性，塔形树形，最高产60kg，每平方米负载量0.5kg，品质甜。

马铃58号

每千克406粒，出核率27.6%，出仁率80.2%，树龄250年，中熟性，柱形树形，最高产175kg，每平方米负载量0.8kg，品质糯。

马铃62号

每千克318粒，出核率32.4%，出仁率77.1%，树龄300年，中熟性，开心树形，最高产50kg，每平方米负载量0.5kg，品质甜。

马铃64号

每千克264粒，出核率23.7%，出仁率74.1%，树龄60年，早熟性，塔形树形，最高产30kg，每平方米负载量0.7kg，品质甜。

八 湖南优系或优株

湖南东安县HD1号（图3-261）

果型中等；种实长2.73cm，宽2.51cm，厚2.49cm，柄长3.15cm，种实重10.89g，种实数93.27粒/kg，出核率20.20%，果形系数18.66，果皮厚0.72cm；种核马铃类，背圆腹平，核体稍扁，基部三点状，核体3/5凸起，两端各1/5处棱线骤变；种核长2.44cm，宽1.71cm，厚1.24cm，种核重2.31g，种核数435.63粒/kg，出仁率79.11%，核形系数5.20；种仁甜，种仁重1.6106g。

湖南东安县HD2号（图3-262）

种实易脱，核洁白，易分离，中果型，

图3-261 湖南东安HD1

柄短，圆形；种实长2.45cm，宽2.31cm，厚2.31cm，柄长2.63cm，种实重7.93g，种实数109.52粒/kg，出核率24.62%，果形系数13.13，果皮厚0.64cm；种核背圆腹平，各有2～3个麻点，中线稍显；种核长2.10cm，宽1.56cm，厚1.21cm，种核重1.89g，种核数528.78粒/kg，出仁率75.58%，核形系数3.97；种仁绿色，微甜，种仁重1.35g，种仁数745.12粒/kg；外皮黄酮含量1.4688%，种仁黄酮含量0.2464%。

湖南东安县HD3号（图3-263）

种实小型，种实长2.40cm，宽2.26cm，厚2.24cm，种梗长2.00cm，种实重7.85g；种核小，壳光滑，核体稍扁，梅核型；种核长2.09cm，宽1.57cm，厚1.21cm，种核重2.05g，出核率23.74%，核形系数3.98；外皮黄酮含量1.6721%，种仁黄酮含量0.1574%。

湖南东安县HD4号（图3-264）

果小；种实易脱，核洁白，易分离；种实长2.35cm，宽2.25cm，厚2.24cm，柄长3.00cm，种实重8.05g，种实数124.88粒/kg，出核率23.70%，果形系数11.89，果皮厚0.52cm；种核背圆腹平，果圆形，梅核型；种核长1.98cm，宽1.59cm，厚1.21cm，种核重1.88g，种核数533.47粒/kg，出仁率79.11%，核形系数3.82；仁微甜，种仁重1.45g，种仁数689.25粒/kg；外皮黄酮含量0.9527%，种仁黄酮含量0.2097%。

湖南东安县HD5号（图3-265）

种实易脱，核洁白，易分离，大果；种实长2.96cm，宽2.56cm，厚2.54cm，柄长3.53cm，种实重10.74g，种实数93.97粒/kg，出核率28.01%，果形系数19.23，果皮厚0.56cm；种核中线稍显，胚长0.3cm；种核长2.59cm，宽1.75cm，厚1.42cm，种核重2.89g，种核数346.87粒/kg，出仁率76.61%，核形系数6.40；种仁大，仁甜，种仁重2.23g，种仁数448.7粒/kg；外皮黄酮含量1.4754%，种仁黄酮含量0.1827%。

鸭尾银杏

又名鸭屁股圆珠。属原生种、次生种或人工繁殖种，产于湖南九嶷山、衡山、雪峰山、壶瓶山、幕阜山及苏州洞庭山原产。核果先端尖扁而形同鸭尾，大小为2.1cm×2cm×1.2cm，一侧成龟背形，先端无尖棱，两翼无凸出翅，一般脊宽1～1.2mm，顶端有一伸出的疣凸，长2mm，宽4mm。生仁浅绿，熟仁乳白，饱满嫩脆，有明显香味，供食用上品，味甘，生微苦，熟甘甜香糯。

橄榄佛手

产于湖南雪峰山、五陵山及湘西南各县。种子长倒卵形，先端微圆钝，中上部膨大，下部尖削，核仁狭长椭圆形，先端圆，顶端尖，基部狭窄。大小2.1cm×1.5cm×1.1cm。为栽培种，每千克400～700粒，种粒较小，育苗出土率、发芽率高，适宜作培育种和药用，生食苦微甘涩有小毒，熟时甘苦略涩。

湘桐子

湖南各县有零星分布。种子较大，扁圆，先端圆钝，基部膨大，核仁近圆形，钝圆无尖，基部较宽，两侧棱脊显著，底部鱼尾状。每千克290～390粒。多为人工嫁接培育，原产九嶷山、湘西南及桂东北。核果大小1.8cm×1.7cm×1.3cm，壳较薄，仁饱满，胚乳发育丰富，胚珠小，味甘微苦，熟甘糯，食药均宜。

资兴市优良单株（赵思东等，1998）。

资兰20号

马铃类，单果重14.2g，单核重3.20g，每千克312粒，出核率27.4%，出仁率81.0%。

资坪44号

梅核类，单果重11.7g，单核重2.45g，每千克339粒，出核率27.9%，出仁率78.0%。

资彭42号

梅核类，单果重14.8g，单核重2.90g，每千克345粒，出核率26.3%，出仁率89.5%。

资坪1号

梅核类，单果重12.8g，单核重2.85g，每千克351粒，出核率27.6%，出仁率94.0%。

资黄10号

梅核类，单果重10.6g，单核重2.83g，每千克353粒，出核率28.1%，出仁率76.9%。

资兰34号

梅核类，单果重13.7g，单核重2.80g，每千克357粒，出核率27.0%，出仁率82.0%。

资州79号

马铃类，单果重13.9g，单核重2.76g，每千克358粒，出核率26.8%，出仁率75.0%。

资彭41号

梅核类，单果重13.3g，单核重2.70g，每千克370粒，出核率27.3%，出仁率84.0%。

资黄8号

梅核类，单果重10.0g，单核重2.66g，每千克376粒，出核率27.0%，出仁率66.0%。

资兴2号

梅核类，单果重12.9g，单核重2.60g，每千克385粒，出核率20.9%，出仁率77.0%。

图3-262 湖南东安HD2

图3-263 湖南东安HD3

图3-264 湖南东安HD4

图3-265 湖南东安HD5

图3-266 宁国中马铃98号

资州78号

马铃类，单果重12.5g，单核重2.60g，每千克385粒，出核率27.3%，出仁率70.0%。

九 安徽优系或优株

宁国中马铃98号（图3-266）

母树位于安徽宁国青龙乡，树高20.0m，胸径0.48m，树龄120年。种核中等大小，先端圆钝，基部膨大，核仁近圆形，钝圆无尖，基部较宽，两侧棱脊显著，底部钝状。330粒/kg。核果大小1.7cm×1.6cm×1.4cm，壳较薄，仁饱满，胚乳发育丰富，熟甘糯，食、药均宜。

安徽宁国县仙霞镇太阳村第一村民组1号（图3-267）

种核顶部微尖稍钝，侧棱上3/5明显下不明显，基部二束明显连成一线，稍凸出，背腹不明显，中隐线不明显，马铃类，口感稍苦味，胚长1.1cm；种核长2.37cm，宽1.64cm厚1.31cm，种实重10.7g，出核率23.94%，果形系数18.67；种核长2.37cm，宽1.65cm，厚1.31cm，种核重2.562g，种核数390.32个/kg，出仁率78.0%，核形系数5.1；种仁重2.00g。

安徽省宁国县杨山乡盘帝村2号（图3-267）

种实重11.58g，出核率20.9%，果形系数20.6；种核顶钝，微尖，侧棱明显，背腹均圆，胖，个别有2～3个麻点，基部二束合成一点或二点（双腚门），圆子类，似‘0004’，口感稍苦，胚长1.0cm；种核长2.03cm，宽1.83cm，厚1.43cm，种核重2.462g，种核数406.17粒/kg，出仁率69.8%，核形系数5.34；种仁重1.72g；外皮黄酮含量1.89%，种仁黄酮含量0.201%。

安徽省宁国县杨山乡盘帝村3号

种实重10.9g，出核率23.56%，果形系数19.2；种核顶钝或微尖，侧棱上1/2明显，下不明显，较圆胖，背腹一面胖，一面不胖，基部二束合为一点或为二点，口感稍苦有苦味；种核长2.19cm，宽1.62cm，厚1.38cm，种核重2.567g，种核数389.56个/kg，出仁率79.0%，核形系数4.89；种仁重2.03g。

安徽省宁国县杨山乡盘帝大会堂4号（图3-267）

种实重11.70g，出核率21.7%，果形系数23.0；种核顶端微尖或钝，侧棱上2/5明显下不明显，上下圆胖，背腹不显长形，基部二束一点不显；种核长2.82cm，宽1.40cm，厚1.20cm，种核重2.66g，种核数375.9个/kg，出仁率69.5%，核形系数4.76；种仁重1.85g；外皮黄酮含量2.11%，种仁黄酮含量0.22%。

安徽省宁国县仙霞镇仙霞村第五村民小组5号（图3-267）

种实重11.9g，出核率21.0%，果形系数22.05；种核单核重2.5～2.8g，梅核类，顶端钝尖，侧棱4/5明显，背腹均等圆胖，基部二束合生或合为二点，不显，中线明显，壳白，口感甜；种核长2.33cm，宽1.73cm，厚1.44cm，种核重2.782g，种核数369.45个/kg，出仁率70.0%，核形系数5.83；种仁重1.95g；外皮黄酮含量2.2%，种仁黄酮含量0.178%。

安徽省宁国县梅林乡梅林村第三村民小组6号（图3-267）

种实重10.6g，出核率27.5%，果形系数19.8；核马铃类，顶端钝尖，侧棱上1/2明显，背腹胖圆，核面有3～5个斑点，基部二束合为一线，微凸出；种核长2.26cm，宽1.85cm，厚1.50cm，种核重2.92g，种核数342.5个/kg，出仁率76.6%，核形系数6.28；种仁重2.23g。

安徽省宁国县杨山乡盘帝村7号（图3-267）

种核顶钝或微尖，侧棱上1/2明显，下不明显，较圆胖，背腹一面胖，一面不胖，基部二束合为一点或为二点，口感稍苦。

安徽省宁国县杨山乡杨山村杨虎坟墓旁8号

种核顶端微尖或钝，侧棱上2/5明显，下不明显，上下圆胖，背腹不显，长形，基部二束一点不显。

安徽省主要银杏优树（关传友，1998）。

金1大茶果

树龄80年，冠形为球形，冠幅141.2m^2，每平方米产核量0.85kg，每千克有354个核，出核率25.18%，出仁率78.31%，产量变幅25.1%，抗风。

金2茶果

树龄120年，冠形为椭圆形，树冠投影面

图3-267 上：山东马铃3号、安徽宁国1号、2号、4号，下：安徽宁国5号、6号、7号、10号

积168.4m^2，每平方米产核量0.81kg，每千克有378个核，出核率25.82%，出仁率77.26%，产量变幅35.3%，抗风、无虫害。

金3大茶果

树龄90年，冠形为圆形，树冠投影面积153.7m^2，每平方米产核量0.80kg，每千克有361个核，出核率26.31%，出仁率77.89%，产量变幅31.2%，抗风、无虫。

金4大茶果

树龄150年，冠形为圆头形，树冠投影面积166.5m^2，每平方米产核量0.73kg，每千克有356个核，出核率25.28%，出仁率77.62%，产量变幅28.2%，抗风、无病虫。

金5茶果

树龄70年，冠形为椭圆，树冠投影面积78.4m^2，每平方米产核量0.78kg，每千克有389个核，出核率26.01%，出仁率77.36%，产量变幅32.4%，抗风、无病。

金6大茶果

树龄170年，冠形为圆头形，树冠投影面积184.3m^2，每平方米产核量0.74kg，每千克有351个核，出核率25.32%，出仁率76.67%，产量变幅27.5%，抗风。

金7大茶果

树龄110年，冠形为球形，树冠投影面积163.9m^2，每平方米产核量0.86kg，每千克有347个核，出核率25.41%，出仁率77.65%，产量变幅26.3%，抗风。

金8茶果

树龄100年，冠形为宽椭圆形，树冠投影面积154.9m^2，每平方米产核量0.76kg，每千克有382个核，出核率26.09%，出仁率78.16%，产量变幅27.3%，抗风。

金9大茶果

树龄90年，冠形为椭圆形，树冠投影面积146.1m^2，每平方米产核量0.87kg，每千克有347个核，出核率25.93%，出仁率78.16%，产量变幅29.8%，抗风。

金10大茶果

树龄130年，冠形为圆头形，树冠投影面积181.3m^2，每平方米产核量0.69kg，每千克有362个核，出核率25.88%，出仁率76.38%，产量变幅31.9%，抗风。

金11大核果

树龄160年，冠形为长椭圆形，树冠投影面积154.2m^2，每平方米产核量0.85kg，每千克有341个核，出核率26.08%，出仁率79.18%，产量变幅25.4%，抗风。

金12梅核果

树龄180年，冠形为球形，树冠投影面积201.8m^2，每平方米产核量0.77kg，每千克有394个核，出核率26.84%，出仁率77.61%，产量变幅23.1%，抗风。

金13茶果

树龄160年，冠形为椭圆，树冠投影面积196.4m^2，每平方米产核量0.81kg，每千克有359个核，出核率25.13%，出仁率78.86%，产量变幅30.8%，抗风。

金14梅核果

树龄120年，冠形为圆头形，树冠投影面积158.6m^2，每平方米产核量0.75kg，每千克有407个核，出核率26.83%，出仁率76.86%，产量变幅20.2%，抗风。

六1梅核籽

树龄110年，冠形为球形，树冠投影面积181.9m^2，每平方米产核量0.69kg，每千克有380个核，出核率27.72%，出仁率76.93%，产量变幅20.9%，抗风。

合2佛手籽

树龄80年，冠形为圆头形，树冠投影面积113.4m^2，每平方米产核量0.71kg，每千克有346个核，出核率25.47%，出仁率79.95%，产量变幅28.7%，微有认为活动。

歙1佛指果

树龄130年，冠形为椭圆形，树冠投影面积146.2m^2，每平方米产核量0.81kg，每千克有352个核，出核率26.14%，出仁率76.21%，产量变幅31.8%，抗风。

歙2大鸭脚

树龄80年，冠形为圆锥形，树冠投影面积86.8m^2，每平方米产核量0.79kg，每千克有359个核，出核率26.51%，出仁率78.31%，产量变幅25.1%，抗风。

歙3佛指果

树龄110年，冠形为圆头形，树冠投影面积203.1m^2，每平方米产核量0.59kg，每千克有369个核，出核率25.13%，出仁率75.82%，产量变幅29.6%，抗风。

歙4马铃籽

树龄70年，冠形为椭圆形，树冠投影面积142.5m^2，每平方米产核量0.61kg，每千克有372个核，出核率24.18%，出仁率74.92%，产量变幅26.7%，抗风。

安徽广德核用银杏形态征及经济性状（张跃林等，1997）。

广德大梅核

果大，圆形或近圆形，先端圆钝，基部稍大，近果柄处微凹。核圆形稍扁，先端圆钝或微尖，基部渐狭，主要分布在新杭、独山等。

广德卵果佛手

先端微窄小，中部以下则渐宽，基部平不凹陷，果柄粗稍弯曲。核椭圆形或菱形，两端微尖，稍对称，棱呈不明显翼状，每千克252粒，主要分布在梨山、同溪等。

广德长柄佛手

果实倒卵形或圆形，先端钝圆，顶点微凹，基部稍凹，果柄常弯曲，核长倒卵形，先端圆钝，基部狭长，底窄不平，主要分布在下寺、山北等。

广德大马铃

果实中等长，长圆形，先端圆钝，基部平宽，果柄直立，粗而扁。核倒卵形，先端圆钝，有尖，棱线明显，翼不明显，主要分布在下寺、山北等。

广德糯米白果

果实椭圆形，稍扁，先端凸起，基部较平，棱中等大，纺锤形，先端渐钝，基部有狭肩，边缘有翼，种仁黄绿色，每千克约420粒，主要分布在下寺、砖桥等。

广德佛指

果实大，倒卵形或广椭圆形，两端小，先端微凹。果柄短，弯曲状。核肥大，纺锤形或长卵形，先端圆钝。每千克300～340粒，糯性差，味甜，丰产，主要分布在四合、梨山等。

十　浙江优系或优株

富阳大佛手8号特优树（F10=025号）（图3-268）

采自郯城苗圃，树高4.9m，嫁接树胸径8.0cm，树龄10年。出核率25.1%，出仁率82.8%。单果重12.7g，单核重3.26g，种核长×宽为1.88cm×1.56cm。嫁接后3年见果，丰产性好。

富阳大佛手5号特优树（F9=024号）（图3-269）

采自郯城苗圃，树高6.0m，嫁接树胸径10.0cm，树龄10年。出核率24.1%，出仁率79.8%。单果重11.7g，单核重3.36g，种核长×宽为1.98cm×1.76cm。嫁接后3年见果，丰产性好。

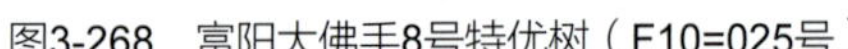

图3-268 富阳大佛手8号特优树（F10=025号）

图3-269 富阳大佛手5号特优树（F9=024号）

安吉10号

母树在安吉县年村乡里年村，种实长3.35cm，宽3.42cm，厚2.40cm，柄长4.40cm，种实重11.119g，种实数89.93个/kg，出核率26.00%，果形系数19.457，果皮厚0.445cm；种核梅核类，特厚，胖，单核重约3g，顶端微尖，侧棱上1/2明显，下不明显，基部二束合生一线稍伸出，背腹不显或一边胖一边瘦，口感甜，质好；种核长2.35cm，宽1.76cm，厚1.51cm，种核重2.891g，种核数345.90个/kg，出仁率79.62%，核形系数6.26；种仁重2.30018g，种仁数434.44个/kg；外皮黄酮含量2.30%，种仁黄酮含量0.22%。

洲头大马铃

原产浙江。选育单位：浙江临安昌化林业站。原树长在浙江临安洲头村，树龄近100年。全树高22m，主干高4m，胸围220cm，冠幅18m。树势旺盛，丰产，一般年产白果200kg，1986年曾产白果375kg。

种实中等偏大。全籽长3.10cm，宽2.75cm，重13.2g，顶端微凹。种柄长约4.0cm。外种皮稍厚，出核率22.0%。种核大，长马铃型。核长2.75cm，核宽为1.73cm，核厚1.42cm。核形指数1.59，上宽下窄，最宽点在中线接近2/5处，厚率0.82。平均单核重3.2g，每千克种核数310粒。骨质中种皮偏厚，出仁率71.9%。维管束迹两点间距离一般大于3mm。据测定，洲头马铃的种子，无胚率高达60%～80%，育苗时出苗率低，但苗木长势旺。无胚率高的特点，使其很适合作无胚白果栽培。种实9月中旬成熟。

该树在当地已有根蘖苗和嫁接苗栽植，根蘖苗已结实。由于其核较大、丰产，无胚率高，具有发展前途，只是其外种皮和中种皮都偏厚，种核偏扁平。

卵果大佛手

主产浙江诸暨市侯村街，又名01号卵果大佛手，出核率24.8%，出仁率81.7%。单核重2.54g，种核长×宽为2.72cm×1.68cm（林协，1994）。

长兴多胚大佛手

主产浙江长兴。丰产性、稳产性均优于其他大佛手。种核平均单粒重3.5g以上，最大单粒重4.1g，是浙江全省佛手类中选出的最优单株，极有推广应用价值。

诸暨大梅核

主产浙江诸暨马店村，又名05号大梅核，出核率25.5%，出仁率78.4%。

临安小梅核

又名米仁白果，种核每千克630～660粒，适于药用。

长兴钻头白果

系当地野生稀有梅核类。树干通直，生长健壮。抗逆性强；种实特小，出核率22%，种核每千克750～800粒。

诸暨马铃

主产浙江诸暨庙后村，出核率24.1%，出仁率高达83.8%。单果重12.7g，单核重3.06g，种核长×宽为1.78cm×1.46cm。

台州TD1号

主产浙江台州。树龄60年，树高10m，枝下高5m，胸径45cm，冠幅5m×6m，冠层高5m，近几年收核种200kg多。种核长、宽为3.0cm、2.8cm，重15g，广椭圆形，种熟时淡棕黄色，被白粉；种核长、宽、厚为2.5cm、1.75cm、1.5cm，重3.2g，核形指数1.43，纺锤形，略扁，两侧棱线呈翼状，色洁白，壳薄；核仁饱满，无苦涩味；10月底成熟，丰产（陈启基等，1994）。

台州TG2号

主产浙江台州。树龄近200年，树高20m，枝下高5m，胸径59cm，冠幅7m×8m，冠层高15m，近几年产种实250kg以上（因台风吹断枝，影响产量）。种实长宽比3.0:2.8，重16g，近圆形，种实基部稍肩，熟时外种皮金色有白粉；种核长宽厚比为2.4:1.9:1.4，核重3.2g，核形指数1.26，广椭圆形，略扁，先端微尖，而基部近圆钝，色洁白光滑。10月成熟，丰产。核仁无异味苦味。

台州TC3号

主产浙江台州。树龄140年，树高24.5m，枝下高6m，胸围367cm，冠幅10m×10m，冠高18.5m。前几年仅产种实200kg（附近无雄株，又无法施肥，冠下为石板路、民房），1993年产500kg。种实近圆形，个别倒卵形，外种皮成熟时呈橙黄色，长宽比为3.0:2.9，重17.5g；种核长宽厚比为2.5:2.0:1.5，核形指数1.32，重3.5g，最大核重4.5g，色洁白，核仁极饱满，无苦涩味。

台州TP4号

主产浙江台州。树龄30年，由萌蘖长成，树高17m，胸径35cm，冠幅9m×8m，枝下高7m，由于打枝过度，冠层小，近几年产种实150～200kg，种实长宽比为3.2:2.8，重18g；种核长宽厚比为2.6:1.8:1.45，重3.5g，核形指数1.44。色洁白、饱满，口味好。9月底成熟。

台州TQ5号

主产浙江台州。树龄100年，树高16m，胸径65cm，冠幅12m×9m，枝下高6m。近几年产种实150～200kg；种实长宽比3.0:2.7，重17g；种核长宽厚比为2.5:1.7:1.4，重3.2g，核形指数1.47；肉色洁白，饱满，口味好。10月上旬成熟。

台州TS6号

主产浙江台州。树龄35年，树高15m，冠幅7m×6m，近几年产种实50kg，种实长宽比为2.7:2.8，重17.5g；种核长宽厚比为2.2:2.1:1.5，重3.3g，核形指数为1。10月底成熟。

金华垂枝

又名金02号垂枝银杏。属佛手类。原产浙江金华。原古树产于1964年砍伐后由村桩萌蘖发育成树。位于民房旁菜园内。离树2m处有一座渗漏蓄粪池，肥水条件甚好，故生长旺盛，连年丰产稳产。树龄30年，树高12m，胸径25cm，冠幅5m×7m。平均单果重15.5g，种实纵径3.2cm，横径2.9cm，种柄长3.3cm。种核长宽厚比为2.85:1.78:1.70，单核重3.52g，壳银白色。形态成熟期9月下旬（郑挺杨等，1996）。

金华马铃

又名金04号马铃银杏。原产浙江金华，人工栽植实生树，位于宅基地中。立地条件较优。树龄25年，树高10m，胸径24cm，冠幅5m×7m。树冠呈伞型，主枝开张。平均单果重15.2g，种实纵径3.1cm，横径2.9cm，种柄长2.8cm。种核长宽厚比为2.4:2.0:1.8，单核重3.15g，壳乳白色。形态成熟期10月上旬。

金华佛手-06号

又名金06号佛手银杏。原产浙江金华早熟品种。原古树二次砍伐，现树为1974年砍伐后在树桩上萌蘖发育而成。双主干东西紧靠排列，胸径相等均为30cm。树龄21年，树高11m，树冠开张，生长势旺盛，种实纵径3.1cm，横径2.8cm，平均单果15.6g，种柄长3.3cm，成熟时种皮橘黄色外被白粉。种核长宽厚比为2.7:1.8:1.7，单核重3.33g，壳白色。8月下旬至9月初成熟，表现出明显的早熟特性。

金华佛手大果

又名金07号佛手银杏。原产浙江金华，中熟品种。人工栽植实生树，主枝被砍较多。塔形树冠，树龄25年，树高9.5m，胸径25cm，冠幅4m×7m。种实纵径3.3cm，横径2.7cm，平均单果重15.7g。种核外形长宽厚比为2.8:1.9:1.75，单核重3.25g，壳乳白色。形态成熟9月底。

长兴县核用银杏优株（李志勤等，2001）。

CY1大佛手

产地为小浦南周村，承包户为周耀金，树龄15年，冠形为开心形，胸径21cm，树高5m，枝下高1.3m，冠幅（东西×南北）5.3m×6.m，结实层厚度3.6m，1m长度短枝48个，球果纵径4.1cm，横径3.1cm，每千克79粒，种核纵径3.2cm，横径1.8cm，每千克344粒，平均单核重2.91g，最大单核重4.06g，平均单株年产量26.7kg，1999年单株年产量40kg，1997年单株年产量20kg，1996年单株年产量20kg。

CY2大佛手

产地为小浦南周村，承包户为周坤树，树龄130年，冠形为疏散，胸径58cm，树高9m，枝下高2.0m，冠幅（东西×南北）11.9m×8.3m，结实层厚度6.5m，1m长度短枝110个，球果纵径4cm，横径3.1cm，每千克82粒，种核纵径2.9cm，横径1.9cm，每千克350粒，平均单核重2.86g，最大单核重3.40g，平均单株年产量136.7kg，1999年单株年产量150kg，1997年单株年产量130kg，1996年单株年产量130kg。

CY3梅核

产地为小浦南周村，承包户为泮培华，树龄150年，冠形为疏散，胸径74cm，树高14m，枝下高1.3m，冠幅（东西×南北）10.0m×12.8m，结实层厚度11.5m，1m长度短枝85个，球果纵径3cm，横径2.9cm，每千克81粒，种核纵径2.8cm，横径1.8cm，每千克338粒，平均单核重2.96g，最大单核重3.51g，平均单株年产量150.0kg，1999年单株年产量160kg，1997年单株年产量110kg，1996年单株年产量180kg。

CY4大圆头

产地为小浦方一村，承包户为蒋南成，树龄52年，冠形为疏层，胸径48cm，树高13m，枝下高3.7m，冠幅（东西×南北）10.2m×10.8m，结实层厚度9.0m，1m长度短枝78个，球果纵径3cm，横径2.9cm，每千克78粒，种核纵径2.7cm，横径2.0cm，每千克292粒，平均单核重3.43g，最大单核重4.52g，平均单株年产量90.0kg，1999年单株年产量80kg，1997年单株年产量100kg，1996年单株年产量90kg。

CY5大佛手

产地为小浦方一村，承包户为蒋新明，树龄160年，冠形为疏层，胸径55cm，树高13m，枝下高4.0m，冠幅（东西×南北）8.8m×12.1m，结实层厚度8.5m，1m长度短枝46个，球果纵径3.8cm，横径2.9cm，每千克78粒，种核纵径3.1cm，横径2.0cm，每千克316粒，平均单核重3.17g，最大单核重4.21g，平均单株年产量173.3kg，1999年单株年产量150kg，1997年单株年产量270kg，1996年单株年产量110kg。

CY6大佛手

产地为煤山新升村，承包户为杜海堂，树龄50年，冠形为疏层，胸径62cm，树高16m，枝下高5.0m，冠幅（东西×南北）8.5m×8.0m，结实层厚度9.8m，1m长度短枝42个，球果纵径3.5cm，横径2.8cm，每千克85粒，种核纵径2.8cm，横径1.8cm，每千克352粒，平均单核重2.84g，最大单核重3.62g，平均单株年产量93.3kg，1999年单株年产量110kg，1997年单株年产量90kg，1996年单株年产量80kg。

CY7大佛手

产地为煤山新升村，承包户为荆炜林，树龄30年，冠形为疏散，胸径46cm，树高12m，枝下高2.0m，冠幅（东西×南北）8.0m×8.0m，结实层厚度9.5m，1m长度短枝42个，球果纵径3.8cm，横径2.6cm，每千克86粒，种核纵径2.7cm，横径1.7cm，每千克360粒，平均单核重2.80g，最大单核重3.43g，平均单株年产量53.3kg，1999年单株年产量68kg，1997年单株年产量42kg，1996年单株年产量50kg。

CY8大佛手

产地为煤山大安村，承包户为应阿华，树龄70年，冠形为疏散，胸径86cm，树高13m，枝下高2.3m，冠幅（东西×南北）10.0m×11.0m，结实层厚度10.3m，1m长度短枝48个，球果纵径4.0cm，横径2.8cm，每千克82粒，种核纵径3.2cm，横径1.8cm，每千克334粒，平均单核重2.99g，最大单核重4.18g，平均单株年产量110.0kg，1999年单株年产量110kg，1997年单株年产量120kg，1996年单株年产量100kg。

CY9大圆头

产地为长桥张家桥村，承包户为高新加，树龄60年，冠形为疏层，胸径38cm，树高12m，枝下高6.0m，冠幅（东西×南北）10.0m×10.0m，结实层厚度5.0m，1m长度短枝45个，球果纵径2.9cm，横径2.6cm，每千克88粒，种核纵径2.6cm，横径1.9cm，每千克353粒，平均单核重2.84g，最大单核重3.53g，平均单株年产量89.3kg，1999年单株年产量103kg，1997年单株年产量95kg，1996年单株年产量70kg。

CY10大佛手

产地为二界岭云峰村，承包户为李月红，树龄25年，冠形为疏散，胸径21cm，树高7m，枝下高2.5m，冠幅（东西×南北）3.0m×4.0m，结实层厚度4.0m，1m长度短枝40个，球果纵径4.1cm，横径3.1cm，每千克80粒，种核纵径3.2cm，横径1.8cm，每千克333粒，平均单核重3.01g，最大单核重4.21g，平均单株年产量100.0kg，1999年单株年产量120kg，1997年单株年产量100kg，1996年单株年产量80kg。

十一 福建优系或优株

据周良才等（1994）报道，福建优良单株及优系共8个。

金果佛手

又名闽沙1号，位于福建沙县高桥乡桂岩村，海拔660m，树高6m，胸径1.1m，双中心干，冠幅13m×15m，树龄约800年，生长仍枝茂叶盛，分枝力强，枝密而下垂。种实成熟时外种皮金黄色，种实形似橄榄，长椭圆形或长倒卵形，先端微圆，顶端微凸起，中部广阔，而中部以下明显狭窄，基部缩小，且稍歪斜。纵横径平均为3.28cm×2.26cm，种柄微弯曲，长约8cm，种核狭长椭圆形，尖端圆钝，顶有凸尖，下方渐狭窄，基部尖，有两小凸，纵横径平均为2.80cm×1.40cm，厚为1.20cm，每千克有400粒。出核率为25%，出仁率为68%。胚乳为黄白色，无苦味，结果性能良好，丰产、稳产。结种枝结种8～9个，平均5.6个，1988～1991年每年产种核200～300kg。花期4月5日至4月13日，种熟期8月下旬至9月初，属中早熟种，是当地群众公认的最好优株。

猪母杏

小佛手，又名闽龙1号，植株位于福建尤溪县中仙乡善林村，海拔410m，树龄约500多年，树势强健，树体高大，枝叶茂盛。主干高6.5m，胸径粗0.96m，树高18m，冠幅10m×13m，分枝13层，分枝角度开张，树冠外围结种基枝多下垂。结果性能良好，丰产稳产，短结种枝结种2～9个，平均4.8个。种子中等大，长椭圆卵形，顶端圆钝而稍瘦，种蒂微凹，近圆形，种皮成熟时橙黄色，油胞明显，有白果粉，纵横平均为3.88cm×2.72cm，平均重为12.75kg，种核长卵状长椭圆形，纵横径平均为 2.78cm×1.64cm，厚1.39cm，每千克340粒，出核率为23.0%，出仁率为68.4%，胚乳乳白色，无苦味、甘美。1988～1990年年产种核150～250kg，种大、质优、洁白，深受群众欢迎。花期4月4日至4月10日，种子成熟期8月底至9月初，属中早熟种。

闽尤2号

佛手，植株位于福建尤溪县联合乡东边村，海拔640m，树龄约600余年，树势壮旺，树体高大，主干高4m，1.5m处胸径径粗1.1m，树高20m，分枝16层，冠幅11m×12m，最下层分枝开张角度大，侧枝上的结种基枝多下垂，中上层的分枝开张角度中等。结种性能很好，短结种枝结种3～9个，平均5.6个，种子中等大，椭圆倒卵形，先端圆钝顶点微凹，种蒂微凹，近椭圆，成熟时种皮橙黄色，油胞微隆，白果粉较厚。纵横径平均3.16cm×2.70cm，单果平均为12.45g。种核长倒卵圆形，纵横径平均2.70cm×1.60cm，厚1.4cm，每千克342粒，出核率为23.50%，出仁率为68.50%，胚乳黄白色，无苦味。1989～1991年年产种200～250kg。花期4月4日至4月9日，种子成熟期8月底至9月上旬，为中早熟种。

闽水铃

又名闽水1号，大马铃，位于福建永安西洋乡岭头村。海拔490m，树龄约400余年，树体高大，树势强壮，枝叶繁茂，主干高3m，胸围3.1m，树高26m，冠幅7.35m×11.30m，分枝11层，下层分枝开张角度大，呈水平伸展，侧枝和结种基枝多下垂，中上层分枝开张角度依次渐小，构成广卵形树冠，结种性能好，立体结种，每结种枝结种2～8个，平均4.8个，种实大，广卵圆形，顶端圆钝，而基部微平阔，顶点显然凸起而为小尖头，纵横径平均为3.25cm×2.88cm，平均单种重4.5g，种梗扁，长4cm，核丰肥，椭圆形，中部以上始见棱线，翼不明显，两端有小尖，纵横径平均为2.68cm×1.77cm，每千克有320粒，出核率21%，出仁率70%，胚乳乳白色，无苦味，丰产、稳产，1989～1991年年产种核100～150kg。花期4月8～4月10日，种核成熟期8月底至9月上旬，为早熟种。

早马铃

又名武夷3号，位于福建武夷山市下阳乡厅下村，半山腰，海拔500m，树高8m，胸围2.8m，树冠呈乱头形，分支5层。种实广椭圆形，顶圆钝而基部平阔，顶点有小尖头，纵径平均为3.05cm×2.87cm，种梗扁，长约3cm。种核特别丰肥，先端钝尖，基部园宽，中部以上始见棱线，翼不明显，纵横径2.44cm×1.65cm，厚为1.40cm，每千克有392粒。出核率22%、出仁率69%，胚乳黄红色，苦味不明显。丰产，花期4月4日至4月8日，种实8月中旬成熟，为早熟种。

大早铃

又名大果早熟马铃、邵武1号，位于福建顺昌卫闽乡与顺昌大干乡交界的童阳际村，树高9m，树冠广卵圆形，顶端凸起有小尖头，纵横径2.61cm×2.32cm，果梗中长，3.2cm。种核广椭圆形，先端微尖，基部圆钝，纵横径为2.10cm×1.60cm，厚1.21cm，每千克320粒，出核率21%，出仁率68%，4月上旬开花，8月中旬成熟。

闽尤梅核3号（图3-270）

母树位于福建尤溪县中仙乡，树高16.5m，胸径0.95m，树龄400年。纵横径2.61cm×2.32cm，果梗长3.5cm。种核广椭圆形，先端微尖，基部圆钝，纵横径为2.00cm×1.50cm，厚1.31cm，每千克320粒，出核率22%，出仁率67%，4月上旬开花，8月中旬成熟。

闽顺2号

大梅核，植株位于福建顺昌大干乡宝山海拔700m，树龄约700年，树体高大，主干高2m，胸径1.3m，树高19m，冠幅8.5m×8.0m，分枝9层，开张角度中等，结种性能好，立体结种，短结种枝结种3～8个，平均结种4.5个，种实大，心脏形，先端圆钝，顶点平，种梗短，长1.5～2.0cm，种核为广椭圆形，种核丰肥，侧棱线离基部不远，呈翼状边缘，纵横径平均为2.10cm×1.64cm，每千克360～380粒，出核率21%，出仁率68%，苦味不明显。1988～1991年年产种核75kg，花期4月3～8日，种实成熟期8月下旬。

三叉果

又名多胚珠银杏。原株在福建尤溪县北部联合乡东边村里屋边，海拔620m，树龄约500余年，枝叶茂盛，长势壮旺。主干高5m，胸径1.2m，树高16m，分枝12层，冠幅10m×11m，树冠下层分枝开张角度大、平展，侧枝上的结种基枝多下垂；中层分枝角度小，向上伸展，树冠呈尖塔形。结种基枝上密集生长2～3cm的短枝。短枝上顶端丛生5～9张叶片，叶片为宽扇形，宽5.0～5.3cm，叶柄长2.0～8.0cm。长枝基部叶柄短、叶片小，中上部叶片叶柄长，叶片大。不论是长枝或短枝上的叶都较同村的银杏的叶片更宽广、肥大、油绿。

优株的雌花近半数为通常典型的双胚珠雌花，花柄较短粗1.3～2.2cm，胚珠发育饱满，结实率高。另有约30%的雌花花柄顶端着生星状3胚珠和4胚珠。3胚珠雌花，丰产年份结实率高，近50%的雌花3胚珠都能发育结实，群众称为三叉果。其余的3胚珠雌花，

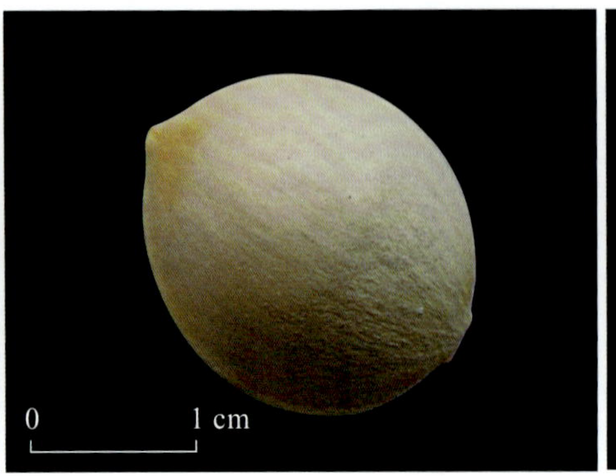

图3-270 闽尤梅核3号

图3-271 四川万源1号

图3-272 四川万源2号

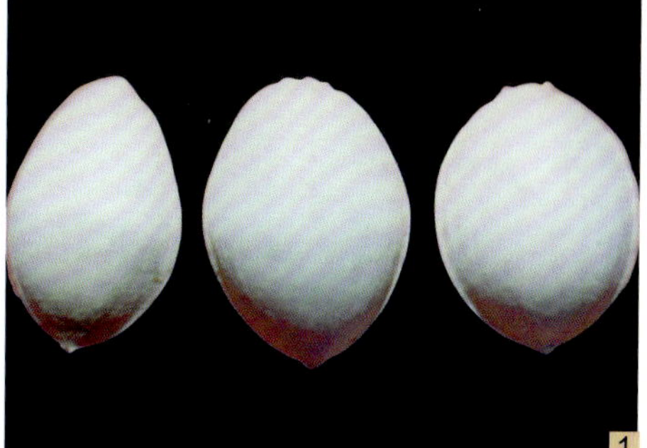

图3-273 四川万源3号
（注：1. 左：四川万源3号，中：贵州印江19号，右：广西华口大果；2. 左：四川万源3号，右：广西华口大果；3. 四川万源3号）

仅有1～2胚珠发育结实，其余胚珠萎缩，或在胚珠开始膨大始期整朵花带花柄自花柄基部分离脱落。星状4胚珠雌花仅有少数花顶端两胚珠发育结实形成双果，基部两胚珠萎缩不育，多数花自花柄基部分离脱落。"十"字分歧多胚珠雌花仅有少数花序单端胚珠发育结实，左右两侧分生的胚珠萎缩，粗看为双胚珠的双果。大多数"十"字分歧多胚珠的雌花4月底5月初自花序总轴基部分离脱落。

优株的物候期早，据1992～1995年观察：萌芽期3月7～15日，展叶期3月15日～4月3日，开花期4月5～11日；新梢生长期3月15日～6月15日，硬核期6月10～15日，总轴基部分离脱落。短种枝上发育的胚珠，4月上旬开花吐水，水珠大，持续3～4天。4月底胚珠开始发育膨大，5月种实生长迅速，6月中旬种实已开始定型，8月下旬黄熟，12月上中旬，早霜来临后开始落叶。根据1994～1996年观察，优株物候偏早。

每个短种枝结实5～14个，平均9.6个。种实倒卵形，先端圆钝，顶点微凹，种蒂微凹近椭圆形，成熟种皮橙黄色，油胞微隆，白果粉厚。纵横径3.20cm×2.30cm，平均重12.45g，出核率24%。种核长倒卵形，先端圆钝，顶部有凸尖，基部小，其二束迹，每千克335粒，出仁率70%，平均单核重3.0g。属中早熟佛手类型。由短果枝顶端双胚珠或多胚珠发育结实形成的双果或三果聚集形成如葡萄果一样的果穗，一串串挂满枝头，布满树冠。1994～1996年产种200～250kg。

十二 四川优系或优株

四川万源1号（图3-271）

种实稍圆，果型大，卵圆，顶端渐尖，顶点稍明显，基部平广，果蒂圆形，果粉中等，果柄中等，橙黄色；种实长2.80cm，宽2.82cm，厚2.84cm，柄长3.10cm，种实重14.3g，种实数70.08个/kg，出核率22.10%，果形系数22.35，果皮厚0.67cm；种核大，基部稍平，背腹稍平，每面2～3个点，顶端尖，顶点有尖，侧棱上4/5明显，背腹圆厚胖，基部二束联生为一体，梅核类；种核长2.35cm，宽1.82cm，厚1.49cm，种核重2.99g，种核数334.81个/kg，出仁率76.47%，核形系数6.42；种仁重2.25g，种仁数445.17个/kg；外皮黄酮含量2.0417%，种仁黄酮含量0.1153%。

四川万源2号（图3-272）

种实中等大，果长形，顶端渐尖，顶点稍明显，基部平广，果蒂圆形，油胞稀小，果粉中等，果柄中等，浅黄；种实长2.92cm，宽2.65cm，厚2.62cm，柄长3.31cm，种实重12.90g，种实数77.77个/kg，出核率20.39%，果形系数20.50，果皮厚0.66cm；种核麻点1～2个，仁甜，非正托，中隐线明显，椭圆形，顶端渐尖，顶点有尖，侧棱上3/5明显，背腹稍胖基部联生一体；种核长2.51cm，宽1.73cm，厚1.31cm，种核重2.66g，种核数377.07个/kg，出仁率77.03%，核形系数5.76；种仁重2.04g，种仁数491.15个/kg；外皮黄酮含量1.8202%，种仁黄酮含量0.1812%。

四川万源3号（图3-273）

种实果型大，稍长，种梗中等，阔椭圆形，顶端渐尖，顶点平广，基部平广，凹入，油胞密，椭圆，果粉中等，果柄中等，桔黄；种实长2.92cm，宽2.87cm，厚2.77cm，柄长3.21cm，种实重14.66g，种实数68.24个/kg，出核率22.82%，果形系数22.52，果皮厚0.65cm；种核基部两点，中隐线不明显，尾二点状，腹稍平，核较胖，阔椭圆，顶端渐尖，顶点有尖，侧棱上4/5明显，背腹不显，有3～5个麻点，基部二点状，马铃类；种核长2.48cm，宽1.90cm，厚1.46cm，种核重3.35g，种核数298.35个/kg，出仁率76.73%，核形系数6.86；种仁重2.57g，种仁数388.68个/kg；外皮黄酮含量1.9412%，种仁黄酮含量0.1959%。

四川万源4号（图3-274）

种实大果形，果稍长，阔椭圆，顶端渐尖，顶点尖，基部平广，油胞稀大，果粉中等，果柄中等，橘黄；种实长3.10cm，宽2.97cm，厚2.93cm，柄长3.77cm，种实重16.39g，种实数61.42个/kg，出核率21.56%，果形系数27.35，果皮厚0.68cm；种核大核，5～7个点，大果，顶端渐尖，顶点不显，侧棱上4/5明显，背腹不显，基部联生，梅核类；种核长2.54cm，宽2.14cm，厚1.57cm，种核重3.71g，种核数271.48个/kg，出仁

图3-274 四川万源4号

图3-275 四川万源5号

图3-276 四川万源6号

图3-277 四川万源7号

率65.33%，核形系数8.54；种仁重2.36g，种仁数428.9个/kg；外皮黄酮含量1.8925%，种仁黄酮含量0.1879%。

四川万源5号（图3-275）

种实圆形，果中等，种梗长，圆形，顶端稍平，顶点平广，基部平，圆形蒂，油胞稀小，果粉中等，果柄长，浅黄；种实长2.67cm，宽2.88cm，厚2.95cm，柄长4.63cm，种实重14.35g，种实数69.62个/kg，出核率19.24%，果形系数22.04，果皮厚0.77cm；种核中隐线明显，壳光滑，麻点1～2个，中间大，顶端渐尖，顶点有尖，侧棱上4/5明显，中线稍显，基部联生一体，中梅核类；种核长2.55cm，宽1.88cm，厚1.44cm，种核重2.79g，种核数358.53个/kg，出仁率73.77%，核形系数6.80；种仁重2.07g，种仁数485.14个/kg；外皮黄酮含量1.8276%，种仁黄酮含量0.2156%。

四川万源6号（图3-276）

种实中等大，成熟，卵圆形，顶端渐尖，顶点稍明显，基部平广，稍凸，油胞中等棕色卵圆形，果粉中等，果柄较长，橘黄色；种实长2.78cm，宽2.52cm，厚2.52cm，柄长3.17cm，种实重10.61g，种实数94.57个/kg，出核率24.22%，果形系数17.60，果皮厚0.57cm；种核基部联生或二点状，麻点1～2个，中线明显，中下部最宽，长形，顶端有尖，顶点尖，侧棱上4/5明显，背腹均胖，不明显，马铃类；种核长2.40cm，宽1.75cm，厚1.38cm，种核重2.63g，种核数380.92个/kg，出仁率80.26%，核形系数5.83；种仁重2.21g，种仁数453.70个/kg；外皮黄酮含量2.1614%，种仁黄酮含量0.2078%。

四川万源7号（图3-277）

种实圆形，果型大，卵圆形，顶端稍平，顶点不明显，基部平广，果蒂凹入，油胞稀大，圆形，果粉中等，果柄中等，浅黄色；种实长2.88cm，宽3.13cm，厚2.97cm，柄长4.12cm，种实重16.11g，种实数62.12个/kg，出核率19.26%，果形系数28.31，果皮厚0.76cm；种核大核，核宽而钝，胖，核体稍扁，中线稍显，核壳光滑，有1～2个点，椭圆形，顶端渐尖，顶点有尖，侧棱上3/5明显，背圆腹平，中隐线明显，基部联生成二点状，梅核类；种核长2.38cm，宽1.89cm，厚1.44cm，种核重3.02g，种核数331.95个/kg，出仁率73.05%，核形系数6.50；种仁重2.32g，种仁数432.03个/kg；外皮黄酮含量1.8038%，种仁黄酮含量0.1584%。

四川万源8号（图3-278）

种实果中形，顶端尖，圆形，顶端稍尖，顶点渐尖，基部平，凹入，油胞稀小，圆形，果粉中等，果柄中等，浅黄；种实长2.63cm，宽2.72cm，厚2.72cm，柄长2.75cm，种实重11.92g，种实数83.91个/kg，出核率21.45%，果形系数19.46，果皮厚0.66cm；种核有1～2个点，中线不显，背腹均胖，中间大，顶端渐尖，顶点有尖，侧棱上4/5明显，中线稍显，基部联生一体，中梅核类；种核长2.18cm，宽1.76cm，厚1.41cm，种核重2.53g，种核数396.03个/kg，出仁率74.01%，核形系数5.37；种仁重1.87g，种仁数535.36个/kg；外皮黄酮含量1.4784%，种仁黄酮含量0.2011%。

图3-278 四川万源8号

四川万源9号（图3-279）

种核颜色青，油胞大，卵圆形，顶端渐尖，顶点稍明显，基部平广，圆形，油胞稀大，圆形，果粉中等，果柄中等，浅黄色；种实长2.92cm，宽2.91cm，厚2.88cm，柄长4.01cm，种实重15.12g，种实数66.17个/kg，出核率25.97%，果形系数24.67，果皮厚0.63cm；种核大，顶端胖钝宽，背腹均匀，2～3个点，椭圆形，顶端渐尖，顶点有尖，侧棱上3/5明显，背腹均胖，基部联生一体，凸出；种核长2.52cm，宽1.97cm，厚1.62cm，种核重3.89g，种核数257.31个/kg，出仁率74.98%，核形系数8.04；种仁重2.99g，种仁数334.80个/kg；外皮黄酮含量2.2197%，种仁黄酮含量0.1152%。

据朱益川等（1999）报道，四川有8个优株。

大圆籽

又名川银-01，树龄55年，树高16.2m，胸径42.0cm，冠幅8.2m×9.5m，树形完整，树冠圆锥形，生长旺盛，分枝力强，株产白果50kg。球果近圆形，熟时橙黄色，顶具小尖，外种皮皱缩，被薄白粉。蒂盘呈长椭圆形，明显下凹。果柄长约5cm，粗壮略弯曲。种实大小为2.87cm×2.76cm，单果重14.2g，每千克粒数70粒。外种皮薄，出核率为26.6%。种核为圆子类，近圆形，顶具不明显之小尖，中部鼓起，具丰满状。基部圆阔，两束迹点小，间距约1.0mm。两侧棱线明显，多呈窄翼边缘。种类大小为2.37cm×2.00cm×1.61cm，单粒种核平均重3.79g，最重可达4.0g，每千克264粒，出仁率为75.5%。该树龄较幼，结实能力强，树冠投影面积产核量达813g/m²。种核粒大饱满，色白光洁，外形美观。种仁味甜性糯，品质上乘，具有极好的商品价值。当地利用该树穗条，已培育嫁接苗约5万株用于造林。

川银-03号

树龄65年，树高21.0m，胸径41.0cm，冠幅6.5m×10.2m，主干通直，树冠圆锥形，株产白果50kg。球果卵圆形，熟时浅黄色，顶具小尖，外种皮棱状，油胞明显，被极薄白粉。果柄长约3.2cm，斜向直立。蒂盘明显凸出（约2mm），圆形或椭圆形。种实大小为2.79cm×2.55cm，单果重11.17g，每千克90粒，出核率23.5%。种核为马铃类，卵圆形，顶具凸尖，中部最宽处似有不明显之环痕。基部两束迹迹点较小，间距约2.2mm。两侧棱线明显，偶呈翼状边缘。种核大小为2.39cm×1.68cm×1.33cm，单粒种核平均重2.62cm，每千克382粒，出仁率75.0%。该树结实性能优良，单位树冠投影面积产核量为913g/m²。种核大小均匀，外形美观，种仁味甜性糯口感佳，唯种核略小。

川丰

又名川银-07号，树龄130年，树高23.0m，胸径77.0cm，冠幅12.6m×17.5m，树干通直，生长茂盛，分枝力强，树冠圆头形，年均产核量150kg以上。球果圆形，熟时橙红色，被薄白粉，油胞明显。果柄长约3.28cm，较直立。蒂盘圆形或椭圆形，周缘整齐，较规则。种实大小为2.71cm×2.61cm，单果重12.02g，每千克83粒，出种率25.7%。种核为圆子类，圆形，顶具凸尤，先端圆钝，下部圆阔。基部两束迹迹点小，间距约2.0mm。两侧棱线从上至下均呈翼状边缘。种核大小为2.30cm×1.96cm×1.48cm，单核种核平均重2.90g，每千克345粒，出仁率76.5%。该树已进入盛果期，丰产稳产性好，单位树冠投影面积产核量达958g/m²，唯种核大小不匀是其缺点。

川优

又名川银-17，种核马铃类，宽卵形，先端圆钝，顶尖不明显，核壳两面均具不规则针孔状凹点。基部两束迹迹点明显突出，间距2.0～3.5mm。两侧棱线明显，多不呈翼状。种核大小为2.45cm×1.68cm×1.35cm，单粒种核平均重2.64g，每千克379粒，出仁率75.1%。种核色白，大小均匀，外形美观，种仁质地细腻、香甜、糯性强、风味佳。

川银-21号

树龄50年，树高22.5m，胸径50.9cm，平均冠幅13.0m，树形完整，树冠圆锥形，生长旺盛，株产白果55kg。球果宽卵形，熟时橙黄色，被薄白粉，先端圆钝，略具小尖。基部蒂盘近圆形，周缘较整齐，表面平或微凹。果柄中粗较直立，长约4.11cm。单果重12.05kg，每千克83粒，出核率达28.0%。种核马铃类，宽卵形，顶具小尖，中部鼓起，较丰满，表面色白光洁，大小均匀。基部两束迹迹点明显，间距约2.8mm。两侧棱线中上部明显，均不呈翼状边缘。单核种核平均重3.38g，每千克290粒，出仁率78.11%。该树生长旺盛，较早实，种核粒大饱满，色白光洁，外表美观，种核味甜、糯、品质上乘，具有很好的发展前途和推广价值。

川梅籽

又名川银-26，树龄180年，树高23.0m，胸径70.0cm，平均冠幅13.0m，树冠圆顶形，株产白果125kg。球果椭圆形，熟时呈黄色，单果重13.65g，每千克73粒，出核率24.9%。种核为梅核类，宽卵形，先端圆阔，顶具小尖。基部两束迹迹点小，间距3.0mm。两侧棱线明显，中上部呈翼状边缘。种核大小为2.50cm×1.72cm×1.46cm，单粒种核平均重2.72g，每千克368粒，出仁率77.2%。该树生长旺盛，丰产性好，单位冠影面积产核量达942g/m²。种核为梅核类中的大粒者，种仁味清香，微苦、糯性极好。

川银-28号

树龄150年，树高20.0m，胸径110.0cm，平均冠幅12.0m，生长旺盛，树形完整，树冠圆锥形，株产白果100kg。种核为马铃类，宽卵形，略扁，顶具小尖，下部宽平。基部两束迹迹点小，间距1.8mm。两侧棱线明显，略呈翼状边缘。种核大小为2.52cm×1.79cm×139cm，单粒种核平均重2.70g，每千克370粒，骨质中种皮薄，出仁率达80.3%。该树已进入盛果期，丰产稳产性好，单位树冠投影面积产核量为884g/m²，核壳薄，出仁率高，种仁质地细腻，味甜，性糯，品质上乘。

蝌蚪果

又名川银-29，树龄28年，种核为佛手类，长倒卵形，先端圆钝，略具小尖。核壳光洁，两面均具不规则针孔性凹点。下部狭窄，尾秃尖（似蝌蚪状）。基部两束迹迹点小，间距约1.8mm，或聚为一点。两侧棱线仅上部可见，中部以下均不明显。种核大小为2.54cm×1.72cm×148cm，单粒种核平均重3.10g，最重可达3.50g，每千克323粒。骨质中种皮薄，出仁率达81.3%。该树较幼，近年刚进入结实期，产种量尚不稳定。但种核粒大饱满，大小均匀，种壳薄，出仁率高；种仁味甜，糯性好，品种上乘，具有极好的推广价值。

十三 云南优系或优株

据黄佳聪等（2002）报道，云南保山有4个优良单株。

界头大白果

出核率15.8%，单核重2.16g，品质甜糯，

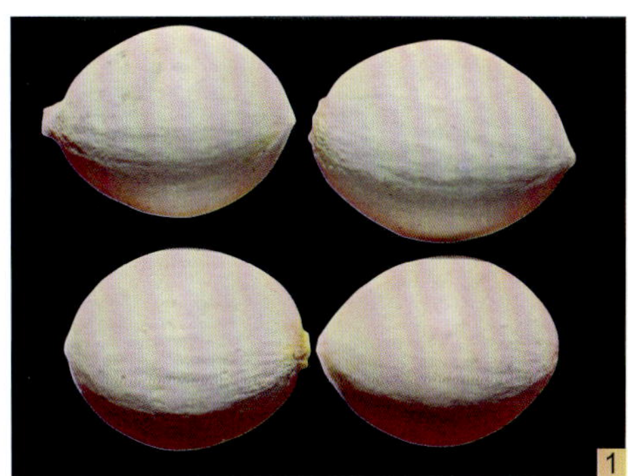

图3-279 四川万源9号

注：1.上：湖北23号（左），四川9号（右），下：贵州19号（左），海洋皇（右）；2.左：广西海洋皇，右：四川万源9号；3.四川万源9号

图3-280　山东马铃（0003号）（上），广东南雄马铃（下）

主要特征：核果短圆形，熟时黄色，种核椭圆形，核有棱而翼不明显，树势强，树冠开张。

曲石大圆白

出核率18.0%，单核重2.70g，品质微苦，主要特征：核果扁圆形，熟时橘黄色，种核扁圆形，核有棱而翼不明显，饱满，丰产性能好，雨季有裂果，树势强。

腾冲大梅核

出核率26.0%，单核重3.40g，品质甜糯，主要特征：核果扁圆形，熟时橙黄色，种核椭圆形略扁，顶端微凹，棱线及翼明显，丰产性好，树势强。

永昌大白果

出核率26.2%，单核重3.10g，品质甜，主要特征：核果近圆形，熟时橙黄色。种核倒卵形，两面差别明显，有翼，树势强，成枝易，丰产性好。

十四　广东优系或优株

南雄坪田白果

广东南雄白果享誉我国港澳、东南亚、日本等国家和地区，香港店家出售白果挂牌"南雄坪田白果"。南雄白果分油山和坪田2个品系。油山品系主干通直、枝条细长、果形圆、根蘖苗较少；坪田白果根蘖力强，丛生普遍，果粒大、壳薄，洁白，胚芽隐没。种实长：宽为2.12:1.56，出核率22%，出仁率78.3%，种仁饱满，可食率高，高蛋白低脂肪。蛋白质含量108.9g/kg，淀粉651.0g/kg，脂肪78.8g/kg，游离氨基酸18.9g/kg，蔗糖25.0g/kg、还原糖30.8g/kg，维生素C为0.04g/kg。

顺德大佛手

该株位于广东顺德市清晖园内。芽萌初期3月中下旬，4月中上旬开花，9月初种子成熟。该母树150年生，为广东境内唯一一株北纬24°以南，年均气温22℃以上能正常开花结实优株。种核端部有或长或短的尖吻。外观较圆，种蒂明显。种核长×宽×厚为1.97cm×1.21cm×1.12cm。长：宽：厚为1:0.61:0.57，即冠状面长形，横切面圆形。种仁蛋白质含量88.2g/kg，淀粉665.1g/kg，脂肪66.0g/kg，游离氨基酸8.6g/kg，蔗糖24.4g/kg，还原糖70.9g/kg，维生素C为0.16g/kg。成熟叶片过氧化物同功酶（POD）活力0.1 V/mg蛋白（梁红等，2002）。

南雄马铃（图3-280）

种实长2.59cm，宽2.60cm，厚2.60cm，柄长2.40cm，种实重8.9799g，种实数111.36个/kg，出核率24.69%，果形系数17.51，果皮厚0.58cm；种核顶端微尖或凹入，侧棱上2/5明显，下不明显，核体圆，基部二束尾状凸出，中隐线不太明显，最明显特点胖圆，背腹有尾状，似马铃9号；种核长2.23cm，宽1.70cm，厚1.44cm，种核重2.2074g，种核数453.02个/kg，出仁率66.86%，核形系数5.48；种仁重1.3735g，种仁数728.07个/kg；外皮黄酮含量1.88%，种仁黄酮含量0.198%。

十五　重庆优系或优株

渝天绿佛手（OO-F）

该银杏单株树龄有300多年，位于重庆市璧山县境内。树高在25m以上，胸径1m，根基有3个根萌蘖，在500m外有一雄树。种实长圆球形，属佛手类，暂定名渝天绿佛手。种柄长4.01cm，种实纵径2.85cm，横径2.56cm，种形指数为1.12；种托纵轴向长1.08cm，横轴向长0.97cm，纵横轴长比为1.12，平均单种13.06cm。种核长倒卵形，单核重3.51g，纵径2.48cm，横径1.81cm，核形指数为1.37；厚1.56cm，饱满度为86.0%，出核率为27.0%；种仁平均重2.94g，出仁率为83.6%。白露成熟，外种皮金黄色，被有果粉。味微甜，糯性较强，品质佳。丰产性强，年株产种实可达500kg以上。耐贮性好，采用薄膜袋装，一年后种仁仍保持新鲜，品质不变。

丽天绿马铃(O1-F)

该树距OO-F仅10多米远，树龄相近，胸径0.9m，根基部有一较粗的萌蘖，树高25m以上。种实近于圆球形，属马铃类，暂定名丽天绿马铃。平均单位种重13.1g，种柄长3.48cm，种实纵径2.65cm，横径2.73cm，种形指数0.97；种托纵向轴长1.08cm，横向轴长0.97cm，纵横轴长比为1.12；平均核重3.00g，纵径2.19cm，横径1.75cm，核形指数为1.26，厚1.51cm，饱满度86.2%；平均仁重2.52g，出仁率83.7%。其成熟期与OO-F基本一致，可同期采收。味微甜，糯性强，耐贮性好，品质佳。丰产性强，产量高。

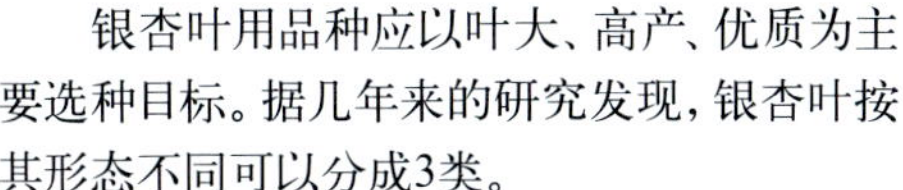

第四章 叶用银杏资源

银杏叶用品种应以叶大、高产、优质为主要选种目标。据几年来的研究发现，银杏叶按其形态不同可以分成3类。

1. 扇形叶

叶基线夹角<180°，顶端多二裂。大多数当年生枝段上的叶属此类。

2. 半圆形、三角形

这类叶叶基线夹角=180°，叶缘波状或不规则浅裂，大多无裂刻。成龄树短枝上的定型叶或品种嫁接树上的叶属此类，该类叶片产量较高。

3. 心形叶或肾形叶

这类叶基线夹角>180°，叶基向后弯曲，叶顶端大多二裂或多裂，缺刻明显，常呈掌状叶。大多数实生苗旺条、徒长枝上的叶为此类。

就目前研究结果，银杏叶用品种按其叶形、产品及质量来源不同可以分成3类。

（1）实生叶用银杏类 目前美国、法国的银杏采叶园均属此类。该品种群大多系从实生超级苗或直接从优良的种源内选出。叶形较大、多裂、大多为心形或肾形叶。在正常管理条件下，单叶面积可达100cm^2，叶长13～15cm，叶宽18～20cm，叶柄粗且长，长度8～10cm。裂刻数5～6个，个别裂刻深达10cm，好似将叶子分成几等份。单叶鲜重在1.5g左右，2年生苗株产鲜叶50g，3年苗株产鲜叶达200g，亩产鲜叶333.5kg（亩栽1667株）。叶内有效成分含量中等偏上。人们发现，某些银杏实生超级苗的单叶面积可达200cm^2，是值得开发的优良单株。

（2）高产叶用银杏类 这类品种大多从核用品种或实生成龄单株内选出，这类品种树冠紧凑、节间短、叶片大、叶色浓绿肥厚。这类品种的定型叶多为半圆形或三角形，萌条上的叶多为扇形，顶端全缘、微波状或不规则缺刻，个别有2裂，叶长5～9cm，叶宽6～10cm，叶柄长4～7cm，单叶面积30～50cm^2。单叶鲜重均在2.0g以上。通常嫁接后3年株产鲜叶300g以上，亩产鲜叶500kg以上。其产量高于实生叶用银杏类，叶内有效成分含量中等偏上。

（3）优质叶用银杏类 这类叶用银杏大多从实生种源、实生成龄树、超级苗或核用品种内选出，其最大特点，除产量中等偏上外，叶内有效成分含量较高。一般黄酮甙含量高达2.0%，内酯0.4%～0.5%以上。银杏在长期的近亲交配过程中，几乎纯化的自交群体相互杂交可以产生许多叶质优良的个体。通过山东、江苏、浙江、北京、广西、陕西、四川、贵州等地的不同产地、不同种源、不同树龄、不同性别的个体或群体初步调查表明，叶内有效成分，尤其是黄酮和内酯的含量相差甚大。内酯含量高的达0.4%～0.5%，低的仅0.01%～0.02%；黄酮含量也在1%～4%之间波动。当前，银杏种叶生产混合经营并不利于叶质的提高，从长远的观点看应尽快建立银杏高产、优质叶用基地，以扩大良种资源，进而提高叶子的产量和质量。

第一节 叶用品种

由山东农业大学主持的国家林业部“九五”项目“高黄酮甙银杏叶用良种选育”（邢世岩，2000）共筛选出高产叶用优株5个，高黄酮优株3个，高内酯优株3个。其主要经济性状如下：

高黄酮甙叶用品种。

‘黄酮F-1号’

母树性状。原株来自山东，雄株。树高15.9m，胸径0.72cm，树龄100年。生长旺盛。

植物学性状。标准叶菱形，边缘浅波状，基部楔形。裂刻1个，长×宽为5.5cm×0.8cm。油胞稀、团状、较大，分布在叶子中下部，叶绿色。接后3年短枝叶和长枝叶的形态指标：短枝叶长5.2cm，叶宽7.2cm，叶柄长4.3cm，叶面积22.5cm^2，鲜重0.69g，干重0.22g，含水量68.8%，夹角110°；长枝叶长6.6cm，叶宽8.8cm，叶柄长4.8cm，叶面积33.2cm^2，鲜重1.34g，干重0.43g，含水量67.7%，夹角106°。

生物学性状。接后成活率81.21%（cv, 53.15%），抽梢率86.67%（cv, 1.15%），每米长枝上：短枝数为32.64，二次枝数17.71，二次枝长49.69cm，叶数/短枝为5.05个，枝角53.53°，成枝力52.8%。接后3年砧木中径2.52cm，接口上粗2.74cm，冠幅143cm×169cm。单株新梢数37.8个，叶数1169片，枝条总长度13.1m。当年新梢长56.83cm，粗0.98cm，叶数/梢41.5个，叶面积系数2.32。

经济性状。莱州试验点连续3年黄酮甙测定结果表现为，2.96%（1年）、2.33%（2年）和1.96%（3年）。郯城分别达2.59%、1.77%和1.57%。药乡林场分别为2.85%、1.90%和2.38%。属高黄酮甙良种。内酯含量0.1342%，其中BB 0.0262%，GJ 0.0028%，GC 0.0212%，GA 0.0299%和GB 0.018%。

产量性状。接后1年产鲜叶0.042kg/株，2年0.335kg/株，3年0.543kg/株。

‘黄酮F-2号’

母树性状。原株产于江苏西山大佛手，雌株。母树资料不详。接穗系采自已复壮的幼树，已结果，生长旺盛。

植物学性状。定型叶叶形为半圆形、叶缘波状、基部截形，裂刻1个，长×宽为2.8cm×0.8cm。油胞稀，呈放射状分布在叶子上部。叶子绿色。接后3年短枝叶和长枝叶的形态指标：短枝叶长4.8cm，叶宽8.0cm，叶柄长5.4cm，叶面积25.9cm^2，鲜重0.97g，干重0.32g，含水量66.9%，夹角148°；长枝叶长7.0cm，叶宽10.7cm，叶柄长6.3cm，叶面积48.4cm^2，鲜重2.20g，干重0.64g，含水量70.1%，夹角137°。

生物学性状。接后当年成活率96.3%，抽梢率100%。每米长枝上有短枝36.7个，二次枝19.23个，二次枝长35.89cm，叶数/短枝7.31个，枝角55°，成枝力52.8%。接后3年砧木中径2.50cm，接口上粗2.77cm，冠幅122cm×88cm。叶面积系数4.82。单株新梢数23.7个，叶数910片，枝总长9.37m。当年新梢长44.2cm，粗0.96cm，叶数/梢55.7片。

经济性状。郯城试验点3年黄酮测定分别为2.611%、2.722%、2.428%，莱州分别为2.007%、1.892%、2.193%，药乡林场分别达2.586%、3.028%和2.807%。属高黄酮甙品种。内酯为0.2813%，其中BB 0.0205%，GJ 0.0106%，GC 0.0378%，GA 0.1652%，GB为0.0472%。

产量。接后1～3年分别株产鲜叶0.124kg、0.425kg、0.535kg。

‘黄酮F-3号’

母树性状。原株在山东省，雄株。树高15.7m，胸径0.62m，树龄80年，生长旺盛。

植物学性状。定型叶菱形，叶缘浅波状，基部楔形。大多具一个裂刻，长×宽为2.5cm×1.0cm。油胞较稀，团状分布在叶子中下部，叶色浓绿。接后3年短枝和长枝叶的形态指标：短枝叶长4.5cm，叶宽7.1cm，叶柄长5.6cm，叶面积18.8cm^2，鲜重0.68g，干重0.25g，含水量63.8%，夹角111°；长枝叶长5.6cm，叶宽8.0cm，叶柄长5.2cm，叶面积26.1cm^2，鲜重1.10g，干重0.40g，含水量63.3%，夹角111°。

生物学性状。接后当年成活率73.68%（cv，6.60%），抽梢率50%。每米长枝上有短枝39.63个，二次枝31.55个，二次枝长42.94cm，叶数/短枝7.97个，枝角48.33°，成枝力78.3%。接后3年砧木中径2.91cm，接口上粗3.7cm，冠幅167cm×108cm。单株新梢数35个，叶数1005片，枝总长23.32m。当年新梢长59cm，粗1.06cm，叶数/梢52片。叶面积指数1.76。

经济性状。莱州点连续3年黄酮测定为2.228%（1年）、1.80%（2年）和1.24%（3年）；郯城分别为2.87%、2.69%和1.55%，药乡林场分别为2.39%、3.86%和3.12%。属于高黄酮武良种。内酯含量0.106%，其中GJ 0.0091%，BB 0.0081%，GC 0.0123%，GA 0.0442%，GB 0.0322%。

产量性状。接后1年株产鲜叶0.029kg，2年0.54kg、3年0.605kg。

高内酯或（和）高Ginkgolide B品种。

2个高萜内酯和1个高GB无性系概述如下。

‘内酯T-5号’

母树性状。原株山东省，雌株。实生树，树龄约25年生，树高9.5m，胸径0.25m。生长旺盛。

植物学性状。标准叶半圆形，叶缘波状，基部截形，1个裂刻，长×宽为7.8cm×2.5cm。油胞密呈圆点状，放射状分布在叶子中上部，叶色浓绿。接后3年短枝和长枝上的叶子形态特征：短枝叶长4.7cm，叶宽9.1cm，叶柄长3.8cm，叶面积32.0cm^2，鲜重1.004g，干重0.282g，含水量71.9%，夹角165°；长枝叶长6.7cm，叶宽10.7cm，叶柄长6.2cm，叶面积67.2cm^2，鲜重3.23g，干重0.89g，含水量72.5%，夹角133°。

生物学特性。嫁接成活率88.89%，当年抽梢率100%。每米长枝上有短枝34.41个，二次枝17.65个，二次枝长29.86cm，叶数/短枝5.81片，枝角 46.67°，成枝力51.7%。接后3年砧木中径3.86cm，接口上粗4.2cm。单株新梢数22个，叶数744片，枝总长13.12m。冠幅92.5cm×97.5cm，LAI为7.05。单梢长71cm，粗1.55cm，叶数/梢57片。

经济性状。萜内酯总量（HPLC）达0.4058%，其中GJ 0.0325%，GC 0.0618%，GA 0.2404%，GB 0.0404%，BB 0.0309%。属高内酯无性系。黄酮含量2.58%（1年）、2.13%（2年）和1.13%（3年）。1～3年生单株产叶量分别为0.112kg、0.5kg和0.76kg。T-5为高内酯、高黄酮及高产无性系。

‘内酯T-6号’

母树性状。原株产于山东省，雌株。树龄约400年生，实生。树高21m，胸径0.94m。冠幅12.5m×14.0m，枝下高2.58m，枝散生，7个主枝，海拔约151m，生长较旺。

植物学性状。长枝上的定型叶宽扇形，叶缘浅波状，基部楔形，具1个裂刻，长×宽为7.2cm×2.4cm。油胞极稀，星点状，较小，放射状分布于叶子外缘。叶色浅绿至深绿。接后3年短枝和长枝上的叶子形态特征：短枝叶长5.4cm，叶宽7.7cm，叶柄长3.6cm，叶面积23.6cm^2，鲜重0.749g，干重0.244g，含水量67.4%，夹角136°；长枝叶长7.5cm，叶宽20.4cm，叶柄长6.4cm，叶面积43.6cm^2，鲜重1.89g，干重0.62g，含水量67.4%，夹角121°。

生物学性状。嫁接成活率93.75%，当年抽梢率70%。每米长枝上有短枝25.54个，二次枝10.5个，二次枝长25cm，每个短枝具8.3片叶，枝角57.33°，成枝力40.4%。接后3年砧木中径2.45cm，接口上粗2.65cm。单株叶数553片，新梢数13个，枝总长556cm，冠幅105cm×59cm，LAI4.57。单梢长53cm，粗1.05cm，叶数/梢50片。

经济性状。萜内酯总量达0.3584%，其中GJ 0.0547%，GC 0.1097%，GA 0.073%，GB 0.0677%，BB 0.0533%。属高内酯无性系。黄酮含量1.76%（1年）、1.53%（2年）和1.47%（3年）。1～3年生单株产叶量分别为0.017kg、0.258kg和0.43kg。

‘内酯GB-5号’

母树性状。原株在山东省，雌株。实生大树，树龄约400年，树高10.5m，胸径1.16m。冠幅9.3m×1.75m，枝下高3.8m，有4大主枝，生长旺盛。

植物学性状。长枝上的定型叶呈半圆形，边缘浅波状，基部楔形，具1个裂刻，长×宽为2.2cm×0.4cm。油胞较稀，为长椭圆形，较大，点状分布在整个叶面。叶淡绿色。接后3年叶子形态特征：短枝叶长5.0cm，叶宽8.7cm，叶柄长4.4cm，叶面积31.4cm^2，鲜重0.913g，干重0.277g，含水量69.7%，夹角179°；长枝叶长6.2cm，叶宽10.8cm，叶柄长5.2cm，叶面积49.52cm^2，鲜重2.20g，干重0.73g，含水量66.86%，夹角191°。

生物学性状。嫁接成活率83.3%，当年抽梢率100%。每米长枝有短枝27.71个，二次枝16.16个，二次枝长31.6cm，叶数/短枝7.36片，枝角60.7°，成枝力58.4%。接后3年砧木中径3.31cm，接口上粗4.17cm。单株梢数55个，叶数1432片，枝总长16.58m。冠幅156cm×120cm，LAI为4.74。单梢长38.5cm，粗0.9cm，叶数/梢49片。

经济性状。萜内酯总量（HPLC）达0.2654%，其中GB高达0.0892%，GJ 0.019%，GC 0.0271%，GA 0.1054%，BB 0.0247%。属高GB无性系。黄酮含量1.55%（1年）、1.22%（2年）和1.04%（3年）。

产量性状。1～3年生单株产叶量分别达0.172kg、0.36kg 和0.528kg。

高产叶用品种。

‘高优Y-2号’

母树性状。原株在山东，雄株，树龄100年，树高18.1m，胸径（DBH）0.69m，冠幅9.7m×8.8m，枝下高4.0m，主枝数10个，海拔440m，生长旺盛，主干明显，实生树。

植物学性状。叶子半圆形，边缘浅波状或全缘。雄花散粉期4月17日，盛期4月20日，末期4月24日，共计9天时间。1～4年生枝开花率6.4%、91.0%、96.7%和89.2%。短枝粗0.57cm，长0.37cm，每个短枝上有小孢子叶球3.1～4.5个，出粉率3.91%。

经济学性状。叶柄长6.57cm（cv，17.2%），叶长5.18cm（cv，7%），叶宽8.24cm（cv，4.7%），单叶面积28.73cm^2（cv，10.2%），单叶鲜重0.9401g（cv，12.1%），单叶干重0.2310g（cv，10.3%），含水量8.93%（cv，3.3%），叶基线夹角135.3°（cv，7.7%）。叶数/短枝4.7，节间长2.19cm，每米长枝有短枝数42.63个，叶数200片、叶面积/7806cm^2，叶鲜重255.7g、叶干重60.36g。每个短枝上的叶面积202.16cm^2，叶鲜重7.24g、叶干重1.71g。

嫁接3年生苗株产鲜叶0.59kg，总黄酮含量1.96%，内酯0.212%，其中GJ 0.009%，GC 0.046%，GA 0.038%，GB 0.079%和BB 0.04%。

‘丰产Y-8号’

母树性状。原株产于江苏泰兴佛手（雌株），具体资料不详。条采自复壮的幼树，生长旺盛，发枝力强。

植物学性状。标准叶半圆形，叶缘波状，基部截形，具一个裂刻，长×宽为3.8cm×2.0cm。油胞稀，圆点状，较小，分布在叶基，叶绿色。接后3年短枝上的叶：叶长6.2cm，叶宽9.9cm，叶柄长6.5cm，叶面积33.24cm^2，鲜重1.06g，干重0.33g，含水量68.66%，基线夹角138°；长枝上的叶长7.2cm，叶宽11.9cm，叶柄长7.2cm，叶面积58.68cm^2，鲜重2.31g，干重0.79g、含水量65.78%和基线夹角153°。

生物学性状。嫁接成活率96.67%（cv, 2.98%），当年抽梢率81.05%（cv, 16.28%）。每米长枝有短枝数34.20个，二次枝数17.58个，二次枝长23.47cm，叶数/短枝7.33个。成枝力为51.4%。接后3年砧木中径达2.54cm，接口上粗2.19cm。冠幅126cm×113cm。单株新梢数33.66个，叶数1000个/株，枝条总长9.61m。单梢长48.83cm，粗1.10cm，叶数/梢34.66个。叶面积指数4.91。

经济性状。接后当年株产鲜叶0.035kg，2年0.269kg，其中短枝占16.52%，长枝占83.48%；接后3年株产鲜叶0.499kg，其中短枝占35.38%，长枝占64.62%。总黄酮甙1年生苗2.65%，2年1.56%，3年1.28%。总萜内酯0.1145%，其中BB 0.0072%，GJ 0.0087%，GC 0.0242%，GA 0.0609%，GB 0.0135%。

‘丰产Y-6号’

母树性状。原产广西，雄株。树龄约50年，树高15.7m，胸径0.56m。实生树选出，生长旺盛。

植物学性状。定型叶心形，全缘，1个裂刻将叶子平分为两部分。裂刻长×宽为3.8cm×0.5cm。油胞稀而小，放射状分布在叶子中下部。叶色浓绿，有别于其他品种，叶形较独特，同时可以作为观赏品种。一年生长枝叶明显大，且长短枝叶差异较小，短枝上的叶比一般品种大而均匀，叶柄较粗。接后当年长枝上标准叶：叶长6.86cm，叶宽9.87cm，叶柄长5.46cm，叶面积41.73cm^2，鲜重2.24g，干重0.57g，含水量74.98%，五叶厚0.284cm，基线夹角>180°。接后3年短枝上的叶长5.72cm、叶宽9.68cm、叶柄6.98cm、叶面积42.49cm^2、鲜重1.47g、干重0.42g、含水量71.34%和基线夹角187°。长枝叶长7.62cm、叶宽12.23cm、叶柄6.8cm、叶面积63.30cm^2、鲜重2.70g、干重0.74g、含水量72.78%和基线夹角163.33°。

生物学性状。嫁接成活率较高，达98.77%，亲和力较高，当年抽梢率100%。接后3年小部分单株见花。每米长枝有短枝数34.39个，二次枝数17.84个，二次枝长33.28cm，5.44个叶/短枝，枝角55°,成枝力51.9%（二年枝段）。位置效应明显，斜向生长。接后2年接口上粗2.74cm，3年为3.10cm。冠幅分别为110.8cm×128.8cm和127cm×130cm。当年新梢长43.5cm，粗1.09cm，叶数29.2个。接后3年新梢数/株24.2个，叶数/株595个，枝总长10.21m。叶面积指数1.88。无黄边，在莱州4月5日发芽，4月21日展叶，11月上旬落叶。

经济性状。接后当年株产鲜叶0.165kg，2年0.431kg，3年0.783kg。短枝叶占37.73%，长枝占62.27%，差异较其他品种小。当年生叶黄酮总量达1.786%，内酯总量0.077%，其中GJ 0.0094%、GC 0.019%、GA 0.0218%、GB 0.0117%、BB 0.0149%。该无性系属高产观赏兼优品种。

‘丰产Y-3号’

母树性状。原产山东，雄株。树龄约100年，树高21.2m，胸径0.65m。实生树，主干明显。冠幅7.5m×10.4m，枝下高5.4m，海拔200m左右，生长旺盛。

植物学性状。定型叶宽扇形，浅波状，基部为楔形，大多具1个裂刻，长×宽为8.2cm×3.3cm，叶子烘干后油胞明显而密，油胞为圆点状，较小，分布在叶的中上部呈星状，叶子浓绿。短枝上叶：叶长6.9cm，宽10.18cm，叶柄长4.65cm，叶面积39.98cm^2，鲜重1.18g，干重0.37g，含水量68.94%，叶基线夹角141°，而长枝上叶长为7.93cm、宽10.55cm、叶柄长7.45cm、叶面积57.49cm^2、鲜重2.10g、干重0.65g、含水量69.09%和基线夹角127.25°。

生物学性状。嫁接成活率80.84%，当年抽梢率75%。接后3年开花株率15.8%，短枝开花率36.4%。每个花上有小孢子叶球3.3个。每米长枝有短枝数45.56个，二次枝数17.22个，二次枝长52.25cm，叶数/短枝为6.0个，枝角33.33°，成枝力40%（2年枝段）。接后2年接口上粗2.49cm，3年2.95cm。冠幅分别为101cm×80cm和149cm×143cm。当年新梢长91.36cm，粗1.14cm，叶数85.5个，接后3年新梢数/株36.5个，叶数1385个，枝总长13.49m，叶面积指数5.07。

经济性状。接后当年株产鲜叶0.095kg，2年0.54kg，3年0.848kg。短枝叶重占36.4%，长枝占63.61%。大叶、高产。黄酮含量1.835%，内酯含量0.085%，其中GJ 0.01%，GC 0.030%，GA 0.024%，GB 0.002%，BB 0.013%。本系号属于高产无性系。

‘丰产Y-7号’

母树性状。原产福建，雄株。60年生，树高14m，胸径0.40m，生长旺盛，花粉量较大，属优良雄株。

植物学性状。标准叶扇形，全缘，基部楔形，油胞极稀，呈斑状，点状分布在叶的中下部，叶浅绿色。短枝上的叶：叶长4.8cm，宽8.2cm，叶柄长4.5cm，叶面积24.14cm^2，鲜重0.99g，干重0.32g，含水量67.73%，基线夹角142.5°，长枝上叶长为6.2cm，叶宽10.2cm、叶柄长6.2cm、叶面积41.09cm^2、鲜重1.856g、干重0.58g、含水量68.73%和基线夹角157.5°。

生物学性状。嫁接成活率87.12%，当年抽梢率100%。每米长枝有短枝数37.67个，二次枝数16.25个，二次枝长43.45cm，叶数/短枝6.25个，枝角44.2°，成枝力43.3%。接后第3年砧木中径3cm，接口上粗3.17cm，新梢数/株18个，叶数/株1193个，枝总长/株10.92m，冠幅161.7cm×143cm。当年新梢长62.5cm，粗1.08cm，叶数/梢40个。叶面积系数3.43。

经济性状。接后当年株产鲜叶0.116kg，2年0.565kg，3年0.925kg。短枝叶重占68.11%，长枝叶占31.89%。总黄酮较高，达2.06%（1年），2年生达1.0%，3年生达0.76%。内酯总量0.18%，其中GJ 0.006%，GC 0.036%，GA 0.136%，GB 0.0347%，BB 0.0511%。该品种产量高，黄酮含量也较高。

‘南林叶1’

叶片呈扇形，成熟叶上部宽7cm左右，有波状缺裂，叶基部呈楔形。叶柄长6cm左右，单叶面积约14.5cm^2，3年生单株叶面积达到4910cm^2。4月上旬萌芽，4月中旬展叶，11月中下旬落叶。‘南林叶1’树皮浅灰色，嫁接树树冠开张。萌芽力强，成枝率高，3年生苗截干后，萌生新枝数量达到10～14枝，为叶用园矮干经营奠定了基础。‘南林叶1’栽植后第3年，单株叶产量（干重）达到158.1g，叶片黄酮含量达到1.01%，叶片内酯含量0.17%，单株有效经济产量1.866g，单株经济产量比当地品种大佛指实生苗高24.8%。‘南林叶’1适宜光照充足，土壤疏松、深厚肥沃、排水良好的条件。2007年获国家林业局林业植物新品种保护。

‘南林叶2’

‘南林叶2’叶片呈扇形，成熟叶上部宽7.5cm左右，有波状缺裂，叶基部呈楔形。叶柄长6cm左右，单叶面积约16.8cm^2，3年生单株叶面积达到3237cm^2。4月上旬萌芽，4月中旬展叶，11月中下旬落叶。南林叶2树皮浅灰色，嫁接树树冠开张。萌芽力强，成枝率高，3年生苗截干后，萌生新枝数量达到10～13枝，为叶用园矮干经营奠定了基础。栽植后第3年，单株叶产量（干重）达到106.2g，叶片黄酮含量达到1.3%，叶片内酯含量0.14%，单株有效经济产量1.530g，单株经济产量比当地品种大佛指实生苗高21.6%。‘南林叶2’适宜光照充足，土壤疏松、深厚肥沃、排水良好的条件。2007年获国家林业局林业植物新品种保护。

第二节 叶用优系或优株

湖北省叶用银杏优株。湖北武汉林果研究所（陈法志等，2002）以叶产量和黄酮含量为依据从供试的16个系中筛选出7个叶用优良单株：

优株洞庭皇

雌株，叶片厚0.48mm，单叶鲜重1.51g，单叶干重0.63g，干鲜比为41.7%，单株产量干重187.8g，黄酮含量0.80%，有效经济产量1.51kg。

优株大梅核（浙）

雌株，叶片厚0.52mm，单叶鲜重2.42g，单叶干重0.75g，干鲜比为31.0%，单株产量干重225.0g，黄酮含量0.78%，有效经济产量1.78kg。

优株桂林3号

雌株，叶片厚0.50mm，单叶鲜重2.08g，单叶干重0.64g，干鲜比为30.8%，单株产量干重194.4g，黄酮含量0.94%，有效经济产量1.83kg。

优株WL43号

雄株，叶片厚0.54mm，单叶鲜重2.13g，单叶干重0.65g，干鲜比为30.5%，单株产量干重196.2g，黄酮含量0.87%，有效经济产量1.71kg。

优株WL97号

雌株，叶片厚0.45mm，单叶鲜重2.01g，单叶干重0.61g，干鲜比为30.3%，单株产量干重198.3g，黄酮含量0.73%，有效经济产量1.44kg。

优株WL167号

雌株，叶片厚0.51mm，单叶鲜重2.15g，单叶干重0.69g，干鲜比为32.1%，单株产量干重207.0g，黄酮含量0.84%，有效经济产量1.74kg。

优株WL168号

叶片厚0.54mm，单叶鲜重2.66g，单叶干重0.90g，干鲜比为33.8%，单株产量干重264.0g，黄酮含量0.91%，有效经济产量2.40kg。

安陆1号

由刘德军等（2002）从结果树中选出，该品种叶产量较高，叶长×宽×厚为4.7cm×6.7cm×0.529cm，叶柄长4.3cm，3年生嫁接苗株产叶202片，株产叶129.8g，单叶鲜重0.65g。该优株可作为果叶兼用品种开发。

南京林业大学优选出的3个叶用优株。据曹福亮、汪贵宾等（2000）从山东、浙江、河南、江苏等13个优株中筛选出3个优质叶用单株（E1、E2、E6），主要经济性状：

E1

该优株叶产量104.7g，总黄酮含量0.92%，内酯含量0.20%，总黄酮产量 0.963g，内酯产量0.20g，有效经济产量1.172g。

E2

该优株叶产量122.1g，总黄酮含量0.89%，内酯0.17%，总黄酮产量1.087g，内酯产量0.208g，有效经济产量1.295g。

E6

该优株叶产量103.9g，总黄酮含量0.95%，内酯0.13%，总黄酮产量0.987g，内酯产量0.135g，有效经济产量1.122g。

郯叶300号

树冠呈圆头形，树体开张角度约45°，嫁接后10年生，平均单株胸径为20.7cm，树高为6.54m，冠幅为5.6m×6m。平均单株枝量为14737条，长枝占5.3%，短枝占94.7%。平均单株叶量为82.66kg，单位树冠投影面积叶量为2.54kg/m^2。嫁接3年顶生枝长度达34.9cm，基径0.93cm，节间2.75cm，成枝力为71.4%。该品种叶片色泽好，呈墨绿色。平均百叶干重为34.9g，平均单叶面积为30.75cm^2。

郯叶211号

树冠呈圆头形，树体开张角度约50°。嫁接后10年生，平均单株胸径为21.28cm，树高为5.57m，冠幅为5m×6m。平均单株枝量为18696条，长枝占6.3%，短枝占92.7%。平均单株叶量为73.67kg，单位树冠投影面积叶量为2.41kg/m^2。嫁接3年顶生枝长度达44.9cm，基径0.55cm，节间3.47cm，成枝力为72.1%。平均百叶干重为30.96g，平均单叶面积为26.64cm^2。

郯叶202号

树冠呈开心形，树体开张角度约50°。嫁接后10年生，平均单株胸径为22.51cm，树高为6.5m，冠幅为5.7m×6m。平均单株枝量为16787条，长枝占6.1%，短枝占93.9%。平均单株叶量为82.2kg，单位树冠投影面积叶量为2.44kg/m^2。嫁接3年顶生枝长度达37.6cm，基径0.67cm，节间2.6cm，成枝力为68.8%。平均百叶干重为31.96g，平均单叶面积为29.1cm^2。

郯叶110号

树冠呈长圆锥形，树体开张角度约45°。嫁接后10年生，平均单株胸径为23.04cm，树高为6.83cm，冠幅为5.5m×5m。平均单株枝量为15940条，长枝占5%，短枝占95%。单位树冠投影面积叶量为2.39kg/m^2。嫁接3年顶生枝长度达58.4cm，基径1.1cm，节间3.63cm，成枝力为57.6%。平均百叶干重为32.59g，平均单叶面积为30.2cm^2。

叶优A14

母树地点湖北安陆，3年生单株叶产量平均值为0.453kg，是对照的143.6%，8年生单株叶产量平均值为37.593kg，是对照的630.7%，8年生树冠投影面积叶量6.2137kg/m^2，单叶面积28.31cm^2，单叶厚度0.229mm，单叶干重0.274g，新梢生长量40.5cm，3年成枝力65.0%，8年成枝力19.64%，综合得分87.90。

叶优F13

母树地点浙江长兴，3年生单株叶产量平均值为0.535kg，是对照的169.6%，8年生单株叶产量平均值为24.607kg，是对照的412.8%，8年生树冠投影面积叶量2.7100kg/m^2，单叶面积31.07cm^2，单叶厚度0.236mm，单叶干重0.237g，新梢生长量37.3cm，3年成枝力45.0%，8年成枝力18.31%，综合得分83.35。

叶优T20

母树地点浙江长兴，3年生单株叶产量平均值为0.411kg，是对照的130.3%，8年生单株叶产量平均值为20.397kg，是对照的342.1%，8年生树冠投影面积叶量2.2464kg/m^2，单叶面积27.76cm^2，单叶厚度0.282mm，单叶干重0.272g，新梢生长量48.6cm，3年成枝力38.5%，8年成枝力13.01%，综合得分80.62。

叶优306-1

母树地点山东郯城，3年生单株叶产量平均值为0.447kg，是对照的141.7%，8年生单株叶产量平均值为23.354kg，是对照的391.78%，8年生树冠投影面积叶量2.7315kg/m^2，单叶面积25.72cm^2，单叶厚度0.281mm，单叶干重0.259g，新梢生长量36.8cm，3年成枝力39.3%，8年成枝力16.20%，综合得分79.36。

信丰大叶

江西信丰县发现了一株大叶雄性银杏，填补了江西叶用雄株银杏的空白。

全国87个叶用无性系嫁接后3年的性状指标。

山东青岛崂山海法寺3号（图4-1）

雌株，砧木中径2.98cm，接口上粗2.09cm，单株新梢数8.96个，叶数472.99片，新梢长674.43cm；东西冠幅121.12cm，南北冠幅90.50cm；单梢新梢长54.26cm，新梢粗0.98cm，叶数38.56片；短枝叶长5.85cm，叶宽8.15cm，叶柄长4.75cm，单叶面积28.99cm²，单叶鲜重0.8730g，单叶干重0.2520g，含水量70.71%，夹角102.75°；长枝叶长7.40cm，叶宽9.48cm，叶柄长4.90cm，单叶面积43.68cm²，单叶鲜重1.7653g，单叶干重0.4844g，含水量72.59%，夹角108.69°；LAI 2.49，10株产叶1.15kg。内酯总含量0.1354%，GJ0.0118%，GC0.02365%，GA0.0472%，GB0.0262%，BB0.0266%；黄酮含量1.8605%。

山东泰安灵应宫南株4号（图4-1）

雄株，砧木中径1.81cm，接口上粗1.80cm，单株新梢数9.61个，叶数483.34片，

图4-1　山东003号、山东3号、山东76号、山东4号
（注：1. 山东003号、3号；2. 山东76号、4号）

图4-2　山东7号、浙江025号、山东5号
（注：1. 山东7号；2. 浙江025号、山东5号）

图4-3　山东8号、山东9号
（注：1. 山东8号；2. 山东9号）

图4-4　山东A18号、贵州61号、山东A19号
（注：1. 山东A19号；2. 山东A18号、贵州61号）

新梢长369.98cm；东西冠幅96.61cm，南北冠幅72.04cm；单梢新梢长61.21cm，新梢粗1.34cm，叶数49.10片；短枝叶长5.48cm，叶宽8.39cm，叶柄长4.96cm，单叶面积30.52cm²，单叶鲜重1.0330g，单叶干重0.2887g，含水量71.61%，夹角132.17°；长枝叶长7.04cm，叶宽10.11cm，叶柄长4.95cm，单叶面积46.18cm²，单叶鲜重2.0460g，单叶干重0.5239g，含水量72.58%，夹角117.86°；LAI 2.42，10株产叶3.38kg。内酯总含量0.1131%，GJ0.0065%，GC0.0246%，GA0.0322%，GB0.0259%，BB0.0241%；黄酮含量1.8180%。

山东泰安灵应宫北株5号（图4-2）

雄株，砧木中径1.89cm，接口上粗1.97cm，单株新梢数15.35个，叶数564.73片，新梢长608.61cm；东西冠幅118.75cm，南北冠幅100.13cm；单梢新梢长58.17cm，新梢粗0.91cm，叶数48.70片；短枝叶长4.30cm，叶宽6.26cm，叶柄长5.08cm，单叶面积18.71cm²，单叶鲜重0.6185g，单叶干重0.1803g，含水量71.03%，夹角134.13°；长枝叶长5.97cm，叶宽8.20cm，叶柄长5.33cm，单叶面积32.60cm²，单叶鲜重1.3680g，单叶干重0.4030g，含水量71.20%，夹角113.61°；LAI 1.53，10株产叶2.99kg。内酯总含量0.086%，GJ0.00945%，GC0.01505%，GA0.0301%，GB0.0173%，BB0.0142%；黄酮含量1.5610%。

山东泰安老君堂7号（图4-2）

雌株，砧木中径2.01cm，接口上粗2.07cm，单株新梢数9.26个，叶数269.55片，新梢长442.76cm；东西冠幅91.17cm，南北冠幅83.67cm；单梢新梢长58.21cm，新梢粗1.09cm，叶数51.93片；短枝叶长6.43cm，叶宽9.27cm，叶柄长5.38cm，单叶面积36.96cm²，单叶鲜重1.3800g，单叶干重0.3373g，含水量75.31%，夹角123.50°；长枝叶长7.18cm，叶宽10.53cm，叶柄长5.94cm，单叶面积49.53cm²，单叶鲜重2.4900g，单叶干重0.6110g，含水量74.63%，夹角117.19°；LAI 3.32，10株产叶3.90kg。内酯总含量0.066%，GJ0.00825%，GC0.01685%，GA0.0168%，GB0.0077%，BB0.0164%；黄酮含量1.3221%。

山东泰安普照寺0011号（8）（图4-3）

雄株，砧木中径1.97cm，接口上粗1.90cm，单株新梢数6.47个，叶数261.26片，新梢长356.10cm；东西冠幅106.97cm，南北冠幅104.57cm；单梢新梢长50.29cm，新梢粗0.99cm，叶数39.16片；短枝叶长6.36cm，叶宽8.78cm，叶柄长6.00cm，单叶面积33.73cm²，单叶鲜重1.2000g，单叶干重0.2854g，含水量75.27%，夹角113.28°；长枝叶长7.71cm，叶宽10.92cm，叶柄长6.01cm，单叶面积56.83cm²，单叶鲜重2.2500g，单叶干重0.5465g，含水量75.48%，夹角123.00°；LAI 2.44，10株产叶2.72kg。内酯总含量0.0956%，GJ0.0084%，GC0.01855%，GA0.0258%，GB0.01125%，BB0.0316%；黄酮含量1.8377%。

山东泰安普照寺0012号（9）（图4-3）

雄株，砧木中径1.47cm，接口上粗1.98cm，单株新梢数7.10个，叶数271.70片，新梢长279.27cm；东西冠幅157.03cm，南北冠幅100.00cm；单梢新梢长46.48cm，新梢粗0.80cm，叶数42.16片；短枝叶长6.51cm，叶宽8.26cm，叶柄长5.75cm，单叶面积36.06cm²，单叶鲜重1.4600g，单叶干重0.3437g，含水量73.49%，夹角127.64°；长枝叶长8.07cm，叶宽11.16cm，叶柄长6.10cm，单叶面积48.20cm²，单叶鲜重1.9760g，单叶干重0.6233g，含水量74.63%，夹角125.41°；LAI 0.81，10株产叶2.78kg。内酯总含量0.1074%，GJ0.00955%，GC0.02575%，GA0.0267%，GB0.0121%，BB0.03325%；黄酮含量1.4894%。

山东日照西湖镇大花崖A18号（图4-4）

雌株，砧木中径1.95cm，接口上粗2.19cm，单株新梢数5.68个，叶数281.68

片，新梢长258.97cm；东西冠幅124.20cm，南北冠幅96.03cm；单梢新梢长46.69cm，新梢粗1.02cm，叶数40.59片；短枝叶长6.05cm，叶宽8.83cm，叶柄长6.99cm，单叶面积33.38cm^2，单叶鲜重1.2190g，单叶干重0.3236g，含水量72.12%，夹角131.11°；长枝叶长7.44cm，叶宽10.54cm，叶柄长5.40cm，单叶面积38.95cm^2，单叶鲜重2.1050g，单叶干重0.5867g，含水量72.73%，夹角129.96°；LAI 0.99，10株产叶2.47kg。内酯总含量0.0879%，GJ0.011%，GC0.021%，GA0.0321%，GB0.00945%，BB0.0154%；黄酮含量1.9538%。

山东日照西湖回龙观A19号（图4-4）

雌株，砧木中径1.94cm，接口上粗2.14cm，单株新梢数13.60个，叶数342.00片，新梢长414.60cm；东西冠幅81.90cm，南北冠幅64.40cm；单梢新梢长57.52cm，新梢粗1.23cm，叶数69.25片；短枝叶长7.27cm，叶宽9.25cm，叶柄长5.27cm，单叶面积37.64cm^2，单叶鲜重1.6437g，单叶干重0.4797g，含水量70.81%，夹角101.40°；长枝叶长8.60cm，叶宽12.33cm，叶柄长5.30cm，单叶面积53.00cm^2，单叶鲜重2.8020g，单叶干重0.7800g，含水量72.06%，夹角116.73°；LAI 4.31，10株产叶3.96kg。内酯总含量0.0932%，GJ0.01055%，GC0.035%，GA0.0360%，GB0.0088%，BB0.0205%；黄酮含量1.7571%。

山东日照虎山乡下寺村A20号（图4-5）

雄株，砧木中径1.57cm，接口上粗1.50cm，单株新梢数6.26个，叶数330.20片，新梢长321.95cm；东西冠幅80.30cm，南北冠幅108.10cm；单梢新梢长72.38cm，新梢粗0.89cm，叶数46.61片；短枝叶长6.04cm，叶宽7.76cm，叶柄长4.89cm，单叶面积28.72cm^2，单叶鲜重1.1029g，单叶干重0.2927g，含水量72.55%，夹角115.08°；长枝叶长7.34cm，叶宽10.02cm，叶柄长3.33cm，单叶面积38.69cm^2，单叶鲜重2.0000g，单叶干重0.5500g，含水量73.05%，夹角114.94°；LAI 1.88，10株产叶3.35kg。内酯总含量0.1044%，GJ0.01745%，GC0.0232%，GA0.0336%，GB0.0114%，BB0.0188%；黄酮含量1.8240%。

山东蒙阴天麻林场21号（图4-5）

雌株，砧木中径1.71cm，接口上粗1.82cm，单株新梢数3.87个，叶数229.30片，新梢长169.47cm；东西冠幅105.20cm，南北冠幅117.40cm；单梢新梢长56.26cm，新梢粗1.02cm，叶数47.68片；短枝叶长5.81cm，叶宽8.20cm，叶柄长7.28cm，单叶面积27.49cm^2，单叶鲜重1.1990g，单叶干重0.3135g，含水量72.69%，夹角128.07°；长枝叶长6.95cm，叶宽9.96cm，叶柄长7.21cm，单叶面积33.29cm^2，单叶鲜重1.9400g，单叶干重0.5500g，含水量71.15%，夹角120.55°；LAI 1.65，10株产叶3.87kg。内酯总含量0.1654%，GJ0.0084%，GC0.0518%，GA0.0340%，GB0.0222%，BB0.0491%；黄酮含量1.3200%。

山东蒙阴中山寺林场22号（图4-6）

雄株，砧木中径1.86cm，接口上粗1.69cm，单株新梢数11.90个，叶数174.80片，新梢长323.93cm；东西冠幅86.93cm，南北冠幅76.83cm；单梢新梢长46.90cm，新梢粗1.05cm，叶数41.48片；短枝叶长6.12cm，叶宽8.20cm，叶柄长5.08cm，单叶面积28.22cm^2，单叶鲜重1.0392g，单叶干重0.2722g，含水量73.47%，夹角113.08°；长枝叶长8.16cm，叶宽10.33cm，叶柄长5.72cm，单叶面积47.12cm^2，单叶鲜重2.1397g，单叶干重0.5492g，含水量74.38%，夹角91.63°；五叶厚0.360cm，LAI2.35，10株产叶2.66kg。内酯总含量0.1481%，GJ0.028%，GC0.048%，GA0.0335%，GB0.0238%，BB0.0314%；黄酮含量1.573%。

湖南东安1号（23）（图4-6）

雌株，砧木中径2.28cm，接口上粗2.39cm，单株新梢数18.19个，叶数406.50片；新梢长933.40cm，东西冠幅160.10cm，南北冠幅136.60cm，单梢新梢长65.95cm，新梢粗0.98cm，叶数39.67片；短枝叶长5.69cm，叶宽7.34cm，叶柄长5.44cm，单叶面积22.15cm^2，单叶鲜重0.7853g，单叶干重0.2162g，含水量72.59%，夹角104.67°；长枝叶长5.21cm，叶宽10.19cm，叶柄长6.25cm，单叶面积46.68cm^2，单叶鲜重2.0651g，单叶干重0.5723g，含水量72.31%，夹角104.27°；五叶厚0.271cm，LAI 1.06，10株产叶4.10kg。内酯总含量0.1692%，GJ0.01265%，GC0.02725%，GA0.0849%，GB0.0314%，BB0.0164%；黄酮含量1.7522%。

湖南东安2号（24）（图4-7）

雌株，砧木中径2.63cm，接口上粗1.98cm，单株新梢数2.02个，叶数219.70片，

图4-5 湖南26号、山东A20号、山东21号
（注：1. 山东21号；2. 湖南26号、山东A20号）

图4-6 山东006号、山东22号（上）；湖南23号、山东90号（下）

图4-7 湖南24号、山东27号、山东75号
（注：1. 湖南24；2. 山东27号、山东75号）

图4-8 贵州62号、山东28号、山东29号、山东67号
（注：1. 山东29号、山东67号；2. 贵州62号、山东28号）

图4-9 山东30号、山东68号、山东31号
（注：1. 山东30号；2. 山东68号、山东31号）

新梢长239.03cm；东西冠幅67.47cm，南北冠幅70.25cm；单梢新梢长86.49cm，新梢粗1.19cm，叶数51.78片；短枝叶长7.12cm，叶宽10.33cm，叶柄长6.74cm，单叶面积47.53cm²，单叶鲜重1.0900g，单叶干重0.4024g，含水量74.44%，夹角110.75°；长枝叶长10.65cm，叶宽11.77cm，叶柄长6.18cm，单叶面积53.36cm²，单叶鲜重2.7090g，单叶干重0.7261g，含水量74.19%，夹角123.21°；五叶厚0.242cm，LAI 4.05，10株产叶3.34kg。内酯总含量0.0924%，GJ0.0095%，GC0.0188%，GA0.0199%，GB0.0137%，BB0.0306%；黄酮含量1.8022%。

湖南东安1号（26）（图4-5）

雄株，砧木中径1.98cm，接口上粗1.95cm，单株新梢数8.03个，叶数534.20片，新梢长457.50cm；东西冠幅115.90cm，南北冠幅125.50cm；单梢新梢长55.81cm，新梢粗1.06cm，叶数56.84片；短枝叶长6.03cm，叶宽8.45cm，叶柄长5.68cm，单叶面积32.42cm²，单叶鲜重0.8998g，单叶干重0.2636g，含水量74.55%，夹角119.45°；长枝叶长9.33cm，叶宽11.48cm，叶柄长4.96cm，单叶面积61.91cm²，单叶鲜重2.5500g，单叶干重0.7343g，含水量74.40%，夹角120.31°；五叶厚0.276cm，LAI 2.14，10株产叶3.26kg。内酯总含量0.1757%，GJ0.0257%，GC0.0463%，GA0.0353%，GB0.0243%，BB0.0441%；黄酮含量1.6636%。

山东泰安范镇小学（西）27号（图4-7）

雌株，砧木中径1.96cm，接口上粗1.98cm，单株新梢数8.23个，叶数307.80片，新梢长454.50cm，东西冠幅124.80cm，南北冠幅92.50cm；单梢新梢长65.37cm，新梢粗1.02cm，叶数52.80片；短枝叶长5.98cm，叶宽8.85cm，叶柄长4.15cm，单叶面积31.43cm²，单叶鲜重1.0921g，单叶干重0.2815g，含水量72.72%，夹角122.50°；长枝叶长6.62cm，叶宽10.22cm，叶柄长4.96cm，单叶面积42.96cm²，单叶鲜重1.7708g，单叶干重0.5382g，含水量71.80%，夹角118.33°；五叶厚0.274cm，LAI 1.57，10株产叶3.04kg。内酯总含量0.1339%，GJ0.02075%，GC0.0433%，GA0.0265%，GB0.0179%，BB0.0255%；黄酮含量1.7907%。

山东泰安范镇小学（东）28号（图4-8）

雌株，砧木中径4.70cm，接口上粗2.47cm，单株新梢数18.59个，叶数509.07片，新梢长752.67cm；东西冠幅151.25cm，南北冠幅113.50cm；单梢新梢长53.82cm，新梢粗0.88cm，叶数44.17片；短枝叶长6.05cm，叶宽7.90cm，叶柄长6.33cm，单叶面积29.46cm²，单叶鲜重0.9448g，单叶干重0.2480g，含水量73.53%，夹角117.30°；长枝叶长6.10cm，叶宽9.50cm，叶柄长5.64cm，单叶面积38.47cm²，单叶鲜重1.6670g，单叶干重0.4376g，含水量73.52%，夹角137.39°；五叶厚0.271cm，LAI 1.88，10株产叶2.91kg。内酯总含量0.1781%，GJ0.0272%，GC0.0485%，GA0.0380%，GB0.0153%，BB0.0492%；黄酮含量1.7264%。

山东海阳盘石店盘石店小学29号（图4-8）

雌株，砧木中径2.16cm，接口上粗2.24cm，单株新梢数12.37个，叶数371.88片，新梢长487.37cm；东西冠幅132.80cm，南北冠幅117.18cm；单梢新梢长60.24cm，新梢粗1.03cm，叶数42.21片；短枝叶长6.10cm，叶宽8.54cm，叶柄长5.64cm，单叶面积29.76cm²，单叶鲜重0.9350g，单叶干重0.2540g，含水量71.98%，夹角101.27°；长枝叶长7.27cm，叶宽9.44cm，叶柄长6.04cm，单叶面积40.95cm²，单叶鲜重1.7400g，单叶干重0.4906g，含水量71.59%，夹角102.16°；五叶厚0.262cm，LAI 1.60，10株产叶3.04kg。内酯总含量0.2654%，GJ0.0263%，GC0.0414%，GA0.1348%，GB0.0181%，BB0.0449%；黄酮含量2.1428%。

山东海阳盘石店河北村30号（图4-9）

雌株，砧木中径2.76cm，接口上粗2.79cm，单株新梢数11.27个，叶数354.40片，新梢长476.70cm；东西冠幅76.25cm，南北冠幅76.25cm；单梢新梢长55.87cm，新梢粗1.60cm，叶数70.65片；短枝叶长6.05cm，叶宽9.18cm，叶柄长4.83cm，单叶面积36.23cm²，单叶鲜重1.1360g，单叶干重0.3210g，含水量71.77%，夹角137.80°；长枝叶长7.56cm，叶宽9.05cm，叶柄长6.39cm，单叶面积55.58cm²，单叶鲜重2.7300g，单叶干重0.6980g，含水量74.61%，夹角119.70°；五叶厚0.278cm，LAI 4.67，10株产叶4.74kg。内酯总含量0.233%，GJ0.02245%，GC0.0411%，GA0.1243%，GB0.0226%，BB0.0227%；黄酮含量1.9444%。

山东海阳招霞山林场31号（图4-9）

雄株，砧木中径2.08cm，接口上粗2.27cm，单株新梢数12.53个，叶数408.90片，新梢长334.50cm；东西冠幅93.10cm，南北冠幅110.25cm；单梢新梢长54.43cm，新梢粗0.91cm，叶数39.92片；短枝叶长5.37cm，叶宽7.15cm，叶柄长4.70cm，单叶面积21.26cm²，单叶鲜重0.7030g，单叶干重0.2042g，含水量71.21%，夹角102.93°；长枝叶长9.35cm，叶宽9.99cm，叶柄长5.05cm，单叶面积37.31cm²，单叶鲜重1.4980g，单叶干重0.4063g，含水量72.20%，夹角102.20°；五叶厚0.254cm，LAI 1.59，10株产叶4.15kg。内酯总含量0.1128%，GJ0.00835%，GC0.0206%，GA0.0530%，GB0.00975%，BB0.0209%；黄酮含量1.5325%。

山东海阳招霞山林场32号（图4-10）

雌株，砧木中径1.94cm，接口上粗2.15cm，单株新梢数8.68个，叶数309.43片，新梢长307.34cm；东西冠幅117.92cm，南北冠幅117.08cm；单梢新梢长63.89cm，新梢粗1.05cm，叶数55.86片；短枝叶长5.54cm，叶宽9.18cm，叶柄长5.68cm，单叶

图4-10 山东32号、四川52号、陕西33号、山东77号
（注：1. 山东32号、四川52号；2. 陕西33号、山东77号）

图4-11 陕西34号、陕西35号
（注：1. 陕西34号；2. 陕西35号）

图4-12 陕西36号、浙江37号
（注：1. 陕西36号；2. 浙江37号）

面积32.78cm²，单叶鲜重0.9380g，单叶干重0.2530g，含水量73.27%，夹角146.47°；长枝叶长6.65cm，叶宽9.95cm，叶柄长5.53cm，单叶面积41.93cm²，单叶鲜重1.6010g，单叶干重0.4560g，含水量71.89%，夹角137.73°；五叶厚0.229cm，LAI 2.46，10株产叶3.18kg。内酯总含量0.0896%，GJ0.0095%，GC0.0275%，GA0.0478%，GB0.0082%，BB0.0172%；黄酮含量1.6557%。

陕西省林科所33号（图4-10）

雌株，砧木中径1.91cm，接口上粗1.76cm，单株新梢数7.74个，叶数256.02片，新梢长323.73cm；东西冠幅96.66cm，南北冠幅110.97cm；单梢新梢长58.06cm，新梢粗0.91cm，叶数38.82片；短枝叶长6.02cm，叶宽7.32cm，叶柄长5.24cm，单叶面积28.16cm²，单叶鲜重0.9380g，单叶干重0.2300g，含水量73.70%，夹角111.92°；长枝叶长6.94cm，叶宽9.73cm，叶柄长6.76cm，叶面积42.14cm²，单叶鲜重1.6180g，单叶干重0.4600g，含水量73.59%，夹角108.67°；五叶厚0.259cm，LAI 1.46，10株产叶2.36kg。内酯总含量0.1966%，GJ0.01035%，GC0.0306%，GA0.0909%，GB0.0150%，BB0.0582%；黄酮含量1.5894%。

陕西杨陵34号（图4-11）

雌株，砧木中径1.97cm，接口上粗2.13cm，单株新梢数15.14个，叶数471.68片，新梢长456.31cm；东西冠幅97.28cm，南北冠幅131.53cm；单梢新梢长60.89cm，新梢粗0.97cm，叶数48.70片；短枝叶长6.59cm，叶宽9.04cm，叶柄长5.62cm，单叶面积52.21cm²，单叶鲜重1.3530g，单叶干重0.3539g，含水量73.06%，夹角156.25°；长枝叶长7.73cm，叶宽12.18cm，叶柄长9.18cm，单叶面积63.99cm²，单叶鲜重2.5100g，单叶干重0.6779g，含水量72.80%，夹角152.22°；五叶厚0.285cm，LAI 3.24，10株产叶4.21kg。内酯总含量0.2146%，GJ0.0203%，GC0.04045%，GA0.0891%，GB0.0135%，BB0.0513%；黄酮含量1.7043%。

陕西周至35号（图4-11）

雌株，砧木中径1.70cm，接口上粗1.69cm，单株新梢数11.12个，叶数339.15片，新梢长380.07cm；东西冠幅119.25cm，南北冠幅107.91cm；单梢新梢长52.70cm，新梢粗0.80cm，叶数38.61片；短枝叶长5.26cm，叶宽7.09cm，叶柄长4.49cm，单叶面积36.39cm²，单叶鲜重1.0752g，单叶干重0.2642g，含水量71.96%，夹角147.62°；长枝叶长7.56cm，叶宽11.37cm，叶柄长5.90cm，单叶面积51.84cm²，单叶鲜重2.3032g，单叶干重0.5291g，含水量74.69%，夹角127.48°；五叶厚0.286cm，LAI 1.93，10株产叶2.91kg。内酯总含量0.1690%，GJ0.0372%，GC0.0375%，GA0.0781%，GB0.0142%，BB0.0192%；黄酮含量1.5519%。

陕西周至36号（图4-12）

雄株，砧木中径1.90cm，接口上粗1.81cm，单株新梢数11.12个，叶数319.15片，新梢长315.70cm；东西冠幅132.02cm，南北冠幅127.40cm；单梢新梢长62.93cm，新梢粗0.89cm，叶数38.36片；短枝叶长5.80cm，叶宽7.92cm，叶柄长5.26cm，单叶面积32.06cm²，单叶鲜重0.7856g，单叶干重0.2132g，含水量72.16%，夹角118.50°；长枝叶长8.36cm，叶宽12.03cm，叶柄长6.35cm，单叶面积58.65cm²，单叶鲜重2.4129g，单叶干重0.6131g，含水量74.44%，夹角118.21°；五叶厚0.282cm，LAI 1.94，10株产叶2.65kg。内酯总含量0.1324%，GJ0.1288%，GC0.0331%，GA0.0326%，GB0.02415%，BB0.0258%；黄酮含量2.0170%。

浙江丽水碧湖中学37号（图4-12）

雄株，砧木中径2.03cm，接口上粗2.13cm，单株新梢数6.48个，叶数191.35片，新梢长331.01cm；东西冠幅257.92cm，南北冠幅179.25cm；单梢新梢长53.40cm，新梢粗1.14cm，叶数46.21片；短枝叶长5.73cm，叶宽9.04cm，叶柄长5.14cm，单叶面积33.06cm²，单叶鲜重1.0391g，单叶干重0.2732g，含水量74.15%，夹角132.92°；长枝叶长7.55cm，叶宽10.87cm，叶柄长5.53cm，单叶面积44.07cm²，单叶鲜重2.1902g，单叶干重0.5772g，含水量73.86%，夹角124.90°；五叶厚0.270cm，LAI 2.29，10株产叶3.06kg。内酯总含量0.1882%，GJ0.0184%，GC0.0451%，GA0.0448%，GB0.0403%，BB0.0401%；黄酮含量2.0147%。

浙江丽水中学38号（图4-13）

雄株，砧木中径2.02cm，接口上粗2.03cm，单株新梢数8.78个，叶数291.90片，新梢长259.04cm；东西冠幅116.30cm，南北冠幅114.25cm；单梢新梢长56.59cm，新梢粗1.02cm，叶数39.60片；短枝叶长5.38cm，叶宽8.09cm，叶柄长5.12cm，单叶面积31.62cm²，单叶鲜重1.1200g，单叶干重0.2926g，含水量72.18%，夹角148.77°；长枝叶长7.37cm，叶宽10.68cm，叶柄长5.40cm，单叶面积51.27cm²，单叶鲜重2.3974g，单叶干重0.6110g，含水量74.75%，夹角130.10°；五叶厚0.301cm，LAI 1.59，10株产叶3.39kg。内酯总含量0.1511%，GJ0.0253%，GC0.0376%，GA0.0370%，GB0.0214%，BB0.0299%；黄酮含量1.6885%。

陕西长安县内苑乡内苑村40号（图4-13）

雄株，砧木中径2.11cm，接口上粗2.06cm，单株新梢数10.80个，叶数302.80片，新梢长379.35cm；东西冠幅113.54cm，南北冠幅102.90cm；单梢新梢长63.08cm，新梢粗1.22cm，叶数56.03片；短枝叶长6.35cm，叶宽9.86cm，叶柄长7.24cm，单叶面积38.50cm²，单叶鲜重1.1070g，单叶干重0.2892g，含水量73.83%，夹角138.77°；长枝叶长7.56cm，叶宽11.06cm，叶柄长5.85cm，单叶面积50.52cm²，单叶鲜重2.0427g，单叶干重0.5338g，含水量74.01%，夹角128.17°；五叶厚0.253cm，LAI 2.22，10株产叶3.25kg。内酯总含量0.0994%，GJ0.00885%，GC0.0202%，GA0.0409%，GB0.0238%，BB0.00565%；黄酮含量1.5720%。

陕西长安县内苑乡41号（图4-14）

雌株，砧木中径1.96cm，接口上粗1.92cm，单株新梢数14.73个，叶数402.55片，新梢长517.38cm；东西冠幅146.16cm，南北冠幅132.40cm；单梢新梢长62.38cm，新梢粗1.00cm，叶数52.15片；短枝叶长6.23cm，叶宽9.93cm，叶柄长6.98cm，单叶面积37.18cm²，单叶鲜重1.3240g，单叶干重0.2885g，含水量73.27%，夹角144.78°；长枝叶长8.30cm，叶宽12.86cm，叶柄长6.29cm，单叶面积63.47cm²，单叶鲜重2.6500g，单叶干重0.7577g，含水量73.73%，夹角130.65°；五叶厚0.273cm，LAI 1.09，10株产叶4.29kg。内酯总含量0.1420%，GJ0.0077%，GC0.0283%，GA0.0234%，GB0.0141%，BB0.0182%；黄酮含量2.0270%。

福建尤溪县中仙乡（佛手）42号（图4-14）

雌株，砧木中径1.56cm，接口上粗1.99cm，单株新梢数8.12个，叶数361.90片，新梢长272.02cm；东西冠幅132.38cm，南北冠幅112.60cm；单梢新梢长54.23cm，新梢粗0.72cm，叶数35.99片；短枝叶长4.73cm，叶宽6.48cm，叶柄长5.03cm，单叶面积23.73cm²，单叶鲜重0.8880g，单叶干重0.2403g，含水量72.56%，夹角114.90°；长枝叶长6.20cm，叶宽10.47cm，叶柄长6.08cm，单叶面积47.42cm²，单叶鲜重2.3760g，单叶干重0.6219g，含水量73.88%，夹角112.80°；五叶厚0.275cm，LAI 1.71，10株产叶1.76kg。内酯总含量0.1136%，GJ0.0077%，GC0.0243%，GA0.0321%，GB0.0249%，BB0.0203%；黄酮含量1.5384%。

福建福州芦山44号（图4-13）

雄株，砧木中径2.27cm，接口上粗2.65cm，单株新梢数9.76个，叶数471.82片，新梢长411.88cm；东西冠幅143.56cm，南北冠幅124.40cm；单梢新梢长68.62cm，新梢粗1.13cm，叶数44.59片；短枝叶长8.71cm，叶宽8.57cm，叶柄长5.85cm，单叶面积13.67cm²，单叶鲜重1.0500g，单叶干重0.3150g，含水量70.32%，夹角114.38°；长枝叶长7.97cm，叶宽9.48cm，叶柄长6.01cm，单叶面积41.68cm²，单叶鲜重1.8610g，单叶干重0.5572g，含水量70.01%，夹角125.40°；五叶厚0.260cm，LAI 1.63，10株产叶3.15kg。内酯总含量0.1368%，GJ0.0069%，GC0.0321%，GA0.0787%，GB0.0252%，BB0.0374%；黄酮含量1.2697%。

山东郯城归义乡归义村大银香45号（图4-15）

雌株，砧木中径2.09cm，接口上粗2.26cm，单株新梢数8.40个，叶数315.13片，新梢长287.87cm；东西冠幅93.42cm，南北冠幅79.10cm；单梢新梢长66.62cm，新梢粗1.14cm，叶数71.03片；短枝叶长6.38cm，叶宽9.29cm，叶柄长5.99cm，单叶面积33.00cm²，单叶鲜重1.1472g，单叶干重0.3450g，含水量71.86%，夹角115.78°；长枝叶长7.47cm，叶宽9.98cm，叶柄长6.21cm，单叶面积42.26cm²，单叶鲜重2.1163g，单叶干重0.6043g，含水量71.51%，夹角107.67°；五叶厚0.283cm，LAI 3.15，10株产叶3.59kg。内酯总含量0.1857%，GJ0.0236%，GC0.0416%，GA0.0412%，GB0.0148%，BB0.02455%；黄酮含量1.6544%。

云南腾冲新庄49号（图4-15）

雌株，砧木中径1.99cm，接口上粗2.17cm，单株新梢数8.19个，叶数333.93片，新梢长387.63cm；东西冠幅111.43cm，南北冠幅105.67cm；单梢新梢长58.86cm，新梢粗1.10cm，叶数47.74片；短枝叶长5.94cm，叶宽

图4-14 陕西41号、福建42号、浙江013号
（注：1. 陕西41号；2. 福建42号、浙江013号）

图4-13 浙江38号、福建44号、陕西40号、江苏020号
（注：1. 浙江38号、福建44号；2. 陕西40号、江苏020号）

图4-15 山东45号、云南49号
（注：1. 云南49号；2. 山东45号）

9.16cm，叶柄长5.78cm，单叶面积37.23cm²，单叶鲜重1.1676g，单叶干重0.3254g，含水量70.58%，夹角137.93°；长枝叶长7.34cm，叶宽11.19cm，叶柄长5.60cm，单叶面积53.50cm²，单叶鲜重2.0200g，单叶干重0.5714g，含水量70.51%，夹角149.87°；五叶厚0.243cm，LAI 1.14，10株产叶3.76kg。内酯总含量0.1680%，GJ0.0179%，GC0.0392%，GA0.0366%，GB0.0369%，BB0.0296%；黄酮含量1.7199%。

云南腾冲新庄50号（图4-16）

雌株，砧木中径1.83cm，接口上粗2.13cm，单株新梢数7.66个，叶数237.50片，新梢长440.90cm；东西冠幅107.90cm，南北冠幅113.82cm；单梢新梢长59.69cm，新梢粗1.15cm，叶数48.02片；短枝叶长5.41cm，叶宽9.17cm，叶柄长4.79cm，单叶面积33.98cm²，单叶鲜重0.9325g，单叶干重0.2523g，含水量72.56%，夹角133.22°；长枝叶长7.64cm，叶宽10.91cm，叶柄长5.53cm，单叶面积50.70cm²，单叶鲜重1.9350g，单叶干重0.5115g，含水量73.19%，夹角112.50°；五叶厚0.230cm，LAI 1.30，10株产叶3.13kg。内酯总含量0.0988%，GJ0.012%，GC0.0205%，GA0.0307%，GB0.0204%，BB0.0126%；黄酮含量1.6351%。

云南腾冲临河51号（图4-16）

雄株，砧木中径1.95cm，接口上粗2.01cm，单株新梢数11.88个，叶数346.77片，新梢长389.27cm；东西冠幅109.77cm，南北冠幅82.58cm；单梢新梢长64.18cm，新梢粗1.10cm，叶数48.25片；短枝叶长5.40cm，叶宽8.75cm，叶柄长4.56cm，单叶面积32.96cm²，单叶鲜重0.9921g，单叶干重0.2741g，含水量71.89%，夹角164.60°；长枝叶长6.75cm，叶宽10.12cm，叶柄长5.11cm，单叶面积44.79cm²，单叶鲜重1.9171g，单叶干重0.5567g，含水量71.49%，夹角104.10°；五叶厚0.258cm，LAI 2.37，10株产叶3.48kg。内酯总含量0.1004%，GJ0.00865%，GC0.0234%，GA0.0301%，GB0.0160%，BB0.0168%；黄酮含量1.9401%。

四川万源崔家52号（图4-10）

雌株，砧木中径1.93cm，接口上粗2.05cm，单株新梢数9.68个，叶数325.97片，新梢长295.07cm；东西冠幅95.93cm，南北冠幅97.42cm；单梢新梢长54.41cm，新梢粗0.99cm，叶数40.62片；短枝叶长6.01cm，叶宽9.98cm，叶柄长5.92cm，单叶面积38.38cm²，单叶鲜重1.1684g，单叶干重0.3000g，含水量74.47%，夹角141.93°；长枝叶长7.78cm，叶宽11.63cm，叶柄长5.55cm，单叶面积56.22cm²，单叶鲜重2.2400g，单叶干重0.6088g，含水量72.73%，夹角129.80°；五叶厚0.280cm，LAI 2.28，10株产叶4.09kg。内酯总含量0.0938%，GJ0.0109%，GC0.0236%，GA0.0312%，GB0.0128%，BB0.0154%；黄酮含量1.6166%。

四川万源崔家53号（图4-17）

雌株，砧木中径2.11cm，接口上粗2.48cm，单株新梢数17.23个，叶数488.03片，新梢长296.85cm；东西冠幅103.33cm，南北冠幅97.60cm；单梢新梢长59.67cm，新梢粗1.01cm，叶数43.91片；短枝叶长5.71cm，叶宽7.68cm，叶柄长5.98cm，单叶面积27.88cm²，单叶鲜重0.9399g，单叶干重0.2597g，含水量72.29%，夹角123.50°；长枝叶长7.16cm，叶宽10.18cm，叶柄长5.48cm，单叶面积50.50cm²，单叶鲜重1.9502g，单叶干重0.4044g，含水量71.99%，夹角131.00°；五叶厚0.263cm，LAI 2.36，10株产叶3.68kg。内酯总含量0.1336%，GJ0.01005%，GC0.0294%，GA0.0394%，GB0.0232%，BB0.0201%；黄酮含量1.5523%。

四川万源崔家54号（图4-16）

雌株，砧木中径2.11cm，接口上粗1.92cm，单株新梢数7.17个，叶数209.09片，新梢长248.80cm；东西冠幅77.87cm，南北冠幅88.27cm；单梢新梢长49.40cm，新梢粗0.72cm，叶数52.09片；短枝叶长5.37cm，叶宽7.49cm，叶柄长4.30cm，单叶面积23.59cm²，单叶鲜重0.9172g，单叶干重0.2079g，含水量71.67%，夹角119.50°；长枝叶长6.92cm，叶宽102.37cm，叶柄长5.56cm，单叶面积43.10cm²，单叶鲜重1.6476g，单叶干重0.4462g，含水量72.78%，夹角118.37°；五叶厚0.264cm，LAI 1.90，10株产叶2.83kg。内酯总含量0.0869%，GJ0.0581%，GC0.0248%，GA0.0271%，GB0.0106%，BB0.0156%；黄酮含量1.742%。

四川万源竹峪镇55号（图4-17）

雌株，砧木中径1.97cm，接口上粗2.20cm，单株新梢数7.31个，叶数573.63片，新梢长755.40cm；东西冠幅129.60cm，南北冠幅97.00cm；单梢新梢长50.40cm，新梢粗1.09cm，叶数61.03片；短枝叶长6.90cm，叶宽9.28cm，叶柄长6.55cm，单叶面积40.27cm²，单叶鲜重1.3097g，单叶干重0.3264g，含水量74.30%，夹角110.00°；长枝叶长7.35cm，叶宽8.69cm，叶柄长5.79cm，单叶面积46.20cm²，单叶鲜重1.7930g，单叶干重0.4785g，含水量73.20%，夹角125.50°；五叶厚0.249cm，LAI 2.66，10株产叶4.05kg。内酯总含量0.1303%，GJ0.0121%，GC0.0436%，GA0.0252%，GB0.0259%，BB0.02365%；黄酮含量1.6854%。

广西桂林林科所60号（图4-18）

雄株，砧木中径2.15cm，接口上粗2.44cm，单株新梢数13.17个，叶数319.40片，新梢长375.70cm；东西冠幅119.13cm，南北冠幅131.20cm；单梢新梢长49.71cm，新梢粗1.06cm，叶数39.24片；短枝叶长5.46cm，叶宽9.09cm，叶柄长5.93cm，单叶面积38.34cm²，单叶鲜重1.3689g，单叶干重0.3657g，含水量72.94%，夹角172.20°；长枝叶长6.16cm，

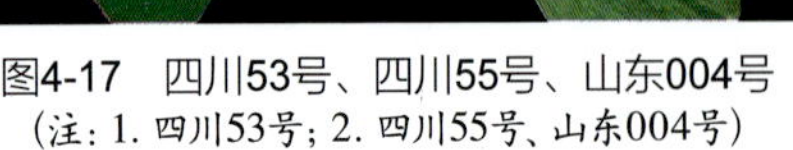

图4-16 云南50号、云南51号、四川54号
（注：1. 云南51号、四川54号；2. 云南50号）

图4-17 四川53号、四川55号、山东004号
（注：1. 四川53号；2. 四川55号、山东004号）

图4-18 山东011号、广西60号、贵州63号
（注：1. 山东011号、广西60号；2. 贵州63号）

图4-19 贵州64号、山东65号、山东93号
（注：1. 贵州64号；2. 山东65号、山东93号）

图4-20 山东66号、山东69号
（注：1. 山东66号；2. 山东69号）

叶宽11.16cm，叶柄长5.87cm，单叶面积55.08cm^2，单叶鲜重2.4564g，单叶干重0.6396g，含水量73.96%，夹角143.87°；五叶厚0.278cm，LAI 1.59，10株产叶4.40kg。内酯总含量0.0559%，GJ0.00675%，GC0.0146%，GA0.0158%，GB0.00955%，BB0.0092%；黄酮含量1.5414%。

贵州印江县缠溪镇土坪村61号（图4-4）

雄株，砧木中径1.76cm，接口上粗1.99cm，单株新梢数19.24个，叶数400.14片，新梢长425.97cm；东西冠幅114.09cm，南北冠幅83.73cm；单梢新梢长54.57cm，新梢粗1.00cm，叶数49.47片；短枝叶长4.71cm，叶宽7.85cm，叶柄长5.04cm，单叶面积24.09cm^2，单叶鲜重0.7644g，单叶干重0.2448g，含水量71.35%，夹角154.27°；长枝叶长6.33cm，叶宽8.80cm，叶柄长5.58cm，单叶面积35.34cm^2，单叶鲜重1.1827g，单叶干重0.4292g，含水量70.69%，夹角125.80°；五叶厚0.250cm，LAI 2.04，10株产叶3.09kg。内酯总含量0.0732%，GJ0.00595%，GC0.0179%，GA0.0268%，GB0.0145%，BB0.0091%；黄酮含量1.7372%。

贵州印江县缠溪镇62号（图4-8）

雄株，砧木中径2.03cm，接口上粗2.41cm，单株新梢数13.40个，叶数296.23片，新梢长488.80cm；东西冠幅130.18cm，南北冠幅115.20cm；单梢新梢长62.92cm，新梢粗1.17cm，叶数52.18片；短枝叶长5.12cm，叶宽7.66cm，叶柄长5.88cm，单叶面积25.97cm^2，单叶鲜重0.8069g，单叶干重0.2309g，含水量71.29%，夹角142.92°；长枝叶长6.14cm，叶宽9.27cm，叶柄长4.92cm，单叶面积37.95cm^2，单叶鲜重1.6500g，单叶干重0.4500g，含水量72.85%，夹角125.55°；LAI 1.12，10株产叶3.00kg。内酯总含量0.0864%，GJ0.0077%，GC0.0250%，GA0.0218%，GB0.01205%，BB0.0199%；黄酮含量1.6040%。

贵州印江县朗溪镇甘龙村63号（图4-18）

雌株，砧木中径2.49cm，接口上粗2.11cm，单株新梢数10.83个，叶数380.77片，新梢长404.33cm；东西冠幅132.67cm，南北冠幅95.87cm；单梢新梢长64.46cm，新梢粗1.11cm，叶数61.11片；短枝叶长5.42cm，叶宽8.24cm，叶柄长6.04cm，单叶面积29.71cm^2，单叶鲜重0.9279g，单叶干重0.2710g，含水量71.99%，夹角135.17°；长枝叶长7.14cm，叶宽11.08cm，叶柄长5.85cm，单叶面积49.63cm^2，单叶鲜重2.0200g，单叶干重0.5600g，含水量72.43%，夹角128.90°；LAI 2.60，10株产叶3.29kg。内酯总含量0.0915%，GJ0.0122%，GC0.0215%，GA0.0286%，GB0.0166%，BB0.0122%；黄酮含量1.8859%。

贵州印江县朗溪镇64号（图4-19）

雌株，砧木中径1.84cm，接口上粗1.86cm，单株新梢数7.05个，叶数320.40片，新梢长302.05cm；东西冠幅116.00cm，南北冠幅123.00cm；单梢新梢长60.69cm，新梢粗0.97cm，叶数49.64片；短枝叶长5.95cm，叶宽7.17cm，叶柄长7.38cm，单叶面积36.02cm^2，单叶鲜重1.1140g，单叶干重0.3103g，含水量72.32%，夹角145.25°；长枝叶长7.86cm，叶宽11.68cm，叶柄长5.02cm，单叶面积61.05cm^2，单叶鲜重2.6200g，单叶干重0.6800g，含水量73.97%，夹角129.40°；LAI 2.17，10株产叶3.17kg。内酯总含量0.1549%，GJ0.0184%，GC0.0380%，GA0.0388%，GB0.0124%，BB0.0474%；黄酮含量1.5525%。

山东枣庄峄城区65号（图4-19）

雌株，砧木中径1.95cm，接口上粗2.10cm，单株新梢数15.27个，叶数437.00片，新梢长452.73cm；东西冠幅151.43cm，南北冠幅129.87cm；单梢新梢长55.55cm，新梢粗0.99cm，叶数45.38片；短枝叶长5.16cm，叶宽8.21cm，叶柄长6.88cm，单叶面积29.29cm^2，单叶鲜重0.9804g，单叶干重0.2775g，含水量71.69%，夹角144.75°；长枝叶长6.94cm，叶宽10.14cm，叶柄长4.76cm，单叶面积46.19cm^2，单叶鲜重2.0900g，单叶干重0.5800g，含水量72.35%，夹角147.35°；LAI 1.28，10株产叶3.68kg。内酯总含量0.0959%，GJ0.0105%，GC0.0154%，GA0.0274%，GB0.0098%，BB0.0329%；黄酮含量1.5463%。

山东日照东港区白云寺66号（图4-20）

雄株，砧木中径2.06cm，接口上粗2.17cm，单株新梢数14.40个，叶数314.95片，新梢长419.10cm；东西冠幅86.40cm，南北冠幅81.65cm；单梢新梢长65.61cm，新梢粗1.10cm，叶数49.77片；短枝叶长5.82cm，叶宽8.75cm，叶柄长6.75cm，单叶面积29.99cm^2，单叶鲜重0.8600g，单叶干重0.2384g，含水量71.93%，夹角113.88°；长枝叶长7.42cm，叶宽9.99cm，叶柄长5.48cm，单叶面积42.90cm^2，单叶鲜重1.6050g，单叶干重0.4500g，含水量71.71%，夹角99.32°；LAI 2.54，10株产叶

3.63kg。内酯总含量0.0828%，GJ0.012%，GC0.0153%，GA0.0267%，GB0.01525%，BB0.0136%；黄酮含量1.7343%。

山东荣城夏庄镇古迹顶林场67号（图4-8）

雄株，砧木中径2.01cm，接口上粗2.08cm，单株新梢数12.34个，叶数357.29片，新梢长518.44cm；东西冠幅112.63cm，南北冠幅119.17cm；单梢新梢长56.40cm，新梢粗1.03cm，叶数39.36片；短枝叶长4.64cm，叶宽7.48cm，叶柄长4.82cm，单叶面积23.72cm²，单叶鲜重0.7500g，单叶干重0.2000g，含水量72.34%，夹角143.92°；长枝叶长6.17cm，叶宽8.79cm，叶柄长4.61cm，单叶面积35.46cm²，单叶鲜重1.6600g，单叶干重0.4500g，含水量72.77%，夹角131.51°；五叶厚0.264cm，LAI 1.79，10株产叶2.74kg。内酯总含量0.1098%，GJ0.0133%，GC0.0199%，GA0.0315%，GB0.0143%，BB0.0308%；黄酮含量1.3997%。

山东荣城崖西镇朱埠村圣水观68号（图4-9）

雌株，砧木中径1.86cm，接口上粗1.85cm，单株新梢数5.99个，叶数251.55片，新梢长266.10cm；东西冠幅95.25cm，南北冠幅67.58cm；单梢新梢长54.84cm，新梢粗0.95cm，叶数44.78片；短枝叶长6.32cm，叶宽7.52cm，叶柄长5.49cm，单叶面积35.06cm²，单叶鲜重1.0500g，单叶干重0.3100g，含水量71.87%，夹角123.42°；长枝叶长7.56cm，叶宽10.29cm，叶柄长5.59cm，单叶面积47.85cm²，单叶鲜重2.0700g，单叶干重0.5600g，含水量73.30%，夹角115.62°；五叶厚0.260cm，LAI 3.13，10株产叶2.49kg。内酯总含量0.0634%，GJ0.00845%，GC0.0162%，GA0.012%，GB0.0122%，BB0.0147%；黄酮含量1.6002%。

山东荣城崖西镇院东村69号（图4-20）

雌株，砧木中径2.06cm，接口上粗2.15cm，单株新梢数8.83个，叶数312.62片，新梢长296.38cm；东西冠幅90.08cm，南北冠幅72.72cm；单梢新梢长55.79cm，新梢粗1.19cm，叶数67.29片；短枝叶长6.31cm，叶宽10.33cm，叶柄长6.79cm，单叶面积48.44cm²，单叶鲜重1.4500g，单叶干重0.3400g，含水量72.63%，夹角161.20°；长枝叶长7.61cm，叶宽13.24cm，叶柄长5.95cm，单叶面积60.80cm²，单叶鲜重2.4700g，单叶干重0.5200g，含水量73.65%，夹角109.48°；五叶厚0.240cm，LAI 3.01，10株产叶3.64kg。内酯总含量0.1349%，GJ0.0142%，GC0.0342%，GA0.0295%，GB0.0196%，BB0.0374%；黄酮含量1.5606%。

图4-21 山东009号、山东70号、山东050号、湖北74号
（注：1. 山东009号、山东70号；2. 山东050号、湖北74号）

图4-22 山东79号、江苏023号、山东81号
（注：1. 江苏023号、山东81号；2. 山东79号）

山东荣城崖西镇北崖西村70号（图4-21）

雌株，砧木中径1.98cm，接口上粗1.87cm，单株新梢数7.19个，叶数246.69片，新梢长271.78cm；东西冠幅118.88cm，南北冠幅102.00cm；单梢新梢长49.80cm，新梢粗0.90cm，叶数50.66片；短枝叶长5.34cm，叶宽8.50cm，叶柄长5.23cm，单叶面积28.21cm²，单叶鲜重0.9600g，单叶干重0.2500g，含水量73.76%，夹角131.17°；长枝叶长7.84cm，叶宽11.49cm，叶柄长4.41cm，单叶面积51.93cm²，单叶鲜重2.3200g，单叶干重0.4200g，含水量74.87%，夹角123.73°；五叶厚0.260cm，LAI 2.42，10株产叶3.76kg。内酯总含量0.0914%，GJ0.01%，GC0.0211%，GA0.0229%，GB0.0139%，BB0.0235%；黄酮含量1.558%。

湖北安陆王义贞雄株74号（图4-21）

雄株，砧木中径1.90cm，接口上粗2.06cm，单株新梢数11.99个，叶数306.39片，新梢长415.14cm；东西冠幅130.34cm，南北冠幅134.08cm；单梢新梢长56.88cm，新梢粗0.89cm，叶数47.67片；短枝叶长4.79cm，叶宽7.69cm，叶柄长5.21cm，单叶面积27.25cm²，单叶鲜重0.8400g，单叶干重0.2200g，含水量72.85%，夹角144.08°；长枝叶长6.68cm，叶宽9.34cm，叶柄长4.73cm，单叶面积38.91cm²，单叶鲜重1.6500g，单叶干重0.3800g，含水量72.97%，夹角126.26°；五叶厚0.260cm，LAI 0.83，10株产叶3.30kg。内酯总含量0.0826%，GJ0.0099%，GC0.0186%，GA0.0226%，GB0.0119%，BB0.0197%；黄酮含量1.5488%。

山东济宁长沟镇白果树村75号（图4-7）

雌株，砧木中径1.88cm，接口上粗2.09cm，单株新梢数8.22个，叶数281.78片，新梢长428.74cm；东西冠幅114.94cm，南北冠幅131.75cm；单梢新梢长61.25cm，新梢粗1.02cm，叶数42.08片；短枝叶长5.79cm，叶宽7.46cm，叶柄长5.81cm，单叶面积24.62cm²，单叶鲜重0.8800g，单叶干重0.2500g，含水量71.42%，夹角107.80°；长枝叶长7.69cm，叶宽9.13cm，叶柄长5.88cm，单叶面积39.40cm²，单叶鲜重1.7300g，单叶干重0.4700g，含水量73.32%，夹角88.57°；五叶厚0.250cm，LAI 1.03，10株产叶3.17kg。内酯总含量0.1059%，GJ0.0107%，GC0.0256%，GA0.0263%，GB0.0144%，BB0.0289%；黄酮含量1.2824%。

山东泰安泰疗（T1）76号（图4-1）

雌株，砧木中径2.07cm，接口上粗2.32cm，单株新梢数20.40个，叶数550.17片，新梢长765.70cm；东西冠幅128.75cm，南北冠幅106.75cm；单梢新梢长72.60cm，新梢粗1.10cm，叶数51.23片；短枝叶长5.25cm，叶宽8.50cm，叶柄长5.08cm，单叶面积28.62cm²，单叶鲜重0.9100g，单叶干重0.2500g，含水量73.32%，夹角143.50°；长枝叶长7.42cm，叶宽11.13cm，叶柄长6.97cm，单叶面积49.91cm²，单叶鲜重2.2100g，单叶干重0.6200g，含水

量72.06%，夹角123.27°；五叶厚0.260cm，LAI 2.51，10株产叶4.76kg。内酯总含量0.1039%，GJ0.01095%，GC0.02445%，GA0.0283%，GB0.0171%，BB0.0232%；黄酮含量1.5174%。

山东泰安岱庙0003号（77）（图4-10）

雌株，砧木中径1.95cm，接口上粗3.08cm，单株新梢数13.84个，叶数455.43片，新梢长583.27cm；东西冠幅114.34cm，南北冠幅108.96cm；单梢新梢长49.54cm，新梢粗1.06cm，叶数44.67片；短枝叶长5.68cm，叶宽8.89cm，叶柄长6.67cm，单叶面积30.98cm²，单叶鲜重0.9700g，单叶干重0.2600g，含水量73.75%，夹角134.88°；长枝叶长7.40cm，叶宽11.86cm，叶柄长5.83cm，单叶面积51.64cm²，单叶鲜重2.6000g，单叶干重0.7300g，含水量71.68%，夹角146.18°；五叶厚0.286cm，LAI 5.28，10株产叶3.77kg。内酯总含量0.0978%，GJ0.00925%，GC0.02445%，GA0.0198%，GB0.0235%，BB0.0209%；黄酮含量1.4872%。

山东泰安岱庙0004号（79）（图4-22）

雌株，砧木中径2.40cm，接口上粗2.64cm，单株新梢数15.87个，叶数427.40片，新梢长544.87cm；东西冠幅143.25cm，南北冠幅95.50cm；单梢新梢长49.83cm，新梢粗0.99cm，叶数46.30片；短枝叶长5.08cm，叶宽8.58cm，叶柄长4.48cm，单叶面积30.42cm²，单叶鲜重0.9600g，单叶干重0.2900g，含水量70.09%，夹角161.25°；长枝叶长6.70cm，叶宽10.83cm，叶柄长4.60cm，单叶面积48.36cm²，单叶鲜重2.0100g，单叶干重0.5300g，含水量72.75%，夹角148.33°；五叶厚0.230cm，LAI 1.92，10株产叶3.77kg。内酯总含量0.1059%，GJ0.00825%，GC0.02205%，GA0.0328%，GB0.0264%，BB0.0163%；黄酮含量1.2993%。

山东济南灵岩寺3号（81）（图4-22）

雌株，砧木中径2.22cm，接口上粗2.51cm，单株新梢数21.80个，叶数576.13片，新梢长729.63cm；东西冠幅121.75cm，南北冠幅106.25cm；单梢新梢长61.33cm，新梢粗1.12cm，叶数54.67片；短枝叶长4.83cm，叶宽8.78cm，叶柄长4.35cm，单叶面积26.35cm²，单叶鲜重1.0420g，单叶干重0.3000g，含水量71.12%，夹角184.50°；长枝叶长7.28cm，叶宽11.50cm，叶柄长4.43cm，单叶面积57.33cm²，单叶鲜重2.5700g，单叶干重0.7200g，含水量71.88%，夹角148.58°；五叶厚0.260cm，LAI 2.62，10株产叶3.72kg。内酯总含量0.1598%，GJ0.0131%，GC0.02085%，GA0.0575%，GB0.0489%，BB0.0194%；黄酮含量1.2705%。

山东苍山神山镇西庄村82号（图4-23）

雌株，砧木中径1.93cm，接口上粗2.17cm，单株新梢数15.39个，叶数144.11片，新梢长531.59cm；东西冠幅130.55cm，南北冠幅120.88cm；单梢新梢长52.15cm，新梢粗1.10cm，叶数35.55片；短枝叶长5.80cm，叶宽8.99cm，叶柄长4.98cm，单叶面积31.70cm²，单叶鲜重0.9376g，单叶干重0.2668g，含水量71.71%，夹角119.05°；长枝叶长7.39cm，叶宽10.92cm，叶柄长5.89cm，单叶面积38.45cm²，单叶鲜重1.9520g，单叶干重0.5194g，含水量73.34%，夹角131.81°；五叶厚0.261cm，LAI 1.58，10株产叶3.81kg。内酯总含量0.2188%，GJ0.0355%，GC0.069%，GA0.0449%，GB0.0272%，BB0.0423%；黄酮含量1.3686%。

山东泰安岱庙0001号（87）（图4-23）

雌株，砧木中径1.84cm，接口上粗1.69cm，单株新梢数6.04个，叶数259.25片，新梢长275.40cm；东西冠幅88.93cm，南北冠幅73.25cm；单梢新梢长57.22cm，新梢粗0.95cm，叶数51.05片；短枝叶长6.63cm，叶宽9.05cm，叶柄长4.45cm，单叶面积33.52cm²，单叶鲜重0.9934g，单叶干重0.3007g，含水量69.27%，夹角121.00°；长枝叶长7.47cm，叶宽10.59cm，叶柄长6.78cm，单叶面积49.89cm²，单叶鲜重2.0702g，单叶干重0.5697g，含水量72.48%，夹角134.27°；五叶厚0.262cm，LAI 2.65，10株产叶2.95kg。内酯总含量0.2368%，GJ0.0354%，GC0.0667%，GA0.0476%，GB0.0442%，BB0.0430%；黄酮含量1.5847%。

山东泰安小天庭90号（图4-6）

雄株，砧木中径2.03cm，接口上粗2.48cm，单株新梢数17.13个，叶数229.00片，新梢长636.36cm；东西冠幅124.00cm，南北冠幅127.50cm；单梢新梢长47.89cm，新梢粗0.97cm，叶数45.80片；短枝叶长7.38cm，叶宽10.85cm，叶柄长8.40cm，单叶面积49.01cm²，单叶鲜重1.7958g，单叶干重0.4399g，含水量75.58%，夹角113.30°；长枝叶长8.82cm，叶宽13.65cm，叶柄长7.18cm，单叶面积74.15cm²，单叶鲜重3.4319g，单叶干重0.8698g，含水量74.57%，夹角132.78°；五叶厚0.258cm，LAI 3.95，10株产叶4.57kg。内酯总含量0.0724%，GJ0.0078%，GC0.0168%，GA0.01905%，GB0.0085%，BB0.0204%；黄酮含量1.5846%。

山东泰安王母池91号（图4-24）

雄株，砧木中径2.09cm，接口上粗2.15cm，单株新梢数16.67个，叶数605.72片，新梢长653.27cm；东西冠幅125.27cm，南北冠幅104.41cm；单梢新梢长64.59cm，新梢粗0.93cm，叶数60.25片；短枝叶长5.95cm，叶宽8.25cm，叶柄长4.51cm，单叶面积28.85cm²，单叶鲜重0.8760g，单叶干重0.2571g，含水量71.45%，夹角114.30°；长枝叶长8.28cm，叶宽11.50cm，叶柄长5.59cm，单叶面积58.81cm²，单叶鲜重2.2675g，单叶干重0.6379g，含水量73.33%，夹角117.90°；五叶厚0.245cm，LAI 3.08，10株产叶4.81kg。内酯总含量0.0808%，GJ0.01195%，

图4-23 山东82号、山东87号
（注：1. 山东82号；2. 山东87号）

图4-24 山东91号、山东94号
（注：1. 山东91号；2. 山东94号）

GC0.0228%，GA0.0196%，GB0.00425%，BB0.0189%；黄酮含量1.7430%。

山东泰安三阳观93号（图4-19）

雄株，砧木中径2.20cm，接口上粗2.19cm，单株新梢数15.20个，叶数503.31片，新梢长527.72cm；东西冠幅132.50cm，南北冠幅113.75cm；单梢新梢长52.85cm，新梢粗0.96cm，叶数44.53片；短枝叶长6.23cm，叶宽9.45cm，叶柄长6.70cm，单叶面积39.35cm²，单叶鲜重1.1800g，单叶干重0.3100g，含水量73.99%，夹角147.13°；长枝叶长7.60cm，叶宽11.01cm，叶柄长6.15cm，单叶面积48.47cm²，单叶鲜重2.0694g，单叶干重0.5522g，含水量73.39%，夹角123.83°；五叶厚0.261cm，LAI 1.77，10株产叶3.38kg。内酯总含量0.1364%，GJ0.0109%，GC0.0299%，GA0.0238%，GB0.0418%，BB0.0301%；黄酮含量1.5269%。

山东泰安扇子崖94号（图4-24）

雄株，砧木中径1.95cm，接口上粗2.04cm，单株新梢数6.87个，叶数350.95片，新梢长494.58cm；东西冠幅130.65cm，南北冠幅123.65cm；单梢新梢长60.25cm，新梢粗1.08cm，叶数42.44片；短枝叶长5.51cm，叶宽9.16cm，叶柄长9.94cm，单叶面积33.27cm²，单叶鲜重1.0420g，单叶干重0.2710g，含水量74.05%，夹角127.05°；长枝叶长6.98cm，叶宽10.45cm，叶柄长6.72cm，单叶面积45.47cm²，单叶鲜重2.1180g，单叶干重0.5096g，含水量73.99%，夹角110.69°；五叶厚0.252cm，LAI 1.31，10株产叶2.65kg。内酯总含量0.2219%，GJ0.0334%，GC0.0631%，GA0.0505%，GB0.0401%，BB0.0348%；黄酮含量1.4525%。

安徽宁国仙霞镇仙霞村95号（图4-25）

雌株，砧木中径2.04cm，接口上粗2.30cm，单株新梢数10.85个，叶数369.79片，新梢长505.76cm；东西冠幅113.42cm，南北冠幅88.15cm；单梢新梢长27.62cm，新梢粗1.17cm，叶数53.37片；短枝叶长6.23cm，叶宽8.03cm，叶柄长4.69cm，单叶面积31.02cm²，单叶鲜重0.9728g，单叶干重0.2482g，含水量73.55%，夹角111.20°；长枝叶长7.21cm，叶宽10.61cm，叶柄长5.65cm，单叶面积48.08cm²，单叶鲜重1.9350g，单叶干重0.4989g，含水量72.89%，夹角121.03°；五叶厚0.268cm，LAI 2.31，10株产叶3.65kg。内酯总含量0.0585%，GJ0.0061%，GC0.0233%，GA0.0143%，GB0.006%，BB0.00885%；黄酮含量1.7785%。

安徽宁国狮桥阴山96号（图4-25）

雌株，砧木中径1.82cm，接口上粗1.99cm，单株新梢数9.04个，叶数360.63片，新梢长385.57cm；东西冠幅124.43cm，南北冠幅89.60cm；单梢新梢长44.69cm，新梢粗0.88cm，叶数35.45片；短枝叶长5.78cm，叶宽8.91cm，叶柄长4.98cm，单叶面积33.78cm²，单叶鲜重0.9966g，单叶干重0.2827g，含水量67.70%，夹角109.74°；长枝叶长6.48cm，叶宽10.22cm，叶柄长4.22cm，单叶面积42.72cm²，单叶鲜重1.9140g，单叶干重0.5202g，含水量72.40%，夹角143.60°；五叶厚0.259cm，LAI 1.87，10株产叶2.58kg。内酯总含量0.0669%，GJ0.00615%，GC0.0260%，GA0.0133%，GB0.0068%，BB0.0147%；黄酮含量1.9747%。

安徽宁国仙霞东安村97号（图4-26）

雄株，砧木中径2.03cm，接口上粗2.17cm，单株新梢数8.26个，叶数284.42片，新梢长572.40cm；东西冠幅134.10cm，南北冠幅111.27cm；单梢新梢长60.06cm，新梢粗1.05cm，叶数43.77片；短枝叶长5.37cm，叶宽8.71cm，叶柄长5.03cm，单叶面积27.64cm²，单叶鲜重1.0095g，单叶干重0.2928g，含水量70.89%，夹角166.83°；长枝叶长6.57cm，叶宽10.55cm，叶柄长4.79cm，单叶面积49.05cm²，单叶鲜重2.1063g，单叶干重0.5522g，含水量72.71%，夹角165.45°；五叶厚0.273cm，LAI 1.27，10株产叶3.24kg。内酯总含量0.0912%，GJ0.0067%，GC0.0291%，GA0.0227%，GB0.01005%，BB0.0227%；黄酮含量1.4987%。

安徽宁国手村乡白马村99号（图4-26）

雌株，砧木中径1.99cm，接口上粗1.73cm，单株新梢数7.85个，叶数363.65片，新梢长328.55cm；东西冠幅131.80cm，南北冠幅95.35cm；单梢新梢长65.90cm，新梢粗1.10cm，叶数57.76片；短枝叶长5.94cm，叶宽6.87cm，叶柄长5.93cm，单叶面积33.50cm²，单叶鲜重1.0042g，单叶干重0.2933g，含水量71.19%，夹角106.55°；长枝叶长6.72cm，叶宽10.03cm，叶柄长5.61cm，单叶面积42.04cm²，单叶鲜重1.9353g，单叶干重0.4393g，含水量

图4-25 浙江015号、安徽95号、安徽96号
（注：1. 浙江015号、安徽95号；2. 安徽96号）

图4-26 安徽97号、安徽99号
（注：1. 安徽97号；2. 安徽99号）

图4-27 江西101号、安徽96号、山东001号、浙江018号
（注：1. 山东001号、浙江018号；2. 江西101号、安徽96号）

73.33%，夹角102.11°；五叶厚0.229cm，LAI 1.68，10株产叶2.83kg。内酯总含量0.0630%，GJ0.0063%，GC0.01185%，GA0.00825%，GB0.006%，BB0.0304%；黄酮含量2.114%。

江西信丰县九渡101号（图4-27）

雌株，砧木中径1.77cm，接口上粗1.63cm，单株新梢数6.27个，叶数259.37片，新梢长343.70cm；东西冠幅109.33cm，南北冠幅110.67cm；单梢新梢长76.37cm，新梢粗1.11cm，叶数54.53片；短枝叶长6.28cm，叶宽8.63cm，叶柄长4.88cm，单叶面积33.15cm²，单叶鲜重1.3766g，单叶干重0.3162g，含水量77.65%，夹角125.37°；长枝叶长8.75cm，叶宽11.56cm，叶柄长4.74cm，单叶面积57.08cm²，单叶鲜重2.3490g，单叶干重0.5020g，含水量75.48%，夹角109.30°；五叶厚0.244cm，LAI 1.48，10株产叶2.24kg。内酯总含量0.0747%，GJ0.00696%，GC0.0174%，GA0.0204%，GB0.0118%，BB0.0307%；黄酮含量1.1223%。

山东郯城小埠乡吴桥001号（图4-27）

雌株，砧木中径1.90cm，接口上粗1.80cm，单株新梢数11.58个，叶数394.45片，新梢长565.45cm；东西冠幅108.04cm，南北冠幅104.13cm；单梢新梢长59.11cm，新梢粗0.94cm，叶数48.12片；短枝叶长4.68cm，叶宽7.59cm，叶柄长5.41cm，单叶面积24.17cm²，单叶鲜重0.7065g，单叶干重0.1912g，含水量72.57%，夹角144.40°；长枝叶长6.58cm，叶宽9.87cm，叶柄长6.16cm，单叶面积42.30cm²，单叶鲜重1.7612g，单叶干重0.4990g，含水量70.92%，夹角128.63°；LAI 1.72，10株产叶2.96kg。内酯总含量0.0648%，GJ0.0072%，GC0.0133%，GA0.0178%，GB0.012%，BB0.0146%；黄酮含量1.8652%。

山东郯城新村新一密植园002号（图4-28）

雄株，砧木中径2.09cm，接口上粗2.39cm，单株新梢数14.45个，叶数309.80片，新梢长583.65cm；东西冠幅144.40cm，南北冠幅109.40cm；单梢新梢长58.92cm，新梢粗1.03cm，叶数49.26片；短枝叶长5.07cm，叶宽7.29cm，叶柄长5.45cm，单叶面积21.83cm²，单叶鲜重0.7330g，单叶干重0.2150g，含水量70.59%，夹角111.05°；长枝叶长6.77cm，叶宽8.89cm，叶柄长4.58cm，单叶面积36.04cm²，单叶鲜重1.5300g，单叶干重0.4452g，含水量70.43%，夹角104.33°；五叶厚0.257cm，LAI 1.04，10株产叶3.51kg。内酯总含量0.1003%，GJ0.00985%，GC0.02095%，GA0.0242%，GB0.0149%，BB0.0305%；黄酮含量1.907%。

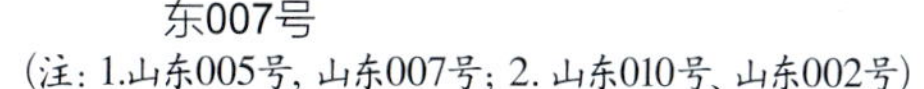

图4-28　山东010号、山东002号、山东005号、山东007号
（注：1.山东005号、山东007号；2. 山东010号、山东002号）

图4-29　山东008号、浙江012号
（注：1. 山东008号；2. 浙江012号）

山东郯城王桥大汪东193号（003）（图4-1）

雄株，砧木中径2.12cm，接口上粗2.19cm，单株新梢数12.65个，叶数436.50片，新梢长598.12cm；东西冠幅123.36cm，南北冠幅99.73cm；单梢新梢长64.51cm，新梢粗1.10cm，叶数51.57片；短枝叶长5.30cm，叶宽7.57cm，叶柄长5.68cm，单叶面积25.34cm²，单叶鲜重0.8367g，单叶干重0.2431g，含水量71.48%，夹角113.23°；长枝叶长7.37cm，叶宽9.82cm，叶柄长5.09cm，单叶面积39.14cm²，单叶鲜重1.8397g，单叶干重0.4940g，含水量73.43%，夹角96.44°；五叶厚0.264cm，LAI 1.87，10株产叶3.55kg。内酯总含量0.1177%，GJ0.008%，GC0.0291%，GA0.0363%，GB0.0177%，BB0.0266%；黄酮含量2.1414%。

山东郯城新村黄村黄敬福院内004号（图4-17）

雄株，砧木中径1.93cm，接口上粗2.06cm，单株新梢数11.58个，叶数285.07片，新梢长520.37cm；东西冠幅112.03cm，南北冠幅105.35cm；单梢新梢长59.92cm，新梢粗1.00cm，叶数33.34片；短枝叶长6.23cm，叶宽9.96cm，叶柄长6.36cm，单叶面积41.18cm²，单叶鲜重1.1866g，单叶干重0.3119g，含水量74.34%，夹角136.93°；长枝叶长7.47cm，叶宽10.64cm，叶柄长6.87cm，单叶面积52.83cm²，单叶鲜重2.1215g，单叶干重0.5569g，含水量73.91%，夹角129.01°；五叶厚0.256cm，LAI 1.94，10株产叶2.75kg。内酯总含量0.1187%，GJ0.02045%，GC0.0384%，GA0.0223%，GB0.0188%，BB0.0188%；黄酮含量1.6454%。

山东郯城王桥王恒儒院内005号（图4-28）

雄株，砧木中径1.91cm，接口上粗2.28cm，单株新梢数15.50个，叶数334.78片，新梢长506.13cm；东西冠幅116.40cm，南北冠幅108.87cm；单梢新梢长51.87cm，新梢粗0.98cm，叶数42.41片；短枝叶长4.97cm，叶宽6.66cm，叶柄长4.74cm，单叶面积18.36cm²，单叶鲜重0.4300g，单叶干重0.1947g，含水量70.56%，夹角113.60°；长枝叶长6.29cm，叶宽8.34cm，叶柄长5.55cm，单叶面积31.43cm²，单叶鲜重1.6725g，单叶干重0.4047g，含水量71.57%，夹角103.76°；五叶厚0.258cm，LAI 1.26，10株产叶2.96kg。内酯总含量0.0854%，GJ0.0108%，GC0.0294%，GA0.0283%，GB0.0215%，BB0.0156%；黄酮含量1.6739%。

山东郯城王桥王纪争院内006号（图4-6）

雄株，砧木中径1.78cm，接口上粗1.95cm，单株新梢数16.30个，叶数395.20片，新梢长571.20cm；东西冠幅111.30cm，南北冠幅112.00cm；单梢新梢长48.56cm，新梢粗0.85cm，叶数47.80片；短枝叶长5.13cm，叶宽6.70cm，叶柄长5.00cm，单叶面积21.18cm²，单叶鲜重0.7488g，单叶干重0.4788g，含水量71.67%，夹角111.50°；长枝叶长7.04cm，叶宽9.44cm，叶柄长6.08cm，单叶面积38.69cm²，单叶鲜重1.6483g，单叶干重0.4719g，含水量71.50%，夹角108.70°；五叶厚0.233cm，LAI 1.84，10株产叶3.00kg。内酯总含量0.1259%，

图4-30 浙江018号、四川54号、山东040号
(注：1. 浙江018号、四川54号；2. 山东040号)

GJ0.0092%，GC0.02890%，GA0.0351%，GB0.0248%，BB0.0287%；黄酮含量1.5373%。

山东郯城新村官竹寺007号（图4-28）

雄株，砧木中径2.01cm，接口上粗2.20cm，单株新梢数7.72个，叶数376.45片，新梢长391.80cm；东西冠幅105.90cm，南北冠幅104.90cm；单梢新梢长52.66cm，新梢粗0.92cm，叶数35.75片；短枝叶长5.88cm，叶宽8.53cm，叶柄长7.15cm，单叶面积31.12cm²，单叶鲜重1.0729g，单叶干重0.3132g，含水量70.46%，夹角101.00°；长枝叶长6.62cm，叶宽9.14cm，叶柄长5.91cm，单叶面积36.97cm²，单叶鲜重1.6634g，单叶干重0.4914g，含水量70.91%，夹角100.70°；五叶厚0.266cm，LAI 1.71，10株产叶2.93kg。内酯总含量0.1072%，GJ0.0043%，GC0.0155%，GA0.0296%，GB0.0186%，BB0.0442%；黄酮含量1.6748%。

山东郯城港上樊岭小学008号（图4-29）

雌株，砧木中径1.84cm，接口上粗2.01cm，单株新梢数9.37个，叶数230.15片，新梢长363.07cm；东西冠幅105.30cm，南北冠幅101.03cm；单梢新梢长56.87cm，新梢粗1.11cm，叶数36.90片；短枝叶长5.31cm，叶宽7.54cm，叶柄长5.23cm，单叶面积24.78cm²，单叶鲜重0.8429g，单叶干重0.2427g，含水量71.40%，夹角115.90°；长枝叶长6.96cm，叶宽10.22cm，叶柄长6.16cm，单叶面积43.52cm²，单叶鲜重1.8501g，单叶干重0.5039g，含水量72.85%，夹角117.90°；五叶厚0.252cm，LAI 1.64，10株产叶2.38kg。内酯总含量0.1137%，GJ0.0083%，GC0.0291%，GA0.0274%，GB0.0219%，BB0.0271%；黄酮含量1.5411%。

山东郯城胜利乡南刘宅子009号（图4-21）

雄株，砧木中径2.06cm，接口上粗1.89cm，单株新梢数11.30个，叶数440.80片，新梢长516.60cm；东西冠幅88.62cm，南北冠幅85.89cm；单梢新梢长65.69cm，新梢粗1.15cm，叶数31.71片；短枝叶长4.63cm，叶宽6.98cm，叶柄长6.27cm，单叶面积21.07cm²，单叶鲜重0.6486g，单叶干重0.1865g，含水量71.02%，夹角113.00°；长枝叶长6.17cm，叶宽8.69cm，叶柄长6.11cm，单叶面积33.95cm²，单叶鲜重1.5492g，单叶干重0.4230g，含水量71.91%，夹角114.07°；五叶厚0.267cm，LAI 1.82，10株产叶2.71kg。内酯总含量0.1232%，GJ0.014%，GC0.0242%，GA0.0462%，GB0.0290%，BB0.01%；黄酮含量1.8938%。

山东郯城王桥王庆湘010号（图4-28）

雄株，砧木中径2.51cm，接口上粗2.42cm，单株新梢数14.90个，叶数438.60片，新梢长944.80cm；东西冠幅132.30cm，南北冠幅111.10cm；单梢新梢长59.70cm，新梢粗1.05cm，叶数54.10片；短枝叶长5.03cm，叶宽6.58cm，叶柄长5.20cm，单叶面积19.36cm²，单叶鲜重0.6408g，单叶干重0.1988g，含水量69.33%，夹角87.50°；长枝叶长6.04cm，叶宽9.04cm，叶柄长5.01cm，单叶面积35.78cm²，单叶鲜重1.6361g，单叶干重0.4837g，含水量69.65%，夹角102.50°；五叶厚0.236cm，LAI 1.27，10株产叶3.58kg。内酯总含量0.0999%，GJ0.0117%，GC0.0208%，GA0.0361%，GB0.02195%，BB0.0094%；黄酮含量1.7550%。

山东郯城王桥王绍进011号（图4-18）

雄株，砧木中径1.91cm，接口上粗2.01cm，单株新梢数14.90个，叶数465.71片，新梢长571.80cm；东西冠幅125.70cm，南北冠幅303.80cm；单梢新梢长55.73cm，新梢粗0.98cm，叶数50.14片；短枝叶长5.37cm，叶宽7.38cm，叶柄长4.75cm，单叶面积24.27cm²，单叶鲜重0.7834g，单叶干重0.2120g，含水量73.04%，夹角108.67°；长枝叶长7.07cm，叶宽9.38cm，叶柄长4.53cm，单叶面积38.61cm²，单叶鲜重1.7768g，单叶干重0.4932g，含水量72.48%，夹角107.80°；五叶厚0.254cm，LAI 1.71，10株产叶3.46kg。内酯总含量0.0937%，GJ0.0056%，GC0.0174%，GA0.0322%，GB0.0212%，BB0.0175%；黄酮含量2.4198%。

浙江诸暨大梅核4号（T6）012号（图4-29）

雌株，砧木中径1.89cm，接口上粗2.08cm，单株新梢数9.41个，叶数238.75片，新梢长387.29cm；东西冠幅124.87cm，南北冠幅105.67cm；单梢新梢长58.42cm，新梢粗1.05cm，叶数37.29片；短枝叶长5.65cm，叶宽8.61cm，叶柄长5.80cm，单叶面积35.07cm²，单叶鲜重1.1878g，单叶干重0.3516g，含水量70.22%，夹角126.10°；长枝叶长7.97cm，叶宽10.52cm，叶柄长5.81cm，单叶面积54.76cm²，单叶鲜重2.3436g，单叶干重0.6665g，含水量72.25%，夹角110.41°；五叶厚0.271cm，LAI 1.46，10株产叶3.21kg。内酯总含量0.0839%，GJ0.00645%，GC0.0195%，GA0.0289%，GB0.0162%，BB0.0128%；黄酮含量1.689%。

浙江诸暨大梅核1号（T1）013号（图4-14）

雌株，砧木中径2.19cm，接口上粗2.23cm，单株新梢数17.33个，叶数461.50片，新梢长729.25cm；东西冠幅125.06cm，南北冠幅126.37cm；单梢新梢长56.22cm，新梢粗0.96cm，叶数35.53片；短枝叶长6.22cm，叶宽6.93cm，叶柄长5.47cm，单叶面积26.74cm²，单叶鲜重1.0282g，单叶干重0.2953g，含水量70.86%，夹角90.25°；长枝叶长7.96cm，叶宽9.14cm，叶柄长5.63cm，单叶面积40.85cm²，单叶鲜重1.9091g，单叶干重0.5099g，含水量73.06%，夹角87.26°；五叶厚0.265cm，LAI 2.05，10株产叶3.29kg。内酯总含量0.0902%，GJ0.01035%，GC0.0158%，GA0.0295%，GB0.0229%，BB0.0118%；黄酮含量1.4728%。

浙江诸暨大马铃1（T4）014号

雌株，砧木中径2.26cm，接口上粗2.39cm，单株新梢数7.22个，叶数326.30片，新梢长401.85cm；东西冠幅125.30cm，南北冠幅122.50cm；单梢新梢长77.67cm，新梢粗1.20cm，叶数68.50片；短枝叶长6.85cm，叶宽8.65cm，叶柄长4.23cm，单叶面积33.02cm²，单叶鲜重1.1221g，单叶干重0.2448g，含水量74.30%，夹角115.30°；长枝叶长8.46cm，叶宽11.84cm，叶柄长6.38cm，单叶面积66.63cm²，单叶鲜重2.7119g，单叶干重0.6701g，含水量75.54%，夹角116.42°；五叶厚0.283cm，LAI 2.53，10株产叶3.49kg。内酯总含量0.1036%，GJ0.0257%，GC0.0255%，GA0.0198%，GB0.0189%，BB0.0138%；黄酮含量1.6568%。

浙江诸暨马店大马铃（T2）015号（图4-25）

雌株，砧木中径2.44cm，接口上粗2.31cm，单株新梢数10.17个，叶数280.73片，新梢长539.39cm；东西冠幅140.00cm，南北冠幅109.05cm；单梢新梢长57.76cm，新梢粗0.97cm，叶数37.35片；短枝叶长5.55cm，叶宽8.39cm，叶柄长5.75cm，单叶面积28.43cm²，单叶鲜重1.0414g，单叶干重0.2866g，含水量71.81%，夹角111.35°；长枝叶长7.96cm，叶宽9.72cm，叶柄长5.52cm，单叶面积43.19cm²，单叶鲜重1.8829g，单叶干重0.5190g，含水量72.04%，夹角96.92°；五叶厚0.249cm，LAI 1.67，10株产叶3.46kg。内酯总含量0.1015%，GJ0.0145%，GC0.0301%，GA0.0257%，GB0.0164%，BB0.01485%；黄酮含量1.5178%。

浙江诸暨大梅核2号(T3) 018号♀（图4-27）

砧木中径2.26cm，接口上粗2.59cm，单株新梢数14.80个，叶数414.00片，新梢长538.40cm；东西冠幅129.27cm，南北冠幅109.37cm；单梢新梢长57.12cm，新梢粗1.09cm，叶数49.72片；短枝叶长5.33cm，叶宽8.61cm，叶柄长5.22cm，单叶面积29.11cm²，单叶鲜重0.9910g，单叶干重0.2662g，含水量73.27%，夹角142.02°；长枝叶长6.83cm，叶宽7.80cm，叶柄长5.15cm，单叶面积46.04cm²，单叶鲜重2.0526g，单叶干重0.5590g，含水量72.64%，夹角128.27°；五叶厚0.269cm，LAI 1.99，10株产叶4.11kg。内酯总含量0.1382%，GJ0.01195%，GC0.0328%，GA0.0244%，GB0.0148%，BB0.0172%；黄酮含量1.5831%。

江苏西山大佛手（F1）020号（图4-13）

雌株，砧木中径1.95cm，接口上粗2.08cm，单株新梢数13.00个，叶数410.73片，新梢长468.80cm；东西冠幅110.18cm，南北冠幅93.17cm；单梢新梢长57.05cm，新梢粗1.06cm，叶数49.10片；短枝叶长4.92cm，叶宽8.04cm，叶柄长5.27cm，单叶面积25.50cm²，单叶鲜重0.8966g，单叶干重0.2722g，含水量70.11%，夹角144.43°；长枝叶长6.69cm，叶宽9.84cm，叶柄长5.60cm，单叶面积41.14cm²，单叶鲜重1.8942g，单叶干重0.5283g，含水量72.22%，夹角124.79°；五叶厚0.249cm，LAI 2.21，10株产叶3.20kg。内酯总含量0.1602%，GJ0.0068%，GC0.0232%，GA0.0860%，GB0.0327%，BB0.0116%；黄酮含量2.0307%。

江苏泰兴大佛手老优树（F4）023号（图4-22）

雌株，砧木中径2.04cm，接口上粗2.25cm，单株新梢数22.96个，叶数569.50片，新梢长661.98cm；东西冠幅146.17cm，南北冠幅122.64cm；单梢新梢长57.83cm，新梢粗0.98cm，叶数39.63片；短枝叶长4.98cm，叶宽6.83cm，叶柄长5.20cm，单叶面积20.89cm²，单叶鲜重0.6808g，单叶干重0.2073g，含水量69.76%，夹角103.92°；长枝叶长6.84cm，叶宽8.45cm，叶柄长5.27cm，单叶面积34.18cm²，单叶鲜重1.5827g，单叶干重0.4478g，含水量70.58%，夹角97.93°；五叶厚0.256cm，LAI 1.28，10株产叶3.67kg。内酯总含量0.1258%，GJ0.00915%，GC0.0245%，GA0.0436%，GB0.0337%，BB0.0146%；黄酮含量1.7095%。

浙江富阳大佛手8号特优树（F10）025号（图4-2）

雌株，砧木中径2.27cm，接口上粗2.54cm，单株新梢数11.39个，叶数569.90片，新梢长659.70cm；东西冠幅148.50cm，南北冠幅140.80cm；单梢新梢长68.33cm，新梢粗1.06cm，叶数48.81片；短枝叶长5.93cm，叶宽9.20cm，叶柄长6.20cm，单叶面积33.39cm²，单叶鲜重0.9898g，单叶干重0.3035g，含水量69.82%，夹角137.30°；长枝叶长7.05cm，叶宽9.32cm，叶柄长5.93cm，单叶面积40.68cm²，单叶鲜重1.7322g，单叶干重0.5131g，含水量70.65%，夹角116.48°；五叶厚0.218cm，LAI 1.51，10株产叶3.92kg。内酯总含量0.1014%，GJ0.00815%，GC0.0211%，GA0.0612%，GB0.0264%，BB0.0109%；黄酮含量2.0652%。

山东郯城新村马铃9号（040）（图4-30）

雌株，砧木中径1.88cm，接口上粗2.01cm，单株新梢数14.27个，叶数329.00片，新梢长516.00cm；东西冠幅145.70cm，南北冠幅111.50cm；单梢新梢长52.00cm，新梢粗0.98cm，叶数22.02片；短枝叶长5.53cm，叶宽8.40cm，叶柄长5.28cm，单叶面积28.88cm²，单叶鲜重0.9863g，单叶干重0.2564g，含水量71.31%，夹角129.80°；长枝叶长7.85cm，叶宽11.35cm，叶柄长6.58cm，单叶面积53.44cm²，单叶鲜重2.4300g，单叶干重0.6809g，含水量71.89%，夹角115.08°；五叶厚0.236cm，LAI 1.53，10株产叶1.75kg。内酯总含量0.0659%，GJ0.007%，GC0.0175%，GA0.0180%，GB0.0122%，BB0.01125%；黄酮含量1.7579%。

实生苗对照050（CK）（图4-21）

砧木中径2.42cm，接口上粗2.34cm，单株新梢数14.58个，叶数430.21片，新梢长561.70cm；东西冠幅81.15cm，南北冠幅78.50cm；单梢新梢长75.32cm，新梢粗1.30cm，叶数77.92片；短枝叶长5.60cm，叶宽7.37cm，叶柄长4.78cm，单叶面积25.38cm²，单叶鲜重0.6827g，单叶干重0.1912g，含水量71.58%，夹角126.38°；长枝叶长7.62cm，叶宽10.66cm，叶柄长6.10cm，单叶面积48.85cm²，单叶鲜重1.8275g，单叶干重0.5796g，含水量70.43%，夹角127.06°；五叶厚0.237cm，LAI 3.49，10株产叶3.61kg。内酯总含量0.098%，GJ0.0062%，GC0.0169%，GA0.0377%，GB0.0235%，BB0.0137%；黄酮含量1.5848%。

第五章
材用银杏资源

关于材用银杏品种选育的研究不多，由山东省科技厅2005年下达的“材用银杏优良无性系的选育”项目属于山东省农业良种工程重大课题“优良抗逆、专用林木品种选育”的子课题，课题组在已经建成的银杏种质资源基因库内的183个银杏优系或优株中，通过对主要无性系物候期、生长特性、干形特性及材性等方面的研究，选出A25号、005号、101号、202号、203号等17个适合银杏材用优良无性系。其中005号和202号无性系具有冠形大、干形圆满、生长量大、材性优良等特点。该研究2010年获山东省科技进步三等奖。现将参研无性系主要生长及材性指标介绍如下：

第一节 国内优系或优株

郯城新村乡新五村

无性系号：222号。梅核类，嫁接后树龄19年。树高11.5m，胸径28.8cm，接口上高8.7m，接口上粗16.7cm，总材积0.2406m^3，主枝材积0.0762m^3，主枝4个，冠幅9.7m，一级枝数量2个，一级枝长6.4m，一级枝粗8.3cm，二级枝数量77个，二级枝长50.3cm，二级枝粗1.2cm，三级枝数量7个，三级枝长31cm，三级枝粗0.7cm。表面轴向生长应力237.75，冷水提取物含量4.61%，热水提取物含量5.63%，NaOH提取物含量11.43%，苯醇提取物含量2.42%，木质素含量32.35%，纤维素含量41.61%，横纹弦向抗压强度9.51Mpa，顺纹抗压强度35.19Mpa，气干含水率8.74%，绝干密度0.47g/cm^3，气干密度0.49g/cm^3，标准密度0.51g/cm^3，基本密度0.43g/cm^3，气干弦向干缩率2.77%，气干径向干缩2.09%，气干体积干缩率5.36%，弦向全干缩率4.59%，径向全干缩率3.12%，体积全干缩率8.58%，体积干缩系数0.40%。

郯城港上镇王桥

无性系号：305号。嫁接后树龄19年。树高11.0m，胸径25.1cm，接口上高5.1m，接口上粗20cm，总材积0.1784m^3，主枝材积0.0641m^3，主枝3个，冠幅9.0m，一级枝数量4个，一级枝长6.3m，一级枝粗7.8cm，二级枝数量180个，二级枝长283.3cm，二级枝粗3.5cm，三级枝数量80个，三级枝长97.0cm，三级枝粗1.1cm。冷水提取物含量3.32%，热水提取物含量3.86%，NaOH提取物含量9.34%，苯醇提取物含量4.01%，木质素含量31.98%，纤维素含量41.56%。

郯城新村乡新村一

无性系号：208号。佛指类，嫁接后树龄19年。树高6.0m，胸径19.6cm，接口上高6.5m，接口上粗11.4cm，总材积0.0830m^3，主枝材积0.0265m^3，主枝4个，冠幅8.6m，一级枝数量2个，一级枝长4.7m，一级枝粗6.1cm，二级枝数量118个，二级枝长116.7cm，二级枝粗1.6cm，三级枝数量95个，三级枝长40.7cm，三级枝粗0.7cm。冷水提取物含量4.53%，热水提取物含量11.46%，NaOH提取物含量7.38%，苯醇提取物含量3.96%，木质素含量31.93%，纤维素含量40.78%。

郯城港上镇王桥

无性系号：301号。圆子类，嫁接后树龄19年。树高10.0m，胸径28.7cm，接口上高8.3m，接口上粗25.7cm，总材积0.3460m^3，主枝材积0.1721m^3，主枝2个，冠幅7.8m，一级枝数量5个，一级枝长6.0m，一级枝粗9.2cm，二级枝数量205个，二级枝长231.0cm，二级枝粗2.4cm，三级枝数量200个，三级枝长70.7cm，三级枝粗0.9cm。表面轴向生长应力237.75，冷水提取物含量4.93%，热水提取物含量5.96%，NaOH提取物含量12.19%，苯醇提取物含量2.77%，木质素含量31.37%，纤维素含量42.06%，横纹弦向抗压强度7.42Mpa，顺纹抗压强度32.39Mpa，气干含水率11.10%，绝干密度0.45g/cm^3，气干密度0.50g/cm^3，标准密度0.51g/cm^3，基本密度0.42g/cm^3，气干弦向干缩率2.35%，气干径向干缩1.52%，气干体积干缩率4.06%，弦向全干缩率2.35%，径向全干缩率2.66%，体积全干缩率6.57%，体积干缩系数0.33%。对应木：具缘纹孔直径14.69μm，交叉场纹孔直径9.23μm，微纤丝角27.37°，双壁厚7.62μm，腔径15.99μm，壁腔比0.48，径向直径23.61μm。弦向直径32.69μm。应压木：具缘纹孔直径14.36μm，交叉场纹孔直径8.97μm，微纤丝角32.71°，双壁厚8.93μm，腔径17.42μm，壁腔比0.52，径向直径26.35μm，弦向直径35.95μm。

郯城重坊镇埔里

无性系号：107号。圆子类，嫁接后树龄19年。树高11.0m，胸径33cm，接口上高6.8m，接口上粗25.4cm，总材积0.4880m^3，主枝材积0.1378m^3，主枝5个，冠幅10.9m，一级枝数量4个，一级枝长6.4m，一级枝粗10.7cm，二级枝数量102个，二级枝长346.7cm，二级枝粗3.2cm，三级枝数量52个，三级枝长88.3cm，三级枝粗0.9cm。表面轴向生长应力203.75，冷水提取物含量5.07%，热水提取物含量6.35%，NaOH提取物含量13.63%，苯醇提取物含量2.63%，木质素含量31.61%，纤维素含量43.17%，横纹弦向抗压强度8.24Mpa，顺纹抗压强度36.97Mpa，气干含水率10.86%，绝干密度0.49g/cm^3，气干密度0.53g/cm^3，标准密度0.54g/cm^3，基本密度0.43g/cm^3，气干弦向干缩率1.27%，气干径向干缩3.60%，气干体积干缩率8.13%，弦向全干缩率2.94%，径向全干缩率3.53%，体积全干缩率9.80%，体积干缩系数0.29%。对应木：微纤丝角32.21°，双壁厚8.73μm，腔径15.23μm，壁腔比0.58，径向直径23.97μm，弦向直径36.63μm。应压木：微纤丝角31.66°，双壁厚9.33μm，腔径16.17μm，壁腔比0.58，径向直径25.49μm，弦向直径34.16μm。

郯城新村乡新村一

无性系号：200号。长子类，嫁接后树龄19年。树高11.5m，胸径29.3cm，接口上高7.2m，接口上粗22.6cm，总材积0.3206m^3，主枝材积0.1155m^3，主枝3个，冠幅8.2m，一级枝数量2个，一级枝长6.8m，一级枝粗12.3cm，二级枝数量90个，二级枝长203.0cm，二级枝粗1.7cm，三级枝数量80个，三级枝长61.0cm，三级枝粗0.7cm。表面轴向生长应力552.75，冷水提取物含量3.88%，热水提取物含量4.93%，NaOH提取物含量12.53%，苯醇提取物含量3.56%，木质素含量32.59%，纤维素含量40.23%，横纹弦向抗压强度11.36Mpa，气干含水率13.02%，绝干密度0.42g/cm³，气干密度0.44g/cm³，标准密度0.45g/cm³，基本密度0.38g/cm³，气干弦向干缩率2.42%，气干径向干缩2.71%，气干体积干缩率5.65%，弦向全干缩率5.11%，径向全干缩率4.26%，体积全干缩率9.91%，体积干缩系数0.35%。对应木：具缘纹孔直径16.35μm，交叉场纹孔直径12.18μm，微纤丝角30.31°，双壁厚7.81μm，腔径16.60μm，壁腔比0.47，径向直径24.42μm，弦向直径37.28μm。应压木：具缘纹孔直径15.71μm，交叉场纹孔直径11.09μm，微纤丝角33.52°，双壁厚9.42μm，腔径19.17μm，壁腔比0.56，径向直径28.59μm，弦向直径39.01μm。

郯城新村乡新村一

无性系号：212号。马铃类，嫁接后树龄19年。树高8.0m，胸径27.7cm，接口上高6.9m，接口上粗23.2cm，总材积0.3755m³，主枝材积0.1166m³，主枝4个，冠幅9.6m，一级枝数量3个，一级枝长4.8cm，一级枝粗9.5cm，二级枝数量140个，二级枝长330.0cm，二级枝粗4.3cm，三级枝数量50个，三级枝长41.7cm，三级枝粗0.8cm。表面轴向生长应力271.75，冷水提取物含量3.81%，热水提取物含量13.10%，NaOH提取物含量9.52%，苯醇提取物含量4.05%，木质素含量32.57%，纤维素含量41.68%，横纹弦向抗压强度6.18Mpa，顺纹抗压强度31.03Mpa，气干含水率10.91%，绝干密度0.44g/cm³，气干密度0.48g/cm³，标准密度0.48g/cm³，基本密度0.40g/cm³，气干弦向干缩率1.35%，气干径向干缩0.99%，气干体积干缩率2.85%，弦向全干缩率2.72%，径向全干缩率1.93%，体积全干缩率5.92%，体积干缩系数0.26%。对应木：具缘纹孔直径14.90μm，交叉场纹孔直径11.01μm，微纤丝角29.47°，双壁厚8.04μm，腔径16.07μm，壁腔比0.50，径向直径24.10μm。弦向直径34.15μm。应压木：具缘纹孔直径14.97μm，交叉场纹孔直径9.04μm，微纤丝角33.27°，双壁厚8.91μm，腔径17.67μm，壁腔比0.51，径向直径26.58μm，弦向直径36.33μm。

郯城胜利乡吴卜坦

无性系号：101号。圆子类，嫁接后树龄19年。树高8.5m，胸径33.7cm，接口上高8.0m，接口上粗23.5cm，总材积0.3528m³，主枝材积0.1387m³，主枝3个，冠幅10.4m，一级枝数量3个，一级枝长6.3m，一级枝粗11.0cm，二级枝数量114个，二级枝长250.0cm，二级枝粗3.0cm，三级枝数量68个，三级枝长54.0cm，三级枝粗0.7cm。冷水提取物含量4.97%，热水提取物含量6.25%，NaOH提取物含量11.85%，苯醇提取物含量4.13%，木质素含量30.18%，纤维素含量41.42%。对应木：具缘纹孔直径14.07μm，交叉场纹孔直径10.10μm，微纤丝角31.46°，双壁厚8.20μm，腔径13.06μm，壁腔比0.63，径向直径21.27μm，弦向直径30.95μm。应压木：具缘纹孔直径15.38μm，交叉场纹孔直径9.85μm，微纤丝角37.21°，双壁厚9.45μm，腔径16.13μm，壁腔比0.59，径向直径25.59μm，弦向直径36.15um。

郯城重坊镇铺里村

无性系号：106号。马铃类，嫁接后树龄13年。树高10.0m，胸径30.5cm，接口上高7.6m，接口上粗22.4cm，总材积0.3555m³，主枝材积0.1421m³，主枝3个，冠幅9.7m，一级枝数量7个，一级枝长5.3m，一级枝粗7.0cm，二级枝数量130个，二级枝长213.3cm，二级枝粗2.0cm，三级枝数量46个，三级枝长23.7cm，三级枝粗0.6cm。冷水提取物含量5.24%，热水提取物含量6.26%，NaOH提取物含量14.30%，苯醇提取物含量3.95%，木质素含量34.10%，纤维素含量43.82%。

郯城新村乡新村一

无性系号：205号。佛指类，嫁接后树龄19年。树高10.0m，胸径28.5cm，接口上高7m，接口上粗14.6cm，总材积0.1938m³，主枝材积0.0469m³，主枝9个，冠幅10.9m，一级枝数量2个，一级枝长5.3m，一级枝粗8.1cm，二级枝数量69个，二级枝长178.3cm，二级枝粗1.8cm，三级枝数量50个，三级枝长44.0cm，三级枝粗0.7cm。冷水提取物含量4.36%，热水提取物含量5.38%，NaOH提取物含量14.10%，苯醇提取物含量2.42%，木质素含量34.64%，纤维素含量41.98%。

郯城重坊镇西高庄

无性系号：109号。长子类，嫁接后树龄13年。树高9.6m，胸径26.9cm，接口上高8.4m，接口上粗25.5cm，总材积0.3168m³，主枝材积0.1715m³，主枝2个，冠幅11.3m，一级枝数量7个，一级枝长6.7m，一级枝粗11.0cm，二级枝数量520个，二级枝长209.3cm，二级枝粗1.6cm，三级枝数量125个，三级枝长144.0cm，三级枝粗0.9cm。表面轴向生长应力398.50，冷水提取物含量4.79%，热水提取物含量5.31%，NaOH提取物含量13.38%，苯醇提取物含量3.13%，木质素含量34.38%，纤维素含量40.72%，横纹弦向抗压强度8.02Mpa，顺纹抗压强度35.05Mpa，气干含水率11.09%，绝干密度0.47g/cm³，气干密度0.52g/cm³，标准密度0.52g/cm³，基本密度0.42g/cm³，气干弦向干缩率2.29%，气干径向干缩2.90%，气干体积干缩率7.67%，弦向全干缩率3.61%，径向全干缩率2.75%，体积全干缩率8.95%，体积干缩系数0.24%。对应木：具缘纹孔直径15.17μm，交叉场纹孔直径10.13μm，微纤丝角30.08°，双壁厚9.64μm，腔径16.53μm，壁腔比0.59，径向直径26.17μm，弦向直径34.04μm。应压木：具缘纹孔直径17.45μm，交叉场纹孔直径8.93μm，微纤丝角35.21°，双壁厚8.96μm，腔径16.87μm，壁腔比0.53，径向直径25.83μm，弦向直径35.45μm。

郯城港上镇王桥

无性系号：300号。马铃类，嫁接后树龄19年。树高8.1m，胸径27.7cm，接口上高6.6m，接口上粗23.1cm，总材积0.2288m³，主枝材积0.1106m³，主枝2个，冠幅8.1m，一级枝数量4个，一级枝长5.8m，一级枝粗11.3cm，二级枝数量266个，二级枝长246.3cm，二级枝粗2.8cm，三级枝数量210个，三级枝长44.0cm，三级枝粗1.5cm。表面轴向生长应力278.00。

郯城重坊镇东高庄

无性系号：111号。佛指类，嫁接后树龄13年。树高9.6m，胸径26.2cm，接口上高7.6m，接口上粗17.7cm，总材积0.2055m³，主枝材积0.0748m³，主枝3个，冠幅8.2m，一级枝数量6个，一级枝长7.8m，一级枝粗12.7cm，二级枝数量620个，二级枝长118.0cm，二级枝粗1.5cm，三级枝数量540个，三级枝长112.0cm，三级枝粗1.4cm。冷水提取物含量4.62%，热水提取物含量5.64%，NaOH提取物含量11.94%，苯醇提取物含量3.13%，木质素含量32.69%，纤维素含量37.23%。

郯城新村乡黄村

无性系号：229号。长子类，嫁接后树龄19年。树高6.3m，胸径18.3cm，接口上高5.3m，接口上粗15.0cm，总材积0.1462m³，主枝材积0.0374m³，主枝4个，冠幅6.0m，一级枝数量4个，一级枝长3.7m，一级枝粗8.5cm，二级枝数量196个，二级枝长140.0cm，二级枝粗4.6cm，三级枝数量198个，三级枝长92.7cm，三级枝粗0.9cm。冷水提取物含量2.82%，热水提取物含量13.29%，NaOH提取物含量6.57%，苯醇提取物含量3.89%，木质素含量31.85%，纤维素含量41.07%。

郯城新村乡新村一

无性系号：211号。马铃类，嫁接后树龄19年。树高12.0m，胸径34.1cm，接口上高9.0m，接口上粗13.8cm，总材积0.1865m³，主枝材积0.0538m³，主枝9个，冠幅12.4m，一级枝数量4个，一级枝长2.9m，一级枝粗2.1cm，二级枝数量86个，二级枝长193.3cm，二级枝粗1.3cm，三级枝数量30个，三级枝长17.3cm，三级枝粗0.4cm。冷水提取物含量3.85%，热水提取物含量6.53%，NaOH提取物含量11.83%，苯醇提取物含量2.89%，木质素含量32.89%，纤维素含量41.77%。

郯城港上镇王桥

无性系号：308号。马铃类，嫁接后树龄19年。树高9.6m，胸径28.7cm，接口上高8.2m，接口上粗13.4cm，总材积0.1618m^3，主枝材积0.0462m^3，主枝9个，冠幅14.5m，一级枝数量6个，一级枝长3.53m，一级枝粗3.6cm，二级枝数量82个，二级枝长110.0cm，二级枝粗1.4cm，三级枝数量13个，三级枝长32.3cm，三级枝粗0.7cm。冷水提取物含量2.69%，热水提取物含量5.34%，NaOH提取物含量11.54%，苯醇提取物含量4.48%，木质素含量32.81%，纤维素含量41.92%。

郯城新村乡新村一

无性系号：210号。佛指类，嫁接后树龄19年。树高11.6m，胸径31.7cm，接口上高10.0m，接口上粗26.5cm，总材积0.4108m^3，主枝材积0.2205m^3，主枝2个，冠幅8.2m，一级枝数量5个，一级枝长8.7m，一级枝粗10.8cm，二级枝数量194个，二级枝长293.3cm，二级枝粗2.9cm，三级枝数量45个，三级枝长42.0cm，三级枝粗1.4cm。表面轴向生长应力335.00，冷水提取物含量2.51%，热水提取物含量4.26%，NaOH提取物含量10.59%，苯醇提取物含量2.20%，木质素含量32.72%，纤维素含量44.34%，横纹弦向抗压强度11.13Mpa，顺纹抗压强度33.31Mpa，气干含水率7.70%，绝干密度0.52g/cm^3，气干密度0.53g/cm^3，标准密度0.51g/cm^3，基本密度0.48g/cm^3，气干弦向干缩率2.24%，气干径向干缩1.51%，气干体积干缩率4.72%，弦向全干缩率3.07%，径向全干缩率2.16%，体积全干缩率7.00%，体积干缩系数0.35%。对应木：具缘纹孔直径15.43μm，交叉场纹孔直径11.86μm，微纤丝角32.90°，双壁厚8.16μm，腔径15.82μm，壁腔比0.52，径向直径23.98μm，弦向直径33.04μm。应压木：具缘纹孔直径15.60μm，交叉场纹孔直径10.47μm，微纤丝角37.37°，双壁厚9.27μm，腔径19.37μm，壁腔比0.47，径向直径29.00μm，弦向直径37.51μm。

郯城新村乡新村一

无性系号：213号。马铃类，嫁接后树龄19年。树高12.5m，胸径33.4cm，接口上高9.0m，接口上粗18.2cm，总材积0.3410m^3，主枝材积0.0936m^3，主枝5个，冠幅8.3m，一级枝数量2个，一级枝长6.3m，一级枝粗8.3cm，二级枝数量112个，二级枝长343.3cm，二级枝粗3.9cm，三级枝数量33个，三级枝长83.3cm，三级枝粗1.1cm。冷水提取物含量3.06%，热水提取物含量5.69%，NaOH提取物含量13.53%，苯醇提取物含量3.29%，木质素含量32.07%，纤维素含量41.06%。

郯城新村乡新村一

无性系号：207号。马铃类，嫁接后树龄19年。树高8.6m，胸径28.5cm，接口上高8.6m，接口上粗21.0cm，总材积0.2192m^3，主枝材积0.1191m^3，主枝2个，冠幅11.3m，一级枝数量4个，一级枝长7.3m，一级枝粗11.0cm，二级枝数量174个，二级枝长253.3cm，二级枝粗3.4cm，三级枝数量224个，三级枝长69.0cm，三级枝粗1.1cm。冷水提取物含量2.83%，热水提取物含量6.43%，NaOH提取物含量11.77%，苯醇提取物含量2.28%，木质素含量31.87%，纤维素含量41.64%。

郯城港上镇王桥

无性系号：317号。马铃类，嫁接后树龄19年。树高5.6m，胸径22.0cm，接口上高6.6m，接口上粗17.8cm，总材积0.1248m^3，主枝材积0.0657m^3，主枝2个，冠幅7.9m，一级枝数量3个，一级枝长4.5m，一级枝粗7.7cm，二级枝数量164个，二级枝长166.7cm，二级枝粗2.2cm，三级枝数量73个，三级枝长42.0cm，三级枝粗1.4cm。冷水提取物含量4.36%，热水提取物含量5.39%，NaOH提取物含量14.72%，苯醇提取物含量3.77%，木质素含量31.98%，纤维素含量41.68%。

郯城马头镇马头村

无性系号：323号。马铃类，嫁接后树龄19年。树高9.6m，胸径29.3cm，接口上高7.6m，接口上粗18.5cm，总材积0.3331m^3，主枝材积0.0817m^3，主枝6个，冠幅10.5m，一级枝数量4个，一级枝长6.4m，一级枝粗7.6cm，二级枝数量115个，二级枝长97.7cm，二级枝粗1.2cm，三级枝数量50个，三级枝长66.7cm，三级枝粗0.7cm。冷水提取物含量4.91%，热水提取物含量5.93%，NaOH提取物含量11.35%，苯醇提取物含量4.63%，木质素含量31.98%，纤维素含量42.15%。

郯城新村乡于村

无性系号：319号。梅核类，嫁接后树龄19年。树高10.6m，胸径29.0cm，接口上高6.0m，接口上粗10.9cm，总材积0.0848m^3，主枝材积0.0224m^3，主枝5个，冠幅10.6m，一级枝数量4个，一级枝长5.17m，一级枝粗6.8cm，二级枝数量192个，二级枝长89.0cm，二级枝粗1.2cm，三级枝数量20个，三级枝长68.0cm，三级枝粗0.9cm。冷水提取物含量3.04%，热水提取物含量5.56%，NaOH提取物含量12.20%，苯醇提取物含量3.13%，木质素含量32.01%，纤维素含量41.19%。

郯城新村乡新村一

无性系号：5号。马铃类，嫁接后树龄19年。树高12m，胸径31.1cm，接口上高10.6m，接口上粗28.4cm，总材积0.4973m^3，主枝材积0.2685m^3，主枝2个，冠幅9.1m，一级枝数量4个，一级枝长8.5m，一级枝粗12.5cm，二级枝数量126个，二级枝长193.3cm，二级枝粗2.6cm，三级枝数量49个，三级枝长43.7cm，三级枝粗1.1cm。表面轴向生长应力323.25，冷水提取物含量4.41%，热水提取物含量5.44%，NaOH提取物含量12.11%，苯醇提取物含量5.10%，木质素含量33.68%，纤维素含量41.97%，横纹弦向抗压强度11.02Mpa，顺纹抗压强度32.11Mpa，气干含水率12.26%，绝干密度0.48g/cm^3，气干密度0.53g/cm^3，标准密度0.53g/cm^3，基本密度0.45g/cm^3，气干弦向干缩率1.86%，气干径向干缩1.16%，气干体积干缩率3.92%，弦向全干缩率3.34%，径向全干缩率2.05%，体积全干缩率6.69%，体积干缩系数0.24%。对应木：具缘纹孔直径17.74μm，交叉场纹孔直径13.16μm，微纤丝角31.72°，双壁厚8.61μm，腔径14.20μm，壁腔比0.61，径向直径22.81μm，弦向直径34.90μm。应压木：具缘纹孔直径16.67μm，交叉场纹孔直径9.29μm，微纤丝角30.92°，双壁厚8.32μm，腔径15.53μm，壁腔比0.54，径向直径23.85μm，弦向直径35.90μm。

郯城新村乡新村一

无性系号：202号。马铃类，嫁接后树龄19年。树高11.5m，胸径28.7cm，接口上高10.0m，接口上粗27.8cm，总材积0.4781m^3，主枝材积0.2427m^3，主枝2个，冠幅9.4m，一级枝数量6个，一级枝长7.3m，一级枝粗11.0cm，二级枝数量162个，二级枝长293.3cm，二级枝粗2.4cm，三级枝数量18个，三级枝长71.7cm，三级枝粗1.0cm。表面轴向生长应力324.25，冷水提取物含量3.86%，热水提取物含量8.52%，NaOH提取物含量5.24%，苯醇提取物含量4.69%，木质素含量32.26%，纤维素含量41.02%，顺纹抗压强度34.73Mpa，气干含水率10.16%，绝干密度0.54g/cm^3，气干密度0.58g/cm^3，标准密度0.58g/cm^3，基本密度0.49g/cm^3，气干弦向干缩率1.83%，气干径向干缩1.49%，气干体积干缩率4.16%，弦向全干缩率3.82%，径向全干缩率2.46%，体积全干缩率7.63%，体积干缩系数0.38%。对应木：具缘纹孔直径14.01μm，交叉场纹孔直径10.83μm，微纤丝角33.31°，双壁厚8.90μm，腔径15.29μm，壁腔比0.58，径向直径24.19μm，弦向直径33.20μm。应压木：具缘纹孔直径14.72μm，交叉场纹孔直径9.69μm，微纤丝角35.26°，双壁厚9.08μm，腔径15.47μm，壁腔比0.59，径向直径24.55μm，弦向直径32.24μm。

郯城马头镇马头村

无性系号：322号。梅核类，嫁接后树龄19年。树高8.0m，胸径32.5cm，接口上高8.1m，接口上粗25.1cm，总材积0.4202m³，主枝材积0.1602m³，主枝3个，冠幅10.2m，一级枝数量5个，一级枝长6.2m，一级枝粗10.4cm，二级枝数量158个，二级枝长440.0cm，二级枝粗5.5cm，三级枝数量73个，三级枝长59.7cm，三级枝粗1.0cm。表面轴向生长应力330.75，冷水提取物含量4.04%，热水提取物含量5.07%，NaOH提取物含量14.10%，苯醇提取物含量3.09%，木质素含量31.69%，纤维素含量41.84%，横纹弦向抗压强度8.39Mpa，顺纹抗压强度34.24Mpa，气干含水率12.06%，绝干密度0.44g/cm³，气干密度0.47g/cm³，标准密度0.47g/cm³，基本密度0.40g/cm³，气干弦向干缩率2.01%，气干径向干缩1.57%，气干体积干缩率4.10%，弦向全干缩率4.40%，径向全干缩率2.69%，体积全干缩率8.09%，体积干缩系数0.39%。对应木：微纤丝角29.88°，双壁厚8.95μm，腔径18.44μm，壁腔比0.49，径向直径27.39μm，弦向直径35.85μm。应压木：微纤丝角34.76°，双壁厚9.01μm，腔径17.24μm，壁腔比0.53，径向直径25.49μm，弦向直径35.48μm。

郯城港上镇王桥

无性系号：303号。长子类，嫁接后树龄19年。树高8.0m，胸径30.3cm，接口上高7.2m，接口上粗21.0cm，总材积0.2651m³，主枝材积0.0997m³，主枝3个，冠幅9.1m，一级枝数量4个，一级枝长7.0m，一级枝粗9.3cm，二级枝数量158个，二级枝长236.7cm，二级枝粗2.1cm，三级枝数量130个，三级枝长81.7cm，三级枝粗0.8cm。表面轴向生长应力346.50，冷水提取物含量5.61%，热水提取物含量6.64%，NaOH提取物含量13.68%，苯醇提取物含量3.26%，木质素含量31.86%，纤维素含量41.17%，横纹弦向抗压强度8.00Mpa，顺纹抗压强度33.32Mpa，气干含水率9.34%，绝干密度0.48g/cm³，气干密度0.51g/cm³，标准密度0.53g/cm³，基本密度0.44g/cm³，气干弦向干缩率3.51%，气干径向干缩2.66%，气干体积干缩率6.06%，弦向全干缩率4.13%，径向全干缩率4.37%，体积全干缩率13.09%，体积干缩系数0.33%。对应木：具缘纹孔直径16.45μm，交叉场纹孔直径10.32μm，微纤丝角28.10°，双壁厚8.62μm，腔径19.97μm，壁腔比0.43，径向直径25.59μm，弦向直径40.98μm。应压木：具缘纹孔直径14.73μm，交叉场纹孔直径10.25μm，微纤丝角27.46°，双壁厚8.53μm，腔径16.77μm，壁腔比0.51，径向直径25.30μm，弦向直径38.34μm。

郯城港上镇王桥

无性系号：307号。佛指类，嫁接后树龄19年。树高10.6m，胸径23.5cm，接口上高9.1m，接口上粗25.0cm，总材积0.3289m³，主枝材积0.1786m³，主枝2个，冠幅7.8m，一级枝数量4个，一级枝长4.6m，一级枝粗7.3cm，二级枝数量140个，二级枝长276.7cm，二级枝粗2.8cm，三级枝数量52个，三级枝长123.3cm，三级枝粗0.8cm。表面轴向生长应力361.25，冷水提取物含量3.84%，热水提取物含量7.22%，NaOH提取物含量13.52%，苯醇提取物含量4.02%，木质素含量32.54%，纤维素含量40.89%，气干含水率11.00%，绝干密度0.46g/cm³，气干密度0.50g/cm³，标准密度0.51g/cm³，基本密度0.43g/cm³，气干弦向干缩率1.91%，气干径向干缩1.47%，气干体积干缩率3.48%，弦向全干缩率2.30%，径向全干缩率1.41%，体积全干缩率14.31%，体积干缩系数0.31%。对应木：具缘纹孔直径16.65μm，交叉场纹孔直径10.74μm，微纤丝角33.11°，双壁厚8.55μm，腔径15.94μm，壁腔比0.54，径向直径24.49μm，弦向直径31.00μm。应压木：具缘纹孔直径14.74μm，交叉场纹孔直径9.25μm，微纤丝角32.51°，双壁厚8.90μm，腔径16.53μm，壁控比0.54，径向直径25.43μm，弦向直径32.05μm。

郯城新村乡于村

无性系号：318号。梅核类，嫁接后树龄19年。树高7.2m，胸径23.8cm，接口上高5.3m，接口上粗22.0cm，总材积0.1508m³，主枝材积0.0805m³，主枝2个，冠幅8.3m，一级枝数量4个，一级枝长6.1m，一级枝粗11.5cm，二级枝数量170个，二级枝长320.0cm，二级枝粗2.4cm，三级枝数量72个，三级枝长114.0cm，三级枝粗0.9cm。表面轴向生长应力444.25，冷水提取物含量3.04%，热水提取物含量6.20%，NaOH提取物含量12.67%，苯醇提取物含量1.97%，木质素含量30.98%，纤维素含量43.21%，横纹弦向抗压强度8.80Mpa，顺纹抗压强度33.29Mpa，气干含水率10.69%，绝干密度0.51g/cm³，气干密度0.55g/cm³，标准密度0.55g/cm³，基本密度0.47g/cm³，气干弦向干缩率1.82%，气干径向干缩1.34%，气干体积干缩率5.13%，弦向全干缩率3.45%，径向全干缩率1.94%，体积全干缩率8.15%，体积干缩系数0.34%。对应木：具缘纹孔直径15.63μm，交叉场纹孔直径12.05μm，微纤丝角30.83°，双壁厚8.88μm，腔径19.59μm，壁腔比0.47，径向直径28.47μm，弦向直径38.02μm。应压木：具缘纹孔直径15.61μm，交叉场纹孔直径9.74μm，微纤丝角30.78°，双壁厚9.12μm，腔径21.22μm，壁腔比0.43，径向直径30.33μm，弦向直径36.46μm。

郯城新村乡新村一

无性系号：203号。佛指类，嫁接后树龄19年。树高10.0m，胸径27.7cm，接口上高8.6m，接口上粗23.6cm，总材积0.3027m³，主枝材积0.1504m³，主枝2个，冠幅9.8m，一级枝数量3个，一级枝长9.6m，一级枝粗13.8cm，二级枝数量160个，二级枝长276.7cm，二级枝粗2.0cm，三级枝数量425个，三级枝长43.3cm，三级枝粗0.7cm。表面轴向生长应力396.25，冷水提取物含量3.38%，热水提取物含量3.89%，NaOH提取物含量13.42%，苯醇提取物含量1.87%，木质素含量35.09%，纤维素含量43.92%，横纹弦向抗压强度7.97Mpa，顺纹抗压强度32.66Mpa，气干含水率12.98%，绝干密度0.44g/cm³，气干密度0.47g/cm³，标准密度0.47g/cm³，基本密度0.35g/cm³，气干弦向干缩率2.83%，气干径向干缩2.74%，气干体积干缩率5.90%，弦向全干缩率5.70%，径向全干缩率4.16%，体积全干缩率9.89%，体积干缩系数0.39%。对应木：具缘纹孔直径14.57μm，交叉场纹孔直径13.64μm，微纤丝角22.33°，双壁厚9.63μm，腔径19.97μm，壁腔比0.49，径向直径29.59μm，弦向直径39.05μm。应压木：具缘纹孔直径16.13μm，交叉场纹孔直径10.69μm，微纤丝角32.97°，双壁厚9.54μm，腔径20.58μm，壁腔比0.47，径向直径30.12μm，弦向直径40.30μm。

郯城新村乡新村二

无性系号：402号。佛指类，嫁接后树龄19年。树高12.0m，胸径25.3cm，接口上高9.6m，接口上粗22.8cm，总材积0.5454m³，主枝材积0.1567m³，主枝5个，冠幅10.8m，一级枝数量3个，一级枝长7.53m，一级枝粗12.1cm，二级枝数量202个，二级枝长213.3cm，二级枝粗2.3cm，三级枝数量38个，三级枝长65.0cm，三级枝粗0.7cm。表面轴向生长应力371.50，冷水提取物含量3.38%，热水提取物含量4.42%，NaOH提取物含量15.41%，苯醇提取物含量2.33%，木质素含量33.23%，纤维素含量44.19%，横纹弦向抗压强度7.12Mpa，顺纹抗压强度31.97Mpa，气干含水率10.63%，绝干密度0.46g/cm³，气干密度0.48g/cm³，标准密度0.49g/cm³，基本密度0.40g/cm³，气干弦向干缩率5.01%，气干径向干缩1.98%，气干体积干缩率6.85%，弦向全干缩率5.95%，径向全干缩率3.27%，体积全干缩率9.62%，体积干缩系数0.41%。对应木：具缘纹孔直径14.79μm，交叉场纹孔直径10.30μm，微纤丝角32.32°，双壁厚8.43μm，腔径13.90μm，壁腔比0.61，径向直径22.33μm，弦向直径31.38μm，射线长0.08μm，射线宽0.02μm。应压木：具缘纹孔直径14.99μm，交叉场纹孔直径9.12μm，微纤丝角33.29°，双壁厚9.23μm，腔径18.87μm，壁腔比0.49，径向直径28.09μm，弦向直径34.33μm，射线长0.10μm，射线宽0.02μm。

江苏邳州铁富乡

无性系号：P5号。圆子类，嫁接后树龄13年。树高6.8m，胸径10.1cm，接口上高5.9m，接口上粗8.0cm，总材积0.0218m³，主枝材积

0.0119m^3，主枝2个，冠幅5.3m，一级枝数量2个，一级枝长2.1m，一级枝粗2.1cm，二级枝数量130个，二级枝长151.7cm，二级枝粗1.9cm，三级枝数量9个，三级枝长33.3cm，三级枝粗0.6cm。对应木：微纤丝角24.76°，双壁厚8.69μm，腔径16.40μm，壁腔比0.53，径向直径25.09μm。弦向直径36.15μm。应压木：具缘纹孔直径14.52μm，微纤丝角23.13°，双壁厚8.97μm，腔径16.46m，壁腔比0.55，径向直径25.44μm，弦向直径38.54μm。

浙江林学院内

无性系号：F6号。佛指类，嫁接后树龄13年。树高6.4m，胸径13.5cm，接口上高6.0m，接口上粗12.1cm，总材积0.0858m^3，主枝材积0.0276m^3，主枝4个，冠幅4.4m，一级枝数量3个，一级枝长4.2m，一级枝粗6.9cm，二级枝数量276个，二级枝长232.0cm，二级枝粗2.0cm，三级枝长45.0cm，三级枝粗0.6cm。表面轴向生长应力231.75，横纹弦向抗压强度8.64Mpa，气干含水率11.19%，绝干密度0.59g/cm^3，气干密度0.57g/cm^3，标准密度0.58g/cm^3，基本密度0.46g/cm^3，气干弦向干缩率3.15%，气干径向干缩1.73%，气干体积干缩率6.36%，弦向全干缩率7.51%，径向全干缩率4.79%，体积全干缩率14.67%，体积干缩系数0.70%。对应木：微纤丝角角33.62°，双壁厚7.32μm，腔径14.95μm，壁腔比0.49，径向直径27.77μm，弦向直径35.06μm。应压木：微纤丝角35.22°，双壁厚9.32μm，腔径14.95μm，壁腔比0.62，径向直径24.27μm，弦向直径34.06μm。

江苏太湖东山

无性系号：F15号。佛指类，嫁接后树龄13年。树高5.6m，胸径11.1cm，接口上高3.6m，接口上粗9.5cm，总材积0.0366m^3，主枝材积0.0102m^3，主枝4个，冠幅4.4m，一级枝数量1个，一级枝长5.8m，一级枝粗6.1cm，二级枝数量204个，二级枝长139.7cm，二级枝粗1.3cm，三级枝数量36个，三级枝长21.7cm，三级枝粗0.6cm。表面轴向生长应力215.00，横纹弦向抗压强度8.84Mpa，气干含水率10.88%，绝干密度0.47g/cm^3，气干密度0.51g/cm^3，标准密度0.51g/cm^3，基本密度0.43g/cm^3，气干弦向干缩率1.94%，气干径向干缩1.36%，气干体积干缩率3.62%，弦向全干缩率4.22%，径向全干缩率2.28%，体积全干缩率7.47%，体积干缩系数0.36%。对应木：微纤丝角36.27°，双壁厚9.00μm，腔径15.67μm，壁腔比0.58，径向直径24.67μm。弦向直径35.77μm。应压木：微纤丝角35.03°，双壁厚8.69μm，腔径16.70μm，壁腔比0.52，径向直径25.39μm，弦向直径35.28μm。

浙江省诸暨市

无性系号：T2号。圆子类，嫁接后树龄13年。树高3.5m，胸径7.2cm，接口上高3.6m，接口上粗7.9cm，总材积0.0144m^3，主枝材积0.0071m^3，主枝2个，冠幅3.1m，一级枝数量2个，一级枝长3.0m，一级枝粗2.0cm，二级枝数量64个，二级枝长78.7cm，二级枝粗1.2cm，三级枝数量19个，三级枝长21.3cm，三级枝粗0.5cm，新梢数量19个，新梢长度13.3m，新梢粗度0.27cm，新梢叶数13片。对应木：微纤丝角30.13°，双壁厚8.99μm，腔径16.93μm，壁腔比0.53，径向直径25.92μm，弦向直径34.32μm。应压木：微纤丝角32.32°，双壁厚9.16μm，腔径17.37μm，壁腔比0.53，径向直径26.52μm，弦向直径38.32μm。

浙江省诸暨市

无性系号：T1号。马铃类，嫁接后树龄13年。树高4.6m，胸径10.5cm，接口上高3.8m，接口上粗8.9cm，总材积0.0217m^3，主枝材积0.0095m^3，主枝2个，冠幅3.6m，一级枝数量2个，一级枝长2.3m，一级枝粗3.7cm，二级枝数量108个，二级枝长145.3cm，二级枝粗1.4cm，三级枝数量10个，三级枝长23.0cm，三级枝粗0.4cm，新梢数量18个，新梢长度13.3m，新梢粗度0.30cm，新梢叶数14片。顺纹抗压强度31.13Mpa。

浙江省诸暨市

无性系号：T6号。梅核类，嫁接后树龄13年。树高3.9m，胸径10.4cm，接口上高3.9m，接口上粗11.2cm，总材积0.0198m^3，主枝材积0.0154m^3，主枝1个，冠幅3.5m，一级枝数量3个，一级枝长3.4m，一级枝粗3.4cm，二级枝数量99个，二级枝长216.7cm，二级枝粗1.9cm，三级枝数量16个，三级枝长34.0cm，三级枝粗0.6cm，新梢数量4个，新梢长度22.0m，新梢粗度0.37cm，新梢叶数14片。顺纹抗压强度40.91Mpa。

江苏邳州铁富乡

无性系号：P2号。马铃类，嫁接后树龄13年。树高4.9m，胸径14.1cm，接口上高4.1m，接口上粗14.1cm，总材积0.0693m^3，主枝材积0.0256m^3，主枝3个，冠幅4.3m，一级枝数量2个，一级枝长2.9m，一级枝粗3.9cm，二级枝数量83个，二级枝长93.3cm，二级枝粗0.9cm，三级枝数量22个，三级枝长43.3cm，三级枝粗0.9cm，新梢数量42个，新梢长度21.0m，新梢粗度0.37cm，新梢叶数15片。表面轴向生长应力307.50，横纹弦向抗压强度5.82Mpa，顺纹抗压强度31.26Mpa。气干含水率10.83%，绝干密度0.48g/cm^3，气干密度0.52g/cm^3，标准密度0.53g/cm^3，基本密度0.43g/cm^3，气干弦向干缩率1.86%，气干径向干缩1.78%，气干体积干缩率4.50%，弦向全干缩率3.69%，径向全干缩率2.78%，体积全干缩率7.79%，体积干缩系数0.32%。对应木：具缘纹孔直径17.69μm，交叉场纹孔直径11.78μm，微纤丝角22.64°，双壁厚9.93μm，腔径17.11μm，壁腔比0.59，径向直径27.04μm。弦向直径35.32μm。应压木：具缘纹孔直径13.79μm，交叉场纹孔直径10.14μm，微纤丝角30.17°，双壁厚8.86μm，腔径18.05m，壁腔比0.49，径向直径26.91μm，弦向直径35.46μm。

浙江省诸暨市

无性系号：T5号。马铃类，嫁接后树龄13年。树高6.1m，胸径13.5cm，接口上高4.5m，接口上粗12.8cm，总材积0.0831m^3，主枝材积0.0232m^3，主枝3个，冠幅5.6m，一级枝数量4个，一级枝长3.9m，一级枝粗5.1cm，二级枝数量123个，二级枝长180.0cm，二级枝粗1.8cm，三级枝数量7个，三级枝长43.3cm，三级枝粗0.8cm，新梢数量60个，新梢长度21.0m，新梢粗度0.36cm，新梢叶数14片。对应木：微纤丝角28.55°，双壁厚8.21μm，腔径15.45μm，壁腔比0.53，径向直径23.65μm，弦向直径34.11μm。应压木：微纤丝角29.07°，双壁厚8.98μm，腔径25.34μm，壁腔比0.41，径向直径34.31μm，弦向直径36.61μm。

浙江富阳

无性系号：F2号。梅核类，嫁接后树龄13年。树高5.1m，胸径10.8cm，接口上高3.9m，接口上粗10.3cm，总材积0.0252m^3，主枝材积0.0130m^3，主枝2个，冠幅3.3m，一级枝数量3个，一级枝长2.0m，一级枝粗2.2cm，二级枝数量41个，二级枝长63.7cm，二级枝粗1.1cm，三级枝数量1个，三级枝长22.0cm，三级枝粗0.7cm，新梢数量23个，新梢长度21.3m，新梢粗度0.43cm，新梢叶数15片。对应木：交叉场纹孔直径10.17μm，微纤丝角26.20°，双壁厚8.30μm，腔径12.68μm，壁腔比0.66，径向直径20.98μm，弦向直径34.32μm。应压木：微纤丝角角29.03°，双壁厚9.22μm，腔径16.74μm，壁腔比0.56，径向直径25.97μm，弦向直径38.25μm。

浙江省诸暨市

无性系号：T11号。佛指类，嫁接后树龄13年。树高5.9m，胸径12.9cm，接口上高7.0m，接口上粗12.5cm，总材积0.0979m^3，主枝材积0.0343m^3，主枝2个，冠幅5.3m，一级枝数量3个，一级枝长4.8m，一级枝粗6.6cm，二级枝数量165个，二级枝长156.7cm，二级枝粗1.2cm，三级枝数量14个，三级枝长18.7cm，三级枝粗0.7cm，新梢数量62个，新梢长度19.0m，新梢粗度0.47cm，新梢叶数16片。对应木：微纤丝角32.86°，双壁厚8.52μm，腔径

15.25μm，壁腔比0.56，径向直径23.77μm，弦向直径33.13μm。应压木：微纤丝角34.27°，双壁厚8.75μm，腔径19.90μm，壁腔比0.44，径向直径28.65μm，弦向直径36.06μm。

浙江安吉县

无性系号：F4号。佛指类，嫁接后树龄13年。树高6.4m，胸径17.1cm，接口上高4.6m，接口上粗19.2cm，总材积0.1917m^3，主枝材积0.0532m^3，主枝4个，冠幅5.2m，一级枝数量4个，一级枝长3.5m，一级枝粗5.8cm，二级枝数量205个，二级枝长166.7cm，二级枝粗1.4cm，三级枝数量0个，新梢数量98个，新梢长度19.7m，新梢粗度0.50cm，新梢叶数18片。表面轴向生长应力564.50，气干含水率9.39%，绝干密度0.46g/cm^3，气干密度0.49g/cm^3，标准密度0.50g/cm^3，基本密度0.42g/cm^3，气干弦向干缩率2.99%，气干径向干缩2.13%，气干体积干缩率6.03%，弦向全干缩率4.70%，径向全干缩率3.54%，体积全干缩率8.17%，体积干缩系数0.30%。对应木：具缘纹孔直径15.31μm，交叉场纹孔直径11.78μm，微纤丝角27.90°，双壁厚8.07μm，腔径19.69μm，壁腔比0.41，径向直径27.76μm，弦向直径33.37μm。应压木：具缘纹孔直径16.50μm，交叉场纹孔直径10.17μm，微纤丝角31.45°，双壁厚9.31μm，腔径17.99μm，壁腔比0.52，径向直径27.30μm，弦向直径37.83μm。

湖北安陆市王义贞镇

无性系号：A13号。佛手类，嫁接后树龄13年。树高5.0m，胸径12.7cm，接口上高5.1m，接口上粗11.6cm，总材积0.0783m^3，主枝材积0.0215m^3，主枝3个，冠幅6.5m，一级枝数量5个，一级枝长4.5m，一级枝粗4.9cm，二级枝数量72个，二级枝长101.3cm，二级枝粗1.3cm，新梢数量51个，新梢长度15.3m，新梢粗度0.53cm，新梢叶数15片。表面轴向生长应力264.50，横纹弦向抗压强度9.66Mpa，顺纹抗压强度41.16Mpa，气干含水率10.95%，绝干密度0.51g/cm^3，气干密度0.55g/cm^3，标准密度0.56g/cm^3，基本密度0.46g/cm^3，气干弦向干缩率1.47%，气干径向干缩1.31%，气干体积干缩率3.41%，弦向全干缩率4.09%，径向全干缩率2.23%，体积全干缩率7.24%，体积干缩系数0.32%。对应木：微纤丝角33.32°，双壁厚8.08μm，腔径13.00μm，壁腔比0.62，径向直径21.09μm，弦向直径30.11μm。应压木：交叉场纹孔直径11.78μm，微纤丝角35.03°，双壁厚8.04μm，腔径14.44μm，壁腔比0.57，径向直径22.48μm，弦向直径31.40μm。

山东郯城

无性系号：403号。雄株，嫁接后树龄11年。树高2.8m，胸径4.2cm，接口上高2.6m，接口上粗4.2cm，总材积0.0052m^3，主枝材积0.0014m^3，主枝2个，冠幅2.3m，一级枝数量4个，一级枝长2.0m，一级枝粗2.6cm，二级枝数量67个，二级枝长51.3cm，二级枝粗1.1cm，三级枝数量1个，三级枝长18.0cm，三级枝粗0.4cm，新梢数量29个，新梢长度22.7m，新梢粗度0.67cm，新梢叶数16片。应压木：双壁厚5.60μm，腔径11.38μm，壁腔比0.28，径向直径16.98μm，弦向直径18.90μm。对应木：双壁厚7.09μm，腔径12.20μm，壁腔比0.32，径向直径19.29μm，弦向直径19.42μm。早材：双壁厚6.67μm，腔径14.15μm，壁腔比0.24，径向直径20.82μm，弦向直径20.67μm。晚材：双壁厚6.34μm，腔径9.32μm，壁腔比0.35，径向直径15.57μm，弦向直径18.30μm。

山东郯城

无性系号：601号。雄株，嫁接后树龄11年。树高3.1m，胸径4.3cm，接口上高1.6m，接口上粗4.2cm，总材积0.0032m^3，主枝材积0.0009m^3，主枝2个，冠幅1.9m，一级枝数量2个，一级枝长1.5m，一级枝粗3.1cm，二级枝数量31个，二级枝长52.0cm，二级枝粗0.8cm，三级枝数量1个，三级枝长23.0cm，三级枝粗0.7cm，新梢数量11个，新梢长度20.0m，新梢粗度0.54cm，新梢叶数17片。应压木：双壁厚6.21μm，腔径13.72μm，壁腔比0.25，径向直径19.92μm，弦向直径26.32μm。对应木：双壁厚6.15μm，腔径13.82μm，壁腔比0.34，径向直径19.97μm，弦向直径23.29μm。早材：双壁厚6.87μm，腔径18.82μm，壁控比0.18，径向直径25.69μm，弦向直径24.69μm。晚材：双壁厚6.25μm，腔径8.55μm，壁腔比0.37，径向直径14.81μm，弦向直径24.91μm。

山东郯城

无性系号：602号。雄株，嫁接后树龄11年。树高2.5m，胸径3.3cm，接口上高1.8m，接口上粗3.3cm，总材积0.0018m^3，主枝材积0.0006m^3，主枝2个，冠幅1.5m，一级枝数量2个，一级枝长1.5m，一级枝粗2.0cm，二级枝数量5个，二级枝长48.0cm，二级枝粗0.9cm，三级枝数量2个，三级枝长33.5cm，三级枝粗0.6cm，新梢数量7个，新梢长度19.7m，新梢粗度0.66cm，新梢叶数16片。应压木：双壁厚5.84μm，腔径9.59μm，壁腔比0.37，径向直径15.43μm，弦向直径19.87μm。对应木：双壁厚6.59μm，腔径14.22μm，壁腔比0.40，径向直径20.81μm，弦向直径24.06μm。早材：双壁厚6.64μm，腔径15.46μm，壁腔比0.21，径向直径22.10μm，弦向直径21.37μm。晚材：双壁厚5.74μm，腔径4.85μm，壁腔比0.61，径向直径10.59μm，弦向直径20.02μm。

山东郯城

无性系号：503号。雄株，嫁接后树龄11年。树高3.5m，胸径4.7cm，接口上高2.1m，接口上粗3.8cm，总材积0.0039m^3，主枝材积0.0010m^3，主枝2个，冠幅2.0m，一级枝数量2个，一级枝长1.8m，一级枝粗3.0cm，二级枝数量40个，二级枝长126.7cm，二级枝粗1.3cm，三级枝数量1个，三级枝长32.0cm，三级枝粗0.7cm，新梢数量32个，新梢长度15.7m，新梢粗度0.48cm，新梢叶数16片。应压木：双壁厚7.79μm，腔径15.43μm，壁腔比0.30，径向直径23.23μm，弦向直径28.02μm。对应木：双壁厚7.77μm，腔径12.61μm，壁腔比0.37，径向直径20.38μm，弦向直径27.82μm。早材：双壁厚7.72μm，腔径18.69μm，壁腔比0.21，径向直径26.41μm，弦向直径27.08μm。晚材：双壁厚7.25μm，腔径9.05μm，壁腔比0.40，径向直径16.30μm，弦向直径27.75μm。

山东郯城

无性系号：603号。雄株，嫁接树龄11年。树高3.6m，胸径4.1cm，接口上高1.5m，接口上粗3.7cm，总材积0.0034m^3，主枝材积0.0006m^3，主枝2个，冠幅2.1m，一级枝数量3个，一级枝长1.3m，，一级枝粗3.0cm，二级枝数量33个，二级枝长64.0cm，二级枝粗1.0cm，三级枝数量3个，三级枝长19.3cm，三级枝粗0.4cm，新梢数量28个，新梢长度15.7m，新梢粗度0.67cm，新梢叶数15片。应压木：双壁厚7.82μm，腔径14.43μm，壁腔比0.32，径向直径22.25μm，弦向直径23.04μm。对应木：双壁厚6.31μm，腔径10.92μm，壁腔比0.69，径向直径17.23μm，弦向直径20.39μm。早材：双壁厚8.69μm，腔径19.29μm，壁腔比0.22，径向直径27.98μm，弦向直径21.46μm。晚材：双壁厚7.25μm，腔径6.40μm，壁腔比0.62，径向直径13.65μm，弦向直径20.98μm。

山东郯城

无性系号：506号。雄株，嫁接后树龄13年。树高3.2m，胸径3.7cm，接口上高2.2m，接口上粗3.2cm，总材积0.0031m^3，主枝材积0.0007m^3，主枝2个，冠幅2.0m，一级枝数量2个，一级枝长1.7m，一级枝粗2.7cm，二级枝数量22个，二级枝长156.7cm，二级枝粗1.4cm，三级枝数量11个，三级枝长28.3cm，三级枝粗0.7cm，新梢数量24个，新梢长度21.0m，新梢粗度0.54cm，新梢叶数16片。应压木：双壁厚9.22μm，腔径13.22μm，壁腔比0.36，径向直径22.44μm，弦向直径25.44μm。对应木：双壁厚8.08μm，腔径11.51μm，壁腔比0.48，径向直径23.16μm，弦向直径23.83μm。早材：双壁厚7.48μm，腔径15.89μm，壁腔比

0.24，径向直径23.37μm，弦向直径26.75μm。晚材：双壁厚8.11μm，腔径10.58μm，壁腔比0.38，径向直径18.69μm，弦向直径26.44μm。

山东郯城

无性系号：504号。雄株，嫁接树龄11年。树高3.5m，胸径4.8cm，接口上高2.3m，接口上粗5.3cm，总材积0.0068m³，主枝材积0.0020m³，主枝2个，冠幅2.0m，一级枝数量3个，一级枝长2.1m，一级枝粗2.8cm，二级枝数量33个，二级枝长69.0cm，二级枝粗1.2cm，三级枝数量5个，三级枝长30.7cm，三级枝粗0.6cm，新梢数量23个，新梢长度18.2m，新梢粗度0.68cm，新梢叶数17片。应压木：双壁厚7.82μm，腔径14.14μm，壁腔比0.29，径向直径21.96μm，弦向直径26.86μm。对应木：双壁厚8.51μm，腔径14.65μm，壁腔比0.48，径向直径23.16μm，弦向直径23.83μm。早材：双壁厚7.48μm，腔径15.89μm，壁腔比0.24，径向直径23.37μm，弦向直径26.75μm。晚材：双壁厚8.11μm，腔径10.58μm，壁腔比0.38，径向直径18.69μm，弦向直径26.44μm。

山东郯城重坊镇老和尚头

无性系号：07号，马铃类，树高6.5m，胸径12.5cm，接口上高5.7m，接口上粗15.1cm，总材积0.3524m³，主枝材积0.0408m³，主枝5个，冠幅4.6m，一级枝数量1个，一级枝长4.8m，一级枝粗6.1cm，二级枝数量75个，二级枝长116.3cm，二级枝粗20.1cm，新梢数量48个，新梢长度23.5m，新梢粗度0.36cm，新梢叶数18片。对应木：具缘纹孔直径13.06μm，交叉场纹孔直径7.37μm，微纤丝角34.99°，双壁厚7.27μm，腔径15.36μm，壁腔比0.48，径向直径22.63μm。弦向直径28.75μm。应压木：具缘纹孔直径13.63μm，交叉场纹孔直径8.58μm，微纤丝角34.54°，双壁厚8.43μm，腔径16.26μm，壁腔比0.52，径向直径24.69μm，弦向直径30.09μm。

广西海洋皇

无性系号：58号。马铃类，嫁接后树龄11年。树高5.7m，胸径12.2cm，接口上高5.4m，接口上粗11.4cm，总材积0.0548m³，主枝材积0.0220m³，主枝3个，冠幅5.7m，二级枝数量53个，二级枝长125.0cm，二级枝粗1.5cm，三级枝数量10个，三级枝长23.3cm，三级枝粗3.0cm，新梢数量18个，新梢长度21.7m，新梢粗度0.43cm，新梢叶数16片。顺纹抗压强度23.57Mpa。对应木：具缘纹孔直径13.58μm，微纤丝角32.42°，双壁厚8.46μm，腔径14.36μm，壁腔比0.59，径向直径22.82μm。弦向直径36.04μm，射线长0.12μm，射线宽0.02μm。应压木：具缘纹孔直径12.85μm，微纤丝角31.47°，双壁厚8.88μm，腔径16.71μm，壁腔比0.53，径向直径25.59μm，弦向直径34.65μm，射线长0.10μm，射线宽0.02μm。

广西华口大果

无性系号：59号。马铃类，嫁接后树龄11年。树高5.2m，胸径7.2cm，接口上高4.3m，接口上粗8.6cm，总材积0.0182m³，主枝材积0.010m³，主枝2个，冠幅5.6m，二级枝数量36个，二级枝长80.0cm，二级枝粗1.1cm，三级枝数量9个，三级枝长25.3cm，三级枝粗0.6cm，新梢数量6个，新梢长度26.8m，新梢粗度0.38cm，新梢叶数17片。对应木：具缘纹孔直径14.89μm，微纤丝角23.39°，双壁厚7.86μm，腔径17.19μm，壁腔比0.46，径向直径25.04μm。弦向直径34.95μm。应压木：具缘纹孔直径14.13μm，微纤丝角27.61°，双壁厚8.52μm，腔径16.13μm，壁腔比0.53，径向直径24.65μm，弦向直径35.68μm。

山东郯城重坊镇东高庄马铃3号

无性系号：C号。马铃类，嫁接后树龄13年。树高6.8m，胸径19.6cm，接口上高7.6m，接口上粗18.2cm，总材积0.2708m³，主枝材积0.0790m³，主枝6个，冠幅5.8m，一级枝数量2个，一级枝长2.2m，一级枝粗2.6cm，二级枝数量48个，二级枝长165.0cm，二级枝粗2.2cm，三级枝数量4个，三级枝长33.7cm，三级枝粗0.5cm，新梢数量19个，新梢长度21.7m，新梢粗度0.33cm，新梢叶数15片。表面轴向生长应力342.75，气干含水率11.14%，绝干密度0.45g/cm³，气干密度0.43g/cm³，标准密度0.44g/cm³，基本密度0.36g/cm³，气干弦向干缩率3.36%，气干径向干缩1.59%，气干体积干缩率5.54%，弦向全干缩率5.73%，径向全干缩率4.01%，体积全干缩率12.27%，体积干缩系数0.57%。对应木：具缘纹孔直径12.64μm，交叉场纹孔直径10.19μm，微纤丝角33.11°，双壁厚7.94μm，腔径15.56μm，壁腔比0.51，径向直径23.50μm。弦向直径33.69μm。应压木：具缘纹孔直径12.44μm，交叉场纹孔直径8.92μm微纤丝角35.92°，双壁厚7.84μm，腔径19.99μm，壁腔比0.40，径向直径27.83μm，弦向直径32.34μm，射线长0.14μm，射线宽0.03μm。

浙江富阳大佛手5号

无性系号：02号。佛指类，嫁接后树龄11年。树高5.8m，胸径12.6cm，接口上高3.6m，接口上粗5.7cm，接口上材积0.0012m³，总材积0.0204m³，冠幅3.7m，一级枝数量187个，一级枝长165.9cm，一级枝粗2.0cm，二级枝数量88个，二级枝长59.4cm，二级枝粗2.7cm，新梢数量117个，新梢长度0.41m，新梢粗度0.57cm，新梢叶数20片。表面轴向生长应力464.25，横纹弦向抗压强度6.69Mpa，顺纹抗压强度37.44Mpa，气干含水率11.39%，绝干密度0.48g/cm³，气干密度0.54g/cm³，标准密度0.54g/cm³，基本密度0.44g/cm³，气干弦向干缩率2.63%，气干径向干缩1.89%，气干体积干缩率4.89%，弦向全干缩率5.92%，径向全干缩率3.09%，体积全干缩率8.18%，体积干缩系数0.36%。

江苏洞庭皇

无性系号：03号。佛指类，嫁接后树龄11年。树高4.3m，胸径13.2cm，接口上高4.1m，接口上粗6.4cm，接口上材积0.0019m³，总材积0.0374m³，冠幅6.6m，一级枝数量303个，一级枝长209.7cm，一级枝粗3.0cm，二级枝数量191个，二级枝长123.3cm，二级枝粗1.7cm，新梢数量160个，新梢长度0.53m，新梢粗度0.83cm，新梢叶数23片。对应木：微纤丝角34.06°，双壁厚8.25μm，腔径13.09μm，壁腔比0.63，径向直径21.34μm，弦向直径31.02μm。应压木：微纤丝角32.25°，双壁厚8.48μm，腔径15.02μm，壁腔比0.56，径向直径23.50μm，弦向直径33.19μm。

江苏泰兴家佛手

无性系号：04号。佛指类，嫁接后树龄11年。树高4.7m，胸径11.6cm，接口上高3.3m，接口上粗3.5cm，接口上材积0.0012m³，总材积0.0179m³，冠幅4.1m，一级枝数量228个，一级枝长162.2cm，一级枝粗2.4cm，二级枝数量90个，二级枝长91.7cm，二级枝粗1.0cm，新梢数量118个，新梢长度0.37m，新梢粗度0.67cm，新梢叶数21片。表面轴向生长应力733.25，横纹弦向抗压强度6.97Mpa。气干含水率10.59%，绝干密度0.47g/cm³，气干密度0.51g/cm³，标准密度0.51g/cm³，基本密度0.41g/cm³，气干弦向干缩率2.94%，气干径向干缩3.40%，气干体积干缩率8.51%，弦向全干缩率4.72%，径向全干缩率3.92%，体积全干缩率10.66%，体积干缩系数0.34%。对应木：微纤丝角31.03°，双壁厚8.66μm，腔径17.87μm，壁腔比0.49，径向直径26.53μm，弦向直径36.63μm。应压木：微纤丝角32.90°，双壁厚9.37μm，腔径17.76μm，壁腔比0.53，径向直径27.13μm，弦向直径38.53μm。

山东郯城港上镇王桥双腚门

无性系号：14号。圆子类，嫁接后树龄11年。树高5.0m，胸径11.6cm，接口上高3.8m，接口上粗5.8cm，接口上材积0.0013m³，总材积0.0177m³，冠幅3.7m，一级枝数量144个，一级枝长163.3cm，一级枝粗2.3cm，二级枝数量70个，二级枝长84.2cm，二级枝粗1.0cm，新梢数量102个，新梢长度0.56m，新梢粗度0.86cm，新梢叶数23片。对应木：微纤丝角33.98°，双壁厚8.73μm，腔径15.39μm，壁腔比0.57，径向直径24.12μm，弦向直径33.36μm。应压木：微纤丝角37.98°，双壁厚8.57μm，腔径13.69μm，壁腔比0.63，径向直径22.26μm，弦向直径30.25μm。

湖南东安3号

无性系号：25号。圆子类，嫁接后树龄11年。树高9.8m，胸径8.5cm，接口上高3.7m，接口上粗4.9cm，接口上材积0.0012m^3，总材积0.0195m^3，冠幅4.6m，一级枝数量74个，一级枝长279.6cm，一级枝粗3.9cm，二级枝数量71个，二级枝长143.8cm，二级枝粗2.0cm，新梢数量57个，新梢长度0.42m，新梢粗度0.82cm，新梢叶数21片。对应木：微纤丝角29.60°，双壁厚8.54μm，腔径16.83μm，壁腔比0.52，径向直径25.36μm，弦向直径32.26μm，射线长0.10μm，射线宽0.02μm。应压木：微纤丝角31.89°，双壁厚7.18μm，腔径17.51μm，壁腔比0.45，径向直径25.32μm，弦向直径32.64μm，射线长0.11μm，射线宽0.02μm。

福建尤溪县中仙乡

无性系号：43号。圆子类，嫁接后树龄11年。树高5.5m，胸径12.7cm，接口上高3.7m，接口上粗7.2cm，接口上材积0.0022m^3，总材积0.0281m^3，冠幅4.5m，一级枝数量197个，一级枝长221.1cm，一级枝粗3.4cm，二级枝数量123个，二级枝长117.2cm，二级枝粗1.2cm，新梢数量167个，新梢长度0.55m，新梢粗度0.84cm，新梢叶数23片。表面轴向生长应力547.25，横纹弦向抗压强度5.58Mpa，顺纹抗压强度32.59Mpa，气干含水率11.03%，绝干密度0.47g/cm^3，气干密度0.51g/cm^3，标准密度0.51g/cm^3，基本密度0.42g/cm^3，气干弦向干缩率2.59%，气干径向干缩2.00%，气干体积干缩率5.43%，弦向全干缩率4.04%，径向全干缩率3.00%，体积全干缩率8.73%，体积干缩系数0.33%。对应木：具缘纹孔直径13.44μm，微纤丝角32.05°，双壁厚8.95μm，腔径19.16μm，壁腔比0.47，径向直径28.11μm，弦向直径27.98μm，射线长0.07μm，射线宽0.01μm。应压木：具缘纹孔直径21.54μm，微纤丝角35.40°，双壁厚9.84μm，腔径19.29μm，壁腔比0.51，径向直径29.11μm，弦向直径37.79μm，射线长0.14μm，射线宽0.02μm。

云南腾冲沙坎

无性系号：48号。马铃类，嫁接后树龄11年。树高5.2m，胸径12.1cm，接口上高4.1m，接口上粗6.7cm，接口上材积0.0020m^3，总材积0.0237m^3，冠幅4.6m，一级枝数量163个，一级枝长166.1cm，一级枝粗3.2cm，二级枝数量60个，二级枝长122.8cm，二级枝粗1.5cm。对应木：微纤丝角34.80°，双壁厚8.17μm，腔径15.43μm，壁腔比0.53，径向直径23.60μm，弦向直径29.50μm，射线长0.10μm，射线宽0.02μm。应压木：微纤丝角37.72°，双壁厚9.65μm，腔径17.87μm，壁腔比0.54，径向直径27.51μm，弦向直径33.02μm，射线长0.13μm，射线宽0.02μm。

湖北安陆23号大梅核

无性系号：71号。梅核类，嫁接后树龄11年。树高3.8m，胸径10.9cm，接口上高3.4m，接口上粗5.9cm，接口上材积0.0013m^3，总材积0.0181m^3，冠幅4.6m，一级枝数量156个，一级枝长136.7cm，一级枝粗2.3cm，二级枝数量54个，二级枝长71.7cm，二级枝粗1.5cm，新梢数量60个，新梢长度0.39m，新梢粗度0.75cm，新梢叶数22片。表面轴向生长应力242.75，气干含水率10.88%，绝干密度0.46g/cm^3，气干密度0.49g/cm^3，标准密度0.50g/cm^3，基本密度0.41g/cm^3，气干弦向干缩率1.64%，气干径向干缩4.22%，气干体积干缩率6.11%，弦向全干缩率3.61%，径向全干缩率3.96%，体积全干缩率8.88%，体积干缩系数0.36%。对应木：微纤丝角30.90°，双壁厚9.43μm，腔径14.29μm，壁腔比0.66，径向直径23.72μm，弦向直径30.96μm，射线长0.14μm，射线宽0.03μm。应压木：微纤丝角32.59°，双壁厚9.58μm，腔径17.60μm，壁腔比0.55，径向直径27.18μm，弦向直径33.91μm，射线长0.10μm，射线宽0.02μm。

安徽宁国青龙乡

无性系号：98号。马铃类，嫁接后树龄11年。树高5.0m，胸径10.2cm，接口上高3.2m，接口上粗5.2cm，接口上材积0.0011m^3，总材积0.0133m^3，冠幅2.9m，一级枝数量110个，一级枝长151.7cm，一级枝粗2.2cm，二级枝数量34个，二级枝长72.5cm，二级枝粗1.0cm，新梢数量89个，新梢长度0.33m，新梢粗度0.67cm，新梢叶数20片。对应木：微纤丝角37.97°，双壁厚8.57μm，腔径15.41μm，壁腔比0.56，径向直径23.99μm。弦向直径28.72μm，射线长0.10μm，射线宽0.02μm。应压木：微纤丝角37.97°，双壁厚8.57μm，腔径15.41μm，壁腔比0.56，径向直径23.99μm，弦向直径28.72μm，射线长0.10μm，射线宽0.02μm。

浙江丽水中学

性系号：38号。雄株，嫁接后树龄11年。树高1.7m，胸径4.6cm，接口上高1.8m，接口上粗2.7cm，接口上材积0.0050m^3，总材积0.0142m^3，冠幅1.7m，一级枝数量27个，一级枝长140.0cm，一级枝粗1.6cm，二级枝数量18个，二级枝长60.3cm，二级枝粗0.9cm，新梢数量31个，新梢长度0.35m，新梢粗度0.75cm，新梢叶数22片。应压木：双壁厚8.43μm，腔径13.58μm，壁腔比0.32，径向直径22.02μm，弦向直径27.47μm。对应木：双壁厚8.89μm，腔径14.17μm，壁腔比0.37，径向直径23.06μm，弦向直径20.78μm。早材：双壁厚8.58μm，腔径15.64μm，壁腔比0.27，径向直径24.22μm，弦向直径24.40μm。晚材：双壁厚8.75μm，腔径12.10μm，壁腔比0.36，径向直径20.86μm，弦向直径23.84μm。

山东郯城胜利乡

无性系号：009号。雄株，嫁接后树龄11年。树高2.8m，胸径4.6cm，接口上高2.2m，接口上粗3.1cm，接口上材积0.0007m^3，总材积0.0015m^3，冠幅1.4m，一级枝数量12个，一级枝长151.0cm，一级枝粗1.7cm，二级枝数量31个，二级枝长62.2cm，二级枝粗0.7cm，新梢数量22个，新梢粗度0.66cm，新梢叶数18片。应压木：双壁厚5.89μm，腔径10.84μm，壁腔比0.29，径向直径16.82μm，弦向直径22.29μm。对应木：双壁厚5.25μm，腔径13.79μm，壁腔比0.36，径向直径19.04μm，弦向直径23.57μm。早材：双壁厚5.94μm，腔径17.34μm，壁腔比0.18，径向直径23.27μm，弦向直径23.10μm。晚材：双壁厚5.29μm，腔径7.30μm，壁腔比0.36，径向直径12.59μm，弦向直径22.76μm。

山东日照白云寺东港区

无性系号：66号。雄株，嫁接后树龄11年。树高2.7m，胸径4.3cm，接口上高1.8m，接口上粗3.0cm，接口上材积0.0006m^3，总材积0.0009m^3，冠幅0.8m，一级枝数量25个，一级枝长95.9cm，一级枝粗1.1cm，二级枝数量24个，二级枝长54.2cm，二级枝粗0.7cm，新梢数量28个，新梢粗度0.85cm，新梢叶数23片。应压木：双壁厚6.18μm，腔径15.27μm，壁腔比0.24，径向直径21.46μm，弦向直径23.74μm。对应木：双壁厚7.34μm，腔径13.65μm，壁腔比0.39，径向直径21.00μm，弦向直径25.31μm。早材：双壁厚6.17μm，腔径18.86μm，壁腔比0.16，径向直径25.04μm，弦向直径25.58μm。晚材：双壁厚7.36μm，腔径10.06μm，壁腔比0.37，径向直径17.42μm，弦向直径23.46μm。

山东海阳招霞山林场

无性系号：25号。雄株。树高1.7m，胸径4.0cm，接口上高1.2m，接口上粗2.7cm，接口上材积0.0003m^3，总材积0.0010m^3，冠幅1.3m，一级枝数量15个，一级枝长98.0cm，一级枝粗1.5cm，二级枝数量38个，二级枝长57.4cm，二级枝粗0.9cm，新梢数量35个，新梢粗度0.55cm，新梢叶数16片。对应木：射线长0.10μm，射线宽0.02μm。应压木：射线长0.11μm，射线宽0.02μm。

山东郯城新村乡新一

无性系号：002号。雄株，嫁接后树龄11年。树高2.0m，胸径5.0cm，接口上高2.0m，接口上粗3.5cm，接口上材积0.0009m³，总材积0.0028m³，冠幅2.5m，一级枝数量23个，一级枝长167.4cm，一级枝粗2.2cm，二级枝数量39个，二级枝长100.1cm，二级枝粗1.3cm，新梢数量42个，新梢粗度0.75cm，新梢叶数24片。应压木：双壁厚7.64μm，腔径15.55μm，壁腔比0.25，径向直径23.19μm，弦向直径25.67μm。对应木：双壁厚8.07μm，腔径14.39μm，壁腔比0.31，径向直径22.47μm，弦向直径25.70μm。早材：双壁厚8.11μm，腔径17.13μm，壁腔比0.24，径向直径25.24μm，弦向直径26.78μm。晚材：双壁厚7.60μm，腔径12.81μm，壁腔比0.30，径向直径20.42μm，弦向直径24.59μm。

山东郯城新村乡黄村

无性系号：004号。雄株，嫁接后树龄11年。树高2.8m，胸径5.6cm，接口上高2.3m，接口上粗3.4cm，接口上材积0.0009m³，总材积0.0045m³，冠幅2.2m，一级枝数量26个，一级枝长195.4cm，一级枝粗2.5cm，二级枝数量63个，二级枝长102.1cm，二级枝粗1.2cm，新梢数量46个，新梢粗度0.97cm，新梢叶数21片。应压木：双壁厚8.68μm，腔径19.16μm，壁腔比0.23，径向直径27.84μm，弦向直径27.75μm。对应木：双壁厚8.24μm，腔径19.26μm，壁腔比0.22，径向直径27.50μm，弦向直径34.55μm。早材：双壁厚9.56μm，腔径20.45μm，壁腔比0.24，径向直径30.01μm，弦向直径28.27μm。晚材：双壁厚7.36μm，腔径17.97μm，壁腔比0.21，径向直径25.33μm，弦向直径34.03μm。

山东泰安普照寺

无性系号：43号。雄株。树高2.1m，胸径4.7cm，接口上高1.7m，接口上粗3.1cm，接口上材积0.0006m³，总材积0.0023m³，冠幅1.9m，一级枝数量19个，一级枝长154.1cm，一级枝粗2.0cm，二级枝数量34个，二级枝长66.0cm，二级枝粗1.0cm，新梢数量36个，新梢粗度0.91cm，新梢叶数27片。对应木：射线长0.07μm，射线宽0.01μm。应压木：射线长0.14μm，射线宽0.02μm。

福建福州莒山

无性系号：44号。雄株，嫁接后树龄11年。树高3.1m，胸径5.1cm，接口上高2.3m，接口上粗2.9cm，接口上材积0.0007m³，总材积0.0033m³，冠幅2.2m，一级枝数量13个，一级枝长185.6cm，一级枝粗2.2cm，二级枝数量16个，新梢数量12个，新梢粗度0.84cm，新梢叶数23片。对应木：具缘纹孔长轴13.20μm，具缘纹孔短轴12.92μm，射线长0.09μm，射线宽0.02μm，径切面孢子0.10μm，弦切面孢子0.23μm，双壁厚8.84μm，腔径14.85μm，壁腔比0.33，径向直径23.69μm，弦向直径25.40μm。应压木：射线长0.13μm，射线宽0.02μm，径切面孢子0.24μm，弦切面孢子0.23μm，双壁厚7.76μm，腔径20.33μm，壁腔比0.20，径向直径28.09μm，弦向直径27.71μm。早材：双壁厚8.18μm，腔径20.21μm，壁腔比0.21，径向直径28.39μm，弦向直径27.11μm。晚材：双壁厚8.42μm，腔径14.97μm，壁腔比0.29，径向直径23.39μm，弦向直径25.99μm。

山东泰安灵应宫北

无性系号：5号。雄株，嫁接后树龄19年。树高3.1m，胸径4.7cm，接口上高2.6m，接口上粗4.0cm，接口上材积0.0014m³，总材积0.0022m³，冠幅1.4m，一级枝数量18个，一级枝长140.3cm，一级枝粗1.6cm，二级枝数量32个，二级枝长77.9cm，二级枝粗0.9cm，新梢数量14个，新梢粗度0.50cm，新梢叶数14片。对应木：射线长0.10μm，射线宽0.02μm。应压木：射线长0.13μm，射线宽0.02μm。

浙江丽水碧湖中学

无性系号：37号。雄株，嫁接后年龄11年。树高2.1m，胸径5.7cm，接口上高1.9m，接口上粗2.8cm，接口上材积0.0005m³，总材积0.0015m³，冠幅1.6m，一级枝数量14个，一级枝长121.2cm，一级枝粗1.5cm，二级枝数量19个，新梢数量11个，新梢粗度0.79cm，新梢叶数19片。应压木：双壁厚7.66μm，腔径13.12μm，壁腔比0.30，径向直径20.79μm，弦向直径25.28μm。对应木：双壁厚6.65μm，腔径11.12μm，壁腔比0.37，径向直径17.78μm，弦向直径19.42μm。早材：双壁厚7.39μm，腔径14.60μm，壁腔比0.25，径向直径21.99μm，弦向直径21.92μm。晚材：双壁厚6.72μm，腔径9.76μm，壁腔比0.35，径向直径16.48μm，弦向直径22.04μm。

山东荣城夏庄镇古迹顶林场

无性系号：67号。雄株，嫁接后树龄11年。树高2.1m，胸径4.7cm，接口上高1.9m，接口上粗3.3cm，接口上材积0.0007m³，总材积0.0022m³，冠幅2.5m，一级枝数量27个，一级枝长150.0cm，一级枝粗1.9cm，二级枝数量32个，二级枝长87.9cm，二级枝粗1.0cm，新梢数量33个，新梢粗度0.61cm，新梢叶数21片。应压木：双壁厚7.07μm，腔径16.51μm，壁腔比0.21，径向直径23.59μm，弦向直径24.19μm。对应木：双壁厚7.80μm，腔径15.38μm，壁腔比0.33，径向直径23.18μm，弦向直径21.09μm。早材：双壁厚7.25μm，腔径18.23μm，壁腔比0.20，径向直径25.48μm，弦向直径22.59μm。晚材：双壁厚7.62μm，腔径13.66μm，壁腔比0.28，径向直径21.29μm，弦向直径22.69μm。

云南腾冲临河

无性系号：51号。雄株，嫁接后树龄11年。树高3.6m，胸径5.1cm，接口上高2.4m，接口上粗2.9cm，接口上材积0.0008m³，总材积0.0026m³，冠幅1.2m，一级枝数量47个，一级枝长138.0cm，一级枝粗1.7cm，二级枝数量32个，新梢数量32个，新梢粗度0.78cm，新梢叶数19片。对应木：具缘纹孔长轴12.85μm，具缘纹孔短轴12.48μm。应压木：具缘纹孔长轴13.69μm，具缘纹孔短轴11.73μm，射线长0.12μm，射线宽0.02μm，径切面孢子0.25μm，弦切面孢子0.24μm，双壁厚7.28μm，腔径13.71μm，壁腔比0.29，径向直径20.99μm，弦向直径19.91μm。对应木：射线长0.09μm，射线宽0.02μm，径切面孢子0.24μm，弦切面孢子0.25μm，双壁厚7.48μm，腔径12.87μm，壁腔比0.33，径向直径20.36μm，弦向直径15.96μm。早材：双壁厚8.42μm，腔径17.54μm，壁腔比0.24，径向直径25.97μm，弦向直径18.37μm。晚材：双壁厚6.34μm，腔径9.04μm，壁腔比0.35，径向直径15.38μm，弦向直径17.51μm。

山东郯城港上镇王桥

无性系号：005号。雄株，嫁接后树龄11年。树高1.7m，胸径4.2cm，接口上高1.8m，接口上粗3.2cm，接口上材积0.0007m³，总材积0.0019m³，冠幅2.2m，一级枝数量26个，一级枝长143.7cm，一级枝粗1.6cm，二级枝数量28个，二级枝长83.7cm，二级枝粗1.0cm，新梢数量19个，新梢粗度0.79cm，新梢叶数22片。应压木：双壁厚6.68μm，腔径17.01μm，壁腔比0.21，径向直径23.70μm，弦向直径22.07μm。对应木：双壁厚6.57μm，腔径12.81μm，壁腔比0.32，径向直径19.38μm，弦向直径22.10μm。早材：双壁厚6.96μm，腔径18.81μm，壁腔比0.19，径向直径25.77μm，弦向直径24.00μm。晚材：双壁厚6.29μm，腔径11.02μm，壁腔比0.29，径向直径17.31μm，弦向直径20.17μm。

山东郯城新村乡官竹寺

无性系号：007号。雄株，嫁接后树龄11年。树高2.5m，胸径4.8cm，接口上高1.9m，接口上粗3.0cm，接口上材积0.0005m³，总材积0.0018m³，冠幅2.0m，一级枝数量18个，一级枝长138.2cm，一级枝粗1.6cm，二级枝数量13个，二级枝长79.1cm，二级枝粗0.9cm，新梢数量33个，新梢粗度0.85cm，新梢叶数23片。对应木：径切面孢子0.23μm，弦切面孢子0.31μm，双壁厚9.86μm，腔径11.14μm，壁腔比0.56，径向直径20.97μm，弦向直径

26.27μm。应压木：射线长0.10μm，射线宽0.02μm，径切面孢子0.23μm，弦切面孢子0.25μm，双壁厚7.31μm，腔径12.49μm，壁腔比0.29，径向直径19.81μm，弦向直径24.07μm。早材：双壁厚8.59μm，腔径12.96μm，壁腔比0.33，径向直径21.55μm，弦向直径24.87μm。晚材：双壁厚8.55μm，腔径10.67μm，壁腔比0.43，径向直径19.22μm，弦向直径25.47μm。

山东泰安灵应宫南

无性系号：4号。雄株，嫁接后树龄11年。树高2.8m，胸径5.6cm，接口上高2.2m，接口上粗3.5cm，接口上材积0.0009m^3，总材积0.0032m^3，冠幅1.9m，一级枝数量33个，一级枝长173.2cm，一级枝粗2.1cm，二级枝数量30个，二级枝长95.7cm，二级枝粗1.1cm，新梢数量43个，新梢粗度0.84cm，新梢叶数20片。应压木：双壁厚7.26μm，腔径10.27μm，壁腔比0.38，径向直径17.53μm，弦向直径18.14μm。对应木：双壁厚6.10μm，腔径11.24μm，壁腔比0.28，径向直径17.34μm，弦向直径16.74μm。早材：双壁厚6.84μm，腔径12.32μm，壁腔比0.28，径向直径19.17μm，弦向直径18.12μm。晚材：双壁厚6.52μm，腔径9.19μm，壁腔比0.37，径向直径15.71μm，弦向直径16.76μm。

山东郯城港上镇王桥

无性系号：006号。雄株，嫁接后树龄11年。树高1.7m，胸径4.2cm，接口上高1.5m，接口上粗2.2cm，接口上材积0.0289m3，总材积0.0014m3，冠幅2.3m，一级枝数量32个，一级枝长115.3cm，一级枝粗1.4cm，二级枝数量23个，新梢数量12个，新梢粗度0.77cm，新梢叶数17片。应压木：双壁厚9.09μm，腔径13.23μm，壁腔比0.35，径向直径22.33μm，弦向直径25.93μm。对应木：双壁厚9.74μm，腔径11.91μm，壁腔比0.49，径向直径21.65μm，弦向直径25.76μm。早材：双壁厚9.50μm，腔径14.41μm，壁腔比0.33，径向直径23.91μm，弦向直径27.14μm。晚材：双壁厚9.34μm，腔径10.73μm，壁腔比0.44，径向直径20.07μm，弦向直径24.55μm。

湖南东安1号

无性系号：26号。雄株，嫁接后树龄11年。树高1.9m，胸径4.1cm，接口上高1.6m，接口上粗2.6cm，接口上材积0.0004m^3，总材积0.0013m^3，冠幅1.9m，一级枝数量24个，一级枝长103.8cm，一级枝粗1.4cm，二级枝数量8个，二级枝长55.3cm，二级枝粗0.9cm，新梢数量26个，新梢粗度0.54cm，新梢叶数20片。对应木：射线长0.11μm，射线宽0.02μm，径切面孢子0.23μm，弦切面孢子0.19μm，双壁厚7.92μm，腔径14.74μm，壁腔比0.30，径向直径22.66μm，弦向直径24.43μm。应压木：射线长0.13μm，射线宽0.02μm，径切面孢子0.19μm，弦切面孢子0.21μm，双壁厚6.08μm，腔径13.36μm，壁腔比0.23，径向直径19.43μm，弦向直径23.80μm。早材：双壁厚7.20μm，腔径15.82μm，壁腔比0.23，径向直径23.02μm，弦向直径25.19μm。晚材：双壁厚6.79μm，腔径12.28μm，壁腔比0.27，径向直径19.07μm，弦向直径23.05μm。

山东泰安王母池

无性系号：91号。雄株，嫁接后树龄11年。树高2.4m，胸径5.0cm，接口上高2.3m，接口上粗3.8cm，接口上材积0.0012m^3，总材积0.0036m^3，冠幅2.3m，一级枝数量30个，一级枝长194.1cm，一级枝粗2.3cm，二级枝数量37个，二级枝长94.6cm，二级枝粗1.3cm，新梢数量90个，新梢粗度1.01cm，新梢叶数18片。应压木：双壁厚8.10μm，腔径13.10μm，壁腔比0.48，径向直径21.21μm，弦向直径24.81μm。对应木：双壁厚8.76μm，腔径14.57μm，壁腔比0.49，径向直径23.33μm，弦向直径27.29μm。早材：双壁厚8.69μm，腔径19.77μm，壁腔比0.22，径向直径28.46μm，弦向直径27.89μm。晚材：双壁厚8.24μm，腔径6.96μm，壁腔比0.63，径向直径15.21μm，弦向直径24.62μm。

安徽宁国仙霞东安村

无性系号：97号。雄株，嫁接后树龄11年。树高2.3m，胸径4.8cm，接口上高2.1m，接口上粗3.3cm，接口上材积0.0008m^3，总材积0.0022m^3，冠幅1.7m，一级枝数量36个，一级枝长140.9cm，一级枝粗1.6cm，二级枝数量19个，二级枝长58.7cm，二级枝粗0.7cm，新梢数量29个，新梢粗度0.76cm，新梢叶数18片。对应木：具缘纹孔长轴11.39μm，具缘纹孔短轴11.43μm，射线长0.11μm，射线宽0.03μm，径切面孢子0.26μm，弦切面孢子0.20μm。应压木：具缘纹孔长轴11.87μm，具缘纹孔短轴10.35μm，射线长0.11μm，射线宽0.02μm，径切面孢子0.25μm，弦切面孢子0.21μm。

湖北安陆王义贞镇

无性系号：A3-1号。佛指类，表面轴向生长应力366.0，横纹弦向抗压强度7.66Mpa，顺纹抗压强度33.97Mpa，气干含水率10.87%，绝干密度0.47g/cm^3，气干密度0.50g/cm^3，标准密度0.51g/cm^3，基本密度0.41g/cm^3，气干弦向干缩率3.05%，气干径向干缩1.80%，气干体积干缩率5.24%，弦向全干缩率4.44%，径向全干缩率2.64%，体积全干缩率8.75%，体积干缩系数0.35%。对应木：具缘纹孔直径14.30μm，交叉场纹孔直径9.86μm，微纤丝角25.45°。应压木：具缘纹孔直径15.76μm，交叉场纹孔直径9.81μm，微纤丝角32.23°。

浙江省诸暨市

无性系号：T101号。佛指类，表面轴向生长应力322.00，横纹弦向抗压强度8.70Mpa，顺纹抗压强度34.11Mpa，气干含水率13.04%，绝干密度0.51g/cm^3，气干密度0.55g/cm^3，标准密度0.54g/cm^3，基本密度0.33g/cm^3，气干弦向干缩率1.96%，气干径向干缩1.19%，气干体积干缩率2.29%，弦向全干缩率4.27%，径向全干缩率2.73%，体积全干缩率8.20%，体积干缩系数0.46%。

浙江省诸暨市

无性系号：T7号。顺纹抗压强度24.11Mpa。

浙江省诸暨市

无性系号：T75号。顺纹抗压强度35.06Mpa。

湖北安陆市王义贞镇

无性系号：A3-2号。对应木：交叉场纹孔直径9.86μm，微纤丝角26.24°，双壁厚7.98μm，腔径14.63μm，壁腔比0.54，径向直径22.61μm。弦向直径33.54μm。应压木：交叉场纹孔直径9.83μm，微纤丝角31.68°，双壁厚9.02μm，腔径15.86μm，壁腔比0.57，径向直径24.88μm，弦向直径33.53μm。

山东莒县浮来山

无性系号：FL号。雌株。对应木：射线长0.13μm，射线宽0.02μm。应压木：射线长0.11μm，射线宽0.03μm。

山东泰安老君堂

无性系号：LJT号，梅核类。对应木：微纤丝角17.33°，双壁厚8.99μm，腔径15.07μm，壁腔比0.60，径向直径24.05μm。弦向直径40.21μm，管胞长4.44mm，管胞宽40.65mm。应压木：微纤丝角23.78°，双壁厚10.29μm，腔径15.19μm，壁腔比0.68，径向直径25.48μm，弦向直径39.67μm，管胞长3.63mm，管胞宽41.46mm。

山东沂源织女洞叶籽银杏

无性系号：yz1号。雌株。对应木：具缘纹孔直径17.41μm，微纤丝角16.53°，双壁厚9.79μm，腔径22.48μm，壁腔比0.44，径向直径32.27μm。弦向直径40.96μm，射线长0.09μm，射线宽0.02μm。应压木：具缘纹孔直径14.38μm，微纤丝角25.18°，双壁厚10.61μm，腔径21.71μm，壁腔比0.50，径向直径32.32μm，弦向直径42.79μm，射线长0.11μm，射线宽0.02μm。

云南腾冲新庄

无性系号：71号。雌株。对应木：射线长0.14μm，射线宽0.03μm。应压木：射线长0.10μm，射线宽0.02μm。

广西桂林林科所

无性系号：78号。雄株。对应木：射线长0.10μm，射线宽0.03μm，径切面孢子0.23μm，弦切面孢子0.23μm。应压木：射线长0.10μm，射线宽0.02μm，径切面孢子0.26μm，弦切面孢子0.26μm。

南阳速生优树

豫宛9号。属马铃型雌树。胸径年平均生长量1. 6cm，材积年平均生长量0. 0631m^3。

直干银杏S-31号

通过叶用良种选育发现有6个系号枝角<30°，呈垂直向上生长，值得重视。这些系号接后有明显的中央领导干，且直立向上生长。现将S-31特点概括如下（邢世岩，2001）：

母树性状。母树为实生，雄性。树龄400～500年，高16m，胸径1m左右。枝条粗壮，生长旺盛。

植物学性状。叶子三角形，波状边缘，基部截形，大多一个裂刻。油胞极密，长方形，放射状分布于叶子、中上部。叶子绿色，发育正常。长枝上叶长6.63cm、叶宽10.52cm、叶柄长6.23cm、叶面积43.97cm^2、鲜重2.09g、叶重0.70g、含水量66.7%，叶基线夹角119°。

生物学性状。嫁接成活率88.9%，当年抽梢率70%。每米长枝上短枝数30.65个，二次枝数11.3个，叶数/短枝8.8个，枝角较小25.5°，成枝力大于37%。接后3年单株新梢数18个以上，叶数670个，枝长7.44m。冠幅128cm×100cm，单梢长47cm，粗1.1cm，叶数/梢56片，LAI 3.61。

经济性状。直立生长，主干明显，枝角25.5°，接后1～3年单株鲜叶产量分别为0.084kg、0.465kg和0.565kg以上。黄酮含量2.16%，内酯总量0.2844%。属直立生长，高黄酮，中等内酯品种，适于材用。

第二节 国外优系或优株

日本藤久郎

无性系号：F号。圆子类，嫁接后树龄13年。树高5.1m，胸径10.9cm，接口上高3.2m，接口上粗8.8cm，总材积0.0260m^3，主枝材积0.0078m^3，主枝3个，冠幅3.5m，一级枝数量1个，一级枝长2.9m，一级枝粗5.1cm，二级枝数量35个，二级枝长117.7cm，二级枝粗2.1cm，三级枝数量22个，三级枝长51.3cm，三级枝粗1.0cm，新梢数量43个，新梢长度25.7m，新梢粗度0.47cm，新梢叶数17片。对应木：具缘纹孔直径12.54μm，交叉场纹孔直径10.25μm，微纤丝角32.94°，双壁厚7.43μm，腔径13.81μm，壁腔比0.54，径向直径21.24μm。弦向直径31.67μm。应压木：具缘纹孔直径12.19μm，交叉场纹孔直径8.33μm，微纤丝角36.55°，双壁厚8.50μm，腔径14.66μm，壁腔比0.58，径向直径23.15μm，弦向直径32.32μm，射线长0.05μm，射线宽0.01μm。

日本岭南

无性系号：13号。圆子类，嫁接后树龄11年。树高5.6m，胸径13.2cm，接口上高3.6m，接口上粗12.2cm，总材积0.0577m^3，主枝材积0.0168m^3，主枝4个，冠幅3.9m，一级枝数量3个，一级枝长2.2m，一级枝粗3.0cm，二级枝数量67个，二级枝长83.3cm，二级枝粗2.5cm，新梢数量22个，新梢长度18.0m，新梢粗度0.34cm，新梢叶数16片。对应木：具缘纹孔直径12.84μm，交叉场纹孔直径9.34μm，微纤丝角32.64°，双壁厚8.30μm，腔径15.33μm，壁腔比0.56，径向直径23.63μm。弦向直径35.34μm，射线长0.09μm，射线宽0.02μm。应压木：具缘纹孔直径12.88μm，交叉场纹孔直径9.86μm，微纤丝角34.19°，双壁厚7.82μm，腔径13.74m，壁腔比0.57，径向直径21.56μm，弦向直径31.36μm，射线长0.11μm，射线宽0.03μm。

日本黄金丸

无性系号：H号。圆子类，嫁接后树龄13年。树高5.0m，胸径13.5cm，接口上高4.0m，接口上粗12.3cm，总材积0.0640m^3，主枝材积0.0190m^3，主枝4个，冠幅5.0m，一级枝数量3个，一级枝长2.6m，一级枝粗3.0cm，二级枝数量81个，二级枝长110.0cm，二级枝粗1.4cm，三级枝数量24个，三级枝长37.3cm，三级枝粗0.7cm，新梢数量14个，新梢长度14.3m，新梢粗度0.33cm，新梢叶数15片。对应木：具缘纹孔直径12.48μm，交叉场纹孔直径9.47μm，微纤丝角33.03°，双壁厚7.36μm，腔径12.58μm，壁腔比0.59，径向直径19.94μm。弦向直径28.83μm，射线长0.08μm，射线宽0.03μm。应压木：具缘纹孔直径11.19μm，交叉场纹孔直径10.51μm，微纤丝角38.80°，双壁厚7.38μm，腔径14.31m，壁腔比0.52，径向直径21.69μm，弦向直径30.97μm，射线长0.10μm，射线宽0.02μm。

日本金兵卫

无性系号：11号。圆子类，嫁接后树龄11年。树高5.2m，胸径12.2cm，接口上高3.9m，接口上粗6.5cm，接口上材积0.0018m^3，总材积0.0334m^3，冠幅4.6m，一级枝数量153个，一级枝长199.4cm，一级枝粗3.2cm，二级枝数量51个，二级枝长111.1cm，二级枝粗1.3cm，新梢数量80个，新梢长度0.47m，新梢粗度0.84cm，新梢叶数22片。表面轴向生长应力458.75，横纹弦向抗压强度8.70Mpa，顺纹抗压强度35.50Mpa，气干含水率10.88%，绝干密度0.48g/cm^3，气干密度0.53g/cm^3，标准密度0.54g/cm^3，基本密度0.44g/cm^3，气干弦向干缩率2.58%，气干径向干缩2.99%，气干体积干缩率5.65%，弦向全干缩率4.46%，径向全干缩率3.53%，体积全干缩率9.60%，体积干缩系数0.45%。对应木：微纤丝角37.44°，双壁厚8.86μm，腔径14.28μm，壁腔比0.62，径向直径23.13μm，弦向直径33.43μm。应压木：微纤丝角37.18°，双壁厚8.86μm，腔径16.68μm，壁腔比0.53，径向直径25.54μm，弦向直径35.19μm。

第六章
观赏银杏资源

银杏属于多功能树种。银杏观赏品种的开发和利用对盆景制作、城乡绿化及美化有重要意义。美国目前有观赏品种50个，其中有18个品种已被美国园艺学会批准为推广品种。随着银杏资源的开发和利用，我国已发掘出许多银杏观赏品种，诸如‘垂枝’银杏、‘窄冠’银杏、‘黄条纹’银杏、‘多裂’银杏、‘叶籽’银杏等，现将主要品种介绍如下：

第一节 国外引进品种

法国‘塔形’银杏（‘Fastigiata’5号）（图6-1）

1998年从法国蒙特利埃(Montpellier) Pépinières Adeline苗圃引进。‘Fastigiata’是著名的‘塔形’银杏。雄株，枝条垂直向上生长，形成窄冠尖塔形或圆柱形树冠，大叶。叶半圆形，叶缘浅波状，叶基呈楔形，叶绿色，裂刻数0.7个，裂刻最长1.0cm，裂刻最宽0.1cm，叶长7.7cm，叶宽6.5cm，叶柄长2.2cm，叶柄粗0.22cm，单叶面积19.36cm^2，单叶鲜重0.71g，单叶干重0.19g，含水量73.0%，接口上粗1.02cm，接口下粗1.51cm，单株新梢数1.33个，单株叶数23.0片，单株新梢长18.0cm，单梢新梢长13.67cm，新梢粗0.53cm，单梢叶数14.33片，树高17.33m，枝夹角44.33°，无油胞。叶片厚9.8μm，上表皮厚3.2μm，下表皮厚0.2μm，主脉叶片厚16.2μm，维管束7.3个。维管束横切面长38.9μm，宽28.6μm，角质层厚6.1μm。气孔长度14.50μm，宽度6.90μm，气孔比2.10，气孔个数为116.06/mm^2。

图6-1　法国‘塔形’银杏（‘Fastigiata’5号）

美国‘圣克鲁斯’（‘Santa Cruz’6号）（图6-2）

1998年从法国蒙特利埃Pépinières Adeline苗圃引进。‘圣克鲁斯’收集在美国园艺学会植物科学资料中心。由俄亥俄州的圣克鲁斯选出，并由萨拉托格和圣克鲁斯共同繁殖。雄株，树冠呈伞形，低干，枝条平展。该品种与‘Umbracullifera’和‘Umbrella’

图6-2　美国‘圣克鲁斯’（‘Santa Cruz’6号）

两品种同属一类。叶扇形，叶缘浅波状，叶基呈楔形，叶绿色，裂刻数1.0个，裂刻最长1.8cm，裂刻最宽0.2cm，叶长8.8cm，叶宽7.1cm，叶柄长3.27cm，叶柄粗0.25cm，单叶面积25.91cm²，单叶鲜重0.95g，单叶干重0.24g，含水量73.93%，接口上粗0.83cm，接口下粗1.04cm，单株新梢数2.33个，单株叶数33.33片，单株新梢长20.33cm，单梢新梢长12.67cm，新梢粗0.53cm，单梢叶数15.67片，树高18.68m，枝夹角35.33°，无油胞。叶片厚12.7μm，上表皮厚2.9μm，下表皮厚0.6μm，主脉叶片厚20.7μm，维管束12.6个。维管束横切面长21.2μm，宽11.7μm，角质层厚4.1μm。气孔长度15.00μm，宽度6.38μm，气孔比2.35，气孔数为104.21个/mm²。

美国‘费尔蒙特’（‘Fairmount’7号）（图6-3）

1998年从法国蒙特利埃Pépinières Adeline苗圃引进。‘费尔蒙特’是从一株嫁接的雄株上取材繁殖而成。原株于1876年定植在美国宾夕法尼亚费城的费尔蒙特公园内。在自然状态下，枝叶浓密，直立尖塔形树冠，幼树枝条平展，叶大，15m高。雄株，叶楔形，叶缘波状，叶基楔形，裂刻数1，最大裂刻长0.9cm，宽0.7cm，油胞稀、矩形、大，位于中上部，点状分布，叶色深绿与丝状浅黄相间。叶长8.1cm，叶宽2.6cm，叶柄长4.0cm，单叶面积13.91cm²，单叶鲜重0.51g，单叶干重0.13g，含水量73.97%，接口上粗0.78cm，接口下粗1.37cm，单株新梢数1.5个，单株叶数18.5片，单株新梢长7.5cm，单梢新梢长8.5cm，新梢粗0.4cm，单梢叶数14片，树高7.5m，枝夹角38°，无油胞。叶片厚12.6μm，上表皮厚2.8μm，下表皮厚0.3μm，主脉叶片厚18.6μm，维管束10.3个。维管束横切面长29.7μm，宽11.3μm，椭圆形(分生)，角质层厚9.9μm。气孔长度16.00μm，宽度6.55μm，气孔比2.44，气孔数为84.47个/mm²。

图6-3 美国‘费尔蒙特’（‘Fairmount’7号）

法国‘展冠’银杏（‘Horizontalis’8号）（图6-4）

1998年从法国蒙特利埃Pépinières Adeline苗圃引进。‘展冠银杏’树体高大平展，树冠阔展，分枝多。叶扇形，叶缘浅波状，叶基呈心形，叶深绿色，裂刻数1.0个，裂刻最长1.5cm，裂刻最宽0.2cm，叶长7.4cm，叶宽5.6cm，叶柄长3.4cm，叶柄粗0.24cm，单叶面积166.72cm²，单叶鲜重0.61g，单叶干重0.18g，含水量70.6%，接口上粗0.88cm，接口下粗1.25cm，单株新梢数1.67个，单株叶数24.67片，单株新梢长28.33cm，单梢新梢长17.33cm，新梢粗0.52cm，单梢叶数13.67片，树高23.33m，枝夹角46.33°，无油胞。叶片厚10.9μm，上表皮厚3μm，下表皮厚0.4μm，主脉叶片厚16.9μm，维管束8.5个。维管束横切面长31.1μm，宽13.1μm，角质层厚9.6μm。气孔长度14.33μm，宽度5.78μm，气孔比2.48，气孔数为147.51个/mm²。

图6-4 法国‘展冠’银杏（‘Horizontalis’8号）

荷兰‘莱顿’（‘Leiden’9号）（图6-5）

1998年从法国蒙特利埃Pépinières Adeline苗圃引进。‘莱顿’[Heksenbezem leiden (Witches broom)]：也称美女花。树冠紧凑，圆形，矮化，分枝十分紧密，树高达3m。雄株，叶扇形，叶缘波状，叶基呈楔形，叶绿色，裂刻数1.0个，裂刻最长0.4cm，裂刻最宽0.7cm，叶长9.9cm，叶宽7.9cm，叶柄长3.9cm，单叶面积41.83cm²，单叶鲜重1.22g，单叶干重0.42g，含水量65.79%，油胞稀、椭圆形、大、基部点状。叶片厚16.0μm，上表皮厚2μm，下表皮厚0.7μm，主脉叶片厚17.9μm，维管束10.1个。维管束横切面长28.9μm，宽17.5μm，半圆形(分生)，角质层厚5.9μm。气孔长度15.38μm，宽度6.53μm，气孔比2.36，气孔数为90.97个/mm²。

图6-5 荷兰‘莱顿’（‘Leiden 9’号）

图6-6 美国‘金秋’（‘Autumn Golden’10号）

图6-7 日本‘叶籽’银杏（‘Ohazuki’11号）

美国‘金秋’（‘Autumn Golden’10号）（图6-6）

1998年从法国蒙特利埃Pépinières Adeline苗圃引进。‘金秋’树冠椭圆形，垂直向上。原株在美国加利福尼亚州于1951年选出，是一个相当优美的雄株品种。叶子金黄色、簇生，而且其他生长特性良好。雄株，叶扇形，叶缘波浪状，叶基呈楔形，叶深绿色，裂刻数0.7个，裂刻最长0.6cm，裂刻最宽0.3cm，叶长9.6cm，叶宽6.3cm，叶柄长3.9cm，叶柄粗0.22cm，单叶面积25.54cm^2，单叶鲜重0.94g，单叶干重0.23g，含水量75.1%，接口上粗1.36cm，接口下粗1.86cm，单株新梢数2.0个，单株叶数49.67片，单株新梢长68.0cm，单梢新梢长39.33cm，新梢粗0.93cm，单梢叶数25.67片，树高47.0m，枝夹角32°，无油胞。叶片厚15.8μm，上表皮厚2.2μm，下表皮厚0.3μm，主脉叶片厚19.8μm，维管束11.2个。维管束横切面长32.5μm，宽20.3μm，半圆形(分生)，角质层厚6.8μm。气孔长度18.95μm，宽度7.35μm，气孔比2.58，气孔数为143.64个/mm^2。

日本‘叶籽’银杏（‘Ohatsuki’11号）（图6-7）

1998年从法国蒙特利埃Pépinières Adeline苗圃引进。中国、日本都有原产。1961年从日本引到美国，并栽植在宾夕法尼亚州的Longwood公园。果实具柄，较宽呈翅状，而且与叶柄连生，树上有多种果形。雌株，叶半圆形，叶缘波状，叶基呈楔形，叶黄绿色，叶长8.5cm，叶宽7.4cm，叶柄长4.1cm，单叶面积26.17cm^2，单叶鲜重0.76g，单叶干重0.26g，含水量66.17%，油胞密、长方形、大块状。叶片厚14μm，上表皮厚2.5μm，下表皮厚0.7μm，主脉叶片厚21.5μm，维管束8.6个。维管束横切面长39.2μm，宽25.3μm，半圆形(合生)，角质层厚6.2μm。气孔长度15.73μm，宽度7.23μm，气孔比2.18，气孔数为114个/mm^2。

日本‘垂乳’银杏（‘Tit’12号）（图6-8）

1998年从法国蒙特利埃Pépinières Adeline苗圃引进。Tit为‘垂乳银杏’。叶扇形，叶缘浅波状，叶基呈心形，叶黄绿色，裂刻数1.0个，裂刻最长1.2cm，裂刻最宽0.2cm，叶长10.6cm，叶宽7.5cm，叶柄长5.5cm，单叶面积35.43cm^2，单叶鲜重1.03g，单叶干重0.35g，含水量66.39%，无油胞。叶片厚10.6μm，上表皮厚1.8μm，下表皮厚0.2μm，主脉叶片厚15.4μm，维管束9个。维管束横切面长29.5μm，宽15.9μm，半圆形(分生)，角质层厚5.2μm。气孔长度15.63μm，宽度5.93μm，气孔比2.64，每平方毫米气孔密度145.67。

美国‘萨拉托格’（‘Saratoga’13号）（图6-9）

1998年从法国蒙特利埃Pépinières Adeline苗圃引进。‘萨拉托格’：原种在加利福尼亚的萨拉托格园艺场，最初于1975年引种。枝条垂直向上，主干明显，树体结构紧凑，生长速度缓慢，10m高。据Kwant (2002)报道，该品种叶子为黄绿色，较小，枝条密生。雄株，具2种叶形，叶三角形，叶缘浅波状，叶基呈楔形，叶绿色，裂刻数0.33个，裂刻最长0.63cm，裂刻最宽0.23cm，叶长6.2cm，叶宽8.2cm，叶柄长5.2cm，叶柄粗0.17cm，叶柄粗0.17cm，单叶面积37.82cm^2，单叶鲜重0.10g，单叶干重0.28g，含水量72.41%，接口上粗1.0cm，接口下粗0.87cm，单株新梢数2个，单梢新梢长44.0cm，新梢粗0.66cm，单梢叶数43片，枝夹角51.7°，油胞密、长方形、中大、全面、星状。二叉叶，叶缘浅波状，叶基呈楔形，叶绿色，裂刻数2.0个，裂刻最长4.3cm，裂刻最宽2.1cm，叶长6.5cm，叶宽7.4cm，叶柄长4.3cm，叶柄粗0.14cm，单叶面积22.81cm^2，单叶鲜重0.58g，单叶干重0.17g，含水量73.28%，接口上粗1.10cm，接口下粗0.40cm，单株新梢数0.58个，单株叶数14.80片，单株新梢长18.19cm，单梢新梢长11.14cm，新梢粗0.11cm，单梢叶数5.29片，树高6.93m，枝夹角3.06°，油胞密、长方形、中大、全面、星状。叶片厚10.5μm，上表皮厚2.7μm，下表皮厚0.9μm，主脉叶片厚17.2μm，维管束9.3个。维管束横切面长26.5μm，宽15.2μm，半圆四分，角质层厚10.2μm。气孔长度15.50μm，宽度6.68μm，气孔比2.32，气孔数为107个/mm^2。

图6-8　日本‘垂乳’银杏（‘Tit’12号）

美国‘金兵普伦斯顿’（‘Princeton Sentry’14号）（图6-10）

1998年从法国蒙特利埃Pépinières Adeline苗圃引进。‘金兵普伦斯顿’：产于美国新泽西州的普伦斯顿苗圃。著名的观赏品种，生长慢，叶大而美观。雄株，树冠直立向上生长，为对称的窄冠形新品种，系‘塔形银杏’的改良品种，名称来自美国普伦斯顿公墓内的一株银杏树，30m高。叶扇形，叶缘波浪状，叶基呈楔形，叶浅绿色，裂刻数1.0个，裂刻最长1.3cm，裂刻最宽0.4cm，叶长7.7cm，叶宽4.6cm，叶柄长2.5cm，叶柄粗0.21cm，单叶面积16.91cm^2，单叶鲜重0.62g，单叶干重0.15g，含水量75.27%，接口上粗1.04cm，接口下粗1.27cm，单株新梢数1.33个，单株叶数27.0片，单株新梢长13.67cm，单梢新梢长13.67cm，新梢粗0.57cm，单梢叶数16.33片，枝夹角38.67°，油胞密、圆形、中等、全面、星状。叶片厚12.4μm，上表皮厚2μm，下表皮厚0.6μm，主脉叶片厚22.7μm，维管束16.9个。维管束横切面长28.9μm，宽18.9μm，椭圆形(分生)，角质层厚6μm。气孔长度17.03μm，宽度7.08μm，气孔比2.41，气孔数为102.31个/mm^2。

法国‘雄峰’（‘Male’15号）（图6-11）

1998年从法国蒙特利埃（Montpellier）Pépinières Adeline苗圃引进。雄株，叶扇形，叶缘浅波状，叶基呈三角形，叶绿色，裂刻数1.0个，裂刻最长3.2cm，裂刻最宽0.7cm，叶长11.6cm，叶宽9.5cm，叶柄长5.2cm，单叶面积53.52cm^2，单叶鲜重1.59g，单叶干重0.54g，含水量66.17%，油胞密、椭圆、中等、中下部、块状。叶片厚12.8μm，上表皮厚2.1μm，下表皮厚0.5μm，主脉叶片厚23.1μm，维管束16.4个。维管束横切面长19.8μm，宽15μm，椭圆形(合生)，角质层厚5μm。气孔长度13.43μm，宽度8.75μm，气孔比1.53，气孔数为138.29个/mm^2。

法国‘垂枝’银杏（‘Pendula’18号）（图6-12）

1998年从法国蒙特利埃Pépinières Adeline苗圃引进。枝条下垂，生长较慢，美观大方，1862年由Van Geert苗圃选出。该品种与‘Weeping’（下垂的）品种同属一类。雄株，叶扇形，叶缘波浪状，叶基呈三角形，叶绿色，裂刻数1.0个，裂刻最长2.1cm，裂刻最宽0.6cm，叶长7.0cm，叶宽6.0cm，叶柄长1.8cm，叶柄粗0.26cm，单叶面积22.55cm^2，单叶鲜重0.83g，单叶干重0.22g，含水量73.37%，接口上粗0.77cm，接口下粗1.27cm，单株新梢数1.0个，单株叶数23.67片，单株新梢长17.33cm，单梢新梢长17.33cm，新梢粗0.64cm，单梢叶数16.0片，树高16.67m，枝夹角32.67°，油胞密、椭圆、大、全面、星状。叶片厚10μm，上表皮厚2.5μm，下表皮厚0.8μm，主脉叶片厚18.9μm，维管束7.9个。维管束横切面长25.6μm，宽20μm，椭圆形(分生)，角质层厚6.7μm。气孔长度16.55μm，宽度7.13μm，气孔比2.32，气孔数为104.36个/mm^2。

图6-9　美国‘萨拉托格’（‘Saratoga’13号）

图6-10　美国‘金兵普伦斯顿’（‘Princeton Sentry’14号）

法国‘筒叶’银杏（‘Tubifolia’19号）（图6-13）

1998年从法国蒙特利埃Pépinières Adeline苗圃引进。叶呈细长筒状，生长较慢，树体矮小美观，枝条密生，高3m。有筒叶和多裂叶之分。筒叶叶缘深波状，叶基呈楔形，叶浅绿色，裂刻数3.0个，裂刻最长2.0cm，裂刻最宽0.3cm，叶长4.3cm，叶宽3.6cm，叶柄长1.4cm，叶柄粗0.14cm，单叶面积5.54cm^2，单叶鲜重0.20g，单叶干重0.10g，含水量 63.93%，接口上粗0.86cm，接口下粗1.60cm，单株新梢数1.33个，单株叶数26.0片，单株新梢长35.76cm，单梢新梢长35.76cm，新梢粗13.54cm，单梢叶数16.33

片，树高12.0m，枝夹角37°，油胞稀、椭圆、大、全面、点状。多裂叶叶长4.8cm，叶宽4.2cm，叶柄长2.4cm，叶柄粗0.10cm，单叶面积15.01cm^2，单叶鲜重0.27g，单叶干重0.07g，含水量74.42%，油胞稀、椭圆、大、全面、点状。叶片厚11.6μm，上表皮厚2.6μm，下表皮厚0.4μm，主脉叶片厚17μm，维管束9.8个。维管束横切面长32.2μm，宽15.7μm，半圆四分角，质层厚5.9μm。气孔长度18.53μm，宽度6.68μm，气孔比2.78，气孔数为115.21个/mm^2。

法国‘特雷尼亚’（‘Tremonia’）

‘特雷尼亚’树冠小塔形，叶大，10m高。雌株，叶片厚9.9μm，上表皮厚2μm，下表皮厚0.3μm，主脉叶片厚22.1μm，维管束15.8个。维管束横切面长35.2μm，宽22.3μm，半圆形(分生)，角质层厚5.6μm。气孔长度23.08μm，宽度7.58μm，气孔比3.05，气孔数为116.34个/mm^2。

第二节 国内选育品种

‘平展’银杏（图6-14）

雌株，叶扇形，叶缘波浪状，叶基呈楔形，叶长8.7cm，叶宽5.8cm，叶柄长3.4cm，叶柄粗0.21cm，单叶面积19.91cm^2，单叶鲜重0.73g，单叶干重0.22g，含水量68.51%，接口上粗0.60cm，接口下粗0.96cm，单株新梢数1个，单株叶数17片，单株新梢长9.5cm，单梢新梢长9.5cm，新梢粗0.44cm，单梢叶数11片，树高13.5m，枝夹角33.5°。叶片厚14.5μm，上表皮厚2.6μm，下表皮厚0.9μm，主脉叶片厚18.2μm，维管束10.6个。维管束横切面长20.2μm，宽16.2μm，椭圆形(合生)，角质层厚5.7μm。气孔长度19.33μm，宽度6.88μm，气孔比2.81，气孔数为119.35个/mm^2。

‘垂叶’银杏（图6-15）

叶片绿色，叶柄长自然下垂，叶边缘多缺刻，新梢直立生长。叶扇形，叶缘波浪状，叶基呈楔形，裂刻数1.0个，裂刻最长2.5cm，裂刻最宽0.4cm，叶长8.6cm，叶宽6.3cm，叶柄长2.4cm，叶柄粗0.19cm，单叶面积30.0cm^2，单叶鲜重1.10g，单叶干重0.27g，含水量75.84%，接口上粗0.63cm，接口下粗1.14cm，单株新梢数1个，单株叶数18.38片，单株新梢长9.67cm，单梢新梢长9.67cm，新梢粗0.43cm，单梢叶数11.33片，树高13.67m，枝夹角38.67°。叶片厚7.9μm，上表皮厚3μm，下表皮厚0.7μm，主脉叶片厚12.3μm，维管束7.5个。维管束横切面长20.5μm，宽13.5μm，椭圆形(分生)，角质层厚5.9μm。气孔长度20.23μm，宽度7.48μm，气孔比2.71，气孔数为129.00个/mm^2。

‘斑叶’银杏（图6-16）

有斑叶、金带、金丝及绿叶多种类型。斑叶黄绿相间，叶菱形，叶缘波浪状，叶基呈楔形，裂刻数0.7个，裂刻最长1.7cm，裂刻最宽0.1cm，叶长8.9cm，叶宽5.0cm，叶柄长4.4cm，叶柄粗0.17cm，单叶面积15.09cm^2，单叶鲜重5.5g，单叶干重0.15g，含水量73.32%，接口上粗0.59cm，接口下粗1.12cm，单株新梢数1个，单株叶数23片，单株新梢长12.5cm，单梢新梢长12.0cm，新梢粗0.65cm，单梢叶数15片，树高18m，枝夹角28.5°。绿叶叶长9.1cm，叶宽6.5cm，叶柄长5.6cm，叶柄粗0.18cm，单叶面积38.73cm^2，单叶鲜重1.17g，单叶干重0.29g，含水量71.34%。黄绿丝线相间排列，叶扇形，叶缘波浪状，叶基呈楔形，裂刻数1.3个，裂刻最长2.9cm，裂刻最宽0.7cm，叶长5.9cm，叶宽5.6cm，叶柄长1.4cm，叶柄粗0.15cm，单叶面积24.45cm^2，单叶鲜重0.9g，单叶干重0.22g，含水量75.9%，接口上粗0.77cm，接口下粗1.53cm，单

图6-11 法国‘雄峰’（‘Male’15号）

图6-12 法国‘垂枝’银杏（‘Pendula’18号）

图6-13 法国‘筒叶’银杏（‘Tubifolia’19号）

株新梢数1个，单株叶数23.5片，单株新梢长16.0cm，单梢新梢长19.0cm，新梢粗0.62cm，单梢叶数15.5片，树高34.0m，枝夹角37°。黄绿带相间排列，叶长6.5cm，叶宽5.3cm，叶柄长4.3cm，单叶面积18.23cm^2，单叶鲜重0.48g，单叶干重0.13g，含水量72.13%，叶柄粗0.13cm。斑叶叶片厚19.5μm，上表皮厚3.9μm，下表皮厚0.8μm，主脉叶片厚25.3μm，维管束18.3个。维管束横切面长19.79μm，宽15.3μm，半圆形(分生)，角质层厚6.9μm。气孔长度17.03μm，宽度7.78μm，气孔比2.19，气孔数为107.00个/mm^2。金丝叶片厚12.1μm，上表皮厚3.5μm，下表皮厚0.7μm，主脉叶片厚15.6μm，维管束9.1个。维管束横切面长27.5μm，宽11.3μm，椭圆形(分生)，角质层厚7.9μm。气孔长度16.03μm，宽度7.00μm，气孔比2.29，气孔数为120.06个/mm^2。

‘窄冠’银杏（‘Zhai’45号）（图6-17）

枝条直立向上生长，树形呈圆柱形。叶三角形，叶缘浅波状，叶基呈心形，叶长8.5cm，叶宽6.7cm，叶柄长3.9cm，叶柄粗0.15cm，单叶面积20.18cm^2，单叶鲜重0.74g，单叶干重0.22g，含水量70.4%，接口上粗1.02cm，接口下粗1.42cm，单株新梢数1.33个，单株叶数19.67片，单株新梢长16.67cm，单梢新梢长13.0cm，新梢粗0.66cm，单梢叶数15.67片，树高17.33m，枝夹角27.33°。叶片厚10.9μm，上表皮厚2.1μm，下表皮厚0.3μm，主脉叶片厚16.4μm，维管束7.2个。维管束横切面长25.4μm，宽15.1μm，椭圆形(分生)，角质层厚6.5μm。气孔长度13.23μm，宽度8.03μm，气孔比1.65，气孔数为118.23个/mm^2。

‘人叶’银杏（‘Ren’）（图6-18）

叶二裂状，“人”字形，叶缘波浪状，叶基呈楔形，裂刻数1.0个，裂刻最长2.5～4cm，裂刻宽3～4cm，叶长7.6cm，叶宽5.3cm，叶柄长2.4～3.5cm，叶柄粗0.14cm，单叶面积20.0cm^2，单叶鲜重1.00g，单叶干重0.20g，单株新梢长8.67cm，单梢新梢长10.67cm，新梢粗0.43cm，单梢叶数11.33片，枝夹角38.67°。

‘耳叶’银杏（‘山农银一’）（图6-19）

该品种母株来自广西桂林林业科学研究所，由邓荫伟教授于1997年春提供接穗，邢世岩教授于同年嫁接繁殖，并进行无性系测定和区域试验，经10余年的试验观察选育获得。落叶乔木，树冠广卵形。树皮灰褐色，深纵裂。树枝平展或下垂，一年生枝淡绿色，后转灰白色，并有细纵裂纹。枝有长短之分，短枝上的叶簇生，长枝上的叶螺旋状散生。叶片心形，基线夹角大于 180°，全缘，中裂刻将叶子平分为两部分，有长柄；长短枝叶差异较小，短枝叶与长枝叶大小相近，叶柄较粗。雄株。叶片厚19.8μm，上表皮厚4.5μm，下表皮厚0.5μm，主脉叶片厚25.6μm，维管束19.5个。维管束横切面长35.5μm，宽20.8μm，半圆四分，角质层厚11.5μm。气孔长度14.80μm，宽度8.33μm，气孔比1.78，气孔数为146.13个/mm^2。2011年获国家林业局林业植物新品种保护（邢世岩，2010）。

图6-14 ‘平展’银杏

图6-15 ‘垂叶’银杏

图6-16 ‘斑叶’银杏

‘楔叶’银杏（山农银二）

2006年9月山东农业大学邢世岩教授在山东沂源县仲庄乡盖冶小学进行银杏调查时，发现一古银杏雄株叶片与正常银杏叶不同，叶非扇形，全树均为“楔形”叶，并显示出类似“拜拉型”化石银杏的形态特征，该树有垂乳6个，树体高大，尖塔形，生长健壮，枝叶繁茂，无明显的病虫害。该树2003年采花穗200kg，2006年采花穗150～200kg，雄花量大，经检验生活力均在90%以上。树龄800年，胸径1.37m，树高16.0m，主干高3.8m，冠幅16.0m×17.0m，覆盖面积0.32亩。通过比较测定发现，‘楔叶’银杏的叶长、叶宽、叶柄长、叶鲜重、叶面积分别为：4.25cm、4.92cm、4.84cm、0.39g、21.97cm^2；正常银杏的叶长、叶宽、叶柄长、叶鲜重、叶面积分别为：4.68cm、7.01cm、4.24cm、0.49g、21.14cm^2。可见‘楔叶’银杏较正常银杏叶窄，叶基线夹角20°～30°，正常银杏大于100°，‘楔叶’银杏叶片略小、较薄，叶柄稍长。落叶乔木，树冠为塔形；树皮灰褐色，深纵裂。一年生枝淡绿色，木质化后转浅黄色，并有细纵裂纹，皮孔明显。叶缘具浅波状纹，一般有奇数对称3～5浅裂，中裂深达叶长1/2～2/3。雄株。在山东泰安展叶期3月下旬到4月上旬，生长期280天，11月上旬落叶。雄花期在4月13日至23日。2011年获国家林业局林业植物新品种保护（邢世岩，2010）。

‘玉镶金’银杏

用沂源县燕崖乡西白玉村村前的一株‘叶籽’银杏树作母本，燕崖乡河西村45年生的雄树作父本杂交选育。‘玉镶金’银杏，叶片扇形，叶片上黄色条纹与绿色条纹相间排列，形成斑纹，非常优美。新梢在未老化之前，即枝条呈绿色时，枝条上有黄色条纹。单株或集中栽植时树形优美、叶片色彩艳丽，具有极高的观赏价值。2005年通过山东省林木品种审定委员会品种审定。

‘蝶衣’银杏

张家勋等（1980）在一株向西南方向生长的枝条上发现一个芽子长有一片十分奇特的叶子，叶片基部呈圆筒状，盛水滴水不漏，叶子顶端叉开，好似展翅欲飞的蝴蝶。球花生于短枝的叶腋或苞腋，雄球花有短梗，雄蕊多数，每雄蕊有2个花药，花丝短，雌球花有长梗，顶生2或1个珠座，每珠座有1胚珠；种子核果状，外种皮肉质，中种皮骨质，内种皮膜质，胚乳丰富，胚有2个子叶。1981年将此芽取下嫁接到其他银杏苗木上，1982年成活的芽子发出的全是蝶形叶片。近几年来用嫁接和扦插繁育方法，培育出3000余株蝶形叶银杏苗木。

图6-17 ‘窄冠’银杏（‘Zhai’45号）

图6-18 ‘人叶’银杏（‘Ren’）
（注：1.‘人叶’银杏；2.左：‘斑叶’银杏，右：‘人叶’银杏）

‘叶籽’银杏（图6-20）

‘叶籽’银杏有两种果形，一是叶生果（叶胚珠），共同特点是：①在某些短枝叶边缘，有1～2(3)个深缺刻，在缺刻叶脉末端着生1～2(7)个大小不等的胚珠，但通常只有一枚正常发育。着生胚珠的一半叶片最终皱缩成类似被子植物“花萼”，而另一半完好如初。②胚珠下具珠领（collar），近轴面高出远轴面。在叶片内通常胚珠的维管束排列紧密，以利于胚珠及种子发育的营养需求，叶片明显较小。③银杏是胚珠有畸型胚珠器官形成，即在同一株叶籽银杏树上可以见到1～3(6)种胚珠，而叶生胚珠约占5%～30%左右。④‘叶籽银杏’一个明显特点是叶胚珠果较正常胚珠果小1/3～1/2，不仅数量少，而且体积较小。⑤叶生胚珠果型也不尽相同，至少有马铃型、圆子型、长子型等多种类型。这说明“叶籽银杏形态上具多样性”，这不仅表现在果形，而且也表现在结种数量、部位和大小上。⑥在同一株‘叶籽银杏’树上，叶生胚珠的脱落率高达40%～50%以上，因此造成最终成熟叶籽银杏数量极少。二是正常果：大粒，大白果——单核重3.00g，种核数<333粒/kg，一级种核率95%～100%，出核率17.64%，出仁率75%；6年砧接后3年开花结果；8年砧接后5年产种核0.03kg/m^2；连续3年种实产量变异系数<50%左右；甜，淀粉>42.0%，糖>1.25%；香糯，蛋白质>3.2%，脂肪>3.0%；中熟品种；抗性强，抗病，抗虫；适应性强。正常果具有大粒、均匀、皮薄、饱满、早实、丰产、稳产、优质、香糯、抗性强等特点。正常种实圆形，正托，果柄中等长；种核顶微尖，侧棱从上到下明显，背腹均圆，中隐线稍明显，基部二束呈二点分开，“双腚门”，但不如‘庄坞

图6-19 ‘耳叶’银杏（‘山农银一’）（左）和正常叶

图6-20 ‘叶籽’银杏

图6-21 ‘优雅’

大圆铃’大。龙眼，圆胖，稍扁，核体似‘泰老君堂’梅核，但基部二束似‘庄坞大圆铃’及‘0004号’，为圆子类，二束迹间距0.3～0.5cm，间距较大，似‘0004号’；种核长2.08cm，宽2.00cm，厚1.42cm。叶生拟胚珠产生在叶缘或叶基处，而且叶胚珠都是着生在叶片的背面。根据其着生位置可以分为单裂单生型、单裂簇生型、双裂簇生型、多裂单生型和散生型5种类。叶生果银杏树上叶生成熟种子按种子大小、形状等形态指标可以分为7种类型。有极特别的观赏和科研价值。该品种2007年通过山东省良种审定委员会审定（邢世岩，2007）。

‘优雅’（图6-21）

郭善基等（2012）选出，观赏品种。该品种生长势旺盛，发枝力和成枝力均强。用插皮舌接繁育的植株，接后1～2年可形成盘形树冠，3年后的枝条自然下垂形成伞形树冠，十分美丽。除枝梢叶片外，大部叶片中裂不显，叶片薄而轻。带柄鲜叶重为0.58g，较之一般品种约轻1/3重量。本品种为雌性，如措施得当，接后第4年可见花见果，属早熟品种。本品种的适应性强，在瘠薄干旱的立地环境条件下，生长旺盛。现已申请国家林业局新品种保护。

图6-22 ‘魁梧’4年生嫁接苗

‘魁梧’（图6-22）

郭善基等（2012）选出，材用及绿化品种。原株在山东莱芜山地，雄性，主干直，侧枝短，所有侧枝均沿树干斜上生长，如不修剪，生长季节树体自下而上呈绿柱状，秋冬落叶后所存留的枝条则使树冠呈扫帚状。本品种的叶片明显宽阔，叶柄长而粗，带柄鲜叶厚而重。平均叶长为7.54cm、平均叶宽为12.38cm，叶柄长约8.14cm。在干旱贫瘠的立地环境条件下，5年生苗高为3.78m，根径4.7cm，而同为5年生普通银杏，苗高仅为2.8m，根径3.9cm。该品种高生长和径生长分别高出普通银杏25.9%和20.5%。

第七章 雄株银杏资源

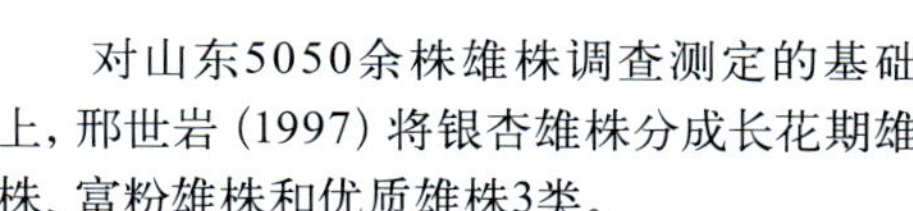

对山东5050余株雄株调查测定的基础上，邢世岩（1997）将银杏雄株分成长花期雄株、富粉雄株和优质雄株3类。

（1）**长花期雄株** 开花初期到末期的时间10天以上，传粉始期到盛期4~6天。花粉量大，传粉距离1km以上。

（2）**富粉雄株** 节间短、短枝多。每个短枝上有花（小孢子叶球）数5～6个，每个小孢子叶球上有花药数50个以上，每个花药有花粉1.8万粒以上。花粉量大，出粉率在5%以上。

（3）**优质雄株** 花粉发芽率及生活力均在90%以上，传粉后受精率在85%以上，与雌株的亲和力强。

采用多项指标的数理统计评分法，已初步筛选出6个银杏雄性单株。其中G♂~5号每个花药内有花粉1.95万粒，出粉率最高达9.1%（G♂～12号）、花粉生活力最高达95.34%（G♂～12号）。

主要雄株银杏优系或优株性状指标如下：

第一节 山东优系或优株

山东日照市东港区白云寺66号（图7-1）

原株生长指标：树高17.6m，胸径0.88m，树龄370年。无性系开花性状：1m长1年生长枝短枝数37个，1m长2年生长枝短枝数69.37个，2年生长枝开花短枝数21.5个，2年生长枝短枝开花率30.99%，每个短枝小孢子叶球数3个。小孢子叶球长15.07mm，小孢子叶球粗5.34mm，小孢子囊数28.33个/叶球。小孢子囊长2.28mm，粗0.74mm，小孢子直径29.5μm，小孢子极轴长37.67μm，小孢子叶球鲜重0.10g，花粉萌发率51.73%。初花期4月24日～4月27日，盛花期4月28日～5月1日，末花期5月1日～5月4日。

山东泰安市灵应宫（南）5号（图7-2）

原株生长指标：树高18.61m，胸径1.02m，树龄420年。无性系开花性状：1m长1年生长枝短枝数32.37个，1m长2年生长枝短枝数37.28个，2年生长枝开花短枝数5.1个，2年生长枝短枝开花率13.68%，每个短枝小孢子叶球数1个。小孢子叶球长18.12mm，小孢子叶球粗6.382mm，小孢子囊数39.33个/叶球。小孢子囊长2.61mm，粗0.992mm，小孢子直径30.44μm，小孢子极轴长38.67μm，小孢子叶球鲜重0.09g，花粉萌发率46.14%。初花期4月23日～4月24日，盛花期4月25日～4月29日，末花期4月30日～5月2日。

图7-1　山东日照市东港区白云寺66号

图7-2　山东泰安市灵应宫
（注：1、3. 北4号；2、4. 南5号）

图7-3 山东蒙阴县中山寺林场22号

图7-4 山东郯城县港上镇王桥王绍进011号

图7-5 山东郯城县胜利乡南刘宅子009号

图7-6 山东郯城县港上镇王桥193号树（003号）

山东蒙阴县中山寺林场22号（图7-3）

原株生长指标：树高19m，胸径1.1m，树龄500年。无性系开花性状：1m长1年生长枝短枝数36.92个，1m长2年生长枝短枝数40.22个，2年生长枝开花短枝数5.3个，2年生长枝短枝开花率13.17%，每个短枝小孢子叶球数1.5个。小孢子叶球长15.94mm，小孢子叶球粗5.44mm，小孢子囊数35.44个/叶球。小孢子囊长2.06mm，小孢子囊粗0.79mm，小孢子直径28.33μm，小孢子极轴长36.17μm，小孢子叶球鲜重0.09g，花粉萌发率44.99%。初花期4月24日～4月26日，盛花期4月27日～4月30日，末花期5月1日～5月4日。

山东泰安市灵应宫（北）4号（图7-2）

原株生长指标：树高26.14m，胸径1.12m，树龄420年。无性系开花性状：1m长1年生长枝短枝数30.64个，1m长2年生长枝短枝数77.89个，2年生长枝开花短枝数5.71个，2年生长枝短枝开花率7.33%，每个短枝小孢子叶球数2.5个。小孢子叶球长16.59mm，小孢子叶球粗5.56mm，小孢子囊数39.44个。小孢子囊长2.54mm，小孢子囊粗0.89mm，小孢子直径29.84μm，小孢子极轴长37.17μm，小孢子叶球鲜重0.10g，花粉萌发率40.92%。初花期4月22日～4月24日，盛花期4月25日～4月28日，末花期4月29日～5月3日。

山东郯城县港上镇王桥王绍进011号（图7-4）

原株生长指标：树高15.9m，胸径0.72m，树龄100年。无性系开花性状：1m长1年生长枝短枝数34.8个，1m长2年生长枝短枝数87.33个，2年生长枝开花短枝数16.8个，2年生长枝短枝开花率1.36%，每个短枝小孢子叶球数2.5个。小孢子叶球长17.4267mm，小孢子叶球粗5.59mm，小孢子囊数37个。小孢子囊长1.63mm，小孢子囊粗0.75mm，小孢子直径29.28μm，小孢子极轴长37.72μm，小孢子叶球鲜重0.09g，花粉萌发率50.47%。初花期4月23日～4月25日，盛花期4月26日～4月28日，末花期4月29日～5月1日。

山东郯城县胜利乡南刘宅子009号（图7-5）

原株生长指标：树高20.5m，胸径1.95m，树龄2000年。无性系开花性状：1m长1年生长枝短枝数38个，1m长2年生长枝短枝数49.25个。小孢子叶球长15.17mm，小孢子叶球粗5.37mm，小孢子囊数44.78个。小孢子囊长2.47mm，小孢子囊粗0.74mm，小孢子直径27.5μm，小孢子极轴长35.56μm，小孢子叶球鲜重0.13g，花粉萌发率22.55%。初花期4月26日～4月30日，盛花期5月1日～5月4日，末花期5月5日～5月7日。

山东郯城县港上镇王桥193号树（003号）（图7-6）

原株生长指标：树高16.1m，胸径0.49m，树龄70年。无性系开花性状：1m长1年生长枝短枝数36.07个，1m长2年生长枝短枝数137.58个。1年生枝长最大值为66.70cm，基径最粗1.29cm，短枝个数最大值为45.00个，具花短枝最多2.00个，短枝开花率最大18%，小孢子叶球数最多10.00个；两年生枝长最大值98.9cm，最小值为23.40cm，基径最粗1.99cm，最细0.46cm，短枝个数最大值为125.00个，最小值为8.00个，具花短枝最多28.00个，短枝开花率最大22%，小孢子叶球数最多85.00个；3年生枝长最大值65.70cm，最小值为36.70cm，基径最粗2.24cm，最细0.57cm，短枝个数最大值为431.00个，最小值为15.00个，具花短枝最多66.0个，短枝开花率最大32%，小孢子叶球数最多187.00个，最少186.00个；4年生枝长最大值99.50cm，最小值为32.70cm，基径最粗4.45cm，最细1.35cm，短枝个数最大值为460.00个，最小值为18.00个，具花短枝最多119.00个，短枝开花率最大46%，小孢子叶球数最多455.00个；5年生枝长最大值119.20cm，最小值为42.30cm，基径最粗5.15cm，最细2.32cm，短枝个数最大值为205.00个，最小值为37.00个，具花短枝最多116.00个，短枝开花率最大28%，小孢子叶球数最多399.00个。小孢子叶球长19.16mm，小孢子叶球粗6.39mm，小孢子囊数48.44个。小孢子囊长2.46mm，小孢子囊粗0.82mm，小孢子直径29.33μm，小孢子极轴长39.33μm，小孢子叶球鲜重0.09g，花粉萌发率35.20%。初花期4月23日～4月25日，盛花期4月26日～4月30日，末花期5月1日～5月3日。

山东郯城县新村乡黄村004号（图7-7）

原株生长指标：树高22m，胸径0.55m，树龄50年。无性系开花性状：1m长1年生长枝短枝38.07个，1m长2年生长枝短枝76.5个。1年生枝长最大值为66.70cm，基径最粗1.29cm，短枝个数最大值为45.00个，具花短枝最多2.00个，短枝开花率最大18%，小孢子叶球数最多10.00个；2年生枝长最大值98.9cm，最小值为23.40cm，基径最粗1.99cm，最细0.46cm，短枝个数最大值为125.00个，最小值为8.00个，具花短枝最多28.00个，短枝开花率最大22%，小孢子叶球数最多85.00个；3年生枝长最大值65.70cm，最小值为36.70cm，基径最粗2.24cm，最细0.57cm，短枝个数最大值为431.00个，最小值为15.00个，具花短枝最多66.0个，短枝开花率最大32%，小孢子叶球数最多187.00个，最少186.00个；4年生枝长最大值99.50cm，最小值为32.70cm，基径最粗4.45cm，最细1.35cm，短枝个数最大值为460.00个，最小值为18.00个，具花短枝最多119.00个，短枝开花率最大46%，小孢子叶球数最多455.00个；5年生枝长最大值119.20cm，最小值为42.30cm，基径最粗5.15cm，最细2.32cm，短枝个数最大值为205.00个，最小值为37.00个，具花短枝最多116.00个，短枝开花率最大28%，小孢子叶球数最多399.00个。小孢子叶球长19.36mm，小孢子叶球粗6.60mm，小孢子囊数50.44个。小孢子囊长2.29mm，小孢子囊粗0.81mm，小孢子直径29.94μm，小孢子极轴长36.72μm，小孢子叶球鲜重0.15g，花粉萌发率20.12%。初花期4月22日～4月24日，盛花期4月25日～4月30日，末花期5月1日～5月2日。

山东郯城县港上镇王桥王恒儒院内005号（图7-8）

原株生长指标：树高11.7m，胸径0.42m，树龄71年。无性系开花性状：1m长1年生长枝短枝38.08个，1m长2年生长枝短枝156.21个，2年生长枝开花短枝数6.8个，2年生长枝短枝开花率4.35%，每朵花叶球数为2个。1年生枝长最大值为66.70cm，基径最粗1.29cm，短枝个数最大值为45.00个，具花短枝最多2.00个，短枝开花率最大18%，小孢子叶球数最多10.00个；2年生枝长最大值98.9cm，最小值为23.40cm，基径最粗1.99cm，最细0.46cm，短枝个数最大值为125.00个，最小值为8.00个，具花短枝最多28.00个，短枝开花率最大22%，小孢子叶球数最多85.00个；3年生枝长最大值65.70cm，最小值为36.70cm，基径最粗2.24cm，最细0.57cm，短枝个数最大值为431.00个，最小值为15.00个，具花短枝最多66.0个，短枝开花率最大32%，小孢子叶球数最多187.00个，最少186.00个；4年生枝长最大值99.50cm，最小值为32.70cm，基径最粗4.45cm，最细1.35cm，短枝个数最大值为460.00个，最小值为18.00个，具花短枝最多119.00个，短枝开花率最大46%，小孢子叶球数最多455.00个；5年生枝长最大值119.20cm，最小值为42.30cm，基径最粗5.15cm，最细2.32cm，短枝个数最大值为205.00个，最小值为37.00个，具花短枝最多116.00个，短枝开花率最大28%，小孢子叶球数最多399.00个。小孢子叶球长17.56mm，小孢子叶球粗5.90mm，小孢子囊数56.67个。小孢子囊长2.33mm，小孢子囊粗0.98mm，小孢子直径33.37μm，小孢子极轴长42.22μm，小孢子叶球鲜重0.10g，花粉萌发率40.78%。初花期4月22日～4月26日，盛花期4月27日～5月1日，末花期5月2日～5月4日。

山东郯城县港上镇王桥王纪争院内006号（图7-9）

原株生长指标：树高15.7m，胸径0.5m，树龄70年。无性系开花性状：1m长1年生长枝短枝36.61个，1m长2年生长枝短枝38.24个，2年生长枝开花短枝数9.8个，2年生长枝短枝开花率25.62%，每朵花叶球数为1.5个。一年生枝长最大值为66.70cm，基径最粗1.29cm，短枝个数最大值为45.00个，具花短枝最多2.00个，短枝开花率最大18%，小孢子叶球数最多10.00个；2年生枝长最大值98.9cm，最小值为23.40cm，基径最粗1.99cm，最细0.46cm，短枝个数最大值为125.00个，最小值为8.00个，具花短枝最多28.00个，短枝开花率最大22%，小孢子叶球数最多85.00个；3年生枝长最大值65.70cm，值最小值为36.70cm，基径最粗2.24cm，最细0.57cm，短枝个数最大值为431.00个，最小值为15.00个，具花短枝最多66.0个，短枝开花率最大32%，小孢子叶球数最多187.00个，最少186.00个；4年生枝长最大值99.50cm，最小值为32.70cm，基径最粗4.45cm，最细1.35cm，短枝个数最大值为460.00个，最小值为18.00个，具花短枝最多119.00个，短枝开花率最大46%，小孢子叶球数最多455.00个；5年生枝长最大值119.20cm，最小值为42.30cm，基径最粗5.15cm，最细2.32cm，短枝个数最大值为205.00个，最小值为37.00个，具花短枝最多116.00个，短枝开花率最大28%，小孢子叶球数最多399.00个。小孢子叶球长16.19mm，小孢子叶球粗5.52mm，小孢子囊数38.67个。小孢子叶球小花囊长1.89mm，小孢子叶球花药粗0.76mm，小孢子直径29.46μm，小孢子极轴长39.91μm，小孢子叶球鲜重0.10g，花粉萌发率46.26%。开花物候期观测：初花期4月23日～4月26日，盛花期4月27日～4月29日，末花期4月30日～5月2日。

山东郯城县新村乡密植园002号（图7-10）

原株生长指标：树高10.5m，胸径0.36m，树龄65年。无性系开花性状：1m长1年生长枝短枝40.2个，1m长2年生长枝短枝79.84个，2年生长枝开花短枝数12.5个，两年生长枝短枝开花率15.66%，每朵花叶球数为2个。1年生枝长最大值为66.70cm，基径最粗1.29cm，短枝个数最大值为45.00个，具花短枝最多2.00个，短枝开花率最大18%，小孢子叶球数最多10.00个；2年生枝长最大值98.9cm，最小值为23.40cm，基径最粗1.99cm，最细0.46cm，短枝个数最大值为125.00个，最小值为8.00个，具花短枝最多28.00个，短枝开花率最大22%，小孢子叶球数最多85.00个；3年生枝长最大值65.70cm，值最小值为36.70cm，基径最粗2.24cm，最细0.57cm，短枝个数最大值为431.00个，最小值为15.00个，具花短枝最多66.0个，短枝开花率最大32%，小孢子叶球数最多187.00个，最少186.00个；4年生枝长最大值99.50cm，最小值为32.70cm，基径最粗4.45cm，最细1.35cm，短枝个数最大值为460.00个，最小值为18.00个，具花短枝最多119.00个，短枝开花率最大46%，小孢子叶球数最多455.00个；5年生枝长最大值119.20cm，最小值为42.30cm，基径最粗5.15cm，最细2.32cm，短枝个数最大值为205.00个，最小值为37.00个，具花短枝最多116.00个，短枝开花率最大28%，小孢子叶球数最多399.00个。小孢子叶球长20.36mm，小孢子叶球粗7.03mm，小孢子囊数54.22个。小孢子囊长2.28mm，小孢子囊粗0.74mm，小孢子直径31.03μm，小孢子极轴长41.94μm，小孢子叶球鲜重0.11g，花粉萌发率33.37%。初花期4月22日～4月26日，盛花期4月27日～4月30日，末花期5月1日～5月2日。

山东郯城县港上镇王桥王庆湘010号（图7-11）

原株生长指标：树高15.7m，胸径0.62m，树龄80年。无性系开花性状：1m长1年生长枝短枝36.52个，1m长2年生长枝短枝88.4个，2

图7-7 山东郯城县新村乡黄村004号

图7-8 山东郯城县港上镇王桥王恒儒院内005号

图7-9 山东郯城县港上镇王桥王纪争院内006号

图7-10 山东郯城县新村密植园002号

图7-11 山东郯城县港上镇王桥王庆湘010号

图7-12 山东泰安市农大树木园SMY

年生长枝开花短枝数18.7个，2年生长枝短枝开花率21.15%，每朵花叶球数为2.5个。1年生枝长最大值为66.70cm，基径最粗1.29cm，短枝个数最大值为45.00个，具花短枝最多2.00个，短枝开花率最大18%，小孢子叶球数最多10.00个；2年生枝长最大值98.9cm，最小值为23.40cm，基径最粗1.99cm，最细0.46cm，短枝个数最大值为125.00个，最小值为8.00个，具花短枝最多28.00个，短枝开花率最大22%，小孢子叶球数最多85.00个；3年生枝长最大值65.70cm，最小值为36.70cm，基径最粗2.24cm，最细0.57cm，短枝个数最大值为431.00个，最小值为15.00个，具花短枝最多66.0个，短枝开花率最大32%，小孢子叶球数最多187.00个，最少186.00个；4年生枝长最大值99.50cm，最小值为32.70cm，基径最粗4.45cm，最细1.35cm，短枝个数最大值为460.00个，最小值为18.00个，具花短枝最多119.00个，短枝开花率最大46%，小孢子叶球数最多455.00个；5年生枝长最大值119.20cm，最小值为42.30cm，基径最粗5.15cm，最细2.32cm，短枝个数最大值为205.00个，最小值为37.00个，具花短枝最多116.00个，短枝开花率最大28%，小孢子叶球数最多399.00个。小孢子叶球长20.11mm，小孢子叶球粗6.62mm，小孢子囊数42.44个。小孢子囊长2.22mm，小孢子囊粗0.75mm，小孢子直径30.1μm，小孢子极轴长39.28μm，小孢子叶球鲜重0.09g，花粉萌发率38.94%。初花期4月23日～4月27日，盛花期4月28日～4月30日，末花期5月1～5月3日。

图7-13 山东泰安市普照寺
（注：1、3. G0007；2. 左：G0008；右：G0007）

山东泰安市农大树木园SMY（图7-12）

原株生长指标：树高20m，胸径0.45m，树龄50年。小孢子叶球长17.60mm，小孢子叶球粗6.01mm，小孢子囊数47.89。小孢子囊长1.93mm，小孢子囊粗0.82mm，小孢子直径29.67μm，小孢子极轴长38.72μm，小孢子叶球鲜重0.21g。初花期4月10日～4月14日，盛花期4月15日～4月17日，末花期4月18日～4月21日。

山东泰安市普照寺G0007号（图7-13）

原株生长指标：树高26m，胸径1.1m，树龄350年。小孢子叶球长33.84mm，小孢子叶球粗7.29mm，小孢子囊数53.22个。小孢子囊长2.57mm，小孢子囊粗1.06mm，小孢子直径27.67μm，小孢子极轴长36.06μm，小孢子叶球鲜重0.24g。初花期4月12日～4月16日，盛花期4月18日～4月21日，末花期4月22日～4月24日。

山东泰安市普照寺G0008号（图7-13）

原株生长指标：树高26m，胸径1.3m，树龄400年。小孢子叶球长17.83mm，小孢子叶球粗6.06mm，小孢子囊数63.22个。小孢子囊长2.28mm，小孢子囊粗0.83mm，小孢子直径27.5μm，小孢子极轴长36.56μm，小孢子叶球鲜重0.25g。初花期4月11日～4月15日，盛花期4月16日～4月20日，末花期4月21日～4月23日。

第二节 江苏优系或优株

江苏泰兴银杏雄株主要性状指标（褚生华等，2000）。

江苏泰兴七里群林场1号

树龄14年，胸径15.9cm，树高7.6m，树冠4.0m×4.5m，1997年鲜花序产量0.2kg，1998年鲜花序产量0.18kg，1999年鲜花序产量1.3kg，同龄雌株需粉量0.04kg，备注：成片园、嫁接、直立形。

江苏泰兴七里群林场2号

树龄14年，胸径18.5cm，树高10.2m，树冠3.0m×4.2m，1997年鲜花序产量0.3kg，1998年鲜花序产量0.15kg，1999年鲜花序产量1.1kg，同龄雌株需粉量0.04kg，备注：成片园、嫁接、直立形。

江苏泰兴七里群林场3号

树龄14年，胸径14.3cm，树高9.8m，树冠1.6m×1.7m，1997年鲜花序产量0.14kg，1998年鲜花序产量0.07kg，1999年鲜花序产量0.04kg，同龄雌株需粉量0.04kg，备注：成片园、嫁接、直立形。

江苏泰兴七里群林场4号

树龄14年，胸径22.9cm，树高6.8m，树冠5.8m×5.3m，1997年鲜花序产量0.2kg，1998年鲜花序产量0.13kg，1999年鲜花序产量2.2kg，同龄雌株需粉量0.04kg，备注：成片园、嫁接、开张形。

江苏泰兴七里群林场5号

树龄14年，胸径22.9cm，树高6.8m，树冠5.1m×4.9m，1997年鲜花序产量0.1kg，1998年鲜花序产量0.13kg，1999年鲜花序产量2.2kg，同龄雌株需粉量0.04kg，备注：成片园、嫁接、开张形。

江苏泰兴燕头丁联村3组

树龄20年，胸径20cm，树高4.0m，树冠2.7m×2.7m，1997年鲜花序产量0.8kg，1999年鲜花序产量2.35kg，同龄雌株需粉量0.03kg，备注：房前屋后、实生。

江苏泰兴胡庄淘沟村4组

树龄30年，胸径56cm，树高16.0m，树冠7.5m×6.2m，1997年鲜花序产量12kg，1998年鲜花序产量8kg，1999年鲜花序产量18kg，同龄雌株需粉量0.22kg，备注：房前屋后、实生。

江苏泰兴常周西荡村3组

树龄32年，胸径19cm，树高14.0m，树冠7.0m×8.0m，1997年鲜花序产量3.5kg，1998年鲜花序产量2.6kg，1999年鲜花序产量4.2kg，同龄雌株需粉量0.16kg，备注：房前屋后、实生。

江苏泰兴宁界北肖村3组

树龄35年，胸径22cm，树高8.0m，树冠4.0m×4.5m，1997年鲜花序产量6kg，1998年鲜花序产量8kg，1999年鲜花序产量10kg，同龄雌株需粉量0.25kg，备注：房前屋后、实生。

江苏泰兴刘陈莲花沈仁明

树龄35年，胸径29cm，树高11.8m，树冠5.8m×6.1m，1997年鲜花序产量5kg，1998年鲜花序产量4kg，1999年鲜花序产量11kg，同龄雌株需粉量0.2kg，备注：房前屋后、实生。

江苏泰兴刘陈前东王举德

树龄37年，胸径31cm，树高13.1m，树冠7.5m×7.4m，1997年鲜花序产量8kg，1998年鲜花序产量9kg，1999年鲜花序产量13kg，同龄雌株需粉量0.17kg，备注：房前屋后、实生。

江苏泰兴燕头镇张金海

树龄38年，胸径36cm，树高9.5m，树冠8.0m×5.0m，1997年鲜花序产量16kg，1998年鲜花序产量15kg，1999年鲜花序产量13kg，同龄雌株需粉量0.17kg，备注：房前屋后、实生。

江苏泰兴刘陈严徐村徐有根

树龄39年，胸径35cm，树高13.1m，树冠6.5m×5.6m，1997年鲜花序产量6kg，1998年鲜花序产量11kg，1999年鲜花序产量13kg，同龄雌株需粉量0.17kg，备注：房前屋后、实生。

江苏泰兴刘陈周野村黄仁明

树龄39年，胸径33cm，树高11.8m，树冠6.5m×6.9m，1997年鲜花序产量8kg，1998年鲜花序产量7kg，1999年鲜花序产量12kg，同龄雌株需粉量0.2kg，备注：房前屋后、实生。

江苏泰兴刘陈东黄村黄金龙

树龄40年，胸径43cm，树高17.2m，树冠10.8m×9.6m，1997年鲜花序产量15kg，1998年鲜花序产量13kg，1999年鲜花序产量24kg，同龄雌株需粉量0.2kg，备注：房前屋后、实生。

江苏泰兴刘陈大张村鞠德甫

树龄40年，胸径41cm，树高14.8m，树冠6.9m×7.3m，1997年鲜花序产量8kg，1998年鲜花序产量11kg，1999年鲜花序产量16kg，同龄雌株需粉量0.22kg，备注：房前屋后、实生。

江苏泰兴刘陈鞠垛村鞠永成

树龄41年，胸径46cm，树高13.0m，树冠8.2m×6.9m，1997年鲜花序产量3kg，1999年鲜花序产量8kg，同龄雌株需粉量0.2kg，备注：房前屋后、实生。

江苏泰兴焦荡朱港3组

树龄41年，胸径46cm，树高13.0m，树冠11m×11m，1997年鲜花序产量3kg，1999年鲜花序产量8kg，同龄雌株需粉量0.2kg，备注：房前屋后、实生。

江苏泰兴焦荡蔡家村1组

树龄45年，胸径39.5cm，树高11.0m，树冠6.0m×6.0m，1997年鲜花序产量2kg，1999年鲜花序产量9kg，同龄雌株需粉量0.25kg，备注：房前屋后、实生。

江苏泰兴焦荡蔡家村1组

树龄45年，胸径37.5cm，树高12.0m，树冠8.0m×8.0m，1999年鲜花序产量11kg，同龄雌株需粉量0.15kg，备注：房前屋后、实生。

江苏泰兴元竹小港村7组1号

树龄45年，胸径44cm，树高9.3m，树冠10.1m×12.2m，1997年鲜花序产量18kg，1998年鲜花序产量10kg，1999年鲜花序产量15kg，同龄雌株需粉量0.37kg，备注：房前屋后、实生。

江苏泰兴元竹小港村7组2号

树龄45年，胸径43cm，树高9.3m，树冠8.2m×11.3m，1997年鲜花序产量17kg，1998年鲜花序产量10kg，1999年鲜花序产量15kg，同龄雌株需粉量0.43kg，备注：房前屋后、实生。

江苏泰兴元竹小港村7组3号

树龄45年，胸径36cm，树高8.9m，树冠8.2m×9.6m，1997年鲜花序产量9kg，1998年鲜花序产量7kg，1999年鲜花序产量10kg，同龄雌株需粉量0.27kg，备注：房前屋后、实生。

江苏泰兴宁界南肖村6组

树龄46年，胸径25cm，树高10.0m，树冠6.0m×5.0m，1997年鲜花序产量8kg，1998年鲜花序产量7kg，1999年鲜花序产量10kg，同龄雌株需粉量0.37kg，备注：房前屋后、实生。

江苏泰兴刘陈杨一村张文林

树龄48年，胸径47cm，树高16.8m，树冠9.2m×8.8m，1997年鲜花序产量20kg，1998年鲜花序产量23kg，1999年鲜花序产量31kg，同龄雌株需粉量0.2kg，备注：房前屋后、实生。

江苏泰兴胡庄和丰1组

树龄50年，胸径15cm，树高6.0m，树冠2.0m×2.8m，1997年鲜花序产量4kg，1998年鲜花序产量1kg，1999年鲜花序产量5kg，同龄雌株需粉量0.15kg，备注：房前屋后、实生。

江苏泰兴要思蚕桑场东南

树龄51年，胸径41.4cm，树高9.3m，树冠5.4m×3.9m，1997年鲜花序产量1.35kg，1998年鲜花序产量1.5kg，1999年鲜花序产量1.5kg，同龄雌株需粉量0.15kg，备注：房前屋后、实生。

江苏泰兴要思蚕桑场东北

树龄51年，胸径24.5cm，树高7.8m，树冠5.7m×5.1m，1997年鲜花序产量2.5kg，1998年鲜花序产量3kg，1999年鲜花序产量3kg，同龄雌株需粉量0.15kg，备注：房前屋后、实生。

江苏泰兴常周李肖村3组

树龄56年，胸径23cm，树高17.0m，树冠10m×9m，1997年鲜花序产量3kg，1998年鲜花序产量2.8kg，1999年鲜花序产量3.5kg，同龄雌株需粉量0.12kg，备注：房前屋后、实生。

江苏泰兴宁界马巷村1组

树龄60年，胸径31cm，树高11.0m，树冠6m×7.2m，1997年鲜花序产量11kg，1998年鲜花序产量10kg，1999年鲜花序产量15kg，同龄雌株需粉量0.42kg，备注：房前屋后、实生。

江苏泰兴胡庄和丰村5组

树龄60年，胸径32cm，树高15.0m，树冠3.5m×5.0m，1997年鲜花序产量8.5kg，1998年鲜花序产量4kg，1999年鲜花序产量15kg，同龄雌株需粉量0.22kg，备注：房前屋后、实生。

江苏泰兴胡庄肖林村2组

树龄95年，胸径37cm，树高18.0m，树冠8.5m×8.3m，1997年鲜花序产量15kg，1998年鲜花序产量13kg，1999年鲜花序产量20kg，同龄雌株需粉量0.27kg，备注：房前屋后、实生。

邳锡雄株1号

原株在邳州市银杏良种繁育圃。邳锡雄株1号是银杏雄株的芽变，头年抽生的长枝，第二年春63.0%的短枝就能开雄花，长枝上短枝节间平均2.2cm。原株主枝角度超过45°，几乎平展。而邳锡雄株1号主枝角度小于45°。为优良的雄株种质资源。

邳选01号

该优株在邳州市运河镇计生办门前，树龄16年，土壤环境一般，主干1m处直径达17.8cm，树高7m，冠幅3.5m×4m。该树冠紧凑，成枝力强；2年生以上枝花量大，枝条下垂，花穗长达2.95cm；每穗花药80对，出粉率6.8%，授粉坐果率达95%，是一个优良的雄株品种。

邳选02号

该优株原树在郯城卢庄村，树龄70年，胸径60cm，树高14m，雄花穗50穗平均长度为26.08mm，百穗花重36.4g，授粉坐果率93.31%。

邳选05号

该优株在郯城黄村，树龄20年，胸径22cm，树冠紧凑，呈宝塔形，树势强壮，短枝1～2cm；雄花穗50穗平均长25.66mm，百穗重27.8g，授粉率95%；盛花期4月中旬，花粉量大。

邳选06号

该优株在邳州市老市政府院内，树龄45年，干粗29.6cm，树高14.5m，冠幅6m×7.5m，土壤条件差，花穗长度为25.4mm；花期为4月上、中旬，比正常雄树花期晚一天，花粉量大，出粉率极高；百穗花重20g，出粉1.7g，是良好的花粉用品种。

邳选10号

该优株在邳州市人民广场，树龄16年，干粗13.1cm，树高6m，树冠东西长2m，南北长3m，土壤环境差，树势中等；花穗长24.3mm，出粉率达7%。该品种奇特，花药呈罕见的三生现象，通过几年的观察，遗传性状稳定。该品种花粉产量高，是良好的花粉用品种，对进一步开展雄株分类等生物学研究有重要价值。

邳选11号

该株雄树在郯城黄村盆景园，树龄20年，干粗16cm，树高7m。该株树形紧凑，花穗长度20mm，百穗花重20.6g。该单株特点是花期比正常雄花期晚1～2天，基本和雌花花期一致，是一个很有希望的授粉品种。

第三节 其他优系或优株

浙江省丽水碧湖中学37号（图7-14）

图7-14　浙江省丽水碧湖中学37号

原株生长指标：树高14m，胸径0.32m，树龄43年。无性系开花性状：1m长1年生长枝短枝34.89个，1m长2年生长枝短枝38.96个。小孢子叶球长18.00mm，小孢子叶球粗6.15mm，小孢子囊数50个。小孢子囊长2.11mm，小孢子囊粗0.87mm，小孢子直径28.22μm，小孢子极轴长38.94μm，小孢子叶球鲜重0.14g，花粉萌发率54.06%。初花期4月21日～4月25日，盛花期4月26日～4月30日，末花期5月1日～5月3日。

湖南省东安雄1号（26号）（图7-15）

图7-15　湖南省东安雄1号（26号）

原株生长指标：树高14m，胸径0.8m，树龄52年。无性系开花性状：1m长1年生长枝短枝32.67个，1m长2年生长枝短枝38.9个。小孢子叶球长14.46mm，小孢子叶球粗5.27mm，小孢子囊数43个。小孢子囊长1.95mm，小孢子囊粗0.87mm，小孢子直径27.78μm，小孢子极轴长36.33μm，小孢子叶球鲜重0.10g，花粉萌发率53.19%。初花期4月20日～4月23日，盛花期4月24日～4月27日，末花期4月28日～5月1日。

广西灵川雄株

灵川县海洋，早、中、迟花种花期4月3日至15日，早、中、迟花种花期长且中间衔接，使不同花期的雌株通用更多的授粉机会。早花种：萌芽期2月28日～3月12日，展叶期3月26日～4月6日，开花期4月1日～4月10日，新梢期3月30日～5月1日，落叶期11月15日～11月29日，休眠期11月29日～2月28日。中花种：萌芽期3月5日～3月15日，展叶期3月23日～4月15日，开花期4月3日～4月15日，新梢期3月30日～5月1日，落叶期10月10日～12月2日，休眠期12月2日～2月25日。迟花种：萌芽期3月5日～3月15日，展叶期3月24日～4月15日，开花期4月6日～4月15日，新梢期4月5日～5月1日，落叶期10月25日～11月25日，休眠期11月25日～2月15日。

广西B号雄株

B号雄株由广西植物所选出。萌芽期3月28日至4月5日，散粉期4月8日至4月12日，散粉期5天，萌芽至散粉16天。平均每芽雄花数3.71朵，平均每芽叶片数5.31个，花芽率73.61%，芽间距2.14cm，每米长枝雄花数127.6朵。花穗重0.40g，花穗长3.07cm，花穗粗0.82cm，花粉囊长0.30cm，花粉囊粗0.09cm，每穗雄蕊数83.75个，出粉率3.85%。B号雄性单株的散粉期与‘桂G86-1’花期基本相遇，且散粉期长，花芽率高，出粉量大，每单位长枝上雄花数多，是‘桂G86-1’的最适宜授粉树。

嵩优1号雄株

位于河南嵩县车村乡宝石村上庙村民组水塘旁，海拔720m，唐朝建庙时所植，树龄约1000年。树高18.5m，主干高7m，胸径1.78m，冠幅9m×14m，树冠较圆满。叶花丛节间短，数量多。1、2、3年生枝平均花穗长3.18cm，穗粗0.86cm，花药1对个数72.78个，每百个鲜花穗重25g。每千克鲜花穗4000个，花药数29万个，该优株始花期4月16日，末花期4月23日。开花期8天，和雌株授粉期基本一致。1994年以来采条嫁接成活200株，新枝长达96cm，生长茁壮。

第八章

特异银杏资源

对于分布区域狭窄、零星残存或具有特殊经济或科研价值的种质称为银杏稀有种质或称特异种质。银杏特异种质主要体现在树形、叶色、果形、垂乳、复干、叶籽银杏、雌雄同株等，这些特异种质对银杏杂交育种、选择育种及新种质创制具有重要意义。

关于叶籽银杏如表2-9所示、典型垂乳银杏如表2-10所示、雌雄同株银杏如表2-12所示。异果银杏、垂枝银杏、双色银杏等特异种质如表8-1所示。关于特异种质的性状描述详见本书“第二章　银杏古树资源”。

表8-1 全国部分特异银杏资源汇总表

生长地点	性别	树高（m）	胸径（m）	冠幅（m）	树龄（年）	备注
文县刘家坪乡七信沟	雌	25.0	1.80	10.0×12.0	1000	畸形果
文县刘家坪乡七信沟	雌	18.0	1.50	10.0×10.0	500	三棱果形的“畸形白果”
贵阳市乌当区羊昌镇黄连村枇杷寨	雌	25.0	2.52	35.0×30.0	1000	异熟型果实
武汉市江夏区金口街道205部队驻地	雄	19.5	1.53	13.4×14.9	1000	双色银杏
宜都市高坝洲镇宋山冲村法泉寺前	雌	18.1	0.68	20.0×20.0	100	垂枝银杏
永修县云居山真如寺7	雌	30.0	2.94	28.0×29.0	1400	其果分有心无心
彭泽县东升镇桃红村业上走	雌	25.0	1.12	25.0×28.0	250	双色银杏
井冈山市老坦里小学旁	雌雄同株	17.0	0.49 0.45	5.0×5.0	400	连理垂枝银杏
井冈山市柏路乡蔡牙村B	雌	25.0	1.50	13.0×12.0	1000	异果银杏
永丰县上溪乡横溪村赤坑村小组村口					1000	连理树
宜黄县神岗乡坑溪村	雌	30.0	2.86	19.0×18.0	1400	连理古银杏
滕州市羊庄镇政府院内	雌	21.0	1.04	17.8×17.8	400	垂枝银杏
郯城县重坊镇西高庄	雌	15.0	0.55	6.0×5.5	100	老和尚头银杏
郯城县重坊镇党委院内	雌	10.0	0.20	2.5×3.3	30	抱头银杏
郯城县镇重坊镇王桥村	雌	18.0	0.45	4.6×6.5	100	高升果
郯城县马头镇桑庄	雌	11.0	0.38	4.0×3.5	80	猴子眼银杏
郯城县	雌	8.5	0.42	9.0×9.0	150	锥子把
五莲县户部乡王家大村	雌	20.0	1.54	10.0×15.0	600	双色明银杏
金华市		12.0	0.25		30	垂枝银杏
长寿区花园小区内	雌	22.0	0.89			雌花类型丰富
鹿邑县涡北镇孙营村	雌	24.9	1.99	24.0×24.0	1900	金叶白果树

下篇 中国银杏古树资源

湖北省
银杏古树资源

一　古树生境及地理气候指标

湖北省棕红壤主要分布在与湖南相邻的咸宁地区,属中亚热带北缘;黄棕壤、黄褐土主要分布在长江以北与河南、安徽等省接壤的地区。红壤主要分布于鄂东南海拔800m以下低山、丘陵或垅岗和鄂西南海拔500m以下丘陵、丘陵台地或盆地。石灰土分布广泛,遍及80%的县、市。以鄂西山地面积最大,鄂东南山地和鄂中大洪山地次之,鄂东大别山地也有零星分布。保留了母质特征,富含碳酸盐,pH值较高,一般在6.5以上,为中性至微碱性。紫色土本省除十堰以外,其他各地、市、州均有分布。植被具南北过渡特征,既有大量北方种类的落叶阔叶树,也有多种南方种类的常绿阔叶树,同时又处在中国东西植物区系的过渡地区,便于邻近地区的植物成分侵入,是中国生物资源较丰富省份之一。全省树种有1300余种,其中用材林约占一半。主要有马尾松、栎类、杉木、桦、楠、竹等,经济林甚多,有油桐、油茶、乌桕、漆树、核桃、板栗和果树等。

湖北省主要银杏分布区地理气候指标如表9-1所示。

二　古树分布及株数

湖北省共计17个区(市、州),其中15个区(市、州)有古银杏,占88.24%;县(市、区)共计110个,57个县(市、区)有古银杏,占51.82%;123个乡(镇)有古银杏(图9-1)。湖北省报道百年以上银杏古树19110株,其中安陆市百年以上的银杏古树就有4670多株。恩施土家族苗族自治州有百年以上古银杏6578株。随州市有百年以上大树4637株。黄冈市有银杏古树908株。宜昌市有银杏古树395株。孝感市有银杏古树755株。实际统计和调查11431株,其中353株具生长指标(表9-2)。

湖北省古银杏分布在鄂西南山地,鄂西北山地、鄂东北山地、鄂东南山地、鄂中丘陵和鄂东北丘陵地带。鄂东大洪山区的安陆、

表9-1　湖北省主要银杏分布区地理气候指标

县(市)	经度	纬度	年均温(℃)	年降水量(mm)	无霜期(天)	年均日照时数(小时)	1月均温(℃)	绝对最低温度(℃)	≥10℃积温
武汉黄陂区	114° 09′～114° 37′	30° 40′～31° 22′	16.1	1100.0	255	1860	2.8		
丹江口市	110° 08′～110° 34′	32° 14′～32° 58′	15.9	833.6	255	1950	3.1	-12.4	5050
宜昌夷陵区	110° 51′～111° 39′	30° 32′～31° 28′	16.7	1101.1	276	1656			5250
南漳县	111° 26′～112° 09′	31° 13′～32° 01′	14.8	1025.0	240	1752			4400
京山县	112° 43′～113° 29′	30° 42′～31° 27′	16.1	1085.0	230	1996		-6.2	
安陆市	113° 10′～113° 57′	31° 04′～31° 29′	16.0	1066.4	246	2153	2.8		5066
江陵县	112° 12′～112° 44′	29° 54′～30° 16′	16.2	1015.5	254	1950		-19.0	
罗田县	115° 06′～115° 46′	30° 35′～31° 16′	16.4	1330.0	240	2047		-14.6	
通山县	114° 14′～114° 58′	29° 19′～29° 51′	16.3	1500.0	237	1400		-20.0	
随州曾都区	112° 43′～113° 46′	31° 19′～32° 26′	15.5	967.5	230	2035			
巴东县	110° 04′～110° 32′	30° 13′～31° 28′		1500.0	242	1425			5250

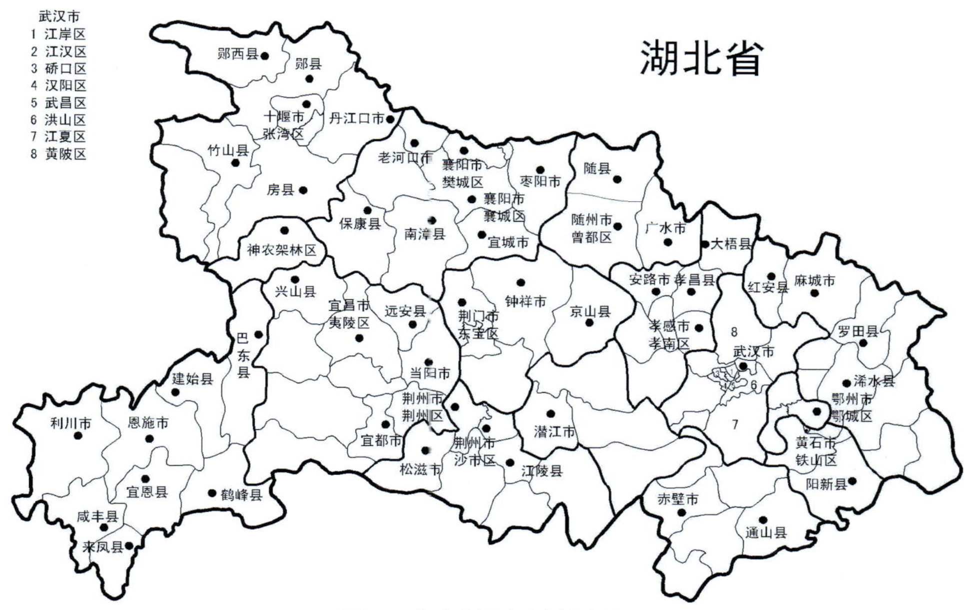

图9-1 湖北省银杏古树分布图

表9-2 湖北省银杏古树分布地点及株数汇总

区（市）	县（市、区）	乡（镇）
武汉市（126株）	江夏区（3株）	金口街道
	汉阳区（1株）	
	黄陂区（102株）	塔尔乡、长轩岭镇、蔡店乡
	洪山区（5株）	
	武昌区（10株）	
	硚口区（1株）	
	江岸区（3株）	
	江汉区（1株）	
黄石市（18株）	铁山区（1株）	
	阳新县（1株）	七峰乡
十堰市（148株）	竹山县（3株）	楼台乡、文峰乡
	郧西县（1株）	上津乡
	房县（4株）	桥上乡、沙河乡
	郧县（2株）	东河乡、安城乡
	张湾区（1株）	
	丹江口市（6株）	六里坪镇、武当山特区
宜昌市（395株）	当阳市（1株）	玉泉办事处
	宜都市（1株）	高坝洲镇
	夷陵区（38株）	雾渡河镇
	远安县（3株）	茅坪场镇
	兴山县（9株）	榛子乡
襄阳市（233株）	樊城区（1株）	太平店镇
	襄城区（4株）	
	南漳县（7株）	李庙镇、薛坪镇
	宜城市（1株）	流水镇
	枣阳市（3株）	太平镇、新市镇
	保康县（2株）	店垭镇、马良镇
	老河口市（1株）	赵岗镇

（续）

区（市）	县（市、区）	乡（镇）
鄂州市（5株）	鄂城区（1株）	碧石镇
荆门市（354株）	东宝区（1株）	子陵镇
	京山县（324株）	三阳镇、绿林镇、宋河镇、杨集镇、新市镇、厂河乡、坪坝镇、永隆镇、杨丰镇
	钟祥市（29株）	客店镇
孝感市（4877株）	孝昌县（202株）	周巷镇、小悟乡、丰山镇
	大悟县（5株）	丰店镇、宣化店镇、三里城镇
	孝南区	杨店镇
	安陆市（4670株）	王义贞镇、李畈镇、雷公镇、烟店镇、南城街道办事处、府城街道办事处、李店镇
荆州市（14株）	沙市区（2株）	岑河镇
	荆州区（1株）	
	松滋市（1株）	街河市镇
	江陵县（3株）	
黄冈市（953株）	红安县（154株）	七里坪镇、华家河镇
	罗田县（409株）	大河岸镇、薄刀峰林场、胜利镇、河铺镇、平湖乡、九资河镇、凤山镇、白庙河乡、三里畈镇、白莲河乡、大崎乡、匡河乡、骆驼坳镇、平湖乡、天堂寨林场、青苔关林场
	麻城市（389株）	福田河乡、张家畈镇、木子店镇、三河镇
	浠水县（1株）	绿杨乡
咸宁市（88株）	赤壁市（2株）	赤壁镇、官塘驿镇
	通山县（3株）	高湖镇、洪港乡
随州市（2929株）	广水市（3株）	广水办事处
	曾都区（2687株）	英店镇、洛阳镇、府河镇、何店镇、天河口乡
	随县（239株）	柳林镇、三里岗镇、草店镇、万和镇、洪山镇、殷店镇、长岗镇、淮河镇、吴山镇
恩施土家族苗族自治州（1279株）	恩施市（27株）	屯堡乡、芭蕉侗族乡、崔家坝镇
	利川市（44株）	忠路镇、毛坝乡
	建始县（26株）	龙潭坪镇
	巴东县（1000株）	清太坪镇、野三关镇、杨柳池镇、平阳坝镇、税家乡、绿葱坡镇、官渡河镇、水布垭镇
	宣恩县（60株）	珠山镇、椿木营乡
	咸丰县（59株）	白果坝乡、水杉坪乡、马甲池镇
	来凤县（7株）	
	鹤峰县（56株）	走马镇、下洞乡、九洞乡、白果坪乡、铁炉乡、
神农架林区（8株）		新华镇
潜江市（4株）		
总计：有古银杏15个区（市、州），57个县（市、区），123个乡（镇），共计11431株。		

注：县（市、区）列举的地点和株数并不完全。

京山、孝感、大悟及随州市，鄂西南巫山山脉与清江上游的恩施土家族苗族自治州所辖恩施、利川、宣恩、巴东、建始、咸丰、鹤峰、来凤等市县，银杏资源丰富，胸径1m以上或树龄100年以上的银杏古树比比皆是。

安陆市百年以上的银杏古树就有4670多株，其中千年以上的有59株。安陆钱冲古银杏生态旅游区占地面积60km^2，有千年以上古银杏48株，500年以上1486株，连片25株以上古银杏景点36处。主要集中在海拔200～300m的丘陵低山地区，主要分布在钱冲、三冲、仁和、柳林、侯冲等山村。

王义贞镇银杏古树钱冲村306株，仁合村247株，三冲村38株，观音村15株，杨巷、彭畈和花元等3村各1株。

李畈镇银杏古树共有101株，其分布也比较集中，各村数量分别为柳林村85株，侯冲村4株，三里村1株，月岭村1株。

孝昌县小悟乡大悟山古银杏群落处于海拔650m的大悟山深处，散布方圆4km，有50年以上的古银杏330余株。其中百年以上的201株，500年以上的23株。

随州市有百年以上大树4637株，其中千年以上古银杏树97株。曾都区洛阳镇银杏古树分布集中，该镇中坪村、刘家桥村及万和镇贾店村，胸径2m以上的银杏古树有数十株。就水平分布来讲，随州市银杏古树主要集中于大洪山和桐柏山两条山脉中，以大洪山脉腹地洛阳镇为中心地辐射三里岗、柳林、长岗共4个乡镇，其中仅洛阳镇就有2687株。桐柏山麓的草店、殷店两镇，分布有百年以上大树239株，且集中于两镇交界的二妹山一带。就垂直分布来讲，大量分布于海拔200~700m的地带。银杏生长岗镇洪山寺大白果树位于海拔750m处。最高分布区为大洪山林场白龙池分场，海拔为900m。最低海拔为郑家河水库110m。随州市境内古大银杏生长散生和群聚相结合。最集中的群聚群落当数洛阳镇的18个村，但主要分布在永兴、胡家河、张畈、小岭冲、蔡家咀和青林畈等6个村。其中，永兴村以398株居首位，其后依次是胡家河365株，张畈120株，小岭冲101株，蔡家咀92株，青林畈75株，这6个村共有1151株。其他12个村相对较少，共有239株，各村的株数均少于50株。其中，沿着张畈－胡家河－永兴－蔡家咀－张畈形成一条大的环形带，在这个环形带的许多地点出现规模不等的古树群，该环形带上集中了全镇绝大多数的银杏古树，它们一般分布于低山地形山谷两侧的山麓或山腰部位，延绵山势形成狭长的带状。其次还有草店镇柯家寨村三道河、殷店镇凤鸣村几个群落，规模上数百数十株不等。

恩施土家族苗族自治州有百年以上古银杏6578株，其中千年以上345株，1150～2000年生149株，2001年生以上14株。全州所辖8县市均有树龄在100年以上、胸径100cm以上的银杏古老大树。恩施土家族苗族自治州112个乡镇,其中103个乡镇均有分布。海拔最低的鹤峰县铁炉乡（海拔200m）和海拔最高的宣恩椿木营乡（海拔1800m）都有古银杏分布。

巴东、建始、鹤峰、咸丰、恩施、利川、来凤7个县（市）101～2000年以上合计843株（不包括100年生）。其中：巴东624株、建始26株、鹤峰56株、咸丰59株、恩施27株、利川44株、来凤7株。

巴东有野生银杏221万株，巴东县约有古银杏1000多株，其中千年古银杏349株。该州巴东县清太坪镇和野三关镇有一条长30km、宽2.5km的古银杏群，蔚为壮观。在17个乡镇有古树分布。巴东清太坪镇有30年以上树2663株，胸径1.0m以上的181株。清太平镇白沙坪村有古树70株，其中胸径1.0以上有9株，年均结实8000kg。清太坪镇的银杏古树分布在26个行政村中，其中数量较多的有白沙坪村、竹园坪、八字岩、史家坪、青果山等村。野三关镇有百年以上树139株，年产10万kg。银杏古树数量最多的是金象坪村31株，其次分别是冯字坪村16株，青吉坪村9株，猫儿坪村7株，这4个村合计63株(500年以上的6株)，其他28个村各村的银杏古树很少，共76株，且零星分布。水布垭镇33株，其他乡(镇)合计32株。

罗田县共有银杏古树409株，其中，九资河镇85株，河铺镇65株，胜利镇59株，平湖乡38株，凤山镇37株，白庙河乡28株，大河岸镇26株，薄刀峰林场22株，三里畈镇13株，天堂寨林场9株，白莲河乡8株，大崎乡6株，匡河乡5株，骆驼坳镇4株，青苔关林场和黄狮寨林场各2株。罗田县银杏古树的垂直分布从海拔85～900m。在九资河镇，85株银杏古树分布在29个村。在河铺镇，65株银杏古树分布在22个村，在胜利镇，59株银杏古树分布在25个村，各村的数量从1～8株不等。

红安现存银杏古树154株，常年产量1万kg以上，历史上有银杏大树10万多株。

京山全县16个乡镇均有银杏成年树和新植幼树，其中成年结果树和古树90%以上集中生长在大洪山南脉低山丘陵地带的杨集等5个乡镇，成为目前银杏主要产区，也是大洪山银杏群落的一个重要组成部分。如：杨集乡三泉村共有结种大树188株，宋河镇天子岗村有结种大树150株，村民景文化一户就有13株。三阳镇爱河村三组王润泉有雌雄大树12株，厂河乡上堤畈村有古树141株。坪坝镇东川村23株。京山古银杏资源在海拔900m左右的厂河乡白果树湾和海拔35m的永隆镇红旗村，杨丰镇的张家岭村均有分布。

三　古树生物学

1. 性别

在已知性别的231株古银杏中，雌株211株，占91.34%；雄株20株，占8.66%（图9-2）。

2. 树高

树高最高单株为50.0m，有2株，位于远安县茅坪场镇晓秦村王家嘴畔1株，位于巴东县清太坪镇青果山村4组五合门1株；最矮单株为6.0m，有2株，位于罗田县胜利镇黄家铺村1组斗笠湾1株，位于罗田县河铺镇余家山村6组闻家湾1株；树高＜10m的银杏为5株，占1.61%；10～20m的银杏为109株，占35.16%；20～30m的为131株，占42.26%；30～40m的为55株，占17.74%；40～50m的为8株，占2.58%；50～60m的为2株，占0.65%。树高前十位单株：远安县茅坪场镇晓秦村王家嘴畔（50.0m）、巴东县清太坪镇青果山村4组五合门（50.0m）、竹山县文峰乡轻土坪村6组（45.0m）、安陆市王义贞镇钱冲村5组陈家湾（41.3m）、安陆市王义贞镇观音村3组白果树湾山腰（41.2m）、咸丰县白果坝乡联升村3组（41.0m）、咸丰县水杉坪乡白果树村（41.0m）、安陆市王义贞镇三冲村5组彭家湾（40.5m）、恩施市崔家坝镇刘家河村尖山组（小地名白果村）（40.0m）、武汉市黄陂区长轩岭镇竹园村李家山（40.0m）。

3. 树龄

树龄最大单株为3000年，有4株，位于安陆市王义贞镇仁合村7组周家祠堂边1株，位于宣恩县珠山镇茅坝塘村6组1株，位于巴东县清太坪镇桥河村8组1株，位于随州市曾都区洛阳镇胡家河村1组1株；最小单株为100年，有20株；树龄在100～300年的为41株，占15.71%；在300～500年的为19株，占7.28%；在500～1000年的为60株，占22.99%；在1000～2000年的为122株，占46.74%；在2000～3000年的为15株，占5.75%；在3000～4000年的为4株，占1.53%。树龄前十位单株：安陆市王义贞镇仁合村7组周家祠堂边（3000年）、宣恩县珠山镇茅坝塘村6组（3000年）、巴东县清太坪镇桥河村8组（3000年）、随州市曾都区洛阳镇胡家河村1组（3000年）、随州市曾都区洛阳镇永兴村（1）（2750年）、巴东县野三关镇三溪村3组（2730

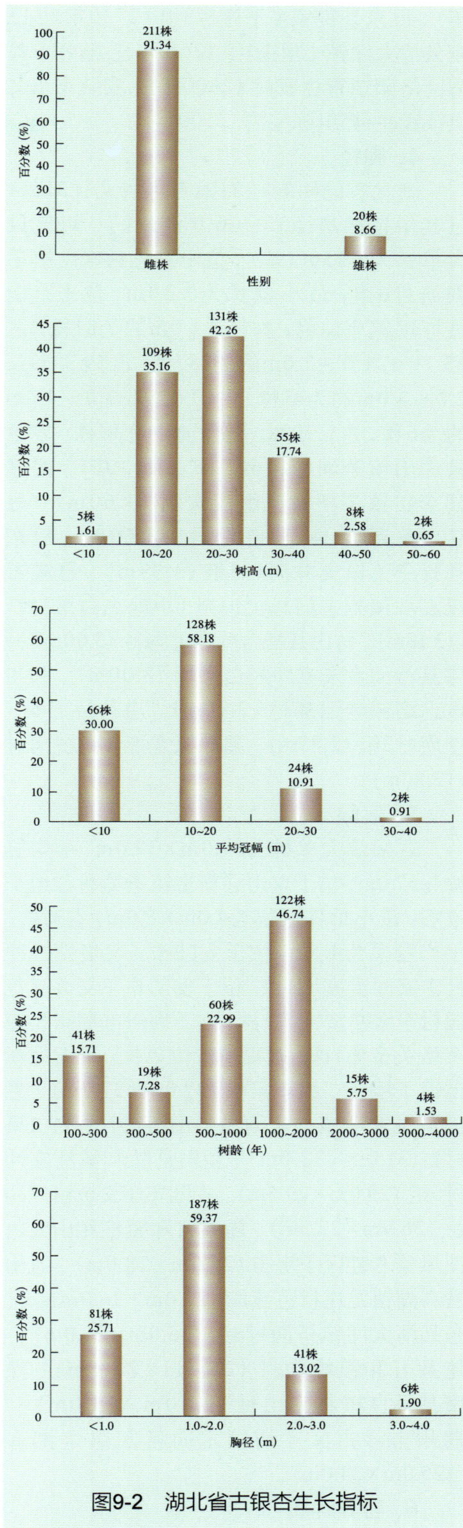

图9-2　湖北省古银杏生长指标

年）、巴东县税家乡下坪村3组（2730年）、巴东县清太坪镇十里街1组（2610年）、随州市曾都区洛阳镇青林寨村（2600年）、安陆市王义贞镇钱冲村5组陈家湾（2500年）。

4. 胸径

湖北省已知胸径的银杏古树共计316株（其中包括基径5.0～6.0m 1株）。粗度最大单株为5.25m（基），位于宣恩县珠山镇茅坝塘村6组；最小单株为0.30m，位于京山县坪坝镇唐庙村；胸径＜1.0m的为81株，占25.71%；1.0～2.0m的为187株，占59.37%；2.0～3.0m的为41株，占13.02%；3.0～4.0m的为6株，占1.90%。胸径前十位单株：宣恩县珠山镇茅坝塘村6组（5.25m，基）、南漳县李庙镇茅坪村三组孟家湾（3.60m）、丹江口市武当山特区武当口村（3.60m）、巴东县野三关镇支井河村3组（3.39m）、恩施市崔家坝镇刘家河村尖山组（小地名白果村）（3.18m）、竹山县楼台乡杏树沟村（3.00m）、房县沙河乡朱家坪村白果坪（3.00m）、利川市忠路镇老屋基村（2.90m）、房县桥上乡三座庵村3组（2.87m）、建始县龙坪乡杨桥河村（2.80m）。

5. 冠幅

冠幅最大单株为37.0m×37.0m，平均冠幅为37.0m，位于京山县新市镇圣境村二组李家畈；最小单株冠幅为4.0m×5.0m，有3株，平均冠幅为4.5m，位于安陆市王义贞镇钱冲村李家冲雷家垮1株，位于安陆市王义贞镇花园村李家冲雷家垮1株，位于荆州市荆州区迎宾路关帝庙1株。冠幅前十位单株：京山县新市镇圣境村二组李家畈（37.0m×37.0m）、恩施市崔家坝镇刘家河村尖山组（小地名白果村）（31.0m×32.0m）、罗田县胜利镇汪家冲村5组（29.0m×29.5m）、安陆市王义贞镇三冲村（26.9m×27.5m）、随县万和镇桐柏山太白顶风景名胜区子房庙（25.0m×28.0m）、通山县高湖镇龙庄村芭蕉湾（25.0m×26.0m）、巴东县清太坪镇桥河村8组（25.0m×26.0m）、随县万和镇峰山村（25.5m×25.5m）、保康县马良镇赵家山村（24.0m×25.0m）、荆州市沙市区岑河镇定向村四组定湘寺（25.0m×24.0m）。

6. 特异种质

垂乳银杏19株、复干银杏30株、雌雄同株6株、双色银杏、垂枝银杏、叶籽银杏、葡萄银杏等。

四 古树综合描述

武汉市江夏区金口街道205部队驻地

雄株，树龄1000年，树高19.8m，胸径1.94m，冠幅15.1m×14.9m。被市园林局命名为“武汉第一树”，距今有近千年历史，为唐代栽植。枝上着生有钟乳枝，有复干。

武汉市江夏区金口街道205部队驻地

雄株，树龄1000年，树高19.5m，胸径1.53m，冠幅13.4m×14.9m。枝上着生有钟乳枝，东边一侧着生叶片枝，秋天叶色异于其他侧枝叶片，为“双色银杏”。

武汉市江夏区金口街道205部队驻地

雌株，树龄1000年，树高19.7m，胸径1.15m，冠幅12.2m×16.6m。生长旺盛，果实累累。

武汉市汉阳区龟山凤凰岗11号

雌株，树龄523年，树高30.0m，胸径1.37m，冠幅20.0m×20.0m，俗称“汉阳树”。唐代诗人崔颢《黄鹤楼》诗中的佳句“晴川历历汉阳树，芳草萋萋鹦鹉洲”人们耳熟能详。汉阳树本来泛指崔颢登楼远眺时，所见大江对岸的各种树木，今人说是特指汉阳凤凰巷的那株古银杏树。现在此树高30m，树根粗壮而外露，主干3人不能合抱。传说曾经有位美女心灵手巧，绣遍天下花木，唯独没绣过银杏花，于是，她发誓要绣幅素雅动人的银杏花。这年春天，姑娘远道来到汉阳，想看银杏树开花。老人们劝她：姑娘，我们在这里住了几十年，从未见过它开花，只见过地上的花瓣。姑娘说：既然有花瓣，那一定开过花。于是，她在银杏树旁住下，日夜望着树枝，等呀等，银杏还是没开花。可姑娘毫不气馁，仍日夜守候。这天黎明时分，姑娘突然闻到一股淡香，她赶紧爬上树，只见一枝银杏花开了！她连忙用备好的笔墨临摹，可谁知，画到一半时，花一下全谢了。姑娘伤心地哭了起来，不久竟忧郁而死。奇怪的是这一年银杏忽然万花竞放，当地人说，这是姑娘的魂魄融进了银杏树里。民间常借银杏树坚贞的美德，来赞颂勤劳、勇敢的人们。

武汉市黄陂区塔尔乡将军庙村

雄株，树龄1000年，胸径0.88m。在花木兰故里——黄陂区塔耳镇将军庙村，唐代栽植，屡遭雷击，保护差，已濒临死亡。据当地人介绍，此处原有银杏2株，一雌一雄，后因在此办供销社，在树根处堆放食盐，造成雌株死亡，雄株也遭严重伤害。

武汉市洪山区宝通禅寺大雄宝殿前

雄株，树龄100年，树高21.5m，胸径0.86m，冠幅17.0m×16.5m。生长十分旺盛。

武汉市武昌区39中校园内

雄株，树龄120年，树高18.5m，胸径0.65m，冠幅11.3m×10.5m。生长在体育馆后面花坛内，有花坛保护，衰弱，分二杈，土层厚，土质好，pH=7.3，编号20139。

武汉市硚口区武汉四中平房旁

树龄100年，树高22.0m，胸径0.54m，冠幅10.3m×10.7m。生长于平地，pH=8.0，生长良好，编号20177。

武汉市洪山区华工东二路东三楼

树龄100年，树高20.0m，胸径0.59m，冠幅12.5m×12.5m。生长于平地，pH=6.8，生长中等。管护单位：华中科技大学，编号20178。

武汉市洪山区193陆军医院35栋前

树龄100年，树高22.0m，胸径0.56m，冠幅15.0m×15.0m。生长于平地，pH=6.8，生长良好。管护单位：中国人民解放军193医院，编号20189。

武汉市洪山区193陆军医院7栋旁

树龄100年，树高22.0m，胸径0.58m，冠幅13.5m×13.5m。生长于平地，pH=6.8，生长良好。管护单位：中国人民解放军193医院，编号20190。

武汉市洪山区193陆军医院7栋旁

树龄100年，树高22.0m，胸径0.58m，冠幅13.0m×13.0m。生长于平地，pH=6.8，生长良好。管护单位：中国人民解放军193医院，编号20191。

武汉市江岸区古德寺食堂内

树龄140年，树高26.0m，胸径0.53m，冠幅8.0m×8.0m。pH=7.8，根茎部被水泥封死，生长中等。管护单位：古德寺，编号20213。

武汉市江岸区上滑坡路89号房屋内

树龄140年，树高23.0m，胸径0.44m，冠幅7.0m×7.0m。根茎部被水泥封死，pH=7.8，生长较差。管护单位：江岸区园林局，编号20214。

武汉市江岸区天律路9号房内

树龄100年，树高23.0m，胸径0.51m，冠幅12.0m×12.0m。生长于平地房内，pH=7.2，生长良好，被门面封死，树旁安放了空调。管护单位：江岸区园林局，编号20215。

武汉市江汉区武汉市第七中学宿舍前

树龄120年，树高23.0m，胸径0.61m，冠幅10.0m×10.0m。生长于房前平地，pH=7.6，地下水泥封死，衰弱，有白蚁、丛枝病。管护单位：武汉市第七中学，编号20216。

武汉市武昌区湖北中医学院2号楼前

树龄100年，树高17.0m，胸径0.57m，冠幅11.0m×11.0m。生长于路边平地，pH=6.5，生长良好。管护单位：湖北中医学院，编号20221。

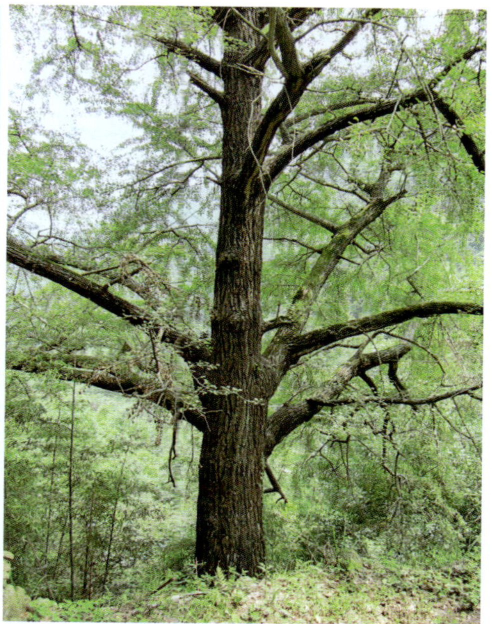

图9-1-1 竹山县楼台乡杏树沟村杏树沟

武汉市黄陂区蔡店乡清凉寨景区刘山银杏山寨

刘山银杏山寨是武汉市地理位置最高的自然村，海拔高度约610m。该村有农家150户，至今还完好地保存着古银杏树近百株，每年产银杏5万kg左右。

武汉市黄陂区长轩岭镇竹园村李家山

雌株，树龄810年，树高40.0m，胸径1.59m，冠幅18.0m×21.0m。银杏树生长在湾前正中的高坡上。这棵树树围粗5m有余，在主干8m处分成两条枝干，枝繁叶茂，遮天蔽日，上有喜鹊等鸟巢，枝头上挂满了果子。树干基部前几年就开始腐烂空心。春、夏、秋三季，在腐烂的孔洞里，不时有蜂、蜈蚣，甚至蛇等动物进出。编号：15。

武汉市武昌区珞珈山路16号武汉大学樱花园路

树龄100年，树高28.0m，胸径0.68m，冠幅15.0m×15.0m。

武汉市武昌区珞珈山路16号武汉大学樱花园路

树龄100年，树高28.0m，胸径0.58m，冠幅15.0m×15.0m。

武汉市武昌区珞珈山路16号武汉大学樱花园路

树龄100年，树高28.0m，胸径0.59m，冠幅15.0m×15.0m。

武汉市武昌区珞珈山路16号武汉大学樱花园路

树龄100年，树高29.0m，胸径0.68m，冠幅15.0m×15.0m。

武汉市武昌区珞珈山路16号武汉大学樱花园路

树龄100年，树高29.0m，胸径0.67m，冠幅15.0m×15.0m。

武汉市武昌区珞珈山路16号武汉大学樱花园路

树龄100年，树高28.0m，胸径0.54m，冠幅15.0m×15.0m。

武汉市武昌区珞珈山路16号武汉大学樱花园路

树龄100年，树高28.0m，胸径0.50m，冠幅15.0m×15.0m。

武汉市武昌区珞珈山路16号武汉大学樱花园路

树龄100年，树高28.0m，胸径0.52m，冠幅15.0m×15.0m。

黄石市铁山区东方山景区弘化寺

树龄1300年，树高23.0m，胸径1.91m。史料记载，这棵银杏树为东方山开山鼻祖智印和尚开山后亲手所种，历经千年风雨，见证了寺院沧桑变化，称得上是一位银杏家族中的"老寿星"，被喻为东方山"八景"之一。已在银杏根部采用钢管支撑，在反方向用钢丝牵引，对树心灌石膏防止树体腐烂，并扩建挡土墙恢复根系生长。

阳新县七峰乡项家山

树龄400年，树高29.3m，胸径1.40m。

竹山县楼台乡杏树沟村

树高27.0m，胸径3.00m。该树位于距杏树沟村15km的山林内。

竹山县楼台乡杏树沟村杏树沟（图9-1-1）

雌株，树龄550年，树高18.0m，胸径1.15m，冠幅12.5m×17.0m，枝下高2.5m。生长较旺盛，树冠尖塔形，南侧树冠大于北侧。主干挺直粗壮，南侧树干长有细小扶芳藤。主干共有12个分枝，其中以东侧和南侧两大主枝最为粗壮，各主枝生长旺盛。该树叶子和果实较小，但偏稠密。有垂乳两个，最大

图9-1-2 竹山县文峰乡轻土坪村6组

图9-1-3 房县沙河乡白果园村
（注：1.雌；2.左雄右雌）

图9-1-4 房县桥上乡三座庵村3组
(注：箭头示垂乳)

者位于主干分枝处，距地面2.5m，基径5cm，长5cm。该树周围为茂密的森林，伴生树种有毛竹、漆树和杜仲等。N= 32° 20′ 46.6″，E=110° 09′ 39.0″，H=984m。

竹山县文峰乡轻土坪村6组（图9-1-2）

雌株，树高45.0m，胸径1.52m，总胸径3.00m，冠幅18.5m×17.0m，树龄2000年，复干4个，最大复干胸径1.52m，高40.0m。母干已经枯萎，第一代复干基部有树洞。1959年夏天，银杏树遭雷击，一根主枝被打断，许多小枝也相继枯死。20世纪60年代“大炼钢铁”时，有人提议砍掉这棵古树，在李桂清老人劝说下才得以保留。古树安装了简易避雷设施，在树下设置了防护栏。古树生长在民房附近。

郧西县上津乡白果树湾

树高29.6m，胸径1.67m。

房县沙河乡朱家坪村白果坪

雌株，树龄1500年，树高22.0m，胸径3.00m，冠幅15.0m×16.0m，枝下高4.0m。生长较旺盛，树冠阔塔形。主干遭火烧后断裂，现仅存6.0m以下残桩。据传树龄已是千年有余，树冠遮阴2亩左右，粗大的枝干已延伸到院子中央，两丈见方的天井院在夏天基本见不到太阳。20世纪60年代，因树洞内藏有大量的蜈蚣和蛇类动物，遭到雷击，大火连续燃烧七天七夜，将6m以上的树干化为灰烬，只留下两尺多厚的空壳，被当地农人就地取材，因陋就简，围起来关牛，后来改建成猪圈。烧成骨灰的蛇骨被人们争相收取，用作治毒疮的单方，至今还有少量流落民间。仅存的枯桩据传在当年又神奇地发芽生长，40多年后的今天，枯桩上又是虬枝繁茂，遮阴近亩，年年果实累累。从基部长起来的子树直径已有五六十厘米。

房县沙河乡白果园村（图9-1-3）

雄株，树龄1000年，树高15.0m，胸径2.50m，冠幅16.0m×16.0m，枝下高3.0m。生长旺盛，树冠塔形。主干粗壮，表面粗糙。四周的根部丛生着密密的小树，从主干上垂直长出的“气根”就有脸盆粗细，被盆景爱好者锯去做了古桩盆景，据说锯走的就有三尺多长。

房县沙河乡白果园村（图9-1-3）

雌株，树龄1000年，树高15.0m，胸径2.00m，冠幅10.0m×11.0m，枝下高2.0m。生长旺盛，每年果实累累。两树相距3.0m左右，历尽千年沧桑，龙蟠虬结，枝繁叶茂，每当夏季，将一块两亩多大的地方遮蔽得密不透光，蔚为壮观，美不胜收。

房县桥上乡三座庵村3组（图9-1-4）

雌株，树龄1000年，树高26.0m，胸径2.87m，冠幅13.5m×14.0m，枝下高2.5m。生长旺盛，树冠塔形，无偏冠。树体南侧根系露出地面15cm，向南延伸4.0m；东侧根系露出地面10cm，向东延伸3.0m；北侧根系跨过小路，向北延伸5.0m；西侧根系向西延伸3.0m；根系裸露总面积20m^2。母干略向北倾斜，有5个大的分枝。基径0.50m以上的复干共有6个，都紧贴母干生长，高20.0～26.0m；基径0.18～0.20m的复干两株，高分别为10.0m和5.0m，复干与母干距离为0～1.2m；树体周围有萌蘖200余株，萌蘖与母干距离为0～1.0m，以树体北侧分布最为集中。该树落果现象严重，南侧为民居，东侧为农田，西侧为猪圈，树下堆放杂物较多，北侧为树林，伴生树种有泡桐、枣树、赤松和杜松等。N= 31° 52′ 57.2″，E=110° 34′ 04.6″，H=984m。

郧县东河乡陈湾村

树高25.0m，胸径2.00m。

郧县安城乡郭兴山

树高31.0m，胸径1.65m。

十堰市张湾区鑫亚公司厂区

树龄700年，胸径1.70m。

丹江口市六里坪镇五朵峰林场

数人合抱的千年古银杏树星罗棋布。

丹江口市武当山特区武当口村

树龄1000年，树高20.0m，胸径2.23m，

图9-1-5　丹江口市武当山南岩宫

图9-1-6　宜都市高坝洲镇宋山冲村三八八厂旁宋山森林公园法泉寺前

冠幅20.0m×21.5m。有3株，最高海拔在1400m以上。在武当口村西坡泰山庙，三株参天的巨大银杏树，格外抢眼。这三棵银杏王高20m，底部大约需要5人合抱。这里原来有三棵这样的古银杏树，因东风二汽公司当年为了建造汽车，砍了一棵。现在只有两棵，那一棵树在1972年十堰二汽造汽车伐掉后做模型，老营的解放军一个连队在这里住了三个月，把这棵树全部运走。这三棵古银杏树呈三角形分布。

丹江口市武当山特区武当口村

树龄1000年，树高18.5m，胸径1.56m，冠幅18.0m×18.5m。主干明显，基部有萌蘖。

丹江口市武当山特区武当口村

树龄1000年，树高12.0m，根径3.60m，冠幅22.0m×21.5m。该株为被砍掉的那一棵，又从树桩底部长出8棵银杏树，在这棵被砍的银杏树的根部裸露出许多银乳状的根系，树桩经测量直径近3.6m，实属罕见。

丹江口市武当山山顶祖师殿

树龄1000年。祖师殿前有一棵古银杏树。

丹江口市武当山南岩宫（图9-1-5）

树龄730年，树高26.5m，胸径1.20m，冠幅19.0m×20.5m。由三棵组成的巨大银杏树，据说这三棵银杏是祖孙三代，迄今已730岁，仍郁郁葱葱，挺拔屹立于山道旁。

当阳市玉泉办事处玉泉村玉泉祖师殿

树龄1200年，树高30.0m，胸径1.75m。该树为唐代栽植。

图9-1-7　宜昌市夷陵区雾渡河镇猫子湾

宜都市高坝洲镇宋山冲村三八八厂旁宋山森林公园法泉寺前（图9-1-6）

宋山垂枝银杏。雌株，树龄100年，树高18.1m，胸径0.58m，冠幅20.0m×20.0m。此树不算高大，但枝条下垂，专家认为是一种变型，被称为“垂枝银杏”。最长的垂枝长达5m以上，宋山垂枝银杏，生长在宋山森林分园海拔300m的法泉寺前。

宜昌市夷陵区卧马坪村

胸径2.00m，树龄300年。约1.0km^{2}的山坡上分布着36棵古银杏树。

宜昌市夷陵区雾渡河镇猫子湾（图9-1-7）

树龄1000年，树高30.2m，胸径1.75m，冠幅14.0m×15.0m。在宜昌夷陵雾渡河镇猫子湾，一棵千年银杏树浴火重生，已受到相关部门的挂牌保护。相传宋神宗继位全国天灾不断，王安石推行新法青苗、市易、方田均税时，百姓为祈求天降甘露，良田保收，就请一位道教高人天师在最枯脊的山岗上种上一棵银杏树，据说银杏树能保一方安宁，尤其可以挡风雷，后来这个地方不管怎么旱涝都能保收成。另一传说在清朝四川一位富甲一方的地主年遇风灾，地主损失很重想找门路求生，一天地主早晨洗脸在脸盆里突然看见一幅倒影奇怪的银杏树，树枝上还挂着一只草鞋，不知什么力量促使地主外出各地走访、打听，寻找这棵银杏树。工夫不负有心人，还真让地主找到了这棵和他在脸盆里看见的一模一样的银杏树，银杏树朝西边的树枝上还真挂着一只草鞋。地主在距银杏树100m的地方搭蓬住了三天三夜，每天清晨都要虔诚地跪拜银杏树，地主心满意足地回去了。后来很多外出经商人士都要拜一拜这颗银杏树，据说拜了后都能带来好运。古树编号：0137，树下有萌蘖20余株。

宜昌市夷陵区雾渡河镇清江坪村6组白果树岭

树龄700年，在遭遇了火劫之后依然枝繁叶茂。

远安县茅坪场镇晓秦村王家嘴畔

雌株，树龄1050年，树高50.0m，冠幅9.0m×10.0m，堪称全县银杏之王。

远安县

有2株千年雄银杏树，树身高大挺拔，枝繁叶茂荫浓，每逢雨后初晴，从很远处就能听见此树会发出“嗡！嗡！嗡”的响声。其中一株树上的树奶子长达2.0m多，据观察，树乳每年能伸长1.0cm。

兴山县榛子乡白果坪

雌株，树龄140年，树高26.0m，胸径0.48m。生长于林中，有复干。

兴山县榛子乡白果坪

雌株，树龄110年，树高18.0m，胸径0.42m。位于耕地中央。

兴山县榛子乡白果坪

雌株，树龄120年，树高24.0m，胸径0.48m。位于林缘。

兴山县榛子乡白果坪

雌株，树龄200年，树高30.0m，胸径0.69m。位于林缘房前，有复干。

兴山县榛子乡白果坪

雌株，树龄400年，树高32.0m，胸径1.17m。位于林缘，有复干。

兴山县榛子乡白果坪

雌株，树龄400年，树高33.0m，胸径1.23m。位于林缘房后，有复干。

兴山县榛子乡白果坪

雄株，树龄200年，树高30.0m，胸径0.62m。位于林缘。

兴山县榛子乡白果坪

雄株，树龄300年，树高35.0m，胸径0.97m。位于林缘房前，有复干。

兴山县榛子乡白果坪

雄株，树龄300年，树高29.0m，胸径0.68m。林缘房侧。

襄阳市樊城区太平店镇王台村（图9-1-8）

雌株，树龄1960年，树高26.0m，胸径2.23m，冠幅25.5m×23.2m。王台千年银杏位于襄阳市樊城区太平店镇王台村10组（曾家河），据了解，这棵古银杏树历尽沧桑，曾经历雷劈、水淹、火烧等灾难，目前依然生机焕发，苍劲挺拔。该树冠呈宝塔形，枝条伸展开有25.0m远，一些枝条有1.0m多粗。为一级古树，是襄樊市迄今为止树龄最长、树体最大的古树。树体上有树乳7个，树干中空。该树可年产白果500kg左右，丰年可产1500kg。古树编号：FG001。E=111°48′25.1″，N=32°7′19.8″，海拔72m。据当地村民称，此地过去曾是王家祠堂所在地，树可能是王姓家族的人在祭祀先人时所种。于秦时栽植，距今约2000年。枝繁叶茂，错落有致，参天而立。其贵在古朴，美在茂盛，被誉为襄阳的“银杏之王”。樊城区太平店镇地处襄阳西郊，濒临汉水，与谷城、老河口交界，是一个具有2000多年历史的古镇。太平店原名“青泥湾”，秦时即设有建制，为南阳郡山都县治所所在地。据史料记载，公元1360年，元末农民起义军领袖刘福通率部路过此处时，见此地戏台高搭，锣鼓喧天，市面繁荣，遂连声赞“太平之店也”，太平店由此得名。镇内现有百年老街、千年古树以及大批清朝末年、民国初年的古建筑。

襄阳市襄城区隆中风景区广德寺多宝塔东南

树龄1023年，树高18.0m，胸径1.30m，冠幅18.0m×18.0m。

襄阳市襄城区隆中风景区广德寺多宝塔西北

树龄513年，树高15.5m，胸径0.55m，冠幅14.0m×14.0m。

襄阳市襄城区隆中风景区广德寺多宝塔东

树龄513年，树高16.0m，胸径0.62m，冠幅15.0m×15.0m。

襄阳市襄城区隆中风景区广德寺职工宿舍

树龄513年，树高9.5m，胸径0.55m，冠幅8.0m×8.0m。

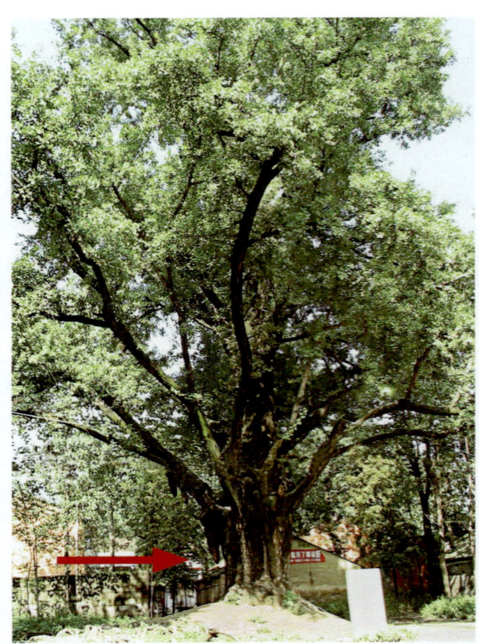

图9-1-8　襄阳市樊城区太平店镇王台村
（注：箭头示垂乳）

南漳县李庙镇茅坪村三组孟家湾

树高30.0m，胸径3.60m，冠幅22.0m×22.0m，树龄1700年，认定为中南6省第一大银杏树。14个主枝呈放射状分布，枝下高3.0m。主干凹凸不平。严重的水土流失导致古银杏约1/3的根部悬空。由于白蚁危害，树主干基部有1.0m^{2}树皮干枯、脱落，干内木质腐烂，呈蜂窝状，现已改善并修复。

南漳县薛坪镇杜冲村3组（图9-1-9）

雌株，树龄700年，树高13.0m，胸径1.00m，冠幅12.0m×8.0m，枝下高4.5m。生长旺盛，树冠尖塔形，北侧3大主枝因风折断，形成偏冠。主干粗壮，向南倾斜10°，有6大分枝，3个大的分枝折断，其余生长旺盛。有复干2个，最大复干胸径0.35m，高11.0m，复干与母干距离0.05～0.5m；南侧萌蘖近10株。该树结果量较大，周围为民居，伴生树种为棕榈和棕粑叶等。N=31°37′41.8″，E=111°40′56.5″，H=826m。

南漳县薛坪镇杜冲村1组（图9-1-10）

雌株，树龄1000年，树高18.0m，胸径1.46m，冠幅11.5m×9.5m，枝下高6.5m。生长旺盛，树冠阔塔形，顶部较平。根系部分裸露，东侧根系向外延伸1.0m，露出地面最高0.5m。主干粗壮，向西倾斜10°，主干下部有10大主枝已枯死，枯死部位腐烂形成树洞，最大树洞高30cm，宽15cm；主干有7大主枝，主枝生长旺盛，有下垂的趋势。该树结果量较大，周围为民居，伴生树种有杨树和紫荆等。N=31°37′15.3″，E=111°42′21.4″，H=784m。

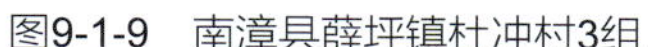

图9-1-9　南漳县薛坪镇杜冲村3组

图9-1-10　南漳县薛坪镇杜冲村1组

图9-1-11　南漳县薛坪镇杜冲村1组a

图9-1-12　南漳县薛坪镇杜冲村1组b

南漳县薛坪镇杜冲村1组a（图9-1-11）

雌株，树龄1200年，树高20.0m，胸径1.72m，冠幅12.0m×13.0m，枝下高7.5m。生长旺盛，树冠阔塔形。西侧根系露出地面15cm，向西延伸4.0m；南侧根系露出地面16cm，向南延伸3.8m。主干挺直，有10余个分枝，部分分枝因大风而折断，其余分枝生长旺盛。有复干17个，最大复干胸径0.40m，高15.0m，离母干0.1m，复干与母干的距离为0.1～1.0m；有萌蘖1株，距母干0.1m。该树结果量较大，周围为农田。N=31° 37′ 15.3″，E=111° 42′ 45.5″，H=741m。

南漳县薛坪镇杜冲村1组b（图9-1-12）

雌株，树龄1300年，树高16.0m，胸径1.88m，冠幅12.0m×14.0m，枝下高5.0m。生长旺盛，树冠阔塔形。主干挺直粗壮，西侧基部有一复干枯死，主干有15个分枝，各分枝生长旺盛。有复干8个，最大复干基径0.15m，高10.0m，距离母干0.1m；复干与母干距离为0～0.1m；有萌蘖6株，紧贴母干生长。有垂乳2个，最大垂乳基径5cm，长20cm，着生于主干东侧6.0m处。该树结果量较大，

图9-1-13 南漳县薛坪镇杜冲村1组c

图9-1-14 南漳县薛坪镇杜冲村1组d
（注：箭头示垂乳）

东侧10.0m处有2株银杏。N=31° 37′ 15.3″，E=111° 42′ 45.5″，H=741m。

南漳县薛坪镇杜冲村1组c（图9-1-13）

雌株，树龄600年，树高15.0m，胸径1.00m，冠幅13.0m×10.0m，枝下高5.0m。生长旺盛，树冠阔塔形。主干挺直粗壮，有6个分枝，各分枝生长旺盛。有垂乳13个，从基部开始着生，最大的位于主干离地面0.5m处，基径7cm，长20cm。该树结果量很大，树东15.0m处有2株胸径为0.50m和0.40m，高分别为12.0m和13.0m的银杏树。N=31° 37′ 15.3″，E=111° 42′ 45.5″，H=741m。

南漳县薛坪镇杜冲村1组d（图9-1-14）

雌株，树龄700年，树高16.0m，胸径1.20m，冠幅14.0m×10.0m，枝下高5.9m。生长旺盛，北侧树冠明显大于南侧，偏冠。北侧根系裸露，高出地面15cm，向北延伸1.5m。主干挺直、粗壮，基部生有一株朴树。有16个分枝，各分枝生长旺盛。有3个复干，胸径均0.10m以上，最大复干胸径0.20m，高11.0m，紧贴母干生长；复干与母干距离为0～0.4m。有垂乳8个，最大垂乳基径5cm，长8cm，位于北侧第一分枝处，距地面6.0m。该树结果量较小，树体南侧为民居，北侧为树林，伴生树种有柿树、竹子等。N=31° 37′ 15.3″，E=111° 42′ 45.5″，H=741m。

枣阳市太平镇赵河村小学（图9-1-15）

雌株，树龄1100年，树高24.0m，胸径2.20m，冠幅13.0m×15.0m，枝下高3.8m。生长旺盛，树冠阔塔形，西侧树冠大于东侧，大部分主枝顶部有枯梢，南侧部分侧枝枯死。主干挺直，有6个分枝，分枝粗壮，生长旺盛。树体西侧距地面1.5m处有一直径0.8m的圆形瘤状凸起；西侧距地面2.5m处有一处直径1.0m的凸起，上面萌生萌蘖30余株；树体北侧有较多小的凸起。有复干40个，最大复干

图9-1-15 枣阳市太平镇赵河村小学

胸径0.15m，高4.0m，紧贴母干生长；复干与母干距离为0～1.3m；有萌蘖50株，与母干的距离为0～1.3m。有较大垂乳9个，最大垂乳位于树体南侧距地面3.5m处，基径8cm，长60cm，垂乳上着生有小枝条。该树结果量较少，位于村小学院内，伴生树种有圆柏、大叶黄杨、棕榈和雪松等。N= 32° 17′ 57.5″，E=112° 47′ 44.8″，H=146m。

枣阳市新市镇白竹园寺

雌株，树龄600年，树高26.4m，胸径1.42m。据了解，“竹园禅寺”始建于东汉建武年间，距今已有1900多年历史，寺院门前有左雌右雄两棵银杏树相传为明朝初期所植，已有600年树龄。如今树已高逾八丈，直径3人合抱有余，枝繁叶茂，号称“天晴日不晒，细雨不湿衣”。枝繁叶茂，茂阴两亩地，大树下可容千余人。

枣阳市新市镇白竹园寺

雌株，树龄600年，树高25.8m，胸径1.40m。

宜城市流水镇杨棚村朝阳寺

树高33.0m，胸径1.81m。

图9-1-16　保康县店垭镇观淌村三组枧水寺

保康县店垭镇观淌村三组枧水寺（图9-1-16）

复干银杏。雌株，树龄1000年，树高30.0m，胸径1.75m，冠幅14.0m×15.0m。经店垭镇中学往西北，是一条5km左右的小山冲，冲里一条水泥公路贯穿老街、新街、观淌、天星4个村各一部分至天星。就在这条路边，观淌村三组的地段有一棵古银杏，生机盎然，高大挺拔。树下有县政府所立文物保护碑。古树所在地叫枧水寺，庙的形象踪迹难觅，除了这个大树见证着昔日有一种信仰或社会习惯曾经在那个时期存在并盛行。该树2人合抱难围，该树与众不同之处在于其基干距地面一尺多处，环生了近10棵碗口粗的小银杏树，成了名副其实的“公孙树”。最粗复干0.45m，最细0.32m。根系裸露高出地面0.8m。每年还结好多果实。

保康县马良镇赵家山村

雌株，树龄1000年，树高35.0m，胸径2.05m，冠幅24.0m×25.0m。保康县马良镇赵家山村有一棵非常古老的银杏树，传说“武圣人”关羽曾在此树上拴过马。古人远去，唯余此树。据保康县林业局古树名木调查，此树至少1000年历史，树基有复干2个，第一分枝距地面1.0m，被称为赵家山千年古银杏树“怀中抱子”，被定为该县重点保护的古树名木。赵家山村这株千年银杏从群山中突兀眼帘，就像一株古桩盆景，苍遒有力。走到树下，巨大树冠，遮天蔽日，4人才能合抱的树干就像一根“定海神针”插在李家房前一块天然大石板上。树前是李家七代人16座坟茔，树后是李家清朝古老的四合院。千年银杏就像通向阴阳两个世界的神秘使者，承前启后，保佑着李氏一脉繁衍生息。宅基地前埋坟，是保康当地的忌讳，但一株千年银杏树的存在却改写了山民们的风水观，成为当地一处特别的风景线。从千年银杏树前的坟茔，可清晰得知李家在此已历十代。开山祖李万纯，字儒粹，生于清乾隆三十一年（1766），清嘉庆二十年（1815）去世。从他的墓碑中可知，当时的李家并非一开始就生于斯、长于斯，他是从8km外的云旗山田家庙迁居于此。开山祖李万纯定居赵家山，主要是崇拜这棵与关羽相关的银杏树。据传，公元208年赤壁之战后，保康荆山成为魏蜀两国的边境，为实现诸葛亮和刘备在《隆中对》中所筹划的跨据荆、益二州，完成统一大业的计策，关羽经常带重兵在赵家山一带设伏。一日天黑，关羽路过银杏树下，所携青龙偃月刀突发异彩，方知这是一个风水宝地，便赐名“青龙偃月”，安营扎寨于此。后来李家受这个传说的影响，选定银杏为风水，果然发展起来，清咸丰五年（1855）六月，虽保康大部分地区因地震毁灭，但李家却安然无恙。为此，李氏后人于咸丰九年（1859）十一月七日勒石纪事，刻下了“门对青山山青生富贵，后结来龙龙来发祯祥”的楹对。

老河口市赵岗镇焦湾

有一株古银杏树龄570年生。

鄂州市鄂城区碧石镇李家境村八卦山

雌株，树龄350年，树高26.8m，胸径1.67m，冠幅22.0m×20.0m。该树有半边树干已经被雷电击打过，每年能结出500kg的银杏果，村民们还捡树叶入药治病。树上有5处树瘤，3大主枝。

荆门市东宝区子陵镇灵鹫山尚泉寺

树高30.0m，树龄600年。

京山县三阳镇付家湾

树龄600年。京山银杏栽培历史悠久，早在宋代就有栽植。据康熙十二年《京山县志》（卷九）记载“多宝寺”寺东溪水外有银杏树一，根数尺以上，半朽。通佐云，是红巾时避兵一倚釜所烧……皆数百年物。”“东岳观”有银杏树二，其一尚存。

京山县三阳镇普济寺七组上冲

树龄900年，树高12.0m，胸径1.30m，冠幅15.0m×15.0m。古树编号：DHD1100016。

京山县绿林镇祁家1组挡关

树高30.0m，树龄350年。古树编号：DHD1200119。

京山县绿林镇双桥村1号

树龄500年，树高12.5m，胸径0.80m。刘家齐邻居的房前屋后还长着3棵粗壮的银杏，树龄至少都在500年以上。8.0m高的主杆上伸出12个枝杈。

京山县绿林镇双桥村2号

树龄500年，树高15.5m，胸径0.73m。2号古树表皮好像被人为刮过，但仍然生机盎然，10个枝条四面舒展，直插蓝天。

京山县绿林镇双桥村3号

树龄500年，树高20.0m，胸径0.89m，冠幅20.0m×20.0m。3号银杏位于山垭之边，绿茵覆盖面几乎顶一个篮球场。

京山县宋河镇天子岗1组姚家咀

树高29.0m，树龄200年。古树编号：DHD1300192。

京山县杨集镇李冲1组班子湾

树高28.5m，树龄250年。古树编号：DHD1300309。

京山县杨集镇三泉二组鄢五冲

树高23.0m，树龄150年。古树编号：DHD1300338。

京山县杨集镇联盟1组袁家冲

胸径2.00m。古树编号：DHD1300273。

京山县新市镇圣境村二组李家畈

冠幅37.0m×37.0m。树冠冠幅生长之最，编号：DHD100048。

京山县三阳镇爱河村五组王润泉

三阳镇爱河村五组王润泉有雌雄大树12株。

京山县厂河乡上堤畈村

厂河乡上堤畈村有古树141株。

京山县厂河乡白果树塆

海拔900m有古银杏分布。

京山县坪坝镇东川村

坪坝镇东川村23株。

京山县永隆镇红旗村

海拔35m的永隆镇红旗村有古银杏分布。

京山县杨丰镇张家岭村

杨丰镇的张家岭村有古银杏分布。

京山县坪坝镇唐庙村

叶籽银杏，雌株。树龄200年，树高14m，干高3.5m，胸径0.30m，冠幅12.3m×13.7m。位于京山县坪坝镇唐庙村，树主丁金富。该树生于大平畈上，三面旱地，一面近水，阳光充足，通风良好，土壤深厚肥沃，水源条件优越，小环境条件十分有利于银杏的生长。约200年生的银杏大树，1958年被砍伐后，在伐根上萌生出2株银杏幼树，有大主枝9个，主枝与树干夹角60°。1988年曾产银杏球果40kg，1989年产球果20kg，大小年十分明显。该树生产的球果有3种类型，即正圆形、长卵形和带叶球果。但带叶球果为数极少，约占球果总量5%上下。带叶球果的形体不一，有尖圆、菱形、塔形等。单粒球果重极不整齐。正常的正圆形球果单粒平均重11g，长卵形球果单粒重平均重9g。

京山县三阳镇西川村

叶籽银杏，雌株。树龄200年，树高23.5m，干高3.1m，胸径0.86m（胸围2.7m），冠幅17.4m×21.7m。京山县三阳镇西川村有中壮年的2株叶籽银杏。北近山脚，南靠小渠，阳光充足，通风良好。沙质土壤，土层深厚肥沃，水源条件方便，小环境极为优越。这两株银杏的生长地点相距约120m。有大主枝9条，下部4个大主枝与树干夹角约80°。由于迟迟未见结果，1989年树主曾将树皮铲刮，毁损面长达2m左右，致使目前树体明显衰弱，仅西北方向一枝尚能结果。1990年曾产球果110kg，1991年却降至75kg，大小年明显，以正常的长卵形球果居多，而正圆形球果较少，叶籽银杏仅占总量的6%上下。长卵形球果的平均单粒重13g，正圆形球果的单粒平均重9g。

孝昌县周巷镇五泉村

树龄1500年，树高8.0m，胸径1.72m，冠幅8.0m×10.0m。树干粗壮得6个人才能围住。但它的3/4部分都已经枯死，空心的部分，5个成年人都能站进去。

孝昌县小悟乡界岭村上圩田湾

树高20.0m，胸径1.04m，冠幅13.0m×15.0m，树龄1400年，该处千年以上树龄的银杏有5棵。

大悟县丰店镇

雌株，树龄800年，树高15.0m，胸径1.24m。据说在约1780年这棵树被雷电所击，展现出“一线天”的奇特树冠，如今仍然苍劲挺拔地生长着。

大悟县宣化店镇张墩村

雌株，树高17.0m，胸径1.59m。

大悟县宣化店镇玄坛村

树高16.0m，胸径1.11m。

大悟县丰店镇龙潭村

胸径1.90m。

大悟县三里城镇柏园村窑家塆

雌株，树龄1300年，树高20.0m，胸径2.10m，冠幅14.0m×15.0m。树干需6人才能合围，银杏树下部的根系盘根错节，密密麻麻，令人称奇。每年产银杏果200kg以上。

安陆市王义贞镇三冲村

叶籽银杏，雌株。树龄1040年，树高27.6m，干高2m，胸径2.14m（胸围6.73m），冠幅26.9m×27.5m。叶籽银杏位于三冲村的空旷地带，距树60m外有自北而南的小溪一条，地势高亢，水源充沛，土层深厚肥沃，小环境条件良好。树冠荫地1.1亩，有大主枝11条，距地3m处的一条大主枝，径粗约76cm，与主干呈80°夹角。该树亦有3种不同类型的球果，但较为特殊的是，该树树冠的下半部分多正圆形球果，上半部分多为长卵形球果，叶籽球果混生其中。由于树体高大，观测困难，秋季仅见采收的球果中夹有约5%的叶籽球果。该树的正常球果大小不匀，圆果单粒球果重在11～13g之间。长卵形球果单粒重在9～11g之间。

安陆市王义贞镇钱冲村2组陈家塆南

树高24.7m，胸径1.62m。

安陆市王义贞镇钱冲村2组下石咀湾北

雌株，树高18.4m，胸径1.43m。

安陆市王义贞镇钱冲村3组寨洼（图9-1-17）

雌株，树龄1200年，树高23.6m，胸径1.52m，冠幅22.0m×18.0m，枝下高5.0m。生长旺盛，树冠近圆形，顶部较平。树干直立，1.0m处分成两大主枝，人称“姐妹树”。原生

图9-1-17 安陆市王义贞镇钱冲村3组寨洼

树萌生。品种为‘梅核’。编号：G200908050，管护人：王炳东。

安陆市王义贞镇钱冲村3组寨洼上

雌株，树龄1000年，树高28.0m，胸径1.48m，冠幅8.0m×9.0m，枝下高3.5m。树冠塔形。树干直立，分枝粗壮，长势茂盛。野生实生苗长成。品种为‘梅核’。编号：G200908051，管护人：孙建华。

安陆市王义贞镇钱冲村3组寨洼西

雌株，树高15.3m，胸径1.46m。

安陆市王义贞镇钱冲村3组潭家潭后

雌株，树龄1300年，树高15.6m，胸径1.46m，冠幅10.5m×8.5m，枝下高4.0m。生长旺盛，树冠庞大，呈塔形主干直立，分枝粗壮。野生实生苗长成。品种为‘梅核’。编号：G200908048，管护人：谭定明。

安陆市王义贞镇钱冲村3组寨洼东

雌株，树龄1300年，树高23.4m，胸径1.58m，冠幅10.5m×10.0m，枝下高5.0m。生长旺盛，树冠阔塔形。主干直立，从基部萌生一粗干。野生实生苗长成。品种为‘梅核’。编号：G200908049，管护人：孙传成。

图9-1-18 安陆市王义贞镇钱冲村5组陈家垮

图9-1-19 安陆市王义贞镇钱冲村杨家冲周家大垮

安陆市王义贞镇钱冲村3组寨洼东

雌株，树高17.6m，胸径1.44m。

安陆市王义贞镇钱冲村4组王家垮

雌株，树龄1600年，树高34.7m，胸径1.75m，冠幅10.0m×7.0m，枝下高3.2m。树干基部膨大，树瘤呈猴状，一侧枝断裂。野生实生苗长成。品种为‘梅核’。编号：G200908053，管护人：王钦恩。

安陆市王义贞镇钱冲村4组彭家湾山腰

雌株，树龄1500年，树高14.8m，胸径1.51m，冠幅4.5m×5.2m，枝下高3.0m。主干不明显，长势茂盛。野生实生苗长成。品种为‘梅核’。编号：G200908052，管护人：朱文德。

安陆市王义贞镇钱冲村5组积水庵

雌株，树龄1800年，树高16.5m，胸径1.81m，冠幅7.0m×8.0m，枝下高2.8m。树势一般，树冠塔形。主干直立，侧枝多而壮。树干基部被火烧过，中空可容三人。野生实生苗长成。品种为‘梅核’。编号：G200908057，管护人：孙本志。

安陆市王义贞镇钱冲村5组积水庵

雌株，树龄1400年，树高17.3m，胸径1.42m，冠幅6.0m×6.0m，枝下高3.0m。生长旺盛，树冠塔形。主干挺直，有复干一株，胸径0.13m，贴母干生长。野生根蘖苗长成。品种为‘梅核’。编号：G200908058，管护人：周志汉。

安陆市王义贞镇钱冲村5组净土湾前

雌雄同株，树龄1400年，树高37.4m，胸径1.49m，冠幅10.0m×9.3m，枝下高4.2m。树冠阔塔形，主干直立，呈伞状，基部萌生一株胸径0.16m的复干。野生实生苗长成。品种为‘梅核’。编号：G200908056，管护人：戴拥军。

安陆市王义贞镇钱冲村钱家冲青檀树湾

雌株，树龄1500年，树高18.0m，胸径1.56m，冠幅12.0m×9.0m，枝下高2.5m。生长旺盛，树冠形状不规则。主干在1.5m处分成3个主枝。野生实生苗长成。品种为‘梅核’。编号：G200908059，管护人：陈世国。

安陆市王义贞镇钱冲村5组柳树湾

雌株，树龄1200年，树高23.5m，胸径1.45m，冠幅7.0m×6.4m，枝下高4.0m。偏冠，树干直立，有4层分枝，生长茂盛。野生实生苗长成。品种为‘梅核’。编号：G200908054，管护人：江国林。

安陆市王义贞镇钱冲村5组关帝庙前

雌株，树高18.3m，胸径1.48m。

安陆市王义贞镇钱冲村5组陈家垮（图9-1-18）

雌株，树龄2500年，树高41.3m，胸径1.98m，冠幅20.0m×18.0m，枝下高2.2m。树冠塔形，较旺盛。主干直立，分枝粗壮，圆柱形，生长茂盛。编号：G200908055，管护人：江国雄。该树是安陆“银杏双王”之一。枝繁叶茂，每年产果实500kg，是钱冲当之无愧的镇山之宝，也是钱冲古银杏生态旅游区皇冠头上的一颗明珠！当地老百姓每逢有节庆喜事，都要围绕这棵古树转3个圈，以求这位银杏老祖母保佑全家平安。

安陆市王义贞镇钱冲村杨家冲周家大垮（图9-1-19）

雌株，树龄300年，树高21.0m，胸径0.70m，冠幅16.0m×15.0m。管护人：彭德明。

安陆市王义贞镇钱冲村李家冲雷家垮

雌株，树龄1100年，树高18.0m，胸径1.42m，冠幅4.0m×5.0m，枝下高5.0m。树体略倾斜，主干已断，侧枝向西倾斜。野生实生苗长成。品种为‘梅核’。编号：G200907030，管护人：涂家国。

安陆市王义贞镇钱冲村杨家冲小陈家垮

雌株，树龄1200年，树高20.0m，胸径1.52m，冠幅10.6m×9.5m，枝下高2.8m。树冠倒塔形，庞大。树干挺拔，侧枝粗壮，有一主枝折断。树干基上部被火烧过。野生实生苗长成。品种为‘马铃’。编号：G200908033，管护人：陈国华。

安陆市王义贞镇钱冲村杨家冲小陈家垮

雌株，树龄1100年，树高25.0m，胸径1.47m，冠幅11.0m×11.5m，枝下高2.0m。树冠近圆形，庞大。树干2.0m处分成两主枝，侧枝发达，部分小的侧枝折断。野生实生苗长成。品种为‘梅核’。编号：G200908034，管护人：陈永高。

安陆市王义贞镇钱冲村杨家冲小陈家垮

雌株，树龄1100年，树高16.3m，胸径1.63m，冠幅8.0m×9.0m，枝下高2.0m。生长旺盛，树冠呈塔形。野生根蘖苗移栽。品种为‘梅核’。管护人：陈永朝，编号：G200908035。

安陆市王义贞镇钱冲村杨家冲小陈家垮

雌株，树高21.6m，胸径1.46m，树龄1100年。

安陆市王义贞镇钱冲村杨家冲白果塆（北）

雌株，树龄1400年，树高28.0m，胸径1.62m，冠幅11.0m×9.0m，枝下高1.5m。树冠塔形，较旺盛。主干挺拔，侧枝发达，有二侧枝已折断。野生实生苗长成。品种为‘梅核’。编号：G200908036，管护人：周德连。

安陆市王义贞镇钱冲村杨家冲白果塆（中）

雌株，树龄1100年，树高24.0m，胸径1.42m，冠幅9.0m×8.0m，枝下高1.5m。生长旺盛，树冠近椭圆形。主干直立，1.5m处有侧枝。野生实生苗长成。品种为‘梅核’。编号：G200908037，管护人：周德刚。

安陆市王义贞镇钱冲村杨家冲白果树塆（南）

雌株，树龄1800年，树高26.0m，胸径1.78m，冠幅12.0m×8.0m，枝下高2.0m。生长较旺盛，树冠塔形，高大。主干被火烧过。主干1～2m处有6个粗壮侧枝，已折断4个，只有2个生长。野生实生苗长成。品种为‘梅核’。编号：G200908038，管护人：周志国。

安陆市王义贞镇钱冲村杨家冲周家大塆南头

雌株，树龄1100年，树高32.4m，胸径1.50m，冠幅8.0m×9.0m，枝下高3.0m。生长旺盛，树冠卵圆形。树干直立，有4个分枝，树皮黑。野生实生苗长成。品种为‘马铃’。编号：G200908040，管护人：周金华。

安陆市王义贞镇钱冲村杨家冲周家大塆南头

雌株，树龄1100年，树高27.1m，胸径1.44m，冠幅13.0m×12.0m，枝下高5.0m。生长旺盛，树冠阔塔形。分枝粗壮，长势茂盛。野生实生苗长成。品种为‘梅核’。编号：G200908041，管护人：孙其峰。

安陆市王义贞镇钱冲村杨家冲周家祠

雌株，树龄1100年，树高36.4m，胸径1.58m，冠幅6.0m×6.3m，枝下高1.8m。树冠纺锤形。主干分成2个主枝，生长茂盛。野生实生苗长成，品种为‘梅核’。编号：G200908044，管护人：周存法。

安陆市王义贞镇钱冲村杨家冲卢家湾

雌株，树龄1100年，树高28.0m，胸径1.48m，冠幅5.6m×6.0m，枝下高2.6m。生长旺盛，树冠长卵形。主干挺直、粗壮，主枝断裂处多侧枝。野生实生苗长成。品种为‘梅核’。编号：G200908045，管护人：卢益平。

安陆市王义贞镇钱冲村钱家冲陈家塆

雌株，树龄1100年，树高24.7m，胸径1.40m，冠幅7.0m×7.3m，枝下高2.1m。生长旺盛，树冠长卵形。主干直立、分枝粗壮。野生实生苗移栽。品种为‘梅核’。编号：G200908046，管护人：孙宗军。

安陆市王义贞镇钱冲村钱家冲谭家塆

雌株，树龄1300年，树高15.0m，胸径1.56m，冠幅5.0m×5.4m，枝下高3.7m。生长较旺盛，树冠尖塔形。主干顶端已断，侧枝枯死，树皮从顶部破裂到基部，基部萌生小树。野生实生苗长成。品种为‘梅核’。编号：G200908047，管护人：彭瑞阳。

安陆市王义贞镇钱冲村钱家冲王家塆

雌株，树龄1600年，树高34.7m，胸径1.75m。树干基部膨大，树瘤呈猴状，一侧枝断裂。编号：G200908053，管护人：王钦恩。

安陆市王义贞镇钱冲村

雌株，树高26.0m，胸径1.80m。

安陆市王义贞镇钱冲村

雌株，树高18.0m，胸径1.77m。

安陆市王义贞镇仁合村4组杨家洼北

雌株，树龄1200年，树高32.4m，胸径1.52m，冠幅10.0m×7.0m，枝下高5.3m。生长旺盛，树冠近圆形。树干直立，旁生一侧枝，已断。原根蘖苗移栽。品种为‘梅核’。编号：G200907021，管护人：王爱平。

安陆市王义贞镇仁合村4组雷湾南

雌株，树龄1300年，树高28.2m，胸径1.43m，冠幅12.0m×11.5m，枝下高3.0m。树冠阔塔形。树干成圆锥形，生长茂盛。野生实生苗长成。品种为‘马铃’。G200907024，管护人：周星火。

安陆市王义贞镇仁合村4组敖家塆山顶

雌株，树龄1400年，树高16.7m，胸径1.53m，冠幅12.0m×9.6m，枝下高3.0m。树冠尖塔形，庞大。树干直立，根已开始腐烂，树势较弱，有白蚁。原树萌生。品种为‘梅核’。编号：G200907027，管护人：姚本文。

安陆市王义贞镇仁合村4组雷湾南

雌株，树龄1100年，树高32.5m，胸径1.50m。树干直立，树皮黑。编号：G200908040，管护人：周金华。

安陆市王义贞镇仁合村5组陈家塆沟边

雌株，树高14.2m，胸径1.47m。

安陆市王义贞镇仁合村5组陈家塆山边（图9-1-20）

雌株，树龄1100年，树高16.3m，胸径1.64m，冠幅12.0m×13.0m，枝下高1.8m。树势一般，主干直立，树冠呈塔形，基部有复干一株，萌蘖10余株。编号：G200908035，管护人：陈永朝。

安陆市王义贞镇仁合村5组白果树塆

雌株，树高26.3m，胸径1.45m。

图9-1-20 安陆市王义贞镇仁和村5组陈家塆山边

安陆市王义贞镇仁合村5组白果树塆

雌株，树高13.7m，胸径1.42m。

安陆市王义贞镇仁合村6组周家大塆

雌株，树高27.1m，胸径1.44m。

安陆市王义贞镇仁合村6组周家大塆山边（图9-1-21）

雌株，树龄1300年，树高34.5m，胸径1.56m，冠幅13.0m×14.0m，枝下高1.0m。主干挺直、粗壮，距地面1.0m处分成5个主干，成伞状。编号：G200908039，管护人：陈永新。

安陆市王义贞镇仁合村6组牛头塆中

雌株，树高23.8m，胸径1.41m。

安陆市王义贞镇仁合村6组周家大塆北

雌株，树龄1100年，树高28.3m，胸径1.49m。

安陆市王义贞镇仁合村6组周家大塆边

雌株，树高17.2m，胸径1.53m。

安陆市王义贞镇仁合村6组周家大塆前（图9-1-22）

雌株，树龄1500年，树高21.4m，胸径1.46m，冠幅14.0m×12.0m，枝下高2.6m。树干基部被火烧后在断裂口处分两枝，似飞龙。原生树萌生。品种为‘梅核’。编号：G200908042，管护人：周存兵。

安陆市王义贞镇仁合村6组陈家塆山边

雌株，树高14.1m，胸径1.57m。

安陆市王义贞镇仁合村6组周家大塆南

雌株，树高32.4m，胸径1.50m。

安陆市王义贞镇仁合村7组周家祠堂边（图9-1-23）

雌株，树龄3000年，树高37.8m，胸径2.42m，冠幅24.0m×22.0m，枝下高2.0m。树冠像巨伞，有垂乳，树干被火烧后空心，形成树洞，可放小桌，容4人于其内，天地造化，让人感慨万千。野生实生苗长成，品种为‘梅核’。编号： G200908043，管护人：周存厚。

安陆市王义贞镇仁合村7组周家祠堂北

雌株，树龄1200年，树高16.5m，胸径1.53m。树干在1.5m处分成两大主枝，树形古老、苍劲。

安陆市王义贞镇仁合村7组周家祠堂下

雌株，树龄1100年，树高36.4m，胸径1.88m。主干分成2个主枝，生长茂盛。编号：G200908044，管护人：周存法。

安陆市王义贞镇仁合村8组卢家塆

雌株，树龄1100年，树高28.0m，胸径1.48m。主干直立、粗壮，断裂处多枝。编号：G200908045，管护人：卢益平。

安陆市王义贞镇仁合村

雌株，树高20.0m，胸径1.85m。

安陆市王义贞镇仁合村

雌株，树高18.0m，胸径1.75m。

安陆市王义贞镇仁合村

雌株，树高19.0m，胸径1.69m。

安陆市王义贞镇三冲村3组丁家冲白果塆

雌株，树龄1100年，树高11.4m，胸径1.52m，冠幅8.0m×7.0m，枝下高1.2m。生长旺盛，树干在1.2m处分枝成开张形，主干内有被火烧后愈合的痕迹。野生根孽移栽。品种为‘梅核’。编号：G200906014，管护人：郭永清。

安陆市王义贞镇三冲村5组彭家塆

雌株，树龄1500年，树高40.5m，胸径1.89m，冠幅10.0m×11.0m，枝下高2.5m。生

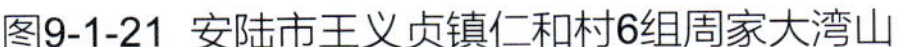

图9-1-21 安陆市王义贞镇仁和村6组周家大湾山

图9-1-22 安陆市王义贞镇仁和村6组周家大湾前

图9-1-23 安陆市王义贞镇仁合村7组周家祠堂边
（注：箭头示垂乳）

长旺盛，树冠椭圆形。主干下部膨大，由4个主枝合成伞状。野生实生苗长成。品种为‘圆子’、‘佛手’。编号：G200906010，管护人：彭小波。

安陆市王义贞镇三冲村5组庙湾南堰塘边

雌株，树龄1600年，树高31.5m，胸径1.92m，冠幅11.0m×11.3m，枝下高2.0m。生长旺盛，树冠庞大，略倾斜。主干基部粗大，萌条多，上部分层形成侧枝。野生实生苗移栽。品种为‘梅核’。编号：G200906011，管护人：周守川。

安陆市王义贞镇三冲村5组庙湾前

雌株，树龄1300年，树高28.5m，胸径1.58m，冠幅7.0m×6.6m，枝下高1.8m。生长较旺盛，树冠尖塔形。树干成龙形，断枝、脱皮严重，多树奶。野生实生苗长成。品种为‘梅核’。编号：G200906012，管护人：周守坤。

安陆市王义贞镇三冲村5组庙湾前

雌株，树龄1200年，树高32.3m，胸径1.54m，冠幅12.0m×9.0m，枝下高3.6m。生长旺盛，树冠形状不规则，主干高大，分枝少，树干基部下有一泉水口。野生实生苗长成。品种为‘佛手’。编号：G200906013，管护人：彭瑞林。

安陆市王义贞镇三冲村5组周家冲山腰

雌株，树高28.4m，胸径1.60m。

安陆市王义贞镇观音村2组何家湾边

雌株，树龄1100年，树高23.4m，胸径1.49m，冠幅15.0m×14.0m，枝下高2.0m。生长旺盛，树冠呈柱形，分枝多而大，节间短。野生实生苗移栽，品种为‘梅核’。编号：G200906017，管护人：邓定一。

安陆市王义贞镇观音村2组青檀树湾南

雌株，树高28.5m，胸径1.54m。

安陆市王义贞镇观音村3组白果树湾山腰

雌株，树龄1000年，树高41.2m，胸径1.75m，冠幅7.0m×7.3m，枝下高4.2m。生长旺盛，树冠纺锤形。主干高大，分枝成层状，分布均匀。野生实生苗长成。品种为‘佛手’。管护人：邓增华，编号：G200906019。

安陆市王义贞镇观音村4组彭家湾北坡

雌株，树龄1000年，树高35.0m，胸径1.45m，冠幅8.0m×9.0m，枝下高1.8m。生长旺盛，树冠卵圆形。树干高大，侧枝粗壮，呈塔形。野生实生苗移栽，品种为‘梅核’。编号：G200906018，管护人：彭贵洲、彭应文。

安陆市王义贞镇观音村

雌株，树高31.0m，胸径1.80m。

安陆市王义贞镇花园村李家冲黄家洼

雌株，树龄1400年，树高22.0m，胸径1.45m，冠幅10.0m×9.0m，枝下高1.5m。生长旺盛，树冠不规则，树体略倾斜。主干1.5m上分成两个分枝，分枝处树洞有一朴树寄生。有复干一株，胸径0.18m，高10.0m，与母干的距离为0.3m。野生实生苗长成。品种为‘梅核’。编号：G200907023，管护人：陈百斌。

安陆市王义贞镇花园村李家冲黄家洼

雌株，树龄1500年，树高28.5m，胸径1.52m，冠幅14.0m×11.0m，枝下高2.0m。树势一般，部分主枝折断，树冠形状不规则。树干高大，树皮粗黑，生长旺盛。野生实生苗长成。品种为‘梅核’。编号：G200907022，管护人：陈春阳。

安陆市王义贞镇花园村李家冲雷家塆溪边

雌株，树龄1100年，树高25.4m，胸径1.46m，冠幅11.0m×10.0m，枝下高2.5m。树冠塔形，生长旺盛。树干直立，分枝密而多，呈巨伞状。野生根蘖苗长成。品种为‘梅核’。编号：G200907025。

安陆市王义贞镇花园村李家冲陈家塆前

雌株，树龄1200年，树高20.0m，胸径1.50m，冠幅17.0m×14.0m，枝下高3.0m。树冠庞大，阔塔形，树形不规则。树干3.0m处分成3个侧枝，长势旺盛。野生实生苗长成。品种为‘梅核’。编号：G200907028，管护人：陈学恩。

安陆市王义贞镇花园村李家冲陈家塆（北）

雌株，树龄1200年，树高18.0m，胸径1.41m，冠幅12.0m×10.0m，枝下高2.0m。生长旺盛，树冠塔形。树干2.0m处分成3个侧枝，树干苍劲多隆起。野生实生苗长成。品种为‘梅核’。编号：G200907029，管护人：陈金坤。

安陆市王义贞镇花园村李家冲雷家塆

雌株，树龄1200年，树高14.0m，胸径1.40m，冠幅11.0m×10.0m，枝下高3.0m。树冠庞大，树皮脱落，树干3.0m处分成两主枝，西边主枝已断，长势弱。野生实生苗长成。品种为'梅核'。编号：G200907031，管护人：陈桂菊。

安陆市王义贞镇花园村李家冲雷家塆

雌株，树龄1100年，树高18.0m，胸径1.42m，冠幅4.0m×5.0m。主干已断，侧枝向西倾斜。编号：G200907030，管护人：涂家国。

安陆市王义贞镇花园村李家冲郭家塆北路边

雌株，树龄1200年，树高35.0m，胸径1.45m，冠幅16.0m×14.0m，枝下高2.0m。生长旺盛，树冠塔形。主干歪斜，有复干一株，胸径0.42m，高35.0m。野生实生苗长成。品种为'梅核'。编号：G200907026，管护人：陈水明。

安陆市王义贞镇花园村杨家冲老上塆

雌株，树龄2500年，树高34.0m，胸径2.36m，冠幅19.0m×18.0m，枝下高6.0m。生长旺盛，树冠阔塔形。树干6.0m处分成4个侧枝，苍劲挺拔，皮粗糙，其中一枝成虬龙状。野生实生苗长成。品种为'梅核'。编号：G200908032，管护人：周存。

安陆市王义贞镇唐僧村丁家冲白果树湾

雌株，树龄1100年，树高25.0m，胸径1.48m，冠幅12.0m×9.0m，枝下高3.0m。树冠阔塔形，树干在3.0m处分枝成伞状，生长良好。野生实生苗长成。品种为'梅核'。编号：G200906015，管护人：郭永银。

安陆市王义贞镇唐僧村丁家冲东横冲

雌株，树龄1200年，树高16.0m，胸径1.55m，冠幅8.4m×6.0m，枝下高2.0m。生长旺盛，树干在1.5m处分成两大主枝张开，树形古老、苍劲。野生实生苗长成。编号：G200906016，管护人：村管。

安陆市王义贞镇唐僧村小周家冲彭家湾

雌株，树龄1000年，树高35.0m，胸径1.45m，冠幅8.8m×8.0m，枝下高6.0m。生长旺盛，树冠倒塔形。在6.0m处开心形分枝，有一侧枝折断。野生实生苗移栽。品种为'梅核'。管护人：彭贵洲、彭应文。编号：G200906020。

安陆市李畈镇柳林村3组喻家洼山腰

雌株，树龄1200年，树高25.4m，胸径1.51m，冠幅8.0m×7.0m，枝下高4.0m。生长旺盛，树冠高大，塔形，分枝粗壮。野生实生苗移栽而来。品种为'佛手'。编号：G200905009管护人：陈长江。

安陆市李畈镇柳林村4组小陈冲山腰

雌株，树龄1200年，树高27.4m，胸径1.52m，冠幅12.0m×10.0m，枝下高2.6m。生长旺盛，树冠阔塔形。雌雄同株，树干高大，分枝粗壮，树皮粗黑。野生实生苗长成。品种为'梅核'。编号：G200905006，管护人：李可银、张玉华。

安陆市李畈镇柳林村4组陈家冲山腰

雌株，树龄1100年，树高17.0m，胸径1.47m，冠幅13.0m×14.0m，枝下高3.0m。生长旺盛，树冠塔形，分层明显，分枝较多，多断裂萌新。野生实生苗移栽。品种为'梅核'。编号：G200905007，管护人：张德安、陈东明。

安陆市李畈镇柳林村4组陈家冲山坡

雌株，树龄1000年，树高22.4m，胸径1.48m，冠幅14.0m×13.0m，枝下高2.0m。生长旺盛，树冠阔塔形，庞大。主干粗壮，侧枝发达。野生实生苗长成。品种为'梅核'。编号：G200905008，管护人：张德江。

安陆市李畈镇柳林村范家冲刘家洼山腰

雌株，树龄1300年，树高35.0m，胸径1.44m，冠幅6.0m×5.6m，枝下高2.0m。生长旺盛，树冠长椭圆形。树干高大，侧枝粗壮，呈塔形。野生实生苗长成。品种为'梅核'。编号：G200905005，管护人：张德忠。

安陆市李畈镇月岭村3组三里岗

雌株，树高29.0m，胸径1.56m。

安陆市李畈镇月岭村4组罗家冲半山腰

雌雄同株，树龄1100年，树高32.8m，胸径1.52m，冠幅10.0m×11.0m，枝下高3.0m。树冠阔塔形，上部为雄枝，下部两枝为雌枝，生长旺盛。野生实生苗长成。品种为'圆子'。编号：G200904004，管护人：罗碧耀、周富有。

安陆市李畈镇月岭村5组杨家冲山脚

雌株，树龄1300年，树高32.0m，胸径1.74m，冠幅8.0m×8.5m，枝下高5.0m。生长旺盛，树冠塔形。树干高大挺拔，树皮变黑，生长旺盛。野生实生苗长成。品种为'佛手'。编号：G200904003，管护人：秦可兵。

安陆市李畈镇侯冲村2组大路边

雌株，树高26.0m，胸径1.59m。

安陆市雷公镇万福村2组何家湾前

雄株，树龄500年，树高35.0m，胸径1.63m，冠幅10.0m×9.0m，枝下高3.2m。主干直立，自主干基根部分成大小两主枝，直立，呈衰老状。编号：G200902002，管护人：何志强。在安陆丘陵区的万福村海拔100m，存有3株500年以上的雄株。

安陆市雷公镇万福村

树龄500年，树高26.5m，胸径0.86m。安陆市雷公镇万福村一对500多岁的"夫妻"银杏树，这对"老夫妻"相依生长，虽历尽沧桑仍然生命旺盛，枝繁叶茂。被称为"树翁"的古树伟岸挺拔，3人难以合抱；"树婆"娟秀婀娜，8年前一次雷电将"树婆"身上劈出一道1人多高的树洞，但并未影响其生长。其基部萌发的新枝上结出了不少银杏果实。

安陆市烟店镇碧山村1组白兆山顶峰谊师殿旁

李白手植。雌株，树龄1300年，树高16.8m，胸径1.59m，冠幅5.0m×6.0m，枝下高1.8m。主干自1.8m处分成3个侧枝张开，已枯死，主干基根部萌生数株小树。相传为李白所栽，乃白兆山之分明标志。清道光年间，县志就有记载云："顶上庙祀真武神，银杏树大数百围，千年物也"，可见年代之久远。野生实生苗移栽。品种为'梅核'。编号：G200901001，管护人：唐杰。

安陆市烟店镇白兆山

雌株，树龄1200年，树高16.8m，胸径1.23m，冠幅11.0m×12.0m，枝下高2.0m。树冠阔塔形，生长旺盛，4个主枝。

安陆市烟店镇白兆山

雌株，树龄1100年，树高16.0m，胸径1.15m，冠幅13.0m×11.0m，枝下高1.8m。树冠阔塔形，生长旺盛，3个主枝。

安陆市烟店镇白兆山

雌株，树龄300年，树高15.0m，胸径0.65m，冠幅6.0m×6.0m，枝下高5.0m。树冠塔形，生长旺盛，分枝均较小。

安陆市烟店镇白兆山

雌株，树龄500年，树高14.0m，胸径0.84m，冠幅8.0m×7.0m，枝下高1.7m。树冠塔形，旺盛，3个主枝。

安陆市烟店镇白兆山

雌株，树龄500年，树高14.5m，胸径0.88m，冠幅10.0m×9.0m，枝下高4.0m。树冠塔形，旺盛，4个主枝。

安陆市南城办事处仰棚村

雌株，树龄180年，安陆平原区的仰棚村海拔50m，仅存的一株。

荆州市沙市区章华寺

树龄1400年，树高27.0m，胸径1.20m，冠幅17.0m×17.0m。在章华寺东院这棵银杏需4人合抱。据称，这棵银杏树曾经枯萎过8年，后来竟奇迹般地活了过来。又叫

"唐杏"。坐落在湖北荆州沙市区的章华寺（原名章台寺）。元代泰定二年（1325）修建。沙市章华寺、汉阳归元寺、当阳玉泉寺并称湖北三大名寺，均为湖北省重点保护单位。相传楚灵王六年（公元前535）修建离宫章华宫。直到元代才在在章华宫的遗址上修建了章华寺。章华寺内有全国第一古梅——楚梅，还有沉香古井、唐代银杏树等古迹。

荆州市沙市区岑河镇定向村四组定湘寺（图9-1-24）

树龄1700年，树高28.0m，胸径1.72m，冠幅25.0m×24.0m。定湘寺位于长江中游，湖北省荆州市以东30km处的沙市区岑河镇定向村四组，距今已有1700余年的历史，始建于晋，扩建于唐，毁于日寇侵华，重修于宗教开放。原庙废墟，寺中大雄宝殿旁的古银杏4人合抱，相传为"晋杏"，而今尚枝繁叶茂，以作历史见证。相传当年的漕运船由洞庭湖来到此地，在一片汪洋之中以古银杏树为坐标辨别方向，故此地名为"定向"。

荆州市荆州区迎宾路关帝庙（图9-1-25）

树龄1700年，树高15.5m，胸径1.00m，冠幅4.0m×5.0m。同生2株。该树树皮纵向脱落，6大主枝顶端枯死、断裂，生长衰弱。仅树干及树分枝处有萌芽。南门关羽祠的2株（即1、2号树），东边的1株木质部几乎全部腐朽成洞，巨大的空洞一直延伸到树干的上部，洞内可清晰看到白蚁为害的巢穴、粪便和蝙蝠的大量粪便，由于部分韧皮部的功能尚存，树冠顶部大部分枝条长势一般，生长季节，叶色尚能维持正常，但其整个树体已偏移西南一侧。西边的1株情况更为严重，因其主干木质部已全部腐朽，生长季节，全靠南侧韧皮部的输导功能一息尚存（仅宽5cm）。关帝庙原为三国时期关羽镇守荆州时的官邸故基，始建于明洪武二十九年，后因年久失修，古殿毁失殆尽，唯有古银杏树尚存，据说是三国时代留下的。现关帝庙系原江陵县政府1986年在古关帝庙遗址上复建，占地面积4900m^2。东汉末年三国战乱，关羽奉命镇守荆州，演绎出了一幕悲壮的历史故事。据《荆州府志》、《江陵县志》等史料记载，关公府就在现在的老南门关公庙。后因荆州失守、数度变迁，关公府早就毁坏一空。后世为纪念关公，就在府上修了庙。一座关庙，延续着1800年的历史。从府变成庙，也反映了关公由人到神，在人心目中地位的变迁。钟声悠远，香火旺盛，崇拜者的脚步络绎不绝。"忠义仁勇"的关公精神就像这棵参天古银杏，历经沧桑却依然郁郁葱葱，迸发出生命的力量。

松滋市街河市镇白果树村

树龄520年，树高21.0m，胸径0.98m，冠幅19.0m×17.5m。此树位于湖北省松滋市街河市镇白果树村。1930年春，为与洪湖地区的中国工农红军第六军会师，贺龙率红四军从湘鄂边界三次东下转战松滋数经此地，在这棵树干上刷过"推翻旧世界，农奴要解放"的革命标语，拴过贺龙的战马。同年12月，邓中夏、贺龙率红二军团由湖南北进松滋，许光达率红十七师驻过此地。1935年8月，肖克、王震率红六军团从湘西进驻松滋，也曾来到此地。目前，该树树冠葱郁，遮天蔽日，是红军会师的见证。

另外，江陵县发现3株古银杏。

红安县北部山区徐塆

雌株，树龄300年，树高20.0m，胸径1.00m，同根三代银杏。红安县北部山区在离徐塆不远的小路两侧，相对有两棵古银杏树盘根错节，暴露地面，老树虽然不复存在，树兜已腐，但腐迹可见，约有2人环抱之粗，

图9-1-24 荆州沙市区岑河镇定向村四组定湘寺

图9-1-25 荆州市荆州区迎宾路关帝庙

令人生奇的是：在这老树兜子上又生出第二代，2棵二代银杏，干粗直径1.0m有余，高有20m。更奇的是：在第二代树根上又生出第三代。路左之树生有5棵小树，人称“五子登科”；路右之树生有3棵小树，人称“三女拜寿”。这8棵三代之木，现均有菜碗之粗，高与二代大树等齐。这10棵银杏，同生在两棵老树兜子上，树冠连为一体，枝繁叶茂，果实累累，甚为壮观。相传，此地原有一寺庙，名曰尚方寺，当年建筑宏伟，香火旺盛，僧侣众多，好行善事。传说这第一代银杏树，实为方丈所植，据今已有三百余年，寺庙早已毁于战火，但古银杏却代代相依而生。据树主讲，这2棵二代银杏大树，树龄约在200年以上，第三代8棵，树龄也有50多个春秋。这大小10株形成一个群体，高产年能产鲜果近500kg，价值5000多元。银杏树不愧为公孙树、千年木，祖孙三代同根生，可见其再生力之旺盛，生命力之强大也。

红安县七里坪镇对天河村

雌株，树龄400年，树高19.0m，胸径0.84m，冠幅17.5m×19.4m。优良品种，平均株产250kg，壳薄、个大、饱满，被誉为“红安皇”。

红安县华家河镇金桥村坟东湾村组

雄株。有银杏古树4株，其中结果母树1株。

红安县华家河镇金桥村坟东湾村组

雌株。

罗田县大河岸镇古楼冲村7组叶家湾

树高35.0m，胸径1.08m，冠幅16.0m×16.5m。

图9-1-26 赤壁市（原蒲圻县）赤壁镇南屏山东南的金鸾山凤雏庵

罗田县大河岸镇凉亭村8组青峰咀

树高35.0m，胸径1.11m，冠幅14.0m×15.0m。

罗田县薄刀峰林场乱石河村廖家湾

树高25.0m，胸径2.23m，冠幅12.0m×12.5m，是罗田最粗的银杏。

罗田县胜利镇汪家冲村5组

树高22.0m，胸径1.45m，冠幅29.0m×29.5m，是罗田冠幅最大的银杏。

罗田县胜利镇黄家铺村1组斗笠湾

树高6.0m，胸径0.52cm，冠幅6.0m×6.0m，是罗田最矮的银杏古树之一。

罗田县河铺镇余家山村6组闻家湾

树高6.0m，胸径1.05m，冠幅9.0m×9.0m，是罗田最矮的银杏古之一。

罗田县平湖乡沙塘角村5组王家坳

树龄约为800年，树高22.0m，胸径1.46m，平均冠幅15.0m×15.0m，是罗田最老的银杏古树之一。

罗田县平湖乡苏家山村7组何家湾

树龄约为800年，树高22.0m，胸径1.43m，平均冠幅12.0m×12.0m，是罗田最老的银杏古树之一。

罗田县平湖乡秋千扬村龙泉寺

树龄约为800年，树高20m，胸径1.46m，平均冠幅18.0m×18.0m，是罗田最老的银杏古树之一。

麻城市福田河乡土门坳

雌株，树龄400年，树高29.3m，胸径1.40m。

麻城市张家畈镇

年产银杏1000kg左右。

浠水县绿杨乡白果村

雌株，树高27.0m，胸径1.70m。

赤壁市（原蒲圻县）赤壁镇南屏山东南的金鸾山凤雏庵（图9-1-26）

雌雄同株，树龄1800年，树高27.5m，胸径1.50m，冠幅20.0m×20.5m，枝下高2.0m。10大主枝。相传为三国赤壁之战大捷后周瑜所植，也有庞统所植之说，为湖北古银杏之最。南屏山东南的金鸾山上，相传为赤壁之战时，号凤雏先生的庞统披阅兵书处，后人于此建凤雏庵。现庵堂建于清道光二十六年（1846）。传说庞统在战场上战死后灵魂化成一只金光闪闪的凤凰，又飞回到了他当年避难读书的地方西山，栖居在亲手栽种的银杏树旁，于是那时候的西山更名为现在的金鸾山。据植物考古学家考证已有9个瘤子，足可证明此树有上述历史。春夏时节，绿荫如盖，秋天绿叶转黄，入冬果叶坠地，这种天然银杏叶是难得的稀罕药材。

赤壁市官塘驿镇随阳山彩林村庄

雌株，树龄1000年，树高30.0m，胸径1.91m，冠幅19.0m×17.1m。同生3株，位于随阳山主峰东南5km处的彩林村庄，这 3棵树至少生长了1000年以上，如今仍枝繁叶茂，常年产果300kg。3棵古树盘根错节，呈三角形环抱着十几户人家，盛夏季节，村中无一丝暑意，且无蚊虫叮咬，尽享大自然的恩赐。电视剧《弯弯的小月溪》就是以此为主景地拍摄的。

通山县高湖镇龙庄村芭蕉湾

雌株，树龄1200年，树高32.0m，胸径1.81m，冠幅25.0m×26.0m。荫地近一亩，已有千年，仍年年开花结果，每千克种子400粒左右，实属罕见。共2棵古银杏。

通山县洪港乡大山矿

树龄1000年，胸径1.81m。

恩施市屯堡乡车坝村白果树组（图9-1-27）

图9-1-27　恩施市屯堡乡车坝村白果树组
（注：箭头示垂乳）

雌株，树龄1000，树高32.5m，胸径1.82m，冠幅14.3m×16.0m，枝下高3.0m。生长旺盛，树冠塔形，树体周围有根系裸露，向外延伸1.0～1.5m，突出地面最高15cm。主干挺直粗壮，在3.7m处分为两大主干，西北侧3.0m处一主枝被锯掉，东南侧3.2m处一主枝被锯掉，共有8个大的分枝。有复干4个，最大复干基径0.28m，高4.0m，最小的基径0.10m，高3.0m，复干离母干0.25～0.9m；有萌蘖10余株，基径均小于2cm，紧贴母干生长。有垂乳7个，最粗的垂乳基径5cm，长20cm，位于东侧第一主枝距地面4.0m处；最长垂乳长30cm，基径粗4cm，着生于北侧第一主枝6.0m处。在此树东侧3.0m处，有一株银杏，已枯死，基径0.60m，仅存两个复干。在此树西北6.0m处有一株高12.0m、胸径0.40m的银杏。此树北侧和东侧为橘子、柚子园，南侧和西侧为民居。传说此树一旦“哼”声不息，周围将有不祥之事，被当地群众视为神树，因此保存很好。

恩施市芭蕉侗族乡白果树村（图9-1-28）

图9-1-28　恩施市芭蕉侗族乡白果树村
（注：箭头示垂乳）

雌株，树龄1000年，树高21.0m，胸径1.46m，冠幅17.0m×16.0m，枝下高7.0m。生长旺盛，树冠阔塔形，南侧树冠略大于北侧树冠。主干挺直，主干西侧与北侧长满青苔，主干东侧5.5m处长有蕨类植物，主干均匀分布有13个分枝，各分枝生长旺盛，其中北侧两大主枝因风而折断。有复干1个，胸径0.30m，高约10.0m，有8大分枝。母干南侧最大主枝上，距地面11.0m处着生一垂乳，长30cm，基部粗约5cm，北侧主干分枝处离地面7.0m处着生3个较小垂乳，复干离地面5.0～6.0m范围内有垂乳4个。该树结果量不大，树体基部被柴草覆盖，西侧为民居，东侧为国道，无保护措施，编号：CLB1200131。

恩施市崔家坝镇刘家河村尖山组（小地名白果村）

雌株，树高40.0m，胸径3.18m，树龄1400年，冠幅31.0m×32.0m。据明清时代村里碑文记载，该自然村落因该树得名“白果村”，已沿用了数百年。该银杏树历经1400余年，村人祖祖辈辈视它若神灵，奉为“圣树”、“神树”加以保护。至今，它挺拔苍劲，雄壮伟岸，枝叶繁茂，每年果实累累，焕发出勃勃生机。

恩施市

雌株，树龄100年，树高25.0m，胸径0.40m，冠幅8.0m×10.0m。‘恩银12号’，属马铃型。1999年通过恩施土家族苗族自治州农作物品种审定小组认定，定为优良（核用）品种。原株生长在恩施市海拔740m处，阳坡，沙壤土。

利川市忠路镇老屋基村（图9-1-29）

雌株，树龄2000，树高23.0m，胸径2.90m，冠幅14.0m×15.5m。汉代银杏，利川银杏王。生长旺盛，树冠阔塔形，树形优美，根系整体露出地面1.0m，在距地面1.0m处着生复干。主干西侧已腐烂为一空洞，洞口基部宽3.10m，高5.0m，该洞上部露天，搭有棚子，内部堆有柴草，洞内曾遭火烧。母干有分枝9个，枝下高4.0m，北侧一分枝较粗壮，基径约0.8m，主干各分枝生长旺盛。有复干17个，最大复干基径0.45m，高3.0m，最小的基径也有0.10m，复干与母干距离为0～0.5m；有萌蘖4株，萌蘖与母干距离为0～0.4m。有垂乳3个，着生于东侧一主枝距地面2.5m处，最大垂乳长0.80m，基径0.20m。该树每年都结果，结果量较大。该树南侧为一牛棚，周围为农田，无保护措施。

图9-1-29　利川市忠路镇老屋基村

利川市毛坝乡双河村2组撮口溪

雌雄同株，树龄200年，树高20.0m，胸径0.54m，冠幅18.0m×20.0m。这株银杏树，距地面0.5m处发杈，生长出两主干。其中一主干高18.0m，胸径54cm，系雌性，果实累累，年产量100kg。另一主干高20.0m，胸径46cm，系雄性，枝叶繁茂。

宣恩县珠山镇茅坝塘村6组（图9-1-30）

雌株，树龄3000年，树高35.0m，根径5.25m，冠幅19.2m×18.4m。整体生长旺盛，树冠卵圆形，树形优美，母干遭雷击，仅残留北侧部分树皮包被少部分树干，上面着生一小侧枝，南侧残存部分母干。南侧残存部分树根，裸露面积约1.5m²。母干已枯死，共有复干16个，最大复干胸径1.78m，高32.0m。有5大主枝，最大复干与另外4个复干在1.5～2.5m处已长在一起，第二复干有12个分枝，第三复干有6个分枝，最小的复干胸径0.14m，高22.0m，复干与母干距离为0～1.5m；有萌蘖20余株，萌蘖与母干距离为0～1.3m。有垂乳84个，最大垂乳已被锯掉，现存最大垂乳长30cm，基径10cm，着生在东侧最大复干距地面8.0m处。该树结果较多，果实把部分细小侧枝压断，周围是民居与农田，据当地百姓讲该树有3000余年历史，当地称“九子抱母”银杏。N29°52′54.7″，E 109°31′48.4″　H=1178m。

宣恩县珠山镇茅坝塘村6组（图9-1-31）

雄株，树龄1000年，树高30.0m，胸径1.18m，冠幅14.0m×15.0m，枝下高2.5m。生长旺盛，树冠尖塔形，部分侧枝枯死，树干上长满青苔，主干挺直，北侧距地面0.5m处有一直径20cm的圆形瘤状凸起。母干有分枝30余个，母干生长旺盛，树体西侧两大主枝下垂，叶子正常。有复干14个，最大复干枝下高4.5m，最大复干胸径0.57m，高25.0m，有分枝12个，第二复干胸径0.48m，高25.0m，有分枝7个，复干与母

图9-1-30 宣恩县珠山镇茅坝塘村6组（雌株）
（注：箭头示垂乳）

图9-1-31 宣恩县珠山镇茅坝塘村6组（雄株）
（注：箭头示垂乳）

干距离为0～0.45m；有萌蘖5株，萌蘖与母干距离为0～0.65m。母干着生垂乳70个，在母干2.7m、4.0m、5.5m处为垂乳集中着生部位。最大垂乳长45cm，基径15cm，两个紧贴在一起，在母干距地面2.7m处着生。该树东侧为农田，北侧为民居，南侧和西侧为树林，伴生树种有杉木、漆树、棕榈、棕粑叶等，有简单保护措施。N=29° 52′ 54.1″，E=109° 31′ 48.4″，H=1180m。

宣恩县

雌株，树龄300年，树高39.0m，胸径2.50m，冠幅10.0m×16.0m。'恩银1号'，属佛手型。1999年通过恩施土家族苗族自治州农作物品种审定小组认定，定为优良（核用）品种。原株生长在宣恩县海拔1000m处，阳坡，沙壤土。

咸丰县白果坝乡联升村3组

树高41.0m，胸径1.73m。

咸丰县

雌株，树龄150年，树高30.0m，胸径0.95m，冠幅8.0m×8.0m。'恩银2号'，属梅核型。1999年通过恩施土家族苗族自治州农作物品种审定小组认定，定为优良（核用）品种。原株生长在咸丰县海拔870m处，阳坡，黄棕壤。

咸丰县

雌株，树龄100年，树高25.0m，胸径0.40m，冠幅8.0m×10.0m。

咸丰县

雌株，树龄300年，树高30.0m，胸径1.10m，冠幅14.0m×14.0m。'恩银15号'，原株生长在咸丰县海拔950m处，阳坡，黄棕壤。

咸丰县水杉坪乡白果树村

树龄613年，树高41.0m，胸径2.05m。

咸丰县马甲池镇翁家山

胸径2.38m。

鹤峰县走马镇走马坪小学

雌株，树龄1000年，树高38.0m，胸径2.08m，冠幅20.0m×20.0m。该树位于鹤峰县走马坪镇小学运动场中央海拔940m处。当地群众称之为"将军树"，因为这株古银杏树与红二方面军贺龙将军的革命活动有着密切的关系而得此美名。1931年，红二方面军贺龙将军收编川东土著武装3000多人后，在这棵树下召开了万人大会，为湘鄂边革命根据地和红二方面军的扩大与发展写下了光辉的一页。该树已被鹤峰县人民政府列为革命文物加以保护。

鹤峰县下洞乡中坪村3组

树高27.0m，胸径1.27m。

鹤峰县九洞乡山羊村1组

树高28.0m，胸径1.91m。

鹤峰县九洞乡山羊村1组

树高29.5m，胸径1.74m。

鹤峰县白果坪乡

此地银杏散生面积犹为最大，盛产白果，幸存银杏古树最多。

建始县龙坪乡杨桥河村

树高35.0m，胸径2.80m。

广水市广水办事处城北中华山下中华山国家森林公园（原宝林寺）

雌株，树龄1250年，树高6.8m，胸径1.85m，冠幅14.5m×14.5m。中华山国家森林公园位于广水市广水办事处城北3km处，公园内有3株一字排列的银杏树，右边的是一雌树，3人合围，枝繁叶茂，每年结果500kg左右，枝下高1.5m。据记载栽于唐朝开元、天宝年间，冠幅面积约一亩，许多粗根凸在地面。愚昧的人们在树根处跪拜，烧纸烧香，更有甚者，用刀从树身、树根处割皮，拿回家煮水做为神水喝，以保家人平安，长寿。古树已经濒临死亡。

广水市广水办事处城北中华山下中华山国家森林公园（原宝林寺）

雄株，树龄1250年，树高17.5m，胸径1.92m，冠幅20.5m×20.5m。左边的是一雄树，比雌树粗壮、高大。雌雄两树各有一枝数10.0cm左右的树枝长在一起，形成"连理枝"，枝下高2.3m。

广水市广水办事处城北中华山下中华山国家森林公园（原宝林寺）

树龄100年，树高15.5m，胸径0.56m，冠幅12.5m×10.5m。此树为雌雄两树的不远处生长的一棵树龄约一百多年的小银杏树，传说是银杏"夫妻"的"独生子"。3棵树历经沧桑，相依相伴，形成了一个和睦幸福的"三口之家"。

巴东县清太坪镇桥河村8组（图9-1-32）

雌株，树龄3000年，树高30.0m，胸径2.74m，冠幅25.0m×26.0m。生长旺盛，树冠塔形，无偏冠现象，西侧部分主干枯死，母干与复干部分侧枝干枯而死。有两大主干，二者在4.0m以下长在一起，较粗的可能为母干，当地人称"婆树"，稍细的不结果，当地人称"公树"，树体北侧与西侧有几大主枝下垂。母干西侧基部有两株扶芳藤，较大一株基径15cm，高约10m多，较小一株基径5cm，高近10.0m，缠绕母干生长，第二复干西侧基部长有一株7cm的扶芳藤，高近10.0m。母干东侧距地面3.8m、7.9m处，西侧距地面1.6m、3.2m和6.5m处有主枝被锯掉，第一复干西侧3.0m处有主枝被锯掉，第二复干南侧部分主枝枯死，母干有8大分枝，枝下高1.5m。胸径20cm以上的复干共有8个，复干与母干距离为0～1.8m，第一复干胸径0.91m，高26.0m，距母干0.3m，第二复干胸径0.57m，高26.0m，距母干0.4m，二者树龄均在300年以上；有萌蘖20余株，分布于母体周围，萌蘖与母干距离为0～1.8m。总胸围20.0m。该树编号：005，据当地百姓讲，此树有3000余年的历史，为"巴东银杏王"，年产籽600kg左右，被命名为"清太5号"，又叫"状元树"，更是谭氏家族的"祖坟树"。树无主，为邻近谭氏居民共有，每年所产果实均分。相传元末明初，陈友谅进兵今安徽凤阳，杀掉了知府谭舜禹，谭舜禹小妾佘氏时已身怀六甲，逃到一个叫"响洞"的岩洞里，在洞中潜行七日七夜，至出口见绝壁万仞，正绝

图9-1-32　巴东县清太坪镇桥河村8组

图9-1-33 巴东县清太坪镇桥河村7组a

图9-1-34 巴东县清太坪镇桥河村7组b

望时，见一老鹰盘旋，久久不去。遂许愿说，若天不灭我，老鹰啊，你就带我走吧……于是闭眼纵身跳下，只觉风声呼呼，睁眼时已降至一棵大银杏树下。于是佘氏在树下搭棚而居，后生一子，取名谭天飞，后谭天飞又生八子，谭氏自此人丁兴旺。佘氏死后被尊为“佘氏婆婆”，老鹰被尊为“鹰氏公公”，银杏树下至今古墓犹存。N=30° 27′ 37.2″，E=110° 15′ 00.8″ H=1003m。

图9-1-35 巴东县清太坪镇竹园坪村2组

巴东县清太坪镇桥河村7组a（图9-1-33）

雌株，树龄600年，树高25.0m，胸径2.07m，冠幅12.5m×14.0m，枝下高2.5m。生长旺盛，树冠原呈塔形，北侧树冠因大风吹折主枝而形成偏冠，西侧根系裸露，因修路多数根系被截断，裸露的根系向外延伸5.5m，高出地面1.5m，树根下面形成一空洞。母干分为三大主干，共有大的分枝近20个，北侧主干一主枝被锯掉，在母干3.0m处，即三大主干分枝处着生银杏小树2株，大的基径4.5cm，高2.5m，小的基径2.5cm，高2.0m。有复干3个，基径5～8cm，高2.5～5.0m，复干与母干距离为0～0.7m；有萌蘖十余株。该树结果量很大，该树东侧为竹林，南侧伴生有棕榈、漆树等。N=30° 28′ 54.0″，E=110° 14′ 50.7″ H=807m

巴东县清太坪镇桥河村7组b（图9-1-34）

雄株，树龄600年，树高18.0m，胸径1.00m，冠幅8.0m×7.0m，枝下高6.0m。生长旺盛，树冠圆塔形，无偏冠现象。主干挺直，有两大分枝，主干基部萌生近千余株萌蘖，所有萌蘖均在距母干0～1.0m范围内；有复干10株，基径5～10cm，高3.0～6.0m，复干与母干距离为0～1.2m。垂乳3个，着生在主干分枝处，距地面2.8m，最大垂乳基径4.0cm，长10.0cm。该树西侧1.5m处，有一株枯死树萌生4株复干，基径6.0～7.0cm，高6.0～8.0m，这4株复干周围有萌蘖几百余株。N=30° 28′ 54.0″，E=110° 14′ 50.7″，H=807m。

巴东县清太坪镇十里街1组

树龄2610年，树高28.0m，胸径2.61m。

巴东县清太坪镇竹园坪村2组（图9-1-35）

雌株，树龄500年，树高21.0m，胸径0.84m，冠幅14.0m×12.0m，枝下高6.0m。生长旺盛，树冠塔形，树形优美。主干挺直，有15个分枝，分枝均匀分布于主干上，分枝较高，枝条正常，叶子较浓密。该树主干光滑，结果量一般。该树伴生树种有油杉和漆树等，北侧为树林，南侧与东侧为民居，西侧为猪圈，无保护措施。N= 30° 35′ 35.4″，E=110° 16′ 04.1″，H=1148m。

巴东县清太坪镇竹园坪村5组（图9-1-36）

雌株，树龄900年，树高18.0m，胸径0.67m，冠幅14.0m×15.0m，枝下高7.0m。生长旺盛，树冠阔塔形。主干挺直光滑，有8个大的分枝，西南侧一主枝折断。有12个复干，胸径0.40m以上的复干有3个，最大复干胸径

图9-1-36 巴东县清太坪镇竹园坪村5组

图9-1-37 巴东县清太坪镇白沙坪村3组
（注：箭头示垂乳）

0.64m，高17.5m，有6大分枝，距母干1.2m；第二复干胸径0.43m，高16.0m，距母干1.0m；第三复干胸径0.33m，高16.0m，距母干1.3m，为所有复干距母干最远者。有萌蘖10余株，与母干距离为0～0.5m。该树结果量一般，北侧为高速公路，该树距高速路仅3.0m，南侧为树林，伴生树种有杉木、栓皮栎、构树和漆树等。N=30° 36′ 36.1″，E=110° 16′ 26.9″，H=1095m。

巴东县清太坪镇竹园坪村7组

树龄2400年，树高28.0m，胸径2.40m。

巴东县清太坪镇白沙坪村3组（图9-1-37）

雌株，树龄2500年，树高25.0m，胸径1.12m，冠幅19.8m×18.0m，枝下高2.0m。生长旺盛，树冠卵圆形，树形优美。母干挺直粗壮，与最大复干紧靠在一起，并行生长。母干有7大分枝，6.0m以上分枝较粗壮，基径都在50cm以上。有复干5个，最大复干胸径0.72m，高24.0m，有5个分枝，枝下高8.5m，在1.0m以下与母干长在一起；离母干最远的复干胸径0.28m，高6.0m，与母干距离为0.15m。有垂乳13个，最大垂乳基径6cm，长16cm，着生于母干西侧第一分枝处，距地面2.6m。该树的伴生树种为杉木、棕榈和漆树，南侧与西侧为银杏苗圃地，育有2年生银杏苗。N=30° 33′ 05.8″，E=110° 15′ 55.4″，H=1047m。

巴东县清太坪镇白沙坪村3组

雌株，树龄2500年，树高26.0m，胸径2.50m，冠幅19.0m×19.0m。被命名为“清太1号”、“白沙1号”的古银杏树。树的主人黄恩云，相传是黄氏先祖“落业公公”所栽。树状如蘑菇，丛生9株，胸围21m（含丛生株），年产籽500kg。主树干曾被雷电高位击断，树中空，可容纳30余人。据说鸦片战争时期，乡民为避禁烟官吏，藏在其中打牌吸鸦片，不慎失火，致树倒。9根丛生树如今已是古意盎然，并围成天然栅栏。大集体年代，生产队常把耕牛关在其中。

巴东县清太坪镇史家坪村3组

雌株，树高25.3m，胸径1.02m，树龄800年，冠幅17.0m×15.0m。一丛12株形态各异的雌性古银杏，四周附近无雄性银杏。称之谓“12寡妇”树。现在“12寡妇”树已成为史家一景，闻名全州。被命名为“清太40号”。

巴东县清太坪镇水布垭酒厂门口南30m（图9-1-38）

雌株，树龄800年，树高28.0m，胸径1.24m，冠幅9.0m×12.0m，枝下高2.5m。母干粗壮，向东倾斜10°，有两大主干，两主干在4.0m处分开，共有13个分枝，在7.5～8.0m处均有折断的分枝。有复干4个，最大复干胸径0.18m，高8.0m，复干与母干的距离为0～0.2m。该树结果较多，无伴生树种，

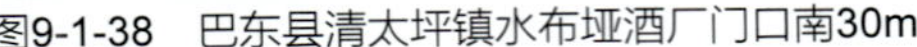

图9-1-38 巴东县清太坪镇水布垭酒厂门口南30m

图9-1-39 巴东县清太坪镇水布垭酒厂门口

图9-1-40 巴东县清太坪镇八字岩村5组

东侧为农田，西侧为公路，有简单保护措施。N=30° 30′ 21.3″，E=110° 13′ 31.0″，H=1115m。

巴东县清太坪镇水布垭酒厂门口（图9-1-39）

雌株，树龄150年，树高15.0m，胸径0.41m，冠幅9.0m×10.0m，枝下高2.7m。整体生长旺盛，树冠卵圆形。主干挺直，南侧有一断枝，有12个大的分枝，各分枝生长旺盛。该树无复干与萌蘖着生，结果量较少。该树西侧为公路，北侧为银杏种植合作社。N=30° 30′ 21.9″，E=110° 13′ 34.6″，H=1115m。

巴东县清太坪镇八字岩村5组（图9-1-40）

雌株，树龄600年，树高21.0m，胸径1.02m，冠幅14.5m×16.0m，枝下高2.3m。生长旺盛，树冠尖塔形。主干挺直，北侧一大主枝为一复干长时间生长与母干贴到一起形成，树体西侧长有一株基径2cm、高1.5m的侧柏，东侧有多株扶芳藤，最粗的2cm，缠绕树干向上生长高达6.0m；主干共有18个分枝，各分枝生长旺盛，分枝处生有一株1.0m高的构树。结果量较少，树体西侧为水泥路，东侧、北侧为农田，南侧为民居。N= 30° 33′ 15.4″，E=110° 15′ 25.1″，H=1011m。

巴东县清太坪镇青果山村4组五合门

树高50.0m，胸径1.50m，冠幅10.0m×10.0m，树龄300年，是清太坪镇最高的一株。

野山关镇金象坪4组水塘边

雄株，树高28.0m，胸径1.91m，冠幅18.0m×18.0m，树龄800年，树体硕大完整，生长健壮。树干别具一格，呈六菱形。

巴东县野三关镇平坦村7组（图9-1-41）

雌株，树龄1000年，树高29.0m，胸径2.52m，冠幅14.0m×13.0m，枝下高3.0m。生长旺盛，树冠近塔形，略偏冠。树体东侧根系裸露，向外延伸2.8m，高出地面0.35m，裸露面积为4.0m^2；北侧根系裸露长度1.5m，高出地面0.3m；西侧根系露出地面长3.5m，高0.4m，树体周围根系向外延伸最长达15.0m。母干粗壮，南侧有两个火烧形成的树洞，偏东侧树洞洞口基部宽1.0m，高2.0m；偏西侧树洞洞口基部宽0.7m，高1.5m。主干有11个大分枝，部分分枝有枯死现象，大部分分枝生长旺盛。有复干13个，最大复干胸径0.61m，高24.0m，该复干在1.0m以下与母干生长在一起，复干与母干的距离为0～1.0m，有萌蘖20余株，紧贴母干生长。有垂乳10个，最大垂乳位于母干南侧第一分枝距地面4.0m处，基径18cm，长60cm，另外有一基径25cm的垂乳被锯断。该树的伴生树种有竹子、栓皮栎和油杉等，北侧为农田。N= 30° 36′ 45.8″，E=110° 16′ 27.9″，H=1130m。

巴东县野三关镇吴家湾村1组牛四湾

树高26m，胸径2.65m，冠幅23.0m×23.0m，树龄500年，是野三关镇最大的一株。

巴东县杨柳池镇蛇口山村7组白果树冲

树龄2350年，树高25.0m，胸径2.35m。

巴东县野三关镇支井河村3组（图9-1-42）

雌株，树龄2420年，树高25.0m，胸径3.39m，冠幅13.5m×14.5m。该树生长旺盛，树冠卵圆形，无枯枝及枯梢现象，树体西侧少部分根系裸露，露出地面最高10cm，向外延伸1.0m，裸露面积约$2.0m^2$。主干挺直粗壮，距地面1.5m处分为两大主干，南侧主干距地面1.5m处长有一株基径5cm的紫藤，高约5.0m；北侧主干基部有一株基径6cm的紫藤，缠绕主干生长4.0m；北侧主干的西侧距地面4.0m处，生有一株朴树，基径10cm；最大复干基部生有一株高1.0m的构树，两主干共有分枝16个。两主干之间着生一复干，基径20cm，高3.0m，南侧主干基部有少量萌蘖。有垂乳2个，一个位于北侧主干西侧第一分枝上，距地面3.8m，基径5cm，长15cm；另一个位于南侧主干第一主枝距地面6.0m处，基径6cm，长14cm。该树结果量一般，与其伴生的树种有枣树、柿树和杉木等。N=30° 27′ 38.6″，E=110° 15′ 01.6″，H=980m。

巴东县野三关镇三溪村3组

树龄2730年，树高30.0m，胸径2.73m。

巴东县平阳坝镇

树龄500年，树高36.0m，胸径1.50m，总胸径4.41m。据传清同治年间树高36.0m，9人合围（13m），嘉庆四年（1799）被砍，后从树根萌发4株小树，现最大一株树高20.0m，胸径1.50m，并从树干分杈处寄生2株胸径20cm的白蜡树。树上生树，其景奇观。

巴东县税家乡下坪村3组

树龄2730年，树高22.0m，胸径2.73m。

巴东县绿葱坡镇手板岩村二组野猫榨

巴东海拔最高的银杏古树是生长在绿葱坡镇手板岩村二组野猫榨的一株，海拔1500m。

巴东县官渡河镇西瀼口村五组梅子庵

这里生长1颗巴东海拔最低的银杏树。

随州市曾都区英店镇三界桥

雄株，树高15.0m，胸径1.80m，冠幅14.5m×14.5m。

随州市曾都区洛阳镇中坪村

雌株，树高15.0m，胸径1.30m。

随州市曾都区洛阳镇中坪村

雌株，树高17.0m，胸径2.40m。

随州市曾都区洛阳镇中坪村

雌株，树高16.0m，胸径2.10m。

图9-1-41　巴东县野三关镇平坦村7组
（注：箭头示垂乳）

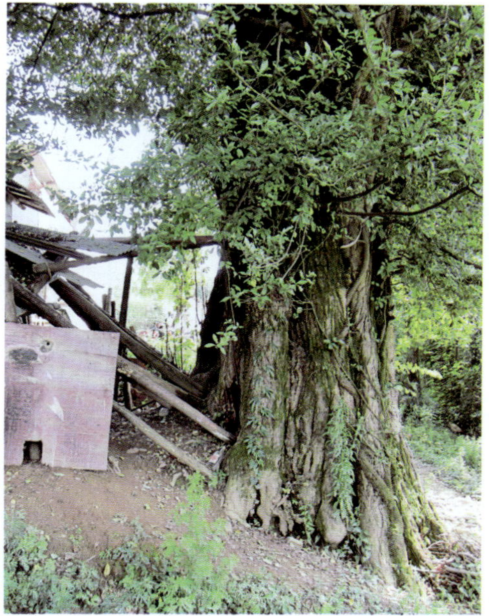

图9-1-42　巴东县野三关镇支井河村3组

随州市曾都区洛阳镇中坪村

雌株，树高22.0m，胸径1.90m。

随州市曾都区洛阳镇中坪村

雌株，树高18.0m，胸径1.10m。

随州市曾都区洛阳镇中坪村

雌株，树高16.0m，胸径1.80m。

随州市曾都区洛阳镇中坪村

雌株，树高13.0m，胸径1.30m。

随州市曾都区洛阳镇中坪村

雌株，树高16.0m，胸径2.50m。

随州市曾都区洛阳镇中坪村

雌株，树高12.0m，胸径1.05m。

随州市曾都区洛阳镇东坪村

雌株，树高14.0m，胸径1.15m。

随州市曾都区洛阳镇胡家河村1组（1）（图9-1-43）

群臣朝会银杏。雌株，树龄3000年，树高24.0m，胸径1.94m，冠幅17.8m×20.0m，枝下高1.3m。生长旺盛，树冠塔形，东侧树冠偏小。主干粗壮，略向西倾斜，共有15个大的分枝，北侧少部分分枝折断，其余分枝生长旺盛。母干周围有萌蘖100余株，萌蘖与母干的距离为0～0.5m，该树结果量一般，东侧与北侧为民居，西侧与南侧为农田；该树在该村银杏群落中被称为“银杏王”。此树旁边立有石碑记载：当年楚庄王伐随时在这里设过行宫，开过朝会，当地人民被他们那种各司其职，忠于职守的敬业精神的所感动，于是，种树再现当时朝会时的情景，以示纪念。大王神态端庄倾听群臣的意见，两侍女陪伴王后隐于大王身后，御林军队形整齐，肃立两侧。老太监随时准备传递奏折。左边的文臣，坦露胸怀，推心置腹，鞠躬尽瘁。右边的武将，气宇轩昂，整装待发，视死如归。N= 31° 26′ 00.9″，E=113° 19′ 51.0″，H=183m。

随州市曾都区洛阳镇胡家河村

雌株，树高15.0m，胸径2.40m。

随州市曾都区洛阳镇胡家河村1组（2）（图9-1-44）

雌株，树龄800年，树高17.0m，胸径0.83m，冠幅10.0m×17.0m，枝下高1.8m。生长旺盛，树冠阔塔形。主干挺直，基部略凸起，有10个大的分枝，各分枝生长旺盛，尤以东侧和北侧4个主枝生长最为旺盛。该树结果量较大，距银杏王有10.0m，东侧、北侧为民居，西侧和南侧为农田。N=31° 26′ 00.9″，E=113° 19′ 51.0″，H=183m。

随州市曾都区洛阳镇胡家河村1组（3）（图9-1-44）

雌株，树龄500年，树高13.0m，胸径0.60m，冠幅9.0m×10.0m，枝下高2.0m。生长旺盛，树冠阔塔形。主干挺直，在距地面2.0m处有一侧枝，主干有11个分枝，主要集中分布在主干5.0m以上的部位。该树结果，但结果量较小，东侧与南侧为树林，伴生树种为泡桐和毛竹。编号：1232，责任人：张守太。N= 31° 26′ 00.9″，E=113° 19′ 51.0″，H=186m。

随州市曾都区洛阳镇胡家河村1组（4）（图9-1-45）

雌株，树龄800年，树高12.0m，胸径0.82m，冠幅13.0m×12.0m，枝下高1.8m。生长旺盛，树冠阔塔形。南侧根系露出地面8cm，向南延伸1.0m。主干挺直，有6个大的分

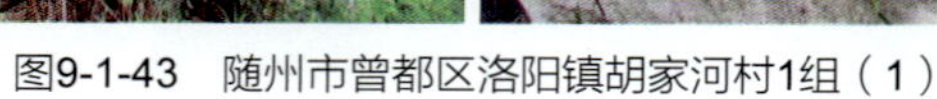

图9-1-43　随州市曾都区洛阳镇胡家河村1组（1）

图9-1-44　随州市曾都区洛阳镇胡家河村1组（2上、3下）

枝，各分枝生长旺盛，在主干周围分布均匀。该树结果量很大，北侧还有6株树龄100年的银杏树。N=31° 26′ 02.2″，E=113° 19′ 51.8″，H=185m。

随州市曾都区洛阳镇胡家河村1组（5）（图9-1-45）

雌株，树龄600年，树高14.0m，胸径0.51m，冠幅12.0m×8.0m，枝下高3.6m。生长旺盛，树冠塔形，南北方向树冠大于东西方向树冠。主干挺直，有10个分枝，各分枝生长旺盛。树体南侧距母干0.5m处有一基径0.20m、高5.0m的复干。该树结果量较大，西侧为农田，东侧和北侧为民居，无保护措施。N=31° 26′ 02.2″，E=113° 19′ 51.8″，H=185m。

随州市曾都区洛阳镇胡家河村1组（6）（图9-1-46）

雌株，树龄600年，树高15.5m，胸径0.60m，冠幅14.0m×10.0m，枝下高3.0m。生长旺盛，树冠塔形。主干挺直，10余个分枝，各分枝较小，但生长旺盛。该树结果量较大，西侧为农田，东侧和北侧为民居，南侧为银杏古树小群落。N=31° 26′ 02.2″，E=113° 19′ 51.8″，H=185m。

随州市曾都区洛阳镇胡家河村1组（7）（图9-1-46）

雌株，树龄600年，树高16.0m，胸径0.50m，冠幅13.0m×10.0m，枝下高2.1m。生长旺盛，树冠阔塔形。主干挺直，有10个分枝，西侧1.6m处两主枝被锯掉，其中，以最底端两个分枝最粗大。该树枝叶正常，结果量较大，西侧为农田，东侧和北侧为民居，南侧为银杏古树小群落。N=31° 26′ 02.2″，E=113° 19′ 51.8″，H=185m。

随州市曾都区洛阳镇胡家河村1组（8）（图9-1-47）

雌株，树龄600年，树高10.0m，胸径0.44m，冠幅11.5m×7.0m，枝下高3.5m。生长旺盛，树冠形状不规则，偏冠，南侧树冠大于北侧。主干向南倾斜10°，西侧有一残留枯枝，有3个大的主枝，由于结果较多，主枝弯曲下垂，各主枝生长旺盛。该树枝叶正常，结果量较大，西侧为农田，东侧和北侧为民居，南侧为银杏古树小群落。N=31° 26′ 02.2″，E=113° 19′ 51.8″，H=185m。

随州市曾都区洛阳镇胡家河村1组（9）（图9-1-47）

雌株，树龄800年，树高15.0m，胸径0.69m，冠幅8.0m×8.0m，枝下高3.0m。生长旺盛，树冠形状不规则，东侧树冠明显大于西侧。主干挺直，有分枝10余个，分枝生长旺盛，均匀分布于主干上。该树枝叶正常，结果量较大，南侧为水泥路，东侧为民居，北侧为农田，西侧为一银杏。N= 31° 26′ 02.2″，E=113° 19′ 51.8″，H=185m。

图9-1-45　随州市曾都区洛阳镇胡家河村1组（4左、5右）

图9-1-46　随州市曾都区洛阳镇胡家河村1组（6左、7右）

随州市曾都区洛阳镇胡家河村1组（10）

雌株，树龄800年，树高15.0m，胸径0.56m，冠幅8.0m×10.0m，枝下高2.0m。生长旺盛，树冠形状不规则，西侧树冠远大于东侧。主干挺直，有分枝10个，各分枝生长旺盛。该树枝叶正常，结果量较大，南侧为水泥路，东侧为民居，北侧为农田。编号：1240，责任人：胡享双。N=31° 26′ 02.2″，E=113° 19′ 51.8″，H=185m。

随州市曾都区洛阳镇胡家河村1组（11）（图9-1-48）

雌株，树龄800年，树高10.0m，胸径0.78m，冠幅8.0m×6.0m，枝下高1.5m。树势衰弱，濒危，树冠形状不规则，主枝梢部枯死严重。主干挺直，有3个大分枝，分枝高度较低；主干南侧距地面1.6m处有一主枝折断；主干基部腐烂形成小洞，树体西南侧2.0m以下部分树皮脱落。该树枝叶正常，树体南侧有有一株萌蘖，紧贴母干生长。该树南侧为水泥路，北侧为民居，伴生树种有芭蕉等。N=31° 26′ 00.9″，E=113° 19′ 46.6″，H=174m。

随州市曾都区洛阳镇胡家河村1组（12）（图9-1-49）

雌株，树龄1000年，树高17.0m，胸径1.04m，冠幅8.0m×7.0m，枝下高1.4m。生长较旺盛，树冠尖塔形，东西侧树冠略小于南北侧树冠，南侧最大主枝顶端枯死。主干挺直，在0～1.3m范围内，有多处树瘤着生，树体基部西侧有一小树洞；有8个分枝，西南侧两个主枝折断，仅剩部分侧枝，南侧距地面2.2m处一主枝折断。枝叶正常，有垂乳4个，均着生于树体西侧距地面1.4m处，最大的基径10cm，长5cm。该树结果量较大，东侧为水泥路，西侧为民居。编号：1244，责任人：胡久。N=31° 26′ 02.9″，E=113° 19′ 50.2″，H=174m。

随州市曾都区洛阳镇胡家河村1组（13）（图9-1-50）

雌株，树龄700年，树高15.0m，胸径0.58m，冠幅8.0m×13.0m，枝下高2.8m。生长旺盛，树冠阔塔形，东西方向树冠小于南北方向。主干略向东倾斜，有10个分枝，东侧一主枝因大风折断，西侧距地面5.0m处一主枝枯死，其余分枝生长旺盛。该树枝叶正常，结果量很大；东侧为一小河，西侧为水泥路。编号：1277，责任人：孙大平。N=31° 26′ 02.9″，E=113° 19′ 50.2″，H=174m。

随州市曾都区洛阳镇胡家河村1组（14）（图9-1-51）

雌株，树龄1000年，树高16.0m，胸径1.31m，冠幅8.0m×6.0m，枝下高2.0m。生长旺盛，树冠尖塔形，南北方向树冠略小于东西方向，大部分主枝顶端折断。主干粗壮，南侧基部有一树洞，洞口基部宽0.8m，高1.0m，

图9-1-47 随州市曾都区洛阳镇胡家河村1组（8左、9右）

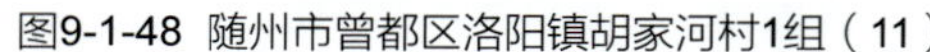

图9-1-48 随州市曾都区洛阳镇胡家河村1组（11）

图9-1-49 随州市曾都区洛阳镇胡家河村1组（12）（注：1. 左12、右14；2、3、4. 12；箭头示垂乳）

从树洞延伸到主干顶部都有腐烂；树体西侧有一基部宽0.5m、高0.9m的树洞。主干现有6个分枝，东南方向被锯掉3个大主枝，枯死腐烂的分枝较多。该树枝叶正常，结果量很大。东侧为一小河，西侧为水泥路。编号：1232，责任人：张守太。N=31° 26′ 02.9″，E=113° 19′ 50.2″，H=174m。

随州市曾都区洛阳镇胡家河村1组（15）（图9-1-52）

雌株，树龄800年，树高20.0m，胸径0.71m，冠幅8.0m×10.0m，枝下高1.8m。生长旺盛，树冠塔形，偏冠。主干粗壮，挺直，东南方向在距地面2.0～3.0m范围内有两大侧枝折断；主干有10个分枝，各分枝生长旺盛。该树枝叶正常，结果量很大。东侧为一小河，西侧为水泥路。编号：1232，责任人：张守太。N=31° 26′ 02.9″，E=113° 19′ 50.2″，H=174m。

随州市曾都区洛阳镇胡家河村1组（16）（图9-1-53）

雌株，树龄800年，树高14.0m，胸径0.80m，冠幅6.0m×5.0m，枝下高2.5m。生长较旺盛，树冠塔形。有2个主干，西侧主干在0.8m处被锯断，东侧主干在4.0m处劈裂折断，仅残存小部分侧枝。有复干3株，最大复干直径0.31m，高14.0m，距母干0.3m；复干与母干的距离为0～0.3m；树体北侧有萌蘖10余株，紧贴母干生长。该树结果较大，西侧和南侧为农田，北侧为民居。N=31° 26′ 00.9″，E=113° 19′ 46.6″，H=174m。

随州市曾都区洛阳镇胡家河村1组（17）（图9-1-54）

雌株，树龄1000年，树高16.0m，胸径0.57m，冠幅10.0m×8.5m，枝下高2.8m。生长旺盛，树冠形状不规则，偏冠。主干弯曲，距地面3.0～3.6m范围内有一处腐烂，西侧1.4～3.8m处树皮脱落；有2个大的分枝，分枝生长旺盛。该树结果量较大，西侧为民居，东侧为小河。编号1229，责任人：王福丰。N=31° 26′ 02.9″，E=113° 19′ 50.2″，H=174m。

随州市曾都区洛阳镇胡家河村1组（18）（图9-1-55）

雌株，树龄900年，树高15.0m，胸径0.55m，冠幅8.5m×9.0m，枝下高1.0m。生长旺盛，树冠塔形，树形优美。主干挺直，基部有小的瘤状凸起，有5个大分枝，分枝高度较小，分枝都从1.0m处长出，各分枝生长旺盛。有复干一个，胸径0.20m，高9.0m，距母干0.2m，在1.5m处与母干一分枝贴在一起。该树结果量一般，树体西侧为水泥路和民居，东侧为小河。编号：1227，责任人：胡旺生。N=31° 26′ 02.9″，E=113° 19′ 50.2″，H=174m。

图9-1-50 随州市曾都区洛阳镇胡家河村1组（13）

图9-1-51 随州市曾都区洛阳镇胡家河村1组（14）

图9-1-52 随州市随州市曾都区洛阳镇胡家河村1组（15）

随州市曾都区洛阳镇胡家河村1组（19）（图9-1-56）

雌株，树龄500年，树高12.0m，胸径0.49m，冠幅8.5m×6.0m，枝下高1.5m。生长旺盛，树冠塔形，主干顶梢折断，其余分枝无枯梢及枯枝。主干挺直，有分枝10个，分枝均从主干1.5m处长出，各分枝生长旺盛。该树结果量很大，致使部分侧枝被压弯。该树西侧为民居，东侧为银杏园和水泥路。编号：1283，责任人：胡礼鹏。N=31° 26′ 02.9″，E=113° 19′ 50.2″，H=174m。

随州市曾都区洛阳镇胡家河村1组（20）（图9-1-57）

雌株，树龄600年，树高13.0m，胸径0.52m，冠幅7.0m×8.0m，枝下高2.0m。生长旺盛，树冠塔形，树形优美。主干挺直，有分枝11个，均匀分布于主干上，各分枝生长旺盛。该树结果量较大，树体西侧为水泥路，东侧为小河。N=31° 26′ 02.9″，E=113° 19′ 50.2″，H=174m。

随州市曾都区洛阳镇胡家河村1组（21）（图9-1-57）

雌株，树龄500年，树高11.0m，胸径0.59m，冠幅9.0m×11.0m，枝下高1.6m。生长旺盛，树冠形状不规则，偏冠。主干挺直，共有6个分枝，各分枝均从主干2.0m以下分开，生长旺盛。该树枝叶正常，该树结果量一般，树体东侧为农田，西侧为水泥路和民居。N=31° 26′ 03.5″，E=113° 19′ 50.0″，H=174m。

随州市曾都区洛阳镇胡家河村1组（22）（图9-1-58）

雌株，树龄300年，树高10.0m，胸径0.59m，冠幅8.0m×7.0m，枝下高1.8m。生长旺盛，树冠形状不规则，东侧树冠大于西侧树冠，形成偏冠。主干挺直，东侧有一株紫藤，缠绕主干生长；有分枝5个，各分枝生长旺盛。该树结果量较小，树体东侧为水塘，西侧为水泥路。N=31° 26′ 03.5″，E=113° 19′ 50.0″，H=174m。

随州市曾都区洛阳镇胡家河村1组（23）（图9-1-58）

雄株，树龄800年，树高13.0m，胸径0.71m，冠幅8.0m×7.0m，枝下高3.5m。生长较旺盛，树冠形状不规则，无枯梢。主干略向北倾斜，基部东侧有小部分腐烂，腐烂面积约$0.5m^2$；分枝高度较高，分枝有12个，集中分布在主干4.0～5.0m范围内；北侧有两分枝断裂。该树未见结果，东侧为小路，西侧为民居，位于该银杏古树群落的北端。编号：1224，责任人：胡春玖。N=31° 26′ 03.5″，E=113° 19′ 50.0″，H=174m。

图9-1-53 随州市曾都区洛阳镇胡家河村1组（16）

图9-1-54 随州市曾都区洛阳镇胡家河村1组（17）

图9-1-55 随州市曾都区洛阳镇胡家河村1组（18）

随州市曾都区洛阳镇胡家河村1组（24）（图9-1-59）

雌株，树龄800年，树高12.0m，胸径0.65m，冠幅9.0m×7.0m，枝下高2.0m。生长旺盛，树冠塔形。主干挺直，有分枝10个，分枝在主干上成层分布，各分枝生长旺盛。该树枝叶正常，结果量一般，西侧为水泥路，东侧为水塘。N= 31° 26′ 03.5″，E=113° 19′ 50.0″，H=174m。

随州市曾都区洛阳镇胡家河村1组（25）

雌株，树龄500年，树高10.0m，胸径0.75m，冠幅10.0m×8.0m，枝下高1.5m。生长旺盛，树冠形状不规则，东西侧树冠大于南北侧树冠。主干挺直，基部生有藤本植物，有4个大的分枝，各分枝均从主干1.5m处长出，生长旺盛。主干基部东侧有萌蘖20株，萌蘖与母干的距离为0～0.5m。该树结果量一般，树体西侧为山丘与农田，东侧为水泥路，南侧为民居。N= 31° 26′ 03.5″，E=113° 19′ 50.0″，H=184m。

随州市曾都区洛阳镇胡家河村1组（26）（图9-1-59）

雌株，树龄200年，树高14.0m，胸径0.35m，冠幅6.0m×5.0m，枝下高3.0m。生长旺盛，树冠卵圆形，东西侧树冠大于南北侧树冠，偏冠。主干挺直，共有3个大的分枝，分枝生长旺盛。该树结果量一般，树体西侧为小河，东侧为农田。编号：1229，责任人：王福丰。N= 31° 26′ 00.9″，E=113° 19′ 50.0″，H=174m。

随州市曾都区洛阳镇胡家河村1组（27）（图9-1-60）

雌株，树龄700年，树高15.0m，胸径0.36m，冠幅6.0m×5.0m，枝下高1.2m。生长旺盛，树冠形状不规则，北侧树冠大于南侧树冠。主干挺直，分枝高度较低，有5个分枝，所有分枝均从主干1.2m处生出，生长旺盛。该树结果量一般，树体西侧为小河，东侧为农田。编号：1222，责任人：肖世国。N= 31° 26′ 00.9″，E=113° 19′ 50.0″，H=174m。

随州市曾都区洛阳镇胡家河村1组（28）（图9-1-61）

雌株，树龄180年，树高10.0m，胸径0.51m，冠幅8.0m×6.0m，枝下高2.0m。生长旺盛，树冠阔塔形，无偏冠现象。主干挺直，有8个分枝，各分枝均在2.0～2.5m范围内，生长旺盛。该树结果量一般。树体西侧为小河，东侧为农田。编号：1223，责任人：胡春玖。N= 31° 26′ 00.9″，E=113° 19′ 50.0″，H=174m。

图9-1-56 随州市曾都区洛阳镇胡家河村1组（19）

图9-1-57 随州市曾都区洛阳镇胡家河村1组（20左、21右）

图9-1-58 随州市曾都区洛阳镇胡家河村1组（22左、23右）

随州市曾都区洛阳镇青林寨村（图9-1-62）

复干银杏。雌株，树龄2600年，树高23.0m，胸径2.13m，冠幅15.0m×18.0m，枝下高4.0m。生长旺盛，树冠阔塔形，树形优美。主干粗壮，在1.8m处分作2个主干，两主干径在1.0m以上。有分枝近20个，在两主干上均匀分布。有复干1株，胸径0.25m，高10.0m。编号：1127，管护人：周保定。传说“银杏至尊”是朱元璋当了皇帝后封的。朱元璋与徐寿辉等农民起义的领袖一道推翻了元朝。后来为了争夺皇位，各起义队伍之间又展开了争斗。至正年间，鄱阳湖一战徐寿辉被朱元璋打败，顺长江而上，退至江汉一带。当时任徐寿辉部下先锋的明玉珍，受徐寿辉的指令，带了部分将领回到他的老根据地青林寨，一边招兵买马，一边教练新兵，以壮军力。一天，朱元璋率领大军，包围了青林寨，将大本营扎在青林寨东边的一座山包上。山包上有一棵一株双干的大银杏树，因树龄太高，树根裸露，枝残叶稀，酷似一对携手相扶的老夫妻。朱元璋见了动了恻隐之心，命士兵给老树培了一些土，然后设行宫于树下，坐阵指挥，攻打青林寨。

明玉珍自知寡不敌众，紧闭寨门，凭险居守，以待援军。朱元璋指挥部下攻寨多次，均被居高临下的明玉珍用乱箭流石打得落花流水。两军相持一个多月，深秋的一个早晨，天刚蒙蒙亮，朱元璋从梦中惊醒，四周杀声震天，原来是徐寿辉的援军到了。明玉珍接到信号，率众冲下山寨，里应外合，将朱元璋的大本营围了个水泄不通。朱元璋面临绝境，插翅难飞，心里急得火烧火燎。四周“活抓朱元璋”的喊声震天，朱元璋仰天长叹：“天绝我也！”说也奇怪，朱元璋叹声未落，一片金黄色的银杏树叶落在他的额头上。朱元璋拿在手里一看，上面有两行字：“一朝为天子，廉政爱民否？”朱元璋心有灵犀，噗通一声跪在银杏树下。边磕头边发誓：“一朝为天子，视民为父母。”顷刻，银杏树无风摇动，山包四周云雾涌起，云雾笼罩了一切，能见度不足一丈远。朱元璋迅速换了一套老百姓的衣着，怀揣那片有字的银杏树叶，逃出了重围。

后来朱元璋重整旗鼓，打败了徐寿辉，把明玉珍撵到了重庆，自己在南京做了皇帝。那片银杏叶他一直夹在书里，放在龙案上，每天拿出来看一次，“视民为父母”成了他的座右铭。银杏树叶做书笺就是从此沿袭下来的。

朱元璋做了皇帝后，封当年攻打青林寨设行宫的那个山包为“救孤岭”，封救了他性命的那棵老银杏树为“银杏至尊”；并每天面向“救孤岭”方向为那棵老银杏树祈祷，愿它返老还童，生育后代，排遣孤寂，

图9-1-59 随州市曾都区洛阳镇胡家河村1组（24左、26右）

图9-1-60 随州市曾都区洛阳镇胡家河村1组（27）

图9-1-61 随州市曾都区洛阳镇胡家河村1组（28）

享受天伦。果然，救孤岭上的“银杏至尊”返老还童了。树干挺拔，枝叶繁茂，树围超过了8m。更有趣的是，紧贴树干对称地长出两棵小银杏树。看去恰似一对手挽手的中年夫妻，一人牵了一个孩子，正在游山玩水，品味着天伦之乐。

随州市曾都区洛阳镇青林寨村

雌株，树高13.0m，胸径1.30m。

随州市曾都区洛阳镇青林寨村

雌株，树高13.0m，胸径1.62m。

随州市曾都区洛阳镇青林寨村

雌株，树高12.0m，胸径1.20m。

随州市曾都区洛阳镇青林寨村

雌株，树高14.0m，胸径1.15m。

随州市曾都区洛阳镇永兴村（1）（图9-1-63）

雌株，树龄2750年，树高26.0m，胸径1.98m，冠幅13.0m×12.0m，枝下高7.0m。生长旺盛，树冠卵圆形，北侧树冠略大于南侧树冠，部分树梢干枯。主干挺直、粗壮，北侧、西侧部分主干被锯掉；主干东侧1.5m处有直径15cm的瘤状凸起。有12个分枝，南侧距地面7.0m处有两个枯枝，各分枝均匀分布于母干上。该树枝叶正常，结果量一般，位于该村银杏古树园内，基部东侧有乌龟状石碑，上面刻有“中国千年银杏谷”字样。此树为该银杏院内“五老树”中最大者。N= 31° 26′ 30.3″，E=113° 19′ 46.6″，H=174m。

随州市曾都区洛阳镇永兴村（2）（图9-1-64）

雌株，树龄1500年，树高21.0m，胸径1.36m，冠幅15.0m×14.0m，枝下高2.0m。生长旺盛，树冠塔形，树形优美，但有部分枯枝。根系裸露，向周围延伸最远2.0m，露出地面最高20cm。主干挺直，南侧2.0m、4.0m处有枯枝，东侧4.5m处有枯枝。有16个分枝，分枝均匀分布于母干上，各分枝生长旺盛。枝叶正常，结果量较大。该树位于该村银杏古树园内，基部东侧有乌龟状石碑，上面刻有“中国千年银杏谷”字样。此树为该银杏园内“五老树”之一。N= 31° 26′ 30.3″，E=113° 19′ 46.6″，H=174m。

随州市曾都区洛阳镇永兴村（3）（图9-1-65）

雌株，树龄1500年，树高22.0m，胸径1.62m，冠幅15.0m×12.0m，枝下高1.5m。生长旺盛，树冠阔塔形，无枯梢，有部分侧枝枯死。主干挺直，树体南侧1.3m处有一主枝被锯掉，5.5m处有两主枝折断，6.0m处有两主枝被锯掉；北侧3.0m和3.5m处有两主枝被锯掉。主干有16个分枝，均匀分布于树干周围，各分枝生长旺盛。该树位于该村银杏古树园内，基部东侧有乌龟状石碑，上面刻有“中国千年银杏谷”字样。此树为该银杏园内“五老树”之一。N=31° 26′ 30.3″，E=113° 19′ 46.6″，H=174m。

随州市曾都区洛阳镇永兴村（4）（图9-1-66）

雌株，树龄2000年，树高27.0m，胸径1.93m，冠幅16.0m×18.0m，枝下高3.2m。生长旺盛，树冠卵圆形，树形优美。主干挺直，西侧基部有一高0.7m、宽0.6m的树洞。有20个分枝，均匀分布于树干周围，分枝生

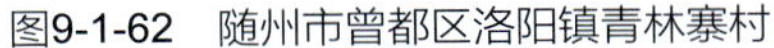

图9-1-62 随州市曾都区洛阳镇青林寨村

图9-1-63 随州市曾都区洛阳镇永兴村（1）

长旺盛，基本无枯死现象。该树位于该村银杏古树园内，基部东侧有乌龟状石碑，上面刻有“中国千年银杏谷”字样。此树为该银杏园内“五老树”之一。N=31° 26′ 30.3″，E=113° 19′ 46.6″，H=174m。

随州市曾都区洛阳镇永兴村（5）（图9-1-66）

雌株，树龄1500年，树高23.0m，胸径1.35m，冠幅10.0m×12.0m，枝下高4.0m。生长旺盛，树冠卵圆形，树形优美。主干挺直，在4.0m处分为两大主干，西侧主干1.0m处有一主枝折断，东侧主干1.3m处有一主枝被锯掉。有分枝20个，各侧枝生长旺盛。该树位于该村银杏古树园内，基部东侧有乌龟状石碑，上面刻有“中国千年银杏谷”字样。此树为该银杏园内“五老树”之一。N=31° 26′ 30.3″，E=113° 19′ 46.6″，H=174m。

随州市曾都区洛阳镇金鸡岭村

树高25.0m，胸径0.86m，冠幅14.4m×16.0m，是该地一个明显的标志。

随州市曾都区洛阳镇刘家桥村

胸径2.00m。

随州市曾都区洛阳镇张畈村

树高33.0m，胸径1.56m，冠幅17.0m×15.8m。雌雄同株，上部是分枝角度较小的雄枝，下部是分枝角度较大的雌枝。编号：0174号。

随州市曾都区南郊街丛林村

树龄1000年，生长于平畈上。

随县万和镇桐柏山太白顶风景名胜区子房庙（图9-1-67）

“银杏王”。树龄1000年，树高32.5m，胸径2.10m，冠幅25.0m×28.0m。

随县长岗镇洪山寺（图9-1-68）

雄株，树龄1100年，树高28.0m，胸径2.56m，冠幅15.0m×15.0m。大洪山是一座佛教名山，在山的东北侧，有一座唐代寺院，叫洪山寺。洪山寺在清末曾毁于战乱，改革开放以后，随州市人民政府已投巨资修葺一新。在洪山禅寺下院前生长着一株高大挺拔的古银杏树，相传为唐大（太）和年间（827）大洪山佛教的开山祖师慈忍禅师所栽。冠幅荫笼半亩余，5人环抱树腰还需多加一手，堪称“楚北树王”。古银杏树东侧，有一座塔林，系明清两代洪山寺下院和尚的墓塔丛林，原有数十座，因其状如丛木相倚成林，又位于洪山寺东，故名“东塔丛林”。塔多毁于兵乱，现仅存通贤师塔，建于明成化年间。

图9-1-64　随州市曾都区洛阳镇永兴村（2）

图9-1-65　随州市曾都区洛阳镇永兴村（3）

图9-1-66　随州市曾都区洛阳镇永兴村（4左、5右）

随县殷店镇白果树村

胸径1.00m以上的1株。殷店镇一村民家里摆着一个方桌，桌面是由一整块银杏树板子作的，估计这棵树胸径在1.3m以上。

随县殷店镇白果树村

胸径0.80m以上4株。

大洪山林场白龙池分场

小桥河溪边着生了一株300年以上银杏树和一些银杏中幼树，长势良好。

随县万和镇峰山村

雄株，树高20.0m，胸径1.95m，冠幅25.5m×25.5m。

随县万和镇贾店村

胸径2.00m。

随县殷店镇双河村河边

雌株，树龄1000年，该树位于桐柏山下。

随县柳林镇

有古银杏分布。

随县三里岗镇三马河村

雌株，该树被称为“葡萄银杏”，结果似葡萄串状，只见果子不见叶。

随县草店镇大白果湾

雌株，树高25.0m，胸径1.10m，树龄300年，冠幅19.0m×22.0m。‘神农1号’，原产湖北随州市，又名‘随草2号圆子’。根系发达，延伸30.0m，裸于地表。

随县草店镇小白果湾

胸径0.60m。2株，胸径都在0.6m以上。

随县草店镇柯家寨村三道河

银杏群落。

神农架林区新华镇唐家营

树高32.0m，胸径2.20m。

图9-1-67 随县万和镇桐柏山太白顶风景名胜区子房庙

图9-1-68 随县长岗镇洪山寺

江苏省银杏古树资源

一 古树生境及地理气候指标

江苏省地带性土壤有褐土、棕壤、黄棕壤和黄壤，非地带性土壤有盐渍土、草甸土和沼泽土等。褐土主要分布在徐州、淮阴西部的丘陵岗地区。棕壤主要分布于徐淮地区的东部–东海、赣榆及连云港市一带。黄棕壤主要分布在南京、溧水、丹阳、常州、常熟一线以北地区。北连棕壤和淋溶褐土地带，南向黄壤地带过渡。草甸土在江苏分布比较广泛，其成土母质多为较新的冲积物和湖积物，质地以沙壤土或轻壤土为主，黄壤仅分布在南部高淳、溧阳、宜兴、吴县等市县境内。植被类型主要有阔叶林、针叶林和草本植物。阔叶林的基本建群树种以壳斗科为主，其次为榆科、豆科、蔷薇科及漆树科等。针叶林的建群树种为赤松、马尾松、杉木、黑松、侧柏，大多为人工林。

江苏省主要银杏分布区地理气候指标如表9-3所示。

二 古树分布及株数

全省胸径1m以下的居多，其次为1～2m，2～3m极少见，没有发现野生状态的银杏古树群。江苏省共有13个市、102个县（市、区），其中有银杏古树分布的有13个区（市），占100%，有64个县有银杏古树的分布，占62.26%，共有130个乡镇有银杏古树的分布（图9-3）。江苏古银杏报道株数10696株，本次实测及统计共有9556株，其中632株具有生长指标（表9-4）。

江苏古银杏资源的分布大体上可以划为3个分布区：①苏北分布区。这是以邳州为中心的苏北片，包括邳州、新沂、沭阳等县。其

表9-3 江苏省主要银杏分布区地理气候指标

县（市）	经度	纬度	年均温（℃）	年降水量（mm）	无霜期（天）	年均日照时数（小时）	1月均温（℃）	绝对最低温度（℃）	≥10℃积温
南京玄武区	118° 48′	32° 03′	17.0	1034.0	237	2014		-13.1	4750
宜兴市	119° 31′～120° 03	31° 07′～31° 37′	15.7	1177.0	241	2074	2.9	-7.7	5418
邳州市	117° 35′～118° 10′	34° 07′～34° 40′	13.9	903.6	211	2350			4431
苏州姑苏区	120° 37′	31° 39′	16.0	1076.2	230	2000			4991
如皋市	120° 20′～120° 50′	32° 00′～32° 30′	14.7	1386.8	216	2078	1.7	-10.0	5365
南通通州区	120° 41′～121° 25′	31° 52′～32° 15′	14.5	1150.0	190	2349		-21.0	4189
连云港连云区	119° 22′	34° 45′	14.0	882.6	215	1731	1.1		5214
淮安淮阴区	118° 56′～119° 09′	33° 22′～33° 56′	14.0	799.8	225	2300			4800
扬州广陵区	119° 26′	32° 23′	14.8	1030.0	220	2140			
镇江京口区	119° 28′	32° 12′	15.5	1070.0	238	2113			4850
泰州高港区	119° 38′～120° 33′	32° 01′～33° 10′	14.9	1027.2	221	2125	2.0	-12.5	5357
泰兴市	120° 01′	32° 10′	14.9	1027.0	220	2125	2.0	-10.0	4832
泗阳县	118° 20′～118° 45′	33° 23′～33° 58′	14.2	906.2	210	2215			5161

表9-4 江苏省银杏古树分布地点及株数汇总

区（市）	县（市、区）	乡（镇）
南京市（15株）	浦口区（3株）	汤泉镇
	栖霞区（2株）	栖霞镇
	六合区（2株）	
	建邺区（1株）	
	白下区（1株）	
	江宁区（1株）	
	玄武区（4株）	
	溧水县（1株）	石湫镇
无锡市（20株）	惠山区（2株）	石塘湾镇
	滨湖区（4株）	马山镇
	南长区（3株）	
	崇安区（1株）	
	锡山区（1株）	
	宜兴市（6株）	周铁镇、新庄镇、丁蜀镇、宜城镇、张渚镇
	江阴市（3株）	顾山镇
徐州市（4414株）	新沂市（1株）	纪集镇
	邳州市（4413株）	港上镇、铁富镇、白埠镇、邹庄镇、港上镇、四户镇
常州市（3株）	天宁区（1株）	
	溧阳市（2株）	溧城镇
苏州市（158株）	姑苏区（123株）	
	虎丘区（1株）	
	吴中区（13株）	甪直镇、东山镇、车坊镇
	常熟市（6株）	梅李镇、虞山镇
	昆山市（8株）	周庄镇、三山镇、淀山湖镇、陆家镇、张浦镇、蓬朗镇
	吴江区（6株）	横扇镇、震泽镇、庙港镇、八都镇
	张家港市（1株）	大新镇
南通市（219株）	海安县（12株）	仁桥镇、曲塘镇、海南镇、海安镇、西场镇
	如皋市（39株）	高明镇、九华镇、搬经镇、常青镇、黄市镇、磨头镇、东陈镇、白蒲镇、林梓镇、如城镇、袁桥镇、柴湾镇、下原镇、吴窑镇
	如东县（12株）	马塘镇、双甸镇、掘港镇、双甸镇、栟茶镇、浒零乡、掘港镇、岔河镇
	启东市（5株）	吕四镇、海复镇
	崇川区（1株）	
	通州区（138株）	四安镇、石洪镇、东社镇、骑岸镇、石港镇、金沙镇、先锋镇、兴东镇、刘桥镇、五接镇、余西镇、东社镇、二甲镇、洪闸镇
	海门市（4株）	常乐镇
	港闸区（8株）	

（续）

区（市）	县（市、区）	乡（镇）
连云港市（10株）	新浦区（4株）	
	连云区（5株）	朝阳镇、城西镇、云山乡、宿城镇
	东海县（1株）	石榴镇
淮安市（7株）	淮阴区（4株）	
	淮安区（2株）	
	盱眙县（1株）	
盐城市（4株）	亭湖区（1株）	南洋镇
	射阳县（1株）	特庸镇
	东台市（2株）	富安镇
扬州市（34株）	江都区（4株）	邵伯镇、仙女镇、大桥镇
	广陵区（27株）	
	邗江区（2株）	
	高邮市（1株）	天山镇
镇江市（35株）	丹徒区（4株）	丁岗镇、大路镇、姚桥镇、上党镇
	京口区（19株）	大港镇
	润州区（10株）	
	句容市（1株）	边城镇
	扬中市（1株）	
泰州市（4613株）	泰兴市（4301株）	宣堡镇、张桥镇、黄桥镇、泰兴镇、元竹镇、珊瑚镇、根思乡、焦荡镇、河失镇、分界镇
	高港区（301株）	胡庄镇、许庄街道、口岸镇
	海陵区（5株）	苏陈镇
	姜堰区（6株）	大伦镇、顾高镇、姜堰镇
宿迁市（24株）	沭阳县（4株）	贤官镇、沭城镇、钱集镇
	泗阳县（8株）	众兴镇、李口镇、南刘集乡、城厢镇、众兴镇、临河镇、王集镇
	宿城区（3株）	经济开发区
	宿豫区（2株）	蔡集镇
	泗洪县（7株）	界集镇、四河乡、青阳镇、双沟镇
总计：江苏省银杏古树主要分布在13个区（市）、62个县（市、区）、130乡镇，共有9556株。		

中邳州境内东北部的沂、武河两岸的港上、铁富、白埠和邹庄4个乡镇的古银杏总株最多。②苏中分布区。这是以泰兴为中心的苏中片，包括泰兴、姜堰、江都、如皋和通州。③苏南分布区。这是以吴中区为中心的太湖周边片，包括吴中区、宜兴、溧阳等地。

据报道泰兴市古银杏6191株，其中泰兴镇264株、蒋花镇7株、大生镇6株、黄桥镇2株、分界镇8株、元竹镇104株、古溪镇6株、河失镇2株、溪桥镇1株、新街镇115株、姚王镇75株、曲霞镇5株、珊瑚镇45株、广陵镇17株、张桥镇3株、南沙镇2株、宣堡镇3187株、根思镇363株、胡庄镇1979株（现属泰州市高港区）。泰兴市宣堡镇张河村143株。姜堰区有百年以上银杏树30多株，有2株近千年。原泰州古银杏百年以上14株。

邳州市100年以上古银杏4335株，其中300～499年树龄的有41株，500年以上的有13株。其中港上镇4027株（其中齐村1208株、曹楼620株、北东350株、北西1052株、港东13株、港中201株、港西124株、北荆邑456株。）、铁富镇305株（其中后于家9株、汤家11株、黄庙19株、吕家59株、胡滩83株、宋庄110株）、白龙埠镇30株（现已并于官湖镇）（其中石坝29株）、邹庄镇1株、四户镇1株、岔河镇1株。

苏州市吴中区车坊镇现有古银杏10株，分布在夏浜、朝前、马塔、大姚等7个村。

扬州市城区银杏一级古树25株，二级古树79株，共计104株。宜兴现有百年以上的古银杏121株，千年以上的有5株。

连云港现存树龄800年以上的古银杏数29棵，其中花果山有19株。

三 古树生物学

1. 性别

在已知性别的213株古银杏中，雌株

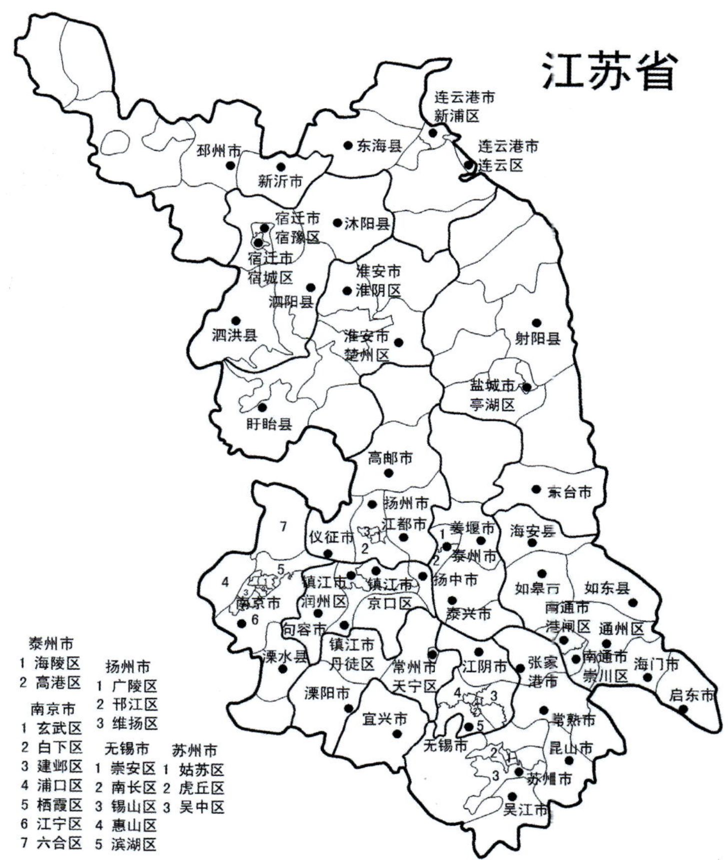

图9-3 江苏省银杏古树分布图

159株，占74.65%；雄株54株，占25.35%（图9-4）。

2.树高

树高最高单株为40.0m，位于连云港市连云区朝阳镇兴国寺（娘娘庙）；最矮单株为7.0m，位于苏州市姑苏区怡园（小沧浪南）；树高<10m的银杏为17株，占2.93%；10～20m的为356株，占61.38%；20～30m的为179株，占30.86%；30～40m的为27株，占4.66%；40～50m的为1株，占0.17%。树高前十位单株为：连云港市连云区朝阳镇兴国寺（娘娘庙）（40.0m）、扬州市广陵区赞化巷（36.0m）、南通市通州区余西青云观前庙（东社镇居委会3组）（35.0m）、泗阳县众兴镇张東居委会果树组（34.0m）、连云港市新浦区云台山花果山三元宫（33.5m）、苏州市姑苏区东园（孔雀园东南）（33.0m）、东海县石榴镇浦西小学（33.0m）、扬州市广陵区四望亭路16号扬州教育学院第二附属小学内（33.0m）、苏州市姑苏区东园（鸟禽区池北偏西）（32.0m）、吴江区八都镇双板村（32.0m）。

3. 树龄

年龄最大单株为2000年，位于苏州市吴中区东山镇北芒村岭下自然村村口；最小单株为100年，有88株；年龄在100～300年的为307株，占50.25%；300～500年的为150株，占24.55%；500～1000年的为98株，占16.04%；1000～2000年的为55株，占9.00%；2000～3000年的为1株，占0.16%。树龄前十位的单株是：苏州市吴中区东山镇北芒村岭下自然村村口（2000年）、溧水县石湫镇上方村上方寺（1800年）、宜兴市周铁镇小街城隍庙（1800年）、宜兴市周铁镇徐渎村（1800年）、宜兴市新庄镇洪巷村（行政村合并前的涪泗村小学内）（1800年）、宜兴市丁蜀镇兰佑自然村升平桥畔（1800年）、姜堰区顾高镇千佛村（原克强村3组）千佛寺（1800年）、昆山市淀山湖镇淀山湖（1700年）、海安县曲塘镇尤庄村（1700年）、姜堰区大伦镇土山村文庙（1700年）。

4. 胸径

江苏省已知胸径的银杏古树共计583株（其中包括基径1.0～2.0m 1株）。胸径最大单株为3.03m，位于如皋市高明镇卢庄村（大杨庄）；最小单株为0.18m，位于泗洪县界集镇王灯村；胸径<1.0m的为393株，占67.53%；1.0～2.0m的为169株，占29.04%；2.0～3.0m的为18株，占3.09%；3.0～4.0m的为2株，占0.34%。胸径前十位单株是：如皋市高明镇卢庄村（大杨庄）（3.03m）、高邮市天山镇神居山（3.00m）、如皋市常青镇横埭村5组（2.61m）、连云港市新浦区中山中路云台山风景名胜区原祟善寺（现中云林场院内）（2.61m）、南通市通州区东社镇银杏村3组慈云寺（2.48m）、姜堰区大伦镇土山村武庙（2.45m）、南京市浦口区汤泉镇龙泉路8号惠济寺（2.42m）、南京市栖霞区栖霞山凤翔东麓红旗新村（2.38m）、常熟市虞山镇谢桥双忠庙（2.38m）、南京市浦口区汤泉镇龙泉路8号惠济寺（2.23m）。

5. 冠幅

冠幅最大单株为32.0m×32.0m，平均冠幅为32.0m，位于如皋市高明镇卢庄村（大杨庄）；最小单株为0.8m×0.8m，平均冠幅为0.8m，位于如东县岔河镇兴发村红宝石幼儿园。冠幅前十位的单株是：如皋市高明镇卢庄

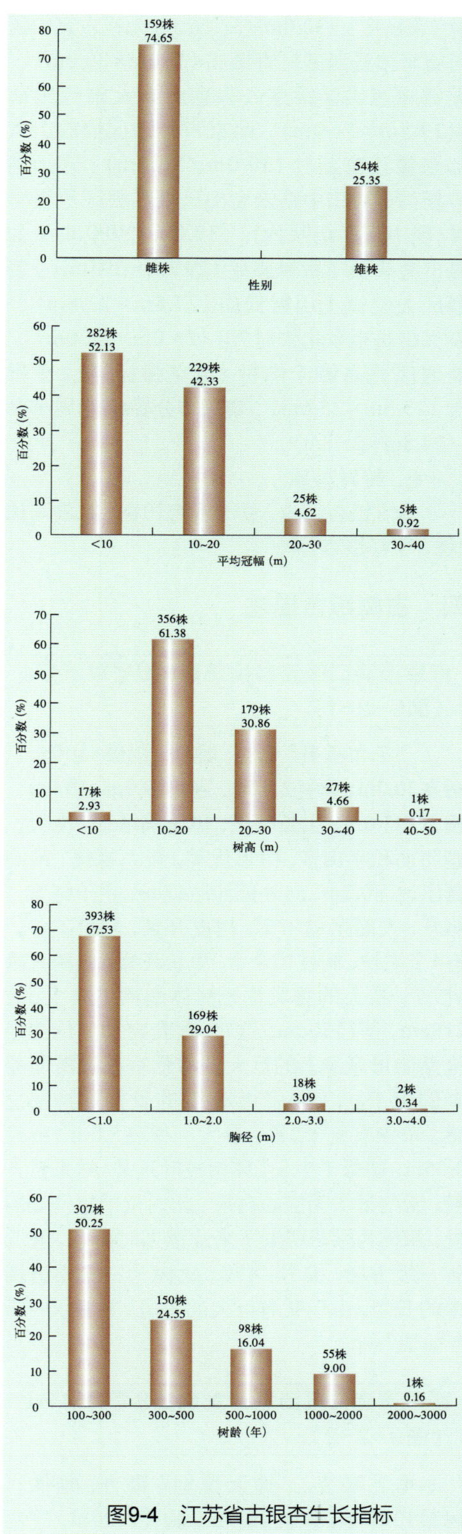

图9-4 江苏省古银杏生长指标

村（大杨庄）(32.0m×32.0m)、无锡市惠山区石塘湾镇杨西园村青墩庙(31.0m×30.0m)、无锡市惠山区锡惠公园惠山寺大雄宝殿前（29.5m×31.0m)、南京市栖霞区栖霞山凤翔东麓红旗新村(30.0m×30.0m)、连云港市新浦区中山中路云台山风景名胜区原祟善寺(现中云林场院内)（30.0m×30.0m)、如皋市磨头镇丁冒村慈庵(29.3m×29.0m)、姜堰区大伦镇土山村武庙(27.8m×27.6m)、泰兴市长生乡北张村7组(26.0m×28.0m)、姜堰区顾高镇千佛村（原克强村3组）千佛寺(25.6m×25.6m)、泰兴市分界镇北周小学（24.8m×25.8m)。

6. 特异种质

垂乳银杏16株，复干银杏10株，雌雄同株1株，叶籽银杏1株。

四　古树综合描述

南京市浦口区汤泉镇龙泉路8号惠济寺a（图9-2-1）

“千年垂乳”银杏，雌株，树龄1300年，树高20.2m，胸径2.42m，冠幅19.0m×15.0m，枝下高3.0m。生长旺盛，树冠阔塔形，庞大，遮阴面积半亩多，树形优美。根系裸露，最高露出地面0.2m，向外延伸达4.0m。主干挺直、粗壮，表面粗糙不平，树皮开裂，起伏不平。有4个主枝，侧枝10余个，生长旺盛。该树有垂乳7个，最大的垂乳位于树体南侧主枝上，长218cm，基径30cm，这7个垂乳宛如一位饱经沧桑的母亲身上的巨大乳房悬垂在裸露而苍老的躯干上，使人产生无限的景仰和神秘之感。东侧有复干2株，最大一株高5.0m，胸径0.05m，贴母干生长。该树枝叶正常，结果量一般，所结果实为空心白果。此树位于慧济寺旧址，相传为梁昭明太子来此读书时所栽，现为省一级古树，编号：490。此树为三棵银杏树中的长者，由于长有巨大的垂乳，被称为“千年垂乳”树。

南京市浦口区汤泉镇龙泉路8号惠济寺b（图9-2-2）

垂乳银杏，“撑天覆地”银杏，雌株，树龄1300年，树高24.7m，胸径2.23m，冠幅15.0m×11.0m，枝下高2.5m。生长旺盛，树冠形状不规则，庞大，遮阴面积半亩有余，夏日树下可供游人围坐纳凉。主干挺直，粗壮，表面粗糙，起伏不平。该树在20世纪六七十年代曾遭无端砍伐，现存3个主枝，分枝10余个，生长旺盛。有复干一株，胸径0.10m，高3.0m，贴母干生长。有垂乳两个，最大垂乳位于主干分枝处，基径15cm，长50cm。该树枝叶正常，结果量大。此树位于慧济寺旧址，惠济寺，旧为汤泉禅院，南朝刘宋时，武帝刘裕万乘来游；萧梁时，昭明太子萧统亦在此读书，附近原有一昭明太子濯足沐洗过的温泉，后人称太子汤。北宋初年，汤泉禅院易名为惠济院。最令人瞩目的还属寺内三棵堪称稀世之宝的古银杏树。它们迄今皆有1300多年的树龄，是南京地区现存最早的古银杏树，相传均为南朝萧梁时期昭明太子萧统在此读书时手植。已故著名书法家、当代草圣林散之先生对故乡的这三棵千年古银杏树怜爱有加，曾作500余字的长诗《古银杏行》为之赞颂，并刻碑立于惠济寺内。惠

图9-2-1　南京市浦口区汤泉镇龙泉路8号惠济寺a
（注：箭头示垂乳）

图9-2-2　南京市浦口区汤泉镇龙泉路8号惠济寺b

济寺内的这三棵银杏树历千年风雨依旧生机盎然，应与汤泉镇地下富含硫磺、碳酸气的温泉不无关系。更为称奇的是，三棵古银杏树所结果实无苦涩之心，属银杏中的珍品，堪称“华夏一绝”，在东南亚一带享有盛名。有“惠济银杏”、“汤白果”、“佛心白果”之称。当地百姓视之为神木。三棵古树已列入“中国古典园林之最”，并用三种语言文字向国内外出版发行。该树为三棵银杏树中的仲者，名叫“撑天覆地”， 现为省一级古树，编号：489。

南京市浦口区汤泉镇龙泉路8号惠济寺c（图9-2-3）

“雷击复苏”银杏，雌株，树龄1300年，树高23.9m，胸径1.50m，冠幅12.0m×10.0m，枝下高3.0m。生长旺盛，树形高大，树冠长椭圆形，树形优美。此树与前两棵树的最大不同在于，其树干挺直高耸，一柱擎天，显得傲岸而突兀，基部有两个瘤状凸起。有4个分枝，均较粗壮，侧枝10余个，生长良好。该树在清咸丰年间，曾遭雷击，数年后又慢慢复苏。从雷劈树干向上眺望，可观看到树中一线天之奇景。该树所结的果实，食之甘甜可口，可治疗多种疾病，已被列为省级保护文物。编号：491。该树为三棵银杏树中的叔者，唤作“雷击复苏”。

南京市栖霞区栖霞镇江南水泥厂宿舍旁（图9-2-4）

雌株，树龄1200年，树高25.0m，胸径2.23m，冠幅13.0m×13.0m，枝下高3.0m。生长旺盛，树冠近圆形，树形庞大优美。主干挺直、粗壮，在1.5m处分为两个主干，有主枝近10个，分布均匀，生长旺盛。母干基部有萌蘖100株，与母干的距离为0～0.6m。有复干4株，与母干的距离为0～0.4m，最大复干高6.0m，胸径0.1m。该树枝叶正常，结果量一般，位于水泥厂宿舍旁边，生长条件一般。编号：368。

南京市栖霞区栖霞山凤翔东麓红旗新村

南朝梁武帝萧手植银杏，雌株，树龄1200年，树高30.0m，胸径2.38m，冠幅30.0m×30.0m。需5人合抱，传说树龄逾千年，树干开裂、中空、枝干苍劲有力，树周有铁栅栏围护。这棵古树的来历有两种说法：一是南朝梁武帝萧衍游山时手植；二是唐代之物，无论哪种说法，现有资料都少见对这棵名木树龄的考证。该树起码也有1200年以上的历史。有趣的是，这树顶中央有穴，常有小孩爬进去玩。由于屡遭雷劈，树干裂隙经多年的生长，远看如夫妻相思树，虽不高大，但树端如伞状分布。

南京市六合区长芦街道长芦中学校园内a（图9-2-5）

垂乳银杏，雌株，树龄580年，树高22.0m，胸径1.2[illegible]m，冠幅16.0m×14.0m，枝下高3.0m。生长旺盛，树冠阔塔形，庞大优美。主干挺直、粗壮．有分枝15个，均从主干3.0～4.0m处内分出，在主干上分布均匀。树体西侧有萌蘖5株，与母干的距离为0～0.6m。主干南侧距地面2.9m处有25个垂乳，最大的基径10cm，长15cm。该树枝叶正常，结果量极少，位于长芦中学校园内，生长条件良好。编号：

图9-2-3 南京市浦口区汤泉镇龙泉路8号惠济寺c

图9-2-4 南京市栖霞区栖霞镇江南水泥厂宿舍旁

图9-2-5 南京市六合区长芦街道长芦中学校园内a
（注：箭头示垂乳）

492，保护等级为一级。

南京市六合区长芦街道长芦中学校园内b（图9-2-6）

雌株，树龄580年，树高20.0m，胸径1.03m，冠幅15.0m×11.0m，枝下高3.4m。生长旺盛，树冠阔塔形，庞大优美。主干粗壮，略向北倾斜，有9个主要分枝，在主干上分布均匀，最底层一分枝折断。该树枝叶正常，未见结果，位于长芦中学校园内，生长条件良好。编号：493，保护等级为一级。

图9-2-6 南京市六合区长芦街道长芦中学校园内b

南京市建邺区莫愁路东侧冶城山朝天宫内

树龄300年，树高17.0m，胸径1.22m，冠幅15.0m×16.0m。

南京市白下区洪武南路的居民院墙外

树龄300年，树高10.0m，胸径0.70m。树冠呈扁平状，基部有较多萌条，树势一般。

南京市江宁区淳化街道大陈村清凉庵

明代银杏，雌株，树龄500年，树高20.0m，胸径1.02m。2010年7月，一道闪电击中这棵树，把巨大的树冠劈掉一半，树干上的树皮从上到下撕开，白色木质暴露在烈日下。大树被雷击前连树冠有20多m高，枝叶繁茂，果实累累，主干直径超过1m。该村以前叫清凉庵，地名来源是这棵树旁边有个庵的名字叫清凉庵。现在庵不在了，可古树还一直保留着。树根旁还发了2棵小银杏，而且根连根。该雌性银杏树周围几十里没有雄树，靠安徽境内一株雄树授粉。

南京市玄武区灵谷寺路灵谷寺无量殿

树龄110年，共有4株。灵谷寺无量殿，建于明洪武十四年（1381），因供奉无量佛而得名，又因其巨大的殿堂，不用雨土，无一根梁柱，全部用大型长方砖砌成拱圆殿顶，十分奇异，故又称“无梁殿”。1928年国民党中央决定利用寺的旧址作为国民革命阵亡将士公墓，将殿作为祭堂，殿前置牌坊，殿后兴建阵亡将士纪念馆。无量殿前有四株银杏，现已一百多年，高大挺拔，苍翠葱茏。

溧水县石湫镇上方村上方寺

树龄1800年，树高19.5m，胸径2.00m，冠幅13.0m×13.1m。溧水县发现3棵千年古树，其中树龄最长的是石湫镇上方村的这株树龄约1800年的银杏，为目前南京发现的最“老”的树。这棵雌银杏在溧水县石湫镇上方村村民委员会门前，银杏树的整个肢体被一分为三，中间最粗的那棵已经枯死，旁边又长出2棵小银杏树。1998年农历2月18日，江宁县铜山镇一名妇女在树下烧香，不慎引发火灾，等到全村人发现把火扑灭后，古银杏树的主干已被烧掉7层，所幸的是，它的2棵子树安然无恙。“银杏王”的长势岌岌可危，身姿倾斜，全身几乎已没有绿色，感觉接近枯干。而树的主干中间更是被烧空了一大块，树洞

图9-2-7 无锡市惠山区锡惠公园惠山寺大雄宝殿前
（注：箭头示垂乳）

已经空开，里面空间很大，可以站上好几个人，上面还有一些醒目的炭灰痕迹。但苍老的树干上两根侧枝伸出，枝叶青翠、繁盛，着实让人惊喜，感觉到古树还在顽强生长。相传，三国时代东吴霸主孙权的爷爷孙钟流落到此成家立业，并以种瓜为生。有一天，孙钟在瓜田干活，遇到3个年轻的小伙前来讨瓜，他热情款待了他们。后来3个少年对他说："山下有善地可葬君，望我行有异状即其所也。"三少年行数百步化为仙鹤而去，孙钟去世后就葬于此，其后代果然兴旺发达。源于这个传说，此乡曾叫思鹤乡。相传，孙权统一东吴后，其母亲亲自来孙钟种瓜处种了这棵银杏树，以缅怀先人。而在《溧水县志》上记载了这个故事，故有"三国孙权母亲在石湫栽的银杏树"之说。由此推算，这株银杏已经约1800岁了。

图9-2-8 无锡市滨湖区马山镇桃坞村
（注：箭头示垂乳）

无锡市惠山区石塘湾镇杨西园村青墩庙

树龄600年，树高20.0m，胸径1.50m，冠幅31.0m×30.0m。

无锡市惠山区锡惠公园惠山寺大雄宝殿前（图9-2-7）

雌雄同株，普真（性海）手植银杏，"偃人石银杏"，垂乳银杏，雄株，树龄610年，树高21.0m，胸径1.93m，冠幅29.5m×31.0m，枝下高3.0m。生长旺盛，树冠阔塔形，树形优美。北侧根系凸出地面0.15m，向北延伸0.8m。主干粗壮，向南倾斜17°，主干5.0m处寄生藤本植物薜荔，已有200余年历史。主干在3.0m处分为2个主枝，共有分枝10余个，生长旺盛。有3个垂乳，最大垂乳位于东侧主干距地面5.0m处，基径15cm，长60cm，顶端已断裂；第二个垂乳位于东侧主干距地面13.0m处，基径12cm，长20cm。该树枝叶正常，不结果。此树位于锡惠公园惠山寺大雄宝殿前，相传明洪武初年由惠山寺僧普真（性海）所植。据说当时种了18棵，象征佛门十八罗汉，这棵是仅剩的，已有600多岁了。该树树身自西北向东南倾斜，长势健壮，树身斑痕结节，布满苔藓。1982年秋，该树曾奇异地结出7颗白果，专家认为系雄性性反转所致。古银杏西侧10m处有一亭，亭内置一石床，名"偃人石"，又名"听松石床"。传说北宋末年，金兀术领兵南侵，遭"岳家军"重创，一日逃至惠山，在此石上歇息，睡梦中闻松涛阵阵，误以为岳家军追兵斯杀将至，猛然惊醒坐起，至今留下深嵌石中一手掌印，因此该树又称"偃人石银杏"。清人秦琳诗云："大雄殿下绿苔滋，银杏浓荫覆石墀；笑指树头新结子，青青多在寄生株。"。编号:002，N=31°34′53.9″，E=120°15′55.1″，H=31m。

无锡市滨湖区马山镇和平村牛塘老街

树龄660年，树高25.6m，胸径1.35m，冠幅18.0m×19.0m。这棵树被当地村民称为"绿色古董"。

无锡市滨湖区马山镇桃坞村（图9-2-8）

垂乳银杏，雄株，树龄820年，树高26.0m，胸径2.10m，冠幅16.0m×14.0m。树冠高大，为江南罕见。据说它的花粉随风飘落，直到吴县洞庭西山。泛舟太湖，5km外可见。有垂乳1个，长0.7m。古树编号：0001。

无锡市滨湖区马山镇群丰村祥符禅寺

唐银杏，雌株，树龄1400年，树高27.0m，胸径2.00m。祥符禅寺，位于无锡市马山镇群丰村，地处太湖马迹山（马山）秦履峰南麓山湾中。唐贞观初，里人杭恽所建。旧传唐僧玄奘自天竺归来，游历东南。右将军杭恽陪同他至秦覆峰，所见悟若西天灵鹫山胜境，赞叹此处堪称东土小灵山，故名此寺为"小灵山寺"，并流传有释窥基导师嘱开法小灵山的故事。

图9-2-9 无锡市南长区太湖大道金塘桥
（注：1. 左：西株；右：东株；2. 西；3、4. 东）

建刹时栽植的一株银杏树龄已有1400多年，现在高约27m，胸围6.28m，树干上生有多个树乳，这株古银杏树体中空，从四周看形态各异。相传银杏树上曾有一条巨蟒，它平时从不出来，只在每年中秋节的夜里，从树上下来，静静地绕寺一周后，再爬回树洞，年年如此，从不伤人。地方官吏曾派兵捕捉，却发现洞内空无一物。于是，人们说巨蟒是神虫，乃镇寺之宝。到祥符寺的善男信女都要在银杏树下跪拜一番方肯离去。寺内僧人还说一到银杏丰收之时，巨蟒便摇动树身，使银杏纷纷落下，省却僧人采摘之劳。

无锡市南长区太湖大道金塘桥西（图9-2-9）

雌株，树龄420年，树高10.0m，胸径1.45m，冠幅4.0m×3.5m，枝下高2.0m。树势较弱，树冠形状不规则。主干挺直、粗壮，南侧1.2m处有主干被锯掉，锯口用水泥封堵，主枝都被锯掉，锯口腐烂严重，仅存侧枝10余个。该树枝叶正常，结果量很小，位于太湖大道金塘桥附近的马路边。太湖大道中段道路设计方案，为古树名木让路，并制定了施工期间的保护方案。N=31° 33′ 33.7″，E=120° 18′ 29.7″，H=19m。

无锡市南长区太湖大道金塘桥东（图9-2-9）

雄株，树龄380年，树高9.5m，胸径1.25m，冠幅3.0m×3.5m，枝下高1.4m。树势较弱，树冠形状不规则，主枝均已折断。主干挺直，基部粗壮。主要分枝都被锯掉，仅存小的侧枝。该树枝叶正常，不结果，位于太湖大道金塘桥附近的马路边。N=31° 33′ 33.7″，E=120° 18′ 29.7″，H=19m。

无锡市南长区保安寺

保安寺银杏，雌株，树龄420年，树高20.0m，胸径0.80m，冠幅12.0m×14.0m。保安寺始建于南北朝梁武帝大同初年，距今约有1455年，是无锡十大古刹之一。仅存的无梁殿前的古银杏，树上的“古树名木”牌上显示其树龄为420年。

无锡市崇安区亭子桥堍

移植银杏，雌株，树龄270年，树高16.0m，胸径0.70m，冠幅15.0m×15.0m。由于人民东路拓宽而移植到桥旁休闲公园中，移植了40m。经园林单位精心护理和周边绿化环境的不断改善，现已经结出果实。从基部向上3.0m，有一半树皮剥落。

无锡市滨湖区雪浪街道许舍村老年中心

清朝银杏，雄株，树龄165年。原址为土地庙，建于清道光二十八年（1848）。

无锡市锡山区东亭锡山开发区倪云林纪念堂东亭祈陀寺（图9-2-10）

祈陀寺银杏，树龄400年，树高15.0m，胸径0.75m，冠幅6.0m×5.0m。老的祈陀寺坐落在东亭东北角长大厦村旁边，现在是仓下中学所在地。此树位于文昌阁和新教学楼间。

宜兴市周铁镇小街城隍庙（图9-2-11）

雌株，树龄1800年，树高19.0m，胸径1.89m，冠幅12.0m×9.0m，枝下高2.9m。生长较旺盛，树冠阔塔形，树形优美。主干挺直、粗壮，1.3m处有直径1.0m的瘤状凸起，围绕主干一圈；西侧距地面2.0m处生有构杞。主干在2.9m处分为3个分枝，共有侧枝10余个，西侧一较大分枝被锯掉。有复干一株，基径0.08m，高1.8m，距母干0.4m；有萌蘖7株，与母干的距离为0～0.7m。该树有垂乳26个，最大垂乳位于东侧主干距地面4.5m处，基径8cm，长15cm。此树枝叶正常，结果量很小，位于老城隍庙前。据宜兴福胜寺珍藏的《三国碑•祥瑞记》以及晋朝周处编撰的《阳羡风物考》等史料记载：此树由东吴大帝孙权之母吴国太于汉献帝兴平二年（195）亲手植于早在周朝就形成建制的周铁古镇太湖入口处。它作为国内硕果仅存的太湖古生物航行标

图9-2-10 无锡市锡山区东亭锡山开发区倪云林纪念堂东亭祈陀寺

图9-2-11 宜兴市周铁镇小街城隍庙
（注：箭头示垂乳）

志，虽屡经兵火战乱，但依旧风采迷人，并以它特有的“倒挂钟乳、空中平台、白蛇吐雾、童子拜佛”等奇观，被园林界人士喻为“引人入胜的活化石”，称之为“生物界的奇迹”，又称“千岁婆婆”。宋代苏东坡、蒋捷等文人雅士屡屡欢聚于此，留下了“身在银杏树上住，心赴桃园神仙府”的优美诗句。明代诗人徐溥、杭淮、陆炳等惊叹“白蛇吐雾”真乃造化之妙，于留连忘返之际吟道：“谁令琼玉当庭舞，应是娇龙下尘世”。N=31° 26′ 25.7″，E=119° 59′ 48.1″，H=13m。

宜兴市周铁镇徐渎村（图9-2-12）

孙权之母手植银杏，雌株，树龄1800年，树高12.0m，胸径1.92m，冠幅11.0m×8.0m，枝下高1.8m。生长旺盛，树冠形状不规则，东侧树冠略大于西侧。主干粗壮，中间腐烂形成空洞，主干顶部折断。现存6个分枝，均匀分布于主干上。有复干3个，最大复干胸径0.1m，高7.0m，距母干1.0m；基部周围有萌蘖300余株，与母干的距离为0～1.5m。该树枝叶正常，未见结果，周围为民居。据1985年《宜兴县志》记载，该树是宜兴最高的古银杏树。现在老树干顶端余存的枝条枝繁叶茂，簇生在老树干基部的复干有几株已较为粗壮。徐渎白果树在周铁镇东南的徐渎村中，原为万善庵（万善寺）的镇庵之物。万善寺碑记记载：国家级千年古银杏树。汉献帝兴平二年公元195年东吴孙权之母吴国太亲植。古银杏树原来的主干早就枯死，现在残存的树桩，尚可供一人宽坐。现存的古银杏，实际是古桩的第二代长成的主干，又长出了三个分枝，向东、西南、西北方向向广袤的天空伸展。乾隆十四年四月《重修万善庵》碑记记述了该树：“太湖中舟行者，虽数5km外见其亭亭如盖。”它是太湖中行船者的天然航标。一般树根向地下生长，而它的根不但向下长，还向上长，高出地面1m多，四周1m多宽纵横交错、盘根错节的树根堆积在大树周围，上面可站立几十个戏耍的孩子。清初剧作家李玉的力作《一捧雪传奇》，后改为《一捧雪》、《审头刺汤》，广为流传。主人公莫怀古获得这棵白果树上的神鸟蛋壳后，制成“一捧雪”的宝杯。在中探花、官御史后，被汤裱褙（汤勤）、严世藩以私藏国宝的罪名陷害，遭满门抄斩。家奴莫仁为其替死，怀古毁容出逃而保住性命，据说是树神的慈善所致。清末古树遭雷击，东向一个大杈倒下时撕掉树身的一半，留下西向的两个大杈像大鹏展翅，成了半棵树，可它照常生长。太平天国期间，万善庵毁于火，树在其中，经烈火烧烤却安然无恙。1993年8月，遭台风袭击断最后一个树杈，古树也矮了半截，仅靠表皮生长，尚能发芽长叶结果。N=31° 23′ 20.7″，E=119° 58′ 27.9″，H=20m。

图9-2-12 宜兴市周铁镇徐渎村

图9-2-13 宜兴市丁蜀镇兰右自然村升平桥畔

宜兴市周铁镇湖汉山

有古银杏。

宜兴市新庄镇洪巷村（行政村合并前的浯泗村小学内）

子抱母银杏，雌株，树龄1800年，树高20.0m，胸径1.90m，冠幅20.0m×21.7m。树旁有乾隆岁次重建大悲庵的《吴思渎大悲庵记》石刻一方。碑中记载："其旁址为东岳庙，庵中故有银杏一株，大四抱余，荫屋十余间，远近望之，如绿屏青盖，则故胜景也。"它是一株子抱母的福树，即侧生的桠枝比母体粗，桠枝大于本身，把主干包了起来，犹如孩子把母亲保护好。它枝叶繁茂，是目前保护得较好的古树。夏日绿叶遮阴，秋日硕果累累，跃居为宜兴古树之最。

宜兴市丁蜀镇双桥村

树龄800年，树高25.0m，胸径1.43m，冠幅20.0m×22.0m。

宜兴市丁蜀镇兰佑自然村升平桥畔（图9-2-13）

雌株，树龄1800年，树高25.0m，胸径1.55m，冠幅19.0m×18.0m。千年古银杏相传由三国时期孙权的母亲所植。

宜兴市宜城镇南岳山庄

南岳寺银杏，雌株，树龄300年，树高23.5m，胸径1.02m，冠幅12.0m×14.0m。该树位于宜兴市郊西南7km的南岳山。南岳寺建于齐代永明二年（484），时谓"南岳禅寺"，为江南一座古老名刹，称为"南岳揽胜"一景。该树有300多年的历史，枝繁叶茂，生机盎然。主干挺拔，树基有数以百计的萌蘖。

宜兴市张渚镇百家水产村伏龙寺

伏龙寺银杏，树龄500年，树高20.0m，胸径1.50m，冠幅10.0m×8.0m。在张渚镇北郊的百家水产村后山的山坡上，有座建于唐代的古寺庙——伏龙寺。这座古庙背靠山坡，坐北朝南，庙后山岭起伏，像一条长龙盘山而卧，庙门前两旁各有一只大池塘，称之为"龙眼塘"。20世纪50年代寺庙改为小学，房屋历经拆建，古建筑不见遗迹，现在只留下一棵500多岁的古银杏树。传说宋代有个风水先生，为了帮助一位大官看风水，寻宝地，从江西、安徽一直寻到江苏的封岗岭。他站在岭头朝北查看，发现一条"龙脉"连绵起伏，弯弯曲曲向张渚西北方向延伸。风水先生立即沿着"龙脉"，从凤凰山、鸡笼山、大贤岭、虬山岭、梅子岭到南塘干踏步察看，翻过小山，看到在"龙脉"的龙头上已砌了一座寺庙。风水先生感到很是遗憾，好容易找到这块宝地，却被建成"伏龙寺"了。而后长龙北卧，张渚地方人财两旺，风调雨顺，五谷丰登。

江阴市顾山镇香山

2株，树龄1500年，肖统所植。肖统（501～531），梁武帝长子，著有我国最有名的文学作品总集之一《文选》，今江阴顾山之北有肖统读书选文的遗址——昭明文选楼。

江阴市顾山镇顾山社区

树龄370年，树高22.0m，胸径1.00m。位于顾山镇的东岳庙，原有2株，其中一株被移走，栽植在香山脚下。

新沂市纪集镇房场村

树龄550年，树高21.0m，胸径1.37m。

邳州市白埠镇

树龄120年30株。

邳州市邹庄镇

树龄120年1株。

邳州市港上镇曹楼村

树龄300年，树高17.0m，胸径1.13m，冠幅6.0m×14.0m。

邳州市港上镇港西村1-1

雌株，树龄100年，树高11.0m，胸径0.32m，冠幅5.0m×7.0m，枝下高3.4m。生长旺盛，树冠塔形。主干挺直、纤细，有分枝20余个，均匀分布于主干上。枝叶正常，结果量很大。编号：M-0317。

邳州市港上镇港西村1-2

雌株，树龄100年，树高12.0m，胸径0.40m，冠幅6.0m×6.0m，枝下高4.0m。生长旺盛，树冠塔形。主干挺直、纤细，有分枝10余个，均匀分布于主干上。枝叶正常，结果量很大。编号：M-0316。

邳州市港上镇港西村1-3

雌株，树龄100年，树高12.0m，胸径0.27m，冠幅7.0m×7.0m，枝下高3.8m。生长旺盛，树冠塔形。主干挺直、纤细，有分枝10余个，均匀分布于主干上。基部南侧有萌蘖4株，贴母干生长。枝叶正常，结果量很大。编号：M-0315。

邳州市港上镇港西村1-4

雌株，树龄100年，树高10.0m，胸径0.28m，冠幅6.0m×6.0m，枝下高2.0m。生长

图9-2-14 邳州市港上镇港西村1-8（左）；1-9（右）

旺盛，树冠塔形。主干挺直、纤细，有分枝15个，均匀分布于主干上。枝叶正常，结果量很大。编号：M-0319。

邳州市港上镇港西村1-5

雌株，树龄100年，树高9.0m，胸径0.25m，冠幅6.0m×5.0m，枝下高3.0m。生长旺盛，树冠塔形。主干挺直、纤细，有分枝5个，均匀分布于主干上。枝叶正常，结果量很大。

邳州市港上镇港西村1-6

雌株，树龄100年，树高13.0m，胸径0.45m，冠幅5.0m×8.0m，枝下高4.0m。生长旺盛，树冠塔形，南侧树冠大于北侧。主干挺直、纤细，有分枝4个，均匀分布于主干上。枝叶正常，结果量很大。

邳州市港上镇港西村1-7

雌株，树龄200年，树高16.0m，胸径0.50m，冠幅10.0m×9.0m，枝下高2.4m。生长旺盛，树冠塔形。主干挺直、粗壮，有分枝7个，均匀分布于主干上。基部有萌蘖10余株，与母干的距离为0～0.2m。枝叶正常，结果量很大。编号：M-0302。

邳州市港上镇港西村1-8（图9-2-14）

雌株，树龄100年，树高17.0m，胸径0.39m，冠幅6.0m×8.0m，枝下高2.4m。生长旺盛，树冠塔形。主干挺直、纤细，有分枝10余个，均匀分布于主干上。基部有萌蘖20株，与母干的距离为0～1.0m。枝叶正常，结果量很大。

图9-2-15 邳州市港上镇港西村2-2、2-3、2-4、2-7
（注：A. 2-2；B. 2-3；C. 2-4；D. 2-7）

邳州市港上镇港西村1-9（图9-2-14）

雌株，树龄100年，树高13.0m，胸径0.38m，冠幅8.0m×7.0m，枝下高4.0m。生长旺盛，树冠塔形。主干挺直、纤细，有分枝20余个，均匀分布于主干上。基部有少部分萌蘖，贴母干生长。枝叶正常，结果量很大。编号：M-0302。

邳州市港上镇港西村2-1

雌株，树龄100年，树高12.0m，胸径0.30m，冠幅6.0m×5.0m，枝下高1.0m。生长旺盛，树冠塔形。主干挺直、纤细，在1.0m处分为两个主干，有分枝10余个，均匀分布于主干上。基部南侧生有一株桑树。枝叶正常，结果量很大。

邳州市港上镇港西村2-2（图9-2-15）

雌株，树龄200年，树高15.0m，胸径0.51m，冠幅5.0m×4.0m，枝下高1.3m。生长旺盛，树冠塔形。主干挺直、粗壮，在1.3m处分为3个主枝，侧枝6个，均匀分布于主干上。基部南侧生有萌蘖20余株，高度在0.3m以下，与母干的距离为0～0.4m。枝叶正常，结果量很大。

邳州市港上镇港西村2-3（图9-2-15）

联姻树，雌株，树龄200年，树高16.0m，胸径0.55m，冠幅8.0m×7.0m，枝下高1.5m。生长旺盛，树冠阔塔形，树形优美。主干挺直、粗壮，在1.5m处分为8个分枝，均匀分布于主干上。基部南侧生有萌蘖30余株，高度在0.3m以下，与母干的距离为0～0.6m。枝叶正常，结果量很大。此树为联姻树之一，位于小河东岸，与西岸另一株因有根系连接而被称为联姻树。

邳州市港上镇港西村2-4（图9-2-15）

雌株，树龄200年，树高18.0m，胸径0.60m，冠幅9.0m×7.0m，枝下高1.6m。生长旺盛，树冠阔塔形，树形优美。主干挺直、粗壮，在1.6m处分为6个分枝，均匀分布于主干上。基部北侧生有萌蘖40余株，高度在0.4m以下，与母干的距离为0～0.8m。枝叶正常，结果量很大，此树位于联姻树北侧。

邳州市港上镇港西村2-5

雌株，树龄200年，树高15.5m，胸径0.57m，冠幅9.0m×9.0m，枝下高1.9m。生长旺盛，树冠阔塔形，树形优美。主干挺直、粗壮，在1.9m处分为4个分枝，均匀分布于主干上。基部东南侧生有萌蘖10余株，高度在0.2m以下，与母干的距离为0～0.5m。枝叶正常，结果量很大。

图9-2-16 邳州市港上镇港西村2-10

邳州市港上镇港西村2-6

联姻树，雌株，树龄200年，树高19.0m，胸径0.40m，冠幅8.0m×6.0m，枝下高2.0m。生长旺盛，树冠塔形。主干挺直、粗壮，在2.0m处分为6个分枝，均匀分布于主干上。基部南侧生有萌蘖5株，高度在0.3m以下，与母干的距离为0～0.4m。枝叶正常，结果量很大。此树为联姻树之一，位于小河西岸，与东岸另一株因有根系连接而被称为联姻树。

邳州市港上镇港西村2-7（图9-2-15）

雌株，树龄200年，树高15.0m，胸径0.50m，冠幅7.0m×8.0m，枝下高2.6m。生长旺盛，树冠塔形。主干挺直、粗壮，在2.6m处分为6个分枝，均匀分布于主干上。基部南侧生有萌蘖5株，高度在0.3m以下，与母干的距离为0～0.4m。枝叶正常，结果量很大。

邳州市港上镇港西村2-8

雌株，树龄100年，树高11.0m，胸径0.30m，冠幅7.0m×6.0m，枝下高2.1m。生长旺盛，树冠塔形。主干挺直、纤细，在2.1m处分为6个分枝，均匀分布于主干上。枝叶正常，结果量很大。

邳州市港上镇港西村2-9

雌株，树龄200年，树高14.0m，胸径0.42m，冠幅7.0m×8.0m，枝下高1.8m。生长旺盛，树冠塔形，南侧树冠略大于北侧。主干挺直、粗壮，在1.8m处分为5个分枝，均匀分布于主干上。枝叶正常，结果量很大。

邳州市港上镇港西村2-10（图9-2-16）

抗战树，雌株，树龄200年，树高13.0m，胸径0. 60m，冠幅7.0m×7.0m，枝下高1.5m。生长旺盛，树冠阔塔形，树形优美。主干挺直、粗壮，1.1m处分为两个主干，共有分枝20余个，均匀分布于主干上。枝叶正常，结果量很大。该树被称为“抗战树”，1943年八路军一一师教导二旅发动郯城之战，港上为主战场，战斗中姊妹园内一株百年银杏被日军大炮从基部打断。翌年，又发新枝，同时长出两株银杏树。百姓都说：银杏树，不怕打，打断一棵长出俩，遂称这株银杏树为“抗战树”。

邳州市港上镇港西村2-11

雌株，树龄100年，树高14.0m，胸径0.42m，冠幅7.0m×6.0m，枝下高2.2m。生长旺盛，树冠塔形，树形优美。主干挺直、粗壮，有分枝20余个，集中在2.2～4.0m的处，均匀分布于主干上。枝叶正常，结果量很大。

邳州市港上镇港西村2-12

雌株，树龄100年，树高13.0m，胸径0.32m，冠幅6.0m×5.0m，枝下高3.2m。生长较旺盛，树冠塔形，树形优美。主干挺直、纤细，有分枝10余个，均匀分布于主干上。枝叶正常，结果量很大。

邳州市港上镇港西村2-13

雌株，树龄100年，树高13.0m，胸径0.38m，冠幅6.0m×6.0m，枝下高2.0m。生长旺盛，树冠塔形，树形优美。主干挺直、纤细，有分枝15个，集中在2.0～3.5m的范围内，均匀分布于主干上。枝叶正常，结果量很大。

邳州市港上镇港西村2-14

雌株，树龄100年，树高14.0m，胸径0.40m，冠幅5.0m×6.0m，枝下高1.7m。生长旺盛，树冠塔形，树形优美。主干挺直、粗壮，有分枝20余个，均匀分布于主干上。枝叶正常，结果量很大。

邳州市港上镇港西村2-15

雌株，树龄100年，树高16.0m，胸径0.46m，冠幅7.0m×7.0m，枝下高2.0m。生长旺盛，树冠塔形，树形优美。主干挺直、粗壮，有分枝14个，均从主干4.0m处生出，均匀分布于主干上。枝叶正常，结果量很大。

邳州市港上镇港西村2-16

雌株，树龄100年，树高13.0m，胸径0.41m，冠幅7.0m×6.0m，枝下高2.8m。生长旺盛，树冠塔形，树形优美。主干挺直、粗壮，有分枝7个，均从主干2.8m处生出，均匀分布于主干上。枝叶正常，结果量很大。

邳州市港上镇港西村2-17

雌株，树龄100年，树高15.0m，胸径0.45m，冠幅6.0m×6.0m，枝下高2.0m。生长旺盛，树冠塔形，树形优美。主干挺直、粗壮，有分枝20余个，均匀分布于主干上。枝叶正常，结果量很大。

邳州市港上镇港西村2-18

雌株，树龄100年，树高14.0m，胸径0.40m，冠幅5.0m×6.0m，枝下高1.7m。生长旺盛，树冠塔形，树形优美。主干挺直、粗壮，有分枝20余个，均匀分布于主干上。枝叶正常，结果量很大。

邳州市港上镇港西村2-19

雌株，树龄100年，树高14.3m，胸径0.45m，冠幅6.0m×7.0m，枝下高2.0m。生长旺盛，树冠塔形，树形优美。主干挺直、粗壮，有分枝10余个，均匀分布于主干上。枝叶正常，结果量很大。

邳州市港上镇港西村2-20

雌株，树龄100年，树高15.0m，胸径0.50m，冠幅7.0m×6.5m，枝下高2.2m。生长旺盛，树冠塔形，树形优美。主干挺直、粗壮，有分枝10余个，均匀分布于主干上。枝叶正常，结果量很大。

邳州市港上镇港西村2-21

雌株，树龄100年，树高13.0m，胸径0.38m，冠幅5.0m×6.0m，枝下高3.0m。生长旺盛，树冠塔形，树形优美。主干挺直，有分枝近10个，均匀分布于主干上。枝叶正常，结果量很大。

邳州市港上镇港西村2-22

复干银杏，雌株，树龄100年，树高15.5m，胸径0.40m，冠幅8.0m×7.0m，枝下高2.5m。生长旺盛，树冠塔形，树形优

图9-2-17 邳州市港上镇港西村2-姊妹树（左、右）

图9-2-18 邳州市寺户镇白马寺村

美。主干挺直、粗壮，有分枝10余个，均匀分布于主干上。有复干一株，高14.0m，胸径0.25m。与复干距离为0.10m。枝叶正常，结果量很大。

邳州市港上镇港西村2-23

雌株，树龄100年，树高16.0m，胸径0.61m，冠幅8.0m×9.0m，枝下高2.3m。生长旺盛，树冠塔形，树形优美。主干挺直、粗壮，有分枝20余个，均匀分布于主干上。枝叶正常，结果量很大。

邳州市港上镇港西村2-24

雌株，树龄100年，树高15.0m，胸径0.45m，冠幅7.0m×8.0m，枝下高1.9m。生长旺盛，树冠塔形，树形优美。主干挺直、粗壮，有分枝30余个，分枝紧凑，均匀分布于主干上。枝叶正常，结果量很大。

邳州市港上镇港西村2-25

雌株，树龄100年，树高15.0m，胸径0.44m，冠幅6.0m×7.0m，枝下高1.5m。生长旺盛，树冠塔形，树形优美。主干挺直、粗壮，基部南侧生有萌蘖，有分枝20余个，分枝紧凑，均匀分布于主干上。枝叶正常，结果量很大。

邳州市港上镇港西村2-26

雌株，树龄100年，树高16.0m，胸径0.47m，冠幅8.0m×8.0m，枝下高1.4m。生长旺盛，树冠塔形，树形优美。主干挺直、粗壮，有分枝30余个，分枝紧凑，均匀分布于主干上。枝叶正常，结果量很大。

邳州市港上镇港西村2-姊妹树右（图9-2-17）

姊妹树，雌株，树龄200年，树高19.0m，胸径0. 58m，冠幅10.0m×12.0m，枝下高1.7m。生长旺盛，树冠塔形，树形优美。主干挺直、粗壮，有分枝6个，均匀分布于主干上。基部有萌蘖20多株，与母干的距离为0～0.5m。枝叶正常，结果量很大。该树为姊妹树之一，树下有碑文记载："古港上，饱受沂泛之灾，白郎为探其根源，溯寻至蒙山，终悟。立志采蒙山乔灌草之种苗，植遍两岸，围土护坡，其间搭救一树，乃树神之女果仙。遂成夫妻返港，夫唱妇随，人气神助，植树种草蔚成风气，孪生小白小果姊妹。树神大怒，加害全家，乡亲护佑不敌，白郎果仙被掠。小姐妹誓死抗暴，妖风魔雨之中盾化为两树，即姊妹树"。

邳州市港上镇港西村2-姊妹树左（图9-2-17）

姊妹树，雌株，树龄200年，树高18.0m，胸径0. 62m，冠幅9.0m×10.0m，枝下高1.5m。生长旺盛，树冠塔形，树形优美，西侧树冠略大于东侧。主干挺直、粗壮，有分枝6个，均匀分布于主干上。基部有萌蘖20多株，与母干的距离为0～0.4m。枝叶正常，结果量很大。该树为姊妹树之一。

邳州市寺户镇白马寺村（图9-2-18）

薛仁贵拴马树，雄株，树龄1460年，树高20.0m，胸径1.49m，冠幅12.0m×12.0m，枝下高4.0m。生长旺盛，树冠阔塔形，树形优美。主干挺直，粗壮，基部根系裸露，最高露出地面0.1m，向外延伸达1.0m。有8个分枝，在主干上分布均匀，生长旺盛。基部有萌蘖80余株，与母干的距离为0～0.5m。该树枝叶正常，不结果，扇叶翩翩极其壮观。北魏正光年间所植。相传唐朝薛仁贵东征时曾在此处拴过马。

邳州市铁富镇后于村1（图9-2-19）

雌株，树龄300年，树高14.0m，胸径0.70m，冠幅11.0m×8.0m，枝下高1.5m。生长旺盛，树干阔塔形，树形优美。主干挺直、粗壮，有分枝2个，侧枝4个，分枝高度较低，东侧1.6m处一分枝折断。此树枝叶正常，结果量很大，部分枝条下垂系结果量过大所致。N=34° 32′ 06.1″，E=118° 05′ 27.4″，H=32m。

邳州市铁富镇后于村2（图9-2-19）

雌株，树龄300年，树高17.0m，胸径

图9-2-19 邳州市铁富镇后于村1-4
（注：A.1；B.2；C.3；D.4）

图9-2-20 邳州市铁富镇后于村5-6
（注：A.5；B.6）

0.60m，冠幅8.0m×9.0m，枝下高1.8m。生长旺盛，树干阔塔形，树形优美，北侧树冠略大于南侧。主干挺直、粗壮，有分枝8个，均从主干1.8～25.0m范围内生出。树体基部西侧有萌蘖5株，贴母干生长。此树枝叶正常，结果量很大，部分枝条下垂系结果量过大所致。该树位于上一株的东侧，与上一株相距20m。N=34° 32′ 06.1″，E=118° 05′ 27.4″，H=32m。

邳州市铁富镇后于村3（图9-2-19）

雌株，树龄300年，树高13.0m，胸径0.93m，冠幅10.0m×7.0m，枝下高1.4m。生长旺盛，树干阔塔形，树形优美。主干挺直、粗壮，有主要分枝4个，均从主干1.4m处生出，部分侧枝折断或被锯掉。树体西侧从基部开始有树皮脱落。此树枝叶正常，结果量很大，部分枝条下垂系结果量过大所致。该树位于上一株的南侧，与上一株相距30m，系该群落中最大的一株。N=34° 32′ 06.1″，E=118° 05′ 27.4″，H=32m。

邳州市铁富镇后于村4（图9-2-19）

雌株，树龄300年，树高16.0m，胸径0.75m，冠幅7.0m×9.0m，枝下高1.8m。生长旺盛，树干形状塔形，树形优美。主干挺直、粗壮，在1.8m处分为2个主干，共有侧枝10余个，均匀分布于两主干上，生长旺盛。枝叶正常，结果量较大。N=34° 32′ 06.1″，E=118° 05′ 27.4″，H=32m。

邳州市铁富镇后于村5（图9-2-20）

雌株，树龄300年，树高20.0m，胸径0.89m，冠幅6.0m×4.0m，枝下高1.6m。生长旺盛，树冠形状不规则，东侧树冠远小于西侧，偏冠。主干粗壮，向西南倾斜15°，南侧一主枝被锯掉，锯口以下树皮脱落，且基部腐烂形成树洞。现存2个主枝，西侧主干高大粗壮。此树枝叶正常，结果量很大。N=34° 32′ 06.1″，E=118° 05′ 27.4″，H=32m。

邳州市铁富镇后于村6（图9-2-20）

雌株，树龄300年，树高21.0m，胸径0.72m，冠幅6.0m×7.0m，枝下高1.4m。生长旺盛，树冠形状不规则，东侧树冠大于西侧。主干挺直，有2个主枝，侧枝近10个，西侧主枝顶部折断，分枝生长旺盛。该树枝叶正常，结果量很大。N=34° 32′ 06.1″，E=118° 05′ 27.4″，H=32m。

邳州市铁富镇黄庙（图9-2-21）

雌株，树龄300年，树高17.0m，胸径0.85m，冠幅16.0m×7.0m，枝下高4.3m。生长旺盛，树冠形状不规则，东西方向树冠大于南北方向。主干挺直、粗壮，南侧树皮有小部分腐烂。共有5个大的分枝，均从主干4.3m处长出，在主干上分布均匀，生长旺盛。该树枝叶正常，结果量较大，果实已被收获。该树位于铁富镇黄庙，周围为银杏树苗。N=34°31′29.3″，E=118°04′57.1″，H=31m。

邳州市铁富镇宋茬村

雌株，树龄300年，树高19.6m，胸径0.89m，冠幅16.0m×12.5m。

邳州市铁富镇骆家村

雌株，树龄300年，树高22.0m，胸径0.80m，冠幅10.0m×10.5m。

邳州市铁富镇骆家村

雌株，树龄300年，树高23.0m，胸径0.75m。

邳州市港上镇国家银杏博览园观音树附近

雌株，叶籽银杏。2006～2007年均发现有叶籽银杏产生。

常州市天宁区茭蒲巷30号常州实验小学

树龄100年，树高18.0m，胸径0.89m。

溧阳市溧城镇

树龄200年。

溧阳市城中派出所门口

清朝银杏，树龄200年。在城中派出所门口有一颗参天的古银杏树，有重点保护古树的树牌。清朝年间栽植。

苏州市姑苏区人民路613文庙（图9-2-22）

连理杏，雄株，树龄638年，树高17.0m，胸径1.69m，冠幅15.0m×15.0m，枝下高2.5m。树冠向周围展开，生长势较好；主干通直，中空，在偏北部有2株树龄100年的朴树长于腹内，且两朴树相距1.0m；根部多处裸露，延伸达0.5m。编号：沧103，具体位置：位于文庙内入口进门孔子像的东面方向，植于明洪武七年（1374），距今已638年，是文庙中最大的一棵。N= 31°17′50.5″，E= 120°37′10.4″，H= 2m。

苏州市姑苏区人民路613文庙（图9-2-23）

福杏，雌株，树龄638年，树高17.0m，胸

图9-2-21 邳州市铁富镇黄庙

图9-2-22 苏州市姑苏区人民路613文庙（连理杏）

图9-2-23 苏州市姑苏区人民路613文庙
（注：1、2. 寿杏；3. 福杏；4. 三元杏）

图9-2-24 苏州市姑苏区人民路613文庙近门一侧
[注：1. 银杏（右），梓树（左）；2. 箭头示垂乳]

径0.96m，冠幅9.0m×10.0m，枝下高2.0m。树冠匀称，生长势一般，结实特别小，较少；主干笔直、俊秀，有2个分枝，有一处萌蘖被伐；根部有裸露。种实特别小，编号沧102，具体位置：位于文庙内入口进门孔子像的东北方向，植于明洪武七年（1374），距今已638年。N=31° 17′ 50.8″，E=120° 37′ 10.8″，H=6m。

苏州市姑苏区人民路613文庙（寿杏）（图9-2-23）

寿杏，雄株，树龄838年，树高15.0m，胸径1.21m，冠幅12.0m×8.0m，枝下高3.0m。树冠偏东，生长势一般；主干向东严重弯曲，有支架支撑，且中空，面积大约0.5m²；且树体南部有复干一株，胸径为0.12m，倾斜，长势较差。母树根部有裸露。编号：沧101，具体位置：位于文庙入口进门孔子像西北方向，植于南宋淳熙元年（1174），距今已838年。4棵中树龄最老的一棵。N=31° 17′ 50.5″，E=120° 37′ 10.1″，H=6m。

苏州市姑苏区人民路613文庙（图9-2-23）

三元杏，雌株，树龄 638年，胸径 0.41m，树高11.0m，冠幅8.0m×9.0m。三元杏，是由3株银杏组成，但细看发现，2株其实是一个整体，其枝下高为3.5m，较大的一株主干通直，较小的那株主干上部向北弯曲，另一单株距离这两株约0.5m左右，其枝下高4.2m，主干通直俊秀。长势均一般，结果情况一般。编号：沧107，具体位置：位于文庙内入口进门正对的孔子像的西面方向，植于明洪武七年（1374），距今已638年。N=31° 17′ 50.1″，E=120° 37′ 102″，H= 4m。

苏州市姑苏区人民路613文庙近门一侧（图9-2-24）

垂乳银杏，雄株，树龄638 年，树高12.0 m，胸径0.55m，冠幅10.0m×12.0m，枝下高2.0m。同一个坛内还种植一株编号为沧108，树龄为180年的梓树，胸径比银杏的略粗。银杏树冠匀称，生长势一般；主干通直，有垂乳一个，

图9-2-25 苏州市姑苏区人民路苏州613文庙外

图9-2-26 苏州市姑苏区临顿路狮子林景区内问梅阁东面

位于枝下高处，根部无裸露。编号沧104，具体位置：位于文庙内入口进门孔子像东南方向，N=31° 17 ′49.6″，E=120° 37′ 10.9″，H=7m。

苏州市姑苏区人民路苏州613文庙外（图9-2-25）

雄株，树龄200年，树高9.0m，胸径0.65m，冠幅7.0m×5.0m，枝下高3.5m。树冠偏北方向生长，生长势一般；主干通直；根部无裸露。编号沧126，具体位置：N=31° 17′ 47.2″，E=120° 37′ 10.4″，H=1m。

苏州市姑苏区临顿路狮子林景区内问梅阁东面（图9-2-26）

雄株，树龄400年，树高15.0m，胸径1.18 m，冠幅15.0m×12.0m，枝下高4.0m。树冠不对称，生长势一般；主干挺直，有四处分枝，其中一个大分枝枯死，其他的两个分枝较大，一个较小；树体稍有中空，有4处面积（平均每处面积160cm^2）用水泥覆盖，分枝处有瘤状凸起。有一处1m^2 的根部裸露。具体位置：位于狮子林问梅阁东面的小假山石缝内，且隔着一条小道紧挨水池，N=31° 19′ 23.6″，E= 120° 37′ 27.7″，H=6m。

苏州市姑苏区东海岛新随里号

树龄530年，树高20.0m，胸径1.15m，冠幅13.5m×13.5m。编号：102，管护单位：姑苏区建设局，生长势一般。

苏州市姑苏区善耕中心小学

树龄150年，树高18.0m，胸径0.61m，冠幅7.0m×7.0m。编号：128，管护单位：苏州善耕中心小学，生长势良好。

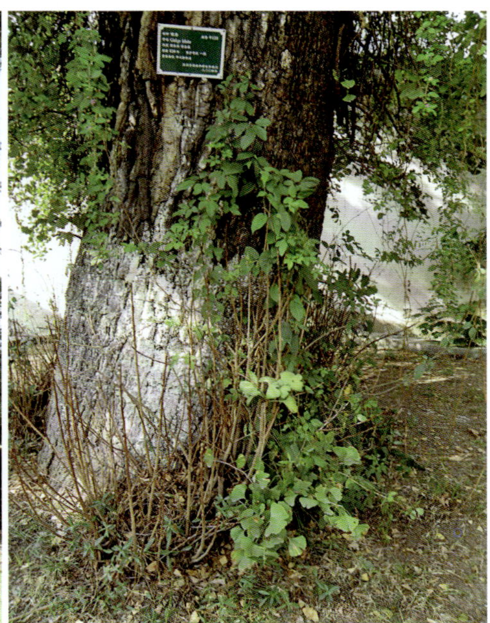
图9-2-27 苏州市姑苏区临顿路狮林里小区

苏州市姑苏区善耕中心小学

树龄150年，树高15.0m，胸径0.67m，冠幅8.0m×8.0m。编号：129，管护单位：苏州善耕中心小学，生长势良好。

苏州市姑苏区临顿路狮林里小区（图9-2-27）

雄株，树龄630年，树高20.0m，胸径1.43 m，冠幅13.0m×15.0m，枝下高2.0m。树冠不规整，生长势良好；主干呈“S”形弯曲，有2处大分枝呈“Y”形，且距离枝下高不远处有5处小分枝，在2.0m、5.0m处，有两大粗壮枝干被截断。在4.0m处有不明藤本植物悬垂下来。主干的东侧有劈裂的痕迹，内部填充红色砖头。根部无裸露，萌蘖较多，有的已枯。编号平133，管护单位：姑苏区建设局，生长势良好。具体位置：位于园区狮子林景区西北部的狮林里小区内的保护池内，生长环境较好，N= 31° 19′ 22.5″，E=120° 37′ 27.6 ″，H=9m。

苏州市姑苏区景德路110号

树龄230 年，树高18.0m，胸径0.78m，冠幅8.5m×8.5m。编号：136，管护单位：姑苏区建设局，生长势良好。

苏州市姑苏区景德路94号

树龄110 年，树高10.0m，胸径0.51m，冠幅8.0m×8.0m。编号：137，管护单位：城隍庙，生长势良好。

苏州市姑苏区景德路94号

树龄130年，树高10.0m，胸径0.64m，冠幅5.0m×5.0m。编号：138，管护单位：城隍庙，生长势良好。

苏州市姑苏区景德路94号

树龄110年，树高15.0m，胸径0.52m，冠幅9.0m×9.0m。编号：139，管护单位：城隍庙，生长势良好。

苏州市姑苏区景德路94号

树龄530年，树高20.0m，胸径0.99m，冠幅13.5m×13.5m。编号：140，管护单位：城隍庙，生长势良好。

苏州市姑苏区景德路111号旅游用品厂招待所

树龄380年，树高20.0m，冠幅13.5m×13.5m。编号：142，管护单位：旅游用品厂招待所，生长势良好。

苏州市姑苏区马医科23号

树龄110年，树高20.0m，胸径0.58m，冠幅10.5m×10.5m。编号：161，管护单位：姑苏区建设局，生长势一般。

苏州市姑苏区马医科23号

树龄180年，树高20.0m，胸径0.74m，冠幅12.0m×12.0m。编号：162，管护单位：姑苏区建设局，生长势良好。

苏州市姑苏区乔司空巷22号粤海广场

树龄240年，树高19.0m，胸径0.76m，冠幅16.0m×16.0m。编号：163，管护单位：粤海广场，生长势较差。

苏州市姑苏区实验学校（干将东路518号）

树龄140年，树高20.0m，胸径0.67m，冠幅11.0m×11.0m。编号：166，管护单位：平江实验学校，生长势良好。

苏州市姑苏区实验学校（干将东路518号）

树龄170年，树高20.0m，胸径0.71m，冠幅13.0m×13.0m。编号：167，管护单位：平江实验学校，生长势良好。

苏州市姑苏区实验学校（干将东路518号）

树龄210年，树高17.0m，胸径0.78m，冠幅13.2m×13.2m。编号：168，管护单位：平江实验学校，生长势良好。

苏州市姑苏区实验学校（干将东路518号）

树龄110年，树高12.0m，胸径0.37m，冠幅6.0m×6.0m。编号：169，管护单位：平江实验学校，生长势良好。

苏州市姑苏区实验学校（干将东路518号）

树龄110年，树高12.0m，胸径0.42m，冠幅4.0m×4.0m。编号：170，管护单位：平江实验学校，生长势一般。

苏州市姑苏区实验学校（干将东路518号）

树龄150年，树高18.0m，胸径0.51m，冠幅7.0m×7.0m。编号：171，管护单位：平江实验学校，生长势良好。

苏州市姑苏区实验学校（干将东路518号）

树龄150年，树高18.0m，胸径0.76m，冠幅9.0m×9.0m。编号：172，管护单位：平江实验学校，生长势良好。

苏州市姑苏区实验学校（干将东路518号）

树龄150年，树高18.0m，胸径0.74m，冠幅14.0m×14.0m。编号：173，管护单位：平江实验学校，生长势良好。

苏州市姑苏区实验学校（干将东路518号）

树龄150年，树高20.0m，胸径0.73m，冠幅11.0m×11.0m。编号：174，管护单位：平江实验学校，生长势良好。

苏州市姑苏区实验学校（干将东路518号）

树龄150年，树高20.0m，胸径0.74m，冠幅13.0m×13.0m。编号：175，管护单位：平江实验学校，生长势良好。

苏州市姑苏区实验学校（干将东路518号）

树龄150年，树高20.0m，胸径0.70m，冠幅10.0m×10.0m。编号：176，管护单位：平江实验学校，生长势良好。

苏州市姑苏区实验学校（干将东路518号）

树龄120年，树高17.0m，胸径0.61m，冠幅10.0m×10.0m。编号：179，管护单位：平江实验学校，生长势一般。

苏州市姑苏区实验学校（干将东路518号）

树龄150年，树高15.0m，胸径0.68m，冠幅5.5m×5.5m。编号：180，管护单位：平江实验学校，生长势较差。

苏州市姑苏区实验学校（干将东路518号）

树龄120年，树高13.0m，胸径0.55m，冠幅6.0m×6.0m。编号：181，管护单位：平江实验学校，生长势良好。

苏州市姑苏区实验学校（干将东路518号）

树龄130年，树高12.0m，胸径0.54m，冠幅10.0m×10.0m。编号：182，管护单位：平江实验学校，生长势良好。

苏州市姑苏区实验学校（干将东路518号）

树龄140年，树高20.0m，胸径0.68m，冠幅10.0m×10.0m。编号：183，管护单位：平江实验学校，生长势良好。

苏州市姑苏区金门中心小学

雌株，树龄630年，树高18.0m，胸径0.89m，冠幅16.0m×16.0m。编号：189，管护单位：大儒中心小学，生长势良好。金门中心小学现名为：学士中心小学。

苏州市姑苏区曹胡徐巷49号

树龄100年，树高20.0m，胸径0.44m，冠幅5.5m×5.5m。编号：194，管护单位：姑苏区

图9-2-28 苏州市姑苏区怡园（面壁亭西）
（注：箭头示垂乳）

建设局，生长势良好。

苏州市姑苏区狮子林（问梅阁东）

树龄380年，树高15.0m，胸径1.21m，冠幅19.0m×19.0m。编号：狮002，管护单位：狮子林管理处，生长势一般。

苏州市姑苏区狮子林（收票处前广场西侧第一棵）

树龄120年，树高18.0m，胸径0.43m，冠幅6.0m×6.0m。编号：狮014，管护单位：狮子林管理处，生长势良好。

苏州市姑苏区狮子林（云林逸韻厅前东侧第一棵）

树龄100年，树高15.0m，胸径0.38m，冠幅8.0m×8.0m。编号：狮015，管护单位：狮子林管理处，生长势良好。

苏州市姑苏区狮子林（云林逸韻厅前西侧第一棵）

树龄100年，树高16.0m，胸径0.37m，冠幅6.0m×6.0m。编号：狮016，管护单位：狮子林管理处，生长势良好。

苏州市姑苏区怡园（面壁亭西）（图9-2-28）

垂乳银杏，雄株，树龄280年，树高20.0m，胸径1.05m，冠幅12.0m×13.0m，枝下高5.5m。树冠规整，生长势一般；根部有裸露，树皮沟壑明显。有2个垂乳，最近的靠近主干的小分枝上，在其正上方着生另一个垂乳，基径8cm。编号怡003，管护单位：怡园管理处，生长势良好，位于廊角落里，N= 31° 18′ 34.7″，E= 120° 37′ 00.6″，H= -8m。

苏州市姑苏区怡园（拜石轩北）

树龄180年，树高13.0m，胸径0.55 m，冠幅8.0m×8.0m。编号：怡005，管护单位：怡园管理处，生长势良好。

苏州市姑苏区怡园（小沧浪南）（图9-2-29）

垂乳银杏，雄株，树龄110年，树高7.0m，胸径0.22m，冠幅6.0m×4.0m，枝下高2.3m。树冠通直，主干有4处树瘤，两个大分枝，树体基部也呈瘤状。生长势较好；根部无裸露。由两处垂乳，位于主干较大分枝处，基径12cm和5cm。N=31° 18′ 35.5″，E=120° 37′ 01.2″，H=8m。

苏州市姑苏区东园（孔雀园东南）

树龄280年，树高33.0m，胸径0.99m，冠幅17.5m×17.5m。编号：东005，管护单位：东园管理处，生长势良好。

苏州市姑苏区东园（乌禽区池北偏东）

树龄210年，树高29.0m，胸径0.72m，冠幅13.5m×13.5m。编号：东006，管护单位：东园管理处，生长势良好。

苏州市姑苏区东园（乌禽区池北偏西）

树龄230年，树高32.0m，胸径0.92m，冠幅16.9m×16.9m。编号：东007，管护单位：东园管理处，生长势良好。

苏州市姑苏区留园（池边）（图9-2-30）

雄株，树龄330年，树高11.0m，胸径 1.05m，冠幅12.0m×13.0m，枝下高4.0m。树冠规整，生长势一般；树体向湖边倾斜（向东），树体光滑，有青苔附

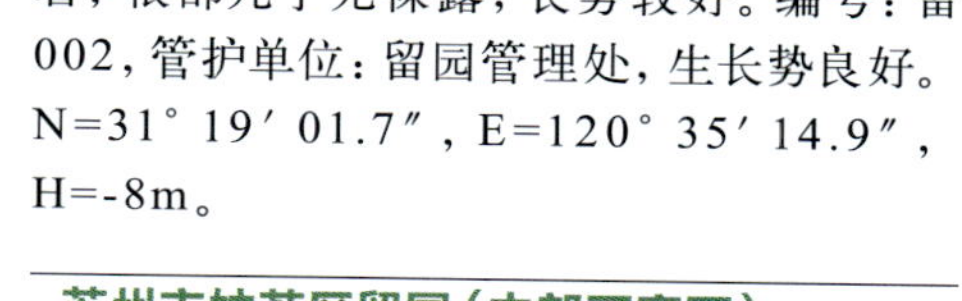

着；根部几乎无裸露，长势较好。编号：留002，管护单位：留园管理处，生长势良好。N=31° 19′ 01.7″，E=120° 35′ 14.9″，H=-8m。

苏州市姑苏区留园（中部可亭西）

雄株，树龄230年，树高15.0m，胸径 0.80m，冠幅12.0m×15.0m，枝下高约5.0m。树冠不规整，生长势一般；树干光滑，叶片相对较小；根部有裸露，长于石路之间。位于中部可亭西，且冠幅与上一株有交叉。编号：留003，管护单位：留园管理处，生长势良好。N=31° 19′ 03.7″，E=120° 35′ 16.9″，H=-13m。

苏州市姑苏区留园（中部可亭东）（图9-2-30）

垂乳银杏，雄株，树龄210年，树高10.0m，胸径 0.86m，冠幅15.0m×10.0m，枝下高 6.5m。树冠对称，生长势一般；主干干体通直，有6处被锯处用水泥覆盖；基部较大，根部稍有裸露。2.6m处有垂乳。具体位置：位于留园内中部可亭东面的石路边，编号：留004，管护单位：留园管理处，生长势良好。N=31° 19′ 03.7″，E=120° 35′ 16.9″，H=-13m。

图9-2-30 苏州市姑苏区留园
（注：1. 可亭东；2. 池边）

图9-2-29 苏州市姑苏区怡园（小沧浪南）

苏州市姑苏区留园（西部土山西侧）

树龄120年，树高12.0m，胸径 0.53m，冠幅6.5m×6.5m。编号：留014，管护单位：留园管理处，生长势一般。

苏州市姑苏区留园（西部土山北侧）

树龄120年，树高7.5m，胸径 0.64m，冠幅13.0m×13.0m。编号：留015，管护单位：留园管理处，生长势良好。

苏州市姑苏区社会福利院（普济桥下塘4号）

树龄120年，树高12.0m，胸径0.55m，冠幅6.0m×6.0m。编号：312，管护单位：社会福利院，生长势良好。

苏州市姑苏区社会福利院（普济桥下塘4号）

树龄100年，树高12.0m，胸径0.48m，冠幅7.0m×7.0m。编号：313，管护单位：社会福利院，生长势良好。

苏州市姑苏区来风桥下塘北堍东岸

树龄180年，树高18.0m，胸径0.75m，冠幅13.0m×13.0m。编号：315，管护单位：姑苏区建设局，生长势较差。

苏州市姑苏区来风桥下塘北堍东岸

树龄180年，树高20.0m，胸径0.81m，冠幅11.0m×11.0m。编号：316，管护单位：姑苏区建设局，生长势较差。

苏州市姑苏区苏州农校（西园路11号）

树龄100年，树高17.0m，胸径0.58m，冠幅10.0m×10.0m。编号：332，管护单位：苏州农校，生长势良好。

苏州市姑苏区苏州农校（西园路11号）

树龄100年，树高17.0m，胸径0.56m，冠幅12.0m×12.0m。编号：333，管护单位：苏州农校，生长势良好。

苏州市姑苏区绣花弄3号

树龄100年，树高15.0m，胸径0.50m，冠幅9.0m×9.0m。编号：335，管护单位：姑苏区建设局，生长势良好。

苏州市姑苏区绣花弄3号

树龄100年，树高15.0m，胸径0.54m，冠幅9.0m×9.0m。编号：336，管护单位：姑苏区建设局，生长势良好。

苏州市姑苏区山塘房管所仓库（路西街32号）

树龄100年，树高25.0m，胸径0.61m，冠幅12.5m×12.5m。编号：337，管护单位：山塘房管所仓库，生长势良好。

苏州市姑苏区山塘房管所仓库（路西街32号）

树龄100年，树高25.0m，胸径0.58m，冠幅15.0m×15.0m。编号：338，管护单位：山塘房管所仓库，生长势良好。

苏州市姑苏区第三人民医院宿舍（北浩弄68号）

树龄100 年，树高20.0m，胸径0.50m，冠幅9.0m×9.0m。编号：341，管护单位：第三人民医院宿舍，生长势良好。

苏州市姑苏区第三人民医院宿舍（北浩弄68号）

树龄100年，树高13.0m，胸径0.49m，冠幅7.0m×7.0m。编号：342，管护单位：第三人民医院宿舍，生长势良好。

苏州市姑苏区教育局教师宿舍

树龄130年，树高18.0m，胸径0.65m，冠幅11.0m×11.0m。编号：352，管护单位：教育局教师宿舍，生长势良好。

苏州市姑苏区金阊人民医院

树龄160年，树高16.0m，胸径0.68m，冠幅15.0m×15.0m。编号：353，管护单位：金阊人民医院，生长势良好。

苏州市姑苏区学士中心小学（图9-2-31）

金门小学银杏，雌株，树龄520年，树高9.0m，胸径1.50m，冠幅12.4m×8.2m，枝下高2.3m。树冠不规整，从南面望去像倒三角

图9-2-31 苏州市姑苏区学士中心小学

形，生长势较差，结果量较少；主干2/3中空，有5大分枝，其一枯死，2大分枝有中空现象，且有人为锯断的现象，树干底部有树瘤。根部无裸露。编号平219，具体位置：位于金阊区金门小学，大概2006年更名为学士小学。N= 31° 18′ 39.0 ″，E=120° 36′ 19.6″，H=-5m。

苏州市姑苏区市十六中学

树龄130年，树高16.0m，胸径0.68m，冠幅10.0m×10.0m。编号：368，管护单位：市十六中学，生长势良好。

苏州市姑苏区市十六中学

树龄120年，树高16.0m，胸径0.54m，冠幅8.0m×8.0m。编号：369，管护单位：市十六中学，生长势良好。

苏州市姑苏区市十六中学

树龄120年，树高16.0m，胸径0.60m，冠幅10.0m×10.0m。编号：370，管护单位：市十六中学，生长势良好。

苏州市姑苏区市十六中学

树龄180年，树高20.0m，胸径0.76m，冠幅14.0m×14.0m。编号：371，管护单位：市十六中学，生长势良好。

苏州市姑苏区市十六中学

树龄150年，树高20.0m，胸径0.73m，冠幅14.0m×14.0m。编号：372，管护单位：市十六中学，生长势良好。

苏州市姑苏区王洗马巷16号门口

树龄230年，树高20.0m，胸径0.91m，冠幅12.0m×12.0m。编号：385，管护单位：姑苏区建设局，生长势良好。

苏州市姑苏区王洗马巷16号门口

树龄150 年，树高20.0m，胸径0.72m，冠幅13.0m×13.0m。编号：386，管护单位：姑苏区建设局，生长势良好。

苏州市姑苏区官宰弄9号

树龄230年，树高20.0m，胸径0.89m。编号：408，管护单位：姑苏区建设局，生长势良好。

苏州市姑苏区宫弄3号

树龄400年，树高15.0m，胸径1.05m，冠幅10.0m×10.0m。编号：412，管护单位：姑苏区建设局，生长势良好。

苏州市姑苏区河沿街105号

树龄110年，树高15.0m，胸径0.54m，冠幅8.0m×8.0m。编号：413，管护单位：姑苏区建设局，生长势良好。

苏州市姑苏区河沿街105号

树龄115年，树高18.0m，胸径0.51m，冠幅7.0m×7.0m。编号：414，管护单位：姑苏区建设局，生长势良好。

苏州市姑苏区尚义桥东77号

树龄100年，树高15.0m，胸径0.48m，冠幅10.0m×10.0m。编号：436，管护单位：姑苏区建设局，生长势良好。

苏州市姑苏区留园路西园弄18号西园寺

树龄150年，树高12.0m，胸径0.59m，冠幅7.0m×7.0m。编号：439，管护单位：西园寺，生长势一般。

苏州市姑苏区留园路西园弄18号西园寺

树龄150年，树高12.0m，胸径0.60m，冠幅4.5m×4.5m。编号：440，管护单位：西园寺，生长势一般。

苏州市姑苏区留园路西园弄18号西园寺

树龄150年，树高12.0m，胸径0.49m，冠幅4.5m×4.5m。编号：441，管护单位：西园寺，生长势一般。

苏州市姑苏区留园路西园弄18号西园寺

树龄200年，树高16.0m，胸径0.72m，冠幅6.5m×6.5m。编号：442，管护单位：西园寺，生长势一般。

苏州市姑苏区留园路西园弄18号西园寺

树龄200年，树高18.0m，胸径0.62m，冠幅9.0m×9.0m。编号：443，管护单位：西园寺，生长势良好。

苏州市姑苏区留园路西园弄18号西园寺

树龄150年，树高15.0m，胸径0.53m，冠幅9.0m×9.0m。编号：444，管护单位：西园寺，生长势一般。

苏州市姑苏区留园路西园弄18号西园寺

树龄100年，树高20.0m，胸径0.41m，冠幅9.5m×9.5m。编号：454，管护单位：西园寺，生长势良好。

苏州市姑苏区寒山寺弄24号寒山寺

树龄100年，树高20.0m，胸径0.43m，冠幅7.0m×7.0m。编号：458，管护单位：寒山寺，生长势良好。

苏州市姑苏区寒山寺弄24号寒山寺

树龄100年，树高18.0m，胸径0.41m，冠幅6.5m×6.5m。编号：461，管护单位：寒山寺，生长势良好。

苏州市姑苏区人民路45号孔庙

孔庙银杏，树龄828年，树高15.0m，胸径1.11m，冠幅11.3m×11.3m。编号：501，管护单位：孔庙，生长势良好。

苏州市姑苏区人民路45号孔庙

孔庙银杏，树龄628年，树高17.0m，胸径0.94m，冠幅13.1m×13.1m。编号：502，管护单位：孔庙，生长势良好。

苏州市姑苏区人民路45号孔庙

孔庙银杏，树龄628年，树高17.0m，胸径1.66m，冠幅15.2m×15.2m。编号：503，管护单位：孔庙，生长势良好。

苏州市姑苏区人民路45号孔庙

孔庙银杏，树龄628年，树高15.0m，冠幅17.9m×11.0 m。编号：504，胸径处分为3个主干，管护单位：孔庙，生长势良好。

苏州市姑苏区人民路45号孔庙

孔庙银杏，树龄190年，树高16.0m，胸径0.57m，冠幅15.3m×15.3m。编号：507，管护单位：孔庙，生长势一般。

苏州市姑苏区人民路80号图书馆

树龄200年，树高16.0m，胸径0.67m，冠幅8.0m×1.4m。编号：524，管护单位：苏州市图书馆，长势一般。

苏州市姑苏区人民路39号

树龄200年，树高10.0m，胸径0.67m，冠幅7.5m×7.5m。编号：526，管护单位：姑苏区建设局，长势差。

苏州市姑苏区沧浪亭街4号苏州100医院

树龄120年，树高17.0m，胸径0.57m，冠幅16.0m×10.0m。编号：527，管护单位：苏州100医院，生长势一般。

苏州市姑苏区沧浪亭街4号苏州100医院

树龄120年，树高18.5m，胸径0.61m，冠幅15.8m×10.0m。编号：528，管护单位：苏州100医院，生长势一般。

苏州市姑苏区书院巷20号苏州卫生学院

树龄100年，树高15.0m，胸径0.57m，冠幅9.0m×9.0m。编号：537，管护单位：苏州卫生学院，生长势一般。

苏州市姑苏区道前街26号苏州第二医院

树龄100年，树高18.0m，胸径0.55m，冠幅14.0m×14.0m。编号：550，管护单位：苏州第二医院，生长势良好。

苏州市姑苏区十全街249号南园宾馆

树龄250年，树高18.0m，胸径0.73m，冠幅15.0m×15.0m。编号：579，管护单位：南园宾馆，生长势良好。

苏州市姑苏区苏州十四中东校区

树龄140年，树高8.0m，胸径0.40m，冠幅8.1m×6.0m。编号：598，管护单位：苏州十四中，生长势差。

苏州市姑苏区三香路东端姑苏桥西堍

树龄250年，树高22.0m，胸径0.73m，冠幅10.7m×10.7m。编号：601，管护单位：姑苏区建设局，生长势良好。

苏州市姑苏区三香路东端姑苏桥西堍

树龄180年，树高24.0m，胸径0.61m，冠幅10.7m×10.7m。编号：602，管护单位：姑苏区建设局，生长势良好。

苏州市姑苏区三香路东端姑苏桥西堍

树龄110年，树高18.0m，胸径0.41m，冠幅8.3m×5.0m。编号：603，管护单位：姑苏区建设局，生长势良好。

苏州市姑苏区西善长巷55号1幢101

树龄200年，树高19.0m，胸径0.62m，冠幅10.0m×10.0m。编号：614，管护单位：姑苏区建设局，生长势良好。

苏州市姑苏区十梓街信孚里苏医幼儿园

树龄260年，树高20.0m，胸径0.44m，冠幅5.0m×5.0m。编号：644，管护单位：苏医幼儿园，生长势良好。

苏州市姑苏区东小桥弄7号

树龄100年，树高16.0m，胸径0.55m，冠幅12.0m×12.0m。编号：660，管护单位：沧浪区建设局，生长势一般。

苏州市姑苏区苏州大学北校门门口

树龄310年，树高10.5m，胸径0.80m，冠幅8.0m×8.0m。编号：661，管护单位：苏州大学，生长势一般。

苏州市姑苏区苏州职业培训中心

树龄130年，树高14.5m，胸径0.52m，冠幅12.0m×12.0m。编号：662，管护单位：苏州职业培训中心，生长势差。

苏州市姑苏区凤凰街人行道上

树龄130年，树高14.0m，胸径0.65m，冠幅11.2m×11.2m。编号：663，管护单位：姑苏区建设局，生长势差。

苏州市姑苏区凤凰街定慧寺巷34号定慧寺

定慧寺银杏，树龄190年，树高20.0m，胸径0.91m，冠幅18.0m×18.0m。编号：665，管护单位：定慧寺，生长势一般。

苏州市姑苏区凤凰街定慧寺巷34号定慧寺

定慧寺银杏，树龄330年，树高14.0m，胸径0.72m，冠幅16.0m×16.0m。编号：666，管护单位：定慧寺，生长势一般。

苏州市姑苏区二郎巷27-10号

树龄280年，树高17.0m，胸径0.86m，冠幅15.0m×15.0m。编号：683，管护单位：姑苏区建设局，生长势良好。

苏州市姑苏区十梓街1号苏州大学

树龄130年，树高22.0m，胸径0.75m，冠幅14.0m×14.0m。编号：727，管护单位：苏州大学，生长势良好。

苏州市姑苏区十梓街1号苏州大学

树龄110年，树高20.0m，胸径0.69m，冠幅8.0m×8.0m。编号：728，管护单位：苏州大学，生长势一般。

苏州市姑苏区十梓街1号苏州大学

树龄130年，树高20.0m，胸径0.70m，冠幅12.0m×12.0m。编号：729，管护单位：苏州大学，生长势良好。

图9-2-32 常熟市
（注：1. 虞山北麓原三峰寺龙殿遗址；2. 虞山镇环城东路方塔园景区方塔园；3. 虞山镇石梅小学；4. 虞山镇谢桥双忠庙）

苏州市姑苏区十梓街1号苏州大学

树龄140年，树高20.0m，胸径0.79m，冠幅15.0m×15.0m。编号：730，管护单位：苏州大学，生长势良好。

苏州市姑苏区网师园（花圃东北角土丘上）

树龄150年，树高12.0m，胸径0.52m，冠幅9.0m×9.0m。编号：网001，管护单位：网师园管理处，生长势良好。

苏州市姑苏区沧浪亭（土山西南坡）

树龄210年，树高20.0m，胸径0.87m，冠幅14.0m×14.0m。编号：沧010，管护单位：姑苏亭管理处，生长势差。

苏州市姑苏区沧浪亭（沧浪亭南）

树龄120年，树高16.0m，胸径0.50m，冠幅6.0m×6.0m。编号：沧011，管护单位：沧浪亭管理处，生长势差。

苏州市虎丘区虎丘山抱瓮轩北小院西侧

树龄150年，树高20.0m，胸径0.58m，冠幅15.0m×15.0m。编号：虎030，管护单位：虎丘山管理处，生长势良好。

常熟市梅李镇南街

宋朝银杏，树龄1000年，胸径1.48m。根据《梅李镇志》的相关记载，这棵银杏应该是种植于北宋元佑年间，至今有上千年的历史了。

常熟市虞山镇县南街阁老坊

树龄320年，树高22.0m，胸径0.78m。共7株。

常熟市虞山镇谢桥双忠庙（图9-2-32）

雌株，树龄1010年，树高25.0m，胸径2.38m，冠幅13.0m×13.0m，是苏州地区乃至省内最大的一棵银杏树。谢桥粮管所原址在新中国成立前是双忠庙，庙前原本栽种着2棵银杏树，清代中期谢桥叫过“大树坡”，两朝帝师翁同龢乘小舟游福山塘时，曾为这2棵古银杏题诗作画，其真迹现珍藏于常熟博物馆。1966年，北侧一棵古银杏被雷击成两半，危及粮管所仓库安全，经批准后被砍伐了。古树编号：0446。

常熟市虞山镇石梅小学（图9-2-32）

雌株，树龄200年，树高22.0m，胸径0.90m，冠幅8.0m×8.0m。

常熟市虞山镇环城东路方塔园景区方塔园（图9-2-32）

宋朝银杏，树龄1000年，树高23.5m，胸径1.12m，冠幅10.0m×9.0m。该树为宋朝时期所植，树干在距地面3.5m处一分为二。方塔古迹名胜区，景区地处常熟市古城东侧，是原在宋代古迹旧址基础上重新建设的古典式园林，古迹区中心的方塔原名叫“崇教兴福寺塔”，是常熟市的地标建筑之一，与景区内的南宋古井和古银杏一起，并称为景区现存“三宝”。

常熟市虞山北麓原三峰寺龙殿遗址（图9-2-32）

宋朝银杏，树龄1033年，树高23.0m，胸径1.65m，冠幅23.0m×25.0m。分蘖12株，最大一株分蘖胸径0.78m。这棵古银杏树纹糙裂纵直，于树腰处却又盘旋而上，迥异于其他树木，故常熟人习称为“龙树”。古银杏树根龟裂中空，呈洞门状，由树之南侧观之，中空处一片炭黑。究其缘由，一说为遭雷击所致，另一说为烧香险些毁了大树。种植于北宋太平兴国4年（979），迄今已有千年历史。

昆山市周庄镇全福寺（图9-2-33）

全福寺银杏，树龄1500年，树高20.0m，胸径1.00m，冠幅10.0m×10.0m。古银杏树树干通直，姿态优美，从不同角度看，分别形似佛像、龙头、孔雀开屏、仕女等，栩栩如生。

昆山市玉山镇老城西北隅亭林园（图9-2-34）

亭林园银杏，树龄800年，树高26.5m，胸径1.50m，冠幅18.0m×16.0m。

昆山市淀山湖镇淀山湖

树龄1700年。

昆山市陆家镇新成村

雌株，树龄100年，胸径1.00m。

昆山市陆家镇新成村

雄株，树龄100年，胸径0.70m。

昆山市张浦镇安头村唐村自然村

明代银杏，雌株，树龄600年，树高13.0m，胸径1.20m。经过风雨的洗礼，古银杏树的表面虽已斑驳粗糙，背阴面上还覆盖着一层青苔，但仍然显现出顽强的生命力。每年春天，银杏树上都会长出新芽，秋天依然能挂果。据《张浦镇志·南港卷》记载，这棵古银杏树是当年迎真道院的遗留之物。据记载，迎真道院建于明成化中期（约1476年），毁于20世纪50年代。按照这一年代推算，这棵古银杏的确是“高寿”了。已被列入江苏省城市一级古树名木名录中，编号为73号。

昆山市蓬朗镇南市大通桥古庙门前

夫妻银杏，雌株，胸径1.50m。古时侯，在蓬朗镇大通桥古庙前生长的2棵古银杏树（俗称夫妻树），高大挺拔、枝繁叶茂、远近闻名，也是出昆山东门外15km方圆范围内独一无二的，需10余人才能环抱。东边的一棵是雄性的银杏树，西边的一棵是雌性的银杏树，两棵树的高度与围度基本相等。两棵树中其中有一棵树的树根，往东生长至5km开外的天福庵小镇。非常巧合的是，这个树根正好不偏不斜突出于天福庵镇庵堂里灶间内，正好作为厨工们烧饭煮菜坐的凳子。

昆山市蓬朗镇南市大通桥古庙门前

夫妻银杏，雄株，胸径1.52m。

图9-2-33 昆山市周庄镇全福寺

图9-2-34 昆山市玉山镇老城西北隅亭林园

图9-2-35 苏州市吴中区甪直镇保圣寺（清风亭东面）

图9-2-36 苏州市吴中区甪直镇保圣寺（清风亭西面）

苏州市吴中区天平山（白云古刹东）

树龄370年，树高23.0m，胸径0.96m，冠幅11.0m×11.0m。编号：天059，管护单位：天平山管理处，生长势良好。

苏州市吴中区甪直镇保圣寺（清风亭东面）（图9-2-35）

梁代银杏，雄株，树龄1500年，树高18.0m，胸径1.31m，冠幅9.0m×9.0m，枝下高3.5m。树冠不规整，生长势较好；主干向西倾斜15°，基部有小的树洞，大小为4cm×6cm，树干上有虫卵。根部有裸露，在距离保护池边缘1.0m的地方有根系露出。有一株枸杞寄生树上，在树杈处着生，并向上生长，分别从两个侧枝悬垂下来。有根蘖，但被伐。记载说这树与下一株同样树龄的同为此寺内建罗汉殿时栽植的，大约1500年。甪直保圣寺始建于梁代，距今已有1500年历史，为江南名寺，晚唐著名诗人、文学家陆龟蒙曾在此隐居，古银杏树即甪直古老的象征。目前镇上有7株古银杏，其中保圣寺四周有4株，最大的一株已有1500年，树干需3人合抱，虽经千年风霜，仍挺拔健壮。著名教育家、文学家叶圣陶先生在甪直执教期间写下散文《高高的银杏树》，他对古银杏的评价是“形象高大，意志坚强，气魄宏伟”。叶老在临终前嘱托其亲属将他的骨灰安放在保圣寺4株银杏树下，当地政府专门建了叶圣陶纪念馆，供人瞻仰。叶圣陶先生还写有《三棵老银杏》，借表哥之口描写了当地的3棵银杏树，抒发了对家乡的依恋和赞美之情。银杏在叶圣陶先生的作品中曾经多次出现，《倪焕之》的开头就有这样的描写：“近岸随处有高高挺立的银杏树，西南风一阵阵卷过来涌过来，把落尽了叶子的杈桠的树枝吹动，望去像深黑的完影，披散着蓬乱的头发。”编号：0297，N= 31° 16′ 20.2″，E= 120° 52′ 01.0″，H=1m。

苏州市吴中区甪直镇保圣寺（清风亭西面）（图9-2-36）

梁代银杏，雄株，树龄1500年，树高17.0m，胸径1.34m，冠幅8.0m×9.0m，枝下高4.0m。树冠整体向西倾斜，树体东侧有一株百年榆树寄生，生长势较好；主干稍有中空，大小4cm×10cm。北侧的分枝腐烂，南侧有凸出树瘤。树体上部的2个主枝在1998年台风时折断；根部有一处裸露在保护池外。编号：0296，N=31° 16′ 20.7″，E=120° 51′ 59.7″，H=2m。

苏州市吴中区甪直镇保圣寺（院内西南角落）（图9-2-37）

雌株，树龄1200年，树高15.0m，胸径1.11m，冠幅6.0m×6.5m，枝下高2.0m。树冠圆锥形，生长势较好；树体向西北方向倾斜，上部北侧有枝枯死，在离底部3.0m处有一枝垂下，离地1.0m；根部无裸露，结果情况较好。编号：0295，具体位置：N=310° 16′ 20.2″，E=120° 51′ 58.9 ″，H=8m。

苏州市吴中区东山镇北芒村岭下自然村村口

“北望”银杏，雄株，树龄2000 年，树高15.0m，胸径1.18m，冠幅10.0m×10.0m。该株古银杏生长在东山镇北芒村岭下自然村村口，由于100多年前曾遭受雷击，古树如今只剩下约1/4的树身，但其“腰围”仍达3.7m，两个成年男子合抱不过来。业内人士预测，如果整株古树完好无损，其胸围可能会超过7m。由于老树的根部萌生出20多根新枝，从20世纪50年代起，当地果农就在这些新枝上嫁接了雌枝。如今，许多新枝果实累累，年产白果120kg左右。附近村民介绍说，这株古银杏所在的北芒村以前叫做“北望”，2500年前吴国为防止越国偷袭，在太湖前线设立南、北两个“瞭望哨”，村子才得此名。正因为北芒村历史悠久，所以才“养育”了如此古老的树木。

苏州市吴中区东山镇吴巷村

雄株，树高17.0m，胸径1.64m。

苏州市吴中区东山镇实验小学

雌株，树高15.0m，胸径1.08m。

苏州市吴中区东山镇白沙村

雌株，树高17.0m，胸径1.44m。

苏州市吴中区东山镇马家弄荷园

雄株，树高18.0m，胸径1.36m，冠幅12.6m×18.5m。

苏州市吴中区东山杨湾北街

雌株，树高17.0m，胸径1.29m。

苏州市吴中区东山镇杨湾村华侨公墓

雌株，树高17.0m，胸径1.24m，冠幅10.8m×10.0m。

苏州市吴中区东山镇杨湾村车街

雌株，树高17.0m，胸径 1.29m。

苏州市吴中区东山镇摆渡口村

雄株，树高13.0m，胸径 1.09m。

苏州市吴中区东山镇东山翁巷凝德堂

雌株，树高18.0m，胸径 1.00m。

吴江区横扇镇庙前村3组

雄株，树高23.0m，胸径 1.70m。

吴江区震泽镇东方红加工厂

雄株，树高15.0m，胸径 1.60m。

图9-2-37 苏州市吴中区角直镇保圣寺（院内西南角落）

图9-2-38 海安县仁桥镇祖师庙
（注：2、3. 左；4. 右）

吴江区庙港镇曙光村4组

雌株，树高10.0m，胸径1.27m。

吴江区庙港镇红心村7组

雌株，树高15.0m，胸径1.59m。

吴江区庙港镇七一村2组

雄株，树高13.0m，胸径1.27m。

吴江区八都镇双板村

雌株，树高32.0m，胸径1.27m。

张家港市大新镇双杏寺前宽广场

双杏寺银杏，树龄380年。共3株，为国家三级保护文物。这3株银杏已有300多年树龄，覆盖面积3.2亩，根部延伸面积10余亩，堪称港城一绝。古银杏始植于明朝天启年间。其时，江心平凝沙开始围垦良田。一天，从长江上游漂来一段菩萨木偶身，有人说这是江神菩萨。于是，村民们将木偶打捞上岸，塑成栩栩如生的江神菩萨，置于江神庙大堂供奉。由于传说江神只管江河，不管陆地，因此，寺庙住持不二和尚决心在江神庙旁建造一座规模更大的寺院。经过数年努力，终于筹集到建寺银两，于天启五年(1625)建成新庙。佛像开光之日，不二和尚在寺前广场手植银杏两株，并将寺庙题名为双杏寺。既为双杏寺，又为什么有3株银杏呢？原来，事隔49年，即清康熙十三年（1674），江神庙遭火灾而焚毁。地方人士又在原庙址建成城隍庙。为纪念新庙落成，主持方丈在2株银杏西侧又种植了第3株银杏，故如今第3株银杏树身略小。1941年5月，新四军六师师长谭震林曾在古银杏树下召开军民大会，发表抗战演说。新中国成立以后，寺庙改为学校，银杏树下成为学生游戏活动的场所。1998年，双杏寺复建，古银杏和寺庙又成为张家港特有的旅游景点。

海安县仁桥镇祖师庙左（图9-2-38）

祖师庙银杏，雌株，树龄500年，树高28.0m，胸径1.68m，冠幅12.5m×11.0m，枝下高4.0m。生长旺盛，树冠阔塔形，树形优美。主干粗壮，与复干贴在一起生长，主干西侧4.0m处一主干被锯掉。有分枝10个，均匀分布于主干上。有复干7个，最大复干胸径0.94m，高23.0m，贴母干生长。有萌蘖20余株，与母干距离为0～1.3m。母干距地面4.0m处着生垂乳一个，基径5cm，长10cm。该树结果量大，枝叶正常。保护单位：仁桥镇人民政府。N=32° 27′ 54.2″，E=120° 26′ 27.2″，H=7m。

海安县仁桥镇祖师庙右（图9-2-38）

祖师庙银杏，雄株，树龄500年，树高25.0m，胸径1.63m，冠幅10.0m×11.0m，枝下高5.8m。生长较旺盛，树冠形状不规则。

主干挺直、粗壮，西侧和南侧有腐烂处，树皮脱落。现存3个主枝，其余分枝折断。有复干8株，最大复干高6.0m，胸径0.15m，与母干的距离为0～1.0m；基部有萌蘖20株，与母干的距离为0～1.5m。该树枝叶正常。保护单位：仁桥镇人民政府。N=32° 27′ 54.2″，E=120° 26′ 27.2″，H=7m。

海安县曲塘镇都天庙（原曲塘油米厂）（图9-2-39）

陈毅拴马树，雌株，树龄1000年，树高21.0m，胸径1.60m，冠幅9.0m×11.0m，枝下高4.0m。树势一般，树冠形状不规则。主干挺直、粗壮，南侧树皮脱落，仅存2个分枝，其余分枝断裂。有复干5个，最大复干胸径0.15m，高6.0m，复干与母干的距离为0～0.2m；有萌蘖40余株，与母干距离0～1.0m。该树枝叶正常，结果量很少。此树位于原曲塘镇油米厂，都天庙遗址，现位于小区内。都天庙，相传始建于唐末宋初，供奉的是蛮张老爷。传说唐名将薛仁贵的部属张巡，随薛仁贵东征时不幸遇难，因其生前说话有点蛮，大兵到处不扰民，当地百姓尊他为蛮张老爷，供以香火。也有人说是抹赃老爷，这抹赃老爷也有来头，《曲塘镇志》记载是“安史之乱”大战安禄山的唐玄宗名将张巡，不幸为国捐躯。传说张巡有种特殊的本事，就是有毒的东西经他一摆弄就没毒了，当年安禄山攻城，他坚守数月就靠这本事救活了不少人。老百姓得救后尊他为活菩萨，因为是他让有毒变没毒，脏东西也变得好吃了，所以叫他抹赃老爷，供在曲塘都天庙里。都天庙也称玄帝庙，历史上颇具规模：有山门，有戏台楼，居中有都天宫（也称大雄宝殿）；都天宫东侧为玄帝庙、魁星阁；西侧为娘娘楼。大雄宝殿前有棵古银杏，古银杏高大挺拔，枝叶繁茂。某日小和尚起早去挑水，突然听到头上有沙沙沙的声音。抬头一看，白果树上缠着一条大蟒蛇，那蛇身子缠在树上，头挂在井台上吸盆里的水，而尾巴翘在大雄宝殿的屋檐上，小和尚吓得目瞪口呆，赶紧飞报老和尚，老和尚出来一看，双手合十：阿弥陀佛，这是地龙啊。于是都天庙有地龙的名声到处传诵，香火更加鼎盛。如今都天庙早没了，庙里的那棵古银杏却留存下来了。这株古银杏老干新枝，苍劲古朴，像棵巨大的树桩盆景兀立在原曲塘油米厂里。《曲塘镇志》记载，该树树龄已有千余年历史；更值得称道的是，这棵古银杏还与叱咤风云的陈毅将军联系在一起。1941年1月7日，蒋介石指使顾祝同在安徽南部以8万余人伏击奉命北移的皖南新四军9千余人。新四军英勇奋战七昼夜，弹尽粮绝，除千余人突围外，大部分壮烈牺牲。这就是震惊中外的“皖南事变”。为了揭露蒋介石、顾祝同假抗日、真反共的真面目，同时团结党的外围部队一同抗日，陈毅将军于1月下旬（时任新四军代军长）亲临曲塘，在东街头都天庙

图9-2-39　海安县曲塘镇都天庙（原曲塘油米厂）

图9-2-40　海安县曲塘镇尤庄村

古银杏树下向联抗部队全体指战员作“皖南事变”发生经过的报告，揭露蒋介石摧残抗日力量，掀起反共高潮的丑恶行径；并阐明我党我军坚持抗战、反对分裂的严正立场，进而使联抗部队在党的领导下与华中新四军一起开拓苏中地区联合抗日的新局面。陈毅将军的大白马，当年就拴在古银杏树下，真可谓下马斥敌顽，上马击狂寇。N=32° 29′ 57.5″，E=120° 19′ 36.0″，H=-2m。

海安县曲塘镇尤庄村（图9-2-40）

雌株，树龄1700年，树高32.0m，胸径1.50m，冠幅22.5m×23.0m，枝下高2.5m。生长旺盛，树冠阔塔形，树形优美，北侧主枝被风吹折，偏冠。主干挺直、粗壮，树体西侧基部有一直径0.5m的树洞。有分枝20余个，均从主干2.5～3.5m处长出，均匀分布于主干上，西北侧6个分枝被风吹折。有复干2株，最大复干基径0.10m，高4.0m，贴母干生长。基部要4个成人才能合抱，树干枝条都是粗壮达1m的大支干，郁郁葱葱，引来众多鸟类，树上雀巢许多。此树枝叶正常，结果量一般，东侧为水塘，西侧与北侧为民居。N=32° 28′ 36.3″，E=120° 17′ 52.2″，H=3m。当地一些迷信的乡民们对古树向来敬畏如神，家中遇有疑难、生病之事，都要到银杏树下烧香求仙，祈求神树保护。

海安县海南镇红河十一组

新四军抗战树。树龄300年，树高18.0m，胸径0.98m，冠幅10.5m×10.5m。长势较好，抗日战争、解放战争期间，这里是敌伪顽据点。民国三十六年（1947），江家河战斗在这里打响。新四军在这里集结围攻敌人碉堡，有一个战士就藏在两棵银杏树的树杈间，既能看清敌人的动态，又隐身自己。经过周密部署，在敌人来临之际，新四军四面伏击，一次打死打伤敌伪军9人。取得胜利后，乡民都感谢古树的神助，都自觉保护好这两棵古树。不少附近的村民还主动保护周围的环境，把银杏树结的白果所换得的收益用于保护古树。

海安县海南镇红河十一组

新四军抗战树，树龄300年，树高19.0m，胸径0.92m，冠幅11.0m×11.0m。生长较好。

海安县海南镇红桥村

树龄350年，树高23.0m，胸径0.98m，冠幅12.0m×12.0m。生长较好。

海安海南镇二里村

树龄100年，树高21.6m，胸径0.62m，冠幅6.0m×6.0m。长势一般。

海安县海安镇旺池西路9号实验小学

树龄100年，树高12.0m，胸径0.38m，冠幅7.0m×8.0m。生长较好。

图9-2-41　如皋市高明镇卢庄村（大杨庄）

海安县海安镇旺池西路9号实验小学

树龄100年，树高12.0m，胸径0.40m，冠幅7.0m×7.0m。生长较好。

海安县海安镇中坝村

树龄200年，树高17.0m，胸径0.45m，冠幅12.0m×8.0m。生长一般。

海安县西场镇农科站

惠民寺银杏，树龄140年，树高20.0m，胸径0.62m，冠幅8.0m×9.0m。生长一般，这棵银杏原长在惠民寺内，惠民寺原为唐代寺院，历史久远。传说，唐太宗李世民派大将尉迟恭德、薛仁贵东征高丽，尉迟在海安西场、李堡一带屯兵准备出海，并在西场建立帅府，后得胜还朝，该府又改成惠民寺，以纪念鄂国公“嘉惠民众”之义，附近一带称惠民坊。据传原有古树树龄达600年，后毁。

如皋市高明镇卢庄村（大杨庄）（图9-2-41）

如皋银杏王，雄株，树龄1500年，树高17.8m，胸径3.03m，冠幅32.0m×32.0m，枝下高3.0m。生长旺盛，树冠形状不规则，南侧树冠大于北侧。树干多呈大型龟裂状，从远处看古树像撑天大伞覆盖在地面，近看主干、支干分散弯曲向南，像一把把利箭直插天空。主干挺直、粗壮，曾遭火烧，西侧和北侧遭火烧严重，3.0m处形成一个平台，已用水泥修复。根系向四方伸展，能见到粗根的地面直径约30m，整体占地0.0667hm^{2}左右。仅存2个主枝，侧枝10余个，分枝生长旺盛。有复干4株，最大复干直径0.06m，高4.0m，距母干0.6m；有萌蘖20株，与母干的距离为0～0.8m。树上有10余个初生垂乳。该树枝叶正常，不结果，周围为农田，南侧建有一土地庙。编号：111，保护单位为：如皋市高明镇芦庄村委会。这棵古树胸围之大为江苏之最，经考证，古银杏树龄已有1500年，可称为江苏最老的寿星。从周围地理环境来看，这里是千年古树群落，向北1000m的搬经有2棵千年古树，向南的黄市办有1棵，向东的磨头、常青也均有古树。对比可知这棵古树为群体中的大哥哥。目前古银杏树受到当地政府和人民群众的审视，为之修筑了水泥围栏，人们自觉地爱护古树，让千年古树继续勃发生机。N=32° 15′ 57.4″，E=120° 21′ 27.2″，H=6m。

图9-2-42 如皋市高明镇小杨庄村
(注：1、2、3. a；4. b)

图9-2-43 如皋市九华镇赵园村赵园小学

如皋市高明镇小杨庄村a（图9-2-42）

复干银杏，雌株，树龄450年，树高16.0m，胸径1.27m，冠幅9.0m×8.5m，枝下高2.8m。树势较弱，树冠形状不规则，南侧树冠大于北侧。主干挺直、粗壮，5.5m处南侧有腐烂。有5个分枝，东侧3个主枝被锯掉，分枝上部干枯较重。有复干1株，胸径0.05m，高3.0m，与母干的距离为0.15m。该树叶子脱落较重，未见结果。此树周围为民居，编号：21，认领单位：如皋市玉圣禽业有限公司，申传银。N=32° 16′ 13.4″，E=120° 21′ 26.8″，H=7m。

如皋市高明镇小杨庄村b（图9-2-42）

雌株，树龄250年，树高17.0m，胸径0.80m，冠幅8.0m×6.5m，枝下高5.0m。生长旺盛，树冠阔塔形。主干挺直、粗壮，有分枝10余个，分枝高度较高，所有分枝均在主干5.0m以上。该树枝叶正常，结果量很小，周围为农田。N=32° 16′ 13.4″，E=120° 21′ 26.8″，H=7m。

如皋市高明镇扬庄小学

树龄140年，树高17.0m，胸径0.70m，冠幅10.0m×10.0m。长势一般。

如皋市九华镇赵园村赵园小学（图9-2-43）

唐代银杏，雄株，树龄1300年，树高28.0m，胸径2.23m，冠幅26.0m×23.0m，枝下高2.5m。生长旺盛，树冠阔塔形，树形优美。主干挺直、粗壮，树皮有少部分脱落。有分枝16个，均从主干2.5～3.0m范围内生出，均匀分布于主干周围。根系露出地面最高0.2m，树体北侧和西侧根系裸露最多，向北延伸最远达30.0m，一直延伸到河对岸，根系裸露区域面积160m^2。树根只向北伸展，究其原因，是因为该树所在地是古长江出海口，古横江、古夹江的北岸，原来是扬泰古岗地的前沿，当古岗地延伸到车马湖一带时已是春秋时期，距今已有2400多年。汉代时江岸线从临江（今石庄）沿东北方向经如城、东陈、北凌出海与古扶海洲（今如东）夹江相望，赵园即在古长江的前沿。后古夹江封闭淤塞，古横江也在唐末淤塞，古胡逗州（今南通市）与古扶海洲已连成江海平原，但是赵园所在地历来为长江沿岸进入内地的河汉道，如张黄港、小洪港进入内地的为古龙游河，该处仍在龙游河的河岸上，由此可见，古树的南部一直是河水经过的江河地段，根部始终被水流逼住，只能向北不能向南，长年累月形成了北部的强大根系，支撑着树体。该树枝叶正常，不结果，是大唐

图9-2-44 如皋市搬经镇夏岱村

图9-2-45 如皋市常青镇横埭村5组

开元盛世年间种植的一棵古银杏，已经有1300多年的历史，主干顶部有几个空洞。据专家测量鉴定，此银杏为雄性，苍劲挺拔，得有五六个人才能合抱。树顶上还生长了一颗小树。有“江海平原第一树”、“华东第一树”的美誉”。此树位于赵园小学院内，西侧为银杏亭，东侧和南侧为小河。编号：11，责任人：阎建国。N=32° 09′ 41.1″，E=120° 38′ 50.3″，H=4m。

如皋市搬经镇夏岱村（图9-2-44）

唐代银杏，雌株，树龄1200年，树高20.5m，胸径1.43m，冠幅12.0m×16.0m，枝下高2.9m。生长旺盛，树冠阔塔形，树形优美。主干挺直、粗壮，有分枝15个，均匀分布于主干上，生长旺盛。有萌蘖10余株，位于树体基部东侧，与母二的距离为0～0.2m。该树枝叶正常，结果量很大，以至部分枝条下垂。此树周围为民居，编号：022，管护单位、搬经镇夏岱村村委会，为国家一级保护树木。据史料分析，该树当在唐宋年间所栽，何人栽下古树，传说很多。很久以前，僧侣取经路过此地，因经书遭雨淋湿，搬至高地上（即夏岱等岱地上）晒经，搬经镇由此得名。传说这位僧侣其实就是狼山大圣菩萨。唐代泗州普光王寺《僧伽传》载：僧伽者，葱岭北何国人也，译其何国，在碎叶国东北，是碎叶附庸，伽在本土少而出家，为僧之后，誓志游方，始至西凉，次历江淮，依此推断，当为唐显庆二年（657）来华，唐中末景龙四年（710）坐化。僧伽初至江淮时，江淮大疫，他广行善事，广结善缘，广采草药，救活了无数百姓，他与江淮垦民一起兴修水利，建寺修庙，栽植树木，为了弘法又为众民栽树养家糊口。N=32° 17′ 45.7″，E=120° 22′ 58.3″，H=8m。

如皋市常青镇横埭村5组（图9-2-45）

工农红军第十四军抗战树；复干银杏，雌株，树龄1200年，树高25.0m，胸径2.61m，冠幅20.0m×21.0m，枝下高1.3m。树势一般，树冠阔塔形，树形优美。东北侧根系露出地面0.5m。主干挺直、粗壮，有分枝40余个，均匀分布于母干及复干上，分枝在5.0m以下干枯较多。有复干5个，其中4个复干已与母干长在一起，最大复干胸径0.90m，高17.0m，贴母干生长，从其生长来看，它们是不同历史时代形成的复干。母干位于中央，左侧复干为300～400年才形成的新干，右侧又在左侧复干形成后100～200年才生成。复干与母干距离为0～0.2m；南侧有萌蘖50株，与母干的距离为0～0.5m；复干底层枝条折断较多。该树叶子基本脱落，结果很少。编号：18，认养单位：南通恒琦纺织有限公司。当地乡民与古树相伴，情缘深厚，大树曾发生过多次火灾，乡民不约而同前来救火。战争期间，鬼子到此扫荡，村民在树上放鞭炮吓鬼子。中国工农红军第十四军在这里打退了敌人的多次进攻，留下了许多军民团结、英勇杀敌的故事。新中国建立后在贲家巷建立了红十四军纪念碑。这棵千年古树目睹了人间沧桑，见证了幕幕历史。N=32° 13′ 44.3″，E=120° 27′ 49.5″，H=7m。

如皋市常青镇万全村

树龄580年，树高16.0m，胸径0.76m，冠幅11.6m×11.6m。树势一般。

如皋市常青镇土山村5组

绍隆寺银杏，树龄600年，树高22.0m，胸径0.76m，冠幅16.5m×16.5m。树势一般。如皋常青镇土山村有一座千年古刹，古刹内有一棵600年的古银杏。这里流传着一段云霄、琼霄、碧霄三仙姑和张禄为民除害，乡民得福、安居乐业的动人的民间故事。明中叶（1400），如皋西乡出现一只猛虎，居该地一土山高丘上，因此该土山被称虎山。此老虎昼夜出没，经常伤害人畜，民不安生。此时董庄的一个仗义刚烈的大汉董朝永自告奋勇上山，用重达百斤的石碾砸死了老虎，从此西乡太平。可不久虎山又来了一匹似马非马的野兽，也经常出来伤人践物，搞得乡民们更不得安宁。通州州官报请朝廷派人捉拿，却被奸臣诬陷。奸臣报请皇帝下诏，要如皋的文官张禄捉拿。张老爷为人耿直，本无武功，怎能捉拿野兽?他自知不是野兽的对手，却不顾个人安危，决心拼死为民除害，几经曲折，功败垂成。几乎束手无策时，感动了上界的仙姑，仙姑下凡来帮助他用竹笼头套住了野兽。西乡自此太平。为了纪念仙姑，当地百姓集资捐款建绍隆寺，并栽下了银杏树，老百姓称这株银杏树为仙姑树，从此寺内香火不断，一直延续到近代。抗日战争期间，绍隆寺曾是共产党在西乡的活动中心。新中国建立后寺僧爱国爱教，但20世纪六七十年代，绍隆寺被毁，1998年才恢复为佛教活动基地。

如皋市常青镇横埭1组

树龄101年，树高17.0m，胸径0.70m，冠幅4.5m×4.5m。树势一般。

如皋市黄市镇中心村

树龄700年，树高16.0m，胸径1.56m，冠幅23.0m×23.0m。树势一般。

如皋市磨头镇丁冒村慈庵

树上生树，树龄1000年，树高22.0m，胸径1.39m，冠幅29.3m×29.0m。如皋磨头镇丁冒村有一古庵，庵内有1株古银杏树，约有1000年树龄。远看为一个树干，从根部树干的表皮皱纹裂度以及内部空洞来看，应是两个不同树龄的主干连在一起，但都老态苍劲，中间形成80cm直径的空洞，洞穴为泥土填实。据庵内住僧介绍，原来一根一干，数百年前遭受雷劈，削去一半，后又生一干，连在一起，中间形成了空洞。原先长一株女贞树，后来砍了，又生长一株银杏，高达10m左右，算来该银杏树是老中少3代加上新生枝条，那就是5代同堂了。据《如皋旧县志》称，这里旧称赤岸，属于高沙土地区的扬泰岗地。约在东晋孝武帝太元七年（382），已有外来居民在此煮盐垦荒，繁衍子孙，但地势坑洼、高低迂回。此时有一云游僧人募化到此，夜宿菖蒲丛中，翌晨环顾，乃佛法流于清静宝地，僧人在此就地取材，自建庵房，即为菖蒲庵之始。但到清嘉庆年间，该庵毁于大火，后复建庵房200多间。新中国成立后，又遭到“文革”劫难，遣散众僧，佛像埋没，庵房拆除，改为副业场、林场，惟一留存的只有这棵古银杏树。

如皋市东陈镇洪桥村（图9-2-46）

复干银杏，雌株，树龄480年，树高21.0m，胸径1.25m，冠幅8.0m×7.5m，枝下高6.0m。生长旺盛，树冠阔塔形。主干挺直、粗壮，有5个分枝，均匀分布于主干上，分枝高度较高。有复干4个，最大复干胸径0.15m，高8.0m，与母干的距离为0.3m。该树枝叶正常，结果较多。此树位于民居内，树体周围0.5m范围外即为墙体。编号：003，认养单位：东陈镇洪桥村委员会。明嘉靖三十三年（1554）五月，这里发生了一场军民同仇敌忾的反抗倭寇的自卫战。时役中古树被毁，役后立平倭碑。东陈、西场、狼山都有平倭碑刻，记录了南通地区的抗倭斗争史。800年的古树现在虽然已不在，但它和抗倭战争中的英雄业绩一样，都已留在了史册之中。N=32° 24′ 14.4″，E=120° 38′ 44.0″，H=3m。

如皋市东陈镇洪桥村土地庙右（图9-2-47）

雌株，树龄200年，树高16.0m，胸径0.90m，冠幅5.5m×6.3m，枝下高5.0m。生长旺盛，树冠阔塔形，西侧树冠大于东侧。主干挺直、纤细，有8个分枝，分枝高度较高，分枝均匀分布于主干上。该树枝叶正常，结果量大但果较小。此树南侧为土地庙，周围为桑园。N=32° 24′ 15.1″，E=120° 38′ 57.0″，H=9m。

如皋市东陈镇洪桥村土地庙左（图9-2-47）

雌株，树龄200年，树高15.5m，胸径0.50m，冠幅5.0m×6.0m，枝下高4.5m。生长旺盛，树冠阔塔形，西侧树冠大于东侧。主干挺直、纤细，有10个分枝，分枝高度较高，分枝均匀分布于主干上。该树枝叶正常，结果量大但果较小。此树南侧为土地庙，周围为桑园。N=32° 24′ 15.1″，E=120° 38′ 57.0″，H=9m。

图9-2-46 如皋市东陈镇洪桥村

图9-2-47 如皋市东陈镇洪桥村土地庙（右、左）

如皋市东陈镇徐湾村

树龄480年，树高21.0m，胸径1.02m，冠幅6.0m×8.0m。长势较好。

如皋市东城镇东陈小学

树龄100年，树高15.0m，胸径0.57m，冠幅5.0m×6.0m。长势一般。

如皋市东城镇东陈小学

树龄100年，树高15.0m，胸径0.59m，冠幅5.0m×5.0m。长势一般。

如皋市白蒲镇塘坝村

树龄300年，树高22.0m，胸径1.25m，冠幅6.0m×7.0m。长势较好。

如皋市林梓镇粮站沈万四宅

树龄400年，树高21.0m，胸径1.12m，冠幅8.0m×9.0m。树势一般。

如皋市如城镇新生路海月寺

海月寺银杏，树龄318年，树高19.8m，胸径0.89m，冠幅4.3m×4.3m。树势一般。

如皋市如城镇新生路海月寺

海月寺银杏，树龄318年，树高17.0m，胸径0.70m，冠幅9.0m×9.0m。树势一般。

如皋市如城镇新生路陈家祠

树龄318年，树高17.0m，胸径0.64m，冠幅8.5m×8.5m。树势一般。

如皋市如城镇新生路陈家祠

树龄318年，树高17.0m，胸径0.80m，冠幅14.0m×14.0m。树势一般。

如皋市如城镇师范礼堂前

树龄1000年，树高21.0m，胸径1.31m。高耸挺立，树冠繁茂，远近数里可见其焕发的英姿。该树所在地原为东岳庙，又邻定慧寺，寺庙紧相连。据考证，定慧寺为苏北名刹，建寺于隋开皇十一年（591），原为晋王杨广玉于扬州请高僧设僧会授菩萨戒道。高僧智觊经如皋时课茅建寺，定名定惠，并建有十级宝塔。宋天禧年间重修，清时鼎盛，殿院群落，面北朝南。该寺离今已有1400多年，其侧东岳庙属道观。东岳庙、文庙等均是纪念名人为主的，据明湛若水所著《新迁文庙儒学记》日：若子东半里许，在名宦、乡贤祠隙地，乃东狱庙旧址，其土燥，高四尺，中有古杏树一，大而艳。杏坛之北已默定矣！南数步有龙游河，河有九十九湾，南出大江，北则纤徐萦绕，回环其前，为运河东入于海，地势坤，风气萃。此段说明东岳庙早已在前，古银杏树已“大而艳”，即已有数百年，加上明朝至今的500多年，可见该银杏树龄达千年。大银杏为宋朝王学士墓的遗物，王氏是如皋的一大名门望族，名人辈出，其中还有状元一名，写出千古名句“水是眼波横，山是眉峰聚”的著名词人王观便出自其间。如皋师范是1902年创建的。原创办人沙元炳热心办学，在废科举、办新学的潮流中，率先在如城举办师范学校以解决师资之用。在勘察校址上几经变迁，后据张之洞指示选定古城东南隅：于道德、卫生无妨之地——金龟压钮代出伟人之古宋集贤里，常胜庵和东岳庙为校址。百里清旷人稀，空气新鲜，雉水两岸树木葱郁，实为溪水拖蓝柳带烟，隔岸钟声催皆晓的学习胜地。学子由这里一代代走出校门，为南通教育之乡打下了扎实基础。由此看来，如皋师范内的千年古树，正是人杰地灵之凤物之宝。

如皋市如城镇邓元村2组

树龄127年，树高16.0m，胸径0.56m，冠幅8.4m×8.4m。树势一般。

如皋市如城镇碧霞路299号水绘园

树龄210年，树高17.0m，胸径0.51m，冠幅12.5m×12.5m。树势一般。

如皋市如城镇孔庙福利院

树龄190年，树高17.0m，胸径0.67m，冠幅12.0m×12.0m。树势一般。

如皋市如城镇孔庙福利院

树龄190年，树高14.0m，胸径0.53m，冠幅9.5m×9.5m。树势一般。

如皋市如城镇微型变压器厂（迎春桥北河东）

树龄182年，树高19.0m，胸径0.86m，冠幅15.0m×15.0m。生长较好。

如皋市如城镇微型变压器厂（迎春桥北河东）

树龄122年，树高16.0m，胸径0.53m，冠幅8.0m×8.0m。生长较好。

如皋市袁桥镇陆姚村11组

树龄110年，树高17.0m，胸径0.67m，冠幅9.0m×9.0m。生长一般。

如皋市柴湾镇里庄村

树龄130年，树高11.0m，胸径0.64m，冠幅7.7m×7.7m。生长一般。

如皋市柴湾镇复兴村薛秀清

树龄210年，树高17.5m，胸径0.53m，冠幅5.5m×5.5m。生长一般。

如皋市下原镇陈家桥村25组

树龄160年，树高24.0m，胸径0.83m，冠幅16.3m×16.3m。生长一般。

如皋市下原镇陈农村9组

树龄110年，树高19.0m，胸径0.59m，冠幅13.3m×13.3m。生长一般。

如皋市吴窑镇政府

树龄120年，树高17.0m，胸径0.46m，冠幅13.5m×13.5m。生长一般。

如皋市吴窑镇立新村14组

树龄200年，树高27.0m，胸径0.94m，冠幅18.0m×18.0m。生长一般。

如皋市吴窑镇四房村16组

树龄120年，树高17.0m，胸径0.46m，冠幅12.5m×12.5m。生长一般。

如东县马塘镇三厂村三组（银杏村）

树龄311年，树高13.0m，胸径0.93m，冠幅8.0m×8.0m。长势较好。

如东县双甸镇倪张村28组

树龄320年，树高13.0m，胸径0.43m，冠幅4.6m×4.6m。生长一般。

如东县掘港镇群庙巷

树龄400年，树高15.0m，胸径0.70m，冠幅3.0m×3.0m。生长一般。

如东县双甸镇东阳庙村东阳小学

树龄201年，树高22.0m，胸径0.96m，冠幅3.8m×3.8m。生长一般。

如东县栟茶镇双星庄村9组

树龄200年，树高13.0m，胸径0.39m，冠幅6.0m×9.0m。生长一般。

如东县栟茶镇双星庄村9组

树龄200年，树高16.5m，胸径0.45m，冠幅8.0m×9.0m。生长一般。

如东县浒零乡乡政府

树龄100年，树高17.0m，胸径0.38m，冠幅6.0m×6.0m。生长一般。

如东县浒零乡浒零小学

树龄100年，树高17.5m，胸径0.38m，冠幅6.0m×7.0m。生长一般。

如东县掘港镇丁杨村16组

树龄211年，树高12.2m，胸径0.70m，冠幅2.8m×2.8m。生长一般。

如东县岔河镇兴发村红宝石幼儿园

树龄100年，树高17.0m，胸径0.67m，冠幅0.8m×0.8m。生长一般。

如东县岔河镇兴发村红宝石幼儿园

树龄100年，树高17.0m，胸径0.67m，冠幅2.9m×2.9m。生长一般。

如东县岔河镇王池村1组

树龄311年，树高14.5m，胸径0.58m，冠幅7.9m×7.9m。生长一般。

启东市吕四镇菜园村文昌阁

“扫帚树”古银杏，树龄500年，树高24.0m，胸径0.90m，冠幅16.0m×16.0m，成“丫”形。生长一般。吕四乡民与海洋结下了不解之缘。渔民特别敬神，崇拜太公、钟馗、何伯、雷公、风神、雨婴，因此吕四的庙宇较多。大多庙宇都有栽银杏树的风气，至今，庙宇先后败废，所存无几，仅宋明期间栽的古银杏现存3株。一株是菜园村四组被当地称为“扫帚树”的古银杏，据当地人称树龄有500年左右；另两株分别是城隍庙（原酿造厂）的古银杏和桂林小学内古银杏。

传说：“唐朝薛仁贵东征，曾在吕四出海，牵马于银杏树下。”以前，此树作为航标之用。吕四港是全国四大渔港之一，吕四镇居民靠出海打鱼为生，大海上没有航标，有了这棵银杏树，渔民就知道了回家的方向。因此，每到逢年过节，渔船出海，渔民们都要到这棵银杏树下烧香。抗日战争时期，日本兵要锯掉这棵古树，但没锯几下，游击队就打了过来。日本兵忙于逃命，刚逃出四五百米，便纷纷鼻孔流血，倒地而亡。后来，谁都不敢动它一枝一叶。到了1998年正月十三那天清晨，大雨瓢泼，一声惊雷，劈掉了该树东边的分枝，但该树依然生命长青，被当地百姓视为神灵。

启东市吕四镇吕四酿造厂（城隍庙）

树龄480年，树高21.0m，胸径1.09m，冠幅11.0m×11.0m。生长一般。

启东市吕四镇桂林小学

树龄480年，树高19.0m，胸径1.00m，冠幅10.0m×11.0m。生长一般。

启东市海复镇复东村248号垦牧侨校（东南中学）

树龄100年，树高15.0m，胸径0.54m，冠幅7.0m×8.0m。生长较好。

启东市海复镇复东村248号垦牧侨校

树龄100年，树高15.0m，胸径0.54m，冠幅8.0m×8.0m。生长较好。

图9-2-48 南通市通州区东社镇银杏村3组

南通市通州区四安镇温桥村3组（韬奋小学）

韬奋银杏，树龄610年，树高30.0m，胸径1.18m，冠幅22.0m×22.0m。该树生长一般。此树位于四安镇的韬奋小学内，为明弘治年间（1400）栽植，据考证其所在地是狄公堤的堤内南区。韬奋小学原来叫做温桥小学，是为了纪念我国现代杰出的新闻工作者、政论家和出版家邹韬奋先生而更名的。1942年秋，邹韬奋先生在南通地区开展革命活动，12月底，他来到温桥小学，在高大的银杏树下给千余人发表演讲，宣传团结抗日、彻底打败日本帝国主义等思想。为了纪念邹韬奋这次有意义的演讲，四安温桥小学被更名为“通州市韬奋小学”，时任中共中央总书记的江泽民亲笔题写了校名。韬奋演讲纪念碑仍然竖立在校园中央，那棵高大的银杏树仍然枝繁叶茂，生机勃勃。2009年韬奋小学和四安小学合并办学，今年申请更名为“南通市韬奋小学”。原来的校址将作为青少年爱国主义教育基地，继续更好地发挥它教书育人的作用。

南通市通州区石洪镇东大街佑圣观

树龄800年，树高30.0m，胸径1.37m，冠幅15.0m×15.0m。长势一般。

南通市通州区石港镇东大街碧霞宫

明代银杏，树龄500年，树高20.0m，胸径0.67m，冠幅7.0m×10.0m。树势较差，这株银杏在馆外原粮站内，一株双干，各半共生，从基部到分杈点有4m多高，如同一个连体婴儿，树态丰满，每年硕果累累。史载，该树原生长在碧霞宫夕阳楼前。碧霞宫建于明代，最初是防海浸的潮墩，后填土加高成为寺庙的场基。

南通市通州区石港镇西大街城隍庙

树龄600年，树高24.0m，胸径1.11m，冠幅14.0m×12.0m。树势一般。

南通市通州区东社镇银杏村3组（图9-2-48）

雌株，树龄800年，树高21.0m，胸径2.48m，冠幅12.0m×13.0m，枝下高2.8m。树势一般，主要分枝顶部干枯，树冠阔塔形，树形优美。主干挺直、粗壮，南侧中空，用水泥修复。有18个分枝，分枝在主干上分布均匀。有复干12个，最大复干胸径0.70m，高15.0m，与母干的距离为0.2m，复干与母干距离最远为0.6m。该树枝叶正常，结果量小。此树位于该村新修建的寺庙内，树体被水泥修复过。相传此株树周围，原本为一片坟冢，宋朝有一富裕人家的祖先便安葬在这里，后来搬迁到江苏北方居住，后人每年清明，便会携纸钱美酒前来祭拜，由于坟冢众多，怕难以辨认，特在坟前栽种了一颗银杏树。其后有一年到坟前祭祖，给祖先倒完美酒后，顺便将昂贵的金质酒壶挂于树上，祭拜完毕后便返程回家，将金质酒壶忘于树上，回到家后方才想起，他暗自思量说金质酒壶必被路人取走，现在返回要耗时2~3天，酒壶早就没有了，于是就放弃了。一年过去了，这年清明这家人再次过来祭祖，来到树前的时候，非常惊讶地发现，酒壶原封不动地挂于原处，诧异之余，询问附近村民，结果村民告知，这一年来所有人看到的只是一双破草鞋！此事在民间传开，许多人认为此树已有灵气，于是都以树仙祭拜，香火旺盛，此树也越长越大，长到最茂盛的时候，其树荫覆盖的直径达到60m，到20世纪90年代，其树干多次被香火焚伤。当地政府用围墙围起以文物标准保护，现在此地建有寺庙，是当地及周边城镇比较闻名的佛教活动地点。另有一说，该树为北宋年间文学家范仲淹修筑范公堤岸时，靠海栽下的，至今存活的800年古树。N=32° 08′ 13.4″，E=121° 06′ 33.2″，H=10m。

南通市通州区骑岸镇渡海亭村王金权家

垂乳银杏，树龄500年，树高25.0m，胸径1.41m，冠幅11.0m×11.0m。树势一般，该树主干高12m左右处有7~8个大分枝，而处在3~4m的主干处周围有10个垂乳，树乳倒挂，似一条条钟乳石，又像一串倒挂金钟，远看像树上下伸的乳头，颜色白净、浑圆，表面光滑。在树干底部萌发10余株复干，高10m以上，其生长快于母树，树上长树一般属于正常现象，但这么多小树围绕主根的树却少见。古银杏树向南不足百米处原有一古碑，即渡海亭碑，记录了宋丞相文天祥落难于此，准备由此出海扶持南宋小朝廷。文丞相逗留之际作诗多首，其中《卖鱼湾诗》最为精彩。诗为："风起千重浪，潮生万顷沙。春江堆蟹子，晚白结盐花。故国何时汛，扁舟到此家。狼山青两点，极目是天涯。"从诗中可看出银杏树所在地是盐场。当时乡民以煮盐和打鱼为生，到明中叶时栽下银杏树。后人为纪念忠烈公文丞相，在此建碑祠，后被台风所毁。民国期间，张謇先生在此重建宋文忠烈公海亭并新撰碑记，1949年前又遭毁。1992年于五总乡（今骑岸镇）再建渡海亭，钟乳树终于能与之再度相望。

南通市通州区骑岸镇沙坝村委会

树龄400年，树高18.0m，胸径0.41m，冠幅10.0m×12.0m。树势一般。

南通市通州区石港镇戴湾村15组尹忠礼家

树龄300年，树高15.0m，胸径0.76m，冠幅13.0m×15.0m。生长良好。

南通市通州区石港镇戴湾村15组尹忠礼家

树龄300年，树高15.0m，胸径1.15m，冠幅14.0m×15.0m。生长良好。

南通市通州区石洪镇都天庙（东大街）

树龄400年，树高25.0m，胸径0.86m，冠幅14.0m×12.0m。树势一般。

南通市通州区金沙镇朝阳区（北山寺粮站）

树龄350年，树高20.0m，胸径0.56m，冠幅12.0m×11.0m。树势一般。这株银杏在馆外原粮站内。该树一株双干，各半共生，从基部到分杈点有4m多高，如同一个连体婴儿，树态丰满，每年硕果累累。史载，该树原生长在碧霞宫夕阳楼前。

南通市通州区余西青云观前庙（东社镇居委会3组）

雌株，树龄350年，树高35.0m，胸径0.81m，冠幅13.0m×12.0m。树势一般。

南通市通州区骑岸镇戏台墩村2组

树龄300年，树高20.0m，胸径0.64m，冠幅9.0m×10.0m。树势一般。

南通市通州区先锋镇关帝庙（先锋三圩街东侧）

关帝庙古银杏，雌株，树龄400年，树高21.0m，胸径1.34m，冠幅12.0m×11.0m。树势一般。通州先锋镇，旧称"三圩头"，东街有一处关帝庙（现已不存在），庙门朝东，大殿前有两棵银杏，其长势、树态、高度和胸围均基本一致，南北相距20m均为雌株，主干高6m多，两树树枝交叠，如果站在30m开外的中轴线上看两树，恰似一对亭亭玉立的姐妹。两棵树树龄均为400年。这里原来是明朝中叶江滩渔村，据说最初来开垦的农民以崇明过来的居多。定居后，他们兴起种棉、纺纱、织布而成村落。由于垦殖有益，人丁逐渐兴旺，成为集市，起名叫"三圩头"。圩，即垦区，"三圩"即第三垦区，而且是最靠江边的地方，所以叫"三圩头"。成为集镇以后，这里街面房前道路非常狭窄，仅2m左右宽，但是街道很长，约2.5km。抗日战争时，日本鬼子几次扫荡到此，房屋遭到很大损坏，树木也大量被毁。新中国建立时，街东头的关帝庙被改为学校，后又改为供销合作社、生产资料门市部。现在关帝庙已不存在，但2株古银杏经过400多年的沧桑变化，依然屹立着。

南通市通州区先锋镇关帝庙

雌株，树龄400年，树高20.0m，胸径1.40m，冠幅13.0m×11.0m。树势一般。

南通市通州区兴东镇天竺山寺

杨学亮手植银杏，树龄400年，树高23.0m，胸径1.31m，冠幅13.0m×12.0m。树势一般。寺内有文天祥遗碑和文天祥塑像一座。据史料载，这座古寺在明万历十年（1582）由西亭场大使杨学亮建成，后寺观扩展，香火旺，杨学亮亲自栽植两棵银杏树，就在寺观前左右两侧。

南通市通州区兴东镇天竺山寺

树龄400年，树高22.5m，胸径1.27m，冠幅12.0m×11.0m。树势一般。

南通市通州区骑岸镇东场村

树龄200年，树高17.0m，胸径0.76m，冠幅3.5m×3.5m。树势一般。

南通市通州区刘桥镇祖师殿

树龄250年，树高17.0m，胸径0.64m，冠幅6.0m×7.0m。树势一般。

南通市通州区五接镇李港小学

树龄100年，树高18.0m，胸径0.51m，冠幅4.0m×5.0m。树势一般。

南通市通州区五接镇李港小学

树龄180年，树高25.0m，胸径0.84m，冠幅6.0m×7.0m。树势一般。

南通市通州区五接镇李港小学

树龄120年，树高20.0m，胸径0.55m，冠幅8.0m×7.0m。树势一般。

南通市通州区金沙镇总桥村（南山寺）

张謇护银杏，树龄200年，树高18.0m，

图9-2-49 南通市通州区金沙镇原金西新生小学（原金西初中）院内（左、右）

图9-2-50 南通市崇川区健康路西寺（启秀中学，原南通市十二中学）

胸径0.83m，冠幅9.0m×10.0m。树势一般。金沙金西祠堂桥村张謇故居即在其西2.5km处。幼年张謇去金沙必走南山寺沿银杏树旁进镇区，他中状元后创办博物院，为收集文物古迹竭尽全力。张謇曾致信顾泽轩："孙谨臣函泽轩先生，谨臣贤弟鉴，金沙应保存之古迹，一南山东南河边有大树，殆数百年物原似2株，现已伐一其较大者，在其东不可听人再伐。一闻宋僧骨缸，应归古骸类存。请以金沙市公所名义送博物院作为代存者，如何？此请大安。张謇五月八日"。可见张謇是把银杏古树当作文物来爱惜的。

南通市通州区九华山九华庙（九华精神病院）

九华山银杏，树龄120年，树高20.0m，胸径0.39m，冠幅9.0m×10.0m。生长良好，近边的九华山，据史料载亦是防潮墩，后建有九华庙。

南通市通州区金沙镇原金西新生小学（原金西初中）院内右（图9-2-49）

雌株，树龄250年，树高14.0m，胸径0.70m，冠幅7.0m×8.0m，枝下高2.5m。生长较旺盛，树冠形状不规则，东侧树冠大于西侧。主干挺直，主要分枝有4个，集中在主干6.0m以上，2.5～6.0m范围内的分枝都较小。基部有萌蘖30余株，与母干的距离为0～1.0m。该树枝叶正常，结果量小，位于金西小学院内。N=32° 04′ 40.5″，E=121° 01′ 12.0″，H=6m。

南通市通州区金沙镇金西新生小学（原金西初中）院内左（图9-2-49）

雌株，树龄250年，树高16.0m，胸径1.00m，冠幅9.0m×10.5m，枝下高2.6m。生长旺盛，树冠阔塔形。主干挺直，主要分枝有10个，分枝生长旺盛。基部有大量杂草及灌木生长。该树枝叶正常，结果量小，位于金西小学院内，与上一株相距3.5m。N=32° 04′ 40.5″，E=121° 01′ 12.0″，H=6m。

南通市通州区余西镇城隍庙（余西镇翻身街）

树龄200年，树高21.0m，胸径0.60m，冠幅11.0m×11.0m。生长良好。

南通市通州区余西镇光荣街

树龄200年，树高17.0m，胸径0.62m，冠幅11.0m×10.0m。生长良好。

南通市通州区余西镇建中校

树龄200年，树高18.0m，胸径0.57m，冠幅8.0m×6.0m。生长良好。

南通市通州区东社镇顾家园村1组

树龄100年，树高15.0m，胸径0.45m，冠幅7.0m×6.0m。生长一般。

南通市通州区骑岸镇渡海亭村8组

树龄100年，树高17.0m，胸径0.25m，冠幅6.0m×7.0m。生长一般。

南通市通州区二甲镇袁灶小学

树龄150年，树高18.0m，胸径0.67m，冠幅6.0m×6.0m。生长一般。

南通市通州区先锋镇花园村17组（三官殿）

树龄200年，树高18.0m，胸径0.70m，冠幅8.0m×8.0m。生长一般。

南通市崇川区人民中路166号五金机械厂

雌株，树高22.0m，胸径1.00m，冠幅6.0m×6.0m。

南通市崇川区健康路西寺（启秀中学，原南通市十二中学）（图9-2-50）

西寺银杏，雌株，树龄700年，树高21.0m，胸径1.66m，冠幅12.0m×13.0m，枝下高2.3m。生长一般，树冠形状不规则。主干粗壮、挺直，8.0m处两主干折断，主干2.8m处生有一株构树。有5个分枝，现存3个分枝，其余分枝已折断，有9个侧枝，分枝生长旺盛。该树枝叶正常，结果量少，位于启秀中学院内。N=32° 00′ 41.9″，E=120° 51′ 38.7″，H=-7m。

图9-2-51 南通市崇川区千佛寺（原富士通晶体管厂西南）

图9-2-52 南通市崇川区千佛寺（原富士通晶体管厂东南）

与东寺相对峙的西寺，原有庙房百余间，南山门原与东寺平齐，位于现在的南通大学附属医院大门对面。西寺内原也有许多古树，现仅存两棵银杏树，一棵在机关印刷厂内，一棵在启秀中学校园中。西寺创建于宋乾道元年，比东寺早一年。在历史上它与东寺一样，也屡受火灾之险。明洪武年间重建，规模较大。明代倭寇多次前来侵犯，沿海人民深受其害。嘉靖年间倭寇又一次侵犯通州，由于通州军民早有准备，拒敌于城外，倭寇占据西寺，妄图再次攻城。遭到军民痛击后龟缩在西寺内，城内军民乘机冲出城外包围了西寺，与倭寇在西寺内外展开血战，倭寇在寺中垂死挣扎并放起火来，寺内房屋、财产尽毁。在通州军民的奋勇打击下，千余倭寇丧生其内，其余倭贼趁乱出逃，此后多年不敢来犯。战火中毁灭的西寺仅剩两棵古银杏，成为历史见证。清代中叶和民国年间曾不同程度地加以修缮扩建。

南通市崇川区千佛寺（原富士通晶体管厂西南）（图9-2-51）

千佛寺银杏，雌株，树龄700年，树高18.0m，胸径2.00m，冠幅13.0m×10.0m，枝下高1.8m。生长势较弱，树冠形状不规则，大部分分枝干枯。主干挺直、粗壮，东侧主干基部生有一株基径0.50m、高5.0m的桂花，西侧主干基部生有一株直径0.28m的女贞，高5.8m，形成树上生树，甚是壮观。有2个大的分枝，小的分枝10余个，生长势一般。基部有萌蘖30株，已被锯掉，与母干的距离为0～0.7m。该树枝叶正常，结果量较大，编号：1005，保护等级：一级。N=32°00′50.1″，E=120°52′05.0″，H=10m。

南通市崇川区千佛寺（原富士通晶体管厂东南）（图9-2-52）

千佛寺银杏，雌株，树龄700年，树高16.0m，胸径1.67m，冠幅10.0m×10.0m，枝下高1.0m。树势衰弱，树冠形状不规则。主干挺直、粗壮，西侧树皮脱落严重，南侧部分主干腐烂，南侧1.7m处生有一株高4.0m、基径0.40m的构树，称为树上长树。原有主枝6个，均被锯掉，仅存3个侧枝。该树枝叶正常，结果很少。N=32°00′50.1″，E=120°52′05.0″，H=10m。1902年，张謇创建的南通师范学校就诞生在这些大树之下。

南通市崇川区千佛寺（原富士通晶体管厂北侧）（图9-2-53）

千佛寺银杏，雌株，树龄500年，树高21.0m，胸径1.20m，冠幅6.0m×5.0m，枝下高5.0m。生长势一般，树冠卵圆形，分枝顶部大部分折断。主干粗壮，向北倾斜5°。有分枝12个，均匀分布于主干上，生长较旺盛。该树枝叶正常，结果量很小。此树位于原富士通晶体管厂南侧，与上两株树相距50m。N=32°00′50.1″，E=120°52′05.0″，H=10m。

南通市崇川区人民中路文庙（群艺馆东南）（图9-2-54）

垂乳银杏，雄株，树龄600年，树高16.0m，胸径1.29m，冠幅12.0m×10.0m，枝下高2.5m。生长旺盛，树冠阔塔形，树形优美。主干粗壮，向东倾斜10°，西南侧2.3m处一主枝被锯掉，锯口用水泥封堵。有5个大的分枝，均从主干2.5m处长出，均匀分布于主干上，侧枝10余个，生长旺盛。该树枝叶正常，结果量少，位于文庙文化市场内东南，编号：1006，保护级别：一级。文庙位于市中心，始建于宋代。文庙东侧为碑廊，保存了自明洪武15年（1390）至清道光四年（1824）原明伦堂等处的碑刻20块，目前碑廊改建成为一处群众性文物、古玩市场，处在市繁华区域。其内大成殿前原有4株古银杏，据考证，树龄为600年，其中一株毁于新中国建立前，后又栽了1棵，现仍然是4株，后栽的一株为100年树龄。原3株长势都比较茂盛，两株为雌，东南一株为雄，但姿态各异，最怪的是东北方的一株是树上长树。后长的女贞树径围也有50cm以上，整体树形向东南倾斜。3株银杏树冠幅相连，树上都挂有树乳，甚为奇特。因为4株中有2株为雄株，花粉多，每年雌株果实累累。文庙荟萃的人文史，通过古银杏树的烘托，更加动人。N=32°01′13.9″，E=120°51′50.8″，H=19m。

图9-2-53 南通市崇川区千佛寺（原富士通晶体管厂北侧）

图9-2-54 南通市崇川区人民中路文庙（群艺馆东南）

图9-2-55 南通市崇川区人民中路文庙（群艺馆东北）

南通市崇川区人民中路文庙（群艺馆东北）（图9-2-55）

树上生树，雌株，树龄600年，树高15.0m，胸径1.21m，冠幅9.6m×6.6m，枝下高3.0m。生长旺盛，树冠形状不规则。主干粗壮，向东倾斜30°，树干南侧与东侧有腐烂，已用水泥封堵，东南侧3.0m处生有一株基径0.35m、高5.0m的女贞。有3个分枝，生长旺盛。有复干一株，胸径0.15m，高8.0m，距母干1.5m；基部南侧有萌蘖50余株，贴母干生长。该树枝叶正常，结果量少，位于文庙文化市场内东北，保护级别：一级。这株银杏每年要到元月中旬才落叶，比一般古树落叶迟1个月左右。N=32° 01′ 13.9″，E=120° 51′ 50.8″，H=19m。

南通市崇川区人民中路文庙（群艺馆西北）（图9-2-56）

雌株，树龄600年，树高15.0m，胸径1.02m，冠幅6.0m×9.0m，枝下高3.3m。生长旺盛，树冠阔塔形，树形优美。主干挺直、粗壮，有多处腐烂，已用水泥封堵。有分枝10余个，东侧2.8m处一主枝折断。基部有萌蘖200余株，与母干的距离为0～1.0m。该树枝叶正常，结果量大。此树位于文庙文化市场内西北，保护级别：一级。N=32° 01′ 13.9″。

南通市崇川区人民中路文庙（群艺馆西南）

雄株，树龄100年，树高12.0m，胸径0.40m，冠幅6.0m×7.0m。生长一般，原株已毁，该株植于新中国成立前。

南通市崇川区人民中路与濠西路交汇处路岛（图9-2-57）

树龄200年，树高10.5m，胸径0.65m，冠幅5.0m×6.0m，枝下高1.8m。树势一般，树形不规则。主干通直，部分树皮脱落。原有分枝受损严重，仅存南侧一枝，主干顶部折断，现存侧枝均较小。

南通市公安交巡警大队南200m（图9-2-57）

树龄300年，树高7.5m，胸径0.75m，冠幅4.0m×3.5m，枝下高4.0m。树势衰弱，接近干枯，树冠较小。主干通直，树皮基本脱落。有4个分枝，顶部均折断，侧枝较小，生长弱。主干装有避雷针。

南通市崇川区东寺路原东寺（太平兴国道观）

东寺银杏，树龄600年，树高16.0m，胸径1.01m，冠幅7.0m×10.0m。东寺位于崇川区启秀路17号，原先有多棵古树，由于历史上多次劫难现存1棵，树身粗壮，树龄达600年。生长在主殿前院西南角，由于周边群众和寺中僧侣对它精心保护，这棵银杏树枝繁叶茂，一片葱绿，显示出不尽生机。树干根部往上的一段特别粗壮，在3m高分枝处有一斗大的枯洞（已被充填保护），这是古树在历次劫难中受到严重摧残的记录。枯洞旁新长出的主干蓬勃向上，旁边的新枝粗壮，只是上下两截在枯洞处粗细差异很大。僧人说，该殿曾遭数次火劫，古树根部距主殿墙脚不及三丈，殿檐与树枝干相距更近，当年大殿失火曾危及该树。幸存的这棵古银杏树主干的上下两截粗细明显不同于一般大树，上部枝干在大火中被烘烤丧了生命力，下部主干劫后余生，重新绽出新枝绿叶，后来新枝渐渐生长成为主干，形成上下主干粗细明显分成两截的奇观。

南通市崇川区法轮寺（南通玻璃二厂旧址）

树龄500年，树高18.0m，胸径1.05m，冠幅4.0m×4.0m。长势较差。

这里原来是佛教丛林法轮寺所在地，所谓丛林佛教，即僧众合住在一起，故有禅庭之名。法轮寺始建于明代，至清乾隆年间，经木鹤和尚苦心经营，初具规模。到乾隆五十七年（1792），真如和尚与州守李逢春的拓建和改造使之成为通邑丛林之始。又经慈和和尚、赵明等人置田8500步（34亩），寺观已达鼎盛，并为地方做了若干好事。晚清年间，该寺佛门中也出败家子，如寺监院逸云席卷庙中财产，庙董徐甫仁大肆搜刮窃掠，使庙产大损，难以恢复，庙因此大衰。后经张謇鼎力相助，又继续开堂传戒。到光绪三十一年，随废科举、兴教育的新潮兴起，部分庙产改为僧办小学。1948年，已发展到有庙产土地4000多亩，僧房80余间。1958年，寺僧响应政府号召将法轮寺改为城东玻璃厂，即南通市玻璃二厂，接纳大批寺僧、道士、和尚到厂工作。到改革开放时又拆庙建设商品房，如今已是热闹的居民住宅区。一座法轮寺到此圈上了句号，而依然挺拔的古银杏就成了此地500年历史变迁中惟一留在原地的幸存者。

南通市崇川区公安交警巡逻大队原祭祀坛（图9-2-58）

垂乳银杏，雌株，树龄500年，树高15.5m，胸径1.02m，冠幅7.9m×6.5m，枝下高4.8m。树势一般，树冠塔形，树形优美，部分侧枝干枯。主干粗壮、挺直，现存2个大的分枝，原有分枝多折断或被锯掉。有垂乳6个，最大垂乳位于主干南侧第一分枝处，距地面4.9m，基径17cm，长85cm。该树枝叶正常，结果量大，果实小。此树位于南通公安交警巡逻大队楼东北侧公园内。编号：1012，保护级别：一级。N=32° 01′ 24.1″，E=120° 52′ 59.8″，H=1m。

图9-2-56　南通市崇川区人民中路文庙（群艺馆西北）

图9-2-57　南通市崇川区人民中路与濠西路交汇处路岛（左）；南通市公安交巡警大队南200cm（右）

图9-2-58　南通市崇川区公安交警巡逻大队原祭祀坛

图9-2-59 南通市崇川区濠南路19号原东岳庙（南通博物苑1）
（注：此处共6株银杏，1.5株；2、3.1株，最大）

南通市崇川区高丽庵（五金塑料福利厂）

树龄500年，树高15.0m，胸径0.93m，冠幅7.0m×7.0m。生长一般。

南通市崇川区濠南路19号原东岳庙（南通博物苑1）（图9-2-59）

张謇护银杏，雄株，树龄500年，树高21.0m，胸径1.26m，冠幅10.0m×11.0m，枝下高1.5m。该处共有6株，最小胸径0.35m，该雄株最大，树龄80～500年不等。生长旺盛，树冠长椭圆形，树形优美，树体整体位于高台上。主干挺直、粗壮，在7.0m处分为两个主干。共有分枝15个，均匀分布于主干上，分枝延伸较短，但生长旺盛。基部有萌蘖300余株，与母干的距离为0～0.7m。该树枝叶正常，位于南通市博物苑内,此树是张謇先生爱护树木的见证。张謇为近代实业家、教育家，曾任孙中山的农商总长，是植树、护树的名勋。曾发动学生种学校林数万株，兴建实验林场等。1912年他欲将南通东岳庙改为南通农校。消息传人庙内，道士商议将10多棵银杏锯掉出售。张謇得知后，立即向庙中道士说明愿将这些树全部买下，但不准砍伐，并刻碑告诫后人："买从道士手，中有老夫心。"除此之外，南通周围还有很多古树，在张謇的保护下留存至今。N=32° 00′ 47.7″，E=120° 52′ 51.3″，H=11m。

南通市崇川区西寺（市级机关印刷厂）

西寺银杏，树龄400年，树高16.0m，胸径0.99m，冠幅13.0m×8.0m。生长较好。

南通市崇川区西寺（南通日报社）

西寺银杏，树龄400年，树高18.0m，胸径0.88m，冠幅9.0m×10.0m。生长较好。

南通市崇川区中学堂街11号原天宁寺东南

天宁寺银杏，树龄400年，树高9.0m，胸径0.48m，冠幅8.0m×8.0m。生长较差，位于南通市老城区西北，古城墙脚下天宁寺内4棵古银杏生机勃勃，枝繁叶茂，硕果累累。古人说，先有天宁寺后有南通城，城绕塔建，塔在前。明《万历志》载："唐咸通中，藻焕堂建，旧名光孝"。天顺元年僧法恩奏改今名。光孝塔建于唐咸通四年（863），是南通市三塔之一（另有支云塔、文峰塔）；天宁寺为南通域四大寺之首（另有东寺、西寺、千佛寺），九寺之冠（另为广教寺、观音山太平寺、石港广慧寺、白蒲法宝寺、钟秀山福田寺等）。在千年沧桑巨变中，天宁寺内4棵古银杏和现在南通中学内的黄金树、楸树等名木古树，经受了艰难曲折。据考证，寺观内古树是由寺僧一手栽植的。《明宣德八年碑》记：通州守御陈谦和、寺僧净缘、宽怀等人先后修缮禅堂、地藏、弥勒二殿时，宽怀手植银杏于大雄宝殿前。天顺年间，僧善慧又栽其树于毗卢阁、轮藏殿内（今南通中学内）。后又栽银杏两株于光孝塔院。天宁寺4株银杏的树龄，两株为400年，两株为250年。

南通市崇川区中学堂街11号原天宁寺西南

天宁寺银杏，树龄400年，树高17.0m，胸径0.82m，冠幅15.0m×11.0m。生长较好。

南通市崇川区中学堂街11号原天宁寺东北

天宁寺银杏，树龄250年，树高19.0m，胸径0.94m，冠幅11.0m×11.0m。生长较好。

南通市崇川区中学堂街11号原天宁寺西北

天宁寺银杏，树龄250年，树高16.0m，胸径0.68m，冠幅11.0m×12.0m。生长较好。

南通市崇川区八仙城步行街八仙城原玄妙观

树龄400年，树高19.0m，胸径1.04m，冠幅10.0m×10.0m。树势良好。玄妙观位于八仙城内旧名仓巷的地方，现有明代建筑物——玉皇大殿、斗姥宫、自在居3处房，因年代久远已破旧不堪，但3处古建筑前均有银杏树存在，是城区内现有银杏树最集中、最多的一处古银杏群体。

南通市崇川区八仙城步行街八仙城原玄妙观

树龄250年，树高18.0m，胸径0.61m，冠

幅6.0m×6.0m。生长一般。

南通市崇川区八仙城步行街八仙城原玄妙观

树龄250年，树高18.0m，胸径0.69m，冠幅6.0m×6.0m。生长一般。

南通市崇川区八仙城步行街八仙城原玄妙观

树龄250年，树高18.0m，胸径0.57m，冠幅7.0m×7.0m。生长较好。

南通市崇川区八仙城步行街八仙城原玄妙观

树龄250年，树高18.0m，胸径0.58m，冠幅6.0m×6.0m。生长一般。

南通市崇川区八仙城步行街八仙城原玄妙观

树龄300年，树高19.0m，胸径0.80m，冠幅10.0m×11.0m。生长较好。

南通市崇川区八仙城步行街八仙城原玄妙观

树龄300年，树高19.0m，胸径0.80m，冠幅10.0m×11.0m。生长较好。

南通市崇川区土地庙北街29号（濠东路绿地中央）

树龄400年，树高13.0m，胸径0.99m，冠幅12.0m×13.0m。生长较好。该树像个绿色大蘑菇；走近看去，向四周伸展的粗壮枝干，有力地横斜向上，又长出许多繁茂的小枝，枝上的绿叶密密层层遮天蔽日。两座路中绿岛使平坦的马路增添了一道美丽的风景线。夏日斜阳中，过往的行人们来到绿岛旁放慢脚步，欣赏红花绿草，又能享受片刻清凉。深秋浓霜过后，这些绿叶又被染成金黄色，茂密的叶片在微风中轻轻地摇曳，等它们飘落一地，斜阳西下时，路岛一片金色，格外醒目。

南通市崇川区八厂乡红星村原梅观音堂东

梅观音堂银杏，雌株，树龄400年，树高11.0m，胸径0.77m，冠幅9.0m×11.0m。生长良好。崇川区八厂乡红星村临江边有一座古道观——梅观音堂。史称梅观音堂为明永乐元年（1403）所建，历经沧桑巨变，道观到新中国建立前已破烂不堪，观内香火寥寥，但观堂内2株银杏树依旧生长繁茂。这2株银杏树树龄为400年，相距5～6m，东边为雌，西边为雄。两树高度、径围基本相似，雄树略大些树态丰满；雌树硕果累累。

南通市崇川区八厂乡红星村原梅观音堂西

雄株，树龄400年，树高9.0m，胸径0.70m，冠幅7.0m×7.0m。生长良好。

南通市崇川区人民西路328号原茶庵殿（天南大酒店）

树龄400年，树高8.0m，胸径0.82m，冠幅4.0m×4.0m。生长较差。

南通市崇川区起凤街原七佛殿（跃龙小学幼儿园东侧）

树龄350年，树高21.0m，胸径0.94m，冠幅14.0m×15.0m。生长一般。

南通市崇川区跃龙南路原世灯庵（农机公司大门外）

树龄350年，树高21.0m，胸径0.90m，冠幅8.0m×12.0m。生长较好。

南通市崇川区跃龙南路原世灯庵（农机公司楼内）

树龄350年，树高17.0m，胸径0.78m，冠幅6.0m×7.0m。生长较差。

南通市崇川区跃龙南路原世灯庵（农村公司南）

树龄250年，树高13.0m，胸径0.66m，冠幅6.0m×6.0m。生长较好。

南通市崇川区跃龙南路原世灯庵（农村公司中）

树龄250年，树高12.0m，胸径0.77m，冠幅6.0m×6.0m。生长较好。

南通市崇川区人民西路397号原天后宫（原罐头食品厂）

树龄350年，树高11.0m，胸径0.71m，冠幅5.0m×7.0m。生长较差。

南通市崇川区人民西路397号原天后宫（原罐头食品厂）

天后宫银杏，树龄350年，树高16.0m，胸径1.00m，冠幅11.0m×12.0m。生长较好。

南通城区西南角原天后宫，现为南通市罐头食品厂，厂区内外有古银杏树5株，其中两株较大的树龄在350年以上，3株较小的树龄为150年。其中西南方向的一株三面矗立有6层的楼房，树根处占地仅$2m^2$；圈长在食品厂仓库内的银杏由于周围环境封闭，长势一般；其余3株长势较好。由于5株相近，雌树挂果较多。传说在很早以前，这里江面开阔，风浪特别大。有一次一个富商来此，船到任港口时风浪大作，富商叩头求神。突然之间前面来了一条船，灯笼火引航。待船进入了任家港，引航船却不见了。这位富商认为是天后娘娘显灵，因此在这里建了一座天后宫，正殿上供奉天后娘娘；还建了江神殿、褚尉殿、财神老爷殿等。当地乡民陆续在这儿栽上了银杏树。树长高了，成为渔民的航标树。到民国十七年，经凌芝仙募捐修理，庙观一新。新中国建立后改为罐头食品厂的宿舍区。原先的老庙房、江神殿还存在。

南通市崇川区人民西路397号原天后宫（原罐头厂东南）

树龄150年，树高10.0m，胸径0.44m，冠幅6.0m×8.0m。生长一般。

南通市崇川区人民西路397号原天后宫（原罐头厂东北）

树龄150年，树高18.0m，胸径0.54m，冠幅6.0m×6.0m。生长一般。

南通市崇川区人民西路397号原天后宫（原罐头厂西北）

树龄150年，树高20.0m，胸径0.85m，冠幅10.0m×10.0m。生长差。

南通市崇川区城南居士林（市轻工技校）

树龄350年，树高15.0m，胸径0.72m，冠幅11.0m×11.0m。生长较好。

南通市崇川区尼姑庙（将军园）

树龄300年，树高10.0m，胸径0.68m，冠幅5.0m×7.0m。生长较好。

南通市崇川区城山路曹公祠东

曹公祠银杏，树龄300年，树高20.0m，胸径0.68m，冠幅7.0m×9.0m。这两棵银杏经历了300年风雨，经历了三朝五代的变迁，蔚然挺立。两棵银杏还见证了一段地方民族抗倭斗争的可歌可泣史实。曹顶（1514～1557），通州余西人，身强力壮，仗义帮扶，敢于迎敌。明嘉靖三十三年（1554）四月，倭寇3000余人来犯，曹顶率众在城外与倭寇决战，后倭败退，乘海船离去。此后倭寇连续3年来犯通如海（通州、如皋、海安）地域，曹顶率众多次打退敌人，战功显赫，深受乡民爱戴。至嘉靖三十六年四月，倭寇再犯掘港、白蒲等地，曹顶率部队追杀倭寇于陈家庄，倭寇突围，曹顶又追杀敌冠到平潮单家店，因雨路滑，坐骑跌倒，被倭寇围困并遭杀害，后将他安葬在城南，并在这银杏树下建起曹公祠，以表对抗倭民族英雄的尊敬和悼念。

南通市崇川区城山路曹公祠西

树龄300年，树高20.0m，胸径0.91m，冠幅10.0m×11.0m。生长较好。

南通市崇川区陆洪闸镇陆洪闸小学东龙王庙

树龄300年，树高21.0m，胸径0.79m，冠幅10.0m×10.0m。生长较好。

图9-2-60　南通市崇川区人民路新群巷8号古城隍庙
（注：2. 左；3. 右）

南通市崇川区善应庵（东老华联绿岛）

树龄300年，树高8.0m，胸径0.72m，冠幅7.0m×12.0m。生长较差。

南通市崇川区普提庵

树龄300年，树高12.0m，胸径0.56m，冠幅7.0m×7.0m。生长较好。

南通市崇川区普提庵

树龄300年，树高13.0m，胸径0.68m，冠幅13.0m×13.0m。生长一般。

南通市崇川区人民路新群巷8号古城隍庙右（图9-2-60）

雌株，树龄300年，树高12.0m，胸径1.02m，冠幅8.0m×6.5m，枝下高7.5m。生长旺盛，树冠阔塔形，东侧树冠大于西侧。主干粗壮、挺直，距地面5.0m处有瘤状凸起。有4个分枝，均从主干7.5m处生出，均匀分布于主干上。该树枝叶正常，结果量极少。此树位于民居内，原为城隍庙，由于居住人数太多，环境恶劣，影响古树生长。编号：1021，保护等级：一级。N=32° 01′ 12.8″，E=120° 51′ 25.6″，H=13m。

南通市崇川区人民路新群巷8号古城隍庙左（图9-2-60）

雌株，树龄300年，树高14.0m，胸径1.19m，冠幅9.0m×8.0m，枝下高4.0m。生长旺盛，树冠阔塔形，西侧树冠大于东侧。主干粗壮、挺直。有6个分枝，均匀分布于主干上。有5株萌蘖，与母干的距离为0～0.3m。该树枝叶正常，结果量极少。此树位于民居内，原为城隍庙，由于居住人数太多，环境恶劣，影响古树生长。编号：1019，保护等级：一级。N=32° 01′ 12.8″，E=120° 51′ 25.6″，H=13m。

南通市崇川区公园中路449号南苑小学原东关帝庙

树龄300年，树高15.0m，胸径0.75m，冠幅8.0m×8.0m。生长较好。

南通市崇川区公园中路449号南苑小学原东关帝庙

树龄300年，树高18.0m，胸径0.92m，冠幅9.0m×9.0m。生长一般。

南通市崇川区狼山关帝庙前

树龄510年，树高20.0m，胸径1.05m，冠幅7.0m×8.0m。生长一般。

南通市崇川区狼山关帝庙

树龄260年，树高12.0m，胸径0.62m，冠幅5.5m×5.5m。生长一般。

南通市崇川区狼山望江亭东

树龄310年，树高18.0m，胸径0.60m，冠幅6.5m×6.5m。生长一般。

南通市崇川区狼山望江亭西

树龄360年，树高16.0m，胸径0.72m，冠幅6.8m×6.8m。生长一般。

南通市崇川区狼山望江亭东南坡

树龄210年，树高12.0m，胸径0.46m，冠幅5.0m×5.0m。生长较好。

南通市崇川区狼山望江亭

树龄210年，树高15.0m，胸径0.56m，冠幅6.0m×6.0m。生长较好。

南通市崇川区狼山望江亭

树龄270年，树高16.0m，胸径0.77m，冠幅6.5m×6.5m。生长较好。

南通市崇川区狼山望江亭

树龄260年，树高13.0m，胸径0.51m，冠幅5.0m×5.0m。生长较好。

南通市崇川区狼山望江亭

树龄140年，树高17.0m，胸径0.47m，冠幅5.0m×5.0m。生长较好。

南通市崇川区狼山望江亭

树龄140年，树高18.0m，胸径0.44m，冠幅5.5m×5.5m。生长较好。

南通市崇川区狼山法乳堂

树龄310年，树高24.0m，胸径0.68m，冠幅6.2m×6.2m。生长一般。

南通市崇川区狼山法乳堂西

树龄310年，树高20.0m，胸径0.72m，冠幅6.0m×6.0m。生长一般。

南通市崇川区狼山法乳堂

树龄310年，树高24.0m，胸径0.75m，冠幅6.5m×6.5m。生长一般。

南通市崇川区狼山三贤祠前

树龄130年，树高17.0m，胸径0.42m，冠幅5.5m×5.5m。生长较好。

南通市崇川区狼山三贤祠前

树龄140年，树高18.0m，胸径0.52m，冠幅6.0m×6.0m。生长较好。

南通市崇川区狼山沙淦亭路西

树龄110年，树高15.0m，胸径0.52m，冠幅6.0m×6.0m。生长较好。

南通市崇川区狼山四贤祠御碑亭

树龄160年，树高12.0m，胸径0.43m，冠幅5.0m×5.0m。生长一般。

南通市崇川区狼山北麓园

树龄210年，树高18.0m，胸径0.37m，冠幅5.0m×3.0m。生长较好。

南通市崇川区狼山大山门

树龄260年，树高15.0m，胸径0.78m，冠幅6.0m×6.0m。生长较好。

南通市崇川区马鞍山虞楼

海云庵银杏，树龄310年，树高20.0m，胸径0.67m，冠幅6.5m×6.5m。生长一般。此地3株古银杏，一株310年，另两株树龄分别达150年和160年。历史上海云庵几经沧桑，几易住持，已无法得知为何人所栽。到1921年，张謇在此建虞楼，这两棵树恰是找到了最好的归宿。张謇改海云庵为虞楼，只因他一生十分敬仰家住苏南常熟的老师翁同和，师生之情水乳交融。翁同和当时为光绪皇帝国师，张謇受翁的赏识纯系翁惜其才。翁致函张说："窃为国家惜，非为该君惜也。"翁认为张是文武双全、兴国救民的英霸，可以抵挡后党卖国求荣的恶霸，因此极力提携张謇。几经曲折，张謇终于在42岁时考中状元。翁被后党以误国罪开缺回常熟后，张不时去探望。翁故后葬虞山南麓，张怀念之情无以言表，所以选中了海云庵，也选中了两株古银杏。恰恰这两株树的树龄近似于翁同和（1830～1904）、张謇（1853～1926）出生年龄相加之和，这看似天意的巧合，其实是人间的真情所在。

南通市崇川区马鞍山虞楼

树龄150年，树高20.0m，胸径0.50m，冠幅5.5m×5.5m。生长较好。

南通市崇川区马鞍山虞楼

树龄160年，树高15.0m，胸径0.42m，冠幅5.0m×5.0m。生长较好。

南通市崇川区一附实小

树龄120年，树高18.0m，胸径0.53m，冠幅8.0m×8.0m。生长一般。

南通市崇川区濠东路51号原环卫处原地藏殿

树龄250年，树高12.0m，胸径0.60m，冠幅9.0m×9.0m。生长较好。

南通市崇川区跃龙路西西被闸居委

树龄100年，树高9.0m，胸径0.66m，冠幅6.0m×6.0m。生长一般。

南通市崇川区跃龙南路25号城南小学原都天庙

树龄250年，树高17.0m，胸径0.63m，冠幅8.0m×8.0m。生长较好。

南通市崇川区延寿庵巷13号东（延寿庵）

清代银杏，树龄250年，树高13.0m，胸径0.47m，冠幅8.0m×8.0m。生长一般。南通市区沙池巷深处有一古庵，名延寿庵，占地约0.15hm²，建于清康熙六十一年（1722）。庵内有两株古银杏，一雌一雄，树龄250年，长势良好。两树相距不到5m，树根相结，树冠相连，似一对老年情侣相依相偎。还有一株古杜鹃，和古银杏一样被记载入书。通州古志《崇川咫闻录·卷十一·物产录》有记："杜鹃花，东延寿庵一本，枝丛四周如轮盖，色白"。 古人吴学鲁有诗赞之："一晌喉乾春寂寂，三更枝老月苍苍"。说明这棵白杜鹃曾冠盖一时，成为一株奇花。清光绪二年（1876）以前，张謇、张督及友人徐辅清同宿于庵中，庵内简陋败落。三人又清贫无帐，暑天入住蚊虫多多，难以入眠，遂起坐作诗。诗一："谓逐宾王队，言随长者车。阴霖栖佛座，长昼听斋鱼。我法曾无用，依人百不如。深宵看宿火，寂寂远公庐。"诗二："倦梦浑无赖，闲愁灭更生。湿烟低户影，疏雨过桐声。饥鼠窥灯出，惊蚊堕枕鸣。便谋成一饱，已足愧平生。"新中国建立后，寺庵几经变化，1930年恢复开放，供僧尼、年老比丘尼居住。

南通市崇川区延寿庵巷13号东（延寿庵）

树龄250年，树高15.0m，胸径0.65m，冠幅10.0m×10.0m。生长一般。

南通市崇川区开发区花港村

树龄100年，树高18.0m，胸径0.65m，冠幅8.0m×9.0m。生长一般。

南通市崇川区钟秀中路106号伶工学社（附院幼儿园东南）

树龄250年，树高17.0m，胸径0.68m，冠幅6.0m×6.0m。生长较好。

南通市崇川区钟秀中路106号伶工学社（附院幼儿园西南）

树龄250年，树高18.0m，胸径0.84m，冠幅10.0m×10.0m。生长较好。

南通市崇川区钟秀中路106号伶工学社（附院幼儿园最北）

树龄250年，树高16.0m，胸径0.65m，冠幅7.0m×8.0m。生长较好。

南通市崇川区人民中路20号水关花园原火星殿

树龄200年，树高9.0m，胸径0.46m，冠幅8.0m×8.0m。生长一般。

南通市崇川区濠南路怡桥人民公园东岳庙

东岳庙银杏，树龄150年，树高17.0m，胸径0.66m，冠幅11.0m×12.0m。生长较好。东岳庙为老城区古庙之一，建于明中叶，当时庙内植银杏树数株，与东寺相近，后因庙观香火不济，古树也被变卖。而这棵幸存的150年古银杏则是张謇竭力保护的结果。目前该树树态雄伟，树干笔直向上，枝叶繁茂，长势良好。

南通市崇川区濠南路怡桥人民公园东岳庙

树龄150年，树高17.0m，胸径0.53m，冠幅9.0m×9.0m。生长较好。

南通市崇川区濠南路怡桥人民公园东岳庙

树龄150年，树高17.0m，胸径0.51m，冠幅7.5m×7.5m。生长较好。

南通市崇川区濠南路怡桥人民公园东岳庙

树龄150年，树高17.0m，胸径0.55m，冠幅8.0m×8.0m。生长较好。

南通市崇川区人民路寺街59号（图9-2-61）

雌株，树龄150年，树高17.0m，胸径0.96m，冠幅9.0m×8.8m，枝下高5.7m。生长旺盛，树冠阔塔形，树形优美。主干挺直、粗壮，有11个分枝，均匀分布于主干上，分枝高度较高。基部有萌蘖60余株，与母干的距离为0～0.6m。该树枝叶正常，结果量很大，位于民居院内，据说为徐家先祖所植，已

图9-2-61 南通市崇川区人民路寺街59号

有六代历史。编号：2028。N=32° 01′ 14.4″，E=120° 51′ 32.1″，H=8m。

南通市崇川区人民西路38号南通市第一中学原红楼

树龄150年，树高14.0m，胸径0.43m，冠幅8.0m×7.0m。生长一般。

南通市崇川区环城北路东北庙（实验中学东）

树龄150年，树高9.5m，胸径0.46m，冠幅10.0m×9.0m。生长良好。

南通市崇川区环城北路东北庙（实验中学西）

树龄150年，树高8.0m，胸径0.35m，冠幅6.0m×9.0m。生长良好。

南通市港闸区芦泾港苗圃原土地庙

树龄150年，树高13.0m，胸径0.62m，冠幅12.0m×11.0m。生长良好。

南通市崇川区白衣庵（敬老院北东）

树龄150年，树高12.0m，胸径0.50m，冠幅7.0m×7.0m。生长良好。

南通市崇川区白衣庵（敬老院北西）

树龄150年，树高12.0m，胸径0.52m，冠幅7.0m×7.0m。生长良好。

南通市崇川区老和尚庙（钟秀乡中心村居士林）

树龄120年，树高10.5m，胸径0.44m，冠幅7.0m×7.0m。生长良好。

南通市崇川区钟秀乡百花村钟秀小学原太阳殿

树龄100年，树高10.0m，胸径0.49m，冠幅9.0m×9.0m。生长良好。

南通市崇川区黄泥山

树龄220年，树高14.0m，胸径0.69m，冠幅6.0m×6.0m。生长良好。

南通市崇川区军山气象台

清朝银杏，树龄260年，树高20.0m，胸径0.80m，冠幅7.0m×7.0m。生长良好。据考证，此树为清乾隆年间所植。据明末包壮行《游军山》记载："城南十五里，五山峙笃，军山如一螺浮于江面，江际树亦似贴数万点青萍。"说明那时军山仍在江口之中，山上树木如青萍。

南通市通州区剑山文殊院

雌株，树龄160年，树高17.0m，胸径0.50m，冠幅5.5m×5.5m。生长良好。两株银杏树为清朝所植，两树相距不足10.0m，东雌西雄。雄树略向南倾斜，雌树挂满银杏果，树形略紧凑，两树像一对恋人依偎在一起。更有趣的是，两树西侧的双人峰，两块巨石亭亭玉立，像一对恩爱夫妻相依为命。

南通市通州区剑山文殊院

雄株，树龄210年，树高16.0m，胸径0.52m，冠幅6.0m×6.0m。生长良好。

南通市崇川区狼山翠景楼

树龄260年，树高16.0m，胸径0.67m，冠幅6.0m×6.0m。生长良好。

南通市崇川区南郊路张謇墓西侧

树龄100年，树高20.0m，胸径0.43m，冠幅6.0m×5.0m。生长较好。

南通市崇川区南郊路张謇墓西侧

树龄100年，树高15.0m，胸径0.40m，冠幅5.0m×5.0m。生长较好。

南通市港闸区幸福乡祖望村无量殿

垂乳银杏，树龄409年，树高21.5m，胸径1.12m，冠幅12.0m×12.0m。生长一般。该树位于祖望村13组，无量殿桥西100m左右的河北处，在冬天的阳光下显得格外高大，当地人称为"航标树"。树态呈现出3个特色。一是从西南向东北方向望去，其树杈向一个方向倾斜，似少女的秀发飘向天穹；从东南方向向西北方向望去，似一阳刚之气的将军，披甲、戴盔，腰挂无数利剑，剑鞘历历在目。二是该树的树乳似一串串形态各异的香袋。在其根部向上1.5～3.5m处的主干上挂了7条树乳，树乳的形态有5种：①倒挂钟乳石：上粗下圆，长1m，宽0.3m，厚0.1m。②倒挂的乳瓶：长1.2m，直径0.4m，从节疤下伸出，又似一个扁扁的水桶。③紧贴树身的大馒头：在树干1m以上开始，形成一个直径40～50cm、厚10cm的"馒头"。④几条纤纤细细的乳干：似一双双筷子，长8cm，粗5～7cm。⑤从整体看形成一个环状乳带。三是银杏变性。据当地群众反映，该树原是雌性，每年结大量的白果，近30年来不结果了，并且开雄花，变成了雄株，这种变性树在南通市古树中仅此一例。

南通市港闸区幸福乡秦西村秦西小学原秦灶庙

树龄250年，树高17.5m，胸径0.60m，冠幅9.0m×7.5m。生长一般。

南通市港闸区幸福乡秦西村秦西小学原秦灶庙

树龄250年，树高15.0m，胸径0.65m，冠幅13.0m×12.0m。生长一般。

南通市港闸区幸福乡秦西村秦西小学原秦灶庙

树龄250年，树高17.5m，胸径0.60m，冠幅9.0m×7.5m。生长一般。

南通市港闸区幸福乡仇观堂村

树龄250年，树高17.5m，胸径0.60m，冠幅9.0m×9.0m。生长一般。

南通市港闸区幸福乡仇观堂村

树龄250年，树高11.0m，胸径0.92m，冠幅7.0m×7.5m。生长一般。

南通市港闸区幸福乡太阳殿村

树龄100年，树高17.0m，胸径0.35m，冠幅6.0m×6.0m。生长一般。

南通市港闸区幸福乡罗祖殿村

树龄100年，树高17.0m，胸径0.57m，冠幅8.0m×9.0m。生长一般。

海门市常乐镇状元村张謇纪念馆

清代银杏，树龄230年，树高20.0m，胸径1.11m，冠幅12.0m×13.0m。生长一般。海门县人民政府于1981年8月4日颁发正式通知，对常乐镇张謇纪念馆内一株雄性古银杏实施保护。它的树龄虽仅230年，但它是海门成陆开垦仅40年后种植，遭受重重劫难后幸存下来的，成为海门历史的见证，是一株特别珍贵的古树。张謇幼年曾随父到关帝庙烧香，许愿考中状元后修庙赠匾。兴学时，借庙办学堂。对于树龄的考证，祠内碑文记载："长乐之有关帝庙，创自清乾隆三十七年"。按照传统，建庙必须植树，这就印证了古银杏树为235年移植来的。目前该树离地面3m的树干直径超过1m。

海门市王浩乡浩胜路绍隆寺

树龄150年，树高19.0m，胸径0.67m，冠幅9.0m×12.0m。生长一般。

海门市常乐镇西沈玉芳

树龄150年，树高19.0m，胸径0.76m，冠幅12.0m×16.0m。生长一般。

海门市常乐镇西沈玉芳

树龄100年，树高18.0m，胸径0.62m，冠幅12.0m×11.0m。生长一般。

连云港市新浦区中山中路云台山风景名胜区原崇善寺(现中云林场院内)

"抵林银杏"，雌株，树龄1285年，树高30.0m，胸径2.61m，冠幅30.0m×30.0m。2株，生长一般。此树位于连云港市云台山原崇善寺(现中云林场院内)，早在200年前就被列为"云台二十四景"之一，人称神树，敬称为"抵林银杏"，唐朝时所植，为云台山古银杏之王。诗云:双树标银杏，摩云敬碧明。枝临八极远，根入九源深。老态经寒暑，延年阅古今。大材难售出，胜踪寄抵林。

连云港市连云区朝阳镇兴国寺（娘娘庙）

唐银杏，雄株，树龄1000年，树高40.0m，胸径1.52m。据记载，唐宋时期，士大夫喜欢禅学，崇拜佛教，百姓仿效，各地兴建寺庙成风。唐元和年间（806～820），新县（今朝阳）街西建设了"兴国禅寺"，其宏伟规模，号称空前绝后，院中有一棵粗壮高大银杏，应与建庙历史同步，是云台山上下最古老的千年名木之一，人们把它作为家乡的地标、家乡兴旺发达的象征。兴国寺银杏树在云台山上下的29棵千年古树中名列前茅，被誉为"连云港市银杏王"。1969年9月，公社大会堂修座椅急需木料，这棵树被毁。现在朝阳人回忆那棵银杏树，还唏嘘不已，"屋毁了可以盖，古树毁了，将一去不复返"。此树被毁，上级曾有问责，决策者后悔不已。

连云港市城西干渠村

南宋银杏，树龄800年，此树位于南宋人胡松年（卒于1112年）墓地，是南宋遗物。

连云港市连云区云山乡白果树村

雌株，树龄1000年，树高21.7m，胸径2.20m，冠幅20.0m×20.0m。5株丛生，享受国家级保护。

连云港市连云区宿城镇悟道庵国家森林公园保护区三教寺（东）（图9-2-62）

三教寺银杏，雌株，树龄1000年，树高23.0m，胸径1.43m，冠幅19.0m×19.0m。具复干6个。

连云港市连云区宿城镇悟道庵国家森林公园保护区三教寺（西）

三教寺银杏，雌株，树龄1000年，树高24.0m，胸径1.62m，冠幅18.0m×18.2m。具复干8个。连云港后云台山悟正庵国家森林公园保护区内，三教寺门前面，东、西各生长着一棵千年以上的大银杏树，犹如这古老寺庙的卫士，它们顶天立地，硕大无比。都是雌性，每年果实累累，结果1000kg之多。这两棵千年银树有4个少有的特征：其一，这两棵雌银杏树各有若干株根生小银杏树，它们围绕在母树周围，这些小树粗细不等，形成上下多层林相，子孙满堂，一派欣欣向荣的景象；其二，是西边的那棵古银杏树上生长着大小不等的57个垂乳，有的单个出现，有的成丛密生，实属罕见。连云港市400年树龄以上的百余棵古银杏中仅此一棵有垂乳现象；其三，西边的大银杏树上寄生着多种植物，如乔木黄连木，藤本络石，灌木枸杞，草本红花石蒜、麦冬等；其四，这两棵千年古银杏会"说话"、会"树语"。每年9～10月在采种看管期时间里，每天晚上7点到第二天凌晨2点都能听到两棵千年银杏在对话。林场的技术员也听过两树的对话。只要是好天气，特别是无风的天气，每晚都能听到两棵千年银杏在对话。这两棵大银杏树发出的均为"呜！呜！呜！"的呼叫声。但这"呜"声中有许多不同之处。如长短、高低、快慢等。而且都是西边那棵先开口"说话"，半小时后，东边那棵才开口回话，讲到深夜2点结束对话，很有规律似的。有专家认为，银杏树能发声的原因：是因为古银杏树生存年代久远，树干中常出现空洞，在气候条件发生变化时，由于受空气流动，树的空洞就会发出不同的响声。连云港市400年树龄以上的百余棵古银杏树中，有树洞的仅此两棵，能发声的也仅此两棵。

连云港市新浦区云台山花果山三元宫

唐代银杏，雌株，树龄1100年，树高33.5m，胸径1.43m，冠幅18.0m×21.0m。三元宫大雄宝殿面前有两棵唐代所植的古银杏树，显示着三元宫古老的历史。两棵古银杏是雌雄对植，雌树平均每年还能采收800多kg果实。抗日战争时三元宫遭受日寇飞机的狂

图9-2-62 连云港市连云区宿城镇悟道庵国家森林公园保护区三教寺（东）

轰滥炸，这两棵树虽然枝干断裂遍体枯焦，但在胜利的春风吹拂下，又绽发新芽。古树编号：015。

连云港市新浦区云台山花果山三元宫

唐代银杏，雄株，树龄1100年，树高30.2m，胸径1.20m，冠幅16.0m×15.0m。

连云港市新浦区云台山花果山九龙桥

树龄1000年，宋代遗物。

东海县石榴镇浦西小学

雌株，树龄640年，树高33.0m，胸径1.82m，冠幅22.0m×25.0m。此树虽然高龄，仍然挺拔伟岸，枝繁叶茂，每年还结好多果实，已于1999年4月被列为省三级保护文物。

淮安市淮阴区码头镇枚乘故里

雌株，树龄800年，树高20.0m，胸径1.20m。此树为江苏省一级古树名木。古银杏位于二河闸古遗址旁，因兴建枚乘故里风景区，古银杏部分根系受损，出现树叶发黄、枯枝等长势不好症状。经保护现已逐渐恢复。枝下高5.0m，基部具萌蘖。码头镇解放后办过一家缫丝厂，由于银杏木质细腻，曾砍了12根粗树枝用作缫丝厂建设。

淮安市淮安区东岳庙（东）

东岳庙银杏，雄株，树龄1000年，树高22.0m，胸径1.60m。进了山门，东西两旁是两棵古银杏，关于这两棵古银杏，有一个美丽的传说：相传1000多年前的正月初九，东方刚刚破晓，玉皇大帝身旁的一对金童玉女，从天空飘飘然落到东岳庙内，在前门殿与东岳殿之间的一块空地上，他们从各自衣袖中拿出一根树枝，放在手掌心上，往上面吹了一口仙气，顿时树枝变成了树苗，他们二人便将树苗随手往地上一抛，不几日，两棵银杏树郁郁葱葱，数年后，两颗树绿荫参天。令人惊奇的是，如今每年春天雄树开花落满地，金秋雌树却是果实累累。1986年7月，淮安市人民政府将此一雄一雌两棵银杏树列为古树名木加以保护，并勒石于旁。

淮安市淮安区东岳庙（西）

东岳庙银杏，雌株，树龄300年，树高18.0m，胸径0.90m。

盱眙县第一山

树龄400年。

淮安市主城区

树龄250年。

淮安市淮阴区淮安发电厂

树龄250年。

淮安市淮阴区人民南路荷花池小区

树龄250年。

盐城市亭湖区南洋镇原凤洋村六组

雌株，树龄100年，树高20.0m，胸径1.00m。村民吉维清家的门前，这棵枝丫茂密的老银杏树，树围巨大，两个成年人才勉强抱得过来。这棵老银杏树是自家祖上种植的，迄今树龄超百年，每年结银杏果500kg。是“盐城市城市古树名木”，等级二级，编号0006号。

射阳县特庸镇大码头（图9-2-63）

明代银杏，树龄600年，树高12.6m，胸径1.53m。银杏树冠枝繁叶茂，初冬时节在夕阳的余晖中，仿佛一个硕大的金灿灿的圆球。粗壮弯曲的树根露出地面，好似苍龙的脚爪。明朝洪武年间，苏州一户姓张的人家举家迁到盐城东面沿海一个叫钓蛏洼的地方，张家的先祖为了给后人留下远离故土迁居异乡的纪念，从苏州城内带来了两棵银杏树苗，种在自己家的门前，其中一棵，因为不适应盐碱滩恶劣的自然条件而没有存活，剩下的那棵则茁壮生长了600多年，成为海上渔民行船的“航标”。

东台市富安镇204国道边上（原范公堤）a（图9-2-64）

范公堤银杏。树龄400年，树高12.0m，胸径1.00m，冠幅14.0m×14.5m，枝下高3.0m。树势濒危，主干粗壮，分枝处劈裂、中空。仅存2个主枝，其中一主枝全部干枯，另一主枝仅存活一侧枝。基部萌生一株构树，且周围分布有大量丛生的构树萌蘖。该树位于“204”国道中央，路基旁还有一株，略小。这两株古银杏，当年是距海最近的银杏树。而今沧海桑田，从范公堤往东已淤长起近100km的土地，昔日海堤上的银杏树，已成为古老富安镇的地方标志树，成为东台市的迎客树。过去沿海

图9-2-63 射阳县特庸镇大码头

图9-2-64 东台市富安镇204国道边上（原范公堤）a（右）；b（左）

一带竹木资源奇缺，因此，人们对古老的银杏树，也奉若神灵，对老银杏有着一些动人的传说：据说范仲淹带领沿海人民历经千辛万苦修好海堤后的第二年，海发大潮，范仲淹带领部员和人民，日夜防守堤堆。一天夜里，当巡视到富安段时，只听到水流湍急，海水浸堤，已冲开一段堤堆。人们立刻鸣锣报警，奋力堵缺，草包、泥土抛入缺口，但无济于事。在万分危急之时，范仲淹的两员大将跳入决口，以身挡水，决口终于堵住，保住了堤西万顷良田和其上的村庄房舍。人民群众为纪奠二位舍身保堤的将军，在决堤处栽上两株银杏树，并造了庙宇，世代香火不断。

东台市富安镇204国道边上（原范公堤）b（图9-2-64）

范公堤银杏。树龄400年，树高13.0m，胸径0.70m，冠幅8.0m×9.0m，枝下高3.5m。树势衰弱，树冠形状不规则。主干通直，有3个分枝，部分侧枝顶部枯死。一级保护古树，编号为：92004。

江都区邵伯镇邵伯中学（图9-2-65）

法华寺银杏，雌株，树龄750年，树高25.0m，胸径1.30m，冠幅14.0m×15.0m。邵伯中学所在地前身是来鹤寺，来鹤寺的前身是法华寺，而法华寺创建于隋大业三年（607），距今1400多年。据历史文献记载，这里原本有一雌一雄两棵银杏，只是由于战火，雄银杏已不在，而雌银杏是古寺留存下来的为数不多的“文物”。

江都区仙女镇砖桥

雌株，树龄250年，树高20.0m，胸径1.00m，冠幅10.0m×7.0m。从远处看，古银杏上部光秃秃的，枝条全部枯死，没有一片叶子，仅有下部西侧少量枝条还有绿叶，枝条上，还结有少数的银杏果；走近发现，银杏主干已经干裂，树皮大部脱落；蹲下可见树基已腐烂；树上，挂有瓜藤，还有一些壳树寄生。

江都区大桥镇乔梓村

树龄700年，树高20.0m，胸径1.60m，冠幅10.0m×10.0m。古银杏夹在两栋民房和一座土地庙之间，空间狭小；四周百余平米都是水泥地。其中一民房主人姓祁，他告诉记者，两栋民房建起来已有十多年了。之前，古树一边是庙宇，一边是学校，古树空间很大，长势也很好，枝叶茂密，树冠面积有100m²。在树基部，有一个洞口，“以前都是在树洞中烧香，后来怕把树烧死了，才摆放了石制香炉。”村民介绍，每到初一、十五，就有很多人前来烧香祈福。有些枝条已经枯干，树皮脱落。近年来，古树枝条不结实，枝条无论大小，大风一吹就断了。而就在前不久，一阵大风袭来，一根粗大枝条迎风而断，把一间民房都砸塌了。古银杏有许多断掉的小枝条，树身至少有5个小洞口。祁师傅称，去年他们看到有蛇进出树洞。因此他估计这棵树内部已经腐烂。就树干直径而言，排到扬州古树第三位。

扬州市广储门外街24号史可法纪念馆

史可法纪念馆银杏，树龄350年，树高20.0m，胸径1.25m，2株。清顺治二年（1645）四月，南明兵部尚书兼东阁大学士史可法在扬州就义，嗣子副将史德威寻遗体不得，乃葬其衣冠于梅花岭下。史可法纪念馆位于江苏省扬州市广储门外街24号，南临古城河，梅花岭畔。占地6000m²，现为省级文物保护单位史可法祠墓所在地，省级爱国主义教育基地。史可法纪念馆是纪念明朝末年抗清民族英雄史可法的著名历史遗迹。步入大门，便是两颗又粗又高的古银杏树。古老的银杏差不多有3个人围起来那么粗，大约有5层楼那么高。

扬州市广陵区南门街111号仙鹤寺

仙鹤寺银杏，树龄720年，树高20.0m，胸径1.15m。此树位于仙鹤寺，仙鹤寺是我国最早的伊斯兰教寺之一。

扬州市广陵区中心街文昌中路西边路北（图9-2-66）

雌株，树龄100年，树高23.5m，胸径0.85m，冠幅13.5m×15.6m。在干高5.5m处树干一分为二，生长旺盛。此株位于西侧，与东侧雄株相距10.0m。

扬州市广陵区中心街文昌中路西边路北（图9-2-66）

垂乳银杏，雄株，树龄100年，树高25.6m，胸径0.97m，冠幅15.5m×18.6m。大枝下面有一垂乳，长度30cm。枝下高5.0m，生长旺盛。

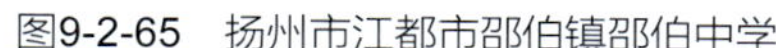

图9-2-65 扬州市江都市邵伯镇邵伯中学

图9-2-66 扬州市广陵区中心街文昌中路西边路北
（注：1.左雌；右雄；2.雄；箭头示垂乳）

扬州市广陵区文昌中路绿岛内（原石塔寺）（图9-2-67）

扬州最大古银杏，雌株，树龄1050年，树高30.0m，胸径1.60m，冠幅12.5m×12.0m。为扬州最大的古银杏，原树6人合抱，被雷劈成两半，人在中间可自由行走。在马路中间，主干倾斜22°，基部有萌蘖丛生。

扬州市广陵区文昌中路扬大附小学门前（西）（图9-2-68）

雌株，树龄520年，树高22.0m，胸径1.50m，冠幅9.0m×10.6m。东面有一大枝枯

图9-2-67　扬州市广陵区文昌中路绿岛内（原石塔寺）

图9-2-68 扬州市广陵区文昌中路扬大附小学
（注：1. 门外左雌右雄；2. 院内雄；3. 外雌；4. 外雄）

图9-2-69 扬州市广陵区文昌中路扬州市政协大院内
（注：1.左：东雄；右：西雌；2.东雄；3.西雌）

死。树皮一半脱落，主干木质裸露。基部有萌蘖，两树相距6.0m。

扬州市广陵区文昌中路扬大附小学门前（东）（图9-2-68）

雄株，树龄520年，树高26.0m，胸径1.70m，冠幅10.0m×10.6m。树干从基部60cm处分成双干，树干倾斜15°。

扬州市广陵区文昌中路扬大附小学门内（图9-2-68）

雄株，树龄100年，树高23.0m，胸径0.81m，冠幅10.2m×10.0m。枝下高3.8m，生长旺盛。

扬州市广陵区文昌中路扬州市政协大院内（图9-2-69）

雄株，树龄520年，树高29.0m，胸径1.70m，冠幅13.0m×13.0m。靠近路边，花粉量较大，生长旺盛。树干凹凸不平，7大侧枝，枝下高3.4m。古树编号007。

扬州市广陵区文昌中路扬州市政协大院内（图9-2-69）

雌株，树龄310年，树高25.0m，胸径1.20m，冠幅12.0m×12.0m。生于市政协大院西南角，地下有很多种子，有枯枝，靠近墙角，光线不好，生长不良，比东面雄株略细。6大侧枝，干高2.8m。

扬州市广陵区国庆路与文昌中路交汇处谢公祠遗址（图9-2-70）

谢公祠银杏，雄株，树龄520年，树高32.0m，胸径1.40m，冠幅20.0m×15.0m。树冠纺锤形，生长旺盛。谢公祠在原运司街（今国庆路）西、盐运使司衙署南侧，祀东晋太傅谢安。谢安字安石，东晋政治家，两度出镇广陵（今扬州），于江都邵伯筑埭坝，兴水利，为民除患。卒后赠太傅，谥“文靖”。传此地为谢安故宅，谢安曾手植双桧，唐代尚存。清雍正九年（1731）建谢公祠。1985年开拓琼花路（今

图9-2-70 扬州市广陵区国庆路与文昌中路交汇处谢公祠遗址

图9-2-71 镇江市丹徒区上党镇古洞村坞村

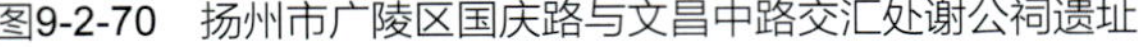

属文昌中路），拆除残存建筑，祠内古银杏现存于路中央。

扬州市广陵区江都南路8号江苏武警医院内

树龄810年，树高28.0m，胸径1.70m，冠幅13.2m×13.0m。保护级别为一级，保护单位为江苏武警医院。

扬州市广陵区扬州八怪纪念馆内（驼铃巷18号西方寺）

树龄720年，树高25.0m，胸径1.70m，冠幅13.2m×13.1m。保护级别为一级，保护单位为扬州八怪纪念馆。

扬州市广陵区解放南路普哈丁墓园内

树龄720年，树高23.0m，胸径2.00m，冠幅10.0m×10.3m。保护级别为一级，保护单位为普哈丁墓园。

扬州市广陵区解放南路普哈丁墓园内

树龄410年，树高32.0m，胸径1.30m，冠幅12.0m×11.7m。保护级别为一级，保护单位为普哈丁墓园。

扬州市广陵区赞化巷

树龄610年，树高36.0m，胸径1.50m，冠幅12.0m×12.1m。保护级别为一级，保护单位为赞花巷。

扬州市广陵区盐阜东路扬州民间收藏展览馆内（准提寺）

树龄520年，树高26.0m，胸径1.40m，冠幅12.2m×12.3m。保护级别为一级，保护单位为个园管理处。

扬州市广陵区五台山路2号江苏省五台山医院

树龄520年，树高22.0m，胸径1.10m，冠幅13.2m×13.0m。保护级别为一级，保护单位为扬州市五台山医院。

扬州市广陵区五台山路2号江苏省五台山医院

树龄520年，树高28.0m，胸径1.20m，冠幅15.0m×15.5m。保护级别为一级，保护单位为扬州市五台山医院。

扬州市广陵区五台山路2号江苏省五台山医院

树龄310年，树高26.0m，胸径1.05m，冠幅12.0m×12.3m。保护级别为一级，保护单位为扬州市五台山医院。

扬州市邗江区新河湾原龙衣庵内

雌株，树龄420年，树高28.0m，胸径1.50m，冠幅9.0m×10.0m。保护级别为一级，保护单位为扬州市城市绿化养护管理处。扬州有谚云“六月六，晒大伏”，或曰“六月六，家家晒红绿”。每到这一天，不少老扬州便把衣服摊开曝晒，五颜六色，斑斓一片。这个谚语也与这两棵银杏树以及龙衣庵有关，相传，乾隆皇帝在龙衣庵晒龙袍的这一天正好是六月六，此事传开后，民间便有了“六月六，晒龙袍”之说。经过测量树围有4m左右，树冠巨大，果实累累，但其中一棵大半树叶已经枯萎。树根处布满砖头瓦砾，离大树不到2m处便是一家工厂的围墙。当时繁盛一时的龙衣庵目前只剩下两间殿房及两棵400多年的银杏树。这两棵银杏树属于扬州市古树名木，编号：16。

扬州市邗江区新河湾原龙衣庵内

雌株，树龄420年，树高29.0m，胸径1.60m，冠幅9.0m×10.0m。保护级别为一级，保护单位为扬州市城市绿化养护管理处。

扬州市广陵区四望亭路16号扬州教育学院第二附属小学内

树龄310年，树高33.0m，胸径1.23m，冠幅12.0m×12.2m。保护级别为一级，保护单位为扬州教育学院第二附属小学。

扬州市广陵区东关派出所内

树龄310年，树高26.0m，胸径0.80m，冠幅13.0m×13.5m。保护级别为一级，保护单位为广陵区东关派出所。

扬州市广陵区史可法西路15号艺蕾小学操场旁

雄株，树龄310年，树高29.0m，胸径0.90m，冠幅12.0m×12.5m。保护级别为一级，保护单位为扬州市艺蕾小学。

扬州市广陵区史可法西路15号艺蕾小学操场旁

雄株，树龄120年，树高22.0m，胸径0.48m，冠幅8.0m×8.0m。保护级别为一级，保护单位为扬州市城市绿化养护管理处。

扬州市广陵区文昌中路360号琼花观内

树龄310年，树高32.0m，胸径1.20m，冠幅15.0m×15.0m。保护级别为一级，保护单位为琼花观。

扬州市广陵区文昌中路360号琼花观三清殿前

树龄310年，树高21.0m，胸径0.92m，冠幅9.0m×9.2m。保护级别为一级，保护单位为琼花观。

扬州市广陵区汶河南路育才幼儿园内

树龄310年，树高30.0m，胸径1.00m，冠幅13.0m×13.5m。保护级别为一级，保护单位为育才幼儿园。

扬州市广陵区汶河南路育才幼儿园内

树龄310年，树高30.0m，胸径1.05m，冠幅11.1m×11.5m。保护级别为一级，保护单位为育才幼儿园。

高邮市天山镇神居山

树龄1000年，树高30.0m，胸径3.00m。古悟空寺遗址旁的3棵古银杏树之一有千年历史，树围粗需10多人合抱，所结白果无心，其味尤佳。清朝大学士阮元，就形容神居山为“峭壁贯东南，石棋匝地，银杏参天，望盂城双塔悬空古寺，好修佛果”。

镇江市丹徒区上党镇古洞村坞村（图9-2-71）

雌株，树龄1300年，树高30.0m，胸径1.75m，冠幅10.0m×6.0m。上党镇古洞村坞村生长着一棵银杏树，相传距今已有1300年历史，树干最粗处4名成年男子勉强才能合围。其高大雄伟，让观者无不叹为观止。2008年的一场台风将这棵银杏树刮得倾斜了，与地面形成了约40°的夹角，随时都有倒掉的可能。但现在古树出现多处断裂，枝干部分干枯，从下到上有10多处大大小小的空洞，最大的洞可以蹲进一个小孩，洞内已生长出杂树杂草。树根树干出现大片断裂枯萎，已濒临危境。

镇江市丹徒区姚桥镇华山村华山四组（图9-2-72）

镇江最老古银杏，树龄1503年，树高16.0m，胸径1.30m，冠幅7.0m×6.0m。

镇江市丹徒区大路镇长征村五神庙北侧（图9-2-73）

树龄1003年，树高18.0m，胸径0.76m，冠幅12.0m×11.0m。基部有萌蘖1000余株。

镇江市丹徒区丁岗镇纪庄村七组

树龄1003年。

镇江市京口区焦山天王殿东

树龄813年。

镇江市京口区焦山天王殿东侧、御碑亭西

树上生树，树龄813年。寄生着榆树、梧桐、棕竹、石蕨等四五种植物，堪称焦山古银杏树上寄生植物最多的一株。

镇江市京口区焦山碑林中门北面御碑亭东南15m

树龄613年。

镇江市京口区焦山行宫内（黄叶楼东）

树龄583年。

镇江市京口区焦山行宫内（黄叶楼北）

树龄303年。

镇江市京口区焦山大雄宝殿前东侧

树龄413年。

图9-2-72　镇江市丹徒区姚桥镇华山村华山四组

图9-2-73　镇江市丹徒区大路镇长征村五神庙北侧

镇江市京口区焦山大雄宝殿前西侧

树龄413年。

镇江市京口区焦山别峰庵栏杆内

树龄413年。

镇江市京口区剪子巷149号古润礼拜寺内

树龄457年。

镇江市润州区夹山竹林寺正门前30m（左）

树龄313年。

镇江市润州区夹山竹林禅寺（左）

树龄313年。

镇江市润州区夹山竹林禅寺（右）

树龄313年。

镇江市润州区夹山竹林寺金刚殿后（西）

树龄303年。

镇江市润州区夹山竹林寺金刚殿后（东）

树龄303年。

镇江市润州区金山公园白龙洞西侧50m

树龄303年。

镇江市润州区金山公园白龙洞西侧55m

树龄303年。

镇江市润州区九华山高崇寺内西南（图9-2-74）

高崇寺古银杏，树龄310年，树高26.5m，胸径0.58m，冠幅9.0m×9.0m。

镇江市润州区九华山高崇寺内东南（图9-2-74）

高崇寺古银杏，树龄310年，树高18.0m，胸径0.59m，冠幅14.0m×14.0m。

镇江市润州区九华山高崇寺内东北

高崇寺古银杏，树龄310年，树高16.0m，胸径0.54m，冠幅11.0m×11.0m。

镇江市润州区九华山高崇寺内西北

高崇寺古银杏，树龄310年，树高17.0m，胸径0.53m，冠幅11.0m×11.0m。

镇江市京口区东吴路底焦山公园

树龄810年。树上生树，古银杏树上成片丰润饱满的枸杞。

镇江市京口区大港镇银杏家园（前左，配电箱旁）

树龄303年。

镇江市京口区大港镇银杏家园（前右）

树龄303年。

镇江市京口区大港镇银杏家园（后左）

树龄303年。

镇江市京口区大港镇银杏家园（后右）

树龄303年。

镇江市京口区绍隆禅寺（关房院内）

树龄403年。

镇江市京口区绍隆禅寺内（左边山脚下）

树龄303年。

镇江市京口区绍隆禅寺入门池塘依次向后（1）

树龄303年。

镇江市京口区绍隆禅寺（安乐堂门前左边）

树龄303年。

镇江市京口区中山桥附近

树龄200年。

句容市边城镇青山村

树龄1100年，树高26.0m，胸径1.70m。被当地人尊称为“神树”。

扬中市建设桥头

树龄300年，扬中市树龄最古老的树，树龄300年左右，是扬中市植物界的老寿星，也是扬中300年历史的见证。

泰兴市宣堡镇张河村1（图9-2-75）

雌株，树龄100年，树高14.5m，胸径0.45m，冠幅10.0m×8.0m，枝下高2.2m。生长旺盛，树冠阔塔形。主干挺直，2.0m处有瘤状凸起，系嫁接愈合后形成。有分枝8个，均从主干2.2～2.5m范围内生出，均匀分布于主干上。该树枝叶正常，结果量较大。此树为国家三级古树，编号：00542。N=32° 18′ 43.3″，E=119° 56′ 40.5″，H=18m。

泰兴市宣堡镇张河村2（图9-2-75）

雌株，树龄100年，树高13.0m，胸径0.48m，冠幅9.0m×8.0m，枝下高2.5m。生长旺盛，树冠阔塔形。主干挺直，2.4m处有瘤状凸起，系嫁接愈合后形成。有分枝4个，均从主干2.4～2.6m范围内生出，均匀分布于主干上。该树枝叶正常，结果量较大。此树为国家三级古树，编号：00536。N=32° 18′ 43.3″，E=119° 56′ 40.5″，H=18m。

泰兴市宣堡镇张河村3

雌株，树龄100年，树高12.0m，胸径

图9-2-74 镇江市润州区九华山高崇寺内

图9-2-75 泰兴市宣堡镇张河村
（注：A.1；B.2；C.6；D.7）

0.42m，冠幅7.0m×6.0m，枝下高2.4m。生长旺盛，树冠阔塔形。主干挺直，2.3m处有瘤状突起，系嫁接愈合后形成。有分枝5个，均从主干2.4～2.6m范围内生出，均匀分布于主干上。该树枝叶正常，结果量较大。此树为国家三级古树，编号：00535。N=32° 18′ 43.3″，E=119° 56′ 40.5″，H=18m。

泰兴市宣堡镇张河村4

雌株，树龄100年，树高16.0m，胸径0.52m，冠幅6.0m×8.0m，枝下高1.8m。生长旺盛，树冠阔塔形。主干挺直，粗壮。有分枝4个，均从主干1.8m处生出，均匀分布于主干上。该树枝叶正常，结果量较大。此树为国家三级古树，编号：00526。N=32° 18′ 43.3″，E=119° 56′ 40.5″，H=18m。

泰兴市宣堡镇张河村5

雌株，树龄100年，树高12.5m，胸径0.38m，冠幅5.0m×6.0m，枝下高2.2m。生长旺盛，树冠阔塔形。主干挺直，系嫁接形成的植株。有分枝2个，均从主干2.2m处生出，均匀分布于主干上。基部有萌蘖12株，与母干的距离为0～0.6m。该树枝叶正常，结果量较大。此树为国家三级古树，编号：00530。N=32° 18′ 43.3″，E=119° 56′ 40.5″，H=18m。

泰兴市宣堡镇张河村6（图9-2-75）

雌株，树龄100年，树高12.0m，胸径0.40m，冠幅5.0m×4.0m，枝下高1.8m。生长较旺盛，树冠阔塔形。主干挺直，系嫁接形成的植株。有分枝5个，均从主干1.8m处生出，均匀分布于主干上，部分侧枝顶部折断。该树枝叶正常，结果量一般。此树为国家三级古树，编号：00520。N=32° 18′ 43.3″，E=119° 56′ 40.5″，H=18m。

泰兴市宣堡镇张河村7（图9-2-75）

雌株，树龄100年，树高12.0m，胸径0.39m，冠幅7.0m×6.0m，枝下高2.0m。生长旺盛，树冠阔塔形。主干挺直，系嫁接形成的植株。有分枝5个，均从主干2.0m处生出，均匀分布于主干上，生长旺盛。该树枝叶正常，结果量很大，致使部分枝条被压弯。此树为国家三级古树，编号：00519。N=32° 18′ 43.3″，E=119° 56′ 40.5″，H=18m。

泰兴市宣堡镇张河村8

雌株，树龄100年，树高11.0m，胸径0.40m，冠幅5.0m×4.0m，枝下高1.9m。生长势较弱，树冠形状不规则。主干挺直，系嫁接形成的植株。有分枝5个，均从主干1.9m处生出，均匀分布于主干上，生长一般，部分分枝顶部折断。该树枝叶正常，结果量小。此树为国家三级古树，编号：00518。N=32° 18′ 43.3″，E=119° 56′ 40.5″，H=18m。

泰兴市宣堡镇张河村9

雌株，树龄100年，树高14.0m，基径0.55m，冠幅5.0m×4.0m，枝下高2.8m。生长旺盛，树冠形状不规则。该树有2个主干，两主干略弯曲，1.5m以下均有分枝被截掉。有分枝10余个，均匀分布于主干上，生长旺盛。该树枝叶正常，结果量很大。此树为国家三级古树，编号：00511。N=32° 18′ 43.3″，E=119° 56′ 40.5″，H=18m。

泰兴市宣堡镇张河村仙脉河1（图9-2-76）

雌株，树龄300年，树高14.0m，胸径0.59m，冠幅8.0m×11.0m，枝下高1.5m。生长旺盛，树冠阔塔形，树形优美。主干挺直、粗壮，树下有两尊石人像，该两尊石像对树体做敬仰之势。有分枝7个，从主干1.5m处生出，均匀分布于主干上，生长旺盛。该树枝叶正常，结果量很大。此树为国家二级古树。N=32° 18′ 44.4″，E=119° 56′ 41.4″，H=16m。

泰兴市宣堡镇张河村仙脉河2（图9-2-76）

雌株，树龄300年，树高15.0m，胸径0.55m，冠幅10.0m×11.0m，枝下高1.8m。生长旺盛，树冠阔塔形，树形优美。主干挺直、粗壮，基部有萌蘖一株，与母干的距离为0.30m。有分枝9个，从主干1.8m处生出，均匀分布于主干上，生长旺盛。该树枝叶正常，结果量很大。此树为国家二级古树。N=32° 18′ 44.4″，E=119° 56′ 41.4″，H=16m。

泰兴市宣堡镇张河村仙脉河3（图9-2-76）

雌株，树龄300年，树高15.0m，胸径0.52m，冠幅10.0m×9.0m，枝下高2.5m。生长旺盛，树冠阔塔形，树形优美。主干粗壮，主干略向北倾斜。有分枝10个，从主干2.5m处生出，均匀分布于主干上，生长旺盛。该树枝叶正常，结果量很大。此树为国家二级古树。N=32° 18′ 44.4″，E=119° 56′ 41.4″，H=16m。

泰兴市宣堡镇张河村仙脉河4（图9-2-76）

雌株，树龄300年，树高16.0m，胸径0.62m，冠幅10.0m×8.0m，枝下高2.0m。生长旺盛，树冠阔塔形，树形优美。主干挺直、粗壮，有2个大的分枝，均从2.0m处生出，侧枝10余个，均匀分布于主干上，生长旺盛。该树枝叶正常，结果量很大。此树为国家二级古树。N=32° 18′ 44.4″，E=119° 56′ 41.4″，H=16m。

泰兴市张桥镇辛埭1组

雌株，树龄500年，树高17.5m，胸径1.11m，冠幅16.0m×15.0m。

泰兴市张桥镇镇西村接引禅寺（图9-2-77）

接引禅寺银杏，雌株，树龄600年，树高20.0m，胸径1.15m，冠幅10.5m×6.5m，枝下高3.0m。生长旺盛，树冠卵圆形，树形优美。主干挺直、粗壮，有15个分枝，在主干上分布均匀。该树枝叶正常，结果量较大。N=32° 07′ 05.7″，E=120° 03′ 35.1″，H=10m。

泰兴市张桥镇新华村（图9-2-78）

刘伯温手植银杏，雄株，树龄600年，树高18.0m，胸径1.35m，冠幅11.0m×9.0m，枝下高6.0m。树势一般，树冠圆塔形。主干挺直、粗壮，东侧树皮腐烂形成一条长沟，距地面2.2m处生有枸杞，基部周围生有构树。有分枝20余个，集中于主干6.0m以上，主要分枝顶部折断或枯死，枝条开张度小，生长紧凑。树体北侧生有复干一株，胸径5cm，高2.9m，距母干0.4m。此树不结果，枝叶正常，树体南侧紧靠树体建有一座土地庙，据说该树为刘伯温亲手所植。N=32° 08′ 20.0″，E=120° 02′ 07.6″，H=10m。

泰兴市黄桥镇南殷村15组（图9-2-79）

雄株，树龄200年，树高20.0m，胸径0.78m，冠幅10.5m×6.0m，枝下高2.8m。生

图9-2-76 泰兴市宣堡镇张河村仙脉河
（注：A.1；B.2；C.3；D.4）

图9-2-77 泰兴市张桥镇镇西村接引禅寺

图9-2-78 泰兴市张桥镇新华村

图9-2-79 泰兴市黄桥镇南殷村15组

图9-2-80 泰兴市黄桥镇诸葛学校院内
（泰兴市田园提琴制作有限公司）

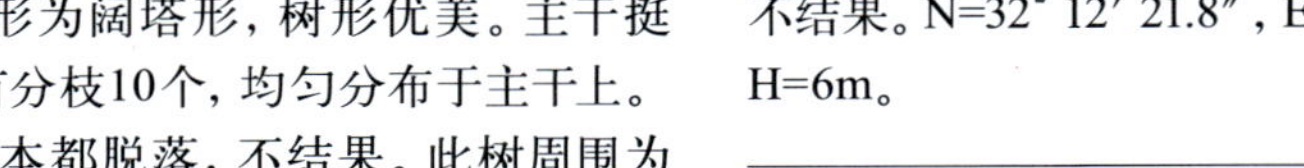

长势弱，树形为阔塔形，树形优美。主干挺直，粗壮，有分枝10个，均匀分布于主干上。该树枝叶基本都脱落，不结果。此树周围为民居。N=32° 12′ 47.6″，E=120° 10′ 31.1″，H=8m。

泰兴市黄桥镇诸葛学校院内（泰兴市田园提琴制作有限公司）（图9-2-80）

复干银杏，雄株，树龄450年，树高24.5m，胸径1.10m，冠幅10.5m×7.0m，枝下高3.0m。生长旺盛，树冠较小，北侧树冠大于南侧。主干挺直，粗壮，有分枝6个，主要分布在5.8m以上。有复干3株，最大复干胸径0.06m，高3.0m，与母干距离为0.15m。该树枝叶正常，不结果。N=32° 12′ 21.8″，E=120° 13′ 03.4″，H=6m。

泰兴市黄桥镇横巷中心小学（图9-2-81）

树龄500年，树高28.6m，胸径1.20m，冠幅12.0m×15.0m。黄桥地区最大一株。

泰兴市元竹镇丁前7组

雄株，树龄1000年，树高15.0m，胸径2.10m，冠幅6.0m×10.0m。生长差，干枯内腐。

泰兴市珊瑚镇珊瑚村4组（1）

雌株，树龄600年，树高24.5m，胸径0.98m，冠幅16.0m×16.0m。

泰兴市珊瑚镇珊瑚村4组（2）

雌株，树龄600年，胸径0.78m，冠幅16.0m×16.0m。(1) 和 (2) 相距20m。

泰兴市珊瑚镇李洋村4组

雌株，树龄700年，树高16.0m，胸径0.94m，冠幅14.0m×16.0m。

泰兴市珊瑚镇桢祥2组

雌株，树龄700年，树高14.0m，胸径1.20m。

泰兴市根思乡芦荡村6组

雄株，树龄800年，树高25.0m，胸径

图9-2-81 泰兴市黄桥镇横巷中心小学

图9-2-82 泰兴市泰兴镇三阳村

图9-2-83 泰兴市泰兴镇老干部局院内

1.51m，冠幅25.0m×20.0m。

泰兴市焦荡镇薛庄3组

雄株，树龄500年，树高19.0m，胸径0.73m，冠幅10.5m×10.0m。

泰兴市河失镇嘶马3组

雌株，树龄500年，树高15.0m，胸径0.83m，冠幅10.0m×9.0m。

泰兴市泰兴镇泰兴公园内

雄株，树龄600年，树高13.5m，胸径0.64m，冠幅6.5m×5.5m。市级文物保护。

泰兴市泰兴镇三阳村（图9-2-82）

雄株，树龄1300年，树高22.0m，胸径1.88m，冠幅13.0m×15.0m，枝下高2.3m，泰兴市最古老的银杏。树势衰弱，树形不规则。主干挺直、粗壮，干高7.0m。有复干一株，高5.0m，胸径0.12m，与母干的距离为0.3m，有萌蘖3株，与母干的距离为0～0.5m。树干2/3～3/4无树皮，树冠50%以上枯死，多数枯枝腐朽掉落，处于濒危状态，如不及时抢修，加强保护，可能造成该树死亡。

泰兴市泰兴镇老干部局院内（图9-2-83）

树上生树，雄株，树龄1000年，树高16.0m，胸径1.60m，冠幅13.0m×9.0m，枝下高2.6m。生长较旺盛，树冠形状不规则，南侧树冠大于北侧。主干挺直、粗壮，上部干枯断裂，主干腐烂严重，尤以西侧为最重。树皮脱落严重，北侧3.0m处生有一株青冈，高3.0m，基径0.03m。有7个分枝，北侧两个分枝

图9-2-84 泰州市海陵区泰州中学附属初级中学

被锯掉，锯口处萌生大量的枝条。基部东侧与南侧萌生20余株萌蘖，与母干的距离为0～1.0m。该树枝叶正常，不结果，位于泰兴市老干部局院内，编号：0001。N=32°10′05.8″，E=120°01′09.7″，H=2m。

泰兴市分界镇北周小学

雌株，树高32.0m，冠幅24.8m×25.8m。泰兴最高古银杏。

泰兴市分界镇长生村小周庄钢厂

雌株，树龄600年，树高24.0m，胸径1.33m，冠幅20.5m×21.0m。

泰兴市分界镇北张村1组

雌株，树龄600年，树高17.0m，胸径0.99m，冠幅20.0m×22.0m。

泰兴市分界镇北张村11组

雌株，树龄600年，树高25.0m，胸径1.57m，冠幅18.5m×18.0m。

泰兴市分界镇北张村7组

雌株，树龄600年，树高24.0m，胸径1.66m，冠幅26.0m×28.0m。

泰州市高港区许庄街道钱赵村

树龄1000年，树高27.6m，胸径1.19m，冠幅22.4m×21.8m。雌雄同株，全市最奇特的银杏树。

泰州市高港区口岸镇小学内

雄株，树龄500年，树高30.0m，胸径0.40m，冠幅6.0m×6.0m。

泰州市高港区许庄街道许庄村

这片古银杏林拥有成年银杏树近300棵，其中绝大部分树龄都在百年以上。

泰州市高港区胡庄镇胡庄村

总理护银杏. 树龄630年，树高26.0m，胸径1.57m，冠幅25.0m×25.0m。传说为明开国功臣刘伯温所栽。1953年，有木商欲买此树，村民坚决反对，并派出代表向上级反映意见。周恩来总理知道此事后派人调查，并在调查报告上批示："名胜古迹，不宜出售。"从此，该树得以保存下来。周总理保护古银杏，也为后人所传颂和学习。

泰州市海陵区泰州中学附属初级中学（图9-2-84）

母抱子银杏，雌株，树龄930年，树高21.5m，胸径2.04m，冠幅12.5m×13.0m，枝下高1.6m。生长旺盛，树冠阔塔形，树形优美。主干挺直、粗壮，有两个主枝枯断，现存3个主枝，侧枝20余个，分枝生长旺盛。3个主枝分枝处萌生一株基径5cm的银杏。该树枝叶正常，结果量较大。此树位于泰州中学附属初级中学园内，编号001。N=32°19′36.7″，E=119°52′42.0″，H=5m。

泰州市海陵区西仓桥东引桥北侧都天庙

都天庙银杏，雌株，树龄590年，树高18.5m，胸径1.24m。都天庙又称都天行宫，在城内西仓桥东引北侧，坐北朝南，西监南官河，北近泰州船闸，因该庙是"都天菩萨"出巡时居住的宫室，所以称为"都天行宫"，又称"都天庙"。都天行宫东侧有两棵古银杏，树龄分别约为590年和350年，虽历经沧桑，犹枝繁叶茂。

泰州市海陵区西仓桥东引桥北侧都天庙

雌株，树龄350年，树高17.9m，胸径0.96m。

泰州市海陵区青年南路金水湾居民小区

树龄400年，树高14.0m，胸径1.50m。移植树。

泰州市海陵区苏陈镇西查村古关帝庙山门殿（图9-2-85）

清朝银杏，树龄200年，树高16.0m，胸径1.15m，冠幅10.0m×11.0m。位于泰州城濠北侧台地上。始建于明万历年间，清嘉庆二年、民国十年曾两次修缮。现仅存山门殿、大殿。古树曾经也经受过雷劈，但如今依然枝繁叶茂，生命力旺盛。树下有碑记载：嘉庆十年四月，说明该庙至少有200年历史。

姜堰区大伦镇土山村文庙

雌株，树龄1700年，树高15.8m，胸径1.58m，冠幅16.3m×13.4m。土山千年古银杏，位于姜堰区的东南方大伦镇土山村。根据《民国泰县志》记载：土山，唐朝中期垒土而成，山者垒也，亦因此而名。两株，被称为"夫妻银杏"，这对"夫妻银杏"，相距150m，由于两树长在高出地面10m左右的一个土丘上，常年的雨水冲刷，大多树根裸露在外，一部分枝叶已经出现发黄的迹象，土丘越来越小，西边一棵树根浸在水田之中，再不进行围土养护和土丘加固，两棵“银杏王”会很快死亡。现在已得到保护。奇怪的是在此山北近50m也有一棵银杏树植于平地，腰围及高度与南山相近。秋收季节银杏满树，硕果累累。相传两千年前一个月朗星稀的黎明，远处天边飞来一只硕大无比的凤凰，身上驮着一尊金光闪耀的菩萨，落在一个似为桃园的村庄，菩萨被当地庙宇请进殿堂，朝夕敬香朝拜，凤凰神走影在，此地民众称之落地为凤凰垛。自此之后，五谷丰登，民众安康。凤凰头上的冠影变成了一棵公白果树，颈上的菩萨造修了庙宇。树植于土丘，庙建于山上，后来土山逐步增高，面积不断扩大，香客、游客日益增多，土山成了当时远近闻名的佛学殿堂。相传是东晋高僧史宗手植。

图9-2-85 泰州市海陵区苏陈镇西查村古关帝庙山门殿

姜堰区大伦镇土山村武庙（图9-2-86）

雄株，树龄1700年，树高16.5m，胸径2.45m，冠幅27.8m×27.6m，枝下高2.0m。生长较旺盛，树冠阔塔形，树形优美，有少部分侧枝枯死。树体周围根系裸露，露出地面最高1.0m，向外延伸最远达3.0m。主干向南倾斜、粗壮，距地面1.6m处有一株基径0.16m，高5.0m的构树。主干有分枝10个，均较粗壮，其中4个分枝折断。有萌蘖8株，与母干距离为0～1.2m。该树枝叶正常，不结果。据传，土山文武二庙古银杏均为得道仙翁史宗所植，植于东晋。N=32° 27′ 57.0″，E=120° 15′ 48.5″，H=14m。

姜堰区南大街玄真观（南观）

树上生树，雌株，树龄1000年，树高22.8m，胸径1.15m，冠幅13.5m×14.2m。南街银杏，位于姜堰南大街南观前。据闻，当时老通扬河航道撑船船夫，曾把其作为“水上航标”。姜堰南大街原有玄真观，人呼“南观”。原有玄真观已消失，但银杏树健在，已历近千年，树大十围，高可十丈，如伞而张。该树长势良好。传说抗日战争时期，日伪飞机丢下一颗炸弹，将该树树干一分为二炸开，但长势仍良好，足见其生命力之强。据云所结白果扁圆形，极为稀有。尤奇者，树干杈处寄生桑、楝、柘、女贞、枸杞5种树木，竞秀齐芳，蔚为奇观，邑人视为神树。《南观银杏》曰：千年银杏壮罗塘，矗立南街似伞张。五树寄生一树上，女贞、楝、柘、枸杞、桑。该树顶梢枯萎。

图9-2-86 姜堰区大伦镇土山村武庙

姜堰区顾高镇千佛村（原克强村3组）千佛寺（图9-2-87）

西汉银杏，雌株，树龄1800年，树高26.5m，胸径1.69m，冠幅25.6m×25.6m，千佛寺千年古银杏。地处姜堰区顾高镇千佛村（原克强村3组），位于千年古刹古千佛寺大雄宝殿（千佛大殿）东南角，古千佛寺建于隋代，

图9-2-87 姜堰区顾高镇千佛村（原克强村3组）千佛寺

因寺有大小佛像1000座而得名，也有说因寺庙前有白果树，产果之多，皆称“佛子”，故名千佛寺。据传，该树种植于西汉年间，距今近1800年，也有说晋代始植。现已发现的北宋井砖、清代“古千佛寺”山门石额足以证明其历史之悠久。新中国成立前如皋有一飞机场，飞机从如皋起飞往返南京方向，曾以此树作为航空标识。因此该树是国家一级航空标识，同时也是国家一级重点古树名木。数干枝头直伸入南边护庙河，形似一条苍龙。从树躯干向上细看，无论哪个方位，都有如如来佛祖张开五指的“佛手”，且盘曲的枝头有龙枝、凤冠之形状，寓“龙凤呈祥”之意。该树枝头密不容针、疏可走马，夏天可纳凉避暑，冬则可免霜冻严寒，伴有阴晴圆缺，则烟雾缭绕，雾化时，树冠宛如一头水牛隐伏在水中；有时又如巨龙在其间盘踞，幻化出各种具象造型，故老百姓把其奉为神树。树的种植地称为凤凰宝地，自然条件十分优越，常有白鹭等珍稀鸟类在树上栖息，树断面洞中，有各种蛇在此盘踞，多时，有20多种。该树长势良好，保护得力，虽年逾千年，仍然根深叶茂，果实丰盈，不用扬花自结果，丰产之年，可产白果500kg。所产白果，三面有棱，谓之龙眼，被称为“神果”，与史传所谓“丰产之年，可产白果18箩筐36车”相吻合，如今以“千佛子”注册的商标，品牌已经确立。目前文保工作已经落实到位，被公布为姜堰区第六批市级文保单位。千佛村的银杏树下，耸立着一座雄伟的徐克强烈士纪念碑。抗战时期，八路军、游击队在寺里建立了临时民主政权，并作为对日寇作战的指挥所。1942年7月，年仅34岁的县委书记兼独立团政委徐克强壮烈牺牲后，被当地群众安葬在银杏树下。1945年，抗日战争进入僵持阶段，因千佛寺地形独特，为防止日伪在庙里坐圩子屯集，当地老百姓一夜之间就自发地将寺庙拆除。

姜堰区顾高镇芦庄村

雌株，树龄1000年，树高11.0m，胸径1.15m。银杏树四周被水泥浇铸起来，根部不透气。

姜堰区姜堰镇姜堰中学（南宁寺）（图9-2-88）

南宁寺银杏，树龄500年，树高32.0m，胸径1.56m，冠幅22.0m×20.0m，古树上面有桑树寄生，该树原址为南宁寺，古树编号：001。

沭阳县贤官镇蒋元村鲍庄（图9-2-89）

鲍氏老祖宗所植银杏。雌株，树龄400年，树高26.0m，胸径1.50m，冠幅21.0m×22.0m，枝下高4.0m。生长旺盛，树冠阔塔形，树形优美。南侧根系裸露，露出地面最高0.15m，向南延伸3.0m。主干挺直、粗壮，有分枝20个，均匀分布于主干周围。生长在沭阳县贤官镇蒋元村鲍庄旁边大沙河（现为沭新河）西岸河堤上，由于地理环境得天独厚，自然条件优越，至今仍郁郁葱葱，生机盎然。该银杏树枝叶覆盖面近500m^2。现在每年还产白果500kg。该银杏树在1953年收归国有后，被列为县重点保护文物。该银杏树的树龄，据鲍氏传人历代相传，为唐代著名诗人鲍照第八世孙所植。另据《沭阳县志》记载，是公元1587年鲍氏老祖宗逃荒至此，安家时栽下。至今约400多年，后者说法，有理有据。N=34° 14′ 39.0″，E=118° 45′ 52.9″，H=18m。

沭阳县沭城镇县公安局家属区内

树龄417年，树高18.9m，胸径0.84m，冠幅9.0m×9.0m。生长旺盛，管护单位：县公安局。

沭阳县沭城镇河东村河九组

树龄214年，树高17.5m，胸径0.96m，冠幅7.5m×7.5m。生长较差，管护单位：沭城镇河东村河九组。

注：后续资源。

(1)沭阳县沭城镇公园西路虞姬公园

树龄54年，树高19.0m，胸径0.48m，冠幅17.0m×17.0m。生长旺盛，管护单位：县公安局。

(2)沭阳县沭城镇上海中路中医院

树龄56年，树高24.0m，胸径0.55m，冠幅22.0m×22.0m。生长旺盛，管护单位：中医院。

沭阳县钱集镇于南村白果树组

树龄172年，树高20.7m，胸径1.12m，冠幅14.8m×14.8m。生长旺盛，管护单位：钱集镇于南村白果树组。

注：后续资源。

(1)沭阳县扎下镇政府院内

树龄86年，树高13.0m，胸径0.61m，冠幅7.3m×7.3m。生长旺盛，管护单位：扎下镇政府院内。

泗阳县众兴镇张束居委会果树组

树龄600年，树高34.0m，胸径1.44m，冠幅22.5m×22.5m。生长旺盛，管护单位：张绍美。

泗阳县李口镇芦塘村7组（图9-2-90）

雌株，树龄600年，树高25.0m，胸径1.30m，冠幅20.0m×21.0m，枝下高5.0m。生长旺盛，树冠阔塔形，树形优美。主干挺直、粗壮，有6个大的分枝，分枝粗壮。该树枝叶正常，结果量很少，树体位于高台之上，有围栏保护，管护单位：李口镇人民政府。N=33°38′38.2″，E=118°44′07.8″，H=3m。

泗阳县南刘集乡石圩小学院内

树龄310年，树高18.7m，胸径0.67m，冠幅13.0m×13.0m。生长旺盛，管护单位：石圩小学。

泗阳县城厢镇泗阳农场小学门前西侧

树龄105年，树高25.0m，胸径0.40m，冠幅16.0m×16.0m。生长旺盛，管护单位：农场小学。

泗阳县众兴镇爱园路9号泗水公园

树龄100年，树高15.2m，胸径0.63m，冠幅13.0m×13.0m。生长旺盛，管护单位：泗水公园管理处。

泗阳县临河镇小店村王乃波家

树龄120年，树高18.3m，胸径0.96m，冠幅16.0m×16.0m。生长旺盛，管护单位：王乃波。

泗阳县王集镇政府院内

树龄120年，树高19.0m，胸径0.91m，冠幅16.3m×16.3m。生长一般，管护单位：王集镇人民政府。

宿迁市经济开发区三棵树乡韩庄村高宅组

树龄120年，树高17.8m，胸径0.33m，冠幅8.0m×8.0m。生长旺盛，管护单位：三棵树韩庄村高宅组。

宿迁经济开发区开发区商务中心

树龄150年，树高8.0m，胸径0.30m，冠幅4.5m×4.5m。生长一般，管护单位：开发区商务中心。

宿迁市宿城区洋河镇富强村孙庄组

树龄170年，树高19.5m，胸径0.62m。生长旺盛，管护单位：孙修文。

宿迁市骆马湖示范区项里大酒店（南大寺遗址）

明代银杏，雌株，树龄650年，树高16.2m，胸径0.75m，冠幅10.0m×10.0m。生长旺盛。该树是宿迁南大寺遗址的唯一见证。南大寺为元大德四年（1300）僧绍清创建。明洪武三年（1370）僧慈潭重修，天顺八年(1464)僧智兆为僧会司，成为江淮平原屈指可数的大禅林，入清增修，至光绪二十四年（1898）遭火焚，“仅存罗汉殿一株银杏”。1938年11月，侵华日军进驻宿迁，再遭劫掠，其元明石刻及佛像皆荡然无存。1966年“文革”开始，十年浩劫，古银杏满身疮痍。在老银杏树的东侧又长出了一株小银杏树。这株银杏在10年内主干干枯了2/3，生长不良。管护单位：项里大酒店。

宿迁市宿豫区蔡集镇中心小学院内

树龄650年，树高15.7m，胸径0.59m，冠幅9.5m×9.5m。生长旺盛，管护单位：蔡集镇中心小学。

注：后续资源。

图9-2-88　姜堰区姜堰镇姜堰中学（南宁寺）

图9-2-89　沭阳县贤官镇蒋元村鲍庄

(1)宿迁市宿城区埠子镇新发村

树龄50年，树高12.0m，胸径0.22m，冠幅4.5m×4.5m。生长旺盛，管护单位：埠子镇政府。

(2)宿迁市宿城区洋河镇富强村孙修文家

树龄50年，树高20.0m，胸径0.25m。生长旺盛，管护单位：孙修文。

(3)宿迁市宿城区洋北镇桥北村酒厂院内

树龄50年，树高14.0m，胸径0.58m。生长旺盛，管护单位：洋北酒厂。

(4)宿迁市宿城区洋北镇桥北村叶庄组

树龄50年，树高17.5m，胸径0.60m。生长旺盛，管护单位：付建秀。

(5)宿迁市宿城区洋北镇桥北村湖桥组

树龄50年，树高18.4m，胸径0.72m。生长旺盛，管护单位：谢长岭。

(6)宿迁市宿豫区大兴镇王滩村六组

树龄90年，树高17.0m，胸径0.48m，冠幅11.0m×11.0m。生长旺盛，管护单位：王子才。

(7)宿迁市宿豫区仰化镇郭圩村二组

树龄80年，树高17.0m，胸径0.56m，冠幅7.9m×7.9m。生长旺盛，管护单位：姜子楚。

泗洪县界集镇王灯村

树龄114年，树高15.0m，胸径0.18m，冠幅12.0m×12.0m。生长旺盛，管护单位：界集镇王灯村。

泗洪县四河乡新淮村三组

树龄102年，树高17.0m，胸径0.60m，冠幅15.0m×15.0m。生长旺盛，管护单位：四河乡新淮村三组。

泗洪县青阳镇县政府广场

树龄300年，树高15.0m，胸径0.70m，冠幅18.0m×18.0m。生长旺盛，管护单位：县政府。

泗洪县青阳镇淮北中学

树龄350年，树高15.0m，胸径0.65m，冠幅8.0m×8.0m。生长旺盛，管护单位：淮北中学。

泗洪县青阳镇淮北中学

树龄250年，树高13.5m，胸径0.67m，冠幅7.0m×7.0m。生长旺盛，管护单位：淮北中学。

泗洪县双沟镇双沟酒厂

树龄130年，树高14.0m，胸径0.60m，冠幅8.0m×8.0m。生长旺盛，管护单位：双沟酒厂。

泗洪县双沟镇双沟酒厂

树龄132年，树高15.0m，胸径0.70m，冠幅8.0m×8.0m。生长旺盛，管护单位：双沟酒厂。

注：后续资源。

(1)泗洪县重岗乡果园场

树龄60年，树高18.0m，胸径0.80m，冠幅9.0m×9.0m。生长旺盛，管护单位：重岗乡果园场。

(2)泗洪县青阳镇淮北中学

树龄60年，树高12.0m，胸径0.25m，冠幅6.0m×6.0m。生长旺盛，管护单位：淮北中学。

(3)泗洪县青阳镇泗洪中学

树龄68年，树高9.0m，胸径0.28m，冠幅7.0m×7.0m。生长旺盛，管护单位：泗洪中学。

图9-2-90 泗阳县李口镇芦塘村7组

山东省 银杏古树资源

一　古树生境及地理气候指标

胶东丘陵地区和沭东丘陵地区主要为棕壤，pH中性至微酸性，下层酸于表面。表层有机质2%以上。鲁中南山地丘陵主要为褐土，pH中性至微碱性。鲁西北平原地区主要为潮土，pH一般7.2～8.5，有机质含量少，但氮磷钾含量相对丰富。山东丘陵地区周围的盆地及平原地区主要为砂姜黑土，pH值为6.0～8.2。黄河沿岸地区的土壤类型主要是碱化、盐化潮土，呈弱碱性。山东省的森林植被主要有针叶林和阔叶林。针叶林主要有赤松林、油松林、黑松林、华山松林、侧柏林和日本落叶松林等。阔叶落叶林主要有麻栎林、栓皮栎林、槲栎林、刺槐林和杨柳林。灌木常见的有荆条、酸枣、胡枝子属、悬钩子、木兰属等。

山东省主要银杏分布区地理气候指标如表9-5所示。

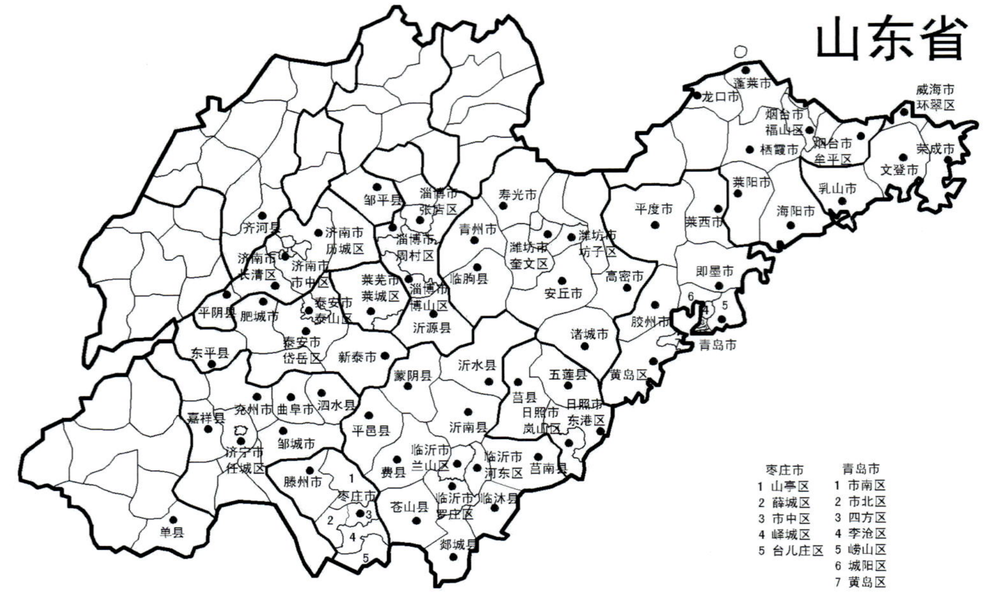

图9-5　山东省银杏古树分布图

表9-5　山东省主要银杏分布区地理气候指标

县（市、区）	经度	纬度	年均温（℃）	年降水量（mm）	无霜期（天）	年均日照时数（小时）	1月均温（℃）	绝对最低温度（℃）	≥10℃积温
济南长清区	116°11′～117°44′	36°01′～37°32′	13.8	623.1	215	2624		-19.1	4564
青岛崂山区	120°24′～120°42′	36°05′～36°19′	12.1	627.8		2503			3971
沂源县	117°54′～118°31′	35°55′～36°23′	11.9	720.8	189	2660	-3.7	-20.0	4550
枣庄市中区	117°27′～117°45′	34°46′～34°57′	13.9	860.0		2400	-1.0		4595
海阳市	120°50′～121°29′	36°16′～37°10′	12.0	694.5	197	2704			
高密市	119°26′～120°00′	36°08′～36°41′	12.7	619.6	226	2452		-24.5	
曲阜市	116°59′	35°35′	13.6	666.3	199	2433		-18.1	
泰安泰山区	117°03′～117°13′	36°05′～36°20′	13.2	803.7	187	2655	-2.7		
荣成市	122°08′～122°42′	36°45′～37°27′	12.0	800.0	214	2600			3805
五莲县	119°12′	35°45′	12.6	767.1		2449			
莱芜莱城区	117°39′	36°12′	12.0	760.9	204				
临沂兰山区	118°20′	35°04′	13.3	880.0	202	2357	-0.8	-16.5	
郯城县	118°05′～118° 31′	34°22′～34°56′	13.2	835.5	212	2354	-1.1	-23.4	4290

二　古树分布及株数

山东省共计138个县（市、区），75个县（市、区）有古银杏，占54.35%；288个乡（镇）有古银杏（图9-5）。山东省共计报道古银杏22030株，实测及统计共计6316株，其中654株具明确的地点或生长指标（表9-6）。

山东省为齐鲁之邦，孔孟之乡，历史上就有重农桑、善果林、好园艺的优良传统。泰山古树名木群中、曲阜古树名木群中以及沂蒙古树名木群中，银杏均居显要地位。但大多为零星分布，且多在黄河以南的寺庙、村庄及历史文化胜地。根据调查结果显示山东省除东营、聊城两市外，其他地市均有不同数量的银杏古树分布。黄河以北只德州市齐河县赵庄镇有1株银杏古树。滨州市仅邹平县有1株，菏泽市仅单县有2株。古树资源集中分布在郯城县、临沂兰山区葛家平庄及海阳市。山东省境内的银杏古树名木从东到西、从南到北逐渐减少以京杭大运河以东黄河以南居多。从垂直分布上看90%以上的银杏古树名木分布在海拔500m以下，最高海拔是扇子崖天尊殿附近718m。

郯城银杏栽培历史悠久，据清朝乾隆二十八年编纂的《郯城县志》记载，历史上即作为主要栽植树种之一。郯城银杏古树遍及全县17个乡镇，集中分布在沿沂河的新村、港上、重坊、胜利、马头等乡镇，占全县银杏古树的90%以上。其他各乡镇多零星分布于村落、寺庙旁。集中分布在新村乡、重坊镇和港上镇，新村乡万亩古银杏园最为著名，据报道有古银杏树13230株，沿沂河形成了3.0km长的银杏绿色长廊。港上镇王桥村古银杏群现有3500株，多为分层嫁接的雄树，树木高大挺直；重坊镇有银杏古树5300株，多为实生雌树。2011年最新调查，港上镇银杏古树总计1420株，其中王桥1032株、付桥20株、刘桥3株、姜庄265株、后埝40株、郎里西19株、郎里中3株、珩头东7株、珩头西18株、港上五村13株。重坊镇古银杏1302株，其中刘马107株、龙华176株、倪村1株、曹庄3株、铺里447株、东高庄116株、东庄114株、高集40株、管后31株、后高47株、宋元47株、王场7株、西高63株、杨庄寺3株、重坊二26株、前高1株、朱处口73株。新村乡共有古银杏1456株，多为以

表9-6　山东省银杏古树分布地点及株数汇总

区（市）	县（市、区）	乡（镇）
济南市（18株）	长清区（11株）	五峰山镇、万德镇
	历城区（5株）	港沟镇、唐王镇、仲宫镇
	市中区（1株）	兴隆办事处
	平阴县（1株）	洪范池镇
青岛市（140株）	崂山区（59株）	北宅街道办事处、沙子口镇、王哥庄街道办事处、大麦岛社区
	李沧区（3株）	浮山路街道办事处、九水路街道办事处
	城阳区（4株）	上马街道办事处、夏庄镇
	市南区（4株）	
	市北区（5株）	
	黄岛区（28株）	长江路街道、青岛经济开发区、滨海办事处、王台镇、宝山镇、泊里镇、灵山卫镇、大场镇、大村镇、张家楼镇、黄山经济区、琅琊镇、六旺镇、张家楼镇、六汪镇、海青镇
	平度市（14株）	云山镇、明村镇、同和街道、麻兰镇、祝沟镇、大泽山镇、张戈庄镇、城关街道
	胶州市（6株）	杜村镇、里岔镇、胶东镇
	即墨市（13株）	龙泉镇、鳌山卫镇、刘家庄镇、丰城镇、乳山寨乡、金口镇、移风店镇、南泉镇
	莱西市（4株）	南岚镇、夏各庄镇、水集镇
淄博市（27株）	沂源县（17株）	燕崖乡、东旦镇、南麻镇、鲁村镇、中庄镇、石桥镇、西里镇
	博山区（8株）	王龙乡、域城镇、夏家庄镇、白塔镇、池上镇、南博山镇
	张店区（1株）	
	周村区（1株）	南郊镇
枣庄市（44株）	峄城区（6株）	古邵镇、峨山镇、底阁镇、榴园镇
	台儿庄区（5株）	涧头集镇、泥沟镇、张山子镇
	市中区（12株）	税郭镇、西三庄乡、齐村镇、孟庄镇、光明路街道、永安乡
	山亭区（7株）	水泉乡、店子镇、枭城乡、北庄镇
	薛城区（5株）	周营镇
	滕州市（9株）	羊庄镇、鲍沟镇、柴胡店镇、滨湖镇

（续）

区（市）	县（市、区）	乡（镇）
烟台市（325株）	海阳市（300株）	发城镇、小纪镇、朱吴镇、郭城镇、方圆街道、留格庄镇、凤城街道、盘石店镇、经济开发区
	福山区（5株）	福新街道、门楼镇、张格庄镇
	牟平区（10株）	王格庄镇
	栖霞市（4株）	桃村镇、观里镇
	莱阳市（1株）	万地镇
	龙口市（3株）	下丁家镇
	蓬莱市（2株）	潮水镇
潍坊市（51株）	奎文区（1株）	北苑街办事处
	坊子区（3株）	
	安丘市（8株）	柘山镇、石埠子镇、赵戈镇、大盛镇、官公镇
	临朐县（6株）	九山镇、五井镇、杨善镇、石家河乡
	诸城市（10株）	林家村镇、皇华镇、马庄镇、昌城镇、相州镇、百尺河镇
	青州市（7株）	五里镇、王府办事处、益都镇
	高密市（15株）	柏城镇、密水街办事处、夏庄镇、柴沟镇、井沟镇
	寿光市（1株）	孙家集街道
济宁市（16株）	曲阜市（5株）	
	泗水县（3株）	泗张镇、泉林镇
	嘉祥县（1株）	金屯镇
	任城区（2株）	长沟镇
	兖州市（1株）	漕河镇
	邹城市（4株）	钢山街道办事处
泰安市（45株）	新泰市（11株）	果都镇、龙廷镇、青云办事处、石莱镇、汶南镇、羊流镇、城关镇
	泰山区（23株）	
	岱岳区（7株）	范镇、峋峪镇、良庄镇
	肥城市（3株）	石横镇、王瓜店镇
	东平县（1株）	梯门镇
威海市（60株）	环翠区（11株）	桥头镇、温泉镇、张村镇、竹岛街道办事处、田村镇
	乳山市（18株）	新村乡、夏村镇、大孤山镇、徐家镇、冯家镇、下初镇、乳山寨镇、崖子镇
	荣成市（23株）	崖西镇、桥头镇、宁津街道、人和镇、荫子镇、夏庄镇
	文登市（8株）	大水泊镇、张家产镇、泽头镇、天福街道、宋村镇、界石镇、侯家镇
日照市（63株）	莒县（14株）	浮来山镇、夏庄镇、东莞镇、綦山镇、招贤镇、洛河镇、龙山镇、浮来镇、中楼镇
	五莲县（21株）	高泽镇、户部乡、汪湖镇、街头镇、叩官镇、潮河镇、松柏乡、街头镇、于里镇、许孟镇、中至镇
	东港区（20株）	西湖镇、日照街道、巨峰镇、后村镇、南湖镇、奎山街道、陈疃镇、黄墩镇、涛雒镇、三庄镇、河山镇
	岚山区（8株）	虎山镇、黄墩镇、后村镇、虎山乡
滨州市（1株）	邹平县（1株）	西董镇

（续）

区（市）	县（市、区）	乡（镇）
德州市（1株）	齐河县（1株）	赵官镇
临沂市（5520株）	兰山区（400株）	兰山街道、白沙埠镇、南坊街道、半程镇、义堂镇、张王庄社区、金雀山街道办事处、枣沟头镇
	罗庄区（3株）	册山街道、盛庄街道
	郯城县（5000株）	新村乡、港二镇、庙山镇、郯城镇、胜利镇、泉源乡、黄山镇、重坊镇、马头镇
	苍山县（15株）	卞庄镇、二庙乡、尚岩镇、神山镇、下村乡、新兴镇、庄坞镇、兰陵镇、大仲村镇
	蒙阴县（7株）	岱崮镇、坦埠镇、联城镇、蒙阴街道、野店镇、桃墟镇
	沂水县（55株）	龙家圈乡、黄山铺镇、高桥镇、许家湖镇、杨庄镇、圈里乡、院东头乡、王庄乡、姚店子镇、泉庄乡、沙沟镇、朱戈乡
	费县（10株）	薛庄镇、费城镇、朱田镇、新庄镇、刘庄镇、岩坡乡
	平邑县（5株）	岐山镇、天宝山镇、仲村镇、地方乡、保太镇
	沂南县（18株）	双堠镇、界湖镇、孙祖镇、青驼镇、砖埠镇、杨家坡镇、湖头镇、铜井镇、大庄镇
	临沭县（1株）	
	莒南县（6株）	岭泉镇、十字路镇、涝坡镇、道口镇
菏泽市（2株）	单县（2株）	高老家乡
莱芜市（3株）	莱城区（3株）	大王庄镇、寨里镇、高庄街道办事处
总计：有古银杏15个区（市），73个县（市、区），288个乡（镇），共计6316株。		

结果为主的嫁接树。其中黄村62株、炉上村4株、卢庄15株、埝东河底大园213株、新一村563株、新二村89株、新三村26株、新埠村共38株、王滩头村2株、东滩头村1株、王庄2株、乡政府院内2株、银杏村260株、于村140株、赵林村23株、颜庙16株。

海阳市内20处乡镇均有银杏树散生，全市有银杏古树300余株，主要分布在朱吴镇后庄村，小纪镇箬帚夼、前沙和西野口村，盘石店镇大庄村，泉水乡余格庄等村。市内小纪镇、朱吴镇成为银杏生产示范基地，全市已发展到5000余亩。

临沂市兰山区兰山街道葛家王平庄生生园内丛生银杏古树共385棵，占地12hm^2，是目前全国最大的"复干银杏群落。"据考证，明崇祯年间（1628～1644）葛姓人由山西迁来此地定居，因靠近蒋家王平庄，所以命名为"葛家王平庄"。临沂城西祊河一带的村落多有种植银杏树的习俗，面积大而密集。葛家王平庄的这片银杏林栽植于清康熙年间，距今已有300年光阴。

山东省古老叶籽银杏共有8株，其中1株在济南市历城区港沟镇火路村淌豆寺，5株在沂源县，2株在肥城市牛山资圣院。济南市树龄100年以上银杏古树有30多株。主要分布在南部长清区的灵岩寺、五峰山、万德镇，历城区港沟镇、唐王镇和市中区等。其中以灵岩寺株数为最，多达10株。青岛市有古银杏140株，其中崂山区59株，黄岛区古银杏28株。它们分布在宝山镇13株，灵山卫8株，黄山经济区3株（沙沟西村同生2株），隐珠5株，泊里3株，横河3株，六汪2株，张家楼2株，柏山3株，铁山1株，胶南镇2株，海青8株，大场5株，王台1株、市美2株，大村7株，寨里3株，琅琊3株，塔山3株，大珠山2株。泰山及周边地区有银杏古树31株：灵岩寺10株，计6雌5雄；普照寺5株；佛爷寺4株；岱庙3株；斗母宫2株；灵应宫2株，其他如扇子崖、三阳观、王母池、老君堂、遥参亭等处各1株。有雌树16株，雄树15株。按海拔高度，自岱庙的150m处，上升至扇子崖天尊殿附近的718m。沂水县100年以上的古树55株。现存古树中有1000年以上的7株，古银杏树主要分布在圈里、院东头、泉庄、新民、崔家峪、于沟、许家湖、高桥、王家庄子、朱戈、泮池等12个乡镇和国营沂河、汞丹山林场。分布最集中的古银杏树在沂河林场圣水坊、上岩寺分场，共有14株。二处分场其栽培方式都是一株雄树居中，母树分布四周，成群星拱月之状，据考证，其栽培方式是不多见的。分布最多的乡镇是圈里，共有7株。沂水县银杏多是零星单株分布，栽植地点大都在寺庙原址。日照银杏100年以上的古银杏78株，其中雌树62株，雄树16株。东港区的黄墩、西湖、后村和岚山办事处的虎山等乡镇，共有百年以上300年以下的36株，300年以上千年以下的5株，千年以上的3株。沭河西岸共有银杏树230株，其中百年以上的23株；千年以上的5株，均系雌株。五莲山区共有银杏树180株，其中百年生以上的19株；500～600年的4株。

三 古树生物学

1. 性别

在已知性别的501株古银杏中，古银杏雌株401株，占80.04%；雄株100株，占19.96%（图9-6）。

2. 树高

树高最高单株为45.0m，位于济南市历城区仲宫镇张庄乡北道沟村普门寺；最矮单株为7.0m，有3株，位于济宁市任城区长沟镇白果树村1株，位于乳山市乳山寨镇赤家口村1株，位于荣成市宁津街道洼里村1株；树高<10m的银杏为12株，占1.93%，10～20m的为328株，占52.65%；20～30m的为258株，占41.41%；30～40m的为20株，占3.21%；40～50m的为5株，占0.80%。树高前十位单株是：济南市历城区仲宫镇张庄乡北道沟村普门寺（45.0m）、沂南县孙祖镇皇上寺（孟良崮林场内）（43.0m）、青岛市李沧区九水路街道办戴家社区戴家村戴家北山玄阳观（竹子庵）（40.0m）、临沂市兰山区枣沟头镇东南河村姜太公祠（40.0m）、郯城县新村乡官竹寺a（40.0m）、济南市历城区仲宫镇张庄乡北道沟村普门寺（38.0m）、济南市长清区万德镇坡里村龙居寺遗址（36.0m）、乳山市新村乡红石崖观珠寺遗址（36.0m）、泰安市泰山区泰山佛爷寺0019号（大雄宝殿前东）

(35.0m)、泰安市泰山区泰山佛爷寺0020号(寺南山沟北侧)(34.7m)。

3. 树龄

树龄最大单株为3300年，位于莒县浮来山镇浮来山定林寺内；最小单株为19年，位于滕州市南部；年龄<100年的为4株，占0.65%；100～300年的为150株，占24.35%；300～500年的为77株，占12.50%；500～1000年的为249株，占40.42%；1000～2000年的为120株，占19.48%；2000～3000年的为15株，占2.44%；3000～4000年的为1株，占0.16%。树龄前十位单株是：莒县浮来山镇浮来山定林寺内(3300年)、枣庄市台儿庄区张山子镇张塘村西北角(2589年)、济南市长清区五峰山镇五峰山洞真观(2500年)、安丘市石埠子镇城顶山公冶长书院左(2500年)、安丘市石埠子镇城顶山公冶长书院右(2500年)、泗水县泗张镇安山寺林场安山寺(2500年)、肥城市石横镇大寺村正觉寺(2500年)、苍山县尚岩镇安庄村文峰山下庙遗址东(2500年)、沂源县东里镇唐山寺进门西侧院内(属于亳山林场唐山林区)(2000年)、淄博市博山区白塔镇东万山五经堂(2000年)。

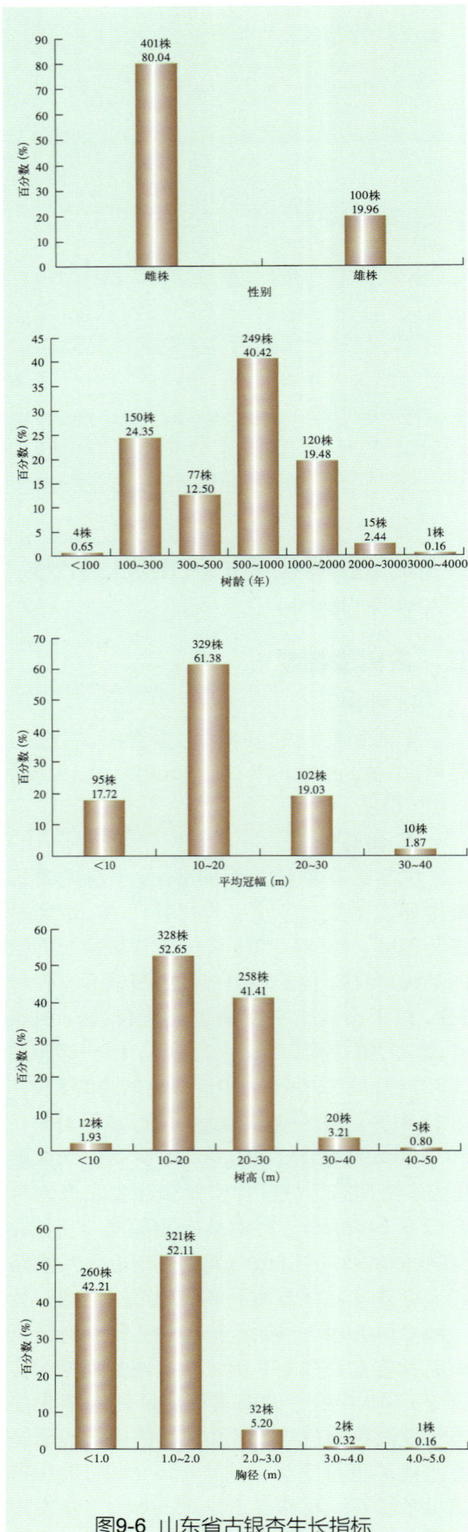

图9-6 山东省古银杏生长指标

4. 胸径

山东省已知胸径的银杏古树共计618株(其中包括基径1.0～2.0m、2.0～3.0m各1株)。胸径最大单株为4.17m，位于莒县浮来山镇浮来山定林寺内；最小单株为0.20m，位于郯城县重坊镇党委院内；胸径<1.0m的为260株，占42.21%；1.0～2.0m的为321株，占52.11%；2.0～3.0m的为32株，占5.20%；3.0～4.0m的为2株，占0.32%；4.0～5.0m的为1株，占0.16%。胸径前十位的单株是：莒县浮来山镇浮来山定林寺内(4.17m)、临沂市兰山区白沙埠镇诸葛城村鸿福寺遗址(3.21m)、滕州市滨湖镇郁郎村(该树已经死亡)(3.00m)、新泰市石莱镇白马寺(2.93m)、诸城市皇华镇(原郝戈庄镇)寿塔村寿塔寺(2.73m)、郯城县新村乡官竹寺a(2.60m)、枣庄市台儿庄区张山子镇张塘村西北角(2.55m)、泗水县泗张镇安山寺林场安山寺(2.52m)、泰安市泰山区泰山佛爷寺0019号(大雄宝殿前东)(2.42m)、沂源县鲁村镇安平村栖真观(2.39m)。

5. 冠幅

冠幅最大单株为40.0m×34.0m，平均冠幅为37.0m，位于沂水县圈里乡北峪村；最小单株为2.5m×3.3m，平均冠幅为2.9m，位于郯城县重坊镇党委院内。冠幅前十位的单株是：沂水县圈里乡北峪村(40.0m×34.0m)、日照市东港区西湖镇大花崖村(37.5m×35.5m)、栖霞市桃村镇荆子埠村(34.0m×35.0m)、莒县浮来山镇浮来山定林寺后院(32.0m×33.0m)、新泰市石莱镇白马寺(26.0m×37.0m)、乳山市大孤山镇万户村(31.0m×32.0m)、荣成市崖西镇朱埠村圣水观风景区(上)(32.0m×31.0m)、荣成市宁津街道鞠家村(32.0m×29.5m)、莒县浮来山镇浮来山定林寺内(33.0m×27.5m)、荣成市崖西镇山河吕家村村委(31.0m×29.0m)。

6. 特异种质

垂乳银杏22株；复干银杏45株；雌雄同株8株，垂枝银杏，双色明银杏，双胞胎银杏，老和尚头银杏，抱头银杏，猴子眼银杏，锥子把，高升果等。

四 古树综合描述

济南市长清区五峰山镇五峰山洞真观(图9-3-1)

雌雄同株，树龄2500年，树高33.2m，胸径2.03m。冠幅19.0m×21.0m，枝下高3.0m。生长旺盛，树冠塔形，庞大，遮阴面积达半亩多，树形优美。主干挺直、粗壮，有分枝8个，成层分布，最底层分枝较粗壮。基部有萌蘖100余株，与母干的距离为0～1.2m。该树枝叶正常，结果量大，年产银杏500kg。位于五峰山洞真观内。标志牌记载：该树雌雄同株，又称“银杏王”。

济南市长清区灵岩寺白果村(图9-3-2)

雌株，树龄500年，树高13.5m，胸径1.10m。冠幅11.3m×12.4m，枝下高2.8m。整体生长较好，主干生长较好，上部有伤皮。有4个较大分枝，枝叶繁茂，但受人为修剪因素影响。有萌蘖，离母干最远距离0.9m。结果量一般。N=36° 21′ 37.2″，E=116° 58′ 40.3″，H=270m。

济南市长清区灵岩寺甘露泉(图9-3-3)

雌株，树龄500年，树高15.5m，胸径1.17m。冠幅13.6m×22.5m，枝下高2.2m。整体生长状况一般，主干倾斜，下部有伤皮，有4个较大分枝，枝叶生长一般。有萌蘖，离母干最远0.47m。结果较多。N=36° 21′ 53.3″，E=116° 58′ 51.3″，H=390m。

济南市长清区灵岩寺大雄宝殿前东一(图9-3-4)

雄株，树龄500年，树高19.6m，胸径1.02m。冠幅16.5m×17.6m，枝下高2.7m。整体生长旺盛，枝叶繁茂，北侧有较粗裸根，主干上部劈裂，基部伤皮并附有萌蘖，萌蘖离主干最远距离1.0m，主干有3个较大分枝。N=36° 21′ 45.3″，E=116° 58′ 42.1″，H=327m。

济南市长清区灵岩寺大雄宝殿前东二(图9-3-5)

雄株，树龄500年，树高25.0m，胸径1.01m。冠幅11.9m×16.7m，枝下高4.0m。由于生长空间较小，整体生长较弱，主干有伤皮且较严重，上部劈裂，有3个较大分枝，长势一般。无复干，有萌蘖，最远萌蘖距母干0.5m。N=36° 21′ 45.1″，E=116° 58′ 42.0″，H=324m。

济南市长清区灵岩寺大雄宝殿前东三(图9-3-5)

雌株，树龄500年，树高10.5m，胸径1.16m。冠幅13.7m×18.2m，枝下高4.5m。整体生长较旺盛，主干有伤皮现象，主干上部

图9-3-1 济南市长清区五峰山镇五峰山洞真观

图9-3-3 济南市长清区灵岩寺甘露泉

图9-3-2 济南市长清区灵岩寺白果村

图9-3-4 济南市长清区灵岩寺大雄宝殿前东一

图9-3-5 济南市长清区灵岩寺大雄宝殿
（注：1.左到右：东三、东二、东一；2.东三；3、4.东二）

干枯，无头。分枝较多，分枝生长旺盛。有3个复干，复干最粗0.48m，复干离母干最远0.39m，最近的贴靠母干。有萌蘖，离母干最远1.1m。结果量大，主要集中于树冠西部及北部。N=36° 21′ 45.2″，E=116° 58′ 41.7″，H=323m。

济南市长清区灵岩寺辟支佛塔东北（图9-3-6）

雌株，树龄500年，树高12.0m，胸径1.02m，冠幅11.1m×13.2m，枝下高4.1m。整体生长较弱，母干已干枯，仅复干生长，枝叶较少。5个复干，其中最粗0.45m，离母干最远0.6m，最近0.3m。有萌蘖，离母干最远距离1.3m。结果较多。编号：K0728。N=36° 21′ 49.0″，E=116° 58′ 41.3″，H=313m。

济南市长清区灵岩寺大殿东路西（图9-3-7）

雌株，树龄400年，树高18.0m，胸径0.64m，冠幅15.2m×14.8m，枝下高2.8m。整体生长旺盛，偏冠，主干挺直，分枝较多，但无大分枝，枝叶繁茂。有萌蘖，离母干最远距离0.25m。结果较少。N=36° 21′ 45.0″，E=116° 58′ 44.5″，H=308m。

济南市长清区灵岩寺大殿东路东（图9-3-7）

雌株，树龄400年，树高16.0m，胸径0.75m，冠幅13.7m×14.6m，枝下高2.0m。整体生长旺盛，主干倾斜，分枝较多，枝叶浓绿繁茂。有1个复干，胸径0.21m，距离母干0.47m。有萌蘖，最远距离0.2m。结果较少。N=36° 21′ 45.1″，E=116° 58′ 44.4″，H=310m。

济南市长清区灵岩寺十里松南农田内（图9-3-8）

雌株，树龄500年，树高27.0m，胸径1.66m，冠幅17.1m×21.2m，枝下高1.8m，灵岩寺周围最大一株。整体生长状况较好，树干上有巨大树洞，主干树皮裂痕大，有4个较大分枝，分枝枝叶繁茂，东南部一个大分枝遭破坏。有萌蘖，离母干最远距离0.57m。结果较多。N=36° 21′ 42.3″，E=116° 58′ 37.2″，H=299m。

济南市长清区万德镇坡里村龙居寺遗址（图9-3-9）

雌株，树龄700年，树高36.0m，胸径1.46m，冠幅20.0m×19.0m。该树位于龙居寺遗址的正前方。树体高大，5大主枝，结果较大，稀疏。侧根露出地表10cm，并向北和西北延伸出5m长，西侧生有一复干，高6m，直径0.55m，基部有大量萌蘖，高度0.5～2.0m

图9-3-6 济南市长清区灵岩寺辟支佛塔东北

图9-3-7 济南市长清区灵岩寺大殿东
（注：1.路东；2.左：路东、右：路西）

图9-3-8 济南市长清区灵岩寺十里松南农田内

图9-3-9 济南市长清区万德镇坡里村龙居寺遗址

不等，N=36° 16.423′，E=116° 56.308′，H=195m。在该树的正西10m处有一株胸径0.6m的楸树。

济南市历城区港沟镇火路村淌豆寺（图9-3-10）

叶籽银杏，济南市第一大银杏。雌株，树龄1000年，树高20.0m，胸径1.60m，冠幅20.0m×24.0m，枝下高3.0m。生长旺盛，树冠卵圆形，较庞大。主干挺直、粗壮，2.0m处比底部粗壮，树体上有瘤状凸起。有4个主枝，均从主干3.0m处生出，较粗壮。该树枝叶正常，结果量一般。此树位于淌豆寺遗址，是济南市第一大银杏。树干凹凸不平，复干主干合生，该树为“叶籽银杏”。

塘豆寺原称淌豆寺。寺中原清代碑文载：有“因号龙泉寺，又谓李唐时屯兵于此，饷粮不给。忽于石隙间豆涌如泉，后人绝称其事”的传说。清乾隆《历城县志•卷十八》和道光《济南府志•卷六》有载：传说因感念此处岩洞曾淌豆接济李唐军士粮饷而得名。今泉源在岩壁上，水自岩缝流出，经凿石修建的长方形池，顺山势北流，汇于石坝拦截的蓄水池内。泉旁伴有一株挺拔高大的古银杏树。

济南市历下区唐王镇中心小学（西）（图9-3-11）

同生2株，一雌一雄。雌株，树龄600年，树高15.0m，胸径0.70m，冠幅6.0m×5.0m。基部有1个复干，高4m，粗4cm。生长旺盛。传说这雌雄两株银杏是由龙泉寺里的住持瑢公长老亲手所栽，树冠较窄。

济南市历下区唐王镇中心小学（东）（图9-3-11）

雄株，树龄600年，树高16.0m，胸径0.75m。冠幅6.0m×6.0m。基部有2个复干，高3.0m，粗3.0cm，基部树皮破坏1/3，生长旺盛。树冠较窄。

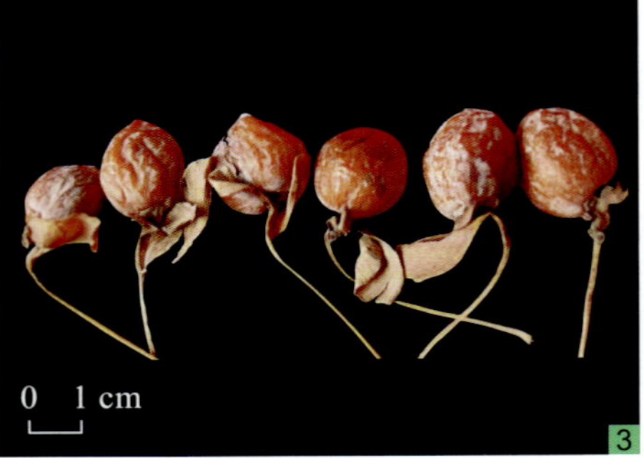

图9-3-10 济南市历城区港沟镇火路村涌豆寺
（注：3.涌豆寺叶籽银杏）

图9-3-11 济南市历下区唐王镇中心小学
（注：1.左雄；右雌；2、3.雄；4.雌）

济南市历城区仲宫镇张庄乡北道沟村普门寺（图9-3-12）

雌株，树龄1000年，树高38.0m，胸径1.21m。冠幅12.0m×13.0m，枝下高2.6m。生长旺盛，树冠塔形，树形优美。主干挺直、粗壮，基部凸起，根盘较大。有分枝6个，在主干上分布均匀。该树枝叶正常，结果量大，位于普门寺遗址。据当地人介绍邻村有一未满月小孩生病，取此树上果实服用，不久后病愈。该树生长在一斜坡上。

济南市历城区仲宫镇张庄乡北道沟村普门寺（图9-3-12）

雄株，树龄1000年，树高45.0m，胸径1.43m。冠幅10.0m×15.0m，枝下高3.0m。生长旺盛，树体高大，树冠形状不规则，东侧树冠略大于西侧。主干挺直、粗壮，有4个分枝，东侧一分枝较粗壮。该树枝叶正常，位于普门寺遗址。周围有一小破房，杂树环绕。

济南市市中区兴隆办事处十六里河鑛（音“矿”）村白云观（图9-3-13）

雌株，树龄1300年，树高24.0m，胸径1.67m，冠幅22.0m×21.0m。树体高大，生有13个大枝，果实大果型，较稀疏，树杈处生有一株构树。N=36°34.528′，E=117°06.282′，H=332m。在西侧生有一复干，高5.0m，直径0.8m，紧贴树干。“刮大风，落白果，落给谁，落给我……”这首流传于济南市市中区十六里河镇鑛村的童谣，源起这棵古老的银杏树。古树枝干粗壮，其树杈的形状如同人手上的五指，树杈之间空隙很大，甚至能放得下一张八仙桌。传闻，夜深人静之时，人们能听到仙人在树上的谈笑声，因此，古树也被当地居民尊称为“神树”。和别的银杏树相比，这棵千年古树结出来的果实个头偏大且圆润，在火上烤熟后吃起来是又脆又香。古树上，还布满了大大小小百余个鸟巢。古老银杏树与道观同龄，枝叶最茂盛时遮阴近三亩。传说“先有南泉子，后有白云观”，在鑛村之南有一处泉水名叫南泉子，白云观就是南泉子之水修建而成。而在建观的同时，植银杏树于院内，因此银杏与道观同龄，其历史可以追溯到隋末唐初，至今已有1300多年的历史。根据白云观碑文相关记载，白云观“始建于隋朝，比全真龙门派丘处机修建的北京白云观还要早600年。”

平阴县洪范池镇于家林

明银杏。树龄600年，树高14.5m，胸径0.72m。冠幅17.3m×14.7m，明朝于阁老建墓时由北京运至。原栽于墓地正中近百株，20世纪六七十年代遭破坏，其中两株已枯死。

图9-3-12 济南市历城区仲宫镇张庄乡北道沟村普门寺
（注：1.雄；2.雌）

图9-3-13 济南市市中区兴隆办事处十六里河鑛（音“矿”）村白云观

图9-3-14 青岛市崂山区崂山风景区太清宫出口西侧（左）、出口东侧（右）

青岛市崂山区崂山风景区太清宫出口东侧（图9-3-14）

宋银杏。同生2株。雄株，树龄1000年，树高18.0m，胸径1.10m，冠幅13.0m×12.0m，枝下高5.6m。生长旺盛，树冠庞大，阔塔形，树形优美。主干挺直、粗壮，有分枝近10个，均从主干5.6m以上发出，均匀分布于主干上，部分分枝顶部枯死。有复干5株，最大复干胸径0.20m，高11.0m，复干与母干距离为0～0.4m。该树枝叶正常，位于太清宫出口处东侧。

相传是宋朝开国皇帝赵匡胤为太清宫道士刘若拙敕建道场、重修太清宫时所植，距今已有1000多年历史。通常情况下，银杏树雌雄配植，而这两株银杏树却都是雄树，据说与道士出家修行、不要妻室的礼制有关。

青岛市崂山区崂山风景区太清宫出口前里侧（图9-3-15）

雄株，树龄1000年，树高20.0m，胸径0.85m，冠幅11.0m×9.0m，枝下高7.0m。生长旺盛，树冠阔塔形，树形优美。主干粗壮，略向北倾斜。有分枝近10个，但均较小，分枝高度较高，生长旺盛，在主干上分布均匀。该树枝叶正常。

青岛市崂山区崂山风景区太清宫出口西侧（图9-3-14）

雌株，树龄1000年，树高21.0m，胸径0.70m，冠幅8.0m×8.0m，枝下高8.0m。生长旺盛，树冠塔形，树形优美。主干挺直、较粗壮，有分枝12个，均匀分布于主干上，分枝高度较高，集中于主干8.0m以上。有复干2株，最大复干胸径0.16m、高10.0m，与母干的距离为0～0.2m。该树枝叶正常，结果量较大。

青岛市崂山区崂山风景区太清宫三官殿与三清殿之间（图9-3-16）

雄株，树龄1000年，树高20.0m，胸径1.00m，冠幅7.0m×8.0m，枝下高4.0m。树势一般，树冠形状不规则，主要分枝顶部干枯。主干挺直、粗壮，有4个分枝，分枝近干枯，集中在母干4.0m以上。有复干1株，高4.8m，胸径0.30m，与母干的距离为0～0.5m；基部有萌蘖150余株，与母干的距离为0～1.0m。该树枝叶正常。

图9-3-15 青岛市崂山区崂山风景区太清宫出口前里侧

图9-3-16 青岛市崂山区崂山风景区太清宫1
（注：1. 三官殿与三清殿之间；2. 三官殿大门外西侧）

图9-3-17 青岛市崂山区崂山风景区太清宫三官殿院内
（注：1. 东侧；2. 西侧、东侧；3. 西侧）

青岛市崂山区崂山风景区太清宫三官殿大门外西侧（图9-3-16）

雄株，树龄1000年，树高17.0m，胸径0.68m，冠幅8.5m×9.0m，枝下高5.0m。生长旺盛，树冠尖塔形，较大，树形优美。主干挺直、粗壮，有2个主要分枝，侧枝10余个，均从主干5.0m处发出。基部有萌蘖6株，与母干的距离为0～0.3m。该树枝叶正常。

青岛市崂山区崂山风景区太清宫三官殿院内东侧（图9-3-17）

雄株，树龄1000年，树高33.0m，胸径1.48m，冠幅15.0m×13.0m，枝下高7.0m。生长旺盛，树冠塔形，较大，树形优美，主要分枝顶部干枯折断。树体基部有瘤状凸起，尤以北侧最为明显。主干粗壮，略向南倾斜，有4个分枝，均分布在主干7.0m以上部位，侧枝10余个，生长旺盛。有1株复干，高8.0m，胸径0.28m，与母干的距离为0.3m。该树枝叶正常。

青岛市崂山区崂山风景区太清宫三官殿院内西侧（图9-3-17）

雄株，树龄1100年，树高30.0m，胸径1.12m，冠幅11.0m×8.0m，枝下高8.0m。生长旺盛，树冠塔形，树形优美，主要分枝顶部干枯折断。主干高大粗壮，向西倾斜40°，延伸到院外，有分枝10个，均匀分布于主干8.0m以上，该树枝叶正常。

青岛市崂山区崂山风景区太清宫三清殿门前（图9-3-18）

雄株，树龄1100年，树高13.0m，胸径0.60m，冠幅6.0m×6.0m，枝下高3.5m。树势一般，树冠较小，形状不规则，部分顶部枝条干枯。主干向南倾斜，在1.3m处有小的瘤状凸起。现存分枝3个，均从主干3.5m处发出，其余分枝被锯掉。基部有萌蘖30株，贴母干生长。该树枝叶正常。

青岛市崂山区崂山风景区太清宫三清殿与三皇殿大路旁（图9-3-18）

雌株，树龄500年，树高16.0m，胸径0.55m，冠幅13.0m×12.0m，枝下高6.8m。生长旺盛，树冠卵圆形，树形优美。主干挺直，在6.8m处有3个分枝，侧枝近10个。有复干8个，分布于母干周围，与母干的距离为0～1.0m，最大复干高15.0m，胸径0.20m；基部有少量萌蘖。复干与母干树冠交织在一起，形成庞大树冠，甚是壮观。该树枝叶正常，结果量大。

青岛市崂山区崂山风景区太清宫三清殿与三皇殿之间（图9-3-18）

雄株，树龄1000年，树高13.0m，胸径1.02m，冠幅10.0m×9.0m，枝下高5.5m。生长旺盛，树冠卵圆形，较大，树形优美。主干挺直、粗壮，有主要分枝3个，均从主干5.5m处发出，较粗壮。有复干10余株，与母干距离为0～0.6m，其中较大的3株，最大复干高11.0m，胸径0.21m。有萌蘖20株，与母干的距离为0～0.5m。该树枝叶正常，结果量一般。

青岛市崂山区崂山风景区太清宫院墙外左（图9-3-18）

雄株，树龄1000年，树高15.0m，胸径

图9-3-18 青岛市崂山区崂山风景区太清宫
（注：1. 太清宫院墙外左、右；2. 三清殿与三皇殿大路旁；3. 三清殿与三皇殿之间；4. 三清殿门前）

图9-3-19 青岛市崂山区崂山风景区太清宫三皇殿门前

0.85m，冠幅10.0m×8.0m，枝下高4.0m。生长旺盛，树冠卵圆形，较庞大，树形优美。主干挺直、较粗壮，有3个分枝，从主干4.0m处发出，长势一般。有复干4株，与母干的距离为0～1.0m，最大复干高8.5m，胸径0.18m。基部有萌蘖30余株，与母干的距离为0～0.8m。枝叶正常，东侧5.0m处伴生有一株雄株。

青岛市崂山区崂山风景区太清宫院墙外右（图9-3-18）

雄株，树龄1000年，树高16.0m，胸径1.05m，冠幅11.0m×9.0m，枝下高4.2m。生长旺盛，树冠卵圆形，较庞大，树形优美。主干挺直、较粗壮，有6个分枝，从主干4.2m处发出，长势一般。有复干5株，与母干的距离为0～1.0m，最大复干高7.0m，胸径0.14m。基部有萌蘖60余株，与母干的距离为0～0.8m。枝叶正常，西侧5.0m处伴生有一株雄株。

青岛市崂山区崂山风景区太清宫三皇殿门前（图9-3-19）

雄株，树龄1000年，树高22.0m，胸径0.80m，冠幅10.0m×13.0m，枝下高5.6m。生长旺盛，树冠塔形，较大，横跨院内外，树形优美。主干粗壮，略向西倾斜，分枝高度较高，在5.6m处有3个主要分枝，侧枝10余个，生长旺盛，在主干上分布均匀。有复干1株，高5.8m，胸径0.05m，与母干的距离为0～0.1m。该树枝叶正常。

青岛市崂山区崂山风景区太清宫三官殿大门外院子里左一（图9-3-20）

树龄800年，树高13.0m，胸径0.68m，冠幅10.0m×8.0m，枝下高1.6m。树势一般，树冠形状不规则。主干通直，在1.6m处有分枝断裂后形成树洞。有5个分枝，其中2个分枝较粗壮。有复干5个，与母干距离为0～0.3m，最大复干胸径0.10m，高5.0m；有萌蘖近10株，与母干的距离为0～0.4m。

青岛市崂山区崂山风景区太清宫三官殿大门外院子里左二（图9-3-20）

树龄800年，树高12.0m，胸径0.70m，冠幅8.0m×7.0m，枝下高2.8m。树势衰弱，树冠塔形。主干通直，有3个主要分枝，顶部均有枯枝现象。有复干20株，与母干距离为0～0.5m，最大复干高6.0m，胸径0.16m；萌蘖近10株，与母干距离为0～0.5m。

青岛市崂山区崂山风景区太清宫三官殿大门外院子里左三（图9-3-20）

树龄800年，树高16.0m，胸径0.65m，冠幅9.0m×10.0m，枝下高5.5m。树势一般，树冠纺锤形，树形优美。主干通直，有5个分枝，均较小，有部分枯梢。有6个复干，与母干的距离为0～0.6m，最大复干高10.0m，胸径0.20m；有萌蘖10余株，与母干距离为0～0.7m。

青岛市崂山区崂山风景区太清宫三官殿大门外院子里右

树龄800年，树高14.0m，胸径0.88m，冠幅8.0m×9.0m，枝下高4.0m。树势一般，树冠塔形，偏冠。主干通直、粗壮，有4个分枝，其中1分枝向外延伸达6.0m。有复干8株，与母干的距离为0～0.7m，最大复干高9.0m，胸径0.19m；有萌蘖近100株，与母干距离为0～0.8m。

青岛市崂山区崂山风景区太清宫三官殿大门前（图9-3-21）

雄株，树龄500年，树高14.0m，胸径0.75m，冠幅9.0m×10.0m，枝下高6.0m。生长旺盛，树冠近圆形。主干通直，有12个分枝均集中在主干6.0m以上，其中1分枝向外延伸达6.0m。有萌蘖5株，与母干距离为0～0.1m。基部有少部分根系裸露。

青岛市崂山区崂山风景区上清宫门口（图9-3-22）

宋银杏。雄株，树龄1050年，树高26.0m，胸径1.50m，冠幅27.0m×24.0m，枝下高4.0m。生长旺盛，树冠较大，阔塔形，树形优美。主干挺直、粗壮，有4个分枝，较粗壮，均从主干4.0m处生出，生长旺盛。树体基部周围有复干50余株，与母干的距离为0～1.0m，最大复干胸径0.42m，高16.0m；有萌蘖20株，分布于母干周围，与母干的距离为0～1.0m。该树枝叶正常，位于上清宫门口，此一级保护的银杏的长势在整个崂山风景区内属最好的一株，是崂山上清宫初建时（公元960年）由道士刘若拙亲手栽植的。

上清宫创建于宋初，原是宋太祖赵匡胤为华盖真人刘若拙建的道场，至宋末已废圮。清宫初建成时，创建者刘若拙在山门内外共植银杏树4株以为纪念。其后一株死于元代，一株1987年被一外地游客在树洞内点火焚烧而死。如今山门内外各存一株。

图9-3-20 青岛市崂山区崂山风景区太清宫三官殿大门外院子里
（注：1. 左一；2. 左二；3. 左三；4. 左一、左二、左三）

图9-3-21 青岛市崂山区崂山风景区太清宫三官殿大门前

图9-3-22 青岛市崂山区崂山风景区上清宫门口

青岛市崂山区崂山风景区上清宫院内右侧（图9-3-23）

雌株，树龄1050年，树高22.0m，胸径1.10m，冠幅11.0m×14.0m，该树母干已死亡，仅剩部分残桩，周围萌生12株复干，最大复干胸径0.3m，高12.0m，树龄100年左右，复干与原母干的距离为0～1.3m，有萌蘖近10株，与母干的距离为0～0.8m。复干和萌蘖生长均较旺盛，枝叶正常，未见结果。

青岛市崂山区崂山风景区上清宫院内左侧（图9-3-23）

“凤凰涅槃”。雌株，树龄1050年，树高21.0m，胸径1.22m，冠幅10.0m×16.7m，枝下高2.3m。树势一般，树冠形状不规则，主干大部分主枝干枯。主干粗壮，略向南倾斜，树皮脱落，纹理古拙遒劲如老柏，主干中空腐朽又如老槐。分枝基本枯断，仅存一较小侧枝。有复干5株，最大复干高15.0m，胸径0.30m，复干与母干的距离为0～1.0m，其中一复干从中空的母干中钻出，蔚为奇观，颇具“凤凰涅槃”的意味。该树枝叶正常，结果量一般。

青岛市崂山区崂山风景区白云洞（北）（图9-3-24）

雄株，树龄1000年，树高12.0m，胸径0.86m，冠幅15.0m×7.0m，枝下高3.6m。生长旺盛，树冠形状不规则。主干挺直、粗壮，有4个主枝，其中一主枝较粗壮。有复干2株，最大复干基径0.08m，高3.0m，复干与母干的距离为0～0.3m。该树编号：01694，位于白云洞前。N=36° 13′ 07.0″，E=120° 39′ 52.0″，H=78m。

青岛市崂山区崂山风景区白云洞（南）（图9-3-25）

雄株，树龄1000年，树高21.8.m，胸径1.34m，冠幅18.0m×11.0m，枝下高2.5m。生长较旺盛，树冠形状不规则。主干挺直、粗壮，有瘤状凸起。有6个主枝，生长均较旺盛。有复干5个，与母干的距离为0～0.3m，最大复干胸径0.15m，高2.0m。该树位于白云洞前。N=36° 13′ 07.0″，E=120° 39′ 52.0″，H=78m。

青岛市崂山区崂山风景区明霞洞a（图9-3-26）

雌株，树龄800年，树高18.0m，胸径1.10m，冠幅18.0m×14.0m，枝下高3.8m。生长旺盛，树冠阔塔形，树冠庞大，树形优美。主干挺直、粗壮，有5个分枝，其中3个分枝较粗壮。结果量一般，位于明霞洞院内。

图9-3-23 青岛市崂山区崂山风景区上清宫院内（左、右）

青岛市崂山区崂山风景区明霞洞b（图9-3-26）

雄株，树龄800年，树高21.0m，胸径1.25m，冠幅10.0m×11.0m，枝下高4.2m。生长旺盛，树冠阔塔形，树形优美。主干挺直、粗壮，有10余个分枝，均较小，均匀分布于主干上，生长旺盛。有3个复干，复干与母干的距离为0～0.5m，最大复干高11.0m，胸径0.45m；另一复干倾斜45°。该树枝叶正常，位于明霞洞门前，乱石丛中，周围伴生有竹子、枫杨等树种。同生3株，濒危，传说是当年修道人所植。

青岛市崂山区北宅街道办事处大崂村（图9-3-27）

雌株，树龄900年，树高27.0m，胸径1.25m，冠幅18.8m×17.5m，枝下高1.7m。生长旺盛，树冠阔塔形，庞大优美。主干挺直、粗壮，有5个主要分枝，分枝集中分布在5.0m以上，主干1.0m处有分枝被锯掉，其余分枝生长旺盛。基部有萌蘖50余株，与母干的距离为0～0.6m。此树位于居民院内。N=36°14′31.0″，E=120°33′26.0″，H=83m。

青岛市崂山区北宅街道办事处大崂观

树龄500年，树高22.0m，胸径1.19m。生长旺盛。相传为丘处机手植银杏树。大崂观又名真武庙，初建于元代约1314～1320年间。相传，大崂观为聚仙宫建于大崂的脚庙，聚仙宫属于道教全真龙门派的道场。据相关资料介绍，之所以建造脚庙，因为庙宇多数都建于高山之中，而脚庙则多建于山下，他的用途，是道士用来暂时歇脚的地方，也就是说，大崂观实际上是聚仙宫的一个附属庙。崂观在明代万历年间，重修的时候，曾有正殿三间，供奉着真武帝，因此，这里曾经被称为“真武庙”。据传说，庙宇的山墙上，曾经画有“八大将军”的神像。

图9-3-24 青岛市崂山区崂山风景区白云洞（北）

青岛市崂山区崂山华楼宫

雌株，树龄700年，树高25.0m，胸径1.40m，冠幅22.0m×22.0m。该树旺盛，偏冠，有4个主枝，均较粗壮。华楼宫初建于元代泰定二年（1325），是道士刘志坚所创建，明、清、民国间均重修过。

青岛市崂山区崂山华楼宫

雌株，树龄700年，树高20.0m，胸径0.85m，冠幅12.0m×13.0m。主干有直径20cm的瘤状凸起，有复干1株。

青岛市崂山区崂山华楼宫

雌株，树龄700年，树高21.0m，胸径1.15m，冠幅9.0m×12.0m，生长旺盛。

青岛市崂山区沙子口镇石湾村大士寺（北株）（图9-3-28）

雌株，树龄800年，树高12.0m，胸径0.97m，冠幅9.0m×10.0m，枝下高1.7m。生长旺盛，树冠庞大，形状不规则。主干挺直、粗壮，有3个主枝，均较粗壮，侧枝近10个。分枝处有主枝折断，用水泥修复。有复干一株，基径0.05m，高3.0m。该树位于大士寺门口。N=36° 06′ 49.0″，E=120° 30′ 19.0″，H=164m。树的侧枝下生长着一具大型的乳凸状赘瘤（垂乳），直挺挺地向地面垂直生长。这具赘瘤直径约25cm，长约45cm。崂山内千八百年的古银杏树不少，可真正生长树瘤的极少，而像大士寺银杏树上如此大的树瘤则更是罕见。大士寺又名大石寺、大士庵、石湾庙、石院庙，位于崂山区沙子口镇石湾村西山。创建于明代。该寺有大殿3间，内祀观音，又有庙田60亩。系石佛寺(潮海院)之脚庙(即下院)。据史料记载，石佛寺建于南北朝时期，而大士寺则建于明代正德至嘉靖年间。当时有正殿二间，东、西两厢房，20世纪六七十年代被拆除，只剩庙前2株直径1.0m多的大银杏树。

青岛市崂山区沙子口镇石湾村大士寺（南株）（图9-3-28）

雄株，树龄800年，树高27.0m，胸径1.12m，冠幅18.2m×14.2m，枝下高2.0m。生长旺盛，树冠阔塔形，庞大。主干挺直、粗壮，有6个主枝，侧枝10余个，部分侧枝折断，断口已用水泥封堵。有复干7株，与母干的距离为0～0.3m，最大复干基径0.15m，高4.0m。萌蘖20株，贴母干生长。N=36° 06′ 49.0″，E=120° 30′ 19.0″，H=164m。

青岛市崂山区沙子口镇沙子口海庙

3株。海庙亦称沧海观，坐落在沙子口街道姜哥庄村东的海边上，始建于明朝崇祯七年，至今已有300余年历史，每年逢正月十三日是庙会。当年渔民们建海庙时，在开工挖地基时，天上飞来一对鸽子，这对鸽子在渔民的头顶上盘旋，一边“咕咕”叫着，一边向银杏树旁边的一个石崮上飞去。这样三番五次，引起了渔民们的猜疑：莫非这对鸽子是信使？大伙儿察看了一下，觉得把庙建在鸽子停留的银杏树旁边的石崮处也不错，于是众人便来到海边重新造基。渔民给庙起名“沧海观”。

青岛市崂山区沙子口镇栲栳岛村东石佛寺

4株。石佛寺又名潮海院、石佛庵、白佛寺，位于崂山区沙子口镇栲栳岛村东。相传该寺创建于南北朝初期(又有资料记为唐代或宋代修建)。明万历年间曾重修。该寺曾为崂山三大古老寺院之一，早年间规模宏伟，内祀如来。1939年时，房屋尚好，住持为海静和尚，有僧20人。至1959年时该寺仍有僧4人。20世纪六七十年代，该寺神像、供器、经卷、文物、庙碑等全被捣毁焚烧，房屋被拆除。现今其遗址仍存4株数人方可合抱的银杏树。

青岛市崂山区王哥庄镇庙石村东凝真观（图9-3-29）

2株。树高25.5m，胸径1.02m，树龄800年，冠幅20.2m×18.2m。有复干2个，最大复干高15.5m，胸径0.52m，基部有萌蘖100余个。树干整体向一侧偏斜，倾角15°。凝真观又名迎真观、迎真宫，位于崂山区王哥庄镇庙石村东，创建于元代元统年间(1333～1335)。该宫于明代弘治二年重修，清代康熙初年道士刘信常又重修，更名为凝真观，中祀真武。1950年该观曾为小学使用。20世纪六七十年代，观内之神像、文物、庙碑全部被捣毁焚烧，1983年该观拆除。

青岛市崂山区崂山北九水景区蔚竹观（庵）（东株）（图9-3-30）

雌株，树龄800年，树高14.0m，胸径1.15m，冠幅12.0m×13.0m，枝下高5.0m。生长旺盛，树冠卵圆形，树形优美。主干挺直、粗壮，有分枝近20个，均集中分布在主干5.0m以上。N=36° 12′ 31.0″，E=120° 36′ 47.0″，H=541m。蔚竹观位于崂山北九水北面的山坳里，原称蔚竹庵，早已废圮，近几年得以修复。

青岛市崂山区崂山北九水景区蔚竹观（庵）（西株）

雌株，树龄400年，树高25.5m，胸径1.04m。

青岛市崂山区崂山明道观门前

树龄1000年，树高20.0m，胸径1.02m，同生3株。明道观地处海拔700m的高山上，在崂山现有的宫、观、庙、庵中属地势最高的一座道观，尽管地势较高，但周围群峰环抱，形成了一个极为幽静的小环境。整个道观原来

图9-3-25 青岛市崂山区崂山风景区白云洞（南）

图9-3-26 青岛市崂山区崂山风景区明霞洞
（注：1. a；2. b）

图9-3-27 青岛市崂山区北宅街道办事处大崂村

图9-3-28 青岛市崂山区沙子口镇石湾村大士寺
（注：1、2. 南株；3、4. 北株）

是一个方形院落，东西30m，南北25m，正殿3间，左配殿6间，右配殿3间；东西厢房各4间，现在部分已坍塌，东面3间仅剩框架，西面3间仅存房基。院内北侧还有一张石桌，是古时遗留下来的。观院外面有3株银杏树，树高都在20m以上，最高的近30m，胸径都有1m左右，树龄都超过1000年。据专家分析，这些古树大约植于唐代后期，推算起来，与孙昙奉旨来崂山采药炼丹有关。至于是不是孙昙亲手栽植，有待进一步考证。它始建于清康熙五十三年（1714），是一座道教观院。

青岛市崂山区崂山棋盘石景区华严寺（东株）（图9-3-31）

雌株，树龄360年，树高12.0m，胸径0.82m，冠幅11.0m×14.0m，枝下高4.5m。生长旺盛，树冠阔塔形。主干挺直、粗壮，有4个主枝，分枝高度较高，其中西南侧一主枝向外延伸10.0m。有复干一株，高10.0m，胸径0.42m，枝下高4.3m，冠幅7.0m×10.0m，与母干的距离为0.2m。该树位于华严寺门口东侧。树下碑文记载：塔院始建于清康熙年间，院内3座塔，中间高塔为华严寺，首任方丈慈沾大和尚的藏骨处，左右两座石塔分别为善观、善和住持的圆寂塔，塔院以西为塔林，现存历代住持的石塔10余座，大同塔遗址一处。N=36° 12′ 24.0″，E=120° 40′ 31.0″，H=111m。

青岛市崂山区崂山棋盘石景区华严寺（西株）（图9-3-31）

雄株，树龄380年，树高11.0m，胸径0.78m，冠幅8.0m×13.0m，枝下高4.5m。生长旺盛，树冠倒漏斗形，树形优美。主干挺直、粗壮，有3个主枝，侧枝近10个。有复干3株，最大复干高9.5m，胸径0.41m，枝下高3.4m，冠幅6.0m×7.0m，与母干的距离为0.2m。有萌蘖10余株，与母干的距离为0～0.5m。N=36° 12′ 24.0″，E=120° 40′ 31.0″，H=111m。

青岛市崂山区崂山林场温室南

树龄500年，同生2株。

图9-3-29 青岛市崂山区王哥庄镇庙石村东凝真观

0～0.3m，最大复干高8.0m，直径0.34m。其中一复干贴母干生长。有萌蘖3株，与母干的距离为0～0.5m。该树生长在树林中，生长环境一般。N=36° 07′ 55.0″，E=120° 41′ 03.0″，H=541m。同生2株。

图9-3-30 青岛市崂山区崂山北九水景区蔚竹观（庵）（东株）

图9-3-31 青岛市崂山区崂山棋盘石景区华严寺（西株：左）、（东株：右）

青岛市崂山区崂山林区办公室院内

树龄200年。

青岛市城阳区上马街道办葛家屯（图9-3-32）

雄株，树龄400年，树高9.0m，胸径0.69m，冠幅9.5m×8.0m，枝下高3.0m。生长旺盛，树冠纺锤形，树形优美。主干略向南倾斜，有7个分枝。有复干一株，基径0.08m，贴母干生长。该树位于居民院内。N=36° 16′ 37.0″，E=120° 12′ 19.0″，H=3m。

青岛市崂山区崂山张坡钓鱼台北100m（图9-3-33）

雌株，树龄500年，树高14.0m，胸径0.82m，冠幅13.0m×12.0m，枝下高7.0m。生长旺盛，树冠阔塔形。主干挺直、粗壮，有8个分枝，分枝高度较高。基部有直径15.0cm的瘤状凸起。有复干3株，与母干的距离为0～0.3m，最大复干高8.0m，直径0.34m。其中一复干贴母干生长。有萌蘖3株，与母干的距离为0～0.5m。该树生长在树林中，生长环境一般。N=36° 07′ 55.0″，E=120° 41′ 03.0″，H=541m。同生2株。

青岛市崂山区崂山张坡钓鱼台北100m

树龄150年。

青岛市崂山区崂山垭口入口(狮子岩附近)（东株）（图9-3-34）

雄株，树龄500年，树高10.0m，胸径0.82m，冠幅12.0m×11.0m，枝下高4.0m。生长较旺盛，树冠纺锤形，树形优美。主干挺直、粗壮，有10个分枝，均较小，在主干上分布均匀。有复干一株，胸径0.16m，高4.2m，已干枯，与母干的距离为0.2m。该树生长于路中间，环境条件较差。N=36° 08′ 36.0″，E=120° 40′ 41.0″，H=108m。

青岛市崂山区崂山垭口入口(狮子岩附近)（西株）（图9-3-34）

雄株，树龄500年，树高8.5m，胸径0.40m，冠幅5.5m×5.0m，枝下高2.7m。生长旺盛，树冠长椭圆形。主干挺直、纤细，6个分枝，均较小。周围因施工使该树生长条件较差。N=36° 08′ 36.0″，E=120° 40′ 41.0″，H=108m。

青岛市崂山区大麦岛社区大麦岛社会福利院（荒草庵）（图9-3-35）

明银杏，夫妻树。雌株，树龄500年，树高13.0m，胸径1.00m，冠幅7.0m×6.0m，荒草庵建于明嘉靖年间（1522），位于浮山南麓康有为墓东侧，庵内两大一小三株银杏树，东侧两株大树枝叶交通，是青岛地区雌雄并植的夫妻树中长势最为茂盛者，西侧10.0m处一株较小，当是夫妻树分蘖的后代。雌雄二树中雌株更为高大粗壮，旺年尤能结果250～300kg，迄今不衰。

青岛市崂山区大麦岛社区大麦岛社会福利院（荒草庵）（图9-3-35）

明银杏。夫妻树，雄株，树龄500年，树高11.0m，胸径0.55m，冠幅5.0m×6.0m，与雌株相距3.0m。

青岛市李沧区浮山路街道办事处东李村（北株）（图9-3-36）

雌株，树龄1000年，树高8.0m，胸径1.00m，冠幅15.0m×13.0m，枝下高1.8m。树势衰弱，树冠塔形。主干挺直、粗壮，树皮脱落严重，仅存5个主枝，其中仅有2个存活，其余干枯，基本无侧枝。有复干6株，与母干的距离为0～0.6m，生长旺盛，最大复干高8.0m，胸径0.25m。位于路旁，生长条件一般。N=36° 09′ 34.0″，E=120° 25′ 57.0″，H=34m。

图9-3-32 青岛市城阳区上马街道办葛家屯

图9-3-33 青岛市崂山区崂山张坡钓鱼台北100m

图9-3-34 青岛市崂山区崂山垭口入口（狮子岩附近）
（注：1、4. 东；2、3. 西）

青岛市李沧区浮山路街道办事处东李村（南株）（图9-3-36）

雌株，树龄1000年，树高10.0m，胸径1.01m，冠幅11.0m×12.0m，枝下高4.4m。生长旺盛，树冠长椭圆形。主干挺直、粗壮，1.0m以下树皮脱落严重。有4个分枝，均较粗壮。有复干1株，高2.5m，基径0.05m，与母干的距离为0.1m。该树生长于路边，与上一株相距3.0m，生长条件一般。N=36° 09′ 34.0″，E=120° 25′ 57.0″，H=34m。

青岛市李沧区九水路街道办戴家社区戴家村戴家北山玄阳观（竹子庵）（图9-3-37）

崂山附近最高银杏树。雌株，树龄1600年，树高40.0m，胸径1.75m，冠幅30.0m×20.0m，枝下高4.0m。生长旺盛，树冠阔塔形，庞大。主干粗壮，略倾斜，有3个主枝，均较粗壮，侧枝20余个，在主干上分布均匀。玄阳观，俗称“竹子庵”，位于李沧区戴家北山，始建确切年代尚待考证，清乾隆重修。竹子庵属道教清静派，建筑分东殿和西殿，依山而建，气势非凡。东殿为正殿，面阔三间，背倚峭壁，南临深壑，殿内供奉碧霞元君塑像。两侧建有东西配房，为道人居住之所。在正殿西侧有一高台地，两殿相距约30.0m。西殿面阔也是三间，建筑年代略晚于东殿，内供观音菩萨。道观西侧有五级石塔。20世纪六七十年代，道观及石塔均被毁。竹子庵西1000m处，有三清洞，洞内供奉三清神，洞外建有三清宫，清末归竹子庵道人管理。

竹子庵遗存多处摩崖石刻和石碑，主要有“金丹早成”、“紫竹林”、“重师旋风”、“道义千古”、“灵隐玄阳”等。竹子庵周围翠竹茂密，山林奇秀。该树丰年每年可结白果250kg。N=36° 12′ 24.0″，E=120° 28′ 26.0″，H=229m。

青岛市城阳区夏庄镇源头村法海寺门口（图9-3-38）

雄株，树龄1600年，树高28.0m，胸径1.20m，冠幅9.0m×9.5m，枝下高5.5m。生长旺盛，树冠卵圆形，略向北倾斜，树形优美。主干粗壮，树皮粗糙，有6个分枝，5.5m处分枝较小，8.0m处4个分枝较大，生长旺盛。该树枝叶正常、不结果，位于法海寺门口，同生3株。据《重修法海寺碑》记载，法海寺相传建于北魏时期，此树是市区最古老的名树，该寺庙是该市最古老的佛教寺庙之一。

青岛市城阳区夏庄镇源头村法海寺a（图9-3-39）

雄株，树龄1600年，树高27.0m，胸径1.33m，冠幅17.0m×15.0m，枝下高4.0m。生长

图9-3-35 青岛市崂山区大麦岛社区大麦岛社会福利院（荒草庵）

图9-3-37 青岛市李沧区九水路街道办戴家社区戴家村戴家北山玄阳观（竹子庵）

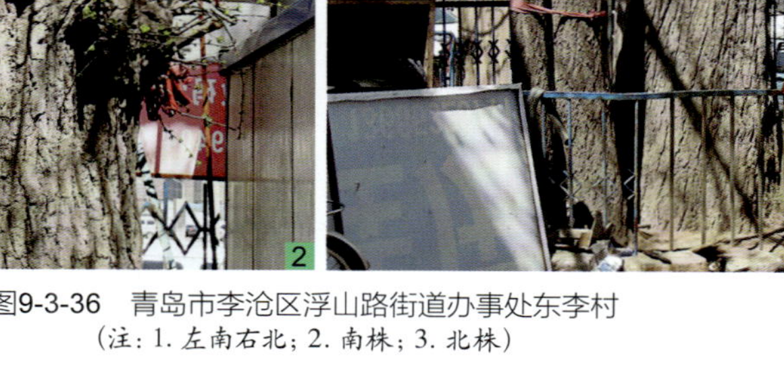

图9-3-36 青岛市李沧区浮山路街道办事处东李村
（注：1. 左南右北；2. 南株；3. 北株）

图9-3-38 青岛市城阳区夏庄镇源头村法海寺门口

旺盛，树冠卵圆形，树冠较大，西侧略大于东侧。主干挺直、粗壮，有分枝5个，较粗壮，均从主干4.0m处发出，在主干上分布均匀，其中一主枝顶部折断。该树枝叶正常，结果量大，位于法海寺院内东侧。

青岛市城阳区夏庄镇源头村法海寺b（图9-3-39）

雌株，树龄1600年，树高22.0m，胸径0.60m，冠幅7.0m×4.0m，枝下高4.0m。树势衰弱，树冠形状不规则，大部分侧枝枯死折断。主干挺直，有3个分枝，其中一分枝较大，其余两个较小，生长一般。基部有萌蘖8株，均贴母干生长。该树枝叶正常，未见结果，位于法海寺院内西侧。

青岛市青岛市市南区太平路19号天后宫院

明银杏，此处有2株。雌株，树龄530年，树高15.0m，胸径0.96m。冠幅22.3m×21.5m，有4大主枝。先有天后宫，后有青岛市。青岛天后宫，始建于明成化三年（1467），距今已有500多年的历史，是青岛市区现存最古老的明清砖木结构建筑群，省级重点文物保护单位。此树是建天后宫时所植。20世纪初，德国侵占青岛后，想拆除天后宫建教堂，掀起了青岛百年历史上最广泛、规模最大的一次反抗帝国主义殖民文化的斗争高潮。德国当局迫于压力，不得不放弃拆除天后宫的计划。天后宫内这两棵银杏树见证了这段光辉的历史。

青岛市市南区太平路19号天后宫院

明银杏，雌株，树龄530年，树高13.0m，胸径0.60m，，明代成化三年(1467)建天后宫时所植。

青岛市市南区浮山所南阁庙

树龄500年，树高18.0m，胸径0.97m。为最早来到青岛定居的外乡人共同设定的多姓民间家庙——南阁庙建成时所栽植。

青岛市市北区错埠岭村东南于姑庵

树龄600年，树高25.0m。此处有2株，系明朝初期重新修建庙宇时所栽植。

青岛市市北区海云街1号海云庵

明银杏。雌株，树龄500年，树高20.0m，胸径1.25m，冠幅10.0m×9.0m。青岛海云庵始建于明代，又名大土庵，历经后多次修缮，民族传统殿宇建筑，系道教庙宇，院内银杏树植于明代。

青岛市市北区重庆南路小村庄565号

清银杏。树龄300年，树高13.8m，清康熙初年栽植。

图9-3-39 青岛市城阳区夏庄镇源头村法海寺
（注：1.左a右b；2. 右a左b；3、4. a）

图9-3-40 青岛市黄岛区青岛经济开发区峨眉山路1388号千禧银杏苑

青岛市市北区重庆南路小村庄565号

清银杏。树龄300年，树高11.7m，清康熙初年栽植。

青岛市黄岛区青岛经济开发区峨眉山路1388号千禧银杏苑左株（图9-3-40）

树龄660年，树高17.0m，胸径1.15m，冠幅12.0m×14.0m，枝下高3.8m。生长旺盛，树冠阔塔形，顶部略平。主干粗壮，略向西倾斜。有7个分枝，在主干上分布均匀，西南侧一分枝向外延伸达8.0m。该树枝叶正常，编号：03003。

青岛市黄岛区青岛经济开发区峨眉山路1388号千禧银杏苑右株（图9-3-40）

树龄660年，树高18.0m，胸径1.25m，冠幅11.0m×13.0m，枝下高3.3m。生长旺盛，树冠庞大，近圆形，树形优美。主干通直、粗壮，有8个分枝，在主干上均匀分布，南侧一分枝向外延伸达9.0m。枝叶正常，与上一株相距15.0m。

青岛市黄岛区长江路街道周家夼社区（图9-3-41）

树龄716年，树高21.0m，胸径1.52m，冠

图9-3-41 青岛市黄岛区长江路街道周家夼社区

图9-3-42 平度市同和街道西丰台堡村（上）；张戈庄镇后沙戈庄村西北角古庙前（下）

幅13.0m×22.0m，枝下高2.8m。生长旺盛，树体高大，树冠倒塔形，遮阴面积半亩有余。主干粗壮，表皮粗糙，凹凸不平，西侧距地面1.5m处有一直径0.45m的瘤状凸起；南侧部分树皮受损、脱落。主干在分枝处略粗，在2.8m处分作3个主枝，东侧主枝被锯掉，其余两枝分别向南、向北延伸。南侧主枝在3.6m处南侧有一侧枝被锯掉，在3.5m处分出一枝，但该侧枝被锯掉一半，在8.0m处又分作2枝，分别向正上和斜上方伸展达10.0m；北侧主枝在4.2m处分作2个侧枝，都向北延伸，最远达12.0m，甚是壮观。该树枝叶正常，有围栏保护，编号为：03001。

平度市云山镇辛庄村

雌株，树龄500年，树高21.0m，胸径1.80m。冠幅19.0m×17.0m，有两条大枝，一枝伸向东北，一枝伸向西南，两枝都有3cm粗，上面长满枝条，树主干不是很高。

平度市明村镇台南村

树龄400年，树高12.0m，胸径0.95m。冠幅9.0m×6.0m，生长旺盛，偏冠，有3个主枝。

平度市同和街道西丰台堡村（图9-3-42）

树龄500年，树高17.0m，胸径1.10m。冠幅14.0m×12.0m，生长旺盛，有3个大的分枝。

平度市同和街道西丰台堡村（图9-3-42）

树龄500年，树高16.0m，胸径0.90m。冠幅10.0m×10.0m，生长旺盛。

平度市麻兰镇东洼子村（图9-3-43）

树龄200年，树高20.0m，胸径0.75m。冠幅6.0m×6.5m，生长旺盛，分枝高度较高，枝下高11.0m，主枝顶端折断。

图9-3-43 平度市城关街道红旗路91号博物馆院内（左）；麻兰镇东洼子村（右）

平度市麻兰镇东洼子村

树龄200年，树高16.0m，胸径0.81m。冠幅10.0m×9.0m，生长旺盛，树冠塔形，枝下高3.0m。

平度市祝沟镇大王头村

树龄500年，树高16.0m，胸径1.05m。冠幅8.0m×7.0m，生长旺盛，树冠卵形。

平度市祝沟镇北大流河村

树龄600年，树高14.0m，胸径1.20m。冠幅6.0m×7.0m，生长旺盛，主干树皮脱落严重。

平度市大泽山镇大泽山下寺（智藏寺）

树龄100年，胸径0.54m，后下寺院中又植2株，今已合抱。

平度市云山镇辛庄

雌株，树龄500年，树高21.3m，胸径1.80m。

平度市张戈庄镇后沙戈庄村西北角古庙前（图9-3-42）

雌株，树龄500年，树高18.7m，胸径1.05m。冠幅11.0m×8.0m，枝下高3.8m。古树编号：030。

平度市城关街道红旗路91号博物馆院内（图9-3-43）

东汉银杏，雌株，树龄1800年，树高21.0m，胸径1.50m，冠幅10.0m×12.0m。种植于东汉年间，是青岛市树龄最长的银杏古树。生长旺盛，树冠倒塔形，树冠庞大、优美。主干挺直、粗壮，有分枝8个，均分布在4.0～5.5m范围内，呈发散状，生长旺盛。该树枝叶正常，未见结果。

胶州市杜村镇寺前村宝塔寺（图9-3-44）

独木成林，八子绕母。雌株，树龄1100年，树高25.0m，胸径1.56m。冠幅24.5m×23.5m，枝下高3.5m。生长旺盛，树冠塔形，东侧树冠大于西侧，树形优美。主干挺直、粗壮，在3.5m处分为两个主枝，分枝生长旺盛。有较粗大复干9个，贴母干生长，最大复干胸径1.45m，高15.0m，最小的胸径0.45m；周围丛生4cm左右萌蘖33株，与母干的距离为0～0.8m。现该树位于镇敬老院内，枝叶正常，结果量较小。编号：08004，N=36° 10′ 44.9″，E=119° 52′ 51，H=64m。

胶州西南15km，杜村镇寺前村和寺后村之间有一棵千年“八子绕母”银杏古树，这里就是胶州千年名寺——杜村宝塔寺遗址所在。杜村宝塔寺始建于1500多年前佛教盛行的南北朝时期，原建于明山岭上，唐初（620）迁至今银杏树处。进行过多次重修，有文字记载的仅为3次，均在清代。第一次是在康熙十一年（1672）重修，第二次是在雍正三年（1725）有重修，最后一次是在乾隆十二年（1747）重修。1947年被当时的胶县革救会会长刘炳文和墨河区革救会会长徐建良等人拆毁。天王殿东屋山旁是钟楼，四面开窗，高约4～5m，里面挂着两三吨重的铁制大钟。钟楼的东边就是那棵“八子绕母”银杏树。母树苍老遒劲，由根部而生的8株子体环绕而列，子体主枝与母体主干成90°，四下平伸，构成曲柳迎风摇曳之姿。母体、子体同根而生，枝结连理，各具风景又成为一体，状如栩栩如生的母子嬉戏同乐图，俗称“八子绕母”、“八子围母”。这棵千年银杏树已经“子孙满堂”，形成“独木成林”的奇异景观。

图9-3-44　胶州市杜村镇寺前村宝塔寺

胶州市里岔镇南楼村

雌株，树龄500年，树高24.0m，胸径1.06m。冠幅15.2m×12.5m，同生2株，两树相距1.72m。

胶州市胶东镇大店村小学原太平寺遗址（东）（图9-3-45）

隋唐银杏，同生2株。雌株，树龄1300年，树高18.6m，胸径1.59m，冠幅27.0m×23.6m，枝下高2.5m。树势一般，偏冠，东侧树冠远大于西侧。主干挺直、粗壮，基部、树身及分枝处长满瘤状凸起，凸起上密布萌蘖，多达2000株，甚是壮观。树身不平滑，因凸起而形成一条条纵沟。此树因生长萌蘖，胸径以上略粗于胸径处。基部萌蘖遭破坏，树皮裸露，光滑。有垂乳10余个，其中较明显的垂乳有8个，最大垂乳基径6cm，长13cm。树前有一石碑写道：我姜氏于明朝天顺年间徙居来此，迄今500余载。当时即有太平寺一庙，这两棵银杏树于太平寺建寺时所栽，距今已经1300余年。两树内株距1.72m。据史料记载：太平寺建于隋唐时期，庙内除有神像外，还有两树一花，颇有名气，被时人称为“三奇”，千年银杏树为三奇之首。可惜庙现已废，“三奇”中古松、牡丹枯死，仅剩银杏“一奇”。两株银杏树桠间各寄生一树，东株生槐西株生桑，直径分别为15cm和10cm。2株树的主干低矮、从基部向上逐渐增粗，类似广口玻璃杯，主干凹凸不平，好似几株树干拧在一起。妙趣横生，视为奇观。20世纪40年代庙宇被拆，银杏树因管理不善，日趋枯衰；50年代庙址改建学校，银杏树得到村政府和师生们的爱护，始而枯木逢春，枝繁叶茂。N=36° 23′ 29.0″，E=120° 06′ 34.0″，H=31m。

胶州市胶东镇大店村小学原太平寺遗址（西）（图9-3-46）

雌株，树龄1300年，树高17.7m，胸径1.69m，冠幅10.0m×17.0m，枝下高2.7m。树势一般，偏冠，西侧树冠远大于东侧。地表根系裸露，向外延伸最远达1.6m。基部西侧树皮脱落严重。主干挺直，胸径以上比胸径处粗壮。主干及分枝长满瘤状凸起，凸起上密布细小萌蘖，多达2000余株。有垂乳4个，最大垂乳基径5cm，长10cm。N=36° 23′ 29.0″，E=120° 06′ 34.0″，H=31m。

黄岛区滨海办事处凤凰村黄檀庙（图9-3-47）

明银杏，“侠士护银杏"。雌株，树龄800年，树高22.0m，胸径1.61m，冠幅21.5m×24.5m。枝下高5.0m。生长旺盛，树冠阔塔形，树形优美。主干挺直、粗壮，有2个大分枝，较粗壮，生长旺盛。有复干一株，位于树体西侧，贴母干生长，高12.0m，胸径0.48m；有萌蘖100余株，位于树体西侧，与母干的距离为0～1.2m。该树位于山沟内，枝叶正常，结果量很少。N=35° 43′ 03.5″，E=119° 59′ 15.9″，H=67m。传说清朝末年，有一强盗看中这棵树，便组织木匠采伐，白天锯，晚上又长好。银杏树不忍其苦，便托梦给凤凰村武艺高强的徐洪。第二天徐洪便把八仙桌摆在树下，对强盗说：“此树不许杀，如果杀此树，请先把我杀”。说完将一棵胸径30cm的刺槐，用扫堂腿扫断，吓得强盗乖乖地领着木匠走了。从此，该树再无人敢砍，一直保存至今。

黄岛区滨海办事处滨海七路（锅炉厂内）（图9-3-48）

雌株，树龄400年，树高25.0m，胸径0.57m，冠幅14.0m×13.0m，枝下高4.0m。生长旺盛，树冠阔塔形，树形优美。主干挺直、粗壮，有2个分枝，分枝高度较高，侧枝10余个。有复干2株，最大复干高6.0m，胸径0.10m，与母干的距离为0.1m。该树位于锅炉厂内，树体上有铁链捆绑，枝叶正常，结果量很小。N=35° 45′ 05.9″，E=119° 58′ 20.9″，H=38m。

黄岛区王台镇石灰窑村

雌株，树龄405年，树高20.1m，胸径1.16m，冠幅8.0m×9.0 m，古树编号：07022。基生复干较多，把主干几乎包围，树冠较窄，生长在民房前面，树干上部有2大主枝顶梢枯死。

黄岛区王台镇石梁杨村（图9-3-49）

雌株，树龄510年，树高20.0m，胸径1.35m，冠幅25.0m×25.0m，枝下高2.5m。生长旺盛，树冠近圆形，顶部较平，树形优美。主干挺直、粗壮，有7个分枝，在主干上分布均匀。基部有萌蘖20余株，与母干的距离为0～0.4m。该树枝叶正常，结果量一般。编号07102，属国家一级古树。

黄岛区宝山镇金岭村

雌株，树龄500年，树高28.0m，胸径1.69m，冠幅20.0m×10.0m。同生2株。

黄岛区宝山镇吕家村（图9-3-50）

雌株，树龄500年，树高22.5m，胸径1.45m，冠幅22.0m×18.0m。

黄岛区泊里镇吕家村

雌株，树龄600年，树高14.0m，胸径1.33m，冠幅15.0m×15.0m。

黄岛区灵山卫镇街道原乡政府院内

雌株，树龄500年，树高22.7m，胸径1.19m，冠幅10.9m×12.9m，同生2株。

黄岛区大场镇井戈庄村

雌株，树龄500年，树高17.0m，胸径1.62m，冠幅19.0m×15.1m。

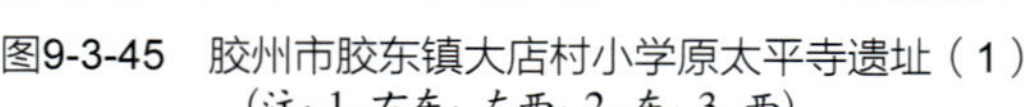

图9-3-45 胶州市胶东镇大店村小学原太平寺遗址（1）
（注：1. 右东；左西；2. 东；3. 西）

图9-3-46 胶州市胶东镇大店村小学原太平寺遗址（2）
（注：1. 西：枝生及干生萌蘖群；2. 东：树干丛生萌蘖；3. 西：枝生垂乳；4. 东：垂乳；箭头示垂乳）

图9-3-47 黄岛区滨海办事处凤凰村黄檀庙

图9-3-48 黄岛区滨海办事处滨海七路（锅炉厂内）

图9-3-49 黄岛区王台镇石梁杨村

黄岛区泊里镇蟠龙村

明银杏。雌株，树龄600年，树高17. 6m，胸径1.05m，冠幅16.7m×15.5m。相传，明洪武二年（1369）王姓叔侄2人，由江苏海州荡芦村三槐堂迁此立村，因此地山岭盘旋曲折，形如蟠龙，又因有庵，故名。该村东边有条小河，长年流水，河西边绿竹茂盛，在竹林西侧，有一棵古银杏，约计有600余年的树龄，至今还枝繁叶茂。

黄岛区大场镇李家小庄村

雌株，树龄500年，树高20.5m，胸径1.41m，冠幅16.9m×16.1m。

黄岛区大村镇双庙村

雌株，树龄600年，树高22.5m，胸径1.33m，冠幅17.7m×12.6m。

黄岛区张家楼镇北寨村小学

雌株，树龄500年，树高18.4m，胸径1.56m，冠幅17.6m×17.4m。

黄岛区黄山经济区沙沟西村（图9-3-50）

雄株，树龄500年，树高23.4m，胸径0.77m，同生2株，原地处东大庙，但不同的是那两棵是雌性，在20世纪70年代初也被“杀”掉了。而西村的这两棵却是雄性，只有茂盛的扇叶却不结果实。

黄岛区黄山经济区沙沟西村（图9-3-50）

雄株，树龄500年，树高20.0m，胸径0.67m。生长旺盛。

黄岛区琅琊镇卧龙村

树龄800年，树高22.6m，胸径0.91m，生长衰弱。

黄岛区琅琊镇刘北庄

树龄500年，树高15.0m，胸径0.99m。

黄岛区六旺镇下庵村滴水庵

雌株，树龄600年，树高29. 0m，胸径1.27m，冠幅23.0m×17.0m，生长衰弱。

黄岛区张家楼镇崔家滩联中

树龄100年，同生2株，生长衰弱。

黄岛区六汪镇圈里小学

树龄300年。

黄岛区海青镇臧家庄

树龄700年。

即墨市龙泉镇后蒲渠店村

雌株，树龄600年，树高12.4m，胸径1.17m，冠幅14.5m×13.5m。濒危，同生2株。

即墨市鳌山卫镇孙家白庙村

雌株，树龄500年，树高21.0m，胸径1.11m，冠幅19.2m×17.2m。

即墨市刘家庄镇刘家庄村

雌株，树龄600年，树高21.5m，胸径1.35m，冠幅18.9m×13.1m。

即墨市丰城镇北芦村西山庙

雌株，树高18.7m，胸径1.05m，冠幅21.0m×15.2m。

图9-3-50 黄岛区宝山镇吕家村（左）；黄山经济区沙沟西村（右）

图9-3-51 沂源县燕崖乡西白峪村

即墨市乳山寨乡到根里

树高21.0m，胸径1.23m。

即墨市乳山寨乡人石村

树高26.0m，胸径1.27m。

即墨市乳山寨乡楼林村

树高21.2m，胸径1.41m。

即墨市金口镇北阡村

树龄300年，同生2株。

即墨市移风店镇后店村

树龄600年，2株。

即墨市南泉镇徐庆屯村

树龄240年，生长衰弱。

莱西市南岚镇埠后村

雌株，树龄600年，树高17.6m，胸径0.91m。

莱西县夏各庄镇夏各庄

树龄140年，同生2株。

莱西市水集镇望家疃村

树龄600年。

沂源县燕崖乡西白峪村（图9-3-51）

叶籽银杏。雌株，树龄800年，树高21.5m，胸径1.64m，冠幅31.0m×28.0m，枝下高2.5m。生长旺盛，树冠阔塔形，树冠庞大，优美，部分分枝顶端有枯梢。主干挺直、粗壮，分枝处有瘤状凸起。有9个分枝，均从主干2.5m生出，呈发散状生长。该树枝叶正常，结果量一般。树干具纵向隆起线，高低不平，生长旺盛。杨氏家族所有。2006年作者发现白峪叶籽银杏嫁接子代结果，共9株。该树大小年明显，1994年曾产种核375kg，翌年则仅产15kg。该树所结银杏种实有3种类型，即正常生长的圆形单核种实、叶部生长的单核种实和正常生长的双核种实。从数量比例上看，以正常生长的单核种实居多，叶部生长的单核种实次之，双核种实居多，叶部生长的单核种实次之，双核种实量少。发育良好的双核种实呈扁圆形，横长明显大于纵长，种实中间具浅纵沟，珠孔处也呈宽浅凹状；2个种核虽联为一体，但均有独立的种胚。发育不良的双核种实则仅有1个种核具胚，另一个种核仅有一宽边。经测定，发育正常的双核种实单粒重平均在13.5g上下，种核平均重2.8g。

沂源县燕崖乡辉村（图9-3-52）

叶籽银杏。雌株，树龄800年，树高18.0m，胸径0.89m，冠幅13.0m×13.0m，枝下高3.6m。生长较旺盛，树冠形状不规则，北侧远大于南侧。主干粗壮，略向北倾斜，南侧2.0m处一分枝被锯掉，锯口以下树皮脱落。有3个分枝，均较粗壮，其中北侧一分枝向北延伸到住户院内。主干已部分腐烂，生长衰弱。个人所有。该树结果量大。编号：淄博市古树名木第G11号。近3年来，全树仅产种核30kg左右。该树所结种实有4种类型，即正常生长的单核种实及正常生长的双核种实。从数量比例上看，以前两种种实居多，叶部生长的单核种实次之，双核种实最少。其中双核种实较上述1株树的双核种实发育好，平均单果重可达18.0g，单核重3.7g。

图9-3-52 沂源县燕崖乡辉村
（注：4.辉村正常果+异常果）

沂源县东里镇唐山寺进门西侧院内（属于毫山林场唐山林区）（图9-3-53）

雌株，沂源第三古村，树龄 2000年，树高22.5m，胸径1.75m，冠幅22.5m×21.2m，枝下高2.0m。生长旺盛，树冠较匀称。主干挺直，有3处主分枝被锯。有复干4株，复干与母干的距离为0～0.4m，最大复干胸径0.52m，高15.0m，基部与母干长在一起，形似慈母携子，故又名“母子银杏树”，是镇山之宝；在西北、西面和南面还各有一株复干，胸径分别为0.13m、0.13m、0.09m。主干周围有诸多较细萌蘖，高度0.5m，与母干的距离为0～0.6m。标志牌上方有2个小垂乳，标志牌记载：银杏为落叶乔木，是一种孑遗植物，和它同门的所有其他植物都已灭绝，是现存种子植物中国最古老的孑遗植物。银杏生长缓慢，寿命极长，从栽种到结果要20多年，40年后才能大量结果，因此又名“公孙树”，有“公种而孙得食”的含义。在春秋时期，莒国与鲁国在两国交界处的闵仲山（今院峪村松山）会盟修好，鲁隐公为纪念“莒鲁会盟”这一重要事件，在此处种植银杏树以示千年修好。N= 36° 00′ 22.9 ″，E= 118° 22 ′ 26.5 ″，H= 22.5m。

图9-3-53 沂源县东里镇唐山寺进门西侧院内（属于毫山林场唐山林区）

沂源县南麻镇付家庄村荆山园艺场（图9-3-54）

雌株，树龄800年，树高22.7m，胸径1.65m，冠幅26.0m×27.0m，枝下高4.0m。生长旺盛，树冠塔形，庞大，树形优美。主干挺直、粗壮，距地面7.0m分枝上生有一株桑树。有7个主枝，在主干上呈层状分布，生长旺盛，其中西侧一主枝格外粗壮，向西延伸达10.0m。该树枝叶正常，结果量一般，位于荆山园艺场内，属国有。

沂源县鲁村镇安平村栖真观（图9-3-55）

“母子银杏”。雌株，沂源第一古树，树龄1400年，树高26.5m，胸径2.39m，冠幅18.0m×23.0m，枝下高4.0m。生长旺盛，树冠塔形，庞大，树形优美，部分分枝顶端有干枯。主干挺直、粗壮，基部至分枝部位以下有大小不等瘤状凸起着生，称“龟瘤”，最大直径0.65m，似乌龟向上攀爬。据观内碑文记载：“大元开国，道教盛行，长春真人之徒栖真大师道安子张志顺建栖真观……。”该铁杏树南北两侧各从基部萌生1株小银杏树，胸径分别为0.30m和0.50m，高5.0m，形似一母携带二子，故名“母子银杏”。此树冠大荫浓，13个主枝，向四处延伸。该树为沂源最大银杏树，此树西侧有2株桧柏，山东罕见，有小垂乳，属国有。此树西侧原有一株雄银杏树，一起并立同生，仿佛一对伉俪，相依为伴，可惜在20世纪60年代末雄树被伐，只剩

图9-3-54 沂源县南麻镇付家庄村荆山园艺场

图9-3-55 沂源县鲁村镇安平村栖真观

“孤儿寡母”。

沂源县中庄镇盖冶小学（图9-3-56）

垂乳银杏。雄株，树龄800年，树高16.0m，胸径1.37m，冠幅16.0m×17.0m，枝下高3.0m。生长旺盛，树冠卵圆形，树形优美。主干挺直、粗壮，北侧树皮脱落，树干光滑，腐烂严重。有分枝10个，均从主干3.0m处生出，呈发散状向外延伸，生长较好。有垂乳6个，均较小，最大垂乳长10cm，基径6cm，着生于主干分枝处。该树叶片二裂，不结果，但有人说该雄株2004年结果，果尖细长，脱落早，值得注意的是定型叶与正常叶不同，全株均为拜拉型，基部具大量萌蘖。2003年采花穗200kg，2006年采150～200kg花穗。遮地面积0.32亩，属国有。

沂源县中庄镇盖冶小学（图9-3-56）

雌株，树龄800年，树高13.0m，胸径1.16m，冠幅16.0m×14.0m，枝下高3.5m。生长旺盛，树冠塔形，树形优美。主干挺直、粗壮，有5个分枝，均从主干3.5m左右处生出，均较细，无粗大挺直主枝。该树枝叶正常，结果量大，位于盖冶小学院内。

沂源县中庄镇中庄村油坊（图9-3-57）

叶籽银杏。雌株，树龄1300年，树高21.5m，胸径1.14m，冠幅16.5m×12.5m，枝下高2.7m。生长旺盛，树冠塔形，庞大，树形优美。主干挺直、粗壮，有5个主枝，均从主干2.7m处生出，分布均匀，侧枝近10个，生长较好。该树部分分枝叶籽银杏的结果率大，总体结果量较大。该树位于村内油坊内，原为一座古庙，属国有。

沂源县中庄镇中庄村河边（图9-3-58）

垂乳银杏、叶籽银杏。雌株，沂源第二古树，树龄1300年，树高15.0m，胸径2.14m，冠幅20.0m×22.0m，枝下高2.0m。生长较旺盛，树冠塔形，较庞大。主干粗壮，略向东倾斜，基部根系露出地面最高达0.2m，向外延伸2.0m，根盘很大，第一层原有分枝均折断或被锯掉，锯口处腐烂较严重，形成空洞。现存4个分枝，均在主干4.0m上，生长较好。有一个较小垂乳。该树枝叶正常，结果量一般，位于中庄村河边，生长在一平台上，周围为杨树。王氏家族所有。

沂源燕崖乡大贤山织女洞林场织女洞无生殿旁（南）（图9-3-59）

叶籽银杏。雌株，树龄800年，树高25.0m，胸径1.02m，冠幅20.5m×16.3m，枝下高3.0m。生长旺盛，树冠塔形，较庞大，树形优美。主干挺直、粗壮，有3个主枝，均从主干3.0m处生出，侧枝10余个。该树为我国发现的第一株叶籽银杏，结果量大。当时，在沂蒙山区沂河源头的沂源县境内，有一棵奇特的古银杏，雌树，能在叶片上开花、结实。此树生长在距县城20km、风景秀丽的织女洞风景区内的古庙中。古庙座落在沂河岸边大贤山下的悬崖之上。悬崖正中有一石洞，取名织女洞，在沂河对岸有一座牛郎庙，形成牛郎织女隔河相望的绚丽景观。据洞边残存的碑文记载，织女洞与牛郎庙，乃北宋元丰四年（1081）所建，明万历十七年（1589）重修。山东沂源织女洞被国务院颁布为：“牛郎织女之乡”。

该树位于坡度10°的大贤山中下部，小地形属坡凹，背风向阳。土壤基岩为紫色页岩，土层厚70cm；小环境中植被繁茂，丛林中有黄栌、榛子等；其间有清泉一处，常年流水不断，属阴凉小气候。每年4月5日开始萌动，4月15日发芽，4月25日叶片充分展开，开花授粉，5月中旬至6月上旬枝条生长进入高峰，6月中旬封顶，当年长枝长度一般在10～40cm，叶丛枝年长量不足0.5m，10月25日叶片变黄开始脱落，11月20日前叶片全部脱落。叶籽银杏短枝顶芽萌发后，生7～11片叶，叶柄间长出花柄。叶柄、花柄呈螺旋式排列。每个混合芽一般有花柄6～8个，正常雌花花柄长5～8cm，球柄长0.3～0.5cm，每个花柄上着生2～4个胚珠。每一花序坐果1～2枚，少量坐果3～4枚。叶籽银杏的短枝上有一部分叶片扭曲、皱折，出现2～4个缺刻，缺刻处生出比叶片厚的圆形凸起，像雌花雏形，呈淡绿色，经授粉后逐渐发育成叶籽果，果柄与叶柄合二为一，或称无果柄。含有雌花的叶片，大多数每叶坐1枚果，少数坐2果，极少数坐4枚果。叶籽果的着生部位遍布全树冠，树冠中部着生较多，上部次之，下部着生较少；叶籽果多着生在主枝的中部、粗侧枝的下部枝条上。着生果实的叶片呈扇形，嫩绿色，光滑无毛，叶宽4～8cm，叶长3～6cm。遇干旱天气，叶籽果首先脱落，表现出较差的抗逆性。正常年份，授粉佳期为3天，果实10月1日自然成熟。果长2～4cm，直径2～4cm。多呈圆形、短圆形，果实顶端较细，果肩较粗。叶籽果成熟前呈浅绿色，果面有白粉，果实成熟时，果皮呈橙黄色，果面密布白粉。果肉含石炭酸，有臭味。种核呈白色，大多数种核2棱，少数为三棱；内种皮浅红褐色；胚乳肉质淡绿色；子叶2枚，少数3枚；多数种子1胚，少数种子2胚，播种后出2株幼苗。据多年观察，叶籽银杏3年出现一次小年，大年时年产白果100kg，小年时年产白果50kg。通过人工授粉，改善了银杏结果大小年的特性，平均可年产白果300kg，1995年产鲜果1500kg。据测定：该树正常果占60%，叶籽果占20%，异形果占20%。正常种实432粒/kg，叶籽种实656粒/kg。叶籽种实状如棉籽，皮薄，胚发育完全，具良好的发芽力，并具遗传性。

沂源燕崖乡大贤山织女洞林场织女洞无生殿旁（北）（图9-3-59）

叶籽银杏。雌株，树龄800年，树高19.7m，胸径0.69m，冠幅10.3m×12.1m，枝下高5.0m。生长旺盛，树冠塔形。主干挺直、较粗壮，有4个主枝，侧枝较多。该树枝叶正常，结果量一般。从2005～2010年没有发现有叶生种子出现。

沂源县石桥镇后大泉村（图9-3-60）

雌株，树龄1000年，树高27.0m，胸径1.42m，冠幅21.0m×23.5m，枝下高2.0m。树冠不规整，生长势良好。主干通直，6个主分枝，1枝被锯。枝下高以下有5个小垂乳，主干10.0m处有4个小垂乳。位于后大全村支部大队附近，生长环境较好，N=36° 5′ 53.0″，E=118° 20′ 47.5″，H=18m。遮地面积0.40亩，旺盛，归属集体所有。

沂源县中庄镇孝村

雌株，树龄700年，树高15.0m，胸径

图9-3-56 沂源县中庄镇盖冶小学
（注：1. 雌；2、3、4. 雄；箭头示垂乳）

图9-3-57 沂源县中庄镇中庄村油坊
（注：3. 左：正常果；右：叶生果）

图9-3-58 沂源县中庄镇中庄村河边
（注：果实为中庄河边叶籽银杏；箭头示垂乳）

图9-3-59 沂源燕崖乡大贤山织女洞林场织女洞无生殿旁
（注：A. 叶籽银杏织女洞1号；B. 叶籽银杏织女洞2号；C. 左1号、右2号；D. 1号）

0.83m，冠幅10.0m×12.0m。枝下高4m，长势弱，属集体所有。

沂源县西里镇唐庄村

雄株，树龄150年，树高19.0m，胸径0.65m，冠幅10.0m×10.0m，枝下高2.9m，遮地面积0.15亩，旺盛，属集体所有。

沂源县西里镇唐庄蹇峪

雄株，树龄150年，树高26.0m，胸径0.62m，冠幅6.0m×4.0m，枝下高5.5m，遮地面积0.04亩，旺盛，属集体所有。

沂源县西里镇唐庄蹇峪

雄株，树龄150年，树高23.0m，胸径0.55m，冠幅7.0m×6.0m，枝下高3.5m，遮地面积0.06亩，旺盛，属集体所有。

沂源县鲁村镇南官庄关公庙

雄株，树龄100年，树高16.0m，胸径0.65m，冠幅6.0m×6.0m，枝下高6.0m，遮地面积0.05亩，长势中等，属集体所有。

淄博市博山区王龙乡后峪村

雌株，树高23.3m，胸径1.56m，冠幅23.0m×18.0m。

淄博市博山区域城镇白石洞

雌株，树高23.3m，胸径1.10m，冠幅24.0m×19.0m。

淄博市张店区张店王舍

树龄500年，树高20.0m，胸径0.61m。

淄博市博山区夏家庄镇后峪村

树龄1000m，树高23.2m，胸径1.56m，生长衰弱。

淄博市博山区白塔镇东万山五经堂（图9-3-61）

雌株，树龄2000年，树高22.0m，胸径0.91m。冠幅8.0m×7.0m，枝下高5.5m。树势一般，树冠长卵形，较小，西侧两主枝干枯。主干较粗壮、挺直，有6个分枝，均从主干5.5m处长出，其中4个分枝生长旺盛。该树枝叶正常，结果量一般，位于民居旁，生长条件一般。

淄博市博山区池上镇韩庄村观音寺/庙（图9-3-61）

雌株，树龄800年，树高24.5m，胸径1.38m，冠幅9.0m×11.0m，枝下高5.0m。生长旺盛，树冠卵圆形，树形优美，较大，略向南倾斜。主干挺直、粗壮，有4个分枝，分枝高度较高，均从主干5.0m以上生出，生长旺盛。基部有萌蘖10株，与母干的距离为0～0.5m。该树枝叶正常，结果量较小，位于观

图9-3-60 沂源县石桥镇后大泉村
（注：箭头示垂乳）

图9-3-61 淄博市博山区
（注：1. 塔镇东万山五经堂；2. 池上镇韩庄村观音寺/庙；3. 夏家庄镇后峪村梓胜园）

图9-3-62 枣庄市峄城区榴园镇王府山村青檀寺

音庙内。

淄博市博山区夏家庄镇后峪村梓胜园左（图9-3-61）

雌株，树龄1000年，树高23.0m，胸径1.15m，冠幅15.0m×20.0m，枝下高3.8m。生长旺盛，树冠塔形，较庞大，树形优美。主干挺直、粗壮，有3个主枝，侧枝近10个，均从主干4.0m处发出，发散状分布于主干上。该树枝叶正常，为该村梓胜园内左侧一株。

淄博市博山区夏家庄镇后峪村梓胜园右（图9-3-61）

雌株，树龄1000年，树高24.5m，胸径1.25m，冠幅23.0m×18.0m，枝下高2.2m。生长旺盛，树冠塔形，较庞大，树形优美。主干挺直、粗壮，有2个主枝，侧枝近10个，均从主干3.0m处发出，发散状分布于主干上。该树枝叶正常。

淄博市博山区南博山镇南博山村

树龄120年，胸径0.85m。

淄博市周村区南郊镇苏孔村

元代银杏。雄株，树龄700年，树高15.0m，胸径1.90m，冠幅10.0m×10.0m。

枣庄市峄城区古邵镇银杏公园

雌株，树高24.0m，胸径1.78m。

枣庄市台儿庄区涧头集镇土山村

雌株，树高22.0m，胸径1.79m。

枣庄市峄城区榴园镇王府山村青檀寺（图9-3-62）

夫妻银杏。雌雄同株，树龄1800年，树高22.0m，胸径2.20m，冠幅25.0m×27.0m，枝下高6.0m。生长旺盛，树冠庞大，形状不规则。主干粗壮，北侧下部表皮脱落。此树雌雄合株，雌前雄后，为世界一绝，被誉为夫妻银杏。6m处开始分枝，有一紫藤缠绕其上。东侧距地面8.0m处有一垂乳，基径10.0cm，长10.0cm 。枝叶旺盛，结果稀少，果实较大。土质好，树周围用大理石砌围挡保护。这棵树很巧妙地了描写了人生三步曲，下半部分，紧紧生长在一起好像是年轻时候夫妻恩爱、亲密无间、幸福美满；中间部分有个缝隙就是到了中年，上有老下有小，繁琐的生活使夫妻感情不免会产生隔阂；上部枝互相渗透，人到老年感到还是自己的老伴好。栽树的人让它结果，是祈祷弟子们早成正果。游人为祈求平安幸福，在树周围挂满了数不清的“吉祥锁”。树东侧6m处有一“跑堂井”，井中泉水潺潺而流，北侧有4块不同年代石碑，记载着青檀寺的风风雨雨。编号：枣古B008，N=34° 45'36"，E= 117° 32'25"，H=44m。

枣庄市峄城区古邵镇小坊上路南（图9-3-63）

垂乳银杏。雌株，树龄1200年，树高17.0m，胸径1.39m，冠幅23.0m×26.2m，枝下高6.0m。生长旺盛，树冠塔形。主干挺直、粗壮，基部树皮脱落严重。6.0m处开始分枝，分枝多较均匀，树梢部分干枯。有少量垂乳，位于主干分枝处。枝叶旺盛，结果稀少。土质较好，周围砌池保护。此树东南有一亭，亭内有碑记载银杏为“烈士”，她历经数次战争，树上弹孔清晰可见。东北约3m处有一水井，正东有石碑一块，记载此树植于唐代，期始有甘氏者于伉俪手植双蕙以祈多子孙共福寿，翌逢战乱夫殁于峄县西青檀山，妻祭之灵将雄者移于青檀山而返哭干后于此树北三步处坠井而终，后淘

图9-3-63 枣庄市峄城区古邵镇小坊上路南

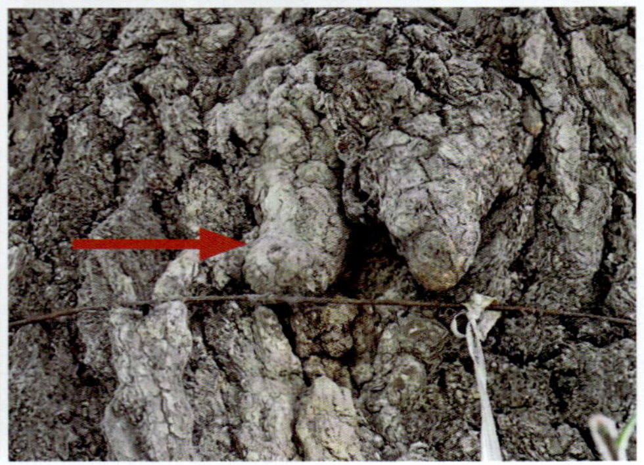

图9-3-64 枣庄市峄城区峨山镇东任庄村
（注：箭头示垂乳）

井见金簪甘氏物也。20世纪初，树生5瘤治顽疾，日升东影映西湖有识者寻踪而至，窃5瘤随发迹，有异传人若遇难树皆托梦告之又云卜未来知兴衰。编号：枣古B007，N=34° 36'34.04"，E= 117° 29'57.18"，H=34m。

枣庄市峄城区峨山镇东任庄村（图9-3-64）

垂乳银杏。雌株，树龄1800年，树高16.5m，胸径1.11m，冠幅17.3m×24.0m，枝下高4.0m。生长旺盛，树冠卵圆形，树形优美。主干明显，挺直、粗壮，4.0m分处有分枝，分枝较小。树上有多个垂乳，最大一个长10.0cm，被人用于治病挖去，留有挖痕。枝叶正常，旺盛，结果量一般。土质较好，有专人看护。树北约5.0m处有一水井，传说人喝井中水能治疗腹泻。编号：枣古B002，N=34° 45'20.29"，E= 117° 44'48.48"，H=44m。

枣庄市峄城区峨山镇后香屯村（图9-3-65）

雌株，树龄800年，树高28.0m，胸径1.30m，冠幅18.0m×17.6m，枝下高6.0m。生长旺盛，树冠塔形。主干挺直、粗壮，东南根基部外皮脱落，木质枯朽。6.0m处开始分枝，且分枝较多。枝叶旺盛，结果量一般。现生长在肖姓院内，无保护措施。据村民介绍，传说燕王将肖、马、何三姓人家安置在这里，成为一个村庄，并修一座庙，该庙在20世纪六七十年代期间拆除。编号：枣古B004，N=34° 44'04"，E= 117° 41'32"，H=43m。

枣庄市峄城区峨山镇前香屯村（图9-3-66）

雌株，树龄700年，树高13.0m，胸径1.15m，冠幅17.0m×16.0m，枝下高2.8m。树势衰弱，树冠形状不规则。主干粗壮，西南侧树皮脱落严重。有4个主枝，其中两主枝已经干枯，顶梢断裂，树皮脱落，另两主枝生长衰弱。枝叶正常，结果量小，位于居民院内，生长条件一般。古树编号：B003。

枣庄市台儿庄区泥沟镇郭庄村原小学院内（图9-3-67）

唐银杏，“吴寺庙”。雌株，树龄1300年，树高19.2m，胸径1.72m，冠幅19.0m×26.0m，枝下高4.0m。生长旺盛，树冠塔形。根系较发达，地表呈7条裸根，个个昂首望树，最长一条约10.0m。主干正南从根基部表皮脱落，宽1.0m，中空。该树位于原小学院内，有旧台子保护。此树栽于唐初隋末年间“吴寺庙”内，因住持与皇帝是新表兄弟，香火十分旺盛，该地有“三庵五寺”之说。编号：枣古D004（B005同一株），N=34° 41'55.62"，E= 117° 39'23.67"，H=40m。

枣庄市台儿庄区泥沟镇沟圈村

树龄2000年，树高13.9m，胸径1.73m。

枣庄市市中区税郭镇玉皇庙村东头（图9-3-68）

雌株，树龄1200年，树高28.0m，胸径1.53m，冠幅16.0m×15.0m，枝下高2.5m。整体生长状况一般，死干枝条较多。主干挺直、粗壮，南侧部分树皮脱落，顶部部分干枯。有4个分枝，其中2枝干枯。枝叶一般，结果稀少，土质良好，靠近农田。此树栽于玉皇庙内，明朝时期香火旺盛，到了晚清逐渐败落，现只能通过残存的石碑依稀可见当年的盛世。现在庙宇虽不存在了，但村民仍相信玉皇大帝经常降临此处，村民逢年过节都要供奉此树，祈求来年平安幸福。编号：枣古A008，N=34° 52'06"，E= 117° 41'37"，H=83m。

枣庄市市中区西王庄乡付刘跃村西（付家祠堂）a（图9-3-69）

垂乳银杏。雌株，树龄2000年，树高27.0m，胸径1.40m，冠幅13.0m×30.0m，枝下高3.5m。根系发达，从地表可看出，伸长出8.0m左右，树根周围许多小枝。主干挺直、粗壮，3.5m处分两小枝。有2个垂乳，其一直径20.0cm，高20.0cm；其二直径10.0cm，高8.0cm。枝叶正常，结果量中等偏上，土质好，有护栏。两棵，此为东侧一株，此二树据传是付家为纪念其祖先付说所植。付说是商代著名的思想家、军事家、政治家，武丁时期的殷商宰相，被尊为“梦父”，后被尊为“天神”。编号：枣古A009，N=34° 49'08"，E= 117° 38'50"，H=58m。另有一说为唐银杏：两棵古银杏为唐朝一老僧栽植，算来也近1400年了。据说此僧曾官居县令，为人耿介，做官清廉，因不满上司索贿，就以病重为由辞官修养。回乡路经付刘耀村，顺便拜祭竹林七贤之

图9-3-65 枣庄市峄城区峨山镇后香屯村

图9-3-66 枣庄市峄城区峨山镇前香屯村
（注：箭头示被截后的大枝残桩）

图9-3-67 枣庄市台儿庄区泥沟镇郭庄村原小学院内
（注：箭头示垂乳）

一的刘伶。但见此地清流前绕，潺湲西去（据《峄县志》载，此为倒淌河）。河两岸竹林掩映，绿柳如烟。村前有一石桥（此即为村民所说的一碑两孔桥），小桥与田野相连，劳作村民荷锄往返，身临其境，如在画中。老先生慕刘伶选择，遂择桥北一片空地，建一简易寺庙，从此剃发为僧，精心修行。一日闲暇无事，将两株银杏栽在院中，经老僧精心呵护，小树逐渐长大、开花结果，老僧遂以银杏果泡饮，自觉神清气爽，多年的疾病也彻底根除。他以为这是佛光普照，从此对这两棵银杏更加精心照料。

枣庄市市中区西王庄乡付刘跃村西（付家祠堂）b（图9-3-69）

雌株，树龄2000年，树高27.0m，胸径1.30m，冠幅18.0m×25.0m，枝下高3.0m。生长旺盛，树冠阔塔形，树形优美。根系发达，主干挺直、粗壮，3.0m处有2个侧枝。该树枝叶旺盛，结果很多，土质好，有护栏。两棵，此为西侧一株，编号：枣古A010，N=34° 49'08", E=117° 38'50", H=58m。

枣庄市市中区齐村镇凤凰村甘泉寺（图9-3-70）

唐银杏。雌株，树龄1000年，树高28.0m，胸径1.70m，冠幅25.0m×21.5m，枝下高5.0m。有大量断枝，树整体倒向东南方向，整体生长较好。主干倾斜有纵道，5m处开始逐渐分枝。该树良好，部分枝条干枯，结果极少。生存环境良好，有钢筋护栏围墙保护。此树不远处有一泉，泉水长年清澈不断。相传曾有一人考中状元，唐朝皇帝见其一表人才，便将皇姑许配给了他，状元为了逃婚弃国回家，来到这里依山靠泉，建了寺庙，出家做了和尚。皇姑追夫心切也来到这里，见郎君已出家，无奈便在寺庙前建了座尼姑庵，并在此处亲自种下此树，以表对丈夫的深情。编号：枣古A005，N=34° 55'37.06", E=117° 34'02.14", H=147m。

银杏树下，有一块石碑立于明朝万历十五年（1587），题为《重修龙窝寺碑记》，该碑高约4.0m，为一巨石雕刻而成，碑文为明朝光禄寺卿贾梦龙所撰，其弟贾梦鲤所书。碑背面记载着甘泉寺过去的辉煌：拥有良田千顷，寺内僧人逾百，重修时捐资捐助者有数千人之众。

枣庄市市中区齐村镇中良村a（图9-3-71）

嫁接雌雄同株。树龄100年，树高15.0m，胸径0.62m，冠幅9.5m×10.0m，枝下高5.0m。生长旺盛，树冠塔形，树形优美。主干挺直，5.0m处有分枝（小），枝叶正常，茂盛。嫁接部分为雌枝，结果量大。此树生长在农家院内，无管护措施。编号：枣古A014，N=34° 55'29.01", E= 117° 35'05.90", H=112m。

枣庄市市中区齐村镇中良村b（图9-3-72）

清银杏。雌株，树龄200年，树高20.2m，胸径0.68m，冠幅16.0m×16.0m，枝下高4.0m。生长旺盛，树冠卵圆形，树形优美。主干挺直，较细，顶部有两主要分枝。4.0m处有分枝，分枝小。枝叶旺盛，果实稀少，较小。土质好，农田内，无保护措施。据说此树为晚清时期一蔡姓村民为庆祝中年得子所种，希望孩子能和此树一样茁壮成长，如今种树人已作古，但古树仍生机盎然。编号：枣古A015，N=34° 55'12.46", E= 117° 35'12.72", H=104m。

枣庄市市中区孟庄峨山口村（图9-3-73）

"姻缘树"。雌株，树龄1000年，树高25.0m，胸径0.83m，冠幅14.0m×14.2m，枝下高4.0m。此树生长旺盛，距地面4m处开始分枝，顶部部分枝条干枯。结果稀少，果实大而圆。此树生长在村内，土质较好，有护栏、避雷针。据当地人介绍，古时年轻人在此树下许愿都能求得好姻缘，故将此树称之为"姻缘树"。编号：枣古A004，N=34° 54'23.14"，E=117° 37'44.02"，H=95m。

枣庄市山亭区抱犊崮三清观三清殿正门前（图9-3-74）

垂乳银杏，嫁接，"三代同堂"。雄株，树龄800年，树高34.0m，胸径1.40m，冠幅28.0m×21.0m，枝下高3.0m。生长旺盛，树冠塔形。主干挺直、粗壮，树中空。西北及南部枝枯，形成空洞朽烂，用水泥封堵。3.0m处有分枝，西北及南部树枝干枯。有复干一株，高15.0m，胸径0.60m，与母干的距离为0.3m；东南萌蘖多株，粗的约3.0cm，西部两个，约4.0cm和2.0cm。垂乳东部多个，南部1个，东北约6个大小不等。嫁接部分雌枝，结果量大。此树位于寺庙内，此树西部有一直径约0.6m的"子"树，子树的西部有一直径约4.0cm的"孙"树，被人称之为"三代同堂"。据介绍，罗荣桓元帅与妻子林月王琴于1939年带领八路军115帅在抱犊崮建立抗日根据地，曾在三清现西厢房内居住半年多。编号：枣古C018，N=34° 59'19.15"，E= 117° 42'48.16"，H=300m。

枣庄市山亭区水泉乡化石岭村龙泉寺内（图9-3-75）

垂乳银杏。雌株，树龄600年，树高18.0m，胸径1.34m，冠幅17.5m×21.0m，枝下高8.0m。生长特别旺盛，树冠卵圆形。主干挺直、粗壮，8m处有分枝，分枝较多，主干不明显。南部有一个垂乳，较小，已被破坏。枝叶旺盛，结果稀少，位于龙泉寺内，无人管理，土质较好。此树是枣庄市目前干形最为通直、长势最好的一棵银杏。龙泉寺过去曾住有十几个僧人，香火十分旺盛，十多年前，最后一位90多岁的老僧人病死后，寺内便无人居住，现房屋已经倒塌，唯有这棵银杏在那里昂首挺胸，生长茂盛。抗战时期，树西北曾被日本人火烧，现已长实。树的西南山上有一泉供村民浇灌、饮用，也是该树枝繁叶茂、长势旺盛的原因。编号：枣古C009，N=35° 09'51.78"，E=117° 27'04.44"，H=296m。

枣庄市山亭区店子镇越峰山下越峰寺（图9-3-76）

雄株，树龄700年，树高18.4m，胸径1.14m，冠幅15.8m×20.0m，枝下高5.0m。生

图9-3-68 枣庄市市中区税郭镇玉皇庙村东头

图9-3-69 枣庄市市中区西王庄乡付刘跃村西（付家祠堂）
（注：1. 右a左b；2. b；3. a；箭头示垂乳）

长旺盛，树冠阔塔形。主干挺直、粗壮，有3个较大分枝均从主干5.0m处发出，较粗壮。有复干1株，高16.0m，胸径0.45m，基部与母干长在一起。位于赵峰寺内，土质较好，无保护措施，据清朝光绪二十八年（1902）的碑文记载，月峰寺在南宋金大定二年（1162）昭公禅同师宏其规模、阔其基址，然而年代久远，历经尘劫，和尚与当地众善士捐资多次重修，现月峰寺已椽折瓦陷倾圮。编号：枣古C001，N=35° 18'03.26"，E= 117° 23'24.49"，H=261m。

枣庄市台儿庄区张山子镇塘庄村西农田内（图9-3-77）

垂乳银杏。雌株，树龄1300年，树高19.0m，胸径0.89m，冠幅19.0m×21.2m，枝下高4.0m。生长旺盛，树冠塔形。主干挺直、粗壮，4.0m处有分枝，分枝集中且均匀。复干东、南各有一个。西南部两枝间有6个大小不等的垂乳，南部有1个长10cm、宽8cm的垂乳。枝叶旺盛，结果稀少。土质好，周围环境较好。据村民介绍，此树为看园人所栽。编号：枣古D010，N=34° 30'4"，E= 117° 28'22"。

枣庄市台儿庄区张山子镇张塘村西北角（图9-3-78）

叶籽银杏，“怀中抱子”，鲁南银杏王。雌株，树龄2589年，树高23.0m，胸径2.55m，冠幅23.0m×23.1m，枝下高2.0m。生长旺盛，树冠阔塔形。主干挺直、粗壮，因年久树干枯朽，有断裂，东面长出一棵胸径0.16m、北面长出一棵胸径0.33m的小树。2.0m处开始分枝。东部和西南各有一裂痕，东南枝中长出直径15cm的构树，南部树枝表皮脱落，近枯，中部部分枝条干枯。枝叶旺盛，结果少，为叶籽银杏。生长在村西北角，有护栏，东南和正西两枝用铁管支撑，东南枝与垂直枝用钢带固定，有专人管理。传说此树植于东周定王（姬瑜）年间，由于年代久远，树下水土流失严重，致使根系外露主干中空，树叶凋零，有原枝下垂折断的危险。该银杏在枣庄地区年代和树体堪称“银杏王”。编号：枣古D001，N=34° 30'04"，E= 117° 32'46"，H=54m。大树旁侧长出一株子树，被称为“怀中抱子”。到秋季，古树果实累累。树木主干上南北两枝最大，直指苍穹，有飞龙之势。《台儿庄区林业志》载：“该树古朴苍劲，拔地而起，5km之外，可观其雄姿。自3m处，六大主枝，或斜或立，错落有致，竞相延伸，仰面观之，似数条苍龙飞舞于空中，所成树冠，遮地盈亩。”近观古树，如巨伞伞盖的树冠，遮天蔽日，你会体会到平日所常见的树是怎样的平常。古树倔强的枝干如横空出世，你会感叹它冲天的气势、百折不挠的精神和不断向长空奔逸的理想。以古树树干为中心，地上隆起数条树根，起起伏伏，弯弯曲曲，如几条蟒蛇在土里拱。树大根深，没有强大根系组成根基，就没有这株让人叹为观止的千年古银杏。

枣庄市薛城区周营镇牛山村孙家宗祠前院东侧（图9-3-79）

雌株，树龄340年，树高11.0m，胸径0.46m，冠幅12.5m×14.0m，枝下高5.0m。生长旺盛，树冠阔塔形。主干挺直、粗壮，5.0m处有分枝，分枝少，主干不明显。枝叶旺盛，结果量大。此处有4棵银杏，均位于薛城区周营镇牛山村孙家宗祠内，E017、E020在前院，E018、E019在后院，雌左雄右，两树间距为10m，生长旺盛，每树水泥砌池，不锈钢护栏保护，有专人看管。传说乾隆下江南途经利国南庄，乾隆生病，被孙氏祖人给医好，封官不做，赐碑两座，现存一座在宗祠内。据孙氏人介绍，孙氏宗祠建于500多年前，与孔府的东花园建筑规格相同，20世纪六七十年代破坏严重，1990年族人捐资重新修缮。编号：

图9-3-70 枣庄市市中区齐村镇凤凰村甘泉寺

图9-3-71 枣庄市市中区齐村镇中良村a

图9-3-72 枣庄市市中区齐村镇中良村b

图9-3-73 枣庄市市中区孟庄峨山口村

图9-3-74 枣庄市山亭区抱犊崮三清观三清殿正门前
（注：箭头示垂乳）

图9-3-75 枣庄市山亭区水泉乡化石岭村龙泉寺内

图9-3-76 枣庄市山亭区店子镇越峰山下越峰寺

枣古E017, N=34° 42'47", E= 117° 23'36", H=54m。

枣庄市薛城区周营镇牛山村孙家宗祠前院西侧（图9-3-79）

雄株，树龄340年，树高15.0m，胸径0.81m，冠幅14.0m×20.0m，枝下高5.0m。生长旺盛，树冠阔塔形。主干挺直、粗壮，5.0m处有分枝，分枝较多，且比较发达。基部有萌蘖10余株，与母干的距离为0～0.5m。该树枝叶旺盛。编号：枣古E020, N=34° 42'47", E= 117° 23'36", H=54。

枣庄市薛城区周营镇牛山村孙家宗祠后院东侧（图9-3-79）

雌株，树龄480年，树高15.7m，胸径0.71m，冠幅17.5m×20.0m，枝下高5.0m。生长旺盛，树冠阔塔形。主干挺直、粗壮，6.0m处有分枝，分枝少，主干不明显。北侧有萌蘖近10株，贴母干生长。枝叶正常，结果量大。编号：枣古E018, N=34° 42'47", E= 117° 23'36", H=54。

枣庄市薛城区周营镇牛山村孙家宗祠后院西侧（图9-3-79）

雄株，树龄480年，树高17.0m，胸径1.08m，冠幅21.3m×22.0m，枝下高7.0m。生长旺盛，树冠阔塔形。主干挺直、粗壮，7.0m处有分枝，且粗壮发达。有萌蘖10余株，位于树体东侧，与母干的距离为0～0.6m。该树枝叶旺盛。编号：枣古E019, N=34° 42'47", E= 117° 23'36", H=54。

枣庄市市中区光明路街道山阴小学（图9-3-80）

雌株，树龄1200年，树高20.0m，胸径1.27m，冠幅10.0m×10.0m，枝下高2.0m。生长旺盛，树冠卵圆形。主干挺直、粗壮，分枝以下树皮基本脱落，主干1.3～1.8m范围有瘤状凸起，凸起上有大量萌条。有6个分枝，在主干上分布均匀。基部有萌蘖50株，与母干的距离为0～0.6m。权属：集体，管护单位：山阴村小学，有不锈钢围栏。

枣庄市市中区永安乡龙子心中学（图9-3-81）

雌株，树龄1200年，树高26.0m，胸径1.16m，冠幅20.0m×20.0m，枝下高2.0m。生长旺盛，树冠倒塔形，顶部近平。主干略倾斜，有5个分枝，2.0m处有一较小分枝，其余分枝均集中在4.5m以上。国家一级古树，位于小学院内。权属：集体，管护单位：龙子心中学，有不锈钢围栏。

枣庄市市中区税郭镇西长汪村（图9-3-82）

雄株，树龄200年，树高16.0m，胸径0.40m，冠幅7.0m×7.0m，枝下高5.0m。生长旺盛，树冠纺锤形，树形优美。主干挺直，有分枝近10个，均集中在主干5.0m以上，呈发散状，分布均匀。该树位于农田中，为国家三级古树。权属：集体，管护单位：西长汪村村委会。

枣庄市市中区孟庄镇侯庄（图9-3-83）

雌株，树龄200年，树高19.0m，胸径0.49m，冠幅11.0m×9.0m，枝下高4.3m。生长旺盛，树冠阔塔形。主干挺直，有7个分枝，除4.3m处有一分枝外，其余分枝均集中在主干7.0m以上。该树为国家三级古树，编号：枣古A012。权属：集体，管护单位：侯庄村委会。

枣庄市市中区齐村镇前良村（图9-3-84）

雌株，树龄200年，树高19.0m，胸径0.57m，冠幅12.0m×15.0m，枝下高2.8m。生长旺盛，树冠倒塔形，顶部近平，树形优美。主干挺直，有9个分枝，均集中在主干3.0m以上，在主干上分布均匀。该树位于农田旁，为国家三级古树。权属：集体，管护单位：前良村村委会。

枣庄市山亭区凫城乡龙门观林场（图9-3-85）

雌株，树龄600年，树高28.0m，胸径1.34m，冠幅11.0m×12.5m，枝下高2.4m。生长较旺盛，树冠塔形。主干挺直、粗壮，原有分枝均折断，后萌生新枝较细。位于河边，为国家一级古树。权属：国有，管护单位：林场。编号为C016。

枣庄市山亭区抱犊崮林场1（图9-3-86）

雌株，树龄350年，树高18.0m，胸径0.54m，冠幅11.0m×12.0m，枝下高4.0m。生长旺盛，树冠形状不规则，南侧大于北侧。主干挺直，有8个分枝。位于房屋前，与墙的距离仅为0.2m。该树为国家二级古树，权属：国有，管护单位：林场。编号为C023。

枣庄市山亭区抱犊崮林场2（图9-3-86）

雌株，树龄300年，树高24.0m，胸径0.70m，冠幅16.0m×18.0m，枝下高6.0m。生长旺盛，树冠阔塔形。主干挺直，有9个分枝，多集中在主干8.0m以上。该树为国家二级古树，权属：国有，管护单位：林场。编号为C024。

图9-3-77 枣庄市台儿庄区张山子镇塘庄村西农田内

（注：箭头示垂乳）

图9-3-78 枣庄市台儿庄区张山子镇张塘村西北角

图9-3-79　枣庄市薛城区周营镇牛山村孙家宗祠
（注：1. 017；2. 020；3. 020、017；4. 018、019；5. 018；6. 019）

图9-3-80　枣庄市市中区光明路街道山阴小学

图9-3-81　枣庄市市中区永安乡龙子心中学

枣庄市山亭区北庄镇朱山寺村南头（图9-3-86）

雌株，树龄120年，树高25.0m，胸径0.83m，冠幅10.0m×9.0m，枝下高5.0m。生长旺盛，树冠阔塔形，树形优美。主干挺直，有7个分枝，均从主干5.0m处发出，呈发散状，在主干上分布均匀。该树为国家三级古树，权属：集体，管护单位：朱山寺村村委会。

枣庄市薛城区周营镇邵楼村（图9-3-87）

雌株，树龄340年，树高13.0m，胸径0.56m，冠幅14.0m×12.0m，枝下高5.0m。生长旺盛，树冠阔塔形。主干向西倾斜，有5个分枝，均在主干5.0m以上。该树位于居民院内，权属：个人，管护单位：邵长机。编号为E016。

枣庄市峄城区底阁镇甘寺村小学（图9-3-88）

雌株，树龄600年，树高14.0m，胸径0.67m，冠幅10.0m×11.0m，枝下高4.0m。生长旺盛，树冠阔塔形。主干挺直、粗壮，有分枝近10个，发散状分布，梢部大部分枯死。有复干1株，基部贴母干生长，高8.0m，胸径0.15m。结果量大。该树为村小学院内。权属：集体，管护单位：甘寺村小学，有砖砌护栏。编号为B001。

滕州市南部

雌雄同株。树龄19年，树高11.5m，胸径0.26m，冠幅5.0m×6.0m。该雌雄同株银杏系1995年6月由倪金城发现，于滕州市南部，位于北纬35° 07′，东经117° 08′，海拔654m，地势平坦，黄壤土。1995年6月份发现其中1株雄株结果3个，9月10日自落2个，打掉1个。1996年6月份第二次调查，在上年结果的“雄株”上，已发现有果7个。

该树生长旺盛，干直立，干基部萌芽5

枝，幼枝最高者20cm，树干栓化，皮厚，粗糙，黑褐色翘裂。1年生新梢绿黄色，2年生以上枝灰褐色，枝条较直立，枝角小，多呈45°～50°，发枝率和成枝力均较强，每基枝可发3～4个新枝。新梢生长量每年平均70.0cm，最长者86.0cm。在树高1.3m处分成粗细相近的两大主枝，一枝基径17.8cm，另一枝基径16.6cm。基枝每节上都生有短枝，平均节间2.9cm。无论长或短枝多为扇形叶，开裂较浅，呈半卷状，平均叶面积29cm^2。每短枝有6片叶，雌雄花同株4月10日左右开花，9月10日成熟，果实为圆形，浅绿色，成熟时黄绿色，平均单果重8.0g，大的9.7g，平均单核重2.5g，出核率26.0%。胚乳与胚芽正常，1996年春种植2株，成苗1株，有2茎，高8cm。果实突出的特点是果柄极短，只有0.5cm，紧靠短枝着生，在短枝叶丛中，似隐蔽状态。果实未成熟变黄时为青绿色，非细心观察很难发现。

滕州市羊庄镇镇政府（图9-3-89）

明银杏，垂枝银杏。雌株，树龄400年，树高21.0m，胸径1.04m，枝下高5.6m，冠幅17.8m×17.8m。此树树干通直，树体高大，有三大主枝，树势旺盛，像一把擎天碧伞。据悉，明朝初年，山西大商人刘理州为在物品丰富、商人云集的鲁南重镇羊庄建立贸易市场，便在此兴建了山西会馆。会馆占地1.3hm^2，院内建有大殿、钟鼓楼，此银杏树就栽在大殿前。1927年羊庄小学迁移山西会馆，抗战期间，兵荒马乱，会馆建筑物荡然无存。新中国成立后，会馆遗址改为羊庄镇政府，现仅存的银杏树，历尽沧桑仍巍然屹立。据记载，抗日战争时期，有7位革命烈士被日本人枪杀于树下，烈士的头颅被悬挂于树上。古树编号：F018 。N=34° 57'27", E= 117° 18'43", H=67。

滕州市鲍沟镇吕坡村原小学院内（东）（图9-3-90）

雌株，树龄500年，树高10.6m，胸径0.65m，冠幅11.6m×17.3m，枝下高3.0m。生长旺盛，树冠阔塔形。主干挺直、粗壮，3.0m处开始分枝，主干粗壮，分枝较细，东北侧顶端干枯。有萌蘖30余株，贴母干生长。该树枝叶旺盛，结果量大，果较小。编号：枣古F010，N=35° 01'35", E= 117° 08'15", H=55。

滕州市鲍沟镇吕坡村原小学院内（西）（图9-3-90）

雄株，树龄500年，树高15.1m，胸径0.92m，冠幅16.5m×18.0m，枝下高4.5m。生长旺盛，树冠阔塔形。主干挺直、粗壮，4.5m处开始分枝，主干不太粗壮，分枝较多。南侧有复干已被砍掉。在该村原小学院内，无保护措施。编号：枣古F009，N=35° 01'35", E=

图9-3-82　枣庄市市中区税郭镇西长汪村

图9-3-83　枣庄市市中区孟庄镇侯庄

图9-3-84　枣庄市市中区齐村镇前良村

图9-3-85 枣庄市山亭区凫城乡龙门观林场

117° 08'14", H=55。

滕州市柴胡店镇簸掌村东面山坡上（图9-3-91）

雌株，树龄400年，树高19.0m，胸径0.62m，冠幅12.0m×13.0m，枝下高8.0m。整体生长状况一般，树冠阔塔形。主干挺直、粗壮，8.0m处有分枝，分枝较少，顶部主干不明显。土质较差，原旧庙遗址，无保护措施。编号：枣古F016，N=34° 58'57", E= 117° 17'16", H=187。

滕州市南沙河后房村

树龄500年，树高17.0m，胸径0.49m，冠幅9.0m×9.0m。古树编号：F145

滕州市南沙河后房村

树龄500年，树高17.0m，胸径0.53m，冠幅7.0m×7.0m。古树编号：F146。

滕州市滨湖镇郁郎村

唐银杏。雌株，树龄1300年，树高16.0m，胸径3.00m。树皮皲裂。树冠高大茂密，形如伞盖。上有3个主枝杈。虽说是枝杈，也比人们常见的大树主干粗得多。由于银杏树体粗大具有常年阴湿的条件，竟神奇般地在树上长树，有葡萄树、桑树、槐树、楝子树。郁郎村北山上有一唐代古庙，名曰兴龙寺。寺庙两重院落，造型自然，古朴典雅，寺内雕梁画栋，气宇轩昂，正殿和前殿分别塑有观音菩萨和关帝神像，泥塑仪态庄严，气质不凡。院内立有历次重修寺庙的四座石碑林立，庄严肃穆；古木茂密，参天蔽日；寺内殿宇，掩映在苍松翠柏间，清幽静肃。院外西北角有一棵古银杏树，相传是唐贞观年间（627～649）由寺僧栽植，树龄约1300多年，已经死亡。

海阳市发城镇上都村（图9-3-92）

雌株，树龄600年，树高20.5m，胸径2.36m，冠幅28.5m×28.0m，枝下高1.5m。生长旺盛，树冠近圆形，庞大，树形优美。主干挺直、粗壮，分枝高度较低，在1.5m处分为3个较粗壮的分枝，有侧枝10余个，分枝生长旺盛。基部有瘤状凸起，主干有树洞。基部有10余株萌蘖，与母干的距离为0～0.3m。该树枝叶正常，结果量很大。此树位于村内山沟中，南侧为水库。编号：030。N=37° 00′ 29.0″，E=120° 58′ 49.8″，H=102m。

海阳市小纪镇筲帚夼村西河西059（图9-3-95）

雌株，树龄120年，树高15.0m，胸径0.60m，冠幅15.0m×15.0m，枝下高3.0m。生长旺盛，树冠倒塔形，树形优美。主干通直，有分枝7个，均从主干3.0m处呈发散状长出。该树枝叶正常，位于西河西，土壤为棕壤，土层厚度为80.0cm，肥沃。权属：集体，管护人：村委。保护级别为三级。N=36° 48′ 44.0″，E=120° 57′ 37.0″，H=72m。

备注：后续资源。

海阳市小纪镇筲帚夼村辛华房前049（图9-3-96）

雌株，树龄90年，树高15.0m，胸径0.69m，冠幅13.2m×13.2m，枝下高1.4m。生长旺盛，树冠纺锤形，树形优美。主干挺直，较粗壮，主干树皮有浅的纵裂。有7个分枝，均集中主干5.0m以上，分布均匀。该树枝叶正常，位于房前，土壤为棕壤，土层厚度为80cm，肥沃。权属：集体，管护人：村委。N=36° 48′ 34.0″，E=120° 57′ 37.0″，H=72m。

海阳市小纪镇筲帚夼村西河西060（图9-3-95）

雌株，树龄120年，树高12.0m，胸径0.56m，冠幅12.0m×12.0m，枝下高1.8m。生长旺盛，树冠阔塔形。主干通直，有4个分枝，均从主干2.0m处发出，分布均匀。该树枝叶正常，位于西河西，土壤为棕壤，土层厚度为80.0cm，肥沃。权属：集体，管护人：村委。保护级别为三级。N=36° 48′ 43.0″，E=120° 58′ 37.0″，H=72m。

海阳市小纪镇筲帚夼村西河西

雌株，树龄120年，树高11.0m，胸径0.56m，冠幅11.0m×11.0m，枝下高1.7m。生长旺盛，树冠阔塔形。主干通直，有4个分枝，呈层状分布均匀。该树枝叶正常，位于西

图9-3-86 枣庄市山亭区（1）
（注：1. 抱犊崮林场1；2. 抱犊崮林场2；3. 朱山寺村南头）

图9-3-87 枣庄市薛城区周营镇邵楼村

图9-3-88 枣庄市峄城区底阁镇甘寺村小学

图9-3-89 滕州市羊庄镇镇政府

图9-3-90 滕州市鲍沟镇吕坡村原小学院内
(注：1. 左：F009、右：F010；2. F009；3. F010)

河西，土壤为棕壤，土层厚度为80.0cm，肥沃。权属：集体，管护人：村委。保护级别为三级。N=36° 48′ 44.0″，E=120° 57′ 39.0″，H=72m。

海阳市小纪镇筲帚夼村西河西054（图9-3-93）

雌株，树龄150年，树高14.0m，胸径0.65m，冠幅15.8m×15.8m，枝下高1.9m。生长旺盛，树冠长椭圆形。主干通直，有3个分枝，侧枝近10个。该树枝叶正常，位于西河西，土壤为棕壤，土层厚度为70.0cm，肥沃。权属：集体，管护人：村委。保护级别为三级。N=36° 48′ 43.0″，E=120° 58′ 37.0″，H=72m。

海阳市小纪镇筲帚夼村西河西055（图9-3-93）

雌株，树龄160年，树高14.5m，胸径0.67m，冠幅14.3m×14.3m，枝下高2.7m。生长旺盛，树冠阔塔形。主干略倾斜，有3个分枝，侧枝较少。该树枝叶正常，位于西河西，土壤为棕壤，土层厚度为70.0cm，肥沃。权属：集体，管护人：村委。保护级别为三级。N=36° 48′ 43.0″，E=120° 57′ 37.0″，H=72m。

海阳市小纪镇筲帚夼村西河西056（图9-3-94）

雌株，树龄160年，树高15.0m，胸径0.65m，冠幅16.0m×16.0m，枝下高2.0m。生长旺盛，树冠倒塔形。主干通直，分枝处有明显的嫁接痕迹。有6个分枝，均从主干2.0m处发出，发散状分布于主干上。该树枝叶正常，位于西河西，土壤为棕壤，土层厚度为80.0cm，肥沃。权属：集体，管护人：村委。保护级别为三级。N=36° 48′ 43.0″，E=120° 57′ 37.0″，H=72m。

海阳市小纪镇筲帚夼村西河西057（图9-3-94）

雌株，树龄160年，树高13.0m，胸径0.65m，冠幅12.0m×12.0m，枝下高2.2m。生长旺盛，树冠倒塔形。主干略倾斜，有5个分枝，其中两分枝较粗壮。所有分枝从2.2m处分出，分枝处有嫁接痕迹。该树枝叶正常，位于西河西，土壤为棕壤，土层厚度为80.0cm，肥沃。权属：集体，管护人：村委。保护级别为三级。N=36° 48′ 43.0″，E=120° 57′ 37.0″，H=72m。

海阳市小纪镇筲帚夼村西河西058（图9-3-94）

雌株，树龄160年，树高14.0m，胸径0.67m，冠幅15.5m×15.5m，枝下高1.8m。生长旺盛，树冠倒塔形。主干倾斜，在1.3m处分为2个主枝，侧枝近10个，生长良好。该树

图9-3-91 滕州市柴胡店镇簸掌村东面山坡上

枝叶正常，位于西河西，土壤为棕壤，土层厚度为80.0cm，肥沃。权属：集体，管护人：村委。保护级别为三级。N=36° 48′ 43.0″，E=120° 57′ 37.0″，H=72m。

海阳市小纪镇瞀帚夼村西河西053（图9-3-94）

雌株，树龄320年，树高16.5m，胸径1.05m，冠幅18.5m×18.5m，枝下高2.1m。生长旺盛，树冠，倒塔形，呈发散状。主干通直、粗壮，有6个分枝，均从主干2.1m处发出，呈发散状分布均匀。该树枝叶正常，位于西河西，土壤为棕壤，土层厚度为80.0cm，肥沃。权属：集体，管护人：村委。保护级别为二级。N=36° 48′ 40.0″，E=120° 57′ 37.0″，H=72m。

海阳市小纪镇瞀帚夼村辛守明房前066（图9-3-97）

雌株，树龄160年，树高14.0m，胸径0.65m，冠幅10.0m×10.0m，枝下高2.1m。树势衰弱，树冠塔形。主干挺直，有分枝10个，均较小，在主干上分布均匀。分枝梢部大多折断，叶较少，位于辛守明房前，土壤为棕壤，土层厚度为80.0cm，肥沃。权属：集体，管护人：村委。保护级别为三级。N=36° 48′ 46.0″，E=120° 57′ 44.0″，H=73m。

海阳市小纪镇瞀帚夼村小学052（图9-3-92）

雌株，树龄310年，树高13.0m，胸径0.83m，冠幅10.5m×10.5m，枝下高2.0m。树势一般，树冠阔塔形，顶部渐平。主干通直、较粗壮，有7个分枝，层状分布，共3层。该树枝叶正常，结果，位于村小学，土壤为棕壤，土层厚度为80.0cm，肥沃。权属：集体，管护人：村委。保护级别为二级。N=36° 48′ 33.0″，E=120° 57′ 42.0″，H=73m。

图9-3-92 海阳市发城镇上都村

海阳市小纪镇瞀帚夼村小学后050（图9-3-96）

雌株，树龄160年，树高14.0m，胸径0.75m，冠幅9.0m×9.0m，枝下高2.0m。树势衰弱，树冠形状不规则，偏冠。主干粗壮、通直，有3个主枝，分枝顶部折断较多，第一层分枝处萌生较多侧枝。该树枝叶正常，位于村小学后，土壤为棕壤，土层厚度为80.0cm，肥沃。权属：集体，管护人：村委。保护级别为三级。N=36° 48′ 35.0″，E=120° 57′ 41.0″，H=73m。

海阳市小纪镇咎帚夼村小学051（图9-3-95）

雌株，树龄160年，树高11.5m，胸径0.75m，冠幅11.0m×11.0m，枝下高2.0m。树势衰弱，树冠塔形。主干粗壮、通直，在2.5m处分为2个主干，其中一主干较小，两主干共有分枝7个。该树树叶脱落严重，位于村小学后，土壤为棕壤，土层厚度为80.0cm，肥沃。权属：集体，管护人：村委。保护级别为三级。N=36° 48′ 35.0″，E=120° 57′ 40.0″，H=73m。

海阳市小纪镇咎帚夼村辛吉茂房西061（图9-3-96）

雌株，树龄170年，树高16.0m，胸径0.69m，冠幅16.0m×16.0m，枝下高2.5m。生长旺盛，树冠卵圆形。主干通直，有4个分枝，侧枝较多。该树枝叶正常，位于辛吉茂房西，土壤为棕壤，土层厚度为80.0cm，肥沃。权属：集体，管护人：村委。保护级别为

图9-3-93 海阳市小纪镇（1）
（注：1. 佘格庄村047；2. 咎帚夼村村委后048；3. 咎帚夼村西河西054；4. 咎帚夼村西河西055）

图9-3-94 海阳市小纪镇（2）
（注：1. 咎帚夼村西河西057；2. 咎帚夼村西河西058；3. 咎帚夼村西河西 053；4. 咎帚夼村西河西 056）

图9-3-95 海阳市小纪镇（3）
（注：1. 咎帚夼村西河西059；2. 咎帚夼村西河西060；3. 咎帚夼村小学051；4. 咎帚夼村小学052）

图9-3-96 海阳市小纪镇（4）
（注：1. 笤帚夼村小学后 050；2. 笤帚夼村辛合起房后065；3. 笤帚夼村辛华房前 049；4. 笤帚夼村辛吉茂房西061）

图9-3-97 海阳市小纪镇（5）
（注：1. 笤帚夼村辛克林商店内069；2. 笤帚夼村辛守明房前066；3. 笤帚夼村辛玉章房西067；4. 笤帚夼村辛月明房西068）

三级。N=36° 48′ 43.0″，E=120° 57′ 39.0″，H=72m。

海阳市小纪镇笤帚夼村辛乐庆房后063（图9-3-98）

雌株，树龄120年，树高11.0m，胸径0.65m，冠幅11.0m×11.0m，枝下高1.7m。生长旺盛，树冠塔形，树形优美。主干通直，有5个分枝，在主干上呈层状分布。该树枝叶正常，位于辛乐庆房后，土壤为棕壤，土层厚度为80.0cm，肥沃。权属：集体，管护人：村委。保护级别为三级。N=36° 48′ 44.0″，E=120° 57′ 39.0″，H=72m。

海阳市小纪镇笤帚夼村辛玉章房西067（图9-3-97）

雌株，树龄180年，树高13.0m，胸径0.68m，冠幅13.0m×13.0m，枝下高2.9m。生长旺盛，树冠倒塔形，树形优美。主干挺直，有5个分枝，均从主干2.9m处发出，呈发散状分布。该树枝叶正常，位于辛玉章房西，土壤为棕壤，土层厚度为80.0cm，肥沃。权属：集体，管护人：村委。保护级别为三级。N=36° 48′ 44.0″，E=120° 57′ 44.0″，H=73m。

海阳市小纪镇笤帚夼村辛乐庆房后062（图9-3-98）

雌株，树龄180年，树高17.0m，胸径0.75m，冠幅15.0m×15.0m，枝下高2.2m。生长旺盛，树冠纺锤形，树体高大，树形优美。主干通直，有6个分枝，均从4.3m处发出，在主干上分布均匀。该树枝叶正常，位于辛乐庆房后，土壤为棕壤，土层厚度为80.0cm，肥沃。权属：集体，管护人：村委。保护级别为三级。N=36° 48′ 44.0″，E=120° 57′ 39.0″，H=73m。

海阳市小纪镇笤帚夼村辛月明房西068（图9-3-97）

雌株，树龄230年，树高14.0m，胸径0.73m，冠幅14.0m×14.0m，枝下高2.3m。生长旺盛，树冠倒塔形。主干通直，枝下高2.3m。有4个分枝，均从主干2.3m处分出，发散状分布。该树枝叶正常，位于辛月明房西，土壤为棕壤，土层厚度为80.0cm，肥沃。权属：集体，管护人：村委。保护级别为三级。N=36° 48′ 43.0″，E=120° 57′ 45.0″，H=73m。

海阳市小纪镇笤帚夼村辛克林商店内069（图9-3-97）

雌株，树龄240年，树高13.0m，胸径0.81m，冠幅13.0m×13.0m，枝下高3.3m。树势一般，树冠近圆形。主干通直、较粗壮，有5个分枝，均从主干3.3m处发出，部分分枝有枯梢现象。该树位于辛克林商店内，土壤为棕壤，土层厚度为80.0cm，肥沃。权属：集体，管护人：村委。保护级别为三级。N=36° 48′ 42.0″，E=120° 57′ 42.0″，H=73m。

海阳市小纪镇笤帚夼村辛合起房后065（图9-3-96）

雌株，树龄260年，树高16.0m，胸径0.96m，冠幅15.5m×15.5m，枝下高1.2m。

图9-3-98 海阳市小纪镇笤帚夼村辛乐庆房后063（左）；062（右）

图9-3-99 海阳市小纪镇笤帚夼村辛子方房西064

生长旺盛，树冠阔塔形，庞大，优美。主干通直，有6个分枝，在主干1.2m处分出，分布均匀。基部有萌蘖20余株，贴母干生长。该树枝叶正常，结果量大，位于辛合起房后，土壤为棕壤，土层厚度为80.0cm，肥沃。权属：集体，管护人：村委。保护级别为三级。N=36° 48′ 46.0″，E=120° 57′ 41.0″，H=73m。

海阳市小纪镇笤帚夼村辛子方房西064（图9-3-99）

雌株，树龄260年，树高17.0m，胸径0.93m，冠幅17.0m×17.0m，枝下高1.2m。生长旺盛，树冠阔塔形，庞大。主干通直，有3个主枝，侧枝10余个。该树枝叶正常，结果量大，位于辛子方房西，土壤为棕壤，土层厚度为80.0cm，肥沃。权属：集体，管护人：村委。保护级别为三级。N=36° 48′ 45.0″，E=120° 57′ 39.0″，H=73m。

海阳市小纪镇笤帚夼村村委后048（图9-3-93）

雌株，树龄510年，树高14.0m，胸径1.00m，冠幅16.5m×16.5m，枝下高1.3m。生长旺盛，树冠近卵形。主干通直、粗壮，有分枝4个，均从主干1.3m处分出，发散状分布。该树枝叶正常，结果，位于村委后，伴生树种有柿树、构树等。土壤为棕壤，土层厚度为60.0cm，肥沃。权属：集体，管护人：村委。保护级别为二级。N=36° 48′ 36.0″，E=120° 57′ 38.0″，H=73m。

海阳市小纪镇西野口村村委办公室西072（图9-3-100）

雌株，树龄300年，树高18.0m，胸径1.02m，冠幅10.0m×11.0m，枝下高3.0m。生长旺盛，树冠卵圆形，树体高大、优美。主干通直、粗壮，有4个分枝，均从主干3.0m处发出，侧枝10余个，分布均匀。该树枝叶正常，结果量大，位于村委办公室西，土壤为棕壤，土层厚度为80.0cm，肥沃。权属：集体，管护人：村委。保护级别为二级。编号：032。N=36° 45′ 41.0″，E=121° 01′ 06.0″，H=92m。

海阳市小纪镇佘格庄村047（图9-3-93）

雌株，树龄460年，树高16.5m，胸径0.89m，冠幅17.0m×17.0m，枝下高2.4m。生长旺盛，树冠倒塔形，顶部近平。主干通直、粗壮，有5个分枝，均集中于主干3.0m以上。该树枝叶正常，结果，位于村内居民院墙外，土壤为棕壤，土层厚度为60.0cm，肥沃。权属：个人，管护人：孙忠告。保护级别为二级。N=36° 50′ 44.0″，E=120° 55′ 26. H=70m。

海阳市朱吴镇后庄村王建国房前012（图9-3-105）

雌株，树龄100年，树高19.0m，胸径0.70m，冠幅16.0m×16.0m，枝下高3.3m。生长旺盛，树冠阔塔形。主干通直，有分枝近10

图9-3-100 海阳市小纪镇西野口村村委办公室西072
（注：2. 冬态）

个，在主干上均匀分布。该树枝叶正常，位于房前，土壤为棕壤，土层厚度为80.0cm，肥沃。权属：个人，管护人：王建国。保护级别为三级。N=36° 54′ 27.0″，E=120° 05′ 52.0″，H=160m。

海阳市朱吴镇后庄村王杰云房前004（图9-3-106）

雌株，树龄100年，树高19.0m，胸径0.68m，冠幅12.0m×12.8m，枝下高3.3m。生长旺盛，树冠阔塔形，树形优美。主干通直，有5个分枝，均从主干4.0m以上发出，分布均匀。该树枝叶正常，位于房前，土壤为棕壤，土层厚度为80.0cm，肥沃。权属：个人，管护人：王杰云。保护级别为三级。N=36° 54′ 23.0″，E=121° 05′ 48.0″，H=160m。

海阳市朱吴镇后庄村王福羽房东013（图9-3-105）

雌株，树龄120年，树高17.0m，胸径0.80m，冠幅15.8m×14.8m，枝下高3.6m。生长旺盛，树冠发散状近圆形。主干挺直，有分枝10个，均从主干3.6m处生出。该树枝叶正常，位于房东侧，土壤为棕壤，土层厚度为80.0cm，肥沃。权属：集体，管护人：村委。保护级别为三级。N=36° 54′ 28.0″，E=121° 05′ 54.0″，H=160m。

海阳市朱吴镇后庄村王福东房西027（图9-3-103）

雌株，树龄120年，树高14.0m，胸径0.67m，冠幅10.5m×10.5m，枝下高2.2m。生长旺盛，树冠长椭圆形。主干略向西倾斜，有6个分枝。该树枝叶正常，位于房西侧，土壤为棕壤，土层厚度为80.0cm，肥沃。权属：集体，管护人：村委。保护级别为三级。N=36° 54′ 28.0″，E=121° 05′ 50.0″，H=160m。

海阳市朱吴镇后庄村王秀斌房前003（图9-3-106）

雌株，树龄120年，树高18.0m，胸径0.72m，冠幅14.0m×14.0m，枝下高3.0m。生长旺盛，树冠近圆形，树形优美。主干通直，较粗壮，有分枝近10个，均较小，在主干上分布均匀。该树枝叶正常，位于房前，土壤为棕壤，土层厚度为80.0cm，肥沃。权属：集体，管护人：村委。保护级别为三级。N=36° 54′ 22.0″，E=121° 05′ 49.0″，H=160m。

海阳市朱吴镇后庄村村东021（图9-3-101）

雌株，树龄130年，树高16.0m，胸径0.73m，冠幅16.5m×16.5m，枝下高3.3m。生长旺盛，树冠纺锤形。主干通直，有5个分枝。该树枝叶正常，土壤为棕壤，土层厚度为80.0cm，肥沃。权属：个人，管护人：栾法民。保护级别为三级。N=36° 54′ 27.0″，E=121° 05′ 54.0″，H=160m。

海阳市朱吴镇后庄村村东022（图9-3-101）

雌株，树龄130年，树高15.5m，胸径0.74m，冠幅15.0m×15.0m，枝下高3.2m。生长旺盛，树冠阔塔形。主干通直，有11个分枝，均从主干3.2～3.8m处发出，呈发散状在主干上均匀分布。该树枝叶正常，土壤为棕壤，土层厚度为80.0cm，肥沃。

图9-3-101 海阳市朱吴镇后庄村（1）
（注：1. 村东019；2. 村东020；3. 村东021；4. 村东022）

图9-3-102 海阳市朱吴镇后庄村（2）
（注：1. 村东023；2. 村东024；3. 栾波房东014；4. 栾法起房西007）

权属：集体，管护人：村委。保护级别为三级。N=36° 54′ 28.0″，E=121° 05′ 55.0″，H=160m。

海阳市朱吴镇后庄村村东023（图9-3-102）

雌株，树龄130年，树高16.0m，胸径0.74m，冠幅16.0m×16.0m，枝下高4.0m。生长旺盛，树冠阔塔形。主干通直，有6个分枝。该树枝叶正常，土壤为棕壤，土层厚度为80.0cm，肥沃。权属：个人，管护人：栾法起。保护级别为三级。N=36° 54′ 28.0″，E=121° 05′ 55.0″，H=160m。

海阳市朱吴镇后庄村村东019（图9-3-101）

雌株，树龄130年，树高16.0m，胸径0.74m，冠幅15.5m×15.5m，枝下高2.8m。生长旺盛，树冠形状不规则。主干通直，有4个主枝，其中两枝向外延伸达13.0m。侧枝近10个，在主干上分布较均匀。该树枝叶正常，土壤为棕壤，土层厚度为80.0cm，肥沃。权属：个人，管护人：栾振民。保护级别为三级。N=36° 54′ 27.0″，E=121° 05′ 27.0″，H=160m。

海阳市朱吴镇后庄村村东020（图9-3-101）

雌株，树龄130年，树高16.0m，胸径0.75m，冠幅15 0m×15.0m，枝下高2.2m。生长旺盛，树冠阔塔形。主干通直，有6个分枝。该树枝叶正常，土壤为棕壤，土层厚度为80.0cm，肥沃。权属：个人，管护人：栾振菊。保护级别为三级。N=36° 54′ 27.0″，E=121° 05′ 27.0″，H=160m。

海阳市朱吴镇后庄村王福旭房后009（图9-3-104）

雌株，树龄140年，树高19.0m，胸径0.73m，冠幅14.0m×14.0m，枝下高3.5m。生长旺盛，树冠塔形。主干通直，有分枝近10个，在主干上呈层分布，且较均匀。该树枝叶正常，土壤为棕壤，土层厚度为80.0cm，肥沃。权属：个人，管护人：王可胜。保护级别为三级。N=36° 54′ 26.0″，E=121° 05′ 51.0″，H=160m。

海阳市朱吴镇后庄村村东024（图9-3-102）

雌株，树龄180年，树高16.0m，胸径0.99m，冠幅16.0m×16.0m，枝下高4.2m。树势一般，树冠阔塔形。主干通直、粗壮，有5个分枝，梢部干枯。该树枝叶正常，土壤为棕壤，土层厚度为80.0cm，肥沃。权属：个人，管护人：姜守园。保护级别为三级。N=36° 54′ 29.0″，E=121° 05′ 55.0″，H=160m。

海阳市朱吴镇后庄村栾振秋房后018（图9-3-103）

雌株，树龄180年，树高17.0m，胸径0.75m，冠幅14.5m×14.5m，枝下高3.0m。生长旺盛，树冠塔形。主干倾斜，有分枝11个，在主干上呈层分布，且较均匀。该树枝叶正常，土壤为棕壤，土层厚度为80.0cm，肥沃。权属：集体，管护人：村委。保护级别为三级。N=36° 54′ 26.0″，E=121° 05′ 53.0″，H=160m。

图9-3-103 海阳市朱吴镇后庄村（3）
（注：1. 栾振秋房后018；2. 王福云房前008；3. 王福东房西027；4. 王福经房后016）

图9-3-104 海阳市朱吴镇后庄村（4）
（注：1. 王福经房后017；2. 王福松房前011；3. 王福堂房前025；4. 王福旭房后009）

海阳市朱吴镇后庄村栾法起房西007（图9-3-102）

雌株，树龄160年，树高17.0m，胸径0.70m，冠幅16.0m×17.0m，枝下高3.0m。生长旺盛，树冠近圆形。主干通直，有6个分枝，在主干上分布均匀。该树枝叶正常，结果量大致使侧枝下垂。土壤为棕壤，土层厚度为80.0cm，肥沃。权属：个人，管护人：王卫海。保护级别为三级。N=36° 54′ 24.0″，E=121° 05′ 50.0″，H=160m。

海阳市朱吴镇后庄村王福经房后016（图9-3-103）

雌株，树龄160年，树高16.0m，胸径0.78m，冠幅13.5m×13.5m，枝下高2.0m。生长旺盛，树冠形状不规则，偏冠，南侧树冠大于北侧。主干弯曲，有主要分枝3个，小的侧枝较多。该树枝叶正常，土壤为棕壤，土层厚度为80.0cm，肥沃。权属：个人，管护人：王福周。保护级别为三级。N=36° 54′ 26.0″，E=121° 05′ 51.0″，H=160m。

海阳市朱吴镇后庄村王福经房后017（图9-3-104）

雌株，树龄160年，树高17.0m，胸径0.80m，冠幅16.5m×16.5m，枝下高2.3m。生长旺盛，树冠形状不规则，偏冠，南侧树冠大于北侧。主干通直，有主要分枝近10个，均较小。该树枝叶正常，土壤为棕壤，土层厚度为80.0cm，肥沃。权属：个人，管护人：王福才。保护级别为三级。N=36° 54′ 26.0″，E=121° 05′ 51.0″，H=160m。

海阳市朱吴镇后庄村王福才房前008（图9-3-103）

雌株，树龄170年，树高19.0m，胸径0.89m，冠幅13.0m×13.0m，枝下高3.0m。生长较旺盛，树冠纺锤形。主干挺直、粗壮，有主要分枝10个，侧枝近20个，在主干分布均匀。在主干2.5m处有瘤状凸起。该树枝叶正常，王福经房后，土壤为棕壤，土层厚度为80.0cm，肥沃。权属：个人，管护人：王可军。保护级别为三级。N=36° 54′ 24.0″，E=121° 05′ 51.0″，H=160m。

海阳市朱吴镇后庄村005（图9-3-107）

雌株，树龄160年，树高19.5m，胸径0.78m，冠幅13.0m×15.0m，枝下高1.9m。生长旺盛，树冠近圆形。主干通直、较粗壮，有分枝5个，其中两个分枝向外延伸较长。该树枝叶正常，位于村内路边，土壤为棕壤，土层厚度为80.0cm，肥沃。权属：个人，管护人：王杰云。保护级别为三级。N=36° 54′ 21.0″，E=121° 05′ 49.0″，H=160m。

海阳市朱吴镇后庄村栾波房东014（图9-3-102）

雌株，树龄170年，树高19.0m，胸径0.89m，冠幅17.0m×18.0m，枝下高2.2m。生长旺盛，树冠卵形，树形优美。主干挺直、粗壮，有分枝10余个，在主干上分布均匀。该树枝叶正常，结果量大，位于栾波房东，土壤为棕壤，土层厚度为80.0cm，肥沃。权属：个人，管护人：栾波。保护级别为三

图9-3-105 海阳市朱吴镇后庄村（5）
（注：1. 王福羽房东013；2. 王建国房前012；3. 王建军房后010；4. 王建忠房前026）

图9-3-106 海阳市朱吴镇后庄村（6）
（注：1. 王杰云房前004；2. 王新云房前006；3. 王秀斌房前003；4. 王秀涛房后015）

图9-3-107 海阳市朱吴镇后庄村005

图9-3-108 海阳市郭城镇大侯家村委院内036（左）；西山村李福军房西头034（右）

级。N=36° 54′ 26.0″，E=121° 05′ 52.0″，H=160m。

海阳市朱吴镇后庄村王秀涛房后015（图9-3-106）

雌株，树龄170年，树高18.0m，胸径0.83m，冠幅14.0m×13.0m，枝下高3.0m。生长旺盛，树冠阔塔形。主干通直、粗壮，有分枝4个。基部有萌蘖10株，与母干的距离为0～0.3m。该树枝叶正常，结果量大，位于王秀涛房后，土壤为棕壤，土层厚度为80.0cm，肥沃。权属：个人，管护人：栾法平。保护级别为三级。N=36° 54′ 25.0″，E=121° 05′ 52.0″，H=160m。

海阳市朱吴镇后庄村王新云房前006（图9-3-106）

雌株，树龄170年，树高19.0m，胸径0.91m，冠幅13.0m×13.0m，枝下高3.0m。生长旺盛，树冠阔塔形，树体高大。主干通直、粗壮，有分枝6个，在主干上分布均匀，侧枝较多，生长旺盛。基部有少部分根系裸露，根盘较大。该树枝叶正常，结果量大，位于王新云房前，土壤为棕壤，土层厚度为80.0cm，肥沃。权属：个人，管护人：王新云。保护级别为三级。N=36° 54′ 24.0″，E=121° 05′ 45.0″，H=160m。

海阳市朱吴镇后庄村王福松房前011（图9-3-104）

雌株，树龄190年，树高16.0m，胸径0.86m，冠幅16.0m×16.0m，枝下高3.2m。生长旺盛，树冠近圆形，树形优美。主干通直，有分枝10余个，均较小，在主干上分布均匀。该树枝叶正常，位于王福松房前，土壤为棕壤，土层厚度为80.0cm，肥沃。权属：个人，管护人：王建香。保护级别为三级。N=36° 54′ 27.0″，E=121° 05′ 52.0″，H=160m。

海阳市朱吴镇后庄村王建忠房前026（图9-3-105）

雌株，树龄200年，树高16.0m，胸径0.89m，冠幅15.5m×15.5m，枝下高3.0m。生长较旺盛，树冠阔塔形。主干挺直、粗壮，3.0m以上有分枝断裂后形成的树洞。有7个分枝，在主干上分布均匀。该树枝叶正常，位于王建忠房前，土壤为棕壤，土层厚度为80.0cm，肥沃。权属：个人，管护人：栾良文。保护级别为三级。N=36° 54′ 27.0″，E=121° 05′ 52.0″，H=160m。

海阳市朱吴镇后庄村王福堂房前025（图9-3-104）

雌株，树龄200年，树高17.0m，胸径0.89m，冠幅17.0m×17.0m，枝下高2.2m。生长旺盛，树冠阔塔形，树形优美。主干通直，有7个分枝，均从主干3.0m处分出，分布均匀。该树枝叶正常，结果量大。位于王福堂房前，土壤为棕壤，土层厚度为80.0cm，肥沃。权属：个人，管护人：栾良学。保护级别为三级。N=36° 54′ 29.0″，E=121° 05′ 53.0″，H=160m。

海阳市朱吴镇后庄村王建军房后010（图9-3-105）

雌株，树龄270年，树高19.0m，胸径0.91m，冠幅16.7m×17.1m，枝下高2.8m。生长旺盛，树冠长椭圆形，北侧树冠略小于南侧。主干粗壮，略向南倾斜。有3个分枝，均集中于主干南侧，侧枝较多，生长旺盛。该树枝叶正常，结果量大。位于王建军房后，土壤为棕壤，土层厚度为80.0cm，肥沃。权属：个人，管护人：栾良学。保护级别为三级。N=36° 54′ 27.0″，E=121° 05′ 52.0″，H=160m。

海阳市郭城镇西山村李福军房西头034（图9-3-108）

雌株，树龄210年，树高19.0m，胸径0.92m，冠幅12.0m×12.0m，枝下高2.0m。树势衰弱，树冠形状不规则。主干通直、粗壮，树皮脱落严重。有4个分枝，顶部折断严重，部分侧枝全部干枯。该树枝叶正常，结果量大。位于李福军房西头，土壤为棕壤，土层厚度为80.0cm，肥沃。权属：集体，管护人：村委。保护级别为三级。N=37° 03′ 04.0″，E=121° 05′ 10.0″，H=138m。

海阳市郭城镇大侯家村委院内036（图9-3-108）

雌株，树龄560年，树高17.0m，胸径1.59m，冠幅12.0m×12.0m，枝下高1.6m。生长较旺盛，树冠卵圆形。主干粗壮，2.0m以上断裂，1.5m以下树皮受损，木质部腐烂较严重。有分枝4个，原有分枝均断裂。有复干1株，但1.5m以下与母干长在一起，高10.0m，胸径0.52m。位于村委院内，土壤为棕壤，土层厚度为80cm，肥沃。权属：集体，管护人：村委。保护级别为三级。N=37° 05′ 49.0″，E=121° 05′ 27.0″，H=120m。村里年过8旬的老人说，老辈人称村西北以前是一个庙，建庙之前就有这棵银杏树了。村民们都很珍惜这棵银杏树，把它当成一个见证岁月风雨的老人。

海阳市方圆街道团结村虎山街中间（图9-3-109）

雌株，树龄110年，树高14.0m，胸径0.63m，冠幅7.0m×7.0m，枝下高3.4m。树势衰弱，树冠较小，形状不规则。主干通直，原有分枝大部分折断，近顶部少部分分枝残存。该树枝叶很少，位于马路中间，周围均已被硬化。权属：集体，管护人：团结村村委。已设围栏保护，未挂牌，保护级别为三级。N=36° 46′ 23.0″，E=121° 09′ 44.0″，H=34m。

海阳市留格庄镇步鹤村村委后院082（图9-3-110）

雌株，树龄260年，树高20.5m，胸径0.77m，冠幅17.0m×17.0m，枝下高3.0m。生长旺盛，树冠卵圆形，庞大。主干通直，有分枝3个。该树枝叶正常，位于村委院内，土壤为棕壤，土层厚度为80.0cm，肥沃。权属：集体，管护人：村委。保护级别为三级。N=36° 46′ 33.0″，E=121° 15′ 37.0″，H=30m。

海阳市留格庄镇邵家庄村087（图9-3-110）

雌株，树龄260年，树高24.0m，胸径0.83m，冠幅14.0m×14.0m，枝下高4.1m。生长旺盛，树冠庞大，阔塔形。主干粗壮，略倾斜，有两个主枝，侧枝10余个，在主干上分布均匀。该树枝叶正常，位于邵家庄村内，土壤为棕壤，土层厚度为80.0cm，肥沃。权属：集体，管护人：村委。保护级别为三级。1991年，县政府已立碑保护，且有护树墙，故对树能起到有效保护。过去渔民出海时，返航因无灯塔就以树梢为参照物，故有导航作用。N=36° 46′ 33.0″，E=121° 22′ 27.0″，H=20m。

海阳市凤城街道西迟格庄村张永心房前（图9-3-111）

雌株，树龄336年，树高19.0m，胸径1.00m，冠幅15.5m×15.5m，枝下高4.0m。生长较旺盛，树冠阔塔形。主干通直、粗壮，有5个分枝，呈两层分布，其中4.0m处一分枝向外延伸达10.0m。该树枝叶正常，位于张永心房前，土壤为棕壤，土层厚度为80.0cm，肥沃。权属：集体，管护人：村委。保护级别为二级。N=36° 45′ 25.0″，E=121° 14′ 58.0″，H=38m。

海阳市盘石店镇大庄村（图9-3-112）

雌株，树龄380年，树高25.0m，胸径1.11m，冠幅24.3m×23.7m，枝下高3.5m。树冠发散状，庞大。基部树根裸露，根系露出地面最高0.12m，向外延伸达1.3m。主干挺直、粗壮，有8个分枝，部分分枝梢部枯死，在主干上分布均匀。树下石碑记载：此树植于明朝天启年，树龄至今已有370余年。生长旺盛，雄伟挺拔，年年结果累累。位于村内民居前，土壤为棕壤，土层厚度为80.0cm，肥沃。权属：集体，管护人：村委。1991年县政府已立碑保护，并修有树池。保护级别为二级。N=36° 52′ 41.0″，E=121° 12′ 40.0″，H=164m。

海阳市经济开发区鲁古埠村南（图9-3-113）

雌株，树龄406年，树高12.0m，胸径1.14m，冠幅16.0m×16.0m，枝下高2.4m。生长旺盛，树冠阔塔形，但顶部较平，略偏冠。主干竹桩、通直，表面有小的瘤状凸起。在2.4m处分为2个主干，共有分枝8个。有复干1株，高3.0m，胸径0.32m，在0.6m以下与母干长在一起。该树枝叶正常，位于村内民居前，土壤为棕壤，土层厚度为80.0cm，肥沃。权属：集体，管护人：村委。保护级别为二级。N=36° 41′ 38.0″，E=121° 09′ 55.0″，H=28m。

烟台市福山区福新街道办小河子村（东株）（图9-3-114）

雌株，树龄600年，树高25.8m，胸径1.26m，冠幅16.0m×16.2m，枝下高7.0m。树势衰弱，濒危，树冠近圆形。主干挺直、粗壮，分枝高度较高，有分枝近10个，生长一般。N=37° 31′ 45.0″，E=121° 11′ 09.0″，H=32m。

烟台市福山区福新街道办小河子村（西株）（图9-3-114）

雄株，树龄600年，树高20.3m，胸径0.70m，冠幅16.0m×12.6m，枝下高5.0m。此处原为寺庙，后拆庙建校，最后又拆校建公园，为村民祈福之地。生长旺盛，树冠阔塔形。主干挺直、有2个主枝，东侧3.0m处一分枝被锯掉。侧枝6个，生长均较旺盛。N=37° 31′ 45.0″，E=121° 11′ 09.0″，H=32m。

烟台市福山区福山林场合卢寺（图9-3-115）

雌株，树龄1200年，树高26.8m，胸径

图9-3-109　海阳市方圆街道团结村虎山街中间

图9-3-110　海阳市留格庄镇步鹤村村委后院082（左）；邵家庄村村内087（右）

图9-3-111 海阳市凤城街道西迟格庄村张永心房前

图9-3-112 海阳市盘石店镇大庄村
（注：1. 冬态）

图9-3-113 海阳市经济开发区鲁古埠村南

1.61m，冠幅21.2m×23.7m，枝下高3.0m。生长旺盛，树冠庞大，倒塔形，整体向北倾斜。主干挺直、粗壮，基部有一树洞，直径0.5m。有8个分枝，均从主干3.0m处生出，在主干上分布均匀。合卢寺又叫做峆巙寺。据传：①洪秀全插旗树中，使原来的雌雄两株合二为一，称为“合欢树”。②树木生长枝条本应朝南向阳，但此树枝条向北朝向寺庙，被人称作“护法树”。③树下有一树洞，村民传其有神仙居于此，于树内修行，善男信女多于树洞中烧香，祈求保佑，为保护古树，现改在树洞外面。N=37° 21$'$ 37.0$''$，E=121° 12$'$ 30.0$''$，H=68m。

烟台市福山区门楼镇南涂山村（图9-3-116）

雄株，树龄500年，树高20.5m，胸径1.29m，冠幅17.0m×15.4m，枝下高6.0m。生长旺盛，树冠阔塔形。主干略向北倾斜、粗壮，基部有部分树皮脱落。有3个主枝，侧枝6个。N=37° 27$'$ 59.0$''$，E=121° 16$'$ 11.0$''$，H=26m。

图9-3-114 烟台市福山区福新街道办小河子村
（注：1. 西；2. 东）

图9-3-115 烟台市福山区福山林场合卢寺

图9-3-116 烟台市福山区门楼镇南涂山村

烟台市福山区张格庄镇车家村（图9-3-117）

烟台年龄最长的一棵古树之一。雌株，树龄1300年，树高30.0m，胸径1.69m，冠幅18.0m×20.5m。村民说，这棵银杏距今大约有1300年左右，过去这里有个合卢寺，可能是那时栽下的。

烟台市牟平区昆嵛山保护区泰礴顶景区入口（牛涧庙）（图9-3-118）

雌株，树龄500年，树高25.5m，胸径1.53m，冠幅25.6m×24.3m，枝下高3.5m。生长旺盛，树冠阔塔形。主干挺直、粗壮，有8个分枝，部分分枝梢部折断，3.0m处有2个分枝被锯掉，断口处用水泥修复。有复干一株，基径0.05m，高3.8m，与母干的距离为0.2m。有萌蘖5株，与母干的距离为0～0.4m。N=37°17′10.0″，E=121°43′36.0″，H=117m。

烟台市牟平区昆嵛山保护区昆嵛山林场三分场宾馆北（图9-3-119）

雌株，树龄400年，树高11.5m，胸径0.91m，冠幅5.5m×7.0m，枝下高3.0m。生长旺盛，树冠卵圆形，树形优美。主干挺直、粗壮，有9个分枝，集中在主干5.0m以上，部分分枝顶部有枯梢。N=37°16′11.0″，E=121°43′59.0″，H=197m。

烟台市牟平区昆嵛山保护区昆嵛山林场三分场宾馆南（图9-3-119）

雌株，树龄400年，树高24.0m，胸径1.08m，冠幅13.5m×17.1m，枝下高4.0m。生长旺盛，树冠卵圆形，树形优美。主干粗壮，略向东倾斜。有7个分枝，均较粗壮。有复干一株，树高9.0m，胸径0.53m，枝下高4.5m，冠幅5.0m×3.0m，树龄达40年，与母干的距离为0.3m。N=37°16′11.0″，E=121°43′59.0″，H=197m。

烟台市牟平区昆嵛山保护区烟霞洞神清观内（图9-3-120）

雄株，树龄300年，树高20.0m，胸径0.85m，冠幅9.0m×10.1m，枝下高3.0m。生长旺盛，树冠卵圆形。主干略倾斜、粗壮，有9个分枝，均较小，集中分布在主干6.0m以上。该树位于烟霞洞神清观内。N=37°17′29.0″，E=121°43′29.0″，H=218m。

烟台市牟平区昆嵛山保护区烟霞洞神清观外（图9-3-120）

雌株，树龄200年，树高17.0m，胸径0.57m，冠幅14.0m×10.6m，枝下高3.0m。生长较旺盛，树冠阔塔形。主干挺直、纤细，有4个分枝，均集中在主干5.0m以

图9-3-117 烟台市福山区张格庄镇车家村

上。N=37° 17′ 28.0″，E=121° 43′ 03.0″，H=222m。

图9-3-118 烟台市牟平区昆嵛山保护区泰礴顶景区入口（牛涧庙）

烟台市牟平区昆嵛山保护区昆嵛山林场二分场无染寺入口迎面（图9-3-121）

雌株，树龄500年，树高21.0m，胸径0.86m，冠幅15.7m×12.5m，枝下高6.0m。生长旺盛，树冠塔形。主干挺直、较粗壮，有分枝12个，均集中在主干6.0m以上，顶梢折断。该树位于无染寺前面。N=37° 13′ 17.0″，E=121° 46′ 18.0″，H=220m。

烟台市牟平区昆嵛山保护区昆嵛山林场二分场无染寺入口右拐第1株（图9-3-121）

雌株，树龄400年，树高9.0m，胸径0.78m，冠幅6.0m×7.0m，枝下高5.5m。生长旺盛，树冠卵圆形。主干挺直，分枝高度较高，有分枝12个，在主干上成层分布，底层两分枝折断。整体生长旺盛。N=37° 13′ 08.0″，E=121° 46′ 19.0″，H=207m。

烟台市牟平区昆嵛山保护区昆嵛山林场二分场无染寺入口右拐第2株（图9-3-121）

雄株，树龄400年，树高10.0m，胸径0.77m，冠幅8.0m×8.0m，枝下高2.5m。生长旺盛，树冠卵圆形。主干挺直、较粗壮，有10余个分枝，均较小。该树与上一株相距4.0m，伴生树种为竹子。N=37° 13′ 08.0″，E=121° 46′ 19.0″，H=207m。

烟台市牟平区昆嵛山保护区昆嵛山林场二分场无染寺入口右拐第3株（图9-3-121）

雌株，树龄400年，树高10.0m，胸径0.83m，冠幅6.0m×8.0m，枝下高7.0m。生长旺盛，树冠阔塔形。主干挺直，有分枝5个，

图9-3-119 烟台市牟平区昆嵛山保护区昆嵛山林场三分场
（注：1. 宾馆南；2. 宾馆北）

集中分布在主干8.0m以上，主干顶梢折断。主干分枝处有2个垂乳，大的基径4cm，长6cm。N=37° 13′ 20.0″，E=121° 46′ 19.0″，H=215m。

烟台市牟平区王格庄镇柳家村

树龄270年。同生2株，生长旺盛。

栖霞市桃村镇宅头村（图9-3-122）

雌株，树龄220年，树高21.5m，胸径1.35m，冠幅26.6m×22.5m，枝下高2.6m。树体接近枯死，只北半边存活。树冠形状不规则，仅存5个分枝，分枝均折断，生长衰弱。主干挺直、粗壮，树皮脱落严重，树身有小的瘤状凸起。侧枝上萌蘖较多。有垂乳4个，位于北侧侧枝上，最大垂乳基径7.0cm，长15.0cm。标号：002-7-2；保护级别为国家三级。N=37° 19′ 54.0″，E=121° 09′ 00.0″，H=193m。

栖霞市桃村镇荆子埠村（图9-3-123）

垂乳银杏。雌株，树龄800年，树高22.5m，胸径2.15m，冠幅34.0m×35.0m，枝下高3.0m。生长旺盛，树冠庞大，阔塔形，树形优美，少部分枝条梢部干枯。主干挺直、粗壮，基部南侧有瘤状凸起，西侧距地面0.5m处有一处树皮脱落。有分枝12个，均从主干3.0m处生出，均匀分布于主干上，生长旺盛。有垂乳着生于主干分枝处，但较小。主干分枝处生有一株国槐。该树枝叶正常，结果量

一般。N=37° 15′ 01.0″，E=121° 12′ 40.4″，H=49m。

栖霞市观里镇小院村a（图9-3-124）

同生2株，被尊为“树神”、“村宝”。雌株，树龄200年，树高12.0m，胸径0.70m，冠幅7.0m×7.0m，枝下高2.7m。树势衰弱，树冠长椭圆形。主干挺直，无大的主枝，侧枝10余个，分枝梢部折断较多，分枝以下树皮脱落严重。有一段时间此树被人挖走，后经村民争取又夺回栽于此地。年年产“白果”300多千克，令人叹为观止。这两棵古银杏树都是登记在册的，远近闻名，不少人不远千里到此只为一睹它的风采。 N=37° 12′ 31.0″，E=120° 40′ 19.0″，H=108m。

栖霞市观里镇小院村b（图9-3-124）

雄株，树龄200年，树高11.0m，胸径0.57m，冠幅6.0m×7.0m，枝下高3.5m。树势衰弱，基本无树冠。主干挺直，4个分枝，梢部均被截断。有一段时间此树被人挖走，后经村民争取又夺回栽于此地。N=37° 12′ 31.0″，E=120° 40′ 19.0″，H=108m。

图9-3-120　烟台市牟平区昆嵛山保护区烟霞洞神清观
（注：1. 神清观内；2. 神清观外）

图9-3-121　烟台市牟平区昆嵛山保护区昆嵛山林场二分场无染寺
（注：1. 第1株；2. 第2株；3. 第3株；4.入口迎面；箭头示垂乳）

莱阳市万地镇北石庄村（图9-3-125）

雌株，树龄600年，树高30.0m，胸径1.50m，冠幅22.0m×21.0m，枝下高4.0m。树势衰弱，树冠形状不规则，南侧树冠大于北侧，主要枝干干枯，顶部干枯。主干挺直、粗壮，北侧基部有瘤状凸起；主干树皮腐烂较重且已经劈裂，东侧主枝用水泥杆支撑。有3个分枝，均从主干3.0m处长出，已干枯。该树频临枯死，无树叶，未见结果。

龙口市下丁家镇大园村大园完小校园南侧（图9-3-126）

雄株，树高25.0m，树龄600年，胸径1.66m，基径2.17m，冠幅16.0m×12.0m。该处有2株古银杏，东为雄，编号A002，西为雌，编号A003。雄株高而粗，雌株较雄株矮且细。雄株有5个大枝被锯掉。N=37° 29.376′，E=120° 31.241′ H=187m。两株古树生境棕壤土，地下水位13m。雄株有三大主枝分别向上、向北、向南延伸；冠高22.0m，最长枝向南长10.0m，最短枝向北长6.0m；有5个大枝被锯掉。干形通直，枝下高3.5m，色泽灰色，无开裂，质地粗；西侧基部有裸根，向北主枝顶端被雷劈断。古树生境棕壤土，地下水位13m。古银杏树一带原来是山下的一座庙，正殿坐北朝南，塑有尧、舜、禹像。前有山门，上筑药王阁，东有关帝庙，西有送神娘娘庙，庙院宽阔，中间有条石铺甬路，北通正殿，南至山门，这两棵银杏树便傲立甬路两侧，据传是庙内一和尚所栽。据《龙口市树庄志》记载：“此处原为大园庙，两棵银杏树散立庙院甬路两侧，据传两树是明初两和尚所种”。现在两株古树下有砖和水泥砌墙围挡，西侧有一标志碑，标记两株树在当时庙院的位置。据了解，这两棵银杏树，流传着“银杏树下状元梦”的故事。相传600多年前，一个外地秀才流浪此地，住进了附近的关帝庙。一天晚上，秀才梦中金榜题名，欣喜若狂。醒来后悟生灵感，原来这里是钟灵毓秀之地。于是，便种下这两棵银杏树，并留言道：“此树托吾梦，状元定会出大园”。1982年，大园村在此建小学学校。1997年，学校在两棵树间立下了“劝学碑”，以此勉励学生勤奋苦读，立志成才，为家乡人民争光。1996年7月2日下午4时20分左右，天空突然黑云压顶，雷声大作，大雨倾盆。为了师生的安全，学校决定提前放学。4时28分许，一个闷雷将教室上空雄树的一个向北延伸的粗枝炸断，重重的粗枝将教室房顶压塌。粗枝断与放学师生离开的时间差了不到10分钟，否则会酿成惨祸。如今，这棵周长2m多，直径达70cm的断枝放在校园东面的小棚子里。北京白云观一道长听说后，想购买这根断枝，用来制作雷击宝剑作纪念品。据说是被雷击断的银杏树枝蕴含着吉祥、平安。

龙口市下丁家镇大园村大园完小校园南侧（图9-3-126）

"银杏树下状元梦"。雌株，树龄600年，树高23.0m，胸径1.40m，基径1.72m。向上、向西两大主枝；冠高20.0m，冠幅20.0m×17.0m；主干向西倾斜60°，枝下高3.0m，色泽灰色，无开裂，质地粗；树干东侧2m处有一个20cm×25cm的树洞，基部散生裸根，裸根萌发新芽，于北侧有2处根瘤。

龙口市下丁家镇大园村民房前（图9-3-127）

雌株，年龄100年，树高21.0m，胸径0.85m，冠幅18.0m×17.0m，N=37°29.437′，E=120°31.055′，H=184m。

图9-3-122 栖霞市桃村镇宅头村
（注：4. 丛生枝及垂乳；箭头示垂乳）

蓬莱市潮水镇观里村a（图9-3-128）

雌株，树龄800年，树高23.5m，胸径0.84m，冠幅15.0m×14.1m，枝下高3.0m。生长旺盛，树冠形状不规则，北侧树冠大于南侧。主干挺直，6大分枝。相传，这两株树系栖霞著名道人丘处机随其师王重阳从昆嵛山带来的，至今已有800年历史，已被列为蓬莱市二级保护文物。N=37°40′32.0″，E=120°58′06.0″，H=23m。

蓬莱市潮水镇观里村b（图9-3-128）

雄株，树龄800年，树高30.0m，胸径1.00m，冠幅13.0m×14.1m，枝下高4.0m。生长旺盛，树冠形状不规则，南侧树冠远大于北侧。有2个分枝。N=37°40′32.0″，E=120°58′06.0″，H=23m。

潍坊市奎文区北苑街办丁家村

树龄为300年以上，树高27.0m，冠高24.5m，胸径1.56m，冠幅19.3m×19.3m，该树有4大主枝，枝叶茂盛，主干东北方向基部有一珊瑚状树瘤（长2.0m、宽1.5m）。编号为A1。

潍坊市坊子区坊子煤矿

树龄400年，树高14.0m，胸径0.52m，冠幅9.3m×9.3m，冠高11.0m，干形通直，生长较旺，编号为C1。

潍坊市坊子区坊子煤矿

树龄200年，树高19.0m，胸径0.76m，冠幅8.0m×8.0m，冠高13.0m，干形通直，生长较旺，编号为C2。

潍坊市坊子区坊子煤矿

树龄100年，树高9.0m，胸径0.45m，冠幅7.5m×7.5m，冠高6.0m，干形通直，生长较

图9-3-123 栖霞市桃村镇荆子埠村
（注：箭头示垂乳）

图9-3-124　栖霞市观里镇小院村a（右）；b（左）

图9-3-125　莱阳市万地镇北石庄村

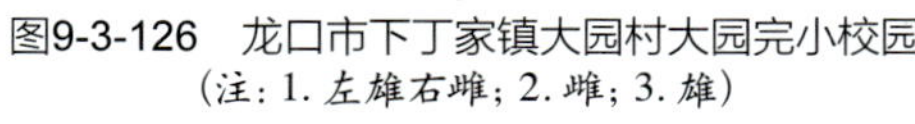

图9-3-126　龙口市下丁家镇大园村大园完小校园
（注：1. 左雄右雌；2. 雌；3. 雄）

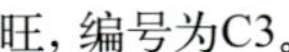

旺，编号为C3。

安丘市柘山镇青云寺

雌株，树高33.7m，胸径1.82m，树上有垂乳。

安丘市石埠子镇城顶山公冶长书院左（图9-3-129）

春秋战国银杏，潍坊市现存最古老的银杏古树之一。雄株，树龄2500年，树高29.0m，胸径1.53m，冠幅16.2m×23.4m，枝下高3.0m。生长旺盛，树冠阔塔形，树形优美。主干挺直、粗壮，表面不光滑，古劲沧桑。有分枝6个，均从主干3.0m处发出，在主干上分布均匀，向外延伸10m有余。有复干3株，高11.0m，胸径0.45m，基部粗壮，与母干的距离为0.2m。该树枝叶正常，与旁边雌性银杏仅有2.0m远。该树位于公冶长书院前。公冶祠正厅内，塑公冶长金身坐像，四面壁上绘有公冶长一生中各个时期的经历简介，祠院内碑亭、耳房、影壁和院墙俱全。祠西青云寺遗址前有2棵高大的银杏树，传为公冶长手植。被称为“圣树”。

公冶长是春秋战国时期人。据《孔子家语》记载：“公冶长家贫，能识鸟语，鲁君欲爵以大夫，其不受，终身治学而不仕禄”，幽栖于书院山林中读书、授徒。据传：在一次卫国战斗中，他卓识鸟语，果判军机，致使贼兵溃败。此后人们对公冶长倍加推崇，宋代追封高密侯。后来人们为了纪念这位鲁曲贤士、

图9-3-127 龙口市下丁家镇大园村民房前

图9-3-128 蓬莱市潮水镇观里村
（注：左b右a）

孔子的得意门徒和佳婿公冶长，在安丘市庵上镇的城顶山中修建了一座公冶长书院。这个书院坐北朝南，东西40m，南北75m，占地0.13hm²，建筑面积130m²，南对灯台山。院内何年建祠无考证，祠中有公冶长金身塑像，周围有介绍其生平的连环壁画，形象生动，古朴典雅。“此地环屋皆山，破石出泉，树稳风不鸣，泉安流不响”、“山水俱佳，秀丽典雅”，四时胜景各俱风情。清代诗人陈文伟曾赋诗云：“古人曾见读书台，翠色肯兮绝点埃，山为有情三面立，花为无主四时开，溪边钵响闻僧语，竹里莺飞陪客来，不尽好怀期勤石，题诗还欲扫苍台”。

树下碑记《古银杏》载文：两树东雄西雌，根枝相交，雄树开花，雌树结果，宛如夫妻，故称“同心树”。相传是孔子与公冶长夫妇所植，迄今已有2500余年历史，为国家一级保护古树名木。执子之手，与子偕老，两树历经风雨，矢志不渝，默默诠释着爱的永恒，成为有情人终成眷属的美好见证。银杏树，又名白果树，公孙树，古代银杏类植物存活下来的唯一品种，有植物界的“活化石”，“大熊猫”之誉。1999年被国务院列为国家一级重点保护野生植物。

银杏树赋：四顾青山层峦，一胜景满眼，如此良地昊天更增盛世新辉。有此巍巍银杏，相伴挺立傲然。参天立齐鲁之交，风流书山东之美。披青甲著翠衣，三星照，四美齐，弄抚葳蕤，谭胸包容万物，搅扼苍穹，气势吞吐虹霓，外拔中聚，大树龙盘会鲁侯，思精髓大，孔子公冶亲栽植，生机旺盛，采天地之云气，义气磅礴，集日月之精华，圣果累累，香气八方阡陌，玉扇摇摇，阴复十万人家。越贰仟五百载，儒佛意和气谐还看欣荣今朝，春秋枝繁叶茂，公冶之垂范，人文恒驻，至圣先师之标榜，亘古通运。天赐平安福，雄光丈照世，地藏良材储，君子百年报国。樱桃年年红，深山古刹钟声远，芳草岁岁绿，古木伉俪天下傅。

夫子训，公冶理，圣贤眷，天相佑，居高眺远胸襟自可宽大，掘深汲水，厚积方能薄发。凭吊先哲，常读孔孟遗风，展望前程，幸甚福祉如虹。

有诗为证：银汉玉盘经年转，杏花又红长生泉。树下六朝多少事，赋词长吟荣山川。

安丘市石埠子镇城顶山公冶长书院右（图9-3-129）

春秋战国银杏，“圣树”，潍坊市现存最古老的银杏古树之一。雌株，树龄2500年，树高29.0m，胸径1.85m，冠幅19.1m×22.6m，枝下高3.0m。生长旺盛，树冠阔塔形，树形优美。主干挺直、粗壮，表面不光滑，古劲沧桑。有分枝4个，均较粗壮，均从主干3.0m处发出，在主干上分布均匀，向外延伸11.0m有余。有复干1株，高12.0m，胸径0.35m，基部粗壮，与母干的距离为0.15m，基部与母干长在一起。该树位于公冶长书院前，传为公冶长手植。被称为“圣树”。雌树每年果实累累，仅1995年即结实150kg，果、叶产值近万元。雌株树干通直，色泽灰褐，深纵裂，质地粗糙，树干北侧自地面高2.5m处有一树洞（长0.6m、宽0.6m），用水泥嵌固，树干南侧枝下有2个垂乳。该树长势旺盛，枝叶茂盛。

安丘市赵戈镇政府院内

雌株，树龄500年，树高22.0m，胸径1.43m，冠幅17.2m×18.9m。地表围径5.2m，冠形伞状。干形通直，树干表面有凹凸现象，但无孔洞损伤，现村民砌树池围栏保护，生长良好，枝繁叶茂，犹如一个巨大的华盖，气势不凡，有果实。十几年前，在树干4.5m处生长一枸杞树，长势良好。

安丘市赵戈镇赵戈村

雌株，树龄500年，树高12.0m，胸径0.81m，冠幅8.5m×8.5m。3人合抱，果三棱。

安丘市大盛镇东田庄村

树龄1200年，树高21.0m，胸径1.24m，冠幅10.3m×10.3m。同生2株，冠高16m，树皮灰色，纵裂，质地粗糙，树枝部分枯死，树皮脱落严重，树冠偏向西南方向生长，总体树势渐衰弱。

图9-3-129 安丘市石埠子镇城顶山公冶长书院

安丘市官公镇老庄村

树龄150年，树高13.0m，胸径0.50m，冠幅7.0m×7.0m。地表围径1.7m，树冠伞状，干形通直，色泽黑褐，小块状裂，质地粗糙，古树高大挺拔，长势旺盛。

临朐县九山镇抬头村村委院内（图9-3-130）

雄株，树龄1000年，树高20.0m，胸径1.36m，冠幅18.5m×15.0m，枝下高3.4m。生长较旺盛，树冠阔塔形。主干挺直、粗壮，有分枝6个，其中一分枝折断，东侧一分枝较粗壮。该树位于临朐县九山镇抬头村村委院内。编号：潍LQI-0017，保护级别为一级。九山镇抬头村因地处较平坦山头而得名，平头村后按吉祥意改名抬头。今有千年银杏树，古木参天更接祥云，民以为珍贵而尤爱惜。村有粮贸人物殷发祥尤重银杏发祥而使粮贸兴旺，特出资保护古树。十年树树，百年树人，其情可嘉，余应邀为撰文以纪。丙戌夏冯益汉撰。奇异的是枝丫腐朽处天然生出一株"野葡萄"，沿树枝盘旋而长，异体同株，妙趣横生，景色独秀。距雄性银杏约200m的河岸边也生长着一株高近20m的雌性银杏，溪流环绕，树龄400余年，亭亭玉立，傲岸不群，秋果累累，树叶金黄，两树相映成景，被誉为深山"银杏王"。N=36° 04′ 56.0″，E=118° 29′ 43.0″，H=500m。

图9-3-130 临朐县九山镇抬头村村委院内（右）；村委东50m河南岸（左）

临朐县九山镇抬头村村委东50m河南岸（图9-3-130）

雌株，树龄400年，树高18.5m，胸径0.90m，冠幅15.5m×15.5m，枝下高4.9m。树冠塔形，干形通直，树皮灰白色。因南侧靠近山坡，北侧树冠略大于南侧。有分枝10个，均较小，在主干上分布均匀，部分分枝折断。北侧分枝向外延伸5.0m。N=36° 04′ 56.0″，E=118° 29′ 41.0″，H=504m。

图9-3-131 临朐县五井镇南蒋村

临朐县五井镇南蒋村（图9-3-131）

雌株，树龄1300年，树高32.0m，胸径1.71m，冠幅20.5m×18.5m，枝下高6.0m。树势一般，树冠塔形，主要分枝顶部有枯梢。主干挺直、粗壮，南侧5.0m以下树皮脱落，距地面10.0m处生有一株泡桐。有分枝6个，分枝高度较高，分枝生长一般，大部分分枝顶部干枯。该树结果很少，枝叶正常。N=36° 22′ 53.8″，E=118° 18′ 52.1″，H=243m。

临朐县九山镇沂山风景区东镇庙（图9-3-132）

雌雄同株，抱子银杏（复干）。树龄1000年，树高20.0m，胸径1.28m，冠幅13.0m×13.5m，西侧树冠略大，树形优美。抱子银杏位于沂山东镇庙内，是宋仁宗赵祯景佑三年（1036）祭告沂山时所植。该树有8个分枝，其中7个分枝从主干5.0m处发出，有一主枝折断，其余生长旺盛。主干带形开裂，树瘤多处，像一个布满岁月伤疤的历史老人。由于东镇庙内碑石林立，古柏参天，显得神秘阴森，而这株银杏以它奇特的叶形，挺拔的树姿，好像置身于耄耋老者之间的少女，从而给古庙增添了不少活泼明快的气息。特别是春秋时节，银杏缀满金黄色的树叶和果实，恰似苍松翠柏间一朵奇葩。尤为奇特的是，40年前，在树高6m的树杈中生出一株小银杏，现已高13.5m，基部围径0.79m，如果不仔细辨认，很容易被误认为是老树的枝干。小银杏生于老树的多枝干当中，好像嗷嗷待哺的婴儿，令人称奇。原一雄一雌数人合抱的古银杏树，西雄东雌。雄树于1968被伐，雌树只花不果。然奇事巧成，雌树自生雄株，复果，故称"母子连体连理银杏树、母子同株、雌雄同株"。N=36° 11′ 50.0″，E=118° 39′ 53.0″，H=296m。

临朐县杨善镇付家峪村

树龄310年，树高15.0m，胸径0.90m，冠幅11.5m×11.5 m，冠高12m。

临朐县石家河乡悬泉寺

树龄223年，树高16.0m，胸径0.50m，冠幅15.5m×15.5m。冠高11.5m，干形通直，树皮灰白色。

诸城市林家村镇青云村青云寺（图9-3-133）

“母子同株”。雌株，树龄1500年，树高23.0m，胸径2.23m，冠幅12.0m×18.5m，枝下高2.3m。生长旺盛，树冠阔塔形，南侧树冠略大于北侧。周围根系裸露，最高露出地面0.15m，向外延伸1.5m，根盘很大。主干挺直、粗壮。雌株20年不实。1987年冬天因火灾主干中间烧空，其后在树洞东侧长出一株幼树，成为“母子同株”。现存3个分枝，西南侧分枝向外延伸达10m。有复干一株，贴母干生长，高10.0m，胸径0.15m。该树枝叶正常，有支架支撑树体。N=35° 57′ 49.6″，E=119° 39′ 41.1″，H=101m。

树址北侧古有寺庙一座，名“青云寺”，1964年拆除。传说此寺始建于唐前，唐王李世民曾重修，明万历《诸城县志》卷八载：“三清庙，县东雩泉乡，古迹，唐王游此庙，重修数次。”当地民间至今仍流传着“唐王修庙不记（白）果”的故事。

图9-3-132　临朐县九山镇沂山风景区东镇庙

诸城市皇华镇（原郝戈庄镇）寿塔村寿塔寺（图9-3-134）

诸城市“银杏王”。雌株，树龄1500年，树高24.6m，胸径2.73m，冠幅26.5m×25.5m，枝下高3.4m。生长旺盛，树冠阔塔形，树形优美。南侧部分根系露出地面，向外延伸2.0m。主干粗壮、挺直，有大的分枝3个，侧枝10余个，西侧分枝生长较弱。基部周围有萌蘖200余株，与母干的距离为0～0.8m，此树萌蘖系人为因素形成。该树位于养鸡场内，结果量很大，枝叶正常。原寿塔寺，该树名声显赫，是诸城市的古银杏之最，堪称“银杏王”。树址处有一寺，因年代久远，已无人知其寺名，习称“寿塔寺”，因寺中曾有一古塔名“寿塔”，村名也因此而来。诸城市博物馆曾考证寺是南北朝时所建。该树应系记事性古树，树龄至少应在1500年以上。如今，该树保护良好，枝繁叶茂，生机勃勃，树冠指云摩天，浓荫蔽日，年代久远且不显苍老，成为人们心中神圣的象征。N=35° 52′ 48.1″，E=119° 22′ 13.2″，H=101m。

诸城市皇华镇相家沟小学

明银杏。雄株，树龄391年，树高26.0m，胸径1.31m，冠幅18.0m×18.0m。在相家沟村东野鹤桥北方的山岗上，建有“东溪书舍”。据记载，此舍建于明天启五年（1625），石墙茅顶，五间，宅院宽敞，是他读书、著作之处，已久圮。今为相家沟小学。院内现存两株银杏树，干粗数人合抱，枝繁叶茂，近前观之虽粗皮皱裂，却生机盎然，高耸云天。树枝上挂有无数条红绸布，飘飘摇摇，是否此树已有仙神灵气，丁耀亢诗序中云：“山中银杏树，少年手植，四十有五年，今秋得果二石。予年六十有

图9-3-133　诸城市林家村镇青云村青云寺

图9-3-134 诸城市皇华镇（原郝戈庄镇）寿塔村寿塔寺

八。”以此可知两株银杏树是他23岁时（天启元年即1621年）手植。书舍西是牡丹园，园内是丁氏家塾，供丁氏子孙读书。

诸城市皇华镇相家沟小学

明银杏。雌株，树龄391年，树高20.0m，胸径1.25m，冠幅14.0m×15.0m。

诸城市马庄镇孟疃区井邱一村

雌株，树龄500年，树高27.0m，胸径1.48m，冠幅16.4m×12.6m。

诸城市昌城镇孙村二村孙村社区大院内

雌株，树龄600年，树高21.0m，胸径1.12m，冠幅24.0m×24.0m。诸城市昌城镇孙村社区大院内一株古老的银杏树。树身3人方能合抱，它已有600多年的历史了，被乡亲们奉为“镇村之宝”。这株银杏树树干离地面4.0m处就开始分枝，共有10多个粗枝向上或向四周伸展，树高15m处以上就分不出主干了。枝有长枝与短枝之分，最大的树枝直径40cm，长近10m。树枝分布均匀，叶形奇特，树冠呈优美的椭圆形。古树头上顶着一团蓬蓬的绿叶，像一把撑开的雨伞，傲霜斗雪，数百年不衰，至今仍枝叶茂盛，春夏满株翠绿，入秋一片金黄。

诸城市昌城镇寨里村小学校院内

明朝银杏。雄株，树龄600年，树高22.6m，主干7m胸径1.20m，冠幅17.0m×15.5m。权属为公有。该树20世纪70年代末曾遭雷击，几近死亡。目前长势旺盛。

诸城市相州镇相州六村

雌株，树龄600年，树高23.7m，胸径1.60m，冠幅19.4m×17.9m，主干高4.5m。权属为私有。树址处原是该镇小吴村王姓人家坟茔，栗家祖上世代为其守坟茔。新中国成立后，作为财产栗家要了这棵树。该树长势良好。有一个粗度0.42m复干紧贴母干生长。

诸城市百尺河镇管家河套村关帝庙遗址

雌株，树龄700年，树高24.0m，主干高5.0m，胸径1.6m，冠幅16.0m×16.0m。该树上部枝干干枯，近几年，村民环境保护意识逐渐增强，对古树的保护力度也进一步加大，古树的长势更加旺盛，北边已枯了的枝干也开始长出绿色。树址处原有关帝庙一座，四邻八乡的人都把它叫作白果树王。

诸城市西关街市艺术团南老教堂院内

树龄120年，树高16.0m，主干高4.0m，胸径0.70m，冠幅14.0m×14.0m。该树先于教堂还是后来移栽已无从查考。目前该树生长茂盛。权属为公有。

青州市五里镇赵家河村

雌株，树龄700年，树高23.0m，胸径1.23m，冠幅20.6m×20.8m。

青州市玲珑山南路4139号潍坊教育学院

树龄200年，树高13.5m，胸径0.80m，冠幅15.5m×15.5m。编号为F1。

青州市玲珑山南路4139号潍坊教育学院

树龄200年，树高15.0m，胸径0.70m，冠幅6.5m×6.5m。编号为F2。

青州市玲珑山南路4139号潍坊教育学院

树龄200年，树高14.5m，胸径0.60m，冠幅7.5m×7.5m。编号为F3。

青州市玲珑山南路4139号潍坊教育学院

树龄100年，树高10.0m，胸径0.40m，冠幅5.5m×5.5m。编号为F6。

青州市王府办事处朝阳村

树龄200年，树高14.5m，胸径0.80m，冠幅16.5m×16.5m。编号为F4。

青州市益都镇昭德街真教寺

树龄100年，树高14.0m，胸径0.40m，冠幅5.5m×5.5m。编号为F5。

高密市柏城镇小河崖村（图9-3-135）

“高密银杏王”。雌株，为唐代末年所植。树龄1100年，树高20.0m，胸径2.00m，冠幅12.0m×12.0m，枝下高2.2m。生长旺盛，树冠呈倒塔形，顶部平坦。主干粗壮，基部略细，上部略粗，西北侧树皮脱落，木质部腐烂形成纵沟。基部根系裸露，形成高出地面0.3m的瘤状凸起。主干上有7个分枝，3个主枝枯死，最大的2个分枝位于南侧和西侧，基径分别为1.10m和0.95m，西侧主枝在4.0m处分为2枝，向西延伸的侧枝长达10.0m，部分分枝顶部有枯梢。主干完好，横空欲飞，有的干枝直刺云天，如同古人流传下“千年人代惊弹指，独有参天鸭脚存”的诗句一样。清代乾隆皇帝有一咏银杏诗，用于赞喻该树也颇为贴切，云：“古柯不计数人围，叶茂枝孙绿荫肥。世外沧桑阅如幻，开山大定记依稀。”该银杏树被称为“银杏王”，它饱经风霜刀剑，雨推雪

图9-3-135 高密市柏城镇小河崖村

压，炼成了铁干虬枝，显示出独特的风貌，苍劲葱郁的枝干盘旋上空，生机透于苍穹，狂风吹来，枝干摇摆起舞，似乎要断裂坠落，可它偏偏壮若利剑斜插在主干上，风平树静之时依然巍峨狰狞，闲观胶河水库碧波起落，是颇为引人注目的一大景观。大年产果近100kg。据说该树上原有大蛇，常捕食树上小鸟和周围农户鸡鸭，20世纪70年代遭雷击，蛇死，树也被殃及，主枝干枯。该树所处空间狭窄，周围房屋较多，树冠伸展受限，生长环境一般。

高密市柏城镇堤东村（图9-3-136）

雌株，树龄250多年，树高22.0m，胸径0.80m，冠幅8.0m×7.5m。树干呈杯状生长，冠高8m，基径0.9m，干形通直，长势良好。树冠纺锤形。有4个分枝，均集中在主干5.0m以上。树皮部分受损。1950年7月区委驻点干部在该树下召开大会向群众宣传抗美援朝，动员适龄群众积极报名参军。之后，周围村庄群众踊跃参军，不时出现父母送子，妻子送丈夫，姊妹送兄弟的感人场面。该处原有菩萨庙，树在庙院内。相传该村人侯坎于清乾隆十八年中举后授四川万安县县令，乘船返乡，过扬子江时因大风雨遇险，为求平安，当场许愿回乡建菩萨庙，脱险后，遂于乾隆二十年，在此建庙并植该树。1964年庙起火被毁，殃及该树，致主干基部树皮大部烧焦，树势渐衰。该树东西两面皆为住户，北面一片杂树，南面为大街，通风透光，生长环境较好。

高密市柏城镇苑家疃（图9-3-137）

雌株，该树植于清光绪年间，树龄130年，现位于村中部一住户院内，树高13.0m，枝下高3.5m，胸径0.45m，冠幅10.5m×9.0m。主干直立挺拔，表皮完整。十几条侧枝围绕树干斜上生长，冠呈塔形，树姿优美，枝繁叶茂，生机盎然。大年产果40～50kg。该树原处村外，周围一片杨树，1958年有人要伐该树作燃料大炼钢铁，许多村民不同意，树得以幸存。

高密市柏城镇瓦屋庄

该树植于清光绪年间，树龄130多年，为雄株，现位于村中部大路东侧，树高9.0m，胸径0.45m，冠幅8.0m×7.0m，枝下高4.0m。主干浑圆笔直，表皮完好。树枝绕树干均匀分布，向四周伸展，枝繁叶茂。冠呈塔形，生长旺盛。该树所处通风透光，但路面坚硬，渗水性差，生长环境一般。

高密市密水街办张家埠村（图9-3-138）

雌株，树龄630年，树高18.0m，胸径1.40m，冠幅14.0m×15.0m。冠高12.5m，基径1.5m。主干通直、粗壮，东南距地面1.0m处有直径0.2m的瘤状凸起，基部北侧有20余株萌蘖。有分枝12个，在主干呈层状分布，分布均匀，南侧一分枝干枯，部分分枝梢部或侧枝干枯。基部有部分根系裸露，根盘较大。树势衰弱，树冠开心形，斜向上生长，东西顶端各有枯枝，层次分明，错落有致，树干银灰色，偏东北方向生长，适春抽绿叶，逢秋献白果，为后人所敬佩。抗日战争时期，日寇铁骑无情践踏这一带，抗日志士经常在这附近打击日寇。后来，一位志士受伤，落入日寇手中，不久，被枪杀在古银杏树下，鲜血染红了树边的土地，那年秋，银杏树没结一个白果。

高密市密水街办拒城河高密市育才中学院内（图9-3-139）

雌株，树龄1000年左右。树高20.0m，枝下高2.6m，胸径1.70m，冠幅14.0m×16.0m。生长旺盛，树冠倒塔形，东侧大于西侧。主干粗壮，略向南倾斜。此处原有一古庙，该树位于庙西南角，为庙树。据记载该庙建于北宋时期。主干低矮粗壮，树皮呈灰褐色，苔痕密布，裂纹深纵。基部背阴面生有树蘑，令人称奇的是皮上竟还直接生出若干新叶。其南侧根部长出复干7株，每株径约5cm。其正南面原有2枝，2003年被大风折断，现断枝仍依

图9-3-136 高密市柏城镇堤东村（左）和故献村（右）

图9-3-137 高密市柏城镇苑家疃（左）和井沟镇德胜屯村（右）

图9-3-138 高密市密水街办张家埠村

图9-3-139 高密市密水街办拒城河高密市育才中学院内（左）和柴沟镇梁东村（右）

靠在主干上。现存三大主枝，分别向东南、东北、西北斜上伸展。向东南一枝尤为粗壮，如巨人伸出臂膀，意欲擎天。该树处学校花园内，水肥充足，学校为加强保护，在树底加铁栏围护，并用铁架顶住伸展长的树枝，以防断裂，生长环境良好。大年结果约100kg。

高密市密水街办辛庄

雄株，该树植于清嘉庆年间，树龄约200年，现位于村中部一住户院内，树高18.0m，枝下高5.0m，胸径0.64m，基径1.5m，冠幅8.5m×10.0m。生长旺盛，树皮完整。有分枝5个，其中，最低的分枝折断。主干高大笔直，表皮完整，树姿端正，冠形圆满。十几年前，从树的东面根部长出一子株，紧依母树生长，被人们称为“怀中抱子”。现子树高2.5m，胸径0.12m，与母干的距离为0.5m。枝叶繁茂。几年前，两位南方人在树上进行了多处嫁接，3年后开始结果。该树所处土质松软，水肥充足，周围无高大房屋及树木，通风透光，村民管理上心，生长环境较好。人工嫁接雌雄同株银杏树。

高密市夏庄镇王党村（图9-3-140）

明银杏。雌株，树龄600年，树高24.0m，胸径1.71m，冠幅19.0m×19.0m。传为明代所植。基径2.6m，地表围径8.16m，主枝层次分明，冠似伞形，北高南低，长势旺盛。树干灰褐色，有轻微开裂，基部四周裸根呈盘圆型，形似蓬花墩。枝叶苍翠，生机盎然，是行人和种田者乘凉的理想之处，凉风拂面，让人流连忘返。基部部分根系裸露，根盘较大。有分枝10余个，均从主干7.0m处分出，分布均匀。主干东面长出3株小银杏树，其中一株干枯，母、子树枝交错，似相亲相拥，形态可爱。其中一株干枯，最大复干高10.0m，胸径0.20m。主干顶部树枝间形成一块约1.0m^{2}大的平面，当地人称为“炕”，上面可供4个人玩扑克。该树生长在村外，独占一地，通风透光，土质肥沃潮润，生长环境良好。

高密市夏庄镇西王家苓芝村（图9-3-141）

雌株，树龄300年，树高15.0m，胸径0.80m，冠幅12.0m×10.0m，枝下高5.0m。基径1.5m，树干通直挺拔，偏东北方向生长，基部有裸根，枝繁叶茂。有分枝7个，分布均匀，皆斜向上生长。2006年夏天，一树枝遭雷击断裂，造成树冠西面缺损，重心向东倾斜。该树所处周围房屋密集，地面坚硬，渗水性差，生长环境一般。编号：GSMM-C-1-007，保护等级为一级。

高密市夏庄镇东武村（图9-3-142）

雌株，树龄300年，树高24.0m，枝下高4.0m，胸径0.70m，冠幅12.0m×14.0m。该树植于清康熙年间，原植于关帝庙前院，后庙毁，此处改建村委会办公室，该树位于院内，因雨水冲刷，树根多裸露。主干笔直，健壮挺拔。5条主枝，一枝直立向上，其余4枝分别向西南、西北、东南、东北斜上生长，径均在25cm左右。结果很少。该树所处空间开阔，通风透光，生长环境良好。

高密市柏城镇故献村（图9-3-136）

雌株，树龄140年，现位于胶河西岸，树高14.0m，枝下高0.6m，胸径0.50m，冠幅10.0m×9.0m。生长旺盛，树冠阔塔形。主干离地0.6m处分为2主枝，东侧主枝径0.3m，又分4枝，有一枝弯曲围抱树干，如小孩绕母膝前；西侧主枝径0.2m，上有2条分枝。整个树冠枝叶浓密，郁郁葱葱，树大年产果30～40kg。该树西面为住户，东面为胶河，周围长满杂树，地面植被厚密，水肥充足，生长环境较好。

高密市柴沟镇梁东村（图9-3-139）

该树植于清光绪年间，树龄120年，现位于村东部，树高10.0m，枝下高6.0m，胸径0.80m，冠幅8.0m×9.0m。生长旺盛，树冠倒塔形，顶部较平坦。主干通直，表皮完整，距地面3.0～5.0m范围内萌生小枝较多。有6个分枝，集中分布在主干6.0m以上，分布均匀。因所处地势较高，水土流失，致使根部裸露，有的裸根长达数米。沙石较多，生长环境欠佳。

图9-3-140 高密市夏庄镇王党村

高密市井沟镇阎家沙坞（图9-3-142）

该树系从他处移来，现位于村前。雄株，树龄100年，树高12.0m，枝下高5.0m，胸径0.35m，冠幅6.0m×5.0m。生长旺盛，树冠近圆形。主干挺直，表皮完整。有分枝10余个，均较小，北侧分枝少于南侧。基部曾遭破坏，现已修护栏保护。

图9-3-141 高密市夏庄镇西王家苓芝村

高密市井沟镇德胜屯村（图9-3-137）

该树植于明正德年间，现位于村东北部一住户院内。雌株，树龄约500多年，树高10.0m，枝下高3.0m，胸径1.10m，冠幅12.0m×10.0m。生长较旺盛，树冠塔形。主干浑圆挺拔，表层部分腐烂，多处疤痕，南面顶端长出3个像钟乳石样的树瘿，南侧有一株碗口粗的子树已枯死。5条主枝，向东南一枝直立生长，其余4枝均匀分布，斜上生长。有复干1株，贴母干生长，高8.0m，胸径0.23m，已干枯。基部有萌蘖，与母干的距离为0～0.5m。有3个垂乳，位于南侧分枝处，最大垂乳基径0.10m，长0.2m。据村民讲，新中国成立前，顽军和土匪常来村中骚扰抢掠，有时把该树当靶子射击，树上弹痕累累。

图9-3-142 高密市井沟镇阎家沙坞（左）和夏庄镇东武村（右）

高密市井沟镇后铺

相传明正德年间即有，树龄应在500年以上，现位于村中部，树高21.0m，枝下高6.0m，胸径1.10m，冠幅18.0m×18.0m。生长旺盛，树冠长卵圆形，树形优美。主干通直，分枝高度较高。基部粗根微露，西南面生有复干1株，已经干枯，基径0.35m，高3.0m，仅残存一部分树皮，村民称之为“怀中抱子”。明万历十三年（1585），县置西路交通五十里铺于此。该村因位于铺北而得名“后铺”，那时此树位于路南，过往商旅常在树下歇息。1944年日本侵略者抓劳工，村中10多个青年爬上该树，时值盛夏，他们隐身于浓密的绿叶中，逃过一劫。传说以前凡对该树动刀动斧者都曾遭报应，人们对该树心存敬畏。20世纪六七十年代，村革委会要伐该树，派去的木匠都说无法砍伐，只好作罢。

寿光市孙家集街道张家寨子村后银杏小学院内（图9-3-143）

寿光新八景之一，名之为“银杏承云”；明银杏。树龄600年，树高28.5m，胸径1.54m，冠幅18.5m×18.0m。张家寨子银杏树在寿光颇为有名，与城区宁国寺古槐齐名，被选为寿光新八景之一，名之为“银杏承云”。据介绍，该树植于明代以前，距今600余年，现树围4.85m，树冠直径30m，树高28.5m，覆盖面积326m^2，冠高25.5m，干形通直，八大主枝均匀分布，像一把撑开的绿伞，裸根9条，盘桓于基部，宛若龙盘，生长旺盛。抗日战争期间曾被日军锯去2条主枝。但也有说是被张景月锯去。（注：张景月，1904～1978年，国民党陆军少将，想用来做枪托，但因木质疏松，弃之未用。）为县级重点保护古树，寿光市、潍坊市均有登记资料。寿光市园林局2003年10月挂的保护牌，编号032。2004年，寿光市政府建设银杏园以保护此树，改编号为E1。

曲阜市孔庙承经门诗礼堂院内（图9-3-144）

同生2株，“杏坛”。东为雄株，树龄900年，树高15.5m，胸径1.30m，冠幅10.0m×13.0m。树冠塔形，顶部枯梢较重，主干通直。2个复干，最大复干胸径0.50m，树体从基部到上均有干生树瘤，并萌生许多新芽，类似枣疯病。据说孔子很喜欢在银杏树下阅

图9-3-143　寿光市孙家集街道张家寨子村后银杏小学院内

图9-3-144　曲阜市孔庙承经门诗礼堂院内（雄）

读和教授弟子，后人将他教诲弟子的地方称为“杏坛”，在曲阜孔庙诗礼堂前宋代所植雌雄银杏树各一株以示纪念。雄株树皮光滑，木质部腐朽已久，年逾“花甲”，仅在东北向有一部分韧皮部尚存。

曲阜市孔庙承经门诗礼堂院内（图9-3-145）

同生2株，宋银杏，“五女守母”。西为雌株，树龄900年，树高18.0m，胸径1.08m，冠幅13.0m×17.0m。树冠广卵形，主干通直，树皮深纵裂，有部分树皮脱落。母干及大侧枝顶端枯死。母树旁生5株小银杏树，人称“五女守母”，其胸径分别为19.75cm、85.00cm、12.43cm、4.77cm、5.09cm。曲阜孔庙东路的第一道大门是承圣门，门里第一座正殿是诗礼堂。清初孔尚任在此曾向康熙皇帝讲过经书。《论语·季氏》载，孔子教育儿子鲤：“‘学《诗》乎?’对曰：‘未也’。‘不学《诗》，无以言。鲤退而学《诗》。他日又独立，鲤趋而过庭。曰：‘学《礼》乎?’对曰：‘未也’。‘不学《礼》，无以立’。鲤退而学《礼》。”为追念此事，特建此堂，以示后人不忘孔子在庭之训。在诗礼堂前，有2株古银杏，宋朝时栽植，因此被称为“宋银杏”，树龄近千年，左侧为雄株（上一株），右侧为雌株，雌株与雄株间距25m，犹如一对相依为命的夫妻。两株古银杏深受“诗”“礼”之训，朴实无华，每年硕果累累，同时用它们奇特的叶形、秀丽的树姿，在礼法甚严的孔庙内组成一道美丽的风景。相传孔府有一道名菜“诗礼银杏”，即用本树果实作原料烹制而成。N=35° 35′，E=116° 55′，H=60m。

曲阜市颜庙院内

雄株，树龄500年，树高18.0m，胸径1.05m，冠幅14.0m×16.0m。枝下高2.8m，6大主枝。树皮粗糙，深纵裂。生长旺盛，树冠广卵形。主干通直，枝条分布均匀，唯东北方向遭雷击，从离分枝点2.0m处断裂。N=35° 35′，E=116°　55′，H=60m。

泗水县泗张镇安山寺林场安山寺（图9-3-146）

2株，唐银杏，又说孔子手植树。“夫妻树”。西为雄株，树龄2500年，树高28.6m，胸径2.52m，冠幅22.8m×21.7m。树冠圆锥形，偏向西南。主干通直，有纵状沟，最深达0.18m。主干及大侧枝顶端枯死，树干及主枝上有树瘤，上有丛生萌条。安山寺始建于唐贞观年间，原为安山涌泉寺，后省略为安山寺。寺院内两株唐代所植银杏树，根深叶茂，树冠如盖，其中一株需六七人方能环抱过来，蔚为壮观。这里环境古朴幽雅，花木拥翠，碑碣林立，清泉喷涌，气候清爽，古有“安山秀色”之美称，为泗水十大景观之一。据《泗水县志》载，晚清进士王廷赞游安山寺曾作诗赞曰：“万山围一寺，老树绿参天……龙喷石窦泉，花雨散峰巅。”两树相距12m，树上部枝叶相交，形同一体；树下部根系相连，难分彼此宛如一对喜结连理的恩爱夫妻，共沐风雨永不分离，当地俗称“夫妻树”。现树下碑记：孔子手植树。N=35° 46′，E=117° 25′，H=248m。

泗水县泗张镇安山寺林场安山寺（图9-3-146）

“夫妻树”。东为雌，树龄600年，树高23.8m，胸径0.75m，冠幅17.6m×14.5m。树冠阔塔形，生长旺盛。雌树树影婆娑，婀娜多姿，每年结籽200kg。雌树明显矮小，与雄树不属于同一年代。有复干1个，母子干并生，复干向南倾斜，胸径0.65m。

泗水县泉林镇泉林池旁（图9-3-147）

雄株，树龄450年，树高23.0m，胸径1.69m，冠幅21.9m×20.3m。树冠倒塔形，树势一般，顶部有枯枝现象，主干通直。主干及大侧枝顶端枯死。有4个主枝，均从主干6.0m处发出，分布均匀，侧枝11个。无复干，无垂乳，在第一层主枝基部与主干间生有2株构树。N=35° 46′，E=117° 30′，H=121m。

嘉祥县金屯镇郭庄村清神观遗址（图9-3-148）

清神观大银杏。雌株，树龄1000年，树高27.0m，胸径2.27m，冠幅17.5m×17.5m。树势一般，树冠塔形，庞大。主干通直，有人为破坏和病虫害痕迹。锯掉2个大枝，现有6个大侧枝，树干上具瘤状凸起多处，主枝顶端枯死。距地面2.0m处有直径1.0m的瘤状凸起，0.3m处和1.8m处的东南各有直径0.6m和0.4m的凸起。该树生长在杨树等树的包围之中，生长环境较差。果实稀疏、较大。该树历经千载，刚劲挺拔，气势雄伟，屹立于清神观遗址内，且有浓厚的神秘色彩。清神观位于嘉祥县郭庄村，道观为三间二层建筑。观前一棵古银杏树，据当地人说需要六七个人才能环抱过来。人们不知道是因观而植了树，还是因树而建了观。观没有院墙，观前的两侧有真人张公墓碑两座。清神观为嘉祥县县级文物保护单位。据此树45km的济宁长沟镇白果树村有一雄株。N=35° 15′，E=116° 20′，H=44m。

济宁市任城区长沟镇白果树村（南）（图9-3-149）

在白果树村有两株夫妻银杏树，相距500m，南为雌（濒危），北为雄。该树雌株，树龄1300年，树高7.0m，胸径2.22m，冠幅9.0m×4.0m。主干有一高2.5m残桩，中空，可容5～6人，主干表面树皮脱落，光滑，有纵状深沟，外形似"火山口"。主干9/10的树皮腐烂，仅在东北向有宽0.5m树皮存活，并在距地面4.0m处着生2个斜向生长的侧枝。在东北向萌生一复干，与母干上的活皮并生，复干胸围1.30m，树高10.0m，冠幅9.0m×4.0m。有2条裸根，最长裸根2.5m，直径0.4m。N=35° 28′，E=116° 28′，H=38m。相传为唐朝时所植，距今1300年了。此树原在寺庙中，当时，庙里香火很盛，求神拜佛者络绎不绝，并且每年3月15日庙里举行香火会，四面八方的百姓纷纷至沓来。据传200年前举行香火会期间，该树被人烧毁，后仅存东北方向一枝独成一株复干。该树未烧前，树冠遮阴达2亩地，由于树冠较大，当时寺庙外庄稼收成不好，百姓因而可以免交税。后人迁入此地，村名因此树得名白果树村。该树母干已经濒危，应对该资源进行异地保护，以防资源流失。该树为山东省胸径2.0m以上古银杏之一。

济宁市任城区长沟镇白果树村（北）（图9-3-150）

雄株，10年前在南北梢部嫁接上了雌株接穗，现已结果，形成人工嫁接雌雄同株银杏树。树龄500年，树高21.5m，胸径1.11m，冠幅15.0m×15.0m。树冠倒塔形，主干通直。一个复干胸围1.80m，一个主干胸围2.94m，主干在东南向从下到上1/3树皮及木质腐烂，向

图9-3-145 曲阜市孔庙承经门诗礼堂院内（雌）

图9-3-146 泗水县泗张镇安山寺林场安山寺
（注：1. 左雄右雌；2. 雄；3. 雌）

图9-3-147 泗水县泉林镇泉林池旁

上的侧枝枯死。第一层分枝处生有一构树，高3.0m，粗10.0cm，现已死亡。

邹城市钢山街道办事处亚圣府街44号孟庙

同生2株。夫妻银杏树，元银杏。两株银杏相距10m，东为雄株，西为雌株。雄株高16.7m，胸围1.55m，冠幅9.2m×9.2m；雌株高17.2m，胸围3.05m，冠幅17.0m×17.0m。两树植于元代，距今已700余年。两树东西相望，形似人间夫妻。生长旺盛，树冠塔形。主干通直，树皮块状开裂，距地面1.5m处有一断枝后形成的树洞。有4个分枝。有4条裸根，向西北方向延伸。

雌株东北方向两股粗大树枝伸向雄株，似不负果实累累的重荷，需雄株的帮助，来共同分担生活的重任。两树经数百年的风风雨雨，好像深受儒家思想的熏陶，雄株伟岸挺立但不飞扬跋扈，雌株端庄秀丽但不妖冶轻佻。

更奇的是，在致严堂内有一奇景——藤缠夫妻银杏树。在两株树下，生有3株紫藤，植于元代，其树龄700余年，基径达0.50m，藤长30m。长长的藤条，既像月老的红线，将两树紧紧地缠绕在一起，好似希望他们“在天愿作比翼鸟，在地愿为连理枝”，但更像它们3个未成年的孩子，怀中依偎，膝下承欢，宛如一个和睦的家庭，又称“藤缠夫妻银杏树”。

邹城市钢山街道办事处亚圣府街44号孟庙

夫妻银杏树，元银杏。雌株，树龄700年，树高17.2m，胸径0.97m，冠幅17.0m×17.0m。树冠塔形，向北倾斜。主干倾斜，树皮块状开裂，粗糙。有2个主枝，有部分侧枝干枯。主干上有裂缝和瘤状凸起。

邹城市钢山街道办事处亚圣府街44号孟庙

树龄120年，树高16.0m，胸径0.64m，冠幅17.0m×17.0m，枝下高6.0m。树冠向西倾斜，主干通直，自基部有宽20cm，高1.0m左右的表皮脱落。树体布满大小不等的树瘤，有4个分枝，均较小。N=35° 24′，E=116° 36′，H=39m。

邹城市钢山街道办事处亚圣府街44号孟庙

树龄100年，树高15.3m，胸径0.48m，冠幅9.2m×9.9m，枝下高4.0m。树干东部自基部有宽0.2m、高1.0m左右表皮脱落。树干布满大小不等的树瘤。N=35° 24′，E=116° 36′，H=39m。

兖州市漕河镇西曹村

雌株，树龄130年，树高15.0m，胸径0.35m，冠幅9.0m×12.0m，枝下高4.0m。5大主枝。据说该树现处的位置是本村的古庙，该树的前身自然死亡，现存活的树是从原树的根部萌发而生，所以此树的基径较粗，树干通直挺拔，冠呈卵形，树形优美，枝繁叶茂，籽粒饱满。N=35° 24′，E=116° 36′，H=50m。生长旺盛，树冠近圆形。主干通直，有8个分枝，均从主干4.0～5.0m范围内发出，分2层。

新泰市果都镇完小（图9-3-151）

雌株，树龄400年，树高16.0m，胸径0.65m，冠幅9.0m×10.0m，枝下高3.3m。生长旺盛，树冠阔塔形，较庞大。主干挺直，有3个主枝，均从主干3.3m处分出，呈发散状均匀分布，侧枝近10个，生长旺盛。该树枝叶正常，结果量一般，位于果都镇完小内。

新泰市龙廷镇将军堂1（图9-3-152）

“银杏怀抱栾树”，“灯笼银杏”。雌株，树龄600年，树高20.4m，胸径1.40m，冠幅12.5m×16.8m，枝下高3.5m。现存两主枝，东向枝基径0.80m，西向枝基径0.60m，北部原主枝被锯截，基径0.50m。树干稍向北倾斜，主干1.50m处有火烧痕迹，最为令人惊叹的是在其主分枝的枝杈中，生长了一株栾树（又称灯笼树），栾树基径0.32m，胸径0.24m，树高8.0m。这株栾树宛如一个打着花伞的孩子紧紧依偎在银杏母亲的怀中，岁岁月月，母子二人有说不完的心里话，展示不尽的独特风采。银杏栾树四季可观，春季扇形叶与羽状复叶相互映衬；夏季扇形叶间球形果，黄花含苞紫色蕊；秋季绿叶黄果满枝头，红黄树叶插灯笼。这一幅幅美妙的画卷，使无数游人赞不绝口。然而，好景不长，这株栾树被一精神病人

图9-3-148 嘉祥县金屯镇郭庄村清神观遗址
（注：箭头示垂乳）

图9-3-149 济宁市任城区长沟镇白果树村（南）

砍掉。在古银杏为失去爱子而伤心时，奇迹出现了，在被砍栾树旁又生出一株栾树，现树高3.5m，基径5cm，古老的银杏树怀抱着栾树晚辈又呈现出了勃勃生机。银杏姿态雄伟，树体挺拔，树冠庞大，树干敦实粗伟并有一株栾树抱于怀中，堪称一景。

新泰市龙廷镇将军堂2（图9-3-152）

雌株，树龄600年，树高21.0m，胸径0.92m，冠幅14.0m×13.7m，枝下高3.0m。树干直立挺拔，干高11.0m，冠高16.0m。树体雄伟，生长旺盛，分两大主枝，南向枝基径0.20m，北向枝基径0.24m，在距主干1.0m处被锯截。树冠呈椭圆形，每年可结果500kg。

新泰市青云办事处前上庄（图9-3-153）

雌株，树龄600年，树高23.8m，胸径1.20m，根际围径270cm，冠幅17.5m×17.3m，枝下高3.4m。生长旺盛，树冠卵圆形，树形优美。其根局部裸露，弯曲缠绕，宛若虬龙蟠旋，实为当地一景。主干挺直、粗壮，有分枝6个，均从主干3.4m处生出，在主干上分布均匀，干高5.0m处一主枝被锯掉。该树枝叶正常，每年可大量结籽，位于寺庙内。

新泰市石莱镇白马寺a（图9-3-154）

“银杏之王”，号称“天下第二银杏树”。雌株，树龄2000年，树高21.0m，胸径2.93m，冠幅26.0m×37.0m，枝下高2.0m。生长旺盛，树冠呈多棱形，树冠庞大，荫地面积一亩多，树形优美。树盘庞大，内径6.0m，部分根系裸露。主干挺直、粗壮，干高3.5m，表面凹凸不平，西侧内陷0.85m，西南侧内陷0.50m，东侧内陷1.00m，南侧树皮脱落严重。有主枝10个，均从主干3.7m处发出，分布均匀，北侧一分枝长达18.0m，东侧两主枝折断，树皮脱落，腐烂中空；南侧一侧枝干枯，断裂，其余分枝生长旺盛。主干分枝处生有一株酸枣树，南侧有一株高6.0m的榆树。100余年前基部萌发一新株（复干），高19.0m，胸径0.50m，贴母干生长。该树经授粉后，结果量大。共3株，三株古银杏巍然屹立在白马山的阴坡，向西呈环抱姿势，该树为中间一株，为古老一株，经测定与其他两株间距同为28.0m，呈等腰三角形，鼎立之势。关于该树的树龄，有多种说法。树上标志牌记载该树树龄为2000年。据李慎芳等人调查，此处先有银杏树，后有白马寺，该寺建立距今已有700余年，银杏树有1000多年。据专家考定，此树有2800多年的历史，被誉为“银杏之王”，号称“天下第二银杏树”，是山东省境内除莒县浮来山、临沂鸿福寺的2株外最古老的银杏。传说圣人孔子曾在此品茗乘凉。土壤为褐土，厚0.25m，pH值7.5。N=35° 44′ 21.7″，E=117° 27′ 06.5″，H=184m。

新泰市石莱镇白马寺b（图9-3-155）

雌株，树龄1000年，树高15.0m，胸径1.75m，冠幅17.7m×23.0m，枝下高2.5m。生长旺盛，树冠阔塔形。主干挺直、粗壮，有4个主枝，侧枝6个，西侧一主枝遭雷击后断裂，其余生长旺盛。该树为北侧一株，枝叶正常，结果量较大，与最大一株相距28.0m。N=35°44′21.7″，E=117°27′06.5″，H=184m。

新泰市石莱镇白马寺c（图9-3-156）

树上生树。雌株，树龄1000年，树高16.0m，胸径1.89m，冠幅19.0m×20.0m，枝下高3.0m。生长旺盛，树冠卵圆形。主干挺直、粗壮，分枝以下树皮脱落严重，东北侧三大主枝被截，西南侧三大主枝被截，原有主枝仅存1个，萌生侧枝10余个，在主干上分布均匀。东南侧主枝被截处萌生泡桐一株，西侧有一株榆树着生。该树枝叶正常，结果量较大，为3株古银杏中的南侧一株，与中间最大一株相距28.0m。N=35°44′21.7″，E=117°27′06.5″，H=184m。

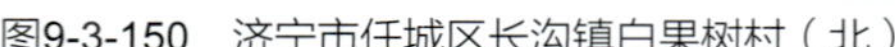

图9-3-150　济宁市任城区长沟镇白果树村（北）

新泰市太平山林场（图9-3-151）

雌株，树龄300年，树高14.0m，胸径0.40m，冠幅6.5m×6.0m，枝下高2.5m。生长旺盛，树冠卵圆形。主干挺直、纤细，分枝较多，但均较小，在主干上分布均匀。该树枝叶正常，未见结果，位于太平山林场场部院内。

新泰市汶南镇张庄村（图9-3-151）

双色唐银杏。雌株，树龄1400年，树高25.0m，胸径1.20m，冠幅20.2m×20.8m，枝下高5.0m。树势生长旺盛，枝繁叶茂，树姿挺拔，长势雄伟，叶呈深绿色，西面一分枝之叶，全部呈黄色，异常明显，这株古树，南向5个分枝，西向3个分枝，北向3个分枝，东向4个分枝，树枝交错，树身树冠呈圆形，远望如一巨伞，高耸入云，相传是唐朝修菩萨庙时栽植，至今约1400余年的历史。1947年，国民党抓一村民爬树锯枝使用，结果树枝摔碎，国民党心惊胆颤，从此以后树得到保护。至今，西向一枝树叶呈现黄色，与其余不同，相传乃国民党砍伤之缘故。

新泰市羊流镇苏庄村（图9-3-151）

雌株，树龄300年，树高20.0m，胸径0.63m，冠幅8.0m×8.5m，枝下高5.5m。生长旺盛，树冠阔塔形，庞大，优美。主干挺直、较粗壮，有8个分枝，均从主干5.5m以上生出，在主干上分布均匀。该树枝叶正常，结果量大，位于农户院内。

图9-3-151　新泰市银杏古树

（注：1. 新泰市果都镇完小；2. 新泰市太平山林场；3. 新泰市羊流镇苏庄村；4. 新泰市汶南镇张庄村）

新泰市城关镇前上庄村

树龄600年，树高25.0m，胸径1.15m，冠幅16.1m×15.0m。干高6.4m，生长在山脚平原，院内，棕壤，厚120cm，pH值6.0。树冠球形，生长一般。据张荣兴、李慎芳等人调查，该树为菩萨庙所有。

泰安市泰山区泰山佛爷寺0021号（西山坡）（图9-3-157）

雌株，树龄1300年，树高25.8m，胸径2.24m，冠幅14.0m×16.0m。树干东南腐朽水泥填充，最大复干直径30cm。多代同堂，萌蘖丛生。

泰安市泰山区泰山佛爷寺0020号（寺南山沟北侧）（图9-3-157）

雌株，树龄1300年，树高34.7m，胸径1.30m，冠幅18.0m×19.0m。最大复干直径30cm。

图9-3-152 新泰市龙廷镇将军堂1（左）、将军堂2（右）

图9-3-153 新泰市青云办事处前上庄

泰安市泰山区泰山佛爷寺0018号（大雄宝殿前西）（图9-3-158）

雌株，树龄1300年，树高30.2m，胸径1.72m，冠幅16.0m×19.0m。东岳泰山有30多株古银杏树，其中最大的一株位于佛爷寺殿台前。清朝光绪十二年（1886）残碑记载："岱之北有谷山寺，即所谓佛峪寺也。……尤足异者，有银杏3株簇生，每大二十余围，诚旷世所罕见，闻而慕之。"树冠偏西。究其年龄，如与寺同时，则自魏，距今约1300年，但有人认为系唐代所植，则距今约1000年。佛爷寺同生4株，均为雌树，周围10km内无银杏雄树，但尚能结子。1987年所产种子，千粒重为1480克，每千克粒数为675粒，种子较小，产量也低。

泰安市泰山区泰山佛爷寺0019号（大雄宝殿前东）（图9-3-158）

雌株，树龄1300年，树高35.0m，胸径2.42m，冠幅16.0m×16.0m，为佛爷寺最粗一株。树冠偏东，树干系由几株复干合生而成，树干凹凸不平，树干凹沟直达4.5m枝下高处。

泰安市泰山区岱庙蜡像馆前A0058号（图9-3-159）

雌株，树龄500年，树高22.3m，胸径1.26m，冠幅17.1m×18.7m，枝下高4.0m。生长一般，树冠塔形，较庞大，部分分枝顶部干枯较严重。主干挺直、粗壮，略向西倾斜。有分枝6个，3.0m处有2个分枝，其余分枝均从主干4.0m处生出，在主干上分布均匀。该树枝叶正常，位于岱庙内东南，编号：A0058。

泰安市泰山区岱庙宋天贶殿后A0009号（东）（图9-3-160）

雌株，树龄500年，树高34.6m，胸径1.66m，冠幅23.2m×24.0m。

泰安市泰山区岱庙宋天贶殿后A0010号（西）（图9-3-160）

雌株，树龄500年，树高27.7m，胸径1.37m，冠幅20.4m×24.6m，枝下高4.5m。生长旺盛，树冠倒塔形，树形优美。主干挺直、粗壮，有分枝10余个，均集中主干4.5m以上，呈发散状分布在主干上，长势良好。该树枝叶正常，结果一般，位于岱庙内西北。编号：A0010。

泰安市泰山区泰山普照寺第一文物陈列室前

雄株，树龄600年，树高23.5m，胸径0.99m，冠幅12.8m×14.7m。H=250m。

泰安市泰山区泰山普照寺第二文物陈列室东

雄株，树龄600年，树高24.2m，胸径

图9-3-154 新泰市石莱镇白马寺a

图9-3-155 新泰市石莱镇白马寺b

0.93m，冠幅15.7m×16.7 m。H=250m。

泰安市泰山区泰山普照寺一品大夫松北0013号

雄株，树龄600年，树高22.5m，胸径0.80m，冠幅10.3m×11.6m。H=250m。

泰安市泰山区泰山普照寺一品大夫松东0014号

雄株，树龄200年，树高17.8m，胸径0.62m，冠幅13.0m×9.9m。H=250m。

泰安市泰山区泰山普照寺一品大夫松西0015号

雌株，树龄200年，树高17.7m，胸径0.41m，冠幅6.8m×7.8 m。H=250m。

泰安市泰山区泰山普照寺G0007号（大殿前东）（图9-3-161）

雄株，树龄500年，树高26.0m，胸径1.04m，冠幅12.7m×18.7m，枝下高8.0m。生长旺盛，树冠形状不规则，略偏冠。主干挺直、粗壮，有分枝6个，均集中在主干8.0m以上。该树枝叶正常，位于普照寺院内东侧。编号：G0007。

泰安市泰山区泰山普照寺G0008号（大殿前西）（图9-3-161）

雄株，树龄500年，树高29.0m，胸径1.03m，冠幅16.7m×18.7m，枝下高3.8m。生长旺盛，树冠卵圆形，树形优美。基部根系部分裸露，高出地面0.1m，根盘较大。主干挺直、粗壮，树皮粗糙，开裂较重。有分枝近10个，在主干上分布均匀。有复干一株，高3.0m，胸径0.06m，与母干的距离为0.1m。该树枝叶正常。编号：G0008。

泰安市泰山区泰山三阳观G0574号（图9-3-162）

雄株，树龄200年，树高18.1m，胸径0.75m，冠幅10.2m×10.0m，枝下高3.3m。生长旺盛，树冠卵圆形，树形优美。主干挺直，有分枝10余个，分枝生长旺盛。该树枝叶正常，编号：G0574。

泰安市泰山区泰山王母池门内东侧B0002号（图9-3-163）

雄株，树龄300年，树高21.2m，胸径0.87m，冠幅8.5m×12.4m，枝下高3.8m。生长旺盛，树冠长椭圆形，树形优美。主干挺直，树皮粗糙，开裂。有分枝近10个，在主干上分布均匀，生长旺盛。该树枝叶正常，编号：B0002。H=200m

图9-3-156 新泰市石莱镇白马寺c

图9-3-157 泰安市泰山区泰山佛爷寺
[注：1. 0020号（寺南山沟北侧）；2. 0021号（西山坡）]

图9-3-158 泰安市泰山区泰山佛爷寺（大雄宝殿前西、东）
（注：1. 左东右西；2、3. 左西右东）

泰安市泰山区泰山老君堂（原虎山中学）B0003号（图9-3-164）

雌株，树龄1300年，树高21.7m，胸径1.29m，冠幅15.5m×14.8m，枝下高3.3m。生长较旺盛，树冠阔塔形，树形优美，部分分枝顶部干枯。主干粗壮，略向东倾斜，树皮粗糙开裂。有4个主要分枝，在主干上分布均匀。有萌蘖5株，贴母干生长。该树枝叶正常，结果量大，位于老君堂院内。编号：B0003。

泰安市泰山区遥参亭A0011号（图9-3-159）

雌株，树龄500年，树高21.0m，胸径0.98m，冠幅13.3m×13.6m，枝下高4.1m。生长旺盛，树冠塔形，庞大，树形优美。根盘大，主干挺直、粗壮，树皮粗糙，开裂。有主要分枝3个，均从主干4.1m处生出，在主干上呈发散状分布。该树枝叶正常，结果量一般，位于遥参亭院内西侧。

泰安市泰山区灵应宫（南）E0006号（图9-3-165）

雄株，树龄600年，树高18.6m，胸径1.08m，冠幅11.5m×10.4m，枝下高4.0m。生长旺盛，树冠卵圆形，树形优美。主干挺直、粗壮，有分枝5个，均从主干4.0～5.0m范围内生出，分布均匀。基部有萌蘖近10株，与母干的距离为0.1m。有垂乳1个长30cm。该树枝叶正常。编号：E0006。

泰安市泰山区灵应宫（北）E0003号（图9-3-165）

雄株，树龄600年，树高26.1m，胸径1.14m，冠幅15.6m×11.6m，枝下高3.0m。树势衰弱，主干及分枝均已干枯折断。主干树皮脱落严重，仅有1/10树皮存活，由该树皮输送养分共仅有的1个枝条生长，现在该主枝粗度达0.30m。有复干2株，最大复干高12.0m，胸径0.10m，复干与母干距离为0～0.4m。该树枝叶

图9-3-159 泰安市泰山区岱庙蜡像馆前A0058号（左）、遥参亭A0011号（右）

图9-3-160 泰安市泰山区岱庙宋天贶殿后
［注：1. A0009号（东）；2. A0010号（西）］

图9-3-161 泰安市泰山区泰山普照寺G0007号（大殿前东：右）；G0008号（大殿前西：左）

正常。编号：E0003。

泰安市泰山区泰山斗母宫（东）C1383号（图9-3-166）

雄株，树龄500年，树高17.8m，胸径0.78m，冠幅10.2m×11.8m。

泰安市泰山区泰山斗母宫（西）C1384号（图9-3-166）

雄株，树龄500年，树高19.4m，胸径0.82m，冠幅12.0m×14.8m，为我国发现的第一株叶生小孢子囊银杏。

泰安市泰山区泰山扇子崖天尊殿西（图9-3-162）

雄株，树龄200年，树高21.2m，胸径0.65m，冠幅10.3m×12.3m。H=720m。泰山海拔最高的古银杏。

泰安市岱岳区范镇张家楼村村委弘福寺遗址（右）（图9-3-167）

雌株，树龄500年，树高31.0m，胸径1.35m，冠幅22.0m×17.4m，枝下高4.3m。生长较旺盛，树冠形状不规则，西侧树冠大于东侧。根系裸露，高出地面0.3m，向北延伸达8.0m。主干粗壮，略向西倾斜，基部部分树皮脱落。有5大主枝，侧枝10余个，生长良好。该树枝叶正常，结果量一般，位于该村村委院内，编号：D056。

泰安市岱岳区范镇张家楼村村委弘福寺遗址（左）（图9-3-167）

雌株，树龄500年，树高30.0m，胸径1.13m，冠幅11.7m×11.0m，枝下高5.0m。生长旺盛，树冠卵圆形，梢部部分枯死。主干粗壮，略向东倾斜，有3大主枝。基部西面有两复干，高4.0m，直径0.05m。该树枝叶正常，结果量一般，位于该村村委院内，编号：D055。

泰安市岱岳区峪峪镇泉上村华严寺遗址（东株）（图9-3-168）

雌株，树高25.0m，胸径1.99m，树龄700年，冠幅22.5m×28.2m。整体生长旺盛，枝叶繁茂，东侧有裸根，主干3m处7大分枝，东南侧一分枝部分枯萎，基部伤皮并附有萌蘖，萌蘖紧靠主干，结果较多。树干上粗下细，呈酒杯状，好似两把巨伞覆盖地面。

泰安市岱岳区峪峪镇泉上村东，有一山泉，周围约200m，碧水澈清，深约1.5m，泉水似珍珠般长年喷涌，泉边绿柳垂阴，碧水映天，在这环境优美的山泉东边，有2株古老高大的雌银杏树，树冠覆盖面积约600m^2，年产银杏净果600kg，是当地一大景观。被泰安市列为重点保护古迹之一，古银杏所在地是华严寺遗址。N=36° 07′ 51.2″，E=117° 22′ 31.6″，H=117m。

据咸丰九年（1859）《重悖华严寺碑序》记载：从来创建寺院固难而重修亦不易，泰邑城东25km，在家庄地方自元至正年间（据考证为至正十年——公元1350年），立华严寺一座，栽银杏树2株，此地颇近山村类多，寒门即茅茨土皆甚非易事，自古及今屡经修葺，道光二十六年（1846）殿始半草半瓦，庙貌神像美哉焕焉。咸丰六年（1856）初夏，忽被火焚，土崩瓦解，栋宇颓坏，风推雨损，遗像凄惨，神犹如此，人何以堪，爰议再修，每虑无资，其事遂止。至丁巳岁夏大旱，四乡而来祈祷，不日大雨，以故善士云集，不忍座视其颓，齐众同议，乃卖寺地数亩，柏树几株，而功犹未完，又纠约附近庄村共出赀斧，同襄义举，宫殿佛像咸与维新，功乃告竣。居人士喜焉，缓各界敛数言而为之记。郡痒生石牧堂撰文，沟西村王永橘敬书，时为咸丰九年七月中浣。”后来的佛殿为砖瓦结构三间，内供释迦牟尼塑像，坐落在两株银杏树以北正中央，自此有僧人主持，香火犹胜。僧人传至几代，最后两代大师法号元森，徒弟法号古禅。寺殿西面有僧人住所一院，房屋数间，顿为幽静。民国年间曾在此办学堂。1952年当地人民政府为适应教育发展，掀掉佛像，利用佛殿连同僧人住所安置学生两班，为泉上小学分校，至此古禅和尚——张洪田返俗还乡。1969年拆寺院佛敲，建为泉上学校，自此华严寺院踪迹无存，只有2株古银杏树矗立在校院中央，仍枝繁叶茂，蔚为壮观。

泰安市岱岳区峪峪镇泉上村华严寺遗址（西株）（图9-3-168）

雌株，树高23.5m，胸径1.80m，树龄700年，冠幅17.7m×29.3m。N=36° 07′ 51.3″，E=117° 22′ 35.7″，H=117m。整体生长较好，枝叶繁茂，5杈分枝。基部有裸根，并有伤皮现象，无萌蘖，无垂乳。

泰安市岱岳区徂徕山林场礤石峪林区隐仙观玉皇楼前（图9-3-169）

姊妹银杏。雌株，树龄1100年，树高23.0m，胸径1.10m，根径2.07m，冠幅20.4m×20.4m，树冠倒卵形。此银杏为雌性，因一株分两干，刚劲挺拔，枝繁叶茂，人们俗称姊妹银杏，许多人误认为是2株。西侧干为复干，东侧为母干，母干枝下高8.0m，胸径1.10m，有3个主枝；复干枝下高10.0m，胸径1.08m，有4个主枝，东南侧分枝断裂，在0.8m以下与母干长在一起。徂徕山南麓礤石峪里群峰兀立，碧水曲环，松柏苍翠，云山雾罩，因此在清道光年间《泰安县志》上称其为“徂徕第一奥区”。主要景观有隐仙观、炼丹炉等。唐代著名大诗人李白曾隐于此。谷内的古道观遗址，原为巢父庙，后又称隐仙观，面南背北，依山而筑。东边，前是玉皇阁，下层的石门额书着“金阙云宫”几个字，门前挺

图9-3-162 泰安市泰山区泰山三阳观G0574号（左）；泰山扇子崖天尊殿西（右）

图9-3-163 泰安市泰山区泰山王母池门内东侧B0002号

图9-3-164 泰安市泰山区泰山老君堂（原虎山中学）B0003号

图9-3-165 泰安市泰山区灵应宫（南：左）E0006号、（北：右）E0003号

图9-3-166 泰安市泰山区泰山斗母宫
[注：1.（东）C1383号；2.（西）C1384号；3、4.（西）：叶生小孢子囊]

立着姊妹银杏。观内曾是徂徕山起义营地，今天是徂徕山林场礤石峪分场的驻地。泰安礤石峪隐仙观下山谷中，姊妹银杏已达千年树龄，下面盘根错节，上面枝叶相连，不能分开，经常有年轻人在树下许愿，以得到坚贞不渝的爱情。生长旺盛。沟谷缓坡，古庙前，棕壤，厚58cm，pH值6.5。N=36° 00′ 15.7″，E=117° 20′ 31.4″，H=296m。

备注：在徂徕山林场光化寺有2株后续银杏资源。

⑴泰安市岱岳区徂徕山林场光化寺西

雄株，树龄45年，树高15.0m，胸径0.54m，冠幅12.8m×12.4m，枝下高6.0m。树势一般，树冠纺锤形。主干挺直，分枝20余个，均较小，在主干6.0m以上分布均匀且紧凑。该树不结果，叶片较小。位于光化寺前。编号：B0002。N=36° 01′ 009″，E=117° 23′ 07.0″，H=219m。

⑵泰安市岱岳区徂徕山林场光化寺东

雄株，树龄45年，树高16.0m，胸径0.61m，冠幅12.5m×12.6m，枝下高6.0m。树势较弱，树冠纺锤形。主干挺直，分枝20余个，均较小，在主干6.0m以上分布均匀且紧凑。该树不结果，叶片较小，濒危。位于光化寺前。编号：B0003。N=36° 01′ 009″，E=117° 23′ 07.0″，H=219m。

泰安市岱岳区徂徕山林场徂徕林区中军帐（图9-3-170）

雌株，树龄1000年，树高23.7m，胸径1.24m，冠幅21.5m×23.2m，枝下高4.0m。生长旺盛，树冠长椭圆形。主干粗壮、通直，树体略倾斜。有11个主枝，6个侧枝，8.0m以上分枝较紧凑，在主干上分布均匀。该树因授粉不良，落果现象严重。该树位于山中坡，中军帐三清宝殿西50.0m。土壤为棕壤，厚0.58cm，pH值6.5。伴生树种较多，有大叶朴、加杨、担竹、君迁子等。编号：C0006。N=36° 03′ 26.2″，E=117° 17′ 04.0″，H=772m。

泰安市岱岳区良庄镇石楼村南小学

树龄150年，树高19.5m，胸径0.54m，冠幅7.5m×7.4m。平原院内，褐土，厚1.00m，pH值7.0。树冠广卵形，生长一般。

肥城市石横镇大寺村正觉寺（图9-3-171）

左丘明手植，春秋银杏。雌株，树龄2500年，树高23.5m，胸径1.75m，冠幅22.0m×15.0m，枝下高3.4m。树势衰弱，树冠为卵圆形。主干挺直、粗壮，树皮脱落严重，部分树皮被当地老百姓用作药材，基部有瘤状凸起。有4个主枝，均从主干1.7m处发出，直径均1m左右，侧枝10余个。基部有萌蘖100余株，与母干的距离为0～0.6m。生长在平原地段，村旁，褐土，厚0.50m，pH值7.5。该树结果量很少。树下东侧碑文记载：北园春，喜瞻史圣手植银杏，昔日至此，杂木丛生，断壁残墙，蛇鼠逐荒，草乌鸦哀唱，顽童攀援，落叶枝伤，更有愚夫挥刀抡斧剥皮煎药饮膏浆，呜呼哉，史圣遗植百孔千疮。今日重游故地，流连忘返，圣乡绿叶扶栅栏，根生叶茂冠入云霄，身腰粗壮，幸蒙政府拨义款保护名胜。沧桑乐

图9-3-167 泰安市岱岳区范镇张家梭村村委弘福寺遗址
（注：1. 左+右；2. 左；3. 右）

图9-3-168 泰安市岱岳区峪峪镇泉上村华严寺遗址
（注：1. 左西右东；2. 西；3. 东）

乎哉喜枯木逢春，代代瞻仰。中国诗歌学会、山东作家协会会员、中外散文诗研究会理事杨正武填词，肥城市石横镇史办公室编辑韩吉庚书丹。

中间碑文记载：春秋银杏保护碑记。

银杏位于大寺村西端，传为鲁左使左丘明手植，距今2500余年，唐贞观二十一年（647），左丘明封经师以祀文庙，乡人于树北建三教堂以志。金大定十年（1170），高僧宋明于树南建正觉寺。新中国成立后三教堂正觉寺先后湮没，唯有银杏依然伟岸挺拔。近年世人以取神药为名削皮砍枝，古木屡遭伤害，疮痍斑斑，加紧保护已为众望所归。戊寅夏中中共石横镇委镇政府拨专款加以保护，企望史圣所植银杏能恢复康壮。工竣之日立此碑以志永久。石横镇镇委，党委书记卢传河，镇史志办公室编辑王庆吉撰写，一九九八年十月立。

西侧碑文记载：镇委镇政府卫护古木盛事碑记

史圣左丘明手植银杏数千年来枝繁叶茂，粗壮参天，银杏遐龄实为一方胜景，文革动劫广大村民亟为保护万幸免于年。不料近年来，村民以采药为名，砍枝剥皮，使之遍体鳞伤，游人目不忍睹，设法保护迫在眉睫。否则，此罕世神树将毁于一旦，造成千古遗憾。镇委镇政府高瞻远瞩，对保护文物名胜极端重视，多次亲临现场视察，下决心拨专款并责成史志办老师具体设计监修立说立行新修栅栏，巍然生效，生境蔚然壮观，村民无不欣喜若狂，要求将领导功德树碑颂之以流芳是为之。中共大寺村支部书记李学贤、大寺村村民委员会会计李忠良撰文。大寺村主任、左丘明后裔邱建国，信用社中心站、左丘明后裔邱国川。N=36° C9′ 46.1″，E=116° 33′ 41.3″，H=53m。

肥城市王瓜店镇邓李村牛山林场资圣院东面（图9-3-172）

叶籽银杏，宋银杏。雌株，树龄1000年，树高16.0m，胸径1.01m，冠幅13.0m×16.0m，枝下高1.7m。生长旺盛，树冠卵圆形，庞大，树形优美。主干挺直、粗壮，树体东侧1.8m处生有一株基径0.06m的构树。有5个分枝，分枝成层分布。基部有萌蘖25株，与母干的距离为0～1.0m。该树枝叶正常，结果量大，为叶籽银杏。存有银杏2株，侧柏10余株，复叶槭1株，是牛山森林公园最老的古树群。主干遭雷击枯死，后萌新枝复活，现新树皮已基本包括住了原烧黑的树干，一侧枝上还长有下垂的气生根。此树位于牛山林场资圣院内东侧，资圣院自唐末兴建，宋朝大中祥符元年（1008）真宗来此驻跸题写寺额后兴盛，寺内古树多在此期间栽植。

肥城市王瓜店镇邓李村牛山林场资圣院西面（图9-3-172）

叶籽银杏，宋银杏。雌株，树龄1000年，树高20.0m，胸径1.00m，冠幅12.0m×10.0m，枝下高3.8m。生长旺盛，树冠阔塔形，树形优美。主干挺直、粗壮，1.6m处有分枝被锯掉。有3个主枝、侧枝近15个，在主干上分布均匀，生长旺盛。有复干5个，最粗复干胸径0.25m，高11.0m，与母干的距离为0.3m。该树枝叶正常，结果量一般。

图9-3-169　泰安市岱岳区徂徕山林场礤石峪林区隐仙观玉皇楼前

图9-3-170　泰安市岱岳区徂徕山林场徂徕林区中军帐

图9-3-171　肥城市石横镇大寺村正觉寺

东平县梯门镇芦泉村尧王墓

树龄600年，树高20.6m，胸径0.73m，冠幅13.0m×11.1m。生长衰弱。丘陵院内，褐土，厚150cm，pH值7.0。树冠扁球形，生长较弱。据东平县1936年编写的县志记载，树龄在600年以上，据说朱洪武经过时就有此树。从远处看，尧王庙仅存一间大殿和一棵古银杏树，四周有石墙。大殿南侧开垦成农田，北侧长满荒草。庙西南角有一棵古银杏树，树围2.0m多，古朴沧桑。庙西有一眼芦泉，以前四季喷涌，有“芦泉喷珠”的美名。

威海市环翠区桥头镇观里东村

树龄600年，树高18.0m，胸径1.02m，冠幅15.0m×16.0m。生长旺盛，同生2株。

威海市环翠区温泉镇林家院村

树龄1100年，树高12.0m，胸径1.20m。

威海市环翠区张村镇前双岛村

树龄500年，树高12.0m，胸径0.90m。

威海市环翠区竹岛街道办事处望岛村

树龄500年，树高18.0m，胸径1.00m。

威海市环翠区田村镇阮家寺村

树龄500年，树高23.0m，胸径1.56m。共5株。

威海市环翠区太平庵蚕场

树龄300年，树高20.0m，胸径1.04m。

乳山市新村乡红石崖观珠寺遗址

雌株，树高36.0m，胸径2.36m。

乳山市夏村镇清口涧村

“父子树”。雄株，树龄200年，树高12.0m，胸径0.51m，冠幅8.0m×8.0m，枝下高4m。据树的主人赵书杰讲，此树距今有200年的历史，这株银杏树从未见结果，是雄性。树干通直，生长茂盛。树的西北面根部长出一小树，高6.5m，胸径0.12m。村民称为“父子树”。H=20m。

乳山市大孤山镇南刘宅

雄株，树高17.5m，胸径1.85m。

乳山市大孤山镇万户村（图9-3-173）

宋银杏，垂乳银杏。雌株，树龄1000年，树高26.6m，胸径2.35m，冠幅31.0m×32.0m，枝下高3.0m。树势一般，树冠阔塔形，树冠庞大，树形优美，部分分枝有枯梢。主干挺直、粗壮，东侧1.2m处有2个直径0.15m的瘤状凸起。有分枝20余个，从3.5～6.5m范围内生出，分枝均匀分布于主干上，北侧多个分枝干枯。树体西侧有一株复干，高12.0m，胸径0.51m，贴母干生长。树体南侧有3个垂乳，最大垂乳长0.31m，基径0.10m。该树枝叶正常，结果量很少。N=36° 58′ 12.4″，E=121° 39′ 11.5″，H=67m。该处为墓地，此树为丰产树。万户村银杏树已有千年历史。这株千年古银杏树东侧树立着一座石碑，其正面赫然刻着原中央军委副主席、国防部长迟浩田题写的“沧海桑田千年树，人杰地灵万户村”14个大字。树上有4个树奶。虽具体栽植年代无从查考，但据传说，北宋末年，岳飞抗金，当地百姓纷纷响应，金兵到此地时，有几名当地抗金志士曾匿藏于此树之上，躲过金兵的追捕，可见在800多年前此树已长有一定规模。

乳山市徐家镇西峒岭村村北

明银杏。雌株，树龄420年，树高15.6m，胸径1.31m，冠幅17.0m×20.0m，枝下高3.4m。此树树干正直，树冠圆满，树形挺拔，非常雄伟壮观。峒岭是乳山最古老的村庄，立村于秦始皇三十七年（公元前210），已有2210多年历史。据该村老人讲，明朝姜姓家谱记载，村北有一座三官庙，有庙田40亩，房屋数十间。此银杏树是明朝时期，在该庙前门旁栽植。当时庙院内有一眼泉，泉水一年四季不干，滋润着银杏树生长旺盛。1930年原庙改为学校，院内泉被填平。1931年此树伸向西北的一大枝又被雷击断，树势转弱。1989年开始修建青威高速公路，路从树北通过，筑土时将树下浮根埋住，该树又开始生长茂盛。2004年春，为了加强保护，提高村民爱树护树意识，东、西峒岭两村给银杏树建起了石头围栏，并立“万古长青”碑以纪念。H=40m。

乳山市徐家镇西峒岭村东

树龄150年，树高23.0m。

乳山市徐家镇西峒岭村西南

树龄100年，树高12.0m。

乳山市徐家镇西峒岭村西南

树龄100年，树高10.0m。

乳山市冯家镇西吉子园村供销社院内

清银杏。雌株，树龄300年，树高16.0m，胸径1.23m，冠幅11.0m×14.0m，枝下高3m。有2株银杏树，两树相距13m。据《乳山市志》记载，清初，高姓由下初西庄迁“棘子院”（当时的寺院）西定居立村，取名“西棘子院”，后演化为“西吉子园”。树木北部原有高姓家庙，此树为建村时高姓所栽。雄树向西南倾斜，60多年前曾要锯掉此树，从西南部下锯后流出一些红水，被认为是血，木匠害怕，便停止锯树。现在除西南部因有锯伤而部分树干枯腐，树木生长仍然茂盛。树干东侧已出现树洞，树干内部已枯空心，但枝叶茂盛，年年结果，多时能结500kg。H=65m。

乳山市冯家镇西吉子园村供销社房东

雄株，树龄300年，树高16.0m，胸径0.64m，冠幅16.5m×14.5m。此树为建村时树

图9-3-172 肥城市王瓜店镇邓李村牛山林场资圣院
（注：1、3. 东；2、4. 西；3、4. 叶籽银杏）

图9-3-173 乳山市大孤山镇万户村

图9-3-174 荣成市崖西镇院东村
（注：箭头示垂乳）

图9-3-175 荣成市崖西镇北崖西村

木北部原有的高姓所栽。

乳山市下初镇三甲村委会院内

雌株，树龄300年，树高14.0m，胸径0.80m，冠幅20.5m×19.0m，枝下高3.5m。据该村老人讲，300年前，三甲和下洼两个村在这株古银杏树东100m，共建一座三官庙。庙内道士有地50亩。庙西部当时是一片荒地，道士在荒地内栽下这株银杏树，并在树北面建有戏台。

乳山市乳山寨镇人石村

雌株，树龄300年，树高24.0m，胸径1.29m，冠幅22.0m×20.0m，枝下高4m。这株银杏树，生长健壮，树冠庞大，虽然经历300多年，但无一枯枝现象，枝繁叶茂，生机盎然。1999年结果达1000kg。H=10m。

乳山市乳山寨镇南司马庄村

“怀抱子”。雌株，树龄250年，树高26.0m，胸径0.89m，冠幅12.0m×11.0m，枝下高13.0m。这株银杏树是从基部的老银杏树中间生长出来的，老树树高13m，枝下高2.8m，从2.8m处向东向西各水平长出一大侧枝，好像伸出两只胳膊要搂抱“子”树一样，当地群众称为“怀抱子”。子树顶部树冠圆球形，主干直立挺拔，独参云天，大有壮志凌云冲霄汉之势。H=20m。

据该村老人讲，这株银杏树是该村的标志，本村在北京工作的老人与本村年轻人见面时，只问一下，你家住在老白果树什么位置，就熟悉是谁家的后代了。

乳山市乳山寨镇西驾马沟村

雌株，树龄200年，树高18.0m，胸径0.91m，冠幅12.0m×18.0m。枝下高4.5m，据该村老人讲，这株银杏树为村民董书柯祖辈所栽，距今有200年以上的历史。这株银杏树位于村中部东西主街上，因汽车通行修去了几个大枝。高大的树木生长仍然健壮茂盛。村里在树上朝3个不同方向安上3个高音喇叭，喇叭一响，全村400多户人家都能听得清清楚楚。H=60m。

乳山市乳山寨镇赤家口村

树龄150年，树高7.0m。

乳山市乳山寨镇楼村

明银杏。雌株，树龄400年，树高18.0m，胸径1.44m，冠幅26.0m×21.0m，枝下高1.5m，此树生有5个大主枝，向南和向东北方向的2个主枝已枯，但其他枝生长茂盛，树冠仍然较大，年年能结果。据该村老人讲，在明朝嘉靖三十六年(1557)，张姓来居立村就有此树。此树在山丘顶部，地势较高，因当时年年夏季发大水，立村时在这株银杏树的周围建房居住。H=20m。

乳山市乳山寨镇到根见村

雌株，树龄340年，树高22.0m，胸径1.37m，冠幅15.0m×17.0m。枝下高3.4m，据该村老人讲，这株银杏树为该村村民高贤德的祖辈所栽。此树生长健壮，枝繁叶茂，年年结果。H=35m。

乳山市崖子镇上沙家村南

树龄170年，树高16.0m。

荣成市崖西镇院东村（图9-3-174）

雌株，树龄300年，树高15.0m，胸径0.71m，冠幅22.0m×18.0m，枝下高2.0m。生长旺盛，树冠塔形，东侧树冠略小于西侧。主干挺直，在2.0m处分为6个分枝，分枝在主干上分布均匀。基部有萌蘖80余株，与母干的距离为0～0.7m，最高3.0m。有垂乳1个，位于主干东侧分枝处，较小。此树位于院东村村西农田里。N=37° 15′ 32.7″，E=122° 22′ 58.6″，H=78m。

荣成市崖西镇北崖西村（图9-3-175）

雌株，树龄300年，树高14.0m，胸径0.86m，冠幅17.0m×18.5m，枝下高4.5m。生长旺盛，树冠卵圆形，树形优美。主干挺直，有分枝15个，分枝较小，集中分布在主干4.5m以上，生长旺盛。有复干1株，高5.0m，胸径0.06m，贴母干生长。该树枝叶正常，结果量

图9-3-176 荣成市崖西镇山河吕家村村委
（注：箭头示垂乳）

一般。N=37° 15′ 09.4″，E=122° 21′ 54.7″，H=74m。

荣成市崖西镇戴家庵村

树龄300年，树高20.0m，胸径0.88m。

荣成市崖西镇山河吕家村村委（图9-3-176）

垂乳银杏。雌株，树龄500年，树高25.0m，胸径1.72m，冠幅31.0m×29.0m，枝下高2.5m。生长旺盛，树冠卵圆形，树体向西倾斜，树冠庞大，树形优美。主干挺直、粗壮，向西倾斜5°，有分枝12个，均从主干2.5m处发出，均匀分布。有垂乳15个，最大垂乳位于主干距地面1.2m，基径0.16m，长0.20m。该树枝叶正常，结果量较大，位于山河吕家村村委院内（原小学）。N=37° 14′ 14.5″，E=122° 24′ 24.1″，H=60m。

荣成市崖西镇大蒿泊村（图9-3-177）

雌株，树龄200年，树高15.0m，胸径0.70m，冠幅17.0m×15.0m，枝下高4.0m。生长一般，树干塔形，树形优美。主干挺直，在4.0m处有6个分枝，分枝生长旺盛。该树枝叶正常，结果量很小。此树位于村内，基部周围土壤板结，生长环境一般。N=37° 15′ 05.5″，E=122° 24′ 02.9″，H=87m。

图9-3-177 荣成市崖西镇大蒿泊村

荣成市崖西镇朱埠村圣水观风景区（上）（图9-3-178）

果实“阴阳相抱”，双胞胎银杏树，雌雄同株，王玉阳真人所植。树龄847年，树高29.1m，胸径1.88m，冠幅32.0m×31.0m，枝下高2.5m。生长旺盛，树冠庞大，阔塔形，树形优美。主干挺直、粗壮，在2.5m处有3个分枝，该3个分枝较粗壮，有侧枝10个。北侧有复干2株，最大复干高4.0m，胸径0.08m，贴母干生长。该树枝叶正常，结果量一般。此银杏树雌

图9-3-178 荣成市崖西镇朱埠村圣水观风景区
（注：1、2. 上；3、4. 下）

雄同体，所结果实“阴阳相抱”，为罕见的双胞胎银杏树，此树于公元1164年王玉阳真人所植。N=37° 17′ 39.3″，E=122° 21′ 38.0″，H=195m。

荣成市崖西镇朱埠村圣水观风景区（下）（图9-3-178）

雌株，树龄517年，树高15.0m，胸径1.08m，冠幅18.0m×24.0m，枝下高6.0m。生长旺盛，树冠塔形，树形优美。主干挺直，有分枝10余个，集中在主干6.0m以上。有复干3株，最大复干高4.0m，胸径0.10m，与母干的距离为0.1m；有萌蘖4株，贴母干生长。该树枝叶正常，结果量大。N=37° 17′ 37.0″，E=122° 21′ 37.5″，H=190m。

荣成市桥头镇观里联中院内

树龄600年，树高18.0m，胸径1.02m，冠幅15.0m×16.0m。生长旺盛，同生2株。

荣成市宁津街道鞠家村（图9-3-179）

垂乳银杏。雌株，树龄500年，树高16.0m，胸径1.36m，冠幅32.0m×29.5m，枝下高3.0m。生长旺盛，树冠阔塔形，顶部较平，树形优美。根系裸露，高出地面最高0.15m，向外延伸最长达3.0m。主干挺直、粗壮，有较大的分枝5个，下垂严重，已用木棍支撑，其中一分枝垂入河中，侧枝有20余个，部分侧枝被锯掉。南侧主干分枝处有垂乳5个，最大的垂乳长0.55m，基径0.15m。最小的长0.15m，基径0.06m。该树枝叶正常，结果量很小。N=36° 58′ 38.1″，E=122° 28′ 55.5″，H=67m。

荣成市宁津街道苏家村（图9-3-180）

雌株，树龄500年，树高17.0m，胸径1.43m，冠幅29.0m×25.5m，枝下高3.5m。生长旺盛，树冠近圆形，顶部较平，树形优美。东侧根系裸露，露出地面最高0.10m，向外延伸1.5m。主干挺直、粗壮，有分枝6个，均从主干3.5m处发出，生长旺盛。基部有萌蘖近10株，贴母干生长。该树枝叶正常，结果量很小。N=36° 57′ 35.7″，E=122° 29′ 39.5″，H=18m。

荣成市宁津镇渠格村

雌株，树龄600年，树高17.5m，胸径1.61m，冠幅29.0m×25.0m，枝下高5.0m。生长旺盛，树冠塔形，树形优美。树体周围根系裸露，尤其东侧根系露出地面最高0.20m，向外延伸2.6m。主干挺直、粗壮，有3个较大的分枝，侧枝10余个，分枝生长旺盛。有复干2株，最大复干位于树体西侧，高10.0m，胸径0.20m，贴母干生长。该树枝叶正常，结果量很小。N=36° 57′ 42.1″，E=122° 28′ 51.3″，H=40m。

荣成市宁津街道大岔河村

树龄400年，树高22.0m，胸径0.96m。

荣成市宁津街道宁津所村

树龄300年，树高20.0m，胸径0.92m。

荣成市宁津街道洼里村

雌株，树龄300年，树高18.0m，胸径0.53m。

荣成市宁津街道洼里村

雄株，树龄300年，树高7.0m，胸径0.29m。

荣成市人和镇槎山林场云光洞

雌株，树龄350年，树高21.2m，胸径1.15m，冠幅18.4m×19.3m。

荣成市人和镇靖海卫村村委

雌株，树龄600年，树高21.2m，胸径1.57m，冠幅19.5m×13.5m，枝下高1.7m。此地原为孔圣殿，始建于公元1398年，毁于1969年，于1998年建村委。生长旺盛，树冠阔塔形，北侧树冠略大于南侧。主干挺直、粗壮，在1.7m处分为4个主枝，其中一主枝折断，折断处形成疤痕，主干部分树皮脱落，现存3个分枝，较粗壮，生长旺盛。该树枝叶正常，结果量很小。N=36° 51′ 08.2″，E=122° 11′ 37.1″，H=31m。

荣成市荫子镇马台柯家村

树龄300年，树高19.0m，胸径0.95m。

荣成市夏庄镇冷家村南

雌株，树龄500年，树高21.0m，胸径1.32m，冠幅22.5m×21.6m，枝下高4.5m。生长旺盛，树冠阔塔形。主干挺直、粗壮，有3个较大分枝，均从主干4.5m发出，分枝生长较旺盛。有复干1株，高6.0m，胸径0.16m，贴母干生长。该树枝叶正常，结果量较大。N=37° 14′ 41.7″，E=122° 26′ 20.9″，H=78m。

荣成市夏庄镇冷家村北

雌株，树龄500年，树高12.6m，胸径1.03m，冠幅17.0m×17.5m，枝下高6.0m。树势衰弱，树叶完全脱落，枝条干枯，树冠阔塔形，树形优美。主干挺直、粗壮，向北倾斜10°。有分枝8个，均从主干6.0m处发出，均匀分布于主干上。基部有萌蘖10余株，贴母干生长，被人为修剪。此树结果很少，该树位于冷家村内厂房内。N=37° 14′ 42.4″，E=122° 26′ 21.2″，H=77m。

荣成市夏庄镇小夏庄村

母女银杏。雌株，树龄500年，树高24.5m，胸径1.45m，冠幅24.0m×23.4m。生长在杂木丛中，树干通直，具10个分枝，在一侧有一个复干已经和母干融为一体，似女儿依偎在母亲的怀抱。复干5个分枝清楚可见。在古树的一侧有一长达3.0m的纵向树洞，类似“鱼破肚”，内已经用砖填充。古树编号：003。

荣成市夏庄镇医院旁

垂乳银杏。雌株，树龄650年，树高14.0m，胸径1.50m，冠幅17.0m×15.0m，枝下高3.9m。生长旺盛，树冠卵圆形，树形优美。主干挺直、粗壮，树干中空，已用砖填充，西北侧树皮损坏。有分枝近10个，主要集中在4.0～5.0m范围内，部分侧枝干枯。有垂乳两个，最大垂乳位于主干北侧，长0.15m，基径0.06m。该树枝叶正常，结果很少，位于镇内山头上。编号：003，N=37° 13′ 51.9″，E=122° 27′ 00.5″，H=75m。

文登市大水泊镇瓦房庄

雌株，树高14.2m，胸径1.10m，冠幅15.7m×15.1m。

文登市张家产镇南汤村

雌株，树高19.5m，胸径1.11m，冠幅17.4m×14.0m。

文登市泽头镇岛集村

雌株，树龄850年，树高18.5m，胸径1.13m，冠幅19.0m×14.4m。

文登市天福街道长夼沟村

雌株，树龄350年，树高19.0m，胸径1.01m，冠幅18.5m×22.1m。

文登市宋村镇大寨村

树龄780年，树高20.0m，胸径1.03m。

图9-3-179 荣成市宁津街道鞠家村
（注：箭头示垂乳）

图9-3-180 荣成市宁津街道苏家村

图9-3-181 荣成市宁津镇渠格村

图9-3-182 荣成市人和镇靖海卫村村委

文登市界石镇无染寺

雌株，树龄500年，树高18.5m，胸径0.83m。昆嵛山无染禅寺主持释妙舟介绍，在公元901年，有一个韩国的商人叫金清，在文登和牟平一带是个押衙。他联系的浙江功德主钱镠王，就是吴越王钱镠，吸引资金在公元901年重修的无染寺。现在这个碑文的原件存在中国档案馆。

文登市界石镇无染寺

雄株，树龄500年，树高16.5m，胸径0.83m。

文登市候家镇二马村

树龄350年，树高25.0m，胸径0.87m。

莒县浮来山镇浮来山定林寺内（图9-3-186）

著名的“天下银杏第一树”，浮来山银杏树，垂乳银杏。雌株，树龄3300年，树高27.5m，胸径4.17m（东、西、南、北四个方向胸径平均），冠幅33.0m×27.5m。至今枝干茂密，长势良好，年年尚能大量开花结果，被誉为“天下第一银杏。”此树生长在始建于南北朝时期的定林寺前院中央，参天而立，形若山丘，冠似华盖，树冠投影面积907.5m²。干形通直，枝下高3.0m，干高5.2m，色泽灰褐色，开裂纵裂，质地较平滑。主枝均匀分布；主干通直，东北方向有宽0.80m、长1.50m树洞水泥补护。于2.2m处分出两主枝向北；3m处分成四主枝，其一向南为最长枝，其三斜向上。第一个主枝基径1.2m，长11.0m，分枝角为45°，向南生长，从该主枝上分出3个二次枝，基径最粗的0.8m，长15.0m，向南偏东方向生长，另一二次枝长11.0m，在4.0m处折断；第二个主枝基径0.11m，长7.0m，分枝角为45°，伸向北稍偏西，有2个二次枝；第三个主枝基径1.25m，长10.0m，分枝角45°，伸向北稍偏东，有3个二次枝，最粗的基径0.7m，长3.0m；第四个主枝，基径1.4m，长8.0m，分枝角30°，向北延伸，有3个二次枝，最粗的基径1.1m，长3.0m，分枝角30°，向主枝方向延伸；第五个主枝基径1.4m，长9.0m，分枝角45°，伸向东，有3个二次枝，最粗的基径1.2m，长15.0m，分枝角60°，伸向南偏东；第六个主枝基径1.3m，长12.m，分枝角60°，伸向西。裸根遍布古树四周，面积50m²。较粗裸根有2个，最粗直径0.2m，向外延伸达1.8m。基部萌蘖较多。有垂乳12个，最大垂乳长40cm，基径20cm，位于东南侧分枝上，并且，该垂乳上有萌枝。土壤为沙壤土；土厚10m，水源为地表水，地下水位5.88m。植被：侧柏、中华结缕草。N=35° 35′ 49.4″，E=118° 44′ 02.1″，H=214m。

树下石碑林立，部分石碑内容如下：

西南侧一石碑记载：得道通至理，妙悟享正宗，广宏雄继普，永远福兴隆。

西南另一石碑记载：千年银杏王，文心雕龙史。迟浩田，二零零三年十月二十三日。

南侧一石碑记载：福山寿地。癸未秋日，周报农。

西侧石碑：银杏树王。辛巳年夏，龙玉卿。

北侧石碑记载：特用府莒州正堂加五级记录十次陈庙规事照的浮来山定林寺前因倾颓年必谨存基址上年业。前无撰文。抬资修葺庙貌重新现已工竣所有近庙山场恐有无知之徒仍行樵收开垦武断作践自应酩酊庙规加意防护合亟出示晓谕为此示仰附近居民人等。本庙僧人知悉告示之后，庙内房屋下不准住持僧人任意赁借本庙原有山场暨山左右地牧业均查丈清楚将四至落栅刻碑并注册备案以借僧人永远膳食之资。除原有垦复山地仍谷管业外，其余山隙空地不准再行开垦并不得私自开采山石殆碍风脉以及在近庙山场樵采柴薪牧放牲畜作践有关庙宇事情一概广兴禁止以上各项。如有明知故犯者许该僧人及管保地记名票州定当提案讯明后定究治决不宽容各宣凛遵毋特示。光绪元年四月初右谕。

东侧碑文记载：天下银杏第一树。王丙乾，一九九九年十一月二十九日，莒县旅游管理局，二零零零年五月立。

一支撑柱上标志牌记载：古树编号001，天下银杏第一树，树高26.7m，周围15.7m，遮阴面积900m²，此树树龄4000余年，为天下银杏第一树。

山东莒县城西9.0km处有座山峰耸峙、风景宜人的浮来山。山上古刹定林寺内有株树龄达3千余年的“天下第一银杏树”，是世界上最古老的银杏树。据大树前立于清朝顺治甲午年（1654）的碑文记载：春秋时期，莒、鲁两国不和，纪国国君从中调解，莒、鲁两国国君于鲁隐公8年（公元前715），会盟于这株大银杏树下——而那时这株银杏已是参天大树。据考证，这株大银杏树历经20个朝代，在大禹治水之前已有之，是一部“活历史”，被人们称作“活化石”。古银杏树参天而立，远看形如山丘，龙盘虎踞，气势磅礴，冠似华盖，繁荫数亩。树下古碑林立，诗词萃集，留下了先人的许多题咏纪略。其中“大树龙盘会鲁侯，......”（《左传》）记载：“鲁隐公八年，九月辛卯，公及莒人盟于浮来。”）是指春秋时期，莒国的国君莒子与鲁国的国君鲁侯，在银杏树下，结盟修好一事。《重修莒志》中则写道：“鲁隐公八年，鲁隐公与莒子曾在此树下会盟修好”。那时，此树虽无确切年龄记载，却已为“大树”。此树之年龄，据清代顺治甲午年莒县太守陈全国所记，“浮来山银杏树一株。相传鲁公与莒子会盟处。盖至今三千余年。枝叶扶苏，繁荫数亩；自于至枝，并无枯朽，可为奇观。”并赋诗：蓦看银杏树参天，阅尽沧桑不计年。汉柏秦松皆后辈，根蟠古佛未生前。人称银杏之祖当之无愧。石碑题诗曰：大树龙蟠会鲁侯，烟云如盖笼浮丘。形分瓣瓣莲花座，质比层层螺髻头。史载皇王已廿代，人经仙释几多流。看来今古皆成幻，独子长生伴客游。就是说此树在300年前就已3000余岁了。因而古人留下“十亩荫森更生寒，秦松汉柏莫论年”的佳句。清代康熙年间鸿儒、诸城名士李澄中曾作《定林寺银杏》：“嘉树何年植？空王此旧台。秋声连莒子，山色漫浮来。枝偃蛟龙蛰，风鸣雷雨开。鲁公盟会处，事往有余哀。”诗作追溯古银杏栽植的历史和它见证的重大历史事件，描摹银杏树的奇伟壮观，古朴苍劲，寄寓“人事有代谢，往来成古今”的感慨。现代作家王希坚也曾作《浮丘留字》二首，咏赞浮来山定林寺古银杏：“矗立浮来银杏王，人寰百代历沧桑，鲁侯莒子今安在？树更葱茏花更香。”“山林幽静脱俗尘，义理穷究识见真。面壁校经廿寂寞，文章千载有知音。”凭树吊古，阐发佛意，寻觅知音，颇能发人深思。

定林寺南面怪石峪的古藤翠柏间，建有一座六角飞檐红亭，郭沫若题名“文心亭”。

图9-3-183　荣成市夏庄镇冷家村南

图9-3-184　荣成市夏庄镇冷家村北

此处有一巨石，上书“象山树”三个篆字，落款为“隐仕慧地题”。慧地即我国古代著名文艺理论家刘勰出家后的法号。相传刘勰为定林寺住持时，见寺内银杏树巍巍壮观，宛如山丘，遂题书刻石，形容其如山之雍容宏伟。全国人大常委会原副委员长王丙乾在此题写了“天下第一银杏树”，并被制成碑刻。此处尚有胡绳先生“文心千秋，古木长存”，吴阶平先生“银杏树巨树，天下闻名”等名人的题词，均勒石成碑。《十万个为什么》一书讲到了它。印度尼西亚的刊物，对它进行了描述，并刊登了照片。1982年，联合国科教组织还向全世界播放了它的近影。巍巍银杏树，可谓身历古今，誉满中外。1982年，著名画家王小古游浮来山定林寺，即兴题写楹联：十围大树三千岁，一部文心万世传。

在3000多年的历史长河中，这株古银杏历尽劫难，约在110年前，由于进香不慎，香火引起火灾，烧焦了树皮，蔓延主干，以后虽愈合，但其痕迹至今清晰可辨。1995年秋，又遭受一场龙卷风的袭击，折断一根直径0.8m、长25m的大主枝，但因其生命力极强，仍枝繁叶茂，生机盎然。特别是近几年，当地政府非常重视对该树的保护，园林管理部门重修了围栏，以10余根高大的水泥立柱支撑主枝，并填塞枝干孔洞，从而使这株“银杏王”更加生机勃勃，枝繁叶茂，正常结实。有时在那几搂粗的树干皮缝间，不定期能结出一个个金灿灿的果实，加上那一个个像钟乳石般挂在树干的“树奶”，实乃一大奇观，让人赞不绝口。我国南北朝时著名的文学家、《文心雕龙》的作者刘勰曾在寺内写作，他称这棵体形硕大似巨

图9-3-185　荣成市夏庄镇医院旁
（注：箭头示垂乳）

象的古银杏名为“象山树”。

该树根蜿蜒裸露，每天需吸收2t的水分。关于这棵树的围粗，自古就有“大八搂，小八搂”之说。“大八搂”是指个子高的人去搂，正好是八搂；“小八搂”是指个子小的人去搂，恰好也是八搂。原来这株大树树干是上粗下细。浮来山银杏树七搂八拃一媳妇的故事远近闻名。相传明朝嘉靖年间，一位进京赶考的书生到这株巨大的银杏树下避雨。他见大树浓荫如盖，颇有气势，便对树干的粗细产生了好奇之心，但身上没带尺子，于是就用搂抱的形式来测量树的粗细。

书生搂了七搂竟然还没有转到起点，正在他准备搂第八下的时候，突然发现量树的起点竟站着一位少妇。原来少妇回娘家走到此处，也来大树下避雨。由于树太大了，所以两人都没有发现对方。书生有心让少妇让一让，却不好意思开口，但又不想放弃测量。剩下的一段他只好用手去拃。数到第八拃时，正好量到少妇的身边。少妇依然头不抬，眼不睁。往下怎么量呢，书生想不出别的办法，只好叹了口气说：就算它是七搂八拃一媳妇吧！几百年过去了，银杏树的树围早已超过了七搂八拃一媳妇，但是这一趣闻，却世代流传，令人们津津乐道。

关于垂乳传说：有关该银杏树树瘤的传说是非常多的，而且大都带有某些神话色彩。最具权威且有较高可信度的版本，应当首推现代老文艺家于冠西在《浮来山远足回忆》一文中所记载的一位叫佛成的老和尚所讲述的一个传奇故事。那是在60多年前，于冠西在学生时代游览浮来山时，亲耳从当时的定林寺住持佛成老和尚口里听到的：“多少年来，人们都想得到这些瘿。因为这古老的白果树上的瘿，如果把它锯下来，解成板，打磨光洁，就会显出千姿百态的花纹来——行云流水，飞禽走兽，奇峰怪石，花草树木，什么都有。把它镶嵌在红木框架里，就成了官宦豪门厅堂里最珍贵的摆设。可是神物不可亵渎、不容侵害。否则就要受到天诛。他说，很久很久以前，有人雇了木匠，夜里来偷这树上的一个瘿。锯了一夜，瘿只剩一点皮连着树干，可是怎么也锯不下来。天亮了，只好住手，躲了起来。第二天夜里，他又带着木匠来锯，没想到，头天夜里锯开的地方都已经长好了，像是没锯过的一样。只好重新再锯。锯到天亮，还是只差一点树皮连着，锯不下来。又只好住手，躲了起来。到了第三天夜里又来锯，断口仍旧长得完好如初。这时木匠不禁又惊又疑，想就此罢手。但贪心的主人哪肯罢休，木匠只得硬着头皮再锯。谁知刚刚锯了几下，树瘿竟流出血来。木匠见事不好，拔腿就跑。其主人却一命呜呼，死在树下。从那以后，就再也没人敢来危害这树了。”关于该树的保护还有一个故事：据说当年有位西方传教士，曾要把莒县浮来山定林寺内的这棵古银杏树买下，锯倒后分解运往美国，然后再复原制成植物标本，开办一个“古生物活化石展览馆”。此事遭到当时寺内住持僧人的坚决反对。但在中国沦为半殖民地的当时，单靠几位僧人又是难以抗拒帝国主义列强的肆意掠夺的。幸亏一位有爱国之心的中国翻译，协助僧人向这位美国人做出了“此树已成为朽木，不可搬运”的曲义解释，才让那位传教士放弃了砍伐古树的念头，使这棵号称中华瑰宝的银杏王幸免于难。由此可见这位古寺高僧的“银杏树情结”是何等深浓，他为保护这棵古树可以说已是殚精竭虑。

莒县浮来山镇浮来山定林寺后院（图9-3-187）

复干银杏。雌株，树龄1300年，树高24.6m，胸径1.64m，冠幅32.0m×33.0m，枝下高5.6m。树冠卵圆形，冠幅均匀，长势茂盛。干形通直，干高5.0m，主枝5个，分布均匀，二次枝5个生长茂盛，2个最大主枝先向南倾斜后直向上，北侧小主枝较多，成均衡状，色泽灰褐色，开裂纵裂，质地较平滑。裸根遍布古树四周，面积约30m^2。由5个主枝组成，分别向东、南、北、西北、东北5个方向生长。生境：坡度5°，坡向南，海拔240m，成土母质为山前冲积层，土壤为沙壤土，土厚50cm，水源为地表水，地下水位6.8m。植被：侧柏、中华结缕草。大树裸露的根隙中又长出了3株复干，基部贴母干生长，最大的胸径0.41m，高8.0m，最小的也有0.25m，称“五世同堂”的公孙树。另外基部有萌蘖7株，与母干的距离为0～0.4m。N=35° 35′ 49.4″，E=118° 44′ 02.1″，H=240m。

莒县夏庄镇薛家石岭村（原古刹寺）

雌株，树龄1400年，树高20.0m，胸径1.66m，冠幅19.0m×21.0m，枝下高2.0m。树冠呈开心形，稍偏向西南。干形通直，干高5.0m，色泽灰黑色，开裂深纵裂，稍向西南倾斜，由8个主枝组成，向四周均匀分布，最长枝方向为西南，长19.0m；最短枝，方向为东南，长10.0m。由于结果较多，二次枝生长较弱。四周有数条凹槽，在100cm×20cm×5cm至180cm×55cm×35 cm之间。有裸根一条，直径12cm，向北延伸6.0m深入土壤中。生境：坡度0°；海拔110m，成土母质为岩石风化物，土壤为沙壤土，土厚150cm，水源为地表水，地下水位6.0m。植被：杂交杨、刺槐、大叶黄杨。据传说，这棵古银杏树栽植于唐初，当时在这个岭顶上建一寺院，名叫“古刹寺”。在寺院正殿前15m处栽有一株银杏，也就是今天我们看见的这棵古银杏树，传说是立寺后不久，为了美化寺院，两个和尚徒步来到浮来山，花了两天一夜的工夫从浮来山定林寺里移植了一棵幼小的银杏树苗。历经风风雨雨，动乱劫难，银杏树以它顽强的生命力在贫瘠的岭顶上茁壮成长。寺院在民国期间被毁坏，唯独这棵银杏树在刀光剑影之中昂然挺立，顽强地存活下来。

莒县东莞镇大沈刘庄（图9-3-188）

刘勰手植。雄株，树龄1500年，树高31.5m，胸径1.51m，冠幅29.0m×28.0m，干形通直枝下高11m，干高8m。刘勰，南朝著名文学家，所著《文心雕龙》是中国古代最著名的文学理论专著之一，在中国古代文学史上占有重要的地位。《梁书·刘勰传》载：“勰字彦和，东莞巨人”。位于莒县城西北60km，与东莞镇相距5.5km的沈刘庄即刘勰故里。《莒县地名志》载：西沈庄，汉代建村，此地不仅有汉代箕城遗址和春秋墓，还出土大宗汉代砖瓦，村前有古银杏一株。据传说，它是刘勰亲手所植，也有说沈约手植。刘勰在钟山定林寺前后生活了20年左右，他在这里借助定林寺丰富的藏书，潜心学习。沈约是我国南朝齐、梁时期著名的文学家、史学家，沈约所生活的时代距今已有1500年了。

古银杏巨伞形树冠稍偏向东，枝叶十分繁茂，树干色泽灰褐色，深纵裂，质地粗糙。树干挺直，周围遍布数条凹槽。它坐落在石灰岩形成的棕壤厚层土中，其北侧30m处是终年清泉不断的山溪，充足的肥水资源共同孕育了古银杏。它虽然看透人间兴衰，受尽世之创伤，但在现代人的精心抚育下，仍焕发出勃勃生机。1994年由于进行了人工辅助授粉，年产果实300kg。

莒县綦山镇庞庄村（图9-3-189）

宋银杏。雌株，树龄1000年，树高15.0m，胸径1.95m，冠幅28.4m×24.6m，枝下高4.0m。树冠形状扁圆形，树冠庞大略偏向南，断枝较多。干形通直，干高14.0m，色泽灰褐色，开裂深纵裂，质地粗糙，表皮纵裂较深，最深处达8.0cm，树干通直向东南微倾。5个主枝组成，分别向南、北、东、西、东北5个方向生长，侧枝19个，最长枝方向为南，长20.0m，最短枝方向为北，长4.0m。主干分枝处生有2株构树。生境：土壤为沙壤土，土厚0.50m，水源为地表水，地下水位8.0m。植被：杂交杨、国槐、中华结缕草。据传，北宋初年，太师庞文因罪全家被抄斩。其一庶出之子，带幸免遇难的家人逃难。经一个多月的昼宿夜行，逃到了莒县北乡，驻足一打听，此地距东京汴梁已有数千里之遥。此地已是人地两生，已无人知晓庞氏为在逃的罪犯。庞氏见此地不仅水美田沃，而且人们善良淳朴，觉得到了安全避身之地，就此安居下来。置些田产，过起了日出而作，日落而息的田园生活。由于人口繁衍，人户渐多，遂以姓氏名村为庞庄。后庞氏日子越过越好，不仅盖起了深宅大院，而且在宅舍之后见了一个大花园。花园内除栽植花草外，还栽了一棵银杏树。后在明代中期，管氏、王氏迁此居住，庞庄已扩展为数姓居住的大村庄。编号：004号。N=35° 48′ 56.6″，E=118° 54′ 24.7″，H=210m。

莒县綦山镇大庄坡村净土寺遗址（西株）（图9-3-190）

雄株，树龄1200年，树高16.0m，胸径1.10m，冠幅16.0m×14.0m，枝下高7.0m。树冠广卵形，稍偏向西。干形通直，干高7.0m。色泽灰褐色，开裂块状纵裂，质地较平滑，树干呈块状纵裂，裂缝及上部树皮灰褐色。干稍向西南倾斜。西北侧从地面向上约有1.5m^{2}处没有树皮。由南、西、北、西北方向4个主枝组成，侧枝10余个。最长枝：方向南，长13.5m；最短枝：方向北，长6.0m。此树位于綦山镇驻地大庄坡村西北2.5km处的净土寺故址内，为唐代大和年间所植，树龄约1200余年。坡度35°，坡向：西南，海拔238m；成土母质：花岗岩风化物。土壤：黏土；土厚200cm；水源：地表水；地下水位12m。伴生树种为刺槐。唐大和年间（827~835年），綦山净土寺建成，为象征佛寺长盛不衰，在山门内东西各植一棵银杏树。在僧侣们的管护下，树长得很旺盛，到元代已成为大树。净土寺也像银杏树一样，几经重修，寺庙规模大了许多。特别是元代皇庆年间和明代嘉靖年间2次重修，使净土寺成为莒北一带的名寺。当时寺内有大雄宝殿、葛仙祠关公殿、禅室、山门等。因其"晨鼓暮钟"与其他寺庙不同，所以在明初"山寺晚钟"成为城阳外八景之一，可想当时寺庙盛景。净土寺在清代被毁，银杏树也受影响生长变弱。同治年间净土寺虽经重建，但规模比以前小了许多。1946年寺庙被毁，南面庙基被拆，造成水土流失严重，银杏树长势渐弱，树冠比1946年前小了近1/3。N=35° 53′ 09.7″，E=118° 51′ 20.9″，H=238m。

图9-3-186　莒县浮来山镇浮来山定林寺内
（注：箭头示垂乳）

图9-3-187 莒县浮来山镇浮来山定林寺后院

图9-3-188 莒县东莞镇大沈刘庄

莒县綦山镇大庄坡村净土寺遗址（东株）（图9-3-190）

雌株，树龄1200年，树高15.0m，胸径0.70m，冠幅15.0m×16.0m，枝下高5.0m。树冠扁圆，偏向北，因结果较多，多处树枝被压断。干形通直，干高5.0m，色泽灰褐色，开裂浅纵裂，质地较平滑，树干西南侧有一处高100cm、宽15cm的树洞。由4个主枝组成，分别向西北、南、西、东4个方向生长。最长枝：方向北，长11.0m；最短枝：方向南，长6.0m；二次枝11个，由于结果较多，生长较弱。该树与上一株相距10.0m。N=35°53′09.7″，E=118°51′20.9″，H=238m。

莒县招贤镇后仕阳村小学（原石佛寺）

雌株，树龄1400年，树高19.0m，胸径1.30m，冠幅18.0m×14.0m，枝下高2.5m。树冠卵圆形，稍偏向南，树体左旋，枝叶旺盛。干形通直，干高 10.0m，色泽灰褐色，浅纵裂，质地较平滑，树干东北侧有一处高300cm的凹槽。由10个主枝组成，向四面八方生长，最长枝：方向北；长11m；最短枝：方向东；长8 m，侧枝14个。该树位于莒县招贤镇后仕阳小学（原石佛寺）院内，坡度：0°；海拔230m；成土母质：河流冲积层；土壤：黏土；土厚：300cm；水源：自来水； 地下水位：6.0m。石佛寺，据康熙五十年（1711）重修碑文记载，该寺建于南北朝时期。1400多年来，此树历经劫难，宋末元初，石佛寺遭元兵火焚，银杏树遭灭顶之灾，主干被烧毁。之后从根部周围发出树枝，其中东西两株并肩生长，逐渐结为一体形成双心树，成为双胎姊妹。另据碑文记载，康熙五十年、同治年间、民国九年，分别遭遇火灾。20世纪50年代，一村民又在树的缝隙中火烧马蜂窝，随之起火，多亏救火及时才免遭火焚。千余年的风风雨雨，历尽艰辛，见证了历史的变迁，银杏树依然生机勃勃，枝繁叶茂，年年硕果累累。

莒县洛河镇北汶村小学内佛塔寺遗址

雌株，树龄1400年，树高20.0m，胸径1.69m，冠幅24.5m×20.5m，枝下高2.5m。树冠形状为球形，稍偏向西。干形通直，干高5.0m，色泽灰褐色开裂浅纵裂，质地较平滑，树干稍向南倾斜，树体左旋。有4个主枝，侧枝5个，最长枝方向为西偏南，长18.5m；最短枝方向为北，长5.0m。树干东北向离地面50cm处有一高120cm、宽50cm树洞。生境：坡度0°，海拔230m，成土母质为河流冲积层，土壤为沙壤土，土厚150cm，水源为地表水，地下水位6.0m。植被：杂交杨、刺槐、中华结缕草。唐朝天宝十四年（755）修建佛塔寺时，银杏树已成大树，生长在佛塔寺西。北纬 35°35′东经118°49′。1994年4月25日以10g雄花粉授粉后，当年产种实150kg，收入7500元。

莒县龙山镇瓦楼村

树龄120年，树高20.0m，胸径0.75m。

莒县龙山镇孙家庄子

树龄120年，树高12.0m，胸径0.73m。

莒县浮来镇响泊头旺村

树龄400年，树高24.7m，胸径1.39m。

莒县中楼镇电视转播台院内

树龄200年，树高20.0m，胸径0.73m。

莒县中楼镇孙由村

树龄200年，树高14.0m，胸径0.64m。

五莲县高泽镇西楼村（图9-3-191）

双色明银杏。雌株，树龄600年，树高20.0m，胸径1.91m，冠幅27.5m×29.5m，枝下高3.5m。生长旺盛，树冠阔塔形，树形优美，树梢有少部分干枯，西侧有分枝枯死。根基较大，北侧根系露出地面0.15m，向北延伸1.2m。主干挺直、粗壮，南侧基部树皮脱落；距地面0.4m处遭人为破坏，用菜刀将树皮宽2.0cm环剥一周，现已愈合，并留下一圈痕迹。此外，该树在西北、西南两个方向共有3个小侧枝已经黄叶，其他大部分树体枝叶浓绿，呈现出双色银杏奇观。3.5m处生有一株构树，基径0.10m。有3个大的分枝，侧枝10余个，均匀分布于主干上。该树结果量一般。树下有碑文记载：此树植于公元1369年，明初洪武二年，距今已有620余年的历史，在西楼村村民的细心养护下，该树久经沧桑，郁郁挺立。N=35°48′16.3″，E=119°11′08.9″，H=76m。

五莲县户部乡王家大村

明银杏。雌株，树龄600年，树高20.0m，胸径1.54m，冠幅10.0m×15.0m。仍能年年结果。

五莲县户部乡王家大村

雌株，树龄600年，树高23.7m，胸径1.70m，冠幅12.5m×15.8m。

图9-3-189 莒县碁山镇庞庄村

图9-3-190 莒县碁山镇大庄坡村净土寺遗址
（注：1.左东株；右西株；2、3. 西株；4. 东株）

五莲县汪湖镇林泉村

雌株，树龄450年，树高17.3m，胸径1.09m，冠幅14.8m×17.2m。

五莲县街头镇桃沟村

雄株，树龄150年，树高16.7m，胸径0.69m，冠幅13.7m×12.6m。立地条件比较好，是肥沃的黏壤土，底部为河沙，土壤中的石块较多。

五莲县街头镇桃沟村

雄株，树龄150年，树高13.5m，胸径0.62m，冠幅10.8m×10.9m。

五莲县街头镇桃沟村

清银杏。雌株，树龄150年，树高16.2m，胸径0.60m，冠幅12.2m×13.3m。清朝时期办学堂时栽在院子里的，雌株现在处于盛果期，每年可产250kg的鲜果。

五莲县叩官镇阎家庄

树龄100年，树高16.0m，胸径0.57m。

五莲县潮河镇东南坡村

树龄100年，树高25.0m，胸径0.86m。

五莲县潮河镇西花崖村

树龄210年，树高18.2m，胸径0.96m。

五莲县潮河镇东石河村

树龄100年，树高15.5m，胸径0.46m。

五莲县松柏乡潘家庄

树龄160年，树高20.0m，胸径0.64m。

五莲县松柏乡李家峪村

树龄380年，树高18.0m，胸径1.06m。

图9-3-191 五莲县高泽镇西楼村
（注：绿黄叶相间——双色银杏）

五莲县街头镇罗家丰台村

树龄100年，树高12.5m，胸径0.48m。

五莲县街头镇花山口村

树龄230年，树高16.0m，胸径0.83m。注：后续资源。

(1)五莲县街头镇罗家丰台村

树龄70年，树高18.0m，胸径0.69m。

五莲县于里镇川里村

树龄120年，树高17.0m，胸径0.69m。

五莲县许孟镇李古庄

树龄200年，树高18.0m，胸径0.69m。

五莲县户部乡王家大村

树龄500年，树高19.0m，胸径1.01m。

五莲县中至镇中至村

树龄150年，树高23.5m，胸径0.86m。

五莲县街头镇泥峪子村

树龄100年，树高16.0m，胸径0.57m。

日照市东港区西湖镇大花崖村（图9-3-192）

唐银杏，垂乳银杏，母系银杏。雌株，树龄1000年，树高27.0m，胸径2.37m，冠幅37.5m×35.5m，枝下高4.5m。树势较弱，树冠阔塔形，树冠较大，树形优美，大部分分枝枯死。主干挺直、粗壮，凹凸不平，有较多的凸起。有分枝13个，集中分布在主干5.0m以上，呈发散状向四周长出，分枝干枯较严重，仅部分侧枝生长旺盛。有复干5株，最大复干高20.0m，胸径0.20m，与母干的距离为0.3m。基部有少量萌蘖，着生于母干和复干基部。有垂乳10余个，较大较明显垂乳4个，最大垂乳位于树体南侧距地面2.0m处，基径0.18m，长0.5m。该树以前结果，枝叶正常。据考，此树乃唐代所植，距今有1300多年历史，为日照第二大古银杏树。有10余个比较开张的大侧枝，整个树形像一把巨伞，虬龙般的枝干上长出一个个“树奶”，使这株千年银杏显得更加苍劲，苍老的枝干上悬挂着一个个银乳有的长达40cm。在这株母树的东南侧，由基部长出2株20～30cm粗的幼树，紧紧依附着母体，因而被人们称之为“母系银杏”。N=35° 26′ 21.4″，E=119° 14′ 13.9″，H=60m。

日照市东港区西湖镇回龙观

树龄500年，雌株，树高23.0，胸径1.34m，冠幅17.5m×17.0m。

日照东港区白云寺

雄株，树高18.0m，胸径0.54m，树龄120年。

日照市东港区日照街道西安吉庄子

树龄360年，树高18.5m，胸径1.15m。

日照市东港区巨峰镇辛留村

树龄110年，树高13.2m，胸径0.57m。

日照市东港区后村镇宅科二村

树龄300年，树高16.8m，胸径0.79m。

日照市东港区南湖镇万家坪村

树龄120年，树高20.0m，胸径0.55m。

日照市东港区南湖镇王家官庄

树龄110年，树高22.0m，胸径0.61m。

日照市东港区奎山街道许家园村

树龄160年，树高13.0m，胸径0.40m。

日照市东港区奎山街道大岭一村

树龄110年，树高12.0m，胸径0.78m。

日照市东港区西湖镇大炮楼村

树龄230年，树高18.2m，胸径1.18m。

日照市东港区西湖镇大炮楼村

树龄230年，树高14.0m，胸径0.23m。

日照市东港区西湖镇爱国村

树龄1000年，树高25.4m，胸径0.76m。

日照市东港区陈疃镇南鲍疃村

树龄160年，树高13.2m，胸径0.62m。

日照市东港区陈疃镇南山村

树龄200年，树高16.5m，胸径0.70m。

日照市东港区黄墩镇陈家官庄

树龄300年，树高18.0m，胸径1.15m。

日照市东港区涛雒镇东石梁头村（图9-3-193）

树龄150年，树高18.0m，胸径0.76m，冠幅15.5m×13.0m。枝下高5.5m，主干通直，生长旺盛。生长在村内小路旁，周围是民房。

日照市东港区三庄镇北陈家沟村

树龄100年，树高18.0m，胸径0.51m。

日照市东港区三庄镇北陈家沟村

树龄120年，树高16.0m，胸径0.41m。

日照市东港区河山镇西黄家庄

树龄400年，树高11.5m，胸径0.54m。

日照市岚山区虎山镇桉罗树村

树龄300年，树高14.0m，胸径0.35m。

图9-3-192 日照市东港区西湖镇大花崖村

日照市岚山区黄墩镇北塔岭村（图9-3-194）

雌株，树龄500年，树高21.7m，胸径1.80m，冠幅15.7m×17.2m，枝下高4.5m。生长较旺盛，树冠阔塔形，树形优美，部分分枝顶部有枯梢。主干挺直、粗壮，曾遭火灾，树皮脱落，基部被烧形成一个大洞，现树洞用水泥封堵。有6个分枝，集中在主干5.0m以上，长势一般。该树周围为农田，有围栏保护，树下杂草较多。结果量较小，枝叶正常。N=35°24′32.2″，E=119°08′16.7″，H=194m。

日照市岚山区虎山镇小村卧佛寺东（图9-3-195;9-3-196）

唐银杏。雄株，树龄1100年，树高29.0m，胸径2.14m，冠幅22.5m×23.5m，枝下高5.5m。生长较旺盛，树冠形状不规则，西侧树冠大于东侧。主干粗壮、挺直，2.5m处有部分树皮脱落。有分枝10余个，集中在主干6.0m以上。基部有萌蘖60株，高度1.0m以下，与母干的距离为0～0.8m；有复干一株，高19.0m，胸径0.45m，贴母干生长。《日照县志》记载，此卧佛寺原“有唐碑，寺前银杏两株，周丈余，荫多屋暗，高不可代。”N=35°07′49.1″，E=119°20′47.1″，H=50m。

日照市岚山区虎山镇小村卧佛寺西（图9-3-195）

唐银杏。雄株，树龄1100年，树高25.0m，胸径1.38m，冠幅17.5m×22.5m。N=35°07′49.1″，E=119°20′47.1″，H=50m。

日照市岚山区黄墩镇上双疃村

树龄500年，雌株，树高29.5m，胸径1.36m，冠幅18.0m×17.0m。

日照市岚山区后村镇宅科三村

树龄500年，雌株，树高24.5m，胸径1.43m，冠幅16.0m×12.0m。

日照市岚山区虎山乡下寺

唐银杏。雄株，树龄1100年，树高29.0m，胸径2.08m。同生2株，该株主干东侧1.4m高处生一粗0.7m的子株，长势壮旺。

日照市岚山区虎山乡下寺

唐银杏。雄株，树龄1100年，胸径2.00m。

邹平县西董镇南石村（图9-3-197）

雌株，树龄160年，树高15.0m，胸径0.87m，冠幅6.0m×10.0m，枝下高5.0m。生长旺盛，树冠倒塔形，顶部较平。主干挺直、纤

图9-3-193 日照市东港区涛雒镇东石梁头村

细，有3个分枝，均从主干5.0m处发出。该树枝叶正常，结果量少，位于该村主路民居前。

齐河县赵官镇银杏村东南（图9-3-198）

山东省黄河以北仅有的1株，“姊妹树”。雌株，树龄600年，树高15.0m，胸径0.82m，冠幅17.0m×17.0m，枝下高3.4m。树势衰弱，树冠似扇形，东侧树冠略大于西侧。现有5个大的主干，均从基部发出，最大主干胸径0.82m，高13.0m；第二主干胸径0.68m，高15.0m；第三主干胸径0.52m，高13.0m；第四主干胸径0.42m，高14.0m。据传该树为明洪武年间黄河决堤冲来的银杏树苗落地生根，形成大树，原树在清乾隆或嘉庆年间枯死，今树是从原树根重生的幼芽长成2株，称“姊妹树”。距今近200年时，又萌生出幼芽长成3株银杏树，所以齐河银杏树现为5株丛生。调查发现：该树的5个主干均从基部一残桩上长出，证实了上述传说的正确性。5个主干周围，复干和萌蘖众多，10cm以上的复干30株，5～10cm的复干120株，5cm以下萌蘖数以千计。该树复干萌蘖树盘东西6.5m，南北3.5m，5大主干团簇在中间，高大挺拔，众多复干与萌蘖围绕在主干旁，形成壮观一景，覆盖面积200m^2，树盘占地22.8m^2，形成独木成林的景致。树下碑文记载：银杏树距今已有600多年。据传是明洪武年间黄河决口冲至此处的银杏幼苗长成，后根生为5株。主树高大，胸径80cm，高20m，树冠覆盖面积达600m^2。保护范围：50m×50m，建设控制地范围：80m×80m。该树是山东省黄河以北仅有的1株古银杏树。据李氏族谱记载：“卜茔前种此树未可知也，卜茔后种此树亦未可知也”。李之始祖为明洪武年间（1368～1399）迁此村，初立村名为“亚水村”，后因树定村名为银杏树村。明洪武以后黄河首浸大清河是弘治二年（1489），依此推算原树树龄已有500年以上。N=36° 29′ 11.8″，E=116° 33′ 54.6″，H=21m。

图9-3-194 日照市岚山区黄墩镇北塔岭村

临沂市兰山区兰山街道博物馆院内原孔庙（东）（图9-3-199）

雄株，树龄896年，树高20.30m，胸径2.07m，冠幅19.4m×23.1m。孔庙又称文庙，为历代祭祀孔子的地方，也曾是州、府学所在地，习称“黉学”。1992年6月，山东省人民政府公布为省级重点文物保护单位。该处原为临沂第三中学。据《临沂县志》记载：“孔子庙在县治西、旧在东南，宋靖康毁于火。金守臣高召卜迁今地，其后再毁再葺，元末兵燹[xiǎn]，故址仅存。”明、清重加修复，现仅存大成殿、明伦堂及2株古银杏。新中国成立后，1983年对大成殿进行过维修，1995年又对大成殿、明伦堂进行了修缮。1997年临沂市人民政府将孔庙修复和博物馆迁入列为十件大事之一，同年12月竣工并对外开放。

该树在原孔庙、现临沂市博物馆院内，共2株，左（东）为雄株，较大，右（西）雌株，较小。两树相距8m。雄株高大挺拔，三大主枝，生长旺盛。枝下高3.0m。主干上有一瘤状物，树干较光滑。周围有护栏保护。树上标志牌记载：“据临沂县志记载。植于金代（公元1115年）经历900年的兵燹沧桑，仍根深叶茂，生机盎然，为我市一大自然景观。”两树正前方有一立碑上有：子贡问曰：“有一言而可以，终身行之者乎？”子曰：“其恕乎！己所不欲，勿施于人。”N=35° 04′ 298″，E=118° 19′ 989″，H=78m。

临沂市兰山区兰山街道博物馆院内原孔庙（西）（图9-3-199）

雌株，树龄600年，树高19.80m，胸径1.20m，冠幅10.8m×12.7m。雌株明显较雄株矮小，结果量较大，生长旺盛。树基部有萌蘖20余株，最大粗度5cm，萌蘖距母干的距离为0～50cm。N=35° 04′ 298″，E=118° 19′ 989″，H=78m。

临沂市兰山区白沙埠镇诸葛城村鸿福寺遗址（图9-3-200）

多代同堂银杏树。雌株，树龄1700年，树高29.0m，胸径3.21m（胸围10.08m），冠幅20.9m×21.7m。位于原宏福寺，沂河西岸。8个复干，9个大主枝，母干中空，有着火炭化痕迹，复干与母干合生，已经不易分辨，树干空洞有水泥加固，古树下有水泥柱支撑。主干及复干基部萌生数以千计的萌条，离树干距离0～1.5m。结果较稀疏。粗度位居山东省第二位。该树多代复干合生，母干桩高3.0m，形成较大的树椅，其上可以放一张八仙桌饮酒或打牌。该树对研究山东沂河两岸银杏的历史及起源具有重要意义。现已被临沂市政府列为重点保护对象。N=35° 12.131′，E=118° 26.492′，H=75m。

临沂市罗庄区册山街道白沙沟村（图9-3-201）

雌株，树龄500年，树高22.0m，胸径1.10m，冠幅17.3m×16.6m，枝下高1.3m。生长旺盛，树冠倒塔形，树形优美。主干粗壮、通直，有4个主枝，侧枝10个，分布均匀。主干树皮部分遭破坏。枝叶正常，结果量大。此树位于居民院外，生长环境一般。

临沂市罗庄区盛庄街道大埠东社区（图9-3-202）

"吉祥树"。雌株，树龄800年，树高21.5m，胸径2.00m，冠幅16.8m×16.8m。历经千年仍旧枝繁叶茂。据说，在许多年前，这棵树比现在还要粗壮，附近的孩子总喜欢在树下嬉戏，田间劳作的村民也把它当作纳凉休憩的场地。有一天突然狂风大作，雷雨交加，在田间忙碌的人们纷纷跑到树下避雨。就在这时，一道电光将古树劈成两半，其中一半被大火烧掉，银杏树遭到了惨重打击，可在树下避雨的村民却安然无恙。从此，老树护佑村民的传说被广为流传，得救的村民为了感谢这棵树的救命之恩，专门为它起了个好听的名字——"吉祥树"。

临沂市兰山区南坊街道西南曲坊村1号（图9-3-203）

雌株，树龄800年，树高19.50m，胸径1.27m，冠幅21.6m×23.1m。在西南曲坊村，现已建成居民小区。共有2株，均为雌株，两树相距60m。该树较另一株生长旺盛，枝下高2.2m，根系微露，树干及部分侧枝有烂皮现象，结果量中等。9个大侧枝，主干挺拔。树干凹凸不平。N=35° 07′ 997″，E=118° 19′ 797″，H=75m。

图9-3-195 日照市岚山区虎山镇小村卧佛寺（1）
（注：1.右东左西；2、3.西）

临沂市兰山区南坊街道西南曲坊村2号（图9-3-203）

雌株，树龄800年，树高18.50m，胸径1.20m，冠幅19.6m×17.5m。主干70%树皮脱落，并延伸到上部2个大主枝，3个大主枝仅有1个主枝生长正常。树冠呈漏斗状。该树处于濒危状态，叶小，结果少而小。枝下高3.0m。树基部东北向有2个复干，离母干0.8m，粗度6.0cm。N=35° 07′ 997″，E=118° 19′ 797″，H=75m。

临沂市罗庄区盛庄办事处后盛庄村（图9-3-204）

雌株，树龄500年，树高21.0m，胸径1.11m，冠幅19.0m×23.5m，枝下高4.0m。生长旺盛，树冠长卵形。主干粗壮、略倾斜，有2处"文化大革命"时期留下的枪伤痕迹。有4个主枝，侧枝10余个。枝叶正常，结果量小。为一级保护古树，编号为B02。生长环境差，该树生长在村内居民住房之间狭小的空间里。

临沂市兰山区半程镇南庄村

雌株，树高25.5m，胸径1.27m，冠幅16.7m×14.0m。

临沂市河东区太平镇徐太平村

雌株，树高29.5m，胸径1.80m，冠幅23.5m×18.2m。

临沂市河东区太平街道大太平村

雌株，沂河东岸与鸿福寺隔河相望。胸径1.45m，树龄500年，树高28.0m，冠幅12.0m×13.0m。生长旺盛。

临沂市河东区郑旺镇常旺街王璟祠堂（图9-3-205）

雌株，明朝栽植，树龄400年，树高20.0m，冠幅8.0m×9.0m，胸径0.76m（胸围2.4m），原有3株，另2株在1974年砍伐。该株在沭河西岸，户主王政礼。果较大，萌生2个复干，高5m，直径40cm，离母干距离30cm，萌芽300多个，1～5年年龄不等，离母干距离10～100cm。

图9-3-196 日照市岚山区虎山镇小村卧佛寺东

图9-3-197 邹平县西董镇南石村

临沂市兰山区义堂镇官庄村甘露寺（图9-3-206）

雌株，树龄1400年，树高19.0m，胸径1.10m，冠幅12.2m×11.0m。该树位于甘露寺大雄宝殿前，主干上部枯死，仅存活3个大侧枝，其中1个侧枝被水泥柱支撑，另一侧枝顶端枯死，结果较少。枝下高2.8m，主干3.0m以下50%树皮腐烂，被水泥填补加固修复。N=35°08′557″，E=118°11′537″，H=72m。

临沂市兰山区张王庄社区

雌株，树龄600年，树高25.0m，胸径1.51m，冠幅19.9m×17.2m。

临沂市兰山区金雀山街道办事处东关居委会（图9-3-207）

原临沂地区运输公司院内现为解放路路北边，2株相距50m，均为雌株，东面1株：树龄500年，树高18.5m，胸径1.21m（胸围3.8m），冠幅8.0m×9.0m。主干仅有宽0.5m活树皮，其他死亡。3个复干，距离母干距离30.0cm，最大高11.0m，直径0.45m。N=35°03.858′，E=118°21.101′，H=73m。

临沂市兰山区金雀山街道办事处东关居委会（图9-3-207）

原临沂地区运输公司院内现为解放路路北边，2株相距50m，均为雌株，西面1株：树龄500年，树高15.5m，胸径0.96m（胸围3.00m），冠幅8.0m×7.0m。主干仅有宽2/10活树皮，其他死亡。2个复干，距离母干距离20.0cm，最大高8.0m，直径0.50m。N=35°03.858′，E=118°21.101′，H=73m。

临沂市兰山区义堂镇东埠村

雌株，树龄900年，树高26.5m，胸径1.50m，冠幅22.4m×20.2m。

临沂市兰山区枣沟头镇东南河村姜太公祠（图9-3-208）

雌株，树龄630年，树高40.0m，胸径2.36m，冠幅26.5m×27.0m。生长旺盛，全株根露出地面，西侧大主根露出地表0.2～1.0m，裸根银杏。共16个大主枝。N=35°10.292′，E=118°19.187′，H=72m。古树编号：A16

临沂市兰山区兰山街道办事处庙上村娘娘庙（东）（图9-3-209）

雌株，树龄1300年，树高15.0m，胸径1.23m，冠幅19.8m×21.5m，枝下高3.1m。生长一般，树冠顶部较平，纺锤形，树形优美。主干挺直、粗壮，基部有瘤状凸起，分枝处略粗。有4个主枝，侧枝10余个，均生长于主干3.0m以上，分布均匀。根系裸露，高出地面最高达0.1m，向外延伸达3.0m，盘根错节，甚是优美。编号：A46，树上牌子记载：银杏树又名公孙树，俗称白果树，它是我国乃至世界上的珍贵树种之一，还是活的历史的见证。娘娘庙现有两雄一雌3株，据历史记载，已有1300多年的树龄，并于1983年始，被列为市级重点保护文物。生活在娘娘庙大殿的正前方，空间开阔，无杂草乱石，果实成熟期不允许打果，能够得到很好的保护，所以生境良好。

临沂市兰山区兰山街道办事处庙上村娘娘庙（西）（图9-3-210）

雄株，树龄1300年，树高19.5m，基径

图9-3-198 齐河县赵官镇银杏村东南

2.87m，冠幅19.6m×20.6m，枝下高2.5m。树势衰弱，树冠倒塔形，庞大。主干中空，由3个大干组成，3主干直径平均1.11m，均有劈裂迹象，东南方向主干干枯较重。主干2.0m以下树皮脱落严重。有大的侧枝4个，小侧枝近10个，在三大主干上分布均匀，北侧分枝向东延伸达13.0m。根盘较大，根桩上有萌蘖15株，贴母干生长。部分根系裸露，高出地面0.15m，向外延伸达4.0m。该树位于娘娘庙东侧，靠近娘娘庙庙堂，建筑物多，空间小，焚香频繁，环境较差，树势濒危。娘娘庙庙长10.6m、宽9.4m，该庙门朝东，意在龙女观海。庙前原有柳毅庙、关帝庙、钟楼、戏台等建筑，为市级重点文物保护单位。传说娘娘庙里的娘娘是东海龙王三女儿，小龙女因为思念东海，所以一夜之间娘娘庙的正门改头朝向了东，东海龙王说女儿所待的地方是个好地方，只是每年银杏成熟时果子落在地上太臭了，所以就让这棵银杏树从此以后只开花，不结果了。据《临沂县志》记载，建于宋元丰时，本祀山神及神夫人，后讹为柳毅龙女，素呼为娘娘庙。后明、清重加修缮。该庙为面阔三间，歇山式顶门向东，庙前有古银杏一株。1983年8月公布为市重点文物保护单位。编号：A48。

临沂市兰山区兰山街道办事处庙上村娘娘庙

雄株，树龄500年，树高21.0m，胸径0.65m，冠幅5.0m×4.0m，枝下高5.0m。树势一般，冠幅较小。主干在3.0m处开始向南弯曲，有6个分枝，均较小。基部有萌蘖30株，与母干的距离为0～0.5m。该树位于娘娘庙前最大树的南侧。

郯城县新村乡官竹寺a（图9-3-211）

嫁接雌雄同株，“老神树”，系全国银杏雄树之冠。雄株，树龄2000年，树高40.0m，胸径2.60m，冠幅20.1m×21.4m，枝下高5.0m。生长旺盛，树冠庞大，形状不规则，顶部较平。根盘较大，树冠根系面积达五六亩。主干挺直、粗壮，有2个主枝，均较粗壮，一主枝向东延伸，另一主枝向上直立生长，并且分为两侧枝。树下碑文载：据《北窗琐记》，此树植于周朝，为郯国国君所植，距今已有3000年历史，系全国第一银杏雄树。该树高40m，胸围8m，胸径2.6m，树冠根系面积五六余亩。虽历经沧桑，却枝繁叶茂，郁郁葱葱。发芽早于春，落叶迟于东。每年谷雨时节，可为方圆30km范围内的银杏雌树授粉。树底部经嫁接后已结果，年产“神果”300kg。因历史悠久，传说甚广，故被当地老百姓尊称为“老神树”。诗载：武王姬发封郯国，郯子亲手栽玉果。玉果夫妻功千秋，子孙万代佑民歌。唐贞观年间，系全国银杏雄树之冠，树上有垂乳，其中有个1m多长的垂乳被人锯掉做盆景。下面侧枝嫁接成雌树，年年结果。在山东郯城流传着白果姑娘治病救人的故事。从郯城西行不远有个白果树村，村里有大片的银杏林，其中两株古老高大的银杏树格外惹人注目，这就是传说中白果姑娘生活的地方。

图9-3-199　临沂市兰山区兰山街道博物馆院内原孔庙
（注：1.左雄右雌；2.西雌；3.东雄）

相传明朝时，郯城县北涝沟村出了个监察御史张景华，他为官清正，刚正不阿，深受老百姓的赞誉。有年秋天，其母身染沉疴，咳喘不止，遍求京城名医，却医治无效。张景华只得送母返乡，悉心调养。张家有个使女，叫做白果姑娘，生得聪明伶俐，为人勤劳善良，深得老太太喜欢。返乡之后，老太太茶不思，饭不想，急得全家人愁眉苦脸，心神不安。说也正巧，白果姑娘的母亲来看女儿，顺便捎来自家产的一些白果，好心的白果姑娘一连数天煮给老太太品尝。老太太吃后，顿觉浑身爽快，消除了气喘咳嗽，脸色渐渐红润，身体慢慢恢复如初。老太太病愈，全家人自然欢喜，忙将喜讯报给京中的张御史，张御史喜不自禁，随即修家书一封，并附小诗一首“少小白果一片心，巧用白果医母亲。村姑去我心中忧，堂前不可轻待人。”老太太阅罢儿子的回书，待白果姑娘如亲生女儿，倍加疼爱。光阴荏苒，一晃几年过去，张御史不满祸国奸逆的行径，辞官回归故里，他十分感激白果姑娘，为她在武河岸边置了些田地，并帮其择婿成婚。自此，白果姑娘栽种白果，养儿育女。天长日久，人们便称这里为白果树村，成为远近闻名的银杏之乡。

图9-3-200　临沂市兰山区白沙埠镇诸葛城村鸿福寺遗址

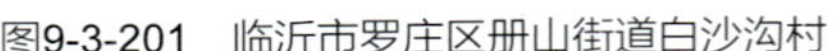

图9-3-201　临沂市罗庄区册山街道白沙沟村

图9-3-202　临沂市罗庄区盛庄街道大埠东社区

图9-3-203　临沂市兰山区南坊街道西南曲坊村
（注：A、B.1号；C、D.2号）

图9-3-204 临沂市罗庄区盛庄办事处后盛庄村

图9-3-205 临沂市河东区郑旺镇常旺街王璟祠堂

图9-3-206 临沂市兰山区义堂镇官庄村甘露寺

郯城栽培银杏历史悠久，数量多，素有“银杏之乡”之称。该县新村乡官竹寺有一棵银杏古雄树，可称得上是神州第一银杏雄树，它枝叶繁茂，伟岸挺拔，颇有英雄气概。树高37.6m，胸围7.7m，树冠遮阴0.056hm^2，露出地面18m长的侧根，像9条巨龙伏卧于树下。据记载，这棵银杏雄树植于西汉永乐年间（前49年~43年），距今已有2000余年的历史，是我国树龄最长，单株最大的银杏雄树，可为方圆百余里的银杏雌树授粉。当年官竹寺僧人，在树冠下部嫁接了雌枝，以后，又几经嫁接，现在此树可结14个品种的银杏，每年结实75kg左右。在国内外实属罕见。每到秋季，奇特的扇形叶及累累的果实变成金黄色，充满诗情画意，韵味无穷，令观赏者称奇。这株银杏树还具有发芽早、落叶迟、生长期长近1个月，落叶在三五天内全部落完的特点，并且在银杏雄树上生长着10余个“树奶”，最长的1.25m，最粗的基部直径达0.41m。因此，被人们称之为“大神树。”

唐贞观年间，系全国银杏雄树之冠。

郯城县新村乡官竹寺b（图9-3-212）

唐银杏，“二神树”。雌株，树龄1300年，树高12.0m，胸径0.82m，冠幅7.5m×8.5m，枝下高1.6m。生长旺盛，树冠阔塔形，树形优美。主干挺直、粗壮，有3个主枝，其中两主枝较粗壮，侧枝10余个，生长均较旺盛。该树枝叶正常，年产干果300多kg。传说郯子在此亲手栽下雌雄二银杏，民间称为“二神树”。雄树为老神树，雌树毁于汉代，广福寺僧据传于原处补植，尊为“二神树”。

郯城县新村乡于村（图9-3-213）

雌株，树龄500年，树高10.0m，胸径1.10m，冠幅12.0m×10.0m，枝下高1.4m。生长较旺盛，树冠阔塔形，部分分枝顶部干枯、折断。主干挺直、粗壮，有4个分枝，均较粗壮，均从主干1.4m处发出，呈发散状，分布均匀。基部有萌蘖10余株，与母干的距离为0～0.5m。该树枝叶较稀疏，结果量一般。此树位于居民院内。

郯城县新村乡新二村（图9-3-214）

雌株，树龄550年，树高15.0m，胸径1.00m，冠幅18.0m×20.0m，枝下高1.6m。生长旺盛，树冠塔形。主干粗壮，基部树皮脱落，东侧有一直径0.1m的瘤状凸起。在1.6m处分为2个主干，分枝有4个，其中2个较粗壮。基部有萌蘖30余株，贴母干生长。该树枝叶正常，结果量大。位于民居旁。

郯城县港上镇后埝村（图9-3-215）

雌株，树龄500年，树高13.0m，胸径1.31m，冠幅14.0m×15.0m，枝下高2.2m。生长旺盛，树冠庞大，阔塔形，树形优美。主干挺直、粗壮，表面不平滑，有纵深的沟。分枝成层分布，2.2～3.5m范围内有7个分枝，均较细；3.5m以上分枝有10个，较粗壮，分枝在主干上呈发散状，分布均匀。该树枝叶正常，结果量大，位于村内小学院内。据《樊氏家谱》记载，该村原有5株银杏树，光绪年间沂河决口因地势低洼被水淹死4株，现仅存此树。

郯城县庙山镇庙山中村

雌株，树高14.5m，胸径1.03m，冠幅13.5m×7.0m。

郯城县郯城镇归义五村（图9-3-215）

雌株，树龄500年，树高12.0m，胸径1.05m，冠幅10.0m×9.0m，枝下高3.5m。树势一般，树冠较小，大部分分枝顶部干枯。主干粗壮，略向北倾斜，树皮开裂。现存5个主要分枝，其中2个干枯，树皮脱落，另外3个生长

图9-3-207 临沂市兰山区金雀山街道办事处东关居委会
（注：1. 左西右东；2. 东面；3. 西面）

图9-3-208 临沂市兰山区枣沟头镇东南河村姜太公祠

图9-3-209 临沂市兰山区兰山街道办事处庙上村娘娘庙（东）

图9-3-210 临沂市兰山区兰山街道办事处庙上村娘娘庙（西）

图9-3-211　郯城县新村乡官竹寺a

图9-3-212　郯城县新村乡官竹寺b

图9-3-213　郯城县新村乡于村

较好。该树整体长势一般，濒危，急需保护措施对其生长状况进行改善。位于村内陈玉晓家门前。

郯城县郯城镇归一村

雌株，树龄700年，树高17.2m，胸径1.02m，冠幅9.2m×8.5m，枝下高3.5m。树势一般，树冠较小，大部分分枝顶部干枯。主干粗壮，略向北倾斜，树皮开裂。现存5个主要分枝，其中2个干枯，树皮脱落，另外3个生长较好。该树整体长势一般，濒危，急需保护措施对其生长状况进行改善。

郯城县郯城镇吴桥村（图9-3-215）

雌株，树龄500年，树高13.0m，胸径1.72m，冠幅16.0m×15.0m，枝下高1.8m。生长较旺盛，树冠形状不规则，部分主枝顶部折断。主干粗壮，分枝以下开裂、中空，洞口基部宽1.0m，可容一个人进出。现有4个分枝，从主干1.8m处分杈，均较粗壮，呈发散状分布均匀，分枝折断处有新枝萌发。该树位于高台上，有水泥围栏保护。

郯城县胜利镇南刘宅子村（图9-3-216）

雄株，树龄1260年，树高16.0m，胸径1.93m，冠幅19.0m×16.0m，枝下高4.0m。树势一般，树冠庞大，倒塔形，树形优美。主干挺直、粗壮，表面凹凸不平，有较多瘤状凸起着生，基部和树体北侧树皮脱落严重，主干分枝处有树洞一个，直径达0.3m。有分枝7个，均从主干4.0m处发出，以东南侧分枝最为粗大。部分侧枝分枝处均萌生大量的小枝条。该树位于村内杨树林内，濒危。

郯城县胜利镇老南庄村（图9-3-214）

雌株，树龄500年，树高15.0m，胸径1.31m，冠幅22.0m×21.0m，枝下高2.8m。生长旺盛，树冠庞大，阔塔形，树形优美。根盘较大，根系露出地面最高0.1m，向外延伸2.0m。主干挺直、粗壮，有纵裂，但树皮光滑。有13个分枝，大小均匀，从主干2.8m处生出，呈发散状向四周延伸，分布均匀。该树枝叶正常，结果量一般。

郯城县泉源乡清泉寺（图9-3-214）

雄株，树龄1345年，树高12.0m，胸径1.05m，冠幅16.0m×15.0m，枝下高3.4m。生长旺盛，树冠塔形，树形优美。主干挺直、粗壮，3.4m处分为2个主枝，侧枝共8个，东侧一侧枝向东伸展达7.0m。基部有萌蘖20株，均较小，贴母干生长。该树枝叶正常，位于清泉寺内，树体位于一高出地面的土台上，现已经用水泥修建围栏。

郯城县黄山镇安头村

雌株，树龄600年，树高10.0m，基径1.50m，冠幅4.0m×7.0m，枝下高4.0m。树势衰弱，树冠很小，不规则。主干较粗壮，向东倾斜45°，从基部分为两主干，两主干相距0.2m，树皮基本脱落。分枝干枯折断较重，北侧主干分枝基本全干枯，南侧主干仅存一分枝，其余均干枯折断。该树濒危，未见结果，位于民居旁，紧靠房屋地基。

郯城县重坊镇东庄村（图9-3-215）

雌株，树龄1000年，树高9.0m，胸径1.20m，冠幅10.8m×9.7m，枝下高1.8m。生长旺盛，树冠形状不规则，东侧小于西侧。主干挺直、粗壮，在1.1m处分为两主枝，一主枝向东延伸，另一主枝直立生长。有萌蘖20余株，位于树体北侧，与母干的距离为0.2m。该树东侧分枝被支架支撑，树前立有一石碑，刻有“凤”字样。位于河堰内(天齐庙遗址)。

郯城县重坊镇铺里村（图9-3-217）

雌株，树龄500年，树高13.0m，胸径0.83m，冠幅11.0m×13.0m，枝下高1.7m。生长旺盛，树冠庞大，形状不规则。主干挺直、粗壮，东侧从基部开始有一条深10cm、宽10cm、长1.3m的沟，部分树皮脱落，基部西侧有萌蘖10余株，与母干的距离为0～0.4m。有10个主要分枝，均从主干1.7m处发出，1.5m处有嫁接痕迹，且北侧接口处有一直径15.0cm的瘤状凸起。该树结果量大，位于民居旁。编号：0012。N=34° 34′ 30.5″，E=118° 07′ 33.1″，H=24m。

郯城县重坊镇倪楼、铺里、东高庄村共3

株嫁接树500～600年以上。这表明500年以前人们已掌握了嫁接技术。其枝干接头处存在着明显的接痕，主枝与主干树皮皮色和裂纹的走向也明显不同。正常情况下，实生的银杏树，主干明显、层次分明；而嫁接后，枝条开张角度大，无明显的主干。据当地群众介绍，这些嫁接后的古银杏树，从未发生过病虫害，也从未喷过农药，年年绿荫如盖，岁岁果实满枝，大小年现象不明显，丰产稳产性能极佳，所产银杏果粒大、皮薄，种仁为鲜绿色，品质极佳。当地群众纷纷采其枝条嫁接房前屋后的银杏树，嫁接3年便满树挂果。

郯城县重坊镇倪楼村（图9-3-218）

低位嫁接树。雌株，树龄600年，树高11.0m，胸径1.60m，冠幅13.0m×15.0m，枝下高0.8m。生长旺盛，树冠庞大，阔塔形，树形优美。此树为低位嫁接树，主干较矮，但较粗壮，在0.8m即分为2个明显的主干，有分枝5个，均向外延伸近10.0m，生长旺盛。基部有萌蘖10余株，与母干的距离为0～0.3m。该树结果量大，果实为佛指类，最多年产白果达1000kg。该树位于民居旁，生长条件较好，编号：0010，N=34° 37′ 03.5″，E=118° 08′ 51.9″，H=38m。

郯城县重坊镇前高庄村（图9-3-219）

雌株，树龄600年，树高15.0m，胸径1.02m，冠幅8.0m×8.0m，枝下高2.2m。生长旺盛，树冠倒塔形，树形优美。主干挺直、粗壮，2.2m处分为2个大主干，侧枝10余个，在主干上分布均匀，侧枝梢部大多折断，南侧一大分枝被锯掉。该树结果，为实生树。位于居民院内，生长环境一般，编号：5335，N=34° 35′ 00.8″，E=118° 07′ 10.6″，H=34m。

郯城县重坊镇杨庄寺村（图9-3-220）

垂乳银杏。雌株，树龄500年，树高11.0m，胸径0.80m，冠幅7.0m×8.0m，枝下高1.50m。长势一般，树冠形状不规则，较小。主干挺直、粗壮，有多处瘤状凸起，树瘤上有萌芽，南侧有初生垂乳10个，原有一个基径20.0cm的垂乳，已锯掉。有7个分枝，梢部均折断，东侧一主枝系嫁接后形成，结果类型为圆铃，其余枝结果为佛指类。该树位于杨庄寺旧址，生长环境一般。N=34° 34′ 26.7″，E=118° 06′ 28.8″，H=36m。

郯城县马头镇桑庄村（图9-3-214）

雌株，树龄500年，树高13.0m，胸径1.02m，冠幅14.0m×15.0m，枝下高2.0m。生长旺盛，树冠庞大，阔塔形，树形优美。主干挺直、粗壮，在2.0m处分为2个大干，有主要分枝6个，均较粗壮，在主干上分布均匀，南侧一分枝被锯掉，部分侧枝顶部折断。基部有萌蘖10余株，贴母干生长。该树位于村北侧空地上，空间开阔，生长良好。

郯城县重坊镇西高庄（图9-3-221）

老和尚头银杏。雌株，树龄100年，树高15.0m，胸径0.55m，冠幅6.0m×5.5m，枝下高1.8m。生长旺盛，树冠塔形。主干挺直，有3个主枝，侧枝近10个。主干1.1m处有嫁接痕迹，基部南侧有萌蘖5株，与母干的距离为0～0.45m。编号：05349，位于村委院后，N=34° 35′ 26.3″ E=118° 07′ 39.0，H=29m。

图9-3-214 郯城县银杏古树（1）
（注：1. 马头镇桑庄村；2. 胜利镇老南庄村；3. 泉源乡清泉寺；4. 新村乡新二村）

图9-3-215 郯城县银杏古树（2）
（注：1. 郯城镇吴桥村；2. 郯城镇归义五村；3. 港上镇后埝村；4. 重坊镇东庄村）

郯城县重坊镇党委院内（图9-3-222）

抱头银杏。雌株，树龄30年，树高10.0m，胸径0.20m，冠幅2.5m×3.3m，枝下高2.2m。生长较旺盛，树冠尖塔形。主干挺直、纤细，有分枝5个，均较纤细。结果很多，导致果实小、分枝角度小。N=3436′05.9″ E=118°08′16.9″，H=32m。

郯城县镇重坊镇王桥村（图9-3-223）

‘高升果’。雌株，树龄100年，树高18.0m，胸径0.45m，冠幅4.6m×6.5m，枝下高3.0m。生长旺盛，树冠形状不规则。主干挺直、纤细，分枝均较小。枝叶正常，结果量大，品种为‘高升果’，H=35m。

郯城县马头镇桑庄（图9-3-224）

‘猴子眼’银杏。雌株，树龄80年，树高11.0m，胸径0.38m，冠幅4.0m×3.5m，枝下高3.0m。生长旺盛，树冠塔形，有3个分枝，在主干上分布均匀。结果量大，品种为‘猴子眼’。N=34°38′47.1″ E=118°13′55.0″，H=40m。

郯城县

‘锥子把’。树龄150年，胸径0.42m，树高8.5m，枝下高1.7m，冠卵圆形，开心状，冠幅9.0m×9.0m，有四大主枝。10多年来年均产白果100～150kg，短枝连续结果能力强。叶柄细长，平均长6.1cm。种托凸起。种柄圆或椭圆形，上细下粗，平均长5.2cm。种子长3.4cm，宽2.3cm。先端渐尖，有小尖。基部窄，中、上部渐宽，种基稍平，略下陷。油胞较密。9月中旬成熟，有白粉。种子平均单粒

图9-3-216　郯城县胜利镇南刘宅子村
（注：箭头示垂乳）

图9-3-217　郯城县重坊镇铺里村

图9-3-218　郯城县重坊镇倪楼村

图9-3-219　郯城县重坊镇前高庄村

图9-3-220　郯城县重坊镇杨庄寺村

图9-3-221 郯城县重坊镇西高庄‘老和尚头’

图9-3-222 郯城县重坊镇党委院内‘抱头银杏’
（注：1. 窄冠银杏）

重8.5g，种核先端细长尖凸，似锥状，平均长2.48cm，宽1.35cm，厚1.17cm。中部以下无棱线，核长椭圆形，束迹联结。平均单核重2.1g，出核率24.7%，单仁重1.03g，出仁率77.6%。N=34° 36′ 48.6″ E=118° 22′ 02.6″，H=40m。

郯城县

叶籽银杏。树龄25年，树高9.5m，胸径0.24m。冠卵圆形，冠幅5.0m×6.0m。着生叶籽银杏的叶片小，一侧收缩，呈扭曲状。叶柄长5.2cm。种柄长3.9cm。种托稍凸，椭圆形，叶子上所结种子、种核均畸形多样，大小差别悬殊。单核重1.8g，多数无胚芽。该株所结正常种子，与普通银杏所结种子无大差异，呈圆形，平均单种重6.8g，147粒/kg。核上窄下宽，呈宽卵形，两束迹联结。平均核长1.81cm，宽1.46cm，厚1.22cm。单仁重1.12g，出核率22%，单核重1.49g，671粒/kg，出仁率75.3%。该株丰产性能好，每短枝结种多为3～5粒，连续4年均产15kg。9月下旬成熟。

苍山县卞庄镇西大埠村（图9-3-225）

雌树，树龄600年，树高22.0m，胸径1.10m，冠幅15.0m×15.0m，枝下高4.0m。生长旺盛，树冠卵圆形，树形优美。主干挺直、较粗壮，有主枝4个，从主干4.9m处生出，侧枝近15个，均匀分布于主干上。该树枝叶正常，结果量较大，位于工厂院内，旁边堆有建筑材料，生长条件一般。

苍山县二庙乡小池口村（图9-3-226）

雄株，树龄2000年，树高10.0m，胸径2.17m，冠幅10.0m×10.0m，枝下高4.2m。生长较旺盛，树冠阔塔形，庞大，较优美。主干挺直、粗壮，树干较光滑，有较多瘤状凸起，西侧从基部开始劈裂，裂口最宽达0.4m。有4个主要分枝，均较粗壮，侧枝较小，分枝顶部干枯严重，现存分枝为萌生的小侧枝。该树枝叶正常，不结果，周围为杨树林，但高度低于该银杏古树。

苍山县尚岩镇王楼村（图9-3-225）

雌株，树龄500年，树高20.0m，胸径1.27m，冠幅10.0m×10.0m，枝下高3.0m。生长旺盛，树冠尖塔形，庞大，树形优美，部分分枝梢部有枯死现象。主干挺直、粗壮，有主要分枝7个，除一分枝在3.0m处外，其余分枝均集中在4.3m以上，侧枝较多，在主枝上分布均匀。该树枝叶正常，结果量一般，位于村内居民院内，生长环境一般。

苍山县尚岩镇安庄村文峰山下庙遗址东（图9-3-227）

春秋鲁国正卿季文子卒年所植，抱孙银杏。雄株，树龄2500年，树高13.0m，胸径

图9-3-223 郯城县镇港上乡王桥村‘高升果’

2.17m，冠幅13.6m×13.6m，枝下高4.5m。生长旺盛，树冠顶部较平，形状不规则，东侧大于西侧。主干挺直、粗壮，西侧从基部开始腐烂形成底径为0.6m的树洞，主干基本中空，周围有3个支架支撑。有2个主枝，侧枝近10个，生长较旺盛。该树枝叶正常，与西侧雌树相距9.0m，远看两树彼此相依，甚是壮观。沿文峰山山道上行250m，到下庙旧址，庙前有古银杏东西各一株，两树株距9m，黛色参天，浓荫如盖，生于万木绿丛之中，更见其雄姿英发。雄株基部树瘤，长出一株银杏幼树，胸径已有0.27m，树高10m。树龄虽已半百，但皮色灰嫩，叶色碧绿，长势茁壮，在古银杏的树腋间，像老翁怀抱着一个顽童，观者无不称奇。相传，两株银杏为季文子卒年所植。季文子，春秋鲁国正卿，曾在文峰山办书院讲学，死后葬于文峰山。依此推算树龄已2500余年。雌株银杏为唐朝时补植，距今也有千年左右。《临沂县志》载："清光绪初右株焚于火，焦灼无生气，数年后忽生苇，今已畅茂如故矣。"古银杏不仅以他们丰丽雄伟的英姿招人青睐，而且西株银杏以它"怀抱曾孙"的奇观而吸引了众多的游人。

苍山县尚岩镇安庄村文峰山下庙遗址西（图9-3-227）

雌株，树龄1000年，树高17.0m，胸径1.44m，冠幅16.6m×16.6m，枝下高3.8m。生长旺盛，树冠长椭圆形，树形优美。主干挺直、粗壮，在3.8m处有3个主要分枝，均较粗壮，侧枝近10个，在主枝上分布均匀，生长旺盛。该树枝叶正常，结果量大，位于文峰山下庙遗址。

苍山县尚岩镇文峰山季文子墓遗址后崖下（图9-3-228）

树龄200年，树高15.0m，胸径0.65m，冠幅15.0m×16.0m，枝下高2.8m。 生长旺盛，树冠庞大，阔塔形。主干挺直，有5个分枝，侧枝近10个，在主干上分布均匀。此树位于季文子墓遗址后崖下，周围堆满乱石，生长环境一般。

苍山县尚岩镇文峰山赵镈墓前（图9-3-229）

树龄550年，树高12.0m，胸径0.55m，冠幅10.0m×10.0m，枝下高2.3m。生长较旺盛，树冠塔形，树形优美。主干通直，有4个分枝。基部有萌蘖30株，与母干的距离为0～0.6m。赵镈(1906～1941)，又名赵林。黄埔军校毕业，陕西省府谷县人。牺牲时为中共鲁南区委书记。

苍山县神山镇西庄村（图9-3-230）

雌株，树龄500年，树高20.0m，胸径1.21m，冠幅26.0m×23.5m，枝下高4.8m。生长旺盛，树冠阔塔形，庞大，树形优美。主干挺直、粗壮，有分枝15个，分枝高度较高，从主干4.8m处生出，在主干上分布均匀。该树枝叶正常，结果量一般，位于村内民居旁。

苍山县下村乡灵峰寺a（图9-3-231）

灵峰寺银杏。雌株，树龄1000年，树高25.0m，胸径1.21m，冠幅12.0m×12.0m，枝下高5.0m。生长旺盛，树冠阔塔形。主干粗壮，向北倾斜15°，有分枝4个，均集中在主干5.0m以上部位，侧枝较小。有复干一株，高19.0m，胸径0.42m，与母干的距离为0.6m，基部与母干长在一起。该树枝叶正常，结果量一般，位于灵峰寺院内。

图9-3-224 郯城县马头镇桑庄'猴子眼'

图9-3-225 苍山县银杏古树
（注：1. 庄坞镇党委院内；2. 新兴镇太子堂村；3. 下庄镇西大埠村；4. 尚岩镇王楼村）

图9-3-226　苍山县二庙乡小池口村

苍山县下村乡灵峰寺b（图9-3-231）

灵峰寺银杏。雌株，树龄600年，树高22.0m，胸径0.96m，冠幅12.5m×12.5m，枝下高2.8m。生长旺盛，树冠卵圆形，向南倾斜。主干较粗壮，向西南倾斜40°，分枝5个，均较小，在主干上分布不均匀。枝叶正常，结果量一般，位于灵峰寺院内。

苍山县下村乡灵峰寺c（图9-3-231）

灵峰寺银杏。雌株，树龄600年，树高22.0m，胸径0.96m，冠幅10.0m×10.0m，枝下高2.5m。生长旺盛，树冠卵圆形，向北倾斜。主干较粗壮，向西北倾斜30°，分枝4个，均较小，在主干上分布不均匀。枝叶正常，结果量一般，位于灵峰寺院内。

苍山县新兴镇太子堂村（图9-3-225）

雌株，树龄800年，树高21.0m，胸径1.21m，冠幅10.0m×10.0 m，枝下高3.6m。生长旺盛，树冠阔塔形，树形优美。主干挺直、较粗壮，有3个主枝，均从主干3.6m处生出，生长旺盛。侧枝近20个，生长旺盛。该树枝叶正常，结果量大，位于民居后，生长条件一般。

苍山县庄坞镇党委院内（图9-3-225）

雌株，树龄800年，树高15.0m，胸径1.11m，冠幅12.0m×12.0m，枝下高1.5m。生长旺盛，树冠庞大，近圆形。主干挺直，在1.5m处分为2个主枝，主枝有侧枝10余个，分布均匀，长势良好。该树枝叶正常，结果量大，部分侧枝因结果量大而下垂。此树位于镇党委院内，生长条件一般。

苍山县兰陵镇刘堡村（图9-3-232）

雌株，树龄600年，树高17.0m，胸径0.99m，冠幅12.0m×12.0m，枝下高3.6m。生长旺盛，树冠近圆形，树形优美。主干挺直、较粗壮，有2个主枝，侧枝10余个，侧枝在主干上分布均匀。该树枝叶正常，结果量一般，树体周围为杨树林，生长环境一般。

苍山县大仲村镇陶祝院村北头（图9-3-229）

大仲村银杏。树龄250年，树高21.0m，胸径1.05m，冠幅13.0m×11.0m，枝下高10.0m。生长旺盛，树冠近圆形，树形优美。主干粗壮，略向东倾斜。有7个分枝，分枝高度较高，分枝均集中在主干10.0m以上。由于纠纷，部分树干被锯掉，锯口处萌生大量新枝。

蒙阴县岱崮镇贾庄村

雌株，树龄500年，树高17.0m，胸径1.28m，冠幅10.0m×8.0m。李健等（1993）调查此树为濒危，付兆军等（2011）调查此树已死亡。

蒙阴县坦埠镇中山寺林场（图9-3-233）

雄株，树龄500年，树高24.0m，胸径0.96m，冠幅8.5m×8.0m。生长旺盛。

蒙阴县联城镇龙棒崖村（图9-3-234）

唐银杏。雌株，树龄1200年，树高19.5m，胸径1.23m，冠幅20.6m×18.6m。生长旺盛，六大分枝，主干挺直，无垂乳，无腐枝，顶部无枯死，不结果，唐代所植。

蒙阴县蒙阴街道南竺院村（图9-3-235）

宋银杏。雌株，树龄1000年，树高24.0m，胸径1.51m，冠幅15.0m×12.4m。衰，生长旺盛，八大分枝，顶梢无枯死，无垂乳，无附枝，无萌蘖，历年不结果，据说为宋代所植。

蒙阴县野店镇梭庄村

雌株，树龄500年，树高21.0m，胸径1.19m，冠幅14.0m×12.0m。

蒙阴县野店镇北宴子村

雌株，树龄500年，树高28.0m，胸径1.11m，冠幅23.0m×22.2m。

蒙阴县桃墟镇麻店子（图9-3-236）

麻店子银杏树。雌株，树龄1300年，树高28.0m，胸径2.26m，冠幅26.1m×20.1m。生

图9-3-227　苍山县尚岩镇安庄村文峰山下庙遗址
（注：1. 左雌右雄；2. 雌；3. 雄）

长旺盛，部分顶梢枯死，十大分枝，其中一主干顶部枯死严重，根部萌生6株，胸径大约在0.25m左右，树体西侧分枝处长有一株0.15m粗的构树，仍结果，树体南面有约2.5m×8.0m大小的根部隆起区域，北面有约5.0m×5.0m根部隆起区域。临沂市古树编号：F01。标志牌上记载：麻店子银杏树。

图9-3-228 苍山县尚岩镇文峰山风景区内季文子墓遗址后崖下

图9-3-229 苍山县尚岩镇
（注：1. 文峰山赵鏄墓前；2. 大仲村镇陶祝院村北头）

图9-3-230 苍山县神山镇西庄村

沂水县龙家圈乡沂河林场上岩寺a（图9-3-237）

雌株，树龄1380年，树高32.0m，胸径2.20m，冠幅13.0m×11.0m，枝下高3.0m。生长旺盛，树冠卵圆形，树形优美。主干挺直、粗壮，树皮粗糙，开裂，南侧有一个小树洞。在3.0m处分为两大主枝，较粗壮，侧枝10余个，生长良好。该树枝叶正常，结果量一般，位于上岩寺院内。

沂水县龙家圈乡沂河林场上岩寺b（图9-3-238）

雌株，树龄1380年，树高25.0m，胸径1.50m，冠幅12.0m×13.0m，枝下高2.0m。生长旺盛，树冠阔塔形，庞大，树形优美。主干挺直、粗壮，此树从0.5m处分为2个主干，侧枝10余个，均匀分布于主干上，底层分枝有折断现象，折断处发生腐烂。该树枝叶正常，结果量大，位于上岩寺院内。

沂水县黄山铺镇沂河林场圣水坊（图9-3-237）

雌株，树龄800年，树高25.0m，胸径1.90m，冠幅12.0m×13.0m，枝下高5.5m。生长旺盛，树冠塔形，树形优美。主干挺直、粗壮，树体有明显的愈合痕迹，有分枝10个，均集中在主干5.5m以上。该树稍小主干可能为复干。该树枝叶正常，结果量一般，位于圣水坊院内。

沂水县高桥镇徐家牛旺村（图9-3-239）

雌株，树龄600年，树高16.0m，胸径1.23m，冠幅18.4m×18.0m，枝下高2.5m。树势衰弱，树冠倒塔形。根系部分裸露，向外延伸最远达5.0m。主干挺直、粗壮，6个分枝，东南侧一主枝被截，西北侧侧枝被截。东南三大主枝形成树台，内堂三大主枝整体干枯较重，外围侧枝干枯长达5.0m。据当地百姓讲，该处很久以前为庙。N=35° 57′ 56.2″，E=118° 39′ 34.2″，H=210m。

沂水县许家湖镇后宅山村

雌株，树龄500年，树高21.5m，胸径1.50m，冠幅26.3m×25.2m。

沂水县杨庄镇汞舟山林场

雌株，树高20.7m，胸径1.10m，冠幅21.0m×9.0m。

沂水县圈里乡北峪村

雌株，树龄500年，树高29.0m，胸径1.60m，冠幅40.0m×34.0m。

沂水县院东头乡崮堆村

雌株，树龄1000年，树高28.0m，胸径1.71m，冠幅27.0m×24.0m。

沂水县王庄乡拐棒峪村

雌株，树高16.0m，胸径1.07m，冠幅21.0m×20.0m。

沂水县姚店子镇耿家王峪

雌株，树龄1000年，树高21.7m，胸径1.22m，冠幅22.7m×17.6m。

沂水县泉庄乡里庄村

雌株，树高24.0m，胸径1.89m，冠幅19.0m×18.0m。

沂水县泉庄乡东郭庄村

雌株，树龄500年，树高16.5m，胸径1.02m，冠幅20.0m×20.0m。

图9-3-231 苍山县下村乡灵峰寺
（注：1. 左b右c；2. a）

图9-3-232 苍山县兰陵镇刘堡村

图9-3-233 蒙阴县坦埠镇中山寺林场

沂水县沙沟镇野场村

雌株，树龄500年，树高17.5m，胸径1.00m，冠幅9.2m×6.7m。

沂水县朱戈乡朱王峪村

雌株，树龄1000年，树高27.0m，胸径1.70m，冠幅23.0m×20.0m。

费县薛庄镇城阳村（图9-3-240）

唐朝古银杏。雌株，树龄1300年，树高25.6m，胸径2.39m，冠幅25.0m×26.0m，七大主枝，枝下高2.5m。树干凹凸不平，好似几株树拧在一起，树干上有瘤状凸起4处。位于城阳村十字路口中央，有护栏保护，由于处于道路中央显得特别挺拔壮观。古树名木编号：212号。标志牌上载有：城阳银杏树，唐朝古银杏。

费县费城镇许家崖林场

雌株，树龄500m，树高15.0m，胸径1.06m，冠幅13.0m×13.0m。

费县朱田镇洼里村

雌株，树高19.7m，胸径1.60m，冠幅25.0m×20.2m。

费县朱田镇苑上村（图9-3-241）

唐银杏。雌株，树龄1000年，树高22.0m，胸径1.57m，冠幅21.4m×19.3m。8个大主枝，树形优美。无复干，无萌蘖，未见枯梢现象，生长健壮，结果稀疏。N=35° 15.868′，E=117° 53.646′，H=206m。

费县新庄镇小安子村

雌株，树龄1300年，树高26.0m，胸径1.34m，冠幅8.0m×11.0m。生长健壮。

费县刘庄镇岐山林场

雌株，树龄500年，树高11.0m，胸径1.20m，冠幅15.0m×9.0m。同生3株。

费县岩坡乡北徕庄辅村

雌株，树龄500年，树高21.5m，胸径1.85m，冠幅21.0m×19.5m。生长旺盛。

费县糖茶烟酒公司院内

雌株，树龄700年，树高20.0m，胸径1.40m，冠幅13.0m×11.8m。衰。

费县费城镇南峪村丛柏庵

隋唐银杏，“古树生藤”。雌株，树龄1300年，树高20.0m，胸径1.90m，冠幅14.0m×12.0m。旺，主干在2.0m处分为两大主干。丛柏庵重建于明朝嘉靖三十九年（1560），以侧柏密集而得名，是临沂市唯一的一处尼姑庵。庵门牌匾上的题字出自全国四大名僧之一、山东佛教协会会长沙门能阐手笔。庵内有千年银杏、响水泉、连理柏与古藤、碑廊、三圣殿等景点。银杏树是隋唐时期的，距今1300多年了，需要5个成年人才能搂抱过来，更奇的是这棵树上有一株古藤，叫“古树生藤”。

费县费城镇北巩庄

雌株，树龄500年，树高19.0m，胸径1.14m，冠幅18.2m×16.0m。生长健壮。

平邑县岐山镇北大支坡

雄株，树龄500年，树高19.8m，胸径1.10m。生长健壮。

平邑县天宝山镇王崮山

树龄780年，树高18.0m，胸径0.90m。

平邑县仲村镇北大叟村庄坡村

雌株，树高16.2m，胸径1.06m，冠幅17.8m×17.2m。

平邑县地方乡两泉村

雌株，树龄500m，树高17.0m，胸径1.02m，冠幅22.2m×20.2m。

平邑县保太镇柳家村海螺寺林场

雌株，树龄500年，树高25.6m，胸径1.54m，冠幅19.8m×22.7m。

沂南县双堠镇合尔村

雌株，树高27.0m，胸径1.21m，冠幅17.0m×17.0m。

沂南县界湖镇西村镇委家属区（图9-3-242）

雌株，树龄1000年，树高23.5m，胸径2.15m，冠幅27.5m×24.5m，枝下高3.5m。生长旺盛，树冠卵圆形，树形优美。西侧部分根系裸露，露出地面最高0.15m，向外延伸1.4m。主干挺直、粗壮，3.0m处有较大的瘤状凸起，主干处有2个分枝折断。有5个主枝，侧枝10余个，均匀分布于主干上，生长旺盛。该树不结果，位于界湖镇旧镇委。编号：1号。N=35° 33′ 00.6″，E=118° 27′ 43.3″，H=115m。

沂南县界湖镇王家独树村村委（图9-3-243）

雌株，树龄600年，树高18.7m，胸径1.05m，冠幅19.3m×18.7m，枝下高3.8m。生长旺盛，树冠阔塔形，树形优美。主干挺直、粗壮，基部有一处树皮脱落形成的树洞。有分枝5个，西侧3个分枝较粗壮，分枝在主干上分布均匀，生长旺盛。基部有萌蘖100余株，高度在0.5m以下，与母干的距离为0～0.6m。

图9-3-235 蒙阴县蒙阴街道南竺院村

图9-3-234 蒙阴县联城镇龙棒崖村

图9-3-237 沂水县

（注：1、3. 黄山铺镇沂河林场圣水坊；2、4. 龙家圈乡沂河林场上岩寺a）

图9-3-236 蒙阴县桃墟镇麻店子

该树位于村委院内。N=35° 34′ 49.6″，E=118° 30′ 32.9″，H=113m。

沂南县孙祖镇三里沟村

雌株，树龄1000年，树高27.0m，胸径1.46m，冠幅19.0m×15.3m。旺盛。

沂南县孙祖镇皇上寺（孟良崮林场内）（图9-3-244）

雌株，树龄1000年，树高43.0m，胸径1.53m，冠幅15.0m×15.0m。生长旺盛。

沂南县青驼镇沂蒙红嫂纪念馆（兴隆寺遗址，也叫青驼寺）（图9-3-245）

"兴隆寺银杏"。雄株，树龄1200年，树高22.0m，胸径1.72m，冠幅13.0m×14.0m，枝下高2.8m。生长旺盛，树冠近圆形，庞大优美。主干挺直、粗壮，基部根盘较大，有14个分枝，在主干上成层均匀分布。该树不结果，每年能提供大量的花粉。该树位于沂蒙红嫂纪念馆，原兴隆寺遗址，系唐代所植，编号：G1，牌号：95，N=35° 24′ 06.3″，E=118° 17′ 19.6″，H=120m。

该地原为古庙，名为"兴隆寺"，寺内原有2株同龄古银杏。1940年8月，山东省联合大会召开期间，日伪军窜扰此地，将庙宇及1株古银杏烧毁。现仅存1株。新中国成立后，党和政府非常重视对该银杏树的保护管理，专门配备了管理人员。如今，古银杏树虽经枪林弹雨，刀砍斧劈，仍枝繁叶茂，果实累累，同战工会纪念馆一起，世世代代为人们所敬仰。由徐向前元帅题名的"山东抗日民主政权创建纪念碑"(高达8.5m)耸立院中，与仅存的一棵古银杏树交相辉映。

沂南县青驼镇鼻子山林场

雌株，树龄450年，树高18.6m，胸径1.07m，冠幅16.5m×16.5m。

沂南县砖埠镇孙家黄疃小学

雌株，树龄500年，树高19.6m，胸径1.16m，冠幅15.0m×15.0m。

沂南县砖埠镇任家庄

雌株，树龄500年，树高20.5m，胸径1.15m，冠幅15.0m×14.0m。

沂南县砖埠镇大冯楼村

雌株，树龄800年，树高20.0m，胸径1.20m，冠幅18.9m×18.3m。生长旺盛。

图9-3-238　沂水县龙家圈乡沂河林场上岩寺b

图9-3-239　沂水县高桥镇徐家牛旺村

图9-3-240　费县薛庄镇城阳村

沂南县砖埠镇铁子山村小学

雌株，树龄600年，树高17.0m，胸径1.11m，冠幅11.7m×10.6m。濒危。

沂南县砖埠镇西岳庄村

雌株，树龄500年，树高20.6m，胸径1.06m，冠幅21.0m×17.1m。

沂南县杨家坡镇坊南二村

雌株，树龄500年，树高24.6m，胸径1.20m，冠幅17.5m×16.9m。生长旺盛。

沂南县湖头镇斗沟村

雌株，树龄500年，树高19.5m，胸径1.31m，冠幅26.1m×19.3m。

沂南县铜井镇观音寺（原观音寺小学）（图9-3-246）

雌株，树龄500年，树高27.3m，胸径1.36m，冠幅27.0m×26.5m。生长旺盛，树冠庞大，基部有萌蘖20株。

沂南县铜井镇平安村（原名小张庄）

雌株，树龄600年，树高20.6m，胸径1.60m，冠幅13.4m×11.4m。

沂南县铜井镇中心小学

树龄700年。古树编号：155

沂南县大庄镇坊南庄（图9-3-246）

树龄500年，树高18.5m，胸径1.12m，冠幅15.0m×11.4m。6大主枝，主干明显。古树编号：J1

临沭县柳庄林场冠山（图9-3-247）

千年银杏王。雌株，树龄1000年，树高17.5m，胸径1.75m，冠幅26.0m×30.0m。千年银杏王位于古琅琊八景之一的苍山叠翠之冠山北麓1km处，树干粗壮需五六人才能合抱，复干丛生，古树参天，每年产银杏约50kg，树下东侧有古道观，西侧有山泉，溪流潺潺，其后新建一寺庙，庄严雄伟。

莒南县岭泉镇小官庄村（图9-3-248）

雌株，树龄120年，树高16.5m，胸径0.76m，冠幅13.0m×14.0m，枝下高4.6m。生长较旺盛，树冠阔塔形，庞大。主干通直，表皮纵状浅裂。有分枝11个，均集中在母干5.0m以上，分枝大小较均匀，轮生状分布均匀。该树枝叶正常，结果量一般，位于村民院墙外。编号：371327-0078，保护等级为二级。

莒南县岭泉镇马棚官庄村（图9-3-249）

雌株，树龄120年，树高12.0m，胸径0.59m，冠幅8.0m×8.0m，枝下高5.0m。生长旺盛，树冠卵圆形。主干通直，表皮光滑。分枝较小，在主干上分布均匀。枝叶正常，结果，位于居民院内。

莒南县岭泉镇马棚官庄村（图9-3-249）

雄株，树龄120年，树高18.0m，胸径0.85m，冠幅7.0m×7.5m，枝下高3.0m。生长旺盛，树冠卵圆形，树形优美。主干通直、粗壮，分枝20余个，分枝角小，均较细小，在主干分布均匀。基部有萌蘖10余株，与母干的距离为0～0.3m。枝叶正常，位于居民院内。

图9-3-241 费县朱田镇苑上村

图9-3-242 沂南县界湖镇西村镇委家属区

图9-3-243 沂南县界湖镇王家独树村村委

图9-3-244 沂南县孙祖镇皇上寺（孟良崮林场内）

图9-3-245 沂南县青驼镇沂蒙红嫂纪念馆（兴隆寺遗址，也叫青驼寺）

图9-3-246 沂南县大庄镇坊南庄（左）；铜井镇观音寺（右）

莒南县十字路镇虎园望海楼林场（图9-3-248）

雌株，树龄200年，树高18.0m，胸径0.73m，冠幅13.0m×15.0m，枝下高4.4m。生长旺盛，树冠纺锤形，庞大。主干粗壮，略弯曲，表皮光滑。有主要分枝8个，侧枝10余个，在主干上分布均匀。结果量一般，位于林场场部院内。编号：371327-0039，保护等级为二级。

莒南县涝坡镇鸡山西坡村（图9-3-250）

雌株，树龄300年，树高16.0m，胸径1.10m，冠幅12.0m×11.0m，枝下高3.0m。生长旺盛，树冠近椭圆形，树形优美。主干通直、粗壮，基部有少部分根系裸露。在3.0m处分为2个主枝，侧枝10余个，分枝紧凑。该树枝叶浓密，结果量大。位于山地中，伴生树种为山楂。

莒南县道口镇前介脉头村（图9-3-251）

雌株，树龄170年，树高14.0m，胸径1.05m，冠幅13.0m×14.0m，枝下高2.8m。生长旺盛，树冠塔形，树形优美。主干粗壮，向北倾斜。有分枝5个，均从主干3.0m处分出，分布均匀。该树为雌株，结果量大，位于一小庙前，有水泥护栏保护。编号：371327-0051，保护等级为二级。

单县高老家乡董部楼村（西）（图9-3-252）

在董部楼村村南农田边上有2株东西并排生长的古树，相距8m，均为雌株，生长旺盛。树龄700年，树高20.5m，胸径1.22m，冠幅21.5m×19.0m，枝下高4.0m。六大主枝。树体明显较大，树冠开阔，枝下高较低，树干光滑，基部偏东北方向有一巨大树瘤，东西长2.1m，高度2.2m，其上有数以千计的不定芽萌

图9-3-247 临沭县柳庄林场冠山

图9-3-248 莒南县岭泉镇小官庄村（左）；十字路镇虎园望海楼林场（右）

图9-3-249 莒南县岭泉镇马棚官庄村
（注：1. 左雌；2. 右雄）

图9-3-250 莒南县涝坡镇鸡山西坡村

生，大多长度在0.2～0.3m。N=34° 14′ 55.6″；E= 115° 51′ 23.3″，H=48m。

单县高老家乡董邵楼村（东）（图9-3-252）

雌株，年龄700年，树高22.6m，胸径1.00m，冠幅11.0m×19.4m，枝下高7.5m。六大主枝。距这两株树3m处有一石碑，碑文记载：董氏宗碑族。洪武年间，董氏始祖董公，奉诏从山西洪洞居官之曹洲，后始祖董公视起曹东南黄岗之东，物华天宝，人杰地灵，是一风水秀丽之地，携居于此，定居此地，屈指迄今已有600余年，祖业未失，颇有一族之众，人丁兴旺，吾董氏族众，遍布全国各省市，城乡为官，务工务农，定居者皆有，人丁众多。为祭先祖伟绩，耀我董氏族荣，让后世更恩思木本水源，我董氏族众更加和睦相处大宗平勋，与七门长和族众公议，为先祖立一祖碑，光宗耀祖。

莱芜市莱城区大王庄镇大舟院

树龄1500年，树高23.0m，胸径1.34m。

莱芜市莱城区寨里镇边王许村（图9-3-253）

宋银杏，靠接拯救。雌株，树龄1000年，树高22.0m，胸径1.27m，冠幅12.0m×16.0m，枝下高5.0m。树势一般，接近衰弱，树冠卵圆形。该树采用了靠接的方式对衰弱树体进行拯救，基部靠接所用的根露在外面。主干挺直、粗壮，有8个分枝，分枝顶端大部分干枯。叶子正常，仍结果，结果量很少。此银杏树据考为宋代所植，距今已千年有余，古树虽历经沧桑，仍枝繁叶茂，硕果累累，闻名遐迩，它作为祖先留下的宝贵遗产，彰示着边王许村悠久的历史和深厚的文化底蕴，既是独一无二不可多得的人文景观，亦已成为我村的荣誉象征。几年来，因诸多因素，古树几近凋枯，村民莫不忧心如焚，拯救古树使之永葆繁茂

图9-3-251 莒南县道口镇前介脉头村

图9-3-252 高老家乡董郜楼村
（注：1. 左：西边一株；右：东面一株；2. 西边一株；3. 东面一株）

乃我辈义不容辞之责任。当届支部村委亦顺应民意，为救古树念及所费不赀，村里财政独立难撑，于全村党员、议事组会上发出倡议，此议甫出，应者云集，仅月余即，收到捐款9万余元。捐款既有在乡者，更有远在异地他乡者，我村之凝聚力令人感动。至此，又特请我国知名银杏专家山农大和泰安西北施以援手，采取种种得力措施，如小苗与大树根相靠接，搬运土石2000余方，然砌围墙70m，并在树周砌以花岗石护栏，耗资8万余元。凡此种种，皆为保护千年活文物，使之永庇子孙，此功德无量，流播百代，故撰文记之，并将捐款人姓名勒于石上，以示感念。

莱芜市莱城区高庄街道办事处圣水庵村圣水庵（图9-3-254）

唐银杏。雌株，树龄1200年，树高25.0m，胸径1.24m，冠幅25.0m×25.0m，枝下高4.2m。生长旺盛，树冠阔塔形，庞大，树形优美。主干挺直、粗壮，有5个主枝，较粗壮，均从主干4.2m处发出，呈发散状在主干上分布均匀。该树枝叶正常，结果量大，位于圣水庵内，系唐代所植。圣水庵创自明朝正德年间，历50余年的经营，佛堂、殿宇、廊亭、钟楼颇具规模，香火盛极一时。在圣水庵院内，尚存11块石碑，中有一块万历丙午年(1606)题记碑。院内和旁边的大石上有“圣水岩”、“过此者圣”、“壁立万仞”、“群玉窝”等题记。其中“圣水岩”、“过此者圣”为嘉靖年间莱芜县令陈甘雨书，行楷，阴刻。

注：山东银杏古树资源后记：在2012年10月本书初稿形成后，获悉由山东省林业厅造林绿化处主持编写的《齐鲁古树名木》(2012) 一书，根据该书信息现将山东省银杏古树补充13株如下（注：这13株没有参与山东及全国的信息统计）。

(1)费县朱田镇龙杏村

树龄1300年。有4个主枝，树势衰弱。

(2)苍山县大仲村镇大吴宅村

树龄300余年。树冠近圆形，主干粗壮，旺盛。

(3)临沂市兰山区南坊镇大杏花河北村

树龄369年。树冠塔形，主干通直、粗壮，分枝呈发散状，生长旺盛。

(4)临沂市兰山区南坊镇大杏花河北村

树龄420年。树冠圆形，生长旺盛。

(5)临沂市经济开发区梅家埠街道后道口村

树龄1300年。树冠近塔形，庞大，主干粗壮、略倾斜，生长较旺盛。

图9-3-253 莱芜市莱城区寨里镇边王许村
（箭头示：银杏苗木倒插皮接复壮技术）

图9-3-254 莱芜市莱城区高庄街道办事处圣水庵村圣水庵

⑹临沂市高新区罗西办事处西磊石村

树龄100多年。树冠塔形，基部有萌蘖，生长旺盛。

⑺临沂市高新区罗西办事处张小庄村

树龄120年余年，3株。分枝均呈发散状，生长一般。

⑻沂水县崔家峪镇青石万村

树龄304年。从基部分为2个大的主干。

⑼郯城县胜利镇沙窝村

树龄350年。树势近圆形，分枝紧凑。

⑽黄岛区宝山镇向阳村村委

树龄505年。树冠塔形，树势濒危，有5个大分枝。

⑾黄岛区胶河经济区屯里集村

树龄355年，树高21.0m，胸径1.40m，冠幅18.0m×18.0m。生长旺盛，有一个复干，1.0m以下与母干合生，胸径0.53m，高8.7m。

⑿黄岛区大场镇塔山店子村

树龄455年。偏冠，主干通直、粗壮，生长旺盛。

⒀莒县招贤镇倍黄埠村

树龄400多年，2株。树势衰弱，分枝生长一般。

浙江省
银杏古树资源

一 古树生境及地理气候指标

浙江省土壤类型多样，主要有红壤、黄壤、粗骨土、石灰岩土、紫色土等类型。红壤几乎遍布全省海拔500～900m以下的丘陵山地。黄壤面积占全省土壤总面积的10.6%，浙北海拔多在500m以上，浙南多在700m以上，一般以沙质黏壤土为主，质地疏松，土壤呈酸性反应。粗骨土面积占全省土壤总面积的14.1%，主要分布在丘陵山地，一般土层浅薄，质地为沙质壤土至黏壤土。地带性植被为中亚热带常绿阔叶林，在全国植被分区上属于中亚热带常绿阔叶林北部亚地带和南部亚地带。全省分为针叶林，针、阔叶树混交林，常绿阔叶林，落叶阔叶林，常绿、落叶阔叶树混交林，竹林，经济林，山地矮林灌丛等8个主要森林类型。主要植被为常绿针阔叶次生林、松灌残次林、灌木小竹丛等。有古银杏生长的双清溪天然林是我国北亚热带气候和土壤条件下自然发育起来的“气候顶级群落”。

浙江省主要银杏分布区地理气候指标如表9-7所示。

二 古树分布及株数

浙江省共计11个区（市），有古银杏分布的有11个区（市），占100%；县（市、区）共计90个，有古银杏55个县（市、区），占61.11%；161个乡（镇）有古银杏（图9-7）。文献报道银杏古树8558株，实测及统计4962株，其中有350株具有生长指标（表9-8）。

浙江素有我国“东南植物宝库”之称，加之历史源远流长，人文荟萃，植物起源古老，南北兼容的古树，灿若繁星，熠熠生辉。诸暨市古银杏以店街、冠山、柱山、草塔、五泄、青山等乡镇较多。临海市以东塍、杜桥、桃渚乡较多。其中东塍镇隔溪村百年以上结果树50多株。

临安主要分布在马啸、河桥、湍口、龙岗、西天目、杨岭、横畈等乡镇。河桥镇蒲村后坞和孔家山有结果树上百株。临安有1025株银杏古树。如：清凉峰镇有213株、太湖源镇51株、河桥镇45株、玲珑街道44株、横路乡42株、昌化镇40株等。临安市26个乡镇街道中25个有银杏古树分布，垂直分布在海拔25～1340m区域。

天目山保护区内有古银杏262株，分布在海拔300～1200m，胸径1m以上10株，树龄300年以上184株，千年以上10余株。如：白虎山海拔310m（15株）、禅源寺海拔330m（16株）、火焰山海拔310m（20株）、红庙海拔400m（2株）、后山门海拔450m（11株）、化身窑海拔380m（14株）、三里亭海拔570m（25株）、五里亭海拔710m（18株）、七里亭海拔970m（1株）、老殿海拔1020m（25株）、荆门庵海拔450m（28株）、里七湾海拔480m（8株）、朱陀岭海拔390m（7株）、东坞坪海拔750m（3株）、青龙山海拔360m（31株）、地藏殿海拔1200m（5株）、太子峰海拔450m（8株）。

金华古银杏共有35株（不包括婺城区）。其中汤溪镇原大乡峰边村的古银杏树龄在千年以上。树龄400～500年的有9棵（雌树7株，雄树2株），分布在津村、仙桥乡石碑、低田乡中裘、寿昌乡下何、江沿乡上徐、金轮乡刘下金及曹松乡山口村的房前屋后宅基地及菜园内，有结果树13株，雄株3株，未结果树9株。

长兴银杏，栽培历史追溯到公元557～559

表9-7 浙江省主要银杏分布区地理气候指标

县（市）	经度	纬度	年均温（℃）	年降水量（mm）	无霜期（天）	年均日照时数（小时）	1月均温（℃）	绝对最低温度（℃）	≥10℃积温
临安市	118° 51′ ～119° 52′	29° 56′ ～30° 23′	16.4	1613.9	237	1847	3.2	-13.3	5775
淳安县	118° 21′ ～119° 20′	29° 11′ ～30° 02′	17.0	1430.0	263	1951	4.0	-7.6	5410
余姚市	120° 50′ ～121° 25′	29° 30′ ～30° 22′	17.3	1395.6	272	1780		-5.0	5130
文成县	119° 46′ ～120° 15′	27° 34′ ～27° 59′	18.0	1660.0	285			-4.7	
桐乡市	120° 37′ ～120° 39′	30° 28′ ～30° 47′	16.0	1233.6	243	1872	3.8	-11.0	5014
长兴县	119° 33′ ～120° 06′	30° 11′ ～30° 43′	15.6	1309.0	239	1810			
新昌县	120° 41′ ～121° 13′	29° 13′ ～29° 33′	16.6	1500.0	240	1900			
诸暨市	119° 53′ ～120° 32′	29° 21′ ～29° 59′	16.3	1373.6	234	1888			
东阳市	120° 04′ ～121° 44′	28° 58′ ～29° 30′	17.0	1351.0	245	2002			5310
江山市	118° 22′ ～118° 48′	28° 15′ ～28° 53′	17.0	1674.0	253	2063			5418
临海市	120° 49′ ～121° 41′	28° 40′ ～29° 04′	17.1	1550.0	241	1936	5.8	-6.9	
云和县	119° 21′ ～119° 44′	27° 53′ ～28° 09′	17.6	1717.0	240	1774	6.3	-8.3	5495

表9-8 浙江省银杏古树分布地点及株树汇总

区（市）	县（市、区）	乡（镇）
杭州市（1407株）	西湖区（2株）	灵隐街道
	上城区（1株）	环城东路
	余杭区（1株）	鸬鸟镇
	萧山区（2株）	河上镇、戴村镇
	富阳市（20株）	受降镇、渔山乡、常绿镇、洞桥镇、万市镇、新登镇、环山乡、龙门镇、胥口镇
	建德市（24株）	乾潭镇、大慈岩镇
	桐庐县（6株）	瑶琳镇、钟山乡、分水镇、合村乡、百江镇
	淳安县（320株）	文昌镇、千岛湖镇、临岐镇、屏门乡、姜家镇、威坪镇、梓桐镇、沈畈乡、汾口镇、安阳乡、里商乡、金峰乡、枫树岭镇
	临安市（1025株）	清凉峰镇、太湖源镇、河桥镇、绍鲁乡、横路乡、藻溪镇、於潜镇、昌化镇、杨岭镇、大峡谷镇、湍口镇、新桥乡、横畈镇、西天目乡、马啸乡、龙岗镇
宁波市（59株）	鄞州区（3株）	章水镇、横溪镇、东吴镇
	镇海区（1株）	九龙湖镇
	余姚市（41株）	四明山镇、大隐镇、河姆渡镇、梨洲街道、泗门镇、兰江街道、大岚镇、梁弄镇、鹿亭乡、三七市镇
	奉化市（3株）	溪口镇、尚田镇
	宁海县（1株）	城关镇
温州市（35）	鹿城区（1株）	海坛山公园管理所
	瓯海区（3株）	
	瑞安市（2株）	湖岭镇
	乐清市（2株）	雁荡镇、淡溪镇
	永嘉县（7株）	大若岩镇、潘坑乡
	平阳县（1株）	
	苍南县（1株）	矾山镇
	文成县（8株）	柱山乡
	泰顺县（8株）	
嘉兴市（70株）	秀洲区（5株）	新塍镇、油车港镇、虹阳镇、王江泾东南寺
	南湖区（5株）	余新镇、新丰镇、凤桥镇
	嘉善县（4株）	西塘镇、天凝镇
	平湖市（1株）	当湖街道
	桐乡市（34株）	乌镇、濮院镇、洲泉镇、梧桐街道、龙翔街道、凤鸣街道、崇福镇
	海盐县（1株）	武原镇
湖州市（2618株）	南浔区（2株）	青山乡、双林镇
	吴兴区（2株）	环渚乡
	长兴县（2607株）	小浦镇、太傅乡、长桥乡、煤山镇、槐坎乡、白岘乡、水口乡、二界岭乡、洪桥镇、虹星桥镇、和平镇、新塘乡、长湖乡、吕山乡、雉城镇、泗安镇、林城镇
	安吉县（5株）	递铺镇、杭垓镇、昆铜乡、章村镇
	德清县（2株）	筏头乡、莫干山镇
绍兴市（600株）	新昌县（150株）	城南乡、儒岙镇
	诸暨市（450株）	五泄镇、乐山乡、岭北镇、枫桥镇、湄池镇、青山乡、草塔镇、赵家镇、应店街镇、大唐镇、阮市镇、王家井镇、浣东街道、小东乡、街亭镇
金华市（37株）	武义县（2株）	宣武乡
	磐安县（2株）	安文镇
	义乌市（2株）	大陈镇
	东阳市（8株）	
	金东区（5株）	傅村镇
	婺城区（2株）	汤溪镇、雅塘街

（续）

区（市）	县（市、区）	乡（镇）
衢州市（21株）	柯城区（1株）	七里乡
	江山市（10株）	市区中山路
	开化县（9株）	华埠镇、苏庄镇、张湾乡、黄谷乡、城关镇
	龙游县（1株）	罗家乡
舟山市（3株）	普陀区（3株）	普陀山镇
台州市（76株）	黄岩区（1株）	屿头乡
	三门县（1株）	横渡镇
	天台县（1株）	坦头镇
	仙居县（3株）	安岭乡
	临海市（50株）	桃渚镇、小芝镇、东塍镇、杜桥镇
丽水市（36株）	莲都区（8株）	角峰源乡
	松阳县（12株）	
	云和县（16株）	云丰乡
总计：浙江省共有11个区（市），55个县（市、区），161个乡（镇）有古银杏树的分布，共计4962株。		

年，南朝武帝陈霸先在故宅广惠寺（现长兴下箬寺）手植银杏一株，距今已有1400多年。由于长兴地处太湖之滨，雨量丰沛，土壤肥沃，沙质通气，适宜银杏生长。在分布范围上，处于东经119° 33′ ～120° 06′，北纬30° 43′ ～31° 11′的县域内共20个乡镇均有分布，涉及93个行政村。长兴县银杏百年以上2607株，其中1000年以上5株，300～1000年420株，100～300年2182株，胸径1～2m的53株。其中：小浦镇总株数2358株，其中1000年以上1株，300～1000年391株，100～300年1966株，其中胸径1～2m的6株。太傅乡总株数87株，其中300～1000年1株，100～300年86株。长桥乡总株数8株，100～300年8株。煤山镇总株数61株，其中1000年以上2株，300～1000年9株，100～300年50株，其中胸径1～2m的22株。槐坎乡总株数44株，其中300～1000年1株，100～300年43株，其中胸径1～2m的3株。白岘乡总株数20株，其中300～1000年13株，100～300年7株，其中胸径1～2m的12株。水口乡总株数5株，其中1000年以上2株，300～1000年1株，100～300年2株，其中胸径1～2m的5株。二界岭乡总株数4株，其中100～300年4株，其中胸径1～2m的1株。洪桥镇总株数4株，其中100～300年4株。虹星桥镇总株数3株，其中100～300年3株。和平镇总株数2株，其中300～1000年1株，100～300年1株，其中胸径1～2m的1株。新塘乡总株数2株，其中100～300年2株。长湖乡总株数1株，其中100～300年1株，其中胸径1～2m的1株。吕山乡总株数1株，树龄100～300年，胸径1～2m。雉城镇总株数7株，其中300～1000年3株，100～300年4株。

图9-7 浙江省银杏古树分布图

诸暨市报道古银杏1047株，实际统计450株。

三 古树生物学

1.性别

在已知性别的144株古银杏中，古银杏雌株91株，占63.19%，雄株53株，占36.81%（图9-8）。

2.树高

浙江省古银杏最高株为50.0m，雌株，胸径2.58m，树龄1500年，冠幅22.0m×18.0m，位于奉化市尚田镇塔竹林村；最矮株为5.00m，位于临安市於潜镇金家村；树高<10m的有6株，占2.13%；10～20m的有89株，占31.56%；20～30m的有137株，占

48.58%；30～40m的有42株，占14.89%；40～50m的有7株，占2.48%；50～60m的有1株，占0.36%。树高前十位单株是：奉化市尚田镇塔竹林村（50.0m）、富阳市新登镇湘溪村（43.0m）、开化县苏庄镇苏庄村风岭头民宅旁（1）（42.0m）、开化县苏庄镇苏庄村风岭头民宅旁（2）（41.0m）、临安市清凉峰镇株柳村（40.0m）、宁波市鄞州区章水镇茅镬村（40.0m）、文成县柱山乡平溪（40.0m）、德清县筏头乡后坞村（40.0m）、嘉兴市南湖区余新镇普光寺（38.0m）、衢州市柯城区七里乡上村（38.0m）。

3.树龄

树龄最大单株为1600年，雌株，树高29.0m，胸径2.28m，冠幅16.0m×24.0m，位于临安市西天目乡西天目山开山老殿下；最小单株为30年，位于金华市；年龄<100年的为1株，占0.44%；在100～300年的为67株，占29.26%；在300～500年的为25株，占10.92%；在500～1000年的为77株，占33.62%；在1000～2000年的为59株，占25.76%。树龄前十位单株是：临安市西天目乡西天目山开山老殿下（1600年）、嘉兴市秀洲区新塍镇能仁寺（1508年）、嘉兴市南湖区新丰镇净相寺（1500年）、奉化市尚田镇塔竹林村（1500年）、杭州市西湖区灵隐街道五云山真际寺（1410年）、长兴县雉城镇下箬寺（1400年）、淳安县姜家镇庄源村花果庵遗址（1330年）、淳安县威坪镇逢里灵岩庵遗址（1330年）、淳安县威坪镇上莲村（1330年）、长兴县小浦镇方一村（1300年）。

4.胸径

浙江省已知胸径的银杏古树共计310株（其中包括基径2.0～3.0m的2株）。胸径最大单株为3.20m，位于桐庐县瑶琳镇舒家村洪武山；最小单株为0.13m，位于舟山市普陀山法雨寺；胸径<1.0m的为77株，占25.00%；在1.0～2.0m的为198株，占64.28%；在2.0～3.0m的为29株，占9.42%，在3.0～4.0m的为4株，占1.30%。胸径前十位的单株是：桐庐县瑶琳镇舒家村洪武山（3.20m）、安吉县昆铜乡花家坞村曹某家门前（3.02m）、临安市太湖源镇蒲村（3.00m）、临安市清凉峰镇乾山村白果村（3.00m）、临安市河桥镇勤建村（2.71m）、淳安县威坪镇逢里灵岩庵遗址（2.70m）、淳安县威坪镇上莲村（2.70m）、丽水市莲都区（2.69m）、淳安县金峰乡百罗村（2.64m）、淳安县姜家镇庄源村花果庵遗址（2.64m）。

5.冠幅

冠幅最大单株为36.0m×36.0m，平均冠幅为36.0m，雄株，树龄1000年，树高43.0m，胸径1.45m，位于富阳市新登镇湘溪村；最小单株为3.0m×4.0m，平均冠幅为3.5m，雄株，树龄500年，树高11.0m，胸径0.76m，位于长兴县雉城镇人民广场西北。

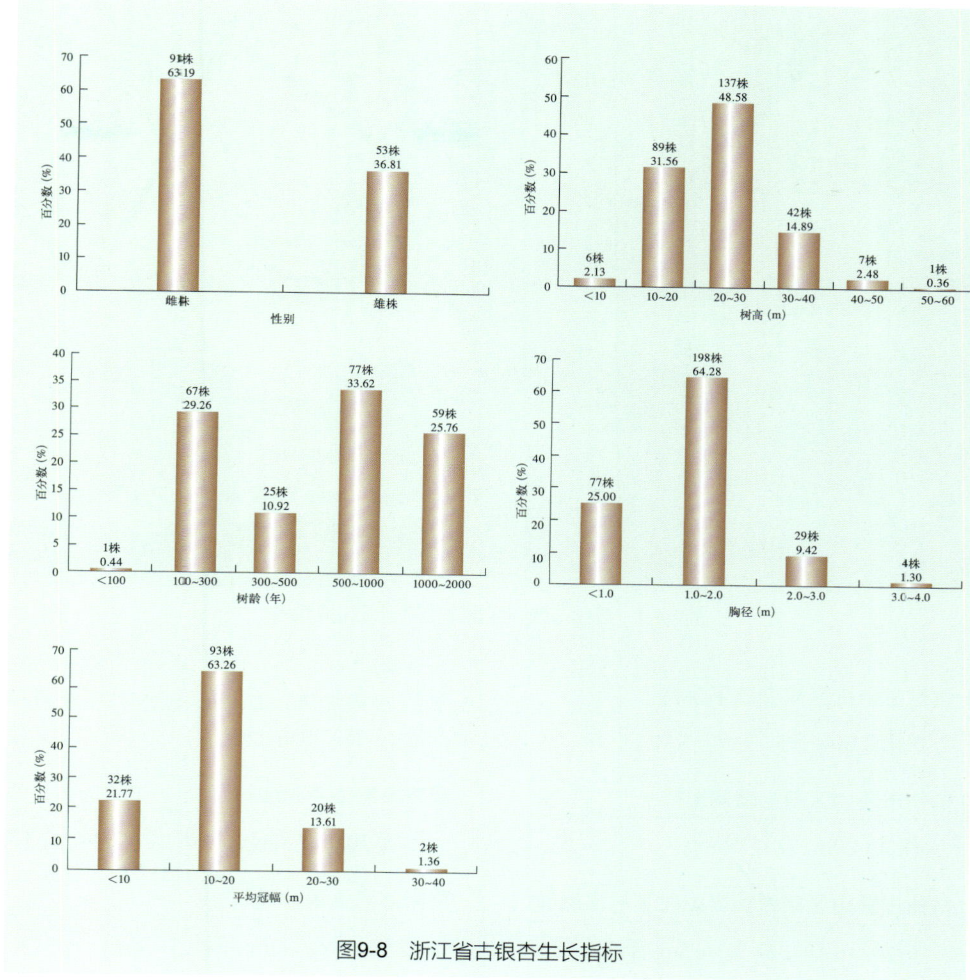

图9-8　浙江省古银杏生长指标

冠幅前十位的单株是：富阳市新登镇湘溪村（36.0m×36.0m）、长兴县煤山镇能源村（32.0m×29.0m）、长兴县白岘乡茅山村（28.2m×28.2m）、长兴县小浦镇缸窑三松庙（26.6m×26.6m）、嘉善县天凝镇蒋村北蒋浜（26.3m×26.0m）、嘉兴市秀洲区新塍镇能仁寺（24.0m×25.0m）、嘉兴市南湖区凤桥镇石佛寺（25.0m×24.0m）、长兴县煤山镇火车站四岭庵（28.0m×20.0m）、永嘉县大若岩镇银泉村（23.0m×23.0m）、诸暨市五泄镇洋塘村（22.8m×22.7m）。

6.特异种质

垂乳银杏4株；复干银杏27株；雌雄同株2株；垂枝银杏1株。

四　古树综合描述

杭州市西湖区灵隐街道五云山真际寺（图9-4-1）

树龄1410年，树高21.0m，胸径2.26m，冠幅15.0m×14.0m。五云山，是西湖群山中的第三座大山，海拔344m。据说因有五色云彩盘旋山顶，经时不散而得名。也有的说，山顶真际寺内有五口井（今只剩下三口），水井中看天上云彩倒影，形状各有不同，故名。山顶有建于五代的真际寺遗迹。除了三口古井外，还有一株5人合抱、树龄已达1400年、高达21.0m的银杏树，号称“杭州古树第一号”。树皮斑驳，主干中空，干中生有石楠、水蜡各一株。大树基部四周萌发出10余个粗度在10cm以上的复干，状似“子孙满堂”，最粗复干45cm。古树编号：458。

杭州市西湖区灵峰寺揽月楼旁

树龄1000年，树高20.8m，胸径1.60m。

杭州市上城区环城东路老浙大横路路口延寿庵遗址

雄株，树龄1000年，树高24.0m，胸径1.38m，冠幅17.0m×17.0m。在树干5m高处，生长有直径约10cm的2株女贞树，形成千年银杏与女贞共生的奇特生态现象。此地原有古寺延寿庵，建于吴越（约公元934年），地处东城门外，“弥望皆菜圃”。据说，该树为当年庵内第一代师太所栽。古寺曾毁于兵燹，明万历年间重建，并易名“莲居庵”，该寺名声鹊起，有“莲居晚磬”之誉，明代文人厉鹗在《东城杂记 · 莲居》篇中这样赞它：“古木离立，突怒堆郁，绿荫满阶，苔痕常如雨过，妙香时闻，翛然有出尘之想矣。”足见当时古树之枝繁叶茂、葱葱郁郁。直至民国初年，庵毁。古树编号：157。

图9-4-1 杭州市西湖区灵隐街道五云山真际寺

杭州市余杭区鸬鸟镇下余村

胸径2.00m。

杭州市萧山区河上镇河上村

树高14.0m，胸径1.18m。

杭州市萧山区戴村镇半山村丁村自然村

树龄1100年，树高36.5m，胸径1.51m。村里有个代代相传的说法："根据丁村的丁姓家谱记载，丁家祖先文靖公在唐乾宁、光化年间（公元898年左右），从山东临淄迁至萧山戴村安家落户。传说在当时就种下了这棵银杏树。"照那么推算，这棵古银杏树到现在已经有着1100多年的历史了。现在，在大树的树枝上还挂着一个黑色的电铃。村民们每天早晚上下工全是听着树上的铃声而定的。平时只要树上的铃响了，村民就知道村里有大事要宣布，大家会赶紧往大树这里聚集。

富阳市受降镇大树下村

雄株，树高21.8m，胸径2.29m。

富阳市受降镇新常村

雌株，树龄600年，树高10.0m，胸径0.85m，冠幅7.0m×8.0m。大树的躯干被掏空了大半，仿佛刀砍斧凿一般，更有火烧的焦痕。分枝处有较大垂乳1个，基径20cm，长30cm。新常村是个十分年轻的村庄，2007年，由原大山脚村、虎啸杏村两村合并而成。据清光绪三十二年（1906）《富阳县志》县境，该村原名银杏树下，以村中有大银杏树，故名。又因村东有老虎山，每逢大风冲树，声如虎啸，故改名虎啸杏村。

富阳市受降镇受降村

雌株，树龄1200年，树高25.0m，胸径1.75m，冠幅12.0m×13.0m。离地面13m处直径40cm的一枝丫被雷击断。

富阳市渔山乡勤建村

树高20.0m，胸径1.24m。

富阳市常绿镇北坞村

雄株，树高24.0m，胸径1.34m。

富阳市洞桥镇陈林村

雄株，树高16.0m，胸径1.93m。

富阳市万市镇东叙村

雄株，树高19.0m，胸径1.75m。

富阳市万市镇杨家村

雌株，树龄1000年，树高20.0m，胸径0.85m，冠幅10.0m×12.0m。有复干7个，均较粗壮、高大。

富阳市万市镇杨家村

雌株，树龄1000年，树高21.0m，胸径0.90m，冠幅15.0m×14.0m。有5个复干。

富阳市万市镇杨家村

雌株，树龄800年，树高18.0m，胸径0.75m，冠幅6.0m×7.0m。

富阳市万市镇杨家村

雌株，树龄600年，树高20.0m，胸径0.68m，冠幅5.0m×6.0m。有2个复干。

富阳市万市镇杨家村

雌株，树龄800年，树高19.0m，胸径0.80m，冠幅4.0m×3.0m。有2个复干。

富阳市万市镇杨家村（图9-4-2）

雌株，树龄1000年，树高14.0m，胸径1.10m，冠幅8.0m×9.0m。树干劈裂，中空。

富阳市万市镇杨家村

雌株，树龄1000年，树高16.0m，胸径1.20m，冠幅7.0m×5.0m。有1个复干，直径0.35m。

富阳市万市镇杨家村

雌株，树龄1000年，树高17.0m，胸径1.35m，冠幅11.0m×8.0m。较旺盛，主干粗壮。

富阳市新登镇湘溪村a（图9-4-3）

雄株，树龄1000年，树高43.0m，胸径1.45m，冠幅36.0m×36.0m。并列2株，相距5m。据宗谱记载，该树种植时间已有千年历史。2005年经富阳市林业局测定，银杏树高43.0m，树冠36.0m，树干周长约10.0m（包含复干在内），需六七人合围，此树系雄性。据传说，因此地地势低洼，常年易涝，先辈们栽种银杏旨在抵挡洪水。此处史称章街头，是古时候徽州、临安、分水、新城商贸的必经之路，商贸较为繁华，历经沧桑，人们将银杏保存了下来。2003该树被列为浙江省古树名木重点保护。深秋时节，层林尽染，黄黄的银杏叶将大自然妆点的分外妖娆，美不胜收，这里成为休闲娱乐摄影的圣地。该树主干系12个复干紧紧靠在一起形成，像是篱笆墙。最粗复干55cm。该村还分布有多株古银杏，形成古银杏群落。

图9-4-2 富阳市万市镇杨家村

富阳市新登镇湘溪村b（图9-4-3）

雄株，树龄1000年，树高24.5m，胸径1.15m，冠幅10.0m×11.0m，旺盛。有5个复干，基部合生。

富阳市新登镇湘溪村c（图9-4-3）

雌株，树龄800年，树高20.0m，胸径1.05m，冠幅11.0m×12.0m。从基部0.8m处丛生5干，基部合生。

富阳市新登镇湘溪村d（图9-4-3）

雌株，树龄600年，树高21.0m，胸径0.85m，冠幅10.0m×9.0m。

富阳市环山乡环四村

雄株，树龄400年，树高14.6m，胸径1.36m，冠幅10.0m×11.0m。在富阳市环山乡环四村，有3棵同根生的古银杏树。该树至少有几百年的树龄，有2个复干，复干枝叶茂盛，母干光秃秃的，看上去已经枯死。2001年8月5日，一场罕见的大风袭击了环四村，银杏树被大风吹倒，还砸坏了一户村民的房屋。古树没有一片叶子，树心是空的，也没有根。

建德市乾潭镇程头村

雌株，树高27.5m，胸径1.83m。

建德市大慈岩镇大慈岩风景区大慈岩

树高13.6m，胸径1.14m。

桐庐县瑶琳镇舒家村洪武山

树龄1000年，树高30.0m，胸径3.20m。现长势良好。它的周围有很多小树，树干开杈处，又长有石楠树一株，四季常青。传说明朝洪武年间，洪武皇帝路过此处，见此树大而奇，就下马观赏，将马拴在此树下，进村休息。现在树上还留有皇帝拴马的痕迹。后来把村庄取名为洪武庄，亦叫洪武山。

桐庐县瑶琳镇舒家村

树高10.0m，胸径1.50m。

桐庐县钟山乡歌舞村蒲家

树高30.0m，胸径2.40m。

桐庐县分水镇西华村

树高16.0m，胸径1.37m。

桐庐县合村乡陈村

树高28.0m，胸径1.60m。

桐庐县百江镇小京村村口

树龄1000年，树高14.0m，胸径1.91m，冠幅6.0m×4.0m。大约在3.0m高处分成两个子树干，其中一个子树干已被大火烧断。村民陈水生指着断裂下来的树干"遗体"说："这棵古银杏树的树干是空心的，火在里面燃烧很难控制，明火虽然一下就扑灭了，但是树干里的火前后扑救了5次才完全熄灭。"从现场树干的"伤势"，人们还能依稀看到当时迅猛的火势，树干中间已完全烧空，只剩碳黑的树皮，如果钻进树洞，里面可以站上好几个人。整个树体外形看起来基本枯干，但让人惊讶的是，断枝上竟然又长出了绿叶，而且长势很好，着实让人惊喜。

淳安县千岛湖镇东汉村村中央

树龄500年，树高23.0m，胸径1.32m，冠幅14.5m×14.0m。

淳安县千岛湖镇塘坞山

树高25.0m，胸径1.35m。

淳安县文昌镇浪岭村

雄株，树龄300年，树高33.0m，基径2.22m。这株古银杏长在村屋下的山坡上，上有8株萌芽树，胸径分别为40.1cm、62.1cm、62.4cm、46.2cm、57.3cm、44.6cm、30.6cm、15.9cm，周围伴生古树有香樟、豹皮樟（胸径68.4cm）、黄果朴、榧树（胸径108cm）、斑皮树（胸径116cm）、苦储、青冈、枫香、柏木等。

淳安县千岛湖镇宋家坞（六联）大毛脚岭

树龄450年，树高35.0m，胸径0.96m，冠幅15.8m×14.8m。位于山脚白石岩，海拔978m，生长旺盛。根旁露岩多，二根蘖苗径粗49cm。

淳安县临岐镇珠塔村

雄株，树龄400年，树高25.0m，胸径1.51m，冠幅22.6m×22.0m。树瘤长35cm。山脚，海拔300m，干一边被烧焦。

淳安县临岐镇先锋村

树龄300年，树高19.0m，胸径1.00m，冠幅9.0m×8.6m。山脚沟边，古树丛生，旺盛。伴生古树有小叶樟、枫叶三尖杉、美丽红豆杉菜。

淳安县屏门乡三丰村

树高24.0m，胸径1.06m。

图9-4-3 富阳市新登镇湘溪村
（注：1. a；2. b；3. c；4. d）

淳安县屏门乡齐坑村

树龄500年，树高21.0m，胸径1.47m，冠幅19.1m×18.0m。生长在村里屋边，干有少量腐烂。

淳安县金峰乡百罗村

雄株，树龄230年，树高29.0m，胸径2.64m，冠幅15.1m×16.2m。

淳安县姜家镇庄源村花果庵遗址

"人心树"。树龄1330年，树高33.0m，胸径2.64m，冠幅5.0m×10.0m。单株蓄积56 m^3。有"浙江省第二大银杏古树"之称。"文革"之前，大树枝丫很多，四面张开，树下可以同时几十人纳凉。由于银杏浑身是宝，在过去的几叶年里，枝丫已经被砍的差不多了，现在看去笔直矗立，枝丫的覆盖直径已经不到5m了，很难想象其过去的繁茂。

传说是唐永徽年间（650～656）种植，当地人称"人心树"。相传中国农民起义第一位自称女皇帝的陈硕真在花果庵出家当尼姑。一日，精习武艺时，遇一位白发仙翁，仙翁把龙头拐杖往地上一插，瞬间变成一株碗口粗的树木，并从树根旁洞中流出一股清泉，并关照此树名唤"人心树"，心诚者连呼三声，要米有米，要油有油，心不正者不得其用。待树长到斗粗时，可摘叶为盾，折枝为矛，说完便腾云驾雾而去。从此，庙堂里就不缺米少油了，穷苦百姓纷纷投奔。陈硕真在树下聚众誓师，她挥舞宝剑，顿时树枝成矛，树叶成盾。经过 1 个月征战，攻下睦、歙、婺等州县后自立为皇。当年的那株"人心树"如今早已长成参天大树，就像当初的陈硕真伫立在花果庙的仙人背上一样英姿威武。

淳安县威坪镇逢里灵岩庵遗址（图9-4-4）

唐银杏。树龄1330年，树高17.0m，胸径2.70m，冠幅22.4m×22.0m。有"浙江省第三大古银杏"之称。在北宋著名农民起义领袖方腊的故里，耸立着一株古老而粗大的银杏树，相传为隋末农民起义地方首领"吴王"汪华的第8个儿子"越国公"汪俊在唐永徽二年（651）所植，树龄1330多年，胸径270cm，其粗大为浙江之最，当时堪称"浙江银杏第一树"。此树昂然挺立于浙江省淳安县逢里灵岩庵遗址。冠似华盖，覆荫面积达480m^2，生长海拔800m。在1000多年的历史长河中，这株古银杏历尽劫难。北宋王朝对方腊的痛恨也株连到这株银杏树。他们派人火烧此树，被烧空的树心基部里面可容纳一张方桌，该树枝繁叶茂，冠若巨伞，生机盎然，就像当年威武雄壮的方腊，昂然屹立在灵岩庵前。在离地3m的侧枝上还长出了两个"树撩"，形似钟乳石，成为灵岩庵银杏树的一大奇观。

淳安县威坪镇上莲村

雌株，树龄1330年，树高17.0m，胸径2.70m。

淳安县威坪镇河村

树高25.0m，胸径1.23m。

淳安县梓桐镇富坡村

树高29.0m，胸径1.08m。

淳安县梓桐镇尹山庵

树高29.0m，胸径1.01m。

淳安县姜家镇白峰坪村

树龄450，树高24.0m，胸径1.38m。白峰坪村位于白际山南麓中下部海拔380m处，村子下方山坡上有一株古银杏。坡向北18°，西边山峰三角尖海拔1137m，西边另外两个山峰海拔分别为1108m、1192m，北面山峰海拔1145m，东边八尖海拔896m。这里的地形有利于阻挡寒流的入侵。与古银杏伴生的乔木树种有紫楠、木姜子、女贞、黄果朴、凹叶厚朴、喜树、山核桃、米储等，草灌木植物有崖花海桐、醉鱼草、五茄（很多）、金银花、中华常春藤、阔叶箬竹、镰羽贯众、延羽卵果蕨、凤叉蕨等。

淳安县汾口镇鲁村

树高25.0m，胸径1.19m。

淳安县安阳乡铜川村

树龄300年，树高27.0m，胸径1.28m。树体8m处的一主干曾遭雷击拦腰折断，另一主干也有折断危险，对周边房屋和村民的生命财产安全构成了威胁。

淳安县安阳乡黄家源村

树高30.0m，胸径1.44m。

淳安县里商乡里商村

树龄400年，树高28.0m，胸径1.03m。2株。明代"三元宰相"商辂公的后代，在修宗祠时，为了光耀祖宗而种的。

淳安县里商乡叶家村麻光桥头

树龄600年，树高30.0m，胸径1.26m，冠幅19.1m×18.1m。生长在村边、溪旁桥头，生长旺盛。

淳安县金峰乡长岭村

雌株，树高20.0m，胸径1.88m。

淳安县枫树岭镇上乳洞山

树高25.0m，胸径1.48m。

淳安县枫树岭镇里湖村

树高22.0m，胸径1.17m。

淳安县枫树岭镇里湖村

树高19.0m，胸径1.01m。

淳安县枫树岭镇石柱源

树高29.0m，胸径1.06m。

淳安县枫树岭镇白马村

雌株，树高18.0m，胸径1.00m。

淳安县枫树岭镇屏畈村

雄株，树高24.0m，胸径1.14m。

淳安县枫树岭镇界牌村

雌株，树高19.0m，胸径1.35m。

淳安县枫树岭镇官川村

胸径2.00m。

淳安县金峰乡百罗村

雄株，树龄230年，树高29.0m，胸径0.80m，冠幅15.5m×14.5m。生长在山坡中部小凹，海拔500m。

临安市昌化镇大明白果车站

"救朱元璋的银杏树"。树龄1000年。2株。在浙江省临安市，流传着银杏树救驾的故事。顺溪乡大明山下的白果车站附近，有两株并排生长、枝叶茂盛的千年银杏树。相传元朝末年，朱元璋带领义军在这一带与元兵交战。一次战斗中，朱元璋和自己的兵马失散。他一个人艰难地寻找队伍时，忽然发现一队元兵疾驰而来。朱元璋想上山躲避，却已经来不及了，情急之下，他只好隐蔽在路边两株大银杏树后。这时，大队元兵已来到近前。朱元璋紧紧靠在大树上，暗暗祈祷："大树啊，快帮我逃过此关吧！"说也奇怪，两株银杏树慢慢靠拢，把他夹在中间，严严实实地遮挡起来。元兵飞奔而去，谁也没有发现树后有

图9-4-4　淳安县威坪镇逢里灵岩庵遗址

图9-4-5 临安市湍口镇迎丰村

五世同堂简介

在开山老殿下方，海拔960m处。一野生银杏，根生悬崖，凌架半空，像一条欲飞的古龙。其周围萌生出20余株幼树，大者苍劲古朴，小者挺拔幽雅，树姿各异，若祖孙五代，故名“五世同堂”。《中国植物志》记载：“银杏为中生代孑遗的稀有树种，系中国特产，仅浙江的天目山有野生状态的树木。”因又有“活化石”“世界银杏之祖”之称。此处尚有冲天树金钱松、虎踞龙盘巨柳杉、根进石纹香果树、天目铁木独生子，与“五世同堂”并称为“天目五宝树”。

图9-4-6 临安市西天目乡西天目山开山老殿下

人。此时，两株大树又慢慢分开，朱元璋谢过大树赶紧离去。他与队伍会合后，向元兵发起反攻，夺取了最后的胜利。后来，人们把这个村叫“白果村”，把大明山朱元璋点过将的地方，叫“点将台”。为报答银杏树救命之恩，朱元璋登上皇位后，曾下诏书说“农桑为衣食之本”，极力提倡百姓植树造林。

临安市清凉峰镇路口村

雌株，树高12.0m，胸径1.08m。

临安市清凉峰镇路口村

雌株，树高14.0m，胸径1.34m。

临安市清凉峰镇株柳村

雌株，树高40.0m，胸径1.02m。临安树高居第二位。

临安市太湖源镇潘村

雌株，树高33.5m，胸径2.42m。

临安市太湖源镇蒲村

雌株，树高20.0m，胸径3.00m。

临安市太湖源镇素云村

树高22.0m，胸径1.86m。

临安市清凉峰镇乾山村白果村

雄株，树高30.0m，胸径3.00m。

临安市清凉峰镇乾山村白果庄

树高28.0m，胸径1.00m。

临安市清凉峰镇顺溪村

树高30.0m，胸径1.20m。

临安市清凉峰自然保护区龙塘山

生长于海拔1340m的高处，是临安市银杏古树分布最高的一株。

临安市河桥镇勤建村

胸径2.71m，是临安市最粗的银杏古树之一。

临安市绍鲁乡绍鲁村

雌株，树龄210年，树高22.0m，胸径1.31m，冠幅13.0m×14.0m。

临安市横路乡山寨村塞里

树高25.0m，胸径1.20m。

临安市藻溪镇凌家村

树高15.0m，胸径1.20m。

临安市於潜镇桥北村

树高10.0m，胸径1.30m。

临安市於潜镇金家村

树高5.0m，为临安树高最矮的一株古树。

临安市昌化镇龙寺村

树龄1000年，树高25.0m，胸径1.60m。临安千年古树之一。

临安市太湖源镇素云村

树高22.0m，胸径1.86m。

临安市大峡谷镇外川村

树龄1000年，树高24.0m，胸径2.00m。临安千年古树之一。

临安市大峡谷镇平溪村

树龄1000年，为临安千年古树之一。

临安市湍口镇东川村

树高30.0m，胸径1.63m。

临安市湍口镇迎丰村（图9-4-5）

树龄300年，树高28.0m，胸径1.13m，冠幅18.0m×16.0m。树干挺拔。

临安市新桥乡

有银杏古树。

临安市横畈镇雅观村、塘楼村

4株银杏，生长于海拔25m处，是临安市生长海拔最低的银杏古树。

临安市西天目乡西天目山北麓银杏坞

2株。树龄500年，胸径1.33m。天目山北麓有个小山村叫银杏坞。山民自古以来就有栽银杏的习惯，房前屋后栽的是银杏，山坡地角上栽的也是银杏。老远就可望见银杏高大的树冠，春夏季节树叶葱郁，给人以清凉之感；秋季果子成熟，黄橙橙的，一派丰收景象；冬季里树叶掉尽，突兀的枝丫直插云霄，气势雄伟。银杏成了银杏坞特有的象征。那里有2株银杏古树，当初不知是谁栽的，但距今已有500年以上的树龄。树干有3个人合抱。银杏坞

图9-4-7 临安市西天目乡西天目山开山老殿（东一）

原来很多银杏古树，1958年大炼钢铁伐去很多，仅保留这两株。

临安市西天目乡西天目山开山老殿下（图9-4-6）

著名的"五世同堂"银杏树。雌株，树龄1600年，树高29.0m，胸径2.28m，冠幅16.0m×24.0m，枝下高2.5m。生长旺盛，树冠庞大，形状不规则，主要分枝都伸向悬崖下，南侧树冠远大于北侧。根系从悬崖上长出，主干粗壮，弯曲，长满苔藓，有瘤状凸起。有6个大的分枝主要集中在树体南侧。有复干20多株，最大复干胸径0.85m，高35.0m，与母干的距离为3.0m；树体周围5.0m范围内生有22株复干，高5.0～35.0m，胸径0.10～0.85m。有萌蘖100余株，与母干的距离为0～3.0m。该树枝叶正常，未见结果。树下有碑文记载：五世同堂，即世界银杏之祖，已有12000年以上的树龄（碑文的准确性有待考证）。周围萌发大小幼株20多株，组成了一个"五世同堂"的大家庭，故名之。N=30° 20′ 28.0″，E=119° 26′ 01.2″，H=960m。

保护区内共262株，此株最大。浙江天目山"五世同堂"古银杏矗立于悬崖峭壁处，雄伟壮观，老、壮、青、少、幼济济一堂。原浙江省文联党组书记、副主席袁一凡观此，诗兴大发，感慨系之，遂作《天目山野银杏》一诗："悬崖峭壁巍然立，华盖蟠株遮碧天。亿万载前传物种，冰川浩劫幸绵延。千年古树春犹在，五世同堂枝叶鲜，林木之家称寿者，全球银杏共尊先。"为瞻国树丰姿，著者曾到天目山拜望古银杏，"银杏之祖"饱经沧桑、傲然屹立于峭壁悬崖的苍劲雄风令人鼓舞，回乡后，遂作《致银杏》一首，后刊发于2006年7月22日《人民日报》。银杏在天目山早已被人们所利用，《西天目山志》（生殖篇）果类中有"白果"名称的记载。梁希在《西浙看山记》中记载："西天目山奇材异卉多不胜收。老殿、仙人顶之植物，含有北温带景观，半山及山麓，则温带植物应有尽有，杉树干直径六尺者，不可以数计，其他古柏、苍松、丹枫、银杏，杈丫天骄、老气横秋。以迹象求之，似乎北宋以来，未经摧毁，听其自生自长而至今者也。"

传说浙江天目山下住着一位老人，他有两个女儿，大女儿叫春梅，二女儿叫秋梅。老人临终前，把姐妹俩叫到床前说：我快要不行了，屋后留下两座山，西山给春梅，东山给秋梅，山上有宝，只要你们去找……老人去世后，一天夜里，姐妹俩都做了一个梦。姐姐梦见一位老翁送给自己一袋东西，打开一看，里面装的是银杏，姐姐高兴地向老翁道谢并收下礼物。妹妹梦见一位老婆婆送给自己一袋金元宝。一觉醒来，姐妹俩身边什么也没有。第二天，姐妹俩扛着锄头，各自上山挖个不停。姐姐牢记老翁的礼物，决心在西山上种植银杏。她除去杂草，刨平土地，种上一株株银杏。妹妹只想怎样挖到老婆婆给的金元宝，轻而易举发财，她不停地挖山，把小树苗都刨掉了。一天天，一年年，西山上的银杏长成了大树，结满了银杏。东山却只有茅草和荆棘。春梅靠自己勤劳的双手，开荒种植银杏，赢得了一位英俊青年的爱慕，他们结为伉俪，幸福终生。而秋梅则妄想山上石头变成金银，最后厮守空山，过着凄凉的生活。大家普遍认为天目山"五代同堂"银杏是一雌株。2001年发现"五代同堂"野银杏树下竟落满了银杏雄花粉（赵明水等，2002），研究表明雄株系有原雌株种子繁育而成，并非植物学意义上的"雌雄同株"。

银杏"多代同堂"对该物种野生性、长寿及其生态学、系统学研究具有重要意义。通常复干与母干同时垂直向上生长，复干的生长速度常常超过母干，当母干达到成熟并衰老时，树干中空并枯死，这时沿母干周边的一株或几株复干代替原主干继续生长发育。同理，第一代复干衰老死亡后，第二代复干代替第一代复干继续发育，如此周而复始往返进行，进而导致银杏在不同的自然环境条件下繁衍更新，其生命周期可以跨越多个地质年代。银杏复干生物学也许是解读该物种野生性、长寿命及抵御类似核辐射等极端恶劣环境条件而繁衍生存的直接原因。

临安市西天目乡西天目山开山老殿后

树高28.0m，胸径1.11m。

临安市西天目乡西天目山开山老殿（东一）（图9-4-7）

雌株，树龄500年，树高15.0m，胸径0.62m，冠幅12.0m×9.0m，枝下高3.8m。树势较弱，树冠形状不规则，分枝顶部干枯。主干略向南倾斜，有分枝3个，3.8m处两分枝较小，生长一般。基部有萌蘖100株，高度1.0m以下，与母干的距离为0～0.75m，萌蘖伴生有扶芳藤。该树枝叶正常，未见结果，位于开山老殿前，为东侧第一株。N=30° 20′ 30.9″，E=119° 26′ 01.4″，H=982m。

临安市西天目山开山老殿（东二）（图9-4-8）

图9-4-8 临安市西天目山开山老殿（东二）

图9-4-9 临安市西天目乡西天目山开山老殿（东三）

图9-4-10 临安市西天目乡西天目山禅源寺门为西侧

图9-4-11 临安市西天目乡西天目山禅源寺门西外侧

雌株，树龄500年，树高20.0m，胸径1.21m，冠幅12.0m×16.0m，枝下高2.0m。树势一般，树冠形状不规则，分枝顶部枯死较重。基部西侧根系裸露，向西延伸最远达0.8m。主干挺直、粗壮，从基部开始长满青苔。分枝都较小，2.0m处有一较小分枝，其余分枝均在主干7.0m以上。枝叶正常，不结果，位于天目山开山老殿前，东侧第二株。N=30° 20′ 30.9″，E=119° 26′ 01.4″，H=982m。

临安市西天目乡西天目山开山老殿（东三）（图9-4-9）

雌株，树龄500年，树高19.0m，胸径0.68m，冠幅12.0m×9.0m，枝下高3.5m。树势一般，树冠形状不规则，顶部部分分枝有枯梢。主干较粗壮，树皮不光滑，有小的瘤状凸起。有分枝2个，均在主干3.5m以上。有复干3个，最大复干高4.0m，胸径0.10m，复干与母干的距离为0～0.5m；基部有萌蘖30株，与母干的距离为0～0.3m。该树枝叶正常，结果量一般，位于天目山开山老殿前，东侧第三株。N=30° 20′ 30.9″，E=119° 26′ 01.4″，H=982m。

临安市西天目乡西天目山狮子尾

树高27.5m，胸径1.23m。H=980m。

临安市西天目乡西天目山东坞坪

树高25.5m，胸径1.18m。H=720m。

临安市西天目乡西天目山禅源寺后

树高22.4m，胸径1.18m。H=360m。

临安市西天目乡西天目山禅源寺门内西侧（图9-4-10）

雌株，树龄200年，树高16.0m，胸径0.97m，冠幅12.0m×11.0m，枝下高4.0m。生长较旺盛，树冠塔形，树形优美。基部有少部分根系裸露。主干挺直、粗壮，在4.0m处分为3个分枝，较粗壮；北侧3个侧枝折断。该树枝叶正常，结果量很大。此树位于禅源寺院内西侧。编号：AB2229。N=30° 19′ 21.4″，E=119° 26′ 32.8″，H=355m。

临安市西天目乡西天目山禅源寺门西外侧（图9-4-11）

雄株，树龄500年，树高21.0m，胸径1.41m，冠幅19.0m×17.0m，枝下高4.0m。生长旺盛，树冠阔塔形，树形优美。主干挺直、较粗壮，有4个主要分枝，从主干4.0m处发出。有复干5个，最大复干高11.0m，胸径0.52m，贴母干生长，复干与母干的距离最远为0.30m；有萌蘖10余株，与母干的距离为0～0.4m。该树枝叶正常，不结果。N=30° 19′ 20.8″，E=119° 26′ 31.6″，H=363m。

图9-4-12 临安市西天目乡西天目山禅源寺门西
（注：A. 左3中1右2；B. 1；C. 2；D. 3）

临安市西天目乡西天目山禅源寺门西1（图9-4-12）

雌株，树龄500年，树高22.0m，胸径1.01m，冠幅14.0m×13.0m，枝下高4.0m。生长旺盛，树冠较小，形状不规则，部分侧枝梢部有干枯现象。主干挺直、粗壮，西侧距地面6.0～7.0m范围内树皮脱落，木质部腐烂。主干在5.3m处分为2个主枝，侧枝6个。基部有萌蘖近20株，与母干的距离为0～0.8m。该树枝叶正常，结果量一般。N=30° 19′ 20.4″，E=119° 26′ 33.0″，H=356m。

临安市西天目乡西天目山禅源寺门西2（图9-4-12）

雌株，树龄500年，树高20.0m，胸径0.91m，冠幅16.0m×12.0m，枝下高3.2m。生长一般，树冠很小，形状不规则，部分小的侧枝梢部干枯。主干粗壮、挺直，有分枝6个，但都较小。有2个复干，最大复干紧贴母干生长，高19.0m，胸径0.77m，该复干南侧树皮脱落严重，生长一般；复干与母干最远相距0.2m。基部有萌蘖近10株，与母干的距离为0～0.3m。该树枝叶正常，结果量一般。N=30° 19′ 20.4″，E=119° 26′ 32.6″，H=356m。

临安市西天目乡西天目山禅源寺门西3（图9-4-12）

雌株，树龄500年，树高18.0m，胸径0.45m，冠幅19.0m×13.0m，枝下高5.0m。生长旺盛，树冠形状不规则，南北侧树冠明显小于东西方向。主干挺直，有3个分枝，都集中在5.0m以上。有复干1个，高17.0m，胸径0.38m，与母干的距离为0.2m。该树枝叶正常，结果量一般。N=30° 19′ 20.6″，E=119° 26′ 32.4″，H=358m。

临安市西天目乡西天目山红庙

树高31.7m，胸径1.21m。H=400m。

临安市西天目乡西天目山荆门庵

树高16.0m，胸径1.15m。H=450m。

临安市西天目乡西天目山忠烈寺

树高25.8m，胸径1.09m。H=370m。

临安市西天目乡西天目山三里亭与五里亭之间（图9-4-13）

雄株，树龄1000年，树高22.0m，胸径1.15m，冠幅16.0m×21.0m，枝下高3.0m。生长较旺盛，树冠塔形，树形优美，部分分枝折断或梢部干枯。主干挺直、粗壮，长满青苔，现存4个主枝，侧枝10余个，部分侧枝折断。近地面根桩围径7.83m，围绕树体有复干30余株，复干与母干的距离为0～1.2m，最大复干高12.0m，胸径0.34m。有萌蘖50余株，与母干的距离为0～1.0m。该树枝叶正常，不结果。此树因复干和萌蘖众多而被称为“子孙满堂”树。

临安市西天目乡西天目山仰止桥

雌株，树龄1000年，树高28.4m，胸径1.17m。在仰止桥上200m左右，有一枯死百余年的老银杏树桩，地表直径达254cm，周围萌生出6株银杏树，其中一株高达到28.4m，胸径为117cm。H=500m。长势良好，与其他多株复干连生，有“五世同堂”之称。

临安市西天目乡西天目山仰止亭（图9-4-14）

雄株，树龄300年，树高17.0m，胸径0.59m，冠幅12.0m×14.0m，枝下高2.0m。生长较旺盛，树冠较小，树冠形状不规则。主干挺直，有6个分枝，都较细且在主干上分布不均匀。有复干2株，其中另一株折断，两株基径都在0.05m左右，与母干的距离为0～0.5m。该树枝叶正常，不结果。

临安市西天目乡西天目山进山门处（图9-4-15）

雌雄同株，树龄350年，树高雌株13.0m，雄株9.0m；雌株胸径0.45m，雄株胸径0.42m，冠幅10.0m×7.0m，枝下高7.0m。该树由雌雄两株长在一起而形成，雌株旺盛高大，树冠较大；雄株生长衰弱，树冠很小。雌株与雄株的主干盘绕在一起，基部腐烂较重。该树分枝较小，基本集中在主干顶部，分枝都在7.0m以上。有萌蘖10余株，与母干的距离为0～0.6m。树下有碑文记载：这两株银杏已有350年历史，主干紧紧依偎在一起呈拥抱状生长，它们出生在两个家庭，一雌一雄，又那么“恩爱缠绵”，因此人们称其为

图9-4-13 临安市西天目乡西天目山三里亭与五里亭之间

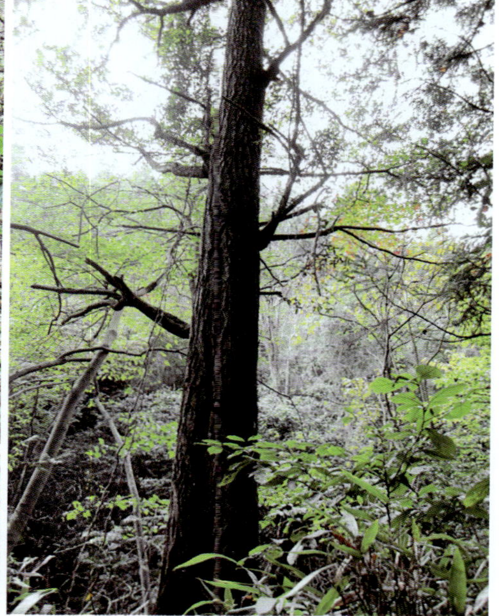

图9-4-14 临安市西天目乡西天目山仰止亭

“夫妻鸳鸯树”。高的那棵是“妻子”，矮的那株是“丈夫”。雌株年年开花，结出白果，雄树年年开花，不结果。N=30° 19′ 35.9″，E=119° 26′ 25.1″，H=443m。

临安市西天目乡西天目山双清溪天然林7

树龄200年，树高25.0m，胸径0.70m。成熟木，直干独立。

临安市西天目乡西天目山双清溪天然林8

树龄120年，树高30.0m，胸径0.80m。成熟木，直干独立。

临安市西天目乡西天目山双清溪天然林9

树龄300年，树高25.0m，胸径0.40m。濒死木多代多干、独立直干，基径2.3m。

临安市西天目乡西天目山双清溪天然林12

树龄100年，树高27.0m，胸径0.70m。成熟木2代同株，子干粗0.3m，高10.0m。

临安市西天目山双清溪天然林13

树龄100年，树高25.0m，胸径0.70m。成年木有多代干，基径1.2m。

临安市西天目乡西天目山双清溪天然林14

树龄300年，树高28.0m，胸径0.80m。濒死木多代同株：胸径80cm的有2干，30cm、35 cm、15cm副干多株。

临安市西天目乡西天目山双清溪天然林15

濒死木多代同株，主干尚存，基萌蘖大量次生代干，基径约2.00m。

临安市西天目乡西天目山双清溪天然林17

树龄100年，胸径0.80m。成熟木独立直干。

临安市西天目乡西天目山双清溪天然林18

树龄120年，树高18.0m，胸径0.45m。青年木桩萌株。复干高12.0m，胸径0.30m，复干2个，直立独挺。

临安市西天目乡西天目山双清溪天然林19

雌株，树龄120年，树高25.0m，胸径0.50m。青年木桩萌株。复干高7.0m，胸径0.30m，复干有2个，独立直上。

临安市西天目乡西天目山双清溪天然林22

树龄120年，树高25.0m，胸径0.85m。成熟木多代同株，基部萌生大量次生干。

临安市西天目乡西天目山双清溪天然林23

树龄200年，树高18.0m，胸径0.70m。濒死木多代同株：有9株次代干苗。基径2.20m。

临安市西天目乡西天目山双清溪天然林26

树龄200年，树高15.0m，胸径0.60m。濒死木多代、第1代早亡、次代多株：胸径30cm、20cm、18cm。基径1.80m。

临安市西天目乡西天目山双清溪天然林27

树龄100年，树高18.0m，胸径0.80m。孤立木，长坡上竹林中，远观目测。

宁波市鄞州区章水镇茅镬村（图9-4-16）

雌株，树龄500年，树高40.0m，胸径1.43m，冠幅21.0m×14.2m。树冠卵形，生长旺盛，树干有藤本植物，基部有伤，失去部分树皮。部分根裸露，高出地面0.4m，向外延伸0.4m，生于路边。N=29° 47′ 32.1″，E=121° 11′ 14.1″，H=365m。

宁波市鄞州区横溪镇吴徐村

树龄500年。吴徐村位于梅岭“五山头”中的吴家山，是个古老的村庄，约有五六百年历史。这里四周群山起伏，茂林修竹，溪水潺潺。这棵银杏树位于村之东面，下面有一条溪。树上所长的“瘿”其实为树的“钟乳物”，这棵银杏树是梅岭山上唯一一棵实行挂牌保护的古树。该银杏树周围环境湿润，古树成群，大约有20棵左右。

图9-4-15 临安市西天目乡西天目山进山门处

图9-4-16 宁波市鄞州区章水镇茅镬村

宁波市鄞州区东吴镇南村东吴镇成人学校

树龄900年，树高15.0m，胸径2.04m，冠幅18.0m×18.2m。据东吴镇农办工作人员介绍："可能是沙朴树的种子随风落入银杏枯枝的洞中，久而久之就与银杏树长在了一起。"50多岁的老钟记得，银杏树上曾长出过桃树、梅树等，但都没活几年就死了。对此，曾有相关专家来村里鉴定过，说是因为沙朴树与银杏树同属落叶乔木，无论春季发芽还是秋季落叶，它们都能够相互依存，所以一直相伴活着。

关于这棵银杏树，还有一段美好的传说。据传，东吴镇在南宋以前称大白，系史浩故里。史浩做宰相后，曾回故里探望双目失明的老祖母。为了解决老祖母想去东吴而又无法成行的问题，他将当地的大白改称为东吴，并特为老祖母建了东吴大庙。庙内，史浩亲自栽了这棵银杏作为留念。这就是我们今天见到的这棵古银杏的历史由来，史浩的一片孝心也靠这棵古银杏而得以流传至今。又据《鄞县通志》记载，此树"古称东吴大树，于东吴大庙左侧相距约数十步（东吴大庙在"文革"时被拆，改建为现在的东吴小学），树高五六丈，大可数围，一枝枯干，曾火焰熊熊，土人救之始熄，树仍无恙，犹绿荫缤纷"。可见此树历代受到当地人民的珍重，已与当地的历史文化融为一体。

东吴古银杏曾被评选为宁波"十大树王"之一。在这棵古银杏树的枝丫上，竟然长着一棵沙朴树，也有五六十岁了。沙朴树的树叶颜色要深一些，点缀在银杏树叶中，格外漂亮。银杏树上面还标有"古树古木，人人保护"的字样，编号为：270338。

宁波市镇海区九龙湖镇

树龄200年，树高8.0m，胸径0.60m。双干式，树高8m，双干均为银杏树自然衰老死亡后老桩上萌发新枝生长出来的，单干粗30cm以上，原银杏老桩树龄在200年以上，抽生树年龄为100年左右。

余姚市四明山镇北溪村仁政桥边a（图9-4-17）

雄株，树龄500年，树高27.0m，胸径1.43m，冠幅20.0m×20.0m。有被砍痕迹，树干比较光滑，树干失去一部分树皮，跨度占六分之一树围，主干倾斜约10°，树偏冠，生长旺盛，有3个小复干，直径均在15cm，萌蘖有60余个，最高约3m，离主干最远50cm，生于房后路边。编号：0219100014，保护单位：余姚市人民政府。N=29°44′29.3″，E=121°07′54.4″，H=480m。

余姚市四明山镇北溪村仁政桥边b（图9-4-18）

雌株，树龄500年，树高26.0m，胸径1.10m，冠幅19.0m×16.0m。树干比较光滑，长有很多苔藓，倾斜约10°，树冠伞形，生长旺盛，萌蘖有50个，最高3m，离主干最远15cm，无复干。生于房后路边。编号：0219100014，保护单位：余姚市人民政府。N=29°44′29.4″，E=121°07′53.9″，H=482m。

余姚市四明山镇屏风山村

树龄350年，树高28.0m，胸径1.11m，冠幅16.0m×15.0m。

余姚市大隐镇章山唐址桥村

树龄700年，树高23.0m，胸径1.62m，冠幅15.5m×15.0m。

余姚市河姆渡镇芦山寺村芦山寺院门口

树龄500年，树高29.0m，胸径1.31m，冠幅18.7m×17.0m。

余姚市梨洲街道苏家园村苏家园

树龄500年，树高22.0m，胸径1.34m，冠幅16.0m×15.0m。

余姚市河姆渡镇车厩村

树龄300年，树高16.0m，胸径1.13m，冠幅7.4m×6.0m。

余姚市泗门镇后塘村

树龄300年，树高19.0m，胸径0.99m，冠幅4.5m×4.0m。

余姚市泗门镇西大街村

树龄100年，树高8.0m，胸径0.54m，冠幅14.0m×13.0m。编号：0219300292。

余姚市兰江街道口竹村

树龄350年，树高22.0m，胸径1.03m，冠幅6.9m×6.0m。编号：0219200093。

余姚市大岚镇大俞村

树龄750年，树高21.0m，胸径1.09m，冠幅14.5m×13.5m。

余姚市大岚镇柿林村茶厂前

树龄500年，树高8.0m，胸径0.70m，冠幅11.2m×11.0m。

余姚市大岚镇南岗村蜻蜓岗

树龄500年，树高20.0m，胸径1.53m，冠幅22.7m×21.0m。

余姚市大岚镇上马村新屋

树龄500年，树高18.0m，胸径1.08m，冠幅20.5m×19.0m。

余姚市大岚镇柿林村丹山赤水风景区A（图9-4-19）

雌株，树龄500年，树高28.0m，胸径0.97m，冠幅16.8m×12.0m。树冠塔形，树干挺直，生长旺盛，树干较光滑，部分根裸露，高出地面20cm，向外延伸30cm，无复干，生于路边。N=29° 47′ 49.6″，E=121° 09′ 19.8″，H=380m。编号：0219300066。

余姚市大岚镇柿林村丹山赤水风景区B（图9-4-19）

雌株，树龄500年，树高27.0m，胸径0.97m，冠幅12.0m×12.7m。树冠塔形，树干挺直，生长旺盛，树干较光滑，基部中空，内有石头加固，无复干，生于路边。N=29° 47′ 49.7″， E=121° 09′ 22.0″，H=368m。编号：0219300067。

余姚市大岚镇柿林村丹山赤水风景区C（图9-4-19）

雌株，树龄500年，树高26.0m，胸径0.70m，冠幅15.1m×16.2m。树冠卵形，树干挺直，生长旺盛，树干较光滑，基部有洞，有部分根裸露，高出地面20cm，向外延伸30cm，无复干，生于路边。N=29° 47′ 49.4″，E=121° 09′ 22.1″，H=376m。编号：0219300069。

余姚市大岚镇柿林村丹山赤水风景区D（图9-4-19）

雌株，树龄500年，树高24.0m，胸径0.70m，冠幅13.0m×14.0m。树冠卵形，树干挺直，生长旺盛，树干较光滑，有垂枝，生于山地。N=29° 47′ 47.1″，E=121° 09′ 25.6″，H=378m。编号：0219300070。

图9-4-17　余姚市四明山镇北溪村仁政桥边a

图9-4-18　余姚市四明山镇北溪村仁政桥边b

余姚市大岚镇柿林村

树龄150年，树高20.0m，胸径0.78m，冠幅15.0m×14.0m。编号：0219300070。

余姚市大岚镇柿林村

树龄150年，树高30.0m，胸径0.61m，冠幅19.0m×17.0m。编号：0219300076。

余姚市大岚镇柿林村

树龄150年，树高31.0m，胸径0.64m，冠幅18.0m×19.9m。编号：0219300077。

余姚市梁弄镇让贤村

树龄200年，树高11.0m，胸径1.17m，冠幅10.5m×10.0m。编号：0219300100。

余姚市梁弄镇让贤村

树龄100年，树高24.0m，胸径0.86m，冠幅10.0m×9.0m。编号：0219300102。

余姚市梁弄镇让贤村

树龄100年，树高22.0m，胸径0.76m，冠幅11.0m×9.0m。编号：0219300104。

余姚市梁弄镇东山村

树龄100年，树高21.0m，胸径0.64m，冠幅5.0m×5.0m。编号：0219300140。

余姚市梁弄镇东山村

树龄200年，树高20.0m，胸径0.89m，冠幅11.0m×11.6m。编号：0219300141。

余姚市梁弄镇贺溪村

树龄100年，树高17.0m，胸径0.60m，冠幅5.5m×5.0m。编号：0219300142。

图9-4-19 余姚市大岚镇柿林村丹山赤水风景区
（注：1. A；2. B；3. D；4. C）

余姚市梁弄镇贺溪村

树龄200年，树高22.0m，胸径0.83m，冠幅15.0m×14.0m。编号：0219300147。

余姚市梁弄镇东溪村

树龄100年，树高21.0m，胸径0.92m，冠幅13.0m×10.0m。编号：0219300149。

余姚市梁弄镇让贤村钱库岭

树龄500年，树高29.0m，胸径1.75m，冠幅12.0m×10.0m。

余姚市梁弄镇让贤村钱库岭

树龄500年，树高15.0m，胸径1.08m，冠幅11.0m×15.0m。

余姚市鹿亭乡陈家岩村下坑岭头

树龄500年，树高17.0m，胸径1.34m，冠幅13.1m×13.0m。

余姚市鹿亭乡上庄村鹰家路

树龄500年，树高27.0m，胸径1.31m，冠幅14.2m×13.0m。

余姚市鹿亭乡中村

树龄350年，树高18.0m，胸径1.21m，冠幅10.5m×10.0m。

余姚市鹿亭乡中村

树龄100年，树高15.0m，胸径1.05m，冠幅13.0m×12.0m。编号：0219300171。

余姚市鹿亭乡中村

树龄200年，树高17.0m，胸径1.08m，冠幅9.0m×8.0m。编号：0219300173。

余姚市鹿亭乡龙溪村

树龄150年，树高20.0m，胸径0.80m，冠幅10.0m×11.0m。编号：0219300178。

余姚市鹿亭乡龙溪村

树龄180年，树高19.0m，胸径0.83m，冠幅16.0m×15.0m。编号：0219300180。

余姚市鹿亭乡龙溪村

树龄120年，树高22.0m，胸径0.92m，冠幅13.0m×12.0m。编号：0219300181。

余姚市鹿亭乡龙溪村

树龄100年，树高16.0m，胸径0.57m，冠幅6.0m×6.0m。编号：0219300182。

余姚市三七市镇姚东村

树龄250年，树高27.0m，胸径1.08m，冠幅15.0m×16.5m。编号：0219300252。

奉化市溪口镇雪窦寺a（图9-4-20）

雄株，树龄1000年，树高30.0m，胸径1.62m，冠幅20.0m×25.1m。又传说为汉银杏。树冠伞形，生长旺盛，树上长着一棵小栎树，无复干。编号：BO0011，保护单位：奉化市人民政府。N=29° 41′ 10.2″，E=121° 13′ 01.5″，H=338m。

雪窦寺全称雪窦资圣禅寺，坐落于“秀甲四明”的溪口镇雪窦山山心。晋时建于千丈岩瀑布口，称瀑布院。唐会昌元年（841）移建今址。南宋被敕为“五山十刹”之一，明代列入“天下禅宗十刹五院”之一，民国一度跻身“五大佛教名山”之一。1968年因蚁害而拆除。现建筑为20世纪80年代新建。雪窦寺曾屡遭劫难，唯有这两棵银杏留世迄今。

奉化市溪口镇雪窦寺b（图9-4-20）

雌株，树龄1000年，树高22.0m，胸径1.12m，冠幅21.3m×11.2m。又传说为汉银杏。树冠塔形，生长旺盛，树皮上有许多由于被砍枝而留下的疤，无复干。编号：BO0012，保护单位：奉化市人民政府。N=29° 41′ 09.9″，E=121° 13′ 00.0″。H=338m。

奉化市尚田镇塔竹林村

雌株，树高50.0m，胸径2.58m，树龄1500年，冠幅22.0m×18.0m。2大主枝，一高一矮。矮枝向一边倾斜，呈45°。千年银杏王，宁波十大古树名木和十二大古树之最。有“奉化第一古树”之美誉。它的西端是一个道地，道地紧挨树身，泥石从底部到树身高2m，泥石上面又

图9-4-20 奉化市溪口镇雪窦寺
（注：1、2. b；3.左a右b；4. a）

图9-4-21 宁海县城关镇西门村
（注：2. 树上树）

堆着一堆村民用以当柴烧的毛竹梢丝，树根的东北，搭着一间村民用以堆放柴草的10m^{2}左右的草屋。树身已经腐烂出很大的一个洞。虽然古银杏树每年还在结果子，但底部树身已开始腐烂，里面的大洞里至少可以装一拖拉机的沙泥。塔竹林村有460多年的历史，宗谱中记载了400多年前这株古树的状况。这株古银杏树生长环境不好，与南端100m远处的三四株生长得郁郁葱葱的古枫相比，明显显得苍老。

宁海县城关镇西门村（图9-4-21）

雄株，树龄898年，树高28.0m，胸径1.75m，冠幅20.0m×20.7m。树冠倒卵形，生长旺盛，树干光滑，倾斜约7°，树上长着多棵树上树，最大直径约25cm，无复干。生于房前。编号：BE100034，保护单位：宁海县人民政府。N=29° 17′ 23.7″，E=121° 25′ 18.4″，H=44m。

据《宁海县志》记载，该树为宋政和四年（1114）所栽。现胸围5.9m，高28m。该树杈上长有榆树、沙朴、冬青、薜荔等10余种植物，有的高达2.0m多，实属奇观。1956年“8·1”台灾时，该树曾被台风折断一枝，压毁民房3间。后来，树下又搭起了平房。由于根部长年累月得不到雨水滋润，加上人为破坏，胸围1/3已空心，日显苍老。宁海县政府为保护古银杏，拆迁周围房屋，留出树冠垂直投影以外5m的保护地，约280m^2，增设防护拦，并精心养护，清除蛀虫，使古木重新欣欣向荣。

温州市鹿城区海坛山公园管理所东面

有一株古银杏。

瑞安市湖岭镇贾岙村

树龄1000年，树高25.0m，胸径2.17m，冠幅20.0m×20.0m。

乐清市雁荡镇雁荡山灵岩寺

树高18.0m，胸径1.26m。12株中最大者。

乐清市淡溪镇埭头村

雌株，树龄800年，树高18.0m，胸径1.29m，冠幅19.0m×16.0m。依水挺立，十分壮观。据考论，此树系埭头翁性太祖所植。相传永嘉四灵之一翁卷曾在树下结庐研读，并写出了《苇碧轩集》、《西岩》两部书而闻名天下。此树至今仍能结果，最多时可达100kg。

永嘉县大若岩镇银泉村（图9-4-22）

雌雄同株，树龄400年，树高27.0m，胸径2.00m，冠幅23.0m×23.0m。该树干粗壮，枝叶繁茂，在温州市委宣传部、市林业局主办的“温州十大生态名木”评选中，名列其中。大若岩镇银泉村原为白泉乡岭下村，因该村有股溪流流出来的水白如雪而得名。1983年，全县地名普查时，因“岭下村”与原先黄田镇“岭下村”同名，借此机会改为“银泉村”。银是白色之意，与之前白泉乡有异曲同工之妙。村里又有一棵独一无二的银杏树，因此银又代表银杏树。一语双关，故此最后定下来为银泉村。这棵与村民生活息息相关的百年老树，栽种在明朝万历年间银泉村祖先陈嘉昌的老宅前。

图9-4-22 永嘉县大若岩镇银泉村

永嘉县潘坑乡岩龙村

雌株，树龄1000年，树高23.0m，胸径1.53m，冠幅15.0m×15.0m。梅尧臣（1002～1060）手植。据考证，岩龙村宗祠建于南宋高宗建炎年间，距今876年，其板壁均用75～100cm的银杏板相嵌而成，可以肯定当时银杏分布甚多。

永嘉县大若岩镇银泉村

树龄1000年，树高20.0m，胸径1.35m，冠幅14.0m×13.0m，枝下高3.0m。生长旺盛，树冠纺锤形，有3大主枝。梅尧臣手植。

苍南县矾山镇南堡村

胸径1.30m。

文成县柱山乡平溪

雌株，树高20.0m，胸径1.27m。

文成县柱山乡平溪

雄株，树高40.0m，胸径1.72m。

嘉兴市秀洲区新塍镇能仁寺（图9-4-23）

雄株，树龄1508年，树高28.5m，胸径2.17m，冠幅24.0m×25.0m，是嘉兴市树龄最长、最粗大的古树。民国二十七年（1938）农历五月十三，日寇纵火焚烧东南半镇，能仁寺被焚毁，幸存遗址有蚕王殿、砖塔及千年古银杏，树冠伞形，生长旺盛，树皮较黑，多长青苔，树干有瘤状物，无复干。生于房前。古树标志牌记载：千年银杏，银杏植于梁戍天监三年（503），树高28.5m，胸围6.8m，为嘉兴市稀世古木之冠，堪称浙江“树王”。既供观瞻，又有研究价值，被称为“活化石”。现由政府予以保护。N=30° 47′ 49.9″，E=120° 36′ 35.2″， H=1m。

现在该树位于郊区新塍镇小蓬莱公园中部北边与新塍粮管所毗邻之处有一近年新僻的“银杏园”，据考证与能仁寺同龄，北埦上有五块关于古代修建寺院的碑刻，系能仁寺的活见证。能仁寺在历史上曾称福业院、报国院及承天院等。宋政和七年（1117）始改名为能仁教寺。当时寺院占地70余亩，现在新塍粮管所内保留千年古刹的基石。小蓬莱公园原名小桃源，也称环清房，清光绪年间更改成现名。如今公园内绿树蓊蔚，流水绔绕，楼阁高耸，亭榭相依，具有浓厚水乡风韵。能仁寺遗址的古银杏历经千余年人世间的沧桑巨变，寺院屡建屡毁，银杏却岿然不动，树身虽斑痕累累，然苍劲古朴，枝叶层层叠叠，郁郁葱葱，显出勃勃生机。

嘉兴市南湖区余新镇普光寺

树高38.0m，胸径1.24m。

嘉兴市南湖区余新镇普光寺

树高35.0m，胸径1.14m。

嘉兴市秀洲区油车港镇栖真寺

树龄400年，树高16.0m，胸径1.18m，冠幅7.0m×8.0m。栖真寺，位于油车港镇，建于北宋开宝二年（969），据清末《闻川志稿》记载，当时宝月大师云游到麟瑞乡丁安荡畔，即现在的栖真寺旧址时，他认为此地“地广境幽，绝绝无尘迹，足可栖真养道”，于是筑庵以弘扬佛法，宝月也成为栖真寺的开山祖师。栖真寺历经明、清、民国年代，至今已有1000余年历史。特别是明代天启年间扩修殿阁后，规模盛大，寺院面积约32亩。鼎盛时期尚有和尚100余人，有大雄宝殿、观音殿、地藏殿、阎王殿、纯阳殿、千佛殿等大小殿10余座。栖真寺于1952年改为粮仓，现在有关方面的支持下，进行着重修工作，如今大雄宝殿已基本竣工，即将建造伽蓝殿、星宿殿、千佛阁等殿阁。今尚存明代所植银杏，双树并峙，需两三人围抱。

嘉兴市南湖区新丰镇净相寺

树龄1500年，树高13.5m，胸径1.40m，冠幅5.0m×5.0m。据地方志记载，净相寺已有1500多年历史，公元502年由南齐丞相解景荣花了三年时间建成，梁武帝萧衍赐额为“梁福寺”，宋戊申元年（1008）改名净相寺。

嘉兴市南湖区凤桥镇石佛寺a（图9-4-24）

雄株，树龄1249年，树高28.0m，胸径1.83m，冠幅25.0m×24.0m。树冠伞形，生长旺盛，树干较光滑，主干分支处长着一棵如拇指粗度的构树，萌蘖十余，高约1m，最远离主干约20cm，无复干，被誉为“平原树之王”。生于河边。N=30° 40′ 16.8″，E=120° 50′ 53.1″，H=3m。现存2棵千年古银杏树高20.0m，隔河相对，直径可4人合抱，干粗叶茂，大有“盈盈一水间，脉脉不得语”之态。银杏临运河，历经千年仍苍翠繁茂，生机依旧。现二树已被列为市级文物。

嘉兴市南湖区凤桥镇石佛寺b（图9-4-25）

雌株，树龄1249年，树高27.0m，胸径1.85m，冠幅23.3m×19.0m。树冠伞形，生长旺盛，树干光滑，已多年不结果，主干倾斜7°，无复干。N=30° 40′ 17.0″，E=120° 50′ 49.6″，H=10m。

嘉兴市秀洲区新塍镇洛东村圣阳殿

树高30.0m，胸径1.40m。

图9-4-23 嘉兴市秀洲区新塍镇能仁寺

图9-4-24 嘉兴市南湖区凤桥镇石佛寺a

图9-4-25 嘉兴市南湖区凤桥镇石佛寺b

嘉兴市秀洲区虹阳镇东阳村

树高17.0m，胸径1.68m。

嘉兴市秀洲区王江泾东南寺遗址（图9-4-26）

雄株，树龄900年，树高21.0m，胸径1.68m，冠幅6.0m×8.0m。由于古树边的养鱼池塘长期处于高水位，使古树主根腐烂，2000年8月7日夜古银杏在狂风中轰然倒地，后经当地政府及村民抢救，银杏树原地挺起，至今树干上一分支仍在生长，主干上有三个大铁圈紧箍，一大石牌顶起，倾斜30°，树上寄生着其他小植物，无复干。生于池塘边。N=30° 50′ 28.7″， E=120° 41′ 10.5″，H=5m。

嘉善县西塘镇烧香港

恋情银杏，陆坟银杏。雌株，树龄600年，树高13.5m，胸径1.25m。在古镇西塘河之东，有两棵古老的银杏树，树龄已有600余年，原是御史陆邦墓地的一部分，一株种植于陆邦祖父墓东北侧，一株在西南临水，故称“陆坟银杏。”传说，这地方原是明朝一个名叫陆邦的人的墓地，方圆足有几十亩，坟浜弄由此而得名。坟浜弄原长107.0m，宽5.0m，现长为209.0m，宽1.0～7.0m，1982年改泥路为水泥路面。现在坟浜弄内建造了一幢幢居民和职工住房，居住着上百户人家。坟浜弄东接五福桥，西接鲁家桥，南通南塘桥，规模很可观。它们之间还有着一个可歌可泣的故事。在很早很早以前，平川河边来了一对年轻的恋人，男的叫阿金，女的叫杏珍，他们相爱已经很久，但是在封建社会里，阿金和杏珍的爱情得不到家庭和社会的认可，在无可奈何的情况下，他们决意离家出走，来到这里，依靠出卖劳力，艰难地生活着。第二年春，在坟地边上各自种下了一棵银杏，期盼着她们的爱情会像小银杏一样扎根开花结果。然而好景不长，她们在这里私奔婚居的消息，传到了杏珍家里，杏珍家派了一只小船，悄悄地静候在离杏珍居处不远的地方，趁杏珍到河边淘米洗菜的时候，船上跳出两个大汉，一把拽着杏珍往船上拖去，随即解缆开船，摇个不知去向。傍晚阿金做工回来不见杏珍，向邻居打听也全无音讯。后来在河边草丛里发现了篮子和米箩，阿金以为杏珍不小心溺水了，忙用竹竿在河里捞啊捞，一连三天也没有发现一点踪影。阿金天天茶饭不思，以泪洗面，后来阿金就告别四邻和东家，外出找杏珍去了。年复一年，阿金与杏珍栽种的银杏树，渐渐长大起来，不知是得了灵气，还是天施巧合，这两棵银杏一雌一雄，雌树在北，雄树在南，竟应了“天生一对，地造一双”的俗话，也有人说这是阿金与杏珍爱情的化身，它们倔强地生长着，长得又粗又大，雄伟挺拔。被雷击多次，打断了枝丫，就在断枝旁边重新补出了新枝嫩叶；被风霜雨雪侵蚀了肌肤，肌肤为之变得苍老粗糙，就靠着这一层坚硬的外皮照样生长着。人们来到树荫下，都会焚香叩头，祈求夫妻恩爱、白首偕老。

嘉善县西塘镇烧香港

恋情银杏，陆坟银杏。雄株，树龄600年，树高9.35m，胸径0.98m。

嘉善县天凝镇蒋村北蒋浜a（图9-4-27）

雄株，树龄881年，树高30.0m，胸径1.97m，冠幅26.3m×26.0m。树冠圆形，生长旺盛，树干较光滑，树周围簇生数十分株萌蘖，最大高度3m，最粗复干胸径15cm，离主干最远30cm，萌蘖最高2m，离主干最远30cm。生于房后。N=30° 55′ 13.6″，E=120° 47′ 58.7″， H=18m。它发达的根须绵延在周围的每一块土地上，甚至从地下伸了上来，像栏杆似的围在古树四周，让人难以接近，像在保护着它的母亲。粗糙的树皮上依稀可见一层层苔藓。

嘉善县天凝镇蒋村北蒋浜b（图9-4-28）

雌株，树龄881年，树高26.0m，胸径1.28m，冠幅15.0m×16.3m。树冠卵形，生长旺盛，树干光滑，主干倾斜约10°，离雄株100m，有3个萌蘖，高约2m，离主干最远为15cm，无复干。生于房前。N=30° 55′ 11.4″，E=120° 47′ 59.1″， H=10m。河边上这棵雌银杏，比雄银杏略小。

平湖市当湖街道松风台

树龄1169年，是嘉兴市较大的古银杏之一。

桐乡市乌镇虹桥村石佛寺原康慈医院内

唐银杏。雄株，树龄1000年，树高28.0m，胸径1.84m，冠幅16.0m×15.0m。现存两棵千年古银杏树隔河相对，直径可4人合抱，干粗叶茂，大有“盈盈一水间，脉脉不得语”之态。银杏临运河，历经千年仍苍翠繁茂，生机依旧。现二树已被列为市级文物。古树编号：0483100003，管护单位：桐乡市乌镇镇人民政府。1977年12月，茅盾先生回故乡——浙江省桐乡市乌镇访问，得知乌镇古银杏在“文革”之后仍大难不毁，欣喜地挥毫写下《西江月》词，其中称：“唐代银杏宛在，昭明书室依稀。往昔风流嗟式微，历史经验记取。”词中唐代银杏、昭明太子读书室，皆茅盾先生故乡乌镇的古迹。这棵银杏，与唐代一位英雄有关。唐宪宗元和年间，有个英勇的将军，姓乌名赞，人称乌将军。乌将军爱国爱民，武艺高强，英勇善战。唐代自安史之乱以后，中央实力渐弱，地方官吏飞扬跋扈，纷纷割据称王。当时，浙江刺史李琦也要称霸，就举兵叛乱，致使这一带兵荒马乱，百姓无法生活。皇帝就命乌赞将军同副将军吴起，率兵讨伐，叛军望风而逃。当官兵追赶到乌镇的车溪河畔时，李琦突然挂出免死战牌，要求休战。乌将军就地扎营，待机再战。谁知就在当天深夜，叛军却偷袭营地，乌将军奋起迎战。李琦向后退到车溪河边，从一座石桥上飞快逃过。乌将军越马上桥，被一阵乱箭射死。原来李琦在桥堍下设下陷阱，暗害了乌将军。吴起赶来，杀退了叛军，把乌将军埋葬在乌镇车溪河西，为他堆坟立碑。说也怪，就在当天夜里，人们看到乌将军的新坟上，射出点点的红光，还传出阵阵的战马嘶鸣。第二天，坟上冒出一株绿叶银杏，很快就长成参天大树，奇怪的是这棵银杏从来不结果实。大家说，这银杏是乌将军化身。由于平定了李琦的叛乱，百姓免遭战乱之苦。人们为了纪念这位热爱国家的将军，在乌镇建造了一座乌将军庙，并在庙中悬挂一块匾额，上面写着“大树属将军”5 个字。乌将军也从此成为保佑当地百姓的地方神。

桐乡市乌镇虹桥村石佛寺原康慈医院内

树龄1000年，树高27.0m，胸径1.80m，冠幅12.0m×11.0m。

桐乡市濮院镇北市街三中操场内

南宋银杏。雄株，树龄870年，树高33.0m，胸径1.67m。两株中最大者。古树编号：0483100001，管护单位：桐乡市实验中学。

桐乡市濮院镇北市街三中操场旁

南宋银杏。雄株，树龄870年，树高25.6m，胸径1.31m。古树编号：0483100002，管护单位：桐乡市实验中学。

图9-4-26 嘉兴市秀洲区王江泾东南寺遗址

图9-4-27 嘉善县天凝镇蒋村北蒋浜a

桐乡市洲泉镇南庄村旁

树龄776年。古树编号：0483100004，管护单位：桐乡市洲泉镇南庄村村民委员会。

桐乡市梧桐街道永宁社区老年大学

树龄150年。3株。古树编号分别为：0483200004、0483200005、0483200006，管护单位：桐乡市老年大学。

桐乡市龙翔街道翔厚村供销商店（东、西）

树龄117年。东西共2株。古树编号分别为：0483200010、0483200011，管护单位：桐乡市龙翔街道翔厚村村民委员会。

桐乡市凤鸣街道合星村福严寺（前东）

树龄110年。古树编号：0483200012，管护单位：桐乡市天中山福严禅寺。

桐乡市凤鸣街道合星村福严寺（前西）

树龄100年。古树编号：0483200013，管护单位：桐乡市天中山福严禅寺。

桐乡市凤鸣街道合星村福严文化苑福严寺

雌株，树龄1000年，胸径1.20m。2株。2004年从江西移栽到此处。

图9-4-28 嘉善县天凝镇蒋村北蒋浜b

图9-4-29 长兴县水口镇寿圣寺三圣殿前

桐乡市凤鸣街道合星村福严文化苑福严寺

雄株，树龄1000年，胸径1.20m。

桐乡市崇福镇华光村庙西埭

树龄100年。3株。古树编号分别为：0483200014、0483200015、0483200016，管护单位：桐乡第二中学。

桐乡市崇福镇中山公园内池塘边

树龄108年。古树编号：0483200024，管护单位：桐乡市崇福中山公园。

桐乡市崇福镇中山公园内西

树龄108年。古树编号：0483200025，管护单位：桐乡市崇福中山公园。

桐乡市崇福镇中山公园内东

树龄108年。古树编号：0483200026，管护单位：桐乡市崇福中山公园。

桐乡市濮院镇新濮村香海寺

树龄100年。2株。古树编号：0483200030，桐乡市濮院香海禅寺。

桐乡市濮院镇新濮村香海寺

树龄100年。古树编号：0483200031，管护单位：桐乡市濮院香海禅寺。香海寺还有3株后备资源，树龄81年。编号0483300003-5。

桐乡市乌镇镇景区西栅将军庙内

树龄262年。6株。编号0483200041，保护单位：桐乡市乌镇旅游股份有限公司。

桐乡市乌镇镇景区西栅将军庙内

树龄223年。编号0483200042，保护单位：桐乡市乌镇旅游股份有限公司。

桐乡市乌镇镇景区西栅将军庙内

树龄221年。编号0483200043，保护单位：桐乡市乌镇旅游股份有限公司。

桐乡市乌镇镇景区西栅将军庙内

树龄253年。编号0483200044，保护单位：桐乡市乌镇旅游股份有限公司。

桐乡市乌镇镇景区西栅将军庙内

树龄200年。编号0483200045，保护单位：桐乡市乌镇旅游股份有限公司。

桐乡市乌镇镇景区西栅将军庙内

树龄180年。编号0483200046，保护单位：桐乡市乌镇旅游股份有限公司。

桐乡市乌镇镇桐乡市第三人民医院南宫

树龄108年。编号0483200056，保护单位：桐乡市第三人民医院。

桐乡市屠甸镇海星村吴桥头

树龄105年。编号0483200059，保护单位：桐乡市屠甸镇海星村吴桥头组戴林宝。

桐乡市石门镇春丽桥村

树龄148年。编号0483200075，保护单位：桐乡市石门镇春丽桥村村民委员会。

桐乡市石门镇墅丰村墅王庙

树龄271年。编号0483200080，保护单位：桐乡市石门镇墅丰村村民委员会。

桐乡市石门镇殷家漾村沿石庙

树龄111年。编号0483200081，保护单位：桐乡市石门镇殷家漾村村民委员会。

桐乡市河山镇堰头村唐介里

树龄191年。编号0483200083，保护单位：桐乡市河山镇堰头村村民委员会。

海盐县武原镇南北湖云岫庵

雌株，树高25.0m，胸径1.13m。

湖州市南浔区青山乡泉兴村

雄株，树高17.0m，胸径1.05m。

湖州市南浔区双林镇道士弄4号

雌株，树龄200年。梁希是我国杰出的林学家、教育学家，曾任共和国第一任林业部部长。梁希先生的故居在双林镇道士弄4号。在他故居旁的一株数百年生的古银杏。在古银杏周围建起了办公楼等，把古银杏围个水泄不透。他离开家乡以后，仍对这株古银杏充满深厚的感情，在向家乡亲友写信中，还常常提起这棵古银杏树。

湖州市吴兴区环渚乡大钱村普安桥

“夫妻”树。雄株，树龄600年，树高17.5m，胸径1.53m。在太湖南岸的湖州市塘甸大钱港口，有1株3人合抱、面湖而立的雌银杏树，当地人称他们是一对恩爱情深的“夫妻”树。在2株树下分别修建了娘娘庙和土地庙。传说这对“夫妻”树，明朝就已成材，当年为朱洪武立过汗马功劳的常遇春，曾在这2株树下乘过凉，拴过马。如今，这一对“夫妻”树，作为历史的见证，以其高大的身躯为太湖中过往的船只指引航向，护佑着无数渔家人的安全。

湖州市吴兴区环渚乡大钱港口

“夫妻”树。雌株，树龄600年，树高17.0m，胸径1.02m。

长兴县水口镇寿圣寺三圣殿前(图9-4-29)

雄株，树龄670年，树高20.0m，胸径1.08m，冠幅17.0m×16.0m，枝下高15.0m。生长旺盛，树冠卵圆形，冠形高大优美。主干挺直、粗壮，分枝较小，从15.0m处分枝，有分枝20余个，均匀生于主干上，生长旺盛。有复干2株，最大复干高6.0m，胸径0.15m，复干与母干的距离为0～0.3m。该树枝叶正常，不结果，位于寿圣寺内，编号：浙EB10003。

图9-4-30 长兴县水口镇寿圣寺长廊

图9-4-31 长兴县煤山镇西川村

圣寺大殿前楹联曰：银杏盖荫抒怀明志吟诗赋辞深思万物春秋，金泉烹茶逸兴清心学佛参禅静悟人生真谛。N=31° 06′ 39.9″，E=119° 49′ 37.1″，H=56m。

长兴县水口镇寿圣寺长廊（图9-4-30）

雌株，树龄670年，树高20.0m，胸径1.00m，冠幅17.0m×18.0m，枝下高3.0m。主干挺直、粗壮，分枝已被人为修剪，树体受损严重，已用水泥修复。该树有复干8个，生长旺盛，树冠主要由复干树冠形成，阔塔形，树形优美。复干高度16.0～20.0m，胸径0.16～0.52m，与母干的距离为0～0.6m；有萌蘖2株，与母干的距离为0～0.8m。该树枝叶正常，结果量较大，编号：浙EB10002。水口寿圣寺的“五代同堂”，植于元至正元年（1341）。N=31° 06′ 40.2″，E=119° 49′ 38.9″，H=61m。

长兴县和平镇石泉村白果庙

雄株，树龄1000年，树高35.0m，胸径2.00m，冠幅13.5m×13.5m。堪称“树王”。

长兴县和平镇周吴山石家坞

雄株，树高16.0m，胸径1.05m。

长兴县煤山镇火车站四岭庵

雄株，树高27.0m，胸径1.53m，冠幅28.0m×20.0m。

长兴县煤山镇西川村（图9-4-31）

雄株，树龄1000年，树高21.0m，胸径2.25m，冠幅17.0m×14.0m，枝下高3.5m。生长旺盛，树冠庞大，阔塔形，树形优美。主干挺直、粗壮，基部西侧有部分树皮脱落，腐烂形成树洞。有分枝10余个，主要集中在主干4.0m以上，生长较旺盛。有复干1株，高20.0m，胸径0.96m，基部与母干连在一起，1.3m处与母干的距离为0.5m。该树枝叶正常，不结果。此树位于西川村内路边，民居旁，编号：浙EB0361。N=31° 09′ 37.8″，E=119° 44′ 02.1″，H=110m。

长兴县煤山镇能源村（图9-4-32）

雄株，树龄1000年，树高19.0m，胸径1.54m，冠幅32.0m×29.0m，枝下高6.0m。生长旺盛，树冠阔塔形，庞大，树形优美，少部分分枝梢部干枯。主干挺直、粗壮，主干部分树皮受损，基部生有小桑树。有主要分枝5个，其中2个分枝干枯，均从主干6.0m处生出，均匀分布于主干上，侧枝10余个。该树枝叶正常，不结果，编号：浙EB10030。N=31° 05′ 47.1″，E=119° 45′ 09.0″，H=62m。

长兴县泗安镇建丰村屋基场

雄株，树龄1000年，树高36.0m，胸径1.40m，冠幅20.0m×20.0m。雄银杏王。

长兴县小浦镇八都岕许家村

雌株，树龄1200年，树高19.0m，胸径1.08m，冠幅15.1m×15.1m。许家村的老银杏，树龄已上千年，树势虽已衰老，尚能年产白果35kg以上。树干空洞中，落子生出的一株小银杏树，其胸径亦已达25cm以上。

长兴县小浦镇八都齐杨林涧

树高22.0m，胸径1.26m。

长兴县小浦镇杨林涧村（图9-4-33）

雌株，树龄285年，树高16.0m，胸径0.76m，冠幅13.0m×12.0m，枝下高6.0m。生长旺盛，树冠阔塔形，树冠较小，树形优美。基部有少部分根系裸露，向外延伸最远达0.5m。主干挺直、粗壮，在6.0m处分为2个主枝，有侧枝6个，均匀分布于主枝上，生长旺

图9-4-32 长兴县煤山镇能源村

盛。该树枝叶正常，结果量很大，品种为‘大佛手’，为国家三级保护古树，位于银杏古树公园内。N=31° 01′ 11.3″，E=119° 47′ 03.2″，H=59m。

长兴县小浦镇潘礼南村（图9-4-34）

雄株，树龄500年，树高24.0m，胸径0.97m，冠幅14.0m×15.0m，枝下高7.0m。生长旺盛，树冠形状不规则，北侧略小于南侧，顶部庞大。南侧根系裸露，高出地面最高0.15m，向外延伸最远1.8m。主干挺直、粗壮，在7.0m处分枝，有4个主要分枝，其余分枝较小，生长旺盛。基部有少量萌蘖，与母干的距离为0～0.3m。该树枝叶正常，不结果。此树位于村内民居旁。N=31° 00′ 46.9″，E=119° 46′ 19.7″，H=61m。

长兴县小浦镇方岩村（上）（图9-4-35）

雌株，树龄300年，树高20.0m，胸径0.56m，冠幅7.0m×9.0m，枝下高4.8m。生长旺盛，树冠形状不规则，南侧树冠大于北侧。主干挺直，较粗壮，有分枝10余个，均较细，轮生于主干上。该树枝叶正常，结果量较大，周围有0.50m左右的银杏古树多株。N=31° 00′ 53.9″，E=119° 45′ 10.8″，H=109m。

长兴县小浦镇方岩村（下）（图9-4-35）

雌株，树龄300年，树高22.0m，胸径0.65m，冠幅8.0m×9.0m，枝下高4.5m。生长旺盛，树冠形状不规则，南侧大于北侧。主干挺直，较粗壮，有分枝6个，主要集中分布在主干南侧，7.0m处一分枝折断。有复干一株，高6.5m，胸径0.25m，贴母干生长。该树枝叶正常，结果量一般，周围生有多株0.50m左右的银杏树。N=31° 00′ 53.8″，E=119° 45′ 11.2″，H=109m。

长兴县小浦镇方岩村（姊妹树）（图9-4-36）

雌株，树龄300年，树高22.0m，胸径0.45m，冠幅10.0m×11.0m，枝下高5.0m。生长旺盛，树冠阔塔形，树形不规则。主干挺直，有分枝6个，分枝高度较高，分枝较小。有复干一株，高22.0m，胸径0.41m，与母干形成当地人称的“姊妹树”。复干与母干在基部生长在一起，1.3m处相距0.2m。该树枝叶正常，结果量很大。N=31° 00′ 54.2″，E=119° 45′ 11.4″，H=109m。

长兴县小浦镇方岩村施家39号（图9-4-37）

雌株，树龄500年，树高20.0m，胸径0.70m，冠幅14.0m×13.0m，枝下高5.2m。生长旺盛，树冠形状不规则，西侧小于东侧，部分分枝梢部干枯。主干挺直、粗壮，有8个

图9-4-33 长兴县小浦镇杨林涧村

图9-4-34 长兴县小浦镇潘礼南村

图9-4-35 长兴县小浦镇方岩村
（注：1. 下；2. 上）

图9-4-36 长兴县小浦镇方岩村（姊妹树）

图9-4-37 长兴县小浦镇方岩村施家
（注：1. 39号；2. 41号）

图9-4-38 长兴县小浦镇方一村

分枝，均匀分布于主干上。有复干2株，最大复干高13.0m，胸径0.35m，与母干的距离为0.1m，复干与母干的最大距离为0.3m。该树枝叶正常，结果量较多，位于方岩村施家39号门前。N=31°00′56.2″，E=119°45′14.3″，H=118m。

长兴县小浦镇方岩村施家41号（图9-4-37）

雌株，树龄500年，树高18.0m，胸径0.72m，冠幅12.0m×14.0m，枝下高5.5m。生长旺盛，树冠阔塔形，西北侧树冠略大于东南侧。主干挺直、粗壮，东侧部分树皮损坏。有分枝11个，集中分布于主干6.0m以上。该树枝叶正常，结果量很多，位于方岩村施家41号门前。N=31°00′55.9″，E=119°45′10.4″，H=118m。

长兴县小浦镇缸窑三松庙

雌株，树龄550年，树高29.0m，胸径1.58m，冠幅26.6m×26.6m。

长兴县小浦镇马园里路边东

树高17.0m，胸径1.34m。

长兴县小浦镇马园里路边西

树高36.0m，胸径1.43m。

长兴县小浦镇罗界戏台庙边

树高29.0m，胸径1.08m。

长兴县小浦镇下庄头宅边

树高29.0m，胸径1.24m。

长兴县小浦镇下庄头宅边

树高29.0m，胸径1.15m。

长兴县小浦镇庄头缠岭下村

树高28.0m，胸径1.16m。

长兴县小浦镇许家村

树高19.0m，胸径1.08m。

长兴县小浦镇南周村

雌株，树龄130年，树高9.0m，胸径0.58m，冠幅11.9m×8.3m。优良单株。

长兴县小浦镇南周村

雌株，树龄150年，树高14.0m，胸径0.74m，冠幅10.0m×12.8m。优良单株。

长兴县小浦镇方一村

树龄160年，树高13.0m，胸径0.55m，冠幅8.8m×12.1m。优良单株，单株产量最高，为方一村的“白果丰产王”。

长兴县小浦镇方一村（图9-4-38）

岕内“银杏王”。雄株，树龄1300年，树高20.0m，胸径1.29m，冠幅17.0m×19.0m，枝下高5.0m。生长旺盛，树冠阔塔形，庞大，树形优美。主干挺直、粗壮，有分枝12个，均匀分布于主干上，生长旺盛。该树枝叶正常，位于古银杏公园内。N=31°01′09.9″，E=119°46′59.9″，H=57m。八都岕古银杏长廊，位于长兴县小浦镇境内。八都岕因汉光武帝刘秀为太子时，八躲追兵而得名。岕内青山排挞，大涧中流，12.5km长的银杏林成为一道以“原、野、奇”为特色的风景线。据乡野传说和文字考证，汉光武帝刘秀做太子逃难时，曾在八都岕内烤食银杏充饥，后有人诗赞曰：“深灰浅火略相遇，小苦微甘韵最高，未必鸡头如鸭脚，不妨银杏伴金桃”；吴兴郡长城县（今浙江长兴）人陈霸先当了皇帝后，在帝乡亲手种下一株银杏，并到八都岕丝沉潭来钓龙鱼。据已故的《中国银杏志》编委、长兴的林业老前辈吴大应考证，银杏，长兴人原叫白果，宋时长兴银杏进贡，皇帝见形似小杏，而核银色，钦赐“银杏”之名。北宋皇帝的龙椅，由12银块银杏木板材做成。

长兴县雉城镇人民广场西南（图9-4-39）

雌株，树龄500年，树高12.0m，胸径0.91m，冠幅6.0m×7.0m，枝下高1.5m。树势一般，树冠形状不规则。主干粗壮，向南倾斜10°，原有主要分枝均断裂，断裂处用水泥修复，主干上萌生部分侧枝，长势一般。基部有少量萌蘖，贴母干生长。该树叶片正常，结果量很少。此树位于长兴人民广场西南，整个树体用支架支撑。N=31°00′33.6″，E=119°54′02.5″，H=-6m。

长兴县雉城镇人民广场西北（图9-4-40）

雌株，树龄500年，树高11.0m，胸径0.76m，冠幅3.0m×4.0m，枝下高6.0m。树势衰弱，濒临死亡，无分枝，树冠很小。主干向西倾斜8°，较粗壮，东侧一主枝断裂处萌生小的侧枝，长势一般。主干劈裂，用铁箍固定，周围有支架支撑。该树枝叶正常，未见结果。此树位于长兴人民广场西北。N=31° 00′ 33.1″，E=119° 54′ 02.8″，H=-6m。

长兴县雉城镇人民广场东南（原长兴雉城中学老校）（图9-4-41）

雌株，树龄500年，树高12.0m，胸径0.99m，冠幅5.0m×4.0m，枝下高5.5m。树势一般，树冠较小，形状不规则。主干向南倾斜15°，东侧受损严重，用水泥修复并模拟主干上瘤状凸起。主干在5.0m处分为2个主枝，主枝上有较多小的分枝，生长较旺盛。基部有少量萌蘖，贴母干生长。该树枝叶正常，未见结果，树体用支架支撑。N=31° 00′ 33.4″，E=119° 54′ 03.4″，H=-6m。

长兴县雉城镇下箬寺

树龄1400年，胸径1.07m。长兴银杏历史追溯到公元557～559年，南朝武帝陈霸先在故宅广惠寺（现长兴下箬寺）手植银杏一株，距今已有1400多年。

长兴县雉城镇钮佃湾炎帝庙

树高18.0m，胸径1.34m。

长兴县雉城镇长兴中学

树龄900年，树高13.0m，胸径1.00m。植于北宋庆历四年（1044）。

图9-4-39　长兴县雉城镇人民广场西南

图9-4-40　长兴县雉城镇人民广场西北

图9-4-41　长兴县雉城镇人民广场东南

长兴县槐坎乡抛渎岗大路桥

树高32.0m，胸径1.44m。

长兴县白岘乡茅山村

雌株，树龄370年，树高36.0m，胸径1.53m，冠幅28.2m×28.2m。

安吉县递铺镇水口村灵峰山

树龄1000年，树高35.0m，胸径1.43m。

安吉县杭垓镇文岱村

树高30.0m，胸径1.60m。

安吉县昆铜乡花家坞村曹某家门前

树龄1000年，树高35.0m，胸径3.02m。人称“银杏王”。

安吉县递铺镇浦源大道121驿站广场

树龄600年，树高12.0m，胸径1.02m，冠幅7.2m×8.2m。2株，从外地移入，主枝锯断，已经成活，两树相距10m。均已安装上避雷针，树皮多处剥落。

安吉县递铺镇浦源大道121驿站广场

树龄600年，树高11.5m，胸径0.85m，冠幅10.2m×7.5m。

德清县筏头乡后坞村

树高40.0m，胸径1.85m。

德清县莫干山镇莫干山天池寺遗址

树龄700年，树高32.0m，胸径2.08m。浙江莫干山，山腰的天池寺是元朝至顺年间所建，山门外有一对古银杏树。据查证，明朝哲学家王阳明访莫干山曾赋诗《夜宿天池月下闻雷》四首。后人建天池亭并题一对联，上联曰：“自全顺开山度世动中差喜拔地参天留银杏”，下联曰：“有阳明过客闻雷月下方悟山妖木魅盗甘泉”。联中所指银杏，就是元朝建寺时植在山门外这对银杏，树龄应有700年，树身之大，需4人合抱，高20多丈。20世纪70年代的某一天，被2个猎人追捕的一只小兽钻进右边那株古银杏根的小洞中，猎人在洞口点火熏赶。这株被烧了一天一夜的古银杏，第2年春天又萌发新枝，挺立在山道旁万木丛中，像两个巨大的门卫，迎送无数的游人和香客。真是棵烧不死的“神树”。被誉为“莫干山神树”

新昌县城南乡大佛寺景区大佛寺

雌株，树龄1000年，树高30.0m，胸径1.27m。据说此树是为纪念南朝著名学者刘勰所植。树皮开裂，树皮厚，天长日久裂缝中积集尘土，树干距地3m处长有一株女贞，树高5m，胸径10cm；距地6m处生有一株榆树，高为5.5m，胸径8cm。两树年龄均在30年以上；在距地5m处生有桂树，高40cm；在距地15m处生长着一株樟树，高80cm。目前，这一奇观已被初选入《中国树木奇观》，并成为新昌大佛寺景区内的一大景观。史传，刘勰当年曾从师于定林寺僧佑。僧佑受梁建安王命到大佛寺主持造佛的续建工程。刘勰要求随行。僧佑指着寺前一银杏说，待它结果，便可去找他。几年后，银杏结果，僧佑雕凿大佛完功，刘勰学业亦成，到大佛寺见师傅后，即写下了僧佑造像的碑记。大佛寺众僧为纪念他们师徒两人，便也植了一棵银杏树。

新昌县儒岙镇地下坑村天姥山

在新昌县境内有座天姥山，因李白《梦游天姥吟留别》诗而蜚声天下。在这"千峰堆秀，百岭被翠"的山上，生长着一批苍老斑驳的古树名木。天姥山麓有个地下坑村，生长着树龄200年以上的5株古银杏，根如磐石，生机盎然。被誉为"天姥山上银杏秀"。

诸暨市五泄镇洋塘村（图9-4-42）

雌株，树龄1000年，树高24.0m，胸径1.53m，冠幅22.8m×22.7m。基部往上1m处分杈。复干胸径1.09m，树冠伞形，生长旺盛，树干光滑，垂乳8个，最大长50cm，直径15cm，生于房后。编号：DB500，保护单位：诸暨市人民政府。N=29°42′30.6″，E=120°01′37.5″，H=168m。

诸暨银杏、栽培历史悠久。汉末三国时，诸暨已有银杏种植，到宋时，各地已普遍栽培。《国朝三修诸暨县志》（物产志•志木篇）

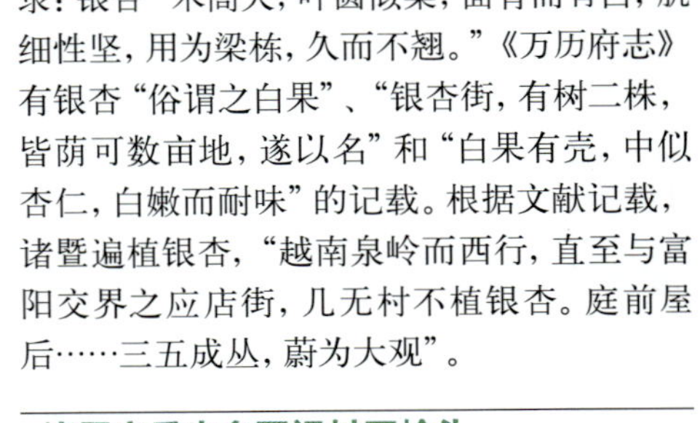

录：银杏"木高大，叶圆似梨，面青而背白，肌细性坚，用为梁栋，久而不翘。"《万历府志》有银杏"俗谓之白果"、"银杏街，有树二株，皆荫可数亩地，遂以名"和"白果有壳，中似杏仁，白嫩而耐味"的记载。根据文献记载，诸暨遍植银杏，"越南泉岭而西行，直至与富阳交界之应店街，几无村不植银杏。庭前屋后……三五成丛，蔚为大观"。

诸暨市乐山乡磊祝村石岭头

雌株，树高24.0m，胸径1.45m。

诸暨市岭北镇潘宅村

雌株，树高18.5m，胸径1.17m。

诸暨市枫桥镇魏家坞

雌株，胸径1.70m。

诸暨市湄池镇长兰坑坞

雄株，胸径1.50m。

诸暨市青山乡坎头村（图9-4-43）

雄株，树龄750年，树高26.0m，胸径1.98m，冠幅15.0m×11.7m。主干倾斜20°，有树洞，下部用水泥加固。树冠卵形，生长旺盛。树干有瘤状物，多长青苔。部分根裸露，高出地面40cm，向外延伸20cm。有4个垂乳，最大20cm，基径10cm。萌蘖15个，高约1m，最远30cm，无复干。生于房边。编号：DB10101，保护单位：诸暨市人民政府。N=29°39′02.9″，E=120°04′06.6″，H=95m。

诸暨市草塔镇陈村

雌株，胸径1.30m。

诸暨市草塔镇大庆坞

雌株，胸径1.00m。

诸暨市枫桥镇阳春村

雌株，胸径2.00m。

诸暨市赵家镇绛霞村

雌株，胸径1.10m。

诸暨市应店街镇溪塔杨村

雄株，胸径1.00m。

诸暨市应店街镇灵山坞

古银杏群落。树龄200年，树高10.0m，胸径0.45m。

诸暨市应店街镇灵山坞

树龄500年，树高18.0m，胸径1.00m。

诸暨市大唐镇里上村

雌株，胸径1.20m。

图9-4-42 诸暨市五泄镇洋塘村
（注：箭头示垂乳）

诸暨市阮市镇宜仁村

雌株，胸径1.50m。

诸暨市王家井镇会义桥村

雄株，胸径1.50m。

诸暨市浣东街道殷家村

雄株，胸径1.20m。

诸暨市岭北镇潘宅村

雌株，胸径1.20m。

诸暨市小东乡琴弦岗

雄株，胸径1.10m。

诸暨市街亭镇联村后郭家（图9-4-44）

雌株，树龄800年，树高28.0m，胸径0.94m，冠幅18.0m×19.0m。基部往上0.5m处分杈，2枝复干，胸径分别为0.56m、0.41m，母干倾斜40°，树偏冠，生长旺盛，萌蘖近百，最高3m，最远离主干1m，生于房后。编号：DB10128，保护单位：诸暨市人民政府。N=29°37′48.8″，E=120°16′00.6″，H=40m。

诸暨市大唐镇侯村街村

树龄1000年，树高13.7m，胸径0.60m，冠幅9.7m×8.6m。

诸暨市赵家镇外宣村

雌株，胸径2.4m。

诸暨市大唐镇马店村

树龄1000年，树高14.1m，胸径0.48m，冠幅11.7m×11.8m。

诸暨市王家井镇东山下村

树龄1000年，树高14.7m，胸径0.41m，冠幅11.3m×9.8m。

诸暨市应店街镇庙后村

树龄1000年，树高14.7m，胸径0.45m，冠幅9.3m×10.9m。

武义县宣武乡水口山

雌株，树龄800年，树高30.0m，胸径2.56m。

武义县宣武乡水口山

雄株，树龄800年，树高34.0m，胸径1.48m。

磐安县安文镇白云山村

树龄800年，树高32.0m，胸径1.02m。2株。

图9-4-43 诸暨市青山乡坎头村
（注：箭头示垂乳）

图9-4-44 诸暨市街亭镇联村后郭家

磐安县玉山镇林宅村

雌株，树高22.0m，胸径1.92m。

义乌市大陈镇红峰村

雌株，树龄1100年，树高23.0m，胸径1.66m，冠幅19.3m×15.9m。

据当地村民介绍，古树根部原来有一个大洞，十几岁的小孩子可以随意钻进爬出，但树木经历了半个多世纪的生长，大洞逐渐变成了小口，如今这个洞口已经愈合成为仅有2cm长的小裂缝了。这棵古树经历了2次大火。现在，古树的树干已经完全中空，树干内侧有一层厚厚的黑炭。这棵老银杏每年秋天会结出几百千克银杏果供村民食用。

义乌市大陈镇红峰村金世宗祠后院

雌株，树龄1100年，树高21.0m，胸径1.42m，冠幅12.3m×15.0m。义乌市内共有古银杏14棵，主要集中在大陈镇内。

东阳市

有古银杏8株。

金华市婺城区雅塘街西华寺后

雄株，树高22.0m，胸径1.85m。

金华市

树龄30年，树高12.0m，胸径0.25m。垂枝银杏。1964年砍伐后，在树桩上萌发出一株垂枝银杏，现在树龄已有30多年，树高约12m，胸径25cm。

金华市金东区傅村镇向阳村

胸径1.00m。

金华市金东区塘雅镇下河村

胸径1.10m。

金华市金东区曹宅镇潘村

胸径1.50m。

金华市金东区低田乡中裘村

胸径1.17m。

金华市金东区厚大乡西北村

胸径1.10m。

金华市婺城区汤溪镇峰边村

雌株，树龄1000年，树高25.0m，胸径1.53m，冠幅18.5m×19.0m。

衢州市柯城区七里乡上村

雄株，树高38.0m，胸径1.35m。衢州市柯城区有古银杏21株。

江山市人武部大院（原孔庙遗址）

据考证，江山银杏古木大多为元末清初栽植，距今600年以上。市人武部大院原是孔庙遗址，仅此处就有10株。孔庙早已毁，但古银杏仍苍翠挺拔，生机盎然。树干要2人合抱，高达30m，其中有6株年年结果，年产白果2000kg以上。

开化县华埠镇金星村

树高37.0m，胸径2.18m。

开化县苏庄镇苏庄村风岭头民宅旁（1）

苏庄“姐妹银杏”。雌株，树龄650年，树高42.0m，胸径1.30m。相传已有600多年的历史了。银杏树粗壮苍劲，高大挺拔，枝繁叶茂，而且结出的白果色香味美，具有独特风味。这株亭亭如盖的古树，不但增添了村庄的秀色，也是村民夏、秋乘凉小憩的好场所，非常惹人喜爱。村庄老翁们称银杏为神树。传说明太祖朱元璋在公元1363年春季，仍在云台（苏庄）养兵息马，一天，阳光明媚，他与军师刘伯温一起，散马漫游，来到古田名山观赏山色美景，见古田山奇花异草遍山岗，百花盛开，清香扑鼻，游兴大浓，看了古木看瀑布，看了瀑布看龙潭，一处比一处秀丽，乐而忘返。随从们也乐不可支，采野花找药材，漫游在花丛中。早春山坡上那些含霜迎风摇曳的野花，葱翠碧绿，朱元璋、刘伯温难得有机会游春，见此花香鸟语仙境，两人边游边观览，刘伯温惊喜地发现山坡上有棵小银杏苗，他知道元璋喜欢树木，忙指给元璋看，元璋见此小银杏树非常喜爱，伯温说：“我们驻地云台寺院门前，缺少树木，把银杏移到那儿去栽吧！”元璋点点头，便拔出宝剑当锄，小心翼翼地将小银杏连根带泥起出，用树叶扎根部放入腰边的箭壶里。看了古田凌云寺后，当天他们返回驻地，路过苏庄村风岭头时，突然刮起一股大风，吹起灰蒙蒙的尘土，元璋的马受惊，前腿一跃而起，元璋也不由自主的向后仰，箭壶随之一倒，这株小银杏树秧便落下地了，真是无巧不成书，银杏树苗根部正好落在元璋坐骑踩下的马蹄印中，刘基眼尖，看到树苗落下，忙唤随从拾起，谁知这树苗落地后便生了根，拔也拔不出。朱元璋也觉得奇怪，忙下马观看，树苗真的扎根了，他连说：“神树!神树!”想拔剑再挖，抬头一看，见该地是几百户人住的村庄，风岭头正是水口，以后树长大了，可美化风景，不但不挖，反而用手培了培土，就让这棵小银杏苗扎根在这儿，永留纪念。从此银杏神树日长夜大，茁壮成长，几百年后成为当地最大的一棵银杏树。“朱元璋跑马栽树”，“银杏是神树”就在当地广为传开了。

开化县苏庄镇苏庄村风岭头民宅旁（2）

苏庄“姐妹银杏”。雌株，树龄650年，树高41.0m，胸径1.50m。

开化县张湾乡潭头村村旁

雌株，树龄800年。张湾乡潭头村村旁有株树龄约800年的古银杏。树干通直，四面分枝均匀，枝叶繁茂，尤其是小枝金钟倒挂，更是令人称奇。相传很久以前，潭头村3株有名的大树——银杏、枫香、樟树，同时化为风度翩翩的一男二女青年，到杭州游览观光。到了杭城，正巧当地一位大财主张贴告示，重金诚请名医为其千金医治怪疾。三位树神心想，我们本无紧要事，现碰上人家患难之急，何不乐施善事，替人解忧。于是揭下告示，随财主前去看病。因患者为女性，就由白姓女青年负责把脉诊治。这白姑娘是白果树（即银杏）化身，其果实是润肺益气、止咳定喘、利尿滞带的良药。白青年为财主千金把脉之时，已将药气徐徐输入这位千金体内。不到一刻钟，那本已长期卧床千金，脸色逐渐由白变红，妙手回春，病竟全愈了。财主惊叹不已，于是拿出重金酬谢。三位神医却分文不收，只告知他们一姓白、一姓枫、一姓樟，是开化县潭头村人。第二年，财主为感谢神医恩情，携女寻访到潭头。但问遍村人，都找不到他们，只有银杏、枫香、樟树矗立村旁。财主省悟，这白姓、枫姓、樟姓神医就是白果、枫香、樟树的化身。于是专门在为其闺女治病的白青年——白果树下建庙焚香，供人朝拜。后来，枫香遭雷击被大风刮倒，现只留银杏与樟树遥遥相对。

开化县黄谷乡阳光村村中水塘1

阳光“父子银杏”。雄株，树龄1000年，树高32.0m，胸径2.52m。黄谷乡阳光村村中水塘（古时称西湖）边，长着2株树龄约1000年的雄性古银杏，两株相距20m，一大一小，人称“父子银杏”。父杏高32m，胸围7.9m；子杏高28m，胸围3.8m。据传，父银杏在其4m高处有一直径70cm的大枝向下倾斜伸到西湖水面，大枝顶端的小枝迂回盘旋，整个树枝其形像一木勺，大树干是勺柄，枝顶端是勺，约1m^2，人们可坐在上面歇憩纳凉。传说，古时夜深人静之时，一些心地善良的穷苦人，常能坐在“木勺”里，在湖面捞到充饥食物，甚至美味佳肴。因此，人们称这树是神树，是菩萨化身，从而受到很好保护。现在，那父银杏4m处生的木勺形大枝丫已没有，但大枝的疤痕尚在。

开化县黄谷乡阳光村村中水塘2

阳光“父子银杏”，雄株，树龄1000年，树高28.0m，胸径1.21m。

开化县城关镇县老干部局活动室院内

树龄100年，树高19.0m，胸径0.58m，冠幅13.0m×13.0m。

图9-4-45 舟山市普陀山法雨寺
(注：1. 右：雌株；2-4. 垂乳；5. 基部；箭头示垂乳)

开化县城关镇县老干部局活动室院内

树龄100年，树高20.0m，胸径0.58m，冠幅12.0m×12.0m。

开化县苏庄镇古田山自然保护区生活区

树龄100年，树高20.0m，胸径0.55m，冠幅13.0m×13.0m。

龙游县罗家乡岭根村

树龄500年，树高18.5m，胸径1.20m，冠幅18.0m×18.2m。该树位于龙游县罗家乡岭根村将台自然村，属于龙南山区。1991年被林业部正式确定为古木保护，2006年立碑，全村人都把它们当成了“宝贝”。七八年前，一名外地老板来到村里，开价10万元收购这株周径4m多的银杏树。大家商议后，还是回绝了。

舟山市普陀山法雨寺（图9-4-45）

雄株，树龄400年，树高28.0m，胸径1.36m，冠幅18.4m×21.2m。树冠伞形，生长旺盛，树干有瘤状物，树基部凸起，有6个垂乳，最大的长度1m，直径15cm，无复干。N=30° 00′ 16.2″，E=122° 23′ 21.9″，H=21m

据传，这对“夫妻树”曾有“丰产之年，乾隆年间，西边一株雌银杏一年可产白果10箩筐”。所产白果为‘龙眼’，被称为‘佛子’，当地老百姓谓之“神果”。近年来，这对“夫妻树”又传出奇闻，西边一株雌银杏年年果结满树，而东边这株雄性银杏树的南面中部却长出了一棵旺盛的冬青树，呈现了一幅古

图9-4-46　舟山市普陀山普济寺

银杏“怀中抱别子”奇观，不仅法雨寺众僧发现这一奇观后一直把它们当作宝贝一样呵护，凡游览法雨寺的中外游客也都要驻足观赏古银杏“怀中抱别子”这一奇观。据有关专家分析，这株小冬青树的种子可能是鸟儿衔来的。

舟山市普陀山法雨寺（图9-4-45）

雌株，树龄400年，树高10.0m，胸径0.13m，冠幅6.0m×7.0m。N=30° 00′ 16.2″，E=122° 23′ 21.9″，H=21m。

舟山市普陀山普济寺（图9-4-46）

雌株，树龄800年，树高20.0m，胸径1.41m，冠幅13.6m×13.4m。树偏冠，生长比较旺盛，主干有伤，用水泥加固，另有2个小复干，直径分别为15cm、8cm，离主干最远的为50cm，萌蘖有5个，最高约2.5m，离主干15cm。N=29° 59′ 16.0″， E=122° 22′ 59.7″，H=5m。据历史资料记载，明朝洪武十九年（1386），荷兰殖民主义者从海上入侵浙江，清朝康熙九年（1670）相继入侵。他们登上普陀岛烧山焚庙，这株古银杏未能幸免烈火的煎熬，至今臃肿的树干上依然留下道道创伤，它是殖民主义侵华罪恶的历史见证。

台州市黄岩区屿头乡洋坑村

树高30.5m，胸径1.62m。

三门县横渡镇铁强村

树高22.0m，胸径2.40m。

天台县坦头镇泳湖村

有古银杏。

仙居县安岭乡表门村

树高28.0m，胸径1.12m。仙居县古银杏3株。

临海市桃渚镇车头村桥儿头

雌株，树龄500年，树高27.0m，胸径1.60m。年产种实1000kg多，折合种核250kg。

临海市桃渚镇东头村桥儿头

雌株，树龄500年，树高27.0m，胸径1.40m。

临海市桃渚镇芙蓉村

树高23.0m，胸径1.00m。

临海市小芝镇杏中村

树高18.0m，胸径1.02m。

临海市小芝镇杏中村

树高17.0m，胸径1.03m。

临海市东塍镇格溪村

树高15.0m，胸径1.08m。

临海市东塍镇格溪村麻车园

树高15.0m，胸径1.00m。

临海市东塍镇分水岭村张岙

树高30.0m，胸径1.05m。

丽水市莲都区

树高35.0m，胸径2.69m，冠幅22.0m×22.0m。有8株。

丽水市莲都区角峰源乡大峰山

树龄200年。在现在水厂边有株古银杏树，树干高大，树冠繁茂美观，边上有子孙银杏生长。

松阳县

有古银杏12株。

云和县云丰乡

银杏16株。

河南省银杏古树资源

一　古树生境及地理气候指标

河南省的主要土壤类型有黄棕壤、黄褐土、棕壤、褐土、潮土等。黄棕壤有机质和全氮含量变化大，自然植被下的表土层为20～40g/kg，耕地土壤表层一般仅10g/kg左右。黄褐土盐基饱和度高，呈中性、微碱性反应。褐土中性或微酸性，属半淋溶土。河南西部的伏牛山区主要是栎类阔叶林；桐柏和大别山区以针叶用材林为多；平原地区主要是泡桐和白杨等速生树种。河南的经济林木中，除包括木本粮油树木外，还包括各种果树及特用经济林木。

河南省主要银杏分布区地理气候指标如表9-9所示。

二　古树分布及株数

河南位于黄河中下游，是中国古代文明的发祥地。古银杏主要分布在豫南大别山、桐柏山区的新县、光山、罗山、信阳、商城、固始和桐柏县;豫西伏牛山区的嵩县、西峡、南召、鲁山、泌阳、卢氏、方城、栾川、洛宁和登封;豫北太行山区的林州、济源和辉县等地。全省呈零散分布，但在新县和嵩县有集中分布。河南全省辖17地级市，在2个地区设立行政公署，其中14个市（区）有银杏分布，占82.35%。其下辖24县级市、90县中，有56个县（市、区）有银杏分布，占49.12%，127个乡（镇）（图9-9）。文献报道株数6000株，实测及统计4743株，其中440株具生长指标（表9-10）。

新县生长有百年以上大树4150多株，卡房乡胡河村有银杏大树47株，其中只有1株雄株，而几乡的林冲村，有银杏大树22株，其中雄树3株。

河南嵩县有银杏古树325株，千年以上52株。主要分布在田湖镇2株、大坪乡1株、何村乡1株、黄庄乡1株、木植街乡1株、车村镇26株、白河乡243株等7个乡镇，海拔260～980m。嵩县白河乡和车村乡，属伏牛山地，是河南银杏古树分布最集中地区。白河乡古银杏树以上寺、下寺、五马寺3个村较为集中。下寺村是白河乡银杏古树分布中心。有银杏古树83株，树龄272～618年，胸径0.7～1.8m，其中雌株75株，雄株8株，海拔540～870m，呈群状分布。上寺村有57株，其中雌株56株，雄株1株，树龄200～600年，胸径0.7～1.6m，海拔680～850m，呈群状分布。五马寺有22株，树龄200～600年，胸径0.7～1.6m，海拔820～870m，呈群状分布。灵水寺有16株，树龄300～700年，胸径0.6～1.8m，雌株15株，雄株1株，海拔850～870m，呈群状分布。此外，白河乡上河（7株）、东风（10株）、下坪地（9株）、白果树（3株）、栗扎树（3株）和车村乡茶房白果树（1株）、天桥沟（2株）、两河口（2株）、小豆沟（1株）等地分布较少，呈零星或丛状分布，树龄一般在300～600年，胸径0.9～1.6m，海拔520～850m。河南省嵩县白河乡有一座云岩寺，寺内及周边现存唐代银杏古树 142 株，树龄均在 1000～2000年，且年年结果，造福民众。

南阳市千年以上的古树有52株，500～999年的古树63株，100～499年的67株，共182株。南阳银杏古树分布最多的为西峡县，其次为南召县。西峡县古银杏群集中分布于二郎坪乡栗坪村下庵至北峪，整个园区共有古银杏树68株。

三　古树生物学

1. 性别

在已知性别的167株古银杏中，雌株146株，占87.43%；雄株21株，占12.57%（图9-10）。

表9-9 河南省主要银杏分布区地理气候指标

县（市）	经度	纬度	年均温（℃）	年降水量（mm）	无霜期（天）	年均日照时数（小时）	1月均温（℃）	绝对最低温度（℃）	≥10℃积温
登封市	113° 02′	34° 28′	14.3	640.9	213	2297	0.2		5000
嵩县	111° 40′ ～112° 22′	33° 33′ ～34° 20′	14.0	800.0	208	2296	0.1	-19.0	4582
鲁山县	112° 14′ ～113° 14′	33° 34′ ～34° 00′	14.8	1000.0	209	2171	-0.3	-16.7	4900
林州市	113° 37′ ～114° 51′	35° 40′ ～36° 21′	12.8	672.1	192	2251	-2.5	-10.0	3583
辉县市	113° 23′ ～113° 57′	35° 17′ ～35° 50′	14.0	589.1	214	2020	-0.6	-18.3	4691
禹州市	113° 03′ ～113° 39′	33° 59′ ～34° 09′	14.4	719.0	218	2415	1.3	-13.9	5267
卢氏县	111° 03′	34° 03′	12.6	466.5	255	2168	-0.7		4048
西峡县	111° 29′	33° 17′	15.2	830.0	220	2019			
永城市	115° 58′ ～116° 39′	33° 42′ ～34° 18′	14.3	878.5	207	2318			4468
新县	114° 33′ ～115° 12′	31° 28′ ～31° 46′	15.2	1277.5	222	2007			5524
确山县	114° 01′	32° 48′	15.1	971.0	248	2157			4850

表9-10 河南省银杏古树分布地点及株树汇总

区（市）	县（市、区）	乡（镇）
郑州市（15株）	登封市（14株）	嵩阳街道、少林街道
	管城回族区（1株）	南曹乡
洛阳市（361株）	涧西区（4株）	西苑社区
	栾川县（14株）	潭头乡、庙子镇、石庙镇、陶湾镇、叫河乡、合峪镇、大清沟乡
	嵩县（325株）	车村镇、白河乡、木植街乡、田湖镇、大坪乡、何村乡、黄庄乡
	汝阳县（9株）	城关镇、小店乡、三屯乡、付店镇
	洛宁县（6株）	故县乡、西山底乡、张店乡
	宜阳县（2株）	锦屏县
	孟津县（1株）	横水镇
平顶山市（15株）	叶县（6株）	辛店乡、邓李乡、廉村乡、叶邑镇
	鲁山县（9株）	四棵树乡、瓦屋乡
	郏县	
安阳市（3株）	林州市（2株）	城关镇、姚村镇
	滑县（1株）	高平镇
新乡市（8株）	辉县市（7株）	薄壁镇
	卫辉市（1株）	狮豹头乡
济源市（1株）		王屋镇
许昌市（4株）	禹州市（2株）	神垕镇、鸠山乡
	长葛市（1株）	大墙周乡
	襄城县（1株）	山头店乡
漯河市（2株）	郾城区（1株）	龙城镇
	舞阳县（1株）	文峰乡
三门峡市（5株）	渑池县（1株）	回龙庵
	卢氏县（4株）	瓦窑沟乡、徐家湾乡、管道口乡
南阳市（132株）	卧龙区（3株）	七里园乡、蒲山镇
	宛城区（5株）	新华街道
	邓州市（1株）	九龙乡
	南召县（17株）	留山镇、乔瑞镇、板山坪镇
	方城县（6株）	独树镇、二郎庙乡、四里店乡
	西峡县（85株）	石界河乡、二郎坪乡、丁河乡、蛇尾乡、太平镇、米坪镇、双龙镇、赛根乡、军马河乡、重阳乡、丹水镇、五里桥乡、黑烟镇
	内乡县（3株）	大桥乡、赤眉镇、板杨乡
	淅川县（3株）	九重镇、盛湾镇、仓房镇
	桐柏县（5株）	淮源镇、固县乡、回龙乡
	唐河县（1株）	源潭镇
	镇平县（3株）	老庄镇
商丘市（6株）	睢阳区（1株）	平台乡
	梁园区	
	永城市（4株）	芒山镇、演集镇、裴桥乡、李寨乡
	虞城县（1株）	东关镇
信阳市（4171株）	罗山县（3株）	涩港乡、铁铺乡
	光山县（4株）	晏河乡、南向店乡、马畈乡
	新县（4150株）	沙窝乡、浒湾乡、郭家河乡、泗店乡、周河乡、卡房乡、而几乡、千斤乡
	商城县（5株）	长竹园乡、苏仙石乡、伏山乡
	平桥区（2株）	吴家店镇、平桥办事处
	浉河区（7株）	李家寨镇、董家河乡、游河乡、浉河港乡、南湾乡

（续）

区（市）	县（市、区）	乡（镇）
周口市（3株）	鹿邑县（1株）	老庄乡
	沈丘县（1株）	新安集乡
	商水县（1株）	邓城镇、大武乡
驻马店市（17株）	驿城区（1株）	朱古洞乡
	确山县（5株）	三里河乡、石滚河乡
	西平县（1株）	柏城镇
	上蔡县（1株）	蔡沟镇
	新蔡县（1株）	李桥镇
	泌阳县（5株）	铜山乡、象河乡、老河乡
	正阳县（1株）	大林乡
	遂平县（2株）	楂岈山乡
总计：河南省古银杏遍布14个市（区），56个县（市、区），127个乡（镇），共计4743株		

2. 树高

最高单株为45.0m，位于济源市王屋镇王屋山紫薇宫前；最矮单株为7.5m，位于新县卡房乡古店村（9）；树高<10m的为4株，占0.93%；10～20m的为183株，占42.56%；20～30m的为200株，占46.51%；30～40m的为40株，占9.30%；40～50m的为3株，占0.70%。树高前十位单株是：济源市王屋镇王屋山紫薇宫前（45.0m）、禹州市神垕镇东街村灵泉寺（40.0m）、驻马店市驿城区朱古洞乡柴坡村（40.0m）、嵩县白河乡马路魁白果树组（37.0m）、嵩县车村镇草庙村上头组黑龙沟（36.0m）、罗山县涩港乡莲塘寺（36.0m）、洛宁县故县乡寻岭村（35.0m）、西峡县二郎坪乡栗坪村（35.0m）、信阳市浉河区董家河乡黄龙寺（35.0m）、泌阳县铜山乡闵庄村万峰寺（35.0m）。

3. 树龄

树龄最大单株为2800年，有2株，位于泌阳县象河乡陈平村龙王掌山下盈福寺遗址1株，位于汝阳县城关镇云梦村云梦寺（原桃源宫）1株；年龄最小为100年，有15株，树龄范围在100～300年的为35株，占8.60%；300～500年的为26株，占6.39%；500～1000年的为134株，占32.92%；1000～2000年的为199株，占48.89%；2000～3000年的为13株，占3.20%。树龄前十位的单株是：泌阳县象河乡陈平村龙王掌山下盈福寺遗址（2800年）、汝阳县城关镇云梦村云梦寺（原桃源宫）（2800年）、西峡县太平镇东坪村（2500年）、嵩县白河乡马路魁白果树组（2350年）、济源市王屋镇王屋山紫薇宫前 （2200年）、桐柏县淮源镇鸿仪河村清泉寺（2000年）、登封市嵩阳街道法王寺（2000年）、登封市嵩阳街道法王寺（2000年）、卢氏县官道口乡东汉村（2000年）、内乡县赤眉镇朱陈村（2000年）。

图9-9 河南省银杏古树分布图

4. 胸径

河南省已知胸径的银杏古树共计431株（其中包括基径1.0～2.0m 4株、2.0～3.0m 1株）。胸径最大单株为3.78m，位于泌阳县象河乡陈平村龙王掌山下盈福寺遗址；最小为0.25m，位于新县卡房乡古店村（6）；胸径<1.0m的为173株，占40.61%；1.0～2.0m的为207株，占48.59%；2.0～3.0m的为41株，占9.63%；3.0～4.0m的为5株，占1.17%。胸径前十位的单株是：泌阳县象河乡陈平村龙王掌山下盈福寺遗址（3.78m）、泌阳县老河乡乡政府（原老宗寺）（3.63m）、西峡县石界河乡通渠村白果树庄（3.34m）、驻马店市驿城区朱古洞乡柴坡村（3.18m）、济源市王屋镇王屋山紫薇宫前（3.02m）、嵩县白河乡马路魁白果树组（2.90m）、南召县乔端镇大竹园村白果坪（2.87m）、信阳市平桥区吴家店镇阳河村桂花树湾（2.71m）（基径）、信阳市浉河区李家寨镇中心卫生院前（原白果庙前）（2.71m）、泌阳县象河乡大路庄（2.71m）。

5. 冠幅

冠幅最大单株为40.0m×38.0m，平均冠幅为39.0m，位于商丘市梁园区水池铺乡沈楼村；最小单株为4.0m×4.5m，平均冠幅为4.25m，位于鲁山县瓦屋乡土桥村纸坊沟村组。树冠前十位的单株是：商丘市睢阳区平台乡沈楼村南（40.0m×38.0m）、西峡县石界河乡通渠村白果树庄（37.5m×37.5m）、登封市少林街道少林寺（37.0m×37.0m）、叶县邓李乡妆头村（35.2m×35.0m）、泌阳县象河乡陈平村龙王掌山下盈福寺遗址（34.0m×34.0m）、南召县乔端镇大竹园村白果坪（34.0m×32.0m）、鲁山县四棵树乡平沟村文殊寺（俺窟沱寺）（32.0m×32.0m）、鲁山县四棵树乡平沟村文殊寺（俺窟沱寺）（32.0m×32.0m）、济源市王屋镇王屋山紫薇宫前（30.1m×32.0m）、西峡县石界河乡杨盘村（31.0m×31.0m）。

6. 特异种质

雌雄同株2株，垂乳银杏9株；复干银杏39株；叶籽银杏，嵩银优2号，嵩银优4号，嵩优1号等。

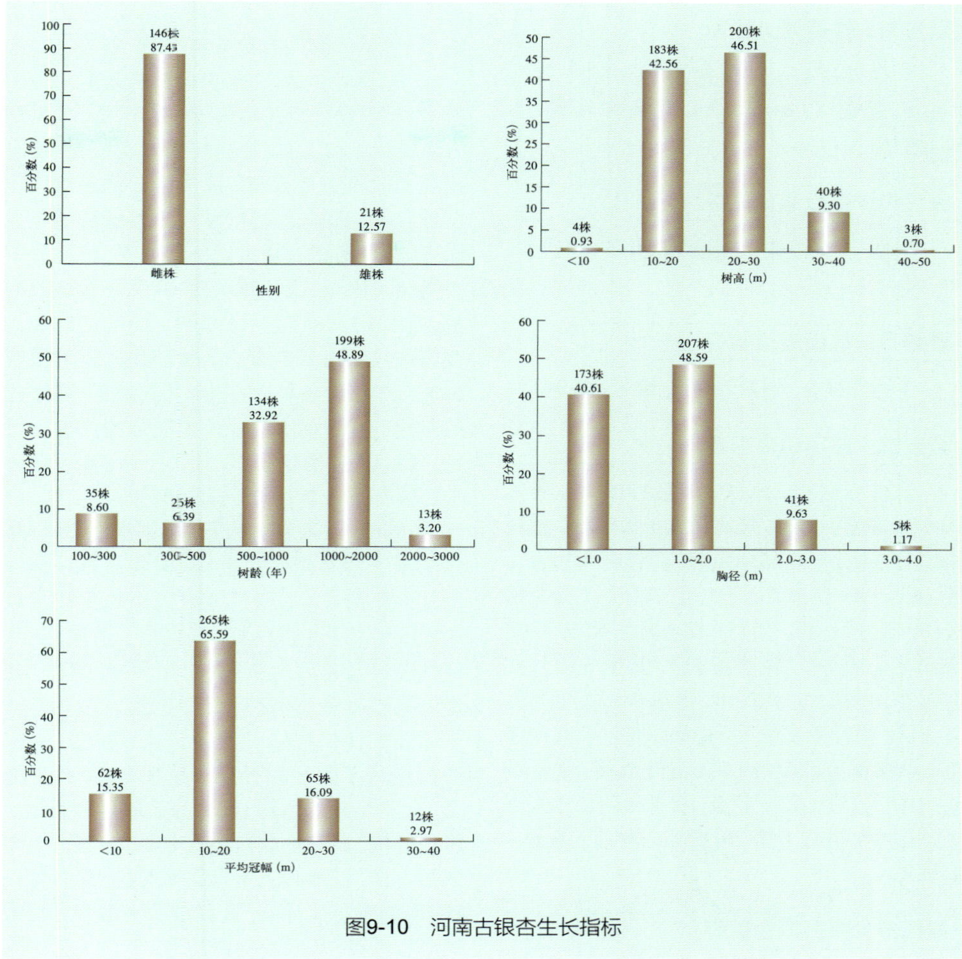

图9-10 河南古银杏生长指标

四 古树综合描述

登封市嵩阳街道法王寺

法王寺银杏。雄株，树龄2000年，树高29.6m，胸径2.25m，冠幅23.0m×23.0m。据报道，该树系六朝时栽植。树下有一粗30cm复干。编号：A-015；登嵩7号。

法王寺是中国最早的寺院之一，比洛阳白马寺晚3年，比少林寺早424年。东汉永平十四年（71），明帝刘庄为印度两位高僧摄摩腾、竺法兰在嵩山玉柱峰下建造大法王寺，安排两位法师翻译佛经，弘扬佛法。传说此银杏树为摄摩腾亲手所栽，距今已近2000年，是极为罕见的古银杏树。寺内现有房40余间，全部面积约为5000m^2。寺内保留的文物有不少古塔、古树及石刻。寺内古树参天，建筑宏伟，特别是寺内两株千年树龄的古银杏。相传嵩山脚下有一财主，雇佣了很多长工，由于名字不好记，干脆就按分工叫名字，如果喂猪就叫猪官，放牛的就叫牛官，放羊的叫羊官等。一天羊官在山上放羊，看到天上有一奇鸟嘴里刁一粒种子，正好掉到他面前，羊官认为是珍宝，认真保存，直到来年春天把它种下。后来就生根发芽，越长越大，就是现在的银杏树。有一年嵩山脚下的百姓都得了一场病，羊官也不例外，他觉得难受，在白果树下刚入睡，便梦见树上有一仙女，手拿一白果飘然送入羊官嘴里，他顿感身体舒服，病情好转，这时仙女已远去，他赶紧喊：“再给我一些白果，还有很多人需要呢！”仙女说：“那树上多得是。”醒来的羊官就摘了很多果子给山下得病的人吃，结果人们的病都好了，大家问这是什么药材，羊官说这是银杏，“你叫什么？”“我叫白果。”银杏、白果就这样传遍了中原大地，名扬全国，各地同物异名。后来就在这里建了法王寺，据考证此几株银杏是建寺时新栽植。

据传，每逢晚秋、冬季和早春时节，子夜时分，树上能发出阵阵有节奏的木鱼声和诵经声，有人不信，鸣枪击打树干，仍响声不断。可谓大自然的神奇造化。

又传，当年李世民在少林寺避难时，见此银杏树不结实便说：“这么大一棵树，怎不会结实？难道你也出家为僧？”当时李世民不懂得银杏有雌雄区别。这话让旁边站的方丈听见，便将计接说：“此树原会结果的，经过众僧抚摸捶打，却不再结实了。”世民说：“人们都说草木无情，此树却有情，甘愿与僧侣们作伴，就叫僧侣树吧”。僧侣是和尚的总称，后人又直唤“和尚树”。

登封市嵩阳街道法王寺

法王寺银杏。雌株，树龄2000年，树高30.0m，胸径1.59m，冠幅21.0m×21.0m，盛夏树叶茂密葱绿，犹如大伞遮掩；深秋满枝黄叶，累累硕果。编号：A-016。

登封市嵩阳街道法王寺

法王寺银杏。树龄800年，树高22.5m，胸径0.89m，编号：A-017。

登封市少林街道永泰寺

雌株，树龄500年，编号：A-020。永泰寺，位于河南省登封市区西北约11km处的太室山西麓，坐东朝西，面对少林寺，背依气势巍巍的望都峰北临秀丽多姿的子晋峰，南有知崖万壑的少室山和碧波荡漾的少林水库。永泰寺前身为转运庵，是北魏文成帝女儿转运公主悉心修练的场所。单株结果的银杏树和中国第一部武打动作片《少林寺》电影中，放羊女放羊的场地唯一的一棵“牧羊女树”。

登封市少林街道少林寺

少林寺唐银杏。雄株，树龄1500年，树高25.0m，胸径1.61m，冠幅37.0m×37.0m。少林寺位于河南登封市西北13km，被称为天下第一名刹，禅宗祖庭，少林武术的发源地。始建于北魏，已历经1500年的风风雨雨，如今更为壮观，是当今研佛、求禅和练拳的中外名寺。银杏树上有很多小洞，传说是少林寺的武僧练习金刚一指弹和二指弹留下来的。此银杏树是登封现存最古老的一株。但是少林寺里的千年老树只开花但不结果，因为全部都是阳性的，又被称为“光棍树”、“罗汉树”，听起来倒是和这里的情境非常搭配。寺内塔院银杏树号称“银杏树之王”。中门两侧各有两株共4株大银杏树，此为4株中大者。编号：A-040。

登封市少林街道少林寺

少林寺唐宋银杏。树龄1100年，胸径1.54m，冠幅18.0m×18.0m。传为唐宋年代古树，编号：A-041。

登封市少林街道少林寺

少林寺唐银杏。树龄1100年，编号：A-042。

登封市少林街道少林寺

少林寺银杏。树龄700年，编号：A-043。

登封市少林街道会善寺

会善寺银杏。雌株，树龄1700年，树高20.0m，胸径1.37m，冠幅16.0m×20.0m，该树树梢有干枯，树皮部分脱落。会善寺为魏孝文帝（471～499）离宫，正光元年（520）复建闲居寺。隋开皇五年（585）改名嵩岳寺，后隋文帝赐名会善寺。“银杏盖天”，是说寺内外共有银杏树3株，均高20m，围粗4m许。每当春夏之际，树叶浓密葱绿，犹如一把巨伞遮掩晴空。深秋季节，风清气爽，黄叶满树，果累枝头，山风掠过，落叶散金，坠果撒玉，令人喜爱。该树树梢有干枯，树皮部分脱落。编号：A-022。

登封市少林街道会善寺

会善寺银杏。树龄1600年，树高20.5m，胸径1.27m，编号：A-024。

登封市少林街道会善寺

会善寺银杏。树龄800年，树高21.0m，胸径1.20m，编号：A-025。

登封市嵩阳街道大塔寺

大塔寺银杏。树龄1600年，编号：A-013。

登封市嵩阳街道大塔寺

大塔寺银杏。树龄500年，编号：A-014。

郑州市管城回族区南曹乡曹古寺村法云寺（曹古寺）（图9-5-1）

曹古寺银杏。雌株，树龄1200年，树高15.5m，胸径2.04m，冠幅12.5m×11.0m。树干两侧从基部萌生新枝粗约30cm。古树编号：A-500。曹古寺，又称法云寺。明嘉靖《郑州志•杂志•寺观》记载：“曹固寺，在州东南曹保。元至正二十八年（1368）僧智惠重建。”南曹保就是现在的南曹乡。法云寺始建年代已无可考，但遗留有一通圆寂先师宣公塔的残碑，碑文有“至元十九年（1282）建”的记载。该寺历代多有重修，最晚的一次在清宣统己酉年（1909）。据寺内碑文记载，树龄已有1200年，如今仍枝繁叶茂，每年硕果累累。据清康熙年间《郑县志》记载：“法云寺在州东南二十五里，寺内有白果树一株，树粗、四人合抱，冠荫13步余。”据说此树夜静时可传出敲击木鱼的声音，并能预测四方吉兆，只要哪方出现荒年和旱灾，此树枝哪方就枯萎，哪方出现丰收哪方就茂盛，被众居士称为神树。在1941年，日军侵占郑州时，日本侵略者将寺庙烧毁，同时银杏树也遭到了毁灭。他们将银杏树树枝砍光，又用斧头砍树，又堆柴烧毁树桩。到民国三十五年（1946），国民党的残兵败将逃亡到法云寺旁，为了烧火取暖，对银杏树进行了二次破坏，将树身又砍掉了一圈。此树经过这两次大劫，数人才能合抱的树干已经干枯，真是伤痕累累、惨不忍睹，至今树身上还留有侵略者刀砍斧劈的痕迹。

1986年法云寺开始了佛事活动，沉睡了46年的银杏树又死而复生，从树根底部一周发出几十棵新枝。后来当地村民焦先生在此放羊无故毁坏几十棵幼枝，仅剩余了两棵，这两棵幼枝经数年后，已长成参天大树。真是“几经沧桑遭凄惨，闻佛听经死复燃”。战后有一个活着的日本老人，千里迢迢来到中国，对银杏树进行了朝拜和忏悔。几百年来，经历沧桑，大难不死的古银杏，如今又是冠大荫浓，粗壮挺拔，昂然屹立在法云寺中。此银杏树为郑州之最，已被列为重点文物保护，并有诗一首：古老银杏显神灵，几经战火死复生，枯木逢春枝叶茂，历经沧桑树英雄。更让人称奇的是，它还像个“农业预报专家”，如这一年枝繁叶茂，附近则必风调雨顺，五谷丰登。若哪个方向枝叶过于旺盛，则所指方向定会丰收；反之，则会歉收。因此，附近村人视它为“神树”，经常对其焚香祭祀，顶礼膜拜。

洛阳市涧西区南昌街道西苑公园内

树龄100年，树高13.0m，胸径0.42m，冠幅10.0m×10.0m，生长旺盛。管理单位：西苑公园，编号：豫C0027。

洛阳市涧西区南昌街道西苑公园内

树龄100年，树高12.0m，胸径0.40m，冠幅10.0m×10.0m，生长旺盛。管理单位：西苑公园，编号：豫C0029。

洛阳市涧西区南昌街道西苑公园内

树龄100年，树高13.0m，胸径0.41m，冠幅10.0m×10.0m，生长旺盛。管理单位：西苑公园，编号：豫C0031。

洛阳市涧西区南昌街道西苑公园内

树龄100年，树高12.5m，胸径0.38m，冠幅10.0m×10.0m，生长旺盛。管理单位：西苑公园，编号：豫C0032。

栾川县潭头乡甘露寺

树高16.0m，胸径1.02m。

栾川县庙子镇磨湾村下村

树龄300年，树高22.5m，胸径1.14m，冠幅17.0m×17.0m，长势旺盛。管护单位：庙子镇政府，编号：豫C0046。

栾川县庙子镇下园村五组

树龄300年，树高18.0m，胸径1.11m，冠幅14.5m×14.5m，长势旺盛。管护单位：石庙镇政府，编号：豫C0072。

图9-5-1 郑州管城区南曹乡曹古寺村

栾川县石庙镇下园村白果树下

树龄300年，树高18.0m，胸径0.68m，冠幅9.5m×9.5m，长势旺盛。管护单位：石庙镇政府，编号：豫C2788。

栾川县庙子镇桃园村五组

树龄200年，树高30.0m，胸径0.59m，冠幅12.7m×12.7m，长势旺盛。管护单位：庙子镇政府，编号：豫C3005。

栾川县庙子镇桃园村五组

树龄200年，树高30.0m，胸径0.61m，冠幅12.7m×12.7m，长势旺盛。管护单位：庙子镇政府，编号：豫C3006。

栾川县庙子镇寨沟村一组张瑞祥家附近

树龄600年，树高33.0m，胸径1.21m，冠幅15.0m×15.0m，长势旺盛。管护单位：庙子镇政府，编号：豫C3067。

栾川县陶湾镇淘湾村冯振波家

树龄600年，树高17.0m，胸径0.86m，冠幅10.0m×10.0m，长势旺盛。管护单位：陶湾镇政府，编号：豫C2831。

栾川县叫河乡黎明村王留振房后

树龄500年，树高30.0m，胸径1.40m，冠幅18.0m×18.0m，长势旺盛。管护单位：叫河乡政府，编号：豫C2921。

栾川县叫河乡黎明村王留振房后

树龄500年，树高28.0m，胸径1.02m，冠幅19.0m×19.0m，长势旺盛。管护单位：叫河乡政府，编号：豫C2922。

栾川县合峪镇前村庄

雌株，树龄180年，树高22.0m，胸径0.54m。

栾川县合峪镇前村村内

树龄300年，树高25.0m，胸径0.67m，冠幅6.0m×6.0m，长势旺盛。管护单位：合峪镇政府，编号：豫C0980。

栾川县合峪镇石村白土沟

树龄300年，树高14.0m，胸径0.74m，冠幅8.5m×8.5m，长势旺盛。管护单位：合峪镇政府，编号：豫C2902。

栾川县大清沟乡磨湾村下庄组李天来家门前大场边

连理银杏。雌株，树高29.5m，胸径1.42m，树龄300年，冠幅17.0m×18.0m，枝叶繁茂，连年结实。管护人：李天来。伏牛山区的栾川县大清沟乡磨湾村，有1株连理古银杏树，有300多年树龄。大的高29.5m，胸围4.45m；小的高27.5m，胸围2.4m。两树树冠覆盖面积300m^2。枝叶繁茂，连年结实。连理古银杏系由同一树根萌蘖生出的3株幼树连理生长而成。最初3幼树主干相邻并立生长，随着时间的推移，树体增粗，逐渐靠近贴合。经过风摇树动擦破树皮，3幼树相继靠接愈合，形成一体。外观树干连合缝线，清晰可辨。古银杏为同根异干连理树，属于“茎连理”现象。当地号称“合体白果树”，远近驰名。据古树主讲述，几十年前，两棵树相距约60cm，后两棵树树干高1.2m以下合为一体。再向上，又分开生长，双双直立向上，恰似一对青年男女热恋拥抱，窃窃私语，故被称做“连理银杏树”。此树正常年产白果100kg左右，1995年经过人工授粉产量达550kg。

嵩县车村镇栗树街村白果树组栗白路边

树龄1100年，树高20.0m，胸径1.88m，冠幅16.5m×16.5m，长势一般。管护人：吕有娃，编号：豫C0101。

嵩县车村镇栗树街村白果树组栗白路边

雌株，树龄500年，树高19.0m，胸径1.05m，冠幅15.0m×15.0m，长势一般。管护人：吕有娃，编号：豫C0100。

嵩县车村镇黄水村大庄组小学左边

雌株，树龄1635年，树高25.0m，胸径1.88m，冠幅13.0m×13.0m，长势一般。管护单位：大庄村民组，编号：豫C0099。

嵩县车村镇两河口村两河口小学院内

树龄1210年，树高30.0m，胸径1.37m，冠幅12.0m×12.0m，长势一般。管护单位：车村镇财政所，编号：豫C0092。

嵩县车村镇顶宝石村桃上组灵瑞寺

树龄1377年，树高14.0m，胸径0.90m，冠幅11.5m×11.5m，长势旺盛。管护单位：车村镇财政所，编号：豫C0104。

嵩县车村镇顶宝石村桃上组灵瑞寺

树龄1370年，树高15.0m，胸径1.26m，冠幅16.0m×16.0m，长势一般。管护单位：车村镇财政所，编号：豫C0148。

嵩县车村镇顶宝石村桃上组灵瑞寺

树龄1377年，树高21.0m，胸径1.02m，冠幅11.0m×11.0m，长势旺盛。管护单位：车村镇财政所，编号：豫C0149。

嵩县车村镇顶宝石村桃上组灵瑞寺

树龄1377年，树高14.0m，胸径1.18m，冠幅13.0m×13.0m，长势旺盛。管护单位：车村镇财政所，编号：豫C0150。

嵩县车村镇顶宝石村桃上组灵瑞寺

树龄1377年，树高18.0m，胸径1.75m，冠幅11.5m×11.5m，长势旺盛。管护单位：车村镇财政所，编号：豫C0151。

嵩县车村镇顶宝石村桃上组灵瑞寺

树龄610年，树高13.0m，胸径0.70m，冠幅11.0m×11.0m，长势旺盛。管护单位：车村镇财政所，编号：豫C0153。

嵩县车村镇顶宝石村桃上组灵瑞寺

树龄1377年，树高21.0m，胸径1.11m，冠幅15.5m×15.5m，长势旺盛。管护单位：车村镇财政所，编号：豫C0154。

嵩县车村镇顶宝石村上庙村民组水塘旁

‘嵩优1号’。雄株，树龄1000年，树高17.0m，胸径1.78m，冠幅9m×14m，主干高7m，海拔720m，唐朝建庙时所植，树冠较圆满。

嵩县车村镇草庙村上头组黑龙沟

树龄1210年，树高36.0m，胸径1.39m，冠幅18.0m×18.0m，长势一般。管护单位：上头村民组，编号：豫C0682。

嵩县车村镇天桥沟村西坪组东坪

树龄900年，树高34.0m，胸径1.03m，冠幅15.0m×15.0m，长势旺盛。管护人：张永奇，编号：豫C0690。

嵩县车村镇天桥沟村西坪组东坪

树龄820年，树高29.0m，胸径0.94m，冠幅15.0m×15.0m，长势旺盛。管护人：张五长，编号：豫C0691。

嵩县白河乡五马寺村上队组周围

树龄1905年，树高20.0m，胸径2.18m，冠幅12.5m×12.5m，该村共有25株古银杏。管护单位：白河乡财政所，编号：豫C0094。

嵩县白河乡马路魁村白果树组（图9-5-2）

雌株，树龄2350年，树高37.0m，胸径2.90m，冠幅24.0m×28.0m，枝下高2.0m。生长旺盛，树冠阔塔形，树形优美。主干挺直粗壮，因工程被部分掩埋。有大的分枝11个，侧枝20余个，西侧两粗大主枝因结果较多而折断。有复干4个，最大复干基径0.17m，高4.5m，距母干0.1m；有萌蘖20余株，与母干的距离为0～0.2m。有垂乳20多个，分布于主干及较大分枝上，最大垂乳位于主干北侧6.0m处，基径10cm，长12cm。该树结果量较大，西侧与南侧为农田，东侧与北侧为民居。因该树树龄最长，冠幅最大，胸围最粗，被当

图9-5-2 嵩县白河乡马路魁村白果树组

地群众称为“嵩县银杏王”。据《嵩县志》记载：“白水（白河乡）、伏牛等处，三百里林木邈无人烟”；“白果——一名银杏，白河、孙店间有之”。编号：豫C0107。N=33° 37′ 26.9″，E=111° 59′ 23.4″，H=507m。

嵩县白河乡马路魁村下寺口于永全院内

树龄1350年，树高25.0m，胸径1.15m，冠幅18.0m×18.0m，长势旺盛。管护单位：白河乡财政所，编号：豫C0852。

嵩县白河乡下寺村上寺组（1）（图9-5-3）

雌株，树龄1380年，树高24.0m，胸径1.40m，冠幅13.0m×12.0m，枝下高1.8m。生长旺盛，树冠阔塔形，树形优美。主干挺直、粗壮，树体西北侧基部有小树洞。主干有4个大分枝，共有侧枝10余个，均匀分布于主干上，分枝生长旺盛。有复干5株，最大复干基径0.06m，高2.6m，复干与母干的距离为0～0.8m；有萌蘖30余株，与母干的距离为0～0.7m。该树结果量很大，西侧为一巨石，周围有树林。编号：豫C0699。N=33° 38′ 52.1″，E=111° 59′ 59.4″，H=709m。

嵩县白河乡下寺村上寺组郭玉锋房后

树龄1100年，树高15.0m，胸径0.96m，冠幅16.0m×16.0m，长势旺盛。管护单位：白河乡财政所，编号：豫C0700。

嵩县白河乡下寺村上寺组郭玉锋房后

树龄810年，树高14.0m，胸径0.57m，冠幅18.0m×18.0m，长势旺盛。管护单位：白河乡财政所，编号：豫C0701。

嵩县白河乡下寺村上寺组柏木桥河边

树龄1380年，树高20.0m，胸径1.24m，冠幅17.0m×17.0m，长势一般。管护单位：白河乡财政所，编号：豫C0702。

嵩县白河乡下寺村上寺组柏木桥河边

树龄810年，树高20.0m，胸径0.54m，冠幅15.0m×15.0m，长势一般。管护人：蔡玉杰，编号：豫C0703。

嵩县白河乡下寺村上寺组下地路边

树龄810年，树高14.0m，胸径0.99m，冠幅18.0m×18.0m，长势一般。管护单位：白河乡财政所，编号：豫C0704。

嵩县白河乡下寺村上寺组下河滩北地边

树龄1100年，树高15.0m，胸径0.99m，冠幅19.0m×19.0m，长势一般。管护单位：白河乡财政所，编号：豫C0705。

嵩县白河乡下寺村上寺组下河滩王家门前

树龄950年，树高14.0m，胸径0.73m，冠幅21.0m×21.0m，长势一般。管护单位：白河乡财政所，编号：豫C0706。

嵩县白河乡下寺村上寺组下河滩王家门前

树龄850年，树高16.0m，胸径0.54m，冠幅19.0m×19.0m，长势一般。管护单位：白河乡财政所，编号：豫C0707。

嵩县白河乡下寺村上寺组（2）（图9-5-4）

雌株，树龄1380年，树高18.0m，胸径1.20m，冠幅12.0m×13.0m，枝下高2.0m。生长旺盛，树冠椭圆形。主干向东倾斜，粗壮，南侧1.5m以下树皮脱落。母干与最大复干共

图9-5-3 嵩县白河乡下寺村上寺组（1）

图9-5-4 嵩县白河乡下寺村上寺组（2）

图9-5-5 嵩县白河乡下寺村上寺组（3）

有9个分枝，分枝生长旺盛。共有4个复干，最大复干胸径0.75m，高15.0m，3.0m以下与母干紧贴在一起；有萌蘖20多株，与母干的距离为0～1.0m。该树枝叶正常，结果很少。位于云岩寺上寺遗址，树体东侧为小河，树下有云岩寺和尚刻得石碑，南侧为农田。编号：豫C0708。N=33° 38′ 53.1″，E=111° 59′ 58.4″，H=711m。

嵩县白河乡下寺村上寺组（3）（图9-5-5）

雌株，树龄1380年，树高30.0m，胸径1.50m，冠幅11.0m×12.0m，枝下高2.0m。生长旺盛，树冠卵圆形，树形高大优美。主干挺直、粗壮，共有8个分枝，分枝均匀分布于主干上。有2个复干，最大复干基径0.05m，高1.2m，距母干0.2m；基部有萌蘖50余株，与母干距离为0～0.5m。该树结果量很大，致使部分分枝折断，树体东侧为树林，其余各个方向为农田。编号：豫C0709。N=33° 38′ 53.2″，E=111° 59′ 54.4″，H=712m。

嵩县白河乡下寺村上寺组庙上地边

树龄750年，树高15.0m，胸径0.51m，冠幅15.0m×15.0m，长势一般。管护单位：白河乡财政所，编号：豫C0710。

嵩县白河乡下寺村上寺组庙上土坝下

树龄850年，树高20.0m，胸径0.67m，冠幅18.0m×18.0m，长势一般。管护单位：白河乡财政所，编号：豫C0711。

嵩县白河乡下寺村上寺组庙上土坝下

树龄950年，树高20.0m，胸径0.89m，冠幅17.0m×17.0m，长势一般。管护单位：白河乡财政所，编号：豫C0712。

嵩县白河乡下寺村上寺组庙上土坝下

树龄950年，树高18.0m，胸径0.80m，冠幅17.5m×17.5m，长势一般。管护单位：白河乡财政所，编号：豫C0713。

图9-5-6 嵩县白河乡下寺村上寺组（4）

嵩县白河乡下寺村上寺组（4）（图9-5-6）

雌株，树龄980年，树高11.0m，胸径1.42m，冠幅13.0m×9.0m，枝下高3.0m。生长旺盛，树冠阔塔形，树形优美。东侧根系有裸露，露出地面15cm，向东延伸2.3m。主干挺直，由2个主干组成，1.0m以下两主干长在一起，两主干之间生有1株小的银杏。有6个分枝，生长旺盛。有复干3株，最大复干胸径0.20m，高8.0m，所有复干均贴母干生长。该树结果量较小，周围为农田。编号：豫C0714。N=33° 38′ 53.7″，E=111° 59′ 54.0″，H=709m。

嵩县白河乡下寺村上寺组庙上小路边

树龄1100年，树高22.0m，胸径0.92m，冠幅18.0m×18.0m，长势一般。管护单位：白河乡财政所，编号：豫C0715。

嵩县白河乡下寺村上寺组庙上

树龄1310年，树高20.0m，胸径1.05m，冠幅19.0m×19.0m，长势一般。管护单位：白河乡财政所，编号：豫C0716。

嵩县白河乡下寺村上寺组庙上河边

树龄1380年，树高22.0m，胸径1.27m，冠幅20.0m×20.0m，长势一般。管护单位：白河乡财政所，编号：豫C0717。

嵩县白河乡下寺村上寺组庙西湾

树龄1380年，树高24.0m，胸径2.51m，冠幅17.0m×17.0m，长势一般。管护单位：白河乡财政所，编号：豫C0718。

嵩县白河乡下寺村上寺组庙西湾

树龄1500年，树高26.0m，胸径1.43m，冠

幅17.0m×17.0m，长势一般。管护单位：白河乡财政所，编号：豫C0719。

嵩县白河乡下寺村上寺组庙西湾

树龄1380年，树高24.0m，胸径1.05m，冠幅17.5m×17.5m，长势一般。管护单位：白河乡财政所，编号：豫C0720。

嵩县白河乡下寺村上寺组庙西湾

树龄810年，树高18.0m，胸径0.57m，冠幅15.0m×15.0m，长势一般。管护单位：白河乡财政所，编号：豫C0721。

嵩县白河乡下寺村上寺组庙西湾

树龄750年，树高18.0m，胸径0.45m，冠幅18.0m×18.0m，长势一般。管护单位：白河乡财政所，编号：豫C0722。

嵩县白河乡下寺村上寺组张家门前

树龄1150年，树高24.0m，胸径1.20m，冠幅17.0m×17.0m，长势一般。管护单位：白河乡财政所，编号：豫C0723。

嵩县白河乡下寺村上寺组张家门前

树龄1380年，树高22.0m，胸径1.20m，冠幅17.0m×17.0m，长势一般。管护单位：白河乡财政所，编号：豫C0724。

嵩县白河乡下寺村上寺组张家门前

树龄1380年，树高20.0m，胸径1.18m，冠幅17.0m×17.0m，长势一般。管护单位：白河乡财政所，编号：豫C0725。

嵩县白河乡下寺村上寺组张家门前

树龄1380年，树高20.0m，胸径1.18m，冠幅17.0m×17.0m，长势一般。管护单位：白河乡财政所，编号：豫C0726。

嵩县白河乡下寺村上寺组石门外

树龄1500年，树高18.0m，胸径1.34m，冠幅19.0m×19.0m，长势一般。管护单位：白河乡财政所，编号：豫C0727。

嵩县白河乡下寺村上寺组石门外

树龄950年，树高20.0m，胸径0.80m，冠幅17.0m×17.0m，长势一般。管护单位：白河乡财政所，编号：豫C0728。

嵩县白河乡下寺村上寺组石门外

树龄1380年，树高22.0m，胸径1.34m，冠幅19.0m×19.0m，长势一般。管护单位：白河乡财政所，编号：豫C0729。

嵩县白河乡下寺村上寺组郭双林家门前

树龄950年，树高18.0m，胸径0.83m，冠幅19.0m×19.0m，长势一般。管护单位：白河乡财政所，编号：豫C0730。

图9-5-7 嵩县白河乡下寺村上寺组（5）

图9-5-8 嵩县白河乡下寺村上寺组（左6；右7）

嵩县白河乡下寺村上寺组（5）（图9-5-7）

雌株，树龄1530年，树高13.0m，胸径1.31m，冠幅11.0m×9.0m，枝下高1.5m。生长旺盛，树冠阔塔形，树形优美。主干粗壮，向北倾斜20°。有4个分枝，均从主干1.5m处分出，生长旺盛。有复干1个，高6.0m，基径0.12m，距母干0.5m；树体南侧与西侧有萌蘖近100株，与母干的距离为0～0.5m。该树结果量少，枝叶正常，周围为民居。编号：豫C0731。N=33°38′52.7″，E=111°59′54.2″，H=701m。

嵩县白河乡下寺村上寺组（6）（图9-5-8）

雌株，树龄980年，树高12.0m，胸径0.75m，冠幅8.0m×6.0m，枝下高2.9m。生长旺盛，树冠形状不规则，树体向南倾斜。北侧根系高出地面0.6m，向外延伸1.0m。主干粗壮，向南倾斜30°，有3个大的分枝，分枝生长旺盛。有复干2个，最大复干基径0.16m，高7.0m，复干与母干的距离为0～1.0m；基部有萌蘖200余株，与母干的距离为0～1.2m。该树结果量小，西侧为树林，其余各个方向为民居。编号：豫C0732。N=33°38′52.0″，E=111°59′53.2″，H=701m。

洛阳市嵩县白河乡下寺村上寺组（7）（图9-5-8）

雌株，树龄950年，树高16.0m，基径1.40m，冠幅20.5m×22.0m，枝下高8.0m。生长旺盛，树冠形状为阔塔形。主干在地面处分为2个大的主干，一主干高16.0m，胸径0.72m，向北倾斜35°，共有3个分枝，分枝高度较高，生长旺盛。有2个复干，最大复干基径0.1m，高6.0m，距离母干0.1m。另一主干高13.0m，胸径0.68m，向南倾斜40°，共有5个分枝，枝下高6.0m。结果较少，东侧为民居，南侧和西侧为农田。编号：C-728。N=33°38′51.2″，E=111°59′52.8″，H=698m。

洛阳市嵩县白河乡下寺村上寺组（8）

雌株，树龄900年，树高15.0m，胸径0.65m，冠幅10.0m×11.0m，枝下高4.0m。生长旺盛，树冠长卵形。主干通直，共有3个分枝，分枝高度较高，生长旺盛。有2个复干，萌蘖30余株。该树结果量小，东侧为民居，西侧为农田，北侧为银杏古树。N=33°38′51.8″，E=111°59′53.0″，H=700m。

嵩县白河乡下寺村上寺组下院

树龄950年，树高18.0m，胸径0.76m，冠幅22.0m×22.0m，长势一般。管护单位：白河乡财政所，编号：豫C0736。

嵩县白河乡下寺村上寺组（9）（图9-5-9）

雌株，树龄850年，树高10.0m，胸径1.43m，冠幅8.0m×7.0m，枝下高2.8m。生长旺盛，树冠阔塔形，树形优美。该树着生于地边，根系裸露较多，露出地面最高1.0m。主干粗壮，向南倾斜10°，基部南侧有一小树洞，有4个分枝，分枝生长旺盛。有复干5个，最大复干基径0.15m，高5.8m，距母干0.5m；有萌蘖100余株，与母干的距离为0～0.1m。有垂乳1个，基径10cm，长10cm，着生于西侧分枝距地面4.0m处。该树未见结果，东侧为民居，西侧为小路，位于上寺银杏古树群内。编号：豫C0737。N=33°38′50.2″，E=111°59′51.8″，H=694m。

嵩县白河乡下寺村上寺组下院

树龄1310年，树高25.0m，胸径0.99m，冠幅15.0m×15.0m，长势一般。管护单位：白河乡财政所，编号：豫C0738。

嵩县白河乡下寺村上寺组韩长林家门前

树龄850年，树高20.0m，胸径0.48m，冠幅13.0m×13.0m，长势一般。管护单位：白河乡财政所，编号：豫C0739。

嵩县白河乡下寺村上寺组王安会家门前

树龄950年，树高14.0m，胸径0.73m，冠幅13.0m×13.0m，长势一般。管护单位：白河乡财政所，编号：豫C0742。

嵩县白河乡下寺村上寺组白果凹哑巴家门前

树龄1370年，树高30.0m，胸径1.08m，冠幅27.0m×27.0m，长势一般。管护单位：白河乡财政所，编号：豫C0743。

嵩县白河乡下寺村上寺组白果凹哑巴家门前

树龄1550年，树高30.0m，胸径1.59m，冠幅18.0m×18.0m，长势一般。管护单位：白河乡财政所，编号：豫C0744。

嵩县白河乡下寺村上寺组下平地汪家门前

树龄1450年，树高25.0m，胸径1.27m，冠幅21.0m×21.0m，长势一般。管护单位：白河乡财政所，编号：豫C0746。

嵩县白河乡下寺村上寺组韭家门前

树龄1500年，树高30.0m，胸径1.34m，冠幅25.0m×25.0m，长势一般。管护单位：白河乡财政所，编号：豫C0747。

嵩县白河乡下寺村上寺组韭家门前

树龄1350年，树高24.0m，胸径0.99m，冠幅25.0m×25.0m，长势一般。管护单位：白河乡财政所，编号：豫C0748。

嵩县白河乡下寺村上寺组韭家门前

树龄950年，树高20.0m，胸径0.67m，冠幅20.0m×20.0m，长势一般。管护单位：白河乡财政所，编号：豫C0749。

嵩县白河乡下寺村上寺组韭家门前

树龄1550年，树高25.0m，胸径1.59m，冠幅25.0m×25.0m，长势一般。管护单位：白河乡财政所，编号：豫C0750。

嵩县白河乡下寺村上寺组汪娜娃家门前

树龄950年，树高30.0m，胸径0.67m，冠幅13.0m×13.0m，长势一般。管护单位：白河乡财政所，编号：豫C0751。

嵩县白河乡下寺村上寺组下平地下庄

树龄850年，树高15.0m，胸径0.57m，冠幅15.0m×15.0m，长势一般。管护单位：白河乡财政所，编号：豫C0752。

嵩县白河乡下寺村上寺组张群家门前

树龄985年，树高21.0m，胸径1.02m，冠幅11.5m×11.5m，长势一般。管护单位：下寺村民组，编号：豫C0754。

嵩县白河乡下寺村上寺组火焰沟组碾盘处

树龄1068年，树高19.0m，胸径1.17m，冠幅15.5m×15.5m，长势旺盛。管护单位：火焰沟村民组，编号：豫C0755。

嵩县白河乡下寺村上寺组火焰沟组碾盘处

树龄585年，树高13.0m，胸径0.64m，冠幅12.0m×12.0m，长势一般。管护单位：火焰沟村民组，编号：豫C0756。

嵩县白河乡下寺村上寺组火焰沟小路下

树龄450年，树高12.0m，胸径0.51m，冠幅11.5m×11.5m，长势一般。管护单位：白河乡财政所，编号：豫C0757。

图9-5-9　嵩县白河乡下寺村上寺组（9）

嵩县白河乡下寺村白果湾

雌株，树龄700年，树高28.0m，胸径1.47m，冠幅10.8m×12.0m，'嵩银优2号'。该树生长在花岗岩风化形成的棕壤上，附近缺乏授粉树。H=700m。

嵩县白河乡下寺村白果湾

雌株，树龄700年，树高28.0m，胸径1.48m，冠幅12.5m×12.6m，'嵩银优4号'。该树生长在花岗岩风化形成的棕壤上。H=700m。

嵩县白河乡下寺村下寺组（1）（图9-5-10）

雌株，树龄1760年，树高20.0m，胸径1.76m，冠幅12.0m×10.0m，枝下高3.0m。生长旺盛，树冠阔塔形，树冠西侧有少部分枯枝。西侧及西北侧树根裸露，露出地面最高15cm，延伸最长达2.0m。主干粗壮，略向东倾斜，在3.0m处分为两主干，共有分枝10个，南侧有2个主枝已折断，西侧有4处腐烂形成的树洞。南侧基部长有1株小桑树，主干3.5m处生有1株小构树。树体基部西北侧距母干0.5m处有10余株萌蘖。该树结果量较少，东侧为银杏古树。此树位于云岩寺遗址，周围有银杏古树近100株。N=33° 38′ 50.2″，E=111° 59′ 31.6″，H=578m。

嵩县云岩寺银杏的历史悠久，可追溯到唐朝初期。云岩寺为唐元和年间（806～820）自在禅师开创，地处伏牛山腹地，始建于唐代，兴盛于明代，衰败于清代。它曾与少林寺、白马寺、相国寺并称"中原四大名寺"，是伏牛山佛教的中心。据保存明正德十三年（1518）立碑《伏牛山云岩寺记》载："夫以唐自在禅师修道此处，迄今甫将千年，缁流托所、渐繁，迫于衣食，荷镢操锄，日益开垦，所以山皆有田可种，而僧皆有果（白果）可采"。下寺村明成化年间（1465～1487）建造的大佛殿，屋木及佛像木雕全系白果木，所用木材的年龄不下500年，至今仍保存完好。

嵩县白河乡下寺村下寺组（2）（图9-5-11）

雌株，树龄1400年，树高19.0m，胸径1.27m，冠幅12.0m×11.0m，枝下高1.8m。生长旺盛，树冠阔塔形。主干挺直、粗壮，有14个分枝，东侧1.8m处一分枝折断，又从折断处萌生一株向上生长的银杏。原有复干5个，最大复干基径20cm，距母干0.3m，现在都被锯掉，仅存基部200株萌蘖。有垂乳6个，着生在树体西侧和南侧距地面1.0m处。该树结果量很少，周围为民居，编号：豫C108-116。N=33° 38′ 50.3″，E=111° 59′ 31.8″，H=579m。

嵩县白河乡下寺村下寺组（3）（图9-5-12）

雌株，树龄1380年，树高16.0m，胸径1.15m，冠幅11.0m×12.0m，枝下高2.2m。生长旺盛，树冠形状不规则，东南方向树冠远小于西北侧树冠，有部分枯枝。主干挺直、粗壮，主干上从1.1m处便有分枝折断腐烂后形成的树洞，共有树洞4个。有分枝16个，生长旺盛。树体西南侧基部有6株萌蘖贴母干生长。该树位于云岩寺遗址，结果量较大，西侧为民居，南侧和东侧银杏古树，编号：豫C108-115。N=33° 38′ 50.6″，E=111° 59′ 31.9″，H=580m。

嵩县白河乡下寺村下寺组（4）（图9-5-13）

雌株，树龄950年，树高20.0m，胸径0.79m，冠幅13.0m×8.0m，枝下高3.0m。生长旺盛，树冠尖塔形，北侧树冠小于南侧树冠，有少部分枯梢。主干挺直、粗壮，有8个分枝，分枝生长旺盛。原有复干7个，已被锯掉；树体北侧萌生30株萌蘖，萌蘖与母干的距离为0～0.7m。该树结果量很少，位于云岩寺遗址，周围为民居，编号：豫C108-117。N=33° 38′ 50.3″，E=111° 59′ 31.1″，H=580m。

嵩县白河乡下寺村下寺组（5）（图9-5-13）

雌株，树龄1350年，树高20.0m，胸径1.12m，冠幅13.0m×11.0m，枝下高3.0m。生长旺盛，树冠阔塔形，北侧树冠略小于南侧，有少部分枯枝。树体西北侧一条根裸露高出地面10cm，向外延伸2.0m。主干粗壮，略向东倾斜，有11个分枝，分枝粗壮，侧枝有枯

图9-5-10 嵩县白河乡下寺村下寺组（1）

图9-5-11 嵩县白河乡下寺村上寺组（2）
（注：箭头示垂乳）

死现象；在6.0～8.0m范围内，有3个主枝被锯掉。原有复干2株，距母干0.5m，现已被锯掉；基部周围有萌蘖10余株，与母干的距离为0～0.7m。该树结果量很少，位于云岩寺遗址，东侧为民居，西侧为树林，编号：豫C108-121。N=33° 38′ 50.2″，E=111° 59′ 30.5″，H=580m。

嵩县白河乡下寺村下寺组（6）（图9-5-14）

雌株，树龄1500年，树高17.0m，胸径1.51m，冠幅16.0m×12.0m，枝下高1.3m。生长旺盛，树冠阔塔形，树形优美。树体东北侧根系裸露，高出地面0.5～0.6m，向外延伸3.0m。主干挺直、粗壮，有4个分枝，分枝高度较低，均从1.3m处分出，向四个方向延伸，东侧和北侧主枝连接处萌生一株小银杏。树体北侧萌生萌蘖10余株，与母干的距离为0～0.6m。该树结果量很少，位于云岩寺遗址，东侧为民居，南侧为树林，编号：豫C108-120。N=33° 38′ 50.0″，E=111° 59′ 30.0″，H=580m。

嵩县白河乡下寺村下寺组（7）（图9-5-15）

雌株，树龄1380年，树高21.0m，胸径1.05m，冠幅10.0m×10.0m，枝下高4.9m。生长旺盛，树冠椭圆形，树形优美。主干挺直、粗壮，在5.0m处分为2个主干，共有分枝20余个，生长旺盛，均匀分布于2个主干上。树体基部西侧有萌蘖80多株，与母干的距离0～1.1m。主干有2种皮色，灰白色树皮为一复干与母干合生。该树结果较少，周围为树林，伴生树种有山茱萸、杨树等。编号：豫C108-119。N=33° 38′ 50.4″，E=111° 59′ 29.6″，H=582m。

嵩县白河乡下寺村下寺组（8）（图9-5-15）

雌株，树龄1380年，树高15.0m，胸径1.15m，冠幅11.0m×12.0m，枝下高3.5m。生长旺盛，树冠阔塔形，树形优美。主干挺直、粗壮，有11个分枝，5.5m以下共有7个分枝被锯掉，锯口腐烂形成树洞，其余分枝生长旺盛。有复干7个，最大复干高3.5m，基径0.10m，距离母干0.1m，复干与母干的距离为0.1～0.4m；有萌蘖近50株，与母干的距离为0～0.6m。该树结果量较少，位于银杏古树园内，周围为民居。编号：豫C108-122。N=33° 38′ 50.3″，E=111° 59′ 29.8″，H=580m。

嵩县白河乡下寺村下寺组（9）（图9-5-16）

雌株，树龄1250年，树高16.0m，胸径1.10m，冠幅10.0m×12.0m，枝下高6.3m。

图9-5-12　嵩县白河乡下寺村下寺组（3）

图9-5-13　嵩县白河乡下寺村下寺组（左4；右5）

图9-5-14　嵩县白河乡下寺村下寺组（左6；右17）

图9-5-15 嵩县白河乡下寺村下寺组（左7；右8）

图9-5-16 嵩县白河乡下寺村下寺组（左9；右10）

图9-5-17 嵩县白河乡下寺村下寺组（左11；右12）

图9-5-18 嵩县白河乡下寺村下寺组（左13；右15）

生长旺盛，树冠阔塔形，部分分枝有枯梢现象。主干挺直、粗壮，在5.5m处分为2个主干，且在此处着生1株构树；有11个分枝，西侧和北侧2.5m处分别有断枝，其余分枝生长旺盛。基部有萌蘖30余株，与母干的距离为0～1.2m。该树结果量较大，北侧为小水沟，其余各方向为民居。编号：豫C108-122。N=33° 38′ 51.9″，E=111° 59′ 31.4″，H=582m。

嵩县白河乡下寺村下寺组（10）（图9-5-16）

雌株，树龄1000年，树高20.0m，胸径1.06m，冠幅8.0m×7.0m，枝下高3.8m。生长旺盛，树冠尖塔形，西侧树冠小于东侧，有部分枝条干枯。东侧根系露出地面15cm，向外延伸1.5m；西侧根系露出地面10cm，向外延伸1.0m。主干粗壮，略向北倾斜，有12个分枝，均匀分布于主干周围，分枝生长旺盛。有复干2个，最大复干距母干0.1m，高6.0m，基径15cm；有萌蘖近10株。该树结果量很少，北侧为一水沟，伴生树种有核桃、柿树等。编号：豫C108-113。N=33° 38′ 51.9″，E=111° 59′ 31.4″，H=582m。

嵩县白河乡下寺村下寺组（11）（图9-5-17）

雌株，树龄1380年，树高20.0m，胸径1.06m，冠幅12.0m×11.0m，枝下高2.3m。生长旺盛，树冠阔塔形，树形优美。主干粗壮、挺直，有8个分枝，均匀分布于主干上，主干西侧3.0m处一主枝被锯掉。该树枝叶正常，有3个复干，最大复干高4.0m，基径0.08m，距母干0.2m，复干与母干距离为0.2～1.0m；有萌蘖近400株，与母干的距离为1.5m。该树结果较少，西侧与南侧为民居，东侧与北侧为树林，伴生树种为杨树。编号：豫C108-110。N=33° 38′ 54.0″，E=111° 59′ 33.0″，H=588m。

嵩县白河乡下寺村下寺组（12）（图9-5-17）

雌株，树龄1250年，树高21.0m，胸径1.06m，冠幅12.0m×10.0m，枝下高4.0m。生长旺盛，树冠卵圆形，树形优美。主干挺直，在8.0m处分为3个主枝，共有分枝10余个，分枝生长旺盛。该树枝叶正常，基部有萌蘖10余株，与母干的距离为0～0.5m。该树结果量一般，南侧为民居，其余各方向为树林，伴生树种为杨树与柿树。编号：豫C108-109。N=33° 38′ 54.1″，E=111° 59′ 33.8″，H=590m。

嵩县白河乡下寺村下寺组（13）（图9-5-18）

雌株，树龄1350年，树高13.0m，胸径1.44m，冠幅10.0m×9.0m，枝下高3.0m。生长旺盛，树冠卵圆形，树形优美，主干挺直、粗壮，有11个分枝，分枝在主干上分布均匀，生长旺盛。有复干3个，最大复干距母干1.0m，高4.0m，基径0.12m；基部有萌蘖20余株，与母干的距离为0～1.0m。该树未见结果，周围为树林，伴生树种为竹子、构树和柿树等。编号：豫C108-108。N=33° 38′ 54.2″，E=111° 59′ 33.9″，H=594m。

嵩县白河乡下寺村下寺组（14）（图9-5-19）

雌株，树龄1250年，树高16.0m，胸径1.43m，冠幅8.0m×10.0m，枝下高2.0m。生长旺盛，树冠卵圆形，基部西侧有少部分根系裸露。主干挺直、粗壮，有13个分枝，分枝均匀分布于主干上，生长紧凑，生长旺盛。原有复干8个，但都被锯掉，最大复干基径0.12m，距母干0.08m；现有萌蘖50余株，与母干的距离为0～0.5m。该树枝叶正常，未见结果，周围为树林，伴生树种为柿树、竹子等。编号：豫C108-107。N=33° 38′ 54.3″，E=111° 59′ 33.7″，H=595m。

嵩县白河乡下寺村下寺组（15）（图9-5-18）

雌株，树龄1000年，树高18.0m，胸径1.08m，冠幅12.0m×13.0m，枝下高3.0m。生长旺盛，树冠尖塔形。主干挺直、粗壮，有18个分枝，分枝在主干上分布均匀。树体周围有萌蘖100余株，与母干的距离为0～1.0m。该树枝叶正常，结果量较少，东侧为农田，伴生树种为杨树。编号：豫C108-105。N=33° 38′ 54.6″，E=111° 59′ 33.8″，H=596m。

嵩县白河乡下寺村下寺组（16）

雌株，树龄1000年，树高17.0m，胸径0.74m，冠幅6.0m×8.0m，枝下高2.0m。生长旺盛，树冠尖塔形，有部分枯枝。主干略向东倾斜，有10余个分枝，分枝均匀分布在主干周围。有萌蘖2株，贴母干生长。该树枝叶正常，结果量很少，处于一条水沟中，树下土壤潮湿；北侧为民居，南侧为树林，伴生树种为杨树。编号：豫C108-106。N=33° 38′ 55.0″，E=111° 59′ 33.1″，H=598m。

嵩县白河乡下寺村下寺组（17）（图9-5-14）

雌株，树龄1250年，树高14.0m，胸径1.37m，冠幅11.0m×9.0m，枝下高1.9m。生长旺盛，树冠形状不规则，北侧树冠小于南侧树冠。主干粗壮，向南倾斜10°，基部南侧生有一株基径0.10m、高3.5m的青冈。有4个分枝，共有小的侧枝几十个。有复干一株，胸径0.12m，高4.0m，距母干0.15m；有萌蘖10余株，紧贴母干生长。该树结果量少，位于云岩寺主殿后面，北侧为树林，伴生树种有竹子、柿树和杨树等。N=33° 38′ 53.0″，E=111° 59′ 33.5″，H=590m。

嵩县白河乡下寺村下寺组（18）（图9-5-20）

雌株，树龄1450年，树高23.0m，胸径1.91m，冠幅12.0m×12.0m，枝下高1.9m。生长旺盛，树冠阔塔形，树形优美。南侧根系裸露，高出地面达0.5m，向外延伸1.0m。主干挺直、粗壮，东侧树体因火烧已被破坏，形成底部宽2.5m、高3.0m的树皮脱落区域。主干在3.0m处分为3个主干，共有分枝20个，部分分枝枯死，东侧有铁杆支撑侧枝。基部西侧有萌蘖10余株，与母干的距离为0～0.4m。该树结果量大，位于云岩寺西侧。编号：豫C108-

图9-5-19 嵩县白河乡下寺村下寺组（14）

图9-5-20 嵩县白河乡下寺村下寺组（18）

111。N=33° 38′ 51.1″，E=111° 59′ 33.4″，H=598m。

嵩县白河乡东风村庙眼组路边

树龄1500年，树高26.0m，胸径1.62m，冠幅12.5m×12.5m，长势旺盛。管护单位：白河乡财政所，编号：豫C0758。

嵩县白河乡东风村庙眼组路边

树龄850年，树高18.0m，胸径0.61m，冠幅6.5m×6.5m，长势旺盛。管护单位：白河乡财政所，编号：豫C0759。

嵩县白河乡东风村庙眼组李保见家门前

树龄950年，树高22.0m，胸径0.76m，冠幅15.0m×15.0m，长势旺盛。管护单位：白河乡财政所，编号：豫C0760。

嵩县白河乡东风村庙眼组杨富端家门下

树龄850年，树高27.0m，胸径0.61m，冠幅6.0m×6.0m，长势一般。管护单位：白河乡财政所，编号：豫C0762。

嵩县白河乡东风村庙眼组杨富端家门下

树龄1150年，树高15.0m，胸径0.78m，冠幅12.5m×12.5m，长势旺盛。管护单位：白河乡财政所，编号：豫C0763。

嵩县白河乡东风村庙眼组杨富端家门下

树龄750年，树高18.0m，胸径0.48m，冠幅7.0m×7.0m，长势旺盛。管护单位：白河乡财政所，编号：豫C0764。

嵩县白河乡东风村庙下组白果沟

树龄1150年，树高24.0m，胸径0.86m，冠幅14.0m×14.0m，长势旺盛。管护单位：白河乡财政所，编号：豫C0765。

嵩县白河乡东风村庙下组薛花芳房西

树龄950年，树高22.0m，胸径0.64m，冠幅17.0m×17.0m，长势旺盛。管护人：薛花芳，编号：豫C0767。

嵩县白河乡东风村庙下组白果坪李新军家门下

树龄1450年，树高28.0m，胸径1.31m，冠幅19.0m×19.0m，长势旺盛。管护单位：白河乡财政所，编号：豫C0768。

嵩县白河乡东风村北沟组郭家老庄科

树龄1350年，树高18.0m，胸径1.08m，冠幅13.5m×13.5m，长势旺盛。管护单位：白河乡财政所，编号：豫C0769。

嵩县白河乡东风村北沟组郭家老庄科

树龄750年，树高14.0m，胸径0.49m，冠幅6.5m×6.5m，长势旺盛。管护单位：白河乡财政所，编号：豫C0770。

嵩县白河乡东风村北沟组郭家老庄科

树龄1100年，树高20.0m，胸径0.89m，冠幅5.5m×5.5m，长势旺盛。管护单位：白河乡财政所，编号：豫C0771。

嵩县白河乡东风村北沟组郭家老庄科

树龄1100年，树高20.0m，胸径0.89m，冠幅5.5m×5.5m，长势旺盛。管护单位：白河乡财政所，编号：豫C0772。

嵩县白河乡东风村北沟组石垄沟口

树龄850年，树高15.0m，胸径0.59m，冠幅12.0m×12.0m，长势旺盛。管护单位：白河乡财政所，编号：豫C0774。

嵩县白河乡东风村北沟组白果树庄

树龄1480年，树高28.0m，胸径1.43m，冠幅19.0m×19.0m，长势旺盛。管护单位：白河乡财政所，编号：豫C0777。

嵩县白河乡东风村北沟组孙玉忠房东

树龄1100年，树高24.0m，胸径0.89m，冠幅17.0m×17.0m，长势旺盛。管护单位：白河乡财政所，编号：豫C0778。

嵩县白河乡东风村西沟组孙庶源房后

树龄850年，树高21.0m，胸径0.62m，冠幅12.0m×12.0m，长势旺盛。管护单位：白河乡财政所，编号：豫C0779。

嵩县白河乡东风村西沟组白果坪

树龄1550年，树高27.0m，胸径1.59m，冠幅15.5m×15.5m，长势旺盛。管护单位：白河乡财政所，编号：豫C0780。

嵩县白河乡东风村西沟组白果坪

树龄950年，树高26.0m，胸径0.64m，冠幅15.5m×15.5m，长势旺盛。管护单位：白河乡财政所，编号：豫C0781。

嵩县白河乡东风村西沟组白果坪

树龄750年，树高17.0m，胸径0.51m，冠幅15.5m×15.5m，长势旺盛。管护单位：白河乡财政所，编号：豫C0782。

嵩县白河乡东风村西沟组村路边

树龄750年，树高15.0m，胸径0.53m，冠幅8.0m×8.0m，长势旺盛。管护单位：白河乡财政所，编号：豫C0784。

嵩县白河乡东风村西沟组皂荚树洼口

树龄1650年，树高27.0m，胸径1.78m，冠幅16.0m×16.0m，长势旺盛。管护单位：白河乡财政所，编号：豫C0785。

嵩县白河乡东风村西沟组东场

树龄1550年，树高32.0m，胸径1.61m，冠幅18.5m×18.5m，长势旺盛。管护单位：白河乡财政所，编号：豫C0786。

嵩县白河乡东风村西沟组董家庄

树龄1100年，树高20.0m，胸径0.92m，冠幅13.0m×13.0m，长势旺盛。管护单位：白河乡财政所，编号：豫C0787。

嵩县白河乡东风村西沟组董家庄路边

树龄1270年，树高21.0m，胸径0.99m，冠幅12.5m×12.5m，长势旺盛。管护单位：白河乡财政所，编号：豫C0788。

嵩县白河乡东风村西沟组董家庄路边

树龄1100年，树高20.0m，胸径0.90m，冠幅13.5m×13.5m，长势旺盛。管护单位：白河乡财政所，编号：豫C0789。

嵩县白河乡东风村西沟组董家庄路边上

树龄950年，树高18.0m，胸径0.91m，冠幅13.5m×13.5m，长势旺盛。管护单位：白河乡财政所，编号：豫C0790。

嵩县白河乡东风村西沟组西场

树龄950年，树高28.0m，胸径0.73m，冠幅12.5m×12.5m，长势旺盛。管护单位：白河乡财政所，编号：豫C0792。

嵩县白河乡东风村河西组

雌株，树龄800年，树高33.5m，胸径1.02m，冠幅13.0m×14.0m，‘嵩银优18号’。该树坐落在白河乡东风村河西组山坡下部花岗岩风化的薄地上。株产平均120kg，H=860m。

嵩县白河乡白河村永寺组永寺庄下

树龄850年，树高18.0m，胸径0.64m，冠幅9.0m×9.0m，长势旺盛。管护单位：白河乡财政所，编号：豫C0793。

嵩县白河乡白河村永寺组小西沟

树龄1200年，树高18.0m，胸径0.89m，冠幅13.5m×13.5m，长势旺盛。管护单位：白河乡财政所，编号：豫C0794。

嵩县白河乡白河村永寺组小西沟

树龄1380年，树高19.0m，胸径1.18m，冠幅9.5m×9.5m，长势旺盛。管护单位：白河乡财政所，编号：豫C0795。

嵩县白河乡白河村永寺组永寺东坪

树龄1350年，树高19.0m，胸径1.05m，冠

幅14.0m×14.0m，长势旺盛。管护单位：白河乡财政所，编号：豫C0796。

嵩县白河乡栗扎树村白果树组秦新学房后

树龄1450年，树高20.0m，胸径1.34m，冠幅16.0m×16.0m，长势一般。管护单位：白河乡财政所，编号：豫C0096。

嵩县白河乡栗扎树村白果坪组工新会自留地头

雌雄同株，树龄800年，树高25.2m，胸径1.11m，冠幅10.0m×10.0m。坐落在伏牛山南侧坡脚，海拔700m，堆积母质，沙壤土，pH值6.5，土层厚4.5m，坡上是林地，树种有栎树、油松、青冈等。该地近50年开垦成耕地，土质中等肥沃。附近有片状古银杏群。此树附近没有坟地，树周围也没有建过厕所。该树本为雄性，树冠由7个侧枝组成，在东南方向第二侧枝上，生出基部一直径为12cm的平行侧枝，在这侧枝上又分出两枝，其中一枝长出一个长20cm、粗3cm的隆起状雌枝，并向北平行弯曲，该枝连年结果，两端均为雄性枝。证实并非嫁接的，也非两株合体，属世上罕见。叶片三角形，叶柄长，叶面积大，叶较厚。1995年结果33个，1996年结果30个。种实近圆形，种柄短而扁粗，种托大而厚。种核胖梭形，孔迹明显，束迹发达，单核重0.8～1.5g，平均单核重1.18g。种子育苗结果表明，雌雄同株银杏树的种子同样具有发芽成苗能力。管护单位：白河乡财政所，编号：豫C0105。N=33°40′57″，E=111°57′37″。

嵩县白河乡栗扎树村白果树坪组王建院内

树龄1750年，树高15.0m，胸径1.91m，冠幅16.0m×16.0m，长势旺盛。管护单位：白河乡财政所，编号：豫C0799。

嵩县白河乡栗扎树村白果树坪组刘来运房后

树龄1970年，树高22.0m，胸径2.23m，冠幅17.5m×17.5m，长势旺盛。管护单位：白河乡财政所，编号：豫C0800。

嵩县白河乡栗扎树村四组董建国家门前

树龄1750年，树高17.0m，胸径1.91m，冠幅16.5m×16.5m，长势旺盛。管护单位：白河乡财政所，编号：豫C0801。

嵩县白河乡栗扎树村下院组贾有群家门前

树龄1550年，树高22.0m，胸径1.59m，冠幅16.0m×16.0m，长势旺盛。管护单位：白河乡财政所，编号：豫C0802。

嵩县白河乡栗扎树村下院组贾有群家门前

树龄950年，树高19.0m，胸径0.64m，冠幅11.0m×11.0m，长势旺盛。管护单位：白河乡财政所，编号：豫C0803。

嵩县白河乡栗扎树村下院组温成房边

树龄1450年，树高21.0m，胸径1.27m，冠幅16.5m×16.5m，长势旺盛。管护单位：白河乡财政所，编号：豫C0804。

嵩县白河乡栗扎树村下院组温成房边

树龄1550年，树高25.0m，胸径1.59m，冠幅15.5m×15.5m，长势旺盛。管护单位：白河乡财政所，编号：豫C0805。

嵩县白河乡栗扎树村下院组温成房边

树龄1150年，树高22.0m，胸径0.96m，冠幅11.0m×11.0m，长势旺盛。管护单位：白河乡财政所，编号：豫C0806。

嵩县白河乡栗扎树村西坡组杜家高坡

树龄1450年，树高20.0m，胸径1.27m，冠幅10.0m×10.0m，长势旺盛。管护单位：白河乡财政所，编号：豫C0809。

嵩县白河乡栗扎树村西坡组杜家高坡

树龄1550年，树高17.0m，胸径1.59m，冠幅17.0m×17.0m，长势旺盛。管护单位：白河乡财政所，编号：豫C0810。

嵩县白河乡黄柏树村台沟组张和山家门前

树龄1450年，树高24.0m，胸径1.37m，冠幅13.0m×13.0m，长势旺盛。管护单位：白河乡财政所，编号：豫C0825。

嵩县白河乡黄柏树村台沟组路边

树龄750年，树高13.0m，胸径0.48m，冠幅8.5m×8.5m，长势旺盛。管护单位：白河乡财政所，编号：豫C0826。

嵩县白河乡黄柏树村台沟组路边

树龄1150年，树高22.0m，胸径0.83m，冠幅13.0m×13.0m，长势旺盛。管护单位：白河乡财政所，编号：豫C0827。

嵩县白河乡黄柏树村台沟组路边

树龄750年，树高14.0m，胸径0.51m，冠幅8.0m×8.0m，长势旺盛。管护单位：白河乡财政所，编号：豫C0828。

嵩县白河乡黄柏树村台沟组路边

树龄1250年，树高19.0m，胸径0.99m，冠幅12.0m×12.0m，长势旺盛。管护单位：白河乡财政所，编号：豫C0829。

嵩县白河乡黄柏树村台沟组小阴沟

树龄1100年，树高18.0m，胸径0.80m，冠幅10.5m×10.5m，长势旺盛。管护单位：白河乡财政所，编号：豫C0830。

嵩县白河乡上河村横梁岭组东沟口

树龄750年，树高25.0m，胸径0.51m，冠幅7.0m×7.0m，长势旺盛。管护单位：白河乡财政所，编号：豫C0831。

嵩县白河乡上河村后崖组疙瘩上

树龄1150年，树高24.0m，胸径0.83m，冠幅16.5m×16.5m，长势旺盛。管护单位：白河乡财政所，编号：豫C0832。

嵩县白河乡上河村后崖组疙瘩上

树龄750年，树高21.0m，胸径0.51m，冠幅17.0m×17.0m，长势旺盛。管护单位：白河乡财政所，编号：豫C0833。

嵩县白河乡上河村后崖组苇园洼

树龄1250年，树高17.0m，胸径1.02m，冠幅13.0m×13.0m，长势旺盛。管护单位：白河乡财政所，编号：豫C0834。

嵩县白河乡上河村庙上组郭石头房后

树龄1580年，树高27.0m，胸径1.72m，冠幅17.0m×17.0m，长势旺盛。管护单位：白河乡财政所，编号：豫C0835。

嵩县白河乡上河村庙上组郭石头房后

树龄1100年，树高25.0m，胸径0.83m，冠幅18.5m×18.5m，长势旺盛。管护单位：白河乡财政所，编号：豫C0836。

嵩县白河乡上河村庙上组

树龄1380年，树高32.0m，胸径1.25m，冠幅15.0m×15.0m，长势旺盛。管护单位：白河乡财政所，编号：豫C0837。

嵩县白河乡上河村庙上组郭石头家门前

树龄750年，树高15.0m，胸径0.51m，冠幅5.5m×5.5m，长势旺盛。管护单位：白河乡财政所，编号：豫C0838。

嵩县白河乡上河村庙上组郭石头家门前

树龄750年，树高13.0m，胸径0.52m，冠幅5.0m×5.0m，长势旺盛。管护单位：白河乡财政所，编号：豫C0839。

嵩县白河乡上河村庙上组郭石头家门前

树龄1250年，树高20.0m，胸径0.96m，冠幅11.0m×11.0m，长势旺盛。管护单位：白河乡财政所，编号：豫C0840。

嵩县白河乡上河村庙上组张中芳家门前

树龄1580年，树高25.0m，胸径1.72m，冠幅15.0m×15.0m，长势旺盛。管护单位：白河乡财政所，编号：豫C0841。

嵩县白河乡上河村庙上组张中芳家门前

树龄1150年，树高20.0m，胸径1.72m，冠幅13.5m×13.5m，长势旺盛。管护单位：白河乡财政所，编号：豫C0842。

嵩县白河乡上河村碾道组里洼

树龄1175年，树高18.0m，胸径0.75m，冠幅11.0m×11.0m，长势旺盛。管护单位：白河乡财政所，编号：豫C0775。

嵩县白河乡上河村碾道组里洼

树龄290年，树高13.0m，胸径0.32m，冠幅10.0m×10.0m，长势旺盛。管护单位：白河乡财政所，编号：豫C0776。

嵩县白河乡白河村黄柏沟组地边

树龄350年，树高16.0m，胸径0.41m，冠幅12.0m×12.0m，长势旺盛。管护人：王平正，编号：豫C0880。

嵩县白河乡大青村后院组肖家门前

树龄1880年，树高22.0m，胸径2.04m，冠幅18.0m×18.0m，长势旺盛。管护人：肖汉忠，编号：豫C0886。

嵩县白河乡大青村后院组肖家房后

树龄720年，树高18.0m，胸径0.83m，冠幅13.0m×13.0m，长势旺盛。管护单位：后院村民组，编号：豫C0887。

嵩县白河乡大青村后院组河东

树龄750年，树高19.0m，胸径0.86m，冠幅15.0m×15.0m，长势旺盛。管护单位：后院村民组，编号：豫C0888。

嵩县白河乡大青村后院组河东

树龄500年，树高22.0m，胸径0.57m，冠幅13.0m×13.0m，长势旺盛。管护单位：白河乡财政所，编号：豫C0889。

嵩县白河乡大青村后院组河东

树龄430年，树高17.0m，胸径0.48m，冠幅13.0m×13.0m，长势旺盛。管护单位：后院村民组，编号：豫C0890。

嵩县白河乡大青村后院组河东

树龄450年，树高21.0m，胸径0.51m，冠幅20.0m×20.0m，长势旺盛。管护单位：后院村民组，编号：豫C0891。

嵩县白河乡大青村后院组河东

树龄430年，树高20.0m，胸径0.48m，冠幅18.0m×18.0m，长势旺盛。管护单位：后院村民组，编号：豫C0892。

嵩县木植街乡禅堂村下地组刘克杰院内

树龄690年，树高15.0m，胸径0.78m，冠幅13.5m×13.5m，长势一般。管护人：刘克杰，编号：豫C0582。

嵩县田湖镇瑶上村小学院内

雌株，树龄640年，树高17.0m，胸径1.78m，冠幅9.0m×14.0m，长势旺盛。管护单位：瑶上村小学，编号：豫C0097。

嵩县田湖镇瑶上村小学院内

雌株，树龄640年，树高21.0m，胸径0.73m，冠幅17.0m×17.0m，长势旺盛。管护单位：瑶上村小学，编号：豫C0093。

图9-5-21 汝阳县城关镇云梦村云梦寺（原桃源宫）

嵩县大坪乡东源头村杨岭组王建芳家门前

雌株，树龄500年，树高18.5m，胸径1.04m，冠幅10.0m×19.0m，长势较差。管护人：王建芳，编号：豫C0095。

嵩县何村乡黄村黄村组黄寨公庙前

树龄1100年，树高21.0m，胸径1.20m，冠幅18.0m×18.0m，濒死。管护单位：黄村村民组，编号：豫C0136。

嵩县黄庄乡养育村白果树组王麦有商店前

树龄740年，树高23.0m，胸径0.84m，冠幅16.0m×16.0m，长势一般。管护单位：黄庄乡财政所，编号：豫C0092。

汝阳县城关马兰村西小学

树龄500年，树高15.0m，胸径1.43m，冠幅23.5m×23.5m，明代种植。

汝阳县城关镇云梦村云梦寺（原桃源宫）（图9-5-21）

雌株，树龄2800年，树高28.5m，胸径1.50m，冠幅15.0m×13.0m，枝下高4.0m。生长旺盛，树冠阔塔形，树形优美。主干挺直、粗壮，有12个分枝，分枝高度较高，均匀分布于主干周围。有8个复干，最大复干高6.0m，基径0.16m，距母干0.12m，复干与母干的距离为0～0.5m；有萌蘖10余株，与母干的距离为0～0.4m。该树结果量很少，位于云梦寺内。管护单位：云梦村委会，编号：豫C0929。N=34° 07′ 42.6″，E=112° 29′ 21.0″，H=324m。

树前立有石碑，据碑文记述，桃源宫始建于西汉太初庚辰（公元前101年）张骞出使西域回来途中见有此物（白果树），便将此树枝条折下两根作马鞭杆，然后带到洛南宜阳插入桃源宫，结果这两枝银杏细棍，惊人般地成活了，其中一株毁于南北朝时期战火中，宋时金人占据中原后，要伐此树作器用，宫中道士拦阻说："此树有通天神灵，万万刀斧不得"金人听后惊呆便急忙磕头求免。相传隋朝末年，群雄纷争，秦王李世民率兵攻打洛阳，与王世充在龙门展开大战。李世民兵败，王世充追赶到桃源宫，李世民绕着这株银杏树边跑边喊谁来救我。此时王世充部将单通挺枪刺来，不料扎入银杏树，大树当即掉下一块巨枝落在单通身上，把他砸得晕头转向，李世民趁机逃脱。后来，成为皇帝的李世民封桃源宫古银杏为"救驾树"。

汝阳县小店乡下寺中学

树龄500年，树高15.0m，胸径0.96m，冠幅22.5m×22.5m，传为明代建白姑庙时栽。此处有2株。

汝阳县三屯乡北堡小学院内

树龄800年，树高16.0m，胸径0.88m，冠幅10.0m×10.0m，长势旺盛。管理单位：北堡小学，编号：豫C0930。

汝阳县三屯乡北堡小学院内

树龄800年，树高14.0m，胸径0.94m，冠幅8.0m×8.0m，长势旺盛。管理单位：北堡小学，编号：豫C0931。

汝阳县付店镇牌路村南沟组

树龄130年，树高20.0m，胸径0.52m，冠幅7.0m×7.0m，长势旺盛。管理人：崔同军，编号：豫C0934。

汝阳县小店镇观音寺内

树龄1200年，树高24.5m，胸径1.11m，冠幅20.0m×20.0m，长势旺盛。管理单位：观音寺，此处有2株。编号：豫C1850。

洛宁县故县乡乡政府

树龄1300年，树高32.0m，胸径2.17m，冠幅20.0m×20.0m，长势旺盛。管护单位：故县乡政府，编号：豫C0061。前几年，这棵古银杏树树势明显衰弱，主枝发黄，部分侧枝树叶脱落。乡政府请专家会诊，拨专款拯救，派专人护理，终使这株古树起死回生。文人诗称："千年银杏伉俪形，枝繁叶茂衍后生。木乳倒垂金衣裹，雄霸江北独一风。"

洛宁县故县乡寻岭村

树龄1600年，树高35.0m，胸径2.17m，冠幅19.0m×19.0m，长势旺盛。管护单位：故县乡政府会，编号：豫C3215。

洛宁县西山底乡西山底村

树龄1000年，树高32.0m，胸径1.62m，冠幅15.0m×15.0m，长势旺盛。管护单位：西山底村委会，编号：豫C0061。

洛宁县西山底乡西山底村四组

树龄1000年，树高23.0m，胸径1.62m，冠幅22.0m×22.0m，长势旺盛。管护单位：西山底村委会，编号：豫C3624。

洛宁县张店乡后李庄

树高12.0m，胸径1.38m，此处有2株，传为隋唐十八杰之一罗成拴马树。

宜阳县锦屏镇灵山村灵山风景区灵山寺大悲阁（图9-5-22）

灵山寺唐银杏，垂乳银杏。雌株，树龄1300年，树高26.0m，胸径1.38m，冠幅20.0m×20.0m，生长旺盛，树根上又生长出一棵，树高18.0m，胸围1.66m。灵山寺为豫西名刹，是释源祖庭白马寺的姊妹寺，具有悠久的历史渊源、丰厚的人文积淀，是豫西地区主要宗教活动场所。为河南省重点文物保护单位。据县志载："灵山寺在城西15里。即报忠寺，又一名凤凰寺，相传为周灵王葬处。寺乃金大定三年（1163）建，也有说建于唐代武周后期，即公元700年左右，至今有1300余年，据此推断，该树树龄应在1000年以上。寺内银杏多株。碑记诗文提到"楼台环翠幛，云树接花城"之句，"云树"泛指银杏等古老大树。目前枝繁叶茂，树干侧枝上长出许多奶穗、奶头，如同牛奶穗下垂，奶穗又比牛奶大许多，长的20cm，小的5cm。当地群众称呼"白果奶奶"。树冠中大枝萌生出粗大下垂的气根，因而当地有"倒扎根银杏树"之称。树根上又生长出一棵复干，高18m，胸围1.66m。管护单位：灵山寺，编号：豫C0091。1993年曾人工授粉和寺外两树结果1000kg。

宜阳县锦屏镇灵山村灵山风景区灵山寺

树龄800年，树高18.6m，胸径0.83m，冠幅14.3m×14.3m，长势旺盛。管理单位：灵山寺，编号：豫C0090。

孟津县横水镇张庄村西乔庄

树龄180年，树高16.0m，胸径0.48m，冠幅8.5m×8.5m，长势旺盛。管理单位：张庄村委会，编号：豫C1496。

叶县辛店乡毛仁寺（图9-5-23）

发声银杏，三代同堂。雌株，树龄1300年，树高26.0m，胸径2.29m，冠幅27.0m×27.0m，它的7大主枝自由伸延，形成巨大的伞冠，通体看去，更显飘逸洒脱，姿态伟岸。该树两株并生下身连体，较粗的一株迎西北而立，表皮纹理呈逆时针扭曲状，是在生长过程中长期抗击风雨形成的。毛仁寺位于辛店乡望夫石山省级森林公园北麓有东西两岗，该寺为唐初尉迟敬德重修。早在北魏建寺之初，这棵银杏树已经有合抱粗细，根据毛仁寺的修建时间推算，树龄至少在1300年。受它的护佑，临南较细的一株，其表皮纹理却是完全垂直的。这两株紧相依偎的银杏应是"母子"关系。在"母子"株间，还有一棵粗10cm小银杏，其干挺拔，其色灰白。树主干上方又生出一株直径10cm的黄连木，群众称"白果抱黄连"，又被人们称为老银杏树的"外孙子"。3棵树紧紧相拥，融为一体，被当地人称为携子抱孙的"三代同堂"。虽历经千年沧桑，如今仍遒劲挺拔，春时枝繁叶茂，秋来果实累累。管护单位：桐树庄村委，保健医：朱建清。被中央电视台誉为"黄河以南第一树"。

据说此树冠会发出"呜吼！——呜吼！——"的响声，尤其在夜晚和树上猫头鹰"咕咕喵——咕咕喵——"的叫声连在一起，

图9-5-22　宜阳县灵山风景区灵山寺

图9-5-23　叶县辛店乡毛仁寺

荒凉的破庙中阴森可怖的景象，令人毛骨悚然，被称作是发声银杏。传说明代有个叫张三丰又叫邋遢张的道士曾路过此地，化作乞丐，在树下支锅烧饭，寺内和尚怕把树燎死，叫他把锅支往别处。这乞丐说，要是把树烧死了，就赔你一棵。谁知那乞丐前脚刚走，就在那支锅的地方真的长出一棵小的银杏树来。

叶县邓李乡牧头村（图9-5-24）

雄株，树龄1500年，树高25.6m，胸径1.56m，冠幅35.2m×35.0m，7大主枝，树形似"杯"状，长势旺盛。古树编号：0006。与庙李村银杏称"情人树"。

叶县邓李乡庙李村学校院内

垂乳银杏，东汉银杏。雌株，树龄1800年，树高25.0m，胸径2.52m，冠幅20.0m×20.0m，远观像是并立的两株银杏直冲云天。树体朝向西南一方微倾；在主干约5m高处错落着分出3大枝干，最高的一枝与主干一体，指向天穹，达于25m高处，中间的一枝斜向西北一边伸长，直把树冠拉向约20m远处，低处朝向东南的一枝因遭遇过雷击而

图9-5-24 叶县邓李乡妆头村

图9-5-25 叶县叶邑镇刘秀庙

呈劈裂之状，但梢处新发的枝叶仍见茂盛。整个根桩呈劈裂状，有空洞，空洞之大可容三四人。在暴露的心木与表皮之间，有红绿相同的瘤状物长出，垂入树洞。称之为“树乳”，只有极古老的银杏树才会长出，在老树根基一侧一尺多处，有一弧形树体残留物伸出，其内弧正面朝向树体。这块残留树体，也许是这棵老银杏最早的根基外缘，而现在的树体根基已是它的次生物。这棵老银杏应是原始森林银杏树的残留物，也是至今在叶县发现的最为古老的银杏树。

庙李学校现在所处的位置原是一方庙宇的前殿。抗日战争时期，驻防这里的汤恩伯将前殿扒掉，把砖、石、木料全拉到大霖头（在任店附近）修工事了。庙中后殿原是道姑起居之所，房舍规模较小，幸被留下。这棵银杏古树就生长在前殿与后殿之间。

后殿内竖立的一通石碑，碑文为明天启年间（1621～1628）所立，庙内所敬的神灵有祖师、药王、子房、关羽等。祖师是黄帝时那个叫招摇童的皇储，不恋皇位而慕仙术，在叶县、郑县一带得道成仙后，设坛武当山。药王在叶县一带有两个说法，一是孙思邈，再一个是华佗，都是救死扶伤的神医。子房就是张良，因刺杀秦王未遂而避难郏县，跟随刘邦做军师，推翻秦暴政，创立汉朝大业。关羽与刘备、张飞桃园结义，福祸与共，以忠、义闻天下。庙李村这个庙宇，最早是在东汉为纪念张子房而建的，多少年，多少代，庙李村人都叫它“子房庙”的。至晚是在明代以后，才有对关羽、祖师、药王等神灵的敬奉。

这是一棵很勤劳的雌银杏，它结的果不仅稠密，而且个大、形圆，口感也特别好。距离庙李村几里外，妆头村还有一棵雄性的老银杏，是它的“情人树”。沙河南岸有个叫蒋湾的村子，距离妆头、庙李村都有2.0km多。据说两棵老银杏的根须穿过土层、河流，汇合到蒋湾村，再钻出地表，长出银杏树苗。

叶县叶邑镇刘秀庙（图9-5-25）

雌株，树龄1800年，树高27.5m，胸径0.86m，冠幅21.0m×22.0m，庙内2株银杏，位于庙宇主轴东西两侧，此树位于庙宇东侧，与另一株相距约6m。这两棵银杏的表皮均为灰白色。两棵银杏树的树龄虽然都在千年以上，至今仍端直、挺拔，枝繁叶茂，没有出现苍老迹象。

据调查，该庙内的银杏树原有4棵，是刘秀大姐湖阳公主所植。如果这一说法可靠，这两棵银杏树的树龄应该有1800多年了。因湖阳公主和其弟刘秀为同时代人，比汉灵帝时代早140年。如果树植在建庙时，它们的年龄也该有1600多年了。经历了1600多年的风霜雨雪，至今仍端直、挺拔，枝繁叶茂，可见其生命力之顽强。这两棵银杏树同为雌性，和这两棵雌性银杏同龄的还有另外两棵是雄性，两对夫妇呈正四边形对角布局栽植。20世纪50年代末，村上一所小学因缺少学生课桌，有人建议干脆把刘秀庙那两棵不结果“懒汉”树伐掉做课桌算了。于是就有了这两双“夫妇”生离死别的悲剧。

刘秀庙是东汉灵帝时为纪念著名的昆阳战役所建，也是河南省内现存的7座“刘秀庙”之一。

叶县叶邑镇刘秀庙

雌株，树龄1800年，树高26.5m，胸径0.83m，冠幅16.0m×17.0m，位于庙宇西侧。

鲁山县四棵树乡平沟村文殊寺（俺窟沱寺）（图9-5-26）

文殊银杏。雄株，树龄1700年，树高25.0m，胸径2.25m，冠幅23.0m×23.0m，此树位于寺内最东边，五六个人才能合抱，5株中最大者，编号：049。树下碑记：世界树王。西晋太康年间植。管护人：朱广松，保健医生：王延涛。

文殊寺位于鲁山县西南部的四棵树乡平沟村，由于该寺建在海拔1112m高的俺窟沱山，又名“俺窟沱寺”。清道光二十五年（1845）《重修文殊庵俺窟沱碑记》中，对文殊寺专门进行了描写：“鲁邑西南偏山坳之间，旧有文殊庵俺窟沱寺，白云为藩，青嶂为屏，绿竹映阶，银杏封宇，即古之丹邱殊林无以过之”。说明当年文殊寺风光的优美和寺院的兴盛。

关于文殊寺的诞生，有一个与佛家相关的故事。据传，唐武宗会昌元年，即公元841年，日本高僧慧萼从山西五台山敬请了一尊观世音菩萨像，自浙江普陀乘船回国，由于行船触礁，水面现铁莲花，慧萼领悟到观世音菩萨不肯离开中国东渡日本，于是立即祈祷应允，在今浙江舟山建“不肯去观音院”，铁莲花旋即退去……慧萼带观音菩萨像途经鲁山时，曾在今日文殊寺的银杏树下小憩。后人为纪念观音不肯去日本，就在银杏树下建起了文殊庵，并逐渐演化为今日的主殿供奉文殊、东殿供奉观音、西殿供奉鲁班的格局。这是美丽的传说。至于文殊寺兴建的真正原因，并无史料记载。据寺内现存的两块石刻《碑记》所载，该寺建于元至正四年（1344），迄今已有600多年的历史。

文殊寺的得名，缘于它在历史上的神奇传说。相传远古时代，文殊圣母在此山上授传释迦、如来、弥勒、达摩，此山被称为中国仙山。文殊四弟子皆修炼成功，法力无边，文殊被尊为道中之鼻祖，世代受人顶礼膜拜。但真正使文殊寺闻名遐迩的，却是寺内的5棵参天古银杏。据说文殊寺内5棵银杏树就是文殊的5个发髻所化。抬眼望去，只见飞檐走兽的灰瓦屋顶上“冒出”参天银杏树的枝枝丫丫。进入寺内，便见3棵银杏树并排在一起盈门而立，另外两棵距其10m左右，银杏树呈巨伞状遮住大半个寺宇，果实累累挂满枝头。

文殊寺的银杏树前三后二，三雌二雄，树龄有1700多年，缀连成片，犹如撑开的一把巨伞，成为文殊寺一道特别的风景。时逢夏秋，五棵树各呈姿态，煞是好看——南边的三棵并成一排，树冠连为一体，似孔雀开屏。最东边的也是最粗的五六个人才能合抱的那棵是雄树，人称“树王”。紧邻它的，是一棵婀娜多姿的雌树，人称“夫妻树”。“夫妻树”之间生出一株小银杏树，它已胳膊粗细，还未结果，故难辨雌雄，该小树实为“树王”的一个复干。然而更让人惊奇的是，“树王”树干中心距地面50cm处有一10cm的洞口，透过它能清楚地看到树干内被锯掉过一块长1.7、宽0.8m木板的空隙，下部留有用手掰掉过的锯茬仍历历在目。一棵囫囵树干，中间怎能取出一块大木板呢？据传，这是木工祖师、杰出发明家鲁班的杰作。相传，当时建中岳庙（一说要建雷音寺）时，要用文殊寺的银杏树做个大匾额，百姓不忍伐树，就把这事儿告诉了墨翟（墨子），墨翟把百姓的苦恼转告了鲁班。鲁班来到这儿，绕树转了三天，终于想出个两全其美的办法。他在一个月夜亮出绝技，在银杏树正中竖着锯下一块“中心板”，树却安然无恙，生长千年。如今，文殊寺西殿供奉着鲁班，银杏树下香火不绝……

1990年，张怀发在《中州纵横》第3期上发表了《三千龄“公孙隐士”家族奇观》一文，形容这5棵银杏树：“犹如擎天力士，立地巾帼，树冠耸颈振翼，盘枝互插，扭抱一团，形似巨伞，遮盖盆底。树高40m，冠幅逾百平方米。春夏时节，犹如高原平湖上涌起的一座翡翠塔;霜染艳秋，满树簇簇橙红扇叶，犹如深谷喷发而出的一座火焰山;冬雪凝峰，雾霭悬树，更见铁干虬枝盘旋，形如苍龙出海，银蛇飞舞。”整个银杏群虬枝盘错，枝叶相连，郁郁葱葱，遮天蔽日，云横雾罩，蔚为壮观。

文殊寺碑文记载，元代初这里已是“银杏封宇，绿竹映阶”。因这些树生长在海拔950m，周围山势险峻，人烟稀少，所以才得以保存至今，且枝叶繁茂，生长旺盛，颇为壮观。

鲁山县四棵树乡平沟村文殊寺（俺窟沱寺）

雌株，树龄1700年，树高29.0m，胸径1.72m，冠幅32.0m×32.0m，西晋太康年间植。管护人：朱广松，保健医生：王延涛。

鲁山县四棵树乡平沟村文殊寺（俺窟沱寺）

雌株，树龄1700年，树高27.0m，胸径1.66m，冠幅32.0m×32.0m，西晋太康年间植。管护人：朱广松，保健医生：王延涛。

鲁山县四棵树乡平沟村文殊寺（俺窟沱寺）

雄株，树龄1700年，树高21.0m，胸径1.56m，冠幅20.0m×20.0m，西晋太康年间植。管护人：朱广松，保健医生：王延涛。

鲁山县四棵树乡平沟村文殊寺（俺窟沱寺）

雌株，树龄1700年，树高20.0m，胸径1.37m，冠幅20.0m×20.0m，西晋太康年间植。管护人：朱广松，保健医生：王延涛。

鲁山县四棵树乡前庄

树龄100年，树高18.0m，胸径0.92m，冠幅11.1m×11.1m。

鲁山县四棵树乡前庄

树龄100年，树高16.0m，胸径0.89m，冠幅11.4m×11.4m。

鲁山县瓦屋乡土桥村纸坊沟村组

纸坊沟千年银杏。雌株，树龄1000年，树高30.0m，胸径0.95m，冠幅4.0m×4.5m。叶籽银杏，仅树冠东侧枝上有2粒果。这棵雌银杏年年产量150kg左右。被视为镇村之宝，生长旺盛。

鲁山县瓦屋乡马老庄学校

树龄1000年，树高30.0m，胸径1.19m，冠幅21.0m×21.0m。管护人：长喆，保健医：张东辉。

林州市姚村镇西张村水泉西

树龄1100年，树高32.0m，胸径1.89m，树冠稍偏东南，下部有枯枝，三大主枝，根部被秸秆轻度烧伤。

图9-5-26 鲁山县四棵树乡平沟村文殊寺

此地处于豫北太行山东麓，西与山西省交界，姚村镇四周环山，称作姚村盆地，西张村位于盆地东沿东山脚下。相传，旧社会兵荒马乱时期，这一带百姓常由此地向西翻越太行进入山西境内避难或说是逃荒要饭，当翻越西山鲁班壑顶（为界岭山岈）时，受苦逃难的百姓总是恋恋不舍思乡情，站在西太行山上望一望家乡，相距百里以外，惟能看见的只有一棵参天大树的“白果王”，逃难乡民站在山顶上远眺“白果王”含泪再次叩拜话别家乡。长期以来，姚村“白果王”成为当地百姓“望乡树”。2005年曾作为安阳市“古树王”候选树种之一。

林州市姚村镇红旗渠林虑山国家级风景名胜区黄华神苑内（黄华寺下寺院外）

树龄800年，树高26.8m，胸径1.61m，冠幅20.0m×13.0m。长势旺盛，传为宋元扩建庙时所植。黄华神苑景区位于林虑山主峰东侧，山清水秀，云蒸霞蔚，风光旖丽，煞是壮观，集自然与人文景观于一体，汇古今奇观于一山。据史料载，元代菊底禅师云游至此，在树下席地而坐，闭目休憩。睡眼蒙胧中，见有瑞鹤祥云绕于树端，便认定此处为风水宝地，遂在此处建一寺院，名曰觉仁院，并留在寺内做了住持。因他治寺有方，被少林寺请为方丈。此后，这里香火鼎盛，朝拜者络绎不绝。据说，凡来此游览的人只要心诚，绕树三周，默默祈祷，并在树上系以红布，就能福至心灵，心想事成。

滑县高平镇林场

树龄100年，树高14.0m，胸径0.45m，冠幅8.0m×8.0m，立地条件为风沙土，长势旺盛。

辉县市薄壁镇白云寺

树龄1100年，树高29.7m，胸径0.93m，冠幅17.1m×17.1m。白云寺位于新乡辉县市西25km的太行山南麓关山高峰下，创建于唐代。原名梦觉寺、自茅寺，历代都曾修葺，明洪武二十四年（1391），更名为白云寺。清乾隆十五年（1750）赐一匾额，御书“白云自在”。寺院现存山门、中佛殿、大殿、东西配殿和厢房200余间，错落有致，布局合理，结构严谨，雕梁画栋，1963年被列为河南省重点文物保护单位。白云寺现存的6株古银杏是寺院的一大景观。院内1株，山门前台阶下并列5株，四雌二雄。据传此6株银杏为唐代所植，距今有1100多年。唐太宗对佛教怀有特殊的感情，也十分喜欢银杏树，故将银杏广植于寺庙中，同时取寺院长青、兴旺发达之意。但也有传说为明代重修白云寺时植。

辉县市薄壁镇白云寺

树龄1100年，树高28.7m，胸径0.82m，冠幅17.2m×17.2m。

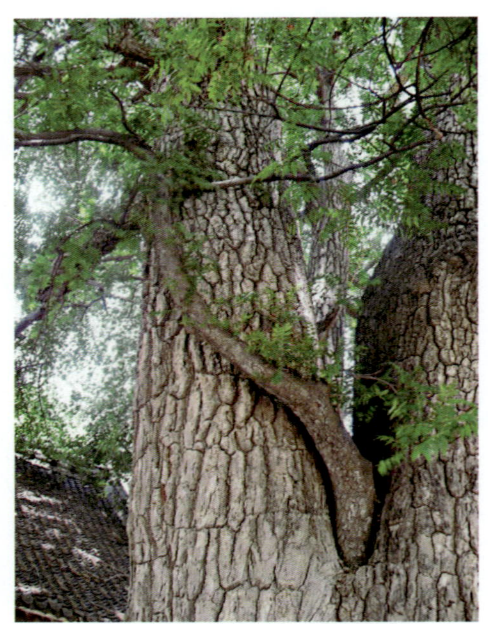
图9-5-27 卫辉市狮豹头乡罗圈村

辉县市薄壁镇白云寺

树龄1100年，树高18.3m，胸径1.05m，冠幅18.7m×18.7m。

辉县市薄壁镇白云寺

雌株，树龄1100年，树高27.0m，胸径1.10m，冠幅10.0m×15.0m。最大的一株，目前生长良好，年产银杏干果200kg。

辉县市薄壁镇白云寺

树龄1100年，树高19.2m，胸径0.84m，冠幅14.2m×14.2m，明代重修白云寺时植。

辉县市薄壁镇白云寺林场

叶籽银杏。雌株，树龄650年。1982年7月上旬，发现树冠东侧大枝上垂挂6 粒叶籽银杏，间隔3年又发现一次。

卫辉市狮豹头乡罗圈村（图9-5-27）

树龄1200年，树高20.1m，胸径1.72m，冠幅23.0m×23.0m。汲县，1988年改名卫辉，是一座具有数千年历史的古老城市。这棵巨大的古银杏树位于林州和卫辉的交界处，卫辉市狮豹头乡罗圈村西北部，距公路500m处。树上长有4个垂乳，其中一个沿树干下伸1m长。在树的树杈间，又生长出另类树种——白楝树，树高约两丈，围粗约40cm，乃天下奇观。在主干一侧生1复干，粗度65cm。方圆数百里村民相传为“奇树”，又称为“白果大仙”。银杏树左侧有时令性小型水库一座，库区有山泉一眼，水质甘甜，终年不断，群众称为“神泉”。唐代末年赵匡胤领兵辗转路过此处系马饮水，故后人传诵此银杏树为赵匡胤系马树。H=630m。

济源市王屋镇王屋山紫微宫前（图9-5-28）

紫微宫银杏。雌株，树龄2200年，树高45.0m，胸径3.02m，冠幅30.1m×32.0m，紫微宫古银杏位于济源市王屋山风景区紫微宫前，华盖峰下，两面临山的坡脚，土壤深厚肥沃，树势生长旺盛，每年经授花粉后，可产白果800kg。H=650m。该树为河南省最大的一株古银杏树，也是全国较大的银杏树之一。据传此树为唐著名道士司马承祯（647～735）所植。又传为汉代遗物，俗称“七搂八拐棍”。河南地方志记载，“紫微宫在济源市西北一百里王屋山下，唐司马承祯栖真之所”。“紫微宫为唐圣历二年（699），中岩道士司马承祯创建”。

据说此树非常神奇，每当国家发生大的不幸之事，它就牺牲自己断枝警示，所以被称作“千年神树”，引无数信男信女朝拜。银杏树下“不老泉”，为王屋山有名“灵泉”之一，水流如注，经化验证明水中含有丰富的矿物质，经常饮用对人体有益。有人说树得益于泉；也有人说它们相互证明、相互依赖；更有人说它们是爱情的象征，相互搀扶着到千秋万代。

原全国政协副主席张思卿参观王屋山景区后，对此树尤为赞赏：“千年古银杏，华夏一奇观”。在当地流传着“名木不移贵地，贪欲返遭杀身”的故事：清朝末年，济源有一姓董的县令，无恶不作，老百姓深受其害，对他的所作所为深恶痛绝，然而都是敢怒不敢言。一天董县令来到紫微宫游玩，他一眼看出银杏树是一种名贵木材，贪欲之心顿起，命随从取下一枝，准备为远方的母亲做一幅寿材。几天后他带着寿材上路了，这一天他来到了黄河岸边，叫了一只渡船，梢公极不情愿为不吉利的东西摆渡，遭到县令痛骂，无奈，驾舟摆渡，谁知船至河心只打转不前行，县令以为梢公拿他开心，破口大骂：“狗梢公，你竟敢拿我一个堂堂县令玩乐，休想活命……”说话间，日月无光，那载寿材的船也被狂风卷入河中，幸亏梢公识水性，才免于一死，可恶的县令却葬身鱼腹。

禹州市神垕镇东街村灵泉寺

东汉刘秀手植银杏，神垕千年银杏。雄株，树龄1900年，树高40.0m，胸径1.58m，冠幅22.8m×22.8m。东汉时期，一位法号先觉的僧人路过此地，发现白果树旁的泉水清澈甘甜，又听了白果树的故事，认为这些都与此泉有关，就将此泉取名为“灵泉”，并在灵泉和白果树旁建了一座寺院，叫灵泉寺。1958年，禹县人民政府认定为县级重点保护文物，2000年被许昌市人民政府列为市级重点保护文物。

在郏县城北与禹县交界处的凤翅山下灵泉寺遗址，现禹州市神垕镇东部凤翅山南麓的二龙戏珠山脚前，始建于东汉，原占地面积5km^2，山门在塔林坡，寺前塔林群占地约10hm^2。灵泉寺地理位置独特，其建筑巧夺天工，妙合山势。慧点山泉，依山傍水，正殿中央有一口灵泉井，泉水清澈甘甜，寺前1棵千年银杏树。根据联合国考察属东汉时种植，距今约1900多年。考察认为，比汉唐更早的时候，禹、郏一带原是一片原始森林，这银杏老树应是后世人们砍伐森林后遗留下来的。树侧立有《灵泉寺简介》木牌，文中提到：“灵泉寺建于东汉时期，因有寺泉而得名。……今仅存寺泉和银杏树。该树植于东晋时期，距今已有1500多年的历史。”但据清同治三年（1864）

图9-5-28 济源市王屋镇王屋山紫微宫前

《郏县志》记载："灵泉寺在凤翅山，唐时建。"明正德《汝州志》中："灵泉寺在县东北狮王堡，唐开元年建"。

据说这是王莽撵刘秀时撇下的"敏劲儿"；传公元9年王莽篡汉，公元21年，汉高祖九世孙刘秀以帝胄之身悲情天下，聚义成兵，被王莽追杀。一日，刘秀行至郏县、禹州一带时，已是人马困乏，饥渴难耐。危急时，蜘蛛山上还未成熟的柿子、棉枣立时成熟变红变软，成了刘秀的充饥之物；竖直的井筒向一侧仄斜过来，供刘秀人马饮用；山上山下长满了直钩圪针也通通朝下成了倒钩圪针，让刘秀躺在上面歇了个好觉。刘秀坐稳天下后，曾专程来这里，建庙立寺，并亲手栽下这白果神树，以示纪念。只是这棵白果树是雄性，只开花不结果。后如来佛到此造访时，闻知此事，于心不忍，在距这儿经约45km外汝州大鸿寨栽植了一棵雌性的白果树。

禹州市鸠山乡后地村大鸿寨风景区龙泉寺（长老庵）（图9-5-29）

龙泉寺白果树。雌株，树龄1400年，树高25.0m，胸径1.43m，冠幅22.6m×22.6m，树干光滑，旁生子树，碗口粗细。与神垕镇银杏人称"夫妻树"。根据寺碑记载，龙泉寺又称"少林下院"，始建于隋末唐初。此树与寺同龄，树因寺生，寺因树灵。1979年，在联合国有关组织供职的一位英籍林木专家伏盖特来禹州考察，认定该树龄在1400年左右。大鸿寨白果树春夏叶片青翠欲滴，云冠巍峨壮观；秋日叶如金蝶，果如玉珠；冬日虬树苍劲，嶙峋洒脱。白果树附近龙泉寺内还保存有门墩、石狮、石护栏板、碑帽及碑残块等文物。相传，很早以前有位姑娘叫白果，从小死了爹娘，12岁就给财主放羊，受尽了人间苦难。一日，白果姑娘在山坡上拾到一枚奇异的果核，把它种在了凤翅山一个山坳里。几年后，这颗神奇的种子生根发芽，很快长成了一棵参天大树，每年秋天都结满果子。一天，白果姑娘赶着一群羊来到这棵树下，突然剧烈咳嗽起来，霎时昏迷过去。这时，只见从树上飘下一位美丽的仙女，手里拿着几颗从树上摘下的果子，取出果核，搓成碎末，一点点地喂进白果姑娘的口中。片刻，白果姑娘睁开了眼睛，那仙女朝她笑了一下，飞回大树不见了踪影。白果姑娘从树上摘下许多果子，带回村里，送给有病的村民吃，治好了成千上万的咳喘病人。就这样，一传十，十传百，人们干脆把白果姑娘送的果子称为"白果"，管结满白果的大树就叫"白果树"。又传为"张飞拴马树"。

长葛市大墙周乡大谷寺村（兴国寺遗址）

圆头冠银杏。雌株，树龄602年，树高25.0m，胸径1.11m，冠幅21.0m×21.0m，主干高4.5m。树形奇特，树干顶端有数十主枝，成丛生圆头形树冠。枝叶茂密，蔚然壮观，树干通直光滑，树冠圆头匀称，枝叶茂密而不紊乱；远看如同清秀少女，近瞧如同一把瑰丽巨伞，群众叫"美娘子树"。

据史书记载，分析明太祖（朱元璋）建朝（1368）后，才逐渐号召向平原迁民，以明成祖（朱棣）永乐年间（1403～1425）迁民者最多，此树是明朝初年从山西省洪洞县迁居来的群众栽植。

襄城县山头店乡乾明寺内

树龄500年，树高19.0m，胸径1.19m，冠幅21.0m×21.0m，主干高2.2m，生长旺盛。

漯河市郾城区龙城镇李湾村北化身台寺内

树龄600年，树高10.7m，胸径1.40m，冠幅17.5m×17.5m。据《郾城县志》记载：明代嘉靖年间，有一位远道而来的香客，为表示自己的虔诚，便移来一棵白果树栽到化身台寺院内。奇怪的是，这棵树长大后竟能预兆时运年景，它伸向哪个方向的枝条长得茂盛，哪个方向便会风调雨顺，五谷丰登。有一次，这棵树连续3年枝枯叶干，结果这3年里方圆几百里遭受大旱，庄稼颗粒无收，灾民流离失所，饿死了不少人。第四年，这棵树又奇迹般地长出了新芽，方圆几百里的庄稼这一年又奇迹般地出现了前所未有的好收成。从此，这棵树便被人们视为"神树"，当地村民百般呵护，没人敢动它一枝一叶，这也使得该树枝繁叶茂茂，茁壮成长。

舞阳县文峰乡白果树村南

雌株，树龄500年，树高21.5m，胸径1.02m，冠幅18.0m×16.0m，此树保存完整，长势旺盛。舞阳县文峰乡白果树居民是明朝时期从山西洪洞移民至此，该村以此树冠名。该树另有"树中树"之美称，在树干的缝隙中又生长成胸围1.2m、高7m、冠幅8m的构树一株和胸围4cm的楝树一株，形成了"树中树"的奇特景观。该树的北边5m处有一长30m、宽20m、深2～4m水质清澈的坑塘，每年夏季来临，"树中树"枝叶茂盛，坑塘内荷花飘香，鱼儿幽闲自游，树影倒映水中，形成一幅美丽的图画；每到秋季当构树的果实成熟时，鲜红的构果与橙黄色银杏果实形成鲜明的对比，形成独特的一树两果的奇观；每到冬季，当鹅毛大雪飘下，该树便形成了银装素裹的冰雕世界，景致十分独特。古树银杏编号：006。

村民以此为荣，自发集资用砖石围砌成周长20m、高1m的保护圈，并划定长150m、宽100m的长方形保护区。

渑池县回龙庙

树高12.0m，胸径1.38m。

卢氏县瓦窑沟乡庙上村学校院内

树龄100年，树高23.0m，胸径1.11m。

图9-5-29　禹州市鸠山乡后地村大鸿寨风景区龙泉寺（长老庵）

卢氏县瓦窑沟乡耿家店村纸槽

树龄100年，树高23.0m，胸径0.96m。

卢氏县徐家湾乡石断河村

树龄100年，树高23.0m，胸径0.96m。

卢氏县官道口乡东汉村

雌株，树龄2000年，树高25.0m，胸径1.35m，冠幅18.0m×18.0m。相传当年正逢西汉末期，天下大乱，纷争四起，王莽为夺取皇位，铲除异己，视刘秀为心腹大患。刘秀为躲避追杀，聚集势力，藏身于这个僻壤山乡，并常在村中的银杏树下习武议事。若干年后，刘秀终于夺取了政权，成为东汉开国皇帝，念及当年藏身之处、起兵之地，刘秀特赐这个小山村为"东汉村"，村中这棵银杏树也被赐名为"东汉银杏"。千百年来，东汉村的古银杏与村庄、村民相生相依，融为一体。古树根部有一古石臼，前辈们时常在树下舂米，一次可舂约2kg。那时古树下成为人们聚集之地，非常热闹；而今，石臼已被村民弃用多年，只得和古树相依作伴了。东汉村古银杏树为雌树，每年都会挂果。1995年，对古树进行人工授粉后，这一年古树结的果实格外稠，甚至还压坏了树枝，秋天采摘时，竟有1500kg。目前，古银杏树生长良好，只是局部树皮发黄，可能有病害。

南阳市卧龙区七里园乡白塔村小学院内

白塔银杏树。雌株，树龄1000年，树高14.0m，胸径1.91m，冠幅20.0m×20.0m，层层叠叠的粗大枝条旁逸斜出，姿态各异，妙趣横生。1995年以前，只开花不结果，经林业专家建议人工授粉后大量坐果，果实累累，并压折树枝。编号：豫R003。

当地村民介绍，此树是很久以前白河发大水时冲下来的一棵幼树在此扎根长大的。后来，陕西一大户人家落难在此定居。每天早晨，冉冉升起的太阳就将这棵银杏树的影子照到这家院子里，映在这家人洗脸盆里。这家人认为是吉兆，从此倍加悉心看护此树，果然树旺人兴。后来，人口逐渐增多，人们依树而居，形成村落，以白果树像座宝塔而名"白塔村"。抗日战争时期，日本人烧杀掠抢，连这棵千年古树也不放过，找来大锯，锯了整整一天，直到夜幕降临也不曾锯倒，还特意找到一块石头压着锯口作为记号，翌日清早，再去继续锯时，却发现锯口已长严实，连做记号的石头也被嵌进了锯缝中。至今树干根部西北方向上，还留下了接近胸围1/2的锯痕。也有说此树植于明代，树龄600余年。

南阳市卧龙区武侯祠三顾堂内

树龄560年，树高21.0m，胸径0.81m，冠幅15.0m×15.0m。编号：豫R008，管护单位：市博物馆。

南阳市卧龙区蒲山镇马砦村

树龄1000年，树高15.0m，胸径1.19m，冠幅15.0m×15.0m，马砦村位于白河西岸一块高地上，此树位于马砦村中央，当地村民把马砦村比作一只船，把树看做是船篙，水涨船高，寓意该村永远不受白河水患侵扰。长势中等，成枝力一般，树干中空，个别枝干枯萎。编号：豫R012，管护单位：个人。

南阳市宛城区新华街道人民公园

树龄100年，树高19.5m，胸径0.59m，冠幅14.7m×14.7m。编号：豫R032，管护单位：人民公园。

南阳市宛城区新华街道人民公园

树龄100年，树高21.5m，胸径0.55m，冠幅12.9m×12.9m。编号：豫R033，管护单位：人民公园。

南阳市宛城区新华街道医圣祠后院

树龄120年，树高18.5m，胸径0.49m，冠幅9.0m×9.0m。编号：豫R035，管护单位：医圣祠。

南阳市宛城区新华街道医圣祠后院

雄株，树龄120年，树高19.5m，胸径0.49m，冠幅7.3m×7.3m。编号：豫R036，管护单位：医圣祠。

南阳市宛城区新华街道卧佛寺街128号

树龄150年，树高27.0m，胸径0.87m，冠幅18.0m×18.0m。编号：豫R039，管护单位：卧佛寺街128号。

九龙乡普济桥（图9-5-30）

叶籽银杏。雌株，树高18.0m，胸径1.05m，冠幅24.5m×24.5m。1997年发现叶片结果，经采标本实物拍照、查对资料确定为叶籽银杏。该树在汉水流域白河支流刁河西岸，唐王桥边一学校院内，相传为唐王所栽。直径2人合抱，现主干已经埋于土中，地上可见3个主分枝。长势不旺，一年生嫩枝较少。连续两年观察，结果累累，年产白果10kg左右，其中着生叶子上的果实约占全株结实25%。

南召县留山镇马窝村丹霞寺对面（1）（图9-5-31）

复干银杏。雄株，树龄1200年，树高32.0m，胸径1.18m，冠幅24.0m×25.0m。7株同根而生，现剩下6株。地径7.5m，根系裸露，独木成林，气势磅薄，蔚为壮观，为禅宗胜地一大奇景。

因与天上"北斗七星"有对应之意，便有许多动人稀奇的传说。相传，很久以前，这里风调雨顺，邻里和睦，百姓日出而做，日落而息，过着悠然自得的田园生活。不知何时玲珑山下黑龙潭住进一个蛟龙，它无恶不做，扰乱乡里，稍不随它意，便舞风弄雨，弄得民不聊生。这年他为得到一对金童玉女而不遂，便使这里连年干旱，赤地千里，久居这里有家郝姓富户，家底殷实，德高望重，为助百姓解困散尽家财，却不能解百姓之苦，于是，带家人前去跪求蛟龙施风布雨，救民于水火之中。其实蛟龙早已看上郝家娇颜如花的小女儿，蛟龙暗自窃喜，表面上佯做应答，但条件是要郝家将小女儿许配与它。郝家想到受苦受难的百姓，百般无奈之下就允了恶龙的要求，但须等降雨后方可将女儿许配与它，果然第二天人们就迎来久别的甘露。当恶龙满怀喜悦来娶亲时，突然之间乌云密布，狂风交加，雷电轰鸣，原来郝家的救民真情感动了天庭，上天派北斗星君前来降妖除魔，一道闪光划过，北斗星君除去蛟龙，并把郝家全家祥云托起，带上天堂。为弘扬郝家舍身为民的忘我精神，达到抑恶扬善的目的，北斗星君在郝家跪求恶龙之地留下他特有的标记——七株同根的银杏树，就象七把宝剑，插在那里，镇慑妖孽不敢胡作非为，永保百姓风调雨顺，安居乐业。因七株同根的银杏树状如北斗，故人们称为"七星树"，1958年，有人借大办钢铁之名，妄砍七星树，虽众人劝阻，仍被砍去一株，说也凑巧，没过三天砍树之人便得急病而亡。自此，再也无人敢对"七星树"有非分之想了。

南召县留山镇马窝村丹霞寺大门外西侧（2）（图9-5-32）

夫妻树。雄株，树龄1000年，树高22.0m，胸径1.39m，冠幅22.0m×22.0m，位于丹霞寺山门外路边。枝下高2.2m，主干明显，

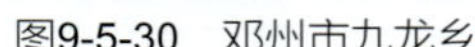
图9-5-30 邓州市九龙乡

图9-5-31 南召县留山镇马窝村丹霞寺（1）

树体向路旁倾斜，生长旺盛。

南召县留山镇马窝村丹霞寺大门外东侧（3）

夫妻树。雌株，树龄1000年，树高19.0m，胸径0.88m，冠幅10.0m×9.0m。该树同根而生一雄一雌两棵古银杏树，两株相距仅1m余，雄株在西，雌株位东，树冠呈圆形。两树合起树冠径达28m。这两株银杏树相依相偎，枝杈交错，盘根错节，微风吹来，枝叶微响，犹如一对夫妻窃窃私语，故被称作“夫妻树”。

相传寺边有一庞家大户，其子饱学多才，常到银杏树下吟诗作赋。一日，忽见一被猎人追赶的小白狐跑到他面前焦急地绕他转来转去，生性善良的庞公子顿生恻隐之心，遂用长袍将其藏于胯下骗过猎人，救下白狐。原来，这只白狐就是在该寺西面的玲珑山中修行的狐仙。狐仙为报庞公子救难之恩，便变作一风姿绰约的妙龄少女常陪庞公子在树下聊天。不料日久生情，庞公子深坠爱河，整日精神恍惚，不思学业。家人得知是被狐仙所迷，就将其锁在家中。谁知庞公子思忧成疾，不久便不治身亡。一天，人们只见两棵银杏树上一道红光闪过，两树竟连根扭在了一起。人们说这是庞公子生前和狐仙做不成夫妻，死后和狐仙一道化为精气附在了银杏树上，从此再也不分开。如今，这两棵银杏树虽然躯干已有空洞，却依旧枝繁叶茂，似乎在向世人诉说着这段凄美的爱情故事。同时，也提醒现代人，珍惜美好的爱情生活，永结同心，百年好合。

图9-5-32 南召县留山镇马窝村丹霞寺（2）

南召县留山镇上官村

树龄500年，树高16.0m，胸径0.82m，冠幅5.9m×5.9m。编号：豫R181，管护单位：大庄林场。

南召县留山镇上官村

树龄500年，树高18.0m，胸径1.37m，冠幅14.4m×14.4m。编号：豫R182，管护单位：大庄林场。

南召县留山镇上官村

树龄700年，树高21.0m，胸径1.52m，冠幅22.0m×22.0m。编号：豫R183，管护单位：大庄林场。

南召县乔端镇大竹园村白果坪

雌株，树龄1500年，树高30.0m，胸径2.87m，冠幅34.0m×32.0m，传为宋代所植，3株中最大者。巨大的树冠如同一把巨伞，将大半个小村庄笼罩在银杏树荫下，树旁40cm远处又生一小树，小树胸围4.04m，整个地围14.3m。H=500m。

据传，很久以前，一位云游至此的僧人发现这里群山环绕，灵山秀水，宝气内蕴，遂在此安寺清修，并把带来的公孙果——银杏植于寺内。随着岁月流逝，寺庙已不复存在，唯留下这棵灵气十足的银杏树。很多年以后，树旁居住一乔姓人家，全家乐善好施，子孝媳贤。但美中不足的是家中长者已年近八十，却始终未能抱上孙子。一天，老人在白果树上采一粒籽植于树根部的一个小洞内，并向白果树祈祷：“白果树仙，我把你的子孙送到你的怀抱，你若看我老汉一生德行尚可的话，就在我八十岁之前赐给我孙子吧！”春暖花开之时，白果树洞内的白果幼苗茁壮地长了出来，乔老汉果然在八十寿诞上喜得一胖孙子。喜讯像长了翅膀一样很快传遍了山里山外，很多人都效仿乔老汉的做法，在白果树周围播种白果祈衷儿孙。不过结果却有两种，德行好的人有求必应；反之，则事与愿违。于是，许多人弃恶从善终遂心愿。编号：豫R174，管护单位：村民组。

南召县乔端镇大竹园村白果坪

树龄1000年，树高15.0m，胸径1.45m，冠幅11.8m×11.8m，传为宋代所植。编号：豫R175，管护单位：村民组。

南召县乔端镇大竹园村白果坪

树龄1000年，树高17.5m，胸径1.82m，冠幅18.0m×18.0m，传为宋代所植。编号：豫R176，管护单位：村民组。

南召县乔端镇九崖村

树龄1000年，树高21.0m，胸径1.18m，冠幅19.8m×19.8m，记载有3株。南召县乔端乡政府大院，有一株上千年的古银杏，20世纪80年代中期，因乡政府规划盖房，不经上司审批就私自将古树伐掉。

南召县乔端镇石鼓村

树高20.5m，胸径1.08m，冠幅18.0m×18.0m，记载有3株。

南召县乔端镇水晶河村坡底场

雌株，树龄1000年，树高25.0m，胸径1.33m，冠幅16.0m×16.0m，3株中最大者。生长健壮，单株年产白果150kg。

南召县乔端镇水晶河村坡底场

树龄500年，树高22.7m，胸径1.08m，冠幅14.5m×14.5m。

南召县乔端镇水晶河村坡底场

树龄500年，树高27.0m，胸径0.89m，冠幅11.4m×11.4m。

南召县板山坪镇华阳宫村

树龄500年，树高19.0m，胸径2.53m，冠幅21.5m×21.5m。编号：豫R217，管护单位：华阳宫村。

南召县板山坪镇华阳宫村

树龄500年，树高23.0m，胸径2.01m，冠幅20.3m×20.3m。编号：豫R218，管护单位：华阳宫村。

方城县独树镇黄石山万寿宫

万寿宫银杏。雌株，树龄1400年，树高29.0m，胸径2.07m，冠幅27.2m×27.2m，万寿宫在方城县独树镇北10km左右的黄石山上，万寿宫前有一古老的银杏树。传说此树植于唐，至今仍然枝繁叶茂，生机盎然，苍劲挺拔，荫地一亩有余。每年可结果数千千克。当地人称之为白果大仙居处，善男信女至此，无不顶礼膜拜，祈求赐福、除邪。树后的万寿宫，是黄石山上惟一清代古建筑，相传刘秀之姐湖阳公主曾清修于此。万寿宫院内曾有一棵千年紫荆树，千百年来，银杏、紫荆交相辉映。编号：豫R228，管护单位：集体。

方城县独树乡小顶山二天门

树高20.0m，胸径0.67m。

方城县二郎庙乡大寺林场（普严寺）

普严寺银杏。雌株，树龄1250年，树高25.0m，胸径1.19m，冠幅6.6m×6.6m，枝叶繁茂，苍劲挺拔。方城普严寺，又称普严禅院、大寺。坐落于距县城21km的大乘山下，始建于唐贞观年间，宋崇宁五年（1106）重建，改名崇宁万寿寺。元明时重修，仍称普严寺，为河南四大名寺之一，先后有吉本禅师、慧果禅师、德遵禅师、慧灯禅师、云渐禅师、大洪僧人在此驻锡传灯。曾有一高僧东渡日本传经，名播海外。建有山门、中佛殿、大雄宝殿及两庑。现存山门三间，中佛殿五间。门前有千年银杏树两棵，枝叶繁茂，苍劲挺拔。该寺所处位置极佳，四周之山宛若五朵莲花。为方城县重点文物保护单位。寺院门前两边各有一古银杏，也有传说宋元扩建庙时所植。由于这两株古银杏几经雷击火烧，使得两树干中间劈裂，只剩下1/3树皮连接梢部，年年仍能开花结果。新长出的树皮逐渐将枯木愈合。编号：豫R230，管护单位：国有。

方城县二郎庙乡大寺林场（普严寺）

普严寺银杏。雌株，树龄1250年，树高24.0m，胸径1.05m，冠幅8.4m×8.4m。

方城县四里店乡达店村口

达店姊妹银杏，垂乳银杏。雌株，树龄1000年，树高21.0m，胸径2.23m，冠幅17.0m×18.0m，此处有2株姊妹树，两树相距5m，枝叶相接如姊妹牵手，树冠面积约300m²。据介绍从明代两棵树已经很粗了，年年果实累累。两树树干顶部周围向下生长出一个个根状物，如神龟探海，当地百姓称之为“千年银杏倒扎根”，姊妹银杏相依相伴。最让人称奇的是，其中一棵树上枝生出一棵黄楝树，犹如慈母抱子，形成一道自然的生长奇观。如今怀抱中的这棵黄楝树也长成了近10m高的大树。编号：豫R222，管护单位：集体。在“大炼钢铁”时，一群好事者欲伐此树，但刚到树下，一阵风吹来，树上果实纷纷落下，砸向带头者，并将其砸晕。众人惊异万分，一哄而散。据介绍从明代姓郑的老祖先从山西洪洞县大槐树底下搬到这儿的时候，这两棵是已经是很粗了，年年果实累累，在周围很有名气。

方城县四里店乡达店村口

雌株，树龄1000年，树高20.0m，胸径1.90m，冠幅17.0m×16.0m。

西峡县石界河乡通渠村白果树庄

树龄950年，树高30.4m，胸径3.34m，冠幅37.5m×37.5m。编号：豫R139，管护单位：村民组。

西峡县石界河乡杨盘村

树龄800年，树高23.0m，胸径1.50m，冠幅31.0m×31.0m。编号：豫R138，管护单位：村民组。

西峡县二郎坪乡栗坪村

唐银杏。树龄1500年，树高35.0m，胸径1.97m，冠幅18.0m×19.0m。共计100余株。该树年产银杏果1000kg。据碑文史料记载，唐高祖李渊信奉道教，大唐初年这里修建了规模宏大的上下尼姑庵，此银杏树就是建庵时庵里的尼姑所栽，唐朝末年兵荒马乱、战火纷飞，庵和树均在战乱中遭受火灾，此后庵屡建屡毁，至今庵已消失在历史的尘土中，只留下“下庵”的地名，银杏树却在风雨战火中依然屹立，顽强繁衍，形成古银树群落。

西峡县二郎坪乡栗坪村（1）（图9-5-33）

雌株，树龄500年，树高11.0m，胸径0.57m，冠幅7.0m×8.0m，枝下高1.4m。生长旺盛，树冠卵圆形，无偏冠现象，无枯梢及枯枝。主干挺直，东南侧有一分枝折断，在主干上形成一小疤痕；有分枝近10个，但分枝较小，生长旺盛。基部东南侧有萌蘖数株，紧贴母干生长。该树枝叶正常，结果量很少；树体西侧为小溪，南侧为水泥路，东侧为银杏古树园，该树位于银杏古树园入口处。N=33° 33′ 13.3″，E=111° 47′ 14.1″，H=783m。

西峡县二郎坪乡栗坪村（2）（图9-5-33）

雌株，树龄700年，树高16.0m，胸径0.89m，冠幅12.0m×11.0m，枝下高2.0m。生长旺盛，树冠形状不规则，略偏冠，北侧树冠小于南侧树冠，无枯梢及枯枝。主干挺直、粗壮，北侧长满青苔，第一大分枝距地面3.0m处有一株小的构树。有8个大的分枝，北侧7.8m处一侧枝折断，其余各分枝粗壮，生长旺盛。有复干1个，基径0.12m，高6.0m，距母干0.2m。该树枝叶正常，结果量很大；树体东南侧为溪流，西侧与北侧为路，该树位于银杏古树园内。N=33° 33′ 13.3″，E=111° 47′ 14.1″，H=783m。

西峡县二郎坪乡栗坪村（3）（图9-5-34）

雌株，树龄600年，树高11.5m，胸径0.77m，冠幅8.0m×9.0m，枝下高3.6m。生长较旺盛，树干形状不规则，与复干的树冠交叉生长在一起。主干曾遭火烧，仅存5.0m以下部位，东侧与西侧各有一块树皮连接一分枝生长，枝下高3.6m，南侧与北侧树皮被烧掉。有复干一个，高13.0m，胸径0.48m，基部与母干长在一起；有萌蘖4株，与母干的距离为0～0.4m。该树结果量较大，北侧为路与广场，东侧与南侧为小溪，该树位于银杏古树园内。N=33° 33′ 13.3″，E=111° 47′ 14.1″，H=783m。

图9-5-33 西峡县二郎坪乡栗坪村（左1；右2）

图9-5-34 西峡县二郎坪乡栗坪村（3）

图9-5-35 西峡县二郎坪乡栗坪村（4）

图9-5-36 西峡县二郎坪乡栗坪村（5）

图9-5-37 西峡县二郎坪乡栗坪村（左6；右7）

西峡县二郎坪乡栗坪村（4）（图9-5-35）

雌株，树龄1500年，树高22.0m，胸径1.50m，冠幅15.0m×14.0m，枝下高4.0m。生长旺盛，树冠卵圆形，树形优美。主干粗壮，略向东南方向倾斜，在4.0m处分为两大主干，6.5m处，西侧主干顶部折断。有12个分枝，分枝生长旺盛，以东侧第一主枝和南侧第二主枝最为粗壮。有复干3株，最大复干基径0.15m，高6.0m，距母干0.5m；有萌蘖2株，与母干距离为0～0.08m。该树结果量很大，年产白果1000kg。树体东侧与南侧为小溪，北侧为广场，西侧为路。N=33° 33′ 13.3″，E=111° 47′ 14.1″，H=784m。

西峡县二郎坪乡栗坪村（5）（图9-5-36）

雌株，树龄1700年，树高21.0m，胸径2.29m，冠幅11.0m×10.0m，枝下高2.0m。生长旺盛，树冠卵圆形，树形优美。主干挺直，粗壮，有10个主枝，集中分布于主干5.8m以上部位；树体东南侧距地面1.6m处，北侧距地面2.0m处分别有一主枝被锯掉，形成直径14～15cm的树洞，其余主枝生长旺盛。有萌蘖100余株，位于树体基部西侧，萌蘖与母干的距离为0～0.5m。该树结果量一般，东侧为民居，西侧为广场，南侧为土路，位于银杏古树园内。N=33° 33′ 13.5″，E=111° 47′ 15.1″，H=785m。

西峡县二郎坪乡栗坪村（6）（图9-5-37）

雌株，树龄1000年，树高23.0m，胸径1.30m，冠幅9.0m×10.0m，枝下高3.0m。树势衰弱，部分枝叶枯黄，大部分分枝有枯梢，并有落叶现象。主干挺直、粗壮，基部西侧生有一株基径8cm，高6.0m的桑树。有10余个分枝，分枝生长一般。有6个复干，最大复干基径7cm，高6.5m，复干与母干距离为0～0.5m。有萌蘖100余株，与母干的距离为0～0.6m。该树结果较少，位于银杏古树园内的广场东侧。N=33° 33′ 13.8″，E=111° 47′ 15.1″，H=784m。

西峡县二郎坪乡栗坪村（7）（图9-5-37）

雌株，树龄1500年，树高16.0m，胸径1.91m，冠幅15.0m×13.0m，枝下高2.8m。生长旺盛，树冠阔塔形，顶部枝条折断。主干粗壮、挺直，西南侧有一处分枝断裂后形成的腐烂。有主要分枝15个，分枝均匀分布于主干上，生长旺盛。有复干2个，最大复干基径18cm，高4.8m，距母干0.3m。树体基部除南侧外均萌生萌蘖，总共有近100株，与母干的距离为0～0.5m。该树结果量很少，西侧为小溪，东侧为土路，北侧为广场。N=33° 33′ 13.6″，E=111° 47′ 14.9″，H=783m。

西峡县二郎坪乡栗坪村（8）（图9-5-38）

雌株，树龄1500年，树高21.0m，胸径1.59m，冠幅13.0m×12.0m，枝下高1.8m。生长旺盛，树冠阔塔形，树形优美。主干挺直、粗壮，在2.0m处分为2个主干，共有分枝17个，东侧主干在3.5m处有一主枝被锯掉，2.7m处一分枝因风吹折断，西侧主干在1.8m处一分枝因风吹折断。共有5个复干，最大复干胸径0.52m，高20.0m，距母干0.1m；有萌蘖6株，贴母干生长。该树结果量很少，东侧为药园，西侧与北侧为观光路。N=33° 33′ 13.0″，E=111° 47′ 14.5″，H=783m。

图9-5-38 西峡县二郎坪乡栗坪村（8）

图9-5-39 西峡县二郎坪乡栗坪村（左9；右11）

图9-5-40 西峡县二郎坪乡栗坪村（10）

西峡县二郎坪乡栗坪村（9）（图9-5-39）

雌株，树龄600年，树高14.0m，胸径0.80m，冠幅12.0m×13.0m，枝下高4.0m。生长旺盛，树冠阔塔形，树形优美。主干挺直，共有13个分枝，分枝高度较高，集中在4.0～7.0m范围内，分枝生长旺盛。树体东侧有一萌蘖，贴母干生长。该树结果量很少，西侧与北侧为土路，东侧与北侧为农田。N=33° 33′ 35.7″，E=111° 47′ 11.6″，H=824m。

西峡县二郎坪乡栗坪村（10）（图9-5-40）

雌株，树龄1500年，树高17.0m，胸径1.59m，冠幅15.0m×12.0m，枝下高2.8m。生长旺盛，树冠阔塔形，树形优美，只有少部分枯枝。东侧根系露出地面最高达0.5m，向东延伸最远有5.0m，甚是壮观。主干挺直、粗壮，西侧从基部一直到4.5m处都有腐烂，形成深20cm、宽30cm的长沟。共有8个分枝，主干分枝处部分侧枝枯死折断，其余各分枝粗壮、旺盛。树体西侧有复干一株，胸径0.35m，高12.0m，贴母干生长。该树结果量很少，西侧为路与民居，南侧为竹林，东侧为农田。N=33° 33′ 36.7″，E=111° 47′ 11.9″，H=830m。

西峡县二郎坪乡栗坪村（11）（图9-5-39）

雌株，树龄500年，树高14.0m，胸径0.84m，冠幅13.0m×8.0m，枝下高3.8m。生长旺盛，树冠尖塔形，东西方向树冠大于南北方向树冠，部分侧枝因风折断。主干挺直、粗壮，有近20个分枝，分枝均匀分布于主干上，7.0m处一分枝折断，其余分枝生长旺盛。结果量很少，西侧为竹林，南侧和东侧为农田。N=33° 33′ 37.1″，E=111° 47′ 12.9″，H=829m。

西峡县二郎坪乡栗坪村（12）（图9-5-41）

雄株，树龄400年，树高13.0m，胸径0.60m，冠幅6.0m×7.0m，枝下高3.8m。生长旺盛，树冠长椭圆形，分枝紧凑，树形优美。主干挺直，有分枝近20个，均匀分布于主干周围，分枝生长旺盛，分枝角度较小。该树周围为农田。N=33° 33′ 37.1″，E=111° 47′ 12.9″，H=829m。

西峡县二郎坪乡栗坪村（13）（图9-5-42）

雌株，树龄1600年，树高24.0m，胸径1.81m，冠幅17.0m×16.0m，枝下高2.0m。生长旺盛，树冠阔塔形，树形优美。主干挺直粗壮，在3.5m处分为两主干，共有15个分枝，分枝生长旺盛。有复干1株，基径0.20m，高6.0m，距离母干0.3m；基部有萌蘖10余株。该树结果较少，西侧为民居，东侧为农田，南侧与北侧为树林，位于该村银杏古树群落的最北端。N=33° 33′ 45.7″，E=111° 47′ 16.1″，H=840m。

西峡县二郎坪乡二郎坪村

树龄400年，树高21.0m，胸径1.27m，冠幅17.5m×17.5m。编号：豫R128，管护单位：村委。

西峡县二郎坪乡栗坪村

树高32.0m，胸径1.69m。

西峡县二郎坪乡栗坪村

树高32.0m，胸径1.09m。

西峡县二郎坪乡栗坪村

树高25.0m，基径1.93m，多代丛生。

西峡县二郎坪乡栗坪村

树高21.5m，胸径1.05m。

西峡县二郎坪乡栗坪村

树高25.0m，基径1.85m，冠幅25.4m×22.3m。

西峡县二郎坪乡栗坪村

树高20.5m，基径1.82m。

西峡县丁河乡大岭沟

树龄1000年，树高17.2m，胸径2.16m，冠幅19.6m×19.6m。

西峡县丁河乡大林村

树龄500年，树高21.0m，胸径0.64m，冠幅23.5m×23.5m。编号：豫R059，管护单位：村委。

西峡县蛇尾乡白果树

树龄1000年，树高25.0m，胸径1.55m。

西峡县太平镇回龙寺

树龄800年，树高24.0m，胸径2.15m，冠幅15.0m×15.0m，长势衰弱。编号：豫R072。

西峡县太平镇东坪村

树龄2500年，树高32.0m，胸径2.70m，冠幅10.0m×10.0m，侧根延伸到50m以外，树干中心空洞，但树干外皮仍生长健壮，周围萌生上百株幼树，幼树团团包围着母树，形成一片银杏树林。

西峡县太平镇东坪村（图9-5-43）

雌株，树龄1500年，树高25.0m，胸径2.70m，冠幅10.0m×12.0m，枝下高3.0m。生长旺盛，树冠形状不规则，树体略向东倾斜。主干粗壮，在3.0m处分为3个较粗的分枝，其中2个分枝已被锯掉，在两主枝被锯掉的位置萌生小的侧枝30余个，剩余的主枝有8个分枝，分枝生长旺盛。主干东侧距地面0.5m处有直径20cm的圆形瘤状凸起。东侧根系裸露，露出地面最高15cm，向外延伸2.0m。有复干2株，最大复干基径8cm，高3.5m，贴母干生长；有萌蘖近10株，位于树体基部西侧，贴母干生长。该树结果较少，树下有小庙，东侧为民居，西侧与北侧为农田。N=33° 37′ 04.6″，E=111° 45′ 03.0″，H=840m。

西峡县太平镇东坪村

树龄350年，树高12.0m，胸径1.10m，冠幅10.0m×10.0m。编号：豫R071。

西峡县太平镇阴沟村

雌株，树高27.0m，胸径2.15m，1987年单株采收白果238kg。

西峡县米坪镇堂坪村

树龄550年，树高12.0m，胸径1.32m，冠幅30.0m×30.0m。编号：豫R118，管护单位：米坪上街。

西峡县米坪镇干角村

树龄380年，树高16.0m，胸径1.19m，冠幅9.0m×9.0m。编号：豫R121，管护单位：村委。

西峡县双龙镇白果树村

树龄400年，树高10.2m，胸径1.02m，冠幅10.0m×10.0m。编号：豫R123，管护单位：村委。

西峡县双龙镇双龙村

树龄350年，树高16.5m，胸径1.59m，冠幅16.0m×16.0m。编号：豫R124，管护单位：村委。

西峡县寨根乡岭村街后

树龄400年，树高25.0m，胸径1.91m，冠幅23.0m×23.0m。编号：豫R168，管护单位：村委。

西峡县军马河乡茅坪

树高18.0m，胸径1.29m，冠幅19.0m×19.0m。

西峡县军马河乡军马河村

树龄200年，树高26.0m，胸径0.53m，冠幅25.0m×25.0m。编号：豫R085，管护单位：个人。

西峡县重阳乡高家庄

树高19.0m，胸径1.16m，冠幅20.0m×20.0m。

西峡县重阳乡黄草村黄草小学

树龄600年，树高15.0m，胸径1.24m，冠幅10.5m×10.5m。编号：豫R129，管护单位：小学。

西峡县丹水镇潭沟村寺沟组

菊花山李孟银杏。树龄1000年，树高

图9-5-41 西峡县二郎坪乡栗坪村（12）

图9-5-42 西峡县二郎坪乡栗坪村（13）

图9-5-43 西峡县太平镇东坪村

24.0m，胸径1.20m，冠幅21.0m×21.0m，明代石碑记有此树。生长在南阳市西峡县丹水镇潭沟村寺沟组的两棵古银杏树，相传为李白、孟浩然当年在此游玩时共同栽植，后人建祠纪之，号“李孟祠”，现遗迹尚存。孟浩然当年在此游玩时曾留诗：“行至菊花潭，村西日已斜。主人登高去，鸡犬空在家。”此诗写他黄昏时来菊潭访友，而友人游兴正浓，天虽黑仍未归。李白也曾在此留诗：“昔在南阳城，唯餐独山蕨。忆与崔宗之，白水弄素月。时过菊潭上，纵酒无休歇。泛此黄金花，颓然清歌发。一朝摧玉树，生死殊飘忽。留我孔子琴，琴存人已殁。谁传《广陵散》，但哭邙山骨。泉户何时明?长扫狐兔窟。”据传元好问也有游菊花山的诗句：“我在正大初，作吏浙江边。山城官事少，日放浙江船。菊潭秋华满，紫稻酿寒泉。甘腴入小苦，幽光出清妍。归路踏明月，醉袖风翩翩。父老遮道留，谓我欲登仙。一别半山亭，回头余十年。江山不可越，目断西南天”。相传，西峡菊花山有一位菊花仙人，用菊潭水酿出一种“菊潭红酒”，色泽纯正，长饮高寿。每年九月九日的重阳节，菊花仙人设酒于菊花洞内，款待四方游客。编号：豫R155。

西峡县丹水镇潭沟村寺沟组

菊花山李孟银杏。树高24.5m，胸径1.02m，树龄1000年，冠幅9.0m×9.0m。明代石碑记有此树。

西峡县丹水镇潭沟村寺湾

树龄800年，树高25.5m，胸径1.15m，冠幅14.6m×14.6m。相传为李白、孟浩然当年在此游玩时共同栽植，后人建祠纪之，号“李孟祠”，现遗迹尚存。

西峡县五里桥乡孔沟村园艺场

雌株，树龄400年，树高25.0m，胸径1.75m，冠幅18.5m×18.5m，古树枝干有损伤，有枯枝、枯梢，树形苍劲趋于衰退。编号：豫R099，管护单位：园艺场。

西峡县五里桥乡孔沟村园艺场

树龄400年，树高20.0m，胸径0.61m，冠幅13.0m×13.0m。编号：豫R100，管护单位：园艺场。

西峡县黑烟镇林场

树高25.0m，胸径1.31m，冠幅13.0m×13.0m。

内乡县大桥乡南王村

树龄1000年，树高22.0m，胸径1.87m，冠幅7.5m×7.5m。编号：豫R018，管护单位：村委。

内乡县赤眉镇朱陈村

火箭树。雌株，树龄2000年，树高20.0m，胸径2.10m，冠幅17.5m×17.5m，树干挺直苍劲，树干周边又生出4棵幼树，这四棵幼树又有两搂多粗，像四根擎天玉柱，远看似“捆绑式火箭”。故，近年来，人们又起名叫“火箭树”。编号：豫R020，管护单位：村委。

相传很久以前，赤眉镇朱陈村叫王员外庄。王员外家有一女，美貌贤能，才智过人，与陈家公子青梅竹马，感情笃深，发誓非陈公子不嫁，陈公子也立志非王小姐不娶。附近朱庄有一朱员外，其子生性奸诈，欺男霸女，无恶不作。他早听说王小姐花容月貌，决意抢娶王小姐。一天，他带领恶仆拿着刀叉，向王员外家扑去，王家一时乱作一团，王小姐在逃跑时不慎跌入水井中。陈公子闻知急忙来救，但王小姐早已气断身亡；陈公子悲痛欲绝，随即也跳入井中以身殉情。王员外为纪念女儿，将小女及陈公子合葬于井边。第二年在坟旁长出了两棵白果树，一雌一雄，至宋代已长成参天大树，其果被选为贡品。据说，每到夜晚，树下会传出男女窃窃私语的说话声，其声缠绵动人。后人在此树旁建一小庙，取名“白果仙庙”以示纪念。民国时，王员外庄改名白果树村，朱陈两姓人家合为一堡。新中国成立后改为朱陈大队，现在叫朱陈村。而今朱陈两姓人家互不共事，更不通婚。新中国成立前，该树周边有12座庙，以白果仙庙香火最盛。“文化大革命”时，12座庙悉数被拆。1958年“大炼

图9-5-44 桐柏县淮源镇鸿仪河村清泉寺

钢铁”时其中一棵古银杏被砍。

又有传说，上古时，此处住一人家，两老膝下无子，半百时却忽生一傻女，天生痴呆。但二老却对小女爱若掌上明珠，饮食、穿戴等精心照顾。小女虽傻，相貌却长得出众，加上二老整日给收拾打扮，周邻街坊既羡慕又感叹。小女长到十五、六岁时，便有人提媒说亲，二老却不舍让小女嫁人。一天小女不慎坠井身亡，可把老两口气得死去活来，整日以泪洗面。不久从井口中便长出一棵银杏树，两位老人从此又以银杏树为伴，保护得无微不至。

据内乡县志记载，此白果树在北宋时已结实累累，县衙以白果籽选为贡品。多年来，此白果被当地群众敬为“神树”，据说，若有人伤其枝干必伤其人，故，无人敢动此树。1958年“大炼钢铁”时，村干部命令要伐此树，结果谁砍谁伤。用大锯锯，这边锯了那边愈合，那边锯了这边又愈合。吓得伐树人混身发冷，晕头转向，最后只好作罢。此后，方圆群众烧香磕头络绎不绝，求药、祈福，周围修了上百座小庙。

内乡县板杨乡池河村

树龄600年，树高27.0m，胸径0.80m，冠幅13.5m×13.5m。编号：豫R023，管护单位：村委。

淅川县九重镇唐王桥刁河

唐王桥银杏树，雄株。据史料记载，明太祖朱元璋的第二十三子朱柽在南阳称唐王时，与香严寺和尚交往甚密，为便于来往，遂在刁河上修建此桥。相传每当唐王过桥时，当地便有喜事传来，有人就在桥边修建了呈祥寺，寺内栽了数棵银杏树。后来，呈祥寺内的银杏树仅剩了两棵，一株为雌树，一株为雄树。“大炼钢铁”时，有人想到了银杏树。先将雌树伐倒，正待对雄树下手时，倒在地上的雌树根部白烟缭绕，且伴有丝丝饮泣声……吓得他们抱头鼠窜，雄树遂得以保留。1981年，当地在雌树的遗址上建起了学校，并修建了高高的围墙将雄树包围在内。1983年春天，人们惊奇地发现，雄树上的一些已干枯的枝干又发出了新芽。

淅川县盛湾镇

树龄850年，位于中学和小学两校中央，两家盖楼争地皮，将古银杏夹在中央狭缝间，两边树冠遭破坏。

淅川县仓房镇香严寺

树龄500年，树高22.0m，胸径1.46m，传为明永乐年间重修殿堂时所植。

桐柏县淮源镇鸿仪河村清泉寺（图9-5-44）

清泉寺白果王，垂乳银杏，汉白果树。雌株，树龄2000年，树高27.5m，胸径2.29m，冠幅24.4m×25.5m，此树位于桐柏县淮源镇鸿仪河村北4km的石鼓风南麓、泰和寨脚下，当地人称为“桐柏清泉寺千年白果王”。银杏树在清泉左侧，三山环保，翠竹掩映，古木参天，高耸入云，堪称稀世神木。相传此树植于汉代，距今已有2000余年。树左有清泉，常年不断的泉水从山中汩汩流出，在银杏树下汇成一泓清塘，树根伸入塘中，得到山泉滋养，枝繁叶茂，年年果实累累。夏日，围聚树下凉风习习，幽思暗生。树型雄伟，犹如十来棵银杏树簇生在一起。从基部萌发的根蘖也长成了大树，周围丛生的大树，簇拥着中间的母树，看上去像一个小树林。有10个树奶，其中最长的树瘤子（约2m）已经腐朽，现有一个长0.8m。听寺僧说，树生瘤，如牛生黄，狗生宝一样，非有千年的风剪霜雕是难以生成的。因此，当地人也称这棵古银杏为“白果大仙”。树基部萌蘖、复干丛生。粗的复干已和母干合生，另4个复干紧贴母干生长，枝繁叶茂，年年果实累累，1992年产果4500kg。

大树旁立有一雍正十一年（1733）《重修

清泉寺庙》碑记："粤稽桐邑之西六十里许，有古刹清泉寺，其庙前银杏之大，几越数千年之遥，观其形势，四面环山，相连木成荫，而众鸟栖息，竹林茂树，群雀噪焉……"从碑文来看，雍正十一年时，清泉寺这棵银杏已是参天巨树了。

据清乾隆十八年（1753）《桐柏县志》载："清泉寺在白草铺北上，有清泉环绕，后有古银杏一株，高耸入云，不记年历。古清泉寺，殿堂楼阁，巧雅别致，明砖唐础，圣像庄严，清泉得名皆因银杏尔，盛时香客如织，延绵数里。"

清泉寺和银杏树有许多传说。相传汉刘邦起义，曾在该寺住过，当时刘邦已抱搂不住，所以本地村民称它"汉白果树"。银杏常耸立于庙宇禅院中，气魄雄伟。僧尼把它尊为"圣树"，将果敬名为"佛果"。相传唐朝时一个郡王，来此游玩，见此处景色迷人，又有清泉，便命人建造寺院并种植数百棵银杏树，后来，郡王忙于政事忘了到寺院进香，触怒了玉皇大帝，玉帝便命雷公、电母毁了银杏树林，树林将被烧完时，为了加快进度，雷公、电母一时兴起，把雷电射向了寺院，危急时刻，这株银杏树飞枝拦住雷电。结果寺院保住了，这棵银杏树被烧死了一半。玉帝得知非常感动，为了奖赏银杏树护院有功，封为"白果大仙，永护清泉寺。"至今，人们还能找到树干被烧毁的痕迹。

距"白果王"约50m处，还有一棵冬青树，也有数百年树龄。相传玉帝为了奖励白果王护院有功，把冬青仙子许配给白果王为妻，要他们夫妻恩爱，至死不愈，冬青仙子在仙界听说了白果王的感人事迹后，早都倾心相投，在玉帝的撮合下，两人定下千年的夫妻盟约，誓死相随，永不背叛。如今，在桐柏一代有许许多多青年男女，一到谈婚论嫁的年龄，就和好友相约到白果王树下，默默祈祷能遇见如意郎君。

桐柏县淮源镇后彭村

树龄1350年，树高28.0m，胸径2.24m，冠幅26.0m×26.0m。编号：豫R043，管护单位：村委。

桐柏县固县乡固县村

树高25.0m，胸径1.77m，冠幅25.0m×25.0m，当地号称"红军树"。

桐柏县固县乡柳扒村

树高27.0m，胸径2.18m，冠幅26.0m×26.0m。

桐柏县回龙乡黄栋岗

树高25.0m，胸径1.78m，冠幅23.0m×23.0m。

唐河县源潭镇何家庄（图9-5-45）

树龄300年，树高10.0m，胸径2.22m，冠幅25.5m×25.5m。县志载明崇祯年间植，号"树翁"。主干六枝，蓬罩周围1亩，站树下大声喧话，则有呼呼应声，晨起树冠上有雾气萦绕，眺似白云浮盖。树下有口老井，其水甘美。

明朝崇祯年间，到处灾荒不断，浙江宁波府的何老贵携妻带子逃荒，一天他们走到泌阳河边实在走不动，老两口就在河边搭个庵棚住下了，一家人白天开荒种地，夜晚下河捕鱼。有一年的七八月间河里涨大水，何老贵去河边捞柴草，拣到一棵青枝绿叶的小树苗。看到小树苗，联想到自家漂泊流离的身世便落下泪来。回家就把小树栽到院子里。一年之间小白果树长得青翠茁壮，很惹人喜爱，几年后就成材了。有个冬天的夜晚，风雪交加，两个不务正业的家伙想发外财，偷偷摸摸来伐白果树，他们折腾了一夜，砍的砍锯的锯，到天破晓时往树上一看，一个个吓得目瞪口呆，树干上裹的厚冰竟连个斧锯印也没有！这俩人正要逃跑，恰巧何老贵和几个儿子开门出来，给当场捉住，被狠狠教训一顿。从此以后，远近乡里的人都说，这是家乡的银杏树。300多年来，何家人丁兴旺，当年的茅庵繁衍变成了一座村庄——何家庄。

图9-5-45 唐河县源潭镇何家庄

镇平县老庄镇杏花山菩提寺

菩提寺银杏。雌株，树龄1300年，树高24.6m，胸径1.02m，冠幅16.6m×16.6m。南阳菩提寺位于南阳市镇平县老庄乡杏花山东麓。依山而建，四重院落。该寺始建于唐，唐高宗永徽年间（650～655）由菩提禅师朱智勤主持营建。菩提寺院内和寺门前生长着3棵古银杏树，均为唐永徽年间菩提祖师朱智勤建寺时亲手栽植，距今已有1300多年。寺中石碑记载，菩提寺始建于唐高宗永徽四年（653），宋、明两代皆重修过，到了清康熙二十年（1681）又扩建成现在的规模。挺拔耸翠、枝叶婆娑，被称为"仙女化身"的古银杏，是寺内著名的景观古树。

神话传说"杏花山疫病流行，民不聊生，天上仙女下凡救助百姓，不料触怒天帝，派遣天兵天将捉拿她们，仙女们躲藏起来，一化而为分枝繁茂的银杏树。"

镇平县老庄镇杏花山菩提寺

树龄1300年，树高21.1m，胸径0.99m，冠幅12.4m×12.4m，长势衰弱。

镇平县老庄镇杏花山菩提寺

树龄1300年，树高16.0m，胸径0.92m，冠幅13.5m×13.5m。

传说在很久很久以前，菩提寺来了一个恶和尚，把原来的住持赶走后自己做了住持。他把方圆几十里的土地都霸为己有，对老百姓敲诈勒索，无恶不作。有一年附近闹瘟疫，村民没钱求医买药，死了很多人。寺内一个烧火做饭的老和尚心地善良，平时经常暗地接济穷人，这回他决定帮助村民渡过难关。受菩萨点化，他从深山中采得灵芝草捣成汁浇灌寺内3棵古银杏树，然后摘取银杏叶子和果实送给村民食用，救了不少人。恶住持知道后，命人将他绑到钟楼上吊打。谁知一棍下去，没打中老和尚却将钟楼上的那口大钟打掉了一块，而这块钟片又正好击中那个恶住持的额头，恶住持当场毙命，众和尚和附近的村民都拥戴这个烧火做饭的老和尚作了菩提寺的住持。

他让附近村民都来采摘银杏树叶和果实食用，使瘟疫得到了有效控制。因此，人们称这3棵银杏树为“医仙”。

商丘市梁园区水池铺乡沈楼村

梁园汉银杏。雌株，树龄2000年，树高20.0m，胸径2.23m，冠幅40.0m×38.0m，它根系发达，生长十分旺盛。夏季郁郁葱葱，枝繁叶茂，秋季硕果累累，周围1000m之内常能挖到它的根。一般小雨，人在树下感觉不到在下雨，常年游人不断，香烟缭绕，是难得的一景。

据考证，该树为西汉梁园遗存之树，已有2000多年的历史。史载，公元前168年，梁王刘揖骑马摔死，淮阳王刘武涉梁园，因至孝被封为梁孝王，又因其在平定七王之乱时立了大功，所以封赐最多，梁园之富居诸侯之冠，梁园之美，居天下之首。当时，梁孝王刘武与著名文学家司马相如、枚乘、邹阳等经常在梁园吟诗作赋，留下了千古佳话。后来李白也留有“一朝去京国，十载客梁园”的诗句。树干基部盘根虬曲，犹如数条巨龙匍匐地上，蔚为壮观。如今，附近村民精心保护古树，拉土掩埋树根，使庞大的树体得以复壮，长势旺盛，枝繁叶茂。

永城市芒山镇芒砀山凤凰城遗址

芒砀山银杏，张飞拴马银杏树。雌株，树龄1700年，树高21.0m，胸径1.85m，冠幅16.0m×16.0m，从主干上长出四大主枝。主枝基部直径，东边的一枝为0.99m，西边的一枝为0.91m，南边的一枝为1.04m，北边的一枝为0.74m。传说这四大主枝就是因为当年张飞的马把中心枝啃断以后长出来的，故说是“张飞拴马树”。永城市以北33km，有一座石灰岩质小山，名叫芒砀山。在山的南坡这株高大的银杏树，相传三国时张飞曾在该树上拴过马。古树高大森然，蔚为壮观。在这株银杏古树的北面，约有1.5km处，有一个小山头，地名叫“张飞寨”，名称从古沿袭至今。小山头四周石砌山寨残基犹存，清晰可辨。管护责任人：芒山林场刘长军，编号：豫N07。

永城市芒山镇芒砀山古井

古井银杏树。雄株，树高23.0m，胸径1.02m，冠幅19.0m×19.0m，树龄500多年。永城市芒砀山主峰南坡的崖石上有一眼古井，全由石头砌成，非常精致，此井一直在使用，石头磨得黑亮。井口道直径约1m，井口到井中水面约6m，能看到清澈洁净的井水，井水味甘纯正。不远处的银杏树，称为古井银杏树。古井银杏树与张飞拴马银杏树相距100m，是一棵雄株。汉高祖刘邦斩蛇起义后隐匿于芒砀山紫气岩，后人在此南面修建了一座高祖庙，银杏树就是当年庙内法师所植，古井也由法师所挖。清朝归德知府赵瑗曾在《芒山十四首》诗里记载此古井：“澄定久天波，传言不可食。镇以石敢当，孰使我心恻”。高祖庙在唐天宝年间易名静林寺，后又改为王宫寺，宋真宗赐名“均庆寺”。元、明时该寺屡遭兵焚屡修。清乾隆五十二年（1787）永城人周梦龙在此建芒山书院，文风极盛一时。庙内碑刻甚多，现仅存清康熙时《闻机和尚重修均庆寺东院大殿落成序》碑一尊。芒山书院有大门石匾额一方，上书“芒山书院”四个大字，字大如斗，苍劲浑厚。管护责任人：芒山林场刘长军，编号：豫N08。

永城市演集镇李林村

雌株，树高20.0m，胸径1.02m，冠幅18.0m×18.0m，树龄1000年。位于永城市演集镇李林村李氏祠堂，李氏祠堂为陇西堂旧址，旧有秦琼、尉迟敬德石像等。主杆高3m，分枝粗壮，树冠微偏西北，树势生长旺盛，能正常结果。该树距今已1000余年，为国家一级保护古树，2003年建房屋三间及围墙，有专人保护。责任人：李林村李建军、李洪魁，编号：豫N13。

永城市裴桥乡马庄村

树高21 0m，胸径1.05m，冠幅20.0m×20.0m。

永城市李寨乡曾楼村麻冢集抗大四分校遗址

抗大古银杏。树龄1300年，树高23.5m，胸径2.32m，冠幅14.5m×14.5m，此处有2株。树干东面的下部枝条枯死较多，冠幅稀短，西面下部枝条冗长，枝叶茂密，冠幅较长。1940年3月18日，新四军游击支队在随营党校的基础上，创办了中国人民抗日军政大学第四分校，彭雪枫任校长，吴芝圃任副校长，这是新四军创办最早、培养人数最多、历史最长的一所军政党校，为边区政府和军队培养了近2000名党政军干部，豫皖苏抗日根据地的大批军政人才都是从这里走出去的，被誉为革命青年摇篮。四分校是利用麻冢集北头泰山庙为教室，现尚存大殿3间，墙上还留有用红土书写的大幅标语：“学习革命理论，坚定政治方向”，“提高技术水平，加强抗战力量”。标语下面还设有“学员栏”等。大殿西有学员自建的大礼堂。南有学员操场，而这棵古银杏树下就是学员当年的露天课堂。1987年，这棵银杏和抗日军政大学四分校遗址一起被河南省人民政府列为重点文物保护单位。立碑纪念，称为“抗大古银杏”。管护责任人：曾楼村曾昭文，编号：豫N16。

虞城县东关镇罗庄县农场

树龄422年，树高19.0m，胸径1.23m，冠幅12.0m×12.0m，方圆群众常年到此树下烧香磕头，有人传说白果树树皮能治百病，不但烧香乞求保佑，还将树皮剥掉拿到家里熬药，竟把整个大树干剥得净光。现已死亡。

罗山县涩港乡莲塘寺

树龄2000年，树高36.0m，胸径2.01m，冠幅20.0m×20.0m，生长环境差，古树皮被剥严重，生长不良。为信阳地域最大的银杏树，号称“汉白果”。

罗山县涩港镇同心村灵山寺

树龄1300年，树高32.5m，胸径1.15m，冠幅17.0m×17.0m。灵山虽美，但灵山寺的名气更大。位于灵山麓的灵山寺始建于唐朝，由唐明皇之女受命在此营建，建成后在此修行。皇姑故后，被封为国庙。明朝开国皇帝朱元璋，贫困时在此受到寺僧的施舍，登上皇帝宝座后，朱元璋亲往降香，敕封金碧峰禅师为主持僧，并亲笔题定了“圣寿禅寺”4个大字。

罗山县铁铺乡何家冲村

树龄800年，树高30.0m，胸径1.50m，冠幅15.0m×15.0m，号称“红军白果树”。树旁立有碑文：“红二十五军长征出发处——白果树，树高30m，直径1.5m，距今已有800年以上的历史。1934年11月16日，红二十五军全体将士在此树下集合，高举“中国工农红军北上抗日第二先遣队”的旗帜，发布《中国工农红军北上抗日第二先遣队出发宣言》整队出发，开始长征。”故人们由此叫“红军白果树”，

光山县晏河乡杨帆村净居寺（图9-5-46）

树生树银杏，东坡魂归古银杏。雌株，树龄1200年，树高26.0m，胸径2.15m，冠幅21.0m×25.0m，枝下高1.8m。生长旺盛，树冠庞大，阔塔形，树形优美，无枯梢及枯枝。主干挺直、粗壮，西南1.5m处，东南1.3m处分别有一个断枝形成的树洞，这些树洞已用水泥封堵；西侧2.3m处生有一株基径0.3m，高10.0m的黄连木，此黄连木已与母干融合在一起，枝干直冲冠外，树龄亦有300多年；桑树较小，胸围42cm，高1.5m；东侧2.3m处生有一株构树。当地群众称这裸古银杏为“同根三异树”。主干有8个分枝，分枝均从1.8～2.3m范围内生出，向四周均匀分散，甚是优美。该树枝叶正常，无复干与萌蘖，无垂乳着生，结果量少。树体西侧为净居寺，东侧与南侧为民居，基部有围栏保护，根系无裸露。枝干健壮，枝叶茂密，神态怡然，宛如巨伞。每年九十月份结果累累。1983年结白果100kg，为信阳地区银杏之王。N=32° 52′ 16.1″，E=114° 48′ 22.7″，H=112m。

光山县城西南22.5km有座苏山，这里四面环山，风景秀丽，半山腰处有座寺院，名为净居寺。据县志记载：净居寺建于北齐，这棵

图9-5-46 光山县晏河乡杨帆村净居寺

图9-5-47 新县卡房乡古店村（左2；右5）

古银杏为唐朝道岸、定易二和尚合栽。历代文人墨客也在树下留下不少佳句。宋代诗人梅尧臣曾写诗赞此树："百岁蟠根地，双阴净梵居。凌云枝已密，似蹼叶非疏"。北宋大文学家苏东坡曾在此树下读书，与银杏结下不解之缘，他在银杏盛果时欣然命笔："四壁峰山，满目清秀如画；一树擎天，圈圈点点文章。"诗人视银杏树为擎天柱，喻累累银杏果实为奇妙文章，表达了对银杏树的敬慕之情。

光山县南向店乡陈畈村

树高16.0m，胸径1.40m，冠幅18.5m×18.5m，此处有2株。

光山县南向店乡环山村白果树湾村民组一农户院西边

雌株，树龄1000年，树高27.0m，胸径1.34m，冠幅17.5m×17.5m，地围4.7m，因生长在池塘边，土壤为沙砾壤土，水肥丰富，长势旺盛，结果量大，每年都会有部分大枝丫被果实压折，使得树冠残缺不饱满。

光山县马畈乡

树高18.0m，胸径1.11m，冠幅19.0m×19.0m。

新县沙窝乡关帝庙遗址

树高17.5m，胸径1.01m，冠幅16.8m×16.8m。

新县浒湾乡白果树村

树高18.5m，胸径1.32m，冠幅19.0m×19.0m，此处有2株。

新县郭家河乡郭家河村

树高18.0m，胸径1.00m，冠幅19.5m×19.5m，此处有3株。

新县郭家河乡杨树湾村

树高20.5m，胸径1.08m，冠幅21.5m×21.5m，此处有2株。

新县泗店乡邹河村

树高19.5m，胸径0.99m，冠幅20.0m×20.0m。

新县周河乡西河村

雌株，树高19.0m，胸径1.20m。

新县周河乡西河村

雌株，树高14.0m，胸径1.46m。

新县卡房乡古店村（1）

雌株，树龄200年，树高9.0m，胸径0.51m，冠幅9.0m×10.0m，枝下高3.0m。生长旺盛，树冠阔塔形。主干挺直，有12个分枝，均匀分布于主干周围，各分枝生长旺盛。枝叶正常，有复干一个，高5.0m，胸径0.12m，紧贴母干生长。该树结果量大。树体周围为10～15年生地银杏小树，位于该村银杏古树群落内。N=31° 38′ 34.2″，E=114° 35′ 24.3″，H=191m。

新县卡房乡古店村（2）（图9-5-47）

雌株，树龄500年，树高15.0m，胸径

图9-5-48 新县卡房乡古店村（4）

图9-5-49 新县卡房乡古店村（9）

0.62m，冠幅11.0m×10.0m，枝下高4.0m。生长旺盛，树冠卵圆形，树形优美，部分小侧枝枯死。主干挺直，光滑，有分枝近10个，各分枝生长旺盛。该树结果量很大。该树西侧为银杏园，东侧为水沟和井。N=31° 38′ 32.2″，E=114° 35′ 24.3″，H=190m。

新县卡房乡古店村（3）

雌株，树龄120年，树高12.0m，胸径0.33m，冠幅6.0m×8.0m，枝下高3.0m。生长旺盛，树冠尖塔形。主干挺直，有8个分枝，各分枝生长旺盛。枝叶正常，有萌蘖12株，紧贴母干生长。该树结果量一般，西侧为银杏园，东侧有小路。N=31° 38′ 34.2″，E=114° 35′ 25.3″，H=192m。

新县卡房乡古店村（4）（图9-5-48）

雄株，树龄800年，树高14.0m，胸径0.95m，冠幅9.0m×10.0m，枝下高4.0m。生长旺盛，树冠倒卵形，树形优美。主干挺直，粗壮，有16个分枝，主要集中在5.0～7.0m范围内，分枝角度小，较紧凑，各分枝生长旺盛。该树东侧为银杏园，南侧为民居，西侧与北侧为树林，伴生树种为棕榈、竹子等。N=31° 38′ 31.0″，E=114° 35′ 20.0″，H=194m。

新县卡房乡古店村（5）（图9-5-47）

雌株，树龄100年，树高10.0m，胸径0.45m，冠幅7.0m×6.0m，枝下高2.5m。生长旺盛，树冠卵圆形，树形优美。主干挺直，有6个分枝，分枝生长旺盛，枝叶正常。有复干一个，高9.0m，基径0.20m，与母干距离为0.05m。此树结果量较少，树体东侧为银杏园，西侧为小路，伴生树种为泡桐、黄连木等。N=31° 38′ 31.5″，E=114° 35′ 26.0″，H=192m。

新县卡房乡古店村（6）

雌株，树龄100年，树高9.0m，胸径0.25m，冠幅6.0m×3.0m，枝下高2.0m。生长旺盛，偏冠，东侧基本无树冠，树冠基本集中在西侧。主干纤细、挺直，有5个大的分枝，分枝生长旺盛。有2个复干，最大复干高8.0m，胸径0.18m，复干与母干的距离为0.05～0.12m。结果量较小。该树东侧为银杏园，西侧为民居。N=31° 38′ 31.0″，E=114° 35′ 26.0″，H=192m。

新县卡房乡古店村（7）

雌株，树龄150年，树高8.0m，胸径0.33m，冠幅6.0m×5.0m，枝下高2.0m。生长旺盛，树冠形状不规则，北侧树冠远小于南侧树冠，树体南侧部分侧枝梢部枯死。主干纤细、挺直，有3个分枝，各分枝生长旺盛。有一个复干，高5.0m，胸径0.15m，距母干0.1m。该树枝叶正常，结果量较小。该树南侧与西侧为民居，北侧为银杏园，东侧为小路，伴生树种为泡桐。N=31° 38′ 30.0″，E=114° 35′ 26.8″，H=193m。

新县卡房乡古店村（8）

雌株，树龄200年，树高11.0m，胸径0.40m，冠幅8.0m×7.0m，枝下高2.0m。生长旺盛，树冠阔塔形。主干挺直、纤细，有8个分枝，分枝都较细小。有复干一个，高5.0m，胸径0.12m，距母干0.15m。该树枝叶正常，结果量小。此树南侧为民居，南侧为小路。N=31° 38′ 30.0″，E=114° 35′ 26.8″，H=193m。

新县卡房乡古店村（9）（图9-5-49）

雌株，树龄200年，树高7.5m，胸径0.51m，冠幅7.0m×7.0m，枝下高2.0m。生长旺盛，树冠阔塔形，树形优美，无枯枝，无枯梢。主干略向西倾斜，有4个分枝，各分枝生长旺盛。基部有萌蘖200余株，萌蘖与母干的距离为0～1.0m。该树枝叶正常，无垂乳着生，结果量较少，树周围全为民居。N=31° 38′ 28.2″，E=114° 35′ 26.4″，H=194m。

新县卡房乡古店村（10）

雌株，树龄600年，树高12.0m，胸径0.72m，冠幅8.0m×9.5m，枝下高2.5m。生长旺盛，东侧树冠远小于西侧树冠。主干挺直、粗壮，有9个分枝，分枝生长旺盛。枝叶正常，结果量较小。该树位于该村银杏古树群落中最南端，周围为民居。N=31° 38′ 28.0″，E=114° 35′ 26.1″，H=194m。

新县卡房乡胡河村（1）（图9-5-50）

雌株，树龄600年，树高14.0m，胸径0.68m，冠幅10.0m×8.0m，枝下高1.9m。树势衰弱，树冠塔形，7.0m以上树冠接近全枯死。主干挺直，有10余个分枝，主要分枝成层分布，7.0m以下各分枝生长较旺盛。枝叶正常，此树未见结果，但据当地人讲，该树以前结果。树体北侧与西侧为民居，南侧与东侧为柏油路，树下有桑树、构树和泡桐等树种伴生。编号：523。N=31° 38′ 47.3″，E=114° 33′ 19.5″，H=106m。

新县卡房乡胡河村（2）（图9-5-50）

雌株，树龄700年，树高15.0m，胸径0.78m，冠幅11.0m×9.0m，枝下高6.0m。整体生长旺盛，树冠塔形，有部分树梢枯死，东北方向一主枝顶部枯死。主干挺直，有直径小于5cm的瘤状凸起着生，共有15个分枝，分枝主要集中于6.0～7.0m的范围内，各分枝生长旺盛。枝叶正常，该树结果量一般，南侧与东侧为民居，北侧为柏油路，伴生树种为石榴树。N=31° 38′ 47.3″，E=114° 33′ 19.5″，H=106m。

新县卡房乡胡河村（3）（图9-5-51）

雌株，树龄700年，树高13.0m，胸径0.73m，冠幅12.0m×10.0m，枝下高2.8m。生长旺盛，树冠阔塔形，东侧树冠明显小于西侧，形成偏冠。主干挺直、粗壮，略向西倾斜

图9-5-50 新县卡房乡胡河村（左1；右2）

图9-5-51 新县卡房乡胡河村（左3；右4）

图9-5-52 新县卡房乡胡河村（左5；右6）

10°，南侧主干2.8～3.0m处有4个分枝干枯断裂。共有分枝11个，5.0m处的4个分枝为此树的主要分枝。枝叶正常。该树结果量很少，西侧和南侧为民居，东侧为古银杏园，北侧为柏油路。编号：463。N=31° 38′ 47.3″，E=114° 33′ 19.5″，H=106m。

新县卡房乡胡河村（4）（图9-5-51）

雌株，树龄1200年，树高18.0m，胸径0.89m，冠幅14.0m×12.0m，枝下高2.5m。生长旺盛，树冠阔塔形，树形优美，但有少部分侧枝枯死。主干挺直粗壮，有大的分枝20余个，主要分布在主干2.5～6.5m范围内，各分枝生长旺盛。叶子正常，东南侧枝条下垂。该树结果量较小，位于该村银杏古树园内，东侧为小河，西侧为民居。树旁有古银杏园碑记：相传盛唐时期，胡河村连年水灾肆虐，一方士云游至此曰：此村形似船而无龙骨是为排地以至水患，如愿五谷丰登、子孙繁昌，需植公孙树护佑。于是村民遍访名山得树，栽树立桩连排为舟，自此，风调雨顺，村民安居乐业。2002年，经中国银杏协会专家考证，古银杏群树龄最长者454号树，树龄达1200年，书写了中原最早人工栽植银杏树的历史。寿龄绵长的古银杏群以其苍劲的体魄见证了历史的沧桑巨变，目睹了英勇的卡房人民为新中国立下的汗马功劳。1958年“大炼钢铁”时，当地群众闻风而起，抗争，抗争，终始千年银杏得以余荫后人。2006年，古银杏群被申报为古树名木，并得以保护。2010年，乘农村改革发展综合试验区之东风，卡房乡党委，政府投资40余万元，对古银杏群建园保护，让千年银杏在新时代里见证社会主义新农村的勃勃生机与和谐繁荣。N=31° 38′ 47.3″，E=114° 33′ 19.5″，H=106m。

新县卡房乡胡河村（5）（图9-5-52）

雌株，树龄600年，树高16.0m，胸径0.70m，冠幅13.0m×9.0m，枝下高3.1m。生长旺盛，树冠形状不规则，东侧树冠偏小，有少部分枯梢。主干挺直粗壮，西南侧5.5m处、北侧7.5m处、西北侧8.9m处分别有一枯枝，且枯枝大部分都已折断。主干共有主枝2个，在4.2m处分开，分枝10余个，各分枝生长旺盛，枝叶正常。该树北侧一主枝结果量较大。树体基部有一猪圈，堆放有柴草，西侧为路，东侧为银杏古树园。编号：452。N=31° 38′ 47.3″，E=114° 33′ 19.5″，H=106m。

新县卡房乡胡河村（6）（图9-5-52）

雌株，树龄1200年，树高18.0m，胸径0.92m，冠幅10.0m×9.5m，枝下高4.8m。古树园内最大一株。生长旺盛，树冠阔塔形，树形优美，无枯梢及枯枝现象。主干粗壮，向南倾斜，树干光滑，东侧4.5m处有两分枝断裂；基部西北侧有一面积0.5m^{2}的树皮脱

图9-5-53　新县卡房乡胡河村（7）
（注：箭头示垂乳）

图9-5-54　新县卡房乡胡河村畈上组（左8；右9）

落。主干在4.8m处分为三大主干，其中一主干较小，东侧和西侧两主干较粗壮，共有分枝10余个，各分枝生长旺盛。枝叶正常。该树位于银杏古树园内，为银杏园内树龄最长的一株；西侧有猪圈，东侧为小河。编号：454。N=31° 38′ 47.3″，E=114° 33′ 19.5″，H=106m。

新县卡房乡胡河村（7）（图9-5-53）

雌株，树龄800年，树高16.0m，胸径0.76m，冠幅12.0m×19.5m，枝下高2.0m。生长旺盛，树冠阔塔形，树形优美。主干挺直，树体基部西北方向有一处长0.5m，宽0.5m的树皮脱落区域。共有分枝20余个，主要分枝在主干上层状分布，生长旺盛，侧枝下垂。枝叶正常，无复干与萌蘖；有垂乳2个，着生于主干第一分枝距地面2.0m处，最大者基径10cm，长15cm。该树结果量较大，位于银杏古树园内，东侧为小河，西侧为民居。编号：453，N=31° 38′ 47.3″，E=114° 33′ 19.5″，H=106m。

新县卡房乡胡河村畈上组（8）（图9-5-54）

雌株，树龄600年，树高18.0m，胸径0.70m，冠幅13.0m×12.0m，枝下高2.2m。生长旺盛，树冠阔塔形。主干挺直，向东倾斜5°，共有分枝近20个，在主干上分布均匀，各分枝生长旺盛。枝叶正常。该树结果量很大，致使部分枝条弯曲下垂。此树东侧为柏油路，西侧为民居与农田。编号：482。N=31° 38′ 10.4″，E=114° 33′ 44.0″，H=112m。

新县卡房乡胡河村畈上组（9）（图9-5-54）

雌株，树龄800年，树高17.5m，胸径0.84m，冠幅12.0m×10.0m，枝下高5.5m。整体生长呈衰弱趋势，树冠阔塔形。主干粗壮，向东倾斜10°，在6.0m处分为两大主干，共有分枝近20个，各分枝长势一般。枝条正常，叶片边缘呈黄色，有干枯趋势。该树结果量很大，致使部分枝条弯曲下垂。此树东侧为柏油路，西侧为民居与农田。编号：451。N=31° 38′ 10.4″，E=114° 33′ 44.0″，H=112m。

新县卡房乡胡河村畈上组（10）（图9-5-55）

雌株，树龄700年，树高17.0m，胸径0.77m，冠幅12.0m×12.0m，枝下高4.0m。生长旺盛，树冠阔塔形，树形优美，无枯梢及枯枝。主干粗壮，向东倾斜5°；有3个主枝，10余个分枝，各分枝生长旺盛。该树结果量很大，致使部分枝条弯曲下垂。此树东侧为柏油路，西侧为民居与农田。编号：471。N=31° 38′ 10.4″，E=114° 33′ 44.0″，H=112m。

新县卡房乡胡河村畈上组（11）

雌株，树龄500年，树高16.0m，胸径0.62m，冠幅12.0m×12.0m，枝下高5.0m。生长旺盛，树冠阔塔形，树形优美。主干光滑、挺直，共有分枝13个，分枝都较细，集中于主干距地面7.5m的地方，各分枝生长旺盛。该树结果量很大，致使部分枝条弯曲下垂。此树东侧为柏油路，西侧为民居与农田。编号：477。N=31° 38′ 10.4″，E=114° 33′ 44.0″，H=112m。

新县卡房乡古店村三畈组

雌株，树高15.0m，胸径1.23m。

新县千斤乡杨高山村（1）

雌株，树龄200年，树高11.0m，胸径0.42m，冠幅6.0m×6.0m，枝下高3.0m。生长旺盛，树冠卵圆形，树形优美。主干略弯曲，有近10个分枝，均匀分布于主干周围，各分枝生长旺盛。枝叶正常，基部萌生萌蘖100余株，萌蘖与母干的距离为0～1.0m。该树结果量很少，树体周围为农田和树林，伴生树种有竹子、杨树和泡桐等。N=31° 42′ 34.7″，

图9-5-55 新县卡房乡胡河村畈上组（10）

图9-5-56 新县千斤乡杨高山村（左7；右10）

E=114° 41′ 53.5″，H=329m。

新县千斤乡杨高山村（2）

雌株，树龄220年，树高12.0m，胸径0.45m，冠幅10.0m×8.0m，枝下高3.0m。生长旺盛，树冠阔塔形，树形优美。南侧根系露出地面最高8cm，向南延伸1.2m。主干挺直，东侧生有一株凌霄，缠绕主干向上延伸4.5m；有分枝10余个，均匀分布于主干周围，各分枝生长旺盛。该树枝叶正常；基部西侧有萌蘖50余株，与母干的距离为0.2～0.6m。该树结果量较小，周围为茶园。N=31° 42′ 34.9″，E=114° 41′ 53.1″，H=329m。

新县千斤乡杨高山村（3）

雌株，树龄300年，树高13.0m，胸径0.52m，冠幅11.0m×12.0m，枝下高5.0m。生长旺盛，树冠阔塔形。主干挺直、粗壮，有13个分枝，各分枝呈螺旋状分布于主干上，生长旺盛。该树枝叶正常。基部萌生萌蘖100余株，萌蘖与母干的距离为0～0.5m。此树结果量很少，西侧为农田，东侧为树林，伴生树种为杉木。N=31° 42′ 35.1″，E=114° 41′ 53.1″，H=326m。

新县千斤乡杨高山村（4）

雌株，树龄400年，树高14.0m，胸径0.55m，冠幅12.0m×10.0m，枝下高5.5m。生长旺盛，树冠阔塔形。主干挺直，东侧2.8m处有一圆形瘤状凸起，该瘤状凸起直径12cm，厚5cm。有12个分枝，分枝呈螺旋状均匀着生在母干上，各分枝生长旺盛。该树枝叶正常。基部周围有萌蘖近50余株，与母干的距离为0～0.5m。该树结果量小，周围为农田。N=31° 42′ 35.2″，E=114° 41′ 50.1″，H=325m。

新县千斤乡杨高山村（5）

雌株，树龄200年，树高11.0m，胸径0.49m，冠幅7.0m×10.0m，枝下高5.5m。生长旺盛，树冠形状不规则，西侧树冠远小于东侧。主干挺直，西侧覆盖有攀援植物凌霄，有分枝近10个，各分枝生长旺盛。该树枝叶正常。基部萌生萌蘖近100株，与母干的距离为0～0.8m。此树结果少，周围为农田，伴生树种有桑树、构树等。N=31° 42′ 35.8″，E=114° 41′ 51.1″，H=323m。

新县千斤乡杨高山村（6）

雌株，树龄200年，树高11.0m，胸径0.50m，冠幅10.0m×11.0m，枝下高5.9m。生长旺盛，树冠形状不规则，北侧树冠远小于南侧树冠。主干挺直，共有8个大的分枝，各分枝生长旺盛。该树枝叶正常，结果量较少。该树周围为农田，伴生树种为茶树。N=31° 42′ 37.8″，E=114° 41′ 50.0″，H=322m。

新县千斤乡杨高山村（7）（图9-5-56）

雌株，树龄800年，树高13.0m，胸径0.76m，冠幅11.0m×13.0m，枝下高5.0m。生长旺盛，树冠尖塔形，树形优美。基部根系裸露，高出地面0.5m，向周围延伸2.0m，甚是壮观。主干挺直、粗壮，有分枝11个，各分枝生长旺盛。该树枝叶正常，结果量较少。树体东侧为民居，南侧为农田，北侧为一水塘。N=31° 42′ 38.9″，E=114° 41′ 58.5″，H=320m。

新县千斤乡杨高山村（8）右（图9-5-57）

雌株，树龄800年，树高15.0m，胸径0.55m，冠幅11.0m×13.0m，枝下高3.6m。生长旺盛，与左侧一株相距1.0m。树形优美。两树主干粗壮，都略向西倾斜，有10个分枝，东侧第二分枝折断，其余生长旺盛。在基部萌生萌蘖10余株，紧贴母干生长。北侧为一水塘，东侧为民居，西侧与南侧为

图9-5-57 新县千斤乡杨高山村
（注：1. 右8左9；2. 9；箭头示垂乳）

农田。N=31° 42′ 38.9″，E=114° 41′ 58.5″，H=320m。

新县千斤乡杨高山村（9）左（图9-5-57）

雌株，树龄800年，树高15.0m，胸径0.58m，冠幅11.0m×13.0m，枝下高4.0m。生长旺盛，有分枝12个，分枝生长旺盛；有垂乳7个，最大垂乳位于树体西北侧第一分枝距地面6.0m处，基径15cm，长18cm。N=31° 42′ 38.9″，E=114° 41′ 58.5″，H=320m。

新县千斤乡杨高山村（10）（图9-5-56）

雌株，树龄550年，树高15.0m，胸径0.64m，冠幅12.0m×14.0m，枝下高6.0m。生长旺盛，树冠阔塔形，树形优美，仅部分小侧枝枯死。主干挺直，分枝高度较高，有18个分枝，主要分布在6.0～10.0m范围内，各分枝生长旺盛。有垂乳2个，着生于主干西南侧距地面6.0m第一分枝处，最大的基径5cm，长8cm。该树结果量较小，西侧与南侧为水塘，东侧为民居。N=31° 42′ 39.0″，E=114° 41′ 59.1″，H=320m。

新县千斤乡杨高山村（11）（图9-5-58）

雌株，树龄600年，树高18.0m，胸径0.65m，冠幅11.0m×14.0m，枝下高5.0m。生长旺盛，树冠阔塔形。主干粗壮、高大，分枝高度较高，主干向南倾斜15°；有分枝近10个，分枝集中在7.5～10.0m范围内，各分枝生长旺盛。该树枝叶正常。结果量较少，树体南侧为水塘，其余各方向为民居。N=31° 42′ 39.2″，E=114° 42′ 00.8″，H=320m。

新县千斤乡杨高山村（12）（图9-5-58）

雌株，树龄600年，树高18.0m，胸径0.70m，冠幅10.0m×9.0m，枝下高2.7m。生长旺盛，树冠阔塔形。主干挺直粗壮，共有13个大的分枝，各分枝生长旺盛。该树枝叶正常，主干西北侧7.5m处有一垂乳，基径5cm，长6cm。该树结果量较小，南侧为水塘，其余各个方向都为民居。N=31° 42′ 39.2″，E=114° 42′ 00.8″，H=320m。

新县千斤乡杨高山村（13）

雌株，树龄550年，树高11.0m，胸径0.60m，冠幅7.0m×8.0m，枝下高6.0m。生长旺盛，树冠阔塔形，树形优美。主干挺直，分枝高度较高，有8个分枝，分枝集中于主干6.0m以上，各分枝生长旺盛。该树枝叶正常。该树结果很多，树体东侧为民居，西侧为水泥路。N=31° 42′ 41.8″，E=114° 42′ 56.6″，H=324m。

新县千斤乡杨高山村（14）（图9-5-59）

雌株，树龄1000年，树高15.0m，胸径1.11m，冠幅10.0m×10.0m，枝下高8.0m。生长旺盛，树冠形状近阔塔形，但北侧树冠远小于南侧树冠，形成偏冠。东侧少部分根系裸露，高出地面最高15cm。有两大主干，二者在距地面1.5m以下，基部西侧有1.0m^{2}的树皮脱落。共有分枝20余个，分枝在主干上分布均匀，各分枝生长旺盛。该树枝叶正常，结果量较少。该树北侧有枯死银杏树的树桩，树桩上有一复干，此枯树基径为0.33m。该树东侧为水泥路与民居，西侧为树林，伴生树种为柿树和竹子。N=31° 42′ 41.9″，E=114° 42′ 48.6″，H=322m。

新县千斤乡杨高山村（15）（图9-5-60）

雌株，树龄500年，树高13.0m，胸径0.59m，冠幅10.0m×9.0m，枝下高6.5m。生长旺盛，树冠阔塔形，树形优美。主干挺直，共有10个分枝，分枝高度较高。该树枝叶正常，结果量很大。该树西侧为树林，东侧为水泥路与民居，伴生树种为杨树、柿树和杉树等。N=31° 42′ 42.9″，E=114° 42′ 49.6″，H=322m。

新县千斤乡杨高山村（16）（图9-5-60）

雌株，树龄500年，树高15.0m，胸径0.50m，冠幅9.0m×7.5m，枝下高5.5m。生长旺盛，树冠塔形。主干挺直，共有10余个分枝，分枝高度较高，主要集中在6.0m以上。有复干一株，基径5cm，高3.0m，距母干0.15m。该树枝叶正常。树体东侧为民居，西侧为水库，基部周围建有牛棚。N=31° 42′ 44.9″，E=114° 42′ 48.6″，H=320m。

商城县长竹园乡黄柏山法眼寺（图9-5-61）

雄株，树龄1000年，树高24.0m，胸径2.00m，冠幅13.0m×13.0m，法眼寺门前左、右各1株，枝下高9m左右，枝繁叶茂，生长旺盛，枝干挺拔。相传是南宋年间妙湛禅师在此建报恩寺时亲手所栽，有1000多年的历史。法眼寺附近还分布有13株古银杏，平均树高20m，平均胸径0.85m，经专家测定，树龄

图9-5-58 新县千斤乡杨高山村（近11；远12）

图9-5-59 新县千斤乡杨高山村（14）

均在400年以上。

商城县长竹园乡黄柏山法眼寺

树高20.0m，胸径0.85m，树龄400年。

商城县长竹园乡黄柏山法眼寺

雄株，树龄1000年，树高28.0m，胸径1.73m，冠幅15.0m×15.0m。

商城县苏仙石乡柯楼村

雄株，树龄150年，树高11.0m，胸径0.70m，嫁接后开始结果。

商城县伏山乡里罗城村曹安组

雌株，树龄100年，树高10.0m，胸径1.14m，树干枝杈间有个空洞，树洞中又长出了一颗两握粗的红檀树，堪称一奇。

信阳市平桥区吴家店镇杨河村桂花树湾

五指银杏。雌株，树龄1200年，树高24.5m，基径2.71m，冠幅19.2m×14.6m。主干不足1m，长5枝，5枝粗细稀疏、均匀和谐，酷似一位慈祥的老人挥舞着巨手向人们诉说着千年的沧桑历史，故称五指银杏。五大主干中间，有一尊孙悟空塑像，民间传说孙悟空一个跟头能行十万八千里，但却没跑出老佛爷手掌，故又称"佛掌树"。此树原处于东方庙遗址，在抗日战争时期此庙被毁，银杏树也被砍断枝，后又萌生恢复树冠。1961年秋，几个小孩在树空洞中点火，大火将整个树干上部燃起，据说整整燃烧两天一夜，树身上半部烧死大半，第二年春，在尚未烧死的一侧树皮上，发出一新幼芽，经群众呵护又恢复生机。17年后，再次被火燃烧，扑灭后又茁壮生长成冠。当地政府也甚为重视，将古树垒起土台栏杆，精心保护起来，并敬之为神树。

传说1000多年前，树下为一古井，深不可测，水清味甘。有一老太太在买白果回家途中不慎掉进古井，因井太深，家人无法将尸体捞出，只好就此葬入井中。后来从井中长出一株银杏，像是老太太伸出来的手，在向人们发出的求救信号。

信阳市平桥区平桥办事处辛店村辛店组北

雌株，树龄1000年，树高18.0m，胸径1.52m，冠幅16.0m×16.0m，中部劈裂为南北二干，形成分杈，远看如同两株。枝叶繁茂，树干苍劲。

据说宋朝年间，这株银杏树旁建有一座道观（后被破坏），那时这棵银杏每年结果就达500kg以上，且果实与树皮能治多种疾病，当地百姓受益匪浅。有一天来了一对姓胡的夫妻开了间药铺，高价售药，坑害百姓。而这株银杏树却再也不会开花结果。一天，有个外地的道士云游到此，道观里的道长告诉了他这件事。远来的道士对这株银杏树和胡姓夫妻开的药铺看了一阵后，哈哈一笑，给道长出了一个主意：午夜时分，用香火去烧炙银杏树上的树洞。半夜，道长拿香火往银杏树洞里烧炙，远处药铺里传来几声惊叫，第二天就不见了开药铺的夫妻。原来开药铺的那对夫妻是住在银杏树上的狐狸精，被道士一烧便逃走了。第二年，这株银杏树果然又开花结果了。如今，这株银杏树依然枝繁叶茂，果实累累，像一位老中医为当地村民治病疗疾，又像一位矍铄的老人爱抚着当地的百姓。

信阳市浉河区李家寨镇中心卫生院前1（原白果庙前）（图9-5-62）

唐白果树，豫南银杏树王。雌株，树龄1300年，树高25.0m，胸径2.71m，冠幅16.0m×13.0m，枝下高2.3m。母干已基本枯死，仅存西北方向4.0m处一主枝，树冠形状不规则，各复干生长旺盛。原母干根系裸露，复干根系部分裸露，高出地面15cm，裸露面积1.5m^2。主干1958遭雷击后，主干下部空裂，形成高4.0m、直径2.0m的树洞。最大复干分枝15个，各主枝生长旺盛，略偏冠，西侧树冠偏大，第一主枝干枯断裂。有复干4个，胸径均0.50m以上；最大复干胸径1.3m，高24.0m，紧贴母干生长；复干与母干的距离为0～1.6m；东侧复干基部着生萌蘖近50株，萌蘖与母干的距离为0～0.5m。该树枝叶正常，结果量较少，北侧为镇卫生院，南侧为广场。顶端枯梢缺顶，主干已空心，劈裂成3株，另有根际萌发出4株幼树，其中大的幼树与母株同高，胸围已有2.62m，共有老幼银杏树6株组成了树丛。据《重修信阳县志》记载："柳林涧水之东，为县南大镇市地，有白果庙，庙门前有白果树二株，大径丈许，中空处可容一方桌，四面尤可坐人，传为唐代开国名将秦琼和尉迟恭到此所植，寺庙原名已迭，遂以树名称之"。该树已被列为信阳一级保护古木，并设栏立碑。被当地人视为神树，在树旁建有白果庙祭祀，焚香叩拜者数以千计，以求人寿年丰。N=31°53′44.8″，E=114°05′33.1″，H=114m。

信阳市浉河区李家寨镇中心卫生院前2（原白果庙前）（图9-5-62）

唐白果树，豫南银杏树王。雌株，树龄1000年，树高12.0m，胸径1.10m，冠幅8.0m×8.0m，枝下高3.0m。整体生长旺盛，但主干已干枯、腐烂，仅存4.0m以下及一分枝。主干粗壮，向北倾斜15°，4.0m处仅存

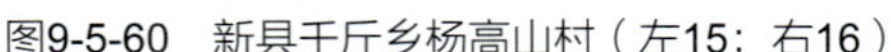

图9-5-60 新县千斤乡杨高山村（左15；右16）

图9-5-61 商城县长竹园乡黄柏山法眼寺

的分枝延伸到民居内。有复干3个，最大复干胸径0.40m，高12.0m，距母干0.7m，有7个大的分枝，枝下高3.0m，分枝生长旺盛；复干与母干的距离为0～1.1m；基部有萌蘖近100株，萌蘖与母干的距离为0～0.6m。该树枝叶正常，北侧为镇卫生院，南侧为广场。N=31° 53′ 44.8″，E=114° 05′ 33.1″，H=114m。

图9-5-62 信阳市浉河区李家寨镇中心卫生院前
（注：1、2、4. 卫生院前1；3. 卫生院前2）

信阳市浉河区李家寨镇杨岗村西榜湾吴氏祠堂旁

杨岗古银杏。雌株，树龄1000年，树高30.0m，胸径1.53m，冠幅19.0m×18.5m。产量大，最多时年产500kg白果。由于它生长在大山沟里，人烟稀少，生长条件好，所以虽历经沧桑巨变，但仍长势旺盛，形状无损，根系发达。

信阳市浉河区董家河乡黄龙寺

雄株，树龄1300年，树高35.0m，胸径191m，冠幅19.4m×21.0m，树干底部有一空洞，高达2.5m，洞内四壁形似黑炭，为火烧痕迹。

据介绍，此树曾遭火劫。1944年秋，日本兵来到信阳在此树下休息，不料，从大树空洞中出来一群黄蜂，群蜂直扑向日本兵，将他们咬蜇得屁股尿流逃窜，事后日本兵又回来报复，遂放火焚烧大树，大火整烧了两天两夜，后经群众扑救。1945年，日寇投降，这棵本已被烧死的枯树又发出新枝，吐出嫩芽，似在庆祝抗战胜利一般。如今，当地村民把这棵树称做“抗战树”，视为神树，大树又枯木逢春，新生的树皮将老树枯桩愈合抱住，只有下部有一树洞，自从日本鬼子放火焚烧一次后，树中空洞增加了两倍，洞宽1.2m，高有2.5m，洞内四壁形，不知何时、何人将一尊“观世音菩萨”放入树洞中，方圆群众便称“观世音白果”，从此人们认为老银杏显神灵，遂来烧香叩拜的人流不绝。

信阳市浉河区游河乡笃袺店村郭寺园遗址

郭寺园唐银杏。树龄1000年，树高28.0m，胸径1.40m，冠幅19.1m×16.1m，树西侧2m处有子孙树相伴，古树神态慈祥，犹如一位老人庇护儿孙一样幸福无比。据考证，郭寺园为唐中期所建，建寺时种植此银杏。20世纪60年代初，树丫曾被劈雷击掉一枝。目前，此树生长旺盛，但结果却无常，若采取人工授粉，则结果在100kg以上，否则无果。

信阳市浉河区浉河港乡白庙村

茶乡千年银杏王。雌株，树龄1400年，树高30.0m，胸径1.53m，冠幅19.0m×23.0m。主干挺直，根系发达，扎根蔓出100m以外。该树枝繁叶茂，生机盎然，每年结果400kg左右。因其高大威武，赫然矗立，像忠诚的卫士默默守护着这片沃土，当地人亲切地称其为“千年银杏王”。近年，当地村民用土石在树的基部围了一个大石台，以保护古银杏树正常生长。相传，太上老君造一鹦鹉于西山崖壁，造一雄鸡于东山之巅，为二鸟有栖息之处，遂植银杏一棵，并许下心愿：二鸟不老，大树不倒。如今，树上鸟窝错落有致，鸟语花香，人们站在大树下，仿佛能看到那展翅欲飞的鹦鹉岩和稳如泰山的鸡冠石。

信阳市浉河区南湾乡贤山寺

贤山寺古银杏。树高25.0m，胸径1.30m，冠幅18.0m×18.0m，树龄1500年。寺中僧侣专为此古银杏立一石碑，碑文如下：“相传植于南朝齐梁年间，迄今近1500岁，虬枝密布如层楼迭上笼罩一方圣地，顶冠车盖似浮屠更高，辉映佛天王宇，守望古刹，历经风雨雪，雷电兵燹，寺院几度兴废，沧桑巨变，依然坚如磐石，傲立苍穹，枝繁叶茂，蓬勃峥嵘，见证申阳故国山水无恙，庇护楚豫之地百业兴旺。”又作歌曰：银杏植于齐梁间，蓬勃峥嵘越千年。挺立禅院守净土，高标华盖入佛天。仰护圣殿诸神祇，俯蓄众生百草园。微晒梁王弃军垒，虔敬周磐崇礼贤。遥望豫楚雄关道，背屏申阳古城垣。风雨战燹等闲度，斗转星移照人寰。

鹿邑县涡北镇孙营村（图9-5-63）

豫东唐银杏，金叶白果树。雌株，树龄1900年，树高24.9m，胸径1.99m，冠幅24.0m×24.0m。豫东唐银杏位于鹿邑县老庄乡孙营村惠济河畔，屹立在平园啄砂地上。树干挺直，冠似圆头状，枝繁叶茂，生机盎然，拔地而起，十分雄伟壮观，庞大的水平根盘根错节，裸露地面，最长的已延伸过惠济河，长达100m。树上长着两种不同颜色的叶片，树冠北半部为深绿色叶片，树冠西南半部为金黄色叶片，如同秋末叶黄一般，人们又称“金叶白果树”。每年开花结实。

据传唐初罗成将军转战南北，驰骋疆场，屯兵此地，曾拴马于银杏树下，由于马惊挣缰，将树身拉歪之说，故今称古银杏树为“罗成拴马树”。古银杏树原来生长在庙宇前，被村民奉为“神树”，一直无人触动它，保存至今。该树生长历史虽无资料考据，但其树体之大，为豫东平原树木之冠，故又有“豫东树王”之称。

图9-5-63 鹿邑县涡北镇孙营村

图9-5-64 确山县三里河乡马庄村乐山林场北泉寺a

图9-5-65 确山县三里河乡马庄村乐山林场北泉寺b

沈丘县新安集乡张庄

树龄500年，树高15.0m，胸径1.34m，传为明代建白姑庙时栽。

商水县邓城镇许村

雌株，树龄2000年，树高18.0m，胸径2.39m，冠幅21.0m×21.0m。据《商水县志》记载：县城西北方向邓城镇沙河南岸许村前一棵白果树，经围一丈六，树高五丈四，树冠遮地一亩二分。三国时修灌溉渠道，堆土封在树身上，渠堤较多，地平面使树干留下细腰，后雨水冲刷使地面降低，露出树根，外皮绽破。方圆百里群众敬之为神树，传说白果树经千年修炼已得道成仙，能算出真龙天子。汉朝时期，王莽撵刘秀相争帝位里，刘秀渡沙河途经此地饮马休息，刘秀在银杏树上拴过马，树干距地面0.8m处，树干凹陷一周，据说是刘秀拴马里留下的痕迹。在树干0.5m处有一深脚印，说是刘秀拴马时手勒缰绳脚蹬树干留下的脚印。在树干的另一侧0.3m处有4个碗口大小的马蹄印，说是刘秀因长途跋涉，又累又困，拴好马后背靠树干休息，当刘秀睡熟后，远处王莽兵马追来，刘秀的神马为喊醒刘秀，便用前蹄扒树，刘秀被马蹄声惊醒后，发觉王莽追来，便上马逃离脱险。民间传说是“白果大仙”点化所致。这棵汉银杏树虽经2000余年风吹、雨打、雷击，至今仍生机勃勃，年结白果500kg以上。作为商水第一古树，汉代白果树的存在对研究商水历史、文化提供了有力的佐证。

商水县大武乡夏庄村西南

思乡银杏。雌株，树龄400年，树高20.0m，胸径1.66m，冠幅27.0m×27.0m。相传，思乡银杏树为明代所植，明万历年间（1573～1619），从山西向河南大批移民，其中有一户姓夏的农民迁移时带了一棵银杏树植于新垦土地上，歇息时常在树下西北面与他人述说思乡之情。奇怪的是，树长大成形后，树枝全扭向西北面。这个“草木也有思乡情”的美丽传说耐人寻味，因此，人们称这棵银杏树为“思乡树”。后来，夏庄一带的人凡有长期远离家乡者，总要在“思乡树”下默默祈祷一番，临走时还捡几片银杏叶珍藏起来，以表怀念家乡之情。

驻马店市驿城区朱古洞乡柴坡村

树龄1000年，树高40.0m，胸径3.18m，冠幅30.0m×30.0m。

确山县三里河乡马庄村乐山林场北泉寺a（图9-5-64）

北泉寺隋银杏。雌株，树龄1400年，树高30.0m，胸径2.19m，冠幅8.0m×8.0m，枝下高3.0m。生长旺盛，树冠卵圆形，树体高大，树形优美。主干挺直、粗壮，有14个分枝，均匀分布于主干周围；南侧、东侧4.0m处各有一主枝断裂，各分枝生长旺盛。有复干4个，最大的基径5cm，高3.5m，距离母干0.5m，复干与母干的距离为0.5～0.8m；有萌蘖1000余株，着生于母干基部，与母干的距离为0～1.0m。该树枝叶正常，结果少；位于北泉寺中，离正门较近。据记载该树为隋代所植，被称为是“隋银杏”。编号：豫Q116。N=32°50′36.6″，E=113°57′28.8″，H=139m。

北泉寺位于确山县城西北7.5km处的乐山、秀山之间，北距驻马店22km。最初兴建于北齐年间，至今已有1600多年的历史了。始建之时，碣号“天宫”，唐改名为“资福禅寺”，宋崇宁中改为“万寿禅寺”。因确山县城西自南而北有三泉，曰南泉、中泉、北泉，泉前皆有寺院。该寺院位居北泉，故又名北泉寺，沿称至今。据记载：“寺外蟠山回绕，群峦积翠；寺内隋白果、唐柏挺拔苍劲……”。北泉寺（今乐山林场）是唐颜真卿殉节处。殿侧一株古银杏，立有清嘉庆十四年（1809）碑碣，上书“颜鲁公殉节处”大字。据《确山县志》载：“唐建中四年（783），淮西镇节度使李希烈叛唐，德宗命太子师颜真卿赴蔡州宣谕，为李所拘，次年被缢于寺内银杏树下，后人怀念颜鲁公，建祠敬祀。”今树以人彰，人以树存，千年树木，万载传人。明嘉靖二十六年（1547）知府潘于正在此创建颜鲁公祠。

确山县三里河乡马庄村乐山林场北泉寺b（图9-5-65）

北泉寺隋银杏。雌株，树龄1400年，树高26.0m，胸径2.29m，冠幅20.0m×18.0m，枝下高1.3m。生长旺盛，树冠阔塔形、庞大，树形优美，有部分分枝断裂。主干中空，大部分腐烂，仅树皮连接周围六大主枝生长；主干7.0m以下遭雷击形成树洞，树洞高7.0m，基部宽2.5m。游人可从树洞通过，为4株中最大者。东北、东南两大主枝的侧枝几乎与地面平行，用支架支撑着。有一年该树遭雷击，树干内起火，被烧成一个很大的树洞。树洞内可放八仙桌一张，供4人对饮。树洞内至今还残留着烈焰熏烧过的斑斑炭痕。基部萌生复干与萌蘖50余株，最大复干位于树体东北侧距母干1.0m处，胸径0.40m，高12.0m，复干、萌蘖与母干的距离为0～1.0m。有10个垂乳，东北侧有两个较大的，最大的基径15cm，长0.5m，着生于树体东北侧一分枝距地面3.0m处，据观察，每逢雨季连阴天时，树冠截留水顺树奶下流，而树奶增生向下延伸较快。该树枝叶正常，结果量较大。该树位于北泉寺东北角，树体东侧有一池塘。该树据记载为隋代所植，被称为是“隋银杏”，为北泉寺四株银杏中最大者。编号：豫Q114。N=32° 50′ 36.4″，E=113° 57′ 28.9″，H=139m。

图9-5-66 确山县三里河乡马庄村乐山林场北泉寺c

确山县三里河乡马庄村乐山林场北泉寺c（图9-5-66）

北泉寺隋银杏。雌株，树龄1400年，树高24.0m，胸径2.17m，冠幅12.0m×12.0m，枝下高2.5m。生长旺盛，树冠阔塔形，树形优美。无枯梢及枯枝。主干挺直，西北侧3.0m处一主枝断裂，共有12个分枝，侧枝在主干上分布均匀，各分枝生长旺盛。基部有萌蘖1000余株，萌蘖与母干距离为0～0.5m。该树枝叶正常，无垂乳着生，结果量很少。此树位于北泉寺西北角。编号：豫Q115。N=32° 50′ 36.6″，E=113° 57′ 28.3″，H=139m。

确山县三里河乡马庄村乐山林场北泉寺d（图9-5-67）

北泉寺隋银杏。雌株，树龄1400年，树高21.0m，胸径2.25m，冠幅13.0m×15.0m，枝下高3.0m。树势中等，树冠阔塔形，有部分枯梢及枯枝。主干挺直、粗壮，有12个分枝，西南侧3.6m处有一株基径10cm的构树，该位置往上0.4m有一大的主枝折断，其余分枝生长较好。树体基部周围有萌蘖近100余株，萌蘖与母干的距离为0～0.5m。该树枝叶正常，结果量较小。该树位于北泉寺外，距北泉寺5.0m，周围全为路，路面半硬化，北侧5.0m处为民居。编号：豫Q117。N=32° 50′ 36.9″，E=113° 57′ 28.3″，H=139m。

确山县石滚河乡聂庄村后马庄

兄弟银杏树。雄株，树龄1400年，树高21.0m，胸径1.46m，冠幅18.0m×18.0m，树上部的4个侧枝因雷击而折断，树干中空；与东侧一株银杏，两树连生，所以当地村民称为“兄弟银杏树”。东侧一株树高18.0m，胸径0.92m。为保护好这对兄弟树，由乡镇出资在该树四周修建了一个长15m、宽12m、高0.8m的防护围栏，围栏墙宽0.4m，为石块堆砌，围栏内用沙壤土铺垫。

西平县柏城镇北关回民小学

树龄500年，树高25.6m，胸径0.79m，冠幅5.7m×5.7m，此处2株。

上蔡县蔡沟镇蔡沟一中（图9-5-68）

孔子讲学古银杏。雌株，树龄500年，树高20.0m，胸径1.12m，冠幅15.4m×15.4m，树冠呈广卵形，向南伸展约9m，枝繁叶茂，生长健壮，树形奇特。树皮灰褐色，深纵裂，根基西侧有一瘤状凸起，在树的干基约45cm处长出成丛的萌蘖。原树干因遭受雷击断裂，枯死后萌发侧枝，长成大树，包裹原树干，至今仍可以从树体两侧看到原树干穿插在树体中央

图9-5-67　确山县三里河乡马庄村乐山林场北泉寺d

成一孤立木。孔子当年曾困于蔡国(即现在的上蔡县)，在此讲学，后人就在他讲学的地方建孔子庙以作纪念。古庙在新中国成立后被拆除，只留下古银杏一棵，当地人奉为神树，附近村民每逢初一、十五都到此处烧香祭拜，以求平安。据说烧香时捡树上落下的果子，回家熬汤喝可以祛病除邪。编号：5。

新蔡县李桥镇石庄村清真寺前

树龄600年，树高17.0m，胸径1.18m，冠幅16.5m×16.5m，栽植于明洪武年间，四大侧枝中北部侧枝遭雷击已断掉，南部侧枝伸出寺院外数米，整棵树如蘑菇云拔地而起，遮地1亩有余。

泌阳县铜山乡闵庄村万峰寺

万峰寺银杏。雌株，树龄1000年，树高35.0m，胸径1.75m，冠幅20.0m×19.0m。万峰寺位于泌阳铜山乡闵庄行政村，白云山东侧，寺早废。该树位于寺东南20m处，与南侧雄株树相距6m。

泌阳县铜山乡闵庄村万峰寺

万峰寺银杏。雄株，树龄1000年，树高30.0m，胸径1.59m，冠幅20.0m×20.0m，在身高4.2m的树杈处有一枯洞，粗约30cm，内长桑树一株，高4m，周粗约18cm。北雌树五股六叉，南雄树巍然屹立，两树交叉宛如一座峰，遮阴750m^2，雄树开花，雌树结果；据万峰寺遗迹考评，两树应为宋代前所植。

泌阳县象河乡陈平村龙王掌山下盈福寺遗址(图9-5-69)

中原银杏王。雌株，树龄2800年，树高33.5m，胸径3.78m，冠幅34.0m×34.0m。泌阳

图9-5-68　上蔡县蔡沟镇蔡沟一中银杏树

县象河乡龙王掌山下，石质山地海拔600m阳坡处，原为盈福禅寺遗址，有一株古老的银杏树，此树原由根际萌生三大复干愈合而并生为巨树，此树有三奇：一是在树高7m处的树杈上有一树洞，洞口直径24cm，一年四季泉水不断从洞口涌出，若把泉水抽干，不久又会溢出水来，既是大旱之年，树泉也不干枯。二是树中经常发出“咚咚”的声响，像似用重锤弹敲琴鼓，声音能传至数百米远。三是在离树基高4m树皮裂缝处，又生长出一株构树，这株构树也有近百岁。此树至今仍生长健壮，枝繁叶茂，年年结果累累，堪称为“中原一绝”、“中原银杏王”。 H=600m。

树旁立有明成化十三年岁次丁戎年《重修盈福寺记铭》碑多樽。该县志记述：“县北盈福禅寺遗址前有一白果树，相传两千余年，高有十余丈，树身七人围之合臂不交，树荫方圆遮地1.2亩。远远望去，树冠像把瑰色巨伞”。有说东汉时植，当地称“唐白果”。

泌阳县老河乡乡政府（原老宗寺）

树龄1000年，树高18.4m，胸径3.63m，冠幅18.0m×19.0m，此树位于后院靠西，同根多干丛生，据考证很早以前曾被火焚过，后又从古根部丛生8棵，紧连在一起，长得丛生挺拔，巍然屹立，远看如一，近看一丛。据寺址所考，该树植于唐代，1982年被县政府公布为县重点文物保护单位。

泌阳县象河乡大路庄

树高18.5m，胸径2.71m，冠幅21.0m×21.0m，树干丛生，伞冠银杏。

正阳县大林乡观音寺

树龄1300年，树高23.5m，胸径1.45m，冠幅23.0m×23.0m。

遂平县楂岈山乡杨店村

树龄500年，树高20.0m，胸径2.23m，冠幅19.0m×19.0m。2011年8月20日调查，此树已枯死，已砍伐掉。

图9-5-69 泌阳县象河乡陈平村龙王掌山下盈福寺遗址

广东省
银杏古树资源

一 古树生境及地理气候指标

赤红壤、红壤、砖红壤是广东省最重要的地带性土壤，其分布面积分别占全省土壤面积的24.8%、37.96%、5.15%。土壤呈酸性、弱酸性。植被类型有属于地带性植被的北热带季雨林、南亚热带季风常绿阔叶林、中亚热带典型常绿阔叶林和沿海的热带红树林，还有非纬度地带性的常绿—落叶阔叶混交林、常绿针—阔叶混交林、常绿针叶林、竹林、灌丛以及水稻、甘蔗和茶园等栽培植被。香蕉、荔枝、龙眼和菠萝是岭南四大名果，经济价值可观。

广东省主要银杏分布区地理气候指标如表9-11所示。

二 古树分布及株数

广东省共计21个市，有古银杏5个市，占23.81%；县（市、区）共计121个，有古银杏10个县（市、区），占8.26%；26个乡（镇）有古银杏。文献报道广东银杏古树5000株，实测及统计2164株，有29株具生长指标描述（图9-11，表9-12）。

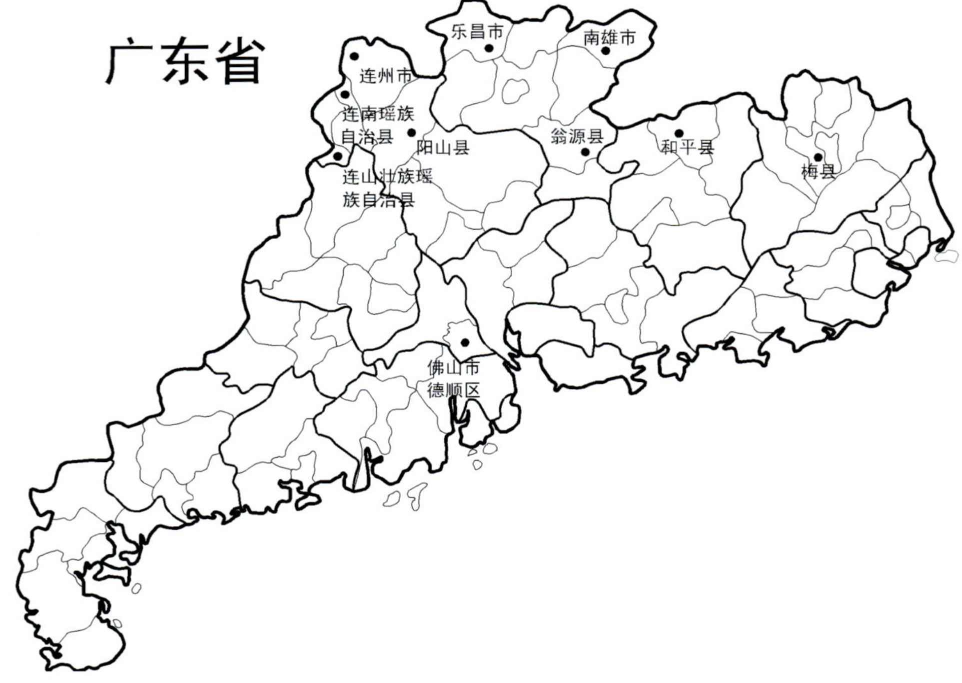

图9-11 广东省银杏古树分布图

广东除粤北韶关市外，属南亚热带和热带区域。银杏古树集中分布于粤北地区，南雄、连县等地。南雄是我国栽培银杏最南端的市，是广东省银杏主产区，是传统出口银杏于我国港澳及东南亚、日本等地的窗口。位于广州市以南的顺德市大良钲清晖园，原为明代万历年间状元、礼部尚书黄士俊的旧居，后归清代进士龙迁槐所有，园虽易主，但园中当年引种栽植的一株银杏雌树，至今树高虽不及1m，胸径70cm，无法与其他省区雄伟高龄的银杏古树相比，但毕竟是中国最南的一株银杏古树。南雄市现存百年以上树龄的白果树达2145株。坪田镇有一大片丛生千年银杏林1800多株。坪田镇坳背村一共有136株古银杏，其中一半以上银杏树的树龄都超过500年。南雄老银杏树主要分布于山区镇：坪田、南亩镇是银杏主产区，其次是油山、孔江、江头、珠玑、澜河、百顺、帽子峰、主田、古市、

表9-11 广东省主要银杏分布区地理气候指标

县（市）	经度	纬度	年均温（℃）	年降水量（mm）	无霜期（天）	年均日照时数（小时）	1月均温（℃）	绝对最低温度（℃）	≥10℃积温
南雄市	113° 55′～114° 44′	24° 56′～25° 25′	19.6	1555.1	293	1852	8.7		7300
佛山顺德区	113° 18′	22° 48′	21.9	1639.0	350	1855	11.9	-2.1	7588
梅县	115° 47′～116° 33′	23° 55′～24° 28′	21.2	1472.9	306	2000	12.9	-7.3	7650
和平县	114° 41′～115° 16′	24° 05′～24° 42′	18.6	1686.3	284	1666	8.0	-2.0	6685
连州市	112° 23′	24° 47′	19.7	1612.2	301	1621	7.9	-2.5	6500
连山壮族瑶族自治县	115° 58′～112° 15′	24° 10′～24° 52′	18.9	1753.3	317	1468	12.5	-6.0	5906

表9-12　广东省银杏古树分布地点及株树汇总

区（市）	县（市、区）	乡（镇）
韶关市（2147株）	南雄市(2145株)	坪田镇、油山镇、澜河镇、南亩镇、珠玑镇、古市镇、百顺镇、帽子峰镇、主田镇、全安镇、孔江、江头、苍石镇
	翁源县（1株）	新江镇
	乐昌市（1株）	九峰镇
佛山市（2株）	顺德区（2株）	陈村镇
梅州市（1株）	梅县（1株）	南口镇
河源市（4株）	和平县（4株）	上陵镇、附城镇、大坝镇、下车镇、浰源镇、阳明镇
清远市（10株）	连州市（5株）	大路边镇
	连山壮族瑶族自治县（5株）	太保镇
	阳山县	高山乡
	连南瑶族自治县	
总计：有古银杏5个区（市），8个县（市、区），25个乡（镇），共计2164株。		

全安镇、苍石镇，以及国营帽子峰林场。南粤有名的"银杏之乡"坪田镇境内坳背、迳洞、浆塘、汪汤、军营寨等地有古银杏集中分布。和平县上陵、大坝、附城、下车、利源、阳明等镇的银杏每年都硕果累累。

三　古树生物学

1.性别

在已知性别的25株古银杏中，雌株20株，占80.00%；雄株5株，占20.00%（图9-12）。

2.树高

树高最高单株为30.0m，有3株，分别位于南雄市油山镇黄地管理区梓杉坳村中园庵、南雄市坪田镇上屋村、南雄市澜河镇上矽管理区山背村朱祖龙家；最矮单株为10.0m，位于佛山市顺德区大良街道清晖路23号清晖园；树高在10～20m的银杏为8株，占32.00%；20～30m的银杏为14株，占56.00%；30～40m的银杏为3株，占12.00%。树高前十位单株：南雄市坪田镇上屋村（30.0m）、南雄市油山镇黄地管理区梓杉坳村中园庵（30.0m）、南雄市澜河镇上矽管理区山背村朱祖龙家（30.0m）、南雄市坪田镇迳洞区坳背村A（28.0m）、南雄市坪田镇迳洞区坳背村B（27.0m）、连州市大路边镇童子岭村看牛坪D（27.0m）、连州市大路边镇童子岭村看牛坪A（26.0m）、南雄市坪田镇姜塘村（25.5m）、南雄市坪田镇迳洞区坳背村C（25.0m）、连州市大路边镇童子岭村看牛坪C（25.0m）。

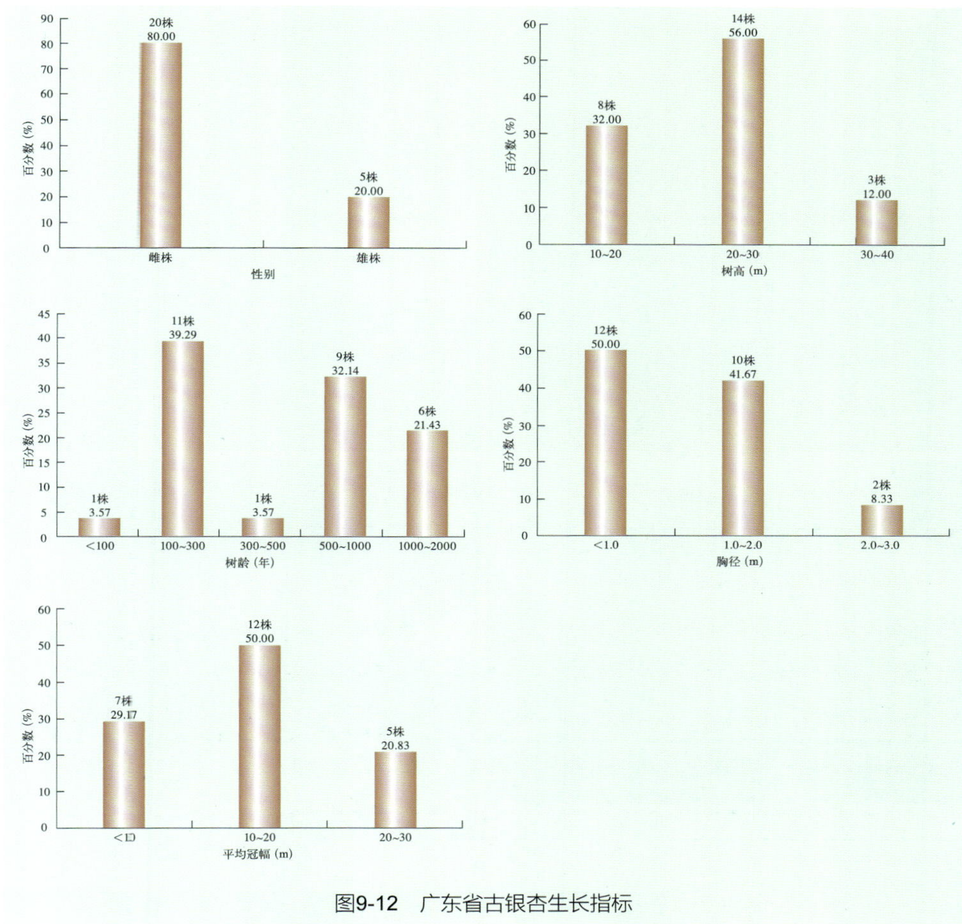

图9-12　广东省古银杏生长指标

3.树龄

树龄最大单株为1260年，位于南雄市油山镇黄地管理区梓杉坳村中园庵；最小单株为70年，位于佛山市顺德区陈村镇仙涌村委会南厅大院内；年龄<100年的为1株，占3.57%；在100～300年的为11株，占39.29%；在300～500年的为1株，占3.57%；在500～1000年的为9株，占32.14%；在1000～2000年的为6株，占21.43%。树龄前十位单株：南雄市油山镇黄地管理区梓杉坳村中园庵（1260年）、南雄市坪田镇迳洞区坳背村（1200年）、南雄市坪田镇迳洞区坳背村（1200年）、南雄市坪田镇迳洞区坳背村A（1100年）、南雄市坪田镇上屋村（1100年）、连山壮族瑶族自治县太保镇莲塘村E（1000年）、南雄市澜河镇上矽管理区山背村朱祖龙家（800年）、乐昌市九峰镇乐昌杨东山十二度水省级自然保护区（600年）、南雄市坪田镇姜塘村（500年）、和平县上陵镇羊角石A（500年）。

4.胸径

广东省已知胸径的银杏古树共计26株（其中包括基径1.0～2.0m 2株）。胸径最大单株为2.12m，位于南雄市油山镇黄地管理区梓杉坳村中园庵；最小单株为0.38m，位于南雄市澜河镇上矽管理区山背村朱祖龙家；胸径<1.0m的为12株，占50.00%；在1.0～2.0m的为10株，占41.67%；在2.0～3.0m的为2株，占8.33%。胸径前十位单株：南雄市油山镇黄地管理区梓杉坳村中园庵（2.12m）、连州市大路边镇童子岭村看牛坪B（2.04m）、翁源县新江镇民治东安楼郭屋（1.69m）、连州市大路边镇童子岭村看牛坪D（1.48m）、南雄市坪田镇迳洞区坳背村（1.45m）、连州市大路边镇童子岭村看牛坪C（1.31m）、南雄市坪田镇迳洞区坳背村（1.25m）、南雄市坪田镇上屋村（1.20m）、南雄市坪田镇姜塘村（1.20m）、南雄市坪田镇迳洞区坳背村A（1.12m）。

5.冠幅

冠幅最大单株为26.0m×25.6m，平均冠幅为25.8m，位于南雄市油山镇黄地管理区梓杉坳村中园庵；最小单株为4.8m×4.6m，平均冠幅为4.7m，位于佛山市顺德区大良街道清晖路23号清晖园。冠幅前十位单株：南雄市油山镇黄地管理区梓杉坳村中园庵（26.0m×25.6m）、连山壮族瑶族自治县太保镇莲塘村D（22.0m×26.0m）、南雄市澜河镇上矽管理区山背村朱祖龙家（20.0m×22.0m）、南雄市坪田镇迳洞区坳背村A（19.6m×20.4m）、南雄市坪田镇上屋村（20.0m×20.0m）、南雄市坪田镇姜塘村（20.0m×16.5m）、连山壮族瑶族自治县太保镇莲塘村E（18.0m×17.0m）、连州市大路边镇童子岭村看牛坪B（14.6m×17.5m）、连州市大路边镇童子岭村看牛坪D（17.3m×14.4m）、南雄市坪田镇迳洞区坳背村（16.0m×14.0m）。

6.特异种质

垂乳银杏3株；复干银杏11株；叶籽银杏2株。

四 古树综合描述

南雄市坪田镇迳洞区坳背村

树龄1200年，树高21.0m，胸径1.25m，冠幅16.0m×14.0m。有4个复干，最大复干高20.0m，胸径1.00m。南雄古银杏三大特点：一是树皮坚厚。据观察坪田姜塘村有两株姐妹银杏树，其树皮特别坚厚，像老龄松树的树皮一样，纵向裂纹不规则，裂纹深4.0～6.0cm；二是古银杏复干现象很普遍。有“五代同堂，七世同居”之称，以坪田为例甚为普遍；三是资源丰富。南雄银杏有叶籽银杏、垂枝银杏，核用银杏分为油山和坪田两个品系。油山品系主干通直、枝条细长、果形较圆、根蘖苗较少；坪田品系根蘖能力旺盛，丛生群长普遍，其果实粒大、壳薄、洁白，胚芽隐没。

南雄市坪田镇迳洞区坳背村

树龄1200年，树高19.0m，胸径1.45m，冠幅11.0m×8.0m。树势衰弱，有2个主干。

南雄市坪田镇迳洞区坳背村A（图9-6-1）

雄株，树龄1100年，树高28.0m，胸径1.12m，冠幅19.6m×20.4m，生于房边。编号：06050207，管护单位：南雄市人民政府。两复干胸径0.74m，0.93m。垂乳1个长0.74m，基径0.15m，树冠半圆形，生长旺盛，5个成年人难以将其合围。根部裸露，高度0.4m，延伸1.0m远。N=25°08′53.9″，E=114°39′14.9″，H=360m。

图9-6-1 南雄市坪田镇迳洞区坳背村A
（注：箭头示垂乳）

南雄市坪田镇迳洞区坳背村B（图9-6-2）

雌株，树龄200年，树高27.0m，胸径0.42m，冠幅13.6m×12.8m，生于房边。树干空心，复干9个，胸径依次为0.23m、0.32m、0.1m、0.13m、0.07m、0.25m、0.18m、0.14m、0.16m，距离母干5.0～100cm。根部裸露，高约0.4m，延伸3.0m。母干和一复干倾斜。N=25°08′53.6″，E=114°39′15.1″，H=357m。

图9-6-2 南雄市坪田镇迳洞区坳背村B

南雄市坪田镇迳洞区坳背村C（图9-6-3）

雌株，树龄200年，树高25.0m，胸径

图9-6-3 南雄市坪田镇迳洞区坳背村C

图9-6-4 南雄市坪田镇迳洞区坳背村D

0.88m，冠幅10.2m×10.7m，生于房边。母干分两枝（胸径为0.54m、0.65m）。复干3个，胸径分别为0.21m、0.18m、0.38m。萌蘖3株，高0.05～3.0m，距离主干0.3～1.0m。根部裸露，高约0.5m，延伸1.0m。树干凸起较多，母干倾斜5°，空心，仅余1/2树皮。树形偏冠，生长旺盛。编号：060050202。N=25° 08′ 53.6″，E=114° 39′ 15.1″，H=357m。

南雄市坪田镇迳洞区坳背村D（图9-6-4）

雌株，树龄260年，树高19.0m，胸径0.43m，冠幅14.0m×14.6m，生于房边。复干2个，胸径0.42m，0.13m，树形偏冠，如迎客松，生长旺盛。古树编号：06050203。N=25° 08′ 53.0″，E=114° 39′ 16.1″，H=376m。

南雄市坪田镇上屋村

叶籽银杏。雌株，树龄1100年，树高30.0m，胸径1.20m，冠幅20.0m×20.0m。

南雄市坪田镇姜塘村

叶籽银杏。雌株，树龄500年，树高25.5m，胸径1.20m，冠幅20.0m×16.5m。年产量100～200kg干果。归属：叶见华。

南雄市油山镇黄地管理区梓杉坳村中园庵（图9-6-5）

"白果挂花"。雌株，树龄1260年，树高30.0m，胸径2.12m，冠幅26.0m×25.6m，生于山地。年产银杏250～300kg，复干1个，胸径0.28m，有树洞，一枝断掉，距地2.3m处分东西两枝，树干较多凸起，倾斜12°。根部裸露，高约0.5m，延伸1.0m远。树冠伞形，生长旺盛。

关于这棵白果王，民间流传着一个美丽动人的故事：传说，千余年前，黄地村的中园姑娘与新郎黄佛在清明节结婚后，欢欢喜喜挑着一担礼品去探望女家的父母亲，行至途中在一个小山坡稍稍地休息。突然间，一阵山风吹来，从丛林中走出了一只黄斑老虎，把新郎叼跑了。可怜的姑娘放声嚎哭三天三夜，不管父母亲及亲友怎样的好言劝慰，始终坚持在山坡上不肯离开。众乡亲为使姑娘免受风雨侵袭给她搭起了一个茅草棚。历经数载，草棚破烂不堪了，乡亲们被她坚贞的爱情所感动，便建起一间小屋，称为"中园庵"。从此，每逢清明节时，中园姑娘都坐在门口，愁眉泪眼，悲痛地思念着那不幸殒命的丈夫。不久，中园姑娘也因过于悲伤而离开了人世间。

不知不觉间，在那流泪的地方却长出了一株青翠的雌性白果树，而在距离此地五里地其丈夫的尸骨处也长出了一株雄伟挺拔的雄性白果树。从此，每逢清明时节都能听到树下散发传出姑娘的哭泣声。乡亲们为安慰中园姑娘的心灵，就将其丈夫尸骨处长出的白果树花折花枝悬挂于姑娘长出的雌性白果花树上，这样，不久姑娘的哭泣声也就销匿了。这就是"白果挂花"。此后这株白果树结果累累，成为南雄白果雌雄株人工授粉技术传播的开始。

当代雄州诗人严先德有《南雄白果王》诗云：巨干粗枝郁复葱，千年啸雨更吟风。儿孙何止千千万，此老依然挂果丰。N=25° 22′ 14.0″，E=114° 33′ 46.6″，H=510m。

南雄市澜河镇上矽管理区山背村朱祖龙家（图9-6-6）

垂乳银杏。雌株，树龄800年，树高30.0m，胸径0.38m，冠幅20.0m×22.0m，生于路边。年产白果550kg，有三个复干，胸径分别为0.32m、0.25m、0.16m。树冠塔形，生长旺盛。树干光滑，生有青苔，有较小垂乳。古树编号：05060273。N=25° 10′ 56.3″，E=114° 04′ 43.4″，H=815m。

翁源县新江镇民治东安楼郭屋

雌株，胸径1.69m。

佛山市顺德区陈村镇仙涌村委会南厅大院内

树龄70年，树高10.2m，胸径0.46m。古树编号：05032139，国家三级保护。

佛山市顺德区大良街道清晖路23号清晖园（图9-6-7）

雌株，树龄150年，树高10.0m，胸径0.62m，冠幅4.8m×4.6m，我国最南的一株古银杏。1999年经人工授粉后已开始结果。树干枯萎仅留上部一枝存活，萌蘖36个，高0.05～3.0m，较粗萌蘖有6个。N =22° 50′ 19.1″，E =113° 15′ 01.9″，H= 23m。

图9-6-5 南雄市油山镇黄地管理区梓杉坳村中园庵

图9-6-6 南雄市澜河镇上矽管理区山背村朱祖龙家

乐昌市九峰镇乐昌杨东山十二度水省级自然保护区（图9-6-8）

树龄600年，树高21.0m，胸径1.10m，冠幅5.0m×5.0m，树势衰弱，主枝均折断。

梅县南口镇侨乡村委会门口

雄株，树龄150年。

和平县上陵镇羊角石A（图9-6-9）

雄株，树龄500年，树高12.0m，基径1.53m，冠幅8.0m×10.0m，生于山上庙前与另一雌株（B）相距约3m。母干已死，剩余根盘，仅余5个复干，胸径依次为0.11m、0.10m、0.12m、0.23m、0.18m，萌生5株萌蘖。N=24° 35′ 25.4″，E=115° 00′ 01.6″，H=468m。

和平县上陵镇羊角石B（图9-6-9）

雌株，树龄500年，树高24.0m，胸径0.92m，冠幅14.8m×13.8m，生于山上庙前。树冠塔形，生长旺盛。复干1个，胸径0.12m，基部有树洞。属于佛手类品种，1997年产白果150kg，该树最高年产量250kg。有树洞。树干光滑。N=24° 35′ 25.4″，E=115° 00′ 01.6″，H=468m。

和平县附城镇均上村

雄株，树龄100年。附城镇均上村一雌一雄两株银杏。

和平县附城镇均上村

雌株，树龄100年。1997年收白果105kg，1998年收白果65kg，1999年收白果75kg。

连州市高山乡看牛坪A（图9-6-10）

雌株，树龄500年，树高26.0m，基径1.66m，冠幅14.4m×11.4m，生于村前路边，距B约15m。树冠塔形，生长旺盛。有树洞；从地上0.6m处分为3枝，基径分别为0.97m、0.93m、0.57m。N=24° 43′ 43.9″，E=112° 33′ 17.3″，H=538m。

连州市高山乡看牛坪B（图9-6-11）

雌株，树龄500年，树高24.0m，胸径2.04m，冠幅14.6m×17.5m，生于村前路边，距C约5.0m。复干1个，胸径0.66m，萌蘖10个，在树干上生长，树干光滑，有树洞，树冠塔形，生长旺盛。

连州市高山乡看牛坪C（图9-6-11;9-6-12）

雌株，树龄500年，树高25.0m，胸径1.31m，冠幅8.0m×11.2m，生于村前路边，距D约6.0m。树冠塔形，生长旺盛。在1.2m处分为三枝，基部较多凸起，萌蘖生于干上。

图9-6-7 佛山市顺德区大良街道清晖路23号清晖园

图9-6-8 乐昌市九峰镇乐昌杨东山十二度水省级自然保护区

图9-6-9 和平县上陵镇羊角石
（注：1. 左雌右雄；2、3. 雌；4. 雄）

连州市高山乡看牛坪D（图9-6-11;9-6-13）

雄株，树龄500年，树高27.0m，胸径1.48m，冠幅17.3m×14.4m，生于村前路边，距E约30.0m。树干空心内被火烧呈木炭状，树干光滑，一侧缺少1/5树皮，在地上2.0m处分3枝。树冠圆形，生长旺盛。N= 24° 43′ 43.4″，E=112° 33′ 18.2″，H =538m。

连州市高山乡看牛坪E（图9-6-14）

雌株，树龄300年，树高12.0m，胸径0.84m，冠幅12.4m×9.4m，生于村前路边。树干倾斜60°，较多断枝，树冠圆形，生长旺盛，树干较多凸起。N=24° 43′ 44.8″，E=112° 33′ 18.7″，H=541m。

连山壮族瑶族自治县太保镇莲塘村A（图9-6-15;9-6-16）

雌株，树龄200年，树高20.0m，胸径0.63m，冠幅10.0m×12.0m，生于村前田边，距B约2.0m。树干光滑，生有青苔，一侧多枝。树冠塔形，生长旺盛。N=24° 42′ 13.8″，E=112° 09′ 02.1″，H=339m。

连山壮族瑶族自治县太保镇莲塘村B（图9-6-15;9-6-16）

雌株，树龄200年，树高18.0m，胸径0.57m，冠幅8.0m×7.0m，生于村前田边，距C约2m。复干1个，胸径0.39m，萌蘖20个，距母干0.2～0.4m。树冠塔形，生长旺盛。根部裸露约0.3m。树枝分层。

图9-6-10 连州市高山乡看牛坪A

图9-6-11 连州市高山乡看牛坪B
（注：1.D、B、C；2、3、4.B）

图9-6-12 连州市高山乡看牛坪C

图9-6-13 连州市高山乡看牛坪D

图9-6-14 连州市高山乡看牛坪E

连山壮族瑶族自治县太保镇莲塘村C（图9-6-15;9-6-16）

雌株，树龄200年，树高17.0m，胸径0.52m，冠幅9.0m×8.0m，生于村前田边，距D约2.0m。萌蘖15个，距母干0.05～0.3m。基部爬满藤本植物，有较小垂乳，树冠塔形，生长旺盛。

连山壮族瑶族自治县太保镇莲塘村D（图9-6-15;9-6-16）

雌株，树龄200年，树高20.0m，胸径0.65m，冠幅22.0m×26.0m，生于村前田边，距E约15.0m。复干胸径分别为0.60m、0.59m。萌蘖14个，距母干0.05～0.3m，树冠塔形，生长旺盛。树干光滑。N=24°42′13.8″，E=112°09′02.1″，H=339m。

连山壮族瑶族自治县太保镇莲塘村E（图9-6-15）

雌株，树龄1000年，树高23.0m，胸径1.08m，冠幅18.0m×17.0m，生于村前田边。树冠塔形，生长旺盛。树枝分层，根部裸露，高约0.1m，延伸0.3m远。树干光滑。

图9-6-15 连山壮族瑶族自治县太保镇莲塘村1
（注：1. A、B、C、D；2、3、4. E）

图9-6-16　连山壮族瑶族自治县太保镇莲塘村2
（注：1. A；2. B；3. C；4. D）

贵州省银杏古树资源

一 古树生境及地理气候指标

贵州土壤的地带性属中亚热带常绿阔叶林红壤—黄壤地带。中部及东部广大地区为湿润性常绿阔叶林带，以黄壤为主；西南部为偏干性常绿阔叶林带，以红壤为主；西北部为具北亚热成分的常绿阔叶林带，多为黄棕壤。此外，还有受母岩制约的石灰土和紫色土、粗骨土、水稻土、棕壤、石炭土、石质土等土类。贵州植被丰富，具有明显的亚热带性质，组成种类繁多，区系成分复杂。由于特殊的地理位置，贵州植被类型多样，既有中国亚热带型的地带性植被常绿阔叶林，又有近热带性质的沟谷季雨林、山地季雨林；既有寒温性亚高山针叶林，又有暖性同地针叶林；既有大面积次生的落叶阔叶林，又有分布极为局限的珍贵落叶林。

贵州省主要银杏分布区地理气候指标如表9-13所示。

二 古树分布及株数

贵州省共计9个市（州），有古银杏9个市（州），县（市、区）共计88个，有古银杏59个县（市、区），占67.70%；190乡（镇）有古银杏。实测及统计古银杏1969株，其中727株具生长指标（图9-13，表9-14）。

图9-13 贵州省银杏古树分布图

表9-13 贵州省主要银杏分布区地理气候指标

县（市）	经度	纬度	年均温（℃）	年降水量（mm）	无霜期（天）	年均日照时数（小时）	1月均温（℃）	绝对最低温度（℃）	≥10℃积温
贵阳花溪区	106°27′～106°52′	26°11′～26°34′	14.9	1178.3	246	1300		−7.3	
盘县	104°17′～104°57′	25°19′～26°17′	14.5	1390.0	271	1593	5.1	−11.2	
务川仡佬族苗族自治县	107°30′～108°13′	28°11′～29°05′	15.6	1284.4	287	1100	4.5	−6.8	
凤冈县	107°72′	27°97′	15.2	1257.0	280	1139		−7.4	5548
平坝县	105°59′～106°34′	26°15′～26°38′	14.5	1305.7	274	1241	6.0	−7.4	
印江土家族苗族自治县	108°18′～108°48′	27°35′～28°20′	16.8	1100.0	300	1255	4.1	−9.0	4350
大方县	105°15′～106°08′	26°50′～27°36′	11.7	1150.4	254	1333	1.3	−9.3	3335
麻江县	107°18′～107°53′	26°17′～26°37′	15.0	1350.0	286	1067	3.8	−10.4	4380
福泉市	107°14′～107°45′	26°32′～27°02′	14.7	1205.0	262	1003			

表9-14 贵州省银杏古树分布地点及株数汇总

区（市）	县（市、区）	乡（镇）
贵阳市（161株）	花溪区（102株）	青岩乡、高坡乡、花溪乡、燕楼乡、麦坪乡、湖潮乡、久安乡、石板镇、马铃乡、党武乡、潜陶乡、孟关乡
	白云区（7株）	牛场镇、都拉乡、靖安镇
	乌当区（38株）	新堡乡、偏坡乡、羊昌镇、百宜乡、东风镇、下坝乡、金华镇、贤昌乡
	南明区（1株）	云关乡
	云岩区（1株）	
	清镇市（2株）	红枫湖镇
	息烽县（7株）	永靖镇、西山乡、温泉镇
	开阳县（1株）	城关镇
	修文县（2株）	古堡乡
六盘水市（271株）	盘县（271株）	乐民镇、石桥镇、乐民镇、水塘镇、民主镇、大山镇、保田镇、老厂镇、玛依镇、响水镇、平关镇、刘官镇、旧营乡、西冲镇、城关镇、断江镇、洒基镇、板桥镇
遵义市（1074株）	遵义县（2株）	平正乡、红关乡
	正安县（36株）	谢坝乡、格林镇、斑竹乡、中关镇、流渡镇、市坪乡
	道真仡佬族苗族自治县（1株）	三桥镇
	务川仡佬族苗族自治县（729株）	鹿池镇、丰乐镇、大坪镇、涪洋镇、城关镇、镇南乡、都濡镇、泥水镇、蕉坝乡、茅天镇、泥高乡、甘禾镇、红丝乡、黄都镇、石朝乡
	凤冈县（214株）	进化镇、琊川镇
	湄潭县(89株)	黄家坝乡、抄乐乡、高台乡、马山乡、鱼泉乡、洗马乡、西河乡、天城乡、石莲乡、湄江镇、茅坪镇、黄家坝镇、复兴镇
	习水县（3株）	寨坝镇；仙源镇
	桐梓县	
安顺市（14株）	西秀区（2株）	杨武乡、蔡官镇
	平坝县（5株）	天龙镇、马场镇
	普定县（4株）	城关镇、白岩乡
	镇宁苗族布依族自治县（1株）	黄果树镇
	紫云苗族布依族自治县（2株）	
铜仁市（8株）	江口县（1株）	民和乡
	印江土家族苗族自治县（6株）	木黄镇、缠溪镇、朗溪镇、杨柳乡
	德江县（1株）	
	思南县	
	松桃苗族自治县	
黔西南布依族苗族自治州（2株）	晋安县（1株）	罐子窑镇
	贞丰县（1株）	长田乡
	安龙县	
	兴仁县	
毕节市（181株）	七星关区（原毕节市）（2株）	小坝镇
	大方县（173株）	果瓦乡、城关镇、雨冲乡、沙场乡、八堡乡
	威宁彝族回族苗族自治县（1株）	盐仓镇
	黔西县（3株）	大关镇、太来乡、城关镇
	织金县（2株）	板桥乡、绮陌乡
	金沙县	

（续）

区（市）	县（市、区）	乡（镇）
黔东南苗族侗族自治州（144株）	凯里市（2株）	洗马街道办事处
	三穗县（3株）	款场乡
	丹寨县（2株）	合丁乡、岩英乡
	黄平县（5株）	铁石乡、黄飘乡、重安镇
	施秉县（3株）	牛大场镇
	天柱县（8株）	
	锦屏县（6株）	河口乡、平秋镇
	剑河县（2株）	
	黎平县（4株）	德凤镇、高屯镇
	榕江县（5株）	忠诚镇、仁里镇
	麻江县（104株）	坝芒乡、贤昌乡、宣威乡、景阳乡、杏山乡、谷硐乡、下司乡、碧波乡、龙山乡
	台江县	
黔南布依族苗族自治州（114株）	都匀市（15株）	洛邦镇、摆忙乡、甘塘镇、大坪乡、石龙乡、杨柳镇
	瓮安县（2株）	平定营镇、草堂镇
	独山县（1株）	兔场镇
	福泉市（42株）	黄丝镇、谷庄镇、马场坪街道、牛场镇、高石乡、高坪镇、仙桥乡、龙昌镇、陆坪镇、城厢镇、凤山镇、兴隆乡、安谷乡
	贵定县（8株）	盘江镇、猴场堡镇、都六乡、定南乡、新堡乡、昌明镇
	长顺县（16株）	广顺镇、马场镇、凯佐乡、白云山镇、新寨乡、摆塘乡、代化镇
	龙里县（9株）	大新镇、麻芝乡、羊场镇、民主乡、谷龙乡、醒狮镇
	惠水县（19株）	摆金乡、长田乡、岗度乡、城关镇、大龙乡、城北高镇、高镇乡、三都镇、鸭绒乡、雅水乡
	三都水族自治县（2株）	水龙镇

总计：有古银杏9个区（市），59个县（市、区），190乡（镇），共计1969株。

贵州省古银杏主要分布在：黔北大娄山东麓，包括道真、务川、正安等县；黔中苗岭山脉北部，包括贵阳、龙里、麻江、福泉、惠水、都匀、凯里、长顺等县市；黔西南乌蒙山的南端，包括盘县、紫云、安龙等县；黔东武陵山脉，包括德江、铜仁、天柱等县。银杏目前发现的最高分布地为盘区特区的关坪子，海拔1750m，而分布最低的榕江县王岭，海拔仅400m，以海拔1000～1400m较多。据报道，贵州省有百年以上银杏古树3727株，胸径1m以上的银杏古树365株。盘县100年以上古银杏分布的乡镇:板桥镇、水塘镇、石桥镇、乐民镇、民主镇、大山镇、保田镇、老厂镇、玛依镇、响水镇、平关镇、刘官镇、旧营乡、西冲镇、城关镇、酒基镇。乐民镇100年以上大树399株。石桥镇妥乐村有古树银杏1152株。石桥镇妥乐村胸径大于1m的银杏树225株，乐民镇胸径大于1m的银杏树75株。大娄山东麓的道真、正安、务川三县有胸径1m以上的有165株。黔中苗岭山脉北面一带，以惠水、贵阳、龙里、福泉、麻江、凯里为多。胸径2m以上的银杏古树不到10株。务川县古树银杏729株。丰乐镇古树银杏138株、都濡镇木梁村白果园32株银杏，胸径110～200cm，树高18～27m的6株；胸径70～90cm，树

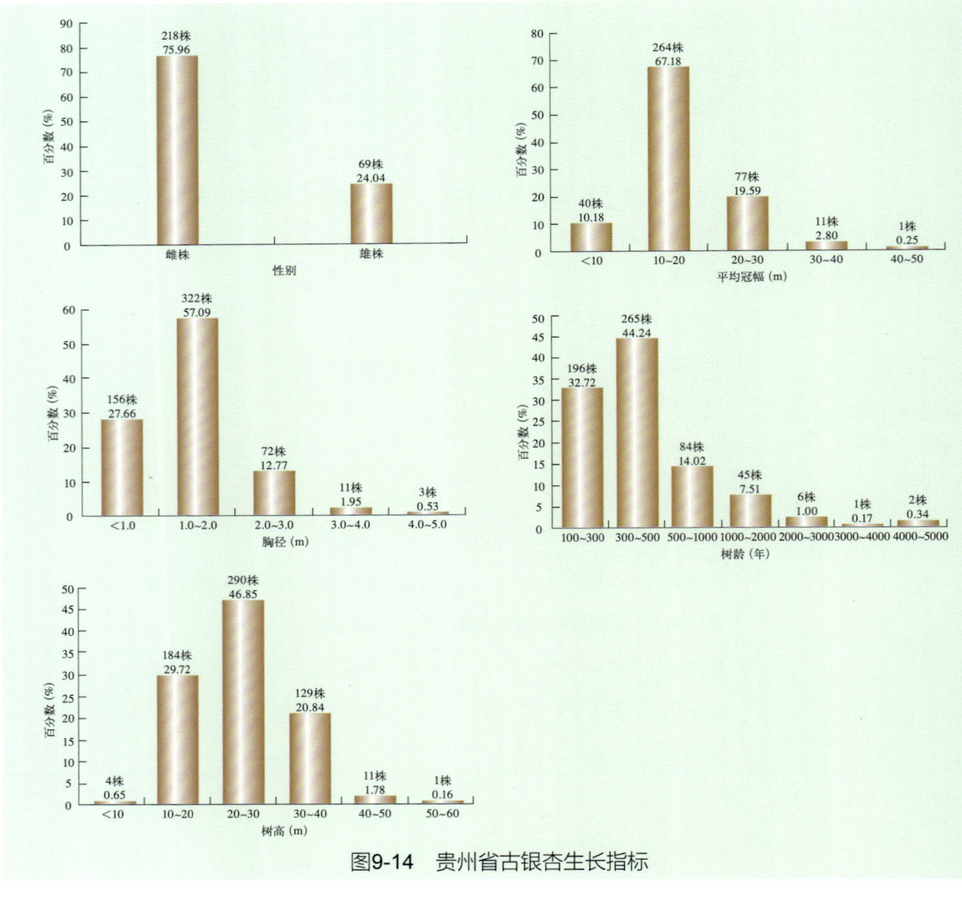

图9-14 贵州省古银杏生长指标

高18～28m的9株；胸径45～55cm，树高12～25m的10株；胸径22～35cm，树高8～16m的7株。都穰镇十二盘银杏78株、甘禾镇黄洋坪廖家村银杏56株、贵阳市高坡乡杉坪村银杏56株。凤冈县进化镇大堰村响水岩一带，占地约15hm^2，共有160多株古银杏。胸径1～2m的有七八十株，这些银杏的平均高度为25m左右，树龄各不相同，最老的约在1200年。这些银杏极有可能是野生银杏树。

三 古树生物学

1.性别

在已知性别的287株古银杏中，雌株218株，占75.96%；雄株69株，占24.04%。雌雄同株1株（图9-14）。

2.树高

树高最高单株为50.0m，位于贵阳市花溪区花溪乡葵花山；最矮单株为2.0m，位于正安县流渡镇同心村；树高<10m的为4株，占0.65%；10～20m的为184株，占29.72%；20～30m的为290株，占46.85%；30～40m的为129株，占20.84%；40～50m的为11株，占1.78%；50～60m的为1株，占0.16%。树高前十位单株：贵阳市花溪区花溪乡葵花山（50.0m）、麻江县碧波乡新牌村新牌组白果树脚（48.0m）、黎平县德凤镇所林村黄家屋后（45.0m）、麻江县杏山乡坝寨村高寨组寨中（44.0m）、麻江县碧波乡王义村下坡田组寨中（43.0m）、麻江县碧波乡王义村下坡田组寨中（42.0m）、麻江县坝芒乡翁址村甘庄组水井边（41.0m）、贵阳市花溪区高坡乡高寨村（40.0m）、盘县乐民镇乐民村蔡家营寨（40.0m）、务川县丰乐镇丰乐村大竹园村民组（40.0m）。

3.树龄

年龄最大单株为4000年，有2株，位于长顺县广顺镇石板村天台村民组1株，位于惠水县摆金乡摆金村冗章寨1株；最小单株为100年，有38株；年龄在100～300年的为196株，占32.72%；在300～500年的为265株，占44.24%；在500～1000年的为84株，占14.02%；在1000～2000年的为45株，占7.51%；在2000～3000年的为6株，占1.00%；在3000～4000年的为1株，占0.17%；在4000～5000年的为2株，占0.34%。树龄前十位单株：长顺县广顺镇石板村天台村民组（4000年）、惠水县摆金乡摆金村冗章寨（4000年）、福泉市黄丝镇邦乐村李家湾（3000年）、麻江县景阳乡谷顶召C号树（2500年）、麻江县贤昌乡高枧村（2000年）、都匀市摆忙乡旧堡寨（2000年）、都匀市摆忙乡旧堡寨（2000年）、惠水县摆金乡单靶村单阳02号（2000年）、惠水县岗度乡黄土村摆亚寨中间108号（2000年）、福泉市凤山镇甘巴哨村熊通寨组上寨（1780年）。

4.胸径

贵州省已知胸径的银杏古树共计658株（其中包括基径1.0～2.0m75株、2.0～3.0m17株、3.0～4.0m1株、4.0～5.0m1株）。胸径最大单株为4.79m，位于福泉市黄丝镇邦乐村李家湾；最小单株为0.26m，有2株，位于麻江县杏山乡仰古村下半山组1株，位于麻江县杏山乡仰古村喻家山组土地庙1株；胸径<1.0m的为156株，占27.66%；在1.0～2.0m的为322株，占57.09%；在2.0～3.0m的为72株，占12.77%；在3.0～4.0m的为11株，占1.95%；在4.0～5.0m的为3株，占0.53%。胸径或基径在3.00m以上单株（16株）：福泉市黄丝镇邦乐村李家湾（4.79m）、遵义县红关乡联心村白果组（4.68m）、印江县木黄镇凤仪村喻家村民组（4.35m）、福泉市马场坪街道下堡村（4.05m，基）、都匀市摆忙乡旧堡寨（3.82m）、惠水县摆金乡摆金村冗章寨1（3.74m）、都匀市摆忙乡摆忙村向阳组（3.73m）、龙里县醒狮镇三宝村平寨（3.69m）、麻江县景阳乡谷顶召C号树（3.50m）、福泉市谷庄镇谷顶村（3.50m）、盘县乐民镇乐民村蔡家营寨（3.40m）、龙里县谷龙乡上白果寨(3.30m)、麻江县杏山乡坝寨村高寨组寨中(3.10m)、威宁彝族回族苗族自治县盐仓镇二堡村(3.02m)、普安县罐子窑镇崧岿村岩脚组(3.00m)、贵阳市花溪区高坡乡杉坪村白果寨25号树（3.00m，基）。

5.冠幅

冠幅最大单株为40.0m×40.0m，平均冠幅为40.0m，位于务川县丰乐镇丰乐村大竹园村民组；最小单株为0.8m×1.2m，平均冠幅为1.0m，位于麻江县杏山乡茅坪村大寨组羊羔山丫项。冠幅前十位单株：务川县丰乐镇丰乐村大竹园村民组（40.0m×40.0m）、贵阳市乌当区羊昌镇黄连村枇杷寨（35.0m×30.0m）、毕节市小坝镇王家坝村莺戈岩（31.0m×34.0m）、都匀市摆忙乡摆忙村向阳组（35.0m×30.0m）、遵义县红关乡联心村白果组（31.7m×31.7m）、麻江县谷硐乡摆沙村鸭蛋冲组（29.5m×31.5m）、麻江县下司乡新民村一组兰麦山（29.5m×31.5m）、福泉市高石乡石板寨村平寨（31.0m×29.1m）、盘县石桥镇妥乐村（2）5号树（30.0m×30.0m）、湄潭县鱼泉乡金桥村山坪上（30.0m×30.0m）。

6.特异种质

垂乳银杏88株；复干银杏35株；雌雄同株1株；异熟型果实及葫芦果等。

四 古树综合描述

贵阳市花溪区青岩乡新楼村a（图9-7-1）

垂乳银杏。雌株，树龄500年，树高20.0m，总胸径1.53m，冠幅15.0m×20.0m。母干被截，偏冠，外延15.0m。位于村落水泥路边，树冠极不规整，生长状况极差。根部大量裸露，盘根错节。现仅存8个从基部萌生的较大复干以及少量近枯萎的萌蘖，最大复干胸径0.60m，上有少量枝叶，贴干着生少量初生垂乳，还有3个基径0.35m复干从基部0.8～1.5m处被锯断。由于修路导致生境破坏，此树几近枯死，不挂果，树干枯树叶稀少。该村落有一雌一雄两株银杏古树。N=26°06′13.6″，E=106°48′58.6″，H=1180m。该树在方圆几十公里内享有“银杏王”美誉。

贵阳市花溪区青岩乡新楼村b（图9-7-2）

垂乳银杏。雄株，树龄500年，树高25.0m，胸径0.80m，冠幅15.0m×12.0m。偏

图9-7-1 贵阳市花溪区青岩乡新楼村a

冠，外延12.0m。此树位于村落水泥路边，树冠极不规整，总胸围6.28m，生长状况极差，几近枯萎，仅几个侧枝上有叶片着生；枝叶稀疏。多个小复干，胸径近10.0cm的有9个，其中有2个复干存活，该树多代同堂、独木成林；4个基径0.30～0.40m复干从基部0.8～1.5m处被锯断。复干长有垂乳，共6个，最大基径为10.0cm，长约10cm。N=26° 06′ 13.6″，E=106° 48′ 58.6″，H=1180m。

贵阳市花溪区青岩乡传家寨

雌株，树龄400年，2株并生，萌干多。

贵阳市花溪区高坡乡杉坪村上平寨27号树

垂乳银杏。雄株，树龄400年，树高23.0m，胸径1.90m。有树乳少许。

贵阳市花溪区高坡乡杉坪村上平寨30号树

雌株，树龄400年，树高20.0m，胸径1.20m。

贵阳市花溪区高坡乡杉坪村上平寨32号树

雌株，树龄400年，树高15.0m，胸径1.00m。

贵阳市花溪区高坡乡杉坪村上平寨35号树

树龄400年，树高15.0m，基径1.30m。

贵阳市花溪区高坡乡杉坪村上平寨37号树

雌株，树龄400年，树高7.0m，胸径1.00m。

图9-7-2 贵阳市花溪区青岩乡新楼村b
（注：箭头示垂乳）

贵阳市花溪区高坡乡杉坪村杉木寨1号树

雌株，树龄400年，树高18.0m，胸径1.20m。

贵阳市花溪区高坡乡杉坪村杉木寨4号树

雌株，树龄400年，树高5.0m，基径1.30m。

贵阳市花溪区高坡乡杉坪村杉木寨17号树

垂乳银杏。雌株，树龄400年，树高18.0m，胸径1.30m。

贵阳市花溪区高坡乡杉坪村杉木寨20号树

雌株，树龄400年，树高20.0m，基径1.30m。

贵阳市花溪区高坡乡杉坪村白果寨24号树

雌株，树龄400年，树高20.0m，基径2.50m。长石上，二干，基径分别为1.00m、0.70m。

贵阳市花溪区高坡乡杉坪村白果寨25号树

雌株，树龄400年，树高20.0m，基径3.00m，中空。南北二干，基径分别为:0.80m、0.85m。

贵阳市花溪区高坡乡杉坪村白果寨30号树

雌株，树龄400年，树高18.0m，基径2.00m。干基径0.25～0.50m。

贵阳市花溪区高坡乡杉坪村五组白果寨

树龄800年，树高35.0m，胸径0.90m。

贵阳市花溪区高坡乡杉坪村五组白果寨

树龄100年，树高15.0m，胸径0.53m。

贵阳市花溪区高坡乡杉坪村五组白果寨

树龄500年，树高36.0m，胸径0.99m。

贵阳市花溪区高坡乡杉坪村五组白果寨

树龄400年，树高16.0m，胸径0.80m。

贵阳市花溪区高坡乡杉坪村五组白果寨

树龄350年，树高25.0m，胸径0.80m。

贵阳市花溪区高坡乡高寨村

垂乳银杏。雌株，树龄400年，胸径2.30m，多树奶。

贵阳市花溪区高坡乡大洪村小长寨a（图9-7-3）

垂乳银杏。雄株，树龄400年，树高32.0m，胸径1.94m，枝下高6.0m，冠幅25.0m×22.0m。位于村寨深处农户旁，该村落一雌一雄两株古银杏树，二者相距6.4m。树冠呈伞形。由于人为破坏，导致少量须根裸露于地表。主干呈多棱状，树干基部有少量瘤状凸起。叶片较小，枝叶稀疏。主干于15m处形成3个大干，侧枝上有少量枝条萌生。主干贴干有大量垂乳着生，其中部分垂乳被当地村民作为药材取用，最大基径达0.20m，在分枝处有大量初生垂乳着生。N=26° 18′ 01.3″，E=106° 47′ 41.4″，H=1477m。

贵阳市花溪区高坡乡大洪村小长寨b（图9-7-4）

垂乳银杏。雌株，树龄400年，树高30.0m，胸径1.77m，枝下高4.0m，冠幅15.0m×15.0m。位于村寨深处农户旁，树冠呈塔形，南侧部分根系裸露于地表。主干通直，分枝较少，整体向北侧倾斜，主干3.0m以下纵向呈棱状。叶片较小，枝叶茂密。主干于4.0m处分成2个大干，两干间的夹角为30°。贴干着生大量垂乳，最长达1.0m，基径0.20m，分枝处有大量初生垂乳密生。结果量较小，果实较大。N=26° 52′ 03.5″，E=106° 53′ 13.5″，H=1107m。

贵阳市花溪区高坡乡杉坪村五组瓦窑坡脚

树龄350年，树高17.0m，胸径0.50m。

贵阳市花溪区高坡乡杉坪村五组房背后

树龄400年，树高32.0m，胸径0.90m。

贵阳市花溪区高坡乡杉坪村五组背后坡路坎上

树龄350年，树高39.0m，胸径0.90m。

贵阳市花溪区高坡乡杉坪村四组平寨

树龄500年，树高35.0m，胸径1.00m。

贵阳市花溪区高坡乡杉坪村四组平寨

树龄500年，树高35.0m，胸径1.00m。

图9-7-3 贵阳市花溪区高坡乡大洪村小长寨a
（注：箭头示垂乳）

图9-7-4 贵阳市花溪区高坡乡大洪村小长寨b
（注：箭头示垂乳）

贵阳市花溪区高坡乡杉坪村四组罗杉房屋顶

树龄500年，树高32.0m，胸径0.99m。

贵阳市花溪区高坡乡杉坪村四组罗杉房屋顶

树龄500年，树高35.0m，胸径1.00m。

贵阳市花溪区高坡乡王寨村竹林组

树龄600年，树高24.0m，胸径1.16m。

贵阳市花溪区高坡乡高寨村

树龄1600年，树高40.0m，胸径2.13m。

贵阳市花溪区高坡乡硐口村大寨

树龄1100年，树高17.0m，胸径1.35m。

贵阳市花溪区高坡乡高坡村翁须寨

雌雄各1株。树龄1400年，据说胸径均在大洪村银杏之上。

贵阳市花溪区高坡乡高坡村翁须寨（图9-7-5）

垂乳银杏。雌株，树龄350年，树高30.0m，胸径1.30m，枝下高3.0m，冠幅25.0m×22.0m。位于村寨内，四周有青冈、杉木以及棕榈等树木环绕，树冠呈伞形，树冠中下部没有枝叶分布。主干7m以下分枝全部被截，叶片大而密实。3个复干，最大复干胸径0.60m，主干与复干最远距离为0.3m，夹角为30°，主干与复干间有大量萌蘖。主干上有少量垂乳着生，复干侧枝上有大量垂乳并生，共30余个。N=26°17′004″，E=106°48′38.2″，H=1463m。

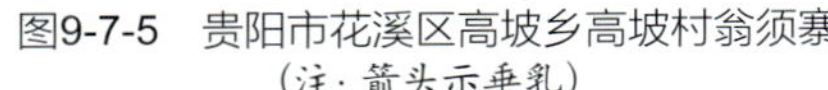

图9-7-5 贵阳市花溪区高坡乡高坡村翁须寨
（注：箭头示垂乳）

贵阳市花溪区花溪乡尖山村

树龄500年，树高30.0m。

贵阳市花溪区花溪乡葵花山

树龄800年，树高50.0m。

贵阳市花溪区燕楼乡新井村

树龄500年，树高25.0m，胸径1.40m。

贵阳市花溪区燕楼乡新井村

树龄500年，树高23.0m，胸径1.50m。

贵阳市花溪区燕楼乡新井村

树龄500年，树高22.0m，胸径1.11m。

贵阳市花溪区燕楼乡思惹村

树龄300年，树高21.0m，胸径1.40m。

贵阳市花溪区燕楼乡坝楼村坝楼小学

树龄300年，树高18.0m，胸径1.20m。

贵阳市花溪区燕楼乡旧盘村桂花组

树龄400年，树高23.0m，胸径1.27m。

贵阳市花溪区燕楼乡旧盘村摆托组

树龄100年，树高20.0m，胸径0.80m。

贵阳市花溪区麦坪乡康寨村二组大井边

树龄350年，树高28.0m，胸径2.23m。

贵阳市花溪区湖潮乡广兴村白果树脚

树龄600年，树高23.0m，胸径0.96m。

贵阳市花溪区湖潮乡云方村屯上

树龄200年，胸径0.64m。

贵阳市花溪区久安乡打通村小寨组中寨

树龄220年，树高21.0m，胸径0.96m。

贵阳市花溪区久安乡吴山村九组吴家庄路边

树龄400年，树高18.0m，胸径1.40m。

贵阳市花溪区久安乡巩固村四组学校旁

树龄130年，树高23.0m，胸径0.80m。

贵阳市花溪区久安乡小山村光头组光头寨

树龄200年，树高25.0m，胸径0.83m。

贵阳市花溪区久安乡雪厂村林东组林东

树龄250年，树高27.0m，胸径1.32m。

贵阳市花溪区石板镇林木寨

树龄400年，树高28.0m，胸径2.00m。生

图9-7-6 贵阳市乌当区羊昌镇黄连村枇杷寨（1）
（注：箭头示垂乳）

长于村旁石灰岩坡坎上，尚茂。

贵阳市花溪区石板镇茨凹村摆顶组寨边

树龄120年，树高18.0m，胸径0.48m。

贵阳市花溪区石板镇盖冗村塘边寨顶坡

树龄300年，树高23.0m，胸径0.73m。

贵阳市花溪区石板镇花街村寨边

树龄300年，树高25.0m，胸径0.76m。

贵阳市花溪区石板镇隆昌村摆拢组白果树

树龄300年，树高25.0m，胸径0.76m。

贵阳市花溪区石板镇镇山村寨顶

树龄300年，树高30.0m，胸径0.70m。

贵阳市花溪区石板镇合朋村六组泡木湾

树龄300年，树高28.0m，胸径1.65m。

贵阳市花溪区马铃乡马铃村山脚坡

树龄500年，树高25.0m，胸径2.00m。

贵阳市花溪区马铃乡牛皮箐村

树龄100年，树高20.0m，胸径1.00m。

贵阳市花溪区党武乡曹家庄大黄马对面陈家院

树龄500年，树高25.0m，胸径0.43m。

贵阳市花溪区黔陶乡谷洒村村委旁边

树龄150年，树高22.0m。

贵阳市花溪区黔陶乡关口村翁丫组寨上

树龄310年，树高34.0m，胸径0.70m。

贵阳市花溪区黔陶乡关口村大寨组大寨新院

树龄250年，树高28.0m，胸径0.35m。

贵阳市花溪区黔陶乡黔陶村桐野书屋内

树龄100年，树高20.0m。

贵阳市花溪区黔陶乡骑龙村底下寨

树龄200年，树高20.0m，胸径0.48m。

贵阳市花溪区黔陶乡骑龙村半坡寨边

树龄200年，树高20.0m，胸径0.48m。

贵阳市花溪区黔陶乡骑龙村半坡寨边

树龄200年，树高30.0m，胸径0.64m。

贵阳市花溪区孟关乡石龙村大寨组上寨

树龄810年，树高30.0m，胸径0.61m。

贵阳市白云区牛场镇牛场村

雄株，树龄400年，4.0m以下主干被埋，侧枝着地而生，长于寨边，500.0m外另有1株。

贵阳市白云区牛场镇牛场村姨妈寨

孤木。

贵阳市白云区牛场镇大山村云岩

树龄1000年，树高30.0m，胸径1.80m，冠幅25.0m×20.0m，枝下高3.2m。该地地处偏远，H=1400m，该树分枝多而细，曾在凝冻灾害期间，几根大的分枝在冰雪积压下折断。目前这棵古银杏树的生长情况恢复良好。

贵阳市白云区牛场镇野鸭塘

树龄400年，树高 20.0m，胸径 1.80m。长于村政府门前，3.0m以下主干被埋，上有2干。

贵阳市白云区牛场镇蓬莱村

“山神树”。树龄1000年，胸径1.59m，被当做“山神树”看待，至今仍枝繁叶茂。据论证，这棵树的树龄当在500～1000年之间。

贵阳市白云区都拉乡奔土村

树龄1000年，胸径 2.39m。据专家初步估算，这棵树树龄也有近千年。

贵阳市白云区靖安镇上坝村

树群。

贵阳市乌当区顺海中路88号顺海植物园

孤木。

贵阳市乌当区新堡乡香纸沟

树龄400年，树高25.0m，胸径1.85m。2株相距200.0m，树干中空。

贵阳市乌当区新堡乡大寨沟村

孤木。

贵阳市乌当区偏坡乡偏坡村岩上村民组大寨

雄株，树龄400年，树高26.0m，胸径2.80m，冠幅18.0m×16.0m。位于村落内，生长于石板缝北坡中部，坡度15°，生长旺盛，离地3m处分支较多。2株紧邻而生。

贵阳市乌当区偏坡乡偏坡村岩上村民组大寨

雌株，树龄400年，树高21.0m，基径1.80m，冠幅10.0m×10.8m。位于村落内，生长于石板缝北坡下部，坡度15°，胸围3.1m，生长旺盛，枝叶茂密。

贵阳市乌当区偏坡乡下院村下院村民组

树龄200年，树高28.0m，胸径1.59m，冠幅12.0m×11.0m。位于村落内小土堡南坡，胸围5.0m，生长旺盛。H=1300m。

贵阳市乌当区偏坡乡下院村大坡脚民组

树龄250年，树高28.0m，胸径1.85m，冠幅15.6m×14.5m。位于村落内小土堡南坡，生长旺盛，枝叶繁茂。

贵阳市乌当区羊昌镇黄连村枇杷寨

树龄400年，树高 21.0m，基径 2.10m。

贵阳市乌当区羊昌镇黄连村枇杷寨（图9-7-6;9-7-7）

垂乳银杏。雌株，树龄1000年，树高25.0m，胸径2.52m，枝下高1.9m，冠幅35.0m×30.0m。西北侧生长状况较好，树干基部萌生一株黄连木，高约3.0m。东侧5.0m远处有一株雄株银杏，树高15.0m、胸径0.20m。西侧根系外露，外延长达7.0m。南侧树皮脱落，主干基部绕干密布瘤状凸起。主干2.0m处分枝较多，大多数小侧枝和部分枝干枯。西侧贴干有大量垂乳着生，长度最大的为0.5m，基径为20cm，树干分枝处有大量初生垂乳着生（当地村民从树上取下垂乳通过水培法培植成盆景）。2011年调查，结果量小（据当地村民描述此树1995年结果量最大时可达2500kg果实），当地乡政府修建防护栏保护。该树上结的种子分两种成熟期，一种为8月底成熟，一种为9月底成熟，清楚可见，为异熟型果实—特异种质。N=26° 52′ 03.5″，E=106° 53′ 13.5″，H=1107m。

贵阳市乌当区羊昌镇黄连村瓦窑寨

雄株，树龄400年，树高18.0m，胸径1.80m。为3株中最大。

贵阳市乌当区百宜乡络坝村

孤木。

贵阳市乌当区百宣乡罗广村上郎道民组大路边

树龄400年，树高35.0m，胸径1.97m，冠幅30.0×30.0m。胸围6.2m，地围6.7m，生长旺盛，于主干2.5m处分枝。H=1153m。

贵阳市乌当区百宣乡罗广村小翁林民组

树龄400年，树高40.0m，胸径1.59m，冠幅30.0×30.0m。位于南国贤家左房侧，东坡中部，坡度25°，胸围4.5m，生长旺盛。H=1100m。

贵阳市乌当区百宣乡拐吉村下麻窝

树龄200年，树高20.0m，胸径0.52m，胸围1.8m，地围2.4m，生长旺盛，周边有8株树龄和生长状况相同的古银杏。H=1250m。

贵阳市乌当区东风镇麦穰村赵家庄

树群。

贵阳市乌当区下坝乡项阳

孤木。

贵阳市乌当区金华镇郝官

树群。

图9-7-7 贵阳市乌当区羊昌镇黄连村枇杷寨（2）
（注：箭头示垂乳）

贵阳市乌当区贤昌乡上枧村

残林。

贵阳市乌当区贤昌乡下枧村

森林。

贵阳市南明区云关乡木头村黑坡

树龄150年，树高30.0m，胸径0.93m，冠幅15.0m×15.0m。H=1180m。

贵阳市云岩区螺丝山路13号（近东山路）扶风山阳明祠

“镇祠之宝”。树龄460年，树高12.0m，胸径0.75m。贵阳扶风山阳明祠，始建于清嘉庆十九年（1814）与相邻的尹道真祠、扶风寺共同组成环境清幽、景色秀丽的扶风山风景区，清代西南巨儒郑珍曾赞之为“插天一朵青芙蓉”。该树曾风倒，扶起，长势越来越好。这棵古银杏树是目前贵阳市城区内树体最大、树龄最长的银杏树，已被列入市古树名木，号称阳明祠的“镇祠之宝”。

清镇市红枫湖镇城关北门市政府院内

树龄300年，树高22.0m，胸径1.60m。球冠。

清镇市红枫湖镇东门

孤木。

息烽县阳朗小学（三教寺）（图9-7-8）

垂乳银杏，明朝银杏，树生树。雄株，树龄500年，树高35.0m，胸径2.54m，冠幅

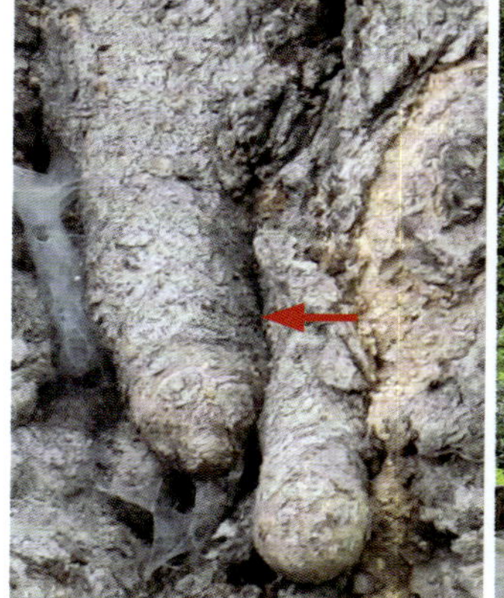

图9-7-8　贵州息烽县阳朗小学（三教寺）
（注：箭头示垂乳）

27.0m×22.0m，位于学校操场南墙边，学校修建铁质围栏保护，周边种植刺槐、大叶冬青、龙爪槐等树木。生长旺盛，树形为桃心形，内腐中空，干内寄生有一株高17.0m，胸径0.18m的构皮树，且与白果树株体共生相济，两树枝叶纵横交错，亲密不分。内部中空。中心主干枯死，现高度约为4.0m，树干南侧一个基径0.60m的侧枝被截。树干于1.50m处分生2个大干，分别位于树干的南侧和东侧，南侧树干较弯曲，其他树干于4.0m处向四周弯曲生长。东侧干基部有少量萌蘖，南侧树干分枝处有4个长约10cm、基径0.10m的垂乳，北侧分枝处有2个初生垂乳，主干西侧贴干生长一个长约20cm、基径0.10m垂乳。相传明崇祯元年(1628)，僧人心贵在寺前栽下这棵银杏树，以衬配风水。N=27°02′52.8″，E=106°44′19.8″，H=1093m。

息烽县永靖镇下阳郎村北门村民组云环小学

树龄500年，树高30.0m，胸径2.15m，冠幅28.0m×28.0m，H=1100m。

息烽县永靖镇联丰村麻窝寨村民组

树龄300年，树高20.0m，胸径1.43m，冠幅11.0m×11.0m，H=1100m。

息烽县西山乡西山村凤池村民组凤池大庙

树龄500年，树高13.0m，胸径2.26m，冠幅19.0m×19.0m，H=1430m。

息烽县温泉镇

残林。

开阳县城关镇石头田村

孤木。

修文县谷堡乡谷堡村

孤木。

修文县谷堡乡乌栗

孤木。

盘县乐民镇乐民村1.2组（图9-7-9）

垂乳银杏。雌株，树龄1000年，树高22.0m，胸径2.71m，枝下高1.5m，冠幅25.0m×30.0m。位于村落内，西侧树干被雷击倒，树冠开阔呈心形。东、北、南三侧树根密布地面，盘根错节，高出地表1.5m，主干于1.5m处分5个大干，干部树洞用水泥灌注，北侧侧枝上有10几个初生垂乳。结果量大，果实较大，180颗种核可达0.5kg。此处还有3株雌银杏树，与此树分别位于正方形的4个方位上，树木的生长状态相似，据推测，该4株树均为同一时期栽种。通过考证，乐民镇、石桥镇的银杏古树的繁殖方式有4种：大枝扦插、实生繁殖、压条繁殖、由复干长成大树。大枝扦插是最普遍的繁殖方式，古树多数植株没有直根，只有平展行分散又交织且大小相当的强大骨干“须根”；多数树体分枝极低，没有明显的干性；用大枝扦插来繁殖银杏的方法现在当地人仍然沿用。压条繁殖最典型的例子是黄家营06号，由压条长成的子株，胸围1.3m，约20年树龄，已开始结果，而压条仍像拱桥一样健在，跨度6.4m。在银杏林中，由老树复干长成的单株随处可见，自然繁衍，自然衰亡，却也往往形成了三世、四世同堂的现象。在总计1352株结果老树中，没有一株是通过嫁接繁殖的，树体也任其自然生长，从来未进行技术管理。可以说这片资源是典型的原始而又年青的活化石。N=25°33′23.4″，E=104°30′18.1″，H=1518m。

盘县乐民镇乐民村a（图9-7-10;9-7-11）

垂乳银杏。雌株，树龄1000年，树高18.0m，胸径1.80m，冠幅 21.0m×21.0m。主梢已断，主干低矮，距地面1.5m处分出5大枝，树上长有85个簇生垂乳，最大长度0.5m。

盘县乐民镇乐民村

雌株，树龄1000年，树高22.0m，胸径1.82m。主梢已断。

盘县乐民镇乐民村b（图9-7-10）

雌株，树龄1000年，树高17.0m，胸径1.05m。

盘县乐民镇乐民村蔡家营寨

垂乳银杏。雌株，胸径3.40m，树高40.0m，冠幅23.0m×23.0m，乐民镇最老的一株，树龄在千年以上，主干长满了树乳，最长的一个树乳超过2.0m，可称全国树乳之冠。全树的主枝已多次折断、更新，主干着生主枝的地方形成一个“台”，历史上这树最高年产曾达1300kg，20世纪80年代还收果100kg。目前剩下的4个大枝仍少量结实。编号：030。

图9-7-9 盘县乐民镇乐民村1.2组
（注：箭头示垂乳）

图9-7-10 盘县乐民镇乐民村
（注：1. 右：乐民村1.2组；左：乐民村a；2. 乐民村b）

盘县乐民镇欠屯村

胸径>1.00m，6株。

盘县乐民镇山岔村

胸径>1.00m，3株。

盘县乐民镇六科村

胸径>1.00m，4株。

盘县乐民镇大地村

胸径>1.00m，6株。

盘县乐民镇水洞坪村

胸径>1.00m，2株。

盘县乐民镇雅达村

胸径>1.00m，1株。

盘县乐民镇黑坎村

胸径>1.00m，2株。

盘县乐民镇海子村

胸径>1.00m，2株。

盘县石桥镇妥乐村1号树

垂乳银杏。雌株，树龄450年，树高16.0m，基径2.50m，冠幅14.0m×14.0m。多干，树奶小、多。

盘县石桥镇妥乐村4号树

雌株，树龄450年，树高15.0m，基径1.10m，冠幅12.0m×12.0m，双干。

盘县石桥镇妥乐村（2）5号树（图9-7-12）

垂乳银杏。雌株，树龄200年，树高15.0m，胸径1.20m，枝下高0.5m，冠幅30.0m×30.0m。位于村落内部，生长状况良好，树冠开阔，主干内部中空，于0.5m处分成6个大干，叶片开裂度很小，树干6m以下绕干密生瘤状凸起。结果量小，多为单果，果柄较短。N=25° 36′ 54.9″，E=104° 32′ 55.0″，H=1639m。

盘县石桥镇妥乐村6号树

雌株，树龄450年，树高18.0m，基径1.20m，冠幅12.0m×12.0m。

盘县石桥镇妥乐村7号树

雌株，树龄450年，树高15.0m，基径1.50m，冠幅15.0m×15.0m。

盘县石桥镇妥乐村8号树

雌株，树龄450年，树高16.0m，基径1.20m，冠幅10.0m×10.0m。

盘县石桥镇妥乐村9号树

雌株，树龄450年，树高10.0m，基径1.30m，冠幅10.0m×10.0m。

盘县石桥镇妥乐村10号树

垂乳银杏。雌株，树龄450年，树高14.0m，基径1.50m，冠幅12.0m×12.0m。多乳，6干。

盘县石桥镇妥乐村11号树

垂乳银杏。雌株，树龄450年，树高15.0m，基径2.00m，冠幅12.0m×12.0m。多乳，6干。

盘县石桥镇妥乐村12号树

垂乳银杏。雌株，树龄450年，树高15.0m，基径2.00m，冠幅15.0m×15.0m，多乳，3干。

盘县石桥镇妥乐村（3）15号树（图9-7-13）

垂乳银杏。雌株，树龄300年，树高15.0m，胸径0.80m，枝下高0.5m，冠幅25.0m×15.0m。位于村落内，总胸围4.71m，生长茂盛，一个复干，胸径0.6m，复干与主干相距10cm，1.0m高处复干与主干黏合生长0.3m，东侧干基部有4株高约0.5m的萌蘖，干基部有少量瘤状凸起。N=25° 36′ 53.7″，E=104° 32′ 54.6″，H=1645m。

盘县石桥镇妥乐村（4）17号树（图9-7-14）

垂乳银杏。雌株，树龄300年，树高25.0m，胸径0.90m，枝下高4.0m，冠幅30.0m×25.0m。位于村落内，树冠开阔。除西南侧外，各方位根部均有外露，长达3.0m，高出地面2.5m。复干胸径0.55m，与主干间的夹

图9-7-11　盘县乐民镇乐民村a
（注：箭头示垂乳）

图9-7-12　盘县石桥镇妥乐村（2）5号树
（注：箭头示垂乳）

角45°，西侧干部向下倾斜较大，干近地面一侧有大量初生垂乳密生。N=25° 36′ 58.4″，E=104° 32′ 57.3″，H=1615m。

盘县石桥镇妥乐村19号树

雌株，树龄450年，树高15.0m，基径1.80m，冠幅13.0m×13.0m。基生8干，杯状。

盘县石桥镇妥乐村21号树

雌株，树龄450年，树高13.0m，基径1.00m，冠幅12.0m×12.0m。基生2干。

盘县石桥镇妥乐村22号树

雌株，树龄450年，树高12.0m，基径1.30m，冠幅11.0m×11.0m。3干。

盘县石桥镇妥乐村23号树

垂乳银杏。雌株，树龄450年，树高14.0m，基径1.20m，冠幅13.0m×13.0m。2干，多奶。

盘县石桥镇妥乐村24号树

雌株，树龄450年，树高12.0m，基径1.20m，冠幅13.0m×13.0m。基2干，老干斜，多干，直、光。

盘县石桥镇妥乐村25号树

雌株，树龄450年，树高12.0m，基径1.20m，冠幅10.0m×12.0m。基2干、老干斜、多干，直、光。

盘县石桥镇妥乐村（5）26号树（图9-7-15）

雌株，树龄200年，树高15.0m，胸径0.90m，枝下高4.0m，冠幅10.0m×15.0m。位于村落内，生长状况良好。西南侧根部裸露于地表，与5.0m远处的一株雌树根部交互错结，干部4.0m以下的分枝全部被砍。结果量少，果实大。根裸露，双干，护堤。N=25° 36′ 58.1″，E=104° 32′ 58.7″，H=1622m。

盘县石桥镇妥乐村27号树

垂乳银杏。雌株，树龄450年，树高13.0m，基径1.00m，冠幅11.0m×11.0m。双干，护堤，多垂乳。

盘县石桥镇妥乐村28号树

雌株，树龄450年，树高16.0m，基径1.80m，冠幅15.0m×15.0m。双干，立直，球冠。

盘县石桥镇妥乐村29号树

雌株，树龄450年，树高10.0m，基径1.50m，冠幅12.0m×12.0m。4干，半旗冠，护堤。

盘县石桥镇妥乐村30号树

雌株，树龄450年，树高15.0m，基径1.20m，冠幅15.0m×15.0m。半旗冠。

图9-7-13 盘县石桥镇妥乐村（3）15号树
（注：箭头示垂乳）

图9-7-14 盘县石桥镇妥乐村（4）17号树

图9-7-15 盘县石桥镇妥乐村（5）26号树

盘县石桥镇妥乐村31号树

垂乳银杏。雌株，树龄450年，树高13.0m，胸径1.00m，冠幅12.0m×12.0m。根系密，始有垂乳。

盘县石桥镇妥乐村32号树

垂乳银杏。雌株，树龄450年，树高15.0m，基径1.50m，冠幅 15.0m×15.0m。基部有初奶，5干。

盘县石桥镇妥乐村33号树

雌株，树龄450年，树高15.0m，胸径1.80m，冠幅13.0m×13.0m。基部分枝，4干。

盘县石桥镇妥乐村（6）34号树

垂乳银杏。雌株，树龄200年，树高15.0m，胸径1.00m，冠幅10.0m×15.0m。位于村落内，生长状况良好，根部外露长达11m，高出地面1.5m，树干5.0m处分成3个干，主干分枝处具垂乳。N=25° 36′ 58.1″，E=104° 32′ 58.7″，H=1622m。

盘县石桥镇妥乐村35号树

雌株，树龄450年，树高15.0m，基径2.00m，冠幅15.0m×15.0m。生长于石凹中。

盘县石桥镇妥乐村38号树

雌株，树龄450年，树高14.0m，基径1.50m，冠幅12.0m×12.0m。3干。

盘县石桥镇妥乐村39号树

雌株，树龄450年，树高15.0m，基径1.80m，冠幅15.0m×14.0m。8干，粗壮。

盘县石桥镇妥乐村42号树

垂乳银杏。雌株，树龄450年，树高10.0m，基径1.00m，冠幅10.0m×10.0m。3干，多奶。

盘县石桥镇妥乐村47号树

垂乳银杏。雌株，树龄450年，树高15.0m，基径2.00m，冠幅20.0m×20.0m。2干，多奶。

盘县石桥镇妥乐村50号树

雌株，树龄450年，树高13.0m，基径1.00m，冠幅10.0m×10.0m。3干。

盘县石桥镇妥乐村58号树

雌株，树龄450年，树高15.0m，基径2.00m，冠幅15.0m×15.0m。4干。

盘县石桥镇妥乐村60号树

雌株，树龄450年，树高15.0m，基径1.00m，冠幅12.0m×12.0m。基1m处分2干，球冠。

盘县石桥镇妥乐村69号树

雄株，树龄450年，树高22.0m，基径1.30m，冠幅15.0m×15.0m。3m以上分干，半伞形树冠。

盘县石桥镇妥乐村70号树

雌株，树龄450年，树高15.0m，基径1.80m，冠幅15.0m×15.0m。生长在屋前林中下。

盘县石桥镇妥乐村71号树

雌株，树龄450年，树高13.0m，基径1.00m，冠幅10.0m×10.0m。生长于门前林下。

盘县石桥镇妥乐村76号树

雌株，树龄450年，树高15.0m，基径1.30m，冠幅11.0m×11.0m。 球冠，长于村中。

盘县石桥镇妥乐村77号树

雌株，树龄450年，树高10.0m，基径1.00m，冠幅10.0m×10.0m。球冠，长于村中。

盘县石桥镇妥乐村83号树

垂乳银杏。雌株，树龄450年，树高17.0m，基径1.40m，冠幅15.0m×15.0m。2.4m以下多初奶，球冠茂盛。

盘县石桥镇妥乐村89号树

雌株，树龄450年，树高12.0m，基径1.00m，冠幅12.0m×12.0m。2干，半冠，长于林中坎边。

盘县石桥镇妥乐村94号树

垂乳银杏。雌株，树龄450年，树高15.0m，基径1.80m，冠幅15.0m×15.0m。2干，3.0m下多树奶。

盘县石桥镇妥乐村103号树

雌株，树龄450年，树高15.0m，基径1.50m，冠幅13.0m×13.0m。3干合生。

盘县石桥镇妥乐村104号树

雌株，树龄450年，树高14.0m，基径1.20m，冠幅14.0m×14.0m。二代同株树。

盘县石桥镇妥乐村108号树

雌株，树龄450年，树高13.0m，基径1.50m，冠幅12.0m×12.0m。三代同株树。

盘县石桥镇妥乐村110号树

雌株，树龄450年，树高15.0m，基径1.80m，冠幅15.0m×15.0m。基部分枝。

图9-7-16 盘县石桥镇妥乐村（7）143号树

盘县石桥镇妥乐村112号树

雌株，树龄450年，树高16.0m，基径1.50m，冠幅15.0m×15.0m。4.0m处反而长粗，生路边。

盘县石桥镇妥乐村116号树

垂乳银杏。雌株，树龄450年，树高15.0m，基径2.00m，冠幅15.0m×15.0m。多树奶，多代。

盘县石桥镇妥乐村117号树

垂乳银杏。雌株，树龄450年，树高14.0m，基径1.00m，冠幅12.0m×12.0m。三干，4.0m下多树奶。

盘县石桥镇妥乐村118号树

雌株，树龄450年，树高17.0m，胸径1.30m，冠幅15.0m×15.0m。二代同株，展叶晚。

盘县石桥镇妥乐村119号树

垂乳银杏。雌株，树龄450年，树高13.0m，基径1.60m，冠幅13.0m×13.0m。 有树奶，2.0m以上分2干。

盘县石桥镇妥乐村122号树

垂乳银杏。雌株，树龄450年，树高18.0m，基径1.80m，冠幅15.0m×15.0m。有树奶，第一代萎缩，第二、三代下部合生，3干。

盘县石桥镇妥乐村123号树

垂乳银杏。雌株，树龄450年，树高18.0m，基径1.80m，冠幅15.0m×15.0m。少树奶，3干。

盘县石桥镇妥乐村126号树

雌株，树龄450年，树高20.0m，胸径1.00m，冠幅12.0m×12.0m。干直。

盘县石桥镇妥乐村128号树

雌株，树龄450年，树高15.0m，基径1.60m，冠幅12.0m×12.0m。2干。

盘县石桥镇妥乐村129号树

垂乳银杏。雌株，树龄450年，树高18.0m，基径2.20m，冠幅15.0m×15.0m。3干，多树奶。

盘县石桥镇妥乐村130号树

雌株，树龄450年，树高20.0m，胸径1.10m，冠幅15.0m×15.0m。

盘县石桥镇妥乐村132号树

雌株，树龄450年，树高22.0m，基径1.50m，冠幅15.0m×15.0m。二代，年产200kg种子。

盘县石桥镇妥乐村135号树

雌株，树龄450年，树高20.0m，基径2.40m，冠幅15.0m×15.0m。三代，3干。

盘县石桥镇妥乐村136号树

垂乳银杏。雌株，树龄450年，树高18.0m，基径2.00m，冠幅15.0m×15.0m。二代，第一代斜，有垂乳。

盘县石桥镇妥乐村138号树

雄株，树龄450年，树高25.0m，胸径1.00m，冠幅14.0m×14.0m。5.0m以上分枝，柱形。

盘县石桥镇妥乐村139号树

雌株，树龄450年，树高15.0m，基径1.80m，冠幅13.0m×14.0m。紧靠138号树，二代。

盘县石桥镇妥乐村140号树

垂乳银杏。雌株，树龄450年，树高13.0m，基径1.50m，冠幅10.0m×10.0m。有树奶，三代同株。

盘县石桥镇妥乐村142号树

垂乳银杏。雌株，树龄450年，树高14.0m，基径1.80m，冠幅10.0m×10.0m。有树奶。

盘县石桥镇妥乐村（7）143号树（图9-7-16）

雌株，树龄200年，树高15.0m，胸径0.80m，枝下高4.0m，冠幅15.0m×20.0m。位于村落内。生长状况良好，根部外露长达18m，下部中空形成树洞，主干通直，结果量大，果实较大。N=25° 36′ 58.0″，E=104° 32′ 59.3″，H=1609m。

盘县石桥镇妥乐村144号树

雌株，树龄450年，树高24.0m，胸径1.00m，冠幅15.0m×15.0m。与143号树类同。

盘县石桥镇妥乐村148号树

雌株，树龄450年，树高17.0m，胸径1.00m，冠幅12.0m×12.0m。倾斜。

盘县石桥镇妥乐村151号树

雌株，树龄450年，树高24.0m，胸径1.00m，冠幅14.0m×14.0m。独直、沟边。

盘县石桥镇妥乐村152号树

雌株，树龄450年，树高24.0m，胸径1.00m，冠幅14.0m×14.0m。类151号树，茎分节明显。

盘县石桥镇妥乐村（8）153号树（图9-7-17）

垂乳银杏。雌株，树龄200年，树高15.0m，胸径0.80m，枝下高3.0m，冠幅10.0m×8.0m。位于村落内，树冠密实，根部下方镂空，主干弯曲，主干2.0m以下树皮脱落，西侧干开始腐烂，树干3.0m以下有10几个萌条，2m以下密生瘤状凸起。2.0m下多乳，基生2干。N=25° 36′ 55.3″，E=104° 33′ 00.6″，H=1619m。

盘县石桥镇妥乐村154号树

雌株，树龄450年，树高22.0m，基径1.10m，冠幅10.0m×10.0m。二代。

盘县石桥镇妥乐村155号树

雌株，树龄450年，树高18.0m，基径1.20m，冠幅14.0m×14.0m。二代。

盘县石桥镇妥乐村156号树

垂乳银杏。雌株，树龄450年，树高20.0m，基径1.20m，冠幅15.0m×15.0m。二代，多垂乳。

盘县石桥镇妥乐村158号树

垂乳银杏。雌株，树龄450年，树高18.0m，基径1.80m，冠幅15.0m×14.0m。二代，有树乳，第二代斜。

盘县石桥镇妥乐村160号树

雄株，树龄450年，树高24.0m，基径1.40m，冠幅15.0m×15.0m。独直，柱伞树冠。

盘县石桥镇妥乐村161号树

垂乳银杏。雌株，树龄450年，树高22.0m，胸径1.00m，冠幅12.0m×12.0m。多乳奶，中空，上部枯，待死。种子空壳率50%。

盘县石桥镇妥乐村162号树

雌株，树龄450年，树高24.0m，基径1.40m，冠幅14.0m×14.0m。梢部始枯，茎基中空。

盘县石桥镇妥乐村163号树

垂乳银杏。雌株，树龄450年，树高20.0m，胸径1.20m，冠幅12.0m×12.0m。分节明显，梢部枯，多乳。

盘县石桥镇妥乐村165号树

雌株，树龄450年，树高22.0m，基径2.00m，冠幅15.0m×15.0m。并生2株，干光滑、直。

盘县石桥镇妥乐村169号树

垂乳银杏。雌株，树龄450年，树高20.0m，基径1.10m，冠幅13.0m×13.0m。并生2株，有树奶。

盘县石桥镇妥乐村172号树

雌株，树龄450年，树高20.0m，基径1.00m，冠幅13.0m×13.0m。2干。

盘县石桥镇妥乐村174号树

雌株，树龄450年，树高24.0m，胸径1.00m，冠幅12.0m×12.0m。

图9-7-17 盘县石桥镇妥乐村（8）153号树

图9-7-18 盘县石桥镇妥乐村（1）219号树

盘县石桥镇妥乐村175号树

垂乳银杏。雌株，树龄450年，树高24.0m，基径1.00 m，冠幅12.0m×13.0m。有树奶，3.0m以上分2干。

盘县石桥镇妥乐村176号树

雌株，树龄450年，树高24.0m，基径1.20m，冠幅15.0m×15.0m。锥冠，二代同株。

盘县石桥镇妥乐村177号树

雌株，树龄450年，树高24.0m，基径1.20m，冠幅12.0m×12.0m。2.0m处分2干。

盘县石桥镇妥乐村180号树

雌株，树龄450年，树高17.0m，基径1.40m，冠幅12.0m×12.0m。2干。

盘县石桥镇妥乐村181号树

垂乳银杏。雌株，树龄450年，树高24.0m，胸径1.00m，冠幅12.0m×12.0m。有树奶，锥形冠。

盘县石桥镇妥乐村183号树

雌株，树龄450年，树高25.0m，胸径1.10m，冠幅14.0m×14.0m。直立，叶迟，空果。

盘县石桥镇妥乐村188号树

雌株，树龄450年，树高20.0m，基径1.10m，冠幅14.0m×14.0m。基2干并生。

盘县石桥镇妥乐村190号树

雌株，树龄450年，树高22.0m，基径1.20m，冠幅12.0m×12.0m。基3干。

盘县石桥镇妥乐村195号树

雌株，树龄450年，树高20.0m，基径1.80m，冠幅14.0m×14.0m。第一代斜，第二代3株。

盘县石桥镇妥乐村196号树

垂乳银杏。雌株，树龄450年，树高10.0m，基径1.50m，冠幅10.0m×10.0m。多乳。

盘县石桥镇妥乐村200号树

雌株，树龄450年，树高18.0m，基径1.40m，冠幅12.0m×12.0m。第一代斜生，第二代直。

盘县石桥镇妥乐村201号树

雌株，树龄450年，树高20.0m，基径1.10m，冠幅14.0m×14.0m。第一代弱，第二代壮。

盘县石桥镇妥乐村207号树

垂乳银杏。雌株，树龄450年，树高22.0m，基径1.40m，冠幅12.0m×12.0m。有树奶。

盘县石桥镇妥乐村208号树

雌株，树龄450年，树高15.0m，基径1.50m，冠幅12.0m×12.0m。4干，梢部枯。

盘县石桥镇妥乐村209号树

雌株，树龄450年，树高12.0m，基径1.20m，冠幅10.0m×10.0m。4干，斜生。

盘县石桥镇妥乐村211号树

垂乳银杏。雄株，树龄450年，树高26.0m，胸径1.10m，冠幅14.0m×14.0m。有树奶，柱冠直立。

盘县石桥镇妥乐村212号树

垂乳银杏。雌株，树龄450年，树高22.0m，基径1.80m，冠幅15.0m×15.0m。有树奶，基二干。

盘县石桥镇妥乐村216号树

垂乳银杏。雌株，树龄450年，树高25.0m，基径1.50m，冠幅14.0m×14.0m。有树奶，二代。

盘县石桥镇妥乐村（1）219号树（图9-7-18）

垂乳银杏。雌株，树龄1000年，树高15.0m，胸径2.80m，冠幅10.0m×10.0m。位于村落内部。梢部多枯死，仅西北侧主干上小侧枝上有少量叶片，主干开始腐烂，露出木质部。主干于1.5m处分出5个大干，干上布满瘤状凸起。多代，梢部多枯，为村中最大最老的一株。N=25° 36′ 53.9″，E=104° 32′ 56.4″，H=1628m。

盘县石桥镇妥乐村222号树

垂乳银杏。雌株，树龄450年，树高15.0m，基径1.40m，冠幅10.0m×10.0m。第一代老，多树奶，第二代斜。

盘县石桥镇妥乐村225号树

垂乳银杏。雌株，树龄450年，树高13.0m，基径1.40m，冠幅10.0m×10.0m。梢部枯，多树奶。

盘县石桥镇塘渔村

胸径>1.00m，1株。

盘县石桥镇西冲村

胸径>1.00m，3株。

盘县石桥镇鲁番村

胸径>1.00m，8株。

盘县石桥镇南冲村

胸径>1.00m，3株。

盘县石桥镇香田村

胸径>1.00m，2株。

盘县石桥镇东冲村

胸径>1.00m，2株。

盘县板桥镇头坝河村

胸径>1.00m，2株。

盘县水塘镇前所村

胸径>1.00m，1株。

图9-7-19 遵义县平正乡
（注：右为长满“性根”的仡佬“神”树；箭头示垂乳）

图9-7-20 正安县谢坝乡上官村红光组（左1；右2）

盘县水塘镇木龙村（唐本太家）

胸径>1.00m，3株。

盘县水塘镇沙地坡村

胸径>1.00m，1株。

盘县水塘镇核桃树村（秦世安家）

胸径>1.00m，6株。

盘县水塘镇黄泥田村

胸径>1.00m，1株。

盘县水塘镇水塘村

胸径>1.00m，1株。

盘县民主镇李子树村

胸径>1.00m，8株。

盘县大山镇小雨谷村

胸径>1.00m，1株。

盘县大山镇小扑泥村

胸径>1.00m，4株。

盘县保田镇丫巴山村

胸径>1.00m，1株。

盘县老厂镇大嘎河村

胸径>1.00m，1株。

盘县玛依镇小寨村

胸径>1.00m，1株。

盘县响水镇鲁楚村小寨

胸径>1.00m，1株。

盘县平关镇中心小学

胸径>1.00m，2株。

盘县平关镇大街

胸径>1.00m，2株。

盘县刘官镇水冈村

胸径>1.00m，1株。

盘县旧营乡杨松街村

胸径>1.00m，1株。

盘县西冲镇大屯村

胸径>1.00m，2株。

盘县城关镇南门水洞村

城关镇胸径>1.00m的银杏共有4株，南门村水洞仅1株。

盘县断江镇丘田村小尖山

胸径>1.00m，2株。

盘县洒基镇戈厂河村

胸径>1.00m。

遵义县平正乡（图9-7-19）

垂乳银杏。树龄1200年，树高23.6m，胸径1.50m，枝下高1.8m，冠幅22.0m×18.0m。平正乡被称为中国“仡佬第一乡”，一株有着1200多年的“仡佬银杏神树”，每年农历三月初三，当地村民都会在树上系满红布，以此祭祀。令人惊讶的是，此树竟长满“垂乳”。最长100cm，最短20cm。

遵义县红关乡联心村白果组

“银杏王”。雌株，树龄1000年，树高28.3m，胸径4.68m，冠幅31.7m×31.7m。该乡联心村白果组，原名叫白果坝，就因境内多白果而得名。该乡境内，银杏树比比皆是。该树被称“银杏王”，就其粗度可与莒县浮来山银杏和福泉李家湾银杏相媲美。

正安县土坪镇群江村

雌株，树高20.0m，胸径1.03m。

正安县谢坝乡上官村杨家寨村民组

树高28.0m，胸径2.16m。

正安县谢坝乡上官村红光组1（图9-7-20）

雄株，树龄500年，树高37.0m，胸径1.37m，枝下高1.5m，冠幅20.0m×9.3m，位于距上官村红光组公路边10.8m处。树冠伞形，主干挺直，基部一侧有少量萌蘖。根部稍裸露。N=28° 14′ 19.8″，E=107° 32′ 49.9″，H=947m。

正安县谢坝乡上官村红光组2（图9-7-20）

雄株，树龄500年，树高38.0m，胸径1.50m，枝下高2.5m，冠幅16.0m×13.3m，位于上官村红光组的公路边，与上株树相距1.3m。树冠伞形，主干挺直，在距树基部8.0m处分为2个枝，最大者基径达0.6m。根部分裸露，面积3.0m^2。在树基部一侧有树洞1个，高0.6m，宽0.3m。N=28° 14′ 19.8″，E=107° 32′ 49.9″，H=947m。

正安县谢坝乡上官村红光组3（图9-7-21）

雌株，树龄500年，树高30.0m，胸径0.96m，枝下高2.0m，冠幅10.0m×17.0m，位于上官村红光组的公路边，与上株树相距2.2m。树冠伞形，主干较直，分枝多，从距树基部2.0m处开始，呈不规则分枝。萌蘖枝较小，梢部干枯。结果量极小。N=28° 14′ 19.8″，E=107° 32′ 49.9″，H=947m。

正安县谢坝乡上官村红光组4（图9-7-22）

垂乳银杏。雌株，树龄500年，树高25.0m，胸径1.43m，枝下高1.0m，冠幅15.0m×18.0m，位于上官村红光组的公路边。树冠伞形，主干挺直，复干4个，胸径范围为0.24～1.05m，主、复干总胸围4.3m。裸根面积达27m^2，起伏多变，错落有致。在距树基6.0m处有3个垂乳，最大者长5cm，基径1.5cm。结果量极小。N=28° 14′ 19.8″，E=107° 32′ 49.9″，H=947m。

正安县谢坝乡上官村红光组5（图9-7-22）

雌株，树龄500年，树高30.0m，胸径1.43m，枝下高1.5m，冠幅14.3m×10.5m，位于上官村红光组的公路边，与3、4号树间的距离分别为7.3m、8.5m。树冠不规整，主干挺直，结果量极小。N=28° 14′ 19.8″，E=107° 32′ 49.9″，H=947m。

正安县谢坝乡东礼村永庄组（图9-7-23）

雄株，树龄300年，树高30.0m，胸径1.03m，枝下高3.0m，冠幅20.0m×10.0m，位于该村永庄组公路边的车站站牌旁。树冠不规整，主干较直，从距树基1.5m处开始分枝，分枝多，其中有9个枝被砍，基径在0.1～0.30m之间。复干2个，最粗的一个胸径达0.76m，高26.0m，与母干的距离为0.8m。较弯曲，该枝在距树基部约2.0m处继续分为2个大枝，总胸围5.2m。干部有菌落分布。N=28° 13′ 40.3″，E=107° 33′ 25.8″，H=956m。

图9-7-21 正安县谢坝乡上官村红光组3

正安县谢坝乡东礼村泉东组（图9-7-24）

垂乳银杏。雄株，树龄500年，树高30.0m，胸径1.72m，枝下高2.0m，冠幅23.0m×20.0m。位于村落前桥头。树冠伞形，生长良好。主干挺直，在距地面12.0m处分为4个大枝，其东侧、北侧及西南侧有10余处枝条被砍，基径0.01～0.4m。垂乳达30个之多，集中生长在该树东南、西南方向，其中最大者长达3.0m，基径0.10m，总胸围5.4m。有“树生树”现象：距树基20m处的分枝上长有一高约0.5m的蒲葵，干部有菌落的分布。叶极小但多。与该树共生的树种有苦竹、朴树、灯台树、杜仲。N=28° 12′ 55.4″，E=107° 34′ 12.5″，H=913m。

正安县谢坝乡前东村

雄株，树高18.0m，胸径1.55m。

正安县格林镇木平富村

雌株，树高26.0m，胸径2.50m。

正安县斑竹乡公路边坡林带（图9-7-25）

垂乳银杏。雌株，树龄100年，树高30.0m，胸径0.72m，枝下高5.0m，冠幅15.8m×14.3m，位于距新模村10km的公路边坡，群落1边界处。树冠不规整，生长旺盛。主干挺直，复干5个，胸径0.16～0.48m，距母干的距离0.2～ 0.48m，高18～25m。总胸围4.3m。垂乳1个，长5cm，基径0.04m。根部稍裸露。N=28° 28′ 384″，E=107° 38′ 23.4″，H=1000.4m。

正安县斑竹乡新模村刘村组（图9-7-26）

雄株，树龄300年，树高30.0m，胸径1.50m，枝下高10.0m，冠幅12.5m×12.3m。位于该组公路边沿一深沟中。树冠偏伞形，生长旺盛。主干挺直，基部有树洞，长80cm，宽5cm。复干10个，主要分布在树的南北两侧，北部复干紧贴主干生长，南部一个复干弯曲，

图9-7-22 正安县谢坝乡上官村红光组
（注：A、C、D.4；B.5；箭头示垂乳）

图9-7-23 正安县谢坝乡东礼村永庄组

图9-7-24 正安县谢坝乡东礼村泉东组
（注：箭头示垂乳）

距母干0.8m，沿树身向上盘曲至13.0m处，其余则在距母干0.2～0.8m的范围内与母干平行生长，这些复干中，最粗者胸径达0.38m，高25.0m。基部萌蘖密集，高0.1～12m。总胸围2.65m。树上有小垂乳。N=28° 27′ 30.6″，E=107° 37′ 195″，H=1087m。

正安县斑竹乡汪洋村

雄株，树高31.0m，胸径1.83m。

正安县斑竹乡汪洋村

雌株，树高20.0m，胸径2.40m。

正安县中观镇凉风村

雌株，树高19.0m，胸径1.46m。

正安县中观镇凉风村

雌株，树高17.0m，胸径1.47m。

正安县中观镇鲜观村大垭组（图9-7-27）

雌株，树龄300年，胸径1.32m，树高30.0m，枝下高3.0m，冠幅8.0m×10.0m。树冠椭圆形，位于该组公路边的村民房舍对面。该树主干挺直，分为6楼，在距树基部2.0～3.0m处有分枝，南北方向发枝较多，其中一基径为0.40m的分枝先与母干的倾角约15° 向外斜伸3.0m，后陡转为与主干平行生长；2m处有12个枝被砍，分枝中最粗者基径达0.16m。主干因曾被填石灰消毒，现仍发白。根部因曾受损而呈现发黑的症状，现用砖块砌成一树池用以涵养水源。叶多而小。据当地村民介绍，该树西南部曾有一化粪池，导致该树根部腐烂，并于2010年四五月份全部落叶。后经村民们及时撤去化粪池、换土、添加生根粉等急救措施，该树长势已有明显好转。2009年结果较多，自患病后，一直未见挂果。N=28° 27′ 07.2″，E=107° 36′ 53.1″，H=1166m。

正安县流渡镇新桥村卢家坪组（图9-7-28）

垂乳银杏。雌株，树龄200年，树高30.0m，胸径1.91m，枝下高1.5m，冠幅16.0m×20.0m，位于该组公路边。树冠不规整，生长良好。主干明显，纵裂深，复干15个，基部萌蘖较多，高度范围为0.5～2.0m。垂乳分布在该树距树基0.15m及主干分枝处，共10个，其中距基部0.15m处达6个之多，最大者长30cm，基径8cm。结果量大，分布均匀。该树对面生长有乌桕、朴树。N=28° 20′ 166″，E=107° 33′ 03.7″，H=947m。

正安县流渡镇同心村

雌株，树高2.0m，胸径1.55m。

正安县流渡镇何家寨

雌株，树高32.0m，胸径1.07m，冠幅13.0m×14.0m。

正安县流渡镇何家寨

雌株，树高20.0m，胸径1.00m ，冠幅15.0m×15.0m。

正安县流渡镇长岗岭

雌株，树高15.0m，胸径1.15m ，冠幅9.0m×10.0m。

正安县流渡镇山王洞

雌株，树高15.0m，胸径1.06m ，冠幅13.0m×12.0m。

正安县市坪乡韩家湾村

雄株，树高25.0m，胸径1.64m。

正安县市坪乡茶林村

雄株，树高30.0m，胸径1.02m，冠幅14.0m×14.0m。

道真仡佬族苗族自治县三桥镇汪家寨

雌株，树高25.0m，胸径0.82m。每年结银杏150kg，此树是在母树地径1.1m的残枝上萌蘖长成的。

图9-7-25 正安县斑竹乡公路边坡林带
（注：箭头示垂乳）

务川仡佬族苗族自治县鹿池镇路家园

41株。

务川仡佬族苗族自治县丰乐镇玉树寨子

3株。

务川仡佬族苗族自治县丰乐镇田村桥上

7株。

务川仡佬族苗族自治县丰乐镇桥头村桥头

5株。

务川仡佬族苗族自治县丰乐镇玉树村玉树

17株。

务川仡佬族苗族自治县丰乐镇新田村长沟

26株。

务川仡佬族苗族自治县丰乐镇新田村长沟田江1（图9-7-29）

雄株，树龄240年，树高26.0m，胸径1.27m，枝下高6.0m，冠幅10.0m×8.0m，单株蓄积量：20.74m³。分布于丰乐镇新田村长沟田江一家房舍后的边坡四旁栽植，西坡下部，坡度20°，石灰土土壤，土层深度60.0cm，中壤土质地，团粒状结构，酸碱度6.5～7.0，湿度70%，石灰岩基岩。树冠不规整，生长良好。主干挺直，树身有藤本植物缠绕，距树基5m以上，生长有萌条，小而密集，生长凌乱。基部一处有剥皮现象。复干1个，胸径0.1m，沿树身弯曲，高12.0m。N=28° 16′ 48″，E=107° 50′ 36″，H=757m。

务川仡佬族苗族自治县丰乐镇新田村长沟田江2（图9-7-29）

雄株，树龄500年，胸径1.18m，树高30.0m，枝下高1.2m，冠幅15.0m×12.0m，单株蓄积量：20.74m³。位于村落房舍后的路边边坡村落四旁栽植，西坡下部，坡度20°，石灰土土壤，土层深度60.0cm，质地中壤土，团粒状结构，pH值6.5～7.0，湿度70%，石灰岩基岩。树冠不规整，生长良好。主干挺直，树身有藤本植物缠绕。复干1个，通直，胸径0.08m，紧贴母干生长，高15.0m。N=28° 16′ 48″，E=107° 50′ 36″，H=757m。

务川仡佬族苗族自治县丰乐镇田村白杨湾

树龄300年，树高26.0m，胸径0.94m，H=867m，活立木蓄积：10.35m³。

务川仡佬族苗族自治县分水乡分水村国家坝

树龄150年，树高18.0m，胸径0.72m，H=980m，活立木蓄积：5.20m³。

务川仡佬族苗族自治县丰乐镇牛塘村庙林

7株。

务川仡佬族苗族自治县丰乐镇牛塘村川王庙30号树

雌株，树龄350年，树高25.0m，胸径1.00m，冠幅18.0m×17.0m。

务川仡佬族苗族自治县丰乐镇牛塘村大寨组大院子

雄株，树龄23.0m，胸径1.10m，冠幅13.0m×14.0m。

务川仡佬族苗族自治县丰乐镇山江村大竹园（图9-7-30）

垂乳银杏。雄株，350年，胸径1.84m，树

图9-7-26 正安县斑竹乡新模村刘村组
（注：3.弯曲复干达13m高）

图9-7-27 正安县中观镇鲜观村大垭组

图9-7-28 正安县流渡镇新桥村卢家坪组
（注：箭头示垂乳）

高30.0m，枝下高5.0m，冠幅15.0m×10.0m。单株蓄积量：58.68m³。位于村落四旁东坡中部，坡度22°，石灰土土壤，土层深度60.0cm，中壤土质地，团粒状结构，酸碱度6.5～7.0，湿度70%，石灰岩基岩。树冠不规整，生长旺盛，主干通直，基部明显分棱，距树基部8m以上开始分枝，枝条较细，大多向下弯曲生长，偶有平展或交错向上延伸。复干5个，集中分布于主干西侧，均较细，最粗胸径仅0.1m。母干基部有垂乳7个，均贴干生长，最长者达50cm，基径8cm。东侧大部分根裸露，面积35m²。与该树共生的树种有杉木、楠木。N=28°22′17″，E=107°48′54″，H=853m。

务川仡佬族苗族自治县丰乐镇丰乐村大竹园村民组

树龄550年，树高40.0m，胸径2.23m，冠幅40.0m×40.0m。H=920m。

务川仡佬族苗族自治县大坪镇官学村白果林岗1（图9-7-31）

树龄250年，树高24.0m，胸径1.40m，枝下高3.0m，冠幅8.0m×8.0m，单株蓄积量：28.97m³。位于村落四旁，西坡下部，坡度8°，石灰土土壤，土层深度60.0cm，中壤土质地，团粒状结构，酸碱度6.5～7.0，湿度70%，石灰岩基岩。N=28°36′54″，E=107°56′47″，H=612m。

务川仡佬族苗族自治县大坪镇官学村白果林岗2

树龄150年，树高26.0m，胸径1.10m，枝下高3.0m，冠幅8.0m×8.0m，单株蓄积量：15.54m³。位于村落四旁，西坡下部，坡度8°，石灰土土壤，土层深度60.0cm，中壤土质地，团粒状结构，酸碱度6.5～7.0，湿度70%，石灰岩基岩。N=28°36′54″，E=107°56′47″，H=612m。

务川仡佬族苗族自治县涪洋镇珍珠村郭家寨（图9-7-32）

树龄150年，树高23.0m，胸径0.95m，枝下高6.0m，冠幅12.0m×12.0m，单株蓄积量：10.64m³。位于村落四旁，西坡下部，坡度12°，石灰土土壤，土层深度60.0cm，中壤土质地，团粒状结构，酸碱度6.5～7.0，湿度70%，石灰岩基岩。N=28°32′31″，E=107°41′31″，H=1062m。

务川仡佬族苗族自治县涪洋镇当阳村胜利新房子组（图9-7-33）

树龄120年，树冠21.0m，胸径0.85m，枝下高2.2m，树冠不规整，生长旺盛。

图9-7-29 务川仡佬族苗族自治县丰乐镇新田村长沟田江
（注：A. 左2，右1；B. 2；C、D. 1）

图9-7-30 务川仡佬族苗族自治县丰乐镇山江村大竹园
（注：箭头示基生垂乳）

务川仡佬族苗族自治县城关镇鹿坪乡木梁村白果园29号树

雄株，树龄350年，树高27.0m，胸径1.10m，冠幅16.0m×16.0m。

务川仡佬族苗族自治县城关镇鹿坪乡木梁村白果园16号树

雄株，树龄350年，树高26.0m，胸径1.10m，冠幅16.0m×16.0m。

务川仡佬族苗族自治县城关镇鹿坪乡木梁村白果园2号树

雄株，树龄350年，树高25.0m，胸径1.10m，冠幅19.0m×20.0m。

务川仡佬族苗族自治县城关镇鹿坪乡木梁村白果园28号树

雄株，树龄350年，树高25.0m，胸径1.00m，冠幅19.0m×20.0m。

务川仡佬族苗族自治县城关镇鹿坪乡木梁村白果园38号树

树龄350年，树高10.0m，胸径2.22m，冠幅5.0m×8.0m，萌生树，干破裂。

务川仡佬族苗族自治县镇南镇同心村岩坪组a（图9-7-34）

垂乳银杏。雄株，树龄500年，胸径1.21m，树高40.0m，枝下高0.2m，冠幅10.0m×8.0m。位于村民农田间。树冠紧凑，窄冠，塔形。主干通直，有火烧痕迹，被藤本植物(当地人称“抱壁虎”)缠绕，距树基2m处开始分枝，呈假二杈状。3m以下树身密生萌条，微枯。复干5个，胸径在0.08～0.3m之间，距母干10.0～30.0cm，高3.0～9.0m。垂乳1个，长10.0cm，基径8.0cm，距树基8.0m。该树不远处生长有一株油桐。N=28° 44′ 28.2″，E=107° 52′ 11.4″，H=754m。

务川仡佬族苗族自治县镇南镇同心村岩坪组b（图9-7-35）

雌株，树龄150年，树高25.0m，胸径0.40m，枝下高0.1m，冠幅16.0m×10.0m。树冠伞形，生长旺盛。位于村民农田边坡群落边界处。主干5.0m以下斜伸，倾角12°，以上挺直。复干2个，与母干间的夹角分别为12°、5°，高均为15.0m。叶片小而密集。N=28° 44′ 41.4″，E=107° 52′ 12.3″，H=760m。

图9-7-31 务川仡佬族苗族自治县大坪镇官学村白果林岗1

图9-7-32 务川仡佬族苗族自治县涪洋乡珍珠村郭家寨

图9-7-33 务川仡佬族苗族自治县涪洋乡当阳村胜利新房子组

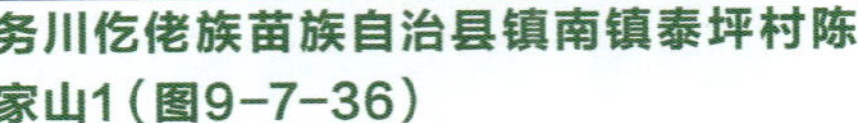

务川仡佬族苗族自治县镇南镇泰坪村陈家山1（图9-7-36）

树龄150年，树高21.0m，胸径0.85m，枝下高6.0m，冠幅10.0m×10.0m，单株蓄积量：7.98m^3。位于村落四旁，北坡中部，坡度12°，石灰土土壤，土层深度60.0cm，中壤土质地，团粒状结构，酸碱度6.5～7.0，湿度70%，石灰岩基岩。N=28° 37′ 58″，E=107° 49′ 58″，H=998.8m。

务川仡佬族苗族自治县镇南镇泰坪村陈家山2（图片）

树龄150年，树高26.0m，胸径0.88m，枝下高3m，冠幅13.0m×13.0m，单株蓄积量：8.73m^3。位于村落四旁，西坡中部，坡度12°，石灰土土壤，土层深度60.0cm，中壤土质地，团粒状结构，酸碱度6.5～7.0，湿度70%，石灰岩基岩。N=28° 37′ 58″，E=107° 49′ 58″，H=998.8m。

务川仡佬族苗族自治县镇南镇泰坪村陈家山3（图9-7-36）

树龄150年，树高26.0m，胸径0.92m，枝下高8.0m，冠幅13.0m×13.0m，单株蓄积量：9.79m^3。位于村落四旁，西坡中部，坡度12°，石灰土土壤，土层深度60.0cm，中壤土质地，团粒状结构，酸碱度6.5～7.0，湿度70%，石灰岩基岩。N=28° 37′ 58″，E=107° 49′ 58″，H=998.8m。

务川仡佬族苗族自治县镇南镇泰坪村陈家山4

树龄150年，树高20.0m，胸径0.72m，枝下高3.0m，冠幅7.0m×7.0m，单株蓄积量：5.20m^3。位于村落四旁，西坡中部，坡度12°，石灰土土壤，土层深度60.0cm，中壤土质地，团粒状结构，酸碱度6.5～7.0，湿度70%，石灰岩基岩。N=28° 37′ 58″，E=107° 49′ 58″，H=990m。

图9-7-34 务川仡佬族苗族自治县镇南镇新村岩坪组a
（注：箭头示垂乳）

务川仡佬族苗族自治县都孺镇十二盘

雄株，3株。

务川仡佬族苗族自治县都濡镇三桥村柏杨园白云组

42株。

务川仡佬族苗族自治县都濡镇三桥村柏杨园1（图9-7-37）

垂乳银杏。雌株，树龄300年，树高30.0m，胸径0.84m，枝下高0.5m，冠幅16.0m×20.0m。位于距三桥村柏园公路约50m处边坡的石砌墙缘，该处群落边界处。树冠不规整，生长欠佳。主干挺直，复干4个，胸径0.1～0.6m，距母干0.2～1m。垂乳主要分布在该树两个侧枝处，共10个，最大者长16.0cm，基径6.0cm。根以墙为界大半裸露，面积12.0m^2。叶片部分干枯、脱落。结果量大。N=24° 26′ 24.9″，E=107° 51′ 37.5″，H=818m。

务川仡佬族苗族自治县都濡镇三桥村柏杨园（图9-7-38）

垂乳银杏。雄株，树龄300年，树高20.0m，胸径0.84m，枝下高2.0m，冠幅11.0m×12.0m。

位于距三桥村柏园公路约50.0m的边坡，该处群落边界处。树冠伞形，生长旺盛。主干挺直，根部分裸露，面积3m^2，叶片较小。垂乳分布在距树基部5.0m的分枝处，3个，最大者长10.0cm，基径6.0cm，最小者长3cm，基径1cm。N=24° 26′ 24.9″，E=107° 51′ 37.5″，H=818m。

务川仡佬族苗族自治县都濡镇三桥村柏杨园2

雌株，树龄300年，树高25.0m，胸径1.09m，枝下高1.5m，冠幅10.0m×10.0m。距三桥村柏园公路约50.0m的边坡。与上株树相距6m，树冠不规整，根部稍裸露。主干挺直，树身一侧被络石缠绕。生长旺盛，叶片较小。N=24° 26′ 24.9″，E=107° 51′ 37.5″，H=818m。

图9-7-35　务川仡佬族苗族自治县镇南镇新村岩坪组b

图9-7-36　务川仡佬族苗族自治县镇南镇泰坪村陈家山1、3
（注：左1；右3）

图9-7-37　务川仡佬族苗族自治县都濡镇三桥村柏园1
（注：箭头示垂乳）

务川仡佬族苗族自治县都濡镇三桥村三会塘坝

树龄300年，树高24.0m，胸径0.95m，H=850m，活立木蓄积：10.64373m^3。

务川仡佬族苗族自治县都濡镇三桥村三会塘坝

树龄300年，树高22.0m，胸径0.84m，H=880m，活立木蓄积：7.745816m^3。

务川仡佬族苗族自治县都濡镇三桥村三会塘坝

树龄300年，树高25.0m，胸径1.01m，H=880m，活立木蓄积：12.46769m^3。

务川仡佬族苗族自治县泥水镇复兴村小桥a（图9-7-39）

垂乳银杏。雌株，树龄1000年，树高38.0m，胸径1.02m，枝下高1.0m，冠幅25.0m×18.0m。位于村落四旁的南坡中部，坡度12°，石灰土土壤，土层深度60.0cm，中壤土质地，团粒状结构，酸碱度6.5～7.0，湿度70%，石灰岩基岩。位于该处群落边界处。树形开阔，呈阔伞形，生长旺盛。主干较直，有分棱和火烧现象，树身分布有大小不等的树洞，最大长50cm，宽2～8cm，从距树基部1.3m处开始分枝，分枝多而弯曲。复干2个，距母干10～15cm，较粗者胸径达0.57m，高36.0m。总胸围8.70m。主干1.0m、3.0m处各有1个垂乳，长分别为8.0cm、15.0cm，基径均8.0cm。基部一侧具萌蘖，少而干枯。根部分裸露，面积3.0m^2。结果量大。N=28° 57′ 46″，E=107° 56′ 35″，H=833m。

务川仡佬族苗族自治县泥水镇复兴村小桥b（图9-7-40）

雌株，树龄100年，树高22.0m，胸径0.80m，枝下高2.0m，冠幅15.0m×18.0m。位于村落后边坡一竹丛附近的南坡中部，坡度10°，石灰土土壤，土层深度60.0cm，中壤土质地，团粒状结构，酸碱度6.5～7.0，湿度70%，石灰岩基岩。树冠伞形，枝叶旺盛。主干明显。分枝低，不规则。复干1个，胸径0.2m，高15.0m，距母干10cm。N=28° 57′ 46″，E=107° 56′ 35″，H=833m。

务川仡佬族苗族自治县泥水镇清茶清茶青冈坡（图9-7-41）

垂乳银杏。雄株，树龄300年，树高22.0m，胸径2.15m，枝下高6.0m，冠幅

20.0m×18.0m。位于路边农田边埂的北坡下部，坡度6°，石灰土土壤，土层深度60.0cm，中壤土质地，团粒状结构，酸碱度6.5～7.0，湿度70%，石灰岩基岩。树冠伞形，生长旺盛。主干稍弯曲，有分棱现象。距树基2.0m、3.0m处有分枝，其中2.0m处分枝集中于主干一侧，共5个，较粗者仅1个，基径0.5m，其他4个枝基径均在0.2m以下；3.0m处有4个较大分枝被雷击致死。该树基部萌蘖多，细小，部分干枯。垂乳7个，最大者长15.0cm，基径6.0cm。叶片小而密集。N=28° 58′ 41″，E=107° 5′ 09″，H=1017m。

图9-7-38 务川仡佬族苗族自治县都濡镇三桥村柏园
（注：箭头示垂乳）

务川仡佬族苗族自治县泥水镇鹿池村园家坝

树龄200年，树高27.0m，胸径0.65m，枝下高8.0m，冠幅4.0m×4.0m。位于村落四旁，东北坡下部，坡度6°，石灰土土壤，土层深度60.0cm，中壤土质地，团粒状结构，酸碱度6.5～7.0，湿度70%，石灰岩基岩。N=29° 00′ 35″，E=107° 55′ 59″，H=1047m。

务川仡佬族苗族自治县泥水镇鹿池村园家坝

树龄120年，树高18.0m，胸径0.56m。H=1030m，活立木蓄积：2.71m^3。

务川仡佬族苗族自治县泥水镇鹿池村园家坝

树龄120年，树高18.0m，胸径0.45m。H=1030m，活立木蓄积：1.54m^3。

务川仡佬族苗族自治县泥水镇鹿池村园家坝

树龄150年，树高20.0m，胸径0.68m。H=1030m，活立木蓄积：4.48m^3。

务川仡佬族苗族自治县泥水镇鹿池村园家坝

树龄120年，树高18.0m，胸径0.45m。H=1030m，活立木蓄积：1.54m^3。

务川仡佬族苗族自治县泥水镇鹿池村园家坝

树龄120年，树高20.0m，胸径0.45m。H=1030m，活立木蓄积：1.54m^3。

务川仡佬族苗族自治县泥水镇鹿池村园家坝

树龄150年，树高21.0m，胸径0.58m。H=1030m，活立木蓄积：2.97m^3。

务川仡佬族苗族自治县泥水镇鹿池村园家坝

树龄200年，树高21.0m，胸径0.66m。

图9-7-39 务川仡佬族苗族自治县泥水镇复兴村小桥a

图9-7-40 务川仡佬族苗族自治县泥水镇复兴村小桥b

图9-7-41 务川仡佬族苗族自治县泥水镇清茶青冈坡
（注：箭头示垂乳）

H=1030m，活立木蓄积：4.15m³。

务川仡佬族苗族自治县泥水镇鹿池村园家坝

树龄200年，树高21.0m，胸径0.84m。H=1050m，活立木蓄积：7.74m³。

务川仡佬族苗族自治县泥水镇鹿池村园家坝

树龄200年，树高24.0m，胸径0.64m。H=1050m，活立木蓄积：3.83m³。

务川仡佬族苗族自治县泥水镇鹿池村园家坝

树龄150年，树高20.0m，胸径0.60m。H=1050m，活立木蓄积：3.24m³。

务川仡佬族苗族自治县泥水镇鹿池村园家坝

树龄150年，树高17.0m，胸径0.53m。H=1050m，活立木蓄积：2.35m³。

务川仡佬族苗族自治县泥水镇鹿池村鲁汤坝

树龄200年，树高24.0m，胸径1.20m。H=1000m，活立木蓄积：19.45m³。

务川仡佬族苗族自治县泥水镇鹿池村卢家坝1（图9-7-42）

树龄120年，树高18.0m，胸径0.56m，枝下高4.0m，冠幅10.0m×10.0m，单株蓄积量：44.98m³。位于村落四旁，西坡下部，坡度12°，石灰土土壤，土层深度60.0cm，中壤土质地，团粒状结构，酸碱度6.5～7.0，湿度70%，石灰岩基岩。N=29° 00′ 47″，E=107° 55′ 51″，H=1030m。

务川仡佬族苗族自治县泥水镇鹿池村卢家坝2（图9-7-42）

树龄120年，树高18.0m，胸径0.45m，枝下高3.0m，冠幅10.0m×10.0m。位于村落四旁，西坡下部，坡度12°，石灰土土壤，土层深度60.0cm，中壤土质地，团粒状结构，酸碱度6.5～7.0，湿度70%，石灰岩基岩。N=29° 00′ 47″，E=107° 55′ 51″，H=1030m。

务川仡佬族苗族自治县泥水镇鹿池村卢家坝3（图9-7-42）

树龄150年，树高20.0m，胸径0.68m，枝下高3.0m，冠幅10.0m×10.0m。位于村落四旁，西坡下部，坡度12°，石灰土土壤，土层深度60.0cm，中壤土质地，团粒状结构，酸碱度6.5～7.0，湿度70%，石灰岩基岩。N=29° 00′ 47″，E=107° 55′ 51″，H=1030m。

务川仡佬族苗族自治县泥水镇鹿池村卢家坝4（图9-7-42）

树龄120年，树高22.0m，胸径0.45m，枝下高4.0m，冠幅10.0m×10.0m。位于村落四旁，西坡下部，坡度12°，石灰土土壤，土层深度60.0cm，中壤土质地，团粒状结构，酸碱度6.5～7.0，湿度70%，石灰岩基岩。N=29°00′47″，E=107°55′51″，H=1030m。

务川仡佬族苗族自治县泥水镇鹿池村卢家坝5

树龄120年，树高23.0m，胸径0.68m，枝下高3.0m，冠幅10.0m×10.0m。位于村落四旁，西坡下部，坡度12°，石灰土土壤，土层深度60.0cm，中壤土质地，团粒状结构，酸碱度6.5～7.0，湿度70%，石灰岩基岩。N=29°00′47″，E=107°55′51″，H=1030m。

务川仡佬族苗族自治县蕉坝乡蕉坝村蕉坝1（图9-7-43）

垂乳银杏。雄株，树龄300年，树高30.0m，胸径1.91m，枝下高0.5m，冠幅20.0m×25.0m。位于农田边埂，树冠开阔，不规整，生长旺盛。主干通直，距树基4.0m处生长有一株高6.0m、胸径0.08m的构树。仅存1个复干，细，胸径0.08m。基部萌蘖分布于该树一侧，呈簇生状，高0.5～1.2m，紧贴干生长，大多干枯。根东侧有很大部分沿农田边坡的斜切面裸露，向外延伸10.0m余，高70.0cm，南北长达600cm，部分被砍，在坡面基部形成根洞3个，最大者长50.0cm，宽5.0cm，已被用于贮藏地瓜。干部距树基6.0m及8.0m处有垂乳3个，最大者长12.0cm，基径8.0cm；根部基生垂乳达15个之多。叶片小而密集。与该树共生的树种有青冈、构树、竹。树下的空间已供养牛。N=28°57′09″，E=107°56′35″，H=833m。

务川仡佬族苗族自治县蕉坝乡蕉坝村蕉坝2（图9-7-44）

雄株，树龄300年，树高30.0m，基径1.82m，枝下高0.2m，冠幅20.0m×15.0m，单株蓄积量：15.91m^3，位于农田边埂东坡中部，坡度15°，石灰土土壤，土层深度20cm，中壤土质地，团粒状结构，酸碱度6.5～7.0，湿度70%，石灰岩基岩，与上株树相距20m。树冠伞形，生长欠佳。主干从距树基1m处分为两个大枝，夹角12°，一个倾斜，另一个挺直。胸径分别为0.9m、0.7m。基部一侧具萌蘖，梢部干枯。根一侧沿农田边埂的切面裸露，面积3.0m^2。叶片小而稀疏。N=28°48′19.9″，E=108°05′21.0″，H=738m。

务川仡佬族苗族自治县蕉坝乡蕉坝村蕉坝3（图9-7-44）

树龄250年，树高25.0m，胸径2.05m，枝下高4.0m，冠幅8.0m×8.0m。单株蓄积

图9-7-42 务川仡佬族苗族自治县泥水镇鹿池村卢家坝1-4

图9-7-43 务川仡佬族苗族自治县蕉坝乡蕉坝村蕉坝1
（注：3、4. 根生垂乳；箭头示垂乳及根洞）

量：77.58m³，位于村落四旁，东坡中部，坡度15°，石灰土土壤，土层深度20cm，中壤土质地，团粒状结构，酸碱度6.5～7.0，湿度70%，石灰岩基岩。N=28° 48′ 21″，E=108° 05′ 22.0″，H=730m。

务川仡佬族苗族自治县茅天镇龙潭村龙潭1（图9-7-45）

树龄120年，树高24.0m，胸径1.02m，枝下高5.0m，冠幅10.0m×10.0m，单株蓄积量：12.78m³。位于村落四旁的南坡中部，坡度5°，石灰土土壤，土层深度60.0cm，中壤土质地，团粒状结构，酸碱度6.5～7.0，湿度70%，石灰岩基岩。N=28° 56′ 40″，E=108° 03′ 10.0″，H=840m。

务川仡佬族苗族自治县茅天镇龙潭村龙潭2（图9-7-45）

树龄120年，树高24.0m，胸径0.84m，枝下高5.0m，冠幅10.0m×10.0m，单株蓄积量：7.74m³。位于村落四旁南坡中部，坡度5°，石灰土土壤，土层深度70cm，中壤土质地，团粒状结构，酸碱度6.5～7.0，湿度70%，石灰岩基岩。N=28° 56′ 40″，E=108° 03′ 10.0″，H=840m。

务川仡佬族苗族自治县茅天镇同心村插旗

树龄120年，树高26.0m，胸径1.05m，枝下高3.0m，冠幅10.0m×10.0m，单株蓄积量：12.78m³。位于村落四旁南坡中部，坡度5°，石灰土土壤，土层深度60.0cm，中壤土质地，团粒状结构，酸碱度6.5～7.0，湿度70%，石灰岩基岩。N=28° 56′ 40″，E=108° 06′ 52″，H=968m。

务川仡佬族苗族自治县泥高乡镇江村三丘田组（图9-7-46）

垂乳银杏。雄株，树龄800年，树高30.0m，基径1.13m，枝下高2.0m，冠幅25.0m×23.0m，单株蓄积量：13.77m³。位于村民房舍前农田和道路的交界处，坡度12°，石灰土土壤，土层深度60.0cm，中壤土质地，团粒状结构，酸碱度6.5～7.0，湿度70%，石灰岩基岩。树冠开阔，呈方形，枝叶繁茂。主干曾死亡，从树基重新发枝，现在距树基1.0m处分为5个大枝，北侧萌蘖较多且粗，共6个，其中4个簇生，基部膨大，有明显瘤状凸起。复干2个，其中一个胸径0.82m，高27.0m，距母干1.4m，另一个胸径0.1m，距母干1.7m，两复干间的夹角12°。距树基8m处有1个长20.0cm、基径8.0cm的垂乳。相传曾有一位老人踢此树后其3个儿子相继死去，这位老人后悔之余，立一碑于此树下（碑部分因树势扩张而覆盖，碑文已模糊不清），以告诫后人，须礼遇此树。该树不远处曾长有2株银杏，一雌一雄，先后死亡。 N=24° 26′ 24.9″，E=107° 51′ 37.5″，H=818m。

图9-7-44　务川仡佬族苗族自治县蕉坝乡蕉坝村蕉坝1
（注：A.右1、左2；B、D.2；C.3）

图9-7-45　务川仡佬族苗族自治县茅天乡龙潭村1、2
（注：左1；右2）

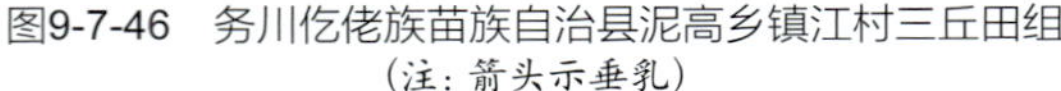

图9-7-46 务川仡佬族苗族自治县泥高乡镇江村三丘田组
（注：箭头示垂乳）

图9-7-47 务川仡佬族苗族自治县红丝乡先进村十二盘大坪组a

务川仡佬族苗族自治县泥高乡当阳村胜利新房子组

树龄300年，树高32.0m，胸径1.66m，枝下高6.0m，冠幅20.7m×20.7m，单株蓄积量：44.98m^3。位于村落四旁南坡中部，坡度12°，石灰土土壤，土层深度60.0cm，中壤土质地，团粒状结构，酸碱度6.5～7.0，湿度70%，石灰岩基岩。N=28° 39′ 45″，E=107° 54′ 7″，H=683.5m。

务川仡佬族苗族自治县甘禾镇黄洋坪廖家村

树龄300年，树高32.0m，胸径2.80m，全村最大最老的。

务川仡佬族苗族自治县甘禾镇黄洋坪廖家村

树龄300年，树高20.0m，胸径1.20m。

务川仡佬族苗族自治县红丝乡先进村十二盘大坪组a（图9-7-47）

雌株，树龄300年，树高30.0m，胸径0.81m，枝下高3.0m，冠幅20.0m×15.0m。位于该组路边田埂边坡，树冠三角形，该树东侧生长量较大，整体欠佳。主干挺直，从距树基部2.5m处开始，每间隔1m呈二杈状分枝一次。复干4个，其中3个被截，仅存留1个，胸径0.72m，距母干0.4m，高26m。总胸围4.10m。根部部分裸露，面积7m^2。叶片几乎不开裂，树梢部分变黄、干枯。该树周围生长有柏木和一株小银杏。

务川仡佬族苗族自治县红丝乡先进村十二盘大坪组b（图9-7-48）

垂乳银杏。雄株，树龄400年，树高27.0m，胸径1.20m，枝下高1.5m，冠幅15.0m×20.0m。位于村民田地边埂。树冠偏扇形，生长旺盛。主干挺直，距基部4.0m处分为2个大枝，基径分别为0.3m、0.2m。枝下高2.0m处有菌落生长，片状分布，大多干枯。其西南侧距地面8.0m处有一个大枝被截，基径0.3m，被截处基部萌生20个萌条，5～10个呈簇生状。复干1个，胸径0.82m，距母干1.5m，高20.0m。干基部萌蘖40个，高度0.8～2.0m。总胸围4.77m。垂乳12个，分布在主干东侧被截枝处、西侧距树基部7.0m处及分枝处，长5.0～16.0cm，基径2.0～6.0cm。该树根部东侧裸露，偶有根洞，呈辐射状向周围延伸，面积12.0m^2。距该树北侧15.0m处有一株胸径仅0.6m，但结果量特别大的银杏，树高23.0m，冠幅10.0m×10.0m，树冠伞形。N=28° 41′ 48.7″，E=108° 04′ 52.3″，H=827。

务川仡佬族苗族自治县红丝乡先进村十二盘大坪组c（图9-7-49）

雌株，树龄150年，树高30.0m，胸径0.80m，枝下高0.5m，冠幅20.0m×15.0m。位于该组路边田埂边坡。树冠伞形，生长旺盛。主干明显，挺直，距树基5.0m处分作两枝，该两枝上有规律分出若干侧枝，整体向下斜展，对称。根稍裸露。此树为该群落中结果量最大、果实最大的一株（最大时，120g刚采的果实晒干可达0.5kg。该树南侧有两雌株，其中一株为采穗在原树1.5m处嫁接而成，现已挂果，且结果量很大。

务川仡佬族苗族自治县红丝乡先进村十二盘大坪组d（图9-7-50）

雌株，树龄100年，树高30.0m，胸径0.90m，冠幅13.0m×16.0m。位于该组路边田埂边坡，与上株树相距10m。树冠伞形，主干挺直，复干1个，分枝多，距母干10cm，胸径0.3m，高18.0m。结果量大。

务川仡佬族苗族自治县红丝乡上坝村上坝组（图9-7-51）

垂乳银杏。雄株，树龄300年，胸径0.77m，树高30.0m，枝下高2m，冠幅25.0m×20.0m。生长在山坡地带的农田边埂。树冠伞形，生长旺盛。主干挺直，在距树基1.5m处分为2个枝，树身有小型瘤状凸起，枝下有垂乳。在距树基部2.0m处有一粗0.67m的分枝被截。复干1个，被截，基部有萌蘖，簇生状，大部分干枯。根部西侧裸露，面积2.0m^2。叶片较大，开裂。与该树共生的树种有竹、灌生状木榆及水树麻（当地名称，主要用于喂猪）。N=28°45′18.3″，E=108°08′55.7″，H=777m。

务川仡佬族苗族自治县黄都镇黄都村宋家

7株。

务川仡佬族苗族自治县黄都镇黄都村黄土坎

树龄300年，树高27.0m，胸径1.20m，H=820m，活立木蓄积：19.45903m^3。

图9-7-48 务川仡佬族苗族自治县红丝乡先进村十二盘大坪组b
（注：4. 一个大垂乳被割掉；箭头示垂乳）

图9-7-49 务川仡佬族苗族自治县红丝乡先进村十二盘大坪组c

图9-7-50 务川仡佬族苗族自治县红丝乡先进村十二盘大坪组d

图9-7-51 务川仡佬族苗族自治县红丝乡上坝村上坝组

图9-7-52 务川仡佬族苗族自治县黄都镇雁龙村黄腊池组1

图9-7-53 务川仡佬族苗族自治县黄都镇黄都村白果庄2
（注：箭头示垂乳）

务川仡佬族苗族自治县黄都镇黄都村黄土坎

树龄300年，树高24.0m，胸径1.10m，H=820m，活立木蓄积：15.54274m³。

务川仡佬族苗族自治县黄都镇黄都村黄土坎

树龄300年，树高24.0m，胸径0.82m，H=880m，活立木蓄积：7.27845m³。

务川仡佬族苗族自治县黄都镇雁龙村黄腊池组1（图9-7-52）

垂乳银杏。雄株，树龄150年，胸径1.18m，树高32.0m，枝下高5.0m，冠幅25.0m×20.0m。位于该组道路分叉处的农田边界处，树单株蓄积量：18.63m³。坡度22°，石灰土土壤，土层深度60.0cm，中壤土质地，团粒状结构，酸碱度6.5～7.0，湿度70%，石灰岩基岩 。树形长三角形，生长旺盛。主干较直，基部分棱且具少量萌蘖，距地面2.0m处分枝呈轮生状，蓬松斜向地面伸展；2.0m以上分枝每隔1.5m规律呈假二杈状，多且细，除一个于基部弯曲一段后，平行于母干向上延伸，其余均斜向上生长。叶片几乎不开裂。干1.5m处具垂乳1个，长50.0cm，基径10.0cm，于距基部40cm处分为2个，分杈处基径分别为5.0cm、3.0cm；干基部还分布有大量垂乳物呈片状排列。根部裸露，面积250.0m²。距该树10.0m处，一株较大，主干分作3个大枝，树冠不规整，周围还散生10株小银杏。N=28° 23′ 37″，E=107° 41′ 41″，H=1020m。

务川仡佬族苗族自治县黄都镇雁龙村黄腊池组2

树龄150年，树高28.0m，胸径1.10m，枝下高5.0m，冠幅11.0m×11.0m，单株蓄积量：15.54m³。位于村落四旁东坡中部，坡度22°，石灰土土壤，土层深度60.0cm，中壤土质地，团粒状结构，酸碱度6.5～7.0，湿度70%，石灰岩基岩。N=28° 23′ 37″，E=108° 47′ 41″，H=1020m。

务川仡佬族苗族自治县黄都镇雁龙村雁龙山

树龄150年，树高32.0m，胸径1.50m，枝下高5.0m，冠幅11.0m×11.0m，单株蓄积量：34.62m³。位于村落四旁南坡中部，坡度12°，石灰土土壤，土层深度60.0cm，中壤土质地，团粒状结构，酸碱度6.5～7.0，湿度70%，石灰岩基岩。N=28° 23′ 37″，E=108° 47′ 41″，H=980m。

务川仡佬族苗族自治县黄都镇黄都村白果庄2（图9-7-53）

垂乳银杏。雌株，树龄450年，树高27.0m，胸径1.02m，枝下高2.0m，冠幅13.0m×12.0m，单株蓄积量：23.92m³。位于该庄道路边田埂南坡下部，坡度8°，石灰土土壤，土层深度60.0cm，中壤土质地，团粒状结构，酸碱度6.5～7.0，湿度70%，石灰岩基岩。树冠不规整，生长旺盛。主干明显，有剥皮现象，两处存在树洞，较大者长20cm，宽10cm。主干以距树基10m以上向北弯曲，倾角12°。复干1个，紧贴母干生长，胸径0.5m，高20m。总胸围4.2m。萌蘖集中分布于该树东、西两侧，高1～5m。该树2处有垂乳的分布，高度范围为距树基1.6～10.0m的地方，总数8个，最长7cm，基径4cm。枝叶有干枯、断枝现象。结果量为150～200kg/年。与该树共生的树种有竹、蒲葵。N=28° 22′ 1″，E=107° 45′ 4″，H=851m。

务川仡佬族苗族自治县黄都镇黄都村白果庄大院子1（图9-7-54）

雄株，树龄450年，树高32.0m，胸径1.64m，枝下高3.0m，冠幅15.5m×17.6m。位于该庄道路边界处树冠卵圆形，枝叶繁茂。主干明显，挺直，距树基1.5m处，生长有一与母干间倾角为12° 的枝，并从距树基12.0m处开始，每隔5.0m规律分生出一个侧枝，短而粗。与该树共生的树种有柏香、芭蕉、核桃、竹、杜仲。N=28° 22′ 1″，E=107° 45′ 4″，H=851m。

务川仡佬族苗族自治县黄都镇黄都村黄都中学（图9-7-55）

树龄150年，树高32.0m，胸径1.12m，枝下高5.0m，冠幅11.0m×11.0m，单株蓄积量：16.28m^3。位于村落四旁南坡中部，坡度5°，石灰土土壤，土层深度60.0cm，中壤土质地，团粒状结构，酸碱度6.5～7.0，湿度70%，石灰岩基岩。垂乳4个，长达0.4m，基径0.35m。N=28° 56′ 40″，E=108° 06′ 52″，H=968m 。

务川仡佬族苗族自治县黄都镇云丰村大院子（图9-7-56）

树龄150年，树高24.0m，胸径1.10m，枝下高5.0m，冠幅8.0m×8.0m，单株蓄积量：15.54m^3。位于村落四旁栽植，北坡下部，坡度22°，石灰土土壤，土层深度60.0cm，中壤土质地，团粒状结构，酸碱度6.5～7.0，湿度70%，石灰岩基岩。N=28° 21′ 55″，E=107° 45′ 12″ H=968m 。

务川仡佬族苗族自治县石朝乡大漆村白果坪1（图9-7-57）

雄株，树龄800年，胸径1.91m，树高22.0m，枝下高7.0m，冠幅25.0m×20.0m，单株蓄积量：11.76m^3。树冠开阔，不规整，枝叶茂盛。位于房舍后的小道两侧的边坡小林地，落四旁西坡中部，坡度22°，石灰土土壤，土层深度60.0cm，中壤土质地，团粒状结构，酸碱度6.5～7.0，湿度70%，石灰岩基岩。主干明显，从2.0m处开始分枝，分枝较多，其中3.0m处基径为0.2m的一个枝被截。树身有少量瘤状凸起。复干3个，距基部2.0m处每一复干又分为2个枝，均较细，胸径0.05～0.1m，距母干10.0～20.0cm。基部萌蘖较多，集中分布于该树一侧，高1.0～2.0m，紧贴母干生长。总胸围10.6m。垂乳在该树多处有分布，共14个，东西侧最多，达10个，呈片状排列，最大者长5.00cm，基径8.0cm；主干内侧1个，长70.0cm，基径15.0cm；分枝处3个，大垂乳整齐排列，悬垂，长50.0～70.0cm，基径15～20cm。N=28° 30′ 57″，E=108° 1′ 43″，H=1177m 。

务川仡佬族苗族自治县石朝乡大漆村白果坪2（图9-7-58）

雌株，350年，胸径1.27m，树高26.0m，枝下高7.0m，冠幅20.0m×15.0m，单株蓄积量：11.76m^3。位于房舍后小道两侧的边坡小林地，村落四旁西坡中部，坡度22°，石灰土土壤，土层深度60.0cm，中壤土质地，团粒状结构，酸碱度6.5～7.0，湿度70%，石灰岩基岩。与上株树相距8m。树冠开心形，树形开阔，生长旺盛。主干挺直，在距树基2m处分为4个大枝，基径0.2～0.3m，其中一枝通直，

图9-7-54 务川仡佬族苗族自治县黄都镇黄都村白果庄大院子1

图9-7-55 务川仡佬族苗族自治县黄都镇黄都村黄都中学
（注：箭头示垂乳）

图9-7-56 务川仡佬族苗族自治县黄都镇云丰村大院子

图9-7-57 务川仡佬族苗族自治县石朝乡大溪村白果坪1
（注：箭头示垂乳）

另一个分枝基部向南侧弯曲一段后，向上直伸，其他两个枝延伸向南侧。N=28° 30′ 57″，E=108° 1′ 43″，H=1177m。

务川仡佬族苗族自治县石朝乡大漆村白果坪3（图9-7-59）

树龄350年，树高20.0m，胸径1.10m，枝下高7.0m，冠幅10.0m×10.0m，单株蓄积量：15.54m^3。位于村落四旁栽植，北坡下部，坡度22°，石灰土土壤，土层深度60.0cm，中壤土质地，团粒状结构，酸碱度6.5～7.0，湿度70%，石灰岩基岩。N=28° 30′ 57″，E=108° 1′ 43″，H=1177m。

务川仡佬族苗族自治县石朝乡大漆村白果坪4（图9-7-59）

树龄150年，树高20.0m，胸径0.60m，枝下高7.0m，冠幅10.0m×10.0m，单株蓄积量：11.76m^3。位于村落四旁栽植，西坡中部，坡度22°，石灰土土壤，土层深度60.0cm，中壤土质地，团粒状结构，酸碱度6.5～7.0，湿度70%，石灰岩基岩。N=28° 30′ 57″，E=108° 1′ 43″，H=1177m。

务川仡佬族苗族自治县大坪镇黄阳村廖家

87株。

务川仡佬族苗族自治县大坪镇黄阳村东足坝

17株。

凤冈县进化镇大堰村响水岩村民组6号树

雌株，树龄400年，树高15.0m，胸径1.10m。

凤冈县进化镇大堰村响水岩村民组19号树

雌株，树龄400年，树高16.0m，胸径1.00m。

凤冈县进化镇大堰村响水岩村民组20号树

雄株，树龄400年，树高28.0m，胸径1.40m。

凤冈县进化镇大堰村响水岩村民组24号树

雌株，树龄400年，树高15.0m，胸径1.00m，粗壮正常。

凤冈县进化镇大堰村响水岩村民组27号树

雌株，树龄400年，树高16.0m，胸径1.10m。

凤冈县进化镇大堰村响水岩村民组31号树

雄株，树龄400年，树高18.0m，胸径1.00m，长石缝中。

凤冈县进化镇大堰村响水岩村民组34号树

雄株，树龄400年，树高25.0m，胸径2.00m，主干已空。

凤冈县进化镇大堰村响水岩村民组35号树

雄株，树龄400年，树高20.0m，胸径1.40m。

凤冈县进化镇大堰村响水岩村民组36号树

雄株，树龄400年，树高32.0m，胸径1.20m。31号、34号、35号与36号雄树集中分布。

凤冈县进化镇大堰村响水岩村民组40号树

雌株，树龄400年，树高18.0年，胸径1.20m。

凤冈县进化镇大堰村响水岩村民组44号树

垂乳银杏。雄株，树龄400年，树高25.0m，胸径2.30m，多大树奶。

凤冈县进化镇大堰村响水岩村民组49号树

雄株，树龄400年，树高20.0m，胸径1.00m。

凤冈县琊川镇清源乡西洋溪村民组

54株。

湄潭县抄乐乡沙塘村车建坪

14株。

湄潭县复兴七里路街上

树龄200年，胸径0.5m，树高14m，位于村庄内，低山，全向坡下部，坡度15°，黄壤土。生长势良好。H=905m。

湄潭县陶仪村柒水坝卢国兵家屋后

3株。

湄潭县马山乡双龙村梅子湾（图9-7-60）

树龄100年，树高12.0m，胸径0.52m，枝下高3.0m，冠幅15.0m×15.0m。位于村落四旁，西南坡下部，半阳坡，黄壤土，中度深，腐殖质厚度2cm，沙壤土质地，团粒状结构，酸碱度6.5～7.0，较湿润，沙页岩基岩，权属为李元德个人。H=880m。

湄潭县马山乡白岩村梨树脚（图9-7-61）

树龄100年，树高24.0m，胸径0.63m，枝下高3.0m，冠幅11.0m×11.0m。位于村落四旁，北坡下部，缓坡，黄壤土，土层深度60.0cm，腐殖质厚度0.5cm，轻壤土质地，团粒状结构，酸碱度6.5～7.0，较湿润，沙页岩基岩，权属为邓昌莲个人。H=900m。

湄潭县马山乡工农村上坝（图9-7-60）

树龄100年，树高27.0m，胸径0.52m，枝下高3.0m，冠幅21.0m×21.0m。位于村落四旁，西坡下部，缓坡，黄壤土，土层深度60.0cm，腐殖质厚度0.7cm，轻壤土质地，团粒状结构，酸碱度6.5～7.0，较湿润，第四纪黏土基岩，权属为李天义个人。H=900m。

图9-7-58 务川仡佬族苗族自治县石朝乡大漆村白果坪2
（注：箭头示垂乳）

图9-7-59 务川仡佬族苗族自治县石朝乡大溪村白果坪3-4
（注：左4；右3；箭头示垂乳）

图9-7-60 湄潭县马山乡2
[注：1. 工农村龙门脚；2. 工农村上坝（胸径0.38m）；3. 工农村上坝（胸径0.52m）；4. 双龙村梅子湾]

图9-7-61 湄潭县马山乡1
（注：1. 白岩村梨树脚；2. 长安村水井湾；3. 长安村甘竹林；4. 长安村风洞岩大田）

湄潭县马山乡工农村上坝（图9-7-60）

树龄100年，树高14.0m，胸径0.38m，枝下高5.0m，冠幅15.0m×15.0m。位于村落四旁，西坡下部，缓坡，黄壤土，土层深度60.0cm，腐殖质厚度0.8cm，轻壤土质地，团粒状结构，酸碱度6.5～7.0，较湿润，第四纪黏土基岩，权属为李天义个人。H=900m。

湄潭县马山乡工农村土地房

树龄100年，树高22.0m，胸径0.45m，枝下高3.0m，冠幅8.0m×8.0m。位于村落四旁，南坡下部，缓坡，黄壤土，土层深度60.0cm，腐殖质厚度0.2cm，轻壤土质地，团粒状结构，酸碱度6.5～7.0，较湿润，第四纪黏土基岩，权属为唐朝恩个人。H=880m。

湄潭县马山乡工农村龙门脚（图9-7-60）

树龄100年，树高23.0m，胸径0.63m，枝下高3.0m，冠幅18.0m×18.0m。位于村落四旁，南坡下部，缓坡，黄壤土，土层深度60.0cm，腐殖质厚度1.8cm，轻壤土质地，团粒状结构，酸碱度6.5～7.0，较湿润，砂页岩基岩，权属为唐朝福个人。H=880m。

湄潭县马山乡长安村上坝风洞岩大田（图9-7-61）

树龄100年，树高14.0m，胸径0.60m，枝下高7.0m，冠幅9.5m×9.5m。位于村落四旁，东坡下部，缓坡，壤土，土层深度60.0cm，腐殖质厚度0.3cm，轻壤土质地，团粒状结构，酸碱度6.5～7.0，较湿润，沙页岩基岩，权属为陈永福个人。H=960m。

湄潭县马山乡长安村团竹林

树龄100年，树高20.0m，胸径0.53m，枝下高15.0m，冠幅10.0m×10.0m。位于村落四旁，东坡中部，缓坡，黄壤土，土层深度60.0cm，腐殖质厚度0.3cm，沙壤土质地，团粒状结构，酸碱度6.5～7.0，较湿润，沙页岩基岩，权属为陈永福个人。H=970m。

注：后续资源。

⑴湄潭县马山乡长安村水井湾（图9-7-61）

树龄50年，树高25.0m，胸径0.60m，枝下高5.0m，冠幅8.0m×8.0m。位于村落四旁，西坡下部，缓坡，壤土，土层深度60.0cm，腐殖质厚度0.2cm，轻壤土质地，团粒状结构，酸碱度6.5～7.0，较湿润，第四纪黏土基岩，权属为张恩喜个人。H=940m。

⑵湄潭县马山乡长安村甘竹林（图9-7-61）

树龄80年，该地有银杏2株，相距4.5m，均较小。其中1株（左），树高16.0m，胸径0.38m，枝下高4.0m，冠幅5.5m×6.5m。树冠椭圆形，生长旺盛。另1株（右），树高17.0m，胸径0.40m，枝下高4.0m，冠幅6.5m×6.5m。树冠椭圆形，生长旺盛。位于村落四旁，东坡中部，缓坡，黄壤土，土层深度50cm，腐殖质厚度0.7cm，沙壤土质地，团粒状结构，酸碱度6.5～7.0，较湿润，碳酸岩基岩，权属为石继美个人。H=970m。

湄潭县高台镇窑上村冉家湾

6株。

湄潭县高台镇三联村新农场

树龄200年，胸径1.00m，树高16.0m，生长势强健，结实状况良好，坡度20°。2株，散生在整个村庄内，低中山，全向坡谷部，坡度15°，石灰土。H=1050m。

湄潭县高台镇金塘村纸厂沟（图9-7-62）

树龄120年，树高20.0m，胸径1.10m，枝下高4.0m，冠幅12.0m×12.0m。位于村落四旁，西坡中部，坡度30°，黄壤土，土层深度40cm，腐殖质厚度6cm，沙壤土质地，片粒状结构，酸碱度6.5～7.0，较湿润，页岩基岩，权属为金塘村纸厂沟组王泽刚等4户共有。H=1040m。

湄潭县高台镇金塘村格早坎（图9-7-62）

树龄120年，树高20.0m，胸径1.00m，枝下高3.0m，冠幅6.0m×6.0m。位于村落四旁，西坡中部，坡度10°，黄壤土，土层深度60.0cm，腐殖质厚度5cm，沙壤土质地，片粒状结构，酸碱度6.5～7.0，较湿润，页岩基岩，权属为个人。H=1010m。

湄潭县高台镇金塘村上甘坪1（图9-7-62）

树龄120年，树高20.0m，胸径1.20m，枝下高1.0m，冠幅8.0m×8.0m。位于村落四旁，西坡中部，坡度25°，黄壤土，土层深度60.0cm，腐殖质厚度10cm，砂壤土质地，片粒状结构，酸碱度6.5～7.0，较湿润，页岩基岩，权属为上甘坪民组。 H=1070m。

湄潭县高台镇金塘村上甘坪2（图9-7-62）

树龄150年，树高20.0m，胸径1.50m，枝下高1.0m，冠幅10.0m×10.0m。位于村落四旁，西坡中部，坡度20°，黄壤土，土层深度100cm，腐殖质厚度15cm，沙壤土质地，片粒

图9-7-62 湄潭县高台镇金塘村
（注：1. 上甘坪1；2. 纸厂沟；3. 格早坎；4. 上甘坪2）

图9-7-63 湄潭县高台乡金塘村银子山文祖贵家（上）；三联村新农场李科举家当门（下）

状结构，酸碱度6.5～7.0，较湿润，页岩基岩，权属为上甘坪民组。H=1110m。

湄潭县高台镇金塘村银子山文祖贵家（图9-7-63）

树龄200年，树高30.0m，胸径1.40m，枝下高3.0m，冠幅10.0m×10.0m。位于村落四旁，西坡中部，坡度30°，黄壤土，土层深度80cm，腐殖质厚度10cm，沙壤土质地，片粒状结构，酸碱度6.5～7.0，较湿润，页岩基岩，权属为金塘村银子山组文祖贵。H=1100m。

注：后续资源。

湄潭县高台镇三联村新农场李科举家当门（图9-7-62）

树龄40年，树高14.0m，胸径0.60m，枝下高2.0m，冠幅8.0m×8.0m。位于村落四旁，西坡中部，坡度20°，黄壤土，土层深度100cm，腐殖质厚度15cm，沙壤土质地，片粒状结构，酸碱度6.5～7.0，较湿润，页岩基岩，权属为李科举。H=1010m。

湄潭县抄乐乡沙塘村车建坪（图9-7-64）

树龄100年，树高30.0m，胸径0.80m，枝下高3.0m，冠幅10.0m×10.0m。位于村落四旁，西北坡中部，坡度25°，沙壤土，土层深度60.0cm，腐殖质厚度1cm，沙壤土质地，团粒状结构，酸碱度6.5～7.0，较湿润，页岩基岩，权属为个人。H=1020m。

湄潭县鱼泉乡土塘村水洪坝（图9-7-65）

树龄250年，树高28.0m，胸径1.75m，枝下高7.0m，冠幅15.0m×15.0m。位于村落四旁，西坡中部，坡度25°，黄壤土，土层深度65cm，腐殖质厚度5cm，壤土质地，团粒状结构，酸碱度6.5～7.0，较湿润，页岩基岩，权属为个人。H=1089m。

湄潭县鱼泉乡金桥村山坪上（图9-7-65）

树龄500年，树高40.0m，胸径1.70m，枝下高0.8.0m，冠幅30.0m×30.0m。位于村落四旁，西坡上部，坡度15°，黄壤土，土层深度60.0cm，腐殖质厚度10cm，壤土质地，团粒状结构，酸碱度6.5～7.0，较湿润，沙页岩基岩，权属为个人。H=1119m。

湄潭县鱼泉乡鱼合村白果树

树龄500年，树高21.0m，胸径1.75m，枝下高2.5m，冠幅20.0m×20.0m。位于村落四旁，东坡下部，坡度25°，黄壤土，土层深度80cm，腐殖质厚度1cm，壤土质地，团粒状结构，酸碱度6.5～7.0，较湿润，碳酸岩基岩，权属为个人。H=844m。

湄潭县鱼泉乡鱼合村客寨（图9-7-66）

树龄120年，树高16.0m，胸径1.10m，枝下高6.0m，冠幅4.0m×4.0m。位于村落四旁，东坡下部，坡度25°，黄壤土，土层深度50cm，腐殖质厚度5cm，壤土质地，团粒状结构，酸碱度6.5～7.0，较湿润，碳酸岩基岩，权属为个人。H=846m。

湄潭县鱼泉乡鱼合村双龙门

树龄196年，树高16.5m，胸径1.78m，

图9-7-64 湄潭县抄乐乡沙塘村车建坪

枝下高3.1m，冠幅7.5m×7.5m。位于村落四旁，东坡下部，坡度25°，黄壤土，土层深度70cm，腐殖质厚度2cm，壤土质地，团粒状结构，酸碱度7.0，较湿润，碳酸岩基岩，权属为个人。H=806m。

湄潭县洗马乡新场村坟堂

树龄150年，树高15.0m，胸径0.65m，H=950m。

湄潭县洗马乡新场村白果树

树龄300年，树高17.0m，胸径1.50m，H=890m。

湄潭县洗马乡团结村新营盘

树龄300年，树高17.0m，胸径1.50m。H=920m。

湄潭县洗马乡团结村新街

树龄400年，树高16.0m，胸径0.95m。H=910m。

湄潭县洗马乡团结村王家湾

树龄250年，树高18.0m，胸径0.80m。H=920m。

湄潭县洗马乡双合村观音桥组

树龄120年，树高16.0m，胸径0.55m。H=900m。

湄潭县洗马乡潘家寨村大坟堡

树龄250年，树高18.0m，胸径0.65m。H=890m。

湄潭县西河乡下坝村太平小学

树龄130树，高27.0m，胸径1.31m。H=960m。

湄潭县西河乡下坝村太平小学

树龄120年，树高28.0m，胸径1.27m。H=960m。

湄潭县西河乡下坝村冒水孔

树龄108年，树高15.0m，胸径0.72m。H=1000m。

湄潭县西河乡下坝村高阳宅

树龄120年，树高20.0m，胸径1.02m。H=950m。

湄潭县西河乡西坪村角上小学

树龄140年，树高28.0m，胸径1.30m。H=970m。

湄潭县西河乡石家寨村大林坝

树龄150年，树高30.0m，胸径1.40m。H=810m。

湄潭县西河乡石家寨村大林坝

树龄110年，树高31.0m，胸径0.80m。H=810m。

湄潭县西河乡马蹄村周生台大湾

树龄240年，树高32.0m，胸径2.05m。H=1130m。

湄潭县西河乡马蹄村周生台大湾

树龄210年，树高31.0m，胸径1.66m。H=1130m。

湄潭县西河乡马蹄村王家

树龄110年，树高28.0m，胸径0.95m。H=1120m。

湄潭县西河乡马蹄村廖堡

树龄121年，树高21.0m，胸径0.76m。H=770m。

湄潭县西河乡马蹄村郭石溪

树龄160年，树高30.0m，胸径1.01m。H=770m。

湄潭县西河乡河沟坝村谭家

树龄200年，树高22.0m，胸径1.53m。H=980m。

湄潭县西河乡乐元村东瓜坪

树龄178年，树高34.0m，胸径1.40m。H=1100m。

注：后续资源。

(1)湄潭县西河乡下坝村董家湾

树龄50年，树高19.0m，胸径0.90m。H=970m。

湄潭县天城乡皂角村水井湾

树龄100年，树高20.0m，胸径0.71m。H=820m。

湄潭县天城乡星联村张家寨

树龄200年，树高16.0m，胸径1.30m。H=870m。

湄潭县天城乡星联村龙洞寺

树龄200年，树高20.0m，胸径0.87m。H=910m。

湄潭县天城乡李家堰村白合林

树龄100年，树高26.0m，胸径0.84m。H=810m。

湄潭县天城乡德荣村上坝

树龄300年，树高32.0m，胸径1.70m。H=830m。

湄潭县石莲乡黎明村寨上

树龄300年，树高13.0m，胸径1.00m。H=840m。

湄潭县石莲乡解乐村上寨

树龄350年，树高12.0m，胸径1.50m。H=970m。

图9-7-65 湄潭县鱼泉乡土塘村水洪坝（下）；鱼泉乡金桥村山坪上（上）

图9-7-66 湄潭县鱼泉乡鱼合村客寨

图9-7-67 习水县寨坝镇（具大小不同的根生垂乳）

湄潭县石莲乡解乐村人民寨村民组人民寨

树龄400年，树高8.0m，胸径1.00m。H=1050m。

湄潭县石莲乡解乐村金白果树

树龄500年，树高28.0m，胸径1.06m。H=790m。

湄潭县石莲乡解乐村高坎子

树龄500年，树高34.0m，胸径1.12m。H=780m。

湄潭县石莲乡解乐村大竹坝

树龄400年，树高12.0m，胸径1.20m。H=975m。

注：后续资源。

(1)湄潭县石莲乡黄莲坝老屋基

树龄80年，树高25.0m，胸径0.45m。H=800m。

湄潭县湄江镇核桃坝村白果树

树龄230年，树高25.0m，胸径1.82m。H=770m。

湄潭县湄江镇观音村李家湾

树龄200年，树高27.0m，胸径1.56m。H=800m。

注：后续资源。

(1)湄潭县湄江镇堰上安家湾

树龄80年，树高18.0m，胸径0.60m。H=820m。

湄潭县茅坪镇桂花村仁合

树龄150年，树高20.0m，胸径1.90m。H=1100m。

湄潭县茅坪镇地关村地跃水

树龄150年，树高25.0m，胸径2.10m。H=850m。

湄潭县黄家坝镇铁瓦村木鱼坎

树龄120年，树高23.0m，胸径0.75m。H=870m。

湄潭县黄家坝镇梭米孔村青杠坪路边

树龄108年，树高28.0m，胸径1.34m。H=1020m。

湄潭县黄家坝镇平安村庙湾

树龄128年，树高14.0m，胸径0.62m。H=840m。

湄潭县黄家坝镇平安村蒋家坝

树龄120年，树高24.0m，胸径0.64m。H=750m。

湄潭县黄家坝镇牛场村雄水

树龄120年，树高26.0m，胸径0.68m。H=800m。

湄潭县复兴镇七里坝村白果树

树龄200年，树高18.0m，胸径1.98m。H=900m。

湄潭县复兴镇高岩村方丘

树龄150年，树高14.0m，胸径1.21m。H=835m。

湄潭县复兴镇高岩村大竹林

树龄110年，树高16.0m，胸径0.72m。H=840m。

习水县

胸径2.00m。

习水县寨坝镇（图9-7-67）

垂乳银杏。树龄1000年，树高18.0m，胸径1.02m。根部在一侧沿坡面大部分裸露，面积达5.12m^2，并集生有大量根瘤，达9个之多，基径0.03～0.30m；根洞两个，最大者高1.2m，宽0.8m。树冠阔卵圆形。该树从根部还萌生出若干复干。

习水县仙源镇羊九台村

树龄200年，树高26.5m，胸径1.02m，冠幅15.0m×15.0m。H=1600m。

安顺市西秀区杨武布依苗族乡后窑村

树龄500年，树高18.0m，胸径2.42m，冠幅15.0m×15.0m。H=1200m。《安顺市志》载：“安柞城遗址位于杉木布依族乡（即现安顺市西秀区杨武布依族苗族乡）境内，为元朝和明初土司安氏统治中心。城墙建在几个山头上，长约9km，至今保存基本完好。城内有溶洞、泉水、清代墓葬以及居房用火等遗物”。除了安柞土司故城遗址外，再往里走，便是后窑村的参天古银杏树，树干之大，树龄之久，为属当世罕见。

安顺市西秀区蔡官镇罗大寨村

树龄450年，树高32.0m，胸径2.25m，冠

幅18.0m×18.0m。H=1450m。

平坝县天龙镇天台山大山坝村南伍龙寺

树龄480年，树高23.0m，胸径2.32m，需四五人合抱。4株。

平坝县马场镇林卡村

孤木。

普定县城关镇龙潭村

树龄300年，树高15.0m，胸径1.30m，冠幅12.0m×12.0m。H=1300m。

普定县城关镇龙潭村

树龄300年，树高15.0m，胸径1.40m，冠幅13.0m×13.0m。H=1300m。

普定县城关镇斗篷村

树龄400年，树高22.0m，胸径1.50m，冠幅13.0m×13.0m。H=1247m。

普定县白岩乡十二营村

树龄600年，树高16.0m，胸径1.70m，冠幅13.0m×13.0m；H=1240m。

镇宁县黄果树镇黄果树风景名胜区

黄果树风景名胜区位于贵州西线旅游中心安顺市西南45km处，镇宁布依族苗族自治县境内。有地道中药材：杜仲、银杏、木槿、乌蕨等200多种。

紫云县

胸径2.00m，2株。

江口县民和乡凯里村第九村民组

树龄600年，树高30.0m，胸径2.39m，冠幅21.0m×21.0m。H=800m。

印江县木黄镇凤仪村喻家村民组

全国知名银杏古树之一。树龄1000年，树高34.0m，胸径4.35m，冠幅27.0m×27.0m。H=810m。

印江县缠溪镇土坪村

雄株，树高28.0m，胸径1.43m，树龄400年。

印江县缠溪镇

雄株，树高30.0m，胸径1.75m，树龄500年。

印江县朗溪镇甘龙村

雌株，树高30.0m，胸径1.20m，树龄150年。

图9-7-68 毕节市七星关区小坝镇王家坝村莺戈岩（1）
（注：箭头示垂乳）

印江县朗溪镇

雌株，树高28.0m，胸径1.10m，树龄150年。

印江县杨柳乡

树高22.5m，胸径1.22m，树龄1000年，冠幅20.0m×21.0m。具复干2个，高度12.5m，胸径0.45m。银杏遍布全乡，境内有天麻、杜仲、金银花、续断、首乌、麦冬、柴胡、泡参、牛夕、十大功劳、草乌、大力子、防风、阴沉、大黄、虎杖等上百种野生中药材，盛产核桃、板栗等坚果。因而杨柳又有“银杏之乡”、“中药材之乡”、“核桃之乡”之称。

德江县

胸径2.50m。

普安县罐子窑镇崧岿村岩脚组

“五子登科”，垂乳银杏。雌株，树龄1000年，树高30.0m，胸径3.00m，冠幅18.0m×17.0m。H=1300m。生长在崧岿村岩脚组。覆盖面积 300m^{2}余。根系发达，如条条苍龙向四周奔腾而去；树的主干在2.0m处分为5枝，树枝茂密、长短不一、互相交错，可谓“五子登科”。而最神奇的是，树干上有多个长短、大小不等下垂的乳瘿，宛如一位饱经沧桑的母亲裸露的乳房，使人产生无限的景仰和遐想。罐子窑古银杏，树干挺拔，枝叶茂盛，果实累累。

贞丰县长田乡长田村

树龄500年，树高19.0m，胸径2.52m，冠幅22.0m×22.0m。H=1500m。

毕节市七星关区小坝镇王家坝村莺戈岩（图9-7-68;9-7-69）

垂乳银杏，"白大人"。雌株，树龄1700年，树高15.0m，胸径2.68m，枝下高1.2m，冠幅31.0m×34.0m。位于村落内，南侧树干侧枝被截，基径0.40m。东南、西北两侧各有一个气生根形成的高约25.0m新植株，东侧干基部有上百个萌蘖，西南侧有4个复干，高约6.0m，胸径约0.5～0.6m。主干分枝处及侧枝上有10几个长约0.5～1.0m的垂乳。此树西侧竖一功德碑和白果神祠记碑，据碑文记载，此树边枝斜垂，触地生根，根复生树，若子若孙。此树已经历1700余载，曾化儒生参比，皇榜提名，故白大人之名存焉。凡取其果、叶入药者、求富盼平安者、祈消灾解危者，惟心诚则灵。树干上挂有草鞋，当地村民借此喻意今后有鞋可穿。该树耸立在小坝镇王家坝村莺戈岩头上，有形状各异的树乳，生半山腰，树干要8个人才能合抱，3根萌蘖高达20.0m。N=27° 22′ 50.5″，E=105° 30′ 28.0″，H=1585m。

图9-7-69 毕节市七星关区小坝镇王家坝村莺戈岩（2）
（注：箭头示垂乳）

毕节市七星关区小坝镇中屯村街口

"白樟二先生"。树龄500年，树高20.0m，胸径1.86m，冠幅19.0m×19.0m。H=1400m。在小坝镇，中屯村街口也有一棵500多年的古银杏树，从公路上只能看见古银杏树的树冠和枝头上飞来飞去的忙着搭窝的苍鹭和灰鹤。登上街后的石坎眺望，一株高约20.0m，需4～5个人才能合抱的古银杏树就映入眼帘。据介绍，这株古银杏与相隔不到100m另一株香樟树是屯里的神树，被称为"白樟二先生"，1936年红二六军团长征途经毕节时，在中屯组建红军游击队，曾在树下召开群众大会，发动群众参加红军。

大方县果瓦乡乡政府办公楼前

"奢香银杏"、"御赐白果"、"御赐银杏"、明代银杏。树龄520年，树高22.5m，胸径1.50m。大方县有很多古银杏，但是有关这些古银杏的传说却颇有意思。御赐白果——大方古银杏的一个共同的称呼，要知道，大方人可是对御赐白果敬若神灵，爱抚有加。大方县的"奢香银杏"、"御赐白果"远近闻名，为国内少有的丛生复干银杏，享有"独木成林"的美称。大方古银杏主要分布在：大方县城、八堡彝族苗族乡、果瓦乡、大山苗族彝族乡、雨冲乡、沙厂彝族乡等地。县城斗姥阁前的银杏树，据传是明太祖朱元璋赐给奢香的。沙厂乡、雨冲乡各有一丛占地亩余的银杏树，《王氏谱书》记载为明成化十六年（1480）明宪宗赐予水西使者、诰封荣禄大夫的阿纳带回此地栽种的。沙厂那丛银杏树旁的阿纳墓碑，刻下"白果赐荣"的这段历史。迄今520余载，树丛郁郁葱葱，象征民族团结、万古长青。全县数百株古银杏树，多生于土司住宅周围，有的已列为县级保护文物。该银杏树与八层衙门遗址属县级保护文物。明洪武八年（1375），奢香年方十四，嫁与贵州彝族默部水西（今大方）君长、贵州宣慰使霭翠为妻。其夫霭翠，彝名陇赞阿期，系贵州彝族默部德施氏勿阿纳四十六世孙，元末袭任顺元宣抚使，八番顺元宣慰使加云南行省左丞。

大方县城关镇庆云阁村大方酒厂（斗姥阁、庆云阁）

"奢香银杏"，明代银杏。树龄520年，树高28.0m，胸径2.37m，冠幅16.0m×16.0m。大方县城北门外的古桥边斗姥阁前，有2株古银杏树，鳞干虬枝，浓荫密布，遮天蔽日，树后就是斗姥阁、庆云阁古庙。树下是北路进城的古石拱桥，供城内人五月端午节到树下桥头对唱山歌。从这株银杏树下向北走250m就到了全国重点文物保护单位：奢香墓。

奢香墓，位于大方县城北0.5km的云龙山麓雾笼坡头的洗马塘畔。奢香翘楚水西，蜚声华夏，彪炳千秋，是我国历史上的彝族巾帼英雄。明洪武二十九年（1396）35岁的奢香病逝。明王朝遣使臣前往水西奢香故里祭奠，并加谥奢香为"大明顺德夫人"，赐予朝衣锦帛；按正三品规格礼葬，结合彝族风俗的建墓风格造墓。据传这银杏是明太祖朱元璋赐给奢香的。

大方县的"奢香银杏"、皇家恩赐的古银杏传说，《大方林业志》记载：大方银杏相传为奢香夫人分给各土目种植。600年前，奢香夫人为水西之地免受兵灾之苦而走诉京师，为改变西南大地险阻闭塞的现状而修九驿，为促进落后地区的发展而"躬亲倡文明"，为密切贵州和明王朝中央政权的关系而多次到金陵，对于"胜得十万雄兵"的水西归附，明王朝对奢香夫人是高度肯定的，对她的赏赐除了金银、丝织、朝服、袭衣、金带外，还有一株株银杏苗。作为皇家恩惠的象征，奢香夫人将这些银杏苗分发给部下四十八土目种植，后来位于八堡的土目也更名为白果树家。600余年后，当年分植的银杏尚在大方县城、八堡乡、果瓦乡、大山乡各有一株。白衣秀士传说：位于大方城北门有一位很有传奇色彩的白大人，"白大人"何许人也？大方城北门一古银杏也。文化人称为白衣秀士，街坊里认为它是智慧、正义的化身，敬称"白大人"。

传说是一姓白的举子高中，前来送榜文的人按地址找了半天也没有找到接榜人家，累极的送榜人依桥边一大树打了个盹，梦中桥边人家开了门，一白衣秀士终于接下了榜文。送榜人醒来后，榜文就在身旁的古银杏树下，于是他将榜文挂在了银杏树上。

白衣秀士身后建起了庆云楼、斗姥阁，大定府的文人骚客纷纷登楼临池吟风弄月，街头群众也逢年过节就来树下唱山歌。楼阁倒下了，树下建起了酒厂，酒厂垮了，建起了水厂，只有白衣秀士一如几百年前的样子静静地站在那里，听着咏诗和唱山歌的人回味着"方酒"的醇美。

另外，还有一些善男信女来树下敬香烧纸并许下些美好的愿望，愿望实现后选一个好的节日又来还愿，还愿有"挂红"的，有送

图9-7-70 大方县沙厂乡白果寨

草鞋的，送果饼的，树身上就四处披挂着些红布、草鞋之类的。其实这些都是淳朴的老乡们保护生态的一种最原始的方式，因为他们的心里对自然充满了敬畏之情。

大方县城关镇水厂

树龄350年，树高17.0m，胸径1.13m，冠幅11.0m×11.0m。H=1700m。

大方县城关镇水厂

树龄600年，树高19.0m，胸径2.79m，冠幅13.0m×13.0m。H=1700m。

大方县雨冲乡白果村

树龄520年，树高22.5m，胸径2.00m。古树编号：BDDFXGS00139。

大方县雨冲乡红旗村村口

树龄520年，树高25.0m，胸径2.03m。

大方县沙厂乡白果寨（图9-7-70）

明代银杏。树龄520年，树高30.0m，胸径2.23m，为明朝墓葬之阿纳受皇上所赐栽植。

大方县大山乡双河村

“白衣仙子”。雌株，树龄520年，树高20.0m。占地近两亩，每年结果250kg。白衣仙子的传说：在大山乡双河村有株很大的树，占地近两亩，枝叶从一人来高的地方一直密密地长到20.0m的树顶，远看是一小片树林，近看是一树密不透风的蘑菇云。居住在树下的罗姓老人他家从四川搬来这里已经五代人了，据他的长辈讲，他家来这里的第一个老祖公时这树也就是这么大的。银杏在人们眼里是神树。当地人曾看到一白衣少女在树下，走到树干边就不见了，于是坚信这树是一位白衣仙子。但这位仙子还是被人们惹恼了，1958年“大跃进”时期，这个村的20多条狗在同一天全部被打死，死狗被拖到银杏树下用大锅统一煮成汤给庄稼施肥。从此，白衣仙子就再没有出现过。该树每年4～10月，所有银杏枝上都挂满晶莹剔透的果子，那不会就是白衣仙子气急的泪珠吧？秋末，银杏树下果子落满一地，有人估计，至少也有300kg。

大方县八堡乡彝族土司白果树家

树龄520年，八堡新开田有家彝族土司，因其驻地有株古银杏树，就被人们称为“白果树家”，即是住在白果树那里的土司家。

威宁彝族回族自治县盐仓镇二堡村（图9-7-71）

杨成武将军题词树。雌株，树龄1000年，树高18.0m，胸径3.02m，冠幅19.0m×19.0m，是一株充满灵性的神树。当年红军从这里路过时，杨成武将军见到这棵树，感动不已，诗情澎湃，挥笔为银杏树题过一首词，可惜的是由于种种原因，没有流传下来，成为最大的遗憾。

黔西县大关镇桂箐村

树龄300年，树高18.0m，胸径1.50m。濒死木，长于大街户舍间。

黔西县太来乡

树龄300年，树高12.0m，胸径1.78m。

黔西县城关镇东山净莲寺

雌株，树龄300年，树高20.2m，胸径1.00m。净莲寺（原名开元寺、玉皇阁），坐落在黔西县城东郊的东山半山上，庙地面积2500m^2，是神话传说中的“十柏禅房”，黔西八大景点之一，著名的风景名胜。黔西县东郊净莲寺寺庙周围古树参天，银柏犹存。至今寺前还保留着一棵300年前的银杏树，现在仍枝叶繁茂，白果满树。大雄宝殿正门对联为：翠柏候嘉宾参观东山大雄殿，银杏迎贵客朝仰净莲从佛容。

织金县板桥乡多吉村

树龄500年，树高20.0m，胸径2.36m，冠幅13.0m×13.0m。H=1400m。

织金县绮陌乡阿列村

树龄800年，树高21.0m，胸径2.10m。

凯里3号

雌株，树龄150年，树高25.0m，胸径0.82m，冠幅30.0m×30.0m。优良单株。

凯里市洗马河街道办事处九寨村

雌株，树龄110年，树高12.0m，胸径0.86m。这株老银杏是当地村民吴康元的父亲在100年前栽种的，现已濒危，通过输液、杀菌、浇水等措施，现已萌发新芽。

三穗县款场乡等溪村回龙组

树龄200年，树高32.0m，胸径0.97m，冠幅10.0m×10.0m。H=450m。

三穗县款场乡木梁村

树龄450年，树高15.0m，胸径1.63m，冠幅16.0m×16.0m。H=300m。

三穗县款场乡木梁村

树龄300年，树高22.0m，胸径1.88m，冠幅22.0m×22.0m。H=300m。

丹寨县合丁乡得绿讯小学

树龄500 年，树高20.0m，胸径1.67m，冠幅20.0m×20.0m。H=1110m。

图9-7-71 威宁彝族回族自治县盐仓镇二堡村

丹寨县岩英乡天坝司村

树龄400年，树高12.0m，胸径1.27m，冠幅18.0m×18.0m。H=900m。

黄平县铁石乡金庄寨

雌株，树龄200年，树高22.0m，胸径1.29m，冠幅20.0m×20.0m。汉族、苗族、土家族人员共管护。

黄平县黄飘乡脖上村

雌株，树龄200年，树高22.0m，胸径1.31m，冠幅14.0m×14.0m。H=850m。

黄平县重安镇江金村

孤木。

黄平县6号

雌株，树龄200年，树高18.0m，胸径0.98m，冠幅12.0m×12.0m。优良单株。

黄平县8号

雌株，树龄100年，树高21.0m，胸径0.96m，冠幅18.0m×18.0m。优良单株。

施秉县2号

雌株，树龄100年，树高18.0m，胸径0.64m，冠幅12.0m×10.0m。优良单株。

施秉县牛大场镇石桥村

树群。

施秉县牛大场镇白沙村

孤木。

天柱县城东北面金凤山

树龄1000年，2株，距县城7.5km，山峰奇险，风景秀丽。南岳庵外还有2株古银杏，数人难合，劲拔参天，有关专家称“树龄在千年以上”。

天柱县1号

雄株，树龄1000年，树高20.0m，胸径1.20m，冠幅8.0m×9.0m。

天柱县2号

雄株，树龄300年，树高28.0m，胸径1.21m，冠幅20.0m×20.0m。优良单株。

天柱县3号

雌株，树龄400年，树高23.0m，胸径1.50m，冠幅19.0m×20.0m。优良单株。

天柱县4号

雌株，树龄500年，树高18.0m，胸径1.02m，冠幅10.0m×9.0m。优良单株。

图9-7-72 锦屏县河口乡文斗苗寨
（注：箭头示垂乳）

天柱县5号

雌株，树龄300年，树高30.0m，胸径1.01m，冠幅17.0m×18.0m。优良单株。

天柱县6号

雌株，树龄400年，树高33.0m，胸径1.11m，冠幅18.0m×18.0m。优良单株。

天柱县7号

雌株，树龄400年，树高31.0m，胸径1.12m，冠幅14.0m×15.0m。优良单株。

锦屏县河口乡文斗下寨村第四村民组

树龄500年，树高22.0m，胸径1.91m，冠幅13.0m×13.0m。H=660m。

锦屏县河口乡文斗苗寨（图9-7-72）

垂乳银杏。雌株，树龄1000年，树高15.0m，胸径2.13m，枝下高2.5m，冠幅10.0m×8.0m。位于村落内，长势弱，枝叶稀疏，冠幅较小。北侧根系部分裸露。主干中空，南侧有2个洞口，复干胸径0.30m，顶梢折断。树洞内壁有2个垂乳，基径20.0cm，长约0.4m，结果量大。相传，此树是文斗苗寨姜文伯、姜文举兄弟栽植，主干中空，可以放置一个小方桌及一个小靠椅，能围坐10人，每年结果500kg。文斗苗寨有保存完好的民约石碑，有千级青石古道，有苍翠直立的红豆杉、银杏、荷木、枫树群。走进文斗苗寨，就像走进一个古树博物馆。最令人瞩目的，是那棵身大中空四面开门的古银杏。这棵银杏树生长在文斗湖边一山嘴上，离山顶千余米，离湖面百余米。它曾被雷击，烧了三天三夜，整棵树一空到底，最宽的地方，能摆3张大桌，底部每个方向都有一个高2.0m、宽40.0cm的豁口，人可以从四个方向自由出入，这种造型是极为罕见的。有诗曰：文斗银杏生水边，雷劈火烧意志坚。中空外直枝叶茂，又像神来又像仙。关于这棵古银杏，有一个美丽的传说。说盛唐“诗家才子”、“七绝圣手”王昌龄因“谤议朝政，不护细节”被贬到锦屏隆里任龙标尉，天宝七年（748），王昌龄开办“龙标书院”授业解惑，偏僻沉寂的龙里（后改为隆里）一时间热闹起来。占地不大、房舍不宽的龙标书院常常门庭若市，座无虚席。在众多的弟子中，一个叫白果的青年不懂就问，异常刻苦，课后还常常与先生讨论。王昌龄也很喜欢这个思想活跃、诗才出众、面目清秀的后生。一日，后生向先生道别并向先生表达了爱慕之情。据说，王昌龄知道白果的女儿身后，曾写有一首五绝赞之：美人清江畔，是夜越吟苦。千里其如何，微风吹兰杜。王昌龄毕竟已过知天命之年，白果不足20岁，遂婉拒。白果伤心异常，不久回到文斗，发誓此生不再嫁人。再说王昌龄仕途不顺，竟连龙标尉也没有保住，回长安后不久，安史之乱起，被忌才的刺史闾丘晓所杀。消息传来，白果从日出哭到日落。是夜三更，白果点灯磨墨，留下绝命诗三首：其一：君生我未生，我生君已老。思君不见君，愿君日日好。其二：君乃南天柱，妾是大老粗。伴君三个月，胜读十年书。其三：妾乃半根毫，君是一椽笔。伴君墨盘中，助君昭日月。天亮后，白果的尸体被族人打捞上来，葬于寨边的山嘴上，坟墓旁边栽一棵树，取名白果。说也奇怪，这棵树长得很快，不几年就亭亭玉立，根深叶茂，当地人称为白娘娘树，四时享祭。白果树不远处，有一棵红豆杉，笔直刚劲，对白果四时守护，当地人称为相思树。传说王昌龄知道闾丘晓要加害于他时，化名逃回隆里，寻找白果，当知道白果为己而亡时，如雷击顶，遂欲投江遇观音点化为相思树。N=26° 36′ 14.5″，E=108° 59′ 42.3″，H=617m。

锦屏县平秋镇平翁村（图9-7-73）

垂乳银杏，葫芦果银杏。雌株，树龄1000年，树高30.0m，胸径2.17m，冠幅10.0m×15.0m。位于村落内路边的斜坡上，生长茂盛，树干整体偏向西北方，横向生长较弱，纵向生长较好。根部分枝似龙爪状，根部高出路面1.5m，修路时，大面积根部被截，北侧干部树皮开裂。侧枝上有少量萌条丛生，北侧侧枝上有一个基径10.0cm、长约20.0cm垂乳。结果量大，果实椭圆形，大小不均匀，果实呈葫芦形，极为特别，果柄较长，是国内目前发现较奇特种质之一。该树要13个学生拉手才能合围。离地面1.0m处分出2个分枝，在10.0m以上再分2枝。N=26° 41′ 27.8″，E=109° 06′ 54.6″，H=718m。

锦屏县3号

雌株，树龄200年，树高15.0m，胸径1.27m，冠幅6.0m×7.0m。

锦屏县20号

雌株，树龄300年，树高30.0m，胸径1.70m，冠幅15.0m×14.0m。叶用单株。

锦屏县12号

雌株，树龄100年，树高20.0m，胸径1.45m，冠幅18.0m×18.0m。叶用单株。

剑河县2号

雌株，树龄100年，树高32.0m，胸径1.02m，冠幅15.0m×18.0m。优良单株。

剑河县4号

雌株，树龄170年，树高21.0m，胸径0.67m，冠幅8.0m×10.0m。优良单株。

黎平县1号

雄株，树龄200年，树高20.0m，胸径1.45m，冠幅10.0m×10.0m。优良单株。

黎平县德凤镇所林村所林小学

树龄500年，树高21.0m，胸径1.75m，冠幅15.0m×15.0m。H=800m。

黎平县德凤镇所林村黄家屋后

树龄500年，树高45.0m，胸径1.69m，冠幅15.0m×15.0m。H=800m。

黎平县高屯镇高屯村湾寨

树龄500年，树高39.0m，胸径2.08m，冠幅19.0m×19.0m。H=800m。

榕江县忠诚镇

树群。

榕江县仁里镇扣瑞村

树龄1000年，树高35.0m，胸径2.20m。长于寨边坎上。

榕江县2号

雌株，树龄100年，树高32.0m，胸径1.80m，冠幅13.0m×14.0m。优良单株。

图9-7-73 锦屏县平秋镇平翁村

榕江县3号

雌株，树龄100年，树高25.0m，胸径0.80m，冠幅9.0m×9.0m。优良单株。

榕江县1号

雌株，树龄100年，树高18.0m，胸径0.64m，冠幅14.0m×13.0m。优良单株

麻江县坝芒乡芒寨村

雄株，树龄400年，树高32.0m，胸径2.70m。非常茂盛。本村共有15株古树。

麻江县坝芒乡大开田村

雌株，树龄400年，树高32.0m，胸径1.80m。三干并茂，长村旁。位于正在开发中的坝芒乡龙头岩景区内。

麻江县坝芒乡开田村上寨

树龄300年，树高31.9m，胸径0.72m，冠幅20.6m×22.6m，权属：集体，管护单位：上寨。N=26° 15′ 5″，E=107° 12′ 11″。

麻江县坝芒乡开田村二组桥边

树龄200年，树高21.0m，胸径0.95m，冠幅13.2m×12.8m，权属：集体，管护单位：二组。N=26° 15′ 1″，E=107° 12′ 5″。

麻江县坝芒乡开田村龙塘组白果树

树龄200年，树高36.7m，胸径1.91m，冠幅21.8m×23.5m，权属：集体，管护单位：龙塘。N=26° 17′ 30″，E=107° 13′ 21″。

麻江县坝芒乡翁河村干田坝

树龄200年，树高29.4m，胸径1.02m，冠幅16.8m×17.9m，权属：集体，管护单位：翁河。N=26° 15′ 48″，E=107° 12′ 56″。

麻江县坝芒乡翁址村甘庄组水井边

树龄200年，树高41.0m，胸径2.00m，冠幅9.4m×12.2m，权属：集体，管护单位：干田坝。N=26° 18′ 54″，E=107° 13′ 26″。

麻江县坝芒乡翁址村甘庄组水井边

树龄200年，树高24.1m，胸径1.58m，冠幅9.2m×9.0m，权属：集体，管护单位：甘庄。N=26° 18′ 54″，E=107° 13′ 26″。

麻江县坝芒乡水头村3号树

雌株，树龄400年，树高32.0m，胸径1.80m。

麻江县坝芒乡水头村7号树

雌株，树龄400年，树高30.0 m，胸径1.35m。

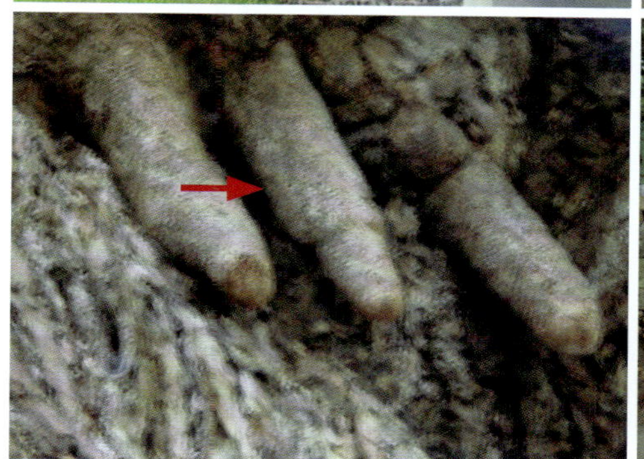

图9-7-74 麻江县贤昌乡高枧村
（注：箭头示垂乳）

麻江县坝芒乡瓮城村5号树

树龄400年，树高30.0m，胸径1.00m。

麻江县坝芒乡瓮城村7号树

雌株，树龄400年，树高25.0m，胸径1.10m。

麻江县坝芒乡瓮城村9号树

雌雄同株，树龄400年，树高25.0m，胸径1.90m。长于公路边，被砍。

麻江县坝芒乡瓮城村老寨1号树

雄株，树龄400年，树高32.0m，胸径2.70m。5.0m以上4大干，茂盛。

麻江县坝芒乡瓮城村老寨2号树

雌株，树龄400年，树高28.0m，胸径1.00m。

麻江县坝芒乡瓮城村老寨5号树

雄株，树龄400年，树高20.0m，胸径1.10m。基生2干，胸径各0.4m，高20.0m。

麻江县坝芒乡坝芒村竹壕院组

垂乳银杏。雌株，树龄400年，树高28.0m，胸径2.50m。三代同株树，中空，多树奶。

麻江县坝芒乡坝芒村竹豪院组山地坡

树龄400年，树高29.7m，胸径1.66m，冠幅25.0m×24.0m，权属：集体，管护单位：竹豪院。N=26° 17′ 6″，E=107° 13′ 53″。

麻江县坝芒乡坝芒村场坝组刘家屋基

树龄200年，树高20.7m，胸径1.09m，冠幅15.2m×17.5m，权属：集体，管护单位：场坝。N=26° 17′ 29″，E=107° 14′ 7″。

麻江县坝芒乡水头村叉河

树龄200年，树高28.0m，胸径0.92m，冠幅18.0m×32.0m，权属：集体，管护单位：集体。

麻江县坝芒乡水头村翁城组大石板

树龄200年，树高32.9m，胸径1.05m，冠幅23.5m×24.0m，权属：集体，管护单位：翁城。N=26° 17′ 5″，E=107° 12′ 37″。

麻江县贤昌乡新场村大寨背后山

树龄450年，树高22.5m，胸径1.10m，冠幅18.5m×16.4m，权属：集体，管护单位：大寨组。N=26°13′50″，E=107°19′55″。

麻江县贤昌乡新场村大寨桥头边

树龄200年，树高23.0m，胸径0.95m，冠幅13.2m×12.8m，权属：集体，管护单位：大寨组。N=26°13′52″，E=107°20′38″。

麻江县贤昌乡新场村黄泥坡组

树龄100年，树高16.5m，胸径0.91m，冠幅15.1m×9.6m，管护单位：黄泥坡组。N=26°13′52″，E=107°20′38″。

麻江县贤昌乡高枧村师子山

树龄500年，树高23.8 m，胸径2.15 m，冠幅24.0m×19.0m，权属：集体，管护单位：集体。

麻江县贤昌乡高枧村（图9-7-74）

垂乳银杏，复干银杏。雄株，树龄500年，树高28.0m，胸径2.00m，枝下高1.5m，冠幅26.0m×25.0m。位于公路边，生长茂盛。西南、北、东三侧树根大量外露，盘根错节并有大量瘤状凸起密生，外延长约4.0m。主干内部中空，内径50.0cm，洞口位于树干东侧，入口直径0.60m。主干北侧内部有高6.0m、宽10.0cm火烧痕迹，主干3m高处有一朝东的大侧枝，伸向路面，梢头萌条呈丛状。主干侧向分枝，每轮分枝相距1.0m，叶片较大，开裂较深。复干2个，分布在母干东、西两侧，西侧复干，以1.0m的间距呈轮生状分枝，胸径0.60m，距母干80cm；北侧复干，干身有火烧痕迹，胸径1.00m。总胸围12.30m。东侧枝上有4个垂乳，基径约为20cm，长约40cm。N=26°27′55.2″，E=107°32′34.5″，H=883m。

麻江县贤昌乡高枧村

垂乳银杏。雌株，树龄2000年，树高30.0m，胸径2.50m。大量小树奶。

麻江县贤昌乡盐山村

“镇寨之宝”。树龄1000年，树高30.0m，胸径1.43m，冠幅22.0m×20.0m。枝叶覆盖面有数百平方米，树干极大，要5个人手拉着手合围才抱得住，复干5个，最粗胸径达0.85m。据称已有上千年树龄，这树被当地村民认为是“镇寨之宝”，在村规民约中列为了重点保护对象。

麻江县贤昌乡盐山村鸭塘组

树龄250年，树高26.5m，胸径1.10m，冠幅15.6m×13.7m，权属：集体，管护单位：鸭塘组。N=26°14′24″，E=107°21′14″。

图9-7-75 麻江县景阳乡茅草村坳口寨
（注：箭头示垂乳）

麻江县贤昌乡盐山村翁井组翁井

树龄300年，冠幅11.5m×15.1m，权属：集体，管护单位：翁井组。N=26°15′4″，E=107°20′42″。

麻江县贤昌乡盐山村中院组

树龄850年，树高26.0m，胸径2.13m，冠幅24.2m×21.6m，权属：集体，管护单位：中院组。N=26°14′3″，E=107°21′18″。

麻江县贤昌乡甲耳村石板组

树龄100年，树高16.0m，胸径0.48m，冠幅8.5m×8.3m，权属：集体，管护单位：石板。N=26°14′5″，E=107°18′54″。

麻江县宣威乡黄英村

雌株，树龄600年，树高20.0m，胸径1.43m，枝下高1.8m，冠幅12.0m×12.5m。麻江县宣威镇黄英村有一株古银杏树，在1.8m处分作3个大枝，最粗的一枝基径达1.20m。当地群众曾多次拟定乡规民约加以保护。现在，这棵银杏树每年都挂果，长势良好。

麻江县宣威乡毕架村七组

树龄100年，树高19.5m，胸径0.87m，冠幅9.8m×10.6m，权属：集体，管护单位：架村七组。N=26°12′8″，E=107°24′17″。

麻江县宣威乡毕架村七组

树龄100年，树高20.0m，胸径0.95m，冠幅10.0m×8.0m，权属：集体，管护单位：架村七组。N=26°12′8″，E=107°24′17″。

麻江县宣威乡基东村十组

树龄100年，树高20.0m，胸径0.95m，冠幅10.0m×8.0m，权属：集体，管护单位：基东村十组。N=26°13′33″，E=107°22′53″。

麻江县宣威乡琅琊村六组

树龄100年，树高18.0m，胸径1.13m，冠幅5.0m×6.7m，权属：集体，管护单位：琅琊村六组。N=26°11′45″，E=107°23′4″。

麻江县景阳乡谷顶召A号树

雄株，树龄400年，树高25.0m，胸径2.30m。

麻江县景阳乡谷顶召B号树

垂乳银杏。雌株，树龄400年，树高23.0m，胸径2.30m。干中空，复合茎，多大树奶。

麻江县景阳乡谷顶召C号树

雌株，树龄2500年，树高32.0m，胸径3.50m。濒死。

麻江县景阳乡谷顶召D号树

垂乳银杏。雌株，树龄400年，树高23.0m，胸径1.60m。大量小树奶，生路边。

麻江县景阳乡楼梯村楼梯冲

树龄400年，树高24.0m，胸径1.60m，冠幅18.0m×18.0m。长村边林中。H=1045m。

麻江县景阳乡楼梯村甲艳山

树龄500年，树高22.0m，胸径1.94m，冠幅23.0m×23.0m。H=1200m。

麻江县景阳乡楼梯村甲艳山

树龄500年，树高28.0m，胸径1.70m，冠幅25.0m×25.0m。H=1200m。

麻江县景阳乡茅草村坳口寨（图9-7-75）

垂乳银杏。树龄1000年，树高22.0m，胸径1.20m。在这些古银杏树上的不同部位都长满了非常诱人而神奇的“奶子”，有的一排排挂着，有的单个坠着，每个“奶子”十分肥大，秀美，或成悬垂状，或紧贴母干生长，栩栩如生。

麻江县杏山乡仙鹤村腾上

树龄350年，树高23.0m，胸径1.26m，冠幅20.0m×20.0m。H=880m。

麻江县杏山乡仙鹤村中寨水井边

树龄400年，树高30.0m，胸径1.70m，冠幅25.0m×25.0m。H=860m。

麻江县杏山乡坝寨村高寨村民组

树龄500年，树高34.0m，胸径2.55m，冠幅22.0m×22.0m。H=970m。

麻江县杏山乡仙鹅村中寨组塘边

树龄300年，树高31.0m，胸径1.02m，冠幅24.0m×24.6m，权属：集体，管护单位：集体N=26° 17′ 30″，E=107° 25′ 18″

麻江县杏山乡仙鹅村中寨组塘边

树龄160年，树高31.0m，胸径1.02m，冠幅24.0m×24.0m，权属：集体，管护单位：集体。N=26° 17′ 30″，E=107° 25′ 18″。

麻江县杏山乡仙鹅村中寨组塘边

树龄160年，树高31.0m，胸径1.02m，冠幅24.0m×24.0m，权属：集体，管护单位：集体。=26° 17′ 30″，E=107° 25′ 18″。

麻江县杏山乡茅坪村大寨组羊羔山丫项

树龄200年，树高21.0m，胸径1.27m，冠幅0.8m×1.2m，权属：集体，管护单位：集体。N=26° 18′ 43″，E=107° 24′ 10″。

麻江县杏山乡仰古村下半山组

树龄150年，树高25.4m，胸径0.26m，冠幅11.4m×11.4m，权属：集体，管护单位：集体。N=26° 19′ 24″，E=107° 25′ 42″。

麻江县杏山乡仰古村喻家山组土地庙

树龄150年，树高25.4m，胸径0.26m，冠幅21.5m×22.5m，权属：集体，管护单位：集体。N=26° 19′ 24″，E=107° 25′ 59″。

麻江县杏山乡仰古村对门寨寨子旁

树龄250年，树高21.2m，胸径1.10m，冠幅19.0m×19.4m，权属：集体，管护单位：集体。N=26° 19′ 19″，E=107° 25′ 59″。

麻江县杏山乡麻喇村两路口组白土地

树龄500年，树高14.0m，胸径1.10m，冠幅8.1m×7.9m，权属：集体，管护单位：集体。

麻江县杏山乡麻喇村箭杆组土地老

树龄700年，树高11.2m，胸径0.67m，冠幅12.5m×11.5m，权属：集体，管护单位：集体。N=26° 19′ 48″，E=107° 21′ 7″。

麻江县杏山乡青山村小冲组丫颈

树龄100年，树高21.6m，胸径1.20m，冠幅18.7m×18.3m，权属：集体，管护单位：集体。N=26° 20′ 36″，E=107° 18′ 55″。

麻江县杏山乡陆堡村学校对面路湾

树龄200年，树高32.8m，胸径1.37m，冠幅15.0m×14.0m，权属：集体，管护单位：集体。N=26° 18′ 49″，E=107° 25′ 27″。

麻江县杏山乡陆堡村茶园组土地老

树龄120年，树高21.0m，胸径0.85m，冠幅7.9m×8.1m，权属：集体，管护单位：集体。N=26° 18′ 56″，E=107° 25′ 49″。

麻江县杏山乡谷宾村谷宾组小寨

树龄200年，树高18.7m，胸径0.84m，冠幅21.5m×21.9m，权属：集体，管护单位：集体。N=26° 18′ 1″，E=107° 18′ 47″。

麻江县杏山乡谷宾村谷宾组小寨

树龄200年，树高24.1m，胸径1.80m，冠幅21.0m×21.4m，权属：集体，管护单位：集体。N=26° 16′ 54″，E=107° 18′ 36″。

麻江县杏山乡小堡村坳羊组白果树

树龄500年，树高23.6m，胸径1.83m，冠幅26.0m×25.6m，权属：集体，管护单位：集体。N=26° 19′ 24″，E=107° 17′ 42″。

麻江县杏山乡小堡村苗山组寨子旁

树龄100年，树高18.9m，胸径0.40m，冠幅16.3m×16.7m，权属：个人。N=26° 19′ 54″，E=107° 18′ 21″。

麻江县杏山乡坝寨村老熊塘组林场

树龄200年，树高17.2m，胸径0.67m，冠幅12.0m×12.8m，权属：集体，管护单位：集体。N=26° 16′ 59″，E=107° 24′ 12″。

麻江县杏山乡坝寨村干坝组丫颈

树龄150年，树高17.1m，胸径0.69m，冠幅12.5m×13.5m，权属：集体，管护单位：集体。N=26° 17′ 4″，E=107° 24′ 43″。

麻江县杏山乡坝寨村高寨组寨中

树龄1000年，树高44.0m，胸径3.10m，冠幅11.8m×14.2m，权属：集体，管护单位：集体。N=26° 17′ 30″，E=107° 24′ 43″。

麻江县谷硐乡谷硐村团坡组

树龄300年，树高23.0m，胸径0.32m，冠幅11.8m×14.2m，权属：集体，管护单位：团坡组。N=26° 17′ 31″，E=107° 16′ 14″。

麻江县谷硐乡谷硐村团坡组

树龄100年，树高29.0m，胸径0.27m，冠幅11.8m×14.2m，权属：集体，管护单位：团坡组。N=26° 17′ 31″，E=107° 16′ 14″。

麻江县谷硐乡谷硐村谷纪组

树龄200年，树高25.0m，胸径0.73m，冠幅9.8m×10.5m，权属：集体，管护单位：谷纪组。N=26° 17′ 36″，E=107° 15′ 44″。

麻江县谷硐乡谷硐村谷纪组

树龄600年，树高27.0m，胸径0.97m，冠幅11.0m×11.5m，权属：集体，管护单位：谷纪组。N=26° 17′ 36″，E=107° 15′ 44″。

麻江县谷硐乡谷硐村谷硐组

树龄800年，树高21.0m，胸径0.68m，冠幅12.0m×8.0m，权属：集体，管护单位：谷硐组。N=26° 17′ 29″，E=107° 16′ 24″。

麻江县谷硐乡翁牛村小寨

树龄200年，树高22.0m，胸径0.89m，冠幅12.4m×12.8m，权属：集体，管护单位：小寨。N=26° 15′ 38″，E=107° 15′ 53″。

麻江县谷硐乡摆沙村鸭蛋冲组

树龄700年，树高22.0m，胸径1.68m，冠幅29.5m×31.5m，权属：集体，管护单位：鸭蛋冲组。N=26° 15′ 54″，E=107° 18′ 14″。

麻江县下司乡长江村海拔组

树龄100年，树高20.5m，胸径0.78m，冠幅12.5m×11.7m，权属：个人，管护单位：海拔组。N=26° 17′ 44″，E=107° 26′ 7″。

麻江县下司乡长江村海拔组

树龄100年，树高21.6m，胸径0.91m，冠幅12.3m×12.0m，权属：个人，管护单位：海拔组。组N=26° 17′ 44″，E=107° 26′ 7″。

麻江县下司乡溆里村高堡组

树龄120年，树高15.8m，胸径0.88m，冠幅16.4m×14.1m，权属：集体，管护单位：高堡组。N=26° 17′ 34″，E=107° 27′ 56″。

麻江县下司乡溆里村河湾组

树龄300年，树高17.2m，胸径1.85m，冠幅12.0m×11.5m，权属：集体，管护单位：河湾组。N=26° 17′ 30″，E=107° 27′ 51″。

麻江县下司乡新民村一组兰麦山

树龄240年，树高21.5m，胸径1.61m，冠幅29.5m×31.5m，权属：集体，管护单位：新民1组。N=26° 17′ 39″，E=107° 29′ 6″。

麻江县下司乡龙里村龙里组

树龄220年，树高22.5m，胸径1.22m，冠幅27.0m×26.0m，权属：个人，管护单位：龙里组。N=26° 17′ 5″，E=107° 28′ 17″。

麻江县碧波乡新牌村新牌组白果树脚

树龄400年，树高48.0m，胸径1.10m，冠幅20.8m×21.4m，权属：集体，管护单位：新牌组。N=26° 17′ 30″，E=107° 27′ 51″。

麻江县碧波乡王义村下坡田组寨中

树龄600年，树高43.0m，胸径0.97m，冠幅11.0m×11.5m，权属：集体，管护单位：下坡田组。N=26° 21′ 41″，E=107° 20′ 4″。

麻江县碧波乡王义村下坡田组寨中

树龄500年，树高42.0m，胸径1.20m，冠幅18.9m×24.3m，权属：集体，管护单位：下坡田组。N=26° 21′ 41″，E=107° 20′ 4″。

麻江县龙山乡河沙村7组心寨

树龄350年，树高16.5m，胸径0.52m，冠幅4.7m×4.5m，权属：集体，管护单位：集体。N=26° 15′ 42″，E=107° 24′ 42″。

麻江县龙山乡河沙村7组心寨

树龄350年，树高15.4m，胸径0.60m，冠幅6.0m×6.0m，权属：集体，管护单位：集体。N=26° 15′ 42″，E=107° 24′ 42″。

麻江县龙山乡河沙村7组心寨

树龄360年，树高16.2m，胸径1.02m，冠幅7.3m×8.5m，权属：集体，管护单位：集体。N=26° 15′ 42″，E=107° 24′ 42″。

麻江县龙山乡百兴村6组白岩

树龄160年，树高22.0m，胸径0.70m，冠幅9.5m×7.0m，权属：集体，管护单位：集体。N=26° 15′ 39″，E=107° 24′ 14″。

麻江县龙山乡龙山村4组花果园

树龄200年，树高15.0m，胸径1.05m，冠幅11.0m×10.0m，权属：集体，管护单位：集体。N=26° 16′ 18″，E=107° 25′ 29″。

麻江县龙山乡雨禾村

孤木。

都匀市洛邦镇附城村

雄株，树龄300年。部分枝条嫁接为雌性。

都匀市摆忙乡摆忙村向阳组a（图9-7-76）

垂乳银杏。雌株，树龄1000年，树高35.0m，胸径3.73m，冠幅35.0m×30.0m。位于半山坡，四周有刺槐等树木环绕，高生长状况良好，由于周围植被影响侧向生长受阻，侧枝向下生长。根部大量裸露于地表，与另外一株银杏树的根部相连。主干向北弯曲生长，2.0m高处有一个入口直径30.0cm、内部直径1.0m的树洞。主干分枝不规则，2.0m一轮分枝，侧枝上的萌条竖直向上生长。叶片较小，叶片密实。主干8.0m以下，绕干生长数以千计的小萌蘖，垂乳多分布于主干分枝处，其中东侧侧枝上3处十几个基径10.0cm、长约10.0cm的垂乳着生，西北侧一个基径20.0cm、长约2.0m的垂乳，西侧一个基径10.0cm、长约40.0cm的垂乳，北侧一个基径15.0cm、长约50.0cm的垂乳，南侧一个基径15.0cm、长约60.0cm的垂乳，并且在其周围密生大量初生垂乳，结果量较小。3.0m处有一株雄株。N=26° 15′ 17.8″，E=107° 18′ 08.0″，H=1350m。

都匀市摆忙乡摆忙村向阳组b（图9-7-76）

雄株，树龄100年，树高35.0m，胸径1.20m，总胸径2.00m，主干2.0m处有火烧痕迹，6.0m以下侧枝树皮脱落，树干基部有上百个萌蘖，有12个高约3.0m、胸径为0.10～0.15m的小复干，与主干最远距离为1.4m。N=26° 15′ 17.8″，E=107° 18′ 08.0″，H=1350m。

图9-7-76　都匀市摆忙乡摆忙村向阳组
（注：1.左a右b；2.3.4.a；箭头示垂乳）

都匀市摆忙乡旧堡寨

"丰产树"。雌株，树龄2000年，树高38.0m，胸径3.82m，冠幅25.0m×22.0m，长于寨后与天然林结壤坡上，需10多个成年人才能环抱，特别巨大壮观，一分为二，最粗复干胸径达0.65m。自古以来千年古银杏树被旧堡寨居民视为保寨树。每至夏天，树叶茂盛，远远望去，犹如一座山峰；金秋时季，每年可收获500kg银杏。据说，在20世纪60年代，银杏树上曾栖息有大蟒。2001年夏天，该树在一个暴风雨的夜晚，中心主干14.0m以上的地方被雷电击落，当晚整个寨子全部受到震动，树干留在地上的凹印深达2.0m，此后，千年古银杏树连续2年不发芽不长叶，整棵树只剩下两侧的两个主干和树枝，没有一片叶子。千年古银杏树如此休眠了2年后，在第三年终于重新开始发芽、生叶和结果。

都匀市摆忙乡旧堡寨

雄株，树龄2000年，树高32.0m，胸径1.59m。距雌株2.0m，树干较小。

都匀市岔河4号树

雌株，树龄400年，树高18.0m，胸径1.00m。长在河边，2干，胸径分别0.32m、0.40m。

都匀市岔河5号树

树龄400年，树高28.0m，胸径1.30m。长于溪畔，2干独立，干基有洞。

都匀市岔河6号树

雌株，树龄400m，树高26.0m，胸径1.80m。基生2干，胸径各为1.00m、0.80m，枝垂。

都匀市岔河12号树

雌株，树龄400年，树高32.0m，胸径1.50m。基生2干。

都匀市甘塘镇

雌株，树龄400年，树高30.0m，胸径2.80m。

都匀市大坪乡长塘村长塘村民组

树龄220年，树高27.0m，胸径1.20m，冠幅14.0m×14.0m。

都匀市大坪乡长塘村长塘村民组

树龄220年，树高27.0m，胸径1.10m，冠幅15.0m×15.0m。H=800m。

都匀市居民委员会116厂

树龄200年，树高27.0m，胸径1.17m，冠幅26.0m×26.0m。H=850m。

都匀市石龙乡塘榜村湾寨村民组

树龄300m，树高32.0m，胸径1.47m，冠幅26.0m×26.0m。H=950m。

都匀市杨柳街镇清塘黄河布依寨村清塘布依民族村寨

残林。

瓮安县平定营镇营定街村

树群。

瓮安县草堂镇

孤木。

独山县兔场镇翁奇村

有古银杏。

福泉市黄丝镇邦乐村李家湾（图9-7-77;9-7-78）

复干银杏，垂乳银杏；"银杏王"、"秀才树"。雄株，树龄3000年，树高35.0m，胸径4.79m，枝下高4.5m，冠幅25.0m×24.0m。生长状况良好，树冠整体偏向南侧。1991年7月，该树遭暴风雨的袭击，致使最大的一个树干发生断裂（该树的寿命或仅能延续50～100年）。由于该树中空造成整棵树营养不良，已多次发生树干裂断情况。前几年其中一根树枝裂断，当地村民用这断树干一次就改制出8具棺木的板材。主干完全中空，它所围绕的区域达10.0～12.0m^2，可供10个人围坐其中共享晚餐。据说在20世纪70年代，有一个老人潘设相在这个天然的树洞中铺了一张床，搭了一个炉灶，生活了两年，与其牛为伴。该树还

图9-7-77 福泉市黄丝镇邦乐村李家湾（1）
（注：箭头示垂乳）

图9-7-78 福泉市黄丝镇邦乐村李家湾（2）

有高达6.0m的火烧痕迹（相传此处是小孩玩耍导致火烧，至少有40年了），内径3.00m，树洞内基部有十几个萌蘖，树干外围东侧基部有十几个萌蘖，东侧干顶梢被截，截口处萌发出新的长为5～10cm萌条。树干上东、东南、西南3个方位各有一个树洞入口，入口直径分别为1.7m、1.3m、2.0m。主干通直，主干北侧3.0m以下有5个小树洞。主干侧向分枝不规则，主干东侧贴干着生基径30.0cm、长约3.0m的垂乳，南侧树干贴干着生一基径20.0cm、长约1.0m垂乳，东侧侧枝上密生大量瘤状凸起，西侧有2个垂乳被截，截口直径20.0cm。该树为“五合一银杏树”。换句话说，最初生长母树在几千年中反复在基部发芽，至少产生了5个复干。5个明显的树干在基部分离，但是在1.0m高的地方又部分合并，新的枝条通常在树干之间萌芽。每一个树干区域似乎生理上都是独立的，然而这种二次融合使它们在外表上看起来像一棵树。李家湾大银杏是世界上最大的银杏（根据树干的直径），这个事实在1998年已经被世界吉尼斯纪录承认。关于这棵树的确切年龄很难查明，因为它的内部组织——所有的年轮全都不见了。Xiang等（2009）曾对大银杏提出了一个粗略的估计：具有代表性地第一生长干1200年，第二生长干1000年，第三生长干800年，第四生长干600年，第五生长干大约400年。根据高度地理论公式推测，李家湾大银杏的最大估算年龄在4000～4500年。树周围建有水泥围墙，树下铺设水泥板，树南侧立有石碑。N=26° 39′ 04.8″，E=107° 25′ 29.1″，H=978m。

关于该树，传说达3个之多：

第一个：相传很久以前，这株银杏树经过多年修炼成“精”。一年，正值天下科举考试，他动了凡心，欲到人间闯荡一番。忽一日，摇身变成了一位白面书生前往考场应试，结果名列榜首。不久，官府差人到此寻访这位秀才，但却打听不到他的下落，当日天色已晚，差人就地借宿。深夜三更时分，差人睡梦中见一头戴白帽身穿白衣人飘然入室，自称是本地秀才，差人醒来却不见人影。第二天清晨，差人行至路旁，迎面看见一株高大的银杏树，树枝上挂着一顶秀才帽子，这才恍然大悟，原来这株银杏树叫“秀才树”。

第二个：很久以前，相传有位姓白的秀才，赴京考试，高中状元。一次，白状元看到一奸臣霸占民女，害得百姓妻离子散，家破人亡，便奏请皇帝，要求将奸臣绳之以法。不料贪官受贿，不仅没将他的奏本呈送，反奏他骄傲自大，诬告忠臣。皇帝大怒，白状元被贬充军。一天，白状元来到马鞍，他因悲愤成疾，冤死路旁。深山里的穷苦人得知这位力图伸张正义的状元的悲惨结局后，有钱出钱，有力出力，将他安葬。以后每年的清明节，人们都要去扫墓。不久，坟上长出一株银杏树。人们认定它是白状元的化身，便以白状元尚未发达时的身份称树为“白秀才”，人们砍来树木，钉桩围栏，不准牛马践踏。一年大旱，庄稼枯死，人们硬是从很远的地方挑水浇灌，挽救了“白秀才”。一年山火，草木熊熊燃烧，人们奋不顾身砍断火路，保护了“白秀才”。“白秀才”在人们的保护下，树，越长越高；枝，越长越茂；叶，越长越绿。

第三个：在唐朝有一位名为白的学者，因为赢得了国家性的比赛而获得了管理者的位置。在就职之后，白和一位奸诈的朝廷官员对抗。因为官官相护，学者白因为他的行为而受到了惩罚，他被驱逐去一个孤立的军营中。在路途中，他被严重地暴打，最终因为伤痛死去。他的身体被当地群众埋在了李家湾，他们深爱着这位试图去帮助普通人民的人。后来，从坟墓中长出了一棵大树。这棵树被认为是学者白的化身因而起名“白果树”。

福泉市黄丝镇大秧妈村

树高32.0m，胸径2.60m。

福泉市黄丝镇鱼酉村三宝营组

树龄100年，树高24.0m，胸径0.79m，冠幅20.0m×18.0m，枝下高2.8m。

福泉市黄丝镇安谷村可龙

树龄1500年，树高30.0m，胸径2.77m，冠幅20.0m×20.0m，枝下高1.8m。

福泉市黄丝镇鱼酉村大养马组

树龄1500年，树高20.0m，胸径1.42m，冠幅16.0m×14.0m，枝下高2.1m。

福泉市黄丝镇鱼酉村大养马组

树龄1500年，树高38.0m，胸径1.85m，冠幅24.0m×18.0m，枝下高2.4m。

福泉市黄丝镇鱼酉村平寨组

树龄1700年，树高23.5m，胸径2.35m，冠幅18.0m×18.0m，枝下高0.1m。

福泉市谷庄镇谷顶村

树龄1200年，树高32.0m，胸径3.50m。第一代树桩庞大现存，特大次生代干胸径1.5m。

福泉市马场坪街道下堡村

雄株，树高26.0m，基径4.05m。长在村头坎上。

福泉市牛场镇高坪乡

长于村公路边，群众朝拜，红彩满挂，尚茂。

福泉市高石乡平寨村小学

树龄500年，树高21.0m，胸径1.99m，冠幅24.0m×24.0m。H=1300m。

福泉市高石乡石板寨村平寨

树龄500年，树高23.0m，胸径1.78m，冠幅31.0m×29.1m。

福泉市高坪镇王卡村上寨

树龄280年，树高14.5m，胸径1.33m，冠幅7.0m×8.0m，枝下高1.0m。

福泉市仙桥乡月塘村谷顶召组

树龄1680年，树高26.0m，胸径2.20m，冠幅18.0m×16.0m。

福泉市仙桥乡月塘村谷顶召组

树龄580年，树高23.0m，胸径1.00m，冠幅16.0m×15.0m，枝下高0.2m。

福泉市仙桥乡月塘村谷顶召组

树龄400年，树高25.0m，胸径1.60m，冠幅15.0m×12.0m，枝下高0.2m。

福泉市仙桥乡月塘村谷顶召组

树龄360年，树高25.0m，胸径1.20m，冠幅20.0m×16.0m，枝下高2.8m。

福泉市龙昌镇长冲村黄土哨组

树龄220年，树高19.0m，胸径0.95m，冠幅22.0m×16.0m，枝下高3.0m。

福泉市陆坪镇福兴村乱岩寨

树龄280年，树高15.0m，胸径1.00m，冠幅10.0m×8.0m，枝下高2.2m。

福泉市陆坪镇浪坡河村四一组

树龄200年，树高15.0m，胸径0.70m，冠幅14.0m×10.0m，枝下高3.0m。

福泉市城厢镇平山村立旦堡

树龄230年，树高18.0m，胸径0.76m，冠幅20.0m×16.0m，枝下高2.0m。

福泉市城厢镇平山村立旦堡

树龄300年，树高20.0m，胸径1.41m，冠幅28.0m×25.0m，枝下高2.0m。

福泉市城厢镇平山村立旦堡

树龄210年，树高23.0m，胸径0.71m，冠幅8.0m×10.0m，枝下高2.6m。

福泉市城厢镇平山村新庄

树龄1700年，树高30.0m，胸径2.30m，冠幅15.0m×13.0m，枝下高2.5m。

福泉市城厢镇平山村新庄

树龄1700年，树高30.0m，胸径2.00m，冠幅30.0m×9.0m，枝下高3.0m。

福泉市凤山镇甘巴哨村熊通寨组上寨

树龄400年，树高25.0m，胸径0.98m，冠幅15.0m×25.0m，枝下高2.1m。

福泉市凤山镇甘巴哨村熊通寨组上寨

树龄1780年，树高35.0m，胸径2.54m，冠幅30.0m×24.0m，枝下高2.5m。

福泉市凤山镇甘巴哨村熊通寨组下寨

树龄1000年，树高23.0m，胸径1.60m，冠幅25.0m×20.0m，枝下高2.6m。

福泉市兴隆乡哲港村上保寨

树龄320年，树高19.0m，胸径1.10m，冠幅18.0m×16.0m，枝下高1.5m。

福泉市兴隆乡三根树村平子小组赵家湾

树龄280年，树高23.5m，胸径0.78m，冠幅24.0m×18.0m，枝下高4.0m。

福泉市兴隆乡葛洞村葛洞小学旁边

树龄1500年，树高34.0m，胸径1.60m，冠幅17.0m×19.0m，枝下高1.9m。

福泉市安谷乡可龙村

树龄800年，树高28.0m，胸径2.64m，冠幅23.0m×23.0m。H=1150m。

福泉市牛场镇龙渣村

树群。

贵定县盘江镇下罗海寨

树高18.0m，基径2.50m。长在村中坎边，伐桩萌11株，萌株，胸径0.25～0.35～0.50m，高12.0～18.0m。

贵定县猴场堡镇新寨村

树龄300年，树高33.0年，胸径1.29m，冠幅21.0m×21.0m。H=1200m。

贵定县盘江镇麦董村第一村民组

树龄600年，树高32.0年，胸径2.13m，冠幅23.0m×23.0m。H=1110m。

图9-7-79 长顺县广顺镇石板村天台村民组1（1）
（注：箭头示垂乳）

图9-7-80 长顺县广顺镇石板村天台村民组1（2）
（注：箭头示垂乳）

贵定县都六乡小寨村大塘村民组

树龄500年，树高27.0年，胸径1.69m，冠幅19.0m×19.0m。H=1415m。

贵定县定南乡虎场村

树群。

贵定县猴场堡乡摆龙村

孤木。

贵定县新堡乡大寨沟村

孤木。

贵定县昌明镇马场堡

孤木。

长顺县广顺镇石板村天台村民组1（图9-7-79;9-7-80）

垂乳银杏，“中华银杏王”。雌株，树龄4000年，树高35.0m，胸径2.50m，冠幅25.0m×15.0m。位于村落内路边，总胸围14.19m，树冠成伞形，冠幅较小。根系大部分裸露于地表，盘根错节，向外延展10.0m。主干基部有数以千计的小萌蘖，有约100个初生复干，呈丛状贴干生长。主干分枝处有大量小垂乳簇状密生，果实较小。周围有6株银杏散生，最近的2株分别位于西南侧6.0m处、西侧10.0m处。粗大根系露出于地表盘根错节。这棵古银杏是由6棵硕大的银杏“老祖树”和周边无数棵“孙子辈”小银杏树紧紧包裹着一起长成的。该古银杏树每年结果实1500kg，掉在地上的银杏树叶就有千余斤，树上还居住了不少鸟类，多年来村民们一直把古银杏树奉为神树，远近的村民常常会到树下许愿、祈祷、祭祀、祈求风调雨顺等。对面不远处即为白云山，相传明朝建文帝曾避难于此，更为古树增添了几分神秘色彩。该树需要13个成年人才能合围。树冠遮地3余亩，据初步鉴定，树龄有4000多年的历史，比世界吉尼斯之最的贵州福泉李家湾3000年古银杏树还要大，年龄还要长，被誉为“中华银杏王”，2010年10月，上海世博会国际信息发展组织专门为其颁发了“千年贡献奖”。长顺将4000多年的古银杏树结的果实捐赠给世界种子库，为世界珍稀物种的保存做出应有的贡献。N=26° 06′ 10.3″，E=106° 24′ 54.0″，H=1405m。

长顺县广顺镇石板村天台村民组2（图9-7-81;9-7-82）

周边有3株相对较大的银杏古树。该树雌株，树龄300年，树高25.0m，胸径1.59m，枝下高2.5m，冠幅25.0m×20.0m。位于村落内路边，树冠伞形。东侧根系裸露于地表，盘根错节，根部萌生两株6.0m高的棕榈树。主干通直，侧向分枝较多，有2个复干，胸径10.0cm。主干分枝处垂乳较多，贴干生长垂乳多细长。结果量大，果实较小，果柄较短。周围有三株银杏散生，东北侧2.0m处有一株，东侧6.0m处有一株，西南侧20.0m处有一株。N=26° 06′ 10.7″，E=106° 24′ 52.8″，H=1405m。古树编号：0304。

长顺县广顺镇石板村天台村民组（东北侧）

“树生树”。雄株，树龄150年，树高30.0m，胸径0.95m，有“树生树”现象，树干上萌生一株枫香。N=26° 06′ 10.7″，E=106° 24′ 52.8″，H=1405m。

长顺县广顺镇石板村天台村民组（东侧）

垂乳银杏。雄株，树龄150年，树高15.0m，胸径1.80m，现仅存5大复干，主干在“大炼钢铁”时期被砍伐，最大复干胸径1.20m，小复干上有大量瘤状凸起，树干整体向南倾斜。N=26° 06′ 10.7″，E=106° 24′ 52.8″，H=1405m。

长顺县广顺镇石板村天台村民组（西南侧）

雄株，树龄150年，树高10.0m，胸径0.85m，主干低矮。N=26° 06′ 10.7″，E=106° 24′ 52.8″，H=1405m。

长顺县马场镇凯佐村

胸径2.25m，生长在马场镇大路边，古庙门前。

长顺县凯佐乡洞口村

树高20.0m，胸径1.86m，长在寨中。

图9-7-81 长顺县广顺镇石板村天台村民组2（1）

图9-7-82 长顺县广顺镇石板村天台村民组2（2）
（注：箭头示垂乳）

长顺县白云山镇改尧村云盘组

树高 18.0m，胸径 1.02m（县林业局资料）。

长顺县新寨乡团坡村山蛙

树高18.0m，胸径1.08m。

长顺县新寨乡团坡村山蛙

树高25.0m，胸径1.59m。

长顺县摆塘乡中堂村平寨

树高25.0m，胸径2.13m，长于竹林中。

长顺县代化镇打朝村

树高25.0m，胸径1.00m。长于村中。

长顺县代化镇龙井组

树高15.0m，胸径2.15m。

长顺县代化镇粑粑寨

树高21.0m，胸径1.10m。

长顺县代化镇破寨

树高35.0m，胸径1.00m。

长顺县凯佐村凯佐寨

树龄600年，树高27.0m，胸径1.94m，冠幅23.0m×23.0m。H=1330m。

龙里县大新镇火烧寨村

树高30.0m，胸径2.90m。长于丘顶顶部，树冠盖山头。

龙里县麻芝乡富洪村龙丛街村民组

树龄600年，树高31.0m，胸径2.16m，冠幅24.0m×24.0m。H=1090m。

龙里县羊场镇果里村第五村民组

树龄200年，树高15.0m，胸径1.11m，冠幅15.0m×15.0m。H=1300m。

龙里县民主乡唐兴村坝卡寨村民组

树龄150年，树高21.0m，胸径0.95m，冠幅10.0m×10.0m。H=1300m。

龙里县谷龙乡下白果寨a（图9-7-83）

垂乳银杏。雄株，树龄1000年，树高30.0m，胸径1.80m，枝下高2.5m，冠幅25.0m×25.0m。位于寨头斜坡上，总胸围11.81m，东侧与小竹林相邻，生长茂盛，枝繁叶茂，树冠呈桃心形。根系裸露于地表盘根错节，主干通直，胸径1.30m，5.0m以下有火烧痕迹，内部开始中空。主干分枝为1.0m一轮，东侧大侧枝被折断，南侧树枝多数被折断或截掉，4个复干均通直，主干与复干的夹角为10°～15°，最大复干位于东侧，胸径0.82m。主干基部及东侧分枝处有少量垂乳。N=26°38′20.8″，E=106°58′08.3″，H=1311m。

图9-7-83 龙里县谷龙乡上白果寨a

龙里县谷龙乡上白果寨b（图9-7-84;9-7-85）

垂乳银杏。雌株，树龄1000年，树高30.0m，胸径3.30m，枝下高3.5m，冠幅30.0m×30.0m。位于农户门前的田地旁，现仅存4个大干，枝叶繁茂，树冠开阔，枝干低矮，呈正三角形。树干内部中空，有火烧炭化痕迹，树干空洞外侧有水泥加固，内径达1.50m。整个树干分成两部分，主要分布于东南和西北两侧。主干分枝不规则，侧枝较细，且多为单侧向分枝。西侧干基部有少量萌蘖，西南分生2个干，东侧分生4个干。西北侧侧枝上贴干着生10几个初生垂乳，东侧侧枝上贴干着生10几个初生垂乳，西南侧有一基径15.0cm、长约50.0cm的垂乳，东南侧3.0m处绕干着生30几个初生垂乳。结果量大，果实较大。N=26° 37′ 57.3″，E=106° 57′ 39.3″，H=1336m。

龙里县谷龙乡小坝村

雌株，第一代消失，中空；第二代巨大，排列成环，主干低矮。

龙里县醒狮镇三宝村平寨（图9-7-86;9-7-87）

垂乳银杏，"姻缘树"。雄株，树龄1000年，树高30.0m，胸径3.69m，枝下高1.5m，冠幅25.0m×20.0m。位于寨子入口处，周边有棕榈、枇杷以及杨树等，枝叶繁茂，整体呈纺锤形。根系保护较好，东北、西南两侧部分根系裸露于地表，并有瘤状凸起着生。主干内部中空，形成树洞，树洞内径为1.70m，内部可以站立5～6人，主干西侧有一宽约1.0m的入口，主干纵向

图9-7-84 龙里县谷龙乡上白果寨b（1）
（注：箭头示垂乳）

图9-7-85 龙里县谷龙乡上白果寨b（2）
（注：箭头示垂乳）

图9-7-86 龙里县醒狮镇三宝村平寨（1）
（注：箭头示垂乳）

呈棱状。树洞内壁和树干外壁有数以千计的萌蘖，高约2～4m。枝干分枝处有上百个初生垂乳密生，南、北两侧各有一基径25cm垂乳被截，截口处又有初生垂乳萌生。当地村民用石块在树干四周建立石墙保护古树，相传此树是一位金榜提名的秀才回乡途中病死埋葬于此后变成银杏树，此树又称“姻缘树”。N=26° 33′ 18.3″，E=106° 53′ 31.9″，H=1347m。

惠水县摆金乡摆金村冗章寨1（图9-7-88;9-7-89）

垂乳银杏，周代银杏，“银杏之王”、“太岁古树”、“雌银杏之王”，位居全国第二。雌株，树龄4000年，树高30.0m，胸径3.74m，冠幅10.0m×18.0m。此树为集体所有，生长状况良好，位于西南坡中部，坡度5°，黄壤土壤，土层深度1.00m，腐殖质厚度10.0cm，中壤土质地，团粒状结构，酸碱度6.0，湿度20%，碳酸盐基岩，树下植被杂草25%，高18.0cm。主干遭雷击，内部中空，有火烧炭化痕迹，形成树洞，干部东侧树皮脱落。主干上的分枝大部分自然干枯，枝叶稀疏，干基部有大量萌条丛生。7个复干，4个胸径约30.0cm，其中有一复干被雷击倒，并开始腐烂。东侧侧枝上有1个基径15.0cm、长达55.0cm的垂乳，北侧有2个基径10.0cm、长30.0cm的垂乳，西北侧有1个基径20.0cm、长达1.0m的垂乳。据查，由于修建的保护设施遭到偷盗和损坏，泥土流失严重，枝干大部分树皮脱落、虫蛀，古银杏面临生存危机。2003年6月，贵州省古银杏保护协会前来会诊，贵阳移动爱心俱乐部捐赠1.5万元对古树进行全面抢救保护，修围墙、填土、修枝、施肥、杀虫、杀菌等，并请专人看护，古银杏起死回生，重发新枝。据出版于20世纪80年代的《惠水县志》记载，该树枝干曲折盘旋，千姿百态。经省有关林业专家鉴定，可称为贵州“银杏之王”、“太岁古树”、“雌银杏之王”，位居全国第二。由于它大、奇、古的特征，当地苗族同胞都把它当作护寨神树虔诚供奉，精心保护。几千年过去了，神奇的白果树虽然历经风雨沧桑，但一直护佑着冗章的所有村民，代代相传，直至如今。主干树心已空，可容一人上下。树干上长出若干“气根”，犹如一个个倒悬的钟乳石。该树37干丛生，具一突变枝。2005年7月，古银杏一根30.0m高、直径1.0m多的主枝干被雷雨大风连根拔起倒塌，围墙被压垮。2003年初，该树木曾被大火烧烤两天两夜，使得古树树皮受伤脱壳，树枝干枯，泥土流失，病虫害较严重。该树几度遭火烧雷劈，曾经奄奄一息，当今却意外长出新枝。每年结果实在1500kg左右。在距大白果树10m处，有一棵300多年树龄雄株银杏树伴生。

在惠水民间流传着一个优美的神话。传说：明朝年间，这棵大树已经长得高大挺拔，枝繁叶茂。但却经受不住乡间的冷清，就变成一个眉清目秀的书生，化名白葛书进京参加科

图9-7-87 龙里县醒狮镇三宝村平寨（2）
（注：箭头示垂乳）

图9-7-88 惠水县摆金乡摆金村冗章寨1、2（1）
（注：A、B、C.1；箭头示垂乳）

举考试。意想不到竟然金榜题名，高中状元。皇上一看新科状元长得眉清目秀，一表人才，高兴地当场封他回乡为官，并许愿将其招为东床驸马，只待公主长大后选择佳期谈婚论嫁。白葛书重返摆金后，又还原为树。一晃数年即逝，公主已经长大成人，皇帝也感到该是还愿的时候了。便指派钦差大臣带领手下人员兴师动众地到摆金寻找白葛书，向他传达圣旨，选择佳期迎娶新娘。可是，钦差大臣一行苦苦寻觅了三七二十一天，不要说白状元的身影找不到，连姓白的人家都没有，不能回京复命，整天愁眉苦脸，唉声叹气，食不甘味，睡不安眠。一天晚上，风清月明，一直寝食难安的钦差大臣念叨着白葛书的名字在床上迷迷糊糊地睡着了。睡梦中忽然看见一朵祥云载着一个眉清目秀、头戴水晶顶子的书生缓缓飞来，一晃变成了一棵大树。钦差大臣醒来后，梦中的情景栩栩如生，历历在目。通过回忆分析梦中内容，发现“白葛书”与白果树字音相谐，就立即喊来左右，查访当地寨老，得知摆金冗章确实有一棵大白果树。不等天亮，钦差大臣就带着手下人和当地老百姓打着灯笼火把来到冗章苗寨，果然看见白果树冠上挂着状元顶子，明白了其中的奥秘。只得回京向皇帝如实禀报，皇帝也只好下旨取消了“白葛书”与公主的婚约。位于村落墓地内，是吴氏家族的发祥地，此处现被称为新寨，苗族语言称为“马鞍井”，为保护此古树，该家族举家迁往新寨，此处作为祖先的灵魂安放处，树下有大量道光年间墓碑，另外2003年贵州省银杏保

图9-7-89 惠水县摆金乡摆金村冗章寨1、2（2）
（注：A.右1左2；B、C、D.1；箭头示垂乳）

图9-7-90 惠水县摆金乡单靶村单阳02号

图9-7-91 惠水县长田乡
（注：1. 合兴村平寨；2. 桥洞村土桥大寨）

图9-7-92 惠水县岗度乡
（注：1. 百栗村井山56号；2. 黄土村摆亚寨中间108号）

图9-7-93 惠水县高镇乡长新村长岭

护协会在此设立"银杏返青通告"，当地村民设立"摆金古银杏铭"。N=26°06′13.6″，E=106°48′58.6″，H=1130m。

惠水县摆金乡摆金村冗章寨2（图9-7-89）

雄株，树龄300年，树高20.0m，胸径0.60m，位于上株西侧。

惠水县摆金乡单耙村单阳02号（图9-7-90）

雌株，树龄2000年，胸径0.91m，树高23.3m，枝下高2.0m，冠幅17.8m×17.8m。此树为集体所有，生长状况良好，位于平坡上，黄壤土壤，土层深度100cm，腐殖质厚度10cm，中壤土质地，圆粒状结构，酸碱度6.0，湿度20%，碳酸盐基岩，树下植被杂草20%，高20cm。树干挺拔，根部粗状，深埋，结果量中等。N=26°03′42″，E=106°26′45″，H=1214m。

惠水县摆金乡单靶村单阳52号

雌株，树龄300年，胸径1.12m，树高24.5m，枝下高2.0m，冠幅18.5m×18.5m。此树为集体所有，生长状况良好，位于平坡中部，黄壤土壤，土层深度170cm，腐殖质厚度30cm，轻壤土质地，单粒状结构，酸碱度6.0，湿度15%，碳酸盐基岩，树下植被杂草30%，高30cm。树干挺拔，根部粗壮，深埋，结果量中等。N=26°03′42″，E=106°26′45″，H=1034m。

惠水县长田乡合兴村平寨（图9-7-91）

树龄150年，胸径0.90m，树高32.2m，枝下高3.6m，冠幅9.5m×9.5m。此树为集体所有，生长状况良好，位于东坡下部，坡度2°，黄壤土壤，土层深度80cm，腐殖质厚度5cm。N=26°08′1″，E=106°23′3″，H=1147m。

惠水县长田乡桥洞村土桥大寨（图9-7-91）

树龄450年，胸径1.10m，树高17.5m，枝下高2.0m，冠幅12.5m×12.5m，。此树为集体所有，生长状况良好，位于北坡下部，坡度20°，黄壤土壤，土层深度150cm，腐殖质厚度5cm。N=26°09′10″，E=106°24′15″，H=990m。

惠水县岗度乡黄土村摆亚寨中间108号（图9-7-92）

雌株，树龄2000年，胸径2.00m，树高32.0m，枝下高1.3m，冠幅23.0m×23.0m。此树为集体所有，生长状况良好，位于全向坡谷底，坡度2°，黄壤土壤，土层深度40cm，腐殖质厚度10cm，中壤土质地，团粒状结构，酸碱度4.0，湿度20%。树干挺拔，根部粗壮，深埋，结果量中等。N=26°03′41″，E=106°29′9″，H=1220m。

惠水县岗度乡百栗村井山56号（图9-7-92）

雌株，树龄300年，胸径0.94m，树高28.0m，枝下高8.0m，冠幅20.0m×20.0m。此树为集体所有，生长状况良好，黄壤土壤，土层深度150cm，腐殖质厚度10cm，轻壤土质地，团粒状结构，酸碱度6.0，湿度15%，碳酸盐基岩，树下植被杂草20%，高20cm。树干挺拔，根部粗壮，深埋，结果量中等。N=26°04′20″，E=107°1′16″，H=975m。

惠水县岗渡乡干脚村摆亚寨

树龄500年，树高35.0m，胸径1.97m，冠幅28.0m×28.0m。H=1280m。

惠水县城关镇长岭村

树龄300年，树高20.0m，胸径1.30m，冠幅16.0m×16.0m。H=980m。

惠水县大龙乡九龙村

树龄300年，树高29.0m，胸径1.43m，冠幅17.0m×17.0m。H=1030m。

惠水县城北高镇

孤木。

惠水县高镇乡长新村长岭（图9-7-93）

雌株，树龄250年，胸径1.05m，树高27.6m，枝下高0.8m，冠幅10.0m×10.0m。此树为集体所有，生长状况良好，位于西坡下部，坡度5°，黄壤土壤，土层深度80cm，腐殖质厚度5cm，中壤土质地。树干挺拔，根部粗壮，深埋，结果量中等。N=26°05′24″，E=106°23′33″，H=977m。

图9-7-94 惠水县大龙乡九龙村九龙山

图9-7-95 惠水县三都镇小龙村旧场摆燕坡

惠水县大龙乡九龙村九龙山（图9-7-94）

雌株，树龄1200年，胸径1.38m，树高31.9m，枝下高4.7m，冠幅23.9m×23.9m。此树为集体所有，生长状况良好，位于东坡中部，坡度10°，石灰土土壤，土层深度100cm，腐殖质厚度3cm，黏土质地，块状结构，酸碱度微酸，湿度20%，石灰岩基岩。树干挺拔，根部粗壮，深埋，结果量中等，单株立木蓄积14.785m³。H=1071m。

惠水县三都镇小龙村旧场摆燕坡（图9-7-95）

雌株，树龄230年，胸径1.06m，树高18.6m，枝下高1.85m，冠幅18.0m×18.0m。此树为集体所有，生长状况良好，位于东北坡上部，坡度20°，黑泥土土壤，土层深度80cm，黑壤质地，块状结构，酸碱度微酸，湿度湿，砂岩基岩。树干挺拔，根部粗壮，深埋，结果量中等，单株立木蓄积14.785m³。N=26° 01′ 14″，E=106° 24′ 19″，H=1342m。

惠水县鸭绒乡花厂村冗雨寨72号（图9-7-96）

雌株，树龄200年，树高26.7m，胸径1.11m，枝下高4.0m，冠幅19.0m×19.0m。此树为集体所有，生长状况良好，位于南坡上部，坡度15°，黄壤土壤，土层深度150cm，腐殖质厚度10cm，轻壤土质地，团粒状结构，酸碱度6.0，湿度15%，碳酸盐基岩，树下植被杂草20%，高20cm。树干挺拔，根部粗壮，深埋，结果量中等。N=26° 02′ 6″，E=106° 27′ 4″，H=1164m。

惠水县雅水乡葡所村葡所高寨寨上63号（图9-7-97）

雌株，树龄300年，胸径1.13m，树高38.5m，枝下高1.0m，冠幅22.0m×22.0m。此树为集体所有，生长状况良好，位于南坡上部，坡度20度，黄壤土壤，土层深度200cm，腐殖质厚度15cm，轻壤土质地，单粒状结构，酸碱度6.0，湿度15%，碳酸盐基岩，树下植被杂草30%，高30cm。树干挺拔，根部粗壮，深埋，结果量中等，单株立木蓄积27.1m³。N=26° 1′ 58″，E=106° 27′ 10″，H=1172m。

惠水县雅水乡雅水村播杰寨子背后01号（图9-7-98）

雌株，树龄600年，胸径1.56m，树高31.8m，枝下高2.3m，冠幅19.0m×19.0m。此树为集体所有，生长状况良好，位于东坡上部，坡度18°，黄壤土壤，土层深度100cm，腐殖质厚度10cm，中壤土质地，团粒状结构，酸碱度4.0，湿度20%，碳酸盐基岩，树下植被杂草30%，高20cm。树干挺拔，根部粗壮，深埋，结果量中等，单株立木蓄积27.1m³。N=25° 35′ 26″，E=106° 26′ 39″，H=1172m。

图9-7-96 惠水县鸭绒乡花厂村冗雨寨72号

图9-7-97 惠水县雅水乡葡所村葡所高寨寨上63号

图9-7-98 惠水县雅水乡雅水村播杰寨子背后01号（左）、02号（右）

惠水县雅水乡雅水村播杰寨子背后02号（图9-7-98）

雌株，树龄600年，胸径1.78m，树高31.1m，枝下高2.9m，冠幅23.0m×23.0m。此树为集体所有，生长状况良好，位于东南坡上部，坡度18°，黄壤土壤，土层深度75cm，腐殖质厚度10cm，中壤土质地，圆粒状结构，酸碱度4.0，湿度20%，碳酸盐基岩，树下植被杂草20%，高20cm。树干挺拔，根部粗壮，深埋，结果量中等，单株立木蓄积34m³。N=25° 35′ 26″，E=106° 26′ 39″，H=1172m。

三都水族自治县水龙镇石旺村

树龄300年，树高22.0m，基径2.60m。独株健壮，冠如球形，双干。

三都水族自治县水龙镇马联村

孤木。

福建省 银杏古树资源

一　古树生境及地理气候指标

福建省有赤红壤、红壤、黄壤、石质土、紫色土、石灰(岩)土等13个土类，26个亚类。福建山地多林，是中国主要林区之一。林木以用材林为主，其次为毛竹。福建省植物种类繁多，总数达5000多种。地带性植被为常绿阔叶林，主要树种有红栲、栲树、格氏栲、苦槠等几十种。

福建省主要银杏分布区地理气候指标如表9-15所示。

二　古树分布及株数

福建省共计9个市，有古银杏9个市；县（市、区）共计85个，有古银杏37个，占43.53%；65个乡（镇）有古银杏。福建文献报道有古银杏1000余株，实测统计株数1528株，其中218株具生长指标（图9-15，表9-16）。

福建省地处东南沿海，跨中亚热带和南亚热带两个气候类型区，武夷山横亘于闽赣边境，成为截阻冰川和寒流的天然屏障。北部山区在唐宋年代已广为栽培银杏。古老银杏树多在寺、庙、庵、墓地、林边零星分散栽培，作为界碑树、风景树，也有一些村庄在庭院、屋边、村前屋后连片栽植形成银杏群落。南平、宁德和三明地区有百年至千年银杏500多

图9-15　福建省银杏古树分布图

表9-15　福建省主要银杏分布区地理气候指标

县（市）	经度	纬度	年均温（℃）	年降水量（mm）	无霜期（天）	年均日照时数(小时)	1月均温（℃）	绝对最低温度(℃)	≥10℃积温
福州仓山区	119° 19′	26° 03′	18.0	1500.0	326	1890	6.0		6304
宁化县	116° 22′ ～117° 02′	25° 58′ ～26° 40′	16.5	1750.0	231	1757	8.0		5025
尤溪县	117° 48′ ～118° 39′	25° 50′ ～26° 26′	19.2	1600.0	240	1781	8.0	-7.8	5788
德化县	117° 56′ ～118° 33′	25° 23′ ～25° 57′	18.0	1789.0	270	1802	9.2	-13.6	
建瓯市	117° 58′ ～118° 57′	26° 38′ ～27° 21′	19.3	1700.0	286	1612	8.0	-7.3	5963
浦城县	118° 11′ ～118° 50′	27° 32′ ～28° 19′	17.4	1780.2	254	1893	8.5		5443
政和县	118° 33′ ～119° 17′	27° 03′ ～27° 32′	17.4	1609.0	252	1907		-3.0	5645
漳平市	117° 11′ ～117° 44′	24° 54′ ～25° 47′	20.3	1486.0	268	1740	11.0	-2.0	5890
福鼎市	119° 55′ ～120° 43′	26° 52′ ～27° 26′	17.3	1618.0	285	1812	8.5	-4.3	5592

表9-16 福建省银杏古树分布地点及株数汇总

区（市）	县（市、区）	乡（镇）
福州市（9株）	仓山区（4株）	
	鼓楼区（1株）	
	晋安区（2株）	寿山乡
	闽侯县（1株）	大湖乡
	永泰县（1株）	大洋镇
厦门市		
莆田市	仙游县	
三明市（445株）	永安市（8株）	西洋镇
	宁化县（49株）	湖村镇、水西乡、河龙镇、安远镇、城南乡、济村乡
	尤溪县（358株）	中仙乡、联合乡、管前镇、汤川乡、坂面乡
	沙县（21株）	高桥镇、大洛镇、凤岗街道、虬江街道、夏茂镇
	将乐县（2株）	余坊乡
	泰宁县（1株）	大田乡
	建宁县（4株）	里心镇、黄坊乡
泉州市（34株）	永春县（1株）	仙夹镇
	德化县（33株）	美湖乡、葛坑镇、杨梅乡
	安溪县	
	南安市	
漳州市（1株）	华安县（1株）	新圩镇
	南靖县	
南平市（981株）	邵武市（20株）	卫闽镇
	武夷山市（58株）	吴屯乡、洋庄乡、下阳乡、岚谷乡、星村镇
	建瓯市（300株）	迪口镇、龙村乡、小松镇、南雅镇、东游镇
	建阳市（31株）	莒口镇、麻沙镇、书坊乡
	顺昌县（61株）	大干镇、洋口镇、郑坊乡
	浦城县（211株）	九牧镇、水北街乡、莲塘乡、濠村乡
	政和县（300株）	铁山镇
龙岩市（44株）	漳平市（37株）	双洋镇、永福镇、新桥镇、赤水镇
	长汀县（3株）	策武乡、庵杰乡、南山镇
	上杭县（2株）	蛟洋乡
	武平县（2株）	十方镇、永平乡
	连城县	
	永定县	
宁德市（14株）	屏南县（1株）	棠口乡
	霞浦县（1株）	崇儒乡
	周宁县（1株）	礼门乡
	福鼎市（9株）	秦屿镇
	福安市（2株）	
总计：有古银杏9个市，37个县（市、区），65个乡（镇），共计1528株。		

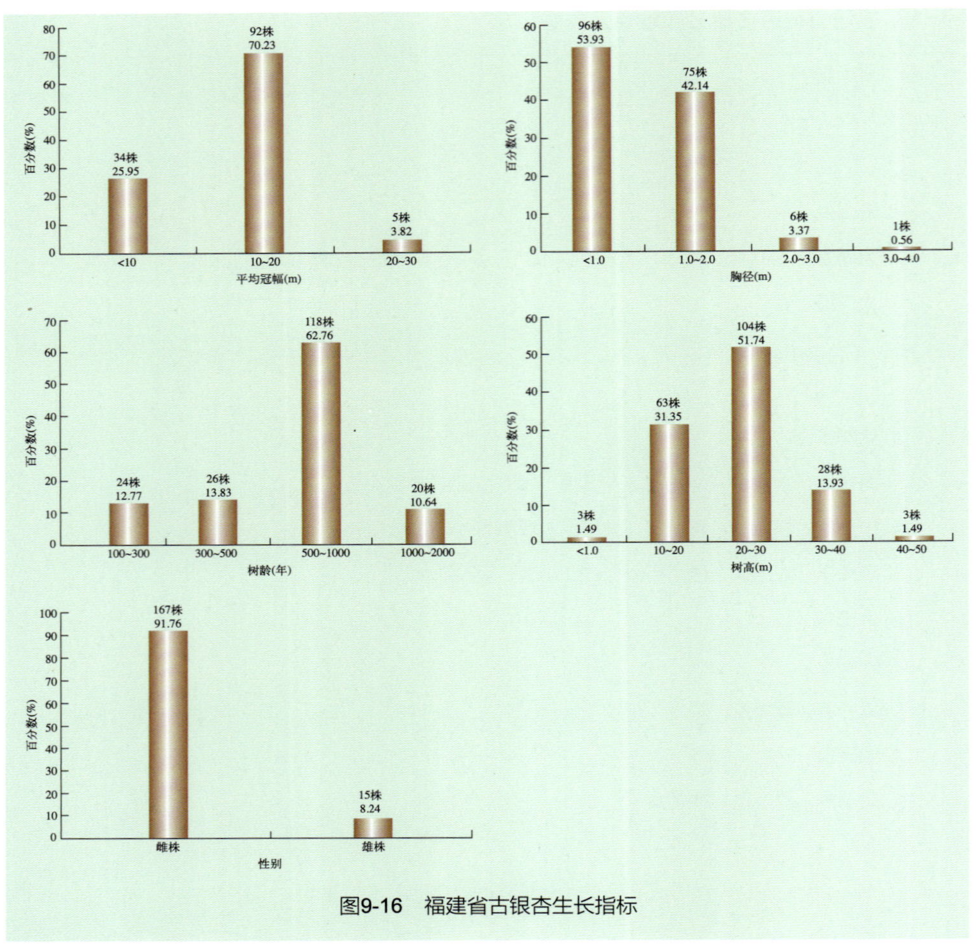

图9-16 福建省古银杏生长指标

株。闽西龙岩、漳平、上杭、长汀、武平、连城、永定7个县市都有银杏分布。漳平市境内有36株古银杏，分布在4个乡镇11个村。如，双洋镇城内村和坑源村，赤水乡大坑村，永福镇的大坂、李庄、福里、桂洋、颖水等村，新桥镇的易坑、高美等村。主要集中在海拔600m以上的永福、双洋两镇，其中千年以上的银杏至今仍然年年开花结种。

建瓯市银杏老树300株，其中雄株45株，分布在15个乡镇，其中迪口镇131株，龙村乡31株，小松镇、南雅镇各12株，东游镇10株。尤溪县是福建保存古银杏最集中、群落最大、品种最丰富的县。传说早在南宋年间中仙乡龙门场开办炼银业而大种银杏，而后向四方扩散。也有说1000多年前，我国著名物理学家朱熹曾在尤溪县中仙乡龙门场自然村发动种植银杏数百株。据《尤溪县志》（1711年版）记载“远在宋代年间，龙门场银杏树遍布全村”。全县现有古银杏358株，分在中仙、联合、管前、坂西、汤川等乡海拔400～650m的丘陵，低山地带，中仙乡292株，善林村有224株，龙门场现有155株，胸围多数在2m以上。高度多在10m以上，最高1株有40m多，品种类型有‘金果佛手’、‘大佛手’、‘小佛手’、‘大马铃’、‘小马铃’、‘梅核’等。龙门场每家每户都在房前屋后、林边、四旁种上银杏，银杏树覆盖整个村，在村外只能看到一片银杏林，看不到房屋，可谓全省银杏第一村。

政和县铁山镇大岭村有古银杏300余株。洒落在大岭头、枫林坑、半岭、牛栏子、洋上、溪边、增山、北山等9个自然村的村头村尾，以半岭居多。浦城县多数乡镇零星分布百年至千年以上的古老银杏树，其中南部与建阳、松溪毗邻濠村乡地处800m的顶前村，有近百棵老银杏成片，连片形成群落。武夷山市下阳乡东北部与吴屯分交界处厅下村，在屋前屋后保存有50多株树龄在数百年以上的古银杏，其中有2株雄树，1株‘大果早熟马铃’。邵武市在靠近顺昌县的乡镇分布有树龄在百年、数百年的老银杏，其中卫闽与顺昌大干乡交界的阳际村，村边保存一片古银杏，树体高大，生长旺盛，油绿苍翠，品种为‘马铃’与‘梅核’。顺昌县在大干乡宝山村里保存40多株老银杏，树高16～23m，主干胸围5～6m，长满青苔，第1层分枝基部长有树奶、树瘤，品种有‘马铃’和‘梅核’；有雄树2株。这些银杏种植在村里屋边和林边，连片形成银杏群落，或形成银杏村。在郑坊乡与沙县高桥乡的横坑、桂岩交界的榜山、陈村和虎头岑的低山地带保存有100年以上的老银杏约20多株，零星分布在几个村子，品种多为‘梅核’和‘马铃’，其中有一株8月中旬成熟的‘大果马铃’。沙县桂岩位于沙县北部高桥秀与顺昌、南平接壤的低山地带。桂岩村18株古银杏，宋朝时种植，树龄在800年以上，胸围5.26～6.42m，树高10～20m，树干和第1层分枝基部长有许多树瘤和树乳，有些树奶长达2～3m。这些银杏树长在一片竹林里。永安市西洋镇与大田县交界的岑头村。铁路贯穿而过，这个村保存有老银杏树8株，铁路一边有6株，1雄5雌，另一边有2株雌株，树高12～20m，胸围3.87～4.23m；品种为‘马铃’、‘梅核’，其中有1株‘大果早熟马铃’，可应用于生产。闽南南亚热带地区的福州、莆田、仙游、安溪、南安、南靖、厦门等7个县市也有老银杏零星分布。福州市仓山有2雄2雌，鼓楼区有一雌株，年年开花结果。

三 古树生物学

1.性别

在已知性别的182株古银杏中，雌株167株，占91.76%；雄株15株，占8.24%。雌雄同株1株（图9-16）。

2.树高

树高最高单株为42.2m，位于顺昌县洋口镇田坪村上坪头；最矮单株为7.0m，位于宁化县河龙镇前进村景云组；树高<10m的银杏为3株，占1.49%；在10～20m的银杏为63株，占31.35%；在20～30m的银杏为104株，占51.74%；在30～40m的银杏为28株，占13.93%；40～50m的银杏为3株，占1.49%。树高前十位单株：顺昌县洋口镇田坪村上坪头（42.2m）、建宁县黄坊乡（42.0m）、建阳市书坊乡饶坝村（40.0m）、武夷山市星村镇桐木村（38.0m）、上杭县蛟洋乡华家村凹A（35.6m）、沙县高桥镇桂岩村（35.0m）、沙县大洛镇（35.0m）、将乐县余坊乡隆兴村白头自然村（35.0m）、泰宁县大田乡垒礤村七宝庵（35.0m）、浦城县九牧镇渭潭村（35.0m）。

3.树龄

树龄最大单株为1300年，位于武夷山市岚谷乡黎口村；最小单株为100年，有2株，位于漳平市永福镇福里村罗城自然村1株，位于沙县城关孔庙旧址学校院内1株；树龄在100～300年的为24株，占12.77%；在300～500年的为26株，占13.83%；在500～1000年的为118株，占62.76%；在1000～2000年的为20株，占10.64%。树龄前十位单株：武夷山市岚谷乡黎口村（1300年）、顺昌县洋口镇田坪村上坪头（1242年）、泰宁县大田乡垒礤村七宝庵（1200年）、永泰县大洋镇棋杆院里（1100年）、武夷山市吴屯乡瑞岩寺（1100年）、宁化县湖村镇上坪山庵下纸厂（1000年）、宁化县湖村镇上坪山庵下纸厂(1000年)、宁化县河龙镇黄家山（1000年）、宁化县安远镇伍坊村（1000年）、武夷山市洋庄乡坑口村茶劳山垦殖场（1000年）。

4.胸径

福建省已知胸径的银杏古树共计207株（其中包括基径<1.0m 6株、1.0～2.0m 16

株、2.0～3.0m 7株)。胸径最大单株为3.13m，位于顺昌县洋口镇田坪村上坪头；最小单株为0.32m，位于宁化县安远镇伍坊村；胸径<1.0m的为96株，占53.93%；在1.0～2.0m的为75株，占42.14%；在2.0～3.0m的为6株，占3.37%；3.0～4.0m的为1株，占0.56%。胸径前十位单株：顺昌县洋口镇田坪村上坪头(3.13m)、尤溪县中仙乡龙门场66(2.91m，基)、尤溪县中仙乡龙门场64(2.39m，基)、上杭县蛟洋乡华家村凹A(2.36m)、尤溪县中仙乡龙门场29(2.36m，基)、尤溪县中仙乡龙门场43(2.23m，基)、尤溪县中仙乡龙门场20(2.13m，基)、尤溪县中仙乡龙门场37(2.13m，基)、周宁县礼门乡秋楼村(2.07m)、尤溪县联合乡东边村(2.01m)。

5.冠幅

冠幅最大单株为25.0m×25.0m，平均冠幅为25.0m，位于建阳市莒口镇金山东坑村；最小单株为6.0m×5.0m，平均冠幅为5.5m，位于顺昌县大干镇宝山上湖村高老庄F。冠幅前十位单株：建阳市莒口镇金山东坑村(25.0m×25.0m)、建阳市书坊乡饶坝村(22.0m×23.0m)、上杭县蛟洋乡华家村凹A(25.2m×18.0m)、尤溪县中仙乡龙门场64(18.8m×23.6m)、尤溪县中仙乡龙门场1(19.0m×22.0m)、建瓯市迪口镇西坑村池丹自然村(18.0m×19.0m)、政和县铁山镇大岭村(18.0m×18.0m)、永春县仙夹镇夹际村上林郑氏祖厝边(18.0m×17.0m)、武夷山市星村镇桐木村庙湾(18.0m×17.0m)、尤溪县中仙乡龙门场62(15.5m×18.4m)。

6.特异种质

垂乳银杏10株；复干银杏62株；雌雄同株1株；'闽尤2号'多胚珠优良品种；叶籽银杏等。

图9-8-1 永安市西洋镇岭头村A(上)、D(下)

四 古树综合描述

福州市仓山区

仓山区有2雄2雌。

福州市鼓楼区

雌株，年年开花结果。

福州市晋安区寿山乡九峰镇国寺

雄株，树龄600年，树高11.0m，胸径0.68m，冠幅5.0m×7.0m，位于国寺内。相传朱元璋少时家贫，从安徽逃难到福州寿山一带，并在九峰寺做沙弥。初到九峰寺时，他满身疥疮，寺院住持叫他晚上睡在寿山石矿洞的芙蓉洞中，由于矿洞阴凉，朱元璋仅睡三夜便痊愈。于是，朱元璋总想做点什么报答寺院。有一天他砍来2枝银杏树枝，尾巴朝下倒插在寺庙前，没想到，银杏树枝竟然成活了。"两棵古老的银杏树，就是活的文物，见证着千年古刹的变迁。"古老的银杏树是九峰寺一景，自古在词人墨客写下的游历题咏中也多有提及这两棵银杏树，应该得到很好的保护。

福州市晋安区寿山乡九峰镇国寺

雄株，树龄600年，树高10.0m，胸径0.75m，冠幅6.0m×6.0m，位于国寺内。

闽侯县大湖乡碾坑村

雌株，树龄300年，树高22.0m，胸径0.94m，冠幅12.1m×12.0m，当地人称活化石"银杏皇后"。"碾坑，碾坑，万丈深渊，良家闺女，不嫁出山……"从这首打油诗中，可体会碾坑村早时一些村民生产生活现状。碾坑村，处于大湖乡北部的一个偏远小村，村居在大山之间的坑底。在小山村中，小地名叫"上饶"的地方，生长着一株银杏树。树长在平行距村民房子10.0m的房角陡坡地，红壤土，北面悬空，树头就贴在高约4m的小土坪中。在银杏树的下方距离20.0m地方，有一座饶姓房子居住着多户人家，常于台风、暴雨来临之前，恐银杏树倾倒导致生命、财产受损，便自行爬上银杏树，砍其枝丫，断其尾梢，实在可惜。银杏种核长3.0cm，径2.0cm，橄榄形，淡绿白色。银杏树年年都会结果，好的年份可采250～300kg。九、十月份成熟的果子掉落，大人、小孩子捡后用火烤着吃，十分油香可口。前些年，一位古田果农来村承包银杏树管理，根据季节为银杏树喷洒了农药等，那年树上结满了白果，果农心里十分高兴。可是，到了收获季节时，却被村中的"坏仔"先下手采摘变卖。这对于外乡人只能束手无策，无可奈何。此后，这株"公众"的银杏树，就又自行在半山坡角落中默默地生长着。N=26°25′，E=119°05′，H=700m。

永泰县大洋镇棋杆院里

雌株，树龄1100年。位于大洋镇棋杆院里。虽遭雷击中空，但至今生长旺盛，连年结果。

永安市西洋镇岭头村A(图9-8-1)

雌株，树龄400年，树高26.0m，胸径1.00m，冠幅3.40m×11.3m。位于房后。偏冠，树枝分层，有断枝，有树洞。树干较光滑，多青苔。复干2个，胸径分别为0.44m、0.064m，萌蘖30个，距母干距离0.05～1.5m。 编号：0204，单位：永安市人民政府。N=25°47′10.9″，E=117°28′31.6″，H=490m。

永安市西洋镇岭头村B（图9-8-2）

雌株，树高25.0m，胸径0.64m，冠幅5.6m×12.3m。位于火车轨道旁。树干光滑，偏冠，生长欠佳。N=25°47′16.9″，E=117°28′26.7″，H=494m。

永安市西洋镇岭头村C（图9-8-2）

雌株，树高21.0m，胸径1.50m，冠幅12.0m×15.0m，位于山地。树冠圆形。N=25°47′19.1″，E=117°28′26.3″，H=499m。

永安市西洋镇岭头村D（图9-8-1）

雌株，树高22.0m，基径1.59m，冠幅8.0m×14.0m。位于山地。树冠圆形，母干有凸起，有断枝。根部裸露，高约0.3m，延伸1.0m。复干3个，最大胸径0.50m，高12.0m。萌蘖较多，约30个。N=25°47′20.1″，E=117°28′25.2″，H=508m。

永安市西洋镇岭头村E（图9-8-3）

雄株，胸径1.00m，位于山地。树梢枯死，较大枝枯死，仅母干及少量树枝存活。N=25°47′21.2″，E=117°28′25.2″，H=506m。

永安市西洋镇岭头村F（图9-8-3）

雌株，树高25.0m，胸径0.48m，冠幅10.4m×13.2m，位于山地。树冠圆形，树枝分层，干有凸起。复干2个，胸径均为0.20m。N=25°47′20.6″，E=117°28′27.7″，H=511m。

宁化县湖村镇上坪山庵下纸厂

雌株，树龄1000年，树高20.0m，胸径1.75m，位于纸厂边坡地。复干4个，H=670m。

宁化县湖村镇上坪山庵下纸厂

雌株，树龄1000年，树高30.0m，胸径1.43m，位于纸厂的废墟处，未见结果。H=750m。

宁化县湖村镇上坪山庵下纸厂

雌株，树龄300年，树高14.0m，胸径0.73m，位于纸厂的废墟处。7丛，未见结果。H=745m。

宁化县水茜乡下傅村

雄株，树龄800年，树高25.0m，胸径1.02m。

宁化县水茜乡下傅村

雌株，树龄800年，树高26.0m，胸径1.05m，位于池塘边菜地，结果。H=530m。

宁化县水茜乡下傅村

雌株，树龄800年，树高24.0m，胸径1.02m，位于池塘边菜地，结果。H=530m。

宁化县水茜乡下傅村

雌株，树龄800年，树高27.0m，胸径1.01m，位于池路边菜地，结果。H=529m。

宁化县水茜乡下傅村

雌株，树龄800年，树高28.0m，胸径1.19m，冠幅15.0m×16.3m，位于村旁的菜地。植于南宋淳熙年间（1174～1189），现仍年年结果。H=534m。

宁化县水茜乡下傅村

雌株，树龄800年，树高28.0m，胸径1.19m，位于村旁的菜地，结果多。H=533m。

宁化县水茜乡下傅村

雌株，树龄200年，树高10.0m，胸径0.45m，位于村旁的林中，结果。H=550m。

宁化县水茜乡下傅村

雌株，树龄200年，树高28.0m，胸径0.41m，位于村旁的竹林中，尚未结果。H=538m。

图9-8-2 永安市西洋镇岭头村C（左）、B（右）

图9-8-3 永安市西洋镇岭头村E（左）、F（右）

宁化县水茜乡上谢村

树龄800年，2株。

宁化县河龙镇黄家山

雌株，树龄1000年，树高20.0m，胸径1.54m，位于村旁小河边。结果多。

宁化县河龙镇永跃村

雌株，树龄200年，树高17.0m，胸径0.57m，位于村旁的菜地。结果多。

宁化县河龙镇永跃村

雌株，树龄200年，树高16.0m，胸径0.53m，位于村旁的菜地。结果多。

宁化县安远镇永跃村

雌株，树龄300年，胸径0.57m。结果。

宁化县安远镇永跃村

雌株，树龄300年，胸径0.57m。结果。

宁化县安远镇永跃村

雌株，树龄300年，胸径0.57m。结果。

宁化县河龙镇前进村景云组

雌株，树龄200年，树高7.0m，胸径0.45m，位于村口路旁。结果。

宁化县河龙镇土楼

树高18.0m，树龄300年，胸径0.67m，位于村旁田堰上。曾经遭雷击。

宁化县安远镇伍坊村

雌株，树龄800年，树高25.0m，胸径1.06m，位于田边土墩上。结果。H=452m。

宁化县安远镇伍坊村

雌株，树龄1000年，树高30.0m，胸径1.46m，位于田边土墩上。H=450m。

宁化县安远镇伍坊村

雌株，树龄600年，树高20.0m，胸径0.89m，位于河岸田边。结果。H=448m。

宁化县安远镇伍坊村

雌株，树龄200年，树高25.0m，胸径0.45m，位于河岸田边。结果。H=448m。

宁化县安远镇伍坊村

雌株，树龄200年，树高18.0m，胸径0.39m，位于河岸田边。结果。H=448m。

宁化县安远镇伍坊村

雌株，树龄200年，树高17.0m，胸径0.34m，位于田边。结果。H=450m。

宁化县安远镇伍坊村

雌株，树龄300年，树高12.0m，胸径0.57m，位于村口路旁。1999年水淹上部已枯，下部已萌生新枝。H=450m。

宁化县安远镇伍坊村

雌株，树龄400年，树高10.0m，胸径0.61m，位于村口路旁。1999年水淹上部已枯，下部已萌生新枝。H=450m。

宁化县安远镇伍坊村

雄株，树龄200年，树高18.0m，胸径0.34m，位于晒谷场旁。H=450m。

宁化县安远镇伍坊村

雌株，树龄200年，树高18.0m，胸径0.34m，位于晒谷场旁。结果。H=450m。

宁化县安远镇伍坊村

雌株，树龄200年，树高17.0m，胸径0.38m，位于村旁山边。结果。H=450m。

宁化县安远镇伍坊村

雌株，树龄200年，树高20.0m，胸径0.32m，位于村旁山边。结果。H=450m。

宁化县安远镇伍坊村

雌株，树龄600年，树高30.0m，胸径0.74m，位于路旁山坡上。结果。H=450m。

宁化县安远镇伍坊村

雌株，树龄600年，树高15.0m，胸径0.86m，位于田边土上。结果。H=450m。

宁化县安远镇伍坊村

雌株，树龄600年，树高16.0m，胸径0.92m，位于田边土上。结果多。H=450m。

宁化县安远镇伍坊村

雌株，树龄600年，树高14.0m，胸径0.89m，位于田边菜地。结果。H=450m。

宁化县安远镇伍坊村

雌株，树龄600年，树高14.0m，胸径0.76m，位于田边菜地。结果。H=450m。

宁化县安远镇伍坊村

雌株，树龄600年，树高16.0m，胸径0.86m，位于田边菜地。结果。H=450m。

宁化县安远镇伍坊村

雌株，树龄800年，树高30.0m，胸径1.08m，位于仓库后田边。结果多。H=450m。

宁化县安远镇肖坊村

雌株，树龄300年，树高16.0m，胸径0.57m，结果。

宁化县安远镇肖坊村

雌株，树龄300年，树高30.0m，胸径0.57m。结果多。

宁化县城南烟草站

雌株，树龄300年，树高16.0m，胸径0.48m。结果。

宁化县城南乡肖家村庵前山

雌株，树龄800年，树高26.0m，胸径1.10m，位于山垅田田边。未见结果。

宁化县济村乡银丁口

雌株，树龄800年，胸径1.10m，位于田边。未见结果。

尤溪县中仙乡善林村龙门场1（图9-8-4）

雌株，树龄500年，树高26.0m，胸径0.81m，冠幅19.0m×22.0m，位于山地，路旁。根部裸露，高1.0m，延伸2.4m。母干高约25m，复干3株，被锯1株，最大复干胸径0.17m，距离母干约0.35m，树冠圆形，生长旺盛。N=25° 58′ 18.1″，E=118° 19′ 10.4″，H=475m。

尤溪县中仙乡善林村龙门场2（图9-8-4）

雌株，树龄500年，树高25.0m，胸径0.90m，冠幅15.8m×14.0m，位于山地，路旁。树枝分13层，树冠塔形，生长旺盛。根部裸露，高约0.5m，延伸2.0m。树干在1m处分为2枝。萌蘖8个，距离母干最近距离0.1cm，最远为30.0cm。N=25° 58′ 18.1″，E=118° 19′ 10.4″，H=475m。

尤溪县中仙乡善林村龙门场3（图9-8-5）

据当地人说：此树为雌雄同株，树龄500年，树高20.0m，胸径1.13m，冠幅10.3m×10.6m，位于房前，路旁。偏冠，生长旺盛。复干15个，最大者胸径为0.14m，距离母干1.50m，株高2.5m。萌蘖约50余株，萌蘖紧贴母干生长，最远1.2m。树干轻度空心，有腐烂，上部已断（伸向路的一支为雌），有断枝。N=25° 58′ 07.0″，E=118° 19′ 14.3″，H=455m。

尤溪县中仙乡善林村龙门场4（图9-8-6）

雌株，树龄500年，树高30.0m，胸径

图9-8-4 尤溪县中仙乡善林村龙门场1（A、B）、2（C、D）

图9-8-5 尤溪县中仙乡善林村龙门场3（A）、9（B）、7（C、D）

1.02m，冠幅19.0m×8.0m，位于路旁。树冠塔形，生长旺盛。垂乳3个，最大者基径0.14m，长0.25m。复干6个，最大者胸径0.10m，最远距离母干0.60m，基部一个复干枯死，萌蘖15个，高2.5m。N=25°58′04.3″，E=118°19′15.0″，H=451m。

尤溪县中仙乡善林村龙门场5（图9-8-6）

雄株，树龄500年，树高31.0m，胸径1.19m，冠幅19.5m×9.0m，位于屋前。偏冠，生长旺盛。根部裸露，高出地面0.3m，有垂乳3个，较小。萌蘖8个，树干一侧无树皮。N=25°58′04.3″，E=118°19′15.0″，H=451m。

尤溪县中仙乡善林村龙门场6（图9-8-6）

雌株，树龄500年，树高25.0m，胸径0.80m，冠幅16.0m×7.0m，位于屋前。树冠塔形，生长旺盛。根部裸露，高出地面约0.2m。树枝分层，树干中空，下部有较大树洞，树皮光滑，树皮仅余2/3。N=25°58′04.3″，E=118°19′15.0″，H=451m。

尤溪县中仙乡善林村龙门场7（图9-8-5）

雌株，树龄500年，树高19.0m，胸径0.85m，冠幅11.5m×10.0m，位于山地，路旁。树冠伞形，生长旺盛。根部裸露，延伸0.1m。树干凸凹不平。萌蘖10个，距母干0.10～0.40m，高2.0m。N=25°58′00.1″，E=118°19′12.4″，H=451m。

尤溪县中仙乡善林村龙门场8（图9-8-7）

雌株，树龄800年，树高15.0m，基径1.62m，冠幅12.8m×13.9m，位于山地，路旁。树冠方形，生长旺盛。树枝分层。复干5个，胸径分别为0.52m、0.49m、0.18m、0.26m、0.46m。萌蘖15个，生长于树干内，部分枯死。N=25°57′59.8″，E=118°19′14.0″，H=458m。

尤溪县中仙乡善林村龙门场9（图9-8-5）

雌株，树龄500年，树高22.0m，胸径0.41m，冠幅7.2m×8.4m，位于山地，路旁。树冠塔形，生长旺盛。树枝分4层。复干1个，胸径0.25m。萌蘖7个，其中一个枯死，距母干最近则紧贴母干生长，最远为0.4m。不结果。N=25°57′59.4″，E=118°19′13.3″，H=457m。

尤溪县中仙乡善林村龙门场10（图9-8-8）

雌株，树龄500年，树高23.0m，基径1.15m，冠幅10.4m×9.2m，位于山地，路旁。树冠卵形，生长旺盛。根部裸露长约30.0cm，有断根。复干2个，胸径分别为0.35m、0.32m，右侧复干不结果。萌蘖4个，距母干约0.05～0.5m。N=25°57′59.4″，E=118°19′13.3″，H=457m。

尤溪县中仙乡善林村龙门场11（图9-8-9）

雌株，树龄500年，树高25.0m，胸径0.73m，冠幅11.2m×12.0m，位于屋前。树冠倒“T”形，生长旺盛。树枝分5层，树干光滑。上部有枯枝。萌蘖20个，距离母干0.15～0.8m。N=25°57′59.8″，E=118°19′14.0″，H=458m。

图9-8-6 尤溪县中仙乡善林村龙门场
(注：左-右：6号、5号、4号)

图9-8-7 尤溪县中仙乡善林村龙门场8（上）、20（下）

图9-8-8 尤溪县中仙乡善林村龙门场10（左）、16（右）

尤溪县中仙乡善林村龙门场12（图9-8-10）

雌株，树龄500年，树高17.0m，胸径0.91m，冠幅13.7m×12.8m，位于屋前。树冠塔形，生长旺盛。母干分两大主枝，树干光滑。萌蘖较多，30个，距离母干约0.05～0.50m。N=25° 57′ 59.5″，E=118° 19′ 11.4″，H=455m。

尤溪县中仙乡善林村龙门场13（图9-8-10）

雌株，树龄500年，树高19.0m，基径1.16m，冠幅10.0m×8.8m，位于山地。树冠圆形，生长旺盛。母干下部有树洞，有腐烂现象，根部裸露，约0.2m。复干4个，最大者胸径0.41m，距离母干0.05～0.70m，部分复干有浅树洞，木质部裸露。萌蘖40个，距母干0.05～0.90m，高2.5m。N=25° 57′ 59.5″，E=118° 19′ 11.4″，H=455m。

尤溪县中仙乡善林村龙门场14（图9-8-10）

雌株，树龄800年，树高14.0m，基径1.53m，冠幅10.0m×14.0m，位于山地。偏冠，生长旺盛。复干6个，最大者胸径0.13m，距母干0.05～0.70m。有树洞。萌蘖10个，较大。N=25° 57′ 59.5″，E=118° 19′ 11.4″，H=455m。

尤溪县中仙乡善林村龙门场15（图9-8-10）

雌株，树龄800年，树高17.0m，基径1.72m，冠幅8.7m×9.8m，位于山地。树冠塔形，生长旺盛。萌蘖百余株，距离母干约0～1.0m，株号12-15号占地面积 123.11m^2。N=25° 57′ 59.5″，E=118° 19′ 11.4″，H=455m。

尤溪县中仙乡善林村龙门场16（图9-8-8）

雌株，树龄800年，树高20.0m，基径1.50m，冠幅12.2m×16.0m，位于山地。有“树中树”现象，小树胸径为0.14m。根部裸露，约0.3m。母干有树洞，剩余约1/2树皮。复干1个，胸径0.38m，萌蘖10株，距离母干约0.02～0.6m。N=25° 57′ 59.4″，E=118° 19′ 13.3″，H=457m。

尤溪县中仙乡善林村龙门场17（图9-8-11）

雌株，树龄500年，树高11.0m，基径0.91m，冠幅6.7m×7.5m，位于山地。分3枝，上部已断，有腐烂。根部裸露，约0.3m。复干1个，胸径0.19m。萌蘖10株，距母干0.03～0.4m，高2.0m。N=25° 57′ 59.4″，E=118° 19′ 13.3″，H=457m。

尤溪县中仙乡善林村龙门场18（图9-8-11）

雌株，树龄500年，树高25.0m，基径1.11m，冠幅9.0m×12.0m，位于山地。树冠倒卵形，生长旺盛。根部裸露，高约

图9-8-9 尤溪县中仙乡善林村龙门场11

0.3m，延伸0.4m。树枝下垂。复干1个，胸径0.38m，距母干0.7m。N=25° 57′ 59.4″，E=118° 19′ 13.3″，H=457m。

尤溪县中仙乡善林村龙门场19

雌株，树龄500年，树高25.0m，胸径0.48m，冠幅7.7m×9.7m，位于山地。树冠伞形，树干光滑，树枝分层。N=25° 57′ 59.4″，E=118° 19′ 13.3″，H=457m。

尤溪县中仙乡善林村龙门场20（图9-8-7）

雌株，树龄800年，树高31.0m，基径2.13m，冠幅14.0m×11.6m，位于山地。树冠伞形，生长旺盛。母干内空，基部腐烂。复干2个，第1复干，胸径0.83m，距离母干约1.0m，基部树皮腐烂；第2复干，胸径约0.15m，从母干内部生长而出。N=25° 57′ 59.0″，E=118° 19′ 14.8″，H=476m。

尤溪县中仙乡善林村龙门场21（图9-8-12）

雄株，树龄500年，树高18.0m，胸径1.21m，冠幅14.3m×15.2m，位于山地。树冠塔形，生长旺盛。树干分层，萌蘖40余株，最远距离母干约40.0cm。N=25° 57′ 59.0″，E=118° 19′ 14.8″，H=476m。

尤溪县中仙乡善林村龙门场22（图9-8-13）

雌株，树龄500年，树高20.0m，基径0.85m，冠幅11.6m×11.6m，位于山地。树冠伞形，生长旺盛。复干2个，最大者胸径为0.44m。N=25° 57′ 58.2″，E=118° 19′ 13.9″，H=479m。

尤溪县中仙乡善林村龙门场23（图9-8-13）

雌株，树龄800年，树高23.0m，基径1.96m，冠幅12.5m×15.0m，位于路边。树冠塔形，生长旺盛。根部裸露，高约0.2m，延伸0.3m。复干4个，其中1复干从基部断折；其他3个胸径分别为0.57m、0.49m、0.25m。萌蘖12个，距离母干0.2m。N=25° 57′ 58.2″，E=118° 19′ 13.9″，H=479m。

尤溪县中仙乡善林村龙门场24（图9-8-14）

雌株，树龄500年，树高24.0m，胸径0.78m，冠幅10.5m×11.0m，位于山地。树冠伞形。生长旺盛。干基部树皮腐烂严重，剩余约2/3。萌蘖2个，距离母干约0.15m。株号89101116-24号，占地面积共3262.49m^2。N=25° 57′ 58.2″，E=118° 19′ 13.9″，H=479m。

尤溪县中仙乡善林村龙门场25（图9-8-15）

雌株，树龄500年，树高24.0m，胸径0.79m，冠幅14.0m×12.0m，位于山地。树形偏冠，生长旺盛。母干倾斜，倾角为5°，有树洞，上部树皮剩余1/2，树干上有植物生长。N=25° 57′ 58.2″，E=118° 19′ 13.9″，H=479m。

尤溪县中仙乡善林村龙门场26（图9-8-15）

雌株，树龄500年，树高23.0m，基径0.71m，冠幅11.0m×14.0m，位于屋后。树冠塔形，生长旺盛。母干一侧树皮腐烂，剩余1/2，树干光滑。根部裸露，高约0.3m，延伸2.0m。复干2个，胸径分别为0.70m、0.29m，与母干间的距离分别为0.25m、1.3m。N=25° 57′ 57.5″，E=118° 19′ 13.2″，H=472m。

尤溪县中仙乡善林村龙门场27（图9-8-16）

雌株，树龄800年，树高29.0m，胸径1.00m，冠幅13.6m×14.8m。树冠塔形，生长旺盛。树枝分层，根部裸露，高约0.1m，延伸0.5m。复干2个，胸径分别为0.39m、0.67m。N=25° 57′ 57.5″，E=118° 19′ 13.2″，H=472m。

尤溪县中仙乡善林村龙门场28（图9-8-16）

雌株，树龄500年，树高22.0m，胸径0.49m，冠幅9.2m×14.0m。树冠圆形，生长旺盛。树干光滑。复干2个，胸径为0.49m、0.44m，距离母干0.2～0.5m。萌蘖14个，高2.5m。N=25° 57′ 58.2″，E=118° 19′ 13.9″，H=479m。

尤溪县中仙乡善林村龙门场29（图9-8-16）

雌株，树龄800年，树高20.0m，基径2.36m，冠幅10.9m×9.5m。树冠伞形，生长旺盛。母干已死，从基部断掉。复干3个，胸径分别为0.45m、0.37m、0.24m。萌蘖百余株，长于树一侧，最远距离母干约1m。N=25° 57′ 58.2″，E=118° 19′ 13.9″，H=479m。

尤溪县中仙乡善林村龙门场30（图9-8-16）

雌株，树龄800年，树高31.0m，基径2.00m，冠幅15.6m×16.8m。树冠倒塔形，生长旺盛。母干空心，有树洞，内生新枝。枝干光滑。复干6个，最大胸径1.09m。萌蘖30株，高2.5m。N=25° 57′ 57.5″，E=118° 19′ 13.2″，H=472m。

尤溪县中仙乡善林村龙门场31（图9-8-17）

雌株，树龄500年，树高19.0m，基径1.70m，果实较大，冠幅11.7m×12.6m。树冠圆形，生长旺盛。树干光滑，根部裸露，高约0.3m，延伸0.4m。复干6个，其中3个发生断折，其他3个胸径分别为0.38m、0.42m、0.25m，其中1个复干一侧树皮腐烂，余1/2。萌蘖30个，距母干0.05～0.5m，高0.1～1.5m。N=25° 57′ 57.5″，E=118° 19′ 13.2″，H=472m。

尤溪县中仙乡善林村龙门场32（图9-8-17）

雌株，树龄500年，树高25.0m，基径0.96m，胸径0.69m，冠幅13.4m×10.2m。树冠伞形，生长旺盛。树枝分层，树干光滑。复干1个，胸径0.29m。萌蘖50个，距离母干0.05～1.0m，高2.0m。N=25°57′57.5″，E=118°19′13.2″，H=472m。

尤溪县中仙乡善林村龙门场33（图9-8-17）

雌株，树龄500年，树高30.0m，胸径1.32m，冠幅14.2m×15.8m。树冠塔形，生长旺盛。树干光滑，空心，有树洞。N=25°57′56.1″，E=118°19′11.0″，H=470m。

图9-8-10 尤溪县中仙乡善林村龙门场12-15
[注：A. 12、13、15（后）、14；B. 12；C. 15；D. 13；E. 14]

尤溪县中仙乡善林村龙门场34（图9-8-17）

雌株，树龄500年，树高28.0m，胸径0.53m，冠幅10.5m×12.3m。树冠圆形，生长旺盛。树枝分层，树干光滑。根部裸露，高约0.2m，延伸0.5m。复干1个，胸径0.05m。萌蘖30个，距母干最近则紧贴母干生长，最远为0.5m。N=25°57′56.1″，E=118°19′11.0″，H=470m。

尤溪县中仙乡善林村龙门场35（图9-8-18）

雌株，树龄500年，树高20.0m，基径0.84m，冠幅11.1m×13.6m。母干胸径0.61m，树冠椭圆形，生长旺盛。树干光滑，上有寄生植物。复干2个，胸径分别为0.32m、0.22m。萌蘖10个，距离母干0.05～0.5m，高1.0m。N=25°57′56.1″，E=118°19′11.0″，H=470m。

尤溪县中仙乡善林村龙门场36（图9-8-18）

雌株，树龄500年，树高21.0m，胸径0.80m，冠幅11.0m×16.3m。树冠塔形，生长旺盛。树干中空，有树洞，树皮缺少1/3。萌蘖2个，距离母干0.05～0.3m，高1.7m。垂乳1个，长0.25m，基径0.1m。N=25°57′56.1″，E=118°19′11.0″，H=470m。

尤溪县中仙乡善林村龙门场37（图9-8-19）

雌株，树龄800年，树高28.0m，基径2.13m，冠幅12.0m×13.0m。树冠塔形，生长旺盛。母干已断，剩余基部。复干4个，其中2个已断折，另外2个胸径分别为0.58m、0.42m，距离母干0.5～0.7m。萌蘖30个，距离母干0.02～1m，高2.0m。N=25°57′56.1″，E=118°19′11.0″，H=470m。

尤溪县中仙乡善林村龙门场38（图9-8-20）

雌株，树龄500年，树高25.0m，胸径0.53m，冠幅11.0m×8.6m，位于屋前。复干胸径0.11m，树冠卵形，生长旺盛。母干中空，倾斜，倾角15°，萌蘖10个，距母干0.02～0.15m，高1.5m。N=25°57′56.1″，E=118°19′11.0″，H=470m。

尤溪县中仙乡善林村龙门场39（图9-8-21）

雌株，树龄500年，树高14.0m，胸径0.65m，冠幅9.0m×12.0m，位于山地、屋前。树冠塔形，生长旺盛。部分根裸露，高出地面0.15m，延伸0.5m。复干2个，胸径均为0.05m，离母干距离0.05～0.5m。萌蘖6个，高

图9-8-11 尤溪县中仙乡善林村龙门场18（左）、17（右）

图9-8-12 尤溪县中仙乡善林村龙门场21

图9-8-13 尤溪县中仙乡善林村龙门场23（左）、22（右）

图9-8-14 尤溪县中仙乡善林村龙门场24

图9-8-15 尤溪县中仙乡善林村龙门场26（左）、25（右）

3.0m，距母干0.05～0.4m。N=25° 57′ 57.4″，E=118° 19′ 09.6″，H=469m。

尤溪县中仙乡善林村龙门场40（图9-8-21）

雌株，树龄500年，树高20.0m，胸径0.48m，冠幅13.8m×12.0m，位于山地、屋前。树冠倒卵形，生长旺盛。母干倾斜，倾角为10°。树干较光滑。萌蘖50个，距母干0.02～0.5m，高1.0m。N=25° 57′ 57.4″，E=118° 19′ 09.6″，H=469m。

尤溪县中仙乡善林村龙门场41（图9-8-21）

雌株，树龄500年，树高21.0m，胸径0.73m，冠幅9.2m×11.6m，位于山地，屋前。树冠卵形，生长旺盛，母干倾斜，倾角为10°。树基部有一树洞，宽0.13m，长0.3m，部分根裸露，高出地面0.15m，延伸0.5m。复干2个，基径0.1m，已断折，上有萌蘖，距母干0.3m，高2.0m。N=25° 57′ 57.4″，E=118° 19′ 09.6″，H=469m。

图9-8-16 尤溪县中仙乡善林村龙门场27（A）、28（B）、29（C）、30（D）

图9-8-17 尤溪县中仙乡善林村龙门场31（A）、32（B）、33（C）、34（D）

图9-8-18 尤溪县中仙乡善林村龙门场35（A、B）、36（C、D）

图9-8-19 尤溪县中仙乡善林村龙门场37

图9-8-20 尤溪县中仙乡善林村龙门场38

图9-8-21 尤溪县中仙乡善林村龙门场
（注：图A左～右.42、40、39、41；B、C、D、E.39-42）

尤溪县中仙乡善林村龙门场42（图9-8-21）

雌株，树龄500年，树高23.0m，胸径0.81m，冠幅14.0m×11.6m，位于山地，屋前。树冠塔形，生长旺盛。母干倾斜，倾角为7°。根部分裸露，高出地面0.25m，延伸0.3m。两大分枝，基径分别为0.47m、0.57m。39、41、42号植株，占地面积56.4269m^2。N=25°57′57.4″，E=118°19′09.6″，H=469m。

尤溪县中仙乡善林村龙门场43（图9-8-22）

雌株，树龄800年，树高20.0m，基径2.23m，冠幅14.1m×14.2m，位于路边、河边。树冠椭圆形，生长旺盛。树干有少量剥皮现象。复干5个，其中2个生长于母干外缘，胸径为0.4m、0.44m；另外3个则生长于母干内部，胸径分别为0.35m、0.49m、0.34m。萌蘖60个，最高2m，距母干0.1～1m。N=25°57′56.9″，E=118°19′15.3″，H=424m。

尤溪县中仙乡善林村龙门场44（图9-8-22）

雌株，树龄800年，树高17.0m，胸径0.40m，总胸围1.43m，冠幅10.0m×9.3m，位于山地，路旁。树冠倒卵形，生长旺盛。母干倾斜，倾角为15°，干身有藤本植物盘绕。复干2个，胸径分别为0.36m、0.20m，萌蘖8个，最高3m，距母干0.05～0.5m。N=25°57′55.5″，E=118°19′16.0″，H=469m。

尤溪县中仙乡善林村龙门场45（图9-8-22）

雌株，树龄800年，树高23.0m，基径1.35m，冠幅12.0m×8.0m，位于山地。树冠塔形，生长旺盛。分作2枝，基径分别为0.53m、0.46m。复干7个，胸径0.07～0.10m，高3.0～4.0m，萌蘖8个，高2m，距母干0.05～0.3m。N=25°57′55.5″，E=118°19′16.0″，H=469m。

尤溪县中仙乡善林村龙门场46（图9-8-22）

雌株，树龄800年，树高21.0m，基径1.96m，冠幅13.0m×14.6m，位于路旁。树冠圆形，生长旺盛。有树枝枯死。根部裸露，约1.0m^2。复干16个，其中5个有断枝现象；胸径0.32m以上7个，萌蘖100个，高约3.0m。N=25°57′54.5″，E=118°19′14.7″，H=482m。

尤溪县中仙乡善林村龙门场47（图9-8-23）

雌株，树龄500年，树高13.0m，胸径0.49m，冠幅8.0m×10.0m，位于河边。树偏冠，生长旺盛，主干倾斜，倾角为40°。有垂枝，有“树生树”现象，小树胸径为0.04m。靠近河半边根系裸露，延伸2.0m。N=25°58′54.3″，E=118°19′15.2″，H=498m。

尤溪县中仙乡善林村龙门场48（图9-8-24）

雌株，树龄500年，树高19.0m，胸径0.73m，冠幅16.0m×14.8m，位于山地。树冠塔形，生长旺盛。树干有一小洞，长出一棵刺生植物。复干3个，最大者胸径为0.4m，距母干0.42～0.9m。萌蘖100个，距母干0.05～1.8m，高1.5m。N=25°58′54.3″，E=118°19′15.2″，H=498m。

尤溪县中仙乡善林村龙门场49（图9-8-23）

雌株，树龄500年，树高20.0m，母干胸径0.43m，冠幅8.0m×10.0m，树冠塔形，生长旺盛。树干较光滑，有垂枝。复干1个，胸径0.22m。萌蘖70个，距母干0.1～1.2m，高2.0m。

图9-8-22 尤溪县中仙乡善林村龙门场43（A）、44（B）、45（C）、46（D）

图9-8-23 尤溪县中仙乡善林村龙门场47（A）、49（B）、50（C）、51（D）

N=25° 58′ 54.3″, E=118° 19′ 15.2″, H=498m。

尤溪县中仙乡善林村龙门场50（图9-8-23）

雌株，树龄500年，树高22.0m，母干胸径0.89m，冠幅14.4m×16.8m，位于山地。树冠圆形，生长旺盛。母干中空。复干2个，其中1个中空，胸径分别为0.25m、0.57m，距母干0.6～0.75m。N=25° 57′ 53.2″, E=118° 19′ 15.0″, H=460m。

尤溪县中仙乡善林村龙门场51（图9-8-23）

雌株，树龄500年，树高19.0m，母干胸径0.51m，冠幅11.0m×10.0m，位于山地。树冠塔形，生长旺盛。干有树洞。复干1个，胸径0.32m，萌蘖30个，距母干0.05～0.6m，高1.5m，有垂枝。N=25° 57′ 53.2″, E=118° 19′ 15.0″, H=460m。

尤溪县中仙乡善林村龙门场52（图9-8-25）

雌株，树龄500年，树高18.0m，母干胸径0.41m，冠幅10m×10m，位于山地。树冠圆形，生长旺盛。树干较光滑。几条根裸露，向外延伸1.5m。复干1个，胸径为0.22m。萌蘖100个，距母干0.05～0.9m，高1.5m。N=25° 57′ 53.2″, E=118° 19′ 15.0″, H=460m。

尤溪县中仙乡善林村龙门场53

雌株，树龄500年，树高17.0m，胸径0.41m，冠幅7.0m×11.4m，位于山地。树冠塔形，生长旺盛，树干较光滑。部分根裸露，向外延伸0.5m，萌蘖20个，距母干0.1～0.5m，高1.5m。N=25° 57′ 53.2″, E=118° 19′ 15.0″, H=460m。

尤溪县中仙乡善林村龙门场54

雌株，树龄500年，树高20.0m，胸径0.42m，冠幅6.4m×9.2m，位于山地。树冠卵形，生长旺盛。萌蘖20个，距母干0.05～0.45m，高1.2m。N=25° 57′ 53.2″, E=118° 19′ 15.0″, H=460m。

尤溪县中仙乡善林村龙门场55（图9-8-25）

雌株，树龄500年，树高25.0m，基径0.66m，冠幅17.0m×15.0m，位于路边。树冠塔形，生长旺盛。树干较光滑。复干2个，胸径分别为0.23m、0.18m，距离母干0.15m。萌蘖50个，高1.80m，距母干0.1～0.5m。N=25° 57′ 53.2″, E=118° 19′ 15.0″, H=460m。

尤溪县中仙乡善林村龙门场56

雌株，树龄500年，树高10.0m，胸径0.38m，冠幅6.0m×6.0m，位于山地。树冠伞形，生长情况较好。分作两枝，并在2m处被截。

尤溪县中仙乡善林村龙门场57

雌株，树龄500年，树高20.0m，胸径0.51m ，冠幅8.8m×8.0m，位于山地。树冠倒卵形，生长旺盛。树干光滑。萌蘖15个，高0.2～2.0m，距母干0.1～0.35m。N=25° 57′ 53.2″, E=118° 19′ 15.0″, H=460m。

尤溪县中仙乡善林村龙门场58（图9-8-25）

雌株，树龄500年，树高30.0m，胸径0.86m，冠幅12.0m×18.0m，位于山地。树冠塔形，生长旺盛，树干光滑，有藤本植物缠绕。N=25° 57′ 53.2″，E=118° 19′ 15.0″，H=460m。

尤溪县中仙乡善林村龙门场59（图9-8-25）

雌株，树龄500年，树高27.0m，基径1.11m，冠幅16.8m×14.0m，位于山地。树冠塔形，生长旺盛。树干上有蕨类植物。萌蘖20个，高0.1～2.0m，距母干0.05～0.4m。N=25° 57′ 53.2″，E=118° 19′ 15.0″，H=460m。

尤溪县中仙乡善林村龙门场60（图9-8-25）

雌株，树龄500年，树高28.0m，胸径0.38m，冠幅8.0m×10.0m，位于山地。树冠倒卵形，生长旺盛，母干较光滑，倾斜，倾角为7°。萌蘖80个，四周皆是，离母干0.15～0.4m，最高2.0m。N=25° 57′ 53.2″，E=118° 19′ 15.0″，H=460m。

尤溪县中仙乡善林村龙门场61（图9-8-25;9-8-26）

雌株，树龄500年，树高29.0m，胸径0.57m，冠幅14.0m×17.0m，位于山地。树冠倒卵形，生长旺盛。母干较光滑。萌蘖100余株，四周生长，距离母干0.05～0.6m，最高2.5m。N=25° 57′ 53.2″，E=118° 19′ 15.0″，H=460m。

尤溪县中仙乡善林村龙门场62（图9-8-26）

雌株，树龄500年，树高30.0m，胸径1.00m，冠幅15.5m×18.4m，位于山地。树冠塔形，生长旺盛。母干较光滑，树干上有藤本植物。N=25° 57′ 53.2″，E=118° 19′ 15.0″，H=460m。

尤溪县中仙乡善林村龙门场63（图9-8-26）

雌株，树龄500年，树高20.0m，胸径0.80m，冠幅13.6m×12.4m，位于山地。树冠塔形，生长旺盛。母干较光滑，有两分枝，基径均0.5m。N=25° 57′ 50.9″，E=118° 19′ 15.3″，H=498m。

尤溪县中仙乡善林村龙门场64（图9-8-26）

雌株，树龄500年，树高25.0m，基径2.39m，冠幅18.8m×23.6m，位于山地。母干从基部折断，基部有树洞，树冠塔形，生长旺盛。复干5个，胸径分别为0.74m、0.53m、0.45m、0.36m、0.29m。萌蘖50个，大部分萌蘖长在断开的母干上，高约1.5m，离母干最远0.3m。N=25° 57′ 50.9″，E=118° 19′ 15.3″，H=498m。

尤溪县中仙乡善林村龙门场65（图9-8-26；9-8-27）

雌株，树龄500年，树高19.0m，基径0.92m，冠幅12.4m×10.0m，位于山地。偏冠，生长旺盛。母干倾斜，倾角为12°，由6个复干紧贴在一起形成。萌蘖4个，最高3.5m，距母干最近则紧贴母干生长，最远为0.20m。N=25° 57′ 50.9″，E=118° 19′ 15.3″，H=498m。

图9-8-24 尤溪县中仙乡善林村龙门场48

图9-8-25 尤溪县中仙乡善林村龙门场
（注：图A左～右.61、59、58、55；B、C、D、E.52、58、59、60）

尤溪县中仙乡善林村龙门场66（图9-8-27）

雄株，树龄500年，树高31.0m，基径2.91m，冠幅10.0m×13.0m，位于山地。母干中空，已死，上有藤本及蕨类植物，树冠塔形，枝叶比较稀疏，复干12个，最粗者胸径0.56m，距母干最近则紧贴母干生长，最远为1.0m。萌蘖7个，距母干0.1～1.1m，高度3.0m。N=25° 57′ 50.9″， E=118° 19′ 12.0″，H=519m。

尤溪县中仙乡善林村龙门场67（图9-8-27）

雌株，树龄500年，树高17.0m，直径0.57m，冠幅11.2m×10.8m，位于山地。略偏冠，生长旺盛。树干光滑。复干1个，胸径0.36m。萌蘖5个，最高4m，离母干0.15～0.3m。N=25° 57′ 50.9″，E=118° 19′ 12.0″， H=519m。

尤溪县中仙乡善林村龙门场68（图9-8-26;9-8-27）

雌株，树龄500年，树高21.0m，基径0.99m，冠幅11.0m×15.2m，位于山地。树冠卵形，生长旺盛，树干光滑。复干2个，较大者胸径为0.36m，另12个较小复干已断，胸径0.13m。萌蘖30个，离母干0.05～0.3m，高1.0m。N=25° 57′ 50.9″， E=118° 19′ 12.0″，H=519m。

尤溪县中仙乡善林村龙门场69（图9-8-28）

雌株，树龄500年，树高23.0m，胸径0.35m，冠幅8.8m×9.0m，位于山地。树略偏冠，生长旺盛。干身有藤本植物缠绕。复干2个，胸径分别为0.25m、0.11m。萌蘖10个，高3.0m，离母干0.05～0.3m。N=25° 57′ 50.9″，E=118° 19′ 12.0″，H=519m。

尤溪县中仙乡善林村龙门场70（图9-8-28）

雌株，树龄800年，树高26.0m，基径1.78m，冠幅12.4m×14.0m，位于山地。树冠塔形，生长旺盛。母干中空。复干4个。萌蘖70个，距母干0.05～1.5m，高3.0m。N=25° 57′ 50.9″，E=118° 19′ 12.0″，H=519m。

尤溪县中仙乡善林村龙门场71

雌株，树龄500年，树高22.0m，胸径0.96m，冠幅10.5m×16.6m，位于山地。树冠伞形，枝叶稀疏。树干较光滑，濒危，干身有藤本植物。N=25° 57′ 50.9″，E=118° 19′ 12.0″，H=519m。

尤溪县中仙乡善林村龙门场72（图9-8-29）

雌株，树龄500年，树高20.0m，胸径0.57m，冠幅12.0m×11.4m，位于山地。枝梢枯死，复干4个，其中1个断折，其胸径分别为0.20m、0.27m、0.28m、0.19m，距母干0.3～0.6m。N=25° 57′ 50.9″，E=118° 19′ 12.0″，H=519m。

图9-8-26 尤溪县中仙乡善林村龙门场
（注：图A左～右. 63、64、65、68；B、C、D、E. 61、62、63、64）

图9-8-27 尤溪县中仙乡善林村龙门场
（注：A.65；B.66；C.67；D.68）

图9-8-28 尤溪县中仙乡善林村龙门场70（左）、69（右）

图9-8-29 尤溪县中仙乡善林村龙门场72

图9-8-30 尤溪县中仙乡善林村龙门场
（注：左到右75、74、73）

尤溪县中仙乡善林村龙门场73（图9-8-30）

雌株，树龄500年，树高22.0m，胸径1.19m，冠幅16.0m×10.8m，位于山地。树冠塔形，树枝分层，生长旺盛。树枝光滑。复干4个，胸径0.43m。N=25°57′50.9″，E=118°19′12.0″，H=519m。

尤溪县中仙乡善林村龙门场74（图9-8-30）

雌株，树龄500年，树高21.0m，胸径0.55m，冠幅9.5m×11.5m，位于山地。树冠塔形，生长旺盛。根部裸露，高0.2m，延伸0.4m。萌蘖1个，高2.0m。N=25°57′50.9″，E=118°19′12.0″，H=519m。

尤溪县中仙乡善林村龙门场75（图9-8-30）

雌株，树龄500年，树高20.0m，胸径0.36m，冠幅8.6m×12.0m，位于山地。母干内空，倾斜，倾角为10°，上有树洞，仅剩一半树皮，树枝分层。复干1个，胸径0.35m，萌蘖20个，距离母干0.05～0.5m，高3.0m。N=25°57′50.9″，E=118°19′12.0″，H=519m。

尤溪县中仙乡善林村

雌株，树龄500年，树高18.0m，胸径0.96m，冠幅10.0m×10.0m。枝叶茂盛，分枝13层，分枝角度张开，树冠外围结种枝多下垂。优良品种‘闽尤1号’：‘小佛手’，群众叫猪母杏。H=410m。

尤溪县联合乡东边村

雌株，树高20.0m，胸径2.01m，树龄600年，冠幅11.0m×12.0m，位于村里屋边。树势壮旺，主干高4m，分枝16层，最下层分枝开张角度大，侧枝上的结种枝多下垂，上中层分枝开张角度中等。该树为“多胚珠”优良品种‘闽尤2号’：佛手。H=640m。优株的雌花近半数为通常典型的双胚珠雌花，花柄较短粗1.3～2.2cm，胚珠发育饱满，结实率高。另有约30%的雌花花柄顶端着生星状3胚珠和4胚珠。3胚珠雌花，丰产年份结实率高，近50%的雌花3胚珠都能发育结实，群众称为三叉果。其余的3胚珠雌花，仅有1～2胚珠发育结实，其余胚珠萎缩，或在胚珠开始膨大始期整朵花带花柄自花柄基部分离脱落。星状4胚珠雌花仅有少数花顶端两胚珠发育结实形成双果，基部两胚珠萎缩不育，多数花自花柄基部分离脱落。多胚珠银杏不仅对银杏的系统的研究有重要的科学意义，也是培养新品种的一个重要的种质资源。

沙县高桥镇桂岩村A（图9-8-31）

雌株，树龄约800年，树高26.0m，胸径2.00m，冠幅15.6m×15.0m，偏冠，生长茂盛。位于山上路边低洼处。5代同堂，母干已死。复干5个，胸径分别为0.57m、0.51m、0.38m、0.19m、0.05m。萌蘖较少，5个。N=26°39′20.7″，E=117°51′04.7″，H=739m。

图9-8-31 沙县高桥镇桂岩村A

沙县高桥镇桂岩村B（图9-8-32）

雌株，树龄约280年，树高18.0m，胸径0.57m，冠幅20.0m×12.0m，位于山地。偏冠，生长茂盛。母干中空，长有青苔。复干6个，较大的胸径依次为0.54m、0.35m、0.25m、0.11m。，古树编号：350427105026。N=26°39′20.5″，E=117°51′03.8″，H=744m。

沙县高桥镇桂岩村C（图9-8-33）

雌株，树龄约160年，树高16.0m，胸径0.91m，冠幅14.0m×11.0m，位于山地。树冠塔形，生长茂盛。树干有较多凸起，有断枝。古树编号：350427105033。N=26°39′19.6″，E=117°51′02.4″，H=743m。

沙县高桥镇桂岩村

树龄130年，树高35.0m，胸径0.51m，冠幅6.0m×8.0m，古树编号：350427105034。

沙县高桥镇桂岩村

树龄280年，树高25.0m，胸径0.48m，冠幅8.0m×8.0m。古树编号：350427105024。

沙县高桥镇桂岩村

树龄300年，树高28.0m，胸径0.49m，冠幅12.0m×12.0m。古树编号：350427105025。

沙县大洛镇

树龄500年，树高35.0m，胸径1.06m，冠幅12.0m×14.0m。古树编号：350427107006。

沙县凤岗街道

树龄120年，树高24.0m，胸径0.48m，冠幅6.0m×5.0m。古树编号：350427001008

沙县虬江街道

树龄500年，树高28.0m，胸径1.80m，冠幅12.0m×13.0m。古树编号：350427002002。

沙县夏茂镇

树龄800年，树高26.0m，胸径0.96m，冠幅15.0m×15.0m。古树编号：350427102037。

沙县城关孔庙旧址学校院内

叶籽银杏。雌株，树龄100年，树高17.6m，胸径0.60m，冠幅15.0m×16.0m。该处现已建成高速公路。该树位于学校内，背面临近教学楼，南面为广场。1996年立牌保护，生长较差。这株马铃叶籽银杏北面邻近教室大楼，南面为开阔的广场，故树冠偏向南方。干高4.8m，南向第一分枝5.57m，有四层分枝，第一、二层分枝平展，末端下垂。第三、四层分枝斜张，开张角度小，树形似尖塔形。第一、二层分枝上的结种基枝（母枝）多下垂，平均长度为1.25m，最长达2.15m。基枝上每节都抽生2~3cm长的短枝。短枝和长枝上的叶片均为比较宽短的扇形叶，平均叶片宽为6.24cm，长为3.74cm，比一般的马铃类型的叶片偏小。着生果实的叶片更小，叶片平均宽为4.14cm，长为2.60cm，为该树正常叶片的46.4%。正常的种子为卵圆形，先端圆钝，基部稍平，种蒂微凸，不规则圆形，纵径3.0cm，横径2.3cm，平均单种重9.86g，出核率25%；种核椭圆形，先端钝尖，基部维管束成一凸尖。纵径2.40cm，横径1.7cm，厚1.5cm，单核重2.47g。着生在叶子上的种子发育不良，为长椭圆形，先端呈尾尖，成熟时橙黄色，被白粉，纵径2.1cm，横径1.5cm，为该树正常种子的41.8%。这株银杏历来结果很少，着生部位多在树冠内部第二层。主枝中部和基部、下垂结种基枝的弯曲部位或基部的短枝上。1993~1995年有5个形成叶籽银杏的短枝，但仅有一个连续出现叶籽银杏。

将乐县余坊乡隆兴村白头自然村

雌株，树龄600年，树高35.0m，胸径0.52m。树势壮旺，年年结实，雌雄二株并生。

将乐县余坊乡隆兴村白头自然村

雄株，树龄600年，树高34.5m，胸径0.54m。

泰宁县大田乡垒礤村七宝庵（图9-8-34）

雌株，树龄1200年，树高35.0m，胸径1.50m，冠幅8.0m×9.0m。据传为唐代所植，树冠形如宝塔。露出地面的侧根上衍生7棵大子树，排列整齐，似一堵天然屏障，把母树团团环抱。周围长出大小子树61株，母、子树至今生长旺盛，枝叶繁茂，年产干果250~300kg，1974年收干果490kg，材积达21m^3，覆盖面积0.54亩。当地人将其尊为“子孙满堂”的圣树。近年来，雌树的树心中长出2根翠绿的竹子来。远近的人们闻讯，觉得十分稀奇争往观看。

图9-8-32 沙县高桥镇桂岩村B

图9-8-33 沙县高桥镇桂岩村C

图9-8-34 泰宁县大田乡垒磜村七宝庵

图9-8-35 永春县仙夹镇夹际村上林郑氏祖厝边

建宁县里心镇岩上村

树高28.0m，胸径1.35m，树龄600年，树势壮旺。

建宁县黄坊乡

树龄750年，树高42.0m，胸径1.52m。2008年，福建省林业厅、省野生动植物保护协会选出全省第一批“树王”，三明市有10个树种入选，该树为其中之一。

永春县仙夹镇夹际村上林郑氏祖厝边（图9-8-35）

夫妻银杏，雌雄同株，树龄370年，雄株高20.0m，雌株高14.7m，雄株胸径1.34m，雌株胸径0.62m，冠幅18.0m×17.0m，位于田间。树冠圆形，生长旺盛。编号：06070092，保护单位：永春县人民政府。复干5个，胸径约0.10m。萌蘖50余个。雌树树干中空有断枝，树干长有较多青苔，树洞内有炭化痕迹。在距地面60cm处分为2枝，西杈为雄，东杈为雌，被当地百姓誉为“夫妻树”。其中雄株较大，枝繁叶茂，遮风挡雨，百般呵护着他的“妻子”；雌株较小，年年果实累累，繁衍着后代。据族谱记载，明末，上林始祖郑氏娶亲，新娘家特地选择了银杏树苗作为 “陪嫁树”，祈盼这对新人能像银杏“千里系姻缘，子孙繁万代”。两个新人亲手栽下了这棵希望之树。从此，银杏树茁壮成长，开花结果，百年不衰。而这对新人则相亲相爱，儿女满堂，代代兴旺，其子还考上了进士。这一奇趣奇闻，在当地传为佳话。N=25° 13′ 26.3″，E=118° 11′ 27.3″，H=694m。

德化县美湖乡向阳坑村

树龄500年，树高30.0m，胸径1.62m，冠幅10.2m×11.35m。

德化县葛坑镇湖头村

树龄500年，胸径1.50m。位于湖头村村东边。

德化县杨梅乡的丁荣自然村

树高26.0m，胸径1.00m，树龄500年。

华安县新圩镇华山村华山书院旧址

树高30.0m，胸径0.80m，树龄300年，冠幅9.0m×10.0m。躯干挺拔，树形优美。传说此树是明太仆陈天定从京都带来的。因为只有一棵，不知道它是雄是雌。每年没有开花，更不见结果，至今仍生长旺盛。

邵武市卫闽镇童阳际村

雌株，树龄400年，树高9.0m，胸径0.36m，冠幅8.0m×8.5m。

武夷山市吴屯乡瑞严寺（图9-8-36）

雌株，树龄1100年，树高28.0m，胸径1.89m，冠幅11.5m×12.3m。位于瑞岩寺大门右边。树冠塔形，生长旺盛，垂乳16个，较大的有4个，最大直径0.2m，长0.5m。复干2个，最大胸径0.1m，高度7.0m。树身多洞，树干中空。有40余萌蘖，高度1.0～1.5m，离母干最近则紧贴母干生长，最远为1.5m。'武夷1号'：早马铃。唐朝建寺时种植，又说为晋代所植，是福建树龄最大的古银杏树之一，树势壮旺。分枝18层，分枝角度中等，树冠椭圆。2层以上的主干也被雷劈断，1层侧枝基部长有10来个树奶，花期4月上旬，种熟期8月下旬。N =27° 50′ 27.8″，E =118° 08′ 56.5″，H=338m。

武夷山市洋庄乡坑口村茶劳山垦殖场

雌株，树龄1000年，树高30.0m，胸径2.01m。第3层分枝以上的主干被雷劈断，基部长满萌蘖、青苔。

武夷山市吴屯乡白花岩村

雌株，树高25.0m，胸径1.80m。

武夷山市吴屯乡岭根村

雌株，树高22.0m，胸径1.14m。

武夷山市吴屯乡麻山历村

雌株，树高25.0m，胸径1.32m。

武夷山市岚谷乡黎口村

雌株，1300年，树高21.0m，胸径1.65m，冠幅8.5m×7.4m。优良品种'武夷2号'：早马铃，植株位于武夷山市岚谷乡黎口村，屋后水沟边。主干高3m，胸围5.9m，长满了大大小小的乳瘤，分枝8层，主干已空心，中上层分枝已多次折断又再生更新，形成乱头形，但年年尚能结种。种熟期8月下旬，属早熟种。H=420m。

武夷山市星村镇桐木村庙湾（图9-8-37）

雄株，750年，树高20.0m，母干胸径1.10m，冠幅18.0m×17.0m，位于村前路边，武夷山自然保护区内。树冠塔形，生长旺盛，复干5个，最大者胸径0.50m，高度12.0m。离母干距离0.2～1.0m。大部分枝干长有青苔，枝干空心，树身上有小垂乳5个，树干基部有10多株萌蘖，高约0.3～1.5m。N =27° 46′ 50.0″，E= 117° 41′ 35.3″，H =836m。

武夷山市星村镇桐木村

树高38.0m，树龄500年，胸径1.66m，树势壮旺。

武夷山市下阳乡厅下村

雌株，树龄200年，树高8.0m，胸径0.89m，冠幅12.0m×11.0m。树冠呈乱头形。优良品种'武夷3号'，分枝5层。丰产，花期4月4～8日，种实8月中旬成熟，为早熟马铃。H=500m。共有50多株百年以上。

图9-8-36 武夷山市吴屯乡瑞严寺

图9-8-37 武夷山市星村镇桐木村庙湾
（注：箭头示垂乳）

图9-8-38 顺昌县大干镇宝山上湖村A

图9-8-39 顺昌县大干镇宝山上湖村B

建瓯市迪口镇西坑村池丹自然村

建瓯银杏王。雌株，树龄1000年，树高24.5m，胸径2.00m，冠幅18.0m×19.0m。1994年产果700kg，2001年产果实2500kg。

建阳市莒口镇金山东坑村

雌株，树龄1000年，树高30.0m，胸径1.21m，冠幅25.0m×25.0m。位于金山东坑村头，为一丛四蔸六棵古银杏，地面围径15.2m，根蔸占地面积90m²。该银杏因原母树遭雷击后而萌生形成，如“兄弟姊妹”，最大的胸围3.8m，最小的胸围2.6m，古银杏枝繁叶茂，犹如一把大伞遮天蔽日，年产杏果150～250kg。

建阳市麻沙镇江坊村

雌株，树龄123年，树高16.0m，胸径0.64m，冠幅12.0m×13.0m。这棵古银杏树，屹然耸立在村头的两座民房之间，经历了数百年的风霜雨雪，仍枝繁叶茂、郁郁葱葱。为保护这一神奇的古树，村里专门雇人看护，在村民的精心管护下，古树每年仍能结果50kg。

建阳市书坊乡饶坝村

雌株，树龄1000年，树高40.0m，胸径1.41m，冠幅22.0m×23.0m。每年结果1000kg。

顺昌县大干镇宝山上湖村

雌株，树龄700年，树高19.0m，胸径1.80m，冠幅8.0m×7.5m。优良品种‘闽顺1号’：卵果佛手。H=700m。

顺昌县大干镇宝山上湖村A（图9-8-38）

雌株，1000年，树高18.0m，胸径1.28m，冠幅11.5m×12.0m，位于房前。三大主枝，树冠塔形，生长旺盛。垂乳2个，生于树干，较大的直径0.1m，长0.2m。树干空心，有树洞，凹凸不平，长有青苔，树干基部有瘤状凸起，范围0.8m×1.5m。在树干基部2.0m处生有树中树，萌干垂直向上，生长旺盛。树干上有很多萌芽。附生雄树。在树干一侧2.5m处生长一直径约0.3m的雄株。N=26°53′54.6″，E=117°39′46.3″，H=786m。

顺昌县大干镇宝山上湖村B（图9-8-39）

雌株，树高19.0m，胸径1.37m，冠幅8.0m×10.0m，位于房前。树冠塔形，生长旺盛。母干1/5缺少树皮，中空。有断枝。复干2个，最大胸径0.35m，高8.0m，离母干距离0～1.0m。N=26°53′54.3″，E=117°39′46.4″，H=780m。

顺昌县大干镇宝山上湖村C（图9-8-40）

雌株，树高17.0m，胸径1.29m。冠幅10.0m×12.0m，位于房前。树冠圆形，生长旺盛。复干胸径0.24m，母干凹凸不平，长有青苔，有树洞。有3棵萌蘖。有垂乳2个，较小。N=26°53′53.8″，E=117°39′45.2″，H=775m。

顺昌县大干镇宝山上湖村D（图9-8-41）

雄株，胸径2.0m，位于高老庄东边的河边。母干倾倒断裂，复干1个，存活4个小枝，基径0.5m。N=26°53′55.2″，E=117°39′49.7″，H=766m。

顺昌县大干镇宝山上湖村高老庄E（图9-8-42）

雌株，树高18.0m，胸径1.25m，冠幅8.0m×9.0m，位于高老庄靠近后门的一侧，距F约2m。树冠塔形，生长茂盛。母干有断枝和树洞，树根裸露，高约0.2m，延伸1.0m。萌蘖10个。N=26°53′53.2″，E=117°39′49.0″H=782m。

顺昌县大干镇宝山上湖村高老庄F（图9-8-42）

雌株，胸径1.54m，树高17.0m，冠幅6.0m×5.0m，位于高老庄，距G约3m。偏冠，

图9-8-40 顺昌县大干镇宝山上湖村C

图9-8-41 顺昌县大干镇宝山上湖村D

图9-8-42 顺昌县大干镇宝山上湖村高老庄
（注：图1.F、G、E；2.E；3.F；4.G）

生长旺盛。树干凹凸不平，附生青苔。有断枝，根部萌蘖较多约40棵，高0.2～1.5m。N=26° 53′ 53.3″，E=117° 39′ 49.3″ H=780m。

顺昌县大干镇宝山上湖村高老庄G（图9-8-42）

雌株，胸径0.90m，冠幅6.0m×7.0m，位于高老庄。偏冠，生长旺盛。有断枝和树洞，是3株中最小的一株。有三大枝干。基部萌蘖较多，约40株。N=26° 53′ 53.3″，E=117° 39′ 49.3″ H=780m。

顺昌县大干镇宝山上湖村高老庄后院H（图9-8-43）

雌株，胸径1.09m，树高19.0m，冠幅11.8m×11.2m，位于房前。偏冠，生长旺盛。垂乳较多较小，有断枝，被加固。萌蘖约40株。N=26° 53′ 53.6″，E=117° 39′ 48.8″， H=789m。

顺昌县大干镇宝山上湖村高老庄后院I（图9-8-44）

雌株，树龄1000年，胸径1.46m，树高23.5m，冠幅12.0m×13.5m，位于房后。树冠塔形，生长旺盛。树枝分三层。垂乳约29个，最大者基径0.1m，长0.85m，垂乳有的生长于母干，有的生长于侧枝。有断枝，萌蘖较多并且生长在树干上。编号：01010120，保护单位：顺昌县大干镇土垅村。

顺昌县洋口镇田坪村上坪头

树龄124年，树高42.2m，胸径3.13m，冠幅15.5m×15.0m。该树三枝联体，老树虽历经千年沧桑，依然枝繁叶茂，生机盎然。

顺昌县郑坊乡榜山、陈村和虎头岑

有20多株古银杏。

浦城县九牧镇渭潭村

树龄600年，树高35.0m，胸径1.40m。单株材积15.86m³。冠形古雅，树势壮旺，树干奇特，自上而下绝似一口古钟，树皮呈灰褐色，苔痕密布，裂纹深纵，华盖亭亭，每到金秋，果实累累。此树被村民视为“风水树”，悉心保护。

浦城县水北街乡大口窑村

树高32.0m，胸径1.30m。

浦城县莲塘乡洪山村溪源

树高25. 0m，胸径1.50m。

浦城县濠村乡顶前村

有98株古银杏，H=800m。

浦城县濠村乡后濠村

有110株古银杏。

政和县铁山镇大岭村（图9-8-45）

树龄500年，树高20.5m，胸径1.20m，冠幅15.0m×13.03m。三干并生。

政和县铁山镇大岭村

树龄200年，树高21.2m，胸径0.89m，冠幅14.0m×12.0m。

政和县铁山镇大岭村

树龄500年，树高20.2m，胸径1.00m，冠幅18.0m×18.0m。

政和县铁山镇大岭村

树龄300年，树高19.2m，胸径0.78m，冠幅16.0m×14.02m。干并生。

漳平市双洋镇坑源村

雌株，树高24.0m，胸径1.41m。

漳平市双洋镇坑源村

雌株，树高10.0m，胸径1.12m。

漳平市双洋镇坑源村

雌株，树高19.0m，胸径1.05m。

漳平市双洋镇坑源村

雌株，树高20.0m，胸径1.02m。

漳平市双洋镇坑源村

雌株，树高15.0m，胸径1.01m。

漳平市双洋镇坑源村古顶坑

雌株，树龄1000年，树高21.0m，胸径1.62m。

漳平市双洋镇坑源村古顶坑

雄株，树高25.0m，胸径1.02m。

漳平市双洋镇坑源村长科

雌株，树高30.0m，胸径1.43m。

漳平市双洋镇坑源村下村

雌株，树高28.0m，胸径1.74m。

漳平市永福镇大坂村乌岩

雌株，树高21.0m，胸径1.62m。

漳平市永福镇福里村罗城自然村

树龄100年，基径1.00m。罗城自然村马承福家的3株银杏是上辈马志隆从河北保定引进种植，已砍过两次后再萌发的。

漳平市永福镇李庄村

雌株，树高21.0m，胸径1.08m。

漳平市永福镇李庄村

叶籽银杏。雌株，树龄309年，树高15.0m，胸径0.80m，冠幅12.0m×10.0m。

漳平市新桥镇易坑村山头安

雌株，树龄500年，树高24.0m，胸径1.27m。位于漳平市新桥镇易坑村山头安，王姓祖祠太原堂（该祖祠已有540多年历史，银杏树估计也在500年以上）的对面。

漳平市新桥镇易坑村

雄株，树高24.0m，胸径1.07m。

漳平市赤水镇大坑村

雌株，树高14.0m，胸径1.08m。

长汀县策武乡南坑村

"闽西银杏第一村"。

长汀县庵杰乡八宝山

雌株，树龄200年，树高14.0m，胸径0.39m。结果。位于田边。H=750m。

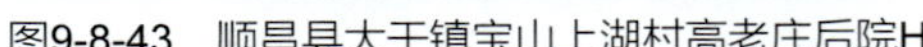

图9-8-43 顺昌县大干镇宝山上湖村高老庄后院H

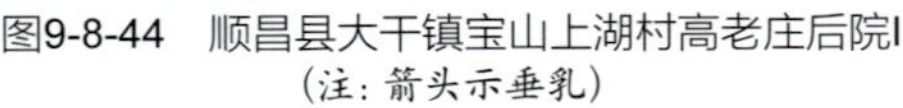

图9-8-44 顺昌县大干镇宝山上湖村高老庄后院I
（注：箭头示垂乳）

图9-8-45 政和县铁山镇大岭村

图9-8-46 上杭县蛟洋乡华家村凹A
（注：箭头示垂乳）

图9-8-47 上杭县蛟洋乡华家村凹B

长汀县南山镇中复村

雌株，树高15.0m，胸径1.08m，树龄800年。位于田边，结果。长汀县南山镇中复村水角哩的5株“姐妹树”的原株是胸围约3.40m的大银杏树，每年均结果，因树冠大，影响农田种植而被砍伐。现存的5个复干高均为15.0m，胸径分别为0.33m、0.21m、0.34m、0.33m、0.38m。H=300m。

上杭县蛟洋乡华家村凹A（图9-8-46）

雌株，树龄1000年，树高35.6m，母干胸径2.36m，冠幅25.2m×18.0m，位于村内。树冠塔形，生长旺盛，根部裸露，高约0.5m，延伸3.0m远。需7人合抱，群众说“没有华家村，先有白果树”，华家村是宋朝嘉定十二年（1219）迁进，证明这株银杏树已超千年。母干被雷击，上部已断，有大洞内有炭化痕迹，仅剩1/2树皮，有一枝已断，有复干3个，胸径分别为0.74m、1.41m、0.53m，垂乳1个，基径0.2m，长0.6m。萌蘖在树干一侧，约10株。N=25° 11′ 25.7″，E=116° 38′ 10.6″，H=700m。

上杭县蛟洋乡华家村凹B（图9-8-47）

雄株，树龄500年，树高26.0m，胸径0.64m，冠幅14.0m×18.4m，位于村内。偏冠，生长旺盛。复干9个，最大者胸径0.59m，高12.0m。萌蘖较多，约20个。该株与雌株相隔2.0m。N=25° 11′ 25.7″，E=116° 38′ 10.6″，H=700m。

武平县十方镇三角坪

雌株，树龄300年，树高17.0m，胸径0.50m，冠幅10.0m×12.0m。树叶茂密，树干笔直，隐约可见藏在树叶下的椭圆形果实。

武平县永平乡杭背村

树龄1000年，树高18.0m，胸径1.03m。至今仍枝叶茂盛，秀姿挺拔。

屏南县棠口乡

雌株，树龄400年，树高24.0m，胸径1.27m，冠幅8.0m×9.0m。树势健壮，分枝16层，基部分枝开展角度大，外围分枝密而不垂，中上层分枝角度中度。优良品种‘闽屏1号’：大马铃。H=720m。

霞浦县崇儒乡溪坪村

树龄500年，树高30.0m，胸径1.00m，冠幅12.0m×10.0m。该树系该村明朝显宦从京城带回所植，胸围2人合抱。

周宁县礼门乡秋楼村

雌株，树龄1000年，树高26.0m，胸径2.07m，据说植于宋朝。

福鼎市秦屿镇太姥山风景名胜区

雌株，树龄1000年，树高26.0m，胸径1.80m。该区域共有9株。

福安市

树龄200年。

福安市

树龄400年。

安徽省银杏古树资源

一 古树生境及地理气候指标

安徽省土壤类型主要有红壤、黄壤、黄棕壤、黄褐土、棕壤、粗骨土、砂姜黑土、潮土和水稻土，其中水稻土遍布全省，为面积最大的一种土壤，占总面积的23.32%。全省森林植被具有明显的从北到南的过渡特征，淮河以北属于暖温带落叶阔叶林地带，多杨、槐、桐；淮河以南属北亚热带长绿、落叶阔叶混交林地带和中亚热带长绿阔叶林地带，多松、杉、竹。

安徽省主要银杏分布区地理气候指标如表9-17所示。

二 古树分布及株数

安徽省共有16个市、105个县（市、区），有银杏古树分布的16个市，占100%，实测及统计1460株，其中396株具生长指标。据材料报道，安徽现分布有百年以上的古银杏树1000余株，其中六安地区500多株，池州地区30余株，安庆市50余株，滁州市30余株，宣城地区120余株，黄山市180余株，宿州市30余株，阜阳市20株，合肥地区20多株，其他地区10余株。其中65个县（市、区）有银杏古树分布，占61.90%，共有183个乡镇有银杏古树的分布（图9-17，表9-18）。

安徽主要集中在大别山区和皖南山区的金寨县、霍山县、宣城县、宁国县、广德县、石台县等。安徽金寨县自古以来就有栽培银杏的传统和习惯，历史上金寨就是银杏之乡。全县现有百年以上的古银杏500多株。金寨县沙河乡楼房村不仅仅是国家绿化委授予的"全国绿化村"，而且是闻名的银杏村。全村银杏树龄达100年以上的有120余株。徽州200～300年古银杏有70多株。

滁州的银杏栽培历史悠久。据《滁县县志》记载，清道光年间，全县有合抱银杏大树百余株。滁州市琅琊和南谯两区百年以上古树30株。这些银杏树分布在6个乡镇一个国营林场及市内单位院中。来安县100年以上的银杏古树共36株，现存18株，其中，千年以上的4株，550～1000年的9株，300～500年的4株，100～300年的1株。在18株银杏古树中，雌树13株，占72.3%，雄树5株，占27.7%。来安县南部区（三城、广大、汉河、相官、大英）最多，占现存银杏古树的55%；中部丘陵区（舜山、施官、龙山）第二，占现存古银杏的34%，北部山区较少，占11%。全椒县有100～500年古银杏10株，其中马厂镇4株、八波乡1株、黄栗树1株、管坝乡1株、三合乡1株、陈浅乡1株、界首乡1株。

歙县栽培利用银杏资源的历史始于汉代，目前县内还存留有唐代以后的百年以上的古银杏树100多株，散落分布于古村落、居宅、古祠堂、古道路、古寺院、古遗址等。歙县清凉峰自然保护区在朱家舍、大源、上坦白石崖三处有野生银杏小居群分布，最大居群为12株，共有16株。

广德县古银杏主要分布在梨山、四合、柏垫、新杭、卢村、独山、同溪、山北、砖桥、下寺等18个乡(镇)的72个行政村。保存388株。

三 古树生物学

1.性别

安徽省在已知性别的144株古银杏中，雌株109株，占75.69%；雄株35株，占24.31%。雌雄同株2株（图9-18）。

表9-17 安徽省主要银杏分布区地理气候指标

县（市）	经度	纬度	年均温（℃）	年降水量（mm）	无霜期（天）	年均日照时数（小时）	1月均温（℃）	绝对最低温度（℃）	≥10℃积温
合肥瑶海区	117° 03′	31° 41′ ～31° 57′	17.3	1000.0	238	2100			
繁昌县	117° 58′ ～118° 22′	30° 37′ ～31° 17′	15.3	1244.0	231	2068			
怀远县	116° 45′ ～117° 09′	32° 43′ ～33° 19′	15.4	900.0	218	2006			
凤台县	116° 21′ ～116° 56′	32° 33′ ～33°	15.1	900.0	216	2298	4.0	-24.7	4752
岳西县	115° 50′ ～116° 33′	30° 29′ ～31° 11′	14.5	1427.0	210	2091	3.3	-9.2	5295
歙县	118° 04′ ～118° 53′	29° 30′ ～30° 7′	16.4	1600.0	233	1930	3.8	-8.2	5172
来安县	118° 26′	32° 27′	15.0	994.6	217	2230	1.5		4700
临泉县	114° 52′ ～115° 31′	32° 35′ ～33° 08′	14.9	812.0	218	2553	0.1	-20.4	4800
宿州埇桥区	116° 58′	33° 38′	14.4	857.0	210	2230			
庐江县	117° 17′	31° 15′	15.9	1157.6	238	2019			
金寨县	115° 22′ ～116° 11′	31° 06′ ～31° 48′	15.0	1381.6	200			-16.7	4935
石台县	117° 24′	30° 06′	16.0	1626.0	220	1704		-8.9	
广德县	119° 33′	29 ° 52	15.4	1328.0	300	2196	3.2		4800

2. 树高

树高最高单株为46.0m，位于休宁县流口镇流口村；最矮单株为5.0m，位于怀远县荆芡乡涂山禹王宫；树高<10m的为6株，占1.62%；10～20m的为101株，占27.30%；20～30m的为187株，占50.54%；30～40m的为66株，占17.84%；40～50m的为10株，占2.70%。树高前十位单株：休宁县流口镇流口村（46.0m）、潜山县五庙乡程冲村（45.0m）、池州市贵池区棠溪镇枣园村里坑（45.0m）、宁国市青龙乡龙阁村（45.0m）、休宁县流口镇流口村（44.0m）、祁门县历口镇西塘村（42.0m）、歙县齐头镇金家岭村金川口（40.0m）、歙县齐头镇金家岭村金川口（40.0m）、来安县杨郢乡宝山村上庵岭回龙庵（40.0m）、含山县清溪镇白马行政村东赵自然村当家塘（40.0m）。

3. 树龄

树龄最大单株为2600年，位于萧县官桥镇皇藏峪天门寺；最小单株为100年，有9株；年龄在100～300年的为90株，占23.44%；300～500年的为56株，占14.58%；500～1000年的为142株，占36.98%；1000～2000年的为90株，占23.44%；2000～3000年的为6株，占1.56%。树龄前十位单株：萧县官桥镇皇藏峪天门寺（2600年）、宿州市埇桥区曹村镇闵祠村闵祠（2500年）、蒙城县岳坊镇母集村徐瓦坊村民组（2400年）、太和县旧县镇集南300m处（2000年）、宿州市埇桥区夹沟镇

图9-17 安徽省银杏古树分布图

表9-18 安徽省银杏古树分布地点及株数汇总

区（市）	县（市、区）	乡（镇）
合肥市（22株）	瑶海区（6株）	
	庐阳区（3株）	
	包河区（2株）	
	蜀山区（1株）	
	肥西县（1株）	
	巢湖市（4株）	银屏镇、苏湾镇、司集镇
	庐江县（5株）	汤池镇、砖桥乡
芜湖市（6株）	繁昌县（4株）	三山区峨山镇、繁阳镇、赤沙乡
	无为县（2株）	百胜镇、城关镇
蚌埠市（16株）	怀远县（13株）	荆芡乡、陈集乡、城关镇
	龙子湖区（3株）	
淮南市（4株）	八公山区（1株）	山王镇
	凤台县（3株）	城关镇、顾桥乡、大兴集乡
淮北市（2株）	相山区（1株）	
	濉溪县（1株）	铁佛镇
铜陵市（1株）	铜陵县（1株）	钟鸣镇

（续）

区（市）	县（市、区）	乡（镇）
安庆市（44株）	桐城市（2株）	塘湾镇
	怀宁县（1株）	高河镇
	枞阳县（2株）	浮山镇
	潜山县（1株）	五庙乡
	岳西县（24株）	魏岭乡、毛尖山乡、古坊乡、冶溪镇、温泉镇、响肠镇、头陀镇、主簿镇、黄尾镇、五河镇、中关乡、田头乡
黄山市（149株）	徽州区（2株）	潜口镇、西溪南镇
	黄山区（8株）	潭家桥镇、三口乡、永丰乡、汤口镇
	屯溪区（1株）	屯光镇
	休宁县（22株）	流口镇、鹤城镇、汪村镇、秀阳乡、山斗乡
	歙县（100株）	杞梓里镇、三阳乡、北岸镇、齐头镇、昌溪镇
	祁门县（16株）	渚口乡、箬坑乡、祁山镇、金字牌镇、溶口镇、历口镇、彭龙乡、雷湖乡
滁州市（82株）	南谯区（11株）	乌衣镇、施集镇、大柳镇、珠龙镇、施集镇、花山乡
	琅琊区（5株）	
	天长市（2株）	汊涧镇
	明光市（8株）	张八岭镇、管店镇、涧溪镇、女山湖镇、泊岗乡
	来安县（36株）	大英镇、汊河镇、舜山镇、杨郢乡、半塔镇、施官镇、龙山乡、三城乡
	全椒县（13株）	襄河镇、周岗乡、马厂镇、管坝乡、三合乡、陈浅乡
	定远县（1株）	三河镇
	凤阳县（6株）	武店镇、殷涧镇、红心镇、大溪河镇
马鞍山市（5株）	花山区（1株）	濮塘镇
	含山县（4株）	清溪镇、仙踪镇、铜闸镇、环峰镇
阜阳市（11株）	界首市（1株）	
	颍州区（1株）	
	颖泉区（1株）	伍明镇
	阜南县（1株）	王店政镇
	临泉县（4株）	城关镇、杨桥镇、张新镇、土陂乡
	太和县（3株）	城关镇、旧县镇、肖口镇
宿州市（24株）	埇桥区（15株）	夹沟镇、栏杆镇、褚兰镇、曹村镇、解集镇
	萧县（6株）	庄里乡、丁里镇、官桥镇、庄里乡
	泗县（3株）	瓦坊乡、丁湖镇
六安市（512株）	寿县（5株）	城关镇、
	金安区（1株）	孙岗镇
	霍邱县（3株）	临水镇、叶集镇
	金寨县（500株）	斑竹园镇、张冲乡、关庙乡、沙河乡、长岭乡、吴家店乡、前畈乡、天堂寨镇、汤家汇镇、花石乡、白塔畈乡
	霍山县（3株）	与儿街镇、白莲岩乡、上土市镇
亳州市（7株）	谯城区（2株）	
	涡阳县（2株）	张老家乡、曹市镇
	蒙城县（2株）	王集乡、岳坊镇
	利辛县（1株）	马店孜镇
池州市（161株）	贵池区（27株）	梅街镇、棠溪镇、牌楼镇、唐田镇、刘街乡
	东至县（2株）	葛公镇、木塔乡
	石台县（115株）	珂田乡、七井乡、横渡镇、大演乡、占大镇、丁香镇、贡溪乡、七都镇、七里镇、六都乡
	青阳县（17株）	九华镇

（续）

区（市）	县（市、区）	乡（镇）
宣城市（414株）	宣州区（2株）	水东镇、狸桥镇
	宁国市（14株）	霞西镇、青龙乡、仙霞镇、宁墩镇、汪溪镇、梅林镇、港口镇、桥头乡、中溪镇
	郎溪县（4株）	姚村乡、涛城镇
	广德县（388株）	山北乡、新杭镇、柏垫镇、四合乡、梨山乡、下寺乡、独山镇、卢村乡、砖桥乡
	绩溪县（3株）	临溪镇、荆州乡
	旌德县（3株）	孙村乡、庙首镇、白地镇
总计：安徽省银杏古树主要分布在16个市、65个县（市、区）、183个乡镇，共有1460株。		

西二郎寺（2000年）、宿州埇桥区解集镇鱼台小学院内（2000年）、凤台县城关镇凤台第一中学（1800年）、濉溪县铁佛镇曹楼村西小学（1700年）、郎溪县姚村乡盛村（1600年）、郎溪县姚村乡盛村（1600年）。

4.胸径

安徽省已知胸径的银杏古树共计380株（其中包括基径<1.0m 2株、1.0～2.0m 3株、2.0～3.0m 1株）。胸径最大单株为3.60m，位于岳西县中关乡李坂村；最小单株为0.32m，位于池州市贵池区牌楼镇店上村水冲；胸径<1.0m的为118株，占31.72%；1.0～2.0m的为221株，占59.41%；2.0～3.0m的为30株，占8.06%；3.0～4.0m的为3株，占0.81%。胸径前十位单株：岳西县中关乡李坂村（3.60m）、来安县杨郢乡宝山村上庵岭回龙庵（3.17m）、歙县昌溪镇镇中心(3.10m)、全椒县襄河镇邱塘村（3.00m，基）、祁门县雷湖乡王村（2.87m）、繁昌县三山区峨山镇新淮铜山寺（2.71m）、宁国市汪溪镇姚高村（2.71m）、祁门县历口镇西塘村（2.58m）、蒙城县岳坊镇母集村徐瓦坊村民组（2.57m）、黄山市徽州区潜口镇唐模村（原属歙县富堨镇唐模村）（2.52m）。

5.冠幅

冠幅最大单株为38.0m×38.0m，平均冠幅为38.0m，位于岳西县中关乡李坂村；最小单株为2.5m×2.5m，平均冠幅为2.5m，位于岳西县菖蒲镇白云寨村。冠幅前十位单株：岳西县中关乡李坂村（38.0m×38.0m）、黄山市徽州区潜口镇唐模村（原属歙县富堨镇唐模村）（33.0m×31.0m）、金寨县沙河乡罗坪村（30.5m×30.5m）、临泉县城关镇城西侧沈子国故城址（30.1m×30.1m）、郎溪县姚村乡盛村（30.0m×30.0m）、郎溪县姚村乡盛村（29.0m×29.0m）、来安县杨郢乡宝山村上庵岭回龙庵（28.0m×28.0m）、祁门县雷湖乡王村（27.5m×27.5m）、祁门县箬坑乡金山村降上组牯牛降古树林饭店旁（27.0m×27.0m）、金寨县张冲乡雷公庙（27.0m×27.0m）。

6.特异种质

垂乳银杏2株，复干银杏8株，雌雄同株2株。

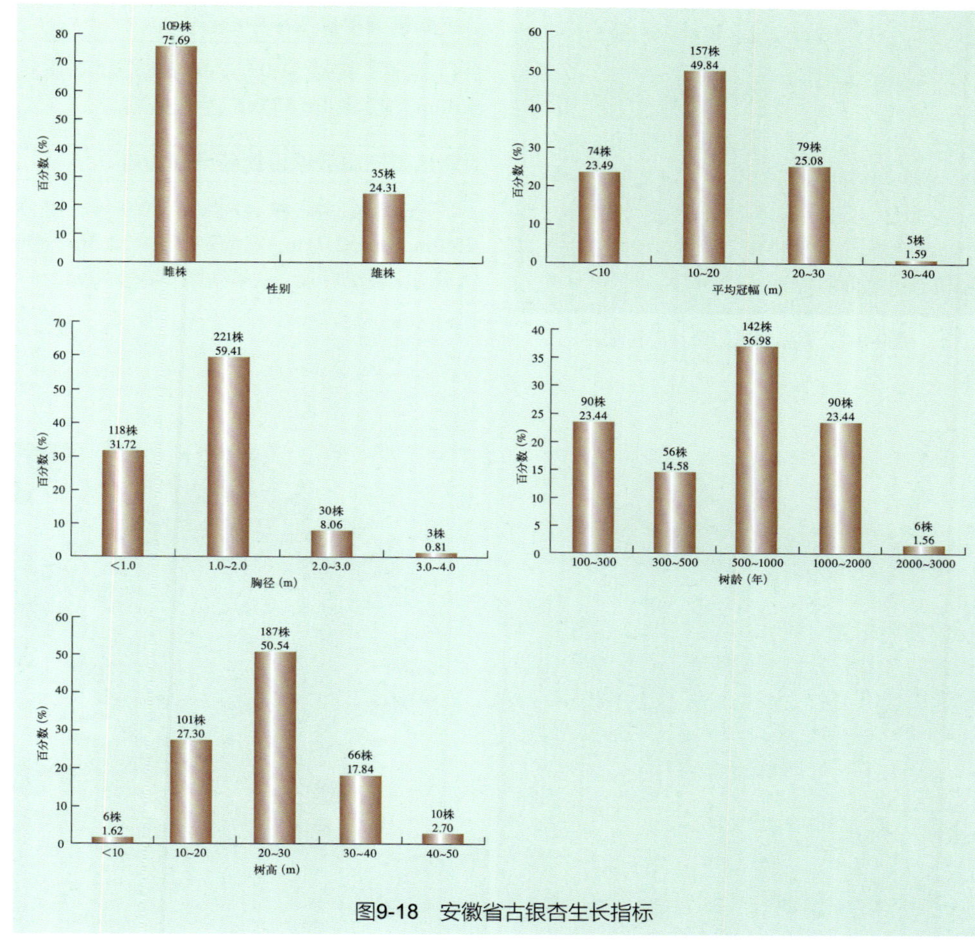

图9-18 安徽省古银杏生长指标

四 古树综合描述

合肥市瑶海区芜湖路72号包河公园包公祠

树龄100年。共有古银杏4株。

合肥市庐阳区庐江路64号省委宿舍大院

树龄130年，树高23.4m，胸径1.00m。生长情况较好。

合肥市庐阳区寿春路16号逍遥津公园动物园内

树龄100年，胸径0.50m。生长情况较好。

合肥市庐阳区寿春路16号逍遥津公园摄影部

树龄100年，胸径0.52m。生长情况较好。

合肥市瑶海区淮河路44号明教寺

树龄100年，树高14.0m，胸径0.64m，枝下高4.0m。生长情况较好。

合肥市瑶海区淮河路44号明教寺

树龄100年，树高16.0m，胸径0.55m，枝下高5.0m。生长较好，一主枝被锯掉，现存两大主枝。

图9-9-1 繁昌县繁阳镇大阳村朱冲

合肥市包河区芜湖路387号安徽医学高等专科学校

树龄200年，树高18.2m，胸径0.61m。2001年移植过来，古树编号：0017。

合肥市包河区芜湖路387号安徽医学高等专科学校

树龄300年，树高15.6m，胸径0.84m。2001年移植过来。

合肥市蜀山区市政府机关大院

树龄130年，胸径0.80m。生长情况一般。

肥西县清平乡清平中心学校

雌株，树龄500年，树高13.0m，胸径1.00m，冠幅8.0m×7.0m。生长旺盛。

繁昌县三山区峨山镇新淮铜山寺

唐代植。雌株，树龄1200年，树高25.0m，胸径2.71m，冠幅22.5m×22.5m。需6人环抱，枝繁叶茂，年年结果。编号：0943。

繁昌县赤沙乡马仁森林公园

树龄500年，树高35.0m，胸径1.91m，冠幅4.2m×4.2m。编号：0947。

繁昌县赤沙乡马仁森林公园

树龄500年，树高35.0m，胸径1.43m，冠幅4.5m×4.5m。编号：0948。

繁昌县繁阳镇大阳村朱冲（图9-9-1）

“连理树”。树龄700年，树高15.0m，胸径0.90m，冠幅7.0m×6.0m。双干树根部相依，至树中部相距也仅1m左右，当地人称之为“连理树”。 两棵树相依相偎，共同经历数百年风风雨雨，依然枝繁叶茂。复干高13.0m，胸径0.60m。

怀远县荆芡乡涂山纯阳道院1（图9-9-2）

垂乳银杏，公孙挂乳，“锅后泉”银杏。雌株，树龄1000年，树高17.0m，胸径0.73m，枝下高3.0m，冠幅12.0m×12.0m。树干挺直，生长旺盛，母干较光滑，根部裸露，高于地面0.4m，延伸1.5m，全身“挂乳”30余个，最长达41cm，长势很好，侧枝数9个，树冠圆球形。该银杏树位于禹王宫苍龙阁东锅后泉处，又叫“锅后泉”银杏。相传，古时大旱，宫中老道长为救生长于启母殿前枯死的古银杏中小银杏，将其移栽此处，幼树汲泉水，根深叶茂，形如巨伞，粗可合围，结出的白果有果无心，实乃奇观，树过千年才挂乳，今人称公孙挂乳，白果无心为涂山“双瑞”。N=32° 56′ 22.0″，E=117° 13′ 00.4″，H=344m。

怀远县荆芡乡涂山纯阳道院2（图9-9-2）

雄株，树龄200年，树高28.0m，胸径0.46m，冠幅18.0m×20.0m。距雌株大约4m处，2大侧枝，植株较小，生长旺盛，树干挺直，母干光滑，基部有萌蘖2株，高2.0m。N=32° 56′ 21.9″，E=117° 13′ 00.5″，H=344m。

怀远县荆芡乡涂山禹王宫1（图9-9-3）

“树中生树”。相传为大禹会诸侯时所栽。树龄1000年，树高23.0m，胸径1.15m。母树已经枯死，但树中空，内置一棵桃树，有“树中生树”之称。树周围有较多其他植物，无复干。N=32° 56′ 22.6″，E=117° 13′ 01.0″，H=343m。原株杈丫处垂乳十余，长者达30cm。原大成殿前后有四棵银杏树。宋哲宗元祐七年(1092)，苏东坡游览安徽怀远涂山，看到禹王宫启母殿前摩天耸立的两株银杏，盘根虬枝，老态苍苍，其中北侧一株银杏树干中竟又发出一株生意盎然的楮树，不禁令人

图9-9-2 怀远县荆芡乡涂山纯阳道院
（注：A、C、D.1；B.2；箭头示垂乳）

图9-9-3 怀远县荆芡乡涂山禹王宫1

图9-9-4 怀远县荆芡乡涂山禹王宫

图9-9-5 怀远县陈集乡君王村
（注：1. A、B、C；2. A；3. B；4. C）

称奇。再一打听此树植于何时，道士以古谣作答："先有树，后有山，禹王问树几千年。"又传说此树为大禹娶妻时手植，是与涂山氏女结婚的纪念；一说为禹与诸侯相会于涂山时敕封的神树。其高寿究竟几何?谁也讲不清楚了。于是东坡居士题写了一幅楹联：山外有山都如画，树中生树不知年。

怀远县荆芡乡涂山禹王宫（图9-9-4）

树龄1000年，胸径1.10m。大树已经死亡，桩高5.0m，树干中空，无新枝，树皮已完全脱落，只剩中空的基部。中间人为种植一棵较小的银杏树，胸径0.10m，树干挺直，母干光滑。生长旺盛。位于禹王宫1处东南角5m处。N=32° 56′ 22.6″，E=117° 13′ 01.0″，H=343m。

怀远县陈集乡君王村A（图9-9-5）

复干银杏，为秦汉遗址白果树。雌株，树龄1000年，树高36.0m，胸径1.03m，冠幅25.0m×26.0m。生长在菜园内，A、B、C三株呈三角形，A与B相距6.4m，A与C相距4.2m，B与C相距6.0m。树旁碑记为：秦汉遗址白果树。树冠圆形，树干挺直，母干较凹凸，树皮部分脱落，距地面向上1.15m处发生分支，胸围分别1.80m、1.84m，复干3个，最大高5.0m，胸径0.05m，距母干距离0.2～1.5m。旁边50余株萌蘖。有树乳，"树王"上有自然生成的"平台"、"桌凳"和"树穴"。N=33° 16′ 16.1″，E=117° 03′ 00.5″，H=26m。

怀远县陈集乡君王村B（图9-9-5）

雌株，树龄1000年，树高37.0m，胸径0.59m，冠幅21.0m×22.0m。生长于菜园内。树冠圆形，两大主干，另一树干胸径0.48m，旁生百余株萌蘖，距主干最远0.1～1.0m。N=33° 16′ 16.2″，E=117° 03° 00.6″，H=24m。

怀远县陈集乡君王村C（图9-9-5）

雌株，树龄1000年，树高33.0m，胸径1.69m，冠幅22.0m×23.0m，生长于菜园内。2大主干，母干胸径1.69m，另一树干胸径0.67m，树冠圆形，母干发生很多分支，着生在大树一侧，树干上部1m处左右中空，并有新植株长出，大树一侧枝干中空，中间有新植株长出。中间的小银杏一般0.1m左右。长势很好，周围有百余株萌蘖，树干凹凸不平，挺直。N=33° 16′ 16.2″，E=117° 03′ 00.6″，H=24m。

怀远县城关镇怀远一中A（图9-9-6）

雄株，树龄200年，树高33.0m，胸径0.70m，冠幅20.0m×22.0m，位于北大门门东，长势较好。树干挺直、光滑，树冠伞形，根部部分裸露，延伸0.7m外，基部有5株萌蘖。N=32° 57′ 20.9″，E=117° 11′ 26.8″，H=30m。

怀远县城关镇怀远一中B（图9-9-6）

雄株，树龄200年，树高35.0m，胸径0.68m，冠幅25.0m×27.0m。位于校园内北大门门西。树干生长旺盛，树干挺直，母干光滑，树冠伞形5大侧枝。N=32° 57′ 20.9″，E=117° 11′ 25.7″，H=34m。

怀远县城关镇怀远一中C（图9-9-6）

雌株，树龄200年，树高37.0m，胸径

图9-9-6 怀远县城关镇怀远一中
（注：1. A；2. D；3. C；4. B）

0.54m，冠幅15.0m×16.0m，生长于校园内。生长旺盛，树冠伞形，2大侧枝，中间包裹一石柱。N=32° 57′ 20.3″，E=117° 11′ 27.1″，H=29m。

怀远县城关镇怀远一中D（图9-9-6）

垂乳银杏。雌株，树龄200年，树高28.0m，胸径0.68m，冠幅14.5m×14.5m，生长于校园内。树冠圆形，生长茂盛，枝叶繁茂，长势很好。根部部分裸露，延伸1m。具枝生垂乳1个。N=32° 57′ 16.4″，E=117° 11′ 26.0″，H=35m。

蚌埠市龙子湖区锥子山栖岩寺

雌株，树龄800年，树高20.0m，胸径2.26m，冠幅20.0m×20.0m。清光绪《凤阳县志》记载："山腰有栖岩寺……寺后有银杏一株，围可二丈，盘根石缝间，枝有乳下垂。僧寺银杏大者颇多，此树较异。"该银杏现仍结有少量果实。大约在清末曾遭雷击损伤，后又被人为火烧，使树干中心木质逐渐朽空。现树体几乎分裂成三株模样，干心2m下全空分离，上部三主枝及部分侧枝均有部分相联，相互支撑生长，仍为一株整体。

"老树高不休，雷怒焚其首。树死心不甘，孙枝从旁走。"由于枯朽部分时长时消，老树皮层却盎然不倦地紧贴残干由两侧向中间包拢生长，其老残不屈之态，令人敬畏。相传，当年朱元璋的母亲携幼小的朱元璋逃荒来到银杏树下，栖身于树旁巨型石岩下的石洞中，在石上、树下晒过朱元璋的尿布。这块椭圆形3m多高的巨石因此便被人就洞开凿成石屋，供奉石佛，香火不断。栖崖寺清代末年毁圮，荒芜的遗址上惟存久失暮鼓晨钟的银杏古树伴着坚硬冰冷的石龛，相度残年。老枝上早年生出的下垂树乳，时伸时缩，并有逐渐干瘪的趋向。目前没有任何的保护措施，任其艰难地生长。古树虽属林场管辖，但铁路仓库却挤占了古树生长的地盘，对保护古树极有影响。推算古树应具有800多年的坎坷而强韧的生存历史。

蚌埠市龙子湖区锥子山栖岩寺

树龄1000年，树高18.5m，胸径1.10m，冠幅20.0m×20.0m。上海湘江集团捐赠2株。

蚌埠市龙子湖区锥子山栖岩寺

树龄1000年，树高15.2m，胸径1.20m。

淮南市八公山区山王镇闪冲村清真寺

树龄1000年，树高18.0m，胸径1.31m，冠幅25.0m×25.0m。古树编号：0478。

凤台县城关镇凤台第一中学

三国时东吴大将周泰花园的观赏植物，淮南市一级古树名木。树龄1800年，树高28.0m，胸径2.00m，冠幅24.0m×26.0m。编号：0481。根部向周围凸出地面30～40cm。这棵古银杏树历尽了世态沧桑，经历了坎坷的折磨，三国争雄、吴楚争霸、逐鹿中原、两晋纷争，历代王朝的更替，记述了近两千年的史实。古时群众寄予很多神话传说，白果老爷、巨蟒大虫、医病免灾，又传说怀远林姓旅客，拴马在树下休息，马鞭拴在树上，因赶路匆忙，忘记了马鞭子，回到家中洗脸时，盆中现一白果树影，树枝上挂着马鞭子。这些神话了的老银杏树成了群众崇拜的对象，于是祈福的、求药的，经常不断，南面空地上树立了七八对旗杆，树旁香烟缭绕。1938年7月，日本侵略者占领了凤台，拆掉了文昌宫，又在树上搭起了望哨。一天夜里，倾盆大雨，雷电交加，老银杏树西南从顶到根约两尺多宽的树皮被雷击掉，日军在遭到"人怨"的同时又看到如此惊人的"天怒"，于是就撤去了望哨，龟缩在碉堡中了。1945年这里办了学校，老银杏树被围在校园内，凤台解放了，创办凤台中学，清晨早读，银杏树下书声琅琅，老银杏树"得其所哉"又焕发了青春。

凤台县顾桥乡寺西小学

树龄1300年，树高18.6m，胸径1.75m。编号：0482。

凤台县大兴集乡银杏村

雄株，树龄1500年，树高25.0m，胸径2.20m。此村以前有一颗很大的银杏树，好几个成年人才能环抱一周，相传三国时期刘备还在此树上栓过马，因此村中人甚是以之为豪。在这棵树下还有一个银杏庙，此树甚大加之此庙位置得天独厚，因此游人络绎不绝，故而得名银杏村远近闻名。新中国成立之后改革开放之前，由于生活困苦，当地人民把此树劈了当柴烧了。

马鞍山市花山区濮塘镇濮塘自然风景区白母园

宋代银杏，白母抱皇儿。树高22.5m，胸径1.20m，冠幅22.0m×23.0m，树龄1184年。该树在花山区白母园，此处有"龙泉"，泉旁有一株千年古银树（种植于宋朝828年）参天而立。树冠覆盖面积达500m^2，树围约5～6人合抱。树干在2m处一分为二，最值得称奇的是此树树丫中又生出一株合抱的黄连木，故称此景为白母抱皇（黄）儿。这株千年古银杏并不多见，四周郁郁苍苍的树木，氧气、雨水充足。虽说"年岁"已高，依然枝繁叶茂、苍劲挺拔显示着顽强的生命力。已列为重点保护和开发景区规划。

淮北市相山区相山公园显通寺（相山庙或寺）中院

雌株，树龄1000年，树高30.0m，胸径1.11m，冠幅20.0m×20.0m。编号：0004。相山庙位于相山主峰南麓，坐北朝南，四进大院，52间房，占地2万m^2，是本市现存历史最久的古建筑和最重要的观览景点。西晋太康五年（284），武帝司马炎下诏，令各国诸侯祀界内山川，为此，地方主管沛国令郭卿主持兴建相山庙，以供奉相山之神。相山庙供奉的本是相山神，后来不知何时改称"明上王"。北宋神宗元丰八年（1085）敕赐“显通庙”额。现今官方称其为“显通寺”。而广大民众仍习惯称其本名“相山庙”。

濉溪县铁佛镇曹楼村西小学

雌株，树龄1700年，树高31.0m，胸径1.92m，冠幅27.0m×26.0m。编号：0005。树根四通八达，延伸1km^2，是淮北市最为雄伟的一株古树，在相距6km的岳集即能看到其高展的树姿。大小树杈几千枝，夏天树阴遮地600m^2，其中主树杈面积之大令人称奇，上面能摆一个方桌4个人围着打牌。树上有鸟巢100多个，其中丹顶鹤巢就有30多个，鸟类有几十种，有时有成千只鸟在此栖息。每到秋天果实累累，1982年结果达1000kg。据曹氏大型墓碑载：“公祖居河南，惠王之裔，明初时迁于涣北白果树左，由来九世矣……”明代初年曹氏祖先迁于“白果树左”时，作为一方地理标志的银杏必已成相当的大树。

铜陵县钟鸣镇闸口胡村（图9-9-7）

复干银杏，“银杏王”。雌株，树龄1000年，树高26.0m，胸径1.59m，冠幅20.0m×20.0m。树上标志牌写有“千年银杏王”，编号：0540。在其根蔸萌生4株小银杏，每株树围也有1m多。这样一老四小高大少见的古银杏树更是铜陵树中珍宝。

桐城市文昌街道桐城中学

雄株，树龄250年，树高27.2m，胸径0.89m，冠幅16.6m×18.0m。这株银杏是清代著名桐城派文学大师姚鼎(惜抱)先生的书屋“惜抱轩”旁之树。

桐城市塘湾镇蒋潭村

雌雄同株（嫁接），树龄400年，树高20.5m，胸径1.46m，冠幅20.0m×21.0m。树上标志牌记载：树龄400年，国家二级保护树种，古树编号078。树身下面枝丫开雄花，树身上的2个枝丫开雌花，桐城市林业局高级工程师孙玉雷认为，该树可能是在很早时期人们在原本是雄树的枝条上嫁接上雌穗所致。该树生长旺盛。

怀宁县高河镇平安村白园组

“姐妹银杏”。雌株，树龄110年，树高18.0m，胸径0.45m。根部连在一起，双双结果，故群众称“姐妹银杏”，它们大小相近，生长旺盛，结实多，年株产150kg以上，年收入两三千元，是代代相传的“摇钱树。

枞阳县浮山镇浮山风景区（森林公园）会圣岩寺

植于清代，“子孙三代同堂”或“父子银杏”。雄株，树龄500年，树高25.0m，胸径1.01m，冠幅17.0m×18.0m。是清康熙庚戌（1670）年，会圣岩寺佛教徒第十七代和尚跛足禅师引种。已建档、挂牌。从大银杏树根部又萌生2棵小银杏，当地人形象地称之为称“子孙三代同堂”或“父子银杏”，现象奇特。

枞阳县浮山镇浮山小学

已建档。

潜山县五庙乡程冲村

雌株，树龄410年，树高45.0m，胸径2.10m，冠幅25.0m×26.0m。明代万历年间，程氏先祖定居时所植。是全市最高的一株银杏，亦是潜山县最大的古银杏。

岳西县魏岭乡杨河村储氏祠堂

雌株，树龄1100年，树高22.5m，胸径1.37m，冠幅22.0m×24.0m。唐代所植，是安庆银杏树龄最老的一株。

岳西县毛尖山乡平精村

雌株，树龄1000年，树高20.0m，胸径1.50m，冠幅18.0m×11.0m。在2.0m处分为2个主干，均较粗壮。

岳西县古坊乡民胜村

树龄400年，树高30.0m，胸径1.20m。

岳西县冶溪镇溪河村脑上组

1雌1雄，树龄1000年，树高28.5m，胸径1.97m。冶溪镇共有4株古银杏。该处2株，母树主干已空，原先此树有个3.0m高的树洞，洞口仅一尺来高。1965年，村里一老者讨厌树洞中的刁老鼠糟蹋庄稼，遂用干草和木屑在洞内熏烧，结果烧着了树的“内脏”。

岳西县温泉镇凤形村

树龄700年，树高16.0m，胸径1.46m，冠幅13.0m×13.0m。编号：0832。

岳西县温泉镇石台村刘坂

树龄550年，树高20.0m，胸径1.18m，冠幅9.0m×9.0m。编号：0833。

岳西县响肠镇请水寨村

树龄800年，树高25.0m，胸径2.13m，冠幅24.0m×24.0m。编号：0837。

岳西县头陀镇东坡村

树龄500年，树高30.0m，胸径1.19m，冠幅15.0m×15.0m。编号：0839。

岳西县主簿镇白果村

树龄500年，树高35.0m，胸径1.68m，冠幅18.8m×18.8m。编号：0840。

岳西县菖蒲镇白云寨村

树龄500年，树高20.0m，胸径1.91m，冠幅2.5m×2.5m。编号：0841。

岳西县黄尾镇平等村

树龄600年，树高35.0m，胸径1.62m。编号：0843。

岳西县五河镇石畈村

树龄500年，树高26.0m，胸径0.76m，冠幅15.0m×15.0m。编号：0850。

岳西县五河镇永乐村

树龄600年，树高22.0m，胸径1.21m，冠幅15.0m×15.0m。编号：0852。

岳西县五河镇永乐村

树龄600年，树高21.0m，胸径0.96m，冠幅14.0m×14.0m。编号：0855。

岳西县五河镇永乐村

树龄500年，树高25.0m，胸径1.15m，冠幅17.0m×17.0m。编号：0857。

岳西县五河镇永乐村

树龄500年，树高25.0m，胸径1.11m，冠幅17.0m×17.0m。编号：0858。

岳西县五河镇永乐村

树龄500年，树高25.0m，胸径1.11m，冠幅17.0m×17.0m。编号：0859。

图9-9-7 铜陵县钟鸣镇闸口胡村
（注：1. 全貌；2. 局部）

岳西县五河镇永乐村

雌株，树龄870年，树高30.0m，胸径2.23m，冠幅25.0m×24.0m，是安庆最粗的银杏树，北宋末年所植。

岳西县五河镇英榜村

树龄500年，树高21.0m，胸径1.02m，冠幅14.0m×14.0m。编号：0860。

岳西县中关乡李坂村

树龄800年，树高28.0m，胸径3.60m，冠幅38.0m×38.0m。编号：0874。

岳西县田头乡闵山村

树龄600年，树高32.0m，胸径0.92m，冠幅14.0m×14.0m。编号：0876。

黄山市徽州区潜口镇唐模村（原属歙县富堨镇唐模村）

植于唐代，“白果仙翁”。雌株，树龄1379年，树高21.5m，胸径2.52m，冠幅33.0m×31.0m。编号：0550。千年银杏树是唐模村的一大奇观。相传为唐模的始祖唐朝越国公汪华的后裔汪思立所植。大树粗至要十几个人才能合抱，令人称奇的是，历经沧桑，寿逾千年的这棵古树，不仅依然郁郁葱葱，而且金秋时节，果实累累。难怪民间有千年古树成精“白果仙翁”的美妙传说。由此这棵古树也成了唐模建村的标志。相传早年树干上曾挂过“唐朝古树，不得侵犯”的木牌。

唐模是一座位于黄山南麓的古村落，它始建于唐，兴盛于明、清两代，该村历史悠久，人文积淀深厚。据说唐太宗贞观六年（632），汪思立曾选定了3处建村地点，并各栽种了一株银杏树。2年后，当他看到栽种于唐模的银杏树生长最为旺盛后，遂决定在此落户建村。故先有银杏树，后有唐模村。因此，银杏古树至2011年树龄当为1379年，这与汪氏已衍传的家谱事实相符。清末翰林许承尧（1873～1946）对唐模银杏情有独钟，1901～1902年间，他曾写下了《诘老树》和《老树对》一组两首的古体诗，赋予古树以人格内涵，并借树抒怀。《老树对》曰：“老树开口忽致词，我有怒骂有笑嬉。夜半喁于杂风雨，絮絮告君君不知。浩劫但凭天，立脚不移地。冰霜雨露平等观，区区兵火斧斤乌足避？百物生世间，成亏有早迟。君且归休莫相吓，看我闲闲自娱老。”20世纪90年代初，唐模银杏因为保护不当而濒临枯萎，1994年4月，有关林业专家采取“异体嫁接输养技术”，在这株古树旁另植了3株小银杏树，才使得唐模银杏得以枯木逢春。1998年4月10日一场龙卷风，刮倒了村中许多屋舍、院墙，古树下侧一户的房顶也被掀掉，而银杏树上仅有一些小枝条被吹落，整体树株却安然无恙。

图9-9-8　黄山市黄山区汤口镇寨西居委会查木岭组

黄山市徽州区西溪南镇西溪南村

树龄500年，树高20.0m，胸径1.63m，冠幅14.0m×14.0m。编号：0799。

黄山市黄山区谭家桥镇

树龄800年。编号：0811。

黄山市黄山区三口乡

树龄600年。编号：0812。

黄山市黄山区永丰乡

树龄1200年。编号：0822。

黄山市黄山区汤口镇寨西居委会查木岭组（图9-9-8）

树龄800年，树高27.0m，胸径2.04m，冠幅20.0m×25.0m。编号：0807。

黄山市黄山区汤口镇寨西居委会查木岭组

树龄800年。编号：0808。

黄山市黄山区黄山桃花峰

树高20.0m，胸径1.06m。林内还有许多银杏幼树。这种在深山野岭的银杏自然群落，与黄山早期人为活动与野生动物传播相关，因而被视为野生或半野生状态的银杏。H=850m。

黄山市黄山区黄山桃花峰

树高17.0m，胸径0.95m，生长于林内。H=850m。

黄山市屯溪区屯光镇湖边村

树龄510年，树高27.0m，胸径1.18m，冠幅10.2m×10.2m。编号：0824。

黄山市黄山区黄山云谷景区

树龄1000年，树高26.0m，胸径1.00m。

休宁县流口镇流口村

树龄500年，树高31.0m，胸径1.08m，冠幅7.0m×7.0m。编号：0631，权属：集体。

休宁县流口镇流口村

树龄500年，树高26.0m，胸径0.99m，冠幅13.0m×13.0m。编号：0632，权属：集体。

休宁县流口镇流口村

树龄600年，树高39.0m，胸径1.04m，冠幅11.0m×11.0m。编号：0633，权属：集体。

休宁县流口镇流口村

树龄500年，树高46.0m，胸径1.18m，冠幅8.0m×8.0m。编号：0634，权属：集体。

休宁县流口镇流口村

树龄1000年，树高44.0m，胸径1.57m，冠幅13.5m×13.5m。编号：0635，权属：集体。

休宁县鹤城镇用余村

树龄500年，树高23.0m，胸径0.99m，冠幅10.2m×10.2m。编号：0659，权属：集体。

休宁县鹤城镇樟田村

树龄700年，树高12.0m，胸径1.46m，冠幅3.2m×3.2m。编号：0669，权属：集体。

休宁县鹤城镇樟田村

树龄700年，树高32.0m，胸径1.59m，冠幅7.8m×7.8m。编号：0670，权属：集体。

休宁县鹤城镇四门村李家

树龄1000年，树高26.0m，胸径0.57m，冠幅5.2m×5.2m。编号：0677，权属：李家村民组。

休宁县鹤城镇冯村

树龄1000年，树高27.0m，胸径1.21m，冠幅12.5m×12.5m。编号：0683，权属：集体。

休宁县鹤城镇冯村

树龄800年，树高30.0m，胸径0.80m，冠幅10.5m×10.5m。编号：0685，权属：集体。

休宁县鹤城镇冯村

树龄500年，树高23.0m，胸径0.64m，冠幅9.5m×9.5m。编号：0686，权属：集体。

休宁县鹤城镇冯村

树龄1200年，树高35.0m，胸径1.11m，冠幅15.5m×15.5m。编号：0687，权属：集体。

休宁县鹤城镇冯村

树龄1200年，树高32.0m，胸径2.23m，冠幅22.5m×22.5m。编号：0689，权属：集体。

休宁县鹤城镇冯村

树龄800年，树高19.0m，胸径1.59m，冠幅15.0m×15.0m。编号：0690，权属：集体。

休宁县鹤城镇右龙村

雄株，树龄1000年，树高26.0m，基径2.13m，冠幅18.6m×22.0m，枝下高3.2m。干基围6.7m，侧枝数15个，分枝角度75°，冠形不规整。树皮灰褐色。编号：0696，权属：集体。

休宁县汪村镇回源村

树龄500年，树高28.0m，胸径1.34m，冠幅11.0m×11.0m。编号：0697，权属：集体。

休宁县汪村镇汪村

树龄500年，树高35.0m，胸径1.40m，冠幅17.5m×17.5m。编号：0698，权属：集体。

休宁县汪村镇田里村

树龄500年，树高33.0m，胸径1.11m，冠幅14.0m×14.0m。编号：0708，权属：集体。

休宁县鹤城镇王家田水口

树龄800年，树高22.0m，胸径0.76m，冠幅14.0m×14.0m。权属：集体。

休宁县秀阳乡中心村

树龄500年，树高19.0m，胸径1.31m，冠幅19.0m×19.0m。编号：0712，权属：集体。

休宁县山斗乡青山村

树龄500年，树高22.0m，胸径1.08m，冠幅9.0m×9.0m。编号：0717，权属：集体。

歙县杞梓里镇外蟠村

雄株，树龄1000年，树高25.0m，胸径1.01m，冠幅18.5m×20.5m。

歙县三阳乡慈坑村至昱岭关的徽杭古道

雌株雄株均有，树龄600年，树高23.0m，胸径1.45m。

歙县北岸镇伏山岭山头

雌株，树龄630年，树高25.0m，胸径1.69m，冠幅8.0m×8.0m。编号：0551。

歙县齐头镇金家岭村金川口

雄株，树龄500年，树高40.0m，胸径1.00m。明代种植的一雌一雄2株古银杏树，在村宅的上、下冲口各一株，是明代金川立村时所植的风水树。

歙县齐头镇金家岭村金川口

雌株，树龄500年，树高40.0m，胸径1.00m。

歙县昌溪镇镇中心

树龄600年，树高20.0m，胸径3.10m，冠幅23.0m×21.0m，因火灾，20m高空处的树身、树冠受损。

祁门县渚口乡渚口村上港滩

树龄800年，树高25.0m，胸径1.63m，冠幅12.0m×14.0m。编号：0610。树势茂盛。在清朝某年，洪水泛滥成灾，溪河下游受阻，村内一片汪洋，人畜房屋全被淹没，唯独生长在村中小丘上的一棵银杏大树伸出水面，救下了十数人的性命。至今，当地村居里的人们仍不忘此树的救命之恩德，年年焚香祭拜。

祁门县箬坑乡金山村降上组牯牛降古树林饭店旁

雌株，树龄500年，树高35.0m，胸径1.59m，冠幅27.0m×27.0m。编号：0624。

祁门县祁山镇联溪村

树龄1000年，树高25.0m，胸径1.43m，冠幅17.5m×17.5m。编号：0580。

祁门县金字牌镇龙坑村

树龄500年，树高27.0m，胸径1.34m，冠幅10.0m×10.0m。编号：0583。

祁门县溶口镇溶光村

树龄600年，树高15.0m，胸径0.96m，冠幅7.5m×7.5m。编号：0600。

祁门县溶口镇溶光村

树龄600年，树高35.0m，胸径1.59m，冠幅22.5m×22.5m。编号：0601。

祁门县溶口镇溶光村

树龄600年，树高32.0m，胸径0.89m，冠幅6.0m×6.0m。编号：0602。

祁门县历口镇淑里村

树龄800年，树高35.0m，胸径1.37m，冠幅16.0m×16.0m。编号：0604。

祁门县历口镇武陵村中井

树龄300年，树高32.0m，胸径1.82m，冠幅21.0m×22.0m。树前有一祠堂叫“中和堂”，始建于清代嘉庆二十四年（1819），那时这棵银杏就颇为粗大了。因为在当地百姓中流传着一个故事：据说中和堂是当时居住在其东面的一冯姓富商襄助建成的，此人在这棵银杏树下挖了窖，藏了一些金银财宝，还画有藏宝图。几百年过去了，藏宝图早已遗失，冯姓也迁居别处，房屋已拆，宝藏至今也未被发现。据中和堂建成时间推算，此树至少有300年了。

祁门县历口镇西塘村

树龄1000年，树高31.0m，胸径2.58m，冠幅17.0m×17.0m。编号：0607。

祁门县历口镇西塘村

树龄600年，树高42.0m，胸径1.37m，冠幅23.0m×23.0m。编号：0608。

祁门县彭龙乡彭龙村

树龄700年，树高25.0m，胸径1.56m，冠幅19.0m×19.0m。编号：0613。

祁门县彭龙乡彭龙村

树龄700年，树高20.0m，胸径1.00m，冠幅15.0m×15.0m。编号：0614。

祁门县雷湖乡王村

树龄800年，树高35.0m，胸径2.87m，冠幅27.5m×27.5m。编号：0625。

滁州市南谯区大王办事处大王村双城寺

雌株，树龄1000年，树高25.0m，胸径1.11m，枝下高3.0m，冠幅15.2m×17.0m。编号：0490。树干通直，分枝较细。主干挺拔，靠近基部树皮脱落较重，被当地村民视为吉祥之树。由于缺乏科学认识，村民们把其当作包医百病的灵丹妙药，剥树皮煎水喝、烧香顶礼膜拜，导致主干1.50m以下仅存少量树皮连接树根，主干被火烧烟熏严重，树势逐渐衰败。南谯区林业局落实经费6000元，专门对此树进行了细心呵护。一是周围砌上直径6.00m、高1.0m多的养护池，二是在养护池内填土、缩短受损树皮与根部的养分输送距离，三是在砖墙上安装1.5m高架镀锌钢管护栏，防止香客攀越，四是实行挂牌保护，引导当地群众文明祭树和自觉保护古树名木。银杏树是大王的地标性标记，大王俗称十八里店。境内旧有“双城寺”，位于大王中村民小组，已毁，为市级文物保护之一。

滁州市南谯区乌衣镇红星柳塘娘娘庙

树龄1000年，树高30.0m，胸径1.50m，冠幅21.0m×21.0m。编号：0491。

滁州市南谯区施集镇施集村竹园李队

树龄1000年，树高10.0m，胸径0.86m，冠

幅3.0m×3.0m。编号：0487。

滁州市南谯区乌衣镇塘坝郢

雌株，树龄400年，树高24.0m，胸径1.00m，冠幅23.0m×24.0m，年产白果近250kg。

滁州市南谯区琅琊寺

雌株，树龄300年，树高25.5m，胸径0.82m，此处有2株。

滁州市南谯区大柳镇华严庵小学

雌株，树龄1000年，树高25.5m，胸径1.91m，冠幅20.0m×20.0m，每年产白果200kg。编号：0486。古银杏位于华严庵小学门前。树粗4人合抱，数枝并发。20世纪70年代以前被南京军区确定为飞机演习导航标志。安徽电视台、安徽电影制片厂曾在这棵古树下拍摄反映对越自卫反击战故事影片《母与子》。现已被市、区列为古树保护。

滁州市南谯区珠龙镇师姑洼白云庵

雌株，树龄1000年，树高16.0m，胸径1.60m，冠幅5.5m×5.5m。编号：0488。

滁州市南谯区龙华寺（图9-9-9）

雌株，树龄200年，树高25.0m，胸径1.27m，生长在龙华寺门前，结果。

滁州市南谯区施集镇九里峰寺庙

雌株，树龄140年，树高17.0m，胸径0.70m，生长在林中，结果。

滁州市南谯区花山乡汪郢林场

雌株，树龄100年，树高18.0m，胸径0.60m，生长在水旁，结果。

滁州市琅琊区北门办事处四中校园

雌株，树龄1000年，树高20.0m，胸径1.00m。编号：0484。

滁州市琅琊区南门办事处三八巷口

树龄900年，编号：0485。

滁州市琅琊区南门办事处三八巷149号色织厂

雌株，树龄180年，树高20.0m，胸径1.10m。

滁州市琅琊区醉翁亭

雌株，树龄120年，树高18.0m，胸径0.70m，生长在院内，结果。

滁州市琅琊区琅琊山旅游区丰山脚下紫薇泉旁丰乐亭

雌株，树龄120年，树高17.0m，胸径0.60m，生长在院内，结果。

天长市建设西路轻机厂

树龄565年，树高10.0m，胸径0.72m，冠幅11.0m×11.0m。编号：0504。

天长市汊涧镇东胜禅寺

子母连株。树龄635年，树高18.0m，胸径1.05m，冠幅15.0m×15.0m。编号：0505。这棵古银杏树几十年前，在主干的一侧冒出了一棵子树，看起来如同子女偎依在母亲的怀抱中。如今子母连株，郁郁葱葱，成为东胜寺里一道靓丽的风景线。

图9-9-9 滁州市南谯区龙华寺

明光市张八岭镇燕子湾村

树龄1000年，树高20.0m，胸径0.92m，冠幅12.0m×12.0m。编号：0520。

明光市张八岭镇柴郢村

“母子树”。树龄500年，树高21.0m，胸径1.30m，枝下高4.2m，冠幅15.0m×14.0m，此株古银杏老树旁伴生小树，俗称“母子树”。有2大主枝。编号：0521。

明光市管店镇损庙村

树龄500年，树高15.0m，胸径0.67m，冠幅14.0m×14.0m。编号：0522。

明光市涧溪镇鲁峰村白果树村

南北朝银杏。雄株，树龄1500年，树高20.0m，胸径1.10m，枝下高4.0m，冠幅16.0m×16.0m。编号：0524。主干很粗，周围已用铁栅栏围了起来。苍老灰暗的主干上，满是深浅不一的颜色更暗的沟痕。这些沟痕，将树干的表面切割成许多有些凌乱的条块。古树的分枝很多，越是细小的枝干越近于直立。枝干的梢头，多已显得有些残缺，上面稀稀疏疏地生些颜色偏淡的新枝。7大侧枝，滁州琅琊寺的主持说过：滁州琅琊寺的两颗古银杏树，都是依靠这棵雄性树的花粉授粉结果的。相传为南北朝所植。

明光市女山湖镇玄帝庙

雌株，树高20.0m，胸径1.49m，位于庙前。玄帝庙今已不存，庙前有公孙树（银杏）一株，根部四尺以上树皮渐被人削光（传说用以煎药可治百病），根部被香火烧损。据传该树新中国成立前后曾遭雷击，损伤部分枝丫，影响生长，停止2年未发新枝，后又逢春复发，并且开花结果，群众欢呼相告：共产党的春天，枯木重生。三年自然灾害期间，部分枝杈被乡民锯掉烧柴，仅剩下北侧一枝，是迄今古镇上唯一留存的古树。此树已历经五百载风雨沧桑，清末李昭寿在此建造帅府时，曾命木工采伐，回报锯口出血，疑为神树，未敢强伐（据现代科学解释，凡古树含有单宁成分，呈棕赤色，锯时有类似出血现象）。庙西原有泰山宫，现仅剩庙址，有碎砖片瓦可寻。

来安县大英镇莱桥祠庵庙胡碾组

雄株，树龄1100年，树高20.0m，胸径1.24m，冠幅22.0m×22.0m。管护单位：莱桥胡碾组。

来安县汊河镇延塘村厨郢组延妒寺

雌株，树龄550年，树高19.0m，胸径1.37m，冠幅11.0m×11.0m。编号：0492，管护单位：延圹村厨郢组，生长较差。

来安县汉河镇东岳村东岳寺（庙）a（图9-9-10）

“夫妻树”。雌株，树龄200年，树高11.0m，胸径0.48m，冠幅8.0m×8.0m。编号：0001，管护单位：东岳村，生长较差。1938年，侵略中国的日本鬼子出于对中华民族和华夏文明的仇视，一把火烧掉了繁华的东岳庙，并在雄株古银杏身上留下了罪恶的子弹。劫后余生的“夫妻树”顽强地存活下来，一直长相厮守，枝繁叶茂。那棵雌株古银杏每到秋天都果实累累、惠及乡邻；而那棵雄株古银杏则精力充沛、花粉旺盛，借助风力和鸟儿的传播，保证了方圆几十里地内雌株银杏的授粉和结果。

来安县汉河镇东岳村东岳寺（庙）b（图9-9-10）

雄株，树龄200年，树高10.0m，胸径0.54m，冠幅7.0m×7.0m。管护单位：东岳村，生长较差。

来安县汉河镇相官大雅村大雅寺遗址

雌株，树龄1100年，树高25.0m，胸径1.59m，冠幅20.0m×20.0m。编号：0004，管护：大雅村，生长旺盛。这株具有1100多年历史的活化石，在漫长的岁月里屡遭战火和雷击，变得满目疮痍、遍体鳞伤，主干中空，东侧一主枝劈裂，复干2个，均已死亡。

来安县舜山镇舜歌山西山尾尊圣禅院

三代同堂公孙树。雄株，树龄800年，树高25.0m，胸径1.86m，冠幅20.0m×20.0m，尊圣禅院位于舜歌山西山尾，又称“吉祥禅院”，俗称“大庵寺”。相传在南唐交泰年间，有7个强盗占据该寺，将古寺改名“七强寺”。

来安县杨郢乡宝山村上庵岭回龙庵

“银杏王”。雌株，树龄1500年，树高40.0m，胸径3.17m，冠幅28.0m×28.0m。传说是汉朝时遗留下来的，据说宋太祖赵匡胤曾在此树上拴过战马，清乾隆皇帝下江南路过宝山时称赞它为“万古千秋”。萌生出8株不同年代的银杏树，小树最粗的胸径1.08m，如同一母生8子，欢聚一堂。管护：宝山村，生长旺盛。古树历经沧桑，屡遭劫难，曾遭雷击，主干被烧个大洞，洞可容纳3个成人。如今，此银杏树仍雄伟挺拔，生机勃勃，年产白果150kg，当地群众称它为“银杏王”。据介绍，此处原有2株古银杏树，一雌一雄，是一对“恩爱夫妻”。1958年，雄树被人砍伐，现今只幸存这株雌树。

来安县半塔镇马港村马郢组

雌株，树龄1200年，树高25.0m，胸径1.70m，冠幅20.0m×20.0m。管护：马郢组，生长旺盛。

图9-9-10　来安县汉河镇东岳村东岳寺（庙）
（注：1. 雌；2. 雄）

来安县半塔镇马港村马郢组

树龄150年，树高16.0m，胸径0.61m，冠幅14.0m×14.0m。管护：马郢组，生长旺盛。

来安县施官镇常郢村

雌株，树龄800年，树高20.0m，胸径1.53m，冠幅17.0m×17.0m。管护：常郢村，生长较差。

来安县龙山乡张储村朝阳组

雌株，树龄800年，树高18.0m，胸径1.09m，冠幅19.0m×19.0m。管护：朝阳组，生长一般。

来安县龙山乡张储村朝阳组

雄株，树龄800年，树高22.0m，胸径1.30m，冠幅17.0m×17.0m。管护：朝阳组，生长一般。

来安县龙山乡

雌株，树高15.0m，胸径0.41m。

来安县龙山乡

雄株，树高20.0m，胸径0.34m。

来安县汉河相官大雅寺遗址

雌株，树龄1100年，树高25.0m，胸径1.59m，冠幅20.0m×20.0m。管护：大雅村，生长旺盛。

来安县舜山镇大安村李郢组

树龄300年，树高15.0m，胸径0.80m，冠幅15.0m×15.0m。管护：李郢组，生长旺盛。

来安县三城乡伏湾

雌株，树高28.0m，胸径1.10m。

来安县三城乡三城小学

雄株，树龄1000年，树高22.0m，胸径1.30m，冠幅12.0m×12.0m。管护：三城小学，生长较差。

来安县三城乡蔬菜村

雄株，树龄1000年，树高27.0m，胸径1.30m，冠幅16.0m×16.0m。管护：蔬菜村，生长旺盛。

来安县三城乡河口村

雌株，树龄800年，树高25.0m，胸径1.30m，冠幅15.0m×16.0m。

来安县杨郢乡复兴林场大安作业区

“怀中抱子”，“神树”。雄株，树龄1010年，树高30.0m，胸径1.88m，冠幅25.0m×25.0m，旺盛。该株千年古银杏树体高大挺拔，枝叶茂盛，年年盛花怒放，长势常年不衰，方圆百里罕见。纵观树体，从主干基部分生一杈，与主干纵横伸展，交相辉映，素有“怀中抱子”之美誉。相传北宋太宗年间，此处曾建有寺庙，号称“吉祥禅寺”，该寺庙主持自称“吉祥禅师”，在其主持期间，大兴土木，广收门徒，建成禅房僧屋百间，上下四进，还有大雄宝殿、藏经阁、钟鼓楼、广亮庙门、楼台亭阁等颇具规模。传说，此株银杏就是在吉祥寺大雄宝殿建成后栽植的，其时间约在北宋咸平元年（998），后经几世战乱破坏，吉祥古寺已不复存在，唯有古银杏历经沧桑，郁郁葱葱，鉴证千年历史，至今尚有善男信女将之视为“神树”，烧香祭拜。

来安县杨郢乡复兴林场大安作业区

雌株，树龄350年，树高17.0m，胸径0.73m，冠幅14.0m×14.0 m，生长旺盛。

全椒县襄河镇冯竹园村

雄株，树龄1000年，树高12.0m，胸径2.07m，其中央萌生出树高12.0m、胸径0.38m的雄性银杏，村人称它为“怀抱子”。

全椒县襄河镇邱塘村

雌株，树龄1300年，树高20.0m，基径3.00m，相传种植于隋朝大业年间。然而，由于长期无人维护，树干近2/3已枯死。这棵古树根部直径约3.00m，两主干树皮不仅全部脱落，从主干根部到两支干树梢也几乎全部枯死。20世纪90年代初期，当地村委会在林业部门的指导下，在古树周围砌了一个高1.0m左右的大池子，用来保护古树根部不被破坏。然而，这个池子随着时间的流逝也倒塌了。

全椒县周岗乡碧云湖（黄粟树水库）

树龄140年，胸径1.02m，银杏2株，3人可围。

全椒县马厂镇三合村（图9-9-11）

雌株，树龄1000年，树高25.5m，胸径1.52m，冠幅24.0m×23.0m，复干2个，紧贴主干生长，主干挺拔，有4大主枝，树冠纺锤形。国家一级古树，编号：00003。

定远县三河镇西

雄株，树龄1000年，树高20.0m，胸径1.14m，据说它已经有千年历史。该树至今仍枝繁叶茂，主干需3个大人双手合围。每年授粉时，该树附近农户都折枝售粉，严重伤害了古银树。

凤阳县武店镇武店小学

树龄1378年，树高30.0m，胸径1.66m，冠幅25.0m×25.0m。编号：0509。

凤阳县殷涧镇殷涧村

树龄610年，树高20.0m，胸径1.00m，冠幅19.0m×19.0m。编号：0512。

图9-9-11　全椒县马厂镇三合村

图9-9-12　临泉县城关镇城西侧沈子国故城址

凤阳县殷涧镇殷涧村

树龄610年，树高25.0m，胸径1.72m，冠幅21.0m×21.0m。编号：0513。

凤阳县殷涧镇殷涧村

树龄1300年，树高25.0m，胸径1.69m，冠幅23.0m×23.0m。编号：0514。

凤阳县红心镇红心村

树龄500年，树高25.0m，胸径1.27m，冠幅22.0m×22.0m。编号：0517。

凤阳县大溪河镇大溪河学校

树龄550年，树高22.0m，胸径0.92m，冠幅16.0m×16.0m。编号：0519。

界首市

有1株300年生古银杏。

阜阳市颍州区鼓楼办事处青云街清真寺

树龄600年，树高18.0m，胸径0.94m，冠幅18.0m×18.0m。古树编号0476。阜阳市青云街清真寺，建于明洪武年间，占地面积3000m^2，有大小庭院5处，清光绪二年（1876）进行大规模重修，5间大殿，2间望月楼，规模雄伟，内有圆木明柱20根，雕梁画栋，走廊与殿内有金匾10余块，其中“道通欧亚”系清光绪年间守备所书。民初经堂教育达到鼎盛时期，1928年办小学，还专门设一个阿文班，以讲《古兰经》经文为主，后开办成达中学。1958年被街道占用，改作鞭炮厂，1972年因硫磺引火，全部烧毁。1981年落实政策后，仅在原寺西北角重建一寺，占地600m^2，保存古银杏树一株，枝叶茂盛，相传答氏前十八代先人从湖北迁来阜阳任阿訇时所栽。

阜阳市颖泉区伍明镇第一石粉厂

树龄500年，树高15.0m，胸径0.96m，冠幅13.0m×13.0m。古树编号0468。

阜阳市阜南县王店政镇五岳庙庙内

树龄886年，树高19.0m，胸径0.88m，冠幅13.0m×13.0m。古树编号0475。

临泉县城关镇城西侧沈子国故城址（图9-9-12）

唐银杏，“九棱十八丫”。雌株，树龄1100年，树高32.0m，胸径2.00m，冠幅30.1m×30.1m，生长在禅院里。保护单位：临泉县人民政府。古城子位于临泉县城西侧，是春秋时期沈子国的遗址。不过古城子银杏并非周代遗物，而是在唐朝末年由后人栽培的。这株银杏树至今仍枝叶繁茂，挺拔苍劲，银果累累，其老干条条纵棱隆凸，形成了所谓"九棱十八丫"的奇特造型。在这株银杏的一条老根上，有一个清晰可见的马蹄印，而在附近的另一条老根上，又留有人的脚印，据传，这是明末农民起义军首领李自成在攻打北京时，路过这里倚树稍息而留下的。当地人视为神树而崇奉之。在每年的清明节、农历正月十五、农历八月十五等节日，或遇有大旱、洪涝等自然灾害之年发生，方圆百里的百姓均纷纷涌来，烧香、进贡、占卜、叩拜、许愿，古银杏树上挂满了红色和黄色的布条，布条上写着各种各样的大吉大利的语言。在树根周围垒上一圈小洞穴，用砖瓦石块临时搭成简陋小屋，屋里置入各自崇拜的偶像，或神仙、或菩萨、或佛爷。以求神树显灵，消灾消祸，保佑百姓，赐福于民。由于人们烧香烟火的炙烤，以及树体表面虫蛀现象严重，直接导致其部分树干断裂枯死，古树一下失去了往日的风采。基部有萌蘖10株左右，根部裸露，高于地面0.6m，延伸5m远，树干一半凹凸，一半光滑无树皮，树一半死亡，据说是被大火所烧，另一半生长较好，结果。树上生有几株构树。N=33° 04′ 09.4″，E=115° 1′ 09.6″，H=47m。1931年8月15日凌晨，银杏古树干内起火，浓烟中火苗上窜，村人百姓皆奋力扑救，仍无济于事，火烧三日乃自行熄灭。以后经数十年的保护与恢复，烧伤部分渐渐生长愈合，又呈现一派欣荣景象。1975年夏，洪水淹城，水深皆1.5m，古银杏亦浸泡水中数日，所幸并未造成严重损害。

临泉县杨桥镇七里桥村

树龄310年，树高18.0m，胸径1.02m。

临泉县张新镇镇小学

树龄380年，树高10.0m，胸径1.01m。

临泉县土陂乡土陂村台阳寺（图9-9-13）

树龄1000年，树高20.0m，胸径1.00m，冠幅8.0m×6.0m。土陂集东南的台阳寺，是一个古址，有着关于土陂的一些古老传奇。在台阳寺的旧址上，有一棵苍劲的古银杏树，群众传说已有近千年的历史。这棵古树矗立在高坡之上，嫩枝新发，根部千枝丛生，很容易让人联想到生活在土坡上的土陂人民。

太和县城关镇北门3.5公里处

树龄1500年，胸径2.50m，树干需10人合抱。

太和县旧县镇集南300m处

树龄2000年，树高30.0m，胸径1.92m，冠幅24.5m×25.5m，枝繁叶茂，复荫数亩。1955年8月因雷雨触电焚毁，燃烧7昼夜始熄。今人在原址建白果公园，殿堂数间，每年有香火古会。相传为汉代所植。

太和县肖口镇沙河

雄株，树龄400年，树高20.0m，胸径1.00m，枝下高6.0m。枝繁叶茂，苍翠如盖，主干挺直。今人建有"白果公园"。

宿州市埇桥区夹沟镇镇头寺

"镇头银杏"。雄株，树龄600年，树高16.0m，胸径0.76m，2株，位于镇头寺院内。唐贞观三年（629）栽植。

宿州市埇桥区夹沟镇镇头寺

"镇头银杏"。雌株，树龄1000年，树高20.0m，胸径1.28m。宿州埇桥夹沟镇镇头寺院内有一对古银杏，雌雄各一株。雌树年长栽植于唐贞观三年（628）；雄树年轻，人们称是一对"老妻少夫"树。民间传说：乾隆皇帝汉人真父陈阁老曾隐居镇头寺，并经常在银杏树下纳凉诵经。有一次乾隆下江南寻父，路过镇头寺，问树下老者（其父），老者以隐语作答："头枕莲花山（寺后小土山有块石头似莲花状，故名），脚登磕头泉，坐在定（腚）远（眼）县"。乾隆当时未解，即去定远县后醒悟，回来却不见老者踪影。宿州当代诗人张金铎（已逝）有《咏镇头银杏树》七绝一首："镇头银杏有灵魂，进寺磕头泉绝尘。宝树益人人景仰，乾隆遗事事传神。"从这首诗可反映"镇头银杏"的乾隆遗事，对陈阁老晚年的隐居生活，增添了无限情趣。

宿州市埇桥区夹沟镇西二郎寺（图9-9-14）

"二郎银杏"，汉代栽植。雄株，树龄2000年，树高30.0m，胸径1.52m，冠幅14.0m×14.0m，位于寺门前。树冠圆形，10大侧枝，生长旺盛。母干光滑。根部裸露，高约0.2m，延伸0.3m远，人称"二郎银杏"。根据综合分析和测算，栽植于汉代。侧枝分三层展开，为埇桥古树之最。相传洪武年间，朱棣被封为燕王去北京上任，路过夹沟，曾屯兵二郎寺北皇垫湖。燕王朱棣即住宿于二郎寺内，并系马于这株银杏树上。1953年树曾为狂风吹折七枝，其中最大一枝基径竟达0.5m。1964年树下曾生出一株幼苗，几年后枯死。1980年以前枝叶尚嫌稀疏，并常见枯枝。近年转旺，有"返老还童"之势。N=33° 54′ 14.6″，E=117° 02′ 56.2″，H=36m。

宿州市埇桥区栏杆镇老海寺门东（图9-9-15）

"老海寺银杏"，"千岁白果"。雌株，树龄900年，树高32.0m，胸径0.84m，枝下高6.0m，冠幅20.0m×22.0m。树冠卵形，6大侧枝，生长茂盛，树干挺直，母干光滑。生长在寺外。"老海寺银杏"，在宿州城东北110华里老海寺门前，这也是一对夫妻树。相传老海寺始建于晚唐时期，银杏树为建寺时所栽，树龄应在900年以上，当地群众称树为"千岁白果"。目前这两棵树长势良好，枝叶旺盛，雄伟壮观，确给旅游景区增添了怡人的光彩。N=33° 57′ 59.3″，E=117° 17′ 53.4″，H=106m。

宿州市埇桥区栏杆镇老海寺门西（图9-9-16）

雄株，树龄900年，树高29.0m，胸径1.31m，冠幅21.0m×22.0m，生长在寺外。树冠卵形，5大侧枝，生长茂盛，树干挺直，光滑。N=33° 57′ 59.8″，E=117° 17′ 52.3″，H=70m。

宿州市埇桥区褚兰镇石板村

雌株，树高25.0m，胸径1.80m。

宿州市埇桥区曹村镇闵祠村闵祠（图9-9-17）

闵子骞手植，"闵祠银杏"、"孝树"、"公孙树"、"闵公孙"。雌株，树龄2500年，树高13.0m，胸径1.02m，冠幅10.0m×9.0m。宿州埇桥闵贤集西有闵祠和闵子骞墓，闵祠后院有一株银杏雌树。相传为闵子骞手植，闵子骞生在春秋时代，是孔子七十二弟子之一，闵子骞以孝闻名天下，人们称此树为"孝树"和"公孙树"、"闵公孙"。1948年树曾被雷击，树皮被剥去60%以上。主干一半枯死，另一半长势良好，枝叶繁茂，结果。树皮一侧脱落，另一侧完好。复干3个，集中分布于母干

图9-9-13　临泉县土陂乡土陂村台阳寺

一侧，长势很好，复干高15.0m，胸径0.30m。N=33° 58′ 57.6″，E=117° 06′ 57.5″，H=32m。生长在祠内。

宿州埇桥区解集镇鱼台小学院内（图9-9-18）

“鱼台银杏”。雌株，树龄2000年，树高18.0m，胸径0.76m，冠幅18.0m×20.0m，树冠圆形，分枝处萌蘖很多，2大侧枝，生长旺盛，在分枝处以下有瘤状物，基径约0.60m，基部也有十几株萌蘖。树干挺直、光滑。生长在小学墙旁边。相传古时老汪湖，名曰奎东陴湖又名毕湖，是一池清澈湖水，姜子牙是阜阳人，未出山前曾在此处钓过鱼。后来辅佐“武王伐纣”得天下，成为历史上一代名相，人们为纪念姜子牙筑台故称“钓鱼台”又建寺名曰“鱼台寺”。鱼台银杏为建寺时所栽，产果量年250kg以上，生长旺盛，枝繁叶茂。N=33° 53′ 22.3″，E=117° 18′ 24.9″，H=37m。

萧县庄里乡尠沟小学

树龄1100年，树高21.0m，胸径1.34m。编号：0009。

萧县丁里镇浮绥小学

树龄1100年，树高21.0m，胸径0.72m。编号：0011。

图9-9-14　宿州市埇桥区夹沟镇西二郎寺

图9-9-15　宿州市埇桥区栏杆镇老海寺门东

图9-9-16　宿州市埇桥区栏杆镇老海寺门西

图9-9-17　宿州市埇桥区曹村镇闵祠村闵祠

图9-9-18 宿州埇桥区解集镇鱼台小学院内

萧县官桥镇皇藏峪瑞云寺中院（图9-9-19）

雌株，树龄1300年，树高21.0m，胸径0.91m，冠幅20.0m×16.0m，特级保护，树冠伞形，生长旺盛，树干挺直，4大侧枝，部分根裸露，高于地面0.4m，并延伸0.7m远。基部有30余株萌蘖，高0.5m，距母干最近则紧贴母干生长，最远1.0m。生长在庙里。N=34° 01′ 24.03″，E=117° 0′ 51.0″，H=190m。

萧县官桥镇皇藏峪瑞云寺后院（图9-9-20）

“瑞云寺银杏”，“三代银杏”。雄株，树龄1300年，树高26.0m，胸径1.27m，冠幅19.0m×20.0m，位于寺后院。特级保护，三代同堂。树冠伞形，生长旺盛，母干较光滑，树干挺直，3大侧枝，距基部1.5m处有2个隆起，隆起基径约0.6m。复干2个，南面的复干倾斜，胸径0.24m。北面的复干挺直，胸径0.47m。基部有3株萌蘖，高0.6m，离主干最远0.3m。“瑞云寺银杏”，是雌雄两棵，树位于宿州萧县皇藏峪瑞云寺院内，传说瑞云寺始建于唐朝初年，树为建寺时所栽，2003年被雷击，树皮被剥去一半。该树根又发芽长出两棵小树，一高一矮，一粗一细，人们称为抱子携孙树。当代宿州诗协顾问黄振铎先生，有赞瑞云银杏树抱子携孙《咏三代银杏》七律一首：“神奇银杏貌非凡，抱子携孙不计年。三代同心修正果，千年一体攀云天。严寒酷暑见高节，朗月清风伴隐贤。但愿游人参拜后，懦夫能立贪夫廉。”还有萧县名诗人张英和（已逝）赞扬该树五绝一首：“此树越千年，连体擎云天。历尽冰霜劫，子孙仍昌繁。”从这两首诗可反映出，皇藏峪瑞云寺因有“三代银杏”的抱子携孙树，招来游人常年络绎不绝，凡是游皇藏峪的都会到瑞云寺来观光三代银杏，抱子携孙树确给皇藏景区增添参观的一大亮点，潜移默化的经济价值是可想而知的。N=34° 01′ 24.03″，E=117° 02′ 51.0″，H=190m。

萧县官桥镇皇藏峪天门寺（图9-9-21）

雌株，树龄2600年，树高37.5m，胸径1.73m，冠幅23.0m×24.0m，“天门寺银杏”，位于寺院内。一级保护，树冠圆形，树干挺直，母干光滑。复干1个，高3.5m，离主干0.5m。天门寺位于宿州萧县东南白土镇境内，属皇藏峪森林公园省级风景区的一部分。据史料记载，公元425年南朝开国皇帝刘裕之子义隆在天门山兴建寺院，后院银杏树为建寺时所栽。树形高大挺立，树高为宿州古银杏树之最，结果多。较高处发生分枝，长势茂盛，枝叶繁茂葱郁，像一把巨伞覆盖着大半个寺院，在树上方3.0m处又有一眼蚂虾泉，绕着银杏树常年带虾流水不断。清冽的山泉流水、高大的银杏树，成为人们参观两大景点，天门寺景区又是电视剧《野竹林》拍摄现场，招来的游客常年络绎不绝。因之，天门寺是人们避暑休闲的好地方，更是宿州萧县著名的旅游胜地。N=34° 03′ 52.8″，E=117° 03′ 45.4″，H=190m。

萧县庄里乡城阳小学院内

“城阳银杏”。雌株，树龄1000年，树高18.0m，胸径1.30m，冠幅22.0m×21.0m。该树树冠葱郁参天，超出校舍楼顶，枝繁叶茂，像

图9-9-19 萧县官桥镇皇藏峪瑞云寺中院

图9-9-20 萧县官桥镇皇藏峪瑞云寺后院

图9-9-21 萧县官桥镇皇藏峪天门寺

一把巨伞遮地半亩，年产果量约600kg左右，高大挺拔，树貌俊俏，煞是好看，是宿州古银杏中的佼佼者，可当选宿州古银杏中的“美女树”，是一见钟情人人看过就爱慕的一棵宝树。该校师生很爱护这棵古树，年产果量能给学校增加一笔收入，又是校园中的一大景观。因此，该校领导对该树很注意加强管理和爱护，有专人负责按时除草、浇灌、施肥外，他们还给该树安装上了避雷针，以防夏季雨天雷击。

泗县瓦坊乡吴宅村东边一株

“瓦坊吴宅银杏”，“夫妻树”。雌株，树龄150年，树高30.0m，胸径0.49m，冠幅19.0m×21.0m，宿州泗县瓦坊乡吴宅村有两棵近代银杏，雌雄各一株，被当地村民称为夫妻树。这两棵银杏树原为财主的（吴守民之父）家树，生长在宅基地上，栽于晚清民初年间，现为村民吴守强继承。两棵树相距3.0m左右。经考查这两棵树龄也具有百年以上。现这两棵银杏树长势良好，树形高大，招人喜爱。

泗县瓦坊乡吴宅村西边一株

雄株，树龄150年，树高30.0m，胸径0.48m，冠幅18.0m×19.0m。

泗县丁湖镇丁湖村表庙组

树龄105年，树高22.5m，胸径0.45m，长势良好。

巢湖市银屏镇岱山小学校

雌株，树龄1000年，树高30.0m，胸径1.10m。这棵需要5个孩子才能抱过来的银杏树树干光滑，高大挺拔。每年结果近150kg，银杏树旁边，有一块刻于乾隆二十年（1755）的碑记，这棵银杏古树目前位于刚建好的新校舍边，距离不到3m，树根局部裸露在外面。巢湖市目前有5株古银杏，这几棵树径大多在0.50m左右，树龄400多年，其中3株生长在市内。

巢湖市望城乡盛湾巢南林场东庵

树龄500年，佛教第六代祖师慧张大师曾到此庵，因而颇负盛名。原有房屋15间，现被林场占用。庵内还存有一株9枝桂花树和一株数百年的古银杏树。庵外竹林里是张本禹将军之墓。

巢湖市苏湾镇黄山中学（图9-9-22）

雄株，树龄350年，树高15.0m，胸径2.00m，冠幅12.0m×13.0m，主干上长满青苔，分枝主要集中在5.0m以上。

巢湖市司集镇二郎庙

中唐年间所种，“树中寿星”。雄株，树龄1200年，树高30.0m，胸径1.91m，冠幅17.5m×20.0m。传为中唐年间所种，在巢湖堪称一方“树中寿星”。新中国成立后，此树曾被国家相关部门明文列为航空标志，并予以重点保护。

庐江县汤池镇果树村果树街中心

明朝银杏。雌株，树龄600年，树高24.5m，胸径1.91m，冠幅16.0m×16.0m。古树编号：0529。

庐江县汤池镇果树村二古尖白云禅寺

明朝银杏。雌株，树龄650年，树高27.3m，胸径1.30m。古树编号：0526。

庐江县汤池镇果树村二古尖白云禅寺

雌株，树龄650年，树高29.2m，胸径0.86m，冠幅12.0m×12.0m。古树编号：0527。

庐江县汤池镇果树村二古尖白云禅寺

雌株，树龄650年，树高28.1m，胸径0.92m，冠幅13.5m×13.5m。古树编号：0528。

庐江县砖桥乡石桥村

树龄980年，树高22.0m，胸径1.43m，冠幅16.5m×16.5m。古树编号：0534。

无为县百胜镇周家大山林场

树龄1000年，树高22.0m，胸径1.43m，冠幅15.0m×15.0m。古树编号：0535。

无为县城关镇银杏苑小区

树龄500年，树高22.0m，胸径1.00m，枝繁叶茂，郁郁葱葱。令人称奇的是，近年在大树的主干上端分杈处竟然寄生了一棵阔叶梧桐树。此树原为无为城隍庙前2株银杏树之一，城隍庙在20世纪30年代被毁后，仅存此树。此树在1974年，曾被人花300元买了一条大枝丫，锯下后用做电动机的翻砂木模型。现在生长寄生树的地方，就在当年锯树的枝丫处。

含山县清溪镇白马行政村东赵自然村当家塘

雌株，树龄500年，树高40.0m，胸径1.08m，冠幅19.0m×17.8m，生长在池塘边，濒危。已对古银杏树砌围墙加以保护。

含山县仙踪镇双林村小学

雌株，树龄360年，树高27.0m，胸径1.20m，冠幅20.7m×19.9m，为含山县银杏之首。

含山县铜闸镇太湖山林场小马山作业区

树龄180年，树高19.0m，胸径0.76m，冠幅11.0m×12.0m。

含山县环峰镇华阳村

唐银杏。树龄1360年，树高25.0m，胸径1.80m，冠幅8.0m×9.0m。基部根系裸露，根盘较大，有复干1个，胸径0.15m，萌蘖近50株。据《含山县志》记载，该树栽于唐贞观

图9-9-22 巢湖市苏湾镇黄山中学

十九年(645)，据今已经有1360多年的历史，是含山县到目前为止发现的树龄最长的银杏树。

寿县城关镇西大街孔庙

雌株，树龄600年，树高30.0m，胸径1.00m，雌雄各1株。

寿县城关镇留犊祠巷清真寺

雌株，树龄600年，树高15.0m，胸径1.59m，冠幅10.0m×10.0m。

寿县城关镇报恩寺大雄宝殿西侧

雄株，树龄600年，树高21.0m，胸径1.60m，冠幅18.2m×18.2m。五根主枝斜伸，小枝条纷纷下弯。相传报恩寺系唐代贞观年间(627～649)由玄奘法师奉敕建造，原名崇教禅院、东禅院、东禅寺，明代洪武年间(1368～1398)改为报恩寺。据此，一般也就认为这两株银杏已有1300多年的生存历史了。但报恩寺历代屡废屡修，现在的佛殿、大雄宝殿、禅堂、客堂等均为清代所建，与原貌原物多有更迭变换。根据银杏目前的生长状况来看，其显非苍古老态的千年之物，推测其为明代洪武年重修报恩寺时所植，树龄600多年。该树于民国时被雷击伤，树干三方干枯，惟西北向一大侧枝劫后余生，如今依然不屈不挠地生长着。

寿县城关镇报恩寺大雄宝殿东侧

雄株，树龄600年，树高16.0m，胸径1.44m，冠幅8.0m×10.0m。主枝不显，侧枝蓬生，形成近圆形的树冠。因曾遭雷击，树体劈裂分离，长势较弱，根基已萌生若干细小的萌条。

六安市金安区孙岗镇昭庆寺

唐银杏。雌株，树龄1300年，树高32.0m，胸径1.50m，冠幅10.0m×12.0m。这株树生长在大雄宝殿左侧院内，是建庙时栽植的数十株银杏的幸存者。该寺始建于唐朝贞观年间，系太宗皇帝亲诏敕建的我国四大昭庆古寺之一。六安昭庆寺由唐朝开国元勋尉迟恭督造，其匾额为初唐著名书法家欧阳询所书（现由中国佛教协会会长赵朴初重书）。寺内这棵千年银杏树，至今仍枝叶繁茂，硕果累累，整个寺院均在其浓荫覆盖之下，巍巍壮观。

霍邱县临水镇圆觉寺

雌株，树龄1000年，树高25.0m，胸径1.34m，冠幅15.0m×16.0m。传说中明朝皇帝朱元璋小时在安徽省霍邱县临水镇当和尚的圆觉寺院内的一株近千年的银杏，经过妥善保护，筑水泥台护根，现仍枝繁叶茂，年年结果，3人抱粗，常有游人来访。

霍邱县叶集镇柳树村

雌株，树龄100年，2株，现挂果正旺。

金寨县斑竹园镇李山村

雌株，树龄130年，树高15.0m，胸径1.03m，冠幅15.0m×15.0m。

金寨县斑竹园镇斑竹园村下湾

雌株，树龄300年，树高20.0m，胸径1.16m，冠幅18.0m×18.0m。

金寨县斑竹园镇马河村

雌株，树龄400年，树高12.0m，胸径1.95m，冠幅14.0m×14.0m。

金寨县张冲乡雷公庙

雌株，树龄200年，树高22.0m，胸径1.10m，冠幅27.0m×27.0m。

金寨县张冲乡白果树湾

雌株，树龄400年，树高16.0m，胸径1.80m，冠幅20.0m×20.0m。

金寨县关庙乡青龙寺村

雌株，树龄200年，树高26.0m，胸径1.32m，冠幅20.0m×20.0m。

金寨县关庙乡麦元村

雄株，树龄170年，树高26.0m，胸径1.27m，冠幅25.5m×25.5m。

金寨县关庙乡仙桃村

雌株，树龄110年，树高25.0m，胸径1.10m，冠幅22.0m×22.0m。

金寨县关庙乡银山村银山顶（左）（图9-9-23）

雌株，树龄800年，树高32.0m，胸径1.88m，枝下高4.0m，冠幅20.0m×22.0m。长势较好，从根部以上3.92m处发生分枝，形成2个树干，均长势较好，树干基部有一个小空洞，周围无新株。N=31° 33′ 14.2″，E=115° 28′ 25.2″，H=486m。

金寨县关庙乡银山村银山顶（右）（图9-9-23）

雄株，树龄800年，树高33.0m，胸径1.69m，枝下高4.0m，冠幅22.0m×25.0m。长势较好。周围仅有几株萌蘖。N=31° 33′ 14.2″，E=115° 28′ 25.2″，H=486m。

图9-9-23　金寨县关庙乡银山村银山顶
（注：1. 左雌右雄；2、3. 雌；4. 雄）

金寨县关庙乡罗家湾

雌株，树龄140年，树高30.0m，胸径1.25m，冠幅10.0m×10.0m。

金寨县沙河乡楼房村上湾组（图9-9-24）

“银杏王”。雌株，树龄300年，树高24.0，胸径1.23m，冠幅19.5m×19.5m，株年产值逾2万元以上，被誉为“银杏王”。根系裸露，高出地面30～50cm。

金寨县沙河乡罗坪村

雌株，树龄160年，树高27.0m，胸径1.48m，冠幅30.5m×30.5m。

金寨县沙河乡罗坪村

雌株，树龄180年，树高20.0m，胸径1.31m，冠幅18.0m×18.0m。

金寨县沙河乡碾湾村

雌株，树龄160年，树高21.0m，胸径1.15m，冠幅15.0m×15.0m。

金寨县长岭乡长春村

雌株，树龄120年，树高22.0m，胸径1.10m，冠幅10.0m×10.0m。

金寨县吴家店乡长元村

雌株，树龄130年，树高21.0m，胸径1.15m，冠幅15.0m×15.0m。

金寨县前畈乡罗家湾

雌株，树龄140年，树高30.0m，胸径1.25m，冠幅10.0m×10.0m。

金寨县天堂寨镇后畈村

雌株，树龄200年，树高30.0m，胸径1.60m，冠幅20.0m×20.0m。

金寨县沙河乡马河村

雌株，树龄400年，树高12.0m，胸径1.95m，冠幅14.0m×14.0m。

金寨县汤家汇镇佛山村

雌株，树龄200年，树高23.0m，胸径1.40m，冠幅15.0m×15.0m。

金寨县花石乡竺山村闵氏宗祠

雌株，树龄300年，树高17.0m，胸径1.60m，冠幅10.0m×10.0m。

金寨县沙河乡横河村

雌株，树龄200年，树高20.0m，胸径1.30m，冠幅18.0m×18.0m。

金寨县白塔畈乡郭店村白果树湾

雌株，树龄1000年，树高37.5m，胸径2.00m，冠幅24.0m×24.0m。

金寨县花石乡国家级自然保护区马鬃岭核心区

雌雄同株，树龄600年，树高25.0m，胸径1.50m，冠幅16.0m×16.0m，离根部6.5m处向南的一侧枝为雄性，位于金寨县境内国家级自然保护区马鬃岭核心区脚下。H=940m。

霍山县与儿街镇四古冲村百果树院

雌株，树龄800年，树高23.0m，胸径2.20m，此银杏树为母树，500g银杏果约100粒左右，果仁有糯性，带有桂花香味，实属罕见。传说是当地冯家一官员在外地做官，告老还乡，带回一棵银杏树苗，栽下的护宅树，象征“吉祥富贵”，精心管理代代相传。此古银杏历尽沧桑，20世纪六七十年代后期，村里架电缺资金，一模具厂愿出5000元高价买这棵树做模具，当地村民鼎力相救，方才化险为夷保护下来。多少年来，这棵古老的银杏树，撑起一片浓荫，造成一方风景。不知让多少喜爱古树名木的人慕名而至，流连忘返，同时也吸引游客前来观赏。

霍山县白莲岩乡汪家铺村白云庵

传为李白手植。树龄1100年，树高15.0m，胸径1.25m，4树相偎成长，如出自一主根，好像是姐妹树。现长势旺盛，枝挺叶茂，郁郁葱葱，阴翳蔽日，传为诗仙李太白醉后信手所植。清邑人戴轮元游白云庵后留诗云：“静坐浑无事，参禅觉味长；灯排寒夜雨，钟破晓天霜。老树具真相，枯梅有淡香；冻云深锁处，一望接微茫。”

霍山县上土市镇古佛堂小学

雌株，树龄1000年，树高23.0m，胸径2.20m，冠幅23.0m×23.0m。

亳州市谯城区魏武旧居

树龄1000年，树高20.0m，胸径1.04m，冠幅15.0m×14.0m，濒危状态，有2株。

涡阳县张老家乡李园村

“张老家李园古银杏”。雌株，树龄200年，树高25.0m，胸径1.08m，冠幅22.0m×23.0m，此树躯干挺拔，枝繁叶茂，远看如烟雾缭绕，好似一株巨形的蘑菇云，当地人常把它当作集会、避暑、娱乐游戏的场所。据传抗日战争时期，日军在义门赵屯一带锯树头、扎树营、修工事、建据点，把周围几十里的成材树木几乎全部锯尽。当要锯这棵时，有位老人对锯树人说，这棵树已修成白果仙子，专为世人造福，谁也不能动它，如果不信，那就动叶害眼病，动枝害大病，锯树必丧命，锯树人置之不理，举起屠刀，一时间狂风大作，乌云密布，日军狼狈逃窜，此树才得以幸免于难，这段民间传说一直流传至今。

涡阳县曹市镇太清村

树龄160年，树高23.0m，胸径0.89m，冠幅15.0m×15.0m，生长旺盛。

图9-9-24 金寨县沙河乡楼房村上湾组

图9-9-25　蒙城县王集乡移村

蒙城县王集乡移村（图9-9-25）

传为隋朝伍元昭栽植。雌株，树龄1400年，树高23.0m，胸径2.37m，冠幅25.0m×28.0m，该树濒临死亡。树干凹凸不平，只保留东南部分少量树皮，其他全部被剥掉、干枯，只有保留树皮的上部还有新枝生长，树南侧敲击可听到中空声音，被雷劈过，较多分枝，但都干枯，只在东南有树皮方位有部分枝叶，其他全部是干枯树干。根部裸露，高于地面0.5m，延伸3m外。树干多处刻划，有火烧痕迹。位于蒙城县城以东20km的移村，共有2株，树龄约千年，一东一西遥向呼应。其中一棵古老的银杏树在县城东部王集乡移村境内，树龄愈1400年。据传说，此处原有两棵银杏树，一雌一雄，远近闻名，1972年北侧的雄株因遭雷击着火，枯朽的干心在树里面燃烧，月余不熄，救之无效，不得已而砍伐。现保存完好的为南侧一雌株，五大主枝四方横展。20世纪50年代，雌银杏也遭雷击，朝北的一主枝受伤枯死，北面的树皮亦被烧焦，现只有东南方向一主枝存活，其余主枝皆已枯死，令人惋惜。据传，一对恋人因抗拒封建婚姻在这里双双殉情，死前唯一的心愿就是死后能合葬一起，但未能如愿。数年后，两座相距半里地的坟莹上各长出了一棵银杏树，天长日久，越长越大，渐渐地枝理相连，恰似恋人相互依偎的身影。据史料记载及民间传言，移村曾是隋朝（581～618）宰相伍建章的封地，银杏树为其子伍元昭镇守南阳时在此伍家花园所栽。一直到现在，这里还流传着两句话："朱洪武起初，大树两棵"这就是说，早在600多年以前，这两棵白果树就已经是"大树"了。后伍家被杨广满门抄斩，伍姓人尽皆逃亡，以后由汉中白马村等地外姓移民居此，得"移村"之名。N=33°11′14.1″，E=116°46′34.9″，H=17m。生长于院落内。

蒙城县岳坊镇母集村徐瓦坊村民组（图9-9-26）

当地人称"神树"。雌株，树龄2400年，树高25.0m，胸径2.57m，冠幅25.0m×26.0m，生长于院落内。树冠圆形。淮北地区千年第一树，7大侧枝，树皮大部分剥掉，生长势弱，部分树梢枯死，母干凹凸不平，距基部0.5m处有0.9m宽的瘤状物。根部裸露，高出地面0.5m，延伸5m外。无复干。该银杏树干2.5m处有9个分杈，故被当地人称为"神树"，因为此地民间认为"人无十全，树无九杈"，树若有九杈，则视该树为神奇，是吉祥的象征。现该银杏树被村民用围墙保护起来。N=33°19′18.2″，E=116°29′02.4″，H=38m。

利辛县马店孜镇孙刘村

树龄500年，树高13.0m，胸径1.66m，冠幅15.0m×16.0m。

池州市贵池区秋浦街道十里村丰赛白果

树龄110年，树高10.0m，胸径0.80m，冠幅17.0m×17.0m。

池州市贵池区马衙街道四岭村

树龄120年，树高21.0m，胸径0.83m，冠幅15.0m×15.0m。

池州市贵池区马衙街道碧山村

树龄500年，树高24.0m，胸径2.29m，冠幅22.0m×22.0m。

池州市贵池区墩上街道渚湖村河东

树龄400年，树高20.0m，胸径1.13m，冠幅16.0m×16.0m。编号：059。

池州市贵池区墩上街道永胜村带店

树龄200年，树高9.0m，胸径0.66m，冠幅8.0m×8.0m。

池州市贵池区墩上街道永胜村带店

树龄200年，树高10.0m，胸径0.64m，冠幅6.0m×6.0m。

池州市贵池区墩上街道低岭村低岭

树龄400年，树高15.0m，胸径1.07m，冠幅13.0m×11.0m。

池州市贵池区墩上街道茅坦村白果

树龄634年，树高20.0m，胸径1.14m，冠幅12.3m×12.0m。

池州市贵池区里山街道石山村龙头章

树龄800年，树高18.0m，胸径1.30m，冠幅16.7m×15.0m。

图9-9-26　蒙城县岳坊镇母集村徐瓦坊村民组

池州市贵池区里山街道查冲村西庄

树龄340年，树高27.0m，胸径0.99m，冠幅15.0m×13.0m。

池州市贵池区里山街道查冲村西庄

树龄140年，树高20.0m，胸径0.76m，冠幅10.0m×11.0m。

池州市贵池区里山街道双河村

编号：088。

池州市贵池区梅街镇峡川村洪园

树龄110年，树高26.0m，胸径1.72m，冠幅8.0m×10.2m。

池州市贵池区梅街镇源溪小学

树龄300年，树高24.0m，胸径1.15m，冠幅22.0m×20.5m。

池州市贵池区梅街镇五洲村赵村

树龄150年，树高16.0m，胸径0.63m，冠幅9.5m×10.2m。

池州市贵池区梅街镇双溪村殷村

树龄200年，树高15.0m，胸径0.68m，冠幅7.8m×8.3m。

池州市贵池区梅街镇双溪村茅坦

树龄320年，树高6.0m，胸径1.11m，冠幅16.2m×15.2m。

池州市贵池区梅街镇双溪村茅坦

树龄260年，树高11.0m，胸径0.46m，冠幅9.5m×8.5m。

图9-9-27 池州市贵池区刘街乡源溪村

池州市贵池区梅街镇双溪村茅坦

树龄260年，树高11.0m，胸径0.53m，冠幅9.4m×9.0m。

池州市贵池区梅街镇太平村甲山

树龄120年，树高17.0m，胸径0.90m，冠幅10.0m×9.5m。

池州市贵池区梅街镇太平村东村

树龄100年，树高22.0m，胸径0.64m，冠幅8.0m×7.5m。

池州市贵池区棠溪镇石门村

树龄450年，树高10.0m，胸径1.20m，冠幅8.5m×7.0m。

池州市贵池区棠溪镇枣园村里坑

树龄350年，树高45.0m，胸径0.71m，冠幅9.0m×10.2m。

池州市贵池区牌楼镇东源村老屋

雄株，树龄1000年，树高9.0m，胸径1.72m，冠幅8.0m×10.5m。1999年遭火灾，生长良好。

池州市贵池区牌楼镇店上村水冲

树龄150年，树高15.0m，胸径0.32m，冠幅10.0m×9.6m。

池州市贵池区唐田镇杨名村汪村

树龄1000年，树高11.0m，胸径1.05m，冠幅13.5m×12.5m。

池州市贵池区刘街乡源溪村（图9-9-27）

宋末栽植。雌株，树龄700年，树高30.0m，胸径1.66m，冠幅21.0m×19.0m，村头空旷地中的小学校门前高大健壮的银杏古树，身姿潇洒，让世代勤劳的农人引以为豪。古银杏孤树一直生长繁茂。1991年因承包人工授粉，鲜果产量高达1300kg，但在采打果实时损坏了树冠和部分枝条。树下时有人拴牛，使基部树皮及部分裸根遭受磨损。乾隆年间修的《曹氏家谱》记载，元代末年银杏已是大树浓荫，老人们亦多据此认为古银杏当为宋末祖先遗物。

东至县葛公镇葛仙源王家

雌株，树龄500年，树高30.0m，胸径2.07m，冠幅22.0m×23.0m。东至县葛公镇境内葛仙源王家群峦起伏，水秀山青。闻名遐迩的古徽道从村后山沟拾阶而上，它是通往古徽州祁门、屯溪的咽喉要冲。村庄建在船形开阔地上。四周小溪、山泉流淌，多座古石桥与村外大道相连，整个村庄掩映在绿树丛中，蝉鸣悦耳。一棵硕大的古银杏树像桅杆一样伫立在村中间，这棵古银杏，主干早年遭雷电损失一些，幼枝成林，终年常绿。它像一位饱经沧桑的老者，见证了葛源王家百事兴衰，历史变迁。葛源王家宋朝叫东坑源，明朝天启三年（1623），随着徽商兴盛，挑夫在屯溪运茶叶、山货到安庆，同时为纪念东晋葛洪在此炼过丹，逐把东坑源改名葛仙源，简称葛源王家。葛源这棵古银杏是船中桅杆，杆立村旺，顺风顺水，百姓平安。据说，这棵树能占卜吉凶，预测天气。如树叶发黄变紫，必有山洪暴雨，大雨过后，树叶又恢复常绿。20世纪六七十年代，古树也遭到厄运，有人砍伐了古树上寄生胸径约0.096m的棕子树，破坏了古树优美造型。后经老辈们全力阻止，才使古树免遭灭顶之灾。有诗曰：万壑青山映葛源，王村古宅建船边。奇树银杏立桅杆，凉水桥畔有树仙。

东至县木塔乡白泥村

树龄500年。

石台县七井乡黄尖村阳边

树龄500年，树高23.0m，胸径0.76m，冠幅14.0m×14.0m。管护：沈坤跃户。

石台县七井乡黄尖村阳边

树龄500年，树高25.0m，胸径0.99m，冠幅14.0m×14.0m。管护：沈坤跃户。

石台县七井乡黄尖村阳边

树龄300年，树高14.0m，胸径0.48m，冠幅11.0m×11.0m。管护：黄尖村民组。

石台县七井乡前井村乱石里

树龄400年，树高27.0m，胸径1.05m，冠幅18.0m×18.0m。管护：银坑村民组。

石台县七井乡前井村中学

树龄500年，树高30.0m，基径2.23m，冠幅16.0m×16.0m。管护：邱村村民组。

石台县七井乡伍村村洪村村民组阳边

树龄150年，树高16.0m，胸径0.64m，冠幅9.0m×9.0m。管护：沈能文户。

石台县七井乡伍村村洪村村民组阳边

树龄180年，树高20.0m，基径1.12m，冠幅11.0m×11.0m。管护：沈能文户。

石台县七井乡八棚村下画坑

树龄260年，树高23.0m，基径1.27m，冠幅7.0m×7.0m。管护：画坑村民组。

石台县七井乡伍村村叶家屋后

树龄280年，树高13.0m，胸径0.83m，冠幅11.0m×11.0m。管护：叶家村民组。

石台县七井乡新建村黄水坑

树龄500年，树高31.0m，胸径1.59m，冠幅10.0m×10.0m。管护：蒋根祥户。

石台县七井乡新建村黄水坑

树龄600年，树高28.0m，胸径1.91m，冠幅8.0m×8.0m。管护：蒋忠义户。

石台县七井乡周村村水竹坦

树龄500年，树高28.0m，胸径1.43m，冠幅10.0m×10.0m。管护：明丰村民组。

石台县七井乡周村村水竹坦

树龄320年，树高19.0m，胸径0.96m，冠幅9.0m×9.0m。管护：明丰村民组。

石台县七井乡周村村水竹坦

树龄500年，树高24.0m，胸径1.27m，冠幅11.0m×11.0m。管护：明丰村民组。

石台县七井乡周村村水竹坦

树龄200年，树高23.0m，胸径0.80m，冠幅10.0m×10.0m。管护：汪有根等户。

石台县七井乡洪宕村外洪宕

树龄150年，树高14.0m，胸径0.38m，冠幅9.0m×9.0m。管护：中洪宕村民组。

石台县六都乡老里村老庄

树龄130年，树高22.0m，胸径0.71m，冠幅4.0m×4.0m。管护：老庄村民组。

石台县六都乡龙田村角龙垅

树龄300年，树高15.0m，胸径0.86m，冠幅10.0m×10.0m。管护：油榨村民组。

石台县丁香镇红桃村黄坑组黄坑

树龄500年，树高19.0m，胸径1.58m，冠幅21.0m×21.0m。管护：黄坑村民组。

石台县丁香镇红桃村白术组白术

树龄500年，树高21.0m，胸径1.72m，冠幅12.0m×12.0m。管护：白术村民组。

石台县丁香镇林茶村新岭组新岭头

树龄300年，树高10.0m，基径1.59m，冠幅4.0m×4.0m。管护：新岭村民组。

石台县丁香镇柏山村柏山组桥下

树龄200年，树高18.0m，胸径1.13m，冠幅4.0m×4.0m。管护：柏山村民组。

石台县七里镇三增村排下组排下

树龄500年，树高20.0m，胸径0.97m，冠幅13.0m×13.0m。管护：排下村民组。

石台县七里镇杏溪村张村组卷桥洞

树龄600年，树高25.0m，胸径1.37m，冠幅22.5m×22.5m。管护：张村村民组。

石台县贡溪乡高宝村兄脯组社屋塘

树龄500年，树高20.0m，胸径1.15m，冠幅11.0m×11.0m。管护：兄脯村民组。

石台县贡溪乡高宝村兄脯组社屋塘

树龄400年，树高18.0m，胸径0.86m，冠幅10.5m×10.5m。管护：兄脯村民组。

石台县贡溪乡高宝村兄脯组社屋塘

树龄400年，树高18.0m，胸径0.96m，冠幅13.5m×13.5m。管护：兄脯村民组。

石台县贡溪乡东风村方村组曹垄

树龄600年，树高20.0m，胸径1.27m，冠幅24.0m×24.0m。管护：方村村民组。

石台县七都镇毕家村金竹山组水口

树龄120年，树高25.0m，胸径0.86m，冠幅14.0m×14.0m。管护：金竹山村民组。

石台县七都镇毕家村毕家组八墩

树龄500年，树高25.0m，胸径1.50m，冠幅10.5m×10.5m。管护：毕家村民组。

石台县七都镇毛坦村陈家组墩上

树龄350年，树高12.0m，胸径1.21m，冠幅15.0m×15.0m。管护：陈家村民组。

石台县横渡镇大宇坑村里屋组前山河埂

树龄600年，树高8.0m，胸径0.57m，冠幅7.0m×7.0m。管护：里屋村民组。

石台县横渡镇大宇坑村外屋组梅树下

树龄400年，树高18.0m，胸径1.15m，冠幅9.0m×9.0m。管护：外屋村民组。

石台县横渡镇大宇坑村外屋组下手

树龄1000年，树高23.0m，胸径1.43m，冠幅11.0m×11.0m。管护：外屋村民组。

石台县横渡镇大宇坑村胡下组余家田

树龄600年，树高20.0m，胸径1.53m，冠幅11.0m×11.0m。管护：胡下村民组。

石台县横渡镇兰关村毛屋组毛屋

树龄400年，树高16.0m，胸径0.76m，冠幅8.5m×8.5m。管护：毛屋村民组。

石台县横渡镇兰关村新屋组背后山

树龄400年，树高28.0m，胸径1.15m，冠幅13.0m×13.0m。管护：新屋村民组。

石台县横渡镇兰关村兰关组政府屋后

树龄1000年，树高30.0m，胸径1.34m，冠幅6.5m×6.5m。管护：兰关村民组。

石台县横渡镇河西村秦岭下组秦岭湾

树龄400年，树高22.0m，胸径0.64m，冠幅5.5m×5.5m。管护：秦岭下村民组。

石台县横渡镇河西村汪村组屋边

树龄200年，树高25.0m，胸径0.67m，冠幅7.5m×7.5m。管护：汪村村民组。

石台县横渡镇历坝村横山组上井坑

树龄1000年，树高20.0m，胸径0.96m，冠幅12.0m×12.0m。管护：横山村民组。

石台县横渡镇历坝村有力组阴边

树龄100年，树高20.0m，胸径0.57m，冠幅13.0m×13.0m。管护：有力村民组。

石台县横渡镇历坝村有力组阴边

树龄150年，树高15.0m，胸径0.38m，冠幅7.0m×7.0m。管护：有力村民组。

石台县横渡镇历坝村有力组阴边

树龄200年，树高25.0m，胸径0.64m，冠幅7.0m×7.0m。管护：有力村民组。

石台县横渡镇历坝村有力组石鸡坑

树龄500年，树高15.0m，胸径1.53m，冠幅7.0m×7.0m。管护：有力村民组。

石台县横渡镇历坝村有力组石鸡坑

树龄300年，树高25.0m，胸径0.57m，冠幅8.0m×8.0m。管护：有力村民组。

石台县横渡镇历坝村有力组汪家祠堂门口

树龄200年，树高20.0m，胸径0.57m，冠幅9.0m×9.0m。管护：有力村民组。

石台县横渡镇历坝村有力组阴边坦

树龄300年，树高20.0m，胸径0.76m，冠幅6.0m×6.0m。管护：有力村民组。

石台县横渡镇历坝村光明组金竹坑

树龄600年，树高12.0m，胸径1.46m，冠幅7.5m×7.5m。管护：光明村民组。

石台县横渡镇深塍村胜利组沙塍

树龄400年，树高23.0m，胸径0.86m，冠幅11.5m×11.5m。管护：胜利村民组。

石台县横渡镇深塍村东风组项家下首

树龄400年，树高26.0m，胸径1.05m，冠幅7.0m×7.0m。管护：东风村民组。

石台县横渡镇横渡村施村组中畈

树龄500年，树高10.0m，胸径1.15m，冠幅10.0m×10.0m。管护：施村村民组。

石台县横渡镇爱国村支援组岭脚下

树龄600年，树高22.0m，胸径1.15m，冠幅5.0m×5.0m。管护：施村村民组。

石台县横渡镇爱国村狮马岭组来龙下首

树龄300年，树高20.0m，胸径0.64m，冠幅7.0m×7.0m。管护：狮马岭村民组。

石台县大演乡小剡村三组来龙山

树龄500年，树高24.0m，胸径0.57m，冠幅13.0m×13.0m。管护：三村民组。

石台县大演乡新农村唐家村

树龄250年，树高26.0m，胸径0.99m，冠幅5.0m×5.0m。管护：新农村村委会。

石台县大演乡新农村孙家组孙家上首

树龄140年，树高24.0m，胸径0.76m，冠幅6.0m×6.0m。管护：孙家村民组。

石台县大演乡白石村三组孙家

树龄300年，树高18.0m，地径0.96m，冠幅13.0m×13.0m。管护：三村民组。

石台县大演乡四清村八组柏山杨家

树龄150年，树高20.0m，胸径0.76m，冠幅14.0m×14.0m。管护：八村民组。

石台县大演乡四清村九组柏山吴家村边

树龄150年，树高20.0m，胸径0.76m，冠幅15.0m×15.0m。管护：九村民组。

石台县占大镇利源村七组下首

树龄300年，树高18.0m，胸径1.02m，冠幅15.0m×15.0m。管护：七村民组。

石台县占大镇联盟村安边组上龙湾

树龄500年，树高17.0m，胸径1.34m，冠幅15.0m×15.0m。管护：安边村民组。

石台县占大镇奇峰村汪家组汪家下首

树龄300年，树高26.0m，胸径1.59m，冠幅20.0m×20.0m。管护：汪家村民组。

石台县占大镇奇峰村汪家组汪家下首

树龄300年，树高24.0m，胸径1.46m，冠幅20.0m×20.0m。管护：汪家村民组。

石台县占大镇奇峰村汪家组汪家下首

树龄300年，树高25.0m，胸径1.53m，冠幅20.0m×20.0m。管护：汪家村民组。

石台县珂田乡市里村三组汪家坞下首

树龄300年，树高25.0m，胸径1.27m，冠幅11.5m×11.5m。管护：三村民组。

石台县珂田乡市里村二组铁坞里下首

树龄150年，树高20.0m，胸径0.61m，冠幅11.5m×11.5m。管护：二村民组。

石台县珂田乡幸福村毛树墩

树龄500年，树高22.0m，胸径1.11m，冠幅18.0m×18.0m。管护：幸福村委会。

石台县珂田乡台山村再山组路边

树龄120年，树高24.0m，胸径0.57m，冠幅6.0m×6.0m。管护：再山村民组。

石台县珂田乡台山村再山组路边

树龄150年，树高20.0m，胸径0.64m，冠幅8.0m×8.0m。管护：再山村民组。

石台县珂田乡台山村李铺组陈仁生屋边

树龄130年，树高9.0m，胸径0.57m，冠幅3.0m×3.0m。管护：李铺村民组。

石台县珂田乡台山村李铺组陈仁生屋边

树龄130年，树高15.0m，胸径0.59m，冠幅9.0m×9.0m。管护：李铺村民组。

石台县珂田乡台山村李铺组李铺后山

树龄130年，树高18.0m，胸径0.64m，冠幅10.0m×10.0m。管护：李铺村民组。

石台县珂田乡台山村李铺组李铺后山

树龄130年，树高15.0 m，基径0.80m，冠幅6.0m×6.0m。管护：李铺村民组。

石台县珂田乡台山村李铺组李铺后山

树龄140年，树高7.0m，胸径0.57m，冠幅6.0m×6.0m。管护：李铺村民组。

石台县珂田乡考坑村考坑组背后山

树龄300年，树高15.0m，胸径1.15m，冠幅15.0m×15.0m。管护：考坑村民组。

石台县珂田乡考坑村考坑组屋后

树龄140年，树高18.0m，胸径0.83m，冠幅8.0m×8.0m。管护：考坑村民组。

石台县珂田乡幸福村珂下组前山

树龄350年，树高12.0m，胸径1.08m，冠幅14.0m×14.0m。管护：珂下村民组。

石台县珂田乡徐村下首

树龄250年，树高19.0m，胸径0.64m，冠幅10.0m×10.0m。管护：徐村村委会。

青阳县九华镇九华山九华街文萃轩

雌株，树龄350年，树高35.0m，胸径1.48m，雌雄各一株。著名佛教圣地安徽九华山的九华街李太白读书堂“文萃轩”旁，有2株古银杏树，是后人为怀念李白到此修建读书堂时，栽植两株银杏树以示纪念，经历代人们的保护而保存至今。

青阳县九华镇九华山天台峰东盆地

雌株，树龄400年，树高28.5m，胸径1.31m。梅尧臣用诗赞颂了这些古银杏，形象化地描绘了银杏的风貌和身世：百岁蟠根地，双阴净梵居。凌云枝已密，似蹼叶非疏。

青阳县九华镇九华山铁路山庄

树龄600年，胸径0.80m，生长茂盛，腹中生1株紫弹朴，高有丈许。

宣城市宣州区水东镇前进村大张村民组

树龄900年，树高30.0m，胸径2.40m，枝繁叶茂，基部需五六人合抱。

宣城市宣州区狸桥镇棋盘社区（原棋盘乡）贡村

雌株，树龄790年，树高25.0m，胸径1.35m，枝下高3.2m，冠幅14.0m×12.0m，树冠广卵形。自南宋后，因贡氏世居而声名鹊起，煊赫一时。如今古村落遗迹依稀可辨，生长于古墓基上的一株银杏古树也成了贡村的历史见证。该树两大主枝长展，基径分别为0.80m和0.83m，雷电曾断其梢，使老干有一小部分空朽，干基的根皮亦被牲畜啃掉一部分，生长显见衰弱，树顶部亦出现枯衰的枝条，结实明显减少。据调查，历史最高年产鲜果曾达500kg，现在每年仅结5～10kg。

据《贡氏宗谱》记载，贡姓为孔子得意门生子贡(端木赐)的后裔，以始祖“贡”字属姓，沿袭至今。南宋初年，与“精忠报国”的岳飞有“刎颈之交”的河南青年贡祖文，在高宗皇帝赵构南渡时，因扈从(沿途保驾护卫)有功封为都总将军使，不久与岳飞会合，大破金兀术于新城(今江苏江宁县)牛首山一线，贡祖文擢升镇守秣陵关(今属南京市)总镇，遂举家迁居于南漪湖滨的贡村。岳飞被诬害后，贡祖文冒生命危险将岳飞三子、时年12岁的岳霖藏匿偷出京城，举家由贡村移居于地处偏僻的曲阿城南30里的紫阳渡(今江苏丹阳市延陵乡培棠村)隐居，耕读为生。21年后，宋孝宗(隆兴元年，1163)即位，为岳飞冤案平反昭雪。宋庆元年间(1195后)贡祖文第四代孙贡大用率全家返迁定居于贡村旧宅。其后(约1203)于贡村南端遗址为首居贡村的族祖贡祖文(谥文宪公)建衣冠冢，重立贡氏合族先祖墓碑，并环墓栽植银杏和朴树、黄连木等。时至今日只剩下这株历经沧桑的古银杏孤立村中。银杏不耐水涝，尤其在地下水位较高之处往往生长不良，处于湖滨的贡村银杏不仅生长缓慢，而且长势较差。

安徽尚未发现有天然原生的银杏，但栽培历史悠久。据考证一直到宋代，中州京都(今河南开封)一带均未见银杏栽培，也不识银杏为何物，而是通过文人的唱酬馈赠，尤其是宋诗名家、安徽宣城的梅尧臣常寄“鸭脚子”(即银杏)给当时任京师龙图阁直学士的欧阳修，才逐渐使这小小的白色种核在京城传开。宋仁宗赵祯的驸马都尉李和文觉得京师竟无此等好树，甚为好奇，于是便从江南宣城移来数株，栽于汴梁(开封府)其李侯府第。待到枝头初挂似小杏的种实时，更觉得与“鸭脚子”之名相去甚远，于是用金盒、红缎包装好，入宫敬献皇帝。仁宗皇帝十分高兴，以其种核色白如银而呼之为“银杏”。从此，“鸭脚”之名遂为银杏所取代。欧阳修有诗为证：“鸭脚生江南，名实未相浮。绛囊因入贡，银杏贵中州。致远有余力，好奇自贤侯。因令江上根，结实夷门秋。始摘才三四，金奁献凝旒。公卿不及识，天子百金酬。岁久子渐多，累累枝上稠……”。

明代李时珍在《本草纲目》中说：“银杏，原生江南，宋初始入贡，改呼银杏，因其形似小杏而核色白也。今名白果。”又称“银杏生江南，以宣城者为胜……一枝结子百十，状如楝子，经霜乃熟，烂去肉取核为果。其核两头尖，其仁嫩时绿色，久则黄”，同时详细地记述了白果的性味和主治功用：熟食温肺益气，定喘咳，缩小便；生食降痰，消毒杀虫；嚼浆涂鼻面手足，可去皴(cun音“村”)皱。银杏为裸子植物，所结的种球貌似果实而非真正的果实，严格地说，只能称为种子或种实；其不同于被子植物，主要是无子房包被，无心皮，胚珠直裸于外：其外包的肉质部分为外种皮，内核(白果)则是带壳(骨质内种皮)的种核。

被称之为“谢跳青山李白楼”的宣城，自秦汉时代即成为江南吴越十七县的郡治、府治，其良好的地理和生态环境，使自然界濒于绝灭的银杏，首先在这一带繁衍昌盛起来。宣城才子梅尧臣对于家乡的物产白果不仅倍加夸赞，而且颇有探究。其诗曰：“北人见鸭脚，南人见胡桃。识内不识外，疑若橡栗韬。鸭脚类绿李，其名因叶高。吾乡宣城郡，多以此为劳。种树三十年，结子防山猱(nao音“挠”)。”《旧志》记载，宋代宣城已是银杏之乡，种植普遍，形成相当规模和产量。随烤随食的“炮白果”，千百年来一直是江南市井的一道独特的风味小吃。曾旅经宣城的诗人杨万里(1127～1206)对于宣城火煨白果的滋味曾赞叹不已，萦久于怀：“深灰浅火略相遭，小苦微甘韵最高。未必鸡头如鸭脚，不妨银杏伴金桃。”

宁国市霞西镇霞西村

树龄1400年，树高38.0m，胸径1.88m，冠幅21.0m×21.0m。编号：0909。

宁国市青龙乡龙阁村

树龄1000年，树高35.0m，胸径1.34m，冠幅15.0m×15.0m。编号：0914。

宁国市青龙乡龙阁村

树龄1000年，树高45.0m，胸径1.66m，冠幅20.0m×20.0m。编号：0915。

宁国市仙霞镇盘樟村

树龄600年，树高16.0m，胸径1.21m，冠幅5.0m×5.0m。编号：0920。

宁国市宁墩镇纽乐村

树龄800年，树高16.0m，胸径1.05m，冠幅14.0m×14.0m。编号：0923。

宁国市汪溪镇联合村

树龄1000年，树高30.0m，胸径1.46m，冠幅14.0m×14.0m。编号：0924。

宁国市汪溪镇姚高村

树龄600年，树高22.0m，胸径2.71m，冠幅9.0m×9.0m。编号：0925。

宁国市汪溪镇汪溪村

树龄500年，树高20.0m，胸径1.15m，冠幅18.0m×18.0m。编号：0926。

宁国市梅林镇桥头村

树龄800年，树高30.0m，胸径1.56m，冠幅24.0m×24.0m。编号：0927。

宁国市梅林镇桥头村

树龄800年，树高23.0m，胸径1.75m，冠幅16.0m×16.0m。编号：0928。

宁国市港口镇方村

雌株，树高22.0m，胸径1.08m。

宁国市桥头乡七都汪村

雄株，树高19.0m，胸径1.04m。

宁国市霞西公路旁

树龄1000年，树高12.0m，胸径2.38m。

宁国市中溪镇狮桥村阴山

雌株，树龄200年，树高18.0m，胸径0.43m。

郎溪县姚村乡盛村（图9-9-28）

雌株，树龄1600年，树高23.0m，胸径2.20m，冠幅30.0m×30.0m。编号：0895。该古树的根部裸露，树干开裂，基下空心，但仍枝叶繁茂，盛果期年产银杏1250kg左右。

郎溪县姚村乡盛村

雌株，树龄1600年，树高24.0m，胸径1.30m，枝下高2.0m，冠幅9.0m×9.0m，生长旺盛，编号：0894。

郎溪县姚村乡盛村

雌株，树龄880年，树高35.0m，胸径2.01m，冠幅29.0m×29.0m，生长旺盛，树冠庞大。编号：0896。

郎溪县涛城镇黄墅村

树龄520年，树高25.0m，胸径1.05m，冠幅9.0m×9.0m。编号：0898。

广德县山北乡砖桥镇

雄株，树龄800年，树高32.0m，胸径1.67m，冠幅20.0m×21.0m。砖桥北岸一株苍劲古老的银杏树俨然屹立，主干原7.0m高处分生两大主枝，各向南北伸展。1936年，北向的大主枝遭到雷击，连带树干1m多宽的皮层和木质被雷电劈开，大片剥落。剩下南侧的主枝独当一面，渐又长成稍有偏斜的的树冠。雷击的树干木质朽坏，不长树皮，伤痕犹存；圆形的树干亦因此变成了扁圆形(胸围要减少1m多)。古银杏与古砖桥呼应相望，推测树龄约800年。现村镇房舍已将古树围在中间，居民院墙倚树而砌，影响了树的生长和保护。1968年，古银杏树干南面高3m、宽1.5m的皮层被用刀剥去，书写“农业学大寨”红漆大字。哑木无言，生灵荼毒，所幸古树尚未致命。1976年9月的一天，日暖风和，古银杏的树叶却在10多分钟内像瑞雪飘花似地一次性落净，落叶铺地厚数寸。这一奇特景象，一时间使观者

图9-9-28 郎溪县姚村乡盛村

如云，越传越神，众说纷纭，莫衷一是。直到翌年春暖花开，银杏树上又渐渐发出嫩绿的新叶，才使数十里的四邻百姓放下心来。古树早期落叶或推迟发叶，多由于营养不足或受伤害以及分泌失调等生理原因所致。砖桥银杏目前生长尚属良好，枝叶婆娑旺盛，春季雄花满枝，近十年来邻省人常来采集花粉，使小枝条也受到一些损伤。

广德县新杭镇板桥村民组

雌株，树龄150年，1994年产白果354kg。

广德县柏垫镇张复村曹冲村民组

树龄300年，树高18.5m。共有33株，该株最大。

绩溪县临溪镇

树龄500年，树高24.0m。

绩溪县荆州乡九华山风景区

树龄1200年，树高20.0m，胸径1.45m，母干已从0.5m处折断，仅存2个复干，最大复干胸径0.55m。

图9-9-29 旌德县孙村乡玉屏管家村

绩溪县荆州乡九华山风景区

树龄1200年，树高21.0m，胸径1.23m，在1.8m分为2个主干。

旌德县孙村乡玉屏管家村（图9-9-29）

“九子”环绕古银杏。雌株，树龄900年，树高35.0m，胸径2.03m，冠幅25.5m×26.5m。编号：0888。宣城市“九子”环绕古银杏，每株高20.0m多，胸围0.9～1.5m等，枝下高3.5m的老干仍较坚实，但根基四周隆凸部分凹凸畸绞，形成庞大的根盘，侧根大多裸露，缘地曲折蜿蜒。“枝柯偃后龙蛇老，根脚盘来爪距粗。”沧桑古态，使远乡近邻无不敬慕。浓荫下，石条、石板环列，更是村中人来客往歇凉相聚之处。调查中，村人皆言先有白果树，后有管家村。相传，管姓先祖是明代由山东而来，见银杏大树而知可生根发脉，遂落脚定居。当地民间传说，这株古银杏树有时夜间会发光，当地百姓视为神树，争相保护。原有古银杏2株，雌雄相望，相距30～40m，管家祖祠亦曾建于古树之间。管氏宗祖建村数百年来，衍传了多少辈已无从查考，但以先有大树后有小村的史实，以及老人们对古树生长情况的回忆和传闻，推算银杏树龄为900年左右。

旌德县庙首镇练山村古竹里

树龄1300年，树高35.0m，胸径2.43m，冠幅19.1m×19.1m。编号：0890。

旌德县白地镇高甲村胡家

树龄1500年，树高23.0m，胸径1.21m，冠幅16.3m×16.3m。编号：0893。

四川省
银杏古树资源

一 古树生境及地理气候指标

四川的土壤类型主要有赤红壤、红壤、黄壤、黄棕壤、黄褐土、棕壤、暗棕壤、棕色针叶林土、燥红土、褐土、紫色土、石灰（岩）土、新积土、风沙土、粗骨土、石质土、潮土、草甸土、山地草甸土、沼泽土、泥炭土、水稻土、亚高山草甸土、高山草甸土和高山寒漠土。植被丰富多采，可列入全国之前矛。全省有维管束植物232科1621属9254种，占全国总数的三分之一强。其中裸子植物9科27属88种，被子植物182科1474属8453种，其中特有种约464种，占全省被子植物总数的5.49%。

四川省主要银杏分布区地理气候指标如表9-19所示。

二 古树分布及株数

四川省共计181个县（市、区），有古银杏33个县（市、区），占18.23%；120个乡（镇）有古银杏。文献报道2000株，实测及统计974株，其中376株具生长指标（图9-19，表9-20）。

四川以巴山蜀水、天府之国名闻天下。独特的自然地理环境，使丰富的孑遗物种在这块土地上世代繁衍，生生不息，散生在全省各地的银杏古树，显示出四川森林的原始性与

图9-19 四川省银杏古树分布图

表9-19 四川省主要银杏分布区地理气候指标

县（市）	经度	纬度	年均温（℃）	年降水量（mm）	无霜期（天）	年均日照时数（小时）	1月均温（℃）	绝对最低温度（℃）	≥10℃积温
成都青羊区	104° 03′	30° 41′	15.9	1069.0	300	1181			
都江堰市	103° 25′ ～103° 47′	30° 44′ ～31° 22′	15.2	1200.0	280	1017	4.6	-5.0	4677
什邡市	103° 47′ ～104° 16′	30° 00′ ～31° 37′	16.0	950.0	281	1251			
旺苍县	105° 58′ ～106° 45′	30° 51′ ～32° 42′	16.2	1142.0	266	1353	6.1	-7.2	5083
威远县	104° 16′ ～104° 53′	29° 22′ ～29° 47′	17.8	985.2	329	1192	7.4	-5.5	6570
阆中市	105° 41′ ～106° 24′	31° 22′ ～31° 51′	17.0	1033.9	290	1380		-4.6	5624
长宁县	104° 44′ ～105° 03′	28° 15′ ～28° 47′	18.3	1108.3	350	1148	9.8		
万源市	107° 28′ ～108° 31′	30° 39′ ～32° 20′	14.7	1246.0	332	1396		-9.4	
名山区	103° 02′ ～103° 23′	29° 58′ ～30° 16′	15.4	1500.0	298	1018			4773
汶川县	102° 51′ ～103° 44′	30° 45′ ～31° 43′	13.8	930.5	258	1368			

表9-20 四川省银杏古树分布地点及株数汇总

区（市）	县（市、区）	乡（镇）
成都市（492株）	武侯区（15株）	机投镇、跳伞塔街道
	金牛区（5株）	金牛乡
	龙泉驿区（11株）	柏合镇、茶店镇、柳街镇
	青羊区（78株）	
	锦江区（5株）	
	都江堰市（149株）	青城山镇、玉堂镇、中兴镇、幸福镇、聚源镇、石羊镇、街柳镇、龙池镇、蒲阳镇、虹口乡、大观镇、灌口镇、胥家镇
	崇州市（51株）	元通镇、怀远镇、万家镇、三郎镇、两河乡、街子古镇、大划镇、观胜镇、崇阳镇
	金堂县（3株）	淮口镇、隆盛镇
	郫县（2株）	两路口镇、唐昌镇
	大邑县（47株）	金星乡
	彭州市（18株）	葛仙山镇、楠杨镇、白鹿镇、天彭镇
	邛崃市（48株）	高何镇、南宝乡、天台山镇、夹关镇、水口镇、孔明镇、平乐镇、临邛镇、卧龙镇、油榨乡、银杏乡
泸州市（1株）	叙永县（1株）	观星乡
德阳市（123株）	旌阳区（22株）	天元镇、得新镇、孝泉镇、柏隆镇、和新镇
	绵竹市（29株）	东北镇、兴隆镇、九龙镇、遵道镇、汉旺镇、武都镇、清平乡、天池乡、土门镇、金花镇、孝德镇、剑南镇
	中江县（8株）	南华镇、黄鹿镇、永兴镇、广福镇、石泉乡、白果乡
	什邡市（34株）	方亭镇、云西镇、洛水镇、湔氐镇、蓥华镇、红白镇、八角镇
	罗江县（17株）	罗江镇、鄢家镇、回龙镇、新胜镇、略坪镇、广富镇、白马关镇
	广汉市（13株）	金轮镇、高坪镇、三星镇、东南镇
绵阳市（1株）	江油市（1株）	中坝镇
广元市（3株）	旺苍县（2株）	麻英乡、王源乡
	朝天区（1株）	花石乡
内江市（8株）	威远县（8株）	新场镇、观英滩镇、黄荆沟镇
南充市（50株）	阆中市（50株）	保宁镇
宜宾市（6株）	长宁县（5株）	桃坪乡、古河镇、老翁镇、开佛镇
	筠连县（1株）	高坎乡
达州市（14株）	万源市（14株）	溪口乡、竹峪乡、丝罗乡、石人乡、灌坝乡
雅安市（241株）	雨城区（3株）	孔坪乡、对岩镇、严桥镇
	名山区（21株）	城乐乡、联江乡、中峰乡
资阳市（1株）	简阳市（1株）	丹景乡
阿坝藏族羌族自治州（32株）	汶川县（32株）	水磨镇、漩口镇、两河乡
甘孜藏族自治州（2株）	康定县（1株）	普沙绒乡
	泸定县（1株）	冷碛镇
总计：有古银杏13个区（市），33个县（市、区），120个乡（镇），共974株。		

古老性。据成都市林业和园林局统计，经过明末清初的浩劫，成都市主城区留存至今的名木古树共近1800棵，300年以上的有115株，500年以上的有42株，800年以上的有19株。这些名木古树中，银杏占了1000多棵。老银杏在主城区的分布，以青羊区范围内最多，这与该区内公园和名胜古迹相对较多有关；武侯区以武侯祠博物馆和望江楼公园为分布主体；锦江区主要以省林科院和塔子山公园为分布主体；金牛区的古树名木主要分布在一些单位院内；成华区则主要分布在动物园和昭觉寺。雅安全市尚存古银杏241棵，主要分布在名山区和雨城区。雨城区对岩镇陇阳村四组境内的这棵银杏是最大的一棵。其胸围9.2m、树龄约3000余年。德阳市共计123株，其中旌阳区22株、绵竹市29株、中江县8株、什邡市34株、罗江县17株、广汉市13株。

据目前调查成都市青羊区总计78株。大邑县总计47株，均位于该县金星乡白岩寺。

都江堰市总计149株，青城山镇12株；玉堂镇25株，其中该镇龙凤村19株，大坪村6

株；中兴村1株；幸福镇7株；四川农大都江堰分校76株；聚源镇2株，均位于该镇导江村；石羊镇2株，位于该镇马祖村；街柳镇6株，均位于该镇安龙村；龙池镇2株，均位于该镇南岳村；蒲阳镇1株，位于该镇银杏村；虹口乡1株，位于该乡棕花村；大观镇1株；灌口镇4株，其中该镇百花村1株，灵岩村1株；胥家镇1株。

据报道，崇州市总计59株，元通镇1株；怀远镇3株，其中该镇玉圭村1株；万家镇8株；三郎镇7株，其中该镇凤鸣村5株，天国村2株；两河乡10株，均位于该乡河坪村；街子古镇17株；大划镇2株，其中该镇银杏村1株，白果村1株；观胜镇10株，均位于该镇八角村；崇阳镇1株。

邛崃市48株，高何镇20余株，其中该镇王家村7株，镇靖口村3株，河坝村2株；南宝乡12株，其中该乡大胡村3株，天池村1株，秋园村3株；天台山镇4株；夹关镇1株；水口镇2株；孔明镇1株；平乐镇1株；临邛镇1株；卧龙镇1株；油榨乡1株，位于该乡天池村；银杏乡2株。

德阳市旌阳区总计22株，天元镇1株；德新镇4株，均位于该镇龙泉村；孝泉镇8株；柏隆镇1株；和新镇1株，位于该镇德中村。

绵竹市总计29株，东北镇7株，其中该镇十五村6株；兴隆镇1株，位于该镇建设村；九龙镇1株，位于该镇六村；遵道镇1株；汉旺镇3株；武都镇1株，位于该镇白果村；清平乡7株，其中该村圆包村1株，棋盘村3株，盐井村3株；天池乡1株，位于该乡一村；土门镇1株；金花镇1株；孝德镇3株，其中该镇高兴村2株；剑南镇2株。

什邡市34株，方亭镇1株；云西镇3株，均位于该镇白蜡村；洛水镇2株，其中朱家桥村1株，药师村1株；湔氐镇2株；蓥华镇16株，其中该镇瓦窑村5株，白坭村11株；红白镇7株；八角镇3株，其中该镇爆竹同村1株，双桥村2株。

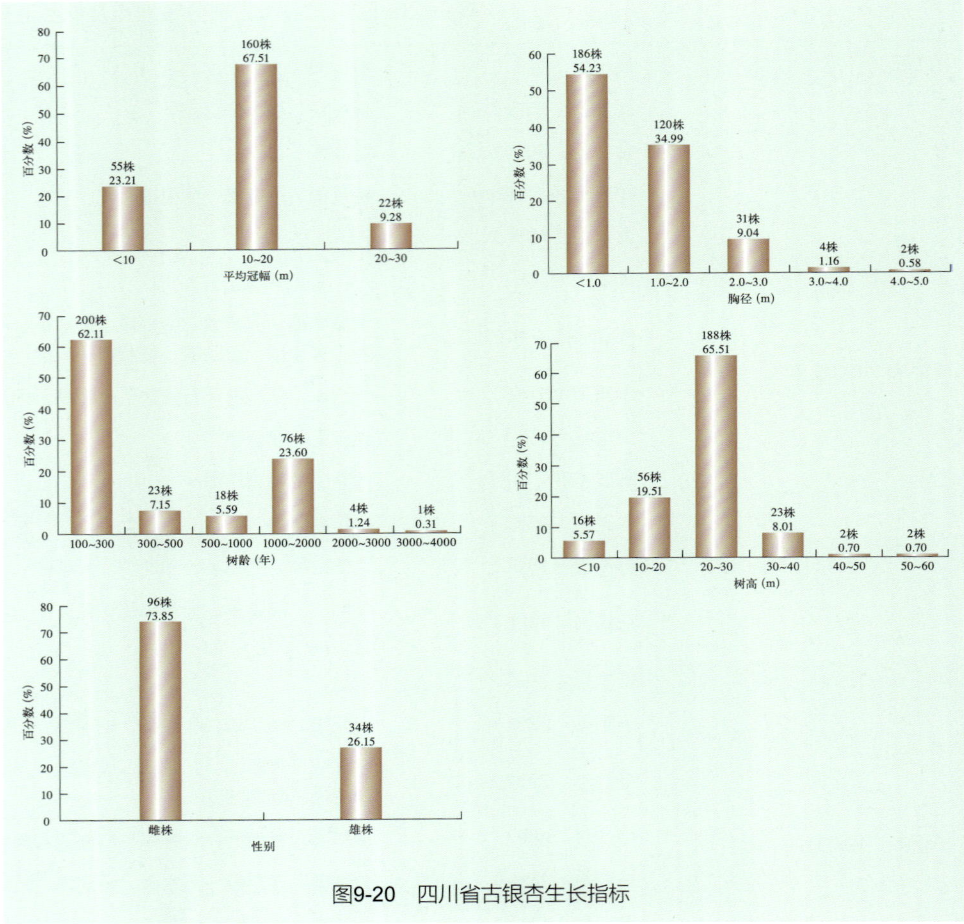

图9-20 四川省古银杏生长指标

三 古树生物学

1.性别

在已知性别的130株古银杏中，雌株96株，占73.85%；雄株34株，占26.15%（图9-20）。

2.树高

树高最高单株为50.0m，有2株，位于成都市龙泉驿区柏合镇长松寺雷达站1株，位于邛崃市水口镇金山村7社王山1株；最矮单株为2.0m，位于广汉市东南镇雄城镇大连村六十八社道边；树高<10m的银杏为16株，占5.57%，10～20m的为56株，占19.51%；20～30m的为188株，占65.51%；30～40m的为23株，占8.01%；40～50m的为2株，占0.70%；50～60m的为2株，占0.70%。树高前十位单株：成都市龙泉驿区柏合镇长松寺雷达站（50.0m）、邛崃市水口镇金山村7社王山（50.0m）、都江堰市虹口乡棕花村古仙洞（40.0m）、邛崃市高何镇靖口村11社水打庙（40.0m）、都江堰市玉堂镇龙凤村财神山财神主庙（1号树）（36.0m）、绵竹市清平乡盐井村五社白果林（35.0m）、绵竹市遵道镇政府食堂背后（34.0m）、绵竹市汉旺镇白溪口二社赵家沟（34.0m）、绵竹市武都镇白果村六社白果庵（32.0m）、绵竹市清平乡棋盘村四社王定举房后（32.0m）。

3.树龄

树龄最大单株为3000年，位于雅安市雨城区对岩镇陇阳村4组；最小单株为100年，有54株；树龄在100～300年的为200株，占62.11%；300～500年的为23株，占7.15%；500～1000年的为18株，占5.59%；1000～2000年的为76株，占23.60%；2000～3000年的为4株，占1.24%；3000～4000年的为1株，占0.31%。树龄前十位单株：雅安市雨城区对岩镇陇阳村4组（3000年）、叙永县观兴乡普兴村一组山顶上（2400年）、彭州市楠杨镇熙林村（2300年）、都江堰市蒲阳镇银杏村8组白果岗（2100年）、崇州市大划镇银杏村4组徐家大院后边（2100年）、都江堰市青城山镇青城山天师洞殿前银杏阁一侧（1号树）（1900年）、成都市武侯区机投镇社区医院旁白果庙旧址（1800年）、阆中市保宁镇白果树街（1800年）、泸定县冷碛镇2村（镇政府附近）（1786年）、都江堰市青城山青城山上清宫（3号树）（1700年）。

4.胸径

四川省已知胸径的银杏古树共计344株（其中包括基径<1.0m 1株）。胸径最大单株为4.80m，位于叙永县观兴乡普兴村一组山顶上；最小单株为0.10m，位于广汉市雄城镇大连村六十八社园内角；胸径<1.0m的为186株，占54.23%；1.0～2.0m的为120株，占34.99%；2.0～3.0m的为31株，占9.04%；3.0～4.0m的为4株，占1.16%；4.0～5.0m的为2株，占0.58%。胸径前十位单株：叙永县观兴乡普兴村一组山顶上（4.80m）、泸定县冷碛镇2村（镇政府附近）（4.33m）、罗江县白马关镇万佛寺（罗真寺（观））（1号树）（3.50m）、彭州市楠杨镇熙林村（3.20m）、邛崃市银杏乡银杏坪兴福寺（3.06m）、崇州市元通镇（3.00m）、雅安市雨城区孔坪乡6村1社（2.87m）、都江堰市聚源镇导江村3社（1号树）（2.80m）、邛崃市天台山镇江山（2.70m）、成都市龙泉驿区柏合镇长松寺雷达站（2.64m）。

5.冠幅

冠幅最大单株为28.0m×30.0m，平均冠幅为29.0m，位于邛崃市油榨乡天池村白家山；最小冠幅为2.0m×2.0m，平均冠幅为2.0m，位于广汉市东南镇雄城镇大连村六十八社园内角。冠幅前十位单株：邛崃市油榨乡天池村白家山（28.0m×30.0m）、彭州市葛仙山镇熙玉村8社12组白果庵

(27.0m×28.0m)、名山区蒙山顶天盖寺(1号树)(24.0m×27.0m)、成都市龙泉驿区柏合镇长松寺雷达站(25.0m×25.0m)、彭州市楠杨镇熙林村(24.6m×24.6m)、叙永县观兴乡普兴村一组山顶上(25.0m×24.0m)、邛崃市高何镇王家村11社(27.0m×20.6m)、大邑县金星乡白岩寺(2号树)(23.0m×24.0m)、罗江县白马关镇万佛寺(罗真寺(观))(2号树)(23.0m×24.0m)、都江堰市老市委(3号树)(22.0m×23.0m)。

6.特异种质

垂乳银杏45株;复干银杏55株;叶籽银杏;雌雄同株。

四 古树综合描述

成都市武侯区一环路南一段42号四川大学本部玉章路边

3株。川大玉章路边的银杏植株高大密实,枝叶茂盛,周边空间开阔,光线充足。路边的草坪芳草萋萋,兼有多种绿色植物,景观层次很好。化学馆前的两棵银杏古树,高大繁茂,市区少见。树下落叶涵盖面积大,积叶多,和化学馆融为一体,红墙金叶,景色瑰丽。

成都市武侯区机投镇社区医院旁白果庙旧址(图9-10-1)

东汉银杏。雌株,年龄1800年,树高18.0m,胸径1.70m,枝下高2.0m,冠幅14.6m×8.0m,位于医院旁的小巷道内,已用高1.5m的铁栏围护。生长欠佳,树冠不规整,向东南侧倾斜。主干明显,向北侧倾斜,倾角20°,梢部干枯,6.0m、8.0m处分枝断折。萌蘖除东侧外,其他均为密生状,高0.5~4.0m,距母干最近的则紧贴母干生长,最远的达150cm,梢部干枯。每年可收50kg的种子。此树几近死后复生,用100kg鸡蛋汁从树堂灌入,复活。树上有初生垂乳。与此树共生的树种为慈竹。此树列入四川省名木古树保护目录,原为“夫妻银杏”,被称为鸳鸯树,雌雄相间约5.0m,现仅存雌树。如果天师洞的银杏是王,这棵银杏应该是“皇叔”了。10多年前,由于附近的印染厂、生活垃圾等污染,雄树枯死。一次雷击加上附近的污染,“妻子”也几乎奄奄一息。目前,生活垃圾堆满树根,附近正在兴建的高楼将古树严密地包围着,建筑垃圾也堆到了树下。编号:72137。N=28° 28′ 384″,E=107° 38′ 23.4″,H=1000.4m。

成都市武侯区跳伞塔街道的锦绣街和锦绣巷(银杏大道)

武侯区2010年在锦绣街和锦绣巷的银杏文化街区举办首届银杏文化艺术节。武侯区跳伞塔街道的锦绣街和锦绣巷栽满了银杏树,两条银杏大道长400m,是目前成都市银杏树栽种最为密集的区域。该区依托银杏树,将这两条街道打造成为成都市首条银杏文化街区。打造了以“银杏”为主题、供市民休闲赏景于一体的特色街区,重点突出“尝杏”、“吟杏”、“品杏”、“知杏”四大主题。

成都市武侯区望江路30号望江楼公园薛涛井旁

复壮树。树龄140年,树高20.0m,胸径0.85m,冠幅10.0m×10.0m,编号:10495。遭雷击而濒临干枯的百年古银杏树。雷击后,树干一侧1/4的树皮坏死、剥落,附着于树体上的死树皮已经腐烂,树枝干稀疏,长势很弱。2008年年初,该公园邀请了市园林科研所有关植物保护专家对雷击古银杏树救治复壮进行把脉。首先,对土壤实施改良,为树体的恢复生长提供了充足水分和养分,同时还对白蚁进行了预防处理,为古银杏树安上了避雷针。其次,对树体实施保护与修补,清除了古银杏树所有枯死枝干及腐朽树皮;主干树皮受损部分,3.0m以下采用银杏树皮修补,3.0m以上采用白杨树皮修补;对受损树干喷防腐及防水药剂。如今,经过精心治疗的百岁古银杏枝叶茂盛,长势良好。

成都市武侯区望江路30号望江楼公园(图9-10-2)

雄株,树龄400年,树高22.0m,胸径1.31m,冠幅23.0m×24.0m,枝下高3.5m,位于该公园谢涛井风景区内。树冠伞形,生长旺盛。母干直,2.0m处膨大,似嫁接而来。在4.0m处分作基径均0.8m的2个大枝,分别向南北两侧斜展而去,夹角35°。复干1个,较细,胸径7.0cm,距母干30.0cm,高4.0m。该树一侧安装有避雷针。与此树共生的树种有竹、楝树。N=30° 37′ 56.3″,E=104° 00525.9″,H=532m。

成都市府河桥畔内环一侧(南门大桥)河边绿地

路边立石勒铭:银杏园面积4500m^2,以市树银杏为主要景观,栽植银杏大树60余株,形成了府南河沿岸最大的一处银杏林。

成都市金牛区金牛乡清水村五组靖水山庄

树龄800年,胸径1.40m。编号:0505,成都市古树名木保护管理局于2004年对该树进行了复壮。

图9-10-1 成都市武侯区机投镇社区医院旁白果庙旧址
(注:箭头示垂乳)

图9-10-2 成都市武侯区望江路30号望江楼公园

成都市金牛区金科中路大同顺鑫商贸有限公司（土桥尹公祠旧址）（图9-10-3）

垂乳银杏。雌株，树龄1000年，树高12.0m，胸径1.42m，枝下高3.0m，冠幅12.0m×13.0m。编号61564。该处原先为土桥一个破旧仓库，空间狭小，加之该树树龄较大，树体老化严重，生长衰弱，树干出现大量空洞，顶部树梢1/3枯死，树皮严重剥落，从2000年以来，先后两次遭雷劈（在遭此灾害前，该树树高为现高的2倍），造成树皮剥落，树干撕裂，进一步威胁了该树的生长。经过成都市绿化工程队名树古木科相关护理人员采取的人工涂发泡剂、输营养液、小株银杏靠接法、安装避雷针等急救措施，现从已腐朽的韧皮部内部重新长出新的木质部和韧皮部。该树主干通直，从6.0m处分作基径均为0.5m的两枝，每一分枝上散布有膨大枝。其中一个分枝因劈裂影响美观而涂有膨化剂。复干1个，位于母干西侧，从0.4m处断折，基径0.06m，距母干15.0cm。垂乳多，基本每一个膨大枝基部有分布，基径0.03～0.06m，长2～4cm。树高3.0m处分成双干，是成都市区目前发现最大的一株古银杏树。编号：61564。N=30°43′7.8″，E=100°00′5.2″，H=497m。

成都市金牛区金泉路2号金牛宾馆

树龄1000年，2株。

成都市金牛区西华大道608号（1号树）（图9-10-4）

垂乳银杏。雌株，树高23.0m，胸径1.02m，枝下高3.0m，冠幅10.0m×10.0m，位于该大道河星城旁边。生长欠佳，基部0.5m以下树皮全部剥落，成都市绿化工程队名树古木科相关护理人员已采取小株银杏靠接法、输营养液等急救措施来对其保护。主干通直，分枝多，呈轮生状，间距0.5～1.0m。垂乳4个，均位于母干西侧，基径0.03～0.08m，长4～10cm。现用半径4.0m、高0.4m的环形树池相护，内部为高隆地形。据说，该地为以前的农村青冈镇所在地，村民奉其为神树，并取其皮泡茶喝，认为这样可以借神灵长寿。N=30°45′57.7″，E=104°01′23.0″，H=503m。

成都市龙泉驿区柏合镇长松寺雷达站

2007年成都市“千年十大树王”之一。树龄1500年，树高50.0m，胸径2.64m，冠幅25.0m×25.0m。该株银杏树于2007年被评为成都市“千年十大树王”之一。成都市龙泉驿区的地方志史记载：长松寺旧址在长松山，今唯仁山庄一侧。唐武德初，由圆明大师主持开元中，马祖道一拄锡于此重建，右有蚕丛王庙遗址。有石刻“乾坤清气”四大字，字体纵横数尺。唐代香火甚旺，至德元年（756）玄宗幸蜀，钦赐“长松衍庆寺”扁额，并赐御香，建御香亭。中和元年（881）僖宗幸蜀，赐圆昉和尚紫衣，宰相李德裕、诗人郑谷曾与寺僧圆明、圆昉交往密切，诗词唱和，宋英宗治平二年（1065），齐海长老移度长松寺，重建寺庙，改名“嘉福寺”。民国时期，恢复“长松寺”名。H=1050m。

成都市龙泉驿区柏合镇长松寺雷达站

树龄1500年，胸径2.62m。

成都市龙泉驿区柏合镇长松寺雷达站

树龄1500年，胸径2.61m。

成都市龙泉驿区茶店镇石经寺

树龄1300年，胸径1.19m。

图9-10-3 成都市金牛区金科中路大同顺鑫商贸有限公司（土桥尹公祠旧址）
（注：箭头示垂乳）

成都市龙泉驿区茶店镇石经寺

树龄1300年，胸径1.17m。

成都市龙泉驿区茶店镇石经寺

树龄1300年，胸径1.16m。

成都市龙泉驿区茶店镇石经寺

树龄1300年，胸径1.18m。

成都市龙泉驿区茶店镇石经寺

树龄1300年，胸径1.16m。

成都市龙泉驿区茶店镇石经寺

树龄1300年，胸径1.17m。

成都市龙泉驿区茶店镇石经寺

树龄1200年，胸径0.72m。

成都市龙泉驿区柳街镇安龙乡3村4组安龙农家公园

树龄1200年。

成都市青羊区一环路西一段175号浣花溪风景区百花潭公园1号树（图9-10-5）

“仙儿”，唐代银杏。雌株，树龄1200年，树高8.5m，胸径0.76m，枝下高2.8m，冠幅18.0m×19.0m。生长旺盛，树冠近伞形。母干中空，有火烧痕迹，西侧木质部、韧皮部均缺失，宽达180cm；0.8m以下有明显的不规则分棱现象；东侧有大面积剥皮现象；偶有树洞。主干在0.8m处分作的3个大枝（基径均0.45m），均已被截，从截口又发出新枝，基径0.06～0.30m，均直伸。复干13个，其胸径范围均在0.05～0.15m之间；高度范围为1.8～4.0m；距母干10～60cm，集中分布于母干东侧；胸径最粗0.08m，高4.0m，距母干60cm；0.05～0.06m达11个之多；有1个基径为0.07m的复干在0.4m以下分作两枝，并在2.0m处被截。第1复干，胸径0.08m，高4.0m，距母干60cm；第2复干，基径0.07m，高

图9-10-4　成都市金牛区西华大道608号（1号树）
（注：箭头示垂乳）

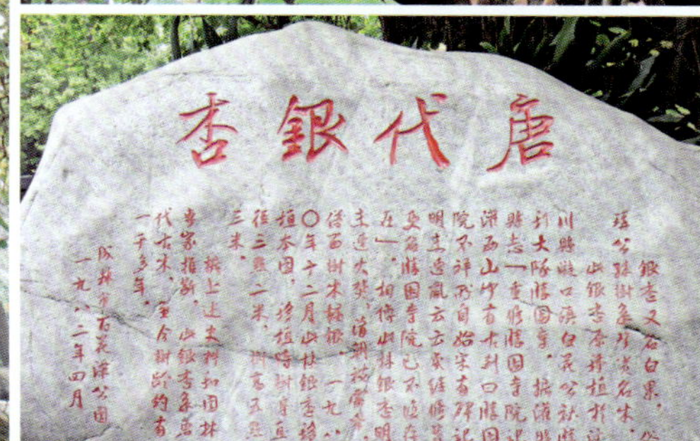

图9-10-5　成都市青羊区一环路西一段175号浣花溪风景区百花潭公园1号树
（注：箭头示垂乳）

图9-10-6 成都市青羊区一环路西二段9号青羊宫道教协会

图9-10-7 都江堰市老市委1－5号树
（注：A. 3；B. 4；C. 5；D. 1-5）

2.0m，距母干10cm；第3复干，胸径0.06m，高1.8m，距母干10cm；第4复干，胸径0.06m，高2.0m，距母干15cm；第5复干，高2.0m，距母干15cm；第6复干，胸径0.06m，高2.0m，距母干75cm；第7复干，胸径0.06m，高2.0m，距母干75cm；第8复干，胸径0.06m，高2.0m，距母干75cm；第9复干，胸径0.06m，高2.0m，距母干80cm；第10复干，胸径0.06m，高1.8m，距母干10cm；第11复干，胸径0.06m，高1.8m，距母干12cm；第12复干，胸径0.06m，高2.0m，距母干18cm；第13复干，胸径0.05m，高1.8m，距母干15cm。萌蘖60个，集中分布于母干空堂内，高0.5～1.5m，距母干2～90cm。总胸围7.3m。垂乳4个，均较小，分布于母干西侧2.2m处、东侧分枝处，均单生，基径0.03～0.05m，长4～10cm，空堂内有一倒生状的树皮，基径0.16m，长40cm。与该树共生的树种有蒲葵、罗汉松。老银杏称“仙儿”，苍老得就像化石一样。据说“仙儿”生于唐代，明代浴火重生，清代又遭受雷击。另有说法这株银杏树栽于1700年前，是目前成都市发现的树龄最长的树木。1983年搬来成都时，“仙儿”还带着它的孪生“兄弟”。与“仙儿”的“著名”不同，这个“兄弟”默默生长在成都的一间老茶铺里。1983年从阿坝州移栽到成都。“仙儿”和它的孪生“兄弟”是一株老银杏遭受雷击后，被一分为二，它俩又都各自成活，成为一对“双胞胎”。母干已经枯死。编号51157。N=30°34′38.78，E=104°02′29.9″，H=478m。

成都市青羊区一环路西二段9号青羊宫道教协会（图9-10-6）

雌株，树龄600年，树高27.0m，胸径1.18m，枝下高6.0m，冠幅15.0m×16.0m，位于院内。生长旺盛，冠偏，不规整。主干通直，分枝不规则。结果多，曾多次因果多而断枝。该树一侧置有假山石，盆景；东侧立有一碑。与该树共生的树种有柏木、苏铁、冬青。古树编号：51109。N=30°39′50.7″，E=104°02′21.6″，H=499m。

成都市青羊区西华门街36号老茶铺院内

雌株，树龄1000年，树高6.5m，胸径1.50m，1983年从阿坝州移栽到成都。它主干呈45°倾斜，被一根水泥仿真树干支撑，另一侧栽种了许多小银杏，遮挡住残缺不全的主干，而苍老的主干上又长出许多新枝，活力与沧桑共存。母干已经枯死。

成都市青羊区陕西街100号汪家拐街道办事处

树龄1000年。

成都市青羊区提督街91号石化大厦

树龄1000年。

成都市青羊区草堂路28号杜甫草堂博物馆藏经楼后

树龄1000年，2株。

成都市青羊区祠堂街少城路12号（君平街88号）人民公园

7株。

成都市锦江区天府广场西侧道路中央(清真寺)

清真寺银杏。树龄200年，树高18.0m，胸径0.75m。2株，此地原为清真寺，树就长在清真寺内，因为天府广场改造，它们才出现在了道路上。

成都市锦江区红星路四段与武侯区新南路交叉口三角绿地

树龄300年，3株。2002年，从成都市朝阳路与青石桥交叉路口移植到该处。

都江堰市老市委（1号树）（图9-10-7；9-10-8）

垂乳银杏。雄株，树龄300年，树高23.0m，胸径1.02m，枝下高1.5m，冠幅11.0m×12.0m，位于老市委院内，距2号树50.0m，生长旺盛，树冠不规整。树身3m以下均被藤本植物所覆盖。复干7个，其胸径范围为：0.05～0.15m，1个；0.15～0.25m，2个；0.25～0.35m，3个；0.55～0.65m，1个；高度范围为4.0～21.0m；均与母干在1.5m以下合生。胸径最粗者达0.60m，在4.0m处分作2个大枝，基径均0.23m；胸径为0.30m的3个，0.13～0.20m的3个。母干西侧分布有大量的瘤状物，呈片状。编号：042。N=31° 00′ 6.5″，E=103° 37′ 53″，H=723m。

图9-10-8 都江堰市老市委（1号树）
（注：箭头示垂乳）

都江堰市老市委（2号树）（图9-10-7；9-10-9）

垂乳银杏。雌株，树龄100年，树高22.0m，胸径0.66m，枝下高4.0m，冠幅22.0m×20.0m，位于老市委院内，编号0119、0167。与3号树相距5.0m。生长旺盛，树冠伞形。主干通直，分枝呈轮生状，除西侧有一分枝倾斜外，其他均向上直伸。枝叶繁茂。垂乳（当地称“白果笋”）2个，生长于8.0m处一分枝上，呈悬垂状，基径0.03m，长12cm。每年结果200～250kg，果实长、尖。据当地居民介绍，该树属地震后移栽而来。N=31° 00′ 0.77″，E=103° 37′ 3.1″，H=742m。

都江堰市老市委（3号树）（图9-10-7）

雌株，树龄100年，树高23.0m，胸径0.75m，枝下高2.5m，冠幅22.0m×23.0m，位于老市委院内，与4号树相距13.0m，编号0166、0425。生长旺盛，树冠伞形。从2.5m处分作2个大枝，枝叶繁茂。结果量少，果实圆。N=31° 00′ 0.77″，E=103° 37′ 3.1″，H=742m。

都江堰市老市委（4号树）（图9-10-7）

雌株，树龄100年，树高15.0m，胸径0.70m，枝下高4.0m，冠幅12.0m×13.0m，位于老市委院内。生长旺盛，树冠卵圆形。主干通直，分枝不规则，均向上直伸而去。果实较小，结果量多，300～400kg/年，该树与2号树、3号树总结果量500～1000kg/年。N=31° 00′ 0.77″，E=103° 37′ 3.1″，H=742m。

都江堰市老市委（5号树）（图9-10-7）

雌株，树高15.0m，胸径0.28m，枝下高2.5m，冠幅11.0m×12.0m，生长旺盛，树冠近伞形。主干通直，在2.5m处分作3枝。与4号树相距2.0m，编号004、0165。N=31° 00′ 0.77″，E=103° 37′ 3.1″，H=742m。

都江堰市青城山镇青城山上清宫（1号树）（图9-10-10）

青城山银杏。雄株，树龄1700年，树高30.0m，胸径0.68m，枝下高6.0m，冠幅8.0m×8.0m，位于上清宫“大道无为”（据说此四字为四川大学一位著名教授题词）景墙旁，生长旺盛，母干明显，通直，分枝不规则。与该树共生的树种有杉木等。编号：434。N=31° 54′ 50.7″，E=103° 33′ 30.7″，H=760m。

都江堰市青城山镇青城山上清宫（2号树）（图9-10-10）

青城山银杏。雌株，树龄100年，树高22.0m，胸径0.30m，枝下高3.0m，冠幅8.0m×6.0m，位于1号树南侧20.0m处。生长旺盛。N=31° 54′ 50.7″，E=103° 33′ 30.7″，H=760m。

都江堰市青城山镇青城山上清宫（3号树）（图9-10-10）

青城山银杏。雌株，树龄1700年，树高23.0m，胸径0.94m，枝下高8.0m，冠幅12.0m×11.0m，与1号树对生于“上清宫”台阶两侧，相距15m，果小。与该树共生的树种为柏木。编号：435。N=31° 54′ 50.7″，E=103° 33′ 30.7″，H=760m。

都江堰市青城山镇青城山天师洞殿前银杏阁一侧（1号树）（图9-10-11）

垂乳银杏，天师洞银杏，“镇山之宝”。雄

图9-10-9 都江堰市老市委（2号树）
（注：箭头示垂乳）

图9-10-10 都江堰市青城山镇青城山
［注：A. 上清宫（1号树）；B. 1、2号树（左）；3号树（右）；C. 朝阳洞；D. 上清宫（2号树）］

株，树龄1900年，树高22.0m，胸径2.48m，枝下高3.0m，冠幅20.0m×20.0m。树体中空，生长旺盛，母干较直，呈不规则的分棱，有剥皮现象，干身分布有苔藓类植物；分枝不规则，北侧0.08m、1.25m、0.65m处依次有基径分别为0.20m、0.30m、0.40m的分枝断折；东侧4.0m处有一基径为0.30m的分枝在1.0m处被截。枝叶繁茂。空堂内生长有20株萌蘖，并从空堂内伸展而出。母干东侧、北侧7.0m分枝处生长有丛生状萌条，达40株之多，均竖直向上伸展。垂乳极多，达数百个，母干东北侧树桩及分枝处分布最多，基径0.03～0.20m，长10～300cm，或呈簇生状，或呈层叠状；众多垂乳中，东侧有1个基径为0.08m者在20cm处被截；北侧有1个基径为0.05m者梢部有洞；北侧2.3m处有一个基径为0.24m者在近梢部膨大，呈龟背形，基径0.34m，梢部又分作2杈，基径均为0.12m；西北侧3.0m处有3个垂乳，呈排生状，最左1个从3.0m处向下生长，最后直插入土中，其他2个于近梢部分作2杈，上面散布有树洞；南侧有5个垂乳基径均为0.12m，呈基部细梢部粗的倒悬垂状。树身5.0m以下挂有红布条，周围用高1.8m，长10.0m的砌墙相围，墙上为张天师从修道—种树—羽化（成仙）过程的浮雕。有关该树的说法：该树树干流甘液，如乳垂滴，树冠苍翠碧绿，生机盎然。此情此景之美，被人们传“峨眉天下秀，青城天下幽”的佳话。这株古银杏为张天师所栽，有诗为证：

大逾十围高百尺，孤根下蟠九渊深。
拔地参天形古怪，神物不知起何代。
道士但云已千年，苍苍独余古时黛。

《灌县县志》有一首记述清人李善济曾作《银杏歌》赞颂天师洞古银杏：“天师洞前有银杏，罗列青城百八景。玲珑高出白云溪，苍翠横铺孤鹤顶，我来树下久盘桓。四面阴浓夏亦寒。石谒仙踪今已渺，班荆聊当古人看。故国从来艳乔木，况且隐沦绝尘俗。状如虬怒远飞扬，势如蠖屈时起伏，姿如凤舞云千霄，气如龙蟠栖岩谷，盘根错节几经秋，欲考年华空蹲蜀。黄帝来进已萌芽，明皇西幸满著花。”对此树树龄的描述尽管过于夸张，足以说明年代的久远。

民国年间，该地有别名“老鹤”者也写下了一首《银杏歌》，其中称：“天师洞前多老林，中有银杏气箫森，大逾十围高百尺，孤根下蟠九渊深，拔地参天形古性，神物不知始何代，道士但云已千年，苍苍独余古时黛。奇倔直似六朝松，枝头常有白云封，凡鸟恶禽不敢巢，夜深往往鸣天风。独恨游人少题咏，肉眼不识孤高性。年年洞口饱霜雪，生有奇骨那能折。地老天荒不改柯，鬼神呵护皆臆说。世人但知泰岱松，此物灵异将毋同，歌罢绕树三太息，如此婆娑老树无人识。”字里行间充满着对银杏的热爱和赞颂，似乎也隐喻自己“有志不获骋”的感慨。

于2007年被评为成都市“千年十大树王”之一，并居首，为东汉张道陵，张天师手植，树乳密集垂悬状，如玉笋，枝叶苍翠。天师洞1900年生的大银杏树，垂乳中下部多，上部少，大小并生。大枝上很多，大多在枝的中下部。这株树被房子包围生长环境很差。这株银杏在银杏阁内生长。可见到从垂乳上长出的萌条，方向是向上长，垂乳向下长，为中国银杏一大奇观。主干略呈扇柱状，由粗阔处生5根枝干，又分8杈，直插云天，其上虬枝四溢，形成广卵形树冠，徐悲鸿先生于1943年7月曾为该银杏造像，廖静文女士着旗袍坐于树前。此画现为中国历史博物馆一级文物。2004年4月，四川省林业厅和华西都市报联合评选出了“天府十大树王”，其中青城山天师洞古银杏荣膺榜首。

天师洞是中国道教创始人张天师修真、创教、显道、羽化、仙葬之地。此树为张天师手植，道家视为‘镇山之宝”，距今已有1900年春秋了。据传说，张天师在洞中盘坐，无意间看见山下广畴平野，林盘村舍，难以神定。于是，在殿前亲手种下这株银杏。这株树旋即飞长10丈，如一道绿色屏风，锁住山的灵气，张天师终得大道。传说虽不可求证，但青城道家植树造林，爱树护树，世代相袭，造就青城天下名山却是不争的事实。千岁之树聚灵山之幽，灵山之观蓄千树之气，道法自然，根脉相系，真世间奇观。

这株古银杏，需六七人才能合抱。更为奇处，腰身间钟乳(道人称为白果笋)密集悬垂，色泽如碣石粗砺凝重，形态如槌、如笋、如锥。树身上好像缓缓流淌的岩石黏液，似动非动，十分奇异。根部至腰身状若"漏斗"，最阔处其直径近达6.35m。主干多粗壮歧枝，如巨伞凌空撑开，枝丫纵横盘错，风舞龙蟠，密如蛛网。各大分枝关节处，又有形态迥异的白果笋倒悬，有的像牛角、有的像芋头、有的像木锏、有的像笋尖。枝干上密布苔鲜，一年四季一片茸茸幽绿。N=30° 54′ 15.1″，E=103° 33′ 25.9″，H=793m。

都江堰市青城山镇天师洞右上西边（2号树）（图9-10-12）

垂乳银杏，天师洞银杏。雌株，树龄600年，树高22.0m，胸径0.68m，枝下高4.0m，冠幅12.0m×11.0m，位于天师洞银杏园对侧50.0m处。冠偏，不规整。分枝不规则，12.0m以下的分枝呈基部膨大状，较粗较短。复干1个，3.0m以下与母干合生。萌蘖20株，分布于母干东、西两侧，高0.5～1.8m，距母干0～10cm，梢部干枯。总胸围4.38m。垂乳10个，分布于母干东侧6.0m、8.0m的分枝处，基径0.02～0.12m，长2～20cm。该树用水泥筑的高台相围护。N=30° 54′ 15.1″，E=103° 33′ 25.9″，H=793m。2号～5号树同生长在一小院内，空间狭窄。

都江堰市青城山镇天师洞右上西边（3号树）（图9-10-12）

天师洞银杏。雌株，树龄500年，树高25.0m，胸径0.58m，枝下高6.0m，冠幅12.0m×10.0m，位于天师洞银杏园对侧，与2号树相距3.0m。冠偏，不规整。分枝集中于东侧。复干1个，胸径0.20m，高15.0m，距母干20cm。N=30° 54′ 15.1″，E=103° 33′ 25.9″，H=793m。

都江堰市青城山镇天师洞右上西边（4号树）（图9-10-12）

垂乳银杏，天师洞银杏。雌株，树龄500年，树高20.0m，胸径0.55m，枝下高3.0m，冠幅12.0m×10.0m，位于镇天师洞银杏园对侧。母干3.0m处分枝基部膨大，并有瘤状物分布，总体呈人头状。N=30° 54′ 15.1″，E=103° 33′ 25.9″，H=793m。

都江堰市青城山镇天师洞右上西边（5号树）

天师洞银杏。雌株，树龄500年，树高20.0m，胸径0.55m，枝下高7.0m，冠幅12.0m×10.0m，位于天师洞银杏园对侧。生长旺盛，冠伞形。母干树基1.6m以下有苔藓类植物分布。N=30° 54′ 15.1″，E=103° 33′ 25.9″，H=793m。

图9-10-11　都江堰市青城山镇青城山天师洞殿前银杏阁一侧（1号树）
（注：箭头示垂乳）

都江堰市青城山镇天师洞（6号树）

垂乳银杏，天师洞银杏。树龄100年，树高22.0m，胸径0.40m，枝下高6.0m，冠幅12.0m×4.0m，位于天师洞银杏园对侧。该树有垂乳7个，分布于6.0m处的分枝及分枝基部，基径0.03m，长4～12cm。N=30° 54′ 15.1″，E=103° 33′ 25.9″，H=793m。

都江堰市青城山镇天师洞（7号树）

天师洞银杏。树龄100年，树高15.0m，胸径0.38m，枝下高8.0m，冠幅5.0m×6.0m，位于天师洞银杏园对侧。N=30° 54′ 15.1″，E=103° 33′ 25.9″，H=793m。

都江堰市青城山镇天师洞（8号树）

天师洞银杏。树龄100年，树高13.0m，胸径0.28m，枝下高4.0m，冠幅4.0m×5.0m，位于天师洞银杏园对侧。N=30° 54′ 15.1″，E=103° 33′ 25.9″，H=793m。

都江堰市青城山镇青城山朝阳洞（图9-10-10）

青城山银杏。雄株，树龄100年，树高25.5m，胸径0.85m，冠幅14.0m×12.0m。树干高大。

图9-10-12 都江堰市青城山镇天师洞右上西边（2-4号树）

图9-10-13 都江堰市玉堂镇龙凤村财神山财神主庙（1号树）
（注：箭头示垂乳）

都江堰市都江堰二王庙

树高18.0m，胸径1.08m。

都江堰市玉堂镇龙凤村财神山财神主庙（1号树）（图9-10-13）

垂乳银杏。雄株，树龄1000年，树高36.0m，胸径1.46m，枝下高6.0m，冠幅15.0m×16.0m，位于财神主庙旁。生长旺盛，树身密布苔藓类植物，树冠卵圆形。母干挺直，1.2m以下呈不规则分棱，分棱数达14个之多；分枝不规则。垂乳1个，基径0.03m，长10cm，位于母干西侧6.0m分枝基部。编号：02640。N=30° 57′ 15.8″，E=103° 32′ 37.8″，H=1027m。

都江堰市玉堂镇龙凤村财神山财神主庙（2号树）（图9-10-14）

雄株，树龄100年，树高20.0m，胸径0.50m，枝下高1.6m，冠幅12.0m×13.0m，位于财神主庙旁。主干挺直，分枝不规则，母干西侧1.6m以上有密生萌条。复干1个，胸径0.46m，4.0m以下与母干合生。总胸围2.73m。与此树共生的树种有水杉、杉木。N=30° 57′ 15.8″，E=103° 32′ 37.8″，H=1027m。

都江堰市玉堂镇龙凤村财神山财神主庙（3号树）（图9-10-14）

复干银杏。雌株，树龄100年，树高25.0m，胸径0.34m，枝下高6.0m，冠幅6.0m×7.0m，位于财神主庙200m处。母干1.5m以下有剥皮现象。复干1个，胸径0.30m，高18.0m，0.3m以下与母干合生。总胸围1.93m。N=30° 57′ 19.0″，E=103° 32′ 36.7″，H=742m。

都江堰市玉堂镇龙凤村财神山财神主庙（4号树）（图9-10-14）

复干银杏。雌株，树龄100年，树高27.0m，胸径0.48m，枝下高2.0m，冠幅18.0m×16.0m，位于财神主庙的3号树西侧10.0m处。母干中空。复干6个，均较粗，并于0.5～1.2m以下与母干合生。胸径0.28m者1个，其他均在0.38～0.55m之间，高12.0～19.0m。总胸围4.05m。N=30° 57′ 19.0″，E=103° 32′ 36.7″，H=742m。

都江堰市玉堂镇龙凤村财神山财神主庙（5号树）（图9-10-14）

复干银杏。雌株，树龄100年，树高25.0m，胸径0.54m，枝下高3.0m，冠幅13.0m×11.0m，位于财神主庙的4号树西侧1.0m处。复干2个，其胸径范围为0.25～0.35m；高度范围为12.0～17.0m；距母干最远为10cm，最近则

图9-10-14 都江堰市玉堂镇龙凤村财神山财神主庙（2-5号树）
（注：A. 2；B. 3；C. 4；D. 5）

图9-10-15 都江堰市玉堂镇龙凤村财神山财神主庙（6-9号树）
（注：A. 6；B. 7；C. 8；D. 9）

与母干呈合生状。第1复干，胸径0.27m，高15.0m，与母干在1.2m以下合生；第2复干，胸径0.25m，高16.0m，距母干10cm。总胸围3.03m。N=30° 57′ 19.0″，E=103° 32′ 36.7″，H=742m。

都江堰市玉堂镇龙凤村财神山财神主庙（6号树）（图9-10-15）

复干银杏。雌株，树龄100年，树高25.0m，胸径0.50m，枝下高3.0m，冠幅12.0m×10.0m，位于财神主庙的5号树西侧1.0m处。复干1个，胸径0.20m，高12.0m，与母干在2.0m以下合生。总胸围2.33m。N=30° 57′ 19.0″，E=103° 32′ 36.7″，H=742m。

都江堰市玉堂镇龙凤村财神山财神主庙（7号树）（图9-10-15）

复干银杏。雌株，树龄100年，树高25.0m，胸径0.43m，枝下高3.0m，冠幅12.0m×12.0m，位于财神主庙的5号树西北侧6.0m处。复干1个，胸径0.36m，高18.0m，距母干60cm。总胸围3.10m。编号0263。N=30° 57′ 19.0″，E=103° 32′ 36.7″，H=742m。

都江堰市玉堂镇龙凤村财神山财神主庙（8号树）（图9-10-15）

复干银杏。雌株，树龄100年，树高23.0m，胸径0.51m，枝下高4.0m，冠幅12.0m×14.0m，位于财神主庙的5号树西侧1.5m处。复干1个，胸径0.33m，高20.0m，距母干45cm。N=30° 57′ 19.0″，E=103° 32′ 36.7″，H=742m。

都江堰市玉堂镇龙凤村财神山财神主庙（9号树）（图9-10-15）

复干银杏。雌株，树龄100年，树高22.0m，胸径0.41m，枝下高3.0m，冠幅6.0m×7.0m，位于财神主庙的7号树西南侧8.0m处。复干1个，胸径0.20m，高15.0m，与母干在2.0m以下合生。N=30° 57′ 19.0″，E=103° 32′ 36.7″，H=742m。

都江堰市玉堂镇龙凤村财神山财神主庙（10号树）（图9-10-16）

复干银杏。雌株，树龄100年，树高22.0m，胸径0.54m，枝下高10.0m，冠幅8.0m×9.0m，位于财神山财神主庙的12号树东北侧4.0m处。主干挺直，明显。复干1个，高18.0m，胸径0.45m，距母干35cm。总胸围2.6.m。N=30° 57′ 19.0″，E=103° 32′ 36.7″，H=742m。

都江堰市玉堂镇龙凤村财神山财神主庙（11号树）（图9-10-16）

复干银杏。雌株，树龄100年，树高24.0m，胸径0.70m，枝下高10.0m，冠幅8.0m×9.0m，位于财神山财神主庙的10号树东北侧4.0m处。根裸露，向一侧延伸5.0m，与岩石相互交错形成天然台阶。主干挺直，明显。复干1个，高22.0m，胸径0.57m，距母干10cm。总胸围3.25m。N=30° 57′ 19.0″，E=103° 32′ 36.7″，H=742m。

都江堰市玉堂镇龙凤村财神山财神主庙（12号树）（图9-10-16）

复干银杏。雌株，树龄100年，树高24.0m，胸径0.57m，枝下高10.0m，冠幅7.0m×8.0m，位于财神山财神主庙的15号树东侧4.0m处。树冠不规整，主干挺直，明显。复干1个，高22.0m，胸径0.35m，在1.6m处与母干合生。总胸围2.20m。N=30° 57′ 19.0″，E=103° 32′ 36.7″，H=742m。

图9-10-16 都江堰市玉堂镇龙凤村财神山财神主庙（10-12号树）
（注：A. 10；B. 11；C. 12）

都江堰市玉堂镇龙凤村3组龙凤小学

树龄1000年。

都江堰市中兴镇两河村4组中皇观

树龄1000年。

都江堰市幸福镇公园路离堆公园（图9-10-17）

张松银杏。雄株，树龄1700年，树高11.0m，胸径1.53m。都江堰景区离堆公园内的银杏原植于张松故里崇宁县三圣寺（今彭州市丰乐乡），于1957年移植到都江堰景区离堆公园。传说系后汉张松所植。据说为雌雄同株。

都江堰幸福镇公园路离堆公园门口东（图9-10-18;9-10-19）

雄株，树龄200年，树高26.3m，胸径1.02m。具复干3个，最粗胸径0.65m，高15.5m，离母干距离0.3～0.8m。另外，在入口内有一株45年生的垂乳银杏，在斜生树干上具垂乳10余个。

图9-10-17 都江堰市幸福镇公园路离堆公园
（注：箭头示垂乳）

图9-10-18 都江堰市都江堰离堆公园门口
（注：1. 西；2. 东）

都江堰市幸福镇公园路离堆公园门口西（图9-10-18）

雌株，树龄100年，树高25.0m，胸径0.98m。主干明显，树形纺锤形。

都江堰市幸福镇公园路离堆公园主路两侧（1）（图9-10-20）

雌株，树龄1000年，树高3.5m，胸径1.53m。移栽的古桩银杏盆景。

都江堰市幸福镇公园路离堆公园主路两侧（2）（图9-10-20）

雌株，树龄1000年，树高4.2m，胸径2.50m。移栽的古桩银杏盆景。

都江堰市幸福镇公园路离堆公园主路两侧（3）（图9-10-20）

雌株，树龄1000年，树高4.0m，胸径2.10m。移栽的古桩银杏盆景，具垂乳。

都江堰市幸福镇公园路离堆公园主路两侧（4）（图9-10-20）

雄株，树龄800年，树高4.6m，胸径1.46m。移栽的古桩银杏盆景。

都江堰市288号四川农大都江堰分校1（图9-10-21）

雌株，树龄100年，树高20.0m，胸径0.80m，枝下高2.0m，冠幅10.0m×10.0m。位于校外公路边。树冠伞形，生长旺盛。树身密布苔藓类植物，北侧1.5m以下有大面积的剥皮现象和树洞，被填以水泥。分枝不规则，枝叶繁茂。与该树共生的树种有水杉。编号0454、0070。

都江堰市288号四川农大都江堰分校2（图9-10-21）

雌株，树龄100年，树高20.0m，胸径0.64m，枝下高2.0m，冠幅11.0m×12.7m。位于校外公路边，1号树南侧25.0m处。树冠伞形，生长旺盛。树身密被苔藓类植物，呈环状将母干包围。母干明显，端直，枝叶繁茂。

图9-10-19 都江堰市都江堰离堆公园垂乳银杏
（注：1. 大盆景垂乳；2. 门口内45年生树斜生树干下部干生垂乳，箭头示垂乳）

图9-10-20 都江堰市幸福镇公园路离堆公园主路两侧大盆景（1-4）
（注：A. 1；B. 2；C. 3；D. 4）

都江堰市288号四川农大都江堰分校3（图9-10-22）

垂乳银杏。雌株，树龄100年，树高20.0m，胸径0.64m，枝下高2.2m，冠幅8.0m×8.0m。位于校外公路边，2号树南侧30m处，1～3号树同排生长。冠偏，向北侧倾斜，生长旺盛。主干0.5m、1.2m处有剥皮现象，在2.2m处分作三大枝，基径均0.30m。南侧一枝在0.28m处断折，基径0.15m。枝叶繁茂。垂乳2个，分布于干1.2m的剥皮处和2.2m已断折的分枝基部，基径0.08～0.12m，长6～12cm。

都江堰市288号四川农大都江堰分校4（图9-10-22）

垂乳银杏。雄株，树龄100年，树高20.0m，胸径0.64m，枝下高2.5m，冠幅12.0m×12.0m。位于校园内西北角的园路边界。树冠伞形，生长旺盛。主干明显，端直。分枝呈轮生状，分作4轮，间距1.0～2.0m。枝叶繁茂。垂乳3个，生长于分枝基部2.5～3.5m处。与该树共生的树种有水杉。

都江堰市288号四川农大都江堰分校5（图9-10-23）

垂乳银杏。雌株，树龄100年，树高20.0m，胸径0.65m，枝下高1.5m，冠幅14.0m×14.0m。位于校园内西北角的园路边界，4号树西北侧50m处。树冠伞形，生长旺盛。主干端直、明显。东北侧一基径为0.20m的分枝从基部被截。分枝不规则。垂乳11个，分布于干西北侧1.5m处及该处分枝基部，基径0.03～0.25m，长5～30cm。

图9-10-21 都江堰市288号四川农大都江堰分校1-2
（注：A. 1；B. 2）

都江堰市聚源镇导江村3社（1号树）（图9-10-24）

复干银杏，垂乳银杏，唐朝银杏。雄株，树龄1100年，树高23.0m，胸径2.80m，枝下高2.5m，冠幅20.0m×18.0m，位于该社小路边。生长旺盛，母干东侧6.4m以下中空，韧皮部、木质部均缺失；有明显分棱现象，5棱，不规则。分枝不规则。枝叶繁茂。复干2个，分布于母干南侧和西侧，其胸径范围为：0.35～0.45m，1个；0.65～0.75m，1个；高度范围为：3.0～4.5m；距母干最远为10cm，最近则与母干呈合生状：南侧1个胸径0.74m，4.0m以下与母干合生，并在4.5m处被截；西侧1个胸径0.45m，高3.0m，距母干10cm。母干1.5m处生长有1个萌条，基径8.0cm，高4.0m，紧贴母干生长。垂乳1个，位于母干4.0m处的分枝基部，基径0.08m，长10cm。该树曾遭雷劈，相传为唐朝末年一县衙所栽。与该树共生的树种有梧桐、香椿；该树和2号树南侧有一片人工银杏林，200株，胸径仅0.05～0.10m。N=30° 55′ 46.1″，

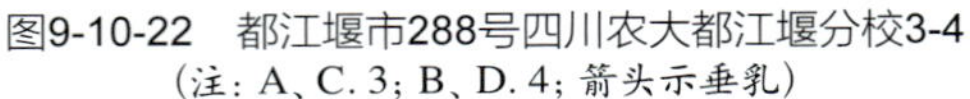

图9-10-22 都江堰市288号四川农大都江堰分校3-4
（注：A、C. 3；B、D. 4；箭头示垂乳）

E=103° 41′ 50.5″，H=641m。

都江堰市聚源镇导江村3社（2号树）（图9-10-24；9-10-25）

复干银杏，唐朝银杏。雄株，树龄1100年，树高23.0m，胸径2.20m，枝下高3.0m，冠幅18.0m×16.0m，位于该社小路边、1号树北侧，两株古树之间的根部交错生长，母干树身有大量剥皮现象；西侧0.2～2.0m处有1个树洞，宽达45cm，内有火烧痕迹，并塞有垃圾；有明显分棱现象，4棱，不规则。复干3个，分布于母干西北侧和北侧，其胸径范围为：0.15～0.25m，1个；0.25～0.35m，1个；0.35～0.45m，1个；高度范围为：1.6～18.0m；距母干最远为15cm，最近则与母干呈合生状：西北侧1个，胸径0.32m，在1.6m处断折，距母干15cm；北侧2个，胸径分别为0.45m、0.23m，高分别为18.0m、16.0m，干身均有大量剥皮、木质部和韧皮部腐朽及断折现象，并于3.0m以下与母干合生。萌条5个：西侧0.5m处1个，较粗，紧贴母干生长；1.4m处1个，分枝多而干枯；4.0m处3个，竖直向上生长。分枝不规则，枝叶繁茂。该树曾遭雷劈，相传为唐朝末年一县衙所栽；该树着火的原因为很久以前，一个乞丐在冬天与此处取暖不小心将其烧着。与该树共生的树种有梧桐、香椿；该树和1号树南侧有一片人工银杏林，200株，胸径仅0.05～0.10m。编号：508。N=30° 55′ 46.1″，E=103° 41′ 50.5″，H=641m。

都江堰市石羊镇马祖村3组八一聚源高级中学（图9-10-26）

雄株，树龄1000年，树高28.5m，胸径1.25m，冠幅6.0m×7.0m。位于校园内。曾遭受雷电袭击，有树干中空，有断顶折枝，只有2/3有树皮和一小部分木质，树里面可以站几个成年人。位置：成灌快铁聚源站旁，在聚青路与老成灌路接口的100m处(朝都江堰方向)。具干生垂乳1个。距该树一侧25.0m处有一雌株，树龄50年，树高16.0m，胸径0.35m，枝下高6.0m，冠幅9.0m×9.0m。树冠伞形，生长旺盛。母干倾斜，倾角20°，分枝细，不规则。枝叶繁茂。复干2个，与母干的粗度相当，在

图9-10-23 都江堰市288号四川农大都江堰分校5
（注：箭头示垂乳）

0.6m以下与母干呈合生状。

都江堰市石羊镇马祖村3组

垂乳银杏。雄株，树龄1000年，树高24.0m，胸径1.80m，枝下高4.8m，冠幅18.5m×20.0m，生长旺盛，树冠卵圆形。主干明显，干身生长有藤本类植物。分枝在8.0m处分作2大枝，每枝又呈轮生状分枝，较粗，较短。垂乳1个，分布于树干西侧6m处，基径0.12m，长25cm。与该树共生的树种有桂花；附近有6株银杏，均较小。石羊镇

徐渡村为都江堰市西部第一村。据介绍，徐渡职高原校区位于都江堰市聚远镇，玉树地震后，玉树学校近2000名的学生无法接受教育，于是，该校负责人做出一大重要决定：将最好的学校先给玉树，于是，他们将学校从聚远镇迁至石羊镇，而该树即为见证。N=30° 50′ 50.7″，E=103° 39′ 57.7″，H=675m。

都江堰市街柳镇安龙村1组银杏园艺术公司（1号树）

复干银杏。雌株，树龄1000年，树高15.0m，胸径1.97m，枝下高2.8m。生长良好，干身分布有苔藓类植物，西侧2.8m处有一基径为0.3m的分枝被截。母干东侧一半缺失。复干1个，胸径0.48m，生长于母干东侧中部，该复干的一半被母干所包围，并与其全部合生。分枝细，不规则。该地1～6号树为从其他地方移栽而来，相关养护人员截取其他银杏的树枝，用靠接法（古树与截取的银杏枝均靠接部位去皮，尔后将去皮部位贴到一起，并用塑料薄膜将靠接部位包扎即可），给它们及时提供充足的水分及其他营养物质，目前生长良好。N=30° 48′ 20.9″，E=103° 36′ 55.7″，H=609m。

都江堰市街柳镇安龙村1组银杏园艺术公司（2号树）

复干银杏。雌株，树龄1000年，树高12.0m，胸径1.78m，枝下高2.2m。生长旺盛，母干南侧有大量剥皮现象，木质部有腐朽现象；在2.2m处分作2大枝，较粗，其他分枝较细，不规则。复干12个，其中11个被截，截径0.06～0.35m，另外1个分布于母干南侧，胸径0.05m，高1.5m，距母干5cm。垂乳1个，分布于母干南侧1.6m处，基径0.03m，长10cm。N=30° 48′ 20.9″，E=103° 36′ 55.7″，H=609m。

都江堰市街柳镇安龙村1组银杏园艺术公司（3号树）

垂乳银杏。雄株，树龄1000年，树高11.0m，胸径0.70m，枝下高4.0m。母干干身5.5m以下布满瘤状物，呈片状分布；在4.0m处分作2大枝，每大枝又呈轮生状分枝。N=30° 48′ 20.9″，E=103° 36′ 55.7″，H=609m。

都江堰市街柳镇安龙村1组银杏园艺术公司（4号树）

复干银杏。雄株，树龄1000年，树高15.0m，胸径0.75m，枝下高4.5m。分枝不规则。复干3个，分布于母干东、西两侧，其胸径范围为：0.35～0.45m，2个；0.45～0.55m，1个；高度范围为：10.0～14.0m；第1复干，胸径0.5m，高14.0m，与母干在0.5m以下合生；第2复干，胸径0.4m，高12.0m，与母干在0.5m以下合生；第3复干，胸径0.35m，高10.0m，与第2复干在2.0m以下合生。N=30° 48′ 20.9″，E=103° 36′ 55.7″，H=609m。

图9-10-24　都江堰市聚源镇导江村3社1-2号
（注：A、B、C. 1号；D. 左1号；右2号；箭头示垂乳）

图9-10-25　都江堰市聚源镇导江村3社2号

都江堰市街柳镇安龙村1组银杏园艺术公司（5号树）

复干银杏。雄株，树龄1000年，树

高20.0m，胸径0.34m，枝下高5.0m，冠幅10.0m×10.0m。树冠卵圆形，主干挺直。复干7个，沿母干周围围生，其胸径范围为：0.05～0.15m，4个；0.15～0.25m，3个；第1复干，胸径0.22m，高18.0m；第2复干，胸径0.20m，高16.0m；第3复干，胸径0.15m，高13.0m；第4复干，胸径0.12m，高6.0m；第5复干，胸径0.11m，高12.0m；第6复干，胸径0.05m，高3.5m；第7复干，胸径0.05m，高3.0m，与第4复干在0.2m以下合生。萌蘖1个，较粗，高4.0m，生长于母干与第1复干间。N=30°48′20.9″，E=103°36′55.7″，H=609m。

都江堰市街柳镇安龙村1组银杏园艺术公司（6号树）

垂乳银杏。雄株，树高9.0m，胸径0.20m，枝下高1.5m。偏冠，向南侧倾斜，倾角30°。垂乳6个，生长于母干向南侧弯曲的分枝处，均呈悬垂状，基径0.10～0.15m，长10～20cm。N=30°48′20.9″，E=103°36′55.7″，H=609m。

都江堰市玉堂镇龙凤村

雌株，胸径2.42m。2株中最大者。

都江堰市玉堂镇大坪村

雌株，胸径1.08m。

都江堰市龙池镇南岳村贾家坪

雌株，胸径1.75m。

都江堰市龙池镇南岳村4组川主坪

雌株。

图9-10-26 都江堰市石羊镇马祖村3组八一聚源高级中学
（注：D. 大树附近一50年生复干银杏；箭头示垂乳）

都江堰市浦阳镇银杏村8组白果岗（图9-10-27）

垂乳银杏，复干银杏，米白果。雌株，树龄2100年，树高27.0m，胸径1.46m，枝下高2.2m，冠幅18.8m×16.6m，位于该岗西面山坡。生长旺盛，该树树身散布树洞，北侧有一个最大，有火烧痕迹，长2.8m，宽0.5～1.0m；干身被苔藓类植物所覆盖。母干表面凹凸不平，在2.5m处分作2大枝，基径分别为1.24m、0.85m，前一分枝又呈轮生状分生出间距为1.0m的两轮小枝条；后一分枝从基部断折，并于断折处生长出众多萌条，呈簇生状，或直伸，或平展，亦或斜展；西侧有基径分别为0.15m、0.2m、0.3m的分枝被截，后两个分枝被截后又从截口抽出新梢。复干4个，均被截，基径分别为0.36m、0.38m、0.4m和0.45m。萌蘖200个，呈簇生或散生状分布于母干东、南和北三侧，距母干0～15cm，高0.8～2.2m。垂乳100个，集中分布于母干西侧1.5～6.5m处，基径3～20cm，长2～200cm，大多较小，并呈瘤状分布。果实为米白果，果大仁小，结果量300～450kg/年。相传很多年前，就有各方人士前来许愿、挂红、祈求平安等，期间有一户人家起了歹意，砍去该树的大枝，用它们来建造房舍，结果在房子修好不久，房主生了一场奇怪的病——肚子生浓水，没过多久，便撒手人寰；该树南侧建有一座小型寺庙，内设有一菩萨，用以祭拜；树身1.0m以下挂有众多红布条；该树挂有三个牌："违禁"、"重点保护树木"和"银杏"。与该树共生的树种有水杉、厚朴、杜仲、黄板树、楠木、猕猴桃、棕榈；该树附近还有一片小型银杏林，胸径仅0.05～0.10m。N=31°03′41.3″，E=103°38′8.1″，H=1034m。

都江堰市虹口乡棕花村古仙洞

树高40.0m，胸径1.00m。

都江堰市大观镇雪山寺

树龄1000年。都江堰市青城外山风景区位于长寿之乡都江堰市大观镇，距都江堰市区19km，风景区以青峰山普照寺为核心，方圆5km^2。

都江堰市灌口镇百花村

有银杏大树。

都江堰市灌口镇灵岩村

树高28.0m，胸径1.36m。

都江堰市灌口镇瑞莲街

雄株，树高24.0m，胸径1.27m。

都江堰市灌口镇白果巷幼儿园

雌株，树高22.0m，胸径1.18m。

图9-10-27 都江堰市浦阳镇银杏村8组白果岗
（注：箭头示垂乳）

都江堰市胥家镇柏条河畔农家乐

树龄100年。树干挺拔，树冠秀美。

崇州市元通镇

树高29.0m，胸径3.00m。

崇州市怀远镇

胸径2.10m。

崇州市怀远镇大顺社区原怀远中学

树龄150年，胸径0.35m。

崇州市怀远镇玉圭村何家天文小学

树龄200年，胸径0.40m。

崇州市万家镇

胸径1.56m。

崇州市三郎镇凤鸣村大明寺（1号树）

大明寺银杏。雄株，树高27.0m，胸径1.16m，枝下高3.0m，冠幅17.0m×18.0m，5株中最大者。树冠卵圆形，树身布满苔藓类和藤本类植物；根系南侧部分裸露，其中3条盘曲向前延伸达10.0m余，面积10m^2。主干挺直，分枝呈轮生状。萌蘖2个，分布于母干南侧，距母干10～20cm，高1.8m。与该树共生的树种有千年古楠木(4株)、洋松、桂花、芭蕉、珙桐、柏木、腊梅和罗汉松。N=30° 40′ 27.6″，E=103° 30′ 18″，H=696m。

崇州市三郎镇凤鸣村大明寺（2号树）

大明寺银杏。雌株，树高20.0m，胸径0.70m，枝下高4.5m，冠幅12.0m×12.0m，位于大明寺院内、1号树东南侧100m处。树冠伞形，生长旺盛。母干挺直，分枝呈假二杈状。结果分大小年，结果量为5～10kg/年。编号：108。N=30° 40′ 27.6″，E=103° 30′ 18″，H=696m。

崇州市三郎镇凤鸣村大明寺（3号树）

大明寺银杏。雌株，树高20.0m，胸径0.64m，枝下高4.0m，冠幅10.0m×10.0m，位于大明寺院内。根系在东北侧部分裸露，并垂直于坡面直伸，根与坡面的交界处膨大，整体形状似拐杖。复干1个，胸径0.15m，距母干42.0cm。N=30° 40′ 27.6″，E=103° 30′ 18″，H=696m。

图9-10-28 崇州市三郎镇天国村天宫庙（1-2号树）
（注：A. 右1；左2；B. 1；箭头示垂乳）

崇州市三郎镇天国村天宫庙（1号树）（图9-10-28）

垂乳银杏。雄株，树龄1000年，树高30.0m，胸径1.15m，枝下高4.0m，冠幅13.0m×14.0m。生长旺盛，树冠伞形，干上挂有红布条；干南侧2.5m处有1个树洞，长16cm，宽12cm，内置有观音像。母干通直，分枝呈轮生状，较粗短；母干一侧有基径分别为0.30m、0.40m的分枝在20.0cm处被截。垂乳1个，位于母干西南侧4.0m处的分枝基部，基径0.10m，长15.0cm。与该树共生的树种有楠木、腊梅。编号：134。N=30° 46′ 48.7″，E=103° 31′ 36.2″，H=625m。

崇州市三郎镇天国村天宫庙（2号树）（图9-10-28）

雌株，树龄1000年，树高28.0m，胸径0.78m，枝下高4.5m，冠幅12.0m×13.0m，与1号树相距2.5m。生长旺盛，树冠伞形，树身挂有红布条，干西南侧2.5m处有1个树洞，长16cm，宽12cm，内置有观音像。分枝呈轮生状，间隔1.5m，较粗短。编号：133。N=30° 46′ 48.7″，E=103° 31′ 36.2″，H=625m。

崇州市两河乡河坪村

雌株，树高27.0m，胸径1.12m。共10株。

崇州市街子古镇银杏广场（1号树）（图9-10-29）

垂乳银杏。雄株，树龄1000年，树高17.0m，胸径1.40m，枝下高3.2m，冠幅8.0m×12.0m。树冠偏伞形，生长旺盛。母干明显，挺直，干身布满树瘤，基部1.2m以下有分棱现象。分枝呈对生状，基部膨大；西侧4.5m处抽生出簇生状的萌条。垂乳7个，分布于母干南侧3.0m、4.0m、5.0m及西侧5.0m处，基径0.03～0.05m，长5～10cm。编号：109。N=30° 48′ 50.3″，E=103° 33′ 22.6″，H=607m。

崇州市街子古镇银杏广场（2号树）（图9-10-30）

垂乳银杏。雌株，树龄1000年，树高20.0m，胸径1.43m，枝下高2.0m，冠幅6.0m×9.0m，位于1号树北侧40.0m处。生长良好，树冠半卵形，主干明显，挺直，干身布满树瘤，干基部有不规则的分棱现象。分枝较粗短，不规则。编号：110。N=30° 48′ 50.3″，

图9-10-29 崇州市街子古镇银杏广场（1-4号树）
（注：A. 2-5、1；B、C. 1；箭头示垂乳）

图9-10-30 崇州市街子古镇银杏广场（2-3号树）
（注：A. 2；B. 3）

E=103° 33′ 22.6″，H=607m。

崇州市街子古镇银杏广场（3号树）（图9-10-30）

垂乳银杏。雌株，树龄1000年，树高20.0m，胸径1.11m，枝下高2.5m，冠幅6.0m×8.0m，位于2号树东侧2.0m处。主干明显，挺直，干身布满树瘤。分枝呈二杈状，间隔1.0m，基部粗短，且有大量瘤状物分布。编号：111。N=30° 48′ 50.3″，E=103° 33′ 22.6″，H=607m。

崇州市街子古镇银杏广场（4号树）（图9-10-31）

垂乳银杏。雌株，树龄1000年，树高20.0m，胸径1.14m，枝下高2.5m，冠幅5.0m×10.0m，位于3号树东侧2.0m处。主干明显，挺直，干身布满树瘤。在2.5m处分作2个大枝，基径均0.30m，夹角20°；每个大枝又呈二杈状进行次分枝，间隔0.5m。编号：112。N=30° 48′ 50.3″，E=103° 33′ 22.6″，H=607m。

崇州市街子古镇银杏广场（5号树）（图9-10-31）

垂乳银杏。雌株，树龄1000年，树高20.0m，胸径1.46m，枝下高3.0m，冠幅6.0m×10.0m，位于4号树东侧2.0m处。主干明显，挺直，干身布满树瘤。母干南侧基部有剥皮现象，长1.0m，宽0.8m；在14.0m处分作2个大枝，基径分别为0.30m、0.38m。编号：113。N=30° 48′ 50.3″，E=103° 33′ 22.6″，H=607m。

崇州市街子镇凤栖山古寺

雌株，树高24.0m，胸径1.03m。去凤栖山古寺的山路上是成片的古柏、古楠、古杉、古银杏。凤栖山古寺，原名常乐寺（又称光严禅院）分上古寺、下古寺。据说古寺始建于晋代，晋文帝赐青城36庵，该古寺为其中规模最大的禅寺，原名常乐庵。隋文帝赐光大严明匾。唐代善思和尚改名常乐寺。明代朱元璋下诏重建常乐寺，改为光严禅院。共10株。

崇州市大划镇银杏村4组徐家大院后边（图9-10-32）

“西部银杏王”，复干银杏。雄株，树龄2100年，树高27.0m，胸径1.46m，枝下高2.2m，冠幅18.8m×16.6m，该树东侧道路两旁为池塘。该树用大理石围成的高40cm的石砌墙与多边形合成的树池相护。生长欠佳，树冠不规整，树身西侧1.8m以下有大面积剥皮现象；干身有少量苔藓类植物的分布；梢部干枯；根于东南侧大部分裸露，膨大，并形成一竖直面，面积0.8m^2，基部有根洞，3个，高0.1～0.3m，宽5～20cm。母干直，向西侧倾斜，倾角20°；分枝不规则，较粗，较短。复干5个，均已断折，其胸径范围为：0.25～0.35m，1个；0.35～0.45m，1个；0.45～0.55m，2个；0.65～0.75m，1个；高度范围为：1.0～1.6m；第1复干，胸径0.73m，1.1m处断折，位于根部膨大处；第2复干，胸径0.5m，0.4m处断折；第3复干，胸径0.46m，1.3m处断折；第4复干，胸径0.36m，1.0m处断折；第5复干，胸径0.23m，1.6m处断折。垂乳30个，均较小，基径0.03～0.08m，长3～12cm，分布于该树西侧3.5～18.0m处。与该树共生的树种有柏木、水杉、竹。在距成都不到40km处的崇州市大划乡白果村四组住着三四十家农户，高大醒目的大划古银杏树就矗立在徐家大院东边。人们从几里路外就可看见这棵古树。据当地徐家大院老人们说，大划古银杏树原为同桩3株，20世纪50年代末期，大划公社为了修建养蜂场，砍伐了2株大的古银杏。如今这棵仅存的大划古银杏属雄株银杏，其2.0m以上树干的周长达5.2m，是迄今为止中国西部地区发现的较大的银杏树，称为“西部银杏王”。N=31° 03′ 41.3″，E=103° 38′ 8.1″，H=1034m。

图9-10-31 崇州市街子古镇银杏广场（4-5号树）
（注：A、D. 4；B、C. 5；箭头示垂乳）

崇州市大划镇白果村7组

树龄1500年，胸径0.90m。

崇州市观胜镇八角村7组成都康乐园林绿化有限公司（图9-10-33）

树龄800年，树高4.5m，胸径1.02m。古银杏桩头10个。

崇州市大东街54号崇州市罨画池管理处

树龄300年，胸径0.32m。

崇州市崇阳镇西江滨河路朱氏街

树龄120年，胸径0.37m。

金堂县淮口镇云顶山慈云寺

慈云寺银杏。雄株，胸径1.41m。云顶山在金堂县淮口镇；云顶山慈云寺，创建于三国蜀汉之章武元年（221），始名天宫寺，距今已达1770余载。至清代顺治、康熙、雍正和乾隆时期，拥有九重十三殿，规模宏伟，丽甲西川。此山历代高僧辈出；世高、邵硕、僧郎和元一诸师，均德学兼优，誉满朝野；云顶山人杰地增辉，于东晋孝武间，曾盛极一世，僧满三千。

金堂县淮口镇云顶山慈云寺

慈云寺银杏。雌株，胸径1.16m。

金堂县隆盛镇石佛寺

有古银杏。

郫县两路口镇云丰村9组

雌株，树高25.0m，胸径1.00m。

郫县唐昌镇第二人民医院

雌株，树高24.0m，胸径1.03m。

大邑县金星乡白岩寺（1号树）（图9-10-34）

唐银杏，白岩寺银杏，“九子银杏”。雄株，树龄400年，树高18.0m，胸径2.00m，

图9-10-32 崇州市大划镇银杏村4组徐家大院后边
（注：箭头示垂乳）

枝下高2.0m，冠幅21.0m×20.0m，位于寺内山路拐弯处，东侧为高埂，西侧则用高1.4m的半圆形水泥矮墙相围。树堂内空，内控面积12.56m^2，有火烧痕迹；根在东北侧沿坡面裸露，面积2.0m^2。母干北侧1.6m以下大面积腐朽，干身生出萌条50株，较细，梢部呈干枯状。从2.5m处分作2个大枝，基径均为0.68m，于梢部断折。复干9个，其胸径范围为：0.05～0.15m，1个；0.15～0.25m，1个；0.55～0.65m，1个；0.65～0.75m，1个；0.75～0.85m，3个；高度范围为：0.5～22.0m；距母干65～220cm。第1复干，胸径1.15m，距母干150cm，0.6m处断折；第2复干，胸径0.8m，高22.0m，距母干72.0cm，与第7复干在2.0m以下合生，位于母干东北侧；第3复干，胸径0.78m，高15.0m，距母干190cm，位于母干西北侧，干东侧3.0m以下有剥皮现象；第4复干，胸径0.76m，高18.0m，距母干200cm，位于母干北侧，2.0m以下有剥皮现象，宽达36.0cm；第5复干，胸径0.65m，高21.0m，距母干62.0cm，位于母干东侧，南侧3.5m以下有剥皮现象，宽达30.0cm；第6复干，胸径0.57m，高22.0m，距母干72.0cm，位于母干西侧，南侧1.2m以下有剥皮现象；第7复干，胸径0.48m，高21.0m，距母干78.0cm，位于母干东北侧；第8复干，胸径0.18m，0.5m处被截，距母干190cm，位于母干西南侧；第9复干，胸径0.1m，高3.0m，距母干220cm，位于母干西侧。萌蘖13个，均较粗，距母干20～240cm，高2.0～3.5m。总胸围16.3m。位于大邑县金

图9-10-33　崇州市观胜镇八角村7组成都康乐园林绿化有限公司

星乡的白岩寺，寺庙始建于唐代、重建于明万历年间，是川西平原唯一一座藏传佛教寺庙，也是距成都最近的一座藏传佛教寺庙。寺庙在两峰之间，山体为悬崖峭壁，整个壁体岩石呈玉白色，当地人称白岩山。据了解，明朝如坚禅师和弟子栽种了几千棵银杏，1989年只剩下40多株了，依然生机盎然，悠悠参天。大雄宝殿门外就有著名的"九子银杏"，传说长于夏商时代的老银杏树被雷击死去，在断裂的树根处萌发出9个新桩头，长成9棵参天大树，每棵树都高达8.0m以上。N=30° 46′ 48.7″，E=103° 31′ 36.2″，H=625m。

图9-10-34　大邑县金星乡白岩寺（1号树）

大邑县金星乡白岩寺（2号树）（图9-10-35）

白岩寺银杏。雌株，树龄400年，树高16.0m，胸径0.78m，枝下高2.2m，冠幅23.0m×24.0m，位于寺内1号树西南侧50.0m处。生长旺盛，根在复干与母干间部分裸露，面积1.5m^2，在北侧亦有部分裸露，面积0.8m^2；母干在8.0m处分作2个大枝，分枝基径分别为50cm、40cm；西侧基部有树洞，长12cm，宽10cm。复干2个，第1复干，胸径0.31m，高15.0m，与母干在1.8m以下合生；第2复干，胸径0.17m，高12.0m，距母干100cm。人称"母子树"。N=30° 46′ 48.7″，E=103° 31′ 36.2″，H=625m。

图9-10-35　大邑县金星乡白岩寺（2号树）

彭州市葛仙山镇熙玉村8社12组白果庵（图9-10-36）

垂乳银杏。雌株，树高22.0m，胸径2.42m，枝下高2.2m，冠幅27.0m×28.0m，位于该地深山中（据说此地为蜀古道的一部分），据说旁边原建有一座小型寺庙，现已无迹可寻，西侧有大型叠石。生长非常旺盛；树冠向东侧偏斜，呈开阔的偏伞形；母干中空，可容置一小桌，4个人围坐其中打麻将，母干干身散布有树洞，其中西侧3.0m处的1个宽达120cm，现已用砌砖封堵；底部与叠石相生；根部分裸露，沿坡面呈辐射状向周围延伸，偶有盘结，面积11.5m^2。母干有明显不规则的分棱现象，极似由多株复干合生而来。分枝多而不规则，东侧有一个分枝平展0.8m后，又分生出3个小枝，其中两枝向上直伸而去；2.9m处有一个基径为0.30m的分枝在0.8m处被截

图9-10-36 彭州市葛仙山镇熙玉村8社12组白果庵
(注：箭头示垂乳)

后，又抽生出新的萌条，枝叶繁茂。萌条数以千计，密生于母干东北侧1.5～2.0m处，高1.0～3.5m。萌蘖1个，生长于母干东南侧，高0.4m，紧贴母干生长，梢部干枯。垂乳23个，均较小，分布于母干西南侧及东侧分枝基部，其中西南侧多达20个，基径0.03～0.24m，长3.0～12.0cm；东侧分枝处的3个呈并排着生，基径0.04m，长2.0cm。结果繁盛，结果量达400～450kg/年。与该树共生的树种有蒲葵、水杉。N=31° 09′ 22.9″，E=103° 54′ 50.8″，H=1453m。

彭州市楠杨镇熙林村

雌株，胸径3.20m。

彭州市白鹿镇

胸径1.22m。

彭州市天彭镇龙兴北街1号龙兴寺

树龄128年，胸径0.70m。该处有2株，另一株树龄52年，胸径0.62m。该镇东大街供销联社还有一株，树龄72年，胸径0.60m。

彭州市天彭镇龙兴北街49号教委基建设备室（园丁园）

树龄127年，胸径0.63m。

彭州市天彭镇龙兴北街49号教委基建设备室（园丁园）

树龄122年，胸径0.68m。

彭州市天彭镇龙兴北街49号教委基建设备室（园丁园）

树龄127年，胸径0.68m。

彭州市天彭镇龙兴北街49号教委基建设备室（园丁园）

树龄127年，胸径0.72m。

彭州市天彭镇龙兴北街49号教委基建设备室（园丁园）

树龄127年，胸径0.80m。

彭州市天彭镇龙兴北街49号教委基建设备室（园丁园）

树龄127年，胸径0.84m。

彭州市天彭镇大西街221号西城小学

树龄112年，胸径0.68m。

彭州市天彭镇小南街33-13号党校

树龄122年，胸径0.68m。该镇北大街100号地税局还有一株，树龄72年，胸径0.66m。

彭州市人民政府

胸径0.70m。

彭州市人民政府

胸径0.70m。

彭州市天彭镇大南街

树龄162年，胸径1.00m。

彭州市天彭镇大南街

树龄162年，胸径1.00m。

彭州市天彭镇东大街81号文化艺术馆

树龄132年，胸径1.18m。

彭州市天彭镇东大街81号文化艺术馆

树龄132年，胸径0.80m。

邛崃市高何镇王家村11社（图9-10-37）

邛崃山区的“银杏王”，乳银杏。雄株，树龄1000年，树高30.0m，胸径2.39m，枝下高4.0m，冠幅27.0m×20.6m。位于村落内小路边一用水泥筑成的环形树池相护，并设有一层台阶。树冠近阔椭圆形，生长旺盛。树身西侧2.5m以下挂有红布条；8.0m、12.0m处有大面积的剥皮现象；树洞3个，其中1个位于干西侧，沿根的走向向南倾斜，长达45cm，宽15cm；南侧基部及干0.5～2.2m处1个，长0.5～2.2m，宽20cm，内均置有观音像。在4.0m处分作3个大枝，基径分别为0.66m、0.76m和0.60m，其中两枝向上直伸而去，另一枝有断折现象。树身在东南侧4.0m以下有膨大物，上有藤本类植物附着。主干明显，较直。枝叶繁茂。垂乳4个，均较小，多呈瘤状，

图9-10-37 邛崃市高何镇王家村11社
（注：箭头示垂乳）

图9-10-38 邛崃市高何镇王家村1组a
（注：箭头示垂乳）

生长于一膨大物基部。与该树共生的树种有竹等。王家村的古银杏是这一带最大的一棵，它枝繁叶茂，树干粗壮，树根凸现地面并延伸到40.0m外的河边和房舍，是邛崃山区的“银杏王”。编号：020。

邛崃市高何镇王家村11社白果树

树龄508年，树高24.0m，胸径2.61m。权属：集体，编号：2-003（旧：02-237）。

邛崃市高何镇王家村11社白果树

树龄508年，树高24.0m，胸径2.61m。权属：集体，编号：2-003（旧：02-238）。

邛崃市高何镇王家村1组a（图9-10-38）

垂乳银杏。雄株，树高22.0m，胸径1.13m，枝下高3.5m，冠幅12.0m×13.0m。生长旺盛，树冠伞形；根在南、北两侧沿坡的切面裸露，面积分别为6.28m^2、1.25m^2。母干稍向南侧倾斜，倾角8°，干身散布有大型瘤状物。分枝不规则，7.0m处有一个基径为0.25m的分枝从基部截取后抽出新枝；3.5m处一个分枝基部膨大，基径达0.35m。编号：02-021。N=30°19′37.7″，E=103°09′2.0″，H=670m。

邛崃市高何镇王家村1组b（图9-10-39）

垂乳银杏。雄株，树高20.0m，胸径1.40m，枝下高4.0m，冠幅18.0m×16.0m。生长旺盛，树冠不规整；干向南倾斜15°，表面生长有苔藓类植物；根系在东北侧部分裸露，在坡面形成天然台阶为人们提供方便，面积14.13m^2。母干在8.0m处严重劈裂，北侧2.8m以下深裂。复干10个：第1复干，胸径0.45m，高4.0m，斜向上伸展4.0m后，又向西侧平展，与母干在1.5m以下合生；第2复干，胸径0.25m，高5.5m，与母干、第5复干分别在3.5m、3.0m以下合生；第3复干，胸径0.2m，高6.0m，距母干25cm；第4复干，胸径0.12m，高4.8m，距母干100cm；第5复干，胸径0.1m，高5.5m；第6～10复干，胸径均0.1m，高3.5～4.0m，距母干50.0cm，呈簇生状。萌蘖成千上万，密生于母干东、西和南三侧，高0.8～2.5m，距母干0～150cm。总胸围9.4m。垂乳6个，分布于母干东北侧4.0m处的一个基径达0.75m的分枝基部，基径2.0～5.0cm，长3.0～10.0cm。编号：02-022。N=30°19′37.7″，E=103°09′2.0″，H=670m。

邛崃市高何镇王家村1社坎岩上

树龄128年，树高27.0m，胸径1.72m。权属：集体，编号：2-002（旧：02-233）。

邛崃市高何镇王家村1社坎岩上

树龄128年，树高23.0m，胸径1.72m。权属：集体，编号：2-002（旧：02-235）。

邛崃市高何镇靖口村11社（图9-10-40）

垂乳银杏。雄株，树龄220年，树高30.0m，胸径1.02m，枝下高3.0m，冠幅18.5m×17.2m。位于村落小路边，西侧紧贴该树为石墙。冠偏，生长旺盛。干身密被苔藓类植物；基部东侧生长有一株棕榈，胸径0.03m，高1.5m；干身凹凸不平，显得沧桑、粗糙。树洞3个，分别位于树身0.5m、2.2m、3.0m处，洞内均置有菩萨像，高0.7m，宽1.0m；根在东、西两侧少有裸露。主干向南侧倾斜，倾角15°；树身2.8m以下挂有红布条。3.5m处一膨大物上抽生6株萌条，竖直向上延伸而去，高4.0m，基径0.3～0.05m。分枝多且细，多呈盘曲状。枝叶繁茂。萌蘖1个，分布于母干南侧，高3.5m，紧贴母干生长。垂乳9个，呈散生状，分布于干除东侧的0.6～8.0m处，基径0.02～0.08m，长3.0～15.0cm。与该树共生的树种有柳杉、棕榈。

邛崃市高何镇靖口村11社水打庙

树龄358年，树高40.0m，胸径1.98m。权属：集体，编号：2-001（旧：02-230）。

邛崃市高何镇靖口村11社水打庙

树龄358年，树高27.0m，胸径1.98m。权属：集体，编号：2-001（旧：02-231）。

邛崃市高何镇河坝村7社宗寺

树龄358年，树高24.0m，胸径2.04m。权属：国有，编号：2-006（旧：02-227）。

邛崃市高何镇沙坝村7社宗寺

树龄358年，树高24.0m，胸径2.04m。权属：国有，编号：2-006（旧：02-232）。

邛崃市南宝乡大胡村弥陀寺（1号树）（图9-10-41）

弥陀寺银杏。雌株，树龄1000年，树高28.0m，胸径2.10m，枝下高8.0m，冠幅15.0m×16.0m，位于寺内路南侧坡面。生长旺盛，树冠卵圆形。根于北侧沿坡面裸露，面积4.0m^2。主干挺直，干身在水平方向上有类似竹的分节现象。复干9个，集中分布于母干北侧，其中6个已从基部被截，其基径为0.2～0.5m。第1复干，位于母干北侧，胸径0.5m，高20.0m，与母干在1.8m以下合生，1.8m以上倾斜，与母干间的夹角为20°；第2复干，位于母干西南侧，胸径0.44m，高15.0m，与母干在2.5m以下合生；第4复干，胸径0.4m，高4.2m，与第2复干在1.4m以下合生。总胸围10.30m。果圆形，大小不一。与该树共生的树种有楠竹、红豆杉。 N=30°20′32.6″，E=103°7′57.5″，H=1144m。

图9-10-39 邛崃市高何镇王家村1组b

图9-10-40 邛崃市高何镇靖口村11社
（注：箭头示垂乳）

图9-10-41 邛崃市南宝乡大胡村弥陀寺（1号树）

邛崃市南宝乡大胡村弥陀寺（2号树）（图9-10-42）

弥陀寺银杏。雌株，树龄1000年，树高26.0m，胸径1.70m，枝下高7.5m，冠幅18.0m×16.0m，位于寺内1号树南侧25.0m处。生长旺盛，树冠阔伞形。主干通直，干身密被苔藓类植物。分枝呈簇生状，集中分布于10.5m处。复干3个，从0.5～1.2m处被截。第1复干，基径0.34m，与母干在1m以下合生；第2复干，基径0.3m，从1.2m处被截，截口处又抽生出众多簇生状的萌条，1.0m以下与母干合生；第3复干，基径0.28m，从0.5m处被截。萌蘖30个，较细，紧贴母干生长，高0.3～2.5m。总胸围5.8m。果圆形，较小。N=30° 20′ 32.6″，E=103° 7′ 57.5″，H=1144m。

邛崃市南宝乡大胡村小胡椒

权属：个人，编号2-051（原02-062）。

邛崃市南宝乡茶地头

树龄168年，胸径0.60m。

邛崃市南宝乡茶地头

树龄168年，胸径0.70m。

邛崃市南宝乡大深沟

树龄168年，胸径0.60m。

邛崃市南宝乡大深沟

树龄168年，胸径0.60m。

邛崃市南宝乡老房基

树龄168年，胸径1.10m。

邛崃市南宝乡老房基

树龄228年，胸径1.20m。

邛崃市南宝乡干山子

树龄300年，胸径1.90m。

邛崃市南宝乡天池村

有古银杏。

邛崃市南宝乡秋园村2组（1号树）

雄株，树高30.0m，胸径1.50m，枝下高2.6m，冠幅20.0m×20.0m，生长旺盛，树冠卵圆形。主干挺直。根在北侧部分裸露，面积1.0m^2。分枝在10.0m处呈簇生状，其中北侧的一枝紧贴母干向下延伸4.0m后，又向东北侧斜展而去。复干2个，分布于母干东侧。第1个复干，胸径0.46m，高18.0m，距母干10cm；第2复干，胸径0.37m，0.5m以下紧贴母干生长，高18.0m。萌蘖3个，分布于母干东侧，高1.6m，距母干20cm。总胸围5.6m。与该树共生的树种有杉木、云杉、南洋杉、柳杉、小银杏。N=30° 28′ 28.1″，E=108° 9′ 18.3″，H=1144m。

邛崃市南宝乡秋园村2组（2号树）

雌株，树高26.0m，胸径0.80m，枝下高1.5m，冠幅16.0m×15.0m，位于1号树北侧30.0m处。母干倾斜，倾角25°，将死，分枝每间隔1.5m呈规律的轮生状。N=30° 28′ 28.1″，E=108° 9′ 18.3″，H=1144m。

邛崃市南宝乡秋园村2组（3号树）

垂乳银杏。雌株，树高19.0m，胸径1.19m，枝下高2.6m，冠幅20.0m×20.0m，位于该组的小路边。生长旺盛，树冠紧凑，不规则。根在北部大部分裸露，面积10.0m^2，有5条根被截，截径0.12～0.23m。分枝除2.5m处有3个枝斜向上伸展外，其他均竖直向上生长。垂乳14个，集中分布于母干北侧3.5m处，基径0.03～0.15m，长3～20cm。与该树共生的树种有蒲葵、云杉、小银杏。N=30° 28′ 28.1″，E=108° 9′ 18.3″，H=1144m。

邛崃市天台山镇江山

树龄170年，胸径1.00m。

邛崃市天台山镇江山

树龄508年，胸径2.70m。

邛崃市天台山镇康槽

树龄190年，胸径0.70m。

邛崃市天台山镇康槽

树龄190年，胸径1.10m。

邛崃市夹关镇泥坪沟头

树龄180年，胸径0.90m。

邛崃市水口镇竹瓦房

树龄180年，胸径 1.00m。

图9-10-42 邛崃市南宝乡大胡村弥陀寺（2号树）

邛崃市水口镇金山村7社王山

树龄500年，树高50.0m，胸径1.50m。权属：个人，编号2-005（旧：02-248）。

邛崃市孔明镇白果碾

树龄200年，胸径1.00m。

邛崃市平乐镇杯子槽

树龄200年，胸径1.30m。

邛崃市临邛镇文君广场

树龄390年，胸径1.00m。该处有2株，另一株树龄80年，胸径0.60m。

邛崃市卧龙镇十里桥

树龄358年，胸径2.10m。

邛崃市油榨乡天池村白家山（图9-10-43）

垂乳银杏。雌株，树高22.0m，胸径1.56m，枝下高5.0m，冠幅28.0m×30.0m，位于白家山路边边坡。生长旺盛，冠偏，开阔，呈伞形。根在西北侧垂直于坡的切面裸露，面积3.0m^2。母干，通直，1.0～1.5m以下有不规则的分棱现象，干身密布苔藓类植物。分枝不规则，南侧10.0m处一个分枝基部膨大；5.0m处一个基径为0.30m的分枝在1.8m处被截后又抽生出新枝；西侧、西南侧6.0m及7.0m处有两个基径分别为0.2m、0.23m的分枝在4.3m、2.5m处被截。垂乳达60个之多，分别位于该树的北侧、南侧和西南侧：北侧，26个，分布于4～5.5m的分枝基部，基径0.02～0.18m，长2～25cm；基径0.03～0.15m，长4～20cm；南侧14个，分布于4.0～10.0m的干身及分枝基部，基径0.02～0.10m，长2.0～15.0cm；西南侧20个，分布于12.0m处分枝基部，均较小，呈瘤状。与该树共生的树种有冬青、淡竹。N=30° 26′ 47.5″，E=103° 13′ 54.9″，H=826m。

邛崃市银杏乡山脚嘴

树龄180年，胸径 1.00m。

邛崃市银杏乡银杏坪兴福寺（图9-10-44）

垂乳银杏，“树生树”。雌株，树龄1000年，树高10.0m，胸径3.06m，枝下高3.0m，冠幅8.0m×4.0m，位于村寺庙内楠木林中。将死，仅一侧2个分枝存活，从基部抽生出3株萌条，高6.0m，基径0.03～0.07m。根在干

图9-10-43 邛崃市油榨乡天池村白家山
（注：箭头示垂乳）

图9-10-44 邛崃市银杏乡银杏坪兴福寺
（注：箭头示垂乳）

图9-10-45 叙永县观兴乡普兴村一组山顶上（1）
（注：3. 主干上树洞及萌干；箭头示垂乳）

图9-10-46 叙永县观兴乡普兴村一组山顶上（2）
（注：箭头示垂乳）

一侧裸露，面积0.25m^2。母干中空，内有大面积的火烧痕迹；空堂内可容10人站立；干身大面积腐朽，韧皮部基本全部缺失；1.8m和3.2m处用较粗铁丝固定；挂有“止步—生命危险”、“禁止靠近朽树”、“禁止攀爬朽树 违者后果自负”等牌；有“树生树”现象，在干4.5m处，生长有一株桑麻，似从干分枝的间隙中向上伸展，在3.0m处分作3个小枝，呈盘曲状，高4.5m，胸径0.04m。萌蘖6个，呈簇生状分布于母干一侧，仅一株较粗，高3.0m，距母干10.0cm；在空堂内2.8m处生长有细小萌条。垂乳10个，位于干0.2～2.8m处，基径0.03～0.30m，长3.0～80.0cm，其中2.8m处的一个生长于膨大物基部。权属：国有，编号2-007（原：02-221）。与该树共生的树种有楠木、棕榈。成都市至今为止发现的最古老、最粗大的一棵。这棵古银杏位于银杏乡（以前称三和乡，今属火井镇）银杏坪的兴福寺，距市区约35km。烧空的树腹最大内径达2.35m，可容4人对坐下棋，仅存的一个树干高达20.0m。县志载：此树已有一千多年树龄。古树虽几经雷击，枝丫折断，树腹空空，但仍然枝繁叶茂，生机勃勃。兴福寺始建于唐，明嘉靖重修，占地36亩。寺因寺内有棵千年古银杏，气势雄伟，树干虬曲、葱郁庄重，故名银杏坪，据称，为成都地区至今为止发现的最古老、最粗大的一棵。1980年，地名普查时，将三和乡更名为银杏乡。该树1990年古银杏遭受雷击后，在古银杏树上安装了避雷针。

叙永县观兴乡普兴村一组山顶上（图9-10-45;9-10-46）

垂乳银杏，复干银杏，“千岁状元”。雌株，树龄2400年，树高16.0m，胸径4.80m，枝下高4.0m，冠幅25.0m×24.0m，位于该组近山顶南坡。生长旺盛，树冠开阔，呈伞形。根在南侧沿坡面大部分裸露，面积31.4m^2，交错盘曲，偶与坡面连成天然台阶。母干基径4.14m，于6.0m处被截，形成可以站10余个人的平台，被截后于截口又发出众多新枝，呈簇生状；从树基到1.2m处逐渐加粗，1.2m以上又逐渐变细；西侧2.8m处一枝基径达0.4m，从1.2m处又分作2枝，呈一弧度先开后合，最后在于距分枝1.2m处又呈合生状，合生处膨大，有垂乳分布，后又向外发枝，继续向南延伸而去。枝叶繁茂。复干1个，较粗，胸径达0.65m，高14.0m，分布于母干北侧，7.0m以下紧贴母干生长。垂乳51个：东侧24个，分布于该侧母干3.5～4.5m处及3.0m的分枝处，其中在分枝处达15个之多，大多呈悬垂状，基径0.03～0.25m，长3.0～33.0cm；南侧12个，分布于该侧2.8m、3.8m的分枝处，前者有一个基径为12.0cm的垂乳被截，最大基径

0.20m，长33.0cm；后者均较小，呈瘤状，基径0.02～0.03m，长4.0～8.0cm；西侧垂乳大多被截，截径0.10～0.15m。该树的相关传说较多：①此树被奉为四川“银杏之王”，树身挂有红布条，意在保佑平安；②此树母干在“大跃进”时期被砍，用以炼制钢铁，后又从截口发出新枝；③此树树根一直延伸至山脚下一水渠边沿，其长至少700m；④该树已无形中成为老百姓眼中的保护神，此树能够受到自从“大跃进”后人们对其的钟爱及悉心的保护，原因就在于若有人随意甚至恶意地折断它的枝丫，或剥掉它的树皮，则无疑会受到上天严厉的惩罚；⑤据说此树曾经树冠覆盖面非常大，甚至延伸至附近一户人家房舍，小朋友们还经常用它来荡秋千；⑥相传贵州省有一株银杏树与此树隔赤水相望，然而，时间的推移中，贵州那株于20世纪60年代不幸地被夺去了生命，此树悲恸之至，“假死”3年，树体还流出鲜红的血液；⑦此树曾为空堂树，且母干几乎一半全部缺失，人们可以随意进入，后来它重新完整了自己的生命，从而阻止了人们的再次进入；⑧该树需要10多个人手拉手才能合围。它的大树干延伸到5～6m高处时，突然变小，类似一个“树桩”。“树桩”之上枝丫茂盛，集中长出120余根枝丫。其中，最粗的枝丫基径达0.60m以上，最高的6.0m以上。在1958年大跃进时，把它砍做风箱炼铁了，古银杏被拦腰斩断后，第二年又开始发新枝。今天，远远望去，恍若一片树林，呈现出了千年银杏、独木成林的奇特景观。20世纪90年代，四川省林科院专家科学测算，古银杏年龄已有2200岁。当地人常把银杏树的乳芽（古树树干上生长的短而粗的凸起的乳包，当地人称为乳芽）或者树皮砍剥下来做药。这棵银杏树干隆起不少乳状的疙瘩，大大小小20多个。这棵银杏长出的果实是圆形的。根据刘氏族谱记载，刘洪亮一家，已在银杏树下，整整生活了15代。几年前省林业厅牵头举办的“天府树王”评选活动中，由于无人推荐，这棵千年银杏，最终无缘“树王”之列。古银杏的一个传说：明朝时，一位名叫白秀君的英俊后生进京赶考，中得状元。报喜人员风餐露宿，将喜帖送到了白秀君登记的观兴小湾子（古银杏树所在地），经过连续数月查找，却始终找不到这名考生。直到看到这棵银杏树，报喜人员才恍然大悟。报喜人员将喜帖挂在了银杏树之上。从此以后，古树“化身考取状元”的故事一直流传至今，而这棵银杏树，也就留下了“千岁状元”的美名。N=27° 47′ 27.5″，E=105° 28′ 3.0″，H=1420m。

德阳市旌阳区天元镇镇第二小学天元二小

树龄200年，树高17.0m，胸径0.60m，冠幅12.0m×13.0m，生长旺盛，土壤紧密度中等，H=499m。权属单位：国有，管护单位：天元二小，保护现状较好。县编号：6。

德阳市旌阳区德新镇龙泉村五社肖家场

树龄120年，树高21.0m，胸径0.68m，冠幅12.0m×10.0m，长势一般，土壤紧密度中等，H=530m。权属单位：集体，管护单位：龙泉村委会，保护现状较好。县编号：27。

德阳市旌阳区德新镇龙泉村五社肖家场

树龄150年，树高22.0m，胸径0.72m，冠幅9.0m×9.0m，长势一般，土壤紧密度中等，H=530m。权属单位：集体，管护单位：龙泉村委会，保护现状较好。县编号：29。

德阳市旌阳区德新镇龙泉村四社二小学校

树龄120年，树高20.0m，胸径0.54m，冠幅9.0m×8.0m，生长旺盛，土壤较疏松，H=530m。权属单位：集体，管护单位：龙泉村委会，保护现状较好。县编号：28。

德阳市旌阳区德新镇龙泉村四社彭清华院内

树龄150年，树高22.0m，胸径0.72m，冠幅16.0m×16.0m，生长旺盛，土壤疏密度中等，H=530m。权属：个人，户主彭清华，保护现状较好。县编号：32。

德阳市旌阳区孝泉镇镇卫生院

树龄110年，树高24.0m，胸径0.61m，冠幅13.0m×13.0m，长势一般，土壤疏密度中等，H=533m。权属单位：为集体，保护现状较好。县编号：40。

德阳市旌阳区孝泉镇孝泉安中

树龄125年，树高31.0m，胸径1.03m，冠幅14.0m×15.0m，长势一般，土壤为沙黄壤，紧密，H=533m。权属单位：集体，管护单位：孝泉初中，保护现状较好。县编号：43。

德阳市旌阳区孝泉镇孝泉安中

树龄125年，树高30.0m，胸径0.87m，冠幅10.0m×11.0m，长势一般，土壤紧密，H=533m。权属单位：集体，管护单位：孝泉初中，保护现状较好。县编号：44。

德阳市旌阳区孝泉镇三孝园

树龄125年，树高28.0m，胸径0.84m，冠幅17.0m×14.0m，长势一般，土壤极紧密，H=33m。权属单位：集体，管护单位：孝泉三孝园，保护现状较好。县编号：45。

德阳市旌阳区孝泉镇孝泉师范

树龄125年，树高25.0m，胸径0.75m，冠幅18.0m×11.0m，长势一般，土壤极紧密，H=533m。权属单位：国有，管护单位：孝泉师范，保护现状较好。县编号：46。

德阳市旌阳区孝泉镇孝泉师范

树龄125年，树高25.0m，胸径0.80m，冠幅11.0m×14.0m，长势一般，土壤极紧密，H=533m。权属单位：国有，管护单位：孝泉师范，保护现状较好。县编号：47。

德阳市旌阳区孝泉镇孝泉师范

树龄125年，树高21.0m，胸径0.64m，冠幅13.0m×14.0m，生长旺盛，土壤极紧密，H=533m。权属单位：国有，管护单位：孝泉师范，保护现状较好。县编号：54。

德阳市旌阳区孝泉镇孝泉师范

树龄125年，树高21.0m，胸径0.51m，冠幅11.0m×11.0m，长势一般，土壤极紧密，H=533m。权属单位：国有，管护单位：孝泉师范，保护现状较好。县编号：55。

德阳市旌阳区柏隆镇柏隆供销社

树龄100年，树高3.0m，胸径0.80m，冠幅10.0m×11.0m，生长旺盛，土壤疏松，H=554m。权属单位：集体，管护单位：柏隆供销社，保护现状较好。县编号：59。

德阳市旌阳区和新镇德中村八社崴罗山

树龄150年，树高20.0m，胸径0.48m，冠幅8.0m×8.0m，长势一般，土壤紧密，坡向西北36°，位于上部。H=740m。权属单位：国有，管护单位：和新乡林业站。县编号：94。

德阳市旌阳区旧城北街大门处

树龄110年，树高19.0m，胸径0.82m，冠幅13.0m×13.0m，生长旺盛，土壤紧密度中等，H=500m。权属单位：国有，管护单位：旌阳区政府，保护现状较好。县编号：952。

德阳市旌阳区旧城北街大门处

树龄110年，树高17.0m，胸径0.56m，冠幅11.0m×12.0m，生长旺盛，土壤紧密度中等，H=500m。权属单位：国有，管护单位：旌阳区政府，保护现状较好。县编号：953。

德阳市旌阳区15居委5组旧城北街龙桥口

树龄200年，树高18.0m，冠幅10.0m×12.0m，生长旺盛，土壤紧密度中等，H=500m。权属单位：国有，管护单位：旌阳区政府，保护现状好。县编号：955。

德阳市旌阳区旧城北街崇果寺（现德阳二中）

树龄250年，树高15.0m，胸径1.29m，冠幅15.0m×10.0m，长势一般，土壤紧密度中等，H=500m。权属单位：国有，管护单位：学校，该树位于学校操作场内，需加强保护。县编号：958。

德阳市旌阳区西街10居委

树龄170年，树高20.0m，胸径1.02m，冠幅9.0m×7.0m，长势一般，H=500m。权属单位：国有，管护单位：市中区物资局，保护现状较好。县编号：966。

德阳市旌阳区文庙内孔庙

树龄200年，树高15.0m，胸径0.48m，冠幅10.0m×8.0m，长势一般，土壤紧密度中等，H=500m。权属单位：国有，管护单位：文庙公园，保护现状较好。县编号：979。

德阳市旌阳区文庙内孔庙

树龄200年，树高15.0m，胸径0.59m，冠幅8.0m×6.0m，长势一般，土壤紧密度中等，H=500m。权属单位：国有，管护单位：文庙公园，保护现状较好。县编号：980。

绵竹市东北镇楼前

树龄201年，树高28.0m，胸径0.95m，冠幅12.0m×13.0m，生长旺盛，土壤为沙黄壤，紧密，H=600m。权属单位：国有，管护单位：红岩渠管理站，现保护一般，应松土施肥加以保护。县编号：1。

绵竹市东北镇十五村四社石拱河

树龄201年，树高24.0m，胸径0.95m，冠幅14.0m×14.0m，生长旺盛，土壤为沙黄壤，紧密，H=600m。权属单位：国有，管护单位：镇政府，保护很好，无人损坏，建议能松土施肥。县编号：2。

绵竹市东北镇十五村二社白果院子

树龄111年，树高27.0m，胸径0.65m，冠幅14.0m×10.0m，生长旺盛，土壤为河流（新）冲积土，极紧密，H=595m。权属单位：国有，管护单位：镇政府，保护很好，无人损坏。县编号：3。

绵竹市东北镇十五村二社白果院子

树龄111年，树高30.0m，胸径0.72m，冠幅7.0m×6.0m，生长旺盛，土壤为河流（新）冲积土，极紧密，H=595m。权属单位：国有，管护单位：镇政府，保护很好，无人损坏。县编号：4。

绵竹市东北镇十五村二社白果院子

树龄111年，树高26.0m，胸径0.71m，冠幅5.0m×5.0m，生长旺盛，土壤为河流（新）冲积土，极紧密，H=595m。权属单位：国有，管护单位：镇政府，保护很好，无人损坏。县编号：5。

绵竹市东北镇十五村二社白果院子

树龄111年，树高28.0m，胸径0.64m，冠幅9.0m×6.0m，生长旺盛，土壤为河流（新）冲积土，极紧密，H=595m。权属单位：国有，管护单位：镇政府，保护很好，无人损坏。县编号：6。

绵竹市东北镇十五村二社白果院子

树龄111年，树高27.0m，胸径0.53m，生长旺盛，土壤为河流（新）冲积土，极紧密，H=595m。权属单位：国有，管护单位：镇政府，保护很好，无人损坏。县编号：7。

绵竹市兴隆镇建设村一社毕家院子

树龄360年，树高25.0m，胸径1.05m，冠幅18.0m×19.0m，生长旺盛，土壤为河流（新）冲积土，极紧密，H=610m。权属：个人，户主毕明宽，现保护情况很好。县编号：10。

绵竹市九龙镇六村四社白果庵

树龄210年，树高24.0m，胸径1.35m，冠幅7.0m×8.0m，生长较差，土壤为山地黄棕壤，H=710m。权属单位：国有，管护单位：镇政府，现保护一般。县编号：14。

绵竹市遵道镇政府食堂背后

树龄210年，树高34.0m，胸径1.07m，冠幅18.0m×18.0m，生长旺盛，土壤为山地黄壤，紧密，H=655m。权属单位：集体，管护单位：镇政府机关，现保护一般。县编号：15。

绵竹市汉旺镇白溪口二社赵家沟

树龄130年，树高34.0m，胸径0.85m，冠幅15.0m×16.0m，生长旺盛，土壤为山地暗黄棕壤，H=1050m。权属单位：集体，管护单位：白溪日村二组，现由生产队管理，建议今后挂牌保护。县编号：22。

绵竹市汉旺镇白溪口三社白果坪

树龄160年，树高24.0m，胸径0.65m，冠幅14.0m×16.0m，生长旺盛，土壤为山地暗黄棕壤，紧密，H=980m。权属单位：集体，管护单位：白溪日村三组，现由生产队管理，建议今后挂牌保护。县编号：23。

绵竹市汉旺镇白溪口三社白果坪

树龄160年，树高29.0m，胸径0.68m，冠幅14.0m×16.0m，生长旺盛，土壤为山地暗黄棕壤，紧密，H=980m。权属单位：集体，管护单位：白溪日村三组，现由生产队管理，建议今后挂牌保护。县编号：24。

绵竹市武都镇白果村六社白果庵

树龄180年，树高32.0m，胸径1.22m，冠幅19.0m×19.0m，生长旺盛，土壤为山地黄壤，紧密度中等，H=880m。权属单位：国有，管护单位：武都镇政府，保护很好。县编号：39。

绵竹市清平乡圆包村一社老街

树龄120年，树高27.0m，胸径0.86m，冠幅12.0m×13.0m，生长旺盛，土壤为黄壤，紧密度中等，H=915m。权属单位：集体，管护单位：圆包村一组，保护现状很好。县编号：43。

绵竹市清平乡棋盘村四社王定举房后

树龄150年，树高32.0m，胸径1.15m，冠幅12.0m×12.0m，生长旺盛，土壤为黄壤，疏松，H=930m。权属单位：集体，管护单位：棋盘村四组，保护现状很好。县编号：44。

绵竹市清平乡棋盘村四社王定举房后

树龄145年，树高24.0m，胸径0.92m，冠幅14.0m×12.0m，生长旺盛，土壤为黄壤，疏松，H=930m。权属单位：集体，管护单位：棋盘村四组，保护现状很好。县编号：45。

绵竹市清平乡棋盘村四社村部门口

树龄130年，树高26.0m，胸径0.78m，冠幅14.0m×14.0m，生长旺盛，土壤为黄壤，紧密度中等，H=950m。权属单位：集体，管护单位：棋盘村四组，保护现状很好。县编号：46。

绵竹市清平乡盐井村五社白果林

树龄230年，树高35.0m，胸径1.24m，冠幅20.0m×21.0m，生长旺盛，土壤为黄壤，极紧密，H=945m。权属：个人，户主谢贵昌等，保护现状很好。县编号：47。

绵竹市清平乡盐井村六社韩顺清房后

树龄130年，树高27.0m，胸径0.83m，冠幅23.0m×17.0m，生长旺盛，土壤为黄壤，疏松，H=1000m。权属：个人，户主韩顺清，保护现状很好。县编号：48。

绵竹市清平乡盐井村六社王福菜包产地内

树龄130年，树高25.0m，胸径0.82m，冠幅18.0m×16.0m，生长旺盛，土壤为黄壤，疏松，H=1010m。权属：个人，户主刘福荣，保护现状很好。县编号：49。

绵竹市天池乡一村二社歇马庙

树龄150年，树高32.0m，胸径0.78m，冠幅12.0m×11.0m，生长旺盛，土壤为山地暗黄棕壤，疏松，H=1070m。权属：个人，户主张贵万，保护现状很好。县编号：51。

绵竹市土门镇三溪寺门前沟边

树龄120年，树高24.0m，胸径0.88m，冠幅12.0m×10.0m，生长旺盛，土壤为黄壤，紧密，H=670m。权属单位：国有，管护单位：三清寺，保护现状很好。县编号：73。

绵竹市金花镇吉祥寺四社魏家院子

树龄400年，树高30.0m，胸径1.70m，冠幅22.0m×18.0m，生长旺盛，土壤为山地黄壤，较疏松，H=1120m。权属单位：集体，管护单位：吉祥村政府，保护现状很好。县编号：78。

绵竹市孝德镇公产房内黄泥坑

树龄105年，树高20.0m，胸径0.49m，冠幅11.0m×12.0m，生长旺盛，土壤为沙黄壤，紧密度为中等，H=510m。权属单位：国有，管护单位：孝德镇政府，保护现状很好。县编号：150。

绵竹市孝德镇高兴村四社孝泉中学教学楼后

树龄171年，树高29.0m，胸径1.05m，冠幅16.0m×17.0m，生长旺盛，土壤为沙黄壤，紧密度为中等，H=520m。权属单位：国有，管护单位：孝德镇政府，保护现状很好，专人管护。县编号：151。

绵竹市孝德镇高兴村四社孝泉中学教学楼后

树龄171年，树高29.0m，胸径0.87m，冠幅12.0m×11.0m，生长旺盛，土壤为沙黄壤，紧密度为中等，H=520m。权属单位：国有，管护单位：孝德镇政府，保护现状很好，专人管护。县编号：152。

绵竹市剑南镇文化馆办公楼后

树龄110年，树高25.0m，胸径0.51m，冠幅7.0m×7.0m，生长旺盛，土壤为黄壤，紧密度为中等，H=630m。权属单位：国有，管护单位：文化馆，保护现状很好，专人管护。县编号：190。

绵竹市剑南镇杨家花园

树龄170年，树高24.0m，胸径0.78m，冠幅16.0m×18.0m，生长旺盛，土壤为黄壤，H=600m。权属单位：国有，管护单位：县中学，保护现状很好。县编号：194。

中江县南华镇二村八社标家院

树龄180年，树高19.0m，胸径0.91m，冠幅10.0m×14.0m，生长旺盛，土壤紧密，H=420m。权属单位：集体，管护单位：南华镇安山办事处二村八社，保护现状较好。县编号：16。

中江县黄鹿镇五龙村四社

树龄100年，树高13.0m，胸径0.35m，冠幅13.0m×12.0m，生长旺盛，土壤为山地黄棕壤，疏松，H=535m。权属单位：集体，管护单位：五龙村四社，保护现状较好。县编号：38。

中江县黄鹿镇沙河村十一社

树龄150年，树高31.0m，胸径1.38m，冠幅17.0m×15.0m，生长旺盛，土壤为山地黄棕壤，疏松，H=505m。权属单位：集体，管护单位：犁元仙河村十一社，保护现状较好。县编号：39。

中江县永兴镇二村十二社柳松湾

树龄110年，树高20.0m，胸径0.70m，冠幅14.0m×16.0m，生长旺盛，土壤极紧密，H=440m。权属单位：集体，管护单位：永兴镇小学，保护现状较好。县编号：129。

中江县广福镇一村十五社白果树院子

树龄190年，树高27.0m，胸径0.99m，冠幅13.0m×15.0m，生长旺盛，土壤为黄壤，疏松，H=420m。权属单位：集体，管护单位：广福镇定村十三社，保护现状较好。县编号：181。

中江县石泉乡一村十四社老粮站

树龄130年，树高21.0m，胸径0.87m，冠幅5.0m×6.0m，长势一般，土壤紧密，H=552m。权属单位：国有，管护单位：石泉乡政府，保护现状一般。县编号：306。

中江县石泉乡一村十四社老粮站

树龄130年，树高21.0m，胸径0.82m，冠幅5.0m×4.0m，长势一般，土壤紧密，H=552m。权属单位：国有，管护单位：石泉乡政府，保护现状一般。县编号：307。

中江县白果乡八村八社西远洞

树龄125年，树高25.0m，胸径0.98m，冠幅14.0m×20.0m，生长旺盛，土壤为中性紫色土，H=525m。权属单位：集体，管护单位：白果乡八村八社，目前未明确具体人员管护。县编号：335。

什邡市方亭镇留春苑

树龄120年，树高22.0m，胸径0.70m，冠幅14.0m×17.0m，生长旺盛，土壤疏松，H=560m。权属单位：集体，管护单位：留春苑管理所，建议加强肥水管理。县编号：15。

什邡市云西镇白蜡村五社

树龄130年，树高29.0m，胸径0.67m，冠幅7.0m×8.0m，有2株，长势一般，土壤较疏松，H=580m。权属单位：集体，管护人：五社社长曾泽述，过度剃枝，应加强管护。县编号：69。

什邡市云西镇白蜡村五社

树龄130年，树高27.0m，胸径0.64m，冠幅6.0m×6.0m，长势一般，土壤较疏松，H=580m。权属单位：集体，管护人：五社社长曾泽述，过度剃枝，应加强管护。县编号：70。

什邡市云西镇白蜡村五社白蜡庙门前

树龄110年，树高24.0m，胸径0.60m，冠幅12.0m×9.0m，生长旺盛，土壤较疏松，H=580m。权属单位：集体，管护人：五社社长曾泽述，防止剃枝，应加强管护。县编号：74。

什邡市洛水镇朱家桥村四社乱石窑

树龄100年，树高20.0m，胸径0.57m，冠幅11.0m×12.0m，生长旺盛，土壤为山地黄壤，疏松，坡向为东10°，位于中部，H=850m。权属单位：集体，集体管护，应搞好松土施肥。县编号：85。

什邡市洛水镇药师村二社药师院

树龄110年，树高22.0m，胸径0.64m，冠幅11.0m×10.0m，生长旺盛，土壤较疏松，H=550m。权属单位：国有，管护单位：市教育局，应松土施肥，保护树体。县编号：91。

什邡市湔氐镇幼儿园旁

树龄110年，树高27.0m，胸径0.83m，冠幅12.0m×16.0m，生长旺盛，土壤为山地黄壤，较疏松，H=620m。权属单位：集体，管护单位：桐灵村委，建议修建围栏。县编号：110。

什邡市湔氐镇龙居村龙居寺（图9-10-47）

雌株，树龄1000年，树高20.0m，胸径2.07m，枝下高3.4m，冠幅16.0m×15.0m，用水泥树池相围。该树因曾遭雷劈，枝发生断折，后安装避雷针，情况有所好转。母干通直，表面凹凸不平，干身有大量苔藓植物分布，并有大面积的剥皮现象；分枝不规则。复干9个，其中第7～9复干与萌蘖交错而生。第1复干，胸径0.62m，高15.0m，与母干在2.2m以下合生，该复干在2.0m以下有大面积的剥皮现象；第2复干，胸径0.39m，高3.0m，紧贴母干生长，并与第5复干在0.5m以下合生，该复干在1.8m以下有剥皮现象；第3复干，胸径0.32m，高10.0m，与母干在0.2m以下合生；第4复干，胸径0.3m，高12.0m，与母干在1.8m以下合生；第5复干，胸径0.14m，高3.2m，紧贴母干生长；第6复干，胸径0.14m，高2.8m，距母干10cm，该复干在1.2m处抽生出近40株萌条；第7复干，胸径0.06m，高5.0m，距母干15cm；第8复干，胸径0.05m，高3.0m，距母干12cm；第9复干，胸径0.05m，高4.0m，距母干13cm。土壤为山地黄壤，紧密度为中等，坡向正北，位于下部。与该树共生的树种有水杉、柏木、法国梧桐、蒲葵、慈竹、桂花。权属单位：集体，管护单位：龙居寺管理办公室，建议加强肥水管理。县编号：121。N=31° 13′ 22.5″，E=104° 0′ 13.1″，H=687m。

图9-10-47 什邡市湔氐镇龙居村龙居寺

碑记：千年神树（白果树）

此树为花蕊夫人于公元605年随蜀王到龙居寺消夏避暑时亲植，距今已1399年。如今树冠如盖，绿荫蔽日，枝繁叶茂，每年产白果数百斤，神树所产神果，早已成为龙居寺独特旅游果品。金秋十月，专程前来购买者络绎不绝。面对神树祈祷，许愿，保佑健康，吉祥平安。

什邡市蓥华镇瓦窑村七社梅子林

树龄130年，树高25.0m，胸径0.51m，冠幅11.0m×10.0m，生长旺盛，土壤为山地黄壤，较疏松，坡向东南10°，位于中部，H=1050m。权属单位：集体，集体管护，应加强守护。县编号：128。

什邡市蓥华镇瓦窑村七社梅子林

树龄130年，树高22.0m，胸径0.56m，冠幅14.0m×11.0m，生长旺盛，土壤为山地黄壤，紧密度为中等，坡向东南10°，位于中部，H=1050m。权属单位：集体，集体管护，建议搞好松土施肥。县编号：129。

什邡市蓥华镇瓦窑村七社陈在学家东面

树龄130年，树高18.0m，胸径0.54m，冠幅14.0m×13.0m，生长旺盛，土壤为山地黄壤，紧密度为中等，坡向东南20°，位于下部，H=1010m。权属单位：集体，集体管护，建议搞好松土施肥。县编号：130。

什邡市蓥华镇瓦窑村四社李家坪

树龄100年，树高21.0m，胸径0.65m，冠幅12.0m×12.0m，生长旺盛，土壤为山地黄壤，疏松，H=1100m。权属：个人，管护人：张永祥，应落实管护。县编号：132。

什邡市蓥华镇瓦窑村四社李家坪

树龄100年，树高19.0m，胸径0.59m，冠幅9.0m×8.0m，生长旺盛，土壤为山地黄壤，疏松，H=1100m。权属单位：集体，集体管护，加强管理，防止剃枝，盗叶。县编号：133。

什邡市蓥华镇白坭村六社药坪

树龄100年，树高27.0m，胸径0.74m，冠幅14.0m×12.0m，生长旺盛，土壤为山地黄壤，疏松，坡向东南，位于中部，H=1000m。权属单位：集体，集体管护，加强管理，防止剃枝，盗叶。县编号：135。

什邡市蓥华镇白坭村六社药坪

树龄100年，树高22.0m，胸径0.57m，冠幅13.0m×15.0m，生长旺盛，土壤为山地黄壤，疏松，坡向东南15°，H=1060m。权属单位：集体，管护人：王国燕，保护现状较好。县编号：136。

什邡市蓥华镇白坭村六社药坪

树龄100年，树高24.0m，胸径0.72m，冠幅20.0m×21.0m，生长旺盛，土壤为山地黄壤，疏松，坡向东南，位于中部，H=1060m。权属单位：集体，管护人：王国燕，保护现状较好。县编号：137。

什邡市蓥华镇白坭村六社药坪

树龄100年，树高26.0m，胸径0.62m，冠幅15.0m×10.0m，生长旺盛，土壤为山地黄壤，疏松，坡向东南15°，位于中部，H=1090m。权属单位：集体，集体管护，加强守护，防止剃枝，盗叶。县编号：142。

什邡市蓥华镇白坭村六社药坪张召义室侧

树龄100年，树高22.0m，胸径0.56m，冠幅17.0m×12.0m，生长旺盛，土壤为山地黄壤，疏松，坡向东南15°，位于中部，H=1090m。权属单位：集体，集体管护，建议加强松土施肥。县编号：143。

什邡市蓥华镇白坭村六社药坪张召义室侧

树龄100年，树高20.0m，胸径0.62m，冠幅13.0m×11.0m，生长旺盛，土壤为山地黄壤，疏松，坡向东南5°，位于中部，H=1090m。权属单位：集体，集体管护，建议加强松土施肥。县编号：144。

什邡市蓥华镇白坭村六社二道坪下

树龄100年，树高22.0m，胸径0.55m，冠幅15.0m×12.0m，生长旺盛，土壤为山地黄壤，疏松，坡向东南15°，位于中部，H=1130m。权属单位：集体，集体管护，加强守护，防止剃枝，盗叶。县编号：146。

什邡市蓥华镇白坭村六社二道坪下

树龄160年，树高25.0m，胸径0.70m，冠幅16.0m×19.0m，生长旺盛，土壤为山地黄壤，疏松，坡向东南15°，H=1130m。权属单位：集体，集体管护，加强守护，防止剃枝，盗叶。县编号：147。

什邡市蓥华镇白坭村六社二道坪下

树龄100年，树高26.0m，胸径0.62m，冠幅12.0m×13.0m，生长旺盛，土壤为山地黄壤，疏松，坡向东南10°，位于中部，H=1200m。权属单位：集体，集体管护，加强守护，防止剃枝，盗叶。县编号：148。

什邡市蓥华镇白坭村六社姚家坪

树龄100m，树高20.0m，胸径0.63m，冠幅13.0m×15.0m，生长旺盛，土壤为山地黄壤，疏松，坡向东南5°，位于下部，H=1200m。权属单位：集体，集体管护，加强守护，防止剃枝，盗叶。县编号：149。

什邡市蓥华镇白坭村七社大岳家沟

树龄150年，树高18.0m，胸径0.67m，冠幅14.0m×10.0m，生长旺盛，土壤为山地黄壤，疏松，坡度东南35°，位于中部，H=1000m。权属单位：集体，管护人：杨为贵，加强守护，防止剃枝，盗叶。县编号：153。

什邡市红白镇柿子坪四社左

树龄100年，树高20.0m，胸径0.39m，冠幅10.0m×8.0m，生长旺盛，土壤为山地黄壤，紧密，H=910m。权属单位：集体，管护单位：佛光寺民主管理委员会，应拓宽水泥树盘。县编号：156。

什邡市红白镇柿子坪四社左

树龄100年，树高20.0m，胸径0.52m，冠幅12.0m×14.0m，生长旺盛，土壤为山地黄壤，紧密，H=910m。权属单位：集体，管护单位：佛光寺民主管理委员会，应拓宽水泥树盘。县编号：157。

什邡市红白镇柿子坪四社左

树龄100m，树高21.0m，胸径0.56m，冠幅14.0m×13.0m，生长旺盛，土壤为山地黄壤，紧密，H=910m。权属单位：集体，管护单位：佛光寺民主管理委员会，应拓宽水泥树盘。县编号：158。

什邡市红白镇柿子坪四社左

树龄100年，树高19.0m，胸径0.50m，冠幅11.0m×12.0m，生长旺盛，土壤为山地黄壤，紧密，H=910m。权属单位：集体，管护单位：佛光寺民主管理委员会，应拓宽水泥树盘。县编号：159。

什邡市红白镇柿子坪四社佛光寺厨房前

树龄100年，树高22.0m，胸径0.48m，冠幅10.0m×10.0m，生长旺盛，土壤为山地黄壤，较疏松，H=900m。权属单位：集体，管护单位：佛光寺民主管理委员会，烟囱应改道，以免炊烟损害古树。县编号：160。

什邡市红白镇柿子坪四社李卫民门前

树龄100年，树高23.0m，胸径0.52m，冠幅11.0m×13.0m，生长旺盛，土壤为山地黄壤，较疏松，H=910m。权属单位：集体，集体管护，加强守护，防止剃枝，盗叶。县编号：161。

什邡市红白镇柿子坪四社佛光寺门前

树龄100年，树高22.0m，胸径0.53m，冠幅11.0m×12.0m，生长旺盛，土壤为山地黄壤，紧密度为中等，H=900m。权属单位：集体，管护单位：委员会，加强守护，防止剃枝，盗叶。县编号：162。

什邡市八角镇爆竹同村五社罗家院子旁

树龄330年，树高31.0m，胸径1.63m，冠幅18.0m×16.0m，生长旺盛，土壤为山地黄壤，较疏松，H=950m。权属：个人，管护人：罗泽文，加强守护，防止剃枝，盗叶。县编号：163。

什邡市八角镇双桥村一社陈其中房后

树龄110年，树高25.0m，胸径0.72m，冠幅6.0m×5.0m，生长旺盛，土壤为山地黄壤，疏松，坡向东南20°，位于中部，H=940m。权属单位：集体，集体管护，加强守护，防止剃枝，盗叶。县编号：164。

什邡市八角镇双桥村一社杨怀青房后

树龄120年，树高27.0m，胸径1.02m，冠幅14.0m×14.0m，生长旺盛，土壤为山地黄壤，疏松，H=940m。权属单位：集体，集体管护，目前管护落实。县编号：166。

罗江县罗江镇罗江县医院

树龄108m，树高18.0m，胸径0.54m，冠幅11.0m×10.0m，生长旺盛，土壤为山地棕色灰化，紧密，H=507m。权属单位：国有，管护单位：罗江县医院。县编号：2。

罗江县罗江镇南街外贸花生厂

树龄121年，树高20.0m，胸径0.67m，冠幅10.0m×9.0m，生长旺盛，土壤为山地棕色灰化，紧密，H=504m。权属单位：国有，管护单位：外贸花生厂。县编号：3。

罗江县罗江镇南街外贸花生厂

树龄111年，树高19.0m，胸径0.45m，7.0m×6.0m，生长旺盛，土壤为山地棕色灰化，紧密，H=504m。权属单位：国有，管护单位：外贸花生厂。县编号：4。

罗江县罗江镇南街外贸花生厂

树龄140年，树高26.0m，胸径0.84m，冠幅10.0m×14.0m，生长旺盛，土壤为山地棕色灰化，紧密，H=504m。权属单位：国有，管护单位：外贸花生厂。县编号：5。

罗江县罗江镇东山公园

树龄118年，树高18.0m，胸径0.76m，冠幅16.0m×14.0m，生长旺盛，土壤紧密度为中等，H=536m。权属单位：国有，管护单位：县文管所。县编号：7。

罗江县罗江镇东山公园

树龄118年，树高19.0m，胸径0.64m，冠幅13.0m×12.0m，生长旺盛，土壤紧密，H=536m。县编号：8。

罗江县罗江镇东山公园

树龄118年，树高17.0m，胸径0.54m，冠幅13.0m×12.0m，生长旺盛，土壤紧密度为中等，H=536m。权属单位：国有，管护单位：县文管所。县编号：9。

罗江县鄢家镇小学

树龄120年，树高16.0m，胸径0.47m，冠幅6.0m×6.0m，长势一般，土壤极紧密，H=532m。权属单位：集体，管护单位：小学。县编号：34。

罗江县回龙镇黑虎村黑虎庙

树龄130年，树高20.0m，胸径0.83m，冠幅12.0m×12.0m，生长旺盛，土壤紧密度为中等，H=535m。权属单位：集体，管护单位：黑虎村四社。县编号：42。

罗江县新盛镇金铃村七社

树龄150年，树高20.0m，胸径0.67m，冠幅7.0m×7.0m，生长旺盛，土壤紧密，H=530m。权属单位：国有，管护单位：林业。县编号：48。

罗江县略坪镇区中学

树龄180年，树高24.0m，胸径0.97m，冠幅17.0m×17.0m，生长旺盛，土壤紧密，H=539m。权属单位：国有，管护单位：林业。县编号：59。

罗江县略坪镇张兴明天井内

树龄120年，树高22.0m，胸径0.68m，冠幅13.0m×14.0m，生长旺盛，土壤紧密，H=538m。权属单位：国有，管护单位：林业。县编号：61。

罗江县略坪镇镇政府

树龄120年，树高21.0m，胸径0.48m，冠幅10.0m×10.0m，生长旺盛，土壤紧密，H=540m。权属单位：国有，管护单位：林业。县编号：62。

罗江县略坪镇镇政府

树龄120年，树高22.0m，胸径0.70m，冠幅9.0m×10.0m，生长旺盛，土壤紧密，H=540m。权属单位：国有，管护单位：林业。县编号：63。

罗江县广富镇同乐村二社筒车寺

树龄140年，树高26.0m，胸径0.78m，冠幅10.0m×9.0m，生长旺盛，土壤紧密，H=579m。权属单位：国有，管护单位：林业。县编号：64。

罗江县白马关镇万佛寺（罗真寺/观）（1号树）（图9-10-48）

垂乳银杏，复干银杏，唐朝银杏，佛指银杏。雌株，树龄1000年，树高20.0m，胸径3.50m，枝下高2.2m，冠幅20.0m×22.4m，位于寺院内的祈福寺庙后，编号142。用木篱相围。树堂内空，内径南北2.7m，东西3.1m，可容10个人站立，萌生有众多小萌条，梢部呈干枯状；有火烧痕迹；内凹凸不平，似熔岩。北侧有一径可进入该树洞。复干43个，胸径范围：0.05～0.15m的达31个之多；0.15～0.25m，6个；0.25～0.35m，3个；0.35～0.45m，1个；0.45～0.6m，2个。高度范围：0.2～20.0m；与母干最大距离达120cm，最近则紧贴母干生长；第1复干在0.2m处被截后，又从截口抽生出新的萌条；第2、3复干分别在0.5m、0.7m

处断折后又抽生出新的萌条；第4、6、7复干分别在0.5m、0.9m、0.6m处发生断折；第5、13复干分别在0.7m、0.6m处分作2个枝；第12复干在0.7m处断折后又抽生出新的萌条；第10、11、21、32复干似从基径为0.9m的复干上重新发枝而来；第18复干在0.2m处分作2个枝萌条200个，与复干交错而生，均较粗，高0.5～7.0m，距母干10～130cm。垂乳17个：东北侧2.2m处2个，呈排生状；2.0m处的分枝处8个，呈瘤状；西侧3.0～4.0m处8个。这些垂乳基径0.03～0.10m，长3～34cm。总胸围18.4m。土壤疏松，坡向南30°，位于中部。相传该树树堂内曾居住一条粉红色的巨蛇，每隔100年该树便要历劫一次灾难——遭雷劈。

万佛寺，又称“罗真寺（观）”，建于唐元和七年（812），几经兴废，明、清曾重修，现存建筑为康熙年间重建。清朝乾隆年间名士李调元游赏此树时诗为：灵瓜心沁入，银杏指真如。唐代建观时所栽植。原为“佛指银杏”。据历史记载每六十年便遭雷击一次。权属单位国有，管护单位：万佛寺。县编号：67。N=31°15′59.6″，E=104°32.8′08″，H=719m。

图9-10-48 罗江县白马关镇万佛寺（罗真寺/观）（1号树）

图9-10-49 罗江县白马关镇万佛寺（罗真寺/观）（2号树）

罗江县白马关镇万佛寺（罗真寺/观）（2号树）（图9-10-49）

雌株，树高16.0m，胸径0.50m，枝下高2.25m，冠幅23.0m×24.0m，位寺院内、1号树东南侧100.0m处。生长旺盛，主干通直，在东北侧2.2m处有膨大凸起，呈半球形隆起，直径达30cm。分枝不规则，复干4个，第1复干，胸径0.3m，高12.0m，与第2复干在0.2m以下合生；第2复干，胸径0.08m，高6.0m；第3复干，胸径0.08m，高4.0m，与母干在0.2m以下合生；第4复干，胸径0.06m，高8.0m，与母干在0.5m以下合生。结果量50～75kg/年，核仁长。土壤紧密，权属单位：国有，管护单位：万佛寺。县编号：66。N=31°15′59.6″，E=104°32.8′08″，H=719m。

广汉市金轮镇四正村五社

树龄310年，树高27.0m，胸径0.83m，冠幅9.0m×19.0m，生长旺盛，土壤为山地棕色灰化，紧密度为中等，H=490m。权属单位：国有，管护单位：四正村小学，保护现状较好。县编号：53。

广汉市金轮镇五村四社

树龄310年，树高27.0m，胸径0.89m，冠幅8.0m×12.0m，长势较差，土壤为山地棕色灰化，紧密度为中等，H=495m。权属单位：国有，管护单位：金轮政府，保护现状一般。县编号：55。

广汉市高坪镇中村门口

树龄150年，树高22.0m，胸径1.88m，冠幅13.0m×12.0m，生长旺盛，土壤为山地棕色灰化，紧密度为中等，H=500m。权属单位：国有，管护单位：村小学，保护现状一般。县编号：57。

广汉市三星镇仁生村五社赵云寺

树龄700年，树高15.0m，胸径1.11m，冠幅12.0m×11.0m，生长旺盛，土壤为黄壤，紧密度为中等，H=495m。权属单位：国有，管护单位：仁和寺，保护现状较好。县编号：65。

广汉市三星镇张华村四社仁和寺

树龄700年，树高16.0m，胸径1.11m，冠幅10.0m×11.0m，生长旺盛，土壤为黄壤，紧密度为中等，H=495m。权属单位：国有，管护单位：仁和寺，保护现状较好。县编号：66。

广汉市雄城镇大连村六十八社红豆树树院子

树龄100年，树高15.0m，胸径0.45m，冠幅10.0m×9.0m，生长旺盛，土壤为山地棕色灰化，H=475m。权属单位：国有，管护单位：东南乡政府，保护现状一般。县编号：70。

广汉市雄城镇大连村六十八社园内角

树龄130年，树高6.0m，胸径0.18m，冠幅2.0m×2.0m，生长旺盛，土壤为黄壤，较疏松，H=475m。权属单位：集体，管护单位：房湖公园，保护现状较好。县编号：71。

广汉市雄城镇大连村六十八社园内角

树龄130年，树高4.0m，胸径0.35m，冠幅2.0m×4.0m，生长旺盛，土壤为黄壤，较疏松，H=475m。权属单位：集体，管护单位：房湖公园，保护现状较好。县编号：72。

广汉市雄城镇大连村六十八社园内角

树龄150年，树高4.0m，胸径0.53m，冠幅3.0m×2.0m，长势一般，土壤为黄壤，较疏松，H=475m。权属单位：集体，管护单位：房湖公园，保护现状较好。县编号：73。

广汉市雄城镇大连村六十八社园内角

树龄100年，树高4.0m，胸径0.10m，冠幅3.0m×3.0m，生长旺盛，土壤为黄壤，较疏松，H=475m。权属单位：集体，管护单位：房湖公园，保护现状较好。县编号：74。

广汉市雄城镇大连村六十八社房湖公园留琴馆前

树龄450年，树高6.0m，胸径0.88m，冠幅3.0m×2.0m，生长旺盛，土壤为黄壤，较疏松，H=475m。权属单位：国有，管护单位：房湖公园，保护现状较好。县编号：102。

广汉市雄城镇大连村六十八社道边

树龄150年，树高2.0m，胸径0.52m，冠幅3.0m×2.0m，长势一般，土壤为黄壤，较疏松，H=475m。权属单位：集体，管护单位：房湖公园，保护现状较好。县编号：108。

广汉市库门前

树龄110年，树高24.0m，胸径0.85m，冠幅12.0m×13.0m，生长旺盛，土壤为黄壤，紧密度为中等，H=475m。权属单位：国有，管护单位：房湖公园，保护现状较好。县编号：111。

江油市中坝镇胜利路口太白纪念馆（图9-10-50;9-10-51）

垂乳银杏，复干银杏。雌株，树高26.0m，胸径0.75m，冠幅12.0m×12.0m。位于馆内杜甫堂一侧隆起的土丘上。树冠卵圆形，生长旺盛。母干在1.2m处断折，仅剩参差不齐的树桩，基径2.23m。根在一侧稍裸露，面积0.8m^2。复干8个，第1复干，高26.0m，胸径0.60m，在1.0m以下与母干合生；第2复干，在0.5m处分作3个枝，高15.0m，基径0.45m，距母干70cm；第3复干，高20.0m，胸径0.38m，1.0m以下与母干合生，与第5复干在1.2m以下合生；第4复干，高20.0m，胸径0.35m，0.5m以下与母干合生；第5复干，高18.0m，胸径0.25m，与母干在1.0m以下合生，与第7复干在1.2m以下合生；第6复干，从基部被截，基径0.18m，距母干80cm；第7复干，高度15.0m，胸径0.15m，0.5m以下与母干合生，与第3复干在1.4m以下合生；第8复干，高3.0m，胸径0.15m，与母干在0.6m以下合生。垂乳16个，集中分布于第1、2复干基部0.7m以下，基径0.03～0.30m，长15～25cm，其中位于第1复干的最具特色，垂乳似根一样从干韧皮部间歇穿入，另一个直插土中，基径均0.15m。整个纪念馆及太白公园内有大小银杏百余株，与该树共生的树种有竹、苏铁。

旺苍县麻英乡友爱村

雌株，树高28.9m，胸径2.00m。

旺苍县正源乡学堂村王家山

叶籽银杏。树龄130年，树高26.0m，胸径1.50m，冠幅11.3m×12.5m。户主：王仁云。

广元市朝天区花石乡

“千岁银杏女王”。雌株，树龄1300年，树高20.0m，胸径2.20m，枝下高2.5m，冠幅10.0m×12.0m。树心已空，树干腹部开一空洞，能容四五人站立，这个大“门洞”，高2.0m，宽1.0m，正对着一村民房屋的泥墙，当地群众称为“千岁银杏女王”。复干1个，位于母干一侧，胸径0.08m，高8.0m，与母干并立而生。萌蘖3个，和复干位于同一侧，均较粗，高5.0m。该银杏树位于一条小河旁，隔河远望，古树粗壮挺拔，树冠硕大，枝丫似虬龙盘曲，气势逼人。N=32°43′，E=105°81′，H=487m。

图9-10-50 江油市中坝镇胜利路口太白纪念馆（1）
（注：箭头示垂乳）

图9-10-51 江油市中坝镇胜利路口太白纪念馆（2）
（注：箭头示垂乳）

图9-10-52 威远县新场镇胜利村21社（原红果小学）
（注：箭头示垂乳）

威远县新场镇胜利村21社（原红果小学）（图9-10-52）

垂乳银杏。雌株，树龄300年，树高30.0m，胸径1.37m，枝下高3.0m，冠幅15.6m×14.3m，位于村落小路边。树冠卵圆形，生长旺盛。根在西侧沿坡面裸露，面积2m^2。主干挺直，明显。分枝多且细，不规则。枝叶繁茂，叶裂深，直达叶基部。萌蘖60个，集中分布于东、西两侧，高0.8～1.2m，其中东侧紧贴干生长，西侧则距母干20～80cm。垂乳10个，主要分布于干东、北两侧5.0m、4.0m的粗短分枝基部，呈簇生状，基径0.03～0.1m，长3～15cm。果较小，呈圆形。据说此处曾有2株，其中较大一株于1979年左右遭雷劈致死。与该树共生的树种有柏香、松、慈竹。

威远县观英滩镇民主村18社兰家偏

树龄110年。

威远县观英滩镇牛王村15社牛王水库坝上

树龄200年。

威远县观英滩镇青山村13社李家青房

树龄200年。

威远县新场镇联丰村16社双河口

树龄110年。

威远县新场镇万祥村3社班竹林

树龄110年。

威远县黄荆沟镇太平村6社瓦道湾岩上

树龄100年。

威远县黄荆沟村塘角2社塘角井小学

树龄100年。

阆中市保宁镇白果树街

“千年银杏王”。树龄1800年，胸径1.40m。相传为汉代所栽，迄今已有1800多岁，比庐山“三宝树”中的银杏树还要年长数百岁呢!现今，阆中“千年银杏王”直径有1.4m，树身要3人才能合抱。每年春夏季节，它仍嫩叶竞发，充满了勃勃生机。阆中市林业和绿化管理部门专业人员2008年对银杏树进行现场“会诊”。先后破除银杏树周围25m^{2}的水泥地面，深挖树根周围泥土，运走树根周围填埋的建筑垃圾，清除被污染土壤16m^2，去掉了腐烂树根，喷洒消毒液和生根粉，回填种植土25m^2，拆除了原来为封堵树干空洞做的3m多高的混凝土，树干分3个方向挂上“吊针”，为古银杏树注射“活力素”，长时间为古树补充营养。并为古银杏树修建了24m^{2}的树池，在树池内种上了麦冬，在树下15m^{2}内铺设了草坪砖。经过1个月的抢救，共用资金31000多元。重获生命的千年古银杏树将会再展丰姿。在一侧为其靠接了6株小银杏树。目前，阆中市政府已对“千年银杏王”进行挂牌保护，古树根基部分还用石条围起。

长宁县桃坪乡联盟村3社大竹林（图9-10-53）

“神树”，垂乳银杏，复干银杏。雌株，树龄200年，树高20.0m，胸径1.29m，枝下高1.2m，冠幅13.7m×13.7m。位于竹海风景区斜下方，5km外就能看见这株银杏树，如一株巨大的绿伞。树冠卵圆形，生长旺盛。干身密被苔藓类植物；6.0m以下有明显的分棱现象。根在北侧沿坡面大面积裸露，面积3.75m^2，盘根错节向周围延伸而去。分枝粗、短且不规则。复干2个，分布于母干西南、东北两侧：第1复干，高12.0m，胸径0.40m，距母干35cm；第2复干，高10.0m，距母干30cm，在1.6m处分作2枝。垂乳80个，多呈极小的瘤状，分布于干身8.0m以下，北侧最多，基径0.03～0.05m，长3～15cm。果呈椭圆形。每年结上百斤果实。结的果实治好了多位村民的多年不治的哮喘病、肺病等，是村民心目中的“神树”。银杏树在杨泽珍家的竹林中。传说银杏树是一个叫苏苗子的人栽的，但传说中的苏苗子已弃世几百年。曾一场大风刮断了一根枝干。现在，银杏树主干开始显现空心，果实一年比一年少。

与该树共生的树种有楠竹等。

图9-10-53 长宁县桃坪乡联盟村3社大竹林
（注：箭头示垂乳）

长宁县古河镇茶林村1组牛栏洞

树龄800年，树高25.0m，胸径1.17m，冠幅15.0m×18.0m。

长宁县老翁镇大堰村1社龙井湾a（图9-10-54）

树龄110年，树高15.0m，胸径0.70m，枝下高3.5m，冠幅5.0m×5.0m，树冠圆柱形，生长旺盛。权属：集体。

长宁县老翁镇大堰村1社龙井湾b（图9-10-54）

树龄110年，树高15.0m，胸径0.70m，枝下高3.0m，冠幅5.0m×5.0m，树冠圆柱形，生长旺盛。权属：集体。

长宁县开佛镇佛梨村老房子社西明禅寺庙门口

雌株，树龄200年，树高8.0m，胸径0.96m。权属：集体。已死。据说西明禅寺重修达3次之多，该树在2007年之前，在干4.0～5.0m处抽生出一新的枝丫，并结有少量果实，但因主干严重腐朽之故，该枝丫现已断折。该县政府曾投资20000元来对此树予以复壮（在古树周围栽植小银杏、输营养液等），都无济于事。现仅剩下5.0m高、向北侧倾斜的

图9-10-54 长宁县老翁镇大堰村1社龙井湾a（左）；b（右）

图9-10-55 万源市石人乡周家坪三合面村奔流河

图9-10-56 万源市灌坝乡二郎坪村三社
（注：箭头示垂乳）

图9-10-57 万源市灌坝乡二郎坪村
（注：箭头示垂乳）

残桩，中空，其南侧有一树洞，内部空间的体积达3m³。

筠连县高坎乡

树龄1000年，树高25.5m，胸径1.20m。

万源市石人乡周家坪三合面村奔流河（图9-10-55）

叶籽银杏。雌株，树龄300年，树高30.0m，胸径1.50m，冠幅12.0m×12.0m。该树属于何家所有，据林业局技术人员讲，该树全树均结叶籽银杏，但户主说并不是结在叶上，而是结在叶柄基部。树体在距地面1.50m处分为两干，H=2000m，土壤为红壤，立地肥沃，潮湿多雨。周围没有大树，单独生长在岩石边缘，远处有山沟、菜地和农田。

万源市灌坝乡二郎坪村三社（图9-10-56）

垂乳银杏。雌株，树龄250年，树高30.0m，胸径1.02m，冠幅10.0m×14.0m。生长在农家院内，距房子3～4m。山地气候，黄土，较干旱。树枝上有很多垂乳，长的达0.50m，最大基径0.20m，最小的垂乳也有拇指大小。孤树。

万源市灌坝乡二郎坪村（图9-10-57）

垂乳银杏。雌株，树龄300年，树高25.0m，胸径0.85m，冠幅10.0m×11.0m。户主为陈明元。该树生长在岩石边缘，周围有大树生长，光线充足。有一个大枝已经垂到地面，结果较多。枯枝落叶较多，土层厚，褐土。

万源市溪口乡中心小学校门口（图9-10-58）

树龄200年，树高18.0m，胸径1.50m，冠幅11.0m×12.0m，枝下高1.9m。生长旺盛，树冠卵圆形。主干粗壮，2.0m以下尤为明显，分枝近10个，均较粗壮。基部有瘤状凸起，凸起上有萌蘖。该树枝叶正常。根系裸露，向外延伸达3.0m。

万源市竹峪乡2村3社庙田角（图9-10-59）

树龄1000年，树高20.0m，胸径2.00m，冠幅6.0m×5.0m，枝下高3.0m。树势衰弱，树冠较小，近卵形。主干挺直、粗壮、中空，曾遭火烧，树洞能容四五个成人。原有分枝均折断，现存分枝均为后来萌发所成。该树原长在寺庙门前，破四旧时，庙被毁，改造为田。2002年被火烧成空壳。被烧后的第三年，古木逢春、又长出新芽。

万源市丝罗乡一村五社白果坝（图9-10-60）

树龄1000年，树高22.0m，胸径2.20m，

图9-10-58 万源市溪口乡中心小学校门口

图9-10-59 万源市\万源市竹峪乡2村3社庙田角

冠幅12.0m×10.0m，枝下高6.0m。生长旺盛，树冠塔形。主干挺直、粗壮，分枝高度较高，有4个主枝，侧枝近15个，生长旺盛。基部有萌蘖，贴母干生长。该树2005年未发芽，树枝枯干，2006年又长出新枝，现已枝繁叶茂。

万源市丝罗乡一村五社白果坝（图9-10-60）

树龄200年，树高15.0m，胸径0.60m，冠幅5.0m×5.0m，枝下高2.0m。生长旺盛，树冠形状不规则，偏小。主干略弯曲，分枝较小。有萌蘖10株，与母干的距离为0～0.4m。该树与上一株相距1.0m。

万源市丝罗乡一村五社白果坝（图9-10-60）

树龄200年，树高13.0m，胸径0.40m，冠幅4.0m×5.0m，枝下高2.0m。生长较旺盛，树冠较小，树冠不规则。主干挺直、纤细，分枝均较小。有萌蘖近10株，与母干的距离为0～0.2m。该树与该处最大树相距2.0m。

万源市丝罗乡四村四社熊家院子旁（图9-10-61）

树龄600年，树高21.0m，胸径2.10m，冠幅13.0m×12.0m，枝下高1.5m。生长旺盛，树体高大，树冠尖塔形，树形优美。主干粗壮，在1.5m处分出3个分枝，主干仍直立生长，共有侧枝近20个。主干1.0m以下，凹凸不平，部分根系裸露。该树枝叶正常。

万源市丝罗乡四村四社熊家院子旁（图9-10-61）

树龄300年，树高18.0m，胸径1.00m，冠幅10.0m×10.0m，枝下高3.0m。生长旺盛，树冠塔形。主干挺直、粗壮，分枝10个，在主干上分布均匀。受旁边较大树的影响，该树生长相对较弱。

万源市丝罗乡四村四社熊家院子旁（图9-10-61）

树龄600年，树高20.0m，胸径2.05m，冠幅12.0m×12.0m，枝下高3.0m。生长旺盛，树冠长椭圆形，树形优美。主干略倾斜，在3.0m处分为两大主干，侧枝10余个，在主干上分布均匀。主干1.0m以下，表面凹凸不平。该树枝叶正常，与上一株相距2.0m。

万源市丝罗乡四村四社熊家院子旁（图9-10-61）

树龄600年，树高24.0m，胸径2.00m，冠幅11.0m×12.0m，枝下高4.0m。生长旺盛，树体高大，树冠长椭圆形，树形优美。主干挺直，粗壮，表面光滑。4.0m处分为2个主干，侧枝10余个，在主干上分布均匀。

万源市丝罗乡四村四社熊家院子旁（图9-10-61）

树龄180年，树高14.0m，胸径0.80m，冠幅6.0m×7.0m，枝下高2.0m。生长旺盛，树冠塔形，树形优美。主干挺直，分枝较小，但分布均匀。

万源市丝罗乡四村四社熊家院子旁（图9-10-61）

树龄150年，树高15.0m，胸径0.82m，冠幅7.0m×8.0m。

雅安市雨城区孔坪乡6村1社（图9-10-62）

垂乳银杏；复干银杏。雌株，树龄1000年，树高30.0m，胸径2.87m，枝下高2.2m，冠幅18.7m×16.6m，位于村落路边。冠稍偏，近伞形，生长旺盛。干北侧有大面积的腐朽和劈裂现象；树身分布有蕨类植物；母干中空，可容10人站立。根在东侧沿坡的切面裸露，面积3.5m^2，呈分棱状，应为合生后呈现的状态，并排贴生的波状沿坡面齐下。母干明显，干身极为斑驳，呈纵向波状高低起伏，似盛满了历史沧桑。在4.0m处分作两大枝，北侧一枝在4.5m处断折后重新发枝，多且细。枝叶生长较旺盛。复干12个，其中西侧1个，高16.0m，胸径0.22m，在1.0m以下与母干合生；其余则集中分布于东、北两侧，胸径粗细相当，范围在0.08～0.10m范围内，或与母干呈贴生状，或在0.2～1.0m间与母干呈合生状。总胸围10.0m。垂乳4个，分布于母干东、西两侧，高1.0～3.0m，距母干最近的则紧贴母干生长，最远的10cm。垂乳数以千计，多呈膨大物状和瘤状，其中最大者位于北侧一复干基部的膨大物基径达0.55m，长70cm。据说很多年前，该树曾遭雷劈，后该树抽生的新枝长大后又被该地方圆几百里的百姓砍后建造学校的房屋。编号：095。与该树共生的树种有桃、慈竹、棕榈。

图9-10-60 万源市丝罗乡一村五社白果坝（3株）

雅安市雨城区对岩镇陇阳村4组（图9-10-63）

“周公神树”，“银杏树王”，“镇山之宝”，“雅安树王”，垂乳银杏，复干银杏。雄株，树龄3000年，树高22.0m，胸径2.23m，枝下高5.0m，冠幅20.0m×20.0m，位于村落边坡林带。树冠不规整，生长旺盛。干身密被苔藓类植物；东侧4.0m处有蕨类植物的分布；西南侧5.0m以下有藤本类植物的分布；母干中空，内可容8人站立，东侧有大面积的木质部和韧皮部缺失，形成树洞，高达2.5m，宽20～120cm。母干略向西侧倾斜，倾角12°，据说为遭雷劈后又重新发枝。根沿西、北两侧大面积裸露，面积20m^2。且北侧一直向上延伸至10.0m处、4.0m高的田地，盘根错节，并在西侧沿坡面形成天然台阶，供人们行走。形成分枝在5.0m处分作3个大枝，基径0.50～1.00m，较粗短，各分枝末端又分生出众多细小枝条，呈盘曲状向四周延伸而去。复干8个，均较细，胸径0.05～0.08m，高3.5～5.5m，距母干最近的则紧贴母干生长，最远的25cm。萌蘖2个，分布于干东侧，紧贴母干生长。垂乳28个，分布于干身5.0～8.0m处，多呈瘤状，基径0.03～0.22m，长3～20cm。与该树共生的树种有慈竹等。编号：073。

据传说，这是周公卜卦时种下的“周公神树”。远远望去，“银杏树王”犹如一把撑开的巨伞。其树冠层距地面约20.0m。它背后原有一座古道观，名曰“白云庵”。当地人亦称其为“白迎庵”，该古树直径有丈余，寄生在树干上的杂草密集丛生，在主干顶端有20多根碗口粗的新枝。令人惊异的是，如此有生命力的树，树心却已枯死，并因此在树的底部形成了一个近8.0m^{2}大的空间。长久以来，这棵银杏树被当地村民视为镇山之宝，树下香火旺盛，长年不断。据介绍，千百年来，由于村民的精心呵护，这棵银杏树才得以存活至今。主干顶端两个约1.0m^{2}的平台，是20世纪50年代遭遇雷劈和人工砍伐后留下的印证，被称“雅安树王”。据称，这棵千年古银杏被专家初步评定为四川省最大的古银杏树。

雅安市雨城区严桥镇大里村全心组黑龙庙（图9-10-64）

垂乳银杏，复干银杏。雄株，树龄1000年，树高28.0m，胸径1.80m，枝下高1.2m，冠幅17.4m×27.0m，位于村落溪边。冠偏，向西北侧倾斜，生长旺盛。干身密被苔藓类植物，树身16.0m以下攀爬有一株藤本类植物。母干向北侧倾斜，倾角20°。根在北侧沿坡切面大面积裸露，面积3.0m^2，延伸至它下面的溪流之中。复干8个，集中分布于母干南侧，达6个之多；其他3个则位于母干北侧：第1复干，高23.0m，胸径0.55m，与母干在1.0m以下合生；第2复干，高22.0m，胸径0.52m，与第5复干在2.8m以下合生，距母干100cm；第3复干，高10.0m，与第1复干在0.5～1.23m间呈贴生状，距母干10.0cm；第4复干，高15.0m，胸径0.30m，与母干在1.0m以下合生；第5复干，高

图9-10-61 万源市丝罗乡四村四社熊家院子旁（左：6株，右：最大一株）

图9-10-62 雅安市雨城区孔坪乡6村1社
（注：箭头示垂乳）

图9-10-63 雅安市雨城区对岩镇陇阳村4组
（注：箭头示垂乳）

20.0m，胸径0.20m，距母干100cm；第6复干，在0.4m处发生断折，基径0.20m；第7复干，高14.0m，胸径0.20m，紧贴母干生长；第8复干，高18.0m，胸径0.18m，与母干在1.1m以下合生；第9复干，高3.5m，胸径0.05m，紧贴母干生长。总胸围9.20m。垂乳数以百计，母干6.0m以下、复干干身均有分布，绝大多数呈膨大物状，基径0.03～0.45m，长3～10cm。树身挂有“古树名木”牌。与该树共生的树种有柳杉等。

名山区蒙山顶天盖寺

垂乳银杏，复干银杏。雌株，树龄1000年，树高21.0m，胸径1.42m，枝下高3.0m，冠幅24.0m×27.0m。树冠不规整，树身有苔藓类植物分布。主干向西倾斜6°，分枝呈轮生状。复干16个，胸径范围：0.05～0.15m，14个；0.15～0.25m，1个；1.25～1.35m，1个。高度范围：4.0～19.0m；距母干最远的150cm，最近的则紧贴母干生长。第1复干，胸径1.32m，向南侧倾斜20°，高19.0m，距母干20cm；第2复干，胸径0.15m，高8.0m，距母干10cm；第3复干，胸径0.13m，高6.0m，1.3m以下与母干合生；第4复干，胸径0.12m，高6.0m，0.8m以下与母干合生；第5复干，胸径0.09m，高6.0m，距母干22cm；第6复干，胸径0.09m，高6.0m，距母干22cm；第7复干，胸径0.09m，高5.0m，距母干26cm；第8复干，胸径0.08m，高7.0m，距母干15cm；第9复干，胸径0.08m，高4.0m，距母干40cm；第10复干，胸径0.08m，高3.5m，紧贴母干生长；第11和第12复干，胸径均0.08m，高均4.0m，距母干10cm；二者在0.5m以下合生；第13复干，胸径0.07m，高2.0m，距母干20cm；第14复干，胸径0.06m，高4.0m，距母干22cm，与第15复干在0.5m以下合生；第15复干，胸径0.06m，高4.0m，距母干22cm；第16复干，胸径0.06m，高3.0m，紧贴母干生长；第5～7、9和第13个复干于0.8m以下合生，并于梢部抽生出新生萌条。萌糵10个，均较粗，生长于复干外围，高1.5～3.0m。距母干10～20cm。垂乳2个，分布于母干干身西北侧0.5m、1.0m处，较小，基径0.03cm，长3.0cm。总胸围6.5m。N=30°4′54.7″，E=103°2′43.4″，H=1413m。

图9-10-64 雅安市雨城区严桥镇大里村全心组黑龙庙

名山区蒙山顶天盖寺

垂乳银杏，复干银杏。雌株，树龄1000年，树高22.0m，胸径1.02m，枝下高2.0m，冠幅17.0m×16.0m。生长旺盛，干基部0.5～1.8m处有分棱现象。母干向西倾斜，倾角15°。分枝不规则。复干14个，其胸径范围为：0.05～0.15m，12个；0.15～0.25m，2个。高度范围为：1.0～8.0m；距母干最远的为120cm，最近的则紧贴母干生长；集中分布于母干东侧，均在梢部又抽生出众多萌条，直向上伸展。第1复干，胸径0.2m，高8.0m，距母干40cm；第2复干，胸径0.15m，高5.0m，距母干35cm，与第8复干在0.4m以下合生；第3复干，胸径0.13m，高6.0m，距母干70cm；第4复干，胸径0.12m，高5.0m，距母干120cm；第5复干，胸径0.1m，高4.5m，紧贴母干生长；第6复干，胸径0.1m，高4.0m，距母干100cm；第7复干，胸径0.09m，高4.0m，紧贴母干生长；第8复干，基径0.09m，在1.0m处被截，距母干100cm；第9复干，胸径0.08m，高5.0m，距母干40cm，与第10复干在0.3m以下合生；第10复干，胸径0.06m，高5.0m，距母干40cm；第11复干，胸径0.06m，高4.0m，距母干50cm；第12复干，胸径0.06m，高8.0m，距母干100cm；第13复干，胸径0.06m，高3.0m，距母干100cm；第14复干，胸径0.06m，高2.0m，距母干120cm。萌糵50个，集中分布于母干南侧，高1.0～1.8m，紧贴母干生长。垂乳10个，分布于干身1.5～6.0m处，基径0.03～0.10m，长4.0～35.0cm。总胸围5.4m。N=30°4′54.7″，E=103°2′43.4″，H=1413m。

名山区蒙山顶天盖寺

复干银杏。雌株，树龄1000年，树高23.0m，胸径1.30m，枝下高4.0m，冠幅16.0m×16.0m。生长旺盛，母干挺直。复干15个，其胸径0.05～0.15m，14个；0.15～0.25m，1个。高度范围3.0～8.0m，距母干20～80cm。第2、11、13、15复干分布于母干东侧，与萌糵交错而生；第5～9、12复干被萌糵包围其中；

图9-10-65 名山区蒙山顶天盖寺（5、6、8、9号树）
（注：A. 5；B. 6；C. 8；D. 9）

图9-10-66 名山区蒙山顶天盖寺（10、11、14、15号树）
（注：A. 15；B. 14；C. 11；D. 10）

第1复干，胸径0.12m，高8.0m，1m以下与母干合生；第2复干，基径0.12m，距母干30cm；第3复干，胸径0.1m，高4.0m，距母干25cm；第4复干，胸径0.08m，高4.0m，距母干25cm；第5复干，胸径0.08m，高7.0m，距母干45cm；第6～9复干，胸径均0.08m，高均6.0m，距母干25～40cm；第10复干，胸径0.07m，高5.0m，距母干45cm；第11复干，胸径0.07m，高6.0m，距母干20cm；第12复干，基径0.06m，高2.0m，距母干50cm；第13复干，基径0.06m，高4.0m，距母干80cm；第14复干，胸径0.05m，高2.5m，距母干50cm；第15复干，胸径0.05m，高3.0m，距母干20cm。萌蘖成千上万，高1.2～6.0m，距母干10～100cm。总胸围6.6m。N=30° 4′ 54.7″，E=103° 2′ 43.4″，H=1413m。

名山区蒙山顶天盖寺

复干银杏。雌株，树龄1000年，树高19.0m，胸径1.45m，枝下高3.2m，冠幅17.0m×16.0m。中空，似母干曾被截后又萌发的新枝。母干向西侧倾斜，倾角13°。分枝呈轮生状，间距1.0m。萌蘖100个，于原树桩周围呈围生状，高0.5～2.0m。复干6个，其胸径范围为：0.05～0.15m，5个；0.15～0.25m，1个。高度范围为：1.8～15.0m，距母干100～180cm，集中分布于母干东北侧。第1复干，胸径0.23m，高15.0m，距母干180cm；第2复干，胸径0.11m，高8.0m，距母干70cm；第3复干，胸径0.09m，高4.0m，距母干150cm；第4复干，胸径0.09m，高8.0m，距母干150cm；第5复干，胸径0.09m，高8.0m，距母干100cm；第6复干，胸径0.08m，高1.8m，距母干150cm。总胸围6.05m。N=30° 4′ 54.7″，E=103° 2′ 43.4″，H=1413m。

名山区蒙山顶天盖寺（5号树）（图9-10-65）

垂乳银杏，复干银杏。雌株，树龄1000年，树高20.0m，胸径0.75m，枝下高4.0m，冠幅18.0m×17.0m。母干稍向西倾斜，倾角10°。分枝不规则，集中分布于母干南侧。复干4个，其胸径范围为：0.05～0.15m，1个；0.15～0.25m，2个；0.65～0.75m，1个。高度范围为3.0～20.0m，均与母干合生或紧贴母干生长。第1复干，胸径0.65m，高20.0m，与母干在0.5m以下合生；第2、3复干，胸径均0.16m，高均8.0m，二者在1.7m以下合生、并与母干在1.8m以下合生；第4复干，胸径0.06m，高3.0m，紧贴母干生长。萌蘖200个，密生于母干南北两侧，南侧紧贴母干生长，北侧距母干15～100cm。总胸围6.0m。垂乳7个，分布于母干0.3～3.0m处及3.0m分枝处，基径0.02～0.08m，长3.0～12.0cm，其中3.0m分枝处分4丛，每丛呈叠生或簇生状，间距12.0cm。N=30° 4′ 54.7″，E=103° 2′ 43.4″，H=1413m。

名山区蒙山顶天盖寺（6号树）（图9-10-65）

复干银杏。雌株，树龄1000年，树高23.0m，胸径0.95m，枝下高4.0m，冠幅14.0m×13.0m。母干在南侧6.0～8.0m处有大面积的剥皮现象，分枝不规则。复干7个，其胸径范围为：0.05～0.15m，5个；0.15～0.25m，1个；0.25～0.35m，1个。高度范围为：1.5～20.0m。距母干的距离最远100cm，最近则紧贴母干生长。第1复干，胸径0.33m，高20.0m，距母干70cm；第2复干，胸径0.18m，高19.0m，距母干100cm；第3复干，胸径0.08m，高6.0m，距母干20cm；第4复干，胸径0.06m，高6.0m，距母干40cm；第5复干，胸径0.06m，高6.0m，距母干20cm；第6复干，胸径0.05m，高6.0m，距母干60cm；第7复干，胸径0.05m，高1.5m，紧贴母干生长。萌蘖300个，密生于母干西、南、北三侧，高1.5～3.5m，距母干0～120cm。总胸围7.7m。N=30° 4′ 54.7″，E=103° 2′ 43.4″，H=1413m。

名山区蒙山顶天盖寺（7号树）

复干银杏。雌株，树龄1000年，树高20.0m，胸径1.90m，枝下高0.6m，冠幅12.0m×16.0m。母干通直。分枝在3.5m以下集中分布于母干西侧，3.5m以上呈轮生状，间距0.8m。N=30° 4′ 54.7″，E=103° 2′ 43.4″，H=1413m。

名山区蒙山顶天盖寺（8号树）（图9-10-65）

复干银杏。雌株，树龄1000年，树高23.0m，胸径0.73m，枝下高2.5m，冠幅18.0m×16.0m。母干稍向东北侧倾斜，倾角8°，分枝多而不规则。复干8个，其胸径范围为：0.05～0.15m，7个；0.35～0.45m，1个。高度范围为：2.8～12.0m。距母干的距离最远的100cm，最近的则紧贴母干生长，集中分布于母干南侧。第1复干，明显向南倾斜，倾角25°，胸径0.35m，高18.0m，0.3m以下与母干合生；第2复干，胸径0.13m，高12.0m，与母干、第3复干分别在在2.0m、1.5m以下合生；第3复干，胸径0.09m，高10.0m；第4复干，胸径0.08m，高7.0m，距母干78cm；第5复干，胸径0.07m，高3.2m，距母干100cm；第6复干，胸径0.07m，高4.0m，距母干36cm；第7复干，胸径0.06m，高3.5m，距母干85cm；第8复干，胸径0.05m，高3.5m，距母干49cm。总胸围5.00m。N=30° 4′ 54.7″，E=103° 2′ 43.4″，H=1413m。

名山区蒙山顶天盖寺（9号树）（图9-10-65）

复干银杏。雌株，树高21.0m，胸径1.56m，枝下高2.0m，冠幅16.0m×13.0m。母干通直，分枝呈二杈状，间距1.0～1.5m。复干4个，其胸径范围为：0.05～0.15m，2个；0.15～0.25m，1个。高度范围为：5.0～13.0m；距母干30～70cm；集中分布于母干北侧。第1复干，胸径0.25m，高13.0m，距母干70cm；第2复干，胸径0.18m，高8.0m，距母干35.0cm；第3复干，胸径0.13m，高6.0m，距母干30.0cm；第4复干，胸径0.12m，高5.0m，距母干60.0cm。萌蘖10个，集中分布于母干东侧，分作两丛，每丛均呈簇生状，高0.8～1.2m，距母干80～100cm。总胸围4.3m。N=30° 4′ 54.7″，E=103° 2′ 43.4″，H=1413m。

名山区蒙山顶天盖寺（10号树）（图9-10-66）

复干银杏。雌株，树龄1000年，树高21.0m，胸径1.40m，枝下高8.0m，冠幅14.0m×16.0m。母干向南倾斜，倾角12°；在10m处分作2大枝。复干9个，其胸径范围为：0.05～0.15m，7个；0.15～0.25m，1个；0.25～0.35m，1个；高度范围为：2.2～12.0m；距母干最远约100cm，最近的则紧贴母干生长；集中分布于母干东北侧。第1复干，胸径0.3m，高12.0m，距母干40cm，与第2复干在1.5m以下合生；第2复干，胸径0.15m，高5.0m，距母干40cm；第3复干，胸径0.13m，高8.0m，紧贴母干生长；第4复干，胸径0.12m，高5.0m，距母干22cm；第5复干，胸径0.12m，高6.0m，距母干12cm；第6复干，胸径0.1m，高5.0m，距母干22cm；第7复干，胸径0.1m，高5.0m，距母干55cm；第8复干，胸径0.09m，高4.0m，距母干100cm；第9复干，胸径0.05m，高2.2m，距母干10cm。总胸围4.65m。N=30° 4′ 54.7″，E=103° 2′ 43.4″，H=1413m。

名山区蒙山顶天盖寺（11号树）（图9-10-66）

复干银杏。雌株，树龄1000年，树高17.0m，胸径0.50m，枝下高4.0m，冠幅13.0m×16.0m。分枝从4.3m处分作2大枝，一枝向南平展，另一枝向上直展。复干4个，其胸径范围均在0.05～0.15m之间；高度范围为4.5～5.0m；距母干8～120cm。第1复干，胸径0.07m，高4.5m，距母干120cm；第2复干，胸径0.07m，高5.5m，与母干在0.2m以下合生；第3复干，胸径0.07m，高6.0m，距母干15cm；第4复干，胸径0.06m，高5.0m，距母干8cm。萌蘖150个，东侧呈簇生状，高1.5～2.0m，距母干120cm；西侧呈围生状，高1.2～2.0m，距母干3～10cm。总胸围3.80m。N=30° 4′ 54.7″，E=103° 2′ 43.4″，H=1413m。

名山区蒙山顶天盖寺（12号树）

雌株，树龄1000年，树高25.0m，主干胸径0.50m，总胸径1.10m，枝下高6.5m，冠幅15.0m×14.0m。母干明显，通直。分枝集中分布于母干南侧，不规则。复干12个，其胸径范围为：0.05～0.15m，9个；0.15～0.25m，2个；0.25～0.35m，1个。高度范围为：1.6～12.0m；距母干最远的40cm，最近的则紧贴母干生长；大部分分布于母干西南侧。第1复干，胸径0.27m，高12.0m，与母干在2.0m以下合生；第2复干，胸径0.22m，高12.0m，距母干40cm；第3复干，胸径0.19m，高8.0m，距母干27cm；第4复干，胸径0.12m，高1.6m，与母干在1.6m以下合生；第5复干，胸径0.11m，高4.0m，距母干18cm；第6复干，胸径0.09m，高4.0m，距母干30cm；第7复干，胸径0.09m，高4.0m，距母干30cm；第8复干，胸径0.08m，高2.0m，紧贴母干生长；第9复干，胸径0.08m，高6.0m，距母干10cm；第10复干，胸径0.08m，高6.0m，距母干20cm；第11复干，胸径0.07m，高2.5m，距母干10cm；第12复干，胸径0.06m，高3.0m，紧贴母干生长。萌蘖50个，距母干10～50cm，高0.5～2.0m。总胸围5.80m。N=30° 4′ 54.7″，E=103° 2′ 43.4″，H=1413m。

名山区蒙山顶天盖寺（13号树）

复干银杏。雌株，树龄1000年，树高21.0m，胸径0.45m，枝下高8.0m，冠幅14.0m×15.0m。中空，似母干曾被截后又萌发的新枝。复干10个，其胸径范围为：0.05～0.15m，5个；0.15～0.25m，3个；0.25～0.35m，1个；0.35～0.45m，1个。高度范围为：4.0～21.0m；距母干最远的距离120cm，最近的则与母干呈合生状；除母干北侧外，其他三侧均有分布。第1复干，胸径0.36m，高21.0m，距母干120cm；第2复干，胸径0.34m，高20.0m，距母干50cm；第3复干，胸径0.18m，高4.5m，距母干50cm，与第5复干在0.7m以下合生；第4复干，胸径0.15m，高6.0m，距母干60cm；第5复干，胸径0.12m，高5.0m，距母干60cm；第6复干，胸径0.1m，高7.0m，距母干40cm；第7复干，胸径0.08m，高5.0m，距母干25cm；第8复干，胸径0.07m，高4.0m，距母干40cm；第9复干，胸径0.07m，高8.0m，距母干40cm；第10复干，胸径0.06m，高4.0m，距母干120cm。总胸围4.30m。N=30° 4′ 54.7″，E=103° 2′ 43.4″，H=1413m。

名山区蒙山顶天盖寺（14号树）（图9-10-66）

复干银杏。雌株，树龄1000年，树高20.0m，基径0.55m，枝下高4.0m，冠幅18.0m×12.0m，母干断折。复干4个，其胸径范围为：0.05～0.15m，3个；0.15～0.25m，1个；生长于复干南北两侧。第1复干，胸径0.15m，高10.0m，距母干10cm；第2复干，胸径0.12m，高8.0m，距母干50cm；第3复干，胸径0.1m，高5.0m，距母干48cm；第4复干，胸径0.08m，高3.5m，距母干60cm。总胸围4.05m。N=30° 4′ 54.7″，E=103° 2′ 43.4″，H=1413m。

名山区蒙山顶天盖寺（15号树）（图9-10-66）

垂乳银杏，复干银杏。雌株，树龄1000年，树高22.0m，胸径1.80m，枝下高2.8m，冠幅16.0m×16.0m。母干通直，基部有不规则的分棱现象。母干在2.8m处分作基径分别为0.6m、0.1m的2个大枝，前者向北侧斜伸，后者竖直向上延伸，该分枝在3.8m处又呈簇生状分枝。复干26个，其胸径范围为：0.05～0.15m，达14个之多；0.15～0.25m，11个；0.25～0.35m，1个。高度范围为：2.8～12.0m；与母干最大距离达150cm，最近的则紧贴母干生长；第4、5、7～10、12、14、15、19、20复干呈簇生状分布于母干西南侧。萌蘖250个，在母、复干周围呈簇生状围生，高0.5～1.2m，距母干10～50cm。总胸围11.2m。垂乳26个，均分布于母干干身和分枝处：西南侧3.0m处，2个，并排合生，基径均3cm，长均12cm；北侧2.8m分枝处，达14个之多，基径0.02～0.08m，长2～14cm；西侧3.2m处8个，紧贴母干生长，基径0.10m，长15cm。北侧1.5m处2个，基径分别为0.03m、0.08m，长分别为3cm、12cm。总胸围5.0m。N=30° 4′ 54.7″，E=103° 2′ 43.4″，H=1413m。

图9-10-67 泸定县冷碛镇2村（镇政府附近）
（注：箭头示垂乳）

名山区蒙顶山乡蒙山村4社白果树

树龄130年，树高18.0m，胸径1.15m。挂牌号：84。

名山区城乐乡1村5社张家湾

树龄100年。

名山区城乐乡4村2社绿家沟

树龄120年。该处共3株，其他2株树龄均为60年。

名山区联江乡金桥村1社虎跳水库

树龄200年，树高14.0m，胸径1.02m。挂牌号：88。

名山区联江乡四包村5社

树龄110年，树高14.0m，胸径0.57m。

名山区中峰乡6社碾房

树龄200年，树高16.0m，胸径1.02m。挂牌号：194。

简阳市丹景乡丹景山佛兴寺

佛兴寺银杏。雌株，树龄1700年，树高22.0m，胸径1.20m。丹景山位于简阳丹景乡和五龙乡交界处，与双流、人寿两县接壤。佛兴寺环寺皆山也，寺始建于东汉年间，原名圣德寺。毁于20世纪六七十年代，重建于1999年，背倚五峰，得众山捧寺之气，也得宁静清幽之境。古银杏种植于建寺初期，树龄达1700年之久，离劝学庵一箭之地，半死不活，不知何年代已死，可又奇迹般地在半腰表皮上重新长出新枝叶。新枝绕树盘扎。H=974m。

汶川县水磨镇黄龙寺

树高22.0m，胸径1.00m。

汶川县水磨镇连山坡

树高24.0m，胸径1.07m。

汶川县漩口镇

树高28.0m，胸径1.04m。

汶川县漩口镇常乐寺

雄株，树高27.0m，胸径1.81m。

汶川县漩口镇常乐寺

雌株，树高24.8m，胸径2.33m。

汶川县两河乡麻岩村

树高19.0m，胸径1.21m。

汶川县两河乡红梅村

雌株，胸径1.33m。5株。

康定县普沙绒乡荷花海国家森林公园月亮岛景区

树龄100年，树高20.0m，胸径1.50m，冠幅13.0m×12.0m，郁郁葱葱。荷花海国家森林公园位于苦西绒山谷中，地处贡嘎山和五须海风景区之间。该树是目前明确的我国最西1株古银杏。N =29° 24′ 51.2″，E =101° 18′ 05.1″，H= 3123m。

泸定县冷碛镇2村（镇政府附近）（图9-10-67）

垂乳银杏，东汉（也有说法是三国）银杏，“风水树”，“古柏连云”。雌株，树龄1786年，树高21.0m，胸径4.33m，枝下高8.0m，冠幅18.0m×19.0m，位于该村“白果树串串香”小吃店旁边，用水泥及砖筑成的高达0.8m的多边形树池相围。生长欠佳，母干内空，树身布满大小不一的树洞，最大位于母干2.8m处，有火烧迹象，长35cm，宽28cm，该树洞以下至树基12cm处，有一呈条状分布的剥皮现象，深达100cm，长达278cm，宽20cm；根在西侧沿坡面部分裸露，面积1.0m^2。母干向南侧倾斜，倾角15°，在4.0m处分作2个枝，基径分别为1.5m、0.9m，前者间距0.8m呈规律的轮生状分枝；后者从4.6m处分作3个枝，基径0.30～0.50m，均呈干枯状；复干8个，第1复干，胸径1.3m，高18.0m，距母干75cm，与第6复干在0.8m以下合生，该复干向东倾斜，倾角18°，2.8m处、3.0m处有2个基径分别为0.12m、0.18m的分枝被截；第2复干，胸径0.8m，高18.0m，与母干、第4复干均在1.5m以下合生，该复干在2.8m处分作4个枝，基径分别为0.32m、0.30m、0.28m、0.10m，或平展，或斜展，或先斜展后又转为平展，干身西侧0.5～1.5m与母干连接处有一个树洞，呈沿坡面向西侧斜向下倾斜状，长25cm，宽15cm；第3复干，胸径0.58m，高2.2m，距母干110cm，与第4复干在1.0m以下、1.8～2.0m处合生，干身表面1.3m以上有瘤状物分布；第4复干，胸径0.57m，高12.0m，距母干60cm，干身1.2～6.0m处有瘤状物分布；第5复干，胸径0.57m，高17.0m，距母干80cm，该复干向东侧倾斜，倾角20°；有3个枝被截，基径0.08～0.18m，分别位于干1.2m、3.0m、4.0m处；第6复干，胸径0.47m，高1.3m，距母干10cm，梢部短秃，凹凸不平，凸处表面光滑，东侧0.5m处有一基径为0.2m的分枝被截；第7复干，基径0.45m，高4.0m，与母干在4.0m以下合生，合生段中2.0～4.0m间该复干呈盘曲状，并于4.0m处向西南侧倾斜，后轻栖于“白果树串串香”小吃店的阳台上，继而又拐向阳台外侧平展而去；第8复干，胸径0.3m，在1.5m处断折，1.4m以下紧贴母干生长，1.4m处分作2个枝，基径均0.10m，其中1枝在0.7m处又抽生出3个枝，整体似龙首向远方探望。垂乳100个，分布于母干周身及第2复干西侧2.2m处、第3复干干身1.3m以上及第4复干1.2～6.0m处，基径0.03～0.08m，长3～12cm，或呈瘤状，或呈片状，或单生或悬垂，或紧贴母干生长，其中位于第2复干的垂乳上发出新枝和叶。该树由于历经年限长之故，结果量现已很少，不过，其果实为无核果小指指肚大小，稍长。树洞成为当地小朋友藏小吃的地方，经常是前一天傍晚时分蹑手蹑脚地藏进去，次日中午放学后将其从中取出来，尽享食物的美味。据《四川植物志》（2卷）记载，1983年该树枝叶繁茂，相传东汉（也相传是三国时期蜀汉丞相诸葛亮南征时）所植。树干基部原镶嵌有座小巧的观音庙，现留残迹。主干2.0m处，有个可行人的孔洞，洞口可见大渡河两岸的风景。生长在狭小的房舍及土墙间，环境较差。它又被冷碛人称之为风水树。四川大学任乃强教授在他1939年所著的《泸定导游》一书里，将冷碛白果树列为泸定一景，叫“古柏连云”。由此可见，冷碛白果树在20世纪就有了很大的知名度（复干在四川最具特色）。

泸定县磨西镇蔡阳村3组

大果银杏。雌株，树龄60年，树高25.0m，胸径0.47m，枝下高4.8m，冠幅8.5m×8.0m，位于该组的路边，属四川省海拔最高的一株。生长非常旺盛，树形呈十分规整的圆柱形。母干通直，枝叶繁茂。分枝除了西侧4.8m处有一分枝外，其他在9.0m处按规律地以仅0.02m的间距呈轮生状。垂乳均呈瘤状，位于4.8m分枝处。果实大、圆，味微酸，结果量5～10kg/年。据介绍，原先在此处有2株，一雌一雄，后因修公路之故，雄株被砍。在该树北侧30.0m处有株用该树的种子播种后生长起来的小银杏，胸径0.06m，高8.0m。与该树共生的树种有水杉、金竹、棕榈、核桃、枇杷。N=29° 47′ 14.0″，E=102° 13′ 35.5″，H=1287m。

重庆市
银杏古树资源

一　古树生境及地理气候指标

重庆市地带性土壤是在亚热带湿润季风气候条件下形成的黄壤、红壤。此外还有黄棕壤、棕壤、山地草甸土、紫色土、石灰(岩)土和新积土、水稻土。重庆市地处湿润的亚热带，大陆性季风气候显著，植物自然分区特征表现为常绿阔叶林、次生、暖性针叶林、竹林和常绿阔叶灌丛等类型，以亚热带常绿阔叶林表现特征最为明显。

重庆市主要银杏分布区地理气候指标如表9-21所示。

二　古树分布及株数

重庆市共计38个县（市、区），有古银杏19个县（市、区），占50.00%；95个乡（镇）有古银杏，实测及统计781株，其中461具生长指标。文献报道约1500株古银杏（图9-21，表9-22）。

据报道重庆市有树龄在100年以上银杏分布的乡镇数合计171个。其中黔江区32个、彭水县36个、南川市18个、武隆县9个、巴南区7个、北辖区6个、城口县6个、合川市7个、长寿区4个、开县7个、秀山县8个、酉阳县6个、铜梁县

图9-21　重庆市银杏古树分布图

表9-21　重庆市主要银杏分布区地理气候指标

县（市）	经度	纬度	年均温（℃）	年降水量（mm）	无霜期（天）	年均日照时数（小时）	1月均温（℃）	绝对最低温度（℃）	≥10℃积温
巴南区	106° 52′	29° 38′	18.5	1187.0	351	1169	8.0	-0.1	6075
南川区	106° 54′ ～0107° 27′	28° 46′ ～29° 30′	16.6	1325.5	305	1273		－5.3	
璧山县	106° 02′ ～106° 20′	29° 17′ ～29° 53′	18.3	1231.2	337	912	5.4	2.3	
梁平县	107° 24′ ～108° 05′	30° 25′ ～30° 53′	16.6	1262.0	275	1336		－6.6	5267
城口县	108° 15′ ～109° 16′	31° 37′ ～32° 12′	13.8	1261.4	234	1534	2.4	－13.2	4500
武隆县	107° 13′ ～108° 05′	29° 02′ ～29° 40′	17.4	1246.6	296	1121		－3.5	
巫溪县	108° 44′ ～109° 59′	31° 14′ ～31° 44′	18.0	1490.0	246	1512		－1.1	4100
石柱土家族县	107° 59′ ～108° 34′	29° 39′ ～30° 32′	16.5	1285.3	278	1333	5.5	－4.7	5026
酉阳土家族苗族县	108° 18′ ～109° 19′	28° 19′ ～29° 24′	14.4	1250.0	288	1000	3.8	－5.0	4500
彭水苗族土家族自治县	107° 48′ ～108° 36′	28° 57′ ～29° 51′	17.5	1104.2	311			－8.0	

表9-22 重庆市银杏古树分布地点及株数汇总

区（市）	县（市、区）	乡（镇）
重庆市（781株）	黔江区（3株）	金溪镇、太极乡
	涪陵区（2株）	武陵山乡、马武镇
	南川区（372株）	金山镇、三泉镇、河坝乡、德隆乡、隆化镇、土溪乡、乾丰乡、水江镇、头镀镇、大有镇、皇镇；岭坝乡、兴隆镇、木凉乡、古花乡、合溪镇、马嘴乡、丰岩乡、冷水关乡、石溪乡、福来乡、庆元乡、青龙乡、乐村乡
	沙坪坝区（1株）	西永镇
	城口县（1株）	明中乡
	巫溪县（4株）	塘坊乡、凤凰乡、通城乡
	巫山县（1株）	当阳镇
	奉节县（1株）	吐翔镇
	巴南区（22株）	石庙乡、东温泉镇、圣灯台镇、赤南乡、丰盛镇、姜家镇、木洞镇、跳石镇、石龙镇、天星寺镇
	长寿区（2株）	义和乡
	彭水苗族土家族自治县（59株）	桑柘镇、龙塘乡、平安乡、普子镇、龙射镇、龙溪乡、小厂乡、石盘乡、汉葭镇、大垭乡、三义乡、棣棠乡；鹿鸣乡、梅子乡、迁乔乡、走马乡、黄家镇、润溪乡、鞍子乡、石柳乡、长滩乡
	石柱土家族自治县（301株）	石家乡、沙子镇、龙沙镇、中益乡、金铃乡、金竹乡、洗新乡、龙潭乡、新乐乡、南宾镇、西沱镇、临溪镇、马武镇、鱼池镇、三河镇、大歇镇、桥头乡、冷水乡、三星乡、三益乡、枫木乡
	江津区（1株）	柏林镇
	璧山县（2株）	
	秀山土家族苗族自治县（1株）	钟灵乡
	酉阳土家族苗族自治县（3株）	木叶乡、毛坝乡、苍岭镇
	梁平县（2株）	蟠龙镇
	丰都县（1株）	
	武隆县（2株）	接龙乡
总计：有古银杏19个县（市、区），95个乡（镇），共计781株。		

5个、渝北区4个、永川市2个、南岸区1个、忠县3个、奉节县3个、垫江县2个、万州区3个、石柱县1个、巫山县1个。

本书调查南川区银杏古树总计372株，金山和德隆两个乡镇分布较多，而德隆乡为银杏分布之最，达200余株，该乡银杏村分布最多，共计183株；金山镇19株，其中该镇龙洞湾村16株，柏枝村1株；三泉镇9株，其中该镇毛坡村1株；隆化镇4株；大有镇27株；木凉乡9株；古花乡3株；合溪镇5株；马嘴乡9株；庆元乡36株，其中该乡飞龙村5株、玉龙村12株、汇龙村6株、龙园村4株；水江镇2株，其中该镇让水村1株；头渡镇2株；区皇镇2株；冷水关乡2株；石溪乡2株；福来乡2株；岭坝乡1株；兴隆镇1株；木凉乡1株；土溪乡1株；乾丰乡1株；青龙乡1株；乐村乡1株。另据报道，南川市金佛山有树龄数百年至千年以上银杏古树300多株。南川市胸径100cm以上的古银杏共111株，其中隆化镇4株、三泉镇9株、土溪乡1株、乾丰乡1株、水江镇2株、金山镇7株、头镀镇2株、德龙镇21株、大有镇27株、皇镇2株、岭坝乡1株、兴隆镇1株、庆元乡（白果村）9株、古花乡3株、合溪镇5株、马嘴乡9株、丰岩乡2株、冷水关乡2株、石溪乡2株、福来乡1株（向准等，2001）。南川市有千年以上的树龄的银杏10株，分布在半河乡、乐村乡、金山乡。

彭水苗族土家族自治县总计59株，桑柘镇7株，其中该镇峰柏村1株，李家居委4株；龙塘乡15株，其中该镇中心村1株，双龙村4株，石元村4株，桃园村3株，桃子村2株；平安乡4株，其中该乡鹿坪村2株，平安村2株；普子镇1株，位于该镇大龙桥村；龙射镇3株，其中凉风村2株、沿河村1株；龙溪乡1株，位于该镇老桥村；小厂乡1株，位于该镇大河村；石盘乡3株，其中该乡香树村1株，石新村2株；汉葭镇1株，位于该镇柏香村；大垭乡1株，位于该乡大垭村；三义乡5株，其中该乡红升村1株，五峰村1株，小坝村3株；棣棠乡1株，位于该乡牌楼7组；鹿鸣乡2株，均位于该乡合理村；梅子乡5株，其中该乡梅花村2株，合力村1株，甘泉村1株，佛山村1株；迁乔乡1株，位于该乡三合村；走马乡1株，位于该乡走马村；黄家镇3株，其中该镇金池村1株，白沙河4组2株；润溪乡1株，位于该乡白果村；鞍子乡2株，均位于该乡新式村；石柳乡1株，位于该乡正洞坪村；长滩乡1株，位于该乡白溪村。

石柱土家族自治县总计301株，石家乡33株，其中该乡石龙村32株，安桥村1株；沙子镇23株（注：据报道石柱县沙子镇共有古银杏树220棵。其中年龄最大的有800年，年龄最小的也超过150年），其中该镇鱼泉村3株，龙源村1株，沙子村3株，星光村1株，桃园村5株，兴隆村5株，永丰村1株，老林村1株，青龙村1株，长坪村3株；中益乡78株，其中该乡盐井村14株，华溪村2株，光明村2株，坪坝村12株，龙河村7株，光明村24株，华溪村17株；金铃乡81株，其中该乡银杏村48株，石笋村15株，响水村15株，华阳村1株；金竹乡7株，其中该乡和农村4株，上升村3株；洗新乡19株，其中该乡丰田村7株，保合村3株，万寿村4株，五坪村4株，白果村1株；龙潭乡2株，均位于该乡木坪阳光组；新乐乡21株，其中该乡新建村3株，阳光村11株，新建村2株，红河村1株，九蟒村4株；南宾镇5株，其中该镇黄鹤村3株，河坝村2株；西沱镇1株；临溪镇2株；马武镇1株；鱼池镇8株，其中该镇鱼池村3株，水田村2株，金竹村2株，白江村1株；三河镇2株，其中该镇万寿寨村1株，永河村1株；大歇镇1株，位于该镇龙泉村；桥头乡7株，均位于该乡赵山村；冷水乡1株，位于该乡太平村；三星乡1株，位于该乡五斗村；三益乡1株，位于该乡新田村；枫木乡5株，其中该乡国锋村1株，石鱼村1株，昌坪村2株，莲花村1株。

据报道酉阳土家族苗族自治县百年以上的古银杏共有39株。

三 古树生物学

1.性别

在已知性别的90株古银杏中，雌株81株，占90.00%；雄株9株，占10.00%（图9-22）。

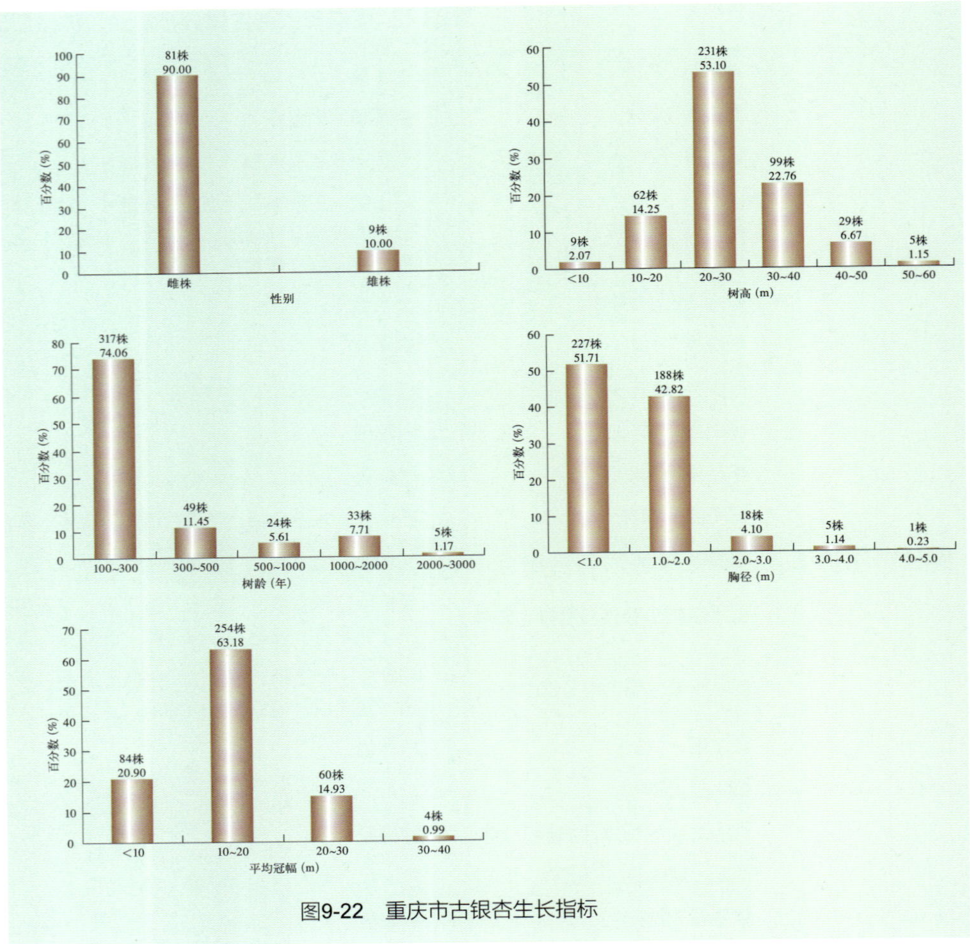

图9-22 重庆市古银杏生长指标

2.树高

树高最高单株为50.0m，有5株，位于巫溪县塘坊乡学堂村1株，位于彭水县石柳乡正洞坪村8组上坝1株，位于石柱县沙子镇鱼泉村三组王家院子1株；位于巴南区天星寺镇芙蓉村天心寺庙内1株；位于巴南区天星寺镇花房村黄草坪社石坝屋基朝门1株。最矮单株为3.0m，有2株，位于巴南区圣灯台镇新房村大坪2社1株，位于巴南区跳石镇天坪村三社(新屋)1株；树高<10m的银杏为9株，占2.07%，10～20m的为62株，占14.25%；20～30m的为231株，占53.10%；30～40m的为99株，占22.76%；40～50m的为29株，占6.67%；50～60m的为5株，占1.15%。树高前十位单株：巫溪县塘坊乡学堂村（50.0m）、彭水县石柳乡正洞坪村8组上坝（50.0m）、石柱县沙子镇鱼泉村三组王家院子（50.0m）、巴南区天星寺镇芙蓉村天心寺庙内（50.0m）、巴南区天星寺镇花房村黄草坪社石坝屋基朝门（50.0m）、酉阳县木叶乡罗家村谢家坨（45.5m）、彭水县迁乔乡三合村5组学堂（45.0m）、石柱县金铃乡石笋村白果组向家院子（45.0m）、彭水县走马乡走马村8组瓦店子（43.0m）、南川区庆元乡玉龙村1社缩头山（40.0m）。

3.树龄

树龄最大单株为2500年，位于南川区三泉镇金佛山黄草坪；最小单株为100年，有45株；树龄在100～300年的为317株，占74.06%；300～500年49株，占11.45%；500～1000年的为24株，占5.61%；1000～2000年的为33株，占7.71%；2000～3000年的为5株，占1.17%。树龄前十位单株：南川区三泉镇金佛山黄草坪（2500年）、黔江区太极乡太河村4组（2200年）、南川区水江镇让水村白果园（2050年）、江津区柏林镇东胜村一社白果湾（2000年）、武隆县接龙乡小坪村（2000年）、秀山县钟灵乡钟溪村上坝白果组（1800年）、南川区金山镇柏枝村7组（1600年）、南川区金山镇龙洞湾村（1号树）（1500年）、南川区金山镇龙洞湾村（2号树）（1500年）、南川区金山镇龙洞湾村（3号树）（1500年）。

4.胸径

重庆市已知胸径的银杏古树共计440株（其中包括基径1.0～2.0m 1株）。胸径最大单株为4.60m，位于彭水县桑柘镇峰柏村8组白果园；最小单株为0.23m，位于南川区金山镇龙洞湾村（10号树）；胸径<1.0m的为227株，占51.71%；1.0～2.0m的为188株，占42.82%；2.0～3.0m的为18株，占4.10%；3.0～4.0m的为5株，占1.14%；4.0～5.0m的为1株，占0.23%。胸径前十位单株：彭水县桑柘镇峰柏村8组白果园（4.60m）、武隆县接龙乡小坪村（3.80m）、城口县明中乡金池2社龙门溪白果坪大巴山国家级自然保护区内（3.75m）、石柱县金铃乡石笋村金叶组窝凼（3.07m）、酉阳县木叶乡罗家村谢家坨（3.06m）、南川区三泉镇金佛山黄草坪（3.00m）、南川区水江镇让水村白果园（2.95m）、巴南区赤南乡庄龙坪村白果坪（2.83m）、江津区柏林镇东胜村一社白果湾（2.77m）、南川区河坝乡白鹿坪（2.75m）。

5.冠幅

冠幅最大单株为35.0m×35.0m，平均冠幅为35.0m，位于彭水县迁乔乡三合村5组学堂；最小单株为3.0m×3.0m，平均冠幅为3.0m，位于巴南区石龙镇大兴村湾白果树。冠幅前十位单株：彭水县迁乔乡三合村5组学堂（35.0m×35.0m）、彭水县龙塘乡石元村1组石元子（30.0m×30.0m）、石柱县沙子镇鱼泉村三组王家院子（30.0m×30.0m）、石柱县金铃乡响水村新店组野驴城（30.0m×30.0m）、石柱县金铃乡银杏村龙塘组庙子岭（29.0m×29.0m）、石柱县洗新乡丰田村田坪组大湾（30.0m×28.0m）、石柱县金铃乡石笋村双龙组老房子（28.0m×28.0m）、石柱县金铃乡石笋村金叶组都塘溪（27.0m×27.0m）、石柱县金铃乡石笋村白果组向家院子（27.0m×27.0m）、巫山县当阳镇（27.0m×26.0m）。

6.特异种质

垂乳银杏23株；复干银杏39株；富雌花型银杏。

四 古树综合描述

黔江区金溪镇金溪居委会10组白果树（图9-11-1）

垂乳银杏，“十大树王”之一，复干银杏。雌株，树龄1000年，树高30.0m，胸径0.89m，枝下高2.0m，冠幅24.5m×25.2m，位于山坡林带。母干中空；根在南侧部分裸露，沿坡面呈垂直状分布，高0.95m，宽60cm。复干20个，萌蘖20个，均分布于母干空堂内，高1.0～2.0m。生长旺盛，树冠呈阔卵圆形；母干中空；树身密被苔藓类植物。分枝在2.0m处分作3个大枝，以上则不规则，其中南侧2～2.5m处有基径分别为0.10m、0.30m的

2个枝被截。复干胸径范围和相应株数为：0.05～0.15m，18个，0.15～0.25m，2个；高度范围为：0.2～4.0m；距母干最远达93cm，最近的则紧贴母干生长，集中分布于母干空堂内及其东南侧、东北侧、西侧和南侧。空堂内复干6个，胸径0.05～0.16m，高1.5～4.0m，与萌蘖交错而生，并呈叠生状；东北侧和东南侧的复干共7个，其中东北侧3个，均断折，基径0.05～0.12m；西侧4个，胸径0.08～0.17m，高0.2～3.0m，均紧贴母干生长；南侧5个，胸径0.10～0.15m，高3.5～4.0m，与母干在0.2～0.6m以下合生。萌蘖20个，均分布于母干空堂内，高1.0～2.0m。总胸围10.1m。结果量500kg/年。与该树共生的树种有芭蕉、柏木、香椿。

白果树地名就是因那棵千年银杏树得名的。千年银杏坐落在一山腰，就像一把巨伞撑在山中，要八九个人牵手合围。银杏树心已空，形成了一个巨大的树洞，树洞内还能看到火烧后留下的痕迹，树心能摆桌子打牌。由于这些年没有人进树洞，树洞里竟也长出了新苗，成为“怀中之子”。银杏树长有七八根树枝，就像拥抱着的七八个兄弟一样，称奇的是这些树枝均需一两人围抱，据说这些树枝都是银杏树遭雷击后长出的新枝。有一根树枝还神奇般地长出了一对“乳房”。“那“乳房”有鼎罐大，遗憾的是在5年前被人偷割走了。这棵银杏树成了当地的地标性名木古树，是当地百姓心中的神树、风景树。每年结果500kg，这棵银杏树结的银杏香甜可口、肉质柔软，村民都用它来招待贵客。这棵千年银杏被评为重庆市森林旅游“十大树王—旅游形象代言树”——“十大树王”之一的“银杏王”。N=29° 23′ 39.6″，E=108° 39′ 44.4″，H=763m。

图9-11-1 黔江区金溪镇金溪居委会10组白果树

黔江区太极乡李子村2组吴家院子前（图9-11-2）

“树生树”，“打狗棒”，复干银杏。雌株，树龄1000年，树高21.0m，胸径1.27m，枝下高4.0m，冠幅16.6m×15.5m。生长良好，树冠近伞形；树堂内空，灌有泥巴，上空堂最顶部用水泥密封；有“树生树”现象，分布于母干4.0m处的分枝上，树种有棕榈（人工栽植）、巴岩浆（一种蕨类植物，可以入中药。据说该植物靠风传播将种子带到该古树身边）、柿树（高2.5m，胸径0.04m）。母干干部粗糙，东侧1.0～2.2m处有大面积的剥皮现象；东侧2.0m及3.0m处有基径为0.30m和0.25m的分枝断折；分枝于4.0m处呈簇生状。复干18个，其胸径范围均为：0.05～0.12m；高度范围为：1.5～5.0m；距母干最远的15cm，最近则的紧贴母干生长；生长位置为：第1～3、7、8、10、11和第14～16复干分布于母干西北侧，第4～6、9、12、13、17和第18复干分布于母干东北侧。第1复干，胸径0.12m，高5.0m，距母

图9-11-2 黔江区太极乡李子村2组吴家院子前

干15cm；第2复干，胸径0.11m，高4.5m，距母干12cm；第3复干，胸径0.11m，高4.5m，距母干11cm；第4复干，胸径0.10m，高4.0m，距母干11cm；第5复干，胸径0.09m，高3.5m，紧贴母干生长；第6复干，胸径0.08m，高4.0m，紧贴母干生长；第7复干，胸径0.07m，高3.7m，距母12cm；第8复干，胸径0.06m，高4.3m，距母干12cm；第9复干，胸径0.06m，高3.5m，与母干在0.15m以下合生；第10复干，胸径0.06m，高2.5m，距母干10cm；第11复干，胸径0.06m，高2.0m，距母干10cm；第12复干，胸径0.06m，高1.5m，距母干10cm；第13复干，胸径0.06m，高1.5m，距母干12cm；第14复干，胸径0.06m，高2.0m，距母干14cm；第15复干，胸径0.05m，高1.5m，距母干15cm；第16复干，胸径0.05m，高1.5m，距母干15cm；第17复干，胸径0.05m，高2.0m，距母干13cm；第18复干，胸径0.05m，高1.5m，距母干13cm。萌蘖320个，或紧贴母干生长，或围生于母干周围，或与复干交错而生，距母干最远达120cm，高5～250cm。总胸围7.9m。结果量10～15kg/年。与该树共生的树种有青花椒、枇杷；该树东南侧生长有12株移植的小银杏。

据传，银杏树原是"打狗棒"。很早以前，一个叫花子来这里休息时，将一根作打狗棒用的银杏树棍插在地上忘记带走了。后来，这根打狗棒竟神奇般地活了，而且长成了现在这棵银杏树。后来，人们认为这是一块福地。这棵银杏不但结的果子大，而且还是棵奇树。整个树枝全是朝下长，听老辈子说，是当初那叫花子把那根银杏打狗棒倒着插的缘故。这是传说，没有科学依据。为救古树村民填了5t土：40多年前，银杏树的树心就空了，树心里能容两三个孩子玩耍。有一次，狂风把树枝吹断了。随后，银杏树的叶子越来越少，结的果也越来越少。1983年，吴清福的哥哥吴政福，听人说用土填树心能救活古树。于是，他开始挑土填树心。吴政福喊人来帮忙，他搭了一架梯子，先把泥土挑到树下，然后自己顺着梯子爬到树杈处。另一个人站在梯子上，树下的人就把装着泥土的筐传给梯子上的人，梯子上的人又把筐传给树上的人。就这样，他们用半个多月时间，往树心里填了5t多泥土，把树心填得满满的。后来，这棵银杏果真被救活了。更让人惊喜的是，树的根部还长出了许多小苗，像无数个孩子拥抱着母亲一样。这些年，银杏树越长越葱郁，果子也越结越多。据说，这是古树"起死回生"了。N=29° 20′ 33.8″，E=108° 39′ 54.0″，H=534m。

黔江区太极乡太河村4组（图9-11-3）

垂乳银杏，树皮倒生。雄株，树龄2200年，树高35.0m，胸径1.08m，枝下高8.0m，冠幅10.0m×6.0m，位于村落的路边。生长欠佳，树冠不规则，向西北侧倾斜，树身布满苔藓类植物。母干通直，纵裂较深，非常整齐和均匀；东、西两侧基部有剥皮现象，其中南侧剥皮呈层叠状（3层），剥皮层最厚处达7cm。分枝8.0m以下集中分布于该树北侧，较粗、短；8m以上则呈不规则总分枝。垂乳1个，分布于母干西侧剥皮处，似树皮倒生，基径0.12m，长12cm。N=29° 17′ 36.9″，E=108° 38′ 35.8″，H=679m。

图9-11-3 黔江区太极乡太河村4组

涪陵区武陵山乡

雌株，树高25.6m，胸径0.85m，树龄110年，生长旺盛。古树编号：0357。

涪陵区马武镇白果村

树龄1000年，树高30.0m，胸径2.23m，冠幅24.0m×25.0m，是涪陵最古老银杏树，涪陵区马武镇白果村标志性植物。这株白果树已经惨遭"毁容"。一些村民听说银杏树树皮可以治病，便经常在晚上偷偷将树皮用刀剥下。

南川区金山镇柏枝村7组

雌株，树龄1600年，树高30.0m，胸径0.90m。

南川区金山镇

胸径1.00m。胸径1.0m以上2株。

南川区金山镇龙洞湾村（1号树）

复干银杏。雌株，树龄1500年，树高18.0m，胸径0.82m，枝下高7.0m，冠幅12.0m×15.0m，位于该村公路边的高坡地带。母干通直，明显；3m以下和4.5m以上有大面积剥皮现象，梢部干枯。复干2个，第1复干，胸径0.10m，高4.5m，紧贴母干生长；第2复干，胸径0.08m，高2.5m，距母干10cm。N=28° 59′ 33.3″，E=107° 7′ 20.1″，H=1251m。

南川区金山镇龙洞湾村（2号树）

复干银杏。雌株，树龄1500年，树高15.0m，胸径0.80m，枝下高3.0m，冠幅15.0m×17.0m，位于该村公路边的高坡地带。分枝呈轮生状。复干5个，集中分布于母干东侧，呈簇生状，均干枯，其胸径范围均为0.10～0.12m；高度范围为2.5～4.0m，距母干20～35cm。N=28° 59′ 33.3″，E=107° 7′ 20.1″，H=1251m。

南川区金山镇龙洞湾村（3号树）

雌株，树龄1500年，树高20.0m，胸径0.95m，枝下高8.0m，冠幅12.0m×13.0m，位于该村公路边的高坡地带。生长旺盛，树冠伞形。母干挺直，明显，干北侧2.0～5.0m处有大面积剥皮现象；分枝在8.0m处呈簇生状。N=28° 59′ 33.3″，E=107° 7′ 20.1″，H=1251m。

南川区金山镇龙洞湾村（4号树）

复干银杏。雌株，树龄1500年，树高21.0m，胸径0.55m，枝下高4.0m，冠幅14.0m×16.0m，位于该村公路边的高坡地带。生长旺盛。分枝在4m处集中分布于干南侧，6m处则呈簇生状。复干3个，与萌蘖共同簇生于母干北侧，胸径0.1～0.72m，距母干10～20cm，高4.0m，其中胸径为0.72m的复干从基部断折。N=28° 59′ 33.3″，E=107° 7′ 20.1″，H=1251m。

南川区金山镇龙洞湾村（5号树）

复干银杏。雌株，树龄1500年，树高21.0m，胸径0.55m，枝下高2.0m，冠幅12.0m×13.0m，位于该村公路边的高坡地带。分枝不规则。复干6个，胸径0.05～0.15m，高2.5～6.0m，距母干5.0～12.0cm，均干枯。N=28° 59′ 33.3″，E=107° 7′ 20.1″，H=1251m。

南川区金山镇龙洞湾村（6号树）

雌株，树龄1500年，树高23.0m，胸径0.80m，枝下高2.5m，冠幅15.0m×12.0m，位于该村公路边的高坡地带。树身挂有“古树名木”的保护牌。生长旺盛，树冠偏伞形。主干明显，通直；分枝集中分布于南侧。N=28° 59′ 33.3″，E=107° 7′ 20.1″，H=1251m。

南川区金山镇龙洞湾村（7号树）

复干银杏。雌株，树龄1500年，树高8.0m，胸径0.35m，枝下高1.2m，冠幅12.0m×11.0m，位于该村公路边的高坡地带。复干2个，其胸径范围为0.08～0.1m，高度范围为距母干50～60cm。第1复干，胸径0.1m，高2.5m，距母干60cm；第2复干，胸径0.08m，高1.0m，距母干50cm。N=28° 59′ 33.3″，E=107° 7′ 20.1″，H=1251m。

南川区金山镇龙洞湾村（8号树）

复干银杏。雌株，树龄1500年，树高22.0m，胸径0.75m，枝下高4.0m，冠幅15.0m×18.0m，位于该村公路边的高坡地带。复干2个，在1.2m以下与母干合生。N=28° 59′ 33.3″，E=107° 7′ 20.1″，H=1251m。

南川区金山镇龙洞湾村（9号树）

复干银杏。雌株，树龄1500年，树高21.0m，胸径0.90m，枝下高2.2m，冠幅18.0m×20.0m，位于该村公路边的高坡地带。母干明显，通直；在2.0～2.5m处分作4个大枝，其中3个较粗的母干向上延伸。复干1个，胸径0.1m，高3.5m，距母干50cm。N=28° 59′ 33.3″，E=107° 7′ 20.1″，H=1251m。

南川区金山镇龙洞湾村（10号树）

复干银杏。雌株，树龄1500年，树高9.0m，胸径0.23m，枝下高1.5m，冠幅7.0m×8.0m，位于该村公路边的高坡地带。生长欠佳，树冠不规整。分枝呈假二杈状。复干2个，梢部均呈干枯状，其胸径范围为0.05～0.15m，1个；0.15～0.25m，1个。第1复干，胸径0.16m，高5.0m，距母干50cm；第2复干，胸径0.08m，高2.5m，距母干50cm。N=28° 59′ 33.3″，E=107° 7′ 20.1″，H=1251m。

南川区金山镇龙洞湾村（11号树）

雌株，树龄1500年，树高18.0m，胸径0.40m，枝下高8.0m，冠幅13.0m×13.0m，位于该村公路边的高坡地带。分枝近对生状。萌蘖2个，高2.0m，距母干10cm。N=28° 59′ 33.3″，E=107° 7′ 20.1″，H=1251m。

南川区金山镇龙洞湾村（12号树）

雌株，树龄1500年，树高8.0m，胸径0.30m，枝下高2.2m，冠幅10.0m×8.0m。位于该村公路边的高坡地带。母干明显，通直，干身被藤本类植物所缠绕。分枝集中分布于母干西侧，以1.2m的间距均匀分枝。萌蘖120个，分布于该树东南侧，多呈簇生状。N=28° 59′ 33.3″，E=107° 7′ 20.1″，H=1251m。

南川区金山镇龙洞湾村（13号树）

雌株，树龄1500年，树高15.0m，胸径0.35m，枝下高2.0m，冠幅10.0m×10.0m，位于该村公路边的高坡地带。冠偏，不规整。主干明显，通直，干北侧10cm处生长有簇生状的萌条。在3.0m处分作2个大枝，3.0m以上则集中分布于干西南侧。萌蘖2个，距母干15cm。该树西侧有一株基径为0.40m的银杏从基部被截。N=28° 59′ 33.3″，E=107° 7′ 20.1″，H=1251m。

南川区金山镇龙洞湾村（14号树）

雌株，树龄1500年，树高25.0m，胸径0.75m，枝下高1.7m，冠幅13.0m×15.0m。位于该村公路边的高坡地带。生长旺盛，树冠不规整。分枝不规则。N=28° 59′ 33.3″，E=107° 7′ 20.1″，H=1251m。

南川区金山镇龙洞湾村（15号树）

雌株，树龄1500年，树高20.0m，胸径0.95m，枝下高2.0m，冠幅12.0m×12.0m。位于该村公路边的高坡地带。生长旺盛，树冠不规整。分枝不规则。N=28° 59′ 33.3″，E=107° 7′ 20.1″，H=1251m。

南川区金山镇龙洞湾村（16号树）

复干银杏。雌株，树龄1500年，树高4.0m，胸径0.35m，枝下高2.0m，冠幅6.0m×7.0m，位于该村公路边的高坡地带。生长欠佳，树干在4m处发生断折。复干1个，胸径0.25m，距母干20cm。萌蘖20个，距母干15cm。N=28° 59′ 33.3″，E=107° 7′ 20.1″，H=1251m。

南川区三泉镇金佛山黄草坪（图9-11-4）

“银杏皇后”，“四世同堂”，垂乳银杏，复干银杏。雌株，树龄2500年，树高

图9-11-4 南川区三泉镇金佛山黄草坪
（注：箭头示垂乳）

26.0m，胸径3.00m，枝下高2.0m，冠幅22.0m×23.0m，位于金佛山北门附近“银杏皇后”园内。树干已空心仅剩下三分之一的树桩。生长旺盛，树冠呈方形；树洞4个，均分布于该树基部，最大长60cm，宽30cm。根部在距树基7.0m的地方裸露，两条基径均为0.1m。母干中空，大半劈裂，向一侧倾斜，倾角15°。在距树基1.2m处即开始分枝，大致呈轮生状，其中4有个分枝竖直向上伸展，基径0.12～0.16m。复干6个，其胸径范围为0.05～0.15m，1个；0.25～0.35m，3个；0.35～0.45m，1个；0.45～0.50m，1个。高10.0～24.0m，距母干最远的20cm，最近的则与母干合生状。第1复干，胸径0.49m，高24.0m，距母干10cm；第2复干，胸径0.39m，高22.0m，与母干在0.4m以下合生，距母干20cm；第5复干，胸径0.27m，高16.0m，距母干20cm，第4、5复干仅挨生长，且分别在1.6m、2.6m处合生，在1.6～2.6m之间形成一条宽缝；第6复干，胸径0.13m，高10.0m，距母干10cm。萌蘖均呈干枯状。总胸围12.3m。垂乳4个，分布于该树西侧1.5m、2.5m及分枝处，最大基径0.40m，长30cm。结果量35～40kg/年。N=29° 04′ 04.5″，E=107° 11′ 58.6″，H=1051m。

树的基座修筑了直径大约8.0m的围台，看上去就像一株大盆景。树干分为两半，其中一边的主干上长出了几棵大小不等的小银杏。夏天有村民图凉快，把八仙桌摆在大枝丫中间，一家10多口人就在树上吃饭。1967年，附近几个农民把红苕拿到树洞里烧，把树根点燃了，很快大树烧成了大火把，烧了3天3夜。一年后，桩头上发出了不少新芽。1980年，这棵树又长成了枝叶茂密的大树，树上还长出许多“乳包”（古老银杏才生长的寄生根，可通过根深入地下吸取养分），有的像冬瓜似地吊在树枝上有80cm长。结果又引来许多盗伐者把10多个“乳包”锯走。整株树倾斜严重，只能靠五六根木桩支撑，树干虫害明显，蛀迹斑斑，施肥不足，树木老态龙钟。在古树背面被大火烧过的树干上，长着厚厚的一层青苔。在古树火烧过的数平方米的根基上，还长着大碗、酒杯粗的4棵复干银杏，以及另外几棵更小的银杏。这就是古银杏的儿、孙、曾孙们，它们现在是“四世同堂”了。

碑记：银杏是生长于2亿多年前的古老树种，原生银杏除我国外，在世界其他地区已基本绝迹。银杏是植物进化史的“活化石”，为国家一级保护植物，是中华民族的骄傲，备受世界人民的关爱。此株银杏也称“银杏皇后”，是金佛山镇山之宝，堪称世界一绝。为中国林业科学院等相关研究院、所的植物学专家在20世纪金佛山考察时首次发现。树高26m，胸围达11.6m，是一株典型“四代同株”大型桩蔸、盆景型野生古银杏。经碳测定树龄已有2500多年。金佛山是我国惟一有野生银杏分布的产地，她的发现证明了银杏的祖先在中国。20世纪60年代初，遭遇焚毁三天三夜，紧余残留部分。第二年新枝勃发，在这块风水宝地上，她依然枝繁叶茂、硕果累累。她生命力之强，为植物界少见奇观。银杏全身是宝，木材可用，叶可提取多种天然活性物质，促进人类健康长寿。果实是有名的滋补佳品，为植物之魂。中国林业科学院;重庆药物种植研究所(2009)。

南川区三泉镇

胸径1.00m古银杏9株。

南川区三泉镇大河坝毛坡村

复干银杏。树高13.0m，基径1.35m。树心早年前已腐烂，半壁残茎为一巨大半弧形薄壁枯树桩，整个树体实为一巨大桩兜盆景。无论从茎粗和树龄等方面看，均为金佛山银杏之首。其根盘为一不规则三角园形。南北长4.88m，东西长3.59m。整个植株由第一代树干死亡腐烂后留下的大空腔、第二代复合树干体的残存部分及上部萌生的17个枝干、3个第三代复干和2个第四代复干共同构成。

南川区河坝乡白鹿坪

树高25.0m，胸径2.75m。

南川区德隆乡银杏村3社杨家沟（1号树）（图9-11-5）

“糯白果”。雌株，树龄400年，树高28.0m，胸径0.92m，枝下高2.0m，冠幅20.0m×20.0m，位于村落附近的边坡地带。生长旺盛，主干挺直，明显。母干从2.0m处开始呈假二权状分枝。果为无仁的“糯白果”。N=28° 56′ 05.2″，E=107° 7′ 01.4″，H=1295m。

南川区德隆乡银杏村3社杨家沟（2号树）（图9-11-6）

“糯白果”。雌株，树龄350年，树高30.0m，胸径0.86m，枝下高3.0m，冠幅20.0m×20.0m，位于村落附近的边坡地带，距1号树4.0m。生长旺盛，主干挺直，明显。母干从3.0m处开始呈假二权状分枝。果为无仁的“糯白果”。N=28° 56′ 05.2″，E=107° 7′ 01.4″，H=1295m。

南川区德隆乡银杏村3社杨家沟（3号树）（图9-11-7）

“糯白果”。雌株，树龄800年，树高28.0m，胸径1.24m，冠幅20.0m×25.0m，枝下高1.5m。位于村落附近的边坡地带，距2号树4m，1～3号树呈排状生长。生长旺盛，主干挺直，明显。母干从1.5m处开始呈假二权状分枝。该树6.0m分枝基部有2个垂乳，基径均0.08m，长10～13cm。果为无仁的“糯白果”。编号：NCDL255。N=28° 56′ 05.2″，E=107° 7′ 01.4″，H=1295m。

南川区德隆乡银杏村3社杨家沟（4号树）（图9-11-7）

复干银杏。雌株，树龄350年，树高28.0m，胸径0.27m，冠幅24.5m×25.0m，位于村落附近的边坡地带。编号NCDL256。生长旺盛，树身挂有“古树名木”的保护牌。母干明显，挺直，分枝均呈二权状。复干2个，与母干呈线状排列。第1复干，胸径0.22m，距母干15cm；第2复干，胸径0.19m，距母干50cm。第3复干，胸径0.08m，紧贴第2复干生长。N=28° 56′ 05.4″，E=107° 15′ 56.0″，H=1088m。

图9-11-5 南川区德隆乡银杏村3社杨家沟（1号树）

图9-11-6 南川区德隆乡银杏村3社杨家沟（2、5-7号树）
（注：A. 7；B. 5；C. 6；D. 2）

图9-11-7 南川区德隆乡银杏村3社杨家沟
（注：A、B. 4；C、D. 3）

南川区德隆乡银杏村3社杨家沟（5号树）（图9-11-6）

复干银杏。雄株，树龄300年，树高30.0m，胸径0.76m，枝下高10.0m，冠幅18.0m×20.0m，位于村落附近的边坡地带。生长旺盛，母干挺直，明显，分枝不规则。复干3个，其胸径范围为：0.05～0.15m，2个；0.35～0.45m，1个。高度范围为：7.5～26.0m，距母干20～120cm。第1复干，倾斜，与母干间的夹角为15°，胸径0.44m，高26.0m，距母干20cm；第2复干，胸径0.1m，高8.0m，距母干120cm；第3复干，胸径0.09m，距母干100cm。萌蘖15个，均呈干枯状。N=28° 56′ 05.4″，E=107° 15′ 56.0″，H=1088m。

南川区德隆乡银杏村3社杨家沟（6号树）（图9-11-6）

复干银杏。雌株，树龄750年，树高30.0m，胸径1.08m，枝下高4.0m，冠幅18.0m×20.0m，位于村落附近的边坡地带。生长旺盛，主干挺直，树身2m及4m处有瘤状物的分布。根部分裸露，面积4.0m^2。复干5个，其胸径范围为：0.05～0.15m，1个；0.15～0.25m，2个；0.35～0.45m，1个；0.45～0.55m，1个。高度范围为：最高20.0m，最低从基部被截，距母干最远达80cm，最近则与母干呈合生状。第1复干，胸径0.51m，高20.0m，距母干20cm；第2复干，从基部被截，基径0.40m，距母干80cm；第3复干，从基部被截，基径0.20m，距母干80cm；第4复干，胸径0.16m，高16.0m，距母干80cm；第5复干，胸径0.12m，高13.0m，与母干在3.0m以下合生。萌蘖2个，高1.0m，均干枯。总胸围5.1m。N=28° 56′ 05.4″，E=107° 15′ 56.0″，H=1088m。

南川区德隆乡银杏村3社杨家沟（7号树）（图9-11-6）

复干银杏。雄株，树龄260年，树高28.0m，胸径0.51m，枝下高12.0m，冠幅11.0m×10.0m，位于村落附近的边坡地带。生长旺盛。复干2个，其胸径范围为：0.15～0.25m，1个；0.45～0.55m，1个，高度范围为：16.0～22.0m，距母干最远的达30cm，最近的则与母干呈合生状。第1复干，胸径0.51m，高22.0m，与母干在0.5m以下合生；第2复干，胸径0.22m，高16.0m，距母干30cm。总胸围3.1m。N=28° 56′ 05.4″，E=107° 15′ 56.0″，H=1088m。

南川区德隆乡银杏村3社杨家沟（8号树）

复干银杏。雌株，树龄100年，树高18.0m，胸径0.60m，枝下高2.0m，冠幅10.0m×10.0m，位于7号树西侧10.0m处。树冠卵圆形，生长旺盛。复干1个，胸径0.05m，高6.0m，与母干在0.15m以下合生。

南川区隆化镇

胸径1.0m以上4株。

南川区土溪乡

胸径1.0m以上1株。

南川区乾丰乡

胸径1.0m以上1株。

图9-11-8 南川区水江镇让水村白果园
（注：箭头示垂乳）

南川区水江镇

胸径1.0m以上2株。

南川区水江镇让水村白果园（图9-11-8）

东汉银杏，垂乳银杏，复干银杏。雌株，树龄2050年，树高20.0m，胸径2.95m，枝下高1.6m，冠幅21.0m×21.0m，位于山坡上村落附近的边坡地带。树冠阔伞形，生长旺盛。干西侧6m处有小面积的剥皮现象。根在西、南两侧大面积裸露，与岩石交互而生，并形成天然台阶，总体于西侧向南延伸至8m处后，又沿坡切面垂直0.8m，继续向南斜伸0.2m，总面积16m^2。母干6m以下呈不规则状分作5棱，极似合生。分枝多且粗，基径0.31～0.83m，大体分作三层，距地面最近的一层，先呈辐射状向四周斜展，尔后呈圆滑弧度向地面斜弯，潇洒自如；第二层，似第一层，弯曲弧度较第一层小；第三层，则竖直直冲云霄。分枝中东侧有一大枝在基部发生断折，该侧还有一分枝上有大面积的剥皮现象。复干10个，第1复干，胸径0.6m，高15.0m，紧贴母干生长；第2复干，胸径0.23m，高12.0m，距母干75cm；第3复干，胸径0.18m，高15.5m，距母干35cm；第4复干，胸径0.14m，高16.0m，紧贴母干生长；第5复干，胸径0.13m，高11.0m，距母干42cm；第6复干，胸径0.13m，高12.0m，距母干37cm；第7复干，胸径0.09m，高10.0m，距母干30cm；第8复干，胸径0.05m，高8.0m，紧贴母干生长；第9复干，胸径0.05m，高5.5m，紧贴母干生长；第10复干，胸径0.05m，高6.0m，紧贴母干生长。萌蘖4个，高1.5～5.0m，距母干最近的则紧贴母干生长，最远的达75cm。垂乳28个，集中分布于母干西、北两侧，其中西侧8个，基径分别为0.08m、0.10m的两个较大垂乳在15cm、10cm处被截外，其他均极小，并呈瘤状；北侧20个，大多呈细小瘤状散布，最大者基径0.15m，在12cm处被截。在人工授粉条件下，结果量可达500kg/年，平常100～1500kg/年，2011年未见挂果。据说树里筑有观音像，原在该树的外围，后因该树横向生长，而将那座观音像包围其中；又据说若将该树其中一枝稍动一下，整棵树都会晃动起来，大有牵一发而动全身之意。与此树共生的树种有金竹、槭树、棕榈。据有关部门考证，该树为东汉时期栽种。编号：NCSJ074。N=29° 14′ 35.0″，E=107° 23′ 43.7″，H=1142m。

图9-11-9 南川区庆元乡飞龙村2社堰堤湾a、b
（注：左b；右a；箭头示垂乳）

南川区头镀镇

胸径1.0m以上2株。

南川区大有镇

胸径1.0m以上27株。

南川区皇镇

胸径1.0m以上2株。

南川区岭坝乡

胸径1.0m以上1株。

南川区兴隆镇

胸径1.0m以上1株。

南川区木凉乡

胸径1.0m以上9株。

南川区古花乡

胸径1.0m以上3株。

南川区合溪镇

胸径1.0m以上5株。

南川区马嘴乡

胸径1.0m以上9株。

南川区丰岩乡

胸径1.0m以上2株。

南川区冷水关乡

胸径1.0m以上2株。

南川区石溪乡

胸径1.0m以上2株。

南川区福来乡

胸径1.0m以上1株。

南川区庆元乡白果村

有36株古银杏，树龄300～350年2株，200～296年1株，100～180年14株。

南川区庆元乡飞龙村2社堰堤湾西侧一株a（图9-11-9）

垂乳银杏。雌株，树龄100年，树高24.0m，胸径0.96m，枝下高2.5m，冠幅16.0m×17.0m。树冠伞形，生长旺盛。干基部一侧及12.0m处有剥皮现象，长均达60.0cm，宽15.0cm。分枝均较细，且不规则。垂乳5个，均较小，位于干南侧的分枝处。与该树共生的树种有棕树、香椿、竹。该处有2株，相距5.0m，该株为西侧一株。权属：集体，编号：NCQY360。N=28°55′12.5″，E=107°20′22.8″，H=957m。

南川区庆元乡飞龙村2社堰堤湾东侧一株b（图9-11-9）

雌株，树龄100年，树高25.0m，胸径0.88m，枝下高3.0m，冠幅16.0m×17.0m。冠偏，向南侧倾斜，生长旺盛。分枝不规则，其中东侧3m处有一分枝向东侧平展而去；南侧一枝基本与母干持平；4m处有一分枝被截。权属：集体，编号：NCQY359。N=28°55′12.5″，E=107°22′19.3″，H=931m。

南川区庆元乡飞龙村4社长屋间东侧一株c（图9-11-10）

垂乳银杏。雌株，树龄120年，树高22.0m，胸径1.11m，枝下高2.2m，冠幅14.0m×10.0m，位于村落边坡地带。树冠伞形，生长旺盛，分枝不规则。根部除南侧外，沿坡面大面积裸露，垂直高度达2.0m，面积8.0m^2。干一侧有大面积的剥皮现象和严重的劈裂现象。分枝不规则，在6m处呈簇生状，盘曲古雅；南侧有一分枝竖直向上伸展而去，较粗，基径达0.4m。内堂空，自1.5～5.0m处有似根物，呈下垂状，分生出数十条，基径均0.03m。垂乳10个，分布于该树2.2m、2.3m及3.3m的分枝处，长3.0～15.0cm，基径2.0～10.0cm。与该树共生的树种有柏木、竹。该地有两株，间距15.0m，东、西各一株。权属：集体，编号：NCQY 361。N=28°55′38.9″，E=107°22′15.9″，H=931m。

南川区庆元乡飞龙村4社长屋间西侧一株d（图9-11-10）

雌株，树龄100年，树高10.0m，胸径0.55m，枝下高2.0m，冠幅7.0m×8.0m。位于村落的边坡地带。树冠圆柱形，生长旺盛，分枝呈对生状，干直，明显。权属：集体。N=28°55′38.8″，E=107°22′17.6″，H=934m。

南川区庆元乡玉龙村1社车坝（老房子）西侧一株（图9-11-11）

‘米白果’。雌株，树龄100年，树高30.0m，胸径0.72m，枝下高2.0m，冠幅11.0m×12.0m。树冠伞形，生长旺盛。干直，明显，分枝呈轮生状。果小，品种为‘米白果’，结果量为150kg/年。该树周围还散生有数株小银杏；与该树共生的树种为竹。该地有两株，间距10.0m，该株为西侧一株。权属：集体，编号：NCQY350。N=28°56′57.7″，E=107°21′56.9″，H=780m。

该树东侧有一株

雌株，树龄60年，树高25.0m，胸径0.45m，枝下高3.5m，冠幅5.0m×6.0m。树冠伞形，生长旺盛。干直，明显。于3.5m处分作2大枝，基径均0.2m。与该树共生的树种有慈竹、七叶树、青杨、蒲葵、香椿、棕竹、柏木。权属：集体，编号：NCQY 350。N=28°56′05.4″，E=107°15′56.0″，H=1088m。

南川区庆元乡玉龙村8组桥垭口

雌株，树龄100年，树高24.0m，胸径1.32m，枝下高3.5m，冠幅15.0m×15.0m，位于村落边的浅沟中。树冠伞形，生长旺盛。南侧10m处具一细长树洞，长达15cm。分枝呈不规则的轮生状，西侧4.0m处有一侧枝竖直向上伸展而去。萌蘖一个，位于干西侧，高2.5m，距母干12.0cm。果大，用于泡酒、办喜事。该树周围还散生有数株小银杏；与该树共生的树种有圆柏。权属：集体，编号NCQY357。N=28°57′12.2″，E=107°21′44.3″，H=800m。

图9-11-10 南川区庆元乡飞龙村4社c、d
（注：1、3、4. c；2. d；箭头示垂乳）

图9-11-11 南川区庆元乡玉龙村1社车坝（老房子）西侧一株（左）；东侧一株（右）

图9-11-12 南川区庆元乡玉龙村1社新房子1-4
（注：A. 1-4；B. 1；C. 2；D. 3）

南川区庆元乡玉龙村1社新房子1（图9-11-12）

雌株，树龄120年，树高24.0m，胸径0.83m，枝下高2.5m，冠幅10.0m×10.0m，位于村落路边边坡。冠偏，向东南侧倾斜，生长旺盛。干身布满苔藓类植物。根在干一侧沿基部稍有裸露，面积0.2m^2。分枝不规则。权属：集体。N=28° 59′ 01.5″，E=107° 22′ 00.7″，H=866m。

南川区庆元乡玉龙村1社新房子2（图9-11-12）

雌株，树龄150年，树高27.5m，胸径1.27m，枝下高1.5m，冠幅12.2m×15.4m，位于村落路边边坡。树冠近伞形，干身布满苔藓类植物，东侧10m以下缠绕有藤本类植物。在2.0m处分作两大枝，二者呈紧贴状生长。萌蘖5个，高0.5m，均较细，呈散生状。权属：集体。N=28° 59′ 01.5″，E=107° 22′ 00.7″，H=866m。

南川区庆元乡玉龙村1社新房子3（图9-11-12）

复干银杏。雌株，树龄120年，树高25.0m，胸径0.81m，枝下高0.8m，冠幅12.0m×12.0m，位于村落路边边坡。树冠卵圆形，生长旺盛。分枝多且细，不规则。在干4m和8m处有蕨类植物的分布。干直，明显，在东南侧有藤本类植物的分布。复干2个，第1复干，在1m处分作2枝，胸径0.35m，距母干10cm；第2复干，胸径0.14m，距母干5cm。权属：集体。N=28° 59′ 01.5″，E=107° 22′ 00.7″，H=866m。

南川区庆元乡玉龙村1社新房子4（图9-11-12）

雌株，树龄120年，树高22.0m，胸径0.76m，枝下高1.6m，冠幅11.0m×12.0m。位于村落路边边坡。树冠卵圆形，生长旺盛。分枝极不规则，并在6m处呈簇生状，盘曲状向四周延伸而去。干直，明显，干身有藤本和苔藓类植物的分布。N=28° 59′ 01.5″，E=107° 22′ 00.7″，H=866m。

南川区庆元乡汇龙村1社吴家湾

树龄150年，树高30.0m，胸径1.50m。生长一般。权属：集体。

南川区庆元乡汇龙村3社李家湾

树龄140年，树高35.0m，胸径1.40m。生长一般。权属：集体。

南川区庆元乡汇龙村6社大湾

树龄100年，树高30.0m，胸径0.90m。生长一般。权属：集体。

南川区庆元乡汇龙村何家坪

树龄100年，树高25.0m，胸径1.00m。生长一般。权属：集体。

南川区庆元乡汇龙村7社白果湾

树龄160年，树高28.0m，胸径2.17m。生长一般。权属：集体。

南川区庆元乡汇龙村7社收机岩

树龄160年，树高30.0m，胸径0.95m。生长一般。权属：集体。

南川区庆元乡龙园村2社白果坪

树龄200年，树高22.0m，胸径1.00m。生长良好。权属：集体。

南川区庆元乡龙园村2社胡子塘

树龄120年，树高25.0m，胸径1.20m。生长良好。权属：集体。

南川区庆元乡龙园村4社高家岩

树龄120年，树高30.0m，胸径2.00m。生长良好。权属：集体。

南川区庆元乡龙园村5社王家湾

树龄200年，树高30.0m，胸径1.20m。生长一般。权属：集体。

南川区庆元乡龙园村5社大河沟

树龄325年，树高25.0m，胸径1.30m。生长一般。权属：集体。

南川区庆元乡玉龙村1社老房子

树龄100年，树高30.0m，胸径1.00m。生长良好。权属：集体。

南川区庆元乡玉龙村1社罗家

树龄100年，树高10.0m，胸径1.00m。生长良好。权属：集体。

南川区庆元乡玉龙村1社大堰

树龄100年，树高6.0m，胸径1.00m。生长一般。权属：集体。

南川区庆元乡玉龙村1社缩头山

树龄100年，树高40.0m，胸径1.00m。生长一般。权属：集体。

南川区庆元乡玉龙村2社小湾

树龄100年，树高8.0m，胸径0.70m。生长一般。权属：集体。

南川区庆元乡玉龙村8社五道水

树龄100年，树高8.0m，胸径1.00m。生长良好。权属：集体。

图9-11-13 城口县明中乡金池村2社龙门溪白果坪大巴山国家级自然保护区内
（注：箭头示垂乳）

南川区庆元乡飞龙村2社花开宅

树龄100年，树高20.0m，胸径1.00m。生长良好。权属：集体。

南川区青龙乡

树高28.0m，胸径2.60m。

南川区乐村乡让水村8组

树龄1200年，树高28.0m，胸径2.64m。

沙坪坝区西永镇香蕉园村（全家院子）郭沫若旧居

树龄200年，树高21.0m，胸径1.11m，位于旧居内。2005年5月20日重庆市园林局技术人员另将10株价值10万元的银杏树移栽在郭沫若旧居抢救性修复现场。这些树由该局捐赠，该局决定在此建一个银杏园。郭沫若旧居及国民政府军事委员会政治部第三厅旧址和文化工作委员会旧址，位于沙坪坝区西永镇全家院子。郭沫若先生生前特别喜欢银杏树，他就是在此树下完成了《屈原》、《虎符》等历史剧的创作。

城口县明中乡金池村2社龙门溪白果坪大巴山国家级自然保护区内（图9-11-13）

重庆市2011年“十大树王”之一，垂乳银杏，复干银杏。雌株，树龄约1000年，树高22.0m，胸径3.75m，枝下高1.8m，冠幅

23.0m×23.0m。生长旺盛，树冠伞形。西侧堆有假山石，上搭有一排红布条；树身1.8m以下挂有红布条和两面锦旗，其中一面写有以下几排文字：千年银杏显灵保一方平安，万民俯首拜谢护四季康泰（辛卯年六月十九日）。根部于西侧生长于岩石中，树身密被苔藓类植物，复干28个，其胸径范围为：0.05～0.15m，20个；0.15～0.25m，6个；0.25～0.35m，1个；0.35～0.45m，1个。高度范围为：2.5～15.0m；萌蘖紧贴母干生长，并与复干相交错而生。垂乳14个，集中分布于母干西南侧和北侧8.0m处，或紧贴母干生长，或呈悬垂状，其基径为0.05～0.15m，长10～30cm。结果量100～150kg/年。该树被评为重庆市2011年"十大树王"之一。龙门溪的这棵银杏树干没有空心，枝繁叶茂。2005年，大巴山自然保护区管理局采用专门仪器，对其树龄进行测量，发现它刚刚1000岁，据说：当地居民通过这棵树的变化看季节天气变化，它枝叶繁茂变青时，他们赶紧播种。树周围地面潮湿，最近就会下雨，要注意防洪。村民视此树为神圣的标志。

传说：一条龙沉睡在崇山峻岭中，不知怎么被天上雷神发现了，便一霹雳打来，原本群山环绕的小盆地被撕开一个口子，龙再也藏不住了，便头一扬尾一摆顺着口子由东向西进入嘉陵江，最后回到东海。龙为做纪念，忍痛割断一截龙须，变成珍稀植物生长在山中，长成世界濒危植物崖柏和千年银杏树。一路前行的地方形成现在的前河，形成奇特的400km长"倒流河"，汇入嘉陵江。那山口形状像一扇门，人们称"龙门"，村子也便称龙门溪。关于该树的说法有两种：①菩萨的象征；②该树发生被损伤或断枝现象，就会预示着不祥的征兆。N=31°42′51.5″，E=108°44′48.5″，H=1285m。该古树护栏上写有一段告示：各位来宾：前来烧香放火炮的人，请在院、墙外二丈。另外，搭红请不要搭在树的树丫上。按照规定，烧香、搭红、放火炮都有地点，望遵守。

巫溪县塘坊乡学堂村

雌株，树高50.0m，胸径1.66m，巫溪县境内，当地称为"白果林区"，至今保存着一片原生性银杏群落。

巫溪县塘坊乡学堂村

雄株，树高40.0m，胸径1.62m。

巫溪县凤凰乡杜家湾村

雌株，胸径1.15m。

巫溪县通城乡

有1株350年生古银杏。

巫山县当阳镇

唐朝银杏，"八条龙"。雌株，树龄1200年，树高40.0m，胸径2.54m，冠幅27.0m×26.0m，枝叶繁茂，植于唐朝。据资料反映，这棵树是我国西南地区目前发现的"树龄"最大的一株银杏树。这株银杏树要8个成年人牵手才能合围，其枝叶覆盖面积达700 m²。在《巫山县志》中，能找到对这棵古树的记载。据记载，800年前古树旁有一座香火鼎盛的寺庙，因为这座古庙，银杏树才被收录到《巫山县志》中。但随着古庙的废弃，这株银杏树王也逐渐被人们所遗忘。据悉，这株银杏树每年可产200～300kg银杏果。这株千年银杏树除了是西南地区最"年长"的古树外，还出现一个奇特的生长现象：树的主干被萌生的8根新树干缠绕着，当地人称之为保护千年古树的"八条龙"。

奉节县吐祥镇龙泉村

树高30.0m。

巴南区（原巴县）石庙乡天坪村

该树占地面积666m²（25.5m×26.0m）。

巴南区东温泉镇（东温泉风景区佛灵街）白沙寺

"十八半"银杏，明朝银杏，复干银杏。雌株，树龄800年，树高20.0m，胸径0.86m，枝下高2.0m，冠幅12.0m×15.0m。一株明朝嘉靖年间种植的银杏树，位于寺庙后大殿的石梯平台上。生长旺盛，树冠卵圆形。母干向北侧倾斜直伸而去，倾角45°；东侧有劈裂现象；树身被数株交错盘曲的黄角树包围；在6m处分作3个枝，基径均为0.10m。复干1个，胸径0.15m，挺直，高12.0m，距母干30cm。该母干西侧3m处有一直径为1.2m的仿古银杏水泥筑将倾斜的母干撑起。1981年银杏树被雷劈断，成一半死一半活的枯萎状态，3年后，一粒黄葛树种掉在它的腰间，这株银杏忍着还没痊愈的伤痛，将黄葛树种催生发芽，精心呵护。如今30年过去了，这株黄葛树以母贵子壮的姿态，伫立在银杏树的"脊背"上。许多游人见此情景无不肃然起敬，为之动容。N=29°27′00.9″，E=106°51′33.8″，H=679m。

巴南区东温泉镇黄金林村黄金林社天赐街上（图9-11-14）

雌株，树龄450年，树高30.0m，胸径0.89m，枝下高2.0m，冠幅20.0m×20.0m，位于天赐街街道边。立地条件：土壤为黄壤，坡面向北，坡度10°。冠椭圆形，东侧大面积枝条呈干枯状；树身有大面积的剥皮现象；西南方向有轻微的火烧现象。母干明显，挺直。分枝在3～10m间集中于母干西侧；从10.0m处开始按3.0m的间距呈轮生状。结果量200～250kg/年。编号：12；挂牌号：BNGSMM114。挂牌单位：巴南区人民政府。权属：集体，管护单位或个人：余大全。N=29°25′58.1″，E=106°55′24.0″，H=492m。

巴南区圣灯台镇新房村大坪2社

"树生树"，复干银杏。雄株，树龄1000年，树高3.0m，胸径1.91m，枝下高2.5m，冠幅20.0m×20.0m，位于该社公路边不远处的竹林。2009年前生长良好，不幸于2009年遭大风、暴雨的侵袭，发生严重的断枝现象；母干南侧有部分被雷劈的现象；有"树生树"的现象：母干0.4m处生长有一株木灵芝。复干1个，位于母干东侧，基径0.50m，发生断折。萌蘖6个，散生于母干西侧，高2.1m，距母干10～25cm。据说原来该树附近坐落着两户人

图9-11-14 巴南区东温泉镇黄金林村黄金林社天赐街上

家，一直过着平安、宁静的生活，然而，2009年这棵古树近乎灭顶之灾也给那两户人家带来了同样的不幸。尤其是该树南侧的一户，凑巧的是，这户人家的位置也正好是那古树枝条断折现象更严重的方位，因此，村民便定性地认为，该树是给他们带去灾难的罪魁祸首。与该树共生的树种有竹。N=29° 13′ 26.9″，E=106° 40′ 20.2″，H=866m。

巴南区赤南乡庄龙坪村白果坪

唐朝银杏，“千年白果王”。雌株，树龄1200年，树高35.0m，胸径2.83m，冠幅20.0m×24.5m，占地491m²。据当地相关资料记载，该树植于唐朝，树中心空腐，可容纳4人打牌。现树枝繁茂，树势良好，年可产白果400kg。当地群众称之为“千年白果王。”

巴南区丰盛镇中学

树龄110年，树高21.0m，胸径0.38m，冠幅16.0m×16.0m。长势旺盛。树干高大、挺直，树冠茂盛。权属：国有，管护单位或个人：丰盛镇中学。

巴南区丰盛镇中学

树龄104年，树高19.0m，胸径0.32m，冠幅15.0m×15.0m。该树长势旺盛。树干高大、挺直，树冠茂盛。权属：国有，管护单位或个人：丰盛镇中学。H=512m。

巴南区姜家镇河面坝村保林寺

树龄510年，树高22.0m，胸径1.15m，冠幅14.0m×12.0m。生长旺盛。土壤为沙土，坡向东南；坡度15°。编号：13；挂牌号BNGSMM046，挂牌单位：巴南区人民政府，权属：国有。H=430m。

图9-11-15 巴南区姜家镇
（注：左．白云山村白云山社茶陵坡；右．文石村雾漏洞社茅铁坡）

图9-11-16 巴南区木洞镇
（注：1. 海眼村9社大湾；2. 钱家湾村 14社向阳长五间）

巴南区姜家镇白云山村白云山社茶陵坡（图9-11-15）

树龄150年，树高13.0m，胸径0.52m，冠幅6.0m×6.0m。生长旺盛。土壤为矿质黄泥土；坡向西南；坡度15°。权属：个人；管护单位或个人：王志金，编号：21。H=310m。

巴南区姜家镇白云山村白云山社白云山

树龄160年，树高10.0m，胸径0.46m，冠幅6.0m×6.0m。生长旺盛。土壤为矿质黄泥土；坡向西南；坡度15°。权属：个人，管护单位或个人：邓广安、牟启万，编号：22。H=290m。

巴南区姜家镇文石村雾漏洞社茅铁坡（图9-11-15）

树龄110年，树高13.0m，胸径0.46m，冠幅6.0m×6.0m。生长旺盛；土壤为矿质黄泥土。权属：个人；管护单位或个人：鲜维金，编号：25。H=260m。

巴南区姜家镇文石村龙井坝石坝湾

树龄100年，树高11.0m，胸径0.38m，冠幅5.0m×3.0m。生长旺盛；土壤为矿质黄泥土。权属：集体；管护单位或个人：龙井坝社，编号：26。H=260m。

巴南区木洞镇海眼村9社（原高石村4社）大湾（图9-11-16）

树高30.0m，胸径0.64m，冠幅15.0m×10.0m。树冠伞形，生长旺盛。权属：集体；管护单位或个人：海眼村9社，编号：1。H=450m。

巴南区木洞镇钱家湾村 14社向阳长五间（图9-11-16）

树高30.0m，胸径0.65m，冠幅10.0m×10.0m。生长一般。权属：集体；管护单位或个人：钱家湾村14社，编号：8。H=500m。

巴南区跳石镇天坪村三社(新屋)

树龄500年，树高3.0m，胸径0.96m。编号：BNGSMM096，挂牌单位：巴南区人民政府。挂牌号：01，管护单位或个人：徐行。

巴南区石龙镇大园村白果子社白果树屋基（图9-11-17）

树龄250年，树高10.0m，胸径1.78m，冠幅8.0m×8.0m。编号：BNGSMM115，挂牌单位：巴南区人民政府。管护单位或个人：姜文伦。

巴南区石龙镇大兴村湾白果树（图9-11-17）

树龄300年，树高12.0m，胸径0.90m，冠幅3.0m×3.0m。编号：BNGSMM131，挂牌单位：巴南区人民政府。管护单位或个人：王德宝。

图9-11-17 巴南区石龙镇
（注：1. 五斗村水库社黑岩；2、3. 大园村白果子社白果树屋基；4. 大兴村湾白果树）

巴南区石龙镇五斗村水库社黑岩（图9-11-17）

树龄300年，树高10.0m，胸径1.23m，冠幅4.0m×4.0m。编号：BNGSMM136，挂牌单位：巴南区人民政府。管护单位或个人：黄礼。

巴南区石龙镇合路村艾子湾

树龄250年，树高10.0m，胸径1.36m，冠幅6.0m×6.0m。生长一般。坡向东，坡度5°；土壤为沙壤。编号BNGSMM143，挂牌单位：巴南区人民政府。权属：国有，管护单位或个人：鲜光裕。H=600m。

巴南区天星寺镇芙蓉村天心寺庙内（图9-11-18）

树龄600年，树高50.0m，胸径1.50m，冠幅13.0m×13.0m。编号：BNGSMM170，挂牌单位：巴南区人民政府。管护单位或个人：张永生。

巴南区天星寺镇芙蓉村学堂堡社祠堂黄万志地坝边02号

树龄100年，树高40.0m，胸径0.72m，冠幅8.0m×8.0m。生长旺盛。坡度5°。编号：BNGSMM171，挂牌单位：巴南区人民政府。权属：集体，管护单位或个人：邓德权。H=620m。

巴南区天星寺镇花房村黄草坪社石坝屋基朝门（图9-11-18）

树龄110年，树高50.0m，胸径0.73m，冠幅15.0m×15.0m。坡度5°；土壤为沙壤。生长旺盛，冠幅近伞形。为2株合生：在第一分枝处2株树的干呈合生状，似夫妻相拥。编号：BNGSMM172，挂牌单位：巴南区人民政府。权属：集体，管护单位或个人：邓田绿。H=620m。

长寿区义和乡围子湾溪边

3株合生。雌株，树高25.0m，胸径1.24m，该树生长在一条小溪沟旁，三面为水稻田，一面与农家住房相邻。该树现为3株合生，从左往右用1、2、3进行编号，编号1和3均为双干。编号1的树干围径为3.88m，2号树干围径为2.64m，3号树干围径为3.32m，目测树高均在25.0m以上。该树人工授粉后年产量曾达到2t（带外种皮产量）。1958年被雷击后风吹断了一些大枝，2001年农网改电时又砍掉好几个大枝。该树根分布很广。经测量，在距树南边16.5m的田埂上可见10cm粗的根。在北边距树20.0m远的农户家内能挖到银杏树的根；在水田中40.0m远处也可见到银杏的根。在银杏树冠下明显见到很多盘根错节的根。1985年的《长寿县志》记载“……围子湾溪边有3株”。值得深入研究。在2号与3号树之间可以看到一个明显的树残体凸起，从基部看，编号为1和2的树是连体的，2号树是1号树的根蘖。

长寿区一花园小区内

雌花类型丰富。雌株，树高22.0m，胸径0.89m，这株树现处于一花园小区内，四周均有住房。在修建房屋时，树体的大枝受到较大的伤害，被人为截断多处。同时，由于人们对银杏树的迷信，常有人来割树皮，使得树心腐烂。这株银杏树的雌花类型很丰富，有柄双胚珠占29.4%，单柄3胚珠占5.14%，单总柄二歧分出3胚珠占3.74%，总柄二歧分出4胚珠占31.31%，单总柄二歧分出5胚珠占17.80%和单总柄多歧分出多胚珠占12.61%。共6种类型。

彭水县桑柘镇峰柏村8组白果园（图9-11-19）

唐朝银杏（也有说汉代银杏），“千年银杏王”，树中“老寿星”，“世界爷”，复干银杏。雄株，树龄约1000年，树高30.0m，胸径4.60m，枝下高6.0m，冠幅20.0m×20.0m。树身挂有“古树名木”保护牌。生长良好，冠偏，不规整。有“树上生树”的现象：10.0m处生长有3株棕榈，均较小，较细；树身3m以下密布有苔藓类植物。根部在西侧裸露，高1.8m，长2.0m。母干向南侧倾斜，倾角15°，表皮深裂，相当粗糙，干身南侧从基部至12.0m处树皮发白，纵裂呈规则状，并有瘤状物分布（圆形），据说为萌芽；干西南侧5.0m、6.0m处有基径分别为0.30m、0.40m的两个枝断折，分枝均粗而不规则，呈盘曲状向周围延伸而去。复干35个，其胸径范围为0.05～0.5m，高度范围为1.8～15.0m，距母干最远的250cm，最近的则与母干呈合生状。萌蘖数以千计，密布于母干西、南和东南三侧，其中西南侧均紧贴母

图9-11-18 巴南区天星寺镇
（注：1. 花房村黄草坪社石坝屋基朝门；2. 芙蓉村天心寺庙内）

干生长，其他两侧距母干5～10cm；萌蘖总体高度范围为0.01～5.0m。复干东侧5.0m处散布有小型树瘤。其根穿百米之外，主干基部上至2.0m处，已空成一穴，南北向，中可容三四个人，其间生有白果幼苗3株，高1.0m许，若假山盆栽；上至7.0m处，干周丛生数百株白果幼枝，如花团簇拥。至8.0m有两处侧枝断痕，一枝系1982年7月为大风所折损；另一枝系2005年7月折断，断枝径1.38m，打毁房屋2间，人畜幸免。沿主干再上至18.0m，主枝一分为二，枝围3.0～4.0m，其分杈处干壁附生棕榈若干，高约6.0m。分枝间有一圆形穴凼，周长1.3m，深达5.0m，其中水如浓茶，略带腥气，疑为雨水与枯叶灌注其间沤化而成也。干周及枝丫间，藤蔓如龙蛇走，似铁索悬，可攀援上下。据介绍，该树根部裸露而出的原因为修缮公路所致。该树南侧立有一碑，据说为一名专门研究中国历史文化的留洋生所刻，为遮掩所立碑后的树洞，碑名曰“白果园白果树记”，石碑立于1857年腊月初一，宽1.0m、高1.87m，对树的来源、形态和保护全面记载。树干周围丛生数百株小银杏，较大复干5个，人称为“世代同堂银杏”。该树被当地居民称为“千年银杏王”、树中“老寿星”、“世界爷”。距该树东南侧10.0m处还有一雌株银杏，高20.0m，胸径0.51m，其西侧紧贴树干立有一牌和一座小型寺庙。其东北侧挂有两牌，一个木质，另一个铁质。N=27° 27′ 15.9″，E=105° 21′ 04″，H=1107m。

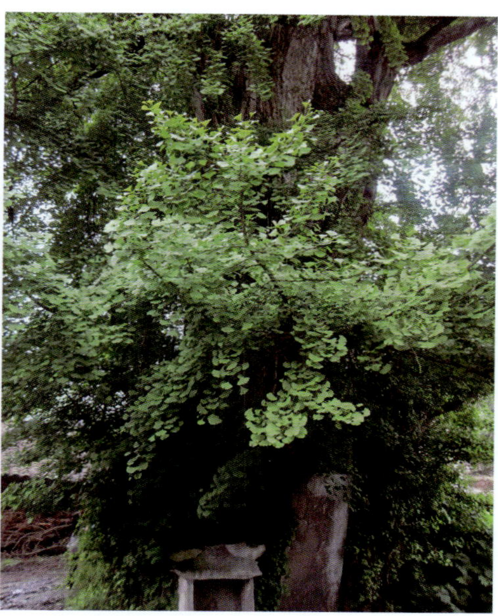

图9-11-19 彭水县桑柘镇峰柏村8组白果园

彭水县龙塘乡中心村

空堂树。树龄1000年，树高30.0m，胸径2.40m，该银杏部分树皮倒长（垂乳），倒长的树皮接触地面的泥土后，长成了树根。这棵古银杏树生长在一农家院旁，树干极粗，8个成人才能围抱，根部还有一个直径近1.2m的树洞，四五个孩子在里面做游戏一点不觉得拥挤。树洞长出3株银杏，高度1.0m多。在主干高15.0m处长有2株棕树，古树干上还有紫藤缠绕。

彭水县龙塘乡双龙村3组铁石岍

“树生树”，复干银杏。雌株，树龄1000年，树高30.0m，胸径2.50m，枝下高2.2m，冠幅21.0m×22.0m，位于村落小路边的边坡地带，生长旺盛，树冠紧凑，树身密布有苔藓类植物；有“树生树”现象：母干西侧5.0m处着生有一株高1.5m的棕榈。根部在东、西两侧部分裸露，其中东侧在水平面上呈盘曲状与岩石相交错而生，裸露面积48.0m^2；西侧裸根面积3.7m^2。母干较直，中空，东侧1.2m以下呈明显不规则分棱状，西侧8.0m以下有大面积剥皮和火烧现象。分枝粗，基径0.20～0.50m，达12个之多，大多竖直向上伸展。西北有2个分枝，其中一枝基为0.5m，沿北侧向上斜展；另一枝垂直向下，从12.0m处被截后，又抽生出一枝，向西侧水平斜展而去；枝叶繁茂。复干5个，其胸径范围为：0.15～0.25m，2个；0.35～0.45m，1个；0.45～0.55m，1个；0.65～0.75m，1个；高度范围为：6.0～28.0m；距母干最远20cm，最近则紧贴母干生长。第1复干，胸径0.66m；第2复干，胸径0.48m；第3复干，胸径0.43m；第4复干，胸径0.2m；第5复干，胸径0.18m。萌蘖200个，均呈干枯状，集中分布于母干西、南两侧，其中西侧30个，呈簇生状生长于第1复干与母干的间隙；南侧则按80cm的间距分作4丛，每丛均呈簇生状。与该树共生的树种有刚竹、香椿、泡桐、柏木。（编号：198，管护单位：组集体。N=29° 2′ 42.1″，E=107° 58′ 12.1″，H=1062m。

彭水县龙塘乡双龙村2组谢家湾

树龄110年，树高23.0m，胸径0.89m，冠幅12.0m×12.0m。编号：234，管护人：庹得体。

彭水县龙塘乡双龙村3组邓家大院

树龄180年，树高26.0m，胸径1.43m，冠幅12.0m×12.0m。编号：236，管护单位：组集体。

彭水县龙塘乡石元村1组梨子堡

树龄200年，树高23.0m，胸径0.67m，冠幅20.0m×20.0m。编号：148，管护人：传云。

彭水县龙塘乡石元村1组梨子堡

树龄120年，树高10.0m，胸径0.48m，冠幅15.0m×15.0m。编号：149。管护人：传恩文。

彭水县龙塘乡石元村1组小家屋

树龄220年，树高15.0m，胸径0.80m，冠幅10.0m×10.0m。编号：150。管护人：刘天兵。

彭水县龙塘乡石元村1组石元子

树龄150年，树高24.0m，胸径0.73m，冠幅30.0m×30.0m。编号：154。管护人：刘成山。

彭水县龙塘乡双元村3组冒名沟

树龄200年，树高27.0m，胸径0.89m，冠幅20.0m×20.0m。编号：178。管护人：卢朝海。

彭水县龙塘乡桃园村1组石板沟

树龄200年，树高25.0m，胸径0.70m，冠幅20.0m×20.0m。编号：192。管护人：吴承刚。

彭水县龙塘乡桃园1组文家

树龄150年，树高27.0m，胸径0.96m，冠幅10.0m×10.0m。编号：198。管护单位：文家12户。

彭水县龙塘乡桃园村2组石坎子

树龄100年，树高24.0m，胸径0.80m，冠幅20.0m×20.0m。编号：202。管护人：吴成平等2户。

彭水县龙塘乡桃子村2组亘厂湾

树龄300年，树高26.0m，胸径1.18m，冠幅20.0m×20.0m。编号：203。管护人：张兆伦。

彭水县龙塘乡桃子村1组丛塘

树龄130年，树高27.0m，胸径0.64m，冠幅10.0m×10.0m。编号：207。管护人：万信华。

彭水县桑柘镇李家居委6组石窝（图9-11-20）

复干银杏。雌株，树龄150年，树高22.0m，胸径0.96m，枝下高1.5m，冠幅16.0m×16.0m，位于村落农田中。树冠卵圆形，生长旺盛。每干从基部到1.5m处、2.0～2.5m呈不规则的膨大状，树身12.0m散布处有若干小型树洞。分枝不规则，枝叶繁茂。复干1个，高12.0m，胸径0.55m，紧贴母干生长。编号：493。

图9-11-20 彭水县桑柘镇李家居委6组石窝

图9-11-21 彭水县桑柘镇李家居委6组清水田
（注：2. 附近一株胸径0.38m银杏）

彭水县桑柘镇李家居委6组清水田（图9-11-21）

垂乳银杏，复干银杏。雌株，树龄250年，树高22.0m，胸径2.00m，枝下高0.5m，冠幅16.0m×16.0m，位于村落路边。树冠不规整，生长旺盛。有"树生树"现象，在5m处分枝基部生长有一株香椿，高0.5m，胸径0.05m。母干内侧呈腐朽状，内外侧均萌生出几十株萌条，内侧较粗，外侧稍显细，且已从0.15～0.25m处被截；偶有重新发枝现象；2m以下呈膨大状；基部到1.6m处有一树洞，宽27～35cm；偶有剥皮现象。在5m处分作3大枝，基径0.40～0.50m。叶小，有些枝干已干枯。复干2个，第1复干，胸径0.55m，倾斜，倾角20°，高15.0m，与母干在0.5m以下合生；第2复干，胸径0.32m，与母干在0.8m以下合生。萌蘖50个，呈散生状，较小，距母干最近则紧贴母干生长，最远达20cm。垂乳15个，大多分布于母干南侧0.5m处，长15cm，宽0.05m，其他均呈瘤状生长；其中东侧一个于基部发出新芽。距该树西侧20m处有小银杏一株，雌株，树高25.0m，胸径0.38m，枝下高6.0m，生长旺盛，干直，明显，上有苔藓类植物分布。与该树共生的树种有杉木、桑树、柏香、棕榈。

彭水县桑柘镇李家居委1组白角堂

树龄310年，树高25.0m，胸径0.76m，冠幅16.0m×16.0m。编号：684，管护单位：组集体。

彭水县桑柘镇李家居委1组白角堂

树龄300年，树高24.0m，胸径0.76m，冠幅15.0m×15.0m。编号：685，管护单位：组集体。

彭水县桑柘镇李家居委2组大树子

树龄300年，树高22.0m，胸径0.76m，冠幅18.0m×18.0m。编号：686，管护单位：组集体。

彭水县桑柘镇李家居委2组水井湾

树龄800年，树高21.0m，胸径0.86m，冠幅12.0m×12.0m。编号：687，管护单位：组集体。

彭水县平安乡鹿坪村8组桐油坪

树龄550年，树高30.0m，胸径1.91m，冠幅17.0m×17.0m。编号：6，管护人：黄文太。

彭水县平安乡鹿坪村6组窝沱

树龄130年，树高20.0m，胸径0.55m，冠幅14.0m×14.0m。编号：9，管护人：段子明。

彭水县平安乡平安村公共服务中心

树龄100年，树高18.0m，胸径0.57m，冠幅15.0m×15.0m。编号：19，管护单位：村集体。

彭水县平安乡平安村公共服务中心

树龄150年，树高25.0m，胸径0.80m，冠幅

25.0m×25.0m。编号：20，管护单位：村集体。

彭水县普子镇大龙桥村2组学校

树龄300年，树高13.0m，胸径0.53m，冠幅8.0m×8.0m。编号：32，管护单位：组集体。

彭水县龙射镇凉风村4组窑罐厂

树龄500年，树高29.0m，胸径1.43m，冠幅17.0m×17.0m。编号：59，管护单位：组集体。

彭水县龙射镇凉风村3组敲梆岭

树龄500年，树高38.0m，胸径1.40m，冠幅13.0m×13.0m。编号：53，管护单位：组集体。

彭水县龙射镇沿河村4组新房子

树龄400年，树高22.0m，胸径1.11m，冠幅13.0m×13.0m。编号：50，管护人：侯开明等4户。

彭水县龙溪乡老桥村8组大湾

树龄250年，树高30.0m，胸径0.92m，冠幅18.0m×18.0m。编号：108，管护人：王建华。

彭水县小厂乡大河村3组树林

树龄120年，树高20.0m，胸径0.80m，冠幅4.0m×4.0m。编号：103，管护人：刘秀均。

彭水县石盘乡香树村4组齐元子

树龄150年，树高22.0m，胸径0.86m，冠幅14.0m×14.0m。编号：334，管护人：宁生林。

彭水县石盘乡石新村10组黄宁堡

树龄210年，树高31.0m，胸径0.76m，冠幅5.0m×5.0m。编号：305，管护人：冯学金。

彭水县石盘乡石新村10组黄宁堡

树龄210年，树高25.0m，胸径0.69m，冠幅8.0m×8.0m。编号：306，管护人：冯学金。

彭水县汉葭镇柏香村阿依河入口

树龄300年，树高35.0m，胸径1.02m，冠幅20.0m×20.0m。编号：458，管护单位：阿依河公园。

彭水县大垭乡大垭村6组米草坝

树龄300年，树高30.0m，胸径1.16m，冠幅20.0m×20.0m。编号：352，管护单位：组集体。

彭水县三义乡红升村2组扁梁子

树龄550年，树高28.0m，胸径1.71m，冠幅22.0m×22.0m。编号：472，管护人：严茂于。

彭水县三义乡五峰村3组红岩子

树龄600年，树高31.0m，胸径1.87m，冠幅26.0m×26.0m。编号：473，管护人：刘相余。

彭水县三义乡小坝村6组白果园

树龄300年，树高20.0m，胸径1.31m，冠幅18.0m×18.0m。编号：465，管护人：李绍明。

彭水县三义乡小坝村6组白果园

树龄300年，树高25.0m，胸径1.21m，冠幅19.0m×19.0m。编号：466，管护人：李绍明。

彭水县三义乡小坝村6组白果园

树龄320年，树高25.0m，胸径1.37m，冠幅24.0m×24.0m。编号：468，管护人：李绍明。

彭水县棣棠乡牌楼7组白果树堡

树龄280年，树高21.0m，胸径1.50m，冠幅16.0m×16.0m。编号：501，管护人：任春光。

彭水县鹿鸣乡合理村5组白果树

树龄500年，树高28.0m，胸径2.52m，冠幅17.0m×17.0m。编号：509，管护人：何中山。

彭水县鹿鸣乡合理村5组下院子

树龄250年，树高30.0m，胸径0.80m，冠幅19.5m×19.5m。编号：510，管护人：何中宪。

彭水县梅子乡梅花村6组大院坝

树龄150年，树高40.0m，胸径1.05m，冠幅20.0m×20.0m。编号：519，管护人：任正志。

彭水县梅子乡梅花村4组中间堡

树龄130年，树高35.0m，胸径1.02m，冠幅16.0m×16.0m。编号：537，管护人：何德乾。

彭水县梅子乡合力村4组屋基坝

树龄110年，树高20.0m，胸径0.76m，冠幅10.0m×10.0m。编号：525，管护人：任永金。

彭水县梅子乡甘泉村4组李家寨

树龄210年，树高30.0m，胸径1.24m，冠幅12.0m×12.0m。编号：532，管护人：李元禄。

彭水县梅子乡佛山村7组邓家村

树龄100年，树高40.0m，胸径0.89m，冠幅15.0m×15.0m。编号：554，管护人：冯广茂。

彭水县迁乔乡三合村5组学堂

树龄300年，树高45.0m，胸径1.27m，冠幅35.0m×35.0m。编号：594，管护人：冉光海。

彭水县走马乡走马村8组瓦店子

树龄120年，树高43.0m，胸径0.86m，冠幅11.5m×11.5m。编号：599，管护人：李世清。

彭水县黄家镇金池村2组安家岭

树龄150年，树高34.0m，胸径0.70m，冠幅15.0m×15.0m。编号：625，管护人：度文先。

彭水县黄家镇白沙河4组严家寨

树龄250年，树高30.0m，胸径1.43m，冠幅13.0m×13.0m。编号：626，管护单位：组集体。

彭水县黄家镇白沙河4组严家寨

树龄250年，树高28.0m，胸径0.73m，冠幅18.0m×28.0m。编号：627，管护单位：组集体。

彭水县润溪乡白果村3组白果坪

树龄250年，树高15.0m，胸径1.11m，冠幅17.0m×17.0m。编号：802，管护单位：组集体。

彭水县鞍子乡新式村6组双龙洞

树龄120年，树高19.0m，胸径0.57m，冠幅12.0m×12.0m。编号：920，管护人：严久奎。

彭水县鞍子乡新式村9组长干子

树龄350年，树高25.0m，胸径1.34m，冠幅10.0m×10.0m。编号：934，管护人：何友强。

彭水县石柳乡正洞坪村8组上坝

树龄580年，树高50.0m，胸径1.53m，冠幅20.0m×20.0m。编号：144，管护人：陈铎瑞。

彭水县长滩乡白溪村6组岭上

树龄230年，树高20.0m，胸径1.21m，冠幅14.0m×14.0m。编号：240，管护人：廖福权。

石柱县石家乡石龙村石庙组

胸径1.80m，树龄300年。

另外，在石柱县石家乡石龙村石庙组的大森林里发现了一个古银杏群。该古银杏群共有银杏树28棵。

石柱县石家乡石龙村六组秦家湾

树龄202年，树高24.0m，胸径0.76m，冠幅7.0m×7.0m，长势旺盛。管护人：冉从福，市编号：CQSZ0394。

石柱县石家乡石龙村六组桃子口

树龄202年，树高18.0m，胸径0.76m，冠幅6.5m×6.5m，长势一般。管护人：冉从福，市编号：CQSZ0397。

石柱县石家乡石龙村六组改薄湾

树龄302年，树高21.0m，胸径0.83m，冠幅6.0m×6.0m，长势旺盛。管护人：冉从福，市编号：CQSZ0398。

石柱县石家乡石龙村六组改薄湾

树龄302年，树高18.0m，胸径1.08m，冠幅7.0m×7.0m，长势旺盛。管护人：冉从福，市编号：CQSZ0399。

石柱县石家乡安桥村姚家组姚家院子

清代“活文物”。树龄122年，树高26.0m，胸径1.02m，冠幅8.0m×8.0m，长势旺盛。管护单位：乡政府，市编号：CQSZ0403。

石柱县沙子镇鱼泉村三组王家院子

雌株，树龄800年，树高50.0m，胸径1.50m，枝下高3.6m，冠幅30.0m×30.0m。这棵银杏树一年就能摘500kg果子，可卖5000多元人民币。丰年时收入可达一万多元，够全家一年的生活。

石柱县沙子镇鱼泉村中堂组上院子

树龄100年，树高30.0m，胸径0.32m，冠幅10.0m×10.0m，长势旺盛。管护人：支书夏光安，市编号：CQSZ0173。

石柱县沙子镇龙源村三塘组

树龄1100年，胸径1.27m，据久居该地的《周姓家族族谱》记载，这棵银杏树是石柱县迄今发现的最古老的银杏树。古银杏树底部腐烂成空洞，可安放一张八仙桌。

石柱县沙子镇沙子村银杏组王家院子

树龄130年，树高36.0m，胸径0.51m，冠幅10.0m×10.0m，长势旺盛。管护人：社长，市编号：CQSZ0171。

石柱县沙子镇沙子村银杏组王家院子

树龄130年，树高36.0m，胸径0.51m，冠幅10.0m×10.0m，长势旺盛。管护人：社长，市编号：CQSZ0172。

石柱县沙子镇沙子村银杏组王家院子

树龄120年，树高15.0m，胸径0.70m，冠幅5.0m×5.0m，长势旺盛。管护人：社长，市编号：CQSZ0154。

石柱县沙子镇星光村新合组王冲坝

树龄100年，树高30.0m，胸径0.48m，冠幅10.0m×10.0m，长势旺盛。管护人：李志发，市编号：CQSZ0156。

石柱县沙子镇桃园村桃子园组桃子园

树龄120年，树高15.0m，胸径0.50m，冠幅15.0m×15.0m，长势旺盛。管护人：谭地宜，市编号：CQSZ0157。

石柱县沙子镇桃园村桃子园组桃子园

树龄120年，树高30.0m，胸径0.45m，冠幅12.0m×12.0m，长势旺盛。管护人：谭地宜，市编号：CQSZ0158。

石柱县沙子镇桃园村桃子园组烂池子

树龄110年，树高25.0m，胸径0.53m，冠幅12.0m×12.0m，长势旺盛。管护人：谭地兴，市编号：CQSZ0159。

石柱县沙子镇桃园村新鱼组鱼泉坝

树龄300年，树高14.0m，胸径0.57m，冠幅10.0m×10.0m，长势旺盛。管护人：李家成，市编号：CQSZ0160。

石柱县沙子镇桃园村新鱼组新院子

树龄200年，树高20.0m，胸径0.60m，冠幅10.0m×10.0m，长势旺盛。管护人：李家成，市编号：CQSZ0162。

石柱县沙子镇鱼泉村石拱坪组进口塘

树龄180年，树高35.0m，胸径0.64m，冠幅12.0m×12.0m，长势旺盛。管护人：社长，市编号：CQSZ0165，移植处理。

石柱县沙子镇兴隆村兴胜组老鸽坝

树龄100年，树高30.0m，胸径0.54m，冠幅10.0m×10.0m，长势旺盛。管护人：村长刘学林，市编号：CQSZ0166。

石柱县沙子镇兴隆村兴胜组谭家弯院子

树龄100年，树高30.0m，胸径0.25m，冠幅10.0m×10.0m，长势旺盛。管护人：村长刘学林，市编号：CQSZ0167。

石柱县沙子镇兴隆村兴胜组谭家弯院子

树龄200年，树高40.0m，胸径0.64m，冠幅10.0m×10.0m，长势旺盛。管护人：村长刘学林，市编号：CQSZ0168。

石柱县沙子镇兴隆村马栏坝组对河坝

树龄100年，树高28.0m，胸径0.32m，冠幅10.0m×10.0m，长势旺盛。管护人：社长陈明香，市编号：CQSZ0169。

石柱县沙子镇兴隆村上坝组大石坝

树龄100年，树高28.0m，胸径0.38m，冠幅10.0m×10.0m，长势旺盛。管护人：支书陶万忠，市编号：CQSZ0170。

石柱县龙沙镇永丰村玉山组范家坪（图9-11-22）

垂乳银杏，“树生树”。雌株，树龄150年，树高22.0m，胸径1.15m，枝下高3.2m，冠幅14.0m×14.0m，位于村落附近的边坡地带。树冠伞形，生长旺盛。西面的基部有大面积剥皮现象；有“树生树”现象：8m

图9-11-22　石柱县龙沙镇永丰村玉山组范家坪
（注：箭头示垂乳）

分枝基部生长有慈竹。根部稍有裸露。母干直，明显，基部呈不规则的分棱状。分枝不规则，集中分布于8m处，呈簇生状，基径0.30～0.50m。枝叶繁茂。垂乳1个，位于干南侧的分枝基部，基径0.03m，长10cm。果大。与该树共生的树种有慈竹、杉木、柏香。该树编号：CQSZ0223。

石柱县龙沙镇老林村平桥组易家山

树龄150年，树高30.0m，胸径1.43m，冠幅13.0m×13.0m，长势一般。管护人：马培俊，市编号：CQSZ0217。

石柱县龙沙镇青龙村青杠组付治海屋侧边

树龄150年，树高30.0m，胸径1.10m，冠幅20.0m×20.0m，长势一般。管护人：谭奇发，市编号：CQSZ0219。

石柱县龙沙镇长坪村关井组地坝

树龄110年，树高18.0m，胸径0.69m，冠幅14.0m×14.0m，长势一般。管护人：陈以林，市编号：CQSZ0225。

石柱县龙沙镇长坪村崇远组木场椏口

树龄110年，树高15.0m，胸径0.61m，冠幅14.0m×14.0m，长势一般。管护人：曾君伟，市编号：CQSZ0229。

石柱县龙沙镇长坪村崇远组大坝

树龄120年，树高16.0m，胸径0.58m，冠幅14.0m×14.0m，长势一般。管护人：谭地群，市编号：CQSZ0230。

石柱县中益乡盐井村龙塘组谭香坝a（图9-11-23）

垂乳银杏，“树生树”。雌株，树龄150年，树高20.0m，胸径0.95m，枝下高2.5m，冠幅10.0m×8.0m，位于村落路边的边坡地带。树冠伞形，生长旺盛，有“树生树”现象；树身密被苔藓类植物。根沿北侧坡面裸露，面积1.5m^2，其中2条较粗者向坡面北侧延伸达2.0m，基径分别为0.15m、0.20m。母干端直，明显，并于北侧基部膨大。分枝呈对生状，斜向下延展。枝叶繁茂。垂乳5个，生长于干北侧基部东、北两侧，基径0.03～0.15m，长3.0～8.0cm。与该树共生的树种有鸢尾、慈竹、香椿。管护人：谭地珍，市编号：CQSZ0467。

石柱县中益乡盐井村龙塘组谭香坝b（图9-11-23）

垂乳银杏。雌株，树龄150年，树高22.0m，胸径1.08m，枝下高2.2m，冠幅9.0m×10.0m，位于村落附近的边坡地带，南侧为矮崖。冠偏，生长旺盛。树身密被苔藓类植物。根系在北侧沿坡面裸露，面积0.8m^2。母干端直，1.6m处有膨大现象。分枝大致呈轮生状，间距0.3m，均较细，8.0m处有7个分枝从基部断折，基径0.15～0.18m。枝叶繁茂。东侧5.0m处有瘤状物1个，基径达0.22m。与该树共生的树种有八角、慈竹。管护人：谭地兰，市编号：CQSZ0468。该处有2株，上株在该株东侧25m处。

石柱县中益乡盐井村龙塘组谭香坝

树龄150年，树高23.0m，胸径1.18m，冠幅18.5m×18.5m，长势旺盛。管护人：谭地宪，市编号：CQSZ0469。

石柱县中益乡盐井村龙塘组谭香坝

树龄150年，树高25.0m，胸径1.02m，冠幅16.0m×16.0m，长势旺盛。管护人：谭地宪，市编号：CQSZ0470。

石柱县中益乡盐井村长峰组座坟坝a（图9-11-24）

雌株，树龄200年，树高25.0m，胸径1.10m，枝下高2.5m，冠幅15.8m×12.2m，位于村落附近的边坡地带。树冠伞形，生长旺盛。基部0.05～1.5m处有不规则的分棱现象。母干明显，端直。分枝不规则，基部膨大，盘曲交错向四周延伸而去。管护人：谭登碧，市编号：CQSZ0466。重庆中核通恒公司修水电站将移植（高台电站）。

石柱县中益乡盐井村长峰组座坟坝b（图9-11-24）

雌株，树龄210年，树高25.0m，胸径1.15m，枝下高2.5m，冠幅14.5m×12.5m，位于村落路边边坡。冠偏，生长旺盛。树洞2个，一个位于树身一侧1.8m处，长22cm，宽5cm；另一个则位于该树基部，长12cm，宽8cm。母干端直，明显。分枝于8m处分作两大枝后，集中倾向于南侧。枝叶繁茂。该处有古树2株，该树位于上株西侧15m处。2株总结果量达500～1000kg/年。管护人：谭登碧，市编号：CQSZ0465。重庆中核通恒公司修水电站将移植（高台电站）。

石柱县中益乡华溪村街上组场背后南侧1株（图9-11-25）

雌株，树龄170年，树高22.0m，胸径0.99m，枝下高2.2m，冠幅18.4m×17.2m，位于村落小径旁。树冠阔伞形，生长旺盛。树身有苔藓类植物分布。主干端直，明显，0.8m以

图9-11-23 石柱县中益乡盐井村龙塘组谭香坝
（注：1、4. a；2. b；3. 右b左a；箭头示垂乳）

图9-11-24 石柱县中益乡盐井村长峰组座坟坝
（注：1. a、b；2. a；3. b）

图9-11-25 石柱县中益乡华溪村街上组场背后
（注：1. 北侧；2. 南侧）

下、2.0～2.5m间有膨大现象。分枝大致呈轮生状，间距0.5m，分枝较粗，最粗者基径达0.3m，枝叶繁茂。管护人：谭宁汉，市编号：CQSZ0497。

石柱县中益乡华溪村街上组场背后北侧1株（图9-11-25）

雌株，树龄150年，树高20.0m，胸径0.83m，枝下高0.8m，冠幅13.5m×12.5m，位于村落小径旁。树冠阔伞形，生长旺盛。母干端直，明显。分枝不规则，其中在1.0m处一分枝呈膨大状，膨大处抽生出散生状萌条。枝叶繁茂，干2.0m处有膨大现象。

该处分布有2株，相距20.0m，该树位于上株北侧。与该树共生的树种有香椿、山茱萸、杉木。管护人：谭宁汉，市编号：CQSZ0498。

石柱县中益乡光明村前进组三丈坝（图9-11-26）

垂乳银杏。雌株，树龄300年，树高23.0m，胸径1.31m，枝下高2.2m，冠幅15.2m×10.0m，位于村落边坡林带。根系在西侧沿墙切面裸露，面积达1.0m^2。母干端直，明显，东侧0.8～1.0m处有不规则的分棱现象；0.8m以下有剥皮现象，宽5～15cm。分枝多而不规则；东侧2.3m处、3.5～3.8m处有5个分枝被截，其中2.3m处基径0.25m，3.0m处基径0.30m，其余基径为0.08～0.10m。枝叶繁茂。萌蘖1个，分布于母干北侧，较粗，高2.0m，距母干22cm。垂乳9个，其中2.2m的分枝处，3个，呈瘤状生长，基径0.05～0.10m；根部，6个，均较小，基径0.03～0.05m，长5.0～10.0cm。果小，结果量100～400kg/年（结果量最大是在人工授粉时所计）。与该树共生的树种有慈竹、山茱萸、柳杉。管护人：秦中奎，市编号：CQSZ0543。

石柱县中益乡光明村上进组龙山头（图9-11-27）

雌株，树龄300年，树高20.0m，胸径1.30m，枝下高1.8m，冠幅13.0m×11.0m，位于村落房前屋后。树冠椭圆形，紧凑，将其旁边的房屋遮掩其中，生长旺盛。东侧0.6m以下有树洞1个，宽20.0cm。主干端直，明显，树桩一半于2.8m以下在南侧生长于石砌墙中，基部不规则的分棱状。分枝不规则。因修建房屋之故，分枝于东、南两侧6.0～12.0m处均被砍，基径0.1～0.15m，长3.0～22.0cm。枝叶繁茂，0.5～0.8m处生长有细小萌条。与该树共生的树种有棕榈、慈竹。市编号：CQSZ0523。

石柱县中益乡坪坝村石桥组上院子

树龄100年，树高20.0m，胸径0.64m，冠幅12.0m×12.0m，长势旺盛。管护人：王应轩，市编号：CQSZ0450。该树已做移植处理或已不存在。

石柱县中益乡坪坝村石桥组上院子

树龄110年，树高20.0m，胸径0.70m，冠幅10.0m×10.0m，长势旺盛。管护人：谭久祥，市编号：CQSZ0451。

石柱县中益乡坪坝村石桥组上院子

树龄150年，树高22.0m，胸径0.92m，冠幅15.5m×15.5m，长势旺盛。管护人：谭久荣，市编号：CQSZ0452。

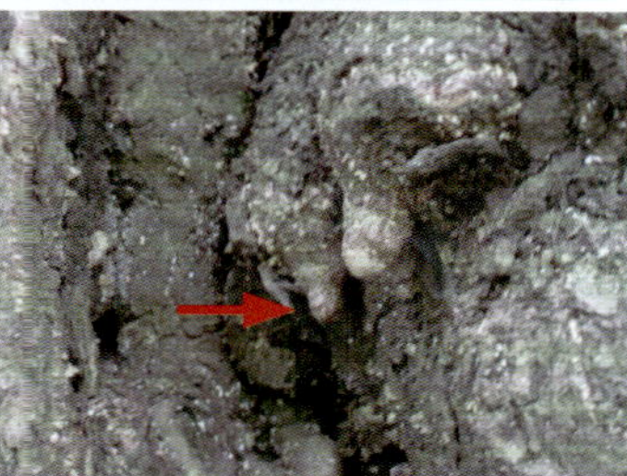

图9-11-26 石柱县中益乡光明村前进组三丈坝
（注：箭头示垂乳）

图9-11-27 石柱县中益乡光明村上进组龙山头
（注：箭头示垂乳）

石柱县中益乡坪坝村石桥组石板溪河坝

树龄130年，树高22.0m，胸径0.80m，冠幅15.0m×15.0m，长势旺盛。管护人：谭本奇，市编号：CQSZ0453。

石柱县中益乡坪坝村石桥组石板溪河坝

树龄200年，树高25.0m，胸径1.43m，冠幅19.0m×19.0m，长势旺盛。管护人：阮光卫，市编号：CQSZ0454。

石柱县中益乡坪坝村石桥组石砂塘

树龄150年，树高22.0m，胸径1.31m，冠幅15.0m×15.0m，长势旺盛。管护人：李光庭，市编号：CQSZ0455。

石柱县中益乡坪坝村田坝组白果坝

树龄150年，树高22.0m，胸径1.34m，冠幅16.0m×16.0m，长势旺盛。管护人：黄得荣，市编号：CQSZ0456。

石柱县中益乡坪坝村田坝组围子坝

树龄100年，树高30.0m，胸径1.02m，冠幅17.5m×17.5m，长势旺盛。管护人：谭地超，市编号：CQSZ0457。

石柱县中益乡坪坝村田坝组围子坝

树龄150年，树高25.0m，胸径0.89m，冠幅11.0m×11.0m，长势较差。管护人：刘富贤，市编号：CQSZ0459。重庆中核通恒公司修水电站将移植（高台电站）。

石柱县中益乡坪坝村田坝组围子坝

树龄150年，树高30.0m，胸径1.02m，冠幅14.5m×14.5m，长势旺盛。管护人：敖为权，市编号：CQSZ0460。重庆中核通恒公司修水电站将移植（高台电站）。

石柱县中益乡坪坝村田坝组向家坝

树龄150年，树高25.0m，胸径1.15m，冠幅13.0m×13.0m，长势旺盛。管护人：向学枢，市编号：CQSZ0461。重庆中核通恒公司修水电站将移植（高台电站）。

石柱县中益乡坪坝村田坝组向家坝

树龄130年，树高20.0m，胸径0.95m，冠幅18.5m×18.5m，长势旺盛。管护人：聂国发，市编号：CQSZ0462。重庆中核通恒公司修水电站将移植（高台电站）。

石柱县中益乡盐井村长峰组杜家坝

树龄200年，树高25.0m，胸径1.27m，冠幅19.0m×19.0m，长势一般。管护人：马兹发，市编号：CQSZ0463。重庆中核通恒公司修水电站将移植（高台电站）。

石柱县中益乡盐井村长峰组后冲

树龄150年，树高25.0m，胸径1.05m，冠幅19.0m×19.0m，长势较差。管护人：谭人多，市编号：CQSZ0464。重庆中核通恒公司修水电站将移植（高台电站）。

石柱县中益乡盐井村龙塘组新田坝组

树龄150年，树高25.0m，胸径0.99m，冠幅20.0m×20.0m，长势旺盛。管护人：谭地宪，市编号：CQSZ0471。

石柱县中益乡盐井村龙塘组新田坝组

树龄120年，树高26.0m，胸径0.80m，冠幅10.0m×10.0m，长势旺盛。管护人：谭地宪，市编号：CQSZ0472。

石柱县中益乡盐井村龙塘组新田坝组

树龄150年，树高30.0m，胸径0.83m，冠幅15.0m×15.0m，长势一般。管护人：谭地宪，市编号：CQSZ0473。

石柱县中益乡盐井村龙塘组新田坝组

树龄150年，树高30.0m，胸径0.95m，冠幅16.0m×16.0m，长势旺盛。管护人：谭地宪，市编号：CQSZ0474

石柱县中益乡盐井村龙塘组新田坝组

树龄280年，树高32.0m，胸径1.27m，冠幅19.0m×19.0m，长势旺盛。管护人：谭地宪，市编号：CQSZ0475。

石柱县中益乡盐井村龙塘组高台桥

树龄150年，树高26.0m，胸径0.95m，冠幅16.5m×16.5m，长势旺盛。管护人：谭地宪，市编号：CQSZ0476。

石柱县中益乡龙河村阳光组付家院子

树龄150年，树高23.0m，胸径1.02m，冠幅13.0m×13.0m，长势旺盛。管护人：付治格，市编号：CQSZ0484。

石柱县中益乡龙河村春光组王家坝

树龄100年，树高23.0m，胸径0.64m，冠幅7.0m×7.0m，长势旺盛。管护人：秦光奉，市编号：CQSZ0488。

石柱县中益乡龙河村春光组王家坝

树龄150年，树高25.0m，胸径1.34m，冠幅20.0m×20.0m，长势旺盛。管护人：冉龙礼，市编号：CQSZ0492。

石柱县中益乡龙河村春光组王家坝

树龄100年，树高18.0，胸径0.38m，冠幅12.0m×12.0m，长势一般。管护人：秦光奉，市编号：CQSZ0493。

石柱县中益乡龙河村春光组瓦叶冲

树龄150年，树高23.0m，胸径0.99m，冠幅18.0m×18.0m，长势旺盛。管护人：李光益，市编号：CQSZ0494。

石柱县中益乡龙河村春光组瓦叶冲

树龄100年，树高18.0m，胸径0.60m，冠幅10.0m×10.0m，长势旺盛。管护人：李光益，市编号：CQSZ0495。

石柱县中益乡龙河村春光组瓦叶冲

树龄150年，树高23.0m，胸径0.95m，冠幅10.0m×10.0m，长势一般。管护人：李光益，市编号：CQSZ0496。

石柱县中益乡光明村跃进组高二寺

树龄200年，树高26.0m，胸径1.21m，冠幅14.0m×14.0m，长势一般。管护人：郑昌林，市编号：CQSZ0500。

石柱县中益乡光明村跃进组老院子

树龄150年，树高24.0m，胸径 1.43m，冠幅12.0m×12.0m，长势一般。管护人：郑昌林，市编号：CQSZ0501。

石柱县中益乡光明村跃进组老院子

树龄140年，树高23.0m，胸径1.08m，冠幅14.0m×14.0m，长势旺盛。管护人：谭登丛，市编号：CQSZ0502。

石柱县中益乡光明村上进组茶园

树龄120年，树高18.0m，胸径0.95m，冠幅18.0m×18.0m，长势旺盛。管护人：谭登生，市编号：CQSZ0503。

石柱县中益乡光明村上进组茶园沟边

树龄150年，树高24.0m，胸径1.27m，冠幅8.0m×8.0m，长势旺盛。管护人：黄玉琼，市编号：CQSZ0504。

石柱县中益乡光明村上进组冉家塆屋侧边

树龄170年，树高20.0m，胸径1.27m，冠幅13.0m×13.0m，长势旺盛。管护人：张安学，市编号：CQSZ0505。

石柱县中益乡光明村上进组冉家院子屋后

树龄180年，树高23.0m，胸径1.24m，冠幅15.0m×15.0m，长势旺盛。管护人：郎显禄，市编号：CQSZ0506。

石柱县中益乡光明村上进组冉家院子屋后

树龄200年，树高20.0m，胸径1.27m，冠幅10.0m×10.0m，长势旺盛。管护人：谭地俊，市编号：CQSZ0507。

石柱县中益乡光明村上进组龙家院子

树龄200年，树高20.0m，胸径1.43m，冠幅14.0m×14.0m，长势旺盛。管护人：向大文，市编号：CQSZ0508。

石柱县中益乡光明村上进组龙家院子

树龄170年，树高20.0m，胸径1.21m，冠幅10.0m×10.0m，长势旺盛。管护人：赵登清，市编号：CQSZ0509。

石柱县中益乡光明村奋进组生基梁

树龄150年，树高20.0m，胸径0.80m，冠幅10.0m×10.0m，长势旺盛。管护人：刘定荣，市编号：CQSZ0510。

石柱县中益乡光明村奋进组生基梁

树龄180年，树高27.0m，胸径1.11m，冠幅13.0m×13.0m，长势旺盛。管护人：文珍群，市编号：CQSZ0512。

石柱县中益乡光明村奋进组生基梁

树龄200年，树高20.0m，胸径1.11m，冠幅12.0m×12.0m，长势旺盛。管护人：谭登胜，市编号：CQSZ0515。

石柱县中益乡光明村奋进组中恩头

树龄200年，树高20.0m，胸径1.43m，冠幅12.0m×12.0m，长势旺盛。管护人：易元江，市编号：CQSZ0511。

石柱县中益乡光明村奋进组山王石

树龄150年，树高23.0m，胸径0.95m，冠幅10.0m×10.0m，长势旺盛。管护人：谭登尤，市编号：CQSZ0516。

石柱县中益乡光明村奋进组山王石

树龄140年，树高23.0m，胸径0.89m，冠幅11.0m×11.0m，长势旺盛。管护人：谭登玉，市编号：CQSZ0517。

石柱县中益乡光明村奋进组段家坪

树龄 150年，树高26.0m，胸径1.11m，冠幅8.0m×8.0m，长势旺盛。管护人：杨昌永，市编号：CQSZ0518。

石柱县中益乡光明村奋进组苦草坪

树龄300年，树高23.0m，胸径1.59m，冠幅14.0m×14.0m，长势旺盛。管护人：谭地伟，市编号：CQSZ0519。

石柱县中益乡光明村奋进组苦草坪

树龄230年，树高23.0m，胸径1.27m，冠幅12.0m×12.0m，长势旺盛。管护人：谭地伟，市编号：CQSZ0520。

石柱县中益乡光明村奋进组苦草坪

树龄 300年，树高20.0m，胸径1.66m，冠幅14.0m×14.0m，长势旺盛。管护人：秦光华，市编号：CQSZ0521。

石柱县中益乡光明村前进组三文坝

树龄300年，树高28.0m，胸径1.78m，冠幅15.0m×15.0m，长势旺盛。管护人：刘贤吉，市编号：CQSZ0522。

石柱县中益乡光明村上进组三文坝

树龄300年，树高30.0m，胸径1.59m，冠幅15.0m×15.0m，长势旺盛。管护人：付治言，市编号：CQSZ0523。

石柱县中益乡华溪村金溪组河上堡

树龄200年，树高26.0m，胸径1.37m，冠幅15.0m×15.0m，长势一般。管护人：谭地文，市编号：CQSZ0526。

石柱县中益乡华溪村金溪组河上堡

树龄120年，树高22.0m，胸径1.11m，冠幅9.0m×9.0m，长势旺盛。管护人：谭地文，市编号：CQSZ0527。

石柱县中益乡华溪村金溪组河上堡

树龄250年，树高22.0m，胸径1.43m，冠幅13.0m×13.0m，长势旺盛。管护人：谭地文，市编号：CQSZ0528。

石柱县中益乡华溪村金溪组吊楼子

树龄250年，树高25.0m，胸径1.53m，冠幅12.0m×12.0m，长势旺盛。管护人：谭地文，市编号：CQSZ0529。

石柱县中益乡华溪村金溪组吊楼子

树龄100年，树高16.0m，胸径0.48m，冠幅12.0m×12.0m，长势旺盛。管护人：谭地文，市编号：CQSZ0530。

石柱县中益乡华溪村金溪组吊楼子

树龄150年，树高20.0m，胸径1.21m，冠幅13.0m×13.0m，长势一般。管护人：谭地文，市编号：CQSZ0531。

石柱县中益乡华溪村金溪组吊楼子

树龄100年，树高18.0m，胸径0.48m，冠幅5.0m×5.0m，长势一般。管护人：谭地文，市编号：CQSZ0532。

石柱县中益乡华溪村金溪组吊楼子

树龄100年，树高18.0m，胸径0.48m，冠幅8.0m×8.0m，长势旺盛。管护人：谭地文，市编号：CQSZ0533。

石柱县中益乡华溪村金溪组吊楼子

树龄500年，树高24.0m，胸径0.57m，冠幅15.0m×15.0m，长势旺盛。管护人：谭地文，市编号：CQSZ0534。

石柱县中益乡华溪村金溪组吊楼子

树龄140年，树高20.0m，胸径0.83m，冠幅8.0m×8.0m，长势旺盛。管护人：谭地文，市编号：CQSZ0535。

石柱县中益乡华溪村金溪组吊楼子

树龄100年，树高21.0m 胸径0.57m，冠幅13.0m×13.0m，长势旺盛。管护人：谭地文，市编号：CQSZ0536。

石柱县中益乡华溪村金溪组吊楼子

树龄120年，树高20.0m，胸径0.60m，冠幅8.0m×8.0m，长势旺盛。管护人：谭地文，市编号：CQSZ0537。

石柱县中益乡华溪村金溪组吊楼子

树龄120年，树高18.0m，胸径0.83m，冠幅12.0m×12.0m，长势旺盛。管护人：谭地文，市编号：CQSZ0538。

石柱县中益乡华溪村先锋组老屋坝

树龄150年，树高26.0m，胸径1.27m，冠幅12.0m×12.0m，长势旺盛。管护人：花仁德，市编号：CQSZ0539。

石柱县中益乡华溪村中心组关口岩

树龄120年，树高24.0m，胸径1.24m，冠幅14.0m×14.0m，长势旺盛。管护人：谭登培、樵地禄，市编号：CQSZ0540。

石柱县中益乡华溪村中心组关口岩

树龄130年，树高19.0m，胸径1.24m，冠幅10.0m×10.0m，长势一般。管护人：谭朝清，市编号：CQSZ0541。

石柱县中益乡华溪村中心组关口岩

树龄100年，树高25.0m，胸径0.27m，冠幅12.0m×12.0m，长势旺盛。管护人：樵地禄、樵天润、谭登培、谭建清，市编号：CQSZ0542。

石柱县中益乡光明村前进组关桩坪

树龄100年，树高15.0m，胸径0.32m，冠幅12.0m×12.0m，长势旺盛。管护人：谭登安，市编号：CQSZ0544。

石柱县中益乡光明村前进组关桩坪

树龄100年，树高25.0m，胸径0.35m，冠幅13.0m×13.0m，长势旺盛。管护人：谭弟富，市编号：CQSZ0545。

图9-11-28 石柱县金铃乡银杏村凤凰组大锣坝

该地另有四株：第一株，树龄80年，树高22.0m，胸径0.27m，冠幅12.0m×12.0m，长势旺盛。管护人：谭仁洋，市编号：CQSZ0546；第二株，树龄80年，树高15.0m，胸径0.32m，冠幅13.0m×13.0m，长势旺盛。管护人：谭仁英，市编号：CQSZ0547；第三株，树龄80年，树高15.0m，胸径0.27m，冠幅13.0m×13.0m，长势旺盛。管护人：向学彦，市编号：CQSZ0548；第四株，树龄80年，树高15.0m，胸径0.27m，冠幅12.0m×12.0m，长势旺盛。管护人：向世华，市编号：CQSZ0549。

石柱县金铃乡银杏村凤凰组大锣坝（图9-11-28）

复干银杏。雌株，树龄303年，树高24.0m，胸径1.30m，枝下高3.0m，冠幅16.0m×20.0m，位于村落公路边边坡地带。冠偏，生长旺盛。根在东侧沿坡面裸露，面积1.5m^2。母干较直，在1.8m处有膨大现象，干身密被苔藓类植物。1.3～2.0m以下有不规则的分棱现象。枝叶繁茂。复干8个，最粗者位于母干北侧，高20.0m，胸径0.35m，与母干在1.2m以下合生；紧靠此复干处另有复干5个，高均2.5m，胸径0.05～0.15m，在0.12m以下呈合生状，距母干10cm；南侧复干2个，高分别为2.5m、2.8m，胸径分别为0.20m、0.16m，前一复干紧贴母干生长，0.5m以下簇生状萌条；后一复干距母干12cm。与该树共生的树种有柳杉和香椿。管护单位：凤凰组，市编号：CQSZ0695。

石柱县金铃乡石笋村白果组向家院子（图9-11-29）

垂乳银杏。雌株，树龄153年，树高25.0m，胸径1.70m，枝下高3.2m，冠幅20.7m×20.7m，位于村落路边边坡地带。树身布满苔藓类植物；根沿坡切面大面积裸露，面积达14.4m^2，并在坡面小径上形成供人们行走的天然台阶。垂乳1个，位于树基部，基径0.05m，长5cm。管护单位：白果组，市编号：CQSZ0633。

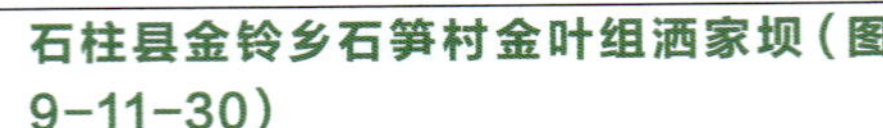

石柱县金铃乡石笋村金叶组洒家坝（图9-11-30）

垂乳银杏，复干银杏。雌株，树龄550年，树高18.0m，胸径1.20m，枝下高2.2m，冠幅11.2m×8.0m，位于村落房屋旁。母干东侧1.2m处两分枝断折，基径分别为0.20m、0.35m；东侧有大面积的腐朽现象和劈裂现象；干身密被有苔藓类植物。复干5个，第1复干，高18.0m，胸径0.70m，在1.2m以下与母干合生，1.2m以下有不规则的分棱现象；第2复干，高15.0m，胸径0.42m，与母干在1.0m以下合生；第3复干，高4.0m，胸径0.40m，与第4、第5复干紧贴、并排生长；第4复干，高18.0m，胸径0.38m，距母干10cm；第5复干，高16.0m，胸径0.35m，在0.8m以下与母干合生，距母干10.0m。萌蘖50个，位于干西侧，极小，呈散生状。总胸围5.65m。垂乳30个，极小，均呈瘤状，呈簇生状集生于一大型膨大物表面。未授粉前，果实大，口感好，结果量仅10～15kg/年。管护单位：金叶组，市编号：CQSZ0632。

石柱县金铃乡石笋村金叶组丛岩a（图9-11-31）

复干银杏。雌株，树龄250年，树高18.0m，胸径0.90m，枝下高1.2m，冠幅12.0m×12.0m。复干4个，第1复干，高18.0m，胸径0.65m，与母干在0.8m以下合生；第2复干，高6.0m，胸径0.25m，距母干20cm，与第2复干在0.5m以下合生；第3复干，高4.0m，胸径0.20m，距母干25cm；第4复干，高0.8m，胸径0.08m，距母干10cm。总胸围5.10m。

石柱县金铃乡石笋村金叶组丛岩b（图9-11-32）

垂乳银杏，复干银杏。雌株，树龄300年，树高18.0m，胸径1.60m，枝下高1.0m，冠幅10.0m×12.0m，位于农田田埂。树冠伞形，生长旺盛。母干在1.6m以下呈膨大状。复干8个，第1复干，高15.0m，胸径0.60m，与母干在0.5m以下合生；第2复干，高12.0m，胸径0.45m，与母干在0.5m以下合生；第3复干，高10.0m，胸径0.25m，与母干在0.4m以下合生；第4复干，高3.0m，胸径0.15m，与母干在0.1m以下合生；第5复干，高8.0m，胸径0.1m，与母干在0.7m以下合生；第6复干，高10.0m，胸径0.08m，与母干在0.6m以下合生；第7复干，高8.0m，胸径0.08m，与母干在0.2m以下合生；第8复干，在1.4m处发生断折，胸径0.08m，与母干在0.6m以下合生。萌蘖10个，高0.1～6.0m，距母干最近则紧贴母干生长，最远达30cm。总胸围7.20m。垂乳4个，分布于母、复干基部0.5m、0.6m处，基径0.03～0.20m，长3～20cm。

石柱县金铃乡石笋村金叶组丛岩c（图9-11-33）

复干银杏。雌株，树龄350年，树高18.0m，胸径1.20m，枝下高1.8m，冠幅11.0m×10.0m，位于农田田埂。树冠伞形，生长旺盛。干身有藤本类植物的缠绕。复干7个，集中分布于母干一侧，第1复干，高16.0m，胸径0.20m，距母干12cm；第2复干，高18.0m，胸径0.16m，距母干10cm；第3复干，高12.0m，胸径0.12m，距母干12cm；第4复干，高4.0m，胸径0.10m，距母干20cm；第5复干，高2.2m，胸径0.08m，距母干8cm；第6复干，高4.0m，胸径0.06m，距母干10cm；第7复干，高2.0m，胸径0.05m，距母干20cm。萌蘖6个，与复干交错而生。总胸围4.00m。

图9-11-29 石柱县金铃乡石笋村白果组向家院子

图9-11-30 石柱县金铃乡石笋村金叶组洒家坝

图9-11-31 石柱县金铃乡石笋村金叶组丛岩a

图9-11-32 石柱县金铃乡石笋村金叶组丛岩b
（注：1、2、4. b；3. 右b左c；箭头示垂乳）

图9-11-33 石柱县金铃乡石笋村金叶组丛岩c

石柱县金铃乡响水村老窝组老窝坪院子（图9-11-34）

雌株，树龄253年，树高20.0m，胸径1.30m，枝下高3.50m，冠幅15.7m×12.2m，位于公路边。树冠椭圆形，生长旺盛。主干端直，明显。在3.5m处分作两大枝，基径分别为0.50m、0.65m。与该树共生的树种有棕榈、竹、柳杉、香椿。编号：CQSZ0708。

石柱县金铃乡响水村老窖组老窖坪院子

树龄203年，树高20.0m，胸径1.45m，冠幅11.0m×11.0m，长势一般。管护单位：老窖组，市编号：CQSZ0709。

石柱县金铃乡响水村张家山组长五杆（图9-11-35）

垂乳银杏，复干银杏。雌株，树龄253年，树高26.0m，胸径1.35m，枝下高2.5m，冠幅17.3m×17.3m，位于村落后的边坡地带。树冠卵圆形，生长旺盛。总胸围5.80m。根裸露，面积达130.5m^2，形状千变万化，或沿坡面直线延伸而去，或沿一定角度扭转之后呈盘曲层叠状，或沿坡面深浅嵌入土壤，形成天然台阶。这些分生的根均较粗，基径0.20～0.30m。复干4个，第1复干，高20.0m，胸径0.70m，与母干在1.0m以下合生；第2复干，高19.0m，胸径0.55m，与母干在1.2m以下合生；第3复干，高16.0m，胸径0.40m，与第1复干在1.3m以下、2.5m、3.5m处呈合生状，在2.5～3.5m间形成1个天然细洞，且1.3～2.5m处呈紧贴状生长；

第4复干，高15.0m，胸径0.40m，2.2m以下紧贴母干生长。垂乳8个，位于第3复干1.2m处及基部、母干与第4复干1.3m处的结合部。管护单位：张家山组，市编号：CQSZ0710。

在该树一侧延伸至4.6m处，由该树根部重新发枝生长出一株小银杏，胸径0.65m，复干2个，第1复干，胸径0.60m，在0.8m处分作两枝，于0.8～1.8m间呈紧贴状生长。与母干在0.5m以下合生，复干、母干均有不同面积的剥皮现象，主要分布于复干0.8～1.2m处和母干0.5～0.8m处。第2复干，基径0.08m，从基部抽生出簇生状的细小萌条。垂乳2个，位于母干基部，基径0.03～0.08m，长度3.0～8.0cm。

石柱县金铃乡银杏村凤凰组杉树坡（图9-11-36）

复干银杏。雌株，树龄303年，树高22.0m，胸径2.10m，枝下高2.5m，冠幅22.7m×22.7m，位于村落路边边坡地带，树西侧紧贴着石墙。树冠阔伞形，生长旺盛。根在东侧沿坡面裸露，面积$2m^2$。母干端直，明显，基部1.5m以下有不规则的分棱现象。分枝多而不规则，其中西侧有一基径为0.15m的分枝先斜向上延伸35cm后，忽转一弧度直刺云霄。复干1个，高4.0m，胸径0.15m，紧贴母干生长。果大，结果量平均200kg/年，多时可达350～400kg/年。与该树共生的树种有青冈。管护单位：凤凰组，市编号：CQSZ0694。

石柱县金铃乡石笋村白果坝组白果坝a（图9-11-37）

复干银杏。雌株，树龄403年，树高20.0m，胸径1.02m，枝下高2.5m，冠幅17.0m×17.0m，位于村落路边。冠偏，近卵圆形，生长旺盛。母干端直，2.5m处抽生有几株萌条。分枝不规则，枝叶繁茂。复干4个，第1复干，高15.0m，胸径0.80m，距母干100cm；第2复干，高20.0m，胸径0.56m，位于母干南侧路边边坡中，距母干120cm；第3复干，高18.0m，胸径0.37m，距母干100cm；第4复干，高12.0m，胸径0.05m，紧贴母干生长。萌蘖100个，高0.5m，距母干最近的则紧贴母干生长，最远的达80cm。管护单位：白果组，市编号：CQSZ0619。

该村另有一株，位于双龙组瓦店子。树龄63年，树高25.0m，胸径0.60m，冠幅25.0m×25.0m，长势旺盛。管护人：刘地清，市编号：CQSZ0620。

石柱县金铃乡石笋村白果坝组白果坝b（图9-11-38）

垂乳银杏，复干银杏。雌株，树龄450年，树高24.0m，胸径1.80m，枝下高1.6m，冠幅10.0m×12.0m，位于村落田地边坡地带。树冠不规整，生长旺盛。母干端直，在2.2m处有一基径为0.5m的分枝断折，之后又从断折点抽生出新的萌条，竖直向上伸展而去。复干19个，第1复干，在2.0m处分作呈紧贴状生长的2枝，直冲云霄，高22.0，胸径1.40m，与母干在2.2m以下合生；第2复干，高20.0m，胸径1.10m，2.5m以下与母干合生；第3复干，在1.8～2.0m处有大面积的剥皮现象，高20.0m，

图9-11-34　石柱县金铃乡响水村老窝组老窝坪院子

图9-11-35　石柱县金铃乡响水村张家山组长五杆
（注：箭头示垂乳）

胸径1.00m，在1.5m以下呈膨大状，距母干30cm；第4复干，干身1.8～2.2m以下有大面积的剥皮和不规则的分棱现象，高20.0m，胸径0.80m，距母干120cm；第5复干，高4.0m，胸径0.70m，距母干80cm；第6复干，高5.0m，胸径0.70m，与第5复干在1.2m以下合生，2.2m处抽生有簇生状萌条10个；第7复干，在0.6m处分作5枝，并排紧贴而生，上有簇生状萌条，高5.0m，基径0.60m，距母干40cm；第8复干，高2.0m，胸径0.32m，与母干在0.8m以下合生，1.5m处抽生出众多萌条；第9复干，在1.4m处因火烧而发生断折后又抽生出细小萌条，现高2.2m，胸径0.30m，距母干18cm；第10复干，高4.0m，胸径0.30m，与第3复干在0.8m以下合生；第11复干，高8.0m，胸径0.30m，基部有被砍的痕迹；第12复干，在2.0m处分作3枝，高3.5m，胸径0.25m，距母干50cm；第13复干，高4.0m，胸径0.20m，紧贴第4复干生长；第14复干，高4.2m，胸径0.20m，在2.2m处斜向北延伸而去；第15复干，从基部被截，基径0.18m；第16～20复干，高3.5～4.0m，胸径均0.08m，其中4个紧贴第5复干生长，另外1个距母干45cm。总胸围13.80m。垂乳15个，散布于母干、复干0.4～2.5m处，其中母干1.2m处垂乳1个，于基部膨大，基径0.30m，长30cm；位于第2复干5个，其中干身1.2m处3个，基径0.02～0.12m，长5～12m，1.8m分枝处2个，似树皮向下生长而形成，基径均0.08m。

图9-11-36　石柱县金铃乡银杏村凤凰组杉树坡

石柱县金铃乡华阳村香树组下天池坪

树龄123年，树高28.0m，胸径0.86m，冠幅15.0m×15.0m，长势旺盛。管护单位：香树组，市编号：CQSZ0624。

该村另有4株，第一株，位于大火地，树龄73年，树高16.0m，胸径0.71m，冠幅21.0m×21.0m，长势旺盛。管护人：冯益祥，市编号：CQSZ0621；第二株，位于香水坝坎上，树龄93年，树高30.0m，胸径0.84m，冠幅11.0m×11.0m，长势一般。管护人：王清学，市编号：CQSZ0622；第三株，位于上天池坪，树龄83年，树高20.0m，胸径0.74m，冠幅19.0m×19.0m，长势旺盛。管护人：谭明权，市编号：CQSZ0623。

图9-11-37　石柱县金铃乡石笋村白果坝组白果坝a

石柱县金铃乡石笋村双龙组老房子

树龄123年，树高35.0m，胸径1.15m，冠

图9-11-38　石柱县金铃乡石笋村白果坝组白果坝b
（注：箭头示垂乳）

幅28.0m×28.0m，长势旺盛。管护单位：双龙组，市编号：CQSZ0625。

石柱县金铃乡石笋村双龙组新房子

树龄153年，树高35.0m，胸径0.84m，冠幅25.0m×25.0m，长势一般。管护单位：双龙组，市编号：CQSZ0626。

石柱县金铃乡石笋村金叶组都塘溪

树龄203年，树高40.0m，胸径0.91m，冠幅25.0m×25.0m，长势一般。管护单位：金叶组，市编号：CQSZ0627。

石柱县金铃乡石笋村金叶组都塘溪

树龄203年，树高30.0m，胸径1.03m，冠幅27.0m×27.0m，长势一般。管护单位：金叶组，市编号：CQSZ0628。

石柱县金铃乡石笋村金叶组窝凼

树龄173年，树高25.0m，胸径3.07m，冠幅15.0m×15.0m，长势较差。管护单位：金叶组，市编号：CQSZ0629。

石柱县金铃乡石笋村白果组向家院子

树龄203年，树高45.0m，胸径1.06m，冠幅27.0m×27.0m，长势一般。管护单位：白果组，市编号：CQSZ0634。

该村另有4株：第一株，位于白果组泡桐坝，树龄83年，树高40.0m，胸径0.72m，冠幅18.0m×18.0m，长势一般。管护单位：白果组，市编号：CQSZ0635；第二株，位于白果组泡桐坝，树龄83年，树高42.0m，胸径0.60m，冠幅18.0m×18.0m，长势一般。管护单位：白果组，市编号：CQSZ0636；第三株，位于黄家湾组吴家湾，树龄73年，树高30.0m，胸径0.64m，冠幅25.0m×25.0m，长势旺盛。管护人：吴照满，市编号：CQSZ0637；第四株，位于黄家湾组吴家湾，树龄73年，树高30.0m，胸径0.93m，冠幅25.0m×25.0m，长势旺盛。管护人：吴照满，市编号：CQSZ0638。

石柱县金铃乡石笋村黄家湾组大潮

树龄183年，树高20.0m，胸径0.83m，冠幅11.0m×11.0m，长势较差。管护人：刘金生，市编号：CQSZ0639。

石柱县金铃乡石笋村黄家湾组大潮

树龄203年，树高10.0m，胸径1.18m，冠幅9.0m×9.0m，长势较差。管护人：王章娣，市编号：CQSZ0640。

该地另有一株，树龄93年，树高15.0m，胸径0.44m，冠幅8.0m×8.0m，长势一般。管护人：余文兴，市编号：CQSZ0641。

石柱县金铃乡响水村新店组玉门洞

树龄103年，树高20.0m，胸径0.51m，冠幅18.0m×18.0m，长势一般。管护单位：新店组，市编号：CQSZ0642。

石柱县金铃乡响水村新店组玉门洞

树龄103年，树高15.0m，胸径0.38m，冠幅15.0m×15.0m，长势一般。管护单位：新店组，市编号：CQSZ0643。

石柱县金铃乡响水村新店组窝凼

树龄153年，树高25.0m，胸径0.99m，冠幅23.0m×23.0m，长势一般。管护单位：新店组，市编号：CQSZ0644。

石柱县金铃乡响水村新店组野驴城

树龄173年，树高25.0m，胸径1.21m，冠幅30.0m×30.0m，长势一般。管护单位：新店组，市编号：CQSZ0645。

石柱县金铃乡响水村新店组白果树脚

树龄253年，树高25.0m，胸径1.71m，冠幅10.0m×10.0m，长势一般。管护单位：新店组，市编号：CQSZ0646。

石柱县金铃乡响水村新店组白果树脚

树龄253年，树高25.0m，胸径1.59m，冠幅11.0m×11.0m，长势一般。管护单位：新店组，市编号：CQSZ0647。

石柱县金铃乡响水村新店组白果树脚

树龄153年，树高20.0m，胸径0.75m，冠幅9.0m×9.0m，长势一般。管护单位：新店组，市编号：CQSZ0648。

石柱县金铃乡响水村新店组公路坎脚

树龄203年，树高25.0m，胸径1.03m，冠幅10.0m×10.0m，长势一般。管护单位：新店组，市编号：CQSZ0649。

石柱县金铃乡响水村响水组院子

树龄203年，树高20.0m，胸径1.46m，冠幅6.0m×6.0m，长势一般。管护人：陈登安，市编号：CQSZ0650。

石柱县金铃乡响水村响水组老厂坪

树龄153年，树高20.0m，胸径0.48m，冠幅12.0m×12.0m，长势旺盛。管护人：陈登洪，市编号：CQSZ0651。

石柱县金铃乡响水村响水组老厂坪

树龄153年，树高15.0m，胸径0.80m，冠幅10.0m×10.0m，长势旺盛。管护人：陈登洪，市编号：CQSZ0652。该树已做移植处理或已不存在。

石柱县金铃乡银杏村高洞组水山岭

树龄303年，树高27.0m，胸径1.33m，冠幅19.0m×19.0m，长势旺盛。管护单位：高洞组，市编号：CQSZ0653。

石柱县金铃乡银杏村高洞组新房子

树龄103年，树高30.0m，胸径0.83m，冠幅8.0m×8.0m，长势较差。管护人：李永安，市编号：CQSZ0654。

石柱县金铃乡银杏村高洞组新房子

树龄103年，树高18.0m，胸径1.10m，冠幅14.0m×14.0m，长势一般。管护单位：高洞组，市编号：CQSZ0655。

石柱县金铃乡银杏村高洞组新房子

树龄103年，树高25.0m，胸径0.92m，冠幅15.0m×15.0m，长势一般。管护单位：高洞组，市编号：CQSZ0656。

石柱县金铃乡银杏村高洞组老房子

树龄123年，树高20.0m，胸径1.33m，冠幅9.0m×9.0m，长势一般。管护单位：高洞组，市编号：CQSZ0657。

石柱县金铃乡银杏村高洞组老房子

树龄123年，树高20.0m，胸径1.53m，冠幅9.0m×9.0m，长势一般。管护单位：高洞组，市编号：CQSZ0658。

该村另有一株，位于高洞组田家嘴，树龄73年，树高25.0m，冠幅8.0m×8.0m，胸径0.80m，长势一般。管护人：喻成禄，市编号：CQSZ0659。

石柱县金铃乡银杏村龙塘组戴家湾

树龄153年，树高40.0m，胸径1.30m，冠幅20.0m×20.0m，长势一般。管护单位：龙塘组，市编号：CQSZ0661。

石柱县金铃乡银杏村龙塘组戴家湾

树龄103年，树高25.0m，胸径0.68m，冠幅10.0m×10.0m，长势一般。管护单位：龙塘组，市编号：CQSZ0662。

石柱县金铃乡银杏村龙塘组戴家湾

树龄153年，树高40.0m，胸径1.35m，冠幅15.0m×15.0m，长势一般。管护单位：龙塘组，市编号：CQSZ0663。

石柱县金铃乡银杏村龙塘组庙子岭

树龄153年，树高35.0m，胸径 1.31m，冠幅20.0m×20.0m，长势一般。管护单位龙塘组，市编号：CQSZ0664。

石柱县金铃乡银杏村龙塘组庙子岭

树龄153年，树高35.0m，胸径1.18m，冠幅20.0m×20.0m，长势一般。管护单位：龙塘组，市编号：CQSZ0665。

石柱县金铃乡银杏村龙塘组庙子岭

树龄203年，树高40.0m，胸径1.55m，冠幅29.0m×29.0m，长势一般。管护单位：龙塘组，市编号：CQSZ0666。

石柱县金铃乡银杏村龙塘组庙子岭

树龄103年，树高40.0m，胸径 0.60m，冠幅10.0m×10.0m，长势一般。管护单位：龙塘组，市编号：CQSZ0667。

石柱县金铃乡银杏村龙塘组庙子岭

树龄 203年，树高40.0m，胸径1.34m，冠幅9.0m×9.0m，长势一般。管护单位：龙塘组，市编号：CQSZ0668。

石柱县金铃乡银杏村龙塘组绿塘沟

树龄203年，树高30.0m，胸径1.23m，冠幅20.0m×20.0m，长势一般。管护单位：龙塘组，市编号：CQSZ0669。

石柱县金铃乡银杏村龙塘组绿塘沟

树龄203年，树高30.0m，胸径1.11m，冠幅20.0m×20.0m，长势一般。管护单位：龙塘组，市编号：CQSZ0670。

石柱县金铃乡银杏村沙沱组阳家坝

树龄203年，树高30.0m，胸径0.75m。冠幅12.0m×12.0m，长势一般。管护单位：沙沱组，市编号：CQSZ0671。

石柱县金铃乡银杏村沙沱组阳家坝

树龄203年，树高28.0m，胸径0.85m，冠幅10.0m×10.0m，长势一般。管护单位：沙沱组，市编号：CQSZ0672。

石柱县金铃乡银杏村沙沱组阳家坝

树龄203年，树高40.0m，胸径0.80m，冠幅10.0m×10.0m，长势一般。管护单位：沙沱组，市编号：CQSZ0673。

石柱县金铃乡银杏村沙沱组阳家坝

树龄203年，树高25.0m，胸径0.56m，冠幅7.0m×7.0m，长势一般。管护单位：沙沱组，市编号：CQSZ0674。

石柱县金铃乡银杏村沙沱组阳家坝

树龄203年，树高30.0m，胸径1.02m，冠幅15.0m×15.0m，长势一般。管护单位：沙沱组，市编号：CQSZ0675。

石柱县金铃乡银杏村沙沱组半坡

树龄203年，树高35.0m，胸径1.34m，冠幅20.0m×20.0m，长势一般。管护单位：沙沱组，市编号：CQSZ0676。

石柱县金铃乡银杏村沙沱组半坡

树龄203年，树高25.0m，胸径 0.92m，冠幅15.0m×15.0m，长势一般。管护单位：沙沱组，市编号：CQSZ0677。

石柱县金铃乡银杏村沙沱组半坡

树龄103年，树高20.0m，胸径0.62m，冠幅12.0m×12.0m，长势一般。管护单位：沙沱组，市编号：CQSZ0678。

石柱县金铃乡银杏村沙沱组半沟

树龄153年，树高30.0m，胸径0.89m，冠幅9.0m×9.0m，长势一般。管护单位：沙沱组，市编号：CQSZ0679。

石柱县金铃乡银杏村沙沱组半沟

树龄153年，树高30.0m，胸径0.71m，冠幅11.0m×11.0m，长势一般。管护单位：沙沱组，市编号：CQSZ0680。

石柱县金铃乡银杏村沙沱组田坝组公路边

树龄153年，树高18.0m，胸径0.80m，冠幅7.0m×7.0m，长势一般。管护人：李代成，市编号：CQSZ0681。

石柱县金铃乡银杏村沙沱组田坪

树龄123年，树高20.0m，胸径0.64m，冠幅14.0m×14.0m，长势一般。管护人：李云清，市编号：CQSZ0682。

石柱县金铃乡银杏村沙沱组沟门口

树龄203年，树高40.0m，胸径1.02m，冠幅16.0m×16.0m，长势一般。管护单位：沙沱组，市编号：CQSZ0683。

石柱县金铃乡银杏村沙沱组沙沱屋后头

树龄203年，树高40.0m，胸径1.00m，冠幅19.0m×19.0m，长势一般。管护单位：沙沱组，市编号：CQSZ0684。

石柱县金铃乡银杏村沙沱组沙沱屋后头

树龄253年，树高35.0m，胸径1.24m，冠幅19.0m×19.0m，长势一般。管护单位：沙沱组，市编号：CQSZ0685。

石柱县金铃乡银杏村沙沱组中厂当门

树龄153年，树高15.0m，胸径0.62m，冠幅7.0m×7.0m，长势一般。管护人：彭德权，市编号：CQSZ0686。

石柱县金铃乡银杏村和睦组油房

树龄253年，树高40.0m，胸径1.30m，冠幅12.0m×12.0m，长势一般。管护单位：和睦组，市编号：CQSZ0687。

石柱县金铃乡银杏村和睦组院子

树龄203年，树高40.0m，胸径1.15m，冠幅15.0m×15.0m，长势一般。管护单位：和睦组，市编号：CQSZ0689。

石柱县金铃乡银杏村和睦组院子

树龄203年，树高40.0m，胸径1.43m，冠幅15.0m×15.0m，长势一般。管护单位：和睦组，市编号：CQSZ0690。

石柱县金铃乡银杏村和睦组包上

树龄203年，树高30.0m，胸径1.19m，冠幅12.0m×12.0m，长势一般。管护单位：和睦组，市编号：CQSZ0691。

石柱县金铃乡银杏村凤凰组厂坝

树龄103年，树高20.0m，胸径0.51m，冠幅9.0m×9.0m，长势一般。管护单位：凤凰组，市编号：CQSZ0696。

石柱县金铃乡银杏村凤凰组厂坝

树龄103年，树高25.0m，胸径0.60m，冠幅10.0m×10.0m，长势一般。管护单位：凤凰组，市编号：CQSZ0697。

石柱县金铃乡银杏村凤凰组老院子院坝

树龄123年，树高20.0m，胸径0.58m，冠幅6.0m×6.0m，长势一般。管护单位：凤凰组，市编号：CQSZ0698。

石柱县金铃乡银杏村凤凰组白羊坡

树龄153年，树高15.0m，胸径0.73m，冠幅12.0m×12.0m，长势一般。管护单位：凤凰组，市编号：CQSZ0699。

石柱县金铃乡银杏村凤凰组白羊坡

树龄153年，树高30.0m，胸径0.73m，冠幅10.0m×10.0m，长势一般。管护单位：凤凰组，市编号：CQSZ0700。

石柱县金铃乡银杏村凤凰组白羊坡

树龄 153年，树高20.0m，胸径 0.62m，冠幅12.0m×12.0m，长势一般。管护单位：凤凰组，市编号：CQSZ0701。

石柱县金铃乡银杏村凤凰组白羊坡

树龄153年，树高35.0m，胸径0.81m，冠幅12.0m×12.0m，长势一般。管护单位：凤凰组，市编号：CQSZ0702。

石柱县金铃乡银杏村凤凰组白羊坡

树龄153年，树高35.0m，胸径0.81m，冠幅12.0m×12.0m，长势一般。管护单位：凤凰组，市编号：CQSZ0703。

图9-11-39　石柱县洗新乡丰田村田坪组大湾（1）
（注：箭头示垂乳）

图9-11-40　石柱县洗新乡丰田村田坪组大湾（2）
（注：箭头示垂乳）

石柱县金铃乡银杏村凤凰组白羊坡

树龄153年，树高25.0m，胸径0.64m，冠幅15.0m×15.0m，长势一般。管护单位：凤凰组，市编号：CQSZ0704。

石柱县金铃乡银杏村村凤凰组白羊坡

树龄153年，树高25.0m，胸径0.52m，冠幅12.0m×12.0m，长势一般。管护单位：凤凰组，市编号：CQSZ0705。

石柱县金铃乡银杏村街上组娄子坝

树龄203年，树高20.0m，胸径1.03m，冠幅15.0m×15.0m，长势一般。管护单位：街上组，市编号：CQSZ0707。

石柱县金铃乡响水村响水组冯家

树龄153年，树高20.0m，胸径1.01m，冠幅15.0m×15.0m，长势一般。管护单位：响水组，市编号：CQSZ0712。

石柱县金铃乡石笋村白果组长岭岗

树龄493年，树高40.0m，胸径1.23m，冠幅18.0m×18.0m，长势一般。管护单位：白果组，市编号：CQSZ0713。

石柱县金竹乡和农村迎坪组小弯子

树龄450年，树高30.0m，胸径0.48m，冠幅11.0m×11.0m，长势旺盛。管护人：谭文旺，市编号：CQSZ0716。该树已做移植处理或已不存在。

石柱县金竹乡和农村迎坪组小弯子

树龄400年，树高35.0m，胸径0.41m，冠幅12.0m×12.0m，长势旺盛。管护人：谭明柏，市编号：CQSZ0717。

石柱县金竹乡和农村迎坪组小弯子

树龄500年，树高40.0m，胸径0.46m，冠幅9.0m×9.0m，长势旺盛。管护人：谭明清，市编号：CQSZ0718。

石柱县金竹乡和农村迎坪组窝函岩边

树龄450年，树高35.0m，胸径0.41m，冠幅11.0m×11.0m，长势旺盛。管护人：马培金，市编号：CQSZ0719。

石柱县金竹乡上升村龙门组晓谷梁

树龄500年，树高30.0m，胸径0.48m，冠幅9.0m×9.0m，长势旺盛。管护人：谭文旺，市编号：CQSZ0722。

石柱县金竹乡上升村龙门组下河坝

树龄500年，树高30.0m，胸径0.56m，冠幅10.0m×10.0m，长势旺盛。管护人：谭文发，市编号：CQSZ0724。

石柱县金竹乡上升村龙门组下河坝

树龄450年，树高35.0m，胸径0.53m，冠幅11.0m×11.0m，长势旺盛。管护人：刘家龙，市编号：CQSZ0725。

石柱县洗新乡丰田村田坪组大湾（图9-11-39；9-11-40）

垂乳银杏，树生树。雌株，树龄150年，

树高20.0m，胸径1.56m，枝下高1.5m，冠幅30.0m×28.0m，位于村落边坡地带。树冠伞形，生长旺盛。有“树生树”现象：在干2.2m处的分枝基部生长有一株棕榈，高0.5m，胸径0.03m。根在东侧沿坡面裸露，面积1.75m^2。主干直，分棱极多且极不规则。分枝集中分布于2.7m、3.2m处，呈簇生状，基径0.10～0.40m。枝叶繁茂。垂乳数以千计，母干南侧、西侧均被大大小小的垂乳所覆盖；其他两侧主要分布于2.7m、3.2m处，呈簇生状，多呈瘤状，基径0.03～0.20m，长3～25cm。结果量500kg/年（该树若不进行人工授粉或打赤霉素等药时，基本不见结果）。与该树共生的树种有5株棕榈（围生于该古树周围）。柳杉、泡桐。管护人：王正刚，市编号：CQSZ0564。

石柱县洗新乡丰田村田坪组新房子（图9-11-41）

“树王”，“神树”，“爱情树”，垂乳银杏，复干银杏。雌株，树龄420年，树高32.0m，胸径2.07m，枝下高1.8m，冠幅27.0m×21.8m。这株古银杏“树王”，坐落在黄水国家森林公园南部，七曜山峡谷，村落房前屋后。树冠伞形，生长旺盛。根沿母干、复干周围大面积裸露，面积达965.236m^2。母干通直，2.7m以下有不规则的分棱现象，棱数达16个之多，极似多株复干合生而来。枝叶繁茂。复干2个，第1复干，高18.0m，胸径0.60m，0.5m以下紧贴母干生长；第2复干，高10.0m，胸径0.05m，扭曲状紧贴母干延伸而去。垂乳16个，多呈2个贴生状，干身各个方位都有分布，南侧最多，达12个，位于0.5～5.0m处，其中5.0m处5个，共同生长于一膨大物基部，基径0.03～0.10m，长5～10cm。结果量最大时达1000kg/年。与该树共生的树种有棕榈、核桃、山苍子、枇杷。每年产银杏果500kg以上。该县林业局已编号挂牌落实专人管护这株古银杏“树王”。当地人当做“神树”崇拜。因历史悠久、树形美观，被青年人当做“爱情树”。管护人：吴幼明，编号：CQSZ0563。H=1500m。

图9-11-41　石柱县洗新乡丰田村田坪组新房子
（注：箭头示垂乳）

石柱县洗新乡保合村中坪组陈家屋基

树龄100年，树高22.0m，胸径0.85m，冠幅21.0m×21.0m，长势旺盛。管护人：黄明印，市编号：CQSZ0552。

石柱县洗新乡保合村中坪组石狮子

树龄120年，树高25.0m，胸径0.67m冠幅13.0m×13.0m，长势旺盛。管护人：柳洪元，市编号：CQSZ0553。

石柱县洗新乡保合村太坪组菜家湾

树龄130年，树高24.0m，胸径0.89m，冠幅14.0m×14.0m，长势旺盛。管护人：何安众，市编号：CQSZ0554。

石柱县洗新乡万寿村麻柳组猪槽溪

树龄150年，树高26.0m，胸径1.15m，冠幅15.0m×15.0m，长势旺盛。管护人：田洪福，市编号：CQSZ0555。

石柱县洗新乡万寿村麻柳组大土

树龄120年，树高25.0m，胸径0.82m，冠幅14.0m×14.0m，长势旺盛。管护人：田洪东，市编号：CQSZ0556。

石柱县洗新乡万寿村周家榜组屋背后

树龄150年，树高29.0m，胸径1.05m，冠幅16.0m×16.0m，长势旺盛。管护单位：周家榜组，市编号：CQSZ0557。

石柱县洗新乡万寿村周家榜组屋背后

树龄150年，树高32.0m，胸径1.13m，冠幅11.0m×11.0m，长势旺盛。管护单位：周家榜组，市编号：CQSZ0558。

石柱县洗新乡丰田村田坪组茶园

树龄120年，树高25.0m，胸径0.94m，冠幅20.0m×20.0m，长势旺盛。管护人：余寿珍，市编号：CQSZ0565。

石柱县洗新乡丰田村田坪组下二坪

树龄150年，树高27.0m，胸径0.93m，冠幅20.0m×20.0m，长势旺盛。管护人：陈世清，市编号：CQSZ0566。

石柱县洗新乡丰田村田坪组大地坪

树龄120年，树高26.0m，胸径1.03m，冠幅13.0m×13.0m，长势旺盛。管护人：陈朝灯，市编号：CQSZ0567。

石柱县洗新乡丰田村田坪组池塘

树龄130年，树高24.0m，胸径0.97m，冠幅17.0m×17.0m，长势旺盛。管护人：陈益堂，市编号：CQSZ0568。

石柱县洗新乡丰田村田坪组回头湾

树龄150年，树高26.0m，胸径0.83m，冠幅17.0m×17.0m，长势旺盛。管护人：陈益文，市编号：CQSZ0569。

石柱县洗新乡五坪村田坝组白果树脚

树龄150年，树高26.0m，胸径1.03m，冠幅13.0m×13.0m，长势旺盛。管护人：余培树，市编号：CQSZ0571。

石柱县洗新乡五坪村田坝组大坪

树龄130年，树高24.0m，胸径0.82m，冠幅15.0m×15.0m，长势旺盛。管护人：余祖田，市编号：CQSZ0572。

石柱县洗新乡五坪村酌房组后湾

树龄200年，树高24.0m，胸径1.33m，冠幅13.0m×13.0m，长势旺盛。管护人：周代富，市编号：CQSZ0573。

石柱县洗新乡五坪村酌房组河坝上

树龄150年，树高25.0m，胸径1.08m，冠幅15.0m×15.0m，长势旺盛。管护人：廖清和，市编号：CQSZ0574。

石柱县洗新乡白果村沙坝子组沙坝子

树龄150年，树高24.0m，胸径0.89m，冠幅15.0m×15.0m，长势旺盛。管护人：谭先富，市编号：CQSZ0581。

石柱县龙潭乡木坪阳光组茶园

长势300年，树高20.0m，胸径1.62m，冠幅6.1m×6.1m，长势旺盛。管护人：陈武能，市编号：CQSZ0587。该树已做移植处理或已不存在。

石柱县龙潭乡木坪阳光组茶园

树龄200年，树高19.5m，胸径1.34m，冠幅4.9m×4.9m，长势旺盛。管护人：陈武能，市编号：CQSZ0588。

石柱县新乐乡新建村街上组上团

树龄111年，树高33.0m，胸径0.81m，冠幅12.0m×12.0m，长势旺盛。管护人：谭文宇，市编号：CQSZ0590。该树已做移植处理或已不存在。该组大湾还有一株，树龄75年，树高26.0m，胸径0.74m，冠幅10.0m×10.0m，长势旺盛。管护人：杨先凤，市编号：CQSZ0591。

石柱县新乐乡新建村街上组汉古坪

树龄258年，树高35.0m，胸径1.37m，冠幅12.0m×12.0，长势旺盛。管护人：王帮孝，市编号：CQSZ0592。

石柱县新乐乡新建村街上组汉古坪

树龄258年，树高35.0m，胸径1.37m，冠幅11.0m×11.0m，长势旺盛。管护人：王帮孝，市编号：CQSZ0593。

石柱县新乐乡阳光村新路组牛角尖

树龄108年，树高17.0m，胸径0.92m冠幅8.0m×8.0m，长势旺盛。管护人：向世华，市编号：CQSZ0594。

石柱县新乐乡阳光村新路组老屋基

树龄161年，树高16.0m，胸径0.61m，冠幅10.0m×10.0m，长势旺盛。管护人：邹国庆，市编号：CQSZ0595。

石柱县新乐乡阳光村新路组谭家湾

树龄253年，树高25.0m，胸径1.26m，冠幅7.0m×7.0m，长势旺盛。管护人：谭文高，市编号：CQSZ0596。

石柱县新乐乡阳光村毛家营组石门坎

树龄158年，树高35.0m，胸径1.15m，冠幅7.0m×7.0，长势旺盛。管护人：袁伦举，市编号：CQSZ0598。

石柱县新乐乡阳光村毛家营组毛家营院子

树龄158年，树高35.0m，胸径1.02m，冠幅10.0m×10.0m，长势旺盛。管护人：向朝田，市编号：CQSZ0599。

石柱县新乐乡阳光村毛家营组坪上

树龄113年，树高34.0m，胸径1.15m，冠幅8.0m×8.0m，长势旺盛。管护人：王清国，市编号：CQSZ0600。

石柱县新乐乡阳光村凉桥组下茶园

树龄118年，树高25.0m，胸径0.86m，冠幅5.0m×5.0m，长势旺盛。管护人：何松成，市编号：CQSZ0601。

石柱县新乐乡阳光村凉桥组干子扁

树龄118年，树高23.0m，胸径0.95m，冠幅13.0m×13.0m，长势旺盛。管护人：刘祥林，市编号：CQSZ0602。

石柱县新乐乡阳光村凉桥组小溪沟

树龄150年，树高23.0m，胸径0.95m，冠幅8.0m×8.0m，长势旺盛。管护人：夏光友，市编号：CQSZ0603。

石柱县新乐乡阳光村凉桥组木前坡

树龄130年，树高20.0m，胸径0.74m，冠幅6.0m×6.0m，长势旺盛。管护人：谭明双，市编号：CQSZ0604。

石柱县新乐乡阳光村凉桥组白果树

树龄158年，树高23.0m，胸径0.82m，冠幅5.0m×5.0m，长势一般。管护人：何奉荣，市编号：CQSZ0605。

石柱县新乐乡新建村新房子组象笔岭

树龄158年，树高35.0m，胸径 0.99m，冠幅6.0m×6.0m，长势旺盛。管护人：昌柏祥，市编号：CQSZ0606。

石柱县新乐乡新建村新房子组象笔岭

树龄153年，树高25.0m，胸径0.89m，冠幅7.0m×7.0m，长势旺盛。管护人：昌仕富，市编号：CQSZ0607。

石柱县新乐乡红河村团结组大垭口

树龄102，树高18.0m，胸径 0.80m，冠幅7.0m×7.0m，长势旺盛。管护人：周守华，市编号：CQSZ0611。

石柱县新乐乡九蟒村坝子组陈家团老街

树龄105年，树高15.0m，胸径0.61m，冠幅7.0m×7.0m，长势旺盛。管护人：冉从书，市编号：CQSZ0613。

石柱县新乐乡九蟒村白岩坝组交叉湾

树龄158年，树高35.0m，胸径1.18m。冠幅7.0m×7.0m，长势旺盛。管护人：黎月高，市编号：CQSZ0614。

石柱县新乐乡九蟒村白岩坝组干沟河

树龄108年，树高35.0m，胸径1.18m，冠幅9.0m×9.0m，长势旺盛。管护人：姚正刚，市编号：CQSZ0617。

石柱县新乐乡九蟒村白岩坝组茶杯溪

树龄208年，树高35.0m，胸径1.18m，冠幅9.0m×9.0m，长势旺盛。管护人：任永和，市编号：CQSZ0618。

石柱县南宾镇黄鹤村新坪组朝房（图9-11-42）

树龄130年，树高19.0m，胸径0.78m，冠幅8.0m×8.0m，长势一般。管护人：马金培，市编号：CQSZ0004。

图9-11-42　石柱县
（注：1. 南宾镇河坝村茶坪组坪上；2. 南宾镇黄鹤村新坪组朝房；3. 南宾镇黄鹤村新坪组谭家院子；4. 西沱镇月台居委西沱中学）

石柱县南宾镇黄鹤村新坪组谭家院子（图9-11-42）

树龄100年，树高20.0m，胸径0.78m，冠幅8.0m×8.0m，长势一般。管护人：马金培，市编号：CQSZ0005。

石柱县南宾镇黄鹤村新坪组徐家院子

树龄100年，树高18.0m，胸径0.76m，冠幅9.0m×9.0m，长势一般。管护人：徐占福，市编号：CQSZ0006。

石柱县南宾镇河坝村茶坪组坪上（图9-11-42）

树龄200年，树高25.0m，胸径1.21m，冠幅6.0m×6.0m，长势一般。管护人：肖万银，市编号：CQSZ0013。

石柱县南宾镇河坝村茶坪组坪上

树龄 150年，树高20.0m，胸径1.05m，冠幅8.0m×8.0m，长势一般。管护人：肖万银，市编号：CQSZ0014。

石柱县西沱镇月台居委西沱中学（图9-11-42）

树龄150年，树高21.7m，胸径0.91m，冠幅4.7m×4.7m，长势旺盛。管护单位：西沱中学，市编号：CQSZ0023。

石柱县临溪镇花厅中嘴坝中

树龄 110年，树高26.0m，胸径0.83m，冠幅6.0m×6.0m，长势旺盛。管护人：陈益权，市编号：CQSZ0091。

石柱县临溪镇新街赖家沟小屋基

树龄100年，树高28.0m，胸径0.67m，冠幅4.2m×4.2m，长势旺盛。管护人：贺兴成，市编号：CQSZ0097。

石柱县马武镇金鑫祥合八斗台

树龄120年，树高20.0m，胸径1.43m，冠幅10.0m×10.0m，长势一般。管护人：晏华清，市编号：CQSZ0150。

石柱县鱼池镇鱼滟村桅杆组金竹台

树龄107年，树高23.0m，胸径0.57m，冠幅10.0m×10.0m，长势一般。管护人：邓礼翠，市编号：CQSZ0231。

石柱县鱼池镇鱼龙村桅杆组金竹台

树龄127年，树高21.0m，胸径0.49m，冠幅10.0m×10.0m，长势一般。管护人：邓礼翠，市编号：CQSZ0232。

石柱县鱼池镇鱼龙村桅杆组石杠冲

树龄127年，树高28.0m，胸径0.67m，冠幅4.0m×4.0m，长势一般。管护人：邓礼翠，市编号：CQSZ0233。

石柱县鱼池镇水田村力子组秦家大湾

树龄137年，树高25.0m，胸径0.76m，冠幅9.0m×9.0m，长势一般。管护人：谭登文，市编号：CQSZ0236。

石柱县鱼池镇水田村力子组秦家大湾

树龄107年，树高28.0m，胸径0.76m，冠幅9.0m×9.0m，长势一般。管护人：谭登文，市编号：CQSZ0238。

石柱县鱼池镇金竹村南山组土门子

树龄207年，树高22.0m，胸径0.67m，冠幅4.0m×4.0m，长势一般。管护人：冉从坤，市编号：CQSZ0239。

石柱县鱼池镇金竹村南山组土门子

树龄257年，树高24.0m，胸径0.64m，冠幅9.0m×9.0m，长势一般。管护人：冉从坤，市编号：CQSZ0240。

石柱县鱼池镇白江村毛坡组石马沟

树龄107年，树高21.0m，胸径0.68m，冠幅10.0m×10.0m，长势一般。管护人：郭代祥，市编号：CQSZ0246。

石柱县三河镇万寿寨村石峰组牛角湾

树龄123年，树高23.9m，胸径0.53m，冠幅6.5m×6.5m，长势旺盛。管护人：张应祥，市编号：CQSZ0259。

石柱县三河镇永河村九角湾组堂湾

树龄123年，树高26.0m，胸径0.65m，冠幅7.5m×7.5m，长势旺盛。管护人：谭文华，市编号：CQSZ0262。

石柱县大歇镇龙泉村龙泉组杨柳池

树龄150年，树高32.0m，胸径0.80m，冠幅12.0m×12.0m，长势一般。管护单位：龙泉组，市编号：CQSZ0264。该树已做移植处理或已不存在。

石柱县桥头乡赵山村新建组新屋

树龄100年，树高30.0m，胸径0.80m，冠幅14.3m×14.0m，长势良好。管护人：向朝秀，市编号：CQSZ0268。

石柱县桥头乡田畈村洞坎组上院子

树龄90年，树高18.0m，胸径0.38m，冠幅12.5m×12.0，长势一般。管护人：冉光会，市编号：CQSZ0267。

石柱县桥头乡赵山村新建组新房子

树龄100年，树高35.0m，胸径0.95m，冠幅15.6m×16.0m，长势良好。管护人：杨启多，市编号：CQSZ0269。

石柱县桥头乡赵山村新建组黎家坝

树龄150年，树高40.0m，胸径1.27m，冠幅17.5m×17.0m，长势良好。管护人：谭本兰，市编号：CQSZ0270。

石柱县桥头乡赵山村新建组豹子湾

树龄150年，树高40.0m，胸径1.27m，冠幅17.5m×17.0m，长势良好。管护人：马培华，市编号：CQSZ0271。

石柱县桥头乡赵山村新建组大水井

树龄150年，树高35.0m，胸径1.11m，冠幅15.6m×16.0m，长势良好。管护人：赵登禄，市编号：CQSZ0272。

石柱县桥头乡赵山村瓦寨组五台

树龄150年，树高40.0m，胸径1.27m，冠幅17.5m×17.0m，长势良好。管护人：余善琼，市编号：CQSZ0273。

石柱县桥头乡赵山村瓦寨组竹林院子

树龄150年，树高40.0m，胸径1.27m，冠幅17.5m×17.0m，长势良好。管护人：赵武发，市编号：CQSZ0274。

石柱县冷水乡太平村水平社陈家湾

树龄150年，树高17.0m，胸径0.87m，冠幅7.0m×7.0m，长势旺盛。管护单位：集体，市编号：CQSZ0320。

石柱县三星乡五斗村平安组奥口坝

树龄153年，树高38.3m，胸径1.26m，冠幅20.4m×20.4m，长势旺盛。管护人：唐要华，市编号：CQSZ0345。该树已做移植处理或已不存在。

石柱县三益乡新田村龙潭组大地丘

树龄113年，树高34.0m，胸径1.17m，冠幅10.0m×10.0m，长势一般。管护人：谭先文，市编号：CQSZ0368。

石柱县枫木乡国锋村画龙组画槁坪

树龄100年，树高16.0m，胸径0.67m，冠幅10.0m×10.0m，长势一般。管护人：庄永辉、庄永会、庄永书、庄永玖，市编号：CQSZ0435。

石柱县枫木乡石鱼村新建组水沙坝

树龄200年，树高25.0m，胸径0.83m，冠幅12.0m×12.0m，长势旺盛。管护单位：集体，市编号：CQSZ0437。

石柱县枫木乡昌坪村昌坪组圈椅山

树龄150年，树高17.0m，胸径0.92m，冠幅14.0m×14.0m，长势旺盛。管护单位：集体，市编号：CQSZ0439。

石柱县枫木乡昌坪村白果组白果坪

树龄350年，树高25.0m，胸径1.15m，冠幅11.0m×11.0m，长势旺盛。管护单位：集体，市编号：CQSZ0441。

石柱县枫木乡莲花村石印组付家屋

树龄200年，树高15.0m，胸径0.64m，冠幅5.0m×5.0m，长势旺盛。管护人：付德才，市编号：CQSZ0448。

图9-11-43 江津区柏林镇东胜村一社白果湾

江津区柏林镇东胜村一社白果湾（图9-11-43）

垂乳银杏，秦朝（或商代）银杏，“神树”，复干银杏。雌株，树龄2000年，树高25.0m，胸径2.77m，枝下高2.0m，冠幅23.0m×22.0m，位于村落路边，生长良好，树冠不规整。母干较明显，中空，干身散布有树洞，其中最大者位于干东侧，长20cm，宽13cm；干1.0m和5.0m处有火烧现象。分枝多而不规则，其中有8个基径为0.16～0.80m的枝被截或断，10.0m处有1个分枝竖直向云霄伸展而去；母干2.5m处有一基径为0.85m的分枝被截后，用扦插法移栽至该树50.0m处的山坡，为防该树枝断折，已在该树东、南两侧分别支了2个直径为0.02m的水泥柱，现已长出少量叶片，生长状态良好，枝叶繁茂。复干2个，其胸径范围为：0.25～0.35m，1个；0.35～0.45m，1个；高度范围为：18.0～22.0m；距母干最远的10cm，最近的则紧贴母干生长。第1复干，胸径0.53m，高22.0m，距母干10cm；第2复干，胸径0.33m，高18.0m，紧贴母干生长。垂乳多，除母干南侧分枝处3个较大，并呈悬垂状之外，其他多呈瘤状，母干、复干均有分布，基径0.01～0.04m，长3.0～10.0cm。结果量250～300kg/年。树冠顶部枝露叶稀，树冠中下部枝叶茂密。冠内主侧枝纵横交错，苍劲有力，分布疏匀，有部分枝干断裂的痕迹。主干粗大，并分生了几株胸径约在50cm的子孙树；主干高度2.5m，外部较为完好，主干上部内有一空洞直径约1.00m。根部需要立即施土堆覆，促其新根生长，其他方位土层深厚，根系延展条件较好。树体生长良好，庞大，实属罕见；干体古老、苍劲，给人以远古之美感；巨大的冠幅和茂盛的枝叶，张显着它生命的活力和青春的永存。该树被当地村民视为“神树”。有的说是商代的时候种上的，有的说是秦国时期种植的。编号：1～16～194。N=28° 40′ 40.8″，E=106° 30′ 51.8″，H=962m。

璧山县

‘渝天绿佛手’。雌株，树龄300年，树高25.0m，胸径1.00m，根基有3个萌蘖。优良单株。

璧山县

‘丽天绿马铃’。雌株，树龄300年，树高26.0m，胸径0.90m，根基有1个萌蘖。优良单株。

秀山县钟灵乡钟溪村上坝白果组（图9-11-44;9-11-45）

垂乳银杏，复干银杏，“千年银杏”，“古生物活化石”；“神树”。雌株，树龄1800年，树高30.0m，胸径2.60m，冠幅22.0m×20.0m，位于村落路边，“中国银杏王”院落内。树冠阔卵圆形，生长旺盛。该树曾遭雷劈和火烧，母干仅残留一高2.0m、胸径1.53m的光秃树

图9-11-44 秀山县钟灵乡钟溪村上坝白果组（1）

图9-11-45 秀山县钟灵乡钟溪村上坝白果组（2）
（注：2. 树洞；3. 穿墙侧枝；箭头示垂乳）

桩，上还隐约可看到当时遭雷劈和被火烧过的痕迹，且大部分的韧皮部和木质部均已缺失；现被后来生发的复干重重包围其中。树身挂有红布条。复干14个，胸径0.05～2.6m，距母干最近的呈合生状，最远的达300cm；其中6个较粗，胸径0.45～2.6m。第1复干，高30.0m，胸径2.60m。在1.2m处分作2个大枝，基径均为1.2m，生长有2个小垂乳，该复干有2个基径分别为0.15和0.30m的2个侧生分枝发生断折，基部有较大面积的剥皮现象；第2复干，高22.0m，胸径1.80m，与第4复干在1.0m以下合生，该复干基部有一长80cm、宽10～25cm的树洞，上有火烧痕迹，两大垂乳就生长于该干之上；第3复干，高22.0m，胸径1.20m，与第4复干在1.0m以下合生，1.0m以下有大面积的剥皮现象；第4复干，高20.0m，胸径1.00m，该复干在朝空堂一侧的基部有部分的剥皮现象，远离空堂的一侧0.5～1.8m处有细长洞；第5复干，高20.0m，胸径1.00m，倾斜，倾角达25°，其一分枝总体趋势先向地面延展，尔后从一堵围墙的方形孔洞中延展而去，该复干与母干在0.6m以下呈合生状；第6复干，高20.0m，胸径0.45m，1.4m以下有大面积的剥皮现象。萌蘖30个，簇生或散生于复干间和空堂内。垂乳9个，基径0.03～0.1m，长5～150cm，分布于复干、母干0.8～2.5m处，其中2个特大，基径均达0.1m，长分别为100cm和150cm，并呈悬垂状。该树用高1.2m的铁栅栏相护。在秀山土家族苗族自治县境内这棵古老奇特的银杏树，被人们誉为“古生物活化石”。这棵罕见的树中之王，古老苍劲，巨影婆娑，主干基部边缘部分，长出的14个复干，亭亭玉立，牵手呼应，恰似14“兄妹”迎风起舞，蔚为壮观。银杏树绿盖如荫，遮天蔽日。其树汁浓如乳汁，形似玉液，实为罕见。

碑记：银杏（白果），木本植物，枝繁叶茂，生长年限长，有“长寿树”的美誉，乃珍贵稀有树木，被称为“活化石”。生长在重庆市秀山土家苗族自治县钟灵乡钟溪村的此株古大银杏，见证了这里千多年的沧海桑田；星移斗转，一千年以前，此树为一根参天“圣树”，遭雷劈、火烧，仅存2m高的半壁残桩；后来根部生发10株枝干，现每株枝干直径1.8m，高40m，冠径覆盖60m，虽历尽千年风霜雪月，但仍枝繁叶茂，堪称“神树”，佑护着一方百姓的自然平安。“千年银杏”已成为当地土家苗寨人心中的“神树”，人们予以各种方式祭拜。

酉阳县木叶乡罗家村谢家坨

雌株，树龄1000年，树高45.5m，胸径3.06m，冠幅24.0m×22.0m。“酉阳银杏王”，这棵银杏树年产银杏果最高1500kg。树干需6人合抱，硕大的树冠遮天蔽日，挺拔的树干和虬枝显示老树饱经岁月的沧桑。在古银杏树上寄生有竹根七、地苦胆、车前草、三角风、巴岩姜等20多种药物植物，令人赞叹不已。在离古银杏树大约3m远的地方，一条粗长的银杏树根从泥土中伸出来，径直越过厂小溪的对岸，然后又钻到泥土中去，成为一座天然"独木桥"。

酉阳县毛坝乡天苍2组（图9-11-46）

"酉阳银杏王"，"树生树"，天然"独木桥"。雌株，树龄800年，树高30.0m，胸径1.30m，枝下高10.0m，冠幅16.0m×16.0m，位于村落房前屋后。树冠伞形，生长旺盛。主干通直，明显。干基部呈扭转的分棱状。N=29° 00′ 40.2″，E=108° 52′ 04.2″，H=1172m。

酉阳县苍岭镇双石6组野人迁（图9-11-47）

"千年银杏王"，垂乳银杏。雄株，树龄1100年，树高26.0m，胸径1.70m，枝下高2.2m，冠幅25.2m×26.2m，位于村落公路南侧，背倚大山。生长旺盛，树身12.0m的分枝处密布有苔藓类植物。母干端直，明显，基部3.2m处分作11棱，各棱深浅交错，最深处达20cm。分枝不规则，均较粗，其中最粗的一枝基径达0.80m；2.2m处一分枝有断折现象。垂乳6个，位于母干西侧2.0m处，均较小，最大基径0.10m，长8cm，呈散生状。与该树共生的树种有杉木、香椿等。N=29° 3′ 52.5″，E=108° 41′ 42.1″，H=1009m。

碑记：本株银杏为雌株，2010年实测树高26m，树干直径1.97m，根底围长8.5m，树冠直径28.8m，冠幅达353m²。春夏时节，犹如山谷间涌起的一座翡翠塔；霜染艳秋，满树簇簇橙红扇叶，犹如深谷喷发而出的一座火焰山；冬雪凝峰，雾霭悬树，更见铁干虬枝盘旋，形如苍龙，银蛇飞舞。探其树龄，据史料推测，此树当属后唐时期栽植，距今约1100年。此树龄在武陵山实属罕见，冠于武陵山区"千年银杏王"之美誉绝不为过，是极其宝贵的自然遗产，是人类与自然和谐相处、祈福求祥的象征。

图9-11-46 酉阳县毛坝乡天苍2组

图9-11-47 酉阳县苍岭镇双石6组野人迁
（注：箭头示垂乳）

梁平县蟠龙镇蟠龙村四组蟠龙洞景区

陆游手植银杏，"夫妻树"。雄株，树龄900年，树高38.0m，胸径1.33m，冠幅14.0m×15.0m。一雄一雌，两棵古树株距2.0m，被喻为"夫妻树"，又称"双虬银杏"。树干高大挺拔，苍劲葱茏。据说，宋代大文豪陆游三访蟠龙洞时种下的这一雌一雄、体貌相似的银杏树（人称"夫妻树"）。据《梁平县志》记载，蟠龙山由来已久。大自然造就它重峦叠嶂，森林茂密，泉水长流，荫及良田菽稻。其洞景若龙踏，故名蟠龙洞。县志《胜览》记："洞有二石，若踏龙，卧于水中，鳞甲如生，水可涉足。"明朝诗人王嘉言游蟠龙洞后赋诗一首，"玉笋初惊眼，灵床忽盈胸。有泉常汩汩，无雾也蒙蒙"，生动描绘了蟠龙洞、龙舌、龙泉、雾霭的绝佳景色。明朝诗人徐应俟的《游蟠龙洞》诗云"洞中爽气扑人来，洞门古树双虬护"，其第二句就是两棵古银杏树的真实写照，它们像两条虬龙一样保护着蟠龙洞。

相传，南宋大诗人陆游（号放翁），在襄州府任职期间，曾数次到辖地梁山（今梁平县）巡视，对蟠龙山景观流连忘返。其女迷恋奇山异景，便借寓蟠龙寺。爱女迟迟不归，陆游前来寻找，却闻小姐已升天成仙为蟠龙公主。为寄托思念，陆游在蟠龙洞门前约30.0m处栽下2株银杏树，如今均已成参天之势。雄树刚劲挺拔，雌株婀娜秀美，冠荫百余平方米。两株古树树形秀美，如胶似漆，恰似一对夫妻深情相拥，为蟠龙洞增添一道亮丽的风景。这两棵雌雄异株的银杏树异花授粉，年年结果，实为罕见。

图9-11-48 武隆县接龙乡小坪村a
（注：箭头示垂乳）

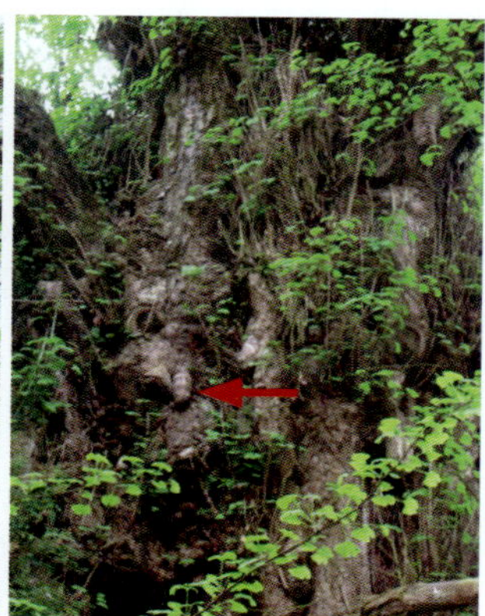

图9-11-49 武隆县接龙乡小坪村b
（注：箭头示垂乳）

梁平县蟠龙镇蟠龙村四组蟠龙洞景区

陆游手植银杏，“夫妻树”。雌株，树龄900年，树高36.0m，胸径1.23m，冠幅15.0m×15.0m。

丰都县的太平镇至都督乡之间

树龄1200年，树高35.0m，胸径2.48m，冠幅25.0m×25.0m，有6个复干，胸径0.30～0.80m，基部具萌蘖。

武隆县接龙乡小坪村a（图9-11-48）

垂乳银杏，复干银杏。雄株，树龄2000年，树高23.0m，胸径1.50m，枝下高0.8m，冠幅10.0m×10.0m，位于农田边坡。生长旺盛，树冠圆柱形。根部在东侧大部分裸露，裸露面积5.4m^2。母干明显，通直，干身有大量苔藓类植物分布；分枝从0.8m处开始，以1m的间隔呈规律的对生状，除2m处基径均为0.75m的两枝较长外，其他均呈粗短状，且端部大多有簇生状的萌条生长。枝繁叶茂，叶裂多变，从深裂到几乎不裂都有。复干3个，分布于母干东、西两侧，第1复干，胸径0.08m，高3.0m，距母干12cm；第2、3复干胸径均0.05m，紧贴母干生长。萌蘖15个，高0.5～2.5m，生长于裸根最顶部，并紧贴母干。垂乳8个，其中7个分布于该树东侧根与茎的交界处：4个呈簇生状，2个排生状，1个单生，长5～15cm，基径0.05～0.18m；另1个生长于树身12.0m处，基径0.10m，长25cm。生长于竹林中。该树具有许多原始性状，根据树体大小和树龄分析，该树属于我国较大银杏树之一。编号：490。N=28° 56′ 05.4″，E=107° 15′ 56.0″，H=1088m。

武隆县接龙乡小坪村b（图9-11-49）

垂乳银杏，重庆市森林旅游“十大树王”之一。雌株，树龄1000年，树高30.0m，胸径3.80m，枝下高2.5m，冠幅20.0m×20.0m，位于村落小路边，生长良好，树身布满苔藓类植物并伴有剥皮现象，剥皮最大处长达160cm，宽20cm；树身还散布有树洞，最大长30cm，宽10cm；母干明显，有不规则的分棱现象；中空，内径达0.8m，伴有腐朽和劈裂现象；干一侧分枝处于7.0m处合生，从而在6.0～7.0m间形成一条宽20cm的宽缝；空堂内生长有萌条，50个，高0.5～1.5m；在2.5m处分作3个大枝，分别向北侧、南侧和东侧延展而去，基径依次为1.00m、1.00m和0.60m，其中北侧一枝在3.0m处又呈轮生状分生出众多枝条，这些枝条中有2个竖直向上伸展，其他则向北侧斜展而去；南侧一枝竖直向上伸展，且分生出的枝条均较粗，呈不规则状生长。萌蘖、萌条数以千计，密布于母干8.0m以下，呈层叠状密布于母干周围。垂乳13个，集中分布于该树北侧，其中有3个基径分别为0.08m、0.08m和0.20m的垂乳被截，现存最大者基径0.12m，长22cm。结果量为100～500kg/年。据说该树空堂曾用来点火取暖。与该树共生的树种有金竹、杉木、杜仲、棕榈、皂角。编号：489。N=28° 56′ 05.4″，E=107° 15′ 56.0″，H=1088m。

湖南省
银杏古树资源

一　古树生境及地理气候指标

湖南省的土壤以红壤、黄壤为主。具体是雪峰山与武陵山以东，以红壤为主，以北以黄壤为主。湘北海拔500m以上以黄壤为主，以下则以红壤为主。湘南海拔700m以上以黄壤为主，以下则以红壤为主。山坡、山脚地带有黄壤。红壤主要是有机质缺乏，全氮含量低。植物种类多样，群种丰富，是中国植物资源丰富的省份之一。主要树种有马尾松、杉、樟、檫、栲、青山栎、枫香以及竹类，此外有银杏、水杉、珙桐、黄杉、杜仲、伯乐树等60多种珍贵树种。

湖南省主要银杏分布区地理气候指标如表9-23所示。

二　古树分布及株数

湖南省共有14个市（州），都有银杏古树的分布。文献中报道，全省100年以上银杏古树1413株。胸径1m或树龄300年以上的古银杏古树265株。500年以上的42多株，其中19株在千年以上。全省共有55个县（市、区）有古银杏分布，占44.26%，71个乡镇有银杏古树的分布。实测及统计株数767株，其中114株具生长指标（图9-23，表9-24）。

图9-23　湖南省银杏古树分布图

表9-23　湖南省主要银杏分布区地理气候指标

县（市）	经度	纬度	年均温（℃）	年降水量（mm）	无霜期（天）	年均日照时数（小时）	1月均温（℃）	绝对最低温度（℃）	≥10℃积温
长沙县	112° 56'～113° 30'	27° 55'～28° 40'	17.2	1390.0	275	1677	4.7	-11.3	5450
攸县	113° 20'	27° 00'	17.8	1410.0	292				
衡阳南岳区	112° 45'～112° 50'	27° 12'～27° 40'	12.2	2234.5	280	1542		-10.9	
新邵县	111° 08′～112° 50′	27° 15′～27° 38′	17.2	1115.5	276	1688		-10.7	4760
石门县	110° 29′～111° 33′	28° 24′～29° 24′	16.7	1540.0	282	1647	5.0		5282
桑植县	109° 41′～110° 46′	29° 15′～29° 49′	16.3	1413.0	280			-10.0	4250
资兴市	113° 08′～113° 44′	25° 34′～26° 18′	16.6	1538.0	280	1568		-2.5	
双牌县	110° 24′～110° 59′	25° 36′～26° 10′	17.6	1546.0	292	1436			
芷江县	109° 17′～109° 54′	27° 04′～27° 38′	16.5	1321.0	298	1303			
新化县	110° 45′～111° 41′	27° 31′～28° 14′	16.8	1453.5	281	1488			5282
凤凰县	109° 18′～109° 48′	27° 44′～28° 19′	15.9	1308.1	277	1266			5002

表9-24 湖南省银杏古树分布地点及株数汇总

区（市）	县（市、区）	乡（镇）
长沙市（144株）	长沙县（5株）	五美乡、开慧乡、安沙镇、星沙镇
	浏阳市（3株）	淳口镇、金刚镇
	宁乡县（1株）	沩山乡
	岳麓区（5株）	
	芙蓉区（1株）	
株洲市（120株）	攸县（14株）	柏市镇、慈云寺、桃水镇、漕泊乡
	炎陵县（1株）	十都镇、水口镇
	石峰区（1株）	井龙办事处
	荷塘区（1株）	
湘潭市（2株）	岳塘区（1株）	
	湘乡市（1株）	金石镇
衡阳市（12株）	南岳区（8株）	
	衡南县（4株）	花桥镇
	衡山县	
邵阳市（72株）	武冈市（3株）	
	新邵县（49株）	酿溪镇、雀塘镇、龙溪铺镇、新田铺镇、潭溪镇、太芝庙乡、严塘镇、巨口铺
	邵阳县（1株）	
	绥宁县（6株）	联民乡
	城步苗族自治县（1株）	五团镇
	隆回县（1株）	鸭田镇
	洞口县（8株）	洞口镇、石柱乡、大屋乡、罗溪瑶族乡
	新宁县（3株）	回龙镇
岳阳市（1株）	华容县（1株）	东山镇
	临湘市	
常德市（5株）	桃源县（1株）	观音寺镇
	石门县（4株）	罗坪乡、南北镇、南坪乡、新铺乡
	武陵区	
张家界市（8株）	武陵源区（3株）	
	永定区（1株）	
	桑植县（4株）	刘家坪白族乡、人潮溪乡
益阳市（4株）	桃江县（2株）	
	安化县（2株）	木子乡
	沅江市	三眼塘镇
郴州市（101株）	资兴市（100株）	碑记乡、滁回乡、黄草镇、汤市乡、皮石乡、兰市乡、州门司镇
	桂阳县（1株）	荷叶镇
永州市（184株）	零陵区（1株）	富家桥镇
	祁阳县（1株）	白果市乡
	东安县（1株）	南桥镇
	双牌县（149株）	茶林乡、何家洞乡
	宁远县（20株）	清水桥镇
	新田县（12株）	金陵镇、石羊镇、骥村镇
	道县	
	江华瑶族自治县	竹园寨乡

（续）

区（市）	县（市、区）	乡（镇）
怀化市（95株）	沅陵县（6株）	杜家坪乡
	芷江侗族自治县（87株）	岩桥乡
	通道侗族自治县（1株）	播阳镇
	会同县（1株）	炮团侗族苗族乡
	溆浦县	
	新晃侗族自治县	天塘乡
娄底市（13株）	娄星区（1株）	
	双峰县（5株）	
	新化县（7株）	桑梓镇、田坪镇、圳上镇
湘西土家族苗族自治州（6株）	凤凰县（4株）	茶田镇
	吉首市（1株）	排吼乡
	泸溪县（1株）	白沙镇
总计：湖南省银杏古树共分布在14个市，55个县区，71个乡镇，共有767株银杏古树。		

湖南省是我国银杏原产地之一，分布广，古树多。以湘西北山区较为集中。水平分布，以雪峰山脉为中心，南起九嶷、萌渚，北迄武陵、壶瓶，集中分布于五岭山脉的祁阳、宁远、双牌、道县、资兴、东安；衡山山脉的衡山；雪峰山脉的新化、洞口、溆浦；武陵山脉的石门；幕阜山脉的临湘等县。南起江华县竹园寨乡星桥村；北限石门县南坪乡；东界酃县（炎陵县）水口镇；西迄新晃县天堂乡。垂直分布，以海拔42m的沅江县三眼塘镇为起点，大量生长于海拔300～800m的地带，最高分布区域为1500m的石门自然保护区的南坪乡。株洲市古银杏树120株。新邵县现有49株雌银杏古树，胸围3m以上的古银杏13株。资兴市银杏大树相对集中分布在比较边远的黄草、汤市、皮石、兰市、州门司等山区乡镇，最集中的地方是与汝城接壤的黄草镇，该镇现保存银杏大树83株，故有“银杏之乡”之称。资兴市现有银杏树在500年以上的有60多株，100年以上的100多株，其余大都在50年左右;树高在20m以上，胸围在3m以上的有160多株。攸县有古银杏14棵。双牌县茶林乡倒圹里村有银杏古树146株。芷江县有国家一级保护树种银杏87株。长沙市有30～99年生银杏264株；100～299年生银杏120株；300～499年生银杏18株；500年以上银杏6株。据联合国世界资源有关专家考证，被誉为古生代孑遗物聚宝盆的张家界、神农架、八大公山、梵净山是目前银杏科植物基因物种最丰富的地区之一，该地区保护上百年银杏百余株。

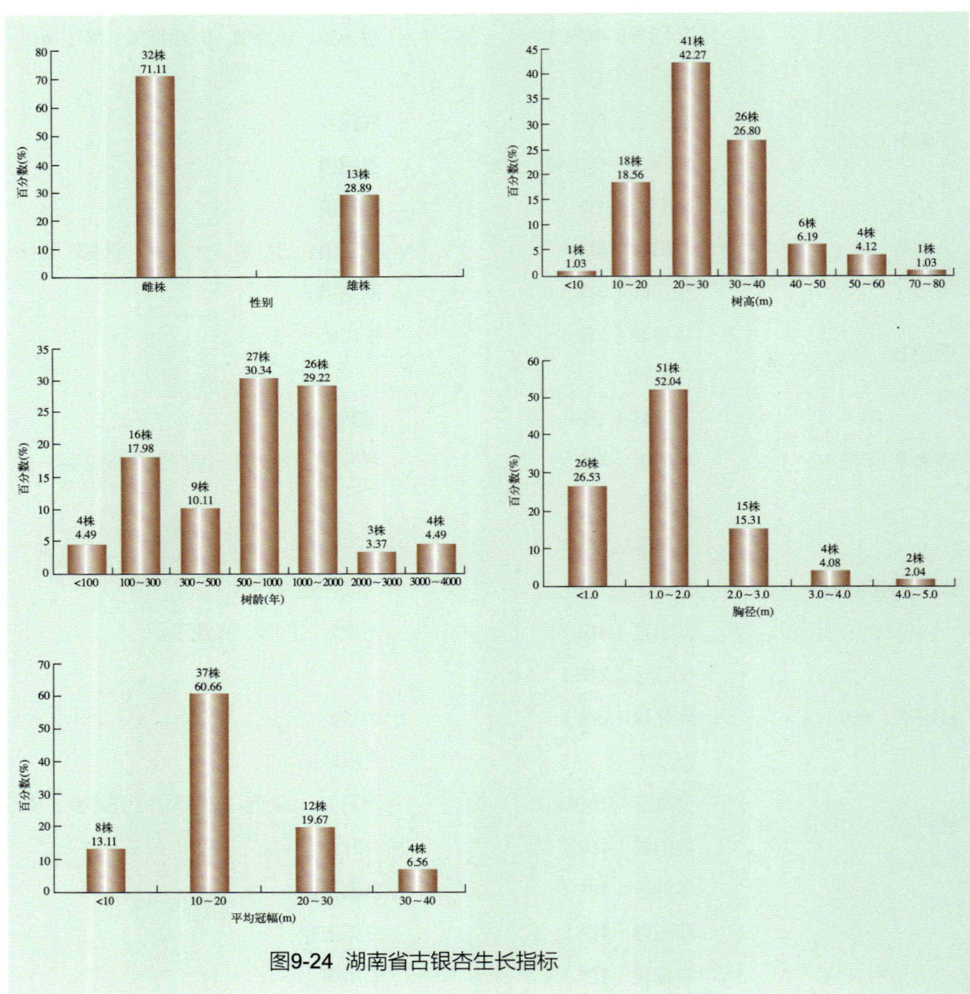

图9-24 湖南省古银杏生长指标

三 古树生物学

1. 性别

在已知性别的45株古银杏中，雌株32株，占71.11%；雄株13株，占28.89%。雌雄同株1株（图9-24）。

2. 树高

树高最高单株为70.0m，位于张家界市永定区源古坪白杨村张家坪组；最矮单株为9.0m，位于长沙县星沙镇湖南省交警总队；树高<10m的为1株，占1.03%；10～20m的为18株，占18.56%；20～30m的为41株，占42.27%；30～40m的为26株，占26.80%；40～50m的为6株，占6.19%；50～60m的为4株，占4.12%；70～80m的1株，占1.03%。树

高前十位单株：张家界市源古坪白杨坪张家坪组（70.0m）、洞口县大屋乡（52.0m）、洞口县罗溪瑶族乡宝瑶村宝瑶组（52.0m）、张家界市武陵源区张家界森林公园代管村树脚组（50.0m）、凤凰县茶田镇都首村石柱寨（50.0m）、张家界市武陵源区张家界国家森林公园锣鼓塔（49.5m）、安化县木子乡小尧村（46.0m）、安化县木子乡小尧村（42.0m）、华容县东山镇白果村白果树湾（41.0m）、桃源县观音寺镇（40.0m）。

3. 树龄

树龄最大单株为3500年，位于洞口县罗溪瑶族乡宝瑶村宝瑶组；最小单株为50年，位于洞口县健民路8号洞口县林业局；树龄<100年的为4株，占4.49%；在100～300年的为16株，占17.98%；300～500年的为9株，占10.11%；500～1000年的为27株，占30.34%；1000～2000年的为26株，占29.22%；2000～3000年的为3株，占3.37%；3000～4000年的为4株，占4.49%。树龄前十位单株：洞口县罗溪瑶族乡宝瑶村宝瑶组（3500年）、永州市零陵区富家桥镇水平村周家组（3000年）、新田县金陵镇千马坪村（3000年）、会同县炮团侗族苗族乡半坡塘村（3000年）、桑植县八大公山刘家坪白族乡谷家坪村白果组（2500年）、东安县南桥镇罗化山（也称罗汉山）（2500年）、益阳市桃江县浮邱山浮邱寺（2400年）、沅陵县杜家坪乡木王村（1800年）、泸溪县白沙镇天桥山华岩阁（1800年）、武冈市迎春亭街道办事处都梁路（原市文化馆内）文庙门口（1700年）。

4. 胸径

胸径最大单株为4.50m，位于永州市零陵区富家桥镇水平村周家组；最小单株为0.30m，位于攸县慈云寺；胸径<1.0m的为26株，占26.53%；1.0～2.0m的为51株，占52.04%；2.0～3.0m的为15株，占15.31%；3.0～4.0m的为4株，占4.08%；4.0～5.0m的为2株，占2.04%。胸径前十位单株：永州市零陵区富家桥镇水平村周家组（4.50m）、会同县炮团侗族苗族乡半坡塘村（4.13m）、东安县南桥镇罗化山（也称罗汉山）（3.84m）、洞口县罗溪瑶族乡宝瑶村宝瑶组（3.20m）、石门县罗坪乡长梯隘村（3.00m）、桑植县八大公山刘家坪白族乡谷家坪村白果组（3.00m）、沅陵县杜家坪乡木王村（2.96m）、新田县金陵镇千马坪村（2.80m）、桑植县刘家坪白族乡谷家坪白果塔（2.73m）、城步县五团镇腾坪村杉树湾（2.60m）。

5. 冠幅

冠幅最大单株为40.0m×30.0m，平均冠幅为35.0m，位于沅陵县杜家坪乡木王村；最小单株为7.5m×6.1m，平均冠幅为6.8m，位于双峰县九峰山森林公园定慧庵。冠幅前十位单株：沅陵县杜家坪乡木王村（40.0m×30.0m）、双峰县九峰山鼓锣庵（30.0m×40.0m）、绥宁县岳溪江畔（30.0m×30.0m）、永州市零陵区富家桥镇水平村周家组（30.0m×30.0m）、凤凰县茶田镇都首村石柱寨（29.0m×26.5m）、桑植县人潮溪乡茶叶村张家湾（24.3m×25.3m）、新田县金陵镇千马坪村（24.0m×25.0m）、会同县炮团侗族苗族乡半坡塘村（23.0m×24.5m）、攸县漕泊乡漕联村（25.0m×18.0m）、洞口县洞口镇双联村五龙山（22.0m×21.0m）。

6. 特异种质

垂乳银杏7株；复干银杏3株；雌雄同株1株；叶籽银杏。

四　古树综合描述

长沙县五美乡观音塘

树龄80年，树高20.0m，胸径0.43m，徐特立故居银杏。徐特立故居位于长沙县五美乡观音塘，为砖木结构的普通民房，有槽门、堂屋、厢房等，天井中有徐特立亲自栽的柚树。

长沙县清泰乡（今开慧乡）板仓

开慧纪念馆银杏。树龄70年。树高10.0m，胸径0.42m，位于长沙县清泰乡（今开慧乡）板仓。距长沙约70km。景区由杨开慧同志故居、杨开慧烈士陵园、杨开慧生平业绩陈列馆和杨公庙四部分构成。

长沙县安沙镇和平村棠坡

朱镕基故居银杏。树龄75年，树高24.0m，胸径0.64m。长沙安沙镇和平村棠坡，朱氏祖屋“恬园”就坐落于此。

长沙县星沙镇湖南省交警总队

树龄500年，树高9.0m，胸径0.76m。

长沙县星沙镇湖南省交警总队

树龄500年，树高10.0m，胸径0.56m。

浏阳市淳口镇

树龄500年，树高23.0m，胸径2.17m。2株。

浏阳市金刚镇石庄村石霜寺

树龄1000年。石霜寺为千年古寺，石霜寺为湖南名寺，因山而名。石霜山，位于浏阳城南金刚镇境内，因山峻水秀，触石喷霜而名。据碑文和《石霜寺略》载：寺始由唐僖宗李儇（862～888）下旨，宰相裴休监建。寺前坪山门内及寺后现存有千年古柏、古银杏各一株。

宁乡县沩山乡沩江村供销社院内

树龄500年，树高18.0m，胸径1.20m。

长沙市岳麓区云麓宫

雌株，树龄710年，树高28.0m，胸径1.20m，冠幅11.0m×12.0m。古树编号：CYLG-SZ003-0530。N=28°10′51″，E=112°55′43″，H=265m。根系露出地面15cm。枝下高4.0m。枝叶繁茂，生长在云麓宫外，有保护栏。云麓宫在湖南省长沙市湘江西岸的岳麓山右顶峰上，属道教二十三洞真虚福地。明成化十四年(1478)吉简王就藩长沙时所建。嘉靖年间(1522～1566)，太守孙复与道人李可经加以扩建，形成较完整的道宫格局。

长沙市岳麓区麓山路36号湖南师范大学岳王亭

雌株，树龄100年，胸径0.85m。2株。长势较好的雄株银杏树直径有1.0m以上，枯萎的雌树则矮小很多。

长沙市岳麓区麓山路36号湖南师范大学岳王亭

雄株，树龄100年，胸径1.12m。

长沙市岳麓区橘子洲江神庙（水陆寺）前

雄株，树龄200年，胸径0.85m。2株。被市民称为“夫妻树”的2棵银杏安然伫立在橘子洲上，两树相隔不到10m。该树生长衰弱，身边栽下9株小银杏树并嫁接在老树身上，以助其吸收营养。

长沙市岳麓区橘子洲江神庙（水陆寺）前

“夫妻树”。雌株，树龄200年。

长沙市芙蓉区五一大道韭菜园

树龄110年。大树从根部长出5棵复干银杏，形成“五子相抱”的趣景。银杏树6根侧枝被外力作用拉断，生长衰弱。

株洲市石峰区井龙办事处井龙村万塘组

雌株，树龄628年，树高30.0m，胸径2.36m，冠幅22.0m×18.0m，基部萌蘖50余个。树干较低，干高1.2m。2大主枝。每隔20cm嫁接一短枝进行复壮，树干上好似“星星点灯”，很有效果。经考证，这棵银杏原是当地言普阶、言进阶庄园的一株树。10年前，据考证，此树已618年。而株洲市从公元1190年正式定名为株洲，至今才800多年，也有人讲该树有800年树龄。因此，此树已成为株洲市城区古树中的“老太爷”。

株洲市荷塘区流芳园纪念墓斜对面

树龄560年，是株洲市区较大的古银杏之一。

攸县慈云寺

雌株，树龄500年，复树高10.0m，复干胸径0.30m。有2棵银杏古树，1952年曾被砍伐，第二年根部长出3棵幼苗，现胸径已达30.0cm，高约10.0m。1975年开始结果，已引

图9-12-1 攸县柏市镇

图9-12-2 衡阳市南岳区衡山福严寺

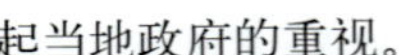

起当地政府的重视。

攸县桃水镇湾田村台上组

树龄1500年。

攸县漕泊乡漕联村

复干银杏。树龄1000年，树高32.0m，胸径1.50m，冠幅25.0m×18.0m。这棵千年古银杏，就是记录着漕泊人文生命的活字典。有粗度大于10cm复干8个，最粗0.32cm。基部萌蘖100余个。

攸县柏市镇（图9-12-1）

树高18.9m，胸径0.95m，树龄300年，冠幅15.0m×16.5m。最大复干高15m，直径45cm，4个复干，1～5年生复干几百株。

炎陵县十都镇洋岐村

受戒银杏。树龄612年。

湘潭市岳塘区湖湘公园梦泽湖边

树龄300年，树高15.0m，胸径0.80m，冠幅8.0m×10.0m。在湘潭市区是排名第二的“老寿星”，更是湖湘公园的“镇园之宝”。距离地面10cm以下的根系几乎全部腐烂。

湘乡市金石镇白果村状元坪

树高20.0m。

衡阳市南岳区衡山福严寺（图9-12-2）

雌株，树龄1444年，树高15.0m，胸径1.54m，冠幅20.0m×18.0m。2株。受戒银杏。

衡山，又名南岳，是我国五岳之一，位于湖南省衡阳市南岳区，海拔1300.2m。衡山福严寺右侧有一株古银杏树，相传就是在慧思手里受过戒的，树下尚有块青石碑记载银杏受戒年代。福严寺原名般若寺。盛传，慧思大师首开般若寺，广收门徒。南北朝陈光大元年（567），慧思和尚率弟子自河南潢川大苏山来南岳，始创此寺，辟福严寺为道场，常于此树下传道受戒，日久见此株银杏挺拔多姿，便要让这株树也随僧众受戒，便在主干的树皮上烧了几炷艾火。相传当年树上还悬有慧思发给的戒牒，现在戒牒已经不存。如今人们还可以从树身上看到有几个瘢痕，据说就是当年南岳慧思禅师艾火的遗迹。据《南岳志》载，这棵古树是慧思手植，有1444多年的历史。又传说为东晋时代的银杏，距今1600年。也有说汉代银杏，距今2212年。但经现代科学鉴定，树龄却还只400多年，大约为明代隆庆（1567～1572）到万历（1573～1620）年间植的树木。已故的中共中央总书记胡耀邦到这里摩挲银杏久之，他笑着说：“树也出家受戒，真神奇。出家一千四五百年了吗？还是科学的东西好，四百年，还差不多。”当然神话也不坏，它给人以美丽的想象。2001年4月全国政协副主席张思卿观后题词：“千年古银杏，三湘一奇观。”2002年原湖南省省委书记熊清泉同志为此题词：“寿树”。福严寺方丈大岳法师现已把此树命名为“佛手撑天”，来弘扬佛法，普救苍生。同时也为南岳新景点的一个奇景，供香客和游客朝拜、欣赏。

经过衡阳市有关部门进行的古树名木普查显示：南岳衡山福严寺内2棵高龄1444岁的银杏树夺得“衡阳树王”桂冠。现代诗人关于福严寺古银杏描述：摩挲古干欲参天，戒谍曾从惠祖传。我亦当时诸弟子，相看一笑二千年（《福严寺古银杏》，王存纯）。七祖宗风久寂寥，磨砖作镜总徒劳。输他银杏无情物，依旧撑空荫六朝（《福严寺》，宋谋玚）。古寺参天银杏树，深山守护悄无声。春荣秋落知多少，阅尽六朝以后僧（《福严寺六朝银杏》，周示行）。暮鼓晨钟古道场，更凭银杏论沧桑。石梯新造云间去，登“极高明”眺夕阳（《游福严寺》，胡遐之）。阅尽沧桑春复冬，参天映日绿阴浓。一千四百余年事，都在青青杏眼中（福严寺古银杏闻树龄已一千四百余年，王俨思）。花开花落已千年，翠嶂如屏万壑连。历尽尘埃风露里，不须滴降亦成仙。该树身3个大人合抱亦不能围拢。树冠已被劈去，仅余下3.0m左右的主干。据说是被雷劈掉的，断裂的地方用水泥砌上，以稳固树身，后来居然在水泥逢中还长出了一根很粗的枝条，看得出它的生命力依然旺盛。

衡阳市南岳区衡山福严寺第一进山门口（图9-12-3）

树龄800年，树高36.0m，胸径1.46m，冠幅22.0m×20.0m。3株。福严寺第一进山门口用麻石砌出一个略高于石径的半圆形平台，3株2人都合抱不下的银杏树拔地撑空而立。2株高的已达36m，最大1株胸径达1.46m。

据说这三株银杏与当年福严寺右侧那株立了碑记的树是同时受慧思戒的，但因为他们耐不住长年枯寂的禅定生活，以后便生了孩子，孕出了白果。当然，这是触犯了戒条的，于是3个都被，逐出了山门。

衡阳市南岳区衡山福严寺第一进山门口（图9-12-3）

树龄800年，树高35.0m，胸径0.85m，冠幅14.0m×12.0m。

衡阳市南岳区衡山磨镜台南岳山庄

树龄500年，树高25.0m，冠幅21.0m×12.0m。2株。在磨镜台南岳山庄后面的两株，因其地势位置尤其便于观赏。银杏体态端庄，气宇轩昂。仰望它20～30m高，粗壮，主干挺直、坚实，顶端向四面八方伸出满缀扇形绿叶的枝丫，展开能成为覆盖几十平方米的翠绿伞盖。

衡南县花桥镇坎塘村上庵寺遗址（图9-12-4）

树龄800，树高25.0m，胸径1.91m，冠幅12.0m×15.0m。3株。上庵寺遗址距花桥镇政府所在地东北约5km的坎塘村。上庵寺始建于800多年前，最后一次重修是康熙五十年（1711），现仅存重修时的古石碑一块。相传山下还有一下庵寺，现已无处考究。上庵寺遗址所在地，地势平坦，视野开阔。遗址不远处还保存有3棵古银杏树，树龄有数百年。最大的一棵有800多年的树龄，胸围达6m以上，树干有数十米高。

衡南县花桥镇坎塘村上庵寺遗址（图9-12-4）

树龄800年，树高15.0m，胸径0.85m，冠

图9-12-3 衡阳市南岳区衡山福严寺第一进山门口

图9-12-4 衡南县花桥镇坎塘村上庵寺遗址

图9-12-5 武冈市云山风景名胜区胜力寺

幅10.0m×9.0m。

武冈市云山风景名胜区胜力寺（图9-12-5）

树龄1000年，树高23.5m，胸径1.34m，冠幅15.0m×15.0m。在云山胜力寺前面，有一株古银杏，3人合抱，造就了云山著名景点“杏坞藏春”。在武冈农村，还有许多古银杏，被武冈市民视为“风水神树”。云山，地处武冈城南7.5km，海拔1372.5m，属雪峰山余脉。胜力寺为古刹，历经千年，唐代熹宗年间始建寺于此。

武冈市迎春亭街道新东村

雌株，树龄300年，树高25.6m，胸径1.03m，冠幅14.0m×14.0m。高大挺拔，枝繁叶茂，树干几人合抱。

武冈市迎春亭街道办事处都梁路（原市文化馆内）文庙门口（图9-12-6）

晋代银杏。树龄1700年，树高10.0m，胸径1.05m，原2株。武冈文庙，又名孔圣庙，位于武冈渠水北岸，攀龙桥与让龙桥之间，始建于宋绍兴八年(1138)历元，明、清财经修葺，愈修愈善。庙前有石狮一对，立有“官员人等至此下马”石碑，内有大成宝殿，是祭祀孔子及其七十二弟子的地方，红砖黄瓦，雕梁画栋，金碧辉煌，殿前两株银杏(现存一株)，几经雷击，依然屹立。

陶侃手植银杏。文庙门口的双银杏树，据文献记载，是陶渊明的曾祖父陶侃亲手栽的，俗称“双杏”，被人们誉为“双杏穿云”。陶侃(259～334)是西晋名臣，曾做官于武冈。陶侃在武冈当县令时，选定这里为学宫基址。后来受《庄子》“孔子游乎缁帷之林，休坐乎杏坛之上”的启发，在学宫内种植了两棵银杏。历代诗人对双银杏多有吟咏，以明末清初潘应星的《双杏歌》流传最广：“泽宫泮上双银杏，半亩阴森门堰静。雨露纷披岁月深，云烟高拂干霄影。苍茫古翠荫群材，杳霭低光启殿迥。冠盖威仪肃汉宫，郁葱佳气通云岭。”古银杏独特的历史人文价值和景观为文庙添上了精彩的一笔。明朝进士彭而述赋《双杏行》诗序言：“昔陶侃令武冈手植双杏，干大如囷，数十围。”现树摧残严重，仅剩有两丈高的树干，存枝仍生长旺盛。位于武冈文庙大成殿前，离地一尺许，干分两杈，一杈围约六尺，高约三丈；一杈围丈许，高近两丈，树中心长出一棵香樟，碗口粗细，高丈余。原来，这里是古都梁十景之一的“双杏参天”。州志《政绩略》亦载：“(陶)侃明于形家言，令武冈时，考卜学宫基地，手植双杏……今学宫是也。”该树具复干2个，萌条数以百计。经过1700多年的风风雨雨，那树还生机勃勃。2009年3月，武冈政府对那古树进行了保护修缮。这棵银杏本来在文庙内，由于文庙大门在改造工程中往内移了5m，银杏被隔在了围墙之外。本有两株，1965年7月，西向一株在狂风骤雨中遭遇雷击，从此无存，东向这一棵也在1979年4月遭遇不测，被大风吹折，所幸劫后余生，留下一枝，至今葱绿如故，生机盎然。

相传某朝某代有个白公子金榜题名时，自报家门武冈人，住在文庙，却查无此人，不过文庙内从此便有了两株参天银杏。于是，朝廷赐白公子为金榜状元，也不再询问真正的金榜状元何故隐居，居住何方。白公子化身白果树的传说流传至今。

新邵县酿溪镇王家坪村

雄株，树高22.5m，胸径1.31m，冠幅11.0m×11.6m。

新邵县雀塘镇上麻村

雄株，树高22.5m，胸径1.37m，冠幅13.6m×10.6m。

新邵县龙溪铺镇老街北街A(图9-12-7)

雌株，树龄500年，树高33.6m，胸径

图9-12-6 武冈市迎春亭街道办事处都梁路（原市文化馆内）文庙门口

图9-12-7 新邵县龙溪铺镇老街北街A

2.10m，冠幅10.0m×11.0m，树冠伞形，根部裸露，高于地面0.6m，延伸0.3m，母干凹凸不平。基部有10余株萌蘖已干枯。树干挺直，主干北离地面2.50m处长有一较大侧枝，离地面约4m高处长有3个较粗的侧枝（但是均已经折断，半干枯），同时在侧枝长有较多的新枝，东面2.5m高处长有两较细小的侧枝，半干枯，整个植株分枝较少，高大挺拔。树枝下有垂乳。N=27° 27′ 01.8″，E=111° 16′ 11.5″，生长在屋旁。保护单位：新邵县人民政府。H=426m。梅核品种。

新邵县龙溪铺镇老街南街B(图9-12-8)

雌株，树龄500年，树高28.6m，胸径1.71m，冠幅8.5m×7.5m，树冠伞形，母干凹凸不平，距离A株大约17.5m，树干挺拔，4个垂乳，最长达到23cm，基径12cm。树干在2.75m以下的胸径为1.71m，3.35m以上树干变细，胸径为1.04m，中间突增粗，宽度达60cm，整个树干笔直挺拔，树干呈现细—粗—细状，生长在墙边。N=27° 27′ 01.8″，E=111° 16′ 11.5″，H=426m。保护单位：新邵县人民政府。梅核品种。

新邵县龙溪铺镇李家村

雌株，树高23.0m，胸径1.15m，冠幅11.4m×12.4m。优良品种。

新邵县新田铺镇水尾村

雌株，树高19.5m，胸径1.46m，冠幅16.0m×14.0m。优良品种。

新邵县潭溪镇井际村

雌株，树高24.5m，胸径1.18m，冠幅17.0m×18.5m。优良品种。

新邵县太芝庙乡岳坪村

雌株，树高22.8m，胸径1.24m，冠幅14.0m×14.4m。优良品种。

新邵县严塘镇汪家冲村

雌株，树高21.5m，胸径1.08m，冠幅13.0m×13.9m。优良品种。

新邵县严塘镇白水洞村

雌株，树高30.6m，胸径0.98m，冠幅13.0m×13.4m。树龄有待考证。

新邵县严塘镇白水洞村

雌株，树高29.6m，胸径1.24m，冠幅13.0m×15.0m。

新邵县巨口铺镇红庙边村

雌株，树高26.0m，胸径0.96m，冠幅15.6m×16.6m。据考证此树为古银杏，但树龄有待考证。

新邵县巨口铺镇扶竹桥村

雌株，树高33.0m，胸径0.99m，冠幅15.0m×17.0m。据考证此树为古银杏，但树龄有待考证。

新邵县桔子洲

树龄200年，树高15.0m，胸径0.93m，该树树干及主枝已基本上全部腐朽，树干下部已全部为空洞。

邵阳县河伯岭林场石脚楼工区

树龄400年，树高18.0m，胸径0.52m。H=650m。

绥宁县岳溪江畔

雌株，树龄1000年，树高25.0m，胸径2.23m，冠幅30.0m×30.0m。树身5人方能合抱，据说，它已有上千年的历史了。这株银杏树的根部已被烧空，里面可容纳3个人。树干离地面2m处就开始分枝，共有20多个粗枝向上或向四周伸展，树高4m处以上已分不出主干。枝有长枝与短枝之分，最大的树枝直径40.0cm，长达15.0m。树枝分布均匀，叶形奇特，树冠呈优美的椭圆形。由于岁月在它身留下痕迹，使它显得古朴而又苍老。头上顶着一团蓬蓬的绿叶，像一把撑开的雨伞，日夜擎在那人行路旁，傲霜斗雪，千年不衰，至今仍枝叶茂盛，年年结果。可谓春夏满株翠绿，入秋一片金黄。

绥宁县联民乡陶家村

雌株，胸径1.78m。绥宁县人工栽培银杏历史悠久。古树名木调查时发现，全县有100年以上古银杏存在于各乡镇。联民乡陶家村有5棵银杏并排挺立，树干需4人合抱，枝繁叶茂，年年硕果累累。

城步县五团镇腾坪村杉树湾

树龄600年，树高35.0m，胸径2.60m，冠幅15.0m×15.0m。城步苗族自治县乡镇均有银杏零星分布。

隆回县鸭田镇古同村312省道旁

树龄500年，树高30.0m，胸径0.96m，老银杏树经历了明、清、民国，留下了许多传奇故事。1935年12月，贺龙率红军经过鸭田时，这棵树是附近的“制高点”，红军战士上树放哨，为红军在鸭田取得战斗胜利立了功。

洞口县洞口镇双联村五龙山a(图9-12-9)

树龄1600年，雌株，树高22.0m，胸径1.36m，冠幅22.0m×21.0m。树冠伞状，母干凹凸粗糙。与此地旁边一株为“鸳鸯银杏”，树北面长有一株萌蘖，高度4～5m，距离根20cm。母枝离地面1.75m处分出南北2大主枝，生长在山顶。N=27° 07′ 48.3″，E=110° 33′ 27.6″，H=1025m。保护单位：洞口县人民政府。

洞口县洞口镇双联村五龙山b(图9-12-10)

雄株，树龄200年，树高30.0m，胸径1.19m，冠幅21.0m×20.0m。与此地另一株为“鸳鸯银杏”，树冠半伞状，树干挺直，母干凹凸粗糙，周围萌蘖丛生，约150株，包裹着大树，离根最大距离90cm。萌蘖最高达5m，有一胸径0.05m的复干。树干上有小垂乳，生长在山顶。N=27° 07′ 48.3″，

图9-12-8 新邵县龙溪铺镇老街南街B
（注：箭头示垂乳）

图9-12-9　洞口县洞口镇双联村五龙山a

图9-12-10　洞口县洞口镇双联村五龙山b

图9-12-11　华容县东山镇白果村白果树湾

E=110° 33′ 27.6″，H=1025m。保护单位：洞口县人民政府。

洞口县石柱乡兰溪村鸟竹坪

树龄150年。树高30.0m，胸径0.78m，3株。

洞口县大屋乡

树龄1200年，树高52.0m，胸径1.75m。

洞口县罗溪瑶族乡宝瑶村宝瑶组

雌株，树龄3500年，树高52.0m，胸径3.20m。洞口县武陵山下有株"钟乳银杏"。主茎3m处，沿周边向下长出肉质木钟乳26条，小的如指，大的如臂，与地上萌条交叉相映。又名"桀弧银杏"。

洞口县健民路8号洞口县林业局

叶籽银杏。雌株，树龄50年，树高18.0m，胸径0.50m，冠幅9.6m×10.3m。

新宁县回龙镇龙口村

树高20.0m，胸径1.18m。

新宁县回龙镇龙口村

树高20.0m，胸径1.13m。

新宁县回龙镇龙口村

树高20.0m，胸径1.11m。

华容县东山镇白果村白果树湾（图9-12-11）

雄株，树龄1700年，树高41.0m，胸径1.59m，冠幅17.0m×16.0m。华容县桃花山白果村的汉代雄性银杏树（村因古银杏而名），也有说西晋栽植。位于湘鄂古要道"华容道"青竹沟旁，相传关公挡曹时在附近倒马、斩龙。贺龙曾在此屯兵御寇。今为华容县东山镇白吴村白果树湾，据传当年关公释曹后自知罪责难逃，曾栽下一颗白果树以作纪念，至今犹存。又传说宝慈观道人，带了银杏种子来桃花山种植，想用白果为世人治病，普渡众生。此银杏经历8个朝代，树干挺直，姿态优雅，绿荫如盖，气宇轩昂，故享有"江南银杏王"、"湘北树王"之美称。抗日战争时期，新四军在此树附近建有兵工厂和战地医院，树下为战士集会、修整、疗伤之所。

桃源县观音寺镇

树龄500年，树高40.0m，胸径1.52m，冠幅18.0m×17.0m。树干要5个人手拉手才能围起来，为桃源县重点文物保护单位。近半个世纪以来，该银杏树遭遇了2次人为火灾，依然郁郁葱葱。

石门县罗坪乡长梯隘村（图9-12-12）

雄株，树龄1000年，树高35.0m，胸径3.00m，冠幅12.0m×15.0m。这颗千年银杏树需要8个成年人才能环抱。又称"银杏至尊"。

生长在在湖南省石门县罗坪乡长梯隘村的这棵千年银杏树留下许多古老传说。当地老人说，这颗银杏树每百年才结果一次，且每次只结一粒果子。每结一次果，必出一位人才。最近的一次结果大约在清朝光绪年间，结果出了石门出洋留学第一人刘孔阶。刘孔阶，清咸丰七年(1857)五月生于罗坪乡长梯隘一贫寒农家。但他不畏困难，勤奋好学，苦读诸子经典，精心研究百家诗文，以《论诸葛武侯平南蛮》一文考中"拔贡"。光绪三十一年(1905)，刘孔阶年近五旬，在师友郑协武、黄碧川等资助下，留学于日本东京师范泓文大学。留学期间，参加"中国同盟会"，从事反清活动。光绪三十四年(1908)冬回国，倡导教育报国，倾心办学育人，任石门县官立高等小学堂堂长，后改小学堂为石门中学校(即旧制中学)。他一面主管全县教育事务，一面兼任该校教务长，授业门生遍及石门、慈利、桑植、鹤峰等县。1927年刘孔阶病逝，终龄70岁。当地老人言，银杏树下，原立有一碑，为安徽蒋姓人家所立。1958年，石碑被毁，用作附近一池塘"涵口"。又说，当地人对此树敬若神明。1968年，支部书记覃兴财因为银杏树的两根树枝遮住了"白果坵"大田，便叫两位民兵锯掉。结果一个月内，村里两位小孩就因病死亡。如果吹风下雪，风雪吹断或压断了树枝，当地必有一位老人去世。所以，千百年来，当地百姓不敢砍掉这根银杏树的一个枝条，甚至不敢摘掉它的一片树叶。

老人言，清朝时，银杏树下，供有"土地神"，村民每到春节或农历二月初二"土地公公生日"，便用猪头、香纸祭祀"土地神"。人离之后，香纸引燃猪头，猪头燃起大火。第二天天亮，村民才发现银杏树着了大火。众人想用水浇灭，结果不管用，情急之下，将附近田里的泥浆涂在着火的树干上，才将大火扑灭，但大火已经将千年古树烧了一个大洞。100多年过去了，古树着火的痕迹依然清晰可辨。银杏树的四周和附近，长着5颗古老的枫香树，

图9-12-12　石门县罗坪乡长梯隘村

图9-12-13　石门县新铺乡洛浦寺村洛浦寺

仿佛是银杏树的卫士，它们也像银杏树一样，枝繁叶茂，直刺蓝天。

石门县新铺乡洛浦寺村洛浦寺（右株）（图9-12-13）

树龄1000年，树高20.0m，胸径1.97m，冠幅21.0m×22.0m。2株。洛浦寺又名白果庙、乾明寺，始建于唐，因有“洛浦僧三年食百顿，捧腹大悟”之传，远近闻名，誉为少见之佛教圣地，并享名日本佛界。清初，李自成兵败禅隐夹山寺，相传白天在夹山当住持，夜晚就住在洛浦寺。寺前两棵千年银杏树为洛浦胜迹，传为唐时建寺所植。现两树盘根错节，尽显岁月沧桑，虽已千年高龄，并无龙钟之态，仍枝繁叶茂，生机盎然，主干周围萌发着多株大小不一的小银杏，似儿孙绕膝。炎暑季节，树下农人群聚，微风拂面，令人心神俱爽。尤为称奇的是左侧的那株银杏树，主干距地2m高处，寄生槐树一株，干直叶茂，挺拔苍秀，以银杏为基，寄生树中，成为树中树，木中木，如母抱子，人称“银杏抱槐”，为天下一奇。两树主干及侧枝均有枯梢。

石门县新铺乡洛浦寺村洛浦寺（左株）（图9-12-13）

树龄1000年，树高21.0m，胸径2.16m，冠幅9.0m×10.5m。唐时建寺所植。

石门县南北镇大城村

树龄1000年，树高25.0m。

张家界市武陵源区张家界国家森林公园锣鼓塔

树龄1200年，树高49.5m，胸径1.83m。“发声银杏”，每年盛夏天气燥热时，树上会发出“嗯——嗯——”的声音，距离此树80.0m远还能听见。

张家界市永定区源古坪白杨村张家坪组

树高70.0m（张颂铁等，1992）。为湖南最高的银杏树。原地址记为：大庸市沅古坪白杨村张家坪组。

张家界市武陵源区索溪峪河口村

树龄280年，树高29.0m，胸径1.38m。

张家界市武陵源区张家界森林公园代管村树脚组

树龄350年，树高50.0m，胸径1.62m。

桑植县八大公山刘家坪白族乡谷家坪村白果组

树龄2500年，树高30.0m，胸径3.00m，冠幅9.0m×10.5m。“筵席银杏”，树心已空，内可容10余人摆桌子吃饭，树上常有白鹤栖息。

桑植县刘家坪白族乡谷家坪白果塔（图9-12-14）

雌株，树龄810年，树高35.0m，胸径2.73m，冠幅14.3m×14.3m。被誉为“白果仙姑”。主干中上部枯死、无头，树冠圆形，母干粗糙，洞口处已无树皮，树干挺直树中空。树干一侧有一洞口高3m，洞内可容5个人摆桌打麻将。内有火烧痕迹，南侧高2m处有80余个侧枝，北侧有约120余株萌糵，有复干2个，高6m，粗10cm，生长在河边树旁。N=29° 26′ 59.1″，E=110° 12′ 42.3″，H=298m。保护单位：桑植县人民政府。相传，解放战争时期，红二、六军团常在此树下开会，故又称“红军树”。

桑植县人潮溪乡茶叶村张家湾

树龄1000年，树高40.0m，胸径2.55m，冠幅24.3m×25.3m。在桑植县人潮溪乡茶叶村张家湾，生长着2棵树龄都在1000年以上、每棵需8人才能合抱的参天古银杏，虽历经1000多年风雨，却依然枝繁叶茂，亭亭如盖。古树覆盖地面近2亩。

桃江县浮邱山浮邱寺

树龄1400年，树高22.5m，胸径1.20m，冠幅18.0m×17.0m。

1958年冬由全国林业劳模组织万名青年上山造林，创建林场。1959年共青团中央在浮丘山召开全国青年造林绿化现场会。1964年湖南省人民政府批准建立“湖南省国有桃江浮丘山林场”。目前，森林覆盖率达96%，共有植物86科447种。浮丘寺附近有22株树龄500年以上的古银杏，浮丘寺前有2棵银杏，分别为02号和08号，桃江县人民政府2001年给古树配戴的标牌分别为1400年生和2400年生。其中有一棵银杏树要三四个人才能合抱。02号古树主干挺拔，2大主枝。

浮邱山引，古为楚南名山，号称“小南岳”，位于湖南省益阳市桃江县城西南12km处，主峰海拔752.4m，方圆58km²，区内山岭起伏，峰峦凸起。浮邱山是闻名湘中、湘北的佛教圣地。浮邱山主峰年平均气温16℃，最高34.2℃。这里早春留雪霁，盛夏存阴凉，每至云雨季节，则山峦烟云变幻，然则雨过天晴，但见云蒸霞蔚，岚光异彩，似入人间仙境，令人赏心悦目。浮邱寺始建于南北朝的刘宋时期，初为道观，唐代改成禅寺，为道佛两教古观寺，位于桃江县城以西12km的浮丘山上。现存的建筑，系清乾隆四十年（1775）所修。该寺系砖木结构。三进大殿前高后低，分布在同一轴线上。

桃江县浮邱山浮邱寺（图9-12-15）

树龄2400年，树高25.5m，胸径1.30m，冠幅20.0m×17.0m。08号古树体倾斜15°，树干一侧从基部到分枝处腐朽形成一纵向沟状树洞，宽度近1m，长8m，直达分枝处，枝下高

图9-12-14 桑植县刘家坪白族乡谷家坪白果塔

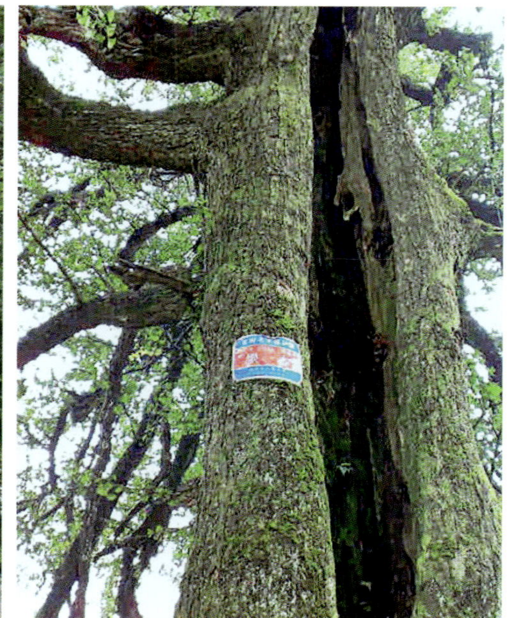

图9-12-15 桃江县浮邱山浮邱寺

5m。这棵树的中央已腐烂空心，只剩下1/3周薄薄的一层维持着生命，前段的雨雪天山上出现严重冰冻，将光秃秃的树枝压断不少，更不忍睹的是在这两棵古树躯干上用粗大的铁钉钉挂上广告招牌。

安化县木子乡小尧村

雌株，树龄400年。树高42.0m，胸径1.40m，生长旺盛。

安化县木子乡小尧村

雄株，树龄400年。树高46.0m，胸径1.50m，生长旺盛。

资兴市碑记乡碑记村深江组

树高32.0m，胸径1.89m。

资兴市周源山煤矿龙居寺寿佛母亲墓

2株。在龙居寺遗址后，可见一气度非凡的古墓，这就是县志所说寿佛的母亲熊照夫人之墓。墓两侧有两棵高大的古银杏树，据说为寿佛亲手栽种。此墓虽是碑刻，但众人皆知此乃佛母墓也，终日香火袅袅。湖南资兴楹联学会黎先汉曾为周源山寿佛母墓题联：银杏双株昭母德，翠篁一垅著慈恩。

资兴市滁回乡大江村上黄家组

雌株，树龄600年，树高15.0m，胸径1.56m，冠幅12.0m×14.0m。树形舒展，树冠葱郁，枝条呈15°斜向上生长。西侧三枝因5年前结果过多，不堪负重而折断，呈干枯状。该古树现已被资兴市林业局挂牌保护。

桂阳县荷叶镇高山何家村(图9-12-16)

雌株，树龄500年，树高18.0m，胸径1.32m，冠幅8.0m×9.5m。树冠塔形，母干粗糙，树干多处长有苔藓。离地面2m处发生分枝，形成较大的3个枝干，树一侧长有1个长达67cm的垂乳，树的北部和南部长有新枝，树根北面长有3株复干，最高达120cm，距根部距离为0～60cm。树东面较大分枝干已

图9-12-16 桂阳县荷叶镇高山何家村
（注：箭头示垂乳）

图9-12-17 永州市零陵区富家桥镇水平村周家组

图9-12-18 双牌县茶林乡桐梓坳村

经干枯，基部有大量萌蘖，生长在路旁。N=25°32′23.0″，E=112°41′11.2″，H=522m，保护单位：桂阳县人民政府。离地面2m处开始分枝，树枝上长有23条气根。这些气根形似炮弹头，大部分着生于二级分枝处的下方，与地面垂直，具有明显的向地性。最大的气根粗22cm，长63cm。

永州市零陵区富家桥镇水平村周家组（图9-12-17）

雌株，树龄3000年，树高30.0m，胸径4.5m，冠幅30.0m×30.0m。永州市零陵区富家桥镇水平村周家组发现一棵古银杏树，需八九个成年人伸手才能围得住。当地村民说至少有3000年历史了，现在每年还能产白果250～400kg，附近村民每逢年节把这棵树当做菩萨敬供。由于这棵古老野生银杏树树龄过高，树干已经空心开裂，树已长成凹字型，一边粗、一边细，但它的枝叶十分茂盛，并散发出淡淡的清香。

祁阳县白果市乡辰光村

树高30.0m，胸径2.58m。

东安县南桥镇马王村罗化山（也称罗汉山）

树龄2500年，树高20.0m，胸径3.84m，冠幅20.0m×22.0m。据考证这棵古银杏树是春秋战国时期当地的古越人所栽种，距今约2500年。在明末清初时该树的主干被雷劈断，由于保护得当才得以幸存下来，后被称为“湖南第一古银杏树”。目前长出来的是这棵古树的分枝，貌似好几棵树生长在一起。这棵古树生长在山坡上且树冠面积较大，容易招风，要及时加以保护。

双牌县茶林乡桐梓坳村（图9-12-18）

树龄1000年，树高30.0m，胸径2.29m。2株。桐梓坳村有200多棵上百年的银杏树，被誉为“银杏村”。有2棵很古老的银杏树站在村口，守望着村庄的宁静和美丽。该两棵古银杏树被誉为桐梓坳“银杏之母”。它们的树龄已有近千年，依旧枝繁叶茂。高约30m，枝干伸得很长，树冠像一把大伞。粗度要6个人才能围得过来。

双牌县茶林乡倒圹里村

有古银杏146株。

双牌县何家洞乡大竹江村罗家冲组

雌株，树龄1000年，树高36.0m，胸径2.16m，双牌县有百年以上古银杏2000多株，年产白果约20t。最大的一株古银杏，在双牌县何家洞乡大竹江村罗家冲组，年产银杏约200kg。双牌自1990年开始人工种植嫁接白果，1998年列为山区综合开发项目，每年种植200hm^2，现保存面积667hm^2。国营五星岭林场永红工区栽培的40hm^{2}嫁接白果，已在栽培后5年挂果，产量逐年上升。在5～10年内，白果年产量可达数百吨，可望成为白果之乡。

新田县金陵镇干马坪村（图9-12-19）

雌株，树龄3000年，树高34.7m，胸径2.80m，冠幅24.0m×25.0m。当地家谱，在宋朝即记载有此树。该村是金陵镇北面最边远的山村，汉瑶杂居，人口不足千人，依山而建的春墙房错落有致，被称为“千年银杏王”的古树就生长在该村的后山中，根径3.95m，需7人才能合抱，冠幅600m^2，主干树心已空，缺口2.3m，里面可容一张四方桌，供8人入内落座。虽经历了几千年的风雨，仍枝繁叶茂，郁郁葱葱，且年年挂果，一般年份产果1000kg，丰年可达2500kg。银杏树龄越大产量愈高，千年以上产量在5000kg以上亦不稀奇。因其神态独特，树干从6m以上一分为二，再二分为九，大家都叫它“九子团圆树”，还有人说叫它“情侣树”更贴切。树向南一枝，粗壮虬劲，先向横生，再陡然向上，成一直角。角端倒生树乳，如溶洞的钟乳倒挂。北端一斜枝，枝上倒生一对树乳，远看如女人双乳，十分坚挺；而近看呢，活脱脱的就是男人的命根，一软垂，一昂然，相映成趣，令人不得不惊叹大自然的神奇造化。树旁约100m处曾有一古刹，名叫高峰庵，庵院正殿宏伟，高约10m，分两层，大门右侧梁柱上悬挂着一口约1m高，重150kg的大铁钟，以槌击之，音色宏亮，声传数里，回荡山谷。里面住着一位俗名高峰、法名慧灵的和尚，他潜心佛事，普渡苍生，为人心地善良，故前往烧香拜佛者络绎不绝，香火十分旺盛。但凡有香客来敬香，若有心闷气喘、咳嗽的，和尚都会拿上一些煮熟的白果奉上，食之症状即会消失。和尚自己也经常啖食白果，因此，精神十分矍铄，身体硬朗，一直

图9-12-19 新田县金陵镇干马坪村
（注：箭头示垂乳）

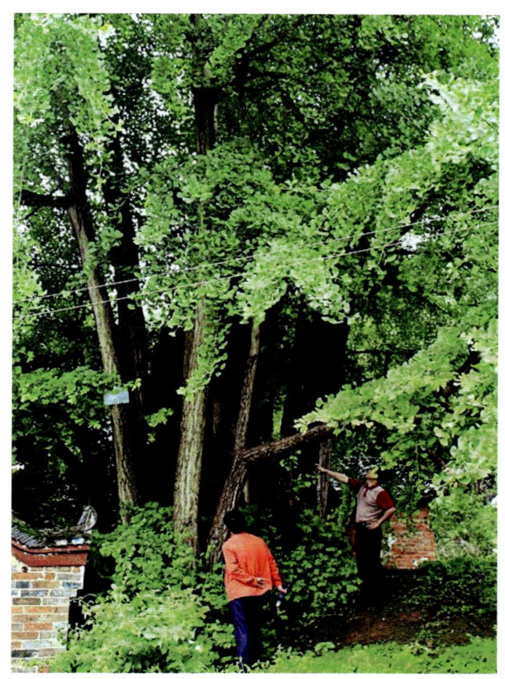

图9-12-20 新田县石羊镇石古寨村村公祠后

活到120岁才坐化圆寂。只是到了20世纪60年代的“破四旧”运动，古刹惨遭浩劫，被夷为平地。幸好古树避免于难。

新田金陵镇桥头村

有5棵100～800年生古银杏。

新田金陵镇天地山村上杨家自然村

树龄1000年，树高25.0m，胸径2.50m，冠幅17.0m×18.0m。4株中最大的。它们都生长在半山腰，4棵古树枝繁叶茂，丰姿绰约。它们大约都栽种于同年代，几乎都在1000多年以上。

新田县石羊镇石古寨村村公祠后（图9-12-20）

树龄500年，树高30.0m，胸径1.23m，冠幅14.0m×15.0m。石羊镇的石古寨村也有一群古银杏，它们生长排列得“最密”。相传：石古寨亦称石鼓寨。因村后的龙脉山上有巨石像石鼓，旧时为躲兵灾或匪患，在山上建有石砌的堡垒，遇紧急情况村民用竹杠击石鼓示警，而得名。村公祠后的银杏树，据考证乃明代所植，因种植年代久远，且石羊镇地下水丰富，气候适宜，该树长势最高时达30m，冠幅14.0m×14.0m，并逐渐衍生出10棵姊妹树，俗称“11姊妹抱成团”。后因20世纪50年代和80年代两次遭雷击将其主干削到20m，但仍奋发向上，一派生机盎然之景象。村民偶染小疾，或略取树叶、树皮煎水能愈。为禁伐，将之列入村规民约予以保护。

新田县骥村镇上槎村

树龄300年，树高32.0m，胸径1.34m。村民们把它敬为永葆福祉的风水树，奉为护佑村庄的太平神，俨然上槎村百姓心中的图腾。“有女莫嫁上槎村，山高岭陡黄泥滚；缺衣少饭来疾病，银杏树下点神灯。”百年银杏，见证了上槎村的百乇沧桑。

图9-12-21 会同县炮团侗族苗族乡半坡塘村
（注：箭头示垂乳）

沅陵县杜家坪乡木王村

汉代银杏。树龄1800年，树高31.0m，胸径2.96m，冠幅40.0m×30.0m。在沅陵县杜家坪乡木王村附近的山凹里，生长着一株古老的银杏树。据考察，这株银杏树至少有1800多年的历史，可称得上湘西武陵山区的树木王。据说，木王村就因这株银杏古树而得名。在木王村一片原始次生林中有6株野生古银杏，该株最大，主干空心，主侧枝顶梢大多枯折。该树萌芽多而直，与主干连理愈合，根蔸庞大，生有粗长的树瘤。年年开花结果。其他5株胸径在1m以下，树龄约150年，散生在大银杏树周围的密林中，疑为该树落子而生。

芷江县岩桥乡板桥村旧小学

芷江县有国家一级保护树种银杏87株。芷江岩桥乡板乔村的旧小学有一株古银杏，传说被雷辟成两半，现在变成两棵，中间有1.0m宽的缝。

通道侗族自治县播阳镇寨什村流团组

雌株，树龄150年，树高18.0m，胸径0.52m，1985年结果500kg，产值2000元。

会同县炮团侗族苗族乡半坡塘村（图9-12-21）

雌株，树龄3000年，树高25.0m，胸径4.13m，冠幅23.0m×24.5m。树冠塔形，母干粗糙，枝繁叶茂，生机盎然，树长在45°斜坡上，高度差有3.7m，北面距离根部3.5m有凸根，根部裸露，高于地面0.7m，延伸8m远，树西侧长有一基径为1.0m侧枝，该侧枝长有12个大小不一垂乳，最长达2.8m，基径13cm。树干基部也长有垂乳。枝干水平生长。树离地面4.25m分枝成两大树干，该树有多达28个垂乳。N=26°49′55.4″，E=109°30′28.9″，H=1041m。生长在半山坡。

娄底市娄星区珠山公园

树龄100年，树高12.8m，胸径0.70m。此处2株树为大同集团由广西选购捐植的价值16万元百年银杏，落户在珠山公园北门广场。

双峰县九峰山鼓锣庵

树龄800年，树高27.0m，胸径1.12m，冠幅30.0m×40.0m。2株。

此庵左右2个小山包环绕，左边像鼓，右边似锣，故名鼓锣庵。庵堂建筑雄伟，金碧辉煌，佛像栩栩如生。殿内有巨型铸钟一口，钟

图9-12-22　新化县田坪镇杨柳村
（注：箭头示垂乳）

声可传数里。殿门外一雌一雄两株古银杏树，为建庵时所植，身围丈余，平均冠幅达40m，犹如蓝伞遮天。

双峰县九峰山森林公园定慧庵

雌株，树龄1000年，树高35.0m，胸径1.59m，冠幅7.5m×6.1m。3株。九峰山森林公园位于湖南省娄底市双峰县东南部30km，在马鞍乡、荷叶乡与衡阳县接界。九峰山东侧蟠古刹，唐时僧人定静、慧极建定慧庵于此，为湘衡佛教发源地之一。定慧庵前有始于唐代的3棵银杏（两雄一雌）和1株皂角树，胸径均在1.0～1.4m以上，树高27～30m，至今枝叶婆娑，青翠欲滴，有着“少祖”之威严。千年银杏自然成为九峰山的“镇山之宝”。九峰山森林公园的主要景点有定慧庵、千年连理枝、揽胜峰、五松迎客、神鳅吐水、美女梳头、铁钉寨、雷祖殿、钵盂山等。定慧庵在公园的古锣坪，据史碑记载：“蟠古刹(现古锣坪九峰山林场所在地)开48处之禅林。”县志也记载：九峰山可惜原庵已毁，仅留遗址古碑，千年连理枝是古锣坪前三株古银杏树。又据《湘乡县志》记载（双峰九峰山原属湘乡）：“此银杏为南宋淳熙年间鼓锣坪庵人所植，至今已有800多年的历史了。”最揽人兴趣的是那2株雄性银杏树，在树高4m处各伸出一条丈余长、脸盆粗的巨枝相连吻合，近观好似仙人架起拱形独木桥，又活像一对握手千年永不分离的伴侣，在中国乃至世界罕见，取名连理枝。现修建大理石围栏以及高10m、长50m的护坡，以保持水土。为了使古树健康生长，双峰县林业部门专门为古树制作了名木古树保护牌，娄底市市委书记林武、市长张硕辅，双峰县县委书记刘事青、县长吴德华分别担任一棵古树的认养人，将负起古树健康生长的责任。

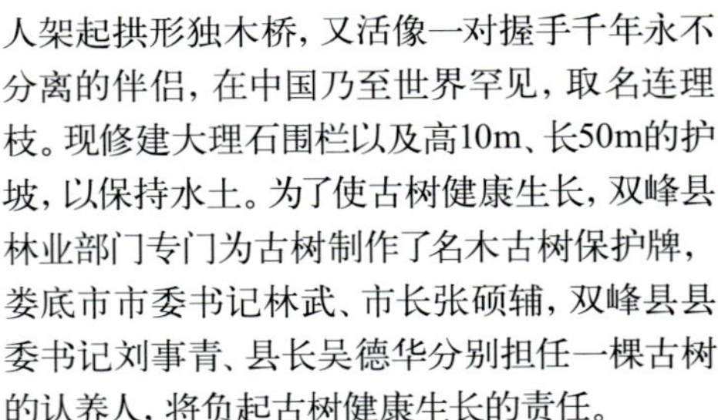

双峰县九峰山森林公园定慧庵

雄株，树龄1000年，树高27.0m，胸径1.02m，冠幅10.5m×11.1m。

双峰县九峰山森林公园定慧庵

雄株，树龄1000年，树高30.0m，胸径1.00m，冠幅11.5m×11.1m。

新化县桑梓镇塘冲村路边

雌株，胸径1.75m。新化桑梓塘冲村路边，也有2棵左右分立大银杏。那2棵树，与其说是公雌，倒不如说是母子。其中的母树，至今年产白果数百斤。

新化县

树龄400年，树高20.0m，胸径1.00m。

新化县田坪镇杨柳村（图9-12-22）

树龄300年，树高21.0m，胸径0.89m，冠幅16.0m×18.0m。有2个垂乳，最长0.5m。

新化县圳上镇大熊山景区西泉寺

树龄500年，树高35.0m，胸径1.43m，冠幅15.0m×20.0m。2株，雌雄各一。西泉寺位于大熊景区境内，距十里坪1.5km，与贞仙寺同建于明朝，毁于20世纪六七十年代，现后院遗址尚存，前院已盖成了瓦房。西泉寺右侧有2棵古银杏，一雌一雄，比贞仙寺的略小。似一对忠贞相伴的夫妻。树的主干通直，侧枝粗大，枝繁叶茂，树的下方地面不是十分平坦，且并不空旷，周围有其他种阔叶树与之相靠近。树的两侧有农家房舍。

新化县圳上镇大熊山景区贞仙寺

雌株，树龄500年，树高23.5m，胸径1.87m，冠幅18.0m×21.0m。贞仙寺，位于大熊山主峰西下的山脊上，有一片平地，海拔1005m，这里是湘中的佛教圣地，相传南岳圣帝就是从这里起飞的，所以又称“熊山母殿”。可惜原寺已毁，仅存一些残缺不全的古碑。寺旁有一株古银杏，年年结果。要7人合围，材积22.5m^3。主干虽经多次雷击和雪压，但仍枝繁叶茂。树上有下垂的锥状体，人称“古树奶子”，实属奇观。

凤凰县茶田镇都首村石柱寨(图9-12-23)

雄株，树龄1000年，树高50.0m，胸径

图9-12-23　凤凰县茶田镇都首村石柱寨
（注：箭头示垂乳）

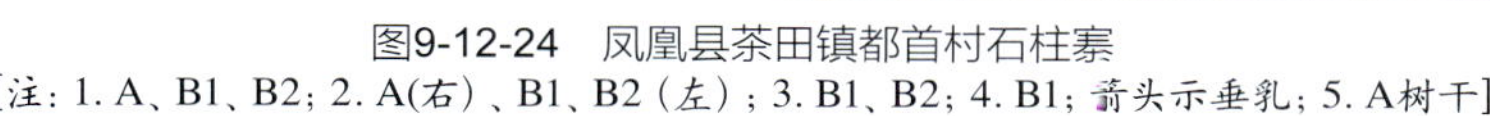

图9-12-24 凤凰县茶田镇都首村石柱寨
[注：1. A、B1、B2；2. A(右)、B1、B2(左)；3. B1、B2；4. B1；箭头示垂乳；5. A树干]

图9-12-25 泸溪县白沙镇天桥山华岩阁

2.48m，冠幅29.0m×26.5m。树冠塔形，母干凹凸不平，树干挺直，根部裸露，高于地面0.7m，延伸2m。树北侧长有同根生的复干，胸径87cm和61cm，两树干高1.75m处相互连接。树西面，南面有30多个垂乳，最长达1.06m，基径14cm。树上具“双头垂乳”。离地面4.05m处分成三枝干，5m处又发生分枝。N=27° 47′ 52.5″，E=109° 22′ 06.5″，H=554m。保护单位：凤凰县人民政府。凤凰县村民都尊称这棵银杏树是“千年银杏王”，敬为“神树”。“千年银杏王”生长在石柱寨的一条小路旁，背靠大山，前面是一片水田。银杏树的叶子碧绿，像把折纸扇。

凤凰县茶田镇都首村石柱寨A株（图9-12-24）

雌株，树龄100年，树高30.0m，胸径0.89m，冠幅10.0m×10.0m。树冠伞形，树干挺直，母干光滑，离地面3.59m处生长6大主干，无复干，生长在路旁。雌树和雄树相距5m。保护单位：凤凰县人民政府。

凤凰县茶田镇都首村石柱寨B1株（图9-12-24）

雄株，树龄100年，树高25.0m，胸径0.84m，冠幅13.0m×12.0m。树冠塔形，并生2株，树干挺直，母干光滑。距离地面1.89m处有一个垂乳，长25cm，粗13cm。该树有垂乳发端多个。生长在路旁。保护单位：凤凰县人民政府。

凤凰县茶田镇都首村石柱寨B2株（图9-12-24）

雄株，树龄100年，树高23.0m，胸径0.80m，冠幅11.0m×10.0m。树冠塔形，并生2株，该株树干挺直，母干光滑。离地面1.55m高处长有胸径15cm侧枝，2.40m处长有一侧枝，生长在路旁。保护单位：凤凰县人民政府。

吉首市排吼乡一中

树龄200年，树高17.0m，胸径1.02m，5株。

泸溪县白沙镇天桥山华岩阁（图9-12-25）

雌雄同株，树龄1800年，树高28.0m，胸径2.55m，冠幅22.0m×20.0m。天桥山位于泸溪县白沙西北14.3km，距老城武溪镇5km。该银杏树有泸溪“树王”的称号，被列为湖南省名木古树名录。

该树有一个美丽的传说：正是银杏开花的季节。一天晚上，天上的月亮圆盈皎洁，有个村姑偷偷地溜出了家门，来到银杏树下，等呀等呀，终于看到了美丽的银杏花在月光下娇羞地绽放着，她沉浸在看银杏花开的喜悦之中，竟然忘记了趁着夜色回家，待到第一抹晨曦洒向银杏树时，满树的银杏花凋零了，她才想起自己已经出来一整晚了，她慌不择路地向家里走去，在家门口，迎接她的是严父那手中的棍棒和族人们那鄙夷的眼光。族长质问她昨晚跟哪个男人约会去了，她知道，没有人能为她作证，就算自己说是去看银杏开花，也不会有人相信她的，因此，她干脆缄口不言。随着一声令下，族人们的乱棍如雨点般落在这姑娘柔弱的身子上……

当乱棍停歇下来时，村姑已是奄奄一息，为了自己的清白，村姑艰难地告诉父母，她昨晚一直是在看银杏树开花，她看到银杏花开花谢了！任凭后悔莫及的父母怎样呼唤着自己的女儿，姑娘的生命之花，也如同这银杏之花，在暖阳洒满山冈之前的早晨凋谢了……

这个姑娘是村子里惟一一个看到这株银杏花开花谢而自己的生命之花却因此而凋零的人。自此以后，这株银杏树，就成了反对封建礼教、追求美好生活的人们顶礼膜拜的神树，人们在祭拜时总是会想到这位美丽的村姑。

甘肃省
银杏古树资源

一　古树生境及地理气候指标

陇南大多为山地棕壤和山地褐土，有机质含量较高，但土层薄坡陡，水土流失严重；陇东土壤以黄绵土、黑垆土面积最大，北部有黄白绵土；中部为麻土黄白绵土区，黄河沿岸灌区为灌淤土；河西主要为棕漠土、山地草原土；甘南为山地草甸、亚高山草甸土和高山草甸土。主要用材林有云杉、油松、泡桐、杨树等。主要经济林有核桃、漆树、油桐、柑橘、红枣等。主要防护林有沙枣、红柳等。

甘肃省主要银杏分布区地理气候指标如表9-25所示。

二　古树分布及株数

甘肃省共有14个市（州），其中有2个市（州）有银杏古树的分布，占14.29%，共有86个县（市、区），其中有8个有银杏古树分布，占9.30%，有28个乡镇有银杏古树的分布。据材料报道甘肃省共有3285株古银杏，实测及统计有665株，其中有148株具生长指标（图9-25，表9-26）。

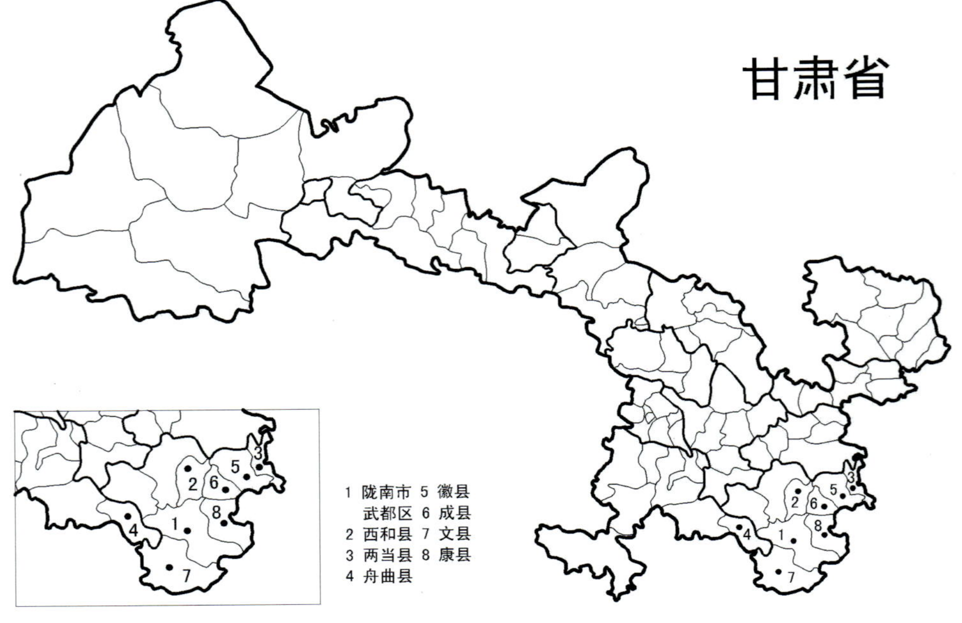

图9-25　甘肃省银杏古树分布图

甘肃省银杏分布主要在银杏主要分布于小陇山东南部地区和白龙江、西汉水流域一带，陇南、陇中和陇东地区最为集中。悠久的栽培历史和银杏资源分布广泛、散生而又相对集中的特征，形成了甘肃银杏种质资源的丰富内涵。甘肃省陇南山区为秦巴山地的西延部分，居嘉陵江上游，为亚热带及暖温带过渡地带，属西部银杏适生区。以康县、徽县分布较多，康县400多株、徽县229株。两当、文县、武都、成县、西和等县都有零星分布。徽县南起嘉陵北至泥阳，形成线形分布，嘉陵田河是徽县银杏分布中心，但在徽县南北二山、川道河谷地、浅山丘陵地区，均有分布。嘉陵镇的田家河村，千年以上的银杏古树有153株，田河村素有“银杏之乡”的美称。银杏在白水江自然保护区（文县、武都县）所辖的15个乡(镇)150个行政村都有栽培。清康熙四十一年初（1702）编纂的《文县志》卷三《土产》篇，已有关于银杏的记载。现存古银杏有20余株。

三　古树生物学

1.性别

在已知性别的141株古银杏中，雌株120株，占85.11%；雄株21株，占14.89%。雌雄同

表9-25 甘肃省主要银杏分布区地理气候指标

县（市）	经度	纬度	年均温（℃）	年降水量（mm）	无霜期（天）	年均日照时数（小时）	1月均温（℃）	绝对最低温度（℃）	≥10℃积温
成县	105° 23′ ～105° 57′	33° 29′ ～34° 21′	11.9	650.0	210	1795	3.0		3720
文县	104° 16′ ～105° 27′	32° 35′ ～33° 20′	15.0	600.0	260	1500	3.6	-7.4	4631
康县	105° 36′	33° 20′	11.2	742.0	207	1433		-11.3	4500
徽县	106° 05′	33° 46′	12.0	746.0	214	1726	-0.5	-15.0	3971
两当县	106° 18′	33° 55′	11.3	630.0	193	1969			3750
舟曲县	104° 22′	33° 47′	12.7	600.0	223	1842			4430

表9-26 甘肃省银杏古树分布地点及株数汇总

区（市）	县（市、区）	乡（镇）
陇南市（664株）	康县（400株）	大堡镇、云台乡、白杨乡、岸门口镇、王坝乡、铜钱乡、托河乡、碾坝乡、阳坝镇
	徽县（229株）	嘉陵镇、银杏乡、榆树乡、伏镇、大河乡、洛阳镇、泥阳镇、栗川乡、永宁镇、水阳乡
	成县（2株）	陈院乡、大坪乡
	两当县（6株）	显龙乡、云屏乡
	文县（27株）	范坝乡、刘家坪乡、中庙乡、铁楼乡
甘南藏族自治州（1株）	舟曲县（1株）	八楞乡
总计：甘肃省银杏古树主要分布在2个市（州）、8个县（市、区）、28个乡（镇），共计665株。		

株1株（图9-26）。

2.树高

树高最高单株为54.0m，位于徽县榆树乡榆树村；最矮单株为10.0m，位于徽县嘉陵镇田河上坝村20距图书馆通道约200m的路边坡地；树高在10～20m的为51株，占36.17%；20～30m的为61株，占43.26%；30～40m的为25株，占17.73%；40～50m的为3株，占2.13%；50～60m的为1株，占0.71%。树高前十位单株：徽县榆树乡榆树村（54.0m）、康县云台乡高家庄（46.5m）、康县白杨乡贺家坝村（43.5m）、徽县洛阳镇李家寺村（43.5m）、康县大堡镇大成村水洞寺（水洞砭）（37.5m）、康县白杨乡刘家梁村（37.5m）、文县中庙乡木家坝村（37.0m）、康县王坝乡王坝村朱家庄社良种场（也叫瞿凉寺）（36.5m）、康县王坝乡芶家庄村（36.1m）、康县王坝乡青林沟村（35.5m）。

3.树龄

树龄最大单株为3000年，有2株，1位于徽县嘉陵镇田河上坝村001，1株位于徽县银杏乡下街村；最小单株为100年，有39株；树龄在100～300年的为46株，占37.10%；300～500年的为13株，占10.48%；500～1000年的为22株，占17.74%；1000～2000年的为29株，占23.39%；2000～3000年的为12株，占9.68%；3000～4000年的为2株，占1.61%。树龄前十位单株：徽县嘉陵镇田河上坝村001（3000年）、徽县银杏乡下街村（3000年）、徽县嘉陵镇田河上坝村015（2900年）、康县岸门口镇贾安村（2800年）、徽县洛阳镇李家寺村（2800年）、徽县嘉陵镇田河上坝村013(2600年)、徽县嘉陵镇田河上坝村014（2600年）、徽县嘉陵镇田河上坝村002（2500年）、徽县嘉陵镇田河上坝村003（2500年）、康县白杨乡靴子坝村(2000年)。

4.胸径

甘肃省已知胸径的银杏古树共计143株（其中包括基径1.0～2.0m 2株、2.0～3.0m 1株、4.0～5.0m1株）。胸径最大单株为4.82m

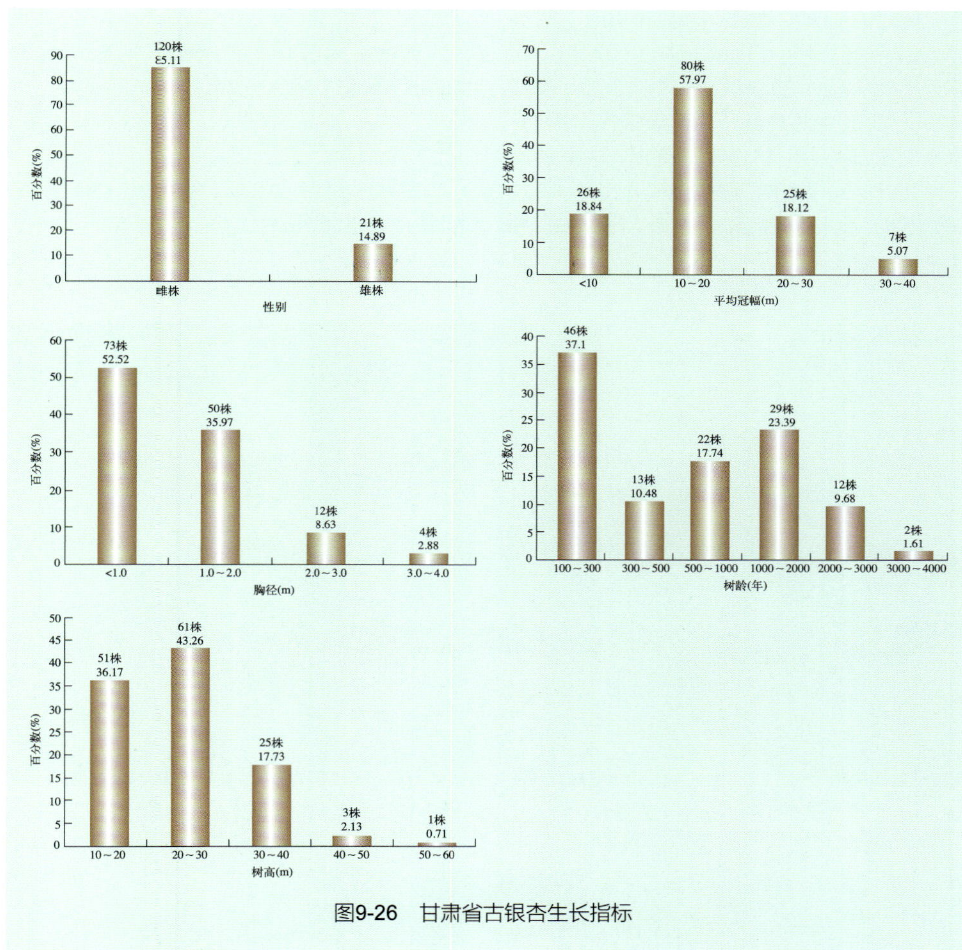

图9-26 甘肃省古银杏生长指标

（基），位于徽县银杏乡银杏村；最小单株为0.30m，位于徽县大河乡文池村赵白崖社高仕林家；胸径<1.0m的为73株，占52.52%；1.0～2.0m的为50株，占35.97%；2.0～3.0m的为12株，占8.63%；3.0～4.0m的为4株，占2.88%。胸径前十位单株：徽县银杏乡银杏村（4.82m，基）、徽县榆树乡榆树村（3.84m）、徽县栗川乡郇庄村（3.50m）、徽县泥阳镇西沟村（3.27m）、康县白杨乡刘家梁村（3.21m）、康县岸门口镇严家坝（2.88m）、康县岸门口镇贾安村（2.74m）、康县王坝乡王坝村朱家庄社良种场（也叫瞿凉寺）（2.69m）、康县大堡镇大成村水洞寺（水洞砭）（2.46m）、徽县嘉陵镇老深沟村宏龙寺（2.23m）。

5.冠幅

冠幅最大单株为35.6m×36.5m，平均冠幅为36.05m，位于康县白杨乡池营村；最小单株为3.0m×3.0m，平均冠幅为3.0m，位于徽县嘉陵镇田河下坝村古树山庄后。冠幅前十位单株：康县白杨乡池营村（35.6m×36.5m）、康县白杨乡靴家坝村（39.5m×28.0m）、康县托河乡朱家湾村（36.2m×30.0m）、康县白杨乡靴家坝村（29.1m×34.1m）、徽县榆树乡榆树村（34.8m×26.5m）、徽县泥阳镇成庄村王庄社（29.7m×31.0m）、康县王坝乡芶家庄村安家娃社（25.1m×35.5m）、徽县嘉陵镇大山村（28.0m×27.0m）、康县王坝乡廖家院村（22.6m×28.9m）、康县托河乡乡政府旁（26.1m×23.0m）。

6.特异种质

垂乳银杏4株，复干银杏6株，雌雄同株1株，三棱果形的“畸形白果”。

四 古树综合描述

康县大堡镇大成村水洞寺（水洞砭）（图9-13-1）

母子合抱树。雌株，树龄1000年，树高37.5m，胸径2.46m，冠幅23.0m×23.0m。康县大堡镇大成村的水洞寺又叫水洞砭，海拔1100m，距县城北15km，初建于宋代，明朝万历年间重新修缮。初建水洞寺时，这里就有一棵几百年的银杏树，被视为风水宝地。树冠阔卵圆形，生长旺盛，主干挺直。该树基部明显分为9棱，最深处达1m；在10m处，该树分为了三枝；有趣的是，在古银杏2.5m处的一侧枝中部，又生出一棵胸径0.36m、高15.0m的七叶树，其主根嵌于银杏枝干内，有一侧根似娇龙盘柱，缠绕银杏枝干，至地面扎入土中。每至深秋，纵观树冠，金黄色的小扇里，镶嵌着棕绿色的七叶，尤如一幅图画，挂在水洞寺墙上，巧夺天工。年结籽200kg左右。在其根部，长出一株胸围为1.3m为的小银杏树，紧依大树，直刺青天，又是一种母子合抱树的奇观。

康县大堡镇庄子村

雌株，树龄100年，树高23.5m，胸径0.77m，冠幅13.3m×12.9m。

康县大堡镇庄子村

雌株，树龄100年，树高24.5m，胸径0.86m，冠幅17.4m×16.2m。

康县大堡镇三房村

雌株，树龄100年，树高27.1m，胸径1.02m，冠幅20.1m×22.1m。

康县云台乡高家庄（图9-13-2）

雌性，树龄1000年，树高46.5m，胸径1.98m，冠幅20.0m×16.6m，枝下高8.0m。树冠倒钟形，生长旺盛，主干挺直。该树有部分根裸露在外，面积达15.0m^2，裸根分7条，其中3条似龙尾交相缠绕般在高达3.0m的路边高埂上盈盈向东而去10.0m后，又折向南约1.0m。该树均匀地分为2枝，继续向上，其中一枝又均匀分成2枝，另一枝则分为了5枝，这些复干距母干最近的距离为1.5m，最远的为8.0m。

康县云台乡梧桐村

雌株，树龄100年，树高35.4m，胸径1.34m，冠幅15.1m×18.2m。

康县云台乡黄老庄（图9-13-3）

雌株，树龄100年，树高20.1m，胸径0.83m，冠幅11.0m×17.0m。一个距大堡镇约30km的高山地带。树冠不规整，生长良好，主干挺直。根部分裸露，面积约5m^2，分生出数条，其中一条较粗，直径达0.67m，侧观之，

图9-13-1 康县大堡镇大成村水洞寺（水洞砭）

图9-13-2 康县云台乡高家庄

似从树深处伸出的一个象鼻，轻嗅着哺育了它近百年的那片土地；小形裸根无数，竖直向下，隐蔽于那个“象鼻”的后面。

康县云台乡杜坝村

雌株，树龄100年，树高19.2m，胸径0.64m，冠幅12.1m×10.1m。

康县白杨乡白果树坝

雌株，树龄1700年，树高33.0m，胸径1.50m，冠幅14.0m×18.0m。

康县白杨乡刘家梁村A（图9-13-4）

雌株，树龄1000年，树高37.5m，胸径3.21m，冠幅22.5m×22.6m。树冠不规整，生长旺盛，主干挺拔。根部分裸露。相传距今约1000年前，正值战乱年代，一个偶然，兄弟五人逃荒至此地，因这块沃土深深吸引了他们，他们便决定长住于此地，不约而同间，这兄弟5人种了5株银杏于他们房舍后，每间隔10m一株，并彼此排成一条直线，时间更替，这兄弟五人的生命乃至其姓名，都淡出了历史的扉页，然而，他们却为他们自己曾驻足的地方，留下了永恒的风景。只可惜，也不知什么时候，这5株中的3株不翼而飞，成为一个完美中的缺憾。现如今，幸存的2株树早已蜕变为释放着成熟气息的“青年”，且粗度相当，冠荫浓郁，或许，这是感激将它们带到这个世界的那五位兄弟及纪念自己夭折的三姐妹的最好方式。树根均有部分裸露在外，它们从树基部伸展出后，沿同一个方向旋转出一个优美的弧度，盘踞着向树东侧拢聚。

康县白杨乡刘家梁村B（图9-13-4）

雌株，树龄1000年，树高32.1m，胸径1.37m，冠幅20.5m×20.7m。树冠近倒锥形，生长旺盛，主干挺拔。根部分裸露。复干8个，高3～13m，胸径0.06～0.10m，最近的紧贴母干生长，最远达100cm，这些复干在0.5～4.5m处继续萌蘖出数以千计的小萌条，近乎干枯地凌乱地笼罩于该银杏母干的整个北侧。

康县白杨乡池营村

雌株，树龄300年，树高30.1m，胸径1.27m，冠幅35.6m×36.5m。

康县白杨乡池营村

雌株，树龄150年，树高21.3m，胸径0.96m，冠幅16.5m×12.2m。

康县白杨乡竹园坝村

雄株，树龄300年，树高32.6m，胸径1.26m，冠幅15.0m×15.0m。

康县白杨乡贺家坝村（图9-13-5）

雌株，树龄600年，树高43.5m，胸径1.27m，冠幅21.5m×22.4m。

康县白杨乡靴子坝村

康县银杏八大寿星之一。雌株，树龄2000年，树高27.8m，胸径1.72m，冠幅29.1m×34.1m。

康县白杨乡靴子坝村（图9-13-6）

复干银杏。雄株，树龄1000年，树高26.5m，胸径1.66m，冠幅39.5m×28.0m，位于康县白杨乡靴子坝村山坡林带。偏冠，生长旺盛，总体树势向一侧倾斜，冠幅东西、南北相差悬殊。复干6个，胸径0.06～0.15m，高7.0～18.0m。距母干最近的紧贴母干生长，最远的150cm。在3.0m处，该树不均衡地分成了16枝，最多的一侧分出了7枝。分生的枝条中，基径0.6m的3枝，0.2～0.3m的9枝，其他4枝在这二者之间。

康县岸门口镇贾安村（图9-13-7）

康县银杏八大寿星之一，“甘肃银杏王”，“树中树”奇观。雌株，树龄2800年，树高33.0m，胸径2.74m，冠幅17.7m×20.0m，生长在民房深处。树冠不规整，该树一侧树枝有断折现象，主干挺直，该树基部一侧存在部分裸露根，高度范围为0.1～1.0m，宽2～3m。人称该树为“中国银杏王”，属我国古银杏中较大的一株，堪称甘肃银杏王的老大，“老二”在大堡镇水洞寺，“老三”在王坝乡银杏山庄，现已被甘肃省林业厅收录在《甘肃省古树奇观》一书。该树从基部约2m的地方分为

图9-13-3 康县云台乡黄老庄

图9-13-4 康县白杨乡刘家梁村
（注：1. A、B；2. A；3、4. B）

图9-13-5 康县白杨乡贺家坝村

图9-13-6 康县白杨乡靴子坝村

图9-13-7 康县岸门口镇贾安村

2枝，每枝围径均为3.0m左右，与银杏相伴相生的还有一个桫椤树，他从银杏的中间生长出来，形成了罕见的"树中树"奇观。该树早已被当地村民奉为神树，据说多灾多病的孩子在家人为他/她祈福之后，可免灾或免病，并且还可以长命百岁。

康县岸门口镇青冈坝村（院落）（图9-13-8）

雄株，树龄140年，树高27.0m，胸径0.67m，冠幅5.7m×6.7m。树冠不规整。生长旺盛，主干挺直。与下株相距15.0m。

康县岸门口镇青冈坝村（院落）（图9-13-8）

雌株，树龄140年，树高22.5m，胸径0.77m，冠幅12.4m×13.0m，位于青冈坝公路边不远处的院落，生长旺盛，主干挺直。

康县岸门口镇青冈坝村（山地）（图9-13-9）

雌株，树龄100年，树高27.1m，胸径0.80m，冠幅16.4m×19.0m，位于青冈坝山地。生长旺盛，主干挺拔。该树在距树基部仅1.5m的地方就已分枝，树枝近尾端亲切地吻着大地，分枝点稍高的几枝条又逆向探向苍穹，耐人寻味。

康县岸门口镇青冈坝村（公路旁）（图9-13-9）

雌株，树龄100年，树高17.5m，胸径0.83m，冠幅20.8m×20.6m，位于青冈坝公路旁。树冠近伞形，生长旺盛，主干挺直。该树亭亭如伞，为村民、为过路人在这释放着似火的热情之盛夏撑起一片难得的阴凉。

康县岸门口镇贾家湾村

雌株，树龄100年，树高29.1m，胸径0.78m，冠幅15.1m×16.1m。

康县岸门口镇贾家湾村

雌株，树龄100年，树高28.0m，胸径1.02m，冠幅18.1m×24.0m。

康县岸门口镇焦家庄村

雌株，树龄100年，树高30.1m，胸径1.32m，冠幅17.1m×20.1m。

康县岸门口镇朱家沟村

雌株，树龄100年，树高28.6m，胸径0.96m，冠幅18.1m×21.0m。

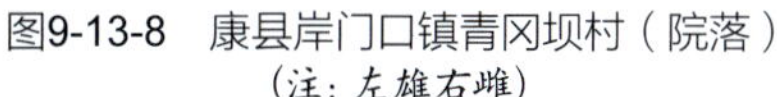

图9-13-8 康县岸门口镇青冈坝村（院落）
（注：左雄右雌）

图9-13-9 康县岸门口镇青冈坝村
（注：1. 公路旁；2. 山地）

图9-13-10 康县岸门口镇严家坝村

康县岸门口镇严家坝村（图9-13-10）

康县银杏八大寿星之一，复干银杏，东汉栽植，公孙银杏。雌株，树龄1800年，树高32.1m，胸径2.88m，冠幅24.1m×24.6m，位于该坝天埂边坡。生长良好，主干挺拔。在康县，裸根古银杏为数不少，但唯此株最让人纳罕。该株古银杏裸根面积达300m^2，这些裸根，或顺着它所在的田边坡埂的高差向下将它的躯体舒展，或知趣地逆坡势蜿蜒而去，抑或沿坡向下轻伏的过程中，陡然旋转一个角度，甚至多个角度，千姿百态地婉转出一个谜一样的世界，这裸根奇观中，还逐渐形成三大树洞，其中一个已被巧妙设置成鸡窝，这些树洞中，最大的可容纳5～6个小孩。该树根部又萌蘖出10株小银杏，东侧最多，达8株。复干10个，胸径0.20～0.80m，大多数集中在0.20～0.60m之间，可谓公孙三代。相传该株古银杏为东汉时期所栽。

康县岸门口镇严家坝村

雌株，树龄100年，树高25.2m，胸径0.78m，冠幅12.3m×15.2m。

康县岸门口镇张家沟村

“裸根银杏”，公孙三代。雌株，树龄1000年，树高24.0m，胸径1.00m，冠幅8.0m×10.0m，年产白果60～80kg。“裸根银杏”坡下裸露根系高达10.0m，长30.0m余，状如古虬，颇为壮观。在其附近50～300m的农田地埂边缘，萌生幼树10株，其中胸径0.60～0.80m的2株，0.40～0.50m的2株，0.3m以下的6株，可谓公孙三代。H= 1350m。

康县岸门口镇李坝村宋家河（图9-13-11）

雌株，树龄300年，树高27.0m，胸径0.76m，冠幅11.3m×12.4m，位于宋家河东岸的一村边斜坡边缘。树冠不规整，生长旺盛，主干挺直。从距树基3m处开始，陆续有4处轮生枝，主干挺拔。然而，因修公路的缘故，该树的根部竟有一半左右被强行砍去，在该树户主的苦苦挽救下，才算保住了性命。作为幸存者，它更成为康县该处一道靓丽的风景线。

康县王坝乡朱家庄（图9-13-12）

康县银杏八大寿星之一。雌株，树龄1700年，树高32.0m，胸径1.83m，冠幅27.0m×18.0m。康县的最奇特的一棵。这棵古银杏生长在海拔1200m的公路旁，相传为三国时张飞所植，距今约1700年。罕见的是，该树的主干呈八棱形体，非常清晰，并对应上面的八个大枝，一棱对一枝，蔚为壮观。树冠上部虽遭雷击，但树势仍很健旺，结实正常，1996

年实产200kg，产值8000元。属康县银杏八大寿星之一。银杏周围是王坝金矿，可谓宝树生宝地，由此而引发了一场金(矿)银(杏)之争。1996年8月，王坝金矿的采金船行进采金时，古银杏挡住了船头，金矿要砍树采金，而该县林业局坚决不同意，并建议金船绕行，金矿以耗资巨大而不同意，双方坚持不下。甘肃省林业厅闻讯后，电令康县禁止砍树，引起了县政府的重视，召开了现场办公会和常务会，做出了保护古银杏的决定。金矿只得修改了采金船行进方案，古银杏得以保存，但在金船通过时，仍伤及了两个侧根。

康县王坝乡王家坝村朱家庄社良种场(瞿凉寺)(图9-13-13)

康县银杏八大寿星之一，垂乳银杏。雄株，树龄1000年，树高36.5m，胸径2.69m，冠幅17.07m×11.47m，枝下高3m。偏冠，主干向公路对侧倾斜。树冠长塔形，主干挺直，该树受过刀砍和火烧。该树基部有明显的分棱现象。树的基部分布有众多的萌蘖，高1.5～3.0m，紧贴母干生长。垂乳3个，分布于该树一侧距树基2.0m处。该树的一生，可以说颇受波折：20世纪六七十年代该树险遭被夺去生命的厄运，30余年的岁月流逝，还是未能完全愈合它曾受到的创伤，至今，仍可看到它曾经遭受被砍的厄运；还有一次近于毁灭性的火灾。或许，是它惊人的顽强深深震撼了上苍，终于为它留了一条生路，现如今，它，又是那般热情地释放着生命的绿意。历经千辛万苦之后，它，更需要展示生命的力量，那份对生的珍惜和坚定！瞿凉寺寺院地处甘肃省康县王坝乡，始建于南北朝，鸠摩罗什随母出家，第四访道处。瞿凉寺是宋朝年杨家将征西火化瞿凉寺，第二次于1522～1566年重修建。民国时期在寺前修建一所小学现俱已损坏，特别是历史罕见的2008年“5.12”特大地震整座寺院几乎消失。而这株历尽沧桑的古银杏，不仅争取到继续生存的权利，在其西侧还立起了一座“千年古银杏”之碑，从而永世垂青于人们的心间。该树或许是遭受了太多不幸的原因，该树周围萌蘖出众多的小银杏，十分凌乱地交织于该古银杏身体的各个方向，使该树更显得苍劲，沉稳

康县王坝乡王家坝村(图9-13-14)

垂乳银杏。雄株，树龄2000年，树高26.4m，胸径1.47m，冠幅15.0m×15.6m，位于王坝村公路北侧的乡政府附近。树冠不规整，主干挺直，生长状态欠佳。该树从枝下高为2.0m的地方开始，以3.0m的间距按3轮分枝，最吸引人眼球的应属于位于该树一侧的分枝上萌生出的萌条，竖直向上，直刺冲天，蔚为壮观。由于周围的房屋正处于修缮状态，该树多少受到干扰，受保护状态并不佳。该树在第一分枝点附近，可依稀看到约13个垂乳，均较小。

康县王坝乡王家坝村

雌株，树龄100年，树高20.1m，胸径1.02m，冠幅12.1m×14.6m。

康县王坝乡王家咀村

康县银杏八大寿星之一。树龄2000年，树高25.0m，胸径1.37m，枝下高3.0m，冠幅6.5m×6.2m。

康县王坝乡吴家坝村

康县银杏八大寿星之一。雌株，树龄1000年，树高25.0m，胸径0.82m，枝下高3.0m，冠幅10.0m×6.0m。白果年产量100kg。

图9-13-11 康县岸门口镇李坝村宋家河

图9-13-12 康县王坝乡朱家庄

图9-13-13 康县王坝乡王家坝村朱家庄社良种场（也叫瞿凉寺）
（注：箭头示垂乳）

图9-13-14 康县王坝乡王家坝村
（注：箭头示垂乳）

图9-13-15 康县王坝乡鸡山坝村

康县王坝乡鸡山坝村（图9-13-15）

相传为三国时期栽植。雌株，树龄1750年，树高19.0m，胸径0.99m，冠幅15.1m×16.1m。树冠倒锥形，生长旺盛，树干挺拔，分枝均衡，并有序地顺着重心的方向自然下垂，颇为顺畅。

康县王坝乡苟家庄村安家娃社（图9-13-16）

相传为三国时期栽植，垂乳银杏。雄株，树龄1750年，树高36.1m，胸径2.10m，冠幅25.1m×35.5m。树冠不规整，生长良好，该树在距地面约23.0m处主干略发生倾斜，倾角约为5°。该树在距基部约4.0m的地方分为2大枝，较细者基径0.22m，较粗者基径0.32m。该树最有特点的要数它的根部了，分了枝的根部有部分裸露在外，十分匀称地向周围蜿蜒而去，茵茵绿草点缀其上，颇具风趣；在该树的一侧（距地面约3m），长出大小不等的垂乳5个，最大的基径6cm。

康县王坝乡苟家庄村（图9-13-17）

雌株，树龄100年，树高21.1m，胸径0.76m，冠幅8.7m×11.7m，位于苟家庄公路边600m远的一石山高埂，树冠不规整，主干挺直；生长旺盛。

康县王坝乡苟家庄村（图9-13-17）

雄株，树龄100年，树高26.0m，胸径1.34m，冠幅14.7m×13.3m。树冠不规整，主干挺直，生长旺盛。该树在距地面约1.5m的地方，分作两枝，其粗度相当，两者夹角15°。该树在幽深的山林中与上树相距3m，两树相依为命的同时，也享受着一份难得的清净。

康县王坝乡大水沟村A（图9-13-18）

雌雄合体，树龄500年，树高26.5m，胸径0.77m，冠幅19.5m×17.7m，位于刚进入大水沟村的路旁左侧的村头。该古银杏为一株雌雄合二为一的古树，在距地面约1.5m的地方才一分为二，其中较粗者（胸径0.77m）为雌性，另一较细者（胸基径0.53m）为雄性，树冠长卵形，生长旺盛，主干挺直。

康县王坝乡大水沟村B（图9-13-19）

雌株，树龄约300年，树高30.1m，基径1.05m，冠幅20.0m×21.0m，位于大水沟村桥边。树冠为阔卵形，主干挺直，生长旺盛。该树在枝下高约1.5m的地方分枝，其基径分别为0.75m、0.53m。

康县王坝乡大水沟村C（图9-13-20）

雌株，树龄300年，树高29.5m，胸径0.73m，冠幅22.0m×22.5m，位于大水沟村院落后。一雌株古银杏在山路小径边缘吮吸着盛夏的热情。该树树冠卵圆形，主干挺直。

康县王坝乡大水沟村

雌株，树龄500年，树高26.5m，基径1.20m，冠幅19.5m×17.7m。

康县王坝乡廖家院村将军崖（成家娃）（图9-13-21）

雌株，树龄100年，树高18.1m，胸径

图9-13-16 康县王坝乡苟家庄村安家娃社
（注：箭头示垂乳）

图9-13-17 康县王坝乡苟家庄村
（注：1. 雌；2. 左雌右雄）

图9-13-18 康县王坝乡大水沟村A

0.59m，冠幅10.6m×10.6m。树冠近卵圆形，生长旺盛，主干微倾，该树分枝从距树基部3.0m起，达27个之多，不规则地沿母干散布。该树也有部分裸露根。据说矗立在廖家院村成家娃的将军崖为全康县都家喻户晓的威武之神，就在其斜对面，该株白果树，伫立于村落的河滩边埂，一条白练般的清流将那山、那树轻轻隔开。据该树户主介绍，此树系他家祖辈所栽，至今已隔五代之遥。

康县王坝乡廖家院村

雌株，树龄100年，树高31.5m，胸径0.85m，冠幅17.1m×24.0m。

康县王坝乡廖家院村

雌株，树龄100年，树高27.5m，胸径0.56m，冠幅17.9m×24.8m。

康县王坝乡廖家院村

雌株，树龄200年，树高30.1m，胸径1.40m，冠幅22.6m×28.9m。

康县王坝乡青林沟村（图9-13-22）

雌株，树龄100年，树高30.1m，胸径0.75m，冠幅15.0m×15.0m。

康县王坝乡青林沟村

雌株，树龄100年，树高29.5m，胸径

图9-13-19　康县王坝乡大水沟村B

图9-13-20　康县王坝乡大水沟村C

0.71m，冠幅17.2m×14.9m。

康县王坝乡青林沟村

雌株，树龄100年，树高35.5m，胸径0.70m，冠幅19.2m×15.0m。

康县铜钱乡茶位沟村

雌株，树龄100年，树高20.1m，胸径0.95m，冠幅20.3m×22.0m。

康县托河乡朱家湾村

雌株，树龄100年，树高20.6m，胸径1.00m，冠幅36.2m×30.0m。

康县托河乡乡政府旁

雌株，树龄100年，树高21.6m，胸径1.00m，冠幅26.1m×23.0m。

康县碾坝乡马沟村

雌株，树龄100年。

康县碾坝乡青冈坝村

树龄100年。

康县阳坝镇天山村

雌株，树龄100年，树高25.1m，胸径0.86m，冠幅20.5m×23.1m。

康县阳坝镇叶子坝村A（图9-13-23）

康县银杏八大寿星之一，“三白包沙”。雌株，树龄1000年，树高31.5m，胸径2.15m，冠幅15.0m×15.7m。树冠阔卵圆形，生长旺盛。此树距树基约10.0m处均匀分为3枝，与竖直方向的夹角为12°，基径均0.6m。该树在树分枝附近有大小不等的树洞8个，最大者直径约8.0cm。为人称奇的是，在其中一个分枝的树堂内，又长出一棵沙汤树，久而久之，该树便有了“三白包沙”的美誉。可就在约100年前，那株沙汤树被一场突如其来的雷电一击毙命，至今仍可见该树当时被击的痕迹。距“三白包沙”不远的屋舍后，散缀着5株百年古银杏，性别比例为3∶2（雌∶雄）。

康县阳坝镇叶子坝村B（图9-13-24）

“公孙三代”。雌株，树龄100年，树高17.1m，基径2.00m，冠幅15.1m×20.7m。树冠不规整，生长良好。该树树桩曾被截，被截后，又从基部萌发出10株小银杏，胸径差异较悬殊，最细的胸径仅有0.03m，最粗的胸径则达0.55m，可谓“公孙三代”。

康县阳坝镇叶子坝村

雌株，树龄100年，树高18.1m，胸径0.64m，冠幅18.2m×18.7m。

康县阳坝镇叶子坝村

雌株，树龄100年，树高19.2m，胸径0.63m，冠幅10.0m×12.1m。

康县阳坝镇叶子坝村

雄株，树龄100年，树高19.9m，胸径0.69m，冠幅8.8m×9.1m。

康县阳坝镇叶子坝村

雄株，树龄100年，树高20.1m，胸径0.65m，冠幅10.0m×10.4m。

康县阳坝镇小沟村

雌株，树龄100年，树高20.6m，胸径0.74m，冠幅18.2m×19.2m。

康县阳坝镇宋家沟村

雌株，树龄100年，树高25.6m，胸径0.96m，冠幅20.1m×23.2m。

康县阳坝镇宋家沟村

雌株，树龄100年，树高24.4m，胸径0.92m，冠幅22.2m×23.1m。

徽县嘉陵镇田河上坝村

雌株，树龄1000年，树高22.0m，胸径1.46m，冠幅14.0m×20.4m。

图9-13-21 康县王坝乡廖家院村将军崖（成家娃）

图9-13-22 康县王坝乡青林沟村

徽县嘉陵镇田河上坝村

雌株，树龄500年，树高25.0m，胸径1.20m。

徽县嘉陵镇田河上坝村001（图9-13-25）

雌株，树龄3000年，树高23.0m，胸径1.23m，冠幅10.0m×12.0m。

徽县嘉陵镇田河上坝村002（图9-13-26）

雌株，树龄2500年，树高24.0m，胸径1.05m，冠幅10.0m×10.0m。

徽县嘉陵镇田河上坝村003（图9-13-26）

雌株，树龄2500年，树高24.0m，胸径0.57m，冠幅15.0m×14.0m。

通往徽县嘉陵镇田河村博物馆道路一侧（003对侧）

雄株，树高15.0m，胸径0.51m，冠幅5.0m×6.0m。

徽县嘉陵镇田河上坝村004（图9-13-27）

雌株，树龄100年，树高15.0m，胸径0.45m，冠幅10.0m×10.0m。

徽县嘉陵镇田河上坝村004旁边

雄株，树高16.0m，胸径0.58m，冠幅7.0m×6.0m。

徽县嘉陵镇田河上坝村005（图9-13-27）

雌株，树龄2000年，树高20.0m，胸径0.89m，冠幅11.0m×8.0m。

徽县嘉陵镇田河上坝村006（图9-13-28）

雌株，树龄750年，树高24.0m，胸径0.51m，冠幅10.0m×12.0m。

徽县嘉陵镇田河上坝村村民山地

雌株，树高13.0m，胸径0.64m，冠幅10.0m×10.0m。

徽县嘉陵镇田河上坝村008

雌株，树龄1600年，树高16.0m，胸径0.64m，冠幅8.0m×10.0m。

徽县嘉陵镇田河上坝村010

雌株，树龄900年，树高20.0m，胸径0.55m，冠幅10.0m×12.0m。

徽县嘉陵镇田河上坝村011

雌株，树龄500年，树高18.0m，胸径0.57m，冠幅14.0m×15.0m。

徽县嘉陵镇田河上坝村012（图9-13-29）

雌株，树龄700年，树高23.0m，胸径0.57m，冠幅9.0m×8.0m。

徽县嘉陵镇田河上坝村013（图9-13-29）

雌株，树龄2600年，树高18.0m，胸径1.12m，冠幅15.0m×16.0m。

徽县嘉陵镇田河上坝村014

雌株，树龄2600年，树高25.0m，胸径0.99m，冠幅15.0m×16.0m。

徽县嘉陵镇田河上坝村015（图9-13-30）

雌株，树龄2900年，树高24.0m，胸径1.18m，冠幅14.0m×18.0m。偏冠，近伞形，生长状态良好，主干挺直。该树三株合生，根在一侧沿路梗裸露，面积4m^2。分枝多且不规则，该树树下放置若干桌凳，供人们娱乐、休息，俨然一把天然的遮阴伞。编号015。

徽县嘉陵镇田河上坝村018

雌株，树龄250年，树高14.0m，胸径0.45m，冠幅7.0m×8.0m。

徽县嘉陵镇田河上坝村019

雌株，树龄400年，树高16.0m，胸径0.48m，冠幅8.0m×7.0m。

徽县嘉陵镇田河上坝村020（图9-13-31）

雌株，树龄1800年，树高12.0m，胸径

图9-13-23 康县阳坝镇叶子坝村A

图9-13-24 康县阳坝镇叶子坝村B

图9-13-25 徽县嘉陵镇田河上坝村001

图9-13-26 徽县嘉陵镇田河上坝村002-003
（注：A.002-003；B. 002；C、D. 003）

0.61m，冠幅10.0m×14.0m。

徽县嘉陵镇田河上坝村20距图书馆通道约200m的路边坡地

雌株，树高10.0m，胸径1.04m，冠幅16.0m×16.0m。

徽县嘉陵镇田河上坝村20旁边

雌株，树高15.0m，胸径0.69m，冠幅15.0m×13.0m。

徽县嘉陵镇田河上坝村20旁边

雄株，树高11.0m，胸径0.58m，冠幅6.0m×8.0m。

徽县嘉陵镇田河上坝村021

雌株，树龄600年，树高13.0m，胸径0.57m，冠幅10.0m×9.0m。

徽县嘉陵镇田河上坝村022（图9-13-32）

雌株，树龄400年，树高16.0m，胸径0.76m，冠幅11.0m×9.0m。

徽县嘉陵镇田河上坝村023

雌株，树龄800年，树高11.0m，胸径0.64m，冠幅10.0m×11.0m。

徽县嘉陵镇田河上坝村24通往老深沟的公路一侧

雌株，树高18.0m，胸径0.88m，冠幅15.0m×16.0m。

图9-13-27 徽县嘉陵镇田河上坝村004（左）、005（右）

图9-13-28 徽县嘉陵镇田河上坝村006

图9-13-29 徽县嘉陵镇田河上坝村(左012；右013)

图9-13-30 徽县嘉陵镇田河上坝村015

徽县嘉陵镇田河上坝村025（图9-13-31）

雌株，树龄1200年，树高16.0m，胸径1.01m，冠幅20.0m×16.0m。

徽县嘉陵镇田河上坝村028（图9-13-33）

雌株，树龄1100年，树高19.0m，胸径0.67m，冠幅13.0m×12.0m。

徽县嘉陵镇田河上坝村029（图9-13-33）

雌株，树龄500年，树高19.0m，胸径0.48m，冠幅11.0m×10.0m。

徽县嘉陵镇田河上坝村030

雌株，树龄900年，树高20.0m，胸径0.88m，冠幅16.0m×15.0m。

徽县嘉陵镇田河上坝村031

雌株，树龄300年，树高17.0m，胸径0.45m，冠幅5.0m×4.0m。

徽县嘉陵镇田河上坝村032

雌株，树龄400年，树高19.0m，胸径0.51m，冠幅9.0m×7.0m。

徽县嘉陵镇田河上坝村村民农田中C（图9-13-34）

雌株，树高15.0m，胸径0.96m，冠幅10.0m×9.0m，位于村民农田中。树冠塔形，生长旺盛，主干挺直。该树无论从哪个视角，都是那样平衡，大有雪松的风范。

注：后续资源。

(1)徽县嘉陵镇田河上坝村（图9-13-34）

树龄50年，树高15.0m，胸径0.35m，枝下高5.0m，冠幅10.0m×10.0m。树冠圆锥形，生长旺盛。主干端直，明显。编号：016。

(2)徽县嘉陵镇田河上坝村（图9-13-34）

树龄60年，树高16.0m，胸径0.41m，枝下高1.6m，冠幅7.0m×7.0m。树冠近椭圆形，生

图9-13-31 徽县嘉陵镇田河上坝村020（左）、025（右）

图9-13-32 徽县嘉陵镇田河上坝村022

图9-13-33 徽县嘉陵镇田河上坝村（左028；右029）

长旺盛。编号：037。

徽县嘉陵镇田河上坝村049（图9-13-34）

雌株，树龄600年，树高16.0m，胸径0.70m，冠幅14.0m×13.0m。

徽县嘉陵镇田河下坝村嘉陵江大桥北公路旁（图9-13-35）

雌株，树高20.1m，胸径1.04m，冠幅16.0m×16.0m。树冠近塔形，生长良好，主干挺拔。复干1个，胸径0.22m，高18.0m，距母干的距离为1.0m。最引人注意的是其枝下高非常低，最低处距地面仅有7cm左右。仿佛仙鹤“便引诗情到碧霄”的那一对丽翅，而分蘖的两株在远观时恰似仙鹤之修长的脖子和蓬松的尾巴，将一种闲情逸致的风韵显现得淋漓尽致。

后备：徽县嘉陵镇下坝村（图9-13-35）

该地另有1株，树高10.0m，胸径0.25m，枝下高2.5m，冠幅8.0m×6.0m。树冠近球形，生长旺盛。

徽县嘉陵镇田河下坝村古树山庄后（图9-13-36）

田河村胸径最大的雄株。树高12.3m，胸径0.64m，冠幅3.0m×3.0m，位于下坝村古树山庄后。树冠葫芦形，生长状态佳，主干挺直。该株为目前调查到的田河村胸径最大的雄株，具一种特有的古松式苍劲、洒脱的风姿，于万绿丛中，独显风流。

徽县嘉陵镇田河下坝村西侧距公路约20m处（嘉园农家乐对面）（图9-13-37）

“古银杏之母”。雌株，树高18.3m，胸径1.31m，冠幅22.0m×18.0m。据说，在20世纪七八十年代之交，徽县田河村遭受了一次灭顶之灾：空前汹涌的洪水，使整个田河村处于一片汪洋之中，然而，在几乎所有房屋、树木都坍塌之际，该古银杏因其历劫过一场毁灭性的灾难但仍傲立于世而成为整个田河村最不平凡的一株，堪称该村“古银杏之母”。

徽县嘉陵镇田河下坝村017（图9-13-38）

雌株，树龄300年，树高15.0m，胸径0.57m，冠幅7.0m×8.0m。

徽县嘉陵镇田河下坝村027（图9-13-38）

雌株，树龄1600年，树高15.0m，胸径0.64m，冠幅15.0m×12.0m。

徽县嘉陵镇田河下坝村033（图9-13-38）

雌株，树龄400年，树高19.0m，胸径0.51m，冠幅5.0m×4.0m。

徽县嘉陵镇田河下坝村034（图9-13-38）

雌株，树龄400年，树高18.0m，胸径0.51m，冠幅8.0m×7.0m。

徽县嘉陵镇田河下坝村035

雌株，树龄1000年，树高14.0m，胸径0.64m，冠幅12.0m×14.0m。

徽县嘉陵镇田河下坝村039

雌株，树龄900年，树高14.0m，胸径0.61m，冠幅16.0m×13.0m。

注：徽县嘉陵镇下坝村

该地另有2株，两株相距仅1.5m，树龄均50年，其中第1株，树高15.0m，胸径0.35m，枝下高3.2m，冠幅10.0m×6.0m。位于嘉陵镇公路边。树冠纺锤形，生长旺盛；第2株，树高15.0m，胸径0.37m，枝下高3.2m，冠幅9.0m×6.0m。

图9-13-34 徽县嘉陵镇田河上坝村016、037、C、049
（注：1. C；2. 049；3. 016；4. 037）

图9-13-35 徽县嘉陵镇田河下坝村嘉陵江大桥北公路旁
（注：左D；右E）

图9-13-36 徽县嘉陵镇田河下坝村古树山庄后A

徽县嘉陵镇赵庄村（图9-13-39）

徽县雄株树高最大者。雄株，树高33.5m，胸径0.67m，冠幅12.0m×8.0m。树冠形状不规整，生长旺盛，主干挺直。此树站立于赵庄村的一个幽深的山谷中，就目前调查看，此树是整个徽县雄株古银杏中树高最大者，山谷虽幽深，却也未遮掩得了它那挺拔的身姿。

徽县嘉陵镇大山村（图9-13-40）

雌株，树高20.5m，胸径1.20m，冠幅28.0m×27.0m。树冠近圆形，生长旺盛。主干从距地面约2.0m处分枝，共分为12枝，最粗者基径达1.0m，其倾角达25°。萌蘖5个，高2.0～5.0m，距母干最近的则紧贴母干生长，最远50.0cm，总体将树干合包起来，相映成趣。

徽县嘉陵镇庙垭村（图9-13-41）

雌株，树高25.0m，胸径2.22m，冠幅23.4m×16.3m。树冠不规整，主干挺拔，裸根有部分被砍。复干1个，高12.0m，胸径0.75m，距母干120cm。此树五根盘结，有很大一部分根裸露在外，该五根先向西蔓延19.0m余，而后又向北蜿蜒达13.0m；3株合生，最粗者胸径达0.89m。

徽县嘉陵镇老深沟村宏龙寺A（图9-13-42）

徽县雄株中的“元老”，垂乳银杏。雄株，树高16.5m，胸径2.23m，冠幅15.0m×15.6m。树冠倒锥形，该树为徽县雄株中的“元老”，具体位置为嘉陵镇老深沟村宏龙寺兴龙庵一侧，生长旺盛，主干明显倾斜，倾角约15°。该树12.0m处，长有一人头状垂乳，其表情生动、形象丰富之极：从西南角度看，神情娴静，与世无争，俨然一位老者的姿态；从正南方向看，婴儿般纯真、烂漫的可爱小脸蛋跃然眼前；从东南方向看，似乎又是前二者的情绪杂糅，令人捉摸不透。在“人头”以上1.0m左右的地方，生有长一株小侧柏，不过稍显苍白。这株历经几千年风霜的古树，在每年七八月份之际，会断断续续地传来哼哼之音，仿佛是在向世人低诉那一抹抹源自历史深处的沧桑，呻吟那一痕痕罕为人知的痛楚。

注：徽县嘉陵镇老深沟村宏龙寺B（图9-13-43）

该地另有1株，树高12.0m，胸径0.45m，枝下高3.5m，冠幅11.0m×12.0m。复干1个，胸径0.15m，0.5m以下与母干呈合生状，并在1.8m处形成一个明显的拐角，斜向上延展而去。树冠心形，生长旺盛。主干端直，明显。

徽县嘉陵镇鱼儿崖村小陇山严坪林场

树龄1000年，树高35.0m，胸径2.07m。有60多株天然生长的银杏树。

图9-13-37 徽县嘉陵镇田河下坝村西侧距公路约20m处（嘉园农家乐对面）

徽县银杏乡银杏村（图9-13-44）

五世同堂。雌株，树龄2000年，树高23.5m，基径4.82m，冠幅23.5m×24.5m。从徽县城沿“国道316线”前行，在今银杏乡银杏村右侧路边可看见有古老银杏树一株，1975年该银杏古树被徽县列为县级文物保护单位。徽县银杏历史悠久，千年以上者屡见不鲜，历史上经常以银杏树作为天水至嘉陵的路标，从现存下来的间距在0.5km左右的5棵银杏就可见一斑。银杏村村口有一傲然挺立银杏树，树干需七八个人伸直臂膀才能合拢，树枝遒劲繁密，扇形的叶片遮天蔽日，而酷似两个铃铛串在一起的银杏果，在新枝上挂得满满当当。据介绍，银杏村的得名，正缘于此树。树龄有两种说法，当地群众相传为夏禹栽植，至今已有4150多年。另论该树为西汉（公元前202～9）时通往泰州（天水），阶州（武都）的路标树。该树从基部抽生12个干枝，每枝胸围0.80～4.0m。冠阔伞形，生长旺盛，主干有一定角度的倾斜，约12°。总共有9大枝，但分蘖部位有高低次序之别：从距树基部30～70cm处分蘖先为4个大枝，其中两粗度较大者（胸围分别为1.27m、2.23m）又从高位（2～2.5m处）分枝，胸围为2.23m左右的大枝分枝数达5个之多；另外，该银杏根基部还萌蘖出无数密集小银杏，高度范围在1.50～3.0m，胸径均小于0.1m，堪称五世同堂。

徽县银杏乡下街村

相传植于周代。树龄3000年，胸径1.91m，徽县银杏乡下街村的一棵银杏树，相传植于周代，到东周时，这棵银杏树被雷击倒。但残留部分，仍枝繁叶茂，生机勃勃，以后又不断滋生新芽，侧生干条。现在已长成6人才能合抱的摩天大树。

徽县榆树乡榆树村（图9-13-45）

复干银杏。雌株，树高54.0m，胸径3.84m，冠幅34.8m×26.5m。树冠偏塔形，生长状态佳，主干挺直。该树基围达14.0m，基部存在一个直径约2.0m的树洞。复干7个，集

图9-13-38 徽县嘉陵镇田河下坝村017、027、033、034

（注：A. 034；B. 033；C. 017；D. 027）

图9-13-39 徽县嘉陵镇赵庄村

图9-13-40 徽县嘉陵镇大山村

图9-13-41 徽县嘉陵镇庙垭村

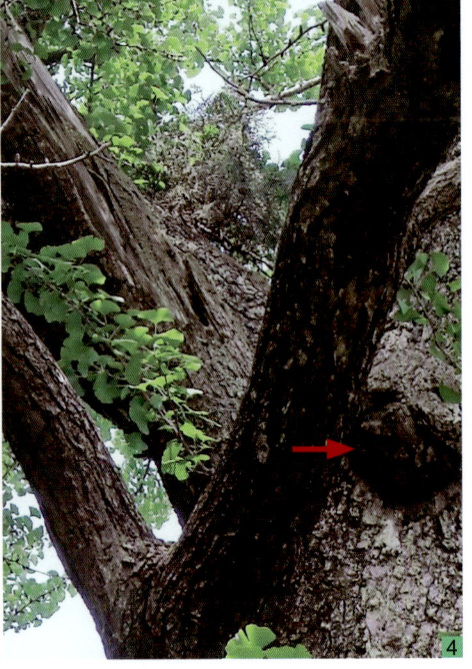

图9-13-42 徽县嘉陵镇老深沟村宏龙寺
（注：3. 树上侧柏；箭头示垂乳）

中分布于该树一侧，胸径范围为0.06～0.3m，高度范围为2.5～3.5m，紧贴母干生长。其东侧、西侧各有两直径约20cm、10cm的复干被截；该树多沿主干周围呈不规则的二杈状分枝（其中在1.5～4.5m处分枝7个，基径均在0.5m左右），长势极富变化：有的平展如翅，有的斜伸似剑，还有的在粗度较大枝（该树南侧）上分杈出垂直于地面的小银杏枝，给人一种“树上树”的视觉印象。这些无法数清的枝条相互交织，相映成趣，古雅的风格油然而生；远观该树，那无数的枝条又于错落有致中婉转成一把硕大的古扇，古韵十足中也迷转为人世永恒的经典。

徽县伏镇河湾村（图9-13-46）

空堂古树。雌株，树高26.1m，胸径1.46m，冠幅21.9m×17.8m。树冠近伞形，主干微倾，倾角6°。此树为空堂古树，从距树基部2m处就开始以间隔为2.5m的距离连续呈二杈状分枝，分枝数为10个。该树虽在地球上驻足的岁月不算太长，但她却历劫了一次非同寻常的灾难：百年前，一次雷鸣电闪中其主干上半部分被摧残，现如今，沿残存的树干周围又萌生出繁茂的枝条，郁郁葱葱，每年还为本地村民带来丰硕的收获——白果。

徽县大河乡下山村寺庙前（图9-13-47）

“青白二蛇”之说。雌株，树高19.5m，胸径2.18m，冠幅27.0m×16.5m。树冠近菱形，主干挺直。该树基部一侧存在一大型树洞，长达3m，宽底部0.5m，以上逐渐变窄，最窄处0.25m。此树在0.8～1.5m处生长有6根近轮生的大枝（东北侧除外），基径0.3～0.5m，或平展，或斜向上伸展。该树旁边生长有一株清秀、雅致的参天古树白皮松，和这株古银杏一起刚好一青一白，故在当地，此二树就有了“青白二蛇”之说。在东北侧供有坐于水泥铸莲花座的观音像，每逢清明等佳节，会有各方人士前来这儿朝拜。

图9-13-43 徽县嘉陵镇老深沟村宏龙寺B

图9-13-44 徽县银杏乡银杏村

徽县大河乡下山村村民院落中（图9-13-48）

雌株，树高18.2m，胸径0.66m，冠幅15.0m×18.0m。

徽县大河乡文池村赵白崖社高仕林家（图9-13-48）

雌株，树龄1000年，树高13.0m，胸径0.30m，冠幅5.0m×6.0m。近千年来，它被该树的六、七代主人砍伐达6次之多，并且每次都是长到胸径为0.6m左右时便被掠夺了继续生存的权利，先后盖起大大小小五间房舍，现在，该树又陆续从树桩基部发根，生长出10株银杏，其胸径在0.01～0.30m，基部还萌蘖出众多小银杏，总体生长旺盛。

徽县洛阳镇李家寺村（图9-13-49）

雌株，树龄2800年，树高43.5m，胸径1.50m，冠幅19.4m×22.0m。空堂树，树冠近倒卵形，主干在距地面20m处弯曲出一10°左右的弧度，此树一侧有干枯现象，在枝下高约为15m的地方，分成较粗的2枝，基径均0.50m。该树为空堂树，据说此树空的内堂中能够容得下2～3个小孩。原先在此树不远处有与其大小相当的雄性一株，40多年前，被连根夺去了生命。

徽县泥阳镇成庄村王庄社（图9-13-50）

徽县最具黄金分割点的一株。雌株，树高31.0m，胸径1.78m，冠幅29.7m×31.0m。树冠倒锥形，主干挺直，生长良好。此树在枝下高为8m的地方轮生状分成9大枝，基径变化范围在0.2～0.4m之间。该树生长得极其有气势，冠幅几乎遮盖了整个院落的2/3，炎夏到来之际，酷热难耐的村民，三个一群，五个一堆地散坐于一片硕大的阴凉下，无止境地说着属于他们自己的故事。可以想象，那时他们眼神中，他们的笑靥中，他们的情愫中，会散发有多少的幸福和惬意。另外，该树无论东西还是南北方向的冠幅与其树高都基本相当，可以说，此树是徽县所有银杏古树中生长最具黄金分割点的一株。

徽县泥阳镇西沟村（图9-13-51）

雌株，树高21.5m，胸径3.27m，冠幅10.0m×8.5m。

徽县栗川乡郇庄村（图9-13-52）

雌株，树高15.0m，胸径3.50m，冠幅5.0m×6.0m，位于村头的白塔前。树冠卵圆形，生长欠佳。该树根部又萌生出2棵幼树：栎树、香椿。据说，该树曾因小孩贪要而将此树点燃，现为经烽烧后幸存下来的遗迹。

徽县永宁镇苏沟村明净寺a（图9-13-53）

雌株，树高26.0m，胸径1.97m，冠幅19.6m×19.0m。树冠阔卵形，主干非常挺拔。复干1个，胸径0.35m，高24.0m，距母干1.2m。此树根有部分裸露在外，外形相当美观、古雅，仿佛久演不衰之经典版《西游记》当中孙悟空所踩的那轻盈的筋斗云，蕴藏了世人无法用语言阐释的秘密。

徽县永宁镇苏沟村明净寺b（图9-13-53）

雌株，树高30.0m，胸径1.08m，冠幅19.0m×15.0m。

图9-13-45 徽县榆树乡榆树村

图9-13-46 徽县伏镇河湾村

图9-13-47 徽县大河乡下山村寺庙前

图9-13-48 徽县大河乡下山村（左）、文池村（右）

图9-13-49 徽县洛阳镇李家寺村

徽县水阳乡新寺村杨坝社（图9-13-54）

辛亥革命期间所植。雌株，树龄100年，树高15.0m，胸径0.64m，冠幅12.0m×8.0m，位于杨坝社路旁的一村民家院落中，主干挺直。据说该树是杨坝一村民在1911年辛亥革命期间所植，主要是为了用它在当时青黄不接的情况下来养家糊口，这位老人于前几年已与世长辞。现如今，已是绿荫森森，在院落的怀抱中，在对那位老人的感恩中，奉献着它们丰硕的果实，奉献着它们风华正茂的青春，谱就一曲曲生命的赞歌。

徽县水阳乡新寺村杨坝社（图9-13-54）

辛亥革命期间所植。雄株，树龄100年，树高15.0m，胸径0.60m，冠幅5.0m×6.0m，位于杨坝社路旁的一村民家院落中，与上株树相距1m，主干挺直。

徽县水阳乡沙嘴村

雌株，树龄1700年，胸径2.00m，三国时期蜀国军队路过时作为路标而栽植的。

成县陈院乡白马寺

雌株，树龄500年，树高18.0m，胸径1.02m，冠幅10.0m×14.0m，1992年风倒。

成县大坪乡草滩村

雄株，树龄1000年，树高26.5m，胸径1.03m，冠幅12.0m×13.0m。

两当县显龙乡显陇村

雌株，树龄1000年，树高18.0m，胸径1.43m，冠幅18.0m×20.0m。

两当县显龙乡梁垭村

雌株，树龄800年，两当县显龙乡的梁垭，古茶马驿道，遥望云烟里的座座山峰，细听隐在青山环绕中的古银杏传来的声声吟唱和呼唤。近了，近了，两株八百多年的古银杏树，划破冬日的蓝天，屹立于眼前。参天大树，4人方可环抱。两树相距不过一尺。一株伟岸挺拔直上云霄，谓其雄树，另一株茂盛枝繁，曰雌树。一雌一雄，同根而生，盘根错节，枝叶相连，相互交织，不能分开，风霜雨露，不离不弃，相互依偎800余年，述说着人间的美满与幸福。两树梢各有一鸟窝，恰似“在天愿作比翼鸟，在地愿为连理枝”的写真。故常有情侣在树下许愿，期盼坚贞不渝、百年好合的甜美爱情。仰视银杏粗壮的枝丫，没了叶子，粗犷豪爽的手臂支撑着苍天，裸露着沧桑的肌肤如大山里强壮的汉子。那生命的根深深扎进泥土，痴痴吮吸着大地的乳汁，经过春夏秋冬的历练，变成一个个甘涩的银杏果。凝目中，仿佛满是挂着橙黄色果实的枝丫，枝繁叶茂之中，串串俏皮、娇小的银杏果。当秋风吹起时，满树的果子就像是顽皮的山里娃，撑开绿衣裳，乐呵呵地向着大地憨笑。树高千丈，叶落归根。绕树三匝，依恋在冬阳明媚的古树下，捡拾起已轮回八百余年银杏落叶。金黄的叶，半圆如扇，静静地、脉脉地躺在那里，绽放着心灵的缕缕馨香。娇美的叶子如同可爱的村姑，生生不息守望着山里的风花雪月，在风中在雨里，悄无声息地变成一捧芳香的泥土。

两当县显龙乡梁垭村

雄株，树龄800年，一雌一雄，同根而生，盘根错节。

两当县云屏乡云屏寺

传说由唐明皇所用手杖插土长成。树龄1247年。据《两当史话》记载，云屏寺建于唐天宝中年，是大唐帝国自玄奘从印度取经到中原后，大兴佛教之风时所建造的，距今有1000多年的历史。云屏寺山门处一棵古老的银杏树，至今还流传着一个古老的传说。据说在公元765年，安禄山金戈铁马攻破长安，李氏王朝危在旦夕，唐明皇面临着江山与美人的痛苦抉择，携杨玉环南逃成都，途中在马嵬坡兵变，玉环自缢，唐明皇心碎力竭，夜宿云屏寺，

图9-13-50 徽县泥阳镇成庄村王庄社

图9-13-51 徽县泥阳镇西沟村

图9-13-52 徽县栗川乡郇庄村
（注：4. 栎树、香椿）

图9-13-53 徽县永宁镇苏沟村明净寺
（注：1.右雌左雄；2.雄；3、4.雌）

将爬山时折来作手杖用的银杏树枝插在了山门前，即有了这棵古树。

两当县云屏乡

雌株，树龄600年，树高21.2m，胸径1.37m，冠幅14.0m×18.0m，“夫妻并蒂”。

两当县云屏乡

雄株，树龄600年，树高20.5m，胸径1.32m，冠幅12.0m×16.0m，“夫妻并蒂”。

文县范坝乡李家山

雄株，树龄1000年，树高20.0m，胸径1.50m，冠幅15.0m×16.0m。

文县刘家坪乡七信沟

雌株，树龄1000年，树高25.0m，胸径1.80m，冠幅10.0m×12.0m，年产种实75kg，多为畸形果。

文县刘家坪乡七信沟

雌株，树龄500年，树高18.0m，胸径1.50m，冠幅10.0m×10.0m。年产果量仅有20kg左右，且所产种实皆为畸形果，而这类具三棱果形的“畸形白果”，在康县市场中也颇常见。

文县刘家坪乡七信沟

雌株，树龄150年，树高16.0m，胸径1.20m，冠幅10.0m×11.0m。

图9-13-54 徽县水阳乡新寺村杨坝社（2株）

图9-13-55 文县中庙乡木家坝村

文县中庙乡木家坝村（图9-13-55）

明朝时期栽植。雌株，树龄400年，树高37.0m，胸径1.46m，冠幅22.0m×20.0m，枝下高1.5m，年产白果250kg，基部一侧集生有少量萌蘖。

文县铁楼乡铁楼村村前

雌株，树龄600年，树高25.0m，胸径1.23m，年产白果150kg。

文县铁楼乡铁楼村后山坡

雄株，树龄600年，树高30.0m，胸径1.27m，冠幅7.0m×9.0m。

舟曲县八楞乡花园沟

雌株，树龄150年，树高20.0m，胸径2.00m，冠幅14.0m×14.0m。

上海市
银杏古树资源

一　古树生境及地理气候指标

上海郊区的土壤类型有水稻土，占81.57%；潮土，占11.63%；滨海盐土，占6.8%；黄棕壤面积很小。上海森林植被主要由山毛榉科的锥栗属、青冈属、栎属，樟科的润楠属、樟属和山茶科的木荷属、柃木属为主，是本区常绿阔叶林重要建群种和组成成分。禾本科竹亚科以刚竹属、倭竹属为主，在本区植被中占有突出的地位，有组成纯竹林，也有伴生于各植被类型中。裸子植物在现状植被中，以马尾松、黑松为多，组成针阔混交林。

上海市主要银杏分布区地理气候指标如表9-27所示。

二　古树分布及株数

上海市共计17个县（市、区），有古银杏17个县（市、区），130个乡（镇）有古银杏，据报道上海银杏古树505株，本次实测及统计548株，其中532株有生长量指标（图9-27，表9-28）。

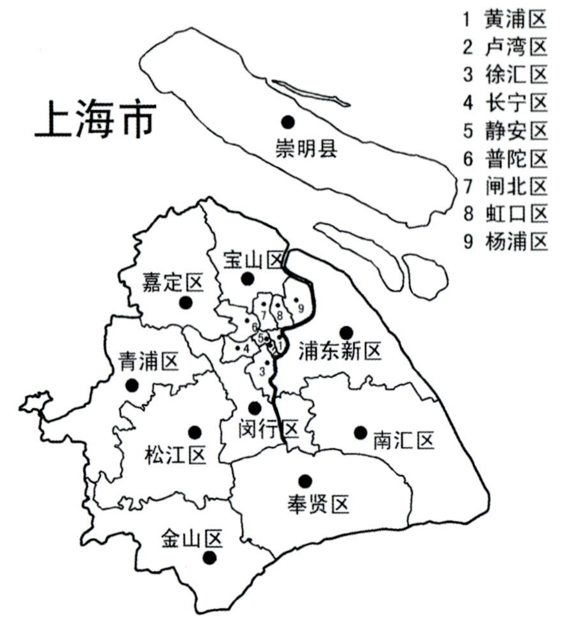

图9-27　上海市银杏古树分布图

上海位于中国大陆海岸线中部的长江口，北界长江，东濒东海，南临杭州湾，西接江苏和浙江两省。是长江三角洲冲积平原的一部分，平均高度为海拔4m左右。西部有天马山、薛山、凤凰山等残丘，天马山为上海陆上最高点，海拔高度99.8m，立有石碑“佘山之巅”。新中国成立以前，上海古树名木只有一些零星记载。1963年市园林管理处曾对上海市古树名木进行了重点调查,记录在册的树龄在四五百年以上古树为140株。至1993年年底,全市共有古树名木59个树种1369株，其中树龄在千年以上的7株，300年以上的有212株，群植古银杏林一处。

三　古树生物学

1.性别

在已知性别的45株古银杏中，雌株30株，占66.67%；雄株15株，占33.33%（图9-28）。

2.树高

树高最高单株为32.0m，位于青浦区蒸

表9-27 上海市主要银杏分布区地理气候指标

县（市）	经度	纬度	年均温（℃）	年降水量（mm）	无霜期（天）	年均日照时数（小时）	1月均温（℃）	绝对最低温度（℃）	≥10℃积温
闵行区	121° 22′	31° 06′	15.7	1123.3	233	1941	3.0	-11.0	5250
宝山区	121° 29′	31° 24′	17.5	1061.0	264	1963	4.1	-5.4	
嘉定区	121° 15′	31° 22′	16.8	1170.0	230	1740		-9.0	
浦东新区	121° 32′	31° 13′	16.0	1100.0	232	2079	3.3	-11.0	
金山区	121° 20′	30° 44′	15.5	1107.0	230	2015	3.1		4920
松江区	121° 13′	31° 01′	16.8	648.7	240	1861		-10.5	5000
青浦区	120° 53′ ～121° 17′	30° 59′ ～31° 16′	15.5	1056.0	247	1961	4.1	-10.1	4900
奉贤区	121° 28′	30° 55′	15.7	1162.0	225				

表9-28 上海市银杏古树分布地点及株数汇总

区（市）	县（市、区）	乡（镇）
上海市（548株）	闵行区（47株）	七宝镇、华漕镇、莘庄镇、马桥镇、浦江镇、颛桥镇、江川路街道、诸翟镇
	嘉定区（127株）	华亭镇、马陆镇、江桥镇、戬浜镇、嘉定镇、嘉定工业区、黄渡镇、封浜镇、南翔镇、望新镇、外冈镇、桃浦乡、安亭镇
	松江区（67株）	仓桥乡、张泽乡、佘山镇、泗泾镇、茸北镇、新桥镇、石湖荡镇、泖港镇、东墩镇、叶榭镇、中山街道、军墩镇、大港镇、松江镇、小昆山镇
	青浦区（45株）	蒸淀区、白鹤镇、朱家角镇、练塘镇、赵屯镇、金泽镇、青浦镇、西岑镇、商榻镇
	黄浦区（17株）	老西门街道、新场乡、豫园街道、小东门街道、外滩街道
	浦东新区（62株）	控江路街道、合庆镇、花木街道、东沟镇、陆家嘴街道、洋泾街道、潍坊新村街道、高东镇、孙桥镇、蔡路乡、东明街道、三林镇、塘桥街道、金桥镇、曹路镇、高行镇、高桥镇、川沙镇、北蔡镇、惠南镇、新场镇、周浦镇
	徐汇区（16株）	徐家汇街道、湖南路街道、天平路街道、康建新村街道、华泾镇
	长宁区（17株）	新泾镇、仙霞新村街道、江苏路街道、虹桥街道、新华路街道、天山路街道
	普陀区（8株）	真如镇、长征镇、桃浦镇
	闸北区（1株）	彭浦新村街道
	杨浦区（7株）	四平路街道、五角场镇、平凉路街道
	宝山区（38株）	罗店镇、杨行镇、顾村镇、大场镇、宝山镇、江湾镇、友谊路街道
	金山区（44株）	枫泾镇、金山卫镇、朱泾镇、松隐乡、吕巷镇、干巷乡、张堰镇、亭林镇、廊下镇
	崇明县（11株）	城桥镇、侯家镇、新河镇、堡镇
	奉贤区（33株）	柘林镇、拓林镇、南桥镇、四团镇、金汇镇、庄行镇、青村镇
	静安区（5株）	瑞金二路街道、南京西路街道、静安寺街道
	虹口区（3株）	曲阳路街道、四川北路街道
总计：有古银杏17个县（市、区），122个乡（镇），共计548株。		

淀乡东团十一队；最矮单株为8.9m，位于宝山区杨行镇城西一村杨家宅；树高<10m的银杏为3株，占1.93%，10～20m的为79株，占50.97%；20～30m的为69株，占44.52%；30～40m的为4株，占2.58%。树高前十位单株：青浦区蒸淀乡东团十一队（32.0m）、青浦区蒸淀乡东团十一队（31.5m）、松汇区中山街道松汇区第一中学（30.5m）、嘉定区南翔镇静华村（30.0m）、崇明县堡镇五效乡四效村（29.0m）、杨浦区五角场镇兰花新村（翔股路安波路兰花新村）（28.0m）、金山区吕巷镇河南面（27.5m）、松江区张泽乡黎明生产队（27.0m）、嘉定区望新镇中心小学（26.6m）、松江区仓桥乡吉祥大队（26.0m）。

3.树龄

树龄最大单株为1217年，位于嘉定区安亭镇方泰社区光明村陆家宅（原八石庵）；最小单株为100年，有73株；树龄在100～300年的为309株，占59.08%；300～500年的为110株，占21.03%；500～1000年的为96株，占18.36%；1000～2000年的为8株，占1.53%。树龄前十位单株：嘉定区安亭镇方泰社区光明村陆家宅（原八石庵）（1217年）、松江区佘山镇高尔夫俱乐部4号果岭沿河口处（佘山镇No5）三星庙遗址（1060年）、浦东新区惠南镇文体路11号福泉寺（1000年）、松江区佘山镇高尔夫俱乐部4号果岭后丘处(佘山镇No9)三星庙遗址（1000年）、松江区大港镇界泾村上海澳深仓储有限公司内（大港镇N06）福田寺遗址（1000年）、青浦区朱家角镇报国寺（1000年）、浦东新区南洋泾路、羽山路口洋泾街道N03（1000年）、奉贤区柘林镇新塘村（通津桥）（1000年）、青浦区白鹤镇供销社（火皇庙）（900年）、浦东新区曹路镇东海村钦公塘海城皇庙（900年）。

4.胸径

上海市已知胸径的银杏古树共计156株（其中包括基径<1.0m 10株、1.0～2.0m 1株、2.0～3.0m 1株、4.0～5.0m1株）。胸径最大单株4.33m(基)，位于奉贤区柘林镇新塘村（通津桥）；最小单株为0.48m，位于徐汇区徐汇剧场后院（现美罗娱乐城的广场）；胸径<1.0m的为62株，占43.36%；1.0～2.0m的为79株，占55.24%；2.0～3.0m的为2株，占1.40%。冠幅前十位单株：奉贤区柘林镇新塘村（通津桥）（4.33m，基）、嘉定区安亭镇方泰社区光明村陆家宅（原八石庵）（2.07m，基）、浦东新区惠南镇文体路11号福泉寺（2.05m）、浦东新区南洋泾路、羽山路口洋泾街道N03（2.01m）、松江区大港镇界泾村上海澳深仓储有限公司内（大港镇N06）福田寺遗址（1.97m，基）、青浦区朱家角镇报国寺（1.91m）、杨浦区万安路小学（1.86m）、青浦区白鹤镇供销社（火皇庙）（1.84m）、嘉定区江桥镇栅桥卫生院（1.65m）、金山区干巷乡北场饲养场（1.63m）。

5.冠幅

冠幅最大单株为29.0m×31.0m，平均冠幅为30.0m，位于松江区佘山镇高尔夫俱乐部4号果岭沿河口处（佘山镇No5）三星庙遗址；最小单株为2.8m×2.8m，平均冠幅为2.8m，有2株，位于长宁区天山路街道水城路杜家宅1株，位于宝山区江湾镇易安路117号1株。冠幅前十位单株：松江区佘山镇高尔夫俱乐部4号果岭沿河口处（佘山镇No5）三星庙遗址（29.0m×31.0m）、嘉定区外岗镇外岗大队（22.8m×24.1m）、嘉定区望新镇中心小学（22.6m×21.8m）、松江区仓桥乡新库村（22.0m×22.0m）、浦东新区高东镇共新一组（海神王庙）（22.0m×22.0m）、奉贤区柘林镇新塘村（通津桥）（20.0m×20.6m）、松江区佘山镇高尔夫俱乐部4号果岭后丘处(佘山镇No9)三星庙遗址（21.0m×19.0m）、黄浦区新场乡新场十二队（20.0m×20.0m）、宝山区宝山镇盘古路428号区少年宫（韦陀殿西北株）（20.0m×20.0m）、宝山区宝山镇盘古路428号区少年宫（韦陀殿东南株）（20.0m×20.0m）。

6.特异种质

复干银杏4株。

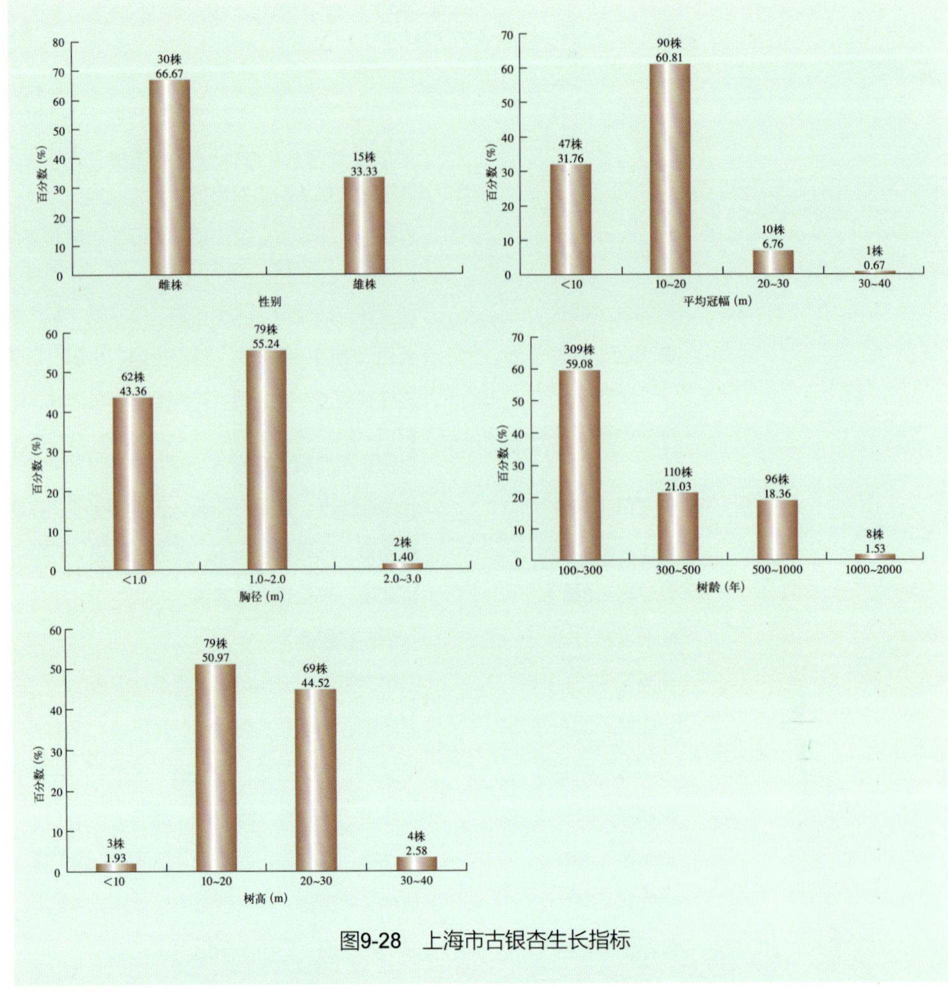

图9-28 上海市古银杏生长指标

四 古树综合描述

闵行区七宝镇上海交通大学农学院斗姆阁四面厅前1（七莘路2678号）0020（图9-14-1）

雄株，树龄700年，树高23.6m，胸径0.86m，枝下高5.5m，冠幅12.0m×12.0m，生长旺盛，树冠较小，形状不规则，西侧树冠偏大，有小部分枯梢。主干挺直、较粗壮，基部有小块树皮受损，已用水泥封堵。部分分枝被锯掉，现存3个分枝，均从主干5.5m处发出，长势一般。该树枝叶正常，传说乾隆下江南时，曾系马于此树。编号：0020。

闵行区七宝镇上海交通大学农学院斗姆阁四面厅前1（七莘路2678号）（图9-14-1）

雄株，树龄700年，树高18.2m，胸径1.20m，枝下高5.8m，冠幅13.0m×13.0m，生长较旺盛，树冠较小，形状不规则，部分主枝顶端折断。主干挺直、粗壮，基部小部分树皮受损，已用水泥修复。主干上5.0m处和6.0m处各生有一株构树。有4个分枝，其中一分枝已接近干枯，其余3个长势一般。该树枝叶正常。编号：0021。

闵行区华漕镇华漕镇农业公司（原纪王乡文化中心站）纪王庙遗址

树龄400年，树高19.0m，胸径1.21m，冠幅11.5m×10.5m，位于纪王庙遗址。该树枝繁叶茂，雄踞一方。人称该树为“纪信银杏”。编号：0098。

纪王庙，是汉高祖刘邦为纪念其爱将纪信所建的庙。相传，楚汉相争期间，刘邦兵困孤城。纪信乔装“汉王”与项羽周旋，诈降使刘邦顺利突围，而纪信却被楚霸王活活烧死。刘邦夺取江山后，履行给纪信的许诺，封王荫子。纪信是山西人，从没有见过大海，希望死后能经常看到大海的波涛，听到海浪的吼啸。一次刘邦乘龙船巡视，见一海滩渔村，风景秀丽，环境幽雅，问一渔民：“这是何地？”渔民答：“这是七家村，村里住着七户渔民。”不久刘邦便命地方官在这里造了纪王庙，还特意从山西搬来了7棵银杏树苗，种在庙的周围。久而久之，银杏树就在这里一代代生息繁衍，子孙已有400多岁了。

闵行区莘庄镇春申庙

树龄800年，胸径1.00m，位于黄埔江边闵行区春申庙前。2株，为宋代所栽，每一株要2人才能合围。相传元代的一年盛夏，恰上海大旱，一远地来春申庙烧香求雨的青年农民，因喉干心燥想摘银杏叶放在口中滋润一下，当身体靠近树干时则闻水声潺潺，顿时欣喜若狂，于是他从树上划开了一个洞，清泉似的流水从洞口流了出来，当时庙前一片洼地淌成了一口塘，为今日的春申塘。

闵行区马桥镇联盟三组

树龄400年，安装防雷设施。编号：0104。

闵行区马桥镇联盟三组

树龄400年。编号：0099。

闵行区马桥镇东街民宅

树龄350年。

闵行区马桥镇望海十一组

树龄150年。

闵行区马桥镇工农十一组

树龄100年。

闵行区马桥镇青登村（青登庙）

树龄400年。

闵行区马桥镇东街道23弄1号万寿庵

房园中有古银杏树一株

闵行区浦江镇建新十组（东株）

树龄100年。

闵行区浦江镇建新十组（西株）

树龄100年。

闵行区浦江镇闸港1号（沙门庙）

树龄350年。

闵行区浦江镇建新四组

树龄300年。

闵行区浦江镇杜行小学

树龄300年。

闵行区浦江镇陈行街杜行幼儿园（石林庵中株）

树龄200年。

闵行区浦江镇陈行街杜行幼儿园（石林庵东株）

树龄200年。

闵行区浦江镇陈行街杜行幼儿园（石林庵西株）

树龄200年。

闵行区浦江镇浦锦路原陈行中学（西株）

树龄150年。

闵行区浦江镇浦锦路原陈行中学（南株）

树龄150年。

闵行区浦江镇建东村（关帝庙）

树龄100年。

闵行区浦江镇张行村

树龄100年。

闵行区浦江镇建中九组

树龄100年。

闵行区颛桥镇向阳十一队（野三官堂）

树龄500年，树高17.1m，胸径1.53m，冠幅15.6m×15.6m。生长旺盛。

闵行区颛桥镇沪闵路北松路口银星商场门口（明心寺）

树龄400年，树高25.0m，胸径1.50m，冠幅15.0m×15.0m，位于明心寺遗址。编号：0101。

这里原是“明心教寺”遗址，抗战时还见其残旧庙房，当时为明心小学堂（抗战前后不少乡村小学多办在庙堂之中）。这株高大雄伟的古银杏便是标志物，老车站就在银杏树下，银杏树的分杈上还长着一株枸杞藤，就像银杏爷爷的大胡子，它是鸟雀衔籽，落到树洞中而生。古银杏树上有这么一团绿色，倒也分外引人注目。

闵行区颛桥镇新闵村

树龄300年。

闵行区莘庄镇闵行公安分局内

树龄650年，树高22.5m，胸径0.94m，冠幅9.5m×9.5m。生长旺盛。

闵行区莘庄镇莘建路115号镇卫生院门口

树龄200年。

闵行区莘庄镇莘建路115号镇卫生院门口

树龄200年。

闵行区莘庄镇莘庄工业开发区申富路中春路口

树龄100年。

图9-14-1 闵行区七宝镇上海交通大学农学院斗姆阁四面厅前1（七莘路2678号）
（注：A. 左0020；右0021；B、D. 0021；C. 0020）

闵行区莘庄镇青春村

树龄500年，树高21.5m，胸径1.53m，冠幅17.3m×17.3m。生长旺盛。

闵行区江川路街道洞真道院遗址（新闵路560号附近）原公安局（北庙）

树龄213年。第三进锡祉堂，传为清乾隆时李枝桂所建，堂前栽银杏一株。

闵行区度门寺遗址（新闵路北侧，华坪街道办事处西郊）

中间天井置铁鼎一尊，东西各植银杏一株。

闵行区江川路街道新闵路532号原上海桅灯厂

树龄150年。

闵行区东岳庙

树龄170年。4株。

闵行区江川路街道红河路20号闵联汽车维修公司（筑耶城庙）

树龄150年。

闵行区江川路街道江川路555号上海电机厂竹港桥

树龄200年。

闵行区七宝镇民主路121号七宝二中（大钟寺）

树龄220年。

闵行区七宝镇七宝九组（东胜堂西株）

树龄100年。

闵行区七宝镇七宝九组（东胜堂东株）

树龄100年。

闵行区诸翟镇纪翟路221号诸翟中学围墙旁

树龄100年。

闵行区诸翟镇纪翟路221号诸翟中学围墙旁

树龄100年。

闵行区诸翟镇诸翟农贸市场（和尚庙）

树龄100年。

嘉定区华亭镇西门高头小河口1-1

雌株，树龄200年，树高19.0m，基径0.65m，枝下高8.0m，冠幅6.0m×6.5m，生长旺盛，树冠较小，树冠形状不规则，偏冠。主干挺直、较细，分枝高度较高，有7个分枝，均集

图9-14-2 嘉定区华亭镇西门高头小河口1-3

图9-14-3 嘉定区华亭镇西门高头小河口1-5

中在主干8.0m以上，较旺盛。基部有萌蘖30余株，与母干的距离为0～0.4m。该树枝叶正常，未见结果，位于银杏群落内。编号：0286。

嘉定区华亭镇西门高头小河口1-2

雌株，树龄200年，树高20.2m，基径0.72m，枝下高7.0 m，冠幅6.5m×6.0m。生长旺盛，树冠较小，树冠形状不规则，偏冠。主干挺直、较细，分枝高度较高，有6个分枝，均集中在主干7.0m以上，较旺盛。基部有萌蘖20余株，与母干的距离为0～0.5m。该树枝叶正常，未见结果，位于银杏群落内。编号：0287。

嘉定区华亭镇西门高头小河口1-3（图9-14-2）

雌株，树龄200年，树高19.8m，基径0.69m，枝下高6.0m，冠幅6.0m×6.0m。生长旺盛，树冠较小，树冠形状不规则，偏冠。主干挺直、较细，分枝高度较高，有5个分枝，均集中在主干6.0m以上，较旺盛。基部有萌蘖20余株，与母干的距离为0～0.5m。该树枝叶正常，未见结果，位于银杏群落内。编号：0288。

嘉定区华亭镇西门高头小河口1-4

雌株，树龄200年，树高20.4m，基径0.76m，枝下高8.2 m，冠幅6.2m×6.1m。生长旺盛，树冠较小，树冠形状不规则，偏冠。主干挺直、较细，分枝高度较高，有3个分枝，均集中在主干8.0m以上，较旺盛。基部有萌蘖20余株，与母干的距离为0～0.2m。该树枝叶正常，未见结果，位于银杏群落内。编号：0289。

嘉定区华亭镇西门高头小河口1-5（图9-14-3）

雌株，树龄200年，树高20.2m，基径0.78m，枝下高4.0m，冠幅10.0m×8.0m。生长旺盛，树冠较小，阔塔形。主干挺直、较细，分枝高度较高，有6个分枝，均集中在主干4.0m以上，较旺盛。基部有萌蘖60余株，与母干的距离为0～0.5m。该树枝叶正常，未见结果，位于银杏群落内。编号：0290。

嘉定区华亭镇西门高头小河口1-6

雌株，树龄200年，树高20.0m，基径0.65m，枝下高5.0m，冠幅6.0m×6.0m。生长旺盛，树冠较小，阔塔形。主干较细、略倾斜，分枝高度较高，有3个主要分枝，均集中在主干5.0m以上，其余分枝较细小，较旺盛。基部有萌蘖50余株，与母干的距离为0～0.6m。该树枝叶正常，未见结果，位于银杏群落内。编号：0291。

嘉定区华亭镇西门高头小河口1-7

雌株，树龄200年，树高19.7m，基径0.75m，枝下高5.5m，冠幅6.0m×7.0m。生长旺盛，树冠较小，阔塔形。主干向北倾斜15°、较细，分枝高度较高，有3个分枝，均集中在主干5.5m以上，较旺盛。基部有萌蘖40余株，与母干的距离为0～0.6m。该树枝叶正常，未见结果，位于银杏群落内。编号：0293。

嘉定区华亭镇西门高头小河口1-8（图9-14-4）

雌株，树龄200年，树高20.0m，基径0.78m，枝下高5.0m，冠幅10.0m×12.0m。生长旺盛，树冠较小，阔塔形。主干挺直、较细，分枝高度较高，有6个分枝，均集中在主干5.0m以上，较旺盛。有复干3株，与母干的距离为0～0.5m，最大复干高5.0m，胸径0.10m；基部有萌蘖60余株，与母干的距离为0～0.5m。该树枝叶正常，未见结果，位于银杏群落内。编号：0297。

嘉定区华亭镇西门高头小河口1-9（图9-14-5）

雌株，树龄200年，树高20.4m，基径0.77m，枝下高6.0m，冠幅8.0m×8.0m。生长旺盛，树冠较小，阔塔形。主干较细，向北倾斜15°，分枝高度较高，有3个主要分枝，均集中在主干6.0m以上，较旺盛。基部有萌蘖60余株，与母干的距离为0～0.6m。该树枝叶正常，未见结果，位于银杏群落内。编号：0298。

嘉定区华亭镇西门高头小河口1-10

雌株，树龄200年，树高20.0m，基径0.70m，枝下高8.0m，冠幅7.0m×6.0m。生长旺盛，树冠较小，阔塔形。主干较细，挺直，分枝高度较高，有5个主要分枝，均集中在主干6.0m以上，较旺盛。基部有萌蘖30余株，与母干的距离为0～0.5m。该树枝叶正常，未见结果，位于银杏群落内。编号：0299。

嘉定区华亭镇张店四组

树龄150年。

嘉定区华亭镇塔桥七组（西株）

树龄100年。

嘉定区华亭镇塔桥七组（东株）

树龄100年。

嘉定区华亭镇横塘七队（西株）

树龄300年。

嘉定区华亭镇横塘七队（东株）

树龄300年。

嘉定区马陆镇东横沥河边

树龄180年。

嘉定区江桥镇结江支路918号西向北沙河八队

树龄100年。

嘉定区江桥镇华江支路申江花苑（中株）

树龄200年。

嘉定区江桥镇华江支路申江花苑（西株）

树龄200年。

嘉定区江桥镇华江支路申江花苑（东株）

树龄200年。

嘉定区戬浜镇陈家二组

树龄250年。

嘉定区嘉定镇西下塘街水关桥（南株）

树龄180年。

嘉定区嘉定镇西下塘街水关桥（北株）

树龄180年。

嘉定区嘉定镇温宿路16弄（南株）

树龄120年。

嘉定区嘉定镇温宿路16弄（北株）

树龄120年。

嘉定区嘉定镇塔城路299号汇龙潭公园

树龄100年。

嘉定区嘉定镇塔城路278号普通小学（西株）

树龄200年。

嘉定区嘉定镇塔城路278号普通小学（东南株）

树龄200年。

嘉定区嘉定镇塔城路278号普通小学（东北株）

树龄200年。

嘉定区嘉定镇清河路二环路口西

树龄350年。

嘉定区嘉定镇南大街272号区府会议中心（西南株）

树龄250年。

嘉定区嘉定镇南大街272号区府会议中心（西北株）

树龄250年。

嘉定区嘉定镇南大街272号区府会议中心（南株）

树龄250年。

嘉定区嘉定镇南大街272号区府会议中心（东北株）

树龄180年。

嘉定区嘉定镇南大街272号区府会议中心（东南株）

树龄250年。

嘉定区嘉定镇南大街183号（原孔庙）

树龄250年。

嘉定区嘉定镇梅园路300弄30号西（中株）

树龄180年。

嘉定区嘉定镇梅园路300弄30号西（西南株）

树龄180年。

嘉定区嘉定镇梅园路300弄30号西（西北株）

树龄180年。

嘉定区嘉定镇梅园路300弄30号西（东南株）

树龄180年。

嘉定区嘉定镇梅园路300弄30号西（东北株）

树龄180年。

嘉定区嘉定镇金沙路318号

树龄350年。

嘉定区嘉定镇嘉唐公路220号

树龄200年。

嘉定区嘉定镇东大街314号秋霞圃

树龄150年。

嘉定区嘉定镇城中路72弄

树龄250年。

嘉定区嘉定工业区朱桥镇旺泾十组（东株）

树龄250年。

嘉定区嘉定工业区朱桥镇旺泾十组（西株）

树龄250年。

嘉定区嘉定工业区朱桥镇旺泾十四组（西三株）

树龄200年。

嘉定区嘉定工业区朱桥镇旺泾十四组（南一株）

树龄200年。

嘉定区嘉定工业区朱桥镇旺泾十四组（南二株）

树龄200年。

嘉定区嘉定工业区朱桥镇潘戴三队（河南一株）

树龄200年。

嘉定区嘉定工业区朱桥镇潘戴三队（河南三）

树龄200年。

嘉定区嘉定工业区朱桥镇潘戴三队（河南二）

树龄200年。

嘉定区嘉定工业区朱桥镇潘戴三队（河北）

树龄200年。

嘉定区嘉定工业区朱桥镇潘戴七组（东一株）

树龄250年。

嘉定区嘉定工业区朱桥镇潘戴七组（东二株）

树龄250年。

嘉定区嘉定工业区朱桥镇潘戴七组（东三株）

树龄250年。

嘉定区嘉定工业区朱桥镇虹桥十一队

树龄200年。

图9-14-4　嘉定区华亭镇西门高头小河口1-8

图9-14-5　嘉定区华亭镇西门高头小河口1-9

嘉定区嘉定工业区朱桥镇灯塔二组(西株)

树龄120年。

嘉定区嘉定工业区朱桥镇灯塔二组(东株)

树龄120年。

嘉定区嘉定工业区朱桥镇人民政府驻地

有3株。

嘉定区嘉定工业区朱桥镇立新一队

树龄650年,树高21.6m,胸径1.32m,冠幅17.0m×15.8m。生长衰弱。

嘉定区嘉定工业区朱桥镇立新一队

树龄500年,树高16.8m,胸径1.00m。冠幅12.2m×10.6m。生长中等。

嘉定区嘉定工业区朱桥镇东风二组

树龄120年。

嘉定区嘉定工业区朱桥镇宝钱路嘉朱路口(西株)

树龄300年。

嘉定区嘉定工业区朱桥镇宝钱路嘉朱路口(东株)

树龄300年。

嘉定区嘉定工业区朱桥镇八队

树龄650年,树高25.5m,胸径1.11m,冠幅 12.1m×12.4m。生长衰弱。

嘉定区嘉定工业区胜辛路回城南路口(西株)

树龄180年。

嘉定区嘉定工业区胜辛路回城南路口(东株)

树龄180年。

嘉定区嘉定工业区开发区严龙村何门生产队

树龄150年。

嘉定区嘉定工业区建国薛家生产队(南株)

树龄180年。

嘉定区嘉定工业区建国薛家生产队(北株)

树龄180年。

嘉定区黄渡镇杨木桥村南庆弄生产队

树龄200年。

嘉定区封浜镇先农五队

树龄150年。

嘉定区封浜镇先农一队(西株)

树龄180年。

嘉定区封浜镇先农一队(东株)

树龄180年。

嘉定区南翔镇沪宣路1568号东风农药厂

树龄300年。

嘉定区南翔镇沪宣路218号古猗园

有古银杏1株。

嘉定区南翔镇静华村

树龄100年,树高30.0m,胸径0.80m,冠幅18.6m×18.1m。

嘉定区南翔镇曙光村东风生产队大队

树龄650年,树高23.6m,胸径1.61m,冠幅16.6m×17.1m。生长旺盛。

嘉定区南翔镇曙光村东风生产队大队

树龄650年,树高15.8m,胸径0.80m,冠幅9.5m×8.4m。生长衰弱。

嘉定区南翔镇光裕村深感生产队

树龄250年。

嘉定区南翔镇光裕村深感生产队

树龄250年。

嘉定区望新镇中心小学

树龄520年,树高26.6m,胸径1.46m,冠幅22.6m×21.8m。生长衰弱。

嘉定区外冈镇葛隆西街生产队

树龄120年。

嘉定区外冈镇葛隆西街生产队

树龄400年。

嘉定区外冈镇敬老院

树龄500年,旁有河道。安装防雷设施。编号:0058。

嘉定区外冈镇钱家祠堂

树龄250年,旁有河道。安装防雷设施。编号:0205。

嘉定区外冈镇徐秦北池生产队(南株)

树龄250年。

嘉定区外冈镇徐秦北池生产队(北株)

树龄250年。

嘉定区外冈镇甘柏村甘家三组

树龄250年。

嘉定区外岗镇外岗大队

树龄550年,树高24.1m,胸径1.40m,冠幅22.8m×24.1m。生长旺盛。

嘉定区外岗镇外岗大队

树龄550年,树高21.6m,胸径1.18m,冠幅15.5m×11.3m。生长中等。

嘉定区桃浦乡桃浦大队

树龄550年,树高12.8m,胸径1.38m,冠幅8.0m×9.3m。生长衰弱。

嘉定区安亭镇方泰社区光明村陆家宅(原八石庵)(图9-14-6)

上海八大千年古银杏之一,“上海第一树”。雄株,树龄1217年,树高24.5m,基径2.07m,枝下高3.0m,冠幅20.0m×13.5m。生长旺盛,树冠庞大,形状不规则,南侧树冠偏大。基部根系露出地面最高达0.3m,向外延伸0.6m,根盘很大。主干挺直、粗壮,有分枝近10个,在主干上分布均匀,生长旺盛。有复干5株,最大复干胸径0.10m,高4.0m,复干与母干的距离为1.0m;基部有萌蘖近100株,与母干的距离为0～0.9m。该树枝叶正常,编号:0001,管护单位:安亭中学。为上海市古树名木中树龄最长的一株,被誉为“申城树王”。它曾经是江苏省最大的两棵银杏之一。现专门建有“古树公园”,该棵古银杏树种植于1000年前的唐代末期。在“文化大革命”时,仅被锯掉两巨枝,作为7间房屋的建筑材料。1983年4月4日,周谷城访此树时,曾吟七绝诗一首:“六朝文物越千年,古寺禅林尽荡然。银杏一株今尚在,从知润物有渊源”。

相传很久以前,距离这棵银杏树十里多路的外冈镇上有一户人家,非常贫困,穷得连灶前头的烧火凳也没有。有一天烧饭时,这家主人发现灶前头的泥土下有声音,咦!奇怪,一段树根从泥里蹿了出来,等蹿到小凳一样高时不动了。从此,主人把它当作烧火凳,坐上去比木凳还要舒适。这户人家觉得是福至家门,为了弄清事由,他求签卜卦,探得是光明村银杏树神所做的好事。于是主人就凑钱买了一把茶壶,装上了好酒,到树边去祭祀树神。每年一次,从不间断。有一次,等他祭祀完毕,回到家里,才想起茶壶忘记在树下了。他急忙返回,到树边一看,茶壶已变成了一把金茶壶。他非常高兴地对在银杏树边游玩的一个人讲:“我放在树旁边的是把瓷茶壶,现在变成金茶壶,你说奇怪吗?”旁边的人回答讲:“有啥奇怪,我早就看见树旁有一只破草鞋,要么侬老眼昏花,想发财想痴了,拿破草鞋当作金茶壶!”外冈人想肯

图9-14-6 嘉定区安亭镇方泰社区光明村陆家宅（原八石庵）

定是树神在作法，在旁人眼里是看不到金茶壶的，我何必去同他争论呢！于是，他小心翼翼地捧着金茶壶，朝大树拜了三拜，满心欢喜地回家了。日复一日，年复一年，伴随着这些美丽传说，古银杏树青枝绿叶越长越高，渐渐成了吉祥的象征。这株雄伟壮观、冠如华盖的千年古银杏，尽管历经了人间的沧桑，但仍不失"上海第一树"独具的高耸云霄、气势磅礴的气概。2002年嘉定区政府为其营造了一个舒适的环境，让千年银杏更为壮丽雄伟。

嘉定区安亭镇安晓路（安亭古树公园）

2株，树龄650年。

嘉定区安亭镇和静路1388号安亭中学（西北株）

树龄200年。

嘉定区安亭镇和静路1388号安亭中学（南株）

树龄200年。

嘉定区安亭镇和静路1388号安亭中学

树龄650年，树高22.1m，胸径1.21m，冠幅15.5m×13.4m，生长中等。编号：29。

嘉定区安亭镇和静路1388号安亭中学

树龄650年，树高22.0m，胸径1.07m，冠幅12.0m×9.8m，生长中等。编号：30。

嘉定区安亭镇和静路1388号安亭中学（东北株）

树龄200年。

嘉定区安亭镇红旗大队

树龄550年，树高22.1m，胸径1.04m，冠幅14.0m×13.0m。生长旺盛。

嘉定区安亭镇红旗大队

树龄550年，树高19.1m，胸径0.89m，冠幅15.0m×9.8m。生长衰弱。

嘉定区安亭镇泽浦路汇源路口

树龄120年。

嘉定区安亭镇永安街菩提寺（原安亭镇党校西一株）

树龄300年。

嘉定区安亭镇永安街菩提寺（原安亭镇党校西三株）

树龄300年。

嘉定区安亭镇永安街菩提寺（原安亭镇党校西二株）

树龄300年。

嘉定区安亭镇永安街菩提寺（原安亭镇党校东一株）

树龄300年。

嘉定区安亭镇永安街菩提寺（原安亭镇党校东三株）

树龄300年。

嘉定区安亭镇永安街菩提寺（原安亭镇党校东二株）

树龄300年。

嘉定区安亭镇向阳庙泾生产队

树龄300年。

嘉定区安亭镇洛浦路58号大众汽车厂（西株）

树龄500年。

嘉定区安亭镇洛浦路58号大众汽车厂（东株）

树龄500年。

嘉定区安亭镇老东街112号娄塘天主教堂（西株）

树龄150年。

嘉定区安亭镇老东街112号娄塘天主教堂（南株）

树龄150年。

嘉定区安亭镇老东街112号娄塘天主教堂（东株）

树龄150年。

嘉定区安亭镇兰塘村中心生产队

树龄250年。

嘉定区安亭镇方泰漳安辰路伊宁路北

树龄250年。

嘉定区安亭镇昌吉路28号上海阀门厂

树龄250年。

嘉定区安亭镇百安路嘉安路南（中株）

树龄250年。

嘉定区安亭镇百安路嘉安路南（西株）

树龄250年。

嘉定区安亭镇百安路嘉安路南（东株）

树龄250年。

嘉定区安亭镇安辰路泰海路口

树龄120年。

嘉定区江桥镇栅桥卫生院

树龄750年，树高23.6m，胸径1.65m，冠幅12.6m×12.6m。生长旺盛。

浦东新区惠南镇文体路11号福泉寺（图9-14-7）

上海八大千年古银杏之一。雌株，树龄1000年，树高19.5m，胸径2.05m，冠幅15.9m×15.9m，枝下高2.8m，位于福泉寺内。主干挺直、粗壮，基部南侧有少部分树皮损坏，东南侧有瘤状凸起，北侧树皮脱落较多，腐烂较重，该树曾遭火灾，主干受损较严重。现存3个主枝，小的侧枝有20余个。基部南侧有萌蘖近10株，与母干的距离为0～0.5m。枝叶正常，结果量较大。这棵被上海市绿化管理局编号为“上海市古树名木第0002号”的千年雌性古银杏为宋代所植，树龄仅次于坐落在嘉定区安亭镇的市第0001号雄性古银杏，是上海市雌性古银杏寿星，管护单位：南汇体育馆。据《南汇县志》记载，福泉寺始建于元朝至正二年(1342)，比南汇建城早44年，初名甘霖院，后因殿后有井水清冽而改名为“福泉寺”。寺内原有古银杏两株，一株被毁，一株生长至今。这棵古银杏的种植，在福泉寺建寺之前，它对于考证南汇何时成陆是一个重要的佐证。

20世纪20年代的一天遭雷击树身内起火，燃烧两天两夜之后，才被人们扑灭，残留的块块伤痕至今犹存。1937年8月，日寇侵占南汇后，为了防备南汇人民的反抗，砍掉了古树的树梢和部分树枝，在树顶上架起瞭望台，使古树遭了殃。因此这棵古银杏的树高要比南汇区其余几棵树龄小几百年的古银杏矮。树内部已经严重腐烂空虚，检测截面只有近30%的面积是健康的，生长状态已呈现衰退迹象。1989年，为古银杏建了一座小型的但不失为庄严肃穆有古典味的小院落，其横额“千年银杏”四个字还是108岁的老寿星、清代末年的秀才苏局仙所题。跨入新世纪后，靠近古银杏的体育馆（五层楼）被拆除规划重建福泉寺，看来古银杏又将重返佛门。近年南汇区政府采取相关措施后使该寿星得以焕发新生机。

浦东新区新场镇新场十二组（南山寺东株）（图9-14-8）

雌株，树龄600年，树高25.0m，胸径1.02m，冠幅14.0m×13.0m。编号：0044。

据《南汇县志》（光绪年间版）记载：“南山寺又名南山禅土（俗称南庵），在新场南市，元大德十年，僧照建……银杏三株，为数百年物，今存”。可惜如今只剩2株，一雌一雄，成双成对。古树高耸云霄，冠如华盖。树体明显高于附近庙宇和居民房屋。安装防雷设施。古银杏的生长环境越来越好。有诗为证：“新街过后是旧街，银杏树下忆南山。当年烟香随风去，旧时禅林今还在。访古觅迹意无穷，时隔三日气象新。石笋不知何处寻，路人遥指新场镇。”

浦东新区新场镇新场十二组（南山寺西株）（图9-14-8）

雄株，树龄600年，树高12.0m，胸径0.56m，冠幅9.0m×10.0m。编号：0046。

浦东新区新场镇新卫三组（严家庙）

树龄350年。

浦东新区新场镇新场五组（北山寺）

树龄600年。

浦东新区周浦镇周东四组

树龄400年。

浦东新区周浦镇南八灶159号（巽龙庵东一株）（图9-14-9）

树龄200年，树高12.0m，胸径0.76m，冠幅9.0m×8.0m。

浦东新区周浦镇南八灶159号（巽龙庵西二株）

树龄200年，树高15.0m，胸径0.68m，冠幅11.0m×10.0m。

浦东新区周浦镇南八灶159号（巽龙庵南一株）

树龄200年，树高12.3m，胸径0.75m，冠幅12.0m×10.0m。

浦东新区周浦镇南八灶159号（巽龙庵西一株）

树龄200年，树高14.2m，胸径0.81m，冠幅11.0m×10.0m。

浦东新区周浦镇南八灶159号（巽龙庵东二株）

树龄200年，树高13.5m，胸径0.56m，冠幅10.0m×10.0m。

松江区仓桥乡吉祥大队

雌株，树龄600年，树高26.0m，胸径

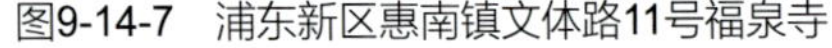
图9-14-7 浦东新区惠南镇文体路11号福泉寺

图9-14-8 浦东新区新场镇新场十二组（南山寺）

图9-14-9　浦东新区周浦镇南八灶159号（巽龙庵）

1.45m，冠幅13.8m×13.8m。生长衰弱。

松江区仓桥乡新库村

雌株，树龄750年，树高25.0m，胸径1.42m，冠幅22.0m×22.0m。生长旺盛。

松江区张泽乡黎明生产队

树龄700年，树高27.0m，胸径1.13m，冠幅12.0m×12.0m。生长旺盛。

松江区张泽乡黎明生产队

雌株，树龄700年，树高17.5m，胸径0.76m，冠幅6.0m×6.0m。生长衰弱。

松江区张泽乡黎明生产队

雄株，树龄700年，树高16.5m，胸径0.87m，冠幅6.7m×6.7m。生长衰弱。

松江区佘山镇高尔夫俱乐部4号果岭沿河口处（佘山镇No5）三星庙遗址a（图9-14-10）

上海八大千年古银杏之一，唐代银杏。雄株，树龄1060年，树高23.0m，胸径1.35m，枝下高5.0m，冠幅29.0m×31.0m。生长旺盛，树冠长卵形，树冠庞大，树形优美。主干粗壮，向南倾斜15°，有分枝4个，均较粗壮，生长旺盛。基部有少量萌蘖，与母干的距离为0～0.6m。编号：0005。管护单位：佘山高尔夫个乐部。

在松江区佘山镇凤凰山东北麓通波塘的东岸，傲然挺立着两株雌雄成对高大挺拔的古银杏树。此树位于三星庙遗址，靠近河边，枝叶正常，树体向河边倾斜。保护级别均为一级，被称为“成双成对两银杏”。原是“三星庙”遗址，后改建成凤凰小学，现为佘山国际高尔夫球场。相传，清朝初期有两位僧人，为了募修“三星庙”而日夜劳累致死。那些虔诚的善男信女便锯下此株银杏的一根巨枝，为僧人做了两副棺材，并将他们埋葬在此树旁。如今树上锯痕尚在，可见此事并非讹传。两株银杏均属唐代遗物，欲问古树年几何，树阅行人已千年。查清乾隆年间《青浦县志》记载“三星庙，在凤凰山通波塘上，始曰陶庵，祀陶九成嘉靖之中，僧明信修建，徐阶（明宰相）以世宗赐福禄寿三星图供奉此，遂更今名……”国初（清初）嗣郢，建一悟馆，门外银杏二株，干宵出云，紫藤绕至树杪（梢），花时璎珞万千，花光四照，过者留连不能去，洵胜景也。”可惜现在已看不到这古紫藤了。如今这两株历经沧桑、饱阅人间悲欢离合的千年古银杏，受到了国家的保护，有关部门还专门拨款建造了一条长30m的石驳岸，使古银杏的根须不再受到河水的冲刷，土壤不再流换，古银杏的生长环境也变得越来越好。

松江区佘山镇高尔夫俱乐部4号果岭沿河口处（佘山镇No9）三星庙遗址b（图9-14-11）

上海八大千年古银杏之一，唐代银杏。雌株，树龄1000年，树高22.0m，胸径1.25m，枝下高4.0m，冠幅21.0m×19.0m，生长旺盛，树冠阔塔形，树冠庞大，树形优美。编号：0009，管护单位：佘山高尔夫俱乐部。

松江区泗泾镇净福寺（原同泰酿造厂）

树龄500年。

松江区茸北镇荣乐东路东培企业南（西株）

树龄450年。

松江区茸北镇荣乐东路东培企业南（东株）

树龄450年。

松江区新桥镇新泾村一队诸家宅

树龄600年，树高14.5m，胸径1.08m，冠幅7.9m×7.9m。生长衰弱。

图9-14-10　松江区佘山镇高尔夫俱乐部4号果岭沿河口处（佘山镇No5）三星庙遗址a

图9-14-11 松江区佘山镇高尔夫俱乐部4号果岭沿河口处（佘山镇No9）三星庙遗址b

松江区新桥镇新南街卫生服务中心南（东株）

树龄400。

松江区新桥镇新南街卫生服务中心南（西株）

树龄400。

松江区新桥镇云间水庄原何家桥小学（杨春庙）

雄株，树龄450年，胸径0.99m。编号：0077。

松江区新桥镇云间水庄原何家桥小学

雌株，树龄350年，胸径0.92m。编号：0078。

松江区新桥镇新益村小牛泾河北（孟姜庙西株）

树龄300年。

松江区新桥镇新益村小牛泾河北（孟姜庙东株）

树龄300年。

松江区石湖荡镇洙桥村寺河旁（清静庵）

树龄300年。

松江区泗泾镇开江东路192弄11号区第四中学教学楼北（赵家花园）

树龄300年。

松江区泗泾镇开江东路192弄11号区第四中学原家属楼（赵家花园）

树龄150年。

松江区泖港镇腰泾村西腰泾河南（汇龙庙中株）

树龄200年。

松江区泖港镇腰泾村西腰泾河南（汇龙庙东株）

树龄200年。

松江区泖港镇腰泾村西腰泾河南（汇龙庙西株）

树龄200年。

松江区东墩镇原卫星小学（棠梓庙东株）

树龄150年。

松江区东墩镇原卫星小学（棠梓庙西株）

树龄150年。

松江区叶榭镇苏泾村（关帝庙东5株）

树龄100年。

松江区叶榭镇苏泾村（关帝庙东4株）

树龄100年。

松江区叶榭镇苏泾村（关帝庙东6株）

树龄100年。

松江区叶榭镇苏泾村（关帝庙东1株）

树龄100年。

松江区叶榭镇苏泾村（关帝庙西7株）

树龄100年。

松江区叶榭镇苏泾村（关帝庙东3株）

树龄100年。

松江区叶榭镇苏泾村（关帝庙东2株）

树龄100年。

松江区叶榭镇蓝色港湾敬老院

树龄700年，树高18.0m，胸径0.88m，冠幅15.0m×15.0m。编号：0024。东侧的土墩上面有3株雄伟挺拔、高耸云霄的古银杏树。据徐家第二十三代子孙徐江发介绍，张泽镇原来的银杏树相当多，现古银杏树只剩下这3株，成为飞机的航标。1978年在树下挖防空洞时，挖到一块有“升”字的砖块，重约8kg。徐江发说，张泽镇有三宝：天文志、张泽志和徐氏家谱。据《徐氏家谱》记载：始祖彦一，姓徐，字圣从，圣从配肖氏生二子，长文忠，次文信，居清风堂故址，葬碓坊浜主穴，今称白眼坟（白眼：当地人称银杏树为白果树、灵眼树、白眼树）。坟以银杏树而得名，徐家在宋时从河南长葛县移居松江镇，张泽镇的兴旺与徐氏家族的定居和繁衍有着密切的关系，3株银杏树的历史代表了徐家的历史，一个侧面也代表了张泽镇的历史。

松江区叶榭镇蓝色港湾敬老院

树龄700年，树高18.0m，胸径0.83m，冠幅13.0m×13.0m。编号：0025。

松江区叶榭镇蓝色港湾敬老院

树龄700年，树高18.0m，胸径0.85m，冠幅12.0m×12.0m。编号：0026。

松汇区中山街道松汇区第一中学

雄株，树龄600年，树高30.5m，编号：0046。安装防雷设施。

松江区中山街道县人民政府内

树龄500年，树高22.5m，胸径0.83m，冠幅12.0m×12.0m。生长旺盛。

松江区中山街道中山东路250号松江二中五四楼东（西三株）

树龄100年。

松江区中山街道中山东路250号松江二中五四楼东（西二株）

树龄100年。

松江区中山街道中山东路250号松江二中五四楼东（北株）

树龄100年。

松江区中山街道中山东路250号松江二中阶梯教室南（西株）

树龄100年。

松江区中山街道中山东路250号松江二中阶梯教室南（东株）

树龄100年。

松江区车墩镇原南门小学门外

树龄100年。

松江区松江镇中山街道东岳行宫（岳庙）

树龄300年。岳庙全称东岳行宫，位于松江旧城谷阳门外大街。始建于何时已无考，宋尚书右丞朱谔始扩大建筑。大殿广场有五爪银杏一株，已数百余年。

松江区松江镇中山街道东岳行宫（岳庙）

树龄400年，树高14.3m，胸径0.96m，冠幅10.0m×11.0m，位于松江区东岳行宫。岳庙正殿之西，为杨侯庙。杨侯名杨文圣，相传为本县点岳官，一次失慎，全岳被焚，后尊为神，故神像面容黝黑，呈焦炭色。进杨侯庙首为天井。占地不广，中有一株400年银杏，大可双人合抱。至现今，这棵古银杏位于松江剧场门口。

松江区大港镇史家村场地

树龄100年。

松江区大港镇大港界泾米厂外（大王庙）

树龄150年。

松江区大港镇界泾村上海澳深仓储有限公司内（大港镇N06）福田寺遗址

上海八大千年古银杏之一。树龄1000年，树高9.5m，基径1.97m，冠幅9.0m×9.7m。据记载，这棵古银杏原来生长在福田寺大雄宝殿前，现已改建成以千年古银杏为主景的小花园。管护单位：大港镇界泾大港米厂，编号：0006。

据调查庙西是娄县县城，因地面下沉而形成泖河，娄县便移到松江府西北。1952年前这株古银杏还是一株相当高大、树冠茂盛的树木，是夏季休息纳凉的好去处。树上有洞，据说在1952年成群的蚂蚁爬上爬下妨碍农民休息，村民便用枯枝干草燃烟熏虫，导致古树焚烧，烧了三天两夜，一株好端端的树变成一段躯壳。然而，奇迹发生了古树死而复生，烧剩的树皮上又萌发了新枝，空洞的躯壳内长出了一株小银杏树，犹如“公公抱孙”。为了保护和体现这株古树的千奇百态，园林部门与大港米厂于1986～1994年间，陆续进行改建，拆除简房，填去石灰地，封闭部分车间走道，配植小桂花、罗汉松、草坪，使之形成一个盆景式的小花园，千年古树有了自己的家。

松江区佘山镇天马山（图9-14-12）

雄株，树龄700年，树高15.0m，胸径1.00m，枝下高4.8 m，冠幅6.0m×6.0m，位于天马山“护珠塔”东面20m，护珠塔银杏，编号0022。树势一般，树冠较小，阔塔形，主要分枝顶部均枯死、折断。主干粗壮，腐烂严重，树皮脱落面积达60%，尤其以北侧树体腐烂最严重。现存3个分枝，均枯死折断，呈龙爪状向西扑抱。有复干4株，最大复干高13.0m，胸径0.20m，复干与母干的距离为0～0.15m。相传为周文达所植，古银杏在1982年前已处于生命垂危的边缘，主干的西北面仅存一条14cm的皮层还活着，经过多年的抢救复壮，古树的生长势已逐渐好转，树根旁的萌枝已长成一株直径10cm的小银杏树，成了名副其实的“公孙树”，生长环境也由荒山野岭变成园林式的庭院。天马山山上有塔，名“护珠塔”。因其向东南倾斜6° 51'52"，被称作当今世界“第一斜塔”。斜塔是一个谜，据《松江府志》云：圆智教寺塔（护珠塔），北宋元丰建于圆智教寺后，砖木结构。南宋淳祐五年（1245）重建，清乾隆五十年（1785）遭火，有人发现砖缝中的元丰钱币，于是拆砖寻宝，今塔向东南，历200余年未坍。至于为什么不倒，相传是因为塔东南的这株古银杏是山神的化身，巨枝则是山神的巨手，支托着“护珠塔”，故能使塔倾斜了几百年而不倒。

松江区佘山镇西佘山中堂大院

树龄150年。

松江区松江镇永丰街道华亭新家园东侧（和尚庙）

树龄750年。

松江区松江镇永丰街道辰塔路姚泾河桥西（关帝庙）

树龄700年。

松江区松江镇中山中路百岁坊32号岳阳小学（西禅寺南株）

树龄300年。

松江区松江镇中山中路百岁坊32号岳阳小学（西禅寺北株）

树龄300年。

松江区松江镇中山中路746号区中心医院（韩三房）

树龄100年。

松江区松江镇中山东路（普照寺）

树龄300年。

松江区松江镇中山东路（普照寺）

树龄300年。

松江区松江镇中山东路235号方塔园东大门

雄株，树龄600年，树高26.0m，胸径

图9-14-12 松江区佘山镇天马山

1.02m，冠幅10.1m×10.1m，生长旺盛。位于松江区方塔园，编号：0041。方塔园，顾名思义，是因园中有一座方型的兴圣教寺塔而得名，园不大，历史却不短，古迹亦不少。有方塔、照壁、宋桥和移进来的天妃宫等。以方塔为中心的周围数里曾是松江府文化、经济、商业的中心，繁华的“古华亭”就在这里。因过去的一些庙宇如娘娘庙、观音堂、关帝庙已经湮灭，方塔园便成了人们访古觅奇的场所了。

在高大古朴的方塔东南面的两株600多年历史的古银杏树，像两位精神抖擞、胸襟开阔的将军雄赳赳、气昂昂地屹立着，投下的绿阴足有半亩之多，是园中古树之最。古树生长的地方原来是松江府城隍庙（建于明洪武三年）和高家堰关帝庙旧址，两株古银杏到底是城隍庙庙产还是关帝庙的庙产，难以考证。

松江区松江镇中山东路235号方塔园东大门

雄株，树龄600年，树高22.5m，胸径1.05m，冠幅10.6m×10.6m，生长旺盛。编号：0042。

松江区松江镇中山东路235号方塔园明代照壁北（城隍庙北株）

树龄400年，树高18.0m，胸径0.85m，冠幅10.0m×10.0m。编号：0125。

在方塔的北面、天妃宫的西南，也就是说从方塔园北门进园就能看到3株挺拔隽秀的古银杏树，胸径都在78cm以上，有300～400年的历史，这里也是城隍庙的旧址，不过是娄县城隍庙，是在清朝康熙年间从其他地方移到这里的，至于为什么要移到这里来，据说因那里地塌水淹的原因，所以松江府城隍庙与娄县城隍庙相隔这么近。

松江区松江镇中山东路235号方塔园明代照壁北（城隍庙）

雌株，树龄400年，树高18.0m，胸径0.85m，冠幅10.0m×10.0m。编号：0126。

上海方塔园坐落于古城松江，园中的古树和宋代方塔、明代照壁一起见证着历史的变迁。该树位于园内松江府城隍庙遗址之南，清代天妃宫以西，1986年被列为上海市一级保护古树名木。2000年，这株古树生长势逐渐衰弱，主要表现为树冠向心内缩，叶子枯黄变小，落叶落果时间提前。近几年，生长衰萎态势更是日益明显，每年10月末，另外几株古银杏还绿意葱茏，而这株古树却早已开始萧萧落叶，一幅“垂垂老矣之势”。树基部处的树洞高50cm，宽30cm，深42cm，木质部已严重腐烂。树身上的洞稍小，约30cm，有2处，其中一个树洞沿着树身往下腐烂约60cm，从树洞里掏出的木质已成粉末状，足有10kg。

松江区松江镇中山东路235号方塔园明代照壁北（城隍庙南株）

树龄400年，树高18.0m，胸径0.85m，冠幅10.0m×10.0m。编号：0127。

松江区松江镇人民路64号醉白池公园

树龄250年。

松江区松江镇缸暨巷21号清真寺

树龄300年。

松江区小昆山镇泗州塔园

树龄500年，树高20.0m，胸径1.12m，冠幅12.0m×12.0m。编号：0117。

松江区境内的小昆山，是一座绿树满山的青山，相传是产玉之地，有婉娈昆岗之称。此树位于山顶的西侧，它原是泗洲塔园的庙树，巍峨壮观，称之金鸡独立。虬枝横空、华盖如云，形容其能抚云弄雾、摘星攀月也不为过。佛家子弟，以善为本，对古树更是情有独钟，新建成的九峰寺在古树衬托下，平添了不少古韵，古树又重新回到了庙的怀抱。相传古代山上有神虎出没，常在古银杏树下休息，与古银杏树相伴。抗战期间，日寇欲在山上修筑防御工事，准备砍去这个“目标”，用斧头砍，斧头柄经常断，用柴堆在树下烧又烧不了，也只得作罢。是山神树仙在动怒，还是树太大了无法砍断？就留给后人去想象了。古树看似烧痕累累、砍迹斑斑，却依然傲空挺立，神气凌人。

松江区沪淞路999号中山街道奔腾电器有限公司（龙树庵西株）

雄株，树龄450年，树高21.0m，胸径0.99m，冠幅16.0m×16.0m。编号：0077。

从上海市区出发去松江镇，就会远远望见路北有一株高大、雄壮的古树，这意味着你离那具有悠久历史、人杰地灵的松江镇不远了。可近前一看，却是两株一雌一雄、相依为命的古银杏。这两株银杏形似游龙，只有到冬天，树叶落去，露出那粗壮有力、弯曲盘缠的枝丫时，才能真正地看到它的样子。有的枝条似龙身，有的枝节似龙头，错落有致，相传五条龙盘缠其上，称为龙树，故当地称五龙村。村北原来的庵里供奉的是“龙树菩萨”，称之为“龙树庵”，树上有喜鹊筑巢，经常有喜鹊在树间歌唱。古银杏原距河仅有1.5m，有很多根须长期受河水冲刷，经1985年采取的块石驳岸后，现距河至少有10m，还做了石栏外围保护。目前专门为这两株古树建了保护风景点，古银杏长势越来越好。

松江区沪淞路999号中山街道奔腾电器有限公司（龙树庵东株）

雌株，龄450年，树高21.0m，胸径0.92m，冠幅12.0m×12.0m。编号：0078

青浦区蒸淀乡胜利二队

树龄500年，树高17.0m，胸径1.53m，冠幅11.0m×11.0m。生长旺盛。

青浦区蒸淀乡东团十一队

树龄500年，树高31.5m，胸径1.22m，冠幅16.0m×16.0m。生长旺盛。

青浦区蒸淀乡东团十一队

树龄500年，树高32.0m，胸径1.35m，冠幅15.7m×15.7m。生长旺盛。

青浦区白鹤镇联合大队二组（施庙）

树龄450年。

青浦区白鹤镇沈家浜村（西株）

树龄250年。

青浦区白鹤镇沈家浜村（东株）

树龄250年。

青浦区白鹤镇青龙村474号青龙寺

树龄200年。

青浦区白鹤镇青龙村474号青龙寺

树龄200年。

青浦区白鹤镇青龙村474号青龙寺（东株）

树龄200年。

青浦区白鹤镇供销社（火皇庙）

雌株，树龄900年，树高16.1m，胸径1.84m，冠幅18.0m×18.0m。生长中等。

青浦区白鹤镇叶泾村（原叶泾小学）

树龄650年，树高26.0m，胸径1.60m，冠幅20.0m×19.5m。编号：0027。曾遭雷击，雷击后树冠折断近半，折断的最粗枝直径达65cm，相当于一株百年大树。现已在白鹤镇古银杏树旁试装了避雷针。

青浦区朱家角镇城隍庙边

雄株，树龄400年。据说为大名鼎鼎的抗倭名将戚继光亲植的，这位明朝的大将军曾在朱家角驻军，行辕就设在附近。

青浦区朱家角镇新风路57号自动化仪表十一厂

树龄100年。

青浦区朱家角镇报国寺（图9-14-13）

上海八大千年古银杏之一。雌株，树龄约1000年，树高20.0m，胸径1.91m，枝下高5.0m，冠幅11.0m×14.0m。位于报国寺内，有支架支撑。为上海4号树，生长旺盛，树冠阔塔形，顶部较平，树冠庞大，树形优美。主干挺直、粗壮，曾遭火灾，树体东侧形成一个基部宽0.5m、高2.0m的树洞。有3个主枝，较粗壮，侧枝近10个，生长旺盛。该树枝叶正常，未见结果。管理单位：青浦区绿化管理署，编号为：0004。古树旁原有关王庙一座（供奉的是“桃园三结义”中的关云长），庙虽小历史却悠久，相传为元朝前所建。关王庙地处淀山湖与拦路港交会处，从苏州、昆山等地去上海的船只，越过淀山湖，要进入拦路港（进入拦路港，就可沿黄浦江上游到上海）就是以这株古银杏作为进入港口的航标。明、清时期，关王庙曾驻有汛兵相当于现在的水上警察、港监，汛兵巡视湖面，亦以这株古银杏为方向，他们闲时在树下纳凉，种种蔬菜，聊聊家常，不时地为古树松松土、施点肥，秋实时节，又可吃到“香炒糯白果”其乐融融。报国寺，为上海玉佛寺下院，寺内缅甸白玉雕成的释迦牟尼玉佛、新加坡赠送的第一尊白玉观音及千年古银杏，称为报国寺“三宝”。报国寺坐落于上海市青浦区朱家角镇西淀山湖畔，地处沪青平公路（“318国道”）淀峰大桥东堍北侧。庙基上有古银杏树一株，据考证是五代时所植。20世纪六七十年代，有人曾想动这株古树的脑筋，市政府的一位领导在视察这株古树时，愤慨指出：“谁要砍伐这株树，谁就要偿命。”1985年以来，关帝祠重新修葺，保持了明代古建筑风貌。后成为佛教徒举行佛事活动场所，并对外开外，香火日益旺盛。1989年上海市佛教协会会长、玉佛寺方丈真禅法师发心将关帝祠修缮扩建，并改为上海玉佛禅寺下院。

青浦区朱家角镇美周弄37号（慈门寺西株）

慈门寺古银杏。雄株，树龄400年，树高16.5m，胸径0.86m，冠幅13.5m×10.5m。编号：0102。并排两株，雌雄各一，雄树更显壮观，2个人难以合抱，荫蔽亩余。相传慈门寺的当家和尚（方丈）居安思危，颇有预计地在古银杏的近周埋有黄白之物十六缸，作为修庙塑像之用。尽管传说如此，但当地的老百姓亦无挖地觅宝的举动，佛用之物取之不吉，乐与古银杏相安无事。十余年前，古树东北埋设下水管道，使古银杏根系严重受伤，尤以东株危害最重，枝条大量枯死，皮层剥落，木质腐烂，生命趋于奄奄一息的地步，树上结的果实如同串串葡萄，据说是生命将息，以示繁衍后代的现象，后经青浦园林所几年的抢救和精心养护，终于使之劫后余生，目前已在恢复中。1999年当地政府为了开发朱家角千年古镇的旅游业，花大力气拆除了树周边的民居数间，征用了树南的体育场，耗资几十万元，将两株古银杏用汉白玉雕凿的栏杆围了起来，成了古镇一大景观，为古镇增添了一道风景线。朱家角之地，大约成陆于7000年前，淀山湖底发现有新石器时代至春秋战国时代的遗物。早在宋、元时期，朱家角地区已形成集市，后因水运方便，商业日盛，逐渐形成集镇，至明万历年间遂成繁荣大镇。清代以后，成为青浦县西部的贸易中心。至清末民初，商业之盛已列青浦县之首，为周围四乡百里农副产品集散地。朱家角素有“上海威尼斯”、“沪郊好莱坞”之誉。在古银杏树的西侧，一座小巧、优雅、精致，以传统与现代元素相结合的江南院落，由已故著名画家吴冠中亲笔题写馆名的“朱家角人文艺术馆”静静地肃立其中。

青浦区朱家角镇美周弄37号（慈门寺东株）

雌株，树龄400年，树高12.0m，胸径0.65m，冠幅6.3m×4.5m，较另一株小，主干树皮一半腐烂，现已复壮。编号0103。

青浦区练塘镇胜利二组

树龄500年，树高15.0m，胸径1.05m，冠幅13.0m×13.0m，曾遭雷击，断枝切口发黑，主干劈裂。安装防雷设施。编号：0051。

青浦区练塘镇四农大队饲养场（明因寺）

树龄700年。

青浦区练塘镇四农大队饲养场（明因寺）

树龄700年，树高18.5m，胸径1.56m，冠幅11.5m×11.5m。生长旺盛。

青浦区练塘镇东团十一组（北杨庙西株）

树龄500年。

青浦区练塘镇东团十一组（北杨庙东株）

树龄500年。

青浦区练塘镇钟联村（园通庵）

树龄400年。

青浦区练塘镇钟联村（园通庵）

树龄400年。

青浦区练塘镇金田大队部（金田寺）

树龄250年。

青浦区练塘镇泖甸十三组（周家坟地东株）

树龄250年。

青浦区练塘镇泖甸十三组（周家坟地西株）

树龄250年。

青浦区曹安路1789号

树龄700年。

青浦区赵屯镇天一一队（孔夫子庙西株）

树龄450年。

青浦区赵屯镇天一一队（孔夫子庙东株）

树龄450年。

青浦区赵屯镇赵江滩路180号（城隍庙东株）

树龄350。

青浦区赵屯镇赵江滩路180号（城隍庙西株）

树龄350年。

青浦区赵屯镇原立新小学（土地堂东株）

树龄250年。

图9-14-13 青浦区朱家角镇报国寺

青浦区赵屯镇原立新小学（土地堂西株）

树龄250年。

青浦区赵屯镇南山五队（瑞字圩西株）

树龄250年。

青浦区赵屯镇南山五队（瑞字圩东株）

树龄250年。

青浦区金泽镇青商路701号上海大观园怡红院前

树龄300年。

青浦区金泽镇青商路701号上海大观园怡红院前

树龄300年。

青浦区金泽镇青商路701号上海大观园

树龄100年。

青浦区金泽镇金中路2号镇政府（颐浩禅寺北株）

树龄200年。

青浦区金泽镇金中路2号镇政府（颐浩禅寺南株）

树龄200年。

青浦区金泽镇颐浩禅寺

树龄700年，树高23.5m，胸径1.44m，冠幅15.5m×15.5m。生长旺盛。

青浦区青浦镇公园路612号曲水园

树龄200年。

青浦区青浦镇公园路612号曲水园

树龄200年。

青浦区西岑镇钱盛二组（蒸福寺）

树龄400年。

青浦区商榻镇石米三组（三官堂）

树龄350年。

黄浦区老西门街道永泰街3号（图9-14-14）

树龄700年，树高13.5m，胸径1.02m，冠幅9.8m×9.8m，该树为“张氏捐资保银杏”，树皮大部分脱落，生长在墙基部，有支架护卫。原为海禅寺庙树。编号：0043。据清同治版《上海县志》（卷三十一）：“甯海禅院在永兴桥南，本名五府庙，康熙年间改三官堂，乾隆三十六年易今名，并建内殿，咸丰四年寇毁，七年重建。寺门外有古银杏一株，相传阖邑攸关，康熙间，有议伐者，张锡怿捐资保留，世为张氏物。可见，这株银杏之所以能枝繁叶茂地生长至今，皆张氏之功。”

黄浦区新场乡新场五队

树龄600年，树高20.0m，胸径0.85m，冠幅10.5m×10.5m。生长旺盛。

黄浦区新场乡新场十二队

树龄650年，树高22.0m，胸径1.16m，冠幅12.3m×12.3m。生长中等。

黄浦区新场乡新场十二队

树龄600年，树高23.0m，胸径1.62m，冠幅20.0m×20.0m。生长旺盛。

黄浦区豫园街道安仁路218号豫园万花楼前

树龄400年，树高25.0m，胸径0.91m，冠幅18.2m×18.0m。编号：0111。据1961年上海市文管会资料记载：“南市豫园古银杏俗称白果树，在万花楼前，参天古树，乃四百年前旧物，丛立有如巨人，树旁石栏，亦为明时遗物。”又据《上海县志》记载印证：“城隍庙豫园：取愉悦老亲意也；西园：在庙西北，即潘方伯豫园故址……溪南银杏一株，相传恭定手植。”

黄浦区豫园街道四川南路38号（天主教堂）

树龄100年。

黄浦区豫园街道安仁街218号豫园点春堂

树龄100年。

黄浦区老西门街道蓬莱路82号（来庚堂）

树龄200年。

黄浦区老西门街道方斜路419号复旦妇产科医院门诊部

树龄200年。

黄浦区小东门街道陆家浜路650号市八中学

树龄120年。

黄浦区小东门街道陆家浜路650号市八中学草坪旁

树龄120年。

黄浦区外滩街道江西中路汉口路绿地（三一堂中株）

树龄150年。

黄浦区外滩街道江西中路汉口路绿地（三一堂北株）

树龄150年。

黄浦区外滩街道中山东一路33号外滩源

树龄150年，树高12.0，胸径0.64m，冠幅9.5m×8.5m，编号：0389。公园于清同治七年（1868年8月8日）建成并开放，取名为“公家花园”，园内有宽广的草坪，草坪上有音乐厅，外国人的乐队定期在这里演奏。高大的法国梧桐亭亭如盖，夏天可以遮日，成为上海避暑的好去处。然而公园自开放之日起就不准华人入内，更令国人愤怒的是，1885年公家花园门口竖立起一告示牌，上写“华人不得入内”，“狗不得入内”等字句，竟将犬与华人相提并论，激起中国人民极大愤慨。抗议持续60年，直至民国十六年(1927)，租界纳税人会议才决定同意华人入园，次年7月宣布对中国人民开放。古银杏目睹了旧社会“列强”欺凌瓜分中华大地的惨状，目睹了公园门口那块“华人与狗不得入内”的侮辱中国人民的牌子，它不仅是公园变迁的见证者，也是这段辛酸史的见证者。

黄浦区外滩街道中山东一路33号外滩源33

树龄150年。

黄浦区外滩街道中山东一路33号外滩源33

树龄100年。

黄浦区外滩街道中山东一路33号外滩源33

树龄100年。

浦东新区控江路街道黄浦江原水厂区内

树龄250年，古树抢救失败，根系坏死，树干90%坏死。编号：0225。

图9-14-14　黄浦区老西门街道永泰街3号

浦东新区合庆镇大星村二队（张棠祖坟）

树龄500年，树体高大，旁有河道。安装防雷设施。编号：0063。

浦东新区花木街道锦绣路2081号东辉职校（崇福庵）

树龄450年，古树抢救成功，但根系坏死、树体部分坏死。编号：0086。

浦东新区花木街道新民三组（周太爷庙西株）

树龄100年。

浦东新区花木街道新民三组（周太爷庙东株）

树龄100年。

浦东新区东沟镇浦东北路2168号上海吉仕纸品有限公司（刘猛将军庙）

树龄120年，古树抢救成功，但根系坏死、树体部分坏死。编号：0417。

浦东新区南洋泾路、羽山路口洋径街道N03

上海八大千年古银杏之一。树龄1000年，树高22.0m，胸径2.01m，编号：0003，管护单位：泾南公园。该地原是孝王庙、徐家庙、新区政府以千年古银杏为主景，建了一座小型的公园，名叫“泾南公园”。

浦东新区陆家嘴街道源深路源深体育中心

雌株，树龄300年，树高9.6m，胸径1.20m，冠幅5.0m×6.3m，枝下高3.0m，位于路边小公园内，生长旺盛，树冠卵圆形，树形优美。主干挺直、粗壮，原有分枝都被锯掉，锯口用水泥修复，现存分枝均较小，但生长旺盛，在主干上分布均匀。该树枝叶正常，结果量很大，树北侧有石碑，树的底部有混凝土填补，该株长势较泾南公园中差，主干顶端死亡，树体较矮，基部有萌蘖。编号：0153。

浦东新区潍坊新村街道潍坊西路53号原张家浜幼儿园、浦城路(俞家庙)

树龄130年。这一带原先有一座庙，叫俞家庙，始建于明朝弘治年间，香火一直缭绕到民国时期，潍坊西路原叫“俞家庙路”。这棵百年银杏树就长在俞家庙中。该树根系有腐烂，倾倒后扶正，现已萌生新芽。

浦东新区洋泾街道中星怡景花园

树龄700年。据说此花园是为该古树配建。

浦东新区洋泾街道洋泾东华六队

树高19.0m，胸径1.39m，冠幅6.6m×6.6m。生长衰弱。

浦东浦东新区高东镇共新一组（海神王庙）

树高21.0m，胸径1.28m，冠幅22.0m×22.0m。生长旺盛。

浦东新区孙桥镇新丰村薛家生产队

树高15.0m，胸径0.64m。生长中等。

浦东新区孙桥镇新丰村薛家生产队

树龄500年。

浦东新区蔡路乡大星二队

树高25.0m，胸径1.37m，冠幅8.2m×8.2m。生长衰弱。

浦东新区外高桥物流园区1号

树龄200年。

浦东新区东明街道环林东路三林城古银杏苑（西株）

树龄150年，古树抢救失败，根系坏死，树干90%坏死。编号：0357。

浦东新区东明街道环林东路三林城古银杏苑（东株）

树龄100年，古树抢救成功，但根系坏死，小枝枯死，大枝成活。编号：0502。

浦东新区三林镇济阳路以西

雌株，树龄160年，树高17.0m，胸径0.68m，冠幅10.0m×10.0m，位于浦东新区三林地区济阳路以西1500m的临时绿化带中，属于上海市二级保护古树。为了一棵160多岁的古银杏树，东方体育中心工程整体北移了50m。目前长势中上。地处黄浦江湾流突出部位的临时绿化带中，离树干10m处有一圈高约1 m简易砖墙围护，围墙部分破损，银杏整个原有保护范围内，有近50cm的建筑垃圾覆盖，整个地势比周边略低，北侧15m处有一条自然小河。树木已进入了衰退阶段，主干部分腐烂。编号：0369。

浦东新区三林镇同济村桃园生产队观音堂（陈坟庵）

树龄400年。

浦东新区三林镇村联明路766号（三林庙西株）

树龄200年。

浦东新区三林镇村联明路766号（三林庙东株）

树龄200年。

浦东新区三林镇长清路509号（曹村庙）

树龄300年。

浦东新区塘桥街道宁阳路33号

树龄200年。

浦东新区金桥镇陆行东浜南高地（宏顾庵）

树龄300年，古树抢救失败，根系坏死，树干85%坏死。敲击树皮多处有空声，只有西侧还有小块树皮没死，还有几片很小的叶片。编号：0164。

浦东新区金桥镇钱桥村团北生产队（西株）

树龄100年。

浦东新区金桥镇钱桥村团北生产队（东株）

树龄100年。

浦东新区金桥镇金海路955弄（关帝庙）

树龄300年。

浦东新区曹路镇东海村钦公塘海城皇庙（图9-14-15）

雌株，树龄900年，树高20.5m，胸径1.53m，枝下高3.5m，冠幅16.5m×17.5m，位于庙后，编号：0066。该树朝迎东方日出，午见长江口海水潮起潮落，晚听海风委婉低吟。历经沧海，今天仍然风采依旧。曹路900年前成陆，600年前成市。可见，古银杏树之阅历非同一般。整个树身有3人拉手合抱那样粗，枝条健壮，树冠覆盖整座庙宇，根系发达，树根向四处伸展，竟能穿越钦公塘，把根扎向塘的东边。由于古银杏树在东海之滨有其独特的高度，所以还能为出入长江口的船只提供航标的作用。现在树附近架起了一座高达50m的避雷塔。相传古树建于庙旁，似乎有神助之功力，那银杏树的根，不断地长啊长，有一天，那粗壮的根竟然穿过长江口的海底，长到了崇明一户姓祝的大户人家的灶堂边，成为了灶堂添火的烧火凳，省去了东家的一条小板凳。

浦东新区曹路镇华东路景雅路路口（西株）

树龄200年。

浦东新区曹路镇华东路景雅路路口（东株）

树龄200年。

浦东新区高行镇液压件厂内（中株）

树龄200年。

图9-14-15 浦东新区曹路镇东海村钦公塘海城皇庙

浦东新区高行镇液压件厂内（西株）

树龄200年。

浦东新区高行镇液压件厂内（东株）

树龄200年。

浦东新区高行镇津行路1788号（真境庵）

树龄400年。

浦东新区高行镇金高路791号南行离合器厂外（黄炎培祖宅）

树龄200年。

浦东新区高行镇金高路791号南行离合器厂外（黄炎培祖宅）

树龄200年。

浦东新区高桥镇西街217号育民中学（程园）

树龄100年。

浦东新区高桥镇西街217号育民中学（程园）

树龄100年。

浦东新区高桥镇草高路原大同小学

树龄100年。

浦东新区高桥镇港华路1299号上港集箱码头（北庵）

树龄200年。

浦东新区高桥镇港华路1299号上港集箱码头（北庵）

树龄200年。

浦东新区高桥镇港华路1299号上港集箱码头（北庵）

树龄200年。

浦东新区高桥镇港华路1299号上港集箱码头（北庵）

树龄200年。

浦东新区金桥镇东陆新村七家坊（赵家祠堂）

树龄300年。

浦东新区川沙镇西市街100号（城隍庙）

树龄300年。

浦东新区川沙镇黄楼磁悬浮列车制梁基地（杜甫亭）

树龄350年。

浦东新区北蔡镇莲园路359号安达医院

树龄100年。

浦东新区北艾路1540号黄浦江原水临江泵站

树龄250年。

浦东新区三林镇HR地块济阳路西六号线终点站北

树龄160年。

徐汇区蒲西路120号上海圣爱广场

树龄150年，树高14.5m，胸径0.65m，冠幅10.0m×10.0m。生长旺盛。

徐汇区蒲西路120号上海圣爱广场

树龄150年，树高12.0m，胸径0.55m，冠幅11.0m×11.0m。

徐汇区蒲西路120号上海圣爱广场

树龄600年，树高21.0m，胸径1.06m，冠幅15.0m×15.0m。生长旺盛。

徐汇区徐家汇街道徐汇中学

树龄100年，树高16.0m，胸径0.50m，冠幅10.0m×10.5m。

徐汇区徐汇剧场后院（现美罗娱乐城的广场）

雌株，树龄110年，树高15.0m，胸径0.48m，冠幅9.8m×9.8m。这株古银杏原生长在古庙前(相传是关帝庙)，现为美罗娱乐城的广场。是一株相当挺拔、隽秀、茂盛的银杏树，到1995年是108年，也就是这一年，这株古树开始面临生死的考验。1998年初死亡。

徐汇区文化馆

树龄150年。濒临死亡，现已复壮。

徐汇区天平路街道南丹路17号光启公园

树龄120年。

徐汇区湖南路街道淮海中路1754弄

树龄120年。

徐汇区天平路街道汾阳路83号五官科医院

树龄120年。

徐汇区天平路街道永嘉路623号中科物业

树龄100年。

徐汇区康健新村街道桂林路128号桂林公园

树龄110年，树高10.0m，胸径0.75m，冠幅6.0m×7.0m。

徐汇区康健新村街道桂林路91号康健园

树龄100年。

徐汇区徐家汇街道漕溪北路40号上实投资公司

树龄150年。

徐汇区湖南路街道淮海中路1534号上海市科委

树龄150年。

徐汇区湖南路街道淮海中路1534号上海市科委

树龄150年。

徐汇区华泾镇华浦村12号

树龄300年。

长宁区新泾镇努力村虞姬庙（图9-14-16）

树龄300年，树高16.0m，胸径0.76m，冠幅12.0m×9.0m，树势衰弱，有枯梢。编号：0175。据《上海县志》（同治卷三十一）记载，虞姬庙中塑女神像，庙前大银杏2株。虞姬庙，俗称虞姬墩。苏州河，每逢秋汛，吴松江海水倒灌，怒涛汹涌，毁堤荡禾，沿江百姓称此为“霸王潮”。明隆庆四年（1570）户部主事海瑞奉旨治理，使江流形成72个湾头，缓冲水势，平伏海涛。并在72个湾头上建了72座庙宇，供奉西汉的开国功臣，萧何、张良、陈平、纪信等72人，以镇“霸王潮”。至于“虞姬庙”压在“霸王”头上，则是让他永世不能兴风作浪。长宁的虞姬庙位于曾经的新泾镇努力村姚家宅(今外环线西侧绿化带附近)，清道光二十七年(1847)里人张化麟募资建造，咸丰十年(1860)毁。同治八年(1869)里人张乾祐等重建。庙门面北，占地2亩，庙宇共5间。1945年改作虞姬小学，庙遂废。但庙前吴淞江旁空地一直留有银杏树一棵，至今仍枝叶蔽天。这里原是水上码头，商贾叫虞姬墩码头，古银杏曾作为该地的航行标志物，保佑百姓船运平安顺泰。

长宁区仙霞新村街道水城路新渔东路口

树龄750年，树高24.0m，胸径1.50m，冠幅15.0m×15.0m。该古银杏制成标本挺立街头，这是上海市在原址保护的第二株古树名木标本。编号：0019。制成标本的古银杏为元朝古人所栽种，曾遭日本侵略者放火焚烧、刀砍斧劈，树身伤痕累累，但一直顽强地生存到1996年，它见证了上海发展史。长宁区绿化管理部门投入10多万元，先用2t水泥加固古银杏树根，做成一个坚固的底座，再对古银杏作消毒、防蛀处理，最后用清漆多次涂刷树身。为营造一个良好的环境，绿化部门还在古树周围辟出600m^{2}绿地栽花种草。据古树名木保护专家介绍，古树做成标本。有着巨大的科研价值——每年的物候变化等都会在树轮中留下"记忆"，可用以研究城市发展历史、植物生长等。

长宁区仙霞新村街道中山西路900号泵站

树龄250年。

长宁区江苏路街道愚园路846弄区教育学院

树龄100年。

长宁区虹桥街道延安西路549号上实物业

树龄100年。

长宁区虹桥街道延安西路549号上实物业

树龄100年。

图9-14-16 长宁区新泾镇努力村虞姬庙

长宁区虹桥街道万航渡路1575号华东政法学院图书馆东

树龄100年。

长宁区虹桥街道万航渡路1575号华东政法学院

树龄150年。

长宁区虹桥街道万航渡路1575号华东政法学院

树龄100年。

长宁区虹桥街道万航渡路1575号华东政法学院

树龄100年。

长宁区虹桥街道万航渡路1575号华东政法学院

树龄100年。

长宁区虹桥街道华山路1076号信息中心

树龄100年。

长宁区新华路街道法华镇路535号交大分部

树龄200年。

长宁区新华路街道法华镇路535号交大分部

树龄200年。

长宁区虹桥街道长宁路1187号

树龄100年。

长宁区天山路街道水城路杜家宅

树龄700年，树高13.0m，胸径0.80m，冠幅2.8m×2.8m。生长衰弱。

普陀区真如镇真如寺寺内

树龄650年，树高12.0m，胸径1.00m，冠幅9.0m×9.2m。编号：0067。据史料记载公元1320年元朝和尚迁大场真如院于此，改名真如寺。古树历经战乱，现仅剩一株。该树长势已衰，经抢救复壮，现逐年恢复中。真如寺是善男信女礼神朝佛之地，据《嘉定县志》（乾隆版）记载：真如寺旧在宫场，宋嘉定年间，僧永安建院，元延祐间，僧妙心移建桃树浦，请额改为寺，明弘治间，僧法雷重建。又据《中华人民共和国地名词典》介绍：真如寺，在真如镇桃浦北岸，元延祐七年（1320）建，名万寿寺，俗名大寺，明清屡经修建，殿前有古银杏一株，树龄约五六百年。1983年4月上海市人大组织观察古树名木，时任市人大副主任的周谷城老先生曾即兴赋诗一首"叶茂根深五百年，而今屹立在人间，只缘自力更生好，岁岁繁荣自在天。"

普陀区长征镇曹安路高架南侧、万镇路口

树龄400年，树高14.0m，胸径1.05m，冠幅18.0m×18.0m，需2个成人才能合抱，生长良好，雄踞万镇路中央。编号：0094。相传这里原是灵庵的旧址，庵址占地很大，分灵庵头、灵庵中、灵庵后，古银杏就在灵庵中观音殿前，是香火最旺之处，殿毁于清同治十一年（1872）战火，唯剩古银杏一株。新中国成立后这里建有炒货厂，高大烟囱喷出的烟尘使树梢焦枯，后炒货厂关门，古银杏又恢复了往日的宁静和安详。时隔数年，又逢市政道路改建，是古树让道路，还是道路避让古树，引起了一场不小的辩论，最后还是道路避让了古树。现在这株雄伟的古银杏处于道路中央的绿岛上，看起来倒也别具风采，在精美雕刻的石栏和绿油油的草坪衬托下，古银杏显得格外神采飞扬。

普陀区真如镇铜川路751号区综合建筑材料厂（归姓墓地）

树龄500年，树高17.1m，胸径1.53m，冠幅12.8m×12.8m。生长衰弱。

普陀区桃浦镇金迎路（近金迈路）

树龄500年。

普陀区长征镇中山北路3663号华东师大（北株）

树龄100年。

普陀区长征镇中山北路3663号华东师大（南株）

树龄100年。

普陀区长征镇中山北路3663号华东师大（中株）

树龄100年。

普陀区长征镇中山北路3663号华东师大（南一株）

树龄100年。

闸北区彭浦新村街道三泉路

树龄150年，树高18.0m，胸径0.50m，冠幅10.0m×10.0m。长势较弱。

杨浦区四平路街道控江路鞍山路交界点（原萧王庙）

树龄400年，树高25.0m，胸径1.43m，2株，雌雄各一，已被砍伐。萧王庙位于今控江路1671弄1号，传说创建于明代，是正一派道观。萧王，俗传是西汉萧何，但萧何未曾封王。清嘉庆《上海县志》认为"梁萧氏兴江左有功，故州县多祀之"，则指的是南朝梁皇

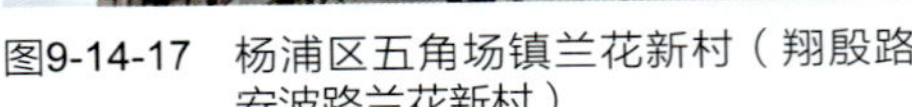

图9-14-17 杨浦区五角场镇兰花新村（翔殷路安波路兰花新村）

室萧氏。萧王庙在清代曾多次修建，清末由张姓道长世袭。该树需两三人合抱，雌雄枝叶勾连，作亲和状直指云端。浓荫蔽日，树下偌大方圆内凉气袭人。有史料说，萧王庙“创自前明”，也有说是“明万历年建”，原有规模浩大，占地2000m²，三进两长廊，后毁于“8.13”炮火。照此推断，这两棵银杏的树龄至少有三四百年，阅尽人间沧桑。银杏树边上有一条蜿蜒小河，河上平板花岗岩小石桥依傍古树。有老人说，常见一巨蛇在树上出没，捕食鸟蛋。1965年遭砍斩。

杨浦区五角场镇兰花新村（翔殷路安波路兰花新村）（图9-14-17）

雌株，树龄400年，树高28.0m，胸径1.13m，冠幅14.2m×14.0m，枝下高5.6m。生长旺盛，树冠卵圆形，树形优美。主干挺直、粗壮，有5个分枝，分枝高度较高，均从主干5.6m处发出，均匀分布于主干上，生长旺盛。该树枝叶正常，未见结果。生长势属中等，古枝苍劲，新叶茂盛，号称五角场地区“七君子”（七株古银杏树）之一。编号：0110。

杨浦区平凉路街道平凉路1777弄

树龄100年，树高18.0m，胸径0.55m，冠幅15.0m×15.0m。

杨浦区万安路小学

树龄600年，树高15.0m，胸径1.86m。

杨浦区军工路516号上海理工大学（东株）

树龄100年。

杨浦区军工路516号上海理工大学（西株）

树龄100年。

宝山区罗店镇毛家村钱世桢墓a（图9-14-18）

雌株，树龄450年，树高21.0m，胸径1.34m，冠幅8.0m×7.0m，枝下高6.0m。生长旺盛，树冠形状不规则，东侧树冠大于西侧。主干挺直、粗壮，基部周围有大量萌蘖和复干被砍伐后的残桩。主干在6.0m处分为2个分枝，西侧分枝折断，有小的侧枝10余个，生长旺盛。有复干3个，最大复干高5.5m，胸径0.10m，复干与母干的距离为0～0.6m；基部有萌蘖100株，与母干的距离为0～0.8m。该树枝叶正常，结果很少。编号：0075。现2株古银杏四周为一片水杉林，形成一个“绿岛”，水杉虽高，却高不过古银杏。

宝山区罗店镇毛家村钱世桢墓b（图9-14-18）

雌株，树龄450年，树高21.0m，胸径1.05m，冠幅7.0m×7.9m，枝下高3.5m，生长旺盛，树冠卵圆形，树形优美。主干挺直、粗壮，曾遭火灾，在主干西侧距地面0.5m处形成基部宽0.45m、高1.3m的树洞。有主要分枝3

图9-14-18 宝山区罗店镇毛家村钱世桢墓
（注：1. 右a左b；2、5. a；3、4. b）

图9-14-19　宝山区罗店镇繁荣村龚家宅后（朱渐仪墓）

图9-14-20　宝山区罗店镇镇南六队（肖泾寺）
（注：1. 右西；2. 左东）

图9-14-21　宝山区罗店镇赵巷西街136号花神堂

图9-14-22　宝山区罗店镇清管站西南（东行宫）

图9-14-23　宝山区杨行镇印家村（印家庙）

图9-14-24　宝山区杨行镇桂家木村朱家小队（右a左b）

图9-14-25　宝山区杨行镇城西一村杨家宅

个，均从主干5.5m处生出，侧枝10余个，3.5m处即有分枝，生长旺盛。该树枝叶正常，结果量一般。树体高大，曾遭雷击。安装防雷设施。编号：0076。

宝山区罗店镇繁荣村龚家宅后（朱渐仪墓西株）（图9-14-19）

树龄250年，编号：0228。

宝山区罗店镇繁荣村龚家宅后（朱渐仪墓中株）（图9-14-19）

树龄250年。

宝山区罗店镇繁荣村龚家宅后（朱渐仪墓东株）（图9-14-19）

树龄250年。

宝山区罗店镇镇南六队（肖泾寺西株）（图9-14-20）

树龄150年，树高12.5m，胸径0.82m，冠幅9.2m×9.0m。编号：362。

宝山区罗店镇镇南六队（肖泾寺东株）（图9-14-20）

树龄200年，树高15.2m，胸径0.85m，冠幅10.2m×10.0m，树干倾斜。编号：361。

宝山区罗店镇赵巷西街136号花神堂（图9-14-21）

树龄200年，树高8.5m，胸径0.75m，冠幅5.2m×4.0m，树干倾斜。

宝山区罗店镇清管站西南（东行宫）（图9-14-22）

树龄350年，树高12.5m，胸径0.95m，生长旺盛。编号：139。

宝山区杨行镇印家村（印家庙）（图9-14-23）

树龄100年，树高10.3m，胸径0.56m，冠幅7.2m×6.0m，1个复干。编号：318。

宝山区杨行镇桂家木村朱家小队a（图9-14-24）

树龄150年，树高10.0m，胸径0.66m，冠幅6.2m×6.0m。编号：440。

宝山区杨行镇桂家木村朱家小队b（图9-14-24）

树龄100年，树高7.3m，胸径0.55m，冠幅5.2m×5.0m。古树编号：441。

宝山区杨行镇城西一村杨家宅（图9-14-25）

树龄300年，树高8.9m，胸径0.89m，冠幅7.2m×8.0m，主干腐朽，新梢稀少，生长衰弱。编号：166。

宝山区杨行镇北宗村（小庙）（图9-14-26）

树龄220年，树高8.5m，胸径0.69m，冠幅6.2m×5.0m。编号：236。

宝山区顾村镇长浜村新开西队（新开河）

树龄150年。

宝山区大场镇上场中路3528号91518部队（东岳庙）

树龄400年。

宝山区大场镇上场中路3528号91518部队（东岳庙）

树龄400年。

图9-14-26 宝山区杨行镇北宗村（小庙）

图9-14-27 宝山区大场镇锦秋路2393号三星拉丝厂（永寿寺）

图9-14-28 宝山区友谊路街道宝山钢铁总厂（牡丹江路1813号宝钢总厂纬五路）宝山区境内的长江和练祁河口南岸

宝山区大场镇上场中路3528号91518部队（东岳庙）

树龄400年。

宝山区大场镇锦秋路716号上海大学（吉福寺西株）

树龄220年。

宝山区大场镇锦秋路716号上海大学（吉福寺东株）

树龄220年。

宝山区大场镇锦秋路2393号三星拉丝厂（永寿寺）（图9-14-27）

树龄100年，树高19.5m，胸径0.75m，冠幅12.2m×11.0m。编号：400。

宝山区大场镇光明村丁家桥大队

树龄150年。

宝山区宝山镇盘古路428号区少年宫（韦陀殿西南株）

树龄250年，树高25.0m，胸径1.05m，冠幅15.0m×15.0m。

宝山区宝山镇盘古路428号区少年宫（韦陀殿西北株）

树龄200年，树高25.0m，胸径0.85m，冠幅20.0m×20.0m。

宝山区宝山镇盘古路428号区少年宫（韦陀殿东南株）

树龄200年，树高25.0m，胸径0.82m，冠幅20.0m×20.0m。

宝山区宝山镇盘古路428号区少年宫（韦陀殿东北株）

树龄200年，树高24.0m，胸径0.84m，冠幅20.0m×20.0m。

宝山区江湾镇易安路117号

树龄600年，树高13.0m，胸径0.80m，冠幅2.8m×2.8m。生长衰弱。

宝山区友谊路街道宝山钢铁总厂（牡丹江路1813号宝钢总厂纬五路）宝山区境内的长江和练祁河口南岸

狮子林。树龄240年，树高20.0m，胸径0.50m，冠幅12.0m×12.0m。共有10株。

宝山区友谊路街道宝山钢铁总厂（牡丹江路1813号宝钢总厂纬五路）宝山区境内的长江和练祁河口南岸（图9-14-28）

狮子林。树龄240年，树高21.0m，胸径0.85m，冠幅12.8m×12.8m。

宝山区友谊路街道少年宫

树龄250年。

金山区枫泾镇丁聪漫画馆

树龄400年，树高23.0m，胸径1.50m，冠幅18.0m×18.0m。

金山区枫泾镇新义村（杨家庵）

树龄450年，树高22.0m，胸径1.27m，冠幅16.0m×16.0m，旁有河道、庄稼，地处空旷开阔处。安装防雷设施。编号：0074。据《枫泾志》记载，这里原属清宣统一保八图，是莲锡庵旧址，当地人叫杨家庵，明朝嘉靖年间所建，是太太小姐们吃斋念佛的去处。当时在庵门前植银杏一对，雄银杏长大后被砍，作修庵门槛之用，保留了结白果的雌银杏，果实供庵内尼姑食用，或换些日用品之类。直至新中国成立后，杨家庵的房舍被改建成乡村小学校，从此琅琅的读书声代替了沉闷的木鱼声、念佛声。1988年市园林局拨款为这株古银杏兴建石雕围栏，竖立了保护碑，使古树的环境得到了更好的保护，当地的居民和杨家庵小学（后改作“新义小学”）的学生们十分重视和爱护老祖宗的遗产。

2002年，有人为图蝇头小利，竟将校舍出租，作为塑料加工厂，导致古银杏周边环境受到严重破坏，生长出现危情。后来，村民终于惊醒，村里决定划出五六亩土地，作为古银杏的保护区，同时还为古银杏建了一座避雷塔。古树终于有了一个永久家园。

金山区枫泾镇卫星村（集庆庵西株）

树龄100年。

金山区枫泾镇卫星村（集庆庵东株）

树龄100年。

金山区枫泾镇北大街490号程十发纪念馆（海波王庙）

树龄400年。

金山区枫泾镇（原兴塔镇）洋泾村五组（晒旗庙东株）

树龄400年，树高20.0m，胸径1.00m，冠幅15.2m×15.0m，位于金山区枫泾镇（原兴塔镇）洋泾村五组，编号：0128。此处有两株，一大一小紧紧相依，在大银杏的庇护下，小银杏似乎显得瘦小一些，但却很精神。它似乎想摆脱大树的控制，努力向西伸展着。据当地人回忆，这里原是老庙，因太平军从青浦打仗回来，恰逢下雨，旗湿衣潮，便在庙屋上、银杏树上晒旗晾衣，两棵银杏树被军旗和衣服装点得五彩缤纷、格外壮观，从此庙就被叫作晒旗庙，银杏树也格外受到人们爱戴了。1987年市园林局为这两株古银杏做了石驳岸，树立了石刻保护碑。2004年又为其建造了袖珍公园，保护力度进一步加强，使古银杏在盛世之年受到了应有的礼遇。

金山区枫泾镇（原兴塔镇）洋泾村五组（晒旗庙西株）

树龄200年，树高15.0m，胸径0.59m，冠幅10.0m×10.0m。

金山区金山卫镇八二村卫清路336号（王家弄庙）

雄株，树龄200年，树高15.0m，胸径0.67m，冠幅7.6m×7.5m。编号：0319。整株古树像一双巨手伸向蓝天，似在呼唤，似在申诉。这里原是杨爷庙旧地，也叫王家弄庙，清乾隆年间所立的庙碑尚在。树南侧的醒目处还树着一块"阶级深仇，永远不忘"的石碑，碑上刻着劳动人民在旧社会遭受的血泪深仇。国民党反动派曾在古树下，残酷地吊打劳动人民达数百人之多，有的被致残致死。这株古树亲身经历和目睹了这惨不忍睹的场面，是活的历史见证。1989年市园林局、金山区人民政府为它建了保护栏，立了古树名木保护碑。一株古银杏树有着3块石碑实属罕见，3块石碑记录了3个不同时代古树的遭遇：一块是为建庙而树的碑；一块是为记录古树旁发生的悲惨事件而立；一块是为了保护这株古树而立的碑。3块碑使古银杏更具有文物的色彩。

金山区金山卫镇十字街驻军（文庙）

树龄120年。

金山区朱泾镇慧农村（大觉寺）

树龄650年，树高15.0m，胸径1.15m，冠幅8.6m×7.5m，生长衰弱。编号：0142。该地是大觉寺庙的旧地。这里原有2株古银杏，其中一株被台风吹断而亡。相传有一位神仙，经过这里在河旁休息，把挑来的两株小银杏树随手一放，便悠然自得地洗起脚来，不料上岸后，只见两株小银杏得了这里的灵气，竟已落地生根。为了纪念这位神仙带来的神树福音，百姓便建庙称"大觉寺"，当地话音"洗脚"即"汰脚"，故以"大觉"为庙名。从传说的角度来说，这里是先有树再造庙，倒也是特殊的例子。

金山区朱泾镇五龙村五龙庙（五龙庙南株）

树龄150年。

金山区朱泾镇五龙村五龙庙（五龙庙北株）

树龄450年。

金山区朱泾镇文化路18号原朱泾小学（西林寺）

树龄350年。

金山区朱泾镇民主村（石家庙）

树龄200年。

金山区朱泾镇健康路42号金山中学（文庙）

树龄250年。

金山区朱泾镇健康路236号金山党校（西林寺）

树龄400年。

金山区朱泾镇公园路96号金山公园（一枝庵）

树龄250年。

金山区朱泾镇长浜村（原新农镇幸福村老神庙）

树龄150年。

金山区松隐乡县农校

树龄600年，树高17.5m，胸径0.80m，冠幅8.6m×8.6m。生长中等。

金山区松隐乡华严路88号松隐寺

树龄650年，树高13.5m，胸径1.09m，冠幅8.6m×8.6m。生长衰弱。

金山区吕巷镇畜牧二场（西观音堂）

树龄850年，曾遭雷击，一枝击断，一枝劈裂。安装防雷设施。编号：0319。

金山区吕巷镇河南面（杨侯庙）

树龄500年，树高27.5m，胸径1.42m，冠幅17.7m×17.7m。生长旺盛。

金山区吕巷镇太平寺小学

树龄600年，树高20.0m，胸径1.39m，冠幅8.5m×8.5m。生长衰弱。

金山区吕巷镇太平村一组（太平寺东株）

树龄350年。

金山区吕巷镇张泾村一组（一龙庙）

树龄200年。

金山区吕巷镇张泾村五组（猛将庙）

树龄300年。

金山区吕巷镇南塘村十七组（虹桥庙）

树龄200年。

金山区吕巷镇和平九组（湾楼庙西株）

树龄150年。

金山区吕巷镇和平九组（湾楼庙东株）

树龄150年。

金山区吕巷镇寒圩村（城隍庙）

树龄350年。

金山区吕巷镇荡田村十三组

树龄120年。

金山区干巷乡粮管所仓库

树龄500年，树高17.0m，胸径0.95m，冠幅12.5m×12.5m。生长旺盛。

金山区干巷乡粮管所仓库

树龄500年，树高17.0m，胸径0.83m，冠幅8.3m×8.3m。生长旺盛。

金山区干巷乡干巷中学

树龄700年，树高22.0m，胸径1.46m，冠幅8.5m×8.5m。生长中等。

金山区干巷乡北场饲养场

树龄800年，树高23.0m，胸径1.63m，冠幅9.8m×9.8m。生长衰弱。

金山区张堰镇新华东路65号张堰小学

树龄150年。

金山区张堰镇花园路20号张堰公园（花园浜西株）

树龄250年。

金山区张堰镇花园路20号张堰公园（花园浜东株）

树龄250年。

金山区张堰镇漕廊公路4100号金山电子设备厂

树龄150年。

金山区亭林镇周栅五组（社公庙）

树龄250年。

金山区廊下镇中联村（海龙庙西株）

树龄150年。

金山区廊下镇中联村（海龙庙东株）

树龄150年。

金山区廊下镇中联村（城隍庙）

树龄150年。

金山区廊下镇永勤村养殖场（黄泥庙）

树龄450年。

崇明县城桥镇瀛州公园门前土墩上（城桥镇鳌山路679号）

树龄350年，树高10.0m，胸径0.73m，冠幅12.0m×12.0m。编号：0123。共4株，分别位于崇明县城桥镇瀛州公园门口的土墩上和博物馆（原孔庙）门口。4株古银杏均系孔庙（又称学宫）旧物，为我国第三大岛——崇明岛历史的象征，距今已有350多年的历史，据史料记载，孔庙建于1622年。土墩在道路南，为防水土流失，1984年便已建了块石旱驳，1998年又对土墩作了部分扩建，并在土墩边缘配置了棚架与亭子，形成一个简易而又古色古香的古树风景保护点。

崇明县城桥镇瀛州公园门前土墩上（城桥镇鳌山路679号）

树龄350年，树高10.0m，胸径1.24m，冠幅15.0m×15.0m。编号：0124。

崇明县城桥镇鳌山路696号博物馆

树龄350年，树高16.0m，胸径1.25m，冠幅16.0m×16.0m。编号：0134。博物馆门前的两株古银杏，处于东西两牌坊之间，东牌坊为"学海"（背额：德配天地），西牌坊为"朝宗"（背额：道观古井），为乾隆时物，进"朝宗"门南侧便是2株古朴苍劲的古银杏，在石栏的树坛里显得安祥而有力。

崇明县城桥镇鳌山路696号博物馆

树龄35年，树高16.0m，胸径1.10m，冠幅14.0m×14.0m。编号：0135。

崇明县城桥镇周家弄75号

树龄130年。

崇明县侯家镇南农科所

树龄180年。

崇明县新河镇新河大桥

树龄250年。

崇明县新河镇天仙河6队（原郁家庙西株）

树龄240。

崇明县新河镇天仙河6队（原郁家庙东株）

树龄240年。

崇明县堡镇五效乡四效村

树龄460年，树高29.0m，胸径1.46m，遭雷击，断枝较多，安装防雷设施。编号：0073。

崇明县堡镇解放街230号民一中学

树龄200年。

奉贤区柘林镇新塘村（通津桥）（图9-14-29）

上海八大千年银杏古树之一。雌株，树龄1000年，树高18.0m，基径4.33m，枝下高2.0m，冠幅20.0m×20.6m，生长旺盛，树冠阔塔形，树冠庞大，占地近一亩，树形优美。主干曾2次遭雷击，基本腐烂，形成较大的空洞，可容成人从中间穿行；树干开裂，并引发火灾。安装防雷设施。树体原有的4个主枝均从主干2.0m处生出，粗壮、挺拔，主干遭雷击死亡后，4个主枝形成该树的4个主干，除一主干顶端折断以外，其余均生长旺盛。基部有萌蘖200余株，分布于树体周围，与母干的距离为0～1.0m。此树枝叶正常，结果量较大，100～150kg，是上海地区根围最大、遮阴面积最广的古银杏每年结果，属国有，编号：0007。

该地原有关帝庙、土地庙、八石庵、火王庙、新塘庙等多座庙宇，东南处的通津桥系宋朝丙子年（976）所建，是香火鼎盛的佛地，新塘村也因庙而得名。相传数百年前在这株雄壮的银杏树上有妖怪藏匿，经常扰乱、危害地方百姓。上天察觉后，委派雷公电神下界降妖除怪，一声巨响，火焰冲天，打得妖怪灵魂出窍，焦头烂额无处逃匿，大火无情地漫延，危及庙宇民居，居民们奋力扑救。但也有人却在隔岸观火，无救援之意。待大火熄灭后，古银杏树的周围已几剩废墟，妖怪虽除，但古树也因此劈为三，其中最粗的一枝直经达1.5m以上。遭劫后的第二年，这株倔强的古树居然还能开花结果，秋实累累。当时参加救火的人们采摘白果，虽爬高枝但稳如泰山，而那些"观火者"只能在地上捡拾而不敢造次爬高，唯恐掉下来，人们传说，这是天理报应。为了保护这株千年古银杏，挖掘古树的文化内涵，市区古树管理部门为其建了保护点，期待着千年古银杏在盛世之年发挥它应有的"余热"。

奉贤区拓林镇沪杭公路3274号（寺碑庵）

树龄550年。

奉贤区南桥镇沪杭公路1749号二严寺（张翁庙）

雌株，树龄600年，树高20.0m，胸径1.10m，冠幅15.0m×15.0m。

二严寺，又名佛阁，"二严"意为："智慧庄严，福德庄严"。菩萨只有智慧、福德都圆满了，才能悟知佛性。始建于元代，原位于上海市奉贤区南桥镇人民北路，寺内有千手观音殿，即建在月城上。寺内原有一尊由

图9-14-29　奉贤区柘林镇新塘村（通津桥）

百年樟木雕刻而成的千手千眼观音立像，可惜在20世纪六七十年代被毁。古寺于1993年因市政建设，全寺迁至现址沪杭公路1749号，并与江海镇张翁庙合并。寺庙由大雄宝殿、天王殿、玉佛楼等建筑组成。寺内植有宋代古银杏树雌雄两株，至今依然枝繁叶茂，远近闻名。

奉贤区南桥镇沪杭公路1749号二严寺（张翁庙）

雄株，树龄600年，树高19.0m，胸径1.10m，冠幅14.0m×14.0m。

奉贤区南桥镇肖玻路9号（龙母庵西株）

树龄300年。

奉贤区南桥镇肖玻路9号（龙母庵东株）

树龄300年。

奉贤区南桥镇肖塘解放路74号（西庙西株）

树龄150年。

奉贤区南桥镇肖塘解放路74号（西庙东株）

树龄150年。

奉贤区南桥镇刘岗十组（园庵）

树龄400年。

奉贤区南桥镇沪杭支路4号（三女岗）

树龄740年。

奉贤区南桥镇红星十六组（青龙庵西株）

树龄220年。

奉贤区南桥镇红星十六组（青龙庵东株）

树龄220年。

奉贤区南桥镇古华南区887号（一邱园）

树龄300年。

奉贤区南桥镇发展六组（华庵西楼）

树龄130年。

奉贤区南桥镇发展六组（华庵东楼）

树龄130年。

奉贤区金汇镇智福大队

树龄700年，树高18.7m，胸径1.27m，冠幅9.5m×9.5m。

奉贤区南桥镇通惠机器厂

树龄740年，树高13.1m，胸径0.97m，冠幅11.5m×11.5m。生长衰弱。

奉贤区四团镇四团中学（天鹏路62号）（选佛堂）

树龄620年，树高19.1m，胸径1.35m，冠幅14.3m×14.3m。生长衰弱。

奉贤区金汇镇白沙大队（白沙庙）

树龄550年，树高23.1m，胸径1.34m，冠幅10.7m×10.7m。生长中等。

奉贤区金汇镇金汇十一队

树龄800年，树高17.8m，胸径1.08m，冠幅13.8m×13.8m。生长旺盛。

奉贤区金汇镇金汇十一队

树龄800年，树高12.8m，胸径0.84m，冠幅9.9m×9.9m。生长中等。

奉贤区金汇镇北新四队

树龄850年，树高19.2m，胸径1.39m，冠幅9.8m×9.8m。生长衰弱。

奉贤区金汇镇南行村（送子庵）

树龄100年。

奉贤区庄行镇上海无纺布厂（白沙庙）

树龄180年。

奉贤区南桥镇现代农业园区树园村12组（茶亭西株）

树龄150年。

奉贤区南桥镇现代农业园区树园村12组（茶亭东3株）

树龄150年。

奉贤区南桥镇现代农业园区树园村12组（茶亭东2株）

树龄150年。

奉贤区南桥镇现代农业园区树园村12组（茶亭东1株）

树龄150年。

奉贤区南桥镇市工业综合开发区吴塘一组（蒋家祠堂）

树龄400年。

奉贤区青村镇钟家村牧场（赐子庵）

树龄400年。

奉贤区青村镇草庵二组（草庵）

树龄150年。

奉贤区南桥镇江海公社红旗大队

树龄600年，树高24.1m，胸径1.35m，冠幅10.7m×10.7m。生长中等。

奉贤区南桥镇江海公社红旗大队

树龄600年，树高17.6m，胸径1.26m，冠幅9.4m×9.4m。生长中等。

静安区瑞金二路街道皋兰路2号甲复兴公园南门

树龄100年。

静安区瑞金二路街道延安西路221号华东医院食堂

树龄150年。

静安区南京西路街道陕西北路80号文锦大厦（南株）

树龄120年。

静安区南京西路街道陕西北路80号文锦大厦（北株）

树龄120年。

静安区静安寺街道静安公园南京西路1649号(近华山路)

有1株古银杏。

虹口区曲阳路街道东体育会路980号曲阳公园（西株）

树龄300年，树高10.0m，胸径0.80m，冠幅15.0m×15.0m。

虹口区曲阳路街道东体育会路980号曲阳公园（东株）

树龄150年。

虹口区四川北路街道海宁路350号国际商厦（广东同乡会）

树龄120年。

江西省
银杏古树资源

一　古树生境及地理气候指标

江西分布最广、面积最大的地带性土壤，为全省最重要的土壤资源。山地红壤坡度大，土层厚度一般只有50cm左右。丘陵红壤通常土层深厚，石质性不强。红壤在较好的林被下自然肥力高，在草被下则矿质养分不足。黄壤主要分布于中山山地中上部海拔700～1200m之间。山地黄棕壤主要分布于海拔1000～1400m以上的山地。紫色土主要分布在赣州、抚州和上饶地区的丘陵地带。石灰土零星见于彭泽、德安、宜春、万载、分寅、萍乡、新余、瑞金、会昌、南康、全南、龙南、崇义等县市的石灰岩山地丘陵区。全省种子植物约有4000余种，蕨类植物约有470种，苔藓类植物约有100种以上。低等植物中的大型真菌可达500余种，有标本依据的就有300余种，其中可食用者有100多种。植物系统演化中各个阶段的代表植物江西均有分布，同时发现不少原始性状的古老植物，还有“活化石”银杏等。有代表性的植被类型为亚热带常绿阔叶林、针叶林、针阔叶混合林、常绿与落叶阔叶混合林和落叶阔叶林。

江西省主要银杏分布区地理气候指标如表9-29所示。

图9-29　江西省银杏古树分布图

二　古树分布及株数

江西省共计11个市，有古银杏9个市，占

表9-29　江西省主要银杏分布区地理气候指标

县（市）	经度	纬度	年均温（℃）	年降水量（mm）	无霜期（天）	年均日照时数（小时）	1月均温（℃）	绝对最低温度（℃）	≥10℃积温
新建县	115° 31′ ～116° 25′	28° 20′ ～29° 10′	18.1	1749.0	257	1731	5.0	-8.5	5300
九江庐山区	115° 98′	29° 68′	17.1	1412.4	263	1697			5204
永修县	115° 80′	29° 03′	17.4	1486.0	268	1674	4.4	-13.5	5872
信丰县	114° 93′	25° 38′	19.2	1500.0	280	1840	8.0	-5.1	5500
万安县	114° 30′ ～115° 05′	26° 08′ ～26° 43′	18.5	1383.2	288	1803			5844
宜春袁州区	113° 54′ ～114° 37′	27° 33′ ～28° 05′	18.1	1545.0	272	1532	5.5		4818
金溪县	116° 27′ ～117° 03′	27° 41′ ～28° 06′	17.9	1800.0	267	1697		-11.1	5656
婺源县	117° 22′ ～118° 11′	29° 01′ ～29° 35′	16.7	1831.0	252	1715		-11.0	5231

表9-30 江西省银杏古树分布地点及株数汇总

区（市）	县（市、区）	乡（镇）
南昌市（6株）	湾里区（1株）	梅岭镇
	新建县（5株）	望城镇
景德镇市（2株）	乐平市（1株）	洪岩镇
	浮梁县（1株）	峙滩乡
萍乡市（3株）	莲花县（1株）	六世乡
	芦溪县（1株）	
	湘东区（1株）	麻山镇
九江市（55株）	庐山区（10株）	莲花镇、新港镇、海会镇
	九江县（5株）	黄老门乡、狮子镇
	星子县（2株）	
	永修县（25株）	
	德安县（2株）	林泉乡、么西乡
	彭泽县（5株）	东升镇、海形乡、浩山乡、杨梓镇
赣州市（239株）	信丰县（230）	崇仙乡、西牛镇、万隆乡、古陂镇、油山镇、正平镇
	上犹县（1株）	双溪乡
	宁都县（3株）	
	兴国县（3株）	兴江乡
	石城县（2株）	高天镇、横江镇
吉安市（92株）	青原区（1株）	富田镇
	吉水县（7株）	乌江镇
	井冈山市（7株）	柏路乡
	峡江县（1株）	仁和镇
	永丰县（5株）	三坊乡、中村乡、上溪乡、陶唐乡
	泰和县（1株）	浪川乡
	遂川县（13株）	巾石乡、碧洲镇
	万安县（40株）	五丰镇
	安福县（5株）	彭坊乡、泰山乡
	永新县（12株）	才丰乡
宜春市（13株）	袁州区（5株）	南庙乡、洪江乡
	樟树市（1株）	
	万载县（1株）	仙源乡
	宜丰县（1株）	车上乡
	靖安县（4株）	西岭乡
	铜鼓县（1株）	永宁镇
抚州市（20株）	临川区（2株）	龙溪镇
	黎川县（3株）	熊村镇
	崇仁县（2株）	许坊乡
	乐安县（2株）	谷岗乡、招携镇
	宜黄县（3株）	洙山乡、神岗乡
	金溪县（6株）	河源镇
	东乡县（1株）	小璜镇
	广昌县（1株）	苦竹镇
上饶市（12株）	德兴市（4株）	畈大乡
	上饶县（3株）	四十八镇、花坛山镇
	婺源县（5株）	段莘乡、田路乡
总计：有古银杏9个市，45个县（市、区），63个乡（镇），共计442株		

81.82%；县（市、区）共计100个，有古银杏45个，占45%；63个乡（镇）有古银杏。据报道，江西省保存银杏古树有30处，共200多株，并以赣东北分布较多。实测及统计442株，其中有生长指标的153株（图9-29，表9-30）。

江西为内陆省份，全省"盆地式"红层山地、丘陵的破碎地貌为其特征，保存着新生代第三纪孑遗包括银杏、水松在内的古老物种。信丰县的古银杏树龄600年以上的有5株，300年以上的有15株。信丰种植银杏历史悠久，结果银杏全县分布在金盆山乡、油山乡、九渡乡、崇仙、星村、黄泥、万隆等8个乡，共有230株。永修县云居山真如寺23株，万安县五丰镇西沅村高岭38株。

三 古树生物学

1.性别

在已知性别的86株古银杏中，雌株66株，占76.74%；雄株20株，占23.26%。雌雄同株2株（图9-30）。

2.树高

树高最高单株为40.0m，有3株，位于萍乡市湘东区麻山镇白云山1株，位于宜丰县车上乡直源村1株，位于金溪县何源镇朱家村1株；最矮单株为7.0m，位于永修县云居山真如寺23；树高<10m的银杏为2株，占1.72%；10～20m的银杏为28株，占24.14%；20～30m的银杏为63株，占54.31%；30～40m的银杏为20株，占17.24%；40～50m的银杏为3株，占2.59%。树高前十位单株：萍乡市湘东区麻山镇白云山（40.0m）、宜丰县车上乡直源村（40.0m）、金溪县何源镇朱家村（40.0m）、兴国县兴江乡大岭村大岭山组（36.0m）、永修县云居山真如寺8（35.0m）、井冈山市河西垅井岗村（35.0m）、万载县仙源乡仙源村简家坪（35.0m）、婺源县段莘乡西安村（34.0m）、黎川县熊村镇桃上村村西头（33.0m）、婺源县段莘乡西安村（33.0m）。

3.树龄

树龄最大单株为2900年，位于吉安市青原区富田镇的安仁山；最小单株为15年，位于永修县云居山真如寺23；树龄<100年的为1株，占0.76%；在100～300年的为27株，占20.61%；在300～500年的为5株，占3.82%；在500～1000年的为31株，占23.67%；在1000～2000年的为66株，占50.38%；2000～3000年的为1株，占0.76%。树龄前十位单株：吉安市青原区富田镇的安仁山（2900年）、彭泽县海形乡（1700年）、彭泽县县城南岭角西山山脚下（1700年）、九江市庐山区黄龙寺A（1600年）、德安县林泉乡清塘村黄家畈（1600年）、德安县么西乡闵山顶（1600年）、安福县武功山三天门西（1600年）、安福县武功山三天门东(1600年)、永丰县陶唐乡金溪村（1500年）、永新县才丰乡南华山（1500年）。

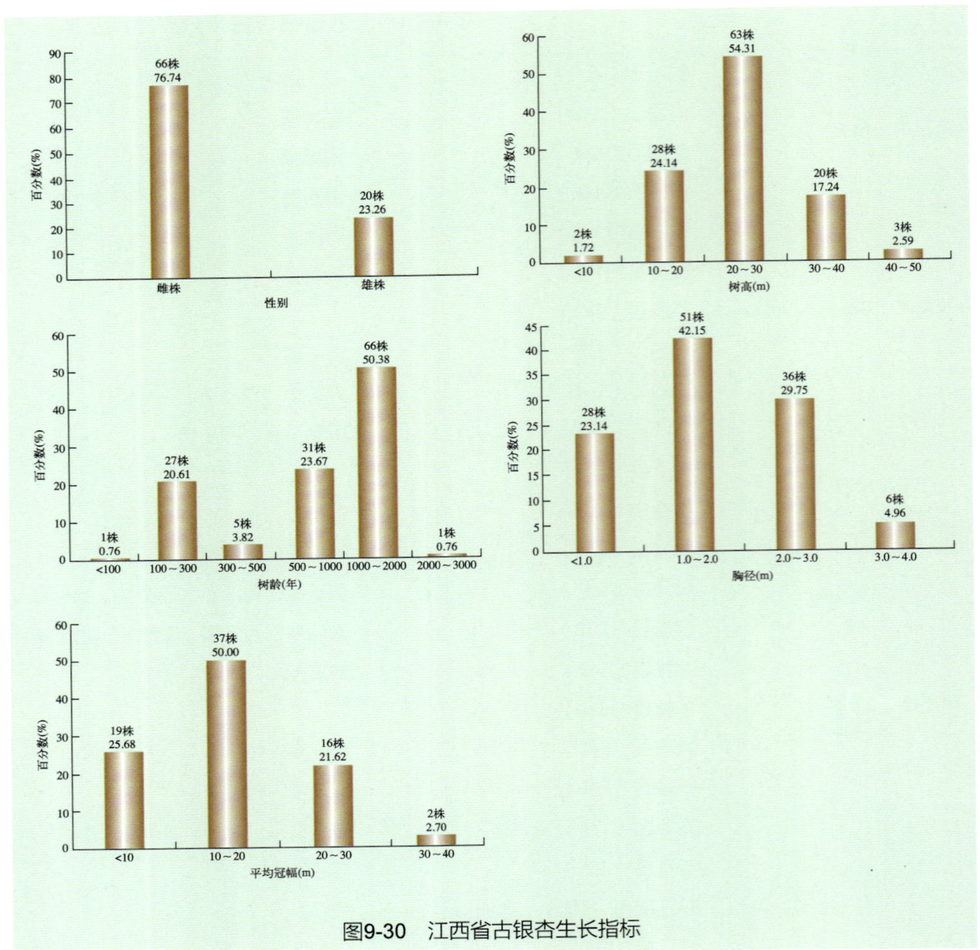

图9-30 江西省古银杏生长指标

4.胸径

江西省已知胸径的银杏古树共计122株（其中包括基径3.0～4.0m 1株）。胸径最大单株为3.57m，位于上饶县桐西村桐西村委会住地右侧；最小单株为0.20m，位于永修县云居山真如寺23；胸径<1.0m的28株，占23.14%；在1.0～2.0m的为51株，占42.15%；在2.0～3.0m的为36株，占29.75%；3.0～4.0m的为6株，占4.96%。胸径前十位单株：上饶县花坛山镇桐西村村委会右侧（3.57m）、上饶县四十八镇波阳村上泸源村小组（3.50m）、抚州市临川区龙溪镇雷李村（3.06m，基）、九江市庐山区莲花镇刘家垅谭畈村一组宝积庵（3.00m）、九江县黄老门乡通田村刘家垄（3.00m）、井岗山市茨坪景区红军北路16号井岗山宾馆（3.00m）、东乡县小璜镇岭上村（3.00m）、永修县云居山真如寺7（2.94m）、宜黄县神岗乡坑溪村横排丰家山村民小组（2.86m）、永修县云居山真如寺21（2.80m）。

5.冠幅

冠幅最大单株为30.0m×32.0m，平均冠幅为31.0m，有2株，位于宜春市袁州区南庙乡1株，位于宜春市袁州区洪江乡仰山麓原栖荫寺1株；最小单株为0.5m×0.6m，平均冠幅为0.55m，位于永修县云居山真如寺23。冠幅前十位单株：宜春市袁州区南庙乡（30.0m×32.0m）、宜春市袁州区洪江乡仰山麓原栖荫寺（30.0m×32.0m）、永修县云居山真如寺7（28.0m×29.0m）、彭泽县东升镇桃红村业上走（25.0m×28.0m）、宜春市袁州区洪江乡古庙村南惹村庄（25.0m×26.0m）、万载县仙源乡仙源村简家坪（25.0m×25.0m）、永修县云居山真如寺8（24.0m×25.0m）、婺源县段莘乡西安村（24.0m×25.0m）、永修县云居山真如寺21（22.0m×25.0m）、九江市庐山区莲花镇刘家垅谭畈村一组宝积庵（22.4m×23.1m）。

6.特异种质

垂乳银杏6株；复干银杏22株；雌雄同株2株；双色银杏；连理垂枝银杏；异果银杏。

四 古树综合描述

南昌市湾里区梅岭太平村（图9-15-1）

南北朝太平观道人植。雌株，树龄1540年，树高28.0m，胸径2.38m，冠幅19.5m×18.2m，生长于村东路旁。古树编号：034。保护单位：湾里太平乡。南北朝时梁大通二年（528），太平观道人植。树冠伞形，生长茂盛，要6个大人手拉手才能合抱。根部裸露，高于地面0.4m，延伸3m远，母干粗糙不平，距地面2m处有瘤状物，长0.7m，高0.2m。距地面4.0m高处有较多分枝。1994年奇迹

图9-15-1 南昌市湾里区梅岭太平村
（注：箭头示垂乳）

图9-15-2 九江市庐山区莲花镇刘家垅谭畈村一组宝积庵

般地收获了1250kg果实。N =28° 47′ 17.6″，E=115° 41′ 46.7 ″，H=260m。

新建县望城镇南昌陆军学院内

5株。

乐平市洪岩镇

树龄1000年，胸径2.00m。

浮梁县峙滩乡龙潭村

树龄1000年，胸径2.00m。

莲花县六世乡黄桥村

树龄1000年，胸径2.00m，全县唯一的一棵银杏树。

萍乡市芦溪县武功山景区

树高29.0m，胸径1.40m。

萍乡市湘东区麻山镇白云山

树高40.0m。

九江市庐山区莲花镇刘家垅谭畈村一组宝积庵（图9-15-2）

唐银杏，“白果王”。雌株，树龄1200年，树高20.1m，胸径3.00m，冠幅22.4m×23.1m，生长在半山坡。据《庐山古树名木》记载，此树为庐山第一大树，是庐山最大的银杏树，称“白果王”。古银杏树旁曾有一庙，庙叫宝积寺。唐建宝积庵后栽植，大十围，清朝咸丰三年（1853）遭火灾，仅存枯干，数年后萌芽复生，至今叶附枝连，华盖如云，长势良好。母干凹凸不平，根部裸露，高于地面0.6m，延伸4m远，树冠圆形，树中空，内部有火烧的痕迹，内壁干枯，离地面约3m以上发生分杈，共10余侧枝。树根和树干周围着生萌蘖，树内部也有很多新枝，均已经枯死。N=29° 38′ 40.2″，E =116° 01 ′ 47.7″，H=167m。

九江市庐山区黄龙寺A（图9-15-3）

“三宝树”，垂乳银杏。雌株，树高30.0m，树龄1600年，胸径1.74m，冠幅12.0m×10.0m，生长在寺外路旁。保护单位：园林林业局。黄龙寺位于庐山东谷玉屏峰麓、黄龙峡中，距牯

图9-15-3 九江市庐山区黄龙寺A
（注：箭头示垂乳）

岭街心公园3km。相传早在晋代，释昙诜在此修持，并栽下2株柳杉、1株银杏，人称“三宝树”。银杏常被当用观赏树栽植，种于寺前院后，常被人误解为菩提树；柳杉因树叶下垂，形似垂柳而得名，又因它树形像宝塔，民间称它为宝树。另一说法，三宝树得名于《徐霞客游记》，载有：“溪上树大三人围，非桧非杉，枝头着子累累”。指树粗需3人合抱，由“三抱树”演变而来。历史上三宝树并非指三棵树，据清康熙年间记载，黄龙潭附近“一谷皆杉，大者十余抱”。实为48棵，同治十一年（1872），被僧人经学以整修庙宇为名，砍伐变卖，仅留下这2棵柳杉，一棵银杏。黄龙寺由明代高僧彻空禅师于万历年间始建，当时有鹿群在三宝树周围栖息游嬉，彻空几费周折，才赶走鹿群，建起寺庙。三宝树被称为江西古树之冠。树底的一块碑石刻着“晋僧昙诜手植娑罗宝树”10个大字，距今约有1600年。母干光滑，树干挺直，离地面约1m处发生分枝向西南方向生长，已经干枯，母树有6个分枝，根的四周着生40余株萌蘖，一般在1m左右，最高达2m。在树干1.5m处有一垂乳，长60cm，粗12cm。两株柳杉平行而立，一株高41m，另一株高39m，胸围均达6m，冠幅22.0m×21.0m。这三株树称得上是森林中的寿星。该银杏树的南方有3棵较小的雄银杏株（B、C、D）。N =29° 33′ 10.2″，E=115° 57′ 45.7″，H =1212m。

据说明神宗朱翊钧被朝中事务搅得头昏脑胀，想找个幽静地方消遣娱乐。他听说庐山风景优美，如同仙境，便带爱妃和贴身大臣来到庐山。在黄龙寺前，神宗看到3株参天大树，即问大臣这是什么树？大臣奏道，此乃晋朝名僧昙诜亲手所植，其中2株是柳杉，1株是银杏。一日，神宗心血来潮，传旨要把那3株大树锯倒，留下截面做天然圆桌，宴请朝臣。大臣们紧急调集木匠，分别向3株古树开刀。奇怪的是任凭斧子砍得再快，那3株古树却是砍开了口子又长起来。一连几天，木匠们连块树皮也没有砍掉。有人把此事奏报了神宗，神宗勃然大怒，传旨这批木匠必须在3日内把树砍倒，否则统统杀头。木匠们一听，全都哭了。听到哭声，银杏树说起话来：孩子们，你们真可怜啊！你们都有老婆孩子，就这样吧，你们先把我们的树枝一根根砍断，这样你们就能把我们砍倒了。一个年龄稍大的木匠壮着胆子问：神树啊，为什么一定要这样砍呢？3株古树齐声答道：你们看吧，在我们周围不是长着许多小树吗？如果一下子被你们砍倒，不是要压死他们吗？只要能救得我们的子孙，我们纵然一死也心甘情愿啊！消息传到行宫，神宗大惊，当即收回砍树的圣命，并下了一道禁令：庐山黄龙寺前三株古树乃是宝树，任何人不准砍伐，违者处以极刑。目前，庐山黄龙寺前三宝树尚在，银杏济世救人的奉献精神在银杏产区有口皆碑。

九江市庐山区黄龙寺B（图9-15-4）

雄株，树龄500年，树高18.5m，胸径1.20m，冠幅9.5m×8.5m。整植株生长茂盛，长势较好。距离地面60cm分成2枝较大枝干，基径分别为1.20m、1.00m。复干1个，高10.0m，胸径0.32m。N=29° 33′ 10.2″，E=115° 57′ 45.7″，H =1212m。

九江市庐山区黄龙寺C（图9-15-4）

雄株，树龄200年，树高16.5m，胸径0.80m，冠幅8.0m×10.0m，植株长势较好。该树距B株仅2m。树皮沿基部向上2m被剥落，树干在距基部2m处分为2大主干。N=29° 33′ 10.2″，E=115° 57′ 45.7″，H =1212m。

九江市庐山区黄龙寺D（图9-15-4）

雄株，树龄200年，树高17.0m，胸径0.80m，冠幅7.0m×8.0m，植株长势较好。N=29° 33′ 10.2″，E=115° 57′ 45.7″，H =1212m。

九江市庐山区黄龙寺E（图9-15-4）

雌株，树龄200年，树高20.0m，胸径0.89m，冠幅8.0m×9.0m，生长在寺旁。树干挺直，母干光滑，生长一般，树较小，很少分枝。N=29° 33 ′ 10.7″，E=115° 57′ 48.4″，H=1213m。

九江市庐山区新港镇江矶山北麓江矶寺

雌株，树龄1100年，冠幅18.7m×18.7m，此处有2株，相距约1m，系一雌一雄，遮阴面积近0.7hm^2，树冠犹如大伞盖。传说建寺即种，唐武宗会昌五年（845），下“灭佛令”，佛教受到极为沉重的打击，江矶寺也未能幸免，这株银杏无缘无故枯萎而死。第二年，武宗死，宣宗继位，下令复兴佛教。不想在这株枯死的银杏树桩上，竟然长出了一株新芽。我们现在所见的这株银杏，就是由新芽长成。据宋《江州志》记载，佛教净土宗的创始人慧远大师曾以江矶寺为“别隐”之地，故云水老人《题古银杏》诗云：蔽日遮天云为衣，名为银杏实菩提。春秋岂用妄推测，曾见远公观想时。

九江市庐山区新港镇江矶山北麓江矶寺

雄株，树龄1100年，冠幅18.7m×18.7m。

九江市庐山区庐林大桥西边

树高27.0m，胸径1.17m。

九江市庐山区海会镇五老峰下的芝山林区“李氏山房”遗址

树龄1000年，胸径1.91m，5个成年人才可以环抱。据了解，此树是由北宋著名藏书家兼诗人、兵部尚书李公铎科场成名前在此筑房读书时栽种的。

星子县观音桥景区白竺寺

树龄1000年，树高29.0m，胸径2.00m。

星子县万杉寺秀峰景区

有我国最古老的雄株银杏树。

九江县岷山乡岷山林场黄公池

胸径2.20m。

九江县黄老门乡通田村刘家垄

树龄1000年，树高30.0m，胸径3.00m，植于宋代，树干空朽，仍傲然屹立，枝叶扶疏，金秋时节结果累累，蔚为壮观。

九江县狮子镇雨淋村洪家上屋

“夫妻树’。雌株，树龄1100年，树高25.0m，胸径1.82m，一对千年银杏雌雄树。此对银杏树均有1100余年树龄，至今枝繁果盛，年产白果近500kg，实属罕见。目前，此对“夫妻树”已列为一级保护古树。

九江县狮子镇雨淋村洪家上屋

“夫妻树’。雄株，树龄1100年，树高20.6m，胸径2.20m。九江县地处3个乡镇交界有6株千年古银杏。

永修县云山镇云居山真如寺1（图9-15-5）

雌株，树龄100年，树高9.0m，胸径0.52m，冠幅1.5m×1.5m，生长在寺内。树干挺直，树冠塔形，母干光滑，萌蘖最高1.2m，最矮35cm，离地面高1.5m处有100余株萌蘖。N=29° 05 ′46.3″，E=115° 34′ 31.1″，H=704m。

真如寺始建于唐宪宗元和年间，初名为云居禅院。道容建寺后，与弟子全庆、全诲等在此护寺。唐僖宗中和三年(883)，道膺禅师应邀住持，此寺逐渐闻名天下。僖宗赐寺名为“龙昌禅院”，提倡曹洞宗。北宋大中祥符年间，宋真宗改名为“真如禅寺”。明神宗万历二十年（1592），北京万佛堂住持洪断和尚到云居山重建真如寺。后又毁于中日战争。1953年，虚云和尚主持重建佛寺。

永修县云居山真如寺2（图9-15-5）

雌株，树龄100年，树高15.0m，胸径0.41m，冠幅4.5m×5.5m，生长在寺内。树干挺直，树冠塔形，母干光滑，树1.70m以上分枝，复干1个，胸径0.09m，萌蘖1个，较粗。N=29° 05′ 47.0″，E=115° 34′ 30.8″，H=710m。

永修县云居山真如寺3（图9-15-5）

雌株，树龄100年，树高15.0m，胸径0.56m，冠幅10.0m×11.0m，生长在寺内。树冠塔形，树干挺直，母干光滑，基部有15株萌蘖，最远距离母干0.2m，最高0.25～1.0m。

图9-15-4　九江市庐山区黄龙寺B、C、D、E
（注：1. B、C；2. D；3. E）

图9-15-5　永修县云居山真如寺1-4
（注：A. 1；B. 2；C. 3；D. 4）

图9-15-6 永修县云居山真如寺5-6
（注：A. 左5；右6；B. 5；C. 6）

N=29° 05′ 47.4″，E=115° 34′ 31.2″，H=706m。

永修县云居山真如寺4（图9-15-5）

雌株，树龄500年，树高20.0m，胸径1.50m，冠幅9.0m×10.0m，生长在寺内。树冠塔形，母干向西倾斜15°，基部有10余株萌蘖，最近则紧贴母干生长，最远距母干30cm，最高1.0m。N=29° 05′ 48.7″，E=115° 34′ 30.9″，H=705m。

永修县云居山真如寺5（图9-15-6）

雌株，树龄800年，树高25.0m，胸径2.13m，冠幅21.0m×22.0m，生长在寺内。树冠塔形，树干挺直，4个植株同根围绕，树中空，内部长有一株萌蘖，高度1.2m。N=29° 05′ 46.0″，E=11° 34′ 30.2″，H=696m。

永修县云居山真如寺6（图9-15-6）

雌株，树龄500年，树高24.0m，母干胸径0.83m，冠幅20.0m×21.0m，生长在寺内。复干5个，其中2个复干胸径0.54m，周围无萌蘖。第3复干，胸径0.87m，根部分枝成胸径为0.46m的两枝，中间夹有1个胸径0.23m的复干，周围有50多株萌蘖。第5复干，胸径0.45m，周围着生30余株萌蘖，较集中。N=29° 05′ 45.5″，E=115°，34′ 29.5″，H=701m。

永修县云居山真如寺7（图9-15-7）

寺内最大一株雌株，唐道膺禅师手植。树龄1400年，树高30.0m，胸径2.94m，冠幅28.0m×29.0m，生长在寺内。树冠伞形，树干挺直，根部裸露，高于地面0.4m，延伸0.5m远。其果分有心无心，皆为滋补佳品，前人有人赞无心杏，“有实无心事最真，谁将此语对旁人。只须自己亲当嚼，始信欧峰别样春”。树高5m处长有侧枝。N=29° 05′ 47.0″，E=115° 34′ 26.6″，H=713m。

永修县云居山真如寺8（图9-15-8）

雌株，树龄500年，树高35.0m，胸径1.16m，冠幅24.0m×25.0m，生长在寺内。树冠塔形，树干挺直，出现枯梢。树周围10余株萌蘖，最高萌蘖达2.0m，距离地面2.0m处长有40余侧枝。N=29° 05′ 51.0″，E=115° 34′ 28.5″，H=707m。

永修县云居山真如寺9（图9-15-9）

雄株，树龄500年，树高22.0m，胸径1.10m，冠幅10.0m×11.0m，生长在寺内。树干挺直，生长旺盛，树冠塔形，树干被数百株萌蘖所包裹，距离树干最远距离达70cm，高度最高达2m。N=29° 05′ 51.6″，E=115° 34′ 28.0″，H=702m。

永修县云居山真如寺10（图9-15-9）

雌株，树龄500年，树高24.0m，胸径1.00m，冠幅20.0m×21.0m，生长在寺内。树干塔形，生长旺盛，复干15个，较细，散布于母干周围，最高达2.0m，距母干最近的则紧贴母干生长，最远达50cm。萌蘖10株。N=29° 05′ 51.6″，E=115° 34′ 28.0″，H=702m。

永修县云居山真如寺11（图9-15-9）

雄株，树龄100年，树高21.0m，胸径0.52m，冠幅15.0m×18.0m，生长在寺内。树干挺直，生长旺盛，树冠塔形，母干凹凸，同根生长有2棵胸径为0.52m和0.99m的树干，一侧长有10余株萌蘖，最高达3.0m，萌蘖距树干最远距离达50cm，较粗的一株一侧有干枯。N=29° 05′ 51.6″，E=115° 34′ 28.0″，H=723m。

永修县云居山真如寺12（图9-15-9）

雌株，树龄500年，树高23.0m，胸径0.87m，冠幅18.5m×19.0m，生长在寺内。树冠塔形，周围无萌蘖，树干笔直挺拔，高5m处有30余个侧枝。N=29° 05′ 51.6″，E=115° 34′ 28.0″，H=723m。

永修县云居山真如寺13（图9-15-10）

雌株，树龄800年，树高21.0m，胸径1.90m，冠幅15.0m×16.5m，生长在寺内。树干挺直，树冠塔形，树一侧长有5株萌蘖，最高达1.75m，距离地面2m有一树洞，离地面高4m处有数10个侧枝。N=29° 05′ 46.6″，E=115° 34′ 26.0″，H=712m。

永修县云居山真如寺14（图9-15-10）

雌株，树龄100年，树高16.0m，胸径0.55m，冠幅5.5m×6.0m，生长在寺内。树冠伞形，树干挺直，生长旺盛，母干光滑，周围无萌蘖，高3m处有分枝。N=29° 05′ 45.9″，E=115° 34′ 23.6″，H=714m。

图9-15-7　永修县云居山真如寺7

图9-15-8　永修县云居山真如寺8

永修县云居山真如寺15（图9-15-11；9-15-12）

雌株，树龄100年，树高16.5m，胸径0.59m，冠幅7.0m×8.0m，生长在寺内。树冠塔形，树干挺直，母干光滑，生长旺盛，树5m处有多达15个侧枝生成。周围无萌蘖。N=29° 05′ 45.9″，E=115° 34′ 23.6″，H=714m。

永修县云居山真如寺16（图9-15-11；9-15-12）

雌株，树龄100年，树高16.5m，胸径0.63m，冠幅4.0m×5.0m，生长在寺内。树冠塔形，树干挺直，生长旺盛，母干光滑，树干有10余个侧枝，距离基部7cm处有2枝萌蘖，最高1.5m。N=29° 05′ 45.9″，E=115° 34′ 23.5″，H=714m。

永修县云居山真如寺17（图9-15-11；9-15-12）

雌株，树龄100年，树高17.0m，胸径0.68m，冠幅5.0m×6.0m，生长在寺内。树冠塔形，树干挺直，母干光滑，周围无萌蘖，上有多处分枝。N=29° 05′ 45.9″，E=115° 34′ 23.6″，H=714m。

永修县云居山真如寺18（图9-15-12；9-15-13）

雌株，树龄100年，树高16.0m，胸径0.62m，冠幅4.5m×5.0m，生长在寺内。树冠塔形，树干挺直，母干光滑，上有多处分枝，周围有10余株萌蘖。N=29° 05′ 45.9″，E=115° 34′ 23.6″，H=714m。

永修县云居山真如寺19（图9-15-11；9-15-13）

雌株，树龄100年，树高16.5m，胸径0.62m，冠幅5.0m×5.5m，生长在寺内。树干挺直，生长旺盛，母干光滑，树一侧长有同根分杈的复干，复干胸径约0.40m，复干发生分枝，N=29° 05′ 45.9″，E=115° 34′ 23.6″，H=714m。

永修县云居山真如寺20（图9-15-13）

雌株，树龄800年，树高17.0m，胸径1.11m，冠幅7.5m×8.0m，生长在寺内。树冠塔形，树干挺直，生长旺盛，母干光滑，旁长一复干，距母干40cm。N=29° 05′ 48.2″，E=115° 34′ 22.9″，H=706m。

永修县云居山真如寺21（图9-15-14）

雌株，树龄1000年，树高32.0m，胸径2.80m，冠幅22.0m×25.0m，树干凹凸不平，复干1个，胸径0.15m，距母干20cm，周围100余株萌蘖，离母干最大距离60cm。N=29° 05′ 48.2″，E=115° 34′ 22.9″，H=706m。

永修县云居山真如寺22（图9-15-14）

雌株，树龄500年，树高15.0m，胸径1.00m，冠幅14.0m×15.0m，树干较凹凸，有一胸径0.10m的复干，周围长有40余株萌蘖。N=29° 05′ 48.2″，E=115° 34′ 22.9″，H=706m。

永修县云居山真如寺23（图9-15-15）

“汉藏连心树”。树龄15年，树高7.0m，胸径0.20m，冠幅0.5m×0.6m，幼树，性别未定，树干挺直。树旁碑记描述：汉藏连心，2006年4月17日，在浙江主持召开首届世界佛教论坛的中国佛教协会一诚会长专程回山，会见了前来云居山朝拜虚云老和尚舍利的十一世班禅额尔德尼•确吉杰西大师，共同种植了这株象征汉藏连心、民族团结、佛法中兴、显密融通的银杏树，称为“汉藏连心树”。N=29° 05′ 45.9″，E=115° 34′ 23.6″，H=714m。

永修县云居山虚公塔院外24（图9-15-16）

雄株，树龄100年，树高20.0m，胸径0.85m，冠幅11.0m×12.0m。树干挺直，树冠伞形。N=29° 05′ 38.1″，E=115° 34′ 50.1″，H=694m。

永修县云居山虚公塔院内25（图9-15-16）

雄株，树龄100年，树高25.0m，胸径0.86m，冠幅15.0m×13.0m。树干挺直，树冠卵形，根部裸露，高于地面0.2m，延伸0.2m。N=29° 05′ 37.1″，E=115° 34′ 49.2″，H=693m。

德安县林泉乡清塘村黄家畈

雄株，树龄1600年，树高20.0m，胸径1.94m，冠幅12.0m×13.0m。4个成年人都合抱不拢，被称为特大古老银杏。该树在距地面1m处分杈。曾有外地商人出资20万元购买此树，但村民视古树为全村人的宝贝，不为金钱所驱动。在新农村建设中，当地村民充分利用这一优势，自发在树下修建了几张石制的桌椅，如今，这里成了老百姓们乘凉、闲聊的好去处。

德安县么西乡闵山顶

雌株，树龄1600年，胸径1.91m，4个成年人都合抱不拢，被称为特大古老银杏。

彭泽县东升镇桃红村业上走（图9-15-17）

“双色银杏”，“双色宝树”。雌株，树龄250年，树高25.0m，胸径1.12m，冠幅25.0m×28.0m，长在农户院内。此树的奇异之处是主干3m高处的一条枝干上，生长的叶子均为金黄色，而另外枝干上的叶子全为绿色。从远看去，就像一把黄绿两色的大伞，蔚为壮观，称“双色银杏”，“双色宝树”。母树周围同根生长4个高度不同的复干，最粗胸径达20.38cm，高度8.0m，离母干距离0.2～0.5m。树顶发生较大分枝。调查是未见果实，根系裸露，高出地表20cm，延伸到5m以外。

此银杏树上半部树干遭雷击焚烧，产生基因变异，从而萌生的新树枝叶与下半部的老枝叶色泽截然不同，形成双层双色。大银杏树雌雄异株，靠远方飘来的花粉年年授粉结果，果实外皮色与叶色一样分层分色。银杏是国家一级保护树种，这棵双层双色的古银杏树更是世所罕见。N=29° 48′ 42.2″，E=116° 38′ 54.2″，H=254m。

图9-15-9 永修县云居山真如寺9-12
（注：A. 9；B. 10；C. 11；D. 12）

图9-15-10 永修县云居山真如寺13-14
（注：左13右14）

图9-15-11 永修县云居山真如寺15-17，19
（注：左15-17右19）

图9-15-12 永修县云居山真如寺15-18
（注：A. 15；B. 16；C. 17；D. 18）

图9-15-13 永修县云居山真如寺18-20
（注：1. 左18右19；2. 20）

图9-15-14 永修县云居山真如寺21-22
（注：A、B. 21；C、D. 22）

彭泽县海形乡

树龄1700年，树高24.0m，胸径1.60m，三四人才能合抱，生长状况良好。该树编号：01010001。

彭泽县浩山乡柳墅村田畈

树龄1000年。

彭泽县杨梓镇田丰村玉楼自然村

"绿色古董"。树龄1000年，树高28.0m，胸径2.60m，冠幅18.0m×16.0m。当地群众珍爱为"绿色古董"，这棵傲然挺拔的千年古银杏，虽历经千年沧桑，依然枝繁叶茂，生机盎然。需5人合抱，2005年被列为国家一级古树，并被依法挂牌保护。村里老百姓对裸露的树根加土覆盖并采取砌石头护坡的办法加固处理，使千年古银杏得到有效保护。

彭泽县县城南岭角西山山脚下

东晋银杏。雌株，树龄1700年，树高30.0m，胸径1.75m。植于东晋，也有传说系三国时代周瑜的系马桩，是一棵非常罕见的古树。该银杏树高大挺拔，树干粗壮结实，长得十分茂盛，树干有5.0～6.0m粗，需要3～4个人手牵手才能合抱，为'金果佛手'品种。树上虽然钉有一块小小的保护标识，却无管护措施，树盘周围土壤受雨水侵蚀较重，树皮剥落，树身上还钉有许多锈铁钉。这棵古银杏树被一市民圈在自家的院子内。

赣县田村镇宝华村宝华寺

雌株，树龄700年，树高12.5m，胸径1.02m，是宝华寺的十宝之一，长于寺大门前左侧。古银杏为寺内僧人所植，至今叶茂枝繁，果实累累，成为远近闻名的寺内之宝。

信丰县古陂镇大公桥林场

雄株，树龄470年。栽于明代嘉靖年间，

图9-15-15 永修县云居山真如寺23

为在外任官的一进士带回所植，现在长势青翠挺拔。

信丰县油山镇上坪村猪牯坪

雌株，树龄600年，树高20.0m，胸径1.52m，3人才能围抱。

信丰县正平镇中山村

此处有2株，一雄一雌，树龄300年，仍枝繁叶茂。

信丰县

大叶雄株银杏。在信丰县还发现了一株大叶雄性银杏，填补了江西叶用雄株银杏的空白。信丰县的古银杏树龄600年以上的有5株，300年以上的有15株。

图9-15-16 永修县云居山虚公塔院
（注：A、C. 院外24；B、D. 院内25）

图9-15-17 彭泽县东升镇桃红村业上走
（注：箭头示右侧枝黄叶）

图9-15-18 井冈山市井冈山宾馆门外东

上犹县双溪乡大石门村东园

雌株，树龄400年，一株特大银杏，枝繁叶茂，果实累累，每年可产鲜果2000kg以上。

宁都县地翠微广场

树龄100年，树高18.5m，胸径0.89m，从宁都师范移植，下部2m部分树皮脱落。

宁都县大龙名山唐龙寺

树龄1000年，树高20.0m，胸径2.00m，此处有2株。

兴国县兴江乡大岭村大岭山组

"银杏王"。雄株，树高36.0m，胸径1.50m。在温姓族祠门口山坡上，一字排开地生长着3棵千年古银杏树，当地人称之为"银杏王"。该树为最大的一棵，像一个俊秀伟岸的男子汉，虽遭3次雷击，仍顽强地活着。

兴国县兴江乡大岭村大岭山组

雌株，树高21.0m，年年挂果500kg。县药材公司每年都派人前来收购银杏果。所得的钱用于本村民小组修水利、公路、桥梁等公益事业。

兴国县兴江乡大岭村大岭山组

雌株，树高19.0m。

石城县高田镇堂下村北坑

慈母抱子。树龄1000年，树高17.0m，胸径2.60m，母子连体银杏树。需要4个青年牵手才能够勉强合抱。大银杏树上枝生出一棵小银杏树，犹如慈母抱子，形成一道自然的生长奇观。《石城县志》上有记载，种植于后梁开平三年（909），迄今已有千余年历史。

石城县横江镇开坑村茶寮屋社

"扶正扬音银杏"。雌株，树龄1200年，树高23.0m，胸径2.52m，冠幅16.0m×16.0m。传说闯王李自成率兵与清兵大战告捷后，经过树下，为了慰劳军士，李自成命人取树上果实分官兵，每人一包。但兵多果少，闯王正在为夸下海口而发愁，突然大量果实从天而降，当分到最后士兵时，果实正好分完，皆大欢喜。后人把这棵银杏称为扶正扬善的神树，远近民众都来拜祭。

吉安市青原区富田镇的安仁山

雌株，树龄2900年，树高32.0m，胸径1.65m，枝繁叶茂。每年挂果500kg，年创收3万元以上。政府有关部门已对这棵古树进行挂牌保护，并安排专人进行特殊养护。

吉水县乌江镇东江村坳头山场

树龄500年。

吉水县乌江镇东江村坳头山场

树龄500乇。

吉水县乌江镇东江村坳头山场

树龄500乇。

吉水县乌江镇东江村坳头山场

树龄200年。

吉水县乌江镇东江村坳头山场

树龄200年。

吉水县乌江镇东江村坳头山场

树龄200年。

吉水县乌江镇东江村坳头山场

树龄200年。

井冈山市茨坪景区红军北路16号井冈山宾馆

五代同堂银杏。树龄1000年，树高20.0m，胸径3.00m，冠幅18.0m×16.0m。

井冈山市井冈山宾馆门外东（图 9-15-18）

多代同堂银杏。雄株，树龄1000年，树高20.0m，胸径1.05m，冠幅18.0m×16.0m，生长在马路旁。树干挺直，大树旁边长有7棵不同粗细的复干，其中4棵生长在一起，另外3棵生长在一起。距离母干较近，同时树干基部有40余株萌蘖，距母干最远距离1.12m。N=26° 34′ 30.0″，E=114° 09′ 31″，H=962m。

井冈山市井冈山宾馆门内东（图9-15-19）

雄株，树龄200年，胸径0.63m，树高18.0m，冠幅5.5m×6.0m，生长在路边。树冠塔形，树干挺直，母树离地面1.35m处发生分枝形成两大主干，一株基径达23cm，另一株达49cm。西侧生有50余株萌蘖，距母干最远距离根达92cm。离母干25cm处长有一胸径0.15m的复干，长势较好。该树投影面积达到71.4403m^2。N=26° 34′ 27.5″，E=114° 09′ 31.6″，H=822m。

井冈山市河西垅井冈村

树龄1000年，树高35.0m，胸径2.40m，常绿阔叶林内残存1株古银杏，干腐蚁蛀，仍气宇昂然，雄踞众树之冠。H=680m。

峡江县仁和镇洪堤

明朝银杏。树龄600年，树高20.0m，胸

图9-15-19 井冈山市井冈山宾馆门内东

图9-15-20 井冈山市老坝里小学旁

径1.60m，此树生长于当地著名的红色遗址秀月山房旁，明朝时候栽植，被几栋民居围绕，从洪堤远远望去，树干比2层小楼高出许多，3个成年男子手牵手都无法环抱。

井冈山市老坝里小学旁（图9-15-20）

左雄右雌，雌雄同株，“连理垂枝银杏”。树龄400年，左株胸径0.49m，右株胸径0.45m，树高17.0m，冠幅5.0m×5.0m，生长在村边的树林里。树干挺拔、光滑，雌株垂枝，树干60cm处分成2个大分枝，一雌一雄。雄树离地面高1.85m处长有一侧枝，胸径0.20m。N=26° 44′ 59.4″，E=113° 57′ 34.9″，H=228m，

井冈山市柏路乡蔡牙村A（图9-15-21）

雌株，树龄1000年，树高23.0m，胸径2.00m，冠幅12.5m×11.0m，生长在池塘边。树干倾斜，母干凹凸，树分为3枝，2枝被雷击死，已经倾倒干枯死亡。周围长有6个粗细不等的复干，最大幅干高12.5m，胸径0.45m，距母干距离0.2～1.0m。N=26° 41′ 25.3″，E=114° 06′ 37.2 ″，H=342m。

井冈山市柏路乡蔡牙村B（图9-15-22）

异果银杏。雌株，树龄1000年，树高25.0m，胸径1.50m，冠幅13.0m×12.0m，生长在池塘边。根部裸露，高于地面0.3m，延伸5m远，树干挺直，树上结2种形状的果，其一近圆球形，其二为瘦扁狭形。树干长达2.10m长的中空，被雷击，同根生有2棵较大复干，最大高11.5m，胸径0.40m，距母干距离0.3～1.5m。周围还生长3个复干，胸径分别为0.25m、0.23m、0.12m。N=26° 41′ 25.3″，E=114° 06′ 37.2″，H=342m。

永丰县三坊乡罗坊村

树龄1000年，胸径2.00m，元至元年间（1264～1294），碧云由庐陵迁罗坊银杏树下。

永丰县中村乡梨树村

多胞银杏树。树龄500年，树高30.0m，胸径0.53m，冠幅10.0m×15.0m。有粗根暴凸，一兜长8棵的古银杏树，树蔸占地面积20.8m^2，主干围径最小的有40.9cm，最大的有165cm，冠幅13.0m×12.0m。海拔1020m山峰上的这株银杏树，雷将它劈成5块，分成5棵，每棵胸围在2.0～3.2m之间，酷似一手伸出五指，直指云天。现在该树树身上仍依稀可见当年雷火焚烧的痕迹。

永丰县中村乡记上村

“情侣银杏”。树龄1200年，树高21.0m，胸径2.07m，冠幅17.3m×17.3m。枝繁叶茂，郁郁葱葱，由2棵银杏树并根生长而成，且长势均匀，宛如一对情侣相依相偎。当地群众都称它们为“情侣银杏”。据介绍，昔时村里青年男女举行婚礼时，均要前来树下叩拜，祝愿彼此情意深长，祈求与树一样天长地久。

永丰县上溪乡横溪村赤坑村小组村口

“连理树”。树龄1000年，一株是银杏，一株是椤木石楠。这两棵树紧紧依偎，你挽我抱，形同连理，令人情不自禁地想起“在天愿作比翼鸟，在地愿为连理枝”的千古绝唱。“连理树”中的银杏树龄约1000年，椤木石楠比它小一半，树龄500年。

永丰县陶唐乡金溪村

唐银杏。树龄1500年，树高28.0m，胸径1.85m，基径3.44m，长势旺盛，需要5个成年人才可以环抱。这是永丰县迄今为止发现的树龄最老、树形最大的银杏树。据金溪村《徐姓族谱》记载，金溪村已有1280多年历史，其祖先当初选址建村时，发现此地有株银杏树，长势极好，认为在此安居定能人丁兴旺。

泰和县浪川乡企家山

树高29.0m，胸径1.40m。

遂川县巾石乡兴安村1（图9-15-23）

垂乳银杏。雌雄同株，树龄500年，左雌胸径1.32m，右雄胸径0.64m，树高28.0m，

冠幅15.0m×16.5m。生长在村后半坡上。树冠圆形，生长旺盛，4大主枝，树干上长有苔藓，部分树皮脱落，雌树距离地面90cm分枝，东侧面一簇萌蘖与复干，萌蘖离母干最大距离达30cm，复干2个，胸径为0.22m和0.25m，南侧距离地面1.15m高处和南侧分枝有长7cm、10cm的垂乳2个。N=26° 14′ 22.6″，E=114° 39′ 10.1″，H=315m。保护单位：遂川县绿化委员会。

遂川县巾石乡兴安村2（图9-15-24）

垂乳银杏。雌株，树龄500年，树高30.0m，胸径1.40m，冠幅18.0m×19.5m。生长在路边。树冠塔形，母干较凹凸，母干南侧1.45m同根长有直径33cm复干，同时长有复干和萌蘖，最远距离达45cm，复干最粗胸径达33cm，有枝干下垂，接近死亡。东侧长有萌蘖，离母干最大距离达30cm。母树2.0m以上发生分枝，树有5个左右较小垂乳。保护单位：遂川县绿化委员会。N=26° 14′ 19.7″，E=114° 39′ 13.[illegible]″，H=326m。

遂川县巾石乡兴安村3（图9-15-25）

雌株，树龄500年，树高25.0m，胸径1.12m，冠幅15.0m×16.5m，生长在路旁。树冠塔形，树干挺直，周围有150余株萌蘖，树一侧长有3个复干，胸径分别为25.48cm、19.11cm、39.81cm。母树为部有干枯。编号：0660，保护单位：遂川县绿化委员会。N=26° 14′ 19.5″，E=114° 39′ 12.7″，H=307m。

遂川县巾石乡兴安村4（图9-15-26）

雌株，树龄500年，树高23.0m，胸径1.28m，冠幅13.0m×14.0m，生长在路旁。树冠伞形，树干挺直，树干2.5m处长有5个侧枝，周围着生数百萌蘖，大部分已干枯，离母干最大距离达60cm。编号：0639，保护单位：遂川县绿化委员会。N=26° 14′ 20.7″，E=114° 39′ 12.1″，H=321m。

遂川县巾石乡兴安村5（图9-15-27）

雌株，树龄800年，树高28.0m，胸径2.10m，冠幅20.0m×22.0m，生长在田边。树冠伞形，树干挺直，4大侧枝，母干凹凸，根部裸露，高于地面1.2m，延伸5m远，周

图9-15-21 井冈山市柏路乡蔡牙村A

图9-15-22 井冈山市柏路乡蔡牙村B
（注：箭头示异果银杏）

图9-15-23 遂川县巾石乡兴安村1
（注：箭头示垂乳）

图9-15-24 遂川县巾石乡兴安村2
（注：箭头示垂乳）

围数百萌蘖，离母干最远距离达20cm。编号：0643，保护单位：遂川县绿化委员会。N=26° 14′ 20.7″，E=114° 39′ 12.1″，H=321m。

遂川县巾石乡兴安村6（图9-15-28）

雌株，树龄500年，树高22.0m，母干胸径1.02m，冠幅15.0m×22.0m，生长在路边。复干胸径0.86m，树干挺直，根部裸露，高于地面0.4m，延伸1m，母干树干部分干枯。2棵同根生长植株，但2棵间距达50cm，独立生长，母干周围十几株萌蘖，均被砍折。离母干最远达10cm，树高为10cm。N=26° 14′ 24.1″，E=114° 39′ 15.6″，H=314m。

遂川县巾石乡兴安村7（图9-15-29）

雄株，树龄1200年，树高23.0m，胸径1.44m，冠幅10.0m×11.0m，生长在屋后。树干呈“Z”形，生长旺盛，树干上有初生垂乳，干周围生长萌蘖，树干被大火烧过，一侧长有胸径达20cm的复干，主干距离地面1.50m处分枝。编号：0658，保护单位：遂川县绿化委员会。N=26° 14′ 03.3″，E=114° 39′ 35.0″，H=321m。

遂川县巾石乡巾石村8（图9-15-30）

垂乳银杏。雌株，树龄1400年，树高17.0m，胸径1.60m，冠幅10.0m×12.0m，生长在村西小路旁。母干凹凸不平，树已经死亡一半，另一半着生5个垂乳，最长达15cm，旁有胸径15cm的复干，西侧有较多萌蘖，离母干最远距离达60cm。保护单位：遂川县绿化委员会。N=26° 14 ′ 20.4″，E=114° 39′ 04.9″，H=306m。

遂川县巾石乡巾石村9（图9-15-31）

垂乳银杏。雌株，树龄1000年，树高28.0m，胸径1.85m，冠幅22.0m×23.0m，生长在屋后。树冠伞形，母干凹凸不平，一侧有洞，母树根部有干枯死亡现象，高处发生分枝，旁边40cm处长有胸径达43.31cm的复干，有垂乳1个，母树长有9个垂乳，最长达到15cm，母树树干长有萌蘖。保护单位：遂川县绿化委员会。N=26° 14′ 19.6″，E=114° 39′ 08.9″，H=317m。

遂川县巾石乡巾石村10（图9-15-32）

雌株，树龄500年，树高21.0m，胸径0.91m，冠幅17.0m×18.0m，生长在菜园旁。树冠伞形，根部裸露，延伸2m远。母干分成两树干，胸径分别为35.7cm、47.8cm，北侧长有萌蘖，离母干最远距离达40cm，离地面1.75m处有较多侧枝。保护单位：遂川县绿化委员会。N=26° 14′ 19.6″，E=114° 39′ 08.9″，H=319m。

遂川县巾石乡巾石村田东路口右11（图9-15-33）

雌株，树龄200年，树高15.0m，胸径0.48m，冠幅2.5m×2.5m，生长在路旁。树冠塔形，植株较小，树干挺直。N=26° 12′ 19.9″，E=114° 38′ 29.7″，H=294m。

遂川县巾石乡巾石村田东路口左12（图9-15-33）

雌株，树龄200年，树高14.0m，胸径0.47m，冠幅2.5m×2.5m，生长在路旁。树冠塔形，2大主枝，植株较小，树干挺直。N=26° 12′ 19.9″，E=114° 38′ 29.7″，H=294m。

遂川县碧洲镇枫林村马迹自然村

雄株。

万安县五丰镇西沅村高岭

雌株，树龄1300年，树高25.0m，胸径2.23m，该树在万安县赣江水电站水库境内，一干4枝，遮天蔽日。

图9-15-25 遂川县巾石乡兴安村3

图9-15-26 遂川县巾石乡兴安村4

图9-15-27 遂川县巾石乡兴安村5

图9-15-28 遂川县巾石乡兴安村6

万安县五丰镇西沅村高岭

雌株，树龄500年，树高16.0m，胸径0.76m，最小的一株。

万安县五丰镇西沅村高岭

雌株，树龄500年，树高20.0m，胸径1.11m。

万安县五丰镇双坑村

雄株，胸径1.00m，此处有2株。

安福县武功山三天门东（图9-15-34）

雄株，树龄1600年，树高12.0m，胸径2.05m，冠幅12.0m×18.0m，生长在半坡上。根部裸露，高于地面0.3m，延伸1.4m远，母干凹凸不平，4大侧枝，南侧萌蘖较少，北侧有50余株萌蘖，距母干最远距树干达60cm，东侧长有胸径39.6cm和19.11cm两同根生复干。树干有2个小垂乳。N =27° 27′ 20.2″，E=114° 11′ 49.3″，H=1027m。

安福县武功山三天门西（图9-15-35）

“树王”。雄株，树龄1600年，树高18.0m，胸径2.21m，冠幅12.0m×13.0m，生长在半坡上。植于东晋末寺庙初建时，传说清乾隆皇帝下江南时，曾被封为“山中树王”。原有8株，现只存2株。1974年雷击起火，下身仅有12m余的残留，侥幸未死，胸围7.2m。5年后枯木逢春，重新绽放。树干挺直，母枝凹凸不平。树干一侧有洞，洞内有火烧痕迹。母树高大挺拔，树内部完全中空，被30～40cm的外皮包围，周围长有7株高度1.0～2.0m的小复干，母树同根长有胸径达28.66cm的大复干，树干及基部长有60余株萌蘖。距离该树2.0m处有4棵大小不等的银杏群。古树编号：10120126，保护单位：福安县人民政府。N=27° 27′ 20.2″，E=114° 11′ 49.3″，H=1027m。

安福县彭坊乡陈山垅下

树龄1000年，树高23.0m，胸径2.00m，冠幅18.0m×12.0m，植于唐代。

安福县泰山乡月家村瓦溪组

树龄800年，树高31.0m，胸径1.50m，冠幅10.0m×10.0m，是一株5树同根古银杏树。树形优美奇特，与周边的竹林构成一道亮丽的风景线。根系发达，呈带状紧密相连，从离地面0.5m处分出5根树干，其中，最大的一根胸径达1.5m。最小的一根胸径0.76m，树龄200多年。

安福县谷源山林场立新花木基地

树龄1300年，树高13.0m，胸径1.50m。无头银杏大树，这棵银杏大树过去一直“居住”在甘洛乡三舍村的一个山坳里，枝繁叶茂，老当益壮。2006年春，一场雷电将其树身主干击断。

图9-15-29 遂川县巾石乡兴安村7
（注：箭头示垂乳）

图9-15-30 遂川县巾石乡巾石村8
（注：箭头示垂乳）

永新县才丰乡南华山

树龄1500年，树高32.0m，胸径1.91m，冠幅17.0m×18.0m。该树枝繁叶茂，需五六个成年人才可合抱。

永新县才丰乡洲尾村

雌株，树龄1000年，年产白果可达800kg。

永新县七溪岭林场

有古银杏。

宜春市袁州区南庙乡

树龄1000年，树高26.0m，胸径2.00m，冠幅30.0m×32.0m。

宜春市袁州区洪江乡仰山麓原栖荫寺

唐代银杏。树龄1100年，树高24.0m，胸径1.70m，冠幅12.0m×10.0m，为晚唐高僧慧寂手植。

宜春市袁州区洪江乡仰山麓原栖荫寺

唐代银杏。树龄1100年，树高24.0m，胸径1.80m，冠幅 32.0m×32.0m，为晚唐高僧慧寂手植。

宜春市袁州区洪江乡古庙村南惹村庄

雌株，树龄300年，树高26.0m，冠幅25.0m×26.0m。门前有2株银杏树，1996年2株银杏共收鲜果3500kg。

樟树市阁皂山紫阳书院

"夫子银杏"。树龄800年，树高26.5m，胸径1.02m，为国家二级保护树木。为南宋大理学家朱熹（后代学者尊称其为朱夫子）来山讲学时手植，故称"夫子银杏"。这株银杏高耸入云，其抱两围。20世纪六七十年代曾被人误为"反动"象征而拟齐兜锯倒，锯到4/5眼看快要倒时，被有识之士劝说制止，如今这株古树虽然锯痕仍在，却奇迹般地生长着，且更加枝繁叶茂，山民戏说："这树是圣人栽的，怪不得生命力这样强"。深秋时节，其似蝴蝶状的叶片，随风飘落地面，一片金黄，平添了"金蝶戏秋"这一季节景观，吸引着众多游人前来观赏和摄影留念。

阁皂山，道教名山福地。位于江西省樟树市区东南。俗称阁山，亦有葛岭之称，因山形似阁，山色如皂，故名。紫阳书院位于福地景区东峰南坡，占地约860m^2，宋时供奉太上老君、释迦牟尼、孔丘之殿宇，也称道德宫。院内古树婆娑，浓荫蔽日，有距今近800年的参天古银杏。

万载县仙源乡仙源村简家坪

雌株，树龄200年，树高35.0m，胸径1.15m，冠幅25.0m×25.0m。年产果250kg。

图9-15-31　遂川县巾石乡巾石村9
（注：箭头示垂乳）

图9-15-32　遂川县巾石乡巾石村10
（注：箭头示垂乳）

宜丰县车上乡直源村

雌株，树龄1000年，树高40.0m，胸径2.00m，需4人才能合抱，果实累累，此树的中心长出一株桂花树，已有30m高，秋天时节开满金色的桂花，芳香扑鼻。

靖安县西岭乡西岭村

树龄1000年。在面积约1.4km^{2}范围有4株具垂乳古银杏。

铜鼓县永宁镇小水村陶家岭

雌株，树龄260年，树高25.0m，胸径1.10m。

抚州市临川区龙溪镇雷李村

雌株，树龄1000年，树高20.0m，基径3.06m，远在6000m外的司光村有一棵雄性银杏。村民李寿明于1999年与村委会签订承包古银杏合 司10年，加固加高了树基，用肥泥将裸露树根掩埋覆盖，安装避雷针，实施人工授粉，收获白果1000多千克。

图9-15-33 遂川县巾石乡巾石村田东路口左（11）；右（12）

图9-15-34 安福县武功山三天门东

图9-15-35 安福县武功山三天门西
（注：箭头示垂乳）

抚州市临川区龙溪镇司光村

雄株。

黎川县熊村镇桃上村村西头（图9-15-36）

树龄1000年，树高33.0m，胸径2.71m，3株银杏树中最大的一棵，屹立在陡坡之上，该树为一株多胞，树蔸之上竟长出16胞胎，它们相依相偎形成独木成林之势。两侧水土流失，根须裸露，树蔸之下竟然形成巨大的空洞，岌岌可危!在陡坡的一旁有3个巨大的主根将其顶住，使它巍然屹立，成为一大奇观。

黎川县熊村镇桃上村村东头

树龄1000年，树高32.8m，胸径 2.39m，树干上端分出七八根巨大的支干，上面枝繁叶茂，遮天蔽日，蔚为壮观。

黎川县熊村镇桃上村村中间

雌株，树龄100年，树高21.0m，胸径0.57m，主干分权，胸围分别为1.8m和1.6m，该树每年可结白果700kg。

崇仁县许坊乡李一公庙

树龄1000年，胸径2.00m。

崇仁县船平

树龄1000年，胸径2.00m。

乐安县谷岗乡坳下村

“情侣银杏”。树龄1000年，树高28.0m，胸径0.89m，这两棵银杏并根生长，且长势均匀，宛如一对相依相偎的情侣，当地称之“情侣银杏”。目前，当地政府已对它们进行了挂牌保护。

乐安县招携镇南槽村车上村小组

“家族团圆银杏树”。树龄1000年，树高28.0m，胸径2.64m，长势非常奇特，枝繁叶茂。树主树干在1m多高处分为2根大小、高矮、长势相仿的树权，宛如一对恩爱夫妻相依相偎；主树干四周繁衍了30多棵大大小小参差不齐的小树。这些小树一棵挨着一棵，错落有致，簇拥在主树干四周，就像世代子孙团圆生活在一起。村民们都形象地把这棵奇特的银杏树称作为“家族团圆树”，象征“子孙满堂”、“兴旺发达”。据介绍，自古以来，车上村人把这棵银杏树都当作村里的“镇村之宝”，珍爱有加。数百年来，村民们都自觉地保护它，并挂起“保护牌”，不许任何人去伤害古树。

宜黄县洪山乡棲萌寺遗址

树高24.0m，胸径1.66m。

图9-15-36 黎川县熊村镇桃上村村西头

德兴市皈大乡港首村

树龄1450年，树高22.0m，胸径2.20m。4棵距今1450多年的古银杏树，这4棵银杏树枝繁叶茂，呈东西排列，每棵树相距20.0m，最大一棵银杏的胸径有2.2m，4个成年人牵手都抱不住。

德兴市皈大乡港首村

树龄1450年。

德兴市皈大乡港首村

树龄1450年。

德兴市皈大乡港首村

树龄1450年。

上饶县王福山周家

树高30.0m，胸径1.20m。

上饶县花坛山镇桐西村村委会右侧

“青龙树”。雌株，树高15.0m，胸径3.57m。树干粗壮，枝叶茂盛，需七八个人合抱，大约有六七层楼房高。被村里人称为“青龙树”。

上饶县四十八镇波阳村上泸源村小组

树龄1200年，树高20.0m，胸径3.50m。根部直径约5m左右，主树干十分雄壮。其中一半树干上的叶子逐渐变黄，地上到处都是落下的黄叶。

婺源县段莘乡西安村（图9-15-37）

牛郎织女银杏。左雄，树龄1200年，树高34.0m，胸径2.34m，冠幅24.0m×25.0m。两母干相互倾斜靠拢，两棵植株中间相隔一条河，右侧1.5m处长有侧枝延伸至雌株根部与其相连接。同时根部长有4株较细的复干，高度均为22cm。生长在小河两

宜黄县洪山乡棲荫寺遗址

树高24.0m，胸径1.85m。

宜黄县神岗乡坑溪村横排丰家山村民小组

连理古银杏，“四世同堂”银杏。雌株，树龄1400年，树高30.0m，胸径2.86m，冠幅19.0m×18.0m。在距地面1.6m高的主干处，有一长为1.5m、直径0.33m的连心轴直插两树腰身而成连理。1994年产量高达1500kg。由9株根须相连的古银杏组成，其中2株相拥而立，围径9m，小的2株树龄也在600年以上，可称“四世同堂”，年产种核650kg。

金溪县何源镇峡山村

树龄1000年，胸径2.00m。

金溪县何源镇朱家村

“银杏王”。雄株，树龄800年，树高40.0m，胸径2.25m，参天蔽日，被人们称为“银杏王”，像一把擎天巨伞。此处有5株，周围有竹林、小树簇拥，如鹤立鸡群。每天太阳下山的时候，飞鸟投林，满树的鸟儿吱吱喳喳地叫个不停，吸引行人驻足观赏，成为当地一道独特的景观。

东乡县小璜镇岭上村

雌株，树龄1000年，树高20.0m，胸径3.00m，冠幅20.0m×20.0m。需7名成年人才能合抱，其生长态势良好，浓荫蔽日。现在这棵树每年还能结200～250kg银杏果。

广昌县苦竹镇文上村

树高26.5m，胸径1.14m。

图9-15-37 婺源县段莘乡西安村

（注：1、2. 左雄右雌；3. 雄株侧枝延伸到雌株基部）

图9-15-38 婺源县段莘乡庆源村溪边
（注：箭头示垂乳）

旁。N =29° 27′ 11.4″，E= 117° 58′ 13.0″，H=315m。

传说西天御花园里的挑水力士和浇花仙姑有私情，被玉帝贬下人间，化为这两棵银杏，并被迫分居两地，太上老君命风婆播送花粉，成全他们繁衍后代。

婺源县段莘乡西安村（图9-15-37）

牛郎织女银杏。右雌，树龄1200年，树高33.0m，胸径1.72m，冠幅22.0m×20.0m，长满了下垂的银杏果。雌株一侧长有一棵新单株。高度达92cm，两树高处分枝，形成较多枝干，树顶逐渐靠拢在一块，呈“八”字形。现在，婺源银杏年年果实累累。N =29° 27′ 11.4″，E= 117° 58′ 13.0″，H=315m。

婺源县段莘乡庆源村溪边（图 9-15-38）

垂乳银杏。雌株，树龄1200年，树高28.0m，胸径2.00m，冠幅26.0m×15.0m，生长在溪边。根系高于地面0.6m，延伸1.0m远，母干向溪倾斜10° 左右，树干长有苔藓，离地面4.4m处母树发生分枝，母树高1.40m处生长一株萌条，7m高，垂直向上生长，胸径为60cm，母树邻近水源一侧长有30余株萌蘖，离母干距离达60cm。树干基部具垂乳10余个，最长0.5m，基径13cm，初生垂乳若干。主干上有一狭长的树洞，从基部向上延伸到2m多。N=29° 27′ 55.9″，E=117° 59′ 58.7″，H=302m。

婺源县洪村

树高25.0m，胸径1.70m。

婺源县田路乡梅春村水口

雌株，树龄800年，树高13.3m，冠幅12.4m×12.0m。婺源丛生银杏。比碗口还粗的11个分株围绕中间1株呈包围状生长。在方圆半径为5km内并无其他银杏树，却能年年结果。

广西壮族自治区
银杏古树资源

一　古树生境及地理气候指标

广西桂林地处南岭山系的西南部，属红壤土带，以红壤为主。酸碱度为4.5～6.5。依其成土的母质可分为红壤土、石灰土、紫色土、冲击土、水稻土等5个土类。河流冲积母质沙壤土和水稻土，土层深厚，耕作性良好。中色石灰土和黑色石灰土，宜旱地作物和林业生产。全市有高等植物1000多种，包括银杉、银杏等名贵树种；自然植被以马尾松为主，市区以桂花树为主。林业主产杉木和毛竹，全市森林面积121.56万hm^2。

广西区主要银杏分布区地理气候指标如表9-31所示。

图9-31　广西壮族自治区银杏古树分布图

二　古树分布及株数

文献中报道，全区胸径1m以上的银杏古树共300多株，其中兴安县200多株，灵川县100多株，全州、资源两县有少量分布，桂南则少见。据有关部门（1992）年统计，广西有银杏挂果树7万株左右，其中兴安县42398株，灵川县21549株、全州县2370株，其余的分散在其他县（市）。广西壮族自治区共有14个市，其中有银杏古树分布的有2个市，占14%。全区共有68个县，其中有银杏古树的有7个县，占10.29%，有19个乡镇有银杏古树的分布。文献报道广西百年以上古银杏约5800株，兴安县的拥有百年以上古银杏达2300多株，灵川县3000株以上，全州县500株。实测及统计355株，46株具有生长指标（图9-31，表9-32）。

广西地处中亚热带和南亚热带两个气候带，境内多为石灰岩发育的土壤，银杏在桂北山区和平原广泛分布。据《农业考古》杂志的文章记载，早在南宋时桂北的白果已作为贡品。至明朝万历年间已普遍发展，栽培历史已近千年。到目前为止，桂林地区未发现原始银杏林，据县志记载，清、明时期，所产银杏已大量销往南洋诸国及日本、朝鲜等地。桂林地区银杏水平分布于北纬24°45′～26°15′，东经109°45′～110°00′，主产区以海洋山系西南山麓为主，地处越城岭和海洋山之间的兴安县高尚、漠川、白石、崔家、湘漓；灵川县海洋、瀚田、大境、灵田、大圩。全州县安和、蕉江、绍水、大西江。垂直分布海拔200～800m，灵川县海洋乡安泰海拔900m生长发育不正常。

三　古树生物学

1. 性别

在已知性别的45株古银杏中，雌株39株，占86.67%；雄株6株，占13.33%（图9-32）。

2. 树高

树高最高单株为38.0m，位于灵川县海洋乡歧岭村；最矮单株为11.5m，位于兴安县护城乡。树高在10～20m的为18株，占39.13%；20～30m的为24株，占52.17%；

表9-31　广西区主要银杏分布区地理气候指标

县（市）	经度	纬度	年均温（℃）	年降水量（mm）	无霜期（天）	年均日照时数（小时）	1月均温（℃）	绝对最低温度（℃）	≥10℃积温
灵川县	110°19′	25°25′	18.0	1926.0	320	1615			5600
全州县	110°37′～111°29′	25°29′～26°23′	17.8	1445.0	300	1508		-6.6	5100
兴安县	110°14′～110°56′	25°18′～26°55′	17.8	1842.0	293	1588		-5.8	6029
天峨县	106°34′～107°20′	24°36′～25°28′	20.0	1370.0	330	1281	10.8		6750

表9-32 广西区部分银杏古树分布地点及株数汇总

区（市）	县（市、区）	乡（镇）
桂林市（354株）	灵川县（100株）	海洋乡、潮田乡、大圩镇、大境乡、灵田镇
	兴安县（200株）	漠川乡、崔家乡、白石乡、高尚镇、湘漓镇、护城乡
	阳朔县（2株）	金宝乡
	恭城瑶族自治县（1株）	三江瑶族乡
	资源县（1株）	车田乡
	全州县（50株）	安和乡、蕉江乡、绍水镇、大西江镇
河池市（1株）	天峨县（1株）	坡结乡
总计：广西壮族自治区的银杏古树共分布在2个市，7个县，19个乡镇，共有355株古银杏。		

30～40m的为4株，占8.70%。树高前十位单株：灵川县海洋乡歧岭村（38.0m）、灵川县海洋乡九连村1（30.0m）、灵川县海洋乡大桐木湾村1（30.0m）、恭城瑶族自治县三江瑶族乡新寨村（30.0m）、灵川县海洋乡大庙塘村（28.0m）、灵川县海洋乡九连村3（27.0m）、资源县车田乡（27.0m）、灵川县海洋乡大庙塘村（26.0m）、兴安县漠川乡长明村（25.5m）、阳朔市金宝大桥村（25.5m）。

3. 树龄

树龄最大单株为1200年，位于恭城瑶族自治县三江瑶族乡新寨村；最小单株为55年，位于灵川县海洋乡（11）；树龄范围<100年的为4株，占9.09%；100～300年的为31株，占70.46%；300～500年的为3株，占6.82%；500～1000年的为5株，占11.36%；1000～2000年的为1株，占2.27%。树龄前十位单株：恭城瑶族自治县三江瑶族乡新寨村（1200年）、灵川县海洋乡歧岭村（500年）、灵川县海洋乡大桐木湾村1（500年）、兴安县护城乡（500年）、资源县车田乡（500年）、天峨县坡结乡尧山村尖龙屯（500年）、兴安县漠川乡才金村苦竹塘屯1（330年）、灵川县海洋乡水头村1（300年）、灵川县海洋乡大庙塘村（300年）、灵川县海洋乡水头村2（200年）。

4. 胸径

胸径最大单株为3.20m，位于恭城瑶族自治县三江瑶族乡新寨村；最小单株为0.40m，位于灵川县海洋乡（4）；胸径<1.0m的为26株，占56.53%；1.0～2.0m的为18株，占39.13%；2.0～3.0m的为1株，占2.17%；3.0～4.0m的为1株，占2.17%。胸径前十位单株：恭城瑶族自治县三江瑶族乡新寨村（3.20m）、灵川县潮田乡华口村（2.00m）、灵川县海洋乡水头村1（1.80m）、灵川县海洋乡歧岭村（1.78m）、灵川县海洋乡九连村1（1.70m）、资源县车田乡（1.65m）、灵川县海洋乡大桐木湾村1（1.60m）、兴安县崔家乡渡头村（1.30m）、兴安县白石乡水源头村1（1.21m）、灵川县海洋乡九连村3（1.20m）。

5. 冠幅

冠幅最大单株为25.0m×25.0m，平均冠幅为25.0m，位于灵川县海洋乡水头村1；最小单株为8.5m×9.0m，平均冠幅为8.75m，位于灵川县海洋乡（1）。冠幅前十位单株：灵川县海洋乡水头村1（25.0m×25.0m）、灵川县海洋乡九连村1（24.0m×24.0m）、灵川县海洋乡大庙塘村（21.0m×22.0m）、灵川县海洋乡水头村2（20.0m×20.0m）、灵川县海洋乡大桐木湾村3（20.0m×20.0m）、阳朔市金宝大桥村（19.0m×19.6m）、兴安县护城乡（20.5m×16.3m）、灵川县海洋乡歧岭村（18.0m×17.0m）、灵川县海洋乡水头村3（20.0m×15.0m）、灵川县海洋乡大桐木湾村2（20.0m×15.0m）。

6. 特异种质

叶籽银杏。

四 古树综合描述

灵川县海洋乡歧岭村

“银杏王”。树龄500年，树高38.0m，胸径1.78m，冠幅18.0m×17.0m。树姿挺拔雄伟，苍劲古朴，树龄千年，当地群众称为“银杏

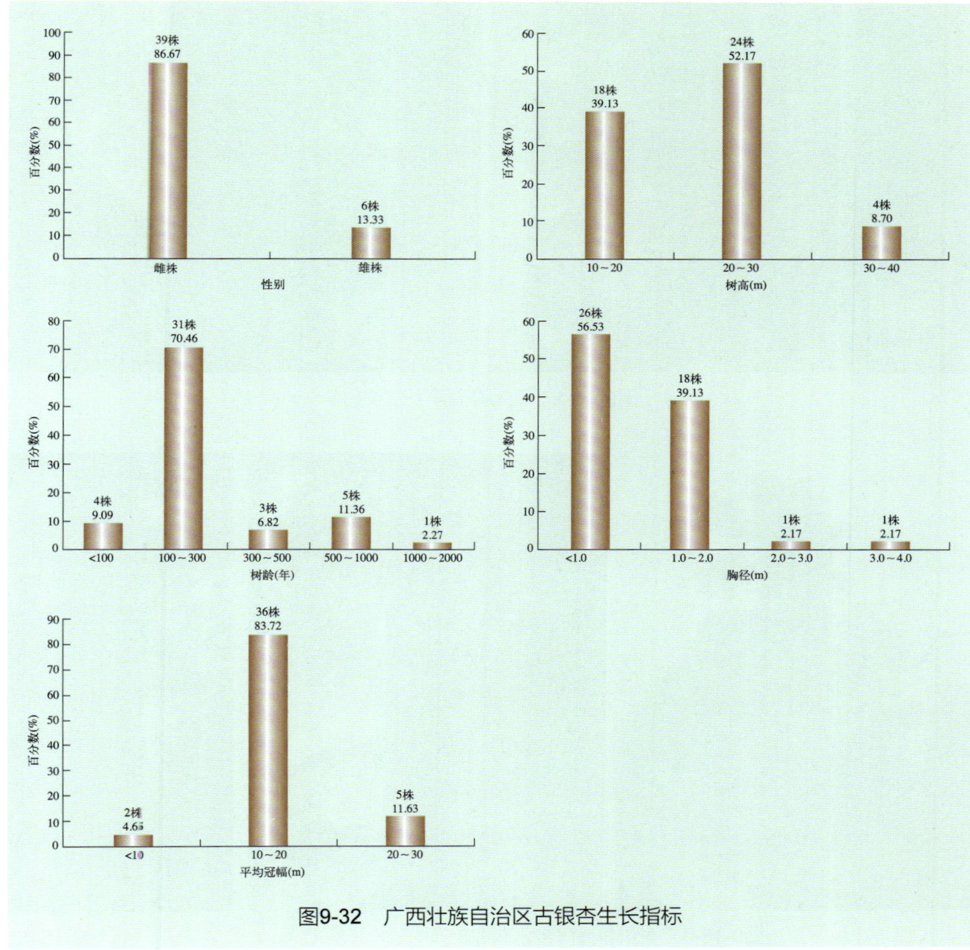

图9-32 广西壮族自治区古银杏生长指标

王”。据邓荫伟调查，兴安县及灵川县有胸径1.0m以上的银杏大树300株，兴安200株（兴安县拥有百年以上古银杏达2300多株。全县银杏总面积达1.6万hm^2），灵川100株（其中海洋乡被誉为“中国银杏第一乡”共有银杏近百万株，年产400t。其中百年以上的银杏就有1.7万株以上），构成银杏古树群落。

灵川县海洋乡水头村1（图9-16-1）

雌株，树龄300年，树高25.0m，胸径1.80m，冠幅25.0m×25.0m，位于该村房子周围。枝繁叶茂，树冠塔形，主干通直。

灵川县海洋乡水头村2（图9-16-2）

雌株，树龄200年，树高20.0m，胸径1.10m，冠幅20.0m×20.0m，位于该村路边。主干在0.5m处分成两枝。

灵川县海洋乡水头村3（图9-16-3）

雌株，树龄100年，树高20.0m，胸径0.65m，冠幅20.0m×15.0m，位于该村小房周围。主干通直，冠为塔形。

灵川县海洋乡九连村1（图9-16-4）

“白果皇后”，为海洋乡最大银杏之一。雌株，树龄200年，树高30.0m，胸径1.70m，冠幅24.0m×24.0m。主干4.0m以上分成两大主干，其中1个主干2011年5月被雷击断。主干通直，树冠塔形。根系裸露出地表0.5～0.8m，延伸5.0～8.0m远。

灵川县海洋乡九连村2（图9-16-4）

雌株，树龄120年，树高25.0m，胸径0.83m，冠幅10.0m×15.0m，位于白果皇后西面20.0m处。树冠尖塔形，生长旺盛。

灵川县海洋乡九连村3（图9-16-5）

雌株，树龄120年，树高27.0m，胸径1.20m，冠幅15.0m×15.0m，白果皇后南面20.0m处，主干明显，尖塔形，枝繁叶茂。

灵川县海洋乡大庙塘村

雄株，树龄300年，树高28.0m，胸径1.20m，冠幅21.0m×22.0m。该树已经被卖。

灵川县海洋乡大庙塘村（图9-16-6）

雄株，树龄100年，树高25.0m，胸径0.78m，枝下高1.2m，冠幅15.0m×15.0m。并列2株，该树两大主枝，6个干。

灵川县海洋乡大庙塘村（图9-16-6）

雌株，树龄100年，树高26.0m，胸径0.67m，冠幅16.0m×13.0m。该株主干明显，8个侧枝，生长旺盛。

灵川县潮田乡华口村（图9-16-7）

雌株，树龄80年，树高16.5m，胸径2.00m，枝下高2.2m，冠幅12.4m×13.8m。华口村距离潮田乡7.0～8.0km，“华口大白果”曾荣获中国优质农产品及科技成果设备

图9-16-1 灵川县海洋乡水头村1

图9-16-2 灵川县海洋乡水头村2

图9-16-3 灵川县海洋乡水头村3

图9-16-4 灵川县海洋乡九连村1（左）、2（右）

展览会银奖。10大侧枝，主干上有瘤状凸起多处。

灵川县海洋乡江尾村（图9-16-8）

雌株，树龄130年，树高18.0m，胸径0.90m，冠幅12.0m×13.5m。该树为该村最大，'海洋皇'品种，曾被雷击。树干5.0m以下有一半树皮剥落。5.0m以上分成两枝。

灵川县海洋乡（1）

雌株，树龄150年，树高15.8m，胸径0.49m，冠幅8.5m×9.0m，核用优良单株，平均株产4.0kg/年。

灵川县海洋乡（2）

雌株，树龄200年，树高12.7m，胸径0.62m，冠幅11.5m×12.0m，核用优良单株，平均株产70kg/年。

灵川县海洋乡（3）

雌株，树龄130年，树高14.0m，胸径0.51m，冠幅11.0m×10.0m，核用优良单株，年株产种核20kg。

灵川县海洋乡（4）

雌株，树龄100年，树高15.0m，胸径0.40m，冠幅9.0m×9.5m，核用优良单株，年株产种核40kg。

灵川县海洋乡（5）

雌株，树龄130年，树高16.0m，胸径0.55m，冠幅9.8m×10.8m，核用优良单株，年株产种核50kg。

灵川县海洋乡（6）

雌株，树龄150年，树高15.2m，胸径0.55m，冠幅10.5m×11.0m，核用优良单株，年株产种核55kg。

灵川县海洋乡（7）

雌株，树龄120年，树高15.0m，胸径0.53m，冠幅10.0m×11.0m，核用优良单株，年株产种核40kg。

灵川县海洋乡（8）

雌株，树龄120年，树高15.0m，胸径0.45m，冠幅9.5m×10.5m，核用优良单株，年株产种核25kg。

灵川县海洋乡（9）

雌株，树龄110年，树高14.5m，胸径0.60m，冠幅11.5m×11.0m，核用优良单株，年株产种核27kg。

灵川县海洋乡（10）

雌株，树龄150年，树高16.0m，胸径

图9-16-5 灵川县海洋乡九连村3

图9-16-6 灵川县海洋乡大庙塘村

图9-16-7 灵川县潮田乡华口村1

0.86m，冠幅10.0m×10.4m，核用优良单株，年株产种核73kg。

灵川县海洋乡（11）

叶籽银杏。雌株，树龄55年，树高12.5m，胸径0.67m，冠幅11.0m×11.5m。

灵川县海洋乡大桐木湾村1（图9-16-9）

"白果王"，海洋乡最古老的银杏之一。雄株，树龄500年，树高30.0m，胸径1.60m。树干需5～6人才能合抱。为海洋乡最古老的银杏，根系露出地表0.2～0.5m，延伸3.0～5.0m。枝繁叶茂，有一复干已经和母干融为一体。附近有个大桐木湾村银杏资源集中，多为30～50年生树，生长较好。

灵川县海洋乡大桐木湾村2（图9-16-9）

雌株，树龄100年，树高25.0m，胸径0.75m，冠幅20.0m×15.0m，距离"白果王"50.0m处。主干通直，冠为尖塔形。

灵川县海洋乡大桐木湾村3（图9-16-10）

雌株，树龄130年，树高25.0m，胸径1.05m，枝下高2.0m，冠幅20.0m×20.0m，距离"白果王"100.0m处。

兴安县护城乡

叶籽银杏。雌株，树龄500年。1981年发现3株叶籽银杏，其中一株高25.3m，干高

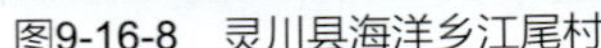
图9-16-8　灵川县海洋乡江尾村

图9-16-9　灵川县海洋乡大桐木湾村1（左）、2（右）

图9-16-10　灵川县海洋乡大桐木湾村3

图9-16-11　兴安县漠川乡才金村苦竹塘屯1（左）、2（右）

3.0m，胸径1.02m，冠幅20.5m×16.3m。叶籽银杏是是广西产区栽培品种之一，为根蘖苗种植，主干明显，侧枝分布均匀，树冠是圆锥形，上部枝自然生长往上，中下部枝下垂，产量较低。在同一树冠上着生的种实，其中正常的占80%，叶柄果占20%。正常种实为长圆形，纵径3.19cm，横径2.38cm，顶部凹入呈"O"形，基部倾斜一边，外种皮淡黄色，油胞较多，并有一层白粉。果柄略弯曲，长3.22cm。蒂盘圆形或长圆形，单果重10.4g，每千克96粒，出核率20.68%。正常种核为长倒卵形，纵径2.61cm，横径1.52cm，顶部略见小尖，基部较尖并有维管束迹一、二，束迹一高一低。种核棱线大多数为二，极少数为三。二棱有背腹之分，三棱者腹部小，仅占种核的1/5。种核上部明显大于下部，上部棱线明显。单核重2.17g，每千克460粒，出仁率为76.25%。带叶种实，果柄细长，与叶柄相同，并略长于叶柄，柄长5.5～6.0cm，种实畸形，少数为长圆形。种核基部明显大于顶部，顶部成尖状细长，另有部分种核的细长尖状部位弯曲一边，似狗牙状，种核粒小，内有种仁，但无经济价值。该品种在广西产区仅有兴安县护城乡有3株分布，3株的年限相同，树龄均为55年，另一株高12.5m，枝下高0.7m，胸径66.8cm，冠幅11mm×11.5m，1983年前每株产正常种核2～10kg，1983年后株产正常种核15～20kg。该品种种实奇特，很有观赏价值，是公园绿化观赏和制作盆景的良好品种之一。

兴安县护城乡

叶籽银杏。雌株，树龄80年。树高12.5m，胸径0.67m，冠幅11.0m×11.5m。

兴安县护城乡

叶籽银杏。雌株，树龄80年。树高11.5m，胸径0.64m，冠幅10.0m×11.5m。

兴安县漠川乡才金村苦竹塘屯1（图9-16-11）

雌株，树龄330年，树高21.0m，胸径1.12m，枝下高2.4m，冠幅14.7m×18.4m，附近有一座大坟，主干明显，生长旺盛。核用优良单株，每年产种核600kg。

兴安县漠川乡才金村苦竹塘屯2（图9-16-11）

雌株，树龄100年，树高20.0m，胸径0.57m，枝下高2.3m，冠幅15.0m×15.0m，位于漠川公路旁。15个分枝，生长旺盛。树冠纺锤形。

兴安县溠川乡才金村苦竹塘屯3（图9-16-12）

雄株，树龄100年，树高16.0m，胸径0.76m，枝下高0.5m，冠幅15.0m×13.0m，位于村口河边。复干已和主干合生。

兴安县溠川乡才金村苦竹塘屯4（图9-16-13）

雌株，树龄100年，树高24.0m，胸径0.85m，冠幅10.0m×10.0m，距离大坟500～600m，15个侧枝，生长旺盛。

兴安县溠川乡长明村

雌株，树龄200年，树高25.5m，胸径1.20m，冠幅23.0m×12.0m。已经被卖掉。

兴安县溠川乡长明村（图9-16-14）

雌株，树龄110年，树高22.0m，胸径0.86m，枝下高3.8m，冠幅15.0m×12.0m。该株树干光滑，生长旺盛，16个侧枝。

兴安县崔家乡渡头村（图9-16-15）

雌株，树龄200年，树高25.0m，胸径1.30m，枝下高0.5m，冠幅12.0m×12.0m。长势良好，位于兴安到白石的公路边。复干在干高2.5m处已和主干合生，第一主枝几乎紧贴地面生长。

兴安县白石乡水源头村1（图9-16-16）

雌株，树龄200年，树高25.0m，胸径1.21m，冠幅15.0m×16.0m。水源头村口位于高尚公路和溠川公路交叉处。

兴安县白石乡水源头村2（图9-16-17）

雌株，树龄100年，树高18.0m，胸径0.83m，冠幅12.0m×10.0m。树干基部为空心。

兴安县白石乡水源头村3（图9-16-16）

雌株，树龄100年。树高20.0m，胸径0.75m，冠幅12.0m×12.0m。

兴安县白石乡水源头村4（图9-16-18）

雌株，树龄200年，树高17.0m，胸径1.10m，冠幅15.0m×15.0m。

兴安县白石乡水源头村5（图9-16-18）

雄株，树龄200年，树高20.0m，胸径

图9-16-12 兴安县溠川乡才金村苦竹塘屯3

图9-16-13 兴安县溠川乡才金村苦竹塘屯4

图9-16-14 兴安县溠川乡长明村

图9-16-15 兴安县崔家乡渡头村

图9-16-16 兴安县白石乡水源头村1（左）、3（右）

图9-16-17 兴安县白石乡水源头村2

1.12m，冠幅17.0m×15.0m。

阳朔县内

雄株，树高21.5m，胸径1.20m，冠幅16.0m×17.0m。

阳朔县金宝乡大桥村

雌株，树高25.5m，胸径1.06m，冠幅19.0m×19.6m。

资源县车田乡

雌株，树龄500年，树高27.0m，胸径1.65m，冠幅16.5m×18.0m。

恭城瑶族自治县三江瑶族乡新寨村（图9-16-19）

广西最古老的银杏树；"银杏王"。雌株，树龄1200年，树高30.0m，胸径3.20m。国家二级古树，恭城县树，距恭城县城56km（标志牌为400年，根据桂林林业局介绍为恭城挂牌时出错）。基部树干连生，1.5m处分成6个主干，是否复干不易辨别。具垂乳10余个，最长0.75m。树干基部具数以千计的萌蘖。根系裸露。广西最古老的银杏树，长势良好，有"银杏王"之称。下为一圆形大树台，上分成6个分枝。每年开花结果，年产果300kg。编号：202。

天峨县坡结乡尧山村尖龙屯

雌株，树龄500年，树高25.0m，胸径0.82m。这株银杏生长在海拔1100m尖龙屯寨中，其根粗壮苍老，侧根向四周蜿蜒盘伸，树干挺拔直立，树皮呈灰褐色，纵直深裂，树枝向四周伸展，树冠呈广卵形。这是该县迄今为止发现的首株古银杏。

图9-16-18　兴安县白石乡水源头村4（左）、5（右）

图9-16-19　恭城瑶族自治县三江瑶族乡新寨村

北京市银杏古树资源

一　古树生境及地理气候指标

北京市主要土壤类型有山地草甸土，占全市土壤总面积的0.038%；山地棕壤占9.5%；褐土占64.95%；潮土占24.7%；沼泽土占0.1%；水稻土占0.38%，风沙土占0.33%。北京地区的地带性植被是温带落叶阔叶林并兼有温性针叶林。此外，在平原地区还有欧亚大陆草原成分，如蒺藜、猪毛菜、柽柳、碱蓬等，深山区保留有欧洲西伯利亚成分，如华北落叶松、云杉、圆叶鹿蹄草、舞鹤草等；同时，有热带亲缘关系的种类在低山平原也普遍存在，如臭椿、栎类，栾树、酸枣、荆条、黄草、白羊草等。

北京市主要银杏分布区地理气候指标如表9-33所示。

二　古树分布及株数

北京市共计16个县（市、区），有古银杏14个县（市、区），占87.50%；40个乡（镇）有古银杏。文献报道株数1220株，实测及统计171株，其中115株具有生长指标（图9-33，表9-34）。

北京虽有4000多年的历史，又是五代古都，而北京的银杏都是人工栽植的，最早是植于唐代，有的植于辽金，有的植于元、明、清。而现在保存最多的是明朝永乐年（1403）以后种植的。

北京市及所辖区县均有银杏古树分布，而且是所有古树名木中年龄最老的。按古树生长地点，大体可分为四类：①寺庙内外被视为神树、圣树、帝王树或“菩提树”栽植的；②公园零星栽植作为观赏的；③街路两侧栽为行道树的；④历史文化名人住宅和私人庭院零星栽植的。银杏古树海滨区最多，其次是门头沟区、石景山区、昌平区等。

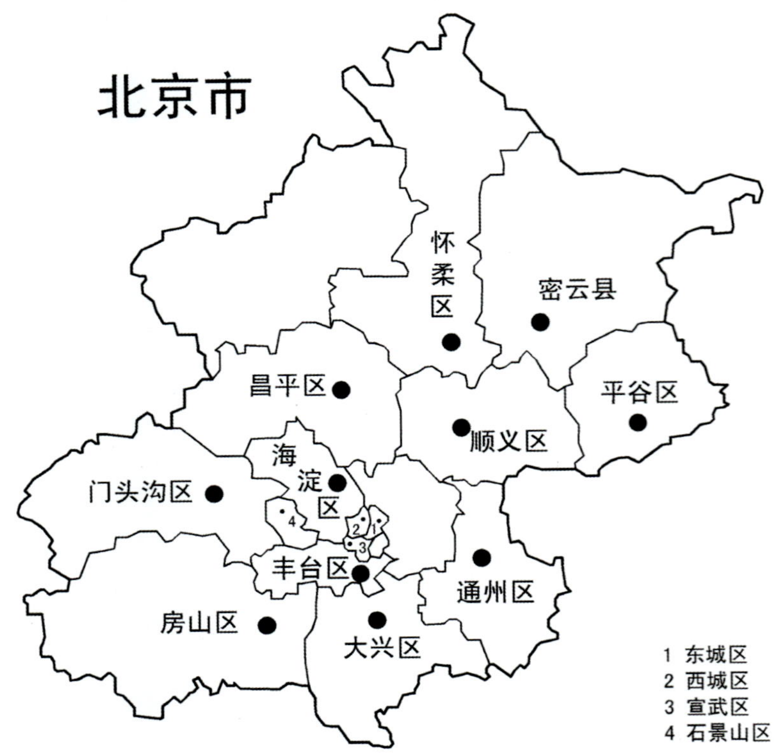

图9-33　北京市银杏古树分布图

三　古树生物学

1. 性别

在已知性别的81株古银杏中，雌株45株，占55.56%；雄株36株，占44.44%。雌雄同株3株（图9-34）。

表9-33　北京市主要银杏分布区地理气候指标

县（市）	经度	纬度	年均温（℃）	年降水量（mm）	无霜期（天）	年均日照时数（小时）	1月均温（℃）	绝对最低温度（℃）	≥10℃积温
丰台区	116° 04′ ～116° 28′	39° 46′ ～39° 54′	11.5	580.7	190	2280	-4.7		3927
石景山区	116° 07′ ～116° 14′	39° 53′ ～39° 59′	13.4	680.0	190	1991	-4.2	-11.7	3800
海淀区	116° 03′ ～116° 23′	39° 53′ ～40° 09′	12.5	628.9	211	2662	-4.4	-21.7	4200
门头沟区	115° 25′ ～116° 10′	39° 48′ ～40° 10′	11.7	600.0	200	2470	-5.5	-22.9	4145
昌平区	115° 50′ ～116° 29′	40° 02′ ～40° 23′	11.8	550.3	200	2684	-4.7		4200

表9-34 北京市银杏古树分布地点及株数汇总

区（市）	县（市、区）	乡（镇）
北京市（171株）	昌平区（10株）	南口镇、十三陵镇、长陵镇
	怀柔区（6株）	怀柔镇、怀北镇、黄花城乡
	门头沟区（17株）	潭柘寺镇、永定镇、妙峰山镇、龙泉镇、斋堂镇
	房山区（5株）	河北镇、周口店镇、窦店镇、韩村河镇
	密云县（4株）	巨各庄镇、穆家峪镇、溪翁庄镇、河南寨镇
	平谷区（4株）	金海湖镇、黄松峪乡、大华山镇
	海淀区（88株）	八里庄街道、苏家坨镇、紫竹院街道、青龙桥街道、香山街道
	大兴区（2株）	兴丰街道、安定镇
	通州区（2株）	漷县镇
	西城区（4株）	牛街街道、什刹海街道
	顺义区（2株）	牛栏山镇
	石景山区（11株）	五里坨街道、金顶街街道、苹果园街道、八角街道、八宝山街道
	丰台区（12株）	花乡
	东城区（4株）	和平里街道

总计：有古银杏14个县（市、区），40个乡（镇），共计171株。

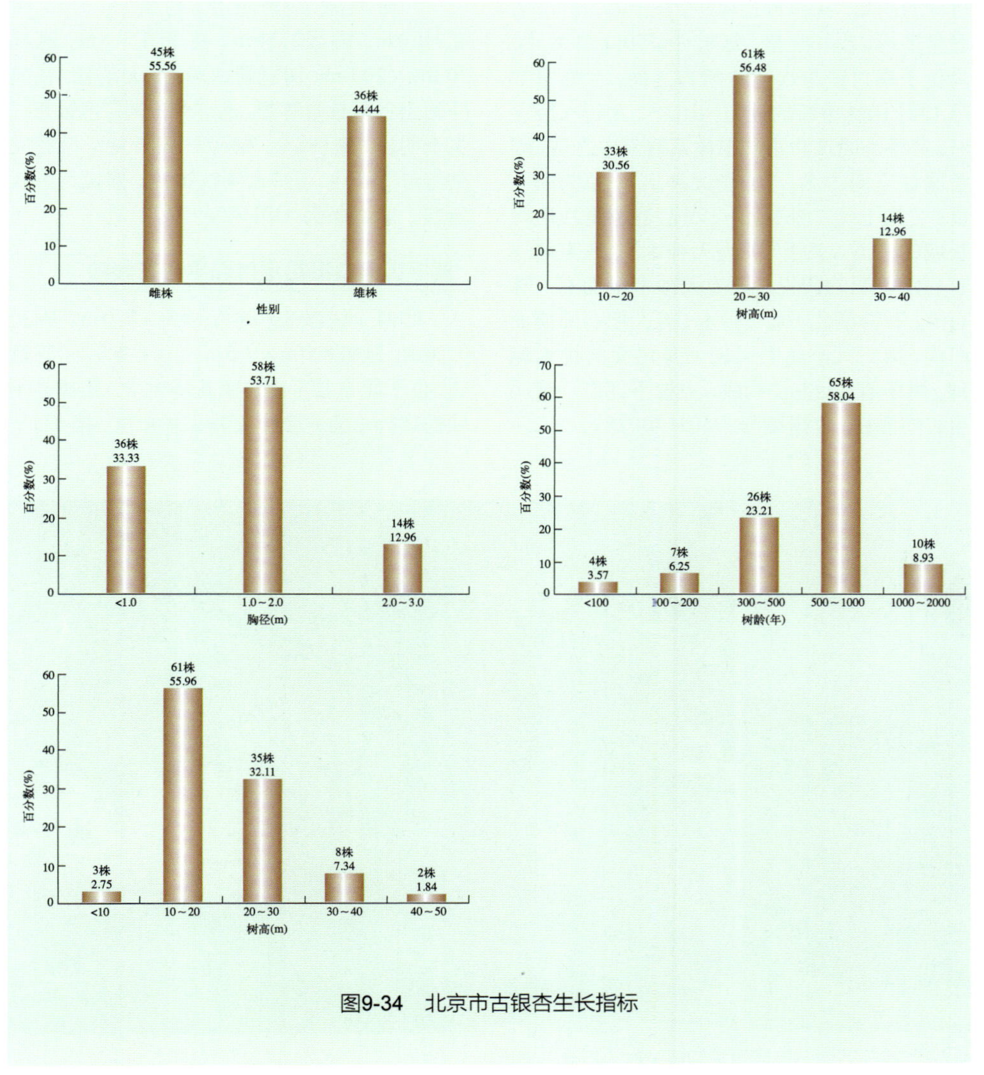

图9-34 北京市古银杏生长指标

2. 树高

树高最高单株为40.0m，有2株，位于门头沟区潭柘寺镇潭柘寺1株，位于房山区周口店镇车厂村十字寺1株；最矮单株为3.8m，位于海淀区香山卧佛寺路北京植物园盆景园；树高<10m的银杏为3株，占2.75%；10～20m的为61株，占55.96%；20～30m的为35株，占32.11%；30～40m的为8株，占7.34%；40～50m的为2株，占1.84%。树高前十位单株：门头沟区潭柘寺镇潭柘寺（40.0m）、房山区周口店镇车厂村十字寺（40.0m）、房山区河北镇政府院内（铁瓦寺原址）（38.5m）、门头沟区永定镇苛罗坨村西峰寺国土资源训练中心院内（32.0m）、昌平区十三陵镇德胜口村沟崖风景区上庙前（30.0m）、昌平区十三陵镇德胜口村沟崖风景区大盘道上（30.0m）、门头沟区潭柘寺镇潭柘寺（30.0m）、海淀区苏家坨镇大觉寺大殿左（30.0m）、石景山区五里坨街道西山社区秀府村越秀庵（30.0m）、石景山区苹果园街道琅山村路北41号李家宅（30.0m）。

3. 树龄

树龄最大单株为1300年，有2株，位于密云县巨各庄镇塘子村小学校内1株，位于海淀区香山卧佛寺路北京植物园盆景园1株；最小单株为25年，位于丰台区东高地万源南里甲43号中国运载火箭技术研究院；树龄<100年的为4株，占3.57%；100～300年的为7株，占6.25%；300～500年的为26株，占23.21%；500～1000年的为65株，占58.04%；1000～2000年的为10株，占8.93%。树龄前

十位单株：密云县巨各庄镇塘子村小学校内（1300年）、海淀区香山卧佛寺路北京植物园盆景园（1300年）、昌平区南口镇居庸关四桥子村（石佛寺遗址）（1200年）、昌平区十三陵镇德胜口村沟崖风景区上庙前（1105年）、昌平区十三陵镇德胜口村沟崖风景区大盘道上（1105年）、怀柔区怀柔镇卢庄村北红螺东路红螺寺院内西侧（1100年）、怀柔区怀柔镇卢庄村北红螺东路红螺寺院内东侧（1100年）、门头沟区永定镇苛罗坨村西峰寺国土资源训练中心院内（1052年）、门头沟区潭柘寺镇潭柘寺（1000年）、密云县河南寨镇荆栗园村黍谷山西岩寺（1000年）。

4. 胸径

北京市已知胸径的银杏古树共计109株（其中包括基径1.0～2.0m 1株）。胸径最大单株为2.90m，位于门头沟区潭柘寺镇潭柘寺；最小单株为0.26m，位于丰台区东高地万源南里甲43号中国运载火箭技术研究院；胸径＜1.0m的为36株，占33.33%；1.0～2.0m的为58株，占53.71%；2.0～3.0m的为14株，占12.96%。胸径前十位单株：门头沟区潭柘寺镇潭柘寺（2.90m）、门头沟区潭柘寺镇潭柘寺（2.60m）、海淀区万寿寺路地质力学研究所门前（2.58m）、门头沟区永定镇苛罗坨村西峰寺国土资源训练中心院内（2.55m）、昌平区南口镇居庸关四桥子村（石佛寺遗址）（2.50m）、海淀区苏家坨镇大觉寺大殿左（2.50m）、昌平区长陵镇献陵村东侧（2.42m）、昌平区十三陵镇德胜口村沟崖风景区大盘道上（2.30m）、密云县巨各庄镇塘子村小学校内（2.30m）、石景山区八角西街46号八角村石景山妇女儿童活动中心院内（2.13m）。

5. 冠幅

冠幅最大单株为26.7m×26.7m，平均冠幅为26.7m，位于房山区周口店镇周口店村；最小单株为2.0m×3.0m，平均冠幅为2.5m，位于西城区地安门西大街199号。冠幅前十位单株：房山区周口店镇周口店村（26.7m×26.7m）、门头沟区潭柘寺镇潭柘寺（25.0m×28.0m）、门头沟区妙峰山镇斜河涧村广化寺内（28.0m×24.0m）、房山区河北镇政府院内（铁瓦寺原址）（24.0m×25.0m）、门头沟区永定镇苛罗坨村西峰寺国土资源训练中心院内（24.0m×23.5m）、密云县巨各庄镇塘子村小学校内（21.0m×26.0m）、昌平区南口镇居庸关四桥子村（石佛寺遗址）（20.0m×25.0m）、怀柔区怀北镇政府院内（28.5m×15.2m）、房山区周口店镇车厂村十字寺（22.5m×20.0m）、海淀区苏家坨镇大觉寺北路前院（20.0m×22.0m）。

6. 特异种质

垂乳银杏1株；复干银杏23株；雌雄同株3株。

四 古树综合描述

昌平区南口镇居庸关四桥子村（石佛寺遗址）（图9-17-1）

唐代“关沟大神木”。雌株，树龄1200年，树高25.0m，胸径2.50m，冠幅20.0m×25.0m，树干凹凸不平，基部有数以百计的萌蘖。树被栅栏保护，枝下高2.2m。树冠呈塔形，生长旺盛，每年可结50kg白果，关沟位于南口镇与八达岭岭口之间，古称军都陉（陉：山脉中断的地方、山口），太行八陉之一，曾经是明代北京防卫体系的重中之重，因关城林立而得名。“关沟大神木”，原为四十里“关沟七十二景”之一，现已是游览八达岭长城的一景。关于“关沟大神木”，在当地还有一段美丽的传说。相传大神木南面有一尊石佛，石佛朝北，面对神木。有人把石佛挪面向南，第二天早晨它又转回身仍面向神木朝拜。树体有2大主枝构成，主枝下部有一横向生长的侧枝。古树编号：11011400289。

昌平区十三陵镇德胜口村沟崖风景区上庙前

“银杏王”，唐代山中道士所栽。雌株，树龄1105年，树高30.0m，胸径1.78m，冠幅15.0m×17.0m，古树编号：11011404971。沟崖自然风景区位于北京市昌平区十三陵德胜口110国道旁。这里“沟中有崖、崖下有沟、沟沟相通、崖崖相望”，因此又称“沟沟崖”。玉虚观，俗称上庙，位于沟崖中峰山腰，距沟口约7500m。明天启二年（1622）建造，崇祯八年（1635）落成，清光绪二十四年（1898）修葺。玉虚观下有银杏树1株，为北京市一级古树名木，称“银杏王”。主干倾斜，复干挺拔。碑文记载：沟崖林木葱茏，古树参天，一级古木10株，二级古木近百株。古柏、老葛藤等各显风姿，残存古柏，苍劲挺拔，成为沟崖历史的最好见证。银杏王是其中的一株。雌雄子母同株，周围聚集十余株粗细不一的子树，子孙满堂，相依相偎，繁茂至极。深秋之时，有药农采其果实，收获甚丰。相传此树为唐代一位山中道士所栽。

昌平区十三陵镇德胜口村沟崖风景区大盘道上

“帝王树”，唐银杏。树龄1105年，树高30.0m，胸径2.30m，枝下高2.8m，冠幅20.0m×20.0m。树冠圆球形，高大茁壮，在寂静的山谷里独自辉煌，称“帝王树”古银杏。主干明显，侧枝8个。树干一侧一复干已经完全与母干合生。有2大侧枝锯掉。据说为唐代所栽。古树编号：11011404972。

昌平区南口镇花塔村和平寺正殿前

雌株，树龄800年，树高12.0m，胸径0.70m，冠幅8.0m×9.5m。和平寺俗称花塔庙，位于北京昌平南口镇花塔村北，距离昌平城约15km，为北京市文物保护单位。据《日下

图9-17-1 昌平区南口镇居庸关四桥子村（石佛寺遗址）

旧闻考》记载“花塔山有和平寺，唐建”。由唐代尉迟恭监建，因唐太宗李世民御笔亲书“敕赐和平寺”得名，古有“先有和平寺后有潭柘寺”之说，足见其历史悠久。和平寺建在燕山山脉龙凤山的龙尾山坳之下，巧妙地利用自然环境，依山而建，景色秀丽。如来殿前有2株银杏树，雌树在左边（东），雄树在右边（西），雌树主干旁边又滋生出12个复干，秋天里白果累累。古树编号：11011400279。

昌平区南口镇花塔村和平寺正殿前

雄株，树龄900年，树高16.6m，胸径1.37m，冠幅13.0m×16.0m，基部生有大小不等复干10余个。最大复干高10m，粗度30cm。古树编号：11011400274。

昌平区长陵镇献陵村东侧

雌株，树龄500年，树高15.0m，胸径2.42m，冠幅10.0m×16.0m。枝条被烧。

昌平区长陵镇献陵村西侧

雌株，树龄500年，树高13.0m，胸径1.18m，冠幅8.0m×7.0m。

昌平区长陵镇献陵村西侧

雌株，树龄500年，树高14.0m，胸径1.39m，冠幅9.0m×6.0m。

昌平区南口镇羊台子沟佛岩寺前

雄株，树龄800年，树高18.0m，胸径1.06m，冠幅12.0m×7.0m。

昌平区南口镇羊台子沟佛岩寺前

雄株，树龄800年，树高18.0m，胸径0.83m，冠幅13.0m×13.0m。

怀柔区怀柔镇卢庄村北红螺东路红螺寺院内西侧（图9-17-2）

唐银杏，“父子银杏”，“京畿三绝景”之一；与东侧一株合称“夫妻树”。雄株，树龄1100年，树高25.0m，胸径1.20m，冠幅10.0m×10.0m，雄株有10大侧枝，郁郁葱葱，大有独木成林之势。管理较好，无病虫害。具复干6个，离母干距离0.2～0.8m，最大复干高15m，粗50cm。古树编号：11011601263。

怀柔区有6株古银杏树，分布在怀柔城北的平原地区和黄花城乡，即红螺寺2株，怀北镇2株，怀柔镇1株，白云观1株。红螺寺位于北京市怀柔县城北部的红螺山，距县城约10km。该寺初建于东晋永和四年（348），距今已有1600多年历史。原名“大明寺”，明正统年间（1436～1449）改名“护国资福寺”。因该寺所在山下有一“珍珠泉”，相传泉水深处有2颗色彩殷红的大螺蛳，每到夕阳西下螺蛳便吐出红色光焰，故山得名“红螺山”，寺俗称“红螺寺”。2株古银杏树坐落在红螺寺大雄

图9-17-2　怀柔区怀柔镇卢庄村北红螺东路红螺寺院内西侧

图9-17-3　怀柔区怀柔镇卢庄村北红螺东路红螺寺院内东侧

宝殿前的东西两侧，东雌西雄，可谓珠联璧合天作一双，故有“夫妻树”之称。沟台地，黑沙土，较湿涯肥沃。西边雄株比东边雌株生长旺，径级大。该树根部生长有10株小银杏，复干笔直向上，人称“父子银杏”。当地人相传，每换一个朝代，这棵雄银杏树就从根部长出一个新的干。已列入怀柔区一级古树名木，“雌雄银杏”历经沧桑，是著名的“京畿三绝景”之一。清代寺内僧人有诗云：“红螺寺院两银杏，雌雄异株分东西。西雄开花不结果，东雌无花果实丰。”

怀柔区怀柔镇卢庄村北红螺东路红螺寺院内东侧（图9-17-3）

“母子银杏”，“夫妻树”。雌株，树龄1100年，树高15.0m，胸径0.80m，冠幅10.0m×9.0m，管理较好，枝叶茂盛，无病虫害。具复干2个，最大高8m，粗45cm，紧贴母干生长。在其根部生长有2株小银杏，人称“母子银杏”。已列入怀柔区一级古树名木。古树编号：11011601087。

怀柔区怀北镇政府院内（图9-17-4）

“孔雀仙子”银杏。雌株，树龄610年，树高24.0m，胸径2.02m，冠幅28.5m×15.2m，树干饱满，树冠扇形，枝繁叶茂，无病害。树冠向一侧倾斜，生长旺盛。枝下高2.0m，树干上有一瘤状物，树周围有栅栏保护。古树编号：11011600026。

这株古银杏与坐落在怀北镇大水峪村银杏，一雌一雄，其名字来源于民间故事“白果恋”。相传明朝年间，大水峪村的北山住着一对老年夫妇，他们以打猎为生。不久，他们喜得一子，取名“立云”。立云相貌英俊，力大无比，从小就随父打猎，练就一身武艺。后来老两口相继过世，只剩下立云过着孤单的生活。一天立云上山打猎，发现一只猛虎正追咬一只美丽的孔雀，就拔刀上前赶跑猛虎救出孔雀，把孔雀抱回家中喂养。不久，这只孔雀变成一位美貌出众的女子，两人就结为夫妻，过着幸福美满的生活。可是，一件不幸的事情突然发生了，在一个风雨交加、电闪雷鸣的夜晚，王母娘娘在天兵天将护卫下来到这里。王母在云端上说：“你二人本是天宫童子和孔雀仙子，因违反天规被贬下凡，可在凡间竟敢结为夫妻，真是罪上加罪，必须受到严惩！”说完口念咒语，把它们化为灰烬在空中飘扬，他们的灰烬变为银杏种子，分别飘落在西庄（现镇政府所在地）和大水峪村，几天之内就长成大树，日日相对，夜夜相守，这就是人们传说的“白果恋”。“孔雀仙子”银杏，坐落在怀北镇镇政府（原金灯寺）院内，平地，黑沙土，较深厚肥沃。景观美，果实多。已列入怀柔区一级古树名木。

怀柔区怀北镇大水峪村

“天宫童子”。雄株，树龄440年，树高22.0m，胸径1.20m，冠幅20.0m×18.0m，古树编号：11011600030。树冠椭圆形。“天宫童子”银杏生长地为沙石土，较干旱瘠薄。已列入怀柔区一级古树名木。

怀柔区怀柔镇府前街北侧火神庙

明代银杏。雌株，树龄360年，树高20.0m，胸径0.77m，冠幅8.5m×8.5m。坐落在怀柔镇府前街北侧，原火神庙，今林业局办公

图9-17-4 怀柔区怀北镇政府院内

图9-17-5 门头沟区潭柘寺镇潭柘寺（东）

楼前。平地、黑沙土，较深厚肥沃。长势旺，景观美，年年开花结果。

怀柔区黄花城乡鹞子峪西沟白云观

白云观银杏。雄株，树龄510年，树高20.0m，胸径1.52m，冠幅15.0m×13.0m。坐落在黄花城乡鹞子峪西沟，原古庙白云观旁。生境干旱，树势较弱。已列入怀柔区一级古树名木。编号：1034。

门头沟区潭柘寺镇潭柘寺（东）（图9-17-5）

植于辽代，“帝王树”。雄株，树龄1000年，树高40.0m，胸径2.90m，冠幅25.0m×28.0m。复干丛生，最大复干胸径0.80m，高20.0m。

潭柘寺是北京最古老的佛教圣地，始建于西晋，所以向有“先有潭柘寺，后有北京城”之说。清朝诗人李觐光题北京潭柘寺古银杏：翠盖摩天回，盘根拔地雄。皮心千年雪，叶留万古风。在潭柘寺毗卢阁殿前东侧、大雄宝殿后面的三圣殿两侧，植有两株银杏树，东边一株树冠浓荫，遮盖大半庭院，树干需几人合抱才能围拢。辽代栽植，距今虽已千年，仍枝叶繁茂。当年清乾隆皇帝来潭柘寺拜佛，听寺僧说每逢皇帝驾幸寺院，这银杏树便会生出侧枝来。于是“龙颜大悦”，乾隆下诏将这两棵树命名为“帝王树”和“配王树”。西侧与它相对的一棵叫“配王树”，唐代所植。《西山名胜记》记载：“帝王树……在清代，每一帝王继位即自根间生一新干，久之与老干渐合，至宣统时，复生一小干，至今仍不发达。”每位帝王驾崩时，“帝王树”即断落一枝。当然这是一种迷信的说法，因银杏树的根部能滋生出小干来，是它的生长特性。其实，银杏树是雌雄异株的，而这两棵又同属雄树。这位皇帝不谙植物学，竟乱点鸳鸯，把两株雄树配对了。

门头沟区潭柘寺镇潭柘寺（西）（图9-17-6）

“配王树”。雄株，树龄600年，树高30.0m，胸径2.60m，冠幅20.0m×20.0m。8个复干，最大复干高16.0m，粗0.89m。离母干0.2～0.8m。

门头沟区潭柘寺镇潭柘寺东路行宫院里

雌株，树龄500年。2株。这两棵明代雌株银杏，每年秋季都是硕果累累。

门头沟区永定镇苛罗坨村西峰寺国土资源训练中心院内（图9-17-7）

植于宋代，有5个之最，“树王浓荫”。雌株，树龄1052年，树高32.0m，胸径2.55m，枝下高1.2m，冠幅24.0m×23.5m。西峰寺位于门头沟区永定乡岢罗村西山窝中，这里山青水秀，景色绮丽。它的正南和西北与戒台寺、潭柘寺遥遥相望。西峰寺始建于唐，初名会聚寺，元称玉泉寺，寺内清泉一泓，名胜泉池。明正统元年（1436）重建，英宗朱祁镇赐额名“西峰寺”。当时寺址内有唐俊公塔，元月泉新公塔（后移戒台寺内）。该寺分上下两院，就在上院如来宝殿东侧屹立一棵伟岸参天的古银杏。树冠塔形，是宋代遗物，距今已1000年以上。主干高大通直，无干枝，每年结果。现树下有一残碑，但碑文却清晰可辨，上书：“此鸭脚子（即银杏）种于宋代”。树下原有清乾隆乙巳年（1785）北平陈观礼题写诗碑一块。树下的残碑，就是在1980年秋，被一根因结满果实的水桶般粗的大枝，断落下来而砸碎的。此银杏树，有5个之最，是京西最古老、最高大、最粗壮、产果最多、最旺盛的银杏树。为西峰八景之一“树王浓荫”。现树下碑记：白果树高约40m，胸围8m，树龄上千年，此为雌树，原靠远隔3.0km处戒台寺内雄树传花授粉，每年果实累累。主干好似几株树干扭在一起，树干凹凸不平，并具纵向凹沟。

门头沟区妙峰山镇斜河涧村广化寺内（图9-17-8）

金代银杏。雄株，树龄800年，树高25.0m，胸径2.04m，冠幅28.0m×24.0m，广化寺共有3株，遮阴面积一亩，另外2株生长在院外。该树有3个复干，最粗0.4m，具多株萌蘖。古树编号：11010900545。

门头沟区妙峰山镇斜河涧村广化寺院外北侧

雄株，树龄800年，树高20.0m，胸径1.92m，冠幅16.0m×15.0m，有复干10余个，粗度均低于10cm，萌蘖50余株。编号：11010900547。

门头沟区妙峰山镇斜河涧村广化寺遗址院外

雄株，树龄800年，树高20.0m，胸径1.40m，冠幅15.0m×14.0m，有复干3个，最粗0.3m，与母干距离为0～1.5m，萌蘖100余株。

图9-17-6 门头沟区潭柘寺镇潭柘寺（西）

图9-17-7 门头沟区永定镇苛罗坨村西峰寺国土资源训练中心院内

图9-17-8 门头沟区妙峰山镇斜河涧村广化寺内

古树编号：11010900548。

门头沟区妙峰山镇妙峰山金山寺遗址

雌雄同株，树龄600年，树高18.0m，胸径1.20m，主干高5.0m。

门头沟区龙泉镇城子村崇化寺（西）

雄株，树龄650年，树高17.0m，胸径1.32m，枝下高2.6m，冠幅12.0m×17.0m，长势良好。崇化寺遗址位于门头沟区城子西侧，九龙山下。寺院创建于元代至正四年（1344），名为清水禅寺，旧为黄龙禅师说法道场。明宣德九年至正统二年（1434～1437），司礼监太监吴亮捐款重修，明英宗赐名“崇化禅寺”。该寺三面环山，一面临水，四周林木茂盛。寺前有2株一级古银杏高耸入云。该株为西边一株，树干微倾，3大主枝，其中一个侧枝从中上部断裂。

门头沟区龙泉镇城子村崇化寺（东）

雌株，树龄650年，树高18.0m，胸径1.34m，冠幅18.0m×15.0m。该株为东边一株，树干倾斜，有2个复干，最大高度11.0m，粗度42cm。一个复干垂直挺拔，另一个复干斜向生长。2个复干古树标志牌分别为：11010900299、11010900301。

门头沟区斋堂镇桑峪村小学（广济寺）（图9-17-9）

雄株，树龄600年，树高17.0m，胸径1.52m，冠幅17.0m×16.0m。主干高大挺拔，无复干。桑峪村也是个古老的村落，它成村于汉代，经历了千百年荣辱兴衰和沧桑，并且远在11万年前就有古人类在这里生活和繁衍的遗迹。元朝的元统二年（1334），西方的天主教就传入桑峪村，建起了天主教堂。一座西方哥特式建筑突兀于村落的民宅中，非常显眼。旁边学校的位置最初就是古刹广济寺，后来又改建成一座庙，最后成了现在的学校。而广济寺留下的就只有一棵千年银杏树和几棵槐树了。

图9-17-9 门头沟区斋堂镇桑峪村小学（广济寺）

门头沟区永定镇马鞍山戒台寺（图9-17-10）

雄株，树龄500年，树高25.0m，胸径1.20m，枝下高2.5m，冠幅15.0m×16.0m，树干呈漏斗形，上粗下细。叶色浓绿，生长旺盛。古树编号：11010900812。戒台寺始建于唐武德五年（622），是名副其实的千年古刹。

门头沟区斋堂镇灵水村灵泉寺遗址a（图9-17-11）

雄株，树龄300年，树高20.0m，胸径0.85m，冠幅15.5m×14.5m。

门头沟区斋堂镇灵水村灵泉寺遗址b（图9-17-11）

清代所植，垂乳银杏，嫁接雌雄同体银杏。雄株，树龄300年，树高16.0m，胸径0.60m，冠幅10.0m×8.5m。灵水村形成于辽金时代，在明清时期，出过22名举人，2名进士和10余名全国最高学府国子监的监生，文官有山西汾州知府，武官有山东东昌府都司。民国初年有6人毕业于北京燕京大学，因此灵水村在民间被称为“京西举人村”。该村位于镇域西北部，距镇政府12.0km，东南部距政

图9-17-10 门头沟区永定镇马鞍山戒台寺

府驻地32.5km。村子距“109”国道4.0km。位于莲花山下的灵泉禅寺是村里的一座佛教建筑，相传建于汉代，是灵水村文字记载的最早庙宇，也是有文字记载北京地区最早的佛教寺庙。明《宛署杂记》记载：“灵泉禅寺，在凌（灵）水村起自汉，弘治年间（1488～1505）僧海员重修，庶吉士论记”。当然，现在的汉代建筑已经片瓦无存了，唯一存留的山门也是明代建筑。同时，灵水村与著名的爨底下、琉璃渠是北京地区仅有的被列入“中国历史文化名村”的古村落。现在的灵泉禅寺只剩下一座荒废的山门和门前的影壁以及1株古槐、2株古银杏了。在古银杏树下西北侧是灵水小学，已废弃。古银杏为清代所植，为国家二级古树。因两树相距1.5m，树冠已相交，故有报导误为该两株树为雌雄同株。其实灵泉寺银杏曾被古人嫁接后成为雌雄同株，为灵水村八景之一。在嫁接处形成了长达1m多的“树坠”（注：学术界称垂乳），据村民介绍“这是中国最大的树坠”。这两棵树本来都为雄性，本不能结果，但奇特的是，其中西侧（较小的一株）的一颗银杏树上长有一垂乳，长120cm，基径0.20m，在垂乳向上的一枝每年结果。特称“嫁接雌雄同体”银杏树。一株胸径0.85m，高20.0m余；另一株胸径0.60m，高16.0m余，树冠直径在10.0m以上。由于地下水涸结，两树树顶已干枯，但树干仍枝繁叶茂。嫁接雌雄同体银杏树雌树的叶子比雄树要大，每年10月底到11月初换季的十几天里，所有雄树的叶子都是金黄色的，而所有雌树的叶子都是绿色的，两棵树虽然长在一起，可是颜色却泾渭分明。

图9-17-11　门头沟区斋堂镇灵水村灵泉寺遗址
（注：1. 生长季节；2. 冬态，左b具垂乳、右a）

房山区河北镇政府院内（原址铁瓦寺）

雄株，树龄500年，树高38.5m，胸径1.90m，冠幅24.0m×25.0m，树冠伞形。古树编号：11011100072。因铁瓦殿顶满铺铁瓦，铁瓦寺因此殿得名。建于明正德年间（1506～1521）。铁瓦寺下为圣泉庵，建于明代。正殿保存完好，现为办公用房。该树位于铁瓦寺下方，主干微倾，高大挺拔。

房山区周口店镇周口店村

雄株，树龄400年，树高28.0m，胸径1.40m，冠幅26.7m×26.7m。原址为寺庙。

房山区周口店镇车厂村十字寺（图9-17-12）

雄株，树龄800年，树高40.0m，胸径1.67m，枝下高5.0m，冠幅22.5m×20.0m。院内的古银杏树枝繁叶茂。4大主枝，树干挺拔。还有一颗柏树依附于银杏树下。左侧10m远处另有一株3.0m高的小银杏雌树。

十字寺古银杏树的传说故事：那是1943年日本帝国主义侵华战争时期，日本鬼子在周口店地区驻军，其中的一个叫猪头龟孙队长的深通文墨，贪爱古董，经常带人到金皇陵和景教十字寺搜寻有价值的文物遗存。有一天他带随从来到三岔山十字寺，一眼看到了寺院中的那棵被誉为中国国树的银杏树。他知道银杏树是古生物化石孑遗植物，生长较慢，寿命极长，此树是雕刻和其他工艺品的上料，是最佳的家具用料，若被人砍伐阴干，再找中国老工匠精心雕刻做成家具，百年之后将是传给儿孙的无价之宝。想到此，龟孙队长仰天大笑，立即派手下去车厂村找来钢锯想立即伐树。突然天气陡变，西北天边浓云滚滚，骏马奔腾般直向三岔山涌来，猪头龟孙无奈只好命人马上伐树，他迫不及待地抢过大斧，狠劲向古银杏树砍去，只听“咔哧”一声，龟孙手起斧落的刹那间，血红色的古老树液顺着斧刃喷涌四射，喷了龟孙满脸都是，急见一条蜿口粗扁担长的大蟒蛇从十字寺附近的一个山洞里箭似的奔涌而出，似草上飞，似海中舰，向银杏树方向冲来，吓得龟孙大惊失色，扔下大斧就跑，跑回了炮楼，稍定惊魂，仔细寻思，认为是天意。从此再没敢侵犯这棵大树。据当地人讲，十字寺附近山洞确有一条大蟒蛇，有些上年岁的人亲眼见到过，很温顺，也从没伤过人。

图9-17-12　房山区周口店镇车厂村十字寺

房山区窦店镇望楚村（原址弘恩寺）

雄株，树龄200年，树高18.0m，胸径0.81m，枝下高2.8m，冠幅8.0m×8.0m，树冠纺锤形。古树编号：11011100186。该树位于望楚村西弘恩寺二重殿前，原址为弘恩寺。

房山区韩村河镇上方山（图9-17-13）

“银杏王”。树龄800年，树高16.5m，胸径0.92m，枝下高3.2m，冠幅8.0m×7.0m。上方山“银杏王”，主干明显。

密云县巨各庄镇塘子村小学校内（图9-17-14）

唐银杏，北京的“古银杏之最”。雄株，树龄1300年，树高25.0m，胸径2.30m，冠幅21.0m×26.0m。存活的树体呈“V”字形，好似一条大船，中间为死亡的母干，残干存留。树上有火烧痕迹。在银杏树根茎处已萌生出4株小树，胸径依次为80cm、76cm、67cm和45cm，高12m。3个复干向外弯曲生长。复干基部萌蘖数以百计，萌蘖生长旺盛，离母干0.2～0.8m。主干基部凹凸不平，具很多瘤状物。古树编号：11022800172。

小学校址原为“香岩寺”，因建寺时，先有白果树，寺建成后大伙儿都叫它“白果寺”。寺内原有一唐代碑刻，称此树种于唐代之前。唐代所植，距今已1300多年，是北京的“古银杏之最”。塘子小学原为元代香严寺遗址，据《日下旧闻考》载：“香岩寺，元至元年间建，内有鸭脚子（即银杏）一株”。从此银杏可证，在唐代时，此处已有寺庙，可能是元代又重建（过去人们一直认为，西山大觉寺的辽代“银杏王”为“之最”。在1988年秋，经市园林局的专家考证，密云塘子的唐代“香岩寺银杏”为“之最”）。现复干已与主干合拢。这株银杏（雄株）相西偏冠生长，而穆家峪镇西穆家峪村的银杏（雌株）向东偏冠生长，两株银杏面对潮河，遥遥相望，相互倾爱。

密云县穆家峪镇西穆家峪村

雌株。西穆家峪村的银杏向东偏冠生长。

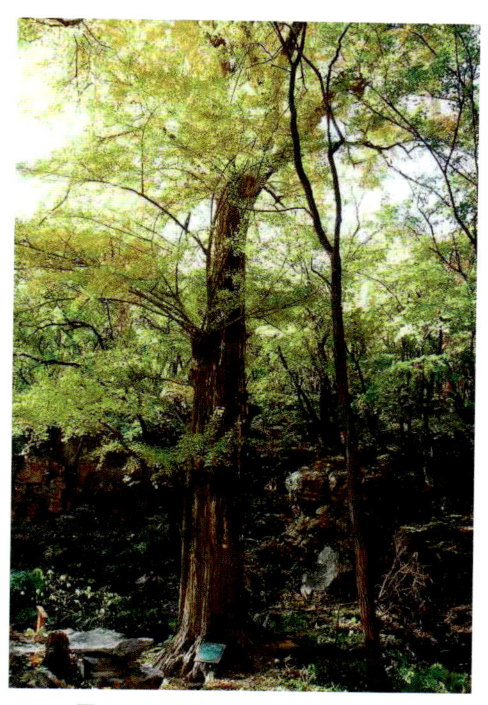
图9-17-13 房山区韩村河镇上方山

胸径1.26m，冠幅8.0m×9.0m。编号：11022800221。与黄松峪乡黄松峪村观音庙遗址那一株传为一雄一雌，有美丽传说，实则均为雌株。

平谷区黄松峪乡黄松峪村观音庙遗址

雌株，树龄520年，树高18.0m，胸径1.55m，冠幅10.0m×10.0m。2株。

平谷区大华山镇大华山村

雌株，树龄500年，树高19.0m，胸径0.77m，冠幅7.0m×7.0m。原址为药王庙。

海淀区八里庄街道办事处八里庄北里社区永安万寿塔（慈寿寺塔）前

雄株，树龄400年，树高25.0m，胸径1.92m，冠幅12.0m×12.0m，古树编号：11010800575。

永安万寿莕，又名永安塔、永安寿塔、八里庄塔及慈寿寺塔，俗称玲珑塔。明正德年间太监谷大用在寺后扩建墓地。明神宗皇太后于万历四年（1576）在此建慈寿寺，现寺毁塔存，塔为八角形密檐式砖塔（又名砖塔），共13层，高约50.0m。该树比五塔寺、护国寺、镇国寺、潭柘寺、西峰寺、大觉寺的银杏树粗。在阜成门外西八里庄万寿塔银杏树有两株，一枯一荣。生长在杂乱的居民区中。万寿塔到这两棵古银杏有大约400m。树冠纺锤形，较另一株大而旺，主干明显。

海淀区八里庄街道办事处八里庄北里社区永安万寿塔（慈寿寺塔）前

雌株，树龄400年，树高15.0m，胸径1.03m，冠幅10.0m×9.0m，古树编号：11010800574。几乎死亡，仅残存几个成活枝。

海淀区苏家坨镇北安河村西鹫峰山森林公园金仙庵（寺）内（图9-17-15）

明代银杏。雄株，树龄400年，树高18.5m，胸径1.49m，冠幅14.0m×18.0m。金仙

密云县溪翁庄镇黑山寺村黑山寺

树龄500年，树高25.0m，胸径1.00m，冠幅15.0m×18.0m。黑山寺风景区位于密云县溪翁庄镇黑山寺村，坐落在密云水库白河主坝西南侧，距县城16.0km。黑山寺有一个"媳妇洞"。唐代元和年间，宪宗李纯委托高僧选址建寺，并选和尚替他出家。高僧游遍北部山川，发现这处溪水潺潺之地，于是建了云峰寺院，俗称"黑山寺"。景区里山高林密，林木覆盖率达75%以上，到了盛夏季节，满眼绿色，清爽怡人。树木有25种，一些珍奇古木最为奇特，寺庙大殿前西侧遗留下的古银杏，身姿伟岸，树冠纺锤形，1个主干，1个复干，基部具萌蘖。生长旺盛。

密云县河南寨镇荆栗园村黍谷山西岩寺

植于辽代，"白檀晴光"。雌株，树龄1000年，树高20.5m，胸径1.15m，冠幅12.0m×11.0m，古树编号：11022800221。春秋战国时期，黍谷山为燕地，燕国太子丹重修黍谷山庙碑记中有："黍谷燕山……'等字款。在密云县八景中，有三景在黍谷山，其中"白檀晴光"系指黍谷山西岩寺旁的白檀树，即银杏。该树植于辽代，已1000多年，但每年都挂果。此树枝疏叶朗，在天气晴朗、日上中天或月挂中天的时候，光线从枝叶间直射下来，照在白檀树的扇形蜡质叶上，熠熠生辉，地上则斑斑点点，极像艺术家的水墨丹青。该树位于西岩寺大殿东侧，主干顶端有枯梢，有复干一个，基部具大量萌蘖。

平谷区金海湖镇祖务村天兴寺遗址

雌株，树龄500年，树高20.0m，

图9-17-14 密云县巨各庄镇塘子村小学校内

图9-17-15 海淀区苏家坨镇北安河村西鹫峰山森林公园金仙庵（寺）内

图9-17-16 海淀区苏家坨镇北安河村西鹫峰山森林公园金仙庵（寺）金山寺快活林内

庵遗址位于海淀区北安河村西鹫峰山森林公园内。庵堂建在一座石砌高台上。原寺名金山寺。始建何年无考。明成化年重修，正德八年（1513）由太监出资扩建。金仙庵于抗日战争时期被日军焚毁，仅存山上塔坟一座，系清末大内银库总管刘善宝之墓。寺中前院尚遗存银杏树2株，植于明代。

海淀区苏家坨镇北安河村西鹫峰山森林公园金仙庵（寺）内

雄株，树龄400年，树高18.0m，胸径1.09m，冠幅15.0m×16.0m。金山寺中前院尚遗存银杏树2株，植于明代。

海淀区苏家坨镇北安河村西鹫峰山森林公园金仙庵（寺）内（图9-17-16）

树龄50年，树高15.0m，胸径0.60m，冠幅12.0m×10.0m，共有35株，为金山寺三绝之一，“金山寺快活林”。

海淀区苏家坨镇北安河村西鹫峰山森林公园金仙庵（寺）内

树龄50年，树高10.0m，胸径0.35m，冠幅8.0m×10.0m。

海淀区苏家坨镇普照寺

明代银杏。树龄500年，树高20.0m，胸径1.45m，冠幅15.0m×16.0m。普照寺位于海淀苏家坨镇大觉寺北约500m处的小山脚下。明天顺五年（1461）建。寺坐西朝东，四合布局，分为南北两院，南院门额曰“普照禅林”。院内正殿3间，面积90.0m^2，有明代所植古银杏树一株。明间后檐墙处增建有神龛。寺内原有明、清时建、修该寺之后碑多块。附近有贝家花园、周家坟、大觉寺和塔林等。

海淀区苏家坨镇圣果寺遗址（图9-17-17）

树龄500年，树高15.0m，胸径1.00m，冠幅8.0m×6.0m。位于圣果寺遗址大觉寺北700m处。

海淀区苏家坨镇西竺寺遗址（图9-17-18）

树龄500年，树高16.0m，胸径1.25m，冠幅9.0m×10.0m。西竺寺在海淀区北安河乡大觉寺西北，与大觉寺相联。寺建于明宣德十年（1435）。明宣宗于宣德三年（1428）重修大觉寺后，以西天大通法王智光上师为大觉寺主持，并于寺侧“倩工累石为塔”。宣德十年，智光圆寂，宣宗遂增广其塔，建成此寺。赐名曰，“西竺”，寺内多为外籍僧人。弘治六年（1493），又有太监罗秀等出资重修。1958年，在西竺寺遗址上兴建了小水库。寺和塔均已无存，仅余一座石碑孓然立于水库大坝脚下及数座覆钵式小塔（和尚灵搭）立于北面山腰中。

海淀区苏家坨镇大觉寺大殿左（图9-17-19）

植于辽代，“银杏树王”，“西山银杏之冠”。大觉寺有古银杏4株。该树雄株，树龄900年，树高30.0m，胸径2.50m，冠幅15.0m×17.0m。一大侧枝顶端断裂，具4大侧枝。基部复干2个，高6.0m，粗40.0cm，离母干距离0.2m，萌蘖10余个，又称银杏树王。西山大觉寺无量寿佛殿前北侧的辽代“银杏树王”是驰名京城的，是辽咸雍四年（1068）种植的，距今已近千年。因过去人们一直认为它是北京的“古银杏之最”，所以叫它“银杏王”，它又有“西山银杏之冠”之称。“银杏树王”巨冠参天，荫布满院，雄伟壮观。清乾隆皇帝曾为它的雄姿题诗云：“古柯不计数人围，叶茂孙枝绿荫肥。世外沧桑阅如幻，开山大定记依稀”。乾隆帝曾

图9-17-17 海淀区苏家坨镇圣果寺遗址

图9-17-18 海淀区苏家坨镇西竺寺遗址

孙爱新觉罗·奕绘也曾在道光十二年(1832)《宿大觉寺》这首诗里提到这棵古树:“振衣绕佛座,观树下层台。百围古银杏,毫末何年栽?罗生子孙之,各具栋梁材。”诗文描写得也是相当的生动形象。这棵古银杏至今依然枝繁叶茂,生机勃勃。传说在离这里不远的醇亲王园寝(七王坟)也曾有一株银杏树,硕大无比,可慈禧皇太后害怕王爷坟上的银杏树茂盛会压过皇上,于是下令伐掉。从此以后,大觉寺内的银杏树便成为西山银杏之冠了。在“银杏树王”的南边,有一棵丛状的雌株银杏,它的几个大干已成为古树。在每年的金秋,这棵古银杏都是硕果累累。这棵雌株银杏原来也是辽代时和北边的雄株“银杏树王”一同种植的,后来其主干枯死了,其他的小干又长成大树,现在仍是雄伟壮观。在大觉寺的一个北配院内有一棵名叫“一龙九子”的雌株古银杏,其主干旁生长着9棵小银杏树,说小,有的也已成为古树。

图9-17-19 海淀区苏家坨镇大觉寺大殿左

海淀区苏家坨镇大觉寺大殿右(图9-17-20)

雌株,树龄900年,树高13.0m,根盘基径1.30m,冠幅12.0m×13.0m。相比之下,在无量寿佛殿右侧的另一棵银杏,则显得年轻而纤细,其实这棵“小银杏”与“银杏树王”同龄,只是主干已经死亡,现在看到的是从主干根部顽强生长而出的7个复干,其中2个胸径为0.65m、0.52m,高度12.0m、13.0m。这也充分印证了银杏在中国传统文化中被赋予的坚韧不拔的品性。现无古树编号牌。

图9-17-20 海淀区苏家坨镇大觉寺大殿右

海淀区苏家坨镇大觉寺大殿侧配院(图9-17-21)

“九子抱母”。雌株,树龄300年,树高17.0m,胸径0.78m,冠幅10.0m×10.0m。树的主干周围又滋生了9棵小树,形成了独木成林的奇观,被人们形象地称之为“九子抱母”,看上去就像9个孩子在围抱着自己的母亲,“九”是阳数之极,也是非常吉祥的数字,树周围能长出9棵小树来,这也是非常奇特的事情了。古树编号:11010811947。

海淀区苏家坨镇大觉寺北路前院(图9-17-22)

明代银杏。雌雄同体,树龄600年,树高25.5m,胸径1.05m,冠幅20.0m×22.0m。基部具复干3个,粗度0.35m,高12.0m。这棵银杏树雌雄共生一体,根部树干盘绕相缠,巨大的树冠只有一半结果,另一半却不结果。被人们称为“龙凤树”。古树编号:11010811946。

海淀区苏家坨镇莲花寺

明代银杏。树龄600年。4株雌性银杏。

海淀区苏家坨镇上方寺遗址

金代银杏。树龄800年。

海淀区苏家坨镇西埠头村兴善寺(东)(图9-17-23)

植于明代。雄株,树龄470年,树高16.0m,胸径1.23m,冠幅14.0m×13.0m,长势一般。树冠为椭圆形,主干上部已枯死。生长环境较差,周围很多建筑垃圾。四周有栅栏护卫,树旁有一碑记。古树编号:11010800904。兴善寺当地也叫娘娘庙或东庙。兴善寺,在北京西山凤凰岭下苏家坨镇,原来的北安河乡境内,是一座建于明代的寺庙,该寺原为三进院落,寺内有两座建寺的碑记,后寺庙逐渐荒废。现在保存该寺的遗址,仅为寺内大殿。这座寺曾经是一座客栈,为艰苦跋涉的信徒提供一个歇脚的地方。大殿是宦官黄朱于1504年所建,主殿前有2棵明代银杏树。

海淀区苏家坨镇西埠头村兴善寺(西)(图9-17-23)

植于明代。雄株,树龄470年,树高12.0m,胸径1.07m,枝下高2.0m,冠幅15.0m×14.0m,2大侧枝中,其中一个侧枝枯死,另一侧枝存活。树体较右面一株小而矮。生长环境较差,周围很多建筑垃圾。四周有栅栏护卫,树旁有一碑记。古树编号:11010800903。

海淀区苏家坨镇聂各庄凤凰岭路27号(西山凤凰岭景区内)龙泉寺a(图9-17-24)

植于明朝。雌株,树龄500年,树高21.5m,胸径1.62m,枝下高4.6m,冠幅13.0m×14.0m,古树编号:11010800926。龙泉寺位于凤凰岭下,东距抬头村约2km。龙泉寺因寺南有龙泉池而得名。始建于辽代应历初年，距今已有一千多年的历史，是京西北一座集佛教、道教、地方宗教于一体的文化胜地。山门前2株遒劲的翠柏有600多年，寺内还有2棵粗壮挺拔的银杏树和2株古柏。古石桥与古银杏是龙泉寺千年历史的见证。一棵在辽代龙泉寺山门、明代天王殿、金龙桥之间，主干微倾斜，树冠圆球形。

海淀区苏家坨镇聂各庄凤凰岭路27号（西山凤凰岭景区内）龙泉寺b（图9-17-25）

植于明朝。雌株，树龄500年，树高22.0m，胸径1.30m，枝下高3.0m，冠幅13.0m×12.0m，树冠椭圆形，主干挺拔，果实较另一棵大。古树编号：11010800927。

海淀区苏家坨镇台头村a（图9-17-26）

雄株，树龄500年，树高15.0m，胸径2.05m，冠幅18.0m×18.0m，古树编号：11010800900。凤凰岭下抬头村，在几间破旧房子后有2棵树，它们是一南一北排列，北边一株较粗大。5大侧枝，开心形，无中央领导干。主干凹凸不平，高2.0m。树洞有水泥加固。

海淀区苏家坨镇台头村b（图9-17-27）

雌株，树龄500年，树高10.0m，胸径1.05m，冠幅6.0m×6.0m，古树编号：11010800899。南边一株较小。干高3.0m上分

图9-17-22 海淀区苏家坨镇大觉寺北路前院

图9-17-21 海淀区苏家坨镇大觉寺大殿侧配院

图9-17-23 海淀区苏家坨镇西埠头村兴善寺
（注：1. 左西右东；2、4. 西；3. 东）

成2大枝，主枝均无头，侧枝顶端均锯掉，生长较弱。2树相距10m，均有栅栏保护。

海淀区香山卧佛寺路北京植物园卧佛寺a（图9-17-28）

两棵明代银杏之一。雌株，树龄500年，树高18.0m，胸径1.80m，冠幅13.0m×14.0m。东面一棵，复干2个，最大复干高13.0m，胸径0.52m。编号：11010810020。认养人：吴石。

海淀区香山卧佛寺路北京植物园卧佛寺b（图9-17-29）

明代银杏。雌株，树龄500年，树高16.0m，胸径1.70m，冠幅12.0m×13.0m。西面一棵，复干2个，最大复干高11.0m，胸径0.48m。编号：11010810019。认养人：张明珠。

海淀区中关村南路国家图书馆

雌株，树龄700年，树高15.0m，胸径0.80m，冠幅7.0m×8.0m，2株，左边一株古树编号：11010802122。有7大主枝，主枝顶端均锯掉。较另一株高大，长势较弱。有关这两棵古银杏的确切资料很少，多是文物工作者根据史料的推测。大致两种说法：一说为该处为元代护国仁王寺（元代大护国寺）遗址；一说为元代镇国寺遗址。矗立在旧的国图主楼西侧，它们被一片草地包围着，像一对从容的老者，春华秋实，淡定面对历史变迁。若确是元代旧物，这两棵树就有700多年历史了。这里（现在的地名）叫白石桥。元代，从此往西约一华里处的镇国寺，明代改建为万寿寺，《帝京景物略》称此处为白石庄，有万驸马园。园内花木繁茂，以牡丹著称。清初，改为王爷坟，墓冢高筑，神道上有石人、石马，陵墓区内龟趺石碑树立，是清顺治皇帝之叔济尔哈朗郑亲王的陵墓，入口处便有这两株古树。北京图书馆工程是已故周恩来总理亲自批准修建的，北京市副市长张百发则亲理其事，多次到工地视察，特意在设计中把两株参天古树作为园林设计的一部分，周围布置假山石蹬、曲径、花坛，使之成了一处景观。工程竣工验收时，这两株古树，完好无损地保存了下来。常言道："金石为证"。实际上，古树也可以成为历史的佐证。这两株古树就是万驸马无和郑亲王陵墓的佐证。因此，在进行基本建设时，保护古树是十分有意义的。

海淀区中关村南路国家图书馆

树龄700年，树高11.5m，胸径0.82m，冠幅7.0m×7.0m。右边一株，古树编号：11010802121。6大主枝，主枝顶端均锯掉。较另一株矮。长势较弱。

海淀区八大处公园内

雌株，树龄500年，树高22.0m，胸径1.30m，冠幅15.0m×15.0m。

图9-17-24　海淀区苏家坨镇聂各庄凤凰岭路27号（西山凤凰岭景区内）龙泉寺a

图9-17-25　海淀区苏家坨镇聂各庄凤凰岭路27号（西山凤凰岭景区内）龙泉寺b

图9-17-26　海淀区苏家坨镇台头村a（北：雄）

海淀区买卖街40号（香山公园内）香山饭店

雌株，树龄400年，树高22.0m，胸径1.10m，冠幅16.0m×17.0m。

海淀区买卖街40号（香山公园内）香山饭店

雌株，树龄400年，树高20.0m，胸径1.10m，冠幅15.0m×15.0m。

海淀区买卖街40号（香山公园内）香山饭店

雌株，树龄400年，树高15.0m，胸径0.90m，冠幅8.0m×8.0m，3大主枝。古树编号：11010804344。

海淀区双清别墅翠微亭

金代银杏。树龄780年，树高28.0m，胸径1.20m，冠幅22.0m×19.0m。树基复干丛生。它曾见证了毛泽东同志指挥渡江战役、建立新中国的历史进程。

海淀区香山公园北侧碧云寺

树龄500年，树高17.5m，胸径0.85m，冠幅13.0m×12.0m，古树编号：11010804030。碧云寺自元代创建，始建于元朝至顺二年（1331），元丞相耶律楚材之后裔耶律阿吉舍

图9-17-27 海淀区苏家坨镇台头村b（南：雌）

图9-17-28 海淀区香山卧佛寺路北京植物园卧佛寺a

图9-17-29 海淀区香山卧佛寺路北京植物园卧佛寺b

宅为寺，至今已有600多年历史。山门殿后，一左一右是两棵一级古银杏。该树位于三门殿后南侧，有2大主干，基部分离，主干挺拔，粗度分别为：0.85m、0.75m。中间又萌生4个复干，其中3个小复干从高2m处侧向生长。

海淀区香山公园北侧碧云寺

树龄500年，树高18.0m，胸径0.90m，枝下高3.5m，冠幅10.0m×12.0m，古树编号：11010804037。该树位于三门殿后北侧，主干挺拔。有2大主干，基部分离，基径分别为：0.90m、0.65m。

海淀区香山公园北侧碧云寺

树龄300年，树高18.5m，胸径0.87m，枝下高2.5m，冠幅11.0m×12.0m，古树编号：11010804504。该树位于大雄宝殿前南侧，主干明显，2大侧枝顶端死亡。有4大主枝。

海淀区香山公园北侧碧云寺

“三代树”。树龄300年，树高18.5m，胸径0.87m，枝下高2.2m，冠幅11.0m×12.0m。该树位于北路水泉院内，古树编号：11010804052。著名的北京“三代树”（古银杏树）。据文献记载：该树“生于枯根间，初为槐，历数百年而枯，在根中复生一柏，又历数百年而枯，更生一银杏今已参天矣”。有诗证“一树三生独得天，知名知事不知年，问君谁与伴晨夕，只有山腰汩汩泉”。此树龄已有300余年，树根周围仍可见枯死的柏树桩，人称“三代树”。1988年被定为一级古树。主干明显，8个侧枝。

海淀区香山公园北侧碧云寺

树龄300年，树高18.5m，胸径0.87m，冠幅11.0m×12.0m，古树编号：110108。该树位于北路院东侧，钟楼北侧。双干，基部分离。

海淀区香山公园法海寺遗址

雌株，树龄100年，树高8.0m，胸径0.64m，冠幅10.0m×8.0m。

海淀区西直门外白石桥东长河北岸五塔寺（真觉寺）（图9-17-30）

明代银杏。雄株，树龄500年，树高22.0m，胸径1.10m，枝下高3.2m，冠幅15.0m×17.0m，东面一棵，古树编号：11010801271。五塔寺原名“真觉寺”，位于北京市海淀区西直门外白石桥以东长河北岸，北京动物园后面。创建于明代永乐年（1403～1424），寺内高石台上有5座小型石塔，约建成于明成化九年（1473），名为“金刚宝座塔”。院内圈地30亩。是朱棣专为从西域来京的梵僧班迪达修建的。清朝时因避雍正帝胤禛之讳，改名为“正觉寺”。寺内的两棵古银杏树栽种于当年建寺时，有着五百多年的历史。至今郁郁葱葱、果实累累。该株位于金刚宝座塔前东面，主干挺拔，具侧枝10余个，树干较平滑，具复干3个。

海淀区西直门外白石桥东长河北岸五塔寺（真觉寺）（图9-17-30）

雌株，树龄500年，树高23.5m，胸径1.55m，冠幅20.0m×18.0m。该株位于金刚宝座塔前西面，树冠呈“V”字形，树干凹凸不平。干高较低，在2.0m处分成2大主干，西面一棵古树编号：11010801270。

海淀区高梁河（长河）广源闸西侧万寿寺（东边一株）（图9-17-31）

雄株，树龄300年，树高15.5m，胸径0.85m，冠幅10.0m×12.0m，古树编号：11010802009。万寿寺在西三环边上，属于海淀区高梁河（长河）广源闸西侧，位于京城西直门西北3.5km处的苏州街南、紫竹桥北，即明清时的长河广源闸西侧，是一处清幽、肃穆的皇家庙宇，历经明清几代皇朝的大规模兴建，最终形成了集寺庙、行宫、园林于一体的皇家佛教胜地，曾是清代皇家祝寿庆典的重要场所，有“京西小故宫”之誉。万寿寺始建于唐朝，称聚瑟寺。明万历五年（1577）重修，万历皇帝之母慈圣李太后出资，司礼监冯保督建而成，改名万寿寺，成为皇家寺庙。该树位于：乾隆御碑亭东侧，较雌株小。树干下部两层枝已被锯掉，主干明显。

海淀区高梁河（长河）广源闸西侧万寿寺（西边一株）（图9-17-31）

雌株，树龄500年，树高23.5m，胸径1.56m，冠幅10.0m×12.0m，古树编号：11010802010。该树位于假山后、乾隆御碑亭西侧，主干1.5m处分成两大主干，下部合生。较东边一株大而粗。主干凹凸不平，好似几株复干合生而成。

海淀区颐和园路5号北京大学

树龄300年，树高15.5m，胸径0.95m，枝下高1.3m，冠幅10.0m×11.0m，树冠圆球形。1920年北京通州协和大学、北京协和女子大学及北京汇文大学合并，建成燕京大学，校长司徒雷登从军阀陈树藩手中以6万银元买到了淑春园和南部的勺园故址作校址（今北京大学校址）。北大西门内办公楼前西南角、西北角和东北角共有4株古银杏。该树位于西南角，较大一株，分枝较多。

海淀区颐和园路5号北京大学

树龄300年，树高12.5m，胸径0.75m，枝下高1.4m，冠幅9.0m×10.0m。东北角1株，分枝多。为二级古树，古树编号：11010800350。

海淀区颐和园路5号北京大学

树龄300年，树高16.5m，胸径0.85m，冠幅9.0m×9.0m。东北角另1株，塔形树冠，分枝少，主干明显。古树编号：11010800173，为二级古树。

图9-17-30 海淀区西直门外白石桥东长河北岸五塔寺（真觉寺）
（注：1. 左雌右雄；2、3. 雌；4. 雄）

图9-17-31 海淀区高梁河（长河）广源闸西侧万寿寺
（注：1、2. 西边一雌株；3、4. 东边一雄株）

海淀区万寿寺路地质力学研究所门前（图9-17-32）

元代银杏，“李自成拴马树”。雌株，树龄650年，树高25.0m，胸径2.58m，冠幅18.0m×19.0m，古树编号：11010801952。有说它是元代大镇国寺的遗留物。古树标志牌记为：约为元末明初所植，每当深秋季节，树上树下一片金黄，景色宜人。相传李自成攻入北京前，途径此地，天气渐晚，李自成为不扰民，将战马拴于此树，在其冠下露宿，后人称该树为“拴马树”。该树在一条新修的大路中间，东面是北京舞蹈学院，西面是万寿寺，路北是国家地质力学研究所和李四光故居，路南是个小区。面对它，人们会常常忆起350多年前那位叱咤风云的李自成，1644年3月17日，传说李自成率部进入长河边这片隐含不少寺庙的树林，把战马拴在古银杏树上，进树洞避雨，这里成了千军万马的临时指挥中心。当夜首破广宁门，末代皇帝朱由检自缢煤山，结束了明王朝276年的统治。19日晴空万里，李自成骑着战马，在百姓夹道欢呼中，从德胜门直奔正阳门……。清代，古银杏树附近出现了一座规模宏大的甘文焜之墓。云贵总督甘文焜在平定“三藩之乱”中以身殉国，康熙皇帝追授他为兵部尚书。新中国成立后，地质学家李四光在此营建新宅，常在古银杏树下踱步，沉思小憩。李四光立于新的起点，书写出了既属于历史更属于明天的宏伟著作，创建了地质力学学派，古树边的暮雨晨风或许触发过他的灵感吧！该树冠半圆形，几乎没有主干，距地面0.5m处开始分枝，树体由2大主干构成，基部合生，但有明显的缝隙。树干一高一矮，矮干有6个侧枝，高干有2大主枝，多个侧枝。大树西侧是万寿寺、北边是法华寺，正南是紫竹院，几经兴衰，这些古刹老庙已无剩遗，仅存这棵古银杏树了，在这棵树下曾发生多少人间轶事，已被人们遗忘，现在只能是些传说了。诸如杨六郎曾在这棵树下饮水乘凉，李闯王的将士曾在这里燃篝取暖……。

海淀区香山卧佛寺路北京植物园盆景园

树龄1300年，树高3.8m，胸径1.30m，冠幅4.2m×4.2m，长势良好。

1995年3月，北京植物园成功地从四川引进一株胸径1.3m、树龄1300余年的古银杏桩。这株古银杏树桩原生长在四川省什仿县山中，海拔约1000m，当地人估计树龄在1300 ～1400年之间，1983年，由都江堰市离堆公园从山上滚下裸根用汽车运回，枝干及根受到损伤。用斧头、锯修过之后，伤口涂以蜂蜜保护，效果较好。后于离堆公园苗圃内平地栽植，堆土。栽后没有浇水，发芽后才浇水。后于1989年由圃地移植于离堆公园内布置成为一个景点，移植时采用带土栽植，没有打包，栽植方法仍为平地立植，然后堆土。树桩上有洞孔一个，洞内宽约0.8m、深约lm，洞内生有15 ～16个笋（由于生长势较旺，空气湿度大，从枝干上往下生长成凸起的部分，当地人称为笋）。古银杏桩在盆景园中名为“风霜劲旅”。

海淀区花园路街道办事处马甸西村路社区喇嘛庙（黑寺）

黑寺在海淀区东升乡马甸西村有古银杏。原为前后两寺，中以一街相隔。两寺与附近的黄寺同为喇嘛庙，因覆以青瓦，故俗称黑寺。

大兴区兴丰街道西黄村村社区

树龄300年，树高19.0m，胸径0.73m，冠幅10.0m×10.0m。原为显应寺遗址。

大兴区安定镇前安定村双塔寺遗址

雌株，树龄500年，树高16.0m，胸径1.78m，枝下高1.1m，冠幅15.0m×15.0m，古树编号：11011500105。树冠扇形。7大主枝。碑文记载：此处原有一座古刹，名为“双塔寺”。并且树南不远处，有明朝景泰五年（1454）五月“重修双塔寺石碑”一座，其文曰：“都城正阳门外二十里南海子之南，乃顺天府大兴县之礼贤，社北南阳屯，总离京七十余里，有古刹双塔寺，相传汉光武帝时，原有双砖塔，而今以为名焉”。遗址处现仍存古银杏一株。

大兴区安定银杏与东汉皇帝刘秀的故事：当地民间传说，西汉末年外戚王莽篡汉，西汉王朝的东宫太子刘秀为了避难，连夜从京城长安出逃，投奔河南宗族，不幸被王莽手下发现，便一面飞报王莽，一面紧追不舍。这天，刘秀辗转来到双塔寺，人困马乏，便倚在寺前的银杏树下，想打个盹儿。不料刚一合眼，远处就传来一阵急骤的马蹄声，原来王莽的追兵已到。刘秀大惊失色，翻身上马，终于平安脱险。他寻思，若非庙里神灵保佑，必然落入虎口，便对随从说，来日灭了王莽，重整江山，一定重修庙宇，重塑金身。他登上皇位后，真的下诏重修了双塔寺。如今大兴区安定镇前安定村双塔寺遗址上的那株古银杏还活着，银杏树周围修了围墙，并立了一通镌刻“双塔寺遗址”五字的巨碑。

通州区漷县镇东寺庄村

清植银杏。树龄300年，树高10.0m，胸径1.07m，冠幅10.0m×8.0m。原为古庙遗址。

通州区漷县镇东寺庄村

清植银杏。树龄300年，树高10.0m，胸径0.82m，冠幅8.0m×6.0m。原为古庙遗址。

西城区地安门西大街199号

树龄300年，树高7.2m，胸径0.82m，冠幅2.0m×3.0m，古树编号：11010200371。2株，

图9-17-32 海淀区万寿寺路地质力学研究所门前

这一棵长在院子狭窄一衰一荣。该树主干已被锯掉，仅存活几个小枝。

西城区地安门西大街199号

树龄200年，树高18.0m，胸径0.72m，冠幅9.0m×9.0m。此棵树干被房子包围着，在小院里，长势较好。

西城区前海西街18号郭沫若故居

“妈妈树”。树龄60年，树高17.0m，胸径0.60m，枝下高1.0m，冠幅7.0m×8.0m，古树编号：11010200434。

院内有郭沫若夫妇亲手栽种的银杏和牡丹。郭老十分喜欢银杏树，他主张应选银杏为我国的国树，并在散文《银杏》中写到：“你真应为中国的国树啊！”。他在院里种了许多银杏树，其中大门里北边有一棵大银杏树，名叫“妈妈树”，这棵银杏树是1954年，在郭老夫人于立群回南方养病时，郭老和孩子们从西山大觉寺移来的。当时是种植在位于西四的宅院。为了让孩子们祝愿妈妈的早日康复，郭老给这棵银杏树起名“妈妈树”。16个分枝，树干较低，生长旺盛。

西城区教子胡同南头法源寺

雄株，树龄500年，树高18.5m，胸径1.00m，冠幅12.0m×11.0m，古树编号：11010400194。

法源寺是北京现存历史最久的名刹之一，坐落在北京市宣武区教子胡同南头，原名悯忠寺，相传是唐太宗李世民为纪念东征阵亡而建。1200年来，曾遭辽代大地震及其他自然和人为损坏，到清雍正时经彻底修缮，改名为法源寺。在法源寺藏经阁前的深院里，林木繁茂，环境幽静，胸径1.0m的古槐和古银杏，虽都是几百岁的寿星，依然风姿绰约，长势旺盛。在干高2.5m处分成2大主枝，好似2株长到一起，生长旺盛。原来本是左右对称各一棵，西面一棵原树已死，这棵是后来补种的。

顺义区牛栏山镇大孙各庄村大觉寺遗址

雌株，树龄900年，树高15.0m，胸径1.86m，冠幅7.0m×16.0m。编号：11011300008。该树生长于牛栏山镇大孙各庄村大觉寺遗址上，今为本村幼儿园内，是顺义最古老的树。东西并排2株。树皮全部为灰白色，每年4～5月开花，9～10月份种子成熟，果实外表白色。这2株树因年代久远，树干、树梢已基本干枯，只有萌发出的更新枝生产、长势较弱，树势处于衰弱时期。根据当地村民看到过的碑文和古庙遗址及粗度推断此树植于辽金年代，树龄近千年。

顺义区牛栏山镇大孙各庄村大觉寺遗址

雌株，树龄900年，树高13.0m，胸径1.74m，冠幅6.0m×5.0m。编号：110111300009。

石景山区五里坨街道西山社区秀府村越秀庵

雌株，树龄500年，树高30.0m，胸径2.00m，冠幅18.0m×18.0m。越秀庵，名“古刹越秀禅林”，现仅存500年以上古银杏树一株，枝繁叶茂，年年结果。

石景山区金顶街街道模式口村龙泉寺

树龄500年，树高22.0m，胸径1.12m，枝下高3.0m，冠幅16.0m×15.0m，主干挺拔，并生一复干，向上生长。古树编号：11010700260。龙泉寺位于石景山区北部的蟠龙山上，远近闻名的法海寺的西侧100m的地方，当地群众俗称“西庙”。龙泉寺的得名是因为寺的西侧有龙泉，泉水从石壁流淌而下，落入一口满井。水量稳定，冬不枯，夏不溢，水质甘洌可口。现在龙泉寺作为茶社。

石景山区八宝山革命公墓东路北灵福寺（图9-17-33）

元代银杏。雌株，树龄800年，树高20.0m，胸径1 90m，冠幅18.0m×17.0m，古树编号：11010700315。灵福寺，在田各庄，至元年间，僧海云建，后经兵火，遗址尚存。洪武末，择为功臣刚铁太监葬所。灵福寺在黑山（八宝山）建筑群的最东部，即现在清华大学玉泉医院（清华大学第二附属医院）（原402医院）所在的位置。20世纪70年代初，北京修建地铁时，原设计有个出入口正在此处，按设计就要挪移甚至砍掉这两颗古树，据说是周恩来总理亲自批示改变设计挪移了地铁站口，保留了这两棵古银杏树（崔建兵，2011）。元代灵福寺遗址古银杏共2株。东边这棵长的好些，较大，2大主干均在中上部断裂，树冠呈倒三角形，顶部较平。具2个复干，无主干。

石景山区八宝山革命公墓东路北灵福寺

雌株，树龄800年，树高19.0m，胸径1.80m，冠幅17.0m×16.0m，古树编号：11010700314。西边这棵较小些，小塔形树冠。主干断裂枯梢，微倾。

石景山区八角西街46号八角村石景山妇女儿童活动中心院内

雌株，树龄800年，树高25.0m，胸径2.13m，枝下高1.3m，冠幅20.0m×20.0m，八大主枝。古树编号：11010700309。树干凹凸不平，树冠呈倒卵形。八角村在京西石景山，毗邻长安街。古老的八角村距今已有400多年的历史了，相传400多年前，这里最早有赵、钱、孔、祁、梅、三、肖八户人家，他们多是来自山西洪洞县的逃荒难民，还有自称是“随龙而来”即跟随李自成起义大军进京的，因为居住八家，所以称为八角村。在八角村村西现在的宝宝乐园内有一棵4人才能合抱的古银杏树，树干挺拔，绿荫如盖，过去远远就能看见，成为八角村的显著标志，也成为当今八角村的珍贵标志。

石景山区八角南路49号雕塑公园春早院

雄株。雕塑公园春早院内现存1株枯槁的雄性古银杏树，今已面目全非。

石景山区苹果园街道琅山村路北41号李家宅

雌雄同株，树龄500年，树高30.0m，胸径1.38m，冠幅18.0m×20.0m，生机盎然。最奇特的是：在3人合抱不拢的树干上生长着4个树杈，每个树杈都开花，但只有阴面的一个树杈结果，这样雌雄同株的古银杏实数罕见。《石景山地名志》载：琅山村“路南为古老的旧宅，其间有古银杏一株，直径1.6m，雌雄同体，雌的一半结果，雄的一半无果，可谓奇观。”

石景山区八大处公园二处灵光寺舍利塔前

雌株，树龄700年，树高20.5m，胸径1.50m，冠幅19.0m×20.0m。每年结果200kg。石景山区八大处公园二处灵光寺拜佛堂、玉佛殿前有银杏数株，雌性银杏年年结果。八大处公园，位于北京市西郊西山风景区南麓。现公园内有8座古寺（灵光寺、长安寺、三山庵、大悲寺、龙泉庙、香界寺、宝珠洞、证果寺），“八大处”由此得名。八座古刹最早建于隋末唐初，历经宋、元、明、清历代修建而成。其中灵光、长安、大悲、香界、证果5寺均为皇帝敕建。灵光寺辽招仙塔中曾供奉释迦牟尼佛牙舍利，1900年毁于八国联军炮火，新中国成立后经周恩来总理批准新建佛牙舍利塔。灵光寺是八大处现存最重要的一座寺院，始建于唐大历年间（766～779）。灵光寺观音殿前、佛牙舍利塔前均有银杏，枝繁叶茂。

石景山区八大处公园二处灵光寺玉佛殿前

雌株，树龄500年，树高16.0m，胸径1.00m，冠幅11.0m×9.0m，编号：11010700023。保护等级一级，有3个较大复干。

图9-17-33 石景山区八宝山革命公墓东路北灵福寺

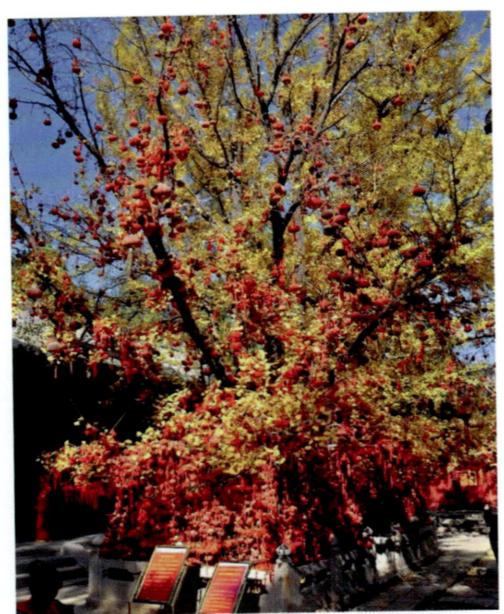

图9-17-34 石景山区八大处公园四处大悲寺

石景山区八大处公园四处大悲寺（图9-17-34）

雄株，树龄741年，树高23.0m，胸径1.43m，冠幅18.0m×19.0m。四处大悲寺有雄性银杏树2株。元代银杏。大悲寺位于三山庵与龙泉庵之间的山腰处。相传建于北宋或辽金时期（约1033年）原名"隐寂寺"。圆通宝殿前植于元代的两株银杏树，堪称八大处一宝。两株参天古银杏树，粗有数圈，枝繁叶茂，树龄高达八百余年。如今大悲寺的这两棵古银杏树是雄性的。据说还有两棵雌性的银杏树，在一场大火中烧掉了。原来，很久以前，大悲寺里确实有两棵雌性银杏树，每到深秋就结出了密密麻麻的白果。秋风一吹，片片黄叶飘落地上，积了厚厚一层。香客们都喜欢在落叶上坐着歇脚聊天，小孩子们也在上面躺着、打滚、玩耍。于是人们就把这块树叶铺成的空地叫"黄金炕"。有一天，一个小孩子在"炕"上玩耍时从树叶里摸出个小铜钱来，他高兴得大声叫起来!孩子妈妈见了，也喜出望外，认为是菩萨保佑，让孩子给菩萨磕头。这事一传十，十传百，香客越来越多，连大人们也在黄金炕上坐一坐，想摸出个铜钱来。很快大悲寺的香火就越来越盛。可惜，乐极生悲，有一天，一位老汉坐在黄金炕上抽烟，一不小心，烟火落在松软的树叶上，引起了一场大火。这场大火不光烧掉了两棵银杏树，连殿堂也烧毁了。大火过后的第二年春天，在原来的地方又长出了两棵银杏树，这就是我们今天看到的两株雄性银杏树。

石景山区八大处公园四处大悲寺

雄株，树龄741年，树高22.5m，胸径1.23m，冠幅16.0m×20.0m。

丰台区花乡

树龄200年，树高16.0m，胸径0.90m，冠幅16.0m×15.0m。

丰台区花乡

树龄200年，树高14.0m，胸径0.80m，冠幅14.0m×15.0m。

丰台区东高地万源南里甲43号中国运载火箭技术研究院

火箭发射银杏纪念林。在中国运载火箭技术研究院主路两侧有两行银杏树，每株银杏树代表一次运载火箭的发射，在银杏树边上的石碑上写着每次火箭的发射状况，如第五颗返回式遥感卫星发射时间1983年8月19日，发射成功；长征二号E，澳普图斯B2通信卫星发射时间1992年12月21日，发射失败等等。所有成功的发射有用黄色字体表示，失败的发射都用蓝色字体表示。这些银杏树见证了中国运载火箭发射的历史。这些银杏树树龄25年，树高16.0m，胸径0.26m，冠幅10.0m×8.0m。共10余株。

东城区安定门外大街地坛公园

雌株，树龄250年，树高18.0m，胸径0.90m，冠幅10.0m×8.0m。

东城区安定门外大街地坛公园

雄株，树龄150年，树高17.0m，胸径0.65m，冠幅8.0m×9.0m。

东城区戏楼胡同雍和宫之东柏林寺

雌株，树龄600年，树高10.0m，胸径0.50m，冠幅5.0m×5.0m。2株。此为较小一株，已劈裂。柏林寺藏经楼前有两株古银杏树，每天秋天结果多多。东城区雍和宫之东柏林寺，柏林寺为京师八大寺庙之一。元至正七年（1347）始建，明正统十二年（1447）重建。

云南省
银杏古树资源

一 古树生境及地理气候指标

云南土壤的水平地带性，表现为从南而北的砖红壤→ 赤红壤→ 红壤的依次更替。垂直地带谱是砖红壤→ 赤红壤→ 燥红土→ 红壤→ 黄壤 →黄棕壤→ 棕壤→ 暗棕壤→ 棕色针叶林土 →亚高山草甸土→ 高山寒漠土。云南有高等植物1.8万多种，占全国植物种类的60%；云南具有利用价值高的材用树木、经济林木、药用植物、香料植物、观赏植物等，具有较大潜在经济优势。

云南省主要银杏分布区地理气候指标如表9-35所示。

二 古树分布及株数

云南省共计16个州（市），有古银杏分布的有5个区（市），占31.25%；县（市、区）共计129个，有古银杏10个县（市、区），占7.75%；10个乡（镇）有古银杏。文献报道云南省有古银杏900余株，实测及统计120株，并具有生长指标（图9-35，表9-36）。

云南省银杏古树主要分布在昆明市及保山市。重点在腾冲县、宣威县、富源县、镇雄县、盐津县、龙陵县等地。腾冲县共有银杏古树108株，银杏古树绝大多数生长在农村，通常生长在立地条件较好，海拔在956~2000m之间；腾冲最古老的2株银杏古树在界头乡白果村，具有610多年树龄，它们也是云南省最大的银杏古树。腾冲县18个乡镇中具有银杏资源4个乡镇分别为固东镇、界头乡、曲石乡、马站乡，其中固东镇和界头乡种植历史最悠久，古银杏资源丰富。由图9-36可得出，界头

图9-35 云南省银杏古树分布图

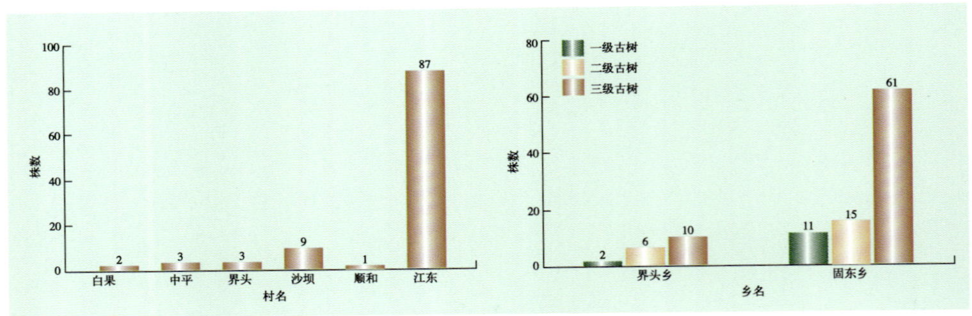

图9-36 腾冲县固东镇和界头乡古银杏分布

表9-35 云南省主要银杏分布区地理气候指标

县（市）	经度	纬度	年均温（℃）	年降水量（mm）	无霜期（天）	年均日照时数（小时）	1月均温（℃）	绝对最低温度（℃）	≥10℃积温
昆明盘龙区	102° 43′	25° 02′	14.9	1000.5	220	2327		-7.8	4400
宣威市	103° 35′ ～104° 40′	25° 53′ ～26° 44′	13.4	1300.0	232	2018	3.0	-5.0	4000
腾冲县	98° 30′	25° 02′	14.8	1245.0	234	2000	8.4	-4.2	4647
盐津县	104° 00′ ～104° 02′	27° 49′ ～28° 24′	17.0	1226.2	328	1170	8.9	-2.5	5000
永胜县	100° 45′	26° 41′	13.5	655.0	269	2186		-11.2	4085

表9-36 云南省银杏古树分布地点及株树汇总

区（市）	县（市、区）	乡（镇）
昆明市（5株）	西山区（1株）	
	盘龙区（3株）	
	五华区（1株）	
曲靖市（3株）	宣威市（2株）	双河乡、格宜镇
	富源县（1株）	富村乡
丽江市（1株）	永胜县（1株）	永北镇
昭通市（3株）	镇雄县（1株）	
	盐津县（2株）	普洱镇
保山市（109株）	腾冲县（108株）	界头乡、固东镇、曲石乡、马站乡
	龙陵县（1株）	龙江乡
总计：云南省共有5个区（市），10个县（市、区），10个乡（镇）有古银杏树的分布，共计121株。		

乡具有古银杏分布的村有5个，沙坝地村银杏古树资源最多，白果村、界头村和中平村次之，顺河村最少；而固东镇的银杏古树较集中主要分布在一个村——江东村，且资源丰富。腾冲县古树在大范围空间上呈零星分布，在小范围内呈聚集分布，但固东镇江东村的银杏古树分布较集中，形成了一个小型古树群，共计87株。

三 古树生物学

1. 性别

在已知性别的110株古银杏中，雌株105株，占94.60%；雄株5株，占4.50%；雌雄同株1株，占0.90%（图9-37）。

2. 树高

树高最高单株为30.0m，位于腾冲县固东镇江东村户主：陈安训；最矮单株为7.0m，位明市盘龙区云南省卫生学校院内；树高小于10m的银杏为2株，占1.74%；在10～20m的银杏为38株，占33.04%；20～30m的银杏为74株，占64.35%；30～40m的银杏为1株，占0.87%。树高前十五位单株：腾冲县固东镇江东村，户主：陈安训（30.0m）、腾冲县固东镇江东村，户主：陈自政（28.0m）、腾冲县固东镇江东村，户主：陈自政（28.0m）、腾冲县固东镇江东村，户主：陈自政（28.0m）、腾冲县固东镇江东村，户主：陈自政（27.0m）、腾冲县固东镇江东村，户主：陈三组（27.0m）、腾冲县固东镇江东村，户主：陈三组（27.0m）、腾冲县固东镇江东村，户主：陈自恒（26.0m）、宣威市格宜镇海戛村（25.0m）、腾冲县固东镇江东村，户主：黄敏金（25.0m）、腾冲县固东镇江东村，户主：黄跃鹏（25.0m）、腾冲县固东镇江东村，户主：黄孝国（25.0m）、腾冲县固东镇江东村，户主：黄发果（25.0m）、腾冲县固东镇江东村，（25.0m）、腾冲县固东镇江东村户主：陈安能（25.0m）。

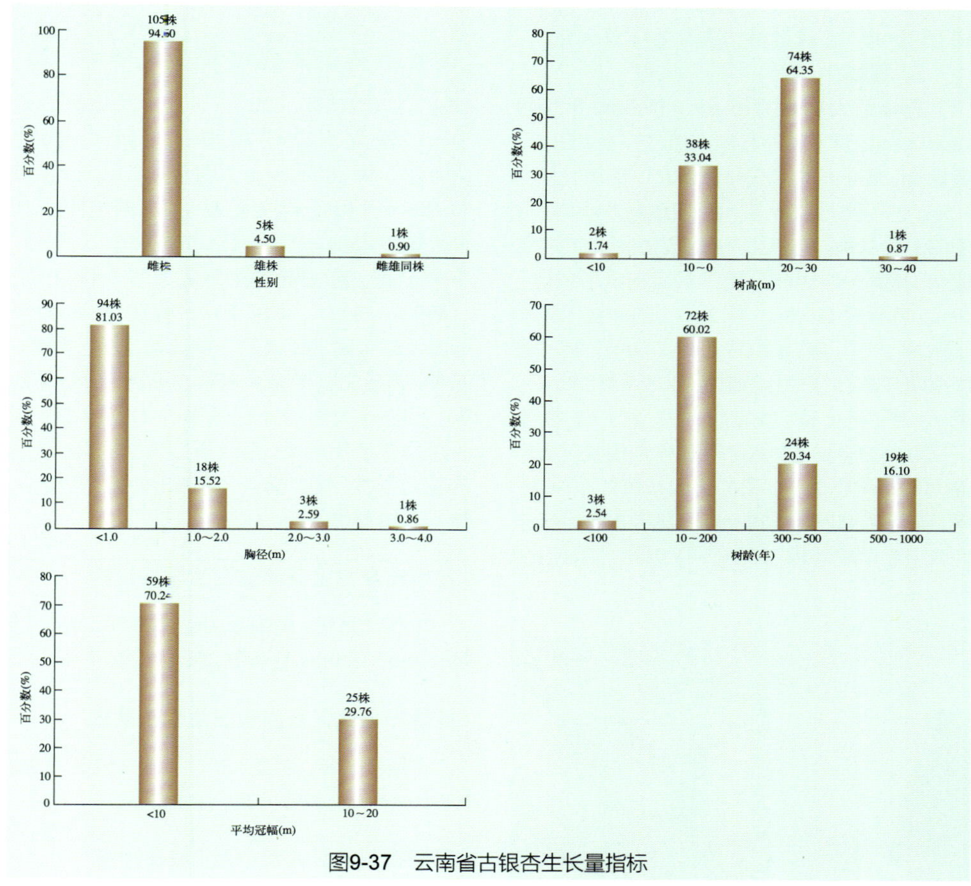

图9-37 云南省古银杏生长量指标

3. 树龄

树龄最大单株为700年，位于镇雄县城北郊；最小单株为40年，位于腾冲县界头乡中平村李家寨，户主：李登林；树龄小于100年的为3株，占2.54%；在100～300年的为72株，占60.02%；在300～500年的为24株，占20.34%；在大于500年的为19株，占16.10%。树龄前十位单株：镇雄县城北郊（700年）、腾冲县界头乡白果村，户主：王正刚（610年）、腾冲县界头乡白果村，户主：王正刚（610年）、昆明市西山区西山景区太华寺（600年）、宣威市双河乡葛菇村公所白果树村（600年）、盐津县普洱镇六井村（600年）、宣威市格宜镇海戛村（500年）、永胜县永北镇文化办事处白果树村（500年）、腾冲县固东镇江东村，户主：陈安训（500年）、腾冲县固东镇江东村，户主：陈自政（500年）、腾冲县固东镇江东村，户主：黄跃鹏（500年）、腾冲县固东镇江东村，户主：黄孝国（500年）、腾冲县固东镇江东村，户主：黄发果（500年）、腾冲县固东镇江东村（500年）、腾冲县固东镇江东村，户主：陈安全（500年）、腾冲县固东镇江东村，户主：陈安能（500年）、腾冲县固东镇江东村，户主：陈三组（500年）、腾冲县固东镇江东村，户主：陈三组（500年）、腾冲县固东镇江东村，户主：陈安宪（500年）。

4. 胸径

胸径最大单株为1.40m，位于腾冲县固东镇江东村，户主：陈安训；最小单株为0.26m，位于腾冲县界头乡中平村李家寨，户主：李登林；胸径小于1.0m的为94株，占81.03%；在1.0～2.0m的为18株，占15.52%；在2.0～3.0m的为3株，占2.59%，在3.0～4.0m的为1株，占0.86%。胸径前十位单株：腾冲县界头乡白果村，户主：王正刚（3.08m）、腾冲县界头乡白果村，户主：王正刚（2.98m）、宣威市双河乡葛菇村公所白果树村（2.89m）、腾冲县固东镇江东村，户主：黄敏金（2.83m）、腾冲县固东镇江东村（1.84m）、镇雄县城北郊（1.70m）、腾冲县固东镇江东村，户主：黄跃鹏（1.59m）、昆明市西山区西山景区太华寺（1.40m）、腾冲县固东镇江东村，户主：陈安训（1.40m）、宣威市格宜镇海戛村（1.37m）。

5. 冠幅

冠幅最大单株为18.6m×19.0m，平均冠幅为18.8m，位于腾冲县固东镇江东村，户主：黄敏金；最小单株为3.0m×2.0m，平均冠幅为2.5m，位于腾冲县界头乡沙坝地村李小寨。冠幅前十位单株：腾冲县固东镇江东村，户主：黄敏金（18.6m×19.0m）、腾冲县固东镇江东村，户主：陈自政（19.8m×17.2m）、腾冲县固东镇江东村，户主：陈自政（19.8m×17.2m）、腾冲县固东镇江东村，户主：陈自恒（16.9m×18.9m）、腾冲县固东镇江东村，户主：黄敏金（17.8m×17.8m）、昆明市西山区西山景区太华寺（18.0m×17.0m）、腾冲县固东镇江东村，户主：黄跃鹏（17.0m×18.0m）、昆明市盘龙区云南省卫生学校院内（16.0m×18.0m）、腾冲县固东镇江东村，户主：陈安周（18.0m×16.0m）、腾冲县固东镇江东村，户主：陈安能（16.8m×17.0m）。

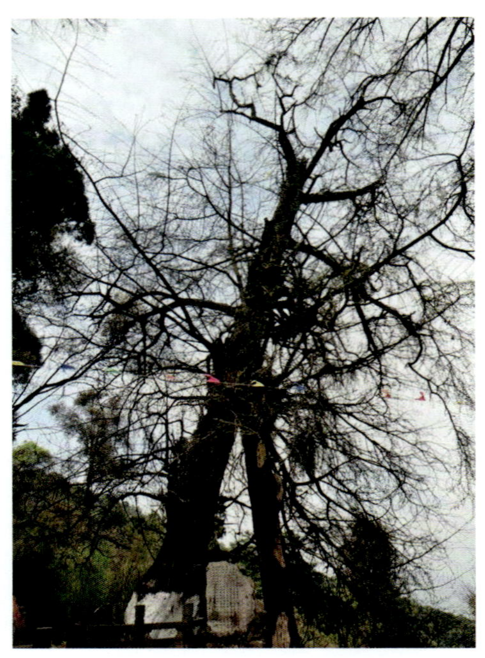

图9-18-1　昆明市西山区西山景区太华寺

6. 特异种质

垂乳银杏80株；复干银杏50株；叶籽银杏3株。根据调查，腾冲县百年以上的大树几乎都有垂乳，但并不是只有百年以上的大树才会出现垂乳现象，在调查中发现界头乡中平村李家寨李登林的一株树龄40年胸径26cm的银杏就出现了十分明显的垂乳。通过了解知道此株银杏是户主采自一株树龄百年胸径70~80cm的银杏大树（已砍伐）的20年生枝桩围田成活生长20年后形成的，此银杏的品种在当地叫"麻子银杏"，因其中种皮上布有凸起斑点而得名。在调查中发现沙坝地村李小寨李国兴家的3株银杏古树都曾出现过叶籽银杏，这对研究腾冲银杏历史及物种进化具有重要意义。

四　古树综合描述

昆明市西山区西山景区太华寺（图9-18-1）

"建文帝亲手所植银杏树"。树龄600年，树高20.0m，胸径1.40m，冠幅18.0m×17.0m。碑文记载：据《明史纪事本末》建文逊国一章和《云南备征録（录）》等书记载，建文帝曾在西山太华寺住过5年（1406～1411），也留下了一些传说，如太华寺内大雄宝殿前原来的一株大茶花'松子鳞'品种，为建文皇帝亲手所植，可惜于1963年枯死。太华寺大山门外这株银杏（白果）树，亦为建文帝亲手所植，虽经历经风雨沧桑，至今仍苍劲挺拔，枝叶繁茂，是西山公园昆明地区活化石树种之一。

昆明市盘龙区云南省卫生学校院内

树龄105年，树高18.0m，胸径0.89m，冠幅16.0m×18.0m。长势好，保护良好。

昆明市盘龙区云南省卫生学校院内

树龄105年，树高7.0m，胸径0.61m，冠幅6.0m×12.0m。长势一般，保护良好。

昆明市五华区人民中路（原长春路）

树龄100年，树高14.0m，胸径0.80m，冠幅5.0m×8.0m，长势差，原为两杈，现一杈已死亡。

昆明市盘龙区金碧路永宁寺

树龄100年，树高12.0m，胸径0.76m，冠幅4.0m×4.5m。长势差，无人保护。树干被开水房包围住，长年被烟熏，影响其生长。

宣威市双河乡葛菇村公所白果树村

明朝银杏，"银杏王"，"怀中抱子"。雌雄同株，树龄600年，树高20.0m，胸径2.89m，宣威当地李姓所栽，明朝洪武（1368～1398）年间，李氏锦自山东移居滇东北，将随身所带银杏苗栽在这片土地里，并立言曰："成活，世代于此立业。""银杏王"裸露在地表的树根就占地50m^2。树干从9m高处开始分为5大枝系：中央两枝相依相扶，遥指长天，属雄性，只开花不结果；最大的一根斜枝，向东展开，这一枝也属雄性；另外两枝分别指向西南和西北，属雌性，为雌雄同株。如今这株树虽然内腐，西面根部又长出了一新株，新老株形成"怀中抱子"之势。这株银杏树也是云南第二粗壮的银杏树。

宣威市格宜镇海戛村

树龄500年，树高25.0m，胸径1.37m。

富源县富村乡普酢村

雌株，树龄100年，树高20.0m，胸径0.75m，户主：徐有安。富源县百年以上的古银杏树达800余株。富村乡普酢村，树龄在几十年至百余年的古银杏树有30多棵。

永胜县永北镇文化办事处白果树村

树龄500年，此树虽遭大火烧过，但幸免遇难。据说，白果树村由此树得名。

镇雄县城北郊

元代银杏。雌株，树龄700年，树高28.0m，胸径1.70m，据考证，该树植于元代，果实累累。为了保护该树该县居民张氏为大树修了护栏。并立碑以启示后人，工程耗资2000元，投工近百个。县长亲自撰写碑文，以示表彰和支持。

盐津县普洱镇六井村

雌雄各1棵，树龄600年，雌树隔年结果，单株果实产量仍高达100kg。

腾冲县界头乡白果村1（图9-18-2）

垂乳银杏，明朝银杏，"银杏王"。雌株，树龄610年，树高22.0m，胸径3.08m，冠幅5.0m×6.0m，户主：王正刚。主干2m以上分为两大枝，主枝东侧有1.0m多高的枯洞，主枝向西北方伸展弯曲其上有大量垂乳，明代洪武年间所栽，被称"银杏王"。

腾冲县界头乡白果村2（图9-18-3）

雌株，树龄610年，树高16.0m，胸径2.98m，冠幅4.0m×5.0m，户主：王正刚。主干2m以上分为两大枝，西南侧的已枯死，另枝又分为4枝，其向阳侧也有一枯洞，主干基部北侧有一盘根。

腾冲县界头乡沙坝地村李小寨3（图9-18-4）

雌株，树龄300年，树高14.0m，胸径1.07m，

图9-18-2 腾冲县界头乡白果村1
（注：箭头示垂乳）

图9-18-3 腾冲县界头乡白果村2
（注：箭头示垂乳）

图9-18-4 腾冲县界头乡沙坝地村李小寨3
（注：箭头示垂乳）

图9-18-5 腾冲县界头乡沙坝地村李小寨4

冠幅9.0m×8.0m，户主：李正友。植株生活在屋旁坎边，在1.3m以上分成2枝，有大量垂乳。

腾冲县界头乡沙坝地村李小寨4（图9-18-5）

雌株，树龄300年，胸径1.34m，户主：李正友，因建房而砍伐。

腾冲县界头乡沙坝地村李小寨5（图9-18-6）

雌株，树龄300年，树高9.5m，胸径1.15m，冠幅12.0m×8.0m，户主：孙正友。此株在基部分为3株复干，最粗枝的因年老而倾斜，有大量垂乳。

腾冲县界头乡沙坝地村李小寨6（图9-18-7）

叶籽银杏。雌株，树龄300年，树高12.0m，胸径1.02m，冠幅4.0m×6.0m，户主：林国兴。在2m以上分成两枝，有大量垂乳。

腾冲县界头乡沙坝地村李小寨7（图9-18-7）

叶籽银杏。雌株，树龄300年，树高12.0m，胸径0.87m，冠幅3.0m×2.0m，户主：林国兴。在基部分为2个复干，北侧的已砍伐，有大量垂乳。

腾冲县界头乡沙坝地村李小寨8（图9-18-7）

叶籽银杏。雌株，树龄300年，树高12.0m，胸径0.74m，冠幅5.0m×6.0m，户主：林国兴。在基部分为4株复干，有大量垂乳。

腾冲县界头乡沙坝地村李小寨

雄株，树龄100年，树高18.0m，胸径0.80m，冠幅6.0m×6.0m，户主：姚成明。生长在屋旁，有垂乳。距此树3.5m处有一株同年栽植的雌株（胸径：72cm）。

腾冲县界头乡沙坝地村李小寨

雌株，树龄100年，树高16.0m，胸径0.72m，冠幅6.0m×5.0m，户主：姚成明。

腾冲县界头乡沙坝地村李小寨

雌株，树龄50年，树高13.0m，胸径0.38m，冠幅3.0m×2.0m，生长在路旁，树皮老化严重，没有复干现象，有垂乳。

腾冲县界头乡中平村李家寨9（图9-18-8）

雌株，树龄40年，树高10.0m，胸径

图9-18-6 腾冲县界头乡沙坝地村李小寨5

图9-18-8 腾冲县界头乡中平村李家寨9
（注：箭头示垂乳）

图9-18-7 腾冲县界头乡沙坝地村李小寨6-8
（注：A. 6；B. 7-8；箭头示垂乳）

0.26m，冠幅3.0m×4.0m，枝下高2m，主枝数9个。户主：李登林。户主取自100多年的大树上的20年生树桩围田成活生长20年而成，没有复干现象。主干与主枝连接处有大量垂乳。

腾冲县界头乡中平村李家寨10（图9-18-9）

雌株，树龄200年，树高18.0m，胸径0.82m，冠幅8.0m×7.0m，户主：熊德青。生长在竹园，有垂乳。

腾冲县界头乡界头村大水沟11（图9-18-10）

雌株，树龄150年，树高11.0m，胸径0.86m，冠幅6.0m×5.0m，户主：杨学敏。生活在竹园坎边，基部分为2株复干，向阳侧的复干粗壮，有垂乳。

腾冲县界头乡顺河村12（图9-18-11）

雌株，树龄120年，树高14.0m，胸径0.85m，冠幅6.0m×7.0m，户主：文昌宫。生长在园地坎边，分为3株复干，一株较小，有垂乳。称“金白果”。

腾冲县界头乡顺河村13（图9-18-11）

雄株，树龄200年，树高13.0m，胸径0.81m，冠幅8.0m×7.0m，户主：文昌宫。生长在园地斜坡上，户主将原主干砍伐后，在主干基部重新萌发出5株复干。

腾冲县界头乡下街

雌株，树龄110年，树高13.0m，胸径0.69m，冠幅6.0m×8.0m，户主：张文美。生活在竹园中，有垂乳。

腾冲县界头乡沙坝地村李大寨

雌株，树龄100年，树高17.0m，胸径0.61m，冠幅7.0m×8.0m，户主：李小五。从基部分为3株复干。银杏果口感很好，优良品种。

腾冲县界头乡沙坝地村李大寨

雌株，树龄50年，树高13.0m，胸径0.38m，冠幅3.0m×4.0m，户主：熊有富，有垂乳。

图9-18-9 腾冲县界头乡中平村李家寨10
（注：箭头示垂乳）

图9-18-10 腾冲县界头乡界头村大水沟11
（注：箭头示垂乳）

图9-18-11 腾冲县界头乡顺河村
（注：左12右13）

腾冲县界头乡中平村李家寨

雄株，树龄150年，树高14.0m，胸径0.79m，冠幅5.0m×6.0m，户主：李永存，生长在竹园。

腾冲县界头乡中平村李家寨

雌株，树龄150年，树高15.0m，胸径0.65m，冠幅5.0m×4.0m，户主：李永存，生长在竹园与雄株相距2m。

腾冲县固东镇江东村1（图9-18-12）

雌株，树龄400年，树高22.5m，胸径1.18m，冠幅16.0m×15.4m，户主：陈自建，具垂乳，分2个复干。

腾冲县固东镇江东村2（图9-18-12）

雌株，树龄500年，树高30.0m，胸径1.40m，冠幅14.3m×14.7m，户主：陈安训，具垂乳，分3个复干。

图9-18-12 腾冲县固东镇江东村1-2
（注：左1右2）

腾冲县固东镇江东村

雌株，树龄500年，树高28.0m，胸径1.21m，冠幅19.8m×17.2m，户主：陈自政，具垂乳，分2个复干。

腾冲县固东镇江东村3(图9-18-13)

雌株，树龄200年，树高24.0m，胸径0.96m，冠幅18.3m×15.4m，户主：陈安周，具垂乳，分2个复干。

腾冲县固东镇江东村4(图9-18-14)

雌株，树龄200年，树高24.0m，胸径1.01m，冠幅18.0m×16.0m，户主：陈安周，具垂乳，分5个复干。

腾冲县固东镇江东村5（图9-18-14）

雌株，树龄280年，树高28.0m，胸径1.21m，冠幅19.8m×17.2m，户主：陈自政，具垂乳，分2个复干。

图9-18-13 腾冲县固东镇江东村3、6
（注：左3右6）

腾冲县固东镇江东村6（图9-18-13）

雌株，树龄280年，树高27.0m，胸径0.96m，冠幅15.0m×16.0m，户主：陈自政。具垂乳，分2个复干。

腾冲县固东镇江东村7（图9-18-15）

雌株，树龄150年，树高28.0m，胸径0.56m，冠幅13.0m×14.0m，户主：陈自政。

腾冲县固东镇江东村

雌株，树龄250年，树高22.0m，胸径0.62m，冠幅11.0m×11.5m，户主：陈安忠。垂乳少。

腾冲县固东镇江东村8（图9-18-15）

雌株，树龄250年，树高21.0m，胸径0.70m，冠幅11.5m×11.5m，户主：陈安忠，具垂乳。

腾冲县固东镇江东村9（图9-18-16）

雌株，树龄300年，树高21.0m，胸径0.83m，冠幅10.1m×10.1m，户主：陈安斌。具垂乳，分2个复干。

腾冲县固东镇江东村

雌株，树龄100年，树高21.0m，胸径0.53m，冠幅9.0m×8.5m，户主：陈安斌。

腾冲县固东镇江东村10（图9-18-17）

雌株，树龄250年，树高15.0m，胸径0.53m，冠幅14.0m×13.5m，户主：陈安丽。具垂乳。

腾冲县固东镇江东村11（图9-18-16）

雌株，树龄300年，树高22.0m，胸径0.94m，冠幅15.4m×16.0m，户主：陈自茂。垂乳，胸径以上分2个复干。

腾冲县固东镇江东村

雌株，树龄300年，树高22.0m，胸径0.90m，冠幅15.0m×16.0m，户主：陈自茂。

腾冲县固东镇江东村

雌株，树龄300年，树高22.0m，胸径0.86m，冠幅11.0m×12.1m，户主：陈自茂。垂乳，分2个复干。

腾冲县固东镇江东村12（图9-18-17）

雌株，树龄400年，树高22.0m，胸径0.75m，冠幅13.3m×13.3m，户主：陈本源。具垂乳。

腾冲县固东镇江东村

雌株，树龄100年，树高17.0m，胸径0.71m，冠幅14.0m×14.0m，分3个复干。

图9-18-14 腾冲县固东镇江东村4-5
（注：左4右5；箭头示垂乳）

图9-18-15 腾冲县固东镇江东村7-8
（注：左.6、7、8；右.8；箭头示垂乳）

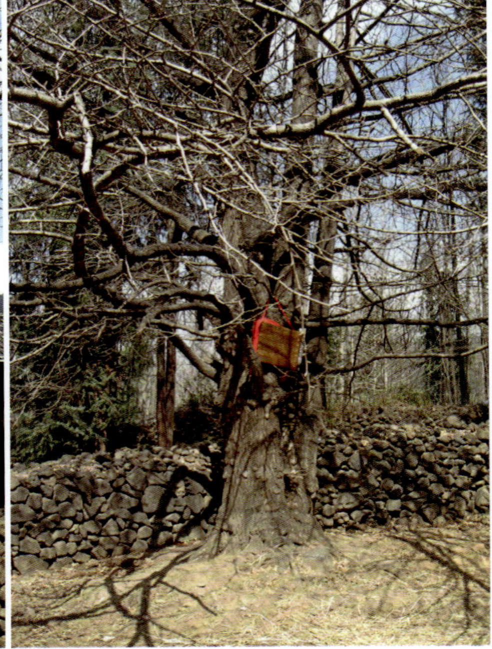

图9-18-16 腾冲县固东镇江东村9、11
（注：左9右11）

腾冲县固东镇江东村

雄株，树龄100年，树高18.0m，胸径0.86m，修剪得很严重，只剩顶端梢部枝条。

腾冲县固东镇江东村

雌株，树龄150年，树高23.0m，胸径0.70m，冠幅13.5m×14.0m，垂乳少，有1个小复干。

腾冲县固东镇江东村

雌株，树龄150年，树高23.0m，胸径0.56m，冠幅11.0m×12.0m，垂乳少。

腾冲县固东镇江东村13（图9-18-18）

雌株，树龄100年，树高24.0m，胸径0.95m，冠幅15.5m×15.0m，具垂乳，分1个复干。

腾冲县固东镇江东村

雌株，树龄100年，树高20.0m，胸径0.76m。

腾冲县固东镇江东村

雌株，树龄100年，树高19.0m，胸径0.89m。

腾冲县固东镇江东村

雌株，树龄100年，树高18.0m，胸径0.95m。

腾冲县固东镇江东村

雌株，树龄100年，树高16.0m，胸径0.50m，冠幅9.0m×9.5m，垂乳，胸径以上分2个复干。

腾冲县固东镇江东村14（图9-18-19）

雌株，树龄150年，树高21.0m，胸径0.60m，冠幅13.0m×12.0m，户主：陈本孝。具垂乳。

腾冲县固东镇江东村

雌株，树龄100年，树高18.0m，胸径0.78m，户主：陈进茂。

腾冲县固东镇江东村

雌株，树龄100年，树高17.0m，胸径0.88m，分2个复干。

腾冲县固东镇江东村

雌株，树龄100年，树高19.0m，胸径0.96m，分4个复干。

腾冲县固东镇江东村

雌株，树龄100年，树高18.0m，胸径0.98m，垂乳少，胸径以上分2个复干。

腾冲县固东镇江东村

雌株，树龄100年，树高19.0m，胸径0.85m，垂乳少，胸径以上分2个复干。

腾冲县固东镇江东村

雌株，树龄250年，树高22.0m，胸径0.87m，具垂乳，胸径以上分2个复干。

腾冲县固东镇江东村

雌株，树龄100年，树高18.0m，胸径0.89m，复干很多。

腾冲县固东镇江东村

雌株，树龄100年，树高17.0m，胸径0.78m，垂乳少。

腾冲县固东镇江东村

雌株，树龄250年，树高24.0m，胸径0.77m，分3个复干。

腾冲县固东镇江东村

雌株，树龄100年，树高21.0m，胸径0.86m，分2个复干。

腾冲县固东镇江东村

雌株，树龄300年，树高23.0m，胸径0.70m，冠幅12.5m×14.0m，户主：黄刚金。具垂乳。

腾冲县固东镇江东村

雌株，树龄150年，树高24.0m，胸径0.62m，冠幅13.5m×14.0m，户主：黄刚金。具垂乳。

腾冲县固东镇江东村

雌株，树龄150年，树高23.5m，胸径0.61m，冠幅12.5m×12.5m，户主：黄刚金。具垂乳，分3个复干。

腾冲县固东镇江东村

雌株，树龄150年，树高23.0m，胸径0.60m，冠幅12.0m×13.0m，户主：黄刚金。具垂乳。

腾冲县固东镇江东村

雌株，树龄150年，树高23.5m，胸径0.61m，冠幅10.5m×11.0m，户主：黄刚金。具

图9-18-17 腾冲县固东镇江东村10、12
（注：左10右12）

图9-18-18 腾冲县固东镇江东村13

图9-18-19 腾冲县固东镇江东村14
（注：箭头示垂乳）

垂乳，分2个复干。

腾冲县固东镇江东村

雌株，树龄150年，树高24.0m，胸径0.62m，冠幅11.5m×12.0m，户主：黄刚金。具垂乳，分2个复干。

腾冲县固东镇江东村15（图9-18-20）

雌株，树龄150年，树高21.0m，胸径0.57m，冠幅11.0m×12.0m，户主：黄泰金。具垂乳，胸径以上分2个复干。

腾冲县固东镇江东村

雌株，树龄150年，树高20.0m，胸径0.57m，冠幅12.0m×13.0m，户主：黄祥金。具垂乳。

腾冲县固东镇江东村

雌株，树龄150年，树高21.0m，胸径0.58m，冠幅11.5m×12.5m，户主：黄祥金。具垂乳。

腾冲县固东镇江东村

雌株，树龄400年，树高24.0m，胸径0.92m，冠幅18.6m×19.0m，户主：黄敏金。具垂乳，复干很多。

腾冲县固东镇江东村

雌株，树龄300年，树高25.0m，胸径0.98m，冠幅13.5m×12.5m，户主：黄敏金。具垂乳，分2个复干。

腾冲县固东镇江东村

雌株，树龄150年，树高22.0m，胸径0.72m，冠幅12.5m×13.0m，户主：黄敏金。具垂乳。

腾冲县固东镇江东村

雌株，树龄400年，树高22.0m，胸径2.83m，冠幅17.8m×17.8m，户主：黄敏金。具垂乳，分10个复干。

腾冲县固东镇江东村

雌株，树龄300年，树高23.0m，胸径0.96m，户主：黄永智，分枝很多。

腾冲县固东镇江东村

雌株，树龄250年，树高21.0m，胸径0.89m，户主：黄永智，分枝。

腾冲县固东镇江东村16（图9-18-20）

雌株，树龄250年，树高22.0m，胸径0.96m，户主：黄永智。具垂乳，分2个复干。

腾冲县固东镇江东村

雌株，树龄100年，树高20.0m，胸径0.85m，分枝多。

腾冲县固东镇江东村

雌株，树龄100年，树高19.0m，胸径0.89m，分枝多。

腾冲县固东镇江东村

雌株，树龄100年，树高21.0m，胸径0.79m，分枝多。

腾冲县固东镇江东村

雌株，树龄500年，树高25.0m，胸径1.59m，冠幅17.0m×18.0m，户主：黄跃鹏。具垂乳，10余个复干。

腾冲县固东镇江东村

雌株，树龄250年，树高22.0m，胸径0.98m，具垂乳，有复干。

腾冲县固东镇江东村

雌株，树龄150年，树高23.0m，胸径0.87m，具垂乳，有复干。

腾冲县固东镇江东村

雌株，树龄150年，树高24.0m，胸径0.88m，具垂乳，有复干。

腾冲县固东镇江东村

雌株，树龄500年，树高22.0m，胸径0.94m，冠幅16.1m×15.8m，户主：黄孝国。具垂乳，复干多。

腾冲县固东镇江东村

雌株，树龄280年，树高23.0m，胸径0.92m，户主：黄孝国。具垂乳，有复干。

腾冲县固东镇江东村

雌株，树龄280年，树高25.0m，胸径0.89m，户主：黄孝国。具垂乳，有复干。

腾冲县固东镇江东村

雌株，树龄150年，树高16.0m，胸径0.67m，冠幅14.1m×13.0m，户主：黄孝新。具垂乳。

腾冲县固东镇江东村

雌株，树龄300年，树高20.0m，胸径0.64m，冠幅13.5m×11.5m，户主：陈安孝。具垂乳，有复干。

腾冲县固东镇江东村

雌株，树龄250年，树高21.0m，胸径0.81m，冠幅14.5m×15.4m，户主：陈安孝。具垂乳。

腾冲县固东镇江东村

雌株，树龄200年，树高23.0m，胸径0.93m，冠幅16.0m×15.8m，户主：陈定升。具垂乳。

腾冲县固东镇江东村

雌株，树龄200年，树高20.0m，胸径0.85m，冠幅15.2m×16.1m，户主：陈定升。具垂乳。

腾冲县固东镇江东村

雌株，树龄200年，树高21.0m，胸径0.91m，冠幅14.8m×15.2m，户主：陈定升，具垂乳。

图9-18-20 腾冲县固东镇江东村15、16
（注：左16右15；箭头示垂乳）

腾冲县固东镇江东村

雌株，树龄250年，树高22.0m，胸径0.92m，冠幅16.0m×15.8m，户主：陈定强。具垂乳，分2个复干。

腾冲县固东镇江东村

雌株，树龄200年，树高22.0m，胸径0.93m，冠幅16.1m×16.0m，户主：陈安言。具垂乳，有复干。

腾冲县固东镇江东村

雌株，树龄400年，树高22.0m，胸径0.99m，冠幅14.0m×15.6m，户主：陈安杰。具垂乳。

腾冲县固东镇江东村

雌株，树龄150年，树高20.0m，胸径0.89m，具垂乳。

腾冲县固东镇江东村

雌株，树龄400年，树高19.0m，胸径1.02m，多垂乳，复干多。

腾冲县固东镇江东村

雌株，树龄100年，树高17.0m，胸径0.79m，具垂乳。

腾冲县固东镇江东村

雌株，树龄400年，树高23.0m，胸径0.95m，冠幅14.0m×12.0m，户主：陈安金，具垂乳，分2个复干。

腾冲县固东镇江东村

雌株，树龄400年，树高23.0m，胸径0.95m，冠幅12.8m×15.0m，户主：陈安银。具垂乳。

腾冲县固东镇江东村

雌株，树龄400年，树高16.0m，胸径0.54m，冠幅12.3m×14.0m，户主：陈安银。具垂乳，有复干。

腾冲县固东镇江东村

雄株，树龄400年，树高23.0m，胸径0.54m，冠幅9.5m×9.0m，户主：陈安银，调查中年龄最大的雄树，修剪得很严重，只剩顶端梢部枝条。

腾冲县固东镇江东村

雌株，树龄500年，树高25.0m，胸径0.43m，冠幅9.8m×14.0m，户主：黄发果。具垂乳，复干。

腾冲县固东镇江东村

雌株，树龄500年，树高25.0m，胸径1.84m，冠幅16.5m×17.1m，具垂乳，复干很多。

腾冲县固东镇江东村

雌株，树龄500年，树高24.0m，胸径1.21m，冠幅15.0m×17.0m，户主：陈安全。具垂乳，复干。

腾冲县固东镇江东村

雌株，树龄500年，树高25.0m，胸径0.95m，冠幅16.8m×17.0m，户主：陈安能。具垂乳，复干。

腾冲县固东镇江东村

雌株，树龄500年，树高27.0m，胸径0.85m，冠幅16.0m×14.0m，户主：陈三组。具垂乳，复干。

腾冲县固东镇江东村

雌株，树龄500年，树高27.0m，胸径1.18m，冠幅15.0m×14.0m，户主：陈三组。具垂乳。

腾冲县固东镇江东村

雌株，树龄500年，树高23.0m，胸径1.18m，冠幅14.1m×13.5m，户主：陈安宪。具垂乳，复干。

腾冲县固东镇江东村

雌株，树龄260年，树高26.0m，胸径0.74m，冠幅16.9m×18.9m，户主：陈自恒。具垂乳。

龙陵县龙江乡三台山村

有1株古树，电影《爱有来生》拍摄地。

陕西省银杏古树资源

一　古树生境及地理气候指标

陕西省土壤类型多种多样，共有400多个土种。主要土类有栗钙土、黑垆土、棕壤、褐土、黄棕壤、黄褐土等。陕北高原为栗钙土—黑垆土地带；关中盆地为棕壤—褐土地带；陕南山地为黄棕壤—黄褐土地带。秦岭巴山素有“生物基因库”之称，有野生种子植物3300余种，约占全国的10%。珍稀植物30种，药用植物近800种。中华猕猴桃、沙棘、绞股蓝、富硒茶等资源极具开发价值。生漆产量和质量居全国之冠。红枣、核桃、桐油是传统的出口产品，药用植物天麻、杜仲、苦杏仁、甘草等在全国具有重要地位。

陕西省主要银杏分布区地理气候指标如表9-37所示。

二　古树分布及株数

据文献报道，陕西省境内的银杏古树名木的数量为90株。其中树龄在2000年以上的有2株，树龄在1500~2000年的有2株，在1000~1500年的有19株，在500~1000年的有26株，在300~500年的有17株，在100~300年的有24株。属于一级古树名木的银杏有66株，占其总资源的73%。陕西省共有107个县（市、区），其中有银杏古树分布的有29个，占27.10%，50个乡镇有银杏古树分布。陕西省共有10个市，其中有银杏古树分布的有9个市，占90%，实测及统计银杏古树82株，其中73株具有生长指标（图9-38，表9-38）。

陕西省地处黄河中游，是中华民族重要的发祥地，在丰富的三秦文化宝库中，古树名木深藏于生命之林。在陕西境内，除榆林以北外，陕南、关中及陕北等地的名胜古迹、庙前寺院中、坪坝溪边，都保存有数百年乃至千年以上的银杏古树。银杏在陕西分布最多的当属汉水流域，其次是关中平原，陕北仅零星分布，数量极少。在水平分布上，大体分布在北纬32°～38°，东经106°～110°之间。北至榆林黑龙潭，南到平利白果坪；西达凤县温江寺，东至丹凤县桃花铺；西北达陇县曹家湾，西南至宁强县南家河。从垂直分布看，陕西银杏一般分布在海拔385（长安县汤峪）～1640m（凤县温江寺）之间，但众多银杏均分布在500～1000m范围内。由于陕西地形复杂，气候和立地条件差异较大，所以银杏的垂直分布有明显的地域性特点，即在秦巴山地垂直分布偏高，一般在1000m左右，而在汉中盆地和关中地区垂直分布偏低，一般在800m以下，陕北地区银杏垂直分布在海拔700～1000m之间。

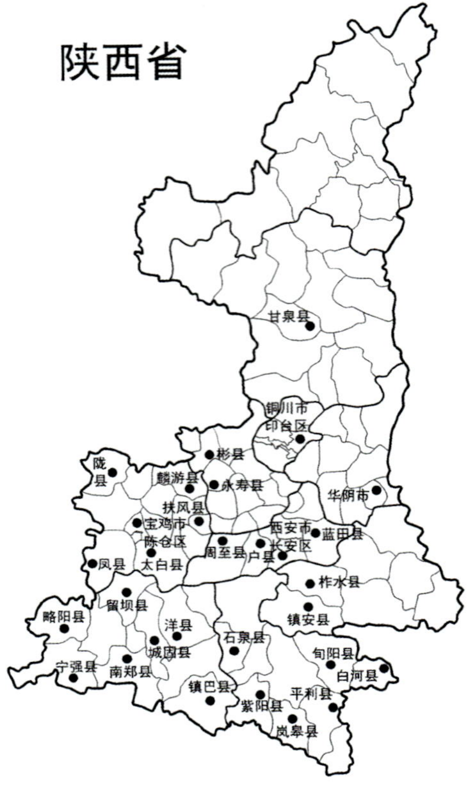

图9-38　陕西省银杏古树分布图

表9-37　陕西省主要银杏分布区地理气候指标

县（市）	经度	纬度	年均温（℃）	年降水量（mm）	无霜期（天）	年均日照时数（小时）	1月均温（℃）	绝对最低温度（℃）	≥10℃积温
西安长安区	108° 38′～109° 14′	33° 47′～34° 18′	15.5	600.0	216	1377	-3.6	-20.6	4224
凤县	106° 24′～107° 07′	33° 34′～34° 18′	11.4	613.2	188	1840	–1.1		3556
甘泉县	109° 35′	36° 28′	8.6	426.3	148	2478	-7.0	-26.1	4200
宁强县	105° 20′～106° 35′	32° 37′～33° 12′	12.9	1178.9	247	2134		-11.6	4422
略阳县	106° 15′	33° 33′	13.2	860.0	236	1558	-3.0	-11.2	
留坝县	106° 38′～107° 18′	33° 17′～33° 53′	11.5	886.3	214	1804	-3.1	-20.0	4596
紫阳县	108° 31′	32° 30′	15.1	1066.0	268	1498			4200
柞水县	108° 50′～109° 41′	33° 20′～34° 00′	12.4	742.0	209	1860	0.2	-13.9	3034

表9-38 陕西省银杏古树分布地点及株树汇总

区（市）	县（市、区）	乡（镇）
西安市（11株）	长安区（6株）	王庄乡、内苑乡、祥峪乡、五星乡
	蓝田县（1株）	辋川乡
	周至县（2株）	楼观镇
	户县（2株）	庞光镇、祖庵镇
铜川市（1株）	印台区（1株）	广阳镇
宝鸡市（12株）	陈仓区（1株）	磻溪镇
	陇县（1株）	城关镇
	凤县（6株）	温江寺乡、三岔镇
	太白县（1株）	二郎坝乡
	麟游县（3株）	九成宫镇
咸阳市（2株）	永寿县（1株）	
	彬县（1株）	龙高乡
渭南市（1株）	华阴市（1株）	
延安市（2株）	甘泉县（2株）	高哨乡
汉中市（35株）	南郑县（1株）	牟家坝镇
	城固县（1株）	老庄镇
	洋县（5株）	茅坪镇、贯溪镇、八里关乡
	宁强县（7株）	庙坝乡、高寨子镇、坪溪乡
	略阳县（7株）	白水江镇、金家河镇、接官亭镇、仙台坝乡、郭镇、鱼洞子乡
	镇巴县（1株）	赤南乡
	留坝县（13株）	江口镇、玉皇庙乡、柳川乡
安康市（14株）	紫阳县（4株）	松溪乡、铁佛寺乡、新联乡、深磨乡
	石泉县（1株）	合溪乡
	岚皋县（2株）	孟石岭乡、东山乡
	平利县（2株）	老县镇
	旬阳县（4株）	棕溪镇、双河镇、力加乡
	白河县（1株）	构扒乡
商洛市（4株）	镇安县（1株）	庙沟乡
	柞水县（3株）	石瓮镇、窑镇乡
总计：陕西省银杏古树主要分布在9个市、29个县（市、区）、50个乡镇，共计82株。		

三　古树生物学

1. 性别

在已知性别的43株古银杏中，雌株33株，占76.74%；雄株10株，占23.26%（图9-39）。

2. 树高

树高最高单株为46.7m，位于白河县构扒乡平岩村山顶上；最矮单株为7.0m，位于西安市长安区内苑乡内苑村；树高<10m的银杏为1株，占1.49%，10～20m的为6株，占8.95%；20～30m的为34株，占50.75%；30～40m的为23株，占34.33%；40～50m的为3株，占4.48%。树高前十位单株：白河县构扒乡平岩村山顶上（46.7m）、柞水县石瓮镇东甘沟村（44.0m）、柞水县石瓮镇东甘沟村（43.0m）、宁强县高寨子镇韩家坝村（38.2m）、宁强县坪溪乡夏家河一组（37.2m）、留坝县江口镇青冈坪村月坝子组（37.0m）、岚皋县支河乡易坪村（37.0m）、岚皋县东山乡龙板营村（37.0m）、略阳县仙台坝乡仙台坝学校（35.0m）、镇巴县赤南乡藏龙坪村白果树坪（35.0m）。

3. 树龄

树龄最大单株为4000年，位于留坝县玉皇庙乡下西河村下西河组村旁路边；最小单株为50年，有2株，位于洋县茅坪镇新华村第2组村民张廷梓家房舍右侧1株，位于洋县茅坪镇新华村六组黄膳沟1株；树龄<100年的为2株，占2.86%；100～300年的为2株，占2.86%；300～500年的为3株，占4.28%；500～1000年的为30株，占42.86%；1000～2000年的为29株，占41.43%；2000～3000年的为3株，占4.28%；4000～5000年的为1株，占1.43%。树龄前十位单株：留坝县玉皇庙乡下西河村下西河组村旁路边（4000年）、周至县楼观台宗圣宫遗址（2600年）、城固县老庄镇朱家坎村徐家河（2000年）、白河县构扒乡平岩村山顶上（2000年）、西安市长安区王庄乡天子峪口村百塔寺南殿院（1500年）、旬阳县双河镇潘家乡（1500年）、西安市长安区东大街办观音堂村终南山观音禅寺（1400年）、凤县温江寺乡沙江寺村杨家山（1400年）、凤县三岔镇苇子坪

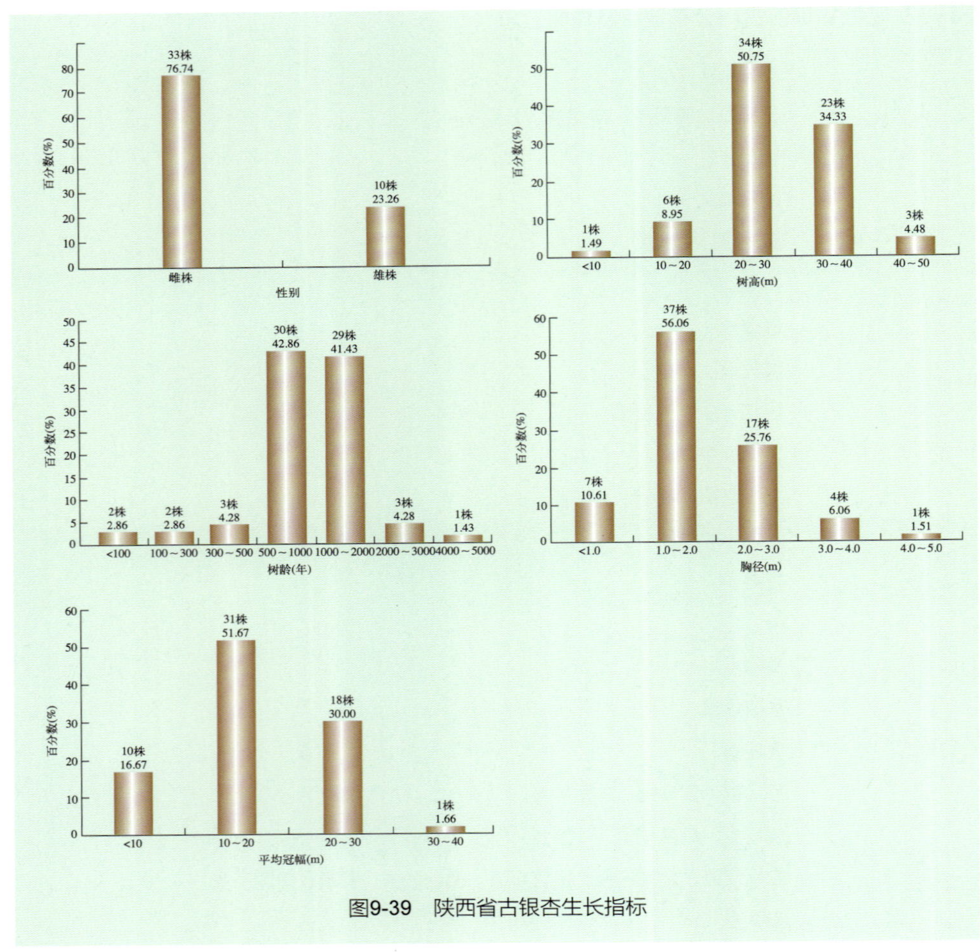

图9-39 陕西省古银杏生长指标

村太白庙（1400年）、凤县三岔镇苇子坪村太白庙（1400年）。

4. 胸径

胸径最大单株为4.42m，位于留坝县玉皇庙乡下西河村下西河组村旁路边；最小单株为0.40m，位于洋县茅坪镇新华村第2组村民张廷梓家房舍右侧；胸径＜1.0m的为7株，占10.61%；1.0～2.0m的为37株，占56.06%；2.0～3.0m的为17株，占25.76%；3.0～4.0m的为4株，占6.06%；4.0～5.0m的为1株，占1.51%。胸径前十位单株：留坝县玉皇庙乡下西河村下西河组村旁路边（4.42m）、岚皋县支河乡易坪村（3.86m）、白河县构扒乡平岩村山顶上（3.50m）、西安市长安区王庄乡天子峪口村百塔寺南殿院（3.31m）、周至县楼观台宗圣宫遗址［3.03m(原4.77m)］、镇巴县赤南乡藏龙坪村白果树坪（2.86m）、留坝县江口镇青冈坪村月坝子组（2.71m）、西安市长安区东大街办观音堂村终南山观音禅寺（2.60m）、柞水县石瓮镇东甘沟村（2.60m）、凤县温江寺乡沙江寺村杨家山（2.58m）。

5. 冠幅

冠幅最大单株为35.6m×27.2m，平均冠幅为31.4m，位于宁强县庙坝乡白果树村；最小单株为6.0m×5.8m，平均冠幅为5.9m，位于柞水县窑镇乡马房湾村。冠幅前十位单株：宁强县庙坝乡白果树村（35.6m×27.2m）、西安市长安区王庄乡天子峪口村百塔寺南殿院（28.7m×28.2m）、白河县构扒乡平岩村山顶上（27.6m×27.6m）、宁强县庙坝乡白果树村（30.5m×24.5m）、宁强县坪溪乡夏家河一组（25.0m×25.0m）、留坝县江口镇青冈坪村白果树组（25.0m×25.0m）、凤县温江寺乡沙江寺村杨家山（24.0m×24.0m）、洋县茅坪镇长坝村（24.0m×24.0m）、西安市长安区东大街办观音堂村终南山观音禅寺（27.0m×20.0m）、岚皋县东山乡龙板营村（23.1m×23.0m）。

6. 特异种质

垂乳银杏3株；复干银杏4株；叶籽银杏3株。

四 古树综合描述

西安市长安区王庄乡天子峪口村百塔寺南殿院（图9-19-1）

敬德拴马树。雌株，树龄1500年，树高22.0m，胸径3.31m，冠幅28.7m×28.2m，树形偏冠，主干倾斜约20°，有凹陷，共有两大主枝，枝叶繁茂，垂乳1个，长2.5m左右，基部粗度约为80cm，树上有瘤状物，结果量较多。较大复干1个，高6m，粗35cm。基部具大量萌蘖，粗度为0.2～5cm不等。保管单位：百塔寺，责任人：释本如，领养人：张军；古树编号：0405。唐贞观年间栽（也有说隋朝栽植）。相传唐初名将敬德领兵征战时，途经百塔寺进香时，将战马拴在银杏树上。据寺院老和尚讲，当年拴马环，如今已埋入树干之中，但其痕迹依稀可辨；后来人们赞誉此树道："白果树高大，十里可望荣；佳树唐时种，千岁有遐令；朝来绿叶翠，晚照蝉更鸣；冠荫遮蔽日，枝起一林风。" N=34° 02′ 10.4″，E=108° 55′ 37.2″，H=594m。

西安市长安区王庄乡天子峪村

树龄400年，树高31.7m，胸径0.98m，冠幅16.0m×15.0m。

西安市长安区内苑乡内苑村

雌株，树龄600年，树高24.0m，胸径1.44m，冠幅17.0m×18.0m。

西安市长安区内苑乡内苑村

雄株，树龄300年，树高7.0m，胸径0.64m，冠幅6.0m×5.8m。

西安市长安区五星乡灵感寺

树高30.0m。原有2株，明代《殿堂图》中都有记载，20世纪六七十年代被伐掉。

西安市长安区东大街办观音堂村终南山观音禅寺（图9-19-2）

垂乳银杏，"祖母银杏树"，唐代银杏。雌株，树龄1400年，树高29.0m，胸径2.60m，冠幅27.0m×20.0m，位于观音殿后大坪台中央，编号：0325。树形宝塔形，枝叶繁茂。树干10m高处，长有10条大枝，由根部萌生4株百年子树，其中2株已枯死子树被锯掉，另2株依旧茂盛，最大一株高10m左右，胸围1.52m，主干周围还环绕着约百株数十年的小银杏树，密密麻麻地围成一个环形树群，主干、子干、群干和谐共生，是一株十分罕见的"祖母银杏树"。"主干"与"群干"叶片迥异，"主干"叶片如扇，"群干"叶片如爪。主干叶与一般银杏叶无异，群干叶却中分五叉，遥看如一山五峰，耐人寻味。垂乳1个，基径0.3m，长1m。树上有瘤状物。银杏树旁有一古井名"观音泉"，因其出于千年银杏树下，长年流淌不息，水质轻柔甘甜，并有能治百病之说，远近前来取水者络绎不绝，被誉为"观音神泉"。据《长安县志》载，栽于唐代，故称"唐白果树"。又说为汉代银杏。院门正对面是挂有"观音禅寺"匾额的大殿，殿堂内奉有观音、普贤、文殊、地藏诸菩萨。观音禅寺背依禅岭顶，南通观音山，原名"观音堂"，始建于唐贞观年间，相传是太宗李世民为消灾祈福而建。时占地300余亩，为一方名刹，历代香火不绝。新中国成立后，该寺遭到毁损，被改为"红岩中学"，寺内僧众也被遣散。改革开放以来，随着宗教政策的落实，才得以恢复修建，重现昔日风貌。所谓"山不在高，有仙则名；水不在深，有龙

图9-19-1 西安市长安区王庄乡天子峪口村百塔寺南殿院
（注：箭头示垂乳）

图9-19-2 西安市长安区东大街办观音堂村终南山观音禅寺
（注：箭头示垂乳）

则灵”。观音禅寺则“名”、“灵”俱全，既“名至实归”又“灵奇有传”。N=34° 01′ 37.9″，E=108° 47′ 15.9″，H=484m。

关于灵泉及银杏的由来，在当地还流传着一个美妙的传说，其中包含了一定的历史文化内涵。相传，唐代术士袁天罡于长安街头算卦，泾河龙王化为人身至闹市游玩，和袁天罡打赌私降甘露，因触犯天条而当斩。唐太宗李世民率宰相魏征及十八卫士在终南狩猎，梦见泾河龙王哀求而允诺放其生路一条。醒后乃见山中云雾缭绕，仙气飘飘，一石洞中流泉喷涌，饮后即觉甘美无比，称其“真神泉也”。随后，魏征醉酒后，梦中奉玉皇大帝之旨，于南天门斩首泾河龙王。龙首掷于长安城北，化为龙首原；龙尾长一丈八弃于长安城西成为丈八沟；斩龙身十八段在“神泉”东西各弃九段，形成东西各九条蜿蜒山沟。魏征又梦见出南天门后，见一无首尾的青龙，向他索命，顿时，惊出一身冷汗，遂将此禀告太宗。太宗听后也大惊(观音禅寺所在的村子，原名惊驾村)，说：我日前梦中一青龙求我救命，答应阻止你赴南天门，暗命十八卫士不让你离开，今失信于青龙，将如何是好?大臣徐茂公进言：观音菩萨专门扶危济困，普渡众生，只要虔诚供养，可以化解心结。太宗以为“神泉”依山而出，是祥瑞之地，于是建一座观音堂，以消散仇怨。观音堂建好后，观音菩萨托梦于太宗：我已洒甘露于青龙之躯，使之复活，但其犯天威有过，已将其身缩为三尺，放入神泉洞中(故此泉又称龙泉)。并需十八卫士出家为武僧，在神泉守护，防止青龙再出洞滋事，还需选两位将军把守宫门。后来，十八卫士为僧后修成罗汉正果，而把守宫门的秦琼、尉迟敬德两位大将也成为民间门神。神泉上不久就长出了观音保佑人们福寿延年的银杏树。

蓝田县辋川乡鹿苑村白家坪（向阳公司一车间前）鹿苑寺

王维手植银杏。雌株，树龄1300年，树高

26.0m，胸径1.72m，冠幅8.0m×9.0m，古树编号：0429。唐开元年间，王维手植银杏。他的"文杏裁为梁，香茅结为宇；不知栋里云，当作人间雨"（《辋川二十泳·文杏馆》）诗句，即为银杏树而发。明《群芳谱》中记有"蒲城白果一树，世传仙人所掷"。据《蓝田县志》载"文杏馆遗址在寺东，今有银杏一株，相传摩诘手植"。王维（701～761）字摩诘，为唐代大诗人画家，曾在此隐居。H=650m。

周至县楼观台宗圣宫遗址（图9-19-3）

东汉银杏（又说为老子手植银杏）。雄株，树龄2600年，树高11.2m，胸径3.03m，冠幅11.3m×10.0m，原树高24.0m，胸径4.77m，树形伞形，主干从中间分为两部分，枝叶茂盛，约有百余株复干，最粗的复干胸径约20cm，从生复干紧贴主干，最远一株大约离主干1m，其中还有约百株萌蘖，最远一株大约离主干1m。栽于东汉，另有传为老子来楼观台后亲手栽植，其干部中空，可容4人围坐，主干残缺不全。20世纪70年代曾遭火烧，仅剩残桩及3枝皮杈，连续多年未抽生枝叶，但从1980年起，该树又陆续抽发大量枝叶，5年后，全树已郁郁葱葱。这株雄性银杏和说经台前雌性银杏遥相呼应，形成了楼观台独具特色的古木景观。说明：道家学派创始人老子出生和逝世的时期大约为公元前571～公元前471年，若此树为老子所栽，确切树龄为2482～2582年，2500年左右；东汉（后汉）时期为公元25～220年，若此树栽于东汉时期，树龄应为1792～1986年。古树编号：0582。N=34° 04′ 26.0″，E=108° 19′ 21.3″，H=498m。

周至县楼观台说经台（图9-19-4）

银抱桑。雌株，树龄800年，树高28.0m，胸径1.37m，冠幅15.0m×16.0m，长势良好，主干北侧2m高处有一桑树，名曰"银抱桑"。树形偏冠，主干倾斜25°，枝叶繁茂，共有三大主干，上多处生长他树（桑树、榆树、杏树、酸枣树等），约有8处被锯掉，主干上生有旱生植物景天。树上有瘤状物，基部有2处凸出，结果较多。古树编号：0583，保护单位：西安市人民政府。N=34° 03′ 34.0″，E=108° 19′ 27.0″，H=571m。

户县庞光镇焦西村云际寺

"龙形银杏"。树龄1000年，树高26.0m，胸径1.97m，冠幅15.0m×14.0m，树干弯曲、形状似飞龙的"龙形银杏"。古树编号：0527，

图9-19-3 周至县楼观台宗圣宫遗址

图9-19-4 周至县楼观台说经台

H=450m。

户县祖庵镇重阳宫

“银抱柏”。雌株，树龄700年，树高22.0m，胸径1.34m，冠幅17.0m×16.0m。大重阳万寿宫位于终南山北麓，西安市西南40km处户县祖庵镇，是道教三大祖庭之一、全真派祖师王重阳早年修道和遗蜕之所，历来享有“天下祖庭”的尊称，“全真圣地”之盛名。位于祖师殿旧址旁，重阳墓西南侧约10m处长着一棵古银杏树，人称“千年银杏树”，相传植于金世宗大定年间。这株银杏树，在当地人们的心目中是重阳宫的标志，也是其兴衰的见证。古树冠幅亩余，苍老遒劲。树身空心处曾生长出一株柏树，故人们又称“银抱柏”。后来，柏树枯死。近几年来，这株古树新枝叶茂，开花结果。

铜川市印台区广阳镇任家塬村（图9-19-5）

宋代名将呼延庆手植树。雄株，树龄800年，树高28.6m，胸径1.45m，冠幅12.0m×11.0m，树形偏冠，共有五大主枝，四主枝枯死，其中三枝被锯掉，唯有东侧一枝有少量树叶，主干大约4m左右，腐烂，余3/5树皮，树根露出地表约30cm。该树需要重点保护。编号：2-8，保护单位：铜川市印台区林业局。N=35° 08′ 53.8″，E=109° 22′ 05.7″，H=1017m。

宝鸡市陈仓区磻溪镇杨家店村磻溪宫遗址

“长春子手植古银杏”，“国师手植银杏”，“磻溪宫银杏”。树龄800年，树高25.0m，胸径1.88m，冠幅13.0m×13.0m。生长于陈仓区磻溪镇杨家店村磻溪宫遗址西侧，县区编号：5号。元朝道教全真道人长春子当年修道遗址磻溪宫内。此树苍劲挺拔、枝叶茂盛，其粗大的躯干需4人才能合抱。该树主干和侧枝上有大小钟乳枝82个。此树又称“长春子手植古银杏”，“国师手植银杏”，“磻溪宫银杏”。丘处机，字通密，号长春子，登州栖霞人，为道教全真七子之一。长春子于元大定十四年（1174）来宝鸡磻溪宫，元大汉时被封为国师，统掌天下道务。他在磻溪期间，穴居乞食，苦修六春，著成六卷《磻溪集》传世。

陇县城关镇南道巷县政府招待所

树龄600年，20世纪70年代初基建时伐掉。

凤县温江寺乡白果树村

雌株，树龄1200年，树高30.6m，胸径1.80m，冠幅19.0m×23.2m，户主：刘巨业。因修地主干埋入地下2m，在距地面约7m的主干上，生出一枝长2m、基径约6cm的内膛小枝，每年结实。

凤县温岭寺

树龄1000年，陕西海拔最高单株，为1640m，是生长在凤县温岭寺的一株千年银杏古树。

凤县温江寺乡沙江寺村杨家山

“宝鸡市银杏王”，“杨家山银杏”。雌株，树龄1400年，树高18.0m，胸径2.58m，冠幅24.0m×24.0m。生于山脊垭口，县区编号：41号，为“宝鸡市银杏王”。相传唐玄宗时期，安禄山叛乱，叛军打进长安，玄宗一路南逃到此树下，水米未进，饥肠辘辘，一抬头望见满树的银杏果，遂命人摘来煮熟，一尝竟香甜无比。玄宗靠银杏果充饥，在此地等到剑南节度副使崔元迎驾入蜀。群众说该树年年轮流结果，即今年树冠南半部结果累累，而树冠北半部结果稀疏，翌年则相反，年复一年，在当地传为奇观，称“杨家山银杏”。H=1460m。

凤县三岔镇苇子坪村太白庙

“太白庙银杏”。雄株，树龄1400年，树高30.0m，胸径1.78m，冠幅21.0m×21.0m。共3棵，平均树高30m，平均胸围390cm，平均冠幅20m，县区编号分别为：47、49、50号。其中树体最大的为47号，树龄1370年，树高30m，胸围560cm，冠幅21m。苇子坪村地处距凤县县城50km的山坳里。在村头的银杏树身上有凤县政府挂的树牌：“银杏。保护等级：一级，树龄：1370年”。在这棵树龄1400年的雄性树旁，是两棵树龄1400年的雌性银杏树。据了解，这两棵雌性银杏树每年都会结果，最多的一年结果1500kg。果实收入都用在了村小学的建设之中。这三棵银杏树，按照树龄算，大概是西晋时期栽的，原来这里有一处庙院，每年7月15日是庙会。据介绍，银杏树常年枝繁叶茂，当地人对它们格外呵护，老辈人习惯称它们为“白先生”。

凤县三岔镇苇子坪村太白庙

“太白庙银杏”。雌株，树龄1400年。共2株。

太白县二郎坝乡皂角湾村

“合抱雌雄同株”，“鸳鸯树”，隋唐银杏。雌株，树龄900年，树高22.0m，胸径1.78m，冠幅16.0m×17.0m，古树编号：12号。其主干合抱一棵雄性银杏，雄株开花，雌树结果，看上去雌雄一体，形状奇特，当地老百姓称赞为“合抱树”、“鸳鸯树”，以前人们的生育观念是“多子多福”，附近群众婚后常来到这棵树下，朝拜“神树”赐予子孙。相传隋朝末年，长江中下游地区连年遭受洪涝灾害，灾区百姓纷纷向长江上游寻找安身之处，部分灾民逃荒经过此地，发现这里山清水秀，气候、地貌等自然条件与自己原来的家园非常相似，于是就定居下来。为了不让天灾侵害新的家园，人们在这里栽上了一棵象征兴隆昌盛的“神树”银杏树，期望村里能风调雨顺，年年都有好收成，永远繁荣兴旺。

麟游县九成宫镇城关村（旧县城城隍庙）

雌株，树龄1000年，树高34.0m，胸径1.04m，冠幅14.0m×12.0m，县区编号：34号。麟游老县城又称为童山老城，因坐落于童山之上而得名。始建于公元 632年。老城只有一处城隍庙和断断续续的唐代、明清时期城墙以及两棵千年银杏树让人凭吊怀古。老县城现在属于九成宫镇城关村城内组。这棵银杏树干挺拔，枝叶浓密，生长旺盛，与县体育场兴国寺银杏树相距100m，两棵树相互眺望，佳趣天成。

麟游县九成宫镇老城村

雄株，树龄1300年，树高23.0m，胸径2.03m，冠幅16.0m×17.0m，其“绿杏黄叶染青天”，为麟游十二景之一。位于农田中。

麟游县九成宫镇老城村

树龄800年，树高34.0m，胸径1.04m，长势良好。

永寿县

唐朝银杏，“千年白果王”。雌株，树龄1000年，胸径2.00m，冠幅22.0m×22.4m，据当地一碑文记载，植于唐朝，树中心空腐，可容纳4人打牌。枝叶繁茂，年产白果400kg。当地群众称之为“千年白果王”。

彬县龙高乡龙高村云阳寺

“担眼”银杏。雌株，树龄1000年，胸径1.05m，树干离地5.0m高处有一个扁圆的大孔，面向南方，当地人叫“担眼”。在该县及其周围的长武、旬邑、永寿等县内均无银杏大树，仍能结果。古树遭火烧数日，至今仍生机盎然。传说很早以前，孙悟空用金箍棒挑了一公一母两株银杏树，从北往南赶，过泾河的换肩时，一株掉在高村成活了，另一株掉在永寿县生了根。这株银杏种核有12种样式，奇形怪状。据说银杏树每年端午节的晚上开花，有个人一心想看到底怎么开花的，天一黑就独个坐在树下端祥。到深更半夜星星出齐的时景忽的一道闪光，天空跟白日一样亮。只见银杏树上银白一片，照得人眼睛都睁不开。很快眼前又一阵漆黑，花就开完了。第二日便有数不清的银杏儿挂满了枝头，为寺院添了几分神采。

华阴市华山玉泉院朝阳观

宋代银杏。树龄1000年，两根老藤攀缘其上，号称“双龙戏珠”，珍奇名贵至极，可惜在

1978年12月被当地公社领导下令伐掉。

甘泉县高哨乡白鹿寺遗址

唐朝银杏。雌株，树龄1300年，树高23.0m，胸径2.03m，白鹿寺又名白鹿禅院、众宝寺，位于高哨乡寺沟村东的白鹿塬上，距县城15km。寺院南靠山，北临洛河。清嘉庆《延安府志》记载：“白鹿寺，唐大历年建，后晋天福年间重修。殿宇宏伟，丛林极盛。历代宋、元、明皆有增修。寺内有白牡丹、银杏，相传唐时遗种，移植即枯”。在白鹿寺遗址东侧有株唐代大历年间（766～779）一高僧手植银杏。树龄距今已有1300多年历史，是陕西省重点保护的古树名木，国家一级保护树种。5人不能合抱，偏冠，用铁栅栏围护。虽已逾千年，这棵银杏树却依然苍劲挺拔，枝叶茂盛，见证着白鹿古寺的千年沧桑。该树在民间还流传有“千里婚姻一线牵”，即“南有楼观雄株，北有白鹿雌树”的故事。

甘泉县高哨乡张家沟村

树龄1200年，树高24.0m，胸径1.98m，冠幅14.0m×15.0m。

南郑县牟家坝镇夹山嘈村小学

“银杏抱女贞”。树龄500年，树高25.0m，胸径1.60m，冠幅17.0m×17.0m。

城固县老庄镇朱家坎村徐家河（图9-19-6）

扁鹊手植树，“白果仙”。雌株，树龄2200年，树高16.8m，胸径2.39m，冠幅20.1m×11.9m，相传为春秋战国时名医扁鹊手植。该树处于濒危状态，仅有2/5树皮输送营养。主枝有7枝，其中3枝被锯，一枝上部已枯死，另有多处侧枝枯死，树干中心出现空腐。西北面树皮剥离，有一个高1.4m、宽0.6m的树洞，垂乳4个，皆以枯萎脱皮，最大一个基径40cm，长约70cm，距地面约2.5m高。虽东北两大主枝枝叶繁茂，但整个树形仍呈老态龙钟之相。每逢农历三月，崇奉名医扁鹊和仰慕古树神姿的人们来此观瞻，络绎不绝，被当地老百姓誉为“白果仙”。编号：1101，保护单位：朱家坎村，挂牌单位：城固县人民政府。N=33° 14′ 23.2″，E=107° 09′ 55.8″，H=501m。

洋县茅坪镇长坝村

树龄700年，树高28.0m，胸径1.32m，冠幅24.0m×24.0m。

洋县茅坪镇新华村

树龄550年，树高19.5m，胸径1.25m，冠幅15.0m×16.0m，该村有10余株百年银杏古树。

洋县茅坪镇新华村第2组村民张廷梓家房舍右侧

叶籽银杏。雌株，树龄50年，树高16.0m，胸径0.40m，冠幅8.0m×9.0m。该树为叶籽银

图9-19-5 铜川市印台区广阳镇任家塬村

图9-19-6 城固县老庄镇朱家坎村徐家河

（注：箭头示垂乳）

图9-19-7 宁强县庙坝乡白果树村

图9-19-8 略阳县白水江镇青泥河琵琶寺（青泥河小学）

杏，树冠覆盖面积78m²。令人惊奇的是，该银杏树因故1989年树冠被砍掉一半，树干1.5m以下全被环剥却未死。

洋县茅坪镇新华村六组黄膳沟

叶籽银杏。雌株，树龄50年，树高15.0m，胸径0.41m，冠幅8.0m×8.0m。该地还有1株叶籽银杏，枝繁叶茂，长势良好。茅坪叶籽银杏生长奇特，稀世少有。其生长特异处是全树1/4叶片为雌花花萼，果实生长在叶片顶部，这种银杏叶子和果实较普通银杏小2/3，有的为2/5。果实长1.7cm，宽1.6cm。种子畸变显著，种胚发育不良，种仁长1.2cm，宽1cm。

洋县贯溪镇国营洋县良种示范繁殖农场

树龄500年，树高20.0m，胸径1.18m，冠幅9.5m×10.0m。

宁强县庙坝乡白果树村（图9-19-7）

“双珠银杏”。雄株，树龄570年，树高33.3m，胸径2.03m，冠幅30.5m×24.5m。和下株合称“双珠银杏”。树形扁圆形，主干高约3m，倾斜约5°，三大主枝，有一主枝被锯掉，根露出地面50cm，紧贴主干有十几株萌蘖，高4.5m，粗度4.5cm。据碑文记载，清道光年间，这两株银杏原为周姓所有，因树的所有权发生纠纷打算砍伐，均分给族人，但民众不忍两株树培育千载，毁于一朝。于是，众人集资三十二千文（注：在古代1两银子=10钱=1000文），从周姓户手在购买过来，作为公树，永相保护，并在两树间立石碑一座。该树现生长状况良好。编号：036号，保护单位（人）：双白果树村一组周贵勤。N=33° 09′ 54.8″，E=106° 18′ 16.9″，H=878m。

宁强县庙坝乡白果树村（图9-19-7）

“双珠银杏”。雄株，树龄570年，树高30.5m，胸径2.32m，冠幅35.6m×27.2m，两树相距10m，和上株合称“双珠银杏”。树形伞形，主干高约2.5m，倾斜约5°，主干有腐烂现象，三大主枝，在主干分支处有2个圆形树洞。基部有2个萌蘖，高度4m，粗度4cm。保护单位（人）：双白果树村一组周贵勤，编号：037号。N=32° 39′ 57.6″，E=106° 18′ 16.7″，H=878m。

宁强县高寨子镇韩家坝村

树龄480年，树高38.2m，胸径1.67m，冠幅16.0m×16.0m，长势良好。

宁强县坪溪乡夏家河一组

雄株，树龄245年，树高37.2m，胸径0.77m，冠幅22.0m×22.0m。

宁强县坪溪乡夏家河一组

梅核和马铃银杏。雌株，树龄254年，树高31.9m，胸径1.05m，冠幅25.0m×25.0m，海拔700m，土层较薄，雨量充沛，湿度适中。结实繁多，果核类型为梅核和马铃。

略阳县白水江镇青泥河琵琶寺（青泥河小学）（图9-19-8）

“李白手植银杏树”。雄株，树龄1300年，树高20.0m，胸径0.91m，冠幅17.0m×17.0m，相传为唐代著名大诗人李白游历至此亲手所植，称“李白手植银杏树”。两株银杏树相距8m多，东边的一株雄银杏，树上还共生一株桑树，名曰“银抱桑”；西边的一株雌银杏年年结果，当地人称“夫妻树”。据《略阳史话》记载：李白此行不仅有名篇《蜀道难》传于后世，而且沿途栽树。他从成州（今甘肃成县）开始，每10km栽2株银杏树，一直栽到兴州（略阳古称）境内的青泥河，给后人留下片片绿荫。

略阳县白水江镇青泥河琵琶寺（青泥河小学）（图9-19-8）

“李白手植银杏树”。雌株，树龄1300年，树高28.0m，胸径2.29m，冠幅12.0m×13.0m，相传为唐代诗人李白入蜀时途径此地所植。

略阳县金家河镇天台村

树龄1100年，树高27.0m，胸径1.85m，冠幅6.0m×7.5m。

略阳县接官亭镇亮马台村

树龄850年，树高28.0m，胸径1.08m，冠幅14.0m×15.0m。

略阳县仙台坝乡仙台坝学校

树龄720年，树高35.0m，胸径1.18m，冠幅9.0m×10.0m。

略阳县郭镇芋家沟口

树龄560年，树高27.0m，胸径1.35m，冠幅16.0m×17.0m。

略阳县鱼洞子乡王家庄村

树龄550年，树高32.0m，胸径1.37m，冠幅17.0m×17.0m。

图9-19-9 镇巴县赤南乡藏龙坪村白果树坪

镇巴县赤南乡藏龙坪村白果树坪（图9-19-9）

植于唐朝，“千年白果王”。雌株，树龄1200年，树高35.0m，胸径2.86m，冠幅22.0m×23.0m，树干的底部一侧已经干枯腐烂，露出一个大洞，可容下四五人打牌下棋。树冠投影616m²，树干部分直径2.86m，需要四五个人才能抱得过来。古树长势良好，枝叶繁茂，每年可产银杏1000～2000kg。据当地一块古碑记载，这棵大树种植之初，树旁有一座古庙。这座古庙1958年被毁。植于唐朝，则距今约1200多年。当地群众称之为“千年白果王”。

留坝县江口镇青冈坪村白果树组

“孪生姐妹”古银杏。雌株，树龄600年，树高31.0m，胸径1.66m，冠幅25.0m×25.0m，两株两根相连，常年产白果400～500kg。另一株高32.0m，胸径1.44m。

留坝县江口镇青冈坪村白果树组

树干32.0m，胸径1.44m。

留坝县江口镇青冈坪村月坝子组

雌株，树龄600年，树高37.0m，胸径2.71m，有一株为15户村民共有的古银杏，常年产量600kg左右，最高年产900kg，由15户村民轮流采收。

留坝县江口镇江西营村马家营组

雌株，树龄600年，树高24.2m，胸径1.43m，冠幅12.0m×12.0m，常年产量400～500kg。

留坝县玉皇庙乡下西河村下西河组村旁路边

陕南银杏王，“儿孙满堂”古银杏。雌株，树龄4000年，树高29.7m，胸径4.42m，堪称陕南银杏王、“儿孙满堂”古银杏，在全国古银杏树中也能名列前五。因树冠荫蔽面积2000m²，胁地影响粮食产量，1971年驻村干部组织村民20余人，将主侧枝砍去，只剩下光秃的主干。后发动30人又将清理下的主侧枝堆在树旁烧了一天两夜，乡干部闻讯赶到组织群众将火扑灭，古银杏树干被烧空，20年后才慢慢地恢复生机，萌发的新枝终于重新结籽。然而纷争又起，结果的大枝再次被砍。更为惨痛的是1996年因小孩玩火，古银杏再遭火烧。古银杏树干下部的树洞直径增至3.8m×2.3m，28人进入树洞并不拥挤。现在木质部虽已大多腐朽，但树干仍显勃勃生机，挺立在秦岭山中，竭力证明自己还活着。树干围径12.5m（胸径4.42m），树干基部周围萌出200多株年龄不一的后代。留坝县全国银杏示范基地授牌仪式特意在这株古银杏树前举行，昭示人们应增强生态意识，努力与自然和谐相处，加强“活文物”的保护和管理。

留坝县柳川乡青岗坪村

树龄600年，树高26.0m，冠幅6.2m×10.0m。

留坝县柳川乡江西营村

树龄600年，树高28.0m，冠幅14.6m×10.0m。

紫阳县松溪乡

树龄800年，树高31.0m，胸径2.00m，冠幅10.0m×10.4m。

紫阳县铁佛寺乡

树龄750年，树高32.0m，胸径2.10m，冠幅11.0m×12.0m。

紫阳县新联乡

树龄820年，树高22.0m，胸径1.80m，冠幅12.0m×12.0m。

紫阳县深磨乡

树龄560年，树高24.0m，胸径1.90m，冠幅12.0m×11.0m。

石泉县合溪乡黄生坝村

树龄1350年，树高34.5m，胸径2.30m。

岚皋县孟石岭乡易坪村

雌株，树龄1400年，树高37.0m，胸径3.86m，冠幅17.5m×17.0m。

岚皋县东山乡龙板营村

树龄870年，树高37.0m，胸径1.53m，冠幅23.1m×23.0m，至今主干基部火烧空间还可纳凉堆物。

平利县老县镇镇政府院内

雌株，树龄1100年，树高21.0m，胸径1.85m，冠幅12.0m×13.0m，至今主干基部火烧空间还可纳凉堆物。

平利县老县镇镇政府院内

树龄1100年，树高20.0m，胸径0.96m，冠幅8.0m×8.0m。

旬阳县棕溪镇许家庄

雄株，树龄500年，树高23.5m，胸径1.01m。棕溪镇是1996年10月机改撤区后由原棕溪区所辖长沙乡、棕溪乡、武王乡和关口江南五乡合并，设立棕溪镇。

旬阳县棕溪镇许家庄

雌株，树龄1000年，树高28.0m，胸径1.74m，冠幅17.5m×18.2m，年产500kg果，唐朝后期栽。清代曾在此立碑记载此树树龄1000年。近年树根部分被挖，结果只有100～150kg。

旬阳县双河镇潘家乡

雌株，树龄1500年，树高29.7m，胸径2.12m，冠幅25.0m×15.0m，隋朝栽植。双河区已撤，改名双河镇，由原双镇乡、潘家乡、西岔乡合并而成。

旬阳县力加乡白果树村

树龄500年，树高30.0m，胸径1.97m，冠幅16.0m×16.5m。

白河县构扒乡平岩村山顶上（图9-19-10）

东晋“叶籽银杏”，“白果仙”。雌株，树龄2000年，树高46.7m，胸径3.50m，冠幅27.6m×27.6m。东晋“叶籽银杏”、复干及垂乳银杏，当地群众称之为“白果仙”，“东坡银杏”。籽叶银杏率占65%以上。树状伞状，主干周围萌生近76株银杏树，复干中最大一株子株高达42m，胸径0.80m，其中最远的一株大约离主干1.5m，约400株萌蘖，最远一株离主干约2m，主侧枝上生长着长短不一的垂乳，约6个，较大的3个，最长者约2.8m，基围最大者0.3m，当属全国最长最粗。有的树奶上方长着高约5m的直立主枝。在母树主干东西两侧各生长着一株野生葡萄树，藤茎0.1m，藤茎攀绕在树冠上部。主干上有瘤状物，枝叶繁茂，主侧枝顶端有枯梢，树根露出地表约60cm。N=32° 39′ 57.6″，E=110° 05′ 16.9″，H=557m。传说从前有一位心灵手巧的姑娘，为学绣银杏花，晚上爬上此树观察，终于学会，但她却不幸失足摔死，葬于树下。

镇安县庙沟乡龙凤村

“龙凤银杏”。雌株，树龄1000年，树高28.0m，胸径1.54m，冠幅22.0m×22.0m，主干高3.5m。

柞水县石瓮镇东甘沟村（图9-19-11）

唐高宗手植树，“夫妻树”，复干银杏，

图9-19-10 白河县构扒乡平岩村山顶上
（注：箭头示垂乳）

"公孙银杏"。雄株，树龄1330年，树高44.0m，胸径2.26m，冠幅20.0m×20.5m，距柞水溶洞不远的东甘沟村的千年银杏树的老公树（雄树），8个人才合抱过来。旁边的老婆树（雌树）比这颗雄树还要粗壮。长势良好。相传均为唐高宗龙朔元年（661）栽植。也有说为魏晋南北朝时期，距今已有1700多年历史。雌树的枝条向四周舒展，雄树则枝条收紧向顶端靠拢。两树枝叶茂密，树势雄伟，长势健壮。部分树冠相交重叠，似一对老年恩爱夫妻，亲密无间，相依为命。这两棵古银杏相距7m。当地村民称它们为"夫妻树"。雄树为双主干，一干胸围4.00m，另一干胸围近3.33m；在双主干中间长出一株幼树，胸围0.5m，在幼株的两侧又长出4株小树，只有拇指粗细。可谓四世同堂，因此得名"公孙银杏"。

柞水县石瓮镇东甘沟村（图9-19-11）

唐高宗手植树，"夫妻树"。雌株，树龄1330年，树高43.0m，胸径2.60m，冠幅20.0m×21.0m，长势良好。树干基中中空，洞开，内可容六七人。年产白果600kg。相传均为唐高宗龙朔元年（661）栽植。两树枝叶茂密，树势雄伟，长势健壮。部分树冠相交重叠，似一对老年恩爱夫妻，亲密无间，相依为命。

柞水县窑镇乡马房湾村

雌株，树龄690年，树高22.0m，胸径1.22m，冠幅6.0m×5.8m。

图9-19-11 柞水县石瓮镇东甘沟村

河北省
银杏古树资源

一　古树生境及地理气候指标

河北省土壤主要有棕壤、山地草甸土、栗钙土、粗骨土、石质土等。棕壤分布在燕山、太行山700～1000m以上的山地及冀东部分低山丘陵。栗钙土主要分布在坝上高原。粗骨土主要分布在石质中低山丘陵。石质土主要分布在石质中低山丘陵。河北省地处暖温带与湿地的交接区，植被结构复杂，种类繁多，是中国植被资源比较丰富的省区之一。国家重点保护植物有野大豆、水曲柳、黄檗、紫椴、珊瑚菜等。木本植物500多种，包括用材树100多种，驰名中外的树种有青杨、香椿、栓皮栎等；经济价值较高的树种有云杉、油松、柏树、华北落叶松、榆、椴、槐、杨、青檀、白楸及桦木材类等；特种经济树种漆树、杜仲、泡桐、黄连木等也有分布。

河北省主要银杏分布区地理气候指标如表9-39所示。

二　古树分布及株数

据河北省林业部门调查统计，现存古银杏树有13处、39株，其中树龄千年以上的有32株。遵化市侯家寨乡禅林寺村禅林寺古银杏风景区有13株古银杏树，是河北省古银杏最多的一处。河北省共有11个市，有银杏古树分布的共有6个市，占54.55%。河北省共有172个县（区、市），其中有15个县有银杏古树的分布，占8.72%，其中有15个乡（镇）有银杏古树的分布。主要分布在燕山、太行山和河北平

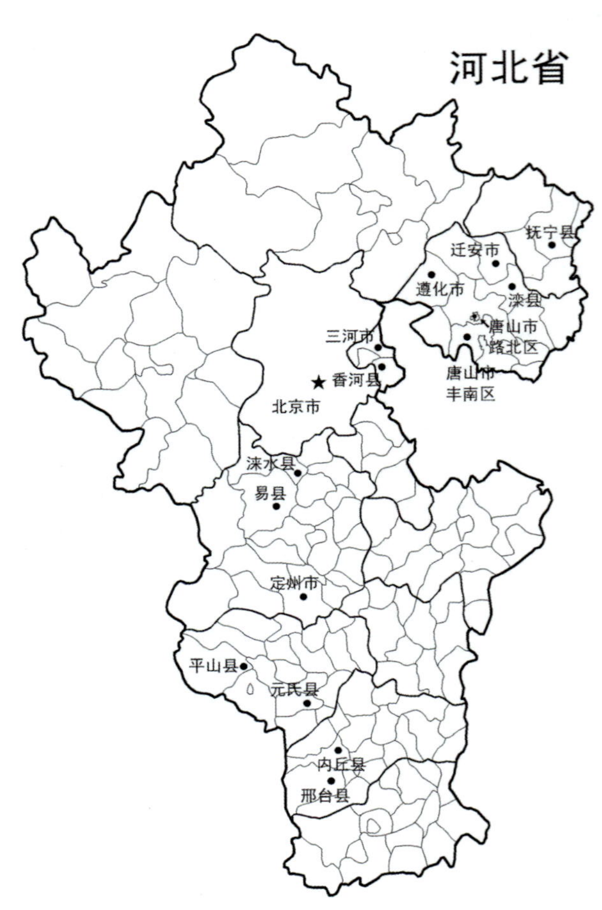

图9-40　河北省银杏古树分布图

表9-39　河北省主要银杏分布区地理气候指标

县（市）	经度	纬度	年均温（℃）	年降水量（mm）	无霜期（天）	年均日照时数（小时）	1月均温（℃）	绝对最低温度（℃）	≥10℃积温
平山县	113° 31′ ～114° 51′	38° 9′ ～38° 45′	12.7	609.0	160	2611	-8.2	-17.9	4853
唐山丰南区	117° 51′ ～118° 25′	39° 11′ ～39° 39′	10.5	630.0	195	2508	-6.3		3450
遵化市	117° 57′	40° 11′	10.4	774.0	182	2608		-25.7	
内丘县	113° 52′ ～114° 38′	37° 10′ ～37° 26′	13.0	555.0	180	2489	-3.1		4449
涞水县	114° 59′ ～115° 48′	39° 17′ ～39° 57′	12.1	561.0	187	2214	-6		4386
香河县	116° 51′ ～117° 12′	39° 37′ ～39° 51′	11.3	668.0	177	2674	-5.4		

表9-40 河北省银杏古树分布地点及株数汇总

区（市）	县（市、区）	乡（镇）
石家庄市（4株）	平山县（3株）	北治乡、古月镇
	元氏县（1株）	前仙乡
唐山市（19株）	丰南区（2株）	小集镇
	路北区（1株）	
	遵化市（14株）	侯家寨乡
	迁安市（1株）	蔡园乡
	滦县（1株）	王店子镇
秦皇岛市（1株）	抚宁县（1株）	石门寨镇
邢台市（2株）	内丘县（1株）	南赛乡
	邢台县（1株）	王快乡
廊坊市（3株）	三河市（1株）	埝头乡
	香河县（2株）	五百户镇
保定市（6株）	易县（2株）	大龙华乡
	涞水县（3株）	九龙镇
	定州市（1株）	南城区
总计：河北省银杏古树共在6个市、15个县（市、区）、15个乡（镇）有分布，共计35株。		

原。实测和核查有35株，其中33株具生长指标（图9-40，表9-40）。

三 古树生物学

1. 性别

在已知性别的30株古银杏中，雌株有22株，占73.33%，雄株8株，占26.67%（图9-41）。

2. 树高

据调查可知，最高的银杏古树是生长在遵化市侯家寨乡禅林寺（9）的树高为38.0m，为雄株，最矮的银杏古树是生长在唐山市路北区百货大楼福光线业商行院内的树高为12.0m。共有31株银杏古树有明确的树高，其中10～20m的有13株，占41.94%，20～30m的有14株，占45.16%，30～40m的有4株，占12.90%。树高前十位单株：遵化市侯家寨乡禅林寺（9）（38.0m）、平山县北治乡天桂山青龙观内（30.0m）、三河市埝头乡大掠马村小学内（原为寺庙）（30.0m）、定州市（30.0m）、元氏县前仙乡牛家庄普济寺遗址（28.3m）、滦县王店子镇青龙山林场延古寺（26.5m）、迁安市蔡园乡马倌营村六合寺（26.2m）、易县大龙华乡大龙华村小学（娘娘庙）（26.0m）、遵化市侯家寨乡禅林寺古银杏风景区（6）（23.5m）、遵化市侯家寨乡禅林寺古银杏风景区（8）（23.2m）。

3. 树龄

树龄最大的银杏古树是生长在抚宁县石门寨镇浅水营村的2800年，最小的是生长在遵化市侯家寨乡禅林寺古银杏风景区的

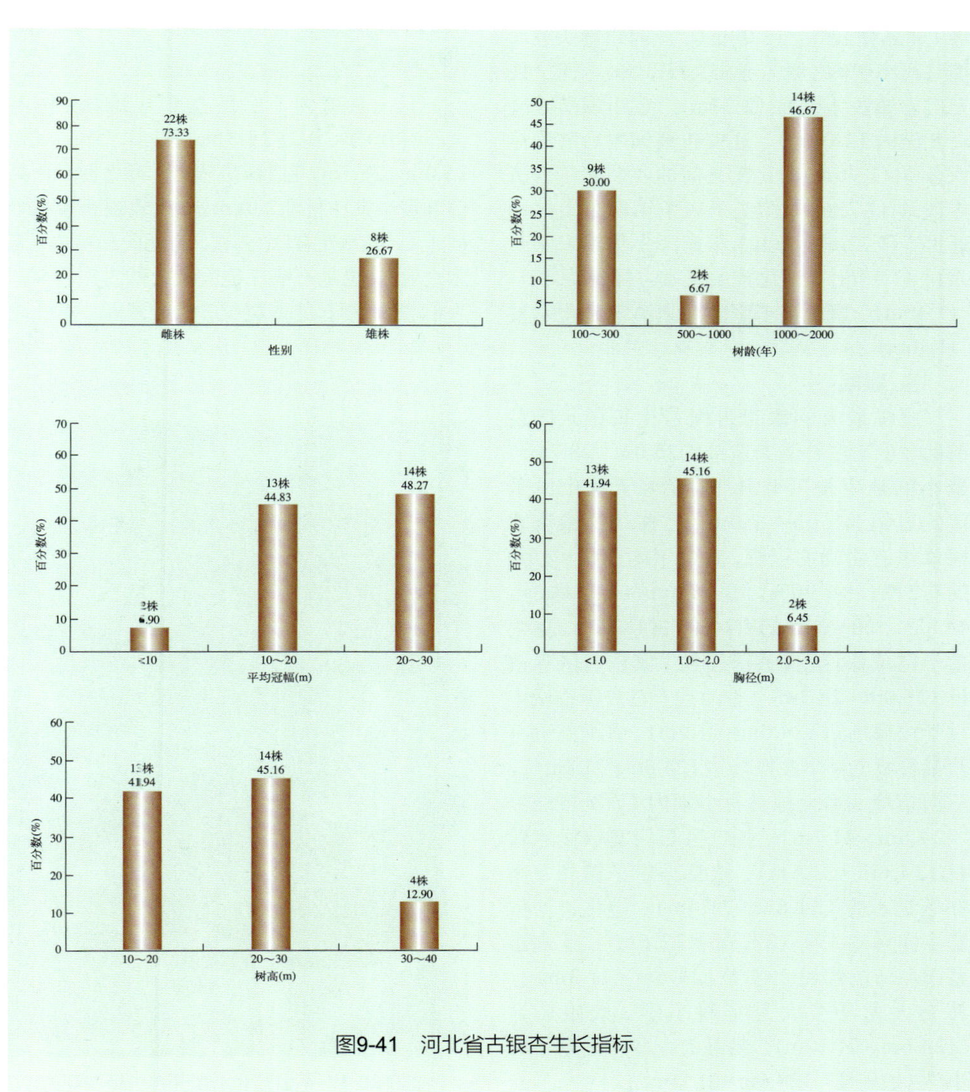

图9-41 河北省古银杏生长指标

100年。共有30株银杏古树单株有明确的树龄，其中，100～300年的有9株，占30.00%，500～1000年的有2株，占6.67%，1000～2000年的有14株，占46.67%，2000～3000年的有5株，占16.66%。树龄前十位单株：抚宁县石门寨镇浅水营村（2800年）、迁安市蔡园乡马倌营村六合寺（2680年）、遵化市侯家寨乡禅林寺（9）（2000年）、易县大龙华乡大龙华村小学（娘娘庙）（2000年）、定州市（2000年）、唐山市丰南区小集镇宋家营六村（1300年）、唐山市丰南区小集镇宋家营六村（1300年）、三河市埝头乡大掠马村小学内（原为寺庙）（1300年）、元氏县前仙乡牛家庄普济寺遗址（1000年）、遵化市侯家寨乡禅林寺古银杏风景区（5）（1000年）。

4. 胸径

胸径最大的银杏古树是生长在三河市埝头乡大掠马村小学内（原为寺庙）3.01m，最小的是生长在遵化市侯家寨乡禅林寺古银杏风景区（4）的0.43m。共有31株银杏古树有明确的胸径，其中胸径<1.0m的有13株，占41.94%，1.0～2.0m的有14株，占45.16%，2.0～3.0m的有2株(其中1株死亡)，占6.45%，3.0～4.0m的有2株(其中1株死亡)，占6.45%。胸径前十位单株：内丘县南赛乡寺沟村且停寺（又名梵云寺）（3.02m）、三河市埝头乡大掠马村小学内（原为寺庙）（3.01m）、抚宁县石门寨镇浅水营村（2.37m）、定州市南城区幼儿园内（2.00m）、迁安市蔡园乡马倌营村六合寺（1.96m）、元氏县前仙乡牛家庄普济寺遗址（1.75m）、滦县王店子镇青龙山林场延古寺(1.72m)、唐山市丰南区小集镇宋家营六村（1.69m）、遵化市侯家寨乡禅林寺（9）（1.48m）、唐山市丰南区小集镇宋家营六村（1.46m）。

5. 冠幅

冠幅最大的银杏古树是生长在元氏县前仙乡牛家庄普济寺遗址的25.0m×28.7m，最小的是生长在平山县北冶乡天桂山风景区的冠幅为6.0m×7.0m。共有29株银杏古树单株有明确的冠幅，其中平均冠幅<10m的有2株，占6.90%，10～20m的有13株，占44.83%，20～30m的有14株，占48.27%。冠幅前十位单株：元氏县前仙乡牛家庄普济寺遗址（25.0m×28.7m）、香河县五百户镇香城屯村学校操场边（24.6m×21.9m）、香河县五百户镇香城屯村学校操场边（24.6m×21.8m）、三河市埝头乡大掠马村小学内（原为寺庙）（24.6m×21.7m）、抚宁县石门寨镇浅水营村（24.6m×21.5m）、滦县王店子镇青龙山林场延古寺（24.6m×21.4m）、遵化市侯家寨乡禅林寺（9）（23.3m×22.6m）、迁安市蔡园乡马倌营村六合寺（24.6m×21.3m）、易县大龙华乡大龙华村小学（娘娘庙）（24.6m×21.10m）、易县大龙华乡大龙华村小学（娘娘庙）（24.6m×21.11m）。

6. 特异种质

垂乳银杏1株；复干银杏3株。

四 古树综合描述

平山县北冶乡天桂山青龙观内（图9-20-1）

雌株，树龄500年，树高30.0m，胸径1.11m，冠幅25.5m×20.0m，天桂山位于平山县西南部，距石家庄市80km，景区面积60km²，明末清初，修建了青龙观。该树位于平山县天桂山青龙观内，原为雌雄双株，20世纪六七十年代大株被砍掉，只幸存此株。干挺直高大，树皮完好无损，无空洞，树冠枝繁叶茂。

平山县北冶乡天桂山风景区

雄株，树龄150年，树高19.0m，胸径0.47m，冠幅6.0m×7.0m。

平山县古月镇寺南坡村觉山寺

雄株，树龄280年，树高20.6m，胸径0.93m，冠幅13.8m×14.0m。树根部萌生2株较小的银杏。

元氏县前仙乡牛家庄普济寺遗址（图9-20-2）

元氏县境内"万木之冠"。雄株，树龄大于1000年，树高28.3m，胸径1.75m，冠幅25.0m×28.7m，存2株雄银杏。河北省元氏县前仙乡牛家庄村北2.0km处有2棵银杏雄株，树干高约7m处有5个分枝，为元氏县境内"万木之冠"，也是石家庄地区最大的古银杏树。人们在树神下焚香烧纸，求财求福，求儿求女，致使古银杏树树皮开裂，树干面貌皆黑，生长环境较差。据碑文记载：这里是湘山普济寺遗址（又叫白果寺），此树乃人工培植。它虽生长在山谷，树龄已久，仍显得苍劲高大。中科院有关单位在此地建立了白果树试种区。1989年4月白果树试区和元氏县政府在树前共同建立了"保护古树"石碑和围栏，吸引了众多参观者。

据残留下的明嘉靖二十五年（1546）所立修寺碑记载，白果寺创建于唐朝（618～907），修于元朝至正元年（1341），此树一直枝叶繁茂。1973～1975年兴建水利时，在银杏树西侧3m处挖一深5m的渠沟，使部分树根被切断裸露，地下水位下降，导致树体营养不良，生长不旺，树叶变小，约有1/5的树枝干枯。

唐山市丰南区小集镇宋家营六村（图9-20-3）

雌株，树龄1300年，树高21.3m，胸径1.46m，冠幅9.0m×12.0m，共2株，1雄1雌，相隔3.8m。东边一株为雌株，树根西北部近地处钉了一个直径约10cm的铁环，相传是130年前所钉，现在铁环已被树的增生部分包裹，外露约1/3，此树已被砍下6个树杈。光绪十七年（1891）《丰润县志》记载："宋家营北街有银杏树二株，高九丈，笼荫十亩，不知植于何代。"（当时丰南归丰润管辖）。村里的老人在挺拔的大树下给人们讲述这样一个故事:当年东突厥入侵到这里时，见这是两棵宝树，想把它弄走，几百名士兵轮流挖掘，但白天挖了，夜间又有人给填死。这样昼挖夜填，弄了十几天也没把这两棵树挖倒，突厥兵气急败坏，恼羞成怒，捉来几个填土的人，绑在树上，在树下堆起干柴想把树和人一起烧死。当时这两

图9-20-1 平山县北冶乡天桂山青龙观内

图9-20-2 元氏县前仙乡牛家庄普济寺遗址

棵树烧得枝秃杈断。可是第二年春风一吹，又复苏了。郁郁葱葱，仍很壮观。

唐山市丰南区小集镇宋家营六村（图9-20-3）

雄株，树龄1300年，树高19.6m，胸径1.69m，冠幅9.0m×12.0m，此树也被砍下6个树杈。

唐山市路北区百货大楼福光线业商行院内（图9-20-4）

树龄110年，树高12.0m，胸径0.80m，冠幅12.0m×13.0m。枝繁叶茂，长势良好，现设有围栏保护。

遵化市侯家寨乡禅林寺村禅林寺古银杏风景区（1）

雌株，树龄100年，树高17.7m，胸径0.56m，枝下高3.0m，冠幅16.0m×16.0m。1～4号树均生长在五峰禅林院内最顶部。主干明显，有侧枝6个，较9号树小得多。周围有侧柏、麻栎等树种。N=40° 17.124′，E=118° 00.679′，H=251m。

遵化市侯家寨乡禅林寺村禅林寺古银杏风景区（2）（图9-20-5）

雌株，树龄100年，树高17.0m，胸径0.54m，枝下高2.3m，冠幅12.8m×11.6m。主干明显，有侧枝12个。基部有萌蘖5个。结果较多。周围有侧柏、麻栎等树种。N=40° 17.124′，E=118° 00.679′，H=251m。

遵化市侯家寨乡禅林寺村禅林寺古银杏风景区（3）（图9-20-5）

雌株，树龄100年，树高19.0m，胸径0.56m，枝下高4.2m，冠幅10.6m×10.0m。主干明显，有侧枝13个，基部有萌蘖12个，结果量中等。周围有侧柏、麻栎等树种。N=40° 17.124′，E=118° 00.679′，H=251m。

遵化市侯家寨乡禅林寺村禅林寺古银杏风景区（4）（图9-20-5）

雌株，树龄100年，树高17.0m，胸径0.43m，枝下高3.5m，冠幅10.8m×11.0m。主干明显，有侧枝15个。结果量中等。周围有侧柏、麻栎等树种。N=40° 17.124′，E=118° 00.679′，H=251m。

遵化市侯家寨乡禅林寺村禅林寺古银杏风景区（5）（图9-20-5）

雌株，树龄1000年，树高21.0m，胸径0.96m，枝下高2.8m，冠幅23.0m×21.0m。6大侧枝，树冠圆球形，树干凹凸不平，结果较多，生长旺盛。周围有侧柏、麻栎、桑树等树种。N=40° 17.112′，E=118° 00.750′，H=237m。

遵化市侯家寨乡禅林寺村禅林寺古银杏风景区（6）（图9-20-6）

雌株，树龄1000年，树高23.5m，胸径1.04m，枝下高3.4m，冠幅23.3m×21.0m。14个侧枝，树冠圆球形，生长在一圆形平台上。

图9-20-3　唐山市丰南区小集镇宋家营六村

图9-20-4　唐山市路北区百货大楼福光线业商行院内

图9-20-5　遵化市侯家寨乡禅林寺村禅林寺古银杏风景区
（注：A. 2号；B. 3号；C. 4号；D. 5号）

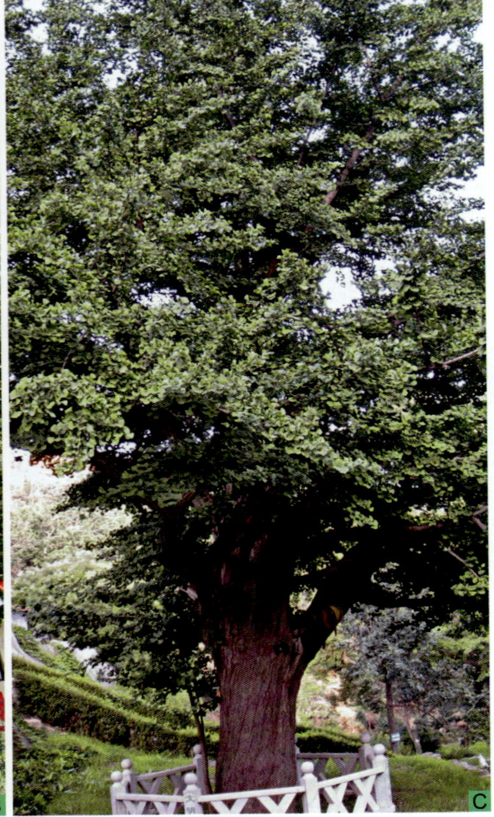

图9-20-6 遵化市侯家寨乡禅林寺村禅林寺古银杏风景区（6-9）
（注：A. 左中右：8、7、9；B. 6；C. 8）

结果较稀。N=40° 17.094′，E=118° 00.695′，H=237m。

遵化市侯家寨乡禅林寺村禅林寺古银杏风景区（7）（图9-20-6；9-20-7）

“四世同堂”。雌株，树龄1000年，树高18.6m，胸径1.40m，枝下高3.0m，冠幅17.0m×20.0m，位于五峰禅林院入口处。曾遭雷电袭击，母干中空，内有一复干，高15.0m，胸径0.53m，怀中抱子；外侧还有一复干，高12.0m，胸径0.32m，距母干30cm，萌蘖80个，距母干0～100cm，结果较多。周围有栅栏保护。该树标志牌记载：“四世同堂”银杏。该树历经沧桑（曾遭雷电袭击和日寇焚烧），仍枝繁叶茂，硕果累累。在其博大的胸怀中又繁衍出“子”、“孙”、“曾”三代幼树，“四世同堂”共撑青天，世属罕见。

也有说该树为汉朝古银杏。有关禅林寺古银杏的来历，该寺碑文中记述说：“先有禅林后有边（边：指边关，即长城），银杏还在禅林前。”据此推算，长城应是战国到秦代所建，据今约2000余年。那么，这株银杏树龄是2000多年了。清代进士史朴有诗云：“五峰高峙瑞云深，秦寺云昌历宋金。代出名僧存梵塔，名殊常寺号禅林，岩称虎啸驯何迹，石出鸡鸣叩有音。古柏高枝银杏实，几千年物到而今。”作者通过描写和尚们世代与银杏为伍，逝者已成为塔林，柏树只余高枝，而银杏还青春常驻、种实累累来衬托银杏的寿命之长，实是高明之笔。禅林寺，原名云昌寺，建年无考，后经东晋重修、辽统复修，更名为禅林寺，距今在1700年以上。该寺毁于抗日战争时期，2000年重修，颇具规模。禅林寺古银杏风景园以古山、古刹、古树，“三古”著称。N=40° 17.083′，E=118° 00.715′，H=242m。

遵化市侯家寨乡禅林寺村禅林寺古银杏风景区（8）（图9-20-6）

雌株，树龄1000年，树高23.2m，胸径1.13m，枝下高1.7m，冠幅18.6m×19.0m。有10个侧枝，生长旺盛。基部有一复干，高4.5m，胸径0.03m，距母干30cm。在分枝处有一个垂直向上生长的萌干与主干平行生长。结果较多。N=40° 17.078′，E=118° 00.722′，H=230m。

遵化市侯家寨乡禅林寺村禅林寺古银杏风景区（9）（图9-20-6;9-20-8;9-20-9）

“龙种”。雄株，树龄2000年，树高38.0m，胸径1.48m，枝下高3.2m，冠幅23.3m×22.6m。为该寺最大的一株，也是唯一一雄株，位于五峰禅林围墙南外侧。树冠塔形。干基部北侧有复干2个，其中1个高6.0m，胸径0.05m，距母干10cm。3个侧枝锯掉，现有12个侧枝。相传，当年有个占卜的盲人游历禅林寺，来到山门下一株最粗壮的银杏树前。以马杆（盲人探路杖）为记，围着大树手量了30抱，才碰到马杆，盲人惊叹不已，到处传播银杏是株神树。原来在盲人抱量树时，1个牧童偷拿了作标记的马杆，待他量到30抱时，牧童才悄然放回。实际上树主干胸围只有约3抱。N=40° 17.071′，E=118° 00.739′，H=219m。

遵化市侯家寨乡禅林寺村禅林寺古银杏风景区（10）（图9-20-8）

雌株，树龄100年，树高17.0m，胸径0.54m，枝下高3.1m，冠幅16.2m×15.0m。树冠塔形，主干明显，17个侧枝，结果多。N=40° 17.066′，E=118° 00.748′，H=213m。

遵化市侯家寨乡禅林寺村禅林寺古银杏风景区（11）（图9-20-8）

大果银杏。雌株，树龄500年，树高18.0m，胸径0.73m，枝下高2.8m，冠幅13.2m×14.0m。13个侧枝，主干北侧有2个复干，高8m，胸径0.07m，距母干35cm。果大，较多。N=40° 17.047′，E=118° 00.740′，H=210m。

遵化市侯家寨乡禅林寺村禅林寺古银杏风景区（12）（图9-20-10）

雌株，树龄1000年，树高22.0m，胸径0.94m，枝下高4.2m，冠幅16.3m×20.0m，位

于墙角低洼处，周围有板栗。有6大侧枝，树冠球形，东侧有一复干，高12.0m，胸径0.28m，距母干80cm。结果稀疏。N=40° 17.090′，E=118° 00.757′，H=241m。

遵化市侯家寨乡禅林寺村禅林寺古银杏风景区（13）（图9-20-10）

雌株，树龄100年，树高18.6m，胸径0.63m，枝下高4.5m，冠幅8.6m×9.0m。位于正门路东小广场边上。该树较小，结果多，4大侧枝，树冠偏东生长，有萌蘖50余个。N=40° 16.997′，E=118° 00.787′，H=215m。

遵化市侯家寨乡禅林寺村禅林寺附近

雄株，距禅林寺10km以外的“舍身石”悬崖顶上独存一雄性古银杏树。

迁安市蔡园乡马官营村六合寺（图9-20-11）

垂乳银杏，春秋齐桓公手植银杏，“白大将军”，秦皇岛境内最大的古树。雌株，树龄2680年，树高26.2m，胸径1.96m，枝下高3.8m，冠幅24.5m×21.3m。侧枝上有树奶一个，是秦皇岛境内最大的古树。民国二十年（1931）出版的《迁安县志》记载，“县西马官营村有六合寺，寺外有白果一株，已有数百年，不知种自何代何人，合有八抱，高可五丈。今其寺早废，此树亭亭然植于路旁，每年结果300kg，以其价充该小学经费。”侧枝上原有树奶2个，其中一个被锯掉，余下这个长25cm，基径0.12m。该树枝繁叶茂，生长旺盛。根系露出地面1m高，延伸2m多入地。2大侧枝风折，树干通直圆满，树冠形似半圆，除主干外有7个支干。主枝顶端枯死。主干凹凸不平，具3个瘤状凸起。果实大小不一，发现有果包叶及叶顶端生枝等异常现象。结果稀疏，果为大果型。历史上曾有年产种核250kg，但附近几10km内无银杏雄株，当地人说此树是由遵化禅林寺雄树授粉。此树距遵化禅林寺直线距离50km。树周围有水泥树池环绕。树上由树枝在阴面构成的小方洞，当地人叫“观音庙”。古树名木保护牌编号：001。

碑文记载：白果树乃春秋时期齐桓公所植，据史料记载，公元前663年，强大的齐国被中原各国推选为盟主。居住在边远地区的少数民族为掠夺财物，屡犯中原各国，特别是北方山戎等少数民族多次入侵燕国，燕国无奈向齐国求救。齐国国君齐桓公为巩固盟主地位，树立霸主威信，率军攻打山戎。山戎兵败逃往孤竹国。为消除动乱隐患，使北方得到长治久安，齐桓公决定跟踪追击，彻底消灭山戎、孤竹等少数民族。齐军追至孤竹后，被孤竹国设计引入旱海，困于茫茫无垠的沙漠之中，顷刻间狂风大作，尘土飞扬，有全军覆没之忧。犹豫不决之时，齐国谋臣管仲献计，选三匹老马带路，大军跟随其后，终将齐军引出困境，化险为夷。齐军脱险后，屯兵于灵山脚下，为纪念识途老马，齐桓公亲植白果树3株，并将驻地命名为马官营。此村虽叫马官营，然而该村并无一户马姓人家。由于年代久远，3株白果树仅此一棵尚存。传说日军侵华时，曾多次“扫荡”附近各村，唯马官营村幸免，

图9-20-7　遵化市侯家寨乡禅林寺村禅林寺古银杏风景区（7）

图9-20-8　遵化市侯家寨乡禅林寺村禅林寺古银杏风景区（9-11）
（注：A. 左9右10；B. 10；C. 11）

图9-20-9 遵化市侯家寨乡禅林寺村禅林寺古银杏风景区（9）

图9-20-10 遵化市侯家寨乡禅林寺村禅林寺古银杏风景区（12-13）
（注：左13右12）

人们便迷信地认为是这棵千年白果神树保护了他们，于是称这棵白果树为"白大将军"。N=40° 0.369′，E=118° 31.483′，H=98m。

滦县王店子镇青龙山林场延古寺（图9-20-12）

唐朝银杏，滦县境内已知留存的最古老的一株古树。雌株，树龄1000年，树高26.5m，胸径1.72m，枝下高7.0m，冠幅14.0m×16.0m。该树位于延古寺西院和东院角门处。树梢有干枯现象，主干挺拔，树干凹凸不平，树干呈宝塔形，尖削度较大。这座始建于汉代的庙宇据说已经有1900年的历史，历史上最著名的一次重修是唐代尉迟敬德所为，延古寺内古银杏树就是唐代重修时所留，20世纪六七十年代延古寺被毁，古树幸存。1994年重建延古寺，古树得到了更好的保护。现在的古银杏树有4个成年人合抱粗，是滦县境内已知留存的最古老的一株古树，由于近年来人们的悉心保护，这株树似乎又焕发了青春，枝繁叶茂，苍虬的枝干盘龙般向四方伸展，新中国成立初期青龙山东麓的赵家沟村还曾有过一株同样枝繁叶茂的雄树，人们说它们隔着青龙山能够彼此见到各自的枝叶，所以延古寺内的这株雌树每年都能够结出好多好多的果子。

抚宁县石门寨镇浅水营村（图9-20-13）

汉代银杏。雌株，树龄2800年，树高19.0m，胸径2.37m，枝下高2.5m，冠幅26.0m×19.5m，古树编号：3010。浅水营汉代古银杏。根系外露、主干枯死，两大侧枝斜向生长，树冠呈"V"形，生长势较弱，主干分枝处分生出一个垂直向上生长的萌蘖，高3.5m，基径0.03m。6个侧枝死亡。二级侧枝11个，成活侧枝与死亡侧枝在分枝处相互交叉，成网状结构。主干枯死中空，叶片因喷除草剂危害发黄，叶片较小。结果较大，稀疏。主干凹凸不平，两大侧枝向东西两侧生长。树冠向南倾斜。干基部南侧具萌蘖25个，离母干距离0～50cm，复干3个，基径0.05m，距母干10cm。由于树龄偏高，中空的树洞中抽生10条粗细不等的枝根，向树洞内土壤中深入。本次调查发现果实是河北最大的一株，老树每年仍结果100kg左右。树周围有铁栅栏护卫，在南侧设有避雷针，北侧有一废弃的电线杆穿插在树枝中，东侧有一钢管支撑大侧枝。树干基部有多处瘤状凸起。

浅水营古银杏缮保工程碑记记载：落生于此之银杏，寿越两千八百岁。它乃人之益友，文化之载体，鲜活之文物，一方之风水。今施以缮佑，为使其禄寿悠远，久萌后人。望至此之君，以敬老之心，倍加珍惜，尽护爱之责，免损害之举，以积厚德。

据查，明永乐年间，张、罗、程、宋四姓由山东迁于此地落户，各姓的居住地慢慢形成了小自然村，以姓氏和地物特征取名张庄、大罗庄、小罗庄和白果树村。可见600年以前，这棵银杏树便存在多年了。周围的群众对这棵银杏树关爱备至，加强管理和保护，使其益寿延年，护佑这一带村民。N=40° 06.559′，E=119° 36.510′，H=84m。

邢台县王快乡孔桥村孔桥中学院内

孔桥"孪生"银杏。树龄260年，树高15.0m，胸径0.67m，冠幅7.0m×7.0m。该树树

图9-20-11 迁安县蔡园乡马官营村六合寺
（注：C. 树上"观音庙"；D. 果生叶；E. 叶生叶）

图9-20-13 抚宁县石门寨镇浅水营村

图9-20-12 滦县王店子镇青龙山林场延古寺

干在基部一分为二，同粗细，两树干齐头并进，干身通直，宛如"孪生姊妹"。

内丘县南赛乡寺沟村且停寺（又名梵云寺）（图9-20-14）

雌株，树龄1000年，树高25.0m，胸径3.02m，冠幅19.8m×17.7m。6人才能合抱。且停寺，又名梵云寺。相传春秋虢国太子途经暂息而得名。据《顺德府志》记载，且停寺始建不详，元朝至大年间修建。明宣德、万历年间，因颓废而又修；清雍正、乾隆年间，因陈旧而再修。寺内原有银杏古树1株。据说有次由于刮风，上面一树杈落地，当地一家企业为将树杈拉走，在数次分割后，分三车才拉走。20世纪80年代该树还存活，据说有人在树洞取暖时，将树烧了，在树墩中间新栽了一个银杏树。当年树身8人合抱，树冠覆地一亩有余。民间有："坐在树上打牌，四人打，八人看，卖麻糖的在上转，东枝上敲锣西枝听不见"之说，可惜的是，被一把火烧掉，现今只留下了一个大树根。

三河县埝头乡大掠马村小学内（原为寺庙）（图9-20-15）

垂乳银杏，"气象树"，隋唐银杏，"老寿星"。雌株，树龄1300年，树高30.0m，胸径3.01m，冠幅25.0m×31.0m。该树长在村委会和小学院内，周围有护栏保护（10.0m×5.0m）。树龄长，渐衰。枝干密集，叶子稀疏。西面一大主枝已枯死，大树从中间分成两大侧枝，南北对称，中间有火烧迹象。北枝基径5.11m，具7个侧枝，南枝基径4.45m，具4个侧枝。北面根系露出地表0.5～1.0m，延伸到3m以外。正面观可以见到

图9-20-14 内丘县南赛乡寺沟村且停寺（又名梵云寺）

已经枯死的母干，现存活的两个大枝系由两个复干发育而成。主干东侧和西侧基部生有约150个萌蘖。有垂乳1个，长0.85m，基径0.12m。结果稀疏，果较大。当地村民观其落叶便知该不该抢收作物，把其誉为“气象树”。

相传为唐代一僧人所植，又传为唐王李世民征东的大将尉迟恭路经此地时手植，还有神话传说为李世民将马鞭插入地中长成。以唐初栽植计，其树龄已1300余年，先于建置三河县（唐开元四年，公元716年）数十年。早年主干中心曾寄生出一棵榆树，后被村人伐用。现主干中间部位虽已枯皱斑裂，分为明显的三部分，虽部分枝干枯干，但其余部分仍枝繁叶茂。据知，河北境内原有数株千年以上银杏中，定州一株早已枯死，内丘一株近亦衰亡，现唯几株存活，成为燕赵大地珍稀的生物“老寿星”。

香河县五百户镇香城屯村学校操场边（图9-20-16）

唐朝银杏。雌株，树龄1000年，树高23.2m，胸径1.16m，冠幅18.0m×18.0m。香河古银杏树。香河县香城屯村西北，路南，有两株雌雄古银杏树，南北倾斜，树干苍劲挺拔，枝叶茂盛，树阴罩地660m^2，树龄近千年，传说是唐代种的。

香河县五百户镇香城屯村学校操场边（图9-20-16）

唐朝银杏。雄株，树龄1000年，树高18.7m，胸径1.06m，冠幅16.0m×16.0m。

易县大龙华乡大龙华村小学（娘娘庙）

雄株，树龄2000年，树高26.0m，胸径1.21m，冠幅21.0m×16.5m。该株为2株中较大者。两株东西排列，株距3m。东为雄株，西为雌株。

易县大龙华乡大龙华村小学（娘娘庙）

“易州大白果”。雌株，树龄1000年，树高20.0m，胸径0.81m，冠幅16.1m×11.6m。丰年产种核400kg，种实圆形，实小核大，属梅核类银杏。

涞水县九龙镇清泉寺村

雌株，树龄大于1000年，树高22.0m，胸径1.37m。据说清泉寺和银杏树都是一位公主的化身。很久以前，有位心地非常善良的公主，平日最喜欢吃银杏仁儿。这位公主虽然生在皇宫，有享不尽的荣华富贵，命运却不太好。她先后招了2个驸马，都没有白头到老。头一个驸马进宫没几年，就得了伤寒病，不幸夭折；皇上又给公主招了第二个驸马，可这位驸马在一次初战时被敌兵活捉，成了叛徒。公主想，我的命好苦哇，以后不知还要遇上什么大灾大难呢！她找到皇上，说：“父皇，我的命运太凄惨了！我要舍银修一座寺庙，这样，也许会移祸化福，改变我的恶运。”皇上答应了。第二天，公主即带领一伙宫女骑马出游，她要亲自选定一处建寺圣地。可一连跑了好几天也没找到合适的地方。这一天，当她们主仆说说

图9-20-15 三河县埝头乡大掠马村小学内（原为寺庙）
（注：箭头示垂乳）

图9-20-16 香河县五百户镇香城屯村学校操场边

图9-20-17 定州市南城区幼儿园内

笑笑路过清泉寺沟口时，忽见一只漂亮的梅花鹿跑进了山沟。公主等人催马紧追不舍，她们追进沟又跑了十几里，忽然，梅花鹿不见了。举目观看，啊！这里的山，锦绣无比；这里的树，郁郁丛丛。还有一簇簇红、黄、白、紫的各色花儿点缀其间……他们下马步行，到森林里找鹿。忽然看到在绿荫镶嵌的山崖上有一挂山泉瀑布，飞珠溅玉般地流淌着，沿着时缓时急的潺潺溪水顺流而下，又有一汪泉水清澈见底，卵石、游鱼看得一清二楚。水草青青，荷花婷婷，水边还有一棵枝繁叶茂、高大挺拔的银杏树。公主被这里的山水迷住了，她想，这里的景色多美呀，山青水秀，天高气爽，且是十分幽静，真是修行养道的好地方，于是就在这清水泉边盖起了寺院，起名“清泉寺”。寺院修成后，公主每年都来烧香，并带领宫女到这里游山玩水，生活很美满。数十年后，公主死了。很奇怪，自公主死后，银杏树旁又长出一棵小银杏树，与古树并排生长，树干高大，枝叶茂盛，庄重秀丽。人们都说，这棵银杏树是公主的化身，而且谁要伤害它们就会招来灾病。因此，人们世代都敬奉它，这棵树至今依然长得枝繁叶茂。

定州市南城区幼儿园内（图9-20-17）

管仲银杏。树龄2000年，树高30.0m，胸径2.00m，冠幅12.1m×10.6m。现高18.0m，干高10m，性别不明。据《定州古迹杂咏之二·白果古树》描述：白果古树，乃一千年古木，高约二丈五，干粗一丈三尺，久已僵枯，不知生于何时，枯于何时，据当地村民说已经死亡65年。据清道光《定州志》载，为白果树，其实已僵枯无枝叶。当地有云：“先有白果树，后有定州城。”旧曾于树下立庙，奉祀白果大仙。其木质地坚硬，高插云霄。伶俜千载事多更，突兀人间先古城，列缺霆雷经槁暴，刀光火燹露峥嵘。庇荫谁记甘棠爱，枯索方知老杏名。骨鲠长留传不朽，繁花际遇不争荣。（注：突兀：高耸的样子。先古城：言白果树早于定州古城。据传，定州城为春秋时管仲所筑。枯索：指草木枯萎而断绝生机。老杏：指白果树。）现已枯死，但树形仍保存完好，树干中空开裂。

山西省
银杏古树资源

一　古树生境及地理气候指标

山西棕壤主要分布五台、太行、吕梁、太岳、中条等诸山中山地带的次生林或残存林区。棕壤性土分布在棕壤区内的阳坡或沟谷两侧。淋溶褐土分布于五台、太行、吕梁、太岳、中条等诸山中山地带，pH在6.7～7.5之间。褐土主要分布暖温半湿润森林草原生物气候区万荣县的峨嵋台地，浮山、汾西县的垣地，闻喜、屯留、晋城、高平等地的二级阶地也有零星分布。石灰性褐土广泛分布恒山以南、吕梁山以东各盆地的河流二级阶地和山前倾斜平原，丘陵缓坡和垣地。山西南部、东南部是以次生落叶灌木丛和落叶阔叶林为主的夏绿阔叶混交林地区。中部以中旱生的落叶灌木丛和针叶林为主。北部和西部是暖温带及温带灌木丛和半干旱草原。

山西省主要银杏分布区地理气候指标如表9-41所示。

二　古树分布及株数

山西现有的银杏树可分为两大部分，一是古银杏树（可分为上古、唐宋、明朝三个时期），二是当代银杏树（分20世纪六七十年代前后与近年栽植的两大部分）。山西现存在古银杏大都植于庙宇、寺院或豪门花园前后，全部分布于暖温带的山西中南部地区，且主要分布于汾河中游平原区、阳泉盆地区、太行山南段山地与高平、晋城盆地区、晋南盆地区和中条山垣曲盆地及芮城、平陆黄河谷地区等地。山西省共计11个地级市，有古银杏7个地级市，占63.64%；县（市、区）共计118个，有古银杏14个县（市、区），占11.86%；19个乡（镇）有古银杏。文献报道有古银杏23株，实测及统计24株，并具有生长指标（图9-42，表9-42）。

三　古树生物学

1. 性别

在已知性别的23株古银杏中，雌株13株，占56.52%；雄株10株，占43.48%（图9-43）。

2. 树高

树高最高单株为39.6m，位于芮城县大王镇南辿村玉皇庙（现支部委员会边）；最矮单株为14.1m，位于泽州县铺头乡寺南庄青莲寺；树高在10～20m的银杏为6株，占25.00%；20～30m的银杏为17株，占70.83%；30～40m的银杏为1株，占4.17%。树高前十位单株：芮城县大王镇南辿村玉皇庙（现支部委员会边）（39.6m）、泽州县高都镇水磨头村（29.6m）、泽州县巴公镇巴公村（巴公三村小学院内）（29.0m）、翼城县南梁镇下涧峡村（28.0m）、晋城市城区南街办事处（银杏小区院内）（27.5m）、高平市三甲镇三甲南村学校（27.4m）、泽州县南村镇冶底村东岳庙（26.1m）、翼城县南梁镇下涧峡村（24.3m）、曲沃县下裴庄乡南林交村北口（23.8m）、垣曲县新城镇刘张村东巷口（23.8m）。

图9-42　山西省银杏古树分布图

表9-41　山西省主要银杏分布区地理气候指标

县（市）	经度	纬度	年均温（℃）	年降水量（mm）	无霜期（天）	年均日照时数（小时）	1月均温（℃）	绝对最低温度（℃）	≥10℃积温
太原晋源区	112° 21′ ～112° 31′	37° 44′ ～37° 55′	9.0	462.0	170	2700	-6.4	-25.5	3100
高平市	112° 40′ ～113° 10′	35° 40′ ～36° 00′	9.8	598.4	190	2532	-4.0	-24.0	3000
泽州县	112° 50′	35° 30′	10.5	628.3	192	2395			3200
芮城县	110° 16′ ～110° 58′	34° 35′ ～34° 51′	14.0	600.0	200	2366	-2.0	-11.7	4446
翼城县	111° 34′ ～112° 03′	35° 23′ ～35° 52′	12.5	550.0	190	2408	-3.5		3600

表9-42 山西省银杏古树分布地点及株树汇总

区（市）	县（市、区）	乡（镇）
太原市（2株）	晋源区（2株）	晋祠镇
阳泉市（1株）	郊区（1株）	义井乡
晋城市（12株）	城区（1株）	南街办事处
	泽州县（6株）	南村镇、铺头乡、巴公镇、高都镇
	陵川县（1株）	社义镇
	高平市（4株）	三甲镇、河西镇、陈区镇
晋中市（1株）	太谷县（1株）	侯城乡
运城市（2株）	芮城县（1株）	大王镇
	垣曲县（1株）	新城镇
临汾市（5株）	尧都区（1株）	金殿镇
	翼城县（2株）	南梁镇
	洪洞县（1株）	城关镇
	曲沃县（1株）	下裴庄乡
吕梁市（1株）	交城县（1株）	洪相乡
总计：有古银杏7个区（市），14个县（市、区），19个乡（镇），共计24株。		

3. 树龄

树龄最大单株为1400年，位于泽州县南村镇冶底村东岳庙；最小单株为300年，有4株，位于阳泉市郊区义井乡大阳泉村1株，高平市陈区镇浩庄石方庙后2株，太谷县侯城乡侯城村东风山脚下神头酎泉寺1株；树龄在300～500年的为6株，占25.00%；在500～1000年的为16株，占66.67%；在1000～2000年的为2株，占8.33%。树龄前十位单株：泽州县南村镇冶底村东岳庙（1400年）、高平市三甲镇三甲南村学校（800年）、太原市晋源区晋祠镇王琼祠堂前南（700年）、太原市晋源区晋祠镇王琼祠堂前北（700年）、晋城市城区南街办事处（银杏小区院内）（700年）、泽州县铺头乡寺南庄青莲寺（700年）、泽州县铺头乡寺南庄青莲寺（700年）、泽州县巴公镇巴公村（巴公三村小学院内）（700年）、泽州县巴公镇巴公村（巴公三村小学院内）（700年）、泽州县高都镇水磨头村（700年）。

4. 胸径

胸径最大单株为3.05m，位于泽州县南村镇冶底村东岳庙；最小单株为0.4m，位于交城县洪相乡洪相村玄中寺院内；胸径<1.0m的为10株，占41.67%；在1.0～2.0m的为11株，占45.83%；在2.0～3.0m的为2株，占8.33%；在3.0～4.0m的为1株，占4.17%。胸径前十位单株：泽州县南村镇冶底村东岳庙（3.05m）、曲沃县下裴庄乡南林交村北口（2.68m）、太原市晋源区晋祠镇王琼祠堂前南（2.07m）、芮城县大王镇南辿村玉皇庙（现支部委员会边）（1.69m）、泽州县铺头乡寺南庄青莲寺（1.56m）、翼城县南梁镇下涧峡村（1.46m）、临汾市尧都区金殿镇桑湾村（1.45m）、泽州县高都镇水磨头村（1.43m）、泽州县巴公镇巴公村（巴公三村小学院内）（1.40m）、垣曲县新城镇刘张村东巷口（1.40m）。

5. 冠幅

冠幅最大单株为24.7m×21.9m，平均冠幅为23.3m，位于太原市晋源区晋祠镇王琼祠堂前南；最小单株为3.5m×5.4m，平

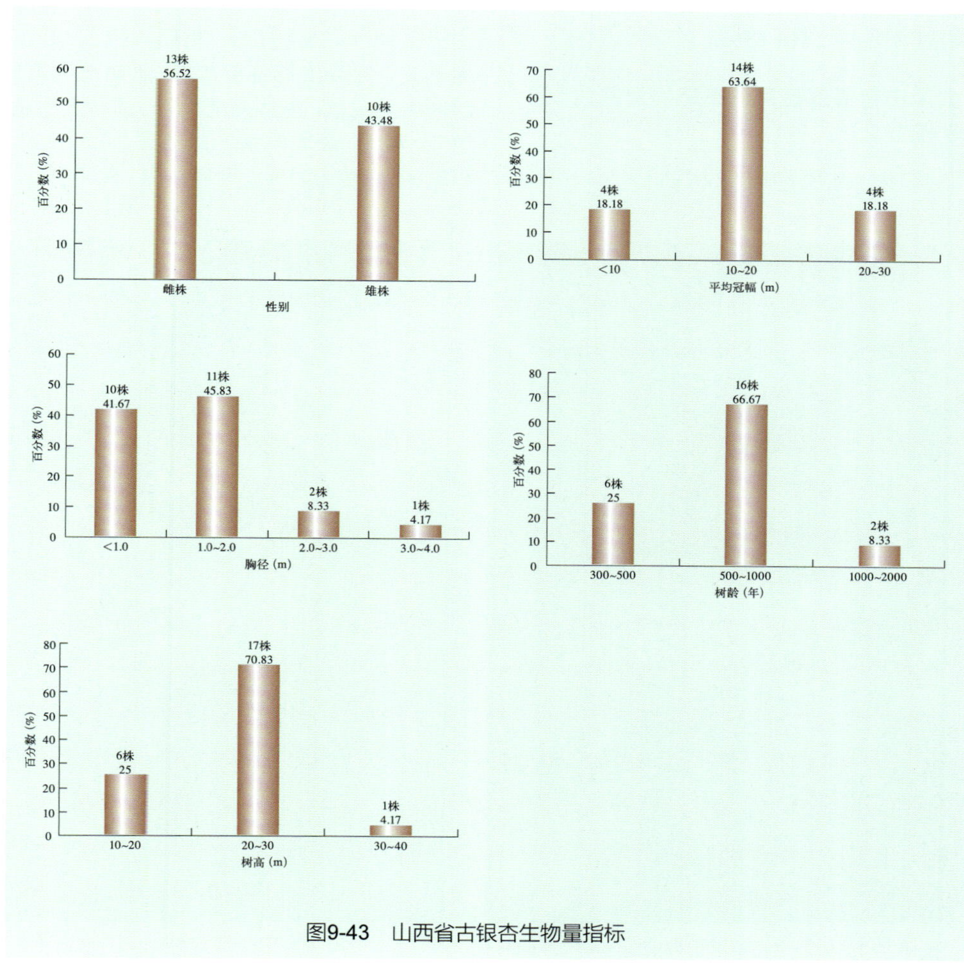

图9-43 山西省古银杏生物量指标

均冠幅为4.45m，位于翼城县南梁镇下涧峡村。冠幅前十位单株：太原市晋源区晋祠镇王琼祠堂前南（24.7m×21.9m）、临汾市尧都区金殿镇桑湾村（24.7m×21.9m）、芮城县大王镇南辿村玉皇庙（现支部委员会边）（23.2m×20.3m）、泽州县高都镇水磨头村（23.4m×19.3m）、高平市三甲镇三甲南村学校（21.8m×17.0m）、曲沃县下裴庄乡南林交村北口（18.6m×17.1m）、垣曲县新城镇刘张村东巷口（18.7m×13.3m）、翼城县南梁镇下涧峡村（11.8m×19.8m）、太原市晋源区晋祠镇王琼祠堂前北（15.5m×13.9m）、泽州县铺头乡寺南庄青莲寺（13.5m×14.9m）。

6. 特异种质

垂乳银杏5株；复干银杏5株；叶籽银杏1株。

四 古树综合描述

太原市晋源区晋祠镇王琼祠堂前南（图9-21-1）

雄株，树龄700年，树高21.5m，胸径2.07m，冠幅24.7m×21.9m，树冠伞形，生长旺盛，分出13个侧枝，已锯4枝，主干倾斜12°，高3.0m有凹陷，西边部分枝干枯萎，基部具120多株萌蘖，最高1.5m，最远距离主干60.0cm，复干1个，高度12.0m，胸径60.0cm，紧贴主干，西边部分枝干枯萎。宋末所植。编号：G016，保护单位：晋祠博物馆。N=37° 42′ 28.4″，E=112° 26′ 03″，H = 836m。

太原市晋源区晋祠镇王琼祠堂前北（图9-21-2）

雌株，树龄700年，树高19.5m，胸径1.34m，枝下高3.0m，冠幅15.5m×13.9m。树冠伞形，生长旺盛，主干倾斜10°，主干较光滑，微有凹陷现象，有160多株萌蘖，高2.0m，离主干最远距离80cm，无复干。宋末所植。编号：G017，保护单位：晋祠博物馆。N=37° 42′ 28.4″，E=112° 26′ 03.0″，H =834m。

阳泉市郊区义井乡大阳泉村

雌株，树龄300年，树高17.0m，胸径0.54m。树干通直，主干分出3大分枝，枝叶茂盛，每年结实100kg。为明代所植。N=37° 51′，E=113° 34′，H=740m。

晋城市城区南街办事处（银杏小区院内）（图9-21-3）

雄株，树龄600年，树高27.5m，胸径1.05m，枝下高12.0m，冠幅10.1m×8.9m，位于银杏小区院内。树冠倒卵形，生长茂盛，主干倾斜15°，主干较光滑，共有5大主枝，主干南侧有50多株萌蘖，最高1m，最远距离主干40cm，无复干。在树的周围建有1.6m高的圆形花坛护卫。宋末种植。N =35° 29′ 39.0″，E= 112° 50′ 12.6″，H =715m。

泽州县南村镇冶底村东岳庙（图9-21-4）

雌株，树龄1400年，树高26.1m，胸径3.05m，枝下高3.0m，冠幅12.7m×12.8m。主干高5.0m，五大主枝，被锯两枝，一枝顶端枯死，另两枝长势正常，主干树皮有3/5部分腐烂脱落，脱落高度1.8m，主干上生长着3个垂乳，最大的垂乳距地面3.0m，长为130cm，基径为35cm，萌蘖丛生，有500株，距离主干最远处有3.0m，复干有8株，最粗的15cm，距离主干1.8m。该株为山西省境内最大一株，众称“银杏王”。系唐贞观年间所植。N=35° 25′ 07.8″，E=112° 43′ 27.5″，H=844m。

泽州县铺头乡寺南庄青莲寺东侧（图9-21-5）

雄株，树龄700年，树高21.7m，胸径1.56m，枝下高7.0m，冠幅13.5m×14.9m。东株。树冠伞形，生长茂盛，9大主枝，其中3枝顶端有枯死，倾斜15°，主干树皮有1/10部分稍微腐烂脱落，露出木质部，主干上生长着6个垂乳，最大的垂乳距地面3.5m，长为70.0cm，基径为20.0cm，复干4个，较大的一个胸径为40.0cm，高15.0m，基部与主干合为一体，在1.5m处生出一侧枝，该侧枝连续生长9个垂乳，最大的长30.0cm，基径15.0cm，另外3个复干胸径为8.0cm，高为5.0m。宋末所植。N =35° 27′ 32.1″，E= 112° 59′ 21.8″，H =607m。

泽州县铺头乡寺南庄青莲寺西侧（图9-21-6）

宋末所植。雌株，树龄700年，树高14.1m，胸径0.99m，枝下高3.5m，冠幅9.8m×14.1m。西株，三大主枝，其中最粗的主干被锯，长势一般，南面主干树皮有1/10部分腐烂脱落，脱落高度3.0m，主干上生长着2个垂乳，最大的垂乳距地面2.8m，长为30.0cm，基径为15.0cm，复干1个，基部与主干相连，距离主干30.0cm，胸径35.0cm。主干很早被砍伐，上盖一块石板。认养人：程琳。N=35° 27′ 31.7″，E=112° 59′ 21.4″，H=607m。

图9-21-1 太原市晋源区晋祠镇王琼祠堂前南

图9-21-2 太原市晋源区晋祠镇王琼祠堂前北

图9-21-3 晋城市城区南街办事处（银杏小区院内）

图9-21-4 泽州县南村镇冶底村东岳庙

图9-21-5 泽州县铺头乡寺南庄青莲寺东侧
（注：箭头示垂乳）

泽州县巴公镇巴公三村小学院内a（图9-21-7）

雄株，树龄700年，树高29.0m，胸径1.40m，枝下高6.0m，冠幅10.5m×12.3m，位于巴公三村小学院内。树形偏冠，枝叶疏松，三大主枝，部分侧枝树梢有枯死现象，树皮有凹陷，一侧有三角形区域无树皮，裸露木质部，底边长60.0cm，高150cm，在主干上距离地面1.3m处有一瘤状物。N=35° 36′ 42.6″，E=112° 53′ 16.4″，H=776m。

泽州县巴公镇巴公三村小学院内b（图9-21-7）

雌株，树龄700年，树高23.0m，胸径0.96m，枝下高5.0m，冠幅6.4m×9.8m，位于巴公三村小学院内。树形偏冠，枝叶疏松，共有五大主枝，部分侧枝树梢有枯死现象，树皮有凹陷，距离地面1.3m处有浅树洞3个。宋末所植。N=35° 36′ 42.7″，E=112° 53′ 16.4″，H=776m。

泽州县高都镇水磨头村（图9-21-8）

雌株，树龄700年，树高29.6m，胸径1.43m，枝下高3m，冠幅23.4m×19.3m。树形扁圆形，枝叶茂密，共有三大主枝，树干多分枝，有部分枝干断掉，树干凹凸不平，相传为雌雄同体，宋代种植。N=35° 36′ 17.0″，E=112° 55′ 15.5″，H=752m。

陵川县社义镇郝家学校

雄株，树龄370年，树高20.0m，胸径0.71m，冠幅6.5m×8.2m。主干高9.0m，枝叶生长茂盛，明末所植。N=35° 48′，E=113° 07′，H=1020m。

高平市三甲镇三甲南村学校（图9-21-9）

北宋末栽植。雄株，树龄800年，树高

图9-21-6 泽州县铺头乡寺南庄青莲寺西侧
（注：箭头示垂乳）

图9-21-7 泽州县巴公镇巴公三村小学院内
（注：1. 左a右b；2、3. a；4. b）

27.4m，胸径1.28m，冠幅21.8m×17.0m，立木材积13.12m^3。主干高8.6m，树冠伞状，枝叶茂盛。N=35°51′，E=112°58′，H=850m。

高平市河西镇司家川村

明末所植。雌株，树龄370年，树高17.9m，胸径0.97m。树干通直，生长健壮，年结实60.0kg。N=35°42′，E=112°53′，H=770m。

高平市陈区镇浩庄石方庙后

明末所植。雄株，树龄300年，树高23.1m，胸径0.96m，冠幅10.8m×13.7m。有一雌一雄的古银杏。主干高8.6m，分出3大枝，枝叶茂盛，与雌株相距3.0m。N=35°43′，E=113°01′，H=750m。

高平市陈区镇浩庄石方庙后

明末栽植。雌株，树龄300年，树高14.7m，胸径0.76m，冠幅10.3m×11.5m。有一雌一雄的古银杏。主干高7.0m，分出3大枝，枝叶茂盛，果实累累。N=35°43′，E=113°01′，H=900m。

太谷县侯城乡侯城村东风山脚下神头酎泉寺

太谷叶籽银杏。雌株，树龄300年，树高20.3m，胸径0.91m，枝下高3.9m，冠幅12.0m×15.0m。开始分枝，生长良好，年年结

图9-21-8 泽州县高都镇水磨头村

图9-21-9 高平市三甲镇三甲南村学校

图9-21-10 芮城县大王镇南辿村玉皇庙（现支部委员会边）

实，清康熙年间栽。这株叶籽银杏树结的种子有几个特点：①部分种子着生在叶片的叶缘处；②在一种梗上出现双种现象，但2个种子大小不一；③种子有连体现象，连体部多少各异；④单个种子外形多样，有圆铃形、长椭圆形等。其种核形态亦呈多样性，多数为椭圆形、耳坠形，小数如棉手套形。N=37° 42′，E=112° 36′，H=900m。

芮城县大王镇南辿村玉皇庙（现支部委员会边）（图9-21-10）

宋代所植。雌株，树龄700年，树高39.6m，胸径1.69m，枝下高为3.0m，冠幅23.2m×20.3m，位于现支部委员会边。共有3个主枝，枝叶繁茂，离地0.5m处有一椭圆形树洞，高0.60m，宽0.30，萌蘖150株，主干倾斜5°，树形伞形，一侧树皮腐烂，有垂乳5个，长度15cm，基径8cm。传说吕洞宾在此北面九峰山修道路过此地，常在树下歇息。玉皇庙现仅有2个空窑洞。N=34° 45′ 29.2″，E=110° 31′ 51.0″，H=944m。

垣曲县新城镇刘张村东巷口（图9-21-11）

宋末种植。雌株，树龄700年，树高23.8m，胸径1.40m，枝下高2.5m，冠幅18.7m×13.3m。树围5人难以抱合。树形偏冠，5大主枝，其中2个被锯掉，主干倾斜20°，枝叶稀疏，东南方向树皮腐烂，复干3株，皆已枯死，最大一株复干高0.5m，胸径7.0cm，距离主干20cm。根盘周长25.7m，东北裸露，悬空而长，露根高3.0m多，盘根下边有5条龙状侧根伸向西南边，东西两根长达16.0m，南面有3条根长达13.3m，如5条巨龙拔地腾飞而起，支撑着将西塌陷的老树。龙根下又一层层云根，

图9-21-11　垣曲县新城镇刘张村东巷口

图9-21-12　翼城县南梁镇下涧峡村
（注：1. 左a右b；2、5. a；3、4. b）

好似乱云翻滚、巨龙腾飞，十分壮观。现在云根已经被土掩埋。传说曾有人想掘此树，砍两斧树体流出血水，从此以后再无人敢砍，留存至今，俗称“龙银”。在树杈上生长着一株葡萄苗。也称“云根银杏”。N=35° 18′ 05.4″，E=111° 40′ 30.5″，H=591m。

临汾市尧都区金殿镇桑湾村

雄株，树龄700年，树高22.8m，胸径1.45m，冠幅22.1m×22.0m。干高4.6 m，分出6枝，冠圆形，占地面积近1亩，陈姓所有。树为家族所有，故称“陈家银杏”。立木材积13.9m^3。N=36° 03′，E=111° 25′，H=430m。

翼城县南梁镇下涧峡村a（图9-21-12）

明万历年间所植。雄株，树龄500年，树高28.0m，胸径1.46m，冠幅11.8m×19.8m，枝下高2.5m。立木材积16.9m^2。明代丁氏花园遗址有一雌一雄两株，与下一株合称为“鸳鸯银杏”。丁家花园，南有鱼池，东有竹园。丁应科为明代万历年大夫官，其子丁流芳任宁夏河东兵部道台。此二树系丁流芳居官时外地移入。现在丁家花园已荡然无存。编号：Jy001。共有七大主枝，其中一主枝枯死，有一侧树枝枯死，树形伞形，主干倾斜20°，枝叶疏密。称“丁家银杏”。N=35° 40′ 35.8″，E=111° 45′ 29.8″，H=640m。

翼城县南梁镇下涧峡村b（图9-21-12）

明万历年间所植。雌株，树龄500年，树高24.3m，胸径0.89m，冠幅3.5m×5.4m，立木材积9.4m^3，位于明代丁氏花园遗址。编号：Jy002。主干树皮大有2/3枯死脱落，有三大主枝，其二主枝枯死，主干上有瘤状物，南侧枝干枯萎，北侧叶少。与上一株合称为“鸳鸯银杏”。N=35° 40′ 35.7″，E=111° 45′ 29.8″，H=641m。

洪洞县城关镇南官庄村

传说为元代所植。雄株，树龄600年，树高22.3m，胸径1.05m，冠幅13.0m×13.6m，立木材积7.3m^3。位于太风路东侧元朝寺庙遗址，干高3.7m，通直圆满，主枝5个，现仅一枝发叶，其余皆干枯。N=36° 17′，E=111° 41′，H=450m。

曲沃县下裴庄乡南林交村北口（图9-21-13）

曲沃“尧银”。雌株，树龄1200年，树高23.8m，胸径2.68m，冠幅18.6m×17.1m，立木材积为48.9m^3。生长旺盛，结实多。主干高4.8m，侧枝细而多，在主干分杈处萌生枝基部有15个垂乳，其中东一侧枝连续9个垂乳，最长垂乳1.0m，基径20cm，是山西古银杏罕

图9-21-13 曲沃县下裴庄乡南林交村北口
（注：箭头示垂乳）

见的一种现象。主干一侧有长达1.0m的树皮腐烂，并具狭长的空洞。树干丛生17条枝，根盘为17.9m，树根上的花纹，好像很多形状各异的动物。相传为唐开元年间所栽。清朝《曲沃县志》记载："当地民众呼为'尧银'。整个树冠形似"大伞"。1946年人民解放军"临汾旅"主攻曲沃、侯马、高显三镇时，后方医院设在南林交村附近。曾将树上4个侧枝锯掉，做了20副棺材，安葬烈士。此后每年清明节当地民众到比焚香祭祀。N=35° 35′ 10.9″，E=111° 31′ 39.3″，H=489m。

交城县洪相乡洪相村玄中寺院内

树龄500年，树高19.0m，胸径0.40m，冠幅12.5m×12.5m，古树编号：230603490019。

辽宁省
银杏古树资源

一　古树生境及地理气候指标

辽东山地丘陵区土壤组合有2个类型。东北部中低山地区山的中上部分布着酸性棕壤或棕壤性土，下部分布着棕壤，坡脚或缓坡平地上，形成了潮棕壤。辽东半岛丘陵区大部分丘陵上部发育着棕壤性土、粗骨土或石质土。辽西低山丘陵区土壤组合有3种类型。除较高山地上部有棕壤或棕壤性土分布外，一般低山丘陵上部分布着褐土性土；下部为褐土、石灰性褐土。全省有各种植物161科2200余种，具有经济价值的1300种以上。

辽宁省主要银杏分布区地理气候指标如表9-43所示。

二　古树分布及株数

辽宁省共计14个区（市），有古银杏5个区（市），占35.71%；县（市、区）共计99个，有古银杏8个县（市、区），占8.08%；8个乡（镇）有古银杏。报道古树72株，实测及统计21株，其中19株具有生长指标（图9-44，表9-44）。

我国科学家2003年在辽宁省义县发现早白垩世（距今1亿2千万年前）具有繁殖器官的银杏化石，其形态介于已知最古老的银杏和现生的银杏之间，这一发现填补了银杏演化史中一段长达1亿多年的空白。1989年我国学者发现了距今1亿7千万年前的银杏化石，这也是人们已知最早、保存最完整的银杏化石，证实了银杏是十分古老的一类植物。100多年来，虽然银杏化石的发现在世界各地报道很多，

图9-44　辽宁省银杏古树分布图

表9-43　辽宁省主要银杏分布区地理气候指标

县（市）	经度	纬度	年均温（℃）	年降水量（mm）	无霜期（天）	年均日照时数（小时）	1月均温（℃）	绝对最低温度（℃）	≥10℃积温
大连甘井子区	121° 16′ ～121° 45′	38° 47′ ～39° 07′	10.6	662.0	190	2670	-4.5		4179
庄河市	122° 29′ ～123° 31′	39° 25′ ～40° 12′	9.1	757.4	165	2416		-29.3	3600
鞍山千山区	122° 31′ ～123° 0′	40° 32′ ～41° 02′	9.7	721.7	160	2544	-7.8	-20.0	3500
丹东振兴区	124° 21′	40° 05′	8.5	980.0	162	2440	-8.2		3000
东港市	123° 22′ ～124° 22′	39° 45′ ～40° 15′	8.4	888.0	182	2484	-7.7	-23.0	3409

表9-44 辽宁省银杏古树分布地点及株数汇总

区（市）	县（市、区）	乡（镇）
大连市（6株）	甘井子区（2株）	营城子街道
	庄河市（3株）	仙人洞镇、鞍子山乡
	瓦房店市（1株）	炮台镇
丹东市（4株）	东港市（2株）	孤山镇
	振兴区（2株）	浪头镇
铁岭市（1株）	开原市（1株）	黄旗寨乡
葫芦岛市(1株)	兴城市（1株）	西关街
鞍山市（9株）	千山区（9株）	
总计：有古银杏5个区（市），8个县（市、区），8个乡（镇），共计21株。		

但由于缺乏分类学和演化上的意义，无法解释清楚最古老的银杏如何演化为现生银杏，因而形成一段“缺失的链环”。这次新发现的银杏化石在形态上更接近现生银杏，它不仅填补了空白，而且显示出1亿2千万年以来银杏在演化中的“迟滞”现象。

辽宁省为银杏古树分布的北界，大连市营口区营城子镇永兴寺内，寺内一株银杏古树，相传为唐贞观年间尉迟敬德元帅建造，与寺同时代遗物，有1400多年，至今苍劲挺拔，有“东北树王”之称。

东港市大孤山独特的地理环境及受海洋气候的影响，寺庙内一雌一雄古银杏树，据传树龄均有1300多年。辽宁省丹东地区（市区）20世纪30年代栽植的行道树（银杏）现已进入盛果期，枝繁叶茂，树姿挺拔壮观，硕果累累。丹东市的六纬路、九纬路、七经街3条街道的银杏路，其数量和规模位居世界首位。辽北开原市黄旗寨乡大寨村南庙沟有百年以上的银杏古树4株，3雄1雌，相邻栽植，是辽宁省也是我国最北的银杏古树。

三 古树生物学

1. 性别

在已知性别的16株古银杏中，雌株8株，占50.00%；雄株8株，占50.00%。

2. 树高

树高最高株为32.7m，位于瓦房店市炮台镇老爷庙；最矮株为9.0m，位于鞍山市千山区千山无量观老君殿；树高<10m的银杏为1株，占6.67%；10～20m的银杏为4株，占26.67%；20～30m的银杏为9株，占60.00%；30～40m的为1株，占6.66%。

3. 树龄

树龄最大单株为1360年，雄株，树高28.9m，胸径1.95m，冠幅28.5m×26.3m，位于大连市甘井子区营城子街道营城子村永兴寺；最小单株为丹东市振兴区浪头镇五龙山风景区树高20.0m，胸径0.65m，树龄100年；树龄在100～300年的为6株，占33.33%；在300～500年的为7株，占38.89%；在500～1000年的为2株，占11.11 %；1000～2000年的为3株，占16.67 %。

4. 胸径

胸径最大单株为1.95m，位于大连市甘井子区营城子街道营城子村永兴寺；最小单株鞍山市千山区千山木鱼庵，胸径0.60m；胸径<1.0m的为8株，占57.14%；1.0～2.0m的为6株，占42.86%。

5. 冠幅

冠幅最大单株为28.5m×26.3m，平均冠幅为27.4m，位于大连市甘井子区营城子街道营城子村永兴寺；最小单株有2株，平均冠幅为6.0m，位于鞍山市千山区千山木鱼庵1株，冠幅为6.0m×6.0m；位于鞍山市千山区千山龙泉寺1株，冠幅为7.0m×5.0m。

四 古树综合描述

大连市甘井子区营城子街道营城子村永兴寺（图9-22-1）

唐银杏，“东北树王”。雄株，树龄1360年，树高28.9m，胸径1.95m，冠幅28.5m×26.3m。相传植于唐贞观年间尉迟恭（字敬德）元帅建永兴寺时所值，有“东北树王”之称。距“树王”不远处，还有一棵200余年的银杏树，是一棵雌性树。这一雄一雌两棵古树遥相辉映，成为了当地一景。千百年来，关于本寺银杏树，有许多美丽的传说，在民间广为流传，更增加了神秘色彩。每逢旧历初一、十五，许多善男信女前来顶礼膜拜，祈福求祥。1983年12月此树被列为区级文物保护单位，今列入市级文物保护单位。这棵被尊称为“树王”的银杏树。除了树干粗大外，底部还丛生着许多密密麻麻的“小树”，粗略一数有近百株之多。其中光是胸径0.10m以上的就有30株左右。“小树”簇拥着粗大的主干，默默地诉说着岁月的沧桑。20世纪80年代，一场狂风刮断了一根基径0.40m的树枝。该树木的主干上，除了多个分权外，竟然还长着一棵小树。

大连市甘井子区营城子街道营城子村永兴寺

雌株，树龄200年，在“东北树王”附近。

庄河市仙人洞镇仙人洞风景区

仙人洞风景区内有古树4株，其中银杏树1株，树龄约为616年；水曲柳1株，树龄约为500年；赤松2株，树龄约为400年；古树群2种类型，位于保护区核心区，平均树龄约为90年以上；名木群一处，其中有水杉52株，日本花柏16株，平均树龄约为40年。

庄河市鞍子山乡朱营村东营屯

树高21.0m，胸径1.20m，树龄150年。4棵百年老树藏身朱营村东营屯，2棵腊树，2棵银杏树。腊树的树干胸径至少有1.5m，高约40.0m。大树的长势非常好。两棵银杏树比腊树稍细一点，但高度差不多。据屯里人介绍，新中国成立前，在大树附近，有一个地主大院，后来被拆除了。这些树可能是地主家栽在院外的，为地主的护院树。

庄河市鞍子山乡朱营村东营屯

树高21.0m，胸径1.15m，树龄150年。地主的护院树。

瓦房店市炮台镇老爷庙

树龄400年，树高32.7m，胸径1.02m，冠

图9-22-1 大连市甘井子区营城子街道营城子村永兴寺

幅18.8m×18.0m。生长良好。

东港市孤山镇大孤山上庙（上）

雌株，树龄1300年，树高26.0m，胸径1.55m。2株，大孤山山上古木参天，夹道成荫。碑记：祖孙银杏。此树系唐玄宗天宝年间（742～755）圣水宫开山祖师手植。

东港市孤山镇大孤山上庙（下）

雌株，树龄800年，树高29.0m，胸径1.13m。碑记：祖孙银杏。此树系金代太宗（完颜晟）天会年间（1123～1134）圣水宫嫡传弟子手植。

开原市黄旗寨乡大寨村南庙沟

雌株，树龄100年，树高12.0m，胸径0.65m。生长旺盛，每年生产少量种子。该树是目前明确的我国最北和最东1株古银杏。E=124° 18′，N=42° 19′，H= 301m。

丹东市振兴区浪头镇五龙山风景区

树龄100年，树高20.0m，胸径0.65m。2株，一雌一雄，20世纪30年代，末代皇帝溥仪将一对30岁树龄的夫妻银杏树从日本北海道移植到了丹东，2003年这对百年夫妻银杏树再次迁移，从丹东飞机厂附近迁到了距其40.0km的五龙山风景区。

兴城市西关街部家胡同部家花园

树龄100年。将军府，也称部家住宅，位于兴城古城内东南隅，是古城内保存较为完好的民国时期建筑。园中有银杏树、橡树、槐树、柳树等树木。

鞍山市千山区千山无量观老君殿

道教开山祖师刘太琳所植。雌株，树龄340年，树高9.0m，胸径0.76m，位于老君殿前。千山位于鞍山市郊区与辽阳县交界地带，地理位置是北纬41°，东经123°，在鞍山市东南25.0km处。千山无量观，道教著名宫观，在辽宁省鞍山市东南10.0km的千山北沟，亦名无梁观，传因初建时无梁而得名。清代康熙六年(1667)道教全真龙门派第八代弟子刘太琳创建，后屡有修缮。观内外主要建筑有老君殿、三官殿、慈航殿、南天门、八仙塔、祖师塔、葛公塔等。无量观整个建筑依山随景而筑，殿宇房舍成阶梯状，层层而上，气势壮观，布局自然，结构巧妙，是东北著名的道教宫观。

老君殿外银杏树的传说：千山有很多银杏树，但树龄最长的是无量观老君殿外亭亭玉立的那一棵。道教进入千山的标志，就是1662年的大兴土木，即打造无量观建筑群，历时十年。1667年即康熙六年秋，道教开山祖师刘太琳去武当山博采紫霄宫和玉虚宫之长来建筑自己的老君殿。正当他要打道回千山时，却因为水土不服病倒了。马道长拿了几个像杏不是杏像榛子又不是榛子的果实给他吃。这榛子般大小的果实，味道有点特别：开始有点涩、中间有点苦，最后却是有点甘甜的回味无穷。刘太琳问王道长和马道长二位道长后得知这是白果，是银杏树（也叫鸭脚树）所结之果。为使老君殿能够建造成功，刘太琳向王道长讨要白果，王道长施给他不多不少正好100个白果让他回去栽植，目的是能有50棵雌树，50棵公树，以便结果。回去后，刘太琳就派人把100颗白果籽顺着悬崖边种到老君殿的院外了。他知道，这违反了他的初衷，忙又采取了补救措施，在老君殿前，亲自埋下了2颗侧柏种子。我们现在在老君殿前香炉边上看到的2棵侧柏，就是。别看它们长得不到10.0m高，但它们已经有了340年的生长史。确切的说，这两棵侧柏树与老君殿院外的那棵银杏树，是同一年生的。

鞍山市千山区千山无量观西阁小蓬莱门前

雄株，树高20.5m，胸径0.96m，为千山9株银杏树中最大的一株，已有300余年历史。无量观银杏树：奇山生异树，银杏胜芳菲。绿蝶轻盈舞，金华曼妙飞。孤家无太子，隔殿守皇妃。高傲观声色，仙缘结翠微。据《千山志》记载，千山古银杏树共有9棵。木鱼庵有3棵，无量观有2棵，斗母宫有2棵，龙泉寺1棵，太和宫有1棵。

鞍山市千山区千山木鱼庵

雄株，树高22.0m，胸径0.95m，树龄300年，冠幅11.0m×9.0m，3株，1雄2雌。木鱼庵位于国家级旅游胜地——辽宁千山，它是一座由华山派创建的庙观，建于清朝嘉庆年间（1796～1820），20世纪六七十年代被毁，后又恢复重建。木鱼庵有3棵银杏，1雄2雌相依相偎。这3棵银杏矗立在木鱼庵山门侧边，如华盖当空遮蔽了小半个院子。每当叶落则是万两黄金当空舞铺就满院金光，甚是华丽壮观。

鞍山市千山区千山木鱼庵

雌株，树高16.0m，胸径0.65m，树龄300年，冠幅6.0m×7.0m。

鞍山市千山区千山木鱼庵

雌株，树高17.0m，胸径0.60m，树龄300年，冠幅6.0m×6.0m。

鞍山市千山区千山龙泉寺

雄株，树高15.0m，胸径0.65m，树龄300年，冠幅7.0m×5.0m，具复干1个，高10.0m，胸径0.35m。

鞍山市千山区千山太和宫

雄树1株。

鞍山市千山区千山千山斗姥宫

夫妻树。1雌1雄，树龄1000年。千山斗姥宫，斗姥宫门前有2株银杏树，据说这对夫妻树差不多有1000年的历史，当地百姓为求子孙兴旺常在树前许愿，夫妻树则是非常灵验，有求必应的。千山斗姥宫为道教宫观。在辽宁省鞍山市东南10.0km的千山西部大皇庵沟。原宫三间，以砖木石构建而成，单檐硬山式，面积达 360m^2，内原供斗姥元君塑像，配祀吕洞宾、关圣帝君神像。

天津市
银杏古树资源

一　古树生境及地理气候指标

天津市境内山区面积较小，在花冈岩和洪积冲积物上发育有棕壤、褐土。平原沉积很大，是在第四纪冲积物上发育的潮土、水稻土等和滨海地区受海侵影响发育的滨海盐土。棕壤分布在蓟县海拔750m以上的小港、下营两乡北部的山区。褐土分布在蓟县海拔10m以上至750m以下的广大山地、丘陵和洪积冲积平原区。潮土分布在海拔10m以下至3m的广大地区呈中性至碱性。天津植物区系的组成以华北成分为主，兼有中亚区系、西伯利亚区系和亚热带区系成分。针叶林分布在蓟县北部山区，构成2个针叶林群落。油松—多花胡枝子群落主要分布在蓟县海拔360～820m处阴坡或半阴坡。侧柏—多花胡枝子群落分布在蓟县海拔420m左右的半阴坡。针阔叶混交林分布在蓟县北部山区。主要是油松、栓皮栎、槲树等相混交。落叶阔叶林主要分布在蓟县北部山区，常以槲栎为主，兼有栓皮栎、吴茱萸等，组成天津地区的地带性植被类型。

天津市主要银杏分布区地理气候指标如表9-45所示。

二　古树分布及株数

在天津市13市辖区、3县中仅有蓟县和武清区发现有银杏古树6株，3雄3雌。蓟县城西关的旋耕机厂院内，有2棵同龄的古银杏：一雌一雄，雌树大杈横生，树势较弱，枝叶稀疏。雄树则干枝挺拔，枝叶浓密。2棵古树相距几米，枝丫交叉，犹如一对恩爱的夫妻。武清县大良镇后营村小学院内银杏，相传小学校原址为一古庙，2株银杏生长旺盛，均为雄株，树龄达800年。1999年6月，天津市评选首届“花魁”、“树王”，两棵银杏树因其树种奇特，年代悠久，枝繁叶茂，一举获得“银杏王”称号（图9-45）。

图9-45　天津市银杏古树分布图

三　古树生物学

1. 性别

天津市古银杏雌株3株，占50.00%；雄株3株，占50.00%。

2. 树高

树高最高株为26.0m，位于蓟县城西关的旋耕机厂院内；最矮株为21.0m，位于武清县大良镇后营村小学院内（原址为一古庙）东侧；树高均在20～30m之间分布。

3. 树龄

树龄最大单株为1100年，有2株，均位于蓟县盘山风景名胜区莲花岭北天成寺大雄宝殿；最小单株为800年，有2株，位于武清县大良镇后营村小学院内（原址为一古庙）东侧1株，位于武清县大良镇后营村小学院内（原址为一古庙）西侧1株。

4. 胸径

胸径最大单株为1.48m，位于蓟县城西关的旋耕机厂院内；胸径最小单株为0.93m，位于蓟县城西关的旋耕机厂院内；胸径<1.0m的为1株，占16.67%；>1.0m的为5株，占83.33%。

5. 冠幅

冠幅最大单株为25.3m×24.5m，平均冠幅为24.9m，位于蓟县盘山风景名胜区莲花岭北天成寺大雄宝殿；冠幅最小单株为17.0m×20.0m，平均冠幅为18.5m，位于武清县大良镇后营村小学院内（原址为一古庙）东侧。

四　古树综合描述

蓟县城西关旋耕机厂院内（东）（图9-23-1）

“夫妻树”。雌株，树龄1005年，树高

表9-45 天津市主要银杏分布区地理气候指标

县（市）	经度	纬度	年均温（℃）	年降水量（mm）	无霜期（天）	年均日照时数（小时）	1月均温（℃）	绝对最低温度（℃）	≥10℃积温
天津市	116° 43′ ～118° 04′	38° 34′ ～40° 15′	12.1	590.0	221	2700	-4.0	-31.0	4390
武清区	116° 46′ ～117° 19′	39° 07′ ～39° 42′	11.6	606.0	212	2705	-5.1		4100
蓟县	117° 24′	40° 03′	11.5	697.0	195	3027	-4.2		4100

22.0m，胸径0.93m，冠幅19.0m×21.0m。大杈横生，树势较弱，枝叶稀疏。该树长在原城西关的旋耕机厂院内，现为武定苑新区院内路中间，周围有9.5m×5.3m护栏保护。东为雌株，西为雄株，两树相距3.5m。该树7个侧枝，2大分枝。树干凹凸不平，枝下高2.0m。树势较弱，枝叶稀疏。结果较多，果形大小中等。碑文记载：古树名木保护牌编号：0064，树干高大，傲然屹立；雌树，树冠的覆盖面积东西达9m，南北达14m，平均11m，树叶伸向远方，覆荫半亩，每年都结果累累。N=40° 02′ 41.7″，E=117° 23′ 31.9″，H=40m。

蓟县城西关旋耕机厂院内（西）（图9-23-1）

"夫妻树"。雄株，树龄1005年，树高26.0m，胸径1.48m，枝下高2.0m，冠幅18.0m×20.0m。干枝挺拔，枝叶浓密，两棵古树相距4.5m，枝丫交叉，犹如一对恩爱的夫妻。该树长在原城西关的旋耕机厂院内，现为武定苑新区院内路中间，周围有9.5m×5.3m护栏保护。3个侧枝，2大分枝。分枝较雌株少。古树名木保护牌编号：0063。N=40° 02′ 41.7″，E=117° 23′ 31.9″，H=40m。

蓟县盘山风景名胜区莲花岭北天成寺大雄宝殿（东）（图9-23-2）

唐朝银杏。雌株，树龄1100年，树高23.0m，胸径1.21m，枝下高13.0m，冠幅25.3m×24.5m。

天成寺，又名"天成福善寺"，也称"天成法界"。始建于唐，辽、明、清均有扩建重修。历代帝王多次巡游，清乾隆曾15次游历天成寺，并提额"天成寺"、"清净妙音"、"江山一览"等。后毁于战火。1982年3月修复并对外开放。该树位于盘山国家级风景名胜区莲花岭北天成寺大雄宝殿东侧，位于舍利塔侧前方。共2株雌树，相距48.0m，像一对双胞胎。树干圆满通直，干形优美，枝繁叶茂，可谓古树参天。树干纵向深裂、规整。是目前国内干高较高的古银杏。侧枝在主干顶部分成3层，8个侧枝，树冠似伞状。基部有萌蘖10余个。果型较小，结果较多。N=40° 05′ 8.0″，E=117° 15′ 37.0″，H=257m。

蓟县盘山风景名胜区莲花岭北天成寺大雄宝殿（西）（图9-23-2）

唐朝银杏。雌株，树龄1100年，树高25.0m，胸径1.24m，枝下高12m，冠幅

图9-23-1 蓟县城西关旋耕机厂院内
（注：1. 左：西雄；右：东雌；2. 西雄；3. 东雌）

图9-23-2 蓟县盘山风景名胜区莲花岭北天成寺大雄宝殿
（注：1、2. 东；3、4. 西）

22.4m×25.6m。殿前临坝台处，有2株千年银杏，比肩而起，挺拔直立，遮天蔽日。在盘山国家级风景名胜区树，周围有2.3m×2.3m栅栏保护。在主干顶部9个侧枝，树冠似伞状。基部有萌蘖250余个。果型较东侧小，结果较多。N=40° 05′ 7.44″，E=117° 15′ 35.2″，H=263m。

天津市武清区大良镇后营村小学院内（原址为一古庙）东侧（图9-23-3）

天津“银杏王”。雄株，树龄800年，树高21.0m，胸径1.44m，冠幅17.0m×20.0m。天津“银杏王”称号。大枝进行了支架维护。该树长在后营村小学和村委会院内。树四周有护栏保护。树体高大，生长旺盛。树冠椭圆形，树干平滑，主干直立。8个侧枝。两树相距10m。古树保护牌编号：120222002。1999年6月，天津市评选首届“花魁”、“树王”，两棵银杏树因其树种奇特，年代悠久，枝繁叶茂，一举获得“银杏王”称号。2000年前后，为了有利于银杏树的生长，保证学校内师生的安全，区园林部门对西侧银杏进行了支架维护。2004年又对树干上的空洞进行了修补，并且对东侧银杏树的一个大枝也做了支架维护处理，并且进行了肥水管理。新中国成立前，两棵大树的正南是一座庙，银杏树枝叶茂盛，一直伸到庙顶；新中国成立后，庙被拆了。到1958年生活困难时期，人们砍了大树的一个杈，给食堂做了一个切菜板。后来，人们又砍过一个大树杈，做了一个井盘，现在早已不知去向了。因为银杏树高大，所以每年都有喜鹊在上面筑巢，多者达9个喜鹊窝。前几年，一个喜鹊窝被大风刮下来，足足有一筐的木柴。银杏树树大根也深，这两年大良镇清挖渠道，在100m远的大渠里，竟然发现了银杏树的树根。如今，虽然历经几百年的沧桑，2株银杏仍郁郁葱葱，枝繁叶茂。N=39° 32′ 14.1″，E=117° 03′ 39.1″，H=81m。

天津市武清区大良镇后营村小学院内（原址为一古庙）西侧（图9-23-3）

天津“银杏王”。雄株，树龄800年，树高23.0m，胸径1.43m，冠幅12.0m×27.0m。2004年对树干上的空洞进行了修补。在100m远的大渠里，竟然发现了银杏树的树根。该树长在后营村小学和村委会院内。树四周有护栏保护。树体高大，生长旺盛。树冠向西南倾斜，较东侧一株稍大。树干凹凸不平，3大侧枝。二级侧枝6个。基径1.62m。古树保护牌编号：120222001。N=39° 32′ 14.1″，E=117° 03′ 39.1″，H=81m。

图9-23-3 天津市武清区大良镇后营村小学院内（原址为一古庙）
（注：1. 左西右东；2. 西；3. 东）

参考文献

[1] Avise J C, Arnold J, Ball R M, Bermingham E, Lamb T, Neigel E, Reeb C A, Saunder N C. Intraspecific phylogeography: the mitochondrail DNA bridge between population genetics and systematics. Ann. Rev. Ecol. Syst, 1987, 18:489-522.

[2] Avise J C. Phylogeography: the history and formation of species. Harvard University Press, Cambridge, 2000.

[3] Barlow P W, Kurczynska E U. The anatomy of the chi-chi of Ginkgo biloba suggests a mode of elongation growth that is an alternative to growth driven by an apical meristem. J Plant Res, 2007, 120:269-280.

[4] Chen S C. Status of the conservation of rare and endangered plants in China. Cathaya, 1989, 1:161-178.

[5] Cheng W C. An enumeration of vascular plants from Chekiang, I. Contributions of the Biological Laboratories of the Science Society of Chma, 1933, 8(3):298-307.

[6] Cunningham I S. Frank N Meyer: Plant Hunter in Asia Ames:Iowa State University Press, 1984.

[7] Del Tredici P, Lin H, Yang G. The Ginkgos of Tian Mu Shan. Conserv. Biol, 1992, 4:202-209.

[8] Del Tredici P. Ginkgo chichi in nature, legend & cultivation. International Bonsai, 1993, 4:20-25.

[9] Del Tredici P. Lignotuber formation in Ginkgo biloba. In Hori T, Ridge R W, Tulecke W, Del Tredici P, Tremouillaux-Guiller J, Tobe H (eds.), Ginkgo biloba-A Global Treasure. Springer-Verlag, Tokyo, 1997:119-126.

[10] Del Tredici P. Natural regeneration of Ginkgo biloba from downward growning cotyledonary buds (basal chichi). Am. J. Bot, 1992, 79(5):522-530.

[11] Del Tredici P. The architecture of Ginkgo biloba L. L' ARBRE. Biologie ET Developpement-C. Edelin ed. -Naturalia Monspeliensia n° h. s, 1991:155-167.

[12] Del Tredici P. The Ginkgo in America. Arnoldia, 1981, 41:150-161.

[13] Del Tredici P. Wake up and smell the Ginkgos. Arnoldia, 2008, 66(2):11-21.

[14] Del Tredici P. Where the wild ginkgos grow. Arnoldia, 1992, 52(4):2-11.

[15] Fan XX, Shen L, Zhang X, Chen XY, Fu CX. Assessing genetic diversity of Ginkgo biloba L. (Ginkgoaceae) populations from China by RAPD markers. Biochem. Genet, 2004, 42:269-278.

[16] Fujii K. On the Nature and origin of so-called " Chichi " (nipple) of Ginkgo biloba L. Bot Mag (Tokyo), 1895, 9:444-450.

[17] Gong W, Chen C, Dobeš C, Fu C X, Koch M A. Phylogeography of a living fossil: Pleistocene glaciations forced Ginkgo biloba L. (Ginkgoaceae) into two refuge areas in China with limited subsequent postglacial expansion. Molecular Phylogenetics and Evolution, 2008, 48:1094-1105.

[18] Handa M. Ginkgo biloba in Japan. Arnoldia, 2000, 60(4):26-34.

[19] Hori S, Hori T. A culture history of Ginkgo biloba in Japan and the generic name Ginkgo. In: Hori, T, Ridge, RW, Tulecke, W, Del Tredici, P, Trémouillaux-Guille J, Tobe H (Eds.), Ginkgo biloba-A Global Treasure: From Biology to Medicine. Springer, Tokyo, Japan, 1997:385-411.

[20] Kuddus R H, KuddusN N, Dvorchici I. DNA polymorphism in the living fossil Gingko biloba from the Eastern United States. Genome, 2002, 45:8-12

[21] Li H L. A Horticultural And Botanical History Of Ginkgo. Bulletin of the Morris Arboretum, 1956, 7:3-12.

[22] Li H L. Ginkgo-the maidenhair tree. Amer. Hort. Mag, 1961, 40:239-249.

[23] Li Z L(Lee chenglee) , L J X. Wood anatomy of the stalactite-like branches of ginkgo. IAWA Bulletin n. s. , 1991, 12(3):251-255.

[24] Melzheimer V and Lichius J J. Ginkgo biloba L. :aspects of the systematical and applied botany. 25-47, 2000. in T. van Beek (ed.), Ginkgo biloba. Amsterdam: Harwood Academic Publishers.

[25] Mobius, M. Der Ginkgo Und Die "Chichi. " Natur Und Museum, 1931, 61:32-33 (in German). Oyama, L. How to Develop Bonsai, Volume 5: Deciduous Bonsai. Tai Bun Kan Publishers: Tokyo, japan, 1972 (in Japanese).

[26] Sakisaka M. On the seed-bearing leaves of Ginkgo. The Jour Jap Bot, 1929:219-238.

[27] Santamour F S, He shan-an, Ewert T E. Growth, survival and sex expression in Ginkgo. Jour Arboriculture, 1983, 9(6):170-171.

[28] Sargent C S. Ginkgo biloba. Bulletin of Popular Information Arnold Arboretum n. s, 1916, 2:51-52.

[29] Sargent C S. Notes on cultivated conifers I. Garden and Forest, 1897, 10:390-391.

[30] Seward, A C. The story of the maidenhair tree. Science Progress (England), 1938, 32(127):420-440.

[31] Shen L, Chen X Y, Zhang X, Li, Y Y, Fu C X, Qiu Y X. Genetic variation of Ginkgo biloba L. (Ginkgoaceae) based on cpDNA PCR-RFLPs: inference of glacial refugia. Heredity, 2005, 94:396-401.

[32] Snigirevskaya N S. A unique mode of the natural propagation of ginkgo biloba L. -the key to the problem of its "survival" . Acta Paleobot, 1994, 34(2):215-223.

[33] Takami W. Observation on ginkgo biloba L. J. Jap. Bot, 1955, 30(11):340-345.

[34] TsumuraY, OhabaK. The genetic diversity of isozymes and the possible dissemination of Gingko bilobain ancient times in Japan. In:Hori T, Ridge RW, TuleekeW, Del Tredici P, Tremouillaux-Guiller J, Tobe H (eds.). Gingko biloba-a Global Treasure. Tokyo: Spinger-Verlag, 1997:159-172.

[35] Wang C W. The forests of china maria moors about foundation publication #5. Cambridge: harvard university, 1961.

[36] Wilson E H. Plantae Wilsonae. Cambridge: Harvard University, 1914.

[37] Wilson E H. The romance of our trees-II. The Ginkgo. Garden Magazine, 1919, 30(4):144-148.

[38] Xiang Z, Xiang Y H, Xiang B X, and Del Tredici P. The Li Jiawan Grand Ginkgo King. Arnoldia, 2009, 66(3):26-30.

[39] 吉冈金市. イチヨウの接木交杂. 果树の接木交杂によ ゐ新种•新品种育の理论と实际. 第I卷. 新科学文献刊行会, 1967:143-228.

[40] 安徽植物志协作组. 安徽植物志. 合肥:安徽科学技术出版社, 1986.

[41] 安徽省林业厅, 安徽省林学会编. 安徽古树名木. 安徽科学技术出版社出版, 2001.

[42] 毕春侠. 郭军战. 杨培华. 银杏品种过氧化物同工酶酶谱分析. 陕西林业科技, 1998, 4:1-3.

[43] 蔡璋铨. 奇异的银杏树. 中国林业, 1997, 5:41.

[44] 曹帮华. 蔡春菊. 银杏种子生理研究进展. 山东农业科学, 2001, 1:40-42.

[45] 曹福亮, 花喆斌, 汪贵斌, 张往祥. 野生银杏资源群体遗传多样性的RAPD分析. 浙江林学院学报, 2008, 25(1): 22-27.

[46] 曹福亮, 张往祥, 汪贵斌. 银杏种质资源的收集与保存. 在: 中国林学会银杏分会、江苏省泰兴市人民政府. 全国第十六次银杏学术研究会论文集. 北京: 科学技术文献出版社, 2008:66-73.

[47] 曹福亮. 银杏(画册). 北京:中国林业出版社, 2007.

[48] 曹福亮. 中国银杏. 南京:江苏科学技术出版社: 2002:12.

[49] 曹福亮, 林协, 邢世岩等. 中国银杏志. 北京: 中国林业出版社, 2007.

[50] 曹良俊, 郑国良, 张跃仙, 郦宜武. 武义县古树名木资源调查. 浙江林学院学报, 1998, 15(4): 435-439.

[51] 柴发熹, 雒克勤, 张传岭. 徽县银杏资源及开发利用. 甘肃林业, 1990, (4):19-20.

[52] 陈 嵘. 中国树木分类学. 北京:中国农学会编, 东华印刷馆, 1937:3-4.

[53] 陈 植. 观赏树木学. 北京:中国林业出版社, 1984:545-548.

[54] 陈炳浩. 银杏树种质资源多样性的保护与发展. 全国第三次银杏学术研讨会论文集. 武汉:湖北科学技术出版社, 1995:75-80.

[55] 陈 策. 古树奇木. 广州:广东科技出版社, 2008.

[56] 陈法志, 杨守坤. 武汉市古银杏调查. 湖北林业科技, 1999, 4:25.

[57] 陈路旺. 桂林地区银杏生产状况与发展前景. 在: 中国林学会经济林分会银杏研究会、广西壮族自治区桂林地区行政公署编. 全国第七次银杏学术研讨会论文集. 北京:中国林业出版社, 1999:1-6.

[58] 陈培德, 毛宗国. 古银杏录. 植物杂志, 1982:1.

[59] 陈鹏等. 银杏品种选优及其结构调整. 全国第八次银杏学术研讨会论文集. 武汉:湖北科技出版社, 2000, 74-91.
[60] 陈 鹏, 何凤仁, 韦 军, 刘昌迎, 张恪全, 李锁来. 银杏早果丰产的理论基础及其栽培技术. 果树科学, 1996, 13(4):255-256.
[61] 陈 鹏, 何凤仁, 韦 军, 褚生华, 钱炳炎. 银杏种实丰产单株选优研究. 园艺学报, 1997, 24(2):205-207.
[62] 陈启基, 汪 晓, 陈 伽. 台州地区银杏品种类型调查与选优. 在: 中国林学会经济林分会银杏研究会、湖北省安陆银杏协会、江苏省泰兴市银杏协会. 全国第二次银杏学术研讨会论文集. 武汉:湖北科学技术出版社, 1994:55-57.
[63] 陈 嵘. 造林学各论. 北京:中国农学会编, 东华印刷馆, 1933:124-128.
[64] 陈 森, 李道梅, 陈炜, 雷惠芳, 黄韦文. 广西南宁市古树名木年龄的确定. 云南林业调查规划设计, 1997, 83(1):1-6.
[65] 陈桃源. 银杏话古. 大自然, 1987, 1:28-29.
[66] 陈廷玉, 董兴培. 展"古银杏之乡"风采, 绘"银杏第一州"蓝图. 在: 中国林学会经济林分会银杏研究会、湖北省巴东县人民政府. 全国第八次银杏学术研讨会论文集. 武汉:湖北科学技术出版社, 2000:1-10.
[67] 陈廷玉. 恩施自治州银杏资源调查报告. 在: 中国林学会经济林分会银杏研究会、广西壮族自治区桂林地区行政公署编. 全国第七次银杏学术研讨会论文集. 北京:中国林业出版社, 1999:155-159.
[68] 陈晓云, 刘燕君. 湖北省银杏资源及其分布. 在: 中国林学会银杏协会筹委会、湖北省安陆市银杏协会. 全国首届银杏学术研讨会论文集. 武汉:湖北科学出版社出版, 1992:69-74.
[69] 陈学森, 邓秀新, 章文才, 张艳敏. 中国银杏品种资源染色体数目及核型研究初报. 华中农业大学学报, 1996, 15(6):590-593.
[70] 陈永伶, 熊霖珍. 江西银杏的古树资源及其开发. 在: 中国林学会经济林分会银杏研究会、广东省南雄市农业委员会. 全国第五次银杏学术研讨会论文集. 广州:广东科技出版社, 1997:85-90.
[71] 陈永伶, 熊霖珍. 银杏古树及其开发致富的途径. 在: 中国林学会经济林分会银杏研究会、广西壮族自治区桂林地区行政公署编. 全国第七次银杏学术研讨会论文集. 北京:中国林业出版社, 1999:394-395.
[72] 陈永伶. 江西银杏古树群资源的调查及开发利用. 在: 中国林学会经济林分会银杏研究会、浙江省长兴县人民政府. 银杏产业提升和可持续发展. 北京:中国农业科学技术出版社, 2002:387-390.
[73] 陈永清, 井浩然. 从汉画像石刻看银杏树的历史意义和现实价值. 农业考古, 1997, 1:192-194.
[74] 陈有金. 安陆银杏. 北京:中国林业出版社, 2009:11.
[75] 陈月琴, 庄丽, 屈良鹄, 张宏达. "活化石"植物银杏形态与分子进化 (1). 中山大学学报 (自然科学版), 1999, 38(1):16-19.
[76] 陈章久, 黄华安. 恩施州银杏资源评价及银杏可持续发展策略. 在: 中国林学会经济林分会银杏研究会、湖北省巴东县人民政府. 全国第八次银杏学术研讨会论文集. 武汉:湖北科学技术出版社, 2000:265-271.
[77] 陈贞镇. 闽西银杏. 在: 中国林学会经济林分会银杏研究会、山东省郯城县林业局. 全国第三次银杏学会研讨会论文集. 武汉:湖北科学技术出版社, 1995:25-26.
[78] 陈贞镇. 银杏资源调查与开发利用研究. 漳平市农业区划办公室, 1994.
[79] 成俊卿. 中国木材学. 北京:中国林业出版社, 1992:18-19.
[80] 戴玉霜. 怎样抢救桔子洲的古银杏. 湖南林业, 2008, 7:26.
[81] 邓荫伟. 广西银杏品种资源及优良品种和单株. 在: 中国林学会经济林分会银杏研究会、浙江省长兴县人民政府. 银杏产业提升和可持续发展. 北京:中国农业科学技术出版社, 2002:213-229.
[82] 丁建民. 青岛古树趣话. 山东绿化, 1993, 5:35.
[83] 丁俊福. 安庆古银杏. 安徽林业, 1994, 1:19.
[84] 丁克仁. 法源寺的古树. 中国林业报, 1991:2-26(4).
[85] 丁向阳, 李晓梦. 伏牛山古银杏群资源与保护. 在: 曹福亮、陈怀亚. 银杏综合研究及开发利用进展——全国第十七次银杏学术研讨会论文集. 南京:东南大学出版社, 2009:119-124
[86] 丁向阳. 伏牛山古银杏旅游资源的开发与保护. 在: 中国林学会银杏分会, 江苏省泰兴市人民政府. 全国第十六次银杏学术研究会论文集. 北京:科学技术文献出版社, 2008, 230-244.
[87] 丁彦芬, 刘玉莲, 郭继善. 古银杏复壮技术的研究. 江苏林业科技, 2000, 27(sup.):32-36.
[88] 董 鸣. 克隆植物生态学. 北京:科学出版社, 2011.
[89] 董云岚, 李爱琴. 银杏古树调查与保护. 在: 中国林学会银杏分会、山东黄河河务局. 银杏资源优化配置及高效利用. 北京:中国农业出版社, 2007:276-282.
[90] 董云岚. 中华国宝银杏解读. 福州:海风出版社, 2007.
[91] 杜 群, 陈征海, 刘安兴, 诸葛刚. 浙江省古树物种多样性现状研究. 浙江大学学报(农业与生命科学版), 2005, 31(2): 215-219.
[92] 段仁鹏. 泰兴市500年以上的古银杏树一览表. 在: 江苏省泰兴市政协文史资料委员会. 泰兴大白果. 农业出版社, 1993.
[93] 范良智. 银杏春秋. 湖南农业, 2009, 12:10.
[94] 房 健. 南通古树名木. 中国林业出版社出版, 2008.
[95] 冯荣光. 灵山树王——青城山天师洞古银杏记. 西部广播电视, 2008, 5:105.
[96] [美]福斯特A S Foster吉福德, EMJ Gifford著. 李正理, 张新英, 李荣敖译. 维管植物比较形态学. 北京:科学出版社, 1983: 362-378.
[97] 付慧敏. 随州和安陆的银杏古树种核特征及其营养成分的初步研究. 武汉:华中农业大学, 2006.
[98] 傅徽楠, 汤珧华. 上海地区古银杏衰弱原因分析与对策. 在: 中国林学会经济林分会银杏研究会、福建省长汀县人民政府. 弘扬银杏文化 发展银杏产业. 北京:中国农业出版社, 2004, 244-248.
[99] 傅徽楠, 王 瑛. 上海古树生长环境的土壤质量及评价. 上海建设科技, 2007, 1:44-46, 62.
[100] 傅徽楠, 朱勇坤. 上海的古树名木. 上海:上海文化出版社, 2009.
[101] 葛汉栋. 湖南古树资源概况及保护对策. 湖南林业科技, 2003, 30(2):1-3.
[102] 葛树远, 任广国, 广德县银杏资源调查及栽培技术. 经济林研究, 1996, 14(3):67-68.
[103] 葛永奇, 姜维梅, 丁炳扬, 傅承新. 银杏及其遗传多样性研究进展. 在: 中国林学会经济林分会银杏研究会、浙江省长兴县人民政府. 银杏产业提升和可持续发展. 北京:中国农业科学技术出版社, 2002:289-295.
[104] 葛永奇, 邱英雄, 丁炳扬, 傅承新. 孑遗植物银杏群体遗传多样性的ISSR分析. 生物多样性, 2003, 11(4):276-287.
[105] 宫玉臣, 苏明州, 张振学, 刘绍良, 华爱萍, 李 峰. 郯城县银杏古树资源现状及保护对策. 在:中国林学会银杏分会, 江苏省泰兴市人民政府. 全国第十六次银杏学术研究会论文集. 北京:科学技术文献出版社, 2008:263-266.
[106] 宫玉臣, 苏明洲, 刘绍良, 刘康民. 利用银杏资源库选择优良种研究初报. 在: 中国林学会经济分会银杏研究会、四川都江堰市人民政府. 全国第十一次银杏学术研讨会论文集. 银杏标准化生产与集约化经营. 四川都江堰市林业局, 2003:149-153.
[107] 宫玉臣, 苏明洲. 郯城银杏产业可持续发展战略措施初探. 在:中国林学会银杏研究会, 山东郯城县人民政府. 第十四次全国银杏学术研讨会论文集. 银杏产品开发与市场拓展. 济南:山东科学技术出版社, 2006:19-27.
[108] 宫玉臣, 张永瑞, 李太成, 苏明洲. 银杏基因资源的收集和基因库建立的研究. 在:中国林学会经济林分会银杏研究会、广西壮族自治区桂林地区行政公署编. 全国第七次银杏学术研讨会论文集. 北京:中国林业出版社, 1999:150-154
[109] 龚德泉. 开发湘鄂川黔边境区域银杏资源的调查与思考. 山区开发, 1995, 6:4-5.
[110] 龚浩平. 古银杏保护与复壮. 江苏绿化, 2000, 2:28-29.
[111] 龚菊娣, 薛 捷. 古银杏传奇. 国土绿化, 2003, 6:23.
[112] 关传友, 金寨县银杏资源的调查. 六安师专学报, 1991, 2:18-23.
[113] 关传友, 陆新民. 歙县银杏种质资源及优良单株选择. 黄山高等专科学校学报, 1995, 1(5):122-124.
[114] 关传友. 安徽古银杏树资源的调查. 中国园林, 2000, 16(69):72-73.
[115] 关传友. 安徽省银杏品种资源的初步研究. 六安师专学报(综合版), 1998, 14(1):35-41.
[116] 关传友. 安徽省银杏品种资源的初步研究. 在: 中国林学会经济林分会银杏研究会、湖北省随州市林业局. 全国第六次银杏学术研讨会论文集. 随州:鄂随图内字第006号, 1998:93-97.
[117] 郭传义, 童宜鸿. 为古银杏树"砌围墙". 国土绿化, 2004:10:21.
[118] 郭俊荣, 舒信学, 杨培华, 谢斌. 三秦银杏访古. 在: 陈鹏、戴明车、林协、赵洪亮著. 银杏产业的机遇与挑战. 南京:东南大学出版社, 2001:197-205.
[119] 郭俊荣, 王亚峰, 杨培华, 谢 斌. 银杏在陕西分布及栽培区域划分. 在: 中国林学会经济林分会银杏研究会、河南省新县林业局编. 全国第四次银杏学术研讨会论文集. 北京:中国林业出版社, 1996:63-71.
[120] 郭俊荣, 王玉峰, 杨培华, 谢 斌. 银杏在陕西发展前景初探. 在: 中国林学会经济林分会银杏研究会、山东省郯城县林业局. 全国第三次银杏学会研讨会论文集. 武汉:湖北科学技术出版社, 1995:18-20.
[121] 郭善基. 中国果树志·银杏卷. 北京:中国林业出版社, 1993:9.
[122] 郭善基, 李 健. 沂源县织女洞的叶籽银杏. 山东林业科技, 1984, 2:24-25.
[123] 郭书林, 汪秋更, 郭许昌, 葛松霞. 云岩寺古银杏树. 国土绿化, 2010, 6:44.
[124] 郭献清. 河南嵩县古银杏树调查记. 植物杂志, 1991, 6:6-7.
[125] 郭献清. 嵩县银杏古树分布及生长情况. 河南林业科技, 1990, 4:41-42.
[126] 郭新安. 湖北省三大区域群体银杏古树遗传多样性的ISSR分析. 武汉:华中农业大学, 2006.
[127] 郭许昌, 郭书林, 汪秋更. 嵩县古银杏王. 国土绿化, 2010, 9:41.
[128] 郭衍全, 李 炯, 陈尚华, 李伟, 叶伟芳. 南雄银杏种群的商榷. 在: 中国林学会经济林分会银杏研究会、广东省南雄市农业委员会. 全国第五次银杏学术研讨会论文集. 广州:广东科技出版社, 1997: 54-58.
[129] 韩维亚, 黄智辉, 王建灵. 河南省嵩县银杏资源开发初探. 在: 中国林学会经济林分会银杏研究会、湖北省安陆银杏协会、江苏省泰兴市银杏协会. 全国第二次银杏学术研讨会论文集. 武汉:湖北科学技术出版社, 1994: 63-69.
[130] 韩维亚, 黄智耀, 王孝锋, 冯述青. 黑银杏选育研究. 林业科技开发, 1997, 5:30-32.
[131] 韩维亚, 黄智耀. 河南嵩县银杏良种选育及四个优良单株介绍. 在: 中国林学会经济林分会银杏研究会、广东省南雄市农业委员会. 全国第五次银杏学术研讨会论文集. 广州:广东科技出版社, 1997:117-119.
[132] 何凤仁. 银杏栽培. 南京:江苏科学技术出版社, 1989:1-3.
[133] 何广秋. 银杏古树考证. 银杏, 1997:18(1):2.
[134] 何小弟, 孙如竹, 李晓储, 姚江潮, 徐梅, 孙桂平, 黄利斌, 金 飚. 扬州市城区古树名木资源调查与评价. 扬州大学学报, 2003, 24(4):82-85.
[135] 贺鸿凤. 古银杏树下. 山东文学, 2006, 6:43.
[136] 洪金亮. 开化古银杏传奇. 中国林业, 2001, 2:40.
[137] 洪震. 松阳县古树名木资源初步研究. 福建林业科技, 2005, 32(1):70-72, 108.
[138] 侯九寰. 郯城县珍稀银杏种质资源调查及开发利用的思考. 在:中国林学会银杏研究会, 山东郯城县人民政府. 第十四次全国银杏学术研讨会论文集.

银杏产品开发与市场拓展. 济南:山东科学技术出版社, 2006:145-150.
[139] 胡 蕖, 张佐玉. 贵州珍稀药用植物银杏资源现状与保护对策. 贵州林业科技, 2001, 29(4):55-57.
[140] 胡长贵. 建德市古树名木分布生存现状调查及保护发展对策研究. 现代农业科技, 2010, 8:244-245.
[141] 胡茂成. 恩施州银杏产业发展的战备设想. 在: 中国林学会经济林分会银杏研究会、广西壮族自治区桂林地区行政公署编. 全国第七次银杏学术研讨会论文集. 北京:中国林业出版社, 1999:100-107.
[142] 胡先驌. 水杉、水松、银杏. 生物学通报, 1954, 12:12-15.
[143] 胡祥林, 朱雅芳, 赵雨妹, 蒋远飞. 东阳市古树名木资源调查及保护措施. 林业调查规划, 2006, 31 (3): 109~113.
[144] 湖北林业科技编辑部. 安陆发现千年古银杏群落. 湖北林业科技, 1993, 3:13.
[145] 皇甫桂月. 郯城银杏资源及发展前景. 在:中国林学会银杏协会筹委会、湖北省安陆市银杏协会. 全国首届银杏学术研讨会论文集. 武汉:湖北科学出版社出版, 1992: 98-102.
[146] 黄德明. 武汉大学古树名木的保护及利用. 河北林果研究, 2003, 18(3):278-282.
[147] 黄国荣, 徐伟. 银杏古树施救复壮的措施. 新农村, 2007, 10:14.
[148] 黄华安. 京山银杏资源调查与品种选优小结. 在: 中国林学会经济林分会银杏研究会、山东省郯城县林业局. 全国第三次银杏学会研讨会论文集. 武汉: 湖北科学技术出版社, 1995:57-62.
[149] 黄喜平. 闽侯名木古树. 福州:海风出版社, 2006: 12.
[150] 黄智耀, 韩维亚, 汪秋耕, 等. 河南省嵩县发现雌雄同株古银杏. 在: 中国林学会经济林分会银杏研究会、湖北省随州市林业局. 全国第六次银杏学术研讨会论文集. 随州:鄂随图内字第006号, 1998:154-162.
[151] 黄智耀, 韩维亚, 汪秋耕, 等. 银杏雄株调查与选优. 在: 中国林学会经济林分会银杏研究会、河南省新县林业局编. 全国第四次银杏学术研讨会论文集. 北京:中国林业出版社, 1996:58-62.
[152] 黄智耀, 王孝锋, 韩维亚, 汪秋耕, 郑路明, 王重勋. 嵩县发现雌雄同株古银杏. 河南林业科技, 1997, 17(1): 23.
[153] 济林. 紫微宫古银杏. 河南林业, 1999, 2:25.
[154] 贾章存, 牛玉英, 崔月菱, 王梅荣, 施建芝. 石家庄市银杏资源现状及发展设想. 在: 中国林学会经济林分会银杏研究会、河南省新县林业局编. 全国第四次银杏学术研讨会论文集. 北京:中国林业出版社, 1996: 72-77.
[155] 江明喜, 金义兴, 张全发. 湖北大洪山地区银杏的初步研究. 武汉植物学研究, 1990, 8(2):191-193.
[156] 江苏省泰兴市政协文史资料委员会. 泰兴大白果. 北京: 中国农业出版社, 1993.
[157] 江永清, 梁洪军. 甘肃银杏资源分布及栽培类型区划. 甘肃科技, 2003, 19(10):146-148.
[158] 江月喜, 金义兴, 张全发. 湖北大洪山地区银杏的初步研究. 武汉植物学研究, 1990, 2(27):191-193.
[159] 蒋乔才, 秦秋生. 立足本地资源. 发展银杏生产. 在: 中国林学会经济林分会银杏研究会、广西壮族自治区桂林地区行政公署编. 全国第七次银杏学术研讨会论文集. 北京:中国林业出版社, 1999:27-31.
[160] 揭二龙. 江西发展银杏生产前景思考. 在: 中国林学会经济林分会银杏研究会、山东省郯城县林业局. 全国第三次银杏学会研讨会论文集. 武汉:湖北科学技术出版社, 1995:13-17.
[161] 金国龙, 孟鸿飞. 诸暨市古树资源调查研究. 浙江林学院学报, 2004, 21(2): 164-167.
[162] 兰 海. 息烽阳朗古银杏. 森林与人类, 1999, 11:31.
[163] 兰仲拨, 林泽宝. 会同发现数千年古银杏. 湖南林业, 1995, 1:25.
[164] 劳 凌. 西天目山——野生银杏之乡. 植物杂志, 1996, 3:12-13.
[165] 劳 凌. 引入欧洲的第一棵银杏树. 植物杂志. 1996, 3:43
[166] 李 峰. 辽宁应大力推广银杏栽培. 在: 中国林学会经济林分会银杏研究会、山东省郯城县林业局. 全国第三次银杏学会研讨会论文集. 武汉:湖北科学技术出版社, 1995:199-200.
[167] 李 健, 许方振. 银杏栽培技术问答. 成都:成都科技大学出版社, 1993.
[168] 李 玲, 张光富, 王锐, 孙国, 赵明水. 天目山自然保护区银杏天然种群生命表. 生态学杂志, 2011, 30(1):53-58.
[169] 李 青, 马志飞, 黄新昌, 陈德明. 上海浦东新区6株濒危银杏抢救复壮的经验及教训. 在: 中国林学会银杏分会, 江苏省泰兴市人民政府. 全国第十六次银杏学术研究会论文集. 北京:科学技术文献出版社, 2008:297-303.
[170] 李保进, 邢世岩. 叶籽银杏叶的解剖结构及气孔特性. 林业科学, 2007, 43(10):34-39.
[171] 李 锋, 韦 霄, 付秀红, 许成琼. 广西银杏资源及发展前景. 广西农学报, 1996, 2:43-45.
[172] 李建文, 刘正宇, 谭杨梅, 任明波. 金佛山银杏的调查研究. 林业科学研究, 1999, 12(2):197-201.
[173] 李景山, 苗 青, 陈 灏, 藏建立, 魏亚平. 南阳市银杏资源调查和优株选择. 河南林业科技, 2001, 21(3):20-21.
[174] 李克恩. 温州市古树名木资源现状与价值评估研究. 现代农业科技, 2010, 7:242-248.
[175] 李龙山, 何佳林, 徐光远, 赵一庆, 康 冰, 杨 恒. 陕西银杏名木古树调查. 陕西林业科技, 1995, 2:16-18, 20.
[176] 李 宁, 岳冬梅, 田文侠, 焦继波, 吴绪灵, 李滋林. 山东古树名木调查研究. 山东林业科技, 1996(增刊):1-52.
[177] 李 群, 田金余, 袁觉, 张宏章, 朱 熊. 泰兴市古银杏现状与保护对策. 在: 中国林学会银杏分会、山东黄河河务局. 银杏资源优化配置及高效利用. 北京: 中国农业出版社, 2007:271-275.
[178] 李容全, 孙秀萍. 北京的银杏. 植物杂志, 1985, 5:12-13.
[179] 李士美, 邢世岩, 李保进, 王利. 叶籽银杏的发生及其个体与系统发育研究述评. 林业科学, 2007, 43(5):90-98.
[180] 李士美;李保进;邢世岩;王芳. 叶籽银杏拟胚珠的形态发育及变异特性. 园艺学报, 2007, 34 (1):1-6.
[181] 李寿兴, 彭少达, 黄可勤. 灵川兴安白果调查. 广西农业科学, 1983, 3:24-28.
[182] 李卫星, 于建友, 陈 鹏. 银杏雄株花粉特征观察与分类研究. 扬州大学学报(农业与生命科学版), 2010, 31(2):59-63.
[183] 李文荣, 郭晋平, 张云香. 山西银杏资源现状及其发展前景. 在: 中国林学会经济林分会银杏研究会、广东省南雄市农业委员会. 全国第五次银杏学术研讨会论文集. 广州:广东科技出版社, 1997:77-84.
[184] 李文荣, 郭晋平, 张云香. 山西省银杏资源现状及其发展前景. 山西林业科技, 1996, 3:16-24.
[185] 李文雅, 赵洪亮, 娄可贞, 宋国涛, 陈宇飞, 孔祥永, 郭思玉, 孟宪峰, 马连宝, 黄 莹, 鲍红梅, 刘小允, 王卫平. 银杏新品种——佛香. 在: 中国林学会银杏分会、江苏省泰兴市人民政府. 全国第十六次银杏学术研究会论文集. 北京: 科学技术文献出版社, 2008:135-149.
[186] 李咸忠, 陈景东. 济宁古树名木. 济南:山东科学技术出版社, 2011.
[187] 李星学,周志炎, 郭双兴. 植物界的发展和演化. 北京:科学出版社, 1981:138-142.
[188] 李 彧. 银杏. 安徽林业, 2005, 1:44.
[189] 李振南. 雁荡山名木古树资源及开发利用. 浙江林学院学报, 1990,7(1):39-42.
[190] 李正理. 银杏的雌雄同株(初报). 植物学报, 1957, (3):189-192.
[191] 李正理. 最近十年(1949-1959)关于银杏的形态解剖学及细胞学上的研究. 植物学报, 1959, 8(4):262-270.
[192] 李志勤, 沈 泉, 杨卫贞. 长兴银杏品种资源调查与选优. 在: 陈鹏、戴明车、林协、赵洪亮著. 银杏产业的机遇与挑战. 南京:东南大学出版社, 2001:94-99.
[193] 李志勤, 张炎良. 长兴银杏资源现状与可持续发展战略初探. 在: 中国林学会经济林分会银杏研究会、浙江省长兴县人民政府. 银杏产业提升和可持续发展. 北京:中国农业科学技术出版社, 2002:17-22.
[194] 李智恩. 传说李白栽的银杏树. 中国花卉盆景, 2007, 1:42.
[195] 李忠业, 江浸华. 安徽省滁州市郊区银杏资源调查报告. 在: 中国林学会经济林分会银杏研究会、河南省新县林业局编. 全国第四次银杏学术研讨会论文集. 北京:中国林业出版社, 1996: 87-90.
[196] 李滋林, 李宁, 岳冬梅. 山东树木奇观. 山东科学技术出版社, 1998.
[197] 立 新. 九华山天台古银杏考. 银杏, 1997, 20(3):4.
[198] 梁 红, 冯颖竹, 王英强, 潘伟明, 洪 梅. 广东银杏资源调查初报. 农业与技术, 2002, 22(6):75-79.
[199] 梁 红, 冯颖竹, 王英强, 潘伟明. 广东银杏资源与开发研究. 在: 中国林学会经济分会银杏研究会、四川都江堰市人民政府. 全国第十一次银杏学术研讨会论文集. 银杏标准化生产与集约化经营. 四川都江堰市林业局, 2003: 214-227.
[200] 林 盛. 尤溪古银杏. 林业科技开发, 2009, 23(1):15.
[201] 林 协, 郭俊荣. 陕南山区"白果仙". 银杏, 1998, 25(3).
[202] 林 协, 史继孔. 我国银杏古树资源现状与保护对策. 在: 中国林学会经济分会银杏研究会、四川都江堰市人民政府. 全国第十一次银杏学术研讨会论文集. 银杏标准化生产与集约化经营. 四川都江堰市林业局, 2003: 203-213.
[203] 林 协, 张都海. 天目山银杏种群起源分析. 林业科学, 2004, 40(2):28-31.
[204] 林 协. 古银杏的传说. 浙江林业, 1994, 1:22-23.
[205] 林 协. 天目山银杏起源探讨. 在: 中国林学会经济林分会银杏研究会、广东省南雄市农业委员会. 全国第五次银杏学术研讨会论文集. 广州:广东科技出版社, 1997:46-53.
[206] 林 协. 我国的珍贵古树—银杏. 科学大众 (中学版) , 1962, (7):207.
[207] 林 协. 银杏的起源与分布. 生物学通报, 1965, 3:32-33.
[208] 林 协. 银杏起源研究文献综述. 在: 陈鹏、戴明车、林协、赵洪亮著. 银杏产业的机遇与挑战, 南京:东南大学出版社, 2001:79-90.
[209] 林 协. 浙江果用银杏资源概况及利用意见. 在: 中国林学会经济林分会银杏研究会、湖北省安陆银杏协会、江苏省泰兴市银杏协会. 全国第二次银杏学术研讨会论文集. 武汉:湖北科学技术出版社, 1994, 14-20.
[210] 林 协. 植物"活化石"—野银杏. 中国生物圈保护区, 1998, 3:11.
[211] 林 协. 皱皮银杏. 浙江林业科技, 1984, 3:26.
[212] 林仰三, 王林兴. 广东省的古树名木. 广东林业科技, 1988, 3:2.
[213] 林玉美, 曾岳明, 陈少华, 何金堂. 莲都区古树名木现状与保护措施. 浙江林业科技, 2003, 23(5):39-72.
[214] 林子琳. 使人返老还童的银杏叶健康法. 台北:正义出版社, 1988:15-16.
[215] 刘 红, 王国梁, 邵士娟, 宗学美, 于兴红. 郯城银杏优良品种介绍. 在:中国林学会银杏研究会, 山东郯城县人民政府. 第十四次全国银杏学术研讨会论文集. 银杏产品开发与市场拓展. 济南:山东科学技术出版社, 2006:169-173.
[216] 刘本心. 银杏皇后-金佛山五绝之一. 气功与生命科学, 1997, 4:31.
[217] 刘昌迎, 赵洪亮, 马连宝, 宋国涛, 孟宪峰. 银杏种质资源的收集及生长调查研究. 在: 中国林学会经济分会银杏研究会、四川都江堰市人民政府. 全国第十一次银杏学术研讨会论文集. 银杏标准化生产与集约化经营. 四川都江堰市林业局, 2003:154-161.

[218] 刘汉卿. 宝鸡古树名木. 西安: 陕西出版集团. 陕西科学技术出版社, 2009: 3.
[219] 刘浩军, 聂永清. 千年金溪村有株千年银杏树. 2008, 8:47.
[220] 刘慧春. 随州古银杏遗传多样性的RAPD及ISSR分析. 武汉:华中农业大学. 2005.
[221] 刘际建, 章明靖, 柯和佳, 叶思深, 蔡秀英. 滨海—玉苍山古树名木资源及其开发利用与保护. 防护林科技, 2002, 52(3):50, 76.
[222] 刘京玉, 张天印. 日照市银杏资源保护与开发途径的探讨. 银杏, 1998:23(1).
[223] 刘俊甲. 千年白果树. 国土绿化, 2005, 7:30.
[224] 刘茂香, 张雷贤, 圣贤之乡古树多, 国土绿化, 2002, (5):23.
[225] 刘叔倩, 马小军, 郑俊华. 银杏不同变异类型的RAPD指纹研究. 中国中药杂志, 2001, 26(12):822-825.
[226] 刘小莉, 周剑忠, 黄开红, 董明盛. 古银杏内生真菌的分离及其抑菌活性. 微生物学通报, 2009, 36(10):1513-1518.
[227] 刘燕君, 陈晓云. 银杏群落的形成与白果狸. 在：中国林学会经济林分会银杏研究会、湖北省安陆银杏协会、江苏省泰兴市银杏协会. 全国第二次银杏学术研讨会论文集. 武汉:湖北科学技术出版社, 1994:155-158.
[228] 刘燕君. 湖北省安陆市银杏品种资源调查及良种选择初报. 在：中国林学会银杏协会筹委会、湖北省安陆市银杏协会. 全国首届银杏学术研讨会论文集. 武汉:湖北科学出版社出版, 1992:75-83.
[229] 刘迎春. 古树 老村往事. 江苏地方志, 2005, 1:57.
[230] 刘玉明, 张斌强, 张素娟. 三门峡市全方位保护古树名木. 国土绿化, 2007, 6:35.
[231] 刘占朝, 王团荣, 马建平, 黄鹏, 熊治国. 河南银杏资源的保护与持续利用. 湖南林业科技, 1997, 24(3):58-61.
[232] 刘征富. 愚昧虔诚给古银杏树带来死亡. 植物杂志, 1992, 3:5.
[233] 柳金钟. 邢台古树名木. 北京:中国林业出版社, 2006.
[234] 隆旺夫. 新邵县基本查清古银杏品种资源. 中国果业信息, 2000, 1:30.
[235] 隆旺夫. 新邵县银杏地方资源利用成效显著. 柑桔与亚热带果树信息, 2003, 19(11):14.
[236] 卢炯林. 树上长树的古银杏. 植物杂志, 1983, 3:25.
[237] 陆 早. 杭州的古树名木. 浙江林业, 2005, 3:42.
[238] 吕林松. 清凉峰自然保护区野生银杏保护初探. 安徽林业, 2008, 1:22.
[239] 吕明亮, 江伟华. 古树及其后备资源保护对策—以浙江省衢州市柯城区为例. 江西农业学报, 2007, 19(6): 112～113.
[240] 马连宝, 赵洪亮, 陈学广, 刘昌迎, 钱丙炎. 不同区域银杏品种在邳州的性状表现. 在：中国林学会经济林分会银杏研究会、浙江省长兴县人民政府. 银杏产业提升和可持续发展. 北京:中国农业科学技术出版社, 2002:235-242.
[241] 马胜云. 古银杏轶事. 化石, 1984, 2:23.
[242] 马炜梁. 高等植物及其多样性. 北京:高等教育出版社, 1998.
[243] 马向阳, 陈 锋, 冯志敏, 安红伟. 河南新县古树名木资源评价及保护. 中南林业调查规划, 2008, 27(2):58-61.
[244] 马志飞. 古银杏的复壮与保护措施探讨——以上海市编号0369号古银杏保护为例. 江西林业科技, 2010, 5:38-41.
[245] 梅 艳, 郑文达, 汪于平, 唐炜国. 临安市古树名木资源现状分析及保护对策. 福建林业科技, 2005, 32(1):116-119, 111.
[246] 门秀元. 银杏优质丰产栽培技术问答. 济南:山东科学技术出版社, 1998.
[247] 苗朝帅. 千年银杏树. 国土绿化, 2007, 6:35.
[248] 闵祥鹏, 王玮. 曲阜的古树名木. 济宁师专学报, 1994, 55(3):62-63.
[249] 莫 容, 胡洪涛. 北京古树名木散记. 北京:燕山出版社, 2009.
[250] 莫 容, 胡洪涛. 说说咱北京的银杏树. 中国花卉园艺, 2003, 17:46-47.
[251] 木 力. 伏牛山区的银杏古树群. 植物杂志, 1996:3:24.
[252] 倪金城, 侯九寰. 银杏雌雄同株调查. 在:中国林学会经济林分会银杏研究会、广东省南雄市农业委员会. 全国第五次银杏学术研讨会论文集. 广州:广东科技出版社, 1997, 59-62.
[253] 欧定坤, 廖立新. 银杏种质资源调查及优良单株选择. 贵州林业科技, 2003, 31(4):1-9.
[254] 裴 鉴, 单人骅. 江苏南部种子植物手册. 北京:科学出版社, 1959:2-3.
[255] 裴永福, 孙引科, 卓金刚. 山西银杏与时俱进. 在：曹福亮、陈怀亚. 银杏综合研究及开发利用进展——全国第十七次银杏学术研讨会论文集. 南京:东南大学出版社, 2009: 219-222.
[256] 彭怀远, 柏友泉. 安徽省来安县银杏古树调查研究. 在：中国林学会经济林分会银杏研究会、广东省南雄市农业委员会. 全国第五次银杏学术研讨会论文集. 广州:广东科技出版社, 1997: 110-116.
[257] 彭怀远, 柏友泉. 中国银杏的资源与分布. 在：中国林学会经济林分会银杏研究会、湖北省随州市林业局. 全国第六次银杏学术研讨会论文集. 随州:鄂随图内字第006号, 1998:98-109.
[258] 彭怀远, 徐开明, 巨万里. 安徽省来安县古树资源调查与保护对策. 在：中国林学会银杏分会, 江苏省泰兴市人民政府. 全国第十六次银杏学术研究会论文集. 北京:科学技术文献出版社, 2008:249-252.
[259] 彭怀远. 中国银杏的边缘分布. 植物杂志, 1996, 3:26.
[260] 彭志文. 古银杏录. 植物杂志, 1982: 1.
[261] 皮运楚, 向恩波. 八大公山幸存珍稀古树名木五十七万余株. 国土绿化, 2010, 4:48.
[262] 齐宪文. 古银杏与苏东坡. 河南林业, 1985, 1:38.
[263] 钱丙炎, 王卫平. 银杏根钟乳的形成. 在：中国林学会银杏研究会, 山东郯城县人民政府. 第十四次全国银杏学术研讨会论文集. 银杏产品开发与市场拓展. 济南:山东科学技术出版社, 2006: 335.
[264] 钱丙炎, 杨 钟, 季跃进. 邳锡雄性1号. 在:曹福亮、陈怀亚. 银杏综合研究及开发利用进展——全国第十七次银杏学术研讨会论文集. 南京:东南大学出版社, 2009: 8-9.
[265] 钱锡庆, 周玉祥. 古银杏录. 植物杂志, 1982: 1.
[266] 乔 平. 同根三代古银杏. 绿色大世界, 2002, 2:26.
[267] 乔连芳, 朱琼华, 薛循革, 孙卫平, 邱方红. 利用幼龄根用砧群抢救濒危古银杏研究. 上海农业学报, 2006, 22(2):115-117.
[268] 秦秋生, 秦明理, 陈爱军, 等. 灵川县银杏品种资源初报. 在：中国林学会经济林分会银杏研究会、广西壮族自治区桂林地区行政公署编. 全国第七次银杏学术研讨会论文集. 北京:中国林业出版社, 1999: 160-163.
[269] 曲少波. 文化铸就古树魂-河南省洛宁县古树名木保护侧记. 国土绿化, 2009, 1:41-42.
[270] 任钦良, 孙宣军, 赵士清, 卢友芳, 林 协. 浙江诸暨银杏资源调查与选优. 经济林研究, 1994, 2:64-66.
[271] 任钦良, 孙宣军, 赵士清, 卢友芳, 林 协. 浙江诸暨银杏资源调查与选优. 在：中国林学会经济林分会银杏研究会、湖北省安陆银杏协会、江苏省泰兴市银杏协会. 全国第二次银杏学术研讨会论文集. 武汉:湖北科学技术出版社, 1994:30-37.
[272] 任士福, 杨 镇, 史宝胜, 戈晓立. 河北省古银杏树优良品种. 中国林学会经济林分会银杏研究会、大连圣康银杏科技开发有限公司. 科学发展银杏. 中国林学会经济林分会银杏研究会印, 2005:177-180.
[273] 任士福, 杨 镇. 我省古银杏树优良品种简介. 河北林业, 2000, 3:21.
[274] 汝 源. 判断古树树龄方法的讨论. 植物杂志, 1991, 6:7
[275] 山东省地方史志编纂委员会. 山东省志. 林业志. 济南:山东人民出版社, 1996.
[276] 山东省沂源县林业局, 叶子上结果的银杏. 林业科技通讯, 1984, (11):12.
[277] 山东省绿化委员会办公室, 山东省林业厅. 齐鲁古树名木. 济南：山东美术出版社, 2012.
[278] 商金杰. 济南古树名木逾一千六百株, 名木古树. 国土绿化. 2009, (9):44.
[279] 尚忠海, 谢 洋, 黎 明, 王鹏飞, 闫双喜, 苏金乐. 豫西伏牛山区古银杏群原生性初探. 林业科学, 2007, 43(4):125-128.
[280] 邵 刚. 银杏的文化意蕴及其在城市绿化中的应用. 中国城市林业. 2010, 8(1):60-62.
[281] 沈 泉. 长兴县古树名木资源及保养途径刍议. 浙江林业科技. 1999, 19(2):74-76, 80.
[282] 沈 泉. 长兴县银杏古树资源与保护利用分析. 在：陈鹏、戴明车、林协、赵洪亮著. 银杏产业的机遇与挑战, 南京：东南大学出版社, 2001:190-196.
[283] 沈启昌. 古树名木林木价值评估探讨. 业务技术, 2005, (1):39-41.
[284] 沈学柏, 李炯, 陈尚华, 李 伟. 南雄县银杏生产的发展历史、现状及对策. 在：中国林学会经济林分会银杏研究会、山东省郯城县林业局. 全国第三次银杏学会研讨会论文集. 武汉:湖北科学技术出版社, 1995:21-24.
[285] 施 海, 彭 华, 郑 波, 张 萍, 袁功英, 尹俊杰, 曲 宏, 杨在兰. 古树名木评价标准:北京市地方标准DB11/T 478-2007.
[286] 施立新. 银杏古树. 新农村, 1997, 4:37.
[287] 史继孔, 贵州盘县特区银杏品种资源. 贵州农业科学, 1988, 1:41-44.
[288] 史继孔, 杨胜学, 樊卫国. 贵州银杏种质资源调查研究初报. 在：中国林学会经济林分会银杏研究会、广东省南雄市农业委员会. 全国第五次银杏学术研讨会论文集. 广州:广东科技出版社, 1997: 70-76.
[289] 史继孔, 杨胜学, 樊卫国. 贵州的银杏产量及古银杏资源. 在：中国林学会经济林分会银杏研究会、湖北省安陆银杏协会、江苏省泰兴市银杏协会. 全国第二次银杏学术研讨会论文集. 武汉:湖北科学技术出版社, 1994: 38-43.
[290] 史继孔. 贵州盘县特区银杏品种资源. 贵州农业科学, 1983, 1:41-44.
[291] 史继孔. 银杏生态学特性初探. 贵州农业科学, 1992, 3:48-52.
[292] 舒常庆, 郭新安, 付慧敏, 赵西梅, 王莉莉, 王 琳, 徐向阳, 黄柳林, 柳良俊, 丁时江. 湖北省罗田县银杏古树资源的调查与评价. 经济林研究, 2007, 25(3):47-50.
[293] 舒常庆, 郭新安, 刘慧春, 付慧敏, 张 伟, 龙 万, 谭明凤, 张应红, 向同培. 巴东古银杏资源研究. 湖北林业科技, 2005, 6:21-25.
[294] 舒万海. 古树名木. 生命世界, 1996, 3:40-41.
[295] 宋朝框等. 银杏地理生态型划分与品种评定方法的探讨. 全国首届银杏学术研讨会论文集. 武汉:湖北科学技术出版社, 1992: 42-52.
[296] 宋朝枢. 北京银杏古树资源. 在：中国林学会经济林分会银杏研究会、福建省长汀县人民政府. 陈鹏. 弘扬银杏文化发展银杏产业. 北京:中国农业出版社, 2004: 234-238.
[297] 宋朝枢. 中国西部地区发展银杏产业的探讨. 在：中国林学会经济分会银杏研究会、四川都江堰市人民政府. 全国第十一次银杏学术研讨会论文集. 银杏标准化生产与集约化经营. 四川都江堰市林业局, 2003: 45-53.
[298] 宋国涛, 马连宝, 孟宪峰, 黄 莹, 鲍红梅, 王卫平, 刘小允. 邳州市银杏良种雄株选育研究报告. 在：中国林学会银杏研究会, 山东郯城县人民政府. 第十四次全国银杏学术研讨会论文集. 银杏产品开发与市场拓展. 济南:山东科学技术出版社, 2006: 174-177
[299] 宋国涛, 马连宝, 孟宪峰, 黄 莹, 鲍红梅, 王卫平, 刘小允. 银杏良种雄株选育研究. 江苏农业科学, 2006, 6:265-266.
[300] 宋卫平, 王建荣, 朱琴琴. 宜兴市银杏种质资源调查及利用. 上海农业科技, 2001, 5:91.
[301] 苏金东. 冯建灿. 银杏品种类群的模糊聚类划分. 生物数学学报, 1999,

14(2):202-206.
[302] 苏金乐, 秦喜堂, 夏宗应, 龚炳安. 银杏雄株资源调查及保护对策. 在: 中国林学会经济林分会银杏研究会、广西壮族自治区桂林地区行政公署编. 全国第七次银杏学术研讨会论文集. 北京:中国林业出版社, 1999:173-176.
[303] 苏金乐, 吴成才, 夏宗应, 黄智耀. 河南省银杏资源及优良品种类型的研究. 在: 中国林学会经济林分会银杏研究会、河南省新县林业局编. 全国第四次银杏学术研讨会论文集. 北京:中国林业出版社, 1996: 49-54.
[304] 苏丕林, 明军. 古荆州古银杏现状调查与养护技术措施初探. 湖北林业科技, 1992, 3:38-41.
[305] 孙 霞, 李士美, 邢世岩, 韩晨静, 张 芳, 唐海霞. 叶籽银杏正常与叶生种子中种皮及内种皮超微结构观察. 园艺学报, 2009, 36(11):1561-1567.
[306] 孙明高, 赵玉涛, 王家宝. 银杏半同胞家系苗期根皮过氧化物同工酶试验分析初报. 山东林业科技, 2001, 1:8-9.
[307] 孙学刚, 江永清. 甘肃省银杏资源培育区划的研究. 甘肃农业大学学报, 1998, 33(4):356-361.
[308] 泰山风景名胜区管理委员会, 泰山古树名木. 济南:山东科学技术出版社, 1989.
[309] 覃勇荣, 刘旭辉, 兰 萍. 乡村古树年龄鉴定的基本方法探讨. 大众科技, 2007, 96(8):109-111.
[310] 谭成标, 周杰佳. 长有气根的银杏古树. 植物杂志, 1985, 5:23.
[311] 谭晓风, 胡方明, 张启发. 银杏主栽品种的分子鉴别. 中南林学院学报, 1998, 18(3):3-10.
[312] 汤扬中, 沙维春, 李文雅, 赵洪亮, 娄可贞, 孔祥勇. 银杏产业与邳州林业经济可持续发展. 在: 中国林学会银杏研究会, 山东郯城县人民政府. 第十四次全国银杏学术研讨会论文集. 银杏产品开发与市场拓展. 济南:山东科学技术出版社, 2006: 28-36.
[313] 唐 辉, Winter, 覃 湘. 新西兰银杏种质资源研究. 广西植物, 2008, 28(4):495-499.
[314] 唐 辉, 王满莲, 陈宗游, 蒋运生, 韦 霄. 银杏雄性优良单株选择的初步研究. 福建林业科技, 2008, 35(4):105-107.
[315] 陶银周. 天目山银杏可能是僧人栽植吗——与吴俊元先生商榷. 在: 中国林学会经济林分会银杏研究会、湖北省安陆银杏协会、江苏省泰兴市银杏协会. 全国第二次银杏学术研讨会论文集. 武汉:湖北科学技术出版社, 1994:184-186.
[316] 田绍义. 高密古树名木. 北京:华艺出版社, 2008.
[317] 田学美. 两千多岁的银杏树. 中国花卉盆景, 2009, 3:11.
[318] 佟屏亚. 果树史话. 北京:农业出版社, 1983:176-178.
[319] 万慧霖. 蔚巍壮观的银杏古树群. 江西林业科技, 2001, 3:48.
[320] 汪贵斌, 曹福亮, 朱灿灿, 张往祥, 张如梅. 宁化县银杏古树种核特征. 南京林业大学学报(自然科学版). 2009, 33(2): 22-26.
[321] 汪贵斌, 曹福亮, 朱灿灿, 张往祥, 张如梅. 宁化县银杏古树种仁特征研究. 在: 曹福亮、陈怀亚. 银杏综合研究及开发利用进展—— 全国第十七次银杏学术研讨会论文集. 南京:东南大学出版社, 2009: 38-44.
[322] 汪劲武. 银杏科中多古树. 植物杂志, 2000, 5:32-33.
[323] 汪秋更, 郭书林, 王天成, 葛松霞. 雌雄同株古银杏. 国土绿化, 2010, 12:39.
[324] 汪兆林. 北京市植物园盆景园古银杏移植介绍. 北京园林, 1996, 4:30.
[325] 汪志强, 马向阳. 银杏优良品种"豫银1号". 在:中国林学会经济林分会银杏研究会、福建省长汀县人民政府. 弘扬银杏文化 发展银杏产业. 北京:中国农业出版社, 2004: 166-168.
[326] 王 春, 姚国年, 王洪娟, 周祥和. 丹东银杏的品种资源及区域划分. 中国林副特产, 2008, 92(1):74-75.
[327] 王 建, 杨毅敏. 生长调节剂处理对银杏结实的影响. 武汉植物学研究, 2001, 19(1):52-56.
[328] 王 建, 王九龄, 辛学兵. 银杏种子生长特性及其生理变化的研究. 应用生态学报, 2000, 11(4):507-512.
[329] 王 利, 邢世岩, 陈 述, 刘兆伟, 郭泗亭, 李东发. 古银杏种质遗传关系及特异种质的AFLP分析. 山东农业大学学报(自然科学版), 2009, 40(2):209-213.
[330] 王 利, 邢世岩, 韩克杰, 唐文煜, 束怀瑞, 郭彦彦, 李世美. 银杏雄株亲缘关系的AFLP分析. 中国农业科学, 2006, 39(9):1940-1945.
[331] 王 琳. 随州和安陆银杏古树种核变异的分子遗传基础. 武汉:华中农业大学, 2008.
[332] 王 瑛, 孙明珣. 上海古银杏防雷设施和效果的分析. 农业科技与信息(现代园林), 2008, 12:9-11.
[333] 王承鼎. 赵家山千年银杏. 国土绿化, 2010, 5:45.
[334] 王定翔, 剧秀林. 鹰城古树大观. 开封:河南大学出版社出版, 2008
[335] 王伏雄, 陈祖铿. 银杏胚胎发育的研究—— 兼论银杏目的亲缘关系. 植物学报, 1983, 25(3):199-207.
[336] 王国霞, 曹福亮, 方炎明. 古银杏雄株的ISSR遗传多样性分析. 北京林业大学学报, 2010a, 32 (2):39-45.
[337] 王国霞, 曹福亮, 方炎明. 古银杏雄株花粉超微形态特征类型. 浙江林学院学报, 2010b, 27(3):474-477.
[338] 王建书. 古银杏. 植物杂志, 1990, 1:10.
[339] 王明生, 潘洁雅, 沈宝江. 仙居县古树保护问题探讨, 2004, 18(2):35-37.
[340] 王铭珍. 新建北京图书馆的两株古银杏树. 古建园林技术, 1988, 4:64.
[341] 王润生, 王卫军. 一朝雷击树折 五载呵护重生 安福成功救治千年古银杏. 国土绿化, 2011, 9:39.
[342] 王树芝, 陈佐阳. 从故宫博物院白皮松古树年龄测定探及其死亡原因. 故宫博物院院刊, 2001, 93(1):89-91.
[343] 王效良, 蔡建武. 拓宽平原地区高效持续林业的思路—桐乡市发展银杏的初步设想. 在: 中国林学会经济林分会银杏研究会、河南省新县林业局编. 全国第四次银杏学术研讨会论文集. 北京: 中国林业出版社, 1996:252-253.
[344] 王义堂. 古银杏录. 植物杂志, 1982, 1.
[345] 王永华. 倒地古银杏绝处逢生. 浙江林业, 2001, 2:18.
[346] 王照平. 河南古树名木. 开封:河南科学技术出版社, 2010.
[347] 王忠仁, 陈煜初, 汪建敏. 浙江淳安县古银杏及其起源初探. 全国首届银杏学术研讨会论文集, 武汉:湖北科技出版社, 1992:103-106.
[348] 王祖良, 赵明水, 程晓渊, 庞春梅. 佛教对天目山银杏种质资源保存与传播的影响. 在: 陈鹏、戴明车、林协、赵洪亮著. 银杏产业的机遇与挑战. 南京: 东南大学出版社, 2001: 262-265.
[349] 韦 霄, 唐 辉, 蒋运生, 傅秀红, 李 锋. 银杏优良单株繁殖体系的建立与技术要点. 广西植物, 2000, 20(3):256-258.
[350] 吴大应, 周立中. 长兴县银杏调查简报. 浙江林业科技, 1984, 1:42-43.
[351] 吴焕忠, 蔡 壖. 古树价值计量评价的研究. 林业建设, 2010, (1):31-35.
[352] 吴俊元, 陈品良等. 天目山银杏群体遗传变异的同工酶分析. 植物资源与环境, 1992, 2:20-23.
[353] 吴茂松. 古银杏树下的科技活动. 植物杂志, 1996, 2:36.
[354] 吴祥春. 潍坊古树名木. 济南:山东大学出版社, 2007.
[355] 吴正国, 胡丙川. 襄樊古隆中风景区古树名木资源调查. 黑龙江科技信息, 2010, 24:245, 226.
[356] 向 准, 涂成龙, 向应海. 贵州盘县特区银杏种质资源调查报告—贵州古银杏种质资源考察资料V. 贵州科学, 2003, 21(1-2):159-174.
[357] 向 准, 向应海. 320国道贵州昌明至景阳段及其邻近地区的古银杏调查—贵州古银杏种质资源调查资料IV. 贵州科学. 2001, 19(1):48-58
[358] 向 准, 向应海. 凤冈响水岩野银杏森林群落—贵州省古银杏种质资源考察资料IX. 贵州科学, 2008, 26(3):38-48.
[359] 向 准, 张著林, 向应海. 重庆市南川金佛山银杏天然资源考察报告. 贵州科学, 2001, 19(2):37-52.
[360] 向碧霞, 向 准, 向应海. 黔中野银杏—贵州野银杏种质资源调查资料Ⅷ. 贵州科学, 2007, 25(4):47-55.
[361] 向碧霞, 向 准, 向应海. 务川县野银杏—贵州古银杏种质资源考察资料Ⅶ. 贵州科学, 2006, 24(2):56-67.
[362] 向应海, 鲁新成, 向碧霞. 贵州省务川县鹿坪乡和牛塘乡古森林残存群落中的银杏-贵州省银杏古森林残存群落考察资料Ⅱ. 贵州科学, 1998, 16(4):241-252.
[363] 向应海, 向 准. 贵阳市高坡乡杉坪村古森林残存群落及银杏种群调查-贵州省银杏古森林残存群落考察资料Ⅲ. 贵州科学, 1999, 17(3):221-230.
[364] 向应海, 向碧霞, 赵明水, 王祖良. 浙江西天目山天然林及银杏种群考察报告. 贵州科学, 2000, 18(1-2):77-92.
[365] 向应海, 向碧霞. 贵州省务川县银杏古森林残存群落考证初报. 贵州科学, 1997, 15(4):239-244.
[366] 项先志. 孝感市银杏资源调查. 湖北农业科学. 1985, 12:21-23.
[367] 肖 明. 朱熹故乡的古树. 中国林业报, 1990-12-4(4).
[368] 肖方道, 李振问, 何瑾. 尤溪银杏资源状况及其发展前景预测. 在: 中国林学会经济林分会银杏研究会、湖北省巴东县人民政府. 全国第八次银杏学术研讨会论文集. 武汉:湖北科学技术出版社, 2000: 298-302.
[369] 肖琼潭. 信丰县银杏资源的分布及发展前景. 在: 中国林学会经济林分会银杏研究会、山东省郯城县林业局. 全国第三次银杏学会研讨会论文集. 武汉: 湖北科学技术出版社, 1995: 206-207.
[370] 肖新华, 张云跃, 刘佳强, 王巨生, 王以平, 蒋剑军, 彭建都, 黄能超, 何国强, 夏国新, 喻成春, 尹解明, 简梦完, 周俊杰, 彭勇强, 刘爱云. 银杏种源、家系、无性系选择研究. 经济林研究, 2002, 20(2):1-51.
[371] 谢 斌, 郭俊荣, 杨培华, 张伟兵, 王亚峰, 张岁平, 马宏波, 杨建兴. 陕西省银杏古树名木调查. 西北林学院学报, 2003, 18(3):31-33.
[372] 谢国初. 九峰山古银杏. 湖南林业, 1997, 10:25.
[373] 邢世岩, 皇甫桂月等. 银杏核用品种评选的理论与技术. 在:全国第四次银杏学术研讨会论文集. 北京:中国林业出版社, 1996: 82-86.
[374] 邢世岩, 皇甫桂月等. 银杏核用品种选育评述—— 兼论选育的程序及标准. 在:全国第六次银杏学术研讨会论文集. 中国银杏研究会, 1998: 110-119.
[375] 邢世岩, 李可贵, 有祥亮, 董金伟, 张运吉. 银杏核用品种筛选和快繁技术的研究. 林业科技开发, 1997, 42(4):18-20.
[376] 邢世岩, 李士美, 韩晨静, 张 芳, 唐海霞. 叶籽银杏胚乳淀粉特性及系统学意义. 园艺学报. 2010, 37(3):345-354.
[377] 邢世岩, 李士美, 李保进, 王 芳, 韩克杰, 王 利. 银杏叶生小孢子囊比较形态学及系统意义. 园艺学报, 2007, 34(4):805-812.
[378] 邢世岩, 苗全盛. 银杏复干生物学特性的研究. 林业科技通讯. 1996, 2:6-9.
[379] 邢世岩, 倪国祥, 张运吉, 李廷涛. 银杏叶数量性状遗传分析. 林业科学, 2000, 36(4):250-255.
[380] 邢世岩, 孙 霞, 李可贵, 有祥亮. 银杏叶生长发育规律的研究. 林业科学, 1997, 33(3):267-273.
[381] 邢世岩, 吴德军, 邢黎峰, 有祥亮, 张友鹏, 孙 霞, 刘元铅. 银杏叶药物成分数量遗传分析及多性状选择. 遗传学报, 2002, (10):928-935
[382] 邢世岩, 徐连科, 李保进, 李士美, 孙宝玉, 王 芳, 段会云. 中国首次发现叶籽银杏子代无性系叶生胚珠表达—兼论其遗传稳定性. 山东林业科技, 2006, 5:1-4.

[383] 邢世岩, 有祥亮, 李可贵, 董金伟, 樊纪欣. 银杏雄株开花生物学特性的研究. 林业科学, 1998, 34(3):51-58.
[384] 邢世岩, 张思清, 张友鹏, 孟令国, 张 锐. 银杏种实数量遗传分析及多性状选择. 园艺学报, 2001, 28(3): 223-229.
[385] 邢世岩, 张玉红, 孙 霞, 韩 峰, 杨 杰, 皇甫桂月, 侯九寰, 李方梅. 银杏优良品种种子的营养成分分析. 果树科学, 1997, 14(1):39-41.
[386] 邢世岩, 朱宪珍, 王清斌, 靳 萍, 单丽萍, 陈 玉. 国内外银杏核用栽培及利用现状. 世界林业研究, 1998, 11(2):32-37.
[387] 邢世岩. 泰山银杏种实类型及优良单株调查. 林业科技通讯, 1994, 293(10):27-28.
[388] 邢世岩. 叶用核用银杏丰产栽培. 北京:中国林业出版社, 1997.
[389] 邢世岩. 银杏丰产栽培. 济南:济南出版社, 1993.
[390] 邢世岩. 银杏树瘤. 植物杂志, 1996, 3:29-30.
[391] 熊惠苏. 真如寺古银杏. 国土绿化, 2004, 11:24.
[392] 熊小萍. 余姚古树名木. 宁波: 宁波出版社, 2006.
[393] 熊忠武. 恩施州银杏优良品种简介. 在：中国林学会经济林分会银杏研究会、湖北省巴东县人民政府. 全国第八次银杏学术研讨会论文集. 武汉:湖北科学技术出版社, 2000: 126-129.
[394] 徐 方, 井绪礼, 张振学. 嫁接千年的银杏树. 国土绿化, 2004, 10:21.
[395] 徐 玮. 古树名木价值评价标准的探讨. 华南热带农业大学学报, 2005, 11(1):66-69.
[396] 徐江森. 浙江古银. 国土绿化, 2001, 2:37.
[397] 徐时松, 姚太谟, 杜 悦. 古银杏救活了. 浙江林业, 2004, 7:38.
[398] 徐应华, 张华海, 杨帮华, 龙启德, 廖德平, 张超. 贵州现存古树名木分布特点研究. 四川林勘设计, 2006, 4:15-19.
[399] 许宝明. 北京市怀柔区古银杏树的分布调查. 中国银杏, 2002, 9(4).
[400] 许金芳. 天目余脉深处的金色奇廊——长兴县小浦镇八都岕十里古银杏长廊侧记. 今日浙江. 2006, 19:59.
[401] 许慕农, 胡大维. 银杏栽培和产品加工技术. 北京:中国林业出版社, 1993.
[402] 焉 军, 唐桂凤, 孟宪林. 丹东市银杏产业开发的技术措施与发展对策. 中国林副特产, 1997, 43(4):36-37.
[403] 杨 镇, 杨华生. 河北省的银杏资源及其开发利用. 在：中国林学会经济林分会银杏研究会、湖北省安陆银杏协会、江苏省泰兴市银杏协会. 全国第二次银杏学术研讨会论文集. 武汉:湖北科学技术出版社, 1994: 44-49.
[404] 杨 镇. 河北省银杏生产现状及存在问题. 河北林业科技, 1996, (1):51-53.
[405] 杨邦彦, 尤利亚. 张飞拴马银杏树. 河南林业, 1999, 2:25.
[406] 杨昌立, 陈宏智. 天峨发现首株古银杏. 广西林业, 2001, 5:36.
[407] 杨留华, 黄剑平. 泰兴地区银杏古树现状及相关研究. 株洲师范高等专科学校学报, 2004, 9(5):43-44, 49.
[408] 杨培华, 郭俊荣, 谢 斌, 等. 陕西银杏种质资源调查及优良单株选择. 在：中国林学会经济林分会银杏研究会、广东省南雄市农业委员会. 全国第五次银杏学术研讨会论文集. 广州:广东科技出版社, 1997:105-109.
[409] 杨清心. 兴国千年古树. 国土绿化, 2004, 11:24.
[410] 杨胜茗. 活化石的故乡. 今日重庆, 2008(9): 90-93.
[411] 杨天秀, 晏廷松. 重庆南川市银杏资源考察的思考. 中国林学会经济林分会银杏研究会、大连圣康银杏科技开发有限公司. 科学发展银杏. 中国林学会经济林分会银杏研究会印, 2005:165-168.
[412] 杨天秀, 赵渝丽. 重庆市银杏资源概况. 在：中国林学会银杏分会、山东黄河河务局. 银杏资源优化配置及高效利用. 北京:中国农业出版社, 2007:305-308.
[413] 杨天秀. 重庆地区果用银杏两个优良单株. 在：中国林学会经济分会银杏研究会、四川都江堰市人民政府. 全国第十一次银杏学术研讨会论文集. 银杏标准化生产与集约化经营. 四川都江堰市林业局, 2003: 162-163.
[414] 杨天秀. 重庆市长寿区古银杏调查. 在：中国林学会银杏分会、山东黄河河务局. 银杏资源优化配置及高效利用. 北京:中国农业出版社, 2007: 309-312.
[415] 姚明辉, 曾小帆, 向静生. "县太爷"亲挂保护牌古银杏喜安避雷器. 中国林业报, 1991, 15(4).
[416] 叶庆华, 黄昌良, 曹添发. 闽西三江源地区银杏资源调查报告. 在：中国林学会经济林分会银杏研究会、福建省长汀县人民政府. 弘扬银杏文化 发展银杏产业. 北京:中国农业出版社, 2004: 213-220.
[417] 叶淑英, 林严华, 张延兴, 王玉梅, 宋国防. 莱芜市古树名木调查与保护. 山东林业科技, 2005, (1):31-32.
[418] 叶要清. 唐模古银杏保护亟待加强. 安徽林业, 2007, 6:27.
[419] 易德火, 刘传达. 云丰乡古树名木资源现状及保护对策. 现代农业科技, 2010:3234-235.
[420] 殷 智, 郜红莉. 恩施州古银杏资源及品种调查. 湖北民族学院学报(自然科学版), 2000, 18(1):37-39.
[421] 尹承龙, 王桑, 蔺岩珍. 甘肃省银杏种质资源现状及开发利用初探. 在：中国林学会经济林分会银杏研究会、福建省长汀县人民政府. 弘扬银杏文化 发展银杏产业. 北京:中国农业出版社, 2004:230-243.
[422] 尹承龙, 师文朴, 白建含. 等. 陇南山区银杏资源现状与发展. 在：中国林学会经济林分会银杏研究会、广西壮族自治区桂林地区行政公署编. 全国第七次银杏学术研讨会论文集. 北京:中国林业出版社, 1999, 164-168.
[423] 尹兴魁, 万文录, 冉福祥. 康县银杏寿星多. 甘肃林业, 2000, 3:37.
[424] 尹柞栋, 白生录, 佘跃辉. 甘肃古树名木调查研究. 甘肃林业科技, 1995, 4:17-23.
[425] 尹祚栋, 江永清, 何静芳. 银杏在甘肃的分布与栽培. 甘肃林业科技, 1987, 4:25-26.
[426] 宇 华, 飞 泉, 福 桥. 金溪有棵"银杏王". 国土绿化, 2004, 11:24.
[427] 郁文生. 树同根古银杏. 国土绿化, 2010, 8:40.
[428] 袁华明. 好心救活古树反倒涉嫌违法——围绕千年银杏保护的一场罕见纠纷. 观察与思考, 2004, 23:30-31.
[429] 袁建光, 曾亿千, 罗 军. 洞口县古树资源现状及培育保护对策. 湖南林业科技, 2008, 35(5):51-55.
[430] 袁泽亮. 武清古树名木. 北京:中国林业出版社. 2007.
[431] 袁子祥, 王友良. 人工诱导"银杏树奶"在中、幼龄银杏树上初获成功. 浙江林业科技, 1994, 14(6):24.
[432] 袁子祥, 王友良. 银杏树奶在中、幼年树上诱导成功. 林业科技开发, 1995, 4:35.
[433] 苑 林. 古树的价值分析. 河北农业科技, 2007, 12:29.
[434] 云南省《古树名木志》办公室. 宣威古银杏. 云南林业, 1992, 6:12.
[435] 曾 免. 浙江诸暨之银杏. 园艺, 1935, 11(5):157-165.
[436] 翟建平, 巴东银杏. 鄂省图内字第59号, 1999.
[437] 张 虹. 金佛山"银杏皇后". 银杏, 1999, 27(1):4.
[438] 张 虹. 金佛山"银杏皇后". 植物杂志, 1998, 6:33.
[439] 张 娟, 徐 斌. 上海方塔园古银杏生长衰萎原因分析及复壮措施初探. 江西林业科技, 2010, 1:9-10.
[440] 张宝贵. 我国的古银杏. 大自然, 2006, 4:35-36.
[441] 张长禄, 吕树润. 陕西古树名木. 北京:中国林业出版社, 1999.
[442] 张汉龙, 聂永清, 范敦生. 永丰发现千年银杏树. 国土绿化, 2006, 12:36.
[443] 张华峰, 陈建新, 赵明水. 浙江省临安市银杏古树资源调查分析. 在：中国林学会银杏研究会, 山东郯城县人民政府. 第十四次全国银杏学术研讨会论文集. 银杏产品开发与市场拓展. 济南:山东科学技术出版社, 2006: 165-168.
[444] 张家勋, 廉秀荣, 张艳枝. 蝶拓叶银杏. 植物杂志, 1998, 3:48.
[445] 张家勋, 张艳枝, 宋如晨, 张卫东. 黄条叶银杏. 植物杂志, 1998, 3:48.
[446] 张锦林, 徐来富, 张华海. 贵州古树名木. 贵州:贵州科技出版社, 2004.
[447] 张良富, 关传友. 楼房银杏品种资源调查初报. 经济林研究, 1987, 5(2):81-83.
[448] 张良富, 刘道海, 刘珍飞. 银杏故里安徽. 在：中国林学会经济林分会银杏研究会、湖北省安陆银杏协会、江苏省泰兴市银杏协会. 全国第二次银杏学术研讨会论文集. 武汉:湖北科学技术出版社, 1994: 25-29.
[449] 张良富. 魏武旧居古银杏的拯救. 银杏, 1999, 27(1):3.
[450] 张清吉. 邳县银杏志. 北京:海潮出版社, 1989.
[451] 张绍波. 双河乡古银杏. 云南林业, 1995, 4:16.
[452] 张颂铁, 曾尧俞, 谢文斌. 河南银杏的分布与生产概况. 在：中国林学会银杏协会筹委会、湖北省安陆市银杏协会. 全国首届银杏学术研讨会论文集. 湖北科学出版社出版, 1992: 88-93.
[453] 张卫明, 肖正春, 卞瑞祥, 陈志银. 江苏银杏资源的分布. 中国野生植物资源, 1995, 1:1-5.
[454] 张宪嵋. 鹿邑汉朝古银杏的保护与利用. 在：中国林学会经济林分会银杏研究会、山东省郯城县林业局. 全国第三次银杏学会研讨会论文集. 武汉:湖北科学技术出版社, 1995: 205.
[455] 张艺华, 高汉明, 黄世才, 红安县发展银杏生产潜力的分析. 林业与社会, 1997, 2:4-5.
[456] 张应坤, 梅 毅. 银杏古树养护与复壮技术. 在：中国林学会经济林分会银杏研究会、福建省长汀县人民政府. 弘扬银杏文化 发展银杏产业. 北京:中国农业出版社, 2004:239-243.
[457] 张玉琪. 洛阳古树名木录. 开封:河南大学出版社出版, 2010.
[458] 张跃林. 任广国. 王 云. 广德县银杏资源现状及开发利用初探. 中国林副特产, 1997, 42(3):53-54.
[459] 张云跃. 马常耕. 林睦就, 李柏海. 我国银杏遗传变异研究之一——种核性状的群体间和群内变异. 林业科学, 2001, 37(4):35-40.
[460] 张再历. 甘肃白水江国家级自然保护区银杏资源的保护和发展对策. 甘肃科技, 2002, 18(10):67-70.
[461] 赵 斌, 吴谷汉. 文成县古树名木调查与研究. 浙江林业科技, 2004, 24(4):70-73.
[462] 赵峰文, 何庭忠. 镇雄古银杏. 云南林业, 1996, 3:25.
[463] 赵洪亮, 孟宪峰, 马连宝, 黄莹, 鲍红梅, 王卫平. 银杏新品种——大金果（大马铃铁富4号）选育研究报告. 在：曹福亮、陈怀亚. 银杏综合研究及开发利用进展——全国第十七次银杏学术研讨会论文集. 南京:东南大学出版社, 2009:66-74.
[464] 赵丽英, 贾冀梅. 南阳银杏古树资源及其保护措施. 安徽农业科学, 2008, 36(20):8587-8589.
[465] 赵明水, 楼涛, 陈建新, 杨淑贞. 天目山自然保护区古银杏种群数量调查和初步分析. 在：中国林学会经济林分会银杏研究会、福建省长汀县人民政府. 弘扬银杏文化发展银杏产业. 北京:中国农业出版社, 2004: 198-203.
[466] 赵明水, 杨淑贞, 王祖良. 天目山"雌雄同株"银杏调查分析. 在：中国林学会经济林分会银杏研究会、浙江省长兴县人民政府. 银杏产业提升和可持续发展. 北京:中国农业科学技术出版社, 2002:296-300.
[467] 赵明水. 天目山野生银杏种质资源保护存在问题及对策. 在：中国林学会经济林分会银杏研究会、广西壮族自治区桂林地区行政公署编. 全国第七次银杏学术研讨会论文集. 北京:中国林业出版社, 1999:169-172.
[468] 赵明水. 天目山自然保护区之银杏. 在：中国林学会经济林分会银杏研究会、广东省南雄市农业委员会. 全国第五次银杏学术研讨会论文集. 广州:广东科技出版社, 1997:63-69.

[469] 赵仁东. 银杏文化学. 北京:中国文联出版社, 2006.
[470] 赵思东, 吕芳德, 朱日光, 陈献忠. 银杏种质资源及优株选择研究初报. 经济林研究, 1998, 16(1):19-21, 39.
[471] 赵一庆, 康 冰, 李龙山, 徐光远, 杨 恒, 何佳林. 陕西银杏资源调查报告. 陕西林业科技, 1995, 2:6-10.
[472] 赵永华, 肖正利, 李玉萍. 远安县古树名木资源现状及保护管理对策. 园艺林业研究, 2010:92-97.
[473] 赵有为. 银杏. 生物学通报, 1957, 9:6-9.
[474] 浙江农业大学. 果树栽培学. 杭州:浙江人民出版社, 1961.
[475] 郑宝江, 沐先运, 卢洪波, 张志翔. 三峡库区银杏天然种群的发现及起源分析. 北京林业大学学报, 2010, 32(1): 147-150.
[476] 郑德明, 陈晓云, 邹祖良, 陈学安. 安陆银杏保护初步研究. 在：中国林学会经济林分会银杏研究会、山东省郯城县林业局. 全国第三次银杏学会研讨会论文集. 武汉:湖北科学技术出版社, 1995:70-74.
[477] 郑生大. 双杏寺前古银杏. 江苏地方志, 2005, 3:60-61.
[478] 郑挺杨, 洪康新. 金华银杏品种资源调查选育初报. 在：中国林学会经济林分会银杏研究会、河南省新县林业局编. 全国第四次银杏学术研讨会论文集. 北京:中国林业出版社, 1996:78-81.
[479] 郑万钧, 傅立国. 中国植物志(第七卷)（裸子植物卷）. 北京:科学出版社, 1978:18-23.
[480] 郑万钧. 中国树木志. 北京:中国林业出版社, 1982: 154-158.
[481] 中共广东省和平县委, 和平县人民政府. 把和平县建设成为我国最南端银杏基地县. 在：陈鹏、戴明车、林 协、赵洪亮著. 银杏产业的机遇与挑战. 南京:东南大学出版社, 2001:72-78.
[482] 中国树木志编委会. 中国树木志. 北京:中国林业出版社, 1976:308-313.
[483] 中国银杏研究会. 全国第八次银杏学术研讨会论文集. 武汉:湖北科技出版社, 2000.
[484] 中国银杏研究会. 全国第二次银杏学术研讨会论文集. 武汉:湖北科技出版社, 1994.
[485] 中国银杏研究会. 全国第九次银杏学术研讨会论文集. 南京:东南大学出版社, 2001.
[486] 中国银杏研究会. 全国第七次银杏学术研讨会论文集. 北京:中国林业出版社, 1999.
[487] 中国银杏研究会. 全国第三次银杏学术研讨会论文集. 武汉:湖北科技出版社, 1995.
[488] 中国银杏研究会. 全国第十次银杏学术研讨会论文集. 北京:中国农业科学技术出版社, 2002.
[489] 中国银杏研究会. 全国第四次银杏学术研讨会论文集. 北京:中国林业出版社, 1996.
[490] 中国银杏研究会. 全国第五次银杏学术研讨会论文集. 广州:广东科技出版社, 1997.
[491] 中国银杏研究会. 全国首界银杏学术研讨会论文集. 武汉:湖北科技出版社, 1992.
[492] 周 骋, 叶苏芳. 天目山自然保护区古银杏调查及雌雄类型划分初报. 全国第二次银杏学术研讨会论文集. 武汉:湖北科技出版社, 1994:131-138.
[493] 周 骋, 叶苏芳. 天目山自然保护区古银杏调查及雌株类型划分初报. 在：中国林学会经济林分会银杏研究会、湖北省安陆银杏协会、江苏省泰兴市银杏协会. 全国第二次银杏学术研讨会论文集. 武汉:湖北科学技术出版社, 1994:131-138.
[494] 周 辉, 周良才, 张碧玉. 在开发利用中的福建银杏资源. 在：中国林学会经济林分会银杏研究会、浙江省长兴县人民政府. 银杏产业提升和可持续发展. 北京:中国农业科学技术出版社, 2002:378-386.
[495] 周金明. 嘉兴市古树名木简介（二）. 嘉兴农业, 1997, 2:43-48.
[496] 周克勤. 重庆古树名木. 重庆:西南师范大学出版社, 2007.
[497] 周力军. 话说银杏王. 国土绿化, 2000, 5:10.
[498] 周良才, 张碧玉, 吕贵祝, 万信和. 闽北古银杏优株初选. 在：中国林学会经济林分会银杏研究会、湖北省安陆银杏协会、江苏省泰兴市银杏协会. 全国第二次银杏学术研讨会论文集. 武汉:湖北科学技术出版社, 1994: 58-62.
[499] 周良才, 周辉, 张碧玉. 多胚珠银杏丰产优株观察. 在：中国林学会经济林分会银杏研究会、广西壮族自治区桂林地区行政公署编. 全国第七次银杏学术研讨会论文集. 北京:中国林业出版社, 1999: 181-185.
[500] 周良才. 福建银杏品种资源调查研究及其发展生产意见. 在：中国林学会银杏协会筹委会、湖北省安陆市银杏协会. 全国首届银杏学术研讨会论文集. 武汉:湖北科学出版社出版, 1992: 84-87.
[501] 周亚林, 包俊, 黄河清. 随州银杏原生群落考证. 湖北林业科技, 1998, 2:35-38.
[502] 周亚林. 随州银杏原生群落考证. 在：中国林学会经济林分会银杏研究会、湖北省随州市林业局. 全国第六次银杏学术研讨会论文集. 随州:鄂随图内字第006号, 1998: 82-88.
[503] 周英才. 死而复活的武功山千年银杏. 植物杂志, 1999, 3:42.
[504] 朱国平, 王才良, 张文钢. 嘉兴古树资源的调查与利用. 浙江林业科技, 2002, 22(1):68-69.
[505] 朱锦忠, 陈天宝, 朱师虎. 义乌市古树名木现状与保护措施探讨. 浙江林业科技, 2003, 23(3):38-41.
[506] 宗家祯. 泰兴大白果——银杏之最. 在：中国林学会银杏协会筹委会、湖北省安陆市银杏协会. 全国首届银杏学术研讨会论文集. 湖北科学出版社出版, 1992: 94-97.
[507] 邹 超. 贵州省遵义地区银杏资源的开发利用. 林产化工通讯, 1997, 1:26-29.
[508] 邹盘龙. 盘县特区银杏资源的调查及开发利用. 在：中国林学会经济林分会银杏研究会、山东省郯城县林业局. 全国第三次银杏学会研讨会论文集. 武汉:湖北科学技术出版社, 1995:66-69.
[509] 左雄中. 湖北省银杏古树资源研究. 武汉:华中农业大学, 2005.
[510] 张宝贵. 北京的古银杏. 百科知识, 1998, 7:20.
[511] 张宝贵. 北京的古银杏. 森林与人类, 1997, 3:45.
[512] 安头村的古银杏600岁. http://ks. jschina. com. cn/ksnews/201107/t906793. shtml.
[513] 八大处四处大悲寺古银杏树成了摇钱树. http://dcbbs. zol. com. cn/57/657_569126. html.
[514] 白果树的传说. http://www. gznw. gov. cn/nwly/detailInfoLyt. jsp?id=12648.
[515] 白云区发现近200棵珍稀名木古树. http://www. gog. com. cn.
[516] 百年古银杏树 牵动银泉村民多少心. http://www. yjnet. cn/system/2010/07/22/010406078. shtml.
[517] 百年银杏亮相湖南娄底市珠山公园. http://hn. rednet. cn/c/2011/03/21/2211857. htm.
[518] 摆忙乡——千年古银杏树之谜. http://www. hudong. com/wiki/%E6%91%86%E5%BF%99%E4%B9%A1.
[519] 保护古银杏林园, 构建和谐生态环境. http://www. 86yx. cn/info/xwdt/2007/1121/071121935117552ID48GHDFBDFIHFE. html.
[520] 北京门头沟灵水村. http://blog. sina. com. cn/s/blog_6c38ce160100rpau. html.
[521] 常熟国宝级的谢桥双忠庙和千年古银杏树需要恢复和保护. http://www. 096. cc/ShowPost. asp?ThreadID=773250.
[522] 常熟游记：方塔园, 迷思在宋井前古银杏树下的人. http://www. 17u. com/blog/article/612674. html.
[523] 常熟虞山龙殿（上）——千年古银杏. http://ysl8j. blog. hexun. com/70754829_d. html.
[524] 陈根喜耗资数万救古树. http://www. people. com. cn/GB/14576/33320/33325/33789/2625692. html.
[525] 称奇天下的汪槎银杏树. http://wy. srzc. com/Traveling/ShowArticle. asp?ArticleID=1107.
[526] 成都十大千年树王评选 最老已有2000多岁. http://news. qq. com/a/20070313/000919. htm.
[527] 赤壁古银杏. http://www. youhubei. com/Article/HTML/20100129221933. html.
[528] 赤壁镇. http://tuan. qq. com/wuhan/deal/show/177510?us=ituan.
[529] 崇州花卉生产掠影——观胜镇篇. http://www. cdagri. gov. cn/news. aspx?id=5097.
[530] 春游九峰. http://www. ldsf. com. cn/news/btwx/2009/5-6/095608575997868. htm.
[531] 雌雄同株不同龄枝干倒长叶不同-千年银杏难倒古树专家. http://www. people. com. cn/GB/paper1787/7713/736081. html.
[532] 村庄藏在古树群——绿色长征看转型·走村庄（5）. http://news. qz828. com/system/2010/08/24 /010257966. shtml.
[533] 大埠东社区的古树名木. http://www. echishuyuan. com/gushumingmu. htm.
[534] 大方古银杏树. http://www. df0857. com/photo/gyxs/2008-10-14/14. html.
[535] 大方古银杏与奢香墓. http://222. 210. 17. 136/mzwz/news/12/z_12_13554. html.
[536] 大方那些古银杏传奇故事很迷人. http://www. bjrb. cn/html/2010-09/01/content_50639. htm.
[537] 大方县的两株御赐银杏树. http://222. 210. 17. 136/mzwz/news/7/z_7_13525. html.
[538] 大方县古银杏. http://tieba. baidu. com/p/428195978.
[539] 大方县果瓦乡古银杏树. http://www. gzjcdj. gov. cn/wcqx/detailnew. jsp?id=86949.
[540] 大方县油杉河古银杏树图组. http://www. gzdafang. gov. cn/dfx/dffg-yxsq. htm.
[541] 大伦土山发现一批古文物. http://www. jyxcb. gov. cn/Article/ShowArticle. asp?ArticleID=1619.
[542] 大通桥古银杏树传奇. http://pengxiyuan. lingd. net/article-4957931-1. html.
[543] 丹霞寺传说的神密故事. http://blog. sina. com. cn/s/blog_4dba0d560100thi6. html.
[544] 道儒名家与安丘. http://www. zcinfo. net/crt/ShowArticle. asp?ArticleID=13837.
[545] 德化丁荣自然村古银杏喜穿“金缕衣”. http://www. fjsen. com/d/2009-12/02/content_2282627. htm.
[546] 丁克仁. 五塔寺的古银杏. 中国林业报. 1990-12-18. 第四版.
[547] 丁耀亢故里寻踪. http://cn. bytravel. cn/art/dyk/dykglxz/.
[548] 定远一千年古银杏树亟需保(图). http://ah. anhuinews. com/system/2007/04/17/001716927. shtml#.
[549] 东岳庙. http://baike. dangzhi. com/wiki/%E4%B8%9C%E5%B2%B3%E5%BA%99.
[550] 东岳庙里“夫妻树”. http://www. laianbbs. com/bbs/thread-904142-1-1. html.

[551] 渎边上的三棵古银杏树. http://blog. sina. com. cn/s/blog_5dd6c1cf0100vgtx. html.
[552] 鄂州百年古银杏盼呵护 林业局：无专项资金保护. http://news. sxxw. net/html/20122/14/312493. shtml.
[553] 二寺:白云寺、鸿福寺.http://www. lsbsb. cn/show. asp?id=146.
[554] 法海寺银杏树_青岛城阳区夏庄街道办事处. http://www. zgyx. com/news_type. asp?id=16368.
[555] 法王寺的白果树（银杏）(登嵩7号). http://www. hnly. gov. cn/zhengzhou/zybh/gsmmbh/webinfo/2005/10/1260242560170843. htm.
[556] 方腊与唐银杏. http://www. hzagro. com/html/main/hznyView/22267. html.
[557] 封龙山旅游区白果树景区总规及普济寺详规. http://www. sjztour. gov. cn/zjym. php?id=2310.
[558] 凤县有三棵千年银杏树 当地人称“白先生”. http://news. cnwest. com/content/2009-05/13/content_2050657. htm.
[559] 夫妻银杏. http://baike. baidu. com/view/4258051. htm.
[560] 伏龙寺的古银杏树. http://bbs. cnyixing. cn/read. php?tid=5075.
[561] 浮来山定林寺天下第一银杏树. http://www. 516fc. net/news/show. php?itemid=132.
[562] 福建德化县杨梅乡. http://www. dehua. net/intro/2005/04/22215_1. shtml.
[563] 福建名木古树. http://www. fjforestry. gov. cn:10000/document. asp?docid=16312.
[564] 福建省名木古树. http://www. xmbirds. org/bbs/index. php?showtopic=27345.
[565] 福建省情资料库地方志之窗：第二节 树木王. http://www. fjsq. gov. cn/showtext. asp?ToBook =145&index=66.
[566] 福建省情资料库地方志之窗：第四节 被子植物. http://www. fjsq. gov. cn/showtext. asp?ToBook= 203&index=38.
[567] 福建省情资料库地方志之窗：四、古 树. http://www. fjsq. gov. cn/showtext. asp?ToBook= 210&index=13.
[568] 福建省三明市10个树种入选全省首批“树王”. http://nc. mofcom. gov. cn/news/4717837. html.
[569] 福建省永春县仙夹镇夹际村上林郑氏祖厝边恩爱的“夫妻”银杏. www. zgyx. com.
[570] 甘肃省康县王坝乡朱家庄公路旁. http://gsmm. eco. gov. cn/eco/zhgsmm/yzzjdys/sqxq/qsmz/2009/0414/336. html.
[571] 甘肃省绿化委员会-古树名木. http://www. gsgreen. gov. cn/gsmm/bhdt. html.
[572] 高崇寺里古银杏. http://bbs. my0511. com/f460b-t3624272z-1-5.
[573] 高密市柏城镇小河崖村的一株银杏，树龄1100年. http://tieba. baidu. com/p/624438994.
[574] [灌水]飞行天下之赤壁怀古. http://tieba. baidu. com/f?kz=737675032.
[575] 閤皂山. http://blog. renren. com/share/222754871/ 6632073700.
[576] 公冶长书院古银杏树. http://www. newaq. com/ff/ShowArticle. asp?ArticleID=4989.
[577] 古树名木. http://www. ancient-tree. com/?thread-1345-1. html.
[578] 古银杏. http://bbs. zgnhzx. com/dispbbs. asp?boardid=20&Id=21768.
[579] 古银杏的传说. http://www. gz-travel. net/xzxh/ShowArticle. asp?ArticleID=10106.
[580] 古银杏树（200多年）. http://www. cssmxx. com/bencandy. php?id=521.
[581] 古银杏树. http://blog. js0573. com/u/renyang/file/92035. htm.
[582] 古银杏树. http://blog. sina. com. cn/s/blog_5545772b0100d77k. html.
[583] 古银杏树. http://www. gzjcdj. gov. cn/wcqx/detailnew. jsp?id=86949.
[584] 古银杏树——黄海之滨的“航标”. http://xw. 2500sz. com/news/tppd/sz/2011/1/13/738619_2. shtml.
[585] 古银杏树今犹在 生机勃勃枝. http://szbk. chuzhou. cn/wdck/html/2010-05/20/content_29884. htm.
[586] 古银杏-云南曲靖旅游简述. http://www. ynjoy. com/html/3933. htm
[587] 【古树】苏陈古关帝庙银杏. http://whllt. taizhou. gov. cn/thread-558227-1-1. html.
[588] 顾高镇千佛寺古银杏. http://www. 3sjy. com/forum. php?mod=viewthread&tid=6913&page=1.
[589] 冠山千年银杏. http://www. linshu. gov. cn/index. php?c=MTg=&type1=18&sendId=6450.
[590] 贵州3000岁银杏树生命垂危 随时可能倒塌. http://news. sohu. com/20071013/n252635111. shtml.
[591] 贵州长顺县一苗寨整体搬迁保护千年古银杏. http://www. yinxingshu6. com/news/show. php?itemid=4123.
[592] 贵州遵义古银杏树枝干状似男性生殖器. http://www. sina. com. cn.
[593] 甘肃省康县王坝乡朱家庄公路旁. http://gsmm. eco. gov. cn/eco/zhgsmm/yzzjdys/sqxq/qsmz/2009/0414/336. html.
[594] 果实太多也受罪 老银杏树扛不住病倒了. http://env. people. com. cn/GB/8070885. html.
[595] 杭州印象：登五云山 访古银杏. http://blog. sina. com. cn/s/blog_4fdc31b10102e050. html.
[596] 河北的古树. http://www. lukeclub. com/viewthread. php?tid=31824.
[597] 河北三河市一株古银杏树冠盖如云树龄逾1300年. http://www. itravelqq. com/2011/0509/137827. html.
[598] 河南南阳市桐柏县淮源镇清泉寺千年银杏树. http://wiki. fjdh. com/index. php?edition-view-7679-0. html.
[599] 河南省济源市王屋乡王屋山风景区千年老银杏树. www. zgyx. com.
[600] 河南省确山县北泉寺（今乐山林场）. http://gsmm. eco. gov. cn/eco/zhgsmm/lsdjl/2009/0410/19. html.
[601] 河南省驻马店地区泌阳县象河乡龙王掌千年银杏树. www. zgyx. com.
[602] 衡阳树王到底在何处. http://laiba. tianya. cn/laiba/CommMsgs?cmm=2290&tid=2688313257143599421.
[603] 衡阳选出千年“树王” 衡山2棵树龄1444年银杏树夺冠. http://news. changsha. cn/hn/200903/t20090304_918052. htm.
[604] 湖北哪里有大银杏树. http://wenwen. soso. com/z/q160697899. htm?sp=2000.
[605] 湖北省松滋县街河市镇白果树村. http://gsmm. eco. gov. cn/eco/zhgsmm/lsdjl/2009/0410/61. html .
[606] 湖北枣阳新市镇白竹园寺两棵银杏. http://tieba. baidu. com/f?kz=222109828.
[607] 湖南衡南县上庵寺遗址. http://www. hnxly. com/shownews. aspx?id=452.
[608] 湖南华容县桃花山白果村的汉代银杏. http://www. huarong. gov. cn/2009/LYZ/ShowArticle. asp?ArticleID=2197.
[609] 湖南南岳：千年银杏变佛手显灵光. http://news. eastday. com/epublish/gb/paper148/20020601/class014800003/hwz682183. htm.
[610] 湖南省浏阳市石霜寺. http://dict. youdao. com/w/bk%3A%E6%B9%96%E5%8D%97%E6%B5%8F%E9%98%B3/#.
[611] 湖南省益阳市桃江县浮邱山的千年古银杏树. www. zgyx. com.
[612] 湖州：安吉古银杏树装上避雷针. http://www. cztv. com/tv/home/areavideo/2010/09/2010-09-19199561. html.
[613] 花果山风景区. http://baike. baidu. com/view/983696. htm.
[614] 淮南凤台一中1800岁银杏树. www. zgyx. com.
[615] 黄色的海洋乡、红色的古东枫叶--金秋重彩之旅. http://bbs. changsha. cn/thread-423362-1-1. html.
[616] 会“说话”的银杏树. http://tieba. baidu. com/f?kz=863517679.
[617] 惠水县摆金镇银杏古树传说. http://blog. sina. com. cn/s/blog_6d7c04370100mk0y. html.
[618] 即将消失的古银杏树【组图】. http://www. 4305. cn/Article/Show. aspx?ID=11874.
[619] 蓟县古树多棵棵有故事“夫妻树”千年不分开. http://news. enorth. com. cn/system/2010/06/22/ 004789224. shtml.
[620] 家乡的古银杏. http://blog. sina. com. cn/s/blog_4b6e82a00100bjx4. html.
[621] 家乡的银杏树【散文】. http://zhao-xiao-zou. blog. 163. com/blog/static/10372080320115128221560/.
[622] 家乡古银杏. http://www. forestry. gov. cn/portal/main/s/187/content-527531. html.
[623] 贾云峰：中国旅游第一博. http://blog. sina. com. cn/yunfengjia.
[624] 建阳名木古树. http://blog. sina. com. cn/s/blog_5f8acec90100jb3m. html.
[625] 江都250岁古银杏快“憋”死了. http://bbs. huamanlou. com/read-htm-tid-333030. html.
[626] 江都700岁“福树”被房子水泥包围 如今命运堪忧. http://www. yznews. com. cn/yznews08/2010-09/02/content_3361032. htm.
[627] 江苏：邵伯最老古银杏1400岁. http://www. yxlh. net/news. asp?ID=20.
[628] 江苏淮安市淮阴区市、区两级园林部门会诊码头镇800年古银杏. http://cgw. huaian. gov. cn/web/cgw/content/2009/04/27/604556. html.
[629] 江苏省连云港市云台山原祟善寺(现中云林场院内). http://gsmm. eco. gov. cn/eco/zhgsmm/rsq/gss/2009/0419/645. html.
[630] 江苏省无锡市城西惠山寺内. http://gsmm. eco. gov. cn/eco/zhgsmm/gydcq/shcs/ywqs/2009/0413/181. html.
[631] 江苏扬州的400岁的古银杏树需救护传说为乾隆下江南的古迹. www. zgyx. com.
[632] 江西彭泽1700年古银杏树亟待保护. http://www. cnr. cn/newscenter/gnxw/201110/t20111019_508650127. shtml.
[633] 姜堰：千年银杏树下的抗战故事. http://www. js. xinhuanet. com/zheng_fu_online/2005-09/02/content_5035041. htm.
[634] 姜堰一对“夫妻”古银杏受特护. http://env. people. com. cn/GB/7595077. html.
[635] 姜堰中学旁的古银杏生存状况. http://i. jstv. com/ucenter/topicinfo. php?tid=164216&userid=68827#.
[636] 姜堰中学旁的古银杏生存状况. http://www. xici. net/d132921613. htm.
[637] 胶州古树－千年银杏树. http://blog. sina. com. cn/s/blog_4b88d6910100dq4g. html.
[638] 胶州古寺－杜村宝塔寺千年古银杏树-八子绕母-八子围母. http://www. zgyx. com/news_type. asp?id=16294.
[639] 今天到富阳湘溪村的原石岭村去观赏古银杏. http://www. 19lou. com/forum-1272-thread-32522455-1-1. html.
[640] 锦屏侗寨发现千年古银杏. http://bbs. grxz. cn/viewthread. php?tid=6808.
[641] 京山县古树名木资源普查建档工作报告. http://www. hbjsly. cn/article/2010/0312/article_58. html.
[642] 救救福州北峰600岁古银杏树. http://www. zgyx. com/news_type. asp?id=13009.
[643] 哭泣的古银杏-姜堰南街. http://bbs. t56jy. net/thread-923771-1-1. html.

[644] 昆山：两棵古银杏树遭“围困”考察后将挂牌进行保护. http://www.yuanlin365.com/news/84069.shtml
[645] 涞水县野三坡风景名胜区. http://www.100daoyou.com/Detail.aspx?id=285938.
[646] 廊坊香河古银杏树. www.zgyx.com.
[647] 阆中“银杏王”1800 岁. http://www.sconline.com.cn.
[648] “绿色古董”——660的古银杏树 成为无锡一景. http://news.yuanlin.com/detail/2009728/54429.htm.
[649] 老君殿外银杏树的传说. www.qianshan.ln.cn/Survey_bf/files/135.doc.
[650] 老树新技齐奋发——尤溪行（十）. http://blog.xmnn.cn/?4591/viewspace-447910.
[651] 老渔翁镜头下的——青泥河古银杏树下的孩子们. http://tieba.baidu.com/f?kz=511647699.
[652] 利川发现雌雄同株银杏树. http://www.lc-news.com/maoba/ShowArticle.asp?ArticleID=48295.
[653] 两株御赐银杏树. http://blog.sina.com.cn/s/blog_4bf5a4df01009lgs.html.
[654] 临沂孔庙(博物馆)·古银杏树. http://blog.sina.com.cn/s/blog_5a1aae2b0100xgvq.html.
[655] 灵光寺700年古银杏结果. http://www.ce.cn/bjnews/wenyu/jqjy/200711/20/t20071120_13654506.shtml.
[656] 灵泉银杏. http://blog.sina.com.cn/s/blog_4c225b9f010009t2.html
[657] 灵山风景区. http://yy.ly.gov.cn/news.asp?id=7525.
[658] 灵岩寺. http://laoshanyinshi.blog.163.com/blog/static/46839056200922014358 89/.
[659] 留住京城那一抹来自历史的绿荫. c_jb7981的博客http://lvmanjingcheng.blog.sohu.com.
[660] 鲁山县四棵树乡平沟村文殊寺银杏树王. http://www.zgyx.com/news_type.asp?id=16214.
[661] 滦县王店子镇青龙山林场延古寺银杏树. http://www.zgyx.com/news_type.asp?id=16213.
[662] 蒙阴县中山寺.http://hk.plm.org.cn/gnews/20071126/2007112678789.html.
[663] 泌阳万峰寺银杏树. www.zgyx.com.
[664] 牟平柳家村发现两棵270多年的银杏树. http://www.zgyx.com/news_type.asp?id=10846.
[665] 那些村落 那些风景. http://shan9812.5d6d.com/archiver/tid-9.html.
[666] 南川区水江镇辉煌村白果园千年古银杏. http://www.cqncnews.com.
[667] 南京江宁区一棵500岁的古银杏树被一道闪电劈伤. http://www.pizhougreen.com/news_type.asp?id=572.
[668] 南京溧水县石湫镇上方村千年古银杏树. www.zgyx.com.
[669] 南通九华镇马桥小学师生参观千年古银杏树. http://www.ntwenming.com/home/display.viso?id=8657.
[670] 南雄发现2000株古银杏. http://hi.baidu.com/joblhj123/blog/item/92b5322e8f6d0d524fc226d8.html.
[671] 南阳自然保护区和名山旅-游资源2. http://dalu525.blog.163.com/blog/static/4382212005221356500/.
[672] 宁波东吴古银杏. http://baike.baidu.com/view/716622.htm.
[673] 宁波鄞州东吴古800多岁古银杏树. www.zgyx.com.
[674] 蟠龙庵村. http://baike.baidu.com/view/2577438.htm.
[675] 蓬莱发现八百多年古银杏树(图). http://www.jiaodong.net/news/system/2008/07/02/010284900.shtml.
[676] 平度市境内的古树名木名录. http://bbs.pingdu.gov.cn/cispbbs.asp?boardid=51&id=85400.
[677] 平正乡仡佬神树---千年银杏. http://www.redjd.com/forum.php?mod=viewthread&tid=23555&highlight=.
[678] 破解雌雄同株古银杏之谜. http://news.bjsjs.gov.cn/2008ay/mlsjs/50593.shtml.
[679] 七律·定州古迹杂咏之二——白果古树. http://blog.sina.com.cn/s/blog_493a8a58010003j9.html.
[680] 奇！古银杏“腹中”长出皂角树. http://www.tznews.cn/Article/zczbxw/tj/201006/82984.html.
[681] 骑金榔观千年银杏赏江南第一桂. http://blog.sina.com.cn/s/blog_697b3f2701014fbd.html.
[682] 千年白果树. http://www.zgyx.com/news_type.asp?id=11945.
[683] 千年古银杏. http://www.fjtn.com/fjtn0/article.asp?articleid=410.
[684] 千年古银杏. http://www.gzjcdj.gov.cn/wcqx/detailnew.jsp?id=21679.
[685] 千年古银杏. http://www.huolieniao.net/simple/?t206273.html.
[686] 千年古银杏扮靓沙厂. http://www.bjsyq.cn/201011/2696.htm.
[687] 千年古银杏变异生“气根”. http://www.xjrb.com/2010/0806/250081.html.
[688] 千年古银杏景点重现平湖_园林假山. http://www.yyjlt.com/blog/yljs/322.html.
[689] 千年古银杏——来安. http://www.czzwgk.gov.cn/XxgkNewsHtml/MD020/200911/MD020011200200911003.html.
[690] 千年银杏. http://jiaxing.baike.com/article-46722.html.
[691] 千年银杏树 今秋得“贵子”图. http://zaozhuang.dzwww.com/synr/tj/201109/t20110913_6639463.htm.
[692] 千年银杏树. http://hzdaily.hangzhou.com.cn/hzrb/html/2011-07/28/content_1108301.htm.
[693] 青岛海云庵银杏树. http://www.zgyx.com/news_type.asp?id=16282.
[694] 青岛荒草庵两株老银杏树. http://www.zgyx.com/news_type.asp?id=16285.
[695] 青岛崂山发现近2000岁银杏树三人合抱不过来. http://china.yzdsb.com.cn/system/2010/10/19/010752409.shtml.
[696] 青岛崂山华楼山前华楼宫银杏树. http://www.zgyx.com/news_type.asp?id=16370.
[697] 青岛崂山上清宫的银杏树. http://www.zgyx.com/news_type.asp?id=16287.
[698] 青岛天后宫银杏树500岁了. http://www.zgyx.com/news_type.asp?id=16284.
[699] 青龙山与百年古树. http://www.gznw.gov.cn/detailInfo.jsp?id=115045.
[700] 青浦报国寺. http://www.ddmap.com/map/21/point-22426-%C7%E0%C6%D6-.htm.
[701] 泉上银杏. http://www.taian.gov.cn/photo/zhts/zbjg/dyq/201001/t20100107_208508.htm.
[702] 人文公路让百年银杏成省道靓景. http://paper.ycnews.cn/ycwb/html/2010-11/16/content_587274.htm.
[703] 日照莒县浮来山定林寺——天下第一银杏王. http://blog.sina.com.cn/s/blog_492c80f70100vdqz.html.
[704] 乳山名树之三甲古银杏. http://www.yintan.com/archiver/tid-3944.html.
[705] 三棵神奇的白果树. http://tieba.baidu.com/f?kz=765557687.
[706] 三千岁银杏焕发“第二春”. http://news.qq.com/a/20070611/001749.htm.
[707] 僧侣殡精护古树. http://blog.sina.com.cn/s/blog_6d7c04370100me4m.html.
[708] 山东长清区五峰山旅游景点介绍. http://www.likefar.com/Scenedetail-3458.html.
[709] 山东莒县大沈庄古银杏. http://www.jzw.gov.cn/bbs/read.php?tid=82224.
[710] 山东省青岛市天后宫. http://gsmm.eco.gov.cn/eco/zhgsmm/lsdjl/2009/0410/42.html.
[711] 山东淄博沂源县千年银杏树“生”桑树. http://www.cnyxs.com/type.asp?id=5296.
[712] 陕西发现两千年前银杏树 每年产果两千公斤. http://bbs.co188.com/content/191_359657_1.html.
[713] 上海地方志办公室. http://www.shtong.gov.cn/node2/index.html.
[714] 上海嘉定方泰乡光明村千年古银杏树申城树王. www.zgyx.com.
[715] 上海市长宁区新泾镇努力村虞姬庙. http://gsmm.eco.gov.cn/eco/zhgsmm/gydcq/shcs/ywqs/2009/0413/173.html.
[716] 上海市松江区天马山. http://gsmm.eco.gov.cn/eco/zhgsmm/gydcq/shcs/ywqs/2009/0413/172.html.
[717] 上海银杏古树. http://lhzdz.com/cs/ADB_OldTree_List.aspx.
[718] 上海最大的古银杏群. http://blog.sina.com.cn/s/blog_4b6b6d1a01000710.html.
[719] 社会广角：彭泽有棵千年古银杏. http://www.jiujiang.gov.cn/shgj/200810/t20081021_20571.htm.
[720] 摄于沂蒙泉乡—沂南县铜井镇. http://bbs1.798www.com/forum.php?mod=viewthread&tid =6139.
[721] 神奇的千年银杏伉俪. http://www.ln632.com/Article/ShowArticle.asp?ArticleID=50630.
[722] 石横大寺白果树. http://baike.baidu.com/view/8634.htm.
[723] 石塘湾. 青墩庙里的古银杏位于石塘湾杨西园村青墩庙. http://www.sfoto.cn/index/wdetail?id=1172.
[724] 实地探访甘肃徽县千年古银杏树群落. http://news.cntv.cn/20110508/102294.shtml.
[725] 受降镇新常村：一座村庄的双生记忆. http://www.fuyangtv.com/a/tebiebaodao/2011/1130/38271.html.
[726] 树龄200余年如今危在旦夕. 哭泣的银杏树(图). http://shop.ebdoor.com/Shops/1931258/DynamicInfos/1343420.aspx.
[727] 树龄200余年如今危在旦夕 哭泣的银杏树(图).http://shop.ebdoor.com/Shops/1931258/DynamicInfos/1343420.aspx.
[728] 双峰九峰山一日游. http://motorcycle.sh.cn/t_87259.htm.
[729] 双峰县九峰山千年古树银杏重获新生. www.zgyx.com.
[730] 双牌特产之银杏. http://www.hncounty.cn/news/show_10009_2269.aspx.
[731] 双清别墅内古银杏. http://iask.sina.com.cn/b/17988129.html.
[732] 嵩县白河乡下寺村云岩寺千年古银杏群. http://blog.sina.com.cn/s/blog_61b5cf460100f261.html.
[733] 宿城悟真庵探幽千年古银杏. http://www.lygpkw.com/pinke/1892.html.
[734] 随州大洪山千年古银杏. http://www.xgrb.cn/bbs/read-htm-tid-525224.html.
[735] 随州银杏谷，千年银杏，美不胜收！（更新）. http://www.xcar.com.cn/bbs/viewthread.php?tid= 13506285&page=1.
[736] 【散文】家乡的古银杏. http://blog.sina.com.cn/s/blog_4b6e82a00100bjx4.html.
[737] 台儿庄旅游——张塘银杏枣庄最古老的树. http://club.bandao.cn/showthread.asp?boardid= 121&id=1813430.
[738] 泰宁：“子孙满堂”的千年古银杏树. http://www.fjtv.net/news/folder84/2009/06/2009-06-0827423.html.
[739] 泰宁县山林资源. http://www.cnbjqywh.com/articlecontent.

aspx?ClassId=555&Id=27906.
[740] 泰宁银杏「儿孙满堂」. http://paper. wenweipo. com/2006/03/29/CH0603290029. htm.
[741] 泰州古关帝庙. http://jstaizhou. cncn. com/jingdian/guguandimiao/profile. html.
[742] 探访浦口慧济寺遗址. http://www. xici. net/d142401037. htm.
[743] 唐代活文物惊现江苏南通 如皋九华1300年古树堪称银杏王. http://www. zgnt. net/node/bdxw_ntyw/2010-10-3/1010322088552117906. html.
[744] 韬奋银杏. http://gsmm. eco. gov. cn/eco/zhgsmm/lsdjl/2009/0410/69. html.
[745] 天下第一银杏树的传说_僧侣殚精护古银杏树—天下第一古银杏树. http://www. zgyx. com/news_type. asp?id=16180.
[746] 天下银杏第一树. http://baike. baidu. com/view/1515776. htm.
[747] 亭亭最是公孙树 挺立乾坤亿万年——漫话新田古银杏群. http://www. xt. gov. cn/html/200812/ 22/20081222161647. html.
[748] 网络大赛摄影作品：江苏宜兴保护千年古银杏. http://pic. people. com. cn/GB/8229/98265/6187165. html.
[749] 潍坊教育学院操场北有一古老建筑是培真书院. http://tieba. baidu. com/p/232961512?pn=4.
[750] 文登瓦屋庄古银杏仍枝繁叶茂. http://www. zgyx. com/news_type. asp?id=1502.
[751] 我省首次发布古树名木名录. http://news. sohu. com/20040806/n221397100. shtml.
[752] 武当山发现两棵罕见千年古银杏. http://www. hb. xinhuanet. com/video/2010-05/28/content_19917519. htm.
[753] 武冈文庙和 陶侃手植双银杏. http://www. 4305. cn/Article/Show-30469. aspx.
[754] 武隆县千年古银杏获专家高度评价. http://www. cqforestry. gov. cn/gzdt/zhzw/13837. htm.
[755] 武平十方镇三角坪有300多年的古银杏树. http://www. mxrb. cn/nhsmx/2008-08/21/content_400687. htm.
[756] 舞阳县文峰乡白果树村南.http://www. hnly. gov. cn/luohe/zybh/gsmmbh/webinfo/2005/07/1260586427000599. htm.
[757] 西安"观音禅寺"古刹名树. http://www. alllw. com/wenhualunwen/0612130202009. html.
[758] 西安市南秦岭山中柞水县城东甘沟古银杏树. www. zgyx. com.
[759] 西门古银杏. http://www. nhly. net/ly/xmgyx. htm.
[760] 西泉银杏简介. http://d. lotour. com/xiquanyinxing/lvyoujianjie/.
[761] 稀世古木名树鉴赏. http://www. sd. xinhuanet. com/wq/2011-07/05/content_23169954. htm.
[762] 锡惠公园/古银杏树. http://photos. nphoto. net/photos/2007-12/18/ff80808116df40b50116e8d7ac7e72a8. shtml.
[763] 下丁家大园完小两株银杏. http://www. lkwww. net/news/2009-04/30190. shtml.
[764] 乡土泰安—— 岱岳区峋峪镇泉上村华严寺遗址及古银杏树. http://blog. sina. com. cn/s/blog_5e9cb3600100gpmm. html.
[765] 香河·古银杏树. http://baike. baidu. com/view/8634. htm.
[766] 襄阳市樊城区太平店镇王台村. http://tieba. baidu. com/f?kz=625788840.
[767] 小道观萧王庙四百年古银杏之死-上海. www. zgyx. com.
[768] 小京村烧焦的古银杏树"复活"了. http://www. tlnews. com. cn/xwpd/tlxw/content/2007-04/25/content_495884. htm.
[769] 辛庄的白果树. http://jgch1961. blog. 163. com/blog/static/32335164200922231618354/.
[770] 新化贞仙寺. http://www. 360doc. com/content/11/0401/21/355483_106517488. shtml.
[771] 新泰市白马寺文化旅游开发项目. http://gata163. com/gataShanghuiTest/zhaoshangyinziDetail. aspx?id=13.
[772] 新闻传呼：阁老坊的七株古银杏树生存状况不容乐观. http://www. 21cs. cn/details/?id=7721.
[773] 寻访宿迁古树名木系列报道之四. http://epaper. sqdaily. com/sqrb/html/2011-03/18/content_223061. htm.
[774] 烟台现千年古银杏树 雌雄成一体5人能合围. http://www. hnhm. com. cn/news/picnews/201105/210208. html .
[775] 一棵820年的古银杏树知道在无锡哪里. http://bbs. hellosport. cn/forum. php?mod=viewthread&tid=49131&extra=&page=3http://bbs. hellosport. cn/forum. php?mod=viewthread&tid=49131.
[776] 一千年银杏"呼吸"困难.http://www. 86yx. cn/info/xwdt/2007/828/0782884221787919300KH8IE9E0AA7. html.
[777] 沂南县铜井镇中心小学的金秋银杏.http://www. zgyx. com/news_type. asp?id=16895.
[778] 沂源发现一对雄雌银杏树，树叉各长出象人体生殖器官. http://www. huolieniao. net/simple/?t519422. html.
[779] 【寻访丛柏庵古银杏】. http://bbs1. 798www. com/forum. php?mod=viewthread&tid=55112&extra=page%3D1.
[780] 宜昌网友呼吁拯救古银杏树. http://ctdsb. cnhubei. com/html/sxwb/20081023/sxwb518744. html.
[781] 银杏：满村尽是"黄金叶". http://hi. baidu. com/%B3%C9%B9%A6%B8%A8%B5%BC%D5%BE/blog/item/8ccf27643afabbecf7365490. html.
[782] 银杏. http://www. hsq. gov. cn/c/2005/12/8/15278. html.
[783] 银杏. http://www. oldbeijing. net/Article/Class34/Class96/Class54/14678. html.
[784] 银杏大王居家崇州. http://www. sconline. com. cn.
[785] 银杏的栽培历史、种类. http://www. yinxing3. com/news_type. asp?id=684.
[786] 银杏古树九人围 丰都太平有奇观-重庆. http://mycq. qq. com/t-266400-1. htm.
[787] 银杏树. http://w. hudong. com/5af1f741d8044a6d924ed63564335fe7. html.
[788] 银杏树的形象美. http://www. zgyx. com/news_type. asp?id=15529.
[789] 银杏树富了山东莱阳吕格庄镇大梁子口村_532岁的山东莱阳银杏树结了300斤银杏果.http://www. zgyx. com/news_type. asp?id=15925.
[790] 银杏树入选树王. http://www. yinxing566. com/news_type. asp?id=725.
[791] 银杏树下的恩情. http://blog. sina. com. cn/s/blog_50f14dea01009le7. html.
[792] 银杏文化，山东的古稀贵重树木. http://www. lhyxw. cn/yxwh/574. html.
[793] 银杏文学艺术（收藏）.http://zfch1123. blog. 163. com/blog/static/2321772420087610234042/.
[794] 银杏乡与千年古银杏. http://www. ql520. cn/culture/whdilishow. asp?id=25263.
[795] 银杏与李世民的民间传说. http://www. yinxingshu. org/dongtai/332. htm.
[796] 游双清别墅. http://grm009001. blog. 163. com/blog/static/1106647562010106114125458/.
[797] 游在泉城济南——五峰山. http://www. leu6. com/strategy/938.
[798] <油杉河纪行>(转载之七)-走出油杉河 造访古银杏. http://www. gzdafang. gov. cn/yc/ycdt-1-07. htm.
[799] 郁郎有棵千年银杏树. http://blog. sina. com. cn/s/blog_6462817a0100gx9k. html.
[800] 豫南银杏树王 文殊银杏 北泉寺隋银杏 凤翅山银杏. http://blog. 163. com/gushubaohu@126/blog/static/168238596201062807409 22/.
[801] 在北京大觉寺赏银杏(图). http://www. tianjinwe. com/rollnews/201012/t20101230_3025237. html.
[802] 枣庄青檀寺千年古银杏树. http://www. xici. net/d140093493. htm.
[803] 曾都是银杏之乡. http://www. sz-news. com. cn/cn/news/zhuanti/szrd/yxj/cbdt/1188349039245336. htm.
[804] 樟树市閤皂山国家森林公园. http://www. newsyc. com/zjyc/stzl/fjms/content/2004-08/04/content_336264. htm.
[805] 昭通银杏-云南旅游简述. http://www. ynjoy. com/html/4098. htm.
[806] 赵戈村古银杏树. http://www. anqiu. gov. cn/Article. asp?ArticleId=2096.
[807] 这棵千年银杏王. 神秘故事越传越玄乎. http://bbs. rednet. cn/forum. php?mod=viewthread&tid=23578183&page=1#pid23861043.
[808] 浙江宁波雪窦寺古银杏树. http://www. zgyx. com/news_type. asp?id=15794.
[809] 浙江磐安县安文镇白云山村. http://www. yinxingw. com/news_type. asp?id=2564.
[810] 浙江省第二大古银杏树位于我们淳安. http://chunan. 19lou. com/forum-1564-thread-16154818-1-1. html.
[811] 浙江省杭州市萧山千年银杏树王. http://www. zgyx. com/news_type. asp?id=15971.
[812] 浙江萧山市1000多岁古银杏树. http://www. 86yx. cn.
[813] 浙江义乌红峰银杏千岁寿星. http://www. ywnews. cn/content/200903/12/ywnews_71593. htm.
[814] 镇江古树—— 银杏（参观银杏新村）. http://www. zjwh. net/bbs/read. php?tid=68799.
[815] 镇江市丹徒区上党镇古洞村坞村千年银杏王. http://bbs. my0511. com/f152b-t3094022z-1-1.
[816] 政和观古银杏秋色. http://dcbbs. zol. com. cn/1/ 33991_582. html .
[817] 重庆石柱县发现200余棵古银杏树 最小超150岁. http://www. zgyx. com/news_type. asp?id=802.
[818] 周庄 —古银杏志奇. http://blog. sina. com. cn/s/blog_5caed31f0102dvpd. html.
[819] 诸城市昌城镇孙村"镇村之宝" - 600岁古银杏树. http://www. cnyxs. com/type. asp?id=5238.
[820] 诸暨市应店街镇灵山坞. http://bbs. shaoxing. com. cn/viewthread. php?tid=1707781.
[821] 竹子庵两千年银杏树山东青岛市崂山竹子庵银杏树. http://www. zgyx. com/news_type. asp?id=16371.
[822] [漳州] 银杏树300. "http://www. 66163. com/netu/fjnews/displaynews. netu?ClassName=dskx&newsid=195474.
[823] 组图：贵州遵义古银杏树枝干状似男性生殖器. http://news. sina. com. cn/s/p/2007-03-09/181412476050. shtml.
[824] 1300岁的济南二号银杏树被保护. http://blog. sina. com. cn/s/blog_4e8726cd0100j4m7. html.
[825] 270年古银杏树喜结果实. http://www. wxxscm. com. cn/a/tupianpindao/20111009/55289. html.
[826] 640岁高龄古银杏，枝繁叶茂. http://www. lyg5166. com/Infodetail. asp?id=1924.
[827] 810年古银杏树挂满枸杞. 罕见奇观浑然天成（图）. http://www. changsha. cn/news/shehui/200711/t20071101_755208. htm.
[828] The Ginkgo Pages. http://kwanten. home. xs4all. nl/index. htm.

后记

作者成稿后，2013年在采集古银杏种子前后又发现43株古银杏，特此补充如下。同时也说明中国银杏古树种质资源还有待于进一步发掘和深入研究（注：这43株古树尚未参入相应省份及全国分布、数量及生长指标统计）。我的同事鲁法典、李建华教授到台湾考察，特为本书拍下台湾台大实验林场1921年栽植的银杏林。广西师范大学的邓荫伟教授特补遗广西灵川县海洋乡大塘边村古银杏。

湖南浏阳市达浒镇丰田村榴花洞顶峰

共计3株。树龄大约1000余年，树高35.0m。高大的银杏树静静地矗立在连云山脉榴花洞顶峰。这三株银杏被称为长沙银杏树王。最大的一棵，6个人合抱，基径2.87m。特别是其中两株，一雄一雌，相距约20.0m，但它们的树枝竟在空中连接在一起，宛如夫妻手拉手的模样。这两株银杏树有两个美丽的传说，一是当年八仙之一的铁拐李在树下休息，把拐棍挂在树枝上后睡着了，拐棍和树干连在了一起，'所以，如今两棵树上长满了拐棍模样的树枝。"另一个传说是当年王母娘娘路过此地时，正好内急，她便在两株银杏树形成的绿荫里解决了内急，"这两株银杏树根粗叶盛，长年不败（刘军，2013）。"

安徽霍山县与儿街镇指封河村

雌株，树龄估计1000年，树高20.0m，胸径2.0m，冠幅24.0m×25.0m，树冠遮地面积667m^2。50多岁的冯老汉说："我们家几辈人都生活在这里，从小听爷爷说他的上几辈老人小时候见到这棵树时，就这么大。现在这棵树每年还能结200kg银杏"。

图1 湖北建始县官店镇摩峰村叉叉山古银杏

图2 浙江宁波市江北区广厦怡庭北区社区居委会古银杏

安徽六安裕安区军分区大院

一株百年以上古银杏树，干高5.5m，胸径0.85m，树皮一半脱落，生长衰弱，经专家连续四年采取灭菌、治虫、保护培育以及适时外科手术等方法治疗，目前古银杏树已恢复往日枝繁叶茂的场景。

湖北建始县官店镇摩峰村叉叉山（图1）

雌株，复干银杏。树高50.0m，胸径3.82m，冠幅24.0m×25.0m。底部树干径直4.0m有余。丰年挂果达2500kg以上。主干约在10m处开始分枝，纵横交错，独木成林。建始"银杏王"（欧阳九红，2012）。

浙江宁波市江北区广厦怡庭北区社区居委会（图2）

该树位于广厦怡庭北区社区居委会大楼前的花坛里。雌株，三根树干，树高15.0m，胸径20cm。树龄在100～300年之间，果实较大。主树干曾遭雷劈过。其他两根树干是衍生出来的，并且该银杏树其中一根衍生出来的树干还长有病瘤，目前这棵古树生长情况良好。

浙江海盐县云岫庵（图3）

云岫庵在鹰窠顶近山顶处，始建于北宋建隆初年（960），海拔150m。山门内有明朝古银杏一株。树龄350年，胸径0.95m，树高18.5m。干通直，枝下高4.5m。

浙江嘉兴南湖区精严寺街35号奥兰多大酒店

4株古银杏。1株288年生，3株267年生。东面两株矗立于精严寺街奥兰多大酒店内，两边是楼房。古树的根部被围了起来，有泥土的地方面积1m^{2}左右，此外都是坚硬的水泥地。另两株在酒店西侧的围墙边，生长环境恶劣，空间狭小。小的那棵根部已经干枯，有个深洞，洞周围被浇了一层水泥。目前，这四株古树白蚁危害严重、生长衰弱。

四川绵阳涪城区永兴镇绵阳水利电力学校

在绵阳水利电力学校内，有一棵很高大的银杏树，估计有千年树龄，还有一段朱红色的古围墙，银杏树下部树干直径约1.20m，胸径1.00m，树高25.0m，有6根巨大而茂密的枝干。这棵银杏树是绵阳城区的古树之王。

山东济南市长清区归德镇苾村（图4）

树龄216年，雌株。根据《苾村村史》记载，此树是在嘉庆二年，即1797年修庙宇时栽上的。这棵银杏在村中庙旁，胸径0.60m，树高15.5m，冠幅10.0m×12.0m。主干明显，4大主枝。树冠结果较稀、分布均匀，每个主枝都挂果。每年能收获15～20kg银杏果。

图3 浙江海盐县云岫庵古银杏

图4 山东济南市长清区归德镇苾村古银杏

图5 山东即墨灵山镇索戈庄村古银杏

图6 四川广安华蓥市红岩乡茶园村白果院古银杏

图7 台湾南投县台湾大学实验林场溪头林区银杏林（1921年栽植）

山东即墨市灵山镇索戈庄村（图5）

雄株，树龄380年。树高12.0m，胸径1.00m，冠幅为11.5m×11.5m。由于遭受过雷击等破坏，古树仅剩下两根较大的枝杈，在末端才长出新绿。与众不同的是，这棵古树所处的位置为一个常年刮东南风的风口，两根枝杈在风的作用下向西北方扭曲，好似一只羚羊的羊角。其树皮布满坑洞，绕过古树朝向道路的一侧，树干表面竟是一层水泥。古树植于明朝末年。

湖北武汉市汉阳区永丰街街道办事处董家店村

在董家店101号的民房旁，有一株216年树龄的古银杏，雌株。树高20.0m，胸径1.12m，冠幅12.0m×11.0m。10年前汉阳区园林部门专门砌院墙将古树围起来。这棵古树曾经历数次火烧，但仍枝繁叶茂，每年还结白果，不少村民收集回去做药。树干下部被烧出一个大洞。原来的空洞处已被水泥填补，类似仿真树皮，从树根处还新生出七八个复干。这株古树已经被列入古树名目，编号：20116。

四川广安华蓥市红岩乡茶园村白果院（图6）

在茶园村有两棵银杏树，其中一棵从主干上分2杈，雌树，树龄500年，树高12.5m，胸径0.81cm，冠幅10.0m×9.5m，旁边的那棵是雄树，树龄500年，树高18.5m，胸径0.95m，冠幅11.0m×9.0m。当地村民把"银杏夫妻树"视为镇村之宝。雌树每年均结果。曾经有人开出近100万元的价钱，想要挖走这对"银杏夫妻"，当地政府和乡亲坚决不同意。

台湾南投县台湾大学实验林场溪头林区（图7）

1921年在南投县台湾大学实验林场溪头林区第3林班第43号造林地营造了银杏人工林，占地0.33hm^2，92年生（2013年数据）。当前台大实验林管理处正在进行银杏林健康监测和病虫害防治作业。

广西灵川县海洋乡大塘边村（图8）

雌株，500年生，树高18.0m，胸径0.83m，冠幅23.0m×19.0m，生长旺盛。位于路边民房角落处，枝下高2.8m，14个主枝。斜生在民房上方的4大主枝已被锯掉。

云南腾冲县固东镇江东村陈家寨（图9）

雌株，树龄300年，树高27.0m，胸径0.81m，冠幅17m×22m，2个复干，其一枝下高1.0m，主枝数18个；其二枝下高2.2m，主枝数12个，有3个垂乳。户主：陈安泰。

山东黄岛区灵山卫镇街道原乡政府院内（图10）

雄株，树龄505年，树高20.0m，胸径0.89m，冠幅10.9m×10.0m，古树编号：07020。生长在民房前，主干明显，枝下高3.5m。生长旺盛。

山东黄岛区王台镇河南邢村（图11）

2株雌株。1号，树龄500年，树高18.0m，胸径0.82m，冠幅9.9m×10.0m。树干在基部一分为二，2干并生，左干微倾，右干垂直向上生长，但主干一侧有火烧痕迹，基部萌条30余个。2号，树龄500年，树高17.0m，胸径1.02m，冠幅11.9m×10.0m。7大主枝，偏冠。

图8 广西灵川县海洋乡大塘边村古银杏

图9 云南腾冲县固东镇江东村陈家寨古银杏

图10 山东黄岛区灵山卫镇街道原乡政府院内古银杏

图11 山东黄岛区王台镇河南邢村1号（上）和2号（下）古银杏

图12 江苏泰兴市分界镇被张村7组古银杏

图13 湖南长沙市岳麓区岳麓山风景区岳麓书院内古银杏

图14 贵州盘县石桥镇妥乐村古银杏

江苏泰兴市分界镇被张村7组（图12）

雌株，树龄600年，树高24.0m，胸径1.20m，冠幅16.0m×16.0m，枝下高1.7m。树冠塔形，树势衰弱，主干通直、粗壮，有6个大的分枝，在主干上均匀分布，9月下旬枝叶已大部分脱落，结果量较少。该树位于厂房院内，因煤炭堆放产生的煤灰对古树生长影响较大。N=32° 14′ 12.4″，E=120° 21′ 08.5″，H=20.0m。

湖南长沙市岳麓区岳麓山风景区岳麓书院内（图13）

树高18.0m，胸径1.00m，冠幅9.0m×8.0m。地理坐标：N28° 18′，E112° 92′，H=264m。枝下高4.2m。枝叶繁茂。古树编号：CYLG-SZ003-0482。

贵州贵阳市乌当区偏坡乡下院村青冈民组

树龄180年，树高23.0m，地径2.55m，冠幅14.0m×12.0m。位于村落内路边东南坡，总地围8.0m，生长旺盛。主干于离地1m处分出6个枝干。H=1300m。

贵州贵阳市乌当区下坝乡喇坪村小五背民组白果树

树龄300年，树高19.0m，胸径1.15m，冠幅9.0m×9.0m。位于村落内，东南坡下部，坡度10°，地围3.8m，生长状况一般。H=1100m。

贵州贵阳市乌当区下坝乡喇坪村小五背民组白果树

树龄400年，树高25.0m，胸径1.27m，冠幅11.0m×11.0m。位于村落内，东南坡中上部，坡度30°，地围4.2m，生长状况一般。H=1100m。

贵州贵阳市乌当区下坝乡喇坪村小五背民组土地庙

树龄200年，树高13.0m，胸径1.15m，冠幅11.0m×11.0m。位于村落内，东北坡中上部，坡度30°，地围3.7m，生长状况一般。此树被另一株较大的朴树包围，形成根枝相连现象。H=1100m。

贵州贵阳市乌当区下坝乡喇坪村小五背民组新房

树龄300年，树高25.0m，胸径0.92m，冠幅13.0m×13.0m。位

于村落内，东北坡中上部，坡度50°，地围3.2m，生长状况一般。H=1150m。

贵州贵阳市乌当区新堡乡陇脚村下陇脚民组新房

树龄500年，树高45.0m，胸径1.43m，冠幅35.0m×35.0m。位于村落内，东南坡中上部，坡度40°，生长旺盛，45株复干丛状生长。

贵州贵阳市乌当区百宜乡罗广村小翁林民组

树龄400年，树高38.0m，胸径1.62m，冠幅30.0m×30.0m。位于村落内王必孝房右20m小路边，东坡中下部，坡度25°，地围6.15m，主干被雷击火烧，生长旺盛。H=1090m。

贵州贵阳市乌当区百宜乡罗广村上郎道民组大路边

树龄400年，树高8.0m，胸径1.15m，冠幅10.0m×10.0m。生长旺盛，主干被火烧过，于主干1.0m处折断，重新萌生新的枝条。H=1153m。

贵州贵阳市乌当区朱昌镇麦乃村一组

树龄1000年，树高33.0m，胸径2.36m，冠幅27.0m×29.0m。地围9.3m，生长旺盛。H=1299m。

乌当区朱昌镇郝官村二组

树龄150年，树高17.0m，胸径0.70m，冠幅14.0m×13.0m。地围2.4m，生长旺盛。H=1300m。

贵州贵阳市乌当区金华乡何官村一、二组何官小学院内

树龄300年，树高27.0m，胸径1.56m，冠幅19.0m×17.0m。生长旺盛。H=1280m。

贵州贵阳市乌当区金华乡何官村一、二组何官小学门口

树龄300年，树高36.0m，胸径1.34m，冠幅20.0m×20.0m。地围4.35m，生长旺盛。H=1280m。

乌当区金华乡上甫村二组村委门口

树龄500年，树高26.0m，冠幅9.0m×10.0m。分成4个复干，胸径分别为0.75m、0.73m、0.48m、0.48m，地围5.3m，生长旺盛。

贵州贵阳市乌当区金华乡上甫村二组上甫小学门口

树龄500年，树高19.0m，冠幅20.0m×26.0m。分成2个复干，胸径分别为0.89m、1.05m，地围5.5m，生长旺盛。H=1280m。

贵州贵阳市乌当区新场乡保寨村下寨民组

树龄400年，树高40.0m，胸径1.82m，冠幅40.0m×40.0m，地围7.2m。于根茎部分出4个复干，生长旺盛。树下常年有村民烧香、挂红。H=1210m。位于汪良其家房侧30m处大路坎上。

贵州贵阳市乌当区新场乡保寨村下寨民组

树龄100年，树高35.0m，胸径1.05m，冠幅25.0m×25.0m。于主干0.9m处分成2个干，生长旺盛。H=1230m。位于杨大忠家房前40m处。

贵州贵阳市乌当区羊昌镇黄莲村琵琶寨

树龄400年，树高35.0m，胸径0.76m，冠幅30.0m×30.0m，地围2.9m。位于西坡下部、李昌志房前25m处，坡度20°，生长旺盛。H=1040m。

贵州盘县石桥镇妥乐村（图14）

雌株，树龄200年，树高10.0m，地径0.60m，冠幅10.0×12.0m。位于村落内路边，村内树王的西南侧10m处，总地围1.90m，生长旺盛，叶片较小，树干密布瘤状凸起。主干于离地0.2m处分为2个枝干。大干胸径0.4m，小干胸径0.2m，树冠偏向南侧。大干于2.5m处分枝，一个竖直向上直立生长，另一个向南倾斜生长，部分侧枝枯死。小干位于树体北侧，高6m。此树东侧1.5m处有一株胸径0.25m直立生长的小银杏树。N=25° 36′ 54.0″，E=104° 32′ 56.0″，H=1625m。

资料来源：

[1] 建始发现"银杏王". http://aqqbjqyxa.blog.163.com/blog/static/4788577220126282273494l.

[2] 湖南浏阳发现3株银杏王"年纪"均达4600岁/图. http://culture.gmw.cn/2013-06/21/content_8027068_2.htm.

[3] 霍山发现"银杏王"林业部门估计已有上千年树龄. http://www.luan.gov.cn/contents/475/50925.html.

[4] 绵阳发现古银杏千年树王? http://sc.sina.com.cn/news/m/2012-12-09/130849887.html.

[5] 江北广厦怡庭社区发现一古银杏树. http://www.xyyx168.com/news/html/?559.html.

[6] 长清芯村发现一棵雌雄同株银杏古树. http://jnrb1.e23.cn/html/jinrb/20130524/jinrb9907036.html.

[7] 一个"拆"字，引出银杏古树牵挂. http://news.ifeng.com/gundong/detail_2013_05/09/25088781_0.shtml.

[8] 广安发现1500年"银杏夫妻树"价值超百万. http://sc.people.com.cn/news/HTML/2012/11/12/20121112075503.htm.

[9] 灵山镇380岁银杏古树形似"羚羊角". http://qd.ifeng.com/qushifengcai/detail_2013_07/03/956139_0.shtml.

[10] 六安林检部门治活军分区频死古银杏树 获好评. http://www.yaqlyj.gov.cn/DocHtml/1197/2011/4/20/8748624579426.html.

[11] 古银杏树. http://www.dianping.com/photos/3482223.

[12] 嘉兴四棵古银杏夹缝中求生存. http://www.zgyx.com/news_type.asp?id=11700.

致谢

甘肃省徽县城建局县志办主任曹鹏雁、文化馆副馆长黄新良及陈小龙和冯智同志，康县林业工作者侯毓文及村民杨国荣和张明杰同志。四川省银杏古树调查一行得到了四川省林业局各级领导的帮助和支持，尤其是四川省林业厅、成都市林业局、绿化工程队、大邑县林业局、邛崃市林业局、崇州市林业局、都江堰市林业局、叙永县林业局、什邡市林业局、泸定县林业局、名山县林业局、彭州市林业局以及各乡镇领导、林业站站长。成都市绿化工程队名木古树科科长刘继伟；都江堰市林业局办公室主任杨双健；大观镇林业站站长陈忠建；蒲阳镇林业站站长任昌国；幸福镇站长罗永成；玉堂林业站站长钟道刚；叙永县林业局办公室主任杨勇；泸定县林业局办公室主任邹克勤；江油市林业局办公室主任陈蓓；邛崃市林业局徐瑞翎；什邡市林业局办公室主任钟基明；雅安市雨城区对岩镇林业站站长范永麒；孔坪乡林业站站长余勇；严桥乡林业站站长卢永根；名山县林业局办公室主任殷苏平。在此一并致谢！重庆市银杏古树调查一行得到了重庆市林业局各级领导的帮助和支持，尤其要感谢重庆市林业局、黔江区林业局、南川区林业局、巴南区林业局、武隆区林业局、江津区林业局、彭水县林业局、城口县林业局以及各乡镇镇领导、林业站站长。南川区林业局常务副局长黄军；德隆乡林业站站长张启敏、庆元乡林业站站长罗盛；黔江区林业局办公室主任潘国权；太极乡林业站站长杨子成；城口县明中乡林业站站长王礼彬、屈波；彭水县林业局办公室主任郑玲玲、何奎；石柱县林业局办公室主任周万良；洗新乡林业站站长马泽彪；金铃乡林业站站长谭先望；中益乡林业站站长余文彬；酉阳县林业局野保站站长龙友泉；巴南区林业局办公室主任杨晓东；东泉镇农副主任邹顶平；姜家镇农副主任李勇。贵州银杏古树调查一行得到了贵州省林业局各级领导的帮助和支持，尤其要感谢贵州省林业厅的野生动植物保护与自然保护区管理处、贵阳市林业绿化局资源林政处、毕节市林业局、六盘水市林业局、黔东南地区各县级林业局、黔南地区各县级林业局、遵义市正安县林业局、务川县林业局以及各乡镇镇领导、林业站站长。务川县林业局办公室主任陈彤；浞水乡林业站站长曾碕；都濡镇林业站站长邓强；蕉坝乡林业站站长徐学林；红丝乡林业站站长胡进；泥高乡林业站站长谢豪；黄都镇林业站站长张明；石朝乡林业站站长张强。

在这本书出版的同时要特别感谢南京林业大学曹福亮校长、彭方仁教授、汪贵斌教授；扬州大学的陈鹏、王莉教授；广西师范大学的邓荫伟教授；中南林业科技大学的谭晓风教授、王义强教授；山东省林业厅李登开副巡视员、亓文辉副厅长、吴庆刚副厅长、王太明副巡视员，种苗站徐金光站长、解荷锋副站长、李景涛科长，山东省林科院姜岳忠院长、吴德军副院长，林木种质资源中心李文清主任、刘启虎副主任、解孝满副主任，造林处周庆明处长，经济林站公庆党站长，项目办贾刚主任、慕宗昭副主任，设计院陈景和院长、王家福副院长，科技处王建平处长、韩同春副处长、杨社良副处长，产业处隋道庆处长以及林业厅的孙玉刚站长、姜敏调研员、李成金处长，药乡国家森林公园李新明场长、王正华副场长，山东农业大学科技处米庆华处长及林学院的刘霞院长、刘训理书记、臧德奎教授、杨克强副教授等长期以来对我研究银杏的大力支持和帮助，在此一并致谢！

对湖北省、江苏省、山东省、浙江省、河南省、广东省、福建省、安徽省、湖南省、上海市、江西省、广西壮族自治区、北京市、云南省、陕西省、河北省、山西省、辽宁省、天津市林业、园林、城建、旅游等相关厅、局、站各位领导、同仁为本书提供材料和协助调查表示衷心的感谢。感谢国家基金委、国家林业局、山东省科技厅的相关领导和专家为我银杏研究立项、鉴定及评奖等工作的支持，尤其对本书资料收集、外业拍照做出贡献的单位和个人一并致谢！